BEILSTEINS HANDBUCH
DER ORGANISCHEN CHEMIE

VIERTE AUFLAGE
DIE LITERATUR BIS 1. JANUAR 1910 UMFASSEND

HERAUSGEGEBEN VON DER

DEUTSCHEN CHEMISCHEN GESELLSCHAFT

BEARBEITET VON

BERNHARD PRAGER und PAUL JACOBSON

UNTER STÄNDIGER MITWIRKUNG VON

PAUL SCHMIDT und DORA STERN

FÜNFTER BAND
CYCLISCHE KOHLENWASSERSTOFFE

BERLIN
VERLAG VON JULIUS SPRINGER
1922

Inhalt.

Zweite Abteilung.

Isocyclische Verbindungen.

I. Kohlenwasserstoffe.

Verzeichnis der Abkürzungen für Literatur-Quellen.

Abkürzung	Titel	Vollständig bearbeitet bis
A.	LIEBIGS Annalen der Chemie	371, 124
A. ch.	Annales de Chimie et de Physique	[8] 18, 574
Am.	American Chemical Journal	42, 541
Am. Soc.	Journal of the American Chemical Society	31, 1374
Ann. d. Physik	Annalen der Physik und Chemie (POGGENDORFF-WIEDE- MANN-DRUDE-WIEN und PLANCK)	[4] 30, 1024
A. Pth.	Archiv für Experimentelle Pathologie und Pharmakologie	62, 92
Ar.	Archiv der Pharmazie	247, 657
B.	Berichte der Deutschen Chemischen Gesellschaft	42, 4918
Bio. Z.	Biochemische Zeitschrift	23, 328
Bl.	Bulletin de la Société Chimique de France	[4] 5, 1158
B. Ph. P.	Beiträge zur Chemischen Physiologie und Pathologie	11, 514
Bulet.	Buletinul Societatii de Sciinte din Bucuresci	
C.	Chemisches Zentralblatt	1909 II, 2216
Chem. N.	Chemical News	100, 328
Ch. I.	Chemische Industrie	32, 840
Ch. Z.	Chemiker-Zeitung	33, 1364
C. r.	Comptes rendus de l'Académie des Sciences	149, 1422
D.	DINGLERS Polytechnisches Journal	
D. R. P.	Patentschrift des Deutschen Reiches	Soweit im Chem. Zentralbl. bis 1. I. 1910 referiert
El. Ch. Z.	Elektrochemische Zeitschrift	16, 280
Fr.	Zeitschrift für Analytische Chemie (FRESENIUS)	48, 762
Frdl.	FRIEDLÄNDERS Fortschritte der Teerfarbenfabrikation (Berlin, JULIUS SPRINGER)	
G.	Gazzetta Chimica Italiana	39 II, 556
Gildem.-Hoffm.	E. GILDEMEISTER, FR. HOFFMANN, Die ätherischen Öle, 2. Aufl. von E. GILDEMEISTER, Bd. I bis III. Miltitz bei Leipzig (1910—1916)	
Gm.	L. GMELINS Handbuch der Organischen Chemie, 4. Aufl. Heidelberg. Bd. I bis IV (1848—1870) und Sup- plementband I bis II (1867—1868)	
Gmel.-Kraut	GMELIN-KRAUTS Handbuch der Anorganischen Chemie. Herausgegeben von C. FRIEDHEIM † und FR. PETERS. 7. Aufl. Heidelberg. Von 1907 an.	
Grh.	GERHARDT, Traité de Chimie Organique. 4 Bände. Paris (1853—1856)	
Groth, Ch. Kr.	P. GROTH, Chemische Krystallographie. Tl. I bis V. Leip- zig (1906—1919)	
H.	Zeitschrift für Physiologische Chemie (HOPPE-SEYLER)	63, 484
J.	Jahresbericht über die Fortschritte der Chemie	
J. pr.	Journal für Praktische Chemie	[2] 81, 96
J. Th.	Jahresbericht über die Fortschritte der Tierchemie	
L. V. St.	Landwirtschaftliche Versuchsstationen	71, 482
M.	Monatshefte für Chemie	30, 758
P. C. H.	Pharmazeutische Zentralhalle	52, 1100
P. Ch. S.	Proceedings of the Chemical Society	
Ph. Ch.	Zeitschrift für Physikalische Chemie	69, 685
R.	Recueil des travaux chimiques des Pays-Bas	28, 456
R. A. L.	Atti della Reale Accademia dei Lincei (Rendiconti)	[5] 18 II, 667
Schultz, Tab.	G. SCHULTZ, Farbstofftabellen. Berlin (1920).	
Soc.	Journal of the Chemical Society of London	95, 2219
Z.	Zeitschrift für Chemie	
Z. a. Ch.	Zeitschrift für Anorganische Chemie	65, 232
Z. Ang.	Zeitschrift für Angewandte Chemie	22, 2592
Z. B.	Zeitschrift für Biologie	53, 318
Z. El. Ch.	Zeitschrift für Elektrochemie	15, 988
Z. Kr.	Zeitschrift für Krystallographie und Mineralogie	47, 208
Ж.	Journal der Russischen Physikalisch-chemischen Gesell- schaft	Soweit im Chem. Zentralbl. bis 1. I. 1910 referiert

Weitere Abkürzungen.

absol.	= absolut	m-	= meta-
äther.	= ätherisch	Mol.-Gew.	= Molekulargewicht
akt.	= aktiv	Mol.-Refr.	= Molekularrefraktion
alkal.	= alkalisch	n (in Verbindung	
alkoh.	= alkoholisch	mit Zahlen)	= Brechungsindex
ang.	= angular	n- (in Verbindung	
Anm.	= Anmerkung	mit Namen)	= normal
asymm.	= asymmetrisch	o-	= ortho-
Atm.	= Atmosphäre	opt.-akt.	= optisch aktiv
B.	= Bildung	p-	= para-
bezw.	= beziehungsweise	prim.	= primär
D	= Dichte	%	= Prozent
D_4^{16}	= Dichte bei 16°, bezogen auf Wasser von 4°	Prod.	= Produkt
		racem.	= racemisch
Darst.	= Darstellung	s.	= siehe
Dielektr.-		S.	= Seite
Konst.	= Dielektrizitäts-Konstante	sek.	= sekundär
Einw.	= Einwirkung	s. o.	= siehe oben
F	= Schmelzpunkt	Spl.	= Supplement
gem.-	= geminus-	Stde., Stdn.	= Stunde, Stunden
i. D.	= im Dampf	stdg.	= stündig
inakt.	= inaktiv	s. u.	= siehe unten
K bezw. k	= elektrolytische Dissoziations-konstante	symm.	= symmetrisch
		Syst. No.	= System-Nummer[3]
konz.	= konzentriert	Temp.	= Temperatur
korr.	= korrigiert	tert.	= tertiär
Kp	= Siedepunkt	Tl., Tle., Tln.	= Teil, Teile, Teilen
Kp_{750}	= Siedepunkt unter 750 mm Druck	V.	= Vorkommen
		verd.	= verdünnt
lin.	= linear	vgl. a.	= vergleiche auch
lin.-ang.	= linear-angular	vic.-	= vicinal-
L.-R.-Bezf.	= Bezifferung der „Literatur-Register der organischen Chemie" von R. STELZNER[1]	Vol.	= Volumen
		wäßr.	= wässerig
		Zers.	= Zersetzung
L.-R.-Name	= Systematischer Name der „Literatur-Register der organischen Chemie" von R. STELZNER[2]		

[1] Vgl. dazu dieses Handbuch, Bd. V, S. 4.
[2] Vgl. dazu dieses Handbuch, Bd. V, S. 11.

[3] Vgl. dazu dieses Handbuch, Bd. I, S. XXIV.

Erläuterungen für den Gebrauch des Handbuchs s. Bd. I, S. XIX.

Zeittafel der wichtigsten Literatur-Quellen s. Bd. I, S. XXVI.

Kurze Übersicht über die Gliederung des Handbuchs s. Bd. I, S. XXXI.

Leitsätze für die systematische Anordnung s. Bd. I, S. 1.

ZWEITE ABTEILUNG.

ISOCYCLISCHE VERBINDUNGEN.

I. Kohlenwasserstoffe.

Nomenklatur der cyclischen Kohlenwasserstoffe und Kohlenwasserstoff-Radikale.

I. Monocyclische (oder einkernige) **Kohlenwasserstoffe.** Die gesättigten Kohlenwasserstoffe, deren Moleküle nur einen Kohlenstoffring enthalten, besitzen die allgemeine Zusammensetzung C_nH_{2n}, sind also den Alkenen (vgl. Bd. I, S. 51) isomer. Diejenigen von ihnen, welche keine Seitenketten besitzen, stellen ringförmige Vereinigungen mehrerer Methylengruppen (vgl. Bd. I, S. 54) dar und lassen sich daher unter dem Sammelnamen „Polymethylene" zusammenfassen, während die einzelnen Vertreter durch Angabe der Zahl der vorhandenen Methylengruppen gekennzeichnet werden können:

1. $\begin{matrix}H_2C\\ H_2C\end{matrix}\!>\!CH_2$, Trimethylen 2. $H_2C\!<\!\begin{matrix}CH_2\\ CH_2\end{matrix}\!>\!CH_2$, Tetramethylen 3. $\begin{matrix}H_2C-CH_2\\ H_2C-CH_2\end{matrix}\!>\!CH_2$ usw. Pentamethylen

Diese in der älteren Literatur sehr gebräuchliche Nomenklatur wird neuerdings mehr und mehr durch die „Genfer" Bezeichnungsweise (vgl. Bd. I, S. 49) verdrängt, nach welcher die cyclischen Kohlenwasserstoffe C_nH_{2n} die Namen der acyclischen Kohlenwasserstoffe C_nH_{2n+2} von gleicher Kohlenstoffzahl unter Voransetzung des Präfixes *„Cyclo"* erhalten, z. B.:

Cyclopropan (s. o. Formel 1), Cyclobutan (Formel 2), Cyclopentan (Formel 3);

hieraus ergibt sich die allgemeine Bezeichnung „Cycloalkane".

Man *beziffert* die einzelnen Kohlenstoffatome der Ringe fortlaufend durch arabische Ziffern und gewinnt so die Möglichkeit, für Homologe und Substitutions-Derivate eindeutige Namen zu bilden; die einzelnen Kohlenstoffatome der Seitenketten werden hierbei durch die Ziffer des Ring-Kohlenstoffatoms bezeichnet, mit welchem die Seitenkette verknüpft ist, unter Hinzufügung eines Index, der ihre Stellung innerhalb der Seitenkette — gezählt von der Anknüpfungsstelle — angibt. Beispiele:

4. $\begin{matrix}H_2C-CH\cdot CH_3\\ H_2C-CH\cdot CH_3\end{matrix}$, 1.2-Dimethyl-cyclobutan

5. $\begin{matrix}ClHC-CH_2\\ H_2C-CH_2\end{matrix}\!>\!CH\cdot CH_2\cdot CH_3$, 3-Chlor-1-äthyl-cyclopentan

6. $(CH_3)_2CH\cdot HC\!<\!\begin{matrix}CH_2-CH_2\\ CH_2-CH_2\end{matrix}\!>\!CH\cdot CH_3$, 1-Methyl-4-methoäthyl-cyclohexan

7. $(CH_3)_2CH\cdot CH_2\cdot HC\!<\!\begin{matrix}CH_2-CH_2\\ CH_2-CH_2\end{matrix}\!>\!CH\cdot CH_3$, 1-Methyl-4-[4²-metho-propyl]-cyclohexan

8. $\begin{matrix}CH_2Cl\cdot HC-CH_2-CH_2\\ H_2C-CH_2-CH_2\end{matrix}\!>\!CCl\cdot CH_3$
1.4¹-Dichlor-1.4-dimethyl-cycloheptan
oder 1-Chlor-1-methyl-4-chlormethyl-cycloheptan

Es ist gebräuchlich, hierbei den Anfangspunkt und die Richtung der Bezifferung derart zu wählen, daß C-arme Seitenketten den Vorrang vor C-reicheren Seitenketten (vgl. oben die Namen für Formel 6 und 7) haben, gerade Seitenketten vor verzweigten Seitenketten, Seitenketten vor Substituenten (vgl. oben den Namen für Formel 5).

Von *Trivialnamen* sind in dieser Reihe hervorzuheben:

Suberan für Cycloheptan,
Menthan für Methyl-methoäthyl-cyclohexan.

Die drei stellungsisomeren Formen des Menthans unterscheidet man als o-Menthan (= 1-Methyl-2-methoäthyl-cyclohexan), m-Menthan (= 1.3) und p-Menthan (= 1.4; s. o. Formel 6); vgl. über die Präfixe o-, m-, p- S. 5. Besondere Wichtigkeit besitzt als Stammkern einer zahlreichen Gruppe von Naturstoffen (Terpenkörper; vgl. Syst. No. 456 ff.) das p-Menthan; es wird häufig auch schlechthin Menthan (vgl. WAGNER, *B.* 27, 1636 Anm. 1) ohne Bezeichnung der Seitenketten-Stellung genannt und hat eine fortlaufende Bezifferung seiner zehn C-Atome gemäß dem Schema 9 (s. u.) erhalten (vgl. BAEYER, *B.* 27, 436), die eine kurze Bezeichnung seiner Abkömmlinge — z. B. 2.8-Dichlor-p-menthan für Formel 10 (s. u.) — erlaubt.

9. 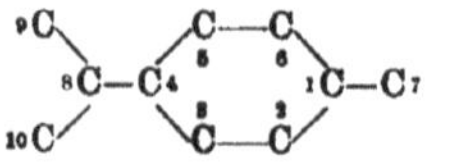 ^9C ^8C—C^4 ^6C—C^7 10. 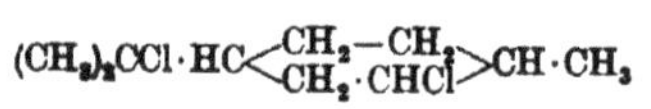 $(CH_3)_2CCl \cdot HC <^{CH_2-CH_2}_{CH_2 \cdot CHCl} > CH \cdot CH_3$

Zu erwähnen ist ferner, daß für das Cyclohexan und seine Homologen auch Namen in Gebrauch sind, welche diese Kohlenwasserstoffe als Hexahydride der Benzol-Kohlenwasserstoffe (s. S. 5) erscheinen lassen, z. B.:

Benzolhexahydrid oder Hexahydrobenzol für Cyclohexan,
Toluolhexahydrid oder Hexahydrotoluol für Methyl-cyclohexan.

Aus den Genfer Namen der gesättigten cyclischen Kohlenwasserstoffe ergeben sich für ihre *einwertigen Radikale* Namen wie Cyclopropyl, Cyclobutyl; aus den oben genannten Trivialnamen leiten sich die Bezeichnungen „Suberyl" und „Menthyl" ab. Allgemein kann man die einwertigen Radikale der gesättigten Ring-Kohlenwasserstoffe als „Cycloalkyle" oder abgekürzt „Cyclyle" (WALLACH, *A.* 353, 284) bezeichnen.

Die ungesättigten Kohlenwasserstoffe können meist bequem unter Anwendung der Grundsätze benannt werden, welche der Genfer Kongreß für die ungesättigten Verbindungen der acyclischen Reihe aufgestellt hat (s. Bd. I, S. 51). Im folgenden werden einige Beispiele für Vertreter der Reihen C_nH_{2n-2} und C_nH_{2n-4} gegeben:

11. 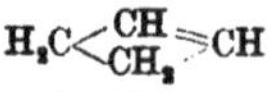 $H_2C <^{CH}_{CH_2} > CH$,   12. 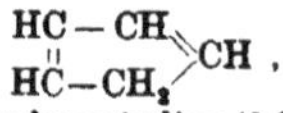 $^{HC-CH_2}_{HC-CH_2} > CH$,   13. $HC <^{CH-CH_2}_{CH_2-CH_2} > CH \cdot CH_3$,

     Cyclobuten   Cyclopentadien-(1.3)   1-Methyl-cyclohexen-(3)
                                                  [oder Methyl-4-cyclohexen-1, vgl. u.]

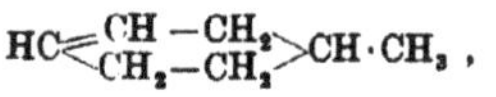

14. 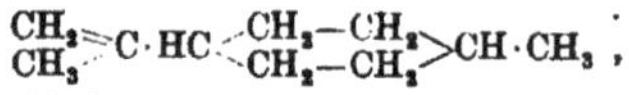 $^{CH_3}_{CH_3} > C \cdot HC <^{CH_2-CH_2}_{CH_2-CH_2} > CH \cdot CH_3$,   15. $H_2C-CH_2-CH_2-C:CH \cdot CH_3$ / $H_2C-CH_2-CH_2-CH_2$.

    1-Methyl-4-methoäthenyl-cyclohexan   Äthyliden-cyclooctan

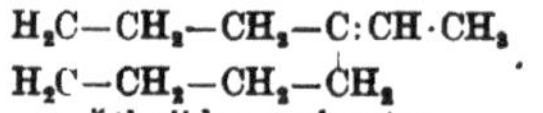

Man erkennt in diesen Beispielen drei Arten der Stellungsmöglichkeit für mehrfache Bindungen. Die Doppelbindung kann entweder ausschließlich Ringkohlenstoffatome miteinander verknüpfen (Beispiele 11, 12 und 13) oder ausschließlich Kohlenstoffatome von Seitenketten (Beispiel 14) oder endlich ein Ringkohlenstoffatom mit dem Anfangsglied einer Seitenkette (Beispiel 15). Im letzten Falle nennt man sie „semicyclische Doppelbindung". Für die semicyclisch gebundene Methylengruppe (vgl. Bd. I, S. 54) ist die Bezeichnung „Methen" vorgeschlagen worden (WALLACH, *A.* 343, 29).

Bezüglich Anfangspunkt und Richtung der *Bezifferung* kann man zweifelhaft sein, ob den Seitenketten oder den im Ring befindlichen Doppelbindungen der Vorrang gegeben werden soll; dieser Zweifel wird durch die beiden Namen erläutert, mit denen oben das Beispiel 13 versehen ist. Der erste Grundsatz — Vorrang der Seitenkette - liegt mehr im Sinne der Genfer Beschlüsse (vgl. Bd. I, S. 51) und wird daher in diesem Handbuch den Hauptnamen zugrunde gelegt. In der Literatur wird aber vielfach nach dem zweiten Grundsatz — Vorrang der cyclischen Doppelbindung — verfahren; diesen Gebrauch befolgen auch die „Literatur-Register der Organischen Chemie von R. STELZNER" (vgl. Vorwort in Bd. I, S. XII—XIII). Es werden daher in diesem Handbuch bei solchen „Registrier-Verbindungen" (vgl. Bd. I, S. 18), für welche die beiden Grundsätze zu verschiedenartiger Bezifferung führen, als Nebennamen auch die nach dem zweiten Grundsatz gebildeten Namen unter dem Zusatz: „L.-R.-Bezf." — Abkürzung für „Bezifferung der Literatur-Register" — gebracht; dem Gebrauch dieser Literatur-Register gemäß werden bei diesen Namen die Ziffern stets hinter das von ihnen bezeichnete Wortelement gesetzt (vgl. oben in Beispiel 13 den zweiten Namen), und zwar ohne Klammer [abweichend von der im Vorwort dieses Handbuchs (Bd. I, S. XX) gegebenen Regel].

In die Reihe der monocyclischen Kohlenwasserstoffe C_nH_{2n-4} gehören die monocyclischen Glieder der Terpene. Diesen Namen verwendet man für Kohlenwasserstoffe von der Zusammensetzung $C_{10}H_{16}$, die sich aus pflanzlichen Ölen abscheiden lassen. Die einzelnen Terpene werden meist durch *Trivialnamen* bezeichnet. In die monocyclische Reihe (acyclische Terpene s. Bd. I, S. 264; über bicyclische Terpene vgl. S. 13—14) gehören z. B. Dipenten, Limonen, Phellandren, Silvestren; sie leiten sich teils vom m-Menthan, teils vom p-Menthan (s. S. 3) ab, und man bezeichnet sie daher, wenn man ihre Struktur im Namen erkennen lassen will, häufig als „Menthadiene", indem man die Stellung der Doppelbindungen nach dem Bezifferungsschema 9 (S. 4) — bezw. dem analogen für m-Menthan — durch Ziffern angibt, z. B.:

$$16.\quad \begin{matrix} CH_2 \\ CH_3 \end{matrix}{>}C{-}HC{<}\begin{matrix}CH_2 \\ CH_2\end{matrix}{-}\begin{matrix}CH_3 \\ C \\ CH_2\end{matrix}{=}CH\,,\qquad 17.\quad \begin{matrix}CH_3\\CH_3\end{matrix}{>}C{=}C{<}\begin{matrix}CH_2{-}CH_2\\CH_2{-}CH_2\end{matrix}{>}C\cdot CH_3\,.$$

m-Menthadien-(6.8) oder $\Delta^{6.8}$-m-Menthadien   p-Menthadien-(1.4(8)) oder $\Delta^{1.4(8)}$-p-Menthadien

— Wie für das Cyclohexan und seine Homologen (vgl. S. 4), so benutzt man auch für Cyclohexen, die Cyclohexadiene und ihre Homologen häufig Namen, welche ihre Beziehungen zu den Benzol-Kohlenwasserstoffen hervortreten lassen. Hierbei kann man entweder die Stellen, welche von den addierten Wasserstoffatomen aufgesucht sind, durch Ziffern bezeichnen oder die Orte der Doppelbindungen unter Benutzung des Zeichens Δ (vgl. Bd. I, S. 52); so ergeben sich z. B. für den Kohlenwasserstoff der Formel 13 (auf S. 4) die Namen:

Toluol-tetrahydrid-(1.2.3.6) und Δ^3-Tetrahydrotoluol.

Der Reihe $C_n H_{2n-6}$ gehören die im vorangehenden schon erwähnten Benzol-Kohlenwasserstoffe — Benzol C_6H_6 und seine Homologen — an. Für ihr Anfangsglied ist die Strukturformel 18 (s. u.) sehr wahrscheinlich; man könnte es daher nach den oben dargelegten Grundsätzen rationell als „Cyclohexatrien-(1.3.5)" bezeichnen. Doch wendet man diesen

$$18.\quad \begin{matrix}HC\\ \| \\ HC\end{matrix}{<}\begin{matrix}CH\\ \\ CH\end{matrix}{>}\begin{matrix}CH\\ \| \\ CH\end{matrix} \qquad 19.\quad \begin{matrix}H\\C\\HC \quad CH\\ \| \quad\quad \| \\ HC\quad CH\\ C\\H\end{matrix} \qquad 20.\quad \text{(Sechseck mit Ziffern 1–6)}$$

Namen nicht an, weil die Struktur dieses Kohlenwasserstoffs nicht zweifelsfrei festgestellt ist. Zwar unterliegt es keinem Zweifel, daß sein Molekül aus sechs völlig gleichartig zu einem Ring vereinigten CH-Gruppen besteht; ob aber die 18 von den 6 CH-Gruppen ausgehenden Kohlenstoffvalenzen sich derart ausgleichen, daß entsprechend der Formel 18 drei einfache Bindungen und drei Doppelbindungen angenommen werden dürfen, ist eine noch umstrittene Frage (vgl. dazu Syst. No. 462). Man verzichtet daher für diesen überaus wichtigen Kohlenwasserstoff auf eine rationelle Bezeichnung, die überdies bei der Ableitung der Namen für seine außerordentlich große Schar von Abkömmlingen zu unhandlich wäre, und begnügt sich mit dem (von Benzoesäure abgeleiteten) Trivialnamen „Benzol" (vgl. zu diesem Namen LIEBIG, *A.* 9, 43 Anm.).

Will man der Ungewißheit über die Bindungsverhältnisse im Kern C_6 des Benzol-Moleküls Rechnung tragen, so kann man die Formel 19 benutzen, in der bei jedem Kohlenstoffatom nur 3 Valenzen beansprucht erscheinen, die Betätigung der vierten Valenz also in Zweifel gelassen wird. Man wendet meist für die Formelschreibung der Benzol-Abkömmlinge das noch einfachere Sechseckschema 20 an, in dessen Ecken man sich die sechs CH-Gruppen zu denken hat. In dieses Schema ist die *Bezifferung* eingetragen, die es erlaubt, für die Abkömmlinge des Benzols leichtverständliche Namen zu bilden, für seine Homologen z. B. Namen wie 1.3-Dimethyl-benzol, 1-Methyl-3-äthyl-5-isopropyl-benzol. Neben der Stellungsbezeichnung durch Ziffern benutzt man ganz allgemein für Disubstitutions-Derivate die Bezeichnungen ortho (abgekürzt o-) bei 1.2-Stellung, meta (abgekürzt m-) bei 1.3-Stellung und para (abgekürzt p-) bei 1.4-Stellung. Hin und wieder bedient man sich ähnlicher Bezeichnungen auch für Triderivate, nämlich vicinal (abgekürzt vic.) für die 1.2.3-Stellung, asymmetrisch (abgekürzt asymm. oder a-) für die 1.2.4-Stellung und symmetrisch (abgekürzt symm. oder s-) für die 1.3.5-Stellung.

Für einige Homologen des Benzols hat man aber außerdem eine Reihe sehr bequemer *Trivialnamen* zur Verfügung, die von Gewinnungsweisen, physikalischen Eigenschaften usw. abgeleitet sind:

Toluol	= Methyl-benzol;
Xylole	= Dimethyl-benzole (die Isomeren werden als o-, m- und p-Xylol unterschieden);
Cumol	= Isopropyl-benzol;
Hemellithol	= 1.2.3-Trimethyl-benzol;
Pseudocumol	= 1.2.4-Trimethyl-benzol;

Mesitylen	$= 1.3.5$-Trimethyl-benzol;
Cymol	$= 1$-Methyl-4-isopropyl-benzol;
Prehnitol	$= 1.2.3.4$-Tetramethyl-benzol;
Isodurol	$= 1.2.3.5$-Tetramethyl-benzol;
Durol	$= 1.2.4.5$-Tetramethyl-benzol.

Wie man sieht, ist fast allen diesen Trivialnamen die Endung „ol" gemeinsam, welche LIEBIG (vgl. S. 5) — wohl im Anklang an oleum (Öl) — 1834 für den Namen des aus der Benzoesäure gewonnenen einfachsten Kohlenwasserstoffs der Reihe (Benzol) eingeführt hat. Als man später diese Endung für Hydroxyl-Verbindungen bevorzugte (vgl. Bd. I, S. 268), nahm man an ihrer Verwendung für Kohlenwasserstoffe Anstoß und bemühte sich, sie bei Namen cyclischer Kohlenwasserstoffe durch „en" zu ersetzen (vgl. ARMSTRONG, *B*. **15**, 200 Anm.). Dieser Vorschlag hat seine Berechtigung verloren, seitdem der Genfer Kongreß die Endung „en" allgemein für Kohlenwasserstoffe mit e i n e r Doppelbindung bestimmt hat (vgl. Bd. I, S. 51). Er hat sich aber in der englischen und französischen Literatur durchgesetzt, und man findet daher in den englischen und französischen Schriften heute fast ausschließlich Namen wie „benzene", „toluene" usw. (bezw. im französischen: „benzène", „toluène" usw.). In Deutschland ist man ebenso allgemein bei den auf „ol" endigenden Namen geblieben, wogegen auch nichts einzuwenden ist, da Trivialnamen nicht die Bestimmung haben, etwas über die Konstitution auszusagen. — Zu erwähnen ist noch, daß LAURENT (*A*. **23**, 70) statt Benzol den Namen „Phen" — abgeleitet von φαίνω (ich leuchte), weil sich das Benzol im Leuchtgas findet, — vorschlug, der zwar selbst keine Verbreitung gefunden hat, aber der allgemein eingebürgerten Radikalbezeichnung „Phenyl" (s. u.) zugrunde liegt.

Die Benzol-Kohlenwasserstoffe sind in ihrem chemischen Verhalten durch besondere Charakterzüge ausgezeichnet, durch die sie sich wesentlich von den acyclischen Kohlenwasserstoffen sowohl, wie von den cyclischen Kohlenwasserstoffen der Reihen C_nH_{2n}, C_nH_{2n-2} und C_nH_{2n-4} unterscheiden. Während sie ihrer empirischen Zusammensetzung nach „ungesättigt" erscheinen, tritt bei ihnen das sonst für ungesättigte Verbindungen charakteristische Additionsbestreben nur wenig hervor; sie erleiden ferner bei manchen Reaktionen eine auffallend leichte und glatte Substitution. Diese Eigentümlichkeiten erhalten sich bei ihren Abkömmlingen, bei denen man überdies die Erfahrung macht, daß zuweilen in den durch die eingeführten funktionellen Gruppen (wie OH, NH_2) bedingten Reaktionen sich eigenartige Abweichungen gegenüber dem sonst gewohnten Verhalten dieser Gruppen zeigen. Das Gebiet der Stoffe, welche auf das Benzol zurückzuführen sind und diese Eigentümlichkeiten zeigen, ist ungeheuer groß geworden; ihm gehört der größere Teil aller bekannten isocyclischen Verbindungen an. Man bezeichnet sie insgesamt als „a r o m a t i s c h e Verbindungen", weil die zuerst bekannt gewordenen Stoffe dieser Art aus pflanzlichen Materien von aromatischem Geruch abgeschieden waren. Auch spricht man häufig von „a r o m a t i s c h e m Charakter", um die Eigenart ihres chemischen Verhaltens zu kennzeichnen. Die cyclischen Verbindungen dagegen, welche diesen Charakter nicht zeigen, sondern sich den „aliphatischen" Verbindungen (vgl. Bd. I, S. 52) analog verhalten, faßt man unter der Bezeichnung „a l i c y c l i s c h e Verbindungen" zusammen (vgl. BAMBERGER, *B*. **22**, 769); es sind dies die Verbindungen, in denen der Ring entweder nur einfache Bindungen enthält oder Doppelbindungen, welche in ihrer Reaktionsfähigkeit nicht wesentlich von den Doppelbindungen in acyclischen Ketten abweichen.

Entsprechend der Besonderheit des C_6-Kerns ist es wichtig, bei den *Radikalen der Benzol-Kohlenwasserstoffe* zu unterscheiden, ob die freien Valenzen dem Benzol-Kern selbst oder den ihm angefügten Seitenketten angehören. Die einwertigen Reste, bei denen der Ort der freien Valenz im Kern befindet (z. B. C_6H_5—, C_6H_4—), faßt man unter der Bezeichnung „*Aryl*"-Reste zusammen, während für diejenigen, deren freie Valenz einer Seitenkette angehört (z. B. $C_6H_5 \cdot CH_2$—), „*Aralkyl*" (= aryliertes Alkyl) als allgemeine Bezeichnung gebraucht wird (vgl.: VORLÄNDER, *J. pr.* [2] **59**, 247; Ergänzungsband II zur 3. Aufl. dieses Handbuches, S. 1). Im Zusammenhang damit sei erwähnt, daß man die Substitution im Kern zuweilen durch die Vorsilbe „*eso*-" (innen), in der Seitenkette durch „*exo*-" (außen) bezeichnet (BAEYER, *B*. **17**, 962).

Die folgende Liste enthält die häufig gebrauchten Bezeichnungen für einkernige Aryle; sie sind teils von den Trivialnamen der Kohlenwasserstoffe, teils von denjenigen der entsprechenden Hydroxylverbindungen Ar·OH („Phenole", vgl. Syst. No. 499) abgeleitet:

$$C_6H_5— \; : \; Phenyl;$$
$$(O_2N)_3{}^{2.4.6}C_6H_2— \; : \; Pikryl[1]);$$

---

[1]) $= 2.4.6$-Trinitro-phenyl; die in der Formel bei den Nitrogruppen oben zugefügten Ziffern bedeuten die Stellung der drei Nitro-Gruppen zum Ort der freien Valenz, der zum Anfangspunkt der Bezifferung gemacht wird. Diese Art der Stellungsangabe wird häufig in abgekürzten Formeln der Benzol-Derivate gewählt.

$CH_3 \cdot C_6H_4-$: Tolyl, zuweilen auch Kresyl genannt; die drei stellungsisomeren Radikale werden als o-, m- und p-Tolyl (bezw. -Kresyl) unterschieden;

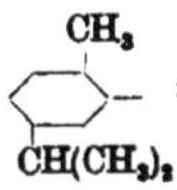

: Carvacryl; 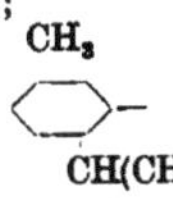   : Thymyl.

Für Aralkyle sind die nachstehenden Namen gebräuchlich und empfehlenswert:

$C_6H_5 \cdot CH_2-$: Benzyl;

$C_6H_5 \cdot CH(CH_3)-$: α-Phenäthyl (oder sek.-Phenäthyl, vgl. E. FISCHER, B. 39, 2211);

$C_6H_5 \cdot CH_2 \cdot CH_2-$: β-Phenäthyl (oder prim.-Phenäthyl, vgl. E. FISCHER, B. 39, 2211);

$CH_3 \cdot C_6H_4 \cdot CH_2-$: Xylyl[1]), zuweilen auch Tolubenzyl genannt; die drei stellungsisomeren Radikale werden als o-, m- und p-Xylyl (bezw. Tolubenzyl) unterschieden;

$(CH_3)_2 \cdot C_6H_3 \cdot CH_2-$: Mesityl[1]);

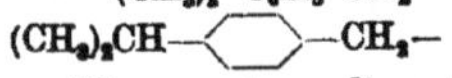

$(CH_3)_2CH-$ $-CH_2-$: Cuminyl.

Hieran mögen die gebräuchlichen Bezeichnungen für zweiwertige Radikale angeschlossen werden:

$C_6H_4<$: Phenylen; die drei stellungsisomeren Radikale werden als o-, m- und p-Phenylen unterschieden;

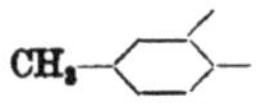

CH_3- : o-Toluylen;

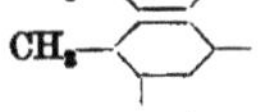

CH_3- : m-Toluylen;

CH_3- : p-Toluylen;

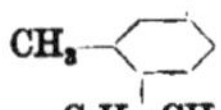

$C_6H_5 \cdot CH<$: Benzyliden oder Benzal;

$-C_6H_4 \cdot CH_2-$: Benzylen; die drei stellungsisomeren Radikale werden als o-, m- und p-Benzylen unterschieden;

$CH_3 \cdot C_6H_4 \cdot CH<$: Xylyliden, zu unterscheiden als o-, m- und p-Xyliden;

$-CH_2 \cdot C_6H_4 \cdot CH_2-$: Xylylen[2]), zu unterscheiden als o-, m- und p-Xylylen;

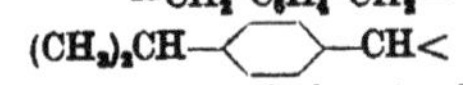

$(CH_3)_2CH-$ $-CH<$: Cuminyliden oder Cuminal.

Endlich ist noch für ein dreiwertiges Radikal eine Benennung zu verzeichnen:

$C_6H_5 \cdot C\leqslant$: Benzenyl.

Mit Hilfe der oben angeführten Bezeichnungen von Arylen und Aralkylen kann man für Benzol-Homologe auch Namen bilden, in denen sie als arylierte (oder aralkylierte) Alkane erscheinen, z. B. im einfachsten Falle „Phenylmethan" (für Toluol). Diese Benennungsweise ist häufig vorteilhaft, nämlich wenn dem Benzolkern längere Seitenketten eingefügt sind, für welche man handliche Radikal-Bezeichnungen nicht zur Verfügung hat, und wenn es sich darum handelt, die Stellung von Substituenten in solchen Seitenketten anzugeben. Verfährt man derart, so ist es wichtig, für die Stellungsbezeichnung in den cyclischen Molekülteilen einerseits, in den acyclischen andererseits verschiedene Zeichen zu verwenden. Als Grundsatz gilt hierbei, wie allgemein in ähnlichen Fällen, daß die Stellung im Ring durch Ziffern, die Stellung in offenen Ketten durch griechische Buchstaben bezeichnet wird (vgl. BAEYER, B. 17, 960; vgl. auch Bd. I, S. 50, Z. 14—11 v. u.). Beispiele:

$C_6H_5 \cdot CH(CH_3) \cdot CH(CH_3)_2$: β-Methyl-γ-phenyl-butan;

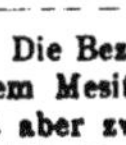

CH_3- $-CH_2 \cdot CH(C_2H_5) \cdot CHBr \cdot CH_3$: β-Brom-γ-[m-xylyl]-pentan;

---

[1]) Die Bezeichnungen „Xylyl" und „Mesityl" werden zuweilen auch für die von den Xylolen und dem Mesitylen abgeleiteten Aryle, also $(CH_3)_2C_6H_3-$ und $(CH_3)_3C_6H_2-$, gebraucht; es erscheint aber zweckmäßiger, sie ausschließlich für die Aralkyle zu verwenden.

[2]) Die Bezeichnung „Xylylen" wird zuweilen auch für die dimethylierten Phenylen-Radikale $(CH_3)_2C_6H_2<$ gebraucht; es erscheint aber zweckmäßiger, sie ausschließlich für die Radikale zu verwenden, deren freie Valenzen je einem Methyl angehören.

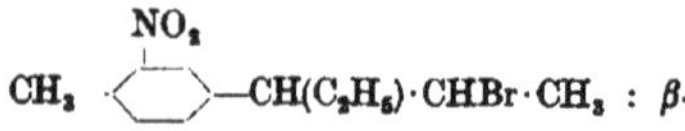

$CH_3 \cdot$ [NO_2 ring] $-CH(C_2H_5)\cdot CHBr\cdot CH_3$: β-Brom-γ-[3-nitro-4-methyl-phenyl]-pentan.

Für den alicyclischen, dem Benzol isomeren Kohlenwasserstoff der Formel 21, der rationell als 1-Methylen-cyclopentadien-(2.4) oder Methen-cyclopentadien bezeichnet werden kann,

21. 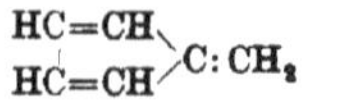 $\begin{array}{c} HC=CH \\ HC=CH \end{array}\!\!\!\Big\rangle C:CH_2$ 22. 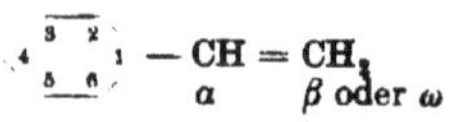 [ring numbered] $-CH=CH_2$ α β oder ω

ist der Trivialname Fulven eingeführt (THIELE, B. 33, 667); er ist an sich nicht bekannt, wohl aber in Form von Homologen und Aryl-Derivaten, deren leuchtende Farbe zu dieser Namengebung Anlaß gegeben hat.

In den Reihen C_nH_{2n-8}, C_nH_{2n-10} usw. handelt es sich hauptsächlich um Benzol-Kohlenwasserstoffe mit ungesättigten Seitenketten. Ihre Namen können entweder auf das Benzol unter Anwendung der Bezeichnungen ungesättigter einwertiger acyclischer Radikale (s. Bd. I, S. 53) oder auf ungesättigte acyclische Kohlenwasserstoffe unter Anwendung der Bezeichnungen für Aryle und Aralkyle (S. 6—7) zurückgeführt werden. Das gleiche gilt für ihre Substitutionsprodukte. Beispiele:

$C_6H_5\cdot CH:CH_2$: Vinylbenzol oder Phenyläthylen;
$C_6H_4(CH_3\cdot CH:CH_2)_2$: Diallylbenzol;
$C_6H_5\cdot CH_2\cdot C(CH_3):CH\cdot CH_3$: 1-[1²-Metho-buten-(1²)-yl]-benzol bezw. [β-Metho-β-bute-nyl]-benzol oder β-Methyl-α-phenyl-β-butylen;
$C_6H_5\cdot CH:CH\cdot CH:CH_2$: 1-[Butadien-(1¹·1²)-yl]-benzol bezw. $\alpha.\gamma$-Butadienyl-benzol oder α-Phenyl-$\alpha.\gamma$-butadien;
$C_6H_5\cdot C\vdots CH$: Äthinylbenzol oder Phenylacetylen;
$Br-$[ring]$-CH:CH\cdot NO_2$: 4-Brom-1²-nitro-1-vinyl-benzol bezw. 4-Brom-1-[β-nitro-vinyl]-benzol oder β-Nitro-α-[4-brom-phenyl]-äthylen.

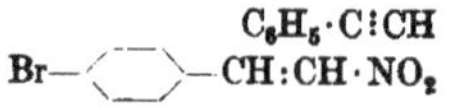

Für den einfachsten hierhergehörigen Kohlenwasserstoff (Vinylbenzol, s. o. das erste Beispiel) benutzt man vielfach den Trivialnamen Styrol und zur Benennung seiner Homologen und sonstigen Abkömmlinge das in Formel 22 (s. o.) gegebene spezielle Bezifferungs-schema. Die im letzten Beispiel obiger Reihe aufgeführte Verbindung kann hiernach auch 4-Brom-β-nitro-styrol oder 4-Brom-ω-nitro-styrol, auch p-Brom-β- oder ω-nitro-styrol genannt werden (zur Anwendung von ω vgl. Bd. I, S. 50, Z. 11—10 v. u.).

Als übliche und empfehlenswerte *Radikal-Bezeichnungen* in der Kohlenwasserstoff-Reihe C_nH_{2n-8} sind die folgenden zu nennen:

$C_6H_5\cdot CH:CH-$: Styryl[1]);
$C_6H_5\cdot CH:CH\cdot CH_2-$: Cinnamyl[1]);
$C_6H_5\cdot CH:CH\cdot CH<$: Cinnamyliden oder Cinnamal.

II. Polycyclische (oder mehrkernige) Kohlenwasserstoffe.

Bei den Kohlen-wasserstoffen, welche im Molekül zwei und mehr Kohlenstoffringe enthalten, kann man die folgenden drei Hauptfälle der Vereinigungsart unterscheiden:

A. Die Ringe sind durch dazwischen geschaltete Kohlenstoffatome miteinander verkettet; s. u. ein Beispiel in Formel 23.

B. Die Ringe sind direkt miteinander verknüpft, ohne daß aber irgend ein Glied eines Ringes zugleich einem anderen Ringe als Ringglied angehört; Beispiel in Formel 24.

C. Die Ringe sind derart direkt aneinander geschlossen, daß Glieder eines Ringes zugleich einem anderen Ringe (oder zwei bezw. drei anderen Ringen) angehören; Beispiel in Formel 25.

23. 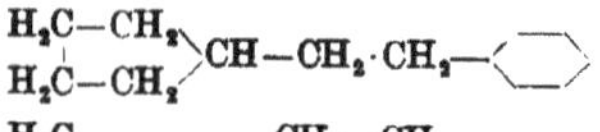 $\begin{array}{c} H_2C-CH_2 \\ H_2C-CH_2 \end{array}\!\!\!\Big\rangle CH-CH_2\cdot CH_2-$[ring]

24. 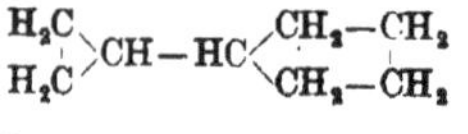 $\begin{array}{c} H_2C \\ H_2C \end{array}\!\!\!\Big\rangle CH-HC\Big\langle\!\!\!\begin{array}{c} CH_2-CH_2 \\ CH_2-CH_2 \end{array}$

25. 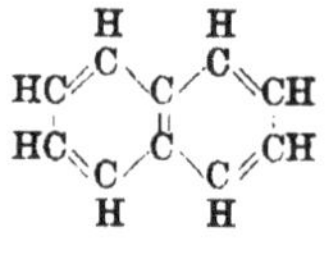 [bicyclic ring structure with H, C, HC, CH labels]

---

[1]) In der Literatur wird häufig das Styryl-Radikal mit dem unzweckmäßigen Namen „Cinna-menyl" belegt und der Name „Cinnamyl" für das Säureradikal $C_6H_5\cdot CH:CH\cdot CO-$ benutzt; vgl. dazu MEYER-JACOBSON, Lehrbuch d. Organ. Chemie, Bd. II, Tl. I [Leipzig 1902], S. 607 Anm.

A. Polycyclische Kohlenwasserstoffe mit indirekter Verkettung der einzelnen Ringe. Rationelle Benennungen dieser Kohlenwasserstoffe und ihrer Substitutions-Derivate ergeben sich ohne Schwierigkeit durch Kombination der Gebräuche, welche für acyclische Kohlenwasserstoffe und für monocyclische Kohlenwasserstoffe eingeführt sind. Beispiele:

$C_6H_5 \cdot CH_2 \cdot C_6H_5$: Diphenylmethan oder Benzylbenzol;

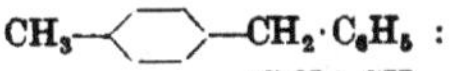

CH_3—⟨ ⟩—$CH_2 \cdot C_6H_5$: Phenyl-p-tolyl-methan oder p-Benzyl-toluol;

$(C_6H_5)_3CH$: Triphenylmethan;

$C_6H_5 \cdot CH_2 \cdot CH_2 \cdot C_6H_5$: a.β-Diphenyl-äthan;

$C_6H_5 \cdot CH : C(C_6H_5) \cdot CH_3$: a.β-Diphenyl-a-propylen;

$\begin{matrix} H_2C—CH_2 \\ | \\ H_2C—CH_2 \end{matrix}$ C=CH·C₆H₅ : Benzyliden-cyclopentan;

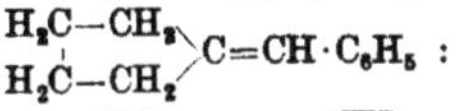

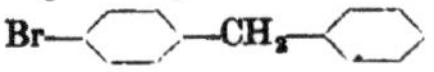

Br—⟨ ⟩—CH_2—⟨ ⟩ : Phenyl-[4-brom-phenyl]-methan;

Br—⟨ ⟩—$CH(NO_2)$—⟨ ⟩—Br : Bis-[4-brom-phenyl]-nitro-methan;

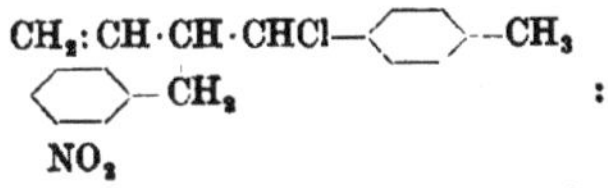

$CH_2 : CH \cdot CH \cdot CHCl$—⟨ ⟩—$CH_3$
⟨ ⟩—CH_2
NO_2
: δ-Chlor-δ-[p-tolyl]-γ-[3-nitro-benzyl]-a-butylen.

Für einige vielbearbeitete Fälle besitzt man kürzere Bezeichnungen (*Trivialnamen* u. dgl.):

Ditan für Diphenylmethan (vgl. H. v. Liebig, *B.* 41, 1645 Anm. 2), s. u. Formel 26;
Tritan für Triphenylmethan (vgl. H. v. Liebig, *J. pr.* [2] 72, 115 Anm. 4), s. u. Formel 27;
Dibenzyl für a.β-Diphenyl-äthan, s. u. Formel 28;
Stilben für a.β-Diphenyl-äthylen, s. u. Formel 29;
Tolan für Diphenyl-acetylen, s. u. Formel 30.

Bei den von diesen Namen abgeleiteten Bezeichnungen für Homologe, Substitutionsprodukte usw. legt man zweckmäßig die folgenden *Bezifferungs*-Schemas zugrunde:

26. 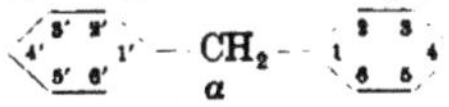 ⟨ ⟩—CH_2—⟨ ⟩   27.

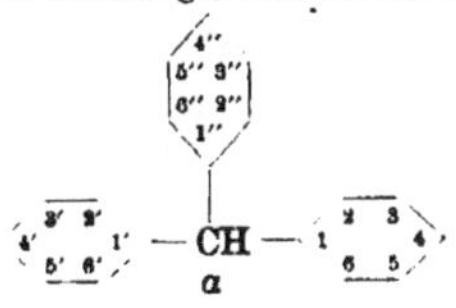

28. 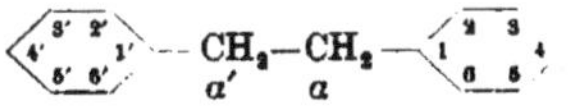 ⟨ ⟩—CH_2—CH_2—⟨ ⟩   ⟨ ⟩—CH—⟨ ⟩

29. 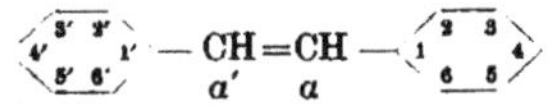 ⟨ ⟩—CH=CH—⟨ ⟩   30. 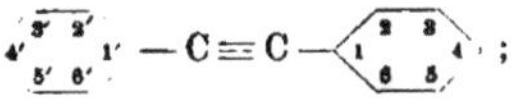 ⟨ ⟩—C≡C—⟨ ⟩ ;

hiernach sind Benennungen, wie 4-Brom-ditan, a-Chlor-tritan, a-Methyl-stilben, leicht verständlich.

Als *Radikal-Bezeichnungen* sind empfehlenswert:

$(C_6H_5)_2CH$— : Benzhydryl;
$(C_6H_5)_3C$— : Trityl (Abkürzung für Triphenylmethyl).

B. Polycyclische Kohlenwasserstoffe mit direkter Verknüpfung von Ringgliedern. Nach ihrem bekanntesten Vertreter — dem Diphenyl (vgl. unten) — kann man diese Gruppe unter dem Sammelnamen „diphenyloide Kohlenwasserstoffe" zusammenfassen (vgl. dazu Bülow, *B.* 42, 2490, 4432).

Eine bequeme Bezeichnung der einzelnen Vertreter ergibt sich, wenn man einen Kohlenstoffring als Stamm, die anderen als dessen Substituenten („Seitenring") ansieht. Beispiele:

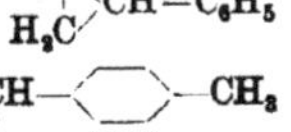

$\begin{matrix} H_2C \\ | \\ H_2C \end{matrix}$ CH—C₆H₅ : Phenyl-cyclopropan;

$H_2C \begin{matrix} CH_2—CH— \\ | \\ CH_2—CH— \end{matrix}$⟨ ⟩—$CH_3$: 1-Phenyl-2-[p-tolyl]-cyclopentan;

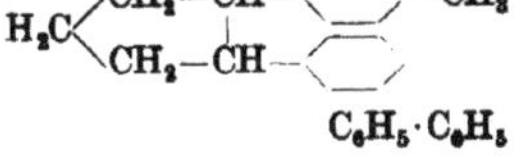

$C_6H_5 \cdot C_6H_5$: Phenylbenzol.

Handelt es sich um zweikernige symmetrische Systeme, so legt man der Benennung gewöhnlich die Auffassung zugrunde, daß sie durch Vereinigung eines Radikals mit einem zweiten gleicher Art zustande kommen, und drückt diese „Radikal-Verdoppelung" durch die Vorsilbe „Di" — zuweilen auch „Bi" (vgl. GRAEBE, *B.* **25**, 3147) — aus. Beispiele:

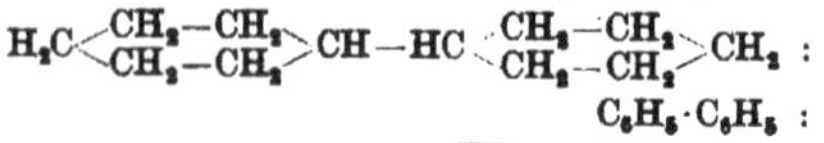

$$H_2C \underset{CH_2-CH_2}{\overset{CH_2-CH_2}{>}} CH-HC \underset{CH_2-CH_2}{\overset{CH_2-CH_2}{<}} CH_2 : \text{Dicyclohexyl (oder Bi-cyclohexyl);}$$

$$C_6H_5 \cdot C_6H_5 : \text{Diphenyl (oder Biphenyl);}$$

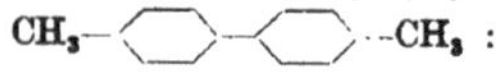

$$CH_3 - \bigcirc - \bigcirc - CH_3 : \text{pp-Ditolyl.}$$

Durch die *Bezifferung:*

31. 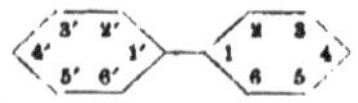   (figure)

für das Diphenyl gewinnt man die Möglichkeit, die Benennungen seiner Homologen und sonstigen Abkömmlinge — auch unsymmetrischer — auf den Namen „Diphenyl" zurückzuführen, z. B. 4.4′-Dimethyl-diphenyl (für den im letzten Beispiel „pp-Ditolyl" genannten Kohlenwasserstoff), 4.2′-Dichlor-3-nitro-diphenyl usw.

Für die einwertigen und zweiwertigen *Radikale* des Diphenyls sind die Bezeichnungen:

$$C_6H_5 \cdot C_6H_4 - : \text{Diphenylyl oder Xenyl,}$$
$$-C_6H_4 \cdot C_6H_4 - : \text{Diphenylen}$$

empfehlenswert. Wo diese Bezeichnungen ohne nähere Stellungsbezeichnung gebraucht werden, pflegt man unter Diphenylyl das Radikal zu verstehen, das die freie Valenz in 4 — also paraständig zur Verknüpfungsstelle — enthält, unter Diphenylen aber dasjenige, dessen freie Valenzen die Stellungen 2 und 2′ — also zwei Orthostellen — innehaben.

C. Polycyclische Kohlenwasserstoffe mit Kondensation der einzelnen Ringe. Mehrkernige Ringsysteme, welche dadurch gekennzeichnet sind, daß in ihnen gewisse Ringglieder mehr als einem Ringe angehören, die einzelnen Ringe daher miteinander gewissermaßen „verschmolzen" sind, pflegt man als kondensierte Ringsysteme zu bezeichnen. Für die Art der Ring-Kondensation kommen bei Zusammentritt zweier Einzelringe folgende Möglichkeiten in Betracht:

1. Nur ein Ringglied ist gemeinsamer Bestandteil der beiden miteinander verschmolzenen Einzelringe; s. u. ein Beispiel in Formel 32.
2. Zwei benachbarte Ringglieder sind gemeinsame Bestandteile der beiden miteinander verschmolzenen Einzelringe; Beispiel in Formel 33.
3. Es sind mehr als zwei Ringglieder gemeinsame Bestandteile der beiden miteinander verschmolzenen Einzelringe; Beispiel in Formel 34.

Kondensierte Ringsysteme, die sich in mehr als zwei Einzelringe zerlegen lassen, können dadurch zustande kommen, daß sich die unter 1, 2 und 3 aufgeführten Arten der Kondensation wiederholen bezw. miteinander kombinieren, ohne daß aber irgend ein Ringglied zu mehr als zwei Einzelringen gehört (s. ein Beispiel in Formel 35). Es besteht aber ferner die Möglichkeit, daß

4. gewisse Ringglieder gemeinsamer Bestandteil von mehr als zwei Einzelringen werden; Beispiel s. in Formel 36.

32. 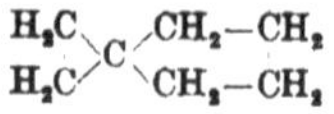 $H_2C \underset{H_2C}{\overset{}{<}} C \underset{CH_2-CH_2}{\overset{CH_2-CH_2}{<}}$ 33. $\underset{HC}{\overset{HC}{>}} CH \underset{C-CH_2}{\overset{C-CH_2}{<}} CH_2$ 34. $\begin{array}{c} H_2C-CH_2 \\ | \quad CH_2 \quad | \\ H_2C-CH-CH_2 \end{array}$

35. 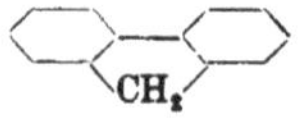 (figure) CH_2

36. 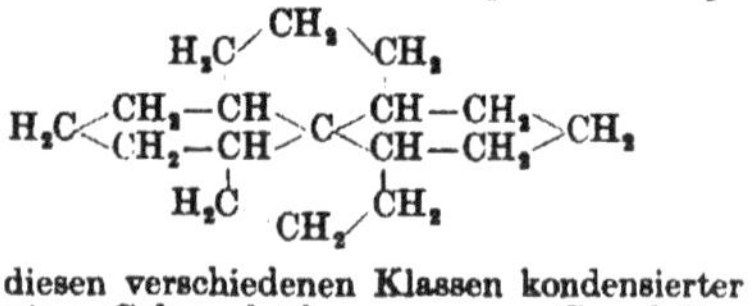 $H_2C \overset{CH_2}{\underset{}{<}} CH_2$ ... $H_2C \underset{CH_2-CH}{\overset{CH_2-CH}{<}} C \underset{CH-CH_2}{\overset{CH-CH_2}{<}} CH_2$ ...

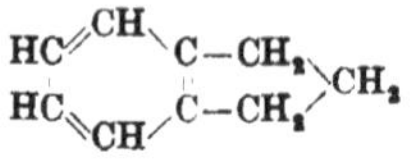

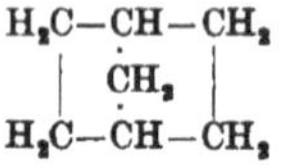

Für die Ableitung rationeller Namen in diesen verschiedenen Klassen kondensierter Ringsysteme gibt es einstweilen keine in allgemeinen Gebrauch übergegangenen Grundsätze von umfassender Anwendbarkeit. Die Versuche, die in dieser Richtung gemacht wurden und für gewisse Teilgebiete gut verwendbare Regeln ergeben haben, lassen erkennen, daß das Problem äußerst schwierig ist, und daß wenig Aussicht für eine Lösung besteht, welche Eindeutigkeit der Namen mit genügender Handlichkeit vereinigt. So rechtfertigt sich das historisch entwickelte Verfahren, jedes Mehrkernsystem, das durch Zahl seiner bekannten Derivate Bedeutung erreicht, mit einem Trivialnamen zu belegen. Trotzdem bleibt für die weniger bearbeiteten Mehrkernsysteme das Bedürfnis nach rationellen oder „halbrationellen" (d. h. von Trivialnamen in rationeller Weise aufbauenden) Benennungsmöglichkeiten bestehen. Dies hat sich namentlich in den auf den Literaturschluß dieses Handbuchs (1. I. 1910) folgenden Jahren gezeigt und in ihnen zu verschiedenen Versuchen des Ausbaues der vorhandenen Grundlagen und ihrer Erweiterung geführt. In umfassender Weise haben unter gleichmäßiger Berücksichtigung der isocyclischen und heterocyclischen Verbindungen R. STELZNER und HEDW. KUH in der Einleitung zu Bd. III der „Literatur-Register der Organischen Chemie" (Berlin 1921), S. (21) ff. den Gegenstand für die Zwecke dieser Literatur-Register bearbeitet. Da dieses Werk mit unserem Handbuch in engem Zusammenhang steht (vgl. Vorwort in Bd. I dieses Handbuchs, S. XII—XIII), so werden in geeigneten Fällen die Namen, welche sich nach den Vorschlägen von STELZNER und KUH, neben den in der Original-Literatur benutzten oder nach hergebrachten Gebräuchen gebildeten Namen unter der Bezeichnung „L.-R.-Name" (Abkürzung für „systematischer Name der Literatur-Register") mit angeführt werden. Für die ausführliche Darlegung der ihnen zugrunde liegenden Leitsätze sei auf die oben erwähnte „Einleitung" verwiesen. Die hier folgenden Darlegungen beschränken sich im wesentlichen auf die bis 1910 herrschenden Gebräuche.

Vorangestellt sei hierbei ein häufig in der Literatur befolgter Vorschlag von BAEYER (B. 33, 3771), der sich auf die zu Fall 2 und 3 (S. 10) gehörenden bicyclischen Systeme anwenden läßt. Er besteht darin, daß man in dem Namen die Gesamtzahl der Ringkohlenstoffatome mit dem Präfix „Bicyclo" und einer „Charakteristik" vereinigt; diese gibt durch Ziffern an, wieviel Kohlenstoffatome auf jeder der drei „Brücken" sich zwischen die beiden tertiären, an den Stellen der Ringverzweigung befindlichen Kohlenstoffatome lagern. So kommt man für den in Formel 34 aufgeführten Kohlenwasserstoff zu der Bezeichnung Bicyclo-[1.2.2]-heptan. Weitere Beispiele für gesättigte Kohlenwasserstoffe:

37.　$H_2C\!\!<\!\!{}^{CH-CH_2}_{CH-CH_2}$,　　　　　38.　$H_2C\!\!<\!\!{}^{CH-CH_2-CH_2}_{CH-CH_2-CH_2}$.

　　　Bicyclo-[0.1.2]-pentan　　　　　　　　　　Bicyclo-[0.1.4]-heptan

Die Bezifferung beginnt an einem durch die Ringverzweigung tertiär werdenden Kohlenstoffatom, geht erst im weiteren, dann im engeren Kreise herum und springt zuletzt zu den Kohlenstoffatomen der kürzesten Brücke über; Beispiele:

39.　　　　　　　　　　　　　　　40.

Hiernach könnte z. B. der ungesättigte Kohlenwasserstoff der Formel 33 (S. 10) als Bicyclo-[0.3.4]-nonatrien-(1(ω).2.4) bezeichnet werden.

1. Spirocyclische Kohlenwasserstoffe. Die Ringsysteme, die zu Fall 1 (s. S. 10) gehören, werden nach BAEYER (B. 33, 3771) im Hinblick auf das „brezelartige" Aussehen ihrer Strukturformeln spirocyclisch — abgeleitet von „spira", die Brezel — genannt. Die Zahl der hierher gehörigen isocyclischen Verbindungen ist bisher gering; das Bedürfnis nach Benennungsgrundsätzen ist daher noch nicht stark hervorgetreten. Unter Benutzung des Präfixes „spiro" und Angabe der Gesamtzahl der Ringkohlenstoffatome hat man, wie „Spiropentan" für den einfachsten Kohlenwasserstoff dieser Art (s. u. Formel 41), gebildet (vgl. FECHT, B. 40, 3885); doch genügt diese Benennungsart bei höheren Gliedern natürlich nicht ohne Ziffernangaben, da z. B. der Name „Spiroheptan" ebenso auf

41.　$H_2C\!\!>\!\!{}^{H_2C}_{H_2C}\!\!>\!\!C\!\!<\!\!{}^{CH_2}_{CH_2}$　　　　　42.　$H_2C\!\!<\!\!{}^{CH_2}_{CH_2}\!\!>\!\!C\!\!<\!\!{}^{CH_2}_{CH_2}\!\!>\!\!CH_2$

den Kohlenwasserstoff der Formel 32 (S. 10), wie auf den isomeren von der Formel 42 paßt. Man kann indessen diese Isomeren eindeutig bezeichnen, wenn man sie aus Cycloalkanen durch Substitution zweier gem.-Wasserstoffatome mittels eines zweiwertigen Radikals hervorgehend denkt; so kommt man für 32 zu dem Namen 1.1-Äthylen-cyclopentan (oder 1.1-Tetramethylen-cyclopropan), für 42 zu dem Namen 1.1-Trimethylen-cyclobutan.

2. Orthokondensierte Kohlenwasserstoffe. Außerordentlich durchgearbeitet ist dagegen das Gebiet der Verbindungen, die zu Fall 2 (S. 10) gehören. Da bei ihnen die Verschmelzung zweier Einzelringe in der 1.2-Stellung erfolgt, so kann man sie unter der allgemeinen

Bezeichnung „orthokondensierte" Verbindungen zusammenfassen, indem man die in
der Benzolreihe für die 1.2-Stellung übliche Bezeichnung „ortho" auf andere Ringe überträgt; zudem enthält auch die weitaus größte Zahl der hierher gehörigen Stoffe den Benzolkern als Einzelring.

In welcher Weise die BAEYERsche Nomenklatur auf Zweikernsysteme dieser Art angewendet werden kann, ist S. 10 und 11 an den Beispielen 33, 37 und 38 erläutert; doch hat
man hiervon nicht oft Gebrauch gemacht. — Für diejenigen Systeme, welche einen Benzolkern
orthokondensiert mit einem alicyclischen Kohlenstoffsystem enthalten, hat man zuweilen
Namen durch Kombination der Vorsilbe „*Phen*" (vgl. S. 6) mit einem Polymethylen-Namen
oder Cycloalkan-Namen (vgl. S. 3) gebildet, z. B.:

43. [figure] CH$_2$: Phentrimethylen,   44. [figure] : Phenheptamethylen oder Phencycloheptan.

Am gebräuchlichsten aber sind *Trivialnamen*. Im folgenden sind einige viel be-
arbeitete Zweikern-Kohlenwasserstoffe mit ihren Trivialnamen und den üblichen[1]) Bezifferungen zusammengestellt, wobei der Benzolring — ebenso wie in den obigen Beispielen 43
und 44 — durch das einfache Sechseckschema (vgl. S. 5) wiedergegeben wird:

45. [figure]   46. [figure]   47. [figure]

         Inden   Hydrinden oder Indan   Naphthalin

Hieran schließen sich die Dreikernsysteme:

48. [figure]   49. [figure]   50. [figure]

     Fluoren   Anthracen   Phenanthren

Auch für Systeme mit mehr als drei Einzelringen hat man noch einige Trivialnamen, z. B.:

51. [figure]   52. [figure]   53. [figure]

   Naphthacen   Chrysen   Picen

— Doch hat man bei ihnen vielfach auch den Versuch gemacht, ihre strukturelle Beziehung
zu Systemen von niedrigerer Ringzahl durch halbrationelle Namen auszudrücken. Man
bedient sich hierbei der Vorsilben „*Benzo-*", „*Naphtho*", „*Anthra*" und „*Phenanthro*", die
aus den Stämmen der Trivialnamen des einfachen, doppelt und dreifach kondensierten Sechs-
rings (Benzol, Naphthalin, Anthracen und Phenanthren) abgeleitet sind. Ein zweckmäßiger
Gebrauch dieser Vorsilben, der für die Benennung der kondensierten Systeme aus Sechskohlen-
stoffringen und Heteroringen häufig befolgt worden ist (vgl.: HANTZSCH, PFEIFFER, *B*. 19,
1302; HANTZSCH, WEBER, *B*. 20, 3119), besteht darin, daß man durch ihre Vereinigung
mit dem Namen eines Ringsystems A die Kondensation von Benzol, Naphthalin, Anthracen
und Phenanthren mit A zum Ausdruck bringt; hiernach würden sich z. B. die Namen
ergeben:

2.3-Benzo-anthracen für No. 51 (s. o.),   1.2-Benzo-phenanthren für No. 52;
1.2; 7.8-Dibenzo-phenanthren für No. 53.

Leider wird aber in der Literatur für die rein isocyclischen Mehrkernsysteme gegenüber diesem
„Kondensationsgebrauch" ein anderes Benennungsverfahren bevorzugt, das man als „Ersatz-
gebrauch" bezeichnen kann, weil man bei seiner Anwendung von dem Gedankengang verfolgt,
daß in Mehrkernsystemen von niedrigerer Ringzahl einzelne Benzolkerne durch Naphthalin-,
Anthracen-Kerne ersetzt werden, und die Vorsilben „Naphtho", „Anthra" usw. zur Bezeichnung dieses Ersatzes benutzt (vgl.: GRÄBE, *B*. 27, 3066; JAPP, FINDLAY, *Soc*. 83, 268 Anm.);
nach diesem Gebrauche wäre also der Kohlenwasserstoff der Formel No. 51 als Naphthanthracen, No. 52 als Naphthophenanthren, No. 53 als Dinaphthophenanthren zu bezeichnen,
während nach dem Kondensationsgebrauch unter „Naphthanthracen" und „Naphtho-

---

[1]) Für Inden ist in der Literatur auch eine andere Bezifferung (mit CH$_2$ beginnend) in
Gebrauch.

phenanthren" Fünfkernsysteme, unter Dinaphthophenanthren ein Siebenkernsystem zu verstehen wären. Um dieser Mißhelligkeit aus dem Wege zu gehen, benutzen STELZNER und KUH (vgl. S. 11) statt der oben aufgeführten, aus den Stämmen gebildeten Vorsilben die aus den vollständigen Namen gebildeten Vorsilben „Benzolo-", „Naphthalino", „Anthraceno-" usw. [vgl die S. 11 zitierte Einleitung, S. (37) Anm.] und verwenden sie ausschließlich im Sinne des „Kondensationsgebrauchs".

Allgemein benutzt HINSBERG (A. 319, 259) für die Orthokondensation von Sechsringen den Ausdruck „Anellierung" (von anellus = kleiner Ring) und unterscheidet zwischen linearer Anellierung, bei welcher nach unseren Strukturformeln die Mittelpunkte der einzelnen Ringe in einer Geraden liegen (s. S. 12 Formelbeispiel No. 49) und angularer Anellierung, bei der ihre Verbindungslinie einen Winkel bildet (s. No. 50); wo beide Arten der Aneinanderreihung sich kombinieren, spricht er von linear-angularer Anellierung. Wird diese Unterscheidung zur Benennung einzelner Mehrkernsysteme benutzt, so bedient man sich der Abkürzungen: lin.-, ang.- und lin.-ang.- (z. B. lin.-Benzanthracen bezw. lin.-Naphthanthracen für No. 51].

Die wichtigsten Bezifferungen findet man S. 12 in die Formeln 45, 47—50 eingezeichnet; man erkennt an ihnen den Grundsatz, als Anfangspunkt ein Glied eines seitenständigen Ringes zu wählen, das einer Kondensationsstelle benachbart ist. Außer der fortlaufenden Numerierung durch arabische Ziffern benutzt man noch generelle Stellungsbezeichnungen durch die griechischen Buchstaben α und β beim Naphthalin (47) und Anthracen (49) zur Unterscheidung derjenigen Stellen der seitenständigen Ringe, welche den Kondensationsstellen benachbart (α) und nicht benachbart (β) sind, also:

$$\alpha = 1, 4, 5 \text{ und } 8; \qquad \beta = 2, 3, 6 \text{ und } 7.$$

Die Stellen 9 und 10 im mittelständigen Ring des Anthracens (vgl. Formel No. 49) bezeichnet man als meso-Stellen (abgekürzt ms-). Die Bezeichnungen „ortho", „meta" und „para" für die Beziehung zweier Stellen eines Ringes zueinander überträgt man zuweilen vom Benzol (vgl. S. 5) auf entsprechende Stellungen des Naphthalins und anderer Mehrkernsysteme. Wichtig ist die Bezeichnung „peri" für die 1.8-Stellung des Naphthalins (BAMBERGER, PHILIP, B. 20, 241) und für analoge, d. h. durch die „Umfassung" einer Kondensationsstelle gekennzeichneter Stellungen in anderen Mehrkernsystemen.

Empfehlenswert sind die folgenden Radikal-Bezeichnungen:

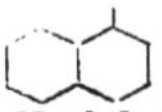

α-Naphthyl
[bezw. Naphthyl-(1)]　　β-Naphthyl
[bezw. Naphthyl-(2)]　　α-Menaphthyl　　β-Menaphthyl

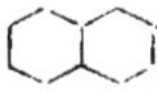

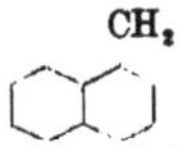

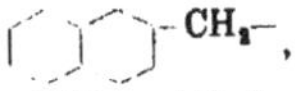

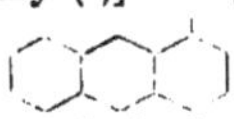

α-Anthryl　　　　β-Anthryl　　　　Anthranyl

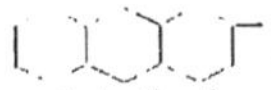

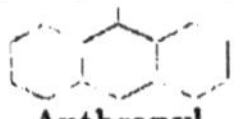

3. Kohlenwasserstoffe mit endocyclischen, zweiwertigen Atombrücken.
Der Fall 3 (S. 10) ist dadurch gekennzeichnet, daß die durch Kondensation dieser Art zustande kommenden Zweikernsysteme aus monocyclischen Systemen auch durch Einschaltung einer zweiwertigen Atombrücke zwischen 2 nicht benachbarte Ringglieder [„endocyclische, reelle Brücken", vgl. STELZNER, KUH in der S. 11 zitierten Schrift, S. (24), (25)] abgeleitet werden können. Den Kohlenwasserstoff der Formel No. 34 z. B., der auf S. 10 als Produkt der Verschmelzung zweier Cyclopentan-Ringe mit Hilfe von drei gemeinsam werdenden Ringgliedern aufgefaßt wurde, kann man auch vom Cyclopentan durch Einfügung einer „Äthylen-Brücke" — $CH_2 \cdot CH_2$ — in 1.3-Stellung oder vom Cyclohexan durch Einfügung einer „Methylen-Brücke" — CH_2 — in 1.4-Stellung ableiten. Man wird der letzteren Auffassung den Vorzug geben, da bei ihr der Ring, welcher der Brücke die Stützpunkte gibt, möglichst groß, die Brücke selbst möglichst klein gewählt ist.

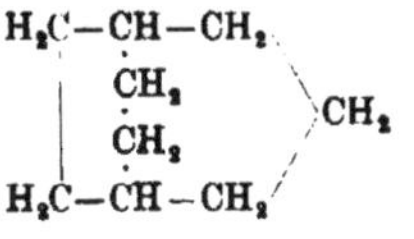

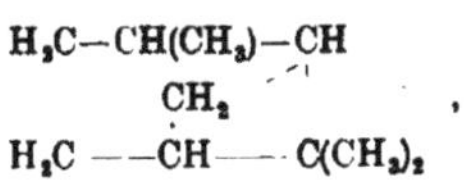

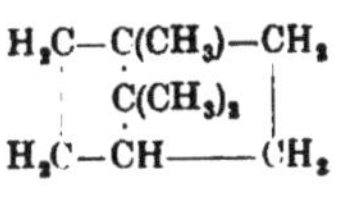

Solcher Auffassung folgend, kann man zu einer rationellen Benennung kommen, indem man den Namen der Brücke mit dem Namen des ihr die Stützpunkte gebenden Ringes und den Ziffern dieser Stützpunkte verbindet; den Kohlenwasserstoff von der Formel No. 34 z. B. kann 1.4-Methylen-cyclohexan genannt werden, derjenige von der Formel 54 (s. u.) 1.4-Äthylen-cycloheptan. BREDT (A. 292, 123 Anm.) benutzt zur Bezeichnung der Brücke die Vorsilbe „*meso*" und drückt die Stellungsbeziehung der Stützpunkte beim Sechsring durch die für Benzol-Diderivate üblichen Präfixe aus, nennt also No. 34: Meso-p-methylen-cyclohexan.

Die Anwendung der BAEYERschen Nomenklatur, die für No. 34 zum Namen Bicyclo-[1.2.2]-heptan, für No. 54 zum Namen Bicyclo-[2.2.3]-nonan führt, ist schon S. 11 erläutert.

Die am meisten bearbeiteten Ringsysteme dieser Art stellen die Kohlenstoffgerüste von bicyclischen Terpenen (vgl. S. 4) und ihnen nahestehenden sauerstoffhaltigen Pflanzenstoffen dar. Von den seit altersher gebräuchlichen Namen solcher Naturstoffe (Pinen $C_{10}H_{16}$, Campher $C_{16}H_{16}O$) sind die *Trivialnamen* „Pinan" und „Camphan" für die je 3 Methyle als Seitenketten enthaltenden Kohlenwasserstoffe No. 55 und 56 abgeleitet; aus ihnen wiederum hat man durch Voransetzung der für entalkylierte Verbindungen häufig benutzten Vorsilbe „*nor*" (abgekürzt aus normal, vgl. MATTHIESSEN, FOSTER, *Soc.* 21, 358) für die entsprechenden methylfreien Kohlenwasserstoffe (57 und 58) die Namen „Norpinan" und „Norcamphan" gebildet:

57.
$$
\begin{array}{l}
H_2C-CH_2-CH \\
\quad |\quad CH_2 \diagup | \\
H_2C-CH---CH_2
\end{array}
\text{ : Norpinan ,}
$$

58.
$$
\begin{array}{l}
H_2C-CH-CH_2 \\
\quad |\quad CH_2\quad | \\
H_2C-CH-CH_2
\end{array}
\text{ :}
\begin{array}{l}
\text{Norcamphan} \\
\text{(= No. 34 auf S. 10).}
\end{array}
$$

4. *Kohlenwasserstoffe mit tricyclisch oder tetracyclisch gebundenen Ringgliedern.* Als Vertreter des Falls 4 (S. 10) hat man einige Mehrkernsysteme kennen gelernt, in denen gewisse Ringglieder drei Einzelringen angehören, „tricyclisch gebunden" sind. Ihre Benennung erfolgte durch *Trivialnamen*, z. B.:

59. Acenaphthen , 60. Fluoranthen , 61. Pyren . 62. Tricyclen .

Den Beispielen 59, 60 und 61 ist gemeinsam, daß man sie sich aus orthokondensierten Systemen durch Angliederung gewisser Ringe in peri-Stellung (vgl. S. 13) entstehend denken kann (59 aus Naphthalin durch Angliederung eines Fünfrings in 1.8-Stellung, 61 aus Naphthalin durch Angliederung zweier Sechsringe in 1.8- und 4.5-Stellung, 60 aus Fluoren durch Angliederung eines Fünfrings in 1.9-Stellung); man kann daher solche Gebilde unter der Bezeichnung „perikondensierte Ringsysteme" zusammenfassen. Für ihre halbrationelle Benennung bieten sich in einfacheren Fällen Möglichkeiten, wenn man die zwischen die peri-Stellungen geschalteten Atomgruppen als „exocyclische Atombrücken" auffaßt (z. B. 1.8-Äthylen-naphthalin für 59, 1.9-Vinylen-fluoren für 60).

Das Beispiel 62 bietet den Fall dar, daß in ein gesättigtes orthokondensiertes Zweikernsystem eine Atombrücke eingreift, deren Stützpunkte zwar auch auf die beiden Einzelringe verteilt sind, aber nicht in deren peri-Stellung sich befinden. Es ist auf Grund der BAEYERschen

63. Nomenklatur (vgl. S. 11) möglich, ihn durch rationelle Namen wiederzugeben, wenn man die Atombrücke sich als Substituenten des bicyclischen Systems (Bicyclo-[0.1.3]-hexan im Beispiel No. 62) eingeführt denkt. Dieses Verfahren würde bei der in No. 62 gewählten Formelschreibung den Namen 6-Methyl-3.6-dimethylmethylen-bicyclo-[0.1.3]-hexan als nächstliegenden ergeben. Berechtigt erscheint aber auf Grund der Formelschreibung in No. 63, welche für die Wiedergabe der Atomverkettung ebenfalls zulässig ist, auch der Name 1.2.2-Trimethyl-3.6-methylen-bicyclo-[0.1.3]-hexan, der vorzuziehen ist, da er die drei Methyle als direkte Ringsubstituenten erscheinen läßt.

A. Kohlenwasserstoffe C_nH_{2n}
(Cycloalkane).

Betrachtungen über die räumliche *Konfiguration* der gesättigten Kohlenstoffringe und die in ihnen herrschende Spannung („Baeyers Spannungstheorie"): BAEYER, *B.* 18,

2277; A. WUNDERLICH, Konfiguration organischer Moleküle [Leipzig 1886], S. 18; HERRMANN, *B.* **21**, 1952; **23**, 2060; SACHSE, *B.* **23**, 1364; *Ph. Ch.* **10**, 203; E. BLOCH, Stereochemie der carbocyclischen Verbindungen [Wien und Leipzig 1903], S. 27. S. auch: W. H. PERKIN jun., *B.* **35**, 2103; KÖTZ, *J. pr.* [2] **68**, 174.

Vorkommen und pyrogene Bildung von Cycloalkan-Gemischen. Cycloalkane finden sich in Erdölen (vgl. Bd. I, S. 54 und Syst. No. 4723); besonders reich an ihnen ist das kaukasische Erdöl (BEILSTEIN, KURBATOW, *B.* **13**, 1818; SCHÜTZENBERGER, JONINE, *C. r.* **91**, 823). Über Vorkommen in amerikanischen Erdölen vgl.: B., K., *B.* **13**, 2028; in galizischem Erdöl: LACHOWICZ, *A.* **220**, 201. Man faßt die in den Erdölen vorkommenden Cycloalkane unter der Bezeichnung „Naphthene" zusammen (MARKOWNIKOW, OGLOBLIN, *B.* **16**, 1876). Sie gehören teils der Cyclopentan-, teils der Cyclohexan-Reihe an (vgl.: MARKOWNIKOW, *B.* **30**, 974; ASCHAN, *B.* **31**, 1803; **32**, 1769); auch Cycloheptan kommt nach MARKOWNIKOW (*C.* 1903 I, 568) im Erdöl vor. Zusammenfassende Literatur über die Naphthene: WISCHIN, Die Naphthene [Braunschweig 1901]; ENGLER, Chemie und Physik des Erdöls [Leipzig 1913], S. 276 ff.

Cycloalkane finden sich ferner im Schieferteer (HEUSLER, *B.* **30**, 2746) und in der Harzessenz (RENARD, *A. ch.* [6] **1**, 228). Sie entstehen bei mäßiger Überhitzung der Dämpfe von schweren Mineralölen (ENGLER, *B.* **30**, 2908, 2918), vielleicht auch bei der Destillation von Fetten unter Druck (ENGLER, LEHMANN, *B.* **30**, 2367).

Bildung und Darstellung. Zusammenfassender Vortrag über synthetische Darstellung von Kohlenstoffringen: W. H. PERKIN jun., *B.* **35**, 2091.

Über die Darstellung von Kohlenwasserstoffen der Cyclohexan-Reihe aus Benzol-Kohlenwasserstoffen durch Reduktion mit Wasserstoff in Gegenwart von reduziertem Nickel bei höherer Temperatur (170—250⁰) s. SABATIER, SENDERENS, *C. r.* **132**, 566, 1254.

Darstellung der Naphthene aus kaukasischer Naphtha: Man gewinnt sie in annähernd reinem Zustand, indem man die Naphtha-Öle zunächst von 10⁰ zu 10⁰ fraktioniert, die Fraktionen dann mit 10 Gewichtsprozenten Schwefelsäure (zur Entfernung ungesättigter Kohlenwasserstoffe), darauf mit dem halben Volum Salpeterschwefelsäure (zur Entfernung aromatischer Kohlenwasserstoffe) schüttelt, endlich unter sorgfältigen Dephlegmation unterwirft. Zur Gewinnung ganz reiner Präparate stellt man zunächst die Chloride $C_nH_{2n-1}Cl$ durch Chlorieren der Kohlenwasserstoffe dar, führt diese durch Erhitzen mit 6 Vol. rauchender Jodwasserstoffsäure auf 130—140⁰ (24 Stunden) in die Jodide $C_nH_{2n-1}I$ über und reduziert die reinen Jodide wieder mit dem Kupferzinkpaar und Salzsäure (MARKOWNIKOW, Ж. **30**, 59; *C.* 1898 II, 576; *A.* **301**, 154; **302**, 6; s. auch ZELINSKY, *B.* **34**, 2801).

Eigenschaften. Die Cycloalkane zeigen im Vergleich mit den ihnen isomeren Alkenen (vgl. Bd. I, S. 179) sowohl wie mit den um 2 Atome Wasserstoff reicheren Alkanen höheres spezifisches Gewicht (vgl. W. H. PERKIN jun., *B.* **35**, 2101).

Spezifische Wärme und Verdampfungswärme von Naphthenen aus kalifornischem Erdöl: MABERY, GOLDSTEIN, *Am.* **28**, 66.

1. Cyclopropan, Trimethylen $C_3H_6 = \overset{H_2C}{\underset{H_2C}{\Big\rangle}}CH_2$. *B.* Beim Erhitzen von Trimethylenbromid (Bd. I, S. 110) mit Natrium (A. FREUND, *M.* **3**, 626; *J. pr.* [2] **26**, 368). Man gibt Trimethylenbromid zu Natrium, das sich unter siedendem Xylol befindet (WOLKOW, MENSCHUTKIN, Ж. **32**, 126; *C.* 1900 II, 43). Beim Erwärmen von Trimethylenbromid mit Zinkstaub und 75%igem Alkohol auf 50—60⁰ (GUSTAVSON, *J. pr.* [2] **36**, 300); zur Frage der Beimengung von Propylen in dem auf diesem Wege gewonnenen Trimethylen vgl.: WOLKOW, MENSCHUTKIN, *B.* **31**, 3067; Ж. **32**, 118; *C.* 1900 II, 42; TANATAR, *B.* **32**, 702; GUSTAVSON, *C. r.* **128**, 437; *J. pr.* [2] **59**, 302; **62**, 289 Anm. Beim Erwärmen von Trimethylenbromid mit Zinkwolle und Isoamylalkohol (HAEHN, *Ar.* **245**, 518). Bei der Einw. von Magnesium auf Trimethylenbromid in Äther, neben Propylen und anderen Produkten (ZELINSKY, GUTT, *B.* **40**, 3049). Bei der Einw. von Alkalimetallammoniumverbindungen in verflüssigtem Ammoniak auf Trimethylenbromid (CHABLAY, *C. r.* **142**, 94). Beim Erwärmen von Trimethylenbromid mit Zinkstaub und 50%iger Essigsäure auf dem Wasserbade (ZELINSKY, SCHLESINGER, *B.* **41**, 2430; *C.* 1908 II, 1859). — *Darst.* Man vermischt 15 g Trimethylenbromid mit 25 ccm 95%igem Alkohol, reduziert zunächst mit 3 g Zinkstaub, um das Gas zu sammeln und läßt dann die abgegossene und mit ein paar Tropfen Wasser versetzte Bromidlösung zu 15 g Zinkstaub tropfenweise zufließen; die Reaktion tritt bei 65⁰ ein. Man reinigt das Gas mit Kaliumpermanganat, verflüssigt es durch Abkühlen mit festem Kohlendioxyd und Äther und verwirft den nicht kondensierbaren Anteil (WILLSTÄTTER, BRUCE, *B.* **40**, 4458; vgl. GUSTAVSON, *C. r.* **128**, 438; *J. pr.* [2] **59**, 304).

Cyclopropan ist bei gewöhnlicher Temperatur und unter Atmosphärendruck ein Gas (A. FREUND). Wird bei gewöhnlicher Temperatur durch einen Druck von 5—6 Atmosphären (MOLTSCHANOWSKI, Ж. 21, 32) und unter Atmosphärendruck durch Abkühlen mit einem Gemisch von Kohlendioxyd und Äther verflüssigt (WI., BR.). Erstarrt beim Abkühlen durch flüssige Luft (LADENBURG, KRÜGEL, *B.* **32**, 1822). F: −126,6⁰ (LADENBURG, KRÜGEL, *B.* **33**, 638). Das verflüssigte Cyclopropan siedet unter 749 mm Druck bei etwa −34⁰ (LA., KR., *B.* **33**, 638). Molekulare Verbrennungswärme des gasförmigen Cyclopropans bei konstantem Druck: 499,43 Cal. (THOMSEN, Thermochemische Untersuchungen, Bd. IV [Leipzig 1886], S. 69; *Ph. Ch.* **52**, 343), 507,8 Cal. (BERTHELOT, MATIGNON, *Bl.* [3] 11, 739). — Cyclopropan liefert beim Leiten durch glühende Röhren Propylen (TANATAR, *B.* **29**, 1298; **32**, 702, 1965). Die Umwandlung ist bei 550⁰ fast vollständig (BERTHELOT, *C. r.* **129**, 490; *A. ch.* [7] **20**, 40). Läßt man Cyclopropan äußerst langsam bei 370—385⁰ das Rohr passieren, so entsteht nur sehr wenig Propylen (IPATJEW, HUHN, *B.* **36**, 2014). Nimmt man das Erhitzen des Cyclopropans in Gegenwart von Kontaktsubstanzen vor, so erfolgt die Umwandlung in Propylen bei tieferer Temp.; so wird trocknes luftfreies Trimethylen in Gegenwart von Eisenspänen bei 100⁰ zu 50—70 % (IPATJEW, *B.* **35**, 1063), in Gegenwart von Platinmohr bei 200⁰ zu 4—5 %, bei 315⁰ zu 29 % und in Gegenwart von ausgeglühtem Aluminiumoxyd bei 370—385⁰ zu etwa 20 % umgewandelt („Kontaktisomerisation") (IPATJEW, HUHN, *B.* **36**, 2014). Feuchtes lufthaltiges Cyclopropan geht in Gegenwart von Platinschwarz schon bei gewöhnlicher Temp. zu 20—30 %, bei 100⁰ zu 40—45 % in Propylen über (TANATAR, *Ph. Ch.* **41**, 735). Verhalten bei Einw. der dunklen elektrischen Entladung in Gegenwart von Stickstoff: BERTHELOT, *C. r.* **126**, 572. Beim Durchleiten eines Gemisches von Cyclopropan und Luft durch ein glühendes Rohr entsteht Formaldehyd (WOLKOW, MENSCHUTKIN, *B.* **31**, 3067; vgl. dazu TANATAR, *B.* **32**, 705). Über die Explosion mit Sauerstoff vgl. BONE, DRUGMAN, *Soc.* **89**, 674. Cyclopropan wird von kalter Permanganatlösung nicht angegriffen (WAGNER, *B.* **21**, 1236) und von festem, mit Wasser angefeuchtetem Permanganat kaum verändert (GUSTAVSON, *J. pr.* [2] **62**, 285). Eine sehr verdünnte Lösung von Permanganat wird beim Erhitzen mit einem Überschuß von Cyclopropan im geschlossenen Rohr bis auf 200⁰ nicht entfärbt, erst bei 250⁰ verschwindet die Farbe (GU., *J. pr.* [2] **62**, 285). Cyclopropan gibt beim Leiten über Nickel bei 120⁰ in Gegenwart von Wasserstoff Propan (WI., BR., *B.* **40**, 4459). Chlor wirkt auf Cyclopropan im Dunkeln nicht ein; im Sonnenlicht erfolgt Explosion (GU., *J. pr.* [2] **42**, 495). Bei der Einw. von Cyclopropan mit Chlor in Gegenwart von Wasser entstehen Chlorcyclopropan (s. u.) (GU., *J. pr.* [2] **43**, 396), 1.1-Dichlor-cyclopropan (S. 17) (GU., *J. pr.* [2] **42**, 495), 1.3-Dichlor-propan, 1.1.3-Trichlor-propan und wenig 1.2.3-Trichlor-propan (GU., *J. pr.* [2] **50**, 380). Im Sonnenlicht verbinden sich Cyclopropan und Brom in trocknem oder feuchtem Zustand schnell unter Bildung von 1.3-Dibrom-propan als einzigem Reaktionsprodukt (GU., *J. pr.* [2] **62**, 294). Scharf getrocknetes Cyclopropan und trocknes Brom wirken im Dunkeln bei Zimmertemperatur nur sehr träge aufeinander ein (GU., *C. r.* **131**, 273; *J. pr.* [2] **62**, 273, 287). Einige Tropfen Wasser befördern die Reaktion merklich (GU., *J. pr.* [2] **62**, 273); sie wird durch die Gegenwart von Bromüberträgern, wie Aluminiumchlorid, Aluminiumbromid, Eisenchlorid, Zinkchlorid und Jod wesentlich beschleunigt (GU., *J. pr.* [2] **62**, 273, 292); in der gleichen Weise wirken wäßr. Lösungen von bromwasserstoffsauren Salzen (NaBr, BaBr₂) und wäßr. Bromwasserstoffsäure (GU., *J. pr.* [2] **62**, 273, 282; vgl. GU., *C. r.* **131**, 273). Bei der Bromierung in Gegenwart von Bromwasserstoffsäure entstehen 1.3-Dibrom-propan, 1.2-Dibrom-propan, deren Bromierungsprodukte und etwas Propylbromid (GU., *J. pr.* [2] **62**, 273; vgl. A. FREUND, *M.* **3**, 628; *J. pr.* [2] **26**, 370; GU., *C. r.* **128**, 437; *J. pr.* [2] **59**, 302). In Gegenwart von Aluminiumbromid oder Eisenchlorid entsteht vorwiegend Propylenbromid (GU., *J. pr.* [2] **62**, 292). Die Absorption von Brom durch Cyclopropan erfolgt schwieriger als durch Propylen (A. FREUND, *M.* **3**, 628; *J. pr.* [2] **26**, 370; BERTHELOT, *C. r.* **128**, 370; *A. ch.* [7] **20**, 31). Cyclopropan gibt mit rauchender Bromwasserstoffsäure Propylbromid (GU., *J. pr.* [2] **62**, 290). Liefert mit hochkonzentrierter Jodwasserstoffsäure Propyljodid (A. FREUND, *M.* **3**, 630; *J. pr.* [2] **26**, 372). Cyclopropan wird von konz. Schwefelsäure absorbiert (GU., *J. pr.* [2] **36**, 301), und zwar löst 1 g konz. Schwefelsäure bei 18⁰ 480 ccm Cyclopropan (BER., *A. ch.* [7] **4**, 102); verdünnt man die schwefelsaure Lösung mit Wasser und destilliert, so erhält man Propylalkohol (GU., *J. pr.* [2] **36**, 301). Cyclopropan wird von salzsaurer Kupferchlorürlösung sehr langsam absorbiert; der unabsorbierte Teil enthält nach längerer Berührung mit der Kupferchlorürlösung reichliche Mengen Propylen (BER., *A. ch.* [7] **23**, 37).

Chlorcyclopropan, Cyclopropylchlorid C_3H_5Cl. *B.* Beim Chlorieren von Cyclopropan im zerstreuten Tageslicht (GUSTAVSON, *J. pr.* [2] **43**, 396). — Flüssig. Kp₇₄₄: 43⁰ (G., *J. pr.* [2] **43**, 396). Einw. von Brom: G., *J. pr.* [2] **43**, 397. Einw. von alkoh. Kalilauge: G., *J. pr.* [2] **43**, 400. Beim Erhitzen mit Kaliumacetat und Essigsäure entsteht Allylacetat (G., *J. pr.* [2] **46**, 159).

1.1-Diehlor-cyclopropan $C_3H_4Cl_2$.   B.   Durch Zusammenbringen von Cyclopropan und Chlor im zerstreuten Tageslichte (GUSTAVSON, J. pr. [2] 42, 496). — Flüssig. Kp: 75° (G.). D_4^{17}: 1,206 (G.); $D_4^{17,7}$: 1,2105 (BRÜHL, B. 25, 1954). $n_\alpha^{17,7}$: 1,43751; $n_\beta^{17,7}$: 1,44021; $n_\gamma^{17,7}$: 1,45131 (BR.).   Molekulare Verbrennungswärme für flüssiges Dichlorcyclopropan bei konstantem Druck im Falle der Entstehung von wäßr. Salzsäure: 426,0 Cal. (BERTHELOT, MATIGNON, A. ch. [6] 28, 135, 573). — Gibt mit Brom im Sonnenlicht 2.2-Dichlor-1.3-dibrompropan (G.).   Wird beim Erhitzen mit Natrium im Rohr auf 140° nicht verändert, bei 160° bis 165° unter Bildung einer dunkelgrauen Masse zersetzt (G.).

2. Kohlenwasserstoffe C_4H_8.

1. **Cyclobutan, Tetramethylen** $C_4H_8 = H_2C{<}^{CH_2}_{CH_2}{>}CH_2$.   B.   Durch Reduktion von Cyclobuten (S. 61) mit Wasserstoff in Gegenwart von Nickel bei 100° (WILLSTÄTTER, BRUCE, B. 40, 3983). — Sehr schwach riechendes Gas, das mit leuchtender Flamme brennt. Verflüssigt sich beim Abkühlen auf —15° und bleibt bis —80° flüssig. Das verflüssigte Cyclobutan siedet unter einem Druck von 726 mm bei 11—12° (korr.). D_4^0: 0,703; D^{-1}: 0,718. Unlöslich in Wasser; sehr leicht löslich in Alkohol und Aceton. n_D^0: 1,3752. — Gibt bei der Reduktion mit Wasserstoff in Gegenwart von Nickel bei 200° Butan. Ist in der Kälte gegen konz. Jodwasserstoffsäure und gegen Brom in Chloroform beständig.

Das sogenannte Chlorcyclobutan C_4H_7Cl ist nach der wahrscheinlicheren Formel eines Chlormethyl-cyclopropans (S. 18) eingeordnet worden.

1.2-Dichlor-cyclobutan $C_4H_6Cl_2$.   B.   Aus Cyclobuten in Schwefelkohlenstoff mit Chlor (WILLSTÄTTER, BRUCE, B. 40, 3990). — Nicht brennbare Flüssigkeit. Kp: 133,5—134.5° (korr.). D_4^0: 1,235; D_4^{20}: 1,213. Mischbar mit organischen Lösungsmitteln. — Gibt beim Erhitzen mit Brom mit etwas Eisenpulver auf 60° und dann auf 100—110° als Hauptprodukt Dichlortribrombutan (Bd. I, S. 121, Z. 17 v. u.) neben Dichlordibrombutan (Bd. I, S. 121. Z. 24 v. o.) und 1.4-Dichlor-1.2.3.4-tetrabrom-butan (Bd. I, S. 122).

1.1-Dibrom-cyclobutan $C_4H_6Br_2$.   B.   Aus 1-Brom-cyclobuten-(1) mit einem Überschuß von 33%iger Eisessig-Bromwasserstoffsäure (W., B., B. 40, 3995).   Bei der Einw. von Brom und Alkali auf das Amid der 1-Brom-cyclobuten-carbonsäure-(1) (Syst. No. 893), neben Cyclobutanon (KISHNER, Ж. 37, 108; C. 1905 I, 1220). — Öl. Kp: 157—158,5° (korr.) (W., B.), 159—161° (K., Ж. 37, 108; C. 1905 I, 1220). D_4^0: 1,960; D_4^{20}: 1,933 (W., B.); D_0^{25}: 1,8934 (K., Ж. 37, 108; C. 1905 I, 1220). Mischbar mit organischen Lösungsmitteln (W., B.). n_D^0: 1,53618 (W., B.). — Liefert beim Erhitzen mit Bleioxyd und Wasser Cyclobutanon (Syst. No. 611) neben 1-Brom-cyclobuten-(1) (K., Ж. 39, 924; C. 1908 I, 123).   Gibt mit salzsaurem Semicarbazid und Kaliumacetat bei 100° das Semicarbazon des Cyclobutanons (K., Ж. 37, 108; 39, 924; C. 1905 I, 1220; 1908 I, 123).

1.2-Dibrom-cyclobutan $C_4H_6Br_2$.   B.   Aus Cyclobuten und Brom in Chloroform bei —5° (WILLSTÄTTER, v. SCHMÄDEL, B. 38, 1995). — Öl. Erstarrt bei —2° zu einer blättrig-krystallinischen Masse, die bei 1—4° unscharf schmilzt; Kp_{24}: 69,5°; Kp_{760}: 171—174° (korr.); D_4^0: 1,972 (W., v. SCH.). — Gibt beim Erhitzen mit Chinolin neben hochmolekularen Kondensationsprodukten wenig Butadien-(1.3) (W., v. SCH.). Gibt in alkoh. Lösung mit Zinkstaub bei 80—100° Cyclobuten (W., BRUCE, B. 40, 3986). Bei der Einw. von Brom in Gegenwart von Eisenpulver entsteht ein Tetrabrombutan (Bd. I, S. 121, Z. 11 v. u.) und oft auch 1.1.2.2.3.4-Hexabrom-cyclobutan (S. 18) (W., B., B. 40, 3992).   Die letzte Verbindung entsteht als Hauptprodukt neben Tetrabrombutan, wenn man Dibromcyclobutan mit Brom und etwas Jod im geschlossenen Rohr auf 180—200° erhitzt (W., B., B. 40, 3999).   Beim Erwärmen von 1.2-Dibrom-cyclobutan mit gepulvertem Kaliumhydroxyd auf 100—105° entsteht 1-Brom-cyclobuten-(1), das bei weiterem Erhitzen mit KOH oberhalb 210° unter Bildung von Acetylen und anderen Produkten zerlegt wird (W., v. SCH.).

1.1.2-Tribrom-cyclobutan $C_4H_5Br_3$.   B.   Aus 1-Brom-cyclobuten-(1) in Chloroform mit Brom (W., B., B. 40, 3996). — Campherartig riechendes Öl. Kp_{10-20}: 109—110°. Mit Wasserdämpfen flüchtig. D^1: 2,374. Mischbar mit Alkohol und Äther. — Gibt mit methylalkoh. Kalilauge 1.2-Dibrom-cyclobuten-(1).

1.1.2.2-Tetrabrom-cyclobutan $C_4H_4Br_4$.   B.   Aus 1.2-Dibrom-cyclobuten-(1) in Chloroform mit Brom bei etwa 40° (W., B., B. 40, 3997). — Sechseckige und rhombenförmige Tafeln (aus Petroläther). Besitzt einen campherartigen, die Augen etwas reizenden Geruch. F: 126°. Leicht löslich in Äther, Alkohol, Methylalkohol; sehr leicht in Chloroform, Aceton und Benzol. — Gibt bei gelindem Erwärmen mit Brom und etwas Eisenpulver 1.1.2.2.3-Pentabrom-cyclobutan und 1.1.2.2.3.4-Hexabrom-cyclobutan.   Gibt beim Erwärmen mit methylalkoh. Kalilauge 1.2-Dibrom-cyclobuten-(1).

1.1.2.2.3-Pentabrom-cyclobutan $C_4H_3Br_5$. *B.* Bei gelindem Erwärmen von 1.1.2.2-Tetrabrom-cyclobutan mit Brom und etwas Eisenpulver (W., B., *B.* **40**, 3998). — Terpenähnlich riechendes Öl. Flüchtig mit Wasserdampf. Kp_{19}: 175—185°. D_7^o: 2,88. Nicht mischbar mit Alkohol, aber darin leicht löslich; leicht löslich in Petroläther, mischbar mit Äther und Chloroform.

1.1.2.2.3.4-Hexabrom-cyclobutan $C_4H_2Br_6$. Zur Konstitution vgl. W., B., *B.* **40**, 3984. — *B.* Entsteht, wenn man Acetylen (gewonnen aus Acetylenkupfer und Salzsäure) in Brom leitet (NOYES, TUCKER, *Am.* **19**, 123; vgl. SSABANEJEW, *A.* **178**, 111, 114; Ж. **21**, 1). Beim Erhitzen von 1.2-Dibrom-cyclobutan mit Brom und etwas Jod im geschlossenen Rohr auf 180—200° (W., B., *B.* **40**, 3999). Aus 1.1.2.2-Tetrabrom-cyclobutan mit Brom und Eisen bei 50—80° (W., B., *B.* **40**, 3998). — Rhombenförmige, mitunter sechseckige Täfelchen (aus Benzol). F: 172—174°(S.), 183,5°(korr.) (N., T.), 186,5°(korr.) (W., B.). Ist mit Wasserdampf sehr wenig flüchtig (W., B.). Sehr wenig löslich in Petroläther, schwer in Alkohol, Äther, leicht in Benzol, Chloroform, Aceton (W., B.). — Zersetzt sich beim Erhitzen unter Abspaltung von Brom (W., B.). Beim Kochen der Benzollösung mit Silberpulver tritt ¹/₃ des Broms als Silberbromid aus, dabei bildet sich eine in langen Nadeln krystallisierende Verbindung $(C_2HBr_2)_x$, die bei 55—56° schmilzt (S., Ж. **21**, 3).

Das sogenannte Jodcyclobutan ist nach der wahrscheinlicheren Formel eines Jodmethyl-cyclopropans (S. 19) eingeordnet worden.

1.2-Dijod-cyclobutan $C_4H_6I_2$. *B.* Aus Cyclobuten in Chloroform mit 1 Mol.-Gew. Jod bei 0° (WILLSTÄTTER, BRUCE, *B.* **40**, 3990). — Campherartig riechende, rhombenförmige Tafeln. F: 48°. Ist bei gewöhnlicher Temp. merklich flüchtig. D_7^o: 2,659. Sehr leicht löslich in Äther, Chloroform, Aceton, Benzol, leicht in Alkohol, Methylalkohol und Petroläther. — Ist bei schwacher Belichtung an der Luft beständig, färbt sich am starken Tageslicht braun. Die Chloroformlösung wird sehr schnell violett. Zersetzt sich bei etwa 140°. Gibt mit Brom ein Tetrabrombutan (Bd. I, S. 121, Z. 11 v. u.).

2. Methylcyclopropan, Methyltrimethylen $C_4H_8 = \begin{matrix} H_2C \\ H_2C \end{matrix}\!\!>\!\!CH\cdot CH_3$. *B.* Beim Erwärmen von 10 g 1.3-Dibrom-butan (Bd. I, S. 120) mit 12 g Zinkstaub und 20 g 70%igem Alkohol auf 40—45° und schließlich auf 80° (DEMJANOW, *B.* **28**, 22). — Gas. Verflüssigt sich im Kältegemisch von Eis und Kochsalz, siedet bei +4° bis +5°; $D_0^{-?}$: 0,6912 (D., *B.* **28**, 23). — Wird von konz. Schwefelsäure absorbiert und gibt mit dieser ein Gemisch von hochsiedenden Polymeren (D., *B.* **28**, 23). Bei der Einw. von 50-volumproz. Schwefelsäure entsteht sek. Butylalkohol (D., *B.* **28**, 23). Durch Einw. von Brom unter Lichtabschluß entsteht als Hauptprodukt 1.3-Dibrom-butan neben 1-Brom-1-methyl-cyclopropan (?) (s. u.) und 1.3.3-Tribrom-butan (?) (Bd. I, S. 121) (D., Ж. **34**, 217; *C.* **1902** I, 1277). Liefert mit Jodwasserstoffsäure (D: 1,96) 2-Jod-butan (Bd. I, S. 123) (D., *B.* **28**, 23).

1¹-Chlor-1-methyl-cyclopropan, Chlormethyl-cyclopropan $C_4H_7Cl = C_3H_5\cdot CH_2Cl$. *B.* Diese Verbindung dürfte der Hauptbestandteil der Produkte sein, welche durch Einw. von PCl_5 (PERKIN, *Soc.* **65**, 964) oder Chlorwasserstoff (DALLE, *C.* **1902** I, 913; *R.* **21**, 132) auf Gemische von Cyclobutanol und Cyclopropylcarbinol (s. diese Artikel) entstehen (vgl. DEMJANOW, *B.* **40**, 4396, 4963). — Farblose Flüssigkeit von angenehmem Geruch. Unlöslich in Wasser, leicht löslich in Alkohol und Äther (DA.).

1 (?) -Brom-1-methyl-cyclopropan $C_4H_7Br = C_3H_4Br\cdot CH_3$. *B.* Aus Methylcyclopropan und Brom bei Ausschluß von Licht (DEMJANOW, Ж. **34**, 218; *C.* **1902** I, 1277). — Flüssig. Kp: 90—100°.

1¹-Brom-1-methyl-cyclopropan, Brommethyl-cyclopropan $C_4H_7Br = C_3H_5\cdot CH_2Br$. Einheitlichkeit fraglich, vielleicht Gemisch mit Bromcyclobutan¹). — *B.* Durch Einw. von hochkonz. Bromwasserstoffsäure (bei 0° gesättigt) auf Methylol-cyclopropan (Syst. No. 502) bei höchstens 70° (DEMJANOW, FORTUNATOW, Ж. **39**, 1092; *C.* **1908** I, 818; DE., DOJARENKO, *B.* **41**, 45; vgl. auch DALLE, *C.* **1902** I, 913; *R.* **21**, 133). — Flüssig. Kp: 105—106°; D_{14}^0: 1,403; D_{14}^{19}: 1,3986; D_{14}^{0}: 1,393; $n_D^{19,5}$: 1,475 (DE., DO., *B.* **41**, 45).

Ein Gemisch von ähnlicher Zusammensetzung stellt vielleicht das Bromid C_4H_7Br²) dar, welches beim Erwärmen von Cyclobutanol (Syst. No. 502) mit rauchender Bromwasser-

---

¹) Vgl. zur Konstitution die Arbeit von N. DEMJANOW, J. DEMJANOW (Ж. **46**, 44; *C.* **1914** I, 1998), welche nach dem für die 4. Aufl. dieses Handbuchs geltenden Literatur-Schlußtermin (1. I. 1910) erschienen.

²) Zur Konstitution vgl. die Arbeit von DEMJANOW, DOJARENKO (Ж. **43**, 843; *C.* **1911** II, 1681), welche nach dem für die 4. Aufl. dieses Handbuchs geltenden Literatur-Schlußtermin (1. I. 1910) erschienen ist.

stoffsäure auf höchstens 70° entsteht (DE., Do., *B.* **41**, 44; vgl. W. H. PERKIN jun., *Soc.* **65**, 961). — Flüssigkeit, die sich am Licht bräunlich färbt; Kp_{748}: 105—106°; D_{14}^{16}: 1,4155; $D_{4}^{14.4}$: 1,410; D_{4}^{26}: 1,406; n_D^{16}: 1,476 (DE., Do.). — Bei aufeinander folgender Einw. von Magnesium und Kohlendioxyd entsteht Cyclopropylessigsäure (Syst. No. 893) (DE., Do.).

1¹-Jod-1-methyl-cyclopropan, Jodmethyl-cyclopropan $C_4H_7I = C_3H_5 \cdot CH_2I$. *B.* Entsteht (wahrscheinlich neben anderen Produkten) durch Behandlung des Gemisches von Cyclopropylcarbinol und Cyclobutanol, das durch Diazotierung von Cyclopropylamin erhalten wird, mit Jod und rotem Phosphor (DEMJANOW, Ж. **35**, 379; *C.* **1903** II, 489; vgl. auch DALLE, *C.* **1902** I, 913; *R.* **21**, 134). — Farblose Flüssigkeit, die sich im Licht bräunt. Kp_{33}: 134° (DE.). Bei der Einw. von gepulvertem Kaliumhydroxyd entsteht Divinyl (Bd. I, S. 249) (DE.).

Ein ähnliches Gemisch dürfte das „Jodcyclobutan" C_4H_7I von W. H. PERKIN jun. (*Soc.* **65**, 964) darstellen, das aus unreinem Chlormethylcyclopropan (S. 18) durch Erhitzen mit Kaliumjodid und Methylalkohol im geschlossenen Rohr auf 125° entsteht. — Flüssig. Kp: 138°.

3. Kohlenwasserstoffe C_5H_{10}.

1. **Cyclopentan, Pentamethylen** C_5H_{10} = $\begin{matrix} H_2C-CH_2 \\ | \quad\quad | \\ H_2C-CH_2 \end{matrix}$ $\Big\rangle CH_2$. *V.* In der bei 48—51° siedenden Fraktion des kaukasischen Erdöles (MARKOWNIKOW, *B.* **30**, 975). Im amerikanischen Petroleum (YOUNG, *Soc.* **73**, 906). — *B.* Beim Erwärmen von Pentamethylendibromid $CH_2Br \cdot [CH_2]_3 \cdot CH_2Br$ mit Zinkstaub und Alkohol (GUSTAVSON, DEMJANOW, Ж. **21**, 344). Man versetzt eine Lösung von 1 Tl. Jodcyclopentan (s. u.) in 5 Tln. Alkohol mit Zinkgranalien und fügt allmählich rauchende Salzsäure hinzu (WISLICENUS, HENTZSCHEL, *A.* **275**, 327). Durch Hydrierung von Cyclopentadien mit Wasserstoff in Gegenwart von Nickel (EIJKMAN, *C.* **1903** II, 989). — Öl, das bei —80° noch flüssig bleibt (E., *C.* **1903** II, 989). Kp_{760}: 49° (E., *C.* **1903** II, 989); Kp: 50,2—50,8° (W., H.). $D^{20.4}$: 0,7517 (E., *C.* **1903** II, 989); $D^{20.1}$: 0,7543 (E., *C.* **1907** II, 1209); $D^{20.4}$: 0,7506 (W., H.). Siedepunktserhöhungskonstante: EIJKMAN, *C.* **1903** II, 1408; $n_D^{20.1}$: 1,4039 (W., H.); $n_\alpha^{20.1}$: 1,40464 (E., *C.* **1907** II, 1209). Dispersion: EIJKMAN, *C.* **1907** II, 1209. — Einw. von Brom: W., H., *A.* **275**, 330. Gibt mit Salpetersäure Nitrocyclopentan und Glutarsäure (M.).

Chlorcyclopentan, Cyclopentylchlorid C_5H_9Cl. *B.* Aus Cyclopentanol mit gesättigter Salzsäure bei 110° (ZELINSKY, *B.* **41**, 2627). — Kp: 114,5—115° (korr.). D_4^{21}: 1,0051. n_D^{23}: 1,4510.

1.2.3- oder 1.2.4-Trichlor-cyclopentan $C_5H_7Cl_3$. *B.* Aus Chlorcyclopenten (Syst. No. 453) und Chlor in der Kälte (KRÄMER, SPILKER, *B.* **29**, 555). — Flüssig. Kp: 195—197°. $D_?^{21}$: 1,3695. Leicht flüchtig mit Wasserdämpfen. Mischbar mit Alkohol usw. Wird von konz. Schwefelsäure und rauchender Salpetersäure in der Kälte nicht verändert.

1.2.3.4-Tetrachlor-cyclopentan $C_5H_6Cl_4$. *B.* Durch Einleiten von Chlor in die Chloroformlösung des Cyclopentadiens bei etwa —15° (KRÄMER, SPILKER, *B.* **29**, 555). — Flüssig. Kp_{12}: 94°; Kp_{25}: 103°. D^{15}: 1,423. Mischbar mit Alkohol usw.

Bromcyclopentan, Cyclopentylbromid C_5H_9Br. *B.* Man sättigt Cyclopentanol mit Bromwasserstoff und überläßt die Lösung einige Tage sich selbst (WISLICENUS, HENTZSCHEL, *A.* **275**, 324). — Beim Erwärmen von Cyclobutylcarbinol mit einer bei 0° gesättigten Bromwasserstoffsäure (DEMJANOW, *B.* **40**, 4960). — *Darst.* Man erhitzt Cyclopentanol mit der fünffachen Menge konz. wäßr. Bromwasserstoffsäure im geschlossenen Rohr auf 100° (BORSCHE, LANGE, *B.* **40**, 2221; vgl. DEMJANOW, LUSCHNIKOW, Ж. **35**, 31; *C.* **1903** I, 828). — Flüssigkeit, die sich beim Stehen bräunt. Kp_{750}: 136—138° (B., LA.); Kp: 137—139° (D.); Kp_{743}: 135—138° (D., LU.). D_4^5: 1,3883; D_4^{21}: 1,3692 (D., LU.); D_{15}^{15}: 1,400 (D.). n_D^5: 1,490 (D., LU.); n_D^{21}: 1,4875 (D.). — Liefert bei der Reduktion mit Zink-Palladium und Bromwasserstoffsäure Cyclopentan (D.).

1.2-Dibrom-cyclopentan $C_5H_8Br_2$. *B.* Aus Cyclopenten und Brom in CS_2 (WISLICENUS, GÄRTNER, *A.* **275**, 332). — Öl. Kp_{45}: 105—105,5°.

1.2.3.4-Tetrabrom-cyclopentan $C_5H_6Br_4$. *B.* Aus 1 Mol.-Gew. Cyclopentadien und 4 At.-Gew. Brom in Petroläther bei —15° bis —20° (KRÄMER, SPILKER, *B.* **29**, 556). Aus dem bei 45—46° schmelzenden 3.5-Dibrom-cyclopenten-(1) (S. 62) und 2 At.-Gew. Brom in Chlorofrom (KR., SP.). — Flüssig. Im Vakuum unzersetzt destillierbar. D_4^{21}: 2,5224. Wird von Brom bei 50° nicht verändert.

Jodcyclopentan, Cyclopentyljodid C_5H_9I. *B.* Man sättigt Cyclopentanol bei 0° mit Jodwasserstoff (WISLICENUS, HENTZSCHEL, *A.* **275**, 324). — Öl. Siedet bei 166—167°

2*

(korr.) (im CO_2-Strom, unter geringer Zers.); $D_?^?$: 1,6945 (W., H.). — Gibt mit alkoh. Kalilauge auf dem Wasserbade Cyclopenten (W., GÄRTNER, A. 275, 331).

2. **Methylcyclobutan** $C_5H_{10} = H_2C\!<\!\genfrac{}{}{0pt}{}{CH_2}{CH_2}\!>\!CH \cdot CH_2$.   B.   Beim Behandeln von 1.4-Dibrom-pentan $CH_3 \cdot CHBr \cdot CH_2 \cdot CH_2 \cdot CH_2Br$ mit fein verteiltem Natrium, in Gegenwart von Toluol (COLMAN, PERKIN, Soc. 53, 201). — Kp: 39—42°. Wird von kalter konz. Jodwasserstoffsäure nicht verändert.

3. **1.1-Dimethyl-cyclopropan** $C_5H_{10} = \genfrac{}{}{0pt}{}{H_2C}{H_2C}\!\!>\!\!C(CH_3)_2$.   B.   Durch Behandeln von 1.3-Dibrom-2.2-dimethyl-propan (Bd. I, S. 142) mit Zinkstaub und 75 %igem Alkohol (GUSTAVSON, POPPER, J. pr. [2] 58, 458). — Besitzt schwachen Naphthageruch. Kp: 21° (G., P.). $D_?^?$: 0,6604 (G., P.); $D_?^{1}$: 0,6619 (G., J. pr. [2] 62, 271 Anm. 3). n_C^{20}: 1,3659 (G., P.); n_D^{11}: 1,36869 (G., J. pr. [2] 62, 271). Löst sich zum Unterschied von Isopropyläthylen (Bd. I, S. 213) bei 0° in verdünnter Schwefelsäure (2 Vol. konz. Schwefelsäure + 1 Vol. Wasser) (G., P.). — Wandelt sich beim Leiten über Tonerde bei 340 - 345° (durch „Kontakt-Isomerisation") ziemlich vollständig in Trimethyläthylen (Bd. I, S. 211) um (IPATJEW, HUHN, B. 36, 2015). Ist gegen 1 %ige Kaliumpermanganat-Lösung ziemlich beständig (G., P.). Gibt mit Brom Trimethyläthylendibromid (G., P.; G., J. pr. [2] 62, 270). Liefert beim Schütteln mit rauchender Jodwasserstoffsäure Dimethyläthylcarbinjodid (G., P.).

4. Derivate eines **Kohlenwasserstoffs** C_5H_{10} **von ungewisser Struktur.**
Dibromid aus dem sogenannten „Vinyltrimethylen" (S. 62) $C_5H_9Br_2$.   B.   Aus „Vinyltrimethylen" und Brom (GUSTAVSON, J. pr. [2] 54, 99). Beim Erhitzen des Glykols $C_5H_{10}O_2$ (Syst. No. 549), das bei der Oxydation des „Vinyltrimethylens" mit Kaliumpermanganat entsteht, mit Bromwasserstoffsäure (G.). — Kp: 185—190° (Zers.); Kp_{50}: 105° bis 108° (G.). — Wird durch Erhitzen mit Bleioxyd und Wasser auf 135—140° während 6 Stdn. hauptsächlich in Cyclopentanon (Syst. No. 612) verwandelt (G., BUBATOW, J. pr. [2] 56, 93).
Hydrojodid aus dem sogenannten „Vinyltrimethylen" C_5H_9I.   B.   Aus „Vinyltrimethylen" mit einer bei 0° gesättigten Lösung von Jodwasserstoff in Eisessig bei 0° (GUSTAVSON, J. pr. [2] 54, 104). — Kp_{50}: 57°. D_0^c: 1,625; D_0^{20}: 1,598. — Beim Erwärmen mit alkoh. Kalilauge entsteht das sogenannte „Äthylidentrimethylen" C_5H_8 (Syst. No. 453).
Pseudonitrosit des sogenannten „Vinyltrimethylens" $C_5H_8O_3N_2$ s. bei „Vinyltrimethylen", S. 63.

5. Derivat eines **Kohlenwasserstoffs** C_5H_{10} **von ungewisser Struktur.**
Hydrojodid aus dem sogenannten „Äthylidentrimethylen" (Syst. No. 453) C_5H_9I. B. Aus „Äthylidentrimethylen" mit einer Lösung von Jodwasserstoff in Eisessig bei 0° (GUSTAVSON, J. pr. [2] 54, 106). — Kp_{35}: 54°. D_0^c: 1,588; D_0^{20}: 1,559.

4. Kohlenwasserstoffe C_6H_{12}.

1. **Cyclohexan, Hexamethylen, Benzolhexahydrid, Hexahydrobenzol** (Hexanaphthen) $C_6H_{12} = H_2C\!<\!\genfrac{}{}{0pt}{}{CH_2 \cdot CH_2}{CH_2 \cdot CH_2}\!>\!CH_2$. V. Im Erdöl von Baku (MARKOWNIKOW, B. 28, 577). Im amerikanischen Erdöl (FORTEY, Soc. 73, 932). Im galizischen Erdöl (FOR., Soc. 73, 932). Im rumänischen Erdöl (PONI, C. 1900 II, 452). Im Erdöl von Borneo (JONES, WOOTHON, Soc. 91, 1148). — B. Beim Hinzugeben einer Lösung von 20 g 1.6-Dibrom-hexan in 20 g m-Xylol zu 10 g feinverteiltem Natrium, die sich unter m-Xylol befinden (PERKIN, B. 27, 217; HAWORTH, PER., Soc. 65, 599; PER., B. 35, 2121 Anm. 3). Durch Reduktion von Jodcyclohexan mit Zink und Eisessig (BAEYER, A. 278, 110), mit Zink und Salzsäure (ZELINSKY, B. 28, 1022), Zinkpalladium und Salzsäure (ZEL., B. 31, 3205) oder Zinkkupfer und Salzsäure (MARKOWNIKOW, Ж. 30, 155; A. 302, 6). Durch Erhitzen von 42 g Jodcyclohexan mit 50 g Zinkstaub und 120 g 80 %igem Alkohol; Ausbeute: 16 g (ZEL., B. 34, 2801). Durch Leiten von Benzoldämpfen mit Wasserstoff über fein verteiltes Nickel bei etwa 160° bis 180° (SABATIER, SENDERENS, C. r. 132, 210; SA., MAILHE, C. r. 137, 240; Bl. [3] 29, 974; BRUNEL, A. ch. [8] 6, 205). — Darst. Man reduziert ein Gemisch von Nickeloxyd und gepulvertem Bimsstein in einem Verbrennungsrohr mit Wasserstoff bei möglichst niedriger Temp.; die Reduktion ist beendet, wenn kein Wasser mehr entweicht. Man erhitzt dann das Rohr in einem geeigneten Ofen auf 180—190° und leitet einen langsamen Strom von trocknem Wasserstoff hindurch, der ein Gefäß mit etwa 30 ccm Benzol durchstrichen hat. Das

entstandene Hexahydrobenzol wird in einer mit Eis gekühlten Vorlage aufgefangen. Der Wasserstoffstrom soll 100 ccm pro Minute nicht übersteigen. Um die Operation abzukürzen, kann man das Benzol auf 30° erwärmen. Nach etwa 7 Stdn. unterbricht man die Operation. Das mit etwas Benzol verunreinigte Destillat behandelt man mit einem Nitriergemisch von Schwefelsäure und Salpetersäure. Man trennt das Öl von der Säure, wäscht es mit Wasser, trocknet mit Calciumchlorid und fraktioniert, wobei das Cyclohexan bei 80—82° übergeht. Ausbeute: wenigstens 80 % des verflüchtigten Benzols (E. FISCHER, Anleitung zur Darstellung organischer Präparate. 9. Aufl. [Braunschweig 1920], S. 45; vgl. BRUNEL, A. ch. [8] 6, 205).

Cyclohexan ist bei gewöhnlicher Temp. eine farblose, nach Chloroform und Rosenöl riechende Flüssigkeit, die beim Abkühlen durch Eis krystallinisch erstarrt (SABATIER, SENDERENS, C. r. 132, 1255). F: 6,4° (ZELINSKY, B. 34, 2802), 6,5° (SAB., SEN., C. r. 132, 1255). Erstarrungspunkt: 6,2° (MASCARELLI, R. A. L. [5] 16 I, 926; MAS., BENATI, G. 37 II, 530). Kp$_{756}$: 81° (korr.) (SAB., SEN., C. r. 132, 1255); Kp: 80,8—80,9° (korr.) (ZEL., B. 34, 2802); D$^{0}_{4}$: 0,7843 (SAB., MAILHE, C. r. 137, 240; Bl. [3] 29, 975; SAB., SEN., A. ch. [8] 4, 363; vgl. EIJKMAN, C. 1907 II, 1209); D^{16,7}: 0,7808 (SAB., SEN., C. r. 132, 1255); D$^{15,5}_{4}$: 0,7788 (ZEL., B. 34, 2802); D$^{44,4}_{4}$: 0,7550 (SAB., MAILHE, C. r. 137, 240; Bl. [3] 29, 975; SAB., SEN., A. ch. [8] 4, 363). — Molekulare Gefrierpunktserniedrigung: 200 (MAS., R. A. L. [5] 17 II, 494; MAS., BENATI, G. 39 II, 644). Molekulare Siedepunktserhöhung: 26,9 (EIJKMAN, C. 1903 II, 1408), 27,53 (MAS., R. A. L. [5] 17 II, 498). Verhalten als kryoskopisches und ebullioskopisches Lösungsmittel: MAS., R. A. L. [5] 16 I, 924; 17 II, 494; MAS., BENATI, G. 37 II, 527; 39 II, 642; MAS., COSTANTINO, R. A. L. [5] 18 II, 104; G. 40 I, 31; MAS., MUSATTY, R. A. L. [5] 18 II, 195, 253. — n$^{12,5}_{D}$: 1,4266 (ZEL., B. 34, 2802); n$^{12}_{α}$: 1,42777; n$^{12}_{β}$: 1,43531; n$^{12}_{γ}$: 1,43972; n$^{44}_{α}$: 1,41056; n$^{44}_{β}$: 1,41785; n$^{44}_{γ}$: 1,42214 (SAB., MAILHE, C. r. 137, 240; Bl. [3] 29, 375; SAB., SEN., A. ch. [8] 4, 363; vgl. EIJKMAN, C. 1907 II, 1209; 1909 II, 2146). — Oberflächenspannung und Binnendruck: WALDEN, Ph. Ch. 66, 390; vgl. TRAUBE, Ann. d. Physik [4] 22, 540; Ph. Ch. 68, 293. — Molekulare Verbrennungswärme bei konstantem Vol.: 931,5 Cal., bei konstantem Druck: 933,2 Cal. (STOHMANN, LANGBEIN, J. pr. [2] 48, 451), bei konstantem Vol.: 943,4 Cal., bei konstantem Druck: 945,1 Cal. (SUBOW, Ж. 33, 722; C. 1902 I, 161). — Absorptionsspektrum eines aus galizischem Erdöl gewonnenen Cyclohexans: HARTLEY, DOBBIE, Soc. 77, 846. Kritische Konstanten eines aus galizischem Erdöl gewonnenen Cyclohexans: YOUNG, FORTEY, Soc. 75, 873. Magnetische Rotation eines aus galizischem Erdöl gewonnenen Cyclohexans: PERKIN bei Y., FOR., Soc. 77, 372.

Cyclohexan wird (im Gegensatz zu seinen Halogensubstitutionsprodukten) durch Jodwasserstoffsäure unter Druck nicht isomerisiert (FORTEY, Soc. 73, 937; MARKOWNIKOW, A. 302, 36, 37). Bei längerem Erhitzen in Kaliglasröhren auf 300—330° sowie bei der Einw. von Aluminiumchlorid geht es teilweise in Methylcyclopentan über (ASCHAN, A. 324, 10, 33). Zerfällt beim Leiten über feinverteiltes Nickel bei 270—280° in Benzol und Wasserstoff, welch letzterer sofort mit einem Teil des Benzols unter Bildung von Methan reagiert (SABATIER, MAILHE, C. r. 137, 240; Bl. [3] 29, 975). Zerfällt beim Erhitzen in einem eisernen Rohr zwischen 240° und 600° unter 150 Atmosphären Druck unter Bildung von Benzol, Wasserstoff und gasförmigen Kohlenwasserstoffen C$_n$H$_{2n+2}$ und C$_n$H$_{2n}$; die gleichen Produkte entstehen unter gewöhnlichem Druck bei 660—700° (IPATJEW, Ж. 38, 91; C. 1906 II, 87). Ist gegen Kaliumpermanganat beständig (BAEYER, A. 278, 111). Bei der Einw. von Salpetersäure auf Cyclohexan erfolgt je nach den Bedingungen Nitrierung zu Nitrocyclohexan oder Oxydation zu Adipinsäure, Bernsteinsäure und Glutarsäure unter Entwicklung von Stickoxydul (MAR., A. 302, 7, 35; ASCHAN, B. 32, 1771; NAMETKIN, C. 1909 I, 1760; B. 42, 1372). Wird von einem Gemisch von Salpetersäure und Schwefelsäure bei gewöhnlicher Temperatur nur sehr wenig angegriffen (MAR., A. 302, 7). Über die Chlorierung des Cyclohexans unter verschiedenen Bedingungen vgl.: FORTEY, Soc. 73, 935, 940; MARKOWNIKOW, A. 302, 9; SABATIER, MAILHE, C. r. 137, 241; Bl. [3] 29, 976; A. ch. [8] 10, 530. Bei längerem Erhitzen mit Brom auf 150—200° entsteht 1.2.4.5-Tetrabrom-benzol (ZELINSKY, B. 34, 2803). Über die Einw. von Brom in Gegenwart von Aluminiumbromid vgl. MAR., A. 302, 13. — Physiologische Wirkung: BRISSEMORET, CHEVALIER, C. r. 147, 217.

Chlorcyclohexan, Cyclohexylchlorid C$_6$H$_{11}$Cl. B. Aus Cyclohexan durch Einw. von Chlor im diffusen Lichte (FORTEY, Soc. 73, 940; MARKOWNIKOW, A. 302, 9). Aus Cyclohexan durch Einw. von Chlor in diffusem Licht bei 0° (SABATIER, MAILHE, C. r. 137, 241; Bl. [3] 29, 976; A. ch. [8] 10, 531). Aus Cyclohexanol durch Erhitzen mit rauchender Salzsäure auf 100° (MAR., A. 302, 11). — Farblose, etwas stechend riechende Flüssigkeit. Kp$_{741}$: 141—142°; Kp$_{750}$: 142°; Kp$_{756}$: 143° (MAR., A. 302, 11); Kp$_{742}$: 141,6—142,6° (korr.) (SAB., MAILHE); Kp$_{765}$: 141,3—141,6° (FOR., Soc. 73, 940). D$^{0}_{0}$: 0,990; D$^{14}_{0}$: 0,978; D$^{20}_{0}$: 0,973 (MAR., A. 302, 11); D$^{0}_{4}$: 1,0161; D$^{14}_{4}$: 0,9976; D$^{0}_{0}$: 1,0056 (SAB., MAILHE); D$^{0}_{4}$: 0,9897; D$^{14}_{4}$: 0,9800; D$^{14}_{4}$: 0,9765; D$^{20}_{4}$: 0,9762 (PERKIN bei FORTEY

Soc. **73**, 940); D_4^{16}: 0,97923 (PERKIN bei YOUNG, FORTEY, *Soc.* **77**, 373). n_D^{16}: 1,462 (SAB., MAILHE); n_α^{15}: 1,45472; n_γ^{15}: 1,46812 (PERKIN bei YOUNG, FORTEY, *Soc.* **77**, 373); n_α^{7}: 1,45313; n_D^{7}: 1,45552; n_γ^{7}: 1,46644 (PERKIN bei FORTEY, *Soc.* **73**, 941). Magnetische Rotation: PERKIN bei FORTEY, *Soc.* **73**, 940; PERKIN bei YOUNG, FORTEY, *Soc.* **77**, 373. — Chlorcyclohexan wird beim Erhitzen mit rauchender Salzsäure auf 250° nicht isomerisiert (MAR., *A.* **302**, 37). Gibt beim Erhitzen mit Jodwasserstoffsäure (D: 1,7) und etwas rotem Phosphor auf 250° Methylcyclopentan (S. 27) (MAR.). Liefert beim Kochen mit alkoh. Kalilauge Cyclohexen (S. 63) (MAR., *A.* **302**, 27; SAB., MAILHE, *C. r.* **137**, 241; *Bl.* [3] **29**, 976; *A. ch.* [8] **10**, 531). Beim Erwärmen mit einer alkoh. Lösung von Kaliumhydrosulfid entstehen neben anderen Produkten sehr geringe Mengen Cyclohexanthiol (Syst. No. 502) (BORSCHE, LANGE, *B.* **39**, 394). Gibt in äther. Lösung mit Magnesium neben Dicyclohexyl $C_6 H_{11} \cdot C_6 H_{11}$ (S. 108) (BO., LA., *B.* **38**, 2769) eine ätherlösliche Magnesiumverbindung, die mit trocknem Sauerstoff in Cyclohexanol, mit trocknem Kohlendioxyd in Hexahydrobenzoesäure (Syst. No. 893) (SAB., MAILHE, *A. ch.* [8] **10**, 535) und mit Schwefeldioxyd in Hexahydrobenzolsulfinsäure übergeführt werden kann (Bo., LA., *B.* **38**, 2766). Bei der Umsetzung von Chlorcyclohexan mit Zinkdimethyl entsteht neben geringen Mengen ungesättigter Verbindungen Methylcyclohexan; mit Zinkdiäthyl entstehen dagegen nur 30% Äthylcyclohexan neben bedeutenden Mengen Cyclohexen, Äthylen und Grenzkohlenwasserstoffen (KURSSANOW, *B.* **32**, 2973). Chlorcyclohexan liefert mit Benzol in Gegenwart von Aluminiumchlorid als Hauptprodukt Phenylcyclohexan und (als solches nicht isoliertes) m-Di-cyclohexyl-benzol $C_6 H_4 (C_6 H_{11})_2$ (KUR., *A.* **318**, 309).

1.2-Dichlor-cyclohexan $C_6 H_{10} Cl_2$. *B.* Durch Chlorieren von Cyclohexen (Syst. No. 453) bei Gegenwart von Wasser (MARKOWNIKOW, *A.* **302**, 29). — Flüssig. Kp: 187—189° (MAR.). Bei der Einw. auf Benzol und Aluminiumchlorid entsteht 1.2-Diphenyl-cyclohexan $C_6 H_{10}(C_6 H_5)_2$ (KURSSANOW, *A.* **318**, 317).

Die Einheitlichkeit und die Struktur der im folgenden aufgeführten **Dichlorcyclohexan**-Präparate sind fraglich.

a) Dichlorcyclohexan $C_6 H_{10} Cl_2$ vom Siedepunkt 193—194° von Fortey (*Soc.* **73**, 943). *B.* Aus Cyclohexan durch Chlorierung mit trocknem Chlor ohne Erwärmung im diffusen Lichte, neben anderen Produkten (FORTEY, *Soc.* **73**, 943). — Kp: 193—194° (F.). D_4^{0}: 1,1777; D_4^{15}: 1,1678; D_4^{22}: 1,1638 (PERKIN bei F., *Soc.* **73**, 943). $D_4^{16,5}$: 1,16668 (P. bei YOUNG, F., *Soc.* **77**, 374); $D_4^{16,5}$: 1,670 (P. bei F., *Soc.* **73**, 944). $n_\alpha^{16,5}$: 1,48556; $n_D^{16,5}$: 1,48862; $n_\gamma^{16,5}$: 1,50189 (P. bei F., *Soc.* **73**, 944); $n_\alpha^{15,5}$: 1,48556; $n_\gamma^{15,5}$: 1,50218 (P. bei Y., F., *Soc.* **77**, 374). Magnetische Rotation: P. bei F., *Soc.* **73**, 943; P. bei Y., F., *Soc.* **77**, 373.

b) Dichlorcyclohexan $C_6 H_{10} Cl_2$ vom Siedepunkt 201—202° von Fortey (*Soc.* **73**, 944). *B.* Beim Einleiten von trocknem Chlor in Cyclohexan ohne Erwärmung im diffusen Licht, neben anderen Produkten (FORTEY, *Soc.* **73**, 944). — Flüssig. Kp: 201—202°.

c) Dichlorcyclohexan $C_6 H_{10} Cl_2$ vom Kp_{760}: 189—191° (Zers.) und Kp_{50}: 105,5 bis 107,5° von Sabatier, Mailhe. *B.* Aus Cyclohexan und Chlor bei 0°, neben anderen Produkten (SABATIER, MAILHE, *C. r.* **137**, 241; *Bl.* [3] **29**, 976; *A. ch.* [8] **10**, 532). — Flüssigkeit von stechendem, nicht unangenehmem Geruch. Erstarrt beim energischen Abkühlen teilweise. Kp_{760}: 189—191° (Zers.); Kp_{50}: 105,5—107,5°. D_0^{0}: 1,2056—1,2060. — Liefert beim Kochen mit alkoh. Kalilauge hauptsächlich 1-Chlor-cyclohexen-(1).

d) Dichlorcyclohexan $C_6 H_{10} Cl_2$ vom Kp_{750}: 196° (Zers.) und Kp_{50}: 112,5—113,5° von Sabatier, Mailhe. *B.* Aus Cyclohexan und Chlor bei 0°, neben anderen Produkten (SABATIER, MAILHE, *C. r.* **137**, 241; *Bl.* [3] **29**, 977; *A. ch.* [8] **10**, 532). — Flüssigkeit von stechendem, nicht unangenehmem Geruch. Kp_{750}: 196° (Zers.); Kp_{50}: 112,5—113,5°. D_0^{0}: 1,2222.

Festes Trichlorcyclohexan $C_6 H_9 Cl_3$ (vielleicht 1.3.5-Trichlor-cyclohexan). *B.* Aus Cyclohexan und Chlor bei 0°, neben anderen Produkten (SABATIER, MAILHE, *C. r.* **137**, 242; *Bl.* [3] **29**, 977; *A. ch.* [8] **10**, 533). — Stechend riechende Prismen (aus Chloroform). D_0^{0}: 1,5103. F: 66°. Kp_{745}: 233° (Zers.); Kp_{50}: 150,5—152,5°. Leicht löslich in Chloroform. Liefert beim Erhitzen mit KOH und etwas Alkohol im Einschlußrohr auf 100° Benzol.

Flüssiges Trichlorcyclohexan $C_6 H_9 Cl_3$ vom Kp_{50}: 142,5—145,5°. *B.* Aus Cyclohexan und Chlor bei 0°, neben anderen Produkten (SABATIER, MAILHE, *C. r.* **137**, 242; *Bl.* [3] **29**, 977; *A. ch.* [8] **10**, 533). — Flüssigkeit von stechendem, in verdünntem Zustande sehr unangenehmem Geruch. Kp_{45}: 226—228° (Zers.); Kp_{50}: 142,5—145,5°. D_0^{0}: 1,3611.

Flüssiges Trichlorcyclohexan $C_6 H_9 Cl_3$ vom Kp_{50}: 139,5—141,5°. *B.* Aus Cyclohexan und Chlor bei 0°, neben anderen Produkten (SABATIER, MAILHE, *C. r.* **137**, 242; *Bl.* [3] **29**, 977; *A. ch.* [8] **10**, 533). — Flüssigkeit von stechendem, in verd. Zustande äußerst unangenehmem Geruch. Kp_{745}: 222—224° (Zers.). Kp_{50}: 139,5—141,5°. D_0^{0}: 1,3535.

Festes Tetrachlorcyclohexan $C_6 H_8 Cl_4$. *B.* Aus Cyclohexan und Chlor bei 0° im Sonnenlicht, neben einem flüssigen Isomeren (S. 23) (S., M., *C. r.* **137**, 242; *Bl.* [3] **29**, 977; *A. ch.*

[8] 10, 534). — Prismen von unangenehmem, jodoformähnlichem Geruch (aus Chloroform). D⁰: 1,6404. F: 173⁰. Sublimiert unzersetzt. — Liefert beim Erhitzen mit KOH und etwas Alkohol im geschlossenen Rohr auf 100⁰ Monochlorbenzol.

Flüssiges Tetrachlorcyclohexan $C_6H_8Cl_4$. *B.* Aus Cyclohexan und Chlor bei 0⁰ im Sonnenlicht, neben einem festen Isomeren (S. 22) (S., M., *C. r.* 137, 242; *Bl.* [3] 29, 978; *A. ch.* [8] 10, 534). — Dicke Flüssigkeit von unangenehmem Geruch. Kp₅₀: 170,5—172,5⁰. D⁰: 1,5674.

1.2.3.4.5-Pentachlor-cyclohexan, Pentachlorhydrin des Quercits $C_6H_7Cl_5$. *B.* Beim Erhitzen des Trichlorhydrins des Quercits $C_6H_9O_2Cl_3$ (Syst. No. 549) mit Salzsäure (PRUNIER, *A. ch.* [5] 15, 57). — Nadeln. F: 102⁰. Löslich in Alkohol, Äther und Benzol.

Niedrigschmelzendes 1.2.3.4.5.6-Hexachlor-cyclohexan, α-Benzolhexachlorid $C_6H_6Cl_6$. Zur Konfiguration vgl.: FRIEDEL, *Bl.* [3] 5, 130; MATTHEWS, *P. Ch. S.* No. 185. — *B.* Beim Einleiten von Chlor in Benzol im Sonnenlicht (FARADAY, *A. ch.* [2] 30, 274; MITSCHERLICH, *Ann. d. Physik* 35, 370). Beim Leiten von Chlor auf die Oberfläche von Benzol im Sonnenlicht (LEEDS, EVERHART, *Am. Soc.* 2, 206). Beim Einleiten von Chlor in siedendes Benzol im diffusen Licht (LESIMPLE, *A.* 137, 123; HEYS, *Z.* 1871, 293). Neben dem β-Benzolhexachlorid (s. u.) bei der Einw. von Chlor auf siedendes Benzol im Sonnenlicht (MEUNIER, *A. ch.* [6] 10, 226; vgl. SCHÜPPHAUS, *B.* 17, 2256). Bei der Zers. einer Lösung von Chlorstickstoff in Benzol im Sonnenlicht (HENTSCHEL, *B.* 30, 1436). Neben β-Benzolhexachlorid und anderen Produkten bei der Einw. von Chlormonoxyd auf Benzol (SCHOLL, NÖRR, *B.* 33, 725). — *Darst.* Man überschichtet 1%ige wäßrige Natronlauge mit Benzol, leitet einen schnellen Strom Chlor ein, läßt die mit Chlor gesättigte Flüssigkeit 12 Stdn. an einem kalten Ort stehen und filtriert die ausgeschiedenen Krystalle ab. Diese behandelt man lang andauernd mit Wasserdampf; hierbei geht das α-Benzolhexachlorid über, während das β-Benzolhexachlorid zurückbleibt (MATTHEWS, *Soc.* 59, 166). — Monoklin prismatische Krystalle (BODEWIG, *J.* 1879, 387; ZINGEL, *J.* 1885, 729; vgl. *Groth, Ch. Kr.* 3, 605). F: 157⁰ (korr.) (MAT., *Soc.* 59, 168). Zerfällt beim Erhitzen über den Schmelzpunkt unter Bildung von Chlorwasserstoff und Trichlorbenzol (MAT., *Soc.* 59, 168). D²⁰: 1,87 (MEU., *A. ch.* [6] 10, 256). Löst sich bei 15,25⁰ in 22,8 Tln. Chloroform und bei 18,25⁰ in 15,4 Tln. Benzol (FRIEDEL, *Bl.* [3] 5, 136). Molekulare Gefrierpunktserniedrigung: 165 (MASCARELLI, BABINI, *R. A. L.* [5] 18 II, 224). — Gibt in alkoh. Lösung mit Zink Benzol (ZININ, *Z.* 1871, 284). Bei der Destillation über Zinkstaub entsteht eine farblose krystallinische Verbindung, die nach Diphenyl riecht (MAT.). Ist gegen Oxydationsmittel, wie rauchende Salpetersäure, Chromsäurelösung und Kaliumpermanganat, sehr beständig (MAT.). Läßt sich nicht weiter chlorieren (MAT.). Wird von konz. Schwefelsäure unterhalb 170⁰ nicht angegriffen (MEU., *A. ch.* [6] 10, 255). Beim Erhitzen mit Wasser im geschlossenen Rohr auf 200⁰ entstehen Chlorwasserstoff, 1.2.4-Trichlor-benzol, 2.4-Dichlor-phenol, 2.4.6-Trichlor-phenol, Brenzcatechin und andere Produkte (MEU., *A. ch.* [6] 10, 260). Wird beim Kochen mit alkoh. Kalilauge unter Bildung von Chlorwasserstoff und 1.2.4-Trichlor-benzol gespalten (LESIMPLE, *A.* 137, 123; JUNGFLEISCH, *A. ch.* [4] 15, 270; HEYS, *Z.* 1871, 293; MEU., *A. ch.* [6] 10, 240; MAT., *Soc.* 59, 170; vgl. BEILSTEIN, KURBATOW, *A. ch.* 192, 230). Zerfällt beim Kochen mit einer alkoh. Cyankaliumlösung unter Bildung von 1.2.4-Trichlor-benzol (MEU., *A. ch.* [6] 10, 229). Einw. von Silberacetat: ROSENSTIEHL, *C. r.* 54, 178; *J.* 1862, 481. Wird von siedendem Anilin stürmisch zersetzt (MEU., *A. ch.* [6] 10, 259).

Hochschmelzendes 1.2.3.4.5.6-Hexachlor-cyclohexan, β-Benzolhexachlorid $C_6H_6Cl_6$. Zur Konfiguration vgl.: FRIEDEL, *Bl.* [3] 5, 130; MATTHEWS, *P. Ch. S.* No. 185. — *B.* Neben α-Benzolhexachlorid bei der Einw. von Chlor auf siedendes Benzol im Sonnenlicht (MEUNIER, *A. ch.* [6] 10, 227; vgl. SCHÜPPHAUS, *B.* 17, 2256). Neben α-Benzolhexachlorid und anderen Produkten bei der Einw. von Chlormonoxyd auf Benzol (SCHOLL, NÖRR, *B.* 33, 725). — *Darst.* s. oben bei α-Benzolhexachlorid. — Krystallographisches: FRIEDEL, *Bl.* [3] 5, 136; vgl. *Groth, Ch. Kr.* 3, 603. D¹⁹: 1,89 (MEU., *A. ch.* [6] 10, 235). Schmilzt bei 297⁰ unter Zers. (SCHOLL, NÖRR, *B.* 33, 726). Schmilzt gegen 310⁰ und verflüchtigt sich unmittelbar nach dem Schmelzen (MEU., *A. ch.* [6] 10, 234). Löst sich bei 20⁰ in 775,1 Tln. Chloroform und bei 17,25⁰ in 212,7 Tln. Benzol (FRIEDEL, *Bl.* [3] 5, 136). 100 g Essigsäure lösen bei 15,6⁰ 0,289 g; 100 g Benzol lösen bei 22⁰ 1,204 g (MATTHEWS, *Soc.* 59, 169). — Viel beständiger als das α-Derivat. Zerfällt beim Kochen mit alkoh. Kalilauge unter Bildung von Chlorwasserstoff und 1.2.4-Trichlor-benzol (MEU., *A. ch.* [6] 10, 239); der Zerfall erfolgt schwieriger als bei der α-Verbindung (MAT., *Soc.* 59, 170). Wird beim Kochen mit alkoh. Cyankaliumlösung nicht verändert (MEU., *A. ch.* [6] 10, 229; MAT., *Soc.* 59, 169).

Niedrigschmelzendes 1.1.2.3.4.5.6-Heptachlor-cyclohexan, α-Chlorbenzolhexachlorid $C_6H_5Cl_7$. *B.* Neben der stereoisomeren β-Verbindung (S. 24) beim Chlorieren von Chlorbenzol in Gegenwart von 1—2%iger Natronlauge im Sonnenlicht; man behandelt das Gemisch der α- und β-Verbindung mit Wasserdampf; hierbei verflüchtigt sich die α-Verbindung, während die β-Verbindung zurückbleibt (MATTHEWS, *Soc.* **81**, 104). — Muffig riechende Krystalle. Schmilzt bei 146⁰, sublimiert bei vorsichtigem weiteren Erhitzen unzersetzt. Unlöslich in Wasser; ziemlich löslich in organischen Lösungsmitteln, besonders in Benzol. — Zersetzt sich bei plötzlichem Erhitzen über den Schmelzpunkt unter Bildung von HCl und 1.2.3.5-Tetrachlor-benzol. Gibt in siedender alkoh. Lösung mit Zinkstaub Chlorbenzol. Wird beim Kochen mit alkoh. Kalilauge in HCl und 1.2.3.5-Tetrachlor-benzol zerlegt. Liefert weder ein Nitroderivat noch eine Sulfonsäure. Läßt sich nicht weiter chlorieren.

Hochschmelzendes 1.1.2.3.4.5.6-Heptachlor-cyclohexan, β-Chlorbenzolhexa-chlorid $C_6H_5Cl_7$. *B.* Neben der stereoisomeren α-Verbindung (S. 23) beim Chlorieren von Chlorbenzol in Gegenwart von $1-2\%$iger Natronlauge im Sonnenlicht (M., *Soc.* **81**, 104). — Prismen (aus Alkohol). Schmilzt gegen 260⁰. Sublimiert bei vorsichtigem Erhitzen unzersetzt. Sehr wenig löslich in Lösungsmitteln. — Zerfällt beim Kochen mit alkoh. Kalilauge, schwieriger als die α-Verbindung, in HCl und 1.2.3.5-Tetrachlor-benzol.

Oktachlor-cyclohexan $C_6H_4Cl_8$. *B.* Aus Chlorbenzol und Chlor im Sonnenlichte (JUNGFLEISCH, *A. ch.* [4] **15**, 296). Neben anderen Produkten bei der Einw. von Chlor auf Diphenylsulfon (Syst. No. 524) im Sonnenlicht (OTTO, *A.* **141**, 98, 101; **154**, 186). — Schiefe rhombenförmige Prismen (aus Chloroform). Schmilzt nicht bei 250⁰ (J.). Schmilzt bei 260⁰ (Zers.) (O., *J. pr.* [2] **30**, 181). — Zerfällt beim Kochen mit alkoh. Kalilauge in HCl und Pentachlorbenzol (J.; O., *A.* **154**, 187).

1.1.2.2.3.4.4.5.6-Enneachlor-cyclohexan, 1.2.4-Trichlor-benzol-hexachlorid $C_6H_3Cl_9$. *B.* Beim Chlorieren von 1.2.4-Trichlor-benzol (WILLGERODT, *J. pr.* [2] **35**, 416). — Muffig riechende Krystalle (aus Alkohol). F: 95—96⁰. Sehr leicht löslich in Äther, Chloroform, Ligroin, Benzol, CS_2 und Eisessig, etwas weniger in Alkohol. — Wird von alkoh. Kalilauge in Kaliumchlorid und Hexachlorbenzol zerlegt.

Bromcyclohexan, Cyclohexylbromid $C_6H_{11}Br$. *B.* Aus Tetrahydrobenzol (S. 63) durch eine bei 0⁰ gesättigte wäßr. Bromwasserstoffsäure auf dem Wasserbade (FORTEY, *Soc.* **73**, 946). Beim Erhitzen von Cyclohexanol (Syst. No. 502) mit rauchender Brom-wasserstoffsäure auf 100⁰ im geschlossenen Rohr (BAEYER, *A.* **278**, 107). Beim Erhitzen von Cyclohexanol mit einem Überschuß von rauchender Bromwasserstoffsäure auf dem Wasser-bade (WAHL, MEYER, *C. r.* **145**, 193; *Bl.* [4] **3**, 958). Beim Erhitzen von Cyclohexanol mit einer bei 0⁰ gesättigten Lösung von Bromwasserstoff in Eisessig auf dem Wasser-bade (HOPE, PERKIN, *Soc.* **95**, 1363). Man läßt 1,5 Mol.-Gew. Phosphortribromid bei 0⁰ zu 3 Mol-Gew. Cyclohexanol tropfen, erwärmt noch 12 Stdn. bis zur Beendigung der Brom-wasserstoffentwicklung auf dem Wasserbade und zersetzt das Reaktionsprodukt mit Eis; Ausbeute 77% (FREUNDLER, DAMOND, *C. r.* **141**, 593; FR., *Bl.* [3] **35**, 544). — Durchdringend riechende Flüssigkeit. Siedet unter 714 mm Druck bei 165—166⁰ (korr.) unter ganz geringer Zers. (BAE.); siedet unter gewöhnlichem Druck bei 163—165,5⁰ ohne Zers. (FAWORSKI, BORGMANN, *B.* **40**, 4864); Kp_{32}: 71—72⁰ (EIJKMAN, *C.* **1909** II, 2146); Kp_{23}: 65⁰ (W., M.); Kp_{20}: 61—62⁰ (FR., DA.; FR.). D_0^0: 1,3604 (FAW., BORG., *B.* **40**, 4865); D_4^{17}: 1,3406; $D_0^{14,5}$: 1,3264; D_{15}^{13}: 1,3290; D_{20}^{20}: 1,3240 (PERKIN bei FORTEY, *Soc.* **73**, 947); $D^{20,1}$: 1,3332 (E.). n_α^{24}: 1,49255; $n_D^{14,5}$: 1,49564 (PERKIN bei FORTEY, *Soc.* **73**, 947). $n_\alpha^{20,1}$: 1,49289 (E.). — Gibt mit alkoh. Kalilauge (FOR., *Soc.* **73**, 947) oder mit siedendem Chinolin Cyclohexen (BAE., *A.* **278**, 107). Liefert mit einer alkoh. Lösung von Kaliumhydrosulfid Cyclohexen und wenig Cyclohexanthiol (BORSCHE, LANGE, *B.* **39**, 393). Beim Erhitzen mit Natriummalonester in Alkohol auf dem Wasserbade entsteht Cyclohexylmalonester (Syst. No. 964) (Ho., PE.). Mit äthylxanthogensaurem Kalium in siedendem Alkohol entstehen Dithiokohlensäure-O-äthyl-S-cyclohexylester und Trithiokohlensäure-di-cyclohexyl-ester (BORSCHE, LA.).

1.2-Dibrom-cyclohexan $C_6H_{10}Br_2$. *B.* Durch Bromanlagerung an Cyclohexen (BAEYER, *A.* **278**, 108; MARKOWNIKOW, *A.* **302**, 29; FORTEY, *Soc.* **73**, 948). — Flüssigkeit, die sich an der (feuchten) Luft unter Dunkelfärbung zersetzt (CROSSLEY, *Soc.* **85**, 1415). Kp_{100}: 145⁰ bis 146⁰ (F.); Kp_{29}: 116⁰ (CR.); Kp_{15}: 101—102⁰ (EIJKMAN, *C.* **1909** II, 2146). $D^{22,2}$: 1,7601 (E.). $n_\alpha^{22,25}$: 1,54428 (E.). — Liefert beim Behandeln mit Chinolin ein Gemisch von Cyclo-hexen und Cyclohexadien-(1.3) (HARRIES, v. SPLAWA-NEYMAN, *B.* **42**, 693). Gibt bei der Einw. von alkoh. Kalilauge geringe Mengen Cyclohexadien-(1.3) und als Hauptprodukt 3-Äthoxy-cyclohexen-(1) (CR., *Soc.* **85**, 1415). Reagiert mit Dinatriummalonsäureester unter Bildung von Cyclohexenyl-malonsäure-diäthylester (Syst. No. 967); mit 2 Mol. Mono-natriummalonsäureester entstehen Cyclohexen und Äthantetracarbonsäureester (E.).

Flüssiges 1.4-Dibrom-cyclohexan $C_6H_{10}Br_2$. *B.* Entsteht neben dem festen 1.4-Dibrom-cyclohexan (S. 25) bei 1-stdg. Erhitzen von 5 g niedrigschmelzendem oder 5 g hochschmelzen-dem Chinit (Syst. No. 549) mit 25 ccm rauchender Bromwasserstoffsäure; man verdünnt mit Wasser, neutralisiert mit Soda, schüttelt mit Äther aus und trennt die flüssige Form von der festen durch Absaugen (BAEYER, *A.* **278**, 94). — Flüssig.

Festes 1.4-Dibrom-cyclohexan $C_6H_{10}Br_2$. *B.* s. beim flüssigen 1.4-Dibrom-cyclohexan (S. 24). — Krystalle (aus Äther). F: 113° (BAEYER, *A.* **278**, 94). — Beim Erhitzen mit Chinolin auf 190° entsteht ein Gemisch von Cyclohexadien-(1.3) und Cyclohexadien-(1.4) (vgl. MARKOWNIKOW, *A.* **302**, 33).

1.2.3.4-Tetrabrom-cyclohexan $C_6H_8Br_4$. *B.* Bei der Einw. eines Überschusses von Brom in Chloroform auf den Kohlenwasserstoff C_6H_8, welcher beim Destillieren von 1.2-Dibrom-cyclohexan mit Chinolin entsteht (ZELINSKY, GORSKY, *B.* **41**, 2483; *C.* **1909** I, 532). — Prismatische Polyeder (aus Ligroin). F: 140—141° (korr.).

1.2.4.5-Tetrabrom-cyclohexan $C_6H_8Br_4$. *B.* Aus dem Dihydrobenzol-Gemisch, das aus 1.4-Dibrom-cyclohexan mit Chinolin erhalten wird, mit Brom in Chloroform (BAEYER, *A.* **278**, 96; ZELINSKY, GORSKY, *B.* **41**, 2481; *C.* **1909** I, 532). Aus 4.5-Dibrom-cyclohexen-(1) mit Brom in Chloroform (Z., G.). — Oktaederähnliche Krystalle (aus Chloroform). F: 184—185° (B.), 188° (korr.) (Z., G.). — Bei der Einw. von Zinkstaub und Eisessig wird Dihydrobenzol zurückgebildet (B.).

Niedrigschmelzendes 1.2.3.4.5.6-Hexabrom-cyclohexan, α-Benzolhexabromid $C_6H_6Br_6$. *B.* Aus Benzol und Brom im Sonnenlicht (MITSCHERLICH, *Ann. d. Physik* **35**, 374), namentlich in der Siedehitze des Benzols (MEUNIER, *A. ch.* [6] 10, 270). Aus Benzol und Brom in Gegenwart von Wasser, verdünnter Natronlauge oder verdünnter Sodalösung im Sonnenlicht (MATTHEWS, *Soc.* **61**, 110; **73**, 244). — Prismen (aus Xylol). Monoklin prismatisch (DES CLOIZEAUX, *A. ch.* [6] 10, 272; GRÜNLING, *Z. Kr.* **12**, 642; GILL, *Am.* **18**, 318; vgl. *Groth, Ch. Kr.* 3. 606). F: 212° (MEU.). — Wird weder von rauchender Salpetersäure noch von konz. Schwefelsäure angegriffen (MEU.). Gibt in saurer alkoh. Lösung bei der Einw. von nascentem Wasserstoff Benzol (MAT., *Soc.* **73**, 246). Gibt beim Erhitzen mit Wasser im geschlossenen Rohr auf 190—200° Brenzcatechin, bromiertes Phenol und 1.2.4-Tribrom-benzol (MEU.). Gibt mit alkoh. Kalilauge 1.2.4-Tribrom-benzol und 1.4-Dibrom-benzol (MAT., *Soc.* **73**, 244). Einw. von Zinkdiäthyl: RILLIET, ADOR, *Bl.* [2] **24**, 486.

Hochschmelzendes 1.2.3.4.5.6-Hexabrom-cyclohexan, β-Benzolhexabromid $C_6H_6Br_6$. *B.* Entsteht in kleiner Menge neben dem α-Benzolhexabromid und anderen Produkten bei allmählichem Eintragen von Brom in ein eiskalt gehaltenes Gemisch aus Benzol und 1%iger Natronlauge (ORNDORFF, HOWELLS, *Am.* **18**, 315). — Reguläre Krystalle (aus Benzol). Schmilzt bei 253° (unter geringer Zers.). Unlöslich in Alkohol und Äther; weniger löslich in Chloroform und Benzol als die α-Form. — Wird von alkoh. Kalilauge in HBr und 1.2.4-Tribrom-benzol zerlegt.

Das β-Benzolhexabromid konnte von MATTHEWS (*Soc.* **73**, 243) nicht erhalten werden.

Jodcyclohexan, Cyclohexyljodid $C_6H_{11}I$. *B.* Aus Chlorcyclohexan und Jodwasserstoffsäure (MARKOWNIKOW, *A.* **302**, 12; BRUNEL, *A. ch.* [8] 6, 212). Beim Erhitzen von Cyclohexanol mit Jodwasserstoffsäure im geschlossenen Rohr auf dem Wasserbade (BAEYER, *A.* **278**, 107). Aus Cyclohexanol und Phosphortrijodid (FREUNDLER, DAMOND, *C. r.* **141**, 593; F., *Bl.* [3] **35**, 544). — Flüssig. Siedet bei etwa 180° unter geringer Zers. (FR.). Kp$_{745}$: 192° (MAR.); Kp$_{80}$: 114° (MAR.); Kp$_{40}$: 96° (MAR.); Kp$_{23-24}$: 84—86° (FR., D.); Kp$_{20}$: 80—81° (FR., *Bl.* [3] **35**, 545); Kp$_{10}$: 68,5—69° (ZELINSKY, *B.* **34**, 2801). D$_4^{12}$: 1,626 (MAR.). — Beim Erhitzen mit Jodwasserstoffsäure und etwas mehr Phosphor auf etwa 250° entsteht Methylcyclopentan neben höher molekularen Kondensationsprodukten (MAR., *A.* **302**, 36; vgl. ZEL., *B.* **30**, 388). Gibt bei der Reduktion mit Zink und Essigsäure (BAE., *A.* **278**, 110) oder Salzsäure (ZEL., *B.* **26**, 1022) Cyclohexan. Beim Erwärmen mit Kaliumhydrosulfid in Alkohol entsteht Cyclohexen neben sehr wenig Cyclohexanthiol (BORSCHE, LANGE, *B.* **39**, 394). Jodcyclohexan liefert beim Erhitzen mit Natrium-Acetessigester Cyclohexen, Cyclohexylaceton (Syst. No. 612) und Cyclohexylacetessigsäureäthylester (Syst. No. 1284) neben anderen Produkten (HELL, SCHAAL, *B.* **42**, 2233). Bei der Einw. von Magnesium auf Jodcyclohexan in Äther entsteht als Hauptprodukt die in Äther lösliche normale Organomagnesiumverbindung (Syst. No. 2337), daneben werden Cyclohexen und Dicyclohexyl $C_6H_{11}\cdot C_6H_{11}$ (S. 108) erhalten (H., SCH., *B.* **40**, 4165; vgl. ZEL., *B.* **35**, 2688).

2-Chlor-1-jod-cyclohexan [L.-R.-Bezf. Chlor-1-jod-2-cyclohexan] $C_6H_{10}ClI$ [nach BRUNEL (*A. ch.* [8] 6, 284) Cl : I in trans-Stellung]. — *B.* Aus Cyclohexen durch Einw. von Jod und Quecksilberchlorid in Äther oder von Chlorjod in Gegenwart von Eisessig (BRUNEL, *C. r.* **135**, 1057; *A. ch.* [8] 6, 230). — Fast farblose Flüssigkeit von campherartigem Geruch. Siedet unter gewöhnlichem Druck nicht unzersetzt; Kp$_{14}$: 117—118°; D^{14}: 1,7608; löslich in Alkohol und Äther (B., *C. r.* **135**, 1057; *A. ch.* [8] 6, 231). — Liefert bei der Einw. von siedender alkoh. Kalilauge Cyclohexen (B., *A. ch.* [8] 6, 284). — Wird durch Behandlung mit Silberacetat in Eisessig und nachfolgende Verseifung des entstandenen Diacetylderivates mit Kaliumcarbonat in trans-Cyclohexandiol-(1.2) (Syst. No. 549) übergeführt (B., *A. ch.* [8] 6, 277).

2-Brom-1-jod-cyclohexan [L.-R.-Bezf. Brom-1-jod-2-cyclohexan] $C_6H_{10}BrI$ [nach BRUNEL (*A. ch.* [8] 6, 284) Br : I in trans-Stellung]. — *B.* Durch Einw. von Quecksilberbromid und Jod auf Cyclohexen in äther. Lösung (BRUNEL, *A. ch.* [8] 6, 231). — Schwach rosa gefärbtes Öl von campherartigem Geruch. Kp_{25}: 134—136° (Zers.). D^0: 2,07. Löslich in Alkohol, Äther, Eisessig, unlöslich in Wasser. — Liefert bei der Einw. von siedender alkoh. Kalilauge Cyclohexen (B., *A. ch.* [8] 6, 284). Wird durch Behandlung mit Silberacetat in Eisessig und nachfolgende Verseifung des entstandenen Diacetylderivates mit Kaliumcarbonat in trans-Cyclohexandiol-(1.2) übergeführt (B., *A. ch.* [8] 6, 277).

Flüssiges 1.4-Dijod-cyclohexan $C_6H_{10}I_2$. *B.* Neben dem festen 1.4-Dijod-cyclohexan (s. u.) beim Erhitzen von niedrigschmelzendem oder von hochschmelzendem Chinit mit rauchender Jodwasserstoffsäure im Einschlußrohr auf 100° (BAEYER, *A.* 278, 96). — Flüssig.

Festes 1.4-Dijod-cyclohexan $C_6H_{10}I_2$. *B.* Siehe oben das flüssige 1.4-Dijod-cyclohexan. — Krystalle (aus Alkohol). F: 144—145° (BAEYER, *A.* 278, 96).

1.4-Dichlor-1.4-dinitroso-cyclohexan $C_6H_8O_2N_2Cl_2 = C_6H_8Cl_2(NO)_2$ [nach PILOTY und STEINBOCK (*B.* 35, 3103) NO:NO in trans-Stellung]. *B.* Beim Einleiten von Chlor in eine stark gekühlte Aufschlämmung von Cyclohexandioxim-(1.4) (Syst. No. 667) in konz. Salzsäure (PILOTY, STEINBOCK, *B.* 35, 3108). — Tiefblaue Krystalle (aus Äther oder Methylalkohol). Monoklin prismatisch (TIETZE, *C.* 1901 II, 762; vgl. *Groth, Ch. Kr.* 3, 617). Schmilzt bei 108,5° zu einer tiefblauen Flüssigkeit, die sich bei 130° bräunt. Leicht löslich. — Geht bei der Einw. einer Eisessig-Lösung von HCl in die cis-Form über, welche sich aber sofort in eine isomere Verbindung $C_6H_8O_2N_2Cl_2$ (s. u.) umwandelt. Gibt bei der Oxydation mit Chromsäure in Eisessig 1.4-Dichlor-1.4-dinitro-cyclohexan (S. 27). Liefert in alkoh. Lösung mit Hydrazinhydrat das Cyclohexandioxim-(1.4). Wird durch Amine (Methylamin, Anilin) zersetzt.

Verbindung $C_6H_8O_2N_2Cl_2 = ClC\underset{CH_2\cdot CH_2}{\overset{CH_2\cdot CH_2}{<\quad>}}N_2O_2\quad}CCl$ (?). *B.* Bei der Einw. einer gesättigten Lösung von HCl in Eisessig auf 1.4-Dichlor-1.4-dinitroso-cyclohexan (s. o.) (unter intermediärer Bildung des cis-1.4-Dichlor-1.4-dinitroso-cyclohexans) (P., ST., *B.* 35, 3109). — Farblose Nadeln oder Stäbchen (aus Aceton oder Eisessig). Farblose würfelähnliche Krystalle (aus Methylalkohol). Zersetzt sich bei 160—165°, ohne zu schmelzen. Kaum löslich in Äther, sehr wenig in Alkohol, Aceton, Benzol, leichter in heißem Eisessig. Die Lösungen in Methylalkohol, Aceton und Eisessig sind bei gewöhnlicher Temp. farblos; beim Erwärmen nehmen sie eine bei den verschiedenen Lösungsmitteln verschieden intensive Blaufärbung an, die beim Erkalten wieder verschwindet und wahrscheinlich auf einer Bildung von cis-1.4-Dichlor-1.4-dinitroso-cyclohexan beruht. Ist in wäßr. Alkalien und in Salzsäure unlöslich. — Gibt beim Erwärmen mit einer Lösung von HCl in Eisessig auf 50—100° das Monohydrochlorid des Cyclohexandioxims-(1.4).

1.4-Dibrom-1.4-dinitroso-cyclohexan $C_6H_8O_2N_2Br_2 = C_6H_8Br_2(NO)_2$ [nach PILOTY und STEINBOCK (*B.* 35, 1303) NO:NO in trans-Stellung]. *B.* Durch Einw. von Brom auf Cyclohexandioxim-(1.4) in wäßr. Pyridin (P., ST., *B.* 35, 3105). — Blaue Pyramiden (aus Methylalkohol). F: 89° (Zers.). Leicht löslich in Alkohol, Eisessig, sehr leicht in Äther, Benzol. Die Lösungen sind tiefblau gefärbt. — Zersetzt sich beim Aufbewahren unter Grünfärbung. Wird von konz. Salpetersäure oder von Chromsäure in Eisessig zu 1.4-Dibrom-1.4-dinitro-cyclohexan (S. 27) oxydiert.

Verbindung $C_6H_8O_2N_2Br_2 = BrC\underset{CH_2\cdot CH_2}{\overset{CH_2\cdot CH_2}{<\quad>}}N_2O_2\quad}CBr$ (?). *B.* Entsteht in geringer Menge neben 1.4-Dibrom-1.4-dinitroso-cyclohexan (s. o.) bei der Einw. von Brom auf Cyclohexandioxim-(1.4) in wäßr. Pyridin (P., ST., *B.* 35, 3107). — Nadeln (aus Aceton). Verkohlt bei ca. 125°. Schwer löslich in Alkohol, Aceton, kaum in Äther. Die Lösungen sind in der Kälte farblos, in der Wärme schwach blau gefärbt.

Nitrocyclohexan $C_6H_{11}O_2N = C_6H_{11}\cdot NO_2$. *B.* Durch Erhitzen von Cyclohexan mit verdünnter Salpetersäure (MARKOWNIKOW, *A.* 302, 15; vgl. BEILSTEIN, KURBATOW, *B.* 13, 1820; sowie auch NAMETKIN, *C.* 1908 II, 597; 1909 I, 748, 1760; *B.* 42, 1372). — Farblose Flüssigkeit. Erstarrungspunkt: —34° (MAR., Ж. 31, 356; *C.* 1899 II, 19). Kp_{748}: 205,5—206°; Kp_{40}: 109° (MAR., *A.* 302, 17). Kp_{742}: 202° (Zers.); Kp_{40}: 109,5°; D_4^0: 1,0853; D_4^{10}: 1,0680; n_D^{10}: 1,4612 (NAMETKIN, Ж. 40, 1573; *C.* 1909 I, 748; *B.* 42, 1374). — Gibt mit

Natriumalkoholat einen weißen Niederschlag (MAB., *A.* **302**, 17). Liefert mit Zinkstaub und Eisessig oder mit Zinn und Salzsäure Cyclohexanon und Aminocyclohexan (MAB., *A.* **302**, 18, 22; KONOWALOW, Ж. **30**, 961; *C.* **1899** I, 597). Bei der Reduktion mit Zinnchlorür und Salzsäure entsteht Cyclohexanoxim, das bei der Destillation mit Salzsäure in Cyclohexanon übergeht (Ko.).

1.4-Dichlor-1.4-dinitro-cyclohexan $C_6H_8O_4N_2Cl_2 = C_6H_8Cl_2(NO_2)_2$. *B.* Durch Erwärmen von 1.4-Dichlor-1.4-dinitroso-cyclohexan mit Chromsäure in Eisessig (PILOTY, STEINBOCK, *B.* **35**, 3112). — Prismen (aus Methylalkohol). F: 178° (Zers.). Ziemlich leicht löslich. — Wird von Natrium und Alkohol zu Cyclohexandioxim-(1.4) reduziert.

1.4-Dibrom-1.4-dinitro-cyclohexan $C_6H_8O_4N_2Br_2 = C_6H_8Br_2(NO_2)_2$. *B.* Durch Kochen von 1.4-Dibrom-1.4-dinitroso-cyclohexan mit konz. Salpetersäure (P., ST., *B.* **35**, 3107). — Prismen (aus Methylalkohol). F: 158°. Ziemlich leicht löslich in Alkohol, Äther, Eisessig.

2.　*Methylcyclopentan, Methylpentamethylen* $C_6H_{12} = \begin{matrix} H_2C-CH_2 \\ H_2C-CH_2 \end{matrix} \Big\rangle CH \cdot CH_3.$　*V.*

In der Fraktion 69—71° des kaukasischen Erdöls (MARKOWNIKOW, *B.* **30**, 1223; *A.* **307**, 344; ASCHAN, *B.* **31**, 1803). Im amerikanischen Erdöl (YOUNG, *Soc.* **73**, 906). Im rumänischen Erdöl (PONI, *C.* **1900** II, 452). — *B.* Bei der Einw. von Natrium auf 1.5-Dibrom-hexan (Bd. I, S. 145) in Gegenwart von Toluol (FREER, PERKIN, *Soc.* **53**, 214). Aus Cyclohexan durch längeres Erhitzen in Kaliglasröhren auf 330°, sowie bei gelindem Erwärmen mit Aluminiumchlorid (ASCHAN, *A.* **324**, 10, 33). Beim Erhitzen von Chlorcyclohexan mit Jodwasserstoffsäure (D: 1,96) im geschlossenen Rohr auf 250° (auch in Gegenwart von etwas rotem Phosphor) (MAB., *B.* **30**, 1226; Ж. **31**, 219; *C.* **1899** I, 1211; *A.* **307**, 340). Beim Erhitzen von Jodcyclohexan mit Jodwasserstoffsäure (D: 1,96) im geschlossenen Rohr auf 230° (ZELINSKY, *B.* **30**, 388; vgl. ZEL., *B.* **28**, 1023). Beim Erhitzen von Aminocyclohexan mit Jodwasserstoffsäure (D: 1,96) im geschlossenen Rohr auf 200° (MAB., *B.* **30**, 1225; Ж. **31**, 218; *C.* **1899** I, 1211; *A.* **307**, 339). Durch 24-stdg. Erhitzen von Benzol mit Jodwasserstoffsäure (D: 1,96) auf 280° (KISHNER, *J. pr.* [2] **56**, 364; Ж. **29**, 584; vgl. WREDEN, *A.* **187**, 163). Man setzt 1-Methyl-cyclopentanol-(1) mit konz. Jodwasserstoffsäure bei Zimmertemperatur um, löst das erhaltene Jodid in Eisessig, der mit Jodwasserstoff gesättigt ist, und trägt Zinkstaub unter Kühlung ein (ZEL., MOSER, *B.* **35**, 2686). Bei der Reduktion von 3-Jod-1-methyl-cyclopentan mit dem Zink-Kupferpaar und Salzsäure (MARKOWNIKOW, *B.* **30**, 1222; Ж. **31**, 217; *C.* **1899** I, 1211; *A.* **307**, 338). Beim Erhitzen von 1-Methylcyclopentanol-(3) mit Jodwasserstoffsäure (D: 1,96) im geschlossenen Rohr auf 210° (MAB., *B.* **30**, 1222; Ж. **31**, 216; *C.* **1899** I, 1211; *A.* **307**, 337) bezw. 290° (ZEL., *B.* **30**, 390). Beim Erhitzen von 3-Amino-1-methyl-cyclopentan mit Jodwasserstoffsäure (D: 1,96) im geschlossenen Rohr auf 250° (MAB., *B.* **30**, 1223; Ж. **31**, 217; *C.* **1899** I, 1211; *A.* **307**, 338). Bei der Destillation der Hexahydrobenzoesäure mit Zinkchlorid (ZEL., GUTT, *B.* **41**, 2075). — Benzinartig riechende Flüssigkeit. Kp_{742}: 71,5—72,5° (ZEL., *B.* **30**, 388); Kp_{745}: 71° (ZEL., Mo., *B.* **35**, 2686); Kp_{752}: 72—73° (KISH.); Kp_{759}: 71—72° (MAB., Ж. **31**, 217; *C.* **1899** I, 1211; *A.* **307**, 339). D_0^0: 0,76406 (MAB., Ж. **31**, 217; *C.* **1899** I, 1211; *A.* **307**, 339); $D_4^{14,5}$: 0,7488 (ZEL., Mo., *B.* **35**, 2686); D_4^{17}: 0,7489 (KISH.); D_4^{20}: 0,7501 (ZEL., *B.* **30**, 388). n_D^{15}: 1,4105 (ZEL., *B.* **30**, 388); $n_D^{14,5}$: 1,4096 (ZEL., Mo., *B.* **35**, 2686); n_D^{20}: 1,4101 (KISH.). Molekulare Verbrennungswärme bei konstantem Vol.: 945,7 Cal. (SUBOW, Ж. **33**, 722; *C.* **1902** I, 161). — Bei der Einw. von Salpetersäure erfolgt je nach den Bedingungen Nitrierung zu 1-Nitro-1-methyl-cyclopentan und 2-Nitro-1-methyl-cyclopentan oder Oxydation zu Glutarsäure, Bernsteinsäure, Essigsäure und Ameisensäure (MAB., KONOWALOW, *B.* **28**, 1236; KISH., *J. pr.* [2] **56**, 367; Ж. **29**, 590; MAB., *A.* **307**, 342, 345, 352, 364; Ж. **31**, 220, 222, 228, 238; *C.* **1899** I, 1211, 1212; vgl. ZEL., *B.* **30**, 389; ASCHAN, *B.* **31**, 1804; *A.* **324**, 36). Salpeterschwefelsäure greift in der Kälte nicht, auch beim Erwärmen nur mäßig an (vgl. MAB., *A.* **307**, 342). Über die Einw. von Chlor auf Methylcyclopentan vgl.: MAB., Ж. **31**, 235; *C.* **1899** I, 1212; *A.* **307**, 360, 362. Einw. von Brom in Gegenwart von Aluminiumbromid: MAB., *A.* **307**, 364. Methylcyclopentan wird von konz. Jodwasserstoffsäure nicht angegriffen (FR., PER., *Soc.* **53**, 215).

1-Chlor-1-methyl-cyclopentan $C_6H_{11}Cl = C_5H_8Cl \cdot CH_3$. *B.* Aus 1-Methyl-cyclopentanol-(1) mit rauchender Salzsäure bei höchstens 85° (MARKOWNIKOW, Ж. **31**, 234; *C.* **1899** I, 1212; *A.* **307**, 360). — Flüssig. Kp_{742}: 122—123°; Kp_{750}: 97—98°. — Zerfällt bei der Destillation unter gewöhnlichem Druck teilweise in C_6H_{10} und HCl.

3-Jod-1-methyl-cyclopentan $C_6H_{11}I = C_5H_8I \cdot CH_3$. Linksdrehende Form. *B.* Aus aktivem 1-Methyl-cyclopentanol-(3) (Syst. No. 502) mit Jodwasserstoffsäure (D: 1,96) bei 100° (ZELINSKY, *B.* **35**, 2490; vgl. MARKOWNIKOW, Ж. **31**, 228; *C.* **1899** I, 1212; *A.* **307**, 351). — Flüssigkeit, die sich beim Stehen unter Abscheidung von Jod zersetzt (ZEL.,

B. **35**, 2490). Kp_{16}: 67—68^0; Kp_{31}: 78—80^0; $[a]_D$: —2,5^0 (Zel., *B.* **35**, 2490). — Durch aufeinanderfolgende Einw. von Magnesium und von Kohlendioxyd in Äther wird die aktive 3-Methyl-cyclopentan-carbonsäure-(1) (Syst. No. 893) erhalten (Zel., *B.* **35**, 2690).

1-Nitro-1-methyl-cyclopentan $C_6H_{11}O_2N = C_5H_8(NO_2)\cdot CH_3$. *B.* Beim Nitrieren von Methylcyclopentan mit Salpetersäure (D: 1,075) bei 100^0 (Kishner, *J. pr.* [2] **56**, 369) oder bei 115—120^0 (Markownikow, Konowalow, *B.* **28**, 1236; Mar., Ж. **31**, 230; *C.* **1899** I, 1212; *A.* **307**, 352). — Campher- und terpentinartig riechende Flüssigkeit. Siedet unter 750 mm zwischen 177^0 und 184^0 unter bedeutender Zers. (Mar.); Kp_{40}: 92^0 (Mar.). D_0^0: 1,0568; D_{15}^{15}: 1,0453; D_0^{20}: 1,0400 (Mar.). — n_D^{20}: 1,436 (Ko., Ж. **27**, 419). Unlöslich in Alkali.

2-Nitro-1-methyl-cyclopentan $C_6H_{11}O_2N = C_5H_8(NO_2)\cdot CH_3$. *B.* Neben 1-Nitro-1-methyl-cyclopentan durch Einw. von Salpetersäure (D: 1,075) auf Methylcyclopentan bei 115—120^0 (Markownikow, Ж. **31**, 238; *C.* **1899** I, 1213; *A.* **307**, 352, 364). — Flüssigkeit. Kp_{40}: 97,5—99^0; Kp_{758}: 184—185^0 (Zers.). D_0^0: 1,0462; D_0^{20}: 1,0296. Löslich in Alkali.

3. Äthylcyclobutan $C_6H_{12} = H_2C{<}{CH_2\atop CH_2}{>}CH\cdot C_2H_5$. *B.* Man löst Methyl-cyclobutyl-carbinol in Jodwasserstoffsäure (D: 1,96) und reduziert das erhaltene Jodid mit Zinkstaub und Essigsäure (Zelinsky, Gutt, *B.* **41**, 2433). — Kp: 72,2—72,5^0 (korr.). D_4^{10}: 0,7540; D_4^{20}: 0,7450. $n_D^{19,4}$: 1,4080. — Bei der Oxydation mit Salpetersäure entsteht Bernsteinsäure.

4. Methoäthylcyclopropan, β-Cyclopropyl-propan, Dimethyl-cyclopropyl-methan $C_6H_{12} = {H_2C\atop H_2C}{>}CH\cdot CH(CH_3)_2$.

1^1-Chlor-1-methoäthyl-cyclopropan, [a-Chlor-isopropyl]-cyclopropan, β-Chlor-β-cyclopropyl-propan $C_6H_{11}Cl = C_3H_5\cdot CCl(CH_3)_2$. *B.* Aus Dimethyl-cyclopropyl-carbinol mit rauchender Salzsäure (Bruylants, *C.* **1909** I, 1859; *R.* **28**, 193). — Flüssig. Kp: 132^0 bis 133^0. D^{20}: 0,9441. Unlöslich in Wasser, löslich in Alkohol, Äther.

1-Brom-1-methoäthyl-cyclopropan $C_6H_{11}Br = C_3H_4Br\cdot CH(CH_3)_2$. *B.* Aus 1-Äthoxy-1-isopropyl-cyclopropan mit rauchender Bromwasserstoffsäure (Br., *C.* **1909** I, 1859; *R.* **28**, 214). — Flüssig. Kp_{55}: 108—110^0; Kp: 174^0 (Zers.). D^{20}: 1,1597. Verändert sich am Licht.

1^1-Brom-1-methoäthyl-cyclopropan, [a-Brom-isopropyl]-cyclopropan, β-Brom-β-cyclopropyl-propan $C_6H_{11}Br = C_3H_5\cdot CBr(CH_3)_2$. *B.* Aus Dimethyl-cyclopropyl-carbinol mit rauchender Bromwasserstoffsäure (Br., *C.* **1909** I, 1859; *R.* **28**, 193). — Flüssigkeit, die sich am Licht verändert. Kp_{766}: 152—153^0; D^{20}: 1,218 (Br.). — Wird beim Kochen mit festem Kaliumhydroxyd unter gewöhnlichem Druck nicht verändert (Br.). Geht beim Erhitzen mit pulverisiertem Kaliumhydroxyd im geschlossenen Rohr auf 170^0 in einen Kohlenwasserstoff C_6H_{10} vom Siedepunkt 77^0 (S. 65) über (Henry, *C. r.* **147**, 559; Br.). Beim Kochen mit konz. alkoh. Kalilauge entstehen der Kohlenwasserstoff C_6H_{10} und 1-Äthoxy-1-isopropyl-cyclopropan (?) (Br.). Bei der Einw. von methylalkoh. Natriumjodid entsteht 1^1-Jod-1-methoäthyl-cyclopropan (Br.). Die Einw. von trocknem Kaliumacetat bei 170^0 führt zu [Dimethyl-cyclopropyl-carbin]-acetat (H.; Br.).

1.1^1-Dibrom-1-methoäthyl-cyclopropan, 1-Brom-1-[a-brom-isopropyl]-cyclopropan $C_6H_{10}Br_2 = C_3H_4Br\cdot CBr(CH_3)_2$. *B.* Aus Dimethyl-cyclopropyl-carbinol mit Brom (Bruylants, *C.* **1909** I, 1859; *R.* **28**, 200). — Flüssigkeit, die sich bei der Destillation, auch unter vermindertem Druck, zersetzt.

1^1-Jod-1-methoäthyl-cyclopropan, [a-Jod-isopropyl]-cyclopropan, β-Jod-β-cyclopropyl-propan $C_6H_{11}I = C_3H_5\cdot CI(CH_3)_2$. *B.* Aus 1^1-Brom-1-methoäthyl-cyclopropan mit Natriumjodid in Methylalkohol (Bruylants, *C.* **1909** I, 1859; *R.* **28**, 194). — Farblose, am Licht sich bräunende Flüssigkeit. Kp_{55}: 113—114^0. D^{20}: 1,338.

5. 1.1.2-Trimethyl-cyclopropan $C_6H_{12} = {CH_3\cdot HC\atop H_2C}{>}C(CH_3)_2$. *B.* Durch Einw. von Zinkstaub auf 2.4-Dibrom-2-methyl-pentan (Bd. I, S. 148) in 80%igem Alkohol (Zelinsky, Zelikow, *B.* **34**, 2859). — Kp_{750}: 56—57^0. $D_4^{15,5}$: 0,6822. $n_D^{16,4}$: 1,3848.

6. 1.2.3-Trimethyl-cyclopropan $C_6H_{12} = {CH_3\cdot HC\atop CH_3\cdot HC}{>}CH\cdot CH_3$. *B.* Beim Erhitzen von 2.4-Dibrom-3-methyl-pentan (Bd. I, S. 150) mit Zinkstaub in 80%igem Alkohol (Zelinsky, Zelikow, *B.* **34**, 2863). — Kp_{748}: 65—67^0. D_4^{19}: 0,6946. n_D^{19}: 1,3945.

5. Kohlenwasserstoffe C_7H_{14}.

1. *Cycloheptan, Heptamethylen, Suberan* $C_7H_{14} = \begin{matrix} H_2C \cdot CH_2 \cdot CH_2 \\ H_2C \cdot CH \cdot CH_2 \end{matrix} \rangle CH_2$. V. Im
kaukasischen Erdöl (MARKOWNIKOW, Ж. 34, 917; C. 1903 I, 568). — B. Durch Reduktion
von Bromcycloheptan mit Zinkstaub in siedendem 90 %igem Alkohol (MAR., Ж. 34, 908;
C. 1903 I, 568; A. 327, 63). Aus Jodcycloheptan mit verkupfertem Zink und Salzsäure
(MAR., Ж. 25, 548; $J. pr.$ [2] 49, 427). Aus Cycloheptadien-(1.3) und Wasserstoff in Gegenwart von Nickel bei 180° (WILLSTÄTTER, KAMETAKA, B. 41, 1483). — Öl. Erstarrt beim Abkühlen durch ein Eis-Kochsalz-Gemisch (W., K.). Schmilzt zwischen —13° und —12° (W.,
K.). Kp_{736}: 117—117,3° (MAR., Ж. 34, 908; C. 1903 I, 568); Kp_{735}: 118° (korr.) (W., K.).
D_4^0: 0,8253; D_4^{13}: 0,816; D_0^0: 0,8093 (MAR., Ж. 34, 908; C. 1903 I, 568); D_4^0: 0,8275; D_4^{20}: 0,8108
(W., K.). n_D^{20}: 1,44521 (W., K.).   Molekulare Verbrennungswärme bei konstantem Vol.:
1096,3 Cal. (SUBOW, Ж. 33, 722; C. 1902 I, 161). — Werden die mit Wasserstoff gemischten
Dämpfe des Cycloheptans bei 235° über Nickel geleitet, so erfolgt großenteils Isomerisation
zu Hexahydrotoluol (s. u.) (W., K.). Cycloheptan wird durch kalte konz. Salpetersäure
nicht angegriffen; beim Erhitzen mit Salpetersäure entsteht Pimelinsäure neben anderen Säuren (MAR., Ж. 34, 909; A. 327, 64). Cycloheptan
gibt mit Brom und wenig Aluminiumbromid im geschlossenen Rohr Pentabromtoluol (MAR.,
Ж. 25, 549; $J. pr.$ [2] 49, 428).

Chlorcycloheptan, Cycloheptylchlorid, Suberylchlorid $C_7H_{13}Cl$. B. Aus Cycloheptanol (Syst. No. 502) mit rauchender Salzsäure oder mit Phosphorpentachlorid (MAR-
KOWNIKOW, Ж. 25, 370). — Siedet gegen 175°. D_0^0: 1,0133; D_4^{20}: 0,9957.

Bromcycloheptan, Cycloheptylbromid, Suberylbromid $C_7H_{13}Br$. B. Durch Er-
hitzen von Cycloheptanol mit konz. Bromwasserstoffsäure auf 100° (ZELINSKY, B. 35, 2691).
Man sättigt Cycloheptanol mit HBr und erhitzt auf dem Wasserbade (MAR., Ж. 34, 907; C.
1903 I, 568; A. 327, 63). — Flüssig. Kp_{40}: 101,5° (MAR.); Kp_{13}: 75° (ZEL.). D_4^{15}: 1,299
(MAR.); D_4^{20}: 1,2887 (ZEL.). n_D^{20}: 1,4996 (ZEL.). — Gibt in Äther bei aufeinanderfolgender
Einw. von Magnesium und von Kohlendioxyd die Cycloheptancarbonsäure (Syst. No. 893)
(ZEL.).

1.2-Dibrom-cycloheptan, Cycloheptendibromid, Suberylenbromid $C_7H_{12}Br_2$. B.
Aus Cycloheptanol mit Brom in Eisessig (MARKOWNIKOW, Ж. 25, 551; $J. pr.$ [2] 49, 429)
oder in Chloroform (WILLSTÄTTER, A. 317, 222). — Schwere Flüssigkeit von Terpentinöl-
geruch. Zersetzt sich beim Sieden (MAR., Ж. 25, 551; $J. pr.$ [2] 49, 429). — Liefert beim
Erwärmen mit Chinolin Cycloheptadien (Syst. No. 453) (MAR., Ж. 34, 910; A. 327, 67). Beim
Kochen mit alkoh. Kalilauge erhielt MARKOWNIKOW (Ж. 34, 911; A. 327, 67) neben anderen
Produkten Suberoterpen C_7H_{10} (Syst. No. 455), WILLSTÄTTER (A. 317, 206, 222) hauptsächlich 3-Äthoxy-cyclohepten-(1) (Syst. No. 506). Beim Erhitzen mit Dimethylamin in Benzol
entsteht 3-Dimethylamino-cyclohepten-(1) (Syst. No. 1595) neben etwas Bromtoluol (?) (W.).

1.2.3.4-Tetrabrom-cycloheptan, Cycloheptadientetrabromid $C_7H_{10}Br_4$. B. Aus
Cycloheptadien-(1.3) mit 4 At.-Gew. Brom in Eisessig (WILLSTÄTTER, A. 317, 257). — Farbloses, nicht erstarrendes Öl. Ist gegen Permanganat beständig.

Jodcycloheptan, Cycloheptyljodid, Suberyljodid $C_7H_{13}I$. B. Man sättigt ein
Gemisch von Cycloheptanol und rauchender Jodwasserstoffsäure mit Jodwasserstoff
und erhitzt dann auf 100° (MARKOWNIKOW, Ж. 25, 371; $J. pr.$ [2] 49, 417). — Öl. Siedet
nicht unzersetzt. D_4^{15}: 1,572. — Geht beim Erhitzen mit Jodwasserstoffsäure auf 250° im
geschlossenen Rohr in Hexahydrotoluol über. Gibt bei der Reduktion mit verkupfertem
Zink und Salzsäure Cycloheptan. Liefert beim Kochen mit alkoh. Kalilauge Cyclohepten.

2. *Methylcyclohexan, Toluolhexahydrid, Hexahydrotoluol* (Heptanaph-
then) $C_7H_{14} = H_2C \begin{matrix} CH_2 \cdot CH_2 \\ CH_2 \cdot CH_2 \end{matrix} CH \cdot CH_3$. V. Im kaukasischen Erdöl (MILKOWSKI, Ж.
17, 37). Im amerikanischen Erdöl (YOUNG, Soc. 73, 906). Im kalifornischen Erdöl (MABERY,
HUDSON, Am. 25, 253; MAB., SIEPLEIN, Am. 25, 286). Im japanischen Erdöl (MAB., TAKANO,
Am. 25, 301).

B. Durch gelindes Erwärmen von Chlorcyclohexan (S. 21) mit Zinkdimethyl (KURS-
SANOW, B. 32, 2973). Beim Leiten von Cycloheptan (s. o.) mit Wasserstoff über feinverteiltes Nickel bei 235° (WILLSTÄTTER, KAMETAKA, B. 41, 1481). Beim Leiten von Toluol
mit Wasserstoff über Nickel bei 170—200° (SABATIER, SENDERENS, $C. r.$ 132, 568; $A. ch.$
[8] 4, 364). Bei der Reduktion von 3-Brom-1-methyl-cyclohexan (S. 32) mit Zink und
Salzsäure in alkoh. Lösung bei gewöhnlicher Temp. (ZELINSKY, B. 30, 1537). Beim Kochen
des beständigen 3-Brom-1-methyl-cyclohexans (S. 32 unter a) mit Zinkstaub und Alkohol;

Ausbeute bis zu 85 % (MARKOWNIKOW, Ж. **35**, 1032; *C*. **1904** I, 1345; *A*. **341**, 128). Durch Einw. von AlBr$_3$ auf 2-Jod-1-methyl-cyclohexan im geschlossenen Rohr bei 100° (ZEL., *B*. **30**, 1539). Durch Einw. von AlBr$_3$ auf 3-Jod-1-methyl-cyclohexan bei gewöhnlicher Temp. (ZEL., *B*. **30**, 1537). Aus 3-Jod-1-methyl-cyclohexan durch Reduktion mit Zinkstaub und Eisessig (KNOEVENAGEL, *A*. **297**, 159) oder mit verkupfertem, platiniertem Zink und Salzsäure (MAR., Ж. **35**, 1030; *A*. **341**, 126). Aus 3-Hydrazino-1-methyl-cyclohexan durch Oxydation mit Ferricyankalium in alkal. Lösung (KISHNER, Ж. **31**, 1038; *C*. **1900** I, 957; *C*. **1908** I, 1178). Beim Schütteln von 1-Methyl-cyclohexen-(1) (Syst. No. 453) mit konz. Schwefelsäure (MAQUENNE, *A. ch.* [6] **28**, 279; *Bl.* [3] **9**, 129; vgl. dazu KISHNER, Ж. **40**, 676, 687). Bei der trocknen Destillation von Kolophonium für sich allein oder unter Zusatz von etwas ungelöschtem Kalk; findet sich daher in der Harzessenz (Syst. No. 4740) (RENARD, *A. ch.* [6] **1**, 228; MAQUENNE, *A. ch.* [6] **19**, 26; **28**, 286; MAR., Ж. **35**, 1032; *C*. **1904** I, 1345; *A*. **341**, 120; vgl. dazu KISHNER, Ж. **40**, 676, 687).

Gemische von Methylcyclohexan mit Dimethylcyclopentan sind bei folgenden Umsetzungen erhalten worden: beim Erhitzen von Toluol mit Jodwasserstoffsäure auf 280° (WREDEN, *A*. **187**, 161; MAR., *B*. **30**, 1216; vgl. dazu ASCHAN, Chemie der alicyclischen Verbindungen [Braunschweig 1905], S. 590; KISHNER, Ж. **40**, 689), von Cycloheptanol mit Jodwasserstoffsäure auf 250° (MAR., Ж. **25**, 551; vgl. dazu ASCHAN, Chemie der alicyclischen Verbindungen [Braunschweig 1905], S. 590), bei der Destillation von Hexahydro-o-toluylsäure (Syst. No. 893) mit Chlorzink (EINHORN, *A*. **300**, 161; vgl. ZEL., GUTT, *B*. **41**, 2076).

Das reine Methylcyclohexan ist eine benzinähnlich riechende Flüssigkeit. Es erstarrt beim Abkühlen durch flüssige Luft zu einer glasartigen Masse, die bei −147,5° schmilzt (MAR., Ж. **35**, 1033; *C*. **1904** I, 1345; *A*. **341**, 130). Kp$_{60}$: 28° (MAR., Ж. **35**, 1033; *C*. **1904** I, 1345; *A*. **341**, 129); Kp$_{748}$: 101−102° (KISHNER); Kp$_{751}$: 100,2° (MAR., Ж. **35**, 1033; *C*. **1904** I, 1345; *A*. **341**, 129); Kp$_{752}$: 101−102° (KUBS.); Kp$_{760}$: 103° (korr.) (KNOEV.); Kp: 101° (korr.) (ZEL., *B*. **30**, 1538), 100,1° (korr.) (SABATIER, SENDERENS, *C. r.* **132**, 1255; *A. ch.* [8] **4**, 366). − D$_0^0$: 0,7804 (KUBS.), 0,7859 (MAR., Ж. **35**, 1033; *C*. **1904** I, 1345; *A*. **341**, 129), 0,7887 (KISHNER); D$_4^0$: 0,7859 (SABATIER, SENDERENS, *C. r.* **132**, 1255; *A. ch.* [8] **4**, 366); D^{15,5}: 0,7744 (EIJKMAN bei SAB., SEN., *A. ch.* [8] **4**, 366); D$_{15}^{15}$: 0,774 (MAR., Ж. **35**, 1033; *C*. **1904** I, 1345; *A*. **341**, 129); D^{16,5}: 0,7718 (E. bei SAB., SEN., *A. ch.* [8] **4**, 366); D$^{20}_4$: 0,7662 (KNOEV.); D$_0^{20}$: 0,7697 (MAR., Ж. **35**, 1033; *C*. **1904** I, 1345; *A*. **341**, 129), 0,7715 (KISHNER); D$_0^{20}$: 0,7693 (ZEL., *B*. **30**, 1538), 0,7641 (KUBS.); D^{77,5}: 0,7184 (E. bei SAB., SEN., *A. ch.* [8] **4**, 366). − n$_D^{15}$: 1,4243 (ZEL., *B*. **30**, 1538); n$_D^{15,5}$: 1,41705 (KNOEV.); n$_α^{15,5}$: 1,42465; n$_γ^{15,5}$: 1,43674; n$_α^{16,5}$: 1,42296; n$_γ^{16,5}$: 1,43498; n$_α^{77,5}$: 1,39149; n$_γ^{77,5}$: 1,40258 (E. bei SAB., SEN., *A. ch.* [8] **4**, 366). Dispersion: EIJKMAN, *C*. **1907** II, 1209. − Molekulare Verbrennungswärme bei konstantem Vol.: 1100,8 Cal. (SUBOW, Ж. **33**, 722; *C*. **1902** I, 161).

Methylcyclohexan wird beim Erhitzen mit Jodwasserstoffsäure (D: 1,96) in Gegenwart von etwas rotem Phosphor auf 270° nicht isomerisiert (MAR., Ж. **35**, 1035; *C*. **1904** I, 1345; *A*. **341**, 131). − Liefert durch Einw. von Chlor bei gewöhnlicher Temp. neben höher chlorierten Produkten ein bei 157−159° siedendes Gemisch von 2-, 3- und etwas 4-Chlor-1-methyl-cyclohexan (SAB., MAILHE, *C. r.* **140**, 840; *A. ch.* [8] **10**, 564; vgl. SPINDLER, Ж. **23**, 41; *B*. **24** Ref., 561; MAR., Ж. **35**, 1042; *C*. **1904** I, 1345; *A*. **341**, 139). Brom ist auf Methylcyclohexan im diffusen Licht ohne Wirkung, im Sonnenlicht und bei 100° wirkt es sehr schwach, bei 115° ziemlich leicht ein (MAR., Ж. **35**, 1035; *C*. **1904** I, 1345; *A*. **341**, 131). Mit Brom in Gegenwart von AlBr$_3$ entsteht Pentabromtoluol (KUBS., *B*. **32**, 2973; MAR., Ж. **35**, 1033; *C*. **1904** I, 1345; *A*. **341**, 130). − Jod zeigt selbst bei 190−200° nur eine sehr schwache Einw. (MAR., Ж. **35**, 1035; *C*. **1904** I, 1345; *A*. **341**, 131). Rote rauchende Salpetersäure (D: 1,535) wirkt auf Methylcyclohexan energisch ein (MAR., Ж. **35**, 1033; *C*. **1904** I, 1345; *A*. **341**, 130). Verdünnte Salpetersäure wirkt zugleich nitrierend und oxydierend (MAR., Ж. **35**, 1034; *C*. **1904** I, 1345), dabei entsteht neben Nitrosäuren als hauptsächliches Oxydationsprodukt Bernsteinsäure (MAR., Ж. **35**, 1035; *C*. **1904** I, 1345; *A*. **341**, 132). Methylcyclohexan wird von Salpeterschwefelsäure im offenen Gefäß bei 80° nicht angegriffen, im geschlossenen Rohr bei 70° nur wenig, bei 100° allmählich verändert (MAR., Ж. **35**, 1035; *C*. **1904** I, 1345; *A*. **341**, 131; vgl. MAR., *B*. **35**, 1585). Konz. Schwefelsäure wirkt bei gewöhnlicher Temp. auf Methylcyclohexan nicht ein, rauchende Schwefelsäure oxydiert und liefert keine oder nur sehr wenig Sulfonsäure (MAR., Ж. **35**, 1035; *C*. **1904** I, 1345; *A*. **341**, 131).

1-Chlor-1-methyl-cyclohexan $C_7H_{13}Cl = C_6H_{10}Cl \cdot CH_3$. *B*. Aus 1-Methyl-cyclohexanol-(1) mit schwach rauchender Salzsäure im geschlossenen Rohr bei 50−55° (MARKOWNIKOW, Ж. **35**, 1041; *C*. **1904** I, 1345; *A*. **341**, 139; vgl. MAR., TSCHERDYNZEW, Ж. **32**, 303; *C*. **1900** II, 630). Beim Sättigen von 1-Methyl-cyclohexanol-(1) mit Chlorwasserstoff (GUTT, *B*. **40**, 2069). Aus 1-Methyl-cyclohexanol-(1) mit Phosphorpentachlorid (SABATIER, MAILHE, *C. r.* **140**, 841; *A. ch.* [8] **10**, 543). − Flüssig. Kp$_{40}$: 53−55° (MAR., TSCH., Ж. **32**, 303; *C*. **1900** II, 630); Kp$_{100}$: 86° (G.). Beginnt unter 752 mm Druck bei 140° zu

sieden und zerfällt dabei zum großen Teil in C_7H_{12} und HCl; die Hauptmenge geht bei
148—151° über (MAB., Ж. **35**, 1041; *C.* **1904** I, 1345; *A.* **341**, 139). D_6^0: 0,996 (SAB., M.);
D_4^{10}: 0,9772; D_4^p: 0,9684 (G.). n_D^{11}: 1,4582 (G.). — Gibt bei Behandlung mit Magnesium
und mit Kohlendioxyd neben einem Gemisch von Methylcyclohexan und Methylcyclohexen
geringere Mengen von 1-Methyl-cyclohexan-carbonsäure-(1) (Syst. No. 893) (G.).

2-Chlor-1-methyl-cyclohexan von Sabatier und Mailhe $C_7H_{13}Cl = C_6H_{10}Cl \cdot CH_3$.
Ist diastereoisomer mit der folgenden Verbindung; vgl. ZELINSKY, *B.* **41**, 2679. — *B.* Aus
1-Methyl-cyclohexanol-(2) mit Phosphorpentachlorid (SABATIER, MAILHE, *C. r.* **140**, 841;
A. ch. [8] **10**, 550; GUTT, *B.* **40**, 2064; MURAT, *A. ch.* [8] **16**, 111). — Flüssig. Siedet unter
745 mm Druck bei 156—158° unter geringer Zers.; Kp_{100}: 88—89°; $D_4^{16,5}$: 0,98; $n_D^{16,5}$: 1,4635
(G., *B.* **40**, 2065). — Gibt bei aufeinanderfolgender Behandlung mit Magnesium und Kohlendioxyd die feste Hexahydro-o-toluylsäure (Syst. No. 893) (G., *B.* **40**, 2065).

2-Chlor-1-methyl-cyclohexan von Zelinsky $C_7H_{13}Cl = C_6H_{10}Cl \cdot CH_3$. Diastereoisomer mit der vorhergehenden Verbindung; vgl. ZELINSKY, *B.* **41**, 2679. — *B.* Aus 1-Methyl-
cyclohexanol-(2) mit rauchender Salzsäure bei 120—130° (ZELINSKY, *B.* **41**, 2679). — Flüssig.
Kp_{100}: 91—92°. D_4^0: 0,9699. n_D^0: 1,4579. — Gibt bei aufeinanderfolgender Behandlung mit
Magnesium und mit Kohlendioxyd die flüssige Hexahydro-o-toluylsäure (Syst. No. 893).

3-Chlor-1-methyl-cyclohexan $C_7H_{13}Cl = C_6H_{10}Cl \cdot CH_3$. Die im folgenden aufgeführten Präparate sind vielleicht teilweise Gemische von Diastereoisomeren.

a) **Präparat von Markownikow.** *B.* Beim Erwärmen von linksdrehendem 1-Methyl-
cyclohexanol-(3) mit 5 Vol. Salzsäure (D: 1,19) im Einschlußrohr auf 70° entsteht ein Gemisch (Kp_{40}: 63,5—65°; D_4^0: 0,9664; optische Drehung unmerklich) zweier, wahrscheinlich
stereoisomerer Chloride von sehr verschiedener Beständigkeit, aus dem sich durch Kochen
mit Kaliumhydroxyd und etwas Alkohol das beständige Chlorid isolieren läßt (MARKOW-
NIKOW, Ж. **35**, 1039; *A.* **341**, 137; MARK., PRZEWALSKI, Ж. **35**, 1049; *C.* **1904** I, 1346;
Bl. [3] **34**, 215). Ein ähnliches Gemisch entsteht auch durch langdauernde Einw. von rauchender Salzsäure auf rechtsdrehendes 1-Methyl-cyclohexanol-(3) (MARK.; MARK., PRZ.). —
Kp_{756}: 160—161°. — Das bei der Destillation des rohen Chlorids entstehende Methylcyclohexen ist rechtsdrehend.

b) **Präparat von Gutt.** *B.* Aus dem linksdrehenden 1-Methyl-cyclohexanol-(3) durch
Phosphorpentachlorid (GUTT, *B.* **40**, 2062). — Siedet bei 159° (korr.) unter geringer Zers.;
Kp_{100}: 92—92,5°. D_4^p: 0,9724. n_D^p: 1,4570. a_D: —0,58° (l = 1 dm).

c) **Präparat von Borsche, Lange.** *B.* Beim Erhitzen von optisch aktivem 1-Methyl-
cyclohexanol-(3) mit rauchender Salzsäure auf 100° (BORSCHE, LANGE, *B.* **40**, 2222). — Kp_{20}:
58—59°. — Gibt bei Behandlung mit Magnesium und Schwefeldioxyd neben 3.3'-Dimethyl-
dicyclohexyl das Magnesiumsalz der 1-Methyl-cyclohexan-sulfinsäure-(3) und das Bis-
[3-methyl-cyclohexyl]-sulfoxyd.

d) **Präparat von Sabatier, Senderens.** *B.* Aus inaktivem 1-Methyl-cyclohexanol-(3)
(erhalten aus m-Kresol) mit Phosphorpentachlorid (SABATIER, SENDERENS, *C. r.* **140**, 841;
A. ch. [8] **10**, 554). — Siedet bei 157° (unter geringer Zers.). D_6^0: 1,011.

e) **Präparat von Knoevenagel.** *B.* Aus inaktivem 1-Methyl-cyclohexanol-(3) [er-
halten aus inaktivem 1-Methyl-cyclohexanon-(3)] und konz. Salzsäure bei 100° (KNOEVENAGEL,
A. **297**, 153). — Öl. Kp_{10}: 56—57°. D_4^{15}: 0,9706.

4-Chlor-1-methyl-cyclohexan $C_7H_{13}Cl = C_6H_{10}Cl \cdot CH_3$. *B.* Aus 1-Methyl-cyclo-
hexanol-(4) mit Phosphorpentachlorid (SABATIER, MAILHE, *C. r.* **140**, 841; *A. ch.* [8] **10**,
557). — Kp: 158° (SAB., M.); Kp_{755}: 159°; Kp_{100}: 92—92,5° (GUTT, *B.* **40**, 2066). D_6^0: 0,992
(SAB., M.); D_4^{15}: 0,9737; $D_4^{16,5}$: 0,9672 (G.). n_D^0: 1,4583 (G.).

**1'-Chlor-1-methyl-cyclohexan, Chlormethyl-cyclohexan, Hexahydrobenzyl-
chlorid** $C_7H_{13}Cl = C_6H_{11} \cdot CH_2Cl$. *B.* Aus Methyl-cyclohexan und Phosphorpentachlorid
(SABATIER, MAILHE, *C. r.* **140**, 841; *A. ch.* [8] **10**, 536). — Flüssig. Kp_{760}: 166° (korr.) (SAB.,
M.); Kp_{746}: 166—167°; Kp_{100}: 98—99° (GUTT, *B.* **40**, 2067, 5582). D_6^0: 1,0038 (SAB., M.);
D_4^p: 0,9637 (G.). n_D^p: 1,4565 (G.). — Gibt bei Behandlung mit Magnesium und Kohlendioxyd Cyclohexylessigsäure (Syst. No. 893) (G.).

1.2-Dichlor-1-methyl-cyclohexan $C_7H_{12}Cl_2 = C_6H_9Cl_2 \cdot CH_3$. *B.* Beim Einleiten von
Chlor in eine kalte äther. Lösung von 1-Methyl-cyclohexen-(1) (MURAT, *A. ch.* [8] **16**, 123).
— Kp_{20}: 126°. D_4^0: 1,240.

3.3-Dichlor-1-methyl-cyclohexan $C_7H_{12}Cl_2 = C_6H_9Cl_2 \cdot CH_3$. *B.* Aus 1-Methyl-cyclo-
hexanon-(3) (aus Pulegon) und PCl_5 in Petroleumäther (KLAGES, *B.* **32**, 2568). — Sehr unbeständiges Öl.

Oktachlor-methyl-cyclohexan $C_7H_6Cl_8$. *B.* Beim Behandeln von Toluol mit überschüssigem Chlor (PIEPER, *A.* **142**, 304). — Prismen (aus Schwefelkohlenstoff). F: 150°
(P.). Schwer löslich in kaltem Alkohol, etwas leichter in heißem, noch leichter in Äther und
sehr leicht in warmem Schwefelkohlenstoff (P.). — Wird von Wasser bei 200° nur unvoll-

kommen zersetzt (P.). Beim Erhitzen mit alkoh. Natronlauge auf 110° entstehen Tetrachlortoluol (flüssig; Kp: 280—290°) (vgl. dazu COHEN, DAKIN, Soc. 85, 1279) und eine bei 203° schmelzende Dichlorbenzoesäure (Syst. No. 938) (P., A. 142, 306).

2-Brom-1-methyl-cyclohexan $C_7H_{13}Br = C_6H_{10}Br \cdot CH_3$. B. Aus 1-Methyl-cyclohexanol-(2) mit Phosphorpentabromid (MURAT, A. ch. [8] 16, 111). — Kp_{25}: 118—120°. D^0: 1,240. Ist sehr unbeständig und schon kurze Zeit nach seiner Darst. ganz in ungesättigte Kohlenwasserstoffe übergegangen.

3-Brom-1-methyl-cyclohexan $C_7H_{13}Br = C_6H_{10}Br \cdot CH_3$. Die im folgenden aufgeführten Präparate sind vielleicht teilweise Gemische von Diastereoisomeren.

a) **Präparat von Markownikow.** B. Sättigt man eine Mischung von linksdrehendem 1-Methyl-cyclohexanol-(3) und 55%iger Bromwasserstoffsäure mit Bromwasserstoff und erwärmt auf dem Wasserbade oder läßt man ein Gemisch dieses Alkohols mit 4 Vol. 55%iger Bromwasserstoffsäure 4 Tage stehen und sättigt mit HBr in der Kälte, so erhält man neben ungesättigten Kohlenwasserstoffen ein Gemisch (D_{15}^{15}: 1,267; $[α]_D^{15}$: +0° 50') zweier, wahrscheinlich stereoisomerer Bromide von sehr verschiedener Beständigkeit, aus dem sich durch Kochen mit gepulvertem Kaliumhydroxyd das beständige Bromid isolieren läßt (MARKOWNIKOW, Ж. 35, 1043; A. 341, 142; MARK., PRZEWALSKI, Ж. 35, 1049; C. 1904 I, 1346; Bl. [3] 34, 215). Ein ähnliches Gemisch entsteht bei langdauernder Einw. von rauchender Bromwasserstoffsäure auf rechtsdrehendes 1-Methyl-cyclohexen-(3) (MARK.; MARK., P.). Durch Erhitzen des Rohgemisches der Bromide im Einschlußrohr auf 200° wird fast ausschließlich das beständige Bromid gewonnen (MARK.). — Kp_{760}: 181—181,2° (geringe Zers.); D_{15}^{15}: 1,268; ist nicht merklich optisch aktiv (MARK.). — Zerfällt beim Kochen mit gepulvertem Kaliumhydroxyd nur schwierig in C_7H_{12} und HBr (MARK.). Beim Kochen mit alkoh. Kalilauge entsteht ein rechtsdrehendes Gemisch von 1-Methyl-cyclohexen-(2) und 1-Methyl-cyclohexen-(3) (MARK., P.).

b) **Präparat von Kondakow, Schindelmeiser.** B. Aus linksdrehendem 1-Methyl-cyclohexanol-(3) mit einer bei —20° gesättigten Bromwasserstoffsäure bei gewöhnlicher Temp. (KOND., SCH., J. pr. [2] 61, 483, 576). — Kp_{11}: 60°. D_0^0: 1,2634. n_D^8: 1,49794. $[α]_D$: 1° 23'.

c) **Präparat von Zelinsky.** B. Aus linksdrehendem 1-Methyl-cyclohexanol-(3) mit Bromwasserstoffsäure auf dem Wasserbade (ZELINSKY, B. 30, 1534). — Kp_8: 61,5—62°. D_4^{14}: 1,2789. Drehung: +5° 45' (l = 2 dm).

d) **Präparat von Tschitschibabin.** B. Man sättigt linksdrehendes 1-Methyl-cyclohexanol-(3) mit Bromwasserstoff und erwärmt dann auf dem Wasserbade (TSCH., B. 37, 851; vgl. MARK., Ж. 35, 1043; C. 1904 I, 1345; A. 341, 142). — Optisch fast inaktiv (TSCH.). Gleicht sonst in seinen Eigenschaften dem vorstehend beschriebenen Präparat von ZELINSKY (TSCH.). — Gibt bei Behandlung mit Magnesium und Orthoameisensäureester Hexahydro-m-methyl-benzaldehyd bezw. sein Acetal neben großen Mengen von Kohlenwasserstoffen (TSCH.).

e) **Präparat von Knoevenagel.** B. Aus inaktivem 1-Methyl-cyclohexanol-(3) [erhalten aus inaktivem 1-Methyl-cyclohexanon-(3)] mit stark rauchender Bromwasserstoffsäure im Einschlußrohr bei 100° (KN., A. 297, 153). — Flüssig. Kp_{10}: 70—71°. D_4^{17}: 1,2543.

4-Brom-1-methyl-cyclohexan $C_7H_{13}Br = C_6H_{10}Br \cdot CH_3$. B. Beim Erwärmen von 1-Methyl-cyclohexanol-(4) mit (bei 0° gesättigter) wäßr. Bromwasserstoffsäure (HARDING, HAWORTH, PERKIN, Soc. 93, 1974) oder mit einer bei 0° gesättigten Lösung von HBr in Eisessig auf dem Wasserbade (HOPE, PER., Soc. 95, 1367). — Flüssig. Kp_{200}: 130° (HAR., HAW., PER.); Kp_{150}: 124—126° (HO., PER.).

1.2-Dibrom-1-methyl-cyclohexan $C_7H_{12}Br_2 = C_6H_9Br_2 \cdot CH_3$. B. Aus 1-Methyl-cyclohexen-(1) und Brom in Chloroform (ZELINSKY, GORSKY, B. 41, 2630; C. 1909 I, 532). — Kp_{12}: 100—102° (Z., G.); Kp_{23}: 126—130° (MURAT, A. ch. [8] 16, 123). — Gibt beim Erhitzen mit Chinolin 1-Methyl-cyclohexadien-(1.5) (?) (S. 115, Z. 19 v. u.) (Z., G.).

3.4-Dibrom-1-methyl-cyclohexan $C_7H_{12}Br_2 = C_6H_9Br_2 \cdot CH_3$. B. Durch Einw. von Brom in Eisessig auf rechtsdrehendes 1-Methyl-cyclohexen-(3) (MARKOWNIKOW, Ж. 36, 56; C. 1904 I, 1213; STADNIKOW, Ж. 36, 486; C. 1904 II, 219; ZELINSKY, GORSKY, B. 41, 2485 Anm.; Ж. 40, 1394 Anm.). — Nach Campher riechende Flüssigkeit. Kp_{40}: 130° (M.; St.); Kp_{15}: 107—108° (Z., G.). D_{15}^{15}: 1,650 (M.); D_{11}^{12}: 1,648 (M.; St.). $[α]_D^{15}$: +18° 48' 36'' (St.); a_D: +15° 30' (l = 5 cm) (M.); a_D: +33,2° (l = 1 dm) (Z., G.). — Gibt beim Erhitzen mit wäßr.-alkoh. Kalilauge auf 130° aktives 1-Methyl-cyclohexadien-(2.4) (?) (S. 115, Z. 15 v. u.) und das Äthoxy-methyl-cyclohexen (Syst. No. 506) (Z., G.).

1.1'-Dibrom-1-methyl-cyclohexan, 1-Brom-1-brommethyl-cyclohexan $C_7H_{12}Br_2 = C_6H_{10}Br \cdot CH_2Br$. B. Aus Methylencyclohexan und Brom in Äther (FAWORSKI, BORGMANN, B. 40, 4866). — Kp_{27}: 121,5—123°. D_0^0: 1,7156. — Gibt beim Erwärmen mit wäßr. Kaliumcarbonatlösung bei 75° das 1-Oxy-1-oxymethyl-cyclohexan. Geht beim Erhitzen mit Wasser und Bleioxyd in Hexahydrobenzaldehyd über.

3-Jod-1-methyl-cyclohexan $C_7H_{13}I = C_6H_{10}I \cdot CH_3$. Die im folgenden aufgeführten Präparate sind vielleicht teilweise Gemische von Diastereoisomeren.

a) **Präparat von Markownikow.** *B.* Durch Behandlung von linksdrehendem 1-Methyl-cyclohexanol-(3) mit Jodwasserstoffsäure (D: 1,96) bei Zimmertemperatur oder auf dem Wasserbade oder durch langdauernde Einw. dieser Säure auf rechtsdrehendes 1-Methyl-cyclohexen-(3) entsteht ein Gemisch zweier, wahrscheinlich stereoisomerer Jodide, aus dem sich das beständige Jodid durch Kochen mit konz. wäßr. Kalilauge isolieren läßt (MARKOW-NIKOW, Ж. 35, 1047; *A.* 341, 147; MARK., PRZEWALSKI, Ж. 35, 1049; *C.* 1904 I, 1346; *Bl.* [3] 34, 215). — Fast farblose Flüssigkeit. Kp_{20}: 101—102°; Kp_{40}: 107°; Kp_{734}: 205—206°; D_{14}^{14}: 1,523 (MARK.). Bräunt sich nach längerem Stehen (MARK.).

b) **Präparat von Zelinsky.** *B.* Aus linksdrehendem 1-Methyl-cyclohexanol-(3) mit einem Überschuß von Jodwasserstoffsäure auf dem Wasserbade (ZELINSKY, *B.* 30, 1534; 35, 2492). — Kp_{14}: 83—84° (Z., *B.* 35, 2689); Kp_{20-23}: 97—99°; Kp_{760}: 201—202° (geringe Zers.) (Z., *B.* 30, 1534). D_{15}^{15}: 1,5306 (Z., *B.* 35, 2492). a_D: 1° 2' (l = 0,25 dm) (Z., *B.* 35, 2492)

c) **Präparat von Knoevenagel.** *B.* Aus inaktivem 1-Methyl-cyclohexanol-(3) [erhalten aus inaktivem 1-Methyl-cyclohexanon-(3)] mit rauchender wäßr. Jodwasserstoffsäure im geschlossenen Rohr bei 100° (KNOEVENAGEL, *A.* 297, 154). — Kp_{10}: 82—83°. $D_{?}^{14}$: 1,5516.

1¹-Jod-1-methyl-cyclohexan, Jodmethyl-cyclohexan, Hexahydrobenzyljodid $C_7H_{13}I = C_6H_{11} \cdot CH_2I$. *B.* Aus Cyclohexylcarbinol mit gesättigter Jodwasserstoffsäure zunächst bei 0° und schließlich auf dem Wasserbade (FAWORSKI, BORGMANN, *B.* 40, 4865). Aus Cyclohexylcarbinol mit Phosphortrijodid in ungefähr 76% Ausbeute oder mit Jod und rotem Phosphor in ungefähr 66% Ausbeute (FREUNDLER, *C. r.* 142, 344; *Bl.* [3] 35, 548). — Ziemlich bewegliche Flüssigkeit. Kp_{740}: 213° (FA., BO.); Kp_{23}: 102—104° (FA., BO.); Kp_{10}: 97—99° (FR., *C. r.* 142, 345; *Bl.* [3] 35, 549); Kp_{12-13}: 88—89° (FR., *Bl.* [3] 35, 549). D_0^0: 1,555 (FA., BO.). — Gibt mit alkoh. Kalilauge Methylencyclohexan (FA., BO.). Beim Erhitzen mit Chinolin entsteht 1-Methyl-cyclohexen-(1) (FA., BO.).

2-Chlor-1-nitroso-1-methyl-cyclohexan $C_7H_{12}ONCl = C_6H_9Cl(NO) \cdot CH_3$. Als solches ist vielleicht das Nitrosochlorid des 1-Methyl-cyclohexens-(1) (S. 67) aufzufassen.

1-Nitro-1-methyl-cyclohexan $C_7H_{13}O_2N = C_6H_{10}(NO_2) \cdot CH_3$. Erstarrt in der Kälte zur glasigen Masse vom Schmelzpunkt — 71°; Kp_{40}: 109—110°; D_0^0: 1,0367; D_0^{20}: 1,025 (MARKOWNIKOW, TSCHERDYNZEW, Ж. 32, 302; *C.* 1900 II, 630).

1¹-Nitro-1-methyl-cyclohexan, Cyclohexylnitromethan $C_7H_{13}O_2N = C_6H_{11} \cdot CH_2 \cdot NO_2$. *B.* Aus Jodmethyl-cyclohexan mit Silbernitrit (ZELINSKY, *B.* 41, 2678). — Kp_{10}: 98°. D_4^{20}: 1,0473. n_D^{20}: 1,4688. Ziemlich leicht löslich in Alkalien mit goldgelber Farbe. Wird aus seinen Salzen durch Säuren in der labilen aci-Form als goldgelbes Öl ausgeschieden, das mit $FeCl_3$ eine rotviolette Färbung gibt und bei mehrtägigem Stehen in die stabile Form übergeht.

3. **1.1-Dimethyl-cyclopentan** $C_7H_{14} = \begin{matrix} H_2C \cdot CH_2 \\ H_2C \cdot CH_2 \end{matrix} \Big\rangle C(CH_3)_2$. *B.* Aus dem 2-Brom-1.1-dimethyl-cyclopentan (s. u.) in siedendem 80%igem Alkohol mit einem Kupferzinkpaar (KISHNER, Ж. 37, 514; *C.* 1905 II, 762), ebenso aus dem 2-Jod-1.1-dimethyl-cyclopentan (s. u.) (K., Ж. 40, 1007; *C.* 1908 II, 1859). Aus 1.1-Dimethyl-cyclopenten-(2) (S. 70) mit Wasserstoff nach dem Verfahren von SABATIER bei 155° (K., Ж. 40, 1007; *C.* 1908 II, 1859). — Flüssig. Kp_{755}: 87,8—87,9°; Kp_{762}: 88°; D_0^0: 0,7547; n_D^{20}: 1,4131 (K., Ж. 40, 1007; *C.* 1908 II, 1859). — Wird von Brom, konz. Salpetersäure und wäßr. Kaliumpermanganatlösung nicht verändert (K., Ж. 37, 514; *C.* 1905 II, 762).

2-Brom-1.1-dimethyl-cyclopentan $C_7H_{13}Br = C_5H_7Br(CH_3)_2$. Zur Konstitution vgl. KISHNER, Ж. 40, 999; *C.* 1908 II, 1860. Beim Erwärmen von Dimethyl-cyclobutyl-carbinol (Syst. No. 502) mit rauchender Bromwasserstoffsäure auf 100°, neben einem isomeren, durch alkoh. Kalilauge leicht verseifbaren Bromid (K., Ж. 37, 511; 40, 999; *C.* 1905 II, 762; 1908 II, 1859). — Kp_{767}: 167°; D_0^{20}: 1,2562; n^{20}: 1,4796 (K., Ж. 37, 512; *C.* 1908 II, 762). — Gibt beim Kochen mit alkoh. Kalilauge 1.1-Dimethyl-cyclopenten-(2) (K., Ж. 40, 1000; *C.* 1908 II, 1859).

2-Jod-1.1-dimethyl-cyclopentan $C_7H_{13}I = C_5H_7I(CH_3)_2$. *B.* Durch Sättigen von Dimethyl-cyclobutyl-carbinol mit Jodwasserstoff bei 0° (K., Ж. 40, 1005; *C.* 1908 II, 1859). — Kp_{40}: 98—99°. D_0^{20}: 1,5020. n_D^{20}: 1,5240. — Gibt beim Kochen mit alkoh. Kalilauge 1.1-Dimethyl-cyclopenten-(2).

4. **1.2-Dimethyl-cyclopentan** $C_7H_{14} = \begin{array}{c} H_2C \cdot CH(CH_3) \\ H_2C \qquad CH_2 \end{array} CH \cdot CH_2$. *B.* Beim Erhitzen
von 1.1-Dimethyl-cyclopenten-(2) (S. 70) mit Jodwasserstoffsäure (D: 1,96) auf 200—210°
(KISHNER, Ж. 40, 1008; C. 1908 II, 1859). Durch Reduktion von 1.2-Dimethyl-cyclo-
penten-(1) (S. 70) mit Wasserstoff nach dem Verfahren von SABATIER bei 155° (K., Ж. 40,
1014; C. 1908 II, 1859). — Flüssig. Kp_{766}: 92,7—93°. D_0^0: 0,7534. n_D^9: 1,4126.

1.2-Dibrom-1.2-dimethyl-cyclopentan $C_7H_{12}Br_2 = C_5H_6Br_2(CH_3)_2$. *B.* Aus 1.2-Di-
methyl-cyclopenten-(1) und Brom (K., Ж. 40, 694, 1010; C. 1908 II, 1342, 1859). — Nadeln.
F: 113—114°.

5. **1.3-Dimethyl-cyclopentan** $C_7H_{14} = \begin{array}{c} CH_3 \cdot HC \cdot CH_2 \\ H_2C \cdot CH_2 \end{array} CH \cdot CH_3$.

a) **Rechtsdrehende Form** $C_7H_{14} = C_5H_8(CH_3)_2$. *B.* Aus linksdrehendem 1-Jod-1.3-
dimethyl-cyclopentan (s. u.) in einer bei 0° gesättigten Lösung von Jodwasserstoff in Eisessig
mit Zinkstaub unter Kühlung (ZELINSKY, B. 35, 2678). — Flüssig. Kp_{766}: 90,5—91°.
D_4^{15}: 0,7497. n_D^{15}: 1,4110. $[\alpha]_D$: +1,78°.

1-Jod-1.3-dimethyl-cyclopentan $C_7H_{13}I = C_5H_7I(CH_3)_2$. *B.* 'Aus rechtsdrehendem
1.3-Dimethyl-cyclopentanol-(1) (Syst. No. 502) mit Jodwasserstoffsäure (D: 1,96) bei gewöhnlicher Temp. (Z., B. 35, 2678). — a_D: −2° 39′ (l = 0,25 dm).

b) **Inaktive Form** $C_7H_{14} = C_5H_8(CH_3)_2$. *B.* Beim Erhitzen von Dimethyl-cyclobutyl-
carbinol (Syst. No. 502) mit Jodwasserstoffsäure (D: 1,9) bei 225° (KISHNER, Ж. 37, 516;
C. 1905 II, 762). Man führt 1.3-Dimethyl-cyclopentanol-(2) (Syst. No. 502) durch Erwärmen
mit Jodwasserstoffsäure (D: 1,96) auf 100° in das entsprechende Jodid über und erhitzt dieses
mit Jodwasserstoffsäure (D: 1,96) auf 220° (ZELINSKY, RUDSKY, B. 29, 404) oder reduziert
es nach der Methode von ZELINSKY mit Zink-Palladium (Z., B. 35, 2678). — Kp_{762}: 91—91,5°
(korr.); D_4^{20}: 0,7410; n_D^{20}: 1,4066 (Z.). Kp_{755}: 94—95°; D_0^0: 0,7563; n_D^9: 1,4144 (K.). Molekulare
Verbrennungswärme bei konst. Vol.: 1099,5 Cal. (SUBOW, Ж. 33, 722; C. 1902 I, 161).

6. **Propylcyclobutan, α-Cyclobutyl-propan** $C_7H_{14} = H_2C \begin{array}{c} CH_2 \\ CH_2 \end{array} CH \cdot CH_2 \cdot CH_2 \cdot CH_3$.

1¹-Brom-1-propyl-cyclobutan, [α-Brom-propyl]-cyclobutan $C_7H_{13}Br = C_4H_7 \cdot CHBr \cdot$
$CH_2 \cdot CH_3$. *B.* Aus Äthyl-cyclobutyl-carbinol (Syst. No. 502) mit Bromwasserstoffsäure
(D: 1,83) (PERKIN, SINCLAIR, Soc. 61, 58). — Flüssig. Kp_{120}: 110°.

1¹-Jod-1-propyl-cyclobutan, [α-Jod-propyl]-cyclobutan $C_7H_{13}I = C_4H_7 \cdot CHI \cdot CH_2 \cdot$
CH_3. *B.* Aus Äthyl-cyclobutyl-carbinol mit Jodwasserstoffsäure (D: 1,96) (PERKIN, SINCLAIR,
Soc. 61, 57). — Flüssig. Kp_{80}: 105—107°.

7. **1-[1¹-Metho-propyl]-cyclopropan, β-Cyclopropyl-butan, Methyl-äthyl-
cyclopropyl-methan** $C_7H_{14} = \begin{array}{c} H_2C \\ H_2C \end{array} CH \cdot CH(CH_3) \cdot CH_2 \cdot CH_3$.

1¹-Chlor-1-[1¹-metho-propyl]-cyclopropan, β-Chlor-β-cyclopropyl-butan $C_7H_{13}Cl$
$= C_3H_5 \cdot CCl(CH_3) \cdot C_2H_5$. *B.* Aus Methyl-äthyl-cyclopropyl-carbinol und rauchender Salzsäure (BRUYLANTS, C. 1909 I, 1859; R. 28, 225). — Flüssig. Kp: 150—153°. D²⁰: 0,9391.

1¹-Brom-1-[1¹-metho-propyl]-cyclopropan, β-Brom-β-cyclopropyl-butan $C_7H_{13}Br$
$= C_3H_5 \cdot CBr(CH_3) \cdot C_2H_5$. *B.* Aus Methyl-äthyl-cyclopropyl-carbinol und rauchender Bromwasserstoffsäure (BR., C. 1909 I, 1859; R. 28, 225). — Leicht veränderliche Flüssigkeit.
Kp_{766}: 167—168°. D²⁰: 1,1938. — Beim Erhitzen mit festem Kaliumhydroxyd im Einschlußrohr auf 170° entsteht Methopropenyl-cyclopropan $CH_3 \cdot CH : C(CH_3) \cdot C_3H_5$ (S. 70).

1¹-Jod-1-[1¹-metho-propyl]-cyclopropan, β-Jod-β-cyclopropyl-butan $C_7H_{13}I =$
$C_3H_5 \cdot CI(CH_3) \cdot C_2H_5$. *B.* Aus β-Brom-β-cyclopropyl-butan (s. o.) mit Natriumjodid in Methylalkohol (BR., C. 1909 I, 1859; R. 28, 225). — Kp_{24}: 128—130°. D²⁰: 1,3499.

8. **Kohlenwasserstoff** C_7H_{14} **von fraglicher Konstitution.** *V.* In der Fraktion
91—93° des kaukasischen Erdöls (MARKOWNIKOW, LASKOWSKY, B. 30, 976). — Gibt beim
Nitrieren, neben anderen Produkten, einen tertiären Nitrokohlenwasserstoff $C_7H_{15}O_2N$
(Kp_{40}: 98—99°), aus welchem ein Amin (Kp: 131—132°; D_0^0: 0,8299) und weiter mit $NaNO_2$
ein tertiärer Alkohol (Kp: 144—145°) dargestellt wurden.

6. Kohlenwasserstoffe C_8H_{16}.

1. *Cyclooctan, Oktamethylen* $C_8H_{16} = H_2C \underset{CH_2 \cdot CH_2 \cdot CH_2}{\overset{CH_2 \cdot CH_2 \cdot CH_2}{<}} > CH_2$. *B.*; Durch Überleiten von β-Cyclooctadien (S. 116) im Wasserstoffstrom über Nickel, das auf 180° erhitzt ist,
neben einem etwas niedriger siedenden, nicht krystallisierenden Anteil von der gleichen Zusammensetzung (WILLSTÄTTER, VERAGUTH, *B.* 40, 968; vgl. W., KAMETAKA, *B.* 41, 1484).
— Krystalle. Riecht intensiv campherartig (W., V.). F: 9,5—11,5°; Kp$_{760}$: 146,3—148°
(korr.); D$_4^9$: 0,849; D$_4^{20}$: 0,833 (W., V.). — Isomerisiert sich beim Leiten mit Wasserstoff über
Nickel bei 205—210°, wobei hauptsächlich Dimethylcyclohexane und daneben vielleicht
alkylierte Cyclopentane zu entstehen scheinen (W., K.). Gibt beim Erhitzen mit HNO₃
reichlich Korksäure und etwas β-Methyl-adipinsäure (?) (W., V.).

1.4- oder 1.5-Dibrom-cyclooctan (oder Gemisch beider), α-Cyclooctadien-bis-hydrobromid $C_8H_{14}Br_2$. *B.* Neben geringen Mengen eines Bicyclooceten-hydrobromids (S. 76)
durch Einw. von Bromwasserstoff-Eisessig bei —10° auf das zu ca. 80% aus Cyclo-
octadien-(1.5) (vgl. HARRIES, *B.* 41, 672), zu ca. 20% aus einem Bicyclooceten bestehende
Produkt der erschöpfenden Methylierung des N-Methyl-granatanins (Syst. No. 3047) (WILL-
STÄTTER, VERAGUTH, *B.* 40, 962; vgl. W., KAMETAKA, *B.* 41, 1482). — Ziemlich dickflüssiges,
süßlich riechendes, farbloses Öl. Kp$_{12,5}$: 150—151° (korr.); D$_4^9$: 1,662; mischbar mit Äther,
Chloroform, Aceton, Gasolin, Eisessig usw. (W., V.). — Wird bei Luftzutritt hellrosa bis
dunkelstahlblau, fluoresciert dann und zeigt rotviolette Oberflächenfarbe (W., V.). Gibt
mit Brom Tetrabromcyclooctan neben nicht krystallisierenden Produkten (W., V.). Beim
Erhitzen mit Ätzkali oder Chinolin auf 200°, schließlich 220° entsteht β-Cyclooctadien, beim
Erhitzen mit Chinolin auf 250—300° Naphthalin neben β-Cyclooctadien (W., V.).

Tetrabromcyclooctan $C_8H_{12}Br_4$. *B.* Aus α-Cyclooctadien-bis-hydrobromid und überschüssigem Brom bei Gegenwart von Jod oder Eisen, neben überwiegenden Mengen nicht
krystallisierender Substanz (W., V., *B.* 40, 963). — Prismen (aus Äther). F: 132,5°. Löslich
in 10—12 Tln. heißem, schwer löslich in kaltem Alkohol, sehr leicht in CS₂, leicht in Essigester, ziemlich leicht in Äther, ziemlich schwer in Gasolin. — Ist gegen KMnO₄ beständig.

2. *Methylcycloheptan* $C_8H_{16} = \underset{H_2C \cdot CH_2 \cdot CH_2}{\overset{H_2C \cdot CH_2 \cdot CH_2}{}} > CH \cdot CH_3$. *B.* Aus 1-Jod-1-methyl-
cycloheptan durch Reduktion mit Zink und Eisessig-Jodwasserstoff (ZELINSKY, Ж. 37,
962; *Bl.* [4] 2, 1319). — Kp: 134° (korr.). D$_4^{19}$: 0,7981. n$_D^{19}$: 1,4390.

1-Jod-1-methyl-cycloheptan $C_8H_{15}I = C_7H_{12}I \cdot CH_3$. *B.* Aus 1-Methyl-cycloheptanol-
(1) (ZELINSKY, Ж. 37, 962; *Bl.* [4] 2, 1319). — Kp$_{14}$: 97—98° (geringe Zers.).

3. *Äthylcyclohexan* $C_8H_{16} = H_2C \underset{CH_2 \cdot CH_2}{\overset{CH_2 \cdot CH_2}{<}} > CH \cdot C_2H_5$. *B.* Aus Chlor- oder Jodcyclohexan und Zinkdiäthyl, neben reichlichen Mengen Cyclohexen, Äthylen und Grenz-
kohlenwasserstoffen (KURSSANOW, *B.* 32, 2973; Ж. 31, 534). Entsteht neben etwas Methylcyclohexan durch katalytische Hydrierung mit Nickel aus Äthylbenzol gegen 180° (SABATIER,
SENDERENS, *C. r.* 132, 568, 1255; *A. ch.* [8] 4, 365), aus Styrol gegen 160° (SA., SE., *C. r.*
132, 1255; *A. ch.* [8] 4, 368), aus Phenylacetylen gegen 180° (SA., SE., *C. r.* 135, 88; *A. ch.*
[8] 4, 369). — Heliotropähnlich riechende Flüssigkeit (SA., SE., *C. r.* 135, 88). Kp: 130°
(korr.) (SA., SE., *C. r.* 132, 1255; *A. ch.* [8] 4, 366); Kp$_{745}$: 132—133° (K.). D$_4^9$: 0,8025 (SA.,
SE., *C. r.* 132, 1255; *A. ch.* [8] 4, 366); D$_4^9$: 0,7913; D$_4^{20}$: 0,7772 (K.).

4. *1.1-Dimethyl-cyclohexan* $C_8H_{16} = H_2C \underset{CH_2 \cdot CH_2}{\overset{CH_2 \cdot CH_2}{<}} > C(CH_3)_2$. *B.* Aus 3-Brom-
oder 3-Jod-1.1-dimethyl-cyclohexan durch Erhitzen mit Zinkstaub und Alkohol (CROSSLEY,
RENOUF, *Soc.* 87, 1497). — Farblose, stark lichtbrechende, geraniumartig riechende Flüssigkeit.
Kp$_{763}$: 120°. D$_4^9$: 0,7947; D$_4^{13}$: 0,7864; D$_4^{20}$: 0,7798. n$_α^9$: 1,42958; n$_γ^{13,5}$: 1,44203. Magnetische Rotation: C., R., *Soc.* 87, 1491. — Liefert bei der Oxydation mit rauchender Salpetersäure β.β-Dimethyl-adipinsäure.

3-Brom-1.1-dimethyl-cyclohexan $C_8H_{15}Br = C_8H_{14}Br(CH_3)_2$. *B.* Durch Erhitzen von
1.1-Dimethyl-cyclohexanol-(3) mit rauchender Bromwasserstoffsäure auf 100° (C., R., *Soc.*
87, 1497). — Farblose Flüssigkeit. Kp$_{80}$: 98,5° (C., R., *Soc.* 87, 1497). — Liefert beim Erhitzen mit Zinkstaub und Alkohol 1.1-Dimethyl-cyclohexan (C., R., *Soc.* 87, 1497). Mit
alkoh. Kalilauge entsteht ein Gemisch von 1.1-Dimethyl-cyclohexen-(3) und 1.1-Dimethyl-
cyclohexen-(2) (C., R., *Soc.* 89, 1556).

x.x-Dibrom-1.1-dimethyl-cyclohexan $C_8H_{14}Br_2 = C_6H_8Br_2(CH_3)_2$. *B.* Aus (nicht einheitlich dargestelltem) 1.1-Dimethyl-cyclohexadien-(2.5) (S. 118) und rauchender Bromwasserstoffsäure in Eisessig bei 12-stdg. Stehen (C., R., *Soc.* **93**, 648). — Gelbliche, stark lichtbrechende, terpentinartig riechende Flüssigkeit. Kp_{25}: 137°. Färbt sich beim Stehen schwach violett.

2.3.5.6-Tetrabrom-1.1-dimethyl-cyclohexan $C_8H_{12}Br_4 = C_6H_6Br_4(CH_3)_2$. *B.* Aus (nicht einheitlich dargestelltem) 1.1-Dimethyl-cyclohexadien-(2.5) (S. 118) und Brom in Eisessig (C., R., *Soc.* **93**, 650). — Rhombische (POPE, *Soc.* **93**, 650) Tafeln (aus Petroläther). F: 102°. Leicht löslich in Chloroform, Benzol, löslich in Aceton, Eisessig, Alkohol.

3-Jod-1.1-dimethyl-cyclohexan $C_8H_{15}I = C_6H_9I(CH_3)_2$. *B.* Durch Erhitzen von 1.1-Dimethyl-cyclohexanol-(3) mit rauchender Jodwasserstoffsäure (CROSSLEY, RENOUF, *Soc.* **87**, 1497). — Flüssig. Kp_{27}: 104,5°. — Liefert beim Erhitzen mit Zinkstaub und Alkohol 1.1-Dimethyl-cyclohexan.

5. 1.2-Dimethyl-cyclohexan, o-Xylol-hexahydrid, Hexahydro-o-xylol.
$C_8H_{16} = H_2C {<}^{CH_2 \cdot CH(CH_3)}_{CH_2 \underline{\quad} CH} {>} CH \cdot CH_3$. *B.* Man leitet ein Gemisch von o-Xylol und Wasserstoff bei ca. 180° über Nickel (SABATIER, SENDERENS, *C. r.* **132**, 568, 1255; *A. ch.* [8] **4**, 365, 366). Durch Hydrierung des aus 1.2-Dimethyl-cyclohexanol-(1) durch Zinkchlorid entstehenden Kohlenwasserstoffs C_8H_{14} (S. 73) in Gegenwart von Nickel bei 150° (SA., MAILHE, *C. r.* **141**, 21; *A. ch.* [8] **10**, 552). — Ziemlich angenehm, etwas campherartig riechende Flüssigkeit. Kp: 124° (korr.); D_0^0: 0,8002 (SA., M.).

1.2.3.4.5.6-Hexachlor-1.2-dimethyl-cyclohexan, o-Xylol-hexachlorid $C_8H_{10}Cl_6 = C_6H_4Cl_6(CH_3)_2$. *B.* Als Nebenprodukt bei der Chlorierung von o-Xylol im Sonnenlicht (RADZIEWANOWSKI, SCHRAMM, *C.* 1898 I, 1019). — Krystalle. F: 194,5°. Kp: 260—265°. Unlöslich in Alkohol und Äther, löslich in Benzol, Chloroform und Schwefelkohlenstoff.

6. 1.3-Dimethyl-cyclohexan, m-Xylol-hexahydrid, Hexahydro-m-xylol
$C_8H_{16} = H_2C {<}^{CH(CH_3) \cdot CH_2}_{CH_2 \underline{\quad} CH_2} {>} CH \cdot CH_3$. Die 1.3-Dimethyl-cyclohexane verschiedener Herkunft oder verschiedener Darstellungsart können Gemische von Stereoisomeren in wechselnden Mischungsverhältnissen sein und werden deshalb im folgenden getrennt aufgeführt; in manchen der nachfolgend behandelten Präparate werden auch Strukturisomere anwesend gewesen sein.

a) **Erdöl-Oktonaphthen-Präparate.** Die Fraktion 115—120° von kaukasischem Petroleum, deren Zusammensetzung ungefähr der Formel C_8H_{16} entspricht, enthält nach BEILSTEIN, KURBATOW (*B.* **13**, 1820) 1.3-Dimethyl-cyclohexan; sie liefert mit HNO_3 (D: 1,44) Trinitro-m-xylol. Ein von MARKOWNIKOW, OGLOBLIN (Ж. **15**, 329; *B.* **16**, 1877) aus kaukasischer (Balachany-)Naphtha durch Behandeln der Fraktion 116—120° mit 30% rauchender Schwefelsäure und Kochen mit Natrium erhaltenes Präparat hatte Kp_{745}: 119°, D^0: 0,7714, D^{17}: 0,7582 und lieferte beim Erwärmen mit Salpeterschwefelsäure auf dem Wasserbad etwas Trinitro-m-xylol (vgl. dazu auch MAR., SPADY, *B.* **20**, 1851, 1852); ein analoges, von JAKOWKIN (MARKOWNIKOW, Ж. **16** II, 294; *B.* **16** Ref., 186) aus Bibi-Eibat-Naphtha gewonnenes Präparat hatte Kp: 119°, D_0^0: 0,7503 und gab beim Chlorieren nach SCHORLEMMER ein Gemisch von Chloriden $C_8H_{15}Cl$, außerdem ein Produkt von der Zusammensetzung eines Dichlorids $C_8H_{14}Cl_2$, Kp: 225—235°. Durch Erhitzen von Oktonaphthen aus kaukasischem Petroleum mit Schwefel auf 220° entsteht m-Xylol (MAR., SP.). Überschüssige rauchende Schwefelsäure erzeugt ein Gemisch von Sulfonsäuren des m-Xylols (MAR., SP.).
Oktonaphthen aus kalifornischem Petroleum: MABERY, HUDSON, *Am.* **25**, 253; MAB., SIEPLEIN, *Am.* **25**, 284.
Oktonaphthen aus japanischem Petroleum: MAB., TAKANO, *Am.* **25**, 297.

b) **Weitere Präparate.**
α) **Präparat von Aschan.** *B.* Aus der im kaukasischen Petroleum vorkommenden Heptanaphthencarbonsäure $C_8H_{14}O_2$ (Syst. No. 893) mit Jodwasserstoffsäure (D: 1,7) + rotem Phosphor bei 200—240°; Reinigung: durch Erwärmen mit Natrium und Destillation über Natrium (ASCH., *B.* **24**, 2718; vgl. auch ASCH., *B.* **25**, 3665). — Kp_{745}: 117—118°; D_0^0: 0,7706; D_{17}^{17}: 0,7580; n_D^{17}: 1,4186 (ASCH., *B.* **24**, 2719). — Reagiert bei Zimmertemperatur nicht mit Brom oder konz. Schwefelsäure. Löslich in überschüssiger rauchender Schwefelsäure unter Bildung eines Gemisches von Sulfonsäuren, aus dem man durch Abspaltung der Sulfonsäuregruppen und nachfolgende Nitrierung Trinitro-m-xylol erhält. — Wird von ASCHAN für identisch mit dem Oktonaphthen MARKOWNIKOWS (s. o. unter a) gehalten.
β) **Präparat von Renard.** *B.* Die bei der Destillation von Harzessenz aus Kolophonium) (Syst. No. 4740) zwischen 90° und 180° übergehende Fraktion wird mit gewöhnlicher und schließlich mit rauchender Schwefelsäure gewaschen und der Rückstand fraktioniert;

die einzelnen Fraktionen werden dann über Natrium destilliert (R., *A. ch.* [6] 1, 228, 229). — Kp: 120—123⁰. D^{19}: 0,764. — Gibt mit rauchender Salpetersäure ein Gemisch von Oxalsäure und einer anderen krystallisierten Säure. — Nach RENARD identisch mit dem Prod. von BEILSTEIN, KURBATOW (s. S. 36 unter a).

γ) Präparat von Wreden aus Camphersäure. *B.* Durch 50-stdg. Erhitzen von 5 g Camphersäure (Syst. No. 965) mit 30 ccm bei 0⁰ gesättigter Jodwasserstoffsäure auf 200⁰ bis 280⁰; Reinigung: mit konz. Schwefelsäure bei gewöhnlicher Temp., dann mit Natrium bei 160⁰ (WR., *A.* 187, 156; vgl. WEYL, *B.* 1, 95). — Kp: 115—118⁰ (WEYL; WALLACH, *B.* 25, 922), 117—120⁰ (WR.); Kp_{751}: 120⁰ (BALBIANO, ANGELONI, *R. A. L.* [5] 13 II, 144; *G.* 35 I. 147); Kp_{760}: 117,5—118,5⁰ (korr.) (LOSSEN, ZANDER, *A.* 225, 110). D_0^0: 0,784; D_4^{22}: 0,766 (WR.); D_0^0: 0,7741 (BA., ANG.); $D_4^{14,2}$: 0,7665 (LO., ZA.); D^{12}: 0,764 (WALL.). n_D^{19}: 1,427 (BA., ANG.); n_D^{22}: 1,41900 (WALL.). — Gibt bei gelindem Erwärmen mit überschüssiger $HNO_3 +$ H_2SO_4 (1:2 Vol.) Trinitro-m-xylol (WR.); bei 50-stdg. Kochen mit 10 Tln. HNO_3 (D: 1,4) erhält man Glutarsäure und wenig Trinitro-m-xylol (BA., ANG.) — Wird von WREDEN für identisch mit seinem Präparat aus m-Xylol (s. u. unter ζ) gehalten.

δ) Präparat von Marsh, Gardner. *B.* Durch 40-stdg. Erhitzen von Apocampher-säure (Syst. No. 964) mit Jodwasserstoffsäure (D: 1,8) und etwas rotem Phosphor auf 220⁰ bis 280⁰; Reinigung: durch Destillation über Natrium (M., G., *Soc.* 69, 84). — Kp: 105—115⁰. — Beim Erhitzen mit $HNO_3 + H_2SO_4$ entsteht Trinitro-m-xylol.

ε) Präparat von Lees, Perkin. *B.* Das Gemisch der stereoisomeren Lactone der 2.4-Dimethyl-cyclohexanol-(4)-carbonsäuren-(1) wird mit Jodwasserstoffsäure (D: 1,96) und Phosphor 3 Stdn. auf 180⁰ erhitzt; Reinigung: durch Destillation über Natrium (L., P., *Soc.* 79, 348). — Kp_{760}: 119⁰. — Wird durch Brom bei gewöhnlicher Temp. nicht angegriffen. — LEES, PERKIN halten das Produkt für identisch mit den Präparaten aus Camphersäure und Heptanaphthencarbonsäure (s. o. unter γ und S. 36 unter a).

ζ) Präparat von Wreden aus m-Xylol. *B.* Durch wiederholtes 50-stdg. Erhitzen von 3 ccm m-Xylol mit 10 ccm bei 0⁰ gesättigter Jodwasserstoffsäure und 0,5 g rotem Phosphor auf 280⁰; das mit Brom und konz. Schwefelsäure vorgereinigte Produkt wird nach aber-maligem Erhitzen mit HI + P schließlich mit Natrium und 150⁰ erhitzt (WR., *A.* 187, 155; vgl. auch MARKOWNIKOW, *B.* 30, 1218). — Kp: 115—120⁰; D_0^0: 0,777 (WR.). — Brom wird zunächst gelöst und wirkt dann unter HBr-Entwicklung ein (WR.). Reagiert bei Zimmer-temperatur nicht mit konz. Schwefelsäure (WR.).

η) Präparat von Sabatier, Senderens. *B.* Durch Hydrierung von m-Xylol in Gegenwart von Nickel bei ca. 180⁰ (SA., SE., *C. r.* 132, 568, 1255; *A. ch.* [8] 4, 365, 366). — Kp: 121⁰ (korr.). D_0^0: 0,7874.

ϑ) Präparat von Sabatier, Mailhe. *B.* Durch Hydrierung von 1.3-Dimethyl-cyclohexen-(3) [erhalten aus 1.3-Dimethyl-cyclohexanol-(1) durch Zinkchlorid] in Gegenwart von Nickel unterhalb 180⁰ (SA., MA., *C. r.* 141, 21; *A. ch.* [8] 10, 555). — Kp: 119⁰ (korr.) D_0^0: 0,7869. — Nach SABATIER, MAILHE identisch mit dem Präparat von SABATIER, SEN-DERENS (s. o.).

ι) Präparat von Skita, Ardan, Krauß. *B.* Aus 1.3-Dimethyl-cyclohexen-(3)-on-(5) bei der Reduktion durch Wasserstoff in Gegenwart von Nickel bei 235⁰ (SK., AR., KR., *B.* 41, 2941). — Kp: 119—120⁰. D^{20}: 0,7822.

κ) Präparat von Zelinsky aus 1.3-Dimethyl-cyclohexanol-(2). *B.* Durch Reduktion des aus 1.3-Dimethyl-cyclohexanol-(2) und konz. Jodwasserstoffsäure in der Kälte dargestellten Jodids mit Zink und Salzsäure bei gewöhnlicher Temp.; man reinigt durch Behandeln mit konz. Schwefelsäure und konz. Salpetersäure und destilliert über Natrium (Z., *B.* 26, 781; 30, 1539; vgl. MARKOWNIKOW, *B.* 30, 1213, 1219 Anm.). — Kp_{761}: 119,5⁰; D_0^0: 0,7688 (Z., *B.* 26, 781); D_0^{20}: 0,7687; n_D^{20}: 1,4234 (Z., *B.* 30, 1539). Molekulare Verbren-nungswärme bei konst. Vol.: 1248,1 Cal., bei konst. Druck: 1250,4 Cal. (SUBOW, Ж. 33, 722; *C.* 1902 I, 161). — Liefert bei der Einw. von Brom und $AlBr_3$ Tetrabrom-m-xylol; beim Erwärmen mit Salpeterschwefelsäure entsteht Trinitro-m-xylol (Z., *B.* 26, 782).

λ) Präparat von Knoevenagel, Mac Garvey. *B.* Durch Reduktion von 5-Jod-1.3-dimethyl-cyclohexan mit Zinkstaub und Eisessig (KN., MAC G., *A.* 297, 167). — Kp_{760}: 120⁰ (korr.). D_4^{14}: 0,7736. n_D^{18}: 1,4270. — Gegen $KMnO_4$ auch beim Erwärmen be-ständig. Reagiert mit Brom erst beim Erwärmen unter Bromwasserstoffentwicklung. Gibt mit Brom und wenig $AlCl_3$ Tetrabrom-m-xylol. Konz. Schwefelsäure und konz. Salpeter-säure wirken bei gewöhnlicher Temp. nicht ein; beim Erwärmen mit Salpeterschwefelsäure entsteht in geringer Ausbeute Trinitro-m-xylol. — Wird von KNOEVENAGEL für identisch mit dem Produkt von ZELINSKY (s. o. unter κ) angesehen.

μ) Präparat von Zelinsky aus rechtsdrehendem 1-Jod-1.3-dimethyl-cyclo-hexan, rechtsdrehendes 1.3-Dimethyl-cyclohexan. *B.* Aus rechtsdrehendem 1-Jod-1.3-dimethyl-cyclohexan mit Zinkstaub und Eisessig-Jodwasserstoff; Reinigung: durch Behandeln mit H_2SO_4, HNO_3 und $KMnO_4$ (Z., *B.* 35, 2680). — Kp_{738}: 119,5—120⁰. D_4^{21}: 0,7661; n_D^{15}: 1,4218; a_0: 0⁰ 8′ (l = 25 mm).

Chlor-1.3-dimethyl-cyclohexan vom Siedepunkt 174—176°, Chloroktonaphthen vom Siedepunkt 174—176° $C_9H_{15}Cl$. Einheitlichkeit fraglich. — B. Entsteht neben kleinen Mengen einer niedriger siedenden isomeren Verbindung (s. u.) durch Chlorierung von Oktonaphthen aus Bibi-Eibat-Naphtha (JAKOWKIN; vgl. MARKOWNIKOW, Ж. 16 II, 294; B. 18 Ref., 186). — Kp: 174—176°; $D_?^?$: 0,9374 (J.). — Einw. von HI: MAR., B. 30, 1219.

Chlor-1.3-dimethyl-cyclohexan vom Siedepunkt 169—171°, Chloroktonaphthen vom Siedepunkt 169—171° $C_9H_{15}Cl$. Einheitlichkeit fraglich. — B. siehe oben. — Kp: 169° bis 171° (SHUKOWSKI, Ж. 27, 303), 169—172° (JAKOWKIN; vgl. MARKOWNIKOW, Ж. 16 II, 294; B. 18 Ref., 186). $D_0^?$: 0,9433; $D_?^?$: 0,9247 (SH.); $D_?^?$: 0,923 (J.). — Beim Kochen mit Zinkstaub in Benzol entstehen zwei Oktonaphthylene C_8H_{14} (S. 73, 74) und Dioktonaphthylen $C_{16}H_{26}$ (Syst. No. 461) (SH., Ж. 27, 303; Bl. [3] 16, 127).

5-Brom-1.3-dimethyl-cyclohexan $C_8H_{15}Br = C_6H_9Br(CH_3)_2$. B. Aus 1.3-Dimethyl-cyclohexanol-(5) durch Erhitzen mit rauchender Bromwasserstoffsäure (KNOEVENAGEL, MAC GARVEY, A. 297, 162). — Kp_6: 67—69°; Kp: 185—190°. D_4^{15}: 1,2037.

Rechtsdrehendes 1.6-Dibrom-1.3-dimethyl-cyclohexan $C_8H_{14}Br_2 = C_6H_8Br_2(CH_3)_2$. Enthielt vielleicht etwas 1.2-Dibrom-1.3-dimethyl-cyclohexan beigemengt. — B. Aus rechtsdrehendem (vielleicht ganz einheitlichem) 1.3-Dimethyl-cyclohexen-(3) (S. 73) und Brom in Chloroform (ZELINSKY, GORSKY, B. 41, 2631; Ж. 40, 1399; C. 1909 I, 532). — Kp_{25}: 130—135°. a_D: +49,58°. — Gibt bei der Destillation mit Chinolin rechtsdrehendes (vielleicht nicht ganz einheitliches) 1.3-Dimethyl-cyclohexadien-(1.5) (S. 119).

4.5-Dibrom-1.3-dimethyl-cyclohexan $C_8H_{14}Br_2 = C_6H_8Br_2(CH_3)_2$. B. Aus 1.3-Dimethyl-cyclohexen-(4) und Brom in Chloroform (KNOEVENAGEL, MAC GARVEY, A. 297, 167). — Hellgelbes Öl, das beim Aufbewahren grünlich wird. Kp_6: 105—107°. D_4^{15}: 1,5390.

Rechtsdrehendes 1-Jod-1.3-dimethyl-cyclohexan $C_8H_{15}I = C_6H_9I(CH_3)_2$. B. Aus rechtsdrehendem 1.3-Dimethyl-cyclohexanol-(1) (F: 71—72°) und Jodwasserstoffsäure (D: 1,96) (ZELINSKY, B. 35, 2680). — Kp_{16}: 83,5—84,5° (geringe Zers.). a_D: +3° 3' (l = 25 mm).

1(?)-Jod-1.3-dimethyl-cyclohexan $C_8H_{15}I = C_6H_9I(CH_3)_2$. B. Neben 1.3-Dimethyl-cyclohexan und etwas 2.4-Dimethyl-cyclohexan-carbonsäure-(1) aus dem Gemisch der stereoisomeren Lactone der 2.4-Dimethyl-cyclohexanol-(4)-carbonsäuren-(1) beim Erhitzen mit Jodwasserstoffsäure (D: 1,96) und rotem Phosphor auf 180° (LEES, PERKIN, Soc. 79, 348). — Schnell dunkel werdendes Öl. Kp_{23}: 113—115°.

5-Jod-1.3-dimethyl-cyclohexan $C_8H_{15}I = C_6H_9I(CH_3)_2$. B. Aus 1.3-Dimethyl-cyclohexanol-(5) und Jodwasserstoffsäure (KNOEVENAGEL, MAC GARVEY, A. 297, 163). — Hellgelbes, an der Luft rötlich werdendes Öl. Kp_{10}: 92—93°. D_4^{15}: 1,4390.

7. 1.4-Dimethyl-cyclohexan, p-Xylol-hexahydrid, Hexahydro-p-xylol

$C_8H_{16} = CH_3 \cdot HC \langle \begin{smallmatrix} CH_2 \cdot CH_2 \\ CH_2 \cdot CH_2 \end{smallmatrix} \rangle CH \cdot CH_3$. Konfiguration und sterische Einheitlichkeit fraglich. — B. Man führt 1.4-Dimethyl-cyclohexandiol-(2.5) (Syst. No. 549) mit konz. Jodwasserstoffsäure in das entsprechende Jodid über und reduziert dieses mit Zink und Salzsäure in Gegenwart von Palladium und etwas Methylalkohol (ZELINSKY, NAUMOW, B. 31, 3206). Durch Hydrierung des aus 1.4-Dimethyl-cyclohexanon-(1) durch Zinkchlorid entstehenden Kohlenwasserstoffs C_8H_{14} (S. 74) in Gegenwart von Nickel bei 160° (SABATIER, MAILHE, C. r. 141, 22; A. ch. [8] 10, 558). Durch Hydrierung von p-Xylol in Gegenwart von Nickel bei ca. 180° (SA., SENDERENS, C. r. 132, 1254; A. ch. [8] 4, 365, 366). Als Nebenprodukt (außer dem hauptsächlich entstehenden 1-Methyl-4-methoäthyl-cyclohexan und etwas 1-Methyl-4-äthyl-cyclohexan) bei der Hydrierung von p-Cymol in Gegenwart von Nickel unterhalb 250° (SA., SE.). — Fenchelartig riechende Flüssigkeit (SA., SE.). Kp: 119° (korr.) (SA., M.), 120° (korr.) (SA., SE.); Kp_{732}: 119,5—120° (korr.) (Z., N.). $D_?^?$: 0,7866 (SA., SE.); $D_?^?$: 0,7861 (SA., M.); $D_?^?$: 0,7690 (Z., N.). $n_D^?$: 1,4244 (Z., N.). Molekulare Verbrennungswärme (bestimmt an dem Präparat von Z., N.) bei konst. Vol.: 1238,9 Cal. (SUBOW, Ж. 33, 722; C. 1902 I, 161). Leicht löslich in Salpeterschwefelsäure beim schwachen Erwärmen (Z., N.). — Einw. von Brom bei Gegenwart von $AlBr_3$ liefert Tetrabrom-p-xylol (Z., N.).

1¹-Brom-1.4-dimethyl-cyclohexan, 1-Methyl-4-[brommethyl]-cyclohexan $C_8H_{15}Br = CH_3 \cdot C_6H_{10} \cdot CH_2Br$. B. Man löst 4-Methyl-1-methyl-cyclohexan in 2 Vol. einer bei 0° gesättigten Lösung von HBr in Eisessig und erwärmt die Lösung 2 Stdn. auf 100°, dann 1 Stde. auf 120° (PERKIN, POPE, Soc. 93, 1078). — Öl. Kp_{150}: 135—137°.

1.2-Dibrom-1.4-dimethyl-cyclohexan $C_8H_{14}Br_2 = C_6H_8Br_2(CH_3)_2$. B. Aus 1.4-Dimethyl-cyclohexen-(1) und Brom in Chloroform (ZELINSKY, GORSKY, B. 41, 2633; Ж. 40, 1401; C. 1909 I, 532). — Zersetzt sich beim Destillieren. — Gibt bei der Destillation mit Chinolin (vielleicht nicht ganz einheitliches) 1.4-Dimethyl-cyclohexadien-(1.5).

2.5-Dibrom-1.4-dimethyl-cyclohexan $C_8H_{14}Br_2 = C_6H_8Br_2(CH_3)_2$. *B.* Aus 1.4-Dimethyl-cyclohexandiol-(2.5) durch kurzes Erhitzen mit bei 0° gesättigter Bromwasserstoffsäure auf 100° (ZELINSKY, NAUMOW, *B.* **31**, 3206; vgl. BAEYER, *B.* **25**, 2122). — Von den erhaltenen zwei stereoisomeren Modifikationen ist die eine flüssig, die andere bildet (leicht sublimierende) Krystalle vom Schmelzpunkt 93—94° (Z., N.). — 2.5-Dibrom-1.4-dimethyl-cyclohexan gibt beim Erwärmen mit Chinolin 1.4-Dimethyl-cyclohexadien-1.4 (?) (S. 120) (B.).

8.   *Methoäthylcyclopentan* $C_8H_{16} = \begin{matrix} H_2C \cdot CH_2 \\ H_2C \cdot CH_2 \end{matrix} CH \cdot CH(CH_3)_2$.

3-Brom-1-methoäthyl-cyclopentan $C_8H_{15}Br = C_5H_9Br \cdot CH(CH_3)_2$. *B.* Durch Erhitzen von 1-Methoäthyl-cyclopentanol-(3) (Syst. No. 502) mit konz. wäßr. Bromwasserstoffsäure auf 100° (BOUVEAULT, BLANC, *C. r.* **147**, 1315). — Farblose Flüssigkeit. Kp_{16}: 82°. Schwerer als Wasser.

9.   *1-Methyl-2-äthyl-cyclopentan* $C_8H_{16} = \begin{matrix} H_2C \cdot CH(C_2H_5) \\ H_2C \quad\quad CH_2 \end{matrix} CH \cdot CH_3$. *B.* Durch 12-stdg. Erhitzen von 2¹-Jod-1-methyl-2-äthyl-cyclopentan mit höchst konz. Jodwasserstoffsäure und rotem Phosphor auf 240—250° (MARSHALL, PERKIN, *Soc.* **57**, 250). — Flüssig. Kp: 124°.

2¹-Jod-1-methyl-2-äthyl-cyclopentan, 1-Methyl-2-[α-jod-äthyl]-cyclopentan $C_8H_{15}I = CH_3 \cdot C_5H_8 \cdot CHI \cdot CH_3$. *B.* Bei ¹/₂-stdg. Kochen von 1-Methyl-2-[äthylol-(2¹)]-cyclopentan (Syst. No. 502) mit Jodwasserstoffsäure (D: 1,96) (MARSHALL, PERKIN, *Soc.* **57**, 249). — Flüssig. Kp_{90}: 155—160° (geringe Zers.).

10.   *1-Methyl-3-äthyl-cyclopentan* $C_8H_{16} = \begin{matrix} C_2H_5 \cdot HC \cdot CH_2 \\ H_2C \cdot CH_2 \end{matrix} CH \cdot CH_3$. Rechtsdrehende Form. *B.* Man führt 1-Methyl-3-äthyl-cyclopentanol-(3) [erhalten aus rechtsdrehendem 1-Methyl-cyclopentanon-(3) und Äthylmagnesiumjodid] durch Einw. von Jodwasserstoffsäure (D: 1,96) bei gewöhnlicher Temp. in 3-Jod-1-methyl-3-äthyl-cyclopentan über und reduziert dieses mit Zinkstaub und HI in Eisessig (ZELINSKY, *B.* **35**, 2679). — Kp_{754}: 120,5—121°. D_4^{15}: 0,7669. n_D^{15}: 1,4214. $[\alpha]_D$: +4,34°.

11.   *1.1.2-Trimethyl-cyclopentan, Dihydroisolaurolen* $C_8H_{16} = \begin{matrix} H_2C \cdot CH(CH_3) \\ H_2C \quad\quad CH_2 \end{matrix} C(CH_3)_2$. Von BREDT (*A.* **299**, 162 Anm.) als Muttersubstanz aller wahren Campherderivate „Camphocean" genannt. — *B.* Beim Schütteln von Isolaurolen (S. 74) mit konz. Schwefelsäure (ZELINSKY, LEPESCHKIN, Ж. **33**, 555, 559; *C.* 1902 I, 33; *A.* **319**, 315; vgl.: MAQUENNE, *C. r.* **114**, 920; BLANC, *Bl.* [3] **19** 701). Beim Erhitzen von Isolaurolen mit Jodwasserstoffsäure (D: 1,96) auf 200° (Z., L.). Aus flüssigem Isolaurolen-hydrojodid durch Reduktion mit Zink-Palladium und konz. Salzsäure in Gegenwart von Methylalkohol (Z., L.) oder mit Zinkstaub und Alkohol (CROSSLEY, RENOUF, *Soc.* **89**, 43). — Campherartig riechende Flüssigkeit. Kp_{750}: 113—113,5° (C., R.); Kp: 114° (Z., L.). D_0^0: 0,7847; D_4^{15}: 0,7762 (C., R.); $D_0^{17,2}$: 0,77463 (C., R.); D_4^{20}: 0,7728 (Z., L.). n_D^{15}: 1,4238 (Z., L.); $n_\alpha^{15,5}$: 1,42244; $n_\gamma^{15,5}$: 1,43498 (C., R.); vgl. EIJKMAN, *C.* 1907 II, 1210). Molekulare Verbrennungswärme bei konstantem Vol.: 1252,8 Cal. (SUBOW, Ж. **33**, 722; *C.* 1902 I, 161). Magnetische Drehung: C., R. — Liefert bei der Oxydation mit verd. Salpetersäure α.α-Dimethyl-glutarsäure (C., R.).

2- oder 3-Brom-1.1.2-trimethyl-cyclopentan oder Gemisch beider, flüssiges Isolaurolen-hydrobromid $C_8H_{15}Br = C_5H_8Br(CH_3)_3$. *B.* Durch 8-stdg. Erhitzen von Isolaurolen mit überschüssiger, bei 0° gesättigter Bromwasserstoffsäure auf 140° im geschlossenen Rohr (ZELINSKY, LEPESCHKIN, Ж. **33**, 553; *C.* 1902 I, 33; *A.* **319**, 309). — Farblose Flüssigkeit; färbt sich allmählich unter Zers. grünlich. Kp_{15}: 70—71°.

2.3-Dibrom-1.1.2-trimethyl-cyclopentan, Isolaurolen-dibromid $C_8H_{14}Br_2 = C_5H_8Br_2(CH_3)_3$. *B.* Aus Isolaurolen und Brom in Chloroform (CROSSLEY, RENOUF, *Soc.* **89**, 43; BLANC, *Bl.* [4] **5**, 27). — Krystalle (aus Methylalkohol). F: 98° (B.), 80—85° (C., R.). Sehr leicht löslich in allen organischen Lösungsmitteln (C., R.).

2- oder 3-Jod-1.1.2-trimethyl-cyclopentan oder Gemisch beider, flüssiges Isolaurolen-hydrojodid $C_8H_{15}I = C_5H_8I(CH_3)_3$. *B.* Durch 6-stdg. Erhitzen von Isolaurolen mit überschüssiger Jodwasserstoffsäure (D: 1,96) auf 120° im geschlossenen Gefäß (ZELINSKY, LEPESCHKIN, Ж. **33**, 554; *C.* 1902 I, 33; *A.* **319**, 309). — Farblose Flüssigkeit. Kp_{16-17}: 75—80° (Z., L.); Kp_{22}: 101,5° (CROSSLEY, RENOUF, *Soc.* **89**, 43). — Liefert durch Reduktion mit Zinkstaub und Alkohol (C., R.) oder mit Zink-Palladium und konz. Salzsäure in Gegenwart von Methylalkohol (Z., L.) Dihydroisolaurolen. Beim Erhitzen mit Diäthylanilin entsteht Isolaurolen (Z., L.; C., R.).

12. 1.2.3-Trimethyl-cyclopentan, Dihydrolaurolen C_9H_{16} = $CH_3 \cdot HC \cdot CH(CH_3)$
$H_2C —— CH_2$ $>CH \cdot CH_3$. Zur Konstitution vgl. EIJKMAN, *Chemisch Weekblad* 3, 693; 4, 50; *C.* 1907 II, 1209. — *B.* Aus Laurolen-hydrojodid durch Reduktion mit Zink-Palladium und konz. Salzsäure in Gegenwart von Methylalkohol oder mit Zinkstaub und Alkohol (ZELINSKY, LEPESCHKIN, Ж. 33, 560; *C.* 1902 I, 33; *A.* 319, 317; CROSSLEY, RENOUF, *Soc.* 89, 27, 40). — Campherartig riechende Flüssigkeit. Kp_{760}: 111,5—114° (C., R.); Kp: 114—115° (Z., L.). D_4^1: 0,7718; D_{14}^{14}: 0,7633; $D_{14}^{18,2}$: 0,7588 (C., R.); D_{17}^{17}: 0,7688 (Z., L.). n_D^{17}: 1,4230 (Z., L.); $n_\alpha^{12,2}$: 1,41424; $n_{?,?}^{18,2}$: 1,42591 (C., R.; vgl. E.). Magnetische Drehung: C., R. — Liefert bei der Oxydation mit Salpetersäure Oxalsäure (C., R.).

1- oder 2-Jod-1.2.3-trimethyl-cyclopentan oder Gemisch beider, Laurolen-hydrojodid $C_9H_{15}I$ = $C_6H_9I(CH_3)_3$. *B.* Durch 6-stdg. Erhitzen von rechtsdrehendem Laurolen mit Jodwasserstoffsäure (D: 1,97) im Wasserbad (ZELINSKY, LEPESCHKIN, Ж. 33, 557; *C.* 1902 I, 33; *A.* 319, 313; CROSSLEY, RENOUF, *Soc.* 89, 40). — Kp_{13}: 69° (Z., L.); Kp_{23}: 101—106° (C., R.). — Liefert bei der Reduktion mit Zinkstaub und Alkohol oder mit Zink-Palladium und konz. Salzsäure in Gegenwart von Methylalkohol Dihydrolaurolen (Z., L.; C., R.). Durch Erhitzen mit Dimethylanilin entsteht inaktives Laurolen (Z., L.).

13. Äthopropylcyclopropan, γ-Cyclopropyl-pentan, Diäthyl-cyclopropyl-methan C_9H_{16} = H_2C
H_2C $>CH \cdot CH(C_2H_5)_2$.

1'-Chlor-1-äthopropyl-cyclopropan, γ-Chlor-γ-cyclopropyl-pentan $C_9H_{15}Cl$ = $C_3H_5 \cdot CCl(C_2H_5)_2$. *B.* Aus Diäthyl-cyclopropyl-carbinol und rauchender Salzsäure (BRUYLANTS, *C.* 1909 I, 1859; *R.* 28, 220). — Farblose Flüssigkeit. Kp: 160—166°. D^{20}: 0,9407.

1'-Brom-1-äthopropyl-cyclopropan, γ-Brom-γ-cyclopropyl-pentan $C_9H_{15}Br$ = $C_3H_5 \cdot CBr(C_2H_5)_2$. *B.* Aus Diäthyl-cyclopropyl-carbinol und rauchender Bromwasserstoffsäure (BR., *C.* 1909 I, 1859; *R.* 28, 220). — Farblose am Licht veränderliche Flüssigkeit. Kp_{764}: 186—187°. D^{20}: 1,1479. — Bei Einw. von alkoh. Kalilauge entstehen γ-Cyclopropyl-β-amylen (?) und wenig 1-Äthoxy-1-äthopropyl-cyclopropan H_2C
H_2C $>C(O \cdot C_2H_5) \cdot CH(C_2H_5)_2$ (?).

1'-Jod-1-äthopropyl-cyclopropan, γ-Jod-γ-cyclopropyl-pentan $C_9H_{15}I$ = $C_3H_5 \cdot CI(C_2H_5)_2$. *B.* Aus γ-Brom-γ-cyclopropyl-pentan und Natriumjodid in Methylalkohol (BR., *C.* 1909 I, 1859; *R.* 28, 221). — Am Licht sich rasch bräunende Flüssigkeit. Kp_{15}: 152°. D^{20}: 1,3357. Unlöslich in Wasser, leicht löslich in Alkohol und Äther.

14. Isooktonaphthen C_9H_{16}. *V.* Im kaukasischen Petroleum (PUTOCHIN, vgl. MARKOWNIKOW, Ж. 16 II, 295; *B.* 18 Ref., 186); man reinigt durch wiederholtes Destillieren über Natrium und Behandeln mit rauchender Schwefelsäure bei 40° (Pu.). — Flüssig. Kp: 122—123°; D_0^0: 0,77665; D_0^{15}: 0,7637 (Pu.). — Bei der Chlorierung entstehen zwei Chlorisooktonaphthene $C_9H_{15}Cl$, von denen das eine Kp: 176—179°, D_0^0: 0,9680, D_{20}^{20}: 0,9578, das andere Kp: 179—182°, D_0^0: 0,9734, D_{20}^{20}: 0,9579 zeigt (PAUTINSKY, Dissert. [Moskau 1886]; zitiert nach ASCHAN, Chemie der alicyclischen Verbindungen [Braunschweig 1905], S. 606).

15. Santoren C_9H_{16}. *B.* Aus dem Santoron $C_9H_{14}O$ (Syst. No. 612) durch Reduktion mit Jodwasserstoffsäure, Jod und rotem Phosphor (FRANCESOONI, *G.* 29 II, 249). — Aromatisch-petroleumähnlich riechende Flüssigkeit. Kp: 133—134°.

7. Kohlenwasserstoffe C_9H_{18}.

1. Cyclononan, Enneamethylen C_9H_{18} = $H_2C-CH_2-CH_2-CH_2$
$H_2C-CH_2-CH_2-CH_2$ $>CH_2$. *B.* Man reduziert Cyclononanon mit Natrium in wäßr. Äther, erhitzt den gebildeten (nicht rein isolierten) Alkohol mit Jodwasserstoffsäure (D: 1,96) auf 100° und reduziert das entstandene Jodid mit Zinkstaub und Eisessig-Jodwasserstoff und darauf noch mit Natrium in siedendem Alkohol (ZELINSKY, *B.* 40, 3279). — Kp: 170—172°. D_4^{14}: 0,7733. n_D^{15}: 1,4328. — Reagiert kaum mit $KMnO_4$. Brom wirkt substituierend.

2. *Äthylcycloheptan, Äthylsuberan* $C_9H_{18} = \begin{matrix} H_2C \cdot CH_2 \cdot CH_2 \\ H_2C \cdot CH_2 \cdot CH_2 \end{matrix} \Big\rangle CH \cdot C_2H_5$. *B.* Durch vorsichtige Zugabe von 57 g Suberylbromid zu 50 g Zinkdiäthyl bei Wasserbadtemperatur (MARKOWNIKOW, JAKUB, Ж. 34, 914; *C.* 1903 I, 568). — Farblose Flüssigkeit. Kp$_{740}$: 163° bis 163,5°. D$_4^0$: 0,8299; D$_4^{20}$: 0,8152. — Rote rauchende Salpetersäure liefert Pimelinsäure, Oxalsäure und Essigsäure.

3. *1.2-Dimethyl-cycloheptan (?)* $C_9H_{18} = \begin{matrix} H_2C \cdot CH_2 \cdot CH(CH_3) \\ H_2C{-}CH_2{-}CH_2 \end{matrix} \Big\rangle CH \cdot CH_3$ (?). Zur Konstitution vgl. ASCHAN, Chemie der alicyclischen Verbindungen [Braunschweig 1905], S. 855. — *B.* Man führt 1.2-Dimethyl-cycloheptandiol-(1.2) (Syst. No. 549) [dargestellt durch Reduktion von Nonandion-(2.8) mit Natrium] durch 2-stdg. Erhitzen mit Jodwasserstoffsäure (D: 1,96) auf 100° in 2-Jod-1.2-dimethyl-cyclohexanol-(1) (Syst. No. 502) über und reduziert dieses durch 8—10-stdg. Erhitzen mit viel Jodwasserstoffsäure (D: 1,96) und etwas rotem Phosphor auf 230—260° (KIPPING, PERKIN, *Soc.* 59, 227). — Farblose, petroleumartig riechende Flüssigkeit. Kp: 153°.

1.2-Dibrom-1.2-dimethyl-cycloheptan $C_9H_{16}Br_2 = C_7H_{12}Br_2(CH_3)_2$. *B.* Aus 1.2-Dimethyl-cycloheptandiol-(1.2) (Syst. No. 549) in viel Chloroform mit PBr$_5$ (K., P., *Soc.* 59, 220). — Dickes, unangenehm süßlich riechendes Öl. Unlöslich in Wasser, mischbar mit den organischen Lösungsmitteln.

4. *Propylcyclohexan* $C_9H_{18} = H_2C \begin{matrix} CH_2 \cdot CH_2 \\ CH_2 \cdot CH_2 \end{matrix} CH_2 \cdot CH_2 \cdot CH_2 \cdot CH_3$. *B.* Aus Propylzinkjodid (dargestellt durch Erwärmen von 200 g Propyljodid mit 400 g Zinkspänen und 10 g Zink-Natrium auf dem Wasserbad) und 72 g Chlorcyclohexan bei 55—60°, schließlich bei 80°; man zersetzt nach Beendigung der Reaktion mit Eis und destilliert mit Wasserdampf (KURSSANOW, Ж. 31 II, 161; 33, 410; *B.* 34, 2035; *C.* 1901 II, 544). Durch 24-stdg. Erhitzen von 0,5 ccm Propylbenzol mit 20 ccm Jodwasserstoffsäure (D über 2) auf 270—280° (TSCHITSCHIBABIN, Ж. 26, 41; *C.* 1894 I, 1028). Aus Propylbenzol und Wasserstoff durch Überleiten über fein verteiltes Nickel bei etwa 180° (SABATIER, SENDERENS, *C. r.* 132, 566, 1254; *A. ch.* [8] 4, 364, 367). Entsteht in kleiner Menge beim Erhitzen von Tetrahydrochinolin mit Jodwasserstoffsäure (D: 1,96) und rotem Phosphor auf 300—310° (BAMBERGER, LENGFELD, *B.* 23, 1158; BA., WILLIAMSON, *B.* 27, 1465, 1477). — Petroleumähnlich riechende Flüssigkeit. Kp: 140—142° (Tsch.), 153—154° (korr.) (SA., SE.); Kp$_{749}$: 155—156° (Ku.). D$_4^0$: 0,7819; D$_4^{20}$: 0,7671 (Tsch.); D$_0^0$: 0,7996; D$_4^{20}$: 0,7865 (Ku.); D^0: 0,8098, D$_4^0$: 0,8091 (Sa., Se.). — Rauchende Salpetersäure ist bei 0° wirkungslos; Salpetersäure (D: 1,53) löst den Kohlenwasserstoff bei gewöhnlicher Temp. langsam (Ku.). Beim Behandeln mit Brom + AlBr$_3$ entsteht eine kleine Menge bei 230° schmelzender Krystalle $C_9H_9Br_3$ (Tribrompseudocumol?) (Tsch.).

5. *Methoäthylcyclohexan, Cumolhexahydrid, Hexahydrocumol, Normenthan* $C_9H_{18} = H_2C \begin{matrix} CH_2 \cdot CH_2 \\ CH_2 \cdot CH_2 \end{matrix} CH \cdot CH(CH_3)_2$. *B.* Aus 1¹-Brom-1-methoäthyl-cyclohexan durch Reduktion zuerst mit Zinkstaub und Eisessig, dann mit Natrium und Alkohol (MATSUBARA, PERKIN, *Soc.* 87, 671). Durch Hydrierung von Cumol mit Wasserstoff in Gegenwart von Nickel bei ca. 180° (SABATIER, SENDERENS, *A. ch.* [8] 4, 367). Durch mehrfache Reduktion von Isopropenylbenzol mit Wasserstoff in Gegenwart von Nickel bei 180—190° (TIFFENEAU, *A. ch.* [8] 10, 161). Soll sich nach RENARD (*A. ch.* [6] 1, 223, 229; vgl. KELBE, *B.* 19, 1970) bei der trocknen Destillation von Kolophonium für sich allein oder unter Zusatz von etwas ungelöschtem Kalk bilden und daher in der Harzessenz (Syst. No. 4740) vorkommen. — Angenehm riechende Flüssigkeit (SA., SE.). Kp: 148° (T.), 147—150° (R.), 146° (korr.) (SA., SE.); Kp$_{755}$: 150—153° (M., P.). D$_4^0$: 0,812 (Sa., Se.); D^{20}: 0,787 (R.).

x.x-Dichlor-methoäthylcyclohexan $C_9H_{16}Cl_2$. *B.* Durch Addition von 2 Mol. HCl an den Kohlenwasserstoff C_9H_{14} (S. 121, No. 2), der aus Dimethyl-[1-oxy-cyclohexyl]-carbinol (Syst. No. 549) mit heißer verd. Schwefelsäure entsteht (TARBOURIECH, *C. r.* 149, 863). — Kp$_{12}$: 122—123°.

1¹-Brom-1-methoäthyl-cyclohexan, [α-Brom-isopropyl]-cyclohexan $C_9H_{17}Br = C_6H_{11} \cdot CBr(CH_3)_2$. *B.* Aus Dimethyl-cyclohexyl-carbinol beim Schütteln mit konz. Bromwasserstoffsäure (MATSUBARA, PERKIN, *Soc.* 87, 670). — Öl. Kp$_{25}$: 105° (geringe Zers.). — Läßt sich zu Methoäthylcyclohexan reduzieren.

6. *1-Methyl-2-äthyl-cyclohexan* $C_9H_{18} = H_2C \begin{matrix} CH_2 \cdot CH(C_2H_5) \\ CH_2{-}CH_2 \end{matrix} CH \cdot CH_3$. Konfiguration und sterische Einheitlichkeit fraglich. — *B.* Man kocht 1-Methyl-2-[äthylol-(2¹)]-

cyclohexan (Syst. No. 502) mit rauchender Jodwasserstoffsäure und erhitzt das entstandene Jodid mit Jodwasserstoffsäure (D: 1,96) und rotem Phosphor auf 230—240° (KIPPING, PERKIN, Soc. 57, 25). Durch Hydrieren des Gemisches von Kohlenwasserstoffen $C_9 H_{14}$, das bei der Einw. von $ZnCl_2$ auf 1-Methyl-2-äthyl-cyclohexanol-(2) entsteht, in Gegenwart von Nickel bei 200° (MURAT, A. ch. [8] 16, 117). — Flüssig. Kp: 151° (M.), 150—152° (K., P.). D°: 0,7945; D²⁰: 0,784 (M.). n_D^{15}: 1,432 (M.). Unlöslich in Wasser, mit Alkohol, Äther usw. in allen Verhältnissen mischbar (K., P.).

2'-Jod-1-methyl-2-äthyl-cyclohexan, 1-Methyl-2-[a-jod-äthyl]-cyclohexan $C_9 H_{17}I = CH_2 \cdot C_6 H_{10} \cdot CHI \cdot CH_3$. B. Bei 4-stdg. Erhitzen von 1-Methyl-2-[äthylol-(2')]-cyclohexan mit Jodwasserstoffsäure (D: 1,96) auf 180° (KIPPING, PERKIN, Soc. 57, 23). — Farbloses, am Licht rasch dunkel werdendes Öl. Kp_{110}: 178—180°. Unlöslich in Wasser, leicht löslich in organischen Lösungsmitteln.

7. *1-Methyl-3-äthyl-cyclohexan* $C_9 H_{18} = H_2 C {<}^{CH(C_2H_5) \cdot CH_2}_{CH_2 \quad\quad CH_2} {>} CH \cdot CH_3$. Aktive Form. Darst. Man führt rechtsdrehendes 1-Methyl-3-äthyl-cyclohexanol-(3) (Syst. No. 502) mit Jodwasserstoffsäure (D: 1,96) in der Kälte in das (nicht rein isolierte) Jodid über und reduziert dieses mit Zinkstaub und Eisessig-Jodwasserstoff (ZELINSKY, B. 35, 2680). — Kp_{743}: 148—149° (korr.). D_4^{17}: 0,7896. n_D^{17}: 1,4353. $[a]_D$: —2,9°.

Akt. 3-Brom-1-methyl-3-äthyl-cyclohexan $C_9 H_{17}Br = CH_3 \cdot C_6 H_9 Br \cdot C_2 H_5$. Kp_{20}: 90—92°. D_4^{14}: 1,1828. a_D: +1° 2' (l = 25 mm) (ZELINSKY, B. 35, 2680).

8. *1-Methyl-4-äthyl-cyclohexan* $C_9 H_{18} = C_2 H_5 \cdot HC {<}^{CH_2 \cdot CH_2}_{CH_2 \cdot CH_2} {>} CH \cdot CH_3$. B. Neben dem als Hauptprodukt entstehenden 1-Methyl-4-methoäthyl-cyclohexan und etwas 1.4-Dimethyl-cyclohexan durch Hydrierung von p-Cymol in Gegenwart von Nickel unterhalb 250° (SABATIER, SENDERENS, C. r. 132, 1254; A. ch. [8] 4, 365, 367). Durch Hydrierung von 1-Methyl-4-äthyl-cyclohexen-(3) [aus 1-Methyl-4-äthyl-cyclohexanol-(4) mit $ZnCl_2$] in Gegenwart von Nickel bei 180° (SABATIER, MAILHE, C. r. 142, 439; A. ch. [8] 10, 559). — Fenchelartig riechende Flüssigkeit. Kp: 147° (korr.) (SA., M.). D_4^0: 0,8041 (SA., SE.); D_4^{14}: 0,7884 (SA., M.). n_D^{15}: 1,435 (SA., M.).

1.4'-Dichlor-1-methyl-4-äthyl-cyclohexan, 1-Chlor-1-methyl-4-[a-chlor-äthyl]-cyclohexan $C_9 H_{16}Cl_2 = CH_3 \cdot C_6 H_9 Cl \cdot CHCl \cdot CH_3$. B. Aus 1-Methyl-4-[äthylol-(4')]-cyclohexen-(1) (Syst. No. 506) in Chloroform mit Chlorwasserstoff und PCl_5 (WALLACH, RAHN, A. 324, 96). — Flüssig. Siedet im Vakuum bei 100—110°. — Liefert beim Erwärmen mit Chinolin einen Kohlenwasserstoff $C_9 H_{14}$ (S. 121, No. 6).

9. *1.1.3-Trimethyl-cyclohexan* $C_9 H_{18} = H_2 C {<}^{CH(CH_3) \cdot CH_2}_{CH_2 \quad\quad CH_2} {>} C(CH_3)_2$. B. Durch Einw. von Zinkstaub und Eisessig auf 5-Jod-1 1.3-trimethyl-cyclohexan (s. u.) (KNOEVENAGEL, A. 297, 202). — Farblose Flüssigkeit. Kp_{770}: 137,5—138,5°; Kp_{760}: 137—138° (korr.) (KN.); Kp_{736}: 134,8—135° (SUBOW, Ж. 33, 711). D_4^{14}: 0,7848 (KN.). n_D^{15}: 1,4324 (KN.). Molekulare Verbrennungswärme bei konstantem Vol.: 1406,0 Cal. (S., Ж. 33, 711; C. 1902 I, 161).

5-Jod-1.1.3-trimethyl-cyclohexan $C_9 H_{17}I = C_9 H_8 I(CH_3)_3$. B. Man erhitzt Dihydroisophorol („cis-Form") (Syst. No. 502) mit bei 0° gesättigter Jodwasserstoffsäure 3 Stdn. im geschlossenen Rohr auf 100° und reinigt das Reaktionsprodukt durch halbstündiges Erhitzen mit P_2O_5 auf 130° (KNOEVENAGEL, A. 297, 201). — Flüssig. Kp_{11}: 97—98°. D_4^{9}: 1,3804. — Gibt mit Zinkstaub und Eisessig 1.1.3-Trimethyl-cyclohexan.

Nitrosochlorid des a-Cyclogeraniolens $C_9 H_{16}ONCl$ s. bei a-Cyclogeraniolen, S. 79.

10. *1.1.4-Trimethyl-cyclohexan* $C_9 H_{18} = CH_3 \cdot HC {<}^{CH_2 \cdot CH_2}_{CH_2 \cdot CH_2} {>} C(CH_3)_2$.

Nitrosochlorid des Pulenens vom Kp_{11}: 60—65° $C_9 H_{16}ONCl$ s. bei diesem, S. 79.

11. *1.2.4-Trimethyl-cyclohexan. Pseudocumolhexahydrid, Hexahydropseudocumol* $C_9 H_{18} = CH_3 \cdot HC {<}^{CH_2 \cdot CH(CH_3)}_{CH_2 \quad\quad CH_2} {>} CH \cdot CH_3$. Die strukturelle Einheitlichkeit ist bei den meisten, die sterische Konfiguration bei allen im folgenden aufgeführten Präparaten fraglich.

a) Präparat aus Erdöl, Nononaphthen, Enneanaphthen. V. Im kaukasischen Petroleum (Naphtha von Balachany und Bibi-Eibat) (MARKOWNIKOW, OGLOBLIN, Ж. 15, 331; B. 16, 1877; KONOWALOW, Ж. 16 II, 296; 22, 4; B. 18 Ref., 186; 23 Ref., 431). — Das

mit rauchender Schwefelsäure und durch Destillieren über Natrium oftmals gereinigte Nononaphthen ist eine farblose, schwach petroleumartig riechende Flüssigkeit. Kp: 135—136°;
D_0^0: 0,7808; D_4^{17}: 0,7652; D_4^{m}: 0,7664 (M., O.; K., Ж. 16 II, 296; 22, 4, 118; B. 18 Ref., 186).
Molekulare Verbrennungswärme bei konstantem Volumen: 1380,75 Cal. (OSSIPOW, Ph. Ch.
2, 649). — Trocknes Chlor erzeugt in der Hitze ein Gemisch von Chloriden, darunter Mono-
chloride $C_9H_{17}Cl$, deren 2 Hauptfraktionen bei 182—184° bezw. 185—188° übergehen, und
Dichlorid $C_9H_{16}Cl_2$ (K., Ж. 16 II, 296; 22, 118; 23, 446; B. 18 Ref., 187; 23 Ref., 431; 25
Ref., 162). Mit Brom und Aluminiumbromid entsteht in geringer Ausbeute Tribrompseudocumol (K., Ж. 22, 11; B. 23 Ref., 431). Überschüssige rauchende Schwefelsäure löst vollständig unter Bildung von Pseudocumolsulfonsäuren (K., Ж. 22, 9; B. 23 Ref., 431). Beim
Erhitzen mit verd. Salpetersäure entsteht ein Gemisch sekundärer und tertiärer Nitronono-
naphthene $C_9H_{17}O_2N$ (K., Ж. 25, 390; B. 26 Ref., 878).
    b) Präparat aus Steinkohlenteer. Findet sich in dem bei der Nitrierung mit konz.
Salpeter-Schwefelsäure nicht reagierenden Teil der Xylolfraktion des Steinkohlenteers; man
reinigt durch wiederholtes Behandeln mit Nitriersäure und fraktioniert (AHRENS, v. MOZD-
ZENSKI, Z. Ang. 21, 1411). — Kp: 137—139°. D^{15}: 0,7662. — Gibt beim Erhitzen mit verd.
Salpetersäure (D: 1,075) hauptsächlich tertiäre, weniger sekundäre (keine primären) Nitroverbindungen $C_9H_{17}O_2N$, außerdem Bernsteinsäure und ölige Säuren; mit heißer konz. Salpetersäure (D: 1,5) entsteht Buttersäure. Gibt mit feuchtem Chlor bei 30° im zerstreuten Tageslicht ein Gemisch von Chloriden $C_9H_{17}Cl$. Mit Brom und AlBr₃ oder besser Eisenpulver
erhält man Tribrompseudocumol.
    c) Weitere Präparate.
    α) Präparat von Guerbet. B. Aus Campholen (S. 81) durch 12-stdg. Erhitzen mit
2 Vol. Jodwasserstoffsäure (bei 0° gesättigt) im geschlossenen Rohr auf 280° oder, neben
Dicampholen, durch Schütteln mit 3 Gewichtsteilen konz. Schwefelsäure; Reinigung durch
Behandeln mit rauchender Schwefelsäure und Destillation über Natrium (G., A. ch. [7] 4,
345, 351). — Petroleumähnlich riechende Flüssigkeit. Kp: 132—134° (korr.). D^0: 0,783.
— Gibt mit Brom und AlBr₃ Tribrompseudocumol, bei mehrtägigem Erwärmen mit einem
Gemisch von rauchender Schwefelsäure und rauchender Salpetersäure etwas Trinitropseudo-
cumol.
    β) Präparat von Konowalow. B. Man erhitzt Pseudocumol mit überschüssiger
Jodwasserstoffsäure (D: über 2,0) und etwas Phosphor im Druckrohr von 150° bis 280°;
Reinigung durch Behandeln mit rauchender Schwefelsäure und Destillation über Natrium
(K., Ж. 19, 255; B. 20 Ref., 570). — Kp: 135—138°. D_0^1: 0,7812; D_4^m: 0,7667. — Gibt mit
Brom und AlBr₃ Tribrompseudocumol, mit Salpeterschwefelsäure in geringer Ausbeute
Trinitropseudocumol.
    γ) Präparat von Sabatier, Senderens. B. Durch Hydrieren von Pseudocumol
in Gegenwart von Nickel bei ca. 180° (SA., SE., C. r. 132, 568, 1255; A. ch. [8] 4, 365, 366).
— Kp: 143—144° (korr.). D_0^0: 0,8052.
    δ) Präparat von Zelinsky, Reformatski. B. Durch Reduktion von 1.2.4-Trimethyl-
cyclohexanol-(3) (Syst. No. 502) (Z., R., B. 29, 214). — Flüssigkeit von angenehmem Naphthageruch. Kp: 142—144°. D_0^0: 0,7807. — Gibt mit Brom und AlBr₃ Tribrompseudocumol
in fast quantitativer Ausbeute.

    Chlor-1.2.4-trimethyl-cyclohexan $C_9H_{17}Cl$. Stellung des Chloratoms und Einheit-
lichkeit der Präparate fraglich.
    a) Präparat vom Kp: 185,5° aus Erdöl-Nononaphthen (S. 42), Chlornono-
naphthen vom Kp: 185,5°. B. Entsteht als Hauptprodukt — neben einem Chlorid vom Kp:
182—184° (s. u.) und einem Dichlorid $C_9H_{16}Cl_2$ (KONOWALOW, Ж. 23, 446; B. 25 Ref., 162)
— durch Einw. von trocknem Chlor auf Nononaphthendämpfe (K., Ж. 16 II, 296; 22, 119;
B. 18 Ref., 187; 23 Ref., 431). Entsteht bei der Einw. von Phosphorpentachlorid auf Nononaphthenalkohol (Syst. No. 502) (K., Ж. 22, 129; B. 23 Ref., 431). — Farblose, an der Luft
gelblich werdende Flüssigkeit. Kp: 185,5° (korr.); D_0^0: 0,9515; D_4^1: 0,95067; D_0^1: 0,9322;
D_4^m: 0,9339 (Präparat aus Nononaphthen) (K., Ж. 22, 120). Kp: 185—187° D_0^0: 0,9464;
D_4^m: 0,9290 (Präparat aus Nononaphthenalkohol) (K., Ж. 22, 129). Unlöslich in Wasser;
hygroskopisch (K., Ж. 22, 121). — Gibt beim Erwärmen mit Calciumjodid auf 70—90°
oder mit bei 0° gesättigter Jodwasserstoffsäure auf 150—160° ein Jodid $C_9H_{17}I$ (K., Ж. 16 II,
296; 22, 122; B. 18 Ref., 187; 23 Ref., 431). Daneben entsteht Nononaphthylen C_9H_{16}
vom Kp: 135—137° (K., Ж. 16 II, 296; 22, 131; B. 18 Ref., 187).
    b) Präparat vom Kp: 182—184° aus Erdöl-Nononaphthen (S. 42), Chlornono-
naphthen vom Kp: 182—184°. B. Entsteht neben seinem Isomeren vom Kp: 185,5°
(s. o.) und einem Dichlorid $C_9H_{16}Cl_2$ (KONOWALOW, Ж. 23, 446; B. 25 Ref., 162) durch
Einw. von trocknem Chlor auf Nononaphthendämpfe (K., Ж. 16 II, 296; 22, 119; B. 18
Ref., 187). — Kp: 182—184°. D_4^m: 0,9304; D_0^m: 0,9288. — Gibt beim Erhitzen mit Silberacetat im geschlossenen Rohr auf 170° einen Ester $C_9H_{17} \cdot O \cdot CO \cdot CH_3$ vom Kp: 200—203°

und Nononaphthylen C_9H_{16} vom Kp: 135—137° (K., Ж. 16 II, 296; B. 18 Ref., 187). Liefert
mit alkoh. Kalilauge als Hauptprodukt das Nononaphthylen C_9H_{16} vom Kp: 131—133°, daneben das Nononaphthylen vom Kp: 135—137° und andere Produkte (K., Ж. 22, 132).

c) Präparat aus dem Kohlenwasserstoff C_9H_{12} aus Steinkohlenteer (S. 43).
B. Im Gemisch mit anderen Chloriden durch Einw. von Chlor auf den Kohlenwasserstoff
C_9H_{12} aus Steinkohlenteer im zerstreuten Tageslicht bei 30° (AHRENS, v. MOZDZENSKI, Z. Ang.
21, 1413). — Kp_{40}: 103—104°.

Dichlor-1.2.4-trimethyl-cyclohexan, Dichlornononaphthen $C_9H_{16}Cl_2$. B. Neben
Monochloriden $C_9H_{17}Cl$ durch Einw. von trocknem Chlor auf Nononaphthendämpfe (KONO-
WALOW, Ж. 23, 447; B. 25 Ref., 162). — Flüssig. Erstarrt nicht im Gemisch von Schnee
und Salz. Kp_{756}: 230—235°; Kp_{80}: 125—130°. D_0^0: 1,1035; D_0^{20}: 1,0856. — Gibt beim Erhitzen mit Anilin in CO_2-Atmosphäre oder mit Eisessig und Natriumacetat auf 200°
einen Kohlenwasserstoff C_9H_{14} vom Kp: 139—142° und hochsiedende Polymere desselben.

Jod-1.2.4-trimethyl-cyclohexan, Jodnononaphthen $C_9H_{17}I$. B. Aus dem Chlornononaphthen vom Kp: 185,5° (S. 43) durch 18—20-stdg. Erhitzen mit bei 0° gesättigter
Jodwasserstoffsäure im Druckrohr auf 150—160° (KONOWALOW, Ж. 22, 122; B. 23 Ref.,
431) oder durch 3-tägiges Erwärmen mit Calciumjodid auf 70—90° (K., Ж. 16 II, 296; B.
18 Ref., 187). — Farblose, an der Luft braun werdende Flüssigkeit. Erstarrt nicht in
Kältemischung. Kp_{20}: 108—111°; D_0^0: 1,4228; D_0^{20}: 1,4041 (K., Ж. 22, 122; B. 23 Ref.,
431). — Gibt mit feuchtem Silberoxyd Nononaphthylen C_9H_{16}, Nononaphthenalkohol C_9H_{17}·
OH und dessen Äther (Syst. No. 502) (K., Ж. 22, 123, 127; B. 23 Ref., 431). Spaltet beim
Erhitzen mit Anilin in CO_2-Atmosphäre im geschlossenen Rohr auf 150° fast quantitativ
HI ab (K., Ж. 23, 448).

Sek. Nitro-1.2.4-trimethyl-cyclohexan $C_9H_{17}O_2N = O_2N·C_6H_8(CH_3)_3$. Einheitlichkeit und Konstitution fraglich.

a) Präparat aus Erdöl-Nononaphthen (S. 42), sek. Nitronononaphthen. B.
Entsteht neben dem als Hauptprodukt gebildeten tertiären Nitronononaphthen und anderen
Verbindungen beim Erhitzen von je 4 ccm Nononaphthen mit 20 ccm Salpetersäure (D: 1,075)
im Druckrohr auf 120—130°. Man erwärmt den unter 120 mm Druck bei 155—165° siedenden
Anteil des Produkts mehrere Tage auf dem Wasserbad mit überschüssiger Kalilauge (1 Tl. KOH,
2 Tle. H_2O) und läßt 2 Wochen stehen; das tertiäre Nitroderivat schwimmt als Öl auf der
alkalischen Lösung, das sekundäre fällt man aus der alkalischen Lösung durch H_2S (KONO-
WALOW, Ж. 25, 393, 404; B. 26 Ref., 878). — Farblose Flüssigkeit. Erstarrt nicht bei —18°.
Kp: 224—226° (teilweise Zers.); Kp_{40}: 130,5°; D_0^0: 0,9947; D_0^{20}: 0,9754; n_D^{20}: 1,45379 (K., Ж.
25, 406, 407; B. 26 Ref., 880). — Beim Erwärmen löslich in konz. Kalilauge (K., Ж. 25,
407; B. 26 Ref., 880). Beim Ansäuern der wäßr. Lösung des Natriumsalzes mit verd. Schwefelsäure unter Kühlung scheidet sich die labile aci-Form aus (K., B. 29, 2198). Bei der Reduktion mit Zinn und Salzsäure oder mit Zinkstaub und Eisessig entstehen sek. Aminono-
naphthen (Syst. No. 1594) und ein Keton $C_9H_{16}O$ (Syst. No. 612) (K., Ж. 25, 409; B. 26 Ref.,
880). Durch Einw. von Brom auf die alkal. Lösung wird ein Bromnitronononaphthen gebildet (K., Ж. 25, 408; B. 26 Ref., 880).

b) Präparat aus dem Kohlenwasserstoff C_9H_{12} aus Steinkohlenteer (S. 43).
B. und Trennung wie oben beim Präparat aus Erdöl-Nononaphthen (AHRENS, v. MOZDZENSKI,
Z. Ang. 21, 1412). — Scharf riechende, frisch destilliert farblose, bald gelb werdende Flüssigkeit. Kp: 220—224° (Zers.); Kp_{12}: 115—120°. D^{20}: 0,9778. n^{20}: 1,451. — Wird von Zinn
und Salzsäure zum entsprechenden Amin reduziert. Gibt mit Brom ein Brom-nitro-1.2.4-tri-
methyl-cyclohexan.

Tert. Nitro-1.2.4-trimethyl-cyclohexan $C_9H_{17}O_2N = O_2N·C_6H_8(CH_3)_3$. Einheitlichkeit und Konstitution fraglich.

a) Präparat aus Erdöl-Nononaphthen (S. 42), tert. Nitronononaphthen. B. und
Trennung s. o. bei sek. Nitronononaphthen (KONOWALOW, Ж. 25, 393, 404, 411; B. 26 Ref.,
880). — Fast farblose Flüssigkeit. Erstarrt nicht bei —18°. Kp_{24}: 220—226° (teilweise Zers.);
Kp_{12}: 128—130°. D_0^0: 0,9919; D_0^{20}: 0,9766. n_D^{20}: 1,45109. Unlöslich in konz. Kalilauge. —
Durch Reduktion mit Zinn und Salzsäure oder mit Zinkstaub und Eisessig entsteht tert.
Aminonononaphthen und ein nicht näher untersuchtes Keton $C_9H_{14}O$.

b) Präparat aus dem Kohlenwasserstoff C_9H_{12} aus Steinkohlenteer (S. 43).
Ist ein Gemisch von mindestens 2 Isomeren (AHRENS, v. MOZDZENSKI, Z. Ang. 21, 1412).
— B. und Trennung wie beim Präparat aus Erdöl-Nononaphthen. — Farblose, gelb werdende
Flüssigkeit. Kp: 217—225° (Zers.); Kp_{12}: 102—105°. D^{20}: 0,9771. n^{20}: 1,449. — Mit Zinn
und konz. Salzsäure entsteht ein Gemisch von Aminen $H_2N·C_6H_8(CH_3)_3$.

Brom-nitro-1.2.4-trimethyl-cyclohexan $C_9H_{16}O_2NBr$. Einheitlichkeit und Konstitution fraglich.

a) **Präparat aus Erdöl-Nononaphthen (S. 42), Bromnitrononaphthen.** *B.*
Man versetzt eine Lösung von sek. Nitrononaphthen in konz. Kalilauge bei 0° mit Brom
(KONOWALOW, Ж. 25, 408; *B.* 26 Ref., 880). — Flüssig. D_9^9: 1,3330; D_0^{20}: 1,3112. n_D°: 1,48391.

b) **Präparat aus dem Kohlenwasserstoff C_9H_{18} aus Steinkohlenteer (S. 43).** *B.*
Aus sek. Nitro-1.2.4-trimethyl-cyclohexan und Brom (AHRENS, V. MOZDZENSKI, *Z. Ang.* 21,
1412). — Flüssig.

**12. *1.3.5-Trimethyl-cyclohexan. Mesitylenhexahydrid, Hexahydrome-
sitylen*** $C_9H_{18} = H_2C \underset{CH(CH_3)\cdot CH_2}{\overset{CH(CH_3)\cdot CH_2}{<}} CH \cdot CH_3.$ Konfiguration und sterische Einheitlichkeit fraglich.

a) **Präparat von Sabatier, Senderens.** *B.* Durch Hydrierung von Mesitylen in
Gegenwart von Nickel bei ca. 180° (SA., SE., *C. r.* 132, 568, 1255; *A. ch.* [8] 4, 365, 366).
— Muffig riechende Flüssigkeit. Kp: 137—139° (korr.). D_4^2: 0,7884.

b) **Präparat von Baeyer.** *B.* Durch wiederholtes mehrtägiges Erhitzen von Mesitylen mit jedesmal frischem Phosphoniumjodid auf ca. 280° (B., *A.* 155, 273). — Petroleumähnlich riechende Flüssigkeit. Kp: ca. 136° (B.). — Gibt beim längeren gelinden Erwärmen
mit rauchender Salpetersäure Trinitromesitylen in glatter Reaktion (B.; vgl. dagegen KONO-
WALOW, Ж. 19, 256; *B.* 20 Ref., 570; s. auch MARKOWNIKOW, SPADY, *B.* 20, 1851). Beim
Erwärmen mit Salpeterschwefelsäure entsteht Trinitromesitylen in sehr geringer Ausbeute (K.).

c) **Präparat von Guerbet.** *B.* Entsteht neben Produkten, die in rauchender Schwefelsäure unter Bildung von Pseudocumolsulfonsäure in Lösung gehen, beim Erhitzen von Campholsäure (Syst. No. 893) mit Jodwasserstoffsäure (D: 2,0) (GUERBET, *A. ch.* [7] 4, 296).
— Petroleumähnlich riechende Flüssigkeit. Kp: 134—138°. D^4: 0,7867. — Gibt bei mehrtägigem Erwärmen mit einem Gemisch von rauchender Salpetersäure und Schwefelsäure
auf 50—60° Trinitromesitylen.

Chlor-1.3.5-trimethyl-cyclohexan $C_9H_{17}Cl.$ *B.* Beim Einleiten von Chlor im
Sonnenlicht in mit wenig Jod versetztes Hexahydromesitylen (GUERBET, *A. ch.* [7] 4, 299).
— Flüssig. Kp: 189—192°.

13. *1-Methyl-3-methodthyl-cyclopentan* $C_9H_{18} = \underset{CH_2\cdot HC-CH_2}{\overset{H_2C-CH_2}{|}} CH \cdot CH(CH_3)_2.$
Nitrosochlorid des Pulegens $C_9H_{16}ONCl$ s. bei Pulegen, S. 80.

14. *1.3-Diäthyl-cyclopentan (?)* $C_9H_{18} = \underset{H_2C\cdot CH_2}{\overset{C_2H_5\cdot HC\cdot CH_2}{|}} CH \cdot C_2H_5 (?).$ *B.* Durch
6-stdg. Erhitzen von Diäthyl-cyclobutyl-carbinol mit Jodwasserstoffsäure (D: 1,9°) auf
200—227°; man reinigt mit Salpeterschwefelsäure und destilliert über Natrium (KISHNER,
AMOSOW, Ж. 37, 519; *C.* 1905 II, 817). — Kp_{770}: 148—149°. D_0^9: 0,7851. n_D°: 1,4298.

**15. *1.1.2.3-Tetramethyl-cyclopentan. Dihydrocampholen. Hydrocam-
pholen*** $C_9H_{18} = \underset{H_2C-----CH_2}{\overset{CH_3\cdot HC\cdot CH(CH_3)}{|}} C(CH_3)_2.$ *B.* Durch Hydrierung von Campholen
(S. 81) in Gegenwart von Nickel nach SABATIER und SENDERENS (EIJKMAN, *Chemisch
Weekblad* 3, 692 Anm.). — Kp: 132,7° (E., *Chemisch Weekblad* 3, 692 Anm.). $D^{14,1}$: 0,7820;
$n_D^{14,1}$: 1,42781; $n_\gamma^{14,1}$: 1,43948 (E., *Chemisch Weekblad* 3, 692; *C.* 1907 II, 1209).

3^1-Chlor-1.1.2.3-tetramethyl-cyclopentan, 1.1.2-Trimethyl-3-[chlormethyl]-cyclo-
pentan $C_9H_{17}Cl = CH_2Cl\cdot C_8H_6(CH_3)_3.$ *B.* Aus Dihydro-β-campholytalkohol (Syst. No. 502)
und PCl₅ in der Kälte (BLANC, *C. r.* 142, 284). — Kp: 175°.

2 oder 3-Jod-1.1.2.3-tetramethyl-cyclopentan, Campholen-hydrojodid $C_9H_{17}I =
C_5H_4I(CH_3)_4.$ *B.* Durch Einleiten von Jodwasserstoff in Campholen bei höchstens 60° (GUER-
BET, *A. ch.* [7] 4, 343). — Krystalle, die sich rasch unter Abspaltung von HI verflüssigen
(G.). Schmilzt rasch erhitzt gegen 52° (G.), im zugeschmolzenen Rohr gegen 61° (BÉHAL,
Bl. [3] 13, 845). — Wird durch Wasser leicht zersetzt (TIEMANN, *B.* 30, 599). Kalilauge
spaltet in Jodwasserstoff und Campholen (Bέ.; vgl. T.).

Nitrosochlorid des Campholens $C_9H_{16}ONCl$ s. bei Campholen, S. 81.

**16. *Äthopropylcyclobutan, γ-Cyclobutyl-pentan. Diäthyl-cyclobutyl-
methan*** $C_9H_{18} = H_2C \underset{CH_2}{\overset{CH_2}{<}} CH \cdot CH(C_2H_5)_2.$ *B.* Bei andauerndem Schütteln von

γ-Cyclobutyliden-pentan $C_4H_6:C(C_2H_6)_2$ (S. 81) mit konz. Schwefelsäure (KISHNER, AMOSOW, Ж. 37, 518; C. 1905 II, 817). — Flüssigkeit von Naphthengeruch. Kp_{776}: 151—152°. D_4^{19}: 0,7946. n_D^{19}: 1,4334.

8. Kohlenwasserstoffe $C_{10}H_{20}$.

1. *Propylcycloheptan* $C_{10}H_{20} = \begin{array}{c} CH_2 \cdot CH_2 \cdot CH_2 \\ CH_2 \cdot CH_2 \cdot CH_2 \end{array} CH \cdot CH_2 \cdot CH_2 \cdot CH_3$. [B.²]Durch Überführung des 1-Propyl-cycloheptanols-(1) in das Jodid und Reduktion desselben bei Zimmertemperatur (ZELINSKY, Ж. 38, 473; Bl. [4] 4, 999). — Kp_{765}: 183—184°. D_4^{15}: 0,8175. n_D^{15}: 1,4502.

2. *1-Methyl-2-methoäthyl-cyclohexan. o-Menthan* $C_{10}H_{20} =$ $H_2C \begin{array}{c} CH_2 - CH_2 \\ CH_2 \cdot CH(CH_3) \end{array} CH \cdot CH(CH_3)_2$.

Bezifferung bei den Namen der Derivate, die aus dem Stammnamen o-Menthan gebildet werden:

— B. Aus 1-Methyl-2-methoäthyl-cyclohexanol-(2) durch Schütteln mit konz. Bromwasserstoffsäure und Reduktion des entstandenen Bromids mit Zinkstaub und Eisessig (KAY, PERKIN, Soc. 87, 1079). — Riecht schwach petroleumähnlich. Kp_{765}: 171°.

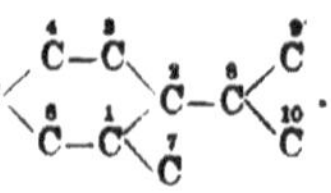

3. *1-Methyl-3-methoäthyl-cyclohexan. m-Menthan* $C_{10}H_{20} =$ $H_2C \begin{array}{c} CH_2 - CH_2 \\ CH(CH_3) \cdot CH_2 \end{array} CH \cdot CH(CH_3)_2$.

Bezifferung bei den Namen der Derivate, die aus dem Stammnamen m-Menthan gebildet werden:

— B. Aus 5-Jod-1-methyl-3-methoäthyl-cyclohexan durch Reduktion mit Zinkstaub und Eisessig (KNOEVENAGEL, WIEDERMANN, A. 297, 174). — Ligroinartig riechende Flüssigkeit. Kp_{765}: 167—168°. D_4^{14}: 0,8033. n_D: 1,44204.

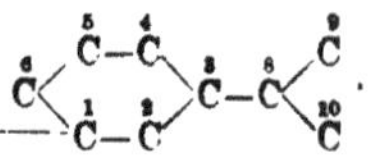

5-Chlor-1-methyl-3-methoäthyl-cyclohexan, 5-Chlor-m-menthan, symm. Menthylchlorid $C_{10}H_{19}Cl = H_2C \begin{array}{c} CHCl - CH_2 \\ CH(CH_3) \cdot CH_2 \end{array} CH \cdot CH(CH_3)_2$. B. Aus dem 1-Methyl-3-methoäthyl-cyclohexanol-(5) vom Kp_{740}: 224—225° (Syst. No. 503) und rauchender Salzsäure im Druckrohr bei 100° (KNOEVENAGEL, A. 297, 171; vgl. KN. A. 289, 148). — Farbloses Öl. Kp_{12}: 94—96°. D_4^{14}: 0,9720.

1.8¹-Dichlor-1-methyl-3-methoäthyl-cyclohexan, 1.8-Dichlor-m-menthan $C_{10}H_{18}Cl_2 = H_2C \begin{array}{c} CH_2 - CH_2 \\ CCl(CH_3) \cdot CH_2 \end{array} CH \cdot CCl(CH_3)_2$.

a) Silvestren-bis-hydrochlorid. B. Durch Einleiten von Chlorwasserstoff in eine äther. Lösung von Silvestren (ATTERBERG, B. 10, 1206). Aus Silvestren und HCl in Eisessig (WALLACH, A. 239, 28). Aus Silveterpineol $C_{10}H_{18}O$ (Syst. No. 507) und konz. Salzsäure (WALLACH, A. 357, 72). — Darst. Man sättigt ein Gemisch aus gleichen Volumen schwedischem Terpentinöl (Kp: 174—178°) und Äther mit HCl, destilliert nach 1—2 Tagen den Äther ab, läßt den Rückstand in der Kälte stehen und reinigt die ausgeschiedenen Krystalle durch Umlösen mit Alkohol und fraktionierte Krystallisation aus Äther (WALLACH, A. 239, 25). — Lange dünne Tafeln (aus Ligroin oder Äther). Monoklin sphenoidisch (HINTZE, A. 239, 31; vgl. Groth, Ch. Kr. 3, 669). F: 72—73° (A.), 72° (W., A. 230, 242). Leicht löslich in Alkohol (A.). In Äther und Ligroin viel weniger löslich als Dipenten-bis-hydrochlorid (S. 50) (W., A. 239, 26). $[\alpha]_D^t$: +18,99° (in Chloroform; p = 14,20) (W., A. 252, 149). — Beim Schütteln mit heißer 2%iger Kalilauge entstehen Silveterpineol $C_{10}H_{18}O$ und Silveterpin $C_{10}H_{20}O_2$ (W., A. 357, 72). Beim Erhitzen mit Anilin oder Natriumacetat und Eisessig wird Silvestren zurückgebildet (W., A. 239, 26).

b) Carvestren-bis-hydrochlorid. B. Man leitet Chlorwasserstoff in eine Lösung von Carvestren in Eisessig (BAEYER, B. 27, 3490) oder in Äther bei —10° (PERKIN, TATTERSALL, Soc. 91, 500). Man schüttelt m-Menthen-(6)-ol-(8) (Syst. No. 507) ½ Stde. mit 5 Vol. konz. Salzsäure (FISHER, PERKIN, Soc. 93, 1888). — Prismen (aus Eisessig) (B.), Nadeln (aus Methylalkohol) (P., T.). F: 52,5° (B.; P., T.).

Über eine Verbindung $C_{10}H_{18}Cl_2$, die sich vielleicht von einem m-Menthan ableitet, vgl. KONDAKOW, SCHINDELMEISER, J. pr. [2] 68, 108, 115.

5-Brom-1-methyl-3-methoäthyl-cyclohexan, 5-Brom-m-menthan, symm. Men-
thylbromid $C_{10}H_{19}Br = H_2C{<}{CHBr-CH_2 \atop CH(CH_3)\cdot CH_2}{>}CH\cdot CH(CH_3)_2$.　　B. Aus dem 1-Methyl-3-
methoäthyl-cyclohexanol-(5) vom Kp_{749}: 224—225° (Syst. No 503) und rauchender Bromwasserstoffsäure im Druckrohr bei 100° (KNOEVENAGEL, A. 297, 171; vgl. KN. A. 289,
149). — Kp_{12}: 104—106°. D_4^{19}: 1,1992.

1.3¹-Dibrom-1-methyl-3-methoäthyl-cyclohexan, 1.8-Dibrom-m-menthan
$C_{10}H_{18}Br_2 = H_2C{<}{CH_2-CH_2 \atop CBr(CH_3)\cdot CH_2}{>}CH\cdot CBr(CH_3)_2$.

　　a) Silvestren-bis-hydrobromid. B. Aus Silvestren und HBr in Eisessig (WALLACH,
A. 239, 29). — Monoklin-sphenoidische (HINTZE, A. 239, 32; vgl. Groth, Ch. Kr. 3, 670)
Tafeln. F: 72° (W., A. 239, 29). $[\alpha]_D^{16}$: +17,89° (in Chloroform; p: 4,359) (W., A. 252,
150). — Läßt sich durch Einw. von überschüssigem Brom in Gegenwart von etwas Jod und
Reduktion des entstandenen Produkts mit Zinkstaub und alkoh. Salzsäure, dann mit Natrium
und Alkohol in m-Cymol überführen (BAEYER, B. 31, 2067).
　　b) Carvestren-bis-hydrobromid, „trans-Carvestren-bis-hydrobromid". B.
Neben öliger, nicht rein isolierter „cis"-Verbindung durch Einw. von Bromwasserstoff in
Eisessig auf Carvestren (BAEYER, B. 27, 3489; PERKIN, TATTERSALL, Soc. 91, 500) oder auf
inaktives „cis"-m-Menthandiol-(1.8) $C_{10}H_{20}O_2$ (Syst. No. 549) (P., T., Soc. 91, 501). Durch
mehrtägiges Schütteln von m-Menthen-(6)-ol-(8) (Syst. No. 507) mit konz. wäßr. Bromwasserstoffsäure (FISHER, PERKIN, Soc. 93, 1889). — Rhombisch geformte Tafeln (aus Äther +
Eisessig) (B., B. 27, 3490), prismatische Nadeln (aus Methylalkohol) (P., T.; F., P.). F:
48—50° (B., B. 27, 3490; P., T.), 48—49° (F., P.). Leicht löslich in Äther, ziemlich schwer
in Eisessig, durchweg leichter als Dipenten-bis-hydrobromid (B., B. 27, 3490). Optisch inaktiv
(B., B. 27, 3490). — Wird das Bis-hydrobromid in Brom bei Gegenwart von Jod eingetragen
und das entstandene Bromderivat mit Zinkstaub und Salzsäure und schließlich mit Natrium
und Alkohol vollständig entbromt, so entsteht m-Cymol (BAEYER, B. 31, 1403).

3.4-Dibrom-1-methyl-3-methoäthyl-cyclohexan, 3.4-Dibrom-m-menthan
$C_{10}H_{18}Br_2 = H_2C{<}{CH_2-CHBr \atop CH(CH_3)\cdot CH_2}{>}CBr\cdot CH(CH_3)_2$.　　B. Aus m-Menthen-(3) und Brom in
Chloroform (PERKIN, TATTERSALL, Soc. 87, 1105). — Öl. Kp_{24}: 150—155°.

**4.5- oder 5.6-Dibrom-1-methyl-3-methoäthyl-cyclohexan, 4.5- oder 5.6-Dibrom-
m-menthan** $C_{10}H_{18}Br_2 = C_6H_8Br_2(CH_3)\cdot CH_2\cdot CH(CH_3)_2$. B. Aus dem durch Erhitzen von m-
Menthanol-(5) mit P_2O_5 erhältlichen m-Menthen (S. 84) und Brom in Chloroform (KNOEVE-
NAGEL, A. 297, 174). — Öl. Kp_{19}: 153—155°. D_4^{19}: 1,5210.

　　Über eine Verbindung $C_{10}H_{18}Br_2$, die sich vielleicht von einem m-Menthan ableitet,
vgl. KONDAKOW, SCHINDELMEISER, J. pr. [2] 68, 108.

**1.2.3¹.3².-Tetrabrom-1-methyl-3-methoäthyl-cyclohexan, 1.2.8.9-Tetrabrom-m-
menthan, Silvestrentetrabromid** $C_{10}H_{16}Br_4 = H_2C{<}{CH_2-CH_2 \atop CBr(CH_3)\cdot CHBr}{>}CH\cdot CBr{<}{CH_3 \atop CH_2Br}$.
B. Neben öligen Produkten beim Eintröpfeln von Brom in eine abgekühlte eisessigsaure
Lösung von Silvestren (WALLACH, A. 239, 30). — Tafeln (aus heißem Essigester und Äther).
Monoklin sphenoidisch (HINTZE, A. 239, 32; vgl. Groth, Ch. Kr. 3, 670). F: 135—136° (W.,
A. 239, 30). $[\alpha]_D^{16}$: +73,74° (in Chloroform, p = 4,359) (W., A. 252, 150).

5-Jod-1-methyl-3-methoäthyl-cyclohexan, 5-Jod-m-menthan, symm. Menthyl-
jodid $C_{10}H_{19}I = H_2C{<}{CHI-CH_2 \atop CH(CH_3)\cdot CH_2}{>}CH\cdot CH(CH_3)_2$.　　B. Aus dem 1-Methyl-3-methoäthyl-
cyclohexanol-(5) vom Kp_{748}: 224—225° (Syst. No. 503) und rauchender Jodwasserstoffsäure
im Druckrohr bei 100° (KNOEVENAGEL, A. 297, 171). — Farbloses Öl. Kp_{12}: 133—134°.
D_4^{19}: 1,4016.

1.3¹-Dijod-1-methyl-3-methoäthyl-cyclohexan, 1.8-Dijod-m-menthan, Silve-
stren-bis-hydrojodid $C_{10}H_{18}I_2 = H_2C{<}{CH_2-CH_2 \atop CI(CH_3)\cdot CH_2}{>}CH\cdot CI(CH_3)_2$. B. Aus Silvestren
und HI in Eisessig (WALLACH, A. 239, 29). — Plättchen (aus Petroläther). F: 66—67°.

---

4. 1-Methyl-4-methoäthyl-cyclohexan, p-Cymol-hexahydrid, Hexahydro-
p-cymol, p-Menthan, Terpan, Menthonaphthen („Terpilenhydrür") $C_{10}H_{20} =$
$CH_3\cdot HC{<}{CH_2\cdot CH_2 \atop CH_2\cdot CH_2}{>}CH\cdot CH(CH_3)_2$. Bezifferung (BAEYER, B. 27, 436; WAGNER, B.

27, 1636 Anm.) bei den Namen der Derivate, die aus dem Stammnamen p-Menthan gebildet werden:
Die sterische Einheitlichkeit der nach den verschiedenen Bildungsweisen erhältlichen Präparate ist fraglich.

B. Durch Hydrierung von p-Cymol, Limonen, Terpinen und p-Menthen-(3) in Gegen-
wart von reduziertem Nickel bei ca. 180° (neben etwas 1.4-Dimethyl-cyclohexan und 1-
Methyl-4-äthyl-cyclohexan) (SABATIER, SENDERENS, *C. r.* **132**, 568, 1255; EIJKMAN, *Chemisch
Weekblad* 3, 690; *C.* 1907 II, 1209). Durch Schütteln von Limonen in ätherischer Lösung
mit Platinschwarz in einer Wasserstoffatmosphäre (VAVON, *C. r.* **149**, 999). Neben anderen
Produkten beim Erhitzen von Dipenten-bis-hydrochlorid (S. 50) mit Natrium .(MONT-
GOLFIER, *A. ch.* [5] 19, 158). Aus Menthylchlorid (JÜNGER, KLAGES, *B.* **29**, 317) oder
aus 8-Brom-p-menthan mit Natrium und Alkohol (PERKIN, PICKLES, *Soc.* 87, 652). Aus
Menthylbromid durch Zinkstaub, der vorher mit Kupfersulfatlösung behandelt wurde,
und Chlorwasserstoff in alkoholischer Lösung (KONOWALOW, Ж. 36, 237; *C.* 1904 I,
1516). Aus Menthol durch 30-stdg. Erhitzen mit Jodwasserstoffsäure (D: 1,8) und etwas
rotem Phosphor auf 200° im Druckrohr (BERKENHEIM, *B.* **25**, 688) oder durch 4-stdg. Erhitzen mit Jodwasserstoffsäure (bei 0° gesättigt) auf 200° im Druckrohr (KONDAKOW, LUT-
SCHININ, *J. pr.* [2] 60, 257; vgl. BERTHELOT, *Bl.* [2] 11, 102). Neben anderen Produkten
bei der Einw. von konz. Schwefelsäure auf Menthol (WAGNER, TOLLOTSCHKO, *B.* 27, 1637;
TOLLOTSCHKO, Ж. 29, 42). Beim Erhitzen mit Jodwasserstoffsäure und
Phosphor auf 210° (SCHTSCHUKAREW, Ж. 22, 297; *B.* **23** Ref., 433; KONOWALOW, Ж. 38,
449; *C.* 1906 II, 344). Neben anderen Produkten beim Destillieren von Kolophonium (ARM-
STRONG, *B.* 12, 1761); findet sich daher in der Harzessenz (Syst. No. 4740) (RENARD, *A. ch.*
[6] 1, 230). Neben Menthon und Menthylhydrazin beim Kochen von Menthon-menthylhydr-
azon (Syst. No. 1942) mit verd. Salzsäure (KISHNER, *J. pr.* [2] 52, 425). Aus Menthylhydrazin oder Äthylmenthylhydrazin durch Oxydation mit Ferricyankalium in neutraler,
besser in alkal. Lösung (KI., Ж. 31, 1039; *C.* 1900 I, 958).

Fenchelartig (SA., SE.), bezw. schwach nach Petroleum (BERK.; WAG., TOLL.) riechende
Flüssigkeit. Kp: 165—169° (KI.), 167—169° (KOND., LU.), 168—170° (SCHT.), 169—170°
(korr.) (SA., SE.), 169—170,5° (BERK.), 169° (V.), 170° (MONTG.), 171° (EI.); Kp_{744}: 169,5°
bis 170° (KONOW., *C.* 1904 I, 1517); Kp_{759}: 169—170° (PE., PL.); Kp_{760}: 168—169° (TOLL.).
D_4^0: 0,8132 (SA., SE.); D_0^0: 0,8067; D_{15}^{15}: 0,796 (BERK.); D^0: 0,8179; $D^{17,5}$: 0,8060 (MONTG.);
D_0^0: 0,8055; D_4^{20}: 0,7929 (KONOW., *C.* 1904 I, 1517); D^{15}: 0,796 (JÜ., KLA.), 0,797 (SCHT.),
0,803 (V.); $D^{20,1}$: 0,7904, $D^{79,5}$: 0,7448 (EI.). n_D: 1,44003 (JÜ., KLA.); n_D^{15}: 1,43757 (KONOW.,
C. 1904 I, 1517). $n_\alpha^{20,1}$: 1,43418; $n_\alpha^{79,5}$: 1,40789; Dispersion: EI., *C.* 1907 II, 1209. — Durch
Einw. von Chlor auf die Dämpfe des p-Menthans entsteht ein Chlor-p-menthan $C_{10}H_{19}Cl$
(BERK.). p-Menthan gibt mit Salpetersäure (D: 1,075) bei 110° ein Gemisch von Mono-
nitroverbindungen, das zu 71 % aus tertiärer, zu 29 % aus sekundärer und primärer (von letzterer bedeutend mehr) Nitroverbindung besteht (KONOW., Ж. 31, 1027; *C.* 1900 I, 975);
außerdem entsteht 1.8-Dinitro-p-menthan (KONOW., Ж. 38, 449; *C.* 1906 II, 343).

1-Chlor-1-methyl-4-methoäthyl-cyclohexan, 1-Chlor-p-menthan $C_{10}H_{19}Cl =$
$CH_3 \cdot ClC \begin{smallmatrix} CH_2 \cdot CH_2 \\ CH_2 \cdot CH_2 \end{smallmatrix} CH \cdot CH(CH_3)_2$. Konfiguration und sterische Einheitlichkeit der im
folgenden aufgeführten Präparate sind fraglich.

a) tert. Carvomenthylchlorid von KONDAKOW, LUTSCHININ. *B.* Entsteht nicht
völlig rein (schwach linksdrehend) durch 5-stdg. Erhitzen von Carvomenthen (S. 84) mit bei
0° gesättigter Salzsäure auf 160° im Druckrohr (K., L., *J. pr.* [2] 60, 275). — Flüssig.
Kp_{15}: 89—95°. D_4^{18}: 0,9390. n_D^{18}: 1,464 941.

b) Dihydrolimonen-hydrochlorid von BACON. *B.* Entsteht nicht völlig rein
(schwach rechtsdrehend) durch Einw. von HCl auf Dihydrolimonen (erhalten aus der Magnesiumverbindung des Limonenmonohydrochlorids) in Schwefelkohlenstoff (B., *C.* 1908 II,
794). — Kp_{90}: 110—115°. D_4^{20}: 0,931. n_D^{20}: 1,4624. — Reagiert mit Magnesium in Äther
unter Bildung einer Organomagnesiumverbindung, bei deren Zers. durch Wasser ein Kohlenwasserstoff $C_{10}H_{20}$ entsteht.

**2-Chlor-1-methyl-4-methoäthyl-cyclohexan, 2-Chlor-p-menthan, sek. Carvo-
menthylchlorid** $C_{10}H_{19}Cl = CH_3 \cdot HC \begin{smallmatrix} CH_2 - CH_2 \\ CHCl - CH_2 \end{smallmatrix} CH \cdot CH(CH_3)_2$ (wahrscheinlich Gemisch
von Stereoisomeren). *B.* Man überschichtet 30 g Phosphorpentachlorid mit Petroläther
und trägt allmählich 20 g Carvomenthol ein (KLAGES, KRAITH, *B.* 32, 2551; vgl. auch KON-
DAKOW, LUTSCHININ, *J. pr.* [2] 60, 272). — Öl. Kp_{20}: 85°. D^{18}: 0,935. n_D: 1,46179. —
Spaltet leicht HCl ab unter Bildung von Carvomenthen.

3-Chlor-1-methyl-4-methoäthyl-cyclohexan, 3-Chlor-p-menthan, sek. Menthylchlorid $C_{10}H_{19}Cl = CH_3 \cdot HC \langle \begin{smallmatrix} CH_2-CH_2 \\ CH_2 \cdot CHCl \end{smallmatrix} \rangle CH \cdot CH(CH_3)_2$. Existiert in verschiedenen stereoisomeren Formen, deren Reindarstellung noch nicht oder nur zum Teil gelungen ist.
a) „Rohes" sekundäres Menthylchlorid. B. Mit Petroläther überschichtetes Phosphorpentachlorid wird allmählich unter Kühlung mit einer Lösung von l-Menthol in Petroläther versetzt (BERKENHEIM, B. 25, 686; WAGNER, TOLLOTSCHKO, B. 27, 1639; KONDAKOW, B. 28, 1619; KURSSANOW, Ж. 33, 290; C. 1901 II, 347; A. 318, 328). — Flüssig. Kp: 209,5—210,5° (B.); Kp$_{20}$: 108—110° (W., T.); Kp$_{13}$: 87,5—90° (KOND.). D$_0^0$: 0,9565; D$_{15}^{15}$: 0,947 (B.); D^0: 0,956; D^{23}: 0,941 (KOND.). Sehr schwach linksdrehend; läßt man bei der Darstellung das Phosphorpentachlorid länger einwirken, so steigt die Linksdrehung (KURSS.). — Gibt in Äther mit Natrium festes und flüssiges Dimenthyl, außerdem p-Menthen-(3) und p-Menthan (KURSS.). Beim Erhitzen mit Kaliumacetat (B.), Anilin (KOND.; KURSS.) oder alkoh. Kalilauge (SLAVINSKI, Ж. 29, 118; C. 1897 I, 1058; TSCHUGAJEW, Ж. 35, 1172; C. 1904 I, 1348) werden p-Menthen-(3) und „beständiges" sek. Menthylchlorid erhalten.
b) „Beständiges" sekundäres Menthylchlorid. B. s. o. (Schluß von Absatz a). — Kp$_{735}$: 213,5—214,5° (KURSS.); Kp$_{14}$: 94—95° (TSCH.); Kp$_{13,5}$: 91—93° (SL.). D$_0^0$: 0,9555; D$_0^0$: 0,9411; D$_{15}^{15}$: 0,943 (KURSS.); D^{13}: 0,941 (SL.). n$_D^{20}$: 1,46419 (TSCH.). [a]$_D$: —50,95° (KURSS.), —51,55° (TSCH.), —51,95° (SL.). — Gibt mit Natrium in siedendem Äther nur festes Dimenthyl (KURSS.). Mit Zinkdiäthyl entsteht linksdrehendes 3-Äthyl-p-menthan (KURSS.). Gibt beim Kochen mit Chinolin ein p-Menthen-(3) vom [a]$_D$: +35,45° (SL.), beim Kochen mit Tripropylamin ein p-Menthen-(3) vom [a]$_D$: +55,41° (TSCH.).

4-Chlor-1-methyl-4-methoäthyl-cyclohexan, 4-Chlor-p-menthan, tert. Menthylchlorid $C_{10}H_{19}Cl = CH_3 \cdot HC \langle \begin{smallmatrix} CH_2 \cdot CH_2 \\ CH_2 \cdot CH_2 \end{smallmatrix} \rangle CCl \cdot CH(CH_3)_2$. Konfiguration und sterische Einheitlichkeit sind fraglich. — B. Man sättigt ein Gemisch gleicher Teile p-Menthen-(3) und Äther mit Chlorwasserstoff (ARTH, A. ch. [6] 7, 476). Man erhitzt p-Menthen-(3) mit bei 0° gesättigter Salzsäure im Einschlußrohr auf 200—210° (KONDAKOW, B. 28, 1618), bezw. auf 120° (ARTH). Aus dem durch Reduktion von 3-Chlor-p-menthadien-(2.4(8)) (Syst. No. 457) entstehenden Gemisch von p-Menthen-(3) und p-Menthen-(4(8)) durch Addition von Chlorwasserstoff in Eisessig (AUWERS, B. 42, 4906). — Kp$_{15,5}$: 93—94°; Kp$_{14}$: 86—88° (AU.); Kp$_{13}$: 87,5—90° (KOND.). Zersetzt sich bei der Destillation unter gewöhnlichem Druck (ARTH). D^0: 0,957; D^{23}: 0,944 (KOND.); D$_{17}^{17,7}$: 0,9479 (AU.). n$_D^{20}$: 1,46549 (AU.). — Gibt mit siedendem Wasser oder Silberacetat p-Menthen-(3) (ARTH).

x-Chlor-1-methyl-4-methoäthyl-cyclohexan, x-Chlor-p-menthan $C_{10}H_{19}Cl$ aus p-Menthan. B. Durch Einw. von Chlor auf die Dämpfe von p-Menthan (BERKENHEIM, B. 25, 689). — Kp: ca. 210°. D$_0^0$: 0,9553.

x-Chlor-1-methyl-4-methoäthyl-cyclohexan, x-Chlor-p-menthan $C_{10}H_{19}Cl$ aus Terpinhydrat s. bei p-Menthenen mit unbekannter Lage der Doppelbindung, unter c, S. 90.

1.4-Dichlor-1-methyl-4-methoäthyl-cyclohexan, 1.4-Dichlor-p-menthan, Terpinen-bis-hydrochlorid $C_{10}H_{18}Cl_2 = CH_3 \cdot ClC \langle \begin{smallmatrix} CH_2 \cdot CH_2 \\ CH_2 \cdot CH_2 \end{smallmatrix} \rangle CCl \cdot CH(CH_3)_2$ (trans-Form). Zur Konstitution vgl. WALLACH, A. 350, 145, 177. — B. Durch Einw. von HCl, am besten in Eisessiglösung, auf gewöhnliches (a+γ)-Terpinen (W., A. 350, 144), β-Terpinen (W., A. 362, 290), Sabinen (W., A. 350, 146, 164; SEMMLER, B. 39, 4420), a-Thujen (W., A. 350, 167), γ-Terpineol (neben Dipenten-dihydrochlorid) (W., A. 350, 160), Terpinenol-(4) (W., A. 350, 160, 170), Terpinenol-(1) (W., A. 356, 219; 362, 269), Terpinen-terpin (W., A. 356, 203), Terpinen-monohydrochlorid (W., A. 350, 198) oder Sabinen-monohydrochlorid (W., A. 356, 199). — Darst. Man sättigt Rohterpinen (aus Terpinhydrat mit verd. Schwefelsäure), Sabinen oder Terpinenol-(4) in Eisessiglösung mit Chlorwasserstoff, fällt nach längerem Stehen mit Wasser und trennt die durch festes Kohlendioxyd zum Erstarren gebrachte Verbindung mittels Ton von tiefschmelzenden Beimengungen (W., A. 350, 147). — Krystalle (aus Methylalkohol). F: 51—52° (W., A. 350, 147; 356, 198), 53—54° (SEMMLER, B. 39, 4420; vgl. W., B. 40, 588). Kp$_{10}$: 108—109° (W., A. 350, 145). D^{20}: 1,08 (S.). n$_D$: 1,4862 (S.). — Liefert bei der Oxydation mit alkal. Kaliumpermanganatlösung Bernsteinsäure (W., A. 350, 177). Durch längeres Schütteln mit 2%iger Kalilauge bei ca. 100° entstehen cis- und trans-Terpin und Terpinenterpin neben Terpinen und wahrscheinlich γ-Terpineol (W., A. 350, 155; B. 40, 577), außerdem inaktives Terpinenol-(4) (W., A. 356, 216). — Nachweis neben Dipenten-bis-hydrochlorid: W., A. 350, 160.

1.4¹-Dichlor-1-methyl-4-methoäthyl-cyclohexan, 1.8-Dichlor-p-menthan, Limonen-bis-hydrochlorid, Dipenten-bis-hydrochlorid $C_{10}H_{18}Cl_2 =$
$CH_3 \cdot ClC \langle \begin{smallmatrix} CH_2 \cdot CH_2 \\ CH_2 \cdot CH_2 \end{smallmatrix} \rangle CH \cdot CCl(CH_3)_2$.

a) Hochschmelzendes Dipenten-bis-hydrochlorid, „trans-Form". Gewöhnlich schlechthin als „Dipentenbishydrochlorid" bezeichnet. 1807 von THÉNARD (*Mémoires d'Arcueil* 2, 32) aus Citronenöl und Chlorwasserstoff erhalten und von DUMAS (*A. ch.* [2] 52, 400; *A.* 9, 61) als „künstlicher Citronenöl-Campher" beschrieben. — *B.* Durch Einw. von Chlorwasserstoff auf: Limonen in Äther (WALLACH, *A.* 227, 301; vgl. SCHWEIZER, *J. pr.* [1] 24, 268; *A.* 40, 333); Dipenten (W., *A.* 239, 12; vgl. BOUCHARDAT, *Bl.* [2] 24, 110); Terpinolen (in Eisessig) (W., *A.* 239, 24); Pinen (in Gegenwart von Wasser oder wasserhaltigen Lösungsmitteln) (BERTHELOT, *A. ch.* [3] 37, 223; *J.* 1852, 621; TILDEN, *B.* 12, 1131); β-Pinen (neben l-Bornylchlorid) (WALLACH, *A.* 363, 15; *C.* 1908 II, 1593); Limonen-monohydrochlorid (in Äther) (W., *A.* 245, 259); Dipenten-monohydrochlorid (in Äther) (RIBAN, *C. r.* 79, 225; *A. ch.* [5] 6, 224; *J.* 1874, 397); Homonopinylchlorid (in Eisessig) (W., *A.* 356, 248); α-Terpineol (in Äther) (W., *A.* 230, 265; vgl. TILDEN, *Soc.* 33, 249; *J.* 1878, 639); β-Terpineol (W., *A.* 350, 158); γ-Terpineol (in Eisessig) (neben Terpinen-bis-hydrochlorid) (W., *A.* 350, 160); Homonopinol (in Eisessig) (W., *A.* 356, 245); Terpin oder Terpinhydrat (LIST, *A.* 67, 369; DEVILLE, *A.* 71, 351); Cineol bezw. Wurmsamenöl (in der Wärme) (HELL, RITTER, *B.* 17, 1978). Aus Terpinhydrat auch durch Einw. von PCl₃ (OPPENHEIM, *Bl.* 1862, 85; *A.* 129, 151). — *Darst.* Man leitet, Erwärmung möglichst vermeidend, über ein Gemisch von Limonen mit ¹/₂ Vol. Eisessig unter zeitweiligem Umschütteln Chlorwasserstoff, wäscht nach dem Erstarren mit Wasser, preßt aus und reinigt durch wiederholtes Lösen in Alkohol und Fällen mit Wasser (W., *A.* 245, 267). — Tafeln (aus Alkohol) von campherartigem Geruch. F: 50° (W., *A.* 239, 10), 50—51° (HELL, R.). Kp₁₀: 110—112° (W., *A.* 350, 145). Verflüchtigt sich schon bei gewöhnlicher Temp. (HELL, R.). Unlöslich in Wasser, leicht löslich in Alkohol, Äther (W., *A.* 239, 12), Chloroform, Eisessig, Benzol und Ligroin (HELL, R.). Die Lösungen sind optisch inaktiv (W., *A.* 239, 10). Magnetische Rotation: PERKIN, *Soc.* 81, 316. — Dipenten-bis-hydrochlorid zerfällt beim Erhitzen mit Dipenten und HCl (HELL, R.). Die gleiche Spaltung erfolgt bei längerem Kochen mit Wasser (HELL, R.). Liefert beim Schütteln mit 2 %iger Kalilauge bei 50° neben Dipenten und α-Terpineol ein Gemisch von cis-Terpin (etwa 10 %) und trans-Terpin (etwa 8 %) (W., *A.* 350, 154). Beim Stehen der durch Fällen der alkoh. Lösung mit Wasser erhaltenen Suspension entsteht Terpinhydrat (FLAWITZKY, *B.* 12, 2358). Zersetzt sich beim Kochen mit Alkohol unter Bildung von Terpinen (W., *A.* 239, 15); intermediär entsteht dabei Dipenten-monohydrochlorid (W., *A.* 245, 250). Durch 24-stdg. Erhitzen mit überschüssiger alkoh. Kalilauge auf 100° entstehen Dipenten und ein Prod. von der Zusammensetzung eines Terpineoläthyläthers $C_{10}H_{17} \cdot O \cdot C_2H_5$ (flüssig, Kp: 218°, D₀: 0,924), das beim Erhitzen mit konz. Salzsäure auf 100° im Druckrohr C_2H_5Cl und Dipenten-bis-hydrochlorid gibt (BOUCHARDAT, VOIRY, *A. ch.* [6] 16, 259). Einw. von Chlor in CS₂ führt zur Bildung von Tri- bezw. Tetrachlor-p-menthan (W., HESSE, *A.* 270, 196, 198). Beim Erhitzen von Dipenten-bis-hydrochlorid mit Natrium entstehen neben Polymerisationsprodukten Dipenten und p-Menthan (MONTGOLFIER, *A. ch.* [5] 19, 155). Die durch etwas Äthylbromid und Jod in Gang zu bringende Einw. von Magnesium auf Dipentenbis-hydrochlorid in äther. Lösung führt zur Bildung eines Gemisches von Organomagnesiumverbindungen (neben Dipenten), aus dem durch Einw. von CO₂ cis- und trans-p-Menthandicarbonsäure-(1.8) neben anderen Produkten (wahrscheinlich 2 isomeren Menthenmonocarbonsäuren) erhalten werden (BARBIER, GRIGNARD, *C. r.* 145, 255; *Bl.* [4] 3, 143). Zerfällt beim Erhitzen mit Anilin in Dipenten und HCl (W., *A.* 227, 286). — Erwärmt man Dipentenbis-hydrochlorid mit einer Spur einer konz. Ferrichloridlösung, so nimmt das Gemisch eine rosa, dann violettrote und schließlich blaue Färbung an (empfindliche Reaktion) (RIBAN, *A. ch.* [5] 6, 37). Nachweis neben Terpinen-bis-hydrochlorid: W., *A.* 350, 160.

b) Niedrigschmelzendes Dipenten-bis-hydrochlorid, „cis-Form". *B.* Man leitet unter Eiskühlung Chlorwasserstoff in ein Gemisch von Cineol mit dem gleichen Vol. Eisessig (BAEYER, *B.* 26, 2863). — Krystallinisch (aus Alkohol mit Wasser). F: ca. 25° (B.), ca. 22° (WALLACH, *A.* 350, 155). — Liefert beim Schütteln mit 2 %iger Kalilauge bei 50° Dipenten, α-Terpineol und cis-Terpin (W.).

3.3-Dichlor-1-methyl-4-methoäthyl-cyclohexan, 3.3-Dichlor-p-menthan

$C_{10}H_{18}Cl_2 = CH_3 \cdot HC \Big\langle \begin{matrix} CH_2 \cdot CH_2 \\ CH_2 \cdot CCl_2 \end{matrix} \Big\rangle CH \cdot CH(CH_3)_2$. *B.* Man überschichtet Phosphorpentachlorid mit Petroläther und gibt unter Kühlung allmählich Menthon zu; Hauptprodukt der Reaktion ist 3-Chlor-p-menthen-(3) (BERKENHEIM, *B.* 25, 694). — Flüssig. Kp₆₀: 150—155° (B.). D₀: 1,0824 (B.). — Spaltet beim Destillieren mit Chinolin leicht HCl ab unter Bildung von 3-Chlor-p-menthen-(3) (JÜNGER, KLAGES, *B.* 29, 316).

1.4.4¹-Trichlor-1-methyl-4-methoäthyl-cyclohexan, 1.4.8-Trichlor-p-menthan

$C_{10}H_{17}Cl_3 = CH_3 \cdot ClC \Big\langle \begin{matrix} CH_2 \cdot CH_2 \\ CH_2 \cdot CH_2 \end{matrix} \Big\rangle CCl \cdot CCl(CH_3)_2$. *B.* Man leitet an der Sonne oder in Gegenwart von wenig AlCl₃ trocknes Chlor in die Lösung von 10 g Dipenten-bis-hydrochlorid in 30 g CS₂ (WALLACH, HESSE, *A.* 270, 197). — Seideglänzende Blättchen (aus Alkohol). F:

87°. Kp_{10}: 145—150°. — Beim Kochen mit Natriumacetat in Eisessig entsteht ein Dichlormenthen $C_{10}H_{16}Cl_2$ (S. 91), durch weitere Chlorierung Tetrachlor-p-menthan.

1.4.4¹.x-Tetrachlor-1-methyl-4-methoäthyl-cyclohexan,   1.4.8.x-Tetrachlor-p-menthan $C_{10}H_{16}Cl_4$. *B.* Bei anhaltendem Chlorieren von Dipenten-bis-hydrochlorid, gelöst in CS_2 (WALLACH, HESSE, *A.* 270, 198). — Krystalle (aus Essigester). F: 108°. Kp_{10}: 160° bis 165°. In Ligroin weniger löslich als 1.4.8-Trichlor-p-menthan.

1-Brom-1-methyl-4-methoäthyl-cyclohexan, 1-Brom-p-menthan, tert. Carvomenthylbromid $C_{10}H_{19}Br = CH_3 \cdot BrC{<}{CH_2 \cdot CH_2 \atop CH_2 \cdot CH_2}{>}CH \cdot CH(CH_3)_2$ (nicht einheitlich). *B.* Durch 5-stdg. Erhitzen von Carvomenthen mit Bromwasserstoffsäure (bei —10° gesättigt) auf 160—170° im Druckrohr (KONDAKOW, LUTSCHININ, *J. pr.* [2] 60, 276). — Flüssig. Kp_{10}: 92—98°. $D_4^{20.4}$: 1,1620. $n_D^{20.4}$: 1,48822.

3-Brom-1-methyl-4-methoäthyl-cyclohexan, 3-Brom-p-menthan, sek. Menthylbromid $C_{10}H_{19}Br = CH_3 \cdot HC{<}{CH_2 \cdot CH_2 \atop CH_2 \cdot CHBr}{>}CH \cdot CH(CH_3)_2$. Die beschriebenen Präparate sind durchweg oder zum größten Teil nicht sterisch einheitlich.

a) „Rohes" sek. Menthylbromid aus l-Menthol und Phosphorpentabromid. Die Konstanten, hauptsächlich die optischen, wechseln mit Reaktionstemperatur und -dauer der Darst. Beschrieben werden:

α) Präparat, dargestellt von KONDAKOW, SCHINDELMEISER (*J. pr.* [2] 67, 193, 344) durch Einw. von PBr_5 auf l-Menthol in Petroläther ohne Kühlung. Kp_{12}: 100—103°; Kp_{13}: 104° bis 106°. D_0^{20}: 1,163. n_D^{20}: 1,48602. $[\alpha]_D^{20}$: —9,68°.

β) Präparat, dargestellt von KONDAKOW, SCHINDELMEISER (*J. pr.* [2] 67, 194, 344; vgl. K., *B.* 28, 1620) durch Einw. von PBr_5 auf l-Menthol in Petroläther unter Kühlung. Kp_{13}: 103—105°. D^{20}: 1,159. $[\alpha]_D^{20}$: —18,33°. — Wird durch alkoh. Kalilauge zu ca. ¹/₃ unter Bildung von rechtsdrehendem Menthen zersetzt.

γ) Präparat, dargestellt von ZELINSKY (*B.* 35, 4416) durch Einw. von PBr_5 auf l-Menthol in Petroläther unter Kühlung. Das Reaktionsprodukt ist in 3 Fraktionen zerlegbar: Fraktion vom Kp_{14}: 96—98°, a_D: +0° 53′ (l = 0,25 dm); Fraktion vom Kp_{14}: 98—101°, a_D: +0° 39′; Fraktion vom Kp_{14}: 101—103°, a_D: —0° 17′. Die letzte Fraktion gibt bei folgeweiser Einw. von Magnesium in Äther und Kohlendioxyd linksdrehende p-Menthan-carbonsäure-(3).

b) Sek. Menthylbromid aus l-Menthol und Bromwasserstoff. *B.* Man läßt l-Menthol mit rauchender Bromwasserstoffsäure 3 Monate bei 5°, dann weitere 3 Monate bei 20—22° stehen (KOND., SCH., *J. pr.* [2] 67, 195, 344). — Kp_{12}: 101—106°. D^{20}: 1,138. n_D^{20}: 1,48467. $[\alpha]_D^{20}$: —41,38°. — Gibt mit alkoh. Kalilauge geringe Mengen rechtsdrehenden Menthens.

c) Sek. Menthylbromid aus N.N-Dibrom-l-menthylamin. *B.* Man trägt eine äther. Lösung von N.N-Dibrom-l-menthylamin (dargestellt aus l-Menthylamin mit Brom und Kalilauge) unter Kühlung in eine wäßr. Lösung von 20 g salzsaurem Hydroxylamin ein (KISHNER, *J. pr.* [2] 52, 427). — Kp_{23}: 128—130°; D_0^{20}: 1,1505; $[\alpha]_D$: —34,18° (K., Ж. 27, 541).

d) „Beständiges" sek. Menthylbromid.
α) Präparat, erhalten durch 9-stdg. Behandeln von rohem, aus l-Menthol und PBr_5 unter Kühlung dargestelltem Menthylbromid (s. o. unter a) mit alkoh. Kalilauge (KOND., SCH., *J. pr.* [2] 67, 194, 344). Kp_{15}: 103—106°. D^{20}: 1,140. n_D^{20}: 1,48496. $[\alpha]_D^{20}$: —42,54°.

β) Präparat, erhalten durch 9-stdg. Behandeln von sek. Menthylbromid aus l-Menthol und HBr (s. o. unter b) mit alkoh. Kalilauge auf dem Wasserbad (KOND., SCH., *J. pr.* [2] 67, 195, 344). Kp_{11}: 100—101°. D^{20}: 1,105 (1,150 ?). n_D^{20}: 1,48554. $[\alpha]_D^{20}$: —54,29°.

4-Brom-1-methyl-4-methoäthyl-cyclohexan, 4-Brom-p-menthan, tert. Menthylbromid $C_{10}H_{19}Br = CH_3 \cdot HC{<}{CH_2 \cdot CH_2 \atop CH_2 \cdot CH_2}{>}CBr \cdot CH(CH_3)_2$. Konfiguration und sterische Einheitlichkeit fraglich. — *B.* Durch Einw. von HBr auf das aus rohem sek. Menthylchlorid erhältliche p-Menthen-(3) (S. 88) (KONDAKOW, *B.* 28, 1620) oder aus Menthylxanthogensäure-methylester (TSCHUGAJEW, Ж. 35, 1158; *C.* 1904 I, 1347) in Eisessig. Durch 10-tägiges Stehen von tertiärem Menthol mit konz. Bromwasserstoffsäure bei gewöhnlicher Temp. (KONDAKOW, SCHINDELMEISER, *J. pr.* [2] 67, 195). — Kp_{11}: 98—99° (KOND., SCH.); Kp_{12}: 100—103° (KOND.). D^{20}: 1,179; D^{25}: 1,161 (KOND.); D^{20}: 1,165; n_D^{20}: 1,48718 (KOND., SCH.). — Gibt beim Erhitzen mit alkoh. Kalilauge optisch inaktives Menthen (KOND., SCH.).

4¹-Brom-1-methyl-4-methoäthyl-cyclohexan, 8-Brom-p-menthan $C_{10}H_{19}Br =$ $CH_3 \cdot HC{<}{CH_2 \cdot CH_2 \atop CH_2 \cdot CH_2}{>}CH \cdot CBr(CH_3)_2$. *B.* Aus p-Menthanol-(8) und rauchender Bromwasserstoffsäure bei 50° im Druckrohr (PERKIN, PICKLES, *Soc.* 87, 651). — Farbloses Öl. Kp_{14}: 110°. — Durch Reduktion entsteht p-Menthan.

4*

1.4-Dibrom-1-methyl-4-methoäthyl-cyclohexan, 1.4-Dibrom-p-menthan, Terpinen-bis-hydrobromid $C_{10}H_{18}Br_2$ = $CH_3 \cdot BrC \big\langle {}^{CH_2 \cdot CH_2}_{CH_2 \cdot CH_2} \big\rangle CBr \cdot CH(CH_3)_2$ (trans-Form). Zur Konstitution vgl. WALLACH, A. 350, 145, 177. — B. Durch Einw. von Bromwasserstoff, am besten in Eisessiglösung, auf: α-Terpinen (W., A. 350, 147); Sabinen (W., A. 350, 146); α-Thujen (W., A. 350, 166; vgl. TSCHUGAJEW, B. 37, 1483); Sabinenhydrat (W., A. 357, 65); 1.4-Cineol (in Ligroinlösung) (W., A. 356, 205); Terpinenol-(4) (W., A. 350, 170; 356, 216); Terpinenol-(1) (W., A. 362, 269); Terpinenterpin (W., A. 356, 203). Zur Darst. vgl. das bei Terpinen-bis-hydrochlorid (S. 49) Gesagte. — Tafeln (aus Methylalkohol oder warmem Eisessig). F: 58—59° (W., A. 350, 145). — Liefert durch Behandeln mit Silberacetat in Eisessiglösung und nachfolgendes Kochen mit alkoh. Kalilauge neben cis- und trans-Terpin α-Terpineol (W., A. 350, 151).

1.4¹-Dibrom-1-methyl-4-methoäthyl-cyclohexan, 1.8-Dibrom-p-menthan, Limonen-bis-hydrobromid, Dipenten-bis-hydrobromid $C_{10}H_{18}Br_2$ = $CH_3 \cdot BrC \big\langle {}^{CH_2 \cdot CH_2}_{CH_2 \cdot CH_2} \big\rangle CH \cdot CBr(CH_3)_2$. B. Entsteht in zwei stereoisomeren Formen bei der Einw. von Bromwasserstoff auf: Limonen (WALLACH, A. 239, 11); Dipenten (W., A. 239, 12); Terpinolen (W., A. 239, 24); Pinen (W., A. 239, 11); 1-Brom-p-menthen-(4(8)) (BAEYER, BLAU, B. 28, 2291); α-Terpineol (W., A. 239, 11; 350, 157); β-Terpineol (W., A. 350, 158); γ-Terpineol (BAEYER, B. 27, 444; W., A. 350, 160); cis- und trans-Terpin bezw. Terpinhydrat (W., A. 239, 11; BAEYER, B. 26, 2862); Cineol bezw. Wurmsamenöl (W., A. 239, 11; HELL, RITTER, B. 17, 2610; BAEYER, B. 26, 2863). Bei der Einw. von HBr in Eisessiglösung unter Eiskühlung wächst der Gehalt des Reaktionsproduktes an niedrigschmelzendem („cis") Dipenten-bis-hydrobromid nach der Reihenfolge: trans-Terpin (Reaktionsprodukt fast ausschließlich trans-Verbindung), α-Terpineol, cis-Terpinhydrat, cis-Terpin, Limonen, Cineol (Hauptprodukt cis-Bishydrobromid) (BAEYER, B. 26, 2862). Zu etwa gleichen Teilen entstehen cis- und trans-Bishydrobromid bei der Einw. von Phosphortribromid auf Terpinhydrat unter Eiskühlung (BAEYER, B. 26, 2864; vgl. OPPENHEIM, Bl. 1862, 86; A. 129, 152).

a) Hochschmelzendes Dipenten-bis-hydrobromid, „trans-Form". Seideglänzende Blätter (aus absol. Alkohol) (HELL, R.); Tafeln (BAEYER, B. 26, 2864). F: 64° (HELL, R.; W., A. 239, 13). Die Lösungen sind optisch inaktiv (W., A. 239, 10). — Färbt sich am Licht unter Zers. gelb, dann braun (HELL, R.). Zersetzt sich langsam schon beim Stehen mit Alkohol in der Kälte (HELL, R.). Gibt beim Erhitzen für sich, beim Kochen mit Wasser oder Alkalien (HELL, R.), sowie beim Erhitzen mit Anilin (W., A. 230, 244) Dipenten. Gibt mit Brom in Eisessig 1.4.8-Tribrom-p-menthan (W., A. 264, 26; 324, 84; BAEYER, B. 27, 443). Durch erschöpfende Bromierung mit Brom in Gegenwart von etwas Jod und Reduktion des Reaktionsprodukts mit Zinkstaub und alkoh. Salzsäure, dann mit Natrium und Alkohol erhält man p-Cymol (BAEYER, B. 31, 1402). Mit Silberacetat in Eisessig entsteht das Acetat des trans-Terpins (BAEYER, B. 26, 2865).

b) Niedrigschmelzendes Dipenten-bis-hydrobromid, „cis-Form". B. Neben der trans-Verbindung s. o. — Darst. Man fügt zu einem Gemisch gleicher Teile Cineol und Eisessig unter Eiskühlung allmählich Bromwasserstoff-Eisessig und reinigt durch fraktionierte Fällung der alkoh. Lösung mit Wasser (BAEYER, B. 26, 2863). — Spitzige Blätter. F: 38° bis 40°. — Gibt mit Silberacetat in Eisessig unter Kühlung das Acetat des cis-Terpins. Beim Erhitzen mit Anilin entsteht Dipenten.

3.4-Dibrom-1-methyl-4-methoäthyl-cyclohexan, 3.4-Dibrom-p-menthan, p-Menthen-(3)-dibromid $C_{10}H_{18}Br_2$ = $CH_3 \cdot HC \big\langle {}^{CH_2 - CH_2}_{CH_2 \cdot CHBr} \big\rangle CBr \cdot CH(CH_3)_2$. B. Man versetzt Menthen-(3) (aus „rohem" sek. Menthylchlorid durch Kaliumacetat, vgl. S. 88) in Eisessiglösung unter Kühlung mit Brom (BERKENHEIM, B. 25, 695). — Dickflüssig. $Kp._{50}$: 167—172°. D^0_0: 1,4453. — Liefert beim Erwärmen mit alkoh. Kalilauge ein p-Menthadien $C_{10}H_{16}$ (S. 140, No. 23).

x.x-Dichlor-x.x-dibrom-p-menthan $C_{10}H_{16}Cl_2Br_2$. B. Durch Einw. von Brom in Eisessig auf das aus 1.4.8-Trichlor-p-menthan erhältliche x.x-Dichlor-p-menthen-(x) (S. 91) (WALLACH, A. 270, 202). — Prismen (aus warmem Essigester). F: 98°.

1.2.4¹-Tribrom-1-methyl-4-methoäthyl-cyclohexan, 1.2.8-Tribrom-p-menthan $C_{10}H_{17}Br_3$ = $CH_3 \cdot BrC \big\langle {}^{CH_2 - CH_2}_{CHBr \cdot CH_2} \big\rangle CH \cdot CBr(CH_3)_2$. B. Aus 1.2-Dibrom-p-menthanol-(8) und Eisessig-Bromwasserstoff (BAEYER, B. 27, 440). — Öl. — Liefert mit Brom in Eisessig Dipententetrabromid (B.). Beim Kochen mit Kaliumcyanid in alkoh. Lösung entsteht p-Cymol (WALLACH, A. 281, 142). Beim Erwärmen mit überschüssiger Natriummethylat-Lösung entsteht Carveolmethyläther (W.).

1.4.4¹.-Tribrom-1-methyl-4-methoäthyl-cyclohexan,   1.4.8-Tribrom-p-menthan
$C_{10}H_{17}Br_3 = CH_3 \cdot BrC\begin{smallmatrix}CH_2 \cdot CH_2\\CH_2 \cdot CH_2\end{smallmatrix}CBr \cdot CBr(CH_3)_2$. Zur Konstitution vgl. BAEYER, *B.*
27, 443. — *B.* Aus Dipenten-bis-hydrobromid und Brom (WALLACH, *A.* 264, 25). Durch
Addition von Brom an 1-Brom-p-menthen-(4(8)) in Äther (BAEYER, BLAU, *B.* 28, 2291).
Aus Terpinolendibromid $CH_3 \cdot C\begin{smallmatrix}CH_2 \cdot CH_2\\CH \cdot CH_2\end{smallmatrix}CBr \cdot CBr(CH_3)_2$ (BAEYER, *B.* 27, 449) oder
γ-Terpineol-dibromid $CH_3 \cdot (HO)C\begin{smallmatrix}CH_2 \cdot CH_2\\CH_2 \cdot CH_2\end{smallmatrix}CBr \cdot CBr(CH_3)_2$ bezw. dessen Acetat (BAEYER,
B. 27, 445) mit Bromwasserstoff in Eisessig. — *Darst.* Man gibt zu einem Gemisch von 200 g
Dipenten-bis-hydrobromid mit 400 ccm Eisessig nach Abkühlung 34 ccm Brom und fügt
nach Entfärbung der Lösung 300 ccm absol. Alkohol hinzu (W., *A.* 264, 25). — Blättchen
(aus warmem Essigester + Methylalkohol). F: 110⁰ (W., *A.* 264, 27). — Spaltet bei höherem
Erhitzen HBr ab (W., *A.* 264, 27). Gibt beim Kochen mit alkoh. Natronlauge einen ungesättigten Kohlenwasserstoff $C_{10}H_{14}$ (Syst. No. 469) (W., *A.* 264, 27). Liefert mit Zinkstaub
und Eisessig unter Eiskühlung das γ-Terpineols (BAEYER, *B.* 27, 443), mit Zinkstaub und HBr in äther.-alkoh. Lösung 1-Brom-p-menthen-(4(8)) (BA., BL., *B.* 28, 2290).

1.4¹.4².-Tribrom-1-methyl-4-methoäthyl-cyclohexan,   1.8.9-Tribrom-p-menthan
$C_{10}H_{17}Br_3 = CH_3 \cdot BrC\begin{smallmatrix}CH_2 \cdot CH_2\\CH_2 \cdot CH_2\end{smallmatrix}CH \cdot CBr\begin{smallmatrix}CH_2Br\\CH_3\end{smallmatrix}$. *B.* Man löst β-Terpineol in Eisessig,
fügt zu der abgekühlten Lösung 1 Mol.-Gew. Brom, dann sogleich einen Überschuß von etwa
50 %igem Eisessig-Bromwasserstoff und fällt nach ca. eintägigem Stehen mit Wasser (WAL-
LACH, RAHN, *C.* 1902 I, 1294; *A.* 324, 82). — Krystalle (aus verd. Alkohol). F: 67⁰ (W.,
R., *A.* 324, 82). — Liefert bei weiterer Einw. von Brom in Eisessiglösung Dipententetrabromid (W., R., *C.* 1902 I, 1294; *A.* 324, 83). Beim Erhitzen mit methylalkoholischem
Natriummethylat entsteht ein Monobromid $C_{10}H_{15}Br$ (Syst. No. 457) (W., R., *A.* 324, 85).

1.3.4.1¹-Tetrabrom-1-methyl-4-methoäthyl-cyclohexan,   1.3.4.7-Tetrabrom-p-men-
than, β-Terpinen-tetrabromid $C_{10}H_{16}Br_4 = CH_2Br \cdot BrC\begin{smallmatrix}CH_2 — CH_2\\CH_2 \cdot CHBr\end{smallmatrix}CBr \cdot CH(CH_3)_2$. *B.*
Man fügt zu einer alkoh.-äther. Lösung von β-Terpinen unter Abkühlung Brom bis zur Gelb-
färbung und läßt eine Weile stehen (WALLACH, *A.* 362, 290). — Prismen (aus warmem Essigester). F: 154—155⁰.

1.2.4.4¹-Tetrabrom-1-methyl-4-methoäthyl-cyclohexan, 1.2.4.8-Tetrabrom-p-men-
than, Terpinolen-tetrabromid $C_{10}H_{16}Br_4 = CH_3 \cdot BrC\begin{smallmatrix}CH_2 — CH_2\\CHBr \cdot CH_2\end{smallmatrix}CBr \cdot CBr(CH_3)_2$. *B.*
Aus Terpinolen und Brom (WALLACH, *A.* 227, 283; 230, 262). — Tafeln (aus Äther), die
beim Aufbewahren unter partieller Zers. porzellanartig werden (W., *A.* 230, 264). Monoklin
prismatisch (HINTZE, *A.* 230, 263; vgl. *Groth, Ch. Kr.* 3, 664). Schmilzt bei 116⁰ unter
schwacher Gasentwicklung (W., *A.* 239, 23). Die Lösungen sind optisch inaktiv (W., *A.*
239, 24). — Durch Reduktion mit Zinkstaub und Eisessig unter Kühlung (BAEYER, *B.* 27,
448), besser mit Zinkstaub, Alkohol und etwas Äther (SEMMLER, SCHOSSBERGER, *B.* 42,
4645) entsteht Terpinolen. Beim Erwärmen mit alkoh. Kalilauge wird das gesamte Brom
abgespalten (W., KERKHOFF, *A.* 275, 110).

1.2.4¹.4².-Tetrabrom-1-methyl-4-methoäthyl-cyclohexan,   1.2.8.9-Tetrabrom-p-
menthan $C_{10}H_{16}Br_4 = CH_3 \cdot BrC\begin{smallmatrix}CH_2 — CH_2\\CHBr \cdot CH_2\end{smallmatrix}CH \cdot CBr\begin{smallmatrix}CH_2Br\\CH_3\end{smallmatrix}$. Bekannt in zwei en-
antiostereoisomeren optisch aktiven Formen und der zugehörigen dl-Form.

a) **Rechtsdrehendes 1.2.8.9-Tetrabrom-p-menthan, d-Limonen-tetrabromid.**
B. Durch Eintröpfeln von 0,7 Vol. Brom in eine eisgekühlte Lösung von 1 Vol. d-Limonen
(Fraktion vom Kp: 174—176⁰ des Orangenschalenöls) in 4 Vol. Alkohol + 4 Vol. Äther,
besser in Eisessig; die Lösungen dürfen nicht völlig wasserfrei sein (WALLACH, *A.* 227, 280;
239, 3; 264, 12; vgl. W., *A.* 225, 318). — Biegsame Tafeln (aus Essigester). Rhombisch
bisphenoidisch (HINTZE, *Z. Kr.* 10, 253; vgl. *Groth, Ch. Kr.* 3, 665). F: 104—105⁰ (W., *A.*
227, 278). D: 2,134 (LIEBISCH, *A.* 286, 140). [α]$_D$: +73,27⁰ (in Chloroform; p = 14,24)
(W., CONRADY, *A.* 252, 145). — Zersetzt sich beim Erhitzen unter starker Bromwasserstoffentwicklung und Verharzung (W., *A.* 239, 11). Durch Reduktion mit Zinkstaub
und wäßr. Alkohol erhält man d-Limonen (GODLEWSKI, ROSHANOWITSCH, Ж. 31, 209;
C. 1899 I, 1241). Beim Erwärmen mit Natriummethylat in Methylalkohol entsteht
Bromcarveolmethyläther $CH_3 \cdot C\begin{smallmatrix}CH — CH_2\\CH(OCH_3) \cdot CH_2\end{smallmatrix}CH \cdot C\begin{smallmatrix}CHBr\\CH_3\end{smallmatrix}$ (W., *A.* 281, 129; 324,
86). Erhitzen mit Anilin führt in sehr geringer Ausbeute zu einem hauptsächlich aus Cymol
bestehenden Gemisch von aromatischen Kohlenwasserstoffen (W., *A.* 264, 21).

b) **Linksdrehendes 1.2.8.9-Tetrabrom-p-menthan, l-Limonen-tetrabromid.**
B. Durch Eintröpfeln von Brom in eine gekühlte Lösung von l-Limonen (aus Fichtennadelöl;

Kp: 175—176⁰) in 4 Tln. Eisessig (WALLACH, *A.* **246**, 223). — Rhombisch-hemiedrische,
denen des d-Limonen-tetrabromids enantiomorphe Krystalle (aus Essigester) (HINTZE,
A. **246**, 224). F: 104⁰ (W., *A.* **246**, 224). $[\alpha]_D^h$: —73,45⁰ (in Chloroform; p = 12,85) (W.,
CONRADY, *A.* **252**, 145).

c) Inaktives 1.2.8.9-Tetrabrom-p-menthan, Dipenten-tetrabromid. *B*
Scheidet sich beim Zusammenbringen von konz. Lösungen gleicher Gewichtsmengen d- und
l-Limonen-tetrabromid aus (W., *A.* **246**, 226). Durch Eintröpfeln von 0,7 Vol. Brom in eine
eisgekühlte Lösung von 1 Vol. Dipenten in 4 Vol. Alkohol + 4 Vol. Äther (WALLACH, *A.*
227, 280; vgl. W., BRASS, *A.* **225**, 311). Durch Einw. von Brom in Eisessiglösung auf 1.8.9-
Tribrom-p-menthan (W., *A.* **324**, 83) oder auf (nicht rein isoliertes) 1.2.8-Tribrom-p-menthan
aus α-Terpineol-dibromid und HBr (BAEYER, *B.* **27**, 440). Als Nebenprodukt (neben 1.4.8-
Tribrom-p-menthan) bei der Einw. von Brom auf Dipenten-bis-hydrobromid (BAEYER,
BLAU, *B.* **28**, 2297). Durch Einw. von HBr in Eisessig auf Bromcarveol-methyl- oder -äthyl-
äther (W., *A.* **281**, 130; vgl. W., *A.* **264**, 19). Bei längerem Stehen von Cineoldibromid (Syst.
No. 2363) (W., BRASS, *A.* **225**, 304). — Schilfartig gestreifte, sehr spröde Prismen (aus
Äther oder Chloroform + Petroläther). Rhombisch bipyramidal (HINTZE, *Z. Kr.* **10**, 258;
VILLIGER, *B.* **27**, 440; vgl. *Groth, Ch. Kr.* 3, 665). F': 125—126⁰ (W., *A.* **225**, 318). D:
2,225 (LIEBISCH, *A.* **286**, 140). Leicht löslich in heißem, sehr wenig in kaltem Eisessig,
löslich in Äther (W., *A.* **227**, 293).

**1.2.4¹.4².4³-Pentabrom-1-methyl-4-methoäthyl-cyclohexan, 1.2.8.9.9-Pentabrom-
p-menthan** $C_{10}H_{15}Br_5 = CH_3 \cdot BrC <^{CH_2-CH_2}_{CHBr \cdot CH_2} > CH \cdot CBr <^{CHBr_2}_{CH_3}$. *B.* Aus 9-Brom-p-
menthadien-(1.8(9)) und Brom in Eisessig (WALLACH, RAHN, *A.* **324**, 85). — Krystalle (aus
Essigester). F: 137⁰. Schwer löslich in Alkohol.

Hexabrom-1-methyl-4-methoäthyl-cyclohexan (?), **Hexabrom-p-menthan (?)**
$C_{10}H_{14}Br_6$. *B.* Durch Einw. von PCl₃ und Brom auf rechtsdrehendes Terpentinöl (MARSH,
GARDNER, *Soc.* **71**, 287). — Farblose Nadeln. F: 150⁰.

3-Jod-1-methyl-4-methoäthyl-cyclohexan, 3-Jod-p-menthan, sek. Menthyljodid
$C_{10}H_{19}I = CH_3 \cdot HC <^{CH_2 \cdot CH_2}_{CH_2 \cdot CHI} > CH \cdot CH(CH_3)_2$. Die Einheitlichkeit der im folgenden aufgeführten Präparate ist fraglich.

a) Präparat von Oppenheim, *C. r.* **57**, 360; *A.* **130**, 176. *B.* Durch Zusammenreiben von l-Menthol mit Phosphorjodür und Jod. — Schwach gelbliche Flüssigkeit. — Gibt
mit alkoh. Ammoniak oder Kaliumsulfid rechtsdrehendes p-Menthen-(3).

b) Präparat von Kondakow, Lutschinin, *J. pr.* [2] **60**, 258. Zur Konstitution
vgl. KURSSANOW, *A.* **318**, 337. — *B.* Aus l-Menthol und bei 0⁰ gesättigter Jodwasserstoffsäure
bei Zimmertemperatur (40 Stdn.). — Farblose Flüssigkeit. Kp₁₂: 124—126⁰. D⁰: 1,3836;
D¹⁴,⁵: 1,3155.

c) Präparat von Kurssanow, *A.* **318**, 331. *B.* Aus l-Menthol und Jodwasserstoffsäure (D: 1,96) bei 100⁰ (20 Stdn.). — Kp₃₀: 138—142⁰. D¹⁴: 1,368. — Gibt mit Natrium
in siedendem Äther außer p-Menthen-(3) und p-Menthan hauptsächlich flüssiges und wenig
festes Dimenthyl.

d) Präparat von Berkenheim, *B.* **25**, 688 (vermutlich menthanhaltig). *B.* Aus
l-Menthol und Jodwasserstoffsäure (D: 1,8) bei 150—170⁰ (15—20 Stdn.). — Kp₃₀: 140⁰ bis
143⁰. D¹⁴: 1,357. Optisch inaktiv.

e) Präparat von Kondakow, Bachtschiew, *J. pr.* [2] **63**, 62. *B.* Aus dem inaktivem
Menthol, das aus Diosphenol mit Natrium und Alkohol erhalten wird, wie unter b. — Kp₁₇:
126,5⁰. Inaktiv. — Gibt beim Erwärmen mit alkoh. Kalilauge auf dem Wasserbad p-Men-
then-(3).

**4-Jod-1-methyl-4-methoäthyl-cyclohexan, 4-Jod-p-menthan, tert. Menthyl-
jodid** $C_{10}H_{19}I = CH_3 \cdot HC <^{CH_2 \cdot CH_2}_{CH_2 \cdot CH_2} > CI \cdot CH(CH_3)_2$. *B.* Aus p-Menthen-(3) mit kaltgesättigter Jodwasserstoffsäure bei gewöhnlicher Temp. (KONDAKOW, LUTSCHININ, *J. pr.*
[2] **60**, 259) oder mit HI in Eisessig unter Kühlung (BAEYER, *B.* **26**, 2270). — Gleicht in
Siedepunkt und Dichte dem sek. Menthyljodid von K., L. (s. o. unter b) (K., L.). Gibt mit
Silberacetat in Eisessig unter Kühlung tert. Menthylacetat und p-Menthen-(3) (B.).

x-Jod-1-methyl-4-methoäthyl-cyclohexan, x-Jod-p-menthan $C_{10}H_{19}I$. *B.* Neben
anderen Produkten durch 15—20-stdg. Erwärmen von Terpinhydrat mit konz. Jodwasserstoffsäure auf dem Wasserbad (BOUCHARDAT, LAFONT, *C. r.* **107**, 916; *J.* **1888**, 905; BERKEN-
HEIM, *B.* **25**, 696). — Kp₃₀: 138—142⁰ (BERK.). D¹⁴: 1,370 (BERK.). — Mit Silberacetat
entsteht neben einem Menthen ein Ester, der beim Verseifen mit alkoh. Kalilauge ein flüssiges,
inaktives Menthanol liefert (BERK.).

1.4-Dijod-1-methyl-4-methoäthyl-cyclohexan, 1.4-Dijod-p-menthan, Terpinen-bis-hydrojodid $C_{10}H_{18}I_2$ = $CH_3 \cdot IC {<}_{CH_2 \cdot CH_2}^{CH_2 \cdot CH_2}{>} CI \cdot CH(CH_3)_2$ (trans-Form). Zur Konstitution vgl. WALLACH, A. 350, 145, 177. — B. Aus α-Terpinen (W., A. 350, 147) oder Terpinenol-(4) (W., A. 350, 169) und HI in Eisessig. — Krystalle (aus Methylalkohol). F: 76° (W., A. 350, 145).

1.4´-Dijod-1-methyl-4-methoäthyl-cyclohexan, 1.8-Dijod-p-menthan, Limonen-bis-hydrojodid, Dipenten-bis-hydrojodid $C_{10}H_{18}I_2$ = $CH_3 \cdot IC {<}_{CH_2 \cdot CH_2}^{CH_2 \cdot CH_2}{>} CH \cdot CI(CH_3)_2$ („trans"-Form; zur Konfiguration vgl. WALLACH, A. 281, 143). — B. Durch Einw. von Jodwasserstoff auf: Limonen (W., A. 239, 10); Dipenten (W., A. 239, 13; B. 26, 3075); α-Terpineol (W., A. 230 267); Terpinhydrat (W., A. 230, 249); Cineol (W., BRASS, A. 225, 300; W., A. 225, 316; HELL, RITTER, B. 17, 2611). Aus Terpinhydrat und Phosphortrijodid; bei dieser Reaktion entstehen anscheinend auch geringe Mengen der unter 50° schmelzenden, in Petroläther leichter löslichen „cis"-Form (W., A. 281, 145). — Darst. Man schüttelt 5 g Terpinhydrat mit ca. 20 ccm Jodwasserstoffsäure (D: 1,96), ohne zu erwärmen, einige Minuten kräftig durch (W., A. 230, 249). — Krystallisiert aus Petroläther in rhombischen Prismen (HINTZE, A. 239, 14; vgl. Groth, Ch. Kr. 3, 666), F: 77° (W., A. 239, 15) oder in monoklin-prismatischen (HI.; vgl. Groth, Ch. Kr. 3, 666) Tafeln, F: 78—79° (W., A. 239, 15), bezw. bis 81° (W., A. 281, 144 Anm.). Unlöslich in Wasser, schwer löslich in kaltem Alkohol, leicht in Petroläther, Äther, Chloroform, Schwefelkohlenstoff und Benzol (W., B.). Zeigt in flüssigem Schwefeldioxyd erhebliche elektrische Leitfähigkeit (WALDEN, B. 35, 2030; Ph. Ch. 43, 458). — Zersetzt sich beim Aufbewahren oder beim Erhitzen über 84° (WALLACH, B.); zersetzt sich in alkoh. Lösung schon nach wenigen Stunden (WALLACH, A. 281, 146); ist jedoch unter Wasser in Gegenwart von etwas gelbem Phosphor wochenlang haltbar (WALLACH, A. 230, 250). Gibt beim Erwärmen mit alkoh. Alkalien oder Anilin Dipenten (WALLACH, B.). Beim Erhitzen mit Zinkstaub und Wasser entsteht ein Kohlenwasserstoff $C_{10}H_{16}$ vom Kp: 166—167° (HELL, R.); mit Zinkstaub und Eisessig erhält man neben tertiärem Menthylacetat einen ungesättigten Kohlenwasserstoff, der durch Addition von HBr und Destillation des entstandenen Bromids (Kp$_{25}$: 115°) mit Chinolin Carvomenthen (?) vom Kp: 175° liefert (BAEYER, B. 26, 825, 2564).

4´-Nitro-1-methyl-4-methoäthyl-cyclohexan, 8-Nitro-p-menthan $C_{10}H_{19}O_2N$ = $CH_3 \cdot HC {<}_{CH_2 \cdot CH_2}^{CH_2 \cdot CH_2}{>} CH \cdot C(NO_2)(CH_3)_2$. B. Durch Erhitzen von p-Menthan mit verd. Salpetersäure in geschlossenem oder offenem Gefäß (KONOWALOW, Ж. 36, 241; C. 1904 I, 1517). — Kp$_{25}$: 135—137°. D_0^0: 1,0005; D_0^{20}: 0,9871. n_D^{20}: 1,46241. — Gibt mit Zinn und Salzsäure 8-Amino-p-menthan.

1.4´-Dinitro-1-methyl-4-methoäthyl-cyclohexan, 1.8-Dinitro-p-menthan $C_{10}H_{18}O_4N_2$ = $CH_3 \cdot (O_2N)C {<}_{CH_2 \cdot CH_2}^{CH_2 \cdot CH_2}{>} CH \cdot C(NO_2)(CH_3)_2$. B. Durch Erhitzen von p-Menthan mit Salpetersäure (D: 1,1) auf 115—120° im Druckrohr (M. KONOWALOW, Ж. 38, 449; C. 1906 II, 343). — Krystallinisch. F: 107,5—108,5°. Sehr leicht löslich in Benzol, löslich in Äther, sehr wenig löslich in kaltem Petroläther. — Gibt mit Zinkstaub und Eisessig 1.8-Diamino-p-menthan.

5. *1.3-Diäthyl-cyclohexan* $C_{10}H_{20}$ = $H_2C {<}_{CH_2 \cdots CH_2}^{CH(C_2H_5) \cdot CH_2}{>} CH \cdot C_2H_5$. B. Man erwärmt das aus 1.3-Diäthyl-cyclohexanon-(2) mit Natrium in feuchtem Äther erhältliche Gemisch stereoisomerer 1.3-Diäthyl-cyclohexanole-(2) mit Jodwasserstoffsäure (D: 1,96) auf 100° und reduziert das entstandene Jodid in Alkohol mit Zink und Salzsäure (ZELINSKY, RUDEWITSCH, B. 28, 1343). — Wasserhelle, petroleumartig riechende Flüssigkeit. Kp$_{760}$: 169—171°. D_4^{20}: 0,7957. n_D^{20}: 1,4388.]

6. α-*Dekanaphthen* $C_{10}H_{20}$. Zur Bezeichnung als α-Dekanaphthen vgl. MARKOWNIKOW, Ж. 25, 389; B. 26 Ref., 815. — V. Im Petroleum von Baku; man isoliert durch wiederholte Behandlung mit rauchender Schwefelsäure, Kochen mit Natrium und Fraktionierungen, die bei 160—162° siedende Portion, behandelt sie nochmals mit überschüssiger rauchender Schwefelsäure, schüttelt mit rauchender Salpetersäure, kocht mit Natrium und destilliert (MARKOWNIKOW, OGLOBLIN, Ж. 15, 332; B. 16, 1877). — Flüssig. Kp: 160—162° (M., O.),

162—164° (Subkow, Ж. 25, 383; B. 26 Ref., 815). D°: 0,795; D^{15}: 0,783 (M., O.); D_0^0: 0,7936; D^{15}: 0,7820 (S.).

Chlor-α-dekanaphthen $C_{10}H_{19}Cl$. B. Durch Chlorieren von α-Dekanaphthen (Markownikow, Ogloblin, Ж. 15, 333; Subkow, Ж. 25, 383; B. 26 Ref., 815). — Kp_{760}: 206°
bis 209° (korr.) (S.). D_0^0: 0,9335; D_0^{20}: 0,9186 (S.). — Liefert mit Eisessig und Natriumacetat
bei 210° das Acetat des α-Dekanaphthenalkohols (Syst. No. 503) und zwei Dekanaphthylene
$C_{10}H_{18}$ (Kp: 159—165°) (S.).

Dichlor-α-dekanaphthen $C_{10}H_{18}Cl_2$. B. Durch Chlorieren von α-Dekanaphthen in
Gegenwart von Wasser (Subkow, Ж. 25, 383; B. 26 Ref., 815). — Kp_{60}: 160—165°.

Trichlor-α-dekanaphthen $C_{10}H_{17}Cl_3$. B. Durch Chlorieren von α-Dekanaphthen
in Gegenwart von Wasser (Subkow, Ж. 25, 383; B. 26 Ref., 815). — Kp_{60}: 180—190°.

7. *β-Dekanaphthen*, möglicherweise 1.3-Dimethyl-5-äthyl-cyclohexan $C_{10}H_{20}$
= $C_6H_9(CH_3)_2 \cdot C_2H_5$ (?). Zur Konstitution vgl. Rudewitsch, Ж. 30, 603; C. 1899 I, 176. —
V. Im Petroleum von Baku (Subkow, Ж. 25, 383). — Flüssig. Kp: 168—170° (S.); Kp_{753}:
168,5—170° (R., Ж. 30, 587; C. 1899 I, 176). D_0^0: 0,8073; D_0^{20}: 0,7929 (S.); D_0^0: 0,8076; D^{15}:
0,796 (R., Ж. 30, 587).

Beim Chlorieren in Gegenwart von Wasser entsteht neben einer geringen Menge höher
chlorierter Derivate ein bei 213—219° unter Zers. siedendes Gemisch von sekundären (?)
(Markownikow, Ж. 30, 177) Monochlor-β-dekanaphthenen (Kp_{110}:
145—149°), das beim Erhitzen mit Natriumacetat und Essigsäure im zugeschmolzenen Rohr
auf 250° das Acetat des sekundären β-Dekanaphthenalkohols (Syst. No. 503) und ein
bei 167,5—171° siedendes, an der Luft leicht oxydierbares Gemisch von zwei Dekanaph-
thylenen $C_{10}H_{18}$ [vielleicht 1.3-Dimethyl-5-äthyl-cyclohexene-(1 und 4) (Markownikow, Ж. 30, 605)] liefert (R., Ж. 25, 386; 30, 593, 594; B. 26 Ref., 815; C. 1899 I, 176);
in viel besserer Ausbeute entsteht dieses Gemisch beim Kochen der Monochlor-β-deka-
naphthene mit Chinolin (R., Ж. 30, 594; C. 1899 I, 176; vgl. auch R., Ж. 25, 388; 30,
597; B. 26 Ref., 815). — Die Einw. von Brom auf β-Dekanaphthen in Gegenwart von etwas
AlBr₃ bei 8° führt anscheinend zur Bildung von $C_{10}H_{10}Br_4$ und $C_{10}H_{11}Br_3$ (R., Ж. 30, 588;
C. 1899 I, 176). Die Verbindung $C_{10}H_{11}Br_3$ (?) [sehr lange Nadeln (aus Benzol + Alkohol);
F: 218—220°; unlöslich in kaltem, schwer löslich in heißem Alkohol, leicht in Äther und
Benzol] entsteht auch mit geringer Beimengung von $C_{10}H_{11}Br_3$ (?) beim Eingießen des aus
β-Dekanaphthen durch Behandlung mit Jod entstehenden Prod. in Brom (R., Ж. 30, 590;
C. 1899 I, 176). Diese Verbindung dürfte wohl mit 2.4.6-Tribrom-1.3-dimethyl-5-
äthyl-benzol (Syst. No. 469) identisch sein (R., Ж. 30, 591; C. 1899 I, 176). Beim Erhitzen von β-Dekanaphthen mit Jod im zugeschmolzenen Rohr auf 170° wird Äthyljodid
abgespalten (R., Ж. 30, 591; C. 1899 I, 176).

Beim Nitrieren von β-Dekanaphthen mit Salpetersäure (D: 1,075) bei 120—125° entstehen ein sekundäres und ein tertiäres Nitro-β-dekanaphthen (R., Ж. 30, 598; C. 1899 I,
176); beim Nitrieren mit Salpetersäure (D: 1,41) auf dem Wasserbade entsteht zunächst
(nach 6 Stdn.) ein Öl, das bei der Reduktion mit Zinn und Salzsäure wahrscheinlich ein Gemisch von Mono- und Diamino-β-dekanaphthen gibt; nach weiteren 4 Stdn. tritt völlige
Oxydation ein (R., Ж. 30, 589; C. 1899 I, 176). Rauchende Schwefelsäure löst β-Dekanaphthen bei gewöhnlicher Temp. unter Bildung einer Sulfonsäure (R., Ж. 30, 589; C. 1899 I,
176). β-Dekanaphthen bleibt bei 6-stdg. Erhitzen mit wasserfreiem Kupfersulfat auf 280°
bis 300° unverändert (R., Ж. 30, 588; C. 1899 I, 176).

Chlor-β-dekanaphthen $C_{10}H_{19}Cl$ s. o. im Artikel β-Dekanaphthen.

Dichlor-β-dekanaphthen $C_{10}H_{18}Cl_2$. B. Entsteht in geringer Menge neben mono-
chloriertem β-Dekanaphthen durch feuchtes Chlorieren von β-Dekanaphthen (Rudewitsch,
Ж. 30, 594; C. 1899 I, 176). — Kp_{60}: 164—167°. D_0^0: 1,0865; D_0^0: 1,1022. — Bei 4-stdg.
Erhitzen mit überschüssigem Chinolin wird Chlorwasserstoff abgespalten.

Sek. Nitro-β-dekanaphthen $C_{10}H_{19}O_2N$. Zur Konstitution vgl. Markownikow, Ж.
30, 604; C. 1899 I, 177. — B. Entsteht beim Nitrieren von β-Dekanaphthen mit Salpetersäure (D: 1,075) bei 120—125° (Rudewitsch, Ж. 30, 599; C. 1899 I, 176). — Schwach gelb-
liche Flüssigkeit. Kp_{40}: 148—150° (R.). D_0^0: 0,9931; D_0^{20}: 0,9778 (R.). n_D^{20}: 1,45929 (R.).
— Bei der Reduktion mit Zinn und Salzsäure entsteht neben dem entsprechenden Amin
ein Keton (Kp: 200—215°) (R.).

Tert. Nitro-β-dekanaphthen $C_{10}H_{19}O_2N$. Zur Konstitution vgl. M., Ж. 30, 604;
C. 1899 I, 177. — B. Beim Nitrieren von β-Dekanaphthen mit Salpetersäure (D: 1,075)
bei 120—125° (R., Ж. 30, 599; C. 1899 I, 176). — Schwach gelbliche Flüssigkeit. Kp_{40}:
146—148° (R.). D_0^0: 0,9979; D_0^0: 0,9831 (R.). n_D^{20}: 1,46009 (R.). — Bei der Reduktion
mit Zinn und Salzsäure entsteht neben dem entsprechenden Amin ein Keton (Kp: 200° bis
210°) (R.).

Brom-nitro-β-dekanaphthen $C_{10}H_{18}O_2NBr$. *B.* Aus sek. Nitro-β-dekanaphthen in Kalilauge und Brom unter Eiskühlung (RUDEWITSCH, Ж. 30, 600; *C.* 1899 I, 176). — Farbloses Öl mit charakteristischem Geruch. D_4^0: 1,3740; D_4^{20}: 1,3552.

8. Kohlenwasserstoff $C_{10}H_{20}$ aus Naphthalin s. bei Naphthalin, Syst. No. 476.

9. Derivat eines Kohlenwasserstoffs $C_{10}H_{20}$ von unbekannter Konstitution.
Isothujen-bis-hydrochlorid, Tanaceten-bis-hydrochlorid $C_{10}H_{18}Cl_2$. *B.* Aus Isothujen (S. 141, No. 32 d) und konz. Salzsäure (KONDAKOW, SKWORZOW, *J. pr.* [2] 69, 179; Ж. 42, 503; *C.* 1910 II, 467). — Erstarrt nicht bei —20°. Kp_{16}: 121,5—125,5°; D^{20}: 1,0697; n_D: 1,48458; $[\alpha]_D$: +1,86° (K., S., Ж. 42, 503; *C.* 1910 II, 467). — Liefert beim Erhitzen mit Natriumacetat und Alkohol auf 140° einen Kohlenwasserstoff $C_{10}H_{16}$ (Kp: 176—180°; D^{18}: 0,8540; n_D: 1,47586; $[\alpha]_D$: +3,11°) und ein bei 227° siedendes Acetat (K., S., Ж. 42, 504; *C.* 1910 II, 467).

9. Kohlenwasserstoffe $C_{11}H_{22}$.

1. **1-Äthyl-4-methoäthyl-cyclohexan** $C_{11}H_{22}$ =
$$CH_2 \cdot CH_2 \cdot HC \underset{CH_2 \cdot CH_2}{\overset{CH_2 \cdot CH_2}{<}} CH \cdot CH(CH_3)_2.$$

1.4-Dichlor-1-äthyl-4-methoäthyl-cyclohexan $C_{11}H_{20}Cl_2 = C_2H_5 \cdot C_6H_8Cl_2 \cdot CH(CH_3)_2$. *B.* Aus Äthylsabinaketol (Syst. No. 509) und Chlorwasserstoff in Eisessig (WALLACH, *A.* 357, 67). — Tafeln. F: 67—68°.

1.4¹-Dichlor-1-äthyl-4-methoäthyl-cyclohexan $C_{11}H_{20}Cl_2 = C_2H_5 \cdot C_6H_9Cl \cdot CCl(CH_3)_2$. *B.* Durch Einw. von HCl in Eisessig auf Äthylnopinol (Syst. No. 509), Homoterpinhydrat (Syst. No. 549) (WALLACH, *A.* 357, 61) oder 1-Äthyl-4-[methoäthylol-(4¹)]-cyclohexanol-(1) (siehe bei Äthylnopinol, Syst. No. 509) (W., *A.* 360, 91). — Ähnelt im Aussehen und Geruch dem Dipenten-bis-hydrochlorid. F: 63—64° (W., *A.* 357, 61). — Liefert beim Erhitzen mit Anilin 1-Äthyl-4-methoäthenyl-cyclohexen-(1).

1.4-Dibrom-1-äthyl-4-methoäthyl-cyclohexan $C_{11}H_{20}Br_2 = C_2H_5 \cdot C_6H_8Br_2 \cdot CH(CH_3)_2$. *B.* Aus Äthylsabinaketol oder Homoterpinenterpin und HBr in Eisessig (WALLACH, *A.* 357, 67). — F: 88—89°.

1.4¹-Dibrom-1-äthyl-4-methoäthyl-cyclohexan $C_{11}H_{20}Br_2 = C_2H_5 \cdot C_6H_8Br \cdot CBr(CH_3)_2$. *B.* Aus Äthylnopinol oder Homoterpinhydrat und HBr in Eisessig (W., *A.* 357, 61). — Schmilzt bei 82—84° (vorher sinternd).

1.2.4¹.4²-Tetrabrom-1-äthyl-4-methoäthyl-cyclohexan $C_{11}H_{18}Br_4 = C_2H_5 \cdot C_6H_8Br_2 \cdot CBr(CH_3) \cdot CH_2Br$. *B.* Aus 1-Äthyl-4-methoäthenyl-cyclohexen-(1) und Brom in Eisessig unter Kühlung (W., *A.* 357, 62). — Krystalle (aus Essigester). F: 124—125°. Ziemlich löslich in Essigester.

1.4-Dijod-1-äthyl-4-methoäthyl-cyclohexan $C_{11}H_{20}I_2 = C_2H_5 \cdot C_6H_8I_2 \cdot CH(CH_3)_2$. *B.* Aus Äthylsabinaketol und HI in Eisessig (W., *A.* 357, 67). — Prismatische Krystalle (aus Methylalkohol). F: 89—90°.

1.4¹-Dijod-1-äthyl-4-methoäthyl-cyclohexan $C_{11}H_{20}I_2 = C_2H_5 \cdot C_6H_9I \cdot CI(CH_3)_2$. *B.* Aus Äthylnopinol oder Homoterpinhydrat und HI in Eisessig (W., *A.* 357, 61). — Ziemlich beständige Krystalle. F: 63—64°.

2. **Kohlenwasserstoff $C_{11}H_{22}$ aus dem Petroleum von Baku, Hendekanaphthen.** Man isoliert durch wiederholte Fraktionierung über Natrium und Behandlung mit 20°/₀ rauchender Schwefelsäure die bei 179—181° siedende Fraktion, erhitzt sie mit rauchender Salpetersäure, dann mit rauchender Schwefelsäure, wäscht und destilliert nochmals über Natrium (MARKOWNIKOW, OGLOBLIN, Ж. 15, 335; *B.* 16, 1877). — Kp: 179—181°. D^0: 0,8119; D^{14}: 0,8002. — Liefert bei der Oxydation mit Kaliumpermanganat und Oxalsäure und andere Säuren, ein Öl $C_{22}H_{42}O$ (?) (Kp: 240—242°) und ein oberhalb 340° siedendes Öl $C_{22}H_{40}$ (?). Läßt man trocknes Chlor auf die Dämpfe des siedenden Kohlenwasserstoffes im Sonnenlicht einwirken, so entstehen isomere Chloride $C_{11}H_{21}Cl$, die bei 210—225° sieden. Durch Erhitzen mit Wasser im Rohr, oder beim Behandeln mit Kaliumacetat liefern dieselben hauptsächlich Kohlenwasserstoffe. Mit Silberacetat gelingt aber die Darstellung eines Essigesters. Erhitzt man die Chloride mit alkoh. Kali, so entstehen Kohlenwasserstoffe $C_{11}H_{20}$, die bei 166—180° sieden, sich direkt mit Brom und Schwefelsäure verbinden, aber durch ammoniakalische Silberlösung nicht gefällt werden.

3. **Kohlenwasserstoff $C_{11}H_{22}$ aus canadischem Petroleum** (MABERY, *Am.* 19, 467). Kp_{760}: 196—197°; D^{20}: 0,7729 (M.). n: 1,4219 (M., HUDSON, *Am.* 19, 484).

Chlorderivat $C_{11}H_{21}Cl$. *B.* Durch Chlorierung des Kohlenwasserstoffs $C_{11}H_{22}$ aus canadischem Petroleum (MABERY, *Am.* 19, 470). — Kp_{760}: 220—228°; D^{20}: 0,8882 (M.). n: 1,4461 (M., HUDSON, *Am.* 19, 485).

4. *Kohlenwasserstoff* $C_{11}H_{22}$ *aus californischem Petroleum* (MABERY, HUDSON, *Am.* 25, 263; M., SIEFLEIN, *Am.* 25, 293). Flüssig. Kp: 195°; D^{20}: 0,8044 (M., H.). n: 1,4403 (M., S.).

Chlorderivat $C_{11}H_{21}Cl$. *B.* Durch Chlorieren des Kohlenwasserstoffes $C_{11}H_{22}$ aus californischem Petroleum in Gegenwart von Wasser (MABERY, SIEFLEIN, *Am.* 25, 293). — Flüssig. Kp_{24}: 125—130°. D^{20}: 0,9583. n: 1,476.

5. *Kohlenwasserstoff* $C_{11}H_{22}$ *aus japanischem Petroleum* (MABERY, TAKANO, *Am.* 25, 302). Flüssig. Kp: 190—192°. D^{20}: 0,8061. n^{20}: 1,4482.

10. Kohlenwasserstoffe $C_{12}H_{24}$.

1. *1-Methyl-2-[2'-metho-butyl]-cyclohexan* $C_{12}H_{24}$ =
$H_2C{<}^{CH_2——CH_2}_{CH_2·CH(CH_3)}{>}CH·CH_2·CH_2·CH(CH_3)_2$. *B.* Durch Hydrierung des aus 1-Methyl-2-methobutyl-cyclohexanol-(2)₁ unter dem Einfluß von $ZnCl_2$ entstehenden Kohlenwasserstoffes $C_{12}H_{22}$ in Gegenwart von Nickel bei 230—250° (MURAT, *A. ch.* [8] 16, 119). — Kp: 204°. D^0: 0,825; D^{17}: 0,812. n^{17}_{D}: 1,454.

2. *1.4-Bis-methoäthyl-cyclohexan* $C_{12}H_{24}$ =
$(CH_3)_2CH·HC{<}^{CH_2·CH_2}_{CH_2·CH_2}{>}CH·CH(CH_3)_2$.

1.4-Dichlor-1.4-bis-methoäthyl-cyclohexan $C_{12}H_{22}Cl_2 = C_6H_{10}Cl_2[CH(CH_3)_2]_2$. *B.* Aus 1.4-Bis-[methoäthyl]-cyclohexen-(1)-ol-(4) (Syst. No. 509) und HCl in Eisessig (WALLACH, *A.* 362, 284). — F: 111—112°. Nicht ganz leicht löslich in Methylalkohol.

1.4-Dibrom-1.4-bis-methoäthyl-cyclohexan $C_{12}H_{22}Br_2 = C_6H_{10}Br_2[CH(CH_3)_2]_2$. *B.* Aus 1.4-Bis-[methoäthyl]-cyclohexen-(1)-ol-(4) und HBr in Eisessig (W., *A.* 362, 284). — F: 120—121°.

3. *1.3-Dimethyl-5-[5'-metho-propyl]-cyclohexan* $C_{12}H_{24}$ =
$H_2C{<}^{CH(CH_3)·CH_2}_{CH(CH_3)·CH_2}{>}CH·CH_2·CH(CH_3)_2$. *B.* Durch Hydrierung von 1.3-Dimethyl-5-isobutyl-benzol in Gegenwart von Nickel (SABATIER, SENDERENS, *A. ch.* [8] 4, 367). — Flüssigkeit von angenehmem, etwas campherartigem Geruch. Kp: 193—195° (korr.). D^0_4: 0,8227.

4. *1-Methyl-3-äthyl-4-methoäthyl-cyclohexan, 3-Äthyl-p-menthan* $C_{12}H_{24}$
$= CH_3·HC{<}^{CH_2——CH_2}_{CH_2·CH(C_2H_5)}{>}CH·CH(CH_3)_2$. *B.* Man fügt zu 65 g Zinkdiäthyl allmählich 76 g „beständiges" sek. Menthylchlorid (S. 49), zersetzt nach Beendigung der Reaktion mit Eis und gibt HCl zu (KURSSANOW, Ж. 33, 301; *C.* 1901 II, 346). — Kp_{734}: 207—208°. D^0_0: 0,8275; D^0_0: 0,8146; D^{20}_0: 0,8159. $[\alpha]_D$: — 12,25°.

5. *Kohlenwasserstoff* $C_{12}H_{24}$ *aus dem Petroleum von Baku, Dodekanaphthen*. Isolierung wie beim Hendekanaphthen (S. 57) (MARKOWNIKOW, OGLOBLIN, Ж. 15, 338; *B.* 16, 1877). — Kp: 197°. D^{14}: 0,8055; D^{20}: 0,8010. — Liefert beim Behandeln mit Chromsäuregemisch Essigsäure und etwas Buttersäure (?).

6. *Kohlenwasserstoff* $C_{12}H_{24}$ *aus canadischem Petroleum* (MABERY, *Am.* 19, 470; 33, 263). Kp_{745}: 212—214°; D^{20}: 0,7854 (M., *Am.* 19, 471). n: 1,4212 (M., HUDSON, *Am.* 19, 484).

Chlorderivat $C_{12}H_{23}Cl$. *B.* Bei der Einw. von Chlor auf den Kohlenwasserstoff $C_{12}H_{24}$ aus canadischem Petroleum in Gegenwart von Wasser (MABERY, *Am.* 33, 264). — Kp_{15}: 160°. D^{20}: 0,9145.

7. *Kohlenwasserstoff* $C_{12}H_{24}$ *aus californischem Petroleum* (MABERY, HUDSON, *Am.* 25, 264; M., SIEFLEIN, *Am.* 25, 294). Flüssig. Kp: 216°; D^{20}: 0,8165 (M., H.). n: 1,4649 (M., S.).

Chlorderivat $C_{12}H_{23}Cl$. *B.* Durch Chlorieren des Kohlenwasserstoffes $C_{12}H_{24}$ aus californischem Petroleum in Gegenwart von Wasser (MABERY, SIEFLEIN, *Am.* 25, 294). — Flüssig. Kp_{17}: 130—135°. D^{20}: 0,9616. n: 1,480.

8. *Kohlenwasserstoff* $C_{12}H_{24}$ *aus japanischem Petroleum* (MABERY, TAKANO: *Am.* 25, 303). Flüssig. Kp: 212—214°. D^{20}: 0,8165. n: 1,4535.

9. *Kohlenwasserstoff* $C_{13}H_{24}$ *aus dem Trentonkalk-Petroleum von Ohio* (MABERY, PALM, *Am.* 33, 254). Kp: 211—213°. D^{20}: 0,7970. n: 1,4350.

11. Kohlenwasserstoffe $C_{13}H_{26}$.|

1. *Kohlenwasserstoff* $C_{13}H_{26}$ *aus californischem Petroleum* (MABERY, HUDSON, *Am.* 25, 253; M., SIEPLEIN, *Am.* 25, 295). Flüssig. Kp: 230—232°; D^{20}: 0,8134 (M., H.). n: 1,4745 (M., S.).

Chlorderivat $C_{13}H_{25}Cl$. *B.* Durch Chlorieren des Kohlenwasserstoffes $C_{13}H_{26}$ aus californischem Petroleum (M., S., *Am.* 25, 295). — Flüssig. Kp_{17}: 140—145°. D^{20}: 0,9747.

2. *Kohlenwasserstoff* $C_{13}H_{26}$ *aus canadischem Petroleum* (MABERY, *Am.* 33, 264). Flüssig. Kp_{760}: 228—230°. D^{20}: 0,8087. n: 1,444.

Chlorderivat $C_{13}H_{25}Cl$. *B.* Durch Chlorieren des Kohlenwasserstoffes $C_{13}H_{26}$ aus canadischem Petroleum (MABERY, *Am.* 33, 265). — Flüssig. Kp_{13}: 165°. D^{20}: 0,9221. n: 1,465.

3. *Kohlenwasserstoff* $C_{13}H_{26}$ *aus dem Trentonkalk-Petroleum von Ohio* (MABERY, PALM, *Am.* 33, 255). Flüssig. Kp: 223—225°; Kp_{30}: 129—130°. D^{20}: 0,8055. n: 1,4400.

12. Kohlenwasserstoffe $C_{14}H_{26}$.

1. *Kohlenwasserstoff* $C_{14}H_{28}$ *aus dem Petroleum von Baku, Tetradeka-naphthen* (MARKOWNIKOW, OGLOBLIN, Ж. 15, 339; *B.* 16, 1877). Kp: 240—241° (korr.). D^0: 0,8390; D^{17}: 0,8190.

2. *Kohlenwasserstoff* $C_{14}H_{28}$ *aus californischem Petroleum* (MABERY, HUDSON, *Am.* 25, 282); M., SIEPLEIN, *Am.* 25, 295). Flüssig. Kp_{50}: 144—146°; D: 0,8154; n: 1,4423 (M., H.).

Chlorderivat $C_{14}H_{27}Cl$. *B.* Durch Chlorieren des Kohlenwasserstoffes $C_{14}H_{28}$ aus californischem Petroleum in Gegenwart von Wasser (MABERY, SIEPLEIN, *Am.* 25, 295). — Flüssig. Kp_{13}: 150—155°. D^{20}_{20}: 0,9748; D^{0}_{0}: 0,9730; D^{0}_{0}: 0,9661; D^{0}_{0}: 0,9579. n: 1,493.

3. *Kohlenwasserstoff* $C_{14}H_{28}$ *aus canadischem Petroleum* (MABERY, *Am.* 33, 266). Flüssig. Siedet bei 244—248° unter partieller Zers.; Kp_{50}: 141—143°. D^{20}: 0,8099. n: 1,449.

Chlorderivat $C_{14}H_{27}Cl$. *B.* Durch Chlorieren des Kohlenwasserstoffes $C_{14}H_{28}$ aus canadischem Petroleum (M., *Am.* 33, 267). — Kp_{13}: 180°. D^{20}: 0,9288. n: 1,471.

4. *Kohlenwasserstoff* $C_{14}H_{28}$ *aus dem Trentonkalk-Petroleum von Ohio* (MABERY, PALM, *Am.* 33, 255). — Flüssig. Kp_{30}: 138—140°. D^{20}: 0,8129. n: 1,4437.

13. Kohlenwasserstoffe $C_{15}H_{30}$.

1. *Kohlenwasserstoff* $C_{15}H_{30}$ *aus dem Petroleum von Baku, Pentadeka-naphthen* (MARKOWNIKOW, Ж. 15, 339; *B.* 16, 1877). Kp: 246—248° (korr.). D^{17}: 0,8294. — Liefert bei der Oxydation mit 2 %iger Kaliumpermanganatlösung Oxalsäure, Essigsäure und andere flüchtige Säuren.

2. *Kohlenwasserstoff* $C_{15}H_{30}$ *aus californischem Petroleum* (MABERY, HUDSON, *Am.* 25, 253; M., SIEPLEIN, *Am.* 25, 296). Flüssig. Kp_{50}: 160—162°. D^{20}: 0,8171.

Chlorderivat $C_{15}H_{29}Cl$. *B.* Durch Chlorieren des Kohlenwasserstoffes $C_{15}H_{30}$ aus californischem Petroleum in Gegenwart von Wasser (MABERY, SIEPLEIN, *Am.* 25, 296). — Flüssig. Kp_{14}: 170—175°. D^{20}_{20}: 0,9771; D^{0}_{0}: 0,9753; D^{0}_{0}: 0,9714; D^{0}_{0}: 0,9643. n: 1,493.

3. *Kohlenwasserstoff* $C_{15}H_{30}$ *aus canadischem Petroleum* (MABERY, *Am.* 33, 267). Flüssig. Kp_{50}: 159—160°. D^{20}: 0,8192. n: 1,452.

Chlorderivat $C_{15}H_{29}Cl$. *B.* Durch Chlorieren des Kohlenwasserstoffes $C_{15}H_{30}$ aus canadischem Petroleum in Gegenwart von Wasser (M., *Am.* 33, 268). — Flüssig. Kp_{13}: 190°. D^{20}: 0,9358. n: 1,455.

4. *Kohlenwasserstoff* $C_{15}H_{30}$ *aus dem Trentonkalk-Petroleum von Ohio* (MABERY, PALM, *Am.* 33, 256). Flüssig. Kp_{30}: 152—154°. D^{20}: 0,8204. n: 1,4480.

5. *Limenhexahydrid* $C_{15}H_{30}$.

Limen-tris-hydrochlorid (auch als Bisabolen-tris-hydrochlorid bezeichnet) $C_{15}H_{27}Cl_3$. *B.* Aus Limen bezw. diesem strukturell nahestehenden Kohlenwasserstoffen $C_{15}H_{24}$ (Syst.

No. 471) und Chlorwasserstoff; so' wurde Limentrishydrochlorid erhalten durch Sättigen der Sesquiterpen-Fraktion mit HCl aus folgenden Ölen: sibirisches Fichtennadelöl (WALLACH, *A.* **368**, 19), Bergamottöl (BURGESS, PAGE, *Soc.* **85**, 1328), Limettöl (B., P., *Soc.* **85**, 415), ätherisches Öl von Piper Volkensii (R. SCHMIDT, WEILINGER, *B.* **39**, 657), Campheröl (SCHIMMEL & Co., *C.* 1909 II, 2156), Citronenöl (B., P., *Soc.* **85**, 415; GILDEMEISTER, MÜLLER, *C.* 1909 II, 2160), ätherisches Öl der Bisabol-Myrrha (von Commiphora erythraea Engl. ?) (TUCHOLKA, *Ar.* **235**, 295), Opopanaxöl (identisch mit dem Öl aus Bisabol-Myrrha ?) (SCHIMMEL & Co., *C.* 1904 II, 1470). Entsteht auch aus regeneriertem „Limen" (Syst. No. 471) und HCl (SCH. & Co., Bericht vom Oktober 1904, 70; WALLACH, *A.* **368**, 20). — Krystalle (aus Essigester). F: 79—80⁰ (BURGESS, PAGE, *Soc.* **85**, 415; R. SCHMIDT, WEILINGER, *B.* **39**, 657; GILDEMEISTER, MÜLLER, *C.* 1909 II, 2160). Leicht löslich in Äther, Aceton, Essigester, weniger in Chloroform, Alkohol und Essigsäure (B., P.). Ist optisch inaktiv (W.), auch wenn das Ausgangsmaterial stark dreht (vgl. SCHIMMEL & Co., Bericht vom Oktober 1904, 70; GILDEMEISTER, MÜLLER, WALLACH-Festschrift [Göttingen 1909], S. 449). Dagegen fand TUCHOLKA $[\alpha]_D^{15}$: 35⁰ 17' (in Chloroform); $[\alpha]_D^{15}$: 37⁰ 16' (in Äther). — Beim Kochen von Limentrishydrochlorid mit Natriumacetat und Eisessig wird „Limen" regeneriert (B., P.; G., M.).

Limen-tris-hydrobromid $C_{15}H_{27}Br_3$. *B.* Aus der Sesquiterpen-Fraktion des sibirischen Fichtennadelöles durch Bromwasserstoff (WALLACH, *A.* **368**, 20). — Krystalle, die sich bei unvorsichtigem Umkrystallisieren aus Methylalkohol zersetzen. F: 84⁰.

Limen-hexabromid $C_{15}H_{24}Br_6$. *B.* Aus der Limen-Fraktion des ätherischen Öles von Piper Volkensii C. D. C. und Brom in Chloroform (R. SCHMIDT, WEILINGER, *B.* **39**, 657). — Krystalle (aus Benzin). F: 154⁰.

6. *Spilanthen* $C_{15}H_{20}$ s. bei Spilanthes-Öl, Syst. No. 4728.

14. Kohlenwasserstoff $C_{16}H_{32}$. *V.* Im Trentonkalk-Petroleum von Ohio (MABERY, PALM, *Am.* **33**, 257). — Flüssig. Kp_{30}: 164—168⁰. D^{20}: 0,8254. n: 1,4510.

15. Kohlenwasserstoff $C_{17}H_{34}$. *V.* Im Trentonkalk-Petroleum von Ohio (MABERY, PALM, *Am.* **33**, 257). — Flüssig. Kp_{30}: 177—179⁰. D^{20}: 0,8335. n: 1,4545.

16. Anthemen $C_{18}H_{36}$. *V.* In den Blüten von Anthemis nobilis (NAUDIN, *Bl.* [2] **41**, 484). — *Darst.* Man zieht die Blüten mit Ligroin aus, verdunstet die Ligroinlösung und stellt den Rückstand in die Kälte; die nach 24 Stdn. ausgeschiedenen Krystalle krystallisiert man wiederholt aus absol. Alkohol um. — Nadeln. F: 63—64⁰. Kp: 440⁰. D^{15}: 0,942. 1000 Tle. absol. Alkohol lösen bei 25⁰ 0,333 Tle.; löslich in Äther, CS_2.

17. Kohlenwasserstoff $C_{19}H_{38}$. *V.* Im pennsylvanischen Petroleum (MABERY, *Am.* **28**, 181). — Flüssig. Erstarrt nicht beim Abkühlen auf —10⁰. Kp_{50}: 210—212⁰. D^{20}: 0,8208. n: 1,4515.

18. Kohlenwasserstoff $C_{21}H_{42}$. *V.* Im pennsylvanischen Petroleum (MABERY, *Am.* **28**, 185). — Flüssig. Kp_{50}: 230—231⁰. D^{20}: 0,8424.

19. Kohlenwasserstoff $C_{22}H_{44}$. *V.* Im pennsylvanischen Petroleum (MABERY, *Am.* **28**, 186). — Flüssig. Erstarrt nicht bei —10⁰. Kp_{50}: 240—242⁰. D^{20}: 0,8296.

20. Kohlenwasserstoff $C_{23}H_{46}$. *V.* Im pennsylvanischen Petroleum (MABERY, *Am.* **28**, 188). — Flüssig. Erstarrt nicht bei —10⁰. Kp_{50}: 258—260⁰. D^{20}: 0,8569. n: 1,4714.

21. Kohlenwasserstoff $C_{24}H_{48}$. *V.* Im pennsylvanischen Petroleum (MABERY, *Am.* **28**, 190). — Flüssig. Erstarrt nicht bei —10⁰. Kp_{50}: 272—274⁰. D^{20}: 0,8598. n^{20}: 1,4726.

22. Kohlenwasserstoff $C_{26}H_{52}$. *V.* Im pennsylvanischen Petroleum (MABERY, *Am.* **28**, 192). — Flüssig. Erstarrt nicht bei —10⁰. Kp_{50}: 280—282⁰. D^{20}: 0,8580. n^{20}: 1,4725.

B. Kohlenwasserstoffe $C_n H_{2n-2}$.

Unter den cyclischen Kohlenwasserstoffen $C_n H_{2n-2}$ sind zwei Arten zu unterscheiden:
I. Ungesättigte monocyclische Kohlenwasserstoffe mit einer Doppelbindung;
II. gesättigte bicyclische Kohlenwasserstoffe.

Beispiele für I: $\mathrm{HC}{\diagdown}_{H_2C}^{}CH$, $_{H_2C-CH_2}^{H_2C-CH_2}C{:}CH{\cdot}CH_3$; Beispiel für II: $\begin{array}{c} H_2C-CH-CH_2 \\ | \quad CH_2 \quad | \\ H_2C-CH-CH_2 \end{array}$.

Zur *Nomenklatur* s. S. 4, 10, 11, 13, 14.

1. Cyclopropen (?) $C_3H_4 = \mathrm{HC}{\diagdown}_{H_2C}^{}CH$ (?).

Ein Kohlenwasserstoff C_3H_4, der vielleicht als Cyclopropen aufzufassen ist, entsteht neben anderen Produkten beim Erhitzen von brenzschleimsaurem Barium (FREUNDLER, *C. r.* 124, 1158; *Bl.* [3] 17, 611, 614). — Gas. Ziemlich löslich in Wasser, sehr leicht in Alkohol. Fällt weder Kupferchlorür- noch Silbernitrat-Lösung. Fällt alkoh. Quecksilberchloridlösung. Gibt ein sehr unbeständiges Tetrabromid $C_3H_4Br_4$ (Kp_{30}: 162°).

2. Kohlenwasserstoffe C_4H_6.

1. *Cyclobuten* $C_4H_6 = H_2C{\diagdown}_{CH_2}^{CH}{>}CH$. Zur Konstitution vgl. WILLSTÄTTER, BRUCE, *B.* 41, 1486. — *B.* Man führt Trimethyl-cyclobutyl-ammoniumjodid mit Silberoxyd in die entsprechende Ammoniumbase über und destilliert diese; zur Reinigung stellt man das Bromid dar, kocht dieses zur Entfernung des beigemischten Butadiendibromids mit benzolischer Dimethylamin- oder Methylaminlösung und behandelt es in siedendem Alkohol mit Zinkstaub (W., B., *B.* 40, 3985; vgl. W., v. SCHMÄDEL, *B.* 38, 1995). — Schwach riechendes Gas. Kp_{738}: 1,5—2°; D_4^0: 0,733; leicht löslich in Aceton (W., B.). — Reduziert Permanganat momentan (W., B.). Gibt bei der Reduktion mit Wasserstoff in Gegenwart von Nickel bei 100° Cyclobutan, bei 200° Butan (W., B.). Addiert Chlor und Brom momentan, Jod langsam (W., B.). Wird von Kautschuk absorbiert (W., B.).

1-Brom-cyclobuten-(1) C_4H_5Br. *B.* Durch Erhitzen von 1.2-Dibrom-cyclobutan mit gepulvertem Kaliumhydroxyd auf 100—105°; Ausbeute 87% (WILLSTÄTTER, v. SCHMÄDEL, *B.* 38, 1998). Als Nebenprodukt bei der Darstellung von Cyclobutanon aus 1.1-Dibromcyclobutan durch Einw. von Bleioxyd und Wasser (KISHNER, *Ж.* 39, 924; *C.* 1908 I, 123). — Etwas stechend riechendes Öl. Kp_{760}: 92,5—93,5° (korr.); D_4^0: 1,524 (W., v. SCH.). — Verharzt an der Luft (W., v. SCH.). Bei sukzessiver Oxydation mit Kaliumpermanganat in Gegenwart von Magnesiumsulfat und mit Chromsäure in Schwefelsäure entsteht Bernsteinsäure (W., v. SCH.). Gibt mit Bromwasserstoff in Eisessig 1.1-Dibrom-cyclobutan und mit Brom in Chloroform 1.1.2-Tribrom-cyclobutan (W., B.).

1.2-Dibrom-cyclobuten-(1) $C_4H_4Br_2$. *B.* Beim Erwärmen von 1.1.2-Tribrom-cyclobutan mit methylalkoh. Kalilauge (WILLSTÄTTER, BRUCE, *B.* 40, 3996). Beim Erwärmen von 1.1.2.2-Tetrabrom-cyclobutan mit methylalkoh. Kalilauge (W., B., *B.* 40, 3998). — Öl. Kp: 155—156°. D_4^0: 2,036. Mischbar mit Äther und Alkohol. — Verwandelt sich beim Stehen teilweise in ein Polymeres $(C_4H_4Br_2)_x$ (weißes Pulver; unlöslich in Äther, Alkohol, Chloroform, Eisessig) (W., B.). Gibt mit Kaliumpermanganat Bernsteinsäure. Liefert mit Brom in Chloroform 1.1.2.2-Tetrabrom-cyclobutan.

2. Derivat eines *Kohlenwasserstoffs* C_4H_6 *von ungewisser Struktur.*

Verbindung $C_4H_4Br_2$. *B.* Aus dem 1.1.4-4- (oder 1.1.2.4-) Tetrabrom-butan (Bd. I, S. 121, Z. 11 v. u.) mit methylalkoh. Kalilauge (WILLSTÄTTER, BRUCE, *B.* 40, 3993). — Flüssig. Kp_{14}: 47—48°. D_4^0: 1,99. — Polymerisiert sich beim Aufbewahren und Erhitzen. Addiert 1 Mol.-Gew. Brom.

3. Kohlenwasserstoffe C_5H_8.

1. *Cyclopenten* $C_5H_8 = \mathrm{^{H_2C \cdot CH}_{H_2C \cdot CH_2}}{>}CH$. *B.* Durch Einw. von alkoh. Kalilauge auf Bromcyclopentan, neben etwas Äthoxy-cyclopentan (MEISER, *B.* 32, 2050). Bei 6-stdg. Kochen von 1 Mol.-Gew. Jodcyclopentan mit einer 20%igen alkoh. Lösung von $1\frac{1}{2}$ Mol.-

Gew. Kaliumhydroxyd (GÄRTNER, *A.* **275**, 331). Bei Destillation von Cyclopentanol über Phosphorsäureanhydrid (HARRIES, TANK, *B.* **41**, 1703). Bei der Einw. von salpetriger Säure auf 1^1-Amino-1-methyl-cyclobutan, neben Methylen-cyclobutan, Methylolcyclobutan und Cyclopentanol (DEMJANOW, LUSCHNIKOW, Ж. **35**, 35; *C.* 1903 I, 828). — Flüssig. Kp: 45° (G.), 45—46° (M.; H., T.). D_4^{15}: 0,7754 (H., T.). n_D^{15}: 1,4208 (H., T.). — Gibt mit Ozon ein Ozonid (s. u.) (H., T.).

Cyclopentenozonid $C_5H_8O_3$. *B.* Aus Cyclopenten in Hexan mit Ozon unter starker Kühlung (HARRIES, TANK, *B.* **41**, 1703). — Sirup. Leicht löslich in Essigester, Chloroform, CCl_4, schwer in Äther, fast unlöslich in Petroläther und Alkohol. Verpufft auf dem Platinblech. — Gibt beim Kochen mit Wasser Glutardialdehyd, Glutaraldehydsäure und Glutarsäure; die wäßr. Lösung zeigt Wasserstoffsuperoxydreaktion.

Chlorcyclopenten C_5H_7Cl. *B.* Beim Sättigen von Cyclopentadien mit Chlorwasserstoff unter starker Kühlung (KRÄMER, SPILKER, *B.* **29**, 554; NOELDECHEN, *B.* **33**, 3348). — Flüssig. Kp_{40}: 50° (K., S.). D^{15}: 1,0571 (K., S.). — Zersetzt sich rasch (K., S.). Gibt mit wäßr. Ammoniak die Base $C_5H_7 \cdot NH_2$ (Syst. No. 1595) (K., S.).

Oktachlor-cyclopenten C_5Cl_8. *B.* Beim Erhitzen von Pentachlor-cyclopentenon

$$\begin{matrix} OC \cdot CCl_2 & \\ & CCl \\ ClHC \cdot CCl_2 & \end{matrix} \text{ oder } \begin{matrix} ClHC \cdot CCl_2 & \\ & CCl \\ OC \cdot CCl_2 & \end{matrix}$$

(Syst. No. 616) [mit PCl_5 auf 250—280° (ZINCKE, MEYER, *A.* **367**, 9). Beim Erhitzen des niedrigschmelzenden Hexachlor-cyclopentenons

$$\begin{matrix} OC \cdot CCl_2 & \\ & CCl \\ Cl_2C \cdot CCl_2 & \end{matrix} \text{ oder } \begin{matrix} Cl_2C \cdot CCl_2 & \\ & CCl \\ OC \cdot CCl_2 & \end{matrix}$$

(Syst. No. 616) mit PCl_5 auf 250° (ZINCKE, KÜSTER, *B.* **23**, 2214). Beim Erhitzen des hochschmelzenden Hexachlor-cyclopentenons

$$\begin{matrix} Cl_2C \cdot CCl_2 & \\ & CCl \\ OC \cdot CCl_2 & \end{matrix} \text{ oder } \begin{matrix} OC \cdot CCl_2 & \\ & CCl \\ Cl_2C \cdot CCl_2 & \end{matrix}$$

(Syst. No. 616) mit PCl_5 auf 250° (ZINCKE, KÜSTER, *B.* **23**, 2214). [Durch Erhitzen von Dichlor-dibrom-cyclopentantrion $\begin{matrix} OC \cdot CBr_2 \\ OC \cdot CCl_2 \end{matrix} CO$ oder $\begin{matrix} OC \cdot CClBr \\ OC \cdot CClBr \end{matrix} CO$ (Syst. No. 694) mit PCl_5 im geschlossenen Rohr auf 280—300° (HENLE, *A.* **352**, 52). — Prismen (aus Ligroin). F: 41°; Kp: 283°; leicht löslich in den üblichen organischen Lösungsmitteln (Z., K.). — Entfärbt $KMnO_4$ in Alkohol oder Aceton sehr langsam (H.).

3.5-Dibrom-cyclopenten-(1), Cyclopentadiendibromid $C_5H_6Br_2 = \begin{matrix} BrHC \cdots CH \\ H_2C \cdots CHBr \end{matrix} CH$. *B.* Entsteht in zwei diastereoisomeren Formen, wenn man in eine Lösung von 100 g Cyclopentadien in etwa 500 g Chloroform bei —10° bis —15° eine Lösung von 75 ccm Brom in 300 ccm Chloroform einträgt; man trennt die beiden Isomeren durch wiederholte fraktionierte Destillation unter stark vermindertem Druck (THIELE, *A.* **314**, 300).

a) **Flüssige Form**, cis-Cyclopentadiendibromid. Öl, das sich an der Luft und am Licht gelblich färbt. Kp_2: 53—54°; D_4^{15}: 1,9443 (TH., *A.* **314**, 303). — Wird durch Kaliumpermanganat an dem bei 78° schmelzenden 3.5-Dibrom-cyclopentandiol-(1.2) (Syst. No. 549) oxydiert, das durch Chromsäure in die Meso-$\alpha.\alpha'$-dibromglutarsäure (Bd. II, S. 636) übergeführt wird (TH.).

b) **Feste Form**, trans-Cyclopentadiendibromid. Säulen (aus Benzol). F: 45° bis 46° (KRÄMER, SPILKER, *B.* **29**, 555). Kp_2: 72—75° (TH.). Leicht löslich in Chloroform, Benzol (K., S.). Hält sich über Natronkalk monatelang fast ohne Färbung, zersetzt sich aber ohne Natronkalk selbst beim Einschließen in ein evakuiertes Rohr (TH.). — Wird durch $KMnO_4$ zu dem bei 75,5° schmelzenden 3.5-Dibrom-cyclopentandiol-(1.2) (Syst. No. 549) oxydiert, das durch Chromsäure in die racemische $\alpha.\alpha'$-Dibrom-glutarsäure (Bd. II, S. 636) übergeführt wird (TH.). Gibt mit Zinkstaub und Eisessig Cyclopentadien (TH.).

2. Methylencyclobutan $C_5H_8 = H_2C \begin{matrix} CH_2 \\ CH_2 \end{matrix} C:CH_2$. (S. auch unter No. 3.) *B.* Bei der Einw. von salpetriger Säure auf 1^1-Amino-1-methyl-cyclobutan als Nebenprodukt (DEMJANOW, LUSCHNIKOW, Ж. **35**, 35; *C.* 1903 I, 828).

3. Kohlenwasserstoff C_5H_8. Nach GUSTAVSON (*J. pr.* [2] **54**, 97; vgl. G., BULATOW, *J. pr.* [2] **56**, 94) wahrscheinlich als „Vinyltrimethylen" (Vinylcyclopropan) $\begin{matrix} H_2C \\ H_2C \end{matrix} CH \cdot CH:CH_2$, nach FECHT (*B.* **40**, 3884) wahrscheinlich als „Spiropentan" $\begin{matrix} H_2C \\ H_2C \end{matrix} C \begin{matrix} CH_2 \\ CH_2 \end{matrix}$, nach DEMJANOW (*B.* **41**, 919) möglicherweise als „Methylentetramethylen"

(Methylencyclobutan) $H_2C {<}^{CH_2}_{CH_2}{>}C:CH_2$ aufzufassen [1]). *B.* Beim Erwärmen von 1 Tl. Penta-
erythrittetrabromhydrin (Bd. I, S. 142) mit 1 Tl. Zinkstaub und 50 %igem Alkohol (GUSTAV-
SON, *J. pr.* [2] **54**, 98). — Kp: 40°; D_0^4: 0,7431; D_0^{14}: 0,7237; D_0^{20}: 0,7229 (G., *J. pr.* [2] **54**,
99). $n_D^{5,4}$: 1,41255; n_D^{20}: 1,41165 (G., *J. pr.* [2] **54**, 103). — Wird beim Erhitzen auf 200°
in andere Kohlenwasserstoffe umgewandelt (G., *J. pr.* [2] **54**, 104). Liefert mit 2 %iger
Kaliumpermanganatlösung ein cyclisches Glykol $C_5H_8(OH)_2$ (Syst. No. 549) (G., *J. pr.* [2]
54, 100). Gibt mit Brom ein Dibromid $C_5H_8Br_2$ (S. 20) (G., *J. pr.* [2] **54**, 99). Beim Erwärmen mit rauchender Salzsäure auf 100° entstehen Verbindungen C_5H_9Cl und $C_5H_{10}Cl_2$
(G., *J. pr.* [2] **54**, 102). Mit Jodwasserstoff in Eisessig wird das Jodid C_5H_9I (S. 20) erhalten
(G., *J. pr.* [2] **54**, 104). Bei Einw. der aus Salpetersäure und arseniger Säure entwickelten
nitrosen Gase entsteht ein Pseudonitrosit $C_5H_8O_3N_2$ (s. u.) (DEMJANOW, *B.* **41**, 916).

Pseudonitrosit $C_5H_8O_3N_2$. *B.* Beim Einleiten der aus Salpetersäure und arseniger
Säure entwickelten nitrosen Gase in die gekühlte Äther. Lösung von „Vinyltrimethylen"
(DEMJANOW, *B.* **41**, 916). — Farblose Blättchen (aus Essigester). Schmilzt bei 145° zu einer
tiefblauen Flüssigkeit, die sich beim weiteren Erhitzen zersetzt. Unlöslich in Wasser, sehr
wenig löslich in kaltem Alkohol und Äther, löslich in heißem Alkohol und Essigester mit
tiefblauer Farbe. — Liefert bei der Oxydation mit starker Salpetersäure Bernsteinsäure.
Gibt bei der Reduktion mit Zinn und Salzsäure ein Diamin $C_5H_8(NH_2)_2$ (Syst. No. 1741)
neben Cyclobutanon. Bei der Einw. von Anilin in warmer alkoh. Lösung entsteht eine Verbindung $C_5H_8 \cdot NH \cdot C_5H_8 \cdot NO_2$ (Syst. No. 1601).

4. **Kohlenwasserstoff** C_5H_8. Nach GUSTAVSON (*J. pr.* [2] **54**, 106) vielleicht als „Äthylidentrimethylen" (Äthylidencyclopropan) $^{H_2C}_{H_2C}{>}C:CH \cdot CH_3$ aufzufassen [1]). *B.* Beim
Erwärmen des aus „Vinyltrimethylen" und Jodwasserstoff erhältlichen Jodids C_5H_9I (S. 20)
mit alkoh. Kalilauge im geschlossenen Rohr auf 100° (GUSTAVSON, *J. pr.* [2] **54**, 105). —
Kp_{750}: 37,5°. D_0^0: 0,7235; D_0^{14}: 0,7052. n_D^{11}: 1,40255.

4. Kohlenwasserstoffe C_6H_{10}.

1. **Cyclohexen, Benzol-tetrahydrid, Tetrahydrobenzol** (Hexanaphthylen)
$C_6H_{10} = H_2C {<}^{CH_2 \cdot CH}_{CH_2 \cdot CH}{>}CH$. *B.* Bei der Einw. von alkoh. Kalilauge oder Chinolin auf
Chlorcyclohexan (S. 21) (MARKOWNIKOW, *A.* 302, 27; FORTEY, *Soc.* 73, 941). Bei der
Einw. von Zinkdiäthyl auf Chlorcyclohexan, neben anderen Produkten (KURSSANOW, *B.* 32,
2974). Bei der Destillation von 1 Tl. Bromcyclohexan mit 5 Tln. Chinolin (BAEYER, *A.*
278, 107). Bei der Einw. einer alkoh. Lösung von Kaliumhydrosulfid auf Brom- oder Jodcyclohexan (BORSCHE, LANGE, *B.* **39**, 393). Bei der Einw. von siedender alkoh. Kalilauge
auf 2-Chlor-1-jod-cyclohexan oder auf 2-Brom-1-jod-cyclohexan (BRUNEL, *A. ch.* [8] **6**,
284). Beim Erhitzen von Cyclohexanol (Syst. No. 502) mit fein verteilter Tonerde auf 160°
(CHAVANNE, VAN ROELAN, *C.* **1909** I, 73). Beim Leiten von Cyclohexanol-Dämpfen über
Tonkugeln, die auf 300° erhitzt werden (BOUVEAULT, *Bl.* [4] **3**, 118), oder über Aluminium-
phosphat bei 300—350° (SENDERENS, *C. r.* 144, 1110; *Bl.* [4] **1**, 694). Durch Erhitzen von
Cyclohexanol mit geschmolzenem Kaliumdisulfat (BRUNEL, *Bl.* [3] **33**, 270). Durch Er-
hitzen von Cyclohexanol mit wasserfreier Oxalsäure auf 100—110° (ZELINSKY, ZELIKOW,
B. **34**, 3252).

Flüssig. Kp_{715}: 82—84° (korr.) (BAEYER, *A.* 278, 108); Kp_{752}: 83—84° (MARK.); Kp_{750}:
83,3° (CH., VAN ROE.); Kp_{748}: 82,3° (FORTEY, *Soc.* 73, 941); Kp_{766}: 83,5° (EIJKMAN,
C. **1907** II, 1211). D_0^0: 0,80893 (MARK.); $D_0^{14,4}$: 0,79934 (PERKIN bei FORTEY, *Soc.* 73, 943);
$D_0^{14,4}$: 0,8138 (E., *C.* **1909** II, 2146); $D_0^{14,4}$: 0,8120 (E., *C.* **1907** I, 1211); D_0^{20}: 0,8102; $D_0^{20,1}$:
0,8081 (BRÜHL, *J. pr.* [2] **49**, 240); D_4^{20}: 0,7995 (PERKIN bei FORTEY, *Soc.* 73, 942); D_4^{20}:
0,8054 (ZELINSKY, ZELIKOW, *B.* **34**, 3252). $n_\alpha^{14,4}$: 1,43998; $n_\gamma^{14,4}$: 1,45507 (PERKIN bei FORTEY,
Soc. 73, 943); $n_\alpha^{14,4}$: 1,4461 (E., *C.* **1909** II, 2146); $n_\gamma^{14,4}$: 1,44516 (E., *C.* **1907** II, 1211); $n_\alpha^{20,1}$:
1,44235; $n_D^{20,1}$: 1,44507; $n_\gamma^{20,1}$: 1,45743 (BRÜHL, *J. pr.* [2] **49**, 240); n_D^{20}: 1,4428 (ZELINSKY,
ZELIKOW, *B.* **34**, 3252). Dispersion: EIJKMAN, *C.* **1907** II, 1211. Absorptionsspektrum:
HARTLEY, DOBBIE, *Soc.* 77, 846. Molekulare Verbrennungswärme bei konstantem Druck:
892,0 Cal. (STOHMANN, *J. pr.* [2] **48**, 450). Magnetische Drehung: PERKIN bei FORTEY,
Soc. 73, 942. — Zersetzung des Cyclohexens unter dem katalytischen Einfluß von Nickel

---

[1]) Über die Bearbeitung nach dem für die 4. Auflage dieses Handbuchs geltenden Literatur-
Schlußtermin (1. I. 1910) s.: FAWORSKI, BATALIN, *B.* **47**, 1648; Ж. **46**, 726; PHILIPOW, *J. pr.*
[2] **93**, 162

bei erhöhter Temp. (250—270°): PADOA, FABRIS, *R. A. L.* [5] 17 II, 131; *G.* 39 I, 338. Einw. von Ozon auf Lösungen des Cyclohexens: HARRIES, NERESHEIMER, *B.* 39, 2848; HA., v. SPŁAWA-NEYMANN, *B.* 41, 3552. Rauchende Salpetersäure wirkt schon bei gewöhnlicher Temp. energisch ein (MARK.). Beim Erhitzen mit Salpetersäure im geschlossenen Rohr auf 100° entsteht neben wenig Adipinsäure eine Säure vom Schmelzpunkt 137—139° (MARK.). Cyclohexen liefert in Äther mit Jod in Gegenwart von Quecksilberchlorid oder mit Chlorjod in Eisessig 2-Chlor-1-jod-cyclohexan (S. 25) (BRUNEL, *C. r.* 135, 1055). Liefert mit Jod in Gegenwart von gelbem Quecksilberoxyd und etwas Wasser in äther. Lösung 2-Jod-cyclohexanol-(1) (Syst. No. 502), in methylalkoholischer oder äthylalkoholischer Lösung den Methyläther bezw. den Äthyläther des 2-Jod-cyclohexanols-(1) (BR., *C. r.* 135, 1055). Liefert in absolut-äther. Lösung bei der Einw. von organischen Säureanhydriden in Gegenwart von gelbem Quecksilberoxyd und Jod Acylderivate des 2-Jod-cyclohexanols-(1) (BR., *C. r.* 139, 1030; *Bl.* [3] 33, 382). Beim Erhitzen des Cyclohexens mit organischen Säuren auf höhere Temp. entstehen die Ester des Cyclohexanols (BR., *A. ch.* [8] 6, 215).

Nitrosit $C_6H_{10}O_3N_2$. Flocken. Schmilzt bei etwa 150° unter Zers. Leicht löslich in Chloroform, löslich in Benzol (BAEYER, *A.* 278, 110).

Nitrosat $C_6H_{10}O_4N_2$. *B.* Beim Eintröpfeln von 1 ccm konz. Salpetersäure in ein stark gekühltes Gemisch aus 1 g Cyclohexen, 1,5 g Isoamylnitrit mit 2 g Eisessig (BAEYER, *A.* 278, 109). — Nadeln. Schmilzt bei 150° unter plötzlicher Zers.

Nitrosochlorid. Weiße Krystalle (aus Äther). F: 152—153° (Zers.). Ist bei gewöhnlicher Temp. sehr beständig (BAEYER, *A.* 278, 108; vgl. WALLACH, *A.* 343, 49).

1-Chlor-cyclohexen-(1) C_6H_9Cl. *B.* Durch Einw. von Phosphorpentachlorid auf Cyclohexanon (Syst. No. 612) (MARKOWNIKOW, *A.* 302, 11). — Flüssig. Kp_{762}: 142—143°.

3-Brom-cyclohexen-(1) C_6H_9Br. *B.* Bei der Einw. von Bromwasserstoff in Eisessig auf den Kohlenwasserstoff C_6H_8, welcher beim Destillieren von 1.2-Dibromcyclohexan mit Chinolin entsteht (CROSSLEY, *Soc.* 85, 1422). — Geraniumartig riechende Flüssigkeit. Kp_{22}: 74°.

3.6-Dibrom-cyclohexen-(1) $C_6H_8Br_2$. *B.* Durch Einw. von Brom auf das Gemisch von Kohlenwasserstoffen, das bei der Reduktion von 2.4-Dichlor-cyclohexadien-(1.3) mit Natrium in wasserhaltigem Äther entsteht (CROSSLEY, HAAS, *Soc.* 83, 498, 504). Bei der Einw. von Brom in Chloroform auf den Kohlenwasserstoff C_6H_8, der bei der Einw. von Chinolin auf 1.2-Dibrom-cyclohexan entsteht (C., *Soc.* 85, 1420; vgl. ZELINSKY, GORSKY, *B.* 41, 2482; *C.* 1909 I, 532). — Prismen (aus Petroläther). F: 108—109° (C., *Soc.* 85, 1421). Leicht löslich in Chloroform und heißem Alkohol (C., *Soc.* 83, 504). — Zersetzt sich bei 170° unter Entwicklung von Bromwasserstoff (C., *Soc.* 85, 1421). Wird beim Erhitzen mit Chinolin in Benzol übergeführt (C., *Soc.* 85, 1406, 1421).

4.5-Dibrom-cyclohexen-(1) $C_6H_8Br_2$. *B.* Aus dem Cyclohexadien-Gemisch, welches beim Destillieren von 1.4-Dibrom-cyclohexan mit Chinolin entsteht, durch Brom in Chloroform bei unvollkommener Bromierung (ZELINSKY, GORSKY, *B.* 41, 2481; *C.* 1909 I, 532). — Krystalle. Kp_{15}: ca. 105°. — Gibt mit Brom in Chloroform 1.2.4.5-Tetrabrom-cyclohexan.

2. *1-Methyl-cyclopenten-(1)* $C_6H_{10} = \begin{matrix} H_2C \cdot CH \\ | \quad\quad >C \cdot CH_3 \\ H_2C \cdot CH_2 \end{matrix}$. *B.* Entsteht neben 1-Methyl-cyclopentanol-(1) bei der Einw. von KNO_2 auf salzsaures 1-Amino-1-methylcyclopentan (MARKOWNIKOW, Ж. 31, 214; *C.* 1899 I, 1212; *A.* 307, 361). — Kp_{754}: 72°. D_0^0: 0,7879; D_0^{20}: 0,7758.

3. *1-Methyl-cyclopenten-(2)* $C_6H_{10} = \begin{matrix} HC : CH \\ | \quad\quad >CH \cdot CH_3 \\ H_2C \cdot CH_2 \end{matrix}$.

a) Präparat von Semmler $C_6H_{10} = C_5H_7 \cdot CH_3$. *B.* Beim Erhitzen von 1 Tl. optisch aktivem 1-Methyl-cyclopentanol-(3) (Syst. No. 502) mit 1 Tl. $ZnCl_2$ auf 120° (SEMMLER, *B.* 26, 775). — Flüssig. Kp: 69—71°. D^{20}: 0,7851. n: 1,4201. — Bei der Oxydation mit $KMnO_4$ entsteht α-Methylglutarsäure.

b) Präparat von Zelinsky $C_6H_{10} = C_5H_7 \cdot CH_3$. *B.* Durch Erhitzen von optisch aktivem 3-Jod-1-methyl-cyclopentan (S. 27) mit wäßr. alkoh. Kalilauge auf 110° (ZELINSKY, *B.* 35, 2491). — Kp_{755}: 69°. D_4^0: 0,7663. n_D^{10}: 1,4222. $[α]_D$: +59,07.

4. *Methylencyclopentan* $C_6H_{10} = \begin{matrix} H_2C \cdot CH_2 \\ | \quad\quad >C : CH_2 \\ H_2C \cdot CH_2 \end{matrix}$. *B.* Bei der langsamen Destillation einer Säure $C_7H_{10}O_2$ (Syst. No. 894), welche aus Cyclopentanol-(1)-essigsäure-(1)-äthylester dur h Wasserabspaltung und Verseifung entsteht (WALLACH, *A.* 347, 325). — Durchdringend lauchartig riechende Flüssigkeit. Kp: 78—81°. D^{10}: 0,78. n_D^{10}: 1,4355. — Liefert bei der Oxydation mit Kaliumpermanganat bei 0° 1-Methylol-cyclopentanol-(1) (Syst. No. 549) und Cyclopentanon (Syst. No. 612).

Nitrosochlorid $C_{12}H_{20}O_2N_2Cl_2 = [C_4H_8{>}CCl{\cdot}CH_2ON]_2$. Zersetzt sich bei $80-81^0$. Liefert beim Behandeln mit Natriummethylat das Oxim des 1-Methylal-cyclopentens-(1) (Syst. No. 616) (WALLACH, A. 347, 322, 327).

5. Methoäthenyl-cyclopropan (?), β-Cyclopropyl-propylen (?) C_6H_{10} =

$\begin{matrix}H_2C\\H_2C\end{matrix}{>}CH{\cdot}C(CH_3){:}CH_2(?)^1)$.   B.   Durch Erhitzen von Dimethyl-cyclopropyl-carbinbromid

(S. 28) mit festem Kaliumhydroxyd im geschlossenen Rohr auf 170^0; Ausbeute $72\,^0/_0$ (HENRY, C. r. 147, 560; BRUYLANTS, C. 1909 I, 1859; R. 28, 209). Aus Dimethyl-cyclopropylcarbinol (Syst. No. 502) mit Phosphorsäureanhydrid (HENRY, C. r. 147, 560). Beim Erhitzen von Dimethyl-cyclopropyl-carbinol mit Alkohol und etwas konz. Schwefelsäure im geschlossenen Rohr auf 100^0 (B., C. 1909 I, 1859; R. 28, 206). — Farblose Flüssigkeit von charakteristischem Geruch. Kp_{753}: 77^0 (korr.) (B.). D^{20}: 0,7375 (B.). Unlöslich in Wasser, löslich in den gewöhnlichen organischen Lösungsmitteln (B.). n_D^{20}: 1,45037 (B.). — Liefert mit Brom in Gegenwart von Wasser ein Produkt der Zusammensetzung $C_6H_9Br_3$ (B.).

6. Isopropyliden-cyclopropan (?), β-Cyclopropyliden-propan (?) C_6H_{10} =

$\begin{matrix}H_2C\\H_2C\end{matrix}{>}C{:}C(CH_3)_2(?)^2)$.   B.   Aus Dimethyl-cyclopropyl-carbinol durch Wasser-Abspaltung

mittels wäßr. Oxalsäurelösung (ZELINSKY, B. 40, 4743). Aus Dimethyl-cyclopropyl-carbinol mit Essigsäureanhydrid in geschlossenen Rohr auf 100^0 (ALEXEJEW, R. 37, 419; C. 1905 II, 403). — Flüssig. Kp_{718}: $71-71,5^0$ (korr.) (Z.); Kp_{743}: $70,5-71^0$ (A.). D^{20}: 0,7532 (A.). n^{17}: 1,4264 (Z.); n_D: 1,424 (A.). — Gibt mit Wasserstoff in Gegenwart von Nickel bei 160^0 2-Methyl-pentan (Bd. I, S. 148) (Z.). Die Lösung des Kohlenwasserstoffs in Chloroform nimmt im Dunkeln ca. 2 At.-Gew. Brom, im Sonnenlicht noch weitere 2 At.-Gew. Brom auf (A.).

5. Kohlenwasserstoffe C_7H_{12}.

1. Cyclohepten, Suberylen, Suberen $C_7H_{12} = \begin{matrix}H_2C{\cdot}CH_2{\cdot}CH\\H_2C{\cdot}CH_2{\cdot}CH_2\end{matrix}{>}CH$.   B.   Beim

Kochen einer alkoh. Lösung von Jodcycloheptan (S. 29) mit einer warm gesättigten alkoh. Kalilauge (MARKOWNIKOW, Ж. 25, 550; J. pr. [2] 49, 429). Bei der Destillation von Cycloheptanol, (Syst. No. 502) mit Phosphorpentoxyd (HARRIES, TANK, B. 41, 1709). Man führt Trimethyl-cycloheptyl-ammoniumjodid (Syst. No. 1594) mittels feuchten Silberoxyds in das Hydroxyd über und destilliert die erhaltene Lösung (WILLSTÄTTER, A. 317, 221, 306). — Öl. Kp: $114,5-115^0$ (korr.) (MARK.), 115^0 (korr.) (W.). D_4^0: 0,8407; D_4^{20}: 0,8245 (MARK.); D_4^{20}: 0,823 (H., T.). n_D^{20}: 1,45301 (H., T.). Molekulare Verbrennungswärme bei konstantem Vol.: 1058,7 Cal. (SUBOW, Ж. 33, 722; C. 1902 I, 161). — Einw. von Ozon: H., T., B. 41, 1710.

3-Brom-cyclohepten-(1), Cycloheptadien-hydrobromid, Hydrotropiliden-hydrobromid $C_7H_{11}Br$.   B.   Aus dem Cycloheptadien-(1.3) (Hydrotropiliden; S. 115) mit einer $40\,^0/_0$igen Lösung von Bromwasserstoff in Eisessig unter Kühlung (WILLSTÄTTER, B. 30, 728; A. 317, 255). — Öl mit schwachem, aber anhaftendem Geruch. Kp_{12}: 85^0 (korr.). — Reduziert Permanganatlösung sofort und addiert in Eisessig augenblicklich Brom. Gibt mit Dimethylamin 3-Dimethylamino-cyclohepten-(1) (Syst. No. 1595).

3.7-Dibrom-cyclohepten-(1), Cycloheptadien-dibromid $C_7H_{10}Br_2$. Zur Konstitution vgl. WILLSTÄTTER, A. 317, 367. — B. Aus Cycloheptadien-(1.3) mit Brom in Chloroform bei -5^0 (W., B. 34, 134; A. 317, 256). — Ziemlich dickflüssiges, süßlich riechendes Öl. Kp_{23}: 132^0; Kp_{15}: 123^0 (korr.) (W., A. 317, 256). — Färbt sich an der Luft rasch dunkel und entwickelt bei längerem Stehen Bromwasserstoff (W., A. 317, 257). Reduziert Permanganat und addiert

---

[1]) Besitzt nach einer Arbeit von KISHNER, KLAWIKORDOW (Ж. 43, 604; C. 1911 II, 363), welche nach dem für die 4. Aufl. dieses Handbuches geltenden Literatur-Schlußtermin [1. I. 1910] erschienen ist, vielleicht die Konst. eines 2-Methyl-pentadiens-(2.4). — Vgl. dazu die folgende Fußnote.

[2]) In einer Arbeit, welche nach dem für die 4. Auflage geltenden Literatur-Schlußtermin [1. I. 1910] erschienen ist, weisen KISHNER und KLAWIKORDOW (Ж. 43, 596; C. 1911 II, 363) nach daß in dem Kohlenwasserstoff von ALEXEJEW und von ZELINSKY das wirkliche Methoäthenyl-

cyclopropan $\begin{matrix}H_2C\\H_2C\end{matrix}{>}CH{\cdot}C(CH_3){:}CH_2$ vorliegt.

in Eisessiglösung Brom (W., A. 317, 257). Durch Einw. von Methylamin entsteht Isotropidin (Syst. No. 3048) (W., A. 317, 370).

x.x-Dibrom-cyclohepten, Cycloheptatrien-bis-hydrobromid $C_7H_{10}Br_2$. Sehr wahrscheinlich verschieden von 3.7-Dibrom-cyclohepten-(1). — B. Aus Cycloheptatrien (Syst. No. 465a) mit einem Überschuß einer 40%igen Lösung von Bromwasserstoff in Eisessig bei gewöhnlicher Temp. (W., B. 34, 136; A. 317, 264). — Durchdringend riechendes Öl. Kp_{15}: 125—126° (korr.). — Reduziert sofort Permanganat und addiert in Eisessiglösung Brom. Liefert mit Methylamin keine tertiäre Base.

2. 1-Methyl-cyclohexen-(1), Toluol-tetrahydrid-(2.3.4.5), Δ^1-Tetrahydro-toluol, Δ^1-Methylcyclohexen[1]) $C_7H_{12} = H_2C{<}^{CH_2 \cdot CH}_{CH_2 \cdot CH_2}{>}C \cdot CH_2$. (Siehe auch No. 5 und No. 7.) — B. Durch Erhitzen des 1-Chlor-1-methyl-cyclohexans mit gepulvertem KOH (MARKOWNIKOW, Ж. 36, 58; C. 1904 I, 1213). Beim Erhitzen von 1^1-Jod-1-methyl-cyclohexan mit Chinolin (FAWORSKI, BORGMANN, B. 40, 4871). Beim Kochen von Methylen-cyclohexan mit Chinolin in Gegenwart von jodwasserstoffsaurem Chinolin (FAWORSKI, BORGMANN, B. 40, 4870). Durch Kochen von Methylencyclohexan mit alkoh. Schwefelsäure (WALLACH, A. 359, 292; 360, 29) oder durch Erhitzen dieses Kohlenwasserstoffs mit Benzoe-säure auf 150° (FA., BO.). Durch Erhitzen von 1-Methyl-cyclohexanol-(1) mit Zinkchlorid auf 160° (SABATIER, MAILHE, C. r. 138, 1323; Bl. [3] 33, 76; A. ch. [8] 10, 543; WALLACH, A. 359, 298), mit Phthalsäureanhydrid auf 120—125° (WAL., A. 359, 305) oder mit wäßr. Oxalsäure (FA., BO., B. 40, 4871; ZELINSKY, GUTT, Ж. 38, 476; Bl. [4] 4, 999). Durch Erhitzen von 1-Methyl-cyclohexanol-(2) mit Tonerde (MURAT, A. ch. [8] 16, 121). Durch Erhitzen von 1-Methyl-cyclohexanol-(2) mit wasserfreiem Zinkchlorid (SAB., MAIL., C. r. 140, 351; A. ch. [8] 10, 549; WALLACH, A. 359, 307). Beim Erhitzen von linksdrehendem 1-Methyl-cyclohexanol-(3) mit Zinkchlorid (WAL., B. 40, 2823; C. 1903 I, 329; A. 359, 369) oder Phosphorpentoxyd (WAL., A. 329, 369). Durch Erhitzen von 1-Methyl-cyclohexanol-(4) mit Zinkchlorid auf 140°, neben 1-Methyl-cyclohexen-(3) (WAL., A. 359, 306). Aus salz-saurem 1-Amino-1-methyl-cyclohexan mit Kaliumnitrit (MARK., TSCHERDYNZEW, Ж. 32, 302; C. 1900 II, 630; MARK., Ж. 36, 58; C. 1904 I, 1213). Neben einem Jodid $C_7H_{13}I$ beim Destillieren von Perseit mit Jodwasserstoffsäure (D: 1,85) und rotem Phosphor (MAQUENNE, A. ch. [6] 19, 184; 28, 270; MARK., Ж. 36, 59; C. 1904 I, 1213; vgl. dazu KISHNER, Ж. 40, 686, 696). — Entsteht neben anderen Produkten bei der Destillation von Kolophonium für sich allein oder unter Zusatz von etwas ungelöschtem Kalk, findet sich daher in der Harzessenz (Syst. No. 4740) (RENARD, C. r. 91, 419; Bl. [2] 36, 215; A. ch. [6] 1, 231; TILDEN, B. 13, 1605; MORRIS, Soc. 41, 174; MAQUENNE, A. ch. [6] 19, 26; 28, 270; MAR-KOWNIKOW, Ж. 36, 41; C. 1904 I, 1213; vgl. dazu KISHNER, Ж. 40, 686, 696).

Terpentinähnlich riechende Flüssigkeit. Kp: 110,5—111° (korr.) (Z., G.); Kp_{747}: 108° (MARK., TSCHER.); Kp_{750}: 107,5°; Kp_{763}: 109° (MARK., Ж. 36, 58; C. 1904 I, 1213); Kp_{767}: 108° (SAB., MAIL., C. r. 138, 1323; Bl. [3] 33, 76; A. ch. [8] 10, 543; Kp_{767}: 110,5—111,5° (FAW., BORG., B. 40, 4871); Kp: 111—112° (WAL., A. 359, 298). D_4^0: 0,823 (SAB., MAIL., C. r. 140, 351; A. ch. [8] 10, 550); D_4^0: 0,827; D_4^{14}: 0,816 (SAB., MAIL., C. r. 138, 1323; Bl. [3] 33, 76; A. ch. [8] 10, 543); D_0^0: 0,8166; D_0^0: 0,8005; D_0^{15}: 0,8017 (MARK., Ж. 36, 58; C. 1904 I, 1213); D^{14}: 0,8123 (EIJKMAN, C. 1907 II, 1211); D^{20}: 0,8110 (WAL., A. 359, 298); D_4^0: 0,8099 (Z., G.). n_α^{14}: 1,4493 (EIJK., C. 1907 II, 1211); n_D^{15}: 1,458 (SAB., MAIL., A. ch. [8] 10, 543); n_D^0: 1,4496 (WAL., A. 359, 298). Dispersion: EIJK., C. 1907 II, 1211. Ist optisch inaktiv (MARK., STADNIKOW, A. 336, 320). Molekulare Verbrennungswärme bei konstantem Vol.: 1047,6 Cal. (SUBOW, Ж. 33, 722; C. 1902 I, 161). — Oxydiert sich an der Luft (MARK., Ж. 36, 59; C. 1904 I, 1213). Liefert bei der Oxydation mit konz. Kalium-permanganat-Lösung bei 0° 1-Acetyl-cyclopenten-(1) (vgl. HARDING, HAWORTH, PERKIN, Soc. 93, 1961; WAL., v. MARTIUS, B. 42, 146; A. 365, 275), δ-Acetyl-valeriansäure neben geringen Mengen Adipinsäure (Syst. No. 549) und 1.2-Dioxy-1-methyl-cyclohexan (WAL., A. 359, 298). Gibt mit konz. Schwefelsäure Methylcyclohexan (MAQUENNE, A. ch. [6] 28, 279; Bl. [3] 9, 129; vgl. dazu KISHNER, Ж. 40, 676, 687). Gibt mit Mercurisulfat einen gelben Niederschlag (MURAT, A. ch. [8] 16, 123). Versetzt man eine alkoh. Lösung des Kohlen-wasserstoffs mit konz. Schwefelsäure, so nimmt die alkoh. Lösung eine blaue, die Trennungs-schicht eine gelbe, bald in orange übergehende Färbung an, und beim Umschütteln färbt sich das Gemisch grün; mit Salpetersäure (D: 1,45) gibt der Kohlenwasserstoff eine blaugrüne Färbung (MARK., Ж. 36, 59; C. 1904 I, 1213).

---

[1]) Zur Kritik der einzelnen Präparate vgl. die Abhandlung von AUWERS, ELLINGER (A. 387, 219 [1912]), die nach dem für die 4. Auflage geltenden Literatur-Schlußtermin [1. I. 1910] erschienen ist.

Nitrosit $C_7H_{13}O_3N_3$. *B.* Aus 1-Methyl-cyclohexen-(1) in Ligroin mit Kaliumnitrit-lösung und Eisessig (MURAT, *A. ch.* [8] **16**, 124). — Gelbe Blättchen. F: 102°.

Nitrosat $C_7H_{13}O_4N_3$. *B.* Aus 1-Methyl-cyclohexen-(1) mit Amylnitrit und Sal-petersäure (WALLACH, *A.* **329**, 369; **359**, 301; MURAT, *A. ch.* [8] **16**, 124). — Nadeln (aus Methylalkohol). F: 104° (M.), 106—107° (WAL., *A.* **329**, 370).

Nitrosochlorid $C_7H_{12}\mathbf{O}NCl = H_2C{<}{\substack{CH_2 \cdot CHON \\ CH_2 - CH_2}}{>}CCl \cdot CH_3$ (vielleicht dimolekular).

B. Aus 1-Methyl-cyclohexen-(1) mit rauchender Salzsäure und $NaNO_2$ bei 0° (MARKOWNI-KOW, Ж. **36**, 60; FAWORSKI, BORGMANN, *B.* **40**, 4870; vgl. MAQUENNE, *A. ch.* [6] **26**, 272). — Farblose Tafeln (aus Ligroin). F: 92° (M.), 97,5° (F. B.). Zersetzt sich bei 115° (F., B.). — Liefert mit Natriummethylat das Oxim des 1-Methyl-cyclohexen-(1)-ons-(6) (Syst.

No. 616) und die Verbindung $H_2C{<}{\substack{CH_2 \cdot C(:NOH) \\ CH_2 - CH_2}}{>}C(O \cdot CH_3) \cdot CH_3$ (Syst. No. 739) (WAL-LACH, *A.* **359**, 301).

3. *1-Methyl-cyclohexen-(2)* [L.-R.-Bezf.: Methyl-3-cyclohexen-1], *Toluol-tetrahydrid-(1.2.3.4)*, $\varDelta^2$-*Tetrahydrotoluol*, $\varDelta^2$-*Methylcyclohexen* $C_7H_{12} =$

$H_2C{<}{\substack{CH:CH \\ CH_2 - CH_2}}{>}CH \cdot CH_3$. (Siehe auch Nr. 5.) — Aktive Form. *B.* Aus dem unbe-ständigen 3-Brom-1-methyl-cyclohexan [aus linksdrehendem 1-Methyl-cyclohexanol-(3)] (S. 32) durch Destillation oder Einw. von Alkalien, aus dem beständigen 3-Brom-1-methyl-cyclohexan [aus linksdrehendem 1-Methyl-cyclohexanol-(3)] durch Einw. von alkoh. Kali, neben 1-Methyl-cyclohexen-(3) (MARKOWNIKOW, Ж. **35**, 1039, 1043; *A.* **341**, 137, 146; Ж. **36**, 58; *Bl.* [3] **34**, 220; MARK., PRZEWALSKI, Ж. **35**, 1053; *C.* **1904** I, 1346; *Bl.* [3] **34**, 217). — Konnte nicht frei von 1-Methyl-cyclohexen-(3) erhalten werden; reichert sich in den Fraktionen oberhalb 103° an (MARK., Ж. **36**, 54). Kp: ca. 105° (MARK., Ж. **36**, 58). — Liefert bei der Oxydation mit Salpetersäure α-Methyl-adipinsäure (MARK., P.).

4. *1-Methyl-cyclohexen-(3)* [L.-R.-Bezf.: Methyl-4-cyclohexen-1], *To-luol-tetrahydrid-(1.2.3.6)*, $\varDelta^3$-*Tetrahydrotoluol*, $\varDelta^3$-*Methylcyclohexen*

$C_7H_{12} = HC{<}{\substack{CH \cdot CH_2 \\ CH_2 \cdot CH_2}}{>}CH \cdot CH_3$ (s. auch No. 5).

a) Rechtsdrehende Form $C_7H_{12} = C_6H_9 \cdot CH_3$. *B.* Aus dem unbeständigen 3-Brom-1-methyl-cyclohexan [aus linksdrehendem 1-Methyl-cyclohexanol-(3)] durch Destillation oder Einw. von Alkalien, aus dem beständigen 3-Brom-1-methyl-cyclohexan [aus linksdrehendem 1-Methyl-cyclohexanol-(3)] durch alkoh. Kalilauge, neben 1-Methyl-cyclohexen-(2) (MAR-KOWNIKOW, Ж. **35**, 1039, 1043; *A.* **341**, 137, 146; Ж. **36**, 58; *Bl.* [3] **34**, 220; MARK., PRZE-WALSKI, Ж. **35**, 1053; *C.* **1904** I, 1346; *Bl.* [3] **34**, 217). Bei der Destillation des Xanthogen-säureesters des linksdrehenden 1-Methyl-cyclohexanols-(3) $CH_3 \cdot C_6H_{10} \cdot O \cdot CS_2 \cdot CH_3$ (Syst. No. 502) (MARKOWNIKOW, STADNIKOW, Ж. **35**, 392; *C.* **1903** II, 289; *A.* **336**, 313; MARK., Ж. **35**, 1050; *C.* **1904** I, 1346). Durch Destillation des sauren Phthalsäureesters des linksdrehenden 1-Methyl-cyclohexanols-(3) (MARK., Ж. **35**, 1050; *C.* **1904** I, 1346; **36**, 55; *C.* **1904** I, 1213; vgl. TSCHECHOWITSCH, Ж. **39**, 6; *C.* **1907** I, 1407; *Bl.* [4] **4**, 1629). Durch Dehydratation des linksdrehenden 1-Methyl-cyclohexanols-(3) mit Camphersäure (ZELIKOW, *B.* **37**, 1377). — Kp_{753}: 101,9°; Kp_{760}: 103° (MARK., ST.; MARK., Ж. **36**, 55; *C.* **1904** I, 1213); Kp_{757}: 102° (Z.). D_0^0: 0,8207; D_0^{12}: 0,8047; D_0^{15}: 0,80406; D_4^{20}: 0,7986; D_{15}^{20}: 0,7992; D_4^{25}: 0,8003 (MARK., Ж. **36**, 55; *C.* **1904** I, 1213); D_4^{15}: 0,8002; n_D^{18}: 1,4443 (Z.). $[\alpha]_D^{15}$: +110° (MARK., ST.; MARK., Ж. **36**, 56; *C.* **1904** I, 1213); $[\alpha]_D$: +107,05° (Z.). — Gibt bei der Oxydation β-Methyl-adipin-säure (MARK., ST.; MARK., Ж. **35**, 1055; *C.* **1904** I, 1346). Bei der Einw. von 50%iger Schwefel-säure entstehen linksdrehendes 1-Methyl-cyclohexanol-(3) und der Kohlenwasserstoff

$H_2C{<}{\substack{CH(CH_3) \cdot CH_2 \\ CH_2 - CH_2}}{>}CH \cdot C{<}{\substack{CH_2 \cdot CH(CH_3) \\ CH_2 - CH_2}}{>}CH_2$ (MARK., Ж. **35**, 1069; *C.* **1904** I, 1346). Läßt man rauchende Halogenwasserstoffsäuren bei gewöhnlicher Temp. längere Zeit ein-wirken, so erhält man ein Gemisch des beständigen und des unbeständigen 3-Halogen-1-methyl-cyclohexans (s. S. 31, 32, 33) (MARK., Ж. **35**, 1038; *A.* **341**, 135; Ж. **36**, 56; *Bl.* [3] **34**, 219; MARK., PRZEWALSKI, Ж. **35**, 1053; *C.* **1904** I, 1346; *Bl.* [3] **34**, 215).

Nitrosochlorid $C_7H_{12}ONCl$. *B.* Durch Zusatz von $NaNO_2$ zu einem Gemisch von 1 Vol. rechtsdrehendem 1-Methyl-cyclohexen-(3) und 9 Vol. Salzsäure (D: 1,16) (MARKOWNIKOW, Ж. **36**, 57; *Bl.* [3] **34**, 219). Aus 4 Vol. Kohlenwasserstoff, 5 Vol. Eisessig und 3 Vol. Äthyl-nitrit bei —10° durch langsamen Zusatz von 1,5 Vol. Salzsäure (D: 1,19) in 4 Vol. Eis-essig (M.). — Blaugrüne Flüssigkeit, die bei —82° nicht erstarrt. Ziemlich beständig.

b) Inaktive Form $C_7H_{12} = C_6H_9 \cdot CH_3$. *B.* Beim Erhitzen von 1-Methyl-cyclohexanol-(4) mit Zinkchlorid auf 140°, neben 1-Methyl-cyclohexen-(1) (WALLACH, *A.* **359**, 306; vgl.

SABATIER, MAILHE, *C. r.* **140**, 352; *A. ch.* [8] **10**, 557). — Wurde nicht in reinem Zustande isoliert. Liefert bei der Oxydation mit Permanganat inaktive β-Methyl-adipinsäure (W.).

5. Methylcyclohexene mit unbekannter Lage der Doppelbindung C_7H_{12} = $C_6H_9 \cdot CH_3$.

Die im folgenden aufgeführten Präparate sind in der Literatur zum Teil als chemische Individuen beschrieben und mit bestimmten Strukturformeln versehen worden. Da jedoch die zur Anwendung gebrachten Reaktionen die Möglichkeit einer zum mindesten teilweisen Isomerisation nicht ausschließen (vgl. z. B.: MARKOWNIKOW, Ж. **36**, 39 ff.; ZELINSKY, GUTT, Ж. **38**, 476; *Bl.* [4] **4**, 999; WALLACH, *A.* **329**, 372; **359**, 290; Terpene und Campher [Leipzig 1914], S. 23 ff., 423) und ein Konstitutionsbeweis auf chemischem Wege in keinem Falle erbracht worden ist, so dürften diese Kohlenwasserstoffe ohne Ausnahme Gemische von Strukturisomeren darstellen, von denen es mitunter zweifelhaft sein kann, ob sie das Isomere, welches der Autor in den Händen zu haben glaubte, überhaupt in wesentlicher Menge enthalten haben. Nach WALLACH (*A.* **359**, 290) scheint von den 4 Kohlenwasserstoffen C_7H_{12}, welche einen Sechsring enthalten, 1-Methyl-cyclohexen-(1) die stabilste Verbindung zu sein.

a) **Methylcyclohexen von Markownikow** aus 3-Chlor-1-methyl-cyclohexan. *B.* Man führt 3 Chlor-1-methyl-cyclohexan (S. 31) in das entsprechende Jodid über und setzt dieses mit Silberacetat um (MA., Ж. **36**, 57; *C.* **1904** I, 1213). — Flüssig. Kp_{767}: 103,5°. D_0^0: 0,8172; D_4^{20}: 0,7999; D_{18}^{18}: 0,80305. Optisch inaktiv.

b) **Methylcyclohexen von Kondakow und Schindelmeiser.** *B.* Aus 3-Brom-1-methyl-cyclohexan ([α]$_D$: +1° 23') (S. 32) durch alkoh. Kalilauge (Ko., SCHI., *J. pr.* [2] **61**, 485). — Kp_{751}: 103,25—103,5°. D_0^0: 0,8022. n_D^{20}: 1,44236. [α]$_D^{20}$: +80° 46'.

c) **Methylcyclohexen von Zelinsky** aus 3-Jod-1-methyl-cyclohexan. *B.* Durch Erhitzen von 3-Jod-1-methyl-cyclohexan [α$_D$: 1° 2' (*l* = 25 mm)] (S. 33) mit wäßr.-alkoh. Kalilauge auf 100° (ZE., Ж. *B.* **35**, 2492; vgl. MARKOWNIKOW, Ж. **36**, 54). — Kp_{760}: 103—103,5° (korr.). D_4^{0}: 0,7937. n_D^{20}: 1,4387. [α]$_D$: 81,47°. — Verändert sich beim Aufbewahren. Wird von Kaliumcarbonatlösung auch beim Erhitzen auf 180—190° unter Druck nicht angegriffen.

d) **Methylcyclohexen von Wallach** aus dem Jodid $C_7H_{11}I$ aus 1-Methyl-cyclohexanol-(3). *B.* Beim Erwärmen des aus linksdrehendem 1-Methyl-cyclohexanol-(3) (Syst. No. 502) mit Jod und gelbem Phosphor erhaltenen Jodids mit Chinolin (W., *A.* **289**, 343). — Kp: 103—105°; D^{20}: 0,806; n_D: 1,4445 (W., *A.* **289**, 343). Optisch aktiv; bildet kein schwer lösliches Nitrosat (W., Terpene und Campher [Leipzig 1914], S. 423).

e) **Methylcyclohexen von Sabatier, Mailhe** aus 1-Methyl-cyclohexanol-(2). *B.* Aus 1-Methyl-cyclohexanol-(2) mit ZnCl₂, neben 1-Methyl-cyclohexen-(1) (SA., MAI., *C. r.* **140**, 351; *A. ch.* [8] **10**, 550; vgl. W., *A.* **359**, 308). — Kp: 103—105°. D_0^0: 0,821.

f) **Methylcyclohexen vom Kp: 103—105° von Murat** aus 1-Methyl-cyclo-hexanol-(2). *B.* Durch Erhitzen von 1-Methyl-cyclohexanol-(2) mit Tonerde (MURAT, *A. ch.* [8] **16**, 121). — Kp: 103—105°. Liefert ein Dichlorid vom Kp_{20}: 123—125° und ein Dibromid vom Kp_{25}: 128°. Gibt mit Mercurisulfat einen gelben amorphen Niederschlag.

Nitrosit $C_7H_{12}O_3N_2$. *B.* Aus Methylcyclohexen in Ligroin und einer gesättigten Natriumnitritlösung auf Zusatz von Eisessig (MURAT, *A. ch.* [8] **16**, 122). — Gelbe Tafeln (aus Chloroform). F: 103°.

Nitrosat $C_7H_{12}O_4N_2$[1]). *B.* Aus Methylcyclohexen, Amylnitrit und Salpetersäure (MURAT, *A. ch.* [8] **16**, 122). — Prismen (aus Chloroform oder Ligroin). F: 104°. Unlöslich in Wasser. Wird durch Salzsäure langsam, durch Schwefelsäure explosionsartig zersetzt.

Nitrosochlorid $C_7H_{12}ONCl$. *B.* Aus Methylcyclohexen in Salzsäure mit festem Natriumnitrit (MURAT, *A. ch.* [8] **16**, 123). — Sehr unbeständige Krystallmasse.

g) **Methylcyclohexen von Sabatier, Mailhe** aus 1-Methyl-cyclohexanol-(3). *B.* Durch Erhitzen von inakt. 1-Methyl-cyclohexanol-(3) mit wasserfreiem Zinkchlorid (SA., MAI., *C. r.* **140**, 352; *A. ch.* [8] **10**, 554; vgl. WALLACH, FRANKE, *A.* **329**, 369). — Kp: 105° (korr.); D_0^0: 0,819 (SA., MAI.).

h) **Methylcyclohexen von Knoevenagel.** *B.* Aus inaktivem 1-Methyl-cyclo-hexanol-(3) (Syst. No. 502) mittels Phosphorpentoxyd (KN., *A.* **289**, 155; **297**, 158, 183). — Flüssigkeit von ligroinähnlichem Geruch. Kp_{785}: 103—104°; Kp_{760}: 105—106° (korr.). $D^{20'}$: 0,8048. n_D: 1,4454. Gibt mit Brom ein Dibromid vom Kp_{20}: 117—118°.

i) **Methylcyclohexen von Zelinsky, Zelikow** aus 1-Methyl-cyclohexanol-(3). *B.* Durch Erhitzen von linksdrehendem 1-Methyl-cyclohexanol-(3) mit krystallisierter Oxal-

---

[1]) Da nach WALLACH (*A.* **329**, 370; **359**, 290; Terpene und Campher [Leipzig 1914], S. 423) von den 3 Methylcyclohexenen nur das 1-Methyl-cyclohexen-(1) durch ein schwer lösliches Nitrosat charakterisiert ist, hat der Kohlenwasserstoff von MURAT vielleicht im wesentlichen aus 1-Methyl-cyclohexen-(1) bestanden.

säure auf 100—110° (ZELINSKY, ZELIKOW, *B.* **34**, 3252). — Kp_{745}: 105—106°; D_4^{22}: 0,8019; n_D^{22}: 1,4444; $[\alpha]_D$: +17,78° (Z., Z.). Molekulare Verbrennungswärme bei konstantem Volum: 1053,2 Cal. (SUBOW, Ж. **33**, 722; *C.* **1902** I, 161).

k) Methylcyclohexen von Senderens. *B.* Man leitet 1-Methyl-cyclohexanol-(4) über $AlPO_4$ bei 300—350° (SENDERENS, *C. r.* **144**, 1110; *Bl.* [4] 1, 694). — Kp: 102,5 bis 103,5°.

l) Methylcyclohexen von Eijkman. *B.* Aus 1-Methyl-cyclohexanol-(4) durch Erhitzen mit Kaliumdisulfat (EIJKMAN, *C.* **1907** II, 1211). — Kp_{750}: 102,5°. $D^{17,4}$: 0,8023. $n_\alpha^{17,4}$: 1,44138; Dispersion: E.

3-Chlor-1-methyl-cyclohexen-(x) $C_7H_{11}Cl = C_6H_8Cl \cdot CH_3$. *B.* Man behandelt 1-Methyl-cyclohexanon-(3) mit Phosphorpentachlorid und erwärmt das Reaktionsprodukt auf dem Wasserbade (KLAGES, *B.* **32**, 2568). — Kp_{29}: 76—79°; Kp: 160—170° (Zers.). D^{18}: 1,021. n_D: 1,48891. — Das beim Bromieren entstehende Bromid gibt, mit Chinolin gekocht, m-Chlor-toluol.

6. *Methylen-cyclohexan* $C_7H_{12} = H_2C{<}{CH_2 \cdot CH_2 \atop CH_2 \cdot CH_2}{>}C:CH_2$. (S. auch No. 7.) *B.* Bei der Einw. von alkoh. Kalilauge auf 1^1-Jod-1-methyl-cyclohexan (FAWORSKI, BORGMANN, *B.* **40**, 4865; vgl. WALLACH, *A.* **359**, 294). Durch Destillation der Cyclohexen-(1)-essigsäure-(1) (Syst. No. 894) (W., ISAAC, *A.* **347**, 329; W., *A.* **359**, 291). Durch Destillation von Cyclohexylidenessigsäure (Syst. No. 894) im Wasserstoffstrome (W., *A.* **365**, 262). — Flüssig. Kp_{760}: 102—103° (F., B.); Kp: 103° bezw. 106° (W., *A.* **359**, 291). D_4^0: 0,8184 (F., B.); D^{20}: 0,802 bezw. 0,804 (W., *A.* **359**, 291). n_D^0: 1,4491 bezw. 1,4516 (W., *A.* **359**, 291). — Gibt bei der Oxydation mit Kaliumpermanganat 1-Methylol-cyclohexanol-(1) (Syst. No. 549) und Adipinsäure (F., B.; W., *A.* **359**, 293), daneben entsteht Cyclohexanon (Syst. No. 612) (W., *A.* **359**, 294). Gibt in Eisessig mit Chlorwasserstoff ein Chlorid vom Kp: 151—152° (Zers.). (W., *A.* **359**, 292). Beim Kochen mit alkoh. Schwefelsäure entsteht 1-Methyl-cyclohexen-(1) (W., *A.* **359**, 292). Geht beim Kochen mit Chinolin in Gegenwart von jodwasserstoffsaurem Chinolin in das 1-Methyl-cyclohexen-(2) über (F., B.). Liefert mit Eisessig und Schwefelsäure das Acetat des 1-Methyl-cyclohexanols-(1) (W., *A.* **359**, 292).

Nitrosochlorid $C_7H_{12}ONCl = C_5H_{10}{>}CCl \cdot CH_2ON$ (vielleicht dimolekular). *B.* Aus Methylen-cyclohexan in Salzsäure mit Kaliumnitrit (FAWORSKI, BORGMANN, *B.* **40**, 4867). — Tafeln (aus Benzol). Schmilzt beim langsamen Erhitzen bei 118°, beim schnellen Erhitzen bei 145° und zersetzt sich gleich nach dem Schmelzen (F., B.). — Gibt mit Natriummethylat (WALLACH, *A.* **347**, 336) oder beim Erwärmen mit Natriumacetat und Eisessig das Oxim des 1-Methylal-cyclohexens-(1) (Syst. No. 616) (W., *A.* **359**, 292).

7. *Präparate von Kohlenwasserstoffen* C_7H_{12}, *für welche die Konstitution des Methylen-cyclohexans und des 1-Methyl-cyclohexens-(1) in Betracht kommt* (vgl. auch No. 2 und No. 6).

a) Präparat von Einhorn. *B.* In sehr geringer Menge aus 10 g o-[Oxymethyl]-hexahydro-benzoesäureester (Syst. No. 1053) durch Erwärmen mit 3 g Chlorzink unter Entwicklung von CO_2, neben verharzten braunschwarzen Kondensationsprodukten (EINHORN, *A.* **300**, 161, 178; vgl. WALLACH, *A.* **347**, 330). — Leicht bewegliche, das Licht stark brechende Flüssigkeit von eigentümlichem, an die Petroleumkohlenwasserstoffe erinnerndem Geruch. Kp: 105—115° (E., *A.* **300**, 178).

b) Präparat von Sabatier, Mailhe. *B.* Durch Erhitzen von Cyclohexyl-carbinol (Syst. No. 502) mit wasserfreiem Zinkchlorid (SABATIER, MAILHE, *C. r.* **139**, 344; *Bl.* [3] **33**, 78; *A. ch.* [8] **10**, 536; vgl. WALLACH, *A.* **347**, 330; **359**, 289). — Kp: 105°; D_0^0: 0,828 (S., M.).

8. *1-Äthyl-cyclopenten-(1)* $C_7H_{12} = {H_2C \cdot CH \atop H_2C \cdot CH_2}{>}C \cdot CH_2 \cdot CH_3$. *B.* Durch Erwärmen von 1-Äthyl-cyclopentanol-(1) (Syst. No. 502) mit Zinkchlorid auf dem Wasserbade (WALLACH, v. MARTIUS, *A.* **365**, 276). — Kp: 107—110°. D^{20}: 0,7975. n_D^{20}: 1,4426.

9. *Äthylidencyclopentan* $C_7H_{12} = {H_2C \cdot CH_2 \atop H_2C \cdot CH_2}{>}C:CH \cdot CH_3$. *B.* Bei der Destillation von Cyclopentylidenpropionsäure ${H_2C \cdot CH_2 \atop H_2C \cdot CH_2}{>}C:C(CH_3) \cdot CO_2H$ (Syst. No. 894) (WALLACH, v. MARTIUS, *B.* **42**, 147; *A.* **365**, 274). — Kp: 113—117°. D^{20}: 0,8020. n_D^{20}: 1,4481. — Liefert ein Nitrosochlorid, das beim Kochen mit Natriumacetat und Eisessig HCl abspaltet unter Bildung des Oxims des 1-Acetyl-cyclopentens-(1) (Syst. No. 616).

10. *1.1-Dimethyl-cyclopenten-(2)* [L.-R.-Bezf.: Dimethyl-3.3-cyclopenten-1] $C_7H_{12} = \begin{array}{c} HC:CH \\ H_2C\cdot CH_2 \end{array}\!\!>\!\!C(CH_3)_2$. *B.* Beim Kochen von 2-Brom- oder 2-Jod-1.1-dimethyl-cyclopentan (S. 33) mit alkoh. Kalilauge (KISHNER, Ж. **40**, 1002; *C.* **1908** II, 1859). — Flüssig. Kp_{754}: 78—78,5°. D_4^{20}: 0,7580. n^{20}: 1,4190. — Gibt bei der Oxydation mit Salpetersäure α.α-Dimethyl-glutarsäure (Bd. II, S. 676). Wird durch Wasserstoff nach dem Verfahren von SABATIER zu 1.1-Dimethyl-cyclopentan (S. 33) reduziert. Liefert beim Erhitzen mit Jodwasserstoffsäure auf 200—210° 1.2-Dimethyl-cyclopentan (S. 34) neben anderen Produkten. — Färbt sich beim Erwärmen mit konz. Schwefelsäure grün.

11. *1.2-Dimethyl-cyclopenten-(1)* $C_7H_{12} = \begin{array}{c} H_2C\cdot C(CH_3) \\ H_2C\!\!-\!\!CH_2 \end{array}\!\!>\!\!C\cdot CH_3$. Zur Konstitution vgl. KISHNER, Ж. **40**, 999, 1010; *C.* **1908** II, 1859. — *B.* Entsteht, wenn man Dimethylcyclobutyl-carbinol (Syst. No. 502) mit rauchender Bromwasserstoffsäure erhitzt und das entstandene Gemisch von Bromiden mit alkoh. Kalilauge kocht (KISHNER, Ж. **37**, 513; **40**, 999; *C.* **1905** II, 762; **1908** II, 1859). Beim Erhitzen von Dimethyl-cyclobutyl-carbinol mit krystallisierter Oxalsäure (K., Ж. **40**, 678; *C.* **1908** II, 1342). Entsteht auch, wenn man den Alkohol $\begin{array}{c} H_2C\cdot CH\cdot CH(CH_3)\cdot CH_2\cdot OH \\ H_2C\cdot CH_2 \end{array}$ (Syst. No. 502) mit rauchender Bromwasserstoffsäure erhitzt und das entstandene Bromid mit Wasserdampf destilliert (K., Ж. **40**, 683; *C.* **1908** II, 1342). — Kp_{737}: 103—103,5°; $D_0^{13,5}$: 0,7992; D_4^{20}: 0,7923; n_D^{18}: 1,4447 (K., Ж. **40**, 683; *C.* **1908** II, 1343). — Bei der Oxydation mit Salpetersäure entstehen Oxalsäure, Bernsteinsäure und eine Verbindung $C_7H_{12}O_4N_2$ vom F: 202° (K., Ж. **40**, 1013; *C.* **1908** II, 1859). Läßt sich mit Wasserstoff nach dem Verfahren von SABATIER zu 1.2-Dimethyl-cyclopentan (S. 34) reduzieren (K., Ж. **40**, 1014; *C.* **1908** II, 1859).

Nitrosochlorid $C_7H_{12}ONCl$. *B.* Aus 1.2-Dimethyl-cyclopenten-(1) in Salzsäure mit Natriumnitrit (KISHNER, Ж. **40**, 692, 1000; *C.* **1908** II, 1342, 1859). — F: 73—75°.

12. *3-Methyl-1-methylen-cyclopentan* $C_7H_{12} = \begin{array}{c} CH_3\cdot HC\cdot CH_2 \\ H_2C\cdot CH_2 \end{array}\!\!>\!\!C:CH_2$.

a) Präparat von Zelinsky. *B.* Durch Erhitzen von rechtsdrehendem 1.3-Dimethyl-cyclopentanol-(1) mit Oxalsäure (Z., *B.* **34**, 3950; **35**, 2492). — Kp: 93,5° (korr.); D_4^{15}: 0,7734; n_D^{15}: 1,4296; $[\alpha]_D$: 57,67° (Z., *B.* **34**, 3950). — Wird von Chromsäure zu 1-Methyl-cyclopentanon-(3) (Syst. No. 612) oxydiert (Z., *B.* **34**, 3951).

b) Präparat von Wallach, Speranski. *B.* Aus dem Ammoniumsalz der aus [1-Oxy-3-methyl-cyclopentyl]-essigester durch Wasserabspaltung und Verseifung entstehenden Säure $C_8H_{12}O_2$ (Syst. No. 894) beim Erhitzen auf 230° (SP., Ж. **34**, 24; *C.* **1902** I, 1222; W., SP., *C.* **1902** I, 1293). — Kp: 96—97°; D^{14}: 0,7750 (SP.; W., SP.); n_D^{15}: 1,4336 (W., SP.). — Liefert bei der Oxydation mit Kaliumpermanganat 1-Methyl-cyclopentanon-(3) (SP.).

13. *1-[1¹-Metho-propen-(1¹)-yl]-cyclopropan, β-Cyclopropyl-β-butylen* $C_7H_{12} = \begin{array}{c} H_2C \\ H_2C \end{array}\!\!>\!\!CH\cdot C(CH_3):CH\cdot CH_3$. *B.* Durch Erhitzen von Methyl-äthyl-cyclopropyl-carbin-bromid (S. 34) mit festem Kaliumhydroxyd im geschlossenen Rohr auf 170° (BRUYLANTS, *C.* **1909** I, 1859; *R.* **28**, 226). Aus Methyl-äthyl-cyclopropyl-carbinol und Essigsäureanhydrid (B.). — Flüssig. Kp_{764}: 107—109°. D^{20}: 0,7743. n_D^{15}: 1,44476.

14. *Bicyclo-[0.1.4]-heptan, Norcaran* $C_7H_{12} =$ Stammkörper der Gruppe der Pseudophenylessigsäure und des Carons (vgl. BRAREN, BUCHNER, *B.* **33**, 3454; zur Bezifferung vgl. BAEYER, *B.* **33**, 3774).

6. Kohlenwasserstoffe C_8H_{14}.

1. *Cycloocten* $C_8H_{14} = H_2C\!\!<\!\!\begin{array}{c} CH_2\cdot CH_2\cdot CH \\ CH_2\cdot CH_2\cdot CH_2 \end{array}\!\!>\!\!CH$.

Dibromcyclooctan, α-Cyclooctadien-dibromid $C_8H_{12}Br_2$. Einheitlichkeit fraglich (WILLSTÄTTER, VERAGUTH, *B.* **38**, 1981). — *B.* Neben Bromcyclooctadien $C_8H_{11}Br$ (S. 117) durch Einw. von Brom in gekühlter Chloroformlösung auf das aus ca. 80% Cyclooctadien-(1.5) und ca. 20% eines Bicyclooctens bestehende Gemisch (vgl.: WILLSTÄTTER, VERAGUTH, *B.* **40**, 964; HARRIES, *B.* **41**, 672; W., KAMETAKA, *B.* **41**, 1482), das durch erschöpfende Methylierung des N-Methyl-granatanins (Syst. No. 3047) erhalten wird (W., V., *B.* **38**, 1981). — Süßlich riechendes, opalisierendes Öl. Zersetzt sich beim Aufbewahren. Kp_{14}: 142° bis 143° (korr.). Mischbar mit Benzol, Äther, Chloroform; ziemlich schwer löslich in Alkohol (W., V., *B.* **38**, 1981). — Entfärbt $KMnO_4$-Lösung (W., V.). Liefert beim Erhitzen mit Chinolin ein Cyclooctatrien (Syst. No. 467) (W., V.). — Reizt die Haut stark (W., V.).

2.   *1-Methyl-cyclohepten-(1)*, $Δ^1$-*Methylsuberen* $C_8H_{14} = \begin{matrix} H_2C \cdot CH_2 \cdot CH \\ H_2C \cdot CH_2 \cdot CH_2 \end{matrix} \diagdown C \cdot CH_3$.

B. Aus 1-Methyl-cycloheptanol-(1) beim Erwärmen mit $KHSO_4$ im Wasserstoffstrome (WALLACH, *A.* **345**, 140). — Kp: 137,5—138,5°. $D^{15,5}$: 0,824. $n_D^{15,5}$: 1,4581. — Liefert bei der Oxydation mit 1%iger Kaliumpermanganatlösung ε-Acetyl-n-capronsäure.

Nitrosat $C_8H_{14}O_4N_2$. *B.* Aus 1-Methyl-cyclohepten-(1), Äthylnitrit und konz. Salpetersäure in Eisessig unter starker Kühlung (W., *A.* **345**, 143). — Weiß, krystallinisch. F: 97° bis 98° (Zers.).

Nitrosochlorid $C_8H_{14}ONCl = C_5H_{10} \begin{matrix} -CHON \\ -CCl \cdot CH_3 \end{matrix}$ (vielleicht dimolekular). *B.* Aus 1-Methyl-cyclohepten-(1), Äthylnitrit und konz. Salzsäure in Eisessig unter starker Abkühlung (W., *A.* **345**, 143). — Krystalle. F: 106°. — Bei der Einw. von Natriummethylat-Lösung entsteht 1-Methoxy-1-methyl-cycloheptanoxim-(2) (Syst. No. 739).

3.   *Methylencycloheptan, Methylensuberan* $C_8H_{14} = \begin{matrix} H_2C \cdot CH_2 \cdot CH_2 \\ H_2C \cdot CH_2 \cdot CH_2 \end{matrix} \diagup C : CH_2$. *B.*

Beim Destillieren von Suberylidenessigsäure (WALLACH, *A.* **314**, 158; **345**, 147; vgl. W., KÖHLER, *C.* **1906** II, 602). — Riecht petroleumartig. Kp: 138—140°. Mit Wasserdampf flüchtig. D^{20}: 0,824. n_D^{20}: 1,4611. — Nimmt beim Schütteln mit Wasser und Sauerstoff von letzterem nur sehr wenig auf (W., *A.* **345**, 148). Gibt bei der Oxydation mit $KMnO_4$ bei 0° Suberon, 1-Methylol-cycloheptanol-(1) und 1-Oxy-cycloheptan-carbonsäure-(1) (W., *A.* **345**, 148, 151).

Nitrosochlorid $C_8H_{14}ONCl = C_5H_{10} \begin{matrix} -CH_2 \\ -CCl \cdot CH_2ON \end{matrix}$ (vielleicht dimolekular). *B.* Aus 1-Methylen-cycloheptan, Äthylnitrit und HCl in Eisessig unter Kühlung (W., *A.* **345**, 152; W., KÖHLER, *C.* **1906** II, 602). — Liefert bei der Einw. von Natriummethylat-Lösung das Oxim des 1-Methylal-cycloheptens-(1).

4.   *1-Äthyl-cyclohexen-(1)* $C_8H_{14} = H_2C \diagdown \begin{matrix} CH_2 \cdot CH \\ CH_2 \cdot CH_2 \end{matrix} \diagup C \cdot C_2H_5$ (vgl. Fußnote zu Nr. 7).

Wahrscheinlich nicht völlig einheitlich. — *B.* Durch Erhitzen von 1-Äthyl-cyclohexanol-(1) mit $ZnCl_2$ gegen 160° (SABATIER, MAILHE, *C. r.* **138**, 1323; *Bl.* [3] **33**, 76; *A. ch.* [8] **10**, 544) oder im Wasserbade (WALLACH, MENDELSOHN-BARTHOLDY, *A.* **360**, 50). Durch Kochen von Äthylidencyclohexan mit alkoh. Schwefelsäure (W., M.-B.). — Wenig angenehm riechende Flüssigkeit. Kp: 134—135° [aus 1-Äthyl-cyclohexanol-(1)] (W., M.-B.), 134—136° [aus Äthylidencyclohexan] (W., M.-B.); Kp_{760}: 134° (S., M.). D^{20}: 0,8260; n_D^{20}: 1,4576 [aus 1-Äthyl-cyclohexanol-(1)] (W., M.-B.). D^{19}: 0,8235; n_D^{19}: 1,4591 [aus Äthylidencyclohexan] (W., M.-B.). — Gibt ein Nitrosochlorid, das durch Einw. von Natriumacetat und Eisessig und Zerlegung des Reaktionsprodukts mit Schwefelsäur ein 1-Äthyl-cyclohexen-(1)-on-(6) (Syst. No. 616) übergeführt wird (W., M.-B.).

5.   *Äthylidencyclohexan* $C_8H_{14} = H_2C \diagdown \begin{matrix} CH_2 \cdot CH_2 \\ CH_2 \cdot CH_2 \end{matrix} \diagup C : CH \cdot CH_3$. *B.* Durch langsame Destillation von α-[Cyclohexen-(1)-yl]-propionsäure (Syst. No. 894) (vgl. HARDING, HAWORTH, PERKIN, *Soc.* **93**, 1962) unter gewöhnlichem Druck (WALLACH, EVANS, *A.* **360**, 45). — Kp: 137° bis 138°; D^{18}: 0,8230; D^{20}: 0,8220; n_D^{18}: 1,4631; n_D^{20}: 1,4626 (W., E.). — Geht bei mehrstündigem Erwärmen mit alkoh. Schwefelsäure hauptsächlich in 1-Äthyl-cyclohexen-(1) über (W., E.). Liefert sehr leicht ein Nitrosochlorid, aus dem durch Erwärmen mit methylalkoholischem Natriummethylat die Verbindung $H_2C \diagdown \begin{matrix} CH_2 \cdot CH_2 \\ CH_2 \cdot CH_2 \end{matrix} \diagup C \diagdown \begin{matrix} O \cdot CH_3 \\ C(:N \cdot OH) \cdot CH_3 \end{matrix}$ (Syst. No. 739), durch Erwärmen mit Natriumacetat und Eisessig und Zerlegung des Reaktionsprodukts mit

Schwefelsäure Δ^1-Tetrahydroacetophenon (Syst. No. 616), durch Erwärmen mit Dimethyl-anilin und Zersetzung mit Schwefelsäure neben Δ^1-Tetrahydroacetophenon noch Aceto-phenon gebildet wird (W., E.).

6. *Äthenylcyclohexan, Cyclohexyläthylen. Styrol-hexahydrid-*
(1.2.3.4.5.6) $C_8H_{14} = H_2C{<}{{}^{CH_2\cdot CH_2}_{CH_2\cdot CH_2}}{>}CH\cdot CH{:}CH_2$.

1'-Chlor-1-äthenyl-cyclohexan, α-Chlor-α-cyclohexyl-äthylen, α-Chlor-styrol-hexahydrid-(1.2.3.4.5.6) $C_8H_{13}Cl = H_2C{<}{{}^{CH_2\cdot CH_2}_{CH_2\cdot CH_2}}{>}CH\cdot CCl{:}CH_2$. *B.* Man trägt 126 g Hexahydroacetophenon langsam in 210 g PCl_5 ein und erhitzt 1 Stde. auf dem Wasserbade (DARZENS, ROST, *C. r.* **149**, 681). — Farblose Flüssigkeit. Kp_{24}: 70—74°. — Geht beim Er-hitzen mit pulverisiertem Kaliumhydroxyd in Cyclohexylacetylen (S. 117) über.

7. *Kohlenwasserstoff* C_8H_{14}. Struktur des Kohlenstoffskeletts $C{<}{{}^{C-C}_{C-C}}{>}C\cdot C\cdot C^1$). *B.* Durch Erhitzen von Methyl-cyclohexyl-carbinol mit Zinkchlorid (SABATIER, MAILHE, *C. r.* **139**, 344; *Bl.* [3] **33**, 78; *A. ch.* [8] **10**, 538). — Kp: 135°. D_4^0: 0,842; D_4^{15}: 0,832. n_D^{15}: 1,462.

8. *1.1-Dimethyl-cyclohexen-(2)* [L.-R.-Bezf.: Dimethyl-3.3-cyclohexen-1] $C_8H_{14} = H_2C{<}{{}^{CH\,:\,CH}_{CH_2\cdot CH_2}}{>}C(CH_3)_2$.

3.5-Dichlor-4.5.6-tribrom-1.1-dimethyl-cyclohexen-(2) $C_8H_9Cl_2Br_3 =$ $BrHC{<}{{}^{CCl=\!\!=\!\!CH}_{CClBr\cdot CHBr}}{>}C(CH_3)_2$. *B.* Aus 3.5-Dichlor-1.1-dimethyl-cyclohexadien-(2.4) und 2 Mol.-Gew. Brom in Chloroform (CROSSLEY, *Soc.* **85**, 272). — Nadeln (aus Alkohol). F: 118° (Gasentwicklung). Leicht löslich in Chloroform und warmem Alkohol. — Gibt beim Erhitzen auf 120—125° HBr ab und liefert 3.5-Dichlor-4-brom-1.2-dimethyl-benzol. Beim Erhitzen mit Salpetersäure (D: 1,42) entsteht 4.6-Dichlor-3.5-dibrom-1.2-dimethyl-benzol. $KMnO_4$ oxydiert zu Dimethylmalonsäure unter Bildung von etwas Bromoform.

9. *1.1-Dimethyl-cyclohexen-(3)* [L.-R.-Bezf.: Dimethyl-4.4-cyclohexen-1] $C_8H_{14} = HC{<}{{}^{CH\cdot CH_2}_{CH_2\cdot CH_2}}{>}C(CH_3)_2$.

5-Brom-1-1-dimethyl-cyclohexen-(3) $C_8H_{13}Br = HC{<}{{}^{CH-CH_2}_{CHBr\cdot CH_2}}{>}C(CH_3)_2$. *B.* Aus 1.1-Dimethyl-cyclohexadien-(2.4) und HBr in Eisessig (CROSSLEY, LE SUEUR, *Soc.* **81**, 833). — Terpentin- und schwach lauchartig riechende Flüssigkeit. Kp_{20}: 82—83°; Kp_{36}: 90,5° (C., RENOUF, *Soc.* **93**, 648). — Absorbiert an der Luft Feuchtigkeit und zersetzt sich (C., LE S.). Bei Oxydation mit $KMnO_4$ in der Kälte entstehen α.α-Dimethyl-bernsteinsäure, β.β-Dimethyl-glutarsäure und β.β-Dimethyl-butyrolacton-γ-carbonsäure (Syst. No. 2619) (C., LE S.).

3.5-Dichlor-2.5-dibrom-1.1-dimethyl-cyclohexen-(3) $C_8H_{10}Cl_2Br_2 =$ $HC{<}{{}^{CCl\cdot CHBr}_{CClBr\cdot CH_2}}{>}C(CH_3)_2$. *B.* Aus 3.5-Dichlor-1.1-dimethyl-cyclohexadien-(2.4) und 1 Mol.-Gew. Brom in Chloroform (CROSSLEY, *Soc.* **85**, 279). — Hellgelbe Flüssigkeit. — Im Vakuum nicht unzersetzt destillierbar. Gibt bei der Destillation HBr ab und liefert 3.5-Dichlor-1.2-dimethyl-benzol und 4.6-Dichlor-3-brom-1.2-dimethyl-benzol. Wird durch $KMnO_4$ in kaltem Aceton zu Dimethylmalonsäure wenig α.α-Dimethyl bernsteinsäure oxydiert.

10. *1.2-Dimethyl-cyclohexen-(1), o-Xylol-tetrahydrid-(3.4.5.6), Δ^1-Te-trahydro-o-xylol* $C_8H_{14} = H_2C{<}{{}^{CH_2\cdot C(CH_3)}_{CH_2--CH_2}}{>}C\cdot CH_3$ (vgl. Nr. 11)[2]). *B.* Beim Kochen von 1.2-Dimethyl-cyclohexanol-(1) mit wäßr. Oxalsäure (ZELINSKY, GORSKY, *B.* **41**, 2634; Ж. **40**, 1402; *C.* **1909** I, 532). — Kp: 135,5—136,5° (korr.). D_4^{15}: 0,8269; D_4^{20}: 0,8226. $n_D^{11,5}$: 1,4580. — Läßt sich durch Addition von Brom und Abspaltung von Bromwasserstoff in (nicht näher beschriebenes) 1.2-Dimethyl-cyclohexadien-(2.6) überführen.

---

[1]) Ist zufolge einer Arbeit von AUWERS, ELLINGER (*A.* **387**, 221 [1912]), welche nach dem für die 4. Auflage geltenden Literatur-Schlußtermin [1. I. 1910] erschienen ist, wahrscheinlich 1-Äthyl-cyclohexen-(1) (S. 71 unter No. 4).

[2]) Zufolge einer Arbeit von WALLACH (*A.* **396**, 279 [1913]), welche nach dem für die 4. Auflage geltenden Literatur-Schlußtermin [1. I. 1910] erschienen ist, sind die Kohlenwasser-stoffe 10 und 11 identisch und stellen in der Hauptsache 1.2-Dimethyl-cyclohexen-(1) dar.

11. *Kohlenwasserstoff* C_8H_{14}, *erhalten aus 1.2-Dimethyl-cyclohexanol-(1) durch Zinkchlorid* (vgl. Fußnote zu No. 10). Struktur des Kohlenstoffskeletts:

$$C \underset{C-C}{\overset{C-C-C}{\big\langle}} \big\rangle C-C$$ — Wenig angenehm riechende Flüssigkeit. Kp: 132°; D_0^0: 0,8411; D_4^{14}: 0,830; n_D^{14}: 1,462 (SABATIER, MAILHE, *C. r.* **141**, 21; *A. ch.* [8] **10**, 551). — Geht bei der Hydrierung in Gegenwart von Nickel in 1.2-Dimethyl-cyclohexan über.

12. *2-Methyl-1-methylen-cyclohexan* $C_8H_{14} = H_2C {\overset{CH_2 \cdot CH(CH_3)}{\underset{CH_2——CH_2}{\big\langle}}} C:CH_2$. *B.* Durch langsame Destillation der Säure $C_9H_{14}O_2$ (Syst. No. 894), die aus dem [1-Oxy-2-methyl-cyclohexyl]-essigsäure-methylester (Syst. No. 1053) durch Wasserabspaltung mittels Bisulfats und Verseifung entsteht (WALLACH, BESCHKE, *A.* **347**, 338). — Kp: 122—125°. D^{23}: 0,808. n_D^{23}: 1,4516. — Gibt bei der Oxydation mit Kaliumpermanganat 2-Methyl-1-methylol-cyclohexanol-(1) (Syst. No. 549) und 1-Methyl-cyclohexanon-(2). Liefert ein festes Nitrosochlorid, das mit Piperidin ein sirupöses Nitrolpiperidid gibt und das sich durch Abspaltung von Chlorwasserstoff in das Oxim des Tetrahydro-o-toluyl-aldehyds (Syst. No. 616) überführen läßt.

13. *1.3-Dimethyl-cyclohexen-(3)* [L.-R.-Bezf.: Dimethyl-1.5-cyclohexen-1], *m-Xylol-tetrahydrid-(1.2.5.6)*, Δ^3-*Tetrahydro-m-xylol* $C_8H_{14} =$
$$HC {\overset{C(CH_3) \cdot CH_2}{\underset{CH_2——CH_2}{\big\langle}}} CH \cdot CH_3.$$

a) *Rechtsdrehendes 1.3-Dimethyl-cyclohexen-(3).* Enthielt vielleicht etwas 1.3-Dimethyl-cyclohexen-(1) beigemengt. — *B.* Durch Erhitzen von rohem 1.3-Dimethyl-cyclohexanol-(1) (vom Pulegon aus erhalten) mit krystallisierter Oxalsäure auf 120° (ŽELINSKY, ZELIKOW, *B.* **34**, 3255; vgl. ZELIN., GORSKY, *B.* **41**, 2631; Ж. **40**, 1399; *C.* **1909** I, 532). — Kp_{750}: 126—127°; D_4^0: 0,8015; n_D^0: 1,4466; $[a]_0$: +95° (ZELIN., ZELIK.). — Gibt mit Brom ein rechtsdrehendes Dibromid (S. 38) (ZELIN., G.).

b) *Inaktives 1.3-Dimethyl-cyclohexen-(3).* *B.* Durch Erhitzen von 1.3-Dimethyl-cyclohexanol-(1) (SABATIER, MAILHE, *C. r.* **141**, 21; *A. ch.* [8] **10**, 555) oder von 1.3-Dimethyl-cyclohexanol-(4) (S., M., *C. r.* **142**, 554; *A. ch.* [8] **10**, 569) mit ZnCl_2. — Kp: 124° (korr.) (S., M., *A. ch.* [8] **10**, 555, 569). D_0^0: 0,8210 (S., M., *A. ch.* [8] **10**, 555); D_4^{14}: 0,8210; D_4^{14}: 0,8122 (S., M., *A. ch.* [8] **10**, 569). n_D^{14}: 1,451 (S., M., *A. ch.* [8] **10**, 555, 570). — Geht durch Hydrierung in Gegenwart von Nickel in 1.3-Dimethyl-cyclohexan über (S., M., *A. ch.* [8] **10**, 555).

14. *1.3-Dimethyl-cyclohexen-(4)* [L.-R.-Bezf.: Dimethyl-3.5-cyclohexen-1], *m-Xylol-tetrahydrid-(1.2.3.4)*, Δ^4-*Tetrahydro-m-xylol* $C_8H_{14} =$
$$HC {\overset{CH(CH_3) \cdot CH_2}{\underset{CH——CH_2}{\big\langle}}} CH \cdot CH_3.$$ Konfiguration und sterische Einheitlichkeit fraglich. — *B.* Beim Erhitzen von 1.3-Dimethyl-cyclohexanol-(5) mit P_2O_5 auf ca. 140° (KNOEVENAGEL, *A.* **289**, 156; KN., MAC GARVEY, *A.* **297**, 165, 166). Beim Eintragen von 5 g Natrium in die Lösung von 8 g 5-Chlor-1.3-dimethyl-cyclohexadien-(3.5) (Syst. No. 455) in 100 g mit Wasser gesättigtem Äther (KN.; vgl. KN., MAC G.). — Wasserhelle, nach Ligroin riechende Flüssigkeit. Kp_{760}: 124—125° (korr.); D_4^{14}: 0,8005; n_D^{14}: 1,443 (KN., MAC G.). — Verharzt leicht (KN.). Gibt ein Dibromid (KN., MAC G.). Mit Salpeterschwefelsäure entsteht 2.4.6-Trinitro-1.3-dimethyl-benzol (KN.). — Wird durch 1 Vol. Schwefelsäure + 4 Vol. Alkohol erst rot bis violett, dann violett, schließlich blau gefärbt (KN.).

15. *3-Methyl-1-methylen-cyclohexan* $C_8H_{14} = H_2C {\overset{CH(CH_3) \cdot CH_2}{\underset{CH_2——CH_2}{\big\langle}}} C:CH_2.$ Linksdrehende Form. *B.* Durch langsame Destillation einer Säure $C_9H_{14}O_2$ (Syst. No. 894), die aus dem [1-Oxy-3-methyl-cyclohexyl]-essigsäure-äthylester (vom Pulegon aus erhalten) (Syst. No. 1053), durch Wasserabspaltung mittels Bisulfats und nachfolgende Verseifung entsteht (WALLACH, *A.* **347**, 342). — Kp: 123—124°. D^{18}: 0,797; D^{20}: 0,794. n_D^{18}: 1,4466; n_D^{20}: 1,4461. $[a]_D$: —29° (ohne Lösungsmittel); $[a]_D^{15}$: —30,22° (in Alkohol; p = 14,421). — Gibt bei der Oxydation mit Kaliumpermanganat 3-Methyl-1-methylol-cyclohexanol-(1) und 1-Methyl-cyclohexanon-(3). Liefert (in mangelhafter Ausbeute) ein Nitrosochlorid, aus dem mit alkoh. Alkali das Oxim des Tetrahydro-m-toluylaldehyds (Syst. No. 616) entsteht.

16. *Oktonaphthylen vom Kp: 118—121° bezw. 118—119° C_8H_{14}.* Struktur des Kohlen- $\quad C-C-C$ *B.* Aus dem Chloroktonaphthen vom Kp: 169—172° (S. 38) stoffskeletts: $\quad C {\overset{C-C-C}{\underset{C-C}{\big\langle}}} C-C.$ durch Erwärmen mit trocknem Calciumjodid auf 60° und Erwärmen des entstandenen Jodids mit feuchtem Silberoxyd (JAKOWKIN, vgl. MARKOWNIKOW, Ж. **16** II, 294; *B.* **18** Ref., 186). Entsteht neben dem Oktonaphthylen vom Kp: 122—123° (s. u.) und Dioktonaphthylen $C_{16}H_{22}$ (Syst. No. 461) beim Kochen des gleichen Chloroktonaphthens mit Zinkstaub in Benzol (SHUKOWSKI, Ж. 27, 303; Bl. [3] 16, 127). — Riecht terpentinartig (J.). Kp: 118—121° (J.), 118—119° (SH.). — Gibt, vorsichtig mit Brom vereinigt, ein Dibromid $C_8H_{14}Br_2$, das beim Abkühlen nicht erstarrt (J.).

17. Oktonaphthylen vom Kp: 122—123° C_8H_{14}. Struktur des Kohlenstoff-skeletts:
   C—C—C
  C   C—C.   B. s. o. unter No. 16. — Kp: 122—123° (SHUKOWSKI, Ж. 27,
   C—C   303; Bl. [3] 16, 127).

18. 1.4-Dimethyl-cyclohexen-(1), p-Xylol-tetrahydrid-(1.2.3.6), Δ^1-Te-trahydro-p-xylol C_8H_{14} = $CH_2 \cdot HC{<}_{CH_2 \cdot CH_2}^{CH_2 \cdot CH}{>}C \cdot CH_3$ (vgl. No. 19)[1]. B. Beim Kochen von 1.4-Dimethyl-cyclohexanol-(1) mit wäßr. Oxalsäure (ZELINSKY, GORSKY, B. 41, 2632; Ж. 40, 1401; C. 1909 I, 532). — Angenehm harzig und anisartig riechende Flüssigkeit. Kp: 128,5° (korr.). D_0^0: 0,8005; n_D^{20}: 1,4457.

19. Kohlenwasserstoff C_8H_{14} **erhalten aus 1.4-Dimethyl-cyclohexanol-(1) durch Zinkchlorid.** Struktur des Kohlenstoffskeletts: $C \cdot C{<}_{C-C}^{C-C}{>}C \cdot C$ (vgl. No. 18)[1]. Bewegliche Flüssigkeit. Kp: 125° (korr.); D_0^0: 0,8207; D_4^{15}: 0,8111; n_D^{15}: 1,451 (SABATIER, MAILHE, C. r. 141, 21; 142, 438; A. ch. [8] 10, 558). — Geht durch Hydrierung in Gegenwart von Nickel bei 160° in 1.4-Dimethyl-cyclohexan über.

20. 4-Methyl-1-methylen-cyclohexan C_8H_{14} = $CH_2 \cdot HC{<}_{CH_2 \cdot CH_2}^{CH_2 \cdot CH_2}{>}C{:}CH_2$. B. Durch langsame Destillation der [4-Methyl-cyclohexen-(1)-yl]-essigsäure (Syst. No. 894) (WALLACH, EVANS, A. 347, 345; vgl. W., A. 365, 264), der [4-Methyl-cyclohexyliden]-essigsäure (Syst. No. 894) (W., A. 365, 267) oder der [1-Oxy-4-methyl-cyclohexyl]-essigsäure (Syst. No. 1053) (W., A. 365, 266). — Kp: 122—123°; D_4^{22}: 0,7925; n_D^{22}: 1,4446 (W., E.). Kp: 122°; D^{20}: 0,7920; n_D^{20}: 1,4450 (W.). — Liefert bei der Oxydation mit 1%iger Kaliumpermanganat-Lösung bei 0° außer flüssigen, nach einigen Tagen erstarrenden (nicht näher untersuchten) Säuren 4-Methyl-1-methylol-cyclohexanol-(1) und 1-Methyl-cyclohexanon-(4) (W., E.; W.). Gibt ein Nitrosochlorid, aus dem durch Abspaltung von HCl das Oxim des Δ^1-Tetrahydro-p-toluylaldehyds (Syst. No. 616) gebildet wird (W., E.).

21. Kohlenwasserstoff C_8H_{14}**, Dimethylcyclohexen (?), Tetrahydroxylol (?).** V. In der Harzessenz (aus Kolophonium) (Syst. No. 4740) (RENARD, A. ch. [6] 1, 236). — Kp: 129—132°. D^{20}: 0,8158. Schwach rechtsdrehend. — Absorbiert lebhaft Sauerstoff. Liefert bei der Oxydation mit Salpetersäure (D: 1,15) Oxalsäure und Bernsteinsäure. Gibt bei vorsichtiger Behandlung mit Brom in Äther unter Kühlung ein öliges unbeständiges Dibromid. Mit überschüssigem Brom erhält man ein krystallinisches Bromderivat $C_8H_{11}Br_3$ (?) vom F: 246°. Einw. von konz. Schwefelsäure: R.

22. Isopropyliden-cyclopentan C_8H_{14} = $H_2C \cdot CH_2{>}_{H_2C \cdot CH_2}C{:}C(CH_3)_2$. B. Durch Destillation der a-Cyclopentenyl-isobuttersäure $H_2C \cdot CH{>}_{H_2C \cdot CH_2}C \cdot C(CH_3)_2 \cdot CO_2H$ unter gewöhnlichem Druck (WALLACH, FLEISCHER, A. 353, 307). — Kp: 136—137°. D^{20}: 0,817. n_D^{20}: 1,4581. — Bei der Oxydation mit 1%iger kalter KMnO₄-Lösung entstehen Cyclopentanon neben Säuren und einem krystallisierenden Glykol vom F: 61—63°. Liefert mit Nitrosylchlorid ein intensiv blau gefärbtes, mit Wasserdampf flüchtiges Öl. Geht bei 10-stdg. Erwärmen mit alkoh. Schwefelsäure in einen isomeren Kohlenwasserstoff über.

23. 1.1.2-Trimethyl-cyclopenten-(2), [L.-R.-Bezf.: Trimethyl-1.5.5-cyclopenten-1], **Isolaurolen** C_8H_{14} = $HC{:}C(CH_3){>}_{H_2C—CH_2}C(CH_3)_2$. Zur Konstitution vgl. BLANC, Bl. [3] 19, 703. — B. Durch Destillation von 1.1.2-Trimethyl-cyclopentanol-(2) (Syst. No. 502) mit Essigsäureanhydrid (BL., C. r. 142, 1085; Bl. [4] 5, 26). Durch Kochen von flüssigem Isolaurolen-hydrojodid (S. 39) mit Diäthylanilin (ZELINSKY, LEPESCHKIN, Ж. 33, 554; C. 1902 I, 319; CROSSLEY, RENOUF, Soc. 89, 45). Aus Isolauronolsäure

---

[1]) Zufolge einer Arbeit von WALLACH (A. 396, 266, 267 [1913]), welche nach dem für die 4. Auflage geltenden Literatur-Schlußtermin [1. I. 1910] erschienen ist, sind die Kohlenwasserstoffe 18 und 19 identisch und stellen in der Hauptsache 1.4-Dimethyl-cyclohexen-(1) dar.

HO₂C·C:C(CH₃)
H₂C—CH₂ >C(CH₃)₂ (Syst. No. 894) durch 4-stdg. Erhitzen auf 300⁰ im Druckrohr (BLANC, *Bl.* [3] 19, 700) oder durch Destillation mit 1¹/₂ Tln. Anthracen (CR., R., *Soc.* 89, 41). In geringer Menge durch Einw. von Natronlauge auf die aus Isolauronolsäure und Bromwasserstoff erhältlichen Säuren C₈H₁₅O₂Br vom Schmelzpunkt 98—100⁰ bezw. 132—133⁰ (Syst. No. 893) (WALKER, CORMACK, *Soc.* 77, 379, 381). Durch Erhitzen von camphersaurem Kupfer auf 200⁰ (MOITESSIER, *J.* 1866, 410). Aus Sulfocamphylsäure (Syst. No. 1584) durch Erhitzen mit 25⁰/₀iger wäßr. Phosphorsäure und Baryt auf 170—180⁰ im geschlossenen Rohr (KÖNIGS, MEYER, *B.* 27, 3469) oder durch Destillation des Ammoniumsalzes mit NH₄Cl (DAMSKY, *B.* 20, 2959). — Nach Campher und Terpentinöl riechende Flüssigkeit. Kp: 108—110⁰ (D.); Kp₇₆₆: 108,5⁰ (BL., *Bl.* [3] 19, 700); Kp₇₄₅: 108—108,2⁰ (CR., R.); Kp₇₃₆: 108—108,2⁰ (Z., L.). D₄⁰: 0,800 (WREDEN, *A.* 187, 168); D¹¹,⁴₁₁,₄: 0,7949 (D.); D¹⁵: 0,7955 (K., M.), 0,7946 (BL., *A. ch.* [7] 18, 215); D₄⁰: 0,7953; D¹⁵₄: 0,7867 (CR., R.); D₄²⁰: 0,7812 (Z., L.). n_D⁰: 1,4333 (Z., L.). Optisch inaktiv (BL., *Bl.* [3] 19, 700; 21, 860). Molekular-Refraktion, Dispersion, magnetische Rotation: CR., R. Mol. Verbrennungswärme bei konst. Volumen: 1203,4 Cal. (SUBOW, Ж. 33, 722; *C.* 1902 I, 161). Bei der Oxydation mit KMnO₄ entsteht 3.3-Dimethyl-hexanon-(2)-säure-(6) (Bd. III, S. 708) (BLANC, *Bl.* [3] 19, 702). Wird von konz. Schwefelsäure teilweise zu Dihydroisolaurolen reduziert; daneben entsteht ein Oxydationsprodukt (C₈H₁₂)ₙ vom Kp: 259—260⁰ (MAQUENNE, *C. r.* 114, 920; Z., L.). Addiert 2 Atome Brom (CR., R.). Absorbiert bei gewöhnlicher Temp. Chlorwasserstoff und Bromwasserstoff unter Bildung von krystallisierten unbeständigen Verbindungen C₈H₁₅Cl und C₈H₁₅Br, die sich bald unter Freiwerden von Halogenwasserstoff wieder zersetzen (D.). Beim Erhitzen mit konz. wäßr. Bromwasserstoffsäure oder Jodwasserstoffsäure im Druckrohr auf 140⁰ bezw. 120⁰ entstehen flüssiges, beständiges Isolaurolen-hydrobromid bezw. -hydrojodid (S. 39) (Z., L.); mit Jodwasserstoffsäure bei 200⁰ entsteht Dihydroisolaurolen (Z., L.). Isolaurolen gibt mit Acetylchlorid in Gegenwart von AlCl₃ und CHCl₃ neben viel 1.1.2-Trimethyl-3-äthylon-cyclopenten-(2) in geringer Menge ein isomeres Keton C₁₀H₁₆O (BLANC, *Bl.* [3] 19, 704; [4] 5, 28).

24. *1.2.3-Trimethyl-cyclopenten-(1)*, *Laurolen* C₈H₁₄ =

CH₃·HC—C(CH₃)
H₂C——CH₂ >C·CH₃. Zur Konstitution vgl. EIJKMAN, *Chemisch Weekblad* 4, 50; *C.* 1907 II, 1208.

a) **Rechtsdrehende Präparate.** *B.* Neben anderen Produkten durch Einw. von Natriumnitrit auf das Hydrochlorid der Aminolauronsäure (Syst. No. 1884) (NOYES, *Am.* 16, 508; 17, 432; *B.* 28, 553; NOYES, DERICK, *Am. Soc.* 31, 671; TIEMANN, *B.* 33, 2949). Durch Destillation von Camphansäure (Syst. No. 2619) im Kohlendioxydstrom erhielten ASCHAN (*A.* 290, 187) ein linksdrehendes Laurolen ([α]: —23⁰), ZELINSKY, LEPESCHKIN (Ж. 33, 556; *C.* 1902 I, 33; *A.* 319, 311) ein gleich stark rechtsdrehendes Laurolen ([α]_D: +22,9⁰); CROSSLEY und RENOUF (*Soc.* 89, 37) gelangten bei öfterer Durchführung der gleichen Reaktion zu Präparaten, deren spezifische Drehung zwischen 0⁰ und +11,4⁰ schwankte. — Terpentinölähnlich riechende Flüssigkeit. Kp: 122⁰ (N., *Am.* 17, 432), 121⁰ bis 122⁰ (T.); Kp₇₆₀: 119,5—120,5⁰ (C., R.). D₄¹: 0,8097; D¹⁵₄: 0,8048 (C., R.); D₄¹⁴: 0,8030 (N., D.); D¹⁵₄: 0,8010 (C., R.), 0,8033 (N., *Am.* 17, 432); D¹¹,⁴: 0,8008 (T.); D₄²⁰: 0,7974 (C., R.), 0,8004 (N., *Am.* 17, 432); D₄²²: 0,7939 (C., R.). Mol.-Refraktion, Dispersion, magnetische Drehung: C., R. n_D: 1,44376 (T.). α_D¹⁷,⁵: +19,9⁰ (l = 10 cm) (T.); [α]_D¹⁷: +22,8⁰; [α]_D⁰: +23,6⁰ (N., D.). Das von ZELINSKY, LEPESCHKIN erhaltene Laurolenpräparat von [α]_D: +22,9⁰ zeigte nach Behandlung mit einer zur Oxydation der Gesamtmenge unzureichenden Menge Permanganat [α]_D: +16,2⁰. Molekulare Verbrennungswärme des Präparats von ZELINSKY, LEPESCHKIN bei konstantem Volumen: 1202,8 Cal. (SUBOW, Ж. 33, 722; *C.* 1902 I, 161). Verhalten von rechtsdrehendem Laurolen bei der Oxydation: N., D.

b) **Linksdrehende Präparate.** *B.* Neben anderen Produkten (vgl. NOYES, *Am.* 35, 379) durch Kochen der Nitrosoverbindung des Aminolauronsäurelactams (Syst. No. 3180) mit 10⁰/₀iger Natronlauge (NOYES, DERICK, *Am. Soc.* 31, 671). Neben Allocamphylsäure, wenn man das Produkt der Elektrolyse von Camphersäure-allomonoäthylester verseift und destilliert (WALKER, HENDERSON, *Soc.* 69, 750). Bildung aus Camphansäure s. unter a. — Kp: 119⁰ (ASCHAN, *A.* 290, 189). D₄²: 0,8043 (N., D.); D¹⁴₄: 0,798 (W., H.). D¹⁵,⁴₄: 0,80187; n¹⁸: 1,4479 (A.). [α]_D: —29,2⁰ (zu 25 Vol.-⁰/₀ in Äther gelöst) (W., H.); [α]_D²²: —14,7⁰ (N., D.). — Oxydiert sich leicht an der Luft (A.). Gibt mit kalter wäßr. Permanganatlösung linksdrehendes 3-Methyl-heptandion-(2.6) (Bd. I, S. 797) (N., D.). Addiert 2 Atome Brom (A.).

c) **Inaktive Präparate.** *B.* Durch 1¹/₂-stündiges Erhitzen des aus rechtsdrehendem Laurolen mit HI entstehenden Hydrojodids (S. 40) mit Dimethylanilin (ZELINSKY, LEPESCHKIN, *A.* 319, 313). Aus Camphansäure durch Erhitzen im Druckrohr mit Wasser auf 180⁰ oder mit Jodwasserstoffsäure (D: 1,7) auf 150⁰; ferner durch trockne Destillation des Calciumsalzes (WREDEN, *A.* 163, 336). Vgl. auch die Bildung von rechtsdrehendem Laurolen unter a. — Kp: 119⁰ (W., *A.* 163, 337); Kp₇₅₅: 120—121⁰ (Z., L.). D₄⁰: 0,814; D¹⁴₄: 0,794 (W., *A.* 187,

168); $D_?^?$: 0,7950 (Z., L.). n^{20}: 1,4421 (Z., L.). — Nimmt an der Luft unter Bräunung Sauerstoff auf (W., *A.* 163, 337).

d) Präparate, über deren optisches Verhalten sich keine Angaben finden, wurden nach folgenden Methoden dargestellt: Durch 10—12-stdg. Erhitzen von Camphersäure mit konz. Salzsäure oder Jodwasserstoffsäure auf 200° im Druckrohr (WREDEN, *A.* 187, 169, 171). Durch Erhitzen von Camphersäure mit sirupdicker Phosphorsäure (GILLE; vgl. BALLO, *A.* 197, 322). Durch Erhitzen des aus Camphersäureanhydrid mit Ammoniak in Alkohol erhältlichen Sirups mit Zinkchlorid auf 150—300° (BALLO, *A.* 197, 322). — Über die Uneinheitlichkeit der aus Camphersäure und Halogenwasserstoff dargestellten Laurolenpräparate vgl. WALKER, HENDERSON, *Soc.* 69, 753.

25. *1-[Äthopropen-(1')-yl]-cyclopropan (?). γ-Cyclopropyl-β-amylen (?)* $C_8 H_{14} = \overset{H_2C}{\underset{H_2C}{\diagup}}$CH·C($C_2 H_5$):CH·CH$_3$ (?). *B.* Aus Diäthyl-cyclopropyl-carbinol durch Erhitzen mit Essigsäureanhydrid in Gegenwart von etwas $H_2 SO_4$ (BRUYLANTS, *C.* 1909 I, 1859; *R.* 28, 221). Bei Einw. von alkoh. Kalilauge auf γ-Brom-γ-cyclopropyl-pentan, neben wenig 1-(?)-Äthoxy-1-äthopropyl-cyclopropan CH$_3$·CH$_2$·C(O·C$_2 H_5$)·CH($C_2 H_5$)$_2$ (?) (BR.). — Flüssig. Kp: 129—130°. D^{20}: 0,7644. n$_D^?$: 1,45841.

26. *Bicyclo-[o.x.x]-octan* $C_8 H_{14}$, vielleicht H$_2$C$\overset{\diagup CH_2·CH_2·CH}{\underset{\diagdown CH_2·CH_2·CH}{}}CH_2$. *B.* Aus Bicyclooctan (S. 120) und Wasserstoff in Gegenwart von Nickel bei 145—150° (WILLSTÄTTER, KAMETAKA, *B.* 41, 1485). — Kp: 139,5—140,5° (korr.). D$_4^?$: 0,8775; D$_?^{20}$: 0,8604. n$_D^?$: 1,46148. — Permanganatbeständig; wird von wenig Brom angefärbt. Nimmt in Gegenwart von Nickel bei 200° 1 Mol. Wasserstoff auf unter Bildung eines Gemisches von Kohlenwasserstoffen $C_8 H_{16}$.

Brombicyclooctan, Bicyclooctan-hydrobromid $C_8 H_{13}$Br. *B.* Neben der ca. 6-fachen Menge α-Cyclooctadien-bis-hydrobromid (S. 35) durch Einw. von Bromwasserstoff in Eisessig bei —10° auf das bei der erschöpfenden Methylierung von N-Methyl-granatanin (Syst. No. 3047) entstehende Produkt, das ca. 80% Cyclooctadien-(1.5) (vgl. HARRIES, *B.* 41, 672) und ca. 20% eines Bicyclooctens $C_8 H_{12}$ enthält (WILLSTÄTTER, VERAGUTH, *B.* 40, 962, 966; vgl. W., KAMETAKA, *B.* 41, 1482). — Wasserklares, ziemlich dickflüssiges Öl von süßlichem Geruch. Kp$_{15}$: 92,5—93° (korr.); D$_?^?$: 1,330; sehr leicht löslich in Alkohol und Methylalkohol, mischbar mit Äther, Aceton, Chloroform, Gasolin und CS$_2$ (W., V.). — Färbt sich bei Luftzutritt dunkel und scheidet schwarze Produkte ab; beständig gegen KMnO$_4$ (W., V.). Gibt beim Erhitzen mit Chinolin Bicycloocten (S. 120) (W., V.).

27. Derivat eines **Kohlenwasserstoffs** $C_8 H_{14}$ **von ungewisser Struktur.**
Bromid $C_8 H_{12}$Br$_2$ s. bei α-Camphylsäure, Syst. No. 895.

28. *Isooktonaphthylen* $C_8 H_{14}$. *B.* Durch Behandeln des aus Isooktonaphthen (S. 40) beim Chlorieren entstehenden Gemisches von Chlorisooktonaphthenen mit alkoh. Kalilauge (PUTOCHIN, vgl. MARKOWNIKOW, Ж. 16 II, 295; *B.* 18 Ref., 186). — Flüssig. Kp: 128—129°. — Nimmt direkt Brom auf.

7. Kohlenwasserstoffe $C_9 H_{16}$.

1. *1-Propyl-cyclohexen-(1)* $C_9 H_{16} =$ H$_2$C$\overset{\diagup CH_2·CH}{\underset{\diagdown CH_2·CH_2}{}}$C·CH$_2$·CH$_2$·CH$_3$. *B.* Aus 1-Propyl-cyclohexanol-(1) durch Erhitzen mit Zinkchlorid auf 160° (SABATIER, MAILHE, *C. r.* 138, 1323; *Bl.* [3] 33, 76; *A. ch.* [8] 10, 545), ferner durch Erwärmen mit Essigsäureanhydrid, Phenylisocyanat (S., M.) oder Erhitzen mit Kaliumdisulfat auf 150° (WALLACH, CHURCHILL, RENTSCHLER, *A.* 360, 58). Aus Propylidencyclohexan (S. 77) durch 10-stdg. Kochen mit alkoh. Schwefelsäure (W., CH., R.). — Aromatisch riechende Flüssigkeit. Kp: 154,5—155,5° (W., CH., R.); Kp$_{760}$: 154° (S., M.). D^{19}: 0,838; n$_D^?$: 1,4579 (W., CH., R.). Verbindet sich langsamer mit Nitrosylchlorid als Propylidencyclohexan.

Nitrosochlorid $C_9 H_{16}$ONCl $= C_4 H_8 \overset{-C:N·OH}{\underset{-CCl·CH_2·CH_2·CH_3}{}}$ (bezw. desmotrope Nitrosooder Bisnitrosyl-Formel). F: 104° (W., CH., R., *A.* 360, 58). Gibt beim Erwärmen mit CH$_3$ONa in Methylalkohol das Oxim eines Ketons $C_9 H_{14}$O (Syst. No. 616).

2. *Propyliden-cyclohexan* $C_9H_{16} = H_2C\diagup\diagdown_{CH_2 \cdot CH_2}^{CH_2 \cdot CH_2}\diagdown C : CH \cdot CH_2 \cdot CH_3$. *B.* Man erhitzt α-[1-Oxy-cyclohexyl]-buttersäure-äthylester $H_2C\diagup\diagdown_{CH_2 \cdot CH_2}^{CH_2 \cdot CH_2}\diagdown C\diagdown_{CH(C_2H_5) \cdot CO_2 \cdot C_2H_5}^{OH}$
3 Stdn. mit $KHSO_4$ auf 150°, verseift das Reaktionsprodukt und destilliert die entstandene
ungesättigte Säure $C_{10}H_{16}O_2$ langsam unter gewöhnlichem Druck (WALLACH, CHURCHILL,
RENTSCHLER, *A.* **360**, 56). — Kp: 157—158°. D^{19}: 0,8210. n_D^{19}: 1,4631. — Liefert in guter
Ausbeute ein Nitrosochlorid. Geht beim Kochen mit alkoholischer Schwefelsäure in Propyl-
cyclohexen-(1) über.

Nitrosochlorid $C_9H_{16}ONCl = C_5H_{10} > CCl \cdot C(: N \cdot OH) \cdot CH_2 \cdot CH_3$ (bezw. desmotrope
Nitroso- oder Bisnitrosyl-Formel). Prismen (aus Benzol). F: 119° (W., CH., R., *A.* **360**, 56).
— Liefert beim Digerieren mit methylalkoh. Natriummethylat das Oxim des Äthyl-[1-
methoxy-cyclohexyl]-ketons $H_2C\diagup\diagdown_{CH_2 \cdot CH_2}^{CH_2 \cdot CH_2}\diagdown C\diagdown_{C(: N \cdot OH) \cdot C_2H_5}^{O \cdot CH_3}$, beim Erwärmen mit Dimethylanilin sowie in Eisessig mit Natriumacetat das Oxim des Äthyl-[cyclohexen-(1)-yl]-
ketons $H_2C\diagup\diagdown_{CH_2 \cdot CH_2}^{CH_2 \cdot CH}\diagdown C \cdot CO \cdot C_2H_5$ (?) (Syst. No. 616).

3. *1-Methoäthyl-cyclohexen-(1)*, *Cumol-tetrahydrid-(2.3.4.5)*, Δ^1-*Tetra-
hydro-cumol* $C_9H_{16} = H_2C\diagup\diagdown_{CH_2 \cdot CH_2}^{CH_2 \cdot CH}\diagdown C \cdot CH(CH_3)_2$. (Vgl. Fußnote zu No. 5.) *B.* Aus
Isopropylidencyclohexan (s. u.) durch Erwärmen mit alkoholischer Schwefelsäure (WALLACH,
MALLISON, *A.* **360**, 69). — Ein nicht ganz reines Prod. zeigte: Kp: 155—157°; D^{20}: 0,829;
n_D^{20}: 1,4606. — Liefert mit Nitrosylchlorid sofort ein festes Nitrosochlorid.

Nitrosochlorid $C_9H_{16}ONCl = H_2C\diagup\diagdown_{CH_2 ------ CH_2}^{CH_2 \cdot C(: N \cdot OH)}\diagdown CCl \cdot CH(CH_3)_2$ (bezw. desmotrope Bisnitrosyl-Formel). Weiße Prismen (aus Benzol). F: 129—130° (W., M., *A.* **360**,
69). — Gibt beim Erwärmen mit alkoh. Piperidinlösung oder mit Natriumacetat in essigsaurer Lösung das Oxim eines Ketons $C_9H_{14}O$ (Syst. No. 616).

4. *Isopropyliden-cyclohexan* $C_9H_{16} = H_2C\diagup\diagdown_{CH_2 \cdot CH_2}^{CH_2 \cdot CH_2}\diagdown C : C(CH_3)_2$. *B.* Aus Cyclo-
hexenyl-isobuttersäure $H_2C\diagup\diagdown_{CH_2 \cdot CH_2}^{CH_2 \cdot CH}\diagdown C \cdot C(CH_3)_2 \cdot CO_2H$ durch Destillation bei gewöhnlichem Drucke (WALLACH, MALLISON, *A.* **360**, 69). — Erstarrt bei starkem Abkühlen (flüs-
sige Luft) krystallinisch. Kp: 160—161°. D^{20}: 0,836. n_D^{20}: 1,4723. — Liefert mit Nitrosylchlorid ein mit Wasserdampf flüchtiges, campherähnlich riechendes, tiefblau gefärbtes Öl,
das allmählich zu farblosen Krystallen (F: 83°) erstarrt. Gibt bei der Oxydation mit $KMnO_4$
neben einem Glykol vom F: 82° reichliche Mengen von Cyclohexanon. Geht beim Erwärmen mit alkoholischer Schwefelsäure in 1-Methoäthyl-cyclohexen-(1) (s. o.) über.

5. *Kohlenwasserstoffe* C_9H_{16}, *gewonnen durch Dehydratation von Di-
methyl-cyclohexyl-carbinol*[1]). Struktur des Kohlenstoffskeletts: $C\diagup\diagdown_{C-C}^{C-C}\diagdown C - C\diagup\diagdown_C^C$.

a) Präparat von Sabatier, Mailhe. *B.* Durch Erhitzen von Dimethyl-cyclohexyl-
carbinol mit $ZnCl_2$ (S., M., *C. r.* **139**, 345; *Bl.* [3] **33**, 78; *A. ch.* [8] **10**, 539). — Kp: 151°
(korr.). D_0^0: 0,864.

b) Präparat von Perkin, Matsubara. *B.* Aus Dimethyl-cyclohexyl-carbinol durch
längeres Kochen mit $KHSO_4$ (P., M., *Soc.* **87**, 669). — Riecht ähnlich wie Petersilie. Kp:
157—158°. — Gibt mit Brom ein unbeständiges Dibromid.

c) Präparat von Hell, Schaal. *B.* Bei der Destillation des Dimethyl-cyclohexyl-
carbinols unter gewöhnlichem Druck (H., SCH., *B.* **40**, 4165). — Kp_{740}: 152—153°.

6. Derivat eines *Kohlenwasserstoffs* C_9H_{16} *vom Kohlenstoffskelett*
$C\diagup\diagdown_{C-C}^{C-C}\diagdown C - C\diagdown_C^C$.

Verbindung $C_9H_{15}Cl$. *B.* Aus dem durch Dehydratation des Glykols
$H_2C\diagup\diagdown_{CH_2 \cdot CH_2}^{CH_2 \cdot CH_2}\diagdown C\diagdown_{C(OH)(CH_3)_2}^{OH}$ entstehenden Kohlenwasserstoff C_9H_{14} und Chlorwasserstoff (TARBOURIECH, *C. r.* **149**, 863). — Kp_{20}: 96—98°.

----

[1]) Zufolge einer nach dem für die 4. Auflage geltenden Literatur-Schlußtermin [1. I. 1910]
erschienenen Arbeit von AUWERS, ELLINGER (*A.* **387**, 222 [1912]) identisch mit 1-Methoäthyl-
cyclohexen-(1) (No. 3).

7. 1-Methyl-2-äthyliden-cyclohexan $C_9H_{16} = H_2C{<}^{CH_2 \cdot C(: CH \cdot CH_3)}_{CH_2 \qquad\quad CH_2}{>}CH \cdot CH_3$.
B. Aus der Magnesiumverbindung des 2-Chlor-1-methyl-cyclohexans und Acetaldehyd (MURAT, *A. ch.* [8] 16, 125). — Kp_{760}: 158°. D^0: 0,823; D^{20}: 0,81. n_D: 1,47.

8. Kohlenwasserstoff C_9H_{16}. Struktur des Kohlenstoffskeletts:
Vielleicht Gemisch von Isomeren. — B. Aus 1-Methyl-2-äthyl-cyclohexanol-
(2) mit $ZnCl_2$ (MURAT, *A. ch.* [8] 16, 117). — Kp: 149—153°. D^0: 0,829;
D^{12}: 0,821. — Liefert bei der Hydrierung mit Wasserstoff in Gegenwart von Nickel bei 200°
1-Methyl-2-äthyl-cyclohexan.

9. 1-Methyl-3-äthyl-cyclohexen-(2 oder 3) $C_9H_{16} = H_2C{<}^{C(C_2H_5): CH}_{CH_2 \quad\ CH_2}{>}CH \cdot CH_3$
oder $HC{<}^{C(C_2H_5) \cdot CH_2}_{CH_2 \qquad CH_2}{>}CH \cdot CH_3$ oder Gemisch beider. B. Durch Erhitzen von rechtsdrehendem 1-Methyl-3-äthyl-cyclohexanol-(3) (dargestellt aus Pulegon mit krystallisierter
Oxalsäure) auf 120° (ZELINSKY, ZELIKOW, B. 34, 3255). Aus dem Ester $C_{13}H_{22}O_2$ (Syst. No.
894), welcher durch 2—3-stdg. Erhitzen von rechtsdrehendem α-[1-Oxy-3-methyl-cyclohexyl]-
propionsäure-äthylester $H_2C{<}^{CH(CH_3) \cdot CH_2}_{CH_2 \qquad\quad CH_2}{>}C{<}^{OH}_{CH(CH_3) \cdot CO_2 \cdot C_2H_5}$ (Syst. No. 1053) (aus
Pulegon) mit krystallisierter Oxalsäure entsteht, durch längeres Erhitzen mit krystallisierter
Oxalsäure (ZELINSKY, GUTT, B. 35, 2142). — Kp_{743}: 148—149° (Z., Z.). D^{18}_4: 0,8154 (Z.,
G.); D^{20}_4: 0,8087 (Z., Z.). n^{19}_D: 1,4538 (Z., G.); n^{20}_D: 1,4514; $[\alpha]_D$: +56,8° (Z., Z.), +56,63°
(Z., G.).

10. 1-Methyl-3-äthyliden-cyclohexan $C_9H_{16} = H_2C{<}^{C(: CH \cdot CH_3) \cdot CH_2}_{CH_2 \qquad\qquad CH_2}{>}CH \cdot CH_3$.
Linksdrehende Form. B. Durch trockne Destillation einer Säure $C_{10}H_{16}O_2$ (Syst. No.
894), welche aus α-[1-Oxy-3-methyl-cyclohexyl]-propionsäureäthylester
$H_2C{<}^{CH(CH_3) \cdot CH_2}_{CH_2 \qquad\quad CH_2}{>}C{<}^{OH}_{CH(CH_3) \cdot CO_2 \cdot C_2H_5}$ (dargestellt aus Pulegon) durch Wasserabspaltung mittels $KHSO_4$ und nachfolgende Verseifung entsteht (WALLACH, EVANS, *A.* 360,
51). — Kp: 153°. D: 0,813. n_D: 1,4584. Linksdrehend. — Liefert in guter Ausbeute ein
Nitrosochlorid.

11. 1-Methyl-4-äthyl-cyclohexen-(3) [L.-R.-Bezf.: Methyl-4-äthyl-1-cyclo-
hexen-1] $C_9H_{16} = CH_3 \cdot CH_2 \cdot C{<}^{CH \cdot CH_2}_{CH_2 \cdot CH_2}{>}CH \cdot CH_3$. B. Durch Erhitzen von 1-Methyl-
4-äthyl-cyclohexanol-(4) mit Zinkchlorid (SABATIER, MAILHE, *C. r.* 142, 439; *A. ch.* [8] 10,
559). — Kp: 149° (korr.). D^0_0: 0,8278; D^{15}_4: 0,8169. n^{15}_D: 1,453. — Liefert durch Hydrierung
in Gegenwart von Nickel bei 180° 1-Methyl-4-äthyl-cyclohexan.

12. 1-Methyl-4-äthyliden-cyclohexan $C_9H_{16} = CH_3 \cdot CH : C{<}^{CH_2 \cdot CH_2}_{CH_2 \cdot CH_2}{>}CH \cdot CH_3$.
B. Durch langsame trockne Destillation der α-[4-Methyl-cyclohexyliden]-propionsäure
(Syst. No. 894) oder der α-[1-Oxy-4-methyl-cyclohexyl]-propionsäure (Syst. No. 1053) vom
F: 110—111° (WALLACH, RENTSCHLER, *A.* 365, 271; vgl. W., EVANS, *A.* 360, 52). — Kp:
152—153°. D^{19}: 0,812; D^{21}: 0,810. n^{19}_D: 1,4574; n^{21}_D: 1,4571. — Gibt in guter Ausbeute ein
Nitrosochlorid.

Nitrosochlorid $C_9H_{16}ONCl = CH_3 \cdot C(: N \cdot OH) \cdot ClC{<}C_6H_9 \cdot CH_3$ (bezw. desmotrope
Nitroso- oder Bisnitrosyl-Formel). Krystalle (aus Äther-Methylalkohol). F: 108—110°
(Blaufärbung) (WALLACH, RENTSCHLER, *A.* 365, 271) [1]. Liefert beim Erhitzen mit Natrium-
acetat in Eisessig das Oxim des 1-Methyl-4-äthylon-cyclohexens-(3) (Syst. No. 616) (W.,
EVANS, *A.* 360, 53).

13. 1.1.3-Trimethyl-cyclohexen-(2), [L.-R.-Bezf.: Trimethyl-1.3.3-cyclo-
hexen-1], β-**Cyclogeraniolen** $C_9H_{16} = H_2C{<}^{C(CH_3): CH}_{CH_2 \quad CH_2}{>}C{<}^{CH_3}_{CH_3}$. B. Neben dem
als Hauptprodukt entstehenden α-Cyclogeraniolen (S. 79) durch 3-tägiges Schütteln von
Geraniolen mit der 10-fachen Menge 65°/$_0$iger Schwefelsäure (TIEMANN, B. 33, 3711). —
Gibt bei der Oxydation mit wäßr. Kaliumpermanganat neben anderen Produkten Geron-
säure (Bd. III, S. 713—714).

---

[1] Nach dem für die 4. Auflage geltenden Literatur-Schlußtermin [1. I. 1910] ist das rohe
Nitrosochlorid als Gemisch zweier Modifikationen vom F: 117—118°, bezw. 113—114° erkannt
worden (PERKIN, WALLACH, *A.* 373, 202).

14. ***1.1.3-Trimethyl-cyclohexen-(3).*** [L.-R.-Bezf.: Trimethyl-1.5.5-cyclo-hexen-1], *a-Cyclogeraniolen* $C_9H_{16} = HC{<}{\stackrel{C(CH_3)\cdot CH_2}{CH_2\text{---}CH_2}}{>}C{<}{\stackrel{CH_3}{CH_3}}$. *B.* Neben wenig
β-Cyclogeraniolen (S. 78) aus Geraniolen (Bd. I, S. 260) durch 4-stdg. Erwärmen mit 60%/giger Schwefelsäure auf dem Wasserbad (TIEMANN, SEMMLER, *B.* **26**, 2727; D. R. P. 75062, *Frdl.* **3**, 891) oder durch 3-tägiges Schütteln mit 65%/giger Schwefelsäure (T., *B.* **33**, 3711). Durch viertelstündiges Kochen von 2.6-Dimethyl-hepten-(2)-ol-(6) (Bd. I, S. 450) mit überschüssiger geschmolzener Phosphorsäure (HARRIES, WEIL, *B.* **37**, 848). Aus „trans"- oder „cis"-Di-hydroisophorol $H_3C{<}{\stackrel{CH(CH_3)\cdot CH_2}{CH(OH)\cdot CH_2}}{>}C{<}{\stackrel{CH_3}{CH_3}}$ durch 1-stdg. Erhitzen mit P_2O_5 auf 120°
(KNOEVENAGEL, *A.* **297**, 199); besser durch Erhitzen von „trans"-Dihydroisophorol mit $ZnCl_2$ (WALLACH, FRANKE, *A.* **324**, 114). — *Darst.* Man schüttelt je 100—150 g Geraniolen mit der 10-fachen Menge Schwefelsäure (D: 1,56) 36 Stdn. bei einer 15° nicht übersteigenden Temp., destilliert mit Wasserdampf und fraktioniert (WALLACH, SCHEUNERT, *A.* **324**, 101; *C.* **1902** I, 1295). — Ligroinartig (K.), bezw. schwach nach Cymol (H., WEI.) riechendes Öl. Kp: 139° (W., SCH.); Kp_{710}: 139—141° (K.); Kp_{785}: 138—142° (H., WEI.). D^{20}: 0,8030 (WA., SCH.); $D^{21,5}$: 0,7911 (H., WEI.); D^0: 0,7981 (K.). $n_D^{21,5}$: 1,44612 (H., WEI.); n_D: 1,4453 (K.). — Färbt sich mit konz. Schwefelsäure rot (H., WEI.). Gibt mit trocknem Ozon das Ozonid $C_9H_{16}O_4$ (H., WEI.). Mit wäßr. Kaliumpermanganat entsteht neben anderen Produkten Isogeronsäure (Bd. III, S. 716) (T.). Durch Einw. von Bromwasserstoff in Eisessig und darauf von Brom in Gegenwart von etwas Jod entsteht ein (nicht getrenntes) Gemisch von 4.5.6.1¹-Tetrabrom-1.2.3-trimethyl-benzol und 3.5.6.4¹-Tetrabrom-1.2.4-trimethyl-benzol (BAEYER, VILLIGER, *B.* **32**, 2435).

Ozonid des a-Cyclogeraniolens ($C_9H_{16}O_4)_2$. *B.* Beim Einleiten von trocknem Ozon in trocknes Cyclogeraniolen unter Kühlung (HARRIES, WEIL, *B.* **37**, 849). — Erstickend riechendes, dickflüssiges Öl. D^{17}: 1,0983. n_D^{17}: 1,46509. Beim Destillieren (Kp_{10}: 80—100°) geht ein dünnflüssiges Öl von wahrscheinlich einfacher Molekulargröße über. Verpufft bei schnellem Erhitzen. Verkohlt und explodiert in Berührung mit konz. Schwefelsäure. Entfärbt Indigolösung; macht Jod aus Kaliumjodid-Lösung frei. Gibt mit siedendem Wasser H_2O_2.

Nitrosat des a-Cyclogeraniolens $C_9H_{16}O_4N_2$. *B.* Durch Eintröpfeln konz. Salpetersäure in eine kalte Eisessiglösung von a-Cyclogeraniolen und Amylnitrit (WALLACH, SCHEUNERT, *A.* **324**, 102; *C.* **1902** I, 1295). — Krystalle. F: 102—104°. — Gibt mit siedender alkoh. Kalilauge das Oxim des 1.1.3-Trimethyl-cyclohexen-(2)-ons-(4) (Syst. No. 616).

Nitrosochlorid des a-Cyclogeraniolens $C_9H_{16}ONCl =$
$HO\cdot N{:}C{<}{\stackrel{CCl(CH_3)\cdot CH_2}{CH_2\text{---}CH_2}}{>}C{<}{\stackrel{CH_3}{CH_3}}$ (bezw. desmotrope Nitroso- oder Bisnitrosyl-Formel).
B. Aus Cyclogeraniolen, Amylnitrit und konz. Salzsäure in stark gekühlter Eisessiglösung (W., SCH., *A.* **324**, 102; *C.* **1902** I, 1295). — Bläuliche Krystallmasse (aus Methylalkohol + Wasser). Schmilzt bei 100—120°. — Gibt mit siedender alkoh. Kalilauge das Oxim des 1.1.3-Trimethyl-cyclohexen-(2)-ons-(4).

15. ***1.1.4-Trimethyl-cyclohexen-(x), gewonnen aus Pulenol (Syst. No. 502)*** ***durch Erhitzen mit trocknem Kaliumbisulfat auf 150°, Pulenen vom Kp$_{12}$:*** ***60—65°*** C_9H_{16}. Struktur des Kohlenstoffskeletts: $C{-}C{<}{\stackrel{C-C}{C-C}}{>}C{<}{\stackrel{C}{C}}{}^1$) (vgl. No. 16). Kp_{12}: 60—65° (WALLACH, KEMPE, *A.* **329**, 88). — Liefert ein bei 98—99° schmelzendes Nitrosochlorid.

16. ***1.1.4-Trimethyl-cyclohexen-(x), gewonnen aus Pulenol (Syst. No. 502)*** ***durch Erhitzen mit scharf getrocknetem Zinkchlorid auf 160—170°, Pulenen*** ***vom Kp: 145—150°*** C_9H_{16}. Struktur des Kohlenstoffskeletts: $C{-}C{<}{\stackrel{C-C}{C-C}}{>}C{<}{\stackrel{C}{C}}{}^1$) (vgl.
No. 15). Kp: 145—150° (WALLACH, KEMPE, *A.* **329**, 89). — Liefert kein festes Nitroso-chlorid.

17. ***Nononaphthylen (Enneanaphthylen) vom Kp: 135—137°*** C_9H_{16}. Struktur des Kohlen-stoffskeletts: $C{-}C{<}{\stackrel{C-C}{C-C}}{>}C{-}C$. Einheitlichkeit fraglich. — *B.* Neben anderen Produkten aus Chlornononaphthen vom Kp: 185—188° (vgl. S. 43, Präparat a) durch Erhitzen mit Bleihydroxyd oder Calciumjodid (KONOWALOW, Ж. **16** II, 296; *B.* **18** Ref., 187). Aus Chlornononaphthen vom Kp: 182—184° und aus Jodnononaphthen durch Erhitzen mit Silberacetat (K., Ж. **16** II,

---

¹) Ist nach einer Arbeit von MEERWEIN (*A.* **405**, 156 Anm. 3 [1914]), welche nach dem für die 4. Auflage geltenden Literatur-Schlußtermin [1. I. 1910] erschienen ist, wahrscheinlich ein Gemisch von 1.2.4-Trimethyl-cyclohexen-(1) und 1-Methyl-3-methoäthyl-cyclopenten.

296; **22**, 124, 131, 132; *B.* **18** Ref., 187). Entsteht auch neben viel Nononaphthylen vom Kp: 131—133⁰ (s. u.) aus Chlornononaphthen-Fraktionen vom Kp: 180—183⁰ und vom Kp: 175—180⁰ beim Behandeln mit alkoh. Kalilauge (K., Ж. **22**, 132). — Terpentinartig riechende Flüssigkeit. Erstarrt nicht im Kältegemisch; Kp: 135—137⁰; D_4^0: 0,8082; D_0^{20}: 0,7946 (K., Ж. **22**, 132). — Oxydiert sich an der Luft, bräunt sich und wird dickflüssig (K., Ж. **16** II, 296). Liefert bei der Oxydation mit Chromsäuregemisch ein Gemisch von Säuren mit niedrigerem Kohlenstoffgehalt, darunter Essigsäure und Bernsteinsäure, und Methyläthylketon (K., Ж. **16** II, 297; **22**, 137; *B.* **18** Ref., 187); gleichzeitig findet Wasseranlagerung und Esterifizierung des so entstehenden Nononaphthenalkohols durch obige Säuren statt (K., Ж. **22**, 134, 145). Gibt beim Erhitzen mit bei gewöhnlicher Temp. gesättigter Jodwasserstoffsäure im Druckrohr bis schließlich 250⁰ Nononaphthen (K., Ж. **16** II, 296; **22**, 135; *B.* **18** Ref., 187). Mit Brom entsteht ein unbeständiges Dibromid, das bei weiterer Einw. von Brom Substitutionsprodukte liefert (K., Ж. **16** II, 296; **22**, 133).

18. *Nononaphthylen (Enneanaphthylen) vom Kp: 131—133⁰* C_9H_{16}. Struktur des Kohlenstoffskeletts:

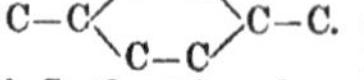

C—C—C　Einheitlichkeit fraglich. — *B.* Entsteht als Hauptprodukt neben dem höher siedenden Isomeren (S. 79) beim Behandeln von Chlornononaphthen-Fraktionen vom Kp: 180—183⁰ (vgl. S. 43—44) und vom Kp: 175—180⁰ mit alkoh. Kalilauge (KONOWALOW, Ж. **22**, 132). — Flüssigkeit von terpentinartigem Geruch. Erstarrt nicht im Kältegemisch. Kp: 131—133⁰. Ist viel leichter als das Nononaphthylen vom Kp: 135—137⁰. — Addiert stürmisch 2 At.-Gew. Brom unter Bildung eines ziemlich beständigen Dibromids. Einw. von Schwefelsäure: K., Ж. **22**, 134.

19. *1-Methyl-3-methoäthyl-cyclopenten-(1 oder 2)* C_9H_{16} =

$H_2C \cdot CH_2$\
$CH_3 \cdot C : CH$⟩CH·CH(CH₃)₂ oder $H_2C \cdot CH_2$\ $CH_3 \cdot HC \cdot CH$⟩C·CH(CH₃)₂ oder Gemisch beider (vgl. No. 20). — *B.* Durch 5 Minuten langes Kochen von Dihydrocamphorylalkohol

H_2C——CH_2\
$CH_3 \cdot HC \cdot CH(OH)$⟩CH·CH(CH₃)₂ (Syst. No. 502) mit wasserfreier Oxalsäure (SEMMLER, SCHOELLER, *B.* **37**, 237). — Flüssig. Kp: ca. 144—146⁰. D^{20}: 0,801. n_D^{20}: 1,4478.

20. *1-Methyl-3-methoäthyl-cyclopenten-(2).* [L.-R.-Bezf.: Methyl-3-isopropyl-1-cyclopenten-1], *Pulegen* C_9H_{16} = $H_2C \cdot CH_2$\ $CH_3 \cdot HC \cdot CH$⟩C·CH(CH₃)₂ (vgl. No. 19). Zur Konstitution vgl. WALLACH, *A.* **327**, 151, 152. — *B.* Entsteht, anscheinend neben geringen Mengen von Isomeren, durch Erhitzen von Pulegensäure H_2C——CH_2\ $CH_3 \cdot HC \cdot CH(CO_2H)$⟩C:C(CH₃)₂ (Syst. No. 894) unter gewöhnlichem Druck (W., *A.* **289**, 353), am besten im Wasserstoffstrome auf 180—200⁰ (W., COLLMANN, THEDE, *C.* **1902** I, 1295; *A.* **327**, 131). Durch Erhitzen von Pulegensäure mit Anilin oder p-Toluidin über 200⁰ (BOUVEAULT, TÉTRY, *Bl.* [3] **27**, 311). — Kp₁₆: 39—41⁰ (B., Té.); Kp: 138—139⁰; D^{22}: 0,791; n_D^{22}: 1,4380 (W., C., TH.). — Liefert bei der Oxydation mit Permanganat Essigsäure und 2.6-Dimethyl-heptanon-(5)-säure-(1) (W., SELDIS, *A.* **327**, 140).

Nitrosochlorid $C_9H_{16}ONCl$ = H_2C——CH_2\ $CH_3 \cdot HC \cdot C(:N \cdot OH)$⟩CCl·CH(CH₃)₂ (bezw. desmotrope Nitroso- oder Bisnitrosyl-Formel). *B.* Aus Pulegen, Äthylnitrit und konz. Salzsäure in Eisessig bei —15⁰ bis —20⁰ (WALLACH, COLLMANN, THEDE, *A.* **327**, 131). — Krystalle. F: 74—75⁰. — Gibt mit Natriummethylat in Methylalkohol Pulegenonoxim (Syst. No. 616).

21. *Apofenchen* C_9H_{16}. *1-Methyl-3-methoäthyl-cyclopenten-(5)* $HC \cdot CH_2$\ $CH_3 \cdot C \cdot CH_2$⟩CH·CH(CH₃)₂, wahrscheinlich gemischt mit *1-Methyl-3-methoäthyl-cyclopenten-(1)* $H_2C \cdot CH_2$\ $CH_3 \cdot C : CH$⟩CH·CH(CH₃)₂ (zur Konstitution vgl. WALLACH, *A.* **369**, 83, 95). Rechtsdrehendes Präparat. Erstes Ausgangsmaterial für die nachfolgend aufgeführten Bildungen des rechtsdrehenden Apofenchens ist d-Fenchon (vgl. BOUVEAULT, LEVALLOIS, *C. r.* **148**, 1400). — *B.* Apofenchen entsteht bei der trocknen Destillation des Natriumsalzes der Fencholsäure $C_9H_{17} \cdot CO_2H$ (Syst. No. 893) neben anderen Produkten (WALLACH, RITTER, *A.* **369**, 77). Durch trockne Destillation von salzsaurem Fenchelylamin $C_9H_{17} \cdot NH_2$ (Syst. No. 1594) (W., *A.* **369**, 83). Durch Kochen von Difenchelylharnstoff $(C_9H_{17} \cdot NH)_2CO$ (Syst. No. 1594) mit 50⁰/₀iger Schwefelsäure (BOUVEAULT, LEVALLOIS, *C. r.*

146, 181). — Terpentinartig riechende Flüssigkeit. Kp: 142—143° (W.), 143° (B., L.). D_4^t: 0,812 (B., L.); D^{21}: 0,7945 (W.). n_D^u: 1,4403 (W.). $[\alpha]_D$: +66,21 (W.; vgl. B., L.). — Wird von kalter neutraler Kaliumpermanganatlösung zu 3-Methoäthyl-hexanon-(5)-säure-(1) (Bd. III, S. 717) oxydiert (B., L.). Mit alkoh. Salzsäure entsteht ein Hydrochlorid [Kp₅: 60°; D_4^{1t}: 0,9275] (B., L.). Apofenchen gibt mit Äthylnitrit und HCl in Eisessig ein Gemisch von öligen und festen Nitrosochloriden, von denen eines bei 115° schmilzt (W.).

22. 1.1.2.3-Tetramethyl-cyclopenten-(2) [L.-R.-Bezf.: Tetramethyl-1.2.3.3-cyclopenten-1], *Campholen* C_9H_{16} = $\begin{smallmatrix} CH_3 \cdot C:C(CH_3) \\ | \qquad \qquad \searrow C \diagdown CH_3 \\ H_2C——CH_2 \diagup \diagdown CH_3 \end{smallmatrix}$. Zur Konstitution vgl.:

BLANC, *Bl.* [3] **19**, 357; *C. r.* **145**, 681; EIJKMAN, *Chem. Weekblad* **4**, 52; *C.* **1907** II, 1208. Enthält vermutlich Isomere beigemengt. — *B.* Durch Destillation des 1.1.2.3-Tetramethyl-cyclopentanols-(2) $C_9H_{17} \cdot OH$ (Syst. No. 502) unter gewöhnlichem Druck (BLANC, *C. r.* **145**, 683). Aus Campholenhydrojodid $C_9H_{17}I$ (S. 45) mit Alkalien (BÉHAL, *Bl.* [3] **13**, 845; vgl. TIEMANN, *B.* **30**, 599). Neben Camphelylalkohol $C_9H_{17} \cdot OH$ (Syst. No. 502) aus salzsaurem Camphelylamin $C_9H_{17} \cdot NH_2$ (Syst. No. 1594) mit Silbernitrit (ERRERA, *G.* **23** II, 508). Durch anhaltendes Kochen von α-, besser von β-Campholensäure $C_{10}H_{16}O_2$ (Syst. No. 894) (BÉHAL, *Bl.* [3] **13**, 844; TIEMANN, *B.* **28**, 2184; **30**, 594; vgl. THIEL, *B.* **26**, 923). Durch Destillation von Campholsäure $C_{10}H_{16}O_2$ (Syst. No. 893) mit Phosphorpentoxyd (DELALANDE, *A. ch.* [3] 1, 125; *A.* **38**, 340). Durch Erhitzen eines Gemisches von campholsaurem Kalium mit Natronkalk und Rektifizieren des Destillationsprodukts über Natrium (KACHLER, *A.* **162**, 266). Man mischt 100 g Campholsäure mit 130 g PCl₅, verjagt das gebildete POCl₃ und kocht den Rückstand nach Zusatz von 1 g P_2O_5 (GUERBET, *A. ch.* [7] **4**, 340). — *Darst.* Durch Kochen von β-Campholensäure in der Weise, daß die unzersetzt verflüchtigte Säure zurückfließt, während der Kohlenwasserstoff überdestilliert (TI., *B.* **30**, 594). — Terpentinartig riechende, brennend schmeckende Flüssigkeit (G.). Erstarrt noch nicht bei —20° (G.). Kp: 129—130,5° (TH.), 132° (BL., *C. r.* **145**, 683), 133—135° (TI., *B.* **30**, 595), 134—135° (BÉ.); Kp₇₅₅: 134° (G.). D^0: 0,8115 (G.), 0,8130 (BÉ.); $D^{14,5}$: 0,8034 (TH.); D_4^{14}: 0,8035 (BL., *C. r.* **145**, 683); D^{30}: 0,8034 (TI., *B.* **30**, 595). Unlöslich in Wasser, leicht löslich in Alkohol, Äther, Chloroform, Schwefelkohlenstoff (G.), Benzol und Ligroin (TI., *B.* **30**, 595). $n_D^{14,5}$: 1,4445 (TH.); n_D^{20}: 1,44406 (TI., *B.* **30**, 595), 1,4446 (BL., *C. r.* **145**, 683). — Campholen nimmt unter Verharzung Sauerstoff auf (G.). Liefert bei der Oxydation mit KMnO₄-Lösung Oxalsäure und β.β-Dimethyl-lävulinsäure (TI., *B.* **30**, 597). Gibt bei der Hydrierung nach SABATIER und SENDERENS Dihydrocampholen C_9H_{18} (S. 45) (EIJKMAN, *Chemisch Weekblad* **3**, 692 Anm.). Absorbiert in Chloroformlösung 2 Atome Brom unter Bildung eines sehr leicht HBr abspaltenden Prod. (TH.; G.). Gibt mit gasförmigem Jodwasserstoff unterhalb 60° ein unbeständiges krystallinisches Hydrojodid (S. 45) (G.; BÉ.). Beim Erhitzen mit konz. Jodwasserstoffsäure auf 280° entsteht Hexahydropseudocumol C_9H_{18} (S. 43) (G.). Beim Schütteln mit konz. Schwefelsäure entstehen Hexahydropseudocumol und Dicampholen (s. u.) (G.).

Dicampholen $(C_9H_{16})_2$. *B.* Entsteht neben Hexahydropseudocumol beim Schütteln von 3 Tln. Campholen mit 1 Tl. konz. Schwefelsäure; die vom Hexahydropseudocumol abgehobene Schwefelsäure wird in Wasser gegossen, wobei sich Dicampholen abscheidet (GUERBET, *A. ch.* [7] **4**, 351). — Flüssig. Kp: 266—270° (teilweise Zers.); Kp₃₀: 165—168°. D^0: 0,8993. — Oxydiert sich rasch an der Luft.

Nitrosochlorid des Campholens $C_9H_{16}ONCl$. *B.* Aus Campholen (dargestellt aus Campholsäure oder aus Campholenhydrojodid), mit Natriumnitrit und Salzsäure unter Kühlung (GUERBET, *A. ch.* [7] **4**, 356; BÉHAL, *Bl.* [3] **13**, 845; vgl. TIEMANN, *B.* **30**, 600). — Indigoblaue, campherartig riechende Krystallmasse. Schmilzt, rasch erwärmt, bei 25° (G.). Unlöslich in Wasser, leicht löslich in Alkohol und Äther (G.). — Zersetzt sich an der Luft unter Abgabe von HCl (G.).

23. 1.1.2-Trimethyl-3-methylen-cyclopentan (L.-R.-Bezf.: Methylen-1-trimethyl-2.3.3-cyclopentan) C_9H_{16} = $\begin{smallmatrix} H_2C:C \cdot CH(CH_3) \\ | \qquad \qquad \searrow C \diagdown CH_3 \\ H_2C——CH_2 \diagup \diagdown CH_3 \end{smallmatrix}$. *B.* Durch Destillation der Base $\begin{smallmatrix} HO \cdot N(CH_3)_3 \cdot CH_2 \cdot HC—CH(CH_3) \\ | \qquad \qquad \qquad \qquad \searrow C \diagdown CH_3 \\ H_2C————CH_2 \diagup \diagdown CH_3 \end{smallmatrix}$ (Syst. No. 1594), neben dem tertiären Amin $C_9H_{15} \cdot CH_2 \cdot N(CH_3)_2$ (BOUVEAULT, BLANC, *C. r.* **136**, 1461). — Bewegliche, terpentinartig riechende Flüssigkeit. Kp: 138—140°. — Verharzt an der Luft sehr leicht. Liefert bei der Oxydation mit Kaliumpermanganat 1.1.2-Trimethyl-cyclopentanon-(3) (Syst. No. 612).

24. Äthopropylidencyclobutan, γ-Cyclobutyliden-pentan. Diäthyl-cyclobutyliden-methan C_9H_{16} = $H_2C \diagdown\begin{smallmatrix} CH_2 \\ CH_2 \end{smallmatrix}\diagup C : C \diagdown\begin{smallmatrix} C_2H_5 \\ C_2H_5 \end{smallmatrix}$. *B.* Bei der Destillation von

Diäthyl-cyclobutyl-carbinol mit krystallisierter Oxalsäure (KISHNER, AMOSOW, Ж. 37, 518; C. 1906 II, 817). — Flüssigkeit von Menthengeruch. D_4^0: 0,8092. n_D^0: 1,4510. — Gibt bei längerem Schütteln mit konz. Schwefelsäure Diäthyl-cyclobutyl-methan.

25. *1.1-Dimethyl-2-[2²-metho-propyliden]-cyclopropan (?)* C_9H_{16} =
$(CH_3)_2CH \cdot CH:C-C(CH_3)_2$ (?). *B.* Neben anderen Produkten durch 8-stdg. Erhitzen von
$\overset{|}{CH_2}$
2.2.5-Trimethyl-hexandiol-(1.3) (Bd. I, S. 494) mit 2 Tln. 30%iger Schwefelsäure im geschlossenen Rohr auf 150° (LÖWY, WINTERSTEIN, *M.* 22, 399; vgl. auch JELOČNIK, *M.* 24, 527, 531). — Minzenartig riechende, brennend schmeckende Flüssigkeit. Erstarrt nicht bei —18°; Kp: 112°; unlöslich in Wasser, löslich in Alkohol und Äther (L., W.). — Gibt bei der Oxydation mit $KMnO_4$ ein Gemisch von Isobuttersäure und Isovaleriansäure (L., W.). Absorbiert 2 Atome Brom (L., W.).

26. *Bicyclo-[0.3.4]-nonan, Indenoktahydrid* C_9H_{16} = $\begin{matrix} H_2C \cdot CH_2 \cdot CH \cdot CH_2 \\ H_2C \cdot CH_2 \cdot CH \cdot CH_2 \end{matrix} \rangle CH_2$.
B. Durch Hydrierung von Hydrinden mit Wasserstoff in Gegenwart von Nickel (EIJKMAN, *C.* 1903 II, 989). — Kp: 163—164°; D^{13}: 0,8759 (E., *C.* 1903 II, 989); $D^{0.3}$: 0,8284; n_α^{13}: 1,46667; n_γ^{13}: 1,47981; $n_\alpha^{0.3}$: 1,43955; $n_\gamma^{0.3}$: 1,45204 (E., *C.* 1907 II, 1209).

27. *2-Methyl-bicyclo-[1.2.3]-octan* C_9H_{16} =
Zur Konstitution vgl. SEMMLER, BARTELT, *B.* 41, 867, 871. — *B.* Durch Behandeln des Chlorids $C_9H_{15}Cl$ (s. u.) mit Natrium in siedendem Alkohol (SEMMLER, BARTELT, *B.* 40, 4846). — Konstanten des unreinen Kohlenwasserstoffs: Kp: 149—151°; D^{20}: 0,875; n_D: 1,46900 (S., B., *B.* 40, 4846).

$\begin{matrix} H_2C-CH \cdot CH \cdot CH_3 \\ | \qquad CH_2 CH_2 \\ H_2C-CH \cdot CH_2 \end{matrix}$

4-Chlor-2-methyl-bicyclo-[1.2.3]-octan $C_9H_{15}Cl$ =
B. Durch Einw. von PCl_5 auf den entsprechenden Alkohol $C_9H_{16}O$ (Syst. No. 506) in Petroläther (SEMMLER, BARTELT, *B.* 40, 4846). — Kp_9: 82—84°. D^{20}: 1,019. n_D^{20}: 1,49097. — Liefert beim Behandeln mit Natrium in siedendem Alkohol den Kohlenwasserstoff C_9H_{16} (s. o.).

$\begin{matrix} H_2C-CH \cdot CH \cdot CH_3 \\ | \qquad CH_2 CH_2 \\ H_2C-CH \cdot CHCl \end{matrix}$

28. *2.2-Dimethyl-bicyclo-[1.2.2]-heptan, Camphenilan* C_9H_{16} =
$\begin{matrix} H_2C-CH-C(CH_3)_2 \\ | \qquad CH_2 \\ H_2C-CH-CH_2 \end{matrix}$

3-Chlor-2.2-dimethyl-bicyclo-[1.2.2]-heptan, Camphenilylchlorid $C_9H_{15}Cl$ =
$\begin{matrix} H_2C \cdot CH-C(CH_3)_2 \\ | \quad CH_2 \\ H_2C \cdot CH-CHCl \end{matrix}$
B. Aus Camphenilol (Syst. No. 506) und PCl_5 (JAGELKI, *B.* 32, 1503). — Weiße Masse; äußerst flüchtig. F: 50°. Kp_{11}: 73°. — Gibt beim Erhitzen mit Anilin Camphenilen C_9H_{14} (S. 123).

3.3-Dichlor-2.2-dimethyl-bicyclo-[1.2.2]-heptan, Camphenilonchlorid $C_9H_{14}Cl_2$ =
$\begin{matrix} H_2C \cdot CH \cdot C(CH_3)_2 \\ | \quad CH_2 \\ H_2C \cdot CH-CCl_2 \end{matrix}$
B. Aus Camphenilon (Syst. No. 616) und PCl_5 in trocknem Chloroform (MOYCHO, ZIENKOWSKI, *A.* 340, 56). — Weiche federartige Krystalle (aus Alkohol). F: 174° (M., Z.). — Liefert beim Kochen mit Natrium in äther. Lösung neben Kondensationsprodukten Apobornylen C_9H_{14} (S. 123) (M., Z.; vgl. SEMMLER, Die ätherischen Öle, Bd. II [Leipzig 1906], S. 93).

29. *2.3-Dimethyl-bicyclo-[1.2.2]-heptan, Santendihydrid* C_9H_{16} =
$\begin{matrix} H_2C-CH \cdot CH \cdot CH_3 \\ | \quad CH_2 \\ H_2C-CH \cdot CH \cdot CH_3 \end{matrix}$

2-Chlor-2.3-dimethyl-bicyclo-[1.2.2]-heptan, Santenhydrochlorid $C_9H_{15}Cl$ =
$\begin{matrix} H_2C-CH-CCl \cdot CH_3 \\ | \quad CH_2 \\ H_2C-CH-CH \cdot CH_3 \end{matrix}$
Zur Konstitution vgl. SEMMLER, BARTELT, *B.* 41, 389. — *B.* Durch Einleiten von Chlorwasserstoff in eine Lösung von Santen (S. 122) in trocknem Äther (MÜLLER, *Ar.* 238, 371; ASCHAN, *B.* 40, 4922). — F: ca. 80° (M.). Nur kleine Mengen lassen sich unter 5—6 mm Druck unzersetzt destillieren (A., *Öfversigt af Finska Vetenskaps-Societetens Förhandlingar*

53 [1910—1911] A, Nr. 8, S. 7). — Wird durch Einw. von Anilin in Santen zurückverwandelt (A.). Beim Schütteln mit Kalkmilch bei 70—80⁰ entsteht Santenhydrat $C_9H_{16}O$ (Syst. No. 506) (A.).

Santennitrosochloride $C_9H_{14}ONCl$ s. bei Santen, S. 122.

8. Kohlenwasserstoffe $C_{10}H_{18}$.

1. *1.1.4-Trimethyl-cyclohepten-(5 oder 6)* $C_{10}H_{18} =$

$CH_3 \cdot HC \cdot CH_2 \cdot CH_2$
$HC : CH \cdot CH_2$ $\rangle C(CH_3)_2$ oder $\begin{matrix} CH_3 \cdot HC \cdot CH_2 \cdot CH_2 \\ H_2C \cdot CH : CH \end{matrix} \rangle C(CH_3)_2$.

3-Chlor-1.1.4-trimethyl-cyclohepten-(5 oder 6), Dihydroeucarvylchlorid $C_{10}H_{17}Cl$
$= \begin{matrix} CH_3 \cdot HC \cdot CHCl \cdot CH_2 \\ HC : CH—CH_2 \end{matrix} \rangle C(CH_3)_2$ oder $\begin{matrix} CH_3 \cdot HC \cdot CHCl \cdot CH_2 \\ H_2C \cdot CH : CH \end{matrix} \rangle C(CH_3)_2$. *B.* Aus Dihydroeucarveol (Syst. No. 507) und PCl_5 (KLAGES, KRAITH, *B.* **32**, 2562; vgl. BAEYER, *B.* **31**, 2075). — Kp_{20}: 85⁰; D^{18}: 0,935; n_D: 1,46179 (KL., KR.). — Beim Kochen mit Chinolin entsteht Euterpen $C_{10}H_{16}$ (S. 124) (B.).

2. *Kohlenwasserstoff* $C_{10}H_{18}$. Struktur des Kohlenstoffskeletts: C$\begin{matrix} C—C \\ C—C \end{matrix}$C—C—C—C. Vielleicht Gemisch von Isomeren. — *B.* Durch Einw. von $ZnCl_2$ auf 1-Methyl-2-propyl-cyclohexanol-(2) (Syst. No. 503) (MURAT, *A. ch.* [8] **16**, 118). — Kp: 167—170⁰. D^0: 0,8611; D^{20}: 0,848. n_D^{20}: 1,469.

3. *1-Methyl-3-propyliden-cyclohexan* $C_{10}H_{18} =$ $H_2C\begin{matrix} CH_2——CH_2 \\ CH(CH_3) \cdot CH_2 \end{matrix}\rangle C:CH \cdot CH_2 \cdot CH_3$. Linksdrehende Form. *B.* Man erhitzt a-[1-Oxy-3-methyl-cyclohexyl]-buttersäure-äthylester $H_2C\begin{matrix} CH(CH_3) \cdot CH_2 \\ CH_2——CH_2 \end{matrix}\rangle C\begin{matrix} OH \\ CH(C_2H_5) \cdot CO_2 \cdot C_2H_5 \end{matrix}$ (Syst. No. 1053) (dargestellt aus Pulegon) mit $KHSO_4$, verseift das Reaktionsprodukt und destilliert die entstandene ungesättigte Säure $C_{11}H_{18}O_2$ (Syst. No. 894) langsam unter gewöhnlichem Druck (WALLACH, RENTSCHLER, *A.* **360**, 60). — Kp: 170—173⁰. D^{19}: 0,814. n_D^{19}: 1,4591. a_D: −34⁰ 28′ (l = 1 dm). — Verbindet sich mit Nitrosylchlorid.

Nitrosochlorid $C_{10}H_{18}ONCl = H_2C\begin{matrix} CH_2——CH_2 \\ CH(CH_3) \cdot CH_2 \end{matrix}\rangle CCl \cdot C(:N \cdot OH) \cdot CH_2 \cdot CH_3$ (bezw. desmotrope Nitroso- oder Bisnitrosylformel). Liefert beim Erhitzen mit Dimethylanilin ein Gemisch von Oximen, darunter Äthyl-m-tolyl-ketoxim. Durch Erhitzen mit Natriumacetat in Eisessig, dann mit verd. Schwefelsäure, entsteht Äthyl-[3-methyl-cyclohexenyl]-keton (Syst. No. 617) (W., R., *A.* **360**, 61).

4. *1-Methyl-4-propyliden-cyclohexan* $C_{10}H_{18} =$ $CH_3 \cdot HC\begin{matrix} CH_2 \cdot CH_2 \\ CH_2 \cdot CH_2 \end{matrix}\rangle C:CH \cdot CH_2 \cdot CH_3$ (nicht völlig einheitlich). *B.* Man bringt 1-Methyl-cyclohexanon-(4) mit a-Brom-buttersäure-äthylester und Zink in Reaktion, erhitzt das im wesentlichen aus a-[1-Oxy-4-methyl-cyclohexyl]-buttersäure-äthylester $CH_3 \cdot HC\begin{matrix} CH_2 \cdot CH_2 \\ CH_2 \cdot CH_2 \end{matrix}\rangle C\begin{matrix} OH \\ CH(C_2H_5) \cdot CO_2 \cdot C_2H_5 \end{matrix}$ (Syst. No. 1053) bestehende Reaktionsprodukt mit $KHSO_4$, verseift und destilliert die entstandene ungesättigte Säure $C_{11}H_{18}O_2$ (Syst. No. 894) unter gewöhnlichem Druck (WALLACH, RENTSCHLER, *A.* **360**, 65). — Kp: 175—177⁰. D^{19}: 0,8135. n_D^{19}: 1,4516. — Liefert bei der Oxydation mit $KMnO_4$ reichlich 1-Methyl-cyclohexanon-(4). Gibt ein Nitrosochlorid und ein Nitrolpiperidid von nicht einheitlichem Schmelzpunkt; das Nitrosochlorid liefert beim Behandeln mit Natriumacetat in essigsaurer Lösung das Oxim eines Ketons $C_{10}H_{16}O$ (Syst. No. 617).

5. *Kohlenwasserstoff* $C_{10}H_{18}$. Struktur des Kohlenstoffskeletts: .C—C$\begin{matrix} C—C \\ C—C \end{matrix}$C—C—C—C. *B.* Durch Behandeln von 1-Methyl-4-propyl-cyclohexanol-(4) mit $ZnCl_2$ (Syst. No. 503) (SABATIER, MAILHE, *C. r.* **142**, 439; *A. ch.* [8] **10**, 560). — Kp: 168—170⁰ (korr.). D_4^0: 0,8387; D_4^{14}: 0,8270. n_D^{14}: 1,455.

6. *1-Methyl-2-methoäthyl-cyclohexen-(1 oder 2), o-Menthen-(1 oder 2)* $C_{10}H_{18} = H_2C\begin{matrix} CH_2——CH_2 \\ CH_2—C(CH_3) \end{matrix}\rangle C \cdot CH(CH_3)_2$ oder $H_2C\begin{matrix} CH_2——CH \\ CH_2—CH(CH_3) \end{matrix}\rangle C \cdot CH(CH_3)_2$. *B.* Aus o-Menthanol-(2) (Syst. No. 503) beim Kochen mit $KHSO_4$ (KAY, PERKIN, *Soc.* **87**, 1082). — Kp: 165—168⁰. Riecht schwach nach Pfefferminz.

7. 1-Methyl-2-isopropyliden-cyclohexan, o-Menthen-(2 (8)) $C_{10}H_{18}$ =
$H_2C{<}{\stackrel{CH_2{-}-CH_2}{CH_2{-}CH(CH_2)}}{>}C{:}C(CH_3)_2$.   *B.* Entsteht nicht völlig rein durch Reduktion von o-Menthadien-(1.8 (9)) (Syst. No. 457) mit Natrium und Alkohol (KAY, PERKIN, *Soc.* **87**, 1077). Durch Destillation der α-[2-Methyl-cyclohexen-(1)-yl]-isobuttersäure

$H_2C{\cdot}CH_2{\cdot}C{\cdot}C(CH_3)_2{\cdot}CO_2H$
$H_2C{\cdot}CH_2{\cdot}C{\cdot}CH_3$ (Syst. No. 894) unter gewöhnlichem Druck (WALLACH, CHUR-CHILL, *A.* **360**, 80). — Kp: 173° (K., P.); Kp: 160—162°; D^{20}: 0,8345; n_D^{20}: 1,4670 (W., CH.). — Liefert mit 1%iger KMnO$_4$-Lösung in der Kälte 1-Methyl-cyclohexanol-(2) neben anderen Produkten (W., CH.). Gibt ein blau gefärbtes, mit Wasserdampf flüchtiges Nitrosochlorid, das bei mehrtägigem Stehen Krystalle absetzt (W., CH.).

8. Kohlenwasserstoff $C_{10}H_{16}$, o-Menthen-(x). Struktur des Kohlenstoffskeletts:
$C{<}{\stackrel{C{-}C}{C{-}C}}{\stackrel{}{C}}{<}{\stackrel{C{-}C}{C}}{\stackrel{C}{C}}$.   *B.* Aus 1-Methyl-2-methoäthylol-(2¹)-cyclohexan bei langem Kochen mit Kaliumpyrosulfat (KAY, PERKIN, *Soc.* **87**, 1079). — Kp$_{750}$: 167° bis 168°. Riecht pfefferminzartig.

9. 1-Methyl-3-methoäthyl-cyclohexen-(1) (?), m-Menthen-(1) (?) $C_{10}H_{18}$ =
$H_2C{<}{\stackrel{CH_2{-}-CH_2}{C(CH_3){:}CH}}{>}CH{\cdot}CH(CH_3)_2$ (?).   *B.* Aus m-Menthen-(3 (8)) (s. u.) beim Erwärmen mit alkoh. Schwefelsäure (WALLACH, CHURCHILL, *A.* **360**, 77). — Kp: 164—168°. D: 0,82. n_D: 1,4561. — Liefert mit Nitrosylchlorid ein festes Nitrosochlorid.

10. 1-Methyl-3-methoäthyl-cyclohexen-(2 oder 3), m-Menthen-(2 oder 3)
$C_{10}H_{18} = H_2C{<}{\stackrel{CH_2{-}-CH_2}{CH(CH_3){-}CH}}{>}C{\cdot}CH(CH_3)_2$ oder $H_2C{<}{\stackrel{CH_2{-}-CH_2}{CH(CH_3){-}CH_2}}{>}C{\cdot}CH(CH_3)_2$ oder Gemisch beider. *B.* Durch Kochen von m-Menthanol-(3) mit KHSO$_4$ (PERKIN, TATTERSALL, *Soc.* **87**, 1105). — Kp$_{744}$: 168—169°. — Gibt mit Amylnitrit und konz. Salzsäure in Methylalkohol das Nitrosochlorid $C_{10}H_{18}ONCl$ [farblose Blättchen (aus Alkohol); F: 130—132°; schwer löslich in Alkohol].

11. 1-Methyl-3-methoäthyl-cyclohexen-(4 oder 5), m-Menthen-(4 oder 5)
$C_{10}H_{18} = H_2C{<}{\stackrel{CH{=}{=}CH}{CH(CH_3){-}CH_2}}{>}CH{\cdot}CH(CH_3)_2$ oder $HC{<}{\stackrel{CH{-}-CH_2}{CH(CH_3){-}CH_2}}{>}CH{\cdot}CH(CH_3)_2$ oder Gemisch beider. *B.* Aus m-Menthanol-(5) durch Erhitzen mit P$_2$O$_5$ (KNOEVENAGEL, *A.* **289**, 160; **297**, 173, 183). — Kp$_{746}$: 167—168°; Kp: 169—170° (korr.). D_4^{14}: 0,8197. n_D: 1,45609.

12. 1-Methyl-3-isopropyliden-cyclohexan, m-Menthen-(3 (8)) $C_{10}H_{18}$ =
$H_2C{<}{\stackrel{CH_2{-}-CH_2}{CH(CH_3){\cdot}CH_2}}{>}C{:}C(CH_3)_2$.   *B.* Entsteht als Hauptbestandteil des Kohlenwasserstoffgemisches, das sich bei der Destillation der aus α-[1-Oxy-3-methyl-cyclohexyl]-isobuttersäureester $H_2C{<}{\stackrel{CH(CH_3){\cdot}CH_2}{CH_2{-}-CH_2}}{>}C{<}{\stackrel{OH}{C(CH_3)_2{\cdot}CO_2{\cdot}C_2H_5}}$ erhältlichen α-[3-Methyl-cyclohexenyl]-isobuttersäure (Syst. No. 894) unter gewöhnlichem Druck bildet (WALLACH, CHURCHILL, *A.* **360**, 77). — Kp: 173—175°. D^{20}: 0,8250. n_D^{20}: 1,4670. — Liefert bei der Oxydation mit 1%iger KMnO$_4$-Lösung in der Kälte 1-Methyl-cyclohexanon-(3). Gibt mit Nitrosylchlorid ein blaues, mit Wasserdampf flüchtiges Öl, das auch bei längerem Stehen nicht erstarrt. Bleibt bei mehrstündigem Kochen mit verd. wäßr. Schwefelsäure unverändert, wird aber durch alkoh. Schwefelsäure invertiert zu m-Menthen-(1) (?).

13. Kohlenwasserstoff $C_{10}H_{16}$, m-Menthen-(x). Struktur des Kohlenstoffskeletts:
$C{<}{\stackrel{C{-}C}{C{-}C}}{\stackrel{}{C}}{-}C{<}{\stackrel{C}{C}}$.   *B.* Man kocht m-Menthanol-(8) mit KHSO$_4$ (PERKIN, TATTERSALL, *Soc.* **87**, 1102). — Kp$_{753}$: 170—171°. Riecht schwach nach Pfefferminze.

14. 1-Methyl-4-methoäthyl-cyclohexen-(1), p-Cymol-tetrahydrid-(2.3.4.5), Δ¹-Tetrahydro-p-cymol, p-Menthen-(1), Carvomenthen $C_{10}H_{18}$ =
$CH_3{\cdot}C{<}{\stackrel{CH_2{\cdot}CH_2}{CH{=}CH_2}}{>}CH{\cdot}CH(CH_3)_2$.

a) **Stark rechtsdrehende Präparate** (in der Literatur als Dihydrophellandren und Dihydrolimonen bezeichnet). *B.* Aus rechtsdrehendem Phellandren (a_D: ca. +60°) durch Kochen mit Natrium und Amylalkohol (SEMMLER, *B.* **36**, 1035). Aus d-Limonenmonohydrochlorid mit Natrium und Alkohol unterhalb +10° (SE., *B.* **36**, 1036). Aus der Magnesiumverbindung des d-Limonenmonohydrochlorids mit Wasser (nicht völlig rein) (BACON, *C.* **1908** II, 795). — Kp: 171—172° (SE., *B.* **36**, 1035), 173—174° (SE., *B.* **36**, 1036), 174—176° (B.). D^{20}: 0,829 (SE., *B.* **36**, 1036); D_4^{20}: 0,8257 (B.). n_D: 1,4601 (SE., *B.* **36**, 1035), 1,463 (SE., *B.* **36**, 1036); n_D^{20}: 1,4580 (B.). a_D: +25° (SE., *B.* **36**, 1035), +40° (SE., *B.* **36**,

1036). — Gibt mit KMnO$_4$ (unter intermediärer Bildung eines öligen Glykols C$_{10}$H$_{20}$O$_2$) Essigsäure, β-Isopropyl-glutarsäure und geringe Mengen β-Isopropyl-δ-acetyl-n-valeriansäure (Sz., B. 36, 1035). Nimmt in Schwefelkohlenstofflösung 1 Mol. HCl auf (B.).

Durch Kochen von Sabinen-monohydrochlorid (s. u.) mit Natrium und Alkohol erhielt Semmler (B. 40, 2960) ein von ihm als Dihydroterpinen bezeichnetes Carvomenthen. — Kp$_9$: 57—60⁰. D^{20}: 0,8184. n$_D$: 1,4566. a$_D$: +12⁰ 30′ (100 mm-Rohr; die Drehung wechselt mit der Drehung des Ausgangsprodukts). — Gibt mit Ozon in Benzol β-Isopropyl-δ-acetyl-n-valeraldehyd (Bd. I, S. 800), mit Nitrosylchlorid ein Nitrosochlorid C$_{10}$H$_{18}$ONCl (F: 87⁰).

b) Inaktive bezw. schwach drehende Präparate. B. Durch 1-stdg. Erhitzen von inaktivem (Wallach, A. 287, 380) Carvomenthol mit KHSO$_4$ auf 200⁰ (W., A. 277, 132). Der aus Limonenbishydrojodid mit Zinkstaub und Eisessig erhaltene ungesättigte Kohlenwasserstoff wird in das Hydrobromid (Kp$_{25}$: 115⁰) übergeführt und dieses mit Chinolin destilliert (Baeyer, B. 26, 825). Durch 5—7-stdg. Erhitzen von Carvomenthylchlorid oder -bromid (aus linksdrehendem Carvomenthol und konz. Salzsäure bezw. Bromwasserstoffsäure) mit konz. alkoh. Kalilauge auf 170—180⁰ (Kondakow, Lutschinin, J. pr. [2] 60, 273). — Leicht bewegliche, ähnlich wie Menthomenthen riechende Flüssigkeit (K., L.). Kp: 175—176⁰ (W.), 175⁰ (B.); Kp$_{740}$: 172—174,5⁰ (K., L.). D^{16,4}: 0,8230 (K., L.). n$_D$: 1,45979 (K., L.). Die Präparate von W. und B. sind inaktiv, das von K., L. hat [a]$_D$: —2⁰ 4′.

c) Präparate, über deren optisches Verhalten nichts bekannt ist:

α) Präparat von Sabatier, Senderens. B. Durch Überleiten von Limonen in Gegenwart eines Wasserstoffüberschusses über frisch reduziertes Kupfer bei 190⁰ (Sa.; Se., C. r. 134, 1130). — Kp: 170⁰ (korr.). D⁰: 0,827.

β) Dihydrophellandren von Bacon (p-Menthen-(1?)). B. Entsteht neben etwas Benzoin bei Einw. von Benzaldehyd auf die Magnesiumverbindung aus α-Phellandren-monohydrobromid (B., C. 1909 II, 1449). — Kp: 169—173⁰. D^{20}: 0,8220. n$_D^2$: 1,4660.

2-Chlor-1-methyl-4-methoäthyl-cyclohexen-(1), 2-Chlor-p-menthen-(1) C$_{10}$H$_{17}$Cl
= CH$_3$·C$\underset{\text{·CCl·CH}_2}{\overset{\text{CH}_2·CH_2}{<}}$>CH·CH(CH$_3$)$_2$. B. Durch Einw. von PCl$_5$ auf Tetrahydrocarvon (Syst. No. 613) (Klages, Kraith, B. 32, 2551). — Kp$_{30}$: 112⁰; Kp: 210—211⁰. D^{16}: 1,001. n$_D$: 1,52301. — Gibt bei Einw. von 90%iger Schwefelsäure Tetrahydrocarvon. Mit Brom entsteht ein Chlorbrommenthen.

4-Chlor-1-methyl-4-methoäthyl-cyclohexen-(1), 4-Chlor-p-menthen-(1) C$_{10}$H$_{17}$Cl
= CH$_3$·C$\underset{\text{·CH·CH}_2}{\overset{\text{CH}_2·CH_2}{<}}$>CCl·CH(CH$_3$)$_2$.

a) Linksdrehendes 4-Chlor-p-menthen-(1), Sabinen-monohydrochlorid. B. Man leitet unter Kühlung und sorgfältigem Abschluß von Feuchtigkeit trocknen Chlorwasserstoff in Sabinen (Wallach, Boedecker, A. 356, 199) oder in eine Lösung desselben in Schwefelkohlenstoff (W., B. 40, 590) bezw. absolutem Äther (Semmler, B. 40, 2959). — Flüssig, erstarrt nicht in Kohlendioxyd-Äther-Mischung (W., B.). Kp$_9$: 82—86⁰ (S.); Kp$_{13}$: 87⁰ bis 92⁰ (W.; W., B.). D^{20}: 0,970 (S.), 0,982 (W.; W., B.). n$_D$: 1,482 (S.), 1,4824 (W.; W., B.). a$_D$: —0⁰ 15′ (S.). — Liefert beim Kochen mit Natrium und Alkohol rechtsdrehendes Carvomenthen (S.). Gibt kein schwerlösliches Nitrosat (W.; W., B.), in geringer Ausbeute jedoch ein Nitrosochlorid, das sich mit Aminen zu Nitrolaminen umsetzt (W.). Tauscht beim Schütteln mit wäßr. Kalilauge sein Chlor viel schwerer gegen OH aus als Limonenmonohydrochlorid (s. u.; W.; W., B.). Gibt mit Eisessig-Salzsäure in guter Ausbeute Terpinen-bis-hydrochlorid (W.; W., B.)

b) Inaktives 4-Chlor-p-menthen-(1), Terpinen-monohydrochlorid. B. Durch Einleiten von trocknem HCl in eine trockne CS$_2$-Lösung von Terpinen (dargestellt aus Terpinen-bis-hydrochlorid) (W., B., A. 356, 198). — Siedet unter 11 mm Druck zwischen 85⁰ und 95⁰. — Liefert mit Eisessig-Salzsäure leicht Terpinen-bis-hydrochlorid.

4¹-Chlor-1-methyl-4-methoäthyl-cyclohexen-(1), 8-Chlor-p-menthen-(1) C$_{10}$H$_{17}$Cl
= CH$_3$·C$\underset{\text{·CH·CH}_2}{\overset{\text{CH}_2·CH_2}{<}}$>CH·CCl(CH$_3$)$_2$.

a) Rechtsdrehendes 8-Chlor-p-menthen-(1), d-Limonen-monohydrochlorid. B. und Darst. Man leitet trocknen Chlorwasserstoff in ein abgekühltes Gemisch von d-Limonen mit dem gleichen Volum Schwefelkohlenstoff (Wallach, Kremers, A. 270, 189; vgl. W., A. 245, 258) oder besser Petroläther (Bacon, C. 1909 II, 1448). — Flüssig. Kp$_{11-12}$: 97—98⁰ (W., K.); Kp$_{12}$: 95—97⁰ (B., C. 1909 II, 1448). D^{11,5}: 0,973 (W., K.). D^{0}: 0,9616; n$_D^2$: 1,4758 (B., Philippine Journ. of Science 4, 105). [a]$_D$: +39,5⁰ (W., K.). — Inaktiviert sich allmählich beim Aufbewahren unter Ansteigen der Siedetemperatur (W., K.). Addiert Brom und Nitrosylchlorid (W., A. 245, 260). Wird in stark gekühltem alkoh. Lösung durch Natrium zu Dihydrolimonen reduziert, liefert dagegen mit Natrium und siedendem Alkohol Limonen zurück (Semmler, B. 36, 1036). Bei längerem Stehen mit Wasser entsteht Terpinhydrat (W., K.). Liefert durch Schütteln mit 2%iger wäßr. Kalilauge bei 50° rechtsdrehendes α-Terpineol (W., A. **350**, 154; SE., B. **28**, 2190). Reagiert, wasserfrei und in der Kälte, nicht mit Chlorwasserstoff (W., K.); mit Salzsäure in Eisessig entsteht Dipenten-bis-hydrochlorid (W., A. **245**, 259). Reagiert mit Magnesium in Äther bei Gegenwart von etwas CH_3I und Jod unter Bildung einer Magnesiumverbindung; läßt man auf diese Wasser einwirken, so entstehen Dihydrolimonen und etwas Diterpen (B., C. **1908** II, 794). Die Magnesiumverbindung liefert bei Einw. von Sauerstoff Terpineol, sowie kleine Mengen von Dihydroterpen (B., C. **1909** II, 1448), bei Einw. von Benzaldehyd (B., C. **1908** II, 795) Dihydrolimonen, bei Einw. von Orthoameisensäureester ein Dihydroterpen $C_{10}H_{18}$ (Kp: 171—173°, n_D^b: 1,4610) und wahrscheinlich etwas Diterpen (B., C. **1909** II, 1448).

Nitrosat des d-Limonen-monohydrochlorids $C_{10}H_{17}O_4N_2Cl$. B. Aus d-Limonen-monohydrochlorid mit Amylnitrit und 60%iger Salpetersäure unter Kühlung (WALLACH, A. **245**, 260; vgl. MAISSEN, G. **13**, 99; J. **1883**, 570; W., A. **241**, 326); dabei erfolgt partielle Inaktivierung (W., A. **270**, 193). — Krystalle (aus Essigester) (W., A. **241**, 326). F: 108° bis 109° (W., A. **245**, 260). — Gibt mit Anilin oder Benzylamin unter partieller Inaktivierung Gemische von Nitrolaminen des d- und dl-Limonen-monohydrochlorids (W., A. **270**, 192). Mit Dimethylanilin und Methylalkohol bezw. Äthylalkohol entstehen Verbindungen $C_{11}H_{20}O_2NCl$ bezw. $C_{12}H_{22}O_2NCl$ (W., A. **245**, 265) (s. u. bei Dipenten-monohydrochlorid).

Nitrosochlorid des d-Limonen-monohydrochlorids $C_{10}H_{17}ONCl_2$. B. Aus d-Limonen-monohydrochlorid mit Amylnitrit und Salzsäure (WALLACH, A. **270**, 191; vgl. W., A. **245**, 260). — Leichter löslich als das Nitrosochlorid des Dipenten-monohydrochlorids.

b) **Linksdrehendes 8-Chlor-p-menthen-(1), l-Limonen-monohydrochlorid.** B. und Darst. Analog der d-Verbindung (WALLACH, KREMERS, A. **270**, 189). — D^{16}: 0,982. $[α]_D$: —40,0°.

Nitrosat des l-Limonen-monohydrochlorids $C_{10}H_{17}O_4N_2Cl$. B. und Verhalten analog der d-Verbindung (WALLACH, A. **270**, 191).

Nitrosochlorid des l-Limonen-monohydrochlorids $C_{10}H_{17}ONCl_2$. B. analog der d-Verbindung (W., A. **270**, 191; vgl. W., A. **245**, 261).

c) **Inaktives 8-Chlor-p-menthen-(1), dl-Limonen-monohydrochlorid, Dipenten-monohydrochlorid.** B. Aus gleichen Mengen d- und l-Limonen-monohydrochlorid (W., A. **270**, 189). Durch Sättigen von trocknem Dipenten mit trocknem Chlorwasserstoff (RIBAN, A. ch. [5] **6**, 222; J. **1874**, 397; W., B. **26**, 3075; vgl. BOUCHARDAT, Bl. [2] **24**, 110). Neben anderen Produkten bei der Umsetzung von Dipenten-bis-hydrochlorid mit Anilin (W., A. **245**, 250). — Süßlich riechende Flüssigkeit (R.). Kp_{20}: 110° (R.). D^0: 0,9927 (R.). — Beim Erhitzen mit alkoh. Kalilauge entsteht Dipenten (R.).

Nitrosat des Dipenten-monohydrochlorids $C_{10}H_{17}O_4N_2Cl$. B. Man sättigt ein Gemisch von Dipenten und Eisessig mit trocknem Chlorwasserstoff und trägt eine Mischung von Amylnitrit und konz. Salpetersäure (D: 1,4) ein (WALLACH, A. **241**, 326). Aus gleichen Mengen der Nitrosate des d- und l-Limonen-monohydrochlorids (W., A. **270**, 191). — Krystalle (aus Essigester). F: 110—111° (W., A. **241**, 326).

Verbindung $C_{11}H_{20}O_2NCl$. B. Aus dem (teilweise inaktivierten; vgl. WALLACH, A. **270**, 193, 191 Anm.) Nitrosat des Limonen-monohydrochlorids beim Erwärmen mit Methylalkohol und Dimethylanilin (WALLACH, A. **245**, 266). — Prismen. F: 139°.

Verbindung $C_{12}H_{22}O_2NCl$. B. Aus dem Nitrosat des Limonen-monohydrochlorids mit Äthylalkohol und Dimethylanilin, analog der Methylverbindung (W., A. **245**, 265). — Krystalle (aus Alkohol). F: 114—115°.

Nitrosochlorid des Dipenten-monohydrochlorids $C_{10}H_{17}ONCl_2$. B. Aus gleichen Mengen der entsprechenden Verbindungen des d- und l-Limonens (W., A. **270**, 191). Aus (teilweise inaktiviertem; vgl. W., A. **270**, 191) d-Limonen-monohydrochlorid und Amylnitrit in Methylalkohol mit Eisessig-Salzsäure unter Kühlung (W., A. **245**, 261). — F: 106° (W., A. **245**, 261). Schwerer löslich als die aktiven Komponenten (W., A. **270**, 191). Gibt mit Anilin in siedendem Alkohol die inaktive Verbindung $C_{10}H_{17}ONCl$ (NH·C_6H_5) (W., A. **245**, 263; **270**, 191).

x-Chlor-1-methyl-4-methoäthyl-cyclohexen-(1 ?), x-Chlor-p-menthen-(1 ?), α-Phellandren-hydrochlorid $C_{10}H_{17}Cl$. B. Durch Einleiten von Chlorwasserstoff in eine trockne Mischung von α-Phellandren und Petroläther (BACON, C. **1909** II, 1449). — Kp_1: 80—83°. $D_?^0$: 0,960. n_D^o: 1,4770. — Beim Kochen mit überschüssiger alkoh. Kalilauge entsteht Dipenten.

4¹-Brom-1-methyl-4-methoäthyl-cyclohexen-(1), 8-Brom-p-menthen-(1), d-Limonen-monohydrobromid $C_{10}H_{17}Br = CH_3 \cdot C \cdots \begin{smallmatrix} CH_2 \cdot CH_2 \\ CH \cdot CH_2 \end{smallmatrix} \!\!> CH \cdot CBr(CH_3)_2$. B. Durch Einleiten von trocknem Bromwasserstoff in ein Gemisch gleicher Teile Limonen und Petroläther (BACON, C. **1909** II, 1448). — Kp_{10}: 106—109°. $D_?^0$: 1,1211. n_D^o: 1,5012. — Gibt in

äther. Lösung mit Magnesium eine Magnesiumverbindung, aus der bei Einwirkung von Benzaldehyd Dihydrolimonen und etwas Diterpen entstehen.

　　x-Brom-1-methyl-4-methoäthyl-cyclohexen-(1 ?),　x-Brom-p-menthen-(1 ?),　α-
Phellandren-hydrobromid $C_{10}H_{17}Br$. B. Aus α-Phellandren analog dem Hydrochlorid
(S. 86) (B., C. 1909 II, 1449). — D_4^{20}: 1,1302. n_D^{20}: 1,5018. — Beginnt schon beim Erwärmen
auf 85° HBr abzuspalten. Bei Behandlung der mit Magnesium erhältlichen Magnesiumverbindung mit Benzaldehyd entsteht als Hauptprodukt Dihydrophellandren.

　　3.6- oder 5.6-Dibrom-1-methyl-4-methoäthyl-cyclohexen-(1 ?), 3.6- oder 5.6-Di-
brom-p-menthen-(1 ?), α-Phellandren-dibromid $C_{10}H_{18}Br_2$. B. Aus α-Phellandren und
2 At. Brom in Eisessiglösung (B., C. 1909 II, 1449). — Bei der Zers. der Organomagnesiumverbindung durch Wasser entsteht neben anderen Produkten ein p-Menthen (Kp: 170—172°;
D_4^{20}: 0,8231; n_D^{20}: 1,4590).

　　4.4¹-Dibrom-1-methyl-4-methoäthyl-cyclohexen-(1), 4.8-Dibrom-p-menthen-(1),
Terpinolen-dibromid $C_{10}H_{16}Br_2$ = $CH_2 \cdot C \underset{CH \cdot CH_2}{\overset{CH_2 \cdot CH_2}{>}} CBr \cdot CBr(CH_3)_2$. B. Aus Terpinolen
in alkoh.-äther. Lösung und 2 Atom-Gew. Brom (BAEYER, B. 27, 447). — Prismen. F:
69—70°. — Gibt mit Brom Terpinolen-tetrabromid (S. 53), mit Bromwasserstoff 1.4.8-Tri-
brom-p-menthan (S. 53).

　　4¹-Jod-1-methyl-4-methoäthyl-cyclohexen-(1), 8-Jod-p-menthen-(1), d-Limonen-
monohydrojodid $C_{10}H_{17}I$ = $CH_2 \cdot C \underset{CH \cdot CH_2}{\overset{CH_2 \cdot CH_2}{>}} CH \cdot Cl(CH_3)_2$. B. Aus Limonen und gasförmigem Jodwasserstoff (WRIGHT, Soc. 26, 562; J. 1873, 370). — Flüssig. Siedet bei ca. 220°
unter Zers. Zersetzt sich am Licht.

　　2.5.6-Trinitro-1-methyl-4-methoäthyl-cyclohexen-(1), 2.5.6-Trinitro-p-men-
then-(1) $C_{10}H_{15}O_6N_3$ = $CH_2 \cdot C \underset{C(NO_2)}{\overset{C(NO_2)—CH(NO_2)}{<}} \overset{—CH(NO_2)}{CH_2} CH \cdot CH(CH_3)_2$.

　　a) Linksdrehende Form. B. Aus den Nitriten des d-α-Phellandrens (S. 130) beim
Erhitzen der Eisessiglösung mit Salpetersäure (D: 1,38) (WALLACH, BESCHKE, A. 336, 24).
— F: 136—137°. [α]$_D^{14}$: —188,30° (in Essigester; p = 3,564).

　　b) Rechtsdrehende Form. B. Aus den Nitriten des l-α-Phellandrens beim Erhitzen
der Eisessiglösung mit Salpetersäure (D: 1,38) (W., B., A. 336, 20). — Gelbliche Prismen
(aus Essigester). F: 136—137°. [α]$_D^{?}$: +191,0—195,92° (in Methylalkohol; p = 1,604);
+192,75° (in Essigester; p = 4,356). — Sehr beständig gegen Säuren; wird von Alkalien
leicht verändert. Bei der Reduktion mit Zinn und Salzsäure entsteht Diaminocymol (Syst.
No. 1780).

　　c) Inaktive Form. B. Aus gleichen Mengen der rechts- und linksdrehenden Verbindung (W., B., A. 336, 25). — Krystalle (aus Essigester). F: 131°.

　　15. 1-Methyl-4-methoäthyl-cyclohexen-(2) [L.-R.-Bezf.: Methyl-3-isopro-
pyl-6-cyclohexen-1], p-Cymol-tetrahydrid-(1.2.3.4), Δ²-Tetrahydro-p-cy-
mol, p-Menthen-(2) $C_{10}H_{18}$ = $CH_2 \cdot HC \underset{CH \colon CH}{\overset{CH_2 \cdot CH}{<}} CH \cdot CH(CH_3)_2$. B. Durch wiederholte Behandlung von Terpinen (aus Carvenon über 2-Chlor-p-menthadien-(1.3), S. 128) mit
Natrium und Amylalkohol (SEMMLER, B. 42, 526). — Kp_{12}: 55—56°. D^{20}: 0,824. n_D^{20}: 1,461.

　　16. 1-Methyl-4-methoäthyl-cyclohexen-(3) [L.-R.-Bezf.: Methyl-4-isopro-
pyl-1-cyclohexen-1], p-Cymol-tetrahydrid-(1.2.3.6), Δ³-Tetrahydro-p-cy-
mol, p-Menthen-(3), Menthomenthen, häufig schlechthin Menthen genannt,
$C_{10}H_{18}$ = $CH_3 \cdot HC \underset{CH_2 \cdot CH}{\overset{CH_2 \cdot CH_2}{<}} C \cdot CH(CH_3)_2$. Die strukturelle Einheitlichkeit der meisten
Menthen-Präparate ist fraglich; vgl. TSCHUGAJEW, Ж. 35, 1162; C. 1904 I, 1348. — V.
Findet sich nach LABBÉ (Bl. [3] 19, 1009) im Thymianöl; vgl. dazu SEMMLER, Die ätherischen
Öle [Leipzig 1906] II, S. 12).

　　a) Rechtsdrehendes p-Menthen-(3).
　　α) Stark rechtsdrehende Menthenpräparate. B. Durch trockne Destillation
von Menthylxanthogensäure-methylester, -äthylester, -amid und -anhydrosulfid $C_{10}H_{19} \cdot O \cdot$
$CS \cdot S \cdot CS \cdot O \cdot C_{10}H_{19}$, ferner von Bis-menthylxanthogen (Syst. No. 503) (TSCHUGAJEW, B. 32,
3333; 35, 2481; Ж. 35, 1116; C. 1904 I, 1347). Durch Erhitzen von Menthol mit Campher-
säure auf ca. 280°; Ausbeute ca. 80 % der Theorie (ZELIKOW, B. 37, 1377). — Darst. Man
destilliert Menthylxanthogensäure-methylester unter guter Kühlung der Vorlage, verjagt
die flüchtigeren Produkte durch Erhitzen auf dem Wasserbad und reinigt durch Kochen
mit Natrium (TSCH., B. 32, 3333). — Kp_{751}: 167,9°; $D_4^?$: 0,8122; $n_D^?$: 1,45242; [α]: +116,74°
(TSCH., C. 1904 I, 1347). Kp_{758}: 168—168,5°; $D_4^?$: 0,8141; n_D^{14}: 1,4532; [α]$_D$: +112,75° (Z.).
— Chemisches Verhalten s. S. 88.

Nitrosochlorid aus stark rechtsdrehendem Menthenpräparat $(C_{10}H_{18}ONCl)_2$

$$= \left[CH_3 \cdot HC \underset{CH_2 \cdot CH}{\overset{CH_2 \cdot CH_2}{\diagdown}} \overset{}{\underset{}{\diagup}} CCl \cdot CH(CH_3)_2 \right]_2 N_2O_2. $$

Das Mol.-Gew. ist kryoskopisch bestimmt. — *B.* Aus Menthen vom $[a]_D$: $+116,74^0$, Äthylnitrit und rauchender Salzsäure in Eisessiglösung unter Kühlung (TSCHUGAJEW, Ж. **35**, 1122; *C.* **1904** I, 1347). — F: 127^0. $[a]_D$: $+230,1^0$ (in Benzol; c = 4,735), $+192,3^0$ (in Chloroform; c = 5,0037), $+183,1^0$ (in Essigester; c = 2,3257). — Gibt mit Natrium und Alkohol linksdrehendes Menthylamin.

β) Teilweise inaktivierte, daher schwächer rechtsdrehende Menthenpräparate. *B.* Aus „rohem" sek. Menthylchlorid (S. 49) durch Erhitzen mit Kaliumacetat (BERKENHEIM, *B.* **25**, 689; vgl. TSCHUGAJEW, Ж. **35**, 1168; *C.* **1904** I, 1348), Anilin (KONDAKOW, *B.* **28**, 1619; KURSSANOW, *A.* **318**, 335) oder alkoh. Kalilauge (SLAVINSKI, Ж. **29**, 118; *C.* **1897** I, 1058; TSCH.) neben „beständigem" sek. Menthylchlorid; aus letzterem durch Kochen mit Chinolin (SL.) oder mit Tripropylamin (TSCH.). Aus „rohem" oder „beständigem" sek. Menthylbromid (S. 51) mit alkoh. Kalilauge (KONDAKOW, SCHINDELMEISER, *J. pr.* [2] **67**, 194, 344). Neben p-Menthen-(4 (8)) durch Reduktion von 3-Chlor-p-menthadien-(2.4 (8)) mit Natrium und Alkohol (AUWERS, *B.* **42**, 4905). Aus Menthol: durch Erhitzen mit P_2O_5 (WALTER, *A. ch.* [2] **72**, 87; *A.* **32**, 289); durch 6—8-stdg. Erwärmen mit verd. Schwefelsäure (1 Tl. $H_2SO_4 + 2$ Tle. H_2O) auf 60—100^0 unter Rühren; Ausbeute 90$^0/_0$ (KONOWALOW, Ж. **32**, 76; *C.* **1900** I, 1101); durch mehrstündiges Kochen mit $ZnCl_2$, wasserfreiem $CuSO_4$ oder $KHSO_4$ (BRÜHL, *B.* **25**, 143; SIEKER, KREMERS, *Am.* 14, 291; URBAN, KREMERS, *Am.* **16**, 395; RICHTMANN, KREMERS, *Am.* **18**, 762); durch Erhitzen mit krystallisierter Oxalsäure auf 120—130^0 (ZELINSKY, ZELIKOW, *B.* **34**, 3253), mit Bernsteinsäure auf 200—220^0, mit Citronensäure auf 160—180^0, mit Phthalsäure auf 240—270^0, mit Terephthalsäure bis schließlich 270^0 (ZELIKOW, *B.* **37**, 1376). Aus saurem Oxalsäurementhylester durch Erhitzen in Gegenwart von überschüssiger Oxalsäure (ZELIKOW, Ж. **34**, 721; *C.* **1903** I, 162). Durch 10-stdg. Erhitzen von Menthylbenzoat auf 250^0 (TSCHUGAJEW, *B.* **35**, 2474). Aus dem Hydrochlorid des rechtsdrehenden Menthylamins (gewonnen aus Menthon und Ammoniumformiat), in geringer Menge aus dem des linksdrehenden Menthylamins (gewonnen aus Menthonoxim vom F: 59^0) mit Kaliumnitrit (KISHNER, Ж. **27**, 473; *Bl.* [3] **16**, 714; WALLACH, *A.* **300**, 278). Durch trockne Destillation des Trimethyl-menthyl-ammoniumhydroxyds aus rechtsdrehendem Menthylamin (aus Menthon und Ammoniumformiat) (W., *A.* **300**, 285). — Leicht bewegliche, angenehm cymolähnlich riechende Flüssigkeit. Kp: 167,4^0 (korr.) (ATKINSON, YOSHIDA, *Soc.* **41**, 53); $Kp_{748,4}$: 167,1^0 (korr.) (BRÜHL); Kp_{738}: 167,5—168,5^0 (RI., KR.). D: 0,8175 (aus rechtsdrehendem Menthylamin) (WALL.); D^{18}: 0,813 (aus „beständigem" sek. Menthylchlorid) (SLAV.); D^{20}: 0,8118—0,8130 (aus Menthol mit $CuSO_4$) (RI., KR.), 0,8114—0,8117 (aus Menthol mit $KHSO_4$) (RI., KR.); D_4^0: 0,8073 (A., Y.), 0,8064 (BRÜHL). Molekulare Verbrennungswärme bei konstantem Volumen: 1520,5 Cal. (STOHMANN, *Ph. Ch.* **10**, 412). Die optische Drehung wechselt mit der Darstellung. Z. B. wurden folgende Werte gefunden: $[a]_D$: +53,5^0 bezw. +35,5^0 (aus „rohem" bezw. „beständigem" sek. Menthylchlorid) (SLAV.); +30,17^0 bezw. +29,66^0 (aus Menthol mit $CuSO_4$ bezw. $KHSO_4$) (RI., KR.); +11,83^0 bezw. +41,2^0 bezw. +52,55^0 (aus Menthol mit Bernsteinsäure bezw. Terephthalsäure bezw. Phthalsäure) (ZE.); +55,44^0 (aus rechtsdrehendem Menthylamin mit HNO_2) (WALL.). — Menthen-(3) wird beim Erhitzen mit wasserfreiem Kupfersulfat im geschlossenen Rohr auf ca. 250^0 zu Cymol oxydiert (BRÜHL, *B.* **25**, 143). Durch Oxydation mit wäßr. Kaliumpermanganat in der Kälte entstehen Menthenglykol

$$CH_3 \cdot HC \underset{CH_2 \cdot CH(OH)}{\overset{CH_2 \text{——} CH_2}{\diagup \diagdown}} C(OH) \cdot CH(CH_3)_2 \quad (\text{Syst. No. 549}), \text{ Menthenketol}$$

$$CH_3 \cdot HC \underset{CH_2 \cdot CO}{\overset{CH_2 \cdot CH_2}{\diagup \diagdown}} C(OH) \cdot CH(CH_3)_2 \quad (\text{Syst. No. 739}), \text{ Essigsäure, } \beta\text{-Methyl-adipinsäure und}$$

Oxymenthylsäure $(CH_3)_2CH \cdot CO \cdot CH_2 \cdot CH_2 \cdot CH(CH_3) \cdot CH_2 \cdot CO_2H$ (Bd. III, S. 719) (WAGNER, *B.* **27**, 1639). Gibt mit Brom in Eisessig 3.4-Dibrom-p-menthan (S. 52) (BERKENHEIM, *B.* **25**, 695). Beim Erhitzen mit Salpetersäure (D: 1,075) im geschlossenen Rohr auf 100^0 entsteht Nitromenthen (KONOWALOW, Ж. **26**, 381; *C.* **1895** I, 275). Beim Erhitzen mit rauchender Salzsäure entsteht 4-Chlor-p-menthan (ATKINSON, YOSHIDA, *Soc.* **41**, 54), mit Bromwasserstoff in Eisessig 4-Brom-p-menthan (TSCHUGAJEW, *C.* **1904** I, 1347). Liefert in Eisessiglösung ein festes Nitrosochlorid (s. u.) (SIEKER, KREMERS, *Am.* **14**, 291). Durch Erwärmen mit Trichloressigsäure auf 70—90^0 und Spaltung des Reaktionsprodukts mit alkoh. Kalilauge erhält man p-Menthanol-(4) (MASSON, REYCHLER, *B.* **29**, 1843; TSCHUGAJEW, Ж. **35**, 1158). Menthen-(3) addiert in Eisessig-Schwefelsäure Phenylmercaptan unter Bildung eines Prod., das bei der Oxydation 3-Phenylsulfon-p-menthan (?) (Syst. No. 524) liefert (POSNER, *B.* **38**, 654).

Nitrosat aus schwach rechtsdrehendem Menthenpräparat $C_{10}H_{18}O_4N_2$. *B.* Aus einem Menthen von $[a]_D$: +31,83^0 (aus Menthol und $KHSO_4$) mit Salpetersäure und Äthylnitrit in Eisessig unter Kühlung (KREMERS, URBAN, *Privatmitteilung;* vgl. K., U., *Am.* **16**, 396). — Würfel. F: 97,5—98^0. Unlöslich in kaltem Alkohol, löslich in etwa 80 Tln. Äther und in 9 Tln. Chloroform. Optisch inaktiv. — Unbeständig. Wird durch alkoh. Kali in KNO$_3$ und Nitrosomenthen (vgl. unten) zerlegt.

Nitrosochlorid aus schwach rechtsdrehendem Menthenpräparat(C$_{10}$H$_{18}$ONCl)$_2$ (vgl. AUWERS, B. **42**, 4905 Anm.). Aus den verschiedenen Menthenpräparaten werden Nitrosochloride erhalten, deren Schmelzpunkte und Drehungen mit Ausgangsmaterial und Art der Darstellung stark wechseln. SIEKER und KREMERS (*Am.* **14**, 292) erhielten z. B. aus einem Menthen vom [α]$_D$: +26,4° in Eisessig mit Äthylnitrit und Salzsäure ein Nitrosochlorid vom F: 113°; BAEYER (*B.* **26**, 2561) erhielt aus gewöhnlichem Menthen in Eisessig mit Äthylnitrit und Salzsäure ein Nitrosochlorid vom F: 143,5°, dagegen durch Mischen von Menthen mit Nitrosylchlorid ein Präparat vom F: 113° (B., *B.* **29**, 10). Vgl. auch RICHTMANN, KREMERS, *Am.* **18**, 765.

b) *Linksdrehendes p-Menthen-(3).* B. Aus rechtsdrehendem Menthol ([α]$_D$: +32,6°; aus dem Menthon der Buccoblätter) durch P$_2$O$_5$ (KONDAKOW, BACHTSCHIEW, *J. pr.* [2] **63**, 57). — Kp$_{735}$: 166,5—168,5°. D$_{18}^{18}$: 0,8112. n$_D$: 1,45105. [α]$_D$: —13° 46′ (0,3 g in 6,569 g Alkohol).

c) *Inaktives p-Menthen-(3).* B. Durch mehrstdg. Kochen von p-Menthen-(4 (8)) mit verd. Schwefelsäure (WALLACH, B. **39**, 2505). Aus 4-Chlor-p-menthan mit siedendem Wasser, Silberacetat (ARTH, A. ch. [6] **7**, 477) oder alkoh. Kalilauge (AUWERS, B. **42**, 4907). Aus 4-Brom-p-menthan mit alkoh. Kalilauge auf dem Wasserbad (KONDAKOW, SCHINDELMEISER, J. pr. [2] **67**, 195) oder beim Erhitzen mit Chinolin (BAEYER, B. **26**, 2270). Aus inaktivem 3-Jod-p-menthan mit alkoh. Kalilauge (KONDAKOW, BACHTSCHIEW, J. pr. [2] **63**, 63). Aus Thymomenthol durch Erhitzen mit P$_2$O$_5$ oder KHSO$_4$ (BRUNEL, C. r. **140**, 252). Aus p-Menthanol-(4) durch Erhitzen mit ZnCl$_2$ (SABATIER, MAILHE, C. r. **142**, 439; A. ch. [8] **10**, 561) oder mit KHSO$_4$ (PERKIN, Soc. **89**, 838). — Kp: 167—168° (P.; B.), 168° bis 169° (K., BA.). D$_0^0$: 0,823 (S., M.; BR.); D$_{18}^{14,4}$: 0,8158 (K., BA.). n$_D$: 1,45909 (K., BA.).

Nitrosochlorid des inakt. p-Menthens-(3) (C$_{10}$H$_{18}$ONCl)$_2$. F: 128° (aus Methylalkohol). Gibt mit Natriummethylat Menthenonoxim (WALLACH, B. **39**, 2505; A. **360**, 74).

3-Chlor-1-methyl-4-methoäthyl-cyclohexen-(3), 3-Chlor-p-menthen-(3) C$_{10}$H$_{17}$Cl = CH$_3$·HC$\overset{\overset{CH_2\cdot CH_2}{\diagup}}{\underset{\underset{CH_2\cdot CCl}{\diagdown}}{}}$C·CH(CH$_3$)$_2$. B. Durch gelindes Erwärmen von p-Menthen-(3) mit PCl$_5$ (BERKENHEIM, B. **25**, 687). Neben p-Menthen-(3) aus Menthol und PCl$_5$ in der Wärme (WALTER, A. ch. [2] **72**, 95; A. **82**, 292). Durch Destillation von 3.3-Dichlor-p-menthan (erhalten aus Menthon und PCl$_5$) mit Chinolin (JÜNGER, KLAGES, B. **29**, 316). Neben 3.3-Dichlor-p-menthan aus rechtsdrehendem Menthon (α$_D$: +6,5°, gewonnen aus Menthol) bei Einw. von PCl$_5$ in Petroläther unter Kühlung (B., B. **25**, 694). — Flüssigkeit von aromatischem, an Muskatblüten erinnerndem Geruch und erfrischendem Geschmack (W.). Kp: 205—208° (B., B. **25**, 694); Kp$_{760}$: 210—212°; Kp$_{25}$: 110—111° (J., K.). D$_0^0$: 0,9833; D$_{18}^{14,4}$: 0,970 (B., B. **25**, 694). n$_D$: 1,48001 (J., K.). Für das Präparat aus Menthon vom α$_D$: +6,5° wurde gefunden α$_D$: +30° (l=5 cm) (B., B. **25**, 694). — Wird durch konz. alkoh. Kalilauge nicht zersetzt (W.). Mit Brom entsteht eine Verbindung, die beim Destillieren mit Chinolin 3-Chlor-p-menthadien-(x.x) (S. 140) liefert (J., K.).

5-Isonitroso-1-methyl-4-methoäthyl-cyclohexen-(3), 5-Isonitroso-p-menthen-(3) C$_{10}$H$_{17}$ON = CH$_3$·HC$\overset{\overset{CH_2-C(:N\cdot OH)}{\diagup}}{\underset{\underset{CH_2\quad\quad CH}{\diagdown}}{}}$C·CH(CH$_3$)$_2$ s. bei Menthenon, Syst. No. 617.

x-Nitro-1-methyl-4-methoäthyl-cyclohexen-(3), x-Nitro-p-menthen-(3) C$_{10}$H$_{17}$O$_2$N. B. Aus Menthen (dargestellt aus Roh-Menthylchlorid [S. 49] durch Erwärmen mit Salpetersäure (D: 1,075) im Druckrohr (KONOWALOW, Ж. **26**, 381; C. **1895 I**, 275). — Kaliumsalz. Täfelchen. Leicht löslich in Wasser und Alkohol. Gibt mit FeCl$_3$ einen roten, in Äther, Benzol und Chloroform intensiv rot löslichen Niederschlag. — Cu(C$_{10}$H$_{16}$O$_2$N)$_2$. Amorph. Unlöslich in Wasser, ziemlich schwer löslich in Alkohol, sehr leicht in Äther und Benzol mit dunkelgrüner Farbe.

17. *1-Methyl-4-isopropyliden-cyclohexan, p-Menthen-(4 (8)), Dihydroterpinolen* C$_{10}$H$_{18}$ = CH$_3$·HC$\overset{\overset{CH_2\cdot CH_2}{\diagup}}{\underset{\underset{CH_2\cdot CH_2}{\diagdown}}{}}$C:C(CH$_3$)$_2$. B. Durch langsame Destillation der α-[4-Methyl-cyclohexen-(1)-yl]-isobuttersäure CH$_3$·HC$\overset{\overset{CH_2\cdot CH_2}{\diagup}}{\underset{\underset{CH_2\quad CH_2}{\diagdown}}{}}$C·C(CH$_3$)$_2$·CO$_2$H unter gewöhnlichem Druck (WALLACH, A. **39**, 2504; W., CHURCHILL, A. **360**, 72). Neben p-Menthen-(3) bei der Reduktion des 3-Chlor-p-menthadiens-(2.4 (8)) (S. 133) mit Natrium und Alkohol (AUWERS, B. **42**, 4905). — Kp: 172—174°; D^{21}: 0,831; n$_D^{21}$: 1,4647; Mol.-Refr.: W.; W., C. — Gibt mit KMnO$_4$ 1-Methyl-cyclohexanon-(4) und Aceton (W.; W., C.). Lagert sich bei mehrstündigem Kochen mit verd. Schwefelsäure in inakt. p-Menthen-(3) um (W.; W., C.; A.).

Nitrosochlorid $C_{10}H_{18}ONCl$. *B.* Aus p-Menthen-(4(8)) durch Behandlung mit Amyl-nitrit und Salzsäure oder durch Sättigen des p-Menthens-(4(8)) mit Chlorwasserstoff und Ein-leiten von salpetriger Säure (WALLACH, *B.* **39**, 2505; W., CHURCHILL, *A.* **360**, 73). — Tief-blaues Öl, erstarrt bei längerem Stehen zu weißen Krystallen, die einen bläulichen Farbenton behalten. F: 101—103°. Ziemlich leicht flüchtig mit Wasserdampf. — Durch Reduktion entsteht ein Menthylamin.

1-Brom-1-methyl-4-isopropyliden-cyclohexan, 1-Brom-p-menthen-(4(8))

$C_{10}H_{17}Br = CH_3 \cdot BrC \underset{CH_2 \cdot CH_2}{\overset{CH_2 \cdot CH_2}{<}} C{:}C(CH_3)_2$. *B.* Aus 1.4.8-Tribrom-p-menthan (S. 53) und

1 Mol.-Gew. Zinkstaub in ätherisch-alkoholischer Suspension beim Behandeln mit Brom-wasserstoff unter Kühlung (BAEYER, BLAU, *B.* **28**, 2290). — Prismen (aus Methylalkohol). F: 34—35°. Leicht löslich in Alkohol usw. — Nimmt direkt 2 At. Brom und 1 Mol. HBr auf. Wird durch NOCl blau gefärbt. Mit HBr + NaNO₂ entsteht ein Nitrosobromid [blaue Krystalle, F: 44°].

3.4²-Dibrom-1-methyl-4-isopropyliden-cyclohexan, 3.9-Dibrom-p-menthen-(4 (8))

$C_{10}H_{16}Br_2 = CH_3 \cdot HC \underset{CH_2 \cdot CHBr}{\overset{CH_2 - CH_2}{<}} C{:}C \underset{CH_3}{\overset{CH_3Br}{<}}$. *B.* Aus p-Menthadien-(3.8 (9)) und Brom

in Chloroform bei —10° (PERKIN, PICKLES, *Soc.* **87**, 648). — Öl.

18. *1-Methyl-4-methoäthenyl-cyclohexan, p-Menthen-(8 (9))* $C_{10}H_{18}$ =
$CH_3 \cdot HC \underset{CH_2 \cdot CH_2}{\overset{CH_2 \cdot CH_2}{<}} CH \cdot C \underset{CH_2}{\overset{CH_2}{<}}$.

a) Präparat aus Isopulegolchlorid. *B.* Durch Kochen von Isopulegolchlorid (s. u.) mit Natrium und Alkohol (SEMMLER, RIMPEL, *B.* **39**, 2584). — Kp₁₄: 53—55°. D²⁰: 0,8104. n_D: 1,45662. Mol.-Refr.: S., R. — Liefert bei der Oxydation mit KMnO₄ p-Menthandiol-(8.9).
b) Präparat aus p-Menthanol-(8). Einheitlichkeit fraglich; vgl. SEMMLER, RIMPEL, *B.* **39**, 2586. — *B.* Durch 2-stdg. Kochen von p-Menthanol-(8) mit KHSO₄ (PERKIN, PICKLES, *Soc.* **87**, 650). — Kp₇₄₆: 170—170,5°. — Mit HBr entsteht 8-Brom-p-menthan.

3-Chlor-1-methyl-4-methoäthenyl-cyclohexan, 3-Chlor-p-menthen-(8 (9)), Iso-pulegolchlorid $C_{10}H_{17}Cl = CH_3 \cdot HC \underset{CH_2 \cdot CHCl}{\overset{CH_2 - CH_2}{<}} CH \cdot C \underset{CH_3}{\overset{CH_2}{<}}$. *B.* Aus Isopulegol und PCl₃ in Petroläther (SEMMLER, RIMPEL, *B.* **39**, 2583). — Kp₁₂: 85—90°. D²⁰: 0,9600; n_D: 1,47740; Mol.-Refr.: S., R., *B.* **39**, 2583. a_D: +19,15° (l = 10 cm). — Gibt mit Natrium und alkohol. Alkohol p-Menthen-(8 (9)). Beim Erwärmen mit alkoh. Kalilauge entsteht Isopulegol-äthyläther, mit Chinolin bei 200—210° p-Menthadien-(3.8 (9)).

19. *p-Menthene mit unbekannter Lage der Doppelbindung* $C_{10}H_{18}$. Struktur des Kohlenstoffskeletts: $C-C \underset{C-C}{\overset{C-C}{<}} C-C \underset{C}{\overset{C}{<}}$. Die Einheitlichkeit der Präparate ist durch-weg fraglich.

a) Präparat von Wallach, *A.* **300**, 281. *B.* Durch trockne Destillation des Trimethyl-menthyl-ammoniumhydroxyds aus linksdrehendem Menthylamin (aus Menthonoxim vom F: 59°). — Kp: 170—171°. D: 0,811. n_D¹⁸: 1,45209. [a]_D: +89,31°. — Liefert kein festes Nitrosochlorid.
b) Präparat von Tschugajew, Ж. **35**, 1176; *C.* **1904 I**, 1348. *B.* Aus Menthol mit Borsäureanhydrid bei 200°. Kp: 167—168,5°. D⁰: 0,8063. n_D⁰: 1,45132. [a]_D: +5,12°. — Liefert kein festes Nitrosochlorid.
c) Präparat von Bouchardat, Lafont, *Bl.* [3] **1**, 8. *B.* Man erhitzt 1 Tl. Terpin-hydrat mit 20 Tln. (bei 0° gesättigter) Jodwasserstoffsäure 24 Stdn. auf 100° und erhitzt das von freiem Jod und Säure befreite Einwirkungsprodukt mit alkoh. Kaliumacetat auf 100°. — Kp: 167—170°. D⁰: 0,837. — Gibt beim Erhitzen mit bei 0° gesättigter Salzsäure auf 100° ein bei —60° nicht erstarrendes Hydrochlorid (Kp₂₀: 105—110°).
d) Präparat von Thoms, Molle, *Ar.* **242**, 181, „Cineolen". *B.* Neben anderen Produkten durch Erhitzen von Cineol mit Jodwasserstoffsäure (D: 1,96) und Phosphor bis schließlich 200°. — Kp: 165—167°. D¹⁸: 0,8240; D⁰·⁴: 0,8227. n_D: 1,45993. Optisch inaktiv. — Lagert HI an. Liefert bei der Einw. von konz. Schwefelsäure 4-Isopropyl-toluol-sulfon-säure-(2) (Syst. No. 1523).
e) Präparat von Hell, Ritter, *B.* **17**, 2612, „Cynenhydrür". *B.* Durch Kochen von Dipenten-bishydrojodid (aus Cineol) mit Zinkstaub und Wasser. — Kp: 166—167°.

Substitutionsprodukte von p-Menthenen mit unbekannter Lage der Doppelbindung.

x-Chlor-p-menthen-(x), Origanen-hydrochlorid $C_{10}H_{17}Cl$. *B.* Durch Einleiten von Chlorwasserstoff in die Lösung von Origanen in Eisessig unter Kühlung (PICKLES, *Soc.* **93**, 869). — Öl. D¹⁸: 0,992.

x-Chlor-p-menthen-(x) $C_{10}H_{17}Cl$. *B.* Aus p-Menthadien-(3.8 (9)) und Chlorwasserstoff in Eisessig (PERKIN, PICKLES, *Soc.* 87, 649). — Unbeständiges Öl.

x-Chlor-p-menthen-(1?) $C_{10}H_{17}Cl$ s. S. 86.

x.x-Dichlor-p-menthen-(x) $C_{10}H_{16}Cl_2$. *B.* Durch 6-stdg. Erhitzen von 1.4.8-Trichlor-p-menthan (S. 50) mit Natriumacetat und Eisessig auf 100° (WALLACH, *A.* 270, 201). — Flüssig. Kp_{10}: 110—112°. — Liefert mit Chlor Tetrachlor-p-menthan (S. 51), mit Brom Dichlor-dibrom-p-menthan, mit Amylnitrit (+ Eisessig und etwas Methylalkohol) das Nitrosochlorid $C_{10}H_{16}ONCl_2$ (Pulver; F: 111°). Dieses Nitrosochlorid liefert (mit Anilin) das Anilid $C_{10}H_{16}ONCl_2 \cdot NH \cdot C_6H_5$ (Nadeln; F: 140—141°) und das Piperidid $C_{10}H_{16}ONCl_2 \cdot N{<}C_5H_{10}$ (Tafeln; F: 147°).

x-Brom-p-menthen-(x), Origanen-hydrobromid $C_{10}H_{17}Br$. *B.* Aus Origanen und HBr in Eisessig bei 130° (PICKLES, *Soc.* 93, 870). — Gelbes Öl. Etwas schwerer als Wasser.

x-Brom-p-menthen-(x) $C_{10}H_{17}Br$. *B.* Aus p-Menthadien-(3.8 (9)) und kaltgesättigter HBr (PERKIN, PICKLES, *Soc.* 87, 649). — Öl. Wird durch siedendes Wasser zersetzt.

x-Brom-p-menthen-(1?) $C_{10}H_{17}Br$ s. S. 87.

2-Chlor-x-brom-p-menthen-(x) $C_{10}H_{16}ClBr$. *B.* Aus 2-Chlor-p-menthen-(1) und Brom in Petroläther (KLAGES, KRAITH, *B.* 32, 2553). — Öl. D^{18}: 1,423. — Beim Destillieren mit Chinolin entsteht 2-Chlor-p-menthadien-(x.x).

x.x-Dibrom-p-menthen-(x), Origanendibromid $C_{10}H_{16}Br_2$. *B.* Aus Origanen und Brom in Chloroform unter Kühlung (PICKLES, *Soc.* 93, 870). — Gelbes unbeständiges Öl. — Gibt mit alkoh. Kalilauge p-Cymol.

3.6 oder 5.6-Dibrom-p-menthen-(1?) $C_{10}H_{16}Br_2$ ε. S. 87.

x.x.x.x-Tetrabrom-p-menthen-(x) vom F: 103—104° $C_{10}H_{14}Br_4$. *B.* Neben dem bei 154—155° schmelzenden Isomeren aus p-Menthatrien (Syst. No. 469) und Brom in Eisessig (WALLACH, *A.* 264, 30). — Pulver. F: 103—104°.

x.x.x.x-Tetrabrom-p-menthen-(x) vom F: 154—155° $C_{10}H_{14}Br_4$. *B.* s. im vorstehenden Artikel. — Trikline (MILCH, *A.* 264, 29) Säulen (aus Essigester). F: 154—155° (W.).

20. *1.1.2.3-Tetramethyl-cyclohexen-(3)* [L.-R.-Bezf.: Tetramethyl-1.5.5.6-cyclohexen-1], Cyclodihydromyrcen $C_{10}H_{18} = HC{<}^{C(CH_3) \cdot CH(CH_3)}_{CH_2 \quad\quad CH_2}{>}C(CH_3)_2$. *B.* Entsteht anscheinend neben etwas Carvomenthen (vgl. SEMMLER, Die ätherischen Öle [Leipzig 1906], Bd. III, S. 38) durch Behandlung von Dihydromyrcen (Bd. I, S. 260) mit Eisessig und Schwefelsäure (SEMMLER, *B.* 34, 3128). Aus 1.1.2.3-Tetramethyl-cyclohexen-(3)-carbonsäure-(2) (Syst. No. 894) durch Destillation unter gewöhnlichem Druck (TIFFENEAU, *C. r.* 146, 1154). — Flüssig. Kp: 169—172° (S.). D: 0,828 (S.); D^0: 0,8325; $D^{14,5}$: 0,8217 (T.). n_D: 1,462 (S.); $n_D^{14,5}$: 1,460 (T.). — Addiert 2 Atome Brom (S.).

21. *Thujamenthen* $C_{10}H_{18}$, wahrscheinlich *1.2-Dimethyl-3-methoäthyl-cyclopenten-(5)* = $^{(CH_3)_2CH \cdot HC \cdot CH(CH_3)}_{H_2C \quad\quad CH}{>}C \cdot CH_3$. *B.* Durch vorsichtige Destillation des aus Thujamenthol (Syst. No. 503) erhaltenen Thujamenthylxanthogensäuremethylesters (TSCHUGAJEW, *B.* 37, 1485). — Kp_{750}: 157—159° (korr.). D_4^{0}: 0,8046. n_D^0: 1,44591. Mol.-Refr.: T. Optisch inaktiv. — Liefert ein krystallisiertes Nitrosochlorid.

22. *1.1.2-Trimethyl-5-äthyl-cyclopenten-(2)* $C_{10}H_{18} = ^{HC=C \cdot CH_3}_{H_2C-CH \cdot CH_2 \cdot CH_3}{\overset{|}{>}}C(CH_3)_2$

5²-Chlor-1.1.2-trimethyl-5-äthyl-cyclopenten-(2), α-Camphylchlorid $C_{10}H_{17}Cl = ^{HC=C \cdot CH_3}_{H_2C-CH \cdot CH_2 \cdot CH_2Cl}{\overset{|}{>}}C(CH_3)_2$. *B.* Aus α-Camphylamin und Nitrosylchlorid in Äther bei —15° bis —20° (SSOLONINA, Ж. 30, 445; *C.* 1898 II, 888). — Kp: 209° bis 210°. — Addiert leicht Brom.

23. *Cyclopentyl-cyclopentan, Dicyclopentyl*, „Dipentamethenyl" $C_{10}H_{18} = ^{H_2C \cdot CH_2}_{H_2C \cdot CH_2}{>}CH \cdot HC{<}^{CH_2 \cdot CH_2}_{CH_2 \cdot CH_2}$. *B.* Durch Einw. von Natrium auf Bromcyclopentan in Äther (MEISER, *B.* 32, 2054). — Dünnes Öl von angenehmem Geruch. Kp: 189°—191°.

24. Bicyclo-[0.4.4]-decan, Naphthalin-dekahydrid, Dekahydronaphthalin, Naphthan (vgl. LEROUX, *A. ch.* [8] **21**, 460) $C_{10}H_{18} = \begin{array}{c}H_2C\cdot CH_2\cdot CH\cdot CH_2\cdot CH_2\\ H_2C\cdot CH_2\cdot CH\cdot CH_2\cdot CH_2\end{array}$. *B.*
Man leitet Naphthalin oder Tetrahydronaphthalin mit überschüssigem Wasserstoff bei 160°
über reduziertes Nickel (dargestellt bei 250°) (LEROUX, *C. r.* **139**, 674; *A. ch.* [8] **21**, 466).
Man erhitzt Naphthalin in komprimiertem Wasserstoff bei Gegenwart von Nickeloxyd auf
260° und erhitzt das so erhaltene, bei 208—212° siedende Reaktionsprodukt (Tetrahydronaphthalin ?) nochmals in komprimiertem Wasserstoff in Gegenwart von Nickeloxyd auf
230° (IPATJEW, *B.* **40**, 1287; Ж. **39**, 699; *C.* **1907** II, 2036). Aus Tetrahydro-β-naphthoe-
säure und Wasserstoff bei 340° unter hohem Druck in Gegenwart von Nickeloxyd (IPATJEW,
B. **42**, 2101). — Angenehm, schwach nach Menthol riechende Flüssigkeit. Kp: 187—188°
(korr.) (LEROUX, *C. r.* **139**, 674; *A. ch.* [8] **21**, 468), 189—191° (J., *B.* **40**, 1287; *C.* **1907** II,
2036). D^0: 0,893; D^{20}: 0,877; n_D^0: 1,4675 (L., *C. r.* **139**, 674; *A. ch.* [8] **21**, 468). Mol. Verbrennungswärme bei konst. Druck: 1503 Cal. (L., *C. r.* **151**, 384). — Gibt, in einer Wasserstoffatmosphäre in Gegenwart von Nickel auf 250° erhitzt, sowie im geschlossenen Rohr bei 300°
Naphthalin; in letzterem Falle werden als Nebenprodukte gasförmige Kohlenwasserstoffe
erhalten (PADOA, FABRIS, *R. A. L.* [5] 17 II, 129; *G.* **39** I, 336). Zersetzt sich in Gegenwart von Ätzkalk beim Erhitzen auf Rotglut unter Bildung von Naphthalin (L., *C. r.* **139**,
674; *A. ch.* [8] **21**, 469). Wird durch KMnO₄ in saurer Lösung lediglich zu o-Phthalsäure oxydiert (L., *A. ch.* [8] **21**, 466). Gibt mit Chlor Mono- und Dichlornaphthan; reagiert mit Brom
bei gewöhnlicher Temp. nicht, wird von Brom beim Erhitzen unter Druck z. T. in Bromderivate des Naphthalins verwandelt (L., *A. ch.* [8] **21**, 469). Verbindet sich nicht mit Pikrinsäure (L., *C. r.* **139**, 674; *A. ch.* [8] **21**, 469).

Als Dekahydronaphthalin werden noch angesprochen:
a) **Kohlenwasserstoff** $C_{10}H_{18}$, aus Borneo-Petroleum (Ross, LEATHER, *C.* **1906** II,
1294). — Kp: 169,5°. D^{15}: 0,843. n_D: 1,4507.
b) **Kohlenwasserstoff** $C_{10}H_{18}$, dargestellt durch 4-tägiges Erhitzen von Tetrahydronaphthalin mit Jodwasserstoffsäure und Phosphor auf 210° im geschlossenen Rohr (Ross,
LEATHER, *C.* **1906** II, 1294). — Kp: 170—173°. D^{15}: 0,8426. n_D^{15}: 1,4486.
c) **Kohlenwasserstoff** $C_{10}H_{18}$, dargestellt durch 36-stdg. Erhitzen von je 4 g Naphthalin
mit 20 ccm Jodwasserstoffsäure (bei 0° gesättigt) und 0,5 g rotem Phosphor auf 260° (WREDEN,
Ж. **8**, 149). — Kp: 173—180°. D^0: 0,851; D^{17}: 0,837. — Wird von Salpeterschwefelsäure
bei gewöhnlicher Temp. nicht angegriffen; in der Wärme wirkt rauchende Salpetersäure heftig
ein. Alkalische KMnO₄-Lösung oder Chromsäuregemisch oxydieren zu CO₂ und Essigsäure.

x-Chlor-bicyclo-[0.4.4]-decan, Chlornaphthalindekahydrid, Chlornaphthan
$C_{10}H_{17}Cl$. *B.* Durch Einleiten von Chlor in Dekahydronaphthalin neben Dichlornaphthalindekahydrid (LEROUX, *C. r.* **139**, 674; *A. ch.* [8] **21**, 469). — Kp₁₈: 112—115°. Zersetzt sich
beim Erhitzen unter normalem Druck unter HCl-Entwicklung.

**x.x-Dichlor-bicyclo-[0.4.4]-decan, Dichlornaphthalindekahydrid, Dichlornaph-
than** $C_{10}H_{16}Cl_2$. *B.* Durch Einleiten von Chlor in Naphthalindekahydrid, neben Chlornaphthalindekahydrid (LEROUX, *C. r.* **139**, 674; *A. ch.* [8] **21**, 470). — Kp₁₈: 145—148°. Leicht
zersetzlich.

**3.4-Dibrom-bicyclo-[0.4.4]-decan, 2.3-Dibrom-naphthalin-dekahydrid, 2.3-Di-
brom-naphthan, „β-Dibromnaphthan"** $C_{10}H_{16}Br_2 = \begin{array}{c}H_2C\cdot CH_2\cdot CH\cdot CH_2\cdot CHBr\\ H_2C\cdot CH_2\cdot CH\cdot CH_2\cdot CHBr\end{array}$. *B.* Entsteht in 2 Formen vom F: 41° und 85° aus Δ²-Oktahydronaphthalin („β-Naphthanen") und
Brom in Chloroform unter Kühlung (LEROUX, *A. ch.* [8] **21**, 474).
a) **2.3-Dibrom-naphthan** vom F: 41°, *trans*-2.3-Dibrom-naphthan. Krystalle
(aus Petroläther). F: 41°. Weit leichter löslich als die bei 85° schmelzende Form. — Durch
Behandlung mit Silberacetat in essigsaurer Lösung und Verseifung des Reaktionsproduktes
mit alkoh. Kalilauge entsteht Naphthandiol-(2.3) vom F: 140° (trans-Naphthandiol-(2.3))
(L., *A. ch.* [8] **21**, 474, 521).
b) **2.3-Dibrom-naphthan** vom F: 85°, *cis*-2.3-Dibrom-naphthan + *trans*-
2.3-Dibrom-naphthan. Prismen (aus Alkohol). F: 85°. Leicht löslich in Chloroform und
Äther, schwer in Alkohol und Aceton (LEROUX, *C. r.* **140**, 591; *A. ch.* [8] **21**, 473). — Liefert
bei tagelangem Kochen mit 2⁰/₀iger wäßr. Kalilauge am Rückflußkühler Naphthandiol-(2.3)
vom F: 160°, beim Behandeln mit einem geringen Überschuß von Silberacetat in essigsaurer
Lösung und Verseifen des gebildeten flüssigen Esters mittels alkoh. Kalilauge ein Gemisch
der bei 141° und 125° schmelzenden Formen des Naphthandiols-(2.3) (L., *C. r.* **148**, 1614;
A. ch. [8] **21**, 495).

x.x-Dibrom-bicyclo-[0.4.4]-decan, „α-Dibromnaphthan" $C_{10}H_{16}Br_2$. *B.* Durch
Einw. von Brom auf das durch Dehydratation von α-Naphthanol erhältliche „α-Naphthanen"

in Chloroform bei 0° (LEBOUX, *C. r.* 141, 954; *A. ch.* [8] 21, 477). — Prismen (aus Chloroform).
F: 143° (L., *A. ch.* [8] 21, 477), 145° (L., *C. r.* 141, 954), beginnt bei 120° zu sublimieren.

25. 4-Methyl-1-methoäthyl-bicyclo-[0.1.3]-hexan, Thujan $C_{10}H_{18}$ =

$H_2C-CH_2-C\cdot CH(CH_3)_2$ *B.* Durch Hydrierung von α-Thujen, β-Thujen oder Sabinen
. mit Platinschwarz und Wasserstoff unter 25—50 Atm.
$CH_3\cdot HC-CH-CH_2$ (TSCHUGAJEW, FOMIN, *C. r.* 151, 1058).

a) Präparat aus α-Thujen. Kp_{758}: 157°. D_4^{15}: 0,8161; D_4^{20}: 0,8139. n_D^{20}: 1,43759.
[α]$_D$: **+62,03°.** Rotationsdispersion: T., F.

b) Präparat aus β-Thujen. Kp_{759}: 157°. $D_4^{?}$: 0,8191. $n_D^{?}$: 1,44102. [α]$_D$: +34,72°.
Rotationsdispersion: T., F.

c) Präparat aus Sabinen. Kp_{760}: 157—158°. D_4^{17}: 0,8190 . n_D^{17}: 1,44393. [α]$_D$: +18,5°.
Rotationsdispersion: T., F.

26. 1-Methyl-bicyclo-[1.3.3]-nonan $C_{10}H_{18}$ =
B. Durch 24-stdg. Erhitzen von 4 g 1-Methyl-bicyclo-[1.3.3]-nonan-
diol-(3.5), 1,7 g rotem Phosphor und 29 g Jodwasserstoffsäure (D:
1,9) in mit CO_2 gefüllten Röhren auf 195° (RABE, *B.* 37, 1674). —
Sehr flüchtige, terpenartig riechende Flüssigkeit. Kp_{751}: 176—178°
(korr.). D_4^{20}: 0,8416. $n_D^{?}$: 1,4529.

$H_3C-C(CH_3)-CH_2$
$H_2C \quad CH_2 \quad \quad CH_2$
$H_3C-CH \quad \quad -CH_2$

**27. 2.6.6-Trimethyl-bicyclo-[1.1.3]-heptan, Pinen-
dihydrid, Dihydropinen, Pinan** $C_{10}H_{18}$ =

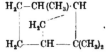

$H_2C-CH(CH_3)\cdot CH$
H_3C
$H_2C-CH-C(CH_3)_2$

a) Optisch aktive Präparate.
α) Rechtsdrehendes Pinan. *B.* Durch Schütteln von d-α-Pinen (Erstarrungspunkt
−50°, [α]$_D^{15}$: +48,3°) in äther. Lösung mit Platinschwarz in einer Wasserstoffatmosphäre
(VAVON, *C. r.* 149, 998). — Erstarrt gegen −45°. Kp_{755}: 166°. D_{15}^{15}: 0,861. [α]$_D$: +22,7°.

β) Linksdrehendes Pinan. *B.* Aus gereinigtem linksdrehendem Terpentinöl analog
der rechtsdrehenden Form (VAVON, *C. r.* 149, 998). — [α]$_D$: −21,3°.

b) Präparat von unbekanntem optischem Verhalten. *B.* Man leitet ein Gemisch der Dämpfe von linksdrehendem Terpentinöl [Kp: 156—157° (korr.)] mit überschüssigem Wasserstoff bei 170—180° über Nickel (SABATIER, SENDERENS, *C. r.* 132, 1256;
A. ch. [8] 4, 391). — Camphartig riechende Flüssigkeit. Kp: 166° (korr.). D_0^4: 0,8621. —
Bräunt sich allmählich an der Luft.

2-Chlor-2.6.6-trimethyl-bicyclo-[1.1.3]-heptan, Methyl- $H_2C\cdot CCl(CH_3)-CH$
nopinylchlorid, Homonopinylchlorid $C_{10}H_{17}Cl$ =
B. Aus Methylnopinol (Syst. No. 508) und PCl_5 in Petroläther H_2C
(WALLACH, BLUMANN, *C.* 1907 II, 982; *A.* 356, 246). — Im Vakuum
nicht ganz unzersetzt destillierende Flüssigkeit. Kp_{13}: 95—105°. $H_2C-CH-C(CH_3)_2$
— Liefert in Eisessiglösung beim Sättigen mit HCl Dipentenbishydrochlorid, bei Einw.
von Amylnitrit und HNO_2 ein schwer lösliches, chlorhaltiges Nitrosat. Das beim Erwärmen mit Anilin entstehende Kohlenwasserstoffgemisch ist reich an Dipenten.

28. 1.7.7-Trimethyl-bicyclo-[1.2.2]-heptan, Camphan, „Hydrocamphen,
Dihydrocamphen" $C_{10}H_{18}$ = Formel I (s. u.). ASCHANS Bezifferung bei den Namen
der Derivate, die aus dem Stammnamen Camphan gebildet werden (vgl. ASCHAN, Chemie
der alicyclischen Verbindungen [Braunschweig 1905], S. 947) s. Formel II.

C^{10}

I. $H_2C-C(CH_3)-CH_2$
$C(CH_3)_2$
$H_2C-CH - CH_2$

II. $C^8 - C^1 - C^2$
$C^9 C^7 C^4$
$C^5 - C^4 - C^3$

B. Entsteht neben anderen Produkten durch Einw. von Natrium auf geschmolzenes Bornylchlorid (MONTGOLFIER, *A. ch.* [5] 19, 145), ferner auf Isobornylchlorid (aus Borneol und
PCl_5) oder auf (nicht einheitliches; vgl. MARSH, GARDNER, *Soc.* 71, 288) „Campherchlorid"
(aus Campher und PCl_5; F: 155°) in Benzol (KACHLER, SPITZER, *B.* 13, 615; *M.* 1, 589).
Durch Einw. von Natrium auf in Alkohol gelöstes Bornylchlorid, Isobornylchlorid (aus Camphen), Pinendibromid oder Camphendibromid (SEMMLER, *B.* 33, 777, 3424, 3426, 3429). Durch
Reduktion von d- oder l-Bornyljodid mit Zinkstaub und Jodwasserstoffsäure in Eisessig (ASCHAN,

B. **33**, 1009; *A.* **316**, 234). Durch Einw. von Wasser auf die aus aktivem oder inaktivem Bornyl-chlorid darstellbaren Magnesiumverbindungen $C_{10}H_{17}MgCl$ oder auf die analogen Magnesium-verbindungen aus Isobornylchlorid (aus Camphen) (HESSE, *B.* **39**, 1134; vgl. HOUBEN, *B.* **39**, 1702). — Schwach, aber deutlich nach Borneol riechende (A.) sechsseitige Tafeln (aus 95%igem Alkohol) (SE.) oder Prismen (aus Methylalkohol) (A.). Hexagonal (DEECKE, *B.* **33**, 777). F: 153—154° (A.). Kp: ca. 160° (SE.; A.). Sublimiert schon bei gewöhnlicher Temp. in großen rhomboedrischen Krystallen (A.). Leicht flüchtig mit Wasser- und Alkohol-dämpfen (A.). Leicht löslich in Äther und Essigester, weniger in Alkohol (KA., SP.), ziemlich leicht in heißem, mäßig in kaltem Methylalkohol (A.). Optisch inaktiv (KA., SP.; A.). — Zersetzt sich nur wenig beim Durchleiten durch ein glühendes Rohr (M.). Wird von Salpeter-säure, Chromsäure, rauchender Schwefelsäure und Brom in der Kälte nicht angegriffen; ist gegen rauchende Schwefelsäure auch bei 180° beständig (KA., SP.). Bei 24—30-stdg. Erhitzen mit Salpetersäure (D: 1,12) auf 140° entstehen hauptsächlich sek. Nitroverbindungen $C_{10}H_{17}O_2N$ (KONOWALOW, KIKINA, Ж. **34**, 935; *C.* **1903** I, 512).

Möglicherweise identisch mit Camphan ist das von SEMMLER und BARTELT (*B.* **40**, 3105) durch Reduktion des Dihydroteresantalylchlorids (S. 98) erhaltene **Dihydroteresantalan** $C_{10}H_{18}$ (Kp₂: 48—58°).

2-Chlor-1.7.7-trimethyl-bicyclo-[1.2.2]-heptan, 2-Chlor-camphan $C_{10}H_{17}Cl$ =
In 2 diastereoisomeren Formen (Bornylchlorid und Isobornylchlorid) bekannt, deren jede der Theorie nach in einer rechtsdrehenden, einer linksdrehenden und einer inaktiven Form auftreten kann.

$H_2C \cdot C(CH_3) \cdot CHCl$
$| \quad C(CH_3)_2 \quad |$
$H_2C \cdot CH \text{——} CH_2$

a) ***Bornylchlorid, Pinenhydrochlorid, Pinenchlorhy-drat, „künstlicher Campher"*** $C_{10}H_{17}Cl$ =
Entdeckt 1802 von KINDT (*Trommsdorffs Journ. d. Pharmacie* 11 II, 132). Existiert in einer rechtsdrehenden (d-Bornylchlorid), einer linksdrehenden (l-Bornylchlorid) und einer inaktiven Form. Da in der Originalliteratur

$H_2C \cdot C(CH_3) \cdot CHCl$
$| \quad C(CH_3)_2 \quad |$
$H_2C \cdot CH \text{——} CH_2$

auf das optische Verhalten häufig keine Rücksicht genommen ist und da das chemische Ver-halten von d-, l- und dl-Bornylchlorid übereinstimmt, sind in folgendem die Angaben über diese 3 Verbindungen zu einem Artikel vereinigt.

B. Neben öligen Produkten durch Einleiten von trocknem Chlorwasserstoff in gereinigtes Terpentinöl unter Kühlung (KINDT; vgl. BLANCHET, SELL, *A.* **6**, 272; DUMAS, *A. ch.* [2] **52**, 400; *A.* **9**, 56), und zwar erhält man aus linksdrehendem Terpentinöl linksdrehendes, aus rechts-drehendem Terpentinöl rechtsdrehendes Pinenhydrochlorid (BERTHELOT, *A. ch.* [3] **40**, 14, 34). Einfluß der Temp. auf Reaktionsverlauf und Ausbeute: BERTH., *A. ch.* [3] **40**, 16; vgl. MARSH, GARDNER, *Soc.* **59**, 730; LONG, *Am. Soc.* **21**, 638). Die maximale Ausbeute wird bei ca. 30° (L.) bezw. bei 35° (67 Gewichtsprozent des Terpentinöls) (BERTH.) erhalten. Aus Borneol entsteht Bornylchlorid neben anderen Produkten durch 8—10-stdg. Erhitzen mit kaltgesättigter Salzsäure auf 100° in geschlossenem Gefäß (BERTHELOT, *A. ch.* [3] **56**, 93; *A.* **112**, 366), ferner in geringer Menge neben anderen Produkten durch Einw. von PCl₅ (WAGNER, BRICKNER, *B.* **32**, 2302; vgl. HESSE, *B.* **39**, 1129). Durch 3-stdg. Erhitzen von l-Bornylacetat mit Chlorwasserstoff-Essigsäure auf 120° erhält man inaktives Bornylchlorid (KONDAKOW, SCHINDELMEISER, *J. pr.* [2] **75**, 533). l-Bornylchlorid entsteht außerdem neben Dipenten-bis-hydrochlorid durch Sättigen einer Lösung von β-Pinen in Äther oder Eisessig mit trocknem Chlorwasserstoff (WALLACH, *A.* **363**, 15; *C.* **1908** II, 1593). — *Darst.* Man mischt Pinen (dargestellt aus Terpentinöl durch Destillieren mit Wasserdampf, Trocknen und Frak-tionieren; Kp: 156—157°) mit etwa dem gleichen Volumen trocknem Chloroform, kühlt unter 0° ab und leitet, anfangs sehr langsam, trocknen Chlorwasserstoff bis zur Sättigung ein. Nach der Sättigung fügt man ein gleiches Volumen Wasser hinzu, entfernt die überschüssige Säure durch Natriumdicarbonat und destilliert sofort mit Wasserdampf. Ein Teil des Pinen-hydrochlorids geht mit dem Chloroform über, der Hauptanteil erst nachher; er erstarrt im Kühler in reiner Form. Zuletzt geht ein Öl über, das sich leicht mit dem Hydrochlorid mischt und nur schwer von ihm getrennt werden kann; das reine Hydrochlorid muß deshalb vorher aus dem Kühler entfernt werden (FRANKFORTER, FRARY, *Am. Soc.* **28**, 1461). — *Reinigung.* Zur Befreiung von Nebenprodukten behandelt man das rohe Pinenhydrochlorid bei 80—100° mit verseifenden Mitteln, z. B. verd. wäßr. Lösungen von Alkali- oder Erdalkali-hydroxyden bezw. -carbonaten, dann in der Kälte mit konz. Schwefelsäure und destilliert schließlich mit Wasserdampf (Chem. Fabrik Ürdingen, NASCHOLD, D. R. P. 175662, 182044; *C.* **1906** II, 1695; **1907** I, 1293).

Gefiederte Blätter (durch vorsichtige Sublimation bei 30—40°) (OPPERMANN, *Ann. d. Physik* **22**, 199; *A. ch.* [2] **47**, 232); gefiederte Krystalle (aus Alkohol), die beim Trocknen klebrig werden (WALLACH, *A.* **239**, 5). Riecht ähnlich wie Campher, weniger stark; schmeckt schwach gewürzhaft (OP.). — F: 131—132° (in Chlorwasserstoff-Atmosphäre) (RIBAN, *A. ch.*

[5] 6, 25, 481), 131° (ATTERBERG, B. 10, 1204; LONG, Am. Soc. 21, 642), 130—131° (FRANK-
FORTER, FRARY, Am. Soc. 28, 1462); häufig zeigen die Präparate einen Schmelzpunkt von
ca. 125° (RIBAN, A. ch. [5] 6, 23; WALLACH, A. 239, 5; PESCI, G. 18, 223; KONDAKOW,
SCHINDELMEISER, J. pr. [2] 75, 533). Kp: 207—208° (WA., A. 239, 5). Schon bei gewöhnlicher Temp. sehr flüchtig (WA., A. 239, 5). — Unlöslich in Wasser, löslich in Äther und in
ca. 3 Tln. Alkohol (BLANCHET, SELL, A. 6, 273). — Mol.-Refr.: KANONNIKOW, J. pr. [2] 31,
348. Zur optischen Drehung vgl.: BERTHELOT, A. ch. [3] 40, 14, 34; KONDAKOW, SCHINDEL-
MEISER, J. pr. [2] 75, 534; LONG, Am. Soc. 21, 637; LANDOLT, Das optische Drehungsvermögen, 2. Aufl. [Braunschweig 1898], S. 556, 557. Für l-Pinenhydrochlorid wurden z. B. gefunden: $[a]_D$: —30,69° (in Ligroin, 3,4542 g in 20 ccm Lösung) (PESCI, G. 18, 223); $[a]_D^{20}$:
—18,46° (in Benzol, c = 20) (aus Terpentinöl vom Kp: 156—157° und vom $[a]_D^{20}$: —17,11°)
(LONG, Am. Soc. 21, 641); $[a]_D^{20}$: —22,75° (in Äther, p = 16,18) (aus β-Pinen) (WALLACH, A.
363, 15). Für d-Pinenhydrochlorid: $[a]_D^{20}$: +30,96° (in Alkohol, p = 28,7), $[a]_D^{20}$: +31,23°
(in Alkohol, p = 12,24) (aus Terpentinöl vom Kp_{755}: 156° und vom $[a]_D$: +45,04°) (FLA-
WITZKY, J. pr. [2] 45, 118); $[a]_{rot}^{20}$: +9,9° (in Alkohol-Äther, 7,05 g in 21,4 ccm Lösung)
bezw. +4,2° (in Alkohol-Äther, 5,25 g in 15,5 ccm Lösung) (aus Terpentinöl vom $[a]_D$: +22,1°
bezw. +12,0°) (BERTHELOT, A. ch. [3] 40, 34); $[a]_D^{20}$: +7,17° (in Benzol, c = 20) (aus Terpentinöl
vom Kp: 156—158° und vom $[a]_D$: +14,65°) (LONG, Am. Soc. 21, 639). Magnetisches
Drehungsvermögen: PERKIN, Soc. 81, 316.

Lagert sich beim Erhitzen im geschlossenen Rohr auf 250° in Camphenhydrochlorid
um (MARSH, GARDNER, Soc. 59, 730). — Beim Erhitzen mit verd. Salpetersäure auf dem
Wasserbad entstehen neben anderen Produkten Camphersäure und Apocamphersäure
(GARDNER, COCKBURN, Soc. 73, 278). Mit höchst konz. Salpetersäure entsteht bei 35° wesentlich Oxalsäure, bei 20° Ketopinsäure $C_{10}H_{14}O_3$ (Syst. No. 1285) (ARMSTRONG, Soc. 69, 1401).
Durch 24-stdg. Erhitzen mit Salpetersäure (D: 1,12) auf 135—140° im geschlossenen Rohr
entstehen primäre, sekundäre und tertiäre Nitroverbindungen in geringer Ausbeute (KONO-
WALOW, KIKINA, Ж. 34, 940; C. 1903 I, 512). — Durch Erhitzen von Pinenhydrochlorid
mit Jodwasserstoffsäure (D: 1,95) und rotem Phosphor auf 200° im geschlossenen Rohr entsteht ein gesättigter Kohlenwasserstoff $C_{10}H_{20}$ vom Kp: 162° (WALLACH, BERKENHEIM,
A. 268, 225). Durch Natrium und absol. Alkohol erfolgt Reduktion zu Camphan (SEMMLER,
B. 33, 777). Beim Erhitzen mit Natrium werden inaktives Camphen, Camphan und Hydrodicamphen $C_{20}H_{34}$ (Syst. No. 472) — letzteres von entgegengesetzter Drehung wie das verwendete Pinenhydrochlorid — gebildet (MONTGOLFIER, A. ch. [5] 19, 145; LETTS, B. 13,
793; ÉTARD, MEKER, C. r. 126, 526). — Die Einw. von Chlor auf Pinenhydrochlorid führt
je nach den Bedingungen zur Bildung von Chlorpinenhydrochlorid (PAPASOGLI, G. 6, 541;
B. 10, 84), Penta-, Hexa- und Enneachlorpinenhydrochlorid (FRANKFORTER, FRARY, Am.
Soc. 28, 1462). — Wasser wirkt auf Pinenhydrochlorid bei gewöhnlicher Temp. nicht ein;
bei 100° zersetzt es sehr langsam unter Abspaltung von HCl; bei 30—40-stdg. Erhitzen von
Pinenhydrochlorid mit Wasser auf 200° erfolgt vollständige Spaltung in HCl und ein z. T.
aus Camphen bestehendes Kohlenwasserstoffgemisch der Zusammensetzung $C_{10}H_{16}$ (RIBAN,
A. ch. [5] 6, 25). Durch Erhitzen mit glasiger Phosphorsäure entsteht Camphen (WENDT,
D. R. P. 207888; C. 1909 I, 1208). Pinenhydrochlorid ist gegen wäßr. Kalilauge auch beim
Erhitzen sehr beständig (BERTHELOT, C. r. 55, 498; A. Spl. 2, 230). Bei ca. 12-stdg. Er-
hitzen mit dem 4-fachen der Theorie an wäßr. Natronlauge auf 160° werden unter Bildung
von Camphen ca. 40 % des Chlors als HCl abgespalten; durch Zusatz von p-toluolsulfosaurem
Natrium wird aber schon bei Anwendung eines nur kleinen Überschusses an NaOH die Um-
wandlung in Camphen quantitativ (Chem. Fabr. SANDOZ, D. R. P. 204921; C. 1909 I, 326).
Aus Pinenhydrochlorid entsteht ferner Camphen: Durch Destillation über erhitzten gebrann-
ten Kalk (OPPERMANN, Ann. d. Physik 22, 206; A. ch. [2] 47, 240), bezw. über erhitzten
Natronkalk (MARSH, STOCKDALE, Soc. 57, 961) oder über Quecksilberoxyd (MONTGOLFIER,
A. ch. [5] 19, 152); durch Erhitzen mit wäßr. Lösungen von Metaboraten, Pyroboraten,
Silicaten, Phosphaten oder Arseniaten unter Druck (ROESLER, D. R. P. 205295; C. 1909 I,
415); durch 75-stdg. Erhitzen mit alkoh. Kalilauge auf 175—180° im geschlossenen Gefäß
(RIBAN, A. ch. [5] 6, 30, 357); neben Isoborneoläthyläther durch 48-stdg. Erhitzen mit
Kaliumacetat und Alkohol auf 150° (BOUCHARDAT, LAFONT, Bl. [2] 47, 490); durch 6—8-stdg.
Erhitzen mit 1 Mol-Gew. Natriumacetat und einem kleinen Überschuß Natriumhydroxyd
in Alkohol auf 180—200°, weniger gut mit Kaliumacetat und Kaliumhydroxyd in Alkohol
(BRÜHL, B. 25, 147); durch ca. 24-stdg. Erhitzen mit 2 Tln. trocknem Natriumacetat oder
Kaliumacetat nicht über 170° unter Rückfluß oder durch 70—75-stdg. Erhitzen mit 5 Tln.
trocknem Natriumstearat auf 205° unter Rückfluß (RIBAN, A. ch. [5] 6, 371, 355); durch
30—40-stdg. Erhitzen mit 8—10 Tln. trockner Seife oder mit 2 Tln. Natriumbenzoat auf
240—250° im geschlossenen Rohr (BERTHELOT, C. r. 47, 266; 55, 498; A. 110, 367; A. Spl.
2, 229); durch Erhitzen mit leicht schmelzbaren Kupfer-, Mangan-, Blei- oder Quecksilbersalzen höherer Fettsäuren auf 200° (Basler Chem. Fabr., D. R. P. 185042; C. 1907 II, 498);
durch ca. $\frac{1}{4}$-stdg. Erhitzen mit einer Lösung von Kaliumphenolat oder Natriumphenolat

in überschüssigem Phenol auf 155—165° (REYCHLER, *B.* **29**, 696; *Bl.* [3] **15**, 371); durch Erhitzen mit Alkaliphenolaten in wäßr. Lösung unter Druck, zweckmäßig in Gegenwart von überschüssigem Phenol (Badische Anilin- und Sodafabr., D. R. P. 189867; *C.* **1908** I, 424); durch Erhitzen mit überschüssigem Calciumoxyd (bezw. BaO, SrO oder MgO) und Phenol (oder einem Naphthol) unter Rückfluß (KOCH, D. R. P. 206619; *C.* **1909** I, 805); durch Erhitzen mit Natronlauge und Alkalisalzen von Phenol- oder Naphtholsulfonsäuren unter Druck (Chem. Fabr. SCHERING, D. R. P. 197805; *C.* **1908** I, 1864); durch 20-stdg. Erhitzen mit alkoh. oder wäßr. Ammoniak auf 210—220° unter Druck (Chem. Fabr. SCHERING, D. R. P. 149791; *C.* **1904** I, 1042); durch 20-stdg. Erhitzen mit wäßr. Alkalien oder Ammoniak in Gegenwart von Seifen auf 210—220° (Chem. Fabr. SCHERING, D. R. P. 153924; *C.* **1904** II, 678); durch mehrstündiges Erhitzen mit Methylamin, Dimethylamin, Diamylamin, Piperazin oder Piperidin auf 200—250° (Chem. Fabr. SCHERING, D. R. P. 154107; *C.* **1904** II, 965); durch 2¹/₂—3-stdg. Erhitzen mit α- oder β-Naphthylamin auf 180—200° (Akt.-Ges. f. Anilinfabr., D. R. P. 206386; *C.* **1909** I, 805); durch mehrstündiges Kochen mit Chinolin oder hochsiedenden Pyridinbasen (WEIZMANN, The Clayton Aniline Co., D. R. P. 197163; *C.* **1908** I, 1811); durch Erhitzen mit Anilin oder dessen Homologen und Spaltung der entstandenen Kondensationsprodukte durch Erhitzen mit Säuren oder Salzen (Akt.-Ges. f. Anilinfabr., D. R. P. 205850; *C.* **1909** I, 702); durch mehrstündiges Erhitzen mit wäßr. Lösungen der Salze aromatischer Sulfamide auf 210° in geschlossenem Gefäß (Chem. Fabr. SCHERING, D. R. P. 197346; *C.* **1908** I, 1811). Erhitzen von Pinenhydrochlorid mit Eisessig und glasiger Phosphorsäure führt zur Bildung von Isobornylacetat und Camphen (WENDT, D. R. P. 207888; *C.* **1909** I, 1208). Beim Erhitzen mit Kaliumacetat und Eisessig auf 250° im geschlossenen Rohr entstehen Camphen und geringe Mengen eines Acetats (WAGNER, BRICKNER, *B.* **32**, 2308; vgl.: MARSH, STOCKDALE, *Soc.* **57**, 963; WALLACH, *A.* **239**, 6; **264**, 6 Anm.). Durch mehrwöchiges Erhitzen mit Silberacetat, Eisessig und etwas Wasser im Wasserbad erhält man Camphen und Isobornylacetat (WAGNER, BRICKNER, *B.* **32**, 2309), ebenso durch Erhitzen mit Eisessig und Alkaliacetat in Gegenwart von wenig Zinksalz (WEIZMANN, The Clayton Aniline Co., D. R. P. 205849; *C.* **1909** I, 702) oder mit Eisessig und Bleiacetat (BASLER & Co., D. R. P. 212901; *C.* **1909** II, 1095). Isobornylester entstehen aus Pinenhydrochlorid ferner: durch Erwärmen mit organischen Säuren in Gegenwart von Zink (LÜTKEHERMÖLLE, WEITZ, RÉE, D. R. P. 214042; *C.* **1909** II, 1392), durch Erhitzen mit Fettsäuren in Gegenwart von Silberfluorid (WENDT, D. R. P. 208636; *C.* **1909** I, 1442); durch Erhitzen mit Fettsäuren und etwas Zinkchlorid (WEIZMANN, The Clayton Aniline Comp., D. R. P. 207155; *C.* **1909** I, 961); durch Erhitzen mit Fettsäuren in Gegenwart der entsprechenden fettsauren Salze des Zinks, Kupfers oder Eisens, oder der fettsauren Salze anderer Schwermetalle bei gleichzeitiger Gegenwart von Zinkchlorid (Chem. Fabr. v. HEYDEN, D. R. P. 184635; *C.* **1907** II, 434); durch Erhitzen mit Fettsäuren und fettsauren Salzen (erhalten z. B. durch Zusatz von Antimonoxyd, Quecksilberoxyd usw.) in Gegenwart von Halogeniden des Eisens, Kupfers oder Aluminiums (Chem. Fabr. v. H., D. R. P. 185933; *C.* **1907** II, 2000); durch Erhitzen mit Fettsäuren und Zinkchlorid in Gegenwart von anderen Metallsalzen (Halogeniden, Sulfaten usw.) oder in Gegenwart von Titan-, Vanadin-, Antimonoder Arsenverbindungen, oder in Gegenwart der fettsauren Salze des Magnesiums oder Aluminiums (Chem. Fabr. v. H., D. R. P. 187684, 189261, 194767; *C.* **1907** II, 2000; **1908** I. 74, 1345); durch Erhitzen mit Fettsäuren in Gegenwart von Zinksulfat, -phosphat oder anderen Zinksalzen starker Säuren (Chem. Fabr. v. H., D. R. P. 196017; *C.* **1908** I, 1436). — Bei der Behandlung von Pinenhydrochlorid mit Magnesium in Äther bei Gegenwart von etwas Äthylbromid entstehen eine Magnesiumverbindung $C_{10}H_{17}\cdot MgCl$, etwas Hydrodicamphen $C_{20}H_{34}$ und geringe Mengen Camphen und Camphan (HESSE, *B.* **39**, 1132; D. R. P. 193177, 200915; *C.* **1908** I, 686; II, 738; vgl. HOUBEN, *B.* **38**, 3799; **39**, 1701). Wird die Magnesiumverbindung mit Wasser zersetzt, so entsteht Camphan. Behandelt man die äther. Lösung der Magnesiumverbindung zunächst mit trocknem Sauerstoff und zersetzt dann erst mit Wasser, so entsteht Borneol (HESSE, *B.* **39**, 1128, 1151). Mit Schwefel reagiert die Magnesiumverbindung unter Bildung von Thioborneol (BORSCHE, LANGE, *B.* **39**, 2348; HOUBEN, DOE., *B.* **39**, 3506), mit SO₂ unter Bildung von Camphan-sulfinsäure-(2) (Bo., LA.; HOU., DOE.), mit CO₂ unter Bildung von Camphan-carbonsäure-(2) (Syst. No. 894), Hydrodicamphen und Borneol (HOU., *B.* **38**, 3799; **39**, 1701), mit CS₂ unter Bildung von Camphandithiocarbonsäure $C_{10}H_{17}\cdot CS_2H$ (HOU., DOE., *B.* **39**, 3505). Kocht man die aus Pinenhydrochlorid bereitete Magnesiumverbindung mit Ameisensäure-methylanilid in Äther, so entsteht beim Zersetzen mit Salzsäure Camphancarbonsäurealdehyd $C_{10}H_{17}\cdot CHO$ (HOU., DOE., *B.* **40**, 4578).

Unterscheidung des Pinenhydrochlorids von Camphenhydrochlorid durch Kochen mit alkoh. Kalilauge und Bestimmung des abgespaltenen Chlorwasserstoffs: HESSE, *B.* **39**, 1139.

Verbindung $C_{10}H_{16}Cl_2$. *B.* Durch Einw. von Chlor auf festes Pinenhydrochlorid bis zur beginnenden Verflüssigung (PAPASOGLI, *G.* **6**, 541; *B.* **10**, 84). — Krystalle (aus Alkohol). F: ca. 107°.

Verbindung $C_{10}H_{12}Cl_4$. *B.* Durch längere Einw. einer Mischung von verd. Salzsäure und Kaliumpermanganat auf Pinenhydrochlorid in Chloroform (FRANKFORTER, FRARY, *Am. Soc.* **28**, 1463). — Krystalle (aus Alkohol). F: 173—174° (korr.). Löslich in Äther.

Verbindung $C_{10}H_{11}Cl_7$. *B.* Durch Einw. von Chlor auf eine Chloroform-Lösung von Pinenhydrochlorid im direkten Sonnenlicht (FRANKFORTER, FRARY, *Am. Soc.* **28**, 1464). — Krystalle (aus Alkohol). F: 218°.

Verbindung $C_{10}H_8Cl_{10}$. *B.* Man läßt auf das in den Mutterlaugen der Verbindung $C_{10}H_{12}Cl_4$ (s. o.) bleibende Prod. weiter Chlor im Sonnenlicht einwirken (F., F., *Am. Soc.* **28**, 1464). — Krystalle (aus Alkohol). F: 263—264°. Leicht löslich in Äther, $CHCl_3$ und CCl_4.

Sekundäre Nitroverbindung aus Pinenhydrochlorid $C_{10}H_{16}O_2NCl$. *B.* Neben isomeren primären und tertiären Nitroverbindungen durch wiederholte Einw. von Salpetersäure (D: 1,12) auf Pinenhydrochlorid bei 135—140° (KONOWALOW, KIKINA, Ж. **34**, 941; *C.* **1903** I, 512). — Krystalle (aus Alkohol). F: 136—142°.

Tertiäre Nitroverbindung aus Pinenhydrochlorid $C_{10}H_{16}O_2NCl$. *B.* Neben isomeren primären und sekundären Nitroverbindungen durch wiederholte Einw. von Salpetersäure (D: 1,12) auf Pinenhydrochlorid bei 135—140° (KONOWALOW, KIKINA, Ж. **34**, 942; *C.* **1903** I, 512). — Krystalle (aus heißem Alkohol). F: 195—200°.

b) *Isobornylchlorid, „Camphenhydrochlorid, Camphenchlorhydrat"* (öfter fälschlich als „Bornylchlorid" bezeichnet) $C_{10}H_{17}Cl$ =
Die meisten der als „Camphenhydrochlorid" beschriebenen Präparate sind vermutlich nicht völlig einheitlich (vgl. WAGNER, BRYKNER, *B.* **32**, 2325; SEMMLER, *B.* **33**, 3428; HESSE, *B.* **39**, 1136)[1]).

$H_2C \cdot C(CH_3) \cdot CHCl$
$\quad | \quad C(CH_3)_2 \quad |$
$H_2C \cdot CH —— CH_2$

Isobornylchlorid existiert wie Bornylchlorid in einer rechtsdrehenden (l-Isobornylchlorid, konfigurativ dem l-Campher entsprechend), einer linksdrehenden (d-Isobornylchlorid) und einer inaktiven (dl-Isobornylchlorid) Form, die in folgendem nicht getrennt behandelt werden.

α) Präparate aus Camphen. *B.* Durch Einw. von Chlorwasserstoff auf Camphen in alkoh. (BERTHELOT, *C. r.* **55**, 497) oder auch in äther. Lösung (RIBAN, *A. ch.* [5] **6**, 363, 372, 385) unter Eiskühlung (KACHLER, SPITZER, *A.* **200**, 345). Aus linksdrehendem Camphen entsteht rechtsdrehendes Isobornylchlorid und umgekehrt, aus inaktivem Camphen entsteht inaktives Chlorid (BERTH., *C. r.* **55**, 545; *A. Spl.* **2**, 234; RIBAN). — Federförmige Krystalle (durch vorsichtige Sublimation in Chlorwasserstoffatmosphäre) (RIBAN). Riecht gewürzartig (KA., SP.). F: 147° (RIBAN), 149—151° (aus chlorwasserstoffhaltigem Alkohol) (REYCHLER, *B.* **29**, 697; *Bl.* [3] **15**, 373), 152° (aus chlorwasserstoffhaltigem Alkohol) (JÜNGER, KLAGES, *B.* **29**, 545), 155,5—156,5° (sublimiert) (KA., SP.); die Schmelztemp. wechselt sehr mit Darstellung und Behandlung; höchster beobachteter Schmelzpunkt: 165° (JÜ., KL.). Sublimiert schon bei gewöhnlicher Temp. (KA., SP.). Schwer löslich in kaltem Alkohol, sehr leicht in Petroläther (REY.) und in Äther (KA., SP.). Für ein rechtsdrehendes Isobornylchlorid (aus Camphen vom $[\alpha]_D$: —51,04°) wurde gefunden $[\alpha]_D$: +30,25° (RIBAN). — Durch Reduktion mit Natrium und Alkohol entsteht Camphan (SEMMLER, *B.* **33**, 3429). Durch Einw. von Brom entsteht Camphendibromid (WAGNER, GODLEWSKI, *B.* **32**, 2303 Anm.; vgl. JÜ., KL., *B.* **29**, 545). Spaltet mit kaltem Wasser langsam, mit siedendem bei genügend langer Behandlung vollständig Chlorwasserstoff ab unter Bildung eines Camphens, das erheblich schwächer dreht als das zur Darstellung des Chlorids verwendete (RIBAN; KA., SP.). Wird durch alkoh. Kalilauge rasch unter Bildung von Camphen zersetzt (RIBAN). Dagegen entsteht durch Behandeln mit Kalkmilch bei 50—80° Camphenhydrat (Syst. No. 508a) (ASCHAN, *B.* **41**, 1092). Beim Kochen mit Eisessig erhält man Isobornylacetat (JÜ., KL.). Durch 10-stdg. Erwärmen mit Silberacetat und etwas Eisessig auf 70° im geschlossenen Rohr entstehen Camphen und Isobornylacetat (KA., SP.; vgl. WAGNER, BRYKNER, *B.* **32**, 2303 Anm.). Gibt bei vorsichtigem Erhitzen mit Kaliumstearat ein Camphen, das ebenso stark dreht wie das Camphen, aus welchem das Camphenhydrochlorid dargestellt worden ist (BERTH., *C. r.* **55**, 545). Bei der Behandlung von Isobornylchlorid mit Magnesium in Äther bei Gegenwart von etwas Äthylbromid entstehen eine Magnesiumverbindung $C_{10}H_{17} \cdot MgCl$ und Hydrodicamphen (HESSE, *B.* **39**, 1133). Wird die Magnesiumverbindung mit Wasser zersetzt, so entsteht Camphan (HE., *B.* **39**, 1134). Behandelt man die äther. Lösung der Magnesiumverbindung zunächst mit trocknem Sauerstoff und zersetzt dann erst mit Wasser, so entstehen hauptsächlich Borneol, daneben Isoborneol, ferner Hydrodicamphen, Camphen und

---

[1]) Vgl. hierzu nach dem für die 4. Auflage dieses Handbuchs geltenden Schlußtermin [1. I. 1910]: ASCHAN, *A.* **383**, 6; MEERWEIN, VAN EMSTER, *B.* **53**, 1821. Hiernach wäre die Bezeichnung „Camphenhydrochlorid" für das bei der Addition von HCl an Camphen zunächst entstehende tertiäre Chlorid

$H_2C—CH—C(CH_3)_2$
$\quad | \quad CH_2 \quad |$
$H_2C—CH—CCl \cdot CH_3$ zu reservieren.

Camphan (HE., B. **39**, 1135, 1153). — Unterscheidung des Isobornylchlorids („Camphen-hydrochlorids") von Pinenhydrochlorid durch Kochen mit $^1/_2$ n-alkoh. Kalilauge: HESSE, B. **39**, 1139.

β) **Präparate aus Borneol.** Man fügt Borneol portionsweise unter Wasserkühlung zu überschüssigem Phosphorpentachlorid (KACHLER, A. **197**, 93), das vorteilhaft mit Petrol-äther überschichtet ist (WALLACH, A. **230**, 231). Aus rechtsdrehendem Borneol entsteht linksdrehendes Isobornylchlorid (K.). — Krystalle (aus Alkohol + Äther). Geruch durch-dringend, an Campher und Terpentinöl erinnernd (K.). F: 157° (159° korr.) (K.), 158° (aus chlorwasserstoffhaltigem Alkohol) (REYCHLER, B. **29**, 698; WAGNER, BRYKNER, B. **32**, 2307). Verdunstet an der Luft merklich (K.). Unlöslich in Wasser, leicht löslich in Alkohol, sehr leicht in Äther (K.). — Zersetzt sich beim Stehen (K.). Spaltet beim Erhitzen über den Schmelzpunkt HCl ab (K.). Verhält sich gegen Brom wie das Präparat aus Camphen (JÜNGER, KLAGES, B. **29**, 545). Zersetzt sich beim Erwärmen mit 40 Tln. Wasser auf 90—95° in ge-schlossenem Rohr, ferner bei 20-stdg. Erwärmen mit verd. Kalilauge oder mit Wasser und Magnesiumoxyd in Camphen und HCl (K.). Durch Kochen mit Eisessig entsteht Isobornyl-acetat (Jü., KL., B. **29**, 544), durch Erhitzen mit Anilin Camphen (WALLACH).

γ) **Präparate aus Isoborneol.** B. Durch Sättigen einer alkoh. Lösung von Iso-borneol mit Chlorwasserstoff (REYCHLER, B. **29**, 697; Bl. [3] **15**, 373). Aus Isoborneol und Phosphorpentachlorid (JÜNGER, KLAGES, B. **29**, 546). — Krystalle (aus chlorwasserstoff-haltigem Alkohol), die dem Präparat aus Camphen + HCl völlig gleichen (R.). F: 150° bis 152° (R.), 157° (Jü., KL.). Schwer löslich in kaltem Alkohol, sehr leicht in Petroläther (R.). Spaltet beim Erhitzen teilweise, beim Kochen mit Chinolin vollständig HCl ab unter Bildung von Camphen (Jü., KL.). Verhält sich gegen Brom und gegen Eisessig wie die Prä-parate aus Camphen und aus Borneol (Jü., KL.).

δ) Über Bildung von Isobornylchlorid aus Pinenhydrochlorid durch Erhitzen auf 250° in geschlossenem Rohr vgl. MARSH, GARDNER, Soc. **59**, 730.

3-Chlor-1.7.7-trimethyl-bicyclo-[1.2.2]-heptan, 3-Chlor- $H_2C \cdot C(CH_3)—CH_2$
camphan, Bornylenhydrochlorid $C_{10}H_{17}Cl =$
B. Durch Einw. von Chlorwasserstoff auf Bornylen in Alkohol $|$ $C(CH_3)_2$ $|$
(WAGNER, BRYKNER, Ж. **35**, 535; Ch. Z. **27**, 721). — F: 138° bis $H_2C \cdot CH——CHCl$
139°. Durch $AgNO_3$ in Alkohol wird das gesamte Chlor gefällt. — Liefert bei 10-stdg. Erhitzen mit alkoh. Alkali auf 140—150° im Autoklaven neben anderen Produkten Isocyclen $C_{10}H_{16}$ (S. 165) und Camphen.

7¹-Chlor-1.7.7-trimethyl-bicyclo-[1.2.2]-heptan (?), $H_2C \cdot C(CH_3)————CH_2$
8-Chlor-camphan (?), Dihydroteresantalylchlorid
$C_{10}H_{17}Cl =$ $|$ $C(CH_3)(CH_2Cl)$ $|$ (?).
B. Aus Dihydroteresantalol $C_{10}H_{18}O$ (Syst. No. 508) und $H_2C \cdot CH————CH_2$
PCl_5 (SEMMLER, BARTELT, B. **40**, 3105). — Kp_4: 70—75°. — Liefert bei der Reduktion Camphan (?).

2.6-Dichlor-1.7.7-trimethyl-bicyclo-[1.2.2]-heptan (?), 2.6-Dichlor-camphan (?),   ClHC $\cdot$ C(CH_3)—CHCl
(„**Tricyclendichlorid**") $C_{10}H_{16}Cl_2 =$
B. Man gibt zu einer Emulsion von linksdrehendem Terpentinöl $|$ $C(CH_3)_2$ $|$ (?).
(Kp: 155,5—156,5°) in Wasser unterchlorige Säure, fügt K_2CO_3
hinzu, extrahiert mit Äther und destilliert im Dampfstrom; Aus- $H_2C \cdot CH————CH_2$
beute 12% des Pinens (GINSBERG, WAGNER, Ж. **30**, 679; C. **1899** I, 50). — Monokline (WULFF, Ж. **30**, 680) Krystalle (aus Ligroin). F: 165—168°; sintert vorher. Sublimiert im Vakuum. Optisch inaktiv.

Verbindungen $C_{10}H_{16}Cl_2$, $C_{10}H_{12}Cl_6$, $C_{10}H_{11}Cl_7$ und $C_{10}H_8Cl_{10}$ aus Bornylchlorid, siehe bei Bornylchlorid, S. 96, 97.

2-Brom-1.7.7-trimethyl-bicyclo-[1.2.2]-heptan, 2-Brom- $H_2C \cdot C(CH_3)—CHBr$
camphan $C_{10}H_{17}Br =$
Existiert wie 2-Chlor-camphan (S. 94) in 2 diastereoisomeren Formen $|$ $C(CH_3)_2$ $|$.
(Bornylbromid und Isobornylbromid), deren jede der Theorie nach $H_2C \cdot CH————CH_2$
in einer rechtsdrehenden, einer linksdrehenden und einer inaktiven Form auftreten kann.

a) **Bornylbromid, Pinenhydrobromid, Pinenbrom-** $H_2C \cdot C(CH_3)—CHBr$
hydrat $C_{10}H_{17}Br =$
B. Durch Einleiten von trocknem Bromwasserstoff in Pinen unter $|$ $C(CH_3)_2$ $|$.
Kühlung (WALLACH, A. **239**, 7; vgl. DEVILLE, A. ch. [2] **75**, 44; $H_2C \cdot CH————CH_2$
A. **37**, 181; PAPASOGLI, B. **10**, 84). Aus linksdrehendem Terpentinöl erhält man links-drehendes Bornylbromid; aus schwach rechtsdrehendem Terpentinöl wurde [wohl infolge der Anwesenheit des l-β-Pinens im rechtsdrehenden Terpentinöl (Redaktion dieses Hand-buches; vgl. WALLACH, Terpene und Campher, 2. Aufl. [Leipzig 1914], S. 238 Anm.)] in-

aktives Bornylbromid erhalten. Vgl.: PESCI, G. 16, 223; WALLACH, CONRADY, A. 252, 156. — Bornylbromid ist dem Bornylchlorid sehr ähnlich (W., A. 239, 7). Der Schmelzpunkt des Bornylbromids wird durch geringe Beimengungen stark beeinflußt; gefunden wurde für Bornylbromid aus l-Pinen: 92° (W., C.), 87° (PE.), für Bornylbromid aus d-Pinen: 89° (W., C.), 91° (PE.). Siedet unter Zersetzung (W., A. 239, 7). [α]$_D$: −27,8° (aus l-Pinen) (PE.), −24,6° (W., C., A. 252, 156). — Durch Kochen mit Natriumacetat und Eisessig entsteht Camphen (W., A. 239, 7).

b) *Isobornylbromid,* „*Camphenhydrobromid, Cam-* $H_3C \cdot C(CH_3)-CHBr$
phenbromhydrat" $C_{10}H_{17}Br =$ $\quad\quad | \quad C(CH_3)_2 \quad |$.
B, Durch Einleiten von HBr in eine absolut alkoh. Camphenlösung $H_2C \cdot CH\!\!-\!\!-\!\!-\!\!CH_2$
(SEMMLER, B. 33, 3428). — Krystalle. F: 133°. — Bei der Einw.
von alkoh. Alkalien und bei der Behandlung mit Natrium und Alkohol entsteht Camphen.

2.6-Dibrom-1.7.7-trimethyl-bicyclo-[1.2.2]-heptan (?), $BrHC \cdot C(CH_3)-CHBr$
2.6-Dibrom-camphan (?), Pinendibromid $C_{10}H_{16}Br_2 =$ $\quad | \quad C(CH_3)_2 \quad | \quad$ (?).
B. Man versetzt eine trockne Lösung von 100 g Terpentinöl
in 500 g Tetrachlorkohlenstoff unter starker Kühlung allmäh- $H_2C \cdot CH\!\!-\!\!-\!\!-\!\!CH_2$
lich mit 40 ccm Brom, destilliert das Lösungsmittel im Wasserbad ab, kocht mit überschüssiger alkoh. Kalilauge und destilliert mit Wasserdampf; das Pinendibromid bleibt größtenteils zurück, z. T. findet es sich in den hochsiedenden Anteilen des Destillats (WALLACH, A. 264, 4). Entsteht auch, neben Cymol, durch Einw. von Brom auf Pinen in Gegenwart von Wasser und Destillation mit Wasserdampf (GENVRESSE, FAIVRE, C. r. 137, 130). Man schüttelt Terpentinöl (Kp: 155°) unter Kühlung mit verd. wäßr. unterbromiger Säure (WAGNER, GINSBERG, B. 29, 890). — Sechseckige Krystalle (aus Essigester oder Chloroform). F: 169° bis 170° (WALL.; WAG., GI.), 167—168° (GE., F.). Sublimiert leicht beim Erhitzen im Vakuum (WALL.). Sehr wenig löslich in kaltem Alkohol, leichter in warmem Essigester und in Chloroform (WALL.), ziemlich schwer in Äther (WAG., GI.). Optisch inaktiv (WALL.). — Bei der Reduktion mit Natrium und Alkohol entsteht Camphan $C_{10}H_{18}$ (SEMMLER, B. 33, 3423), während mit Zinkstaub und Alkohol Tricyclen $C_{10}H_{16}$ gebildet wird (GODLEWSKI, WAG., Ж. 29, 121; C. 1897 I, 1055). Behandelt man Pinendibromid zunächst längere Zeit in der Kälte bei Lichtabschluß, dann unter allmählicher Temperatursteigerung auf 50°, 80° und 100° mit Silberacetat in Eisessig, so entstehen als primäre Reaktionsprodukte inaktives Pinolhydrat und dessen Essigsäureester, als sekundäre Pinol und der Essigsäureester des Carveols (GODLEWSKI, Ж. 37, 424; C. 1905 II, 483). Durch 2-stdg. Erhitzen von Pinendibromid mit Anilin auf 180° im geschlossenen Rohr entsteht p-Cymol (WALL.).

1¹.2-Dibrom-1.7.7-trimethyl-bicyclo-[1.2.2]-heptan, $H_2C \cdot C(CH_2Br) \cdot CHBr$
2.10-Dibrom-camphan, Camphendibromid, Bromcamphen- $\quad | \quad C(CH_3)_2 \quad |$.
hydrobromid $C_{10}H_{16}Br_2 =$
Zur Konstitution vgl. SEMMLER, B. 33, 3427. — B. Neben Brom- $H_3C \cdot CH\!\!-\!\!-\!\!-\!\!CH_2$
camphen aus Camphen und Brom in Petroläther bei −10° (REYCHLER, B. 29, 900). Man tropft eine Lösung von Camphen in Äther + Amylalkohol in ein abgekühltes Gemisch von Brom und Äther; Ausbeute 56 % der Theorie (WAGNER, GODLEWSKI, B. 32, 2304 Anm.). Man gibt 2 At.-Gew. Brom zu einer Lösung von Camphen in Eisessig und behandelt das beim Eingießen in Wasser ausfallende Öl mit siedendem Alkohol (SEMMLER, B. 33, 3426). Camphendibromid entsteht ferner durch Einw. von Brom auf Isobornylamin (aus Camphen und HBr; nicht isoliert; Ausbeute 70 % der Theorie (MARSH, P. Ch. S. No. 204) oder auf Isobornylchlorid (WAGNER, GODLEWSKI, B. 32, 2303 Anm.). — Krystalle (aus Alkohol) (R.) oder Ligroin (WAG., GOD.). F: 91—91,5° (WAG., GOD.), 90° (R.; S.), 89° (aus stark rechtsdrehendem Camphen) (WALLACH, GUTMANN, A. 357, 83). Kp$_{15}$: 153—155° (S.). Langsam flüchtig mit Wasserdampf (S.). Aus schwach rechtsdrehendem Camphen dargestelltes Präparat dreht schwach rechts (S.). — Gibt mit Natrium und Alkohol Camphan (S.). Durch Destillation mit Chinolin entsteht Bromcamphen (S.).

1¹.1¹.2-Tribrom-1.7.7-trimethyl-bicyclo-[1.2.2]-hep- $H_2C \cdot C(CHBr_2)-CHBr$
tan (?), **2.10.10-Tribrom-camphan (?),** Bromcamphen- $\quad | \quad C(CH_3)_2 \quad | \quad$ (?).
dibromid $C_{10}H_{15}Br_3 =$
B. Durch Einw. von Brom auf Bromcamphen in kaltem $H_2C \cdot CH\!\!-\!\!-\!\!-\!\!CH_2$
Eisessig (SEMMLER, B. 35, 1020). — Krystalle (aus heißem Alkohol). F: 77—78°. Kp$_{12}$: 173—176°. D^{20}: 1,816. n$_D$: 1,5777. Inaktiv.

2-Jod-1.7.7-trimethyl-bicyclo-[1.2.2]-heptan, 2-Jod-cam- $H_3C \cdot C(CH_3)-CHI$
phan $C_{10}H_{17}Br =$ $\quad | \quad C(CH_3)_2 \quad |$.
Existiert wie 2-Chlor-camphan (S. 94) in 2 diastereoisomeren Formen
(Bornyljodid und Isobornyljodid), deren jede der Theorie nach in $H_3C \cdot CH\!\!-\!\!-\!\!-\!\!CH_2$
einer rechtsdrehenden, einer linksdrehenden und einer inaktiven Form auftreten kann.

7*

a) *Bornyljodid, Pinenhydrojodid, Pinenjodhydrat*
$C_{10}H_{17}I =$

$$H_2C \cdot C(CH_3)-CH\dot{I}$$
$$\mid \quad C(CH_3)_2 \mid$$
$$H_2C \cdot CH----CH_2.$$

α) Linksdrehendes Bornyljodid, l-Bornyljodid, l-Pinenhydrojodid. *B.* Man sättigt linksdrehendes Terpentinöl (Kp: 155—156,5°) unter Eis-Kochsalz-Kühlung mit trocknem Jodwasserstoff (WAGNER, BRYKNER, *B.* 32, 2310; vgl. DEVILLE, *A. ch.* [2] 75, 48; *A.* 37, 184). Zur Reinigung kann man 10 Stdn. mit alkoh. Kalilauge im Wasserbad erwärmen, doch sinkt dabei die Drehung etwas (s. u.) (W., B., *B.* 32, 2312). — Farblose, in Kältemischung erstarrende Flüssigkeit. F: —3° (W., B., *B.* 32, 2311). Kp_{15}: 118—119°; $Kp_{11,5}$: 113—115° (W., B., *B.* 32, 2311); Kp_{11}: 110—112° (ASCHAN, *A.* 316, 239). D_4^0: 1,4826; D_4^{20}: 1,4635 (W., B., *B.* 32, 2311). $[\alpha]_D$: —33,57° (mit wäßr. Kalilauge gereinigt, aus Terpentinöl vom $[\alpha]_D$: —37,83°), —32,67° (mit alkoh. Kalilauge gereinigt, aus Terpentinöl vom $[\alpha]_D$: —37,83°) (W., B., *B.* 32, 2312), —33,68° (durch wiederholte Wasserdampfdestillation gereinigt, aus Terpentinöl vom $[\alpha]_D$: —41,98°) (A.). — Bei Lichtabschluß beständig (W., B., *B.* 32, 2311). Wird durch rauchende Salpetersäure schon bei —20° unter Jodabscheidung oxydiert; Kaliumpermanganat greift, selbst beim Erwärmen, nur sehr schwer an (W., B., *B.* 32, 2312). Durch Reduktion mit Zinkstaub, Jodwasserstoff und Eisessig entsteht Camphan (A.). Alkoh. Kalilauge wirkt bei 100° langsam unter Verringerung der Drehung ein (s. o.); durch 4-stdg. Erhitzen mit konz. alkoh. Kalilauge auf 170° im geschlossenen Gefäß entstehen Camphen und Bornylen (W., B., *B.* 33, 2122), während beim Erhitzen mit Kaliumphenolat auf 160—170° ausschließlich Camphen gebildet wird (W., B., *B.* 33, 2122). Durch alkoh. Silbernitrat wird das Jod schon bei Zimmertemperatur quantitativ gefällt (W., B., *B.* 32, 2312). Mit Silberacetat und Eisessig entstehen Camphen, Bornyl- und Isobornylacetat, inaktives α-Terpinyl-acetat und Dipenten (W., B., *B.* 32, 2313).

β) Rechtsdrehendes Bornyljodid, d-Bornyljodid, d-Pinenhydrojodid. *B.* Durch Einleiten von trocknem Jodwasserstoff in rechtsdrehendes Terpentinöl (Kp: 155,5° bis 157°, $[\alpha]_D$: +18,4°) unter Eis-Kochsalz-Kühlung (ASCHAN, *A.* 316, 234); Reinigung durch wiederholte Wasserdampfdestillation. — Wasserhelle, bald rötlich werdende Flüssigkeit, deren Geruch an Borneol erinnert. F: —3°. Kp_{15}: 120—122°; Kp_{11}: 110—112°. D_4^0: 1,464. $[\alpha]_D$: +16,02°. — Durch Reduktion mit Zinkstaub, Jodwasserstoff und Eisessig entsteht Camphan.

b) *Isobornyljodid, „Camphenhydrojodid", Camphenjodhydrat"* $C_{10}H_{17}I =$
Einheitlichkeit der Präparate fraglich.

$$H_2C \cdot C(CH_3)-CHI$$
$$\mid \quad C(CH_3)_2 \mid$$
$$H_2C \cdot CH----CH_2$$

α) Präparat von Wagner, Brykner, *B.* 32, 2320. *B.* Man sättigt feuchtes Isoborneol auf dem Wasserbad mit Jodwasserstoff. — Schweres Öl. — Wird durch alkoh. Kali schon bei gewöhnlicher Temp. unter Bildung von Camphen zersetzt.

β) Flüssiges Präparat von Zelinsky, Alexandrow, *Ch. Z.* 27, 1245. *B.* Aus Camphen oder dem Camphenhydrojodid vom F: 40° (s. u.) und Jodwasserstoffsäure bei 100°. — Kp_{14}: 115—116°. D_4^{20}: 1,4533.

γ) Festes Präparat von Zelinsky, Alexandrow, *Ch. Z.* 27, 1245. *B.* Aus Camphen und Jodwasserstoff bei Zimmertemperatur. — Krystalle. F: 40°. Sehr leicht löslich in den gewöhnlichen Mitteln. — Geht mit Jodwasserstoff bei 100° in flüssiges Camphenhydrojodid über.

δ) Präparat von Kondakow, Lutschinin, *Ch. Z.* 25, 132. *B.* Aus Camphen ($[\alpha]_D$: —10,5°) und Jodwasserstoffsäure (bei —20° gesättigt) bei Zimmertemperatur. — Krystalle. Schmilzt unscharf bei 48—55°. — Gibt mit alkoh. Kalilauge auf dem Wasserbad ein Camphen vom $[\alpha]_D$: —5,92°.

2-Nitro-1.7.7-trimethyl-bicyclo-[1.2.2]-heptan, 2-Nitro-camphan $C_{10}H_{17}O_2N =$
B. Man versetzt 100 g 2-Brom-2-nitro-camphan (S. 101) in 250 ccm Alkohol mit 20 g Kaliumhydroxyd in wenig Wasser und erhitzt

$$H_2C \cdot C(CH_3)-CH \cdot NO_2.$$
$$\mid \quad C(CH_3)_2 \mid$$
$$H_2C \cdot CH----CH_2$$

8 Stdn. unter Rückfluß (FORSTER, *Soc.* 77, 256). Entsteht auch durch Einw. von Phenylhydrazin auf 2-Brom-2-nitro-camphan in wenig Äther (F., *Soc.* 81, 870). — Angenehm campherähnlich riechende, weiße Krystalle (aus Alkohol). F: 157° (F., *Soc.* 81, 870). Sehr leicht löslich in Äther, Chloroform, Benzol, kaum löslich in Wasser; unlöslich in kalter konz. Salpetersäure; löslich in konz. Schwefelsäure, durch Wasser wieder fällbar (F., *Soc.* 77, 256). $[\alpha]_D^{15}$: +27,0° (0,5021 g in 25 ccm Benzol), $[\alpha]_D^{10}$: +7,4° (0,5043 g in 25 ccm absol. Alkohol (F., *Soc.* 81, 870). Absorptionsspektrum im Ultraviolett: LOWRY, DESCH, *Soc.* 95, 812. — Gibt in warmer alkoh. Lösung mit Aluminiumamalgam 2-Hydroxylamino-camphan (Syst. No. 1931) (F., *Soc.* 77 266). Beim Auflösen in heißen, wäßr. Alkalien entstehen die Salze des 2-Isonitro-camphans

(s. u.) (F., *Soc.* **77**, 257). Durch Kochen mit alkoh. Kalilauge wird Campher gebildet (F., *Soc.* **77**, 257). Gibt die LIEBERMANNsche Nitroso-Reaktion (F., *Soc.* **77**, 257).

aci-2-Nitro-1.7.7-trimethyl-bicyclo-[1.2.2]-heptan, 2-Isonitro-camphan

$C_{10}H_{17}O_2N =$
$$\begin{array}{c} H_2C \cdot C(CH_3) - C:N(OH):O \\ \mid \quad C(CH_3)_2 \mid \\ H_2C \cdot CH \underline{\quad\quad} CH_2 \end{array}$$

B. Durch vorsichtiges Ansäuern einer Lösung von 2-Nitro-camphan (S. 100) in Kalilauge (FORSTER, *Soc.* **77**, 258). — Weißer, an der Luft bläulich werdender Niederschlag. Schmilzt, rasch erhitzt, bei ca. 74° (F.). Sehr leicht löslich in organischen Mitteln, löslich in konz. Salpetersäure (F.). Dreht in alkoh. Lösung stark nach links: ein nicht völlig trocknes Präparat zeigte $[\alpha]_D:$ —94,9° (F.). Absorptionsspektrum des Natriumsalzes in Alkohol: LOWRY, DESCH, *Soc.* **95**, 812. — Wandelt sich in festem oder gelöstem Zustand rasch in die wahre Nitro-Form (S. 100) um. Gibt mit $FeCl_3$ tiefe Rotfärbung (F.). Zersetzt sich mit konz. Schwefelsäure (F.). $KMnO_4$ oxydiert zu Campher (F.). Das Kaliumsalz gibt mit Chlor in wäßr. Lösung bezw. mit Kaliumhypobromit 2-Chlor- bezw. 2-Brom-2-nitro-camphan (s. u.) (F.). — $KC_{10}H_{16}O_2N$. Weiße Krystalle. Sehr leicht löslich in Wasser, leicht in Alkohol (F.). $[\alpha]_D:$ ca. —75,6° (0,2781 g in 25 ccm Alkohol) (F.).

Benzoyl-2-isonitro-camphan $C_{17}H_{21}O_3N = C_9H_{14}\!\!\begin{array}{c} \diagdown C:N(:O)\cdot O\cdot CO\cdot C_6H_5 \\ \diagup CH_2 \end{array}$. *B.* Aus Nitrocamphan, in Alkali gelöst, und Benzoylchlorid (FORSTER, *Soc.* **77**, 261). — Dunkelgrünes viscoses Öl. $[\alpha]_D:$ —19,3° (0,4947 g in 25 ccm absol. Alkohol).

x-Nitro-1.7.7-trimethyl-bicyclo-[1.2.2]-heptan, sek. Nitro-camphan $C_{10}H_{17}O_2N$. *B.* Neben geringen Mengen tertiärer Nitroverbindung durch 24—30-stdg. Erhitzen von Camphan mit verd. Salpetersäure (D: 1,12) auf 140° im geschlossenen Rohr; wahrscheinlich Gemisch von 2 Isomeren (KONOWALOW, KIKINA, Ж. **34**, 938; *C.* **1903** I, 512). — F: 125—129°; $n_D^{22}:$ 1,49527. — Wird durch Zinkstaub und Essigsäure zum entsprechenden Amin reduziert. Mit Brom entsteht ein bei 158—172° schmelzendes Bromnitrocamphan $C_{10}H_{16}O_2NBr$.

2-Chlor-2-nitro-1.7.7-trimethyl-bicyclo-[1.2.2]-heptan, 2-Chlor-2-nitro-camphan

$C_{10}H_{16}O_2NCl =$
$$\begin{array}{c} H_2C \cdot C(CH_3) - CCl \cdot NO_2 \\ \mid \quad C(CH_3)_2 \mid \\ H_2C \cdot CH \underline{\quad\quad} CH_2 \end{array}$$

B. Aus Campheroxim (15 g), in Kalilauge suspendiert (30 g Ätzkali), mit Natriumhypochloritlösung (2 Liter von 0,4 % Gehalt an wirksamem Chlor) (FORSTER, *Soc.* **77**, 263). Aus dem Kaliumsalz des 2-Isonitro-camphans (s. o.) mit Chlorwasser (F.). — Sechsseitige Platten (aus Alkohol). F: 217° (F.). Flüchtig mit Wasserdampf (F.). Unlöslich in Wasser, sehr leicht löslich in organischen Mitteln (F.). $[\alpha]_D$ in Alkohol: —53,1° (0,5095 g in 25 ccm), in Benzol: —71,9° (0,5096 g in 25 ccm) (F.). — Löst sich in kalter konz. Schwefelsäure unter Bildung von Chlor-p-cymol $C_6H_3Cl^2(CH_3)^1(C_3H_7)^4$ und einer bei ca. 230° schmelzenden Verbindung $C_{10}H_{14}ONCl$ (F., ROBERTSON, *Soc.* **79**, 1006).

Verbindung $C_{10}H_{14}ONCl$ (F: ca. 230°). *B.* Neben Chlor-p-cymol durch Auflösen von 2-Chlor-2-nitro-camphan in konz. Schwefelsäure bei ca. 0° (FORSTER, ROBERTSON, *Soc.* **79**, 1006). — Prismen (aus Alkohol). Schwärzt sich bei 200° und schmilzt bei ca. 230° unter Gasentwicklung. Leicht löslich in Alkohol und Äther, sehr wenig in heißem Wasser. — Geht beim Kochen mit alkoh. Salzsäure in eine isomere Verbindung vom F: 248° über. Gibt mit Hydroxylamin eine Verbindung $C_{10}H_{17}O_2N_2Cl$ (s. u.).

Verbindung $C_{10}H_{14}ONCl$. *B.* Aus der bei ca. 230° schmelzenden Verbindung $C_{10}H_{14}ONCl$ (s. o.) in absol. Alkohol mit salzsaurem Hydroxylamin und Soda (F., R., *Soc.* **79**, 1008). — Platten aus Alkohol. Schmilzt bei 187° unter Braunfärbung und Gasentwicklung. — Reduziert ammoniakalische $AgNO_3$-Lösung beim Erwärmen. Liefert ein Benzoylderivat [Nadeln (aus Alkohol); F: 164°].

Verbindung $C_{10}H_{14}ONCl$ (F: 248°). *B.* Aus der bei ca. 230° schmelzenden Verbindung $C_{10}H_{14}ONCl$ (s. o.) durch Kochen mit alkoh. Salzsäure (F., B., *Soc.* **79**, 1007). — Nadeln (aus verd. Alkohol) oder sechsseitige Blättchen (aus Ligroin). — Gibt mit Benzoylchlorid nach SCHOTTEN-BAUMANN das Benzoylderivat $C_{17}H_{18}O_2NCl$ (Blättchen aus Alkohol; F: 166°); bei kurzem Erhitzen mit Salpetersäure (D: 1,52) das Nitroderivat $C_{10}H_{13}O_3N_2Cl$ (Prismen aus Alkohol; F: 71—72°; sehr leicht löslich in Benzol, Eisessig, heißem Alkohol, schwer in Wasser; gibt die LIEBERMANNsche Nitrosoreaktion; liefert beim Erhitzen mit Natronlauge Isolauronolsäurenitril; regeneriert bei der Reduktion mit Zink und Salzsäure die Verbindung $C_{10}H_{14}ONCl$ vom F: 248°).

Verbindungen $C_{10}H_{16}O_2NCl$ aus Bornylchlorid s. bei Bornylchlorid, S. 97.

2-Brom-2-nitro-1.7.7-trimethyl-bicylo-[1.2.2]-heptan, 2-Brom-2-nitro-camphan

$C_{10}H_{16}O_2NBr =$
$$\begin{array}{c} H_2C \cdot C(CH_3) - CBr \cdot NO_2 \\ \mid \quad C(CH_3)_2 \mid \\ H_2C \cdot CH \underline{\quad\quad} CH_2 \end{array}$$

B. Durch Einw. von Kaliumhypobromit-Lösung auf Campheroxim in ätzalkalischer Suspension unter Eiskühlung (FORSTER, *Soc.* **75**, 1144). Auch aus 2-Isonitro-camphan (s. o.) in alkal.

Lösung mit KOBr (F., *Soc.* 77, 264). — Weiße farnkrautähnliche Krystalle (aus Alkohol). Schmilzt bei 220° zu farbloser Flüssigkeit, die sich sofort unter Gasentwicklung rötet; flüchtig mit Wasserdampf; sehr leicht löslich in Benzol und Ligroin; $[\alpha]_D^{25}$: −54,7° (0,2475 g in 25 ccm absol. Alkohol); $[\alpha]_D^{25}$: −65,6° (0,5061 g in 25 ccm Benzol) (F., *Soc.* 75, 1144). — Durch Reduktion mit Zinkstaub und Eisessig entsteht linksdrehendes Campheroxim (F., *Soc.* 75, 1145), mit Zinkstaub und Alkohol je nach den Bedingungen Campheroxim, rechtsdrehendes Bornylamin und 2-Hydroxyl-amino-camphan (F., *Soc.* 77, 264). Mit überschüssigem Phenylhydrazin wird 2-Nitro-camphan gebildet (F., *Soc.* 81, 870). Gibt mit konz. Schwefelsäure bei 0—10° eine bei 210—220° sich zersetzende Verbindung $C_{10}H_{14}ONBr$ (s. u.) (F., *Soc.* 75, 1145) und Brom-p-cymol $C_6H_3Br^2(CH_3)^1(C_3H_7)^4$ (F., ROBERTSON, *Soc.* 79, 1004). Gibt die LIEBERMANNsche Nitrosoreaktion (F., *Soc.* 75, 1144). Beim Erhitzen mit Silbernitrat in absol.-alkoh. Lösung entsteht eine Nitroverbindung $C_{10}H_{15}O_2N$ („Nitrocamphen", s. S. 166) (F., *Soc.* 79, 646).

Verbindung $C_{10}H_{14}ONBr$ (Zersetzungstemperatur ca. 210—220°). *B.* Neben Brom-p-cymol $C_6H_3Br^2(CH_3)^1(C_3H_7)^4$ (FORSTER, ROBERTSON, *Soc.* 79, 1004) aus 2-Brom-2-nitrocamphan mit konz. Schwefelsäure bei 0—10° (F., *Soc.* 75, 1145). — Nadeln (aus Alkohol). Zersetzt sich bei ca. 210—220°; sublimiert beim Erhitzen auf dem Wasserbad in Nädelchen (F., *Soc.* 75, 1146). Leicht löslich in Benzol und heißem Alkohol, schwer in kaltem Alkohol (F., *Soc.* 75, 1146). Optisch inaktiv (F., *Soc.* 75, 1146). — Löslich in konz. Salpetersäure unter Zers. (F., R., *Soc.* 79, 1008). Verwandelt sich bei kurzem Kochen mit konz. Salzsäure in eine isomere Verbindung $C_{10}H_{14}ONBr$ vom F: 240° (s. u.) (F., *Soc.* 75, 1146). Gibt beim Erhitzen mit Natronlauge Isolauronolsäurenitril (F., *Soc.* 75, 1147). Mit Hydroxylamin entsteht eine Verbindung $C_{10}H_{17}O_2N_2Br$ (s. u.) (F., *Soc.* 79, 654).

Verbindung $C_{10}H_{17}O_2N_2Br$. *B.* Aus der Verbindung $C_{10}H_{14}ONBr$ (Zersetzungstemperatur ca. 210—220°) (s. o.) oder der isomeren Verbindung $C_{10}H_{14}ONBr$ vom F: 240° (s. u.) in heißem Alkohol mit salzsaurem Hydroxylamin und Natriumcarbonat (FORSTER, *Soc.* 79, 654). — Rechteckige Blättchen (aus Alkohol). Schmilzt bei 197° zu gelber, bald braun werdender Flüssigkeit. Leicht löslich in Essigester, löslich in siedendem Wasser, schwer löslich in Äther, fast unlöslich in Ligroin. — Löslich in verd. Schwefelsäure, durch Alkalien wieder fällbar. Reduziert ammoniakalische Silberlösung. Gibt mit $KMnO_4$ in saurer Lösung eine Verbindung $C_{10}H_{14}O_2NBr$ (s. u.), beim Erhitzen mit Natronlauge eine Verbindung $C_{10}H_{16}O_3N_2$ (s. u.); mit salpetriger Säure entsteht die Verbindung $C_{10}H_{14}ONBr$ vom F: 240°. — Hydrochlorid. Nädelchen (aus heißem Wasser), zersetzt sich von ca. 230° ab. F: 245°. — 2 $C_{10}H_{17}O_2N_2Br$ + H_2SO_4. Blättchen (aus Wasser). Erweicht bei ca. 180°, schmilzt bei 255° unter Zers. — 2 $C_{10}H_{17}O_2N_2Br$ + 2 HCl + $PtCl_4$. Blaßrote Nädelchen (aus salzsäurehaltigem Alkohol). F: 255° (Zers.). Schwer löslich in kaltem Alkohol. — Pikrat $C_{10}H_{17}O_2N_2Br + C_6H_3O_7N_3$. Schwefelgelbe rhomboederförmige Krystalle (aus Alkohol). F: ca. 190° (Zers.). — Diacetylderivat $C_{14}H_{21}O_4N_2Br$ (?) entsteht mit Kochen mit Eisessig + Essigsäureanhydrid. Prismen (aus Alkohol). F: 139°. — Benzoylderivat $C_{17}H_{21}O_3N_2Br$. Prismen (aus Alkohol). Schmilzt bei 180° unter Braunfärbung und Gasentwicklung. — Carbamidsäurederivat $C_{11}H_{19}O_3N_2Br$. *B.* Aus dem Hydrochlorid und Kaliumcyanat. Nädelchen (aus Wasser). F: 139° (Zers.). Kaum löslich in kaltem Wasser, leicht in Alkohol.

Verbindung $C_{10}H_{16}O_3N_2$. *B.* Aus der Verbindung $C_{10}H_{17}O_2N_2Br$ (s. o.) durch Erhitzen mit verd. Natronlauge (FORSTER, *Soc.* 79, 658). — Blättchen (aus Wasser), rhomboidische Platten (aus Alkohol). Erweicht bei ca. 170°, schmilzt bei 208° unter Gasentwicklung. Sehr leicht löslich in verd. Sodalösung und in verd. Mineralsäuren. Reduziert ammoniakalische Silberlösung beim Erhitzen und entfärbt $KMnO_4$ in schwefelsaurer Lösung. $FeCl_3$ gibt bei Abwesenheit von HCl dunkelrote Färbung. Bromlösung wird nicht entfärbt. — 2 $C_{10}H_{16}O_3N_2$ + 2 HCl + $PtCl_4$. Gelbe Nadeln (aus Wasser). Färbt sich bei 150° dunkelrot und verkohlt dann schnell. — Pikrat $C_{10}H_{16}O_3N_2 + C_6H_3O_7N_3$. Gelbe Nadeln. F: 148° (Zers.).

Verbindung $C_{10}H_{14}O_2NBr$. *B.* Aus der Verbindung $C_{10}H_{17}O_2N_2Br$ (s. o.) mit $KMnO_4$ in schwefelsaurer Lösung (FORSTER, *Soc.* 79, 657). — Krystallinisches Pulver (aus Alkohol). Färbt sich von ca. 200° ab dunkel, schmilzt bei 240° unter Gasentwicklung. Leicht löslich in Alkohol, schwer in heißem Wasser. — Beim Erhitzen mit Natronlauge entsteht das Nitril der Isolauronolsäure.

Verbindung $C_{10}H_{14}ONBr$ vom F: 240°. *B.* Durch kurzes Kochen der isomeren Verbindung $C_{10}H_{14}ONBr$ von der Zersetzungstemp. ca. 210—220° (s. o.) mit konz. Salzsäure (FORSTER, *Soc.* 75, 1146). Aus der Verbindung $C_{10}H_{17}O_2N_2Br$ (s. o.) mit HNO_2 (F., *Soc.* 79, 657). — Nadeln (aus Wasser) oder sechsseitige Platten (aus Alkohol). Schmilzt unzersetzt bei 240° zu farbloser Flüssigkeit; verflüchtigt sich langsam bei 100° (F., *Soc.* 75, 1146). — Löslich in rauchender Salpetersäure; durch kurzes Erwärmen der Lösung entsteht eine Nitroverbindung $C_{10}H_{13}O_3N_2Br$ (S. 103) (F., ROBERTSON, *Soc.* 79, 1008). Beim Erhitzen mit Natronlauge entsteht Isolauronolsäurenitril (F., *Soc.* 75, 1147). Gibt mit Hydroxylamin die Verbindung $C_{10}H_{17}O_2N_2Br$ (s. o.) (F., *Soc.* 79, 655). — Mit Benzoylchlorid entsteht die Benzoylverbindung $C_{17}H_{18}O_2NBr$ (Schuppen aus Alkohol; F: 174—176°).

Verbindung $C_{10}H_{15}O_3N_2Br$. *B*. Aus der Verbindung $C_{10}H_{14}ONBr$ vom F: 240° (S. 102) durch kurzes Erwärmen mit rauchender Salpetersäure (FORSTER, ROBERTSON, *Soc*. 79, 1008). — Prismen (aus Alkohol). F: 103°. — Unlöslich in Sodalösung oder kaustischen Alkalien; heiße Natronlauge wirkt langsam ein unter Bildung von Isolauronolsäurenitril. Gibt die LIEBERMANNsche Nitrosoreaktion.

2-Jod-2-nitro-1.7.7-trimethyl-bicyclo-[1.2.2]-heptan, 2-Jod-2-nitro-camphan

$$C_{10}H_{16}O_2NI = \begin{vmatrix} H_2C \cdot C(CH_3) - CI \cdot NO_2 \\ C(CH_3)_2 \\ H_2C \cdot CH \underline{\quad\quad} CH_2 \end{vmatrix}$$

B. Aus dem Kaliumsalz des 2-Isonitro-camphans (S. 101) in wäßr. Lösung und Jodjodkaliumlösung (FORSTER, *Soc*. 77, 265). — Blaßgelbe Prismen (aus Alkohol). Bräunt sich bei ca. 170°; F: 179° (Zers.).

Leicht löslich in Benzol, Ligroin, Aceton und Essigester. $[\alpha]_D^{18}$ in Alkohol: —10,8° (0,2497 g in 25 ccm), in Benzol: —15,0° (0,5 g in 25 ccm). — Bräunt sich langsam am Licht. Die Lösungen in Alkohol und Aceton zersetzen sich allmählich. Gibt die LIEBERMANNsche Nitrosoreaktion.

29. 2.2.3-Trimethyl-bicyclo-[1.2.2]-heptan, Isohydrocamphen, Isocamphan $C_{10}H_{18}$ =

$$\begin{vmatrix} H_2C \cdot CH \cdot C(CH_3)_2 \\ CH_2 \\ H_2C \cdot CH \cdot CH \cdot CH_3 \end{vmatrix}$$

Konfiguration und sterische Einheitlichkeit der Präparate fraglich.

a) Präparat von Sabatier, Senderens, *C. r.* 132, 1256; *A. ch.* [8] 4, 391. *B*. Durch Hydrierung von linksdrehendem Camphen (F: 41°) in Gegenwart von Nickel bei 165—175°. — Kp: 164—165° (korr.). D_0^0: 0,849.

b) Präparat von Zelinsky, Ж. 36, 769. *B*. Durch Hydrierung von schwach rechtsdrehendem Camphen (F: 49—50°) nach SABATIER-SENDERENS. — F: 60—61°. Schwach rechtsdrehend.

c) Präparat von Vavon, *C. r.* 149, 998. *B*. Durch Schütteln einer äther. Lösung von Camphen (F: 55°, $[\alpha]_D$: —80°) mit Platinschwarz in einer Wasserstoffatmosphäre. — Im Aussehen dem Camphen ähnlich. F: gegen 87°.

d) Präparat von Semmler, *B.* 33, 776. *B*. Entsteht neben etwas Camphen durch $^1/_2$-stdg. Erhitzen von Isoborneol mit Zinkstaub auf ca. 220° im geschlossenen Rohr. — Farnkrautblätterähnliche Krystallaggregate (aus 95%igem Alkohol). F: 85°. Kp: 162°.

3¹-Chlor-2.2.3-trimethyl-bicyclo-[1.2.2]-heptan, 3¹-Chlor-isocamphan, Campheni-lylchlorid $C_{10}H_{17}Cl$ =

$$\begin{vmatrix} H_2C - CH - C(CH_3)_2 \\ CH_2 \\ H_2C - CH - CH \cdot CH_2Cl \end{vmatrix}$$

B. Durch Einw. von PCl_5 auf Camphenilylalkohol in Petroläther (SEMMLER, *B.* 42, 964). — Kp_{10}: 83—85°. D^{20}: 0,9909. n_D: 1,4862. — Liefert bei der Reduktion mit Natrium und Alkohol ein Gemisch von Camphen mit wenig Isocamphan.

30. Verbindungen von ungewisser Konstitution, die entweder als Derivate des *Camphans*

$$C_{10}H_{18} = \begin{vmatrix} H_2C \cdot C(CH_3) \cdot CH_2 \\ C(CH_3)_2 \\ H_2C \cdot CH \underline{\quad\quad} CH_2 \end{vmatrix}$$

oder als solche eines *Isocamphans*

$$C_{10}H_{18} = \begin{vmatrix} H_2C \cdot CH - C(CH_3)_2 \\ CH_2 \\ H_2C \cdot CH - CH \cdot CH_3 \end{vmatrix}$$

aufzufassen sind.

Verbindung $C_{10}H_{16}Cl_2$ vom F: 160—163°, „α-Chlorcamphenhydrochlorid". *B*. Scheidet sich krystallinisch ab, wenn man Campher mit $1^1/_4$ Mol.-Gew. PCl_5 versetzt und das Gemisch 5 Wochen bei niedriger Temp. stehen läßt (BREDT, ROCHUSSEN, MONHEIM, *A.* 314, 384). Auch aus dem nach 7—8-tägigem Stehen von Campher mit $1^1/_2$ Gewichtsteilen PCl_5 und Zers. mit Eiswasser erhältlichen Rohprodukt (vgl. auch SPITZER, *A.* 196, 262) durch fraktionierte Krystallisation aus Petroläther (MARSH, GARDNER, *Soc.* 71, 288). — Krystalle (aus Äther) (MA., GA.); Säulen (aus 4 Tln. absol. Alkohol) (BR., Ro., Mo.). Rhombisch bisphenoidisch (MIERS, BOWMAN, *Soc.* 71, 293; vgl. *Groth, Ch. Kr.* 3, 718). Entwickelt von 158° ab HCl (BR., Ro., Mo.) und schmilzt unscharf bei 160—163° (BR., Ro., Mo.), 165° (MA., GA.). Verdampft bei 100° langsam (MA., GA.). Schwer löslich in kaltem, gut in heißem Petroläther (MA., GA.). $[\alpha]_D$: —27,7° (in Chloroform) (MA., GA.). — Beim Kochen mit Zinkstaub und Eisessig entsteht linksdrehendes Chlorcamphen (MA., GA.). Durch 22-stdg. Schütteln mit 10 Tln. 90%iger Schwefelsäure werden Carvenon und eine isomere Verbindung $C_{10}H_{16}Cl_2$ vom F: 187—188° erhalten (BR., Ro., Mo.).

Verbindung $C_{10}H_{16}Cl_2$ vom F: 157—158°, „β-Chlorcamphenhydrochlorid" (wahrscheinlich Gemisch von Isomeren). *B*. Ist das Hauptprodukt der Einw. von PCl_5 auf Campher und scheidet sich bei Behandlung des nach Abtrennung der Verbindung $C_{10}H_{16}Cl_2$ vom F: 160—163° (s. o.) verbliebenen flüssigen Gemisches mit Eiswasser ab (BREDT, ROCHUSSEN, MONHEIM, *A.* 314, 385). Ist von der bei 160—163° schmelzenden Verbindung auch mittels Petroläthers trennbar (MARSH, GARDNER, *Soc.* 71, 288). — Krystalle (aus Alkohol). Leicht löslich in kaltem Petroläther (MA., GA.). Schwächer linksdrehend als die Verbindung vom F: 160—163° (MA., GA.). — Spaltet beim Stehen langsam HCl ab (MA., GA.). Ebenso erfolgt bei der Destillation Abspaltung von HCl unter Ansteigen der Linksdrehung (MA., GA.). Gibt bei wiederholtem Kochen mit Zinkstaub und Eisessig linksdrehendes Chlorcamphen (MA., GA.). Durch $5^1/_2$-stdg. Schütteln mit 90°/₀iger Schwefelsäure entstehen Carvenon und eine isomere Verbindung $C_{10}H_{16}Cl_2$ vom F: 187—188° (s. u.).

Verbindung $C_{10}H_{16}Cl_2$ vom F: 187—188°. B. Neben Carvenon aus den isomeren Verbindungen $C_{10}H_{16}Cl_2$ vom F: 160—163° bezw. 157—158° (S. 103) durch Schütteln mit 90°/₀iger Schwefelsäure (BREDT, ROCHUSSEN, MONHEIM, A. **314**, 386). — Krystalle (aus Alkohol). — Bei 12-stdg. Rühren mit 90°/₀iger Schwefelsäure, zweckmäßig unter Zusatz von etwas Petroläther, erfolgt vollständige Zers. in Carvenon und HCl.

Verbindung $C_{10}H_{16}Cl_2$ vom F: 139—140°. B. Neben anderen Produkten durch Einw. von unterchloriger Säure auf Camphen; man kocht den durch Vakuum-Destillation abgetrennten festen Teil der Reaktionsprodukte mit 20°/₀iger Kalilauge, wobei die Verbindung unverändert bleibt (SŁAWIŃSKI, C. **1906** I, 137). — F: 139—140°. Schwer löslich in Methylalkohol. — Gibt mit Silberacetat bei Zimmertemp. ein Acetat $C_{12}H_{19}O_2Cl$ (Syst. No. 508).

Verbindung $C_{10}H_{15}Cl_3$, „Camphentrichlorid". B. Durch Einw. von Chlor auf Camphen in kaltem Eisessig (SEMMLER, B. **35**, 1020). — Erstarrungspunkt: 135°. Kp_{10}: 130—135°.

Verbindung $C_{10}H_{16}Br_2$. B. Aus der Verbindung $C_{10}H_{14}Br_4$ vom F: 168° (s. u.; vgl. MARSH, GARDNER, Soc. **71**, 285) mit Zinn und Salzsäure oder mit Natriumamalgam und Wasser (DE LA ROYÈRE, Bull. Acad. roy. Belgique [3] **9**, 567; J. **1885**, 763). — Schwach terpentinölähnlich riechende Tafeln (aus Eisessig). F: 55,5°. Löslich in Alkohol, Äther, Chloroform, Benzol, CS₂, Essigester. — Zersetzt sich bei höherer Temp. unter Entwicklung von HBr. Gibt mit Brom in Chloroform ein Produkt der Zusammensetzung $C_{10}H_{14}Br_4$.

Verbindung $C_{10}H_{14}Br_4$ vom F: 168°, „α-Tribromcamphenhydrobromid". B. Neben geringen Mengen eines Isomeren vom F: 143—144° (s. u.) durch allmähliches Eintragen von 1 Mol.-Gew. Brom in ein Gemisch von 1 Mol.-Gew. Campher mit 1 Mol.-Gew. PCl₃ oder von 1 Mol.-Gew. Campher in ein Gemisch von 1 Mol.-Gew. PCl₃ und 3 Mol.-Gew. Brom (DE LA ROYÈRE, Bull. Acad. roy. Belgique [3] **4**, 215; Bl. [2] **38**, 579). Aus 1 Mol.-Gew. Borneol, 1 Mol.-Gew. PCl₃ und 4 Mol.-Gew. Brom unter Kühlung (MARSH, GARDNER, Soc. **71**, 286). — Aus der Verbindung $C_{10}H_{16}Br_2$ vom F: 55,5° (s. o.) und Brom in Chloroform (DE LA R., Bull. Acad. roy. Belgique [3] **9**, 568; J. **1885**, 763). — Trikline (MIERS, BOWMAN, Soc. **71**, 293; vgl. Groth, Ch. Kr. **3**, 719) Krystalle (aus Äther) (MA., G.); schwach nach Terpentinöl riechende, rhombenförmige Blättchen (aus Chloroform) (DE LA R., Bull. Acad. roy. Belgique [3] **4**, 217). Schmilzt bei langsamem Erhitzen bei 168° unter Zers., bei raschem Erhitzen erst bei 173° (MA., G.). Schwer löslich in heißem Ligroin (MA., G.) und Alkohol, löslich in Benzol, Äther, Essigester, leicht löslich in Chloroform (DE LA R., Bull. Acad. roy. Belgique [3] **4**, 217). D^{15}: 2,20421 (DE LA R., Bull. Acad. roy. Belgique [3] **10**, 762). $[\alpha]_D^{15,4}$: +89,37° (in Chloroform, c = 7,8) (DE LA R., Bull. Acad. roy. Belgique [3] **10**, 762); $[\alpha]_D$: +90,3° (Präparat aus Camphen, in Chloroform), +91° (Präparat aus Borneol, in Chloroform) (MA., G.). — Gibt mit Zinn und Salzsäure oder mit Natriumamalgam und Wasser die Verbindung $C_{10}H_{16}Br_2$ (s. o.) (DE LA R., Bull. Acad. roy. Belgique [3] **9**, 566; J. **1885**, 763). Mit Chlor in Schwefelkohlenstoff entsteht die Verbindung $C_{10}H_{12}Cl_3Br_3$ (S. 105) (DE LA R., Bull. Acad. roy. Belgique [3] **13**, 131; J. **1887**, 756). Wird durch $^1/_2$-stdg. Erhitzen auf 165—175° im luftverdünnten Raum (DE LA R., Bull. Acad. roy. Belgique [3] **13**, 130; J. **1887**, 755) sowie durch Kochen mit überschüssiger alkoh. Kalilauge unter feuchtem Silberoxyd in Alkohol (DE LA R., Bull. Acad. roy. Belgique [3] **9**, 569; J. **1885**, 763) oder mit Natriummethylat (MA., G.) oder durch kurzes Kochen mit alkoh. Silbernitrat (DE LA R., Bull. Acad. roy. Belgique [3] **13**, 124; J. **1887**, 755) in eine Verbindung $C_{10}H_{13}Br_3$ (Tribromcamphen) (Syst. No. 460) verwandelt. Erhitzen mit alkoh. Ammoniak im geschlossenen Rohr auf 150° führt zur Bildung einer Verbindung $C_{10}H_{12}Br_2$ (farblos; F: 52°; Kp: gegen 260°) (DE LA R., Bull. Acad. roy Belgique [3] **9**, 571; J. **1885**, 764). Beim Kochen der alkoh. Lösung mit reduziertem Silber entsteht ein gegen 58° schmelzendes Dibromcamphen $C_{10}H_{14}Br_2$ (Syst. No. 460) (DE LA R., Bull. Acad. roy. Belgique [3] **13**, 126; J. **1887**, 756).

Verbindung $C_{10}H_{14}Br_4$ vom F: 143—144°, „β-Tribromcamphenhydrobromid". B. Neben der als Hauptprodukt entstehenden isomeren Verbindung vom F: 168° (s. o.) durch Einw. von PCl₃ und Brom auf Campher; Trennung durch Krystallisation aus Ligroin, in welchem die bei 168° schmelzende Verbindung viel schwerer löslich ist (MARSH, GARDNER, Soc. **71**, 285; DE LA ROYÈRE, Bull. Acad. roy. Belgique [3] **10**, 760; J. **1885**, 764). — Rhombische (MIERS, BOWMAN, Soc. **71**, 294; vgl. Groth, Ch. Kr. **3**, 719) Tafeln (aus Äther). D^{16} (eines anscheinend nicht völlig reinen Präparats): 1,93711 (DE LA R., Bull.

Acad. roy. Belgique [3] 10, 762; *J.* 1885, 765). In Ligroin (MA., G.), Äther und Chloroform bedeutend löslicher als das Isomere vom F: 168° (DE LA R., *Bull. Acad. roy. Belgique* [3] 10, 763). $[a]_D$: + 7,6° (in Chloroform) (MA., G.). — Gibt mit Natriummethylat das gleiche Tribromcamphen wie die isomere Verbindung vom F: 168° (MA., G.). Verhalten beim Erhitzen auf 165—175°, gegen Chlor, reduziertes Silber, alkoholische Kalilauge, alkoholisches Ammoniak und Silbernitrat: DE LA R., *Bull. Acad. roy. Belgique* [3] 10, 764; 13, 124; *J.* 1885, 765; 1887, 755.

Verbindung $C_{10}H_{12}Cl_2Br_4$ (Einheitlichkeit fraglich). *B.* Aus der hochschmelzenden Verbindung $C_{10}H_{14}Br_4$ (S. 104) und Chlor in kaltem Tetrachlorkohlenstoff bei Gegenwart von etwas Jod (DE LA ROYÈRE, *Bull. Acad. roy. Belgique* [3] 13, 131; *J.* 1887, 756). — Gelbliche Kryställchen (aus Alkohol). Erweicht gegen 75°, schmilzt gegen 85—86°, zersetzt sich bei höherer Temp. unter Entwicklung von HCl und HBr.

Verbindung $C_{10}H_{15}O_2NBr = C_{10}H_{15}Br(NO_2)$. *B.* Durch Einw. von rauchender Bromwasserstoffsäure auf das aus 2-Brom-2-nitro-camphan (aus Campheroxim) mit alkoh. Silbernitrat entstehende „Nitrocamphen" $C_{10}H_{15}O_2N$ (S. 166) (FORSTER, *Soc.* 79, 647). — Nadeln (aus Alkohol). F: 178° (Gasentwicklung). $[a]_D^{19}$: + 3,7° (0,5089 g in 25 ccm Benzol). — Löst sich unverändert in konz. Schwefelsäure. Gibt die LIEBERMANNsche Nitrosoreaktion.

Verbindung $C_{10}H_{15}O_2NBr_2 = C_{10}H_{15}Br_2(NO_2)$. *B.* Durch Einw. von Brom in Chloroform auf das aus 2-Brom-2-nitro-camphan (aus Campheroxim) mit alkoh. Silbernitrat entstehende „Nitrocamphen" $C_{10}H_{15}O_2N$ (S. 166) (FORSTER, *Soc.* 79, 648). — Nadeln (aus Alkohol). F: 195° (Gasentwicklung). Leicht löslich in Chloroform und Benzol, schwer in Alkohol. $[a]_D^{19}$: + 4,2° (0,4942 g in 25 ccm Benzol). — Gibt die LIEBERMANNsche Reaktion erst bei längerem Erhitzen.

Verbindung $C_{10}H_{16}O_2NI = C_{10}H_{16}I(NO_2)$. *B.* Durch 2-stdg. Einw. rauchender Jodwasserstoffsäure (D: 1,94) auf das aus 2-Brom-2-nitro-camphan (aus Campheroxim) mit alkoh. Silbernitrat entstehende „Nitrocamphen" $C_{10}H_{15}O_2N$ (S. 166) (F., *Soc.* 79, 649). — Blättchen; Platten (aus Alkohol). F: 118°. Leicht löslich in Benzol und Essigester, schwer in Alkohol. $[a]_D^{19}$: — 35,1° (0,3557 g in 25 ccm absol. Alkohol); $[a]_D^{19}$: — 29,4° (0,3676 g in 25 ccm Benzol). Die Lösungen in organischen Lösungsmitteln zersetzen sich leicht; die Lösung in Benzol färbt sich schnell violett. Gibt die LIEBERMANNsche Nitrosoreaktion.

31. Derivate von (bisher als solchen nicht dargestellten) *Kohlenwasserstoffen $C_{10}H_{18}$, die mit Fenchon in Beziehung stehen.*

Verbindungen $C_{10}H_{17}Cl$.
Über Produkte der Zusammensetzung $C_{10}H_{17}Cl$ (Fenchylchloride), entstanden durch Einw. von PCl$_5$ oder von HCl auf Fenchylalkohole, vgl.: WALLACH, *A.* 263, 148; 302, 375; 315, 280; 362, 181 Anm.; BOUCHARDAT, LAFONT, *C. r.* 126, 756; BERTRAM, HELLE, *J. pr.* [2] 61, 299; KONDAKOW, LUTSCHININ, *J. pr.* [2] 62, 5; K., SCHINDELMEISER, *J. pr.* [2] 66, 105; K., *J. pr.* [2] 79, 271. — Über Produkte der Zusammensetzung $C_{10}H_{17}Cl$ (Fenchenhydrochloride), erhalten durch Addition von HCl an Fenchene, vgl. K., LU., *J. pr.* [2] 62, 15.

β-Pinolen-hydrochlorid $C_{10}H_{17}Cl$. *B.* Aus β-Pinolen (S. 165) in äther. Lösung und Chlorwasserstoff bei — 15° (ASCHAN, *C.* 1909 II, 26). — F: 27,5—29°. — Liefert mit Anilin Isopinen.

Isopinen-hydrochlorid $C_{10}H_{17}Cl$. *B.* Aus Isopinen (S. 164) in äther. Lösung und Chlorwasserstoff bei — 15° (ASCHAN, *C.* 1909 II, 26; vgl. A., *B.* 40, 2751). — F: 35,8—36°. — Dissoziiert leicht. Liefert mit Anilin Isopinen.

„a-Chlorfenchenhydrochlorid" $C_{10}H_{16}Cl_2$. (Nicht rein isoliert.) *B.* Neben „β-Chlorfenchenhydrochlorid" (s. u.) und anderen Produkten durch 6-wöchiges Stehen einer Mischung von 50 g d-Fenchon und 200 g PCl$_5$ bei 35—40° (GARDNER, COCKBURN, *Soc.* 73, 704). — Spaltet beim Destillieren mit Dampf oder kurzem Erhitzen mit Anilin auf 100° HCl ab unter Bildung von Chlorfenchen $C_{10}H_{15}Cl$ (S. 165).

„β-Chlorfenchenhydrochlorid" $C_{10}H_{16}Cl_2$. *B.* s. oben. — Kp$_{16}$: 105—110° (G., C., *Soc.* 73, 705). — Beständig bei kurzem Erwärmen mit Anilin auf 100°. Durch 36-stdg. Kochen mit Zinkstaub und Eisessig entsteht das gleiche Chlorfenchen wie aus der a-Verbindung (s. o.).

Verbindungen $C_{10}H_{17}Br$.
Über ein Prod. der Zusammensetzung $C_{10}H_{17}Br$ (Fenchylbromid), entstanden durch Einw. von HBr auf Dl-Fenchylalkohol, vgl. KONDAKOW, LUTSCHININ, *J. pr.* [2] 62, 18. Über ein Prod. der Zusammensetzung $C_{10}H_{17}Br$ (Fenchenhydrobromid), entstanden durch Addition von HBr an ein Fenchen, vgl. KONDAKOW, LUTSCHININ, *J. pr.* [2] 62, 21.

Fenchendibromid $C_{10}H_{16}Br_2$. In einer rechtsdrehenden, einer linksdrehenden und einer inaktiven Form bekannt.

a) **Rechtsdrehende Form.** B. Neben flüssigen Produkten aus Dl-Fenchen und Brom in Eisessig (WALLACH, VIRCK, *C.* 1908 I, 2167; *A.* **362**, 182; vgl. auch KONDAKOW, *J. pr.* [2] **79**, 277). — Farblose Tafeln (aus Alkohol und Essigester). F: 87—88° (W., V.). $[\alpha]_D^{20}$: +42,83° (in Essigester; p = 3,564).

b) **Linksdrehende Form.** B. Aus Ld-Fenchen und Brom (WALLACH, VIRCK, *A.* **362**, 199). — F: 87—88°.

c) **Inaktive Form.** B. Aus gleichen Teilen der aktiven Formen (WALLACH, VIRCK, *A.* **362**, 200). — F: 62°.

Verbindung $C_{10}H_{15}Br_3$. Über ein Prod. $C_{10}H_{15}Br_3$ (Tribromfenchan), entstanden durch Einw. von Brom in PCl₃ auf Fenchon, vgl. CZERNY, *B.* **33**, 2293.

Verbindung $C_{10}H_{17}I$. Über ein Prod. $C_{10}H_{17}I$ (Fenchyljodid), entstanden durch Einw. von HI auf Fenchylalkohol, vgl. KONDAKOW, LUTSCHININ, *Ch. Z.* **25**, 132.

32. *Kohlenwasserstoff $C_{10}H_{18}$ von unbekannter Konstitution, Cyclolinaloolen.* B. Durch ¼-stdg. Erwärmen von Linaloolen (Bd. I, S. 261) mit konz. Schwefelsäure auf 100° (SEMMLER, *B.* **27**, 2521). — Kp: 165—167°. D^{17}: 0,8112. n_D: 1,4602.

33. *Kohlenwasserstoff $C_{10}H_{18}$ von unbekannter Konstitution.* B. Entsteht neben einem Alkohol $C_{10}H_{20}O$ (Syst. No. 503) beim Kochen einer wäßr. Lösung von salzsaurem 1¹-Amino-1.1.2.2.3-pentamethyl-cyclopentan (aus Campholsäurenitril mit Natrium und Alkohol; Syst. No. 1594) mit AgNO₂ (ERRERA, *G.* **22** II, 114). — Flüssig. Kp: 160° bis 165°.

34. *Kohlenwasserstoff $C_{10}H_{18}$ von unbekannter Konstitution.* B. Aus dem durch Reduktion des Oxim des Isocamphers entstehenden Amin $C_{10}H_{21}N$ (Syst. No. 1594) durch Destillation seines Phosphats (SPICA, *G.* **31** II, 288). — Kp: 169—171°.

35. *Firpendihydrid, Dihydrofirpen $C_{10}H_{18}$.*

Firpenhydrochlorid $C_{10}H_{17}Cl$. B. Aus Firpen (S. 165) und Chlorwasserstoff in Chloroform (FRANKFORTER, FRARY, *Am. Soc.* **28**, 1465). — Krystalle (aus Alkohol). F: 130—131°. Unterscheidet sich von Pinenhydrochlorid durch größere Flüchtigkeit und größere Löslichkeit in den gebräuchlichen Lösungsmitteln. — Bei der Einw. von Chlor gibt es Dichlorfirpenhydrochlorid.

Dichlorfirpenhydrochlorid $C_{10}H_{16}Cl_3$. B. Durch Einw. von Chlor auf Firpenhydrochlorid (FRANKFORTER, FRARY, *Am. Soc.* **28**, 1466). — Ist schwerer flüchtig und in Alkohol schwerer löslich als Firpenhydrochlorid.

Firpenhydrobromid $C_{10}H_{17}Br$. B. Durch Einleiten von HBr in eine Chloroformlösung von Firpen (S. 165) (F., F., *Am. Soc.* **28**, 1466). — Gefiederte Krystalle (aus Alkohol), die leicht in eine gummiartige Masse übergehen. F: 102°. Sehr flüchtig, riecht ausgesprochen nach Campher. Löslich in den gebräuchlichen organischen Mitteln.

36. *Dihydrotanaceten $C_{10}H_{18}$* (nicht einheitlich). B. Man führt Tanacetylalkohol mit PCl₅ in das Chlorid $C_{10}H_{17}Cl$ über und reduziert dieses mit Natrium und Alkohol in der Kälte (SEMMLER, *B.* **38**, 1037). — Kp: 164—166°. D^{20}: 0,810. n_D: 1,451.

37. *Salven $C_{10}H_{18}$* s. bei Salveiöl, Syst. No. 4728.

38. *Dekanaphthylene $C_{10}H_{18}$* aus Chlor-α-dekanaphthen s. bei diesem (S. 56).

39. *Dekanaphthylene $C_{10}H_{18}$* aus chloriertem β-Dekanaphthen s. S. 56 bei β-Dekanaphthen und Syst. No. 503 bei tert. β-Dekanaphthenalkohol.

40. *Kohlenwasserstoff $C_{10}H_{18}$ von unbekannter Konstitution* aus Tetraäthyläthylenglykol s. Bd. I, S. 496.

9. Kohlenwasserstoffe $C_{11}H_{20}$.

1. *Kohlenwasserstoff $C_{11}H_{20}$ aus Isobutyl-cyclohexyl-carbinol* $C_6H_{11} \cdot CH$: $CH \cdot CH(CH_3)_2$ oder C_6H_{10}: $CH \cdot CH_2 \cdot CH(CH_3)_2$ oder Gemisch beider. B. Durch Erhitzen von Isobutylcyclohexylcarbinol mit Zinkchlorid (SABATIER, MAILHE, *C. r.* **139**, 344; *Bl.* [3] **33**, 78; *A. ch.* [8] **10**, 538). — Flüssig. Kp_{20}: 95°. D_0^0: 0,845; D_4^{21}: 0,834. n_D^{21}: 1,467.

2. *Kohlenwasserstoff $C_{11}H_{20}$ aus 1-Isoamyl-cyclohexanol-(1)*

$H_2C \underset{CH_2 \cdot CH_2}{\overset{CH_2 \cdot CH_{2}}{<}} \underset{}{>} C \cdot CH_2 \cdot CH_2 \cdot CH(CH_3)_2$ oder $H_2C \underset{CH_2 \cdot CH_2}{\overset{CH_2 \cdot CH_2}{<}} \underset{}{>} C : CH \cdot CH_2 \cdot CH(CH_3)_2$ oder Gemisch beider. B. Aus 1-Isoamyl-cyclohexanol-(1) durch Erhitzen mit Zinkchlorid auf

160° oder durch Einw. von Essigsäureanhydrid oder Phenylisocyanat (SABATIER, MAILHE, *C. r.* 138, 1323; *Bl.* [3] 33, 76; *A. ch.* [8] 10, 546). — Flüssig. Kp_{760}: 194°. D_0^0: 0,856; D_7^7: 0,846. n_D^{15}: 1,463.

3. 1-Methyl-3-[3²-metho-propyl]-cyclohexen-(4 oder 5) $C_{11}H_{20} =$

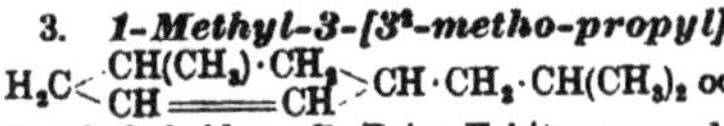

$H_2C \begin{smallmatrix} CH(CH_3) \cdot CH_2 \\ CH === CH \end{smallmatrix} CH \cdot CH_2 \cdot CH(CH_3)_2$ oder $HC \begin{smallmatrix} CH(CH_3) \cdot CH_2 \\ CH === CH \end{smallmatrix} CH \cdot CH_2 \cdot CH(CH_3)_2$ oder

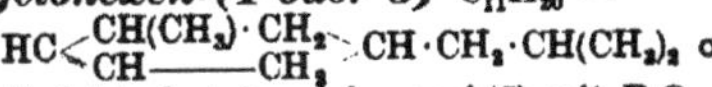

Gemisch beider. *B.* Beim Erhitzen von 1-Methyl-3-isobutyl-cyclohexanol-(5) mit P_2O_5 auf 150° (KNOEVENAGEL, *A.* 289, 163; vgl. K., *A.* 297, 175). — Kp: 185°; $D^{n,t}$: 0,8089; $n_D^{n,t}$: 1,4501 (K., *A.* 289, 163). — Wird durch 1 Vol. Schwefelsäure + 2 Vol. Alkohol erst gelb, dann gelbrot und schließlich violettrot gefärbt (K., *A.* 289, 163).

4. 1.2-Dimethyl-4-methoäthenyl-cyclohexan $C_{11}H_{20} = CH_3 \cdot HC \begin{smallmatrix} CH_2 ——— CH_2 \\ CH(CH_3) — CH_2 \end{smallmatrix} CH \cdot C \begin{smallmatrix} CH_2 \\ CH_3 \end{smallmatrix}$

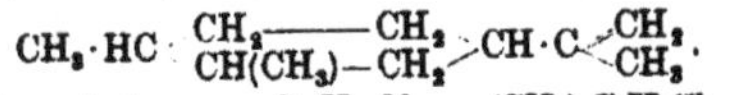

2-Chlor-1.2-dimethyl-4-methoäthenyl-cyclohexan $C_{11}H_{19}Cl = (CH_3)_2C_8H_8Cl \cdot C(CH_3):CH_2$. *B.* Durch Einw. von PCl_5 auf 1.2-Dimethyl-4-methoäthenyl-cyclohexanol-(2) (erhalten aus linksdrehendem Dihydrocarvon) in Petroläther (RUPE, EMMERICH, *B.* 41, 1401). — Flüssigkeit von stechendem Geruch. Kp_{16}: 105—108°. Färbt sich an der Luft gelb. — Beim Erhitzen mit Chinolin entsteht ein linksdrehender Kohlenwasserstoff $C_{11}H_{18}$ (S. 167—168).

5. Homocarvomenthen $C_{11}H_{20}$. Struktur des Kohlenstoffskeletts:

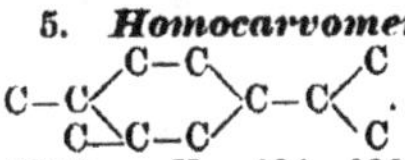

$C—C \begin{smallmatrix} \\ \end{smallmatrix} C$ *B.* Durch Erhitzen der Säure $C_{12}H_{20}O_2$ (Syst. No. 894), deren Ester
$C—C \begin{smallmatrix} \\ \end{smallmatrix} C—C \begin{smallmatrix} \\ \end{smallmatrix}$. aus Carvomentholessigsäureäthylester durch $KHSO_4$ entsteht, im
$C \begin{smallmatrix} \\ \end{smallmatrix} C—C \begin{smallmatrix} \\ \end{smallmatrix} C$ Einschlußrohr (WALLACH, *A.* 323, 155; W., THÖLKE, *C.* 1902 I, 1294). — Kp: 194—196°. D^{20}: 0,8300. n_D^{20}: 1,4619.

6. Homomenthen $C_{11}H_{20}$. Struktur des Kohlenstoffskeletts:

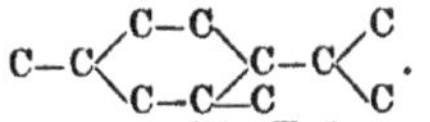

B. Aus der Säure $C_{12}H_{20}O_2$ (Syst. No. 894), deren Ester aus $C—C \begin{smallmatrix} C—C \\ \end{smallmatrix} C$. Mentholessigsäureäthylester durch Erhitzen mit $KHSO_4$ entsteht, $C—C \begin{smallmatrix} C—C \\ \end{smallmatrix}$ beim Erhitzen im Einschlußrohr auf 270—280° (WALLACH, *A.* 323, 153; W., THÖLKE, *C.* 1902 I, 1294). — Kp: 186—187°. D^{23}: 0,8215. n_D^{20}: 1,4579. — Liefert bei der Oxydation kein Menthon.

7. Kohlenwasserstoff $C_{11}H_{20}$ aus Menthon. Struktur des Kohlenstoffskeletts:

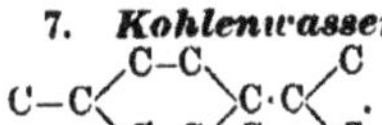

$C—C \begin{smallmatrix} C—C \\ \end{smallmatrix} C$ *B.* Aus Menthon und Methylmagnesiumjodid (GRIGNARD, *C.* 1901 II, $C—C \begin{smallmatrix} C \cdot C \\ C—C \end{smallmatrix} C$ 624). — Flüssig. Kp_{19}: 72—74°. D^0: 0,8452; $D_0^{n,t}$: 0,8371. $n_D^{n,t}$: 1,46510.

8. Kohlenwasserstoff $C_{11}H_{20}$ aus 1.5-Dimethyl-2-methoäthyl-cyclohexanol-(1). Struktur des Kohlenstoffskeletts:

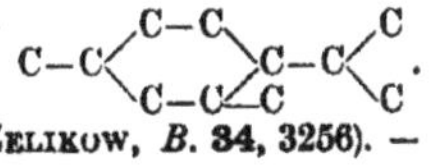

$C—C \begin{smallmatrix} C—C \\ C—C \end{smallmatrix} C$ *B.* Durch Erhitzen von rechtsdrehendem 1.5-Dimethyl-2-metho-äthyl-cyclohexanol-(1) (Syst. No. 504) mit Oxalsäure (ZELINSKY, ZELIKOW, *B.* 34, 3256). — Kp_{763}: 180—182°. D_0^0: 0,8192. n_D^{20}: 1,4561. $[\alpha]_D$: +88,53°.

9. 1.5-Dimethyl-2-methoäthenyl-cyclohexan $C_{11}H_{20} =$

$CH_3 \cdot HC \begin{smallmatrix} CH_2 ——— CH_2 \\ CH_2 \cdot CH(CH_3) \end{smallmatrix} CH \cdot C \begin{smallmatrix} CH_2 \\ CH_3 \end{smallmatrix}$

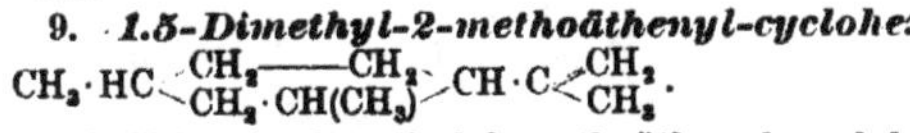

1-Chlor-1.5-dimethyl-2-methoäthenyl-cyclohexan $C_{11}H_{19}Cl = (CH_3)_2C_8H_8Cl \cdot C(CH_3):CH_2$. *B.* Durch Einw. von PCl_5 auf 1.5-Dimethyl-2-methoäthenyl-cyclohexanol-(1) (Syst. No. 509) (RUPE, EBERT, *B.* 41, 2069; E., *C.* 1909 I, 21). — Leicht bewegliche Flüssigkeit von angenehmem schwachen Geruch. Kp_{16}: 92—93°. — Verändert sich beim Aufbewahren. Liefert beim Kochen mit Kaliumacetat und Alkohol einen Kohlenwasserstoff $C_{11}H_{18}$ (S. 168, No. 10).

10. 1.3-Dimethyl-bicyclo-[1.3.3]-nonan $C_{11}H_{20} =$

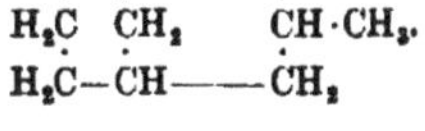

$\begin{smallmatrix} H_2C—C(CH_3)—CH_2 \\ H_2C \quad CH_2 \quad CH \cdot CH_3 \\ H_2C—CH ——— CH_2 \end{smallmatrix}$

B. Durch Reduktion von 1.3-Dimethyl-bicyclo-[1.3.3]-nonanol-(5)-on-(7) mit Jodwasserstoffsäure (D: 1,96) und rotem Phosphor bei 200—250° (RABE, *A.* 360, 284). — Flüssig. Kp_{750}: 195—200° (korr.).

11. Norbicycloeksantalandihydrid, Dihydronorbicycloeksantalan $C_{11}H_{20}$.

Chlor-dihydronorbicycloeksantalan $C_{11}H_{19}Cl$. Zur Zusammensetzung vgl.: SEMM-LER, *B.* 43, 1723; SCHIMMEL & Co., Bericht vom Oktober 1910, 102. — *B.* Man sättigt eine methylalkoholische Lösung von Nortricycloeksantalan $C_{11}H_{18}$ (S. 169) mit Chlorwasserstoff, läßt 6 Stdn. stehen und gießt dann in Wasser (SEMMLER, BODE, *B.* 40, 1142). — F: 63°. Kp_{2-3}: 93—96°. — Liefert bei Behandlung mit alkoh. Kali Norbicycloeksantalan.

10. Kohlenwasserstoffe $C_{12}H_{22}$.

1. *Kohlenwasserstoff $C_{12}H_{22}$ aus 1-Methyl-4-isoamyl-cyclohexanol-(4)* $CH_3 \cdot C_6H_8 \cdot CH_2 \cdot CH_2 \cdot CH(CH_3)_2$ oder $CH_3 \cdot C_6H_9 : CH \cdot CH_2 \cdot CH(CH_3)_2$ oder Gemisch beider. *B.* Durch Einw. von Zinkchlorid auf 1 Methyl-4-isoamyl-cyclohexanol-(4) (SABATIER, MAILHE, *C. r.* **142**, 440; *A. ch.* [8] **10**, 562). — Flüssig. Kp: 210° (korr.). D_4^0: 0,8333; D_4^{14}: 0,8213. n_D^x: 1,458.

2. *Dicyclohexyl, Diphenyldodekahydrid, Dodekahydro-diphenyl* $C_{12}H_{22} =$
$H_2C \overset{CH_2 \cdot CH_2}{\underset{CH_2 \cdot CH_2}{\diagup}} CH \cdot HC \overset{CH_2 \cdot CH_2}{\underset{CH_2 \cdot CH_2}{\diagdown}} CH_2$. *B.* Bei der Einw. von Natrium auf Chlor-cyclohexan oder Jodcyclohexan in siedendem Äther (KURSSANOW, Ж. **34**, 222; *C.* **1902** I, 1278). Neben der Organomagnesiumverbindung bei der Einw. von Magnesium auf Chlorcyclohexan in Äther (BORSCHE, LANGE, *B.* **38**, 2766; vgl. HELL, SCHAAL, *B.* **40**, 4164). Bei der Einw. von Magnesium auf Jodcyclohexan in Äther, neben anderen Produkten (H., SCH., *B.* **40**, 4165). Beim Erhitzen von Diphenyl in komprimiertem Wasserstoff in Gegenwart von Nickeloxyd auf 260° (IPATJEW, *B.* **40**, 1286; Ж. **39**, 699; *C.* **1907** II, 2036). Durch Erwärmen von 2-Oxy-dicyclohexyl mit Jodwasserstoffsäure (WALLACH, *B.* **40**, 70). — Flüssigkeit, die beim Abkühlen krystallinisch erstarrt (I.). F: 4° (H., SCH.). Kp_{752}: 234—236° (K.); Kp: 227° (W.), 234° (H., SCH.), 234—235° (B., L.), 240—241° (I.). D_4^0: 0,8777; D_4^0: 0,8644 (K.); D: 0,869 (W.). n_D: 1,4766 (W.). — Wird durch Kaliumpermanganat nicht verändert (K.). Löst sich langsam in rauchender Salpetersäure (K.). Wird von Salpeterschwefelsäure nicht angegriffen (K.). Brom wirkt, besonders im Sonnenlicht, substituierend (H., SCH.).

3. *Bicycloeksantalandihydrid, Dihydrobicycloeksantalan* $C_{12}H_{22}$. Zur Zusammensetzung vgl. SEMMLER, *B.* **43**, 1723. — *B.* Durch Reduktion von Dihydroeksantalylchlorid mit Natrium und Alkohol (SEMMLER, *B.* **41**, 1492). — Kp_{10}: 75—77°; Kp_{765}: 204° D^{15}: 0,8705. n_D^{15}: 1,47151.

Chlor-dihydrobicycloeksantalan, Dihydrobicycloeksantalylchlorid $C_{12}H_{21}Cl$. Zur Zusammensetzung vgl. SEMMLER, *B.* **43**, 1723. — *B.* Beim Behandeln von Dihydrobicycloeksantalol $C_{12}H_{22}O$ (Syst. No. 509) in Petroläther mit PCl_5 (S., *B.* **41**, 1492). — Kp_{10}: 120—123°. D^{15}: 0,9949. n_D^{15}: 1,48519. — Gibt bei der Reduktion mit Natrium und Alkohol Bicycloeksantalandihydrid (s. o.).

4. *Kohlenwasserstoff $C_{12}H_{22}$ aus a.a'-Diäthyl-a.a'-dipropyl-äthylenglykol* s. Bd. I, S. 497.

11. Kohlenwasserstoffe $C_{13}H_{24}$.

1. *1-Methyl-3-hexyl-cyclohexen-(4 oder 5)* $C_{13}H_{24} =$
$H_2C \overset{CH(CH_3) \cdot CH_2}{\underset{CH \underline{\quad\quad} CH}{\diagup}} CH \cdot C_6H_{13}$ oder $HC \overset{CH(CH_3) \cdot CH_2}{\underset{CH \underline{\quad\quad} CH_2}{\diagup}} CH \cdot C_6H_{13}$ oder Gemisch beider. *B.* Aus 1-Methyl-3-hexyl-cyclohexanol-(5) mit P_2O_5 bei 165° (KNOEVENAGEL, *A.* **289**, 165; vgl. K., *A.* **297**, 175). — Kp: 228—230°; $D^{n.s}$: 0,8216; $n_D^{n.s}$: 1,4562 (K., *A.* **289**, 165).

2. *Dicyclohexyl-methan* $C_{13}H_{24} = H_2C \overset{CH_2 \cdot CH_2}{\underset{CH_2 \cdot CH_2}{\diagup}} CH \cdot CH_2 \cdot HC \overset{CH_2 \cdot CH_2}{\underset{CH_2 \cdot CH_2}{\diagdown}} CH_2$. *B.* Aus Diphenylmethan mit Wasserstoff in Gegenwart von Nickel (EIJKMAN, *C.* **1903** II, 989). — Krystalle (aus Äther, der durch ein Gemisch von Kohlendioxyd und Äther gekühlt wird). Kp_{45}: 150°; Kp_{760}: 251,5°; $D^{15.7}$: 0,8765 (E., *C.* **1903** II, 989); $D^{n.s}$: 0,8342 (E., *C.* **1907** II, 1209). $n_\alpha^{19.7}$: 1,47475; $n_\alpha^{n.s}$: 1,45053 (E., *C.* **1907** II, 1209). Dispersion: E., *C.* **1907** II, 1209.

3. *9-Methyl-3-methodthyl-bicyclo-[1.3.3]-nonan* $C_{13}H_{24} =$
$H_2C—CH \underline{\quad\quad} CH_2$
$H_2C \quad CH(CH_3) \quad CH \cdot CH(CH_3)_2$.
$H_2C—CH \underline{\quad\quad} CH_2$
B. Durch Erhitzen des flüssigen oder des festen Methyl-isopropenylbicyclononandiols mit Jodwasserstoffsäure (D: 1,9) und rotem Phosphor in einem mit Kohlendioxyd gefüllten Rohr auf 220° (RABE, WEILINGER, *B.* **37**, 1670). — Flüssigkeit von terpenartigem Geruch. Kp_{755}: 232—233° (korr.); Kp_{22}: 132° (korr.). D_4^0: 0,8643. n_D^0: 1,4660. Inaktiv.

4. *Kohlenwasserstoff $C_{13}H_{24}$ von unbekannter Konstitution.* V. Im Petroleum von Santa Barbara in Kalifornien (MABERY, *Am.* **38**, 271). — Kp_{60}: 150—155°. D^{20}: 0,8621. n: 1,4681.

12. Kohlenwasserstoffe C$_{14}$H$_{26}$.

1. *Dicycloheptyl, Disuberyl* C$_{14}$H$_{26}$ = $\begin{matrix} H_2C \cdot CH_2 \cdot CH_2 \\ H_2C \cdot CH_2 \cdot CH_2 \end{matrix}$ CH $\cdot$ HC $\begin{matrix} CH_2 \cdot CH_2 \cdot CH_2 \\ CH_2 \cdot CH_2 \cdot CH_2 \end{matrix}$. *B.*
Man läßt auf 107 g Bromcycloheptan in 250 ccm absol. Äther 20 g Natrium 70 Stdn. bei ge-
wöhnlicher Temp. einwirken und erhitzt dann 5 Stdn.; den bei der Fraktionierung oberhalb
215° siedenden Anteil des Reaktionsproduktes reinigt man mittels Salpeterschwefelsäure,
worauf man nochmals fraktioniert (MARKOWNIKOW, JAKUB, Ж. 34, 912; C. 1903 I, 568).
— Kp$_{725}$: 290—291°; D$_0^0$: 0,9195; D$_4^{17}$: 0,9069 (M., J.). — Wird von KMnO$_4$ in Sodalösung sehr langsam angegriffen (M., J.). Rauchende Salpetersäure wirkt bei niedriger Temp.
träge ein (M., J.). Ist gegen Salpeterschwefelsäure beständig (M., B. 35, 1585). Wird von
konz. Schwefelsäure bei 100° nicht angegriffen, von rauchender Schwefelsäure teilweise verkohlt, teilweise in eine Sulfonsäure übergeführt (M., J.). Gibt mit Brom in Gegenwart von
Aluminiumbromid Pentabromtoluol (M., J.).

2. *α.β-Dicyclohexyl-äthan* C$_{14}$H$_{26}$ = C$_6$H$_{11}$·CH$_2$·CH$_2$·C$_6$H$_{11}$. *B.* Neben anderen
Produkten bei der Einw. von Magnesium auf 1¹-Jod-1-methyl-cyclohexan in Äther (FREUND-
LER, C. r. 142, 343; Bl. [3] 35, 541, 549). Beim Erhitzen von Dibenzyl in komprimiertem
Wasserstoff in Gegenwart von Nickeloxyd auf 260° (IPATJEW, B. 40, 1287; Ж. 39, 700;
C. 1907 II, 2036). — Flüssig. Kp$_{30}$: 145—150°; Kp$_{762}$: 263—264° (F.); Kp: 274—274,5° (I.).

3. *3.3'-Dimethyl-dicyclohexyl* C$_{14}$H$_{26}$ = CH$_3$·C$_6$H$_{10}$·C$_6$H$_{10}$·CH$_3$. *B.* Aus optisch-
aktivem 3-Chlor-1-methyl-cyclohexan in Äther mit Magnesium, neben anderen Produkten
(BORSCHE, LANGE, B. 40, 2223). Aus optisch-aktivem 3-Jod-1-methyl-cyclohexan in Äther
mit Natrium; Ausbeute 42% (KUSSANOW, Ж. 34, 224; C. 1902 I, 1278). — Flüssig. Kp$_{761}$:
264°; Kp$_{30}$: 148—149° (K.). Ist mit Wasserdampf flüchtig (B., L.). D$_0^0$: 0,8924; D$_4^{15}$: 0,8789;
D$_4^{21}$: 0,8803 (K.). [α]$_D$: —3° 44' (K.). Molekulare Verbrennungswärme bei konstantem Volum:
2123,5 Cal. (SUBOW, Ж. 33, 722; C. 1902 I, 161).

4. *Kohlenwasserstoff C$_{14}$H$_{26}$ aus Tetrapropyl-äthylenglykol* s. Bd. I, S. 498.

13. Kohlenwasserstoffe C$_{15}$H$_{28}$.

1. *Cadinentetrahydrid, Tetrahydrocadinen* C$_{15}$H$_{28}$.

a) *Tetrahydrid des linksdrehenden Cadinens, Tetrahydro-l-cadinen*
C$_{15}$H$_{28}$.

Dichlor-Derivat, linksdrehendes Cadinen-bis-hydrochlorid C$_{15}$H$_{28}$Cl$_2$. *B.* Aus
den unter der Bezeichnung „l-Cadinen" zusammengefaßten Sesquiterpenen (vgl. darüber den
Artikel Cadinen, Syst. No. 471) durch Anlagerung von Chlorwasserstoff (OGLIALORO, G. 5, 469).
Beim Schütteln von regeneriertem l-Cadinen (Syst. No. 471) mit dem mehrfachen Volumen
Eisessig und etwas rauchender Salzsäure (WALLACH, A. 238, 85). — Darst. Man löst die bei
260—280° siedenden Anteile des Kadeöles (Oleum cadinum) (aus dem Holz von Juniperus-
Arten durch trockne Destillation bereitet) in dem doppelten Volumen Äther und leitet Chlor-
wasserstoff ein; man läßt die ätherische Lösung an der Luft verdunsten, saugt das abgeschie-
dene Hydrochlorid ab, wäscht es mit kaltem Alkohol und krystallisiert es aus Essigester um
(WALLACH; vgl. CATHELINEAU, HAUSSER, Bl. [3] 25, 931; SCHIMMEL & Co., Bericht vom
April 1902, 89). Die Ausbeute scheint mit der Zusammensetzung des Kadeöles stark zu
schwanken (vgl. dazu: TROEGER, FELDMANN, Ar. 236, 693; SCHREINER, The Sesquiterpenes
[Milwaukee 1904], S. 41). — Nadeln (aus Äther). Rhombisch bisphenoidisch (HINTZE, A.
238, 83; vgl. Groth, Ch. Kr. 3, 759). F: 117—118° (W., A. 238, 84). Ziemlich schwer löslich in Alkohol, leichter in Äther, sehr leicht in heißem Essigester, viel weniger in kaltem
(W., A. 238, 83). [α]$_D^{t.°}$: —36,82° (in Chloroform; p = 7,212) (W., A. 252, 150). — Spaltet
bei kurzem Erhitzen auf ca. 260° linksdrehendes Cadinen C$_{15}$H$_{24}$ ab; bei längerem Erhitzen auf 180—200° im geschlossenen Rohr entsteht ein unbeständiges Chlorid, aus dem
ein teilweise isomerisiertes Cadinen (s. bei Cadinen) gewonnen wird (LEPESCHKIN, Ж. 40,
699; Bl. [4] 8, 110). Zerfällt bei ½-stdg. Kochen mit 1 Tl. wasserfreiem Natriumacetat
und 4 Tln. Eisessig völlig in HCl und l-Cadinen (W., A. 238, 84). Chlorierung: DEUSSEN,
A. 359, 260.

Dibrom-Derivat, linksdrehendes Cadinen-bis-hydrobromid C$_{15}$H$_{28}$Br$_2$. *B.* Man
schüttelt regeneriertes Cadinen mit Eisessig und etwas rauchender Bromwasserstoffsäure
(WALLACH, A. 238, 85). — Nadeln. Erweicht bei 120° und schmilzt bei 124—125°. Sehr
schwer löslich in Alkohol, leicht in Essigester (W., A. 238, 86). [α]$_D$: —36,13° (in Chloroform;
p = 7,227) (W., A. 252, 151). — Bromierung: DEUSSEN, A. 359, 261.

Dijod-Derivat, linksdrehendes Cadinen-bis-hydrojodid C$_{15}$H$_{28}$I$_2$. *B.* Man schüttelt
regeneriertes Cadinen mit dem mehrfachen Volumen Eisessig und etwas rauchender Jod-

wasserstoffsäure (WALLACH, *A.* **238**, 86). — Nadeln (aus Petroläther). F: 105—106° (Zers.) (W., *A.* **238**, 86). $[a]_D^{15}$: —48,0° (in Chloroform; p = 5,568) (W., *A.* **252**, 151).

b) *Tetrahydrid des rechtsdrehenden Cadinens, Tetrahydro-d-cadinen* $C_{15}H_{26}$.

Dichlor-Derivat, rechtsdrehendes Cadinen-bis-hydrochlorid $C_{15}H_{26}Cl_2$. *B.* Durch langsames Einleiten von Chlorwasserstoff in eine äther. Lösung von rechtsdrehendem Cadinen (Syst. No. 471) (GRIMAL, *C. r.* **135**, 1058). — Krystalle (aus Essigester). F: 117—118°. $[a]_D^{20}$: +8° 54′ (in Chloroform), +25° 40′ (in Essigester).

Dibrom-Derivat, rechtsdrehendes Cadinen-bis-hydrobromid $C_{15}H_{26}Br_2$. Nadeln. F: 124—125° (GRIMAL, *C. r.* **135**, 583). Rechtsdrehend (G., *C. r.* **135**, 1059).

2. *Tetrahydrosesquiterpen, „Tetrahydrocadinen"* $C_{15}H_{28}$. *B.* Bei 15-stündigem Erhitzen von 5 g linksdrehendem Cadinenbishydrochlorid $C_{15}H_{26}Cl_2$ (S. 109) mit 10 ccm Jodwasserstoffsäure (D: 1,96) auf 180—200° (WALLACH, WALKER, *A.* **271**, 296). — Flüssig. Kp: 257—261°. D^{18}: 0,872. n_D: 1,47439.

3. *Tetrahydrid eines (isomeren?) Sesquiterpens aus Kadeöl* $C_{15}H_{28}$.

Dichlorderivat, flüssiges Sesquiterpen-bis-hydrochlorid $C_{15}H_{26}Cl_2$. Einheitlichkeit fraglich (vgl. dazu SCHIMMEL & Co., Bericht vom April 1914, 44, 45). — *B.* Man leitet Chlorwasserstoff in Kadeöl, das in Äther gelöst ist, und entfernt das krystallinische Cadinen-bis-hydrochlorid (LEPESCHKIN, Ж. 40, 127; *C.* **1908** I, 2040; *Bl.* [4] **6**, 907; SCHINDELMEISER, Ж. 40, 182; *C.* **1908** II, 598; *Bl.* [4] **6**, 908). — Flüssig. Kp_{12}: 160° bis 164°; D^{20}: 1,114 (SCHIN.). Optisch inaktiv (SCHIN.). — Bei der Abspaltung von HCl (SCHIN.), die schon bei der Destillation unter gewöhnlichem Druck erfolgt (L.), entstehen Sesquiterpene $C_{15}H_{24}$ (Syst. No. 471).

4. *Zingiberentetrahydrid, Tetrahydrozingiberen* $C_{15}H_{28}$.

Dichlor-Derivat, Zingiberen-bis-hydrochlorid $C_{15}H_{26}Cl_2$. *B.* Aus Zingiberen (Syst. No. 471) und Chlorwasserstoff in Eisessig (SCHREINER, KREMERS, *Pharmaceutical Archives* 4, 162; *C.* **1902** I, 41; SCHREINER, The Sesquiterpenes [Milwaukee 1904], S. 124). — Weiße Nadeln (aus Alkohol). F: 168—169°.

5. *Santalentetrahydrid, Tetrahydrosantalen* $C_{15}H_{28}$. *B.* Aus rohem Santalenbis-hydrochlorid (s. u.) durch Reduktion mit Natrium und Alkohol; man reinigt das Reaktionsprodukt durch Behandlung mit Ozon (SEMMLER, *A.* **43**, 447). — Kp_9: 116—118°. D^{20}: 0,864. n_D: 1,4676; Mol.-Refr.: 66,88. a: +7° 30′ (l = 100 mm). — Wird durch verd. Kaliumpermanganatlösung und durch Ozon nicht angegriffen.

Dichlor-Derivat-bis-hydrochlorid $C_{15}H_{26}Cl_2$.
a) Präparat aus rohem Santalen (Gemisch von α- und β-Santalen). *B.* Aus rohem Santalen $C_{15}H_{24}$ (Syst. No. 471) und Chlorwasserstoff in Methylalkohol (SEMMLER, *B.* **43**, 446). — Flüssig. $Kp_{9,55}$: 140—142°. D^{20}: 1,076. n_D: 1,4976. — Zersetzt sich bei der Destillation unter 10 mm Druck. Spaltet beim Kochen mit alkoh. Kalilauge Salzsäure ab unter Bildung von β-Santalen (?). Bei der Reduktion mit Natrium und Alkohol entsteht ein Gemenge von Tetrahydrosantalen und weniger gesättigten Kohlenwasserstoffen.
b) Präparat aus α-Santalen, α-Santalen-bis-hydrochlorid. *B.* Aus α-Santalen $C_{15}H_{24}$ (Syst. No. 471) und HCl in Äther (GUERBET, *C. r.* **130**, 1325; *Bl.* [3] **23**, 541). — Zersetzt sich bei der Destillation im Vakuum. a_D: +6°.
c) Präparat aus β-Santalen, β-Santalen-bis-hydrochlorid. *B.* Aus β-Santalen $C_{15}H_{24}$ (Syst. No. 471) und HCl in Äther (G., *C. r.* **130**, 1325; *Bl.* [3] **23**, 541). — Zersetzt sich bei der Destillation im Vakuum. a_D: +8°.

6. *Caryophyllentetrahydrid, Tetrahydrocaryophyllen* $C_{15}H_{28}$.

Dichlor-Derivat, Caryophyllen-bis-hydrochlorid $C_{15}H_{26}Cl_2$[1]). *B.* Man sättigt eine eiskalte Lösung von Caryophyllen in dem gleichen Vol. Äther mit Chlorwasserstoff und vermischt das beim Abdampfen des Äthers hinterbleibende Öl mit Alkohol (SCHREINER, KREMERS, *Pharmaceutical Archives* 2, 296; **4**, 164; *C.* **1899** II, 1119; **1902** I, 41; SCHREINER, The Sesquiterpenes [Milwaukee 1904], S. 70). F: 69—70°. — Wird durch Eisessig und Natriumacetat in einen Kohlenwasserstoff übergeführt, der mit Caryophyllen und Cloven nicht identisch ist (SCH.). Zersetzt sich bei längerem Kochen mit Alkohol (SCH., K., *Pharmaceutical Archives* 2, 297; SCH.).

---

[1]) Nach dem für die 4. Aufl. dieses Handbuchs geltenden Literatur-Schlußtermin [1. I. 1910] stellten SCHIMMEL & Co. (Bericht vom Oktober 1910, 173; *C.* **1910** II, 1758) fest, daß die Verbindung rechtsdrehend ist und als Derivat des β-Caryophyllens aufgefaßt werden muß (vgl. auch DEUSSEN, *A.* **388** 137).

7. Heerabolentetrahydrid, Tetrahydroheerabolen $C_{15}H_{28}$.

Dichlor-Derivat, Heerabolen-bis-hydrochlorid $C_{15}H_{26}Cl_2$. *B.* Man sättigt eine äther. Lösung von Heerabolen (Syst. No. 471) unter starker Abkühlung mit Chlorwasserstoff (v. FRIEDRICHS, *Ar.* **245**, 442). — Nadeln (aus Essigester). F: 98—99°.

8. Atractylen-tetrahydrid, Tetrahydroatractylen $C_{15}H_{26}$.

Dichlor-Derivat, Atractylen-bis-hydrochlorid $C_{15}H_{24}Cl_2$. *B.* Durch Einleiten von Chlorwasserstoff in eine kalte äther. Lösung von Atractylol $C_{15}H_{26}O$ (Syst. No. 510) (GADAMER, AMENOMIYA, *Ar.* **241**, 27). — Schwach grünlich gefärbte, dicke Flüssigkeit. — Liefert beim Erwärmen mit Anilin auf 100° Atractylen (Syst. No. 471).

14. Kohlenwasserstoff $C_{16}H_{30}$. *V.* Im Petroleum von Santa Barbara in Californien (MABERY, *Am.* **33**, 272). — Kp_{50}: 175—180°. D^{20}: 0,8808. n: 1,470.

15. Chaulmoogren $C_{18}H_{34}$. *B.* Aus Chaulmoograsäure (Syst. No. 894) durch Reduktion mit Jodwasserstoffsäure und Phosphor (POWER, GORNALL, *Soc.* **85**, 859). — Flüssig. Kp_{20}: 193—194°. Inaktiv.

16. Kohlenwasserstoff $C_{19}H_{36}$. *V.* Im Trentonkalkpetroleum von Ohio (MABERY, PALM, *Am.* **33**, 258). — Kp_{20}: 198—202°. D^{20}: 0,8364. n: 1,4614.

17. Kohlenwasserstoffe $C_{20}H_{38}$.

1. **Dimenthyl** $C_{20}H_{38}$ =
$$CH_3 \cdot HC \overset{CH_2 \cdot CH_2}{\underset{CH_2 \cdot CH_2}{<}} CH \cdot CH \cdot CH(CH_3)_2 \quad (CH_3)_2 CH \cdot HC \overset{CH_2 \cdot CH_2}{\underset{CH_2 \cdot CH_2}{<}} CH \cdot CH_3.$$ *B.* Entsteht in (mindestens) 2 diastereoisomeren Formen (neben p-Menthan und p-Menthen) durch 12-stdg. Kochen von „rohem" sek. Menthylchlorid (S. 49) mit Natrium in absol. Äther (KURSSANOW, *A.* **318**, 328; Ж. **33**, 291; *C.* **1901** II, 346); bei Anwendung von sek. Menthyljodid entsteht hauptsächlich flüssiges, bei Anwendung von „beständigem" sek. Menthylchlorid ausschließlich festes Dimenthyl.

a) Festes Dimenthyl. Krystalle (aus Alkohol oder Benzol). Schmilzt bei 105,5—106° unter teilweiser Sublimation, verflüchtigt sich bei 100° merklich. Kp_{11}: 185—186°. Leicht löslich in Äther, Benzol; löslich in heißem Alkohol. $[\alpha]_D^{20}$: —51° 18′ (in 19,4 %iger Benzol-lösung).

b) Flüssiges Dimenthyl (vermutlich nicht völlig einheitlich). Dickes Öl. D_4^{0}: 0,8911; D_4^{20}: 0,8925. $[\alpha]_D$: —28° 1′.

2. **Kohlenwasserstoff** $C_{20}H_{38}$ **von ungewisser Struktur.** *B.* Bei der Einw. von Aceton auf die aus 3-Jod-1-methyl-cyclohexan und Magnesium in Äther erhältliche Organomagnesiumverbindung (ZELINSKY, *B.* **34**, 2882). — Kp: 260°. D_4^{0}: 0,8703. n_D^{0}: 1,4720. — Ist gegen Kaliumpermanganat beständig. Brom wirkt substituierend.

18. Kohlenwasserstoff $C_{21}H_{40}$. *V.* Im Trentonkalkpetroleum von Ohio (MABERY, PALM, *Am.* **33**, 259). — Kp_{20}: 213—217°. D^{20}: 0,8417. n: 1,465.

19. Kohlenwasserstoff $C_{23}H_{42}$. *V.* Im Trentonkalkpetroleum von Ohio (MABERY, PALM, *Am.* **33**, 259). — Kp_{20}: 224—227°. D^{20}: 0,8614). n: 1,4690.

20. Kohlenwasserstoff $C_{24}H_{46}$. *V.* Im Trentonkalkpetroleum von Ohio (MABERY, PALM, *Am.* **33**, 260). — Kp_{20}: 237—240°. D^{20}: 0,8639. n: 1,4715.

21. Kohlenwasserstoff $C_{27}H_{52}$. *V.* Im pennsylvanischen Petroleum (MABERY, *Am.* **28**, 193). — Zähes Öl, das bis —10° flüssig bleibt. Kp_{50}: 292—294°. D^{24}: 0,8688. n^{20}: 1,4722.

22. Kohlenwasserstoff $C_{28}H_{54}$. *V.* Im pennsylvanischen Petroleum (MABERY, *Am.* **28**, 195). — Sehr dickes Öl, das bis —10° flüssig bleibt. Kp_{50}: 310—312°. D^{20}: 0,8694. n^{20}: 1,480°.

C. Kohlenwasserstoffe $C_n H_{2n-4}$.

Zur Nomenklatur vgl. S. 4—5, 8 ff.

1. Cyclopentadien $C_5H_6 = \begin{matrix} HC-CH \\ HC-CH_2 \end{matrix}\!\!\!\!\searrow CH$. Zur Konstitution vgl. KRAEMER, SPILKER,

B. **29**, 554, 557. — *B.* Bei der Kompression von Ölgas bildet sich ein flüssiges Kompressions-produkt, aus welchem durch fraktionierte Destillation unter geeigneten Bedingungen Cyclo-pentadien gewonnen werden kann (ÉTARD, LAMBERT, *C. r.* **112**, 945). In ähnlicher Weise läßt sich Cyclopentadien aus den bei der Destillation von Steinkohlenteer gewonnenen Roh-benzolen erhalten (KRA., SP., *B.* **29**, 553). Entsteht, wenn das Dicyclopentadien $C_{10}H_{12}$ (Syst. No. 473) durch langsame Destillation depolymerisiert wird (KRA., SP., *B.* **29**, 558, 559). Aus festem 3.5-Dibrom-cyclopenten-(1) (S. 62) mit Zinkstaub und Eisessig (THIELE, *A.* **314**, 302).

Kp_{715}: 40° (TH.); Kp_{760}: 41° (korr.) (KRA., SP.); Kp: 42,5° (ÉT., LA.). D_0^0: 0,815; D_4^{14}: 0,80475 (KRA., SP.); $D_4^{15,1}$: 0,8053 (EIJKMAN, *C.* 1907 II, 1211). Unlöslich in Wasser; mit Alkohol, Äther und Benzol in jedem Verhältnisse mischbar (KRA., SP.). $n_\alpha^{14,1}$: 1,44443 (EI.); $n_D^{15,4}$: 1,4446 (KRA., SP.). Dispersion: EIJKMAN, *C.* 1907 II, 1211. — Cyclopentadien poly-merisiert sich bei gewöhnlicher Temp. zu Dicyclopentadien (ÉT., LA.; KRA., SP.). Beim Er-hitzen im geschlossenen Rohr auf 160° entsteht ein gelbliches, amorphes, unlösliches Poly-merisationsprodukt, das sich durch Erhitzen wieder zum Cyclopentadien entpolymerisieren läßt (KRONSTEIN, *B.* **35**, 4151). Gibt beim Leiten durch schwachglühende Röhren Naphthalin und Wasserstoff neben etwas Benzol und Anthracen (WEGER, *Z. Ang.* **22**, 344). Wird durch Sauerstoff oxydiert (ENGLER, *B.* **34**, 2938). Reduziert ammoniakalische Silberlösung unter Spiegelbildung (ÉT., LA.; KRA., SP.). Konz. Schwefelsäure und rauchende Salpetersäure wirken explosionsartig unter Verkohlung bezw. Verbrennung ein (KRA., SP.). Cyclopentadien gibt bei der Reduktion mit Wasserstoff in Gegenwart von Nickel Cyclopentan (S. 19) (EI., *C.* 1903 II, 989). Liefert in Chloroform mit Chlor 1.2.3.4-Tetrachlor-cyclopentan (S. 19) (KRA., SP.). Gibt mit Brom in Chloroform bei —10° bis —15° die beiden stereoisomeren 3.5-Dibrom-cyclopentene-(1) (S. 62) (TH.). Bei der Einw. von Chlorwasserstoff entsteht Chlorcyclopenten C_5H_7Cl (S. 62) (KRA., SP.). Cyclopentadien addiert nitrose Gase unter Bildung eines Pseudonitrosits (s. u.) (WIELAND, STENZL, *A.* **360**, 306, 315). Gibt mit Amyl-nitrit und alkoh. Salzsäure das Nitrosochlorid $C_{10}H_{12}O_2N_2Cl_2$ (s. u.) (WI., ST.). Gibt mit Äthylnitrit und Natriumäthylat das Bis-[isonitroso-cyclopentadien] (Syst. № 673) (TH., *B.* **33**, 669). Mit Äthylnitrit und Natriumäthylat entsteht Nitro-cyclopentadien (TH., *B.* **33**, 670). Cyclopentadien addiert 2 Mol. Thiophenol (POSNER, *B.* **38**, 656). Gibt mit Aceton in Gegenwart von Natriumäthylat (TH., *B.* **33**, 671) oder von methylalkoholischer Kalilauge Dimethylfulven $C_5H_4:C(CH_3)_2$ (Syst. No. 467) neben einer öligen Verbindung

$$C_{14}H_{20}O = \begin{matrix} HC=CH \\ HC=CH \end{matrix}\!\!\!\!\searrow C:C \begin{matrix} CH_2 \cdot C(CH_3)_3 \\ CH_2 \cdot C(CH_3)_3 \end{matrix} O \,(?)$$ (TH., BALHORN, *A.* **348**, 6); in analoger

Weise entsteht mit Methyläthylketon Methyl-äthyl-fulven (TH., BAL., *A.* **348**, 4), mit Benzo-phenon Diphenyl-fulven (Syst. No. 487) (TH., *B.* **33**, 672). Auch bei den Umsetzungen des Cyclopentadiens mit Aldehyden in Gegenwart von methylalkoh. Kalilauge werden Fulvene erhalten, so mit Zimtaldehyd das Styrylfulven (Syst. No. 480) (TH., BAL.). Mit p-Anis-aldehyd entsteht unter gleichen Bedingungen [4-Methoxy-phenyl]-fulven (Syst. No. 539) neben

der Verbindung $CH_3 \cdot O \cdot C_6H_4 \cdot CH = C \begin{matrix} CH=CH \cdot CH(OH) \cdot C_6H_4 \cdot O \cdot CH_3 \\ CH=CH \end{matrix}$ (Syst. No. 588) und

mit Benzaldehyd die Verbindung $C_6H_5 \cdot CH:C \begin{matrix} CH=C \cdot CH(OH) \cdot C_6H_5 \\ CH=C \cdot CH(OH) \cdot C_6H_5 \end{matrix}$ (Syst. No. 571) (TH.,

BAL.). Cyclopentadien bildet mit Chinonen Additionsprodukte, z. B. mit Chinon Cyclopenta-dienchinon $C_{11}H_{10}O_2$ (s. bei Benzochinon, Syst. No. 671) und Dicyclopentadienchinon $C_{16}H_{16}O_2$ (s. bei Benzochinon, Syst. No. 671) (ALBRECHT, *A.* **348**, 31). — Kaliumverbindung. *B.* Aus Cyclopentadien und granuliertem Kalium in Benzol unter Eiskühlung (THIELE, *B.* **34**, 68). Gelbliches Pulver. Entzündet sich an der Luft. Wird von Wasser zersetzt. Gibt mit Kohlendioxyd Bis-[cyclopentadiencarbonsäure].

Pseudonitrosit $C_{10}H_{12}O_6N_4$. *B.* Beim Einleiten von nitrosen Gasen in eine äther. Lösung von Cyclopentadien (WIELAND, STENZL, *A.* **360**, 315). — Gelbliche krystallinische Flocken. F: 38°. — Zersetzt sich schnell unter Bildung einer braunen klebrigen Masse.

Nitrosochlorid $C_{10}H_{12}O_2N_2Cl_2$. *B.* Aus Cyclopentadien mit Amylnitrit und alkoh. Salzsäure in der Kältemischung (RULE, *Soc.* **89**, 1340). Aus Cyclopentadien in Eisessig mit Amylnitrit und 10°/₀iger alkoh. Salzsäure unter starker Kühlung (WI., ST., *A.* **360**, 316). — Nadeln (aus Alkohol, Eisessig oder Aceton). Beginnt gegen 100° sich dunkel zu färben und zersetzt sich gegen 144° unter schwacher Explosion (Ru.). Beginnt bei 105°, sich dunkel zu färben, verpufft bei etwa 142° (Wl., St.). Leicht löslich in Chloroform (Ru.). — Gibt mit Phenol und konz. Schwefelsäure eine intensive Orangefärbung, die beim Erwärmen in Dunkelbraungrün umschlägt (Wl., St.).

Nitrosobromid $C_{10}H_{12}O_2N_2Br_2$. Bildung und Eigenschaften entsprechen denjenigen des Nitrosochlorids (Rule, *Soc.* **89**, 1341).

Verbindung $(C_5H_4Cl_2Hg_2)_x$. *B.* Aus Cyclopentadien in Alkohol mit Quecksilberchlorid (K. A. Hofmann, Seiler, *B.* **39**, 3187). — Weißer krystallinischer Niederschlag. Unlöslich in allen Lösungsmitteln. Färbt sich unter der alkoh. Flüssigkeit braunviolett.

5-Nitro-cyclopentadien-(1.3) $C_5H_5O_2N = \begin{smallmatrix} HC-----CH \\ \\ HC-CH(NO_2) \end{smallmatrix}\!\!>CH$.   *B.* Aus Cyclopentadien mit Natriumäthylat und Äthylnitrat (Thiele, *B.* **33**, 670). — Gelbe, stechend riechende Nadeln (aus Petroläther), die sehr flüchtig sind und sich leicht zersetzen. — Färbt sich durch Kuppelung mit Diazobenzolsulfonsäure in alkal. Lösung tief violett, in stark schwefelsaurer Lösung tief orange. — $NaC_5H_4O_2N$. Rotbraune zersetzliche Blättchen. Leicht löslich in Wasser, Alkohol. Verpufft beim Berühren mit einem glühenden Draht. — $AgC_5H_4O_2N$. Jodblei-ähnliche Blättchen. Sehr wenig löslich in Wasser. Schwärzt sich leicht.

2. Cyclohexadiene, Dihydrobenzole C_6H_8.

Die beiden Dihydrobenzole, Cyclohexadien-(1.3) $HC\!\!<\begin{smallmatrix}CH \cdot CH \\ CH_2 \cdot CH_2\end{smallmatrix}\!\!>CH$ und Cyclohexa-dien-(1.4) $HC\!\!<\begin{smallmatrix}CH_2 \cdot CH \\ CH \cdot CH_2\end{smallmatrix}\!\!>CH$, scheinen noch nicht in reinem Zustande erhalten worden zu sein.

a) Präparat aus einer Dichlorcyclohexan-Fraktion vom Kp: 190—192°. Vielleicht Gemisch von Cyclohexadien-(1.3) und -(1.4), in welchem Cyclohexadien-(1.3) vorwaltet, vgl. Crossley, *Soc.* **85**, 1408. — *B.* Bei der Einw. von Chinolin auf Dichlorcyclohexan (Fraktion 190—192°) (durch Chlorieren von Cyclohexan erhalten) (Markownikow, *A.* **302**, 29; vgl. Fortey, *Soc.* **73**, 944). — Kp_{767}: 83—86°; D_4^0: 0,853 (M.). — Zieht Wasser an, oxydiert sich an der Luft (M.). Gibt mit Brom hauptsächlich ein Tetrabromid (F: ungefähr 184°) (M.). — Färbt sich mit konz. Schwefelsäure und Alkohol himbeerrot (M.).

b) Präparat aus einer Dichlorcyclohexan-Fraktion vom Kp: 196—198°. Vielleicht Gemisch von Cyclohexadien-(1.3) und -(1.4), in welchem Cyclohexadien-(1.4) vorwaltet, vgl. Crossley, *Soc.* **85**, 1408. — *B.* Bei der Einw. von Chinolin auf Dichlorcyclohexan (Fraktion 196—198°) (durch Chlorieren von Cyclohexan erhalten) (Markownikow, *A.* **302**, 31). — Kp_{767}: 83—86° (M.). — Gibt mit Brom hauptsächlich ein flüssiges Additionsprodukt (M.). — Färbt sich mit konz. Schwefelsäure und Alkohol dunkelviolettblau (M.).

c) Präparat aus 1.2-Dibrom-cyclohexan. Gemisch von Cyclohexadien-(1.3) und Cyclohexen (Harries, v. Splawa-Neyman, *B.* **42**, 693). — *B.* Durch Erhitzen von 1.2-Dibromcyclohexan mit Chinolin (Crossley, *Soc.* **85**, 1416). — Lauchartig riechende Flüssigkeit. Kp_{767}: 81,5—82° (C.). Kp: 80,5° (korr.) (Zelinsky, Gorsky, *B.* **41**, 2482; *C.* **1909 I**, 532). D_4^0: 0,8476; D_{14}^{14}: 0,8377; $D_{0}^{?}$: 0,8296 (Perkin bei Crossley, *Soc.* **85**, 1417); D_4^{20}: 0,8376 (Z., G.). Refraktion: P.; Z., G.; vgl. H., v. Sp.-N., *B.* **42**, 693. Dispersion: P.; vgl. H., v. Sp.-N. Magnetische Rotation: P. — Polymerisiert sich am Sonnenlicht zu einem gallertigen Prod. (C.). Absorbiert an der Luft Sauerstoff unter Bildung eines zähen, explosiven Sirups (H., v. Sp.-N.). Wird von Salpetersäure zu Oxalsäure und Bernsteinsäure oxydiert (C.). Addiert leicht 1 Mol. des 3.6-Dibrom-cyclohexens-(1) (S. 64); bei der Einw. von etwas mehr als einem Mol.-Gew. Brom entsteht daneben das 1.2.3.4-Tetrabromcyclohexan (S. 25) (Z., G.). Liefert mit Bromwasserstoff in Eisessig 3-Brom-cyclohexen-(1) (S. 64) (C.).

d) Präparat aus 1.4-Dibrom-cyclohexan. Wahrscheinlich ein Gemisch von Cyclohexadien-(1.3) und Cyclohexadien-(1.4) (Markownikow, *A.* **302**, 33). — *B.* Bei der Destillation von 10 g 1.4-Dibrom-cyclohexan (S. 64) mit 50 g Chinolin (Baeyer, *B.* **25**, 1840; *A.* **278**, 94). — Lauchartig riechendes Öl. Kp: 84—86° (korr.) (B., *A.* **278**, 95); Kp: 85,5° (korr.) (Zelinsky, Gorsky, *B.* **41**, 2481; *C.* **1909 I**, 532). D_4^0: 0,8478; $D_0^{0.5}$: 0,8466 (Brühl, *J. pr.* [2] **49**, 239); D_4^{14}: 0,8519; $D_4^{?}$: 0,8471 (Z., G.). Brechungsvermögen: Br., *J. pr.* [2] **49**, 239; Z., G., *B.* **41**, 2481. Dispersion: Br., *J. pr.* [3] **49**, 239. Molekulare Verbrennungswärme bei konstantem Volum: 846,8 Cal., bei konstantem Druck: 848,0 Cal. (Stohmann, Langbein, *J. pr.* [2] **48**, 450). — Gibt in Chloroform mit Brom, auch bei Einw. von weniger als einem Mol.-Gew., das 1.2.4.5-Tetrabrom-cyclohexan (S. 25), daneben entsteht bei unvollkommener Bromierung das 4.5-Dibrom-cyclohexen-(1) (S. 64) (Z., G.).

e) Präparat aus 1.3-Diamino-cyclohexan. Gemisch von Cyclohexadien-(1.3) und -(1.4), in welchem das letztere vorwaltet (Crossley, *Soc.* **85**, 1409; vgl. Harries,

v. SPLAWA-NEYMAN, *B.* **42**, 694). — *B.* Durch trockne Destillation des Phosphats des 1.3-Diamino-cyclohexans (HARRIES, ANTONI, *A.* **328**, 105). — Lauchartig riechende Flüssigkeit, die beim Aufbewahren dickflüssig wird. Kp: 81,5° (korr.); D_{15}^{15}: 0,8503; D_{1}^{0}: 0,8490 (H., A.). — Gibt durch Oxydation mit Kaliumpermanganat bei 0° Oxalsäure und Bernsteinsäure (H., A.). Bei der Einw. von 4 At.-Gew. Brom entsteht hauptsächlich das 1.2.4.5-Tetrabrom-cyclohexan (S. 25) neben geringen Mengen öliger Produkte (H., A.). Färbt sich mit konz. Schwefelsäure und Alkohol himbeerrot (H., A.).

f) **Präparat aus 1.4-Diamino-cyclohexan.** Gemisch von Cyclohexadien-(1.3) und -(1.4) (vgl.: CROSSLEY, *Soc.* **85**, 1409; HARRIES, v. SPLAWA-NEYMAN, *B.* **42**, 694). — *B.* Durch trockne Destillation des Phosphates des 1.4-Diamino-cyclohexans (HARRIES, ANTONI, *A.* **328**, 107). — Kp: 81,5°; D_{15}^{15}: 0,8357; D_{1}^{0}: 0,8333; n_{D}^{0}: 1,46806 (H., A.). — Bei der Oxydation mit Kaliumpermanganat entsteht nur wenig Bernsteinsäure und Malonsäure; in der Hauptsache scheint der Kohlenwasserstoff zerstört zu werden (H., A.). Liefert mit Brom in Chloroform ein gelbes Öl, aus dem sich allmählich in geringer Menge das 1.2.4.5-Tetrabrom-cyclohexan abscheidet (H., A.). Färbt sich mit Alkohol und konz. Schwefelsäure blaurot, mit Acetanhydrid und konz. Schwefelsäure fuchsinrot (H., A.).

1.3-Dichlor-cyclohexadien-(1.3), 1.3-Dichlor-$\Delta^{1.3}$-dihydrobenzol $C_6H_6Cl_2$. *B.* Aus Dihydroresorcin in Chloroform mit PCl_5 (CROSSLEY, HAAS, *Soc.* **83**, 501). — Flüssig. Kp_{20}: 88—90° (C., H.). — Ist sehr unbeständig, färbt sich schnell gelb und entwickelt Chlorwasserstoff (C., H.). Wird durch Kaliumpermanganat zu Bernsteinsäure oxydiert (C., H.). Gibt in Chloroform mit PCl_5 oder Brom m-Dichlorbenzol (C., H.). Gibt bei der Reduktion mit Natrium in feuchtem Äther Dihydrobenzol und Tetrahydrobenzol, in Amylalkohol Benzol (C., *Soc.* **85**, 1411). Liefert beim Behandeln mit Chlorwasserstoff in Eisessig 1-Chlorcyclohexen-(1)-on-(3) (Syst. No. 616) (C., H.).

Oktachlor-cyclohexadien-(1.4) C_6Cl_8. *B.* Bei 48-stdg. Erhitzen von 300 g Hexachlorcyclohexadienon C_6OCl_6 (F: 106°) (Syst. No. 620) mit 215 g PCl_5 auf 130° (BARBAL, *Bl.* [3] **13**, 418). Beim Erhitzen von 30 g Chloranil mit 52 g PCl_5 und einigen Grammen PCl_3 auf 135° (B., *Bl.* [3] **13**, 420). Man zerkleinert das (nach beiden Verfahren erhaltene) Prod., trägt es in kaltes Wasser ein, wäscht den erhaltenen Niederschlag mit warmem Wasser, dann mit Natronlauge (von 10%) und löst ihn in kaltem Benzol. Die beim Verdunsten der Benzollösung an der Luft erhaltenen Krystalle von Oktachlor-cyclohexadien und Hexachlorbenzol werden mechanisch ausgelesen. — Prismen. D^{18}: 2,0618 (B., *Bl.* [3] **13**, 420). F: 159—160° (B., *Bl.* [3] **13**, 420). Ziemlich löslich in Äther, Chloroform und Benzol, schwer in kaltem, absol. Alkohol und Ligroin (B., *Bl.* [3] **13**, 420). — Zerfällt gegen 204° in Chlor und Hexachlorbenzol (B., *Bl.* [3] **13**, 421). Beim Erwärmen mit rauchender Salpetersäure entsteht Chloranil (B., *Bl.* [3] **13**, 421). Wird von Zinn und Salzsäure nicht angegriffen (B., *Bl.* [3] **13**, 421). Löst sich in Schwefelsäure, welche Pyroschwefelsäure enthält, allmählich mit prächtiger rotvioletter Farbe auf; verdünnt man diese Lösung mit gewöhnlicher konz. Schwefelsäure oder läßt man sie an der Luft Wasser aufnehmen, so entfärbt sie sich unter Bildung von Chloranil, Hexachlorbenzol, Chlorwasserstoff und Chlor (B., *Bl.* [3] **17**, 744).

Hexabrom-cyclohexadien, Hexabrom-dihydrobenzol $C_6H_2Br_6$.
Über eine Verbindung $C_6H_2Br_6$, in der vielleicht ein Hexabrom-dihydrobenzol vorliegt, vgl. bei Umwandlungsprodukten des Pyrogallols (Syst. No. 578).

4.5-Bis-isonitro-$\Delta^{1.3}$-dihydrobenzol, Diaci-o-dinitro-dihydrobenzol $C_6H_6O_4N_2 =$

$$HC:CH \cdot C=NO_2H$$
$$HC:CH \cdot C=NO_2H$$

B. Die Alkalisalze entstehen, wenn o-Dinitrobenzol bei Gegenwart von überschüssigem Alkali durch Hydroxylamin oder Zinnoxydul reduziert wird (MEISENHEIMER, PATZIG, *B.* **39**, 2526). Das Natriumsalz wird in reiner Form erhalten durch Einw. von Natriummethylat auf o-Nitroso-nitrobenzol in Benzol (M., P.). — $Na_2C_6H_4O_4N_2$. Rotes Pulver. Löslich in Wasser und Alkohol mit blauer Farbe. Die Lösung in Wasser gibt beim Ansäuern oder durch wenig Brom o-Nitroso-nitro-benzol. Durch Einleiten von CO_2 in die blaue Lösung des Salzes in Methylalkohol entsteht eine rote Lösung des sauren Salzes unter Abscheidung von $NaHCO_3$; beim Verdünnen mit Wasser fällt o-Dinitro-benzol aus.

3.6-Bis-isonitro-$\Delta^{1.4}$-dihydrobenzol, Diaci-p-dinitro-dihydrobenzol $C_6H_6O_4N_2 =$
$$HC:CH \cdot C:NO_2H$$
$$HO_2N:C \cdot CH:CH$$
B. Das Kaliumsalz entsteht aus p-Dinitro-benzol mit Hydroxylamin und methylalkoholischer Kalilauge (MEISENHEIMER, *B.* **36**, 4177), das Natriumsalz analog mit methylalkoholischer Natriummethylatlösung (M., PATZIG, *B.* **39**, 2529). — $Na_2C_6H_4O_4N_2$. Rotes Pulver, das beim Erhitzen verpufft. Die Lösung in Natronlauge zersetzt sich schnell. — $K_2C_6H_4O_4N_2$. Gelbe Blättchen. Leicht löslich in Kalilauge mit gelbbrauner Farbe, in Wasser mit roter Farbe.

3. Kohlenwasserstoffe C_7H_{10}.

1. Cycloheptadien-(1.3), $\Delta^{1.3}$-Cycloheptadien, Dihydrotropiliden, Hydrotropiliden $C_7H_{10} = \begin{smallmatrix} HC:CH \cdot CH_2 \\ H_2C \cdot CH_2 \cdot CH_2 \end{smallmatrix} CH.$ Zur Konstitution vgl. WILLSTÄTTER, *B.* **34**, 130; *A.* **317**, 212. — *B.* Man stellt aus dem Jodmethylat des 3-Dimethylamino-cycloheptens-(1) (Syst. No. 1595) in Wasser mit AgO die Ammoniumbase dar und destilliert diese (W., *B.* **34**, 132; *A.* **317**, 230, 253). Analog aus dem Jodmethylat des 4-Dimethylamino-cycloheptens-(1) (vgl. W., *B.* **31**, 1543, **34**, 137) (W., *B.* **30**, 727; *A.* **317**, 212) und aus dem Jodmethylat des 5-Dimethylamino-cycloheptens-(1) (W., *A.* **317**, 289). — Lauchartig riechende Flüssigkeit. Kp_{734}: 120—121° (korr.) (W., *A.* **317**, 231). D_0^0: 0,8929 (W., *B.* **30**, 727); D_4^0: 0,8809 (W., *B.* **34**, 132; *A.* **317**, 231), 0,8815 (W., *A.* **317**, 233), 0,8823 (W., *B.* **34**, 132; *A.* **317**, 233); $D^{13.4}$: 0,8859 (EIJKMAN bei W., *B.* **31**, 1544 Anm. 1); $D^{17.4}$: 0,8679 (E., bei W., *A.* **317**, 232). $n_a^{13.4}$: 1,50066; $n_\beta^{13.4}$: 1,51663 (E. bei W., *B.* **31**, 1544 Anm. 1); $n_a^{17.4}$: 1,49597; $n_\beta^{17.4}$: 1,51202 (E. bei W., *A.* **317**, 232). — Ist gegen metallisches Natrium indifferent (W., *B.* **34**, 131). Bleibt in zugeschmolzenen Röhren unverändert (W., *A.* **317**, 231). Geht an der Luft unter Aufnahme von Sauerstoff in ein gelbliches Harz über (W., *A.* **317**, 231). Läßt sich mit Wasserstoff in Gegenwart von Nickel bei 180° glatt zu Cycloheptan reduzieren (W., KAMETAKA, *B.* **41**, 1483). Gibt mit Bromwasserstoff in Eisessig 3-Brom-cyclohepten-(1) (S. 65) (W., *B.* **30**, 728; *A.* **317**, 255). Liefert mit Brom in Chloroform unter Kühlung das 3.7-Dibrom-cyclohepten-(1) (S. 65) (W., *B.* **34**, 134; *A.* **317**, 256). — Färbt sich in alkoh. Lösung mit konz. Schwefelsäure stark braungelb (W., *B.* **30**, 728; *A.* **317**, 231).

Brom-cycloheptadien-(1.3), Cycloheptatrien-hydrobromid, Tropiliden-hydrobromid C_7H_9Br, wahrscheinlich $\begin{smallmatrix} HC:CH \cdot CH_2 \\ BrHC \cdot CH_2 \cdot CH_2 \end{smallmatrix} CH$ (vgl. WILLSTÄTTER, *A.* **317**, 272). — *B.* Aus 20 g Cycloheptatrien mit 45 g einer 40%igen Lösung von Bromwasserstoff in Eisessig (WILLSTÄTTER, *B.* **34**, 136; *A.* **317**, 263). — Fast farbloses, anhaftend riechendes Öl. $Kp_{20,5}$: 87°; $Kp_{5,5}$: 74—75°. D_4^{14}: 1,4003.

2. Suberoterpen $C_7H_{10} = \begin{smallmatrix} H_2C \cdot CH_2 \cdot C \\ H_2C \cdot CH_2 \cdot CH_2 \end{smallmatrix} C(?).$ *B.* Neben anderen Produkten beim Kochen von 1.2-Dibrom-cycloheptan mit konz. alkoh. Kalilauge, die noch gepulvertes Kaliumhydroxyd enthält (MARKOWNIKOW, Ж. **27**, 289; **34**, 911; *A.* **327**, 67). Entsteht auch, wenn das aus Suberon und PCl₅ entstehende Gemisch von Chloriden mit alkoh. Kalilauge auf 180—200° erhitzt wird (M., Ж. **34**, 912; *A.* **327**, 69). — Flüssig. Kp: 120—121° (M., Ж. **34**, 911). Gibt mit metallischem Natrium eine Natriumverbindung (M., Ж. **34**, 912; *A.* **327**, 69). Polymerisiert sich beim Kochen unter Harzbildung (M., Ж. **34**, 911; *A.* **327**, 68). Oxydiert sich an der Luft (M., Ж. **34**, 911; *A.* **327**, 68).

3. Methylcyclohexadiene, Dihydrotoluole $C_7H_{10} = CH_3 \cdot C_6H_7.$
Wie es scheint, sind Dihydrotoluole in reinem Zustande noch nicht dargestellt. Die Einheitlichkeit der im folgenden aufgeführten Dihydrotoluole ist fraglich.

a) Präparat aus 1.2-Dibrom-1-methyl-cyclohexan. Vielleicht 1-Methyl-cyclohexadien-(1.5) $H_2C \begin{smallmatrix} CH_2 \cdot CH \\ CH : CH \end{smallmatrix} C \cdot CH_3.$ *B.* Beim Erhitzen von 1.2-Dibrom-1-methyl-cyclohexan (S. 32) mit Chinolin (ZELINSKY, GORSKY, *B.* **41**, 2630; *C.* **1909 I**, 532). — Kp_{741}: 110° (korr.). D_2^0: 0,8292. n_D^0: 1,4710.

b) Präparat aus optisch aktivem 3.4-Dibrom-1-methyl-cyclohexan. Vielleicht 1-Methyl-cyclohexadien-(2.4) $HC \begin{smallmatrix} CH : CH \\ CH_2 \cdot CH_2 \end{smallmatrix} CH \cdot CH_3.$ *B.* Bei der Einw. von Chinolin oder wäßr.-alkoh. Kalilauge auf das optisch aktive 3.4-Dibrom-1-methyl-cyclohexan (S. 32) (ZELINSKY, GORSKY, *B.* **41**, 2485; *C.* **1909 I**, 532). — Kp: 105,5—106° (korr.). D_2^0: 0,8274. n_D^0: 1,4680. Ist rechtsdrehend.

c) Präparat aus 1.3-Diamino-1-methyl-cyclohexan. Gemisch von 1-Methyl-cyclohexadien-(1.3) mit einem Isomeren, vgl. HARRIES, *B.* **41**, 1698. — *B.* Durch Erhitzen von phosphorsaurem 1.3-Diamino-cyclohexan (HARRIES, ATKINSON, *B.* **34**, 303; H., *B.* **35**, 1172). — Lauchartig riechende Flüssigkeit. Kp_{770}: 110—110,5° (H., *B.* **41**, 1699). D_2^0: 0,8354 (H., *B.* **41**, 1699). n_D^0: 1,47628 (H., *B.* **41**, 1699). — Wird von Kaliumpermanganat in wäßr. Lösung zu Oxalsäure und Bernsteinsäure, in wäßr. Acetonlösung zu 1-Methyl-cyclohexandiol-(1.2)-on-(3) (Syst. No. 767) oxydiert (H., *B.* **35**, 1172). Einw. von Ozon in Hexan, Chloroform usw., H., *B.* **41**, 1700. Einw. von Brom in Eisessig: H., *B.* **41**, 1699. Gibt mit Äthylnitrit und Eisessig geringe Mengen eines Nitrits neben viel harzigen Produkten (H., *B.* **35**, 1173). Färbt sich mit konz. Schwefelsäure unter teilweiser Verharzung himbeerrot (H., *B.* **34**, 303).

8*

3-Chlor-1-methyl-cyclohexadien-(1.3) $C_7H_9Cl = C_6H_6Cl \cdot CH_3$. **B.** Bei allmählichem Eintragen von 12 g PCl_5 in die Lösung von 10 g 1-Methyl-cyclohexen-(1)-on-(3) (Syst. No. 616) in 30 g trocknem Chloroform (KLAGES, KNOEVENAGEL, B. **27**, 3021); man erwärmt $^1/_4$ Stde. lang auf 100°, gießt das Gemisch in Eiswasser, extrahiert mit Äther und destilliert den gewaschenen und gut entwässerten äther. Auszug, zuletzt im Vakuum. — Flüssig. Kp: 160° bis 170° (Zers.); Kp_{25}: 78—80°. Leicht löslich in Alkohol usw. — Wird von 95%-iger Schwefelsäure in Methylcyclohexenon zurückverwandelt. Bildet ein Dibromid, das beim Erwärmen in Bromwasserstoffsäure und m-Chlor-toluol zerfällt.

4. *Kohlenwasserstoff C_7H_{10} von unbekannter Konstitution.* **B.** Beim Erhitzen von Toluol mit PH_4I auf 350° (BAEYER, A. **155**, 271). — Kp: 105—108°.

5. *Kohlenwasserstoff C_7H_{10} von unbekannter Konstitution.* **B.** Entsteht bei der trocknen Destillation des teresantalsauren Calciums (Syst. No. 895) für sich oder mit essigsaurem Calcium (MÜLLER, Ar. **238**, 378). — Kp: 105—110°. D^{14}: 0,818.

4. Kohlenwasserstoffe C_8H_{12}.

1. *Cyclooctadien-(1.4) (?), β-Cyclooctadien* $C_8H_{12} = HC\underset{CH_2 \cdot CH_2 \cdot CH_2}{\overset{CH \cdot CH_2 \cdot CH}{\diagdown}}CH$ (?). Zur Konstitution vgl. HARRIES, B. **41**, 673. — **B.** Aus α-Cyclooctadien-bis-hydrobromid (S. 35) durch Erhitzen mit Kaliumhydroxyd auf 200° oder besser mit Chinolin auf 200° bis 220° (WILLSTÄTTER, VERAGUTH, B. **40**, 963). — Bewegliche, stark lichtbrechende Flüssigkeit von nicht unangenehmem, an Tropiliden erinnerndem Geruch. Kp: 143—144° (korr.) (W., V.). D_4^0: 0,887 (W., V.). — Verändert sich bei längerem Aufbewahren oder Kochen nicht (W., V.). Reduziert Permanganat energisch (W., V.). Liefert durch Hydrierung in Gegenwart von Nickel bei 180° Cyclooctan nebst niedriger siedenden Isomerisationsprodukten desselben (W., V.; vgl. W., KAMETAKA, B. **41**, 1484). Addiert Brom (W., V.). Verbindet sich mit 2 Molekülen HBr, wobei anscheinend α-Cyclooctadien-bis-hydrobromid entsteht (W., V.). — Gibt mit konz. Schwefelsäure intensive Orangefärbung (W., V.).

2. *Cyclooctadien-(1.5), α-Cyclooctadien* $C_8H_{12} = HC\underset{CH \cdot CH_2 \cdot CH_2}{\overset{CH_2 \cdot CH_2 \cdot CH}{\diagdown}}CH$. Zur Konstitution vgl. HARRIES, B. **41**, 672. — **B.** Im Gemisch mit geringen Mengen eines Bicyclooctens (S. 120) durch Destillation einer konz. wäßr. Lösung von des-Dimethyl-granatanin-methylhydroxyd $(CH_3)_3N(OH) \cdot HC\underset{CH_2 \cdot CH_2 \cdot CH_2}{\overset{CH_2 \cdot CH_2 \cdot CH}{\diagdown}}CH$ (Syst. No. 1594) (WILLSTÄTTER, VERAGUTH, B. **38**, 1979; **40**, 961; vgl. W., KAMETAKA, B. **41**, 1482). — Nicht rein erhalten. Das ca. 22% des bicyclischen Isomeren enthaltende Präparat (W., V., B. **40**, 964; vgl. H.; W., K.) ist ein leichtflüssiges Öl von penetrantem, an Phosphorwasserstoff erinnerndem Geruch. $Kp_{16,5}$: 39,5°; D_4^0: 0,889 (W., V., B. **38**, 1979) [für reines α-Cyclooctadien berechnet sich daraus D_4^0: 0,884 (W., V., B. **40**, 964)]. — Die folgenden Reaktionen werden auf das in diesem Gemisch enthaltene α-Cyclooctadien zurückgeführt: Es polymerisiert sich bei Zimmertemperatur in 2—3 Tagen hauptsächlich zu krystallisiertem dimeren α-Cyclooctadien (s. u.), dagegen beim Erhitzen unter gewöhnlichem Druck (zum beginnenden Sieden, 135—140°) rasch und oft explosionsartig zu einer gallertartigen Masse, die etwa zur Hälfte aus höhermolekularen Produkten besteht (W., V., B. **38**, 1979, 1980; vgl. H.). Über Polymerisation in Gegenwart von Borfluorid, Salzsäure oder Phosphorpentoxyd vgl. HARRIES, B. **41**, 677. Reduziert Silberlösung nicht, entfärbt aber Permanganatlösung sofort (W., V., B. **38**, 1980). Gibt in CCl_4 mit Ozon ein Diozonid (S. 117) (H.). Addiert Brom unter Abspaltung von HBr und Bildung eines Gemisches von Verbindungen $C_8H_{13}Br_3$ (S. 71) und $C_8H_{11}Br$ (S. 117) (W., V., B. **38**, 1981). Liefert mit Bromwasserstoff in Eisessig α-Cyclooctadien-bis-hydrobromid (S. 35) (W., V., B. **40**, 962). Löst sich in alkoh. Lösung mit konz. Schwefelsäure eine orangegelbe Färbung (W., V., B. **38**, 1980). — Die Dämpfe rufen leicht Übelkeit und Kopfschmerzen hervor (W., V., B. **38**, 1980).

Dimeres α-Cyclooctadien $C_{16}H_{24} = (C_8H_{12})_2$. **B.** Durch 2—3-tägiges Stehen von rohem α-Cyclooctadien (s. o.) bei Zimmertemperatur (W., V., B. **38**, 1980). — Blättchen (aus Gasolin oder Äther bei starker Abkühlung). Sintert bei 106°, schmilzt bei 114° (W., V.). Schon in der Kälte sehr leicht löslich in organischen Mitteln (W., V.). — Verharzt an der Luft unter Sauerstoff-Aufnahme (W., V.). Wird bei der Einw. von Ozon zum Teil in das Diozonid des α-Cyclooctadiens (S. 117) verwandelt (H., B. **41**, 676).

Polymeres α-Cyclooctadien $(C_8H_{12})_x$. **B.** Neben dimerem α-Cyclooctadien und unlöslichen, sauerstoffhaltigen Produkten durch Erhitzen von (rohem) α-Cyclooctadien (s. o.) auf 135—150° (W., V., B. **38**, 1979). — Würfel (aus viel siedendem Xylol + Äther). Schmilzt noch nicht bei 300° (W., V.). — Gibt in Tetrachlorkohlenstoff mit Ozon ein gallertiges Ozonid, das beim Trocknen eine rotbraune, nicht explosive Masse bildet, unlöslich ist und von siedendem Wasser schwer angegriffen wird (H., *B.* 41, 677).

Diozonid des α-Cyclooctadiens $C_8H_{12}O_6$ =

$$\begin{array}{l} \text{CH}_2 \cdot \text{CH}_2 \cdot \text{CH} \diagup \!\!\!\!\diagup \text{O}_3 \\ \text{HC} \qquad\qquad \text{CH} \\ \text{O}_3 \diagdown \text{CH} \cdot \text{CH}_2 \cdot \text{CH}_2 \diagup \end{array}$$

B. Durch Einw. von Ozon auf rohes α-Cyclooctadien (S. 116) in Tetrachlorkohlenstofflösung, neben geringen Mengen eines Monoozonids $C_8H_{12}O_3$ (s. bei Bicyclocten, S. 120), das aus einem dem α-Cyclooctadien beigemengten Bicyclocten entstanden ist (HARRIES, *B.* 41, 673; vgl. WILLSTÄTTER, KAMETAKA, *B.* 41, 1482, 1483). — Weiße amorphe Masse. Verpufft beim Erhitzen (H.). Schwer löslich in organischen Lösungsmitteln. Löslich in verd. Natronlauge unter Braunfärbung; wird durch konz. Schwefelsäure zersetzt (H.). — Gibt beim Kochen mit Wasser Succindialdehyd und Bernsteinsäure (H.).

Bromcyclooctadien $C_8H_{11}Br$. Einheitlichkeit fraglich (WILLSTÄTTER, VERAGUTH, *B.* 38, 1981). — *B.* Neben α-Cyclooctadien-dibromid $C_8H_{12}Br_2$ (S. 71) durch Einw. von Brom in gekühlter Chloroformlösung auf (rohes) α-Cyclooctadien (S. 116) (W., V.). — Dünnes, süßlich riechendes Öl. Kp_{17}: 93,5—94,5° (korr.). — Entfärbt Permanganat sofort. Beim Erhitzen mit Chinolin entsteht ein Cyclooctatrien (Syst. No. 467). — Reizt die Haut stark.

3. *Äthinylcyclohexan, Cyclohexylacetylen, Hexahydrophenyl-acetylen*

$$C_8H_{12} = H_2C \diagdown\begin{smallmatrix}\text{CH}_2 \cdot \text{CH}_2\\ \text{CH}_2 \cdot \text{CH}_2\end{smallmatrix}\diagup \text{CH} \cdot \text{C} : \text{CH}.$$ *B.* Durch Erhitzen von α-Chlor-α-cyclohexyl-äthylen (S. 72) mit überschüssigem gepulvertem KOH (DARZENS, ROST, *C. r.* 149, 682). — Bewegliche Flüssigkeit von charakteristischem Geruch. Kp: 130—132°. — Bildet Metallderivate. Das Natriumderivat verbindet sich mit CO_2 unter Bildung von Cyclohexylpropiolsäure.

4. *1.1-Dimethyl-cyclohexadien-(2.4)* [L.-R.-Bezf.: Dimethyl-5.5-cyclohexadien-1.3] $C_8H_{12} = HC \diagdown\begin{smallmatrix}\text{CH}=\text{CH}\\ \text{CH}-\text{CH}_2\end{smallmatrix}\diagup C(CH_3)_2$. *B.* Durch Einw. von Natrium auf 3.5-Dichlor-1.1-dimethyl-cyclohexadien-(2.4) (s. u.) in feuchtem Äther (CROSSLEY, LE SUEUR, *Soc.* 81, 832); so dargestellt enthält das Kohlenwasserstoff geringe Mengen einer sauerstoffhaltigen Verunreinigung, die wahrscheinlich darauf zurückzuführen ist, daß in Gegenwart von etwas Methylalkohol gearbeitet wurde, der einen partiellen Ersatz von Cl durch O·CH₃ im Ausgangsmaterial verursachte (C., RENOUF, *Soc.* 93, 636, 645). Entsteht gemischt mit etwa der gleichen Menge 1.1-Dimethyl-cyclohexadien-(2.5) (S. 118), wenn man den Monoäthyläther des 1.1-Dimethyl-cyclohexandiols-(3.5) (Syst. No. 549) mit rauchender Bromwasserstoffsäure unter Druck erwärmt und das entstandene Gemisch der Bromide $C_8H_{13}Br$ und $C_8H_{14}Br_2$ mit Chinolin erhitzt (C., R.). — Stark lichtbrechende Flüssigkeit mit terpenartigem und zugleich knoblauchähnlichem Geruch. Für die mit geringen Mengen eines sauerstoffhaltigen Körpers verunreinigte (C., R.) Verbindung wurde gefunden: Kp_{770}: 111° (C., LE S., *Soc.* 81, 833); D_1^1: 0,8246; D_1^{14}: 0,81573; D_{15}^{14}: 0,8153; D_{25}^{15}: 0,8083; n_4^{14}: 1,45482; n_4^{14}: 1,47530 (PERKIN, *Soc.* 81, 836). magnetische Drehung: P., *Soc.* 81, 836. Das aus etwa gleichen Teilen 1.1-Dimethyl-cyclohexadien-(2.4) und 1.1-Dimethyl-cyclohexadien-(2.5) bestehende Gemisch zeigte: Kp_{743}: 111,2° (C., R.); D_1^1: 0,82374; D_{15}^{14}: 0,81470; $D_{14}^{4,3}$: 0,81291; D_{25}^{25}: 0,80737; $n_4^{24,5}$: 1,453513; $n_4^{14,5}$: 1,472501 (P., *Soc.* 93, 644, 645); magnetische Drehung: P., *Soc.* 93, 644. — 1.1-Dimethyl-cyclohexadien-(2.4) ist bei Luftabschluß einige Zeit haltbar, geht an der Luft in eine gelbe gelatinöse Masse über (C., LE S., *Soc.* 81, 833). Liefert bei der Oxydation mit $KMnO_4$ in der Kälte α.α-Dimethyl-bernsteinsäure (C., LE S., *Soc.* 81, 836). Läßt sich zu einem 1.1-Dimethyl-cyclohexen reduzieren, das durch $KMnO_4$ zu β.β-Dimethyl-adipinsäure oxydiert wird (C., LE S., *B.* 36, 2692). Gibt mit Brom in Chloroform ein unbeständiges, leicht HBr abspaltendes Dibromid, mit Bromwasserstoff in Eisessig 5-Brom-1.1-dimethyl-cyclohexen-(3) (C., LE S., *Soc.* 81, 833). — Mit konz. Schwefelsäure entsteht eine blutrote, beim Stehen in Rotviolett übergehende Färbung (C., LE S., *Soc.* 81, 833).

Nitrosochlorid $C_8H_{12}ONCl$. *B.* Entsteht in geringer Ausbeute aus 1.1-Dimethyl-cyclohexadien-(2.4) in kaltem Amylnitrit mit Eisessig und konz. Salzsäure (CROSSLEY, LE SUEUR, *Soc.* 81, 835). — Nadeln (aus Methylalkohol). Schmilzt unscharf zwischen 118,5° und 126° unter Zers. (C., LE S.; vgl. C., RENOUF, *Soc.* 93, 647).

3.5-Dichlor-1.1-dimethyl-cyclohexadien-(2.4) $C_8H_{10}Cl_2 = HC \diagdown\begin{smallmatrix}\text{CCl}=\text{CH}\\ \text{CCl}-\text{CH}_2\end{smallmatrix}\diagup C(CH_3)_2$. *B.* Neben geringen Mengen 3.5-Dichlor-1.2-dimethyl-benzol (Syst. No. 467) (CROSSLEY, LE SUEUR, *Soc.* 81, 1534) durch 1½—2-stdg. Erhitzen von 1.1-Dimethyl-cyclohexandion-(3.5) (Dimethyldihydroresorcin, Syst. No. 667) mit 2 Mol.-Gew. PCl_5 in Chloroform auf dem Wasserbad (CROSSLEY, LE SUEUR, *Soc.* 81, 826). — Farblose, stark lichtbrechende, scharf aromatisch riechende Flüssigkeit. Kp_{22}: 92°; flüchtig mit Wasserdampf unter geringer Zers. (C., LE S., *Soc.* 81, 827). D_4^1: 1,1493; D_{14}^{14}: 1,1394; $D_{14}^{14,4}$: 1,13787; D_{20}^{20}: 1,1318; $n_D^{14,4}$: 1,50458; $n_γ^{14,4}$: 1,52986 (PERKIN, *Soc.* 81, 828, 829). Magnetische Drehung: P. — Verharzt langsam an der Luft und zersetzt sich auch in geschlossenem Gefäß allmählich unter Gelbfärbung und Chlorwasserstoffentwicklung (C., LE S., *Soc.* 81, 827). Durch Oxydation mit Kaliumpermanganat in der Kälte entsteht ausschließlich α.α-Dimethyl-bernsteinsäure, mit Kaliumpermanganat in der Wärme, mit Kaliumdichromat und Schwefelsäure oder mit verd. Salpetersäure außerdem als sek. Oxydationsprodukt Dimethylmalonsäure, mit verd. Salpetersäure ferner 3.5-Dichlor-benzoesäure (C., LE S., *Soc.* 81, 829). Durch Reduktion mit Natrium in feuchtem Äther wird 1.1-Dimethyl-cyclohexadien-(2.4) gebildet (C., LE S., *Soc.* 81, 832). Die Einw. von 1 Mol.-Gew. Brom in Chloroform unter Eiskühlung führt zur Bildung von 3.5-Dichlor-2.5-dibrom-1.1-dimethyl-cyclohexen-(3) (S. 72); durch Einw. von 2 Mol.-Gew. Brom in Chloroform entstehen 3.5-Dichlor-4.5.6-tribrom-1.1-dimethyl-cyclohexen-(2) (S. 72) und ein flüssiges Prod., das beim Destillieren, besser beim Stehen im Vakuum über KOH in 3.5-Dichlor-4-brom-1.2-dimethyl-benzol übergeht (C., *Soc.* 85, 272, 279). Durch Erhitzen mit überschüssigem PCl_5 in Chloroform wird 3.5-Dichlor-1.2-dimethyl-benzol gebildet (C., LE S., *Soc.* 81, 1536). 3.5-Dichlor-1.1-dimethyl-cyclohexadien-(2.4) gibt bei Behandlung mit HCl in Eisessig 4-Chlor-1.1-dimethyl-cyclohexanol-(5)-on-(3) (Dimethyl-dihydroresorcin-hydrochlorid, Syst. No. 739); reagiert analog mit HBr in Eisessig (C., LE S., *Soc.* 81, 827, 828). Geht durch Erhitzen mit 20%iger Schwefelsäure langsam in 1.1-Dimethyl-cyclohexandion-(3.5) über (C., LE S., *Soc.* 81, 827). Beim Stehen der absol.-alkoh., mit HCl gesättigten Lösung entsteht der Äthyläther des 1.1-Dimethyl-cyclohexen-(3)-ol-(1)-ons-(5) (Dimethyl-dihydroresorcin-monoäthyläther, Syst. No. 740) (C., LE S., *Soc.* 81, 828).

5. *1.1-Dimethyl-cyclohexadien-(2.5)* [L.R.-Bezf.: Dimethyl-3.3-cyclohexadien-1.4] $C_8H_{12} = H_2C\underset{CH=CH}{\overset{CH=CH}{<}}C(CH_3)_2$. B. Entsteht im Gemisch mit 1.1-Dimethylcyclohexadien-(2.4) (S. 117), wenn man den Monoäthyläther des 1.1-Dimethyl-cyclohexandiols-(3.5) (Syst. No. 549) mit rauchender Bromwasserstoffsäure unter Druck erwärmt und das entstandene Gemisch der Bromide $C_8H_{13}Br$ und $C_8H_{14}Br_2$ mit Chinolin erhitzt (CROSSLEY, RENOUF, *Soc.* 93, 631, 642). — Wurde nur gemischt mit etwa der gleichen Menge 1.1-Dimethyl-cyclohexadien-(2.4) erhalten. Über die physikalischen Eigenschaften dieses Gemisches vgl. S. 117 bei 1.1-Dimethyl-cyclohexadien-(2.4). — Die folgenden chemischen Reaktionen werden auf das in dem Gemisch enthaltene 1.1-Dimethyl-cyclohexadien-(2.5) zurückgeführt: Es gibt bei der Oxydation mit $KMnO_4$ in der Kälte Dimethylmalonsäure. Liefert mit Brom ein Tetrabromid $C_8H_{12}Br_4$ (S. 36), mit HBr Bis-hydrobromid $C_8H_{14}Br_2$ (S. 36). Bei der Einw. eines Gemisches von rauchender Salpetersäure und konz. Schwefelsäure entstehen 3.4.5- und 3.4.6-Trinitro-1.2-dimethyl-benzol.

6. *1.2-Dimethyl-cyclohexadien-(x.x), o-Xylol-dihydrid, Dihydro-o-xylol,* Cantharen C_8H_{12}. Struktur des Kohlenstoffskeletts: $\overset{C-C-C}{<}$ C·C. B. Durch Erhitzen von Cantharsäure $C_{10}H_{12}O_4$ (Syst. No. 2619) oder von Cantharidin $C_{10}H_{16}O_4$ (Syst. No. 2619) mit Wasser auf 300° in geschlossenem Gefäß (PICCARD, *B.* 19, 1406). Neben anderen Produkten aus cantharsaurem Barium oder einem Gemisch von Cantharsäure mit überschüssigem Ätzkalk durch Erhitzen im siedenden Schwefelbad; scheint, wenn so gewonnen, etwas Wasserstoff verloren zu haben (P., *B.* 11, 2122; 12, 1578; vgl. HARRIES, ANTONI, *A.* 328, 115). Durch Erhitzen der bei Einw. von Jodwasserstoff auf Cantharidin entstehenden Verbindung $C_{10}H_{15}O_3I_3$ (s. bei Cantharidin, Syst. No. 2619) mit konz. Kalilauge im geschlossenen Rohr (P., *B.* 12, 578). — Terpentin-campherartig riechende Flüssigkeit. Kp: 134° (P., *B.* 12, 578). — Oxydiert sich und verharzt sehr rasch an der Luft (P., *B.* 11, 2122). Zeigt eminentes Absorptionsvermögen für Sauerstoff (P., *B.* 12, 578). Liefert bei der Oxydation mit verd. Salpetersäure o-Toluylsäure und Phthalsäure (P., *B.* 12, 579). Absorbiert in äther. Lösung Chlorwasserstoff (P., *B.* 12, 2123). — Färbt sich mit konz. Schwefelsäure oder mit konz. Schwefelsäure und Alkohol orange, mit Acetanhydrid und H_2SO_4 rotbraun, mit Acetanhydrid und Brom blaugrün (H., A.).

7. *1.3-Dimethyl-cyclohexadien-(1.3), m-Xylol-dihydrid-(4.5), $Δ^{1.3}$-Dihydro-m-xylol* $C_8H_{12} = HC\underset{CH_2}{\overset{C(CH_3)·CH}{<}}\underset{CH_2}{\overset{}{}}C·CH_3$. Ein längere Zeit als 1.3-Dimethylcyclohexadien-(1.3) angesehenes, aus 2-Methyl-hepten-(2)-on-(6) (Bd. I, S. 741—743) durch Einw. von H_2SO_4, $ZnCl_2$ oder P_2O_5 entstehendes Produkt (WALLACH, *A.* 259, 326; TIEMANN, SEMMLER, *B.* 26, 2136; VERLEY, *Bl.* [3] 17, 180; HARRIES, ANTONI, *A.* 328, 114; H., NEBESHEIMER, *B.* 39, 2849; vgl. KLAGES, *B.* 40, 2362 Anm.; CROSSLEY, RENOUF, *Soc.* 95, 935) hat sich als ein m-Xylol und 1.3-Dimethyl-cyclohexen enthaltendes Gemisch erwiesen (WAL-

LACH bei CROSSLEY, RENOUF, *Soc.* **95**, 936) [1]). — Das gleiche gilt vermutlich für das von

RUPE, LOTZ (*B.* **39**, 4085) aus dem Lacton $(CH_3)_2\overset{\overbrace{O}}{C \cdot CH \cdot CH_2 \cdot CH_2 \cdot \underset{\underbrace{COO}}{C} \cdot CH_3}$ (Syst. No. 2739)

mit ZnCl₂ erhaltene Produkt, das nach RUPE, LOTZ identisch mit obigem Produkt aus 2-Methyl-hepten-2-on-(6) sein soll.

Als 1.3-Dimethyl-cyclohexadien-(1.3) wird von KLAGES (*B.* **40**, 2362) eine Verbindung angesprochen, von der er, ohne ihre Bildung mitzuteilen, nur die Molekularrefraktion und Molekulardispersion angegeben hat.

8. *1.3-Dimethyl-cyclohexadien-(1.5)* [L. R.-Bezf.: Dimethyl-2.6-cyclo-hexadien-1.3], *m-Xylol-dihydrid-(1.6)*, *Δ¹·⁵-Dihydro-m-xylol* C_8H_{12} = $H_2C\overset{CH(CH_3) \cdot CH}{\underset{CH\!=\!=\!CH}{\big<}}C \cdot CH_3$. Rechtsdrehende Form. Enthielt vielleicht etwas 1.3-Dimethyl-cyclohexadien-(1.3) beigemengt. — *B.* Durch Destillation von rechtsdrehendem (vielleicht nicht ganz einheitlichem) 1.6-Dibrom-1.3-dimethyl-cyclohexan (S. 38) mit Chinolin (ZELINSKY, GORSKY, *B.* **41**, 2631; Ж. **40**, 1399; *C.* **1909** I, 532). — Kp₇₄₅: 129—130°. D⁴₁: 0,8225. n_D^{20}: 1,4675. [α]_D^{20}: +27,38°.

9. *1.3-Dimethyl-cyclohexadien-(3.5)* [L.-R.-Bezf.: Dimethyl-1.5-cyclo-hexadien-1.3], *m-Xylol-dihydrid-1.2*, *Δ³·⁵-Dihydro-m-xylol* C_8H_{12} = $HC\overset{C(CH_3) \cdot CH_2}{\underset{CH\!=\!=\!CH}{\big<}}CH \cdot CH_3$.

5-Chlor-1.3-dimethyl-cyclohexadien-(3.5) $C_8H_{11}Cl$ = $HC\overset{C(CH_3) \cdot CH_2}{\underset{CCl\!=\!=\!CH}{\big<}}CH \cdot CH_3$. *B.* Aus 10 g 1.3-Dimethyl-cyclohexen-(3)-on-(5) (Syst. No. 616), gelöst in 30 g Chloroform, und 17 g PCl₅ unter Eiskühlung (KLAGES, KNOEVENAGEL, *B.* **27**, 3023). — Kp: 176—178° (fast unzersetzt); Kp₁₂: 78—80°; leicht flüchtig mit Wasserdampf (KL., KN., *B.* **27**, 3024). — Wird durch Natrium in wasserhaltigem Äther zu 1.3-Dimethyl-cyclohexen-(4) (S. 73) reduziert (KN., *A.* **289**, 156; vgl. KN., MAC GARVEY, *A.* **297**, 166). Mit Brom entsteht ein unbeständiges Dibromid, das beim Erhitzen mit Chinolin in 5-Chlor-1.3-dimethyl-benzol und HBr zerfällt (KL., KN., *B.* **27**, 3024). Beim Kochen mit 30⁰/₀iger Salpetersäure entstehen Chlorpikrin, 5-Chlor-3-methyl-benzoësäure und 5-Chlor-2 oder 4-nitro-1.3-dimethyl-benzol; durch Einw. von Salpeterschwefelsäure erhält man 5-Chlor-2.4.6-trinitro-1.3-dimethyl-benzol (KL., KN., *B.* **28**, 2044, 2046). Mit verd. Schwefelsäure bei 160—180° im geschlossenen Rohr oder mit 95⁰/₀iger Schwefelsäure bei 0° wird 1.3-Dimethyl-cyclohexen-(3)-on-(5) gebildet (KL., KN., *B.* **27**, 3024).

10. *1.3-Dimethyl-cyclohexadien-(x.x)*, *m-Xylol-dihydrid*, *Dihydro-m-xylol* C_8H_{12}. Einheitlichkeit fraglich. — *B.* Durch Destillation von phosphorsaurem 1.5-Diamino-1.3-dimethyl-cyclohexan (Syst. No. 1741) (HARRIES, *B.* **35**, 1175). — Hellgelbes Öl. Riecht lauchartig. Kp₇₁₆: 126—128° (H.); Kp: 128—130° (korr.) (HARRIES, ANTONI, *A.* **328**, 114). D⁴₀: 0,8203 (H., A.). n_D^{16}: 1,46360 (H., A.). — Gibt mit rauchender HNO₃ 2.4.6-Trinitro-1.3-dimethyl-benzol (H., A.). — Färbt sich mit H₂SO₄ orange, mit H₂SO₄ und Alkohol gelb, mit Acetanhydrid und H₂SO₄ rot, mit Acetanhydrid und Brom grün (H., A.).

11. *Kohlenwasserstoff* C_9H_{14}. $\overset{C\!-\!C\!-\!C}{\underset{C\!-\!C}{\big\langle}}C \cdot C$ (vgl. dazu WALLACH, *A.* **360**, 27; **365**, 259). — *B.* Man erhitzt die durch Kondensation von 1-Methyl-cyclohexen-(1)-on-(3) mit Bromessigester und Zink und nachfolgende Verseifung entstehende Säure $C_9H_{14}O_2$ (Syst. No. 895) im geschlossenen Gefäß auf 160° (W., *A.* **323**, 140). — Kp: 133° bis 134° (W., *A.* **323**, 141). — Absorbiert sehr schnell Sauerstoff (W., *A.* **323**, 141). Liefert mit Salpeterschwefelsäure 4.6-Dinitro-1.3-dimethyl-benzol (W., *A.* **323**, 141).

12. *1.4-Dimethyl-cyclohexadien-(1.3)*, *p-Xylol-dihydrid-(2.3)*, *Δ¹·³-Dihydro-p-xylol* C_8H_{12} = $CH_3 \cdot C\overset{CH \cdot CH}{\underset{CH_2 \cdot CH_2}{\big<}}C \cdot CH_3$. *B.* Man erwärmt 1¹.1¹-Dichlor-1.1.4-trimethyl-cyclohexen-(3)-on-(2) $C_6H_5O(CH_3)_2 \cdot CHCl_2$ (Syst. No. 616) mit überschüssiger alkoh. Kalilauge und kocht die erhaltene rohe 1.4-Dimethyl-cyclohexadien-(1.3)-carbonsäure-(2) (Syst. No. 895) mit verd. Schwefelsäure oder Oxalsäure (AUWERS, HESSENLAND, *B.* **41**, 1824). — Angenehm ätherisch riechendes Öl. Kp: 135—138°. D⁴₀: 0,8314; D²₀: 0,830. n_α^{18}: 1,47535; n_D^{18}: 1,47966; n_γ^{18}: 1,50191. — Polymerisiert sich namentlich in feuchtem Zustande rasch. Gibt bei der Oxydation mit KMnO₄ in Wasser bei 0° Aceton und Acetonylaceton.

---

[1]) Vgl. dazu die Arbeiten von WALLACH, *A.* **395**, 79; **396**, 273, welche nach dem für die 4. Auflage geltenden Literatur-Schlußtermin [1. I. 1910] erschienen sind.

Liefert bei der Nitrierung ein Gemisch von Dinitro-p-xylolen, aus dem bei weiterer Nitrierung Trinitro-p-xylol entsteht. — Löst sich in konz. Schwefelsäure mit orangeroter, in alkoh. Schwefelsäure mit gelber Farbe; die Lösung in Acetanhydrid + wenig H_2SO_4 ist erst rötlich, wird dann gelb.

13. *1.4-Dimethyl-cyclohexadien-(1.4 (?)), p-Xylol-dihydrid-(2.5 (?)),*
$\Delta^{1.4}$*(?)-Dihydro-p-xylol* $C_8H_{12} = CH_3 \cdot C \underset{CH \cdot CH_2}{\overset{CH_2 \cdot CH}{<}} C \cdot CH_3$ (?) (Einheitlichkeit fraglich).
B. Durch Erwärmen von 2.5-Dibrom-1.4-dimethyl-cyclohexan (S. 39) mit Chinolin (BAEYER, *B.* **25**, 2122). — Riecht terpentinartig. Kp_{720}: 133—134°. — Liefert mit HBr ein krystallisierendes Additionsprodukt.

14. *1.4-Dimethyl-cyclohexadien-(1.5)* [L.-R.-Bezf.: Dimethyl-2.5-cyclohexadien-1.3], *p-Xylol-dihydrid-(1.2)*, $\Delta^{1.5}$*-Dihydro-p-xylol* $C_8H_{12} =$
$CH_3 \cdot HC \underset{CH=CH}{\overset{CH_2-CH}{<}} C \cdot CH_3$ (Einheitlichkeit fraglich). *B.* Aus 1.2-Dibrom-1.4-dimethyl-cyclohexan (S. 38) durch Destillation mit Chinolin (ZELINSKY, GORSKY, *B.* **41**, 2633; Ж. **40**, 1400; *C.* **1909** I, 532). — Kp: 132,5—133,5° (korr.). D_4^0: 0,8223. n_D^0: 1,4675.

15. *1-Methyl-3-äthyl-cyclopentadien-(1.3)* $C_8H_{12} = \overset{CH_2 \cdot CH_2 \cdot C-CH}{\underset{HC-CH_2}{}} > C \cdot CH_3$.
B. Durch Destillieren der 4-Methyl-cyclopentadien-(1.3)-carbonsäure-(1)-propionsäure-(2)
$HO_2C \cdot CH_2 \cdot CH_2 \cdot C-CH$
$\qquad HO_2C \cdot C-CH_2 > C \cdot CH_3$ (Syst. No. 968) im Wasserstoffstrom (DUDEN, FREYDAG, *B.* **36**, 950). — Gelbgrünes Öl. Kp: 135°. — Polymerisiert sich bei der Destillation zu etwa einem Drittel. Nimmt an der Luft leicht Sauerstoff auf und ist auch gegen Säuren sehr empfindlich. — Färbt sich mit Eisessig grün, mit alkoh. Schwefelsäure gelbrot.

16. *Bicyclo-[o.x.x]-octen* C_8H_{12}. Zur Konstitution vgl. WILLSTÄTTER, KAMETAKA, *B.* **41**, 1482. — *B.* Man destilliert eine konz. wäßr. Lösung von des-Dimethylgranatanin-methylhydroxyd $(CH_3)_3N(OH) \cdot HC \underset{CH_2 \cdot CH_2 \cdot CH_2}{\overset{CH_2 \cdot CH_2 \cdot CH}{<}} CH$ (Syst. No. 1594), behandelt das so entstandene Gemisch von ca. 80% Cyclooctadien-(1.5) (S. 116) (vgl. HARRIES, *B.* **41**, 672) und ca. 20% eines Bicyclooctens mit Bromwasserstoff-Eisessig bei — 10°, trennt die gebildeten Hydrobromide — Dibromcyclooctan (S. 35) und Brombicyclooctan (S. 76) — durch fraktionierte Destillation im Vakuum und erhitzt das Brombicyclooctan mit Chinolin auf 150—180° (W., VERAGUTH, *B.* **40**, 961, 966). — Bewegliche, stark lichtbrechende Flüssigkeit von tropilidenähnlichem Geruch. Wird beim Abkühlen mit flüssiger Luft leimartig; Kp: 137,5—139° (korr.) (W., V., *B.* **40**, 966). D_4^0: 0,9097 (W., V.). D_4^{20}: 0,891; n_D^0: 1,48434 (W. K., *B.* **41**, 1485 Anm.). — Entfärbt Brom und Permanganatlösung sofort (W., V.). Gibt mit Permanganat in kaltem wäßr. Aceton ein Oxyketon $C_8H_{12}O_2$ (Syst. No. 740) (W., V.). Liefert durch Hydrierung in Gegenwart von Nickel bei 145—150° ein Bicyclooctan (S. 76) (W., K.). — Gibt mit konz. Schwefelsäure erst nach 1—2 Minuten schwach gelbliche Färbung (W., V.).
Ozonid $C_8H_{12}O_3$. Vielleicht monocyclisch (WILLSTÄTTER, KAMETAKA, *B.* **41**, 673, 675; vgl. W., K.). — *B.* Neben dem als Hauptprodukt entstehenden Diozonid des Cyclooctadiens-(1.5) (S. 117) durch Einw. von Ozon in Tetrachlorkohlenstofflösung auf das aus ca. 80% Cyclooctadien-(1.5) und ca. 20% eines Bicyclooctens bestehende Prod. der erschöpfenden Methylierung des N-Methyl-granatanins (Syst. No. 3047) (HARRIES, *B.* **41**, 673, 675; vgl. W., K.). — Sirup. Leicht löslich in organischen Mitteln, außer in Hexan (H.). — Entfärbt Brom in Eisessig unter Bildung eines weißen, leicht verharzenden Prod. (H.). Verharzt beim Kochen mit Wasser (H.).

17. *Tricyclooctan* $C_8H_{12} = \overset{H_2C \cdot CH \cdot CH \cdot CH_2}{\underset{H_2C \cdot CH \cdot CH \cdot CH_2}{}}$. Zur Konstitution vgl. DOEBNER, *B.* **40**, 146. — *B.* Neben einem Kohlenwasserstoff $C_{12}H_{16}$ (Syst. No. 473), Methan, Kohlendioxyd und etwas Kohlenoxyd durch Erhitzen von β-Vinyl-acrylsäure (Bd. II, S. 481) mit Baryt (DOEBNER, *B.* **35**, 2134). — Angenehm aromatisch riechendes Öl. Kp_{17}: 50—52°; $D^{5,7}$: 0,8564; löslich in Alkohol, Äther, Chloroform, Benzol, unlöslich in Wasser; $n_D^{20,7}$: 1,49646 (D., *B.* **35**, 2134). — Polymerisiert sich bei längerem Erhitzen auf ca. 250° unter Druck (D., *B.* **40**, 147). Addiert kein Brom (D., *B.* **40**, 147).

18. Derivat eines **Kohlenwasserstoffs** C_8H_{12} *von ungewisser Struktur.*
Bromid $C_8H_{11}Br$ s. bei α-Camphylsäure, Syst. No. 895.

5. Kohlenwasserstoffe C_9H_{14}.

1. **1-Methodthenyl-cyclohexen-(1)** $C_9H_{14} = H_2C \underset{CH_2-CH_2}{\overset{CH_2-CH}{<}} {>} C \cdot C {<} {\overset{CH_2}{\underset{CH_3}{}}}$ (vgl.
auch No. 2). *B.* Aus Δ¹-Tetrahydrobenzoesäureester mit überschüssigem Methylmagnesium-jodid in Äther (PERKIN, MATSUBARA, *Soc.* **87**, 666). — Öl. Kp_{760}: 161—162°. Riecht nach Citrone und nach Terpentinöl. — Absorbiert Sauerstoff aus der Luft. Addiert 2 Atome Brom.

2. **Kohlenwasserstoff** C_9H_{14}. Struktur des Kohlenstoffskeletts: $C {<} {\overset{C-C}{\underset{C-C}{}}} C-C {<} {\overset{C}{\underset{C}{}}}$
(vgl. auch No. 1). — *B.* Neben Methyl-[1-methyl-cyclohexyl]-keton $C_9H_{16}O$ (Syst. No. 612) durch 4-stdg. Kochen von Dimethyl-[1-oxy-cyclohexyl]-carbinol $C_9H_{18}O_2$ (Syst. No. 549) mit 20%iger Schwefelsäure (TABBOURIECH, *C. r.* **149**, 863). — Farblose, sehr bewegliche, terpenartig riechende Flüssigkeit. Kp_{19}: 76°. — Addiert Brom. Gibt mit Chlorwasserstoff ein Mono- und ein Bis-hydrochlorid.

3. **Kohlenwasserstoff** C_9H_{14}. Struktur des Kohlenstoffskeletts: $C {<} {\overset{C-C}{\underset{C-C}{}}} {>} C-C {<} {\overset{C}{\underset{C}{}}}$ (?).
— *B.* Neben anderen Produkten durch trockne Destillation des aus roher Pinonsäure (aus l-Pinen) dargestellten Calciumsalzes (SEMMLER, HOFFMANN, *B.* **37**, 239). — Kp: 140°. D^{20}: 0,8142. n_D^{20}: 1,4628. — Wird durch $KMnO_4$ leicht oxydiert. Addiert annähernd 4 Atome Brom.

4. **Kohlenwasserstoff** C_9H_{14}. Struktur des Kohlenstoffskeletts: $C-C {<} {\overset{C-C}{\underset{C}{}}} {<} {\overset{C}{\underset{C-C}{}}} C-C.$
B. Wurde aus dem (durch Destillation von Knochen entstandenen) tierischen Teer isoliert (WEIDEL, CIAMICIAN, *B.* **13**, 72). — Flüssig. $Kp_{748,7}$: 153,5°. Riecht süßlich-ätherisch. — Liefert bei der Oxydation mit HNO_3 oder mit Chromsäuregemisch Isophthalsäure.

5. **1-Methyl-4-äthyl-cyclohexadien-(1.3)** $C_9H_{14} =$
$CH_3 \cdot CH_2 \cdot C {<} {\overset{CH \cdot CH}{\underset{CH_2 \cdot CH_2}{}}} {>} C \cdot CH_3.$ *B.* Durch Kochen der Verbindung

$C_2H_5 \cdot C {<} {\overset{CH—CO}{\underset{CH_2—CH_2}{}}} {>} C(CH_3) \cdot CHCl_2$ mit alkoh. Kalilauge (AUWERS, v. D. HEYDEN, *B.* **42**, 2417). — Flüssigkeit von terpenartigem Geruch. Kp_{761}: 160,9—161,2°. $D^{15,4}$: 0,8393. n_α^{15}: 1,47823; n_D^{15}: 1,49263; n_γ^{15}: 1,50347. — Nimmt beim Aufbewahren infolge Polymerisation sirupöse Beschaffenheit an.

6. **1-Methyl-4-äthyliden-cyclohexen-(1)** oder **1-Methyl-4-äthenyl-cyclo-hexen-(1)** $C_9H_{14} = CH_3 \cdot CH:C {<} {\overset{CH_2 \cdot CH_2}{\underset{CH_2 \cdot CH_2}{}}} {>} C \cdot CH_3$ oder $CH_2:CH \cdot HC {<} {\overset{CH_2 \cdot CH_2}{\underset{CH_2 \cdot CH_2}{}}} {>} C \cdot CH_3$
oder Gemisch beider. — *B.* Aus 1.4¹-Dichlor-1-methyl-4-äthyl-cyclohexan (S. 42) durch Erhitzen mit überschüssigem Chinolin (WALLACH, RAHN, *A.* **324**, 96). — Flüssig. Kp: 160—163°. D^{22}: 0,843. n_D^{22}: 1,47586.

7. **1.1.2-Trimethyl-cyclohexadien-(2.4)** (L.-R.-Bezf.: Trimethyl-1.6.6-cyclo-hexadien-1.3) $C_9H_{14} = HC {<} {\overset{CH=C(CH_3)}{\underset{CH—CH_2}{}}} {>} C(CH_3)_2.$

3.5-Dichlor-1.1.2-trimethyl-cyclohexadien-(2.4) $C_9H_{12}Cl_2 =$
$HC {<} {\overset{CCl=C(CH_3)}{\underset{CCl—CH_2}{}}} {>} C(CH_3)_2.$ *B.* Neben 4.6-Dichlor-1.2.3-trimethyl-benzol durch 5-stdg. Erwärmen von 30 g 1.1.2-Trimethyl-cyclohexandion-(3.5) (Syst. No. 667) in 80 g Chloroform mit 84 g PCl_5 auf dem Wasserbad (CROSSLEY, HILLS, *Soc.* **89**, 880). — Campherartig riechendes Öl. Kp_{33}: 118—119°. — Gibt bei der Oxydation mit $KMnO_4$ Dimethylmalonsäure und asymm. Dimethylbernsteinsäure. Liefert mit Brom 4.6-Dichlor-1.2.3-trimethyl-benzol, mit überschüssigem Brom 4.6-Dichlor-5-brom-1.2.3-trimethyl-benzol.

8. **1.1.3-Trimethyl-cyclohexadien-(3.5)** (L.-R.-Bezf.: Trimethyl-1.5.5-cyclo-hexadien-1.3) $C_9H_{14} = HC {<} {\overset{C(CH_3) \cdot CH_2}{\underset{CH=CH}{}}} {>} C(CH_3)_2.$

5-Chlor-1.1.3-trimethyl-cyclohexadien-(3.5) $C_9H_{13}Cl = HC {<} {\overset{C(CH_3) \cdot CH_2}{\underset{CCl=CH}{}}} {>} C(CH_3)_2.$
B. Durch Einw. von PCl_5 auf Isophoron (Syst. No. 616) (KNOEVENAGEL, *A.* **297**, 191). — Flüssig. Kp_{12}: 62°. — Bräunt sich beim Stehen.

9. *1.1.4-Trimethyl-cyclohexadien-(2.5)* (L.-R.-Bezf.: Trimethyl-3.3.6-cyclo-hexadien-1.4) C_9H_{14} = $CH_3 \cdot HC {<}^{CH=CH}_{CH=CH}{>} C(CH_3)_2$.

$1^1.1^1.1^1$-Trichlor-3.4.5-tribrom-1.1.4-trimethyl-cyclohexadien-(2.5) (?), 3.4.5-Tri-brom-1.4-dimethyl-1-trichlormethyl-cyclohexadien-(2.5) (?) $C_9H_8Cl_3Br_3$ = $CH_3 \cdot BrC{<}^{CBr=CH}_{CBr=CH}{>}C{<}^{CCl_3}_{CH_3}$ (?). *B.* Durch Einw. von 15 g Brom auf 10 g $1^1.1^1.1^1$-Trichlor-1.1.4-trimethyl-cyclohexadien-(2.5)-ol-(4) (Syst. No. 510) in Chloroform unter Kühlung (ZINCKE, SCHWABE, *B.* 41, 901). — Nädelchen (aus Benzin). F: 106—107° (Zers.). Leicht löslich außer in Benzin und Petroläther. — Liefert beim Erwärmen über den Schmelzpunkt $1^1.1^1.1^1$-Trichlor-3.5-dibrom-1.1-dimethyl-4-methylen-cyclohexadien-(2.5) (?) (Syst. No. 468).

$1^1.1^1.1^1$-Trichlor-3.4.5.4^1-tetrabrom-1.1.4-trimethyl-cyclohexadien-(2.5) (?), 3.4.5-Tribrom-1-methyl-1-trichlormethyl-4-brommethyl-cyclohexadien-(2.5) (?) $C_9H_7Cl_3Br_4$ = $CH_2Br \cdot BrC{<}^{CBr=CH}_{CBr=CH}{>}C{<}^{CCl_3}_{CH_3}$ (?). *B.* Aus 10 g $1^1.1^1.1^1$-Trichlor-1.1.4-trimethyl-cyclo-hexadien-(2.5)-ol-(4) und 30 g Brom in Chloroform bei 5-stdg. Stehen (Z., SCH., *B.* 41, 901). — Nädelchen. F: 133° (Zers.). Sehr wenig löslich. — Geht beim Schmelzen, sowie beim Kochen mit Benzol, schneller noch bei Einw. von Zinnchlorür in $1^1.1^1.1^1$-Trichlor-3.5-dibrom-1.1-dimethyl-4-methylen-cyclohexadien-(2.5) (?) (Syst. No. 468) über.

10. **Kohlenwasserstoff** C_9H_{14}. Struktur des Kohlenstoffskeletts $C{>}C{-}C{<}$. *B.* Aus der Säure $C_{10}H_{14}O_2$ (Syst. No. 895), deren Ester durch Kondensation $C{<}^{C}_{C}{>}C \cdot C$. von 1.3-Dimethyl-cyclohexen-(3)-on-(5) (Syst. No. 616) mit Bromessigester $C{<}^{C}_{C}{>}C{-}C{>}$ und Zink entsteht, durch 4—5-stdg. Erhitzen auf 200° im geschlossenen Gefäß (WALLACH, *A.* 323, 144). — Kp: 147°. D^{18}: 0,826.

11. *1-Methyl-2-methoäthenyl-cyclopenten-(4)* C_9H_{14} = $HC{-}{-}CH_2{\,}{>}CH \cdot C{<}^{CH_3}_{CH_2}$, $HC{-}CH(CH_3)$. *B.* Durch kurzes Erhitzen von Dimethyl-[2-methyl-cyclo-penten-(3)-yl]-carbinol (Syst. No. 506) mit der doppelten Menge Bernsteinsäureanhydrid (HAWORTH, PERKIN, *Soc.* 93, 595). — Farbloses Öl. Kp_{770}: 143—145°. — Oxydiert sich an der Luft. Die Lösung in Essigsäureanhydrid gibt mit wenig H_2SO_4 eine blutrote Färbung, die beim Erwärmen in Violett übergeht.

12. *1-Methyl-3-methoäthenyl-cyclopenten-(1 oder 5)* C_9H_{14} = $H_2C{-}CH_2{\,}{>}CH \cdot C{<}^{CH_3}_{CH_2}$, $CH_3 \cdot C{=}CH$ oder $CH_3 \cdot C{-}CH_2{\,}{>}CH \cdot C{<}^{CH_3}_{CH_2}$, $HC{-}CH_2$ oder Gemisch beider. *B.* Aus Cyclopentanon-(3)-carbonsäure-(1)-äthylester mit Methylmagnesiumjodid in Äther, neben Dimethyl-[3-methyl-cyclopenten-(2 oder 3)-yl]-carbinol (Syst. No. 506) (HAWORTH, PERKIN, *Soc.* 93, 592). — Farbloses Öl. Kp: 150°. — Addiert Brom und Bromwasserstoff.

13. *2.3-Dimethyl-bicyclo-[1.2.2]-hepten-(2), Santen* (vgl. auch No. 15) C_9H_{14} = $CH_2{-}CH{-}C \cdot CH_3$ Zur Konstitution vgl. SEMMLER, *B.* 41, 385. — *V.* Im ostindischen Sandelholzöl (MÜLLER, *Ar.* 238, 369). Im sibirischen, schwedischen und deutschen Fichtennadelöl, sowie im deutschen Edeltannennadelöl (ASCHAN, *B.* 40, 4920). — *B.* Aus Santenhydrochlorid $C_9H_{15}Cl$ (S. 82) durch Einw. von Anilin (ASCHAN, *Öfversigt af Finska Vetenskaps-Societetens Förhandlingar* 53 [1910—1911] A, No. 8, S. 7). Aus Santenhydrat $C_9H_{16}O$ (Syst. No. 506) durch Behandlung mit Eisessig oder 10%iger Oxalsäurelösung im Wasserbade (ASCHAN, *Öfversigt af Finska Vetenskaps-Societetens Förhandlingar* 53 [1910—1911] A, No. 8, S. 11). Durch Einw. von alkoh. Kalilauge auf das Chlorid, welches aus Santenol $C_9H_{16}O$ (Syst. No. 506) und PCl$_5$ in Petroläther erhalten wird (SEMMLER, BARTELT, *B.* 41, 128). Durch mehrstündiges Kochen von Teresantalsäure (Syst. No. 895) mit verd. Schwefelsäure (MÜLLER, *Ar.* 238, 380). — Flüssigkeit von unangenehmem, nur entfernt an Camphen erinnerndem Geruch. Kp: 139—140°; Kp_{15}: 35—37°; D^{15}: 0,8710; a_D: −0,5° (l = 100 mm) (M.). Kp: 139—140° (unkorr.); D^{15}_4: 0,8735; n: 1,46878; $[a]_D$: −0,24° (A., *Öfversigt af Finska Vetenskaps-Societetens Förhandlingar* 53 A, Nr. 8, S. 5). Kp_{770}: 140—141°; D^{15}: 0,869; n^{20}_D: 1,46436; a_D: −0° 16′ (l = 100 mm) (SCHIMMEL & Co., Bericht vom Oktober 1910, 96). Während die vorstehend beschriebenen Präparate (wahrscheinlich infolge schwer zu entfernender Verunreinigungen) opt.-akt. sind, beschreibt SEMMLER (*B.* 40, 4595) ein aus Sandelholzöl gewonnenes inakt. Santen mit folgenden Konstanten: Kp_9: 31—33°; D^{20}: 0,863; n^{20}_D: 1,46558. — Santen verharzt ziemlich rasch (A., *Öfversigt af Finska Vetenskaps-Societetens Förhandlingar* 53 A, Nr. 8, S. 6). Durch Einw. von Ozon auf die Lösung in Benzol bei Gegenwart von Wasser und Zers. des Reaktions-

produkts mit Wasserdämpfen entsteht 1.3-Diäthylon-cyclopentan: $CH_3 \cdot CO \cdot CH - CH_2$
(Syst. No. 667) (SEMMLER, *B.* **40**, 4595; **41**, 389). Bei der Oxydation CH_2
mit Natriumchromat und Schwefelsäure entsteht Santenon $C_9H_{14}O$
(Syst. No. 616) (ASCHAN, *Öfversigt af Finska Vetenskaps-Societetens* $CH_3 \cdot CO \cdot CH - CH_2$
Förhandlingar **53** [1910—1911] A, Nr. 8, S. 17). Bei der Oxydation von Santen mit
$KMnO_4$ in wasserhaltigem Aceton entsteht Santenglykol $C_9H_{16}O_2$ (Syst. No. 550) und
weiterhin 1.3-Diäthylon-cyclopentan (SEMMLER, BARTELT, *B.* **41**, 868). Santen liefert beim
Kochen mit Eisessig und etwas verd. Schwefelsäure (ASCHAN) oder mit konz. Ameisen-
säure (SE., B., *B.* **41**, 128) die Ester des Santenols $C_9H_{16}O$ (Syst. No. 506). Santen addiert
HCl unter Bildung von Santenhydrochlorid $C_9H_{15}Cl$ (MÜLLER; ASCHAN, *Öfversigt af Finska
Vetenskaps-Societetens Förhandlingar* **53** A, Nr. 8, S. 7). Einw. von Brom auf Santen: MÜLLER,
Ar. **238**, 371; ASCHAN, *B.* **40**, 4921.

Santennitrosit. *B.* Durch Zusatz von 33°/₀iger Salzsäure zu einem Gemisch von
Santen in Äther und $NaNO_2$ in Wasser (MÜLLER, *Ar.* **238**, 370; vgl. ASCHAN, *B.* **40**, 4921).
— Grünblaue Krystalle (aus Alkohol oder Petroläther). F: 124—125° (Zers.) (A.).

α-Santennitrosochlorid $C_9H_{14}ONCl$. *B.* Man tröpfelt zu einem Gemisch von 5 g
Santen (s. o.), 5 g Eisessig und 6 g Äthylnitrit (Kältemischung) 7,5 ccm konz. Salzsäure
(M., *Ar.* **238**, 369). — Prachtvoll blaue Krystalle. F: 108° (Zers.) (M.), 109—110° (ASCHAN,
B. **40**, 4921). Leicht löslich in organischen Lösungsmitteln. Geht an der Luft in die β-Modi-
fikation (s. u.) über.

β-Santennitrosochlorid $(C_9H_{14}ONCl)_x$. *B.* Aus dem α-Nitrosochlorid (s. o.) durch
Polymerisierung an der Luft (M., *Ar.* **238**, 370). — Weiße beständige Krystalle. Geht
bei 90° wieder in die blaue α-Modifikation über.

14. *7.7-Dimethyl-bicyclo-[1.2.2]-hepten-(2), Apobornylen* $C_9H_{14} =$
$H_2C - CH$——CH *B.* Durch wiederholte Destillation von Camphenilylxanthogensäure-
| $C(CH_3)_2$ ‖ · methylester $C_9H_{15} \cdot O \cdot CS_2 \cdot CH_3$ (Syst. No. 506) unter gewöhnlichem
| ‖ · Druck (WAGNER, LEMISCHEWSKI, Sitzungsprotokoll der Abteilung für
$H_2C - CH$——CH Physik und Chemie der Gesellschaft der Naturforscher an der Universität
Warschau, Mai 1903). Durch Kochen von Camphenilonchlorid (S. 82) mit Natrium in Äther
(MOYCHO, ZIENKOWSKI, *A.* **340**, 57). — F: 35,5—36°; Kp_{755}: 136—137° (W., L.). — Gibt
bei der Oxydation mit $KMnO_4$ cis-Apocamphersäure (W., L.).

15. *Camphenilen* C_9H_{14}[1]). *B.* Durch Erhitzen von Camphenilylchlorid (S. 82) mit
Anilin auf 175° (JAGELKI, *B.* **32**, 1503). Neben Tricyclensäure $C_{10}H_{16}O_2$ (Syst. No. 895)
durch trockne Destillation der α-Oxy-camphenilansäure $C_{10}H_{16}O_3$ (Syst. No. 1054) (MOYCHO,
ZIENKOWSKI, *A.* **340**, 53). — Nach Camphen riechende Flüssigkeit. Kp: 137,5—138,5°
(M., Z.). — Camphenartig riechende Flüssigkeit. Kp_{760}: 142° (J.). — Entfärbt momentan
$KMnO_4$ und Brom (J.; M., Z.).

16. *Kohlenwasserstoff* $C_9H_{14} = $ $H_2C - \overset{C(CH_3)_2}{\diagup \diagdown} - C:CH_2$ oder $H_2C - \overset{C(CH_3)_2}{\diagup \diagdown} - C - CH_2$
H_2C——$C:CH_2$ H_2C——$C{\diagdown}CH$

B. Durch Erhitzen des Campholenlactons $C_{10}H_{16}O_2$ (Syst. No. 2461) unter normalem Druck
(BÉHAL, *Bl.* [3] **27**, 409). — Geruch terpentinartig. Kp_{757}: 127—128°. D^0: 0,8292.

17. *Carpen* C_9H_{14}. *B.* Durch trockne Destillation der Calciumsalzes der Podocarpinsäure $C_{17}H_{22}O_3$ (Syst. No. 1087) (OUDEMANS, *A.* **170**, 252). — Kp: 155—157°. — Absorbiert
sehr begierig Sauerstoff an der Luft und verharzt. Gibt mit Brom öliges $C_9H_{13}Br$ und
$C_9H_{12}Br_2$.

6. Kohlenwasserstoffe $C_{10}H_{16}$.

Zu dieser Reihe von Kohlenwasserstoffen gehört der
größte Teil der sogenannten Terpene. Unter der Bezeichnung „Terpene" faßt man diejenigen Kohlenwasserstoffe $C_{10}H_{16}$ zusammen, die neben Sesquiterpenen (Syst. No. 471)
und sauerstoffhaltigen Verbindungen die wesentlichen Bestandteile der ätherischen Öle
bilden oder in nahen Beziehungen zu solchen stehen. Außer ihrem Vorkommen haben die
meisten Terpene eine Reihe von Eigenschaften gemeinsam, die zum größeren Teil auf ihrem
ungesättigten Charakter beruhen: Polymerisierbarkeit durch Hitze oder chemische Einwir-
kungen; Isomerisierung durch Säuren; Oxydierbarkeit; Additionsfähigkeit für Wasserstoff,
Halogene, Halogenwasserstoffe, Stickoxyde, Nitrosylchlorid usw. Nach ihrer Struktur
lassen sie sich in folgende Gruppen einteilen:
1. Acyclische Terpene mit 3 Doppelbindungen.
2. Monocyclische Terpene mit 2 Doppelbindungen.

---

[1]) Nach dem für die 4. Auflage dieses Handbuchs geltenden Literatur-Schlußtermin [1. I. 1910]
durch KOMPPA und HINTIKKA (*C.* **1917** I, 406) als hauptsächlich aus Santen bestehend erkannt.

3. Bicyclische Terpene mit 1 Doppelbindung.
4. Tricyclische Terpene, keine Doppelbindung enthaltend.
Über Nomenklatur und Bezifferung der 2., 3. und 4. Gruppe vgl. S. 4—5, 11, 13—14.
Die Terpene der 1. Gruppe sind in Bd. I, S. 264, abgehandelt.
Zusammenfassung der wichtigsten bis 1891 erzielten Forschungsergebnisse über Terpene:
WALLACH, B. **24**, 1525. — Buchliteratur über Terpene: HEUSLER, Die Terpene [Braun-
schweig 1896]; CHARABOT, DUPONT, PILLET, Les huiles essentielles [Paris 1899]; ASCHAN,
Chemie der alicyclischen Verbindungen [Braunschweig 1905]; SEMMLER, Die ätherischen
Öle [Leipzig 1906]; BARTELT, Die Terpene und Campherarten [Heidelberg 1908]; GILDE-
MEISTER, HOFFMANN, Die ätherischen Öle, 2. Aufl. [Leipzig 1910]; WALLACH, Terpene und
Campher; Zusammenfassung eigener Untersuchungen auf dem Gebiet der alicyclischen
Kohlenstoffverbindungen, 2. Aufl. [Leipzig 1914].

1. *1.1.4-Trimethyl-cycloheptadien-(3.6)* ?, *Euterpen* $C_{10}H_{16}$ =
$CH_2 \cdot C{=}CH \cdot CH_2$
$CH_2 \cdot CH{:}CH$ $C{<}{}^{CH_3}_{CH_3}$ (?). *B.* Dihydroeucarveol $C_{10}H_{18}O$ (Syst. No. 507) wird mit
PCl_5 behandelt und das entstandene Chlorid mit Chinolin gekocht (BAEYER, B. **31**, 2075).
— Kp: 161—165°. — Bei der Oxydation mit $KMnO_4$ entsteht asymm. Dimethylbernstein-
säure. Gibt bei der Dehydrierung (durch folgeweise Anlagerung von HBr, Bromierung und
Reduktion) 1.2-Dimethyl-4-äthyl-benzol $C_{10}H_{14}$ (Syst. No. 469).

2. Derivat eines *1.1.4-Trimethyl-cycloheptadiens* $C_{10}H_{16}$ *mit unbekannter
Lage der Doppelbindungen.*

3-Chlor-1.1.4-trimethyl-cycloheptadien $C_{10}H_{15}Cl$. *B.* Durch Einw. von PCl_5 auf
Dihydroeucarvon $C_{10}H_{16}O$ (Syst. No. 617) (KLAGES, KRAITH, B. **32**, 2563). — Kp_{12}: 92—93°.
D^{18}: 1,02. n_D: 1,51250. — Durch Kochen des mit Brom entstehenden Bromids mit Chinolin
erhält man neben einem Kohlenwasserstoff eine Verbindung $C_{10}H_{13}Cl$, die durch $KMnO_4$
in der Kälte oxydiert wird und mit H_2SO_4 keine Sulfonsäure liefert.

3. *1-Methyl-2-methodthenyl-cyclohexen-(1)*, *o-Menthadien-(1.8 (9))* $C_{10}H_{16}$ =
$H_2C{<}{}^{CH_2-CH_2}_{CH_2-C \cdot CH_3}{>}C \cdot C(CH_3){:}CH_2$.   *B.* Durch längere Einw. von Methylmagnesiumjodid auf
2-Methyl-cyclohexen-(1)-carbonsäure-(1)-äthylester (Syst.
No. 894) oder auf Methyl-[2-methyl-cyclohexen-(1)-yl]-
keton (Syst No. 616) in Äther (KAY, PERKIN, Soc. **87**, 1076). — Nach Fichtenholz und nach
Citrone riechende Flüssigkeit, erstarrt bei starker Abkühlung, schmilzt unterhalb —40°. Kp_{755}:
177°. — Oxydiert sich langsam an der Luft. Gibt mit Natrium und siedendem Alkohol
o-Menthen-(2(8)) (S. 84). Addiert direkt nur 2 Atome Brom. Die Lösung in Essigsäureanhydrid gibt mit einem Tropfen konz. Schwefelsäure eine rasch verblassende Rosafärbung.

4. *1-Methyl-3-methodäthyl-cyclohexadien-(4.6)*, *m-Menthadien-(4.6)*
$C_{10}H_{16}$ = $HC{<}{}^{CH{=}{=}CH}_{C(CH_3) \cdot CH_2}{>}CH \cdot CH{<}{}^{CH_3}_{CH_3}$.

5-Chlor-1-methyl-3-methodäthyl-cyclohexadien-(4.6), 5-Chlor-m-menthadien-(4.6)
$C_{10}H_{15}Cl$ = $HC{<}{}^{CCl{=}{=}CH}_{C(CH_3) \cdot CH_2}{>}CH \cdot CH{<}{}^{CH_3}_{CH_3}$. *B.* Durch allmähliches Eintragen von 14 g
PCl_5 in die Lösung von 10 g 1-Methyl-3-methodäthyl-cyclohexen-(6)-on-(5) $C_{10}H_{16}O$ (Syst.
No. 617) in 30 g wasserfreiem Chloroform und Erwärmen auf ca. 50° im Vakuum (GUND-
LICH, KNOEVENAGEL, B. **29**, 169). — Öl. Kp_{15}: 106°. — Mit 95%iger Schwefelsäure wird
1-Methyl-3-methodäthyl-cyclohexen-(6)-on-(5) zurückgebildet. Durch folgeweise Behandlung
mit Brom und mit Chinolin erhält man 5-Chlor-1-methyl-3-isopropyl-benzol.

5. *1-Methyl-3-methodäthyl-cyclohexadien-(x.x)*. *m-Menthadien-(x.x)*
$C_{10}H_{16}$. Struktur des
Kohlenstoffskeletts:
$C{<}{}^{C-C}_{C-C-C}{>}C-C{<}{}^{C}_{C}$ *B.* Aus dem Phosphat des 1.5-Diamino-m-
menthans durch trockne Destillation (HARRIES,
ANTONI, A. **328**, 116). — Schwach riechende
Flüssigkeit. Kp: 172—174° (korr.). $D^{15.4}_{15.4}$: 0,8423; $D^{15.5}_{4}$: 0,8411. $n_D^{15.4}$: 1,47936. — Wird
durch BECKMANNsche Chromsäuremischung nicht angegriffen. Beim Oxydieren mit $KMnO_4$
in Acetonlösung bildet sich ein indifferentes Öl (Kp_{20}: 130—150°), das beim Kochen mit
Ammoniak und Essigsäure die Pyrrolreaktion gibt. Gibt mit HCl oder HBr in Eisessig
farblose ölige Verbindungen. Liefert kein krystallisierendes Nitrosit, Nitrosat oder Nitrosochlorid. Gibt mit konz. Schwefelsäure eine himbeerrote Färbung. Die Lösung in Essigsäureanhydrid gibt mit einem Tropfen konz. Schwefelsäure eine blauviolette Färbung.

6. 1-Methyl-3-methoäthenyl-cyclohexene-(1), m-Menthadiene-(1.8 (9)).
Silvestrene und Carvestren $C_{10}H_{16} = H_2C<^{CH_2——CH_2}_{CH(CH_3):CH}>CH·C<^{CH_3}_{CH_3}$.

a) *Rechtsdrehendes m-Menthadien-(1.8 (9)), d-Silvestren.* V. Im schwedischen und deutschen Kiefernadelöl (von Pinus silvestris) (BERTRAM, WALBAUM, Ar. 231, 299, 300). Im Nadelöl der Latschenkiefer (Pinus Pumilio Haenke) (BERTRAM, WALBAUM, Ar. 231, 297; vgl. ATTERBERG, B. 14, 2531). Im schwedischen Kienöl (Pinus silvestris) (ATTERBERG, B. 10, 1203; WALLACH, A. 239, 25). Im russischen ,,Terpentinöl'' (WALLACH, A. 230, 247; vgl. TILDEN, Soc. 33, 80; J. 1878, 390). Im finnländischen Kienöl (ASCHAN, · HJELT, Ch. Z. 18, 1566). Im finnländischen Terpentinöl (von Pinus silvestris) (ASCHAN, HJELT, Ch. Z. 18, 1567; ASCHAN, B. 39, 1450, 2596). Im Cypressenöl (SCHIMMEL & CO., C. 1904 I, 1264).

Natürliches d-Silvestren. Die durch Destillation über Natrium gereinigte Silvestrenfraktion des schwedischen Kienöls ist eine wasserhelle, nach frischem Fichtenholz riechende Flüssigkeit. Kp: 173—175°; D¹⁶: 0,8612; $[α]_D$: + 19,5° (ATTERBERG, B. 10, 1206). — Durch Einleiten von Chlorwasserstoff in die äther. Lösung entsteht d-Silvestren-bis-hydrochlorid neben öligen Produkten (ATT.).

Aus d-Silvestren-bis-hydrochlorid regeneriertes d-Silvestren. B. Durch Erhitzen des d-Silvestren-bis-hydrochlorids mit Anilin (WALLACH, A. 230, 243), Chinolin (BAEYER, VILLIGER, B. 31, 2067) oder mit Natriumacetat in Eisessig (WALL., A. 239, 26). — Darst. Man erhitzt je 40 g Bishydrochlorid mit 40 g Anilin und 10 ccm Alkohol bis zur Abscheidung von salzsaurem Anilin, destilliert mit Wasserdampf, schüttelt das Destillat mit sehr verd. kalter Schwefelsäure und mit Wasser, destilliert nochmals mit Wasserdampf, trocknet die zuerst übergegangenen Anteile mit festem Kaliumhydroxyd und trennt von höher siedenden Beimengungen durch fraktionierte Destillation (WALL., A. 245, 197). — Kp: 175—176° (WALL., CONRADY, A. 252, 149), 176—177° (WALL., A. 245, 198). D¹⁶: 0,8510 (WALL., A. 245, 198); D²⁰: 0,848 (WALL., CONR., A. 252, 149). n_D^{15}: 1,47799 (WALL., A. 245, 198); n_D^{20}: 1,47573 (WALL., CONR., A. 252, 149). $[α]_D^{10°}$: + 66,32° (in Chloroform, p = 14,316) (WALL., CONR., A. 252, 149). — Polymerisiert sich zum Teil beim Erhitzen auf ca. 250° im geschlossenen Rohr (WALL., A. 239, 28). Wird durch Natrium und Alkohol nicht reduziert (SEMMLER, B. 34, 3125). Mit Brom in kaltem Eisessig entsteht neben öligen Produkten rechtsdrehendes Silvestrentetrabromid (S. 47) (WALL., A. 239, 30). Gibt mit Halogenwasserstoffen, am besten in Eisessig, die entsprechenden Bis-hydrohalogenide (WALL., A. 239, 28), mit Nitrosylchlorid ein Nitrosochlorid (s. u.) (WALL., A. 245, 272). Beim Kochen mit alkoh. Schwefelsäure erfolgt starke Verharzung und Polymerisation, aber keine Umlagerung in ein anderes Terpen (WALL., A. 239, 28). Silvestren addiert Phenylmercaptan (POSNER, B. 38, 656). — Die Lösung in Essigsäureanhydrid färbt sich bei Zusatz eines Tropfens konz. Schwefelsäure intensiv blau; Gegenwart anderer Terpene beeinträchtigt diese Reaktion (WALL., A. 239, 27).

Nitrosochlorid des d-Silvestrens $C_{10}H_{16}ONCl$. B. Aus d-Silvestren, Amylnitrit und rauchender Salzsäure in der Kälte (WALLACH, A. 245, 272). — Krystalle (aus Methylalkohol). F: 106—107°. Ungemein löslich in Chloroform. Stark rechtsdrehend.

b) *Linksdrehendes m-Menthadien-(1.8 (9)), l-Silvestren.* Das ätherische Öl aus dem Harz von Dacryodes hexandra enthält l-Silvestren (MORE, Soc. 75, 718).

c) *Inaktives m-Menthadien-(1.8 (9)), d.l-Silvestren, Carvestren.* B. Durch Kochen von inaktivem m-Menthen-(1)-ol-(8) $H_2C<^{CH_2——CH_2}_{C(CH_3):CH}>CH·C(OH)(CH_3)_2$ (Syst. No. 507) mit KHSO₄ (PERKIN, TATTERSALL, Soc. 91, 499). Man erhitzt salzsaures Vestrylamin $H_2C<^{CH_2——CH_2}_{CH(CH_3)·CH(NH_2)}>CH·C<^{CH_3}_{CH_3}$ (Syst. No. 1595) in einem langsamen HCl-Strom, behandelt das durch Erhitzen mit Natriumacetat und Eisessig und Destillation über Natrium gereinigte Destillat mit Bromwasserstoff in Eisessig und kocht das abgeschiedene feste Bis-hydrobromid (S. 47, Z. 14 v. o.) mit Chinolin (BAEYER, B. 27, 3488; vgl. KONDAKOW, SCHINDELMEISER, J. pr. [2] 68, 111). — Schwach nach Dipenten (B.), bezw. stechend nach Citrone (P., T.) riechende Flüssigkeit. Kp: 178° (korr.) (B.); Kp₇₅₀: 178—179° (P., T.). — Verharzt an der Luft schnell (B.), oxydiert sich indeß nicht so rasch wie Dipenten (P., T.). Entfärbt Permanganat sofort und wird von Chromsäuregemisch in der Kälte oxydiert (B.). Wird durch Natrium und Alkohol nicht reduziert (SEMMLER, B. 34, 3125). Liefert mit HCl in Eisessig festes Carvestren-bis-hydrochlorid, mit HBr ein Gemisch von festem und öligem Carvestren-bis-hydrobromid (B.; P., T.). Die Lösung in Essigsäureanhydrid färbt sich auf Zusatz eines Tropfens konz. Schwefelsäure intensiv blau (B.; P., T.).

7. *1-Methyl-3-methoäthenyl-cyclohexen-(2), m-Menthadien-(2.8 (9))*

$C_{10}H_{16} = H_2C \begin{smallmatrix} CH_2 \\ CH(CH_3) \end{smallmatrix} \begin{smallmatrix} CH \\ CH_2 \end{smallmatrix} C \cdot C \begin{smallmatrix} CH_3 \\ CH_2 \end{smallmatrix}$.   *B.* Durch Erhitzen von m-Menthen-(2)-ol-(8) $C_{10}H_{18}O$ (Syst. No. 507) mit $KHSO_4$ (PERKIN, TATTERSALL, *Soc.* 87, 1101). — Riecht nach Menthol und nach Citrone. Kp: 184—187°. — Oxydiert sich an der Luft. Addiert 2 Atome Brom. Gibt in Essigsäureanhydrid mit konz. Schwefelsäure eine blauviolette Färbung.

8. *1-Methyl-3-methoäthenyl-cyclohexen-(3), m-Menthadien-(3.8 (9))*

$C_{10}H_{16} = H_2C \begin{smallmatrix} CH_2 \\ CH(CH_3) \cdot CH_2 \end{smallmatrix} \begin{smallmatrix} CH \\ \end{smallmatrix} C \cdot C \begin{smallmatrix} CH_3 \\ CH_2 \end{smallmatrix}$.   *B.* Aus 3-Methyl-cyclohexen-(6)-carbonsäure-(1)-äthylester (Syst. No. 894) mit überschüssigem Methylmagnesiumjodid in Äther (PERKIN, TATTERSALL, *Soc.* 87, 1100). — Nach Citrone riechende Flüssigkeit. Kp_{745}: 187°. — Oxydiert sich an der Luft. Addiert 2 Atome Brom. Gibt mit Essigsäureanhydrid und konz. Schwefelsäure eine rotviolette Färbung.

9. *1-Methyl-3-methoäthenyl-cyclohexen-(6), m-Menthadien-(6.8 (9)), Isocarvestren* $C_{10}H_{16} = HC \begin{smallmatrix} CH \\ C(CH_3) \cdot CH_2 \end{smallmatrix} \begin{smallmatrix} CH_2 \\ \end{smallmatrix} CH \cdot C \begin{smallmatrix} CH_3 \\ CH_2 \end{smallmatrix}$.   *B.* Man fügt 21 g m-Menthen-(6)-ol-(8) $C_{10}H_{18}O$ (Syst. No. 507) zu äther. Methylmagnesiumjodid-Lösung (aus 15 g Mg) und zersetzt das Prod. nach 4 Tagen mit Wasser und verd. Salzsäure (FISHER, PERKIN, *Soc.* 93, 1890). — Stechend nach Citrone riechende Flüssigkeit. Kp_{745}: 176—177°. D_4^{20}: 0,8496. n_α^{20}: 1,47799; n_β^{20}: 1,49090; n_γ^{20}: 1,49893. — Oxydiert sich langsam an der Luft. Addiert nur je ein Molekül Brom, Chlorwasserstoff und Bromwasserstoff. Die Lösung in Essigsäureanhydrid gibt mit konz. Schwefelsäure eine violette, rasch verblassende Färbung.

10. *1-Methyl-4-methoäthyl-cyclohexadien-(1.3), p-Menthadien-(1.3), α-Terpinen* $C_{10}H_{16} = CH_3 \cdot C \begin{smallmatrix} CH_2 \cdot CH_2 \\ CH \quad CH \end{smallmatrix} C \cdot CH \begin{smallmatrix} CH_3 \\ CH_3 \end{smallmatrix}$.   α-Terpinen bildet den einen Hauptbestandteil (neben γ-Terpinen, S. 128—129) des gewöhnlichen „Terpinens" (vgl. WALITZKY, *C. r.* 94, 90), das 1885 durch WALLACH (*A.* 230, 254, 260) als von den anderen bekannten Terpenen verschieden erkannt wurde. Die Darst. eines reinen α-Terpinens ist noch nicht gelungen; vermutlich stellt sich bei der Bildung von Terpinen nach den verschiedenen Methoden ein Gleichgewicht zwischen p-Menthadien-(1.3) und -(1.4) ein (WALL., *A.* 362, 303). — *V.* α-Terpinen findet sich im Cardamomenöl (WEBER, *A.* 238, 101; vgl. WALLACH, *A.* 238, 107 Anm.; 239, 33); im Majoranöl (BILTZ, *B.* 32, 996); im Corianderöl (WALBAUM, MÜLLER, WALLACH-Festschrift [Göttingen 1909], S. 660; SCHIMMEL & Co., Bericht vom Oktober 1909, 33).

An α-Terpinen besonders reiche Terpengemische werden nach folgenden Methoden erhalten:

1. Terpinen von Auwers, v. d. Heyden, *B.* 42, 2420 (vgl. SEMMLER, *B.* 42, 4172; AUW., *B.* 42, 4427). *Darst.* Man läßt eine absol.-alkoh. Lösung von $1^1.1^1$-Dichlor-1.1-dimethyl-4-methoäthyl-cyclohexen-(3)-on-(2) (Syst. No. 619) langsam zu einer siedenden Lösung von 10 Mol.-Gew. Kaliumhydroxyd in der 4—5-fachen Menge Alkohol tropfen und destilliert mit Wasserdampf. — Limonenähnlich riechende Flüssigkeit. Kp_{760}: 174,8—175,4°; $Kp_{12,5}$: 59—60°. D_4^{20}: 0,834. n_D^{20}: 1,4784. Mol.-Refr. und -Dispersion: *A.*, V. D. H. — Gibt bei der Oxydation mit alkal. Permanganatlösung (vgl. die Angaben auf S. 127) nur α.α'-Dioxy-α-methyl-α'-isopropyl-adipinsäure, kein p-Menthan-tetrol-(1.2.4.5).

2. Terpinen von Harries, Majima, *B.* 41, 2526. *B.* Durch trockne Destillation von phosphorsaurem 2-Amino-p-menthen-(3) unter vermindertem Druck. — Angenehm citronenartig riechende Flüssigkeit. Kp_{15}: 68—70°. D_4^{20}: 0,8453. n_D^{20}: 1,48579. Mol.-Refr. und -Dispersion: H., M.; BRÜHL, *B.* 41, 3716. — Gibt bei der Oxydation mit alkal. Permanganatlösung (vgl. die Angaben auf S. 127) neben der als Hauptprodukt entstehenden α.α'-Dioxy-α-methyl-α'-isopropyl-adipinsäure geringe Mengen p-Menthan-tetrol-(1.2.4.5) (WALL., *A.* 368, 15).

3. Terpinen von Semmler, *B.* 41, 4477 (vgl. SE., *B.* 42, 523, 4172; SE., SCHOSSBERGER, *B.* 42, 4646; AUW., *B.* 42, 2436, 4427; WALLACH, *A.* 368, 18). *B.* Aus 2-Chlor-p-menthadien-(1.3) mit Natrium und absol. Alkohol unterhalb 50°. — Kp_{15}: 61,5—62,5°; D^{20}: 0,845; n_D^{20}: 1,4905 (SE., *B.* 42, 4172). Mol.-Refr.: SE., *B.* 41, 4478; 42, 523. — Gibt bei der Oxydation mit alkal. Permanganatlösung in guter Ausbeute α.α'-Dioxy-α-methyl-α'-isopropyl-adipinsäure (WALLACH, *A.* 368, 18).

Gewöhnliches Terpinen, im wesentlichen ein Gemisch von α- und γ-Terpinen, das je nach Ausgangsprodukt und Arbeitsweise noch fremde Kohlenwasserstoffe, Cineol usw. enthalten kann (vgl. WALL., *A.* 362, 299; SEMMLER, *B.* 42, 4174), entsteht: Durch Erwärmen von Linalool (BERTRAM, WALBAUM, *J. pr.* [2] 45, 601) oder von Geraniol (BERTRAM, GILDEMEISTER, *J. pr.* [2] 49, 194) mit starker Ameisensäure. Durch Erwärmen von α-Phellandren

(WALLACH, *A.* **239**, 44) oder von Dipenten (WALL., *A.* **239**, 15) mit alkoh. Schwefelsäure („Inversion"), ebenso durch Erhitzen von Terpinolen (WALL., *A.* **275**, 109) oder von Sabinen (WALL., *A.* **350**, 165) mit verd. Schwefelsäure. Durch Inversion von Pinen, indem man Terpentinöl mit alkoh. Schwefelsäure 1 Tag auf dem Wasserbad erhitzt (WALL., *A.* **227**, 283; **230**, 262; vgl. FLAVITZKI, *B.* **12**, 1022), besser indem man, starke Erwärmung vermeidend, 2 Liter Terpentinöl allmählich unter Schütteln mit 70 ccm konz. Schwefelsäure versetzt, nach 1—2-tägigem Stehen neutralisiert und mit Wasserdampf destilliert (WALL., *A.* **239**, 35; vgl. ARMSTRONG, TILDEN, *B.* **12**, 1752). Durch Destillation von Sabinenmonohydrochlorid $C_{10}H_{17}Cl$ (S. 85) mit Chinolin (SEMMLER, *B.* **40**, 2966). Durch Erhitzen von Terpinen-bis-hydrochlorid oder -bis-hydrobromid mit Anilin (WALL., *A.* **350**, 148), von Terpinen-bis-hydrochlorid mit Anilin, Chinolin oder alkoh. Kalilauge (SEMMLER, *B.* **42**, 525). Durch Kochen von α-Terpineol (WALL., *A.* **230**, 266), Dihydrocarveol $C_{10}H_{18}O$ (WALL., *A.* **275**, 113) oder Terpinhydrat (WALL., *A.* **230**, 260; vgl. WALITZKY, *C. r.* **94**, 90) mit verd. Schwefelsäure. Durch kurzes Kochen von Pinenhydrat $C_{10}H_{18}O$ (Syst. No. 508) mit 85°/₀iger Ameisensäure (WALL., *A.* **356**, 243). Durch Erwärmen von Cineol mit alkoh. Schwefelsäure auf dem Wasserbad (WALL., *A.* **239**, 22). Durch Einw. von überschüssigem Methylmagnesiumjodid auf Sabinaketon $C_9H_{14}O$ (Syst. No. 616) (WALL., *A.* **362**, 299). Durch trockne Destillation von salzsaurem Dihydrocarvylamin $C_{10}H_{19}N \cdot HCl$ (Syst. No. 1595) (WALL., *A.* **275**, 125). Durch trockne Destillation von phosphorsaurem 2.4-Diamino-p-menthan (Syst. No. 1741) im Vakuum (HARRIES, MAJIMA, *B.* **42**, 2529).

Über die physikalischen Eigenschaften der nach den verschiedenen Verfahren erhaltenen Terpinenpräparate vgl. AUWERS, *B.* **42**, 2424. Ein aus Terpentinöl mit konz. Schwefelsäure dargestelltes Terpinen hatte z. B. Kp: 179—182°, D_4^{20}: 0,857, n_D^{20}: 1,47838, ein Terpinen aus Terpinen-bis-hydrochlorid und alkoh. Kalilauge hatte Kp_{760}: 180—182°, D_4^{15}: 0,8484, $n_D^{15,4}$: 1,48133 (AUW., *B.* **42**, 2478). Dielektrizitätskonstante eines Terpinenpräparats: MATHEWS, *C.* **1906** I, 224.

Terpinen verharzt sehr schnell beim Aufbewahren (WALL., *A.* **230**, 260). Beim Schütteln mit BECKMANNscher Mischung (6 Tle. $K_2Cr_2O_7$ bezw. $K_2Cr_2O_7$, 5 Tle. konz. Schwefelsäure, 30 Tle. Wasser) wird es schon in der Kälte unter Abscheidung brauner schmieriger Flocken völlig zerstört (Unterschied von Pinen, Limonen, Terpinolen usw.) (BAEYER, *B.* **27**, 815). Terpinen wird von Chromylchlorid in Schwefelkohlenstoff zu Cymol oxydiert; letzteres bildet mit Chromylchlorid die Verbindung $C_{10}H_{14} \cdot 2CrO_2Cl_2$, welche sich mit Wasser unter Bildung von α-p-Tolyl-propionaldehyd und von Methyl-p-tolyl-keton zersetzt (HENDERSON, CAMERON, *Soc.* **95**, 969). Bei der Oxydation von gewöhnlichem Terpinen mit alkal. Permanganatlösung bei ca. 0° entsteht aus dem α-Terpinen die inaktive a.a′-Dioxy-a-methyl-α′-isopropyl-adipinsäure (Bd. III, S. 540, Z. 5 v. o.), während das γ-Terpinen dabei in p-Menthantetrol-(1.2.4.5) (Syst. No. 590) übergeht (WALLACH, *B.* **42**, 296; GILDEMEISTER, MÜLLER, WALLACH-Festschrift [Göttingen 1909], S. 443; *C.* **1909** II, 2159). Durch wiederholte Reduktion mit Natrium und siedendem Amylalkohol entsteht (aus dem α-Terpinen) p-Menthen-(2) (SEMMLER, *B.* **42**, 526). Terpinen gibt mit Brom ein flüssiges Additionsprodukt (WALL., *A.* **230**, 261). Durch Sättigen der Lösung in Eisessig mit HCl oder HBr entstehen neben öligen Produkten die festen Terpinen-bis-hydrohalogenide (WALL., *A.* **350**, 147), während man durch Einleiten von trocknem HCl in eine trockne Schwefelkohlenstofflösung von Terpinen das flüssige Terpinen-monohydrochlorid $C_{10}H_{17}Cl$ erhält (WALL., *A.* **356**, 198). Mit salpetriger Säure oder nitrosen Gasen entsteht ein festes Nitrosit (s. u.) (WALLACH, *A.* **239**, 35), und zwar ausschließlich aus dem α-Terpinen (WALLACH, *A.* **362**, 296). Gewöhnliches Terpinen wird durch Erhitzen mit alkoh. Schwefelsäure zum Teil verharzt, aber nicht isomerisiert (WALL., *A.* **239**, 39); bei den an α-Terpinen besonders reichen Präparaten erfährt jedoch beim Kochen mit alkoh. Schwefelsäure auch der unverharzte Anteil teilweise eine Isomerisation (SEMMLER, *B.* **42**, 523, 965; AUWERS, *B.* **42**, 2422, 2438). Terpinen addiert Phenylmercaptan (POSNER, *B.* **38**, 656).

Nachweis von α-Terpinen. Man verdünnt 2—3 g der zu untersuchenden Terpinenfraktion mit dem gleichen Volumen Petroläther, gibt eine wäßr. Lösung von 2—3 g Natriumnitrit, dann allmählich unter Schütteln die nötige Menge Essigsäure hinzu, taucht das Gefäß einen Augenblick in heißes Wasser und läßt in der Kälte stehen; bei Anwesenheit von α-Terpinen erfolgt Ausscheidung des charakteristischen Nitrosits, die man zweckmäßig durch Impfen mit einem Nitrositkryställchen anregt (WALL., *A.* **239**, 36; **350**, 171). Bei Präparaten, in denen γ-Terpinen vorwiegt, ist das Ausbleiben der Nitrositreaktion noch kein Beweis für die Abwesenheit von α-Terpinen; man hat in diesem Fall noch zu prüfen, ob bei der Oxydation mit alkal. Permanganat (s. o.) neben dem p-Menthantetrol-(1.2.4.5) etwas a.a′-Dioxy-a-methyl-α′-isopropyl-adipinsäure entsteht (WALBAUM, MÜLLER, WALLACH-Festschrift [Göttingen 1909], S. 663).

Nitrosit des α-Terpinens, Terpinennitrosit $C_{10}H_{16}O_3N_2$. Reagiert im allgemeinen wie eine Verbindung der Konstitution $ON \cdot O > C < \frac{CH_2}{C(:N \cdot OH) \cdot CH} \frac{CH_2}{CH} > C \cdot CH < \frac{CH_3}{CH_3}$, ist aber wahrscheinlich bimolekular (WALLACH, *A.* **356**, 223). — *B.* Aus gewöhnlichem (WEBER, *A.* **238**, 107; WALLACH, *A.* **238**, 107 Anm.) oder an α-Terpinen besonders reichem Terpinen (AUWERS, V. D. HEYDEN, *B.* **42**, 2422) und salpetriger Säure. — *Darst.* Man trägt allmählich (innerhalb 2 Stdn.) eine konz. wäßr. Lösung von 125 g Natriumnitrit in eine Mischung von 250 g gewöhnlichem Terpinen mit 110 g Eisessig und 440 g Wasser ein, läßt 2 Tage stehen, wäscht die abgeschiedenen Krystalle mit kaltem Alkohol, löst das von anhaftendem Öl befreite Prod. in Eisessig und fällt mit Wasser (WALL., *A.* **239**, 35). Zum Umkrystallisieren eignet sich Aceton (WALL., *A.* **350**, 172). — Monoklin prismatisch (HINTZE, *A.* **241**, 315 Anm.; vgl. *Groth, Ch. Kr.* **3**, 667). F: 155° (WEBER). Unlöslich in Wasser, sehr wenig löslich in Petroläther, leicht in Alkohol, Äther, Essigester, namentlich beim Erwärmen (WALLACH, *A.* **239**, 37). Unlöslich in Kalilauge (WEBER). Löslich in konz. Salzsäure, durch Wasser wieder fällbar (WALL., *A.* **239**, 37). Unzersetzt löslich in schwach erwärmter konz. Schwefelsäure, zersetzt sich erst bei stärkerem Erwärmen der Lösung (WALLACH, *A.* **239**, 37). — Durch Reduktion mit Natrium und Alkohol entstehen Carvenon, Carvomenthon und ein im wesentlichen aus Carvomenthylamin bestehendes Basengemisch (WALL., *B.* **40**, 580; *A.* **356**, 220; vgl. WALL., LAUFFER, *A.* **313**, 361); reduziert man mit Zinkstaub, Eisessig und etwas Wasser erst bei 0°, dann im Wasserbad, so erhält man in guter Ausbeute Carvenon (WALL., *B.* **40**, 581; *A.* **356**, 221). Durch Reduktion mit Zinkstaub und wäßr. Alkohol und Behandeln des Reaktionsproduktes mit verd. Salzsäure entsteht Carvenon in geringer Ausbeute (AMENOMIYA, *B.* **38**, 2732). Terpinennitrosit entfärbt, in Aceton gelöst, Permanganat erst nach einiger Zeit und reagiert in Eisessig nicht mit Brom (WALL., *A.* **350**, 172). Liefert mit Salpetersäure (D: 1,4) in Eisessiglösung eine Verbindung $C_{10}H_{15}O_6N_3$ (s. u.) (AMENOMIYA, *B.* **38**, 2020, 2730). Mit alkoh. Alkali entstehen Alkalinitrit und eine Verbindung $C_{20}H_{31}O_4N_3$ (s. u.) (WALL., *A.* **350**, 174; vgl. SEMMLER, *B.* **34**, 714). Mit Ammoniak oder aliphatischen Aminen werden die entsprechenden Nitrolamine erhalten (WALLACH, *A.* **241**, 316).

Verbindung $C_{10}H_{15}O_6N_3$. *B.* Aus Terpinennitrosit in Eisessig und Salpetersäure (D: 1,4) (AMENOMIYA, *B.* **38**, 2021). — Schwach gelbe Krystalle (aus Alkohol). F: ca. 73° (A., *B.* **38**, 2021). Schwer löslich in Äther, kaum in heißem Wasser (A., *B.* **38**, 2021). — Gibt mit Zinkstaub in 75%igem Alkohol Carvenonoxim (A., *B.* **38**, 2731). Mit Anilin entsteht eine Verbindung $C_{16}H_{21}O_4N_3$ (s. u.) (A., *B.* **38**, 2021).

Verbindung $C_{16}H_{21}O_4N_3$. *B.* Aus der in Äther suspendierten Verbindung $C_{10}H_{15}O_6N_3$ (s. o.) und Anilin in Äther oder Eisessig (AMENOMIYA, *B.* **38**, 2021). — Gelbe Nadeln. F: 145°. Schwer löslich in Äther und Petroläther.

Verbindung $C_{20}H_{31}O_4N_3$. *B.* Aus Terpinennitrosit in methylalkoh. bezw. alkoh. Lösung und einem Mol.-Gew. Natriummethylat, -äthylat, alkoh. oder wäßr. Kalilauge (WALLACH, *A.* **350**, 174; vgl. SEMMLER, *B.* **34**, 714). — Nadeln (aus Aceton oder aus Äther + viel Ligroin). F: 163—164°. Zersetzt sich bei etwa 175° (W., *A.* **350**, 174). — Unlöslich in verd. Säuren und in Alkalien (W., *A.* **350**, 174). Liefert bei der Reduktion mit Zink in Eisessig Carvenon (WALLACH, *B.* **40**, 581; *A.* **356**, 222).

Benzoylderivat der Verbindung $C_{20}H_{31}O_4N_3$, $C_{27}H_{35}O_5N_3$. F: 127° (WALLACH, *A.* **350**, 175).

Benzoylverbindung des Terpinennitrosits $C_{17}H_{20}O_4N_2 =$

$$\text{ON}\cdot\text{O}{>}\text{C}{<}{\overset{\displaystyle CH_2\text{---}CH_2}{\underset{\displaystyle C(:N\cdot O\cdot CO\cdot C_6H_5)\cdot CH}{}}}{>}\text{C}\cdot\text{CH}{<}{\overset{\displaystyle CH_3}{\underset{\displaystyle CH_3}{}}}\text{ s. Syst. No. 929.}$$

2-Chlor-1-methyl-4-methoäthyl-cyclohexadien-(1.3), 2-Chlor-p-menthadien-(1.3)

$C_{10}H_{15}Cl = CH_3\cdot C{<}{\overset{\displaystyle CH_2\cdot CH_2}{\underset{\displaystyle CCl\ CH}{}}}{>}C\cdot CH{<}{\overset{\displaystyle CH_3}{\underset{\displaystyle CH_3}{}}}$. *B.* Entsteht aus Carvenon und wahrscheinlich auch aus Dihydrocarvon durch Einw. von PCl_5 (KLAGES, KRAITH, *B.* **32**, 2559). — *Darst.* Man fügt zu 14 g mit Petroläther überschichtetem PCl_5 allmählich eine Petrolätherlösung von 10 g Carvenon, schüttelt eine Stunde in der Kälte, gießt in Eiswasser, äthert aus, wäscht die Ätherlösung mit Sodalösung und destilliert nach Absieden des Äthers im Vakuum (SEMMLER, *B.* **41**, 4477; **42**, 4172). Zur Frage der Einheitlichkeit vgl.: AUWERS, *B.* **42**, 2435, 4428; WALLACH, *A.* **368**, 16; SEMMLER, SCHOSSBERGER, *B.* **42**, 4647. — Kp$_{10}$: 95—98°; D^{20}: 0,994; n$_D$: 1,51700 (SEMMLER, *B.* **41**, 4477). Kp$_{14}$: 94—97°; Kp$_{17}$: 96—98°; D$_4^{17}$: 1,0033; D$_4^{18,3}$: 1,0044 (AUWERS, *B.* **42**, 2434). Mol.-Refr. und -Dispersion: AUW., *B.* **42**, 2434. — Gibt mit Natrium und Alkohol ein an α-Terpinen reiches Terpinen (SEMM., *B.* **41**, 4478; AUW., *B.* **42**, 4428). Mit Brom entsteht ein Chlorbrom-p-menthadien (K., K.). Wird durch Erwärmen mit 90%iger Schwefelsäure in Carvenon zurückverwandelt (K., K.).

11. *1-Methyl-4-methoäthyl-cyclohexadien-(1.4), p-Menthadien-(1.4), γ-Terpinen*

$C_{10}H_{16} = CH_3\cdot C{<}{\overset{\displaystyle CH_2\cdot CH}{\underset{\displaystyle CH\ CH_2}{}}}{>}C\cdot CH{<}{\overset{\displaystyle CH_3}{\underset{\displaystyle CH_3}{}}}$. γ-Terpinen ist ein integrierender Bestandteil des gewöhnlichen Terpinens (neben α-Terpinen, S. 126—127) (WALLACH, *A.* **368**,

296; GILDEMEISTER, MÜLLER, WALLACH-Festschrift [Göttingen 1909], S. 443; C. 1909 II, 2159). Es konnte noch nicht in reinem Zustand erhalten werden.

V. Im Ajowanöl (das anscheinend kein α-Terpinen enthält) (SCHIMMEL & Co., Bericht vom Oktober 1909, 15; C. 1909 II, 2156). Im Citronenöl und Cuminöl (GILDEMEISTER, MÜLLER, WALLACH-Festschrift [Göttingen 1909], S. 443, 448). Neben α-Terpinen im Corianderöl (WALBAUM, MÜLLER, WALLACH-Festschrift [Göttingen 1909], S. 660; C. 1909 II, 2160).

B. s. die Bildung von gewöhnlichem Terpinen, S. 126—127. — γ-Terpinen ist vermutlich auch ein wesentlicher Bestandteil des synthetischen p-Menthadiens (Kp: ca. 174°) von BAEYER (*B.* 26, 232; vgl. HARRIES, *B.* 35, 1170), das aus p-Menthandion-(2.5)-dicarbonsäure-(1.4)-diäthylester (Syst. No. 1353a) durch Verseifung mit verd. Schwefelsäure, Reduktion des unter Kohlensäureabspaltung entstandenen Menthandions zum Menthandiol, Behandlung mit Bromwasserstoff und Destillation des schließlich erhaltenen 2.5-Dibrom-p-menthans mit Chinolin entsteht.

Nachweis von p-Menthadien-(1.4) durch Oxydation zu p-Menthantetrol-(1.2.4.5) mit kalter alkal. Permanganatlösung vgl. S. 127.

12. 1-Methyl-4-methoäthyl-cyclohexadien-(1.5), p-Menthadien-(1.5), α-Phellandren $C_{10}H_{16} = CH_3 \cdot C \underset{CH-CH_2}{\overset{CH=CH}{\lessgtr}} CH \cdot CH \underset{CH_3}{\overset{CH_3}{\lessgtr}}$.

a) *Rechtsdrehendes α-Phellandren, d-α-Phellandren.* *V*. Im Gingergrasöl (WALBAUM, HÜTHIG, *J. pr.* [2] 71, 460). Im Elemiöl (WALLACH, *A.* 246, 233; 252, 102; 336, 11). Im äther. Öl von Schinus molle (WALLACH, *C.* 1905 II, 674; vgl. GILDEMEISTER, STEPHAN, *Ar.* 235, 590). Im Bitterfenchelöl (CAHOURS, *A. ch.* [3] 2, 303; *A.* 41, 75; TARDY, *Bl.* [3] 27, 995; vgl. WALL., BESCHKE, *A.* 336, 11). Im Dillkrautöl (SCHIMMEL & Co., Bericht vom Oktober 1908, 37). Im Curcumaöl (RUPE, LUKSCH, STEINBACH, *B.* 42, 2516).

Bei folgenden Angaben ist es unsicher, ob es sich um α- oder β-Phellandren (S. 131—132) oder ein Gemisch beider handelt (vermutlich meist α-Phellandren, von kleinen Mengen β-Phellandren begleitet; vgl. GILDEMEISTER, HOFFMANN, Die ätherischen Öle, 2. Aufl., Bd. I [Leipzig 1910], S. 339). Phellandren wurde gefunden: In Latschenkiefernöl (Krummholzöl) (BERTRAM, WALBAUM, *Ar.* 231, 297). In Fichtennadelöl (BERT., WALB., *Ar.* 231, 295). Im Öl von Abies sibirica (SCHINDELMEISER, *Ch. Z.* 31, 759). Im Öl von Juniperus phoenicea (RODIÉ, *Bl.* [3] 35, 925). Im Öl von Andropogon laniger (SCHIMMEL & Co., Bericht vom April 1892, 44). In Ingweröl (BERT., WALB., *J. pr.* [2] 49, 18). In Curcumaöl (SCHI. & Co., Bericht vom Oktober 1890, 17). In Pfefferöl (SCHI. & Co., Bericht vom Oktober 1890, 39). In japanischem Magnoliaöl (SCHI. & Co., Bericht vom Oktober 1907, 102). Im Öl von Monodora Myristica (SCHI. & Co., Bericht vom April 1904, 65). Im Ceylon-Zimtöl (SCHI. & Co., Bericht vom Oktober 1892, 47; WALBAUM, HÜTHIG, *J. pr.* [2] 66, 49). Im Öl von Cinnamomum pedunculatum (KEIMAZU, ASAHINA; vgl. SCHI. & Co., Bericht vom April 1907, 112). In Campheröl (SCHI. & Co., Bericht vom April 1889, 8). Im Seychellen-Zimtrindenöl (SCHI. & Co., Bericht vom Oktober 1908, 142). In Sassafras-Rindenöl und -Blätteröl (POWER, KLEBER, *C.* 1897 II, 42). In Lorbeerblätteröl (HAENSEL, *C.* 1904 I, 1517). Im Öl der Blätter von Caesalpinia Sappan (SCHI. & Co., Bericht vom April 1898, 57). In Geraniumöl (SCHI. & Co., Bericht vom April 1904, 51). In Weihrauchöl (SCHI. & Co.; vgl. GILDEMEISTER, HOFFMANN, Die ätherischen Öle, 2. Aufl., Bd. III [Leipzig 1916], S. 124). In Manila-Elemiöl (BACON, *C.* 1909 II, 1448). In vielen Eucalyptus-Ölen (vgl. SMITH, im Bericht von SCHIMMEL & Co. vom April 1906, 27; GILD., HOFF., Die ätherischen Öle, 2. Aufl., Bd. I [Leipzig 1910], S. 339). In Ajowankrautöl (SCHI. & Co., Bericht vom Oktober 1908, 82). In Angelica-Samenöl und -Wurzelöl (SCHI. & Co., Bericht vom April 1891, 3). In Dillöl (SCHI. & Co., Bericht vom April 1897, 13). In Pfefferminzöl (POWER, KLEBER, *Ar.* 232, 645). In Hundefenchelöl (SCHI. & Co., Bericht vom April 1896, 70). Im kanadischen Goldrutenöl (SCHI. & Co., Bericht vom April 1897, 53). In Wermutöl (SCHI. & Co., Bericht vom April 1897, 51).

Bildung von d-α-Phellandren. Durch 30-stdg. Schütteln von linksdrehendem 6-Chlor-p-menthadien-(1.5) mit Zinkstaub und Methylalkohol in einer Stickstoffatmosphäre (HARRIES, JOHNSON, *B.* 38, 1834). Aus dem Phosphat des rechtsdrehenden 6-Amino-p-menthens-(1) (gewonnen aus dem Oxim des rechtsdrehenden Carvotanacetons) durch trockne Destillation im Vakuum (HARRIES, JOHNSON, *B.* 38, 1835).

Physikalische Eigenschaften von d-α-Phellandren. Kp_{11}: 61°; D^{19}: 0,8440; n_D: 1,4732 (Präparat aus Elemiöl) (WALLACH, BESCHKE, *A.* 336, 12). Kp: 175—176°; D^{15}: 0,8565; a_D: +44° 40′ (l = 1 dm) (Präparat aus Gingergrasöl) (WALBAUM, HÜTHIG, *J. pr.* [2] 71, 460). Kp_{15}: 70°; D^{21}: 0,8473; n_D^{21}: 1,48825; a^{21}: 45° (l = 1 dm) (Präparat aus Chlormenthadien) (HARRIES, JOHNSON, *B.* 38, 1834). Kp_{14}: 66°; D^{20}: 0,8447; n_D^{20}: 1,48345 (Präparat aus Aminomenthen) (HAR., Jo., *B.* 38, 1835).

Chemisches Verhalten der α-Phellandrene. α-Phellandren verändert sich etwas bei der Destillation unter gewöhnlichem Druck, wobei die Drehung zurückgeht (CLOVER, *Am.* 39, 637; vgl. WALL., *A.* 287, 372); viel stärker als durch Erwärmen wird die Drehung durch

Einw. des Sonnenlichts verringert (BACON, *C.* **1909** II, 1447). Zum Verhalten beim Erhitzen vgl. auch CLOVER, *Am.* **39**, 637. Bei längerem Stehen autoxydiert sich d-α-Phellandren (aus Manila-Elemiöl) nach CLOVER (*C.* **1907** I, 1793; *Am.* **39**, 640) zu einer Verbindung $C_{10}H_{18}O_2$ (Prismen oder Nadeln aus Essigester; F: 164,5—165,5°; sublimiert bei vorsichtigem Erhitzen). Kaliumpermanganatlösung oxydiert zu α-Oxy-β-isopropyl-glutarsäure (Bd. III, S. 461) (SEMMLER, *B.* **36**, 1750). Durch Reduktion mit Natrium und Alkohol entsteht p-Menthen-(1) von gleichem Drehungssinn (SE., *B.* **36**, 1035). Mit Brom in Eisessig entsteht ein Dibromid $C_{10}H_{16}Br_2$, das bei Einw. von alkoh. Kalilauge in Cymol übergeht (SE., *B.* **36**, 1753). Bei der Einw. von salpetriger Säure liefert d-α-Phellandren zwei verschiedene, wahrscheinlich stereoisomere Nitrosite, bezeichnet als α-Nitrosit des d-α-Phellandrens und β-Nitrosit des d-α-Phellandrens, ebenso gibt l-α-Phellandren das α-Nitrosit des l-α-Phellandrens und das β-Nitrosit des l-α-Phellandrens; die α-Nitrosite des d-α- und des l-α-Phellandrens sind optische Antipoden, ebenso die β-Nitrosite des d-α- und des l-α-Phellandrens (s. S. 130 und 131) (WALL., BESCHKE, *A.* **336**, 12, 18). Mit alkoh. Schwefelsäure entsteht unter teilweiser Verharzung Terpinen (WALL., *A.* **239**, 44; **252**, 102). — Phellandren addiert Benzylmercaptan (POSNER, *B.* **38**, 656).

α-Nitrosit (α-Nitrit) des d-α-Phellandrens $C_{10}H_{16}O_3N_2$. Reagiert nach der Formel $CH_3 \cdot C \begin{matrix} CH(NO_2) \cdot CH(NO) \\ CH \end{matrix} CH \cdot CH \begin{matrix} CH_3 \\ CH_3 \end{matrix}$ (WALLACH, BESCHKE, *A.* **336**, 40), ist aber dimolekular (WALL., *A.* **287**, 384; **313**, 346). B. Neben dem β-Nitrosit des d-α-Phellandrens (s. u.) durch Einw. von salpetriger Säure auf d-α-Phellandren (CAHOURS, *A. ch.* [3] **2**, 305; *A.* **41**, 76; BUNGE, *Z.* **1869**, 579; WALL., *A.* **239**, 41). — Darst. Man unterschichtet eine Lösung von 100 g d-α-Phellandren in 400 g Ligroin mit verd. Schwefelsäure und läßt unter guter Kühlung (Temp. nicht über + 4°) und Rühren eine wäßr. Natriumnitritlösung zufließen; Trennung der Isomeren durch Lösen in Aceton und fraktionierte Fällung mit Wasser in der Kälte, wobei das α-Nitrosit zuerst ausfällt (WALL., BE., *A.* **336**, 12). — Nadeln (aus Aceton + Wasser). Schmilzt bei raschem Erhitzen bei 112—113°, höchstens bei 113—114° (WALL., BE., *A.* **336**, 15); bei langsamem Erhitzen bei 103—104°, bei raschem bei 111—112° (GILDEMEISTER, STEPHAN, *Ar.* **235**, 591). Schwerer löslich als das β-Nitrosit (WALL., BE., *A.* **336**, 14). $[α]_D^{16}: -138,4°$ (in Chloroform; p = 8,343) (WALL., BE., *A.* **336**, 15); $[α]_D^{28}: -141°$ (in Essigester; p = 2,71) (GILD., ST.). — Das chemische Verhalten entspricht völlig dem des α-Nitrosits aus l-α-Phellandren (S. 131) (WALL., BE.).

β-Nitrosit (β-Nitrit) des d-α-Phellandrens $C_{10}H_{16}O_3N_2$. Konstitution, Bildung und Darstellung wie bei α-Nitrosit (s. o.). — F: 105°. Leichter löslich als das α-Nitrit. $[α]_D^{16}: +45,8°$ (in Chloroform; p = 8,188) (WALLACH, BESCHKE, *A.* **336**, 15). Gleicht in seinem chemischen Verhalten dem α-Nitrosit des d-α-Phellandrens (s. o.).

Linksdrehendes 6-Chlor-1-methyl-4-methoäthyl-cyclohexadien-(1.5), linksdrehendes 6-Chlor-p-menthadien-(1.5), 6-Chlor-d-α-phellandren $C_{10}H_{15}Cl$ = $CH_3 \cdot C \begin{matrix} CCl=CH \\ CH=CH_2 \end{matrix} CH \cdot CH \begin{matrix} CH_3 \\ CH_3 \end{matrix}$. Darst. Das durch Einw. von PCl₅ auf rechtsdrehendes p-Menthen-(1)-on-(6) entstehende Dichlorid wird mehrmals im Vakuum destilliert (HARRIES, JOHNSON, *B.* **38**, 1833). — Schwach ätherisch riechendes, farbloses, stark lichtbrechendes Öl. $Kp_{16}: 108°$. $α^{20}: -28°$ (l = 1 dm). — Gibt bei Einw. von Zinkstaub und Methylalkohol d-α-Phellandren.

6.4¹-Dichlor-1-methyl-4-methoäthyl-cyclohexadien-(1.5) (?), 6.8-Dichlor-p-menthadien-(1.5) (?), „Carvondichlorid" $C_{10}H_{14}Cl_2$ = $CH_3 \cdot C \begin{matrix} CCl:CH \\ CH \cdot CH_2 \end{matrix} CH \cdot CCl(CH_3)_2$ (?). B. Durch Einw. von PCl₅ auf Carvon (KLAGES, KRAITH, *B.* **32**, 2556). — $D^{18}: 1,188$. — Durch Behandlung mit Schwefelsäure wird Carvon nicht zurückgebildet. Gibt beim Erhitzen mit Wasser und Schwefelsäure auf 140° im geschlossenen Rohr oder beim Kochen mit Chinolin 2-Chlor-1-methyl-4-isopropyl-benzol.

Rechtsdrehendes 6-Nitro-1-methyl-4-methoäthyl-cyclohexadien-(1.5), rechtsdrehendes 6-Nitro-p-menthadien-(1.5), 6-Nitro-d-α-phellandren $C_{10}H_{15}O_2N$ = $CH_3 \cdot C \begin{matrix} C(NO_2)=CH \\ CH——CH_2 \end{matrix} CH \cdot CH \begin{matrix} CH_3 \\ CH_3 \end{matrix}$. B. Aus den Nitrositen des d-α-Phellandrens durch alkoh. Kalilauge (WALLACH, BESCHKE, *A.* **336**, 31). — Hellgelbes Öl. $Kp_{11}: 130—134°$ (W., B.). — Bei der Reduktion mit Zinkstaub und Eisessig entstehen rechtsdrehendes Carvotanaceton, dessen Oxim und Dihydrocarvylamin (W., B., *A.* **336**, 35, 38, 41). Die Einw. von Natrium und Alkohol führt zur Bildung von optisch aktivem Carvomenthon, Carvomenthol und Carvomenthylamin (W., HERBIG, *A.* **287**, 376; vgl. W., B., *A.* **336**, 32).

b) *Linksdrehendes α-Phellandren, l-α-Phellandren* (Strukturformel s. S. 129). V. Im chinesischen Sternanisöl (TARDY, *Bl.* [3] **27**, 991). Im Pimentöl (SCHIMMEL & CO., Bericht vom April **1904**, 80). Im Bermuda-Bayöl (SCHI. & CO., Bericht vom April **1905**, 86).

Im Öl von Eucalyptus amygdalina (WALLACH, *A.* **246**, 278). Im Samenöl von Monodora grandiflora (LEIMBACH, *C.* **1909** II, 1870). — Ein Präparat aus dem Öl von Eucalyptus amygdalina zeigte: Kp_{12}: 65°; D^{19}: 0,8465; n_D^{19}: 1,488 (WALL., *A.* **287**, 383; **336**, 12); ein Präparat gleicher Herkunft: Kp_{754}: 173—175°; Kp_5: 50—52°; D^{15}: 0,848; n_D^{15}: 1,47694; a_D: —84° 10′ (l = 1 dm) (SCHIMMEL & Co., nach *Gildem.-Hoffm.* **3**, 340). — Chemisches Verhalten der α-Phellandrene s. S. 129—130.

α-Nitrosit (α-Nitrit) des l-α-Phellandrens $C_{10}H_{16}O_3N_2$. Ist enantiostereoisomer mit dem α-Nitrosit des d-α-Phellandrens und wird analog diesem aus l-α-Phellandren erhalten (WALL., BE., *A.* **336**, 13). — F: 112—113° (WALL., BE., *A.* **336**, 15; vgl. SCHREINER, *C.* **1901** II, 544). Schwerer löslich als das β-Nitrosit (WALL., BE., *A.* **336**, 14). $[a]_D^p$: +135,93° (in Chloroform; p = 7,399) bis +142,6° (in Chloroform; p = 8,336) (WALL., BE., *A.* **336**, 15). — Wird in Acetonlösung durch $KMnO_4$ nur sehr langsam oxydiert (WALL., BE., *A.* **336**, 16); durch längere Einw. von $KMnO_4$ werden Nitrophellandren und Isopropylbernsteinsäure gebildet (WALL., *A.* **313**, 355). Reduktion mit Zinkstaub in Eisessig + Alkohol führt zu α-Phellandrendiamin $C_{10}H_{20}N_2$ (Syst. No. 1742) (WALL., *A.* **324**, 271). Durch kurzes Kochen der Eisessiglösung mit Salpetersäure entsteht rechtsdrehendes 2.5.6-Trinitro-p-menthen-(1) (WALL., BE., *A.* **336**, 20, 24). Durch Erwärmen mit rauchender Salzsäure erhält man Cymol, Mono- und Dichlorthymochinon (WALL., BE., *A.* **336**, 26). Durch anhaltendes Schütteln mit Schwefelsäure (150 ccm H_2SO_4 + 100 ccm H_2O) werden Cymol, Thymochinon, Oxythymochinon und ein Keton $C_{10}H_{16}O$, dessen Oxim bei 87—88° schmilzt und in heißem Wasser leicht löslich ist, gebildet (WALL., BE., *A.* **336**, 28). Ammoniak bewirkt komplizierte Zers. (WALL., *A.* **313**, 346). Bei der Einw. von alkoh. Kalilauge entsteht linksdrehendes Nitro-α-phellandren (WALL., BE., *A.* **336**, 31). Auch durch Einw. von Acetylchlorid auf α-Phellandren-nitrosit wird Nitro-α-phellandren (neben HCl und N_2O) erhalten (WALL., *A.* **313**, 349).

β-Nitrosit (β-Nitrit) des l-α-Phellandrens $C_{10}H_{16}O_3N_2$. Ist enantiostereoisomer mit dem β-Nitrosit des d-α-Phellandrens (S. 130). — F: 105°. Leichter löslich als das α-Nitrosit. $[a]_D^p$: —40,29° (in Chloroform; p = 7,01) bis —40,82° (in Chloroform; p = 7,655) (WALLACH, BESCHKE, *A.* **336**, 15). — Chemisches Verhalten wie bei α-Nitrosit des l-α-Phellandrens.

Linksdrehendes 6-Nitro-1-methyl-4-methoäthyl-cyclohexadien-(1.5), linksdrehendes **6-Nitro-p-menthadien-(1.5)**, linksdrehendes 6-Nitro-p-menthadien-(1.5) $C_{10}H_{15}O_2N =$
$$CH_3 \cdot C \underset{CH-----CH_2}{\overset{C(NO_2)=CH}{\diagdown}} CH \cdot CH \diagdown^{CH_3}_{CH_3}.$$ B. Aus den Nitrositen des l-α-Phellandrens durch alkoh. Kalilauge (WALLACH, BESCHKE, *A.* **336**, 31; vgl. W., *A.* **287**, 374) oder durch Acetylchlorid (WALL., *A.* **313**, 349). — Hellgelbes Öl. Kp_{11}: 130—134° (W., B.). — Bei der Reduktion mit Zinkstaub und Eisessig entstehen linksdrehendes Carvotanaceton, dessen Oxim und Dihydrocarvylamin (W., B., *A.* **336**, 35, 38, 41). Die Einw. von Natrium und Alkohol führt zur Bildung von optisch aktivem Carvomenthon, Carvomenthol und Carvomenthylamin (W., HERBIG, *A.* **287**, 376; vgl. W., B., *A.* **336**, 32).

e) *Inaktives α-Phellandren, dl-α-Phellandren* (Strukturformel s. S. 129). B. Ein Gemisch von dl-α-Phellandren mit wenig d-α-Phellandren (a_D: +4° 7′, l = 1 dm) entsteht neben schwach rechtsdrehendem p-Menthen-(2)-ol-(1) aus l-Isopropyl-cyclohexen-(2)-on-(4) (aus linksdrehendem Sabinaketon) durch Einw. von Methylmagnesiumjodid und Zers. der Organomagnesiumverbindung mit Eis (WALLACH, *A.* **359**, 283). — Kp: 175—176° (teilweise Zers.). D^{24}: 0,841. n_D^{20}: 1,4760. — Chemisches Verhalten der α-Phellandrene s. S. 129—130.

13. *1-Methyl-4-methoäthyl-cyclohexadien-(2.4 ?), p-Menthadien-(2.4 ?)*
$C_{10}H_{16} = CH_3 \cdot HC \underset{CH-----CH_2}{\overset{CH_2---CH}{\diagdown}} C \cdot CH \diagdown^{CH_3}_{CH_3}$ (?). Zur Konstitution vgl. HARRIES, MAJIMA, *B.* **41**, 2520. — B. Neben Terpinen und wahrscheinlich Limonen aus dem sauren Phosphat des Dihydrocarvylamins durch trockne Destillation im Vakuum (HARRIES, *A.* **328**, 322). — Kp_{766}: 174—176°. D_4^{21}: 0,8441. n_D^{21}: 1,48451. — Bleibt bei mehrstündigem Erhitzen auf 300° im Einschlußrohre unverändert. Liefert bei der Oxydation mit $KMnO_4$ neben anderen Produkten Bernsteinsäure. Wird durch BECKMANNsche Chromsäuremischung schnell zerstört. Gibt mit Eisessig-Bromwasserstoff kein krystallinisches Additionsprodukt, mit Brom kein festes Tetrabromid. Färbt sich mit konz. Schwefelsäure orangerot, mit Essigsäure-anhydrid und H_2SO_4 rot.

14. *4-Methoäthyl-1-methylen-cyclohexen-(2), p-Menthadien-(2.1(7)), β-Phellandren* $C_{10}H_{16} = CH_2 : C \underset{CH=====CH}{\overset{CH_2---CH}{\diagdown}} CH \cdot CH(CH_3)_2$. Zur Konstitution vgl. WALLACH, *A.* **340**, 10. — Rechtsdrehende Form. V. In Citronenöl (GILDEMEISTER, MÜLLER, WALLACH-Festschrift [Göttingen 1909], S. 441; *C.* **1909** II, 2159). In Manila-Elemiöl (?) BACON, *C.* **1909** II, 1448). Im Wasserfenchelöl (PESCI, *G.* **16**, 225; vgl. WALL., BESCHKE, *A.* **336**, 11). In Cuminöl (?) (SCHIMMEL & Co., Bericht vom Oktober 1909, 35). Vgl. ferner die Angaben über Vorkommen von Phellandrenen auf S. 129. — Die β-Phellandren-Fraktion

des Wasserfenchelöls ist eine angenehm nach Geranien riechende, brennend schmeckende Flüssigkeit. Kp_{766}: 171—172⁰ (PESCI); Kp_{11}: 57⁰ (WALL., B.). D^{10}: 0,8558 (P.); D^{20}: 0,8520 WALL., B.). n_D^{20}: 1,4788 (WALL., B.). $[a]_D$: +17,64⁰ (P.), +18,54⁰ (WALL., B.). — Durch längeres Kochen oder durch 20-stdg. Erhitzen im geschlossenen Rohr auf 140—150⁰ entsteht Diphellandren $C_{20}H_{32}$ (Syst. No. 473) (PESCI). β-Phellandren gibt mit feuchtem Sauerstoff im Sonnenlicht, langsamer im zerstreuten Tageslicht, 1-Methoäthyl-cyclohexen-(2)-on-(4) (WALL., A. 343, 30). Liefert bei vorsichtiger Oxydation mit 1⁰/₀iger $KMnO_4$·Lösung ein Glykol $C_{10}H_{18}O_2$ neben flüchtigen und nicht flüchtigen, sirupösen Säuren; bei weitergehender Oxydation entsteht Isobuttersäure (WALL., A. 340, 12). SEMMLER (B. 36, 1753) erhielt bei der Oxydation eines aus einem Eucalyptusöl abgeschiedenen Phellandrens aus darin enthaltenem β-Phellandren mit $KMnO_4$ a-Oxy-β-isopropyl-adipinsäure (Bd. III, S. 464). Mit HCl entsteht ein Gemisch von Mono-· und Bis-hydrochlorid (PESCI); über HCl-Additionsprodukte vgl. auch: KONDAKOW, SCHINDELMEISER, J. pr. [2] 72, 195; 75, 142; K., J. pr. [2] 78, 42. β-Phellandren liefert mit salpetriger Säure zwei verschiedene Nitrosite (s. u.) (WALLACH, B., A. 336, 43; vgl. PESCI, G. 16, 225). Beim Erwärmen mit alkoh. Schwefelsäure entsteht unter teilweiser Verharzung Terpinen (WALLACH, A. 239, 44).

a-Nitrosit des β-Phellandrens $C_{10}H_{16}O_3N_2$. Zur Konstitution vgl. WALLACH, A. 340, 10. — B. Entsteht neben dem β-Nitrosit (s. u.), wenn man eine Lösung von β-Phellandren in Ligroin unter Kühlung mit verd. Schwefelsäure rührt und verd. Natriumnitritlösung zufließen läßt; Trennung der Isomeren durch Lösen in Aceton und fraktionierte Fällung mit Wasser (WALL., BESCHKE, A. 336, 43; vgl. PESCI, G. 16, 226). — F: 102⁰ (WALL., B.). Schwerer löslich als das β-Nitrosit (WALL., B.). $[a]_D^{19,4}$: −159,3⁰ (in Chloroform; p = 8,575) (WALL., B.). — Durch Reduktion mit Zinkstaub in Eisessig-Alkohol entsteht β-Phellandrendiamin $C_{10}H_{20}N_2$ (WALL., A. 324, 278), während mit Natrium und Alkohol neben anderen Produkten Cuminaldehyd gebildet wird (WALL., A. 340, 6). Mehrstündige Einw. von wäßr. Ammoniak führt zu Nitrophellandren und einer Säure $C_{10}H_{17}O_4N_3$ (s. u.) (PESCI, G. 16, 227). Mit alkoh. Natriumäthylat bei 30—40⁰ entsteht Nitro-β-phellandren (WALL., A. 336, 44).

β-Nitrosit des β-Phellandrens $C_{10}H_{16}O_3N_2$. B. s. o. — F: 97—98⁰. Leichter löslich als das a-Nitrosit. Ist nicht merklich aktiv (WALLACH, BESCHKE, A. 336, 44).

Säure $C_{10}H_{17}O_4N_3$. B. Neben Nitro-β-phellandren (s. u.) durch mehrstündige Einw. von wäßr. Ammoniak auf β-Phellandrennitrosit (PESCI, G. 16, 227). — Nadeln (aus Ligroin). F: 75—76⁰. Unlöslich in Wasser, wenig löslich in kaltem, leichter in heißem Alkohol, Äther, Schwefelkohlenstoff und Ligroin, sehr leicht in Chloroform. Linksdrehend. — Zersetzt sich beim Kochen mit Salzsäure unter Bildung von Hydroxylamin. Durch Essigsäure wird Phellandrennitrosit regeneriert. — $Cu(C_{10}H_{16}O_4N_3)_2$ (im Vakuum getrocknet). Himmelblaue mikroskopische Tafeln. F: 108⁰ (Zers.). Unlöslich in den gewöhnlichen Mitteln. — $Pb(C_{10}H_{16}O_4N_3)_2$ (im Vakuum getrocknet). Kleine Nadeln. Unlöslich in Wasser, sehr schwer löslich in Alkohol. Zersetzt sich bei 100⁰, ohne zu schmelzen.

1¹-Nitro-4-methoäthyl-1-methylen-cyclohexen-(2), 7-Nitro-p-menthadien-(2.1 (7)), Nitro-β-phellandren $C_{10}H_{15}O_2N = O_2N \cdot CH:C \stackrel{CH_2 \cdot CH_2}{\underset{CH=CH}{\diagup}} CH \cdot CH \stackrel{CH_3}{\underset{CH_3}{\diagdown}}$. Zur Konstitution vgl. WALLACH, A. 340, 11; 343, 39. — B. Neben einer Säure $C_{10}H_{17}O_4N_3$ durch mehrstündiges Stehenlassen von 50 g des Nitrosits mit 100 ccm Ammoniak (D: 0,9314) (PESCI, G. 16, 227). Aus dem Nitrosit des β-Phellandrens mit alkoh. Natriumäthylat bei 30—40⁰ (WALLACH, BESCHKE, A. 336, 44). — Gelbe, aromatisch riechende, aber die Schleimhäute angreifende Flüssigkeit. Flüchtig mit Wasserdampf (WALL., BESCHKE). Destilliert im Vakuum gegen 150⁰ unter Zers. (PESCI). Unlöslich in Wasser, löslich in Alkohol, Chloroform, Schwefelkohlenstoff, Ligroin usw. Rechtsdrehend (PESCI). — Liefert bei der Reduktion mit Zinkstaub und Eisessig neben basischen Verbindungen (hydriertem Cuminylamin) Dihydrocuminaldehyd; bei der Reduktion mit Natrium in warmer alkoh. Lösung entstehen Tetrahydrocuminylamin und Cuminylamin (WALLACH, A. 340, 2; 343, 39). Die alkoh. Lösung färbt sich mit Alkalien rotgelb (PESCI).

15. *4-Methoäthyl-1-methylen-cyclohexen-(3), p-Menthadien-(3.1(7)).* β-Terpinen $C_{10}H_{16} = CH_2:C \stackrel{CH_2 \cdot CH_2}{\underset{CH_2 \cdot CH}{\diagdown}} C \cdot CH \stackrel{CH_3}{\underset{CH_3}{\diagdown}}$. B. Durch langsame Destillation der p-Menthadien-(3.1(7))-carbonsäure-(7) vom F: 67—68⁰ (Syst. No. 895) im Wasserstoffstrom unter gewöhnlichem Drucke (WALLACH, A. 357, 69; 362, 288). — Kp: 173—174⁰; D^{22}: 0,838; n_D^{22}: 1,4754 (W., A. 362, 289). — Wird beim Schütteln mit Sauerstoff bei Gegenwart von Wasser im Sonnenlicht (unter intermediärer Bildung eines Sauerstoff-Additionsproduktes) in Dihydrocuminaldehyd übergeführt, der sich gleichzeitig zu Cuminaldehyd oxydiert (W., A. 362, 291). Mit Brom entsteht β-Terpinen-tetrabromid (S. 53) (W., A. 362, 290). Gibt mit Eisessig-Salzsäure in hoher Ausbeute Terpinen-bis-hydrochlorid (S. 49), reagiert mit salpetriger Säure nur sehr langsam und liefert erst nach einiger Zeit etwas gewöhnliches Terpinennitrosit (W., A. 357, 69; 362, 290).

16. *1-Methyl-4-isopropyliden-cyclohexen-(1),   p-Menthadien-(1.4(8)),*
Terpinolen $C_{10}H_{16} = CH_3 \cdot C{\Large<}{}^{CH_2-CH_2}_{CH-CH_2}{\Large>}C : C{\Large<}{}^{CH_3}_{CH_3}$.   Zur Konstitution vgl. BAEYER,
B. **27**, 442. — *V.* Im äther. Öl aus Manila-Elemi (CLOVER, *C.* **1907** I, 1793; *Am.* **39**, 630,
644). — *B.* Entsteht neben anderen Produkten durch Erhitzen von Terpentinöl mit alkoh.
Schwefelsäure (WALLACH, *A.* **227**, 383; **230**, 262). Aus α-Terpineol durch Kochen mit verd.
Schwefelsäure, Phosphorsäure oder Oxalsäure (WALL., *A.* **275**, 105; vgl. BAEYER, *B.* **27**,
448; WALL., *A.* **291**, 361), besser durch schwaches Erwärmen mit wasserfreier Ameisensäure
(WALL., *A.* **291**, 361). Aus γ-Terpineol (WALL., *A.* **368**, 11) oder Pinenhydrat (WALL., *A.*
356, 243) durch Erwärmen mit Ameisensäure. Aus dem Acetat des γ-Terpineols mit siedendem
Chinolin (BAEYER, *B.* **27**, 447). Durch Kochen von Terpinhydrat mit verd. Schwefelsäure
oder Phosphorsäure (WALL., *A.* **230**, 253). Durch Erhitzen von Cineol mit alkoh. Schwefelsäure (WALL., *A.* **239**, 22). — *Darst.* Man erwärmt je 5 g γ-Terpineol (F: 69°) vorsichtig mit
5 ccm wasserfreier Ameisensäure, bis Wasserabspaltung eintritt, kühlt sofort ab, verdünnt mit
Wasser, schüttelt den abgeschiedenen Kohlenwasserstoff mit Natronlauge durch und destilliert
mit Wasserdampf (WALL., *A.* **368**, 11). Zur Reinigung behandelt man mit Brom und reduziert das entstandene Tetrabromid mit Zinkstaub und Eisessig unter Kühlung (BAEYER,
B. **27**, 448), besser mit Zinkstaub, Alkohol und etwas Äther (SEMMLER, SCHOSSBERGER,
B. **42**, 4645). — Kp: 183—185°; Kp$_{14}$: 75° (BA., *B.* **27**, 448); Kp$_{10}$: 67—68°; D^{20}: 0,854;
n$_D$: 1,484 (SE., SCH.). Mol.-Refr.: SE., SCH. — Verändert sich beim Kochen unter gewöhnlichem Druck (BA., *B.* **27**, 448). Bei der Oxydation mit verd. KMnO$_4$-Lösung in der Kälte
entsteht p-Menthan-tetrol-(1.2.4.8) $C_{10}H_{20}O_4$ (Syst. No. 590) (WALL., *A.* **368**, 10). Gibt mit
2 At.-Gew. Brom in Alkohol-Äther Terpinolendibromid $C_{10}H_{16}Br_2$ (BA., *B.* **27**, 447), während
mit mehr Brom das charakteristische Tetrabromid $C_{10}H_{16}Br_4$ (S. 53) entsteht (WALL., *A.*
227, 283; **230**, 262). Mit Halogenwasserstoffen in Eisessig entstehen Dipenten-bis-
hydrohalogenide (WALL., *A.* **239**, 24). Durch Erwärmen mit Säuren erfolgt Umwandlung
in Terpinen (WALL., *A.* **275**, 109). Terpinolen addiert Phenylmercaptan (POSNER, *B.*
38, 656).

17. *1-Methyl-4-isopropyliden-cyclohexen-(2),   p-Menthadien-(2.4(8)),*
Isoterpinolen $C_{10}H_{16} = CH_3 \cdot HC{\Large<}{}^{CH_2-CH_2}_{CH=CH}{\Large>}C : C{\Large<}{}^{CH_3}_{CH_3}$.

3-Chlor-1-methyl-4-isopropyliden-cyclohexen-(2), 3-Chlor-p-menthadien-(2.4(8)),
Chlorisoterpinolen $C_{10}H_{15}Cl = CH_3 \cdot HC{\Large<}{}^{CH_2 \cdot CH_2}_{CH=CCl}{\Large>}C:C{\Large<}{}^{CH_3}_{CH_3}$. Nicht einheitlich erhalten.

— *B.* Aus 50 g Pulegon und 75 g PCl$_5$ in 50 ccm niedrigsiedendem Petroläther (AUWERS,
B. **42**, 4901; vgl. KLAGES, *B.* **32**, 2565). — Ein nach Möglichkeit gereinigtes Präparat ergab
folgende Konstanten: Kp$_{17}$: 86—88°; D$^{17,3}_4$: 0,9766; n$_D^{17,3}$: 1,49069; [α]$_D$: im Mittel +104,3°
(A.). — Liefert bei der Reduktion mit Natrium und Alkohol ein Kohlenwasserstoffgemisch,
das vorwiegend aus p-Menthen-(4(8)) und p-Menthen-(3) besteht (A.). Gibt beim Bromieren
eine Verbindung $C_{10}H_{11}ClBr_4$ (K.). Beim Kochen mit Ameisensäure entsteht 1-Methyl-
cyclohexanon-(3) (K.).

18. *1-Methyl-4-methodthenyl-cyclohexen-(1),   p-Menthadien-(1.8(9)), Li-*
monen $C_{10}H_{16} = CH_3 \cdot C{\Large<}{}^{CH_2-CH_2}_{CH-CH_2}{\Large>}CH \cdot C{\Large<}{}^{CH_3}_{CH_2}$. Zur Konstitution vgl.: WAGNER, *B.* **27**,
1653, 2270; TIEMANN, SEMMLER, *B.* **28**, 2145. — Existiert in einer rechtsdrehenden, einer
linksdrehenden und einer inaktiven Form.

a) *Rechtsdrehendes p-Menthadien-(1.8(9)), d-Limonen* (veraltete Bezeich-
nungen: Carven, Hesperiden, Citren). *V.* Im Öl der Blätter von Juniperus virginiana
(SCHIMMEL & Co., Bericht vom April **1898**, 14). In Lemongrasöl (STIEHL, *J. pr.* [2] **58**, 71).
Im Gingergrasöl (SCHI. & Co., Bericht vom Oktober **1904**, 42). Im Campheröl (SCHI. & Co.,
Bericht vom April **1908**, 23). Im Massoyöl (WALLACH, *A.* **258**, 341). Im Curomojiöl (KWAS-
NIK, *Ar.* **230**, 274). Im Löffelkrautöl (GADAMER, *Ar.* **237**, 97). Im äther. Öl der Früchte
von Pittosporum undulatum (POWER, TUTIN, *Soc.* **89**, 1087). Im äther. Öl. der Blüten
der süßen Orangen (THEULIER, *Bl.* [3] **27**, 279). In Orangenschalenöl (WALLACH, *A.* **225**,
317; **227**, 289; vgl. WRIGHT, *J.* **1873**, 369). Im Petitgrainöl (SEMMLER, TIEMANN, *B.* **25**,
1186). Im Citronenöl (WALL., *A.* **227**, 290). Im Limettöl (GILDEMEISTER, *Ar.* **233**, 178).
Im Mandarinenöl (GILDEMEISTER, STEPHAN, *Ar.* **235**, 582). Im Cedroöl (BURGESS, *C.* **1901** II,
1226; **1902** I, 725). Im Bergamottöl (WALL., *A.* **227**, 290). Im Myrrhenöl (LEWINSOHN,
Ar. **244**, 434). Im Manila-Elemiöl (CLOVER, *C.* **1907** I, 1793; *Am.* **39**, 630). Im mazedonischen
Fenchelöl (*Gildem.-Hoffm.* **3**, 379). Im Sellerieöl (SCHI. & Co., Bericht vom April **1892**, 35).
Im Kümmelöl (SCHWEIZER, *J. pr.* [1] **24**, 267; *A.* **40**, 331; WALL., *A.* **227**, 291). Im Dillöl
(WALL., *A.* **227**, 292). Im Erigeronöl (WALL., *A.* **227**, 292; vgl. BEILSTEIN, WIEGAND, *B.*
15, 2854). Im Öl der Blätter von Aegle marmalos (RITSEMA, Jaarboek van het Department

van Landbours in Nederlandsch Indië; nach SCHI. & Co., Bericht vom April 1910, 16). Im Buccoblätteröl (KONDAKOW, BACHTSCHIEW, *J. pr.* [2] 63, 52).

Bei folgenden Angaben ist es ungewiß, ob es sich um d-, l- oder dl-Limonen handelt. Limonen findet sich: Im äther. Öl der Knospen von Pinus halepensis (BELLONI, *C.* 1906 I, 360); im Nadelöl von Picea excelsa (BERTRAM, WALBAUM, *Ar.* 231, 295); im Cardamomenöl (PARRY, *C.* 1899 II, 442); im Fagara-Blätteröl (BACON, *C.* 1909 II, 1450); im chinesischen Neroliöl (UMNEY, BENNETT, *C.* 1902 II, 798); im Laserpitiumöl (HAENSEL, *C.* 1906 II, 1496); im englischen Lavendelöl (SEMMLER, TIEMANN, *B.* 25, 1186); im Ngaicampheröl (SCHIM-MEL & Co., Bericht vom April 1909, 149).

Bildung von d-Limonen. Man schüttelt 30 g d-Limonen-tetrabromid mit 27 g absol. Alkohol, 4 g Wasser und 18 g Zinkstaub, wobei man die nach kurzer Zeit beginnende Reaktion durch Kühlen mit Eiswasser mäßigt (GODLEWSKI, ROSHANOWITSCH, Ж. 31, 209; *C.* 1899 I, 1241; vgl. WALLACH, *A.* 281, 138). Durch 8-stdg. Erhitzen von d-α-Terpineol mit 2 Tln. KHSO₄ auf 180° (KREMERS, *C.* 1909 I, 21; vgl. FLAVITZKI, *B.* 20, 1960). Neben Dl-Fenchen, Cineol und Dipenten durch Umsetzung von linksdrehendem Fenchylamin (gewonnen aus dem Oxim des d-Fenchons) mit salpetriger Säure (WALLACH, VIRCK, *A.* 362, 178, 187). Vgl. auch die bei l-Limonen angegebene Bildungsweise (S. 136).

Kp₇₆₃,₇: 176,5° (R. SCHIFF, *A.* 220, 95); Kp: 175−176° (WALLACH, *A.* 227, 289), 178−179° (korr.) (PERKIN, *Soc.* 81, 315). D₄⁰: 0,8576; D₄¹⁰: 0,8532; D₄²⁰: 0,8437 (PERK.); D₄²⁴,⁴: 0,8530; D₄¹⁹,⁴: 0,71325 (SCHIFF); D²⁰,⁴: 0,8450; D²⁰,⁴: 0,7962 (EIJKMAN, *C.* 1907 II, 1211). n_α²⁰,⁴: 1,47172; n_α²³,²: 1,44279 (EI.). Dispersion: EI. [α]_D⁰: +106,8° (Präparat aus Orangenschalenöl, in Chloroform; p = 14,38) (WALL., CONRADI, *A.* 252, 145); [α]_D: +122,7° (PERKIN, *Soc.* 81, 315); [α]_D¹⁵ (c = 10): +122,1° (in Benzol), +114,6° (in Äther), +112,9° (in Essigester), +112,5° (in Aceton), +112,0° (in Alkohol), +109,3° (in Methylalkohol) (WALDEN, *B.* 38, 400; *Ph. Ch.* 55, 50). Rotationsdispersion in verschiedenen Lösungsmitteln und Konzentrationen: WALDEN, *Ph. Ch.* 55, 50. Viscosität: DUNSTAN, THOLE, *Soc.* 93, 1818. Magnetische Drehung: PERKIN, *Soc.* 81, 315. Dielektrizitätskonstante: STEWART, *Soc.* 93, 1060. — Sorgfältig gereinigtes d-Limonen aus Kümmelöl ist eine angenehm citronenartig riechende Flüssigkeit. Kp₇₆₃: 175,5−176° (korr.) (BRÜHL, *Soc.* 91, 121). D₄¹⁵: 0,8402 (BR.). n_α²⁰: 1,47124; n_β²⁰: 1,47428; n_γ²⁰: 1,48886 (BR.). Mol.-Refr.: BR. [α]_D¹⁵,⁵: +123,8° (BR.). Drehung von d-Limonen aus Kümmelöl in gewöhnlichem und absol. Alkohol, Chloroform, Eisessig: KREMERS, *Am.* 17, 692. — d-Limonen aus d-Limonen-tetrabromid riecht zart nach Apfelsinen, nicht nach Citronen; Kp₇₄₅: 177°; Kp₇₅₉: 177,5° (GOD., ROSH., Ж. 31, 210). D₄⁰: 0,8585; D₄²: 0,8584; D₄²₅: 0,8441; D₄³⁴: 0,8425 (GOD., ROSH.). [α]_D¹⁵: +125,6°; [α]_D¹⁵: +125,1° (in Chloroform; p = 14,72; [α]_D¹⁵: +119,4° (in Alkohol; p = 10,40) (GOD., ROSH.).

Limonen ist bei Luftabschluß haltbar (CLOVER, *Am.* 39, 631). Bei längerem Erhitzen auf 180−220° erleidet es außer geringer Abnahme der Drehung keine wesentliche Veränderung; bei 250−270° geht es sehr langsam, bei 380° binnen mehrerer Stunden hauptsächlich in Polymerisationsprodukte, zum geringeren Teil in Dipenten über (CLOVER, *C.* 1907 I, 1795; *Am.* 39, 632; vgl.: WALLACH, *A.* 227, 289; HARRIES, *B.* 35, 3259). Oxydiert sich langsam an der Luft (CLOVER, *Am.* 39, 632); dabei wird kein Formaldehyd abgespalten (TIFFENEAU, *Bl.* [3] 27, 1068). Oxydation durch Chromsäuregemisch: WRIGHT, *J.* 1873, 369; SAUER, GRÜNLING, *A.* 208, 75 Anm.; durch Salpetersäure: WRIGHT; TILDEN, *Soc.* 53, 880. Durch Oxydation mit kalter verd. wäßr. Permanganatlösung entsteht Limonetrit $C_{10}H_{20}O_4$ (Syst. No. 590) (WAGNER, *B.* 23, 2315) und wenig Oxyterpenylsäure $C_9H_{16}O_5$ (Syst. No. 2624) (GODLEWSKI, Ж. 31, 211; *C.* 1899 I, 1241). Limonen bildet mit 1 Mol.-Gew. Benzoyl-hydroperoxyd Limonenoxyd $C_{10}H_{16}O$ (Syst. No. 2364); mit 2 Mol.-Gew. Benzoylhydroperoxyd Limonendioxyd $C_{10}H_{16}O_2$ (Syst. No. 2670) (PRILESCHAJEW, *B.* 42, 4814). Limonen wird durch Wasserstoff in Gegenwart von Nickel bei ca. 180° zu p-Menthan (SABATIER, SENDERENS, *C. r.* 132, 1256), in Gegenwart von Kupfer bei ca. 190° zu Carvomenthen (S. 84−85) reduziert (SAB., SEND., *C. r.* 134, 1130). Beim Schütteln der äther. Lösung von Limonen mit Platinschwarz in einer Wasserstoffatmosphäre entsteht p-Menthan (VAVON, *C. r.* 149, 998). Beim Behandeln mit Natrium und Alkohol bleibt Limonen unverändert (SEMMLER, *B.* 34, 3125). Beim Behandeln von Limonen mit Brom in nicht völlig wasserfreien Lösungsmitteln erhält man festes Limonen-tetrabromid vom F: 104−105° (S. 53), während bei völligem Ausschluß von Feuchtigkeit hauptsächlich flüssige Produkte entstehen (WALLACH, *A.* 225, 318; 227, 281; 264, 14). Wärmetönung bei der Addition von Brom: LUGININ, KABLUKOW, *C.* 1907 II, 133. Durch Einleiten von trocknem HCl in eine trockne Schwefelkohlenstofflösung von d-Limonen erhält man rechtsdrehendes d-Limonen-monohydrochlorid $C_{10}H_{17}Cl$ (S. 85−86) (WALLACH, KREMERS, *A.* 270, 189), während mit HCl, HBr oder HI in Eisessig inaktive Limonen (= Dipenten)-bis-hydrohalogenide (S. 50, 52, 55) entstehen (WALL., *A.* 239, 9), und zwar in 2 diastereoisomeren Formen (BAEYER, *B.* 26, 2861). Mit Salpetersäure und Amylnitrit liefert Limonen in Eisessig ein nicht rein abscheidbares Nitrosat (WALL., *A.* 245, 258). Einw. von Stickstoffdioxyd auf Limonen: GENVRESSE, *C. r.* 132, 414. Mit Nitrosylchlorid entsteht ein Gemisch von linksdrehendem d-Limonen-α-nitrosochlorid (s. u.) und rechtsdrehendem d-Limonen-β-nitrosochlorid (S. 136) (WALLACH, *A.* **252**, 109; vgl. WALL., *A.* **245**, 255; TILDEN, *J.* **1877**, 428). Durch absol.-alkoh. Schwefelsäure wird Limonen in optischinaktive Produkte mit beträchtlich höherem Siedepunkt umgewandelt; durch Schwefelsäure in Eisessig wird es fast vollständig polymerisiert (CLOVER, *C.* **1907** I, 1793). Beim Erhitzen von Limonen mit Polyoxymethylen und Alkohol im Einschlußrohr auf 190—195° bildet sich ein rechtsdrehender Alkohol $C_{11}H_{18}O$ (Syst. No. 510) (KRIEWITZ, *B.* **32**, 60). Bei 80-stdg. Erhitzen mit Eisessig auf 100° entsteht in geringer Menge das Acetat des d-α-Terpineols (LAFONT, *A. ch.* [6] **15**, 152). d-Limonen addiert 2 Mol. Trichloressigsäure (S. 136) (REYCHLER, *B.* **29**, 695; *Bl.* [3] **15**, 366). — Vgl. auch die Angaben bei l-Limonen, S. 137 und bei Dipenten, S. 138—139.

Physiologisches Verhalten. Verhalten von Limonen im Tierkörper: HILDEBRANDT, *H.* **36**, 457. Zum physiologischen Verhalten vgl. auch ABDERHALDEN, Biochemisches Handlexikon, Bd. VII [Berlin 1912], S. 539.

Zum *Nachweis* des Limonens benutzt man am besten die Bildung des Tetrabromids (S. 53), indem man eine Lösung der zu untersuchenden Terpenfraktion in einer Mischung gleicher Gewichtsteile Amylalkohol und Äther tropfenweise zu einer eisgekühlten äther. Brom-lösung fügt (GODLEWSKI, *Ch. Z.* **22**, 827) oder indem man in ein gekühltes Gemisch von Brom und Eisessig die Terpenfraktion nicht ganz bis zum Verbrauch des Broms eintropfen läßt, mit schwefliger Säure entfärbt und mit Wasser fällt (POWER, KLEBER, *Ar.* **232**, 646; vgl. WALLACH, *A.* **239**, 3).

α-Nitrosochlorid des d-Limonens $C_{10}H_{16}ONCl =$

$$CH_3 \cdot ClC \underset{C(:N\cdot OH)\cdot CH_3}{\overset{CH_2\text{——}CH_2}{\diagdown}} CH \cdot C \overset{CH_3}{\underset{CH_3}{\diagdown}} \quad \text{bezw.} \quad N_2O_2 \underbrace{\left[CH_3 \cdot ClC \overset{CH_2 \cdot CH_2}{\underset{CH \cdot CH_2}{\diagdown}} CH \cdot C \overset{CH_3}{\underset{CH_3}{\diagdown}} \right]}.$$

Erscheint in Benzol- und Phenollösung im wesentlichen bimolekular, aber stärker dissoziiert als die β-Verbindung (S. 136) (WALLACH, *B.* **28**, 1311, 1474; vgl. BAEYER, *B.* **28**, 652). — Die α- und β-Verbindung stehen im Verhältnis der cis-trans-Isomerie (LEACH, *Soc.* **87**, 414). — *B.* Neben dem in geringerer Menge entstehenden β-Nitrosochlorid durch Einw. von Nitrosylchlorid oder einem Gemisch von Salzsäure und Amylnitrit auf d-Limonen (WALL., *A.* **252**, 109; **270**, 174; vgl.: TILDEN, SHENSTONE, *Soc.* **31**, 558; *J.* **1877**, 428; WALL., *A.* **245**, 255). — *Darst.* Man gibt zu einem durch Kältemischung gut gekühlten Gemenge von 5 ccm d-Limonen mit 7 ccm Amylnitrit oder 11 ccm Äthylnitrit und 12 ccm Eisessig in kleinen Anteilen ein Gemisch von 6 ccm Salzsäure (D: 1,155) und 6 ccm Eisessig und fügt schließlich noch 5 ccm Alkohol hinzu; zur Trennung der Isomeren behandelt man das mit Alkohol gewaschene und getrocknete Rohprodukt mit 3 Gewichtsteilen kaltem Chloroform, filtriert, wobei im wesentlichen β-Verbindung zurückbleibt, gibt zum Filtrat Methylalkohol und reinigt den im wesentlichen aus α-Verbindung bestehenden krystallinischen Niederschlag durch Extraktion mit 2—3 Gewichtsteilen kaltem trocknem Äther und Verdunstenlassen des Filtrats (WALL., *A.* **252**, 109). Vorteilhafter ist die Verwendung von Aceton zur Trennung (WALL., *A.* **252**, 43 Anm.). Verwendet man bei der Darst. statt Salzsäure der D: 1,155 eine Säure der D: 1,19, so wird die Gesamtausbeute geringer, die Ausbeute an β-Nitrosochlorid aber höher (WALL., *B.* **28**, 1312). — Monoklin sphenoidische (HINTZE, *A.* **252**, 111; vgl. *Groth, Ch. Kr.* **3**, 666) Krystalle (aus Äther + Methylalkohol). F: 103—104° (WALL., *A.* **252**, 111). Löslich in etwa dem gleichen Gewichtsteil kaltem Chloroform oder in 2 Gewichtsteilen kaltem Äther (WALL., *A.* **252**, 111). $[\alpha]_D^{15}$: $+313,4°$ (in Chloroform; p = 13,300) (WALL., CONRADY, *A.* **252**, 145). — Zersetzt sich beim Aufbewahren unter Bildung von l-Carvoxim (bezw. bei Gegenwart von Feuchtigkeit l-Carvon) und Hydrochlorcarvoxim (WALL., *A.* **270**, 174). Gibt beim Kochen mit Alkohol (GOLDSCHMIDT, ZÜRRER, *B.* **18**, 2220) oder beim Erwärmen mit Alkohol. Kalilauge (WALL., *A.* **246**, 227) l-Carvoxim. Bei der Einw. von 1 Mol.-Gew. Natriummethylat oder -äthylat entsteht neben l-Carvoxim ein isomeres rechtsdrehendes Oxim $C_{10}H_{15}ON$ (Syst. No. 620) (DEUSSEN, HAHN, *C.* **1909** I, 1237; *A.* **369**, 60). Gibt mit Chlorwasserstoff in Eisessig unbeständiges, von dem Nitrosochlorid des d-Limonenmonohydrochlorids (S. 86) verschiedenes Hydrochlorid $C_{10}H_{17}ONCl$, vom F: 113—114° (WALL., *A.* **245**, 257). Durch Einleiten von HCl in eine alkoh. Lösung entsteht unter intermediärer Bildung von l-Carvoxim Hydrochlorcarvoxim (WALL., *A.* **270**, 178). HBr in Äther wirkt unter Bildung von Hydrobromcarvoxim ein (BAEYER, *B.* **29**, 21). Liefert mit KCN in Alkohol ein Gemisch von d-Limonen-α-nitrosocyanid und d-Limonen-β-nitrosocyanid (Syst. No. 1285) (LEACH, *Soc.* **87** 414), mit Anilin, Piperidin usw. Gemische von d-Limonen-α- und β-nitrolanilid bezw. α- und β-nitrolpiperidid (WALL., *A.* **252**, 116). Mit Methylmagnesiumjodid entsteht eine Verbindung $C_{20}H_{33}ON_2Cl_2$ vom F: 42° (s. u.) (TILDEN, SHEPHEARD, *Soc.* **89**, 921). Durch Einw. von Benzoylchlorid in Äther erhält man die Benzoylverbindung $C_{17}H_{20}O_2NCl$ (Syst. No. 929) (WALL., *A.* **270**, 176).

Verbindung $C_{20}H_{33}ON_2Cl_2$. *B.* Aus d-Limonen-α-nitrosochlorid mit Methylmagnesiumjodid in Äther (TILDEN, SHEPHEARD, *Soc.* **89**, 921). — Krystalle vom F: 42°. $[\alpha]_D$:

+213°. Leicht löslich in Ligroin. Unlöslich in Alkalien und Säuren. — Liefert mit PCl_5 eine Verbindung $C_{20}H_{33}N_2Cl_4$ vom F: 139° (s. u.).

Verbindung $C_{20}H_{32}N_2Cl_4$. B. Aus der Verbindung $C_{20}H_{32}ON_2Cl_4$ vom F: 42° (S. 135) mit der gleichen Menge PCl_5 beim Stehen (Ti., Sh., Soc. 89, 922). — Faserige Krystalle (aus Eisessig). F: 139°. $[a]_D$: +220° (in Chloroform). Löslich in den gebräuchlichen organischen Lösungsmitteln. Unlöslich in Säuren und Alkali. — Liefert beim Kochen mit Alkohol eine Verbindung $C_{20}H_{30}N_2Cl_2$ (s. u.).

Verbindung $C_{20}H_{30}N_2Cl_2$. B. Aus der Verbindung $C_{20}H_{32}N_2Cl_4$ vom F: 139° (s. o.) beim Kochen mit Alkohol (Ti., Sh., Soc. 89, 922). — Prismen (aus Alkohol). F: 113°. $[a]_D$: +206,5°.

β-Nitrosochlorid des d-Limonens $C_{10}H_{16}ONCl$. In Benzol- und Phenol-Lösung bimolekular (Wallach, B. 28, 1311, 1474). Konstitution, Bildung und Darstellung s. S. 135 beim α-Nitrosochlorid des d-Limonens. — Wollige Nadeln (aus Chloroform + Methylalkohol). F: unscharf 105—106° (Wall., A. 252, 113). Viel schwerer löslich als die α-Verbindung (Wall., A. 252, 112). $[a]_D^{10,5}$: +240,3° (in Chloroform; p = 5,339). — Zersetzt sich beim Aufbewahren erheblich langsamer als die α-Verbindung (Wall., A. 252, 112). Liefert bei der HCl-Abspaltung (Wall., A. 270, 174; Deussen, Hahn, C. 1909 I, 1237; A. 369, 60), sowie bei der Umsetzung mit Aminen (Wall., A. 252, 113), Kaliumcyanid (Leach, Soc. 87, 413) oder Benzoylchlorid (Wall., A. 270, 177), die gleichen Produkte (auch in bezug auf Drehungssinn) wie das α-Nitrosochlorid; dagegen entsteht mit Methylmagnesiumjodid eine bei 150° schmelzende Verbindung $C_{20}H_{32}ON_2Cl_2$ (s. u.) (Tilden, Shepheard, Soc. 89, 921).

Verbindung $C_{20}H_{32}ON_2Cl_2$. B. Aus d-Limonen-β-nitrosochlorid mit Methylmagnesiumjodid in Äther (Tilden, Shepheard, Soc. 89, 921). — Krystalle (aus Alkohol). F: 150°. Sehr leicht löslich in Äther, Chloroform und Benzol. Unlöslich in Alkalien und Säuren. $[a]_D$: +130,5°. — Liefert mit PCl_5 eine Verbindung $C_{20}H_{32}N_2Cl_4$ (s. u.).

Verbindung $C_{20}H_{32}N_2Cl_4$. (Nicht ganz rein erhalten.) B. Aus der Verbindung $C_{20}H_{32}ON_2Cl_2$ vom F: 150° (s. o.) mit dem gleichen Gewicht PCl_5 beim Stehen (Ti., Sh., Soc. 89, 922). — Krystalle (aus Ligroin). F: 164°. — Verliert leicht HCl. Liefert beim Kochen mit Alkohol eine Verbindung $C_{20}H_{30}N_2Cl_2$ (s. u.).

Verbindung $C_{20}H_{30}N_2Cl_2$. B. Aus der Verbindung $C_{20}H_{32}N_2Cl_4$ vom F: 164° (s. o.) beim Kochen mit Alkohol (Ti., Sh., Soc. 89, 922). — Nadeln (aus Alkohol). F: 148°. $[a]_D$: +134,8° (in Chloroform).

d-Limonen-nitrosochlorid-dibromid $C_{10}H_{16}ONClBr_2$. B. Durch Eintragen von Brom in eine Lösung von rohem d-Limonennitrosochlorid in Chloroform (Goldschmidt, Zürrer, B. 18, 2223). — Krystallinisch. F: 130—131°. Fast unlöslich in kaltem Alkohol.

Nitrosobromid des d-Limonens $C_{10}H_{16}ONBr$. B. Durch Eintragen von wäßr.-alkoholischer Bromwasserstoffsäure in ein gekühltes Gemisch von d-Limonen und Amylnitrit (Wallach, A. 245, 258). — Schmilzt bei 90,5° unter Zers.

Verbindung $C_{14}H_{18}O_4Cl_6$. B. Neben anderen Produkten aus d-Limonen oder Pinen und überschüssiger Trichloressigsäure (Heychler, B. 29, 695; Bl. [3] 15, 366). — Blättchen (aus Alkohol). F: 104°. Wenig löslich in kaltem Alkohol, Äther und Ligroin, leicht in Chloroform. Die Lösung in Chloroform ist optisch-inaktiv.

b) *Linksdrehendes p-Menthadien-(1.8(9)), l-Limonen*. Konstitution s. S. 133. V. Im äther. Öl von Pinus serotina (Herty, Dickson, Am. Soc. 30, 873). Im Edeltannennadelöl (Abies pectinata) (Bertram, Walbaum, Ar. 231, 291). Im Zapfenöl von Abies pectinata ("Fichtennadelöl") (Wallach, A. 227, 293; Bert., Walb., Ar. 231, 293). Im finnländischen Fichtenterpentinöl (?) (Aschan, B. 39, 1450, 2596). Im indischen Terpentinöl (?) (Pinus longifolia) (Rabak, C. 1905 II, 896). Im äther. Öl von Monodora Myristica (Thoms, Ber. Dtsch. Pharm. Ges. 14, 26; C. 1904 I, 593). Im Rautenöl (Power, Lees, Soc. 81, 1590). Im Manila-Elemiöl (Clover, C. 1907 I, 1793; Am. 39, 624). Im Cascarillöl (Thoms, Ch. Z. 23, 830). Im Öl der Blätter von Eucalyptus Staigeriana (Baker, Smith, C. 1906 II, 136). Im Möhrenöl (Richter, Ar. 247, 403). Im Verbenaöl (Theulier, Bl. [3] 27, 1112). Im Öl von Bystropogon origanifolius (Schimmel & Co., Bericht vom Oktober 1902, 88). Im amerikanischen Poleiöl (Hedeoma pulegioides) (Barrowcliff, Soc. 91, 880). Im russischen (Andres, Andrejew, B. 25, 613) und amerikanischen Pfefferminzöl (Power, Kleber, Ar. 232, 646). Im Krauseminzöl (Schimmel & Co., Bericht vom April 1898, 30). Im Poleiöl (?) (Mentha pulegium) (Tétry, Bl. [3] 27, 159). Im Baldrianöl (Oliviero, Bl. [3] 13, 921). — S. auch die Angaben über Limonen-Vorkommen auf S. 134.

Bildung von l-Limonen. Neben Isolimonen aus gewöhnlichem rechtsdrehendem Dihydrocarveol (gewonnen aus d-Carvon mit Natrium und Alkohol) durch Überführung in den entsprechenden Xanthogensäuremethylester $C_{10}H_{17}·O·CS·S·CH_3$ und trockne Destillation des letzteren (Tschugajew, B. 33, 735; Ж. 36, 993; C. 1905 I, 93). — Vgl. ferner die beim d-Limonen angegebenen Bildungsweisen, S. 134.

Kp: 175—176° (WALLACH, A. **246**, 222), 175,5—177° (korr.) (PERKIN, Soc. **81**, 315). D_{16}^{16}: 0,8549; D_{15}^{15}: 0,8514; D_{20}^{20}: 0,8453 (PERK.); D^{20}: 0,846 (WALL., A. **246**, 222). n_D^{20}: 1,47459 (WALL., A. **246**, 222). $[a]_D^{21,1}$: — 105° (Präparat aus ,,Fichtennadelöl'') (WALLACH, CONRADY, A. **252**, 145); $[a]_D$: — 103,51° (PERK.), — 125,5° (Präparat aus Samenöl von Monodora Myristica) (THOMS, C. **1904** I. 593). Magnetische Rotation: PERKIN. — Aus Tannenzapfenöl abgeschiedenes, nach Möglichkeit gereinigtes l-Limonen, das anscheinend noch geringe Mengen durch Destillation nicht entfernbarer Verunreinigungen enthielt, zeigte folgende Konstanten: Kp_{763}: 175,5—176° (korr.); $D^{20,5}$: 0,8407; $n_a^{20,5}$: 1,47157; $n_D^{20,5}$: 1,47468; $n_\gamma^{20,5}$: 1,48924; $[a]_D^{20,5}$: — 120,6° (BRÜHL, Soc. **91**, 121). — Oxydation mit Salpetersäure: TILDEN, WILLIAMSON, Soc. **63**, 293. l-Limonen addiert 2 Mol. Thiophenol unter Bildung eines Produkts, das bei der Oxydation 2.9-Bis-[phenylsulfon]-p-menthan (?) (Syst. No. 524) liefert (POSNER, B. **38**, 656). — Vgl. ferner die Angaben über das chemische Verhalten des d-Limonens, S. 134—135, und des Dipentens, S. 138—139. — Nachweis s. S. 135.

α-Nitrosochlorid des l-Limonens $C_{10}H_{16}ONCl$. Entspricht in Konstitution, Bildung, Darstellung und Eigenschaften dem α-Nitrosochlorid des d-Limonens, S. 135. $[a]_D^b$: — 314,8° (in Chloroform; p = 0,993) (WALLACH, CONRADY, A. **252**, 145).

β-Nitrosochlorid des l-Limonens $C_{10}H_{16}ONCl$. Entspricht in Bildung und Verhalten dem β-Nitrosochlorid des d-Limonens, S. 136. $[a]_D^b$: — 242,2° (in Chloroform; p = 0,998) (WALL., Co., A. **252**, 146).

c) *Inaktives p-Menthadien-(1.8(9)). dl-Limonen, Dipenten* (veraltete Bezeichnungen: Dipentin, Cinen, Cajeputen, Diisopren, Isoterebenthen, Kautschin). V. In finnländischen Terpentinöl (Pinus silvestris) (ASCHAN, B. **39**, 1450, 2596). Im finnländischen Kienöl (ASCHAN, HJELT, Ch. Z. **18**, 1566). Im russischen Terpentinöl und Kienöl (WALL., A. **230**, 245; SCHINDELMEISER, Ch. Z. **32**, 8). Im äther. Öl von Abies sibirica (SCHINDELMEISER, Ch. Z. **31**, 759). Im Palmarosaöl (GILDEMEISTER, STEPHAN, Ar. **234**, 329). Im Citronellöl (SCHIMMEL & Co., Bericht vom Oktober **1899**, 13). Im Lemongrasöl (STIEHL, J. pr. [2] **58**, 71). Im Pfefferöl (EBERHARDT, Ar. **225**, 518). Im Gingergrasöl (SCHIMMEL & Co., Bericht vom Oktober **1904**, 42). Im Cubebenöl (WALL., A. **238**, 80 Anm.). Im Muskatnußöl (WALL., A. **227**, 288; POWER, SALWAY, Soc. **91**, 2044). Im Zimtwurzelöl (PILGRIM, C. **1909** I, 534). Im Campheröl (WALL., A. **227**, 296). Im Massoyöl (WALL., A. **258**, 341). Im Kuromojiöl (KWASNIK, B. **24**, 81; Ar. **233**, 277). Im Apopinöl (KEIMAJU, nach SCHIMMEL & Co., Bericht vom Oktober **1903**, 11). Im Wartaraöl (SCHIMMEL & Co., C. **1900** I, 907). Im Neroliöl und Petitgrainöl (SCHIMMEL & Co., Bericht vom Oktober **1902**, 60). Im Mandarinenöl (SCHIMMEL & Co., Bericht vom Oktober **1901**, 35). Im Olibanumöl (WALL., A. **252**, 101). Im Myrrhenöl (LEWINSOHN, Ar. **244**, 424). Im Elemiöl (WALL., A. **252**, 102; BACON, C. **1909** II, 1448). Im Myrtenöl (SCHIMMEL & Co., Bericht vom April **1889**, 29). Im Fenchelöl (SCHIMMEL & Co., Bericht vom April **1890**, 20). Im Corianderöl (WALBAUM, MÜLLER, WALLACH-Festschrift [Göttingen **1909**], S. 658; C. **1909** II, 2160). Im amerikanischen Poleiöl (Hedeoma pulegioides) (BARROWCLIFF, Soc. **91**, 880). Im Öl von Satureja Thymbra und von Thymus capitatus (SCHIMMEL & Co., Bericht vom Oktober **1889**, 55, 56). Im amerikanischen Pfefferminzöl (?) (POWER, KLEBER, Ar. **232**, 646). Im Krauseminzöl (HAENSEL, C. **1907** I, 1332). Im Poleiöl (?) (Mentha pulegium) (TÉTRY, Bl. [3] **27**, 193). Im Kessoöl (BERTRAM, GILDEMEISTER, Ar. **228**, 484). Im Goldrutenöl (SCHIMMEL & Co., Bericht vom April **1897**, 53). Im Buccoblätteröl (KONDAKOW, BACHTSCHIEW, J. pr. [2] **63**, 52). Im Ajowansamenöl (SCHIMMEL & Co., Bericht vom Oktober **1909**, 15). — Siehe auch die Angaben über Limonen-Vorkommen auf S. 134.

B. Aus gleichen Mengen d- und l-Limonen (WALLACH, A. **246**, 225; vgl. BRÜHL, Soc. **91**, 121). Neben Polymerisationsprodukten durch mehrstündiges Erhitzen von d-Limonen (WALL., A. **227**, 289, 301; vgl. CLOVER, C. **1907** I, 1795; Am. **39**, 632) oder von Pinen (WALL., A. **227**, 282; **239**, 8; vgl. BERTHELOT, A. ch. [3] **39**, 16; RIBAN, A. ch. [5] **6**, 216) auf 250° bis 270°. Durch Erhitzen von Pinen mit alkoh. Schwefelsäure auf dem Wasserbad (FLAVITZKI, B. **12**, 1022; WALL., A. **39**, 11). Aus Dipenten-bis-hydrochlorid durch trockne Destillation (WALL., A. **230**, 260 Anm.; HELL, RITTER, B. **17**, 1979) oder durch Erhitzen mit Anilin (WALL., A. **227**, 286; **245**, 196; B. **40**, 603; TILDEN, WILLIAMSON, Soc. **63**, 294). Durch Erwärmen von Dipenten-bis-hydrojodid mit alkoh. Alkalien oder mit Anilin (WALL., BRASS, A. **225**, 302, 310). Aus Dipententetrabromid mit Eisessig und Zinkstaub (BAEYER, B. **27**, 441). Durch Erhitzen von inaktivem α-Terpineol mit $KHSO_4$ auf 180—190° (WALL., A. **230**, 258, 265; **275**, 104; PERKIN, Soc. **85**, 654; vgl. auch KREMERS, C. **1909** I, 21) oder mit Wasser auf 250° unter Druck (WALL., A. **291**, 362). Aus Terpinhydrat durch Erhitzen mit $KHSO_4$ (WALL., A. **230**, 257) oder mit Essigsäureanhydrid (GINSBERG, Ж. **29**, 254; C. **1897** II, 417), auch durch Einw. von konz. Bromwasserstoffsäure (WALL., A. **239**, 18). Durch Destillation von Cineol mit P_2O_5 (HELL, STÜRCKE, B. **17**, 1972). Durch Einleiten von Chlorwasserstoff in siedendes Cineol (WALL., BRASS, A. **225**, 299). Durch Erhitzen von Cineol mit Benzoylchlorid, Destillation mit Wasserdampf und Behandeln des übergegangenen chlorhaltigen Prod. mit alkoh. Kalilauge (WALL., BRASS, A. **225**, 308). Durch Erhitzen der Chlor-wasserstoffverbindung des Cineols $C_{10}H_{18}O + HCl$ (Syst. No. 2363) (WALL., BRASS, A. **225**, 298). Neben Dihydrocarveol aus dem salzsauren Salz des Dihydrocarvylamins

$CH_3 \cdot HC \overset{CH_2——CH_2}{\underset{CH(NH_2) \cdot CH_2}{\diagdown}} CH \cdot C \overset{CH_3}{\underset{CH_3}{\diagdown}}$ mit Natriumnitrit (WALL., A. **275**, 128). Durch

Erhitzen von Homonopinylchlorid (aus Pinenhydrat und PCl_5) mit Anilin (WALL., A. **356**, 248). Neben Dl-Fenchen, Cineol und d-Limonen durch Umsetzung von linksdrehendem Fenchylamin (gewonnen aus dem Oxim des d-Fenchons) mit salpetriger Säure (WALL., VIRK, A. **362**, 178, 188). Neben anderen Produkten durch Erhitzen von Isopren in mit CO_2 ge-füllten Röhren auf 280—290° (BOUCHARDAT, C. r. **80**, 1446; Bl. [2] **24**, 112; TILDEN, J. **1882**, 405; Soc. **45**, 414; WALL., A. **227**, 295; HARRIES, B. **35**, 3260, 3265). Über die Bildung eines Dipenten enthaltenden Terpengemisches („Divalerylen") durch Erhitzen von Valerylen (Bd. I, S. 252) vgl. BOUCHARDAT, C. r. **87**, 654; Bl. [2] **33**, 24. Neben anderen Produkten aus Geraniol durch Einw. von P_2O_5 in Petroläther (ECKART, B. **24**, 4208) oder durch Einw. von Ameisensäure (BERTRAM, GILDEMEISTER, J. pr. [2] **53**, 237). Neben anderen Produkten durch Erwärmen von Linalool mit Ameisensäure (BE., WALBAUM, J. pr. [2] **45**, 601). Neben anderen Produkten durch trockne Destillation von: Kautschuk oder Guttapercha (HIMLY, A. **27**, 40; WILLIAMS, J. **1860**, 495; BOUCHARDAT, Bl. [2] **24**, 108; WALL., A. **227**, 293; HARRIES, B. **35**, 3260, 3265), Copalharz, Elemiharz und Kolophonium (WALL., RHEINDORFF, A. **271**, 310, 311). — Vgl. auch die bei d-Limonen (S. 134) und bei l-Limonen (S. 136) ange-gebenen Bildungsweisen.

Darst. Man erwärmt je 10 g Dipenten-bis-hydrochlorid mit 20 g Anilin über kleiner Flamme bis zum Eintritt der Reaktion und dann höchstens noch 2—3 Minuten, setzt 20 ccm Eisessig hinzu, destilliert mit Wasserdampf, befreit das Destillat durch wiederholtes Schütteln mit Oxalsäurelösung und Destillation mit Wasserdampf von Anilin, trocknet über geglühtem Kaliumcarbonat und destilliert über Natrium (WALLACH, B. **40**, 603). — Durch 10-stdg. Erhitzen von Terpin mit 2 Mol.-Gew. Essigsäureanhydrid, Sättigen mit Kalilauge und Destil-lation mit Wasserdampf; Ausbeute 98—99% der Theorie (GINSBERG, Ж. **29**, 255 Anm.; C. **1897** II, 417). — Durch 1-stdg. Erhitzen von 25 g a-Terpineol mit 50 g $KHSO_4$ auf 180° bis 190°, Destillation mit Wasserdampf und Rektifikation (WALL., A. **275**, 104). — Sehr reines Dipenten erhält man bei der trocknen Destillation des Kautschuks; nach Beseitigung des isoprenhaltigen Vorlaufs wird die bei 172—178° siedende Fraktion einer sorgfältigen Fraktio-nierung über Natrium unterworfen (Gildem.-Hoffm. 1, 329; vgl. HARRIES, B. **35**, 3265).

Dipenten ist eine angenehm citronenartig riechende Flüssigkeit. Die Siedepunkte der aus Terpineol oder aus Dipenten-bis-hydrochlorid dargestellten Präparate liegen etwas höher als die Siedepunkte der aus Kautschuk oder durch Vereinigung der beiden aktiven Limonene dargestellten Präparate, wahrscheinlich infolge Gegenwart einer durch Fraktio-nieren nicht entfernbaren Beimengung (vgl. WALLACH, B. **40**, 606). Die physikalischen Konstanten der verschiedenen typischen Präparate werden deshalb in folgendem getrennt aufgeführt.

Dipenten aus den beiden aktiven Limonenen (d-Limonen aus Kümmelöl, l-Limonen aus Tannenzapfenöl): Kp_{763}: 175,5—176,5° (korr.); $D_4^{20,8}$: 0,8402; $n_a^{20,8}$: 1,47134; $n_D^{20,8}$: 1,47443; $n_\gamma^{20,8}$: 1,48898 (BRÜHL, Soc. **91**, 121).

Dipenten aus Kautschuk: Kp: 175—176°; D^{20}: 0,844; n_D^{20}: 1,47194 (Gildem.-Hoffm. 1, 329).

Dipenten aus a-Terpineol: Kp: 180—181°; D_4^1: 0,8627; $D_4^{14,4}$: 0,85457; D_4^{22}: 0,8548; D_4^{22}: 0,8486; $n_a^{14,4}$: 1,47506; $n_\beta^{14,4}$: 1,48629; $n_\gamma^{14,4}$: 1,49367; Dispersion und magnetische Drehung: KAY, PERKIN, Soc. **81**, 850.

Dipenten aus Dipenten-bis-hydrochlorid: Kp: 177—178° (WALL., A. **245**, 197; **350**, 150; B. **40**, 604; vgl. SEMMLER, B. **39**, 4427); D^{20}: 0,845; n_D^{20}: 1,47644 (WALL., A. **245**, 197).

Dielektrizitätskonstante des Dipentens: STEWART, Soc. **93**. 1060.

Dipenten polymerisiert sich bei hoher Temp. (WALL., A. **227**, 301); beim Erhitzen auf 300° im Einschlußrohr bleibt es zum größten Teil unverändert (HARRIES, B. **35**, 3259). Oxy-dation mit heißer verd. Salpetersäure: TILDEN, WILLIAMSON, Soc. **68**, 294. Wird von Chro-mylchlorid in CS_2 teilweise zu Cymol oxydiert; letzteres bildet mit CrO_2Cl_2 die Verbindung $C_{10}H_{14} \cdot 2CrO_2Cl_2$, welche durch Wasser zersetzt wird unter Bildung von Methyl-p-tolyl-keton und a-p-Tolyl-propionaldehyd (HENDERSON, Soc. **91**, 1872; H., CAMERON, Soc. **95**, 971). Dipenten gibt mit Brom neben öligen Produkten Dipententetrabromid vom F: 125° (WALL., BRASS, A. **225**, 311). Bei längerem Stehen mit Salpetersäure in verd. Alkohol entsteht Terpinhydrat (BOUCHARDAT, C. r. **89**, 361; J. **1879**, 576). Gibt mit trocknem Chlorwasserstoff Dipentenmonohydrochlorid (S. 86) (WALL., B. **26**, 3075), mit Halogen-wasserstoffen in Eisessig oder nicht wasserfreien Lösungsmitteln Dipenten-bis-hydrohalo-genide (WALL., A. **227**, 294; **239**, 10). Durch Schütteln mit konz. Schwefelsäure oder Erwärmen mit P_2S_5 entsteht unter teilweiser Verharzung Cymol (WALL., BRASS, *A.* **225**, 311), durch Erwärmen mit alkoh. Schwefelsäure unter teilweiser Verharzung Terpinen (WALL., *A.* **239**, 15). Durch Erhitzen von Dipenten mit Polyoxymethylen und Alkohol im Einschlußrohr auf 190—195° entsteht ein Alkohol $C_{11}H_{18}O$ (Syst. No. 510) (KRIEWITZ, *B.* **32**, 59). — Vgl. auch die Angaben über das chemische Verhalten des d-Limonens (S. 134—135) und des l-Limonens (S. 137).

Nitrosat des Dipentens $C_{10}H_{16}O_4N_2$. *B.* Aus Dipenten, Amylnitrit und Salpetersäure in Eisessig unter Kühlung (WALLACH, *A.* **245**, 270). — Rautenförmige Blättchen (aus kaltem Benzol). F: 84° (Zers.). Sehr leicht löslich in Benzol. — Addiert in Eisessiglösung Chlorwasserstoff. Gibt beim Erwärmen mit alkoh. Kalilauge inaktives Carvoxim. Mit Piperidin entsteht ein Nitrolpiperidid.

α-Nitrosochlorid des Dipentens $C_{10}H_{16}ONCl$. *B.* Durch Mischen von Lösungen der α-Nitrosochloride des d- und l-Limonens (S. 135, 137) (WALL., *A.* **252**, 124; **270**, 175). Über die vermutlich nicht einheitliches Nitrosochlorid aus Dipenten vgl. WALL., *A.* **245**, 267. — Krystallisiert schlechter und ist leichter löslich als die aktiven Komponenten (WALL., *A.* **270**, 175). Schmilzt bei 78°, erstarrt bei weiterem Erhitzen wieder und schmilzt ein zweites Mal bei 103—104° (WALL., *A.* **270**, 175). — Gibt mit alkoh. Kalilauge inaktives Carvoxim (WALL., *A.* **245**, 268), mit Aminen ein Gemisch von Dipenten-α- und β-nitrolaminen (WALL., *A.* **252**, 125).

β-Nitrosochlorid des Dipentens $C_{10}H_{16}ONCl$. *B.* Durch Mischen von Lösungen der β-Nitrosochloride des d- und l-Limonens (S. 136, 137) (WALL. **270**, 175). — Viel leichter löslich als die aktiven Komponenten.

4³-Brom-1-methyl-4-methoäthenyl-cyclohexen-(1), 9-Brom-p-menthadien-(1.8 (9))

$C_{10}H_{15}Br = CH_3 \cdot C {<}^{CH_2 \cdot CH_2}_{CH \cdot CH_2} {>} CH \cdot C {<}^{CHBr}_{CH_3}$. *B.* Durch 1-stdg. Kochen von 1.8.9-Tribrom-p-menthan (S. 53) mit methylalkoholischem Natriummethylat (WALLACH, RAHN, *A.* **324**, 85). — Ölig. Kp_{10}: 105—110°. — Geht beim Behandeln mit Brom in Eisessig in ein Pentabrommenthan $C_{10}H_{15}Br_5$ (S. 54) über.

19. *1-Methyl-4-methoäthenyl-cyclohexen-(2) (?). p-Menthadien-(2.8 (9)) (?),*
Isolimonen $C_{10}H_{16} = CH_3 \cdot HC {<}^{CH_2 \cdot CH_2}_{CH = CH} {>} CH \cdot C {<}^{CH_2}_{CH_3}$ (?).

a) Linksdrehende Form, l-Isolimonen. *B.* Als Hauptprodukt neben l-Limonen durch Überführung des gewöhnlichen rechtsdrehenden Dihydrocarveols (aus d-Carvon mit Natrium und Alkohol) in den entsprechenden Xanthogensäuremethylester und trockne Destillation des letzteren (TSCHUGAJEW, Ж. **36**, 993; *C.* **1905** I, 93). — Kp_{745}: 172—172,5°. D_4^0: 0,8370. n_D^0: 1,47043. $[α]_D$: −140,58°. — Geht beim Kochen mit Kalium in einen linksdrehenden Kohlenwasserstoff vom Kp: 180—182° über. Gibt kein festes Tetrabromid oder Nitrosochlorid. Durch mehrstündiges Stehen mit Bromwasserstoff in Eisessig entsteht Dipenten-bis-hydrobromid vom F: 63—64°.

b) Rechtsdrehende Form, d-Isolimonen. *B.* Analog der l-Verbindung aus linksdrehendem Dihydrocarveol (TSCHUGAJEW, POKROWSKI, Ж. **39**, 1338; *C.* **1908** I, 1180). — Kp: 172—174°. $D^{20,4}$: 0,8382. $n_D^{20,4}$: 1,4697. $[α]_D^{20}$: +131,93°.

20. *1-Methyl-4-methoäthenyl-cyclohexen-(3), p-Menthadien-(3.8 (9))*
$C_{10}H_{16} = CH_3 \cdot HC {<}^{CH_2 \cdot CH_2}_{CH_2 \cdot CH} {>} C \cdot C {<}^{CH_2}_{CH_3}$.

a) *Rechtsdrehende Form, d-p-Menthadien-(3.8 (9)).*

α) Präparat von Kay, Perkin, *Soc.* **89**, 848. *B.* Aus dem Äthylester der rechtsdrehenden 4-Methyl-cyclohexen-(1)-carbonsäure-(1) (Syst. No. 894) durch längeres Stehen mit Methylmagnesiumjodid in Äther. — Ähnlich wie d-Limonen riechendes Öl. Kp_{754}: 184°. D_4^0: 0,8712; $D_4^{20,1}$: 0,86483; D_4^{90}: 0,8634; D_4^{98}: 0,8574. $n_α^{13,1}$: 1,49434; $n_β^{13,1}$: 1,50913; $n_γ^{13,1}$: 1,51849. $[α]_D^{20}$: +98,2° (in Benzol). Dispersion und magnetische Rotation: K., P.; vgl. auch BRÜHL, *Soc.* **91**, 120.

β) Präparat von Semmler, Rimpel, *B.* **39**, 2585. *B.* Man tropft eine Chinolinlösung von Isopulegolchlorid (S. 90) in auf ca. 200—210° erhitztes Chinolin. — Kp_{14}: 62° bis 65°; Kp: 174—177°. D^{20}: 0,8420. n_D: 1,48422. α: +15° (l = 10 cm).

b) *Inaktive Form, dl-p-Menthadien-(3.8 (9)).* *B.* Neben p-Menthen-(3)-ol-(8) durch Einw. von Methylmagnesiumjodid auf den Äthylester der inaktiven 4-Methyl-cyclohexen-(1)-carbonsäure-(1) in Äther; zur Zerstörung von beigemengtem Menthenol kocht man die unter 30 mm Druck bei 90—95° übergehende Fraktion des Reaktionsgemisches noch 1 Stde. mit $KHSO_4$ (PERKIN, PICKLES, *Soc.* **89**, 647). Durch Erhitzen von dl-p-Menthen-(3)-ol-(8) mit $KHSO_4$ (KAY, PERKIN, *Soc.* **89**, 850). Die mit $KHSO_4$ bereiteten Präparate enthalten erhebliche Mengen Terpinen beigemengt (SEMMLER, RIMPEL, *B.* **39**, 2587). —

Intensiv nach Citronen riechendes Öl. Kp: 184—185° (K., PE.). D_4^{14}: 0,8390 (K., PE.). Refraktion, Dispersion und magnetische Rotation: K., PE.; vgl. auch BRÜHL, Soc. **91**, 120. Addiert nur 2 Atome Brom unter Bildung von 3.9-Dibrom-p-menthen-(4(8)) (PE., PI.).

21. p-Menthadien-(x.x) aus Origanumöl, Origanen $C_{10}H_{16}$. Struktur des Kohlenstoffskeletts: $C-C \overset{C-C}{\underset{C-C}{}} C-C \overset{C}{\underset{C}{}}$ V. Im Origanumöl von Cypern (PICKLES, Soc. **93**, 864, 868). — Schwach nach Citrone riechende Flüssigkeit. Kp_{750}: 160—164°; Kp_{15-20}: 65—69°. D^{15}: 0,847. n_D: 1,480. a_D: +1° 50′ (l = 1 dm). — Durch Oxydation mit H_2O_2 entsteht Bernsteinsäure. Addiert je 1 Mol. HCl, HBr und Br_2; das Dibromid liefert mit alkoh. Kalilauge p-Cymol. Geht bei 5-tägigem Schütteln mit verd. Schwefelsäure zum Teil in Terpinhydrat über.

Nitrosochlorid $C_{10}H_{16}ONCl$. B. Aus Origanen in Methylalkohol mit Eisessig, Amylnitrit und Salzsäure bei —10° (PICKLES, Soc. **93**, 868). — Farblose Nadeln. F: 91—94° (lebhafte Zers.). — Wenig beständig. Benzylamin erzeugt Origanen-nitrolbenzylamin (Syst. No. 1873), Piperidin Origanen-nitrolpiperidid (Syst. No. 3038).

22. p-Menthadien-(x.x) $C_{10}H_{16}$ **aus Citronellaloxim.** Struktur des Kohlenstoffskeletts: $C-C \overset{C-C}{\underset{C-C}{}} C-C \overset{C}{\underset{C}{}}$ B. Man erwärmt das Nitrosoderivat $C_{10}H_{18}O_2N_2$ des aus Citronellaloxim (Bd. I, S. 747) beim Stehen mit 49%iger Schwefelsäure entstehenden 3-Oxamino-menthens (Syst. No. 1931) mit verd. Schwefelsäure, destilliert mit Wasserdampf und trennt von dem gleichzeitig entstandenen Alkohol mittels Phthalsäureanhydrids (MAHLA, B. **36**, 489). — Riecht anisähnlich. Kp_9: 75—80°. D: 0,8491. n: 1,49824. a_{20}: +8,40° (l = 10 cm). — Entfärbt Permanganat und absorbiert Brom.

23. p-Menthadien-(x.x) $C_{10}H_{16}$ **aus p-Menthen-(3)-dibromid.** Struktur des Kohlenstoffskeletts: $C-C \overset{C-C}{\underset{C-C}{}} C-C \overset{C}{\underset{C}{}}$ Einheitlichkeit fraglich. — B. Aus p-Menthen-(3)-dibromid durch Erwärmen mit alkoh. Kalilauge (BERKENHEIM, B. **25**, 695). — Riecht limonenartig. Kp: 172—174° (unkorr.). D_0^0: 0,8540; D_0^{20}: 0,8408. — Addiert Brom und Chlorwasserstoff.

24. p-Menthadien-(x.x) $C_{10}H_{16}$ **aus Menthenglykol.** Struktur des Kohlenstoffskeletts: $C-C \overset{C-C}{\underset{C-C}{}} C-C \overset{C}{\underset{C}{}}$ Einheitlichkeit fraglich. — B. Entsteht, neben dem Mono- und Diacetat des Menthenglykols, beim Erhitzen von Menthenglykol (Syst. No. 549) mit Essigsäureanhydrid (WAGNER, TOLLOCZKO, B. **27**, 1641). — Riecht limonenartig. Kp: 179—180°. — Verbindet sich mit Brom zu einem flüssigen Produkt.

25. Derivate von p-Menthadienen $C_{10}H_{16}$ **mit unbekannter Lage der Doppelbindungen.**

2-Chlor-p-menthadien-(x.x) $C_{10}H_{15}Cl$. B. Durch Kochen von 2-Chlor-x-brom-p-menthen-(x) (S. 91) mit Chinolin (KLAGES, KRAITH, B. **32**, 2554). — Kp: 210—212°. D^{15}: 1,01. n: 1,51202. — Gibt mit Brom 2-Chlor-x-brom-p-menthadien-(x.x) (s. u.).

3-Chlor-p-menthadien-(x.x) $C_{10}H_{15}Cl$. B. Man behandelt 3-Chlor-p-menthen-(3) (S. 89) mit 1 Mol.-Gew. Brom und destilliert das Produkt mit Chinolin (JÜNGER, KLAGES, B. **29**, 316). — Kp: 212°; Kp_{25}: 112°. D^4: 0,990. n_D: 1,49712. — Beim Behandeln mit 1 Mol.-Gew. Brom und Destillation des Produktes mit Chinolin entsteht 3-Chlor-1-methyl-4-isopropyl-benzol.

2-Chlor-x-brom-p-menthadien-(x.x) $C_{10}H_{14}ClBr$. B. Aus 2-Chlor-p-menthadien-(x.x) (s. o.) und Brom in Petroläther (KLAGES, KRAITH, B. **32**, 2554). — D^{15}: 1,543. — Gibt mit Chinolin 2-Chlor-1-methyl-4-isopropyl-benzol.

26. Kohlenwasserstoff $C_{10}H_{16}$ **aus 1-Methyl-cyclohexanon-(3).** B. Man kondensiert 1-Methyl-cyclohexanon-(3) mit Aceton zu einem Keton ($C_{11}H_{16}O$ (Syst. No. 617), reduziert dieses zum entsprechenden Alkohol $C_{10}H_{18}O$ (Syst. No. 507) und erwärmt letzteren mit P_2O_5 (WALLACH, B. **29**, 2957). — Kp: 173—175°. D: 0,823. n_D^{17}: 1,4601. Riecht wie Limonen und Terpinolen.

27. 1.3-Diäthyl-cyclohexadien-(1.3) $C_{10}H_{16}$ = $HC \overset{C(C_2H_5) \cdot CH}{\underset{CH_2-CH_2}{}} C \cdot C_2H_5$. B. Aus 1-Äthyl-cyclohexen-(1)-on-(3) (Syst. No. 616) und Äthylmagnesiumbromid in Äther (BLAISE, MAIRE, Bl. [4] **3**, 420). — Kp_9: 68°.

28. Kohlenwasserstoffe $C_{10}H_{16}$ aus tierischem Teere. B. Aus dem (durch Destillation von Knochen entstehenden) tierischen Teer wurden zwei Kohlenwasserstoffe $C_{10}H_{16}$ isoliert (WEIDEL, CIAMICIAN, B. 13, 73):

· a) Kohlenwasserstoff $C_{10}H_{16}$ vom $Kp_{748,2}$: 165,5°. Inaktiv. Liefert bei der Oxydation Isophthalsäure. Verbindet sich nicht mit HCl. Bildet kein Hydrat.

b) Kohlenwasserstoff $C_{10}H_{16}$ vom $Kp_{748,5}$: 172,5°. Liefert bei der Oxydation Isophthalsäure.

29. 1.3-Dimethyl-5-äthyl-cyclohexadien-(3.5) [L.-R.-Bezf.: Dimethyl-1.5-äthyl-3-cyclohexadien-1.3] $C_{10}H_{16}$ = HC $\diagdown$ $\begin{matrix} C(CH_3)-CH_2 \\ C(C_2H_5)=CH \end{matrix}$ $\diagup$ CH·CH₃. Mol.-Refraktion, Mol.-Dispersion: KLAGES, B. 40, 2363.

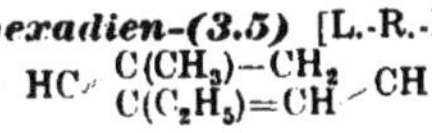

30. Kohlenwasserstoff $C_{10}H_{16}$. Struktur des Kohlenstoffskeletts: $\begin{matrix} C-C-C \\ C \diagdown C-C. \\ C·C-C-C \diagup \end{matrix}$ Nicht ganz rein erhalten. — B. Neben symm. Dimethyläthylbenzol aus der Säure $C_{11}H_{16}O_2$ (Syst. No. 895), deren Ester aus 1-Methyl-3-äthyl-cyclohexen-(6)-on-(5) mit Bromessigester und Zink entsteht, durch Erhitzen im geschlossenen Rohre auf 200° (WALLACH, A. 323, 148). — Kp: 166°. D^{20}: 0,834. — Wird durch verd. $KMnO_4$-Lösung bei 0° schnell oxydiert. Gibt beim Behandeln mit Nitrosylchlorid oder mit salpetriger Säure Blaufärbung.

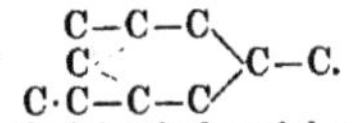

31. 1.2.4.5-Tetramethyl-cyclohexadien-(2.5) [L.-R.-Bezf.: Tetramethyl-1.3.4.6-cyclohexadien-1.4] $C_{10}H_{16}$ = CH_3·CH $\diagdown$ $\begin{matrix} CH=C(CH_3) \\ C(CH_3)=CH \end{matrix}$ $\diagup$ CH·CH₃.

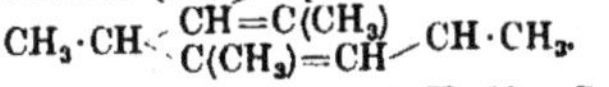

1.4-Dichlor-1.2.4.5-tetramethyl-cyclohexadien-(2.5) (?) $C_{10}H_{14}Cl_2$. B. Man sättigt unter zeitweiligem Kühlen ein Gemisch aus Acetylchlorid und wenig $ZnCl_2$ mit Propylen, gießt in Wasser, neutralisiert und fraktioniert das ausgeschiedene Öl im Vakuum (KONDAKOW, Ж. 26, 15). — Öl. Kp_{20}: 78—82°.

32. Isothujen, Tanaceten $C_{10}H_{16}$, vielleicht **1.2-Dimethyl-3-isopropyl-cyclopentadien.** Die Identität der auf verschiedenen Wegen gewonnenen Kohlenwasserstoffe ist nicht mit Sicherheit festgestellt; vgl. dazu: WALLACH, A. 286, 100; TSCHUGAJEW, Untersuchungen auf dem Gebiet der Terpene und Campher [Moskau 1903], S. 147; B. 33, 3118; SEMMLER, Die ätherischen Öle, Bd. III [Leipzig 1906], S. 139, 598; vgl. auch TIEMANN, SEMMLER, B. 30, 443.

a) Präparat von Wallach, A. 286, 99. B. Beim Erhitzen von salzsaurem Isothujylamin. — Kp: 170—172°. D^{20}: 0,836. n_D^{20}: 1,47145. — Die Lösung in Eisessig wird durch einen Tropfen konz. Schwefelsäure intensiv rot gefärbt.

b) Präparat von Wallach, A. 272, 111. B. Durch trockne Destillation von salzsaurem α-Thujylamin (aus α-Thujon und Ammoniumformiat). — Flüssig. Kp: 172—175°. D^{20}: 0,840. n_D: 1,4761.

c) Präparat von Semmler, B. 25, 3345. B. Durch trockne Destillation von salzsaurem β-Thujylamin (aus β-Thujon-oxim durch Natrium und Alkohol). — Kp_{14}: 60—63°. D^{20}: 0,8408. n_D: 1,476.

d) Präparat von Kondakow, Skworzow, J. pr. [2] 69, 178. B. Durch trockne Destillation von salzsaurem β-Thujylamin (aus β-Thujon und Ammoniumformiat) (KONDAKOW, SKWORZOW, J. pr. [2] 69, 178; Ж. 42, 504; C. 1910 II, 467). — Kp: 171—176°; D^{17}: 0,8400; n_D^{17}: 1,4789; optisch inaktiv (K., S., J. pr. [2] 69, 178). Kp: 171—178°; D^{22}: 0,8386; n_D: 1,47674; [α]_D: —1,9° (K., S., Ж. 42, 504; C. 1910 II, 467). — Liefert beim Behandeln mit konz. Salzsäure unter beträchtlicher Verharzung ein bei —20° nicht erstarrendes Chlorid $C_{10}H_{16}(?)_2$ (S. 57, Z. 6 v. o.).

33. Kohlenwasserstoff $C_{10}H_{16}$ aus Sabinen, vielleicht **2-Methyl-3-methoäthyl-1-methylen-cyclopenten-(3):** B. Neben anderen Produkten durch Einw. von Säuren auf Sabinen, am besten durch Behandeln desselben mit Ameisensäure unter starker Kühlung (SEMMLER, B. 39, 4424). — Kp: 169—173°; Kp_{10}: 50—54°. n_D: 1,470. a_D: +13° bis +14° (l = 10 cm). $\begin{matrix} H_2C-CH \diagdown \\ CH_2:C \quad CH·CH_3 \end{matrix}$ C·CH $\diagdown$ $\begin{matrix} CH_3 \\ CH_3 \end{matrix}$

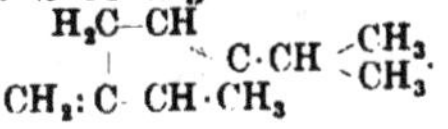

34. 1.1.2-Trimethyl-5-äthenyl-cyclopenten-(2) $C_{10}H_{16}$ = B. Entsteht durch Destillation des Trimethyl-α-camphylammoniumhydroxyds (Syst. No. 1595), neben Trimethylamin und dem tertiären Amin $\begin{matrix} HC=C·CH_3 \\ C(CH_3)_2 \\ H_2C-CH·CH:CH_2. \end{matrix}$

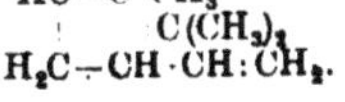

$C_8H_{13} \cdot CH_2 \cdot CH_2 \cdot N(CH_3)_2$ (BOUVEAULT, BLANC, *C. r.* **136**, 1462). — Bewegliche Flüssigkeit. Riecht wie Camphen. Kp: 157—158°.

35. *Fenchelen* $C_{10}H_{16}$. *B.* Neben Fencholenalkohol bei der Einw. von salpetriger Säure auf α-Fencholenamin (Syst. No. 1595) (WALLACH, *A.* **300**, 311). — Kp_{20}: 66—70°. Kp: 175—178°. D^{20}: 0,842. n_D^{20}: 1,47439.

36. *Bicyclo-[0.4.4]-decen-(3)*. *Naphthalinoktahydrid-(1.2.3.4.5.8.9.10)*. *Oktahydronaphthalin B*, „β-*Naphthanen*" $C_{10}H_{16}$ = $\dfrac{H_2C \cdot CH_2 \cdot CH \cdot CH_2 \cdot CH}{H_2C \cdot CH_2 \cdot CH \cdot CH_2 \cdot CH}$. *B.* Durch Erhitzen des bei 75° schmelzenden Dekahydro-β-naphthols mit Kaliumdisulfat auf 200° (LEROUX, *C. r.* **140**, 591; **141**, 954; *A. ch.* [8] **21**, 471). — Kp: 190—192°; D^0: 0,910; D^{13}: 0,901; unlöslich in Wasser, schwer löslich in Eisessig, leicht in Alkohol und Äther; n_{11}: 1,491 (L., *A. ch.* [8] **21**, 472). Mol. Verbrennungswärme bei konst. Druck: 1462 Cal. (L., *C. r.* **151**, 384). — Verbindet sich bei 0° in Chloroform mit Brom zu zwei 2.3-Dibrom-naphthalindekahydriden von den Schmelzpunkten 41° und 85° (S. 92) (L., *A. ch.* [8] **21**, 473). Liefert mit Jod und Quecksilberoxyd in feuchtem Äther 3-Jod-2-oxy-naphthalindekahydrid (L., *A. ch.* [8] **21**, 498). Vereinigt sich direkt mit organischen Säuren zu Estern des Dekahydro-β-naphthols vom F: 75° (L., *A. ch.* [8] **21**, 475).

37. *Oktahydronaphthalin A*, „α-*Naphthanen*" $C_{10}H_{16}$. *B.* Analog β-Naphthanen (s. o.) aus dem bei 62° schmelzenden Dekahydro-α-naphthol (LEROUX, *C. r.* **141**, 954; *A. ch.* [8] **21**, 476). — Kp: 190—192°. D^0: 0,921; D^{17}: 0,914. n_{11}^{17}: 1,4993. — Liefert mit Brom in Chloroform ein Dibrom-naphthalindekahydrid vom F: 143°.

38. *Kohlenwasserstoff* $C_{10}H_{16}$ *aus Naphthalin, Naphthalinoktahydrid (?)*. *B.* Man erhitzt 4 g Naphthalin mit 20 ccm bei 0° gesättigter Jodwasserstoffsäure und 0,5 g rotem Phosphor 55 Stdn. auf 245° (WREDEN, ZNATOWICZ, Ж. **9**, 183; *B.* **9**, 1606). Man erhitzt 5 g Naphthalin mit 9 g Jodwasserstoffsäure (Kp: 127°) und 3 g rotem Phosphor 15 bis 20 Stdn. auf 260—265° (GUYE, *Arch. Sc. phys. et nat. Genève* [3] **12**, 62; *J.* **1884**, 468). — Nach Terpentinöl riechende Flüssigkeit. Erstarrt in Kohlensäureschnee (G.). Kp: 185° bis 190° (W., Z.), 190—193° (G.). D^0: 0,910; D_0^{17}: 0,892 (W., Z.). — Absorbiert Sauerstoff aus der Luft (W., Z.).

39. *4-Methyl-1-methoäthyl-bicyclo-[0.1.3]-hexen-(3)*, α-*Thujen* $C_{10}H_{16}$ = $\begin{matrix} HC{-}CH_2{-}C \cdot CH(CH_3)_2 \\ CH_3 \cdot C{-}CH{-}CH_2 \end{matrix}$ Linksdrehende Form. Der im folgenden beschriebene Kohlenwasserstoff dürfte neben α-Thujen bedeutende Mengen von β-Thujen (S. 143) und anderen Kohlenwasserstoffen enthalten haben; vgl. dazu KONDAKOW, *J. pr.* [2] **69**, 563[1]). Zur Konstitution vgl.: KONDAKOW, SKWORZOW, *J. pr.* [2] **69**, 181; Ж. **42**, 499; *C.* **1910** II, 467; TSCHUGAJEW, *B.* **37**, 1483; WALLACH, *A.* **350**, 166. — *B.* Man destilliert Thujylxanthogensäuremethylester (Syst. No. 508) trocken, bis die Zersetzungstemperatur auf 190° zu steigen beginnt (TSCHUGAJEW, *B.* **33**, 3120; **34**, 2279; Untersuchungen auf dem Gebiet der Terpene und Campher [Moskau 1903], S. 146). Durch trockne Destillation von Trimethyl-thujyl-ammoniumhydroxyd (aus β-Thujylamin, das aus β-Thujon-oxim durch Einw. von Natrium und Alkohol erhalten wurde) (T., *B.* **34**, 2278; Untersuchungen, S. 156). — Konstanten des Kohlenwasserstoffes aus Thujylxanthogensäuremethylester: Kp_{745}: 152—152,5°; D_4^{17}: 0,8275; n_D^{17}: 1,45042 (T., *B.* **37**, 1482; Untersuchungen, S. 147, 156). $[a]_D$: —4,23° (T., *B.* **34**, 2279; Untersuchungen, S. 156). Konstanten des Kohlenwasserstoffs aus Trimethyl-thujyl-ammoniumhydroxyd: Kp_{750}: 151—153°; D_4^{17}: 0,8263; n_D^{17}: 1,45022; $[a]_D$: —8,23° (T., *B.* **34**, 2279; Untersuchungen, S. 156). — α-Thujen liefert bei der Oxydation mit Permanganat je nach den Bedingungen α-Thujaketosäure (WALLACH, *A.* **350**, 166) oder rechtsdrehende α-Tanacetogendicarbonsäure (Syst. No. 964) und eine rechtsdrehende (SKWORZOW, Zur Chemie des Thujons und seiner Derivate [Dorpat 1906], S. 148) bei 116—117° schmelzende Säure $C_9H_{14}O_4$[2]) (KONDAKOW, SKWORZOW, *J. pr.* [2] **69**, 181; vgl. K., S., Ж. **42**, 499; *C.* **1910** II, 467). Bei der Hydrierung von α-Thujen mit Wasserstoff und Platinschwarz unter 25—50 Atm. entsteht Thujan (T., FOMIN, *C. r.* **151**, 1060). α-Thujen liefert mit Halogenwasserstoffsäuren in guter

---

[1]) Ein als einheitlich betrachtetes α-Thujen wurde nach dem für die 4. Aufl. dieses Handbuches geltenden Literatur-Schlußtermin [1. I. 1910] von TSCHUGAJEW, FOMIN (*B.* **45**, 1297) dargestellt.

[2]) Da die Säure aktiv ist, trifft die Annahme von K., S., daß es sich um β-Tanacetogendicarbonsäure (Bd. II, S. 798) handle, nicht zu.

Ausbeute Terpinen-bis-hydrohalogenide (W., A. 350, 167). Geht bei mehrtägigem Schütteln mit verd. Schwefelsäure zunächst in Terpinenol-(4), dann weiter in Terpinenterpin über (W., A. 356, 202; 360, 97). Mit heißer, konz., essigsaurer Quecksilberacetatlösung entsteht eine krystallinische Verbindung (T., B. 33, 3121).

40. β-Thujen C_1H_{16}. Zur Konstitution vgl. auch KONDAKOW, SKWORZOW (Ж. 42, 499; C. 1910 II, 467)[1]. — B. Entsteht durch Zers. des schwer zersetzlichen Anteils des Thujylxanthogensäuremethylesters (TSCHUGAJEW, B. 37, 1482); man fängt die gesamten bei der Destillation des Thujylxanthogensäuremethylesters übergehenden Kohlenwasserstoffe zusammen auf, fraktioniert und oxydiert die niedrig siedenden Fraktionen mit $KMnO_4$ (KONDAKOW, SKWORZOW, Ж. 42, 498; C. 1910 II, 467; vgl. K., S., J. pr. [2] 67, 579 Anm. 3). — Kp: 147,5—149,5°; D^{16}: 0,8220; n_D: 1,44809; $[\alpha]_D$: +109,09° (K., S., Ж. 42, 499; C. 1910 II, 467)[2]. — β-Thujen wird durch Permanganat nur sehr schwer oxydiert (K., S., J. pr. [2] 69, 181; Ж. 42, 499; C. 1910 II, 467). Bei der Hydrierung von unreinem β-Thujen mit Wasserstoff und Platinschwarz unter 25—50 Atm. erhielten TSCHUGAJEW, FOMIN (C. r. 151, 1060) Thujan $C_{10}H_{18}$.

41. 1-Methoäthyl-4-methylen-bicyclo-[0.1.3]-hexan, Sabinen $C_{10}H_{16}$ =
$H_2C—CH_2$ ⌐C·CH(CH_3)_2 Rechtsdrehende Form. V. Im Sadebaumöl zu ca. 30%
CH_2:C—CH — CH_2 . (SEMMLER, B. 33, 1463). Als Hauptbestandteil im Öl einer Pilea-Spezies (S., B. 40, 2963). Im Ceylon-Cardemomen- und Majoranöl (WALLACH, A. 357, 77). — Kp: 162—166°; D: 0,840; n_D: 1,466; a_D: +63° (S., B. 33, 1464). Kp: 163—165°; D^{20}: 0,842; n_D^{20}: 1,4678; $[\alpha]_D$: +80,17°; $[\alpha]_D^{25}$: in alkoh. Lösung (p = 6,814): +77,14° (W., A. 350, 163). SCHIMMEL & Co. (Gildem.-Hoffm. 1, 316) ermittelten bei der Fraktionierung einer größeren Menge Sabinen aus Sadebaumöl folgende Eigenschaften: Fraktion I (20%): Kp: 162—163°; D_{15}^{15}: 0,8481; a_D: +59° 30' (l = 100 mm); Fraktion II (49%): Kp: 163—164°; D_{15}^{15}: 0,8480; a_D: +63° 50' (l = 100 mm); Fraktion III (31%): Kp: 164—165°; D_{15}^{15}: 0,8482; a_D: +68° 54' (l = 100 mm). — Durch Oxydation von Sabinen mit der 1 Atom Sauerstoff entsprechenden Menge Permanganat bei 0° entstehen rechtsdrehendes Sabinenglykol $C_{10}H_{18}O_2$ (Syst. No. 550), rechtsdrehende Sabinensäure
$H_2C—CH_2$ ⌐C·CH(CH_3)_2 (Formel I) (Syst. No. 1054) und 1.4-Oxido-4-metho-
I.   äthyl-cyclohexan-carbonsäure-(1) (Formel II) (Syst.
$HO_2C·(HO)C—CH — CH_2$ No. 2573) (SEMMLER, B. 33, 1464; 40, 2965; vgl. WAL-
      $CH_2·CH_2$ LACH, A. 359, 266); die Überführung in das schwer
II. $HO_2C·C⌐—O—⌐C·CH(CH_3)_2$ lösliche Natriumsalz der Sabinensäure eignet sich zum
      $CH_2·CH_2$ Nachweis des Sabinens in äther. Ölen (W., A. 357, 78).
Bei weiterer Oxydation des Sabinens mit Permanganat entsteht linksdrehendes Sabinaketon $C_9H_{14}O$ (S., B. 33, 1465). Sabinen wird durch Wasserstoff und Platinschwarz unter 25—50 Atm. in Thujan verwandelt (TSCHUGAJEW, FOMIN, C. r. 151, 1061). Liefert mit Brom ein öliges Dibromid (S., B. 33, 1464). Behandelt man Sabinen in ungelöstem Zustande oder in wasserfreien Lösungsmitteln (am besten Schwefelkohlenstoff) unter guter Kühlung und sorgfältigstem Ausschluß von Feuchtigkeit mit Chlorwasserstoff, so entsteht ausschließlich linksdrehendes (SEMMLER, B. 40, 2959) Sabinenmonochlorid (S. 85) (WALLACH, A. 40, 590; A. 356, 198; vgl. S., B. 39, 4420; 40, 754). Durch Eisessig-Chlorwasserstoff wird Sabinen ausschließlich in Terpinen-bis-hydrochlorid (und zwar vorzugsweise in die hochschmelzende Form, vgl. S. 49) übergeführt (W., A. 350, 164; 356, 199). Sabinen geht beim Schütteln mit kalter verd. Schwefelsäure ziemlich schnell in rechtsdrehendes Terpinenol-(4) und dann in p-Menthandiol-(1.4) vom F: 137° (Terpinen-Terpin) über (W., A. 360, 98; vgl. W., B. 40, 594; A. 356, 215). Beim Kochen mit verd. Schwefelsäure (1 : 7) entsteht vorwiegend gewöhnliches (α+γ)-Terpinen (W., A. 350, 165; vgl. S., B. 39, 4420). Trägt man Sabinen in stark gekühlte Ameisen-

---

[1] Die dem β-Thujen von KONDAKOW, SKWORZOW (J. pr. [2] 69, 181; vgl. dazu TSCHUGAJEW, B. 37, 1484)   HC=CH·C·CH(CH_3)_2 entbehrt des Beweises, da die bei der Oxydation früher zugeschrie-   von rohem Thujen erhaltene, inaktive Säure bene Formel: $CH_3·HC—CH — CH_2$ $C_{10}H_{16}O_4$ vom F: 146—147° von SKWORZOW (Zur Chemie des Thujons und seiner Derivate [Dorpat 1906], S. 146) mit einer Säure von WALLACH (A. 275, 180; Terpene und Campher, 2. Aufl. [Leipzig 1914], S. 511) identifiziert wird, die von SK. zu Unrecht mit der Homotanacetondicarbonsäure (Syst. No. 966) von SEMMLER (B. 36, 4368) zusammengeworfen wird. Die Konstitution der Säure von WALLACH ist unbekannt: die Säure von SEMMLER schmilzt zwar in der aktiven Form bei 146°, in der inaktiven aber bei 179°. Ferner ist die Zugehörigkeit der inaktiven Säure $C_{10}H_{16}O_4$ von K., SK. zum β-Thujen durchaus fraglich.

[2] Ein Kohlenwasserstoff mit sehr ähnlichen Eigenschaften wurde nach dem für die 4. Aufl. dieses Handbuches geltenden Literatur-Schlußtermin [1. I. 1910] auf anderem Wege auch von TSCHUGAJEW, FOMIN (B. 45, 1297) erhalten.

säure ein, so erhält man das Formiat des rechtsdrehenden Terpinenols-(4) und einen rechts-drehenden Kohlenwasserstoff $C_{10}H_{16}$, vielleicht 2-Methyl-3-methoäthyl-1-methylen-cyclopen-ten-(3) (S. 141) (S., *B.* **39**, 4421, 4424; **40**, 2965). Sabinen addiert in Gegenwart von Zink-chlorid Essigsäure (KONDAKOW, *Ch. Z.* **26**, 722). — Addiert Benzylmercaptan (POSNER, *B.* **38**, 653). — Sabinen geht im Tierkörper in eine nicht krystallisierende gepaarte Glykuron-säure über (FROMM, HILDEBRANDT, *H.* **33**, 579).

42. *2.6.6-Trimethyl-bicyclo-[1.1.3]-hepten-(2)*.
a-*Pinen*, gewöhnlich „*Pinen*" schlechthin genannt, $C_{10}H_{16}$ =
Zur Konstitution vgl.: WAGNER, *B.* **27**, 1651, 2275; BAEYER, *B.* **29**,
13; TIEMANN, SEMMLER, *B.* **29**, 3027; WAG., SŁAWIŃSKI, *B.* **32**,
2079.

$$HC=C(CH_3)\cdot CH$$
$$|\qquad CH_2$$
$$H_2C-CH——C(CH_3)_2.$$

Existiert in einer linksdrehenden Form (l-Pinen; veraltete Bezeichnung: „Tere-benthen"), einer rechtsdrehenden Form (d-Pinen; veraltete Bezeichnung: „Australen") und einer inaktiven Form (dl-Pinen).

Vorkommen von Pinen.

Linksdrehende Pinenfraktionen finden sich: in Edeltannen-nadel- und -zapfenöl (Abies pectinata) (BERTRAM, WALBAUM, *Ar.* **231**, 291, 293); in canadischem Tannenöl (Abies canadensis) (BERTRAM, WALBAUM, *Ar.* **231**, 294); in Latschenkieferöl (Pinus Pumilio) (BERTRAM, WALBAUM, *Ar.* **231**, 297); in Weymouthkieferöl (Pinus Strobus) (TRÖGER, BEUTIN, *Ar.* **242**, 529); im Harzöl von Pinus longifolia (RABAK, *C.* 1905 II, 897); in französischem Terpentinöl (Pinus Pinaster bezw. Maritima) (BERTHELOT, *C. r.* **36**, 426; vgl. DARMOIS, *C. r.* **147**, 197; **149**, 732; BELLONI, *C.* 1906 I, 361); im amerikanischen Terpentinöl von Pinus glabra (LONG, *Am. Soc.* **16**, 845); im amerikanischen Terpentinöl von Pinus heterophylla, seltener in solchem von Pinus palustris (HERTY, *Am. Soc.* **30**, 864); in Fichtennadelöl (Picea excelsa) (BERTRAM, WALBAUM, *Ar.* **231**, 296); im Harz der finnländischen Fichte (Pinus abies) (ASCHAN, *B.* **39**, 1449, 2596); in Schwarzfichtennadelöl (Picea nigra) (SCHIMMEL & Co., Bericht vom Oktober **1897**, 26); im Harzöl von Abies amabilis (RABAK, *C.* 1905 I, 1018); in Canadabalsam und im äther. Öl der Balsamtanne (Abies balsamea) (HUNKEL, *Amer. Journ. of Pharmacy* **67**, 9; EMMERICH, *Amer. Journ. of Pharmacy* **67**, 135; zitiert nach *Gildem.-Hoffm.* **2**, 95, 137); in sibirischem Fichtennadelöl (Abies sibirica) (SCHIMMEL & Co., Bericht vom Oktober **1896**, 76); in Haselwurzöl (Asarum europaeum) (PETERSEN, *B.* **21**, 1059); im Wurzelöl von Asarum arifolium (MILLER, *Ar.* **240**, 374); in Ceylonzimtöl (WALBAUM, HÜTHIG, *J. pr.* [2] **66**, 49; vgl. SCHIMMEL & Co., Bericht vom April **1902**, 65); in kalifornischem] Lorbeerblätteröl (Umbellularia californica) (POWER, LEES, *Soc.* **85**, 632); in Réunion-Geraniumöl (SCHIMMEL & Co., Bericht vom April **1904**, 51); in westindischem Elemiöl (Dacryodes hexandra) (MORE, *Soc.* **75**, 718); in Neroliöl (SCHIMMEL & Co., Bericht vom Oktober **1902**, 60; WALBAUM, HÜTHIG, *J. pr.* [2] **67**, 316); im äther. Öl des Weihrauchs (WALLACH, *A.* **252**, 100); in Myrrhenöl (Heerabol-Myrrhe) (LEWINSOHN, *Ar.* **244**, 423); in Cajeputöl (VOIRY, *C. r.* **106**, 1539; *Bl.* [2] **50**, 108); in Petersiliensamenöl (THOMS, *B.* **36**, 3453); im Öl von Eucalyptus laevopinea (BAKER, zitiert nach SCHIMMEL & Co., Bericht vom April **1902**, 30); in Lavendelöl (SCHIM-MEL & Co., Bericht vom April **1903**, 41); im ätherischen Öl aus breitblättrigem Salbei (Salvia grandiflora) (WALLACH, *C.* 1905 II, 674); in im Calamintha Nepeta (GENVRESSE, CHABLAY, *C. r.* **136**, 388; *A. ch.* [7] **28**, 424); im amerikanischen Poleiöl (Hedeoma pulegioides) (BARROW-CLIFF, *Soc.* **91**, 878); im französischen Pfefferminzöl (ROURE-BERTRAND FILS, *C.* 1909 II, 1055); in Baldrianöl (OLIVIERO, *C. r.* **117**, 1097; *Bl.* [3] **11**, 151); in Kessowurzelöl (BERTRAM, WALBAUM, *Ar.* **228**, 484).

Rechtsdrehende Pinenfraktionen finden sich: in schwedischem und deutschem Kiefernadelöl (Pinus silvestris) (BERTRAM, WALBAUM, *Ar.* **231**, 299, 301); im Harz der finn-ländischen Kiefer (Pinus silvestris) (ASCHAN, *B.* **39**, 1450, 2596); in schwedischem Kienöl (Pinus silvestris) (ATTERBERG, *B.* **10**, 1203); in österreichischem Terpentinöl (Pinus laricio) (SCHIMMEL & Co., Bericht vom April **1897**, Schlußtabelle, S. 46); in Zirbelkiefernadelöl (Pinus cembra) (FLAVITZKI, *J. pr.* [2] **45**, 116); in griechischem Terpentinöl (Pinus halepensis) (TSAKALOTOS, *Ch. Z.* **32** Rep., 365; VÈZES, *Bl.* [4] **5**, 933; DARMOIS, *C. r.* **149**, 732); in ameri-kanischem Terpentinöl (von Pinus palustris, seltener in solchem von Pinus heterophylla) (HERTY, *Am. Soc.* **30**, 864); im äther. Öl von Sequoia gigantea (?) (LUNGE, STEINKAULER, *B.* **14**, 2204); in Cypressenöl (Cupressus sempervirens) (SCHIMMEL & Co., Bericht vom Oktober **1894**, 71); in Thujaöl (Thuja occidentalis) (JAHNS, *Ar.* **221**. 748; WALLACH, *A.* **272**, 102); in afrikanischem und australischem Sandarakharzöl (Callitris quadrivalvis und verrucosa) (HENRY, *Soc.* **79**, 1150, 1163); in chinesischem Sternanisöl (SCHIMMEL & Co., Bericht vom April 1893, 57; TARDY, *Bl.* [3] **27**, 991); in Ylang-Ylang-Öl (Cananga odorata) (SCHIMMEL & Co.,

Bericht vom Oktober 1901, 58); in äther. Muskatnußöl (POWER, SALWAY, *Soc.* **91**, 2043; vgl. WALLACH, *A.* **252**, 105); in Campheröl (SCHIMMEL & Co., Bericht vom April **1889**, 8); im ätherischen Öl von Persea gratissima (SCHIMMEL & Co., Bericht vom Oktober **1906**, 56); in Apopinöl (KEIMAZU, zitiert nach SCHIMMEL & Co., Bericht vom April **1904**, 10); im äther. Öl der Früchte von Pittosporum undulatum (POWER, TUTIN, *Soc.* **89**, 1086); in Mastixöl (Pistacia Lentiscus) (*Gildem.-Hoffm.* **3**, 158; vgl. FLÜCKIGER, *Ar.* **219**, 170); in Myrtenöl (JAHNS, *Ar.* **227**, 175); in Chekenblätteröl (WEISS, *Ar.* **226**, 666); in Niaouliöl (BERTRAND, *C. r.* **116**, 1071; *Bl.* [3] **9**, 435); im äther. Öl von Melaleuca uncinata und nodosa (BAKER, SMITH, zitiert nach SCHIMMEL & Co., Bericht vom Oktober **1908**, 21); im Öl von Eucalyptus globulus (WALLACH, GILDEMEISTER, *A.* **246**, 283); im Öl von Eucalyptus calophylla, Eucal. diversicolor, Eucal. salmonophloia, Eucal. redunca, Eucal. occidentalis, Eucal. salubris, Eucal. marginata (BAKER, SMITH, *C.* **1905** II, 1342); im Öl von Eucalyptus carnea (BAKER, zitiert nach SCHIMMEL & Co., Bericht vom Oktober **1908**, 21); im Öl von Eucalyptus umbra (BAKER, zitiert nach SCHIMMEL & Co., Bericht vom April **1902**, 30); im Bitterfenchelöl (SCHIMMEL & Co., Bericht vom April **1890**, 20; TARDY, *Bl.* [3] **27**, 995); in Seefenchelöl (BORDE, *C.* **1909** II, 1335); in Galbanumöl (THOMS, MOLLE, *C.* **1901** I, 784); in Cuminöl (SCHIMMEL & Co., Bericht vom Oktober **1909**, 34); in Corianderöl (WALBAUM, MÜLLER, WALLACH-Festschrift [Göttingen 1909], S. 656; *C.* **1909** II, 2160); in Basilicumöl (BERTRAM, WALBAUM, *Ar.* **253**, 177); im äther. Öl von Alpinia malaccensis (VAN ROMBURGH, *C.* **1901** I, 1006).

Pinen von ungewissem optischem Verhalten findet sich: im venetianischen Terpentin (Larix Europaea) (RABAK, *C.* **1905** I, 1018); im ätherischen Öl von Larix americana (HANSON, BABCOCK, *Am. Soc.* **28**, 1200); in Wacholderbeeröl (Juniperus communis) (WALLACH, *A.* **227**, 288); im Öl des rotfrüchtigen Sadebaums (Juniperus Phoenicia) (UMNEY, BENNETT, *C.* **1906** I, 238); im Öl von Thuja plicata (BRANDEL, DEWEY, *C.* **1908** II, 948); in Safranöl (HILGER, *C.* **1900** II, 576); in Galgantöl (SCHINDELMEISER, *Ch. Z.* **26**, 308); in Pileaöl (SCHIMMEL & Co., Bericht vom Oktober **1906**, 84); in canadischem Schlangenwurzelöl (Asarum canadense) (POWER, LEES, *Soc.* **81**, 61); in Massoyöl (WALL., *A.* **258**, 340); in Sassafrasrindenöl (POWER, KLEBER, *C.* **1897** II, 42); in Lorbeer-Beerenöl (WALL., *A.* **252**, 97); in Citronenöl (BURGESS, CHILD, *C.* **1902** I, 352; vgl. BERTHELOT, *A. ch.* [3] **37**, 226); in südamerikanischem Orangenöl (UMNEY, BENETT, *C.* **1904** I, 885); in Bergamottöl (BURGESS, PAGE, *Soc.* **85**, 1328); in manchen Manila-Elemi-Ölen (BACON, *C.* **1909** II, 1448); in Chios-Terpentin (Pistacia Terebinthus) (FLÜCKIGER, *Ar.* **219**, 170; SCHIMMEL & Co., Bericht vom Oktober **1895**, 57); im äther. Öl von Schinus molle (ROURE BERTRAND FILS, *C.* **1909** II, 1056; vgl. GILDEMEISTER, STEPHAN, *Ar.* **235**, 590); in den äther. Ölen vieler Eucalyptus-Arten (SMITH, nach SCHIMMEL & Co., Bericht vom April **1906**, 26; *Gildem.-Hoffm.* **1**, 307); in Ajowansamenöl (Carum copticum) (SCHIMMEL & Co., Bericht vom Oktober **1909**, 15); in Möhrensamenöl (RICHTER, *Ar.* **247**, 401); in Mönchspfefferöl (HAENSEL, *C.* **1909** I, 1477); in Rosmarinöl (GILDEMEISTER, STEPHAN, *Ar.* **235**, 587); in Salbeiöl (WALL., *A.* **252**, 104); im Öl von Satureja Thymbra (SCHIMMEL & Co., Bericht vom Oktober **1889**, 56); in Thymianöl (SCHIMMEL & Co., Bericht vom Oktober **1894**, 57); in amerikanischem (SCHIMMEL & Co., Bericht vom April **1894**, 41) und russischem Pfefferminzöl (SCHINDELMEISER, *C.* **1906** II, 1764); im äther. Öl von Helichrysum Stoechas (?) (SCHIMMEL & Co., Bericht vom Oktober **1889**, 54); in Wurmsamenöl (SCHINDELMEISER, *C.* **1907** II, 1516); in Maticoöl (Piper acutifolium var. subverbascifolium) (THOMS, *Ar.* **247**, 605).

Bildung und Darstellung von l-, d- und dl-Pinen.

l-Pinen wird neben hauptsächlich entstehendem β-Pinen (S. 154) und einem Fenchen durch langsame Destillation von Nopinolessigsäure $C_{11}H_{18}O_3$ (Syst. No. 1054) im Wasserstoffstrom erhalten (WALLACH, *A.* **368**, 2).

d-Pinen entsteht neben Myrtenoläthyläther aus Myrtenylchlorid durch Kochen mit Natrium und Alkohol (SEMMLER, BARTELT, *B.* **40**, 1368). Sehr schwach rechts drehendes Pinen erhält man durch Destillation von Copal (WALL., RHEINDORFF, *A.* **271**, 308).

dl-Pinen entsteht aus dl-Pinen-nitrosochlorid (S. 153) durch Erwärmen in alkoh. Lösung mit Anilin (WALL., *A.* **258**, 344), mit Monomethylanilin oder Dimethylanilin (TILDEN, *Soc.* **85**, 763) oder durch Kochen mit Natriumacetat in Eisessig (WALL., *A.* **346**, 220); aus dem inaktiven Pinocamphylxanthogensäuremethylester vom F: 61° (Syst. No. 508) durch Erhitzen auf 170—190° (TSCHUGAJEW, JESCHE, Ж. **39**, 1331; *C.* **1908** I, 1179).

Zur Isolierung des l-Pinens aus französischem Terpentinöl behandelt man dieses mit Alkalicarbonat und fraktioniert, wobei man die um 156° siedende Hauptfraktion von maximaler Drehung — die höher siedenden Fraktionen drehen schwächer — abtrennt (RIBAN, *A. ch.* [5] **6**, 12; vgl. BERTHELOT, *A. ch.* [3] **40**, 11; AHLSTRÖM, ASCHAN, *B.* **39**, 1444). Stark drehendes d-Pinen wird aus sibirischem Zirbelkiefernadelöl (FLAVITZKI, *J. pr.* [2] **45**, 116) oder aus griechischem Terpentinöl (GILDEMEISTER, KÖHLER, WALLACH-Festschrift [Göttingen 1909], S. 429) durch Erwärmen mit festem Kaliumhydroxyd und Fraktionieren über Natrium erhalten.

Zur Darstellung von reinem dl-Pinen erhitzt man 10 g Pinennitrosochlorid mit 30 ccm Anilin und 80 ccm Alkohol unter Rückfluß, destilliert nach Aufhören der stürmisch verlaufenden Reaktionen mit Dampf und schüttelt das Destillat in der Kälte wiederholt mit überschüssiger wäßr. Essigsäure (WALL., *A.* 252, 132; 258, 344).

Physikalische Eigenschaften des l-, d- und dl-Pinens.

Pinen ist eine farblose, leicht bewegliche, charakteristisch riechende Flüssigkeit.

Nach Möglichkeit gereinigte l-Pinenfraktionen aus französischem Terpentinöl zeigten folgende Konstanten:

F: — 55° (DARMOIS, *C. r.* 149, 732).

Kp_{760}: 156° (korr.) (RIBAN, *A. ch.* [5] 6, 14); D^0: 0,8767; D^{10}: 0,8685; $D^{17,88}$: 0,8619; $D^{25,74}$: 0,8439; $D^{50,20}$: 0,8277; $D^{73,48}$: 0,8107; n_α^{18}: 1,4622; n_D^{18}: 1,4648; $[\alpha]_D^{18}$: — 40,30°; Dispersion: RIBAN, *A. ch.* [5] 6, 20.

Kp: 155°; D^0: 0,8749; D^{20}: 0,8587; $[\alpha]_D$: — 43,4° (FLAVITZKI, *B.* 12, 2357).

$Kp_{748,9}$: 155,5—155,8° (korr.); D_4^0: 0,8598; $D_4^{9,5}$: 0,8570; D_4^{14}: 0,8259; $n_\alpha^{9,5}$: 1,46252; $n_D^{9,5}$: 1,46526; $n_\gamma^{9,5}$: 1,47779; Mol.-Refr. und Dispersion: BRÜHL, *B.* 25, 153.

Kp: 155—156°; D_4^{11}: 0,8654; $[\alpha]_D$: — 40,51° (AHLSTRÖM, ASCHAN, *B.* 39, 1444).

l-Pinen aus dem Öl von Eucalyptus laevopinea: Kp: 157°; D_D^{15}: 0,8626; $[\alpha]_D^{15}$: — 48,63° (SMITH, zitiert nach SCHIMMEL & Co., Bericht vom April 1899, 22).

Die spezifische Drehung des l-Pinens steigt in Chloroformlösung mit zunehmender Verdünnung (PANORMOW, Ж. 35, 686; vgl. auch LANDOLT, *A.* 189, 311). Viscosität eines l-Pinens (Kp: 159°, D_4^0: 0,8612): DUNSTAN, THOLE, *Soc.* 93, 1819. Dielektrizitätskonstante eines l-Pinens: STEWART, *Soc.* 93, 1061.

d-Pinen aus Myrtenylchlorid: Kp: 155—158°; Kp_{10}: 47—50°; D^{20}: 0,862; n_D: 1,4695; a_D: + 28° (l = 10 cm) (SEMMLER, BARTELT, *B.* 40, 1368).

d-Pinen aus griechischem Terpentinöl (Pinus halepensis): Kp: 155—156°; D_4^{14}: 0,8485; n_D^{15}: 1,4685; $[\alpha]_D$: + 48,30° (TSAKALOTOS, *Ch. Z.* 32 Repertorium, S. 365).

F: — 50° (DARMOIS, *C. r.* 149, 732). Kp: 155—156°; D^{25}: 0,8542; n_D^{25}: 1,4634; $[\alpha]_D$: + 48,4° (VÈZES, *Bl.* [4] 5, 932).

Kp_{760}: 156°; D^{15}: 0,8642; n_D^{15}: 1,46565; $[\alpha]_D$: + 46,73° (GILDEMEISTER, KÖHLER, WALLACH-Festschrift [Göttingen 1909], S. 429).

d-Pinen aus sibirischem Zirbelkiefernadelöl (Pinus cembra): Kp_{753}: 156°; D_4^0: 0,8746; D_4^{10}: 0,8585; $n_\alpha^{13,8}$: 1,46623; $n_D^{13,8}$: 1,46929; $n_\gamma^{13,8}$: 1,48180; $[\alpha]_D^{15}$: + 45,04° (FLAVITZKI, *J. pr.* [2] 45, 117).

Eine d-Pinenfraktion aus amerikanischem Terpentinöl zeigte: Kp: 155—156°; D_4^{11}: 0,8643; $[\alpha]_D$: + 13,72° (AHLSTRÖM, ASCHAN, *B.* 39, 1443).

Viscosität eines d-Pinens (Kp: 155°; D_4^0: 0,8711): DUNSTAN, THOLE, *Soc.* 93, 1819. Magnetische Rotation eines d-Pinens: PERKIN, *Soc.* 81, 315. Dielektrizitätskonstante eines d-Pinens: STEWART, *Soc.* 93, 1061.

dl-Pinen aus Pinennitrosochlorid: Kp: 155—156° (WALLACH, *A.* 258, 344); Kp_{764}: 155—156° (EIJKMAN, *Chem. Weekblad* 3, 703). $D^{14,5}$: 0,8638 (E.); D^{20}: 0,858; D^{25}: 0,854 (WALL.) $n_\alpha^{14,5}$: 1,46741 (E.); n_β^{15}: 1,46553. Dispersion: E.

Dielektrizitätskonstante eines durch Mischen aktiver Präparate hergestellten dl-Pinens: STEWART, *Soc.* 93, 1061.

Chemisches Verhalten von l-, d- und dl-Pinen.

Veränderung durch Hitze und Elektrizität. Durch mehrstündiges Erhitzen von Pinen auf 250—270° entsteht neben Polymerisationsprodukten Dipenten (WALLACH, *A.* 227, 282; vgl. BERTHELOT, *A. ch.* [3] 39, 9); bei Verwendung von stark optisch-aktivem Pinen dreht die nach 2-stdg. Erhitzen auf 300° erhaltene Dipenten- bezw. Limonen-fraktion schwach im gleichen Sinne (z. B. $[\alpha]_D$: — 9,45° aus Pinen vom $[\alpha]_D$: — 40,3°) (RIBAN, *A. ch.* [5] 6, 216). Leitet man Dämpfe von Pinen (Kp: 155—156°) durch ein auf Rotglut erhitztes Glasrohr, so erhält man neben anderen Produkten an Gasen Äthylen und Propylen, an niedrig siedenden Verbindungen Isopren, Trimethyläthylen, weniger Divinyl und Butylene (MOKIJEWSKI, *Ch. Z.* 28, 991; vgl. auch HLASIWETZ, HINTERBERGER, *Z.* 1868, 380). Beim Strömen durch ein zu kaum sichtbarer Rotglut erhitztes Eisenrohr zersetzen sich die Dämpfe von amerikanischem Terpentinöl (Kp: 156—160°) unter Bildung von hauptsächlich Isopren und Cymol, außerdem von Benzol, Toluol, m-Xylol, „Terpilen" usw., während man bei höherer Temp. kein Isopren, sondern mehr Benzol und andere höher siedende Produkte erhält (TILDEN, Soc. **45**, 411). Die pyrogene Zersetzung von Terpentinöl (Kp: 158° bis 161°) durch langsames Eintropfen in ein glühendes Eisenrohr liefert neben anderen Produkten Benzol, Toluol, m- und wenig p-Xylol, Naphthalin, Anthracen, Phenanthren, Methylanthracen (SCHULTZ, B. **10**, 114). — Durch 24-stdg. Einw. der dunklen elektrischen Entladung wird l-Pinen zum geringen Teil (3%) polymerisiert (BERTHELOT, C. r. **126**, 692).

Oxydation. Pinen oxydiert sich trocken oder feucht in Berührung mit Luft oder Sauerstoff zunächst zu einem (nicht rein dargestellten) die Eigenschaften eines Peroxyds zeigenden Produkt, das im Dunkeln jahrelang beständig ist; beim Stehen am Licht oder Erwärmen geht dieses primäre Oxydationsprodukt ohne Freiwerden von Sauerstoff in stabilere Oxydationsprodukte des Pinens (Harz, Säuren, s. u.) über; es vermag die Hälfte seines Sauerstoffs an andere Stoffe abzugeben — aus diesem Grund findet sich in der Literatur die Angabe, daß das oxydierte Pinen „aktivierten Sauerstoff" enthält —, am glattesten an Indigosulfonsäure in wäßr.-essigsaurer Lösung (ENGLER, WEISSBERG, B. **31**, 3046; ENGLER, B. **33**, 1090; vgl. BERTHELOT, A. ch. [3] **58**, 426; J. **1859**, 58). Die Geschwindigkeit der Sauerstoffaufnahme durch trocknes Pinen ist bei 0° gering und nimmt mit steigender Temp. (bis 160°) zu; die Menge des dabei in Peroxydform gebunden bleibenden („aktivierten") Sauerstoffs nimmt mit steigender Temp. bis 100° zu, bei höherer Temp. wieder ab; bei 160° bleibt das gebildete Peroxyd nicht mehr bestehen, sondern wird sofort zur Bildung stabilerer Oxydationsprodukte verbraucht; letzteres erfolgt auch durch mehrstdg. Erwärmen von stark aktiviertem Terpentinöl auf 80—100° unter Abschluß des Sauerstoffs (E., WEI.). Im Maximum nimmt 1 Mol. trocknes Pinen im zerstreuten Tageslicht oder Sonnenlicht 4—5 Atome O auf (E.). Ältere Literatur über die Aufnahme von Sauerstoff durch Terpentinöl: SCHÖNBEIN, J. pr. [1] **53**, 65; **77**, 257; **80**, 267; J. **1851**, 298; **1859**, 59; **1860**, 54; HOUZEAU, C. r. **50**, 829; J. **1860**, 54. Zur Bildung von H_2O_2 aus peroxydhaltigem Terpentinöl mit Wasser bezw. bei der Oxydation von Terpentinöl in Gegenwart von Wasser vgl.: SCHAER, B. **6**, 406; RADENOWITSCH, B. **6**, 1208; KINGZETT, Soc. **27**, 511; **28**, 210; Moniteur scient. [3] **7**, 709; Chem. N. **39**, 279; Soc. **38**, 51; Journ. Soc. Chem. Ind. **5**, 7; J. **1886**, 1829. An Säuren finden sich unter den in Gegenwart von Wasser entstehenden Oxydationsprodukten des Pinens Ameisensäure, Essigsäure und Camphersäure (PAPASOGLI, C. **1888**, 1548). Ein weiteres stabiles Prod., das sich bei der Einw. von Sauerstoff auf Pinen in Gegenwart von Wasser, am besten im Sonnenlicht, bildet, ist das Sobrerol $C_{10}H_{18}O_2$ (Syst. No. 550), und zwar entsteht aus d-Pinen rechtsdrehendes, aus l-Pinen linksdrehendes Sobrerol, während schwach drehende Pinene Gemische von inaktivem und aktivem Sobrerol liefern (ARMSTRONG, Soc. **59**, 311; ARMSTR., POPE, Soc. **59**, 315; vgl. SOBRERO, C. r. **33**, 106; A. **80**, 106; MARGUERON, A. ch. [1] **21**, 180; BOULLAY, A. ch. [1] **51**, 283; weitere ältere Literatur hierzu s. bei GINSBERG, Ж. **29**, 260; C. **1897** II, 419. Schwach rechtsdrehendes Pinen liefert bei der Ozonisierung in Tetrachlorkohlenstoff- oder Hexanlösung als Hauptprodukt (neben etwas festem Ozonid) öliges, rechtsdrehendes Pinenozonid (S. 152) (HARRIES, NERESHEIMER, B. **41**, 38). Ozonisierung von Pinen in Eisessiglösung: HA., v. SPLAWA-NEYMAN, B. **42**, 880. — Bei der Einw. von Benzoylhydroperoxyd auf Pinen bildet sich Pinenoxyd $C_{10}H_{16}O$ (S. 152) (PRILESHAJEW, B. **42**, 4814). — Läßt man d- oder l-Pinen mit wäßr. Mercuriacetatlösung stehen, so erhält man zunächst inaktives Sobrerol; wird die Einw. des Mercuriacetats unter Erhitzung fortgesetzt, so entsteht Carvonhydrat $C_{10}H_{16}O_2$ (Syst. No. 740) (HENDERSON, AGNEW, Soc. **95**, 291; H., EASTBURN, Soc. **95**, 1465; vgl. PAOLINI, VESPIGNANI, BALBIANO, G. **36** I, 308). — Bei der Oxydation von Pinen durch wäßr. Kaliumpermanganatlösung entstehen je nach den Bedingungen wechselnde Gemische von Säuren und neutralen Verbindungen. Hauptsächlich neutrale Produkte werden gebildet, wenn man Pinen bei 0° mit 1%iger Permanganatlösung (1 Atom O auf 1 Mol. Pinen) schüttelt (WAGNER, JERTSCHIKOWSKI, B. **29**, 881). Die unter 14 mm Druck bei 145—147° übergehende Fraktion des neutralen Anteils (wohl im wesentlichen Pinenglykol $C_{10}H_{18}O_2$) liefert beim Kochen mit verd. Salzsäure als Hauptprodukt Pinol $C_{10}H_{16}O$ (Syst. No. 2364) (WAG., MARIUZA, B. **27**, 2271). Aus den in relativ geringer Menge entstehenden sauren Reaktionsprodukten läßt sich durch Verestern mit Methylalkohol und Chlorwasserstoff und Vakuumdestillation als Hauptprodukt Pinononsäure $C_9H_{14}O_3$ (Syst. No. 1284) abscheiden (WAG., JER., B. **29**, 881). Oxydiert man 100 g schwach linksdrehendes (vgl. BARBIER, GRIGNARD, C. r. **147**, 597) l-Pinen (Kp: 155—160°; aus französischem Terpentinöl), verrührt in 660 ccm Wasser, unter Eiskühlung durch Eintropfen einer lauwarmen Lösung von 233 g Permanganat in 2 Liter Wasser, so erhält man in der Hauptsache saure Produkte, daraus teils direkt, teils nach Fraktionieren im Vakuum krystallisierend dl-Pinonsäure $C_{10}H_{16}O_3$ (Syst. No. 1284) (BAEYER, B. **29**, 22; vgl. TIEMANN, SEMMLER, B. **28**, 1344). Glatter entsteht diese Säure, wenn man bei 30° oxydiert oder bei gewöhnlicher Temp. mit angesäuerter Permanganatlösung arbeitet (BAEYER, B. **29**, 326). Neben Pinonsäure erhält man Pinoylameisensäure $C_{10}H_{14}O_5$ (Syst. No. 1331a), wenn man 150 g Pinen (Kp: 154° bis 157°; aus französischem Terpentinöl) bei 30—40° mit einer Lösung von 350 g Permanganat

in 8 Liter Wasser bis zur Entfärbung behandelt (BAEYER, *B.* **29**, 1912). Stärker aktives
l·Pinen (Kp: 155—157⁰, [a]ᴅ: — 37,2⁰) liefert bei der Permanganatoxydation — allmählichem
Eintragen einer wäßr. Emulsion von 100 g Kohlenwasserstoff in eine Lösung von 233 g Permanganat in 2 Liter Wasser unter Wasserkühlung — neben sehr wenig Pinoylameisensäure
und öligen Produkten ein Gemisch von fester l· und dl·Pinonsäure (BARBIER, GRIGNARD,
C. r. **147**, 598; vgl. WALL., *A.* **368**, 4), stark drehendes d·Pinen (Kp: 155—158⁰, [a]ᴅ: +39,4⁰)
analog ein Gemisch von fester d· und dl·Pinonsäure (BARB., GRI.; vgl. GILDEMEISTER, KÖHLER,
WALLACH-Festschrift [Göttingen 1909], S. 430; *C.* **1909** II, 2158); bei hochdrehendem d·Pinen
(Kp: 156⁰, [a]ᴅ: +46,73⁰; aus griechischem Terpentinöl) findet sich unter den neutralen
Oxydationsprodukten d·Sobrerol (GILD., KÖHLER). — Durch Oxydation von Pinen mit Kalium-
dichromat und Schwefelsäure erhält man Terpenylsäure $C_8H_{14}O_4$ (Syst. No. 2619), Terebin-
säure $C_7H_{10}O_4$ (Syst. No. 2619), Essigsäure und etwas Terephthalsäure (FITTIG, KRAFFT,
A. **72**), außerdem Terpilonsäure $C_9H_{14}O_6$ (Bd. II, S. 840) (SCHRYVER, *Soc.* **63**, 1328). —
— Bei der Oxydation von Pinen mit heißer verd. Salpetersäure entstehen Terebinsäure
(BROMEIS, *A.* **37**, 297), Terephthalsäure, Cyanwasserstoff, Kohlendioxyd, Oxalsäure, Essig-
säure und höhere Fettsäuren, außerdem ein durch lange Behandlung mit viel HNO_3 noch
völlig oxydierbares Harz (FITTIG, MIELCK, *A.* **180**, 46; vgl.: RABOURDIN, *A.* **52**, 391; CAILLIOT,
A. ch. [3] **21**, 27; *A.* **64**, 376; SVANBERG, EKMAN, *J. pr.* [1] **66**, 219; WILLIAMS, *B.* **6**, 1094;
SCHREDER, *A.* **172**, 100; FITTIG, BREDT, *A.* **208**, 37 Anm.; ROSER, *B.* **15**, 293 Anm.). —
Durch 10—15stdg. Erhitzen mit Diäthylsulfat auf 120⁰ im Einschlußrohr wird Pinen unter
Bildung von Diäthyläther, SO_2 und H_2O zu Cymol oxydiert (BRUÈRE, *C. r.* **90**, 1429; *J.*
1880, 444). — Durch Elektrolyse eines Gemisches von l·Pinen, Alkohol und wäßr. Schwefel-
säure entstehen Terpin, Cymol, ein Prod. der Zusammensetzung $C_{10}H_{18}O$ und ein Gemisch
von Säuren, deren eine ein Bleisalz $C_{12}H_{22}O_4SPb$ (Nädelchen aus Wasser) liefert (RENARD,
C. r. **90**, 531; *J.* **1880**, 448).
  Reduktion. Durch Schütteln von d·Pinen mit Platinschwarz in einer Wasserstoff-
Atmosphäre erhält man d·Pinan $C_{10}H_{18}$ (S. 93), aus l·Pinen in gleicher Weise l·Pinan (VAVON,
C. r. **149**, 998); ein Pinan von unbekanntem optischem Verhalten entsteht, wenn man ein
Gemisch der Dämpfe von l·Pinen mit Wasserstoff bei 170—180⁰ über reduziertes Nickel
leitet (SABATIER, SENDERENS, *C. r.* **132**, 1256; *A. ch.* [8] **4**, 391). — Die Reduktion von Pinen
durch Erhitzen mit konz. Jodwasserstoffsäure im geschlossenen Gefäß in Gegenwart von
Phosphor führt je nach den Bedingungen zu einem komplizierten Gemisch von Kohlenwasserstoffen, darunter einer Fraktion der Zusammensetzung $C_{10}H_{20}$, Kp: ca. 164⁰ (ORLOW,
Ж. **15**, 44; *B.* **16**, 799; vgl. BERTHELOT, *Bl.* [2] **11**, 16; *J.* **1869**, 332). Ein Kohlenwasserstoff der Zusammensetzung $C_{10}H_{20}$ (Kp: 160⁰) entsteht auch durch Erhitzen von Terpentinöl
mit Jodphosphonium im geschlossenen Rohr bis schließlich 315⁰ (BAEYER, *A.* **155**, 276).
  Einwirkung von Halogenen. Pinen reagiert lebhaft mit Chlor (DEVILLE, *A. ch.* [2]
75, 60; *A.* **37**, 190). Bei — 15⁰ addiert es 2 At.·Gew. Chlor ohne merkliche Chlorwasserstoff-
entwicklung unter Bildung eines zähflüssigen Produktes der Zusammensetzung $C_{10}H_{16}Cl_2$,
das beim Erhitzen unter Bildung von Cymol und HCl zerfällt (NAUDIN, *Bl.* [2] **37**, 111).
Chlorierung in Gegenwart von Chlorjod bei hoher Temp.: RUOFF, *B.* **9**, 1490. — Beim Eintropfen von Brom in eine trockne Lösung von Pinen in Tetrachlorkohlenstoff unter starker
Abkühlung werden unter sofortiger Entfärbung und geringfügiger Entwicklung von Bromwasserstoff von einem Mol.·Gew. des Kohlenwasserstoffs fast genau 2 At.·Gew. Brom aufgenommen (WALLACH, *A.* **264**, 3); setzt man weiter Brom zu, so reagiert auch dieses je nach
den Bedingungen, namentlich der Temp., mehr oder minder schnell, bis schließlich die
Bromfärbung länger bestehen bleibt, wenn auf 1 Mol. Pinen ca. 4 Atome Brom aufgenommen
sind; in diesem zweiten Stadium der Reaktion ist die Entwicklung von HBr stärker als im
ersten (WALL.), erreicht aber bei weitem nicht die der Reaktion $C_{10}H_{16}Br_2 + 2 Br = C_{10}H_{16}Br_3 +$
HBr entsprechende Menge (SCHTSCHUKAREW, *J. pr.* [2] **47**, 196). Bringt man 1 Mol.·Gew.
Pinen in trocknem Tetrachlorkohlenstoff mit 2 At.·Gew. Brom in Reaktion, destilliert man
das Lösungsmittel ab, behandelt den Rückstand mit alkoh. Kalilauge und destilliert mit
Wasserdampf, so enthält das Endprodukt Camphen, Pinendibromid $C_{10}H_{16}Br_2$ (S. 99) und
Bornylbromid (WALL., *A.* **264**, 4). Zur Geschwindigkeit der Addition von Brom an Pinen
vgl. auch TILDEN, *Soc.* **69**, 1009. Wärmetönung bei der Addition von Brom an l· und d·Pinen:
LUGININ, KABLUKOW, *C.* **1907** II, 133. Versetzt man eine Eisessiglösung von d·Pinen ([a]ᴅ:
+45⁰) mit einer Lösung von Brom in Eisessig unter Wasserkühlung, bis Bromfärbung auftritt, und gießt dann in Wasser, so scheidet sich ein Öl ab, dessen Bromgehalt nicht ganz
den der Formel $C_{10}H_{16}Br_2$ entsprechenden erreicht; es ist rechtsdrehend, [a]ᴅ²⁰: +30,5⁰ (4 Tage
nach der Darst.); die Drehung sinkt beim Aufbewahren (FLAVITZKI, *J. pr.* [2] **45**, 119).
Durch Einw. von Brom auf Pinen in Gegenwart von Wasser unter Vermeidung von Temperaturerhöhung und Destillation des Reaktionsproduktes mit Wasserdampf erhält man neben
anderen Produkten Pinendibromid und Cymol (GENVRESSE, FAIVRE, *C. r.* **137**, 131). Ältere
Literatur zur Einw. von Brom auf Pinen: DEVILLE, *A. ch.* [2] **75**, 63; *A.* **37**, 191; OPPEN-
HEIM, *B.* **5**, 628. — Durch Erhitzen von Terpentinöl mit allmählich zugesetztem Jod entsteht

neben anderen Produkten Cymol (KEKULÉ, *B.* **6**, 437). Außer Cymol, hochsiedenden Produkten und geringen Mengen eines leicht flüchtigen Produktes wird bei wiederholtem Destillieren von Terpentinöl mit $^1/_4$ Gewichtsteil Jod ein Gemisch von Kohlenwasserstoffen $C_{10}H_{20}$ gebildet (ARMSTRONG, *B.* **12**, 1757). Zur Einw. von Jod auf Terpentinöl vgl. auch: PREIS, RAYMANN, *B.* **12**, 219; DENARO, SCARLATA, *G.* **33** I, 396.

Einwirkung von unterchloriger und unterbromiger Säure. Die Einw. von unterchloriger Säure auf Pinen führt je nach den Bedingungen zu verschiedenen Reaktionsprodukten. Durch Eintragen von wäßr. unterchloriger Säure in eine wäßr. Emulsion von l-Pinen (Kp: 155,5–156,5^0, $[a]_D$: –37,8^0) entsteht neben hauptsächlich gebildeten öligen Produkten „Tricyclendichlorid" $C_{10}H_{16}Cl_2$ (S. 98) (GINSBERG, WAGNER, Ж. **30**, 679; *C.* **1899** I, 50). Wird das durch allmählichen Zusatz einer 2%igen wäßr. Lösung von 2 Mol.-Gew. Natriumhypochlorit zu einer eisgekühlten Suspension des gleichen l-Pinens in 10%iger Essigsäure erhaltene Reaktionsgemisch vorsichtig unter Kühlung mit Soda neutralisiert, so läßt sich daraus „cis"-1.6-Dichlor-p-menthandiol-(2.8) $C_{10}H_{18}O_2Cl_2$ (Syst. No. 549) isolieren (WAGNER, SŁAWIŃSKI, *B.* **32**, 2074). Versetzt man dagegen das essigsaure Reaktionsgemisch mit überschüssiger Kalilauge und stumpft das Alkali nach 2-tägigem Stehen durch Kohlendioxyd ab, so erhält man neben anderen Produkten: inaktives oder schwach rechtsdrehendes „cis"-Pinoloxyd $C_{10}H_{16}O_2$ (Syst. No. 2670) [wohl aus ursprünglich gebildetem „cis"-1.6-Dichlor-p-menthandiol-(2.8) (s. o.)], rechtsdrehendes „cis"-Pinolglykolchlorhydrin $C_{10}H_{17}O_2Cl$ vom F: 131–132^0 (Syst. No. 2381) [wohl aus intermediär entstandenem 6.8-Dichlor-p-menthandiol-(1.2)] und inaktiven „cis"-Sobrerythrit $C_{10}H_{20}O_4$ (Syst. No. 590) [wohl aus intermediär entstandenem 1.8-Dichlor-p-menthandiol-(2.6)] (WAGNER, SŁAWIŃSKI, *B.* **32**, 2064; vgl. GINSBERG, WAGNER, Ж. **30**, 675; *C.* **1899** I, 50; GI., Ж. **30**, 686; *C.* **1899** I, 50). Aus schwach rechtsdrehendem Pinen entsteht bei der gleichen Reaktion neben linksdrehendem cis-Pinolglykolchlorhydrin vom F: 131–132^0 die inakt. Form dieser Verbindung, F: 104^0 bis 105^0 (GI., WA., Ж. **30**, 677; *C.* **1899** I, 50). Zur Einw. von unterchloriger Säure auf Terpentinöl vgl. auch WHEELER, *C. r.* **65**, 1046; *J.* **1867**, 723. Bei der Einw. von Chlorkalklösung auf Terpentinöl in der Wärme entsteht neben anderen Produkten Chloroform (CHAUTARD, *C.r.* **33**, 671; *J.* **1851**, 501; SOUBEIRAN, *J.* **1851**, 501). — Durch Schütteln von l-Pinen mit verd. wäßr. unterbromiger Säure entsteht Pinendibromid $C_{10}H_{16}Br_2$ (S. 99) (WA., GI., *B.* **29**, 890).

Einwirkung von Halogenwasserstoffen. Trockner Chlorwasserstoff wird von Pinen addiert unter Bildung von Bornylchlorid (Pinenhydrochlorid) $C_{10}H_{17}Cl$ (KINDT, *Trommsdorffs Journ. d. Pharmacie* 11 II, 132) und von öligen Produkten; aus l-Pinen entsteht linksdrehendes, aus d-Pinen rechtsdrehendes Bornylchlorid (BERTHELOT, *A. ch.* [3] **40**, 14, 34; weitere Literatur hierzu vgl. bei Bornylchlorid, S. 94). Das neben dem Bornylchlorid entstehende „flüssige Pinenhydrochlorid" der Zusammensetzung $C_{10}H_{17}Cl$ ist ein Gemisch; es liefert beim Erhitzen mit Alkalien ein Gemisch von Kohlenwasserstoffen, aus dem sich β-Pinolen (S. 165) isolieren läßt (ASCHAN, *B.* **40**, 2750; *C.* **1909** II, 26; vgl.: DEVILLE, *A. ch.* [2] **75**, 38; *A.* **37**, 178; BERTHELOT, *A. ch.* [3] **40**, 14; RIBAN, *A. ch.* [5] **6**, 31; ATTERBERG, *B.* **10**, 1204; TILDEN, *B.* **12**, 1131; WALLACH, *A.* **239**, 5; MARSH, GARDNER, *Soc.* **59**, 728). Über ein flüssiges Additionsprodukt, welches neben dem festen Pinenhydrochlorid bei der Einw. von HCl auf Terpentinöl in Alkohol entsteht, vgl.: BARBIER, *Bl.* [2] **40**, 323; BARB., GRIGNARD, *Bl.* [3] **31**, 951. Läßt man Pinen mit gasförmiger wäßr. Salzsäure längere Zeit unter öfterem Umschütteln stehen, so bilden sich Dipenten-bis-hydrochlorid und etwas Bornylchlorid (BERTHELOT, *A. ch.* [3] **37**, 224; *J.* **1852**, 621). Dipenten-bis-hydrochlorid scheidet sich auch ab, wenn man eine Lösung von Pinen in Alkohol, Äther oder Eisessig mit HCl sättigt und dann an der Luft stehen läßt (TILDEN, *B.* **12**, 1131). Läßt man ein Gemisch von Pinen mit alkoh.-wäßr. Salzsäure an der Luft stehen, so beginnt sich nach einigen Stunden Terpinhydrat abzuscheiden (FLAVITZKI, *B.* **12**, 1022). — Mit trocknem Bromwasserstoff liefert l-Pinen linksdrehendes Bornylbromid (PESCI, *G.* **18**, 223; WALLACH, CONRADY, *A.* **252**, 156), mit trocknem Jodwasserstoff linksdrehendes Bornyljodid (WAGNER, BRYKNER, *B.* **32**, 2311).

Einwirkung von Oxyden des Stickstoffs, von Nitrosylchlorid usw. Behandelt man Pinen in Eisessiglösung mit Amylnitrit und Salpetersäure und destilliert mit Wasserdampf, so erhält man Pinol (WALLACH, OTTO, *A.* **253**, 250 Anm.). Zur Einw. von Oxyden des Stickstoffs aus Salpetersäure (D: 1,35) und Stärke und von Stickstoffperoxyd auf trockne Pinen vgl. GENVRESSE, *C. r.* **130**, 918; *A. ch.* [7] **20**, 394). Einw. von salpetriger Säure in wäßr. Alkohol s. S. 150. Nitrosylchlorid liefert sowohl mit rechtsdrehenden (TILDEN, *Soc.* **28**, 514) als auch mit linksdrehenden Pinenpräparaten (TILDEN, SHENSTONE, *Soc.* **31**, 556) in Ligroin- oder Chloroformlösung krystallisiertes, optisch inaktives Pinennitrosochlorid (S. 153); die Ausbeute ist am besten bei Verwendung eines inaktiven Gemisches von d- und l-Pinen (bis zu 55,6% des Pinens; T., *Soc.* **85**, 760) und nimmt mit steigender Drehung des Ausgangsmaterials ab (KREMERS, *Pharmaceut. Rundschau* **13**, 135; zitiert nach *Gildem.-Hoffm.* **1**, 313; T., *Soc.* **85**, 759; GILDEMEISTER, KÖHLER, WALLACH-Festschrift [Göttingen 1909],

S. 433; *C.* 1909 II, 2159), sodaß die Nitrosochloridreaktion bei stark aktivem Pinen auch ausbleiben kann (WALL., *A.* 368, 6). An Stelle von fertig gebildetem Nitrosylchlorid kann man Amylnitrit (WALL., *A.* 245, 251) oder noch besser Äthylnitrit (WALL., OTTO, *A.* 253, 250) und Salzsäure in Eisessiglösung verwenden; als Nebenprodukte entstehen erhebliche Mengen Pinol und Cymol (WALL., OTTO, *A.* 253, 250). Mit Äthylnitrit und Bromwasserstoffsäure in Alkohol erhält man Pinen-nitrosobromid (S. 154) (WALL., *A.* 245, 252).

Einwirkung von Antimontrichlorid usw. Beim Einleiten von Bortrifluorid polymerisiert sich l-Pinen unter starker Erhitzung zu einem inaktiven, über 300° siedenden Prod. (BERTHELOT, *A. ch.* [3] 38, 41). — Trägt man in l-Pinen, Erwärmung über ca. 50° vermeidend, Antimontrichlorid in kleinen Anteilen ein, so entsteht neben anderen Produkten rechtsdrehendes Tetraterpen $C_{40}H_{64}$ (Syst. No. 480) (RIBAN, *A. ch.* [5] 6, 42). — Pinen liefert mit Chromylchlorid in Schwefelkohlenstoff eine Verbindung $C_{10}H_{16} + 2CrO_2Cl_2$ (S. 152) (HENDERSON, GRAY, SMITH, *Soc.* 83, 1301). — Bildung einer Verbindung $2C_{10}H_{16} + HgCl_2$ (?) aus Pinen und Mercurichlorid: MAUMENÉ, *C. r.* 93, 77; *J.* 1881, 355.

Einwirkung von Säuren (Hydratation, Isomerisation). Beim Schütteln mit 5 %iger Schwefelsäure wird Pinen nur sehr langsam verändert (WALLACH, *C.* 1908 I, 2166). Auch eine Schwefelsäure aus gleichem Volumen konz. Schwefelsäure und Wasser wirkt bei gewöhnlicher Temp. kaum auf Pinen ein; beim Erwärmen der Mischung auf ca. 80° unter öfterem Durchschütteln verschwindet die optische Aktivität des Kohlenwasserstoffs langsam unter Bildung eines neben anderen Produkten Terpinen, Dipenten und Terpinolen enthaltenden Gemisches [„Terpilen"; über dessen Zusammensetzung vgl. WALLACH, *A.* 239, 34] (ARMSTRONG, TILDEN, *B.* 12, 1754). Wird französisches Terpentinöl (Kp: 155—157°, a_D: — 32,20°, l = 10 cm) mit $^1/_6$ Gewichtsteil konz. Schwefelsäure behandelt und das Reaktionsprodukt mit Wasserdampf destilliert, so enthält der Destillationsrückstand außer Polymerisationsprodukten („Colophen") ein schwefelhaltiges, neutrales, gegen alkoh. Kalilauge in der Kälte beständiges Prod. (vgl. BOUCHARDAT, LAFONT, *C. r.* 125, 113); dieser Rückstand zersetzt sich bei 200—250° unter Abspaltung von SO_2, H_2O und etwas Schwefel und Bildung von schwach linksdrehendem Camphen, Cymol, „Terpilen", Borneol und anderen Produkten; das Wasserdampfdestillat enthält neben anderen Produkten unverändertes Pinen, schwach linksdrehendes Limonen, Cymol und (nach wiederholter Einw. frischer Schwefelsäure) geringe Mengen Camphen (BOUCHARDAT, LAFONT, *C. r.* 105, 1177; vgl.: DEVILLE, *A. ch.* [2] 75, 39; *A.* 37, 178; RIBAN, *A. ch.* [5] 6, 233; ARMSTRONG, TILDEN, *B.* 12, 1752), außerdem erhebliche Mengen Terpinen (WALLACH, *A.* 239, 35) und Terpinolen (WALL., *A.* 239, 34 Anm.). Erhitzt man das gesamte aus französischem Terpentinöl und $^1/_{10}$ Gewichtsteil konz. Schwefelsäure entstehende Reaktionsprodukt mit überschüssiger alkoh. Kalilauge aus 150° im autoklaven und behandelt mit viel Wasser, so enthält die Ölschicht neben unverändertem Ausgangsmaterial und Polymerisationsprodukten usw. „Terpilen", etwas Camphen, l-Borneol und Ld-Fenchylalkohol, während sich in der wäßr. Schicht l-bornyl-schwefelsaures Kalium und Ld-fenchyl-schwefelsaures Kalium (Syst. No. 508) befinden (BOUCHARDAT, LAFONT, *C. r.* 125, 111). Durch 10-stdg. Einw. einer Mischung von 1,5 Tln. 90 %igem Alkohol und 0,5 Tln. Schwefelsäure (D: 1,64) auf l-Pinen entsteht l-α-Terpineol (GODLEWSKI, Ж. 31, 201; *C.* 1899 I, 1241; vgl. FLAVITZKI, *B.* 12, 1406, 2354; KREMERS, *C.* 1909 I, 21), aus d-Pinen in gleicher Reaktion d-α-Terpineol (FLAV., *B.* 20, 1957; KR.). Behandelt man Pinen mehrere Tage mit alkoh. Schwefelsäure, verdünnt dann mit Wasser und läßt das Reaktionsgemisch in flachen Gefäßen an der Luft stehen, so geht die Hydratisierung weiter, und es scheidet sich Terpinhydrat ab (FLAV., *B.* 12, 1022). In der Technik ermöglicht man die Hydratisierung von Pinen zu Terpinhydrat durch Schwefelsäure derart, daß man Tannensägespäne mit Terpentinöl tränkt, mit verd. Schwefelsäure durchmischt und das Ganze unter Luftabschluß bei 20—30° 10—14 Tage stehen läßt (KNOLL, Synthetische und isolierte Riechstoffe und deren Darstellung [Halle 1908], S. 46). Durch längeres Erhitzen von Pinen mit alkoh. Schwefelsäure auf dem Wasserbad und Destillation des mit Wasser und Alkali gewaschenen Reaktionsproduktes werden unter anderem erhalten: Terpinen (WALLACH, *A.* 230, 262), Dipenten (WALL., *A.* 239, 11), Terpinolen (WALL., *A.* 227, 283; 230, 262) und Cymol (WALL., *A.* 227, 283). — Verd. Salpetersäure (D: 1,25—1,3) hydratisiert Pinen in äthylalkoholischer (WIGGERS, *A.* 33, 359; 57, 247; HEMPEL, *A.* 180, 73) oder methylalkoholischer (TILDEN, *Soc.* 33, 247; *J.* 1878, 638) Lösung bei längerem Stehen in flachen Gefäßen zu Terpinhydrat; ebenso wirken in alkoh.-wäßr. Lösung Salzsäure (FLAVITZKI, *B.* 12, 1022), Jodwasserstoffsäure und Phosphorsäure (FLAV., *B.* 12, 1406). Gibt man zu 400 g linksdrehendem Pinen unter Kühlung das Gemisch einer Lösung von 100 g Stickstoffoxyden (aus Salpetersäure der D: 1,35 mit Stärke) in 100 g Wasser mit 400 g Alkohol, läßt unter zeitweisem Umschütteln längere Zeit stehen und destilliert dann mit Wasserdampf, so erhält man neben anderen Produkten linksdrehendes α-Terpineol, aus rechtsdrehendem Terpentinöl analog rechtsdrehendes α-Terpineol (GENVRESSE, *C. r.* 132, 638). — Beim Kochen von l-Pinen mit Arsensäure entstehen neben anderen Produkten Terpinen und geringe Mengen Cymol und Terpineol (GENVRESSE, *C. r.* 134, 360; *A. ch.* [7] 26, 31).

Mehrwöchiges Stehen von linksdrehendem Terpentinöl mit dem halben Gewicht allmählich und vorsichtig zugesetzter wasserfreier Ameisensäure führt hauptsächlich zur Bildung von l-α-Terpinyl-formiat; außerdem entstehen etwas Cymol, schwach linksdrehendes Limonen, ein linksdrehendes Diterpilen $C_{20}H_{32}$ (Syst. No. 473) und geringe Mengen eines Terpinformiats (LAFONT, *A. ch.* [6] **15**, 178). Bei 12-stdg. Erhitzen von linksdrehendem Terpentinöl mit wasserfreier Ameisensäure auf 100° im Einschlußrohr wird als Hauptprodukt inaktives Diterpilen und etwas Cymol gebildet (LAF., *A. ch.* [6] **15**, 192). Schwach rechtsdrehendes Terpentinöl ([α]$_D$: +14° 4′) liefert beim Stehen mit wasserfreier Ameisensäure hauptsächlich schwach rechts drehendes α-Terpinylformiat, etwas Cymol, „Terpilen", geringe Mengen eines Terpinformiats und ein schwach linksdrehendes Diterpilen[1]) (LAFONT, *A. ch.* [6] **15**, 196). Nach mehrjährigem Stehen von linksdrehendem Terpentinöl mit 2 Mol.-Gew. Ameisensäure und 1 Mol.-Gew. Wasser enthielt das Reaktionsgemisch inaktives Diterpilen, etwas Dipenten und Spuren von schwach linksdrehendem Bornylformiat; mit verdünnterer Ameisensäure entstand je nach den Bedingungen ein Gemisch wechselnder Mengen von Terpinhydrat, schwach linksdrehendem α-Terpinylformiat und Dipenten oder schwach linksdrehendem Limonen (BOUCHARDAT, OLIVIERO, *Bl.* [3] **9**, 366). Läßt man linksdrehendes Terpentinöl ([α]$_D$: −39° 6′) mit überschüssigem Eisessig stehen, so ist die Hauptmenge (ca. ³/₄) auch nach 6-monatiger Einw. nicht in Reaktion getreten; das regenerierte Pinen dreht etwas stärker links ([α]$_D$: −44,95°) als das Ausgangsmaterial; Hauptbestandteil der Reaktionsprodukte ist linksdrehendes α-Terpinyl-acetat, außerdem sind linksdrehendes Limonen, linksdrehendes Bornylacetat und rechtsdrehendes (Ld-)Fenchylacetat entstanden (BOUCHARDAT, LAFONT, *A. ch.* [6] **9**, 518; vgl. *C. r.* **126**, 755). 64-stdg. Erhitzen von linksdrehendem Terpentinöl mit 2 Gewichtsteilen Eisessig auf 100° und 2-monatiges Stehen der Mischung gibt die gleichen Reaktionsprodukte in höherer Ausbeute, außerdem nachweisbare Mengen linksdrehendes Camphen und aus diesem entstandenes Isobornylacetat (?) (BOUCH., LAF., *A. ch.* [6] **10**, 240). Erhitzt man ein Reaktionsgemisch gleicher Zusammensetzung auf 150° oder höher, so wird kein Terpinylacetat mehr gebildet und das entstehende Limonen wird mit steigender Reaktionstemperatur schwächer aktiv (BOUCH., LAF., *A. ch.* [6] **10**, 247). Nach 5-stdg. Erhitzen von linksdrehendem Terpentinöl mit 1 Mol.-Gew. Eisessig auf 200° liefert das entsäuerte Reaktionsgemisch ungefähr 10−15% Camphenfraktion, 30−40% Limonen- bezw. Dipentenfraktion und 30−40% Acetatfraktion (ZEITSCHEL, D. R. P. 204163; *C.* 1908 II, 1751). Bei langem Stehen von Terpentinöl mit wasserhaltiger Essigsäure entstehen geringe, mit steigender Verdünnung der Säure sinkende Mengen von Acetaten (BOUCH., OLIVIERO, *Bl.* [3] **9**, 365). Rechtsdrehendes Terpentinöl (Kp: 155−156°, [α]$_D$: +16° 49′) verhält sich beim Erhitzen mit Essigsäure auf 100° analog dem linksdrehenden (LAFONT, *A. ch.* [6] **15**, 157). Beim Schütteln von linksdrehendem Terpentinöl (Kp: 155−157°) mit Eisessig und Zinkchlorid entstehen neben anderen Produkten linksdrehendes α-Terpinyl-acetat, linksdrehendes Limonen und Pinenhydrochlorid (JERTSCHIKOWSKI, Ж. **28**, 132; *Bl.* [3] **16**, 1585), Durch mehrstdg. Einw. einer Lösung von verd. Schwefelsäure in Eisessig auf Terpentinöl unterhalb 45−50° wird α-Terpinyl-acetat erhalten (BERTRAM, D. R. P. 67255; *Frdl.* **3**, 892). Durch Schütteln von 1000 g linksdrehendem Terpentinöl (Kp: 155−160°) mit einer Mischung von 1000 g Eisessig, 100 ccm einer 50%igen wäßr. Lösung von Benzolsulfonsäure und 100 ccm Essigsäureanhydrid (bei öfterer Wiederholung der Behandlung mit dem nicht angegriffenen Kohlenwasserstoff) wird als Hauptprodukt linksdrehendes α-Terpinyl-acetat erhalten; außerdem entstehen neben anderen Produkten linksdrehendes Limonen, schwach linksdrehendes Camphen, ein gesättigter Kohlenwasserstoff $C_{10}H_{16}$ vom Kp: 157−160°, etwas schwach rechtsdrehendes (Ld-)Fenchylacetat und anscheinend ein Gemisch von Bornyl- und Isobornylacetat (BARBIER, GRIGNARD, *Bl.* [4] **5**, 512, 519; vgl. *C. r.* **145**, 1425; *Bl.* [4] **3**, 139). Chromsäure in Eisessiglösung wirkt auf linksdrehendes Terpentinöl (Kp: 155−157°) unterhalb 40° nur zu sehr geringem Teil oxydierend unter Bildung von Cymol; das Reaktionsprodukt enthält neben Pinen, das stärker links dreht als das Ausgangsmaterial, linksdrehendes Limonen (BOUCH., LAF., *Bl.* [2] **45**, 167). Die Einw. von Trichloressigsäure auf überschüssiges linksdrehendes Terpentinöl ohne Kühlung führt zur Bildung eines Esters, der bei der Verseifung linksdrehendes Borneol liefert; trägt man dagegen Terpentinöl unter Kühlung in überschüssige Trichloressigsäure ein, so erhält man als Hauptprodukt die inaktive Verbindung $C_{14}H_{18}O_4Cl_6$ (s. bei d-Limonen, S. 136) (REYCHLER, *B.* **29**, 696; *Bl.* [3] **15**, 368; WAGNER, JERTSCHIKOWSKI, Ж. **32**, 2306 Anm.). — Durch mehrstdg. Erhitzen von Pinen mit wasserfreier Oxalsäure auf ca. 110° entsteht neben Dipenten und anderen Produkten ein Ester, der bei der Verseifung inaktives Borneol liefert (SCHINDELMEISER, Ж. **34**, 954; *C.* 1903 I, 515; vgl. The Ampère Electro-Chem. Comp., D. R. P. 134553; *C.* 1902 II, 975). Überführung von Pinen

---

[1]) Linksdrehendes Diterpilen ist also sowohl aus links- wie aus rechtsdrehendem Terpentinöl erhalten worden. Dies läßt darauf schließen, daß an der Bildung des Diterpilens in erster Linie das in den Terpentinölen beider Drehungsrichtungen vorhandene linksdrehende β-Pinen beteiligt ist. Redaktion dieses Handbuchs.

in Bornylester durch Erhitzen mit wasserfreier Oxalsäure in Gegenwart von $AlCl_3$, $SbCl_5$, PCl_5, $SnCl_4$ usw.: Chem. Fabr. SCHERING, D. R. P. 208487; *C.* **1909** I, 1282. — Durch 50-stdg. Erhitzen von linksdrehendem Terpentinöl mit 1 Gew.-Tl. Benzoesäure auf 150° entstehen neben anderen Produkten schwach linksdrehendes Camphen, schwach linksdrehendes Limonen und ein hochsiedendes Gemisch von Benzoesäureestern, das bei der Verseifung linksdrehendes Borneol, rechtsdrehenden (Ld-)Fenchylalkohol und wahrscheinlich etwas Isoborneol liefert (BOUCHARDAT, LAFONT, *C. r.* **113**, 551; vgl. *C. r.* **126**, 755). Erhitzt man Terpentinöl mit 1 Gewichtsteil Salicylsäure auf 110°, dann im Lauf von 50 Stdn. langsam bis 130°, so entsteht im wesentlichen ein Gemisch von Bornyl- mit wenig Isobornyl-salicylat (Chem. Fabr. VON HEYDEN, D. R. P. 175097; *C.* **1906** II, 1589; vgl. D. R. P. 178934; *C.* **1907** I, 198). Analog reagiert o-Chlor-benzoesäure mit Pinen (SCHMIDT, *Ch. I.* **29**, 244). — Überführung von l- bezw. d-Pinen in Ester des l- bezw. d-Borneols durch Erhitzen mit einer hochschmelzenden organischen Säure im geschlossenen Gefäß, in welchem zuvor durch Einpressen von CO_2 ein Überdruck erzeugt worden ist: AUSTERWEIL, *C. r.* **148**, 1199.

Einwirkung verschiedener organischer Verbindungen. Rechtsdrehendes Terpentinöl (Kp: 156—159°) gibt beim Erhitzen mit Polyoxymethylen und Alkohol im Druckrohr auf 170—175° in geringer Ausbeute einen rechtsdrehenden Alkohol $C_{11}H_{18}O$ (Syst. No. 510) (KRIEWITZ, *B.* **32**, 57). Einw. von Aceton oder Chloraceton in Gegenwart von $AlCl_3$: DENARO, SCARLATA, *G.* **33** I, 393. Beim Erhitzen von Pinen mit Pikrinsäure entsteht eine Verbindung $C_{16}H_{19}O_7N_3$ (S. 154) (LEXTREIT, *C. r.* **102**, 555). Pinen addiert Benzylmercaptan unter Bildung eines dickflüssigen Öls, das durch Oxydation ein Sulfon $C_{17}H_{24}O_2S$ (Syst. No. 528) liefert (POSNER, *B.* **38**, 653). Mit Diazoessigester liefert Pinen, am besten bei Gegenwart von Kupfer, eine Verbindung $C_{14}H_{22}O_2$ (Syst. No. 3642) (LOOSE, *J. pr.* [2] **79**, 506).

Physiologisches Verhalten.

Im tierischen Organismus wird Pinen, durch den Magen zugeführt, in eine gepaarte Glykuronsäure übergeführt, welche bei der Spaltung einen Kohlenwasserstoff vom Kp: 175—176° liefert (FROMM, HILDEBRANDT, *H.* **33**, 590). Über das sonstige physiologische Verhalten des Pinens vgl. ABDERHALDEN, Biochemisches Handlexikon, Bd. VII [Berlin 1912], S. 307, 539.

Nachweis von l-, d- und dl-Pinen.

Der Nachweis des Pinens in Terpengemischen wurde früher in den meisten Fällen durch Darst. des Nitrosochlorids bezw. Nitrolpiperidids oder Nitrolbenzylamins geführt. Für dl-Pinen ist diese Methode einwandfrei; liegen jedoch stark drehende Pinenfraktionen vor, so bedient man sich aus S. 149—150 angeführten Gründen zum Nachweis besser der Oxydation zu Pinonsäure; man schüttelt 100 g Pinenfraktion mit einer Lösung von 233 g Kaliumpermanganat in 3 Liter Wasser unter Eiskühlung, entfernt aus der Oxydationslauge den nicht angegriffenen Kohlenwasserstoff und die neutralen Oxydationsprodukte durch Ausäthern und säuert mit Schwefelsäure an; zum Nachweis von Pinen ohne Rücksicht auf Drehung genügt dann Charakterisierung der Säure durch Darst. des Semicarbazons, F: 204°. Will man aktives Pinen neben dl-Pinen feststellen, so isoliert man die erhaltene l- bezw. d-Pinonsäure durch Fraktionieren im Vakuum und stellt deren optisches Verhalten fest (*Gildem.-Hoffm.* **1**, 311, 313).

Verwendung.

Pinen dient als Ausgangsprodukt zur technischen Herstellung von Campher, von Borneol, von Terpineol und Terpinhydrat.

Umwandlungsprodukte ungewisser Struktur aus Pinen.

Pinenoxyd $C_{10}H_{16}O$. Linksdrehende Form. *B.* Aus l-Pinen und Benzoyl-hydroperoxyd in Äther oder Chloroform bei 0° (PRILESCHAJEW, *B.* **42**, 4814). — Kp_{50}: 102—103°. D_{14}^{14}: 0,9689. n_D^{14}: 1,4708; $[\alpha]_D$: —92°. — Liefert bei der Hydratation Sobrerol.

Pinenozonid $C_{10}H_{16}O_3$. Rechtsdrehende Form. *B.* Neben etwas festem Ozonid durch Einleiten von ozonisiertem Sauerstoff in schwach rechtsdrehendes Terpentinöl vom Kp_{15}: 50°, α_D: +9° (l = 10 cm), gelöst in Tetrachlorkohlenstoff (HARRIES, NERESHEIMER, *B.* **41**, 38). — Dickflüssiges Öl. $D^?$: 1,31. Leicht löslich außer in Hexan. $[\alpha]_D^{20}$: +11° 40' (in Chloroform; p = 52,45). — Gibt beim Kochen mit Wasser rechtsdrehende Pinonsäure.

Verbindung $C_{10}H_{16}O_4Cl_4Cr_2 = C_{10}H_{16} + 2CrO_2Cl_2$. *B.* Aus rechtsdrehendem Pinen und Chromylchlorid in CS_2 unter Eiskühlung (HENDERSON, SMITH, *Soc.* **55**, 45; HEND., GRAY, *SM., Soc.* **83**, 1301). — Voluminöser dunkelbrauner Niederschlag, trocken graubraunes Pulver (HEND., GR., SM.). — Spaltet bei 80—90° in heftiger Reaktion 1 Mol. HCl ab (HEND., SM.). Zerfließt an der Luft unter Zers. (HEND., SM.; HEND., GR., SM.). Wird durch

Wasser zersetzt unter Bildung eines Aldehyds $C_{10}H_{16}O$ (Syst. No. 618a) eines Ketons $C_9H_{14}O$ (Syst. No. 616) und einer Verbindung $C_{10}H_{15}OCl$ (s. u.) (HEND., HEILBRON, Soc. 93, 288).

Verbindung $C_{10}H_{15}OCl$. B. Neben anderen Produkten bei der Einw. von Wasser auf die aus Pinen und Chromylchlorid entstehende Verbindung $C_{10}H_{16}O_4Cl_4Cr_2$ (HENDERSON, HEILBRON, Soc. 93, 294). — Krystallinisch. F: 168°. Kp_{40}: 160—165°. — Zersetzt sich beim Erhitzen über den Schmelzpunkt unter Abspaltung von HCl. Ist sehr indifferent. Bei der Einw. von Natrium auf die siedende alkoh. Lösung entstehen geringe Mengen einer chlorfreien, nach Campher riechenden Substanz vom F: 165°.

dl-Pinen-nitrosochlorid $C_{10}H_{16}ONCl$ bezw. $(C_{10}H_{16}ONCl)_2$,

$$HO \cdot N : C - CCl(CH_3) \cdot CH \qquad bezw. \quad N_2O_2 \qquad \left[-HC - CCl(CH_3) \cdot CH \right.$$

zur Molekulargröße vgl. BAEYER, B. 28, 649. — B. s. S. 149—150. — Darst. Eine bei 0° gesättigte Lösung von Nitrosylchlorid in einem Gemisch gleicher Teile Chloroform und Ligroin wird unter Rühren und Kühlung (Temp. nicht über ca. 0°) in eine Mischung von inakt. Pinen (dargestellt durch Mischen entsprechender Mengen von rechts- und linksdrehendem Pinen) mit ca. ²/₃ Vol. Ligroin eingetropft, bis das Nitrosylchlorid sich in deutlichem Überschuß befindet; dann gibt man ca. das 1¹/₂-fache des Gesamtvolumens an Alkohol hinzu, läßt noch ca. ¹/₂ Stde. unter Eiskühlung stehen und saugt ab (TILDEN, Soc. 85, 760). Man fügt zu je 6 ccm einer Mischung von 14 ccm Pinen mit 20 ccm Amylnitrit und 34 ccm Eisessig in kleinen Anteilen und unter guter Kühlung 3 ccm einer Mischung gleicher Vol. 33°/₀iger Salzsäure und Eisessig, löst das abgeschiedene Krystallpulver in Chloroform und fällt mit Methylalkohol (WALLACH, A. 245, 251). Man trägt in ein Gemisch von je 50 ccm Terpentinöl, Eisessig und Äthylnitrit unter Kühlung durch Kältemischung nach und nach 15 ccm 33°/₀iger Salzsäure ein (WALLACH, OTTO, A. 253, 251); die Ausbeute wird etwa doppelt so groß, wenn man, anstatt wäßr. Salzsäure zuzusetzen, das Gemisch gleicher Teile Pinen, Eisessig und Äthylnitrit unter Eis-Kochsalzkühlung mit trocknem Chlorwasserstoff sättigt (AHLSTRÖM, ASCHAN, B. 39, 1445 Anm.). — Weißes Krystallpulver (aus heißem Benzol). Schmilzt bei 103° unter Zersetzung und Braunfärbung (TILDEN, SHENSTONE, Soc. 31, 556; WALL., A. 245, 252); F: 103—104° (GOLUBEW, Ж. 40, 1016; C. 1908 II, 1865), 108° (VAN ROMBURGH, C. 1901 I, 1006), 115° (aus Chloroform) (TILDEN, Soc. 85, 761). Sehr wenig löslich in kaltem Alkohol (TILD., Soc. 28, 514). Die mit Alkohol verd. Lösung in Chloroform zersetzt sich bei mehrstündigem Stehen unter Orangerotfärbung (TILD., Soc. 85, 762). Unlöslich in wäßr. Natronlauge (TILD., Soc. 28, 515). — Mit alkoh. Natronlauge (TILDEN, Soc. 28, 515) oder Kalilauge (WALL., A. 245, 252) erhält man Nitrosopinen $C_{10}H_{15}ON$ (Syst. No. 620); bei der Einw. von methylalkoh. Natriummethylat entsteht außer diesem eine Verbindung $C_{11}H_{19}O_2N$ (S. 154) (DEUSSEN, PHILIPP, A. 369, 62). Beim Stehen von Pinennitrosochlorid mit Chlorwasserstoff oder Bromwasserstoff in Äther wird inaktives Hydrochlor- bezw. Hydrobromcarvoxim gebildet (BAEYER, B. 29, 20, 21). Beim Erwärmen von Pinennitrosochlorid mit Kaliumcyanid in Alkohol entsteht Pinennitrosocyanid $C_{11}H_{16}ON_2$ (Syst. No. 1285) (TILD., BURROWS, P. Ch. S. No. 254), mit Kaliumcyanat in Alkohol die Verbindung $C_{12}H_{17}O_3N_3 =$

$$(CH_3)_2C \begin{array}{c} CH \cdot CH_3 - C \overline{\qquad} N \cdot O \cdot CO \\ CH_2 \\ CH \overline{\qquad} C(CH_3) \cdot NH - CO \end{array} NH$$

(Syst. No. 4673) (LEATH, Soc. 91, 13). Durch Kochen von Pinennitrosochlorid mit Natriumacetat in Eisessiglösung wird neben anderen Produkten dl-Pinen erhalten (WALL., A. 346, 220). Erhitzt man Pinennitrosochlorid mit Anilin in Alkohol und übersättigt mit Salzsäure, so erhält man neben Aminoazobenzol reines dl-Pinen (WALL., A. 252, 132; 258, 344); letzteres entsteht auch durch Erhitzen von Pinennitrosochlorid mit alkoh. Monomethylanilin, Dimethylanilin oder Dimethyl-p-toluidin (TILD., Soc. 85, 763). Andere Amine reagieren mit Pinennitrosochlorid teils unter Bildung von Nitrolaminen, teils von Nitrosopinen, teils beider Produkte: durch kurzes Erwärmen mit alkoh. Lösungen primärer aliphatischer Amine entstehen glatt Nitrolamine, z. B. mit Propylamin das Pinennitrolpropylamin $C_{10}H_{16}(NO)(NH \cdot C_3H_7)$ (WALL., A. 268, 217), analog mit Benzylamin Pinennitrolbenzylamin (WALL., A. 252, 130); durch Erhitzen mit alkoh. Diäthylamin entsteht Nitrosopinen (WALL., A. 245, 254); Erhitzen von 10 g Pinennitrosochlorid mit 10 g Piperidin und 30 ccm Alkohol auf dem Wasserbad führt zur Bildung von Pinennitrolpiperidid (Hauptprodukt) und von Nitrosopinen (GOLUBEW, Ж. 40, 1016; C. 1908 II, 1865; vgl. WALL., A. 245, 253). Bei der Einw. von Methylmagnesiumjodid auf Pinennitrosochlorid in Äther entstehen Methylpinononoxim $C_7H_{12} \begin{array}{c} -C(CH_3)_2 \\ -C : N \cdot OH \end{array}$ (Syst. No. 619)

und Chlordihydrodimethylpinylamin $C_7H_{12} \begin{array}{c} -CCl \cdot CH_3 \\ -CH \cdot N(CH_3)_2 \end{array}$ (Syst. No. 1595) (TILDEN, STOKES, Soc. 87, 836).

Verbindung $C_{11}H_{18}O_2N$. *B.* Neben Nitrosopinen durch Einw. von Natriummethylat auf Pinennitrosochlorid (DEUSSEN, PHILIPP, *A.* **369**, 62). — Krystalle (aus Alkohol). F: 101—102⁰.

Pinennitrosobromid $C_{10}H_{16}ONBr$. *Darst.* Man versetzt ein gut gekühltes Gemisch aus 14 ccm Terpentinöl, 20 ccm Amylnitrit und 20 ccm Alkohol sehr allmählich mit einem Gemenge aus 7 ccm Bromwasserstoffsäure (von 60⁰/₀) und 10 ccm Alkohol (WALLACH, *A.* **245**, 253). — F: 91—92⁰ (Zers.).

Pinennitrosocyanid $C_{11}H_{16}ON_2 =$ 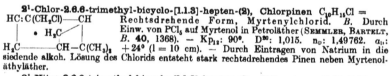 s. Syst. No. 1285.

Verbindung $C_{16}H_{19}O_7N_3$ aus Pinen und Pikrinsäure.
a) Präparat von Lextreit, *C. r.* **102**, 555. *B.* Durch kurzes Kochen von Pikrinsäure mit überschüssigem l-Pinen. — Farblose Blättchen (aus siedendem Alkohol). Unlöslich in Wasser, schwer löslich in kaltem Alkohol, leicht in Äther und in siedendem Alkohol. — Gibt beim Kochen mit wäßr. Kalilauge Natronlauge oder Ammoniak, l-Borneol.
b) Präparat von Tilden, Forster, *Soc.* **63**, 1388. *B.* Man erhitzt französisches oder amerikanisches Terpentinöl mit ¹/₁₀ Gewichtsteil Pikrinsäure zum Kochen, worauf die Reaktion ohne Wärmezufuhr unter Weitersieden der Flüssigkeit zu Ende geht. — Strohgelbe Blättchen (aus siedendem Alkohol). F: 133⁰. Leicht löslich in kaltem Alkohol und heißem Ligroin, Schwefelkohlenstoff, Alkohol und Eisessig. — Färbt sich am Sonnenlicht tief rot. Beim Erhitzen über den Schmelzpunkt destilliert Camphen, das am besten erhalten wird, wenn man nach Beginn der Destillation Wasserdampf durch die Schmelze leitet. Entfärbt in Schwefelkohlenstoff- oder Ligroinlösung Brom nicht. Durch Kochen mit Kaliumhydroxyd oder Bariumhydroxyd in wäßr. Lösung entsteht inaktives Borneol, mit alkoh. Ammoniak Pikramid und inaktives Borneol. Löst man das Pikrat in warmem Pyridin und destilliert mit Dampf, so geht Borneol über, während beim Erhitzen der Pyridinlösung neben Pyridin Camphen abdestilliert und Pyridiniumpikrat zurückbleibt. — Verbindung $C_{16}H_{18}O_7N_3K$ scheidet sich beim Erkalten ab, wenn man die siedende alkoh. Lösung des Pikrats mit 1 Mol.-Gew. alkoh. Kalilauge versetzt. Flache, rote, bronzeglänzende Nadeln; zersetzt sich beim Kochen mit Wasser, gibt mit kaltem Alkohol wieder das ursprüngliche Pikrat; beim Erhitzen auf 150⁰ sublimieren Camphen und etwas Borneol, während Kaliumpikrat zurückbleibt.

2¹-Chlor-2.6.6-trimethyl-bicyclo-[1.1.3]-hepten-(2), Chlorpinen $C_{10}H_{15}Cl =$
HC:C(CH₂Cl)—CH   Rechtsdrehende Form, Myrtenylchlorid. *B.* Durch
   | • H₂C⌐   Einw. von PCl_5 auf Myrtenol in Petroläther (SEMMLER, BARTELT,
H₂C———CH—C(CH₃)₂   *B.* **40**, 1368). — Kp_{12}: 90⁰. D^{20}: 1,015. n_D: 1,49762. a_D:
siedende alkoh. Lösung des Chlorids entsteht stark rechtsdrehendes Pinen neben Myrtenoläthyläther.
$+24⁰$ (l = 10 cm). — Durch Eintragen von Natrium in die

2¹-Nitro-2.6.6-trimethyl-bicyclo-[1.1.3]-hepten-(2), Nitropinen $C_{10}H_{15}O_2N =$
HC:C(CH₂·NO₂)—CH   Linksdrehende Form, „Nitroterebenthen". *B.* Ent
   | H₂C⌐   steht aus vorhandenem β-Pinen (s. u.), wenn man rechtsoder linksdrehendes Terpentinöl unter Kühlung mit verd.
H₂C———CH—C(CH₃)₂   Schwefelsäure und Kaliumnitritlösung behandelt und mit
Wasserdampf destilliert (WALLACH, ISAAC, *A.* **346**, 243; vgl. PESCI, BETTELLI, *G.* **16**, 338; **18**, 290). — Nicht destillierbares Öl. Langsam flüchtig mit Wasserdampf (WALL., I.). Sehr leicht löslich in Alkohol, Äther, Schwefelkohlenstoff, Chloroform (P., B., *G.* **16**, 339), etwas in Wasser (WALL., I.). — Stark linksdrehend (P., B., *G.* **16**, 339). — Zersetzt sich beim Erhitzen im Vakuum gegen 200⁰ (P., B., *G.* **16**, 339). Wird durch Zink und Essigsäure zu linksdrehendem 2¹-Amino-pinen reduziert (P., B., *G.* **16**, 341; **18**, 221). Die alkoh. Lösung gibt mit alkoh. Kalilauge eine rotbraune Färbung (P., B., *G.* **16**, 339).

43. *6.6-Dimethyl-2-methylen-bicyclo-[1.1.3]-heptan*, $H_2C \cdot C(:CH_2)$—CH
β-Pinen, „Nopinen", „Pseudopinen" $C_{10}H_{16} =$ | H₂C⌐
Zur Nomenklatur und Konstitution vgl.: WAGNER, SLAWINSKI, *B.* **32**,
2082; SEMMLER, *B.* **33**, 1458; AHLSTRÖM, ASCHAN, *B.* **39**, 1441. H₂C——— CH—C(CH₃)₂
Linksdrehende Form.
V. Findet sich neben d-, l- oder dl-α-Pinen in den meisten Terpentin- und Kienölen, so in rechtsdrehendem amerikanischem Terpentinöl (AHLSTRÖM, ASCHAN, *B.* **39**, 1443; vgl. GILDEMEISTER, KÖHLER, WALLACH-Festschrift [Göttingen 1909], S. 419) und in linksdrehendem französischem Terpentinöl (DARMOIS, *C. r.* **149**, 731; vgl. AHLSTRÖM, ASCHAN, *B.* **39**, 1444; BARBIER, GRIGNARD, *Bl.* [4] **5**, 514), und zwar ist der Gehalt in amerikanischem Terpentinöl durchweg höher als der in französischem (WALLACH, BLUMANN, *A.* **356**, 229);

im russischen Terpentin- und Kienöl (SCHINDELMEISER, *Ch. Z.* **32**, 8); im sibirischen Fichten-nadelöl (G., K., WALLACH-Festschrift [Göttingen 1909], S. 418); im Citronenöl (GILDEMEISTER, MÜLLER, WALLACH-Festschrift [Göttingen 1909], S. 442; *C.* **1909** II, 2159); in Corianderöl (WALBAUM, MÜLLER, WALLACH-Festschrift [Göttingen 1909], S. 657; *C.* **1909** II, 2160); in Cuminöl (SCHIMMEL & Co., Bericht vom Oktober 1909, 35; *C.* **1909** II, 2156); zu ca. 14% im Ysopöl (G., K., WALLACH-Festschrift [Göttingen 1909], S. 417; *C.* **1909** II, 2158).

B. β-Pinen wird neben anderen Produkten erhalten, wenn man Nopinolessigsäure $C_{11}H_{18}O_2$ (Syst. No. 1054) mit dem gleichen Gewicht Essigsäureanhydrid auf dem Wasserbad erwärmt, nach ca. $^1/_4$-stdg. Kochen erkalten läßt, in Wasser gießt und mit Dampf destilliert (WALL., *A.* **363**, 10).

Das (nicht völlig einheitliche) β-Pinen aus Nopinolessigsäure zeigte: Kp: 162° bis 163°; D^{22}: 0,866; n_D^{22}: 1,4724; a_D: — 22° 20' (l = 10 cm) (WALL., *A.* **363**, 10).

Die β-Pinenfraktion aus Ysopöl zeigte: Kp_{755}: 164—166°; D^{15}: 0,8650; n_D^{15}: 1,47548; a_D: — 19° 29' (l = 10 cm) (SCHIMMEL & Co., Bericht vom April 1908, 119; GILDEMEISTER, MÜLLER, WALLACH-Festschrift [Göttingen 1909], S. 416; *C.* **1909** II, 2158).

Durch Oxydation von β-Pinen mit kalter 1%iger wäßr. Kaliumpermanganatlösung entstehen β-Pinenglykol $C_{10}H_{18}O_2$ (Syst. No. 550) und linksdrehende Nopinsäure

$$H_2C \cdot C(OH)(CO_2H) \cdot CH$$

(Syst. No. 1054) (WALL., *A.* **363**, 11). Schüttelt man 300 g einer β-Pinen enthaltenden Terpentinölfraktion mit einer Lösung von 700 g Kaliumpermanganat und 150 g Natrium-hydroxyd in 9 Liter Wasser, ohne zu kühlen, destilliert mit Dampf und konzentriert den filtrierten Destillationsrückstand unter Einleiten von Kohlen-dioxyd auf ca. 3 Liter, so krystallisiert beim Erkalten nopinsaures Natrium aus (WALL., *A.* **356**, 228). — Sättigt man eine Lösung von β-Pinen in trocknem Äther oder Eisessig mit Chlor-wasserstoff unter Kühlung, so erhält man ein Gemisch von l-Bornylchlorid und Dipenten-bis-hydrochlorid (WALL., *A.* **363**, 16). — Wird Terpentinöl mit verd. Schwefelsäure unter all-mählichem Zusatz von Kaliumnitritlösung geschüttelt und das Reaktionsprodukt mit Wasser-dampf destilliert, so liefert das in dem Terpentinöl enthaltene β-Pinen das Nitropinen $C_{10}H_{15}O_2N$ (S. 154) (WALLACH, ISAAC, *A.* **346**, 243; vgl. PESCI, BETTELLI, *G.* **16**, 338). β-Pinen liefert kein festes Nitrosochlorid (GILDEMEISTER, KÖHLER, WALLACH-Festschrift [Göttingen 1909], S. 418). — Bei mehrtägigem Schütteln mit 3%iger Schwefelsäure verwandelt sich β-Pinen zum größten Teil in Kohlenwasserstoffe vom Kp: 170—175°; außerdem entstehen geringe Mengen Terpinhydrat (WALL., *A.* **363**, 8). Über Polymerisation von β-Pinen zu links-drehendem Diterpilen durch Ameisensäure vgl. bei α-Pinen, S. 151. Durch mehrstündiges Erwärmen von β-Pinen mit Eisessig-Schwefelsäure auf 60° erhält man Terpinen (WALL., *A.* **363**, 14). Nach BARBIER, GRIGNARD (*Bl.* [4] **5**, 524) entsteht das bei der Hydratisierung von französischem Terpentinöl durch eine Mischung von Eisessig, konz. wäßr. Benzolsulfon-säurelösung und Acetanhydrid in geringer Menge auftretende rechtsdrehende (Ld-) Fenchyl-acetat aus dem im Ausgangsprodukt enthaltenen β-Pinen; vgl. dazu *Gildem.-Hoffm.* 1, 415.

Zum Nachweis von β-Pinen in Terpengemischen oxydiert man die zwischen 160° und 170° siedende Fraktion mit Kaliumpermanganat in natronalkalischer Lösung nach dem Verfahren von WALLACH (s. o.) und scheidet die entstandene Nopinsäure als Natriumsalz ab (*Gildem.-Hoffm.* 1, 315).

44. 1.7.7-Trimethyl-bicyclo-[1.2.2]-hepten-(2), Bornylen $C_{10}H_{16}$ =

$$H_2C \cdot C(CH_3) \cdot CH$$
$$| \qquad C(CH_3)_2 \qquad ||$$
$$H_2C \cdot CH \cdot\!\!-\!\!-\!\!-\!\!- CH.$$

Ist in einer linksdrehenden — sterisch dem d-Borneol entsprechenden — und in einer rechtsdrehenden — sterisch dem l-Borneol entsprechenden — Form bekannt.

a) Linksdrehende Form. *B.* Entsteht neben anderen Produkten aus 2-Brom-camphan-carbonsäure-(3) vom F: 90—91° (Syst. No. 894) oder 2-Chlor-camphan-carbonsäure-(3) vom F: 84—85° (Syst. No. 894) (beide Säuren dargestellt aus d-Campher) durch Kochen der neutralen oder stark alkal.-wäßr. Natriumsalzlösungen, am besten durch rasches Erhitzen der Natriumsalzlösungen auf 140—150° im geschlossenen Rohr (BREDT, SANDKUHL, *A.* **366**, 51). Aus dem Silbersalz der obigen 2-Brom-camphan-carbonsäure-(3) durch trockne Destillation (BR., SA.). Nicht völlig einheitlich (BR., SA.). Durch Erhitzen des d-Bornyl-xanthogensäuremethylesters (Syst. No. 508) auf 220—230° (TSCHUGAJEW, Ж. **36**, 1043; *C.* **1905** I, 93). Zur Darstellung von Bornylen aus d-Bornylchlorid vgl. KONDA-KOW, D. R. P. 215336; *C.* **1909** II, 1907. — Krystalle (aus methylalkoholischer, bei 40° gesättigter Lösung). F: 113°; Kp_{740}: 146°; außerordentlich flüchtig, geht schon mit Äther-dämpfen über; $[a]_D^{20}$: —21,69° (in Toluol; p = 10,45 (BRE., SA.). — Liefert, in benzolischer Lösung mit $KMnO_4$ oxydiert, rechtsdrehende Camphersäure (BRE., SA.). Über das sonstige chemische Verhalten s. a. bei der rechtsdrehenden Form.

b) Rechtsdrehende Form. *B.* Wird (nicht rein, vgl. BREDT, SANDKUHL, *A.* **366**, 53) erhalten, wenn man 240 g l-Bornyljodid (S. 100) mit 120 g Kaliumhydroxyd und 180 g

96%igem Alkohol 4 Stunden im geschlossenen Gefäß auf 170° erhitzt und aus dem neben anderen Produkten entstandenen Kohlenwasserstoffgemisch die Hauptmenge des Camphens entfernt, indem man letzteres durch 3-stdg. Erhitzen mit schwefelsäurehaltiger Essigsäure (25 Tle. Eisessig + 1 Tl. 50%iger Schwefelsäure) im geschlossenen Gefäß auf 55—60° in Isobornylacetat überführt (WAGNER, BRYKNER, B. **33**, 2122). Ein gleichfalls nicht völlig einheitliches (BREDT, SA.) rechtsdrehendes Bornylen wird durch Erhitzen des l-Bornylxanthogensäuremethylesters auf 220—230° erhalten (TSCHUGAJEW, Ж. **36**, 1039; C. **1905** I. 94; vgl. KONDAKOW, J. pr. [2] **67**, 281, 577). — Bornylen liefert mit Chlorwasserstoff in alkoh. Lösung Bornylenhydrochlorid (S. 98) (WAG., BRY., Ж. **35**, 535; Ch. Z. **27**, 721). Addiert Essigsäure, bedeutend schwieriger als Camphen, durch 20-stdg. Erhitzen mit Eisessig-Schwefelsäure auf 100°; vgl. WAG., BRY., Ж. **35**, 535; Ch. Z. **27**, 721.

45. 2.2-Dimethyl-3-methylen-bicyclo-[1.2.2]-heptan, Camphen $C_{10}H_{16}$ =

$H_2C-CH\cdot C(CH_3)_2$ Zur Konstitution[1]) vgl. WAGNER, BRYKNER, B. **33**, 2124; zur Frage
$\quad|\quad CH_2\ |$ der Einheitlichkeit vgl.: MOYCHO, ZIENKOWSKI, A. **340**, 20, 40; SEMMLER,
$\qquad\quad\cdot$ B. **42**, 246. — In einer rechtsdrehenden Form (d-Camphen, veraltet:
$H_2C-CH\cdot C{=}CH_2$ Austracamphen), einer linksdrehenden Form (l-Camphen, veraltet: Terecamphen) und einer inaktiven Form (dl-Camphen) bekannt.

Vorkommen von Camphen.

Beide aktive Formen kommen in Pflanzen vor.

l-Camphen bezw. linksdrehende Camphenfraktionen finden sich: in geringer Menge in amerikanischem Terpentinöl (SCHIMMEL & Co., Bericht vom Oktober **1897**, 68; zum Vorkommen von Camphen in Terpentinölen vgl. Gildem.-Hoffm. **2**, 24); im ätherischen Öl von Abies sibirica (SCHINDELMEISER, Ж. **35**, 75; C. **1903** I, 835; GOLUBEW, Ж. **36**, 1107; C. **1905** I, 95); im Öl der Blätter von Juniperus phoenicea (in sehr geringer Menge) (RODIÉ, Bl. [3] **35**, 924); in Citronellöl (BERTRAM, WALBAUM, J. pr. [2] **49**, 16); in Citronenöl (SCHIMMEL & Co., Bericht vom Oktober **1902**, 34; BURGESS, CHILD, Chemist and Druggist **62**, 476; zitiert nach Gildem.-Hoffm. **3**, 25); in Neroliöl (SCHIMMEL & Co., Bericht vom Oktober **1902**, 60; HESSE, ZEITSCHEL, J. pr. [2] **66**, 492; WALBAUM, HÜTHIG, J. pr. [2] **67**, 316); in Bergamottöl (BURGESS, PAGE, Soc. **85**, 1328); in Baldrianöl (OLIVIERO, C. r. **117**, 1097); in Kessoöl (BERTRAM, WALBAUM, J. pr. [2] **49**, 19); in Riono-Kiku-Öl (von Chrysanthemum sinense var. japonicum) (KREIMATSU, Journ. of the pharm. Soc. of Japan **1909**, No. 326; zitiert nach SCHIMMEL & Co., Bericht vom Oktober **1909**, 27); im äther. Öl von Artemisia herba alba (GRIMAL, Bl. [3] **31**, 696); im äther. Öl der Samen von Monodora grandiflora (LEIMBACH, WALLACH-Festschrift [Göttingen 1909], S. 506; C. **1909** II, 1870).

d-Camphen bezw. rechtsdrehende Camphenfraktionen finden sich: in Cypressenöl (SCHIMMEL & Co., Bericht vom Oktober **1904**, 32); in süßem Orangenblütenöl (THEULIER, Bl. [3] **27**, 279) und -zweigöl (LITTERER, Bl. [3] **33**, 1080); in Ingweröl (BERTRAM, WALBAUM, J. pr. [2] **49**, 18); im äther. Muskatnußöl (POWER, SALWAY, Soc. **91**, 2044); in Campheröl (BE., W.; SCH., Bericht vom Oktober **1903**, 41); im Öl von Eucalyptus globulus (SCH., Bericht vom April **1904**, 47); in Spiköl (VOIRY, BOUCHARDAT, C. r. **106**, 551; BOU., C. r. **117**, 1094); in Fenchelöl (SCH., Bericht vom April **1906**, 29).

Camphen von ungewissem optischem Verhalten findet sich: in Douglasfichtennadelöl (BRANDEL, SWEEF, Pharm. Review **26**, 326; zitiert nach Gildem.-Hoffm. **2**, 138); in Petitgrainöl (?) (WALBAUM, HÜTHIG, J. pr. [2] **67**, 321); in Myrtenöl (?) (SCHIMMEL & Co., Bericht vom April **1907**, 81); in Rosmarinöl (GILDEMEISTER, STEPHAN, Ar. **235**, 587); im Edelschafgarbenöl (ECHTERMEYER, Ar. **243**, 246).

Bildung und Darstellung von l-, d- und dl-Camphen.

Entsteht Camphen aus aktiven Verbindungen, die das Kohlenstoffskelett
$C-C-C\diagdown C$ nicht vorgebildet enthalten, so erfolgt, wenn nicht besondere Vorsichtsmaß
$\quad|\quad\diagup C$ regeln in bezug auf Reaktionsmedium, -temperatur und -dauer angewandt
$\quad C\quad|$ werden, mehr oder weniger weitgehende, sehr oft vollständige Racemisierung
$\qquad\qquad$ (vgl. hierzu, speziell bei der Bildung von Camphen aus Bornylchlorid: BERTHE
$C-C-C-C$ LOT, C. r. **55**, 499; A. Spl. **2**, 229; RIBAN, A. ch. [5] **6**, 353, 370; BOUCHARDAT, LAFONT, C. r. **104**, 693; Bl. [2] **47**, 488). Ferner ist bei vielen Literaturangaben auf die optische Aktivität des erhaltenen oder verarbeiteten Camphens keine Rücksicht genommen. Aus diesen beiden Gründen sind in folgendem die Angaben über Bildung der Camphene zu einem Artikel vereinigt.

---

[1]) Die oben aufgeführte Strukturformel, welche zur Zeit des für dieses Handbuch geltenden Literatur-Schlußtermins [1. I. 1910] noch nicht sicher feststand, ist in der Folge bestätigt worden.

Camphen entsteht neben anderen Produkten aus Pinen durch Einw. von Brom (WAL-
LACH, *A*. **264**, 5), von konz. Schwefelsäure (ARMSTRONG, TILDEN, *B*. **12**, 1753) oder durch
Erhitzen mit 1 Mol.-Gew. Eisessig auf ca. 200° in geschlossenem Gefäß (ZEITSCHEL, D. R. P.
204163; *C*. **1908** II, 1751). — Aus Bornylchlorid (Pinenhydrochlorid) erhält man Camphen
durch Behandlung mit HCl abspaltenden Mitteln; über die vielen Ausführungsformen dieser HCl-
Abspaltung siehe bei Bornylchlorid, S. 95—96. Wird Racemisierung vermieden, so entsteht
aus l-Bornylchlorid l-Camphen, aus d-Bornylchlorid d-Camphen (BERTHELOT, *C. r*. **55**, 498; *A*.
Spl. **2**, 229). Camphen entsteht durch längeres Erhitzen von Isobornylchlorid mit überschüssigem Wasser auf ca. 100° im geschlossenen Rohr (RIBAN, *A. ch*. [5] **6**, 365; vgl. KACHLER,
SPITZER, *A*. **200**, 349); die HCl-Abspaltung wird dabei durch Zusatz von MgO erleichtert
(KACHLER, *A*. **197**, 96). Noch besser erhält man Camphen aus Isobornylchlorid durch Erhitzen
mit dem gleichen Gewicht Anilin bis nahe an den Siedepunkt des Anilins (WALLACH, *A*. **230**,
233; vgl.: BRÜHL, *B*. **25**, 148; WALL., *B*. **25**, 917) oder durch vorsichtiges Erhitzen mit Kaliumstearat (BERTHELOT, *C. r*. **55**, 545; *A*. *Spl*. **2**, 234). Aus linksdrehendem Isobornylchlorid entsteht rechtsdrehendes Camphen, aus rechtsdrehendem Isobornylchlorid linksdrehendes Camphen (BERTHELOT, *C. r*. **55**, 545; *A*. *Spl*. **2**, 234). Ein vermutlich Bornylen enthaltendes (vgl.
WAGNER, BRYKNER, *B*. **33**, 2124) Camphen wird aus dem beim Behandeln von Campher mit
PCl_5 entstehenden, nicht einheitlichen (vgl. MARSH, GARDNER, *Soc*. 71, 288) „Campherchlorid"
vom F: 155—155,5° durch Einw. von Natrium in Äther erhalten (SPITZER, *B*. **11**, 1815; *A*.
197, 126; vgl. DE MONTGOLFIER, *C. r*. **85**, 286). Bornylbromid (Pinenhydrobromid) liefert
bei mehrstündigem Kochen mit 1 Tl. Natriumacetat und 2 Tl. Eisessig in glatter Reaktion
Camphen (WALL., *A*. **239**, 7; **264**, 6 Anm.). — Aus Borneo gewinnt man Camphen durch mehrstündiges Erhitzen mit dem gleichen Gewicht trocknem $KHSO_4$ auf 200° unter Rückfluß
(WALL., *A*. **230**, 240) oder durch 6—8-stdg. Erhitzen mit verd. Schwefelsäure (1 Vol. H_2SO_4
+ 2 Vol. H_2O) auf 60—100° (KONOWALOW, Ж. **32**, 76; *C*. **1900** I, 1101), aus Isoborneol
durch 1-stdg. Kochen mit ¹/₂ Tl. Benzol und ²/₃ Tl. Zinkchlorid oder durch mehrstündiges
Kochen mit 1 Tl. Schwefelsäure und 2 Tln. Wasser (BERTRAM, WALBAUM, *J. pr*. [2] **49**, 8)
bezw. mit 20%iger Schwefelsäure (MOYCHO, ZIENKOWSKI, *A*. **340**, 61). Das Camphen aus
Isoborneol enthält ca. 0,4% Tricyclen (MOY., ZI., *A*. **340**, 25). Camphenhydrat $C_{10}H_{18}O$
spaltet beim Schütteln mit verd. Mineralsäuren in der Wärme, kurzem Kochen mit Eisessig
oder Kochen mit Essigsäureanhydrid und Natriumacetat leicht Wasser ab unter Bildung
von Camphen (ASCHAN, *B*. **41**, 1093), ausonds Methylcamphenilol bei 2-stdg. Kochen mit 20-
oder 30%iger Schwefelsäure (MOY., ZI., *A*. **340**, 61; *B*. **38**, 2463). — Camphen entsteht
aus (sterisch nicht einheitlichem; vgl. FORSTER, *Soc*. **73**, 386) Bornylamin oder Formyl-
bornylamin durch Erhitzen mit 1¹/₂—2 Tln. Essigsäureanhydrid auf 200—210° (WALLACH,
GRIEPENKERL, *A*. **269**, 348).

Darstellung von l-Camphen. Aus l-Bornylchlorid (dargestellt aus l-Pinen vom
$[a]_D^0$: —40,3°) durch 70—75-stdg. Erhitzen mit 5 Tln. trocknem Natriumstearat (dargestellt
aus Natronlauge mit etwas mehr als der theoretischen Menge Stearinsäure) unter Rückfluß;
besser durch 75-stdg. Erhitzen mit 1 Tl. Kaliumhydroxyd in 3—4 Tln. 94%igem Alkohol
auf 180° im geschlossenen Gefäß; Ausbeute 50% des Ausgangsmaterials (RIBAN, *A. ch*.
[5] **6**, 353, 357; vgl. BERTHELOT, *C. r*. **55**, 498, 545; *A*. *Spl*. **2**, 229). In geringerer Ausbeute,
aber stärker drehend erhält man l-Camphen durch 48-stdg. Erhitzen von l-Bornylchlorid
($[a]_D$: — 28° 30') mit etwas weniger als dem gleichen Gewicht Kaliumacetat in Alkohol auf
150° im geschlossenen Gefäß (BOUCHARDAT, LAFONT, *C. r*. **104**, 693; *Bl*. [2] **47**, 488). Durch
6—8-stdg. Erhitzen von 17,3 g l-Bornylchlorid und 14 g krystallisiertem Natriumacetat mit
5 g Natriumhydroxyd und 40 ccm 96%igem Alkohol auf 180—200° (BRÜHL, *B*. **25**, 147).
Man löst 25 g Kaliumhydroxyd in 65 g heißem Phenol, treibt die Hauptmenge des vorhandenen Wassers durch Erhitzen auf 175°, gibt 35 g l-Bornylchlorid ($[a]_D$: — 26,5°) zu und
erhitzt 20—25 Minuten unter Rückfluß auf 160—170° (REYCHLER, *B*. **29**, 696; *Bl*. [3] **15**,
371). — Aus dem sibirischen Fichtennadelöl erhält man ein stark linksdrehendes Camphen,
wenn man die zwischen 156° und 165° übergehende Fraktion zur Zerlegung der vorhandenen
Ester mit alkoh. Kalilauge behandelt, dann die am leichtesten angreifbaren Bestandteile
durch Schütteln mit alkal. Lauge fortoxydiert und den mit Wasserdampf
abgeblasenen Rückstand durch Ausfrieren und Rektifikation reinigt (WALLACH, GUTMANN,
A. **357**, 80; vgl. SCHINDELMEISER, Ж. **35**, 75; *C*. **1903** I, 835; GOLUBEW, Ж. **36**, 1107;
C. **1905** I, 95).

Darstellung von d-Camphen. Darst. aus linksdrehendem (d-)Isobornylchlorid s. o.
bei Bildung von Camphen. — Ein stark rechtsdrehendes Camphen wird erhalten, wenn man
das durch Reduktion von linksdrehendem (d-)Campheroxim gewonnene Bornylamin (vgl.
darüber o. bei Bildung von Camphen) in essigsaurer Lösung mit 1 Mol. Natriumnitrit umsetzt,
dann mit Wasserdampf destilliert und die höher siedenden Beimengungen durch Fraktionieren,
Ausgefrieren und Abpressen entfernt (WALLACH, GUTMANN, *A*. **357**, 84).

Physikalische Eigenschaften des Camphens.

l-Camphen, dargestellt aus l-Bornylchlorid mit Natriumstearat oder alkoh. Kali (RIBAN, *A. ch.* [5] 6, 357). Farblose, weiche, eigentümlich riechende Krystallmasse oder gefiederte Krystalle (aus Alkohol). F: 45—48⁰ (mit Natriumstearat dargestellte Präparate schmelzen etwas niedriger als mit alkoh. Kali dargestellte). $Kp._{760}$: 156—157⁰ (korr.). $D^{47,7}$: 0,8481; $D^{59,4}$: 0,8387; $D^{70,7}$: 0,8211; $D^{77,7}$: 0,8062. $[a]_D^{18}$: — 51,88⁰ (in Alkohol; p = 37,89); $[a]_D^{57}$: — 53,28⁰ (flüssig).

l-Camphen aus l-Bornylchlorid von Bouchardat, Lafont, *C. r.* 104, 693; *Bl.* [2] 47, 488. F: 55⁰ (VAVON, *C. r.* 149, 998). $[a]_D$: — 80⁰ 37′ (B., L.).

l-Camphen aus l-Bornylchlorid von Brühl, *B.* 25, 147, 160. Krystalle (aus Alkohol + Wasser). F: 51—52⁰; Erstarrungspunkt: 50⁰; Kp: 158,5—159,5⁰ (korr.); D_4^0: 0,84224; $D^{59,4}$: 0,83473; n_D^{51}: 1,45514; $n_D^{59,4}$: 1,45085 (BR.). Molekular-Dispersion: BR. Molekulare Verbrennungswärme bei konstantem Vol.: 1464,4 Cal. (STOHMANN, KLEBER, *Ph. Ch.* 10, 412).

l-Camphen aus l-Bornylchlorid von Reychler, *Bl.* [3] 15, 371. F: 41,5—43⁰. $[a]_D^{15}$: — 49,12⁰ (in 21⁰/₀iger alkoh. Lösung).

l-Camphen aus sibirischem Fichtennadelöl. Krystallinisch. F: 39⁰ (WALLACH, GUTMANN, *A.* 357, 80), 40⁰ (SCHINDELMEISER, Ж. 35, 76; *C.* 1903 I, 835), 40—41⁰ (GOLUBEW, Ж. 36, 1107; *C.* 1905 I, 95). Kp: 159—160⁰ (SCHIND.; GOL.), 160—161⁰; D^{40}: 0,8555; n_D^{40}: 1,46207 (WALL., GUT.). $[a]_D^{15}$: — 84,9⁰ (in Äther; p = 11,36) (WALL., GUT.), — 85⁰ (in Alkohol, c = 1,7648) (GOL.); $[a]_D$: — 94,61⁰ (SCHIND.). Verbrennungswärme bei konstantem Volumen: 10831 cal. (GOL.).

d-Camphen aus Bornylamin (s. S. 157) von Wallach, Gutmann, *A.* 357, 84. F: 50⁰. Kp: 160—161⁰. $[a]_D^{17}$: + 103,89⁰ (in Äther, p = 9,67).

Schwach rechtsdrehendes oder inaktives Camphen aus d-Borneol über linksdrehendes (d-)Isobornylchlorid erhalten, „Bornecamphen". Krystalle (aus Alkohol). F: 48⁰ (RIBAN, *A. ch.* [5] 6, 384), 48—49⁰ (WALLACH, *A.* 230, 234; *B.* 25, 919; vgl. BRÜHL, *B.* 25, 148, 164), 50,7⁰ (korr.) (KACHLER, *A.* 197, 97), 51,2⁰ (korr.) (KACHLER, SPITZER, *A.* 200, 350). Kp: 157⁰ (RIB.), 160—161⁰ (WALL., *A.* 230, 234); 160⁰ bis 162⁰ (KACH., SP.). Verflüchtigt sich rasch an der Luft (KACH.). D^{45}: 0,850 (WALL., *A.* 245, 210). Unlöslich in Wasser, leicht löslich in Äther (KACH.); relativ schwer löslich in Alkohol (WALL., *A.* 230, 234). n_D^{51}: 1,4581 (WALL., *A.* 245, 210). Mol.-Refr.: WALL., *A.* 245, 210; 252, 138; BRÜHL, *B.* 25, 163.

dl-Camphen: F: 50⁰; Kp: 159—160⁰ (aus Isoborneol) (BERTRAM, WALBAUM, *J. pr.* [2] 49, 8); Kp: 157—158⁰ (aus inaktivem Methylcamphenilol) (MOYCHO, ZIENKOWSKI, *B.* 38, 2463). D^{78}: 0,8223; n_α: 1,44115; Dispersion: EIJKMAN, *C.* 1907 II, 1210. Molekulare Verbrennungswärme bei konstantem Vol.: 1466,9 Cal. (BERTHELOT, VIEILLE, *A. ch.* [6] 10, 454; vgl. BERTH., MATIGNON, *C. r.* 112, 1161).

Dielektrizitätskonstanten eines rechtsdrehenden, linksdrehenden und eines inaktiven Camphens: STEWART, *Soc.* 93, 1061.

Ein Camphen von unbekanntem optischen Verhalten zeigte: $Kp._{760}$: 157—157,5⁰; D_0^0: 0,8609; D_0^{19}: 0,8565; D_0^{31}: 0,8524; magnetische Drehung: PERKIN, *Soc.* 81, 316.

Chemisches und biochemisches Verhalten des Camphens.

Camphen zersetzt sich bei längerem Erhitzen auf 250—270⁰ im geschlossenen Rohr zum Teil unter Schwärzung und Bildung niedriger und höher siedender Produkte (WALLACH, *A.* 230, 234).

Die Einw. von Ozon auf Camphen in Chloroformlösung führt zur Bildung von Camphenozonid $C_{10}H_{16}O_3$ (S. 160) (SEMMLER, *B.* 42, 247); zur Einw. von Ozon vgl. auch NORDHEIM, D. R. P. 64180; *Frdl.* 3, 882. Camphen oxydiert sich in Gegenwart von Platinschwarz zu Campher (BERTHELOT, *C. r.* 47, 267; *A.* 110, 368). — dl-Camphen liefert mit 1⁰/₀igem wäßr. Kaliumpermanganat bei gewöhnlicher Temp. hauptsächlich neutrale, mit 4⁰/₀iger $KMnO_4$-Lösung bei 60⁰ hauptsächlich saure Oxydationsprodukte (WAGNER, MOYCHO, ZIENKOWSKI, *B.* 37, 1033; Mo., ZI., *A.* 340, 21; vgl. auch Mo., ZI., *B.* 38, 2464); die neutralen Reaktionsprodukte sind außer öligen Körpern: Camphenglykol $C_{10}H_{18}O_2$ (Syst. No. 550) (WAGNER, *B.* 23, 2311), Camphenilon $C_9H_{14}O$ (Syst. No. 616) und eine Verbindung $C_{10}H_{16}O_3$ (S. 160), die sauren: inaktive Camphencamphersäure $C_{10}H_{16}O_4$ (Syst. No. 966) vom F: 137,5⁰, Camphenilsäure $C_{10}H_{16}O_3$ (Syst. No. 1054), eine Säure $C_{10}H_{14}O_3$ vom F: 138,5⁰ (s. u.), außerdem eine Säure vom F: 90⁰ und ölige δ-Oxy-camphenilonsäure $C_9H_{16}O_3$ (Syst. No. 1053) (Mo., ZI., *A.* 340, 22; vgl. SEMMLER, *B.* 42, 249). Durch Oxydation von l-Camphen mit wäßr. $KMnO_4$ wurden neben anderen Produkten erhalten: ein rechtsdrehendes Camphenglykol (WAGNER, Ж. 28, 65; *Bl.* [3] 16, 1834; MILOBENDSKI, Ж. 39, 1396), ferner eine linksdrehende Camphencamphersäure vom F: 142⁰ (WALLACH, GUTMANN, *A.* 357, 81). Eine Camphencamphersäure von gleichem Schmelzpunkt entsteht aus d-Camphen mit $KMnO_4$ (WALL., GUT.,

A. **357**, 84). Camphersäure entsteht aus Camphen mit KMnO$_4$ in neutraler Lösung nicht (SEMMLER, *B.* **33**, 3422). — Durch Erhitzen von l-Camphen mit wäßr. Kaliumdichromatlösung und Schwefelsäure erhält man neben anderen Produkten schwach linksdrehenden Campher und Essigsäure (RIBAN, *A. ch.* [5] **6**, 387; vgl. BERTHELOT, *C. r.* **68**, 335; *A.* **150**, 374). Oxydation von d-Camphen mit Chromsäuremischung: KACHLER, SPITZER, *A.* **200**, 359. dl-Camphen liefert mit Chromsäure dl-Campher (ARMSTRONG, TILDEN, *B.* **12**, 1756). — Oxydiert man Camphen durch Erhitzen mit verd. Salpetersäure und dampft zu kleinem Vol. ein, so erhält man als Hauptprodukt Carboxyapocamphersäure C$_{10}$H$_{14}$O$_5$ (Syst. No. 1005), außerdem neben anderen Produkten Terephthalsäure, Camphersäure, Bernsteinsäure und eine flüssige lactonartige V e r b i n d u n g C$_8$H$_{12}$O$_2$ vom Kp: 250° (MARSH, GARDNER, *Soc.* **59**, 649; **69**, 74); destilliert man die salpetersäurehaltige Oxydationsflüssigkeit ohne vorheriges Eindampfen mit Wasserdampf, so enthält das Destillat: Camphenilon (Syst. No. 616), „Camphenilnitrit" (S. 161) und geringe Mengen Tricyclensäure C$_{10}$H$_{14}$O$_2$ (Syst. No. 895) (JAGELKI, *B.* **32**, 1498; KOMPPA, HINTIKKA, *B.* **41**, 2747). Durch Erhitzen von Camphen mit verd. Salpetersäure (D: 1,075) auf 100° entstehen neben anderen Produkten eine sek. Nitroverbindung und Camphenilon (KONOWALOW, *Ch. Z.* **26**, 91). Mit kalter rauchender Salpetersäure liefert Camphen eine Verbindung C$_{10}$H$_{15}$O$_3$N (S. 161), außerdem anscheinend ein zweites Additionsprodukt, das sich bei der Wasserdampfdestillation unter Abspaltung von Camphen wieder zersetzt (BOUVEAULT, *Bl.* [3] **23**, 537). Durch Einw. von salpetriger Säure auf Camphen in Ligroinlösung entstehen Camphennitrosit C$_{10}$H$_{16}$O$_2$N$_2$ (S. 161), Camphennitronitrosit C$_{10}$H$_{15}$O$_5$N$_3$ (S. 161) und „Camphenilnitrit" (JAGELKI, *B.* **32**, 1501). Leitet man unter Eiskühlung Stickstoffdioxyd auf festes Camphen, so verwandelt sich dieses zunächst in eine erst grüne, dann blaue Flüssigkeit, die, sobald 1 Mol.-Gew. NO$_2$ aufgenommen ist, in heftiger Reaktion Stickoxyde und Wasser abgibt; destilliert man dann mit Wasserdampf, so geht „Camphenilnitrit" über; kocht man das rohe Prod. der Einw. von NO$_2$ auf Camphen mehrere Stunden mit wäßr. Kalilauge und destilliert dann mit Dampf, so erhält man außer Camphenilon noch Isoborneol (BLAISE, BLANC, *Bl.* [3] **23**, 173). Die Einw. von Salpetersäureanhydrid auf Camphen in Chloroform unter Kühlung führt zu einer Säure C$_{10}$H$_{15}$O$_5$N (S. 161) (DEMJANOW, *Ж.* **33**, 283; *C.* 1901 II, 346).

Durch Schütteln einer äther. l-Camphenlösung in einer Wasserstoffatmosphäre mit Platinschwarz erhielt VAVON (*C. r.* **149**, 998) ein festes Isocamphan C$_{10}$H$_{18}$ (S. 103); ein Isocamphan vom Kp: 164—165° wurde erhalten durch Hydrierung von l-Camphen im Gegenwart von Nickel bei 165—175° (SABATIER, SENDERENS, *C. r.* **132**, 1256; *A. ch.* [8] **4**, 391; vgl. ZELINSKY, *Ж.* **36**, 769). — Beim Erhitzen von l-Camphen mit überschüssiger Jodwasserstoffsäure auf ca. 280° wird als Hauptprodukt eine Flüssigkeit der Zusammensetzung C$_{10}$H$_{22}$, Kp: 155—160°, gebildet (BERTHELOT, *Bl.* [2] **11**, 23; *J.* 1869, 333).

Läßt man Chlor auf Camphen in Eisessiglösung unter Kühlung einwirken, so erhält man neben anderen Produkten „Camphentrichlorid" C$_{10}$H$_{15}$Cl$_3$ (S. 104). Bei der Einw. von 1 Mol.-Gew. Brom auf Camphen in Petroläther bei —10° (REYCHLER, *B.* **29**, 900), in Äther-Alkohol (R.; vgl. WALLACH, *A.* **230**, 235; JÜNGER, KLAGES, *B.* **29**, 546; WAGNER, GODLEWSKI, *B.* **32**, 2304 Anm.) oder in Eisessig (SEMMLER, *B.* **33**, 3426) entstehen als Hauptprodukte Camphendibromid C$_{10}$H$_{16}$Br$_2$ (S. 99) und Bromcamphen C$_{10}$H$_{15}$Br (s. S. 162). — Mit Chlorwasserstoff in Alkohol oder Äther liefert d-Camphen linksdrehendes (d-)Isobornylchlorid, l-Camphen rechtsdrehendes (l-)Isobornylchlorid, dl-Camphen inaktives Isobornylchlorid (BERTHELOT, *C. r.* **55**, 545, 546; *A. Spl.* **2**, 233, 234; RIBAN, *A. ch.* [5] **6**, 363, 372). Analog wird Bromwasserstoff in Alkohol unter Bildung von Isobornylbromid (SEMMLER, *B.* **33**, 3428), Jodwasserstoff unter Bildung von Isobornyljodid (KONDAKOW, LUTSCHININ, *Ch. Z.* **25**, 132; ZELINSKY, ALEXANDROW, *Ch. Z.* **27**, 1246) addiert. Camphen liefert bei der Einw. von unterchlo-　H$_2$C—CH—C(CH$_3$)$_2$　(Syst. No. 508), eine Verbindung C$_{10}$H$_{16}$Cl$_4$ vom riger Säure ein　　　　　|　　|　　F: 139—140° (S. 104) und ein Gemisch isomerer Camphengly-　　　　　　　CH$_2$　Verbindungen C$_{10}$H$_{16}$Cl (SŁAWIŃSKI, *C.* 1906 I, kolchlorhydrin　H$_2$C—CH—C(OH)·CH$_2$Cl 136). — Beim Verreiben mit 1,6 Tln. PCl$_5$ gibt Camphen nach anfänglicher Verflüssigung ein festes Prod., das wahrscheinlich im wesentlichen aus einer Verbindung C$_{10}$H$_{15}$Cl$_2$P besteht und mit Wasser ein Gemisch von α- und β- Camphenphosphonsäure (Syst. No. 2286a) liefert (MARSH, GARDNER, *Soc.* **65**, 36), während es bei der Destillation im Vakuum HCl abspaltet unter Bildung einer Verbindung C$_{10}$H$_{14}$Cl$_3$P (S. 162) (MA., GA., *Soc.* **59**, 653; **65**, 36). Erwärmt man Camphen mit viel PCl$_5$, so entsteht eine Verbindung C$_{10}$H$_{14}$Cl$_5$P, die sich mit Wasser unter Bildung einer Säure C$_{10}$H$_{14}$O$_3$ClP umsetzt (MA., GA., *Soc.* **65**, 36). Durch kurzes Erhitzen mit P$_2$O$_5$ wird Camphen z. T. in eine bei tiefer Temp. nicht mehr erstarrende Flüssigkeit verwandelt, z. T. verharzt (WALLACH, *A.* **230**, 235). — Beim Erhitzen von Camphen mit Zinkchlorid auf 200° entsteht eine mit Wasserdampf flüchtige, in der Kälte nicht erstarrende Flüssigkeit und ein mit Wasserdampf nicht destillierbares dickes Öl (WALLACH, *A.* **230**, 235). — Chromylchlorid wird von Camphen in Schwefelkohlenstofflösung addiert unter Bildung einer Verbindung C$_{10}$H$_{16}$O$_4$Cl$_4$Cr$_2$ (S. 162) (BREDT, JAGELKI, *A.* **310**, 119).

Konzentrierte Schwefelsäure reagiert energisch mit Camphen (WALL., *A.* **230**, 235); läßt man dieses mit $^1/_{10}$ Gewichtsteil konz. Schwefelsäure 24 Stdn. stehen und verdünnt dann mit Wasser, so erhält man neben anderen Produkten Diisobornyläther (Syst. No. 508) und Isoborneol, letzteres entstanden durch Zersetzung primär gebildeter Isobornylschwefelsäure (BOUCHARDAT, LAFONT, *Bl.* [3] 11, 902). Beim Erhitzen von Camphen mit verd. Schwefelsäure entsteht etwas Isoborneol (KACHLER, SPITZER, *A.* **200**, 354; SCHMITZ & Co., D. R. P. 212893). Beträchtlich höher wird die Ausbeute an Isoborneol, wenn man Camphen in Acetonlösung mit wäßr. Schwefelsäure, Salzsäure, Phosphorsäure oder Sulfonsäuren im geschlossenen Gefäß erhitzt (SCHMITZ & Co., D. R. P. 212893; *C.* **1909** II, 1024). Durch Kochen von Camphen mit einer Lösung von 5 Tln. konz. Schwefelsäure in 95 Tln. Methylalkohol entsteht Isoborneolmethyläther (HESSE, *B.* **39**, 1138), mit einer Lösung von 7 Tln. konz. Schwefelsäure in 50 Tln. absol. Alkohol Isoborneoläthyläther (SEMMLER, *B.* **33**, 3430). Isoborneolmethyläther wird auch durch 5-stdg. Erhitzen von Camphen mit Methyljodid und Methylalkohol auf 130—140° im geschlossenen Rohr gebildet (REYCHLER, *C.* **1907** I, 1125). — Bei mehrwöchigem Stehen von dl-Camphen mit Ameisensäure entsteht dl-Isobornylformiat (LAFONT, *A. ch.* [6] 15, 167). 48-stdg. Erhitzen von l-Camphen mit $1^1/_2$ Tln. Eisessig auf dem Wasserbad führt zur Bildung von rechtsdrehendem (l-)Isobornylacetat (LAF., *A. ch.* [6] 15, 147; vgl. auch BOUCHARDAT, LAF., *A. ch.* [6] 9, 509). Erheblich leichter bildet sich Isobornylacetat, wenn man 100 g Camphen mit 250 g Eisessig und 10 g 50%iger Schwefelsäure 2—3 Stdn. unter wiederholtem Schütteln auf 50—60° erwärmt, und zwar entsteht dabei aus l-Camphen ($[\alpha]_D$: — 67°) schwach rechtsdrehendes (l-)Isoborneol (BERTRAM, WALBAUM, *J. pr.* [2] 49, 1, 13; vgl. auch VERLEY, URBAIN, FEIGE, D. R. P. 207156; *C.* **1909** I, 961). Als Nebenprodukt entsteht bei der Addition von Essigsäure an Camphen nach BERTRAM-WALBAUM immer Bornylacetat (ASCHAN, *B.* **40**, 4923). Ester des Isoborneols werden auch erhalten, wenn man Camphen mit organischen Säuren (Ameisensäure, Essigsäure, Isobuttersäure, Isovaleriansäure) und etwas Zinkchlorid stehen läßt oder schwach erwärmt (KONDAKOW, LUTSCHININ, *J. pr.* [2] 65, 223). Das durch eintägiges Stehen von Camphen mit Trichloressigsäure entstehende Additionsprodukt liefert bei der Verseifung gleichfalls Isoborneol (REYCHLER, *B.* **29**, 697; *Bl.* [3] 15, 371). Bei mehrtägigem Stehen von Camphen mit wasserfreier Oxalsäure und etwas Schwefelsäure in Acetonlösung oder beim Erhitzen von Camphen mit Oxalsäure in Gegenwart oder Abwesenheit von Kondensationsmitteln entstehen neutraler und saurer Oxalsäureisobornylester (BASLER & Co., D. R. P. 193301; *C.* **1908** I, 998); auch beim Erhitzen mit aromatischen Oxycarbonsäuren entstehen Isobornylester, z. B. mit Salicylsäure Isobornylsalicylat (Chem. Fabr. VON HEYDEN, D. R. P. 175097, 178934; *C.* **1906** II, 1589; **1907** I, 198).

Camphen addiert Phenylmercaptan; das Reaktionsprodukt liefert bei der Oxydation ein Sulfon $C_{16}H_{22}O_2S$ (Syst. No. 524); analog verläuft die Reaktion mit Benzylmercaptan (POSNER, *B.* **38**, 653).

Mit Mercuriacetat liefert Camphen eine Verbindung $C_{14}H_{22}O_5Hg_2$ (S. 162) (BALBIANO, PAOLINI, *B.* **36**, 3576; PA., VESPIGNANI, BA., *G.* **36** I, 308).

d-Camphen wird im Organismus des Kaninchens in eine Camphenglykolglykuronsäure (S. 162) übergeführt (FROMM, HILDEBRANDT. *H.* **33**, 579; FR., HI., CLEMENS, *H.* 37, 196).

Umwandlungsprodukte ungewisser Struktur aus Camphen.

Camphenozonid $C_{10}H_{16}O_3$. B. Durch Einleiten von Ozon in die Lösung von Camphen in einem indifferenten Mittel (SEMMLER, *B.* **42**, 247). — Zähflüssiges Öl. — Liefert bei der Destillation im Vakuum oder mit Wasserdampf hauptsächlich Camphenilon $C_9H_{14}O$ und δ-Oxy-camphenilonsäure $C_{10}H_{16}O_3$ (Syst. No. 1053).

Verbindung $C_{10}H_{16}O_2$. B. Neben anderen Produkten bei der Oxydation des dl-Camphens durch wäßr. Kaliumpermanganat (WAGNER, MOYCHO, ZIENKOWSKI, *B.* **37**, 1034, M., Z., *A.* **340**, 42). — Sechsseitige Tafeln (aus Äther). F: 169—170° (W., M., Z.; M., Z.). Rotiert auf Wasser wie Campher (M., Z.). — Liefert bei der Oxydation mit $KMnO_4$-Lösung außer geringen Mengen eines mit Wasserdampf flüchtigen Ketons (F des Semicarbazons: 84°) eine Säure $C_{10}H_{14}O_3$ vom F: 198° (S. 161), eine Säure $C_{10}H_{14}O_4$ vom F: 203° (S. 161) sowie eine mit Wasserdampf flüchtige Säure vom F: ca. 95° (M., Z.). Indifferent gegen Semicarbazid und Hydroxylamin, rötet kaum fuchsinschweflige Säure und reduziert FEHLINGsche Lösung nicht (W., M., Z.; M., Z.). Liefert mit Benzoylchlorid ein Monobenzoat (s. u.) (M., Z.).

Benzoat der Verbindung $C_{10}H_{16}O_2$, $C_{17}H_{20}O_3 = C_{10}H_{15}O \cdot O \cdot CO \cdot C_6H_5$. B. Aus der Verbindung $C_{10}H_{16}O_2$ (s. o.) und Benzoylchlorid in Gegenwart von Pyridin (MOYCHO, ZIENKOWSKI, *A.* **340**, 42). — F: 71°. — Wird von PCl_5 bei Zimmertemperatur nicht angegriffen.

Säure $C_{10}H_{14}O_3$ vom Schmelzpunkt 138,5°. B. Neben anderen Verbindungen bei der Oxydation von dl-Camphen oder von dem aus dl-Camphen erhaltenen Camphenglykol mit $KMnO_4$-Lösung (MOYCHO, ZIENKOWSKI, *A.* **340**, 38, 45). — Vierseitige Prismen (aus Äther und Ligroin). F: 138,5°. — Indifferent gegen Semicarbazid. Lagert in äther. Lösung ein Mol. HCl an unter Bildung einer Säure $C_{10}H_{15}O_3Cl$. Reagiert nur mit einem Mol. PCl_5. — $NaC_{10}H_{13}O_3$. Blättchen. — $AgC_{10}H_{13}O_3$.

Säure $C_{10}H_{15}O_3Cl$. B. Aus der bei 138,5° schmelzenden Säure $C_{10}H_{14}O_3$ (S. 160) und trocknem Chlorwasserstoff in Äther (MOYCHO, ZIENKOWSKI, A. **340**, 46). — Regeneriert beim Behandeln mit siedender alkoh. Kalilauge die Säure $C_{10}H_{14}O_3$ vom F: 138,5°. Läßt sich durch Erwärmen mit Silberacetat und darauffolgende Verseifung mit wäßr. Kalilauge in die Säure $C_{10}H_{14}O_3$ vom F: 198—200° (Zers.) (s. u.) überführen. Liefert mit Benzoylchlorid bei Gegenwart von Pyridin ein bei 110° schmelzendes Benzoat.

Säure $C_{10}H_{14}O_3$ vom Schmelzpunkt 198° (Zers.). B. Neben anderen Produkten bei der Oxydation der Verbindung $C_{10}H_{16}O_2$ (S. 160) mit $KMnO_4$-Lösung (WAGNER, M., Z., B. **37**, 1034; M., Z., A. **340**, 43). Aus der Säure $C_{10}H_{15}O_3Cl$ (s. o.) durch 4-stdg. Erwärmen mit Silberacetat in Eisessig und Verseifen des Produkts durch wäßr. Kalilauge (M., Z., A. **340**, 46). — Linsenförmige Blättchen. F: 198° (Zers.); sehr leicht löslich in Äther, Essigester und Alkohol, weniger in Ligroin (M., Z., A. **340**, 44). — Indifferent gegen Semicarbazid; wird in äther. Lösung durch trocknen Chlorwasserstoff nicht verändert (M., Z., A. **340**, 44).

Säure $C_{10}H_{16}O_4$. B. Neben anderen Produkten bei der Oxydation der Verbindung $C_{10}H_{16}O_2$ (S. 160) mit $KMnO_4$-Lösung (WAGNER, MOYCHO, ZIENKOWSKI, B. **37**, 1034; M., Z., A. **340**, 44). — Krystalle (aus Essigester oder verd. Alkohol). F: 203°. Fast unlöslich in Äther, Ligroin, löslich in Alkohol, Essigester. — $AgC_{10}H_{15}O_4$. Nadeln (aus Wasser).

Verbindung $C_{10}H_{17}O_3N$. B. Entsteht, anscheinend neben einem zweiten Additionsprodukt, das sich bei der Wasserdampfdestillation unter Abspaltung von Camphen zersetzt, wenn man eine Lösung von Camphen in der dreifachen Gewichtsmenge Chloroform vorsichtig in stark abgekühlte, rauchende Salpetersäure einträgt, in Eiswasser gießt, das Chloroform auf dem Wasserbade verjagt und mit Dampf destilliert (BOUVEAULT, Bl. [3] **23**, 537). — Öl. Kp_{10}: 110°. Unzersetzt flüchtig mit Dampf. — Wird durch alkoh. Kalilauge in Camphen und Salpetersäure gespalten.

Säure $C_{10}H_{15}O_5N = C_9H_{14}(O \cdot NO_2)(CO_2H)$. B. 22 g Camphen werden in 50 ccm Chloroform gelöst und in kleinen Portionen mit 65 g Salpetersäureanhydrid und 200 ccm Chloroform unter starker Kühlung gegeben (DEMJANOW, Ж. **33**, 284; C. **1901** II, 346). — Prismen (aus wäßr. Alkohol). F: 140—141°. Sehr schwer löslich in Wasser, ziemlich leicht in Eisessig, leicht in Alkohol, Äther, Chloroform und heißem Benzol. — Färbt sich beim Erhitzen über den Schmelzpunkt gelblich, zersetzt sich bei 165—170° vollständig. Gibt beim Erhitzen mit konz. Kalilauge oder bei der Reduktion mit Zinn und HCl Tricyclensäure $C_{10}H_{14}O_2$ (Syst. No. 895). — Kaliumsalz. Löslich in Wasser. — $AgC_{10}H_{14}O_5N$. Weißer Niederschlag. Schwer löslich in kaltem Wasser.

Camphennitrosit $C_{10}H_{16}O_3N_2$. B. Neben anderen Produkten bei der Einw. von salpetriger Säure auf Camphen in Ligroinlösung (JAGELKI, B. **32**, 1502). — Grünliches, angenehm riechendes Öl. Zersetzt sich bei der Destillation bei 50° als auch in Wasser, Stickoxydul und Camphenilnitrit (s. u.). — $KC_{10}H_{15}O_3N_2$. Rote Krystalle (aus Alkohol), beim Erhitzen verpuffend. — Das Benzoylderivat $C_{10}H_{15}O_3N_2(CO \cdot C_6H_5)$ bildet eine grünlichgelbe, unter vermindertem Drucke destillierbare Flüssigkeit.

Camphennitronitrosit $C_{10}H_{15}O_5N_3$. B. Scheidet sich bei langandauernder Einw. von salpetriger Säure auf Camphen in Ligroinlösung aus (JAGELKI, B. **32**, 1501). — Weißes Pulver. Färbt sich bei vorsichtigem Erwärmen erst blau und zersetzt sich bei 149° unter Abgabe von H_2O und Stickstoffoxyden. Unlöslich in den gebräuchlichen Lösungsmitteln, löslich in Nitrobenzol beim Erwärmen mit blauer, beim Erkalten verschwindender Farbe.

$$H_2C-CH-C(CH_3)_2 \ (?)$$

„Camphenilnitrit"

$$C_{10}H_{15}O_2N = \begin{vmatrix} & CH_2 & \\ H_2C-CH-C:CH \cdot NO_2 \end{vmatrix}$$

B. Durch Einw. von salpetriger Säure auf Camphen in Ligroinlösung (JAGELKI, B. **32**, 1499). Entsteht neben anderen Produkten, wenn man Camphen mit verd. Salpetersäure zum Wasserbad erhitzt, dann das Gemisch mit Dampf destilliert (J., B. **32**, 1501). Durch Erwärmen von Camphennitrosit im Vakuum über 50° (J., B. **32**, 1502). — Hellgelbe Nadeln (aus Ligroin). F: 66° (J.). Kp_{12}: 147° (J.). Unlöslich in Wasser, leicht löslich in Alkohol und Äther (J.). — Verpufft bei starkem Erhitzen (J.). Geht durch Oxydation mit $KMnO_4$ in Camphenilon $C_9H_{14}O$, durch Reduktion mit Zinn und Salzsäure, Zinkstaub und Eisessig oder Natrium und Alkohol in Camphenilanaldehyd $C_{10}H_{16}O$ (Syst. No. 618) über (J.). Beim Erhitzen mit wäßr. oder alkoh. Kalilauge bildet sich neben CO_2 und NH_3 quantitativ Camphenilon (J.). Löst man das Camphenilnitrit in kalter konz. Schwefelsäure, gießt die Lösung auf Eis und leitet durch die erhaltene Lösung Wasserdampf, so erhält man Tricyclensäure (Syst. No. 895) neben einem bei 198° schmelzenden und einem 137° schmelzenden Lacton (BREDT, MAY, Ch. Z. **33**, 1265). Bei schwachem Erwärmen von Camphenilnitrit mit konz. Schwefelsäure tritt eine kirschrote Färbung auf (J.).

Verbindung $C_{10}H_{16}O_4Cl_4Cr_3 = C_{10}H_{16} + 2CrO_2Cl_2$. *B.* Man fügt zu einer stark ge-kühlten Lösung von 40,8 g Camphen in 400 ccm trocknem Schwefelkohlenstoff unter Um-schütteln allmählich eine Lösung von 95 g Chromylchlorid in 950 ccm Schwefelkohlenstoff (BREDT, JAGELKI, *A.* 310, 119). — Hellbraunes, süß schmeckendes, sehr hygroskopisches Pulver, das an der Luft leicht zu einer grünen Flüssigkeit zerfließt. Etwas löslich in Äther, unlöslich in Benzol, Ligroin und Tetrachlorkohlenstoff. — Wird durch Wasser unter Bildung von Camphenilanaldehyd $C_{10}H_{16}O$, Chromchlorid und Chromsäure zersetzt.

Basische Quecksilberverbindung $C_{10}H_{18}O_3Hg_2 = C_{10}H_{16}O(Hg \cdot OH)_2$. *B.* Das Acetat entsteht durch Schütteln einer Petrolätherlösung von Camphen mit konz. wäßr. Mercuriacetat (BALBIANO, PAOLINI, *B.* 36, 3576; PA., VESPIGNANI, BA., *G.* 36 I, 308). — Chlorid $C_{10}H_{16}OCl_2Hg_2$. *B.* Durch Kochen des Acetats in alkoh.-wäßr. Suspension mit NaCl. Weißes mikrokrystallinisches Pulver. Unlöslich in neutralen Mitteln. Erweicht bei ca. 150°, ist bei 230° noch nicht geschmolzen. — Acetat $C_{14}H_{22}O_5Hg_2 = C_{10}H_{16}O(Hg \cdot O \cdot CO \cdot CH_3)_2$. Weiße Blättchen. F: 188—189°. Sehr wenig löslich in Wasser und Alkohol. Zersetzt sich mit H_2S in verd. salzsaurer Lösung unter Rückbildung von Camphen.

Verbindung $C_{10}H_{14}Cl_3P$. *B.* Destilliert über, wenn man das durch Verreiben von Camphen mit 1,6 Tln. PCl_5 zunächst entstehende feste Prod. im Vakuum erhitzt (MARSH, GARDNER, *Soc.* 65, 36) oder wenn man 2 Mol.-Gew. Camphen mit 3 Mol.-Gew. PCl_5 und etwas PCl_3 3 Tage auf dem Sandbad und schließlich im Vakuum erhitzt (MA., GA., *Soc.* 59, 653). — Krystalle. Kp_{17-18}: 166—168° (MA., GA., *Soc.* 59, 653). — Liefert mit heißer verd. Natron-auge das Natriumsalz einer einbasischen Säure $C_{10}H_{16}O_2ClP$ (MA., GA., *Soc.* 59, 653).

Camphenglykolmonoglykuronsäure $C_{16}H_{26}O_8$. *B.* Das Kaliumsalz wird erhalten, wenn man die Bleiessig-Fraktion des nach Verfüttern von d-Camphen an Kaninchen erhaltenen Harns mit Kaliumsulfidlösung oder folgeweise mit Schwefelwasserstoff und Kalilauge be-handelt (FROMM, HILDEBRANDT, CLEMENS, *H.* 37, 200). — $KC_{16}H_{25}O_8 + H_2O$ (exsiccator-trocken). Krystalle (aus siedendem abs. Alkohol). Gibt im Vakuum $^1/_2$ Mol. Wasser ab. Dreht in wäßr. Lösung links. Durch Kochen mit verd. Säuren erfolgt Spaltung in Cam-phenilanaldehyd und Glykuronsäure.

Substitutionsprodukte des Camphens[1]).

3¹-Brom-2.2-dimethyl-3-methylen-bicyclo-[1.2.2]-heptan, Bromcamphen

$C_{10}H_{15}Br = $ | $H_2C-CH \cdot C(CH_3)_2$ |
| CH_2 |
| $H_2C-CH \cdot C:CHBr$ |

Sterische Einheitlichkeit der nach den verschiedenen Metho-den gewonnenen Präparate fraglich. — *B.* Neben Camphen-dibromid (S. 99) durch Einw. von 1 Mol.-Gew. Brom auf Camphen in Petroläther bei —10° (REYCHLER, *B.* 29, 900) oder in Äther-Alkohol (R.; vgl. WALLACH, *A.* 230, 235). Durch Destillation von Camphen-dibromid mit Chinolin (SEMMLER, *B.* 33, 3426; vgl. JÜNGER, KLAGES, *B.* 39, 546; WAGNER, GODLEWSKI, *B.* 32, 2303 Anm.). — Farbloses Öl. Kp: 226—227°; Kp_{25}: 120—125°; flüchtig mit Wasserdampf; D^{16}: 1,265; n_D: 1,52605 (JÜ., KL.). — Liefert bei der Reduktion mit Natrium + Alkohol Camphen (SR., *B.* 33, 3425). Addiert 1 Mol. Brom, das beim Be-handeln mit Chinolin wieder als solches abgespalten wird (JÜ., KL.). Reagiert nicht mit Kaliumhydroxyd oder Silberacetat (JÜ., KL.). Wird durch konz. Schwefelsäure allmählich verharzt (JÜ., KL.).

46. 7.7-Dimethyl-2-methylen-bicyclo-[1.2.2]-heptan, Dl- und Ld-Fenchen

$C_{10}H_{16} = $ | $H_2C-CH--C:CH_2$ |
| $C(CH_3)_2$ |
| $H_2C-CH--CH_2$ |

. Zur Konstitution vgl. WALLACH, VIRCK, *A.* 362, 186.

Literatur über Fenchene: WALLACH, *A.* 263, 149; 284, 332; 300, 313; 302, 376; 315, 279; 362, 181; 363, 1; *J. pr.* [2] 65, 586; GARDNER, COCKBURN, *Soc.* 73, 275; BERTRAM, HELLE, *J. pr.* [2] 61, 298; KONDAKOW, LUTSCHININ, *J. pr.* [2] 62, 9; *Ch. Z.* 25, 131; KON-DAKOW, *J. pr.* [2] 65, 227; 67, 94; KONDAKOW, SCHINDELMEISER, *J. pr.* [2] 68, 108.

a) *Linksdrehende Form, Dl-Fenchen* (zur Bezeichnung der aktiven Formen vgl. WALLACH, *A.* 302, 374). — *B.* Entsteht neben anderen Produkten aus stark linksdrehendem Fenchylchlorid (dargestellt durch Umsetzung von Dl-Fenchylalkohol in Ligroin mit PCl_5 unter Kühlung, Waschen des Reaktionsproduktes mit kaltem Wasser und Destillation des getrockneten Rückstandes im Vakuum) durch Erhitzen mit Anilin auf dem Wasserbad (WAL-

---

[1]) Verbindungen, welche als Camphen-Derivate bezeichnet werden, ohne daß die Struktur des ihnen zugrunde liegenden Kohlenwasserstoffes bekannt ist, sind S. 165—166 eingeordnet.

LACH, NEUMANN, A. 315, 280). Neben Cineol, Dipenten und d-Limonen durch Einw. von Natriumnitrit und Essigsäure auf linksdrehendes Fenchylamin (Syst. No. 1595) aus d-Fenchon (WALLACH, VIRCK, A. 362, 177). Durch mehrstündiges Erwärmen von Dd-Fenchen (s. u.) mit verd. Säuren (WALL., A. 302, 377; WALL., NEUMANN, A. 315, 281).

Dl-Fenchen aus linksdrehendem Fenchylamin zeigte: Kp: 156—157°; D^{19}: 0,869; n_D^{19}: 1,4724; a_D^{19}: —32° 12′ (l = 10 cm) (WALLACH, VIRCK, A. 362, 181).

Dl-Fenchen aus linksdrehendem Fenchylchlorid zeigte: Kp: 154—156°; D^{12}: 0,866—0,867; n_D^{19}: 1,4693—1,47047 (WALL., A. 300, 313); a_D (Höchstwert): —21° (l = 10 cm) (WALL., A. 302, 377; vgl. WALL., VIRCK, A. 362, 181 Anm.).

Dl-Fenchen wird in reinem Zustande selbst bei Gegenwart von freiem Alkali durch KMnO$_4$ nur schwer angegriffen; als Oxydations- resp. Abbauprodukte entstehen dabei Dl-Oxyfenchensäure $C_{10}H_{16}O_3$ (Syst. No. 1054), Fenchocamphoron und schließlich Apocamphersäure (WALLACH, VIRCK, A. 362, 183; vgl. WALL., A. 302, 377; WALL., NEUMANN, A. 315, 283). Beim Erhitzen mit verd. Salpetersäure wird Apocamphersäure erhalten (GARDNER, COCKBURN, Soc. 73, 277). Brom wird unter Bildung eines krystallisierenden, rechtsdrehenden Dibromids $C_{10}H_{16}Br_2$ (S. 105—106) addiert (WALL., V., C. 1908 I, 2167; A. 362, 182). Durch Behandlung mit Eisessig + Schwefelsäure entsteht das Acetat des linksdrehenden Isofenchylalkohols (BERTRAM, HELLE, J. pr. [2] 61, 300; WALL., V., C. 1908 I, 2167; A. 362, 191).

Über halogenierte Fenchene s. S. 165.

b) *Rechtsdrehende Form, Ld-Fenchen.* B. Aus rechtsdrehendem Fenchylamin (aus l-Fenchon) mit Natriumnitrit und Essigsäure (WALLACH, VIRCK, A. 362, 199). Aus der ungesättigten Säure $C_{11}H_{16}O_2$ (Syst. No. 895), deren Ester durch Erhitzen von Nopinoleessigsäureester (Syst. No. 1054) mit KHSO$_4$ entsteht, durch Destillation unter gewöhnlichem Druck (WALL., A. 357, 52; 363, 3).

Ld-Fenchen aus rechtsdrehendem Fenchylamin zeigte: Kp: 155—156°; a_D^{19}: +29° (l = 10 cm) (WALLACH, VIRCK, A. 362, 199).

Ld-Fenchen aus der Säure $C_{11}H_{16}O_2$ zeigte: Kp: 155—161° (hauptsächlich 158°); D^{20}: 0,8630; n_D^{20}: 1,4699; $[a]_D^{19}$: +15,93°; $[a]_D^{20}$: +12,76° (in Äther; p = 13,64) (WALLACH, A. 357, 52).

Ld-Fenchen liefert bei der Oxydation mit alkal. KMnO$_4$-Lösung Ld-Oxyfenchensäure (WALL., A. 357, 54; 363, 3). Addiert trocknen Chlorwasserstoff unter Bildung flüssiger Produkte (WALL., A. 357, 56). Mit Brom entsteht linksdrehendes Dibromid $C_{10}H_{16}Br_2$ (WALL., VIRCK, A. 362, 199). Durch Einw. von Eisessig-Schwefelsäure erhält man das Acetat des rechtsdrehenden Isofenchylalkohols (WALL., A. 357, 56; 363, 5; C. 1908 I, 2167).

Über halogenierte Fenchene s. S. 165.

47. *Dd- und Ll-Fenchen* $C_{10}H_{16}$. Literatur über Fenchene s. bei Dl- und Ld-Fenchen, S. 162.

a) *Dd-Fenchen.* Anscheinend noch nicht einheitlich erhalten (vgl. WALLACH, VIRCK, A. 362, 193). — B. Man bringt Dl-Fenchylalkohol in Ligroinlösung ohne Kühlung mit PCl$_5$ in Reaktion, erwärmt das Gemisch noch 1 Stde. auf dem Wasserbad, destilliert mit Dampf und erhitzt das erhaltene rechtsdrehende Fenchylchlorid mit Anilin (WALL., NEUMANN, A. 315, 281; vgl. WALL., A. 302, 372, 376; BERTRAM, HELLE, J. pr. [2] 61, 298). Durch Erhitzen von linksdrehendem Isofenchylalkohol in wenig Benzol mit Zinkchlorid auf 120° (BERT., HE., J. pr. [2] 61, 303; WALL., V., A. 362, 192).

Das Präparat von BERTRAM, HELLE aus Isofenchylalkohol zeigte: Kp: 155—156°; D^{17}: 0,8636; n_D^{19}: 1,46862; a_D^{19}: +15° 46′ (l = 10 cm). — Die Drehung der Dd-Fenchene aus Fenchylchlorid ist wechselnd; beobachteter Höchstwert: a_D: +21° (l = 10 cm) (WALL., A. 302, 377).

Dd-Fenchen wird von KMnO$_4$ viel rascher als Dl-Fenchen oxydiert; als erstes Oxydationsprodukt entsteht eine Substanz, die sich mit MnO$_2$ verbindet und die bei weiterer Oxydation Dd-Oxyfenchensäure $C_{10}H_{16}O_3$ (Syst. No. 1054) gibt (WALL., N., A. 315, 283; vgl. WALL., A. 302, 377). Dd-Fenchen addiert Chlorwasserstoff unter Bildung eines anscheinend nicht einheitlichen Fenchylchlorids (WALL., A. 302, 382). Durch mehrstündiges Erwärmen von 20 g Kohlenwasserstoff mit 40 g Alkohol und 7 ccm verd. Schwefelsäure auf dem Wasserbad entsteht Äthylisofenchyläther (Syst. No. 508) neben wenig Dl-Fenchen (WALL., N., A. 315, 281).

Über halogenierte Fenchene s. S. 165.

b) *Ll-Fenchen.* Der als Ll-Fenchen zu bezeichnende optische Antipode des Dd-Fenchens entsteht manchmal (unter nicht genau festzulegenden Bedingungen an Stelle von Ld-Fenchen) bei der Trockendestillation der Säure $C_{11}H_{16}O_2$ (s. o. bei Ld-Fenchen) (WALLACH, A.

363, 5). Er liefert bei der Oxydation eine Oxycarbonsäure vom F: 135—136°, bei der Hydratation mit Eisessig-Schwefelsäure Isofenchylacetat.
Über halogenierte Fenchene s. S. 165.

48. Isopinen $C_{10}H_{16}$. *B.* Wird erhalten, wenn man das beim Sättigen von amerikanischem Rohpinen mit Chlorwasserstoff abfallende flüssige Chloridgemisch mit Basen bei höherer Temp. zerlegt, die bei 145—148° übergehende Fraktion („Pinolen") des entstandenen Terpengemisches in äther. Lösung unter Kühlung mit Chlorwasserstoff behandelt und das abgeschiedene, bei 36—37° schmelzende Hydrochlorid mit Anilin zersetzt (ASCHAN, *C.* **1909** II, 26; vgl. A., *B.* **40**, 2750). Entsteht auch aus dem β-Pinolen-hydrochlorid (S. 105) durch Zers. mit Anilin (A.). — Kp: 154,5—155,5°. D_4^{20}: 0,8658. n_D^{20}: 1,470253. a_D: + 2,61°. — Ist sehr beständig gegen $KMnO_4$; bei 60—70° in alkal. Lösung damit oxydiert, liefert es Fenchenonsäure $C_{10}H_{16}O_3$ (Syst. No. 1284) und Apocamphersäure. Mit Chlorwasserstoff in Äther entsteht Isopinenhydrochlorid (S. 105).

49. Tricyclodecan, Dicyclopentadien-tetrahydrid $C_{10}H_{16}$ =
$H_2C \cdot CH_2 \cdot CH \cdot CH \cdot CH_2 \cdot CH_2$
H_2C———$CH \cdot CH$———CH_2 (?).

a) Tricyclodecan vom Schmelzpunkt 77°. *B.* Durch Hydrierung von Dicyclopentadien mit Wasserstoff und Nickel nach SABATIER-SENDERENS (EIJKMAN, *C.* **1903** II, 989). — Krystalle (aus Alkohol oder Eisessig) von campherartigem Geruch und Geschmack. F: 77°; Kp_{24}: 86°; Kp_{100}: 123°; Kp_{760}: 193° (E., *C.* **1903** II, 989). D_4^{79}: 0,9128 (E., *C.* **1907** II, 1209); D_4^{80}: 0,9120 (E., *C.* **1903** II, 989). n_D^{78}: 1,47258 (E., *C.* **1907** II, 1209). Dispersion: E., *C.* **1907** II, 1209. — Wird durch konz. Schwefelsäure nicht zersetzt (E., *C.* **1903** II, 989). Bei längerem Erhitzen mit konz. Schwefelsäure und wenig Pyroschwefelsäure auf eine den Schmelzpunkt etwas übersteigende Temp. erfolgt Umlagerung in ein Isomeres vom Schmelzpunkt ca. 9° (E., *C.* **1903** II, 989).

b) Tricyclodecan vom Schmelzpunkt 9°. *B.* Aus dem bei 77° schmelzenden Tricyclodecan durch Erhitzen mit konz. Schwefelsäure und wenig Pyroschwefelsäure (EIJKMAN, *C.* **1903** II, 989). — F: ca. 9°; Kp_{760}: 191,5° (E., *C.* **1903** II, 989). $D_4^{20,5}$: 0,9492; $D_4^{79,5}$: 0,9027 (E., *C.* **1907** II, 1209); D^{80}: 0,9120 (E., *C.* **1903** II, 989). $n_D^{20,5}$: 1,49308; $n_a^{79,5}$: 1,46705; Dispersion: E., *C.* **1907** II, 1209.

50. Kohlenwasserstoff $C_{10}H_{16}$, vielleicht $\begin{matrix} CH_2 \cdot HC \cdot CH \cdot CH \cdot CH_2 \\ CH_2 \cdot HC \cdot CH \cdot CH \cdot CH_2 \end{matrix}$ Zur Konstitution vgl. WILLSTÄTTER, VERAGUTH, *B.* **38**, 1976; DOEBNER, *B.* **40**, 146. — *B.* Neben einem Kohlenwasserstoff $C_{15}H_{22}$ (Syst. No. 473) und Methan durch Erhitzen von Sorbinsäure mit Baryt (DOEBNER, *B.* **35**, 2136). — Öl von schwach aromatischem Geruch. Kp_{15}: 68—71°. D^{12}: 0,8623. n_D^{12}: 1,49036.

51. 1.2.2-Trimethyl-3.6-methylen-bicyclo-[0.1.3]-hexan, Tricyclen, Cyclen
$C_{10}H_{16}$ = $\begin{matrix} CH \\ HC \overset{\diagup}{\diagdown} C \cdot CH_3 \\ | \quad CH_3 \quad | \\ H_2C \cdot CH - C(CH_3)_2 \end{matrix}$ Zur Konstitution vgl. SEMMLER, *B.* **35**, 1018. — *B.* Aus Pinendibromid $C_{10}H_{16}Br_2$ (S. 99) durch Erhitzen mit Zinkstaub und Alkohol (GODLEWSKI, WAGNER, Ж. **29**, 121; *C.* **1897** I, 1055). Entsteht neben Camphen in sehr geringer Menge bei der Einw. von $ZnCl_2$ auf Isoborneol; man erhält es aus dem Manganschlamm, der bei der Oxydation des aus Isoborneol dargestellten Camphen-Präparats mit $KMnO_4$ zurückbleibt, durch Übertreiben mit Wasserdampf und Destillation (WAGNER, MOYCHO, ZIENKOWSKI, *B.* **37**, 1035); der Tricyclengehalt in dem aus Isoborneol dargestellten Camphen beträgt ca. 0,4 % (MOY., ZI., *A.* **340**, 25). — F: 65—66° (GOD., WAG.), 66,5° (EIJKMAN, *C.* **1907** II, 1210), 67,5—67,8° (WAG., MOY., Z.), 67,5—68° (MOY., Z.). Kp_{747}: 152,5° (EI.); Kp_{749}: 152—152,8° (MOY., Z.); $Kp_{757,5}$: 152,8—153° (WAG., MOY., Z.). 5 ccm Eisessig lösen bei 20° 0,49 g (WAG., MOY., Z.). $D^{20,5}$: 0,8268; $n_D^{20,5}$: 1,42963; Dispersion: EI. — Wird durch $KMnO_4$-Lösung auch bei längerem Kochen nicht angegriffen (GOD., WAG.). In alkoholischer, schlechter in ätherischer oder Schwefelkohlenstoff-Lösung lagert es HCl an (GOD., WAG.). Gibt beim Erwärmen mit Eisessig und H_2SO_4 Isobornylacetat (MOY., Z.).
Tricyclen ist vielleicht ein Bestandteil des Teresantalans $C_{10}H_{16}$, das erhalten wird, wenn man Teresantalol (Syst. No. 510) durch Behandlung mit PCl_5 in Äther in Teresantalylchlorid $C_{10}H_{15}Cl$ (Kp_9: 78—85°; D^{20}: 1,0656) verwandelt und dieses mit Natrium und Alkohol

reduziert (vgl. Semmler, Bartelt, *B.* **40**, 3104). Das so erhaltene Teresantalan zeigte: Kp: 165—168°; D²⁰: 0,892; n_D²⁰: 1,48033.

52. 2.2.3-Trimethyl-3.6-methylen-bicyclo-[0.1.3]-hexan (?), Isocyclen, β-Bornylen $C_{10}H_{16} =$
B. Man erhitzt Bornylenhydrochlorid $C_{10}H_{17}Cl$ (S. 98) mit alkoh. Alkali im Autoklaven 10 Stdn. auf 140—150° und behandelt das neben hochsiedenden, sauerstoffhaltigen Produkten entstandene, bei 156—161° übergehende Terpengemisch mit wäßr. Kalium-permanganat, wobei Camphen zerstört wird und Isocyclen zurückbleibt (Wagner, Brykner, Ж. **35**, 536; *Ch. Z.* **27**, 721). — Krystalle (sublimiert). F: 117° (W., B.), 117,5° (Eijkman, *C.* **1907** II, 1210). Kp_{743}: 150—151°; noch flüchtiger als Bornylen (W., B.). n_D¹⁵⁰·⁵: 1,40996; Dispersion: E. — Wird durch $KMnO_4$ bei Zimmertemperatur nicht angegriffen (W., B.).

$$HC \overset{CH}{\diagdown} \underline{\quad} CH$$
$$CH_2 \qquad (?).$$
$$H_2C - C(CH_3) \cdot C(CH_3)_2$$

53. β-Pinolen $C_{10}H_{16}$ (tricyclisch). *B.* Bleibt unangegriffen zurück, wenn man das beim Sättigen von amerikanischem Rohpinen mit HCl abfallende flüssige Chloridgemisch mit Basen bei höherer Temp. zerlegt und die bei 145—148° übergehende Fraktion (,,Pinolen'') des entstandenen Terpengemisches mit wäßr. $KMnO_4$-Lösung bei 60—80° behandelt (Aschan, *C.* **1909** II, 26; vgl. *B.* **40**, 2750). — Kp: 142—144°. D²⁰: 0,8588. n_D: 1,44769. [α]_D: +0,28°. — Liefert bei der Oxydation mit $KMnO_4$-Lösung bei 60—80° neben Oxalsäure und CO_2 eine in Äther und ebenso in siedendem Wasser schwer lösliche, oberhalb 280° schmelzende Säure. Gibt, in äther. Lösung bei —15° mit HCl gesättigt, ein sehr leicht flüchtiges Hydrochlorid $C_{10}H_{17}Cl$ (S. 105).

54. Firpen $C_{10}H_{16}$. *Darst.* Durch Destillation des Terpentins der Douglasfichte (Pseudo-tsuga taxifolia) mit Wasserdampf (Frankforter, Fraby, *Am. Soc.* **28**, 1461). — Kp: 153° bis 153,5°. D²⁰: 0,8598. n_D²⁰: 1,47299. [α]_D: —47,2°. — Verbindet sich mit HCl zu Firpen-hydrochlorid (S. 106). Gibt kein krystallisierendes Nitrosochlorid.

55. Terpen $C_{10}H_{16}$ **aus Kornfuselöl.** 1 kg äthylalkoholfreies Fuselöl enthält 0,33 g (K. Windisch, *Arb. Kais. Gesundh.-Amt* **8**, 224, 228). — Besitzt sehr starken, anhaftenden Geruch. Kp: 167—170°. D¹⁵·¹: 0,8492. n_D: 1,475.

56. Terpen $C_{10}H_{16}$ **aus weißem Perubalsam** s. bei weißem Perubalsam aus Honduras, Syst. No. 4745.

57. Kohlenwasserstoffe $C_{10}H_{16}$ **von unbekannter Konstitution,** s. auch bei äther. Ölen, Syst. No. 4728.

'58. Derivate polycyclischer Kohlenwasserstoffe $C_{10}H_{16}$ **von ungewisser Struktur.**

Chlorfenchen $C_{10}H_{15}Cl$. *B.* Aus α-Chlorfenchenhydrochlorid (S. 105) durch Destil-lation mit Dampf oder kurzes Erhitzen mit Anilin (Gardner, Cockburn, *Soc.* **73**, 704; vgl. auch *Soc.* **71**, 1159). Aus β-Chlorfenchenhydrochlorid durch 36-stdg. Kochen mit Zinkstaub und Eisessig (G., C.). — F: 89—90°. Kp_{18}: 80—83°; Kp: 190—192° (geringe Zers.). Sehr leicht löslich in Alkohol, Äther, Benzol, Chloroform und Schwefelkohlenstoff. [α]_D: +35,92°.

Bromfenchen $C_{10}H_{15}Br$. *B.* Man kocht das aus d-Fenchon durch Einw. von Brom in PCl_3 erhältliche ,,Tribromfenchan'' (S. 106, Z. 9 v. o.) mit Zinkstaub und Eisessig (Czerny, *B.* **33**, 2294). — Krystalle (aus Alkohol) von campherähnlichem Aussehen und Geruch. F: 115—116°. Sublimiert leicht.

Chlorbromfenchen $C_{10}H_{14}ClBr$. *B.* Aus dem Natriumsalz der ,,Chlorfenchenphosphon-säure'' (aus d-Fenchon; Syst. No. 618) mit Brom in wäßr. Lösung (Gardner, Cockburn, *Soc.* **73**, 707). — Kp_{11}: 113—114°. D¹⁶: 1,38039. [α]_D: —8,42°.

,,Chlorcamphen'' $C_{10}H_{15}Cl$. *B.* Aus α- oder β-Chlorcamphenhydrochlorid (S. 103) durch Kochen mit Zinkstaub und Eisessig; es ist nicht sicher, ob die aus der α- und aus der β-Verbindung isolierten Chlorcamphene identisch sind (Marsh, Gardner, *Soc.* **71**, 289). — Fest. Kp: ca. 202° (M., G.). Flüchtig mit Dampf (M., G.). [α]_D: —29,3° bezw. —33,2° (in Chloroform) (M., G.). — Entfärbt wäßr. $KMnO_4$-Lösung bei gewöhnlicher Temp. nicht (M., G.). Reagiert nicht mit Kaliumacetat und Eisessig bei 220° (M., G.). Spaltet mit Chinolin bei 250° keinen Chlorwasserstoff ab (M., G.). Liefert durch Einw. von konz. Schwefel-säure Carvenon (M., G.; M., Hartridge, *Soc.* **73**, 853; vgl. Bredt, *A.* **314**, 375).

,,α-Dichlorcamphen'' $C_{10}H_{14}Cl_2$. *B.* Durch Erhitzen von α-Chlorcamphensulfon-säurechlorid (Syst. No. 1518) für sich auf 160—180° oder besser durch zweitägiges Erhitzen mit 5 Tln. Wasser auf 130—140⁰ (LAPWORTH, KIPPING, *Soc.* **69**, 1559). — Prismen (aus kaltem Methylalkohol). F: 72—73⁰. Sublimiert leicht. Äußerst flüchtig mit Wasserdampf. Sehr leicht löslich in Ligroin und Aceton, weniger in Alkohol und Methylalkohol unlöslich in Wasser. — Sehr beständig gegen Oxydations- und Reduktionsmittel.

„Dibromcamphen" $C_{10}H_{14}Br_2$. *B.* Durch Kochen von „α-Tribromcamphenhydrobromid" (S. 104) mit reduziertem Silber in Alkohol (DE LA ROYÈRE, *Bull. Acad. roy. Belgique* [3] **13**, 126; *J.* **1887**, 756). — Terpentinähnlich riechende Blättchen (aus Chloroform). F: gegen 58⁰. Unlöslich in Wasser, löslich in organischen Mitteln. $[\alpha]_D^{15}$: +46,8⁰ (in 4 %/iger Chloroformlösung). — Zersetzt sich bei höherem Erhitzen unter HBr-Abspaltung. Liefert mit Brom wieder das „α-Tribromcamphenhydrobromid".

„Tribromcamphen" $C_{10}H_{13}Br_3$. *B.* Aus „α-Tribromcamphenhydrobromid" (S. 104) durch ½-stdg. Erhitzen auf 165—175⁰ im luftverdünnten Raum (DE LA ROYÈRE, *Bull. Acad. roy. Belgique* [3] **13**, 130; *J.* **1887**, 755), durch Kochen mit überschüssiger alkoh. Kalilauge oder feuchtem Silberoxyd in Alkohol (DE LA R., *Bull. Acad. roy. Belgique* [3] **9**, 569; *J.* **1885**, 763), durch Kochen mit Natriummethylat (MARSH, GARDNER, *Soc.* **71**, 287) oder durch kurzes Kochen mit alkoh. Silbernitrat (DE LA R., *Bull. Acad. roy. Belgique* [3] **13**, 124; *J.* **1887**, 755). Aus „β-Tribromcamphenhydrobromid" (S. 104—105) durch Kochen mit Natriummethylat (MA., GA.). — Rhombisch (MIERS, BOWMAN, *Soc.* **71**, 295; vgl. *Groth, Ch. Kr.* **3**, 719). Nadeln (aus Alkohol), Tafeln (aus Äther). F: 75—76⁰; sehr leicht löslich in Chloroform; $[\alpha]_D$: +32,5⁰ (in Chloroform) (MA., GA.). — Absorbiert kein Brom; entfärbt Permanganat nicht (MA., GA.).

„Nitrocamphen" $C_{10}H_{15}O_2N = C_{10}H_{15} \cdot NO_2$. *B.* Durch Kochen von 100 g 2-Brom-2-nitro-camphan (S. 101—102; aus Campheroxim) in 1 Liter absol. Alkohol mit anteilweise zugesetzten 110 g Silbernitrat (FORSTER, *Soc.* **79**, 646). — Prismen (aus Alkohol). F: 56⁰ (F.). Siedet unter gewöhnlichem Druck unzersetzt (F.). Unlöslich in Wasser, sehr leicht löslich in Benzol und Chloroform (F.). $[\alpha]_D^{18}$: +112,0⁰ (0,5062 g in 25 ccm absol. Alkohol), +137,5⁰ (1 g in 25 ccm Benzol) (F.). — Gibt durch Reduktion mit Zinkstaub + Eisessig ein „Aminocamphen" $C_{10}H_{17}N$ (Syst. No. 1596) (F.). — Mit Bromwasserstoff entsteht eine Verbindung $C_{10}H_{16}O_2NBr$ (S. 105), mit Brom eine Verbindung $C_{10}H_{15}O_2NBr_2$ (S. 105) (F.). Reagiert mit Stickstoffperoxyd unter Bildung einer Verbindung $C_{10}H_{15}O_4N_3$ (s. u.) (F., MICKLETHWAIT, *Soc.* **85**, 326). Gibt die LIEBERMANNsche Nitrosoreaktion (F.).

Verbindung $C_{10}H_{15}O_4N_3$. *B.* Aus „Nitrocamphen" und Stickstoffperoxyd in Chloroform (FORSTER, MICKLETHWAIT, *Soc.* **85**, 326). — Weiße Nadeln (aus siedendem Alkohol). F: 217⁰ (Zers.). Löslich in 600 Tln. kaltem und in 100 Tln. siedendem Alkohol. — Wird bei gemäßigter Einw. von alkoh. Ammoniak, Piperidin oder Kaliumhydroxyd in eine Verbindung $C_{10}H_{14}O_4N_2$ verwandelt; bei stärkerer Einw. von alkoh. Alkali entsteht ein grünes Öl, das, in ätzalkal. Lösung mit Ferricyankalium oxydiert, eine Verbindung $C_{10}H_{14}O_5N_2$ (s. u.) ergibt.

Verbindung $C_{10}H_{14}O_4N_2$. *B.* Aus der Verbindung $C_{10}H_{15}O_4N_3$ (s. o.) unter gemäßigter Einw. von Piperidin, alkoh. Ammoniak oder alkoh. Kalilauge (FORSTER, MICKLETHWAIT, *Soc.* **85**, 327). — Durchsichtige Prismen (aus Alkohol). F: 123⁰. Sehr wenig löslich in Petroläther, schwer in kaltem, leicht in heißem Alkohol. $[\alpha]_D^{17}$: —159⁰ (0,592 g in 25 ccm Chloroform). Unlöslich in verdünnten Säuren und Alkalien.

Verbindung $C_{10}H_{13}O_5N_3Br_3$. *B.* Man unterwirft die Verbindung $C_{10}H_{14}O_5N_2$ (s. o.) der Einw. von überschüssigem alkoh. Kali und behandelt das resultierende grüne Öl, in Kalilauge gelöst, mit Kaliumhypobromit (FORSTER, MICKLETHWAIT, *Soc.* **85**, 334). — Hellbraune Prismen (aus Petroläther). F: 78⁰. Leicht löslich in Chloroform, weniger in Alkohol. $[\alpha]_D$: +4,2⁰ (1,2882 g in 25 ccm Chloroform).

Verbindung $C_{10}H_{14}O_5N_2$. *B.* Man unterwirft die Verbindung $C_{10}H_{15}O_4N_3$ (s. o.) der Einw. von überschüssigem alkoh. Kali und oxydiert das resultierende grüne Öl, in Kalilauge gelöst, mit Ferricyankalium (FORSTER, MICKLETHWAIT, *Soc.* **85**, 328). — Weiße Nadeln (aus Petroläther). F: 85—86⁰. Leicht löslich in organischen Lösungsmitteln außer Petroläther. Löslich in Sodalösung. $[\alpha]_D^{17}$: einer Lösung von 1,1925 g in 25 ccm Chloroform betrug anfangs +3,6⁰ und erreichte in 11 Tagen den konstanten Wert — 11,9⁰. — Mit Natriumamalgam entsteht Hydroxylamin und ein tiefrotes, in Säuren und Alkalien lösliches Reduktionsprodukt. Reagiert mit KOBr in alkal. Lösung unter Bildung eines Bromids $C_{10}H_{13}O_5N_2Br$ (s. u.). Mit Hydroxylamin entstehen eine Verbindung $C_{10}H_{16}O_4N_2$ und eine Verbindung $C_{10}H_{15}O_3N$. — $NH_4 C_{10}H_{13}O_5N_2$. Farblose Nadeln. Zersetzt sich bei 155⁰. — $Cu(C_{10}H_{13}O_5N_2)_2$ + $C_{10}H_{14}O_5N_2$. Blaue Nadeln, die bei 2-tägigem Stehen im Exsiccator olivgrün werden. — $AgC_{10}H_{13}O_5N_2$. Blaßgelber körniger Niederschlag. Löslich in heißem Wasser.

Verbindung $C_{10}H_{13}O_5N_2Br$. *B.* Aus der Verb. $C_{10}H_{14}O_5N_2$ (s. o.) und KOBr in alkal. Lösung (F., M., *Soc.* **85**, 332). — Farblose Nadeln (aus Alkohol). F: 157⁰. Schwer löslich in Petroläther, ziemlich in Alkohol, leicht in Chloroform. $[\alpha]_D$: —68⁰ (1,2415 g in 25 ccm Chloroform). — Wird durch alkoh. Kalilauge in die Verbindung $C_{10}H_{14}O_5N_2$ zurückverwandelt.

Verbindung $C_{10}H_{14}O_4N_2$. *B.* Aus Verbindung $C_{10}H_{14}O_5N_2$ (S. 166) und Hydroxylamin (FORSTER, MICKLETHWAIT, *Soc.* **85**, 332). — Orangefarbige Blättchen (aus heißem Wasser). F: 184°. Mäßig löslich in Alkohol.

Verbindung $C_{10}H_{15}O_3N$. *B.* Aus Verbindung $C_{10}H_{14}O_5N_2$ (S. 166) und Hydroxylamin (FORSTER, MICKLETHWAIT, *Soc.* **85**, 332). — Farblose Pyramiden (aus heißem Wasser). F: 161°. Unlöslich in Petroläther, schwer löslich in Chloroform, mäßig in heißem Alkohol und Aceton. In Natriumcarbonatlösung leichter löslich als Verbindung $C_{10}H_{14}O_4N_2$ (s. o.).

7. Kohlenwasserstoffe $C_{11}H_{18}$.

1. **1-Methyl-3-[3²-metho-propyl]-cyclohexadien-(4.6)**, [L.-R-Bezf.: Methyl-1-isobutyl-5-cyclohexadien-1.3] $C_{11}H_{18} = HC \underset{C(CH_3)\cdot CH_2}{\overset{CH = CH}{<}} CH \cdot CH_2 \cdot CH(CH_3)_2$.

5-Chlor-1-methyl-3-[3²-metho-propyl]-cyclohexadien-(4.6) $C_{11}H_{17}Cl = CH_3 \cdot C_6H_5Cl \cdot C_4H_9$. *B.* Aus 1-Methyl-3-[3²-metho-propyl]-cyclohexen-(6)-on-(5) (Syst. No. 619) und PCl_5 (GUNDLICH, KNOEVENAGEL, *B.* **29**, 171). — Öl. Kp_{15}: 113—115°. — Mit 95%iger Schwefelsäure wird 1-Methyl-3-[3²-metho-propyl]-cyclohexen-(6)-on-(5) zurückgebildet.

2. **1-Äthyl-4-methoäthenyl-cyclohexen-(1)** $C_{11}H_{18} =$ $C_2H_5 \cdot C \underset{CH \cdot CH_2}{\overset{CH_2 \cdot CH_2}{<}} CH \cdot C(CH_3):CH_2$. *B.* Aus dem 1.4¹-Dichlor-1-äthyl-4-methoäthyl-cyclohexan (S. 57) durch Erwärmen mit Anilin (WALLACH, *A.* **357**, 61). — Kp: 201—202°. D^{18}: 0,8545. n_D^{18}: 1,4802. — Liefert beim Bromieren in Eisessig unter Abkühlung ein festes Tetrabromid. Färbt sich in Eisessiglösung mit Amylnitrit und Salzsäure sofort blaugrün und gibt dann ein leicht lösliches krystallisiertes Nitrosochlorid.

3. **1.3-Dimethyl-1-[propen-(1²)-yl]-cyclohexen-(3)** (?) $C_{11}H_{18} =$ $HC \underset{CH_2 - CH_2}{\overset{C(CH_3)\cdot CH_2}{<}} C \underset{CH_2 \cdot CH:CH_3}{\overset{CH_3}{<}}$ (?). *B.* Aus 2.6-Dimethyl-nonatrien-(2.6.8) (Bd. I, S. 265) mit 80%iger Schwefelsäure unter Eiskühlung (GRIGNARD, *C.* **1901** II, 624; *A. ch.* [7] **24**, 479). Aus 2.6-Dimethyl-nonadien-(2.8)-ol-(6) (Bd. I, S. 462—463) mit höher siedenden Anhydriden organischer Säuren (Camphersäureanhydrid, Bernsteinsäureanhydrid) (TIEMANN, SCHMIDT, *B.* **29**, 694) oder mit geschmolzenem Kaliumdisulfat (GR., *A. ch.* [7] **24**, 480). — Flüssigkeit von terpentinartigem Geruch. Kp: 182—185° (T., SCH.); Kp_{741}: 183—185° (GR.); Kp_9: 67—69° (GR.). D^0: 0,8525 (GR.); D_4^{15}: 0,8450 (GR.); D^{14}: 0,8415 (T., SCH.). n_D^{15}: 1,47281 (GR.); n_D^{15}: 1,47292 (T., SCH.).

4. **Kohlenwasserstoff** $C_{11}H_{18}$ **von Wallach aus Carvenon.** Struktur des Kohlenstoffskeletts: $C \overset{C - C}{\underset{C - C}{<}} C \cdot C \overset{C}{\underset{C}{<}}$. Unbestimmt, ob identisch mit dem Kohlenwasserstoff $C_{11}H_{18}$ von RUPE und EMMERICH aus Carvenon (s. u.). — *B.* Man stellt aus Carvenon (Syst. No. 617), Bromessigester und Zink den Ester $C_{11}H_{17} \cdot CO_2 \cdot C_2H_5$ (Syst. No. 895) dar, verseift ihn zur entsprechenden Säure und erhitzt diese im geschlossenen Rohr auf 250—260° (WALLACH, *C.* **1902** I, 1294; *A.* **323**, 157). — Kp: 194—197°. D^{22}: 0,851. n_D^{15}: 1,4821.

5. **Kohlenwasserstoff** $C_{11}H_{18}$ **von Rupe, Emmerich aus Carvenon.** Struktur des Kohlenstoffskeletts: $C \overset{C - C}{\underset{C - C}{<}} C \cdot C \overset{C}{\underset{C}{<}}$. Unbestimmt, ob identisch mit dem Kohlenwasserstoff No. 4 (s. o.). — *B.* Aus Carvenon mit Methylmagnesiumjodid in Äther (RUPE, EMMERICH, *B.* **41**, 1752). — Süßlich riechende Flüssigkeit. Kp_{10}: 86—87°. D^{20}: 0,8563. Unlöslich in Wasser, sonst leicht löslich. n_D^{15}: 1,49613. Molekularrefraktion: R., E. — Läßt sich mit Natrium und Amylalkohol nicht reduzieren.

6. **Kohlenwasserstoff** $C_{11}H_{18}$ **von Wallach aus Dihydrocarvon.** Struktur des Kohlenstoffskeletts: $C \overset{C - C}{\underset{C - C}{<}} C \cdot C \overset{C}{\underset{C}{<}}$. Unbestimmt, ob identisch mit dem Kohlenwasserstoff No. 7 (s. u.) und mit dem Kohlenwasserstoff No. 8 (S. 168). — *B.* Man stellt aus Dihydrocarvon (Syst. No. 617), Bromessigester und Zink den Dihydrocarveol-essigester (Syst. No. 1054) dar, verseift ihn zu der entsprechenden Säure und unterwirft diese der trocknen Destillation (WALLACH, *A.* **314**, 166; **323**, 158). — Kp: 191—192°. D^{20}: 0,8465. n_D^{15}: 1,4771.

7. **Kohlenwasserstoff** $C_{11}H_{18}$ **von Rupe, Emmerich aus Dihydrocarvon.** Struktur des Kohlenstoffskeletts: $C \overset{C - C}{\underset{C - C}{<}} C \cdot C \overset{C}{\underset{C}{<}}$. Unbestimmt, ob identisch mit dem Kohlenwasserstoff No. 6 (s. o.) und mit dem Kohlenwasserstoff No. 8 (S. 168). — *B.* Man

führt Dihydrocarvon (Syst. No. 617) mit Methylmagnesiumjodid in Äther in 1.2-Dimethyl-4-methoäthenyl-cyclohexanol-(2) (Syst. No. 509) über und destilliert dieses mit Phthalsäure oder Phosphorpentoxyd oder Zinkchlorid (RUPE, EMMERICH, *B.* **41**, 1401). Durch Einw. von heißem Chinolin auf 2-Chlor-1.2-dimethyl-4-methoäthenyl-cyclohexan (S. 107) (R., E.). — Flüssig. Kp_{10}: 72—74°. D^{20}: 0,8598. Leicht löslich. n_D^m: 1,48598. Molekularrefraktion: R., E. $[a]_D^m$: —25,33°. — Liefert mit Ferrocyanwasserstoff und Ferricyanwasserstoff krystallinische Verbindungen.

8. ***Kohlenwasserstoff*** $C_{11}H_{18}$ ***von Rupe, Emmerich aus 2-Methyl-menthatrien bezw. 2-Methylen-menthadien.*** Struktur des Kohlenstoffskeletts:

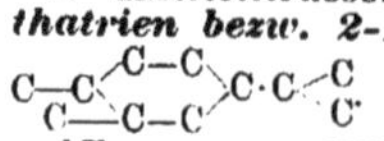

C—C / C—C \ C · C / C · C \ C Unbestimmt, ob identisch mit dem Kohlenwasserstoff von RUPE und EMMERICH aus Dihydrocarvon (s. o.). — *B.* Bei der Reduktion von 2-Methyl-menthatrien bezw. 2-Methylen-menthadien (Syst. No. 470) mit Natrium und siedendem Amylalkohol (RUPE, LICHTENHAN, *B.* **39**, 1121; R., EMMERICH, *B.* **41**, 1400). — Kp_9: 72°; D^{20}: 0,8576; n_D^m: 1,46502 (R., E.). Molekularrefraktion: R., E. $[a]_D^m$: —55,44° (R., E.).

9. ***Kohlenwasserstoff*** $C_{11}H_{18}$ ***aus Pulegon.*** Struktur des Kohlenstoffskeletts:

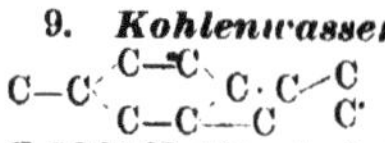

C—C / C—C \ C · C / C *B.* Aus Pulegon und Methylmagnesiumjodid in Äther (GRIGNARD, *C.* **1901** II, 624; *A. ch.* [7] **24**, 483; RUPE, EMMERICH, *B.* **41**, 1753). — Flüssigkeit von terpenartigem Geruch. Kp_9: 64—65° (G.); Kp_{13}: 66—67°; Kp_{16}: 71—73° (R., E.); Kp_{744}: 177° bis 179° (G.). D^0: 0,8518; D^{14}: 0,8479 (G.); D^{20}: 0,8402 (R., E.). n_D^0: 1,47860 (G.); n_D^m: 1,47252 (R., E.). $[a]_D^m$: —97,55° (R., E.). — Bei der Oxydation mit Kaliumpermanganat in Wasser entsteht neben Aceton und anderen Produkten eine Säure [Prismen (aus Wasser); F: 153—154°; ziemlich schwer löslich in kaltem Wasser] (R., E.). Wird durch Natrium und Amylalkohol nicht reduziert (R., E.).

10. ***Kohlenwasserstoff*** $C_{11}H_{18}$ ***aus Isopulegon.*** Struktur des Kohlenstoffskeletts:

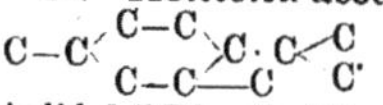

C—C / C—C \ C · C / C *B.* Man stellt aus Isopulegon (Syst. No. 617) mit Methylmagnesiumjodid 1.5-Dimethyl-2-methoäthenyl-cyclohexanol-(1) (Syst. No. 509) dar, führt es mit Essigsäureanhydrid und Natriumacetat in das entsprechende Acetylderivat über und destilliert dieses unter gewöhnlichem Druck (RUPE, EBERT, *B.* **41**, 2068, 2070; E., *C.* **1909** I, 21). Beim Kochen von 1-Chlor-1.5-dimethyl-2-methoäthenyl-cyclohexan (S. 107) mit alkoh. Kaliumacetat (R., E.). — Flüssig. Kp_{13}: 95—97°; Kp_{764}: 182—184°; D^{20}: 0,84; n_D^m: 1,4724 (R., E.; E.). Molekularrefraktion: R., E. $[a]_D^m$: +46,27° (R., E.; E.).

11. ***1.1.2-Trimethyl-5-methoäthenyl-cyclopenten-(2)*** $C_{11}H_{18} =$ $CH_3 \cdot C \cdot C(CH_3)_2$ \ $CH \cdot C$ < CH_2 / CH_3 — HC —— CH_2 *B.* Beim Kochen von festem 1.1.2-Trimethyl-5-[methoäthylol-(5¹)]-cyclopentanol-(2) (Syst. No. 549) mit Kaliumdisulfat (PERKIN, THORPE, *Soc.* **89**, 801). — Nach Citronen riechendes Öl. Kp_{754}: 177—179°.

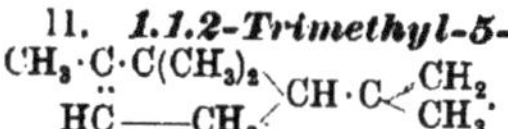

12. „**Homofenchen**"[1] $C_{11}H_{18}$. *B.* Durch Erhitzen von Homofenchylalkohol (Syst. No. 509) mit wasserfreier Oxalsäure (ZELINSKY, ZELIKOW, *B.* **34**, 3256). Beim Erhitzen von Homofenchylalkohol mit der 2½-fachen Menge Kaliumdisulfat auf 160° (WALLACH, *A.* **353**, 221). — Für das Präparat von ZELINSKY wurde gefunden: Kp_{743}: 172—173°; $D^{?}_?$: 0,8638; n_D^m: 1,4643; $[a]_D$: +19,68°. Für das Präparat von WALLACH wurde gefunden: F: 32—37°; Kp: 170—172°; $D^{a-a?}$: 0,8520; $n_D^{a-a?}$: 1,4557; $[a]_D^m$: +23,06° (in Äther; p = 41,902). Wird von 4%iger Kaliumpermanganatlösung bei 40—50° nur sehr langsam angegriffen.

13. „**Homocamphen**"[1] $C_{11}H_{18}$. *B.* Durch Erwärmen von Homoborneol (Syst. No. 509) mit Kaliumdisulfat (WALLACH, *A.* **353**, 224). — Camphenähnliche Masse. F: 28°. Kp: 166—168°. — Wird bei der Oxydation mit Kaliumpermanganatlösung unter Wasseranlagerung zu Borneolcarbonsäure (Syst. No. 1054) oxydiert.

---

[1] Nach einer Arbeit von RUZICKA (*Helvetica Chimica Acta* **1**, 114; *C.* **1919** I, 357), die nach Literatur-Schlußtermin [1. I. 1910] erschienen ist, sind Homofenchen (No. 12) und „Homocamphen" (No. 13) identisch und bestehen aus einem Gemisch von Methylcamphen

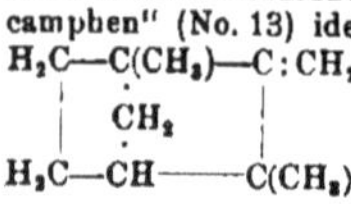

H_2C—$C(CH_3)$—$C:CH_2$ | CH_2 | H_2C—CH——$C(CH_3)_2$ und 2-Methylen-camphan H_2C—$C(CH_3)$—$C:CH_2$ | $C(CH_3)_2$ | H_2C—CH——CH_2 (vgl. auch BREDT, *J. pr.* [2] **98**, 96).

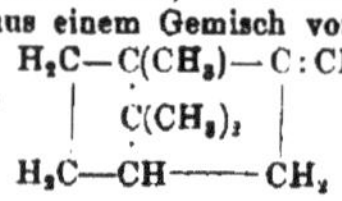

14. *Norbicycloeksantalan* $C_{11}H_{18}$. Zur Zusammensetzung vgl.: SEMMLER, *B.* **43**, 1723; SCHIMMEL & Co., Bericht vom Oktober 1910, 102. — *B.* Aus Chlordihydronorbicyclo-eksantalan $C_{11}H_{19}Cl$ (S. 107) mittels alkoh. Kalilauge (SE., BODE, *B.* **40**, 1142). — Kp$_9$: 62—64°; Kp$_{760}$: 186—189°; D^{20}: 0,8827; n$_D$: 1,4779; a$_D$: —19° (l = 10 cm) (SE., B.).

15. *1.2-Dimethyl-2-äthyl-3.6-methylen-bicyclo-* [0.1.3]-hexan (?), Nortricycloeksantalan $C_{11}H_{18}$ = vgl. auch No. 16. Zur Zusammensetzung vgl.: SEMMLER, *B.* **43**, 1723; SCHIMMEL & Co., Bericht vom Oktober 1910, 102. Zur Konstitution vgl. SEMMLER, *B.* **43**, 1898. — Neben niedrig siedenden Säuren aus Tricycloeksantalsäure $C_{12}H_{18}O_2$ (Syst. No. 895) bei der Zersetzung des Ozonide des Rohsantalols $C_{15}H_{24}O$ (Syst. No. 533) im Vakuum (SEMMLER, BODE, *B.* **40**, 1137). — Kp$_9$: 57—59°; Kp$_{767}$: 183,5°; D^{20}: 0,885; n$_D$: 1,46856; a$_D$: —11° (SE., B.).

$H_2C—CH—C(CH_3)\cdot C_2H_5$

(?);

16. *Kohlenwasserstoff* $C_{11}H_{18}$ *aus ostindischem Sandelholzöl* (vielleicht identisch mit Nortricycloeksantalan, No. 15). *V.* In geringer Menge im ostindischen Sandelholzöl (SCHIMMEL & Co., Bericht vom Oktober 1910, 102; *C.* 1910 II, 1757). — Kp: 183°. D^{15}: 0,9133; D^{20}: 0,9092. n$_D^{20}$: 1,47860. a$_D$: —23° 55' (l = 10 cm). — Bei Zimmertemperatur gegen KMnO$_4$ beständig. Läßt sich nicht hydratisieren.

17. *Kohlenwasserstoffe* $C_{11}H_{18}$ *aus tierischem Teer.* Im tierischen Öle finden sich zwei Kohlenwasserstoffe $C_{11}H_{18}$ (WEIDEL, CIAMICIAN, *B.* **13**, 80).
a) Kp: 182°. Riecht schwach citronenölartig. Wird von Oxydationsmitteln fast ganz verbrannt und liefert nur eine sehr kleine Menge Isophthalsäure. Verbindet sich nicht mit HCl.
b) Kp: 202—203°. Riecht äußerst schwach melissenartig. Wird bei der Oxydation total verbrannt.

8. Kohlenwasserstoffe $C_{12}H_{20}$.

1. *1.1-Dimethyl-3-[3²-metho-propen-(3¹)-yl]-cyclohexen-(4)* $C_{12}H_{20}$ = H_2C⟨$\begin{smallmatrix}CH—CH\\C(CH_3)_2\cdot CH_2\end{smallmatrix}$⟩CH·CH:C(CH$_3$)$_2$.   *B.* Durch Einw. von P_2O_5 auf 1.1-Dimethyl-3-[3²-metho-propen-(3¹)-yl]-cyclohexanol-(5) (Syst. No. 509) (KNOEVENAGEL, SCHWARTZ, *B.* **39**, 3449). — Kp: 195—196°. D$_4^{15}$: 0,8246. n$_D^{15}$: 1,4653. — Addiert 4 Atome Brom.

2. *1.1.2-Trimethyl-3-[3²-metho-propen-(3¹)-yl]-cyclopenten-(2)*, von BÉHAL „Dimethylcampholandien" genannt, $C_{12}H_{20}$ = $\begin{smallmatrix}H_2C——CH_2\\(CH_3)_2C\cdot C(CH_3)\end{smallmatrix}$⟩C·CH:C(CH$_3$)$_2$.   *B.* Bei der Destillation des Alkohols $\begin{smallmatrix}H_2C——CH_2\\(CH_3)_2C\cdot C(CH_3)\end{smallmatrix}$⟩C·CH$_2$·C(CH$_3$)$_2$·OH (Syst. No. 509) mit Essigsäureanhydrid unter gewöhnlichem Druck (BÉHAL, *Bl.* [3] **31**, 462). Durch Destillation des Acetats des gleichen Alkohols unter gewöhnlichem Druck (B.). — Flüssig. Kp: 188—190°. D^0: 0,8421; D^{15}: 0,8311. n$_D^{15}$: 1,46707.

3. *Kohlenwasserstoff* $C_{12}H_{20}$ = H_2C⟨$\begin{smallmatrix}CH_2\cdot CH_2\\CH_2\cdot CH_2\end{smallmatrix}$⟩C:C⟨$\begin{smallmatrix}CH_2\cdot CH_2\\CH_2\cdot CH_2\end{smallmatrix}$⟩CH$_2$ oder H_2C⟨$\begin{smallmatrix}CH_2\cdot CH_2\\CH_2\cdot CH_2\end{smallmatrix}$⟩CH·C·⟨$\begin{smallmatrix}CH\cdot CH_2\\CH_2\cdot CH_2\end{smallmatrix}$⟩CH$_2$.   *B.* Durch Erhitzen von 1-Cyclohexyl-cyclo-hexanol-(1) mit ZnCl$_2$ auf 160° (SABATIER, MAILHE, *C. r.* **138**, 1323; *Bl.* [3] **33**, 76; *A. ch.* [8] 10, 548). — Aromatisch riechende Flüssigkeit. Kp$_{20}$: 124°; D$_4^0$: 0,923; D$_4^{14}$: 0,913; n$_D^{14}$: 1,495.

4. *Bicycloeksantalan* $C_{12}H_{20}$. Zur Zusammensetzung vgl. SEMMLER, *B.* **43**, 1723. — *B.* Aus Chlorbicycloeksantalan (s. u.) durch Reduktion mit Natrium und Alkohol (SEMMLER, BODE, *B.* **40**, 1141). — Kp$_{10}$: 72—74°. D^{20}: 0,871. n$_D$: 1,4774. — Destilliert im CO$_2$-Strom unverändert über reduziertes Kupfer bei 500°.

Chlorbicycloeksantalan, Bicycloeksantalylchlorid $C_{12}H_{19}Cl$. Zur Zusammensetzung vgl. SEMMLER, *B.* **43**, 1723. — *B.* Man läßt eine Lösung von 5 g Tricycloeksantalol $C_{12}H_{20}O$ (Syst. No. 510) in Petroläther allmählich zu 6,4 g PCl$_5$, das mit Petroläther überschichtet ist, hinzutreten und erwärmt schließlich auf dem Wasserbade, so daß die Umsetzung in etwa 30 Minuten beendet ist (SE., BODE, *B.* **40**, 1141). — Kp$_{10}$: 110—114°; D^{20}: 1,0083; n$_D$: 1,47348 (SE., B.).

5. *Acenaphthen-dekahydrid, Dekahydro-acenaphthen, Acenaphthen-perhydrid* $C_{12}H_{20} =$ $H_2C{\small\begin{matrix}CH_2-CH_2\\CH-CH\\CH_2-CH_2\end{matrix}}CH\cdot CH_2$ $B.$ Bei 12—16-stdg. Erhitzen von 1 Tl. Acenaphthen mit 5—6 Tln. Jodwasserstoffsäure (D: 1,7) und $1^1/_4$ Tln. rotem Phosphor auf 250—260° (LIEBERMANN, SPIEGEL, $B.$ **22**, 781). Aus Acenaphthen durch mehrmalige Behandlung mit Wasserstoff bei Gegenwart von Nickeloxyd unter hohem Druck bei 290—300° (IPATJEW, $B.$ **42**, 2094; $\mathfrak{K}.$ **41**, 766; $C.$ **1909** II, 1728). — Flüssig. Kp: 230—234° (I.), 235—236° (L., S.). D^0: 0,9370 (I.).

6. *Kohlenwasserstoff* $C_{12}H_{20}$ *von unbekannter Konstitution.* $B.$ Beim Erhitzen von Carbazolin $C_{12}H_{15}N$ (Syst. No. 3073) mit Jodwasserstoffsäure und Phosphor auf 300° bis 360° (GRAEBE, GLASER, $A.$ **163**, 356). — Kp: 225°.

7. *Kohlenwasserstoff* $C_{12}H_{20}$ *von unbekannter Konstitution.* $B.$ Man behandelt Campher mit Phosphorpentachlorid und setzt das hierbei erhaltene Dichlorid $C_{10}H_{16}Cl_2$ vom F: 155—155,5° mit Äthyljodid und Natrium um (SPITZER, $A.$ **197**, 133). — Wie Terpentinöl riechende Flüssigkeit. $Kp_{742,1}$: 197,9—199,9° (korr.). D^{20}: 0,8709. Ist rechtsdrehend.

9. Kohlenwasserstoffe $C_{13}H_{22}$.

1. *1-Methyl-3-n-hexyl-cyclohexadien-(4.6)* $C_{13}H_{22} =$ $HC{\small\begin{matrix}CH=\!=\!CH\\C(CH_3)\cdot CH_2\end{matrix}}CH\cdot [CH_2]_5\cdot CH_3.$

5-Chlorderivat $C_{13}H_{21}Cl.$ $B.$ Aus 1-Methyl-3-hexyl-cyclohexen-(6)-on-(5) (Syst. No. 619) und PCl_5 (GUNDLICH, KNOEVENAGEL, $B.$ **29**, 171). — Kp_{24}: 148—150°.

2. *Cyclohexylmethylen-cyclohexan* $C_{13}H_{22} =$ $H_2C{\small\begin{matrix}CH_2\cdot CH_2\\CH_2\cdot CH_2\end{matrix}}CH\cdot CH:C{\small\begin{matrix}CH_2\cdot CH_2\\CH_2\cdot CH_2\end{matrix}}CH_2.$ $B.$ Durch Erhitzen von Dicyclohexyl-carbinol mit Zinkchlorid (SABATIER, MAILHE, $C.\,r.$ **139**, 346; $Bl.$ [3] **33**, 79; $A.\,ch.$ [8] **10**, 541). — Kp_{20}: 133°. D_0^0: 0,919; D_4^{14}: 0,907. n_D^{14}: 1,492.

3. *Kohlenwasserstoff* $C_{13}H_{22}$ *aus 1-Methyl-2-cyclohexyl-cyclohexanol-(2)* $H_2C{\small\begin{matrix}CH_2\cdot C(CH_3)\\CH_2-\!-\!CH_2\end{matrix}}C\cdot HC{\small\begin{matrix}CH_2\cdot CH_2\\CH_2\cdot CH_2\end{matrix}}CH_2$ oder $H_2C{\small\begin{matrix}CH_2\cdot CH(CH_3)\\CH_2-\!-\!(CH\end{matrix}}C\cdot HC{\small\begin{matrix}CH_2\cdot CH_2\\CH_2\cdot CH_2\end{matrix}}CH_2$ oder $H_2C{\small\begin{matrix}CH_2\cdot CH(CH_3)\\CH_2-\!-\!CH_2\end{matrix}}C:C{\small\begin{matrix}CH_2\cdot CH_2\\CH_2\cdot CH_2\end{matrix}}CH_2.$ $B.$ Durch Einw. von Zinkchlorid auf 1-Methyl-2-cyclohexyl-cyclohexanol-(2) (MURAT, $A.\,ch.$ [8] **16**, 119).

4. *Kohlenwasserstoff* $C_{13}H_{22}$ *aus 1-Methyl-4-cyclohexyl-cyclohexanol-(4)* $CH_3\cdot HC{\small\begin{matrix}CH_2\cdot CH_2\\CH_2\cdot CH\end{matrix}}C\cdot HC{\small\begin{matrix}CH_2\cdot CH_2\\CH_2\cdot CH_2\end{matrix}}CH_2$ oder $CH_3\cdot HC{\small\begin{matrix}CH_2\cdot CH_2\\CH_2\cdot CH_2\end{matrix}}C:C{\small\begin{matrix}CH_2\cdot CH_2\\CH_2\cdot CH_2\end{matrix}}CH_2.$ $B.$ Durch Erhitzen von 1-Methyl-4-cyclohexyl-cyclohexanol-(4) mit Zinkchlorid (SABATIER, MAILHE, $A.\,ch.$ [8] **10**, 563). — Schwach citronenartig riechende Flüssigkeit. Kp_{35}: 158°. D_4^{10}: 0,901. n_D^0: 1,489.

5. *Fluoren-dodekahydrid, Dodekahydro-fluoren, Fluoren-perhydrid* $C_{13}H_{22} = H_2C{\small\begin{matrix}CH_2\cdot CH\\CH_2\cdot CH_2\end{matrix}}{\small\begin{matrix}CH_2\\HC\end{matrix}}{\small\begin{matrix}CH\cdot CH_2\\CH_2\cdot CH_2\end{matrix}}CH_2.$ $B.$ Bei 12—16-stdg. Erhitzen von 1 Tl. Fluoren mit 5—6 Tln. Jodwasserstoffsäure (D: 1,7) und $1^1/_4$ Tln. rotem Phosphor auf 250—260° (LIEBERMANN, SPIEGEL, $B.$ **22**, 781). Aus Fluoren durch mehrmaliges Behandeln mit Wasserstoff unter hohem Druck in Gegenwart von Nickeloxyd bei 285° (IPATJEW, $B.$ **42**, 2093; $\mathfrak{K}.$ **41**, 764). — Flüssig. Kp: 254—258°; D^0: 0,9496 (I.). Kp: 253°; D^{22}: 0,9203; n_D^0: 1,486 (SP., $B.$ **42**, 919).

10. Kohlenwasserstoffe $C_{14}H_{24}$.

1. *1.1.2-Trimethyl-3-[3²-ätho-buten-(3¹)-yl]-cyclopenten-(2)*, von BÉHAL „Diäthylcampholandien" genannt, $C_{14}H_{24} = {\small\begin{matrix}H_2C-\!-\!CH_2\\(CH_3)_2C-C(CH_3)\end{matrix}}C\cdot CH:C(C_2H_5)_2.$ $B.$ Bei der Destillation des Alkohols ${\small\begin{matrix}H_2C-\!-\!CH_2\\(CH_3)_2C-C(CH_3)\end{matrix}}C\cdot CH_2\cdot C(C_2H_5)_2\cdot OH$ (Syst. No. 509) mit

Essigsäureanhydrid (BÉHAL, *Bl.* [3] **31**, 463). — Kp: 222—224°. D°: 0,8814; D^{19}: 0,8688. n_D^{19}: 1,46875.

2. *Kohlenwasserstoff* $C_{14}H_{24} = H_2C <^{CH(CH_3)\cdot CH_2}_{CH_2 \longrightarrow CH_2} > CH\cdot C <^{CH_2\cdot CH(CH_3)}_{CH \longrightarrow CH_2} > CH_2$.
B. Bei der Einw. von $50^0/_0$iger Schwefelsäure auf aktives 1-Methyl-cyclohexen-(3) (S. 67) (MARKOWNIKOW, Ж. **35**, 1069; *C.* **1904** I, 1346). — Flüssig. Kp: 257—259°. D_6^6: 0,9128; $D_?^?$: 0,9119. $[\alpha]_D$: $+0,28°$. — Gibt mit Brom in Chloroform ein Dibromid, das bei weiterer Einw. von Brom in eine sirupöse Verbindung $C_{14}H_{23}Br_3$ übergeht.

3. *1.4-Dimethyl-6-äthyl-naphthalin-oktahydrid* $C_{14}H_{24} = (CH_3)_2 C_{10}H_{13} \cdot C_2H_5$.
B. Bei 10-stdg. Kochen von 250 g Santonin (Syst. No. 2479) mit 2,5 Liter rauchender Salzsäure, 400 g Zinn und 2,5 g $CuCl_2$ (ANDREOCCI, *B.* **28** Ref., 622; *G.* **25** I, 487). — Pfefferminzartig riechendes Öl. Kp: 247—248°.

4. *Anthracen-tetradekahydrid, Tetradekahydro-anthracen, Anthracen-perhydrid* $C_{14}H_{24} = {}^{H_2C\cdot CH_2\cdot CH\cdot CH_2\cdot CH\cdot CH_2\cdot CH_2}_{H_2C\cdot CH_2\cdot CH\cdot CH_2\cdot CH\cdot CH_2\cdot CH_2}$ *B.* Bei 12-stdg. Erhitzen von $1^1/_2$ g Anthracen mit $1^1/_2$ g rotem Phosphor und 8 g Jodwasserstoffsäure (D: 1,7) auf 250° (LUCAS, *B.* **21**, 2510). Durch mehrmaliges Behandeln von Anthracen mit komprimiertem Wasserstoff in Gegenwart von Nickeloxyd bei 260—270° (IPATJEW, JAKOWLEW, RAKITIN, *B.* **41**, 998; Ж. **40**, 495; *C.* **1908** II, 1098). Aus Anthracenoktahydrid (Syst. No. 474) mit Wasserstoff bei 175—180° in Gegenwart von fein verteiltem Nickel (GODCHOT, *C. r.* **141**, 1030; *A. ch.* [8] **12**, 479). Durch 12-stdg. Erhitzen von Anthracenoktahydrid mit Jodwasserstoffsäure (D: 1,7) und rotem Phosphor im geschlossenen Rohr auf 250° (GODCHOT, *C. r.* **141**, 1030; *A. ch.* [8] **12**, 528). — Blättchen oder Tafeln (aus Alkohol). F: 88° (L.), 88° bis 89° (I., J., R.). Kp: 270° (L.), 272—277° (I., J., R.). Ist mit Wasserdampf leicht flüchtig; leicht löslich außer in Wasser (L.). — Wird durch Chromsäure vollständig oxydiert (L.). Reagiert nicht mit Salpeterschwefelsäure (I., J., R.). Wird von Brom in Schwefelkohlenstoff kaum angegriffen (L.).

5. *Phenanthren-tetradekahydrid, Tetradekahydro-phenanthren, Phenanthrenperhydrid* $C_{14}H_{24} = H_2C <^{CH_2\cdot CH}_{CH_2\cdot CH_2} > CH\cdot CH_2\cdot CH_2\cdot HC <^{CH\cdot CH_2}_{CH_2\cdot CH_2} > CH_2$.   *B.* Bei 12—16-stdg. Erhitzen von 1 Tl. Phenanthren mit 5—6 Tln. Jodwasserstoffsäure (D: 1,7) und $1^1/_4$ Tln. rotem Phosphor auf 250—260° (LIEBERMANN, SPIEGEL, *B.* **22**, 779; S., *B.* **41**, 884). Durch mehrmaliges Behandeln von Phenanthren mit komprimiertem Wasserstoff in Gegenwart von Nickeloxyd bei 320—370° (IPATJEW, JAKOWLEW, RAKITIN, *B.* **41**, 1000; Ж. **40**, 508; *C.* **1908** II, 1098). — Flüssigkeit, die in einer Kältemischung erstarrt. F: $-3°$; Kp: 270—275°; D_4^{20}: 0,933 (L., S.). — Verkohlt beim Destillieren über Zinkstaub größtenteils und gibt nur wenig Phenanthren und etwas mehr Anthracen (L., S.). Wird von Schwefelsäure, Salpetersäure und Brom in der Kälte gar nicht, von Chromsäure und Eisessig beim Kochen nur schwierig angegriffen (L., S.).

6. *Kohlenwasserstoff* $C_{14}H_{24}$ *von unbekannter Konstitution.* B. Man behandelt Campher mit Phosphorpentachlorid und setzt das hierbei entstehende Dichlorid $C_{10}H_{16}Cl_2$ vom F: 155—155,5° mit Isobutylchlorid und Natrium um (SPITZER, *A.* **197**, 133). — Wie Terpentinöl riechende Flüssigkeit. $Kp_{750,4}$: 228—229°. D^{20}: 0,8644. Linksdrehend.

11. Kohlenwasserstoffe $C_{15}H_{26}$.

1. *Cedrendihydrid, Dihydrocedren* $C_{15}H_{26}$. B. Man erhitzt 8 g Cedren (Syst. No. 471) mit 10 g konz. Jodwasserstoffsäure und 1,5 g rotem Phosphor im geschlossenen Rohr auf 180—210° Stdn. auf 180—210° und reduziert das Reaktionsprodukt mit Natrium und Alkohol (SEMMLER, HOFFMANN, *B.* **40**, 3527). — Kp_{10}: 116—122°. D^{15}: 0,9052. n_D: 1,48721.

2. *Guajendihydrid, Dihydroguajen* $C_{15}H_{26}$. B. Beim Erhitzen von Guajol $C_{15}H_{26}O$ (Syst. No. 510) mit Zinkstaub im geschlossenen Rohr auf 220° (GANDURIN, *B.* **41**, 4361). — Fast geruchlose Flüssigkeit. Kp_{11}: 122°. D_0^0: 0,9089; D_4^{20}: 0,8914. Leicht löslich in Äther, weniger in Alkohol und Eisessig. $n_D^{20,3}$: 1,49317. $[\alpha]_D^{15,5}$: $-26,65°$.

3. *Isocaryophyllendihydrid, Dihydroisocaryophyllen* $C_{15}H_{26}$. B. Durch Erhitzen von Caryophyllenhydrat (Syst. No. 510) mit Zinkstaub in der Bombe (SEMMLER, *B.* **36**, 1038). Durch Reduktion von Chlor-isocaryophyllen-dihydrid (S. 172) mit Natrium und Alkohol (S.). — Kp_{19}: 137—138°. D^{20}: 0,919. n_D: 1,4925. — Entfärbt weder Kaliumpermanganatlösung noch Bromwasser.

Chlorderivat $C_{15}H_{23}Cl$. *B.* Aus Caryophyllenhydrat (Syst. No. 510) und PCl_5 (WALLACH, *A.* **271**, 289; SEMMLER, *B.* **36**, 1038). — Rhombisch (bisphenoidisch) (TUTTLE, *Z. Kr.* **27**, 526; vgl. *Groth, Ch. Kr.* **3**, 759). F: 63° (W.), 64° (S.). Kp: 293—294° (W.), 295° (S.). — Wird von Natrium und Alkohol zu Dihydroisocaryophyllen reduziert.

Bromderivat $C_{15}H_{23}Br$. *B.* Aus Caryophyllenhydrat und PBr_3 (W., *A.* **271**, 290). — Rhombisch (bisphenoidisch) (TUTTLE, *Z. Kr.* **27**, 527; vgl. *Groth, Ch. Kr.* **3**, 760). F: 61° bis 62° (W.).

Jodderivat $C_{15}H_{23}I$. *B.* Aus Caryophyllenhydrat und PI_3 in CS_2 (W., *A.* **271**, 290). — Rhombisch (bisphenoidisch) (TUTTLE, *Z. Kr.* **27**, 527; vgl. *Groth, Ch. Kr.* **3**, 760). F: 61° (W.). — Liefert in Äther mit Natrium einen Kohlenwasserstoff $C_{30}H_{50}$ (Syst. No. 474) (W.).

4. Santon $C_{15}H_{24}$. *B.* Entsteht neben anderen Produkten beim Kochen von Santonsäure (Syst. No. 1311) mit Jodwasserstoffsäure allein oder in Gegenwart von rotem Phosphor (CANNIZZARO, AMATO, *B.* **7**, 1104; *G.* **4**, 447). — Flüssig. Kp: 235—245°; Kp_5: 110—112°.

12. Dioktonaphthylen $C_{16}H_{28}$. *B.* Entsteht neben zwei Oktonaphthylenen C_8H_{14} (S. 73, 74) durch Kochen des Chloroktonaphthens vom Siedepunkt 169—171° (S. 38) mit Zinkstaub in Benzol (SHUKOWSKI, Ж. **27**, 303; *Bl.* [3] **16**, 127). — Farblose dickliche Flüssigkeit. Kp: 262—264°. D_4^0: 0,9001; D_4^{20}: 0,8855.

13. Kohlenwasserstoff $C_{17}H_{30}$. *V.* Im Petroleum von Santa Barbara in Californien (MABERY, *Am.* **33**, 272). — Kp_{60}: 190—195°. D^{20}: 0,8919. n: 1,4778.

14. Kohlenwasserstoffe $C_{18}H_{32}$.

1. *Reten-tetrádekahydrid, Tetradekahydro-reten, Reten-perhydrid* $C_{18}H_{32}$. *B.* Aus Reten (Syst. No. 485a) durch wiederholtes Erhitzen mit Wasserstoff unter hohem Druck in Gegenwart von Nickeloxyd auf 350—360° (IPATJEW, *B.* **42**, 2096; Ж. **41**, 767; *C.* **1909** II, 1728). — Kp: 300—315°.

2. *Fichtelit.* Zusammensetzung $C_{18}H_{32}$ (BAMBERGER, STRASSER, *B.* **22**, 3362). Zur Molekulargröße vgl. PLZÁK, ROSICKÝ, *Z. Kr.* **44**, 341. Betrachtungen über die Konstitution: BAMBERGER, STRASSER, *B.* **22**, 3363; IPATJEW, *B.* **42**, 2095. — *V.* Im vermoderten Holz von Pinus uliginosa, das sich in den Torflagern bei Redwitz (Fichtelgebirge, Bayern) findet (BROMEIS, *A.* **37**, 304; CLARK, *A.* **103**, 236; HELL, *B.* **22**, 498). Wurde zwischen verfaulten Holzresten im Moore von Salzendeich (Amt Elsfleth, Oldenburg) in krystallinischem Zustande gefunden (SCHUSTER, *Z. Kr.* **12**, 89). In vermodertem Fichtenholz, das sich in dem Hochmoor Kolbermoor (bei Rosenheim, Oberbayern) findet (BAMBERGER, *B.* **22**, 635). In vermodertem Kiefernholz vom Torflager von Borkovic (Böhmen) (PLZÁK, ROSICKÝ, *Z. Kr.* **44**, 332). — *Darst.* Man zieht das zerkleinerte Holz mit siedendem Ligroin aus; bei genügender Konzentration krystallisiert der Fichtelit aus (B., *B.* **22**, 635). — Krystallisiert monoklin hemimorph (CLARK, *A.* **103**, 238; BÖCKH, *C.* **1908** I, 161; PL., RO., *Z. Kr.* **44**, 339). D: 1,010 (bei Zimmertemp.) (PL., RO., *Z. Kr.* **44**, 339). F: 46° (BR.); 46,5° (WALDEN, *Ch. Z.* **30**, 393). Kp_{719}: 355,2° (korr.); Kp_{43}: 235,6° (korr.) (BAM., STR.). Schwer löslich in kaltem Alkohol (HELL); löslich in Chloroform und Ligroin (BAM.). $[\alpha]_D^{15}$: +19,00° (in Chloroform, c = 2,8) (WALDEN, *Ch. Z.* **30**, 393); +18,08° (0,5669 g in 25 ccm Chloroform) (PL., RO.). — Läßt sich unverändert über rotglühendes Bleioxyd destillieren (BAM.; BAM., STR.). Wird von wäßr. Oxydationsmitteln, wie Kaliumdichromat und Schwefelsäure oder 10°/$_0$iger Kaliumpermanganatlösung, auch beim Kochen kaum verändert (HELL). Wird von Chromsäure in Eisessig auf dem Wasserbade unter Bildung von sauren Produkten oxydiert (PL., RO., *Z. Kr.* **44**, 342; vgl. auch HELL). Bleibt bei der Einw. von kalter rauchender Salpetersäure unverändert (HELL). Wird beim Kochen mit Salpetersäure (D: 1,32) zunächst zu einem stickstoffhaltigen harzigen Prod., dann zu Oxalsäure oxydiert (HELL). Über die Einw. von Chlor vgl. CL., *A.* **103**, 241, 245; über die Einw. von Brom vgl.: CL.; HELL. Geht beim Erhitzen mit Jod auf 150° und schließlich 200° in den Dehydrofichtelit $C_{18}H_{30}$ (Syst. No. 472) über (BAM., STR.). Wird von rauchender Schwefelsäure nicht verändert (HELL). Verkohlt teilweise beim Erhitzen mit konz. Schwefelsäure auf 160—200° (BAM., STR.).

3. *Kohlenwasserstoff* $C_{18}H_{32}$ *unbekannter Konstitution.* *V.* Im Petroleum von Santa Barbara in Californien (MABERY, *Am.* **33**, 273). — Kp_{60}: 210—215°. D^{20}: 0,8996. n^{20}: 1,484.

15. Triscyclohexyl-methan $C_{19}H_{34} = (C_6H_{11})_3 CH$. *B.* Man leitet mit Hilfe eines Wasserstoffstromes Triphenylmethandämpfe bei 220° über Nickel, destilliert die Reaktionsflüssigkeit unter 30 mm Druck und behandelt die unter 30 mm bei 175—222° siedende Fraktion nochmals mit Wasserstoff in Gegenwart von Nickel bei 180° (GODCHOT, *C. r.* **147**, 1058; *Bl.* [4] **7**, 958). — Flüssigkeit von aromatischem Geruch. Kp$_{20}$: 140°. D^{15}: 0,8406. Unlöslich in Wasser, schwer löslich in Alkohol und Eisessig, leicht in Äther und Benzol. — Bildet mit Brom in CS$_2$ Substitutionsprodukte. Färbt sich mit heißer konz. Schwefelsäure braun.

16. Kohlenwasserstoff $C_{20}H_{36} = $

$$\begin{array}{c} CH_3 \cdot HC \cdot CH_2 \cdot CH \underline{\quad\quad} CH - CH_2 - CH \cdot CH_3 \\ H_2C \cdot CH_2 \cdot C(C_3H_7) \cdot C(C_3H_7) \cdot CH_2 \cdot CH_2 \end{array}(?).$$

B. Aus den durch Einw. von Schwefelsäure auf Menthol (Syst. No. 503) entstehenden Produkten durch fraktionierte Destillation (TOLLOOZKO, Ж. **29**, 39; *C.* **1898** I, 105; KANONNIKOW, Ж. **31**, 619; *C.* **1899** II, 860). — Flüssigkeit. Kp$_{20}$: 190—191°; D$_4^{22}$: 0,8801; D$_4^{25}$: 0,8814; D$_4^{0}$: 0,8944; n$_D^{23}$: 1,4841 (T.).

17. Kohlenwasserstoff $C_{23}H_{42}$.
V. Im Trentonkalk-Petroleum von Ohio (MABERY, PALM, *Am.* **33**, 261). — Kp$_{30}$: 253—255°. D^{20}: 0,8842. n: 1,4797.

18. Kohlenwasserstoffe $C_{24}H_{44}$.

1. *Kohlenwasserstoff* $C_{24}H_{44}$ *unbekannter Konstitution. V.* Im Petroleum von Santa Barbara in Californien (MABERY, *Am.* **33**, 274). — Kp$_{60}$: 250—255°. D^{20}: 0,9299.

2. *Kohlenwasserstoff* $C_{24}H_{44}$ *unbekannter Konstitution. V.* Im Trentonkalk-Petroleum von Ohio (M., PALM, *Am.* **33**, 262). — Kp$_{30}$: 263—265°. D^{20}: 0,8864. n: 1,4802.

19. Kohlenwasserstoff $C_{25}H_{46}$.
V. Im Trentonkalk-Petroleum von Ohio (MABERY, PALM, *Am.* **33**, 262). — Kp$_{30}$: 275—278°. D^{20}: 0,8912. n: 1,4810.

D. Kohlenwasserstoffe C_nH_{2n-6}.

Der Bestand dieser Kohlenwasserstoff-Reihe wird zum weitaus überwiegenden Teil durch die Benzol-Kohlenwasserstoffe — Benzol und seine Homologen (vgl. S. 5) — geliefert.

Die *Konstitution des Benzols* (vgl. dazu auch S. 176 den Abschnitt über die Substitution in der Benzol-Reihe) ist zwar mehr als jedes andere Strukturproblem der organischen Chemie erörtert worden; trotzdem ist man zu keinem abschließenden Ergebnis gelangt. Die Formel I (s. u.), die KEKULÉ (*Bl.* [2] **3**, 98; *A.* **137**, 129; **162**, 77) 1865 aufstellte, ist stets die gebräuchlichste gewesen; sie besagt, daß das Molekül des Benzols aus sechs CH-Gruppen besteht, die sich derart zu einem Ringe vereinigen, daß sie miteinander abwechselnd in einfacher und doppelter Bindung stehen. Um sie mit den bei den Substitutions-Derivaten des Benzols herrschenden Isomerie-Verhältnissen (vgl. S. 176) in Einklang zu bringen (vgl. dazu LADEN-

BURG, *B.* **2**, 141), muß man die Annahme hinzufügen, daß — während die abwechselnde Folge von einfacher und doppelter Bindung erhalten bleibt — die Bindungsart zwischen zwei benachbarten Kohlenstoffatomen periodisch wechselt (KEKULÉ, *A.* **162**, 86; s. auch KNOEVENAGEL, *A.* **311**, 225), daß also ein Oszillieren zwischen den Zuständen der Bindungsverteilung, wie sie in I und II unter Numerierung der einzelnen C-Atome eingezeichnet sind, stattfindet. Dieser Auffassung, von der man kurz unter der Bezeichnung „Kekulés Oszillationsformel" zu sprechen pflegt, sind mehrere andere entgegengestellt worden. Diejenigen von ihnen, welche als widerlegt gelten können, werden hier nicht mehr erwähnt. Zur Erörterung stehen noch die Formeln III, IV und V (S. 174). Die Formel III, welche man die zentrische Formel nennt, ist von ARMSTRONG (*Soc.* **51**, 264 Anm.) vorgeschlagen und besonders von BAEYER (*A.* **245**, 121; **251**, 285) begründet worden; sie bringt die Annahme zum Ausdruck, daß von jeder CH-Gruppe eine Valenz nach dem Inneren des Kernes richtet, und daß diese sechs Valenzen untereinander in gegenseitigem Ausgleich treten. Diese Art des Valenzausgleichs bezeichnet BAMBERGER (*A.* **257**, 47) als den Zustand „potentieller" Bindung im

Gegensatz zu der „aktuellen" Bindung, bei welcher sich die Valenzen in gewöhnlicher Art paarweise ausgleichen.   Der zentrischen Formel sehr ähnlich ist die von CLAUS aufgestellte Diagonal-Formel IV, wenn man die in ihr als Diagonalen des Sechsecks dargestellten

Bindungen dahin deutet, daß durch ihr Zusammentreffen im Mittelpunkt jedes C-Atom zugleich mit allen fünf anderen C-Atomen des Kerns in Beziehung tritt (vgl. CLAUS, B. 20, 1422).   In der von THIELE (A. 306, 125) herrührenden Partialvalenzen-Formel V (vgl. dazu: KNOEVENAGEL, A. 311, 224; THIELE, A. 311, 252; MICHAEL, J. pr. [2] 68, 504) sollen die Bogen zwischen den C-Atomen 1 und 2, 3 und 4, 5 und 6 andeuten, daß die „Partialvalenzen (Affinitätsreste)" der einzelnen C-Atome, welche bei der Doppelbindung zweier C-Atome aneinander (1 an 6, 3 an 2, 5 an 4) unbefriedigt bleiben, sich gegenseitig sättigen.

H. KAUFFMANN (B. 33, 1725; 34, 682; 35, 3668; 37, 2612; C. 1905 II, 965) erörtert das Benzolproblem unter dem Gesichtspunkt, daß der Zustand des Kerns für die verschiedenen Derivate wechselt (s. auch BAEYER, A. 269, 188; vgl. dagegen BRÜHL, J. pr. [2] 49, 201).

Zusammenfassungen der Literatur über die Struktur des Benzols: LADENBURG, Theorie der aromatischen Verbindungen [Braunschweig 1876]; R. MEYER in ERLENMEYERS Lehrbuch der organischen Chemie, zweiter Teil, Bd. I [Leipzig 1894], S. 29—102; MARCKWALD in AHRENSsche Sammlung chemischer und chemisch-technischer Vorträge, Bd. II [Stuttgart 1898], S. 1; MEYER-JACOBSON, Lehrbuch der organischen Chemie, Bd. II, Teil I [Leipzig 1902], S. 46—78, 765—767. — Zur Kritik der Benzolformeln vgl. ferner: HANTZSCH, B. 29, 960; RICHARDSON, Am. 25, 123; HARRIES, A. 306, 335; VIDAL, C. 1907 I, 1787; 1908 II, 240. Erörterung der Benzol-Konstitution auf Grund physikalischer Konstanten, und zwar des Molekularvolums: R. SCHIFF, A. 220, 303; LOSSEN, ZANDER, A. 225, 119; BRÜHL, B. 27, 1065; auf Grund der Molekularrefraktion: BRÜHL, A. 200, 228; Ph. Ch. 1, 343; B. 27, 1065; 40, 901; KANONNIKOW, Ж. 15, 473; SMEDLEY, Soc. 93, 382; auf Grund der Verbrennungswärmen: THOMSEN, B. 13, 1808; Ph. Ch. 7, 59; DIEFFENBACH, Ph. Ch. 5, 573; HORSTMANN, B. 21, 2211; STOHMANN, LANGBEIN, J. pr. [2] 48, 453; SWIĘTOSŁAWSKI, C. 1909 I, 980; Ph. Ch. 67, 80; auf Grund der magnetischen Rotation: W. H. PERKIN, Soc. 91, 806; auf Grund der magnetischen Suszeptibilität: PASCAL, C. r. 149, 344.

Betrachtungen (und Versuche) zur Stereochemie des Benzols: THOMSEN, B. 19, 2944; HERRMANN, B. 21, 1949; 23, 2062; SACHSE, B. 21, 2530; Ph. Ch. 11, 214; BAEYER, A. 245, 124; MARSH, Philosophical Magazine [5] 26, 426; Soc. 81, 961; LEWKOWITSCH, Soc. 53, 781; LOSCHMIDT, M. 11, 29; VAUBEL, J. pr. [2] 44, 137, 572; 49, 308; 50, 58; 52, 548; 55, 221; Ch. Z. 26, 244; DIAMAND, Ch. Z. 18, 155; V. MEYER, B. 28, 2794; RÜGHEIMER, B. 29, 1967; COLLIE, Soc. 71, 1013; ERLENMEYER jun., A. 316, 57; J. pr. [2] 65, 356; THIELE, A. 319, 136; GRAEBE, B. 35, 526; MARCKWALD, B. 35, 703; JONES, KEWLEY, C. 1903 I, 1338; E. BLOCH, Stereochemie der carbocyclischen Verbindungen (Wien u. Leipzig 1903), S. 32 ff., KÖNIG, Ch. Z. 29, 30; KNOEVENAGEL, Verhandl. des naturhistor.-medizin. Vereins zu Heidelberg, N. F. 9 [1907], 206; SHIBATA, Soc. 95, 1450; EARL, Chem. N. 100, 305.

Vorkommen und pyrogene Bildung von Gemischen der Benzol-Kohlenwasserstoffe.   Wichtig ist vor allem das Vorkommen von Benzol und mehreren Homologen im Steinkohlenteer (vgl.: A. W. HOFMANN, A. 55, 204; MANSFIELD, A. 69, 168; RITTHAUSEN, J. pr. [1] 61, 74); vgl. die Zusammenstellung in LUNGE-KÖHLER, Industrie des Steinkohlenteers und des Ammoniaks, 5. Aufl., Bd. I [Braunschweig 1912], S. 222, 238—252, ebenda S. 313—322 über die Theorie der Teerbildung.   Auch im Braunkohlenteer (HEUSLER, B. 25, 1672; 30, 2744) finden sich Benzol und Homologe.   Sie bilden sich, wenn man Öle, die wesentlich aus acyclischen oder alicyclischen Kohlenwasserstoffen bestehen (z. B. Petroleum), durch glühende Röhren leitet oder in anderer Weise überhitzt (vgl.: LISSENKO, B. 11, 342; LIEBERMANN, BURG, B. 11, 725; LETNY, B. 11, 1210; ENGLER, B. 30, 2911, 2917, 2920; OGLOBLIN, C. 1904 II, 830); vgl. die Zusammenstellung bei ENGLER-HÖFER, „Das Erdöl", Bd. I [Leipzig 1913], S. 587 bis 591.

Über Benzol-Kohlenwasserstoffe aus rohem Holzöl s.: CAHOURS, A. 76, 286; KRAEMER, GRODZKI, B. 9, 1925; s. auch ATTERBERG, B. 11, 1222. Bildung bei der Destillation von Fetten unter Druck: ENGLER, LEHMANN, B. 30, 2368.

Benzol-Kohlenwasserstoffe finden sich auch in Erdölen (vgl. z. B.: WARREN DE LA RUE, H. MÜLLER, *J. pr.* [1] **70**, 300; PEBAL, FREUND, *A.* **115**, 19; LACHOWICZ, *A.* **220**, 196; DOBOSCHENKO, *B.* **18** Ref., 662; MARKOWNIKOW, *A.* **234**, 94; MABERY, *Am.* **19**, 473; EDELEANU, FILITI, *Bl.* [3] **23**, 387; JONES, WOOTTON, *Soc.* **91**, 1148). Sehr reich daran sind die Erdöle von Borneo und manche californische Sorten, während die pennsylvanischen Öle nur sehr geringe Mengen enthalten. Vgl. die Zusammenstellung bei ENGLER-HÖFER, „Das Erdöl", Bd. I [Leipzig 1913], S. 358—370.

Bildung und Darstellung. Übersicht über die Methoden zum Aufbau höherer Benzol-Kohlenwasserstoffe aus niederen: KLAGES, *B.* **36**, 1628; s. ferner: WERNER, ZILKENS, *B.* **36**, 2116; HOUBEN, *B.* **36**, 3083.

Sehr häufig wird für den Aufstieg von niederen Gliedern zu höheren die Reaktion von FRIEDEL und CRAFTS benutzt, die darauf beruht, daß das Aluminiumchlorid die Fähigkeit besitzt, aus Gemischen von aromatischen Kohlenwasserstoffen und Alkylhaloiden Halogenwasserstoff abzuspalten, so daß man z. B. aus Benzol und Äthylchlorid das Äthylbenzol herstellen kann (vgl. FRIEDEL, CRAFTS, *C. r.* **84**, 1392; *A. ch.* [6] **1**, 449). Die Reaktion bleibt nicht auf die Einführung eines Alkyls beschränkt; sie führt vielmehr z. B. bei der Anwendung von Toluol und Methylchlorid zu Dimethyl-,Trimethyl-,Tetramethyl-benzolen, Pentamethylbenzol und Hexamethylbenzol (F., C.; vgl. ferner: ADOR, RILLIET, *B.* **12**, 329; JACOBSEN, *B.* **14**, 2624). Sie wird ferner dadurch verwickelt, daß das Aluminiumchlorid — namentlich in Gegenwart von HCl — neben der synthetischen auch eine abbauende Wirkung ausübt, indem es aus den Benzol-Homologen Seitenketten in Form von Alkylhaloiden abspaltet, die ihrerseits dann wieder zum Aufbau dienen können; so entsteht z. B. aus Toluol beim Erwärmen mit AlCl₃ im HCl-Strom einerseits durch Abbau Benzol, andererseits durch Aufbau Dimethylbenzol (Xylol). Infolge dieser Verhältnisse (vgl. dazu: F., C., *Soc.* **41**, 115; *C. r.* **100**, 692; JAC., *B.* **18**, 338; ANSCHÜTZ, IMMENDORFF, *B.* **18**, 657; ANSCHÜTZ, *A.* **235**, 177; HEISE, TÖHL, *A.* **270**, 155) können auch Isomerisationen durch Verschiebung von Seitenketten erfolgen. Endlich ist damit zu rechnen, daß die zur Anwendung gelangenden Alkylhaloide in isomerer Form reagieren können (vgl. dazu: SCHRAMM, *M.* **9**, 613; SEŃKOWSKI, *B.* **23**, 2412; GENVRESSE, *Bl.* [3] **9**, 508; TISSIER, *A. ch.* [6] **29**, 360; KONOWALOW, *Bl.* [3] **16**, 864; *C.* **1899** I, 777; KONOWALOW, JEGOROW, *C.* **1899** I, 776); so erhält man z. B. aus Benzol und Isobutylchlorid (CH₃)₂CH·CH₂Cl nicht Isobutylbenzol (CH₃)₂CH·CH₂·C₆H₅, sondern tert.-Butyl-benzol (CH₃)₃C·C₆H₅. — Darstellung des Aluminiumchlorids für die FRIEDEL-CRAFTSsche Reaktion: STOCKHAUSEN, GATTERMANN, *B.* **25**, 3521; ESCALES, *B.* **30**, 1314; GUSTAVSON, *J. pr.* [2] **68**, 110.

Die Trennung der Benzol-Kohlenwasserstoffe von acyclischen und alicyclischen Kohlenwasserstoffen (z. B. von den Paraffinen und Naphthenen des Erdöls), auch die Trennung mehrerer Benzol-Kohlenwasserstoffe voneinander kann man darauf gründen, daß sie durch rauchende Schwefelsäure in Sulfonsäuren übergeführt werden, die sich durch Krystallisation ihrer Salze reinigen und durch geeignete Mittel wieder in Schwefelsäure und Kohlenwasserstoff spalten lassen (vgl. z. B. ZALOZIECKI, HAUSMANN, *Z. Ang.* **20**, 1763); die Abspaltung der SO₃H-Gruppen (vgl. dazu: ARMSTRONG, MILLER, *Soc.* **45**, 148; FRIEDEL, CRAFTS, *Bl.* [2] **42**, 66; *C. r.* **109**, 95; KELBE, *B.* **19**, 92; FOURNIER, *Bl.* [3] **7**, 652; CRAFTS, *Bl.* [4] **1**, 917) kann man bewirken, indem man Dampf (normalen oder überhitzten) in das auf passende Temp. erhitzte Gemisch der Sulfonsäuren bezw. ihrer Salze mit Schwefelsäure oder Phosphorsäure einleitet.

Eigenschaften. Die Benzol-Kohlenwasserstoffe sind farblose Stoffe, bei gewöhnlicher Temp. teils flüssig, teils fest, unzersetzt flüchtig, in Wasser praktisch unlöslich, in Alkohol und Äther löslich.

Nach ISTRATI (Éthylbenzines chlorées [Paris 1885], S. 146) läßt sich der Siedepunkt der Homologen des Benzols mit einer Seitenkette und mit normalen Alkoholradikalen nach folgender Formel berechnen: 80,5° + 2(C$_n$H$_{2n+1}$) — 2 n. C$_n$H$_{2n+1}$ bedeutet das Molekulargewicht des Radikals (C₂H₅ = 29) und n die Anzahl der Kohlenstoffatome im Alkoholradikal.

Zusammenstellung über Refraktions- und Dispersionswert von CH₂ bei Benzol-Kohlenwasserstoffen: BRÜHL, *Ph. Ch.* 7, 162.

Verhalten. Der „aromatische Charakter" (vgl. S. 6), welcher die Benzol-Kohlenwasserstoffe und die durch Substitution aus ihnen hervorgehenden Abkömmlinge auszeichnet, zeigt sich:

a) in der Leichtigkeit, mit der sie Substitutions-Reaktionen zugänglich sind; so werden sie durch Salpetersäure leicht in Nitro-Derivate, durch starke Schwefelsäure leicht in Sulfonsäuren übergeführt;

b) in der Verminderung des Additionsvermögens, verglichen mit dem Additions-
vermögen der aliphatisch- oder alicyclisch-ungesättigten Verbindungen; so lagern sie
nicht Halogenwasserstoff an und sind gegen Oxydationsmittel unempfindlich;
c) in gewissen Eigentümlichkeiten, die im chemischen Verhalten der substituie-
renden Gruppen hervortreten; so lassen sich die NO$_2$-Gruppen zu Azogruppen —
N : N — reduzieren, die NH$_2$-Gruppen durch salpetrige Säure in saurer Lösung glatt
zu N$_2$Ac-Gruppen diazotieren.

Die unter a hervorgehobene Substituierbarkeit gibt sich besonders auch bei den „Alumi-
niumchlorid-Reaktionen" (vgl. FRIEDEL, CRAFTS, A. ch. [6] 1, 449) zu erkennen, deren
eine S. 175 besprochen wurde. Unter Zuhilfenahme von Aluminiumchlorid lassen sich nämlich nicht nur Alkyle, sondern auch Acyle, Cyan, PCl$_2$ usw. in den Benzol-Kern einführen,
wenn man es in Gegenwart passender organischer oder anorganischer Halogenverbindungen
(Säurechloride, Cyanhalogenide, Phosphortrichlorid usw.) wirken läßt; vgl. die Umsetzungen
des Benzols auf S. 185 ff. Die Reaktionen pflegen bei den Benzol-Homologen leichter ein-
zutreten und mit größerer Geschwindigkeit zu verlaufen als beim Benzol selbst (vgl. z. B.
SCHOLL, KAČER, B. 36, 322). — Betrachtungen und Versuche zur Theorie der „FRIEDEL-
CRAFTSschen Reaktion": GUSTAVSON, B. 16, 784; 23 Ref., 767; J. pr. [2] 68, 209; C. r.
136, 1065; FRIEDEL, CRAFTS, A. ch. [6] 14, 457; PERRIER, C. r. 116, 1298; B. 33, 815; NEF,
A. 298, 252; BOESEKEN, R. 19, 19; 20, 102; 22, 301; 23, 98; 24, 1,6; KONDAKOW, J. pr.
[2] 63, 116, 119; STEELE, Soc. 83, 1470.

Über Abspaltungen und Übertragungen von Seitenketten, die durch Aluminiumchlorid bewirkt werden, s. S. 175. Solchen Umwandlungen unterliegen Benzol-
Homologe mit vielen Seitenketten auch unter der Wirkung von Schwefelsäure (vgl. O. JACOB-
SEN, B. 19, 1209; 20, 896; 21, 2814); so entstehen z. B. bei längerem Stehen von Pentamethylbenzol mit konz. Schwefelsäure Hexamethylbenzol und Tetramethylbenzolsulfonsäure.

Die Substitution in der Benzol-Reihe.

Die verschiedenen Benzolformeln (S. 173—174) kann man für die Ableitung der Isomerie-
Möglichkeiten, die für Substitutionsprodukte bestehen, durch das nebenstehende einfache
Sechseckschema ersetzen. Es ergibt sich, daß
1. Monosubstitutions-Derivate nur in einer Form,
2. Disubstitutions-Derivate in 3 isomeren Formen (1.2 = 1.6, 1.3 = 1.5, 1.4)
bestehen können. Bei Gleichheit aller Substituenten gibt es ferner für Triderivate
und Tetraderivate ebenfalls nur je 3 Isomerie-Möglichkeiten, für Penta- und Hexa-
derivate nur eine, während sich bei Ungleichheit der Substituenten die Zahl der
Isomeren für 3-, 4-, 5- und 6-fache Substitution höher stellt.

Durch einen außerordentlich großen Bestand an Erfahrungen, der sich im Laufe von
mehreren Jahrzehnten angesammelt hat, sind diese Forderungen bestätigt worden. Es sind
aber auch besondere Untersuchungsreihen ausgeführt worden, um auf experimentellem
Wege für die obigen Sätze No. 1 und 2 eine exakte Beweisführung zu liefern; vgl. hierüber:
LADENBURG, B. 7, 1684; Theorie der aromatischen Verbindungen [Braunschweig 1876],
S. 10, 12, 20; V. MEYER, A. 156, 293; LADENBURG, ENGELBRECHT, B. 10, 1224; WROBLEWSKY,
B. 8, 573; NOELTING, B. 37, 1015, 1027.

Hiernach gibt es also drei Reihen von Diderivaten, die man als ortho-, meta- und para-
Reihe (KÖRNER, J. 1867, 615) unterscheidet (vgl. S. 5): ortho = 1.2 und 1.6, meta = 1.3
und 1.5, para = 1.4 (vgl. GRAEBE, A. 149, 28). Von größter Wichtigkeit war natürlich die
Entscheidung der Frage, welchen unter den bekannt gewordenen Diderivaten die ortho-
Stellung der Substituenten, welchen die meta- und welchen die para-Stellung zukommt.
Während in den ersten Jahren nach Aufstellung der KEKULÉschen Formel hierüber wider-
sprechende Ansichten herrschten, ist diese Frage seit Mitte der siebziger Jahre des vorigen
Jahrhunderts durch exakte „Grundlagen der Ortsbestimmungen", die auf verschie-
denen Wegen herbeigeschafft wurden, endgültig gelöst; vgl. hierüber besonders: GRAEBE,
A. 149, 26; HÜBNER, PETERMANN, A. 149, 129; LADENBURG, B. 2, 140; A. 179, 163; Theorie
der aromatischen Verbindungen [Braunschweig 1876], S. 29; PETERSEN, B. 6, 368; 7, 58;
KÖRNER, G. 4, 305, 425 [vgl. dazu MARCKWALD, AHRENSsche Sammlung chem. und chem.-
techn. Vorträge, Bd. II (Stuttgart 1898), S. 9]; GRIESS, B. 7, 1226; NOELTING, B. 18, 2687.
Schluß aus liquokrystallinen Eigenschaften auf Parastellung: VORLÄNDER, B. 40, 4535.

Im Laufe der Untersuchungen über die Substitution in der Benzol-Reihe und über das
Verhalten der Substitutionsderivate hat sich eine gewisse Gegensätzlichkeit zwischen
der ortho- und para-Stellung einerseits und der meta-Stellung andrerseits
herausgestellt.

Diese zeigt sich zunächst, wenn man die Bildung der Diderivate aus Monoderivaten über-
schaut, hinsichtlich der Stellung, welchen der neu eintretende Substituent gegenüber dem

schon vorhandenen aufsucht. Man beobachtet hierbei nämlich zwei Hauptfälle. Entweder verläuft die Hauptreaktion derart, daß der neu eintretende Substituent zugleich die o- und p-Stellung besetzt, die m-Stelle aber frei läßt; so entstehen z. B. beim Nitrieren von Phenol $C_6H_5 \cdot OH$ nebeneinander o-Nitro- und p-Nitro-phenol, aber kein m-Nitro-phenol. Oder der neu hinzutretende Substituent besetzt in der Hauptreaktion die m-Stelle und läßt dagegen die o- und p-Stelle frei; so bilden sich z. B. bei weiterer Nitrierung des Nitrobenzols große Mengen von m-Dinitro-benzol, aber nur sehr kleine von o- und p-Dinitro-benzol. FLÜRSCHEIM (J. pr. [2] 66, 323) faßt die für Nitrierung und Chlorierung vorliegenden Erfahrungen folgendermaßen zusammen:

A. Ausschließlich oder hauptsächlich nach o- und p- orientieren: Die Halogene, $-NH \cdot NO_2$, $-N:N-$, $-NO:N-$, $-NH \cdot CO \cdot CH_3$, $-NH \cdot CO \cdot NH_2$, Alkyle, $-CH_2Cl$, $-CH_2 \cdot CO_2H$, $-CH_2 \cdot CH_2 \cdot CO_2H$, $-CH_2 \cdot CH(OH) \cdot CO_2H$, $-CH_2 \cdot OR$, $-CH_2 \cdot CH(NH_2) \cdot CO_2H$, $-CH(SCN) \cdot CH_2 \cdot SCN$, $-CH:CRR_1$, $-C_6H_5$, $-CH_2 \cdot CN$, $-CH \cdot CH(CO_2H) \cdot CH_2 \cdot CO \cdot O$, $-OH$, $-OPO(OH)_2$, $-SR$, $-CH_2 \cdot NH \cdot CO \cdot CH_3$.

B. Wesentlich nach m- orientieren: $-SO_3H$, $-CN$, $-NO_2$, $-NH_3 \cdot O \cdot SO_3H$, $-NH_3 \cdot O \cdot NO_2$, $-CO \cdot CH_2Br$, $-CH(NH_2) \cdot CO_2H$, $-CO \cdot NH \cdot CH_2 \cdot CO_2H$, $-CF_3$, $-SO_2 \cdot C_6H_5$, $-CH_2 \cdot N(C_2H_5) \cdot C_6H_5$, $-CH \cdot N(OH) \cdot O$, $-CHO$, $-CO_2H$, $-CO \cdot CH_3$.

C. Bei der Nitrierung nach m-, bei der Chlorierung nach p- orientieren: $-CHCl_2$, $-CCl_3$.

Betrachtungen und Untersuchungen über diese Verhältnisse (auch Ausdehnung auf die weitere Substitution von Diderivaten) vgl. z. B. an folgenden Stellen: HÜBNER, B. 8, 873; NOELTING, B. 9, 1797; LIMPRICHT, A. 191, 252; DOEBNER, A. 210, 284; NOELTING, COLLIN, B. 17, 261; E. WERNER, Bl. [2] 46, 275; ARMSTRONG, Soc. 51, 258, 583; MORLEY, Soc. 51, 579; CRUM BROWN, GIBSON, Soc. 61, 367; VAUBEL, J. pr. [2] 53, 241; LAPWORTH, Soc. 73, 454; 79, 1265; HOLLEMAN, R. 20, 229; 22, 277; J. pr. [2] 74, 157; C. 1906 I, 457; FRIEDLÄNDER, M. 23, 544 Anm.; FLÜRSCHEIM, J. pr. [2] 66, 321; 71, 498; 76, 165, 194 ff.; H. KAUFFMANN, J. pr. [2] 67, 334; OBERMILLER, J. pr. [2] 75, 1; 77, 65; KNOEVENAGEL, Verhandl. d. naturhistorisch-medizin. Vereins zu Heidelberg, N. F. 9 [1907], 208.

Sodann zeigt sich jene Gegensätzlichkeit der Stellungen häufig im Verhalten der Diderivate. Man kann im allgemeinen sagen, daß ein Substituent des Benzolkerns in seinem Verhalten wesentlich verändert werden kann, wenn gewisse andere Substituenten zu ihm in der o- oder p-Stellung sich befinden, daß aber dieser modifizierende Einfluß durch die gleichen Substituenten nicht ausgeübt wird, wenn sie von der m-Stellung aus wirken. So ist z. B. das Brom im Brombenzol und im m-Nitro-brombenzol nur schwer austauschbar, dagegen im o-Nitro-brombenzol und im p-Nitro-brombenzol sehr leicht austauschbar. Vgl. hierüber z. B.: LELLMANN, B. 17, 2719; VAUBEL, J. pr. [2] 49, 308; 52, 548; MENSCHUTKIN, B. 30, 2966; REISSERT, B. 30, 1032; LOBRY DE BRUYN, STEGER, R. 18, 9; LOBRY DE BRUYN, C. 1901 II, 202; OBERMILLER, J. pr. [2] 75, 53.

Die Verbindungen der ortho-Reihe sind vor derjenigen der meta- und para-Reihe dadurch ausgezeichnet, daß sie leicht Reaktionen unterliegen, bei denen sich dem Benzolkern ein zweiter Ring (meist ein Hetero-Ring) angliedert. So liefert die o-Dicarbonsäure (Phthalsäure) im Gegensatz zur m- und p-Säure ein inneres Anhydrid $C_6H_4 \diagdown \begin{smallmatrix} -CO \\ -CO \end{smallmatrix} \diagup O$, und in besonders großer Mannigfaltigkeit sind „Orthokondensationen", wie:

$$C_6H_4 \begin{smallmatrix} -NH_2 \\ -NH_2 \end{smallmatrix} + \begin{smallmatrix} OC \cdot R \\ OC \cdot R \end{smallmatrix} = 2\,H_2O + C_6H_4 \begin{smallmatrix} -N = C \cdot R \\ -N = C \cdot R' \end{smallmatrix}$$

bei den Diaminen, Aminophenolen und Aminomercaptanen der ortho-Reihe beobachtet worden.

Halogen-, Nitroso- und Nitro-Derivate der Benzol-Kohlenwasserstoffe.

Halogen-Derivate. In den Benzol-Kohlenwasserstoffen lassen sich die Wasserstoffatome des Kerns durch Einw. von Chlor oder Brom leicht bei Gegenwart von Halogen-Überträgern substituieren. Als Überträger sind z. B. zu nennen: Jod (H. MÜLLER, Soc. 15, 41), Aluminiumchlorid (MOUNEYRAT, POURET, C. r. 127, 1025), amalgamiertes Aluminium (COHEN, DAKIN, Soc. 79, 895, 1111), Zinn (PÉTRIEOU, Bl. [3] 3, 189), Molybdänpentachlorid (ARONHEIM, B. 8, 1400), Ferrichlorid (PAGE, A. 225, 200; SCHEUFELEN, A. 231, 152). Systematische Untersuchungen darüber, welche Elemente bezw. Verbindungen als Halogen-Überträger wirken: WILLGERODT, J. pr. [2] 34, 264; 35, 391; s. dazu LASAREW, B. 23 Ref., 546. Dynamische Untersuchungen über die Chlorierung und Bromierung mit und ohne Überträger: BRUNER, C. 1900 II, 257; 1901 II, 160; Ph. Ch. 41, 513; SLATOR, Ph. Ch. 45, 513; BRUNER, DŁUSKA, C. 1908 I, 1169. Bei der Einw. von überschüssigem Brom in Gegenwart von $AlBr_3$ auf Benzolkohlenwasserstoffe werden längere Seitenketten häufig abgespalten;

so entsteht Tetrabromxylol $C_6Br_4(CH_3)_2$ aus Dimethyläthylbenzol (BODROUX, *Bl.* [3] 19, 888). — Auf manche Homologe des Benzols wirkt Brom auch für sich schon in der Kälte energisch ein und bewirkt Substitution im Kern, falls die Reaktion sich im Finstern vollzieht (vgl. SCHRAMM, *B.* 18, 607, 1272; 19, 212).

Auf die Seitenketten richtet sich dagegen die substituierende Wirkung, wenn man Chlor oder Brom bei Siedehitze (vgl.: CANNIZZARO, *A. ch.* [3] 45, 469; BEILSTEIN, GEITNER, *A.* 139, 331; JACKSON, FIELD, *B.* 13, 1215) oder im Sonnenlicht reagieren läßt. Systematische Untersuchungen über die Chlorierung und Bromierung im Licht, auch unter Berücksichtigung verschiedener Lichtarten: SCHRAMM, *B.* 18, 350, 607, 1272; 19, 212; *M.* 8, 101; SCHRAMM, ZAKRZEWSKI, *M.* 8, 299; RADZIEWANOWSKI, SCHRAMM, *C.* 1898 I, 1019; s. auch LUTHER, GOLDBERG, *Ph. Ch.* 56, 43. Einfluß von Lösungsmitteln auf die Verteilung zwischen Kern- und Seitenketten-Substitution: BRUNNER, VORBRODT, *C.* 1909 I, 1807. S. ferner HOLLEMAN, POLAK, *R.* 27, 435.

Die im Kern halogenierten Verbindungen zeigen einen schwachen und nicht unangenehmen Geruch; die in der Seitenkette halogenierten Verbindungen dagegen, wie $C_6H_5\cdot CH_2Cl$, besitzen meist einen äußerst stechenden Geruch und bewirken heftigen Tränenreiz. Das im Kern gebundene Halogen ist im allgemeinen bei der Einw. von Alkalien, Alkali- oder Silbersalzen, Ammoniak u. dgl. nicht oder nur schwer gegen OH, O·R, NH_2 usw. austauschbar. Vergleichende Untersuchungen über Einw. von Natriummethylat und Natriumäthylat auf einige Halogenbenzole: BLAU, *M.* 7, 621; JACKSON, CALVERT, *Am.* 18, 298. Vergleichende Versuche über die Zersetzbarkeit der Halogenderivate des Benzols durch Natriumalkylate: LÖWENHERZ, *Ph. Ch.* 29, 401 (vgl. dazu LULOFS, *R.* 20, 293); in alkoh. Lösung beim Auflösen von Natrium: L., *Ph. Ch.* 32, 477; 36, 469; in alkoh. Lösung durch Natriumamalgam: L., *Ph. Ch.* 40, 399. — Dagegen ist das in der Seitenkette befindliche Halogen leicht austauschbar (vgl. KEKULÉ, *A.* 137, 191).

Einfluß der Substitution im Kern auf die Oxydierbarkeit der Seitenkette durch Salpetersäure bei halogenierten Toluolen: COHEN, MILLER, *Soc.* 85, 174, 1622.

Im Benzolkern gebundene Halogenatome werden beim Erhitzen mit Jodwasserstoff und Phosphor leichter durch Wasserstoff ersetzt, wenn Methyl in o- oder p-Stellung zum Halogen steht. Die Abspaltung von Halogen findet beim Benzol selbst sehr schwierig statt. Die Abspaltbarkeit steigt vom Fluor zum Jod mit dem Atomgewicht (KLAGES, LIECKE, *J. pr.* [2] 61, 307). Über den Einfluß höherer Alkyle auf die Abspaltbarkeit durch HI s. KLAGES, STORP, *J. pr.* [2] 65, 564. — Umgekehrt wie bei der Wirkung von HI ist die Enthalogenierung durch Wasserstoff in Gegenwart von reduziertem Nickel (SABATIER, MAILHE, *C. r.* 138, 245) bei den Jodderivaten schwieriger als bei den Brom- und Chlor-Derivaten.

Bei den Verbindungen, welche Jod im Benzolkern gebunden enthalten, geht das Jod leicht in den Zustand höherer Wertigkeit über. Hierdurch werden Vertreter von Verbindungsklassen gebildet, für welche es in der acyclischen Reihe nur wenige Analoga gibt, nämlich der

  Jodosoverbindungen, wie Jodosobenzol $C_6H_5\cdot IO$;
  Jodoverbindungen, wie Jodobenzol $C_6H_5\cdot IO_2$;
  Jodoniumverbindungen, wie Diphenyljodoniumhydroxyd $(C_6H_5)_2I(OH)$.

Da im Englischen und Französischen das Präfix „Jodo" zur Bezeichnung der Substitution von H durch I gebraucht wird (z. B. „jodobenzène = C_6H_5 I), hat man für die Verbindungen mit der Gruppe IO_2 im Englischen das Präfix „Jodoxy" (vgl. *Soc.* 64 I, 149), im Französischen „Jody" (vgl. *Bl.* [3] 10, 486 Anm.) eingeführt. Statt der am Ammonium anklingenden Bezeichnung „Jodoniumverbindungen" benutzt WILLGERODT (vgl. *J. pr.* [2] 40, 482) die Benennung „Jodiniumverbindungen"; vgl. dazu HARTMANN, V. MEYER, *B.* 27, 505, 1592 Anm.

Nitroso-Derivate. Die Mononitrosoderivate der meisten Benzolkohlenwasserstoffe besitzen in Benzol-Lösung auch in der Kälte das einfache Molekulargewicht und dementsprechend eine blaugrüne bis grüne Farbe; abweichend verhalten sich Nitrosomesitylen und vic.-Nitrosom-xylol, die sich in kalten Lösungen zu über 50 % als ungefärbte Doppelmoleküle befinden (BAMBERGER, RISING, *B.* 34, 3877). Die Nitrosoderivate bilden im allgemeinen mit den entsprechenden Nitroderivaten feste Lösungen (BRUNI, CALLEGARI, *R. A. L.* [5] 13 I, 572; *G.* 34 II, 246).

Nitro-Derivate. Untersuchungen über den Vorgang der Nitrierung von Benzol-Kohlenwasserstoffen, ihren Halogen- und Nitro-Derivaten im Kern in bezug auf Wärmeentwicklung, Abhängigkeit von Konzentration der Salpetersäure und den Mengenverhältnissen, sowie in bezug auf zeitlichen Verlauf und dessen Beeinflussung durch vorhandene Substituenten: BERTHELOT, *A. ch.* [5] 9, 316; SPINDLER, *A.* 224, 283; GIESSBACH, KESSLER, *Ph. Ch.* 2, 676; HOLLEMAN, DE BRUYN, *R.* 19, 96; MARTINSEN, *Ph. Ch.* 50, 385; 59, 605. Während bei den Homologen des Benzols die Einw. von starker Salpetersäure in der Kälte Nitrierung im Kern bewirkt, kann durch Erhitzen mit verdünnter Salpetersäure Nitrierung in der

Seitenkette erzielt werden; systematische Untersuchungen hierüber: KONOWALOW, *B.* 27 Ref., 193, 468; 28, 1856; *C.* 1899 I, 1237; s. auch Ko., *C.* 1901 II, 580.

Aromatische Kern-Nitroderivate geben bei der kryoskopischen oder ebullioskopischen Bestimmung in Ameisensäure zu niedrige Werte des Molekulargewichts, wenn sie noch unsubstituierte Kernwasserstoffatome enthalten (Trinitromesitylen also nicht) (BRUNI, BERTI, *R. A. L.* [5] 9 I, 274, 393). Kryoskopische Untersuchungen an Gemischen von Nitroderivaten mit korrespondierenden Halogenderivaten im Hinblick auf die isomorphogene Funktion der Nitrogruppe und der Halogenatome: BRUNI, PADOA, *R. A. L.* [5] 12 I, 348.

Über den Verlauf der elektrolytischen Reduktion von Kern-Nitroderivaten s. HABER, *Z. Ang.* 13, 433; vgl. dazu: FREUNDLER, *Bl.* [3] 31, 455; FLÜRSCHEIM, SIMON, *Soc.* 93, 1463; HELLER, *B.* 41, 2691 Anm.; HOFER, JAKOB, *B.* 41, 3187. Eine Zusammenfassung der Erfahrungen über elektrochemische Reduktion und der theoretischen Folgerungen gab KURT BRAND in der AHRENSschen Sammlung chemischer und chem.-technischer Vorträge, Bd. 13 [Stuttgart 1908], S. 51 ff. — S. ferner über die vielgestaltigen Veränderungen der Nitrokörper durch Reduktionsmittel verschiedener Art die Angaben bei den einzelnen Vertretern, besonders bei Nitrobenzol, S. 235—239 und 1.3-Dinitro-benzol, S. 259—260. — Über Depolarisation der Wasserstoff-Elektrode durch Nitroso- und durch Nitrokörper: DE BOTTENS, *Z. El. Ch.* 8, 305, 332. — Kinetik der Reduktion mit Schwefelwasserstoff: H. GOLDSCHMIDT, *C.* 1903 II, 820; *Z. El. Ch.* 9, 725; durch Stannohalogenide: H. GOLDSCHMIDT, INGEBRECHTSEN, *Ph. Ch.* 48, 435.

Zusammenfassende Besprechung der Einw. von Kaliumcyanid auf aromatische Nitrokörper: LOBRY DE BRUYN, *R.* 23, 47.

In den Halogennitro-Derivaten, welche NO_2 in o- oder p-Stellung zum Halogen enthalten, ist das Halogen leicht austauschbar (vgl. S. 177), z. B. gegen $O \cdot CH_3$ bei der Einw. von Natriummethylat-Lösung. Vergleichende Untersuchung über die Geschwindigkeit der Umsetzung solcher Halogennitro-Verbindungen mit Natriumalkylaten: LULOFS, *R.* 20, 292.

Quantitative Bestimmung der Nitro-Gruppen durch Reduktion mit Zinnchlorür und jodometrische Rücktitration des unverbrauchten Zinnchlorürs: LIMPRICHT, *B.* 11, 35, 40; SPINDLER, *A.* 224, 288; YOUNG, SWAIN, *C.* 1897 II, 1162; ALTMANN, *J. pr.* [2] 63, 370; durch Reduktion mit Zinkstaub und Rücktitration mit Ferrisulfat und Permanganat: GREEN, WAHL, *B.* 31, 1080; durch Reduktion mit titrierter Titantrichlorid-Lösung: KNECHT, HIBBERT, *B.* 36, 1554; 40, 3819.

1. Kohlenwasserstoffe C_6H_6.

1. *Benzol* (Benzen, „Phen") C_6H_6. Zur *Konstitution* s. S. 173 f.

Geschichtliches.

Benzol wurde 1825 von FARADAY (*Ann. d. Physik* 5, 306) im komprimierten Ölgas aufgefunden, soll aber nach SCHELENZ (*Z. Ang.* 21, 2577) bereits ca. 40 Jahre früher bekannt gewesen sein. MITSCHERLICH (*A.* 9, 43) erhielt es 1833 durch trockne Destillation von Benzoesäure mit Kalk, ermittelte seine Zusammensetzung und seine Dampfdichte und gab ihm den Namen Benzin, den LIEBIG (*A.* 9, 43 Anm.) in Benzol umänderte (vgl. dazu S. 6). MARIGNAC gewann Benzol 1842 (*A.* 42, 217) durch Destillation von Phthalsäure mit Kalk, BERTHELOT 1866 (*C. r.* 63, 479; *A.* 141, 173) durch Überhitzen von Acetylen. — Das Vorkommen von Benzol im Steinkohlenteer wurde zuerst von LEIGH 1842 (s. *Moniteur scient.* 1865, 446) beobachtet und von A. W. HOFMANN 1845 (*A.* 55, 204) sichergestellt. Die ersten Versuche zur fabrikmäßigen Erzeugung des Benzols aus Steinkohlenteer stellte MANSFIELD 1849 (*A.* 69, 162) an. Seit 1887 wird es in Deutschland auch aus Kokereigasen im großen gewonnen. — KEKULÉ stellte 1865 (*Bl.* [2] 3, 98) die erste Strukturformel des Benzols auf (vgl. S. 173) und begründete durch sie die Theorie der aromatischen Verbindungen.

Vorkommen.

In deutschen Erdölen (KRAEMER, BÖTTCHER, *B.* 20, 603). Im galizischen Erdöl (PAWLEWSKI, *B.* 18, 1915; LACHOWICZ, *A.* 220, 198). Im rumänischen Erdöl (PONI, *C.* 1900 II, 452; 1901 I, 61; EDELEANU, *C.* 1901 I, 1070; EDELEANU, FILITI, *Bl.* [3] 23, 387). Im russischen Erdöl (DOBOSCHENKO, Ж. 17, 287; *B.* 18 Ref., 662; MARKOWNIKOW, *A.* 234, 94); relativ reichlich im Grosnyer Erdöl (MARK., Ж. 34, 635; *C.* 1902 II, 1227; vgl. CHARITSCHKOW, Ж. 31, 657; *C.* 1899 II, 920. Wahrscheinlich im italienischen Erdöl (BALBIANO, ZEPPA, *G.* 33 II, 42; vgl. BALBIANO, *G.* 32 I, 442). Im amerikanischen Erdöl, z. B. im pennsylvanischen Petroleum (YOUNG, *Soc.* 73, 906), im californischen Erdöl (MABERY, *C.* 1901 I, 650; MABERY, HUDSON, *Am.* 25, 257), im Erdöl von Borneo (JONES, WOOTTON, *Soc.* 91, 1148), im ostindischen Erdöl (MÜLLER, WARREN DE LA RUE, *J.* 1856, 606). Über Vorkommen

12*

von Benzol in Erdölen s. ferner C. ENGLER in C. ENGLER und H. v. HÖFER, Das Erdöl, Bd. I [Leipzig 1913], S. 359.

Bildung.

Bei der trocknen Destillation der Steinkohle (vgl. dazu HEUSLER, *B.* **30**, 2744); ist daher im Steinkohlenteer (A. W. HOFMANN, *A.* **55**, 204) und im Leuchtgase (COUERBE, *J. pr.* [1] **18**, 174; ENGELHORN, A. CLEMM, C. CLEMM, *D.* **193**, 333; BERTHELOT, *C. r.* **82**, 928) enthalten. Bei der destruktiven Destillation von Braunkohlenteeröl (SCHULTZ, WÜRTH, *C.* **1905** I, 1444; vgl. HEUSLER, *B.* **25**, 1673). Bei der trocknen Destillation der Wurzeln von Pinus silvestris und Pinus abies, daher im Vorlauf des finnländischen Kienöls (ASCHAN, *Z. Ang.* **20**, 1814). Beim Überhitzen von Terpentinöl (SCHULTZ, *B.* **10**, 114; TILDEN, *Soc.* **45**, 411). Beim Durchleiten von Handelspetroleum (C. LIEBERMANN, BURG, *B.* **11**, 725) oder Petroleumrückständen (LETNY, *B.* **11**, 1212) durch ein glühendes, mit Kohle oder anderen Stoffen gefülltes Rohr (s. auch: ARMSTRONG, *J.* **1884**, 1816; ARMSTRONG, MILLER, *J.* **1886**, 2153; ENGLER, GRÜNING, *B.* **30**, 2917). Aus Fischtran (vom Menhadenfisch) durch Destillation unter Druck (ENGLER, LEHMANN, *B.* **30**, 2368). — Beim Überhitzen von Äthylen (NORTON, NOYES, *Am.* **8**, 363). Beim Erhitzen von Acetylen in einer Retorte bis zum Weichwerden des Glases (BERTHELOT, *A. ch.* [4] **9**, 446, 469; *A.* **141**, 175). Aus Metallcarbiden (z. B. Bariumcarbid) mit Metallhydroxyden (z. B. Bariumhydroxyd) bei 600—800° (BRADLEY, JACOBS, D. R. P. 125936; *C.* **1902** I, 77). — Beim Durchleiten von Alkohol durch ein glühendes, mit Bimsstein gefülltes Rohr (BERTHELOT, *A.* **81**, 110). Beim Durchleiten von Essigsäure durch ein glühendes, mit Bimsstein gefülltes Rohr (BERTHELOT, *A.* **81**, 115). Beim Durchleiten von Toluol durch ein glühendes Porzellanrohr (BERTHELOT, *Bl.* [2] **7**, 219; *J.* **1866**, 542). Beim Auftröpfeln von Toluol auf Bleioxyd, das nicht ganz bis auf Bleischmelzhitze (335°) erhitzt ist (VINCENT, *Bl.* [3] **4**, 7). Beim Überhitzen von Xylol (Kp: 139°; aus Steinkohlenteer) (BERTHELOT, *Bl.* [2] **7**, 227; *J.* **1866**, 543). Beim Überhitzen von Cumol (Kp: 160—165°; aus Steinkohlenteer) (BERTHELOT, *Bl.* [2] **7**, 229; *J.* **1866**, 543). Beim Überhitzen von Styrol (BERTHELOT, *Bl.* [2] **6**, 272, 279; *J.* **1866**, 544). Benzol bildet sich beim Erhitzen mit $AlCl_3$, am zweckmäßigsten im Chlorwasserstoffstrom, aus m-Xylol, Pseudocumol, Mesitylen, Hexamethylbenzol, Äthylbenzol, Propylbenzol, Isopropylbenzol und Butylbenzol (JACOBSEN, *B.* **18**, 339; ANSCHÜTZ, *A.* **235**, 182; HEISE, TÖHL, *A.* **270**, 157). Aus Naphthalin beim Erhitzen mit überschüssigem $AlCl_3$ (FRIEDEL, CRAFTS, *Bl.* [2] **39**, 195). Beim Überhitzen von Diphenyl (BERTHELOT, *J.* **1866**, 544).

Aus Phenol beim Überhitzen (KRAMERS, *A.* **189**, 129; E. MÜLLER, *J. pr.* [2] **58**, 27). Aus Phenol beim Durchleiten durch ein rotglühendes, mit Holzkohle oder Eisenfeile gefülltes Glasrohr (SMITH, *Journ. Soc. Chem. Ind.* **9**, 447; *Ch. I.* **14**, 77). Beim Überleiten von Phenol-dämpfen über erhitzten Zinkstaub (BAEYER, *A.* **140**, 295). Aus Phenol beim Erhitzen mit „Phosphortrisulfid" (GEUTHER, *A.* **221**, 56). Aus Phenol beim Erhitzen mit $AlCl_3$ (MERZ, WEITH, *B.* **14**, 189). Aus Phenol bei Behandlung mit Wasserstoff und in Gegenwart von auf 250—300° erhitztem Nickel (SABATIER, SENDERENS, *A. ch.* [8] **4**, 427). Bei 1-stdg. Erhitzen von Phenol mit Naphthalin und Natriumamid auf 220° (SACHS, *B.* **39**, 3023). Aus Brenz-catechin, Resorcin und Hydrochinon bei Behandlung mit auf ca. 250° erhitztem Nickel (SABATIER, SENDERENS, *A. ch.* [8] **4**, 428).

Beim Erhitzen von Benzoin in Gegenwart von Palladium, neben CO und Benzophenon (KNOEVENAGEL, TOMASZEWSKI, *B.* **36**, 2830). Benzil liefert beim Glühen mit Natronkalk Benzol und Benzophenon (JENA, *A.* **155**, 87).

Benzol entsteht beim Glühen von Benzoesäure mit Kalk (MITSCHERLICH, *A.* **9**, 43). Beim Glühen von Phthalsäure mit Kalk (MARIGNAC, *A.* **42**, 217). Bei der trocknen Destillation von Chinasäure (WÖHLER, *A.* **51**, 146). Bei der Destillation von Phthalid mit Kalk, neben Anthracen (KRCZMAŘ, *M.* **19**, 456). — Aus Benzonitril durch Behandlung mit Natrium in siedendem Alkohol, neben Benzylamin und Benzoesäure (BAMBERGER, LODTER, *B.* **20**, 1702, 1709).

Neben anderen Produkten bei der trocknen Destillation der Benzolsulfonsäure (A. FREUND, *A.* **120**, 80). Beim Durchleiten von Wasserdampf durch ein auf etwa 175° erhitztes Gemisch von Benzolsulfonsäure mit Schwefelsäure (ARMSTRONG, MILLER, *Soc.* **45**, 148; vgl. dazu FRIEDEL, CRAFTS, *C. r.* **109**, 95, 98).

Aus Phenylhydrazin beim Schütteln mit FEHLINGscher Lösung (E. FISCHER, *A.* **190**, 102). — Aus Benzoldiazoniumsulfat durch Erwärmen mit Alkohol (GRIESS, *A.* **137**, 69). Beim Zusatz einer Lösung von Zinnchlorür in Natronlauge zu einer Diazobenzollösung, die durch Eintragen von Benzoldiazoniumchloridlösung in eiskalte Natronlauge hergestellt ist (FRIEDLÄNDER, *B.* **22**, 587). Neben Diphenyl, etwas p-Amino-phenol (?) und Phenol, bei der Einw. von unterphosphoriger Säure auf Benzoldiazoniumchlorid (MAI, *B.* **35**, 163). Durch Einw. äquimolekularer Mengen von normalem Diazobenzolnatrium und Phenylhydrazin bei gewöhnlicher Temperatur; daneben entsteht etwas Azobenzol (EIBNER, *B.* **36**, 815). — Durch

Einw. von Wasser auf die Lösung von Phenylmagnesiumbromid in Äther (R. MEYER, TOEGEL, *A.* **347,** 59, 64, 65, 66).

Darstellung.

Darstellung im kleinen. Man destilliert 1 Tl. Benzoesäure mit 3 Tln. Kalk (MIT-SCHERLICH, *A.* **9,** 43).

Gewinnung im großen (vgl. WEGER in F. ULLMANNs Enzyklopädie der technischen Chemie, Bd. II [Berlin-Wien 1915], S. 361 ff.). a) Aus Kokereigasen. Die Gase werden von der Hauptmenge des Teers in einer Vorlage, von dem Rest des Teers in Luftkühlern, von dem Gaswasser in Wasserkühlern befreit. Darauf passieren sie Waschapparate, die an sie zunächst ihr Ammoniak, dann ihr Benzol, Toluol, Xylol usw. abgeben. Die „Benzol-wäscher" sind mit Holzhorden gefüllte schmiedeeiserne Zylinder von 10—15 m Höhe, in denen Teeröl (Kp: ca. 200—300⁰, sog. „Waschöl") herabrieselt. Die Gase durchströmen die Zylinder bei höchstens 25⁰ von unten nach oben. Das mit Benzol beladene Waschöl wird in einem Kolonnenapparat durch direkten Dampf vom Benzol befreit, das dann in besonderen Fabriken (Teerdestillation) auf Halb- und Reinfabrikate verarbeitet wird. — b) Aus Teer (Gasanstalts- und Kokereiteer). Der Teer wird der fraktionierten Destillation unterworfen. Die erste Fraktion („Leichtöl") wird durch eine rohe Kolonnendestillation in „Leichtbenzol", „Schwer-benzol" und „Carbolöl" zerlegt. Das Leichtbenzol wird in Waschapparaten durch Behandlung mit Natronlauge von Phenolen, durch Behandlung mit verdünnter Schwefelsäure von Pyridin-basen befreit. Dann wird es in gut wirkenden Kolonnenapparaten in Rohbenzol I (haupt-sächlich Benzol enthaltend), Rohbenzol II (hauptsächlich Toluol enthaltend) und Rohbenzol III (vorwiegend aus Xylol bestehend) zerlegt. Aus diesen drei Produkten entfernt man durch ein- oder mehrmaliges Waschen mit ca. 2⁰/₀ konz. Schwefelsäure den größten Teil der Ver-unreinigungen (s. u.). Das gewaschene Rohbenzol I liefert nunmehr bei scharfer Fraktio-nierung folgende Handelsprodukte: 80/81er Reinbenzol (zwischen 80⁰ und 81⁰ übergehend), 90er Handelsbenzol (Benzol I) (bis 100⁰ zu 90⁰/₀ übergehend) und 50er Handelsbenzol (Benzol II) (bis 100⁰ zu 50⁰/₀ übergehend). Das 80/81er Reinbenzol enthält von Verunreini-gungen noch etwas Thiophen (V. MEYER, *B.* **16,** 1465), Schwefelkohlenstoff und Spuren von Toluol und Paraffinen. Das 90er Handelsbenzol enthält 81—84⁰/₀ Benzol, das 50⁰/₀ige Handelsbenzol enthält ca. 43—45⁰/₀ Benzol neben ca. 40⁰/₀ Toluol und 12⁰/₀ Xylol.

Im Vorlauf des Benzols sind nachgewiesen worden: Schwefelkohlenstoff (HELBING, *A.* **172,** 281; VINCENT, DELACHANAL, *C. r.* **86,** 340), Trimethyläthylen (AHRENS, STAPLER, *B.* **38,** 1296; AHRENS, *C.* **1906** I, 510; vgl. HELBING), Äthyläthylen (A., ST.; A.), Cyclopenta-dien-(1.3) (KRAEMER, SPILKER, *B.* **29,** 554), Acetonitril (V., D.), Alkohol (V., D.) und andere Produkte (WILLIAMS, *A.* **108,** 385; HELBING, *A.* **172,** 284).

Minderwertiges Benzol kann man durch starkes Abkühlen (wobei das Benzol erstarrt, während die beigemengten homologen Kohlenwasserstoffe flüssig bleiben) und Abpressen der festen Masse reinigen (A. W. HOFMANN, *B.* **4,** 163). Trennung vom Toluol mittels fraktionierter Fällung der alkoholischen Lösung durch Wasser: CHARITSCHKOW, Ж. **38,** 1388; *C.* **1907** I, 1738. Befreiung von Schwefelkohlenstoff durch Behandlung mit feuchtem Ammoniak: SCHWALBE, D. R. P. 133761; *C.* **1902** II, 834; **1905** I, 360. — Befreiung des Benzols vom Thiophen: durch intensive Wäsche mit 3⁰/₀ konz. oder 2⁰/₀ rauchender Schwefelsäure (WEGER in F. ULLMANN, Enzyklopädie der technischen Chemie, Bd. II, S. 364; vgl. V. MEYER, *B.* **15,** 2894); durch Behandlung mit feuchtem Ammoniak (SCHWALBE, D. R. P. 133761; 1902 II, 834; 1905 I, 360); durch sukzessive Behandlung mit Stickoxyden und mit konz. Schwefelsäure (SCHWALBE, *C.* **1905** I, 360); durch Behandlung mit geringen Mengen Formaldehyd und Schwefelsäure und Abtreiben des Benzols von den entstandenen Konden-sationsprodukten (Bad. Anilin- u. Soda-Fabr., D. R. P. 211239; *C.* **1909** II, 666). Man kocht das Benzol mit AlCl₃ und destilliert direkt vom AlCl₃ ab (HALLER, MICHEL, *Bl.* [3] **15,** 1067; D. R. P. 79505; *Frdl.* **4,** 31). Man kocht 1 kg Benzol ¹/₂ Stde. mit einer Lösung von 40 g HgO in 300 ccm Wasser + 40 ccm Eisessig unter Umrühren; das Thiophen scheidet sich als C₄H₃S(Hg·O·CO·CH₃)·Hg·OH ab, während sehr geringe Mengen Phenylquecksilberacetat gelöst bleiben (DIMROTH, *B.* **32,** 759).

Physikalische Eigenschaften.
(Eigenschaften von Gemischen des Benzols s. im nächstfolgenden Abschnitt.)

Farblose, mit Wasser nicht mischbare Flüssigkeit, von charakteristischem Geruch, brenn-bar mit leuchtender, stark rußender Flamme. Grenze der Brennbarkeit: PELET, JOMINI, *Bl.* [3] **27,** 1210. — Erstarrt unter 0⁰ zu rhombisch-bipyramidalen (GROTH, *B.* **3,** 450; vgl. Groth, *Ch. Kr.* **4,** 3) Prismen. F: 5,5⁰ (MANGOLD, *Sitzungsber. K. Akad. Wiss. Wien* **102** II a, 1075), 5,4⁰ (LINEBARGER, *Am.* **18,** 437), 5,42⁰ (LACHOWICZ, *B.* **21,** 2207), 5,43⁰ (BOGOJAW-LENSKI, *C.* **1905** II, 946), 5,44⁰ (J. MEYER, *C.* **1909** II, 1842). Änderung des Schmelzpunktes durch Druck: HULETT, *Ph. Ch.* **28,** 653; TAMMANN, *Ann. d. Physik* [N. F.] **66,** 481. —

Kp$_{760}$: 80,18° (YOUNG, FORTEY, *Soc.* **83**, 58), 80,20° (LUGININ, *A. ch.* [7] 13, 332), 80,36 (REG-
NAULT, *J.* 1863, 70); Kp$_{757,2}$: 80,12° (LINEBARGER, *Am.* 18, 437); Siedepunkt bei vermindertem
Druck: MANGOLD; NEUBECK, *Ph. Ch.* 1, 654; YOUNG, *Soc.* 55, 501; Dampfdrucke bei ver-
schiedenen Temperaturen: KAHLBAUM, *Ph. Ch.* 26, 586; WORINGER, *Ph. Ch.* 34, 257.

Spez. Gew. des luftfreien Benzols bei t°/4°:

0° 0,89408	15° 0,87868	30° 0,86718	45° 0,85106	60° 0,83450	75° 0,81789
5° 0,88885	20° 0,87360	35° 0,86184	50° 0,84539	65° 0,82893	80° 0,81239
10° 0,88376	25° 0,87255	40° 0,85649	55° 0,83968	70° 0,82339	80,4° 0,81196

(LACHOWICZ, *B.* 21, 2210). Ältere Tabellen über spez. Gewichte s.: LUGININ, *A. ch.* [4] 11,
458; ADRIEENZ, *B.* 6, 442; PISATI, PATERNÒ, *J.* 1874, 368; JANOVSKY, *M.* 1, 514. D$_4^0$: 0,90004
(YOUNG, FORTEY, *Soc.* **83**, 58); D^2: 0,8979; D^{25,7}: 0,8760; D^{44}: 0,8709 (GLADSTONE, *Soc.* 59,
291); D^{14}: 0,8881; D^{10}: 0,8903 (GLADSTONE, *Soc.* 45, 244); D$_4^0$: 0,89137 (PERKIN, *Soc.* 77,
273); D$_4^{14}$: 0,8779 (O. SCHMIDT, *B.* 36, 2479), 0,8839 (R. SCHIFF, *A.* 220, 91); D^{16}: 0,88341
(LANDOLT, JAHN, *Ph. Ch.* 10, 303); D$_4^0$: 0,8799 (BRÜHL, *A.* 200, 185; *B.* 27, 1066); D$_4^0$: 0,8736
(DUNSTAN, STUBBS, *Soc.* 93, 1921); D$_4^0$: 0,87661 (LINEBARGER, *Am.* 18, 437); D$_4^0$: 0,8111
(R. SCHIFF, *A.* 220, 91). D^t: 0,8995−0,001047 t−0,000000497 t^2 (LUGININ, *A. ch.* [4] 11,
465); D$_4^t$: 0,90048−0,0010668 t (LANDOLT, JAHN, *Ph. Ch.* 10, 292), 0,8991 (1−0,001192 t)
(WALDEN, *Ph. Ch.* 65, 147). Spez. Gewicht des siedenden Benzols unter verschiedenen
Drucken: NEUBECK, *Ph. Ch.* 1, 654.

n$_a^{20}$: 1,50043 (EIJKMAN, *R.* 12, 174); n$_a^{14}$: 1,50381; n$_D^{14}$: 1,50871; n$_γ^{14}$: 1,53154 (PERKIN,
Soc. 77, 273); n$_a^{11}$: 1,4988; n$_D^{11}$: 1,5038; n$_γ^{11}$: 1,5261 (LANDOLT, JAHN, *Ph. Ch.* 10, 303); n$_a^{10}$:
1,49690; n$_D^0$: 1,50165 (KANONNIKOW, *J. pr.* [2] 31, 352); n$_a^{14}$: 1,49668; n$_D^{14}$: 1,50137; n$_γ^{14}$: 1,52377
(BRÜHL, *A.* 200, 185); n$_a^{20,4}$: 1,49547; n$_D^{20,4}$: 0,501545; n$_γ^{20,4}$: 1,522042 (CHILESOTTI, *G.* 30 I,
151); n$_D^t$: 1,5122; n$_D^t$: 1,4993; n$_D^{20,4}$: 1,4960 (GLADSTONE, *Soc.* 59, 291); n$_D^{14}$: 1,5070; n$_D^{14}$: 1,5078;
1,5083 (GLADSTONE, *Soc.* 45, 244); n$_D^{15,4}$: 1,50196 (O. SCHMIDT, *B.* 36, 2479); n$_D^t$: 1,50095
(PAULY, *C.* 1906 I, 275). n$_D^t$: 1,514742−0,00066500 t (WEEGMANN, *Ph. Ch.* 2, 236). Zur Bestimmung der Brechungsexponenten und der Dispersion vgl. auch: ERFLE, *Ann. d. Physik* [4] 24,
690. − Absorptionsspektrum: KONIC, *J.* 1885, 326; SPRING, *R.* 16, 1; PAUER, *Ann. d. Physik*
[N. F.] 61, 368; BALY, COLLIE, *Soc.* 87, 1341; BALY, EDWARDS, STEWART, *Soc.* 89, 523;
FRIEDERICHS, *C.* 1905 II, 1073; GREBE, *C.* 1906 I, 341; HARTLEY, *C.* 1906 I, 1457; *Chem.
N.* 97, 97. Absorptionsspektrum in alkoh. Lösung: PAUER; HARTLEY, DOBBIE, *Soc.* 73,
695; STARK, STEUBING, *C.* 1908 II, 752. Fluorescenzspektrum in alkoh. Lösung: STARK,
R. MEYER, *C.* 1907 I, 1526). Die alkoh. Lösung zeigt bei tiefer Temp. (flüssige Luft) violette
Phosphorescenz (DZIERZBICKI, KOWALSKI, *C.* 1909 II, 959, 1618; vgl. KOW., *C. r.* 148, 280).

Capillaritätskonstante bei verschiedenen Temperaturen: R. SCHIFF, *A.* 223, 104;
FEUSTEL, *Ann. d. Physik* [4] 16, 76. Kompressibilität: RITZEL, *Ph. Ch.* 60, 323, 324. Oberflächenspannung: RAMSAY, ASTON, *Ph. Ch.* 15, 91; RENARD, SUYE, *C.* 1907 I, 1478. Oberflächenspannung und Binnendruck: WALDEN, *Ph. Ch.* 66, 387; vgl. I. TRAUBE, *Ann. d.
Physik* [4] 22, 540; *Ph. Ch.* 68, 293. Viscosität: DUNSTAN, STUBBS, *Soc.* 93, 1921; THORPE,
RODGER, *Philosoph. Transact. of the Royal. Soc. of London* 185 A, 519; vgl. BRILLONIN, *A.
ch.* [8] 18, 204; Versuche über turbulente Reibung: BOSE, RAUERS, *C.* 1909 II, 407.

Latente Schmelzwärme: 30,67 Cal. (BOGOJAWLENSKI, *C.* 1905 II, 946), 30,435 Cal. (J.
MEYER, *C.* 1909 II, 1842; vgl. ferner: PETTERSON, *J. pr.* [2] 24, 160; DE FORCRAND, *C. r.*
136, 947). Verdampfungswärme: JAHN, *Ph. Ch.* 11, 790; R. SCHIFF, *A.* 234, 344; MARSHALL,
RAMSAY, *Philos. Magazine* [5] 41, 49; LUGININ, *A. ch.* [7] 13, 364; BROWN, *Soc.* 87, 267.
− Molek. Verbrennungswärme des flüssigen Benzols bei konstantem Druck: 776,000 Cal.
(BERTHELOT, *A. ch.* [5] 23, 193), 779,530 Cal. (STOHMANN, RODATZ, HERZBERG, *J. pr.* [2]
33, 257). Molek. Verbrennungswärme des dampfförmigen Benzols bei konstantem Druck:
799,35 Cal. (THOMSEN, *Ph. Ch.* 52, 343), 787,488 Cal. (STO., RO., HE.) — Spezifische Wärme:
LUGININ, *A. ch.* [7] 13, 324; DE FORCRAND, *C. r.* 136, 947; BOGOJAWLENSKI, *C.* 1905 II,
946; TIMOFEJEW, *C.* 1905 II, 429. Mittlere spez. Wärme bei t bis t$_1^0$: 0,3834 + 0,0005215
(t + t$_1$) (R. SCHIFF, *A.* 234, 319). Schallgeschwindigkeit im Dampf: STEVENS, *Ann. d. Physik*
[4] 7, 320. − Kritische Temperatur: 296,4° (G. C. SCHMIDT, *A.* 266, 278), 290,5° (ALT-
SCHUL, *Ph. Ch.* 11, 590). Kritischer Druck: 50,1 Atm. (ALTSCHUL).

Magnetische Drehung: SCHÖNROCK, *Ph. Ch.* 11, 758; HUMBURG, *Ph. Ch.* 12, 403; PER-
KIN, *Soc.* 69, 1241. Magnetische Suszeptibilität: PASCAL, *Bl.* [4] 5, 1069; MESLIN, *C. r.*
140, 237. − Dielektrizitätskonstante: NEGREANO, *C. r.* 104, 423; TOMASZEWSKI, *Ann. d.
Physik* [N. F.] 33, 40; LANDOLT, JAHN, *Ph. Ch.* 10, 298; NERNST, *Ph. Ch.* 14, 659; RATZ,
Ph. Ch. 19, 105; DRUDE, *Ph. Ch.* 23, 309, 313; TURNER, *Ph. Ch.* 35, 412; TANGL, *Ann. d.
Physik* [4] 10, 755; BEAULARD, *C. r.* 141, 656; VELEY, *C.* 1906 I, 430; KAHLENBERG, AN-
THONY, *C.* 1906 II, 1818. − Elektrisches Spektrum: COLLEY, Ж. 40 (phys. Teil) 228; *C.*
1908 II, 1425. Spezifischer Widerstand: DI CIOMMOX, *Ph. Ch.* 44, 508. Ionisation des
Dampfes durch Radiumstrahlen: KLEEMAN, *C.* 1907 II, 127.

Benzol als Lösungsmittel und in Mischung.

Benzol hat ein beträchtliches Lösungsvermögen für Jod, Schwefel, Phosphor, besonders aber für Fette und Öle. Es mischt sich z. B. mit Methylalkohol, Äthylalkohol, Aceton, Äther und Eisessig.

Molekulare Gefrierpunktsdepression: 50 (RAOULT, *A. ch.* [6] **2**, 91; s. a. J. MEYER, *C.* **1909** II, 1842). Molekulare Siedepunktserhöhung: 26,1 (BECKMANN, FUCHS, GERNHARDT, *Ph. Ch.* **18**, 511), 25,7° (BECKMANN, *Ph. Ch.* **58**, 554). Molekulare Siedepunktserhöhung bei verschiedenen Drucken: INNES, *Soc.* **81**, 682.

In 100 g gesättigter benzolischer Lösung sind bei

4,7°	6,6°	10,5°	13,7°	16,3°
8,08	8,63	9,60	10,44	11,23 g

Jod enthalten (ARCTOWSKI, *Z. a. Ch.* **11**, 276; vgl. BRUNER, *Ph. Ch.* **26**, 147). 100 Tle. Benzol lösen bei 26° 0,965 Tle. Schwefel, bei 71° 4,377 Tle. (COSSA, *B.* **1**, 139). 100 g Benzol lösen bei 18° 3,1 g gelben Phosphor (CHRISTOMANOS, *Z. a. Ch.* **45**, 136). Löslichkeit von gelbem Phosphor in Benzol bei Temperaturen von 0° bis 81°: CHR., *Z. a. Ch.* **45**, 136. Löslichkeit von Wasserstoff und Stickstoff in Benzol: JUST, *Ph. Ch.* **37**, 359, 361. Benzol absorbiert bei 25° reichlich Kohlenoxyd (JUST, *Ph. Ch.* **37**, 361; RITZEL, *Ph. Ch.* **60**, 332). Volumveränderung bei der Absorption von Kohlenoxyd: RITZEL. Löslichkeit von Kohlendioxyd bei 15,20° und 25° in Benzol: JUST, *Ph. Ch.* **37**, 354. Benzol mischt sich mit flüssigem Kohlendioxyd (BÜCHNER, *Ph. Ch.* **54**, 675). Löslichkeit von $HgCl_2$ in Benzol bei verschiedenen Temperaturen: DUKELSKI, *Z. a. Ch.* **53**, 329.

1000 ccm Benzol lösen 2,11 ccm Wasser (HERZ, *B.* **31**, 2671). Benzol löst sich in Wasser bei 15° zu 0,15°/$_0$ (MOORE, ROAF, *C.* **1906** I, 381). 1000 ccm Wasser lösen 0,82 ccm Benzol (HERZ, *B.* **31**, 2671).

Dichten der Gemische von Benzol und Wasser: DRUDE, *Ph. Ch.* **23**, 313. Brechungsexponenten der Gemische von Benzol und Wasser: DRUDE, *Ph. Ch.* **23**, 313. Capillare Steighöhe der wäßr. Lösung: MOTYLEWSKI, *Z. a. Ch.* **38**, 418. Dielektrizitätskonstante für Gemische von Benzol und Wasser: DRUDE, *Ph. Ch.* **23**, 288, 313. Volumänderungen beim Mischen von Benzol mit Chloroform: GUTHRIE, *Philos. Magazine* [5] 18, 506. Oberflächenspannung von Gemischen aus Benzol und Chloroform: WHATMOUGH, *Ph. Ch.* **39**, 168. Viscosität der Gemische von Benzol mit Chloroform: LINEBARGER, *Amer. Journ. Science* [4] **2**, 337. Molekulare Lösungswärme von Benzol in Chloroform: TIMOFEJEW, *C.* **1905** II, 432. Siedepunkte und Dampfdrucke für Gemische von Benzol mit Kohlenstofftetrachlorid: LEHFELDT, *Ph. Ch.* **29**, 500; v. ZAWIDZKI, *Ph. Ch.* **35**, 148, 169, 174; YOUNG, FORTEY, *Soc.* **83**, 61; SCHREINEMAKERS, *Ph. Ch.* **47**, 453; **48**, 257; *C.* **1905** II, 531; ROSANOFF, EASLEY, *Am. Soc.* **31**, 970; *Ph. Ch.* **68**, 662. Brechungsindices $n_D^{a,a}$ und $n_D^{a,b}$ von Gemischen aus Benzol und CCl_4: v. ZAWIDZKI, *Ph. Ch.* **35**, 145, 148. Oberflächenspannung von Gemischen aus Benzol und CCl_4: RAMSAY, ASTON, *Ph. Ch.* **15**, 93. Viscosität der Gemische von Benzol mit CCl_4: FINDLAY, *Ph. Ch.* **69**, 205; LINEBARGER, *Amer. Journ. Science* [4] **2**, 336. Molekulare Lösungswärme von Benzol in CCl_4: TIMOFEJEW, *C.* **1905** II, 432. Dielektrizitätskonstante von Gemischen aus Benzol und CCl_4: LINEBARGER, *Ph. Ch.* **20**, 132. Partialdampfdrucke von Benzol in Gemisch mit Äthylendichlorid: ROSANOFF, EASLEY, *Am. Soc.* **31**, 979; *Ph. Ch.* **68**, 674; v. ZAWIDZKI, *Ph. Ch.* **35**, 145, 148, 167. Brechungsindices $n_D^{a,a}$ und $n_D^{a,b}$ von Gemischen aus Benzol und Äthylendichlorid: v. ZAWIDZKI, *Ph. Ch.* **35**, 145, 148. Oberflächenspannung der Gemische aus Benzol und Äthyljodid: WHATMOUGH, *Ph. Ch.* **39**, 172. — Molekulare Lösungswärme von Benzol in Heptan und Octan: TIMOFEJEW, *C.* **1905** II, 432. Volumänderungen beim Mischen von Benzol mit Amylen: GUTHRIE, *Philos. Magazine* [5] 18, 506. — Ein Gemisch von 60,45°/$_0$ Benzol und 39,55°/$_0$ Methylalkohol hat den konstanten Siedepunkt Kp$_{760}$: 58,34° (YOUNG, FORTEY, *Soc.* **81**, 741). Viscosität der Gemische von Benzol mit Methylalkohol: FINDLAY, *Ph. Ch.* **69**, 208. Molekulare Lösungswärme von Benzol in Methylalkohol: TIMOFEJEW, *C.* **1905** II, 432. Spezifische Wärme des Methylalkohols im Gemisch mit Benzol: SCHRÖDER, H. **40**, 365; *C.* **1908** II, 479. Dielektrizitätskonstante von Gemischen aus Benzol und Methylalkohol: PHILIP, *Ph. Ch.* **24**, 34. Volumänderungen beim Mischen von Benzol mit Äthylalkohol: GUTHRIE, *Philos. Magazine* [5] 18, 506. Ein Gemisch von 67,64°/$_0$ Benzol und 32,36°/$_0$ Äthylalkohol hat den konstanten Siedepunkt Kp$_{760}$: 68,24° (YOUNG, FORTEY, *Soc.* **81**, 741). Siedepunkte und Dampfdrucke der Gemische von Benzol und Äthylalkohol: SCHREINEMAKERS, *Ph. Ch.* **47**, 451; LEHFELDT, *Ph. Ch.* **29**, 500; SKIRROW, *Ph. Ch.* **41**, 155. Dichten und Brechungsindices (n_D) von Gemischen aus Benzol und Äthylalkohol: v. KOWALSKI, v. MODZELEWSKI, *C. r.* **133**, 34. Kompressibilität und Oberflächenspannung von Gemischen aus Benzol und Äthylalkohol: RITZEL, *Ph. Ch.* **60**, 326, 329. Viscosität der Gemische von Benzol mit Äthylalkohol: DUNSTAN, *Soc.* **85**, 822; *Ph. Ch.* **49**, 592; GETMAN, *C.* **1906** II, 1813; FINDLAY, *Ph. Ch.* **69**, 206. Molekulare Lösungswärme von Benzol in Äthylalkohol: TIMOFEJEW,

C. 1905 II, 432. Spezifische Wärme des Äthylalkohols im Gemisch mit Benzol: SCHRÖDER, ℋ. 40, 360, 364; *C.* 1908 II, 479. Dielektrizitätskonstante von Gemischen aus Benzol und Äthylalkohol: PHILIP, *Ph. Ch.* 24, 31, 32, 35, 36. — Volumänderungen beim Mischen von Benzol mit Äther: GUTHRIE, *Philos. Magazine* [5] 18, 506. Oberflächenspannung von Gemischen aus Benzol und Äther: WHATMOUGH, *Ph. Ch.* 39, 167. Viscosität der Gemische von Benzol mit Äther: LINEBARGER, *Amer. Journ. Science* [4] 2, 334; GETMAN, *C.* 1906 II, 1813. Molekulare Lösungswärme von Benzol in Äther: TIMOFEJEW, *C.* 1905 II, 432. Dielektrizitätskonstante von Gemischen aus Benzol und Äther: LINEBARGER, *Ph. Ch.* 20, 132; PHILIP, *Ph. Ch.* 24, 28. — Ein Gemisch von 83,1 % Benzol und 16,9 % Propylalkohol hat den konstanten Siedepunkt Kp_{760}: 77,12° (YOUNG, FORTEY, *Soc.* 81, 747). Viscosität der Mischungen mit Propylalkohol: DUNSTAN, *Soc.* 87, 16; *Ph. Ch.* 51, 736. Molekulare Lösungswärme von Benzol in Propylalkohol: TIMOFEJEW, *C.* 1905 II, 432. Dielektrizitätskonstante von Gemischen aus Benzol und Propylalkohol: PHILIP, *Ph. Ch.* 24, 32. 35. Ein Gemisch von 66,7 % Benzol und 33,3 % Isopropylalkohol hat den konstanten Siedepunkt Kp_{760}: 71,92° (YOUNG, FORTEY, *Soc.* 81, 744). Ein Gemisch von 90,7 % Benzol und 9,3 % Isobutylalkohol hat den konstanten Siedepunkt Kp_{760}: 79,84° (YOUNG, FORTEY, *Soc.* 81, 748). Molekulare Lösungswärme von Benzol in Isobutylalkohol: TIMOFEJEW, *C.* 1905 II, 432. Ein Gemisch von 63,4 % Benzol und 36,6 % tert. Butylalkohol hat den konstanten Siedepunkt Kp_{760}: 73,95° (YOUNG, FORTEY, *Soc.* 81, 746). Molekulare Lösungswärme von Benzol in Isoamylalkohol: TIMOFEJEW, *C.* 1905 II, 432. Dielektrizitätskonstante von Gemischen aus Benzol und Isoamylalkohol: PHILIP, *Ph. Ch.* 24, 35. — Oberflächenspannung von Gemischen aus Benzol und Aceton: WHATMOUGH, *Ph. Ch.* 39, 161. Molekulare Lösungswärme von Benzol in Aceton: TIMOFEJEW, *C.* 1905 II, 432. — Dampfdrucke von Gemischen aus Benzol und Essigsäure: v. ZAWIDZKI, *Ph. Ch.* 35, 151, 182, 183; SKIRROW, *Ph. Ch.* 41, 157; ROSANOFF, EASLEY, *Am. Soc.* 31, 985; *Ph. Ch.* 68, 682. Kryoskopisches Verhalten von Benzol in Essigsäure: BECKMANN, *Ph. Ch.* 2, 734. Brechungsindices $n_D^{5,3}$ von Gemischen aus Benzol und Essigsäure: v. ZAWIDZKI, *Ph. Ch.* 35, 145, 151. Kompressibilität von Gemischen aus Benzol und Essigsäure: RITZEL, *Ph. Ch.* 60, 329. Oberflächenspannung von Gemischen aus Benzol und Essigsäure: WHATMOUGH, *Ph. Ch.* 39, 171. Viscosität der Gemische von Benzol mit Essigsäure: DUNSTAN, *Soc.* 87, 15; *Ph. Ch.* 51, 736. Molekulare Lösungswärme von Benzol in Essigsäure: TIMOFEJEW, *C.* 1905 II, 432. Viscosität der Gemische von Benzol mit Essigsäure: LINEBARGER, *Amer. Journ. Science* [4] 2, 336; DUNSTAN, *Soc.* 85, 820; *Ph. Ch.* 49, 591. Molekulare Lösungswärme von Benzol in Essigester: TIMOFEJEW, *C.* 1905 II, 432. Dielektrizitätskonstante von Gemischen aus Benzol und Essigester: LINEBARGER, *Ph. Ch.* 20, 132. — Volumänderungen beim Mischen von Benzol mit Schwefelkohlenstoff: GUTHRIE, *Philos. Magazine* [5] 18, 506. Dichten der Gemische von Benzol mit CS₂: BROWN, *Soc.* 35, 552. Oberflächenspannung von Gemischen aus Benzol mit CS₂: WHATMOUGH, *Ph. Ch.* 39. Viscosität der Gemische von Benzol mit CS₂: LINEBARGER, *Amer. Journ. Science* [4] 2, 335. Molekulare Lösungswärme von Benzol in CS₂: TIMOFEJEW, *C.* 1905 II, 432. — Kompressibilität und Oberflächenspannung von Gemischen aus Benzol und Nitrobenzol: RITZEL, *Ph. Ch.* 60, 326, 329. Viscosität der Gemische von Benzol mit Nitrobenzol: LINEBARGER, *Amer. Journ. Science* [4] 2, 336. Dielektrizitätskonstante von Gemischen aus Benzol und Nitrobenzol: PHILIP, *Ph. Ch.* 24, 31, 34. — Siedepunkte und Dampfdrucke von Gemischen aus Benzol und Toluol: MANGOLD, *Sitzungsber. K. Akad. Wiss. Wien* 102 II a, 1098; YOUNG, FORTEY, *Soc.* 83, 59; Y., *Soc.* 83, 71. Oberflächenspannung von Gemischen aus Benzol und Toluol: WHATMOUGH, *Ph. Ch.* 39, 161. Viscosität der Gemische von Benzol mit Toluol: LINEBARGER, *Amer. Journ. Science* [4] 2, 335; GETMAN, *C.* 1906 II, 1813. Molekulare Lösungswärme von Benzol in Toluol: TIMOFEJEW, *C.* 1905 II, 432. Spezifischer Widerstand für Gemische aus Benzol und Toluol: DI CIOMMOX, *Ph. Ch.* 44, 509. — Kompressibilität von Gemischen aus Benzol und Anilin: RITZEL, *Ph. Ch.* 60, 326. Molekulare Lösungswärme von Benzol in Anilin: TIMOFEJEW, *C.* 1905 II, 432. Kryoskopisches Verhalten von Benzol in Anilin und in Dimethylanilin: AMPOLA, RIMATORI, *G.* 27 I, 39, 51.

Siedepunkte und Dampfdrucke für Gemische von Benzol mit Alkohol und Kohlenstofftetrachlorid: SCHREINEMAKERS, *Ph. Ch.* 47, 445; 48, 257; *C.* 1905 II, 531. Ein Gemisch von 74,1 % Benzol, 18,5 % Äthylalkohol und 7,4 % Wasser hat den konstanten Siedepunkt Kp_{760}: 64,86° (YOUNG, FORTEY, *Soc.* 81, 742). Oberflächenspannung von Gemischen aus Benzol, Äthylalkohol und Wasser: WHATMOUGH, *Ph. Ch.* 39, 191. Ein Gemisch aus 82,4 % Benzol, 9,0 % Propylalkohol und 8,6 % Wasser hat den konstanten Siedepunkt Kp_{760}: 68,48° (YOUNG, FORTEY, *Soc.* 81, 748). Ein Gemisch von 73,8 % Benzol, 18,7 % Isopropylalkohol und 7,5 % Wasser hat den konstanten Siedepunkt Kp_{760}: 66,51° (YOUNG, FORTEY, *Soc.* 81, 745). Ein Gemisch von 70,5 % Benzol, 21,4 % tert. Butylalkohol und 8,1 % Wasser hat den konstanten Siedepunkt Kp_{760}: 67,30° (YOUNG, FORTEY, *Soc.* 81, 746). Verteilung von Aceton zwischen Wasser und Benzol: HERZ, FISCHER, *B.* 38, 1142. Oberflächenspannung von Gemischen aus Benzol, Aceton und Chloroform: WHATMOUGH, *Ph. Ch.* 39,

187. Verteilung von aliphatischen Monocarbonsäuren zwischen Benzol und Wasser: KEANE, NARRACOTT, C. 1909 II, 2135; HERZ, FISCHER, B. 38, 1140. Oberflächenspannung von Gemischen aus Benzol, Essigsäure und Äthyljodid: WHATMOUGH, Ph. Ch. 39, 188. Löslichkeit von Kohlenoxyd in benzolischen Lösungen von Nitrobenzol, Naphthalin, Phenanthren, α-Naphthol, β-Naphthol und Anilin: SKIRROW, Ph. Ch. 41, 144, 145.

Chemisches Verhalten.

Einwirkung der Wärme und der Elektrizität. Benzol gibt beim Durchleiten durch ein glühendes Rohr Diphenyl, 1.3-Diphenyl-benzol, 1.4-Diphenyl-benzol, Di-p-xenyl $C_6H_5 \cdot C_6H_4 \cdot C_6H_4 \cdot C_6H_5$ (Syst. No. 491), Triphenylen $C_{18}H_{12}$ (Syst. No. 488) und andere Produkte (BERTHELOT, J. 1866, 540; E. SCHMIDT, B. 7, 1365; G. SCHULTZ, A. 174, 203, 229; E. SCHMIDT, SCHULTZ, A. 203, 118, 134; OLGIATI, B. 27, 3385; MANNICH, B. 40, 164). Zur Zersetzung des Benzols bei hohen Temperaturen siehe ferner MC KEE, C. 1904 II, 199. Benzol zerfällt beim Erhitzen über 600° bei Gegenwart von Eisen in Diphenyl und Wasserstoff (IPATJEW, Ж. 39, 692; C. 1907 II, 2035; B. 40, 1280). Benzol, über glühendes Spießglanzerz Sb_2S_3 geleitet, erzeugt H_2S und Diphenyl (MERZ, WEITH, B. 4, 394). Einwirkung von Aluminiumchlorid in der Hitze s. 8. 188. — Läßt man Induktionsfunken durch flüssiges Benzol überspringen, so entweicht ein Gas, das 42—43% Acetylen und 57—58% Wasserstoff enthält (DESTREM, Bl. [2] 42, 267). Bei der Einw. des Kohlenlichtbogens auf Benzol tritt starke Verkohlung ein; das entweichende Gas besteht aus 86% bis 90% Wasserstoff und geringen Mengen von Kohlenwasserstoffen (LOEB, B. 34, 917). Zersetzung des Benzols durch schwache elektrische Schwingungen: DE HEMPTINNE, Ph. Ch. 25, 298. Über die Kondensation des Benzols durch dunkle elektrische Entladungen vgl. LOSANITSCH, B. 41, 2683; 42, 4399. Absorption des Stickstoffs durch Benzol bei Einw. dunkler elektrischer Entladungen: BERTHELOT, C. r. 124, 528. Einw. dunkler elektrischer Entladungen auf Benzol in Gegenwart von Quecksilber und Argon: BE., C. r. 129, 78.

Oxydation. Über die pyrogene Zersetzung von Benzol unter Bildung von Diphenyl usw. s. o. bei Einwirkung von Wärme. Beim Erhitzen von Benzoldampf mit Luft und Wasserdampf entsteht Diphenyl (WALTER, D. R. P. 168291; C. 1906 I, 1199). Oxydation des Benzols durch Luftsauerstoff in Gegenwart von Kupfer als Kontaktsubstanz: ORLOW, Ж. 40, 654; C. 1908 II, 1343. Beim Einleiten von Sauerstoff in siedendes Benzol in Gegenwart von $AlCl_3$ erfolgt Oxydation zu Phenol (FRIEDEL, CRAFTS, C. r. 86, 885; A. ch. [6] 14, 435). Behandelt man Benzol mit Luft und Wasser in Gegenwart von Phosphor, so erhält man Oxalsäure und Phenol, letzteres aber nur beim Arbeiten an der Sonne (LEEDS, B. 14. 975). Bei der Einw. von Ozon auf Benzol entstehen Ameisensäure, Essigsäure und Ozobenzol $C_6H_4O_6$ (S. 197) (HOUZEAU, RENARD, C. r. 76, 753; A. 170, 123; RENARD, C. r. 120, 1177; Bl. [3] 13, 940; HARRIES, WEISS, B. 37, 3431), dagegen kein Phenol (OTTO, A. ch. [7] 13, 119). Nach NENCKI, GIACOSA (H. 4, 339) erhält man geringe Mengen Phenol, wenn man Benzoldämpfe mit ozonisiertem Sauerstoff behandelt und das in einem Kühler kondensierte Produkt in 1%ige wäßr. Kalilauge gelangen läßt. Phenol entsteht auch in geringer Menge beim Schütteln von Benzol mit Palladiumwasserstoff und etwas Wasser unter Luftzutritt (HOPPE-SEYLER, B. 12, 1552). — Beim Kochen von Benzol mit 1,2%igem Wasserstoffsuperoxyd entstehen Phenol und Oxalsäure (LEEDS, B. 14, 977). Benzol reagiert mit Wasserstoffsuperoxyd in Gegenwart von Ferrosulfat bei 45° heftig unter Bildung von Phenol, Brenzcatechin, Hydrochinon und einem amorphen Produkt, das beim Erhitzen mit Kalilauge auf 200° vorwiegend Brenzcatechin liefert (CROSS, BEVAN, HEIBERG, B. 33, 2017). Benzol wird durch Silberperoxyd in Gegenwart von Salpetersäure oder durch reine Persulfat-Silbersalz-Mischung zu Chinon oxydiert (KEMPF, B. 38, 3964). Benzol entfärbt augenblicklich ein Gemisch von „CAROschem Reagens" mit Kaliumpermanganatlösung (BAEYER, VILLIGER, B. 33, 2496). Bei der Oxydation von Benzol mit Braunstein und verdünnter Schwefelsäure werden Kohlendioxyd, Ameisensäure, Benzoesäure und Phthalsäure gebildet (CARIUS, A. 148, 50). Auch bei der Oxydation mit Bleisuperoxyd und Schwefelsäure entstehen CO_2 und Benzoesäure (NORTON, Am. 7. 115). Bei der Einw. von Manganisalzen auf Benzol entsteht Chinon (LANG, D. R. P. 189178; C. 1908 I, 73). — Mit unterchloriger Säure verbindet sich Benzol direkt zu der Verbindung $C_6H_9O_2Cl_3$ („Phenosetrichlorhydrin") (S. 198) (CARIUS, A. 136, 324). Leitet man Chlor in ein Gemisch von Benzol mit 1%iger Natronlauge, so erhält man hoch- und niedrigschmelzendes 1.2.3.4.5.6-Hexachlor-cyclohexan (MATTHEWS, Soc. 59, 166). Bei Behandlung von Benzol mit Chlormonoxyd entstehen hoch- und niedrigschmelzendes 1.2.3.4.5.6-Hexachlorcyclohexan, eine Verbindung $C_6H_6OCl_4$ (S. 198), sowie kleine Mengen von Phenol und 2.4.6-Trichlor-phenol (SCHOLL, NÖRR, B. 33, 725). Chlordioxyd gibt beim Einleiten in Benzol 2.5-Dichlor-chinon (Syst. No. 671) und Chlorbenzol (CARIUS, A. 143, 316). Beim Schütteln von Benzol mit Kaliumchlorat und Schwefelsäure entstehen 5.5.5-Trichlor-penten-(2)-on-(4)-säure-(1) (Bd. III, S. 732) (CA., A. 142, 129; KEKULÉ, STRECKER, A. 223, 175), Chlorbenzol (CA., A. 142, 140), Trichlorhydrochinon Syst. No. 555) (KRAFFT, B. 10, 797; KE., ST., A. 223, 179), 2.5-Dichlor-chinon (CA., A. 143,

317), Oxalsäure (CA., *A.* **142**, 138) und eine amorphe Säure, die beim Erwärmen mit Barytwasser eine bei 171—172° schmelzende Säure $C_6H_3O_4Cl$ (Bd. II, S. 753, Z. 23—25 v. o.) liefert (CARIUS, *A.* **142**, 139; **155**, 217). Einw. von Brom auf Benzol in Gegenwart von Natronlauge s. S. 187. Bei der Einw. von Chromylchlorid auf Benzol entsteht eine Verbindung $C_6H_4(CrO_2Cl)_2$ (S. 198), welche mit Wasser Chinon liefert (ÉTARD, *A. ch.* [5] **22**, 269). Chromylchlorid, in Eisessig gelöst, oxydiert Benzol zu Trichlorchinon (CARSTANJEN, *B.* **2**, 633). — Beim Erhitzen von Benzol mit anhydridhaltiger Salpeterschwefelsäure entsteht Tetranitromethan (CLAESSEN, D. R. P. 184229; *C.* **1907** II, 366). — Benzol gibt, in verdünnter Schwefelsäure suspendiert, bei der elektrolytischen Oxydation Chinon (KEMPF, D. R. P. 117251; *C.* **1901** I, 348). Beim Durchleiten eines elektrischen Stromes durch ein Gemisch einer alkoholischen Benzollösung mit wäßr. Schwefelsäure entsteht Hydrochinon (GATTERMANN, FRIEDRICHS, *B.* **27**, 1942).

Hydrierung. Beim Erhitzen von Benzol mit Jodwasserstoffsäure (D: 1,96) auf 280° entsteht Methylcyclopentan, daneben vielleicht Cyclohexan, aber kein Hexan (KISHNER, Ж. **23**, 20; **24**, 450; *J. pr.* [2] **56**, 364; vgl. WREDEN, Ж. **9**, 252; BERTHELOT, *Bl.* [2] **28**, 498). Benzol addiert in Berührung mit Platinschwarz oder Palladiumschwarz Wasserstoff bei gewöhnlicher Temperatur (LUNGE, AKUNOW, *Z. a. Ch.* **24**, 191). Benzoldampf, mit Wasserstoff über reduziertes Nickel bei ca. 180° geleitet, liefert reichlich Cyclohexan (SABATIER, SENDERENS, *C. r.* **132**, 210); das Nickel läßt sich hierbei nicht durch Kobalt, Eisen, Kupfer oder Platinschwarz ersetzen (SA., SE., *C. r.* **132**, 567). Benzol wird durch komprimierten Wasserstoff in Gegenwart von Nickel bei 200—255° zu Cyclohexan reduziert (IPATJEW, Ж. **36**, 89; **39**, 692; *C.* **1906** II, 87; **1907** II, 2035; *B.* **40**, 1280); bei 300° verläuft die Reaktion in umgekehrter Richtung (IP., Ж. **39**, 692; *C.* **1907** II, 2035). Auch in Gegenwart von Ni_2O_3 erfolgt durch komprimierten Wasserstoff bei 250° in theoretischer Ausbeute Reduktion zu Cyclohexan; in Gegenwart von NiO verläuft die Reaktion langsamer (IPA., Ж. **39**, 695; *C.* **1907** II, 2036; *B.* **40**, 1283).

Einwirkung von Halogenen und von halogenierend wirkenden Verbindungen. Behandelt man Benzol mit Chlor im Sonnenlicht, so entsteht niedrigschmelzendes 1.2.3.4.5.6-Hexachlor-cyclohexan (FARADAY, *A. ch.* [2] **30**, 274; MITSCHERLICH, *Ann. d. Physik* **35**, 370; vgl. dazu: GOLDBERG, *C.* **1906** I, 1693; LUTHER, GOLDBERG, *Ph. Ch.* **56**, 43). Beim Einleiten von Chlor in siedendes Benzol entstehen niedrigschmelzendes und hochschmelzendes 1.2.3.4.5.6-Hexachlor-cyclohexan (MEUNIER, *C. r.* **98**, 436; *A. ch.* [6] 10, 227; SCHÜPPHAUS, *B.* 17, 2256; vgl. dazu L., G., *Ph. Ch.* **56**, 44 Anm.). Behandelt man Benzol bei Gegenwart von etwas Jod mit etwas weniger als 2 At.-Gew. Chlor, so entsteht Chlorbenzol (JUNGFLEISCH, *A. ch.* [4] 15, 212; vgl. H. MÜLLER, *Soc.* 15, 41). Behandelt man Benzol bei Anwesenheit von Jod mit Chlor, bis eine Probe in Wasser untersinkt und in der Kälte Krystalle abscheidet, so entsteht als Hauptprodukt p-Dichlor-benzol (H. MÜLLER, *J.* 1864, 524; JUNGFLEISCH, *A. ch.* [4] 15, 252), daneben wenig o-Dichlor-benzol (BEILSTEIN, KURBATOW, *A.* 176, 42; **182**, 94). Bei längerer Einw. von Chlor auf Benzol in Gegenwart von Jod und bei erhöhter Temp. entstehen 1.2.4-Trichlor-benzol, 1.2.4.5-Tetrachlor-benzol, Pentachlorbenzol und Hexachlorbenzol (JU., *A. ch.* [4] 15, 264, 277, 283, 287). Durch Behandlung von Benzol mit Chlor in Gegenwart von etwas $AlCl_3$ bei 50—55° entsteht zunächst Chlorbenzol (MOUNEYRAT, POURET, *C. r.* **127**, 1026). Beim Einleiten von Chlor in ein auf 60° erwärmtes Gemisch von 1000 Tln. Benzol mit 30 Tln. des für $C_6H_4Cl_2$ berechnete Gewichtszunahme erfolgt ist, entsteht p-Dichlor-benzol neben wenig o- und m-Dichlor-benzol (MOU., POU., *C. r.* **127**, 1026). 1.2.4.5-Tetrachlor-benzol, Penta- und Hexachlorbenzol bilden sich bei längerer Einwirkung von Chlor auf Benzol in Gegenwart von $AlCl_3$ (MOU., POU., *C. r.* **127**, 1027). Hexachlorbenzol entsteht auch bei völliger Chlorierung von Benzol in Gegenwart von $SbCl_5$ (H. MÜLLER, *J.* 1864, 523) oder $FeCl_3$ (PAGE, *A.* **225**, 200). Chlorierung von Benzol in Gegenwart von amalgamiertem Aluminium: COHEN, DAKIN, *Soc.* 79, 1118; von Thallochlorid: THOMAS, *C. r.* **144**, 33; von Zinn: PÉTRICOU, *Bl.* [3] 3, 189; von Molybdänpentachlorid: ABONHEIM, *B.* 8, 1400. Zur Einw. von Chlor auf Benzol bei Gegenwart verschiedener Katalysatoren und unter Licht vgl.: WILLGERODT, *J. pr.* [2] **34**, 264; **35**, 391; SLATOR, *Soc.* 83, 729; *Ph. Ch.* 45, 513; SCHLUEDERBERG, *C.* **1909** I, 65. Über den Einfluß von Pyridin auf die Chlorierung von Benzol vgl. CROSS, COHEN, *P. Ch. S.* No. 335; *C* **1906** II, 153. Einw. von elektrolytisch entwickeltem Chlor auf Benzol vgl.: SCHLUEDERBERG. Einw. von Chlor in Gegenwart von Natronlauge s. S. 185. — Chlorschwefel S_2Cl_2 wirkt erst bei 250° auf Benzol und erzeugt Chlorbenzol (E. SCHMIDT, *B.* 11, 1173). Durch Erhitzen von Benzol mit SO_2Cl_2 entsteht bei 160° ganz Chlorbenzol (DUBOIS, *B.* 1866, 705). Beim Stehen einer Benzollösung von Chlorstickstoff im Sonnenlicht bildet sich niedrigschmelzendes 1.2.3.4.5.6-Hexachlor-cyclohexan (HENTSCHEL, *B.* 30, 1436). Durch Kochen von Benzol mit Eisenchlorid entsteht Chlorbenzol (THOMAS, *C. r.* **126**, 1212), desgleichen durch Erhitzen mit Ammoniumbleiperchlorid $PbCl_4 + 2NH_4Cl$ im Einschlußrohr auf 150° (SEYEWETZ, BIOT, *C. r.* 135, 1120). — Einw. von unterchloriger Säure, Chlormonoxyd, Chlordioxyd, Kaliumchlorat und Schwefelsäure s. S. 185 unter Oxydation.

Bei Behandlung von Benzol mit Brom im Sonnenlicht (MITSCHERLICH, *Ann. d. Physik* 35, 374), namentlich beim Kochen des Benzols (MEUNIER, *A. ch.* [6] 10, 270), bildet sich niedrigschmelzendes 1.2.3.4.5.6-Hexabrom-cyclohexan. Über die Einw. von Brom auf überschüssiges Benzol im Sonnenlicht vgl. auch COLLIE, FRYE, *Soc.* 73, 241. Bei längerer Einw. von Brom auf die äquimolekulare Menge Benzol bildet sich Brombenzol (SCHRAMM, *B.* 18, 606; BRUNER, *C.* 1900 II, 257). Bei Einw. von Bromdampf auf siedendes Benzol entstehen Brombenzol und p-Dibrom-benzol (COUPER, *A. ch.* [3] 52, 309; *A.* 104, 225). Benzol gibt beim Kochen mit überschüssigem Brom p-Dibrom-benzol neben wenig o-Dibrom-benzol (RIESE, *A.* 164, 162, 176). Schneller verläuft die Bromierung des Benzols zu Brombenzol bei Anwesenheit von Jod (SCHRAMM, *B.* 18, 607), ZnCl₂ (SCHIAPARELLI, *G.* 11, 70 Anm.), AlCl₃ (LEROY, *Bl.* [2] 48, 211) oder amalgamiertem Aluminium (COHEN, DAKIN, *Soc.* 75, 894). Aus Benzol und 2 Mol.-Gew. Brom entsteht bei Gegenwart von Jod p-Dibrom-benzol (JANNASCH, *B.* 10, 1355). Aus 240 g Benzol und 960 g Brom bilden sich bei Anwesenheit von AlCl₃ neben p-Dibrom-benzol nicht unerhebliche Mengen m-Dibrom-benzol (LEROY, *Bl.* [2] 48, 211, 213). Bei Einw. von 3¹/₂ Mol.-Gew. Brom auf mit Eisenchlorid versetztes Benzol unter Kühlung erhält man p-Dibrom-benzol, 1.2.4-Tribrom-benzol und 1.2.4.5-Tetrabrom-benzol (SCHEUFELEN, *A.* 231, 187). Beim Eintropfen von Benzol in überschüssiges, trocknes, mit FeCl₃ versetztes Brom entsteht Hexabrombenzol (SCHEUFELEN, *A.* 231, 189). Über den Einfluß von Jod, FeBr₃, AlBr₃, PCl₅, PBr₅, SbCl₅ und SbBr₃ auf die Bromierung von Benzol vgl. BRUNER, *Ph. Ch.* 41, 513. Über den Einfluß von Pyridin auf die Bromierung von Benzol vgl. CROSS, COHEN, *P. Ch. S.* No. 335; *C.* 1906 II, 153. Beim Eintragen von Brom in ein eiskaltes Gemisch von Benzol und 1%iger Natronlauge entsteht niedrigschmelzendes 1.2.3.4.5.6-Hexabrom-cyclohexan neben wenig hochschmelzendem 1.2.3.4.5.6-Hexabrom-cyclohexan (ORNDORFF, HOWELLS, *Am.* 18, 315; vgl. MATTHEWS, *Soc.* 73, 243). — Bei der Einw. von Bromschwefel und Salpetersäure auf Benzol entsteht Brombenzol (EDINGER, GOLDBERG, *B.* 33, 2884).

Benzol liefert mit Jod bei Gegenwart von FeCl₃ Jodbenzol (L. MEYER, *A.* 231, 195). Jodbenzol entsteht auch beim Erhitzen von Benzol mit Jod, Jodsäure und Wasser auf 200° bis 240° im geschlossenen Rohr (KEKULÉ, *A.* 137, 162), beim Erhitzen von Benzol mit KIO₃ und verdünnter Schwefelsäure im geschlossenen Rohr (PELTZER, *A.* 136, 197), beim Erhitzen von 40 g Benzol mit 5 g Jod und 50 g konz. Schwefelsäure auf 150° im geschlossenen Rohr (NEUMANN, *A.* 241, 84). Kocht man Benzol mit viel Jod und konz. Schwefelsäure am Rückflußkühler, so erhält man u. a. 1.2.4-Trijod-benzol, 1.3.5-Trijod-benzol und zwei Tetrajodbenzole unbekannter Konstitution (F: 247° bezw. 220°) (ISTRATI, GEORGESCU, *Ch. Z. Repert.* 16, 102; vgl. JACKSON, BEHR, *Am.* 26, 56, 60). — Behandelt man Benzol mit Chlorjod in Anwesenheit von AlCl₃, so erhält man Jodbenzol (GREENE, *Bl.* [2] 36, 234). Auch bei der Einw. von Jodschwefel und Salpetersäure auf Benzol entsteht Jodbenzol (EDINGER, GOLDBERG, *B.* 33, 2876).

Nitrierung. Beim Erhitzen mit verd. Salpetersäure (D: 1,075) auf 125—130° bleibt Benzol so gut wie unverändert (KONOWALOW, *B.* 27 Ref., 193). Beim Behandeln mit rauchender Salpetersäure entsteht Nitrobenzol (MITSCHERLICH, *Ann. d. Physik* 31, 625); über die Nitrierung mit Salpetersäure verschiedener Konzentration s. SPINDLER, *A.* 224, 292; zeitlicher Verlauf der Nitrierung: GIERSBACH, KESSLER, *Ph. Ch.* 2, 676; vgl. dazu HOLLEMAN, DE BRUYN, *R.* 19, 96. Bei längerem Kochen von Benzol mit rauchender Salpetersäure entsteht m-Dinitro-benzol (DEVILLE, *A. ch.* [3] 3, 187). Behandelt man Benzol mit konzentriertester Salpetersäure und konz. Schwefelsäure, so erhält man als Hauptprodukt m-Dinitrobenzol (MUSPRATT, A. W. HOFMANN, *A.* 57, 214; BEILSTEIN, KURBATOW, *A.* 176, 43; RINNE, ZINCKE, *B.* 7, 870; daneben entstehen wenig o-Dinitro-benzol und p-Dinitro-benzol (RINNE, ZINCKE). Thermischer Wert der Nitrierung von Benzol zu Nitro- und Dinitrobenzol: BERTHELOT, *A. ch.* [5] 9, 317, 320. Beim Eintragen von pulverisiertem Nitryltetrasulfat NO₂·O·SO₂·O·SO₂·O·SO₂·O·SO₂·O·NO₂ in Benzol entstehen Nitrobenzol und Benzolsulfonsäure, beim Übergießen von Nitryltetrasulfat mit Benzol entstehen m-Dinitro-benzol und Benzolsulfonsäure (PICTET, KARL, *C. r.* 145, 239; *Bl.* [4] 3, 1117). Acetylnitrat reagiert mit Benzol glatt unter Bildung von Nitrobenzol (PICTET, KHOTINSKY, *C. r.* 144, 211; *B.* 40, 1165). Behandelt man Benzol bei Gegenwart von Quecksilber oder Quecksilbersalzen in der Wärme mit Salpetersäure, salpetriger Säure oder mit Stickstoffdioxyd oder mit Gemischen dieser Stickoxyde, so werden nitrierte Phenole (o-Nitro-phenol, 2.4-Dinitro-phenol, Pikrinsäure) gebildet (WOLFFENSTEIN, BÖTERS, D. R. P. 194883, 214045; *C.* 1908 I, 1005; 1909 II, 1286). Bei 12—18-stdg. Erhitzen von Benzol mit Kupfernitrat auf 170—190° erhält man neben anderen Produkten Nitrobenzol, Pikrinsäure, Benzoesäure, Oxalsäure (?) und Kohlendioxyd (WASSILJEW, Ж. 34, 33; *C.* 1902 I, 1199). Bei Einw. von Äthylnitrat auf überschüssiges Benzol in Gegenwart von ziemlich viel Aluminiumchlorid entsteht Nitrobenzol (BOEDTKER, *Bl.* [4] 3, 727). — Beim Zusammenbringen von Benzol mit gepulvertem Natriumnitrit und Eisenchlorid entsteht Nitrobenzol (MATUSCHEK, *Ch. Z.* 29, 115). Bei längerem Einleiten von Stickstoffdioxyd in Benzol entstehen Nitrobenzol, Pikrinsäure und Oxalsäure; einmal wurde hierbei auch eine Verbindung C$_6$H$_4$O („Isophenylenoxyd") erhalten, die bei 215°, ohne zu schmelzen, in feinen hellgelben Nadeln sublimierte, geruchlos war und sich in Alkohol löste (LEEDS, *Am. Soc.* **2**, 277). Beim Überleiten von Benzoldampf über die auf 290—300° erhitzten Verbindungen aus Stickstoffoxyden und Kupferoxyd oder Zinkoxyd entsteht Nitrobenzol (LANDSHOFF & MEYER, D. R. P. 207170; *C.* **1909** I, 962).

Einwirkung von Schwefel und anorganischen Schwefelverbindungen. Bei der Einw. von Schwefel auf siedendes Benzol in Gegenwart von AlCl$_3$ entstehen Diphenylsulfid (C$_6$H$_5$)$_2$S, Thianthren C$_6$H$_4$ $\diagdown$$^S_S$$\diagup$ C$_6$H$_4$ und sehr geringe Mengen einer bei 315° schmelzenden Verbindung (BOESEKEN, *R.* **24**, 219; vgl. FRIEDEL, CRAFTS, *C. r.* **86**, 886; *A. ch.* [6] **14**, 437; *J.* **1878**, 384).

Benzol und Schwefelchlorür reagieren erst bei 250°; es entsteht hierbei Chlorbenzol (E. SCHMIDT, *B.* **11**, 1173). In Gegenwart von Aluminiumchlorid reagieren Benzol und S$_2$Cl$_2$ bei 10° unter Bildung von Diphenylsulfid und Schwefel (BOESEKEN, *R.* **24**, 216). Beim Zusammenbringen von Benzol mit S$_2$Cl$_2$ in Gegenwart von amalgamiertem Aluminium entsteht Thianthren (COHEN, SKIRROW, *Soc.* **75**, 887). Bei Anwesenheit von Zinkstaub reagiert S$_2$Cl$_2$ lebhaft mit Benzol; durch Destillation des Reaktionsproduktes erhält man Phenylmercaptan, Diphenylsulfid und Thianthren, während die Destillation mit überhitztem Dampf wenig Diphenyldisulfid ergibt (E. SCHMIDT, *B.* **11**, 1173). Einw. von S$_2$Cl$_2$ in Gegenwart von Jod: ONUFROWICZ, *B.* **23**, 3370. — Benzol liefert mit SCl$_2$ und AlCl$_3$ bei 0° Diphenylsulfid, bei 60° neben dieser Verbindung Chlorbenzol und Thianthren (BOESEKEN, *R.* **24**, 217; vgl. FRIEDEL, CRAFTS, *A. ch.* [6] 1, 530; KRAFFT, LYONS, *B.* **29**, 437).

Benzol gibt mit SO$_2$ und AlCl$_3$ bei 0° Benzolsulfinsäure (SMILES, LE ROSSIGNOL, *Soc.* **93**, 754; vgl. FRIEDEL, CRAFTS, *A. ch.* [6] **14**, 443); diese Reaktion wird zweckmäßig durch Behandlung mit etwas HCl eingeleitet, das Reaktionsgemisch zuerst auf Eis gegossen und dann mit Natronlauge versetzt (KNOEVENAGEL, KENNER, *B.* **41**, 3318; KNOLL & Co., D. R. P. 171789; *C.* **1906** II, 469). Bei längerem Erhitzen des mit SO$_2$ behandelten Gemisches von Benzol und AlCl$_3$ erhält man Diphenylsulfoxyd (C$_6$H$_5$)$_2$SO (COLBY, LOUGHLIN, *B.* **20**, 195). Diphenylsulfoxyd entsteht auch beim Eintragen von AlCl$_3$ in ein Gemisch von Benzol und Thionylchlorid (Co., Lou., *B.* **20**, 197).

Bei 20—30-stdg. Kochen von Benzol mit dem gleichen Volumen konz. Schwefelsäure entsteht Benzolsulfonsäure (MICHAEL, ADAIR, *B.* **10**, 585). Benzolsulfonsäure entsteht auch bei gewöhnlicher Temp. aus Benzol und konz. Schwefelsäure bei Anwesenheit von Kieselgur (WENDT, D. R. P. 71556; *Frdl.* **3**, 19). Durch Einleiten von Benzoldampf in konz. Schwefelsäure bei ca. 240° entstehen Benzol-m- und -p-disulfonsäure (EGLI, *B.* **8**, 817). Benzol löst sich in der Kälte in rauchender Schwefelsäure und bildet hauptsächlich Benzolsulfonsäure, sehr wenig Benzoldisulfonsäure und wechselnde Mengen Diphenylsulfon (BERTHELOT, *B.* **9**, 349). Beim Erhitzen von Benzol mit rauchender Schwefelsäure bildet sich je nach den Versuchsbedingungen vorwiegend Benzol-m-disulfonsäure (HEINZELMANN, *A.* **188**, 159) oder ein Gemisch von Benzol-m- und -p-disulfonsäure (BARTH, SENHOFER, *B.* **8**, 1477; KÖRNER, MONSELISE, *B.* **9**, 583; *G.* **6**, 136). Erhitzt man Benzol mit konz. Schwefelsäure und P$_2$O$_5$ auf 280—290°, so erhält man Benzol-trisulfonsäure-(1.3.5) (SENHOFER, *A.* **174**, 243).

Bei Einw. von Chlorsulfonsäure auf Benzol entstehen Benzolsulfochlorid und Sulfobenzid neben etwas Benzolsulfonsäure (KNAPP, *Z.* **1869**, 41; ULLMANN, Organisch-chemisches Praktikum [Leipzig 1908], S. 184; *B.* **42**, 2057; PUMMERER, *B.* **42**, 1802); eine Temp. von 15° (ULLMANN) und lange Dauer der Reaktion (PUMMERER, *B.* **42**, 2274) begünstigen die Bildung von Benzolsulfochlorid. — Beim Erhitzen von Benzol mit Sulfurylchlorid auf 160° entsteht Chlorbenzol (DUBOIS, *Z.* **1866**, 705). Beim Eintragen von AlCl$_3$ in ein Gemenge aus Benzol und Sulfurylchlorid entstehen Chlorbenzol, Benzolsulfochlorid und wenig Diphenylsulfon (TÖHL, EBERHARD, *B.* **26**, 2941). — Benzol gibt mit Nitryltetrasulfat Benzolsulfonsäure, neben Nitrobenzol bezw. m-Dinitro-benzol (s. Nitrierung, S. 187) (PICTET, KARL, *C. r.* **145**, 239; *Bl.* [4] **3**, 1117).

Einwirkung sonstiger anorganischer Agenzien. Einw. von Natrium auf Benzol bei 200°: SCHÜTZENBERGER, *Bl.* [2] **37**, 50. Beim Erhitzen von Benzol mit Kalium auf 230—250° im Druckrohr entstehen Kaliumverbindungen, welche bei Einw. von Wasser neben wenig Diphenyl und anderen Produkten hauptsächlich p-Diphenyl-benzol (Syst. No. 487) liefern (ABELJANZ, *B.* **9**, 12). — Beim Erhitzen von Benzol mit Aluminiumchlorid auf 200° entstehen neben schwarzen Produkten Diphenyl, Äthylbenzol und Toluol (FRIEDEL, CRAFTS, *Bl.* [2] **39**, 195, 306). Benzol bildet, wenn es in Gegenwart von fein pulverisiertem AlCl$_3$ mit HCl gesättigt wird, bei Wasserbadtemperatur innerhalb einiger Stunden eine dunkelbraune, mit dem überstehenden Benzol nicht mehr mischbare Schicht, die bei der Zersetzung mit Wasser Benzol, Kohlenwasserstoffe vom Siedepunkt bis zu 360°, unter diesen 1-Methyl-3-phenyl-cyclopentan, und einen harzigen Rückstand liefert (GUSTAVSON, *C. r.* **146**, 640). Additionelle Verbindungen aus Benzol und Aluminiumhalogeniden s. S. 196—197. Benzol reagiert mit Aluminiumspänen und Mercurichlorid unter Bildung einer Verbindung C$_6$H$_6$ + AlCl$_3$ + HgCl$_2$ (S. 197)

(GULEWITSCH, *B.* **37**, 1560). — Beim Eintragen von AlCl₃ in ein Gemisch von Benzol und Selentetrachlorid erhält man Diphenylselenid und Diphenyldiselenid (KRAFFT, KASCHAN, *B.* **29**, 429, 431). Beim Erhitzen von Benzol mit Selensäure entsteht Benzolselenonsäure (DOUGHTY, *Am.* **41**, 329). — Benzol liefert beim Kochen mit Chromylchlorid die Verbindung C₆H₄(CrO₂Cl)₂ (S. 198) (ÉTARD, *A. ch.* [5] **22**, 269). — Kondensation von Benzol mit Ammoniak durch dunkle elektrische Entladungen: LOSANITSCH, *B.* **41**, 2687. Benzol liefert beim Erwärmen mit salzsaurem Hydroxylamin und AlCl₃ oder FeCl₃ kleine Mengen Anilin (GRAEBE, *B.* **34**, 1778; vgl. JAUBERT, *C. r.* **132**, 841). — Beim Durchleiten eines Gemisches von Benzol und Phosphortrichlorid durch ein glühendes Rohr entsteht die Verbindung C₆H₅·PCl₂ (Syst. No. 2256) (MICHAELIS, *A.* **181**, 280); dieselbe Verbindung entsteht beim Kochen von Benzol mit PCl₃ in Gegenwart von AlCl₃ (MI., *B.* **12**, 1009; vgl. FRIEDEL, CRAFTS, *A. ch.* [6] **1**, 531). Durch Erhitzen von 1 Mol.-Gew. Phosphorpentoxyd mit 3 Mol.-Gew. Benzol im Druckrohr auf 110—120° erhält man „Benzol-mono-dimetaphosphorsäure" C₆H₅·P₂O₅H (S. 198) durch Erhitzen auf 200—210° „Benzol-tris-dimetaphosphorsäure" C₆H₃(P₂O₅H)₃ (S. 198) (GIRAN, *C. r.* **129**, 964). Beim Durchleiten eines Gemisches von Benzol und Arsentrichlorid durch ein glühendes Rohr erhält man die Verbindung C₆H₅·AsCl₂ (Syst. No. 2304) neben Diphenyl (LA COSTE, MICHAELIS, *A.* **201**, 193). Additionelle Verbindung des Benzols mit Antimontrichlorid s. S. 197. — Einw. von Kohlenoxyd auf Benzol s. S. 192.

Beispiele für die Kondensation mit Kohlenwasserstoffen. Über die Kondensation von Benzol mit Methan, Äthylen und Acetylen durch dunkle elektrische Entladung vgl. LOSANITSCH, *B.* **41**, 2685. Beim Durchleiten von benzolhaltigem Äthylen durch ein glühendes Rohr entstehen neben Diphenyl auch Styrol, Naphthalin, Anthracen (BERTHELOT, *Bl.* [2] **7**, 275; *A.* **142**, 257), Acenaphthen (BERTHELOT, *J.* **1866**, 544) und Phenanthren (FERKO, *B.* **20**, 660). Beim Einleiten von Äthylen in ein erwärmtes Gemisch von Benzol und AlCl₃ entstehen Äthylbenzol (Syst. No. 467), Diäthylbenzol (BALSOHN, *Bl.* [2] **31**, 540) und 1.3.5-Triäthyl-benzol (Syst. No. 470) (BALSOHN, *Bl.* [2] **31**, 540; FRIEDEL, BALSOHN, *Bl.* [2] **34**, 635; GATTERMANN, BECK, FRITZ, *B.* **32**, 1122). Benzol liefert mit Acetylen in Gegenwart von AlCl₃ Dibenzyl, Styrol und andere Produkte (VARET, VIENNE, *Bl.* [2] **47**, 918); durch die Reaktion von Benzol mit nascierendem Acetylen bei Gegenwart von AlCl₃ entstehen Äthylbenzol, Styrol, Dibenzyl und Anthracen (PARONE, *C.* **1903** II, 662). — Beim Durchleiten eines Gemisches von Benzol und Toluol durch ein glühendes Rohr entsteht 4-Methyl-diphenyl (CARNELLEY, *Soc.* **37**, 706). Benzol liefert beim Erwärmen mit Styrol und AlCl₃ asymm. Diphenyläthan (SCHRAMM, *B.* **26**, 1707).

Beispiele für die Einwirkung halogenierter Kohlenwasserstoffe. Bei Behandlung von Benzol mit Methylchlorid in Gegenwart von AlCl₃ erhält man Toluol (FRIEDEL, CRAFTS, *A. ch.* [6] **1**, 460), m- und (wenig) p-Xylol (FR., CR., *A. ch.* [6] **1**, 461; ADOR, RILLIET, *B.* **11**, 1627), Mesitylen, Pseudocumol, Durol, Pentamethylbenzol und Hexamethylbenzol (FR., CR., *C. r.* **84**, 1394; **91**, 257; AD., RI., *B.* **12**, 329). Beim Erwärmen eines Gemisches aus Benzol, Methylenchlorid und AlCl₃ entstehen Toluol, Diphenylmethan und Anthracen (FRIEDEL, CRAFTS, *Bl.* [2] **41**, 324; *A. ch.* [6] **11**, 264). Benzol reagiert mit Chloroform und AlCl₃ bei niedriger Temp. (unterhalb 50°) unter Bildung von Diphenylmethan, Triphenylmethan, Triphenylchlormethan und der Verbindung (C₆H₅)₃CCl + AlCl₃ (BOESEKEN, *R.* **22**, 307; vgl. FRIEDEL, CRAFTS, *A. ch.* [6] **1**, 489). Auch durch Eisenchlorid läßt sich Benzol mit Chloroform kondensieren; bei der Destillation des Reaktionsprodukts mit Wasserdampf wurden Triphenylmethan und Triphenylcarbinol erhalten (MEISSEL, *B.* **32**, 2422). Benzol gibt bei der Reaktion mit Kohlenstofftetrachlorid in Gegenwart von AlCl₃ Triphenylchlormethan (FRIEDEL, CRAFTS, *A. ch.* [6] **1**, 502; GOMBERG, *B.* **33**, 3144). Bei der Einw. von Chlorpikrin auf Benzol in Gegenwart von AlCl₃ entstehen Triphenylmethan und Triphenylcarbinol (BOEDKER, *Bl.* [4] **3**, 727; vgl. ELBS, *B.* **16**, 1274). — Bei Behandlung von Benzol mit Äthylchlorid in Gegenwart von AlCl₃ erhält man Äthylbenzol (SÖLLSCHER, *B.* **15**, 1680), 1.2.4- und 1.3.5-Triäthyl-benzol (KLAGES, *J. pr.* [2] **65**, 394; s. a. GUSTAVSON, *J. pr.* [2] **68**, 227) und Hexaäthylbenzol (ALBRIGHT, MORGAN, WOOLWORTH, *C. r.* **86**, 887; *Bl.* [2] **31**, 464). Über die Verbindung C₆H₃(C₂H₅)₃¹·⁴ + 2 AlCl₃, erhalten aus Benzol, Äthylchlorid und AlCl₃, s. GUSTAVSON, *C. r.* **136**, 1066; *J. pr.* [2] **68**, 212. Äthylenchlorid liefert mit Benzol und AlCl₃ Dibenzyl (SILVA, *J.* **1879**, 380) und etwas Äthylbenzol (FRIEDEL, CRAFTS, *A. ch.* [6] **1**, 484). Benzol gibt mit Äthylidenchlorid bei Anwesenheit von AlCl₃ asymm. Diphenyläthan, Äthylbenzol und 9.10-Dimethyl-anthracen-dihydrid-(9.10) (SILVA, *Bl.* [2] **36**, 66; **41**, 448; ANSCHÜTZ, *A.* **235**, 303). Bei Einw. von Methylchloroform auf Benzol in Gegenwart von AlCl₃ unter gewöhnlichem Druck entstehen Dibenzyl, symm. Tetraphenyläthan und 9.10-Dimethyl-anthracen-dihydrid-(9.10), unter vermindertem Druck asymm. Tetraphenyläthan (KUNTZE-FECHNER, *B.* **36**, 474). 1.1.2-Trichlor-äthan gibt mit Benzol in Anwesenheit von AlCl₃ Diphenylmethan, Dibenzyl und Anthracen (GARDEUR, *C.* **1898** I, 438); Pentachloräthan liefert Anthracen und Triphenylmethan (MOUNEYRAT, *Bl.* [3] **19**, 557); Hexachloräthan liefert Anthracen (MOU., *Bl.* [3] **19**, 555). Durch Einw. von Äthylbromid auf Benzol bei Gegenwart von $AlCl_3$ können erhalten werden Äthylbenzol (ANSCHÜTZ, A. **235**, 331; SEMPOTOWSKI, B. **22**, 2662; BÉHAL, CHOAY, Bl. [3] 11, 207; RADZIEWANOWSKI, B. **27**, 3235), m- und p-Diäthyl-benzol (Syst. No. 469) (VOSWINKEL, B. **21**, 2829; **22**, 315; FOURNIER, Bl. [3] 7, 651; vgl. ALLEN, UNDERWOOD, Bl. [2] 40, 100), 1.2.3.4- und 1.2.4.5-Tetraäthyl-benzol (GALLE, B. **16**, 1745, 1747; JACOBSEN, B. **21**, 2819), Pentaäthylbenzol (JAC., B. **21**, 2814) und Hexaäthylbenzol (GALLE, B. **16**, 1747). Benzol liefert mit Äthylidenbromid bei Anwesenheit von $AlCl_3$ asymm. Diphenyläthan, Äthylbenzol und 9.10-Dimethylanthracen-dihydrid-(9.10) (ANSCHÜTZ, A. **235**, 302). 1.1.2-Tribrom-äthan gibt mit Benzol und $AlCl_3$ Dibenzyl und asymm. Diphenyläthan (AN., A. **235**, 333); 1.1.2.2-Tetrabrom-äthan liefert asymm. Diphenyläthan, Anthracen und Brombenzol (AN., A. **235**, 163), unter Umständen auch symm. Tetraphenyläthan (AN., A. **235**, 201); 1.1.1.2-Tetrabrom-äthan liefert asymm. Diphenyläthan, symm. Tetraphenyläthan und etwas Brombenzol (AN., A. **235**, 199). Äthyljodid gibt bei Einw. auf Benzol in Anwesenheit von $AlCl_3$ Äthylbenzol (FRIEDEL, CRAFTS, A.ch. [6] 1, 457). — Aus Propylchlorid, Benzol und $AlCl_3$ entsteht unter 0° nur Propylbenzol, oberhalb 0° auch Isopropylbenzol (KONOWALOW, Ж. **27**, 457; Bl. [3] 16, 864; vgl. SILVA, Bl. [2] **43**, 317). Bei 80° erhält man aus Propylchlorid mit Benzol und $AlCl_3$ nur Isopropylbenzol (BOEDTKER, Bl. [3] **25**, 844). Einw. von Benzol auf Isopropylchlorid und $AlCl_3$: SILVA, Bl. [2] **43**, 317; GUSTAVSON, C. r. 140, 940; J. pr. [2] **72**, 57. Propylenchlorid gibt mit Benzol bei Gegenwart von $AlCl_3$ $\alpha.\beta$-Diphenyl-propan (SILVA, J. **1879**, 379); 2.2-Dichlorpropan liefert $\beta.\beta$-Diphenyl-propan und Isopropylbenzol (SILVA, Bl. [2] **34**, 674; **43**, 318); Trichlorhydrin liefert $\alpha.\beta.\gamma$-Triphenyl-propan und $\alpha.\gamma$-Diphenyl-propan (CLAUS, MERCKLIN, B. **18**, 2935; KONOWALOW, DOBROWOLSKI, Ж. **37**, 548; C. **1905** II, 826). Propylbromid liefert mit Benzol und $AlBr_3$ Isopropylbenzol (GUSTAVSON, Ж. 10, 269; B. 11, 1251); bei niedriger Temp. (−2°) entsteht aus Propylbromid, Benzol und $AlCl_3$ n-Propylbenzol (HEISE, B. **24**, 768). Isopropylbromid gibt mit Benzol und $AlBr_3$ Isopropylbenzol (GU., Ж. 10, 269; B. 11, 1251; KONOWALOW, Ж. **27**, 457; J. **1895**, 1514). Bei der Einw. von Trimethylenbromid und auch von Propylenbromid auf Benzol in Gegenwart von $AlCl_3$ entsteht (außer mehrkernigen Kohlenwasserstoffen) n-Propylbenzol neben wenig Isopropylbenzol (BODROUX, C. r. **132**, 155). Tribromhydrin gibt mit Benzol und $AlCl_3$ $\alpha.\beta.\gamma$-Triphenyl-propan und $\alpha.\gamma$-Diphenyl-propan (CLAUS, MERCKLIN, B. **18**, 2935). — Aus prim. Butylchlorid, Benzol und $AlCl_3$ entsteht sek.-Butylbenzol (SCHRAMM, M. **9**, 619). Derselbe Kohlenwasserstoff ist aus sek. Butylchlorid erhältlich (ESTREICHER, B. **33**, 460). Isobutylchlorid gibt mit Benzol und $AlCl_3$ tert.-Butylbenzol (SCHRAMM, M. **9**, 615; SENKOWSKI, B. **23**, 2413; BOEDTKER, Bl. [3] **31**, 966; vgl. GOSSIN, Bl. [2] **41**, 446; KONOWALOW, Ж. **27**, 457), p-Di-tert.-butyl-benzol (SENK., B. **23**, 2420; BOE., Bl. [3] **31**, 969) und Tri-tert.-butyl-benzol (SENK., B. **23**, 2421); bei unzureichender Menge $AlCl_3$ entsteht in dieser Reaktion auch etwas Isobutylbenzol (BOE., Bl. [3] **31**, 967). Aus tert. Butylchlorid entsteht mit Benzol und $AlCl_3$ tert.-Butylbenzol (SCHR., M. **9**, 618; SENK., B. **23**, 2413; BOE., Bl. [3] **31**, 966). 1.1.1.2-Tetrachlor-2-methyl-propan liefert mit Benzol und $AlCl_3$ β-Methyl-$\alpha.\alpha.\alpha.\beta$-tetraphenyl-propan (WILLGERODT, SCHIFF, J. pr. [2] 41, 524). Aus Isobutylenbromid, Benzol und $AlCl_3$ entsteht β-Methyl-$\alpha.\beta$-diphenylpropan $C_6H_5 \cdot CH_2 \cdot C(CH_3)_2 \cdot C_6H_5$ neben Isobutylbenzol (BODROUX, C. r. **132**, 1335). — Einw. von Isoamylchlorid (bezw. Isoamylbromid oder tert. Amylbromid) und $AlCl_3$ auf Benzol: AUSTIN, Bl. [2] **32**, 12; COSTA, G. **19**, 486; KONOWALOW, JEGOROW, Ж. 30, 1031; C. **1899** I, 776; ANSCHÜTZ, BECKERHOFF, A. **327**, 224.

Vinylbromid reagiert mit Benzol bei Gegenwart von $AlCl_3$ unter Bildung von Styrol, Äthylbenzol, asymm. Diphenyläthan und 9.10-Dimethyl-anthracen-dihydrid-(9.10) (ANSCHÜTZ, A. **235**, 334); unter Umständen werden auch die Verbindungen $C_6H_5 \cdot C_2H_4Br$ und $C_6H_4(C_2H_4Br)_2$ gebildet (HANRIOT, GUILBERT, C. r. **98**, 525; J. **1884**, 562; vgl. AN., A. **235**, 332). Perchloräthylen gibt mit Benzol und $AlCl_3$ Anthracen (MOUNEYRAT, Bl. [3] 19, 559); Acetylendibromid liefert Dibenzyl und etwas Anthracen (ANSCHÜTZ, A. **235**, 153, 157); Tribromäthylen liefert asymm. Diphenyläthylen und Triphenylmethan (AN., A. **235**, 336). — 2-Chlor-propen-(1) gibt mit Benzol und $AlCl_3$ $\beta.\beta$-Diphenyl-propan und Isopropylbenzol (SILVA, Bl. [2] **34**, 674; **43**, 318). Allylchlorid gibt mit Benzol und $AlCl_3$ $\alpha.\beta$-Diphenylpropan und Isopropylbenzol (SILVA, J. **1879**, 380; Bl. [2] **43**, 318; KONOWALOW, DOBROWOLSKI, Ж. **37**, 548; C. **1905** II, 826); bringt man mit Benzol verdünntes Allylchlorid tropfenweise zu einem abgekühlten Gemisch von Benzol und $AlCl_3$, das vorher mit etwas HCl erwärmt worden war, so entsteht n-Propylbenzol (WISPEK, ZUBER, A. **218**, 379). Beim Erwärmen von Allylbromid mit Benzol und Zinkstaub auf dem Wasserbade entstehen n-Propylbenzol und $\alpha.\beta$-Diphenyl-propan (SHUKOWSKI, Ж. **27**, 297). 1.2-Dichlor-cyclohexan reagiert mit Benzol und $AlCl_3$ unter Bildung von 1.2-Diphenylcyclohexan (KURSSANOW, A. **318**, 316; vgl. GUSTAVSON, C. r. 146, 641). — Benzylchlorid liefert beim Erwärmen mit Benzol und Zinkstaub Diphenylmethan neben o- und p-Dibenzylbenzol (ZINCKE, B. **6**, 119; A. **159**, 374); dieselben Verbindungen bilden sich bei der Reaktion zwischen Benzylchlorid und Benzol in Gegenwart von $AlCl_3$ (RADZIEWANOWSKI, B. **27**, 3237). o-Nitro-benzylchlorid kondensiert sich mit Benzol bei Gegenwart von $AlCl_3$ zu 2-

Nitro-diphenylmethan (GEIGY, KÖNIGS, B. 18, 2402). Benzylidenchlorid liefert mit Benzol und AlCl₃ Diphenylmethan, Triphenylmethan und Triphenylchlormethan (BOESEKEN, R. 22, 311; vgl. LINEBARGER, Am. 18, 557). Kondensation zwischen Benzotrichlorid und Benzol: DOEBNER, MAGATTI, B. 12, 1468. Aus m-Xylylchlorid CH₃·C₆H₄·CH₂Cl, Benzol und AlCl₃ entsteht m-Benzyl-toluol (SENFF, A. 220, 230). a-Chlor-a-phenyl-äthan liefert mit Benzol und AlCl₃ Äthylbenzol, asymm. Diphenyläthan und 9.10-Dimethyl-anthracen-dihydrid-(9.10) (SCHRAMM, B. 26, 1706). a-Brom-a-phenyl-äthan gibt mit Benzol und AlCl₃ hochmolekulare harzige Kondensationsprodukte und nur sehr wenig asymm. Diphenyläthan (ANSCHÜTZ, A. 235, 328). Aus a.β-Dibrom-a-phenyl-äthan, Benzol und AlCl₃ wurden erhalten Dibenzyl (AN., A. 235, 338), Anthracen und Brombenzol (SCHRAMM, B. 26, 1708). a.β.β-Tribrom-a-phenyl-äthan liefert mit Benzol und AlCl₃ symm. Tetraphenyläthan (AN., A. 235, 204). — Bei der Einw. von Diphenylchlormethan auf Benzol in Gegenwart von AlCl₃ entstehen Diphenylmethan, Triphenylmethan und sehr wenig Triphenylmethan (BOESEKEN, R. 22, 312). a.β-Dibrom-a.β-diphenyl-äthylen liefert mit Benzol und AlCl₃ symm. Tetraphenyläthan (ANSCHÜTZ, A. 235, 210). a-Chlor-naphthalin reagiert mit Benzol und AlCl₃ unter Bildung von a-Phenyl-naphthalin (CHATTAWAY, Soc. 63, 1188).

Beispiele für Einwirkung von Oxy-Verbindungen sowie deren funktionellen Derivaten und Halogensubstitutionsprodukten. Beim Erhitzen von Benzol mit Äther und ZnCl₂ auf 180° entsteht Äthylbenzol (BALSOHN, Bl. [2] 32, 618). Bei raschem Erhitzen von Benzol mit Isobutylalkohol und ZnCl₂ auf 300° entsteht neben anderen Kohlenwasserstoffen tert.-Butyl-benzol (H. GOLDSCHMIDT, B. 15, 1066, 1425; SENKOWSKI, B. 24, 2975; NIEMCZYCKI, C. 1905 II, 403). Bei Einw. von rauchender Schwefelsäure auf ein Gemisch von Benzol und Isobutylalkohol entstehen tert.-Butyl-benzol und p-Ditert.-butyl-benzol (VERLEY, Bl. [3] 19, 72; BOEDTKER, Bl. [3] 31, 966). Acetonchloroform (CH₃)₂C(OH)·CCl₃ kondensiert sich mit Benzol und AlCl₃ zu Dimethyl-[phenyl-dichlormethyl]-carbinol C₆H₅·CCl₂·C(CH₃)₂·OH, Dimethyl-[diphenyl-chlormethyl]-carbinol (C₆H₅)₂CCl·C(CH₃)₂·OH, Dimethyl-[triphenyl-methyl]-carbinol (C₆H₅)₃C·C(CH₃)₂·OH (WILLGERODT, GENIESER, J. pr. [2] 37, 365). Beim Erhitzen von Acetonchloroformäther (CH₃)₂C(CCl₃)·O·C(CCl₃)(CH₃)₂ mit Benzol und AlCl₃ am Rückflußkühler entsteht Bis-[a.a-dimethyl-β.β.β-triphenyl-äthyl]-äther (C₆H₅)₃C·C(CH₃)₂·O·C(CH₃)₂·C(C₆H₅)₃ (WI., SCH., J. pr. [2] 41, 525). — Erhitzt man Tribromphenol mit Benzol und AlCl₃ im siedenden Wasserbade, so werden Brombenzol und etwas Phenol gebildet (KOHN, MÜLLER, M. 30, 407). Bis-[4¹-brom-4-methyl-phenyl]-sulfon O₂S (C₆H₄·CH₂Br), liefert mit Benzol und AlCl₃ 4.4'-Dibenzyl-diphenylsulfon (GENVRESSE, Bl. [3] 11, 501). Bis-[4¹.4¹-dibrom-4-methyl-phenyl]-sulfon liefert 4.4'-Dibenzhydryl-diphenylsulfon O₂S[C₆H₄·CH(C₆H₅)₂]₂ (GE., Bl. [3] 11, 506). — Benzylalkohol kondensiert sich mit Benzol bei Gegenwart von konz. Schwefelsäure zu Diphenylmethan (V. MEYER, WURSTER, B. 6, 963). Diphenylmethan entsteht auch aus Äthylbenzyläther mit Benzol und P₂O₅ (NEF, A. 298, 255; vgl. SCHICKLER, J. pr. [2] 53, 369). Aus m-Nitro-benzylalkohol und Benzol erhält man bei Einw. von konz. Schwefelsäure 3-Nitro-diphenylmethan und Bis-[3-nitro-benzyl]-benzol (BECKER, B. 15, 2091). Aus Benzhydrol erhält man mit Benzol und P₂O₅ bei 140° Triphenylmethan (HEMILIAN, B. 7, 1204). Phenyl-p-tolyl-carbinol liefert mit Benzol und P₂O₅ Diphenyl-p-tolyl-methan (E. FISCHER, O. FISCHER, B. 194, 263). — β-Naphthol liefert mit Benzol und AlCl₃ a-Phenyl-naphthalin (CHATTAWAY, LEWIS, Soc. 65, 871). Fluorenalkohol gibt beim Erhitzen mit Benzol und P₂O₅ 9-Phenyl-fluoren (HEMILIAN, B. 11, 202, 837).

Beispiele für Einwirkung von Oxo-Verbindungen sowie deren funktionellen Derivaten und Halogensubstitutionsprodukten. Benzol liefert bei längerem Erhitzen mit Formaldehyd + konz. Schwefelsäure ein unlösliches Prod., bei dessen Destillation Diphenylmethan, Benzol, Toluol, p-Xylol, Phenyl-p-tolyl-methan und Anthracen entstehen (NASTJUKOW, Ж. 35, 825; C. 1903 II, 1425). Erwärmt man Formaldehyd mit Benzol und konz. Schwefelsäure bei Zusatz von relativ wenig Essigsäure kurze Zeit, so entsteht direkt Diphenylmethan, während bei längerem Erhitzen wieder das unlösliche Produkt entsteht; verdünnt man mit viel Essigsäure oder ersetzt man sie durch viel Wasser, so erhält man auch bei längerem Erhitzen Diphenylmethan (NA., Ж. 35, 830; 40, 1377; C. 1903 II, 1425; 1909 I, 534). Durch Kondensation von Formaldehyd mit Benzol mittels konz. Schwefelsäure in Essigester bei —5° bis 0° entstehen p-Dibenzyl-benzol und Anthracen (THIELE, BALHORN, B. 37, 1467). Benzol kondensiert sich mit Methylal bei Gegenwart von konz. Schwefelsäure zu Diphenylmethan, o- und p-Dibenzyl-benzol (BAEYER, B. 6, 221; ZINCKE, B. 9, 31). Die Einw. von Chlormethyl-äthyl-äther auf Benzol in Gegenwart von AlCl₃ liefert als Hauptprodukt Diphenylmethan (VERLEY, Bl. [3] 17, 914). Die Kondensation von Benzol mit Bernsteinsäure-bis-oxymethylamid [—CH₂·CO·NH·CH₂·OH]₂ führt zu der Verbindung

$$C_6H_4 \big< \begin{matrix} CH_2 \cdot NH \cdot CO \cdot CH_2 \\ CH_2 \cdot NH \cdot CO \cdot CH_2 \end{matrix} \quad (?) \text{ (Syst. No. 3591) (EINHORN, D. R. P. 156398; C. 1905 I, 55;}$$

A. 343, 277). — Beim Versetzen einer Lösung von Paraldehyd in konz. Schwefelsäure mit Benzol entsteht asymm. Diphenyläthan (BAEYER, B. 7, 1190). Bei Einw. von a.β-Dichlor-diäthyläther ClCH$_2$·CHCl·O·C$_2$H$_5$ auf Benzol bei Gegenwart von konz. Schwefelsäure entsteht β-Chlor-α.α-diphenyl-äthan (HEPP, B. 6, 1439); aus Benzol und α.β-Dichlor-diäthyläther entstehen bei Einw. von AlCl$_3$ Toluol, Äthylbenzol, Diphenylmethan, Dibenzyl und Anthracen (GARDEUR, C. 1898 I, 438). — Dichloracetaldehyd gibt mit Benzol und AlCl$_3$ β.β-Dichlor-α.α-diphenyl-äthan (Syst. No. 479) (DELACRE, Bl. [3] 13, 858). Dieselbe Verbindung entsteht aus Benzol und Dichloracetal unter der Einw. von konz. Schwefelsäure (BUTTENBERG, A. 279, 324). Benzol kondensiert sich mit Chloral in Gegenwart von konz. Schwefelsäure zu β.β.β-Trichlor-α.α-diphenyl-äthan (BAEYER, B. 5, 1098). Benzol gibt bei Behandlung mit Chloral und AlCl$_3$ in Gegenwart von Schwefelkohlenstoff symm. Tetraphenyläthan, Tetraphenyläthylen, Diphenylacetophenon (C$_6$H$_5$)$_2$CH·CO·C$_6$H$_5$, β.β-Dichlor-α.α-diphenyl-äthylen, β.β-Dichlor-α-phenyl-äthylen, Diphenylmethan, Triphenylmethan und 9.10-Diphenyl-phenanthren (BILTZ, B. 26, 1952; A. 296, 219; B. 38, 203). Bei der Einw. von Chloral auf Benzol und AlCl$_3$ in Abwesenheit von CS$_2$ entstehen Phenyl-dichloracetaldehyd, β.β-Dichlor-α.α-diphenyl-äthan, β-Chlor-α.α.β-triphenyl-äthan und symm. Tetraphenyläthan (COMBES, Bl. [2] 41, 382; A. ch. [6] 12, 271); unter denselben Bedingungen erhielt DINESMANN (C. r. 141, 201) nur Trichlormethyl-phenyl-carbinol C$_6$H$_5$·CH(OH)CCl$_3$. Bromal kondensiert sich mit Benzol in Gegenwart von konz. Schwefelsäure zu β.β.β-Tribrom-α.α-diphenyl-äthan (GOLDSCHMIDT, B. 6, 985). Butyrchloralhydrat liefert mit Benzol bei Einw. von Schwefelsäure β.β.γ-Trichlor-α.α-diphenyl-butan (C$_6$H$_5$)$_2$CH·CCl$_2$·CHCl·CH$_3$ (HEPP, B. 7, 1420). — Benzol liefert mit Kohlenoxyd + HCl bei Gegenwart von AlBr$_3$ und CuCl Benzaldehyd (REFORMATSKI, Ж. 33, 154; C. 1901 I, 1226; KÜCHLER & BUFF, D. R. P. 126421; C. 1901 II, 1372; GATTERMANN, A. 347, 351). Kondensation von Benzol mit Kohlenoxyd durch dunkle elektrische Entladungen: LOSANITSCH, B. 41, 2686. Benzol reagiert mit Nickeltetracarbonyl und AlCl$_3$ bei gewöhnlicher Temp. unter Bildung von Benzaldehyd, bei 100° unter Bildung von Anthracen (DEWAR, JONES, Soc. 85, 213; HOMER, Soc. 91, 1104). — Bei der Einw. von Knallquecksilber und AlCl$_3$ auf Benzol entsteht fast ausschließlich Benzonitril (SCHOLL, B. 36, 10); mit einem Gemisch von AlCl$_3$, AlCl$_3$ + 6 H$_2$O und Al(OH)$_3$ entsteht vorwiegend Benz-syn-aldoxim, neben Benzonitril sowie kleinen Mengen Benzaldehyd und Benzamid (SCHOLL, B. 32, 3495; vgl. SCHOLL, KAČER, B. 36, 322).

Benzaldehyd kondensiert sich mit Benzol beim Erhitzen mit Chlorzink im geschlossenen Gefäß auf 250—270° zu Triphenylmethan (GRIEPENTROG, A. 242, 329). Benzol liefert mit o-Nitro-benzaldehyd in Gegenwart von konz. Schwefelsäure Phenylanthroxan neben wenig o-Nitro-benzophenon (KLIEGL, B. 41, 1849). Aus p-Benzoyl-benzylidenbromid C$_6$H$_5$·CO·C$_6$H$_4$·CHBr$_2$ erhält man mit Benzol und Aluminiumchlorid Diphenyl-[4-benzoyl-phenyl]-methan C$_6$H$_5$·CO·C$_6$H$_4$·CH(C$_6$H$_5$)$_2$ (BOURCET, Bl. [3] 15, 950; DELACRE, Bl. [4] 5, 952).

Dichloranthron C$_6$H$_4$$\underset{\text{CO}}{\overset{\text{CCl}_2}{<}}C_6H_4$ liefert mit Benzol und AlCl$_3$ 9.9-Diphenyl-anthron-(10) (HALLER, GUYOT, Bl. [3] 17, 877); dieselbe Verbindung entsteht auch aus 9-Chlor-9-phenyl-anthron mit Benzol und AlCl$_3$ und aus 9-Oxy-9-phenyl-anthron-(10) mit Benzol und konz. Schwefelsäure (HA., GUY.). — Aus Terephthalaldehyd erhält man mit Benzol und konzentrierter Schwefelsäure p-Benzhydryl-benzaldehyd (C$_6$H$_5$)$_2$CH·C$_6$H$_4$·CHO (OPPENHEIMER, B. 19, 2028).

Kondensation von Benzol mit Glykose in Gegenwart von konz. Schwefelsäure: NASTJUKOW, Ж. 39, 1133; C. 1908 I, 821. Einw. von Benzol auf Cellulose bei Gegenwart von konz. Schwefelsäure: NASTJUKOW, Ж. 34, 231, 505; 39, 1109; C. 1902 I, 1277; II, 576; 1903 I, 139; 1908 I, 820.

Beispiele für Einwirkung von Carbonsäuren sowie deren funktionellen Derivaten und Halogensubstitutionsprodukten (vgl. auch S. 195 Einwirkung von heterocyclischen Verbindungen). Benzol reagiert mit Essigsäureanhydrid bei Anwesenheit von AlCl$_3$ unter Bildung von Acetophenon (FRIEDEL, CRAFTS, A. ch. [6] 14, 455). Dieses entsteht auch aus Benzol und Acetylchlorid in Gegenwart von AlCl$_3$ (FR., CR., A. ch. [6] 1, 507) oder von FeCl$_3$ (NENCKI, STOEBER, B. 30, 1769). Bei Einw. von Chloressigsäure-äthylester auf Benzol in Anwesenheit von AlCl$_3$ entsteht (infolge intermediärer Bildung von Äthylchlorid) Äthylbenzol (FR., CR., A. ch. [6] 1, 527). Chloracetylchlorid reagiert mit Benzol und AlCl$_3$ unter Bildung von ω-Chlor-acetophenon (FR., CR., A. ch. [6] 1, 507). Einw. von Chloracetonitril und AlCl$_3$ auf Benzol: GENVRESSE, Bl. [2] 49, 579. Erwärmt man Benzol mit Dichloracetylchlorid und AlCl$_3$ schwach, bis 1 Mol.-Gew. HCl entwichen ist, so erhält man ω.ω-Dichlor-acetophenon (GAUTIER, A. ch. [6] 14, 388); bei mehrstündigem Erhitzen von Benzol mit Dichloracetylchlorid und AlCl$_3$ erhält man ω.ω-Diphenylacetophenon (C$_6$H$_5$)$_2$CH·CO·C$_6$H$_5$ (COLLET, Bl. [3] 15, 22). Bei der Einw. von Trichloressigsäure oder deren aliphatischen Estern auf Benzol in Gegenwart von AlCl$_3$ entsteht Fluorencarbonsäure (DELACRE, Bl. [3] 27, 875); in geringer Menge erhält man bei dieser Reaktion auch Triphenylessigsäure (ELBS, TÖLLE, J. pr. [2] 32, 624). Aus Trichloressigsäurebenzylester erhält man bei Einw. von Benzol und AlCl$_3$ ein Produkt, das bei der Destillation Anthracen liefert (DELACRE, C. r. 120, 155). Erwärmt man 100 g Benzol mit 60 g Trichloracetylchlorid unter Hinzufügung von AlCl$_3$ auf die Siedetemperatur des Benzols, bis 1 Mol.-Gew. HCl entwichen ist, so erhält man ω.ω.ω-Trichlor-acetophenon (GAUTIER, *A. ch.* [6] 14, 398). Versetzt man ein Gemisch von 800 g Benzol und 80 g Trichloracetylchlorid bei 30—40° mit 100 g AlCl$_3$ und erhitzt dann mehrere Stunden auf 70°, so erhält man ω.ω-Diphenyl-acetophenon (BILTZ, *B.* 32, 654; vgl. DELACRE, *Bl.* [3] 13, 859). Bromacetylchlorid gibt mit Benzol und AlCl$_3$ ω-Brom-acetophenon (COLLET, *Bl.* [3] 17, 69). Aus Propionylchlorid, Benzol und AlCl$_3$ entsteht Propiophenon (PAMPEL, SCHMIDT, *B.* 19, 2896). Analog wurde aus α-Brom-propionylchlorid [α-Brom-äthyl]-phenyl-keton (COLLET, *Bl.* [3] 15, 716; 17, 69), aus α.β-Dibrom-propionyl-chlorid [α.β-Dibrom-äthyl]-phenyl-keton (KOHLER, *Am.* 42, 382) erhalten. — Acrylsäure-chlorid gibt mit Benzol und AlCl$_3$ α-Hydrindon (KOHLER, *Am.* 42, 376, 380; vgl. MOUREU, *A. ch.* [7] 2, 198). Aus Crotonsäure und Benzol entsteht bei längerer Einw. von AlCl$_3$ β-Phenyl-buttersäure (EIJKMAN, *C.* 1908 II, 1100). Crotonylchlorid liefert mit Benzol und AlCl$_3$ Propenyl-phenyl-keton und β-Phenyl-butyrophenon CH$_3$·CH(C$_6$H$_5$)·CH$_2$·CO·C$_6$H$_5$ (KOHLER, *Am.* 42, 395). Aus Tiglinsäure und Benzol bildet sich unter der Einw. von AlCl$_3$ α-Methyl-β-phenyl-buttersäure (EI., *C.* 1908 II, 1100). Kondensation von Benzol mit Ölsäure und konz. Schwefelsäure: TWITCHELL, *Am. Soc.* 22, 22.

Beim Erhitzen von Benzol mit Benzoesäure und P$_2$O$_5$ auf 180—200° entsteht Benzo-phenon (KOLLARITS, MERZ, *Z.* 1871, 705; *B.* 6, 538). Dieses entsteht auch aus Benzol und Benzoylchlorid bei Gegenwart von AlCl$_3$ (FRIEDEL, CRAFTS, *A. ch.* [6] 1, 510), von SbCl$_5$ (COMSTOCK, *Am.* 18, 550) oder von FeCl$_3$ (NENCKI, STOEBER, *B.* 30, 1768; vgl. NENCKI, *B.* 32, 2415). o-Chlor-benzoylchlorid liefert mit Benzol und AlCl$_3$ o-Chlor-benzophenon (OVERTON, *B.* 26, 29). Analog entsteht mit m-Chlor-benzoylchlorid m-Chlor-benzophenon (HANTZSCH, *B.* 24, 57), mit p-Chlor-benzoylchlorid p-Chlor-benzophenon (DEMUTH, DITT-RICH, *B.* 23, 3609). Beim Erhitzen von Phenylessigsäure mit Benzol und P$_2$O$_5$ entsteht Desoxybenzoin (ZINCKE, *B.* 9, 1771 Anm.). Dieses entsteht auch aus Phenylacetylchlorid mit Benzol und AlCl$_3$ (GRAEBE, BUNGENER, *B.* 12, 1080). Aus Phenylbromessigsäure erhält man mit Benzol und AlCl$_3$ Diphenylessigsäure (EIJKMAN, *C.* 1908 II, 1100). o-Cyan-benzal-chlorid gibt mit Benzol und AlCl$_3$ 2-Cyan-triphenylmethan NC·C$_6$H$_4$·CH(C$_6$H$_5$)$_2$ (DROBY, *B.* 24, 2572); analog verläuft die Reaktion mit p-Cyan-benzalchlorid (MOSES, *B.* 33, 2630). β-Brom-β-phenyl-propionsäure liefert mit Benzol und AlCl$_3$ β.β-Diphenyl-propionsäure (EI., *C.* 1908 II, 1100). — Aus Atropasäure und Benzol bildet sich bei Gegenwart von AlCl$_3$ α.α-Diphenyl-propionsäure (EI., *C.* 1908 II, 1100). Erhitzt man Benzol mit Zimtsäure und

konz. Schwefelsäure auf 50°, so entstehen Phenylindanon $\begin{matrix} \text{C}_6\text{H}_4\!\!-\!\!\text{CO} \\ \text{CH(C}_6\text{H}_5)\cdot\text{CH}_2 \end{matrix}$ (Syst. No. 654), β.β-Diphenyl-propionsäure (Syst. No. 952) und die Säure C$_6$H$_4$[CH(C$_6$H$_5$)·CH$_2$·CO$_2$H]$_2$ (Syst. No. 997) (LIEBERMANN, HARTMANN, *B.* 25, 2124). β.β-Diphenyl-propionsäure entsteht auch aus Allozimtsäure und Benzol bei Gegenwart von konz. Schwefelsäure (LIE., HA., *B.* 25, 960). Aus α-Methyl-zimtsäure erhält man mit Benzol und AlCl$_3$ α-Methyl-β.β-diphenyl-propionsäure (EIJKMAN, *C.* 1908 II, 1100). Analog entsteht aus α-Phenyl-zimtsäure α.β.β-Triphenyl-propionsäure (EI., *C.* 1908 II, 1100). — Aus α-Naphthoesäure erhält man mit Benzol und P$_2$O$_5$ bei 200° Phenyl-α-naphthyl-keton, aus β-Naphthoesäure in analoger Weise Phenyl-β-naphthyl-keton (KOLLARITS, MERZ, *B.* 6, 541). — Diphenylacetylchlorid kondensiert sich mit Benzol in Gegenwart von AlCl$_3$ zu ω.ω-Diphenyl-acetophenon (KLINGEMANN, *A.* 275, 88). Aus Diphenyl-chloressigsäure erhält man bei Einw. von Benzol und AlCl$_3$ Triphenylessigsäure (BISTRZYCKI, HERBST, *B.* 36, 146).

Oxalsäureesterchlorid ClCO·CO$_2$·C$_2$H$_5$ liefert mit Benzol in Schwefelkohlenstoff-lösung bei Anwesenheit von AlCl$_3$ Benzoylameisensäureäthylester (Syst. No. 1289) (BOU-VEAULT, *Bl.* [3] 15, 1017; vgl. ROSER, *B.* 14, 940). Aus Benzol und Oxalylchlorid, gelöst in Schwefelkohlenstoff, werden unter der Einw. von AlCl$_3$ Benzoylchlorid bezw. Benzophenon gebildet (STAUDINGER, *B.* 41, 3566). Beim Leiten eines Gemenges von Benzoldämpfen und Dicyan durch erhitzte Röhren entstehen Benzonitril und Terephthalsäurenitril (MERZ, WEITH, *B.* 10, 753); beim Einleiten von Dicyan in siedendes Benzol bei Gegenwart von AlCl$_3$ ent-steht Benzonitril (DESGREZ, *Bl.* [3] 13, 735). Aus Malonylchlorid gewinnt man mit Benzol und AlCl$_3$ Dibenzoylmethan (AUGER, *A. ch.* [6] 22, 349). Succinylchlorid gibt bei Einw. von Benzol und AlCl$_3$ α.β-Dibenzoyl-äthan und γ.γ-Diphenyl-butyrolacton (CLAUS, *B.* 20, 175; AUGER, *Bl.* [2] 49, 346). Das Dichlorid der hochschmelzenden Dibrombernsteinsäure gibt mit Benzol und AlCl$_3$ α.β-Dibrom-α.β-dibenzoyl-äthan C$_6$H$_5$·CO·CHBr·CHBr·CO·C$_6$H$_5$ (R. MEYER, MARX, *B.* 41, 2469). Glutarsäuredichlorid reagiert mit Benzol und AlCl$_3$ unter Bildung von α.γ-Dibenzoyl-propan (AUGER, *A. ch.* [6] 22, 358). — Phthalylchlorid liefert mit Benzol bei Gegenwart von AlCl$_3$ Phthalophenon (FRIEDEL, CRAFTS, *A. ch.* [6] 1, 523; BAEYER, *A.* 202. 50) sowie etwas Anthrachinon (FR., CR., *A. ch.* [6] 1, 523, 526). Beim Erhitzen von Benzol mit Phthalylchlorid und Zinkstaub auf 220° entsteht Anthrachinon (PICCARD, *B.* 7, 1785). Einw. von Benzol und AlCl$_3$ auf das bei 88° schmelzende, aus Phthalsäureanhydrid und PCl$_5$ erhältliche Tetrachlorid C$_6$H$_4$OCl$_4$: HALLER, GUYOT, *Bl.* [3] 17, 875. Isophthalsäuredichlorid gibt mit Benzol und AlCl$_3$ m-Dibenzoyl-benzol und m-Benzoyl-benzoesäurechlorid, das bei Behandlung des Reaktionsproduktes mit Natronlauge in m-Benzoyl-benzoesäure übergeht (ADOR, *B.* **13**, 320). Terephthalsäuredichlorid liefert mit Benzol und AlCl$_3$ p-Dibenzoyl-benzol (NOELTING, KOHN, *B.* **19**, 147; MÜNCHMEYER, *B.* **19**, 1847).

Benzol liefert beim Erhitzen mit einem Gemisch von Natrium und Quecksilberdiäthyl im Kohlendioxyd-Strom Benzoesäure und etwas Triphenylmethan (SCHORIGIN, *B.* **41**, 2725). Etwas Benzoesäure entsteht auch, wenn Benzol mit Natrium in Gegenwart von Isobutyl-bromid oder Isoamylbromid im CO$_2$-Strom erhitzt wird (SCHORIGIN, *B.* **41**, 2716). Bei Einw. von Chlorameisensäureäthylester auf Benzol in Gegenwart von AlCl$_3$ entsteht Äthylbenzol (infolge intermediärer Bildung von Äthylchlorid) (FRIEDEL, CRAFTS, *A. ch.* [6] **1**, 527; vgl. RENNIE, *Soc.* **41**, 33). Phosgen liefert mit Benzol bei Anwesenheit von AlCl$_3$ Benzophenon (FR., CR., *A. ch.* [6] **1**, 518; FR., CR., ADOR, *B.* **10**, 1854). Bei der Einw. von Chlorcyan auf Benzol in Gegenwart von AlCl$_3$ entsteht Benzonitril (FRIEDEL, CRAFTS, *A. ch.* [6] **1**, 528). Benzol und Bromcyan reagieren beim Erhitzen unter Bildung von Brombenzol und HCN (MERZ, WEITH, *B.* **10**, 756). Bei der Einw. von Bromcyan und AlCl$_3$ auf siedendes Benzol entsteht als Haupt-produkt Kyaphenin, daneben kleine Mengen Brombenzol und Benzonitril (SCHOLL, NÖRR, *B.* **33**, 1053). Einw. dunkler elektrischer Entladungen auf Benzol und Schwefelkohlenstoff: LOSANITSCH, *B.* **41**, 2686. — Aus Methyläthersalicylsäurechlorid erhält man mit Benzol und AlCl$_3$ o-Oxy-benzophenon (GRAEBE, ULLMANN, *B.* **29**, 824; ULLMANN, GOLDBERG, *B.* **35**, 2811). Aus m- bezw. p-Methoxy-benzoylchlorid erhält man mit Benzol und AlCl$_3$ m-bezw. p-Methoxy-benzophenon (ULLMANN, GOLDBERG, *B.* **35**, 2814). 3.5-Dichlor-2-oxy-benzoylchlorid liefert mit Benzol und AlCl$_3$ 3.5-Dichlor-2-oxy-benzophenon (ANSCHÜTZ, SHORES, *A.* **346**, 382). Diphenylsulfon-o-carbonsäurechlorid gibt mit Benzol und AlCl$_3$ o-Benzoyl-diphenylsulfon (WEEDON, DOUGHTY, *Am.* **33**, 414; vgl. CANTER, *Am.* **25**, 108; ULLMANN, LEHNER, *B.* **38**, 730); analog verläuft die Reaktion mit Diphenylsulfon-carbon-säure-(4)-chlorid (NEWELL, *Am.* **20**, 310). Mandelsäurenitril kondensiert sich mit Benzol bei Gegenwart von P$_2$O$_5$ zu Diphenylessigsäurenitril (Syst. No. 952) (MICHAEL, JEANPRÊTRE, *B.* **25**, 1615). Aus Acetylmandelsäurechlorid erhält man bei Einw. von Benzol und AlCl$_3$ ω.ω-Diphenyl-acetophenon $(C_6H_5)_2CH\cdot CO\cdot C_6H_5$ (ANSCHÜTZ, FOERSTER, *A.* **368**, 93).

Durch Eintragen von Benzol in ein bei —10° bereitetes Gemisch von Brenztraubensäure und konz. Schwefelsäure erhält man Methyldiphenylessigsäure (BÖTTINGER, *B.* **14**, 1595). Mucochlorsäure reagiert mit Benzol und AlCl$_3$ unter Bildung von α.β-Dichlor-γ.γ-diphenyl-crotonsäure; analog verläuft die Reaktion mit Mucobromsäure (DUNLAP, *Am.* **19**, 643, 644). — o-Benzoyl-benzoesäure liefert bei Behandlung mit Benzol und AlCl$_3$ Phthalophenon (Diphenyl-phthalid) (v. PECHMANN, *B.* **14**, 1865). Dieses entsteht auch aus dem festen oder auch aus dem flüssigen Chlorid der o-Benzoyl-benzoesäure mit Benzol und AlCl$_3$ (H. MEYER, *M.* **25**, 1182; vgl. HALLER, GUYOT, *Bl.* [3] **25**, 53). Analog entsteht aus dem Chlorid der 4'-Methyl-

benzophenon-carbonsäure-(2) das Phenyl-p-tolyl-phthalid $C_6H_4\begin{smallmatrix}C(C_6H_5)\cdot C_6H_4\cdot CH_3\\>O\\CO\end{smallmatrix}$ (GUYOT,

Bl. [3] **17**, 977). Das Chlorid der Fluorenon-carbonsäure-(4) liefert mit Benzol und AlCl$_3$ 4-Benzoyl-fluorenon (GÖTZ, *M.* **23**, 33). Aus dem Dichlorid der Benzophenon-dicarbon-säure-(2.4') erhält man mit Benzol und AlCl$_3$ 2.4'-Dibenzoyl-benzophenon (LIMPRICHT, *A.* **309**, 111).

Beispiele für Einwirkung von Sulfonsäurechloriden. Benzolsulfochlorid reagiert mit Benzol und AlCl$_3$ unter Bildung von Diphenylsulfon (BECKURTS, OTTO, *B.* **11**, 2066). Das stabile Dichlorid der o-Sulfobenzoesäure $C_6H_4\cdot SO_2Cl$ gibt mit Benzol und AlCl$_3$ 2-Benzoyl-diphenylsulfon $C_6H_5\cdot CO\cdot C_6H_4\cdot SO_2\cdot C_6H_5$ (LIST, STEIN, *B.* **31**, 1663; vgl. REMSEN, SAUNDERS, *Am.* **17**, 362). Das labile Dichlorid der o-Sulfobenzoesäure

$C_6H_4\begin{smallmatrix}CCl_2\\>O\\CO\end{smallmatrix}$ liefert ebenfalls 2-Benzoyl-diphenylsulfon, daneben jedoch mitunter geringe

Mengen der Verbindung $C_6H_4\begin{smallmatrix}C(C_6H_5)_2\\>O\\SO_2\end{smallmatrix}$ (LI., ST., *B.* **31**, 1663, 1664; vgl. RE., SA., *Am.*

17, 365; FRITSCH, *B.* **29**, 2298). Als primäres Reaktionsprodukt sowohl des stabilen wie des labilen Dichlorids mit Benzol und AlCl$_3$ entsteht das Chlorid der Benzophenon-sulfonsäure-(2) $C_6H_5\cdot CO\cdot C_6H_4\cdot SO_2Cl$ (LI., ST., *B.* **31**, 1663; vgl. RE., SA., *Am.* **17**, 356), das bei weiterer Kondensation mit Benzol das 2-Benzoyl-diphenylsulfon liefert (LI., ST., *B.* **31**, 1663).

Beispiele für Einwirkung von Diazoverbindungen. Beim Erhitzen von Diazo-essigsäureäthylester mit Benzol auf 130—135° entsteht Norcaradiencarbonsäureäthylester (Syst. No. 941), daneben dessen Isomerisationsprodukt, der Cycloheptatriencarbonsäure-äthylester (BRAREN, BUCHNER, *B.* **34**, 989).

Beim Erhitzen von festem Benzoldiazoniumchlorid mit Benzol und AlCl$_3$ entstehen Chlorbenzol und Diphenyl (MÖHLAU, BERGER, *B.* **26**, 1996). Diphenyl bildet sich auch beim Eintragen von festem Benzoldiazoniumsulfat in erwärmtes Benzol (MÖ., BE., *B.* **26**, 1996).

Beim Eintragen von anti-p-Brombenzoldiazohydrat in heißes Benzol, das mit Eisessig gemischt ist, entsteht 4-Brom-diphenyl (BAMBERGER, *B.* 28, 406). Das Anhydrid des syn-
p-Brom-benzoldiazohydrats $BrC_6H_4 \cdot N_2 \cdot O \cdot N_2 \cdot C_6H_4Br$ liefert mit Benzol schon in der Kälte
4-Brom-diphenyl (BA., *B.* 29, 452, 470); anti-p-Nitro-benzoldiazohydrat gibt bei mehr-
tägigem Stehen mit Benzol 4-Nitro-diphenyl (BAMBERGER, *B.* 28, 403). Beim Erhitzen von
festem Diphenyl-4.4'-bis-diazoniumchlorid mit Benzol und $AlCl_3$ bilden sich 4.4'-Dichlor-
diphenyl und 4'-Chlor-4-phenyl-diphenyl $C_6H_5 \cdot C_6H_4 \cdot C_6H_4Cl$ (CASTELLANETA, *B.* 30, 2800).
Benzol liefert beim 7-stdg. Erhitzen mit Quecksilberacetat auf 110—120° Phenyl-
quecksilberacetat $C_6H_5 \cdot Hg \cdot O \cdot CO \cdot CH_3$ neben Phenylen-bis-quecksilberacetat $C_6H_4(Hg \cdot O \cdot CO \cdot CH_3)_2$ (DIMROTH, *B.* 31, 2154; 32, 759).
Beispiele für Einwirkung von heterocyclischen Verbindungen. Beim Durch-
leiten von Benzol und Cumaron durch ein glühendes Rohr entsteht etwas Phenanthren (KRAE-
MER, SPILKER, *B.* 23, 85). — Aus γ-Phenyl-butyrolacton erhält man mit Benzol und $AlCl_3$
γ.γ-Diphenyl-buttersäure (EIJKMAN, *C.* 1904 I, 1416). Analog liefert Phenylphthalid

$C_6H_4 \underset{CO}{\overset{CH \cdot C_6H_5}{\diagdown}} O$ mit Benzol und $AlCl_3$ Triphenylmethan-carbonsäure-(2) (GRESLY, *A.* 234,

242). Aus p-Tolyl-phthalid entsteht mit überschüssigem Benzol und $AlCl_3$ gleichfalls
Triphenylmethan-carbonsäure-(2) (GUYOT, *Bl.* [3] 17, 979; vgl. GRESLY, *A.* 234, 242). —
Bernsteinsäureanhydrid gibt mit Benzol bei Anwesenheit von $AlCl_3$ β-Benzoyl-propionsäure
(BURCKER, *A. ch.* [5] 26, 435; GABRIEL, COLMAN, *B.* 32, 398). Analog liefert Maleïnsäure-
anhydrid die β-Benzoyl-acrylsäure (GA., Co., *B.* 32, 398; vgl. v. PECHMANN, *B.* 15, 885;
KOŹNIEWSKI, MARCHLEWSKI, *C.* 1906 II, 1190). Aus Phenylbernsteinsäureanhydrid gewinnt
man mit Benzol und $AlCl_3$ Desylessigsäure $C_6H_5 \cdot CO \cdot CH(C_6H_5) \cdot CH_2 \cdot CO_2H$ (ANSCHÜTZ, *A.*
354, 118). Bei der Reaktion zwischen Phthalsäureanhydrid und Benzol in Gegenwart von
$AlCl_3$ entsteht o-Benzoyl-benzoesäure (FRIEDEL, CRAFTS, *A. ch.* [6] 14, 446). Analog verläuft die Reaktion mit 3.6-Dichlor-phthalsäureanhydrid (LE ROYER, *A.* 238, 356; vgl. VIL-
LIGER, *B.* 42, 3533) und mit Tetrachlor-phthalsäureanhydrid (KIRCHER, *A.* 238, 338).
4-Nitro-phthalsäureanhydrid liefert mit Benzol und $AlCl_3$ 5-Nitro-benzophenon-carbon-
säure-(2) (RAINER, *M.* 29, 178) neben 4-Nitro-benzophenon-carbonsäure-(2) (R., *M.* 29, 431).
Aus Diphensäureanhydrid, Benzol und $AlCl_3$ entsteht Fluorenon-(9)-carbonsäure-(4)
das 4-Benzoyl-fluorenon-(9) (GÖTZ, *M.* 23, 29). Hemimellithsäureanhydrid kondensiert sich
mit Benzol und $AlCl_3$ zu Benzophenon-dicarbonsäure-(2.3), 2.3- und 2.6-Dibenzoyl-benzoe-
säure (GRAEBE, LEONHARDT, *A.* 290, 230, 233, 235; GR., BLUMENFELD, *B.* 30, 1115);
aus dem Kaliumsalz des Hemimellithsäureanhydrids entsteht mit Benzol und $AlCl_3$ Benzo-
phenon-dicarbonsäure-(2.6) (GR., L., *A.* 290, 232).
Bei der Kondensation von o-Sulfobenzoesäureanhydrid $C_6H_4 \underset{SO_2}{\overset{CO}{\diagdown}} O$ mit Benzol
und $AlCl_3$ erhält man Benzophenon-sulfonsäure-(2) (KRANNICH, *B.* 33, 3486).
Chinolinsäureanhydrid reagiert mit Benzol und $AlCl_3$ unter Bildung von 3-Benzoyl-
pyridin-carbonsäure-(2) (BERNTHSEN, METTEGANG, *B.* 20, 1209; JEITELES, *M.* 17, 516).
Aus Cinchomeronsäureanhydrid erhält man mit Benzol und $AlCl_3$ 4-Benzoyl-pyridin-carbon-
säure-(3) und 3-Benzoyl-pyridin-carbonsäure-(4) (PHILIPS, *B.* 27, 1925; MORIZ, FREUND,
M. 16, 448; KIRPAL, *M.* 30, 355).
Pseudosaccharinchlorid kondensiert sich mit Benzol und $AlCl_3$ in der Kälte zu der Ver-
bindung $C_6H_4 \underset{SO_2}{\overset{C \cdot C_6H_5}{\diagdown}} N$ (Syst. No. 4199), in der Wärme zu der Verbindung $C_6H_4 \underset{SO_2}{\overset{C(C_6H_5)_2}{\diagdown}} NH$
(Syst. No. 4202) (FRITSCH, *B.* 29, 2296).

Biochemisches Verhalten.

Auf niedere Organismen wirkt Benzol abtötend. — Bei Verfütterung von Benzol an Hunde
und Kaninchen bildet sich Muconsäure (JAFFÉ, *H.* 62, 58). — Bei Meerschweinchen erzeugt
Benzol Glykosurie, aber nicht bei Kaninchen und Hunden. Beim Menschen erzeugen die
eingeatmeten Dämpfe Kopfschmerz, Schwindel, Ohrensausen, Rausch, Verwirrtheit und
leichte motorische zentrale Erregungen, die sich bis zu Konvulsionen steigern können. Auf
das Erregungsstadium folgt ein Stadium der Lähmung. Vergiftungsfälle, mehrfach beobachtet, können tödlich verlaufen. Die Ausscheidung aus dem Organismus erfolgt teils
durch die Atemluft, teils nach der Oxydation zu Phenol als gepaarte Schwefelsäure. Vgl.:
R. KOBERT, Lehrbuch der Intoxikationen, Bd. II [Stuttgart 1906], S. 133, 926; F. BAUM
in E. ABDERHALDEN, Biochemisches Handlexikon, Bd. I [Berlin 1911], S. 159.

Verwendung.

Reines Benzol wird auf Nitrobenzol und m-Dinitro-benzol, die Ausgangsmaterialien für
Anilin bezw. m-Nitranilin und m-Phenylendiamin verarbeitet, ferner auf Benzolsulfonsäure

(für synthetisches Phenol), Benzol-m-disulfonsäure (für Resorcin) und Halogenbenzole. — Rohes Benzol dient als Löse- und Extraktionsmittel in der Linoleum- und Lackindustrie, in Gummifabriken, Knochenentfettungsanlagen, Wachsextraktionen und chemischen Wäschereien; es wird zum Betrieb von Explosionsmotoren, als Brennstoff für besonders konstruierte Lampen, zum Carburieren von Wassergas, unter Umständen auch von Steinkohlengas, zur Erzeugung von Luftgas, und statt Acetylen zur autogenen Metallbearbeitung benutzt (M. WEGER in F. ULLMANNS Enzyklopädie der technischen Chemie, Bd. II [Berlin-Wien 1915], S. 367).

Analytisches.

Zum Nachweis von Benzol dient die sukzessive Überführung in Nitrobenzol und Anilin, das man an der violetten Färbung mit Chlorkalklösung erkennen kann (vgl. A. W. HOFMANN, A. 55, 202). — Nachweis von Benzol im Gemisch mit anderen aromatischen Kohlenwasserstoffen oder im Petroleum durch Schütteln mit ammoniakalischer Nickelcyanürlösung, wobei ein violettstichig weißer krystallinischer Niederschlag von $C_6 H_6 + Ni(CN)_2 + NH_3$ entsteht: K. A. HOFMANN, ARNOLDI, B. 39, 340. Nachweis von Benzol im Petroleumbenzin durch eine braune Ausscheidung, die man mit einer Mischung von 2 Tropfen käuflicher Formaldehyd-lösung und 3 ccm H_2SO_4 (MARQUISsches Reagens) erhält: LINKE, C. 1901 II, 130. Nachweis von Benzol im kaukasischen Erdöl: Das Kohlenwasserstoffgemenge wird mit einem Gemisch von 2 Vol. Schwefelsäure + 1 Vol. rauchender Salpetersäure behandelt; das Säuregemenge, in Wasser gegossen, gibt m-Dinitro-benzol (MARKOWNIKOW, A. 301, 162 ff.). Nachweis von Benzol in denaturiertem Spiritus: HOLDE, WINTERFELD, Ch. Z. 32, 313; C. 1908 II, 202.

Prüfung auf Reinheit. Ungesättigte Verbindungen weist man im Benzol durch Bromtitration nach (M. WEGER in F. ULLMANNS Enzyklopädie der technischen Chemie, Bd. II [Berlin-Wien 1915], S. 366). — Thiophen weist man im Benzol durch die blaue Färbung nach, die es beim Schütteln mit Isatin und konz. Schwefelsäure liefert (Indopheninreaktion) (V. MEYER, B. 16, 1465; vgl. BAEYER, B. 12, 1311). Zum Nachweis des Thiophens im Benzol durch diese Indopheninreaktion vgl.: BAUER, B. 37, 1244; STORCH, B. 37, 1961; LIEBER-MANN, PLEUS, B. 37, 2463. Colorimetrische Bestimmung von Thiophen im Benzol mittels Isatinschwefelsäure: SCHWALBE, Ch. Z. 29, 895. Mit salpetrigsäurehaltiger konz. Schwefel-säure gibt thiophenhaltiges Benzol eine blaue Färbung (LIEBERMANN, B. 20, 3231); durch diese Reaktion ist ein Thiophengehalt von mindestens 0.1% nachweisbar (LIEBERMANN, PLEUS, B. 37, 2461; vgl. SCHWALBE, B. 37, 324). Mit Thallinbase und Salpetersäure geschüttelt gibt thiophenhaltiges Benzol eine vorübergehende Violettfärbung (KREIS, Ch. Z. 26, 523). Über die Bestimmung von Thiophen im Benzol mit Quecksilbersalzen (vgl. S. 181) s.: DENIGÈS, C. r. 120, 628, 781; Bl. [3] 13, 537; 15, 1064; A. ch. [8] 12, 398; DIMROTH, B. 32, 758; C. 1901 I, 454; B. 35, 2035; SCHWALBE, B. 38, 2208; C. 1905 I, 1114; PAOLINI, G. 37 I, 58. — Schwefelkohlenstoff bestimmt man im Benzol, indem man ihn durch Zusatz von Alkohol und Alkalilauge in Xanthogenat überführt, dieses mit Wasserstoffsuperoxyd oxydiert und die gebildete Schwefelsäure ermittelt (PETERSEN, Fr. 42, 406; STAVORINUS, C. 1906 I, 705). Oder man setzt das Xanthogenat mit Kupfersalzen um und bestimmt die hierzu erforderliche Kupfermenge (s. bei Schwefelkohlenstoff, Bd. III, S. 206). Quantitative Bestimmung von Schwefelkohlenstoff durch Fällen mit Phenylhydrazin als phenyl-hydrazindithiocarbonsaures Phenylhydrazin $C_6 H_5 \cdot NH \cdot NH \cdot CS \cdot SH + H_2 N \cdot NH \cdot C_6 H_5$ s. LIE-BERMANN, SEYEWETZ, B. 24, 788; BAY, C. r. 146, 132. Zur Bestimmung des Schwefel-kohlenstoffs und des Gesamtschwefels im Benzol vgl. auch: SCHWALBE, C. 1905 I, 1114; JOHNSON, Am. Soc. 28, 1209. — Nachweis von Toluol im Benzol: RAIKOW, ÜRKEWITSCH, Ch. Z. 30, 296.

Quantitative Bestimmung. In den Handelsprodukten bestimmt man das Benzol durch Fraktionierung unter genau festgelegten Bedingungen (WEGER, s. a. O.). Bestimmung von Benzol im Leuchtgas durch Absorption mittels konz. Schwefelsäure: MORTON, Am. Soc. 28, 1732; vgl. dagegen DENNIS, MCCARTHY, Am. Soc. 30, 242. Bestimmung in Gasgemengen, insbesondere im Leuchtgas, durch Überführung in Dinitrobenzol: HARBECK, LUNGE, Z. a. Ch. 16, 41; PFEIFFER, C. 1899 II, 976; Ch. Z. 28, 884. Bestimmung im Leuchtgas durch Absorption mittels einer ammoniakalischen Nickelcyanürlösung: DENNIS, MCCARTHY, Am. Soc. 30, 233; vgl. DENNIS, O'NEILL, Am. Soc. 25, 503; MORTON, Am. Soc. 28, 1728. Andere Verfahren zur Bestimmung im Leuchtgas: HABER, C. 1900 I, 1309; NOWICKI, C. 1905 I, 1479. — Bestimmung von Benzol im denaturierten Spiritus: HOLDE, WINTERFELD, Ch. Z. 32, 313; C. 1908 II, 202.

Additionelle Verbindungen des Benzols.

$3 C_6 H_6 + AlCl_3$. B. Beim Einleiten von HCl in ein Gemisch von Benzol und $AlCl_3$ (GUSTAVSON, Ж. 10, 390; B. 11, 2151; Ж. 22, 444; B. 23 Ref., 767; vgl. dagegen FRIEDEL,

CRAFTS, *A. ch.* [6] 14, 467). Orangefarbene Flüssigkeit. Erstarrt bei −5° krystallinisch und schmilzt bei 3° (G.); D⁰: 1,14; D²⁰: 1,12 (G.). Zerfällt mit Wasser in die Bestandteile (G.). Überschüssiges Brom liefert C_5Br_5 (G.). Reagiert auch mit CCl_4, Isobutylchlorid usw. unter Entbindung von HCl (G.). − 3 C_6H_6 + $AlBr_3$. *B.* Man leitet HBr in eine Mischung von Benzol mit AlBr₃ (G., Ж. 10, 305; *J.* 1878, 381). Flüssig; erstarrt bei −15° krystallinisch; D⁰: 1,49; D²⁰: 1,47 (G., Ж. 10, 306). Elektrolyse: NEMINSKI, PLOTNIKOW, Ж. 40, 391, 1254; *C.* 1908 II, 1505; 1909 I, 493. Zersetzt sich mit Wasser unter Abspaltung von Benzol (G., Ж. 10, 306). Brom wirkt heftig ein (G., Ж. 10, 306). Toluol oder Cymol scheiden einen Teil des Benzols aus der Verbindung ab, indem sie sich mit dem AlBr₃ verbinden (G., Ж. 14, 354; 15, 53; *J.* 1883, 532). − C_6H_6 + $3SbCl_3$. Man erwärmt 3 Tle. SbCl₃ mit 4 Tln. Benzol und läßt mehrere Tage stehen (SMITH, WATSON, *Soc.* 41, 411). Sehr zerfließliche Tafeln (SM., W.). Prismen (aus Chloroform) (R., ST.). − C_6H_6 + $AlCl_3$ + HgCl. *B.* Durch Erwärmen von 10 g Aluminiumspäne und 151 g Mercurichlorid mit 15 g Benzol, fügt, sobald die Masse siedet, 43 g Benzol hinzu und läßt die erhaltene rotbraune Flüssigkeit über H_2SO_4 stehen (GULE-WITSCH, *B.* 37, 1561). Beim Kochen von Benzol mit AlCl₃ und HgCl₂ (G., *B.* 37, 1563). Gelbe sechsseitige Tafeln. Zersetzt sich mit Wasser unter Bildung von Benzol, AlCl₃ und Mercurochlorid bezw. metallischem Quecksilber. − C_6H_6 + $Ni(CN)_2$ + NH_3. *B.* Durch Schütteln einer Lösung von Ni(CN)₂ in starkem Ammoniak mit Benzol (HOFMANN, KÜSPERT, *Z. a. Ch.* 15, 206; HOFM., HÖCHTLEN, *B.* 36, 1149; HOFM., ARNOLDI, *B.* 39, 340). Violettstichig weißes, krystallinisches Pulver. Gibt das Benzol in der Wärme rasch ab (H., A.), desgleichen beim Kochen mit Wasser (H., K.). Im Vakuum ist aber kein merklicher Dissoziationsdruck vorhanden (H., K.). Konz. Ammoniaklösung gibt unter Abspaltung von Benzol eine blau-violette Lösung (H., H.).

Additionelle Verbindungen des Benzols mit Verbindungen, die an späteren Stellen dieses Handbuchs behandelt werden − z. B. mit Trinitrobenzol, Pikrinsäure usw. − s. bei diesen systematisch später stehenden Komponenten.

Umwandlungsprodukte des Benzols von ungewisser Konstitution.

Natriumphenyl $(C_6H_5Na)_x$. *B.* Quecksilberdiphenyl wird in trocknem Benzol oder Ligroin gelöst und am Rückflußkühler mit mehr als der molekularen Menge Natriumdraht behandelt (ACREE, *Am.* 29, 589). Entsteht möglicherweise als Zwischenprodukt bei der FITTIGschen Reaktion zwischen Brombenzol und Natrium (MOHR, *J. pr.* [2] 80, 318). − Hellbraunes Pulver (A.). Entzündet sich, wenn es auf Filtrierpapier kurze Zeit der Luft ausgesetzt wird (A.). Wird von Wasser schnell zersetzt (A.). Bei der Einw. von trocknem CO_2 auf Natriumphenyl entsteht nahezu quantitativ Natriumbenzoat, bei Einw. von Chlorameisensäureester neben wenig Benzoesäureester hauptsächlich Triphenylcarbinol (A.). Gibt mit Äthylbromid oder Äthyljodid Äthylbenzol, Benzol und Äthylen, mit Brombenzol Diphenyl, mit Benzylchlorid Diphenylmethan und Stilben, mit Benzophenon Triphenylcarbinol, mit Benzoylchlorid Triphenylcarbinol, mit Benzil Phenylbenzoin (A.).

Benzoltriozonid,
Ozobenzol $C_6H_6O_9$ =

Zur Zusammensetzung vgl. HARRIES, WEISS, *B.* 37, 3431. − *B.* Durch 1- bis 2-stdg. Einleiten eines 5%igen Ozonstroms in reines Benzol bei 5−10° (HOUZEAU, RENARD, *C. r.* 76, 572; *A.* 170, 123; R., *Bl.* [3] 13, 940; *C. r.* 120, 1177; HARRIES, WEISS, *B.* 37, 3431; vgl. OTTO, *A. ch.* [7] 13, 119). − Hinterbleibt beim Eindunsten des Benzols als amorphe, äußerst explosive Masse (H., W.). Im Vakuum und in einem Luftstrom langsam flüchtig (H., W.). Unlöslich in Alkohol, absolutem Äther, Chloroform, Schwefelkohlenstoff und Ligroin (R.). − Detoniert heftig mit warmem Wasser (H., W.), mit konz. Schwefelsäure oder konz. Kalilauge (R.). Geht bei der Einw. von eiskaltem Wasser in eine krystallinische, schon bei der geringsten Berührung explodierende Masse über (H., W.). Spaltet sich bei vorsichtigem Erwärmen mit Wasser unter Bildung von Glyoxal (H., W.).

Phenose $C_6H_{12}O_6$. *B.* Benzol verbindet sich mit unterchloriger Säure zu dem Trichlorhydrin $C_6H_9O_3Cl_3$ (S. 198), das beim Behandeln mit Soda NaCl und Phenose liefert (CARIUS, *A.* 136, 323). Bei der Elektrolyse von Toluol, das mit Alkohol und verd. Schwefelsäure versetzt ist (RENARD, *C. r.* 92, 965; *J.* 1881, 353). − Amorph. Schmeckt süß (C.). Zerfließt an der Luft (C.). Leicht löslich in Wasser und Alkohol, unlöslich in Äther (C.). Zersetzt sich schon etwas über 100° (C.). Wird von Alkalien und Säuren leicht gebräunt (C.). Reduziert FEHLINGsche Lösung (C.). Wird von Salpetersäure zu Oxalsäure oxydiert (C.). Gibt bei der Destillation mit Jodwasserstoffsäure (sekundäres ?) Hexyljodid (C.). Verhindert die Fällung des Kupferoxydes durch Ätzkali (C.). Löst Kalk- und Barythydrat (C.). Gibt beim Fällen mit ammoniakalischer Bleizuckerlösung einen flockigen Niederschlag $C_6H_4O_6Pb_2$ (bei 60°) (C.). Erhitzt man Phenose mit überschüssigem Barythydrat auf 100°, so geht sie in eine amorphe zerfließliche Säure $C_6H_{12}O_6$ (?) über (C.). Phenose gärt nicht mit Hefe oder faulem Käse (C.).

Phenosetrichlorhydrin $C_6H_9O_3Cl_3$. *Darst.* Man bereitet sich unterchlorige Säure durch Behandeln von je 216 g HgO und 1 Liter Wasser mit Chlor, fügt je 26 g Benzol hinzu, läßt 2 Tage lang im Dunkeln kalt stehen und fällt dann das gelöste Quecksilber durch H_2S aus; die wäßr. Flüssigkeit sättigt man mit NaCl und schüttelt hierauf mit Äther aus (CARIUS, *A.* 136, 324). — Sehr dünne Blättchen. F: 10°. Sehr hygroskopisch. Sehr leicht löslich in Alkohol, Äther, Benzol, wenig in Wasser. — Wird von Alkalien sehr leicht zersetzt unter Abgabe sämtlichen Chlors. Ätzende Alkalien bewirken totale Zerlegung; mit sehr verdünnter Sodalösung kann Phenose erhalten werden. Beim Erhitzen mit Jodwasserstoffsäure entsteht (sekundäres?) Hexyljodid.

Tetrachlorcyclohexan-oxyd (?) $C_6H_6OCl_4 =$

$$\begin{array}{c} ClHC\cdot CH\cdot CHCl \\ | \quad O \quad | \\ ClHC\cdot CH\cdot CHCl \end{array} \quad (?).$$

B. Bei der Einw. von Chlormonoxyd auf Benzol, neben niedrig- und hochschmelzendem 1.2.3.4.5.6-Hexachlor-cyclohexan, sowie kleinen Mengen Phenol und 2.4.6-Trichlor-phenol (SCHOLL, NÖRR, *B.* 33, 727). — Amorphes Pulver. Sintert gegen 60°, schmilzt bei 70—75°, zersetzt sich gegen 200°. Leicht löslich in Alkohol, Äther, Eisessig, Benzol, $CHCl_3$ und CS_2, so gut wie unlöslich in Ligroin und wäßr. Flüssigkeiten.

Verbindung $C_6H_4O_4Cl_2Cr_2 = C_6H_4(CrO_3Cl)_2$. *B.* Beim Kochen von 4 Tln. Benzol mit 1 Tl. Chromylchlorid CrO_2Cl_2 (ÉTARD, *A. ch.* [5] 22, 269). — Brauner Niederschlag. Gibt mit Wasser Chinon.

„**Benzol-mono-dimetaphosphorsäure**" $C_6H_6O_6P_2 = C_6H_5\cdot P_2O_5H$. *B.* Durch mehrstündiges Erhitzen von 1 Mol.-Gew. P_2O_5 mit 3 Mol.-Gew. Benzol im geschlossenen Rohr auf 110—120° (GIRAN, *C. r.* 126, 592; 129, 964). — Ziegelrotes, sehr zerfließliches Pulver. Unlöslich in Benzol, Äther, CS_2 und Chloroform, sehr wenig löslich in Alkohol. — Sehr unbeständig an der Luft. Zersetzt sich mit Wasser zu Benzol und H_3PO_4. Dissoziiert in alkoh. Lösung in Benzol und Benzol-tetrakis-dimetaphosphorsäure (s. u.). — $NH_4C_6H_5O_6P_2$. Dunkelgelbe, sehr zerfließliche Masse.

„**Benzol-tris-dimetaphosphorsäure**" $C_6H_6O_{15}P_6 = C_6H_3(P_2O_5H)_3$. *B.* Durch mehrstündiges Erhitzen von 1 Mol.-Gew. P_2O_5 mit 3 Mol.-Gew. Benzol im geschlossenen Rohr auf 200—210° (GIRAN, *C. r.* 129, 966). — Gelbes Pulver. — $(NH_4)_3C_6H_3O_{15}P_6$.

„**Benzol-tetrakis-dimetaphosphorsäure**" $C_6H_2O_{20}P_8 = C_6H_2(P_2O_5H)_4$. *B.* Das Bariumsalz entsteht aus der alkoh. Lösung der Benzolmonodimetaphosphorsäure (s. o.) durch Behandlung mit $BaCO_3$ (GIRAN, *C. r.* 126, 592; 129, 965). — $Ba_2C_6H_2O_{20}P_8$.

Substitutionsprodukte des Benzols.

a) Fluor-Derivate.

Fluorbenzol C_6H_5F. *B.* Beim Erhitzen von p-fluor-benzolsulfonsaurem Kalium mit konz. Salzsäure im geschlossenen Rohr (PATERNÒ, OLIVERI, *G.* 13, 534). Man diazotiert *R*nilin in flußsaurer Lösung und zersetzt die Diazolösung durch Erhitzen (M. HOLLEMAN, *A.* 24, 28; vgl. WALLACH, *A.* 235, 260). Durch Erwärmen einer Benzoldiazoniumchlorid-lösung mit Flußsäure (VALENTINER & SCHWARZ, D. R. P. 96153; *C.* 1898 I, 1224; V., *Z. Ang.* 12, 1158). Durch Eintragen einer Benzoldiazoniumsulfatlösung in heiße konz. Flußsäure (A. F. HOLLEMAN, BEEKMAN, *R.* 23, 232; SWARTS, *C.* 1908 I, 1046; *R.* 27, 120). Man übergießt je 10 g Benzoldiazopiperidid $C_6H_5\cdot N:N\cdot NC_5H_{10}$ mit 20—30 ccm konz. Flußsäure und kühlt die entweichenden Gase sorgfältig ab (WALL., *A.* 235, 258; vgl. dazu A. F. Ho., B., *R.* 23, 227). — Flüssigkeit von benzolähnlichem Geruch. Erstarrt in einer Kältemischung von festem Kohlendioxyd und Äther zu einer Krystallmasse (WALL., WALL., *A.* 243, 221). F: −41,2° (unkorr.) (A. F. Ho., B.). Kp: 85—86° (PA., O.), 85° (WALL., HEUS.; PERKIN, *Soc.* 69, 1201; V. & SCH.; A. F. Ho., B.); Kp_{760}: 84,9° (GLADSTONE, vgl. KAHLBAUM, *Ph. Ch.* 26, 655). Siedepunkte für Drucke von 6,15 mm bis 33912 mm: YOUNG, *Soc.* 55, 487, 490, 493, 502. Interpolationsformel für den Dampfdruck zwischen −20° und +140°: BOSE, *C.* 1908 I, 587. D_4^0: 1,0418; D_4^{10}: 1,0343; D_4^{15}: 1,0290; D_4^{20}: 1,0244; D_4^{25}: 1,0200 (PE.); D_4^0: 1,0236 (WALL., HEUS.); $D_4^{20,4}$: 1,0207 (J. H. GLADSTONE, G. GLADSTONE, *J.* 1891, 337). $n_\alpha^{20,4}$: 1,4606; $n_D^{20,4}$: 1,4646; $n_\beta^{20,4}$: 1,4751 (J. H. GL., G. GL.). n_α^{20}: 1,46356; n_D^{20}: 1,46773 (PULFRICH, *A.* 243, 222). Oberflächenspannung und Binnendruck: WALDEN, *Ph. Ch.* 66, 390; vgl. I. TRAUBE, *Ann. d. Physik* [4] 22, 540; *Ph. Ch.* 68, 293. Bildungswärme: Sw. Molekulare Verbrennungswärme bei konstantem Volumen:

746,26 Cal., bei konstantem Druck: 746,84 Cal. (Sw.). Kritische Temperatur: 286,55°; kritischer Druck: 33,912 mm (YOUNG, *Soc.* **55**, 508). Magnetisches Drehungsvermögen: PE., *Soc.* **69**, 1243. — Fluorbenzol gibt bei der Einw. von Natrium leicht Diphenyl und Natriumfluorid (WALL., HEUS., *A.* **243**, 242). Liefert beim Nitrieren mit einem Gemisch von 5 Vol. Salpetersäure (D: 1,48) und 1 Vol. Salpetersäure (D: 1,51) bei 0° 12,4% o-, 0,2% m-, 87,4% p-Fluor-nitrobenzol (A. F. Ho., *R.* **24**, 146; *C.* **1906** I, 458). Mit rauchender Schwefelsäure von 10% Anhydridgehalt entsteht p-Fluor-benzolsulfonsäure (M. Ho., *R.* **24**, 30).

1.4-Difluor-benzol, p-Difluor-benzol $C_6H_4F_2$. *B.* Aus p-Fluor-benzol-diazopiperidid und konz. Flußsäure (WAL., HEUS., *A.* **243**, 224). — Flüssig. Kp: 87—89°. D: ca. 1,11.

b) Chlor-Derivate.

Chlorbenzol C_6H_5Cl. *B.* Durch Einw. von Chlor auf Benzol in Gegenwart von Überträgern (JUNGFLEISCH, *A. ch.* [4] **15**, 212), wie Jod bezw. Chlorjod (JUNGFLEISCH), Aluminiumchlorid (MOUNEYRAT, POURET, *C. r.* **127**, 1026), amalgamiertem Aluminium (COHEN, DAKIN, *Soc.* **79**, 1118), Pyridin (CROSS, COHEN, *P. Ch. S.* No. 335; *C.* **1908** II, 153). Aus Benzol und Sulfurylchlorid SO_2Cl_2 bei 150° im zugeschmolzenen Rohre (DUBOIS, *Z.* **1866**, 705; vgl. TÖHL, EBERHARD, *B.* **26**, 2941). Aus Benzol und Schwefelchlorür S_2Cl_2 bei 250° im zugeschmolzenen Rohr (E. B. SCHMIDT, *B.* **11**, 1173). Durch Einw. von Schwefeldichlorid SCl_2 auf Benzol in Gegenwart von Aluminiumchlorid bei 60° und Zersetzen des Reaktionsproduktes mit Wasser (BOESEKEN, *R.* **24**, 218). Durch Erhitzen von Benzol mit $PbCl_4 \cdot 2NH_4Cl$ im geschlossenen Rohr auf 150° (SEYEWETZ, BIOT, *C. r.* **135**, 1120). Aus Benzol durch Kochen mit Ferrichlorid (THOMAS, *C. r.* **126**, 1212). Entsteht neben höher chlorierten Produkten durch Einw. von Chlor auf feuchtes Brombenzol unter Belichtung (EIBNER, *B.* **36**, 1230). Neben wenig Chlortribrombenzol vom Schmelzpunkt 80—81° bei der Einw. von $PbCl_4 \cdot 2NH_4Cl$ auf siedendes Brombenzol (SEY., TRAWITZ, *C. r.* **136**, 242). Bei der Einw. von $PbCl_4 \cdot 2NH_4Cl$ auf siedendes Jodbenzol (SEY., TR.). Durch Erhitzen eines Gemisches von 3 Mol.-Gew. Phenol und 1 Mol.-Gew. Phosphorpentachlorid bezw. des zunächst entstehenden Zwischenproduktes $(C_6H_5 \cdot O)_3PCl_2$ (Syst. No. 519) auf 200—210° (AUTENRIETH, GEYER, *B.* **41**, 153; vgl.: LAURENT, GERHARDT, *A.* **75**, 79; WILLIAMSON, SCRUGHAM, *A.* **92**, 316; RICHE, *A.* **121**, 357; GLUTZ, *A.* **143**, 183). Aus Benzoldiazoniumchloridlösung durch eine Lösung von Cuprochlorid in Salzsäure (SANDMEYER, *B.* **17**, 1633), oder durch Kupferpulver (dargestellt durch Einw. von Zinkstaub auf eine gesättigte Kupfersulfatlösung) (GATTERMANN, *B.* **23**, 1220) oder durch Kupfersulfat- und Natriumhypophosphitlösung in Gegenwart von Salzsäure (ANGELI, *G.* **21** II, 260). Durch Erwärmen von Benzoldiazopiperidid $C_6H_5 \cdot N$: $N \cdot NC_5H_{10}$ mit konz. Salzsäure (WALLACH, *A.* **235**, 243). Neben p-Dichlor-benzol bei gelindem Erwärmen einer wäßr. Lösung von salpetersaurem Anilin mit einer 25%igen Lösung von Cuprochlorid in Salzsäure (PRUD'HOMME, RABAUT, *Bl.* [3] 7, 223). — *Darst.* Durch Einleiten von Chlor in mit Jod versetztes Benzol (JUNGFLEISCH). Durch Einw. von Chlor auf Benzol in Gegenwart von Aluminiumchlorid (MOUNEYRAT, POURET). Über die Darstellung durch Chlorieren von Benzol in Gegenwart von Eisenchlorid bezw. Eisen vgl. ULLMANN, COHN in ULLMANNS Enzyklopädie der technischen Chemie, Bd. II [Berlin und Wien 1915], S. 369. Eine durch Lösen von 30 g Anilin in 67 g mit 200 g Wasser verdünnter Salzsäure (D: 1,17) und allmählichen Zusatz von 23 g Natriumnitrit in 60 g Wasser unter Kühlung erhaltene Benzoldiazoniumchloridlösung läßt man zu 150 g einer fast zum Kochen erhitzten 10%igen Lösung von Cuprochlorid in Salzsäure langsam und unter starkem Schütteln fließen; man destilliert das Chlorbenzol mit Wasserdampf ab, trocknet und fraktioniert (SANDMEYER). Durch Elektrolyse einer stark salzsauren Lösung von Cuprichlorid mit Kupferkathode in Gegenwart von Benzoldiazoniumchloridlösung (VOTOČEK, ZENÍŠEK, *Z. El. Ch.* **5**, 485).

Flüssigkeit von angenehmem Geruch. Erstarrt bei —55° (JUNGFLEISCH, *A. ch.* [4] **15**, 216) und schmilzt bei —44,9° (HAASE, *B.* **26**, 1053), —45° (korr.) (v. SCHNEIDER, *Ph. Ch.* **22**, 232). $Kp_{779,2}$: 133°; $Kp_{758,5}$: 132°; $Kp_{738,65}$: 131° (RAMSAY, SHIELDS, *Soc.* **63**, 1095; *Ph. Ch.* **12**, 461); $Kp_{763,3}$: 132,0—132,1° (R. SCHIFF, *A.* **220**, 98); $Kp_{761,76}$: 132,02° (FEITLER, *Ph. Ch.* **4**, 68); Kp_{760}: 131,5—132,58° (ADRIEENZ, *B.* **6**, 443); Kp_{757}: 133° (JUNGFLEISCH), 131,8—131,9° (LINEBARGER, *Am.* **18**, 437); $Kp_{719,00}$: 129,6°; $Kp_{456,5}$: 114,9°; $Kp_{293,75}$: 99,71° (RAM., STEELE, *Ph. Ch.* **44**, 363); Kp_{30}: 44,8° (PATTERSON, MC DONALD, *Soc.* **93**, 941). Siedetemperaturen bei verschiedenen Drucken zwischen 97,9 und 758,8 mm: RAM., YOUNG, *Ph. Ch.* **1**, 248; zwischen 52,8 und 761,8 mm: FEITLER; zwischen 3,15 und 11192 mm: YOUNG, *Soc.* **55**, 490, 495, 502; vgl. KAHLBAUM, Siedetemperatur und Druck in ihren Wechselbeziehungen [Leipzig 1885], S. 88; *B.* **17**, 1261. — D^(—30): 1,1647; D°: 1,1293; D^20: 1,1088; D^133: 0,9958 (JUNGFLEISCH); D^0: 1,12837; D^8.75: 1,11807; D^20.00: 1,10577; D^71,57: 1,04428 (ADR.); D^0: 1,12786; D^15: 1,11093 (YOUNG, *Soc.* **81**, 771); D^0: 1,1230; D^14: 1,1125; D^30: 1,1042; D^86: 1,0868; D^122: 1,0623 (PERKIN, *Soc.* **69**, 1202); D^0: 1,1182; D^4,4: 1,0795; D^71,2: 1,0444; D^131,3: 0,9836 (RAM., ASTON, *Proc. Royal Soc. London* **56**, 185; *Ph. Ch.* **15**, 91); D^0: 1,1167; D^20: 1,0302 (PERKIN, *Soc.* **61**, 298); D^4: 1,1062 (HUMBURG, *Ph. Ch.* **12**, 413);

D$_4^{0,4}$: 1,1058; D$_4^{11,1}$: 1.1046 (JAHN, MÖLLER, *Ph. Ch.* **13**, 387); D$_4^{17,66}$: 1,10974; D$_4^{20,13}$: 1,10215; D$_4^{20,13}$: 1,08650 (PAT., MC DO., *Soc.* **93**, 942; vgl. PAT., THOMSON, *Soc.* **93**, 356 Anm.); D$_4^{27}$: 1,1066 (BRÜHL, *A.* **200**, 187), 1,10701 (SEUBERT, *B.* **22**, 2520), 1,1073 (SCHRÖDER, *Ph. Ch.* **11**, 458); D$_4^{30,1}$: 1,1073; D^{150}: 0,9599; D^{200}: 0,8955; D^{300}: 0,7220; D^{333}: 0,6274 (RAM., SH., *Ph. Ch.* **12**, 456); D^{0,4}: 1,1047 (J. H. GLADSTONE, G. GLADSTONE, *J.* **1891**, 337); D$_4^{16}$: 0,9817 (R. SCHIFF, *A.* **220**, 98); D$_4^{126,06}$: 0,97778 (FEITLER). Spezifische Gewichte des unter verschiedenen Drucken siedenden Chlorbenzols: FEITLER. D$_4^1$: 1,1288 (1—0,000969 t) (WALDEN, *Ph. Ch.* **65**, 150). — Unlöslich in Wasser; sehr leicht löslich in Alkohol, Äther, Benzol, Chloroform, Schwefelkohlenstoff (JUNGFLEISCH). Löslichkeit von Kohlendioxyd in Chlorbenzol: JUST, *Ph. Ch.* **37**, 354. Löslichkeit von Naphthalin in Chlorbenzol: SCHRÖDER, *Ph. Ch.* **11**, 458. Spezifische Gewichte, Dampfdrucke und Siedepunkte der Mischungen von Chlorbenzol mit Brombenzol: YOUNG, *Soc.* **81**, 771, 772. Kryoskopisches Verhalten in Benzol: GARELLI, *G.* **23** II, 371, in Nitrobenzol: BRUNI, PADOA, *R. A. L.* [5] **12** I, 351. — n$_\alpha^{1,4}$: 1,52554; n$_\beta^{1,4}$: 1,53057; n$_\delta^{1,4}$: 1,54289; n$_\alpha^{20,1}$: 1,48252; n$_\beta^{20,1}$: 1,48698; n$_\delta^{20,1}$: 1,49843 (PERKIN, *Soc.* **61**, 298); n$_\alpha^{20,1}$: 1,5184; n$_\beta^{20,1}$: 1,5232; n$_\delta^{20,1}$: 1,5354 (J. H. GL., G. GL.); n$_D^{\quad 20}$: 1,5245; n$_D^{18-20}$: 1,53689 (SEUBERT); n$_\alpha^{20}$: 1,51986; n$_\beta^{20}$: 1,52479; n$_\gamma^{20}$: 1,54750 (BRÜHL); n$_\alpha^{20}$: 1,5219; n$_\beta^{11}$: 1,5268; n$_\gamma^{11}$: 1,5499 (JAHN, MÖLLER). Absorptionsspektrum im Ultraviolett: BALY, COLLIE, *Soc.* **87**, 1345; Absorption des Dampfes für Ultraviolett: PAUER, *Ann. d. Physik* [N. F.] **61**, 372; GREBE, *C.* **1906** I, 341. — Molekulare Oberflächenenergie: RAM., SH., *Soc.* **63**, 1100; *Ph. Ch.* **12**, 442; RAM., AS., *Proc. Royal Soc. London* **56**, 185; *Ph. Ch.* **15**, 91. Oberflächenspannung und Binnendruck: RAM., SH., *Ph. Ch.* **12**, 456; RAM., AS., *Proc. Royal Soc. London* **56**, 185; *Ph. Ch.* **15**, 91; RENARD, GUYE, *C.* **1907** I, 1478; WALDEN, *Ph. Ch.* **66**, 387; vgl. I. TRAUBE, *Ann. d. Physik* [4] **22**, 540; *Ph. Ch.* **68**, 293. Innere Reibung: J. WAGNER, *Ph. Ch.* **46**, 875. — Verbrennungswärme des dampfförmigen Chlorbenzols bei konstantem Druck: 763,88 Cal. (THOMSEN, *Ph. Ch.* **52**, 343). Wahre spezifische Wärme bei t°: 0,2988 + 0,00074 t (R. SCHIFF, *Ph. Ch.* **1**, 384). Kritische Temperatur: 360,7° (Y., *Soc.* **55**, 518), 362,2° (ALTSCHUL, *Ph. Ch.* **11**, 590). Kritischer Druck: 33962 mm (Y.). — Molekulare magnetische Suszeptibilität: PASCAL, *Bl.* [4] **5**, 1064. Magnetisches Drehungsvermögen: HUMBURG, *Ph. Ch.* **12**, 413; PERKIN, *Soc.* **69**, 1243. Dielektrizitätskonstante: JAHN, MÖLLER, VELEY, *C.* **1906** I, 430. Chlorbenzol zeigt positive elektrische Doppelbrechung (SCHMIDT, *Ann. d. Physik* [4] **7**, 163).

Chemische Umsetzungen [vgl. auch den Artikel Brombenzol (S. 207 ff.)]. Chlorbenzol erleidet auch bei langem Kochen für sich keine Halogenabspaltung (VANDEVELDE, *C.* **1898** I, 438). Liefert, dampfförmig durch ein glühendes Eisenrohr geleitet, Diphenyl, 4-Chlordiphenyl, 4.4'-Dichlor-diphenyl und 1.4-Diphenyl-benzol C$_{18}$H$_{14}$ (KRAMERS, *A.* **189**, 135). — Gibt bei der Oxydation mit Braunstein und Schwefelsäure Ameisensäure und p-Chlorbenzoesäure (C. MÜLLER, *Z.* **1869**, 137). — Beim Erhitzen mit Natrium erhielt RICHE (*A.* **121**, 358) Benzol neben Harz, JUNGFLEISCH (*A. ch.* [4] **15**, 220) Diphenyl; vgl. dazu: FITTIG, *A.* **132**, 203; NEF, *A.* **298**, 272. Chlorbenzol wird in siedendem Alkohol durch einen starken Überschuß von Natrium vollständig entchlort (STEFANOW, Ж. **37**, 15; *C.* **1905** I, 1273; vgl. LÖWENHERZ, *Ph. Ch.* **36**, 474, 490, 496); Zers. durch Natriumamalgam in Äthylalkohol: Lö., *Ph. Ch.* **40**, 414; durch Natrium in Amylalkohol: Lö., *Ph. Ch.* **32**, 486; durch Natriumamylat in Amylalkohol: Lö., *Ph. Ch.* **29**, 413; vgl. dazu LULOFS, *R.* **20**, 294). Bei 6-stdg. Erhitzen von Chlorbenzol mit Magnesium oder bei 9-stdg. mit Aluminium im geschlossenen Rohr auf 270° entstehen Produkte, die mit Wasser Benzol liefern (SPENCER, CREWDSON, *Soc.* **93**, 1826; SP., WALLACE, *Soc.* **93**, 1831). — Chlorbenzol wird durch Jodwasserstoffsäure und Phosphor bei 302° nicht verändert, bei 375° zu Benzol reduziert (KLAGES, LIECKE, *J. pr.* [2] **61**, 313, 319). Durch Wasserstoff in Gegenwart von reduziertem Nickel erfolgt bei 270° Bildung von Benzol neben Diphenyl (SABATIER, MAILHE, *C. r.* **138**, 246). — Bei der Einw. von Chlor auf Chlorbenzol im Sonnenlicht entsteht ein Gemisch von Chloradditionsprodukten und Chlorsubstitutionsprodukten von solchen, z. B. ein Oktachlorcyclohexan (s. S. 24) (JUNGFLEISCH, *A. ch.* [4] **15**, 220, 293, 296). Bei der Einw. von Chlor in Gegenwart von verd. Natronlauge im Sonnenlicht erhielt MATTHEWS (*Soc.* **61**, 104) 1.1.2.3.4.5.6-Heptachlorcyclohexan (α- und β-Derivat, s. S. 23—24). Die Chlorierung in Gegenwart von amalgamiertem Aluminium führt zu o- und p-Dichlor-benzol (COHEN, HARTLEY, *C.* **87**, 1362). Die beiden letzten Verbindungen entstehen neben m-Dichlor-benzol auch bei der Chlorierung in Gegenwart von Aluminiumchlorid (MOUNEYRAT, POURET, *C. r.* **127**, 1027). Beim Erhitzen von Chlorbenzol mit Ferrichlorid entsteht p-Dichlor-benzol (THOMAS, *C. r.* **126**, 1212). Beim Erhitzen mit PbCl$_4 \cdot 2$NH$_4$Cl werden geringe Mengen von p-Dichlor-benzol gebildet (SEYEWETZ, TRAWITZ, *C. r.* **136**, 242). Chlorbenzol gibt beim Kochen mit Brom p-Chlor-brombenzol (KÖRNER, *G.* **4**, 342; *J.* **1875**, 319); letzteres entsteht bei Gegenwart von Aluminiumchlorid schon in der Kälte (MOUNEYRAT, POURET, *C. r.* **129**, 606; *Bl.* [3] **19**, 802); auch die Gegenwart von amalgamiertem Aluminium fördert die Reaktion (COHEN, DAKIN, *Soc.* **75**, 895). Einw. von Ferribromid führt gleichfalls zu p-Chlor-brombenzol (THOMAS, *C. r.* **126**, 1577). Mehrtägige

Einw. von Jod und Schwefelsäure in der Hitze gibt p-Chlor-jodbenzol, 4-Chlor-1.3-dijod-
benzol und ein Chlortrijodbenzol (F: 162—164°) (ISTRATI, *Bulet.* 6, 51; *C.* 1897 I, 1161). —
Chlorbenzol liefert mit Salpetersäure [1 Vol. (D: 1,52) + 4 Vol. (D: 1,48)] bei — 30° 73,1% p-
und 26,6% o- (neben 0,3% m- ?) Chlor-nitrobenzol sowie etwas Dinitroverbindungen; bei 0°
und Anwendung von 5 Vol. Salpetersäure (D: 1,48) auf 1 Vol. Salpetersäure (D: 1,52) sind
die entsprechenden Mengen: 69,9% p- und 29,8% o- (neben 0,3% m- ?) Chlor-nitrobenzol
(A. F. HOLLEMAN, DE BRUYN, *R.* 19, 193, 196, 375; A. F. H., *C.* 1906 I, 458). Bei der
Einw. von 50%iger Salpetersäure in Gegenwart von Quecksilber oder Quecksilberverbindungen in der Wärme entstehen Chlornitrophenol und Pikrinsäure (WOLFFENSTEIN, BÖTERS,
D. R. P. 194883; *C.* 1908 I, 1005). — Chlorbenzol löst sich in konz. Schwefelsäure unter
Bildung von p-Chlor-benzolsulfonsäure (OTTO, BRUMMER, *A.* 143, 102; GLUTZ, *A.* 143, 184).
Durch Einw. von Schwefeltrioxyd auf Chlorbenzol entsteht neben p-Chlor-benzolsulfon-
säure Bis-[p-chlor-phenyl]-sulfon (OTTO, *A.* 145, 29). Bei Einw. von 1 Mol.-Gew. Chlor-
sulfonsäure auf 1 Mol.-Gew. Chlorbenzol entsteht hauptsächlich p-Chlor-benzolsulfonsäure
neben wenig Bis-[p-chlorphenyl]-sulfon und noch weniger p-Chlor-benzolsulfochlorid (BEK-
KURTS, OTTO, *B.* 11, 2064); mit überschüssiger Chlorsulfonsäure tritt p-Chlor-benzolsulfochlorid als Hauptprodukt neben wenig Bis-[p-chlor-phenyl]-sulfon auf (ULLMANN, KORSELT,
B. 40, 642); Einfluß der Temp. auf das Mengenverhältnis dieser beiden Reaktionsprodukte:
PUMMERER, *B.* 42, 1804. Dieselben zwei Produkte entstehen bei Einw. von Chlorsulfonsäure + rauchender Schwefelsäure (25%, SO₃), sowie beim Einleiten von Chlorwasserstoff in die
Lösung von Chlorbenzol in rauchender Schwefelsäure (50% SO₃) (U., KOR.). — Chlorbenzol
bleibt bei 6-stdg. Kochen mit alkoh. Kalilauge unverändert (FITTIG, *A.* 133, 49). Liefert beim
Erhitzen mit Ammoniak in Gegenwart von Kupferverbindungen unter Druck Anilin (Akt.-Ges.
f. Anilinf., D. R. P. 204951; *C.* 1909 I, 475). Bleibt beim Kochen mit Aluminiumchlorid
unverändert (Unterschied von Brombenzol und Jodbenzol (v. DUMREICHER, *B.* 15, 1866).
   Chlorbenzol liefert mit Tetrachlorkohlenstoff und Natrium in Benzol Diphenyl, Triphenylmethan und 4-Benzhydryl-tetraphenylmethan (C₆H₅)CH·C₆H₄·C(C₆H₅)₃ (SCHMIDLIN, *C. r.*
137, 59; *A. ch.* [8] 7, 254; vgl. TSCHITSCHIBABIN, *B.* 41, 2421). Beim Kochen von 2 Mol.-
Gew. Chlorbenzol mit 1 Mol.-Gew. CCl₄ und 1,75 Mol.-Gew. AlCl₃ in CS₂ entstehen Bis-
[4-chlor-phenyl]-dichlor-methan, [2-Chlor-phenyl]-[4-chlor-phenyl]-dichlor-methan und vielleicht auch Bis-[2-chlor-phenyl]-dichlor-methan (NORRIS, GREEN, *Am.* 26, 492; NORRIS,
TWIEG, *Am.* 30, 392); bei mehrstündigem Erhitzen von 6 Mol.-Gew. Chlorbenzol mit 1 Mol.-
Gew. CCl₄ und 1 Mol.-Gew. AlCl₃ in Abwesenheit von CS₂ auf 60—70° wird vorwiegend
[2-Chlor-phenyl]-bis-[4-chlor-phenyl]-chlor-methan neben kleinen Mengen Tris-[4-chlor-
phenyl]-chlor-methan gebildet (GOMBERG, CONE, *B.* 37, 1635; 39, 1465, 3280). Chlorbenzol
liefert bei der Einw. von Isobutylchlorid oder tert. Butylchlorid in Gegenwart von wenig
AlCl₃ p-Chlor-tert.-butyl-benzol (BOEDTKER, *Bl.* [3] 35, 826). Beim Einleiten von Äthylen
in ein Gemenge aus 5 Tln. Chlorbenzol und 1 Tl. AlCl₃ entsteht ein bei 179—182° siedendes
(nicht getrenntes) Gemisch aus m-, weniger o- und noch weniger p-Chlor-äthylbenzol (ISTRATI,
A. ch. [6] 6, 402); bei fortgesetzter Zuführung von Äthylen entstehen höher äthylierte
Produkte (I.). — Chlorbenzol gibt mit Ferrocyankalium bei 400° Benzonitril (MERZ, WEITH,
B. 10, 747, 749). Durch Erhitzen mit Benzoesäure und Phosphorpentoxyd auf 180—200°
entsteht 4-Chlor-benzophenon (KOLLARITS, MERZ, *B.* 6, 547). Mit p-Chlor-benzolsulfochlorid
bei Gegenwart von AlCl₃ wird hauptsächlich Bis-[p-chlor-phenyl]-sulfon gebildet (U., KOR.).
   Verhalten im Tierkörper. Chlorbenzol, einem Hunde eingegeben, geht in den Harn als
eine Verbindung über, die nach Zersetzung mit verd. Schwefelsäure p-Chlor-phenylmercaptur-
säure ClC₆H₄·S·CH₂·CH(NH·CO·CH₃)·CO₂H (Syst. No. 524) gibt (JAFFÉ, *B.* 12, 1096;
BAUMANN, *H.* 8, 191).

4-Fluor-1-chlor-benzol, p-Fluor-chlorbenzol C₆H₄ClF. *B.* Aus p-Fluor-anilin durch
Diazotierung in salzsaurer Lösung und Eintröpfeln der Reaktionsflüssigkeit in heiße Cuprochloridlösung (WALLACH, HEUSLER, *A.* 243, 225). — Flüssig. Kp: 130—131°. D¹⁵: 1,226.

1.2-Dichlor-benzol, o-Dichlor-benzol C₆H₄Cl₂. *B.* Entsteht in kleiner Menge neben
viel p-Dichlor-benzol beim Chlorieren von Benzol in Gegenwart von Jod; man trennt es
von dem festen para-Isomeren erst durch Ausfrieren, dann von den letzten Resten desselben
durch Sulfurierung, wobei das para-Isomere nicht angegriffen wird und daher ungelöst bleibt
(BEILSTEIN, KURBATOW, *A.* 176, 42; 182, 94); hierzu behandelt man es in der Kälte mit dem
gleichen Volum eines Gemisches aus 1 Vol. konzentrierter Schwefelsäure und 1 Vol. krystallisierter rauchender Schwefelsäure; man verdünnt die schwefelsaure Lösung (um die gebildete
Sulfonsäure des o-Dichlor-benzols auch nach dem Erkalten in Lösung zu behalten) mit wenig
Wasser, filtriert und erhitzt das Filtrat im Dampfstrome auf 200°, zuletzt auf 240°; hier-
bei geht anfangs noch etwas p-Dichlor-benzol über, dann folgt o-Dichlor-benzol (FRIEDEL,
CRAFTS, *A. ch.* [6] 10, 413). Entsteht neben m- und p-Dichlor-benzol beim Einleiten von

Chlor in Benzol oder Chlorbenzol in Gegenwart von $AlCl_3$ (MOUNEYRAT, POURET, *C. r.* 127, 1027). Neben dem p-Isomeren entsteht es auch bei der Chlorierung von Chlorbenzol in Gegenwart von amalgamiertem Aluminium (COHEN, HARTLEY, *Soc.* 87, 1362). Aus o-Chlorphenol durch Erhitzen mit Phosphorpentachlorid (BEI., KU., *A.* 176, 40). Durch 12-stdg. Erhitzen von o-Brom-nitrobenzol mit Salmiak auf 320° (J. SCHMIDT, LADNER, *B.* 37, 4403). Aus o-Dinitro-benzol durch Erhitzen mit konz. Salzsäure auf 250—270° (LOBRY DE BRUYN, VAN LEENT, *R.* 15, 86). Aus o-Chlor-anilin durch Ersatz von NH_2 durch Cl auf dem Wege der Diazotierung nach SANDMEYER (HAEUSSERMANN, BAUER, *B.* 32, 1914 Anm.; HAEUSS., *B.* 33, 939 Anm.). — Flüssig. Erstarrt nicht bei —14° (BEI., KU., *A.* 176, 41). Kp: 179° (korr.) (BEI., KU., *A.* 176, 41); $Kp_{765,5}$: 178°; Kp_{15}: 86° (A. F. HOLLEMAN, REIDING, *R.* 23, 358). $D^{15,1}$: 1,3039 (HO., R.); D^0: 1,3278 (BEI., KU., *A.* 176, 41), 1,3254 (FR., CR.). Absorptionsspektrum im Ultraviolett: BALY, EWBANK, *Soc.* 87, 1357. — o-Dichlor-benzol liefert bei weiterer Chlorierung 1.2.4-Trichlor-benzol (COH., HAR., *Soc.* 87, 1363). Bei der Einw. von Salpetersäure entsteht 3.4-Dichlor-1-nitro-benzol (BEI., KU., *A.* 176, 41; 182, 94; HO., R., *R.* 23, 371; HAR., COH., *Soc.* 85, 866); daneben wird 2.3-Dichlor-1-nitro-benzol gebildet, bei 0° in einer Menge von 7,2 %, bei — 30° von nur 5,2 % (HO., R.). Beim Nitrieren mit rauchender Salpetersäure + Schwefelsäure entsteht 4.5-Dichlor-1.2-dinitro-benzol (BLANKSMA, *R.* 21, 419; HAR., COH.); als Nebenprodukt tritt 3.4-Dichlor-1.2-dinitro-benzol[1]) auf (NIETZKI, KONWALDT, *B.* 37, 3892). o-Dichlor-benzol wird von rauchender Schwefelsäure viel leichter unter Bildung einer Monosulfonsäure sulfuriert als p-Dichlor-benzol (BEI., KU., *A.* 176, 41; 182, 94; FR., CR.). Bei der Einw. von SO_3 erhält man Bis-[dichlorphenyl]-sulfon (FR., CR.). Beim Einleiten von Methylchlorid in ein Gemisch von o-Dichlor-benzol und $AlCl_3$ auf dem Wasserbad entstehen Hexamethylbenzol und Trichlormesitylen $C_6Cl_3(CH_3)_3$ (FR., CR.). Das Produkt der Reaktion mit CCl_4 und $AlCl_3$ liefert bei der Zersetzung mit Schwefelsäure 3.4.3′.4′-Tetrachlor-benzophenon und etwas 3.4-Dichlor-benzoesäure (BOESEKEN, *R.* 27, 8). Durch Erhitzen von o-Dichlor-benzol mit Diphenylaminkalium wird (unter Umlagerung) Tetraphenyl-m-phenylendiamin gebildet (HAEUSSERMANN, BAUER, *B.* 33, 1914; HAEU., *B.* 33, 939; 34, 38).

1.3-Dichlor-benzol, m-Dichlor-benzol $C_6H_4Cl_2$. *B.* Entsteht neben o- und p-Dichlor-benzol durch Einleiten von Chlor in Benzol oder Chlorbenzol bei Gegenwart von Aluminiumchlorid (MOUNEYRAT, POURET, *C. r.* 127, 1027). Aus m-Chlor-anilin durch Diazotierung, Ausfällung des Platinchloriddoppelsalzes und Zersetzung desselben durch Erhitzen mit Natriumcarbonat (KÖRNER, *G.* 4, 341; *J.* 1875, 317). Aus m-Chlor-anilin nach der SANDMEYERschen Methode (HAEUSSERMANN, *B.* 33, 940). Aus m-Phenylendiamin durch Diazotierung bei Siedehitze in Gegenwart von Cuprochlorid (SANDMEYER, *B.* 17, 2652). Beim Behandeln von 2.4-Dichlor-anilin mit Äthylnitrit (KÖ.; BEILSTEIN, KURBATOW, *A.* 182, 97). Aus 1.3-Dichlor-$\Delta^{1.2}$-dihydrobenzol durch Einw. von Phosphorpentachlorid oder von Brom (CROSSLEY, HAAS, *Soc.* 83, 502). — *Darst.* Man trägt etwas über 1 Mol.-Gew. Natriumnitrit, verrieben mit der doppelten Gewichtsmenge Alkohol, in ein Gemisch aus 1 Tl. 2.4-Dichlor-anilin, 5 Tln. Alkohol und 2 Tln. konz. Salzsäure unter Abkühlung ein, läßt 1 Stde. stehen und destilliert dann im Dampfstrom (CHATTAWAY, EVANS, *Soc.* 69, 850; vgl. dazu HOLLEMAN, REIDING, *R.* 23, 359). — Flüssigkeit. Erstarrt nicht in einer Kältemischung aus Schnee und Salz (KÖ.). Siedet bei 172,1° unter 742,4 mm (bei 15°) (KÖ.); Kp_{765}: 172° (korr.) (BEI., KUR.). D^0: 1,307 (BEI., KUR.); D^{25}: 1,2835 (HO., R.). Absorptionsspektrum im Ultraviolett: BALY, EWBANK, *Soc.* 87, 1357. — Bei weiterer Chlorierung von m-Dichlor-benzol in Gegenwart von amalgamiertem Aluminium erhielten COHEN, HARTLEY (*Soc.* 87, 1364) 1.2.4-Trichlor-benzol; beim Chlorieren eines Gemisches gleicher Mengen m- und p-Dichlor-benzol in Gegenwart von Aluminiumchlorid erhielten MOUNEYRAT, POURET (*C. r.* 127, 1028) gleiche Mengen 1.2.4- und 1.3.5-Trichlor-benzol neben sehr wenig 1.2.3-Trichlor-benzol. Durch Einw. von Salpetersäure auf m-Dichlor-benzol entsteht 2.4-Dichlor-1-nitro-benzol (HO., R.; HARTLEY, COHEN, *Soc.* 85, 866); daneben bildet sich 2.6-Dichlor-1-nitro-benzol, und zwar in einer Menge von 4 %, wenn bei 0°, von nur 2,6 %, wenn bei — 30° nitriert wird (HO., R.). Bei 8-stdg. Erhitzen mit einer Mischung von rauchender Salpetersäure und rauchender Schwefelsäure entsteht eine 4.6-Dichlor-1.3-dinitro-benzol (HAR., CO.). m-Dichlor-benzol wird durch Erhitzen mit rauchender Schwefelsäure auf 230° zu $C_6H_3Cl_2 \cdot SO_3H$ sulfuriert (BEI., KUR., *A.* 182, 97). Das Produkt der Reaktion von m-Dichlor-benzol mit CCl_4 und $AlCl_3$ liefert bei der Zersetzung mit Schwefelsäure 2.4.2′.4′-Tetrachlor-benzophenon und etwas 2.4-Dichlor-benzoesäure (BOESEKEN, *R.* 27, 8). m-Dichlor-benzol gibt beim Kochen mit Chloracetylchlorid und $AlCl_3$ in CS_2 2.4-Dichlor-1-chloracetyl-benzol (KUNCKELL, *B.* 40, 1703). Beim Erhitzen von m-Dichlor-benzol mit Diphenylaminkalium entsteht Tetraphenyl-m-phenylendiamin (HAEUSSERMANN, *B.* 33, 940; 34, 38).

---

[1]) War zufolge einer nach dem für die 4. Auflage geltenden Literatur-Schlußtermin [1. I. 1910] erschienenen Arbeit von HOLLEMAN, *R.* 39, 450, 451, 452 [1920] im wesentlichen 4.5-Dichlor-1.3-dinitro-benzol.

1.4-Dichlor-benzol, p-Dichlor-benzol $C_6H_4Cl_2$. *B.* Entsteht neben anderen Produkten durch Einw. von Chlor auf Benzol bei Gegenwart von Jod (H. MÜLLER, *Z.* 1864, 65; *J.* 1864, 524; JUNGFLEISCH, *A. ch.* [4] 15, 252; KÖRNER, *G.* 4, 342; *J.* 1875, 318). Entsteht reichlich bei der Chlorierung von Benzol in Gegenwart von $MoCl_5$ (ABONHEIM, *B.* 8, 1400). Entsteht neben weniger m- und o-Dichlor-benzol beim Einleiten von Chlor in ein auf 60° erwärmtes Gemisch von 1000 g Benzol oder Chlorbenzol und 30 g Aluminiumchlorid, bis die Gewichtszunahme der Theorie entspricht (MOUNEYRAT, POURET, *C. r.* 127, 1026). Bildet das Hauptprodukt (neben weniger o-Dichlor-benzol und noch weniger 1.2.4-Trichlor-benzol) beim Einleiten von Chlor in Chlorbenzol bei Gegenwart von amalgamiertem Aluminium (COHEN, HARTLEY, *Soc.* 87, 1362). Aus Chlorbenzol durch Kochen mit Ferrichlorid (THOMAS, *C. r.* 126, 1212). In sehr geringer Menge bei der Einw. von $PbCl_4 \cdot 2NH_4Cl$ auf Chlorbenzol in der Siedehitze oder im geschlossenen Rohr bei 210° (SEYEWETZ, TRAWITZ, *C. r.* 136, 242). — Aus p-Chlor-nitrobenzol durch Erhitzen mit konz. Salzsäure auf 270° (LOBRY DE BRUYN, VAN LEENT, *R.* 15, 86). Bei der Einw. von PCl_5 auf p-Phenolsulfonsäure (KEKULÉ, *B.* 6, 944) oder auf p-Chlor-phenol (BEILSTEIN, KURBATOW, *A.* 176, 32). Aus p-Phenylendiamin durch Diazotierung bei Gegenwart von Cuprochlorid (SANDMEYER, *B.* 17, 2652).

Blätter (aus Alkohol). Sublimiert schon bei gewöhnlicher Temperatur in Tafeln (H. MÜLLER, *J.* 1864, 524; JUNGFLEISCH, *A. ch.* [4] 15, 254). Monoklin prismatisch (DES CLOIZEAUX, *A. ch.* [4] 15, 255; vgl. *Groth, Ch. Kr.* 4, 5). Scheint in zwei verschiedenen Modifikationen zu existieren, deren Umwandlungspunkt 39,5° ist (BECK, EBBINGHAUS, *B.* 39, 3872). F: 53° (H. MÜ.; JU.; BEILSTEIN, KURBATOW, *A.* 176, 33), 52,72° (MILLS, *J.* 1882, 103). Erstarrt bei 53,2° (PERKIN, *Soc.* 69, 1202), 52,70° (BRUNI, GORNI, *R. A. L.* [5] 9 II, 327), 52,69° (KÜSTER, WÜRFEL, *Ph. Ch.* 50, 66). Kp: 173,7° (korr.) (PE.), 173° (KÜ., WÜ.), 172° (H. MÜ.; BEI., KUR.), 171° (JU.). Dampfdruck bei verschiedenen Temperaturen zwischen 29,1° und 55,7°: SPERANSKI, *Ph. Ch.* 51, 47; Dampfdruck bei 49,1°: KÜSTER, DAHMER, *Ph. Ch.* 51, 232. — D^{11}: 1,526 (FELS, *Z. Kr.* 32, 361); $D^{50,4}$: 1,4581; D^{43}: 1,2410; D^{92}: 1,2062; D^{161}: 1,1366 (JU.); D^{17}_4: 1,2675; D^{0}_4: 1,2623; D^{20}_4: 1,2545 (PE.). In flüssigem Zustande besitzt das p-Dichlor-benzol das spezifische Gewicht D^7: 1,2499 − 0,000998 (t−55,1°) − 0,000001334 (t−55,1°)² (R. SCHIFF, *A.* 223, 263). — p-Dichlor-benzol ist in jedem Verhältnis löslich in heißem absolutem Alkohol (H. MÜ.; JU.); 50 ccm absoluter Alkohol + 5 ccm Wasser lösen bei 25° 4,550 g (KÜ., WÜ.); leicht löslich in Äther, Benzol, Chloroform, Schwefelkohlenstoff; unlöslich in Wasser (JU.). Löslichkeit in flüssigem Kohlendioxyd: BÜCHNER, *Ph. Ch.* 54, 680. Dichten der Lösungen von p-Dichlor-benzol in Tetrachlorkohlenstoff: LUMSDEN, *Soc.* 91, 27. Über isomorphe Mischungen von p-Dichlor-benzol mit p-Dibrom-benzol vgl. KÜ., WÜ.; KÜ., DAH.; BECK, EBB., *B.* 39, 3873; KURNAKOW, SHEMTSCHUSHNY, *Z. a. Ch.* 60, 24. Ebullioskopisches Verhalten in Alkohol: KÜ., WÜ. Molekulare Schmelzpunktsdepression: 77 (AUWERS, *Ph. Ch.* 30, 312). Verhalten als kryoskopisches Lösungsmittel: AU., *Ph. Ch.* 42, 528. — Absorptionsspektrum im Ultraviolett: BALY, EWBANK, *Soc.* 87, 1357. Relative innere Reibung: BECK, EBB., *Ph. Ch.* 58, 426. Schmelzwärme, spezifische Wärme: BRUNER, *B.* 27, 2106. Magnetisches Drehungsvermögen: PERKIN.

Einw. von Bleioxyd bei 250—300°: ISTRATI, *Bl.* [3] 3, 186, 188. p-Dichlor-benzol gibt bei weiterer Chlorierung 1.2.4-Trichlor-benzol (MOUNEYRAT, POURET, *C. r.* 127, 1028; COHEN, HARTLEY, *Soc.* 87, 1364). Liefert bei der Nitrierung zunächst 2.5-Dichlor-1-nitro-benzol, sodann 2.5-Dichlor-1.3-dinitro-benzol (als Hauptprodukt) (JUNGFLEISCH, *A. ch.* [4] 15, 257, 259; vgl. KÖRNER, *G.* 4, 351; *J.* 1875, 324). 3.6-Dichlor-1.2-dinitro-benzol (JU.; vgl. KÖ.; BEILSTEIN, KURBATOW, *A.* 196, 223) und 2.5-Dichlor-1.4-dinitro-benzol (HAR., Co., *Soc.* 85, 866, 868; vgl. MORGAN, *Soc.* 81, 1378, 1382)[1]. p-Dichlor-benzol wird beim Einleiten von SO_3-Dämpfen zu 2.5-Dichlor-benzol-sulfonsäure-(1) sulfuriert (LESIMPLE, *Z.* 1868, 226; vgl. BEILSTEIN, KURBATOW, *A.* 176, 41). — Das Produkt der Reaktion mit Tetrachlorkohlenstoff und $AlCl_3$ liefert bei der Zersetzung mit Schwefelsäure 2.5.2′.5′-Tetrachlor-benzophenon und etwas 2.5-Dichlor-benzoesäure (BOESEKEN, *R.* 27, 8). Bei der Einw. von Äthylen und $AlCl_3$ auf p-Dichlor-benzol entsteht ein Gemisch von äthylierten Dichlorbenzolen (ISTRATI, *A. ch.* [6] 6, 475). p-Dichlor-benzol liefert beim Erhitzen mit Diphenylaminkalium auf 240—245° ein Gemisch von p- und m-Tetraphenylphenylendiamin (HAEUSSERMANN, BAUER, *B.* 32, 1912; HAEU., *B.* 34, 38).

1.2.3-Trichlor-benzol, vic.-Trichlor-benzol $C_6H_3Cl_3$. *B.* Aus 2.3.4-Trichlor-anilin durch Äthylnitrit (BEILSTEIN, KURBATOW, *A.* 192, 234). Entsteht ähnlich durch Austausch von NH_2 gegen H im 3.4.5-Trichlor-anilin (COHEN, HARTLEY, *Soc.* 87, 1365). Aus 2.3- (B., KU.) oder 2.6- (KÖRNER, CONTARDI, *R. A. L.* [5] 18 I, 100) Dichlor-anilin durch Austausch von NH_2 gegen Cl auf dem Wege der Diazotierung. Entsteht in sehr geringer Menge neben Isomeren

---

[1] Vgl. hierzu auch die Arbeit von HOLLEMAN, *R.* 39, 440, 441, 444, 445 [1920], welche nach dem für die 4. Auflage geltenden Literatur-Schlußtermin [1. I. 1910] erschienen ist.

beim Einleiten von Chlor in ein Gemisch aus m-Dichlor-benzol und Aluminiumchlorid
(MOUNEYRAT, POURET, *C. r.* 127, 1028). — Tafeln (aus Alkohol). F: 53—54⁰ (B., KU.),
50,8⁰ (KÖ., CON.). Kp: 218—219⁰ (B., KU.). Ziemlich schwer löslich in Alkohol (B., KU.).
— Liefert bei weiterer Chlorierung in Gegenwart von amalgamiertem Aluminium 1.2.3.4-
Tetrachlor-benzol (COH., H.).

1.2.4-Trichlor-benzol, asymm. Trichlorbenzol $C_6H_3Cl_3$. *B.* Beim Chlorieren von
Benzol in Gegenwart von Jod (JUNGFLEISCH, *A. ch.* [4] 15, 264). Bei der Chlorierung in
Gegenwart von amalgamiertem Aluminium entsteht 1.2.4-Trichlor-benzol sowohl aus p-,
wie auch aus o- und m-Dichlor-benzol (COHEN, HARTLEY, *Soc.* 87, 1363, 1364). Wurde neben
1.3.5- und sehr wenig 1.2.3-Trichlor-benzol bei der Chlorierung eines Gemisches gleicher
Teile m- und p-Dichlor-benzol in Gegenwart von Aluminiumchlorid erhalten (MOUNEYRAT,
POURET, *C. r.* 127, 1028). Aus Chlorbenzol oder p-Dichlor-benzol durch Kochen mit Ferri-
chlorid (THOMAS, *C. r.* 126, 1212). Beim Kochen von 2.4-Dichlor-phenol mit Phosphor-
pentachlorid (BEILSTEIN, KURBATOW, *A.* 192, 230). Aus 2.4-, 3.4- (B., KU.) oder 2.5- (NOEL-
TING, KOPP, *B.* 38, 3509) Dichlor-anilin beim Ersatz der Aminogruppe durch Chlor auf dem
Wege der Diazotierung. Desgleichen aus 4-Chlor-1.3-diamino-benzol (COHN, FISCHER,
M. 21, 278). Aus α-Benzolhexachlorid (S. 23) beim Erhitzen mit Wasser im geschlossenen
Rohr auf 200⁰, neben anderen Produkten (MEUNIER, *A. ch.* [6] 10, 264), glatter beim Kochen
mit alkoh. Kalilauge (LESIMPLE, *A.* 187, 123; JUNGFLEISCH, *A. ch.* [4] 15, 270; MEU., *A. ch.*
[6] 10, 240; MATTHEWS, *Soc.* 59, 170) oder beim Kochen mit einer alkoh. Kaliumcyanid-
lösung (MEU., *A. ch.* [6] 10, 229). Aus β-Benzolhexachlorid (S. 23) beim Kochen mit alkoh.
Kalilauge (MEU., *A. ch.* [6] 10, 239; MAT., *Soc.* 59, 170). — F: 17⁰ (J.; MOU., POU.), 16⁰ (B.,
KU.). Kp: 213⁰ (korr.) (B., KU.), 210⁰ (LESIMPLE; N., KU.), 206⁰ (J.). D¹⁰: 1,5740 (im festen
Zustande), 1,4658 (flüssig); D²⁵: 1,4460; D⁶⁶: 1,4111; D¹⁹⁵: 1,2427 (J.). Molekulare magnetische
Suszeptibilität: PASCAL, *Bl.* [4] 5, 1069. — Liefert bei weiterer Chlorierung in Gegenwart
von amalgamiertem Aluminium 1.2.4.5-Tetrachlor-benzol (COHEN, HARTLEY, *Soc.* 87, 1365).
Wird durch rauchende Schwefelsäure auf dem Wasserbade zu $C_6H_2Cl_3 \cdot SO_3H$ sulfuriert (B.,
KU.). Beim Einleiten von Äthylen in ein Gemisch aus 1.2.4-Trichlor-benzol und AlCl₃ ent-
steht ein flüssiges Gemisch von äthylierten Trichlorbenzolen (ISTRATI, *A. ch.* [6] 6, 490).

1.3.5-Trichlor-benzol, symm. Trichlorbenzol $C_6H_3Cl_3$. *B.* Bei der Einwirkung von
Natriumäthylat auf 2.4.6-Trichlor-1-jod-benzol (JACKSON, GAZZOLO, *Am.* 22, 53). Aus 1.3.5-
Trinitro-benzol durch Erhitzen mit konz. Salzsäure auf ca. 260⁰ (LOBRY DE BRUYN, VAN LEENT,
R. 15, 86). Aus 2.4.6-Trichlor-anilin durch Äthylnitrit (KÖRNER, *G.* 4, 412; *J.* 1875, 318).
Aus 3.5-Dichlor-1-nitro-benzol durch Reduktion zu 3.5-Dichlor-anilin, Diazotieren von dessen
Nitrat, Versetzen der verd. wäßr. Lösung mit einer Lösung von Chlor und Kaliumchlorid
in Salzsäure und Zersetzung des gebildeten Niederschlages durch Alkohol (KÖ., *G.* 4, 405,
411, 412; *J.* 1875, 318). Beim Behandeln des Produktes der Einw. von Chlor im Sonnenlicht
auf Chlorbenzol mit alkoh. Kalilauge (JUNGFLEISCH, *A. ch.* [4] 15, 301). Wurde neben 1.2.4-
Trichlor-benzol und sehr wenig 1.2.3-Trichlor-benzol erhalten, als ein Gemisch gleicher Mengen
p- und m-Dichlor-benzols bei Gegenwart von Aluminiumchlorid chloriert wurde (MOUNEYRAT,
POURET, *C. r.* 127, 1028). — *Darst.* Man versetzt die Lösung von 30 g 2.4.6-Trichlor-anilin
in 500 ccm Alkohol allmählich mit 17 ccm konz. Schwefelsäure, fügt 17 g pulverisiertes
Natriumnitrit hinzu und läßt 8 Stdn. stehen (JA., LAMAR, *Am.* 18, 667). Aus 2.4.6-Tribrom-
benzoldiazoniumchlorid durch Lösen in Alkohol, Einleiten von Chlorwasserstoff, Stehenlassen und Erwärmen (HANTZSCH, *B.* 30, 2351). — Lange Nadeln. F: 63,4⁰ (korr.) (KÖ.),
63,5⁰ (BEILSTEIN, KURBATOW, *A.* 192, 233). Kp₇₅₉,₆: 208,5⁰ (korr.) (BEI., KU.). Kryoskopische Konstante: 87 (BRUNI, *R. A. L.* [5] 11 II, 193). Ebullioskopisches Verhalten in
Acetonitril und Methylalkohol: BRUNI, SALA, *G.* 34 II, 485. — Liefert bei weiterer Chlorierung in Gegenwart von amalgamiertem Aluminium 1.2.3.5-Tetrachlor-benzol (COHEN,
HARTLEY, *Soc.* 87, 1366).

1.2.3.4-Tetrachlor-benzol, vic.-Tetrachlor-benzol $C_6H_2Cl_4$. *B.* Durch Einleiten von
Chlor in eine Lösung von 1.2.3-Trichlor-benzol in Tetrachlorkohlenstoff bei Gegenwart von
amalgamiertem Aluminium (COHEN, HARTLEY, *Soc.* 87, 1365). Aus 2.3.4-Trichlor-anilin durch
Austausch von NH₂ gegen Cl auf dem Wege der Diazotierung (BEILSTEIN, KURBATOW, *A.*
192, 238; KÖRNER, CONTARDI, *R. A. L.* [5] 18 I, 96). — Nadeln. F: 45—46⁰; Kp₇₅₁,₅: 254⁰
(korr.) (B., KU.). Schwer löslich in Alkohol, sehr leicht in Äther, Schwefelkohlenstoff, Ligroin
und 90%iger Essigsäure (B., KU.).

1.2.3.5-Tetrachlor-benzol $C_6H_2Cl_4$. *B.* Wurde (in unreinem Zustand) erhalten beim
Behandeln des Produktes der Einw. von Chlor im Sonnenlicht auf Benzol (ISTRATI, *A. ch.*
[6] 6, 380, 384, 391), Chlorbenzol (JUNGFLEISCH, *A. ch.* [4] 15, 299, 302) oder Diphenylsulfon
(OTTO, OSTROP, *A.* 141, 105) mit alkoh. Kalilauge. Durch Chlorierung von 1.3.5-Trichlor-
benzol bei Gegenwart von amalgamiertem Aluminium (COHEN, HARTLEY, *Soc.* 87, 1366).

Rein erhält man es aus 2.4.6-Trichlor-anilin durch Diazotierung, Ausfällung des Platin-chloriddoppelsalzes und Zersetzung desselben beim Glühen mit Soda (BEILSTEIN, KUR-BATOW, A. 192, 237) oder durch Behandlung der Diazoniumlösung mit Cuprochlorid in Salzsäure (Ausbeute: 61% der Theorie) (JACKSON, CARLTON, B. 35, 3855; Am. 31, 365). Beim Erhitzen von 2.4.6-Trichlor-phenol mit $PCl_3 + PCl_5$ auf 200—300° (ZAHARIA, Bulet. 4, 131). — Nadeln (aus Alkohol). F: 50—51° (B., K.), 54—55° (Z.). Kp: 246° (korr.) (B., K.). Schwer löslich in kaltem Alkohol, leicht in Benzol, sehr leicht in Schwefelkohlenstoff und Ligroin (B., K.). — Beim Erwärmen mit rauchender Salpetersäure (D: 1,52) entsteht 2.3.4.6-Tetrachlor-1-nitro-benzol (B., K.; vgl. IST.); mit rauchender Salpetersäure (D: 1,5) + konz. Schwefelsäure (D: 1,84) 2.4.5.6- Tetrachlor-1.3-dinitro-benzol (JA., C.).

1.2.4.5-Tetrachlor-benzol $C_6H_2Cl_4$. B. Beim Einleiten von Chlor in Benzol oder seine Chlorsubstitutionsprodukte in Gegenwart von Jod (JUNGFLEISCH, A. ch. [4] 15, 277) oder Aluminiumchlorid (MOUNEYRAT, POURET, C. r. 127, 1028) oder amalgamiertem Aluminium (COHEN, HARTLEY, Soc. 87, 1363, 1364, 1365). Durch Erhitzen niederer Chlorderivate des Benzols mit Ferrichlorid (THOMAS, C. r. 126, 1212). Entsteht auch bei der Einw. von Chlor auf 2.4.5-Trichlor-toluol in der Siedehitze (BEILSTEIN, KUHLBERG, A. 152, 247). Aus 2.4.5-Trichlor-anilin auf dem Wege der Diazotierung (BEI., KURBATOW, A. 192, 236). Durch Destillation der bei der Einw. von Antimonpentachlorid auf Benzaldehyd auftretenden, höher siedenden Aldehyde (GNEHM, BÄNZIGER, A. 296, 67). — Nadeln (aus Äther, Schwefel-kohlenstoff, Benzol oder Alkohol + Benzol). Riecht durchdringend unangenehm (JU.). Mono-klin prismatisch (DES CLOIZEAUX, A. ch. [4] 15, 278; BODEWIG, Z. Kr. 3, 400; FELS, Z. Kr. 32, 365; vgl. Groth, Ch. Kr. 4, 7); isomorph mit 1.2.4.5-Tetrabrom-benzol (FELS). Leicht subli-mierbar (FELS). F: 137—138° (BEI., KUH.), 137,5° (GN., BÄ.), 138° (TH.; BO.), 139° (JU.; BEI., KUH.), 140—141° (FELS). Kp: 236° (TH.), 240° (JU.), 243—246° (korr.) (BEI., KUR.). $D^{s.l.}$: 1,858 (FELS); D^{10}: 1,7344, D^{140}: 1,4339; D^{170}: 1,3958; D^{230}: 1,3281 (JU.). Unlöslich in kaltem Alkohol, wenig löslich in siedendem, ziemlich reichlich in kaltem Benzol, Äther, Chloroform, Schwefelkohlenstoff (JU.). — Rauchende Salpetersäure erzeugt 2.3.5.6-Tetra-chlor-1-nitro-benzol und Tetrachlorchinon (BEI., KUR.). Bei anhaltendem Erhitzen mit konz. Schwefelsäure entsteht ein Farbstoff (ISTRATI, Bl. [2] 48, 39).

Pentachlorbenzol C_6HCl_5. B. Entsteht durch Einleiten von Chlor in Benzol oder seine Chlorsubstitutionsprodukte bei Gegenwart von etwas Jod (JUNGFLEISCH, A. ch. [4] 15, 283) oder Aluminiumchlorid (MOUNEYRAT, POURET, C. r. 127, 1028) oder amalgamiertem Aluminium (COHEN, HARTLEY, Soc. 87, 1366) oder durch Erhitzen niederer Chlorderivate des Benzols mit Ferrichlorid (THOMAS, C. r. 126, 1212). Bei der Einw. von Chlor auf Tetra-chlorbenzylchlorid $C_6HCl_4 \cdot CH_2Cl$ (S. 303) (BEILSTEIN, KUHLBERG, A. 152, 247). Durch Be-handlung von Diphenylsulfon mit Chlor im Sonnenlicht und Zersetzung des Produktes mit alkoh. Kalilauge (OTTO, OSTROP, A. 141, 107; OTTO, A. 154, 185). — Nadeln (aus Alkohol). F: 84° (B., K.), 85° (OTTO), 85—86° (LADENBURG, A. 172, 344), 86° (TH.). Kp: 275—277° (L.). D^{10}: 1,8422; $D^{15.5}$: 1,8342; D^{84}: 1,6091; D^{114}: 1,5732; D^{261}: 1,3824 (JU.). Fast unlös-lich in kaltem, bedeutend löslich in kochendem Alkohol, reichlich in Äther, Benzol, Schwefel-kohlenstoff, Chloroform und Tetrachlorkohlenstoff (JU.). — Liefert bei anhaltendem Er-hitzen mit konz. Schwefelsäure einen roten Farbstoff (francéine), der sich in Alkalien mit dunkelroter Farbe löst (ISTRATI, Bl. [2] 48, 36).

Hexachlorbenzol, Perchlorbenzol (JULINS Chlorkohlenstoff) C_6Cl_6. B. Durch Bildung des Lichtbogens zwischen Kohleelektroden in einer Chloratmosphäre (v. BOLTON, Z. El. Ch. 9, 209). Durch Erhitzen von Kohle im Chlorstrom bei Gegenwart von B_2O_3 (LORENZ, A. 247, 235, 245). Beim Durchleiten von Chloroform durch glühende Röhren (BASSETT, Soc. 20, 443; A. Spl. 5, 340; J. 1867, 608; RAMSAY, YOUNG, J. 1886, 628; vgl. LÖB, Z. El. Ch. 7, 908), besonders in Gegenwart von etwas Jod (BESSON, C. r. 116, 103). Beim Überleiten von Chloroform über erhitztes Titanoxyd (RENZ, B. 39, 249). Bei der Zersetzung von Tetra-chlorkohlenstoff im elektrischen Hochspannungslichtbogen (SCHALL, C. 1909 I, 717). Bei 100-stdg. Erhitzen von Acetylentetrachlorid $C_2H_2Cl_4$ auf 360° (BERTHELOT, JUNGFLEISCH, C. r. 69, 545; A. Spl. 7, 256). Aus Perchloräthylen C_2Cl_4 bei mehrmaligem Leiten durch glühende Röhren (REGNAULT, A. ch. [2] 70, 106; A. 30, 352; vgl. LÖB, Z. El. Ch. 7, 920; JOIST, LÖB, Z. El. Ch. 11, 940). Durch Erhitzen von sek. Hexyljodid (aus Mannit) (LÖB, I, S. 146) mit Chlorjod zuletzt auf 240° (KRAFFT, B. 9, 1086; 10, 801). Durch Einw. von Anti-monpentachlorid und etwas Jod auf hochmolekulare acyclische Kohlenwasserstoffe (HART-MANN, B. 24, 1011). Aus Benzol und Chlor im Lichte; die Geschwindigkeit der Chlorierung des Benzols im Lichte wird durch die Gegenwart von Sauerstoff gehemmt (GOLDBERG, C. 1906 I, 1693; LUTHER, GOLDBERG, Ph. Ch. 56, 43, 56). Entsteht durch Einleiten von Chlor in Benzol oder seine Chlorsubstitutionsprodukte bei Gegenwart von Jod (H. MÜLLER, Z.

1864, 41 Anm.; *J.* **1864**, 524; JUNGFLEISCH, *A. ch.* [4] **15**, 288; vgl. BERTHELOT, JU., *A. ch.*
[4] **15**, 330), Aluminiumchlorid (MOUNEYRAT, POURET, *C. r.* **127**, 1028), amalgamiertem Alu
minium (COHEN, HARTLEY, *Soc.* **87**, 1366), Antimonpentachlorid (H. MÜ.; vgl. JU.) oder Eisenchlorid (PAGE, *A.* **225**, 200). Durch Erhitzen von Benzol bezw. dessen Chlorsubstitutionsprodukten mit FeCl₃ (THOMAS, *C. r.* **126**, 1212). Aus 2.4.5.1¹.1¹.1¹-Hexachlor-toluol und anderen
stark chlorierten Derivaten des Toluols und Xylols durch Erhitzen mit Antimonpentachlorid
(BEILSTEIN, KUHLBERG, *A.* **150**, 309). Aus Pseudocumol und Cymol durch Einw. von Chlor
in Gegenwart von Jod und schließliches Erhitzen mit Chlorjod im Einschmelzrohr (KRAFFT,
MERZ, *B.* **8**, 1302). Aus Diphenylmethan, Naphthalin, Anthracen, Phenanthren, Terpentinöl,
aber auch aus Azobenzol, Anilin, Di- und Tri-phenyl-amin, Phenol, Kresol, Thymol, Resorcin, Chloranil, Campher durch Chlorieren erst mit Chlor in der Kälte, dann im Ölbade,
schließlich mit überschüssigem Chlorjod bei 300—350° (RUOFF, *B.* **9**, 1483). Bei der Einw.
von Phosphorpentachlorid auf Perchlorphenol (MERZ, WEITH, *B.* **5**, 460) oder auf Chloranil
(GRAEBE, *A.* **146**, 12). Als Nebenprodukt bei der Einw. von SbCl₅ auf Benzaldehyd (GNEHM,
BÄNZIGER, *A.* **296**, 64). — *Darst.* Man erhitzt 6 g Chloranil mit 6 g Phosphorpentachlorid
und 5 g Phosphortrichlorid 4 Stdn. lang auf 200° (GRAEBE, *A.* **263**, 30).
   Lange dünne Prismen (aus Benzol + Alkohol) (H. MÜ.; JU.; BEI., KUH.; KRAFFT, *B.* **9**,
1087). Monoklin prismatisch (FELS, *Z. Kr.* **32**, 367; vgl. *Groth, Ch. Kr.* **4**, 9). F: 222,5°
(KR.), 226° (JU.), 227° (FELS), 227,6° (korr.) (BEI., KUH.); 231° (korr.) (BASS.). Subli-
miert, ohne zu schmelzen, in langen Nadeln auch schon bei viel niedrigerer Temp. (H. MÜ.).
Kp: 332° (Luftthermometer) (JU.), 326° (JU.; TH.), 322,2° (korr.) (BEI., KUH.); Kp₇₄₄: 309°
(KR.); Kp₇₃₀—₇₇: 309—310° (RUOFF). D¹·⁸: 2,044 (FELS); D¹³⁶: 1,5691, D²⁴⁴: 1,5191, D³⁰⁶:
1,4624 (JU.). Unlöslich in Wasser (H. MÜ.; JU.); fast unlöslich in kaltem, sehr wenig löslich
in siedendem Alkohol (H. MÜ.; JU.; BEI., KUH.); ziemlich löslich, besonders in der Wärme, in
Benzol, Chloroform und Äther (H. MÜ.; JU.); nach BEI., KUH. und RUOFF dagegen schwer
löslich in Äther. 20 ccm einer bei 16,5° gesättigten Lösung in Schwefelkohlenstoff enthalten
0,4045 g, desgleichen bei 13° 0,398 g (BEI., KUH.). Molekulare Gefrierpunktserniedrigung:
207,5 (MASCARELLI, BABINI, *R. A. L.* [5] **18** II, 225). Kryoskopisches Verhalten in Naphthalin: EIJKMAN, *Ph. Ch.* **3**, 114. Molekulare Verbrennungswärme des festen Perchlorbenzols
bei konstantem Druck im Fall der Entstehung wäßr. Salzsäure: 509 Cal. (BERTHELOT, *A.
ch.* [6] **26**, 131). — Wird in siedendem Alkohol durch einen starken Überschuß von Natrium
vollständig entchlort (STEPANOW, Ж. **37**, 15; *C.* **1905** I, 1273). Verhalten beim Erhitzen
mit rotem Phosphor: WICHELHAUS, *B.* **38**, 1727. Perchlorbenzol bleibt bei anhaltendem
Erhitzen mit Chlorjod auf 300° unverändert (KRAFFT, MERZ, *B.* **8**, 1303). Liefert beim
Erhitzen mit Ätznatron und trocknem Glycerin auf 250—280° Pentachlorphenol (WEBER,
WOLFF, *B.* **18**, 335). Beim Kochen mit rauchender Salpetersäure entsteht Chloranil (ISTRATI,
Bl. [3] **3**, 184).

c) Brom-Derivate.

   Brombenzol C_6H_5Br. *B.* Aus siedendem Benzol und Bromdampf (COUPER, *A. ch.* [3]
52, 309; *A.* **104**, 225). Benzol wird von 1 Mol. Brom bei Zimmertemperatur in 150 Tagen zu 94 %
bromiert (BRUNER, *C.* **1900** II, 257); Kinetik dieser Reaktion: BR., *Ph. Ch.* **41**, 527. Schneller
verläuft die Bromierung bei Zusatz von 1—2 % Jod (SCHRAMM, *B.* **18**, 607; vgl. MICHAELIS,
GRAEFF, *B.* **8**, 922); Kinetik dieser Reaktion: BR., *Ph. Ch.* **41**, 515. Die Einw. des Broms
auf Benzol wird ferner beschleunigt durch amalgamiertes Aluminium (COHEN, DAKIN, *Soc.*
75, 894), Zinkchlorid (SCHIAPARELLI, *G.* **11**, 70 Anm.), Aluminiumchlorid (GREENE, *C. r.*
90, 41; LEROY, *Bl.* [2] **48**, 211), AlBr₃, TiCl, PCl₃, SbCl₃, SbBr₃, FeBr₃ (BEI., *Ph. Ch.*
41, 559 ff.), Pyridin (CROSS, COHEN, *P. Ch. S.* No. 335; *C.* **1908** II, 153). Brombenzol entsteht auch durch Einw. von Kaliumbromat, Brom und verd. Schwefelsäure (1:2) auf Benzol
(KRAFFT, *B.* **8**, 1045). Durch Einw. von Bromschwefel und Salpetersäure auf Benzol (EDINGER,
GOLDBERG, *B.* **33**, 2884). Neben Phenol beim Kochen von Tribrom-phenol mit Benzol
und fein gepulvertem Aluminiumchlorid (KOHN, MÜLLER, *M.* **30**, 407). — Bei der Destillation von Phenol mit Phosphorpentabromid (RICHE, *C. r.* **53**, 588; *A.* **121**, 350). — Bei der
Zers. von 1 Mol.-Gew. Benzoldiazoniumbromid (Syst. No. 2193) durch ca. 1 Mol.-Gew. kaltes
Wasser entstehen ca. 0,6 Mol.-Gew. Brombenzol und 0,4 Mol.-Gew. Phenol (HANTZSCH, *B.*
33, 2534). Brombenzol entsteht neben wenig Phenol beim Erwärmen von Benzoldiazonium-
bromid mit überschüssiger Bromwasserstoffsäure (GASIOROWSKI, WAYSS, *B.* **18**, 1938). Durch
Zers. von Benzoldiazoniumbromid mit Kupferpulver (GATTERMANN, *B.* **23**, 1222). Durch
Einw. von Wasser auf syn-Benzoldiazobromid-Cuprobromid $C_6H_5 \cdot N:NBr + 2CuBr$ (Syst.
No. 2092) (HANTZSCH, *B.* **28**, 1752). Aus Benzoldiazoniumsalz, Kaliumbromid und Cuprosalz
(s. u. bei Darst.) (SANDMEYER, *B.* **17**, 2652); Anwendung von Natriumhypophosphit +
Cuprisulfat an Stelle von Cuprosalz bei dieser Reaktion: ANGELI, *G.* **21** II, 260. Beim
Erhitzen von mit Soda gemischtem Benzoldiazonium-perbromid oder -bromoplatinat (GRIESS,
A. **137**, 89; *Soc.* **20**, 64). Neben p-Brom-phenol beim Kochen von Benzoldiazonium-
perbromid mit Alkohol (SAUNDERS, *Am.* **13**, 489). Entsteht beim Erwärmen von o-,

m- oder p-Brom-benzoldiazonium-sulfat oder -nitrat (Syst. No. 2193) mit Alkohol (CAMERON, *Am.* **20**, 241, 242, 244). Durch Erwärmen von Benzoldiazopiperidid $C_6H_5 \cdot N : N \cdot NC_5H_{10}$ (Syst. No. 3038) mit konz. Bromwasserstoffsäure (WALLACH, *A.* **235**, 244). Brombenzol entsteht neben anderen Verbindungen bei der Einw. von Phenylhydrazin auf Perbromaceton (LEVY, JEDLICKA, *A.* **249**, 84).

Darst. Man bringt zu einem eisgekühlten Gemenge von 50 g Benzol und 1 g groben Eisenfeilspänen 120 g Brom. Sollte nicht von selbst nach einiger Zeit die Reaktion einsetzen, so erwärmt man schwach, kühlt aber wieder, wenn eine auch nur schwache Gasentwicklung beginnt. Nach Beendigung der Hauptreaktion erwärmt man bis zum Verschwinden der Bromdämpfe, wäscht das Produkt mit Wasser und destilliert es mit Wasserdampf, bis Krystalle von p-Dibrom-benzol erscheinen (GATTERMANN, Die Praxis des organischen Chemikers, 12. Aufl. [Leipzig 1914], S. 254). — Man kocht ein Gemisch von 80 g Wasser, 11 g Schwefelsäure (D: 1,8), 12,5 g krystallisiertem Cuprisulfat, 36 g Kaliumbromid und 20 g Kupferspänen unter Rückfluß bis fast zur Entfärbung, versetzt mit 9,3 g Anilin, erhitzt fast bis zum Kochen und tröpfelt unter heftigem Schütteln eine Lösung von 7 g Natriumnitrit in 40 g Wasser hinzu; man destilliert das Brombenzol mit Wasserdampf ab, wäscht mit Natronlauge und Wasser, äthert aus, trocknet und fraktioniert (SANDMEYER, *B.* **17**, 2652).

Physikalische Eigenschaften. Farblose Flüssigkeit von benzolähnlichem Geruch. F: − 31,1° (Luftthermometer) (HAASE, *B.* **26**, 1053), − 30,5° (korr.) (v. SCHNEIDER, *Ph. Ch.* **19**, 157; **22**, 232). Kp.$_{760}$: 155,6° (korr.) (WEGER, *A.* **221**, 71), 155,5° (KAHLBAUM, *Ph. Ch.* **26**, 584), 155,0° (korr.) (PERKIN, *Soc.* **69**, 1248); Kp.$_{18}$: 43° (PATTERSON, MC DONALD, *Soc.* **93**, 942). Siedepunkte unter verschiedenen Drucken bezw. Dampfdrucke bei verschiedenen Temperaturen: KAHLBAUM, Siedetemperatur und Druck in ihren Wechselbeziehungen [Leipzig 1885], S. 88; KA., *B.* **17**, 1261; *Ph. Ch.* **26**, 584, 600; RAMSAY, YOUNG, *Soc.* **47**, 646; *Ph. Ch.* **1**, 248; Y., *Soc.* **55**, 490, 497; FEITLER, *Ph. Ch.* **4**, 69. Dampfdruck bei tiefen Temperaturen: ROLLA, *R. A. L.* [5] **18** II, 372. Dampfdrucke und Siedepunkte von Chlorbenzol-Brombenzol-Gemischen: Y., *Soc.* **81**, 772. D_0^0: 1,5203 (WE.); D_0^0: 1,52178 (Y., *Soc.* **81**, 771); D_4^0: 1,52182; $D_4^{14,15}$: 1,50242 (Y., *Soc.* **55**, 488); D_4^1: 1,5103; D_{15}^{14}: 1,4991; D_{15}^{20}: 1,4886; D_{15}^{20}: 1,4681; D_{15}^{16}: 1,4522; D_4^{100}: 1,4416 (PE., *Soc.* **69**, 1202); $D_4^{4,7}$: 1,51000; $D_4^{20,7}$: 1,39638 (PE., *Soc.* **61**, 299); D^{16}: 1,4958; D^{23}: 1,49225 (GLADSTONE, *Soc.* **45**, 245); D_4^0: 1,4914 (BRÜHL, *A.* **200**, 188), 1,48972 (SEUBERT, *B.* **22**, 2520); $D_4^{4,5}$: 1,50188; $D_4^{20,4}$: 1,46425; $D_4^{49,4}$: 1,44313; $D_4^{199,4}$: 1,3862 (PAT., MC D., *Soc.* **93**, 943; vgl. PAT., THOMSON, *Soc.* **93**, 356 Anm.). Ausdehnung: WE.; Y., *Soc.* **55**, 506. Dichten des unter verschiedenen Drucken siedenden Brombenzols: FEI. Molekularvolumen der gesättigten Dämpfe: Y., *Soc.* **59**, 130 ff.; *Ph. Ch.* **70**, 624. — Löslichkeit von p-Dibrom-benzol und vom m-Dinitro-benzol in Brombenzol: SCHRÖDER, *Ph. Ch.* **11**, 457, 458. Löslichkeit von CO_2: JUST, *Ph. Ch.* **37**, 354. Kryoskopisches Verhalten von Brombenzol in Benzol: GARELLI, *G.* **23** II, 371; in Nitrobenzol: BRUNI, PADOA, *R. A. L.* [5] **12** I, 351; in Anilin- und Dimethylanilin: AMPOLA, RIMATORI, *G.* **27** I, 35, 56. — $n_\alpha^{4,7}$: 1,56252; $n_D^{4,7}$: 1,56796; $n_\alpha^{4,5}$: 1,59439; $n_\alpha^{20,7}$: 1,51752; $n_D^{20,7}$: 1,52235; $n_\alpha^{20,5}$: 1,54630 (PE., *Soc.* **61**, 299); n_α^{15}: 1,5585; n_D^{15}: 1,5635; n_γ^{15}: 1,5904 (JAHN, MÖLLER, *Ph. Ch.* **13**, 389); n_D^{15}: 1,5610; n_D^{17}: 1,5586 (GLADSTONE, *Soc.* **45**, 245); $n_\beta^{9,10}$: 1,5578; n_β^{22}: 1,5715 (SEUB.); n_α^{20}: 1,55439; n_D^{20}: 1,55977; n_γ^{20}: 1,58557 (BRÜHL). Absorption für ultraviolette Strahlen: PAUER, *Ann. d. Physik* [N. F.] **61**, 373; GREBE, *C.* **1906** I, 341. Über die Fluorescenz im Ultraviolett vgl. LEY, v. ENGELHARDT, *B.* **41**, 2991. — Oberflächenspannung und Binnendruck: WALDEN, *Ph. Ch.* **65**, 151; **66**, 390; vgl. I. TRAUBE, *Ann. d. Physik* [4] **22**, 540; *Ph. Ch.* **68**, 293. Spezifische Kohäsion: WALDEN, *Ph. Ch.* **65**, 151. Spezifische Zähigkeit: PRIBRAM, HANDL, *M.* **2**, 651. Innere Reibung: J. WAGNER, *Ph. Ch.* **46**, 875. Kritische Daten: Y., *Soc.* **55**, 517; *Philos. Magazine* [5] **34**, 505; **50**, 303; *Ph. Ch.* **70**, 626. — Magnetisches Drehungsvermögen: PASCAL, *Soc.* **69**, 1243. Magnetische Suszeptibilität: PASCAL, *Bl.* [4] **5**, 1069. Dielektrizitätskonstante: JAHN, MÖLLER. Brombenzol zeigt positive elektrische Doppelbrechung (W. SCHMIDT, *Ann. d. Physik* [4] **7**, 163). Elektrische Leitfähigkeit: DI CIOMMOX, *Ph. Ch.* **44**, 508.

Chemisches Verhalten [vgl. auch den Artikel Chlorbenzol (S. 200 f.)]. Brombenzol erleidet auch beim langen Kochen für sich keine Halogen-Abspaltung (VANDEVELDE, *C.* **1898** I, 438). Wird durch Jodwasserstoffsäure (Kp: 127°) und roten Phosphor bei 218° in 5 Stdn. noch nicht verändert, bei 302° zu Benzol reduziert (KLAGES, LIECKE, *J. pr.* [2] **61**, 313, 319). Wird durch Wasserstoff in Gegenwart von reduziertem Nickel bei 270° zu Benzol reduziert; daneben entsteht Diphenyl (SABATIER, MAILHE, *C. r.* **138**, 248). — Beim Erhitzen von Brombenzol mit Natrium allein erhielt RICHE (*C. r.* **53**, 588; *A.* **121**, 360; vgl. FITTIG, *A.* **132**, 203) neben Harz viel Benzol; in wasserfreier Äther- oder benzolischer Lösung entsteht glatt Diphenyl (FL., *A.* **121**, 363; **132**, 203); zur Reaktion mit Natrium vgl. ferner NEF, *A.* **298**, 272; über intermediäre Bildung von Natriumphenyl vgl.: NEF, *A.* **308**, 291; ACREE, *Am.* **29**, 588. Brombenzol wird in siedendem Alkohol durch einen Überschuß von Natrium vollständig entbromt (STEPANOW, Ж. **37**, 15; *C.* **1905** I, 1273; vgl. LÖWENHERZ, *Ph. Ch.* **36**,

473, 488). Zersetzung durch Natrium in Amylalkohol: Lö., *Ph. Ch.* **32**, 488; durch Natriumamalgam in Äthylalkohol: Lö., *Ph. Ch.* **40**, 411, 419. 435. Beim Erhitzen von Brombenzol mit Magnesiumpulver bis zum Sieden entstehen Phenylmagnesiumbromid und Diphenyl (SPENCER, STOKES, *Soc.* **93**, 70). Brombenzol reagiert mit Magnesium in Äther unter Bildung von Phenylmagnesiumbromid (TISSIER, GRIGNARD, *C. r.* **132**, 1183). Beim Kochen von Brombenzol in Xylol mit Natriumamalgam entsteht — besonders leicht in Gegenwart von Essigester — Quecksilberdiphenyl (DREHER, OTTO, *A.* **154**, 94). — Brombenzol liefert durch Chlorierung im Licht bei Gegenwart von Feuchtigkeit und nachfolgender Destillation Monochlorbenzol und höher chlorierte Benzole (EIBNER, *B.* **36**, 1230). Gibt beim Einleiten eines Chlorstromes in Gegenwart von TlCl bei etwa 100° die drei isomeren Chlorbrombenzole, daneben höhere Chlorderivate des Brombenzols (THOMAS, *C. r.* **144**, 33). Läßt sich durch Ferrichlorid in der Hitze zu p-Chlor-brombenzol, einem Trichlorbrombenzol (F: 138°) (S. 210) und Pentachlorbrombenzol chlorieren (TH., *C. r.* **126**, 1213; **128**, 1576; *Bl.* [3] **19**, 461; **21**, 182). Bei der Einw. von PbCl₄·2NH₄Cl in der Siedehitze werden Chlorbenzol und geringe Mengen einer bei 80—81° schmelzenden Verbindung gebildet (SEYEWETZ, TRAWITZ, *C. r.* **136**, 242). Überschüssiges Brom wirkt unter Bildung von p-Dibrom-benzol ein (COUPER, *A. ch.* [3] **52**, 312; *A.* **104**, 226). Kinetik der Bromierung in Gegenwart von Jod: BRUNER, *Ph. Ch.* **41**, 528. — Brombenzol liefert mit Salpetersäure (Gemisch von 4 Vol. der Säure [D: 1,48] und 1 Vol. der Säure [D: 1,52]) bei 0° 37,6 % o- und 62,1 % p-Brom-nitrobenzol, bei −30° 34,4 % o- und 65,3 % p-Brom-nitrobenzol (in beiden Fällen vielleicht noch 0,3 %; m-Brom-nitrobenzol) (HOLLEMAN, DE BRUYN, *R.* **19**, 368; Ho., *Chemisch Weekblad* **3**, 7; *C.* **1906** I, 458). Bei Anwendung von Salpetersäure (D: 1,52) bildet sich außerdem 4-Brom-1.3-dinitro-benzol (Ho., DE B.; vgl. BANDROWSKY, *C.* **1900** II, 848), das beim Erwärmen von Brombenzol mit höchst konz. Salpetersäure und rauchender Schwefelsäure entsteht (KEKULÉ, *A.* **137**, 167). Zur Nitrierung des Brombenzols vgl. ferner COSTE, PARRY, *B.* **29**, 789. — Durch Einw. rauchender Schwefelsäure auf Brombenzol entsteht p-Brom-benzolsulfonsäure (Syst. No. 1520) (V. MEYER, NOELTING, *B.* **7**, 1310; NOE., *B.* **8**, 595; GOSLICH, *B.* **8**, 352; *A.* **180**, 93) und 4.4'-Dibrom-diphenylsulfon (Syst. No. 524) (SPIEGELBERG, *A.* **197**, 257). Beim Kochen von Brombenzol mit 10 Tln. konz. Schwefelsäure entsteht 3.5-Dibrom-benzol-sulfonsäure-(1) neben anderen Produkten (HERZIG, *M.* **2**, 192). Chlorsulfonsäure reagiert mit Brombenzol unter Bildung von 4.4'-Dibrom-diphenylsulfon und p-Brom-benzolsulfonsäure (ARMSTRONG, *Soc.* **24**, 173; *J.* **1871**, 660; NOE.; BECKURTS, OTTO, *B.* **11**, 2065). Dieselben Produkte entstehen aus Brombenzol und Schwefeltrioxyd (NOE.). — Brombenzol wird durch mehrtägiges Erhitzen mit wäßr. oder alkoh. Kalilauge oder mit Silberacetatlösung nicht verändert (RICHE, *C. r.* **53**, 528; *A.* **121**, 359; FITTIG, *A.* **121**, 362). Auch Ammoniak wirkt bei 150° noch nicht ein (RICHE). Beim Erhitzen von Brombenzol mit Ammoniak bei Gegenwart von Natronkalk auf 360—370° entsteht eine geringe Menge Anilin (MERZ, PASCHKOWEZKY, *J. pr.* [2] **48**, 465). — Brombenzol liefert bei 8—12-stdg. Kochen mit Aluminiumchlorid Chlorwasserstoff, Bromwasserstoff, Benzol, p-Dibrom-benzol und andere Produkte (v. DUMREICHER, *B.* **15**, 1867; vgl. NEF, *A.* **298**, 273).

Während beim Erwärmen von Brombenzol mit Natrium und unverdünntem Methyljodid neben viel Diphenyl und Benzol nur wenig Toluol entsteht, bildet sich in ätḫer. Lösung schon in der Kälte fast nur Toluol (TOLLENS, FITTIG, *A.* **131**, 305; vgl. NEF, *A.* **298**, 273, 274). Durch Stehenlassen von 1 Mol.-Gew. Tetrachlorkohlenstoff mit ca. 2 Mol.-Gew. Brombenzol in Schwefelkohlenstoff bei Gegenwart von AlCl₃ bei gewöhnlicher Temp. erhielten NORRIS, GREEN (*Am.* **26**, 493, 497) (nicht isoliertes, durch Überführung in 4.4'-Dibrom-benzophenon identifiziertes) Bis-[4-brom-phenyl]-dichlormethan. Beim Behandeln von 1 Mol.-Gew. Tetrachlorkohlenstoff mit AlCl₃ und 4—5 Mol.-Gew. Brombenzol bei 75° erhielten GOMBERG, CONE (*B.* **39**, 1465, 3283) Tris-[4-brom-phenyl]-chlormethan (Syst. No. 487), daneben wenig [2-Brom-phenyl]-bis-[4-brom-phenyl]-chlormethan. — Beim Erhitzen von Brombenzol mit Natriummethylat in Methylalkohol auf 220° entstehen Anisol, Phenol und etwas Benzol (BLAU, *M.* **7**, 622). Zersetzung von Brombenzol durch Natriumamylat in Amylalkohol: LÖWENHERZ, *Ph. Ch.* **29**, 413, 416. Brombenzol liefert beim Erhitzen mit Phenol und Ätzkali in Gegenwart von etwas Kupfer bei 210—230° Diphenyläther (ULLMANN, SPONAGEL, *B.* **38**, 2211; *A.* **350**, 86). Beim Erhitzen mit dem Bleisalz des Thiophenols über 180° entsteht Diphenylsulfid (BOURGEOIS, *B.* **28**, 2312). — Brombenzol bleibt bei wochenlangem Erhitzen mit alkoh. Cyankaliumlösung im geschlossenen Rohr auf 100° unverändert (FITTIG, *A.* **121**, 362). Mit Ferrocyankalium entsteht bei 400° Benzonitril (MERZ, WEITH, *B.* **10**, 747, 749). Durch längere Einw. von Brombenzol und Natrium auf Diäthyloxalat in absol. Äther entstehen Benzoesäure und Triphenylcarbinol; dieselben Produkte bilden sich bei der Einw. auf Benzaldehyd oder Benzophenon (FREY, *B.* **26**, 2515, 2520). Durch Einw. von feuchtem Kohlendioxyd und Natrium auf Brombenzol in Benzol bei gelinder Wärme entsteht benzoesaures Natrium (KEKULÉ, *A.* **137**, 181). Durch längeres Erhitzen von Brombenzol mit Natriumamalgam und Chlorameisensäureäthylester auf 100—110° erhält man neben anderen Produkten Benzoesäureäthylester (WURTZ, *C. r.* **68**, 1299; *A. Spl.* **7**, 125). — Aus Brombenzol und Anilin bildet sich auch bei ca. 350° nur sehr wenig Diphenylamin, mehr bei Gegenwart von Natronkalk (MERZ, PASCHKOWEZKY, *J. pr.* [2] **48, 454, 462**); bei Gegenwart von Cuprojodid und Kaliumcarbonat findet schon beim Kochen Reaktion statt (GOLDBERG, D. R. P. 187870; *C.* **1907** II, 1465). Brombenzol reagiert mit Kalium-diphenylamin in der Wärme unter Bildung von Triphenylamin (MERZ, WEITH, *B.* **6**, 1515). — Beim Erhitzen von Brombenzol mit Piperidin auf 250—260° entsteht N-Phenyl-piperidin (LELLMANN, GELLER, *B.* **21**, 2279). Brombenzol gibt mit Cyanurchlorid in Äther und Natrium Kyaphenin (Syst. No. 3818) (KLASON, *J. pr.* [2] **35**, 83).

Brombenzol ist wenig giftig (BAUMANN, PREUSSE, *B.* **12**, 806). Wird Brombenzol einem Hunde eingegeben, so lassen sich aus dem Harn isolieren: S-[p-Brom-phenyl]-N-acetyl-cystein (Syst. No. 524), p-Brom-phenol, ein isomeres Bromphenol, Brombrenzcatechin und Bromhydrochinon; die gebromten Phenole und Oxyphenole werden dabei an H_2SO_4 gebunden ausgeschieden (BAUMANN, PREUSSE, *H.* **5**, 309; vgl. JAFFÉ, *B.* **12**, 1092).

4-Fluor-1-brom-benzol, p-Fluor-brombenzol C_6H_4BrF. *B.* Durch Diazotieren von p-Fluor-anilin in bromwasserstoffsaurer Lösung und Zersetzung des Produktes mit Cupro-bromid (WALLACH, HEUSLER, *A.* **243**, 226). — Flüssigkeit, die in der Kältemischung erstarrt. Kp: 152—153°. D^{18}: 1,593. — Beim Behandeln mit Natrium in Äther entstehen Natrium-bromid und 4.4'-Difluor-diphenyl.

2-Chlor-1-brom-benzol, o-Chlor-brombenzol C_6H_4ClBr. *B.* Durch Chlorieren von Brombenzol in Gegenwart von TlCl bei 100°, neben den beiden Isomeren und chlorreicheren Produkten (THOMAS, *C. r.* **144**, 33). Aus o-Brom-anilin nach SANDMEYERS Methode (DOBBIE, MARSDEN, *Soc.* **73**, 254). Aus 3-Chlor-4-brom-anilin durch Äthylnitrit und Salzsäure (WHEELER, VALENTINE, *Am.* **22**, 272). — Farbloses Öl. Erstarrt nicht bei — 10° (D., M.). Kp: 195° (KLAGES, LIECKE, *J. pr.* [2] **61**, 321); Kp_{765}: 204° (korr.) (D., M.); Kp_{772}: 201—204° (W., V.). $D^{25,4}$: 1,6555; n_D^{15}: 1,583 (D., M.). — Wird bei 302° durch Jodwasserstoffsäure und Phosphor zu Chlorbenzol reduziert (KL., L.). Gibt bei der Nitrierung mit warmer rauchender Salpetersäure 4-Chlor-3-brom-1-nitro-benzol und anscheinend 3-Chlor-4-brom-1-nitro-benzol (W., V.).

3-Chlor-1-brom-benzol, m-Chlor-brombenzol C_6H_4ClBr. *B.* Entsteht neben den beiden Isomeren und chlorreicheren Produkten durch Chlorieren von Brombenzol in Gegenwart von Thallochlorid bei 100° (THOMAS, *C. r.* **144**, 33). Aus Acetanilid durch sukzessive Chlorierung, Bromierung, Verseifung und Behandlung mit Äthylnitrit (KÖRNER, *G.* **4**, 379; *J.* **1875**, 326). Durch Erhitzen von m-Brom-benzoldiazonium-chloroplatinat mit Soda (GRIESS, *Z.* **1867**, 537; *J.* **1867**, 609). — Öl. Kp: 196° (K.). D^{14}: 1,6274; n_D^{15}: 1,578 (DOBBIE, MARSDEN, *Soc.* **73**, 255). — Beim Nitrieren mit sehr konz. Salpetersäure entstehen 4-Chlor-2-brom-1-nitro-benzol und 2-Chlor-4-brom-1-nitro-benzol (K.).

4-Chlor-1-brom-benzol, p-Chlor-brombenzol C_6H_4ClBr. *B.* Durch Kochen von Chlorbenzol mit Brom (KÖRNER, *G.* **4**, 342; *J.* **1875**, 319). Durch längere Einw. von Brom auf Chlorbenzol unter Wasser (MATTHEWS, *Soc.* **61**, 111). Entsteht neben den beiden Isomeren und chlorreicheren Produkten durch Chlorieren von Brombenzol in Gegenwart von Thallo-chlorid bei 100° (THOMAS, *C. r.* **144**, 33). Beim Erhitzen von Brombenzol (TH., *C. r.* **126**, 1213; *Bl.* [3] **19**, 461; **21**, 182) oder von p-Dibrom-benzol (TH., *C. r.* **127**, 185; **128**, 1576) mit wasserfreiem Ferrichlorid. Bei der Einw. von Ferribromid auf Chlorbenzol (TH., *C. r.* **128**, 1577). Durch Kochen von p-Chlor-benzoldiazonium-perbromid mit Alkohol oder durch trockne Destillation von p-Brom-benzoldiazonium-chloroplatinat mit Soda (GRIESS, *Soc.* **20**, 74, 77; *Z.* **1866**, 201; *J.* **1866**, 454, 455). Aus p-Brom-benzoldiazonium-bromid und CuCl, gelöst in Dimethylsulfid, bei 0° (HANTZSCH, BLAGDEN, *B.* **33**, 2550). — *Darst.* Durch Eintragen von 2 g Aluminiumchlorid (in kleinen Mengen) in ein Gemisch von 250 g Chlorbenzol und 320 g Brom unter Kühlung (MOUNEYRAT, POURET, *C. r.* **129**, 606; *Bl.* [3] **19**, 802). Durch Einw. von Brom auf überschüssiges Chlorbenzol in Gegenwart von etwas amalgamiertem Aluminium (COHEN, DAKIN, *Soc.* **75**, 895). — Nadeln oder Blättchen (aus Alkohol oder Äther). Monoklin prismatisch (BOERIS, *R. A. L.* [5] **8** II, 184; vgl. *Groth, Ch. Kr.* **4**, 5). F: 67,4° (K.; MOU., P.), 67,0° (BOE.; BRUNI, GORNI, *R. A. L.* [5] **9** II, 327), 65° (GR.), 64,7° (SPERANSKI, *Ph. Ch.* **51**, 46). Siedet bei 196,3° unter 756,12 mm (bei 19,6°) (K.); Kp: 196,3° (MOU., P.). Dampfdruck in festem und flüssigem Zustand: SP. Schwer löslich in kaltem, leicht in siedendem Alkohol, in Äther, Chloroform und Benzol (MOU., P.). Molekulare Schmelzpunktsdepression: 92 (AUWERS, *Ph. Ch.* **30**, 312). Relative innere Reibung: BECK, EBBINGHAUS, *Ph. Ch.* **58**, 426. — Liefert mit Magnesium p-Chlor-phenyl-magnesiumbromid (BODROUX, *C. r.* **136**, 1139; *Bl.* [3] **31**, 26).

2.3-Dichlor-1-brom-benzol $C_6H_3Cl_2Br$. *B.* Aus 2.3-Dichlor-4-brom-anilin durch Eliminierung der NH_2-Gruppe (HURTLEY, *Soc.* **79**, 1302). — Platten (aus Alkohol). F: 60°. Kp_{765}: 243°.

2.4-Dichlor-1-brom-benzol $C_6H_3Cl_2Br$. *B.* Aus diazotiertem 2.4-Dichlor-anilin durch Einw. von Kupfer in bromwasserstoffsaurer Lösung (HURTLEY, *Soc.* **79**, 1297). Aus 4.6-Dichlor-3-brom-anilin durch Eliminierung der NH_2-Gruppe (H., *Soc.* **79**, 1302). — Prismen. F: 25⁰. Kp_{21}: 111⁰; Kp_{751}: 235⁰. Sehr leicht löslich in Benzol, Äther und Chloroform.

2.5-Dichlor-1-brom-benzol $C_6H_3Cl_2Br$. *B.* Aus diazotiertem 2.5-Dichlor-anilin durch Cuprobromid (NOELTING, KOPP, *B.* **38**, 3509). Aus 4-Chlor-2-brom-anilin durch Austausch der Aminogruppe gegen Chlor (HURTLEY, *Soc.* **79**, 1298). Aus 2.5-Dichlor-4-brom-anilin durch Eliminierung der NH_2-Gruppe (H., *Soc.* **79**, 1301). — Prismen (aus Alkohol) oder Nadeln. F: 33⁰ (H.), 35⁰ (N., K.). Kp_{23}: 119⁰; Kp_{751}: 235⁰; sehr leicht löslich in Benzol, Äther und Chloroform (H.), leicht in Ligroin, weniger in Alkohol (N., K.).

2.6-Dichlor-1-brom-benzol $C_6H_3Cl_2Br$. *B.* Aus 2.4-Dichlor-3-brom-anilin oder 3.5-Dichlor-4-brom-anilin durch Eliminierung der NH_2-Gruppe (HURTLEY, *Soc.* **79**, 1303). — Platten. F: 65⁰. Kp_{765}: 242⁰. Sehr leicht löslich in Benzol, Äther, Chloroform.

3.4-Dichlor-1-brom-benzol $C_6H_3Cl_2Br$. *B.* Aus diazotiertem 2-Chlor-4-brom-anilin durch Kupfer in salzsaurer Lösung (HURTLEY, *Soc.* **79**, 1297). — Prismen. F: 24,5⁰. Kp_{33}: 124⁰; Kp_{757}: 237⁰. Sehr leicht löslich in Benzol, Äther, Chloroform, weniger in Alkohol.

3.5-Dichlor-1-brom-benzol $C_6H_3Cl_2Br$. *B.* Man läßt das saure 2.4.6-Tribrom-benzol-diazoniumchlorid 5—6 Stdn. mit Alkohol bei 6—8⁰ stehen und erwärmt dann sehr langsam (HANTZSCH, *B.* **30**, 2351). Aus 4.6-Dichlor-2-brom-anilin durch Lösen in warmer Schwefelsäure, Sättigen mit nitrosen Gasen bei 0⁰ und Erwärmen des Reaktionsproduktes mit Alkohol (HURTLEY, *Soc.* **79**, 1300). — Prismen. F: 82—84⁰ (HA.), 77,5⁰ (HU.). Kp_{757}: 232⁰ (HU.).

2.4.6-Trichlor-1-brom-benzol $C_6H_2Cl_3Br$. *B.* Aus 2.4.6-Trichlor-anilin in Eisessig durch Behandeln mit Natriumnitrit und Bromwasserstoffsäure und nachfolgendes Erhitzen (JACKSON, GAZZOLO, *Am.* **22**, 55). — Leicht sublimierbare Nadeln (aus Alkohol). F: 64⁰ bis 65⁰. Leicht löslich in Äther, Benzol, Aceton und heißem Alkohol, weniger in Methylalkohol, noch weniger in Schwefelkohlenstoff. — Natriumäthylat spaltet Brom ab.

x.x.x-Trichlor-brombenzol $C_6H_2Cl_3Br$ **vom Schmelzpunkt 93⁰.** *B.* Beim Erhitzen von p-Dibrom-benzol mit wasserfreiem Ferrichlorid, neben anderen Produkten (THOMAS, *C. r.* **128**, 1576). — Nadeln. F: 93⁰. Leicht sublimierbar. In den üblichen Solvenzien reichlich löslich.

x.x.x-Trichlor-brombenzol $C_6H_2Cl_3Br$ **vom Schmelzpunkt 138⁰.** *B.* Beim Erhitzen von Brombenzol (THOMAS, *Bl.* [3] **21**, 182, 185) oder p-Dibrom-benzol (TH., *C. r.* **128**, 1576) mit wasserfreiem Ferrichlorid, neben anderen Produkten. Durch Chlorierung von p-Dibrom-benzol bei 100⁰ in Gegenwart von Thallochlorid, neben anderen Produkten (TH., *C. r.* **144**, 33). — Leicht sublimierende Nadeln. F: 138⁰ (TH., *Bl.* [3] **21**, 185). Leicht löslich in den üblichen Solvenzien (TH., *C. r.* **128**, 1576).

Pentachlorbrombenzol C_6Cl_5Br. *B.* Durch Erhitzen von p-Dibrom-benzol (THOMAS, *C. r.* **127**, 185) oder Brombenzol (TH., *Bl.* [3] **21**, 182, 185) mit wasserfreiem Ferrichlorid. — Leicht sublimierbare Nadeln. F: 238⁰ (TH., *C. r.* **128**, 1576 Anm.; *Bl.* [3] **21**, 184). Sehr wenig löslich in siedendem Alkohol und Benzol (TH., *Bl.* [3] **21**, 185).

1.2-Dibrom-benzol, o-Dibrom-benzol $C_6H_4Br_2$. *B.* Entsteht in kleiner Menge neben viel p-Dibrom-benzol beim Kochen von Benzol mit überschüssigem Brom (RIESE, *A.* **164**, 162, 176). Entsteht beim Erhitzen von 1.2-Dinitro-benzol mit konz. Bromwasserstoffsäure auf 250—260⁰ (LOBRY DE BRUYN, VAN LEENT. *R.* **15**, 87). Beim Erhitzen von 3.4-Dibrom-benzol-sulfonsäure-(1) (Syst. No. 1520) mit konz. Bromwasserstoffsäure auf 250⁰ (LIMPRICHT, *B.* **10**, 1539). Man führt diazotiertes o-Brom-anilin in das Perbromid über und zersetzt dieses mit fester Soda (KÖRNER, *G.* **4**, 333, 337; *J.* **1875**, 303). Aus o-Brom-anilin nach SANDMEYERS Methode (HOLLEMAN, *R.* **25**, 191). — *Darst.* Aus schwefelsaurem 3.4-Dibrom-anilin durch Kochen mit Äthylnitrit und Alkohol (HOSAEUS, *M.* 14, 325; vgl. Kö., *R. A. L.* [5] **3** I, 158; *G.* **25** I, 96). — Flüssigkeit von eigentümlichem Geruch. Erstarrungspunkt: +5,6⁰; Kp_{15}: 104⁰ (HOLL., *R.* **27**, 159); siedet bei 223,8⁰ unter 751,64 mm (bei 18,2⁰)(Kö., *G.* **4**, 337; *J.* **1875**, 303); Kp: 224⁰ (F. SCHIFF, *M.* **11**, 334), 225—225,2⁰ (Kö., CONTARDI, *R. A. L.* [5] **15** I, 526). $D_4^{17,4}$: 2,003; $D_4^{17,8}$: 1,977; D_4^{23}: 1,858 (Kö., *G.* **4**, 337; *J.* **1875**, 303); D^{11}: 1,994 (HOLL., *R.* **27**, 159). — Bei 200-stdg. Kochen einer Lösung von o-Dibrom-benzol in absol. Äther mit Natrium entsteht neben wenig Benzol und Diphenyl eine Verbindung $C_{78}H_{52}Br_2$ [gelbes amorphes Pulver, F: gegen 290⁰, unlöslich in Alkohol, löslich in Äther, leicht löslich in Benzol, Chloroform und CS_2] (HOS.). o-Dibrom-benzol liefert bei der Nitrierung mit der $7^1/_2$-fachen Menge Salpetersäure (D: 1,50) bei 0⁰ 16% 2.3-Dibrom-1-nitro-benzol und 84% 3.4-Dibrom-1-nitro-benzol (HOLL., *R.* **27**, 159; vgl. Kö., C.). Gibt beim Erhitzen mit Phenolkalium in Gegenwart von etwas Kupferpulver Brenzcatechindiphenyläther (ULLMANN, SPONAGEL, *A.* **350**, 96).

1.3-Dibrom-benzol, m-Dibrom-benzol $C_6H_4Br_2$. *B.* Entsteht neben viel p-Dibrom-benzol beim Bromieren von Benzol in Gegenwart von Aluminiumchlorid (LEROY, *Bl.* [2] **48**, 211). Neben anderen Produkten durch Erhitzen von p-Dibrom-benzol mit $AlCl_3$ (LEROY). Entsteht durch Erhitzen von 2.4-Dibrom-benzol-sulfonsäure-(1) (Syst. No. 1520) mit konz. Bromwasserstoffsäure auf 180° (LIMPRICHT, *B.* **10**, 1539; LANGFURTH, *A.* **191**, 185). Man führt diazotiertes m-Brom-anilin in das Perbromid über und zersetzt dieses mit fester Soda (GRIESS, *Z.* **1867**, 536; *J.* **1867**, 609; KÖRNER, *G.* **4**, 333, 336; *J.* **1875**, 304) oder mit absol. Alkohol (WURSTER, *A.* **176**, 173). Aus m-Brom-anilin nach SANDMEYERS oder GATTERMANNS Methode (HOLLEMAN, *R.* **25**, 187). Durch Eintragen von 2.4-Dibrom-anilin in alkoh. Äthyl-nitrit und nachfolgendes Erwärmen (V. MEYER, STÜBER, *A.* **165**, 169). Durch Erwärmen von 3.5-Dibrom-anilin, gelöst in alkoh. Schwefelsäure, mit Natriumnitrit (in schlechter Aus-beute) (H., *R.* **25**, 190). — *Darstellung* aus Acetanilid: JACKSON, COHOE, *Am.* **26**, 3. — Flüssig. Erstarrungspunkt: —7° (H.). Siedet bei 219,4° unter 754,8 mm (bei 19°) (K.). $D^{17,4}$: 1,9610 (H.). — Bei mehrtägigem Behandeln einer absol.-ätherischen Lösung von m-Dibrom-benzol mit Natrium entstehen Diphenyl und eine gelbe amorphe Verbindung $C_{48}H_{32}Br_2$, die bei 160° sintert und bei ca. 220° schmilzt; bei längerer Einw. entsteht eine sehr ähnliche Ver-bindung $C_{78}H_{52}Br_2$, die bei 200° sintert und bei ca. 250° schmilzt (GOLDSCHMIEDT, *M.* **7**, 45). m-Dibrom-benzol liefert beim Nitrieren mit der 7-fachen Menge Salpetersäure (D: 1,50) bei 0° 95,4% 2.4-Dibrom-1-nitro-benzol und 4,6% 2.6-Dibrom-1-nitro-benzol (H.). Gibt beim Erhitzen mit Phenolkalium in Gegenwart von etwas Kupferpulver Resorcindi-phenyläther (ULLMANN, SPONAGEL, *A.* **350**, 96). Beim Erwärmen mit Chlorameisensäure-ester und Natriumamalgam werden m-Brom-benzoesäureester und Isophthalsäureester ge-bildet (WURSTER, *A.* **176**, 149).

1.4-Dibrom-benzol, p-Dibrom-benzol $C_6H_4Br_2$. *B.* Durch Kochen von Benzol mit überschüssigem Brom (COUPER, *A. ch.* [3] **52**, 309; *A.* **104**, 225; RICHE, BÉRARD, *C. r.* **59**, 141; *A.* **133**, 51; RIESE, *A.* **164**, 162), neben wenig o-Dibrom-benzol (RIESE, *A.* **164**, 176); Jod beschleunigt die Bromierung (JANNASCH, *B.* **10**, 1355). p-Dibrom-benzol entsteht neben anderen Produkten aus Benzol, Brom und Ferrichlorid (SCHEUFELEN, *A.* **231**, 187). Aus Brombenzol und überschüssigem Brom (COUPER), schneller bei Gegenwart von Jod (BRUNER, *Ph. Ch.* **41**, 528). Durch Erhitzen von Mono- oder Dijodbenzol mit Ferribromid (THOMAS, *C. r.* **128**, 1578). Durch Destillation von p-Brom-phenol mit PBr_5 (A. MAYER, *A.* **137**, 221). Beim Erhitzen von 2.5-Dibrom-benzol-sulfonsäure-(1) (Syst. No. 1520) mit konz. Brom-wasserstoffsäure auf 250° (LIMPRICHT, *B.* **10**, 1539). Aus p-Brom-anilin durch Diazotierung und Zersetzung des Diazoniumperbromids mit Alkohol (GRIESS, *J.* **1866**, 454; *Soc.* **20**, 74; KÖRNER, *G.* **4**, 334; *J.* **1875**, 304) oder beim Erhitzen des Diazoniumbromoplatinats (GR.). Aus p-Brom-benzoldiazoniumchlorid und CuBr, gelöst in Dimethylsulfid, bei 0° (HANTZSCH, BLAGDEN, *B.* **33**, 2550). Durch Erwärmen von p-Brom-benzoldiazopiperidid $C_6H_4Br \cdot N : N \cdot NC_5H_{10}$ (Syst. No. 3038) mit konz. Bromwasserstoffsäure (WALLACH, *C.* **1899** II, 1050). — *Darst.* Man tröpfelt 960 g Brom in ein Gemisch aus 240 g Benzol und 30 g Aluminiumchlorid (LEROY, *Bl.* [2] **48**, 211; vgl. GREENE, *C. r.* **90**, 41).

Sublimierbare Tafeln (aus Alkohol, Ligroin oder Aceton). Monoklin prismatisch (FRIE-DEL, *Bl.* [2] **11**, 38; *J.* **1869**, 387; BOERIS, *R. A. L.* [5] 8 II, 184; FELS, *Z. Kr.* **32**, 362; vgl. *Groth, Ch. Kr.* **4**, 5). Scheint in zwei verschiedenen Modifikationen zu existieren, deren Umwandlungspunkt + 8,5° ist (BECK, EBBINGHAUS, *B.* **39**, 3872). F: 85,90° (BRUNI, GORNI, *R. A. L.* [5] **9** II, 327), 86,37° (KÜSTER, WÜRFEL, *Ph. Ch.* **50**, 66), 87,04° (MILLS, *Philos. Magazine* [5] **14**, 27; *J.* **1882**, 104), 87,05° (BORODOWSKI, BOGOJAWLENSKI, Ж. **36**, 560; *Bl.* [3] **34**, 774), 87,0—87,5° (FELS), 89° (COUPER, *A. ch.* [3] **52**, 313; *A.* **104**, 226), 89,2° bis 89,3° (korr.) (R. SCHIFF, *A.* **223**, 263), 89,3° (korr.) (KÖRNER, *G.* **4**, 334; *J.* **1875**, 304). Kp: 219° (korr.) (COU.; RIESE, *A.* **164**, 163), 217,45° (KÜ., WÜ.); siedet bei 218,6° unter 757,66 mm (bei 17,7°) (KÖ.). Dampfdrucke bei verschiedenen Temperaturen: SPERANSKI, *Ph. Ch.* **51**, 51; KÜ., DAHMER, *Ph. Ch.* **51**, 231. D: 2,280 (KÜ., DA., *Ph. Ch.* **51**, 242); $D^{17,4}$: 2,261 (FELS) $D^{92,3}$: 1,8408 (R. SCHIFF). Ausdehnung: R. SCHIFF. — 50 ccm absol. Alkohol + 5 ccm Wasser lösen bei 25° 1,600 g (KÜ., WÜ.). Löslichkeit in Äthyl-, Propyl- und Iso-butylalkohol, Äther, Schwefelkohlenstoff, Benzol und Brombenzol (SCHRÖDER, *Ph. Ch.* **11**, 456). Löslichkeit in flüssigem Kohlendioxyd: BÜCHNER, *Ph. Ch.* **54**, 680. p-Dibrom-benzol bildet isomorphe Mischungen mit p-Dichlor-benzol; vgl. hierüber: KÜ., WÜ.; KÜ., DA.; BECK, EBB., *B.* **39**, 3872; KURNAKOW, SHEMTSCHUSHNY, Ж. **40**, 1091; *a. a. Ch.* **60**, 24. p-Dibrom-benzol bildet mit p-Brom-toluol unterhalb 36,6° monokline, oberhalb dieser Temp. rhombische Mischkrystalle (BOR., BOGOJ.; BOGOJ., *C.* **1905** II, 947; *Groth, Ch. Kr.* **4**, 355). Kurve der Schmelz- und Siedepunkte von Gemischen aus p-Dibrom-benzol und p-Brom-toluol: BOR., BOGOJ. Molekulare Schmelzpunktsdepression des p-Dibrom-benzols: 124 (AUWERS, *Ph. Ch.* **30**, 313). Verhalten als kryoskopisches Lösungsmittel: AU., *Ph. Ch.* **42**, 528, 629. — Relative innere Reibung: BECK, EBB., *Ph. Ch.* **58**, 426. Schmelzwärme: BRUNNER, *B.* **27**, 2106. Schmelzwärme und spezifische Wärme: BOGOJ., *C.* **1905** II, 946.

p-Dibrom-benzol wird durch Jodwasserstoffsäure und Phosphor bei 302° zu Benzol reduziert (KLAGES, LIECKE, *J. pr.* [2] **61**, 320). Bei dreitägigem Behandeln seiner Äther. Lösung mit Natrium entsteht wesentlich eine hellgelbe amorphe Verbindung $C_{45}H_{33}Br_3$, die etwa bei 220° sintert, bei 265° schmilzt und sich nicht in Alkohol und Äther, leicht in Benzol, Chloroform und CS_2 löst (GOLDSCHMIEDT, *M.* **7**, 42); daneben entstehen Diphenyl und p-Diphenyl-benzol (RIESE, *A.* **164**, 164). Setzt man die Einw. des Natriums 5 Tage lang fort, so bildet sich eine gelbe amorphe Verbindung $C_{78}H_{53}Br_3$, die etwa bei 245° sintert, bei 300° schmilzt und sich nicht in Alkohol und Äther, leicht in Benzol, Chloroform und CS_2 löst (Go.). — Einw. von Chlorwasser auf p-Dibrom-benzol im Sonnenlicht: KASTLE, BEATTY, *Am.* **19**, 143. p-Dibrom-benzol gibt mit 2 At.-Gew. Brom und wenig Wasser bei 250° 1.2.4-Tribrom-benzol (WROBLEWSKI, *B.* **7**, 1061); mit überschüssigem Brom bei längerem Erhitzen auf 150° 1.2.4.5-Tetrabrom-benzol (RICHE, BÉRARD, *C. r.* **59**, 142; *A.***133**, 52); bei der Einw. von viel überschüssigem Brom in Gegenwart von amalgamiertem Aluminium entsteht Hexabrombenzol (COHEN, DAKIN, *Soc.* **75**, 895). — Beim Nitrieren mit rauchender Salpeter-säure bildet sich 2.5-Dibrom-1-nitro-benzol (RICHE, BÉRARD). Beim Behandeln mit rauchender Salpetersäure und konz. Schwefelsäure entstehen 2.5-Dibrom-1.3-dinitro-benzol [als Haupt-produkt (AUSTEN, *B.* **9**, 918; vgl. dagegen HELLER, H. L. MEYER, *J. pr.* [2] **72**, 200)], 3.6-Dibrom-1.2-dinitro-benzol und 2.5-Dibrom-1.4-dinitro-benzol (JACKSON, CALHANE, *Am.* **28**, 456; s. auch AU., *B.* **9**, 621). Die Einw. rauchender Schwefelsäure auf p-Dibrom-benzol führt nach HÜBNER, WILLIAMS (*A.* **167**, 118), WOELZ (*A.* **168**, 81) und BORNS (*A.* **187**, 351) zu 2.5-Dibrom-benzol-sulfonsäure-(1) (Syst. No. 1520); daneben bildet sich, zumal bei längerem Erhitzen 1.4-Dibrom-benzol-disulfonsäure-(x.x) (Syst. No. 1537) (BORNS, *A.* **187**, 366). ROSENBERG (*B.* **19**, 653) erhielt aus p-Dibrom-benzol und Pyroschwefelsäure in der Wärme das Anhydrid der 2.5-Dibrom-benzol-sulfonsäure-(1). Beim Kochen von p-Dibrom-benzol mit konz. Schwefelsäure entstehen 1.2.4.5-(?)-Tetrabrom-benzol, etwas Perbrombenzol und viel CO_2, aber keine Sulfonsäure (HERZIG, *M.* **2**, 195). — Beim Erwärmen von 5 Tln. p-Dibrom-benzol mit 1 Tl. Aluminiumchlorid werden Brombenzol, m-Dibrom-benzol, 1.2.4- und 1.3.5-Tribrom-benzol gebildet (LEROY, *Bl.* [2] **48**, 214). Das Prod. der Einw. von p-Dibrom-benzol auf Tetrachlorkohlenstoff und Aluminiumchlorid liefert bei der Zersetzung mit Schwefel-säure 2.5.2′.5′-Tetrabrom-benzophenon und etwas 2.5-Dibrom-benzoesäure (BOESEKEN, *R.* **27**, 8). — Aus p-Dibrom-benzol und Natriummethylat in Methylalkohol entstehen bei 150° p-Brom-phenol, p-Brom-anisol (?) und wenig Hydrochinondimethyläther (?) (BLAU, *M.* **7**, 627). Beim Erhitzen mit alkoh. Natriumäthylat auf 190° werden Phenetol, Brombenzol und wenig Benzol gebildet (BALBIANO, *G.* **11**, 399). Geschwindigkeit der Zersetzung des p-Dibrom-benzols durch Natrium in Alkohol: LÖWENHERZ, *Ph. Ch.* **36**, 476, 494. — p-Dibrom-benzol liefert beim Erhitzen mit Kaliumphenolaten in Gegenwart von etwas Kupfer Hydro-chinondiaryläther (ULLMANN, SPONAGEL, *B.* **38**, 2212; *A.* **350**, 97). — Beim Erhitzen von p-Dibrom-benzol mit p-Toluidin und Natronkalk auf 355° entsteht unter Umlagerung neben Ammoniak N.N′-Di-[p-tolyl]-m-phenylendiamin (KYM, *J. pr.* [2] **51**, 333).

3-Chlor-1.2-dibrom-benzol $C_6H_3ClBr_2$. *B.* Aus 2-Chlor-3.4-dibrom-anilin durch Ent-fernung der NH_2-Gruppe (HURTLEY, *Soc.* **79**, 1305). — Platten. F: 73,5°. Kp_{23}: 142°; Kp_{754}: 264°. Sehr leicht löslich in Benzol, Chloroform und Äther.

4-Chlor-1.2-dibrom-benzol $C_6H_3ClBr_2$. *B.* Aus 3.4-Dibrom-anilin durch Austausch von NH_2 gegen Cl (HURTLEY, *Soc.* **79**, 1298). Aus 6-Chlor-3.4-dibrom-anilin durch Ent-fernung der NH_2-Gruppe (H.). — Prismen (aus Alkohol). F: 35,5°. Kp_{19}: 121°; Kp_{760}: 256°. Sehr leicht löslich in Benzol, Äther und Chloroform.

2-Chlor-1.3-dibrom-benzol $C_6H_3ClBr_2$. *B.* Aus 3-Chlor-2.4-dibrom-anilin durch Eliminierung der NH_2-Gruppe (HURTLEY, *Soc.* **79**, 1304). Aus 2.6-Dibrom-anilin durch Austausch von NH_2 gegen Cl (H.; KÖRNER, CONTARDI, *R. A. L.* [5] 17 I, 474). — Platten. F: 73° (K., C.), 69,5° (H.). Kp_{760}: 265°; sehr leicht löslich in Benzol, Äther und Chloroform (H.).

4-Chlor-1.3-dibrom-benzol $C_6H_3ClBr_2$. *B.* Aus 2.4-Dibrom-anilin durch Austausch von NH_2 gegen Cl oder aus 5-Chlor-2.4-dibrom-anilin durch Eliminierung der NH_2-Gruppe (HURTLEY, *Soc.* **79**, 1299). — Prismen. F: 27°. Kp_{41}: 139°; Kp_{757}: 258°. Sehr leicht löslich in Benzol, Äther und Chloroform.

5-Chlor-1.3-dibrom-benzol $C_6H_3ClBr_2$. *B.* Aus 3.5-Dibrom-anilin durch Austausch von NH_2 gegen Chlor (HANTZSCH, *B.* **30**, 2350). Aus 4-Chlor-2.6-dibrom-anilin durch Elimi-nierung der NH_2-Gruppe (HURTLEY, *Soc.* **79**, 1300). — Prismen (aus Alkohol). F: 96° (HA.); F: 99,5°; Kp_{757}: 256° (HU.).

2-Chlor-1.4-dibrom-benzol $C_6H_3ClBr_2$. *B.* Aus 2.5-Dibrom-anilin durch Austausch von NH_2 gegen Cl oder aus 2.5-Dibrom-4-chlor-anilin durch Eliminierung der NH_2-Gruppe (HURTLEY, *Soc.* **79**, 1299). — Prismen. F: 40,5°. Kp_{34}: 121°; Kp_{754}: 259°. Sehr leicht löslich in Benzol, Äther und Chloroform.

3.5-Dichlor-1.2-dibrom-benzol $C_6H_2Cl_2Br_2$. *B.* Aus 4.6-Dichlor-2-brom-phenol und Phosphorpentabromid (GARZINO, *G.* 17, 502). — Nadeln (aus konz. Alkohol). F: 67—68°. Sublimierbar. Sehr leicht löslich in Äther, Benzol und Petroläther.

2.5-Dichlor-1.4-(?)-dibrom-benzol $C_6H_2Cl_2Br_2$. *B.* Durch Erwärmen von p-Dichlorbenzol mit Eisen und Brom (WHEELER, MAC FARLAND, *Am.* 19, 366). — Farblose Nadeln oder Prismen (aus heißem Alkohol). F: 148°. Schwer löslich in heißem Alkohol. — Wird durch heiße Salpetersäure oder geschmolzenes Ätznatron nicht angegriffen.

2.4.6-Trichlor-1.3-dibrom-benzol $C_6HCl_3Br_2$. *B.* Beim Behandeln von 2.4.6-Trichlor-3.5-dibrom-anilin mit Isoamylnitrit (LANGER, *A.* 215, 119). Aus Pentabrombenzoldiazoniumchlorid durch alkoh. Salzsäure (HANTZSCH, SMYTHE, *B.* 33, 522). — Nadeln. F: 119°; leicht löslich in kochendem Alkohol (L.).

2.3.5.6-Tetrachlor-1.4-dibrom-benzol $C_6Cl_4Br_2$. *B.* Aus 1.2.4.5-Tetrachlor-benzol, überschüssigem Brom und Aluminiumchlorid (MOUNEYRAT, POURET, *C. r.* 129, 607). — Nadeln. F: 246—246,5°.

Tetrachlordibrombenzol mit unbekannter Stellung der Halogenatome $C_6Cl_4Br_2$. *B.* Bei 20-stdg. Erhitzen von 5,3 g 1.3.5-Trinitro-benzol mit 12 g Brom und 5—6 g Ferrichlorid auf 230—235° (MAC KERROW, *B.* 24, 2944). — Leicht sublimierende Nadeln (aus Benzol) F: 241—242°. Unlöslich in Alkohol, sehr schwer löslich in heißem Äther, ziemlich leicht in siedendem Eisessig und Benzol.

1.2.3-Tribrom-benzol, vic.-Tribrom-benzol $C_6H_3Br_3$. *B.* 3.4.5-Tribrom-anilin wird mit Äthylnitrit in der Wärme bei einem Druck von 60 cm Quecksilber behandelt (KÖRNER, *G.* 4, 408; *J.* 1875, 311; JACKSON, GALLIVAN, *Am.* 20, 179; Kö., CONTARDI, *R. A. L.* [5] 15 II, 581). Aus 2.6-Dibrom-anilin durch Austausch der NH_2-Gruppe gegen Brom (Kö., Co., *R. A. L.* [5] 17 I, 473). — Tafeln (aus Alkohol). Monoklin prismatisch (REPOSSI, *Z. Kr.* 46, 406; vgl. *Groth, Ch. Kr.* 4, 6). F: 87,4° (korr.) (Kö.). D: 2,658 (Kö., Co., *R. A. L.* [5] 17 I, 473).

1.2.4-Tribrom-benzol, asymm. Tribrombenzol $C_6H_3Br_3$. *B.* Entsteht neben anderen Produkten aus Benzol, Brom und Ferrichlorid (SCHEUFELEN, *A.* 231, 187). Entsteht aus den drei Dibrombenzolen durch Erhitzen mit Brom und etwas Wasser im Druckrohr auf 250° (WROBLEWSKI, *B.* 7, 1061). Neben 1.3.5-Tribrom-benzol und anderen Produkten durch Erhitzen von p-Dibrom-benzol mit Aluminiumchlorid (LEROY, *Bl.* [2] 48, 214). Aus Benzolhexabromid durch Erhitzen für sich oder mit Kalk, Baryt (MITSCHERLICH, *Ann. d. Physik* 35, 374; *A.* 16, 173) oder alkoh. Alkalien (LASSAIGNE, *Gm.* 2, 647; LAURENT, *Grh.* 3, 7; *C. r.* 10, 948; KÖRNER, *G.* 4, 406; *J.* 1875, 310; MEUNIER, *A. ch.* [6] 10, 274; MATTHEWS, *Soc.* 73, 245). Aus 2.4-Dibrom-phenol und Phosphorpentabromid (A. MAYER, *A.* 137, 225). Durch Erhitzen von 2.4.5-Tribrom-benzol-sulfonsäure-(1) mit konz. Bromwasserstoffsäure auf 200° (LIMPRICHT, *B.* 10, 1539; LANGFURTH, *A.* 191, 189). Aus 2.4-Dibrom-anilin (GRIESS, *J.* 1866, 454; *Soc.* 20, 76; WURSTER, *B.* 6, 1490; Kö., *G.* 4, 404; *J.* 1875, 309), 2.5-Dibromanilin oder 3.4-Dibrom-anilin (Kö., *G.* 4, 407; *J.* 1875, 309) durch Überführung in die Diazoperbromide und deren Zersetzung mit Soda bezw. Alkohol. — *Darstellung* aus Acetanilid: JACKSON, GALLIVAN, *Am.* 18, 241. — Leicht sublimierbare Nadeln (aus Alkohol oder Äther) von aromatischem Geruch. F: 44—45° (A. MAY.), 44° (Kö.; WRO.; J., G.), 43—43,5° (WU.). Kp: 275° (A. MAY.), 275—276° (Kö.). Leicht löslich in Äther und siedendem Alkohol, sehr leicht in Benzol und CS_2 (A. MAY.).

1.3.5-Tribrom-benzol, symm. Tribrombenzol $C_6H_3Br_3$. *B.* Durch Erhitzen von p-Dibrom-benzol mit Aluminiumchlorid, neben 1.2.4-Tribrom-benzol und anderen Produkten (LEROY, *Bl.* [2] 48, 214). Durch Erhitzen von 2.4.6-Tribrom-benzol-sulfonsäure-(1) für sich über 145° (BÄSSMANN, *A.* 191, 209; vgl. REINKE, *A.* 186, 273) oder mit konz. Salzsäure unter Druck (LIMPRICHT, *B.* 10, 1539; LANGFURTH, *A.* 191, 193; BÄ.). Aus 2.4.6-Tribrom-anilin beim Erwärmen mit Äthylnitrit (STÜBER, *B.* 4, 961; V. MEYER, ST., *A.* 165, 173; vgl. BÄSSMANN, *A.* 191, 206). Durch Erhitzen von 2.4.6-Tribrom-benzoldiazoniumnitrat oder -disulfat mit Alkohol oder Eisessig (SILBERSTEIN, *J. pr.* [2] 27, 104, 106, 111, 112). Entsteht auch, als Hauptprodukt, beim Belichten des 2.4.6-Tribrom-benzoldiazoniumdisulfates in wäßr.-methylalkoholischer Schwefelsäure oder 90%/,iger Ameisensäure (ORTON, COATES, BURDETT, *Soc.* 91, 47, 50). Aus 3.5-Dibrom-anilin durch Überführung in das Diazoniumperbromid und dessen Zersetzung mit Alkohol (KÖRNER, *G.* 4, 411; *J.* 1875, 312). 1.3.5-Tribrom-benzol entsteht in kleiner Menge bei der Polymerisation des Bromacetylens am Lichte (SSABANEJEW, Ж. 17, 176; *B.* 18 Ref., 375). — *Darst.* Man löst 50 g 2.4.6-Tribrom-anilin in 300 ccm warmem 95%/,igem Alkohol, gemischt mit 75 ccm Benzol, fügt 20 ccm konz. Schwefelsäure hinzu und trägt in die heiße Lösung 20 g gepulvertes Natriumnitrit ein; man kocht, bis kein Gas mehr entweicht, und läßt über Nacht stehen (JACKSON, BENTLEY, *Am.* 14, 335). — Sublimierbare

Nadeln oder Prismen (aus Alkohol oder Äther-Alkohol). F: 120⁰ (Ss.), 119,6⁰ (korr.) (Kö.),
119⁰ (St.), 118,5⁰ (St.; Bä.). Kp₇₆₅: 271⁰ (Hurtley, Soc. **79**, 1296). Ziemlich schwer löslich
in siedendem Alkohol (St.), unlöslich in Wasser (V. M., St.). — Beim Erwärmen mit rauchender
Schwefelsäure auf dem Wasserbade bis zur Lösung entsteht 2.4.6-Tribrom-benzol-sulfon-
säure-(1); bei kräftigerer Einw. werden, unter Auftreten von Schwefeldioxyd, andere Produkte gebildet (Reinke, A. **186**, 272; Bässmann, A. **191**. 207), darunter vermutlich Perbrombenzol (Bä.; vgl. Jacobson, Loeb, B. **33**, 704). Beim Kochen mit konz. Schwefelsäure entsteht Perbrombenzol als Hauptprodukt und keine Sulfonsäure (Herzig, M. **2**, 197). Natrium
wirkt auf 1.3.5-Tribrom-benzol in Äther nicht ein (Goldschmiedt, M. **7**, 47). Beim Erhitzen mit methylalkoholischem Natriummethylat auf 130⁰ entstehen 3.5-Dibrom-phenol,
etwas 3.5-Dibrom-anisol u. a. Verbindungen (Blau, M. **7**, 630). 1.3.5-Tribrom-benzol liefert
beim Erhitzen mit Phenolkalium im Wasserstoffstrom bei Gegenwart von etwas Kupfer
Phloroglucintriphenyläther (Ullmann, Sponagel, B. **38**, 2212; A. **350**, 102).

2-Chlor-1.3.5-tribrom-benzol $C_6H_2ClBr_3$. B. Beim Erwärmen von 3-Chlor-2.4.6-
tribrom-anilin mit Isoamylnitrit und Alkohol (Langer, A. **215**, 113). Aus 2.4.6-Tribrom-
anilin nach der Sandmeyerschen Methode (Jackson, Carlton, Am. **31**, 374; vgl. Weu-
scheider, M. **18**, 219). Bei der Einw. von konz. Salzsäure auf 2.4.6-Tribrom-benzoldiazonium-
nitrat entstehen gelbe Krystalle, die beim Erwärmen mit Eisessig über 2-Chlor-1.3.5-tribrom-benzol
geben (Silberstein, J. pr. [2] **27**, 113, 115; vgl. Forster, Fierz, Soc. **91**, 1952). — Leicht
sublimierbare Nadeln (aus Alkohol). F: 90—91⁰ (J., C.), 87—88⁰ (W.), 82⁰ (L.), 80⁰ (Sт.).
Schwer löslich in kaltem Alkohol und Eisessig, leicht in heißem Alkohol und Eisessig, in Äther,
Chloroform und Benzol (St.).

2.4-Dichlor-1.3.5-tribrom-benzol $C_6HCl_2Br_3$. B. Beim Behandeln von 3.5-Dichlor-
2.4.6-tribrom-anilin mit Isoamylnitrit (Langer, A. **215**, 122). — Nadeln (aus Alkohol). F: 121⁰.

3.5.6-Trichlor-1.2.4-tribrom-benzol $C_6Cl_3Br_3$. B. Aus 1.2.4-Trichlor-benzol, überschüssigem Brom und $AlCl_3$ (Mouneyrat, Pouret, C. r. **129**, 607). — Nadeln. F: 260—261⁰.

1.2.3.5-Tetrabrom-benzol $C_6H_2Br_4$. B. Durch Destillation von 2.4.6-Tribrom-
phenol mit Phosphorpentabromid (Körner, A. **137**, 218; A. Mayer, A. **137**, 227). Aus
2.3.4.6-Tetrabrom-anilin durch Erwärmen mit Äthylnitrit und Alkohol (Kö., G. **4**, 328; J.
1875, 343; vgl. Wurster, Noelting, B. **7**, 1564). Beim Erhitzen von 2.2'-Dinitro-azo-
benzol-disulfonsäure-(4.4') mit Bromwasserstoffsäure auf 160⁰ (Zincke, Kuchenbecker, A.
330, 9, 54). — Darst. Man übergießt 2.4.6-Tribrom-anilin mit Eisessig und konz. Bromwasserstoffsäure und leitet unter Erwärmen „salpetrige Säure" ein, bis die Stickstoffentwicklung
aufhört (v. Richter, B. **8**, 1426, 1428; vgl. W., N.). — Sublimierbare Nadeln (aus Alkohol).
F: 98,5⁰ (A. M.; v. R.), 98⁰ (Z., Ku.), 97,2⁰ (korr.); Kp: 329⁰ (unkorr.) (Kö., G. **4**, 329; J.
1875, 343). Fast unlöslich in kaltem Alkohol, ziemlich löslich in heißem, leicht in Äther,
Benzol, CS_2 (A. M.). — Wird bei 302⁰ durch Jodwasserstoff und Phosphor zu Brombenzol
und Benzol reduziert (Klages, J. pr. [2] **61**, 320). Bei zweitägigem Kochen mit
alkoh. Natriumäthylat entsteht 1.3.5-Tribrom-benzol (Jackson, Calvert, Am. **18**, 309).

1.2.4.5-Tetrabrom-benzol $C_6H_2Br_4$. B. Beim Erhitzen von p-Dibrom-benzol mit
überschüssigem Brom auf 150⁰ (Riche, Bérard, C. r. **59**, 142; A. **133**, 52). Durch längeres
Erhitzen von Nitrobenzol (Kekulé, A. **137**, 171; vgl. R. Meyer, B. **15**, 47) oder m-Dinitro-
benzol (Kek.; vgl. Mac Kerrow, B. **24**, 2940) mit Brom auf 250⁰. Durch Erhitzen von 2.4.5-
Tribrom-1-nitro-benzol mit Brom und Wasser auf 175—200⁰ (Jackson, Gallivan, Am. **18**,
250). Aus 2.4.5-Tribrom-anilin durch Überführung in das Diazoniumperbromid und dessen Zersetzung durch Erwärmen mit Eisessig (J., G.). Durch mehrtägiges Erhitzen von Cyclohexan
mit Brom auf 150—200⁰ (Zelinsky, B. **34**, 2803). — Darst. Man läßt Brom zu 30 g Benzol
und 5 g Ferrichlorid langsam hinzufließen (Scheufelen, A. **231**, 187). — Krystalle (aus CS_3).
Monoklin prismatisch (Fels, Z. Kr. **32**, 364; vgl. Groth, Ch. Kr. **4**, 7). F: 180—181⁰ (Fels),
177—178⁰ (Zel.), 175⁰ (R. Mey.; Sch.). D^{20}: 3,027 (Fels). — Beim Behandeln mit einem
Gemisch aus rauchender Salpetersäure und konz. Schwefelsäure entsteht Hexabrombenzol
(J., G.). Bei längerem Kochen mit alkoh. Natriumäthylat wird eine kleine Menge 1.2.4-
Tribrom-benzol gebildet (J., Calvert, Am. **18**, 310). 1.2.4.5-Tetrabrom-benzol bleibt bei
längerem Erhitzen mit KCN auf 400⁰ fast unverändert (Ephraim, B. **34**, 2781).

Eine mit 1.2.4.5-Tetrabrom-benzol wahrscheinlich identische Verbindung $C_6H_2Br_4$ entsteht nach Herzig (M. **2**, 196) beim Erhitzen von p-Dibrom-benzol mit konz. Schwefelsäure.

Eine mit 1.2.4.5-Tetrabrom-benzol wahrscheinlich (vgl. R. Meyer, B. **15**, 48) ebenfalls
identische Verbindung $C_6H_2Br_4$ erhielt Halberstadt (B. **14**, 911) beim Erhitzen von
p-Nitro-benzoesäure mit Brom auf 270—290⁰.

3.6-Dichlor-1.2.4.5-tetrabrom-benzol $C_6Cl_2Br_4$. *B.* Aus p-Dichlor-benzol, überschüssigem Brom und $AlCl_3$ (MOUNEYRAT, POURET, *C. r.* **129**, 607). — Nadeln. F: 278—278,5°.

Dichlortetrabrombenzol mit unbekannter Stellung der Halogenatome $C_6Cl_2Br_4$. *B.* Entsteht neben Chlorpentabrombenzol und Perbrombenzol beim Erhitzen von 10 g m-Dinitrobenzol mit 9,3 ccm Brom und 8—10 g Ferrichlorid auf 180—220° (MAC KERROW, *B.* **24**, 2941). — Nadeln (aus Benzol). F: 277—279°. Löslich in Alkohol, sehr wenig löslich in heißem Äther, ziemlich leicht in siedendem Eisessig und Benzol.

Pentabrombenzol C_6HBr_5. *B.* Aus Pentabrombenzoldiazoniumsulfat durch warmen Alkohol (auch durch Zersetzung in wäßr. Lösung) oder direkt aus Pentabromanilin und „salpetriger Säure" in siedendem Alkohol (HANTZSCH, SMYTHE, *B.* **33**, 520). — *Darst.* Man löst 1 Tl. Pentabromanilin in 20 Tln. warmer konz. Schwefelsäure, trägt die Lösung in die gleiche Menge Wasser ein und leitet in die eisgekühlte Suspension „salpetrige Säure" ein, bis sie gelbgrün gefärbt erscheint, gibt darauf Alkohol (40 ccm auf 1 g Pentabromanilin) hinzu und erwärmt auf dem Wasserbade (JACOBSON, LOEB, *B.* **33**, 702). — Nadeln (aus Eisessig oder viel Alkohol). F: 158° (H., S.), 159—160° (J., L.). Ziemlich löslich in Benzol und Chloroform, schwer in Alkohol, Äther, Eisessig und Ligroin; sehr schwer flüchtig mit Wasserdampf (J., L.). — Durch Kochen mit alkoh. Natriumäthylatlösung werden annähernd $^2/_5$ des vorhandenen Broms herausgenommen (J., L.).

Chlorpentabrombenzol C_6ClBr_5. *B.* Aus Chlorbenzol, überschüssigem Brom und $AlCl_3$ (MOUNEYRAT, POURET, *C. r.* **129**, 607). Beim Erhitzen von 10 g m-Dinitro-benzol mit 9,3 ccm Brom und 8—10 g FeCl$_3$ auf 180—220°, neben einem Dichlortetrabrombenzol und Perbrombenzol (MAC KERROW, *B.* **24**, 2941). — Nadeln. F: 299—300° (M., P.).

Hexabrombenzol, Perbrombenzol C_6Br_6. *B.* Durch längeres Erhitzen von Tetrabrommethan auf 300—400° (MERZ, WAHL, *B.* **9**, 1049; ME., WEITH, WAHL, *B.* **11**, 2239). Durch Erhitzen von sek. Hexyljodid (aus Mannit; vgl. Bd. I, S. 146) und Brom auf 175—210° (ME., WEITH, WAHL). Beim Bromieren von Benzol oder Toluol mit jodhaltigem Brom, zuletzt bei 350—400° (ME., GESSNER, *B.* **9**, 1049; GE., *B.* **11**, 1507). Durch Eintröpfeln von Benzol in überschüssiges, mit Aluminiumbromid versetztes Brom, selbst bei 0° (GUSTAVSON, *Æ.* **9**, 214; *B.* **10**, 971). Durch Bromierung von p-Dibrom-benzol in Gegenwart von amalgamiertem Aluminium (COHEN, DAKIN, *Soc.* **75**, 895). Durch Kochen von 1.3.5-Tribrombenzol mit konz. Schwefelsäure (HERZIG, *M.* **2**, 197). Beim Erhitzen von Tetrabromchinon (Syst. No. 671) mit Phosphorpentabromid (RUOFF, *B.* **10**, 403). Durch 5-stdg. Erhitzen von 5 g Benzoesäure, 2 g Eisen und 37,4 g Brom im Druckrohr auf 225° (WHEELER, MC FARLAND, *Am.* **19**, 365). Durch mehrstündiges Erhitzen von 17 g Nitrobenzol mit 55 g Brom auf 250°, neben 1.2.4.5-Tetrabrom-benzol (JACOBSON, LOEB, *B.* **33**, 704; vgl. KEKULÉ, *A.* **137**, 172). Beim Erhitzen von 10 g m-Dinitrobenzol mit 9,3 ccm Brom und 8—10 g Ferrichlorid auf 180—220°, neben Dichlortetrabrombenzol und Chlorpentabrombenzol (MAC KERROW, *B.* **24**, 2941). Durch Erhitzen von Azobenzol mit jodhaltigem Brom bis auf 350° (GESSNER). Aus Pentabrombenzoldiazoniumperbromid durch Erhitzen für sich oder mit Alkohol (HANTZSCH, SMYTHE, *B.* **33**, 522). — *Darst.* Zu 300 g trocknem Brom, das mit einigen Grammen Eisenchlorid versetzt ist, tröpfelt man langsam unter starker Kühlung 17 g Benzol und läßt einen Tag stehen (SCHEUFELEN, *A.* **231**, 189). — Sublimierbare Nadeln (aus Benzol). Monoklin prismatisch (FELS, *Z. Kr.* **32**, 368; vgl. GROTH, *Ch. Kr.* **4**, 9). Sehr ähnlich dem Perchlorbenzol. Schmilzt oberhalb 310° (GE.; HA., SM.). Mäßig löslich in siedendem Benzol, leichter in siedendem Anilin, weniger in siedendem Ligroin, Eisessig und Chloroform, fast unlöslich in Alkohol und Äther (GE.). — Wird durch Jodwasserstoff und Phosphor bei 302° zu Brombenzol und Benzol reduziert (KLAGES, LIECKE, *J. pr.* [2] **61**, 320). Wird durch lange Einwirkung von konzentrierter Schwefelsäure unter Bildung von CO_2, SO_2 und H_2S zersetzt (HERZIG, *M.* **2**, 198).

d) Jod-Derivate.

Jodbenzol C_6H_5I. *B.* Aus Benzol, Jod und Jodsäure bei 200—240°, neben Di- und Trijodbenzol (KEKULÉ, *A.* **137**, 162). Man erhitzt Benzol mit Jodsäure oder mit Kaliumjodat und verdünnter Schwefelsäure (PELTZER, *A.* **136**, 195, 198, 200). Man erhitzt Benzol mit Jod und konz. Schwefelsäure (NEUMANN, *A.* **241**, 84; ISTRATI, *Bl.* [3] **5**, 159; *Bulet.* 1, 17; IST., GEORGESCU, *Bulet.* 1, 56; *Ch. Z.* **16** Repert., 102). Aus Benzol, Jod und etwas Ferrichlorid bei 100° (L. MEYER, *A.* **231**, 195; *J. pr.* [2] **34**, 504). Man tröpfelt Chlorjod in überschüssiges Benzol, das mit wenig Aluminiumchlorid versetzt ist (GREENE, *C. r.* **90**, 41). Beim Erhitzen von Benzol, gelöst in Benzin, oder von überschüssigem Benzol mit Jodschwefel und Salpeter-säure (D: 1,34) (EDINGER, GOLDBERG, B. **33**, 2876; KALLE & Co., D. R. P. 123746; C. **1901** II, 750). — Aus Phenol, Phosphor und Jod (SCRUGHAM, A. **92**, 318; Soc. 7, 243). Neben anderen Produkten durch Erhitzen von Natriumbenzoat mit Chlorjod (SCHÜTZENBERGER, J. **1861**, 349; **1862**, 251). — Aus Benzoldiazoniumsulfat oder -nitrat und Jodwasserstoffsäure (GRIESS, A. **137**, 76; J. **1866**, 447; vgl. HANTZSCH, B. **33**, 2540). Aus Benzoldiazoniumchlorid und Methyljodid in Gegenwart von Zink-Kupfer (ODDO, G. **20**, 635). Durch Versetzen einer Lösung von 18,5 g Jod in Kaliumjodid mit 4 g Phenylhydrazin, gelöst in viel Wasser, und Erwärmen (E. v. MEYER, J. pr. [2] **36**, 115). Durch Einw. von Jodwasserstoffsäure auf Benzol-diazopiperidid $C_6H_5 \cdot N : N \cdot NC_5H_{10}$ (Syst. No. 3038) (WALLACH, A. **235**, 244). — Durch Ein-tragen von fein zerriebenem Jod in die ätherische Lösung von Phenylmagnesiumbromid (BODROUX, C. r. **135**, 1351).

Darst. Man versetzt eine Lösung von 10 g Anilin in 50 g konz. Salzsäure und 150 g Wasser unter Kühlung durch Eiswasser allmählich mit 8,5 g Natriumnitrit in 40 ccm Wasser, bis Jodkaliumstärkepapier gebläut wird, fügt 25 g Kaliumjodid in 50 ccm Wasser hinzu, über-läßt die Mischung mehrere Stunden unter Wasserkühlung sich selbst und erwärmt auf dem Wasserbad gelinde. Wenn die Stickstoffentwicklung aufgehört hat, macht man stark alkalisch und destilliert das Jodbenzol mit Wasserdampf über (GATTERMANN, Die Praxis des organischen Chemikers, 12. Aufl. [Leipzig 1914], S. 230; vgl. SANDMEYER, B. **17**, 1634).

Physikalische Eigenschaften. Farblose Flüssigkeit, die sich allmählich bräunt (SCRUGHAM, Soc. 7, 244). F: —28,5° (korr.) (v. SCHNEIDER, Ph. Ch. **19**, 157; **22**, 232), —29,8° (HAASE, B. **26**, 1053), — 30,5° (HOLLEMAN, DE BRUYN, R. **20**, 352). Kp_{15}: 69° (PATTERSON, MC DO-NALD, Soc. **93**, 943); $Kp_{749,4}$: 187,5° (ROLLA, R. A. L. [5] **18** II, 371); $Kp_{755,75}$: 188,36°; $Kp_{788,8}$: 188,66° (FEJTLER, Ph. Ch. 4, 71); Kp_{760}: 188,45° (YOUNG, Philos. Magazine [5] **50**, 303); Kp_{760}: 187,7° (korr.) (PERKIN, Soc. **69**, 1249); Siedepunkte unter verschiedenen Drucken bezw. Dampfdrucke bei verschiedenen Temperaturen: YOUNG, Soc. **55**, 490, 498; F.; Dampfdrucke bei tiefen Temperaturen: ROLLA. Jodbenzol ist flüchtig mit Wasserdampf (L. MEYER, A. **231**, 196). D_4^0: 1,86059; $D_0^{15,2}$: 1,83798 (Y., Soc. **55**, 488); $D_{17}^{17,6}$: 1,83257; $D_{17}^{17,4}$: 1,82363; $D_{14}^{14,8}$: 1,8138; $D_{22}^{22,3}$: 1,8027 (PA., MC D., Soc. **93**, 943; vgl. PA., THOMSON, Soc. **93**, 356 Anm.); D_{14}^{14}: 1,8228 (HO., DE BR., R. **20**, 352); D_0^4: 1,8482; D_{25}^4: 1,72722 (PERKIN, Soc. **61**, 300); D_0^4: 1,8551; D_{15}^{15}: 1,8401; D_{25}^{25}: 1,8283; D_{25}^4: 1,8067; D_{18}^4: 1,7920; D_{100}^{100}: 1,7832 (PERKIN, Soc. **69**, 1203); D_0^4: 1,8578; D_{15}^{15}: 1,8403; $D_{25}^{25,4}$: 1,7732; $D_{25}^{25,4}$: 1,7374; $D_{120}^{120,4}$: 1,6486 (R. SCHIFF, B. **19**, 564); Dichten des unter verschiedenen Drucken siedenden Jodbenzols: F., Ph. Ch. 4, 71. Ausdehnung: R. SCHIFF. Molekularvolumen der gesättigten Dämpfe: Y., Soc. **55**, 130 ff., Ph. Ch. **70**, 624. — Jodbenzol ist leicht löslich in Alkohol und Äther, nicht ganz unlöslich in Wasser (PELTZER, A. **136**, 198); Löslichkeit in 32,4 °/oigem Alkohol: LÖWENHERZ, Ph. Ch. **40**, 405; Löslichkeit von Kohlendioxyd in Jodbenzol: JUST, Ph. Ch. **37**, 354. Kryoskopisches Verhalten von Jod-benzol in Nitrobenzol: BRUNI, PADOA, R. A. L. [5] **12** I, 351. — n_D^{18-20}: 1,6189 (SEUBERT, B. **22**, 2522). n_α^0: 1,62003; n_D^0: 1,62707; n_0^0: 1,66126; n_α^∞: 1,57616; n_D^∞: 1,58265; n_G^∞: 1,61428 (PERKIN, Soc. **61**, 300). Absorption für ultraviolette Strahlen: PAUER, Ann. d. Physik [N. F.] **61**, 373; GREBE, C. **1906** I, 341. Fluorescenz im Ultraviolett: LEY, v. ENGELHARDT, B. **41**, 2991. — Oberflächenspannung und Binnendruck: WALDEN, Ph. Ch. **66**, 390; vgl. I. TRAUBE, Ann. d. Physik [4] **22**, 540; Ph. Ch. **68**, 293. Innere Reibung: WAGNER, Ph. Ch. **46**, 875. — Molekulare Verbrennungswärme: 770 Cal. (konstantes Vol.), 770,7 Cal. (kon-stanter Druck) (BERTHELOT, C. r. **130**, 1098; A. ch. [7] **21**, 303). Kritische Daten: Y., Soc. **55**, 517; Philos. Magazine [5] **34**, 505; **50**, 303; Ph. Ch. **70**, 626. — Magnetisches Drehungs-vermögen: PERKIN, Soc. **69**, 1243. Magnetische Suszeptibilität: PASCAL, Bl. [4] **5**, 1069. Jodbenzol zeigt positive elektrische Doppelbrechung (SCHMIDT, Ann. d. Physik [4] 7, 165). Zeigt in flüssigem Schwefeldioxyd kein elektrisches Leitvermögen (WALDEN, B. **35**, 2029).

Chemisches Verhalten. Jodbenzol wird von Ozon zu Jodosobenzol C_6H_5IO oxydiert (HARRIES, B. **36**, 2996). Wird von Sulfomonopersäure zu Jodobenzol $C_6H_5IO_2$ oxydiert (BAMBERGER, HILL, B. **33**, 534). — Wird durch 5-stdg. Erhitzen mit Jodwasserstoffsäure (Kp: 127°) und rotem Phosphor bei 182° noch nicht verändert, bei 218° jedoch zu Benzol reduziert (KLAGES, LIECKE, J. pr. [2] **61**, 313, 319); desgleichen durch Jodwasserstoffsäure (D: 1,9) allein bei 250° (KEKULÉ, A. **137**, 163). Entjodung durch Wasserstoff in Gegenwart von reduziertem Nickel: SABATIER, MAILHE, C. r. **138**, 248. Jodbenzol wird durch Natrium-amalgam (bei Gegenwart von Wasser oder Alkohol leicht in Benzol übergeführt (PELTZER, A. **136**, 199; KEKULÉ, A. **137**, 163). Zur Zers. durch Natrium bezw. Natriumamalgam in Äthylalkohol vgl. LÖWENHERZ, Ph. Ch. **36**, 471, 486, 496; **40**, 403, 427 ff. Zersetzung durch Natriumamylat bezw. Natrium in Amylalkohol: L., Ph. Ch. **29**, 410, 412, 415; **32**, 483, 485. — Jodbenzol gibt bei 3-tägigem Erhitzen mit alkoh. Ammoniak kein Anilin (KEKULÉ, A. **137**, 164). — Beim Erhitzen von Jodbenzol mit Magnesiumpulver bis zum Siedepunkt des Jodbenzols entstehen Phenylmagnesiumjodid (Syst. No. 2337) und Diphenyl (SPENCER, STOKES, Soc. **93**, 70; vgl. SP., B. **41**, 2303). Durch 5-stdg. Erhitzen mit Aluminium oder durch 24-stdg. Erhitzen mit Thallium entstehen neben etwas Diphenyl Produkte, die mit Wasser Benzol liefern (SP., WALLACE, *Soc.* **93**, 1830, 1833). Auch bei 15-stdg. Erhitzen mit Indium im geschlossenen Rohr auf 250° entsteht ein Prod., das mit Wasser Benzol liefert (SP., WA.). Beim Erhitzen von Jodbenzol mit Kupfer im geschlossenen Rohr auf 230° entsteht Diphenyl (ULLMANN, MEYER, *A.* **332**, 40). — Jodbenzol vereinigt sich mit Chlorgas zu Phenyljodidchlorid $C_6H_5 \cdot ICl_2$ (S. 218) (WILLGERODT, *C.* **1885**, 835; *J. pr.* [2] **33**, 155). Liefert beim Chlorieren durch einen Chlorstrom in Gegenwart von Thallochlorid zwischen 60° und 100° ein komplexes Gemisch, unter anderem die drei isomeren Chlorjodbenzole und 2.4.5-Trichlor-1-jod-benzol (THOMAS, *C. r.* **144**, 33). Beim Erhitzen mit Ferrichlorid entsteht viel p-Chlorjodbenzol (THOMAS, *C. r.* **128**, 1577; *Bl.* [3] **21**, 287). Bei der Einw. von PbCl₄ · 2 NH₄Cl auf Jodbenzol entstehen in der Siedehitze (190°) Chlorbenzol und Jod, in Gegenwart von Wasser oder Salzsäure bei 100° entsteht Phenyljodidchlorid (SEYEWETZ, TRAWITZ, *C. r.* **136**, 242). Phenyljodidchlorid entsteht auch durch Einw. von Sulfurylchlorid auf Jodbenzol in feuchtem Äther (TÖHL, *B.* **26**, 2950). Jodbenzol, gelöst in wasserhaltigem Pyridin, wird beim Einleiten von Chlor zu Jodosobenzol oxydiert (ORTOLEVA, *C.* **1900** I, 722; *G.* **30** II, 4). Läßt man Jodbenzol mit einer wäßr. Lösung von unterchloriger Säure stehen, so wird es zunächst in Phenyljodidchlorid, dann in Jodosobenzol übergeführt (WILLG., *B.* **29**, 1571). Jodbenzol vereinigt sich mit Brom in Petroläther zu einem öligen, in Kohlendioxyd-Äther-Kältemischung erstarrenden Körper, wahrscheinlich Phenyljodidbromid $C_6H_5 \cdot IBr_2$ (THIELE, PETER, *B.* **38**, 2846). Behandelt man Jodbenzol unter Eiskühlung mit Brom und Natronlauge und läßt stehen, so entsteht Jodosobenzol (WILLG., *B.* **29**, 1572). Jodbenzol wird durch Erhitzen mit Ferribromid in p-Dibrom-benzol verwandelt (THOMAS, *C. r.* **128**, 1578). Gibt beim Erhitzen mit Jodsäure, Jod und Wasser p-Dijod-benzol und 1.2.4-Trijodbenzol (KEKULÉ, *A.* **137**, 164). — Liefert bei der Nitrierung mit konz. Salpetersäure p-Jodnitrobenzol (KEK., *A.* **137**, 168), daneben in geringerer Menge (HOLLEMAN, DE BRUYN, *R.* **20**, 355; HO., *C.* **1906** I, 458) o-Jod-nitrobenzol (KÖRNER, *G.* **4**, 320; *J.* **1875**, 320) und wenig 4-Jod-1.3-dinitro-benzol (HO., DE B.). Beim Nitrieren von Jodbenzol mit Salpeterschwefelsäure unter Eiskühlung entsteht p-Jod-nitrobenzol (GAMBARJAN, *B.* **41**, 3510). Beim Erhitzen von Jodbenzol mit Silbernitrit auf 100° erfolgt keine Einw.; bei 145 bis 150° entsteht Pikrinsäure (GEUTHER, *A.* **245**, 100). — Jodbenzol wird von konz. bezw. rauchender Schwefelsäure in p-Jod-benzolsulfonsäure (Syst. No. 1520) übergeführt (KÖRNER, PATERNÒ, *G.* **2**, 448; *J.* **1872**, 588; LANGMUIR, *B.* **28**, 91; WILLGERODT, WALDEYER, *J. pr.* [2] **59**, 194); daneben entstehen je nach den Versuchsbedingungen Dijoddiphenylsulfon (Syst. No. 524) (K., P.; L.; W., W.) sowie besonders bei hoher Temp., p-Dijod-benzol und Benzolsulfonsäure (NEUMANN, *A.* **241**, 39, 47). — Beim Erwärmen mit Aluminiumchlorid entstehen Jod, HCl, Benzol, p-Dijod-benzol und andere Produkte (v. DUMREICHER, *B.* **15**, 1868). — Jodbenzol gibt mit Silbercyanid bei 350° neben anderen Produkten Benzonitril (MERZ, WEITH, *B.* **10**, 751). Reagiert mit Cyanurchlorid und Natrium unter Bildung von Kyaphenin (Syst. No. 3818) (KRAFFT, *B.* **22**, 1760). Erhitzt man Jodbenzol mit Diphenylamin in Nitrobenzollösung bei Gegenwart von Kaliumcarbonat und etwas Kupferpulver zum Sieden, so entsteht Triphenylamin (GOLDBERG, NIMEROVSKY, *B.* **40**, 2452).

Jodosobenzol $C_6H_5OI = C_6H_5 \cdot IO$ und **Salze vom Typus** $C_6H_5 \cdot IAc_2$. *B.* Jodosobenzol entsteht durch Oxydation von Jodbenzol mit Ozon (HARRIES, *B.* **36**, 2996). Man behandelt Phenyljodidchlorid (S. 218) mit überschüssiger 4—5%iger Natron- oder Kalilauge (WILLGERODT, *B.* **25**, 3495; **26**, 357, 1807; vgl.: ASKENASY, V. MEYER, *B.* **26**, 1356; HARTMANN, V. MEYER, *B.* **27**, 505 Anm.). Beim Behandeln von Phenyljodidchlorid mit immer erneuten Mengen Wasser (W., *B.* **26**, 357). — *Darst.* Zu einer Lösung von 1 g Phenyljodidchlorid in etwa 3 g Pyridin fügt man unter ständigem Schütteln allmählich etwa 50 ccm Wasser (Ausbeute 60% des Phenyljodidchlorids) (ORTOLEVA, *C.* **1900** I, 722; *G.* **30** II, 3). — Amorph, gelblich. Ziemlich leicht löslich in heißem Wasser und Alkohol, fast unlöslich in Äther, Aceton, Benzol, Petroläther, Chloroform (W., *B.* **25**, 3497). In wäßr. Lösung neutral; in vielen Säuren leicht löslich unter Bildung von Salzen $C_6H_5 \cdot IAc_2$ (S. 218) (W., *B.* **25**, 3498). — Beim Erhitzen von Jodosobenzol auf etwa 210° tritt Explosion ein (W., *B.* **25**, 3497). Jodosobenzol verwandelt sich langsam schon bei gewöhnlicher Temperatur (W., *B.* **27**, 1826), schneller bei 90—100° (W., *B.* **25**, 3500; **26**, 1806; vgl. A., V. M.) in ein Gemisch von Jodobenzol $C_6H_5 \cdot IO_2$ und Jodbenzol; dieser Zerfall erfolgt auch beim Kochen mit Wasser (W., *B.* **26**, 358, 1307), wobei außerdem etwas Diphenyljodoniumhydroxyd $(C_6H_5)_2I \cdot OH$ entsteht (H., V. M., *B.* **27**, 1598). Beim Eintragen von Jodosobenzol in konz. Schwefelsäure unter Kühlung entsteht schwefelsaures Phenyl-[4-jod-phenyl]-jodoniumhydroxyd (S. 227) (H., V. M., *B.* **27**, 427). Jodosobenzol explodiert beim Übergießen mit rauchender Salpetersäure (W., *B.* **25**, 3501). Wird von unterchloriger Säure zu Jodobenzol oxydiert (W., *B.* **29**, 1568). Oxydiert Ameisensäure zu Kohlendioxyd (W., *B.* **25**, 3498). Wird von schwefliger Säure zu Jodbenzol reduziert (H., V. M., *B.* **27**, 504). Scheidet aus angesäuerter Jodkaliumlösung 2 Atome Jod aus (W., *B.* **26**, 1308; A., V. M.). Mit PCl₅ liefert Jodosobenzol das Phenyljodidchlorid (W., *B.* **25**, 3499). Jodosobenzol läßt sich an Stelle von Hypochloriten oder Hypobromiten zur Umwandlung von Säureamiden in Amine („HOFMANNsche Reaktion", vgl. Bd. IV, S. 30) verwenden (TSCHERNIAC, *B.* **36**, 218).

Salzsaures Salz, Phenyljodidchlorid $C_6H_5 \cdot ICl_2$. *B.* Aus Jodbenzol und Chlorgas (WILLGERODT, *C.* **1885**, 835). Bei der Einw. der Verbindung $PbCl_4 \cdot 2NH_4Cl$ auf Jodbenzol bei 100⁰ in Gegenwart von Wasser oder Salzsäure (SEYEWETZ, TRAWITZ, *C. r.* **136**, 242). Aus Jodbenzol und Sulfurylchlorid in feuchtem Äther (TÖHL, *B.* **26**, 2950). Aus Jodosobenzol und Salzsäure oder Phosphorpentachlorid (WI., *B.* **25**, 3499). Aus Jodobenzol und Salzsäure unter Chlorentwicklung (WI., *B.* **26**, 1310). *Darst.*: Durch Einleiten von Chlor in eine Lösung von 1 Tl. Jodbenzol in 2—4 Tln. Chloroform (WI., *J. pr.* [2] **33**, 155). Gelbe Nadeln (aus Chloroform). Unzersetzt löslich in Chloroform, Benzol und Eisessig; wenig löslich in Äther, Petroläther und CS_2 (WI., *J. pr.* [2] **33**, 156). Refraktion in Benzol und Chloroform: SULLI-VAN, *Ph. Ch.* **28**, 531. Elektrisches Potential: SU., *Ph. Ch.* **28**, 533. Spaltet sich beim Auf-bewahren in geschlossenen Gefäßen im Dunkeln allmählich — rasch unter dem Einflusse des Sonnenlichtes — in p-Chlor-jodbenzol und HCl (KEPPLER, *B.* **31**, 1136). Zersetzt sich je nach der Art des Erhitzens plötzlich zwischen 110⁰ und 136⁰, und zwar größtenteils in p-Chlor-jodbenzol und HCl, zum kleineren Teil in Jodbenzol und Chlor (CALDWELL, WERNER, *Soc.* **91**, 529). Durch Einw. von Wasser entstehen Jodosobenzol, Jodbenzol, unterchlorige Säure und Salzsäure (WI., *B.* **26**, 357); glatter erfolgt die Bildung von Jodosobenzol beim Verreiben mit wäßr. Alkalien (WI., *B.* **25**, 3495; ASKENASY, V. MEYER, *B.* **26**, 1356). Jodoso-benzol wird von Natriumhypochlorit oder Chlorkalk glatt zu Jodobenzol oxydiert (WI., *B.* **29**, 1570). Scheidet aus einer wäßr. Jodkaliumlösung sofort Jod aus (WI., *J. pr.* [2] **33**, 156). Wird von warmem Alkohol zu Jodbenzol reduziert (WI., *J. pr.* [2] **33**, 155). Scheidet aus Äthyljodid Jod aus, wirkt aber selbst beim Kochen nicht auf Äthylbromid ein (WI., *J. pr.* [2] **33**, 157). Phenyljodidchlorid gibt mit Acetylensilber-Silberchlorid (Bd. I, S. 241) [a.β-Di-chlor-vinyl]-phenyl-jodoniumchlorid (S. 220) (WI., *B.* **28**, 2110; vgl. THIELE, HAAKH, *A.* **369**, 133, 140). Reagiert mit Mono- und Dinatrium-Malonsäurediäthylester wie freies Jod unter Bildung von Natriumchlorid, Jodbenzol und symm. Äthantetracarbonsäuretetraäthylester bezw. Äthylentetracarbonsäuretetraäthylester; mit Natrium-Cyanessigester entsteht analog Dicyanbernsteinsäurediäthylester (HODGSON, *C.* **1909** I, 738; *Soc.* **96** I, 18). Reagiert mit Zinkdiäthyl in Benzol unter Bildung von Äthylchlorid und einem Additionsprodukt, das mit Wasser Jodbenzol gibt (LACHMANN, *B.* **30**, 887). Gibt mit Quecksilberdiäthyl in der Kälte Jodbenzol, Äthylchlorid und Äthylquecksilberchlorid, das beim Kochen mit mehr Phenyl-jodidchlorid und Wasser weiterhin Jodbenzol, Äthylchlorid und Mercurichlorid liefert (WI., *B.* **31**, 921). Bei der Einw. von Phenyljodidchlorid auf Quecksilberdiphenyl und Wasser wurden erhalten: Diphenyljodoniumchlorid, dessen Verbindung mit Mercurichlorid, Phenyl-quecksilberchlorid und Jodobenzol (WI., *B.* **30**, 56; **31**, 915). — $C_6H_5 \cdot ICrO_4$. Gelber Niederschlag. Wird beim Trocknen orangerot; explodiert bei 66—67⁰ (WI., *B.* **26**, 1309). — $C_6H_5 \cdot I(NO_3)_2$. Gelbe Tafeln. Monoklin prismatisch (BECKENKAMP, *B.* **26**, 1309; vgl. *Groth, Ch. Kr.* **4**, 11). Zersetzt sich bei 105—106⁰ (WI., *B.* **25**, 3499). — Essigsaures Salz $C_6H_5 \cdot I(O \cdot CO \cdot CH_3)_2$. Prismen. F: 156—157⁰; schwer löslich in Äther, leicht in Chloroform, Eisessig und Benzol (WI., *B.* **25**, 3498). Reagiert mit Mononatrium-malonester oder Natrium-cyanessigester wie Phenyljodidchlorid (s. o.) (HODGSON).

Jodobenzol $C_6H_5O_2I = C_6H_5 \cdot IO_2$. *B.* Durch Oxydation von Jodbenzol mit Sulfo-monopersäure (BAMBERGER, HILL, *B.* **33**, 534). Durch mehrtägiges Stehenlassen von Jodo-benzol mit unterchloriger Säure oder mit Natronlauge und Brom (WILLGERODT, *B.* **29**, 1571, 1572). Durch Oxydation von Jodosobenzol mit unterchloriger Säure oder Chlorkalk (WIL., *B.* **29**, 1568). Entsteht neben Jodbenzol durch Erhitzen von Jodosobenzol $C_6H_5 \cdot IO$ allein auf 90—100⁰ (WIL., *B.* **25**, 3500; **26**, 1806; vgl. ASKENASY, V. MEYER, *B.* **26**, 1356), sowie beim Kochen von Jodosobenzol mit Wasser (WIL., *B.* **26**, 358, 1307). Durch Kochen von Phenyljodidchlorid mit Natriumhypochloritlösung und wenig Eisessig (WIL., WIEGAND, *B.* **42**, 3765). — *Darst.* Man versetzt eine Lösung von 2 g Jodbenzol in 5 g Pyridin zunächst mit einigen Tropfen Wasser, dann noch mit einigen Tropfen Pyridin und leitet durch sie einen langsamen Chlorstrom unter Vermeidung zu großer Erwärmung (ORTOLEVA, *C.* **1900** I, 722; *G.* **30** II, 4). 13,1 g Jodbenzol werden 2½ Stunden mit 99 ccm einer Mischung von 56 g Kaliumpersulfat, 60 g konz. Schwefelsäure und 90 g Eis durchgeschüttelt (B., H.). — Lange Nadeln (aus heißem Wasser). Fast unlöslich in Chloroform, Aceton und Benzol. schwer löslich in Petroläther, leichter in siedendem Wasser und Eisessig (WIL., *B.* **25**, 3500). Kryoskopisches Verhalten in Ameisensäure: MASCARELLI, MAR.INELLI, *R. A. L.* [5] **16** I, 184; *G.* **37** I, 521. — Explodiert bei 236—237⁰ (WIL., *B.* **26**, 358). Wird von schwefliger Säure (HART-MANN, V. MEYER, *B.* **27**, 504), ferner unter Sauerstoffentwicklung von Wasserstoffsuperoxyd (WIL., *B.* **26**, 1311) zu Jodbenzol reduziert. Wird von verd. Salzsäure unter Chlorentwicklung in Phenyljodidchlorid übergeführt (WIL., *B.* **26**, 1310). Macht aus angesäuerter Kalium-jodidlösung 4 Atome Jod frei (WIL., *B.* **26**, 1310; A., V. M.). Durch mehrfaches Aufkochen von Jodobenzol mit konz. Kaliumjodidlösung entsteht Diphenyljodoniumperjodid (S. 219), das beim Kochen mit Wasser in Jod und Diphenyljodoniumjodid zerfällt (WIL., B. 29, 2008); Diphenyljodoniumhydroxyd entsteht beim Behandeln von Jodobenzol mit Barytwasser (WIL., B. 29, 2009), sowie beim Schütteln von Jodobenzol mit Natronlauge (HARTMANN, V. MEYER, B. 27, 1598). Beim Erhitzen von Jodobenzol mit einer wäßr. Chromsäurelösung entsteht Jodbenzol (WIL., B. 26, 1311). Phosphorpentachlorid sowie konz. Schwefelsäure bewirken Explosionen (WIL., B. 25, 3501). Jodobenzol geht durch Lösen in heißer 40%iger Flußsäure in Phenyljodofluorid (s. u.) über (WEINLAND, STILLE, B. 34, 2631).

Fluorwasserstoffsaures Jodobenzol, Phenyljodofluorid $C_6H_5OIF_2 = C_6H_5 \cdot IOF_2$. B. Durch Einw. heißer 40%iger Flußsäure auf Jodobenzol (WEINLAND, STILLE, B. 34, 2632; A. 328, 135). Verfilzte Nadeln oder flache Prismen. Verpufft bei 216°. Wird durch Feuchtigkeit in Jodobenzol und HF zerlegt. — $C_6H_5 \cdot IOF_2 + HF$. B. Aus Jodobenzol in konz. alkoh. Fluorwasserstoffsäure (WEINLAND, REISCHLE, Z. a. Ch. 60, 170). Nadeln. Wird durch Wasser in HF und Jodobenzol zersetzt. — $C_6H_5 \cdot IOF_2 + IOF_3$. B. Aus 1 Mol.-Gew. Jodobenzol und 3 Mol.-Gew. Jodsäure in Eisessig-Fluorwasserstoff (W., R., Z. a. Ch. 60, 171). Weiße Nadeln.

Verbindung von Jodobenzol mit Mercurichlorid $C_6H_5 \cdot IO_2 + HgCl_2$. B. Durch Einleiten eines trocknen Chlorstromes in eine Eisessiglösung von Jodbenzol bei Gegenwart von gelbem Quecksilberoxyd (MASCARELLI, R. A. L. [5] 14 II, 202; M., DE VECCHI, G. 36 I, 220). Aus der warmen wäßr. Lösung äquimolekularer Mengen von Jodobenzol und Mercurichlorid (M.; M., DE V.). Beim Einengen der konz. wäßr. Lösung von Phenyljodidchlorid und Mercurichlorid (M.; M. DE V.). — Weiße Nädelchen (aus siedendem Wasser). Zersetzt sich bei 225—227°.

Verbindung von Jodobenzol mit Mercuribromid $C_6H_5 \cdot IO_2 + HgBr_2$. B. Beim Einengen der Lösung äquimolekularen Mengen der Komponenten in warmem Wasser (M.; M., DE V.). — Sublimatähnliche weiße Krystalle. Färbt sich gelb bei 260—305°.

Diphenyljodoniumhydroxyd $C_{12}H_{11}OI = (C_6H_5)_2I \cdot OH$. B. Bei 3—4stdg. Schütteln eines Gemisches aus äquimolekularen Mengen Jodosobenzol und Jodobenzol mit Silberoxyd und Wasser: $C_6H_5 \cdot IO + C_6H_5 \cdot IO_2 + AgOH = (C_6H_5)_2I \cdot OH + AgIO_3$ (HARTMANN, V. MEYER, B. 27, 504, 506; D. R. P. 77320; Frdl. 4, 1106). man versetzt das Filtrat zur Reduktion des Jodates mit schwefliger Säure und fällt durch Kaliumjodid das Diphenyljodoniumjodid, das man durch feuchtes Silberoxyd in die freie Base überführt (H., V. M., B. 27, 506, 508). Die Base entsteht ferner beim Schütteln von Jodobenzol mit Natronlauge (H., V. M., B. 27, 1593, 1598), beim Stehenlassen einer Lösung von Jodobenzol in Barytwasser (WILLGERODT, B. 29, 2009), in kleinen Mengen neben Jodobenzol und Jodbenzol beim Erhitzen von Jodosobenzol (H., V. M., B. 27, 1598). Das Chlorid entsteht beim Schütteln von frisch bereitetem, noch feuchtem Jodosobenzol mit Natriumhypochloritlösung (aus Chlorkalk und Soda) (W., B. 29, 1569), ferner neben anderen Produkten durch Umsetzung von Phenyljodidchlorid mit Quecksilberchlorid (W., B. 30, 57; 31, 915). Das Perjodid entsteht durch mehrmaliges Aufkochen von Jodobenzol mit Kaliumjodid in konz. wäßr. Lösung (W., B. 29, 2008). — Die freie Base ist nur in wäßr. Lösung bekannt. Refraktion des Chlorides, Sulfates und Nitrates in wäßr. Lösungen: SULLIVAN, Ph. Ch. 28, 528. Leitfähigkeit der Base in wäßr. Lösung: S., Ph. Ch. 28, 524. Leitfähigkeit des Chlorides in verflüssigtem Ammoniak: FRANKLIN, Ph. Ch. 69, 297. Die wäßr. Lösung der Base reagiert stark alkalisch (H., V. M., B. 27, 508; vgl. S., Ph. Ch. 28, 524). Verhalten der Salze gegen Lackmus und Phenolphthalein: S., Ph. Ch. 28, 523 Anm. Geschwindigkeit der Verseifung von Methylacetat durch die Base: S., Ph. Ch. 28, 525. — Natriumamalgam reduziert die Base teilweise zu Benzol und Jodwasserstoffsäure, die unveränderten Diphenyljodoniumhydroxyd als unlöslichen Jodid ausfällt (H., V. M., B. 27, 1597). Mit Schwefelnatrium bildet sich ein hellgelber Niederschlag, vermutlich $[(C_6H_5)_2I]_2S$, der bald in Diphenylsulfid und Jodbenzol zerfällt; mit gelbem Schwefelammonium entsteht eine orangerote Fällung, die vielleicht $[(C_6H_5)_2I]_2S_3$ enthält und bald in Phenylsulfide und Jodbenzol übergeht (H., V. M., B. 27, 509, 1595). Physiologisches Verhalten: GOTTLIEB, B. 27, 1599.

Diphenyljodoniumsalze. $C_{12}H_{10}I \cdot Cl$. Weiße Nadeln (aus heißem Wasser). Zersetzt sich bei 230° in Chlorbenzol und Jodbenzol (H., V. M., B. 27, 508). — $C_{12}H_{10}I \cdot Br$. Weiße Nadeln (aus heißem Wasser). Zersetzt sich gegen 230°, ohne zu schmelzen (H., V. M., B. 27, 508). — $C_{12}H_{10}I \cdot I$. Gelbstichige Nadeln (aus Alkohol). Schmilzt unter Zersetzung bei 175—176° (H., V. M., B. 27, 507), 182° (WILLGERODT, B. 30, 57). Recht schwer löslich in heißem Alkohol (H., V. M., B. 27, 507). Zerfällt, an einer Stelle erhitzt, unter Wärmeentwicklung glatt in 2 Mol. Jodbenzol (H., V. M., B. 27, 507). — $C_{12}H_{10}I \cdot I_3$. Tiefdunkelrote demantglänzende Nadeln (aus Alkohol). F: 138° (H., V. M., B. 27, 1594). — $C_{12}H_{10}I \cdot HSO_4$. Derbe Krystallaggregate (aus Alkohol + Äther). F: 153—154°. Sehr leicht löslich in Wasser (H., V. M., B. 27, 1593). — $(C_{12}H_{10}I)_2CrO_4$. Krystalle. Zersetzt sich beim Erwärmen sowie bei Einw. von heißem Wasser (BRIGGS, Z. a. Ch. 56, 252). — $(C_{12}H_{10}I)_2Cr_2O_7$. Orangerote Blätter (aus Wasser). Verpufft beim Erhitzen (H., V. M., B. 27, 508). Schmilzt bei langsamem Erhitzen bei 157° (PETERS, Soc. 81, 1360). — $C_{12}H_{10}I \cdot NO_3$. Blättchen oder Spieße (aus Wasser). F: 153—154°; verpufft beim Erhitzen größerer Mengen; sehr leicht löslich in heißem Wasser (H., V. M., B. **27**, 1593). Bildet mit Thalliumnitrat keine Mischkrystalle (NOYES, HAPGOOD, *Chem. N.* **74**, 217; *Ph. Ch.* **22**, 464). — Acetat $C_{12}H_{10}I \cdot C_2H_3O_2$. Krystalle. F: 120° (Zers.) (H., V. M., B. **27**, 1594). — $C_{12}H_{10}I \cdot Cl + AuCl_3$. Goldgelbe Nädelchen (aus viel Wasser). F: 134—135° (Zers.) (H., V. M., B. **27**, 1595). — $2 C_{12}H_{10}I \cdot Cl + HgCl_2$. Nadeln. Zersetzt sich gegen 203° (W., B. **31**, 916). — $C_{12}H_{10}I \cdot Cl + HgCl_2$. Stark lichtbrechende Nadeln (aus Wasser). F: 172—175° (Zers.) (H., V. M., B. **27**, 1594). — $2 C_{12}H_{10}I \cdot Cl + PtCl_4$. Nädelchen (aus Wasser). Zersetzt sich bei 184—185° (H., V. M., B. **27**, 1595); schmilzt, rasch erhitzt, bei 198° unter Zersetzung (W., B. **30**, 57).

[a.β-Dichlor-vinyl]-phenyl-jodoniumhydroxyd $C_8H_7OCl_2I$ = CHCl: CCl·I(C_6H_5)·OH. Salze (zur Konstitution vgl. THIELE, HAAKH, *A.* **369**, 133, 144). $C_8H_6Cl_2I \cdot Cl$. B. Aus Phenyljodidchlorid und Acetylensilber-Silberchlorid (Bd. I, S. 241) (WILLGERODT, B. **28**, 2110). Säulen (aus Wasser), Nadeln (aus Benzol). F: ca. 180° (Zers.) (W.), 174° (TH., H.). Löslich in siedendem Chloroform, sehr wenig löslich in Benzol, fast unlöslich in Äther (W.). — $C_8H_6Cl_2I \cdot Br$. Weiße, schwer lösliche Flocken. Zersetzt sich bei 163° (TH., H., *A.* **369**, 145). Zersetzung durch Hitze und durch Natronlauge: THIELE, UMNOFF, *A.* **369**, 147. — $2 C_8H_6Cl_2I \cdot Cl + PtCl_4$. Rotgelbe Prismen (W.).

4-Fluor-1-jod-benzol, p-Fluor-jodbenzol C_6H_4IF. Aus reinem p-Fluor-benzoldiazopiperidid $C_6H_4F \cdot N: N \cdot NC_5H_{10}$ (Syst. No. 3038) und konz. Jodwasserstoffsäure (WALLACH, HEUSLER, *A.* **243**, 227). — Flüssig. Kp: 182—184°. — Rauchende Salpetersäure bildet p-Fluor-nitrobenzol unter Ausscheidung von Jod.

2-Chlor-1-jod-benzol, o-Chlor-jodbenzol C_6H_4ClI. B. Aus diazotiertem o-Chloranilin durch Zersetzen mit Jodwasserstoffsäure (KÖRNER, *G.* **4**, 343; *J.* **1875**, 319; BEILSTEIN, KURBATOW, *A.* **176**, 43). — Farbloses Öl. Kp_{760}: 234—235°; Kp_{16}: 109—110° (KLAGES, LIECKE, *J. pr.* [2] **61**, 321). $D^{n,s}$: 1,928 (B., KU.). — Wird bei 218° durch Jodwasserstoff und roten Phosphor zu Chlorbenzol reduziert (KL., L.).

2-Chlor-1-jodoso-benzol, o-Chlor-jodosobenzol $C_6H_4OClI = C_6H_4Cl \cdot IO$ und Salze vom Typus $C_6H_4Cl \cdot IAc_2$. B. Das salzsaure Salz entsteht beim Einleiten von Chlor in eine abgekühlte Lösung von o-Chlor-jodbenzol; man führt es durch Schütteln mit verd. Natronlauge in o-Chlor-jodosobenzol über (WILLGERODT, B. **26**, 1532). — Weißgelbes Pulver. Verpufft bei 83—85°; kaum löslich in Äther, Chloroform, Benzol, Petroläther, etwas in Wasser (W., B. **26**, 1533). — Geht bei längerem Liegen an der Luft (W., B. **27**, 1827), sowie durch Kochen mit Wasser oder Alkohol (W., B. **26**, 1533, 1534) in o-Chlor-jodobenzol über. — Salzsaures Salz, o-Chlor-phenyljodidchlorid $C_6H_4Cl \cdot ICl_2$. Weißgelbe Kryställchen (aus siedendem Petroläther). Zersetzt sich bei 95—98° unter heftiger Gasentwicklung. Leicht löslich in Chloroform, Äther, Benzol, weniger in Eisessig und Petroläther. Wird durch Luft und Licht zersetzt. Zerfällt beim Kochen in Chlorjodbenzol und Chlor (W., B. **26**, 1532). — $C_6H_4Cl \cdot ICrO_4$. Braunrotes wasserlösliches Pulver. Verpufft bei 56—57° (W., B. **26**, 1533). — Essigsaures Salz $C_6H_4Cl \cdot I(C_2H_3O_2)_2$. Durchsichtige Säulen. F: 140° (W., B. **26**, 1533).

2-Chlor-1-jodo-benzol, o-Chlor-jodobenzol $C_6H_4O_2ClI = C_6H_4Cl \cdot IO_2$. B. Neben o-Chlor-jodbenzol beim Kochen von o-Chlor-jodosobenzol mit Alkohol oder Wasser (WILLGERODT, B. **26**, 1533, 1534). — Nadeln (aus Wasser). Explodiert bei 203°. Löslich in Wasser, Alkohol, Eisessig.

3-Chlor-1-jod-benzol, m-Chlor-jodbenzol C_6H_4ClI. B. Aus m-Chlor-anilin oder m-Jod-anilin nach SANDMEYERS Methode (KLAGES, LIECKE, *J. pr.* [2] **61**, 321). — Kp: 230° (KL., L.). — Wird durch Jodwasserstoffsäure und roten Phosphor bei 218° zu Chlorbenzol reduziert (KL., L.). Gibt beim Erhitzen mit Kupferpulver auf 250° 3.3'-Dichlor-diphenyl (ULLMANN, *A.* **332**, 54).

3-Chlor-1-jodoso-benzol, m-Chlor-jodosobenzol $C_6H_4OClI = C_6H_4Cl \cdot IO$ und Salze vom Typus $C_6H_4Cl \cdot IAc_2$. B. Das salzsaure Salz entsteht aus m-Chlor-jodbenzol und Chlor in Chloroform; es wird durch verd. Natronlauge in m-Chlor-jodosobenzol übergeführt (WILLGERODT, B. **26**, 1947, 1948). — Hellgelbe amorphe Masse. Zersetzt sich bei 85°. — Salzsaures Salz, m-Chlor-phenyljodidchlorid $C_6H_4Cl \cdot ICl_2$. Hellgelbe Nadeln. Zersetzt sich bei 100°. — Essigsaures Salz $C_6H_4Cl \cdot I(C_2H_3O_2)_2$. Farblose Krystalle. F: 154—155°.

3-Chlor-1-jodo-benzol, m-Chlor-jodobenzol $C_6H_4O_2ClI = C_6H_4Cl \cdot IO_2$. B. Aus m-Chlor-jodosobenzol durch Erhitzen auf 85° oder durch Kochen mit Wasser (W., B. **26**, 1950). — Farblose Krystalle. Schwer löslich in Wasser, Alkohol, Eisessig. Explodiert bei 233°.

Phenyl-[3-chlor-phenyl]-jodoniumhydroxyd $C_{12}H_{10}OClI = C_6H_4Cl \cdot I(C_6H_5) \cdot OH$. B. Aus äquimolekularen Mengen von Jodobenzol und m-Chlor-jodosobenzol mit über-

schüssigem Silberoxyd und Wasser (WILLGERODT, MC PHAIL SMITH, B. 37, 1316). — Die
wäßr. Lösung reagiert stark alkalisch. — $C_{12}H_9ClI \cdot Cl$. Nadeln (aus heißem Wasser). F:
163⁰. — $C_{12}H_9ClI \cdot Br$. Nadeln (aus heißem Wasser). F: 164⁰. — $C_{12}H_9ClI \cdot I$. Weiße
Nadeln (aus verd. Alkohol). F: 130⁰. — $(C_{12}H_9ClI)_2Cr_2O_7$. Krystallblätter. F: 128⁰ (Zers.).
— $2 C_{12}H_9ClI \cdot Cl + HgCl_2$. Nadeln (aus heißem Wasser). F: 122—126⁰. — $2 C_{12}H_9ClI \cdot$
$Cl + PtCl_4$. Orangefarbene Blättchen (aus heißem Wasser). F: 169⁰ (Zers.).

Bis-[3-chlor-phenyl]-jodoniumhydroxyd $C_{12}H_9OCl_2I = (C_6H_4Cl)_2I \cdot OH$. **B.** Aus m-
Chlor-jodosobenzol und m-Chlor-jodobenzol mit überschüssigem Silberoxyd und Wasser (W.,
SM., B. 37, 1315). — Die wäßr. Lösung reagiert stark alkalisch. — $C_{12}H_8Cl_2I \cdot Cl$. Nadeln.
F: 175—177⁰. Ziemlich leicht löslich in Alkohol und Wasser. — $C_{12}H_8Cl_2I \cdot Br$. Nadeln
(aus Wasser oder Alkohol). F: 155⁰. — $C_{12}H_8Cl_2I \cdot I$. Nädelchen (aus Alkohol). F: 132⁰.
— $(C_{12}H_8Cl_2I)_2Cr_2O_7$. Orangegelbe Nadeln (aus Wasser). F: 143⁰ (Zers.). Ziemlich leicht
löslich in Wasser. Verpufft beim Erhitzen auf Platinblech. — $2 C_{12}H_8Cl_2I \cdot Cl + HgCl_2$.
Nädelchen (aus Wasser). F: 180—182⁰. — $2 C_{12}H_8Cl_2I \cdot Cl + PtCl_4$. Goldgelbe
Blättchen. Schwer löslich in heißem Wasser und Alkohol.

4-Chlor-1-jod-benzol, p-Chlor-jodbenzol C_6H_4ClI. **B.** Aus diazotiertem p-Chlor-
anilin und Jodwasserstoffsäure (GRIESS, Z. 1866, 202; J. 1866, 455 Anm.) oder Kaliumjodid
(GOMBERG, CONE, B. 39, 3281). Durch trockne Destillation von p-Jod-benzoldiazonium-
chloroplatinat mit Soda (GRIESS). Durch mehrtägiges Erhitzen von Chlorbenzol mit Jod
und Schwefelsäure, neben 4-Chlor-1.3-dijod-benzol und einem Chlortrijodbenzol (ISTRATI,
Bulet. 6, 49, 51; C. 1897 I, 1161). p-Chlor-jodbenzol entsteht als Hauptprodukt bei raschem
Erhitzen von Phenyljodidchlorid (CALDWELL, WERNER, Soc. 91, 529). Durch Selbstzersetzung
von Phenyljodidchlorid bei gewöhnlicher Temperatur, namentlich im Sonnenlicht (KEPPLER,
B. 31, 1137). Durch Einw. von Jod auf p-Chlor-phenylmagnesiumbromid (BODROUX, C. r.
136, 1139). — Darst. Jodbenzol wird mit Ferrichlorid erhitzt (THOMAS, C. r. 128, 1577;
Bl. [3] 21, 287). Zu einem auf 55—60⁰ erhitzten Gemenge von 500 g Chlorbenzol und 100 g
Aluminiumchlorid läßt man allmählich 200 g Jodmonochlorid fließen (MOUNEYRAT, C. r.
128, 241). Darst. aus p-Chlor-anilin: Go., CONE. — Farblose Blätter (aus Alkohol). F:
56—57⁰; Kp: 226—227⁰ (BEILSTEIN, KURBATOW, A. 176, 33); siedet bei 227,6⁰ unter 751,26 mm
(bei 27⁰) (KÖRNER, G. 4, 343; J. 1875, 319). — p-Chlor-jodbenzol gibt beim Erhitzen mit
Kupferpulver auf 200—250⁰ 4.4'-Dichlor-diphenyl (ULLMANN, A. 332, 54). Liefert bei der
Einw. von Magnesium und 2.4'-Dichlor-benzophenon in Äther 2.4'.4''-Trichlor-triphenyl-
carbinol (Go., CONE).

4-Chlor-1-jodoso-benzol, p-Chlor-jodosobenzol $C_6H_4OClI = C_6H_4Cl \cdot IO$ und Salze
vom Typus $C_6H_4Cl \cdot IAc_2$. **B.** Das salzsaure Salz entsteht aus p-Chlor-jodbenzol und Chlor
in Chloroform; es wird durch verd. Natronlauge in p-Chlor-jodosobenzol übergeführt (WILL-
GERODT, B. 26, 1947, 1948). — Hellgelbe amorphe Masse. Zersetzt sich bei 85⁰. — Salzsaures Salz, p-Chlor-phenyljodidchlorid $C_6H_4Cl \cdot ICl_2$. Hellgelbe Nadeln. Zersetzt
sich bei 116—117⁰ (WI.), 112⁰ (CALDWELL, WERNER, Soc. 91, 530) unter Bildung von viel
Chlor und wenig Chlorwasserstoff (C., WE.). — Essigsaures Salz $C_6H_4Cl \cdot I(C_2H_3O_2)_2$. Farblose Krystalle. Zersetzt sich bei 185—190⁰ (WI.).

4-Chlor-1-jodo-benzol, p-Chlor-jodobenzol $C_6H_4O_2ClI = C_6H_4Cl \cdot IO_2$. **B.** Aus
p-Chlor-jodosobenzol durch Erhitzen auf 85⁰ oder durch Kochen mit Wasser (WILLGERODT,
B. 26, 1950). Aus gepulvertem p-Chlor-phenyljodidchlorid und Chlorkalklösung (W., B.
29, 1572). — Farblose Krystalle. Schwer löslich in Wasser, Alkohol, Eisessig; explodiert
bei 243⁰ (W., B. 26, 1950).

Bis-[4-chlor-phenyl]-jodoniumhydroxyd $C_{12}H_9OCl_2I = (C_6H_4Cl)_2I \cdot OH$. **B.** Entsteht
analog wie Diphenyljodoniumhydroxyd (S. 219) nach dem Verfahren von HARTMANN, V. MEYER
(WILKINSON, B. 28, 100). — Die Base ist nur in wäßr. Lösung bekannt. — $C_{12}H_8Cl_2I \cdot Cl$.
Blätter. F: 202⁰. Leicht löslich in Wasser. — $C_{12}H_8Cl_2I \cdot Br$. Nadeln. F: 190⁰. —
$C_{12}H_8Cl_2I \cdot I$. Flocken (aus Alkohol + SO_2). F: 163⁰. Fast unlöslich in Wasser. — $(C_{12}H_8Cl_2I)_2$
Cr_2O_7. Orangegelb. F: 149⁰ (Zers.). Zersetzt sich an der Luft. — Nitrat. Nadeln (aus
Wasser). F: 200⁰. — $C_{12}H_8Cl_2I \cdot Cl + HgCl_2$. Flockige Krystalle. F: 169⁰. Löslich in
Wasser. — $2 C_{12}H_8Cl_2I \cdot Cl + PtCl_4$. Rötliche Nadeln (aus Wasser). F: 184⁰.

2.4-Dichlor-1-jod-benzol $C_6H_3Cl_2I$. **B.** Aus diazotiertem 2.4-Dichlor-anilin und Kaliumjodid in verd. Schwefelsäure (ULLMANN, A. 332, 55). — Kp: 262—263⁰. — Gibt beim Erhitzen mit Kupferpulver auf 200—270⁰ 2.4.2'.4'-Tetrachlor-diphenyl.

2.5-Dichlor-1-jod-benzol $C_6H_3Cl_2I$. **B.** Aus diazotiertem 2.5-Dichlor-anilin und
Kaliumjodid in verd. Schwefelsäure (WILLGERODT, LANDENBERGER, J. pr. [2] 71, 540).
Beim Erwärmen von salzsaurem 2.5-Dichlor-phenylhydrazin (Syst. No. 2068), gelöst in
viel Wasser, mit einer Lösung von Jod in Jodkalium (HERSCHMANN, B. 27, 768). Man stellt
aus 6-Chlor-4-jod-3-amino-toluol (Syst. No. 1682) 2.5-(= 3.6)-Dichlor-4-jod-toluol dar, oxydiert
dieses durch Kochen mit Permanganatlösung und Salpetersäure zu 2.5-Dichlor-4-jod-benzoe-

säure und führt diese durch Erhitzen in 2.5-Dichlor-1-jod-benzol über (W., SIMONIS, B. **39**, 278). — Tafeln (aus Alkohol). F: 21° (W., L.), 20° (W., S.). Kp: 250—251° (HE.); Kp$_{741}$: 255—256° (W., L.). Löslich in den üblichen Solvenzien (W., L.).

2.5-Dichlor-1-jodoso-benzol $C_6H_3OCl_2I = C_6H_3Cl_2 \cdot IO$ **und Salze vom Typus** $C_6H_3Cl_2 \cdot IAc_2$. B. Das salzsaure Salz entsteht aus 2.5-Dichlor-1-jod-benzol und Chlor in Eisessig unter Kühlung; man führt es durch Behandeln mit überschüssiger 10%iger Natronlauge in die Base über (WILLGERODT, LANDENBERGER, J. pr. [2] **71**, 541, 542). — Amorphes gelbliches Pulver. Beginnt bei 100°, sich zu zersetzen, schmilzt bei 193°. Fast unlöslich in Wasser und Äther, löslich in Alkohol. — **Salzsaures Salz**, 2.5-Dichlor-phenyljodidchlorid $C_6H_3Cl_2 \cdot ICl_2$. Tafelförmige Krystalle (aus Chloroform). Zersetzt sich bei 108° bis 110°. Sehr leicht löslich in Chloroform und Ligroin, löslich in Äther, Benzol und Eisessig. — $[C_6H_3Cl_2 \cdot I(OH)]_2SO_4$. Amorphes Pulver. F: 142° (Zers.). — $[C_6H_3Cl_2 \cdot I(OH)]_2$ CrO_4. Amorphes orangefarbenes Pulver. Zersetzt sich beim Aufbewahren. Verpufft bei 69—70°. — $C_6H_3Cl_2 \cdot I(OH) \cdot NO_3$. Weißes unbeständiges Pulver. F: 126—128° (Zers.). — **Essigsaures Salz** $C_6H_3Cl_2I(C_2H_3O_2)_2$. Weiße Nadeln oder Prismen. F: 175° (Zers.). Löslich in Benzol und Chloroform, schwer löslich in Alkohol und Äther.

2.5-Dichlor-1-jodo-benzol $C_6H_3O_2Cl_2I = C_6H_3Cl_2 \cdot IO_2$. B. Am besten aus 2.5-Dichlor-1-jodoso-benzol durch Behandlung mit Wasserdampf (WILLGERODT, LANDENBERGER, J. pr. [2] **71**, 544). Aus 2.5-Dichlor-phenyljodidchlorid und Natriumhypochloritlösung (W., L.). — Weiße Nadeln (aus heißem Wasser oder Eisessig). Verpufft bei 230°.

Phenyl-[2.5-dichlor-phenyl]-jodoniumhydroxyd $C_{12}H_9OCl_2I = C_6H_3Cl_2 \cdot I(C_6H_5) \cdot$ OH. B. Das jodsaure Salz entsteht, wenn man Jodosobenzol und 2.5-Dichlor-1-jodo-benzol mit Silberoxyd und Wasser verreibt; man gibt zu der wäßr. Lösung des jodsauren Salzes Kaliumjodid und setzt das erhaltene Jodid in Wasser mit Ag$_2$O um (WILLGERODT, LANDENBERGER, J. pr. [2] **71**, 547). — Die freie Base zersetzt sich beim Eindampfen der wäßr. Lösung. — $C_{12}H_9Cl_2I \cdot Cl$. Prismen (aus Methylalkohol). F: 214°. — $C_{12}H_9Cl_2I \cdot Br$. Weiße Prismen (aus Alkohol). F: 194°. — $C_{12}H_9Cl_2I \cdot I$. Weiße Prismen (aus Alkohol). F: 132°. — $(C_{12}H_9Cl_2I)_2Cr_2O_7$. Orangegelber lichtempfindlicher Niederschlag. Explodiert bei 158°. — $C_{12}H_9Cl_2I \cdot Cl + HgCl_2$. Farblose Krystalle. F: 157°. — $2 C_{12}H_9Cl_2I \cdot Cl + PtCl_4$. Gelber mikrokrystallinischer Niederschlag. Zersetzt sich bei 198°.

Bis-[2.5-dichlor-phenyl]-jodoniumhydroxyd $C_{12}H_7OCl_4I = (C_6H_3Cl_2)_2I \cdot OH$. B. Das jodsaure Salz entsteht, wenn man 2.5-Dichlor-1-jodoso-benzol und 2.5-Dichlor-1-jodo-benzol mit Silberoxyd und Wasser verreibt; man erhält aus dem jodsauren Salz in Wasser durch Jodkalium das Jodid und aus diesem in wäßr. Lösung durch Silberoxyd die freie Base (W., L., J. pr. [2] **71**, 545). — Die freie Base ist nur in wäßr. Lösung erhalten worden, diese reagiert alkalisch und zersetzt sich beim Eindampfen. — $C_{12}H_7Cl_4I \cdot Cl$. Prismen (aus Alkohol). F: 176°. Ziemlich löslich in reinem Wasser. — $C_{12}H_7Cl_4I \cdot Br$. Amorphes weißes Pulver. F: 170°. — $C_{12}H_7Cl_4I \cdot I$. Gelber lichtempfindlicher Niederschlag. F: 138°. — $C_{12}H_7Cl_4I \cdot NO_3$. Nadeln. F: 176°. — $(C_{12}H_7Cl_4I)_2Cr_2O_7$. Amorphes orangerotes Pulver. Schwärzt sich beim Erhitzen und verpufft bei 148—150°, ohne zu schmelzen. — $2 C_{12}H_7Cl_4I \cdot Cl + PtCl_4$. — Fleischfarbene Nadeln. F: 240° (Zers.).

[α.β-Dichlor-vinyl]-[2.5-dichlor-phenyl]-jodoniumhydroxyd $C_8H_5OCl_4I = C_6H_3Cl_2 \cdot$ I(CCl:CHCl)·OH. Salze (zur Konstitution vgl. THIELE, HAAKH, A. **369**, 144). $C_8H_4Cl_4I \cdot$ Cl. B. Durch mehrstündiges Rühren von 2.5-Dichlor-phenyljodidchlorid mit Acetylensilber-Silberchlorid (Bd. I, S. 241) und Wasser (WILLGERODT, LANDENBERGER, J. pr. [2] **71**, 551). Prismatische Krystalle (aus Wasser). Schmilzt bei 178° (Zers.). — $C_8H_4Cl_4I \cdot Br$. Weiße Masse. F: 163° (Zers.). — $C_8H_4Cl_4I \cdot I$. Gelbe zersetzliche Masse. F: 104° (Zers.). — $(C_8H_4Cl_4I)_2Cr_2O_7$. Rote Nadeln. Verpufft bei 90—92°. — $2 C_8H_4Cl_4I \cdot Cl + PtCl_4$. Gelbbraune Nädelchen. F: 147° (Zers.).

2.4.5-Trichlor-1-jod-benzol $C_6H_2Cl_3I$. B. Neben anderen Produkten bei der Chlorierung von Jodbenzol durch einen Chlorstrom in Gegenwart von Thallochlorid zwischen 60° und 100° (THOMAS, C. r. **144**, 33; A. ch. [8] **11**, 229). Neben anderen Produkten durch anhaltendes Kochen von 1.2.4-Trichlor-benzol mit Jod und konz. Schwefelsäure (ISTRATI, Bulet. **2**, 8). — Nadeln. F: 107° (I.), 106—107° (TH.). Kp$_{110}$: 293,5—295°; sehr leicht löslich in Chloroform, ziemlich in heißem Alkohol (I.). — Liefert beim Erhitzen mit rauchender Salpetersäure 2.4.5-Trichlor-1-nitro-benzol (I.).

2.4.6-Trichlor-1-jod-benzol $C_6H_2Cl_3I$. B. Aus 2.4.6-Trichlor-anilin durch Behandeln mit Nitrit und Jodwasserstoffsäure (JACKSON, GAZZOLO, Am. **22**, 52). Aus 2.4.6-Trichlor-benzoldiazoniumchloriddijodid $C_6H_2Cl_3 \cdot N_2Cl + I_2$ (Syst. No. 2193) durch Einw. des Lichtes oder beim Erwärmen mit Eisessig (HANTZSCH, B. **30**, 2354). — Leicht sublimierbare Nadeln (aus Alkohol). F: 54° (H.), 55° (J., G.). Kp$_{735}$: 297° (ULLMANN, A. **332**, 56). Unlöslich in Wasser, löslich in Alkohol und Eisessig, leicht löslich in Äther, Benzol, CHCl$_3$ (J., G.). — Liefert mit Kupferpulver bei 220—230° 2.4.6.2′.4′.6′-Hexachlor-diphenyl (U.).

Gibt mit alkoh. Natriumäthylat 1.3.5-Trichlor-benzol (J., G.). Liefert mit Salpeterschwefelsäure 2.4.6-Trichlor-1.3-dinitro-benzol (J., G.). Bleibt beim Kochen mit Anilin unverändert (J., G.).

2.3.4.6-Tetrachlor-1-jod-benzol C_6HCl_4I. *B.* Durch Kochen von 1.2.3.5-Tetrachlorbenzol mit Jod und konz. Schwefelsäure, neben anderen Produkten (ISTRATI, *Bulet.* 1, 158). — Voluminöse Krystalle. F: 78—80⁰.

2.3.5.6-Tetrachlor-1-jod-benzol C_6HCl_4I. *B.* Durch längeres Kochen von 1.2.4.5-Tetrachlor-benzol mit Jod und konz. Schwefelsäure, neben anderen Produkten (ISTRATI, *Bulet.* 1, 156). — Prismen. F: 88—90⁰. Schwer löslich in Alkohol und Benzol.

Pentachlorjodbenzol C_6Cl_5I. *B.* Durch längeres Kochen von 10 g Pentachlorbenzol mit 40 ccm konz. Schwefelsäure und 5,5 g Jod (ISTRATI, *Bl.* [3] 5, 169). — Nadeln (aus Chloroform). F: 207,5—208⁰. Sehr schwer löslich in Alkohol.

2-Brom-1-jod-benzol, o-Brom-jodbenzol C_6H_4BrI. *B.* Aus o-Brom-anilin durch Austausch der NH_2-Gruppe gegen Jod (KÖRNER, *G.* 4, 340; *J.* 1875, 319). — Am Licht sich rötende Flüssigkeit. Siedet bei 257,4⁰ unter 754,44 mm (bei 21,8⁰).

3-Brom-1-jod-benzol, m-Brom-jodbenzol C_6H_4BrI. *B.* Aus m-Brom-anilin durch Austausch der NH_2-Gruppe gegen Jod oder aus m-Jod-anilin durch Überführung in das Diazoperbromid und Zersetzung desselben (KÖRNER, *G.* 4, 339; *J.* 1875, 319). — Am Licht sich rötendes Öl. Siedet bei 252⁰ unter 754,44 mm (bei 21,8⁰) (Kö.); Kp_{15}: 120⁰ (KLAGES, LIECKE, *J. pr.* [2] 61, 321). — Gibt beim Erhitzen mit Kupferpulver geringe Mengen von 3.3'-Dibrom-diphenyl (ULLMANN, *A.* 332, 56). Wird bei 250⁰ durch Jodwasserstoff und roten Phosphor zu Brombenzol reduziert (KL., L.).

3-Brom-1-jodoso-benzol, m-Brom-jodosobenzol $C_6H_4OBrI = C_6H_4Br \cdot IO$ und Salze vom Typus $C_6H_4Br \cdot IAc_2$. *B.* Das salzsaure Salz entsteht aus m-Brom-jodbenzol und Chlor in Chloroform; es wird durch verd. Natronlauge in m-Brom-jodosobenzol übergeführt (WILLGERODT, *B.* 26, 1947, 1948). — Hellgelb, amorph. Zersetzt sich bei 85⁰. — Salzsaures Salz, m-Brom-phenyljodidchlorid $C_6H_4Br \cdot ICl_2$. Hellgelbe Nädelchen. Zersetzt sich bei 104⁰. — Essigsaures Salz $C_6H_4Br \cdot I(C_2H_3O_2)_2$. Farblose Krystalle. F: 163—164⁰.

3-Brom-1-jodo-benzol, m-Brom-jodobenzol $C_6H_4O_2BrI = C_6H_4Br \cdot IO_2$. *B.* Aus m-Brom-jodosobenzol durch Erhitzen auf 85⁰ oder Kochen mit Wasser (W., *B.* 26, 1950). — Farblose Krystalle. Schwer löslich in Wasser, Alkohol, Eisessig. Explodiert bei 230⁰.

Phenyl-[3-brom-phenyl]-jodoniumhydroxyd $C_{12}H_{10}OBrI = C_6H_4Br \cdot I(C_6H_5) \cdot OH$. *B.* Durch Einw. von feuchtem Silberoxyd auf äquimolekulare Mengen von m-Brom-jodobenzol und Jodosobenzol (WILLGERODT, LEWINO, *J. pr.* [2] 69, 327). — Die wäßr. Lösung reagiert alkalisch. — $C_{12}H_9BrI \cdot Cl$. Nadeln (aus Alkohol). F: 191⁰. — $C_{12}H_9BrI \cdot Br$. Nadeln (aus Alkohol). F: 169⁰. — $C_{12}H_9BrI \cdot I$. Nadeln (aus Alkohol). F: 146⁰. — $(C_{12}H_9BrI)_2$ Cr_2O_7. Gelbe Krystalle. Schmilzt, langsam erhitzt, bei 137⁰ unter Zersetzung; verpufft bei schnellem Erhitzen. Löslich in Wasser, Alkohol, Äther. Färbt sich am Licht dunkelbraun. — $C_{12}H_9BrI \cdot Cl + HgCl_2$. Weiße Nadeln (aus Alkohol). F: 130⁰. — $2 C_{12}H_9BrI \cdot Cl + PtCl_4$. Gelbe Krystalle. F: 181⁰ (Zers.). Schwer löslich in Alkohol, fast unlöslich in Wasser.

Bis-[3-brom-phenyl]-jodoniumhydroxyd $C_{12}H_9OBr_2I = (C_6H_4Br)_2I \cdot OH$. *B.* Aus m-Brom-jodobenzol und m-Brom-jodosobenzol durch Behandeln mit Silberoxyd und Wasser (W., L., *J. pr.* [2] 69, 326). — Die wäßr. Lösung reagiert alkalisch. — $C_{12}H_8Br_2I \cdot Cl$. Nädelchen (aus Wasser oder Alkohol). F: 207⁰. — $C_{12}H_8Br_2I \cdot Br$. Nädelchen (aus Wasser oder Alkohol). F: 178⁰. — $C_{12}H_8Br_2I \cdot I$. Nädelchen (aus Wasser oder Alkohol). F: 154⁰. — $(C_{12}H_8Br_2I)_2Cr_2O_7$. Gelbe Nädelchen (aus wäßr. Alkohol). Zersetzt sich bei 181⁰. — $2 C_{12}H_8Br_2I \cdot Cl + PtCl_4$. Goldgelbe Blättchen (aus Alkohol). F: 178⁰ (Zers.).

4-Brom-1-jod-benzol, p-Brom-jodbenzol C_6H_4BrI. *B.* Durch Bromierung von Jodbenzol (HIRTZ, *B.* 29, 1405). Aus diazotiertem p-Brom-anilin und Jodwasserstoff (GRIESS, *J.* 1866, 452; *Z.* 1866, 202). Aus p-Jod-benzoldiazoniumperbromid durch siedenden Alkohol (GRIESS, *Soc.* 20, 78; *Z.* 1866, 202). Aus 4.4'-Dibrom-diazobenzolanhydrid [BrC₆H₄·N:N]₂O (Syst. No. 2193) und Jod (BAMBERGER, *B.* 29, 470). Durch Einw. von Jod auf p-Brom-phenylmagnesiumbromid (BODROUX, *C. r.* 136, 1139). — Tafeln oder Prismen (aus Äther-Alkohol). F: 90,5⁰ (BA., *B.* 29, 470), 91,9—92⁰ (korr.) (KÖRNER, *G.* 4, 339; *J.* 1875, 320). Siedet bei 251,5—251,6⁰ unter 754,44 mm (bei 21,8⁰)(Kö.). Sehr wenig löslich in kaltem Alkohol, viel leichter in Äther (Kö.). — Salpetersäure (D: 1,54) bildet wesentlich p-Bromnitrobenzol (Kö.).

4-Brom-1-jodoso-benzol, p-Brom-jodosobenzol $C_6H_4OBrI = C_6H_4Br \cdot IO$ und Salze vom Typus $C_6H_4Br \cdot IAc_2$. *B.* Das salzsaure Salz entsteht beim Einleiten von Chlor in eine Lösung von p-Brom-jodbenzol in Chloroform (WILLGERODT, *J. pr.* [2] 33, 158). — Hellgelbe amorphe Masse. Zersetzt sich gegen 185° (WILLGERODT, *B.* **26**, 361). — Fluorwasserstoffsaures Salz, p-Brom-phenyljodidfluorid $C_6H_4Br \cdot IF_2$. Gelbliche Nädelchen. F: 110°. Zersetzt sich bei 135—140° (WEINLAND, STILLE, *A.* **328**, 139). — Salzsaures Salz, p-Brom-phenyljodidchlorid $C_6H_4Br \cdot ICl_2$. Gelbe Säulen (aus CS_2). Verliert bei 119° bis 120° das Chlor. Sehr leicht löslich in Äther, Chloroform und Benzol, leicht in Eisessig, fast unlöslich in kaltem Petroläther (WILLGERODT, *J. pr.* [2] **33**, 158). — Nitrat. Gelbliche Nadeln. F: 96—97° (Zers.) (WI., *B.* **26**, 361).

4-Brom-1-jodo-benzol, p-Brom-jodosobenzol $C_6H_4O_2BrI = C_6H_4Br \cdot IO_2$. *B.* Bei tagelangem Kochen von p-Brom-jodosobenzol mit Wasser (WILLGERODT, *B.* **26**, 361). — Blättchen (aus Eisessig). Explodiert bei 240°. Sehr schwer löslich in Eisessig.

Fluorwasserstoffsaures Salz, p-Brom-phenyljodidofluorid $C_6H_4OBrIF_2 = C_6H_4Br \cdot IOF_2$. *B.* Beim Lösen von p-Brom-jodobenzol in heißer 40%iger Flußsäure (WEINLAND, STILLE, *A.* **328**, 137). Farblose Nädelchen. Verpufft bei 225°. — $C_6H_4Br \cdot IOF_2$ + HF. Blättchen (WEINLAND, REISCHLE, *Z. a. Ch.* **60**, 170).

2.5-Dibrom-1-jod-benzol $C_6H_3Br_2I$. *B.* Entsteht neben anderen Produkten, wenn man 500 g 1.4-Dibrom-benzol mit 1 kg Jod und 500 ccm konz. Schwefelsäure 22 Stunden lang auf 220° erhitzt; man gibt dann 500 g Jod und 250 ccm Schwefelsäure hinzu und erhitzt noch 3 Stunden lang (ISTRATI, EDELEANU, *Bulet.* 1, 205). Aus diazotiertem 2.5-Dibromanilin und Kaliumjodid in salzsaurer Lösung (WILLGERODT, THEILE, *J. pr.* [2] 71, 553). — Nadeln (aus Eisessig). F: 38° (W., TH.). Kp_{15}: 180° (I., E.). Löslich in Alkohol, Äther, Chloroform, Ligroin, Eisessig (W., TH.).

2.5-Dibrom-1-jodoso-benzol $C_6H_3OBr_2I = C_6H_3Br_2 \cdot IO$ und Salze vom Typus $C_6H_3Br_2 \cdot IAc_2$. *B.* Das salzsaure Salz entsteht beim Einleiten von trocknem Chlor in eine warme Lösung von 2.5-Dibrom-1-jod-benzol in Eisessig unter Abkühlung; man führt es durch Verrühren mit 5—6%iger Natronlauge in die freie Base über (WILLGERODT, THEILE, *J. pr.* [2] 71, 554, 555). — Weiße oder schwach gelbliche Masse. F: 108° (Zers.). — Salzsaures Salz, 2.5-Dibrom-phenyljodidchlorid $C_6H_3Br_2 \cdot ICl_2$. Hellgelbe, wenig beständige Krystalle. Zerfällt bei 100°, ist bei 106° völlig geschmolzen. — Basisches schwefelsaures Salz $[C_6H_3Br_2 \cdot I(OH)]_2SO_4$. Weißes Pulver. F: 122° (Zers.). — Basisches chromsaures Salz $[C_6H_3Br_2 \cdot I(OH)]_2CrO_4$. Sehr zersetzlicher gelber Niederschlag. F: 43° (Zers.). — Basisches salpetersaures Salz $C_6H_3Br_2 \cdot I(OH) \cdot NO_3$. Weißes Pulver. Zersetzt sich bei 120° explosionsartig. — Essigsaures Salz $C_6H_3Br_2 \cdot I(C_2H_3O_2)_2$. Blättchen. F: 168°.

2.5-Dibrom-1-jodo-benzol $C_6H_3O_2Br_2I = C_6H_3Br_2 \cdot IO_2$. *B.* Aus 2.5-Dibrom-1-jodosobenzol durch Wasserdampf (W., TH., *J. pr.* [2] 71, 556). Aus 2.5-Dibrom-phenyljodidchlorid durch Oxydation mit Natriumhypochlorit (W., TH.). — Amorphes weißes Pulver. Explodiert bei 218°. Schwer löslich in heißem Wasser, leicht in siedendem Eisessig.

Phenyl-[2.5-dibrom-phenyl]-jodoniumhydroxyd $C_{12}H_8OBr_2I = C_6H_5Br_2I \cdot I(C_6H_5) \cdot$ OH. *B.* Bei der Einw. von Silberoxyd und Wasser auf Jodobenzol und 2.5-Dibrom-jodosobenzol in Wasser (WI., TH., *J. pr.* [2] 71, 558). — Die freie Base ist nur in wäßr. Lösung bekannt. — $C_{12}H_8Br_2I \cdot Cl$. Weißer amorpher Niederschlag. Sintert bei 150° und zersetzt sich bei 165°. Löslich in heißem Wasser und Alkohol. — $C_{12}H_8Br_2I \cdot Br$. Amorphes weißes Pulver. F: 177°. Leicht löslich in Alkohol, schwer in Wasser. — $C_{12}H_8Br_2I \cdot I$. Amorpher hellgelber Niederschlag. F: 142° (Zers.). Sehr wenig löslich in Wasser, löslich in Alkohol. — $(C_{12}H_8Br_2I)_2Cr_2O_7$. Orangefarbiger Niederschlag. Zersetzt sich bei 141°. Schwer löslich in Wasser und Alkohol. — $2 C_{12}H_8Br_2I \cdot Cl + PtCl_4$. Hellorangegelber Niederschlag. Zersetzt sich bei 186—187°. Löslich in heißem Alkohol.

Bis-[2.5-dibrom-phenyl]-jodoniumhydroxyd $C_{12}H_7OBr_4I = (C_6H_3Br_2)_2I \cdot OH$. *B.* Bei Einw. von Silberoxyd und Wasser auf 2.5-Dibrom-jodosobenzol und 2.5-Dibrom-jodobenzol (WI., TH., *J. pr.* [2] 71, 557). — Die freie Base ist nur in wäßr. Lösung bekannt. — $C_{12}H_6Br_4I \cdot Cl$. Weißes Pulver. F: 185° (Zers.). Löslich in viel heißem Wasser und in Alkohol. — $C_{12}H_6Br_4I \cdot Br$. Amorphes weißes Pulver. F: 161°. — $C_{12}H_6Br_4I \cdot I$. Amorphes gelbes Pulver. Zersetzt sich bei 101—102°. — $(C_{12}H_6Br_4I)_2Cr_2O_7$. Amorphes gelbes Pulver. Zersetzt sich bei 104—106°. — $2 C_{12}H_6Br_4I \cdot Cl + PtCl_4$. Hellorangegelbes Pulver. F: 254° (Zers.). Schwer löslich in Alkohol.

[α.β-Dichlor-vinyl]-[2.5-dibrom-phenyl]-jodoniumhydroxyd $C_8H_5OCl_2Br_2I = C_6H_3Br_2 \cdot I(CCl:CHCl) \cdot OH$. Salze (zur Konstitution vgl. THIELE, HAAKH, *A.* **369**, 144). $C_8H_4Cl_2Br_2I \cdot Cl$. *B.* Durch Verrühren von 2.5-Dibrom-phenyljodidchlorid mit feuchtem Acetylensilber-Silberchlorid (Bd. I, S. 241) und Wasser (WI., TH., *J. pr.* [2] 71, 561). Ist nur in wäßr. Lösung bekannt. — $C_8H_4Cl_2Br_2I \cdot Br$. Amorphes weißes Pulver. F: 148°. — $C_8H_4Cl_2Br_2I \cdot I$. Gelber unbeständiger Niederschlag. F: 89° (Zers.). — $(C_8H_4Cl_2Br_2I)_2Cr_2O_7$. Amorphes, unbeständiges, rotgelbes Pulver. F: 86° (Zers.). — $2 C_8H_4Cl_2Br_2I \cdot Cl$ + PtCl_4. Orangefarbener Niederschlag. F: 148° (Zers.).

2.6-Dibrom-1-jod-benzol $C_6H_3Br_2I$. *B.* Aus diazotiertem 2.6-Dibrom-anilin und Kaliumjodid in salzsaurer Lösung (WILLGERODT, FRISCHMUTH, *J. pr.* [2] 71, 562; KÖRNER, CONTARDI, *R. A. L.* [5] 17 I, 474). — Farblose Säulen (aus Alkohol). F: 99⁰ (W., F.), 99,8⁰ (K., C.). Leicht löslich in Chloroform, Äther, Aceton, schwer in Alkohol (W., F.).

2.6-Dibrom-1-jodoso-benzol $C_6H_3OBr_2I = C_6H_3Br_2 \cdot IO$ **und Salze vom Typus** $C_6H_3Br_2 \cdot IAc_2$. *B.* Das salzsaure Salz entsteht aus 2.6-Dibrom-1-jod-benzol und trocknem Chlor in Chloroform unter Kühlung; man führt es durch Behandeln mit 10 %/₀iger Natronlauge in die Base über (WILLGERODT, FRISCHMUTH, *J. pr.* [2] 71, 563). — Braungelbes amorphes Pulver. F: 95⁰ (Verpuffung). Verliert beim Aufbewahren Sauerstoff. — **Salzsaures Salz,** 2.6-Dibrom-phenyljodidchlorid $C_6H_3Br_2 \cdot ICl_2$. Gelbe Nädelchen. F: 91⁰ (Zers.). Leicht löslich in Chloroform, schwer in Eisessig. — **Basisches jodsaures Salz** $C_6H_3Br_2 \cdot$ I(OH)·IO₃. Weißes Pulver. Bräunt sich bei 160⁰, schmilzt bei 240⁰ (Zers.). — **Basisches schwefelsaures Salz** $[C_6H_3Br_2 \cdot I(OH)]_2SO_4$. Weißes amorphes Pulver. Explodiert zwischen 150⁰ und 165⁰. — **Basisches chromsaures Salz** $[C_6H_3Br_2 \cdot I(OH)]_2CrO_4$. Wenig beständige, braungelbe Krystalle. Zersetzt sich bei 70⁰. — **Basisches salpetersaures Salz** $C_6H_3Br_2 \cdot I(OH) \cdot NO_3$. Gelbes Krystallpulver. Verpufft bei 114⁰. — **Essigsaures Salz** $C_6H_3Br_2 \cdot I(C_2H_3O_2)_2$. Weiße Krystalle. F: 170⁰.

2.4.5-Tribrom-1-jod-benzol $C_6H_2Br_3I$. *B.* Aus 1 Mol.-Gew. Jodbenzol und 3 Mol.-Gew. Brom in CHCl₃ bei Gegenwart von Eisen (WILLGERODT, *C.* 1885, 836). — F: 164—165⁰.

2.4.5-Tribrom-phenyljodidchlorid $C_6H_2Cl_2Br_3I = C_6H_2Br_3 \cdot ICl_2$. *B.* Beim Einleiten von Chlor in eine Lösung von 2.4.5-Tribrom-1-jod-benzol in CHCl₃ (W., *J. pr.* [2] 33, 159). — Leicht löslich in CS₂, CHCl₃, Äther, Benzol und Eisessig, schwieriger in Benzin.

2.4.6-Tribrom-1-jod-benzol $C_6H_2Br_3I$. *B.* Aus diazotiertem 2.4.6-Tribrom-anilin und Jodwasserstoffsäure (SILBERSTEIN, *J. pr.* [2] 27, 119; MC CRAE, *Soc.* 73, 692). — Sublimierbare Nadeln (aus Alkohol). F: 103,5⁰ (S.), 104⁰ (JACKSON, CALVERT, *Am.* 18, 305), 105,5⁰ (MC C.). Unlöslich in Wasser, schwer löslich in kaltem Alkohol, löslich in heißem Alkohol, in Äther, Chloroform, Benzol (S.). — Wird bei 250⁰ durch Jodwasserstoffsäure und Phosphor zu Tribrombenzol reduziert (KLAGES, LIECKE, *J. pr.* [2] 61, 322). Beim Erhitzen mit Natriumäthylat in alkoh.-benzolischer Lösung entsteht 1.3.5-Tribrom-benzol (J., C.). Rauchende Salpetersäure erzeugt 2.4.6-Tribrom-1.3-dinitro-benzol (J., C.).

2.4.6-Tribrom-1-jodoso-benzol $C_6H_2OBr_3I = C_6H_2Br_3 \cdot IO$ **und Salze vom Typus** $C_6H_2Br_3 \cdot IAc_2$. *B.* Das salzsaure Salz entsteht aus 2.4.6-Tribrom-1-jod-benzol und Chlor in Chloroform; man führt es durch Sodalösung in die Base über (MC CRAE, *Soc.* 73, 693). — Gelbes amorphes Pulver. Sintert bei 112⁰, schmilzt bei 145⁰. — **Salzsaures Salz,** 2.4.6-Tribrom-phenyljodidchlorid $C_6H_2Br_3 \cdot ICl_2$. Krystalle. F: 100⁰. Leicht löslich in Äther, etwas löslich in Chloroform. — **Essigsaures Salz** $C_6H_2Br_3 \cdot I(C_2H_3O_2)_2$. Nadeln. Sintert bei 98⁰, schmilzt bei 137⁰.

2.4.6-Tribrom-1-jodo-benzol $C_6H_2O_2Br_3I = C_6H_2Br_3 \cdot IO_2$. *B.* Durch Destillation von 2.4.6-Tribrom-1-jodoso-benzol mit Wasserdampf (MC CRAE, *Soc.* 73, 693). — Schuppen. F: 193⁰.

1.2-Dijod-benzol, o-Dijod-benzol $C_6H_4I_2$. *B.* Aus diazotiertem o-Jod-anilin und Jodwasserstoffsäure (W. KÖRNER, *G.* 4, 322; *J.* 1875, 318; E. G. KÖRNER, WENDER, *G.* 17, 491; *J.* 1887, 711). — Tafeln (aus Ligroin) oder Prismen. Monoklin prismatisch (GOLDSCHMIDT; vgl. *Groth, Ch. Kr.* 4, 4). Flüchtig mit Wasserdampf; F: 27⁰; Kp₇₅₆,₅: 286,5⁰ (korr.) (E. G. Kö., WE.). Sehr wenig löslich in Wasser, schwer in kaltem Alkohol (E. G. Kö., WE.). — Wird bei 218⁰ durch Jodwasserstoff und roten Phosphor zu Benzol reduziert (KLAGES, LIECKE, *J. pr.* [2] 61, 319).

1.3-Dijod-benzol, m-Dijod-benzol $C_6H_4I_2$. *B.* Aus diazotiertem m-Jod-anilin und Jodwasserstoffsäure (GRIESS, *Z.* 1867, 536; *J.* 1867, 608; vgl. KÖRNER, *G.* 4, 385 Anm.; *J.* 1875, 318). Durch Einw. von Alkohol und salpetriger Säure auf 2.4-Dijod-anilin (RUDOLPH, *B.* 11, 81). — Tafeln (aus Äther + Alkohol). Rhombisch bipyramidal (GOLDSCHMIDT; vgl. *Groth, Ch. Kr.* 4, 4). F: 36,5⁰ (R.), 40,4⁰ (korr.); siedet bei 284,7⁰ unter 756,5 mm (bei 15,5⁰) (K.).

3-Jod-1-jodoso-benzol, m-Jod-jodosobenzol $C_6H_4OI_2 = C_6H_4I \cdot IO$ **und Salze vom Typus** $C_6H_4I \cdot IAc_2$. *B.* Das salzsaure Salz entsteht durch Einleiten von Chlor in eine Chloroformlösung von m-Dijod-benzol bis zur Gelbfärbung (WILLGERODT, DESAGA, *B.* 37, 1301), ferner aus m-Jod-jodobenzol und Salzsäure (W., D.), sowie aus m-Phenylendijodid-tetrachlorid (S. 226) und m-Dijod-benzol in Eisessig (W., D.); es geht durch Verreiben mit einem Überschuß 6%/₀iger Natronlauge in die freie Base über (W., D., *B.* 37, 1301, 1303). — Hellgelbes amorphes Pulver. Verpufft, schnell erhitzt, bei 124⁰; schmilzt, langsam erhitzt, bei

207^0 (Zers.). Unlöslich in neutralen organischen Lösungsmitteln. — Zersetzt sich bei längerem Aufbewahren in m-Dijod-benzol und m-Jod-jodobenzol. — Salzsaures Salz, m-Jod-phenyljodidchlorid $C_6H_4I \cdot ICl_2$. Gelbe Nadeln. Zersetzungspunkt ca. 112^0. Löslich in Chloroform, Benzol, Eisessig und Alkohol. Zersetzt sich an der Luft. — Basisches schwefelsaures Salz $[C_6H_4I \cdot I(OH)]_2SO_4$. F: 108^0. — Basisches chromsaures Salz $[C_6H_4I \cdot I(OH)]_2CrO_4$. Leicht zersetzlicher roter Niederschlag. Unlöslich in Wasser und Äther, schwer löslich in Chloroform; explodiert beim Erhitzen. — Essigsaures Salz $C_6H_4I \cdot I(C_2H_3O_2)_2$. Nadeln. F: 160^0. Leicht löslich in Chloroform, schwer in Benzol, fast unlöslich in Äther und Ligroin.

1.3-Dijodoso-benzol, m-Dijodoso-benzol $C_6H_4O_2I_2 = C_6H_4(IO)_2$, und Salze vom Typus $C_6H_4(IAc_2)_2$. B. Das salzsaure Salz entsteht durch mehrstündiges Leiten eines raschen Chlorstromes durch eine kaltgesättigte Lösung von 2 g m-Dijod-benzol in Eisessig (W., D., B. **37**, 1301), ferner aus m-Dijodoso-benzol und Salzsäure (W., D., B. **37**, 1305); die freie Base entsteht durch Zersetzung des trocknen Salzes mit verd. Natronlauge oder Sodalösung (W., D.). — Hellgelbes amorphes Pulver. Explodiert gegen 108^0. Fast unlöslich in allen Solvenzien. — Salzsaures Salz, m-Phenylen-bis-jodidchlorid, m-Phenylendijodid-tetrachlorid $C_6H_4(ICl_2)_2$. Hellgelbe Blättchen oder Täfelchen von scharfem Geruch. Zersetzungspunkt: 122^0. Leicht löslich in Benzol und Aceton, schwer in Äther, Eisessig und Chloroform. Gibt beim Liegen an der Luft Chlor ab. — Essigsaures Salz $C_6H_4[I(C_2H_3O_2)_2]_2$. Schneeweißes Pulver. F: 204^0.

3-Jod-1-jodo-benzol, m-Jod-jodobenzol $C_6H_4O_2I_2 = C_6H_4I \cdot IO_2$. B. Durch Kochen von m-Jod-jodosobenzol mit Wasser unter gleichzeitigem Einleiten von Wasserdampf (W., D., B. **37**, 1305). Aus m-Jod-phenyljodidchlorid mit Chlorkalk- oder Natriumhypochlorit-lösung (W., D.). Aus m-Jod-jodosobenzol und unterchloriger Säure (W., D.). — Farblose Nadeln (aus siedendem Wasser oder Eisessig). Explodiert bei $216-218^0$.

1.3-Dijodo-benzol, m-Dijodo-benzol $C_6H_4O_4I_2 = C_6H_4(IO_2)_2$. B. Aus m-Dijodoso-benzol durch Erhitzen mit Wasserdampf oder Behandeln mit unterchloriger Säure (W., D., B. **37**, 1306). Aus m-Phenylendijodid-tetrachlorid mit unterchloriger Säure oder deren in Wasser gelösten Salzen (W., D.). Durch Oxydation des m-Jod-jodobenzols mit unterchloriger Säure (W., D.). — Weiße Täfelchen. Sehr wenig löslich in Wasser und Eisessig. Explodiert sehr heftig bei 261^0 oder durch Schlag.

Phenyl-[3-jod-phenyl]-jodoniumhydroxyd $C_{12}H_{10}OI_2 = C_6H_4I \cdot I(C_6H_5) \cdot OH$. B. Durch Verreiben äquimolekularer Mengen von m-Jod-jodosobenzol und Jodobenzol mit Wasser und Silberoxyd (W., D., B. **37**, 1306). — Die wäßr. Lösung reagiert stark alkalisch. — $C_{12}H_9I_2 \cdot Cl$. Weiße Nadeln. F: 134^0. Leicht löslich in Wasser, Alkohol, Eisessig und Chloroform. — $C_{12}H_9I_2 \cdot Br$. Weiße Blättchen (aus Alkohol). F: 169^0. Löslich in heißem Chloroform, schwer löslich in Eisessig, unlöslich in Äther und Benzol. — $C_{12}H_9I_2 \cdot I$. Gelbe Flocken. Zersetzungspunkt: 89^0. Sehr schwer löslich in Alkohol und Eisessig, unlöslich in Wasser und Äther. — $C_{12}H_9I_2 \cdot I_3$. Rotbraune Nädelchen. F: 118^0. Fast unlöslich in Äther, Eisessig und Chloroform. — $(C_{12}H_9I_2)_2Cr_2O_7$. Orangefarbener Niederschlag. Zersetzt sich bei ca. 135^0. Ziemlich löslich in Alkohol, $CHCl_3$ und Eisessig, schwer in Wasser. Explodiert beim Berühren mit einem glühenden Platindraht. — $C_{12}H_9I_2 \cdot Cl + HgCl_2$. Weiß, amorph. F: 56^0. Schwer löslich in warmem Alkohol und Wasser, fast unlöslich in $CHCl_3$ und Äther. — $2 C_{12}H_9I_2Cl + PtCl_4$. Fleischfarbener Niederschlag. F: 187^0. Unlöslich in fast allen üblichen Lösungsmitteln.

Bis-[3-jod-phenyl]-jodoniumhydroxyd $C_{12}H_9OI_3 = (C_6H_4I)_2I \cdot OH$. B. Durch Verreiben von m-Jod-jodosobenzol, m-Jod-jodobenzol, Wasser und Silberoxyd (W., D., B. **37**, 1308). — Die wäßr. Lösung reagiert stark alkalisch. — $C_{12}H_8I_3 \cdot Cl$. Weiße Nädelchen (aus heißem Benzol). F: 156^0. Sehr wenig löslich in Chloroform. — $C_{12}H_8I_3 \cdot Br$. Weißes amorphes Pulver. Zersetzungspunkt: 163^0. Sehr wenig löslich in Chloroform und Benzol, fast unlöslich in Wasser, Alkohol und Eisessig. — $C_{12}H_8I_3 \cdot I$. Hellgelb, lichtempfindlich. F: 141^0. Sehr wenig löslich in Chloroform, fast unlöslich in Wasser, Alkohol, Äther, Benzol, Eisessig. — $(C_{12}H_8I_3)_2Cr_2O_7$. Rotgelbes amorphes Pulver. Leicht löslich in Chloroform, sehr wenig in Wasser, unlöslich in Äther. — $2 C_{12}H_8I_3 \cdot Cl + PtCl_4$. Fleischfarbener amorpher Niederschlag. Beginnt bei 109^0, sich zu zersetzen; schmilzt bei 191^0.

m-Phenylen-bis-[3-jod-phenyl-jodoniumhydroxyd] $C_{18}H_{12}O_2I_4 = C_6H_4[I(OH)(C_6H_4I)]_2$. B. Durch Erwärmen eines Gemisches von 2 Mol.-Gew. m-Jod-jodosobenzol, 1 Mol.-Gew. m-Dijodo-benzol, Silberoxyd und etwas Wasser auf 40^0 (W., D., B. **37**, 1310). — Die wäßr. Lösung reagiert stark alkalisch. — $(C_{18}H_{12}I_4)Br_2$. F: ca. 146^0. Löslich in Alkohol und Chloroform. — $(C_{18}H_{12}I_4)I_2$. Weißlichgelb, sehr unbeständig. Zersetzt sich bei ca. 140^0. Löslich in Alkohol und Chloroform, fast unlöslich in Äther. — $(C_{18}H_{12}I_4)Cr_2O_7$. Rote Flocken. F: 146^0. Ziemlich leicht löslich in Wasser, Alkohol und Chloroform, sehr wenig in Äther. — $(C_{18}H_{12}I_4)Cl_2 + PtCl_4$. Fleischfarbig. F: 176^0.

[α.β-Dichlor-vinyl]-[3-jod-phenyl]-jodoniumchlorid $C_6H_5Cl_3I_2 =$ $C_6H_4I \cdot I(CCl : CHCl) \cdot Cl$. Zur Konstitution vgl. THIELE, HAAKH, A. **369**, 144. — B. Aus m-Jod-phenyljodidchlorid, Acetylensilber-Silberchlorid (Bd. I, S. 241) und Wasser (W., D., B. **37**, 1309). — Weiße Nadeln (aus Wasser). F: ca. 148°. Löslich in Wasser, Alkohol und $CHCl_3$, fast unlöslich in Äther.

1.4-Dijod-benzol, p-Dijod-benzol $C_6H_4I_2$. B. Beim Erhitzen von Benzol oder besser von Jodbenzol mit Jod und Jodsäure im Druckrohr, neben 1.2.4-Trijod-benzol (KEKULÉ, A. **137**, 162, 164). Neben anderen Produkten durch längeres Kochen von Benzol mit Jod und konz. Schwefelsäure (ISTRATI, GEORGESCU, Bulet. **1**, 56; Ch. Z. **16** Repertorium, 102). Entsteht neben Benzolsulfonsäure und p-Jod-benzolsulfonsäure durch 2-stdg. Erwärmen gleicher Teile Jodbenzol und konz. Schwefelsäure (D: 1,84) auf 170—180° (NEUMANN, A. **241**, 39; vgl. TROEGER, HUEDELBRINCK, J. pr. [2] **65**, 82). Neben anderen Produkten durch Erwärmen von Jodbenzol mit Aluminiumchlorid (v. DUMREICHER, B. **15**, 1868). Neben anderen Produkten durch Erhitzen von Natriumbenzoat und Chlorjod (SCHÜTZENBERGER, J. **1862**, 251). Aus diazotiertem p-Jod-anilin und Jodwasserstoffsäure (KEKULÉ, Z. **1866**, 688 Anm.; J. **1866**, 430). Durch Erwärmen von Diphenyl in Petroläther mit Jodschwefel und Salpetersäure (D: 1,5) oder mit Jod und Salpetersäure (D: 1,5) auf dem Wasserbade (WILLGERODT, HILGENBERG, B. **42**, 3827). — Leicht sublimierende Blättchen (aus Alkohol). Rhombisch bipyramidal (SANSONI, Z. Kr. **20**, 595; vgl. Groth, Ch. Kr. **4**, 6). F: 129,4° (KÖRNER, G. **4**, 429; J. **1875**, 357), 129° (N.; T., HU.). Kp: 285° (korr.) (KEKULÉ, A. **137**, 164). In Alkohol und Äther leicht löslich (T., HU.). — Wird bei 218° durch roten Phosphor und Jodwasserstoff zu Benzol reduziert (KLAGES, LIECKE, J. pr. [2] **61**, 319). Gibt mit Salpetersäure außer Jod nur p-Jod-nitrobenzol (KÖRNER, G. **4**, 385; J. **1875**, 325). Beim Erwärmen mit rauchender Schwefelsäure auf dem Wasserbad entstehen Trijodbenzol und Tetrajodbenzol neben Spuren einer Sulfonsäure (BOYLE, Soc. **95**, 1685).

4-Jod-1-jodoso-benzol, p-Jod-jodosobenzol $C_6H_4OI_2 = C_6H_4I \cdot IO$ und Salze vom Typus $C_6H_4I \cdot IAc_2$. B. Das salzsaure Salz entsteht durch Einleiten von Chlor in eine nicht gekühlte Lösung von p-Dijod-benzol in Chloroform; man zersetzt es durch Schütteln mit verd. Natronlauge (WILLGERODT, B. **27**, 1790, 1791). — Hellgelbe amorphe Masse. Zersetzt sich bei 120°. Fast unlöslich. — Salzsaures Salz, p-Jod-phenyljodidchlorid $C_6H_4I \cdot ICl_2$. Gelbe Prismen (aus Benzol oder Chloroform). Zersetzt sich gegen 150°. Wird beim Erhitzen mit Eisessig, Alkohol und Aceton in p-Dijod-benzol übergeführt. — Essigsaures Salz $C_6H_4I \cdot I(C_2H_3O_2)_2$. Farblose Plättchen. F: ca. 215°.

1.4-Dijodoso-benzol, p-Dijodoso-benzol $C_6H_4O_2I_2 = C_6H_4(IO)_2$. Nicht in reinem Zustand erhalten. Salzsaures Salz, p-Phenylen-bis-jodidchlorid, p-Phenylendijodid-tetrachlorid $C_6H_4(ICl_2)_2$. B. Bei längerem Chlorieren von p-Jod-phenyljodidchlorid (s. o.) in Gegenwart von Chloroform (WILLGERODT, B. **27**, 1793; vgl. W., B. **25**, 3494). Hellgelbe Nadeln. Zersetzt sich gegen 157—159°. — Essigsaures Salz $C_6H_4[I(C_2H_3O_2)_2]_2$. Prismen. F: 232° (Zers.) (W., B. **27**, 1793).

4-Jod-1-jodo-benzol, p-Jod-jodobenzol $C_6H_4O_2I_2 = C_6H_4I \cdot IO_2$. B. Durch Erhitzen von p-Jod-jodosobenzol (s. o.) auf 90—100° oder durch Kochen mit Wasser (W., B. **27**, 1792, 1793). — Nädelchen (aus Eisessig). Explodiert gegen 232°. Unlöslich in Chloroform, Äther, Benzol, schwer löslich in Eisessig und Wasser.

1.4-Dijodo-benzol, p-Dijodo-benzol $C_6H_4O_4I_2 = C_6H_4(IO_2)_2$. B. Beim Kochen von p-Dijodoso-benzol mit Wasser (W., B. **27**, 1794). — Nädelchen (aus Eisessig). Sehr wenig löslich in Wasser und Eisessig.

Phenyl-[4-jod-phenyl]-jodoniumhydroxyd $C_{12}H_{10}OI_2 = C_6H_4I \cdot I(C_6H_5) \cdot OH$. B. Durch allmähliches Eintragen von 5 g Jodosobenzol in 75 g konz. Schwefelsäure unter Abkühlung; man verdünnt mit Eisstücken, läßt zwei Tage stehen und fällt aus der filtrierten Lösung durch Kaliumjodid das Jodid, das man durch Silberoxyd in die freie Base überführt (HARTMANN, V. MEYER, B. **27**, 427; Höchster Farbw., D. R. P. 76349; Frdl. **4**, 1105). Das Jodid entsteht auch aus diazotiertem Phenyl-[4-amino-phenyl]-jodoniumchlorid und Kaliumjodid in salzsaurer Lösung (WILLGERODT, HEUSNER, B. **40**, 4077). — Die Base reagiert stark alkalisch und zersetzt sich beim Aufbewahren (HA., V. M.). — $C_{12}H_9I_2 \cdot Cl$. Nädelchen (aus verd. Essigsäure). F: 200—201° (Zers.) (HA., V. M.). — $C_{12}H_9I_2 \cdot Br$. Gelbliche Krystalle (aus Wasser und Alkohol). F: 166° (W., HE.), 167—168° (Zers.) (HA., V. M.). — $C_{12}H_9I_2 \cdot I$. Gelber flockiger Niederschlag. Schmilzt bei 144° (HA., V. M.), 145° (W., HE.), dabei in p-Dijod-benzol und Jodbenzol zerfallend (HA., V. M.; W., HE.). — $C_{12}H_9I_2 \cdot NO_3$. Krystalle. Leicht löslich in Wasser (HA., V. M.).

4-Chlor-1.3-dijod-benzol $C_6H_3ClI_2$. B. Durch mehrtägiges Erhitzen von 250 g Chlorbenzol mit 500 g Jod und 350 ccm Schwefelsäure, neben anderen Produkten (ISTRATI, Bulet.

6, 49; *C.* **1897** I, 1161). — Bis — 12° flüssig bleibende, anfangs farblose, allmählich rötlich werdende Flüssigkeit. Kp_{78}: 221°. D°: 2,555; D^{25}: 2,520.

[4-Chlor-phenyl]-[2-chlor-5-jod-phenyl]-jodoniumhydroxyd oder [4-Chlor-phe-nyl]-[5-chlor-2-jod-phenyl]-jodoniumhydroxyd $C_{12}H_8OCl_2I_2 = C_6H_3ClI \cdot I(OH) \cdot C_6H_4Cl$. *B.* Man löst p-Chlor-jodosobenzol in konz. Schwefelsäure, fällt durch Jodkalium und schweflige Säure das Jodid aus und behandelt dieses mit Silberoxyd (WILKINSON, *B.* **28**, 99). — $C_{12}H_7Cl_2I_2 \cdot Cl$. Blättchen (aus heißem Wasser). F: 195°. — $C_{12}H_7Cl_2I_2 \cdot Br$. Krystallkörner. F: 190°. — $C_{12}H_7Cl_2I_2 \cdot I$. Krystalle. F: 133° (Zers.). Löslich in siedendem Alkohol. Färbt sich an der Luft rasch gelb. — $C_{12}H_7Cl_2I_2 \cdot I_2$. Braune glänzende Nadeln (aus Alkohol). F: 152°. — $C_{12}H_7Cl_2I_2 \cdot NO_3$. Nadeln. F: 188° (Zers.). Leicht löslich in heißem Wasser. — $2 C_{12}H_7Cl_2I_2 \cdot Cl + PtCl_4$. Rotgelbe Büschel. F: 160°.

[2.5-Dichlor-phenyl]-[2.5-dichlor-x-jod-phenyl]-jodoniumhydroxyd $C_{12}H_6OCl_4I_2 = C_6H_2Cl_2I \cdot I(OH) \cdot C_6H_3Cl_2$. *B.* Man trägt 2.5-Dichlor-1-jodoso-benzol in konz. Schwefel-säure ein, verdünnt die Lösung durch Zugabe von Eis, filtriert, fällt das Filtrat mit KI und setzt das erhaltene Jodid mit Silberoxyd und Wasser um (WILLGERODT, LANDENBERGER, *J. pr.* [2] 71, 550). — Die wäßr. Lösung der Basen reagiert alkalisch. — $C_{12}H_5Cl_4I_2 \cdot Cl$. Amorphe weiße Masse. Sintert bei 125°, schmilzt bei 156°. Leicht löslich in Wasser und Alkohol. — $C_{12}H_5Cl_4I_2 \cdot Br$. Weiße Masse. Sintert bei 125°, schmilzt bei 125°. — $C_{12}H_5Cl_4I_2 \cdot I$. Gelbe Masse. Sintert bei 110° und schmilzt bei 124—125°. Schwer löslich in Wasser, löslich in Alkohol. — $(C_{12}H_5Cl_4I_2)_2Cr_2O_7$. Amorpher, ziegelroter, unbeständiger Niederschlag. Sintert bei 100°. — $2 C_{12}H_5Cl_4I_2 \cdot Cl + PtCl_4$. Hellbraune Prismen. F: 198°.

1.2.4-Trichlor-x.x-dijod-benzol $C_6HCl_3I_2$. *B.* Entsteht neben anderen Produkten durch mehrtägiges Kochen von 1.2.4-Trichlor-benzol mit Jod und konz. Schwefelsäure (ISTRATI, *Bulet.* 2, 8). — Nadeln. F: 92—93°. Löslich in Chloroform.

2.4.5.6-Tetrachlor-1.3-dijod-benzol $C_6Cl_4I_2$. *B.* Neben anderen Produkten durch Kochen von 1.2.3.5-Tetrachlor-benzol mit Jod und konz. Schwefelsäure (I., *Bulet.* 1, 157). — F: 222—224°. — Rauchende Salpetersäure erzeugt 2.4.5.6-Tetrachlor-3-jod-1-nitro-benzol.

2.3.5.6-Tetrachlor-1.4-dijod-benzol $C_6Cl_4I_2$. *B.* Durch längeres Kochen von 1.2.4.5-Tetrachlor-benzol mit konz. Schwefelsäure und Jod (ISTRATI, *Bulet.* 1, 157). — Nädelchen (aus Chloroform). Sehr schwer löslich in heißem Alkohol oder Benzol, schwer in heißem Chloroform. — Rauchende Salpetersäure erzeugt 2.3.5.6-Tetrachlor-4-jod-1-nitro-benzol.

1.4-Dibrom-x.x-dijod-benzol $C_6H_2Br_2I_2$. *B.* Neben anderen Produkten durch längeres Erhitzen von p-Dibrom-benzol mit Jod und konz. Schwefelsäure (ISTRATI, EDELEANU, *Bulet.* 1, 205). — Nadeln (aus Benzol). F: 161—162°.

1.2.3-Trijod-benzol, vic.-Trijod-benzol $C_6H_3I_3$. *B.* Man diazotiert 3.4.5-Trijod-anilin in alkoh.-schwefelsaurer Lösung und läßt das Reaktionsgemisch in kochenden Alkohol ein-fließen (WILLGERODT, ARNOLD, *B.* **34**, 3349). Aus diazotiertem 2.6-Dijod-anilin und Kalium-jodid (KÖRNER, BELASIO, *R. A. L.* [5] 17 I, 687). — Sublimierbare Nadeln (aus Alkohol), Prismen (aus Benzol). F: 116° (K., B.), 86° (W., A.). Sehr leicht löslich in Alkohol, Äther, Chloroform; lichtempfindlich (W., A.).

1.2.4-Trijod-benzol, asymm. Trijodbenzol $C_6H_3I_3$. *B.* Durch anhaltendes Er-hitzen von Jodbenzol mit Jod, Jodsäure und Wasser (KEKULÉ, *A.* **137**, 164). Neben anderen Produkten durch längeres Kochen von Benzol mit Jod und konz. Schwefelsäure (ISTRATI, GEORGESCU, *Bulet.* 1, 62; *Ch. Z.* 16 Repertorium, 102; vgl. JACKSON, BEHR, *Am.* **26**, 56). Aus 2.4-Dijod-benzoldiazoniumchlorid (Syst. No. 2193) und Kaliumjodid in Wasser (HANTZSCH, *B.* **28**, 684). Aus 2.4.5-Trijod-anilin oder 2.3.6-Trijod-anilin durch Behandlung mit sal-petriger Säure und absol. Alkohol (KÖRNER, BELASIO, *R. A. L.* [5] 17 I, 683, 689). — Subli-mierbare Nadeln (aus Alkohol). F: 91,4° (Kö., B.), 83—84° (I., G.), 77° (H.), 76° (KE.). Löslich in Alkohol und Chloroform.

1.2.4-Trijodoso-benzol $C_6H_3O_3I_3 = C_6H_3(IO)_3$. — Salzsaures Salz $C_6H_3(ICl)_3$. *B.* Aus 1.2.4-Trijod-benzol, gelöst in CCl_4 oder $CHCl_3$, und Chlor (WILLGERODT, *B.* **25**, 3494). Glänzende Krystalle. F: 145° (Zers.). Verliert leicht Chlor.

1.3.5-Trijod-benzol, symm. Trijodbenzol $C_6H_3I_3$. *B.* Neben anderen Produkten durch längeres Kochen von Benzol mit Jod und konz. Schwefelsäure (ISTRATI, GEORGESCU, *Bulet.* 1, 62; *Ch. Z.* 16 Repertorium, 102; vgl. JACKSON, BEHR, *Am.* **26**, 60). Durch Einw. von Jodkalium auf diazotiertes 3.5-Dijod-anilin (WILLGERODT, ARNOLD, *B.* **34**, 3347). Durch Einw. von Natriumnitrit und Schwefelsäure auf die Suspension von 2.4.6-Trijod-anilin in alkoholhaltigem Benzol (JACKSON, BEHR, *Am.* **26**, 58). — Sublimierbare, mit Wasserdampf flüchtige Nadeln (aus Eisessig). F: 180° (W., A.), 181° (J., B.), 182—184° (I., G.). Unlöslich in Wasser (J., B.); schwer löslich in Äther, Benzol, Chloroform, kaltem Alkohol, leichter in siedendem Eisessig (W., A.).

[3-Jod-phenyl]-[x.x-dijod-phenyl]-jodoniumhydroxyd $C_{12}H_8OI_4 = (C_6H_4I)(C_6H_3I_2)I \cdot OH$. *B.* Man trägt m-Jod-jodosobenzol in stark abgekühlte konz. Schwefelsäure, filtriert das durch Verdünnen mit Wasser in Lösung gehaltene Sulfat von dem ausgeschiedenen Harz ab, versetzt mit Jodkalium und behandelt das ausgefällte Jodid mit Silberoxyd (WILLGERODT, DESAGA, *B.* **37**, 1308). — Die Base ist nur in Lösung bekannt. — $C_{12}H_7I_4 \cdot$ Br. Gelber amorpher Niederschlag. F: 109°. Sehr wenig löslich in Alkohol, unlöslich in Wasser, Chloroform und Äther. — $(C_{12}H_7I_4)_2Cr_2O_7$. Rot. Zersetzungspunkt 91°. Unlöslich in den meisten Solvenzien. — $2 C_{12}H_7I_4 \cdot Cl + PtCl_4$. Fleischfarbiger Niederschlag. F: 171°. Fast unlöslich in Äther, Alkohol und Wasser.

2-Chlor-1.3.5-trijod-benzol $C_6H_2ClI_3$. *B.* 10 g reines 2.4.6-Trijod-anilin versetzt man mit 120 ccm konz. Salzsäure und dann in kleinen Mengen mit 15—20 g Natriumnitrit und zersetzt die entstandene Diazoverbindung durch 2-stdg. Erwärmen auf dem Wasserbade (GREEN, *Am.* **36**, 601; vgl. HANTZSCH, *B.* **36**, 2071). — Prismen (aus Benzol + Alkohol). F: 119—120° (G.), 125—126° (H.). Leicht löslich in Äther, Chloroform, Benzol, löslich in Eisessig, sehr wenig löslich in Alkohol, unlöslich in Ligroin (G.).

Chlortrijodbenzol von unbekannter Halogenstellung $C_6H_2ClI_3$. *B.* Durch mehrtägiges Erhitzen von Chlorbenzol mit Jod und Schwefelsäure, neben p-Chlor-jodbenzol und 4-Chlor-1.3-dijod-benzol (ISTRATI, *Bulet.* **6**, 49, 53). — Krystalle (aus Chloroform). F: 162—164°.

3.5.6-Trichlor-1.2.4-trijod-benzol $C_6Cl_3I_3$. *B.* Entsteht neben anderen Produkten durch mehrtägiges Kochen von 1.2.4-Trichlor-benzol mit Jod und konz. Schwefelsäure (ISTRATI, *Bulet.* **2**, 8). — Nadeln (aus Chloroform). F: 243—246°.

2-Brom-1.3.5-trijod-benzol $C_6H_2BrI_3$. *B.* Aus 2.4.6-Trijod-anilin über die Diazoverbindung (JACKSON, BIGELOW, *B.* **42**, 1868). — F: 139°.

Bromtrijodbenzol von unbekannter Halogenstellung $C_6H_2BrI_3$. *B.* Durch mehrtägiges Kochen von p-Dibrom-benzol mit Jod und konz. Schwefelsäure, neben anderen Produkten (ISTRATI, EDELEANU, *Bulet.* **1**, 208). — Krystalle (aus Benzol). F: 206—207°. Die Lösung zersetzt sich am Licht.

2.4.6-Tribrom-1.3.5-trijod-benzol $C_6Br_3I_3$. *B.* Durch mehrtägiges Erhitzen von 1.3.5-Tribrom-benzol mit Schwefelsäure (D: 1,84) bei allmählichem Zusatz von Jod (ISTRATI, *C. r.* **127**, 519). — Goldgelbe Nadeln. F: 322°. 100 Tle. siedenden Alkohols lösen 0,040 Tle., 100 Tle. siedenden Chloroforms 0,306 Tle. — Wird durch alkoholische Kalilauge zersetzt. Rauchende Salpetersäure greift nur schwierig an.

1.2.3.4-Tetrajod-benzol, vic.-Tetrajod-benzol $C_6H_2I_4$. *B.* Aus 2.3.6-Trijod-anilin durch Austausch der NH$_2$-Gruppe gegen Jod (KÖRNER, BELASIO, *R. A. L.* [5] **17** I, 688). Durch Kochen von diazotiertem 2.3.4.5-Tetrajod-anilin mit absol. Alkohol (WILLGERODT, ARNOLD, *B.* **34**, 3353). — Sublimierbare Prismen (aus CS$_2$ oder aus Äther + Alkohol). F: 136° (K., B.), 114° (W., A.). Leicht löslich in Alkohol, Äther, Chloroform (W., A.).

1.2.3.5-Tetrajod-benzol $C_6H_2I_4$. *B.* Durch Einw. von Jodkalium auf diazotiertes 3.4.5-Trijod-anilin (W., A., *B.* **34**, 3350). — Sublimierbare Krystalle (aus Eisessig oder Äther). F: 148°. Schwer löslich in Alkohol, Äther, Chloroform, leicht in siedendem Eisessig.

1.2.4.5-Tetrajod-benzol $C_6H_2I_4$. *B.* Aus diazotiertem 2.4.5-Trijod-anilin und Kaliumjodid (KÖRNER, BELASIO, *R. A. L.* [5] **17** I, 687). Man diazotiert Tetrajod-p-phenylendiamin in alkoholisch-schwefelsaurer Lösung und läßt das Reaktionsgemisch in siedenden absol. Alkohol einfließen (WILLGERODT, ARNOLD, *B.* **34**, 3352). Entsteht vielleicht auch (neben anderen Produkten) durch längeres Kochen von Benzol mit Jod und konz. Schwefelsäure (ISTRATI, GEORGESCU, *Bulet.* **1**, 62; *Ch. Z.* **16** Repertorium, 102). — Nadeln (aus Äther), Prismen (aus Benzol). Sublimiert beim Erhitzen im Vakuum (K., B.). F: 254° (K., B.), 165° (unkorr.) (W., A.). Sehr wenig löslich in Alkohol und Äther, löslich in Essigsäure, leicht löslich in CS$_2$ (K., B.). Etwas lichtempfindlich (W., A.).

Pentajodbenzol C_6HI_5. *B.* Durch Einw. von Jodkalium auf diazotiertes 2.3.4.5-Tetrajod-anilin (WILLGERODT, ARNOLD, *B.* **34**, 3353). — Sublimierbare Nadeln (aus Alkohol). F: 172°. Schwer löslich in kaltem Alkohol, Äther, leichter in Chloroform, heißem Eisessig.

Hexajodbenzol, Perjodbenzol C_6I_6. *B.* Man trägt während $^1/_2$ Stunde 20 g Jod in eine auf 120° erhitzte Lösung von 3 g Benzoesäure in 30 g rauchender Schwefelsäure ein und erhitzt 6 Stdn. lang auf 180° (RUPP, *B.* **29**, 1631). Entsteht auch neben Tetrajodterephthalsäure beim Erhitzen von Terephthalsäure mit Jod und rauchender Schwefelsäure (RUPP). — Rotbraune Nadeln (aus siedendem Nitrobenzol). Schmilzt bei 340—350° (unter Zers.). Unlöslich in den üblichen Solvenzien.

e) Nitroso-Derivate.

Nitrosobenzol $C_6H_5ON = C_6H_5\cdot NO$. *B.* Durch Oxydation von Phenylhydroxylamin mit Chromsäuregemisch (s. unter Darst.) (BAMBERGER, *B.* **27**, 1555) oder mit neutraler Kaliumpermanganatlösung (BAMB., TSCHIRNER, *B.* **32**, 342 Anm. 1). Durch Einw. von Kaliumdichromat auf die Dinatriumverbindung des Phenylhydroxylamins in schwefelsaurer Lösung (SCHMIDT, *B.* **32**, 2918). Neben Benzolsulfinsäure beim Schütteln von 5 g N-Benzolsulfonylphenylhydroxylamin mit 23 ccm n-Natronlauge (PILOTY, *B.* **29**, 1565). Bei der Selbstzersetzung von Phenylnitrosohydroxylamin in Benzollösung (BAMB., *B.* **31**, 579). Beim Kochen von Phenylnitrosohydroxylamin mit Wasser (BAMB., *B.* **27**, 1551) oder mit Mineralsäuren (WOHL, *B.* **27**, 1435). Beim Behandeln einer alkalischen Lösung von Phenylnitrosohydroxylamin mit KMnO$_4$ bei 0° oder mit NaOCl bei Zimmertemperatur (BAMB., *B.* **31**, 583). — Durch Oxydation von Anilin mit KMnO$_4$ in schwefelsaurer Lösung (in Gegenwart von Formaldehyd) (BAMB., TSCHIRNER, *B.* **31**, 1524; **32**, 342; *A.* **311**, 78) oder mit Sulfomonopersäure (CARO, *Z. Ang.* **1900** II, 462; vgl. auch BAMB., TSCH., *B.* **32**, 1675). Aus 1 Mol.-Gew. Anilin und 2 Mol.-Gew. (PRILESHAJEW, *B.* **42**, 4815) Benzoylhydroperoxyd (BAEYER, VILLIGER, *B.* **33**, 1578). Bei der Oxydation von Dianilinomethan $(C_6H_5\cdot NH)_2CH_2$ mit KMnO$_4$ in schwefelsaurer Lösung (BAMB., TSCH., *B.* **32**, 342 Anm. 1). — In geringer Menge neben Diazobenzolsäure und anderen Produkten aus (1 Mol.-Gew.) Benzoldiazoniumchlorid und Kaliumferricyanid (2 Mol.-Gew.) oder Kaliumpermanganat in alkal. Lösung bei 0° (BAMB., STORCH, *B.* **26**, 473; BAMB., LANDSTEINER, *B.* **26**, 483). In geringer Menge beim Behandeln von Diazobenzolperbromid mit eiskalter Natronlauge, neben anderen Produkten (BAMB., *B.* **27**, 1275). — Aus Nitrobenzol durch elektrolytische Reduktion unter Verwendung neutraler Elektrolyte, z. B. Na$_2$SO$_4$ (DIEFFENBACH, D. R. P. 192519; *C.* **1908** I, 911). Entsteht in geringer Menge beim Erhitzen von Azoxybenzol (BAMB., *B.* **27**, 1182). — Durch Einleiten von Nitrosylchlorid-Dämpfen in eine äther. Lösung von Phenylmagnesiumbromid (ODDO, *G.* **39** I, 660). Beim Versetzen einer Lösung von Quecksilberdiphenyl in Benzol mit einer Benzollösung von NOBr, NOCl oder am besten der Verbindung SnCl$_4\cdot$2NOCl (BAEYER, *B.* **7**, 1638). Bei der Einw. von NO$_2$ auf Quecksilberdiphenyl in Chloroform, neben Phenylmercurinitrat (BAMBERGER, *B.* **30**, 512). Bei der Einw. von Natriumnitrit auf Diphenylzinndichlorid in essigsaurer Lösung, neben viel Triphenylzinnchlorid (ARONHEIM, *B.* **12**, 510).

Darst. 2 g reines und fein pulverisiertes Phenylhydroxylamin werden in einer eiskalten Mischung von 6 g konz. Schwefelsäure und 100 ccm Wasser gelöst und mit einer gut gekühlten Lösung von 2,4 g Kaliumdichromat in 150 ccm Wasser auf einmal versetzt; die nach wenigen Augenblicken beginnende Krystallisation ist bei 0° in $^1/_2$ Stde. beendigt (E. FISCHER, Anleitung zur Darstellung organischer Präparate, 9. Aufl. [Braunschweig 1920], S. 11). — Man suspendiert 30 g Nitrobenzol in einer Lösung von 15 g Ammoniumchlorid in 750 ccm Wasser, trägt unter fortwährendem Rühren bei einer 15° nicht übersteigenden Temp. allmählich 40 g Zinkstaub ein und filtriert nach dem Verschwinden des Nitrobenzolgeruchs; das Filtrat — eine wäßr. Lösung von Phenylhydroxylamin — kühlt man auf 0° ab, worauf man es in ein auf 0° gekühltes Gemisch von 180 g konz. Schwefelsäure und 900 ccm Wasser eingießt und rasch mit einer eiskalten Lösung von 24 g Kaliumdichromat in 1 Liter Wasser versetzt; das ausgeschiedene Nitrosobenzol kann durch Wasserdampfdestillation gereinigt werden (3. Aufl. dieses Handbuches, Ergänzungsband II, S. 44).

Farblose Krystalle (aus Alkohol + Äther). Rhombisch bipyramidal (JAEGER, *Z. Kr.* **42**, 246; vgl. *Groth, Ch. Kr.* **4**, 11). Riecht stechend (BAMBERGER, STORCH, *B.* **26**, 474). Nitrosobenzol existiert im schnell abgekühlten Schmelzflusse in zwei krystallisierten, doppeltbrechenden, physikalisch isomeren Modifikationen, ist also monotrop-dimorph (SCHAUM, *A.* **308**, 38). Besitzt in Benzol-, Eisessig-, Aceton- und Naphthalinlösung die einfache Molekulargewicht (BAMB., *B.* **30**, 2280 Anm.; BAMB., RISING, *B.* **34**, 3878; AUWERS, *Ph. Ch.* **32**, 54). Schmilzt bei 67,5—68° zu einer smaragdgrünen Flüssigkeit, welche wieder zu farblosen Krystallen erstarrt (BAMB., ST.). Kp$_{18}$: 57—59° (O. SCHMIDT, *B.* **36**, 2479). Sehr flüchtig; mäßig löslich in Ligroin und den üblichen Lösungsmitteln; die Lösungen sind grün (BAMB., ST.). Refraktion und Dispersion in Lösung: BRÜHL, *Ph. Ch.* **22**, 397; **26**, 48. Bildet mit Nitrobenzol feste Lösungen (BRUNI, CALLEGARI, *R. A. L.* [5] 13 I, 568; *G.* 84 II, 247). Absorptionsspektrum: BALY, EDWARDS, STEWART, *Soc.* 89, 522; BALY, DESCH, *Soc.* 93, 1756.

Bei der Belichtung einer benzolischen Lösung von Nitrosobenzol entstehen: Azoxybenzol, Nitrobenzol, Anilin, Hydrochinon, o-Oxy-azobenzol, o-Oxy-azoxybenzol, Iso-o-oxy-azoxybenzol, p-Oxy-azoxybenzol, Wasser, Harz, Spuren von Aminophenolen und von primären, dampfunflüchtigen Basen; gleichartig verläuft die Zersetzung im Dunkeln, dauert dann aber längere Zeit; auch beim Erhitzen von Nitrosobenzol auf dem Wasserbade mit oder ohne Benzol erfolgt dieselbe Zersetzung (BAMBERGER, *B.* 35, 1606). — Nitrosobenzol wird von kalter konz. Schwefelsäure zu Phenyl-[4-nitroso-phenyl]-hydroxylamin polymerisiert (BAMB., BÜSDORF, SAND, *B.* 31, 1513). — Wasserstoffsuperoxyd oxydiert in alkalischer Lösung sehr rasch zu Nitrobenzol, während es in neutraler Lösung anscheinend wirkungslos ist (BAMB., *B.* 33, 119). — Bei der Reduktion von Nitrosobenzol mit Salzsäure und Zinn oder Zinnchlorür in siedender alkoh. Lösung entstehen neben Anilin Chloraniline (BLANKSMA, *R.* 25, 369). — Nitrosobenzol addiert in Chloroformlösung Stickoxyd zu Benzoldiazoniumnitrat (BAMB., *B.* 30, 512). Löst sich in einer wäßr. Lösung von nitrohydroxylaminsaurem Natrium $Na_2N_2O_3$ zu einer fuchsinroten Lösung; diese Lösung wird allmählich farblos und enthält dann das Natriumsalz des Phenylnitrosohydroxylamins (ANGELI, ANGELICO, *R. A. L.* [5] 9 II, 44; 10 I, 167; *G.* 33 II, 242; ANGELI, *R. A. L.* [5] 10 II, 160). Liefert mit Hydroxylamin in Gegenwart von Alkali Benzol-syn-diazotate (HANTZSCH, *B.* 38, 2056). — Bei der Einw. von Chlorwasserstoff oder Bromwasserstoff in Wasser, Alkohol, Benzol oder Chloroform entstehen 4.4'-Dichlor-azoxybenzol, 4-Chlor-anilin, 2.4-Dichlor-anilin, 2.4.6-Trichlor-anilin, p-Chlor-phenylhydroxylamin bezw. die analogen Bromverbindungen, ferner Harze und Farbstoffe (BAMB., BÜSDORF, SZOLAYSKI, *B.* 32, 210). — Nitrosobenzol wird durch wäßr. Natronlauge vorwiegend in Azoxybenzol übergeführt; daneben bilden sich — je nach den Versuchsbedingungen in wechselnder Menge — Nitrobenzol, Anilin, p-Nitroso-phenol, o- und p-Amino-phenol, o-Oxy-azobenzol, o- und p-Oxy-azoxybenzol, Iso-o-oxy-azoxybenzol, Blausäure und Ammoniak (BAMB., *B.* 33, 1939). Nitrosobenzol wird durch methylalkoholische oder äthylalkoholische Kalilauge schon bei gewöhnlicher Temp. zu Azoxybenzol reduziert; im letzteren Falle entsteht dabei auch N-Formyl-phenylhydroxylamin (BAMB., *B.* 35, 732). Auch durch äther. Kaliumäthylatlösung wird Nitrosobenzol in Azoxybenzol übergeführt (HANTZSCH, LEHMANN, *B.* 35, 905). Vermischt man eine Lösung von 15 g Nitrosobenzol in 300 ccm 96%igem Alkohol bei 9° mit einem Gemisch von 30 ccm 2 n-Natronlauge und 40 ccm 96%igem Alkohol (die Lösung erwärmt sich während der Reaktion auf 23°), so entsteht neben Azoxybenzol etwas Isazoxybenzol $C_6H_5 \cdot N_3O \cdot C_6H_5$ (Syst. No. 2207) (REISSERT, *B.* 42, 1367). Nitrosobenzol reagiert mit den sekundären aliphatischen Aminen sehr lebhaft, wobei es sich in der Hauptsache in Azobenzol, zum geringeren Teil in Nitrobenzol, Anilin und wahrscheinlich auch etwas Azoxybenzol verwandelt, während das Amin entweder größtenteils unverändert bleibt, oder zum geringeren Teil in sekundäres Hydroxylamin RR'N·OH übergeht (FREUNDLER, JUILLARD, *C. r.* 148, 289).

Aus Nitrosobenzol, Hydroxylamin und α-Naphthol bei Gegenwart von Soda entsteht Benzolazo-α-naphthol (BAMBERGER, *B.* 28, 1218). Bei Gegenwart von Ätzalkali bildet sich jedoch α-Naphthochinonmonoanil, indem das Hydroxylamin nur als schwache Base bei der Reaktion mitwirkt; es kann daher auch durch NH$_3$ ersetzt werden; als Nebenprodukt entsteht Anilino-naphthochinonmonoanil (H. EULER, *B.* 39, 1037, 1042). Mit β-Naphthol und Soda entsteht β-Naphthochinonmonoanil (H. EU., *B.* 39, 1040). — Bei der Einw. von Nitrosobenzol auf Toluol-p-sulfinsäure entstehen: p-Amino-phenol, Anilin, Toluolsulfophenylhydroxylamin $C_6H_5 \cdot N(OH) \cdot SO_2 \cdot C_7H_7$, [Toluol-p-sulfonsäure]-[p-amino-phenyl]-ester $C_7H_7 \cdot SO_2 \cdot O \cdot C_6H_4 \cdot NH_2$, Toluol-p-sulfonsäure, Tolyldisulfoxyd $(C_7H_7)_2S_2O_3$ und gelbe Krystalle vom Schmelzpunkt 161—162° (BAMB., RISING, *B.* 34, 228). — Nitrosobenzol liefert mit Anilin in heißem Eisessig Azobenzol (BAMB., LANDSTEINER, *B.* 26, 483; vgl. BAEYER, *B.* 7, 1639). Auch bei der Reaktion zwischen Nitrosobenzol und Monomethylanilin in Eisessiglösung bildet sich Azobenzol (BAMB., VUK, *B.* 35, 713). m- und p-Amino-acetanilid liefern mit Nitrosobenzol reichlich m- und p-Acetamino-azobenzol, während m- und p-Phenylendiamin nicht oder nur spurenweise reagieren (MILLS, *Soc.* 67, 926). Nitrosobenzol kondensiert sich mit o-Amino-phenolen in Eisessiglösung zu o-Oxy-azoverbindungen, während gleichzeitig ein Teil des Aminophenols zu einem Triphendioxazin oxydiert wird (AUWERS, RÖHRIG, *B.* 30, 989); aus o-Amino-phenol erhielt KRAUSE (*B.* 32, 126) als einziges Reaktionsprodukt Triphendioxazin $C_6H_4\!\!<^N_O\!\!>C_6H_2\!\!<^O_N\!\!>C_6H_4$. p-Amino-azobenzol liefert mit Nitrosobenzol in Eisessig p-Bis-[benzolazo]-benzol (MILLS). — Aus Nitrosobenzol und Phenylhydroxylamin bildet sich glatt Azoxybenzol. Läßt man Nitrosobenzol mit einem anderen Arylhydroxylamin R·NH·OH reagieren, so entstehen nebeneinander Azoxybenzol und die Azoxyverbindung R·N$_2$O·R (BAMB., RENAULD, *B.* 30, 2278). — Bei der Reaktion zwischen Nitrosobenzol und Phenylhydrazin beobachtete WALTHER (*J. pr.* [2] 52, 144) die Entstehung von Anilin. MILLS (*Soc.* 67, 928) und SPITZER (*C.* 1900 II, 1108) erhielten aus Nitrosobenzol und Phenylhydrazin

unter Stickstoffentwicklung Azobenzol. Nach BAMBERGER (*B.* **29**, 103)[1]) führt die Reaktion zwischen Nitrosobenzol und Phenylhydrazin zur Bildung von N-Oxy-diazoaminobenzol $C_6H_5 \cdot N : N \cdot N(OH) \cdot C_6H_5$ (Syst. No. 2239) und Phenylhydroxylamin. Auf asymmetrisch substituierte Hydrazine (Ar)(R)N·NH₂ reagiert Nitrosobenzol unter Bildung von Verbindungen (Ar)(R)N·N : NO·C₆H₅ bezw. (Ar)(R)N·N—N·C₆H₅ (Syst. No. 2242a) (BAMB., STIEGEL-
　　　　　　　　　　　　　　　　　　　　　　　　　⎿O⏌
MANN, *B.* **32**, 3554). Bei der Reaktion zwischen Nitrosobenzol und Hydrazobenzol entstehen nach SPITZER (*C.* **1900** II, 1108) nur Azobenzol und Wasser. Nach BAMBERGER (*B.* **33**, 3508)[1]) entstehen bei der Einw. von Nitrosobenzol auf Hydrazobenzol in heißer konz.-alkoh. Lösung Azobenzol und Phenylhydroxylamin. In alkoh.-alkal. Lösung entstehen aus Nitrosobenzol und Hydrazobenzol Azobenzol und Azoxybenzol (HABER, SCHMIDT, *Ph. Ch.* **32**, 280; vgl. BAMB., *B.* **33**, 3509). — Nitrosobenzol reagiert mit Phenylmagnesiumbromid unter Bildung einer hellgelben krystallinischen Verbindung, welche mit Wasser Nitrosobenzol zurückliefert (WIELAND, GAMBARJAN, *B.* **39**, 1499). Einw. von Zinkdiäthyl auf Nitrosobenzol: LACHMANN, *Am.* **21**, 442. — Nitrosobenzol kondensiert sich mit α-Methyl-bezw. α-Phenyl-

indol in Gegenwart von alkoh. Kali zu Verbindungen des Typus $C_8H_4 \diagdown \genfrac{}{}{0pt}{}{C=N \cdot C_6H_5}{N} \diagup C \cdot R$ (ANGELI,

MORELLI, *R. A. L.* [5] 17 I, 701). Es reagiert mit Diazomethan in äther. Lösung unter Bildung

von Glyoxim-N.N'-diphenyläther $C_6H_5 \cdot N \genfrac{}{}{0pt}{}{O}{} \genfrac{}{}{0pt}{}{}{CH \cdot CH} \genfrac{}{}{0pt}{}{O}{} N \cdot C_6H_5$ (Syst. No. 4620) neben Phenylhydroxylamin (v. PECHMANN, *B.* **30**, 2461, 2875).

Verbindung von Nitrosobenzol mit Cadmiumjodid $5C_6H_5ON + CdI_2$. Weiße Krystalle (aus Alkohol). F: 114°. Wird durch Wasser zersetzt (PICKARD, KENYON, *Soc.* **91**, 901).

2-Brom-1-nitroso-benzol, o-Brom-nitrosobenzol $C_6H_4ONBr = C_6H_4Br \cdot NO$. Farblose Nadeln. F: 97,5—98°. Im gelösten und geschmolzenen Zustand grün usw. (BAMBERGER, BÜSDORF, SAND, *B.* **31**, 1519 Anm.). — Wird von kalter konz. Schwefelsäure in 3.2'-Dibrom-4-nitroso-diphenylhydroxylamin umgewandelt.

4-Brom-1-nitroso-benzol, p-Brom-nitrosobenzol $C_6H_4ONBr = C_6H_4Br \cdot NO$. *B.* Beim Eintragen von FeCl₃ in die Lösung von p-Brom-phenylhydroxylamin in verd. Alkohol unter Kühlung (BAMBERGER, *B.* **28**, 1222). — Farblose Nadeln. In gelöstem und in geschmolzenem Zustande grün; F: 92—92,5°; sehr leicht löslich in Chloroform, leicht in Benzol, heißem Alkohol und heißem Ligroin, schwer in Petroläther; sehr leicht flüchtig mit Wasserdampf (BA.). — Liefert beim Lösen in kalter konz. Schwefelsäure neben anderen Produkten wenig 4-Brom-4'-nitroso-diphenylhydroxylamin (BA., BÜSDORF, SAND, *B.* **31**, 1521).

2.4.6-Tribrom-1-nitroso-benzol $C_6H_2ONBr_3 = C_6H_2Br_3 \cdot NO$. *B.* Man löst 80 g Tribromphenylhydroxylamin in 18 ccm warmem Eisessig, gibt zu dem durch Eiswasser ausgefällten Krystallbrei unter Umschütteln 8 Tropfen 66%iger wäßr. CrO₃-Lösung und läßt 20 Minuten stehen; gelöst bleiben symm. Hexabrom-azoxybenzol und Tribrombenzol; Ausbeute: ca. 20 g (v. PECHMANN, NOLD, *B.* **31**, 562). — Krystallisiert aus 15—20 Tln. Alkohol oder Benzol-Ligroin. F: 120°. Schwer löslich. Ist im geschmolzenen oder gelösten Zustand grün. Schwer flüchtig mit Wasserdampf. — Beim Kochen mit alkoh. Kalilauge entsteht eine rote Färbung. Phenylhydrazin reduziert zu Tribromanilin.

„**o-Dinitroso-benzol**" $C_6H_4O_2N_2$ s. bei o-Chinondioxim, Syst. No. 670.

m-Dinitroso-benzol $C_6H_4O_2N_2 = C_6H_4(NO)_2$. *B.* Man löst 5 g m-Dinitro-benzol in 50 ccm Alkohol, fügt 6 ccm Eisessig hinzu und dann unterhalb 0° 2 g Zinkstaub; nach Lösung des Zinks versetzt man mit 100 ccm Wasser und 200 ccm 10%iger FeCl₃-Lösung und destilliert mit Dampf (ALWAY, GORTNER, *B.* **36**, 1899). — Gelbe Krystalle (aus Alkohol + Äther). F: 146,5°. Leicht löslich in Alkohol, Benzol und heißem Eisessig, ziemlich in Ligroin, sehr wenig in Äther, unlöslich in Wasser. Schmelzfluß und Lösungen sind grün gefärbt.

„**p-Dinitroso-benzol**" $C_6H_4O_2N_2$ s. bei p-Chinondioxim, Syst. No. 671.

„**2.5-Dichlor-1.4-dinitroso-benzol**" $C_6H_2O_2N_2Cl_2$ s. bei 2.5-Dichlor-chinondioxim, Syst. No. 671.

---

[1]) Vgl. dazu die Arbeit von BAMBERGER, *A.* **420**, 140 Anm., 167, die nach dem für die 4. Aufl. dieses Handbuchs geltenden Literatur-Schlußtermin [1. I. 1910] erschienen ist.

„**1.2.3.4-Tetranitroso-benzol**" $C_6H_2O_4N_4$ und sein Nitroderivat s. bei Dichinoyl-tetroxim, Syst. No. 716.

f) Nitro-Derivate.

Nitrobenzol $C_6H_5O_2N = C_6H_5 \cdot NO_2$.

Bildung und Darstellung von Nitrobenzol.

B. Beim Behandeln von Benzol mit rauchender Salpetersäure (MITSCHERLICH, *Ann. d. Physik* **31**, 625). Durch Überleiten von Benzoldämpfen im Gemisch mit Luft über die auf 290—300° erhitzten Verbindungen, die aus Stickstoffoxyden mit Kupferoxyd oder Zinkoxyd entstehen (LANDSHOFF & MEYER, D. R. P. 207170; *C.* **1909** I, 962). Bei 12—18-stdg. Erhitzen von Benzol mit Kupfernitrat auf 170—190°, neben anderen Produkten (WASSILJEW, *Ж.* **34**, 33; *C.* **1902** I, 1199). Neben Pikrinsäure und Oxalsäure bei längerem Einleiten von Stickstoffdioxyd in Benzol (LEEDS, *Am. Soc.* **2**, 277). Beim Zusammenbringen von Benzol mit gepulvertem $NaNO_2$ und $FeCl_3$ (MATUSCHEK, *Ch. Z.* **29**, 115). Aus Äthylnitrat und überschüssigem Benzol in Gegenwart von ziemlich viel $AlCl_3$ (BOEDTKER, *Bl.* [4] **3**, 727). Beim Eintragen von gepulvertem Nitryltetrasulfat $O_2N \cdot O \cdot SO_2 \cdot O \cdot SO_2 \cdot O \cdot SO_2 \cdot O \cdot SO_2 \cdot O \cdot NO_2$ in Benzol (PICTET, KARL, *C. r.* **145**, 239; *Bl.* [4] **3**, 1117). — Bei der Oxydation von Anilin in wäßr. Lösung mit $KMnO_4$ (BAMBERGER, MEIMBERG, *B.* **26**, 496), sowie mit Natriumsuperoxyd (O. FISCHER, TROST, *B.* **26**, 3083). Durch Oxydation von Anilin mit Sulfomonopersäure (CARO, *Z. Ang.* **11**, 845). Durch Einw. von $K_2Cr_2O_7$ auf die Dinatriumverbindung des Phenylhydroxylamins in schwefelsaurer Lösung (SCHMIDT, *B.* **32**, 2918). Entsteht neben Azoxybenzol bei der Oxydation von Phenylhydroxylamin durch Luftsauerstoff in Gegenwart von Alkali (BAMBERGER, *B.* **33**, 118; BAMB., BRADY, *B.* **33**, 273). — Bei der Zers. von Nitrosobenzol in Benzollösung am Sonnenlicht, neben anderen Verbindungen (BAMB., *B.* **35**, 1612). Durch Oxydation von Nitrosobenzol mit Luftsauerstoff oder Wasserstoffsuperoxyd in Gegenwart von Alkali (BAMB., *B.* **33**, 119). Bei der Einw. von wäßr. Natronlauge auf Nitrosobenzol, neben viel Azoxybenzol und mehreren anderen Verbindungen (BAMB., *B.* **33**, 1939). — Aus einer Lösung von Benzoldiazoniumnitrit (bereitet aus salpetersaurem Anilin und Natriumnitrit) durch Einw. von Kupferoxydul (SANDMEYER, *B.* **20**, 1494). Durch Zers. der wäßr. Lösung von Benzoldiazoniumnitrat-Quecksilbernitrit mit Kupferpulver (HANTZSCH, BLAGDEN, *B.* **33**, 2551). — Durch Erhitzen von m-Dinitro-benzol mit wäßr.-alkal. Hydroxylaminlösung (KOHN, *M.* **30**, 397). — Bei der Elektrolyse eines geschmolzenen Gemisches von o-nitrobenzoesaurem Natrium mit o-Nitro-benzoesäure bei 160—180° (SCHALL, KLIEN, *Z. El. Ch.* **5**, 256).

Darst. Man versetzt ein auf Zimmertemp. abgekühltes Gemisch von 150 g konz. Schwefelsäure und 100 g Salpetersäure (D: 1,41) in kleinen Portionen unter häufigem Umschütteln und Kühlen durch kaltes Wasser mit 50 g Benzol; wenn alles Benzol eingetragen ist, setzt man das Schütteln bei gleichzeitigem Erwärmen auf 60° noch $^1/_2$ Stde. fort, gießt dann in 1 Liter Wasser, wäscht das abgeschiedene Öl nochmals mit Wasser, trocknet und rektifiziert; Ausbeute 80—85% der Theorie (E. FISCHER, Anleitung zur Darstellung organischer Präparate, 9. Aufl. [Braunschweig 1920], S. 1). — Bei der Darstellung im großen versetzt man 1600 kg innerhalb 0,2° siedendes Benzol in schmiedeeisernen Kesseln von 6 cbm Inhalt unter kräftigem Rühren innerhalb 2 Stdn. mit einem erkalteten Gemisch von 1900 kg 75%iger Salpetersäure (D: 1,44) und 2700 kg 95%iger Schwefelsäure, indem man durch Kühlen eine Temp. von 50—55° aufrecht erhält; nach Beendigung des Zuflusses läßt man das Rührwerk bei 50° noch einige Zeit laufen und überläßt dann das Ganze 5 Stdn. der Ruhe. Das rohe Nitrobenzol wird erst mit Wasser, dann mit verd. Natronlauge und hierauf wiederum mit Wasser in einem mit Rührwerk versehenen Kessel gewaschen und von unverändertem Benzol durch Destillation mit Wasserdampf getrennt. Zur völligen Reinigung wird es schließlich im Vakuum destilliert. Ausbeute 154,5% des angewandten Benzols (ULLMANNs Enzyklopädie der technischen Chemie, Bd. II [Berlin und Wien 1915], S. 371 ff.).

Physikalische Eigenschaften des Nitrobenzols.

In reinem Zustande farblose (HANTZSCH, *B.* **39**, 1096) Flüssigkeit von bittermandelölartigem Geruch; mit Wasser nicht mischbar, mit Wasserdämpfen flüchtig. Ist sehr hydroskopisch (HANSEN, *Ph. Ch.* **48**, 593; BECKMANN, LOCKEMANN, *Ph. Ch.* **60**, 385). F: 5,62° bis 5,72° (TAMMANN, Krystallisieren und Schmelzen [Leipzig 1903], S. 227), 5,7° (HANSEN, *Ph. Ch.* **48**, 595), 5,82° (MEYER, *C.* **1909** II, 1842). Abhängigkeit des Schmelzpunktes vom Druck: TAMMANN, *Ann. d. Physik* [N. F.] **66**, 491. $Kp._{760}$: 209,2° (korr.) (FRISWELL, *Soc.* **71**, 1013), 210,8° (korr.) (PERKIN, *Soc.* **69**, 1180), 210,60° (LUGININ, *A. ch.* [7] **27**, 119); $Kp._{745.4}$: 209,4° (BRÜHL, *A.* **200**, 188); $Kp._1$: 53,1°; $Kp._5$: 85,4°; $Kp._{20}$: 99,1°; $Kp._{30}$: 108,2°; $Kp._{40}$: 114,9°; $Kp._{50}$: 120,2°; $Kp._{100}$: 139,9°; $Kp._{200}$: 160,5°; $Kp._{400}$: 184,5°; $Kp._{760}$: 208,3°

(KAHLBAUM, C. G. v. WIRKNER, Studien über Dampfspannkraftmessungen, 2. Abt., 1. Hälfte [Basel 1897], S. 92; KAHLB., *Ph. Ch.* **26**, 603). Siedepunkte unter vermindertem Druck: NEUBECK, *Ph. Ch.* **1**, 655. — $D_4^{t_{vac.}}$: 1,2220; $D_{4\ vac.}^{18}$: 1,1972; $D_{4\ vac.}^{19}$: 1,1732, D_4^t: 1,2220 (1—0,000802 t) (WALDEN, *Ph. Ch.* **65**, 141); $D_4^{1,4}$ (fest): 1,3440; $D_4^{1,4}$ (flüssig): 1,2220; D_4^{12}: 1,2116; D_4^{16}: 1,1931 (FRISWELL, *Soc.* **71**, 1011); D_4^5: 1,2193; D_4^{10}: 1,2134; D_4^{15}: 1,2093; D_4^{20}: 1,2055; D_4^{25}: 1,2020; D_4^{30}: 1,1930; D_4^{35}: 1,1881; D_4^{50}: 1,1836 (PERKIN, *Soc.* **69**, 1180); $D_4^{1,1}$: 1,2047; $D_4^{7,4}$: 1,1517; $D_4^{19,1}$: 1,20444; $D_4^{50,0}$: 1,17433; $D_4^{7,7}$: 1,1562; $D_4^{100,4}$: 1,1252 (PATTERSON, *Soc.* **93**, 1853; vgl. PA., THOMSON, *Soc.* **93**, 356 Anm.); Veränderung von D_4^t pro Grad: 0,000986 (FALK, *Am. Soc.* **31**, 810); D_4^{20}: 1,2039 (BRÜHL, *Ph. Ch.* **16**, 216), 1,20328 (KAHLBAUM, *Ph. Ch.* **26**, 646); D_4^{25}: 1,20200 (LINEBARGER, *Am.* **18**, 442). Dichte beim Siedepunkt unter verschiedenen Drucken: NEUBECK, *Ph. Ch.* **1**, 655. Ausdehnungskoeffizient: KREMANN, EHRLICH, *M.* 28, 855. — Nitrobenzol ist schwer löslich in Wasser (MITSCHERLICH, *Ann. d. Physik* 31, 626). Die verd. wäßr. Lösung schmeckt stark süß (WOHL, *B.* 27, 1817 Anm.). Mit vielen organischen Lösungsmitteln ist Nitrobenzol mischbar. Im Laboratorium findet es als Krystallisationsmittel für solche Substanzen Verwendung, die in niedrig siedenden Lösungsmitteln schwer löslich oder unlöslich sind. Molekulare Gefrierpunktserniedrigung: 69 (RAOULT, *A. ch.* [6] **2**, 91; AMPOLA, CARLINFANTI, *R. A. L.* [5] 4 II, 289), 70 (AUWERS, *Ph. Ch.* **30**, 309). Molekulare Gefrierpunktserniedrigung berechnet aus der Schmelzwärme: 68,49 (MEYER, *C.* 1909 II, 1842). Zur kryoskopischen Konstante des Nitrobenzols vgl. auch BECKMANN, LOCKEMANN, *Ph. Ch.* **60**, 385. Molekulare Siedepunktserhöhung: 50,1 (BACHMANN, DZIEWOŃSKI, *B.* **36**, 973), 50,4 (H. BILTZ, *M.* **22**, 629 Anm. 2; *B.* **36**, 1110). Nitrobenzol ist nach kryoskopischen Messungen in Ameisensäurelösung merklich dissoziiert (BRUNI, BERTI, *R. A. L.* [5] **9** I, 274; *G.* **30** II, 77). Kryoskopisches Verhalten des Nitrobenzols in Eisessig und in Benzol: BECKMANN, *Ph. Ch.* **2**, 734. Kryoskopisches Verhalten in Anilin und Dimethylanilin: AMPOLA, RIMATORI, *G.* 27 I, 36, 55. Ionisierungsvermögen des Nitrobenzols: EULER, *Ph. Ch.* **28**, 622; KAHLENBERG, LINCOLN, *Journ. Physical Chem.* 3, 29; LINCOLN, *Journ. Physical Chem.* 3, 468, 486; SACKUR, *B.* **35**, 1248; WALDEN, *Ph. Ch.* **54**, 203; BECKMANN, LOCKEMANN, *Ph. Ch.* **60**, 385. Löslichkeit von Nitrobenzol in flüssigem Kohlendioxyd: BÜCHNER, *Ph. Ch.* **54**, 684. Löslichkeit von Wasserstoff, Stickstoff, Kohlenoxyd und Kohlendioxyd in Nitrobenzol: JUST, *Ph. Ch.* **37**, 354. Änderung der Dichte durch Aufnahme von Kohlendioxyd: ANGSTRÖM, *Ann. d. Physik* [N. F.] 33, 229. Löslichkeit von Kohlenoxyd in Mischungen von Nitrobenzol mit Benzol, Toluol, Aceton oder Eisessig: SKIRROW, *Ph. Ch.* 41, 147. Veränderung der kritischen Lösungstemperatur für Hexan durch Zusätze: TIMMERMANS, *Ph. Ch.* **58**, 196. Dampfdruck der Lösung von Nitrobenzol in Alkohol: RAOULT, *C. r.* 107, 444; der Lösung in Äther: R., *Ph. Ch.* **2**, 362; BECKMANN, *Ph. Ch.* **4**, 536. Innere Reibung von Nitrobenzol im Gemisch mit Äthylalkohol und mit Isobutylalkohol: WAGNER, *Ph. Ch.* **46**, 872. Dampfdruck der Gemische von Nitrobenzol mit Aceton: SKIRROW, *Ph. Ch.* **41**, 149. Spezifisches Gewicht der Mischungen von Nitrobenzol mit Eisessig: BECKMANN, *Ph. Ch.* **2**, 739. Spezifisches Gewicht von Nitrobenzol-Essigester-Gemischen: LINEBARGER, *Amer. Journ. Science* [4] **2**, 339; *Am.* 18, 447. Viscosität der Mischungen von Nitrobenzol mit Essigester: LI., *Amer. Journ. Science* [4] **2**, 339. Spezifisches Gewicht von Nitrobenzol-Benzol-Gemischen: LI., *Amer. Journ. Science* [4] **2**, 336; *Am.* 18, 442; PHILIP, *Ph. Ch.* **24**, 31. Kompressibilität und Oberflächenspannung der Mischungen von Nitrobenzol mit Benzol: RITZEL, *Ph. Ch.* **60**, 328, 329. Viscosität der Mischungen mit Benzol: LI., *Amer. Journ. Science* [4] **2**, 336. Nitrobenzol bildet mit Nitrosobenzol feste Lösungen (BRUNI, CALLEGARI, *R. A. L.* [5] **13** I, 568; *G.* **34** II, 247). — $n_D^{1,1}$: 1,5580 (GLADSTONE, *Soc.* **45**, 247); $n_D^{1,1}$: 1,55325 (PAULY, *C.* **1906** I, 275); n_α^{20}: 1,54593; n_D^{20}: 1,55319; n_β^{20}: 1,55291; n_β^{20}: 1,57124 (BRÜHL, *A.* **200**, 188; *Ph. Ch.* **16**, 216); n_α^{20}: 1,54641; n_D^{20}: 1,55319; n_γ^{20}: 1,57165; n_β^{20}: 1,58951 (KAHLBAUM, *Ph. Ch.* **26**, 646); $n_D^{19,3}$: 1,55157; $n_D^{19,6}$: 1,53548; $n_D^{19,1}$: 1,52739 (FALK, *Am. Soc.* 31, 809). Änderung des Brechungsindex pro Grad für die Linie C: 0,000458; für die Linie D: 0,000467; für die Linie F: 0,000486 (FALK). Dispersion: BRÜHL; KAHLBAUM, *Ph. Ch.* **26**, 646; FALK. Absorptionsspektrum sehr dicker Schichten: SPRING, *R.* 16, 19. Absorptionsspektrum im Ultraviolett: BALY, COLLIE, *Soc.* 87, 1344. Der Dampf des Nitrobenzols hat eine Farbe, welche der des verdünnten Chlors ähnlich ist, und gibt im durchfallenden Licht kein Bandenspektrum (FRISWELL, *Soc.* **71**, 1013). Ultraviolette Absorption des Dampfes: PAUER, *Ann. d. Physik* [N. F.] 61, 375. Absorption der alkoh. Lösung im Ultraviolett: PAUER. — Kompressibilität: RITZEL, *Ph. Ch.* **60**, 324. Oberflächenspannung: KREMANN, EHRLICH, *M.* **28**, 864; RAMSAY, SHIELDS, *Ph. Ch.* **12**, 466; WALDEN, *Ph. Ch.* **66**, 393; GUYE, BAUD, *C. r.* 132, 1481; FEUSTEL, *Ann. d. Physik* [4] **16**, 78. Innere Reibung: KREMANN, EHRLICH, *M.* **28**, 884; WALDEN, *Ph. Ch.* **55**, 229; WAGNER, *Ph. Ch.* **46**, 872. — Schmelzwärme: PETTERSON, *J. pr.* [2] 24, 161; EIJKMAN, *Ph. Ch.* 3, 209; DE FORCRAND, *C. r.* 136, 947; MEYER, *C.* 1909 II, 1842. Verdampfungswärme: LUGININ, *A. ch.* [7] **27**, 135. Spezifische Wärme: SCHLAMP, *Ph. Ch.* 17, 747; LUGININ, *A. ch.* [7] **27**, 114; DE FORCRAND, *C. r.* 136, 947; TIMOFEJEW, *C.* 1905 II, 429; WALDEN, *Ph. Ch.* **58**, 489. — Magnetisches Drehungsvermögen: PERKIN, *Soc.* **69**, 1239. Nitrobenzol besitzt positive magnetische Doppelbrechung (COTTON, MOUTON, *C. r.* **145**, 229; **147**, 193; **149**, 340). Dielektrizitätskonstante: DRUDE, *Ph. Ch.* **23**, 309; LÖWE, *Ann. d. Physik* [N. F.] **66**, 398; ABEGG, SEITZ, *Ph. Ch.* **29**, 247; TURNER, *Ph. Ch.* **35**, 426; WALDEN, *Ph. Ch.* **54**. 203; KAHLENBERG, ANTHONY, *C.* **1906** II, 1818. Elektrische Absorption: DRUDE. Spezifische elektrische Leitfähigkeit: KAHLENBERG, LINCOLN, *Journ. Physical Chem.* **3**, 29; PATTEN, *Journ. Physical Chem.* **6**, 568. Nitrobenzol besitzt positive elektrische Doppelbrechung (W. SCHMIDT, *Ann. d. Physik* [4] **7**, 170; COTTON, MOUTON, *C. r.* **145**, 229; **147**, 193). Luminescenz unter dem Einfluß elektrischer Schwingungen: KAUFMANN, *Ph. Ch.* **27**, 520.

Chemisches Verhalten des Nitrobenzols.

Veränderung durch Elektrizität. Bei der elektrochemischen Reduktion des Nitrobenzols entsteht eine große Zahl von Produkten, deren genetische Zusammenhänge von HABER (*Z. Ang.* **13**, 435; vgl. auch K. BRAND, Die elektrochemische Reduktion organischer Nitrokörper und verwandter Verbindungen, AHRENSsche Sammlung chemischer und chemischtechnischer Vorträge, Bd. XIII [Stuttgart 1908], S. 72; s. ferner: FREUNDLER, *Bl.* [3] **31**, 455; HELLER, *B.* **41**, 2691 Anm.) in folgendem Schema dargestellt werden (wobei die primären elektrochemischen Reduktionen durch senkrechte, die sekundären chemischen Reaktionen durch schräge Pfeile angedeutet sind):

$$C_6H_5 \cdot NO_2$$

$$C_6H_5 \cdot NO$$

$$C_6H_5 \cdot N : N \cdot C_6H_5 \quad C_6H_5 \cdot N_2O \cdot C_6H_5 \quad C_6H_5 \cdot NH \cdot OH \quad C_6H_4 \begin{cases} OH(1) \\ NH_2(4) \end{cases}$$

$$C_6H_4 \begin{cases} NH_2(1) \\ Cl\ (2\ oder\ 4) \end{cases}$$

$$C_6H_5 \cdot NH \cdot NH \cdot C_6H_5$$

$$C_6H_5 \cdot NH_2$$

Das erste Reduktionsprodukt des Nitrobenzols in saurer und in alkal. Lösung, Nitrosobenzol, konnte nicht isoliert werden, da es alsbald der weiteren Reduktion anheimfällt; daß es gleichwohl als Durchgangsprodukt auftritt, bewies HABER (*Z. El. Ch.* **4**, 509) dadurch, daß bei der Elektrolyse einer alkoh.-alkal. Nitrobenzol-Lösung in Gegenwart von salzsaurem Hydroxylamin und α-Naphthol 4-Benzolazo-naphthol-(1) entsteht; durch Elektrolyse einer alkoh.-schwefelsauren Lösung von Nitrobenzol in Gegenwart von α-Naphthylamin und Hydroxylamin wurde entsprechend 4-Benzolazo-naphthylamin-(1) erhalten (H., *Z. El. Ch.* **4**, 511).

1. Reduktion in annähernd neutraler Lösung. Bei der elektrolytischen Reduktion in ammoniakalisch-alkoholischer Salmiaklösung an einer gekühlten Platinkathode entsteht Phenylhydroxylamin in einer Stromausbeute von 38% neben 21% Azoxybenzol (HABER, SCHMIDT, *Ph. Ch.* **32**, 271). Reduziert man eine wäßr. Suspension von Nitrobenzol ohne Diaphragma in Gegenwart neutraler Elektrolyte, z. B. Natriumsulfat, Magnesiumsulfat, Aluminiumsulfat, unter Verwendung einer Nickelkathode und einer Bleianode, so entsteht, wahrscheinlich durch anodische Oxydation primär gebildeten Phenylhydroxylamins, reichlich Nitrosobenzol (DIEFFENBACH, D. R. P. 192519; *C.* **1908** I, 911). Bei der elektrolytischen Reduktion in wäßr. (ca. 50%iger) Essigsäure als Kathodenflüssigkeit an einer Platinkathode bei höchstens 20° entsteht Phenylhydroxylamin (H., *Z. El. Ch.* **5**, 77; über Reduktion in Eisessig bei Gegenwart von Schwefelsäure s. S. 236. In guter Ausbeute erhielt BRAND (*B.* **38**, 3077) Phenylhydroxylamin durch Verwendung einer Lösung von Natriumacetat in verd. Essigsäure als Katholyt an einer Nickelkathode.

2. Reduktion in mineralsaurer Lösung. Bei der elektrolytischen Reduktion von Nitrobenzol in einem Gemisch von Alkohol und Salzsäure an einer Kohlekathode entsteht nach LÖB (*B.* **29**, 1899) Benzidin neben Azobenzol und Chloranilin. Reduziert man die alkoh.-salzsaure Lösung des Nitrobenzols mit einer Bleikathode bei Temperaturen zwischen 20° und 80°, so entsteht fast ausschließlich Anilin (LÖB, *Z. El. Ch.* **4**, 430). Daß hierbei intermediär Phenylhydroxylamin gebildet wird, zeigen Versuche von LÖB (*Z. El. Ch.* **4**, 430; D. R. P. 99312; 100610; *Frdl.* **5**, 59, 61), der durch elektrolytische Reduktion in alkoholisch-salzsaurer Lösung an einer Bleikathode in Gegenwart von Formaldehyd bei 5 Volt einen polymeren Anhydro-p-hydroxylamino-benzylalkohol (Syst. No. 1937) erhielt; bei niedrigerer Spannung (2,8—3,0 Volt) wurde eine amorphe gelbe Verbindung ($C_{15}H_{16}ON_2$)x =

$$\left[CH_2 \begin{cases} NH \cdot C_6H_4 \cdot CH_2 \\ NH \cdot C_6H_4 \cdot CH_2 \end{cases} O \right]_x$$ (?) gewonnen. Unter geeigneten Versuchsbedingungen läßt sich

bei Gegenwart von Formaldehyd auch Anhydro-p-amino-benzylalkohol $(C_7H_7N)_x$ (s. bei p-Amino-benzylalkohol, Syst. No. 1855) als Reduktionsprodukt erhalten (L., *B.* 31, 2037). Bei der Elektrolyse eines Gemisches aus Nitrobenzol und rauchender Salzsäure an einer Platinkathode entstehen o- und p-Chlor-anilin (L., *B.* 29, 1896). Bei der elektrolytischen Reduktion in alkoh.-salzsaurer Lösung in Gegenwart von Zinksalzen an einer Kupfer-kathode entsteht reichlich Anilin neben wenig Benzidin, p-Amino-phenol und p-Chlor-anilin (ELBS, SILBERMANN, *Z. El. Ch.* 7, 589). Fast quantitative Reduktion zu Anilin wird in salz-saurer Lösung durch Anwendung von Zinnkathoden oder von indifferenten Kathoden (aus Platin, Blei, Kohle oder Nickel) in Gegenwart von Salzen des Zinns (BÖHRINGER & SÖHNE, D. R. P. 116942; *C.* 1901 I, 150), Kupfers, Eisens, Chroms, Bleis oder Quecksilbers oder in Gegenwart der entsprechenden Metalle in feiner Verteilung (BÖH. & S., D. R. P. 117007; *C.* 1901 I, 237) erreicht. Nähere Angaben über die Ausführung dieser Reduktion s. bei CHILESOTTI, *Z. El. Ch.* 7, 768. Bei der Elektrolyse von Nitrobenzol in alkoh., schwach schwefelsaurer Lösung bei 15—20° an Platin- oder Nickelkathoden erhielt LÖB (*Z. El. Ch.* 7, 324) bis zu 58°/₀ der Theorie an Benzidin, neben Anilin, Azoxybenzol und p-Amino-phenol; an Kohlekathoden betrug die Benzidinausbeute höchstens 15°/₀. Bei der Elektrolyse einer alkoh., verdünnt-schwefelsauren Lösung von Nitrobenzol an einer Platinkathode beobachtete HÄUSSERMANN (*Ch. Z.* 17, 129, 209) Benzidinsulfat, wenig Azoxybenzol und Spuren Anilin; daneben entstehen nach HABER (*Z. El. Ch.* 4, 510) p-Phenetidin und reichlich p-Amino-phenol. Reduziert man unter den Bedingungen von HÄUSSERMANN, aber bei konstantem Kathodenpotential, so entsteht hauptsächlich p-Amino-phenol (HABER, *Z. El. Ch.* 4, 510). Bei der Reduktion von Nitrobenzol in ca. 60° warmer wäßr.-alkoh. Lösung unter Zusatz von Schwefelsäure und unter Anwendung einer Zinkkathode entsteht Anilin als Haupt-produkt (ELBS, *Ch. Z.* 17, 210; vgl. LÖB, *Z. El. Ch.* 7, 325); mit einer Bleikathode erhielten ELBS, SILBERMANN (*Z. El. Ch.* 7, 591) 90°/₀ der berechneten Menge Anilin. Durch Anwendung eines großen Überschusses von Nitrobenzol gelingt es, in 50°/₀iger Schwefelsäure an Kohle-kathoden oder besser Silberkathoden (K. BRAND, Die elektrochemische Reduktion organischer Nitrokörper und verwandter Verbindungen, AHRENSsche Sammlung chemischer und chemisch-technischer Vorträge, Bd. XIII [Stuttgart 1908], S. 142) 88°/₀ des Nitrobenzols in p-Amino-phenol überzuführen (DARMSTÄDTER, D. R. P. 154086; *C.* 1904 II, 1012). NOYER (*B.* 40, 288) erhielt bei der Reduktion von Nitrobenzol in 50°/₀iger Natriumdisulfatlösung oder Kiesel-fluorwasserstoffsäure (D: 1,3) an Nickelkathoden bei 15° mit einer Stromdichte von 1,3 bezw. 1,8 Amp. pro qdm neben Phenylhydroxylamin und p-Amino-diphenylamin in geringer Menge Emeraldin (Syst. No. 1774). Bei der Elektrolyse einer Lösung von Nitrobenzol in konz. Schwefelsäure (D: 1,84) an einer Platinkathode bei 80—90° entsteht p-Amino-phenol-o-sulfonsäure (NOYES, CLEMENT, *B.* 26, 990). Versetzt man die Lösung des Nitrobenzols in konz. Schwefelsäure mit Wasser bis zur beginnenden Ausscheidung des Nitrobenzols, so ent-stehen bei elektrolytischer Reduktion an einer Platinkathode bei ca. 80° schwefelsaures p-Amino-phenol (GATTERMANN, KOPPERT, *Ch. Z.* 17, 210; NOYES, CLEMENT; ELBS, *Z. El. Ch.* 2, 472; vgl. GA., *B.* 26, 1844; BAEYER & Co., D. R. P. 75260; *Frdl.* 3, 53) und beträchtliche Mengen Anilin (ELBS). Elektrolysiert man eine Lösung von Nitrobenzol in 85°/₀iger Schwefel-säure unter Anwendung einer Stromdichte von 4 Amp. pro qdm mittels Kohlekathoden, so werden über 80°/₀ des Nitrobenzols in p-Amino-phenol übergeführt, während die Ausbeute an Kupferkathoden höchstens 40°/₀, an Zinnkathoden nicht mehr als 30°/₀ beträgt (DARM-STÄDTER, D. R. P. 150800; *C.* 1904 I, 1235). Bei der Elektrolyse von Nitrobenzol in einem Gemisch von 72 g Eisessig und 45 g konz. Schwefelsäure an einer Platinkathode bei 80—85° entstehen Anilin, p-Amino-phenol und etwas p-Amino-phenol-sulfonsäure; Anwendung einer Bleikathode unter sonst gleichen Bedingungen begünstigt die Bildung von Anilin (ELBS, *Z. El. Ch.* 2, 473). Die intermediäre Bildung von Phenylhydroxylamin bei der Elektrolyse der Lösung in konz. Schwefelsäure bewies GATTERMANN (*B.* 29, 3040) durch elektrolytische Reduktion einer Lösung von Nitrobenzol in einem Gemisch von konz. Schwefelsäure und

Eisessig in Gegenwart von Benzaldehyd, wobei N-Phenyl-isobenzaldoxim $C_6H_5 \cdot CH \cdot O \cdot N \cdot C_6H_5$ (Syst. No. 4194) entsteht. Bei der Elektrolyse von Nitrobenzol, das in Ameisensäure, Eisessig oder einer Lösung von Oxalsäure in Eisessig gelöst war, an Platin- oder Bleikathoden unter Zusatz von etwas konz. Schwefelsäure bei durchschnittlich 30—40° erhielt LÖB (*Z. El. Ch.* 3, 473; 7, 322) bis zu 70°/₀ der Theorie an Benzidin.

3. Reduktion in alkalischer Lösung. Durch Elektrolyse einer 30—50° warmen Suspension von Nitrobenzol in verd. wäßr.-alkoh. Kalilauge an einer Blei- oder Quecksilber-kathode erhielt ELBS (*Ch. Z.* 17, 209) Azoxybenzol und Azobenzol, wenn die Reduktion vor vollständigem Verbrauch des Nitrobenzols abgebrochen wurde. Die Reduktion einer ge-kühlten alkoh., mit Natronlauge versetzten Lösung von Nitrobenzol an einer Eisenkathode lieferte HÄUSSERMANN (*Ch. Z.* 17, 129) 60°/₀ der Theorie an Hydrazobenzol. Dieselbe Lösung liefert bei elektrolytischer Reduktion bei Zimmertemperatur mit einem konstanten Kathoden-potential von —0,93 Volt fast nur Azoxybenzol, daneben Spuren von Hydrazobenzol und

Anilin (HABER, *Z. El. Ch.* **4**, 507). Über die physikalische Seite des Vorganges der kathodischen Reduktion von Nitrobenzol in alkoh.-alkal. Lösung s.: HABER, *Ph. Ch.* **32**, 193; HA., RUSS, *Ph. Ch.* **47**, 277, Reduziert man eine siedende Lösung von Nitrobenzol in 70°/₀igem Alkohol in Gegenwart von Natriumacetat an einer Nickelkathode mit Stromdichten bis zu 10 Amp. pro 1 qdm, so erhält man je nach der Dauer der Reduktion in vorzüglicher Ausbeute Azobenzol oder Hydrazobenzol (ELBS, KOPP, *Z. El. Ch.* **5**, 108; vgl. ELBS, STOHR, *Z. El. Ch.* **9**, 531; Anilinölfabrik Wülfing, D. R. P. 100234; *C.* **1899** I, 720). Bei der elektrolytischen Reduktion von Nitrobenzol in 2—4°/₀iger wäßr. Natronlauge oder in einer entsprechend konz. Alkalisalzlösung an Quecksilber-, Platin- oder Nickelkathoden unter starker Rührung entsteht bei einer Stromdichte von 5—7 Amp. pro qdm Azoxybenzol (LÖB, *Z. El. Ch.* **7**, 336; *Ph. Ch.* **34**, 661; D. R. P. 116467; *C.* **1901** I, 149). Durch Elektrolyse der wäßr.-alkal. Suspension an einer Nickelkathode von großer Oberfläche ohne Diaphragma bei 80° entsteht Azoxybenzol (Höchster Farbw., D. R. P. 127727; *C.* **1902** I, 446). Die Suspension in konz. Natronlauge gibt oberhalb 95° an einer Eisenkathode von großer Oberfläche bei der Elektrolyse ohne Diaphragma Azobenzol neben sehr wenig Hydrazobenzol (Höchster Farbw., D. R. P. 141535; *C.* **1903** I, 1283). Bei der Elektrolyse einer Suspension von Nitrobenzol in 80—100° warmer Kochsalzlösung in Gegenwart von Kupferpulver unter Anwendung eines Diaphragmas und einer Kupferkathode bei einer Stromdichte von 1500 Amp. pro qm entsteht Anilin (BÖHRINGER & SÖHNE, D. R. P. 130742; *C.* **1902** I, 960; vgl. ELBS, BRAND, *Z. El. Ch.* **8**, 788). Dieselbe Reduktion findet auch an beliebigen Kathoden in Gegenwart von Kupferpulver oder Kupfersalzen statt (BÖHRINGER & SÖHNE, D. R. P. 131404; *C.* **1902** I, 1138). Bei der elektrolytischen Reduktion in (zweckmäßig gekühlter) wäßr.-alkal. Suspension in Gegenwart von Verbindungen des Zinks, Zinns oder Bleis bei einer Stromdichte von 12 Amp. pro qdm entsteht je nach der Dauer des Prozesses Azobenzol oder Hydrazobenzol (BAYER & Co., D. R. P. 121899; *C.* **1901** II, 153). Bei der elektrolytischen Reduktion der wäßr.-alkal. Suspension entsteht auch bei Abwesenheit von Metalloxyden Azobenzol, wenn man Bleikathoden anwendet (BAYER & Co., D. R. P. 121900; *C.* **1901** II, 153). Nach LÖB, MOORE (*Ph. Ch.* **47**, 418; vgl. auch LÖB, *Z. El. Ch.* **9**, 753) entstehen unabhängig von der Natur der Elektrode und des gewählten Zusatzes bei gleichem Kathodenpotential stets die gleichen Produkte in ähnlichen Ausbeuten; so erhielten sie aus Suspensionen in 2°/₀iger Natronlauge bei einem Kathodenpotential von 1,8 Volt an Kathoden aus Kupfer, Zink, Blei, Zinn, Nickel oder Platin bezw. an unangreifbaren Elektroden unter Zusatz von Kupferpulver oder den Hydroxyden des Zinks, Zinns oder Bleis stets annähernd die gleichen Ausbeuten an Anilin (30—50°/₀) und Azoxybenzol (40—60°/₀) (vgl. dazu auch BRAND, Die elektrochemische Reduktion organischer Nitrokörper und verwandter Verbindungen, AHRENSsche Sammlung chemischer und chemisch-technischer Vorträge, Bd. XIII [Stuttgart 1908], S. 120, Anm. 1, S. 175).

Einw. der dunkeln elektrischen Entladung auf Nitrobenzol in Gegenwart von Stickstoff: BERTHELOT, *C. r.* **126**, 788.

Einwirkung von chemischen Agenzien. Reduktion. Beim Überleiten von Nitrobenzoldämpfen mit einem großen Überschuß von Wasserstoff [bezw. Wassergas oder von gut gereinigtem Leuchtgas] über Kupfer bei 300—400°, über Nickel bei 200° oder über Platin bei 230—310° entsteht glatt Anilin (SABATIER, SENDERENS, *C. r.* **133**, 322). Beim Überleiten von Nitrobenzoldämpfen mit einer für die völlige Reduktion zu Anilin nicht ausreichenden Menge Wasserstoff über Kupfer bei 300—400° entsteht neben Anilin Azobenzol (SA., SE.). Beim Überleiten von Nitrobenzoldämpfen mit einem Überschuß von Wasserstoff über Nickel bei 250—300° entsteht neben Anilin in steigender Menge Ammoniak und Benzol (SA., SE.). Beim Überleiten von Nitrobenzoldämpfen mit einem sehr großen Überschuß von Wasserstoff über Nickel oberhalb 300° entsteht neben Anilin, Benzol und NH₃ auch Methan (SA., SE.). Beim Überleiten von Nitrobenzoldämpfen mit einer für die völlige Reduktion zu Anilin nicht ausreichenden Menge von Wasserstoff über Platin bei 230—310° entsteht neben Anilin Hydrazobenzol (SA., SE.). Bei der Reduktion von Nitrobenzol mit Platinschwarz, das mit Wasserstoff beladen ist, in wäßr. oder alkoh. Lösung entsteht Azobenzol (?) (GLADSTONE, TRIBE, *Soc.* **33**, 312; *B.* **11**, 1265; vgl. FOKIN, *Ж.* **40**, 296; *C.* **1908** II, 1995; *Z. Ang.* **22**, 1499). In Gegenwart von Palladium-Hydrosol wird Nitrobenzol in alkoh.-wäßr. Lösung durch gasförmigen Wasserstoff zu gewöhnlicher Temperatur zu Anilin reduziert (PAAL, AMBERGER, *B.* **38**, 1406, 2414; PAAL, GERUM, *B.* **40**, 2209). Ebenso wirkt mit Wasserstoff beladenes Palladiumschwarz (GLADSTONE, TRIBE, *Soc.* **33**, 312; *B.* **11**, 1265). — Durch Behandlung von Nitrobenzol in Äther oder Toluol mit Natrium erhält man ein Gemisch von Na₂O und Dinatrium-phenylhydroxylamin (SCHMIDT, *B.* **32**, 2911; vgl. LÖB, *B.* **30**, 1572; *Ph. Ch.* **34**, 658). Bei der Einw. von Natriumamalgam auf Nitrobenzol in alkoh. Lösung entsteht Azoxybenzol, bei weiterer Einw. Azobenzol und Hydrazobenzol (ALEXEJEW, *Z.* **1867**, 33). Beim Kochen von Nitrobenzol mit 2—2,5 Tln. Zinkstaub und 5 Tln. Wasser entsteht reichlich Anilin (KREMER, *J.* **1863**, 410) neben Azobenzol und Azoxybenzol (WOHL, *B.* **27**, 1432). Dagegen wird bei nicht zu langem Kochen von Nitrobenzol mit einem großen

Überschuß von Zinkstaub und Wasser in guter Ausbeute Phenylhydroxylamin erhalten (BAMBERGER, B. 27, 1348, 1549; WOHL, B. 27, 1433); durch Zusatz von Calciumchlorid u. a. wird die Reaktion außerordentlich beschleunigt (WOHL, D. R. P. 84138; Frdl. 4, 44; B. 27, 1433; vgl. v. DECHEND, D. R. P. 43239; BAMB., KNECHT, B. 29, 863 Anm.); verwendet man statt Zinkstaub verkupferten Zinkstaub in Gegenwart von Calciumchlorid, so verläuft die Reduktion zu Phenylhydroxylamin schon bei gewöhnlicher Temp. (WOHL, D. R. P. 84891; Frdl. 4, 46). Bei der Einw. des Kupfer-Zink-Paares auf Nitrobenzol in Gegenwart von Wasser entsteht Anilin (GLADSTONE, TRIBE, Soc. 33, 312; B. 11, 1265). Aluminium-amalgam reduziert in siedender wäßr.-alkoh. Lösung zu Anilin, in gewöhnlichem Alkohol bei 40—50° und in siedendem Äther bei Gegenwart von Wasser oder Alkohol zu Phenylhydroxyl-amin (H. WISLICENUS, KAUFMANN, B. 28, 1326; WI., B. 29, 494; J. pr. [2] 54, 57). Phenyl-hydroxylamin entsteht auch in wäßr.-alkoh. Lösung bei 5° durch Zinkamalgam + Aluminium-sulfat (BAMBERGER, KNECHT, B. 29, 863). Bei der Einw. von Natriumamalgam auf Nitro-benzol in alkoh.-essigsaurer Lösung entsteht neben wenig Anilin Azoxybenzol (ALEXEJEW, Bl. [2] 1, 324). Durch Calcium in salzsaurer alkoh. Lösung wird Nitrobenzol zu Anilin redu-ziert (BECKMANN, B. 38, 904). Bei der Einw. mit Zink und Salzsäure liefert Anilin (A. W. HOFMANN, A. 55, 200) und p-Chlor-anilin (KOCK, B. 20, 1568). Eisenfeile und Salzsäure reduzieren ausschließlich zu Anilin (K.). Desgleichen wird Nitrobenzol durch Ferroacetat oder durch Eisenfeile und Essigsäure zu Anilin reduziert (BÉCHAMP, A. ch. [3] 42, 190); läßt man 1 Tl. Nitrobenzol mit 8 Tln. Eisen und 4 Tln. Essigsäure im geschlossenen Gefäße reagieren (wobei der Druck auf 8,5 Atm. stieg), so entstehen viel Benzol und Ammoniak (SCHEURER-KESTNER, Société chimique de Paris, Bulletin des séances de 1862, 43; J. 1862, 414). In heißem Wasser, das mit $CaCl_2$ oder $MgCl_2$ versetzt ist, wird Nitrobenzol durch Eisen-pulver zu Anilin reduziert (WOHL, B. 27, 1436). Nitrobenzol wird durch Kupfer und konz. Salzsäure fast quantitativ zu Anilin reduziert (BÖHRINGER & SÖHNE, D. R. P. 127815; C. 1902 I, 386). Bei der Einw. von Salzsäure und Zinn oder Zinnchlorür in siedender alkoh. Lösung entstehen neben Anilin o- und p-Chlor-anilin; analog verläuft die Reaktion mit Brom-wasserstoffsäure (BLANKSMA, R. 25, 368; vgl. KOCK, B. 20, 1568; BOEDTKER, C. r. 138, 1174) (s. auch S. 239 die Einw. von Halogenwasserstoffsäuren). Über den Verlauf der Reduktion durch Metalle in saurem Medium vgl. ferner GINTL, Z. Ang. 15, 1329. Nitrobenzol gibt beim Erhitzen mit rotem Phosphor und Wasser auf 100° unter Druck bis zu 86% der Theorie Anilin (WEYL, B. 39, 4340). Beim Erhitzen von Nitrobenzol mit rotem Phosphor und Salz-säure (D: 1,19) auf 140—160° im Autoklaven entstehen Anilin und p-Chlor-anilin neben anderen Basen (WEYL, B. 40, 3608). Beim Erhitzen von Nitrobenzol mit Schwefelsäure in Gegenwart reduzierender Substanzen (z. B. Hydrochinon, Glycerin, Glykose, Kohle, Quecksilber) entsteht 4-Amino-phenol-sulfonsäure-(2) (BRUNNER, VUILLEUMIER, C. 1908 II, 587). — Beim Kochen von Nitrobenzol mit äthylalkoholischer Kalilauge entsteht Azoxybenzol (ZININ, J. pr. [1] 36, 98; SCHULTZ, SCHMIDT, A. 207, 328). In fast quantitativer Ausbeute erhält man dieses, wenn man Nitrobenzol mit einer Lösung von Natrium in Methylalkohol (KLINGER, B. 15, 866; 16, 941 Anm.) oder mit „aktiviertem" Natriummethylat in Xylol (BRÜHL, B. 37, 2076) kocht. Nitrobenzol wird von methylalkoholischer Kalilauge in der Kälte nicht verändert, bei 140—150° tritt Verharzung ein (MEISENHEIMER, A. 355, 255). Durch Magnesiumamalgam wird Nitrobenzol in methylalkoholischer bezw. äthylalkoholischer Lösung je nach den Bedingungen zu Azoxybenzol oder zu Azobenzol reduziert (EVANS, FETSCH, Am. Soc. 26, 1160; E., FRY, Am. Soc. 26, 1161). Nitrobenzol wird von Calcium in alkoh. Lösung bei Gegenwart von etwas $HgCl_2$ oder $CuSO_4$ zu Azoxybenzol reduziert (BECKMANN, B. 38, 904). Bei der Einw. von Zinkstaub auf eine alkoholisch-alkalische Lösung von Nitro-benzol entsteht Azobenzol und weiterhin Hydrazobenzol (ALEXEJEW, Z. 1868, 497). Durch Bleischwamm in heißer alkal. Lösung erfolgt langsame Umwandlung in Hydrazobenzol (WOHL, D R. P. 81129; Frdl. 4, 43). Behandlung einer wäßr.-alkal. Suspension von Nitro-benzol mit Eisen in der Wärme liefert je nach den Bedingungen Azoxybenzol, Azobenzol, Hydrazobenzol oder Anilin (Chem. Fabr. WEILER-TER-MEER; D. R. P. 138496; C. 1903 I, 372). Von Hydrazinhydrat wird Nitrobenzol langsam bei Zimmertemperatur, rasch beim Erhitzen in alkoh. Lösung zu Anilin reduziert (v. ROTHENBURG, B. 26, 2060; s. ferner CURTIUS, J. pr. [2] 76, 299). Bei der Einw. von amorphem Phosphor in Gegenwart von Alkalien entstehen Anilin, Azoxybenzol und Hydrazobenzol in wechselnden Mengen je nach den Versuchsbe-dingungen (WEYL, B. 40, 970). Nitrobenzol liefert mit As_2O_3 in siedender alkal. Lösung Azoxybenzol und wenig Anilin (LOESNER, J. pr. [2] 50, 564; D. R. P. 77563; Frdl. 4, 42; vgl. WÖHLER, A. 102, 127). Nitrobenzol wird durch Na_2S_2 in wäßr. (KUNZ, D. R. P. 144809; C. 1903 II, 813) oder alkoh. (BLANKSMA, R. 28, 106) Lösung zu Anilin reduziert. Bei gleich-zeitiger Einw. von Alkalisulfiden und starker Alkalilauge auf Nitrobenzol entstehen Azoxy-benzol und Azobenzol (Höchster Farbw., D. R. P. 216246; C. 1909 II, 2104). Mit alkoh. Schwefelammonium entsteht bei 0° Phenylhydroxylamin WILLSTÄTTER, KUBLI, B. 41, 1936), in der Wärme Anilin (ZININ, J. pr. [1] 27, 149; A. 44, 286). Reduktion mit Schwefelwasser-stoff in Gegenwart von Kupfer: MERZ, WEITH, Z. 1869, 243. Nitrobenzol liefert bei der

Reduktion mit hydroschwefligsaurem Natrium $Na_2S_2O_4$ in Wasser bei 50—85° in Gegenwart von Na_3PO_4, N-phenyl-sulfamidsaures Natrium $C_6H_5 \cdot NH \cdot SO_2Na$ (SEYEWETZ, BLOCH, *C. r.* **142**, 1053; *Bl.* [4] **1**, 321) und etwas Anilin. Durch Behandeln von Nitrobenzol mit einer Lösung von hydroschwefligsaurem Natrium bei 100° entsteht Anilin (ALOY, RABAUT, *Bl.* [3] **33**, 654; GRANDMOUGIN, *B.* **39**, 3562). Beim Kochen von Nitrobenzol mit 10%iger Natrium-disulfitlösung erhält man phenylsulfamidsaures Natrium (WEIL, D. R. P. 151134; *C.* **1904** I, 1380). — Reduktion durch organische Verbindungen s. S. 240. — Nitrobenzol wird durch das Philothion und die Hefereduktasen in Anilin umgewandelt (POZZI-ESCOT, *C.* **1904** I, 1646).

Bei der Nitrierung von Nitrobenzol mit absol. Salpetersäure bei 0° entstehen fast ausschließlich Dinitrobenzole, und zwar 93,2% m-Dinitro-benzol, 6,4% o-Dinitro-benzol und weniger als 0,25% p-Dinitro-benzol; mit steigender Temp. nimmt die Menge der o- und p-Isomeren etwas zu (HOLLEMAN, DE BRUYN, *R.* **19**, 79; vgl. auch H., *C.* **1906** I, 458; *B.* **39**, 1715). Die Dauer der Nitrierung und die Menge des anwesenden Wassers ist auf das Verhältnis der drei Dinitrobenzole ohne merklichen Einfluß (H., DE B.). Durch Zusatz von Schwefelsäure wird die Menge des p-Isomeren auf Kosten der o-Verbindung gesteigert (H., DE B.). Geschwindigkeit der Nitrierung durch Salpetersäure: H., DE B., *R.* **19**, 96. Kinetik der Nitrierung in konz. Schwefelsäure: MARTINSEN, *Ph. Ch.* **50**, 387; **59**, 619. Einfluß eines Zusatzes von Mercurinitrat auf die Menge des gebildeten m-Dinitro-benzols: HOLDERMANN, *B.* **39**, 1256. Beim Erwärmen von Nitrobenzol mit Nitryltetrasulfat $(O_2N \cdot O \cdot SO_2 \cdot O \cdot SO_3)_2O$ entsteht m-Dinitro-benzol (PICTET, KARL, *C. r.* **145**, 239; *Bl.* [4] **3**, 1117). Beim Erhitzen mit hochprozentiger oder anhydridhaltiger Salpeterschwefelsäure entsteht Tetranitromethan (CLAESSEN, D. R. P. 184229; *C.* **1907** II, 366).

Halogenierung. Nitrobenzol wird von Chlor und Brom bei gewöhnlicher Temp. nicht angegriffen (MITSCHERLICH, *Ann. d. Physik* **31**, 626; KEKULÉ, *A.* **137**, 169; vgl. auch GRIESS, *Z.* **1863**, 483 Anm. 1). Chlor in Gegenwart von Jod erzeugt m-Chlor-nitro-benzol (LAUBENHEIMER, *B.* **7**, 1765; **8**, 1621). In Gegenwart von Antimontrichlorid entsteht m-Chlor-nitrobenzol neben sehr wenig 2.5-Dichlor-1-nitro-benzol (BEILSTEIN, KURBATOW, *A.* **182**, 102) und Spuren von 2.3-Dichlor-1-nitro-benzol (HOLLEMAN, REIDING, *R.* **23**, 361). Durch Chlorierung von Nitrobenzol unter Zusatz von FeCl₃ entsteht bei Zimmertemperatur 2.5-Dichlor-1-nitro-benzol, bei 100° 2.3.5.6-Tetrachlor-1-nitro-benzol, oberhalb 100° Hexachlorbenzol (PAGE, *A.* **225**, 206). Geschwindigkeit der Chlorierung zu m-Chlor-nitrobenzol in Gegenwart von $SnCl_4$, $AlCl_3$ und $FeCl_3$: GOLDSCHMIDT, LARSEN, *Ph. Ch.* **48**, 424. Nitrobenzol reagiert in der Siedehitze nicht mit $PbCl_4 \cdot 2NH_4Cl$ (SEYEWETZ, TRAWITZ, *C. r.* **136**, 242). Wird von PCl_5 nicht angegriffen (DE KONINCK, MARQUART, *B.* **5**, 12). — Beim Erhitzen mit Brom auf 250° entsteht fast ausschließlich 1.2.4.5-Tetrabrom-benzol (KEKULÉ, *A.* **137**, 169). Bei der Bromierung mit Brom in Gegenwart von $FeBr_3$ oder $FeBr_2$ bei 100—110° oder in Gegenwart von $FeCl_3$ bei 60—70° entsteht m-Brom-nitrobenzol (SCHEUFELEN, *A.* **231**, 158). $AlCl_3$ und $AlBr_3$ sind bei der Bromierung wirkungslos (BRUNER, *Ph. Ch.* **41**, 532). Dynamik der Brom-Substitution in Gegenwart von $FeBr_3$, $FeCl_3$ oder TlCl: BRUNER. Beim Auflösen von Jod in Nitrobenzol entsteht eine Verbindung $C_6H_5O_2N + I_2$ (HILDEBRAND, GLASCOCK, *Am. Soc.* **31**, 26).

Nitrobenzol erleidet bei 6-stdg. Erhitzen mit Wasser auf 200° keine Spaltung (SPINDLER, *A.* **224**, 297). Konz. Salzsäure führt bei 245° das Nitrobenzol in 2.5-Dichlor-anilin über (BAUMHAUER, *A. Spl.* **7**, 209; vgl. BEILSTEIN, KURBATOW, *A.* **196**, 215 Anm. 3). Bromwasserstoffsäure erzeugt bei 185—190° 2.4-Dibrom-anilin und 2.4.6-Tribrom-anilin (BA.). Jodwasserstoffsäure (D: 1,44) reduziert schon bei 104° zu Anilin (MILLS, *Soc.* **17**, 158; *J.* **1864**, 525).

Beim Sulfurieren von Nitrobenzol mit rauchender Schwefelsäure entsteht vorwiegend m-Nitro-benzolsulfonsäure neben wenig o- und p-Verbindung (LIMPRICHT, *A.* **177**, 63; vgl. SCHMITT, *A.* **120**, 164; EKBOM, *B.* **35**, 651). Einw. von Chlorsulfonsäure auf Nitrobenzol: ARMSTRONG, *Soc.* **24**, 174. — Verhalten von Nitrobenzol gegen Chromylchlorid: CARSTANJEN, *J. pr.* [2] **2**, 83; ÉTARD, *A. ch.* [5] **22**, 272; HENDERSON, CAMPBELL, *Soc.* **57**, 253.

Läßt man Nitrobenzol mit fein verteiltem Kaliumhydroxyd stehen oder erwärmt auf 60—70° (bei höherer Temperatur erfolgt stürmische Reaktion), so entsteht — ohne Mitwirkung des Luftsauerstoffes — reichlich o-Nitro-phenol neben wenig p-Nitro-phenol (WOHL, *B.* **32**, 3486; D. R. P. 116790; *C.* **1901** I, 149). Nach LEPSIUS (vgl. WOHL, AUE, *B.* **34**, 2444 Anm. 2) bilden sich bei dieser Reaktion aus 5 Mol.-Gew. Nitrobenzol 3 Mol.-Gew. o-Nitro-phenol und 1 Mol.-Gew. Azoxybenzol. MERZ und WEITH (*B.* **4**, 982) erhielten bei der Destillation von Nitrobenzol mit Ätzkali Azobenzol, Anilin und Ammoniak. Über Reduktion durch alkoh. Alkali s. S. 238. — Nitrobenzol reagiert mit Natriumamid unter Bildung von Diazobenzolnatrium, das bei Gegenwart von β-Naphthol zu Benzolazo-β-naphthol umgesetzt wird (BAMBERGER, WETTER, *B.* **37**, 629). — Die Einw. von Hydroxylamin bei Gegenwart von Natriumäthylat liefert das Natriumsalz des Nitrosophenyl-hydroxylamins (ANGELI, ANGELICO, *R. A. L.* [5] **8**, II, 29).

Nitrobenzol reagiert nicht mit Phosphorpentasulfid (DE KONINCK, MARQUART, *B.* 5, 12). Wärmeentwicklung bei der Berührung mit gefällter Kieselsäure: LINEBARGER, *Ph. Ch.* 40, 378. Untersuchungen über die Existenz von Additionsverbindungen des Nitrobenzols mit Quecksilberhalogeniden: MASCARELLI, *R. A. L.* [5] 15 II, 198; *G.* 36 II, 887; *R. A. L.* [5] 15 II, 461; M., ASCOLI, *G.* 37 I, 130.

Einwirkung organischer Verbindungen. Bei der Reaktion von Nitrobenzol mit Benzol und Aluminiumchlorid entsteht in geringer Menge 4-Amino-diphenyl (FREUND, *M.* 17, 399). —* Setzt man eine alkoh. Lösung von Nitrobenzol dem Sonnenlicht aus, so entstehen in geringer Menge Anilin (CIAMICIAN, SILBER, *B.* 19, 2900; *R. A. L.* [5] 11 I, 277; *G.* 33 I, 355; vgl. *B.* 39, 4343), p-Amino-phenol (C., S., *R. A. L.* [5] 14 II, 375; *G.* 36 II, 173; *B.* 38, 3813) und andere Verbindungen (s. S. 241 bei Umwandlungsprodukten des Nitrobenzols). Dieselben Produkte entstehen auch in Gegenwart von Propylalkohol und Isoamylalkohol (C., S., *R. A. L.* [5] 14 II, 375; *G.* 36 II, 173; *B.* 38, 3813). Beim Erhitzen von Nitrobenzol mit 3 Tln. Diäthylsulfid auf 160—180° entstehen bei 198° bis oberhalb 240° siedende Basen (Äthylanilin, Diäthylanilin ?) (KLINGER, *B.* 18, 946). Durch Erhitzen von Nitrobenzol mit Schwefel und Resorcin erhält man grüne bis graublaue Schwefelfarbstoffe (VON FISCHER, D. R. P. 170132; *C.* 1906 I, 1812). Beim Erhitzen von Nitrobenzol mit Pyrogallol und wäßr. Kalilauge entsteht Anilin, Azobenzol, Hydrazobenzol und Phenylcarbylamin (BRUNNER, VUILLEUMIER, *C.* 1908 I, 588). — Bei der Einw. des Lichtes auf ein Gemisch von Nitrobenzol und Benzaldehyd entstehen Benzoesäure, Benzoyl- und Dibenzoylphenylhydroxylamin, N-Benzoyl-o-amino-phenol, Dibenzoyl-p-amino-phenol, Benzanilid, Azoxybenzol und o-Oxyazobenzol (C., S., *R. A. L.* [5] 14 I, 265; II, 381; *G.* 36 II, 190; *B.* 38, 1176, 3820). Ein analoges Verhalten zeigt Nitrobenzol gegen Anisaldehyd (C., S., *R. A. L.* [5] 14 II, 375; *G.* 36 II, 173; *B.* 38, 3813). Über die Einw. von Aceton + Natriummethylat auf Nitrobenzol vgl. REISSERT, *B.* 37, 832. — Nitrobenzol gibt bei der Kondensation mit Anilin Azoxybenzol und ein rotbraunes Öl [$C_6H_5 \cdot N(:O)(OH) \cdot NH \cdot C_6H_5$ (?)] (ANGELI, CASTELLANA, *R. A. L.* [5] 14 II, 659). Beim Verschmelzen äquimolekularer Mengen von Nitrobenzol und Anilin in Gegenwart von gepulvertem Alkali entstehen Phenazin bezw. dessen N-Oxyde, Azobenzol und in geringer Menge auch p-Nitroso-diphenylamin (WOHL, AUE, *B.* 34, 2442; WOHL, *B.* 36, 4135). Nitrobenzol liefert bei der Umsetzung mit α-Naphthylamin und Natrium ein Produkt, aus dem bei der Zersetzung mit Wasser Benzol-azoxy-α-naphthalin entsteht (ANGELI, MARCHETTI, *R. A. L.* [5] 15 I, 481). — Nitrobenzol vereinigt sich mit Äthylmagnesiumjodid in Äther zu einer Verbindung $C_6H_5 \cdot N(:O)(O \cdot MgI)C_2H_5$, die mit Wasser Äthylanilin bildet (ODDO, *R. A. L.* [5] 13 II, 221; *G.* 34 II, 437). Bei längerer Einw. von Zinkdiäthyl in Äther bleibt das Nitrobenzol zum großen Teil unverändert; neben harzigen Produkten entstehen in kleiner Menge Phenylhydroxylamin, Anilin, Äthylanilin, aber kein Diäthylanilin (LACHMANN, *Am.* 21, 445; vgl. BEWAD, Ж. 32, 533; *J. pr.* [2] 63, 238).

Physiologisches Verhalten des Nitrobenzols.

Nitrobenzol ist giftig (BACCHETTI, *J.* 1856, 607; GIBBS, REICHERT, *Am.* 13, 299; 16, 448), seine Homologen aber nicht, weil diese (z. B. p-Nitro-toluol) im Organismus zu Säuren oxydiert werden, was beim Nitrobenzol nicht möglich ist (JAFFÉ, *B.* 7, 1673). Es kann sowohl durch die Haut als auch durch die Atmungs- und Verdauungsorgane vom Körper aufgenommen werden. In den Tierkörper eingeführtes Nitrobenzol wird zum Teil als p-Amino-phenol ausgeschieden (E. MEYER, *H.* 46, 497).

Verwendung.

Die Hauptmenge des Nitrobenzols dient zur Herstellung von reinem Anilin, zur Gewinnung von Dinitrobenzol, Chlornitrobenzol, Azobenzol bezw. Benzidin und von Metanilsäure. Ferner findet Nitrobenzol im Fuchsinprozeß Verwendung, in geringer Menge auch zur Parfümierung billiger Seifen (Mirbanöl). Als Oxydationsmittel fungiert Nitrobenzol bei der Herstellung von Chinolinderivaten nach der SKRAUPschen Synthese (vgl. ULLMANN, Enzyklopädie der technischen Chemie, Bd. II [Berlin und Wien 1915], S. 376).

Prüfung.

Nitrobenzol gibt mit festem pulverisiertem Kaliumhydroxyd (am besten in Gegenwart von Gasolin) eine braune Färbung, mit Natriumhydroxyd keine Färbung (Unterschied von Nitrotoluol, das mit Natriumhydroxyd eine braune Färbung gibt) (RAIKOW, ÜRKEWITSCH, *Ch. Z.* 30, 295). Die alkoholische Lösung des reinen Nitrobenzols bleibt auf Zusatz eines Tropfens Kalilauge farblos; enthält es aber Spuren von Dinitrothiophen, so wird die Lösung rot (V. MEYER, STADLER, *B.* 17, 2780).

Additionelle Verbindungen des Nitrobenzols.

$C_6H_5O_2N + LiI$. B. Durch Schütteln von LiI mit Nitrobenzol im geschlossenen Gefäß bei ca. 60° (DAWSON, GOODSON, *Soc.* **85**, 800). Gelbe, sehr hygroskopische Platten, die durch Wasser sofort in die Komponenten gespalten werden. — $2\,C_6H_5O_2N + NaI_3$. Zerfließliche Krystalle von grünmetallischem Aussehen, die durch Benzol, CCl_4 oder CS_2 in Natriumjodid, Jod und Nitrobenzol zersetzt werden (D., Go., *Soc.* **85**, 805). — $C_6H_5O_2N + AlCl_3$. B. Aus den Komponenten in Lösung (STOCKHAUSEN, GATTERMANN, *B.* **25**, 3522). Durch Wasser zersetzbare Nadeln. — $2\,C_6H_5O_2N + AlBr_3$. B. Aus konz. Lösungen von AlBr$_3$ in Nitrobenzol (BRUNER, *C.* **1901** II, 160). Gelbe Krystalle. — $C_6H_5O_2N + AlBr_3$. Gelbe Prismen. Besitzt in siedendem Schwefelkohlenstoff die Molekulargröße $(C_6H_5O_2N + AlBr_3)_2$ (KOHLER, *Am.* **24**, 390). — $3\,C_6H_5O_2N + 2\,SbCl_5$. Gelbe Nadeln (aus Chloroform) (ROSENHEIM, STELLMANN, *B.* **34**, 3382).

Umwandlungsprodukte des Nitrobenzols von ungewisser Konstitution.

Verbindung $C_6H_3O_6NCl_2Cr_2 = C_6H_3(NO_2)(CrO_3Cl)_2$. B. Durch Erhitzen von 1 Tl. Chromylchlorid mit 3—4 Tln. Nitrobenzol auf 160° (ÉTARD, *A. ch.* [5] **22**, 272). Aus Nitrobenzol und CrO_2Cl_2 in $CHCl_3$ auf dem Wasserbade (HENDERSON, CAMPBELL, *Soc.* **57**, 253). — Braunes, sehr hygroskopisches Pulver; liefert mit Wasser Nitrobenzol (H., C.).

Verbindung $C_6H_7O_4N$. B. Durch Belichtung eines Gemisches von (unreinem ?) Nitrobenzol mit Äthyl-, Propyl- oder Isoamylalkohol (CIAMICIAN, SILBER, *R. A. L.* [5] **14** II, 378; *B.* **38**, 3816; *G.* **36** II, 179). — Blättchen (aus Petroläther). F: 70—71°. Schwer löslich in Wasser. Reduziert FEHLINGsche Lösung kaum. Reduziert in salzsaurer Lösung $AuCl_3$ und gibt mit $PtCl_4$ einen in warmem Wasser unter Reduktion löslichen Niederschlag. — Pikrat. Gelbe Nadeln (aus Wasser). F: 185°.

Acetylderivat der Verbindung $C_6H_7O_4N$ (s. o.), $C_8H_9O_5N = C_6H_6O_4N(CO \cdot CH_3)$. B. Aus der Verbindung $C_6H_7O_4N$ und Acetanhydrid (CI., SI., *R. A. L.* [5] **14** II, 378; *B.* **38**, 3816; *G.* **36** II, 179). — Nadeln (aus Wasser). F: 178—179°. Schwer löslich in Wasser.

Benzoylderivat der Verbindung $C_6H_7O_4N$ (s. o.), $C_{13}H_{11}O_5N = C_6H_6O_4N(CO \cdot C_6H_5)$. B. Aus der Verbindung $C_6H_7O_4N$ durch Benzoylchlorid und Alkali (CI., SI., *R. A. L.* [5] **14** II, 378; *B.* **38**, 3817; *G.* **36** II, 180). — Tafeln (aus Methylalkohol). F: 192°. Unlöslich in Äther.

Verbindung $C_{12}H_{15}ON$. B. Aus Nitrobenzol durch Propylalkohol im Sonnenlicht (CI., SI., *R. A. L.* [5] **14** II, 379; *B.* **38**, 3818; *G.* **36** II, 182). — Öl von scharfem Chinolingeruch. — Hydrochlorid. Nadeln. — Pikrat $C_{12}H_{15}ON + C_6H_3O_7N_3$. Tafeln (aus Methylalkohol). F: 182—183°. — $2\,C_{12}H_{15}ON + 2\,HCl + PtCl_4$. Gelbbraune Nadeln. F: 219°.

2-Fluor-1-nitro-benzol, o-Fluor-nitrobenzol $C_6H_4O_2NF = C_6H_4F \cdot NO_2$. B. Entsteht in kleiner Menge neben viel p-Fluor-nitrobenzol beim Nitrieren von Fluorbenzol (S. 198) (A. F. HOLLEMAN, *R.* **23**, 261; **24**, 140). Aus 4-Fluor-3-nitro-anilin durch Diazotierung, nachfolgende Reduktion zu 4-Fluor-3-nitro-phenylhydrazin und Oxydation desselben mit Kupfersulfat (M. HOLLEMAN, *R.* **24**, 26). — Flüssig. F: —8°; Kp$_{23}$: 115,5° (M. Ho.). Zersetzt sich bei Destillation unter gewöhnlichem Druck (M. Ho.). — Beim Erhitzen mit alkoh. Ammoniak auf 95° entsteht o-Nitro-anilin (M. Ho.).

3-Fluor-1-nitro-benzol, m-Fluor-nitrobenzol $C_6H_4O_2NF = C_6H_4F \cdot NO_2$. B. Durch Eintragen einer m-Nitro-benzoldiazoniumsulfatlösung in heiße konz. Fluorwasserstoffsäure (A. F. HOLLEMAN, BEEKMAN, *R.* **23**, 235). — Gelbliche Flüssigkeit. F: 1,69° (unkorr.). Kp: 205°. D^{4,4}: 1,2532. — Reagiert mit Natriummethylat unter Bildung von m-Nitro-anisol.

4-Fluor-1-nitro-benzol, p-Fluor-nitrobenzol $C_6H_4O_2NF = C_6H_4F \cdot NO_2$. B. Durch Nitrieren von Fluorbenzol bei 0° (WALLACH, *A.* **235**, 265), neben wenig o-Fluor-nitrobenzol (HOLLEMAN, *R.* **23**, 261; **24**, 140). Aus einer p-Nitro-benzoldiazoniumsulfatlösung in heiße konz. Fluorwasserstoffsäure (Ho., BEEKMAN, *R.* **23**, 235). Beim Erwärmen von p-Nitro-benzoldiazoniumpiperidid $O_2N \cdot C_6H_4 \cdot N:N \cdot NC_5H_{10}$ mit konz. Fluorwasserstoffsäure (W.). — Schwach gelb gefärbte Krystalle. Dimorph (Ho., *R.* **24**, 25). Erstarrungspunkt der metastabilen Form: 21,5° (Ho., *R.* **24**, 25; vgl. BRUNI, TROVANELLI, *R. A. L.* [5] **13** II, 183; *G.* **34** II, 355); Schmelzpunkt der stabilen Form: 26,5° (W., HEUSLER, *A.* **243**, 222; Ho., *R.* **24**, 25). Kp: 205° (W., HEU.). D (flüssig): 1,326 (W.); D^{4,4}: 1,2583 (Ho., BE.). Kryoskopisches Verhalten: BR., T. — Gibt bei der Reduktion mit Zinn bezw. Zinnchlorür und Salzsäure p-Fluor-anilin (W.; Ho., BE.). Liefert bei der Nitrierung 4-Fluor-1.3-dinitro-benzol (Ho., *R.*, **23**, 260). Reagiert mit Natriummethylat unter Bildung von p-Nitro-anisol (Ho., *R.* **23**, 258). Riecht nach bitteren Mandeln (W.).

2-Chlor-1-nitro-benzol, o-Chlor-nitrobenzol $C_6H_4O_2NCl = C_6H_4Cl \cdot NO_2$. B. Entsteht neben viel p-Chlor-nitrobenzol beim Nitrieren von Chlorbenzol (SSOKOLOW, *J.* **1866**,

551; vgl. HOLLEMAN, DE BRUYN, *R.* 19, 189). Aus o-Nitro-phenol und PCl_5 in kleiner Menge, neben Phosphorsäure-tris-[o-nitro-phenyl]-ester (ENGELHARDT, LATSCHINOW, Ж. 2, 116; *Z.* 1870, 231). Aus 3-Chlor-4-nitro-anilin durch Behandlung mit salpetriger Säure und Alkohol (BEILSTEIN, KURBATOW, *A.* 182, 107).

Darst. Man versetzt die unter Umrühren auf 200 g Eis gegossene Lösung von 30 g o-Nitro-anilin in 150 ccm roher Salzsäure unter Umrühren mit der Lösung von 15 g $NaNO_2$ in 50 ccm Wasser und fügt die gebildete Diazoniumlösung zu 15 g, mit Salzsäure befeuchteter, entfetteter Kupferbronze (Kupferpulver) (ULLMANN, *B.* 29, 1879). — Bei der Darstellung durch Nitrieren von Chlorbenzol im großen wird das nach dem Auskrystallisieren der Hauptmenge des p-Chlor-nitrobenzols verbleibende flüssige Gemisch von o- und p-Chlor-nitrobenzol zunächst einer fraktionierten Destillation unterworfen; die ersten Fraktionen liefern dann bei nachfolgender fraktionierter Krystallisation als erste Krystallisation reine p-Verbindung, die letzten Fraktionen der Destillation geben bei nachfolgender fraktionierter Krystallisation als erste Krystallisation reine o-Verbindung. Die anderen Fraktionen, welche noch Gemische sind, werden einer erneuten fraktionierten Destillation und Krystallisation unterworfen usf. (Chem. Fabr. Griesheim, D. R. P. 97013; *C.* 1898 II, 238). Trennung von o- und p-Chlor-nitrobenzol durch verd. Alkohole: MARCKWALD, D. R. P. 137847; *C.* 1903 I, 208; vgl. JUNGFLEISCH, *A. ch.* [4] 15, 226; *J.* 1868, 343.

Nadeln. F: 32,5⁰ (BEILSTEIN, KURBATOW, *A.* 182, 107). Erstarrungspunkt: 32,03—32,09⁰ (HOLLEMAN, DE BRUYN, *R.* 19, 189). Kp: 243⁰ (BEI., KU.); Kp$_{760}$: 241,5⁰ (korr.) (ULLMANN, *B.* 29, 1879); Kp$_{753}$: 245,5⁰; Kp$_8$: 119⁰ (Chem. Fabr. Griesheim, D. R. P. 97013; *C.* 1898 II, 238). $D_{1,7°}^{30,05}$: 1,3052 (Ho., DE BR., *R.* 19, 190; 20, 354 Anm.). Löslichkeit in Benzol: BOGOJAWLENSKI, BOGOLJUBOW, WINOGRADOW, *C.* 1907 I, 1738. Löslichkeit in flüssigem CO_2: BÜCHNER, *Ph. Ch.* 54, 681. Schmelzkurve von Gemischen mit p-Chlor-nitrobenzol: Ho., DE BR. Schmelzkurve von Gemischen mit o-Brom-nitrobenzol: KREMANN, *C.* 1909 II, 1218. Molekulare Gefrierpunktserniedrigung von o-Chlor-nitrobenzol: 75,0 (JONA, *G.* 39 II, 298). Über das kryoskopische Verhalten in Ameisensäure vgl. BRUNI, BERTI, *R. A. L.* [5] 9 I, 396.

Bei der Reduktion mit Zinn und Salzsäure liefert o-Chlor-nitrobenzol o-Chlor-anilin und 2.4-Dichlor-anilin (BEILSTEIN, KURBATOW, *A.* 182, 107). Beim Kochen von o-Chlor-nitrobenzol mit konz. absolut-alkoh. Natriumäthylatlösung entstehen o-Chlor-anilin und wenig 2.2′-Dichlor-azobenzol, mit verdünnterer absolut-alkoholischer Natriumäthylatlösung o-Chlor-anilin und wenig 2.2′-Dichlor-azoxybenzol; beim Erhitzen mit verdünnter wäßr.-alkoholischer Kalilauge gibt o-Chlor-nitrobenzol o-Nitro-phenetol neben wenig o-Chlor-anilin (BRAND, *J. pr.* [2] 67, 152, 160; 68, 208; vgl. HEUMANN, *B.* 5, 912; LOBRY DE BRUYN, *R.* 9, 203). o-Chlor-nitrobenzol liefert mit Natriummethylat in konz. methylalkoholischer Lösung 2.2′-Dichlor-azobenzol; in verdünnterer Lösung entsteht 2.2′-Dichlor-azoxybenzol und schließlich 2.2′-Dimethoxy-azoxybenzol; mit verd. wäßr.-methylalkoholischer Kalilauge wird fast ausschließlich o-Nitro-anisol gebildet (BRAND, *J. pr.* [2] 67, 145, 155; vgl. LO. DE BRUYN). Umsetzung von o-Chlor-nitrobenzol mit methylalkoholischer Natriummethylatlösung in Gegenwart von KI: WOHL, *B.* 39, 1953. o-Chlor-nitrobenzol gibt beim Erhitzen mit H_2SO_4 in Gegenwart reduzierender Substanzen (z. B. Hydrochinon) eine 3-Chlor-4-amino-phenolsulfonsäure (BRUNNER, VUILLEUMIER, *C.* 1908 II, 587). — Beim Erhitzen von o-Chlor-nitrobenzol mit Kupferbronze auf ca. 200⁰ erhält man 2.2′-Dinitro-diphenyl (ULLMANN, BIELECKI, *B.* 34, 2176). — o-Chlor-nitrobenzol liefert durch Chlorierung bei 100⁰ in Gegenwart von $SbCl_5$ hauptsächlich 2.5-Dichlor-1-nitro-benzol, neben wenig 2.3-Dichlor-1-nitrobenzol und 2.4-Dichlor-1-nitrobenzol (COHEN, BENNETT, *Soc.* 87, 323; vgl. HOLLEMAN, REIDING, *R.* 23, 361). — Beim Erhitzen von o-Chlor-nitrobenzol mit einem Gemisch von rauchender Salpetersäure und Schwefelsäure erhält man als Hauptprodukt 4-Chlor-1.3-dinitro-benzol (JUNGFLEISCH, *A. ch.* [4] 15, 229; *J.* 1868, 345), daneben wenig 2-Chlor-1.3-dinitro-benzol (OSTROMYSSLENSKI, *J. pr.* [2] 78, 261). Geschwindigkeit der Nitrierung bei 25⁰ in 95⁰/₀iger und in absol. Schwefelsäure: MARTINSEN, *Ph. Ch.* 59, 615. — Bei der Sulfurierung mit rauchender Schwefelsäure liefert o-Chlor-nitrobenzol 4-Chlor-3-nitro-benzolsulfonsäure-(1) (P. FISCHER, *B.* 24, 3188). — o-Chlor-nitrobenzol gibt mit Sodalösung und Natron bei 130⁰ o-Nitro-phenol (ENGELHARDT, LATSCHINOW, Ж. 2, 118; *Z.* 1870, 231). Reaktion von o-Chlor-nitrobenzol mit Natriumalkoholat s. o. Durch Behandlung von 1 Mol.-Gew. o-Chlor-nitrobenzol mit 1 Mol.-Gew. Na_2S in Alkohol entsteht o-Nitro-thiophenol (BLANKSMA, *R.* 20, 400); bei Anwendung von 2 Mol.-Gew. o-Chlor-nitrobenzol auf 1 Mol.-Gew. Na_2S wird 2.2′-Dinitro-diphenylsulfid gebildet (NIETZKI, BOTHOF, *B.* 29, 2774). o-Chlor-nitrobenzol gibt mit Na_2S_2 in siedendem Alkohol 2.2′-Dinitro-diphenyldisulfid und o-Chlor-anilin (WOHLFAHRT, *B.* 66, 553; BL., *R.* 20, 127; 28, 108). Umsetzung des o-Chlor-nitrobenzols mit alkoh. Ammoniak in Gegenwart von KI: WOHL, *B.* 39, 1953. Bei der Umsetzung von o-Chlor-nitrobenzol mit Methylamin in Alkohol bei 160⁰ entsteht o-Nitro-methylanilin (BLANKSMA, *R.* 21, 272). Geschwindigkeit der Reaktion von o-Chlor-nitrobenzol mit Dipropylamin: PERNA, Ж. 35, 115; *C.* 1903 I, 1127. Aus o-Chlor-nitrobenzol erhält man beim Erhitzen mit p-Chlor-anilin und wasserfreiem Natriumacetat bei 170—190⁰

4'-Chlor-2-nitro-diphenylamin (WILBERG, *B.* **35**, 957 Anm.). Bei Einw. von o-Chlor-nitro-benzol auf Kaliumphenolat in der Hitze entsteht 2-Nitro-diphenyläther (HAEUSSERMANN, TEICHMANN, *B.* **29**, 1447). o-Chlor-nitrobenzol liefert mit Thioglykolsäure und NaOH in kochender alkoh. Lösung S-[o-Nitro-phenyl]-thioglykolsäure; daneben findet teilweise Reduktion des o-Chlor-nitrobenzols statt (FRIEDLÄNDER, CHWALA, *M.* **28**, 270).

o-Chlor-nitrobenzol dient in der Technik zur Herstellung von o-Nitro-anisol, das weiter auf o-Anisidin und Dianisidin verarbeitet wird (ULLMANN, G. COHN in ULLMANNS Enzyklopädie der technischen Chemie, Bd. II [Berlin-Wien 1915], S. 378).

3-Chlor-1-nitro-benzol, m-Chlor-nitrobenzol $C_6H_4O_2NCl = C_6H_4Cl \cdot NO_2$. *B.* Beim Chlorieren von Nitrobenzol in Gegenwart von Jod (LAUBENHEIMER, *B.* **7**, 1765). Aus Nitrobenzol und Chlor in Gegenwart von AlCl$_3$, FeCl$_3$, SnCl$_4$ (GOLDSCHMIDT, LARSEN, *Ph. Ch.* **48**, 424); Dynamik dieser Reaktion: GOLDSCHMIDT, LARSEN. Aus Nitrobenzol durch Chlorierung in Gegenwart von SbCl$_3$ (BEILSTEIN, KURBATOW, *A.* **182**, 102). Man erhitzt das aus m-Nitro-anilin erhältliche Diazoniumchloroplatinat mit Soda (KÖRNER, *G.* **4**, 341; *J.* **1875**, 317; vgl. GRIESS, *Z.* **1863**, 482; *J.* **1863**, 424; **1866**, 457; *Soc.* **20**, 85). – *Darst.* Man leitet völlig trocknes Chlor in ein Gemisch aus 500 g trocknem Nitrobenzol und 10 g FeCl$_3$ und fraktioniert das Produkt, sobald sein Gewicht 650 g beträgt (VARNHOLT, *J. pr.* [2] **36**, 25). Schwach gelbliche, sublimierbare Prismen (aus Alkohol). Rhombisch pyramidal (BODEWIG, *B.* **8**, 1621; vgl. *Groth, Ch. Kr.* **4**, 29). Existiert in zwei physikalisch verschiedenen festen Formen. Schmelzpunkt der gewöhnlichen stabilen Form: 47,9° (korr.) (KÖRNER, *G.* **4**, 341; *J.* **1875**, 317), 46° (GRIESS, *Z.* **1863**, 483), 44.4° (BOGOJAWLENSKI, WINOGRADOW, *Ph. Ch.* **64**, 252), 44,2° (LAUBENHEIMER, *B.* **8**, 1622; **9**, 766), 44,16° (BOGOJ., *C.* **1905** II, 946). Schmelzpunkt der labilen Form, die man durch Eintauchen von geschmolzenem m-Chlor-nitrobenzol in eine Kältemischung in Nadeln erhält: 23,7° (LAU., *B.* **9**, 766). Krystallisationsgeschwindigkeit der beiden Formen: BRUNI, PADOA, *R. A. L.* [5] **12** II, 126. Kp: 235,6° (korr.) (LAU., *B.* **8**, 1622). D: 1,534 (SCHRÖDER, *B.* **13**, 1071); D$_{4°}^{85}$: 1,3112 (HOLLEMAN, DE BRUYN, *R.* **19**, 190; **20**, 354 Anm.). Leicht löslich in Chloroform, Schwefelkohlenstoff, Äther, Eisessig und heißem Alkohol, weniger in kaltem Alkohol (LAU., *B.* **8**, 1622). Löslichkeit in Benzol: BOGOJ., BOGOLJUBOW, WIN., *C.* **1907** I, 1738. Löslichkeit in flüssigem CO$_2$: BÜCHNER, *Ph. Ch.* **54**, 681. Krystallisationsgeschwindigkeit der Gemische mit m-Brom-nitrobenzol: BOGOJ., SSACHAROW, *C.* **1907** I, 1719. Schmelzkurve von Gemischen mit m-Brom-nitrobenzol: KREMANN, *C.* **1909** II, 1218; vgl. KÜSTER, *Ph. Ch.* **8**, 584. Molekulare Gefrierpunktserniedrigung von m-Chlor-nitrobenzol: 60,7 (JONA, *G.* **39** II, 299). Kryoskopisches Verhalten in Ameisensäure: BRUNI, BERTI, *R. A. L.* [5] **9** I, 396. Schmelzwärme, spez. Wärme: BOGOJ., *C.* **1905** II, 946; BOGOJ., WIN., *Ph. Ch.* **64**, 251; vgl. BRUNER, *B.* **27**, 2106. – m-Chlornitrobenzol wird von Zinn und Salzsäure zu m-Chlor-anilin reduziert (BEILSTEIN, KURBATOW, *A.* **182**, 104). Gibt mit Na$_2$S in Alkohol 3.3'-Dichlor-azoxybenzol (NIETZKI, BOTHOF, *B.* **29**, 2774), mit Na$_2$S$_2$ in Alkohol m-Chlor-anilin und wenig 3.3'-Dichlor-azoxybenzol (BLANKSMA, *R.* **28**, 107). Liefert beim Erhitzen mit H$_2$SO$_4$ in Gegenwart reduzierender Substanzen (z. B. Hydrochinon) eine 2-Chlor-4-amino-phenol-sulfonsäure (BRUNNER, VUILLEUMIER, *C.* **1908** II, 587). Beim Kochen von m-Chlor-nitrobenzol mit Ätzkali und 85%igem Alkohol wird 3.3'-Dichlor-azoxybenzol gebildet (LAUBENHEIMER, *B.* **8**, 1623). Bei der Chlorierung in Gegenwart von Antimonchlorid erhält man als Hauptprodukt 2.5-Dichlor-1-nitro-benzol, daneben wenig 2.3-Dichlor-1-nitro-benzol (HOLLEMAN, REIDING, *R.* **23**, 361; vgl. COHEN, BENNETT, *Soc.* **87**, 323). Bei der Nitrierung mit einem Gemisch von rauchender Salpetersäure und konz. Schwefelsäure entsteht 4-Chlor-1.2-dinitro-benzol (LAUBENHEIMER, *B.* **9**, 760); Geschwindigkeit der Nitrierung bei 25° und 35° in 95%iger und in absoluter Schwefelsäure: MARTINSEN, *Ph. Ch.* **59**, 615. Aus m-Chlor-nitrobenzol erhält man bei Einw. von Schwefelsäure 5-Chlor-3-nitro-benzol-sulfonsäure-(1) und 6-Chlor-2-nitro-benzol-sulfonsäure-(1) (POST, CHR. MEYER, *B.* **14**, 1605; CLAUS, POPP, *A.* **265**, 96). m-Chlor-nitrobenzol reagiert mit Dipropylamin bei 130° noch bis 183° (PERNA, ℋ. **35**, 115; *C.* **1903** I, 1127). Beim Erhitzen mit Cyankalium und Alkohol auf 250–270° geht m-Chlor-nitrobenzol in o-Chlor-benzoesäure über (v. RICHTER, *B.* **4**, 463; **8**, 1418). – m-Chlor-nitrobenzol hat bittermandelölartigen Geruch (LAU., *B.* **8**, 1622).

4-Chlor-1-nitro-benzol, p-Chlor-nitrobenzol $C_6H_4O_2NCl = C_6H_4Cl \cdot NO_2$. *B.* Entsteht neben wenig o-Chlor-nitrobenzol beim Lösen von Chlorbenzol in rauchender Salpetersäure (RICHE, *A.* **121**, 358; SSOKOLOW, *Z.* **1865**, 602; *J.* **1866**, 551; vgl. HOLLEMAN, DE BRUYN, *R.* **19**, 189). Beim Erhitzen von p-Nitro-phenol mit PCl$_5$, neben Phosphorsäure-tris-[p-nitrophenyl]-ester (ENGELHARDT, LATSCHINOW, ℋ. **2**, 116; *Z.* **1870**, 230). Aus p-Chlor-benzoldiazoniumsulfat durch frisch bereitetes Kaliumcupronitrit (HANTZSCH, BLAGDEN, *B.* **33**, 2553). Aus dem Chloroplatinat des p-Nitro-benzoldiazoniumchlorids durch Destillation mit Soda (GRIESS, *J.* **1866**, 457). Bei Behandlung von p-Nitro-benzoldiazoniumchlorid mit CuCl in stark salzsaurer Lösung (WILLSTÄTTER, KALB, *B.* **39**, 3478). Beim Erwärmen von p-Nitro-benzol-diazopiperidid $O_2N \cdot C_6H_4 \cdot N:N \cdot NC_5H_{10}$ (Syst. No. 3038) mit konz. Salzsäure (WALLACH, *A.*

235, 264). Aus 5-Chlor-2-nitro-anilin durch Behandlung mit salpetriger Säure und Alkohol (BEILSTEIN, KURBATOW, A. **182**, 105). — Darst. Man löst Chlorbenzol in kalter rauchender Salpetersäure, fällt mit Wasser und krystallisiert aus Alkohol um (SSOKOLOW, Z. **1865**, 602; JUNGFLEISCH, A. ch. [4] **15**, 221; J. **1868**, 343). Die Zerlegung des flüssig bleibenden Anteils des Reaktionsproduktes, der aus viel o- und wenig p-Chlor-nitrobenzol besteht, in seine Bestandteile s. bei Darstellung von o-Chlor-nitrobenzol (S. 242).

Monoklin prismatisch (FELS, Z. Kr. **32**, 375; vgl. Groth, Ch. Kr. **4**, 31). F: 83° (JUNG- FLEISCH, A. ch. [4] **15**, 223; J. **1868**, 343). Erstarrungspunkt: 82,13—82,17° (HOLLEMAN, DE BRUYN, R. **19**, 189). Kp$_{761}$: 242° (J.); Kp$_{755}$: 238,5°; Kp$_2$: 113° (Chem. Fabr. Griesheim, D. R. P. 97013; C. **1898** II, 238). D^{15}: 1,520 (FELS); D^{22}: 1,380 (J.). Über das spez. Gew. bei 80,05° vgl. HO., DE BRUYN. — Schwer löslich in kaltem Alkohol, leicht in kochendem Alkohol, in Äther und in CS$_2$ (J.). Löslichkeit in Benzol: BOGOJAWLENSKI, BOGOLJUBOW, WINOGRADOW, C. **1907** I, 1738. Löslichkeit in flüssigem CO$_2$: BÜCHNER, Ph. Ch. **54**, 682. Schmelzkurve von Gemischen mit o-Chlor-nitrobenzol: HO., DE BRUYN. Schmelzkurve von Gemischen mit p-Brom-nitrobenzol: KREMANN, C. **1909** II, 1218. Kryoskopisches Verhalten von p-Chlor-nitrobenzol: BRUNI, BERTI, R. A. L. [5] **9** I, 397; BR., PADOA, R. A. L. [5] **12** I, 351; BR., TROVANELLI, R. A. L. [5] **13** II, 183; G. **34** II, 356. Molekulare Gefrierpunkts- erniedrigung: 109 (AUWERS, Ph. Ch. **30**, 311). Schmelzwärme: BRUNER, B. **27**, 2106.

p-Chlor-nitrobenzol liefert bei der Reduktion mit Zinn und Salzsäure p-Chlor-anilin (SSOKOLOW, J. **1866**, 552; JUNGFLEISCH, A. ch. [4] **15**, 225; J. **1868**, 344). Gibt mit Zinkstaub und Salmiak in siedendem Alkohol p-Chlor-phenylhydroxylamin (BAMBERGER, BAUDISCH, B. **42**, 3581). Bei Behandlung mit Natriumamalgam erhält man aus p-Chlor- nitrobenzol 4.4'-Dichlor-azoxybenzol (ALEXEJEW, J. **1866**, 269). Bei Einw. von Natrium auf p-Chlor-nitrobenzol in äther. Lösung entsteht eine schwarze Substanz, die mit Salzsäure 4.4'-Dichlor-azoxybenzol gibt (A. W. HOFMANN, GEYER, B. **5**, 916). p-Chlor-nitrobenzol wird von einer Lösung von KOH in absolutem oder hochprozentigem Äthylalkohol bei 100° bis 130° zu 4.4'-Dichlor-azoxybenzol (vgl. HEUMANN, B. **5**, 911; LAUBENHEIMER, B. **8**, 1626) und bei 150—200° zu 4.4'-Dichlor-azobenzol reduziert; daneben entstehen Spuren von p- Nitro-phenetol; ähnlich verläuft die Einw. von KOH in absol. Methylalkohol, doch findet hier neben der Reduktion in bedeutendem Umfange Bildung von p-Nitro-anisol statt, während bei Anwendung von KOH in Allylalkohol lediglich (und zwar schon bei gewöhnlicher Temp.) Reduktion beobachtet wird; stark mit Wasser verdünnte äthylalkoholische Kalilauge liefert beim Kochen mit p-Chlor-nitrobenzol am Rückflußkühler als Hauptprodukt p-Nitro-phenetol neben p-Nitro-phenol und 4.4'-Dichlor-azoxybenzol, analog wirkt wäßr. methylalkoholische Kalilauge ein (WILLGERODT, B. **14**, 2632; **15**, 1002). p-Chlor-nitrobenzol gibt beim Erhitzen mit H$_2$SO$_4$ in Gegenwart reduzierender Substanzen (z. B. Hydrochinon) 4-Amino-phenol- sulfosäure-(2) (BRUNNER, VUILLEUMIER, C. **1908** II, 587). Wird durch hydroschwefligsaures Natrium Na$_2$S$_2$O$_4$ in Gegenwart von Na$_3$PO$_4$ bei 85—96° in p-Chlor-phenylsulfamidsäure übergeführt (SEYEWETZ, BLOCH, Bl. [4] **1**, 325). Gibt beim Erhitzen mit schwefelsaurem Hydrazin und ZnCl$_2$ auf 185° 2.4-Dichlor-anilin (HYDE, B. **32**, 1817). Liefert bei der elektro- lytischen Reduktion in alkoh.-wäßr. Lösung in Gegenwart von Natriumacetat und Eisessig p-Chlor-phenylhydroxylamin (BRAND, B. **38**, 3078). Bei der elektrolytischen Reduktion in starker Schwefelsäure entsteht 4-Amino-phenol-sulfonsäure-(2) (NOYES, DORRANCE, B. **28**, 2351). — p-Chlor-nitrobenzol liefert bei der Chlorierung in Gegenwart von Antimonpentachlorid 3.4-Dichlor-1-nitro-benzol (COHEN, BENNETT, Soc. **87**, 324). — Gibt bei Einw. von Salpeter- schwefelsäure 4-Chlor-1.3-dinitro-benzol (JUNGFLEISCH); Geschwindigkeit der Nitrierung in 95%iger und in absol. Schwefelsäure bei 0° und 35°: MARTINSEN, Ph. Ch. **59**, 613. p-Chlor-nitrobenzol wird beim Erhitzen mit rauchender Schwefelsäure zu 4-Chlor-3-nitro- benzol-sulfonsäure-(1) sulfuriert (CLAUS, MANN, A. **265**, 88; P. FISCHER, B. **24**, 3194; ULL- MANN, JÜNGEL, B. **42**, 1077). — Geht beim Erhitzen mit Sodalösung und Natron auf 130° sehr langsam in p-Nitro-phenol über (ENGELHARDT, LATSCHINOW, Ж. **2**, 118; Z. **1870**, 231). Einw. von alkoh. Kali auf p-Chlor-nitrobenzol s. o. Bei der Behandlung von p-Chlor-nitrobenzol mit Na$_2$S in Alkohol wurden je nach den Bedingungen beobachtet: p-Nitro-thiophenol, 4.4'- Dinitro-diphenyldisulfid, 4.4'-Dinitro-diphenylsulfid, 4'-Nitro-4-amino-diphenylsulfid, 4.4'- Diamino-diphenylsulfid, 4.4'-Dichlor-azoxybenzol und p-Chlor-anilin (KEHRMANN, BAUER, B. **29**, 2362; vgl.: WILLGERODT, B. **18**. 331; NIETZKI, BOTHOF, B. **27**, 3261). Mit Na$_2$S$_2$ in siedendem Alkohol entstehen 4.4'-Dinitro-diphenyldisulfid und wenig p-Chlor-anilin neben anderen Produkten (WOHLFAHRT, J. pr. [2] **66**, 551; BLANKSMA, R. **20**, 128; **28**, 108); in wäßr. Alkohol bilden sich Polysulfide und p-Nitro-thiophenol (WOH.). Beim Kochen von p-Chlor-nitrobenzol mit einer Lösung von Schwefel in wäßr.-alkoh. Natronlauge erhielten FROMM, WITTMANN (B. **41**, 2264) neben p-Nitro-phenol, 4.4'-Dinitro-diphenyl-disulfid, 4.4'-Dinitro-diphenylsulfid und 4'-Nitro-4-amino-diphenylsulfid den Bis-p-nitro-phenyläther des 4.4'-Dimercapto-azobenzols O$_2$N·C$_6$H$_4$·S·C$_6$H$_4$·N:N·C$_6$H$_4$·S·C$_6$H$_4$·NO$_2$. — p-Chlor- nitrobenzol liefert beim Erhitzen mit überschüssigem Ammoniak auf 130—180° glatt p-Nitranilin (Clayton Aniline Co., D. R. P. 148749; C. **1904** I, 554; vgl. E., L.). Um-

setzung von p-Chlor-nitrobenzol mit alkoh. Ammoniak in Gegenwart von Natriumjodid bezw.
Naturkupfer: WOHL, *B.* **39**, 1953. p-Chlor-nitrobenzol gibt mit Methylamin in Alkohol
bei 160° p-Nitro-methylanilin (BLANKSMA, *R.* **21**, 270). Geschwindigkeit der Reaktion mit
Dipropylamin: PERNA, Ж. **35**, 115; *C.* **1903** I, 1127. Bei Gegenwart von kleinen Mengen
Cuprojodid oder Jod und Kupfer sowie unter Zusatz säurebindender Mittel reagiert p-Chlor-
nitrobenzol glatt mit aromatischen Aminen unter Bildung von Derivaten des Diphenylamins,
z. B. entsteht mit Anilin 4-Nitro-diphenylamin (GOLDBERG, D. R. P. 185663; *C.* **1907** II,
957). — Beim Erhitzen mit Cyankalium und Alkohol auf 200° gibt p-Chlor-nitrobenzol
m-Chlor-benzoesäure (v. RICHTER, *B.* **4**, 463; **8**, 1418). — p-Chlor-nitrobenzol liefert, in alkoh.
Lösung mit einer Lösung von Thioglykolsäure in Natronlauge gekocht, S-[p-Nitro-phenyl]-
thioglykolsäure $O_2N \cdot C_6H_4 \cdot S \cdot CH_2 \cdot CO_2H$ neben 4.4'-Dichlor-azoxybenzol (FRIEDLÄNDER,
CHWALA, *M.* **28**, 274). — Verwendung zur Darstellung von Schwefelfarbstoffen: Basler chem.
Fabr., D. R. P. 133043; *C.* **1902** II, 411. p-Chlor-nitrobenzol dient in der Technik besonders
zur Herstellung von p-Nitranilin (ULLMANN, G. COHN in ULLMANNS Enzyklopädie der technischen Chemie, Bd. II [Berlin-Wien 1915], S. 378).

2.3-Dichlor-1-nitro-benzol $C_6H_3O_2NCl_2 = C_6H_3Cl_2 \cdot NO_2$. *B.* Beim Chlorieren von
o-Chlor-nitrobenzol in Gegenwart von Antimonchlorid, neben etwas 2.4-Dichlor-1-nitro-benzol
(COHEN, BENNETT, *Soc.* **87**, 323) und viel 2.5-Dichlor-1-nitro-benzol (HOLLEMAN, REIDING,
R. **23**, 362). In kleiner Menge bei der Chlorierung von m-Chlor-nitrobenzol in Gegenwart
von Antimonchlorid, neben viel 2.5-Dichlor-1-nitro-benzol (H., R.; vgl. C., BE.). — Nadeln
(aus Petroläther, aus Eisessig oder aus Essigester + Äther). Monoklin (JAEGER bei *Groth, Ch.
Kr.* **4**, 22 Anm., 42; vgl. J., *Z. Kr.* **42**, 166). F: 61—62°; Erstarrungspunkt: 59,9°; Kp:
257—258° (H., R.). D^{14}: 1,721 (J.); $D^{n.s}$: 1,4494 (H., R.). Leicht löslich in den gebräuchlichen
Lösungsmitteln (H., R.). Löslichkeit in flüssigem CO_2: BÜCHNER, *Ph. Ch.* **54**, 683. — Wird
durch Zinn und Salzsäure zu 2.3-Dichlor-anilin reduziert (H., R.).

2.4-Dichlor-1-nitro-benzol $C_6H_3O_2NCl_2 = C_6H_3Cl_2 \cdot NO_2$. *B.* Beim Nitrieren von
m-Dichlor-benzol mit einer Mischung von 10 Tln. Salpetersäure (D: 1,54) und 1 Tl. Wasser
(KÖRNER, *G.* **4**, 374; *J.* **1875**, 323; vgl. BEILSTEIN, KURBATOW, *A.* **182**, 97). In kleiner Menge
bei der Chlorierung von o-Chlor-nitrobenzol in Gegenwart von Antimonchlorid, neben etwas
2.3-Dichlor-1-nitro-benzol und viel 2.5-Dichlor-1-nitro-benzol (COHEN, BENNETT, *Soc.* **87**, 323).
Aus 2.6-Dichlor-3-nitro-anilin durch Äthylnitrit in absol. Alkohol (KÖRNER, CONTARDI,
R. A. L. [5] **18** I, 96). — Nadeln (aus Alkohol). F: 33° (BEI., KU.), 32,2° (korr.) (KÖ.), 31,5°
bis 32° (HOLLEMAN, REIDING, *R.* **23**, 369). Erstarrungspunkt: 30,45°; Kp: 258,5°; $D^{m.n}$:
1,4390 (H., R.). Ziemlich löslich in kaltem, sehr leicht in heißem Alkohol, mischbar mit Äther
(KÖ.). Löslichkeit in flüssigem CO_2: BÜCHNER, *Ph. Ch.* **54**, 683. — Gibt bei der Reduktion
mit Zinn und Salzsäure 2.4-Dichlor-anilin (BEI., KU.). Liefert bei der Chlorierung in Gegenwart von Antimonchlorid 2.4.5-Trichlor-1-nitro-benzol und 2.3.4.5-Tetrachlor-1-nitro-benzol
(CO., BEN.). Mit Salpeterschwefelsäure entsteht 4.6-Dichlor-1.3-dinitro-benzol (KÖ.). Beim
Erhitzen mit alkoh. Ammoniak wird 5-Chlor-2-nitro-anilin gebildet (KÖ.; BEI., KU.).
2.4-Dichlor-1-nitro-benzol bleibt beim Erhitzen mit Soda und verdünntem Alkohol auf 290°
unverändert (BEI., KU.). Liefert mit alkoh. Natron 5-Chlor-2-nitro-phenetol (BEI., KU.).

2.5-Dichlor-1-nitro-benzol $C_6H_3O_2NCl_2 = C_6H_3Cl_2 \cdot NO_2$. *B.* Aus p-Dichlor-benzol
mit rauchender Salpetersäure (D: 1,49) (JUNGFLEISCH, *A. ch.* [4] **15**, 257; *J.* **1868**, 347).
Beim Chlorieren von Nitrobenzol in Gegenwart von Antimonchlorid (BEILSTEIN, KURBATOW,
A. **182**, 103). Bei der Chlorierung von m- (vgl. BEI., KU.) oder o-Chlor-nitrobenzol in Gegenwart von Antimonchlorid, als Hauptprodukt neben Isomeren (HOLLEMAN, REIDING, *R.* **23**,
361; COHEN, BENNETT, *Soc.* **87**, 323). — Krystalle (aus CS_2), Platten (aus Essigester +
wenig Tetrachlorkohlenstoff), Tafeln und Prismen (aus Alkohol). Triklin pinakoidal (BODE-
WIG, *J.* **1877**, 424; JAEGER, *Z. Kr.* **42**, 168; REPOSSI, *Z. Kr.* **46**, 404; vgl. *Groth, Ch. Kr.*
4, 44). F: 54,6° (korr.) (KÖRNER, *G.* **4**, 373; *J.* **1875**, 324), 54,5° (JU.). Kp: 266° (JU.). Leicht
mit Wasserdampf flüchtig (KÖ.). D: 1,704 (R.); D^{12}: 1,696 (JAE.); D^{13}: 1,669 (JU.). Reichlich
löslich in Chloroform, Schwefelkohlenstoff, Benzol und kochendem Alkohol, schwer in kaltem
Alkohol (JU.). Löslichkeit in flüssigem CO_2: BÜCHNER, *Ph. Ch.* **54**, 683. — Liefert bei der
Reduktion mit Zinn und Salzsäure 2.5-Dichlor-anilin (JU.). Gibt beim Erwärmen mit alkoh.
Kali 2.5.2'.5'-Tetrachlor-azoxybenzol, 2.5-Dichlor-anilin und 4-Chlor-2-nitro-phenol (LAUBEN-
HEIMER, *B.* **7**, 1600). Einw. von methylalkoholischem Alkali s. S. 246. Durch Chlorierung
in Gegenwart von Antimonchlorid bei 130° entsteht 2.4.5-Trichlor-1-nitro-benzol (C., BE.).
Bei der Nitrierung mit Salpeterschwefelsäure werden 2.5-Dichlor-1.3-dinitro-benzol (Haupt-
produkt), etwas 3.6-Dichlor-1.2-dinitro-benzol (JU.; KÖ., *G.* **4**, 351; *J.* **1875**, 324; vgl. BEIL-
STEIN, KURBATOW, *A.* **196**, 223) und 2.5-Dichlor-1.4-dinitro-benzol (HARTLEY, COHEN, *Soc.*
85, 868; vgl. MORGAN, *Soc.* **81**, 1382) gebildet [1]. 1 Mol.-Gew. 2.5-Dichlor-1-nitro-benzol

---

[1] Vgl. hierzu auch die Arbeit von HOLLEMAN, *R.* **39**, 440, 441, 444, 445 [1920], welche
nach dem für die 4. Auflage geltenden Literatur-Schlußtermin [1. I. 1910] erschienen ist.

gibt mit 1 Mol.-Gew. Na$_2$S in Alkohol 4-Chlor-2-nitro-thiophenol (BLANKSMA, *R.* **20**, 400). Bei Anwendung von 2 Mol.-Gew. 2.5-Dichlor-1-nitro-benzol auf 1 Mol.-Gew. K$_2$S erhält man 4.4'-Dichlor-2.2'-dinitro-diphenylsulfid (BEI., Ku., *A.* **197**, 79); 2 Mol.-Gew. 2.5-Dichlor-1-nitro-benzol liefern mit 1 Mol.-Gew. Na$_2$S$_2$ in Alkohol 4.4'-Dichlor-2.2'-dinitro-diphenyl-disulfid (BL., *R.* **20**, 131; vgl. BEI., Ku., *A.* **197**, 79). Aus 2.5-Dichlor-1-nitro-benzol entsteht beim Erhitzen mit alkoh. Ammoniak 4-Chlor-2-nitro-anilin (Kö.; vgl. PERNA, Ж. **35**, 117; *C.* **1903** I, 1127). Mit Methylamin bildet sich 4-Chlor-2-nitro-methylanilin (BLANKSMA, *R.* **21**, 273). Kocht man 2.5-Dichlor-1-nitro-benzol mit Methylalkohol und 1 Mol.-Gew. Ätzalkali, so entsteht 4-Chlor-2-nitro-anisol (Akt.-Ges. f. Anilinf., D. R. P. 137956; *C.* **1903** I, 112; Badische Anilin- und Sodaf., D. R. P. 140133; *C.* **1903** I, 797). Einw. von äthylalkoholischem Alkali s. S. 245.

2.6-Dichlor-1-nitro-benzol $C_6H_3O_2NCl_2 = C_6H_3Cl_2 \cdot NO_2$. *B.* Aus 3.5-Dichlor-4-nitro-anilin durch Entamidierung (HOLLEMAN, REIDING, *R.* **23**, 368; vgl. BEILSTEIN, KURBATOW, *A.* **196**, 228). Aus 2.4-Dichlor-3-nitro-anilin durch Entamidierung (KÖRNER, CONTARDI, *R. A. L.* [5] **18** I, 100). — Krystalle (aus Schwefelkohlenstoff), Nadeln oder Prismen (aus Alkohol oder Essigester). Monoklin prismatisch (JAEGER, *Z. Kr.* **42**, 167; vgl. *Groth, Ch. Kr.* **4**, 48). F: 72,5° (Kö., C.), 71° (B., Ku.; J.), 70° (H., R.). Erstarrungspunkt: 70,05° (H., R.). Kp$_6$: 130° (H., R.). D^{17}: 1,603 (J.); D^{79,9}: 1,4094 (H., R.). Löslichkeit in flüssigem CO$_2$: BÜCHNER, *Ph. Ch.* **54**, 683. — Gibt mit Zinn und Salzsäure 2.6-Dichlor-anilin (B., Ku.).

3.4-Dichlor-1-nitro-benzol $C_6H_3O_2NCl_2 = C_6H_3Cl_2 \cdot NO_2$. *B.* Aus o-Dichlor-benzol mit Salpetersäure (D: 1,52) (BEILSTEIN, KURBATOW, *A.* **176**, 41). Aus p-Chlor-nitrobenzol durch Chlorierung in Gegenwart von SbCl$_5$ (COHEN, BENNETT, *Soc.* **87**, 324). Aus 5.6-Dichlor-2-nitro-anilin durch Entamidierung (BEI., K., *A.* **196**, 221). Aus 4.5-Dichlor-2-nitro-anilin durch Entamidierung (BEI., K., *A.* **196**, 221). — *Darst.* aus p-Chlor-nitrobenzol durch Chlorieren bei Gegenwart eines Chlorüberträgers bei 95—110°: OEHLER, D. R. P. 167297; *C.* **1906** I, 880; vgl. SCHWALBE, SCHULZ, JOCHHEIM, *B.* **41**, 3794. — Nadeln (aus Alkohol). F: 43° (K.). Erstarrungspunkt: 40,5°; Kp: 255—256°; D^{60,15}: 1,4514(HOLLEMAN, REIDING, *R.* **23**, 365). Löslichkeit in flüssigem CO$_2$: BÜCHNER, *Ph. Ch.* **54**, 683. — Gibt bei der Reduktion 3.4-Dichlor-anilin (BEI., K., *A.* **196**, 216). Liefert bei der Chlorierung in Gegenwart von SbCl$_5$ 3.4.5-Trichlor-1-nitro-benzol und 2.4.5-Trichlor-1-nitro-benzol (C., BEN.). Beim Sulfurieren wird 5.6-Dichlor-3-nitro-benzol-sulfonsäure-(1) gebildet, die bei der Reduktion 5.6-Dichlor-3-amino-benzol-sulfonsäure-(1) liefert (Bad. Anilin- u. Sodaf., D. R. P. 162635; *C.* **1905** II, 1142). Beim Erhitzen mit alkoh. Ammoniak auf 210° entsteht 2-Chlor-4-nitro-anilin (BEI., K., *A.* **182**, 108; vgl. PERNA, Ж. **35**, 117; *C.* **1903** I, 1127).

3.5-Dichlor-1-nitro-benzol $C_6H_3O_2NCl_2 = C_6H_3Cl_2 \cdot NO_2$. *B.* Aus 4.6-Dichlor-2-nitro-anilin durch Entamidierung (WITT, *B.* **7**, 1604). Aus 2.6-Dichlor-4-nitro-anilin durch Entamidierung (KÖRNER, *G.* **4**, 377; *J.* **1875**, 324; W., *B.* **8**, 143; HOLLEMAN, REIDING, *R.* **23**, 366). — Hellweingelbe Säulen oder Blättchen (aus Alkohol oder Eisessig). Monoklin prismatisch (JAEGER, *Z. Kr.* **42**, 168; vgl. *Groth, Ch. Kr.* **4**, 52). F: 65,4° (korr.) (Kö.), 65° (J.). Erstarrungspunkt: 63,15° (H., R.). Mit Wasserdampf flüchtig (W., *B.* **7**, 1604). D^{14}: 1,692 (J.); D^{60,5}: 1,4278 (H., R.). Löslichkeit in flüssigem CO$_2$: BÜCHNER, *Ph. Ch.* **54**, 683. — Wird von Zinn und Salzsäure zu 3.5-Dichlor-anilin reduziert (Kö.; W., *B.* **8**, 145). Liefert mit KSH oder Na$_2$S$_2$ in Alkohol 3.5-Dichlor-anilin und 3.5.3'.5'-Tetrachlor-azoxybenzol (BEILSTEIN, KURBATOW, *A.* **197**, 84; BLANKSMA, *R.* **28**, 108). Gibt bei der Chlorierung in Gegenwart von SbCl$_5$ Hexachlorbenzol und wahrscheinlich 2.3.5-Trichlor-1-nitro-benzol (COHEN, BENNETT, *Soc.* **87**, 326). Bei der Nitrierung entsteht 3.5-Dichlor-1.2-dinitro-benzol (BL., *R.* **27**, 47). Alkoholisches Ammoniak ist ohne Einw. (Kö.; vgl. PERNA, Ж. **35**, 117; *C.* **1903** I, 1127).

2.3.4-Trichlor-1-nitro-benzol $C_6H_2O_2NCl_3 = C_6H_2Cl_3 \cdot NO_2$. *B.* Beim Lösen von 1.2.3-Trichlor-benzol in Salpetersäure (D: 1,52) (BEILSTEIN, KURBATOW, *A.* **192**, 235). Aus 2.6-Dichlor-3-nitro-anilin durch Diazotierung und Behandlung der Diazoniumchloridlösung mit Kupferchlorür (KÖRNER, CONTARDI, *R. A. L.* [5] **18** I, 96). — Nadeln. F: 55—56° (B., Ku.), 56° (Kö., C.). Leicht löslich in CS$_2$, schwer in Alkohol (B., Ku.). Gibt beim Erhitzen mit alkoh. Ammoniak auf 210° 5.6-Dichlor-2-nitro-anilin (B., Ku.).

2.3.6-Trichlor-1-nitro-benzol $C_6H_2O_2NCl_3 = C_6H_2Cl_3 \cdot NO_2$. *B.* Aus 3.6-Dichlor-2-nitro-anilin durch Austausch von NH$_2$ gegen Chlor (BEILSTEIN, KURBATOW, *A.* **192**, 232). — Nadeln. F: 88—89°. Leicht löslich in Alkohol, schwer in Ligroin.

2.4.5-Trichlor-1-nitro-benzol $C_6H_2O_2NCl_3 = C_6H_2Cl_3 \cdot NO_2$. *B.* Beim Kochen von 1.2.4-Trichlor-benzol mit rauchender Salpetersäure (LESIMPLE, *A.* **137**, 123; vgl. VOHL, *J. pr.* [1] **99**, 373; *J.* **1866**, 553). Aus 2.4-, 2.5- und 3.4-Dichlor durch Chlorierung in Gegenwart von SbCl$_5$ (COHEN, BENNETT, *Soc.* **87**, 321). — Prismen (aus Alkohol oder CS$_2$). F: 57°; Kp: 288°; D^{22}: 1,790 (JUNGFLEISCH, *A. ch.* [4] **15**, 273; *J.* **1868**, 351).

Wenig löslich in kaltem Alkohol, reichlicher in heißem Alkohol, leicht in Äther, Benzol und Schwefelkohlenstoff (J.). — Gibt bei der Reduktion 2.4.5-Trichlor-anilin (L.; V.). Liefert beim Erhitzen mit Ammoniak 4.5-Dichlor-2-nitro-anilin (BEILSTEIN, KURBATOW, A. 196, 221). Mit 2 Mol.-Gew. Alkalihydrat in methylalkoholischer Lösung entsteht 6-Chlor-4-nitro-resorcindimethyläther; in äthylalkoholischer Lösung wird 6-Chlor-4-nitro-resorcindiäthyl-äther gebildet (Bad. Anilin- u. Sodaf., D. R. P. 135331; C. 1902 II, 1351).

2.4.6-Trichlor-1-nitro-benzol $C_6H_2O_2NCl_3 = C_6H_2Cl_3 \cdot NO_2$. B. Aus 1.3.5-Trichlor-benzol mit Salpetersäure (BEILSTEIN, KURBATOW, A. 192, 233; JACKSON, WING, Am. 9. 354). Durch Entamidierung von 2.4.6-Trichlor-3-nitro-anilin (KÖRNER, CONTARDI, $R. A. L.$ [5] 18 I, 98). — Nadeln (aus Alkohol). F: 68° (J., W.). Schwer löslich in kaltem Alkohol, leicht in heißem, sehr leicht in Ligroin und CS_2 (B., KU.). — Liefert beim Erhitzen mit Ammoniak auf 230° 5-Chlor-2-nitro-1.3-diamino-benzol (B., KU.).

3.4.5-Trichlor-1-nitro-benzol $C_6H_2O_2NCl_3 = C_6H_2Cl_3 \cdot NO_2$. B. Bei der Chlorierung von 3.4-Dichlor-1-nitrobenzol in Gegenwart von $SbCl_5$ (COHEN, BENNETT, Soc. 87, 324). Aus 2.6-Dichlor-4-nitro-anilin durch Austausch von NH_2 gegen Cl (CROSLAND; vgl. COHEN, BENNETT, Soc. 87, 324). — F: 71°.

2.3.4.5-Tetrachlor-1-nitro-benzol $C_6HO_2NCl_4 = C_6HCl_4 \cdot NO_2$. B. Aus 1.2.3.4-Tetra-chlor-benzol durch Salpetersäure (D: 1,52) (BEILSTEIN, KURBATOW, A. 192, 239). — Nadeln. F: 64,5°. In Alkohol schwer löslich.

2.3.4.6-Tetrachlor-1-nitro-benzol $C_6HO_2NCl_4 = C_6HCl_4 \cdot NO_2$. B. Aus 1.2.3.5-Tetrachlor-benzol mit Salpetersäure (D: 1,52) (BEILSTEIN, KURBATOW, A. 192, 238). — Nadeln. F: 21—22°. Leicht löslich in Schwefelkohlenstoff, Benzol und heißem Alkohol.

2.3.5.6-Tetrachlor-1-nitro-benzol $C_6HO_2NCl_4 = C_6HCl_4 \cdot NO_2$. B. Beim Kochen von 1.2.4.5-Tetrachlorbenzol mit rauchender Salpetersäure, neben etwas Chloranil (JUNGFLEISCH, $A. ch.$ [4] 15, 280; J. 1868, 352; BEILSTEIN, KURBATOW, A. 192, 236). Beim Einleiten von Chlor in erwärmtes Nitrobenzol in Gegenwart von etwas Eisenchlorid (PAGE, A. 225, 207). — Krystalle (aus CS_2) oder Nadeln (aus Alkohol). F: 99°; siedet unter starker Zers. bei 304°; D^{15}: 1,744 (J.). Unlöslich in kaltem Alkohol, ziemlich löslich in Benzol, Schwefel-kohlenstoff, Chloroform, kochendem Alkohol (J.).

Pentachlornitrobenzol $C_6O_2NCl_5 = C_6Cl_5 \cdot NO_2$. B. Beim Erhitzen von Pentachlor-benzol mit rauchender Salpetersäure (JUNGFLEISCH, $A. ch.$ [4] 15, 286; J. 1868, 353). Ent-steht auch durch Auflösen von Pentachlorjodbenzol in rauchender Salpetersäure (ISTRATI, Bulet. 1, 139). — Feine Nadeln (aus Alkohol), Tafeln (aus CS_2). F: 144—145° (I.), 146° (J.). Siedet unter geringer Zersetzung bei 328°; D^{25}: 1,718 (J.). Fast unlöslich in kaltem Alkohol, leicht löslich in CS_2, Benzol und Chloroform (J.).

2-Brom-1-nitro-benzol, o-Brom-nitrobenzol $C_6H_4O_2NBr = C_6H_4Br \cdot NO_2$. B. Ent-steht neben etwa doppelt soviel p-Brom-nitrobenzol (COSTE, PARRY, B. 29, 788; HOLLEMAN, DE BRUYN, R. 19, 367) beim Nitrieren von Brombenzol (HÜBNER, ALSBERG, A.156, 316; WALKER, ZINCKE, B. 5, 114; JEDLICKA, $B. pr.$ [2] 48, 195). o-Brom-nitrobenzol bildet sich bei 2-stdg. Schütteln von o-Nitro-phenylquecksilberchlorid mit Brom-Bromkaliumlösung (DIMROTH, B. 35, 2037). — Darst. Man gibt 20 g Brombenzol in kleinen Portionen bei 0° zu einem Gemisch von 40 ccm Salpetersäure (D: 1,48) und 10 ccm Salpetersäure (D: 1,52); man erhält während der Operation die Masse durch zweimalige Zugabe von je 5 ccm Salpetersäure (D: 1,48) ge-nügend dünn und läßt nach beendigtem Zusatz noch ¼ Stde. bei 0° stehen; gießt man dann in Wasser, so erhält man ein Gemisch von 38°/₀ o-Brom-nitrobenzol mit 62°/₀ p-Brom-nitro-benzol (Ho., DE B.). Man trennt die o- von der p-Verbindung durch Umkrystallisieren aus verd. Alkohol, in welchem erstere viel leichter löslich als letztere ist (COSTE, PARRY) oder durch Anreiben des Gemenges mit kleinen Mengen kalten Methylalkohols, wobei nur die o-Ver-bindung gelöst wird (DOBBIE, MARSDEN, Soc. 73, 254). Man versetzt die auf 250 g Eis ge-gossene Lösung von 30 g o-Nitranilin in 45 g konz. Schwefelsäure mit 15 g $NaNO_2$, gelöst in 50 ccm Wasser, trägt das Gemisch langsam in auf 40° erwärmte Kupferbromürlösung (dargestellt aus 27 g Kupfervitriol, gelöst in 200 g Wasser, 75 g NaBr und 6,8 g „Kupfer-bronce") ein und kocht kurze Zeit (ULLMANN, B. 29, 1880). — Schwach gelbliche, spießige Krystalle. F: 43,1° (korr.) (KÖRNER, G. 4, 333; J. 1875, 302), 41—41,5° (FITTIG, MAGER, B. 7, 1179). Erstarrungspunkt: 38,50° (v. NARBUTT, Ph. Ch. 53, 697), 38,0° (Ho., DE B.). Kp₇₃₄: 260° (ULLMANN); Kp: 261° (korr.) (FITTIG, MAGER, B. 7, 1179), 264,4° (v. NA.). $D^{15}_{4 vac}$: 1,6245 (Ho., DE B., R. 19, 369; vgl. R. 20, 354 Anm.). Löslichkeit des o-Brom-nitrobenzols in flüssigem Kohlendioxyd: BÜCHNER, Ph. Ch. 54, 683. Löslich-keit in Benzol: BOGOJAWLENSKI, BOGOLJUBOW, WINOGRADOW, C. 1907 I, 1738. o-Brom-nitrobenzol ist leicht löslich in verd. Alkohol (COSTE, PARRY). Schmelzkurve von Gemischen mit o-Chlor-nitrobenzol: KREMANN, *C.* **1909** II, 1218. Schmelzpunkte der Gemische mit p-Brom-nitrobenzol: Ho., DE B. Schmelzkurven von Gemischen mit m-Brom-nitrobenzol und von Gemischen mit p-Brom-nitrobenzol: v. NA. Siede- und Dampfkurven von Gemischen mit m-Brom-nitrobenzol und von Gemischen mit p-Brom-nitrobenzol: v. NA. o-Brom-nitrobenzol besitzt die kryoskopische Konstante k: 91,0 (JONA, *G.* **39** II, 294). — Liefert bei der Reduktion mit Zinn und Salzsäure o-Brom-anilin (KÖRNER; HÜBNER, ALSBERG). Gibt beim Erhitzen mit Kupferpulver 2.2′-Dinitro-diphenyl (ULLMANN, BIELECKI, *B.* **34**, 2176). Löst sich augenblicklich in dem gleichen Volumen kalter rauchender Schwefelsäure (Unterschied vom p-Derivat, das in kalter rauchender Schwefelsäure unlöslich ist) (KÖRNER, *J.* **1875**, 321). Bei der Sulfurierung des o-Brom-nitrobenzols bildet sich 4-Brom-3-nitro-benzol-sulfonsäure-(1) (AUGUSTIN, POST, *B.* **8**, 1559; ANDREWS, *B.* **13**, 2127). o-Brom-nitrobenzol geht beim Erhitzen mit Kalilauge im geschlossenen Rohr in o-Nitro-phenol über (WALKER, ZINCKE). Liefert mit Salmiak bei 320° o-Dichlor-benzol (J. SCHMIDT, LADNER, *B.* **37**, 4403). Gibt beim Erhitzen mit alkoh. Ammoniak auf 180—190° o-Brom-anilin (WALKER, ZINCKE). Reagiert mit sekundären aliphatischen Aminen sehr viel rascher (unter Bildung von o-Nitro-dialkylanilinen) als p-Brom-nitrobenzol (MENSCHUTKIN, *B.* **30**, 2967; Ж. **29**, 619; NAGORNOW, Ж. **29**, 699; *C.* **1898** I, 886). Geschwindigkeit der Reaktion z. B. mit Dipropylamin: PERNA, Ж. **35**, 116; *C.* **1903** I, 1127. Aus o-Brom-nitrobenzol und Äthylendiamin entsteht bei 120—130° symm. Bis-[o-nitro-phenyl]-äthylendiamin (JEDLICKA).

3-Brom-1-nitro-benzol, m-Brom-nitrobenzol $C_6H_4O_2NBr = C_6H_4Br \cdot NO_2$. *B.* Aus Nitrobenzol durch Einw. von Brom bei Gegenwart von Eisenchlorid (SCHEUFELEN, *A.* **231**, 165). Durch Erhitzen des Bromoplatinats des m-Nitro-benzoldiazoniumbromids mit Soda (GRIESS, *J.* **1863**, 423). Aus dem Perbromid des m-Nitro-benzoldiazoniumbromids durch Erwärmen mit Alkohol (GRIESS, *J.* **1866**, 457; FITTIG, MAGER, *B.* **8**, 364). Aus 4-Brom-2-nitro-anilin durch Entamidierung (WURSTER, *B.* **6**, 1543; WU., GRUBENMANN, *B.* **7**, 416). — *Darst.* 30 g Nitrobenzol werden mit 3 g Eisen am Rückflußkühler auf 120° erwärmt, langsam während ¾ Stdn. mit 60 g Brom versetzt und noch ¾ Stdn. erhitzt; Ausbeute: 64—85% der theoretischen (WHEELER, MAC FARLAND, *Am.* **19**, 366). — Rhombisch bipyramidal (BODEWIG, *J.* **1877**, 423; vgl. *Groth, Ch. Kr.* **4**, 30). Krystallisationsgeschwindigkeit: BRUNI, PADOA, *R. A. L.* [5] **12** II, 125; *G.* **34** I, 123; PA., *R. A. L.* [5] **13** I, 335; *G.* **34** II, 242. F: 56,4° (korr.) (KÖRNER, *G.* **4**, 333, 349; *J.* **1875**, 302), 54° (BR., PA.; JONA, *G.* **39** II, 294), 53,9° (BOGOJAWLENSKI, WINOGRADOW, *Ph. Ch.* **64**, 252). Erstarrungspunkt: 52,56° (v. NARBUTT, *Ph. Ch.* **53**, 697). Kp: 256,5° (korr.) (FITTIG, MAGER, *B.* **8**, 364), 257,5° (v. NA.). $D_4^{m.}$: 1,7036 (BRÜHL, *Ph. Ch.* **22**, 390). Schwer löslich in Wasser, leicht in Alkohol (FI., MA.). Löslichkeit in Benzol: BOGOJAWLENSKI, BOGOLJUBOW, WINOGRADOW, *C.* **1907** I, 1738. Krystallisationsgeschwindigkeit der Gemische mit m-Chlor-nitrobenzol: BOGOJAW., SSACHAROW, *C.* **1907** I, 1719. Schmelzkurve von Gemischen mit m-Chlor-nitrobenzol: KREMANN, *C.* **1909** II, 1218; vgl. KÜSTER, *Ph. Ch.* **8**, 584; Schmelzkurve von Gemischen mit o-Brom-nitrobenzol und von Gemischen mit p-Brom-nitrobenzol: v. NA. Siede- und Dampfkurven von Gemischen mit o-Brom-nitrobenzol und von Gemischen mit p-Brom-nitrobenzol: v. NA. Kryoskopische Konstante k: 87,5 (JONA, *G.* **39** II, 295). $n_\alpha^{20.1}$: 1,59084; $n_D^{20.1}$: 1,59791, $n_\gamma^{20.1}$: 1,63429 (BRÜHL). Spezifische Wärme, Schmelzwärme: BOGOJAW., WIN., *Ph. Ch.* **64**, 251. — Liefert bei der Elektrolyse in konz. Schwefelsäure 2-Brom-4-amino-phenol (WHEELER, MAC FARLAND). Gibt bei der Reduktion mit Zinn und Salzsäure m-Brom-anilin (WU., GRUBENMANN). Beim Erwärmen mit m-Brom-nitrobenzol und Na_2S_2 in Alkohol entsteht m-Brom-anilin und wenig 3.3′-Dibrom-azoxybenzol (BLANKSMA, *R.* **28**, 107). m-Brom-nitrobenzol wird von Kalilauge und alkoh. Ammoniak kaum angegriffen (RINNE, ZINCKE, *B.* **7**, 870). Setzt sich nicht mit sekundären aliphatischen Aminen um (MENSCHUTKIN, *B.* **30**, 2967; Ж. **29**, 619; NAGOROW, Ж. **29**, 699; *C.* **1898** I, 886; vgl. PERNA, Ж. **35**, 116; *C.* **1903** I, 1127). Liefert beim Erhitzen mit alkoh. Cyankalium gegen 200° o-Brom-benzoesäure (v. RICHTER, *B.* **4**, 462; **8**, 1418).

4-Brom-1-nitro-benzol, p-Brom-nitrobenzol $C_6H_4O_2NBr = C_6H_4Br \cdot NO_2$. *B.* Aus Brombenzol und Salpetersäure (COUPER, *A. ch.* [3] **52**, 311; *A.* **104**, 226), neben etwa halb soviel (COSTE, PARRY, *B.* **29**, 788; HOLLEMAN, DE BRUYN, *R.* **19**, 367) o-Brom-nitrobenzol (HÜBNER, ALSBERG, *A.* **156**, 316). Aus p-Brom-benzoldiazoniumsulfat durch Zersetzung mit einem frisch bereiteten Gemisch von Cuprocuprisulfit und Natriumnitritlösung (HANTZSCH, BLAGDEN, *B.* **33**, 2553; vgl. SANDMEYER, *B.* **20**, 1496). Durch Erwärmen des Bromoplatinats des p-Nitro-benzoldiazoniumbromids mit Sodalösung (GRIESS, *J.* **1863**, 423). Aus dem Perbromid des p-Nitro-benzoldiazoniumbromids durch Erwärmen mit Alkohol (GRIESS, *J.* **1866**, 457). Beim Erwärmen von p-Nitro-benzol-diazopiperidid $O_2N \cdot C_6H_4 \cdot N:N \cdot NC_5H_{10}$ (Syst. No. 3038) mit konz. Bromwasserstoffsäure (WALLACH, *A.* **235**, 264). Aus 5-Brom-2-nitro-anilin durch Entamidierung (WURSTER, *B.* **6**, 1544). — *Darst.* und Trennung von o-Brom-nitrobenzol s. dort. — Trikline Prismen (FELS, *Z. Kr.* **32**, 375; vgl. *Groth, Ch. Kr.* **4**, 32). F: 126—127° (FITTIG, MAGER, *B.* **7**, 1175), 126° (GRIESS, *J.* **1863**, 423), 125,5° (korr.) (KÖRNER, *G.* **4**, 333; *J.* **1875**, 302), 125° (KEKULÉ, *A.* **137**, 167). Erstarrungspunkt: 124,92°

(v. NARBUTT, *Ph. Ch.* **53**, 697), 123,2—123,4° (Ho., DE B.). Kp: 255—256° (korr.) (FI., MA.), 259,2° (v. NA.). 100 ccm kalter Alkohol lösen 1,4 g, 100 ccm kalter 50 %iger Alkohol 0,1 g (Co., PA.). Löslichkeit in Benzol: BOGOJAWLENSKI, BOGOLJUBOW, WINOGRADOW, *C.* **1907** I, 1738. Schmelzkurve von Gemischen mit p-Chlor-nitrobenzol: KREMANN, *C.* **1909** II, 1218. Schmelzpunkte von Gemischen mit o-Brom-nitrobenzol: Ho., DE B. Schmelzkurve von Gemischen mit o-Brom-nitrobenzol und von Gemischen mit m-Brom-nitrobenzol: v. NA. Siede- und Dampfkurven von Gemischen mit o-Brom-nitrobenzol und von Gemischen mit m-Brom-nitrobenzol: v. NA. p-Brom-nitrobenzol besitzt die kryoskopische Konstante k: 115,3 (JONA, *G.* **39** II, 296). Kryoskopisches Verhalten in Ameisensäure: BRUNI, PADOA, *R. A. L.* [5] **12** I, 352. — Liefert bei der Reduktion p-Brom-anilin (GRIESS, *J.* **1866**, 457). Liefert beim Erhitzen mit Brom auf 200—250° p-Dibrom-benzol, 1.2.4-Tribrom-benzol und 1.2.4.5-Tetrabrom-benzol (ADOR, RILLIET, *J.* **1876**, 370). Wird von kalter rauchender Schwefelsäure nicht angegriffen (KÖRNER, *J.* **1875**, 321). Liefert, mit Kalilauge im Druckrohr erhitzt, p-Nitro-phenol (v. RICHTER, *B.* **4**, 460). Gibt beim Erhitzen mit alkoh. Ammoniak auf 180° p-Nitranilin (WALKER, ZINCKE, *B.* **5**, 114). Setzt sich mit sekundären aliphatischen Aminen sehr viel langsamer als o-Brom-nitrobenzol um (MENSCHUTKIN, *B.* **30**, 2967; Ж. **29**, 619; NAGORNOW, Ж. **29**, 699; *C.* **1898** I, 886); Geschwindigkeit dieser Reaktion z. B. mit Dipropylamin: PERNA, Ж. **35**, 116; *C.* **1903** I, 1127. p-Brom-nitrobenzol liefert mit Kaliumcyanid und Alkohol bei 180—200° m-Brom-benzoesäure (v. R., *B.* **4**, 462; **8**, 1418).

4-Chlor-2-brom-1-nitro-benzol $C_6H_3O_2NClBr = C_6H_3ClBr \cdot NO_2$. *B.* Neben 2-Chlor-4-brom-1-nitro-benzol beim Nitrieren von m-Chlor-brombenzol mit sehr konz. Salpetersäure (KÖRNER, *G.* **4**, 379; *J.* **1875**, 326). Durch Erwärmen von 5-Chlor-2-nitro-benzoldiazoniumperbromid mit Alkohol (Kö.). — Schwach grünlichgelbe Nadeln. F: 49,5° (korr.). In Alkohol sehr löslich. — Regeneriert mit alkoh. Ammoniak bei 160° das 5-Chlor-2-nitro-anilin.

5-Chlor-2-brom-1-nitro-benzol $C_6H_3O_2NClBr = C_6H_3ClBr \cdot NO_2$. Triklin pinakoidal (REPOSSI, *Z. Kr.* **46**, 403; vgl. *Groth, Ch. Kr.* **4**, 45). F: 64,8°. D: 2,048.

6-Chlor-2-brom-1-nitro-benzol $C_6H_3O_2NClBr = C_6H_3ClBr \cdot NO_2$. *B.* Aus 4-Chlor-2-brom-3-nitro-anilin durch Entamidierung (KÖRNER, CONTARDI, *R. A. L.* [5] **17** I, 477). — F: 74,4°.

2-Chlor-3-brom-1-nitro-benzol $C_6H_3O_2NClBr = C_6H_3ClBr \cdot NO_2$. *B.* Aus 6-Brom-2-nitro-anilin durch Diazotierung und Eintropfen der Diazoniumlösung in siedende Kupferchlorürlösung (KÖRNER, CONTARDI, *R. A. L.* [5] **15** I, 528). — Grünliche Nadeln (aus Alkohol und Äther). F: 65°.

4-Chlor-3-brom-1-nitro-benzol $C_6H_3O_2NClBr = C_6H_3ClBr \cdot NO_2$. *B.* Entsteht, neben 3-Chlor-4-brom-1-nitro-benzol (?) beim Nitrieren von o-Chlor-brombenzol mit warmer rauchender Salpetersäure (WHEELER, VALENTINE, *Am.* **22**, 272). Aus 3-Chlor-4-brom-6-nitro-anilin durch Entamidierung (W., V., *Am.* **22**, 274). — Gelbliche Nadeln. F: 60°.

5-Chlor-3-brom-1-nitro-benzol $C_6H_3O_2NClBr = C_6H_3ClBr \cdot NO_2$. *B.* Aus 4-Chlor-6-brom-2-nitro-anilin durch Entamidierung (KÖRNER, *G.* **4**, 381; *J.* **1875**, 327). — Sehr dünne Blätter. Monoklin prismatisch (SANSONI, *Z. Kr.* **20**, 593; STEINMETZ, *Z. Kr.* **54**, 481; vgl. *Groth, Ch. Kr.* **4**, 52). F: 82,5° (korr.) (K.).

6-Chlor-3-brom-1-nitro-benzol $C_6H_3O_2NClBr = C_6H_3ClBr \cdot NO_2$. *B.* . Aus p-Chlor-brombenzol und sehr konz. Salpetersäure (KÖRNER, *G.* **4**, 377; *J.* **1875**, 327). — Krystalle (aus Alkohol). Triklin pinakoidal (REPOSSI, *Z. Kr.* **46**, 403; vgl. *Groth, Ch. Kr.* **4**, 46). F: 70,8° (R.), 68,6° (korr.) (K.). D: 2,035 (R.).

2-Chlor-4-brom-1-nitro-benzol $C_6H_3O_2NClBr = C_6H_3ClBr \cdot NO_2$. *B.* Neben 4-Chlor-2-brom-1-nitro-benzol beim Nitrieren von m-Chlor-brombenzol (KÖRNER, *G.* **4**, 379; *J.* **1875**, 326). Aus 4-Chlor-6-brom-3-nitro-anilin durch Entamidierung (K., CONTARDI, *R. A. L.* [5] **17** I, 476). Aus 5-Brom-2-nitro-anilin durch Austausch der Aminogruppe gegen Chlor (K., C.). — F: 42,4° (K., C.).

3.5-Dichlor-4-brom-1-nitro-benzol $C_6H_3O_2NCl_2Br = C_6H_2Cl_2Br \cdot NO_2$. *B.* Aus 2.6-Dichlor-4-nitro-anilin, gelöst in heißem Eisessig, bei Zusatz von Bromwasserstoffsäure und NaNO_2 (FLÜRSCHEIM, *J. pr.* [2] **71**, 528; F., SIMON, *Soc.* **93**, 1481). — Farblose Krystalle (aus verd. Alkohol). F: 87—88°. Mit Wasserdämpfen wenig flüchtig. Leicht löslich in organischen Mitteln. — Liefert durch Reduktion mit SnCl_2 und Salzsäure in alkoh. Lösung 3.5.3′.5′-Tetrachlor-4.4′-dibrom-azoxybenzol neben geringen Mengen Dichlorbromanilin.

2.3-Dibrom-1-nitro-benzol $C_6H_3O_2NBr_2 = C_6H_3Br_2 \cdot NO_2$. *B.* Aus o-Dibrom-benzol mit Salpetersäure (D: 1,54), neben 3.4-Dibrom-1-nitrobenzol (KÖRNER, CONTARDI, *R. A. L.* [5] **15** I, 526; HOLLEMAN, *R.* **25**, 202; **27**, 151, 159). Aus o-Brom-nitrobenzol mit Brom in Gegenwart von Eisen bei 100°, neben 2.5-Dibrom-1-nitro-benzol (H., *R.* **25**, 198; **27**, 151). Aus 6-Brom-2-nitro-anilin durch Austausch der Aminogruppe gegen Brom (K., CONTARDI,

R. A. L. [5] 15 I, 528). — *Darst.* Man gibt zu einer Lösung von 10,8 g 6-Brom-2-nitro-anilin in 150 ccm Eisessig 20 ccm einer 80%igen Bromwasserstoffsäure, dann unter Eiskühlung eine Lösung von 7 g $NaNO_2$ in wenig Wasser und läßt die so erhaltene Diazoniumlösung in eine siedende Kupferchlorürlösung einfließen, die man durch Kochen von 6,2 g Kupfervitriol, 18 g Kaliumbromid, 40 g Wasser, 5,5 g 96%iger Schwefelsäure, 10 g Kupfer und 5 ccm 80%iger Bromwasserstoffsäure erhält (H., *R.* 27, 155). — Krystalle. Monoklin prismatisch (REPOSSI, *R. A. L.* [5] 15 I, 527; *Z. Kr.* 46, 405; vgl. *Groth, Ch. Kr.* 4, 43). F: 85,2° (R.), 85° (H., *R.* 27, 153). D: 2,358 (R.); $D^{100,5}$: 1,9764 (H., *R.* 27, 153). Sehr leicht löslich in Aceton und Chloroform, weniger in Äther und Essigester, löslich in 3 Tln. siedender Essigsäure (K., C., *R. A. L.* [5] 15 I, 527). Gibt bei der Reduktion 2.3-Dibrom-anilin, aus dem beim Austausch der Aminogruppe gegen Brom 1.2.3-Tribrom-benzol erhalten wird (K., C., *R. A. L.* [5] 15 I, 527). Liefert beim Nitrieren mit Salpetersäure (D: 1,54) in Gegenwart von Schwefelsäure (D: 1,8) 2.3-Dibrom-1.4-dinitro-benzol, 4.5-Dibrom-1.3-dinitro-benzol und 3.4-Dibrom-1.2-dinitro-benzol (K., C., *R. A. L.* [5] 16 I, 844). Liefert mit alkoh. Ammoniak 6-Brom-2-nitro-anilin (K., C., *R. A. L.* [5] 15 I, 527).

2.4-Dibrom-1-nitro-benzol $C_6H_3O_2NBr_2 = C_6H_3Br_2 \cdot NO_2$. *B.* Beim Nitrieren von m-Dibrom-benzol, neben wenig 2.6-Dibrom-1-nitro-benzol (V. MEYER, STÜBER, *A.* 165, 176; KÖRNER, *G.* 4, 362; *J.* 1875, 306; HOLLEMAN, *R.* 25, 193). Aus 4.6-Dibrom-3-nitro-anilin durch Entamidierung (KÖRNER, CONTARDI, *R. A. L.* [5] 17 I, 470). Aus 3.5-Dibrom-2-nitro-anilin durch Entamidierung (H., *R.* 25, 197). — Gelbe Tafeln oder Prismen (aus Alkohol). Triklin pinakoidal (JAEGER, *Z. Kr.* 42, 445; vgl. *Groth, Ch. Kr.* 4, 44). F: 62° (H., *R.* 25, 197), 61,8° (K., C.), 61,6° (korr.) (K.). Erstarrungspunkt nach Destillation im Vakuum: 60,45° (H., *R.* 25, 193). Leicht flüchtig mit Wasserdampf; unzersetzt sublimierbar; schwer löslich in kaltem Alkohol, leicht in heißem (K.). D^8: 2,356 (J.); D^{111}: 1,9581 (H., *R.* 25, 193). — Gibt mit alkoh. Ammoniak 5-Brom-2-nitro-anilin (K.). Liefert beim Erhitzen mit alkoh. Cyankalium auf 250° 3.5-Dibrom-benzoesäure (F: 208—209°) (v. RICHTER, *B.* 8, 1423).

2.5-Dibrom-1-nitro-benzol $C_6H_3O_2NBr_2 = C_6H_3Br_2 \cdot NO_2$. *B.* Beim Nitrieren von p-Dibrom-benzol (RICHE, BÉRARD, *A.* 133, 52; KÖRNER, *G.* 4, 335; *J.* 1875, 304). Beim Erhitzen von Nitrobenzol mit Brom und etwas Eisenchlorid erst auf 60° und dann auf 80° (SCHEUFELEN, *A.* 231, 169). — Hellgelbe Tafeln (aus Aceton oder Aceton + Ligroin oder Äther-Alkohol). Triklin pinakoidal (FELS, *Z. Kr.* 32, 377; JAEGER, *Z. Kr.* 42, 442; REPOSSI, *Z. Kr.* 46, 402; vgl. *Groth, Ch. Kr.* 4, 47). F: 85,4° (korr.) (Kö.), 84,5° (J.), 84° (KEKULÉ, *A.* 137, 168), 83,49° (MILLS, *Philos. Magazine* [5] 14, 27; *J.* 1882, 104), 82—82,5° (F.). Erstarrungspunkt: 83,6° (HOLLEMAN, *R.* 25, 204). D: 2,374 (Fels.); D^8: 2,368 (J.); D^{111}: 1,9146 (H.). Gibt mit 2.3-Dibrom-1-nitro-benzol Mischkrystalle (J.). — Liefert beim Erhitzen mit alkoh. Ammoniak auf 200—210° 4-Brom-2-nitro-anilin (V. MEYER, WURSTER, *B.* 5, 632). Mit alkoh. Cyankalium entsteht bei 120—140° 2.5-Dibrom-benzoesäure (v. RICHTER, *B.* 7, 1146; 8, 1422).

2.6-Dibrom-1-nitro-benzol $C_6H_3O_2NBr_2 = C_6H_3Br_2 \cdot NO_2$. *B.* Aus m-Dibrom-benzol mit Salpetersäure (D: 1,54) in der Wärme, als Nebenprodukt neben 2.4-Dibrom-1-nitro-benzol (KÖRNER, *G.* 4, 362, 365; *J.* 1875, 307; HOLLEMAN, *R.* 25, 197). Aus 2.4-Dibrom-3-nitro-anilin durch Entamidierung (KÖRNER, CONTARDI, *R. A. L.* [5] 17 I, 471). Aus 3.5-Dibrom-4-nitro-anilin durch Entamidierung (H., *R.* 25, 197). — Nadeln (aus Alkohol). Monoklin prismatisch (JAEGER, *Z. Kr.* 42, 446; vgl. *Groth, Ch. Kr.* 4, 49). F: 84° (CLAUS, WEIL, *A.* 269, 219), 82,6° (korr.) (K.), 82° (K., Co.). Erstarrungspunkt: 82,6° (H.). Sublimierbar: mit Wasserdampf flüchtig (K.). D^8: 2,211 (J.); D^{111}: 1,9211 (H.). — Liefert bei der Reduktion 2.6-Dibrom-anilin, aus dem beim Austausch der Aminogruppe gegen Brom 1.2.3-Tribrom-benzol gibt (K., Co.). Liefert bei der Nitrierung zunächst 2.4-Dibrom-1.3-dinitro-benzol, darauf 2.4-Dibrom-1.3.5-trinitro-benzol (K., Co.). Geht beim Erhitzen mit alkoh. Ammoniak auf 180° in 2-Nitro-1.3-diamino-benzol über (K.).

3.4-Dibrom-1-nitro-benzol $C_6H_3O_2NBr_2 = C_6H_3Br_2 \cdot NO_2$. *B.* Neben 2.3-Dibrom-1-nitro-benzol aus o-Dibrom-benzol mit Salpetersäure (D: 1,5) (RIESE, *A.* 164, 179; HOLLEMAN, *R.* 25, 202; 27, 159; KÖRNER, CONTARDI, *R. A. L.* [5] 15 I, 526). Aus p-Brom-nitro-benzol durch Erwärmen mit trocknem Brom und wasserfreiem Eisenchlorid auf 90° (F. SCHIFF, *M.* 11, 332; HOSÄUS, *M.* 14, 324) oder mit Brom und Eisen auf 100° (HOL., *R.* 25, 198). — Nadeln (aus Alkohol oder Eisessig). Monoklin prismatisch (GROTH, BODEWIG, *B.* 7, 1563; JAEGER, *Z. Kr.* 42, 447; vgl. *Groth, Ch. Kr.* 4, 51). F: 57,8° (K., C.), 58° (R.), 58,6° (korr.) (K., *G.* 4, 370; *J.* 1875, 305). Erstarrungspunkt: 56,8° (HOL.). Mit Wasserdampf flüchtig; sublimierbar (SCH.). Kp: 296° (korr.) (R.); Kp_{20}: 180° (HOL.). D^8: 2,354 (J.); D^{111}: 1,9835 (HOL.). Leicht löslich in Alkohol und Eisessig (SCH.). — Mit alkoh. Ammoniak entsteht 2-Brom-4-nitro-anilin (SCH.).

3.5-Dibrom-1-nitro-benzol $C_6H_3O_2NBr_2 = C_6H_3Br_2 \cdot NO_2$. *B.* Aus 2.6-Dibrom-4-nitro-anilin durch Entamidierung (KÖRNER, *G.* 4, 367; *J.* 1875, 307; HOLLEMAN, *R.* 25,

195; BLANKSMA, *R.* **27**, 42). Aus 4.6-Dibrom-2-nitro-anilin durch Entamidierung (K.). — Farblose Blätter (aus Alkohol), Prismen und Tafeln (aus Äther). Monoklin prismatisch (BODEWIG, J. **1877**, 424; JAEGER, *Z. Kr.* **42**, 446; vgl. *Groth, Ch. Kr.* **4**, 53). F: 106° (BL., *R.* **27**, 43), 104,5° (korr.) (K.). Erstarrungspunkt: 104,5° (H., *R.* **25**, 204). Mit Wasserdampf flüchtig (K.). D⁸: 2,363 (J.); D¹¹¹: 1,9341 (H.). Zeigt starke negative Doppelbrechung (J.). — Gibt bei der Reduktion in saurer Lösung 3.5-Dibrom-anilin (K.; H., *R.* **25**, 195). Liefert mit Na₂S₂ in Alkohol 3.5-Dibrom-anilin und 3.5.3′.5′-Tetrabrom-azoxybenzol (BL., *R.* **28**, 108). Gibt beim Erwärmen mit Salpeterschwefelsäure auf dem Wasserbad 3.5-Dibrom-1.2-dinitro-benzol (BL., *R.* **27**, 43).

2.3.4-Tribrom-1-nitro-benzol $C_6H_2O_2NBr_3 = C_6H_2Br_3 \cdot NO_2$. *B.* Aus 3.4.5-Tribrom-2-nitro-anilin beim Erhitzen mit Äthylnitrit in alkoh. Lösung unter einem Druck von 60 cm Hg (KÖRNER, CONTARDI, *R. A. L.* [5] **15** II, 583). Aus 1.2.3-Tribrom-benzol mit konz. Salpetersäure (D: 1,54) bei 100—110° (K., C.). — Krystalle (aus Alkohol). F: 85,4°. Mit Wasserdämpfen schwer flüchtig; schwer sublimierbar. Leicht löslich in Benzol, Essigester, Äther, mäßig in Alkohol. — Beim Nitrieren mit Salpeterschwefelsäure entstehen 3.4.5-Tribrom-1.2-dinitro-benzol und 4.5.6-Tribrom-1.3-dinitro-benzol.

2.3.5-Tribrom-1-nitro-benzol $C_6H_2O_2NBr_3 = C_6H_2Br_3 \cdot NO_2$. *B.* Aus 4.6-Dibrom-2-nitro-anilin durch Diazotierung und Zersetzung der Diazoniumverbindung mit Kupferbromürlösung (KÖRNER, *G.* **4**, 417; J. **1875**, 313; CLAUS, WALLBAUM, *J. pr.* [2] **56**, 58). — Nädelchen. F: 81° (C., W.), 119,5° (korr.) (K.). Flüchtig mit Wasserdämpfen (C., W.). — Reduzierbar zu 2.3.5-Tribrom-anilin (C., W.). Gibt beim Erhitzen mit alkoh. Ammoniak auf 140° 4.6-Dibrom-2-nitro-anilin (K.).

2.3.6-Tribrom-1-nitro-benzol $C_6H_2O_2NBr_3 = C_6H_2Br_3 \cdot NO_2$. *B.* Entsteht in kleiner Menge beim Nitrieren von 1.2.4-Tribrom-benzol, neben 2.4.5-Tribrom-1-nitro-benzol als Hauptprodukt, und bleibt beim Umkrystallisieren des Rohproduktes aus Alkohol in der Mutterlauge (KÖRNER, *G.* **4**, 419; J. **1875**, 314). — Fast farblose Tafeln oder Prismen (aus Äther-Alkohol). Sublimiert beim Erhitzen bis 187° fort, ohne zu schmelzen. In Alkohol weniger löslich als das 2.4.5-Tribrom-1-nitro-benzol.

2.4.5-Tribrom-1-nitro-benzol $C_6H_2O_2NBr_3 = C_6H_2Br_3 \cdot NO_2$. *B.* Beim Erwärmen von 1.2.4-Tribrom-benzol mit rauchender bezw. hochkonzentrierter Salpetersäure, neben wenig 2.3.6-Tribrom-1-nitro-benzol (MAYER, *A.* **137**, 226; KÖRNER, *G.* **4**, 413; J. **1875**, 313). — Nadeln (aus Alkohol). F: 93,5° (korr.) (K.). Unzersetzt destillierbar (M.). Sublimierbar; mit Wasserdampf flüchtig (K.). Schwer löslich in kaltem Alkohol, leicht in Äther, CS₂ und heißem Alkohol (M.). — Liefert bei der Reduktion mit Zinn und Salzsäure 2.4.5-Tribrom-anilin (JACKSON, GALLIVAN, *Am.* **18**, 247). Gibt beim Erhitzen mit alkoh. Ammoniak auf 100—120° 5-Brom-2-nitro-1.4-diamino-benzol (K.).

2.4.6-Tribrom-1-nitro-benzol $C_6H_2O_2NBr_3 = C_6H_2Br_3 \cdot NO_2$. *B.* Aus 1.3.5-Tribrom-benzol mit Salpetersäure (JACKSON, *B.* **8**, 1172; J., BENTLEY, *Am.* **14**, 363; WURSTER, BERAN, *B.* **12**, 1821; v. RICHTER, *B.* **8**, 1426). Aus 2.4.6-Tribrom-3-nitro-anilin durch Entamidierung (KÖRNER, *G.* **4**, 422; J. **1875**, 312). Bei Einw. eines großen Überschusses von KNO₂ in sehr verd. Lösung auf 2.4.6-Tribrom-benzoldiazoniumacetat (ORTON, *Soc.* **83**, 806). Aus 2.4.6-Tribrom-benzoldiazoniumsulfat und frischem Kaliumcupronitrit; Ausbeute: 65% (HANTZSCH, BLAGDEN, *B.* **33**, 2553). — Sehr große, fast farblose Prismen (aus Chloroform). Monoklin prismatisch (PANEBIANCO, *J.* **1879**, 387; vgl. *Groth, Ch. Kr.* **4**, 64). F: 124,5° (J.), 125,1° (korr.) (K.). Kp₁₁: ca. 177°; schwer löslich in kochendem Alkohol, ziemlich leicht in Äther und kochendem Eisessig, sehr leicht in kochendem Chloroform (K.). — Gibt bei der Reduktion mit Zinn und Salzsäure 2.4.6-Tribrom-anilin (K.). Gibt beim Erhitzen mit alkoh. Ammoniak 5-Brom-2-nitro-1.3-diamino-benzol (K.). Liefert mit Natriumäthylat 3.5-Dibrom-2-oder 4-nitro-phenetol (J., BENTLEY). Reaktion mit alkoh. Kaliumcyanid bei 250°: v. R.

3.4.5-Tribrom-1-nitro-benzol $C_6H_2O_2NBr_3 = C_6H_2Br_3 \cdot NO_2$. *B.* Neben 2.3.4-Tribrom-1-nitro-benzol beim Nitrieren von 1.2.3-Tribrom-benzol in konz. Salpetersäure (D: 1,54) bei 100—110° (KÖRNER, CONTARDI, *R. A. L.* [5] **15** II, 585). Man bereitet aus 2.6-Dibrom-4-nitro-anilin durch Diazotierung in salpetersaurer Lösung und Füllung mit einer Lösung von Brom-Bromkalium in Bromwasserstoffsäure das 2.6-Dibrom-4-nitro-benzoldiazoniumperbromid und kocht dieses mit Alkohol (K., *G.* **4**, 420; J. **1875**, 315). Man reibt 2.6-Dibrom-4-nitro-anilin mit Bromwasserstoffsäure (D: 1,35) zu einer Paste an, vermischt diese unter Schütteln mit Stückchen Natriumnitrits, bis sie eine rote Farbe angenommen hat, fügt dann nochmals Bromwasserstoffsäure hinzu und kocht bis zum Verschwinden der roten Dämpfe (JACKSON, FISKE, *Am.* **30**, 58). Aus 2.6-Dibrom-4-nitro-anilin durch Diazotieren und Umsetzen mit Cuprobromid (CLAUS, WALLBAUM, *J. pr.* [2] **56**, 62). Aus 4.5.6-Tribrom-2-nitro-anilin durch Entamidierung (K., *G.* **4**, 365, 421; J. **1875**, 316, 349). — Durchsichtige, fast farblose Krystalle (aus Äther-Alkohol). Triklin pinakoidal (LA VALLE, *J.* **1880**, 477;

vgl. *Groth, Ch. Kr.* **4**, 68). F: 111,9⁰ (korr.) (K.; K., Co.). Sublimierbar; mit Wasserdampf
flüchtig (K.). – Gibt bei der Reduktion 3.4.5-Tribrom-anilin (K.). Gibt beim Erhitzen mit
einem Gemisch von rauchender Salpetersäure und konz. Schwefelsäure 3.4.5-Tribrom-1.2-di-
nitro-benzol (J., F., *Am.* **30**, 68). Gibt beim Erhitzen mit alkoh. Ammoniak auf 120⁰ 2.6-
Dibrom-4-nitro-anilin (K., *G.* **4**, 421; *J.* **1875**, 347). Liefert beim Kochen mit Natronlauge
2.6-Dibrom-4-nitro-phenol (J., F., *Am.* **30**, 55). Liefert beim Erwärmen mit methylalkoh.
Natriummethylat 2.6-Dibrom-4-nitro-anisol oder (bei Einw. von konz. Natriummethylatlösung) 3.5.3'.5'-Tetrabrom-4.4'-dimethoxy-azoxybenzol (J., F., *Am.* **30**, 59, 60).

    3-Chlor-2.4.6-tribrom-1-nitro-benzol $C_6HO_2NClBr_3 = C_6HClBr_3·NO_2$. *B.* Durch
Zers. des aus 2.4.6-Tribrom-diazobenzolsulfonsäure-(3) und Chlorkalk entstehenden Produktes (ZINCKE, KUCHENBECKER, *A.* **330**, 10, 26). – Gelbe Nadeln. F: 149–150⁰. Leicht
löslich in heißem Alkohol, schwer in kaltem Alkohol.

    2.3.4.5-Tetrabrom-1-nitro-benzol $C_6HO_2NBr_4 = C_6HBr_4·NO_2$. *B.* Aus 2.3.6-Tri-
brom-4-nitro-anilin durch Diazotierung und Zersetzung der Diazoniumverbindung mit Cuprobromid (CLAUS, WALLBAUM, *J. pr.* [2] **56**, 57). In analoger Weise aus 4.5.6-Tribrom-2-nitro-
anilin (C., W., *J. pr.* [2] **56**, 55). – Nädelchen (aus Alkohol). F: 107⁰. – Gibt bei der Reduktion 2.3.4.5-Tetrabrom-anilin.

    2.3.4.6-Tetrabrom-1-nitro-benzol $C_6HO_2NBr_4 = C_6HBr_4·NO_2$. *B.* Aus 1.2.3.5-
Tetrabrom-benzol und Salpetersäure vom spez. Gew.: 1,50 (MAYER, *A.* **137**, 228; v. RICHTER, *B.*
8, 1427). – Nadeln (aus absol. Alkohol), die beim Stehen in Blättchen übergehen und dann
bei 96⁰ schmelzen; wird die geschmolzene Substanz rasch abgekühlt, so zeigt sie den Schmelzpunkt ca. 60⁰; nach 1 Stde. ist sie aber wieder in die konstant bei 96⁰ schmelzende Modifikation übergegangen (v. R.; vgl. LANGFURTH, *A.* **191**, 202). – Wird von alkoh. Cyankalium
nicht angegriffen (v. R.).

    2.3.5.6-Tetrabrom-1-nitro-benzol $C_6HO_2NBr_4 = C_6HBr_4·NO_2$. *B.* Bei 12-stdg. Er-
hitzen von 1.2.4.5-Tetrabrom-benzol mit Salpetersäure (D: 1,5) auf 100⁰ (CLAUS, *J. pr.* [2]
51, 412). – Blättchen (aus Alkohol). F: 168⁰.

    Pentabromnitrobenzol $C_6O_2NBr_5 = C_6Br_5·NO_2$. *B.* Durch Eintragen von Penta-
brombenzol in heiße, rote, rauchende Salpetersäure (JACOBSON, LÖB, *B.* **33**, 705; vgl. JACKSON,
BANCROFT, *Am.* **12**, 292). – Nadeln (aus Alkohol oder Chloroform). F: 234–235⁰ (korr.)
(JACOBSON, L.), 248⁰ (JACKSON, B.). Leicht löslich in Äther, Chloroform und CS_2, ziemlich
in Eisessig und Ligroin, schwer in Alkohol (JACOBSON, L.).

    2-Jod-1-nitro-benzol, o-Jod-nitrobenzol $C_6H_4O_2NI = C_6H_4I·NO_2$. *B.* Neben p-
Jod-nitrobenzol aus Jodbenzol mit konz. Salpetersäure; bleibt beim Umkrystallisieren des
Reaktionsprodukts aus Alkohol in der Mutterlauge (KÖRNER, *G.* **4**, 320; *J.* **1875**, 320). Man
dampft die Mutterlauge, nachdem sich das in größerer Menge gebildete p-Jod-nitrobenzol
abgeschieden hat, ein und nimmt den Rückstand bei gewöhnlicher Temperatur mit Eisessig
auf (HOLLEMAN, DE BRUYN, *R.* **20**, 353). Durch Erhitzen von Jodbenzol mit Diacetylsalpetersäure in geringer Menge, neben dem Hauptprodukt p-Jod-nitrobenzol (A. PICTET,
C. **1903** II, 1109). Durch Entamidierung aus 4-Jod-3-nitro-anilin (K., BELASIO, *R. A. L.*
[5] **17** I, 680). – *Darst.* Durch Eintröpfeln der aus 30 g o-Nitranilin, 45 g konz. Schwefelsäure,
250 g Eis und 15 g $NaNO_2$ bereiteten Lösung bei 40⁰ erwärmte Lösung von 60 g KI
in 190 g Wasser (ULLMANN, *B.* **29**, 1880). 40 g o-Nitranilin werden, in 70 g konz. Salzsäure
suspendiert, mit konz. Nitritlösung diazotiert und mit 50 g KI in wäßr. Lösung versetzt
(BUSCH, WOLBRING, *J. pr.* [2] **71**, 374). – Citronengelbe Nadeln. F: 54⁰ (HO., DE B.). Kp_{720}:
288–289⁰ (U.). Sublimierbar (K.). $D_{14,7°}^{14,7}$: 1,8100 (H., DE B.). Leicht löslich in warmem
Alkohol, sehr leicht in Äther (K.). – Liefert bei Behandlung mit Chlor in Chloroformlösung o-Nitro-phenyljodidchlorid (WILLGERODT, *B.* **26**, 1809). Gibt bei der Reduktion mit
Eisenvitriol und Ammoniak o-Jod-anilin (K., WENDER, *G.* **17**, 487). Geschwindigkeit der
Reaktion mit Dipropylamin: PERNA, *R.* **35**, 116; *C.* **1903** I, 1127.

    2-Jodoso-1-nitro-benzol, o-Jodoso-nitrobenzol $C_6H_4O_3NI = O_2N·C_6H_4·IO$ und
Salze vom Typus $O_2N·C_6H_4·IAc_2$. *B.* Das Dichlorid entsteht beim Einleiten von Chlor
in die stark gekühlte Chloroformlösung des o-Jod-nitrobenzols; es gibt beim Verreiben mit
verdünnter Natronlauge das o-Jodoso-nitrobenzol (WILLGERODT, *B.* **26**, 1809). – o-Jodoso-
nitrobenzol bildet orangefarbene Prismen (aus Chloroform). Zersetzt sich gegen 100⁰. Fast
unlöslich in Äther und Petroläther, etwas löslich in Chloroform. – **Salzsaures Salz**,
o-Nitro-phenyljodidchlorid. $O_2N·C_6H_4·ICl_2$. Gelbe Krystalle. Zersetzt sich gegen
96⁰. Geht schon beim Umkrystallisieren in o-Jod-nitrobenzol über. – **Essigsaures Salz**
$O_3N·C_6H_4·I(O·CO·CH_3)_2$. *B.* Aus o-Jodoso-nitrobenzol durch Lösen in Eisessig (W.). Zersetzt sich bei 145⁰. Gibt beim Stehen an der Luft o-Jodoso-nitrobenzol.

2-Jodo-1-nitro-benzol, o-Jodo-nitrobenzol $C_6H_4O_4NI = O_2N \cdot C_6H_4 \cdot IO_2$. *B.* Beim Kochen von o-Jodoso-nitrobenzol mit Wasser, neben o-Jod-nitrobenzol (WILLGERODT, *B.* **26**, 1810). — Täfelchen (aus Eisessig). Explodiert heftig gegen 210°. Fast unlöslich in Äther, Petroläther und Benzol, schwer löslich in Eisessig, Wasser und Alkohol.

3-Jod-1-nitro-benzol, m-Jod-nitrobenzol $C_6H_4O_2NI = C_6H_4I \cdot NO_2$. *B.* Aus m-Nitranilin durch Diazotieren in schwefelsaurer Lösung und Eingießen der Diazoniumlösung in eine siedende wäßr. Jodkaliumlösung; der Rückstand der durch Schütteln mit verd. Natriumthiosulfatlösung von freiem Jod befreiten ätherischen Auszüge wird im Vakuum destilliert (JACOBSON, FERTSCH, HEUBACH, *A.* **303**, 338; vgl. GRIESS, *Z.* **1866**, 218). In unreinem (flüssigem) Zustand beim Erhitzen von m-nitro-benzoesaurem Natrium mit Chlorjod (SCHÜTZENBERGER, SENGENWALD, *J.* **1862**, 251). — Krystalle. Monoklin prismatisch (PANEBIANCO, *J.* **1879**, 388; vgl. *Groth, Ch. Kr.* **4**, 31). F: 38,5° (CALDWELL, WERNER, *Soc.* **91**, 530), 36° (KÖRNER, *J.* **1875**, 358), 34,5° (HOLLEMAN, DE BRUYN, *R.* **20**, 354). Kp: ca. 280° (G.). $D_{4,40}^{45}$: 1,8039 (H., DE B.). — Gibt bei der Reduktion m-Jod-anilin (G.). Einw. von Dipropylamin: PERNA, Ж. **35**, 114; *C.* **1903** I, 1127. Liefert beim Erhitzen mit alkoh. Cyankalium auf 200° o-Jod-benzoesäure (v. RICHTER, *B.* **4**, 553; **8**, 1418).

3-Jodoso-1-nitro-benzol, m-Jodoso-nitrobenzol $C_6H_4O_3NI = O_2N \cdot C_6H_4 \cdot IO$ und Salze vom Typus $O_2N \cdot C_6H_4 \cdot IAc_2$. *B.* Das salzsaure Salz entsteht beim Einleiten von Chlor in eine gekühlte Chloroformlösung von m-Jod-nitrobenzol; es gibt beim Verreiben mit verd. Natronlauge das m-Jodoso-nitrobenzol (WILLGERODT, *B.* **26**, 1311). — m-Jodoso-nitrobenzol ist gelblich gefärbt (WI., *B.* **26**, 1312). Zersetzt sich bei niedriger Temp. (WI., *B.* **26**, 1312, 1807). Fast unlöslich in Chloroform, Petroläther, Äther und Benzol (WI., *B.* **26**, 1312). Geht bei längerem Liegen in m-Jodo-nitrobenzol und m-Jod-nitrobenzol über (WI., *B.* **27**, 1827). — Salzsaures Salz, m-Nitro-phenyljodidchlorid $O_2N \cdot C_6H_4 \cdot ICl_2$. Gelbe Plättchen (aus CHCl₃). Beginnt bei 65—66° Chlor abzuspalten; zersetzt sich bei 103° plötzlich, hauptsächlich unter Entwicklung von freiem Chlor; in geringerer Menge entsteht hierbei ein Chlorsubstitutionsprodukt (CALDWELL, WERNER, *Soc.* **91**, 530; vgl. WI., *B.* **26**, 1312). — Chromsaures Salz $O_2N \cdot C_6H_4 \cdot ICrO_4$. Orangefarbenes Krystallpulver. Explodiert bei 95° (WI., *B.* **26**, 1312). — Essigsaures Salz $O_2N \cdot C_6H_4 \cdot I(O \cdot CO \cdot CH_3)_2$. *B.* Durch Auflösen von m-Jodoso-nitrobenzol in Eisessig (WI., *B.* **26**, 1312). Säulen. F: 150—155°.

3-Jodo-1-nitro-benzol, m-Jodo-nitrobenzol $C_6H_4O_4NI = O_2N \cdot C_6H_4 \cdot IO_2$. *B.* Beim Kochen von m-Jodoso-nitrobenzol mit Wasser, neben m-Jod-nitrobenzol (WILLGERODT, *B.* **26**, 1313). — Tafeln (aus Wasser). Explodiert bei. 215°.

Phenyl-[3-nitro-phenyl]-jodoniumhydroxyd $C_{12}H_{10}O_3NI = O_2N \cdot C_6H_4 \cdot I(C_6H_5) \cdot OH$. *B.* Das Chlorid entsteht beim Verreiben von m-Nitro-phenyljodidchlorid mit Quecksilberdiphenyl und Wasser (WILLGERODT, WIKANDER, *B.* **40**, 4068). — Salze. $C_{12}H_9O_2NI \cdot Cl$. Nädelchen (aus siedendem Alkohol). F: 170—172°. — $C_{12}H_9O_2NI \cdot I$. Krystalle (aus Alkohol). Zersetzt sich bei 153°. — $C_{12}H_9O_2NI \cdot I_3$. Rotbraune Täfelchen. F: 118° (Zers.). — $2 C_{12}H_9O_2NI \cdot Cl + HgCl_2$. Nädelchen. F: 152°. — $2 C_{12}H_9O_2NI \cdot Cl + PtCl_4$. Krystallinischer fleischfarbener Niederschlag. Zersetzt sich bei 177°.

Bis-[3-nitro-phenyl]-jodoniumhydroxyd $C_{12}H_9O_5N_2I = (O_2N \cdot C_6H_4)_2I \cdot OH$. *B.* Durch Einw. von Ag₂O auf ein Gemisch von m-Jodoso-nitrobenzol und m-Jodo-nitrobenzol (WILLGERODT, WIKANDER, *B.* **40**, 4066). — Existiert nur in wäßr. Lösung. — Salze. $C_{12}H_8O_4N_2I \cdot Cl$. Nädelchen (aus verd. Alkohol). F: 214°. — $C_{12}H_8O_4N_2I \cdot Br$. Weißes Pulver. Zersetzt sich bei 183—184°. Sehr wenig löslich in Alkohol und Wasser. — $C_{12}H_8O_4N_2I \cdot I$. Gelblichweißes Pulver. F: 130,5° (Zers.). — $C_{12}H_8O_4N_2I \cdot I_3$. Dunkelbraune Nädelchen. Schmilzt bei 127° unter Jodabgabe. — $C_{12}H_8O_4N_2I \cdot O \cdot SO_4 \cdot OH$. Nädelchen. F: 168,5°. Sehr leicht löslich in Wasser. — $(C_{12}H_8O_4N_2I)_2Cr_2O_7$. Dunkelgelbes Pulver. Explodiert bei 163°. — $C_{12}H_8O_4N_2I \cdot O \cdot NO_2$. Nädelchen. F: 194°. — $2 C_{12}H_8O_4N_2I \cdot Cl + PtCl_4$. Dunkelbraune Nadeln. F: 196—197° (Zers.).

4-Jod-1-nitro-benzol, p-Jod-nitrobenzol $C_6H_4O_2NI = C_6H_4I \cdot NO_2$. *B.* Aus Jodbenzol mit konz. Salpetersäure (KEKULÉ, *A.* **137**, 168) bei 0° (HOLLEMAN, DE BRUYN, *R.* **20**, 353), neben o-Jod-nitrobenzol (KÖRNER, *G.* **4**, 320; *J.* **1875**, 320); man entfernt das in geringerer Menge entstandene o-Jod-nitrobenzol durch siedenden Alkohol und krystallisiert das zurückbleibende p-Jod-nitrobenzol zweimal aus Eisessig um (HOLLEMAN, DE BRUYN, *R.* **20**, 353). Durch Erhitzen von Jodbenzol mit Diacetylsalpetersäure, neben wenig o-Jod-nitrobenzol (A. PICTET, *C.* **1903** II, 1109). Aus p-Dijod-benzol und Salpetersäure (KÖ., *G.* **4**, 385; *J.* **1875**, 325). Aus p-Nitro-benzoldiazoniumnitrat mit Jodwasserstoffsäure (GRIESS, *Z.* **1866**, 218). Durch Entamidierung von 6-Jod-3-nitro-anilin (KÖRNER, BELASIO, *R. A. L.* [5] **17** I, 681). — Schwachgelbe Nadeln (aus Alkohol). F: 171,5° (korr.) (KÖ.). Erstarrungspunkt: 173,1° (H., DE BR.). Sublimierbar (KE.). Kp_{760}: 287° (korr.) (ULLMANN, BIELECKI, *B.* **34**, 2177). $D_{4,40}^{185}$: 1,8090 (H., DE BR.). — Gibt bei der Reduktion mit Schwefelammonium p-Jod-anilin (GR.). Liefert mit Na₂S₂ in Alkohol 4.4′-Dinitro-diphenyldisulfid (BLANKSMA, *R.*

20, 128). Geht beim Erhitzen mit Kupferpulver auf 220—235° in 4.4'-Dinitro-diphenyl über (U., Bl.). Geschwindigkeit der Reaktion mit Dipropylamin: Perna, Ж. **35**, 116; *C.* **1903** I, 1127. p-Jod-nitrobenzol gibt beim Kochen mit Diphenylamin, Kaliumcarbonat und Kupferpulver in Nitrobenzollösung 4-Nitro-triphenylamin (Gambarjan, *B.* **41**, 3510).

4-Jodoso-1-nitro-benzol, p-Jodoso-nitrobenzol $C_6H_4O_3NI = O_2N \cdot C_6H_4 \cdot IO$ und Salze vom Typus $O_2N \cdot C_6H_4 \cdot IAc_2$. *B.* Das salzsaure Salz entsteht beim Einleiten von Chlor in eine Lösung von p-Jod-nitrobenzol in Chloroform; es gibt beim Verreiben mit verd. Natronlauge das p-Jodoso-nitrobenzol (Willgerodt, *B.* **26**, 362; *J. pr.* [2] **33**, 160). — Explodiert bei 82—83° (Wi., *B.* **26**, 1808). — Salzsaures Salz, p-Nitro-phenyljodid-chlorid $O_2N \cdot C_6H_4 \cdot ICl_2$. Gelbe Prismen (aus Chloroform) (Wi., *J. pr.* [2] **33**, 160). Zersetzt sich beim Erhitzen zwischen 106° und 173° unter Entwicklung der gesamten theoretischen Chlormenge und Bildung von p-Jod-nitrobenzol (Caldwell, Werner, *Soc.* **91**, 530). Unlöslich in kaltem Äther, CS_2 und Petroläther, löslich in Chloroform und Benzol; löst sich in Alkohol unter Zersetzung (Wi., *J. pr.* [2] **33**, 160).

4-Jodo-1-nitro-benzol, p-Jodo-nitrobenzol $C_6H_4O_4NI = O_2N \cdot C_6H_4 \cdot IO_2$. *B.* Beim Kochen von p-Jodoso-nitrobenzol mit Wasser, neben viel p-Jod-nitrobenzol (Willgerodt, *B.* **26**, 1808). — Weiße Täfelchen (aus Eisessig). Explodiert bei 212—213°. Sehr schwer löslich in Eisessig.

4-Chlor-2-jod-1-nitro-benzol $C_6H_3O_2NClI = C_6H_3ClI \cdot NO_2$. *B.* Aus 5-Chlor-2-nitro-anilin durch Diazotierung in salpetersaurer Lösung und Behandlung der Diazoniumlösung mit Jodwasserstoffsäure (Körner, *G.* 4, 382; *J.* **1875**, 328). — Gelbe Prismen (aus Alkohol-Äther). F: 63,4° (korr.). Mit Wasserdämpfen leicht flüchtig. In heißem Alkohol leicht löslich, in kaltem schwer.

5-Chlor-2-jod-1-nitro-benzol $C_6H_3O_2NClI = C_6H_3ClI \cdot NO_2$. *B.* Aus 4-Chlor-2-nitro-anilin durch Diazotierung in salpetersaurer Lösung und Behandlung der Diazoniumlösung mit Jodwasserstoffsäure (Körner, *G.* 4, 381; *J.* **1875**, 328). — Nadeln. F: 63,3° (korr.). Unzersetzt flüchtig. In heißem Alkohol leicht löslich.

2.5-Dichlor-1-jod-x-nitro-benzol $C_6H_2O_2NCl_2I = C_6H_2Cl_2I \cdot NO_2$. *B.* Beim Auflösen von 2.5-Dichlor-1-jod-benzol in rauchender Salpetersäure (Herschmann, *B.* **27**, 768). — Nadeln (aus Alkohol). F: 82°.

2.4.5.6-Tetrachlor-3-jod-1-nitro-benzol $C_6O_2NCl_4I = C_6Cl_4I \cdot NO_2$. *B.* Aus 2.4.5.6-Tetrachlor-1.3-dijod-benzol und rauchender Salpetersäure (Istrati, *Bulet.* 1, 160). — Nadeln.

2.3.5.6-Tetrachlor-4-jod-1-nitro-benzol $C_6O_2NCl_4I = C_6Cl_4I \cdot NO_2$. *B.* Beim Erhitzen von 2.3.5.6-Tetrachlor-1.4-dijod-benzol mit rauchender Salpetersäure (Istrati, *Bulet.* 1, 160). — Nadeln.

3-Brom-2-jod-1-nitro-benzol $C_6H_3O_2NBrI = C_6H_3BrI \cdot NO_2$. *B.* Aus 6-Brom-2-nitro-anilin durch Diazotierung und Behandlung der Diazoniumlösung mit KI (Körner, Contardi, *R. A. L.* [5] **15** I, 528). — Schwach grünliche Prismen. Monoklin prismatisch (Repossi, *R. A. L.* [5] **15** I, 528; *Z. Kr.* **46**, 405; vgl. *Groth, Ch. Kr.* 4, 43). F: 119—120° (K., C.). D: 2,535 (R.).

4-Brom-2-jod-1-nitro-benzol $C_6H_3O_2NBrI = C_6H_3BrI \cdot NO_2$. *B.* Aus 5-Brom-2-nitro-anilin durch Diazotierung in salpetersaurer Lösung und Behandlung der Diazoniumlösung mit Jodwasserstoffsäure (Körner, *G.* 4, 383; *J.* **1875**, 329). — Gelbe Krystalle (aus Alkohol). F: 83,5° (korr.). — Liefert beim Erhitzen mit alkoh. Ammoniak auf 180° 5-Brom-2-nitro-anilin.

5-Brom-2-jod-1-nitro-benzol $C_6H_3O_2NBrI = C_6H_3BrI \cdot NO_2$. *B.* Aus 4-Brom-2-nitro-anilin durch Diazotierung in salpetersaurer Lösung und Behandlung der Diazoniumlösung mit Jodwasserstoffsäure (Körner, *G.* 4, 383; *J.* **1875**, 330). — F: 90,4° (korr.).

6-Brom-2-jod-1-nitro-benzol (?) $C_6H_3O_2NBrI = C_6H_3BrI \cdot NO_2$. *B.* Beim Nitrieren von m-Brom-jodbenzol mit sehr konz. Salpetersäure, neben 2-Brom-4-jod-1-nitro-benzol; bleibt beim Umkrystallisieren des Rohprodukts in der Mutterlauge (Körner, *G.* 4, 384; *J.* **1875**, 330). — Fast farblose Nadeln.

2-Brom-4-jod-1-nitro-benzol $C_6H_3O_2NBrI = C_6H_3BrI \cdot NO_2$. *B.* Beim Nitrieren von m-Brom-jodbenzol mit sehr konz. Salpetersäure, neben 6-Brom-2-jod-1-nitro-benzol (?) (s. o.) (Körner, *G.* 4, 384; *J.* **1875**, 329). — Citronengelbe Prismen oder Nadeln (aus Alkohol). F: 126,8° (korr.). — Gibt beim Erhitzen mit alkoh. Ammoniak 5-Jod-2-nitro-anilin.

3-Brom-4-jod-1-nitro-benzol $C_6H_3O_2NBrI = C_6H_3BrI \cdot NO_2$. *B.* Aus o-Brom-jod-benzol mit sehr konz. Salpetersäure (Körner, *G.* 4, 385; *J.* **1875**, 329). Aus 2-Brom-4-nitro-anilin durch Diazotierung und Behandlung der Diazoniumlösung mit Jodwasserstoffsäure (K.). — Nadeln oder Prismen (aus Alkohol). F: 106—106,1° (korr.). — Gibt beim Erhitzen mit alkoh. Ammoniak auf 190° 2-Brom-4-nitro-anilin.

2.5-Dibrom-1-jod-x-nitro-benzol $C_6H_2O_2NBr_2I = C_6H_2Br_2I \cdot NO_2$.   *B.* Aus 2.5-Dibrom-1-jod-benzol mit Salpetersäure (D: 1,52) (ISTRATI, EDELEANU, *Bulet.* 1, 210). — Krystalle (aus Alkohol). F: 107—108°.

1.4-Dibrom-x-jod-x-nitro-benzol $C_6H_2O_2NBr_2I = C_6H_2Br_2I \cdot NO_2$. *B.* Aus 1.4-Dibrom-x.x-dijod-benzol (S. 228) mit 10 Tln. Salpetersäure (D: 1,52) (ISTRATI, EDELEANU, *Bulet.* 1, 210). — F: 98—100°.

2.3-Dijod-1-nitro-benzol $C_6H_3O_2NI_2 = C_6H_3I_2 \cdot NO_2$ [1]). *B.* Aus 6-Jod-2-nitro-anilin durch Ersatz der Aminogruppe durch Jod über die Diazoverbindung (KÖRNER, CONTARDI, *R. A. L.* [5] 15 II, 579). — Grünliche Nadeln (aus Alkohol). F: 110,2°. Mit Wasserdämpfen wenig flüchtig. Etwas löslich in Alkohol und Essigester.

2.4-Dijod-1-nitro-benzol $C_6H_3O_2NI_2 = C_6H_3I_2 \cdot NO_2$. *B.* Aus 2.6-Dijod-3-nitro-anilin durch Entamidierung mittels Amylnitrits und H_2SO_4 in Alkohol (BRENANS, *C. r.* 139, 63; *Bl.* [3] 31, 977). Durch Nitrieren von m-Dijod-benzol in Eisessig mit rauchender Salpetersäure (B., *C. r.* 139, 63; *Bl.* [3] 31, 978). — Gelbe Blättchen (aus Chloroform + Ligroin). F: 101° (korr.). Leicht löslich in den organischen Lösungsmitteln mit Ausnahme von Ligroin.

2.5-Dijod-1-nitro-benzol $C_6H_3O_2NI_2 = C_6H_3I_2 \cdot NO_2$. *B.* Aus diazotiertem 4-Jod-2-nitro-anilin durch Jodkalium (BRENANS, *C. r.* 135, 178). Analog aus 4-Jod-3-nitro-anilin (KÖRNER, BELASIO, *R. A. L.* [5] 17 I, 680). — Gelbe Nadeln. F: 109—110° (BR.). Schwer löslich in Wasser, leichter in Alkohol, Äther, Chloroform und Benzol (BR.).

2.6-Dijod-1-nitro-benzol $C_6H_3O_2NI_2 = C_6H_3I_2 \cdot NO_2$. *B.* Aus 2.4-Dijod-3-nitro-anilin durch Erhitzen mit Schwefelsäure, aus Amylnitrit (BRENANS, *C. r.* 138, 1504; *Bl.* [3] 31, 974; KÖRNER, BELASIO, *R. A. L.* [5] 17 I, 686). — Nädelchen oder Prismen (aus Chloroform-Ligroin). Tetragonal (WYROUBOW, *Bl.* [3] 31, 974). F: 114° (korr.) (BR.). Löslich in den üblichen Lösungsmitteln mit Ausnahme von Ligroin (BR.).

3.4-Dijod-1-nitro-benzol $C_6H_3O_2NI_2 = C_6H_3I_2 \cdot NO_2$. *B.* Aus diazotiertem 2-Jod-4-nitro-anilin durch Behandlung mit KI (BRENANS, *Bl.* [3] 29, 603). Aus o-Dijod-benzol mit Salpetersäure (1,54) (KÖRNER, WENDER, *G.* 17, 491; *J.* 1887, 711). — Schwefelgelbe Prismen (aus Alkohol + Äther). Monoklin prismatisch (SANSONI, *Z. Kr.* 18, 106; vgl. *Groth, Ch. Kr.* 4, 51). F: 112,5° (B.; K., W.).

3.5-Dijod-1-nitro-benzol $C_6H_3O_2NI_2 = C_6H_3I_2 \cdot NO_2$. *B.* Durch Entamidieren von 2.6-Dijod-4-nitro-anilin (WILLGERODT, ARNOLD, *B.* 34, 3345). Aus 4.6-Dijod-2-nitro-anilin durch Entamidierung (KÖRNER, CONTARDI, *R. A. L.* [5] 15 II, 579; BRENANS, *C. r.* 136, 236). — Gelbe Nadeln (aus Alkohol). Monoklin prismatisch (SANSONI, *Z. Kr.* 18, 105; vgl. *Groth, Ch. Kr.* 4, 54). F: 104,4° (K., C.), 103° (B.). Mit Wasserdampf flüchtig (W., A.). Gut löslich in Alkohol, Äther, Chloroform, heißem Eisessig und Benzol (W., A.).

5-Jod-3-jodoso-1-nitro-benzol $C_6H_3O_3NI_2 = O_2N \cdot C_6H_3I \cdot IO$ und Salze vom Typus $O_2N \cdot C_6H_3I \cdot IAc_2$. *B.* Das salzsaure Salz entsteht durch Einleiten von Chlor in eine eisgekühlte Lösung von 3.5-Dijod-1-nitro-benzol in Eisessig; es gibt bei Behandlung mit Sodalösung die freie Jodosoverbindung (WILLGERODT, ERNST, *B.* 34, 3407). — 5-Jod-3-jodoso-1-nitro-benzol ist ein hellgelbes Pulver. F: 118° (Zers.). Unlöslich in neutralen Lösungsmitteln. — Salzsaures Salz, 3-Jod-5-nitro-phenyljodidchlorid $C_6H_3O_2NI \cdot ICl_2$. Gelbe Nädelchen. Leicht löslich. Zersetzt sich bald unter Chlorentwicklung. — Schwefelsaures Salz $[C_6H_3O_2NI \cdot I(OH)]_2SO_4$. Gallertartiger Niederschlag. Färbt sich bei 105° dunkel, schmilzt bei 145° unter Zersetzung. Schwer löslich. — Chromsaures Salz $[(C_6H_3O_2NI \cdot I_2O]CrO_4$. Braunes Pulver. Explodiert bei 88°. Sehr zersetzlich. — Chromsaures Salz $[C_6H_3O_2NI \cdot I(OH)]_2CrO_4$. Orangefarbener Niederschlag. Explodiert bei 81°. Sehr unbeständig. — Salpetersaures Salz $C_6H_3O_2NI \cdot I(OH) \cdot NO_3$. Amorphes Pulver. Sintert bei 78°, bläht sich bei 104° auf und zersetzt sich bei höherer Temp., ohne zu schmelzen. Schwer löslich. Geht an der Luft langsam in die Jodoverbindung über. — Essigsaures Salz $C_6H_3O_2NI \cdot I(O \cdot CO \cdot CH_3)_2$. Blättchen aus Chloroform. F: 172°. Leicht löslich in Eisessig, Chloroform, schwer in Alkohol, unlöslich in Äther, Ligroin.

5-Jod-3-jodo-1-nitro-benzol $C_6H_3O_4NI_2 = O_2N \cdot C_6H_3I \cdot IO_2$. *B.* Durch 48-stdge. Einw. einer Natriumhypochloritlösung auf das entsprechende Jodnitrophenyljodidchlorid (s. o.) in Gegenwart von etwas Essigsäure (W., E., *B.* 34, 3409). — Gelblicher Pulver. Explodiert bei 187°. Schwer löslich in Wasser, Eisessig, sonst unlöslich.

Phenyl-[3-jod-5-nitro-phenyl]-jodoniumhydroxyd $C_{12}H_9O_3NI_2 = O_2N \cdot C_6H_3I \cdot I(C_6H_5) \cdot OH$. *B.* Durch Verreiben äquimolekularer Mengen von 5-Jod-3-jodoso-1-nitro-

---

[1]) Nach dem für die 4. Auflage geltenden Literatur-Schlußtermin [1. I. 1910] erkannte BRENANS (*C. r.* 158, 718; *Bl.* [4] 15, 377) diese Verbindung als 2.5-Dijod-1-nitro-benzol.

benzol und Jodobenzol mit Silberoxyd und Wasser bei etwa 60° (WILLGERODT, ERNST, B. 34, 3410). Das Chlorid entsteht aus 3-Jod-5-nitro-phenyljodidchlorid und Quecksilber-diphenyl in Gegenwart von Wasser (W., E.). — Salze. $C_{12}H_8O_2NI_2 \cdot Cl$. Nadeln (aus Wasser). F: 131°. Leicht löslich in Alkohol, Chloroform, Wasser. — $C_{12}H_8O_2NI_2 \cdot Br$. Nädelchen (aus Wasser). F: 211°. Leicht löslich in Chloroform, schwerer in Alkohol, unlöslich in Äther. — $C_{12}H_8O_2NI_2 \cdot I$. Amorphes Pulver. Färbt sich bei 120° dunkler, schmilzt bei 152°. Löslich in Wasser, schwer löslich in Alkohol, unlöslich in Äther. — $C_{12}H_8O_2NI_2 \cdot I_3$. Rote Würfel. Schmilzt bei 160° unter Abgabe von Jod. — $(C_{12}H_8O_2NI_2)_2Cr_2O_7$. Orangefarbene Nadeln (aus Wasser). Explodiert bei 160°. — $C_{12}H_8O_2NI_2 \cdot O \cdot NO_2$. Gelbe Nädelchen (aus Alkohol). F: 138°. — $C_{12}H_8O_2NI_2 \cdot Cl + HgCl_2$. Krystallinische Flocken (aus wenig Wasser). F: 198°. — $2\,C_{12}H_8O_2NI_2 \cdot Cl + PtCl_4$. Gelblichrotes Pulver. Schmilzt bei 197° unter Aufschäumen. Sehr wenig löslich.

[α,β-Dichlor-vinyl]-[3-jod-5-nitro-phenyl]-jodoniumhydroxyd $C_6H_5O_3NCl_2I_2$ = $O_2N \cdot C_6H_3I \cdot I(CCl:CHCl) \cdot OH$. Zur Konstitution vgl. THIELE, HAAKH, A. 369, 144. — B. Das Chlorid entsteht durch Verreiben von 3-Jod-5-nitro-phenyljodidchlorid mit Acetylensilber-Silberchlorid und Wasser (WILLGERODT, ERNST, B. 34, 3415). — Salze. $C_8H_4O_2NCl_2I_2 \cdot Cl$. Mikrokrystallinisches Pulver. F: 170°. Färbt sich am Licht dunkel. — $C_8H_4O_2NCl_2I_2 \cdot Br$. Gelblicher Niederschlag. F: 159°. — $C_8H_4O_2NCl_2I_2 \cdot I$. Gelber Niederschlag. F: 108°. — $(C_8H_4O_2NCl_2I_2)_2Cr_2O_7$. Gelbrotes Pulver. Explodiert bei 107°. — $C_8H_4O_2NCl_2I_2 \cdot NO_3$. Gelbe Nadeln. F: 148°. — $C_8H_4O_2NCl_2I_2 \cdot Cl + HgCl_2$. Weißer Niederschlag. F: 160°. — $2\,C_8H_4O_2NCl_2I_2 \cdot Cl + PtCl_4$. Fleischfarbener Niederschlag. F: 162° (Zers.).

4-Chlor-1.3-dijod-x-nitro-benzol $C_6H_2O_2NCl I_2$ = $C_6H_2Cl I_2 \cdot NO_2$. B. Durch Nitrieren von 4-Chlor-1.3-dijod-benzol (ISTRATI, Bulet. 6, 52; C. 1897 I, 1161). — F: 94—95°.

Bromdijodnitrobenzol $C_6H_2O_2NBrI_2$ = $C_6H_2BrI_2 \cdot NO_2$. B. Aus dem bei 206° bis 207° schmelzenden Bromtrijodbenzol (S. 229) mit Salpetersäure (ISTRATI, EDELEANU, Bulet. 1, 211). — F: 117—118°.

2.3.5-Trijod-1-nitro-benzol $C_6H_2O_2NI_3$ = $C_6H_2I_3 \cdot NO_2$. B. Aus 4.6-Dijod-2-nitro-anilin durch Diazotierung und Zersetzung des Diazoniumsulfats mittels KI (BRENANS, C. r. 137, 1065; Bl. [3] 31, 131). — Gelbe Prismen. F: 124°. Löslich in heißem Alkohol und heißem Methylalkohol, leichter in den übrigen Lösungsmitteln.

2.3.6-Trijod-1-nitro-benzol $C_6H_2O_2NI_3$ = $C_6H_2I_3 \cdot NO_2$. B. Aus dem 2.4-Dijod-3-nitro-anilin durch Ersatz der Aminogruppe durch Jod (KÖRNER, BELASIO, R. A. L. [5] 17 I, 688). — Grünliche Nadeln (aus Essigsäure), weiße Prismen (aus CS_2). F: 137°. — Bei der Reduktion mit Ferrosulfat und Ammoniak entsteht 2.3.6-Trijod-anilin.

2.4.5-Trijod-1-nitro-benzol $C_6H_2O_2NI_3$ = $C_6H_2I_3 \cdot NO_2$. B. Aus 4.6-Dijod-3-nitro-anilin durch Diazotierung und Zersetzung der Diazoniumsulfatlösung mit KI (KÖRNER, BELASIO, R. A. L. [5] 17 I, 682). — Hellgelbe Nadeln (aus CS_2). F: 178°. Fast unlöslich in Alkohol, Äther, Aceton, Chloroform.

3.4.5-Trijod-1-nitro-benzol $C_6H_2O_2NI_3$ = $C_6H_2I_3 \cdot NO_2$. B. Aus 2.6-Dijod-4-nitro-anilin durch Diazotierung und Zersetzung der Diazoniumlösung mit KI (WILLGERODT, ARNOLD, B. 34, 3347). — Gelbe Nadeln (aus Alkohol). Monoklin prismatisch (SANSONI, Z. Kr. 20, 595; REPOSSI, Z. Kr. 55, 286; vgl. Groth, Ch. Kr. 4, 70). F: 105°. Flüchtig mit Wasser-dampf; leicht löslich in Alkohol, Äther, Chloroform, Benzol, heißem Eisessig (W., A.).

[3-Jod-5-nitro-phenyl]-[2.4-dijod-6-nitro-phenyl]-jodoniumhydroxyd $C_{12}H_6O_5N_2I_4$ = $(O_2N \cdot C_6H_3I)(O_2N \cdot C_6H_2I)I \cdot OH$. B. Das Sulfat entsteht durch Eintragen von 5-Jod-3-jodoso-1-nitro-benzol in konz. Schwefelsäure (WILLGERODT, ERNST, B. 34, 3413). — Salze. $C_{12}H_5O_4N_2I_4 \cdot Cl$. Weißer flockiger Niederschlag. F: 85°. — $C_{12}H_5O_4N_2I_4 \cdot Br$. Gelber Niederschlag. F: 101°. — $C_{12}H_5O_4N_2I_4 \cdot I$. Gelbes, sich am Licht bald dunkel färbendes Pulver. Zersetzt sich von 66° ab, schmilzt bei 98°. — $(C_{12}H_5O_4N_2I_4)_2Cr_2O_7$. Orangefarbener Niederschlag. Explodiert bei 72°. Unlöslich in Wasser. — $C_{12}H_5O_4N_2I_4 \cdot Cl + HgCl_2$. Weißes Pulver. F: 113°. — $2\,C_{12}H_5O_4N_2I_4 \cdot Cl + PtCl_4$. Fleischfarbener Niederschlag. Zersetzt sich bei 115°.

2-Nitroso-1-nitro-benzol, o-Nitroso-nitrobenzol $C_6H_4O_3N_2$ = $O_2N \cdot C_6H_4 \cdot NO$. B. Entsteht als Hauptprodukt bei der Oxydation von o-Nitro-anilin mit Sulfomonopersäure (BAMBERGER, HÜBNER, B. 36, 3803). Man löst o-Dinitro-benzol in methylalkoh. Kalilauge, versetzt mit Hydroxylamin oder Zinnoxydulnatron und säuert später an (MEISENHEIMER, B. 36, 4174; M., PATZIG, B. 39, 2530). — Gelblichweiße Krystalle (aus Essigester oder Ace-ton). Rhombisch bipyramidal (JAEGER, Z. Kr. 42, 255; vgl. Groth, Ch. Kr. 4, 12). Färbt sich bei 120° grün (M.) und schmilzt bei 126—126,5° (korr.) (B., H.) zu einer grünen Flüssig-keit (B., H.). Leicht flüchtig mit Wasserdampf (B., H.). Leicht löslich in heißem Chloroform.

heißem Benzol, heißem Aceton, ziemlich in heißem Alkohol, heißem Ligroin, schwer in Äther, fast unlöslich in Petroläther, Wasser (B., H.). Die Lösungen sind intensiv grün (M.). Alkali färbt die alkoh. Lösung blauviolett (M.). — Beim Erhitzen mit Salpetersäure (D: 1,26) entsteht in guter Ausbeute o-Dinitro-benzol (B., H.). Methylalkoholische Kalilauge erzeugt 2'-Nitro-2-oxy-azoxybenzol, 2.2'-Dinitro-azoxybenzol, o-Nitro-phenol, salpetrige Säure u. a. (B., H.). Bei 60-stdg. Erhitzen mit Wasser entsteht 2'-Nitro-2-oxy-azoxybenzol, 2.2'-Dinitro-azoxybenzol, o-Dinitro-benzol, o-Nitro-phenol, o-Nitro-anilin, Salpetersäure, Ammoniak, Stickstoff (?) und harzige Produkte (B., H.). Liefert durch Einw. von Natriummethylat das Natriumsalz des Diaci-o-dinitro-dihydrobenzols (S. 114) (M., P.). Vereinigt sich mit Arylaminen in Eisessiglösung zu o-Nitroazokörpern (B., H.).

3-Nitroso-1-nitro-benzol, m-Nitroso-nitrobenzol $C_6H_4O_3N_2 = O_2N \cdot C_6H_4 \cdot NO$. *B.* Durch allmähliches Eintragen von 3 g Zinkstaub in eine Lösung von 5 g m-Dinitro-benzol in 50 ccm Alkohol + 6 ccm Eisessig, Zufügen von 75 ccm Wasser, Eingießen des Gemisches in 200 ccm 10%iger Ferrichloridlösung, Destillieren mit Wasserdampf, Verdünnen der ersten 75—80 ccm des Destillats mit Wasser und wiederholtes Umkrystallisieren des blaugrünen Niederschlages aus Alkohol (ALWAY, *B.* **36**, 2530; vgl. A., GORTNER, *B.* **38**, 1900; BRAND, *B.* **38**, 4011). Bei der Oxydation von m-Nitro-anilin mit Sulfomonopersäure (BAMBERGER, HÜBNER, *B.* **36**, 3806). — Farblose Nadeln (BA., H.). Schmilzt bei 90—91° (BR.), bei 89,5—90,5° (korr.) zu einer grünen. Flüssigkeit (BA., H.). Flüchtig mit Wasserdampf (BA., H.). Leicht löslich in heißem Alkohol, Chloroform, Aceton, Eisessig, Benzol, schwer in Äther, sehr wenig in Petroläther (BA., H.). — Vereinigt sich mit Anilin in Eisessiglösung zu m-Nitro-azobenzol (BA., H.).

4-Nitroso-1-nitro-benzol, p-Nitroso-nitrobenzol $C_6H_4O_3N_2 = O_2N \cdot C_6H_4 \cdot NO$. *B.* Aus p-Dinitro-benzol in methylalkoholischer Kalilauge durch Reduktion mittels Hydroxylamins und Ansäuern des entstandenen Salzes des Diaci-p-dinitro-dihydrobenzols (S. 114) (MEISENHEIMER, *B.* **36**, 4177). Bei der Oxydation von p-Nitro-anilin mit Sulfomonopersäure (BAMBERGER, HÜBNER, *B.* **36**, 3809). — Schwachgelbe Nadeln (aus Alkohol). Schmilzt bei 118,5—119° (korr.) zu einer grünen Flüssigkeit (B., H.). Mit Dampf flüchtig (B., H.). Leicht löslich mit grüner Farbe in Benzol, Chloroform, Eisessig, Aceton, heißem Alkohol, ziemlich schwer in Ligroin, schwer in Äther, sehr wenig in Wasser (B., H.). — Wird beim Erhitzen mit Salpetersäure (D: 1,26) in p-Dinitro-benzol verwandelt (B., H.). Die alkoh. Lösungen färben sich mit Alkali rot unter Abscheidung von Nädelchen (M.). Vereinigt sich mit Anilin in Eisessiglösung zu p-Nitro-azobenzol (B., H.).

„**2.3-Dinitroso-1-nitro-benzol**" $C_6H_3O_4N_3 = \begin{matrix} HC:C(NO_2) \cdot C:N \cdot O \\ HC : CH \cdot C:N \cdot O \end{matrix}$ (?) s. bei dem entsprechenden Nitrochinondioxim, Syst. No. 670.

„**3.4-Dinitroso-1-nitro-benzol**" $C_6H_3O_4N_3 = \begin{matrix} O_2N \cdot C:CH \cdot C:N \cdot O \\ HC:CH \cdot C:N \cdot O \end{matrix}$ (?) s. bei dem entsprechenden Nitrochinondioxim, Syst. No. 670.

1.2-Dinitro-benzol, o-Dinitro-benzol $C_6H_4O_4N_2 = C_6H_4(NO_2)_2$. *B.* In kleiner Menge, neben m- und wenig p-Dinitro-benzol, beim Nitrieren von Benzol (RINNE, ZINCKE, *B.* **7**, 1372) oder Nitrobenzol (KÖRNER, *G.* **4**, 354; *J.* **1875**, 331; HOLLEMAN, DE BRUYN, *R.* **19**, 95) mit Salpeterschwefelsäure. In geringer Menge bei der Oxydation von o-Nitro-anilin mit Sulfomonopersäure (BAMBERGER, HÜBNER, *B.* **36**, 3805). Beim Behandeln von 2.3- oder 3.4-Dinitro-anilin mit nitrosen Gasen in Alkohol (WENDER, *R. A. L.* [4] **5** I, 541, 542; *G.* **19**, 227, 229). Bei der Einw. von Salpeterschwefelsäure auf Wismuttriphenyl (GILLMEISTER, *B.* **30**, 2844). — *Darst.* Man läßt Benzol in ein Gemisch gleicher Volume konz. Schwefelsäure und rauchender Salpetersäure, ohne abzukühlen, einfließen und kocht kurze Zeit; man gießt in Wasser, wäscht aus, preßt ab und krystallisiert aus Alkohol um; es krystallisiert zunächst m-Dinitro-benzol aus; beim Stehen der Mutterlaugen scheiden sich Krusten von p-Dinitro-benzol aus; aus den jetzt verbliebenen Mutterlaugen läßt sich ein o-Dinitro-benzol enthaltendes Gemisch gewinnen (R., Z., *B.* **7**, 870, 1372; vgl. K., *G.* **4**, 356). Zur Isolierung des o-Dinitrobenzols kocht man 1 Tl. des Gemisches mit 2 Tln. Salpetersäure (D: 1,4) und gießt dann in das 5—6fache Vol. kalter Salpetersäure; die ausgeschiedenen Krystalle sind fast reines o-Dinitro-benzol (LOBRY DE BRUYN, *B.* **26**, 266; *R.* **13**, 106). — Man erhitzt 15 g o-Nitrosonitrobenzol mit 240 ccm Salpetersäure (D: 1,26) $^{1}/_{2}$ Stde. auf 90—95°; Ausbeute 75—90% (BAM., HÜ., *B.* **36**, 3817).

In reinem Zustande farblose (HANTZSCH, *B.* **39**, 1096) Nadeln aus Wasser oder Essigsäure (BARKER, *Z. Kr.* **44**, 154; vgl. *Groth, Ch. Kr.* **4**, 13), Tafeln aus Alkohol, Benzol oder

Chloroform (R., Z., B. **7**, 1373). Monoklin prismatisch (BODEWIG, *Ann. d. Physik* **158**, 240; J. **1876**, 375; WICKEL, J. **1884**, 464). F: 116,5° (L. DE B., R. **13**, 113), 117,9° (korr.) (K., G. **4**, 357; J. **1875**, 332), 118° (PATTERSON, *Soc.* **93**, 1855), 118—118,5° (korr.) (BAM., HÜ., B. **36**, 3817). Kp_{18}: 181,7°; Kp_{96}: 231,1°; Kp_{311}: 276,5°; $Kp_{773,5}$: 319° (L. DE B., R. **13**, 114). Ist mit Wasserdampf flüchtig (L. DE B.). D^{11}: 1,565 (BARKER); D^{18}: 1,59 (L. DE B., R. **13**, 113). — 100 Tle. Wasser lösen bei Zimmertemperatur 0,014 Tle., bei 100° 0,38 Tle.; 100 Tle. Methylalkohl bei 20,5° 3,3 Tle.; 100 Tle. Chloroform bei 17,6° 27,1 Tle.; 100 Tle. Essigester bei 18,2° 12,96 Tle.; 100 Tle. Benzol bei 18,2° 5,66 Tle. (L. DE B., R. **13**, 116). Bei 20,5° lösen 100 Tle. Alkohol 1,9 Tle. (L., DE B., *Ph. Ch.* **10**, 784). 100 Tle. 99,4%iger Alkohol lösen 3,8 Tle. bei 24,8° und 33 Tle. bei Siedehitze (K., G. **4**, 358; J. **1875**, 332). 100 ccm Alkohol von 40 Gew.-% lösen bei 25° 0,030 g; 100 ccm Alkohol von 42 Gew.-% lösen bei 35° 0,38 g, bei 50° 0,716 g; bei 50° lösen 100 ccm Methylalkohol von 33 Gew.-% 0,317 g. von 58 Gew.-% 1,324 g, von 76 Gew.-% 3,301 g, von 93 Gew.-% 7,16 g (L. DE B., STEGER, R. **18**, 45). Schmelzkurven von binären Gemischen aus o-Dinitro-benzol mit Benzol: KREMANN, M. **29**, 866; mit Naphthalin: K., RODINIS, M. **27**, 146; mit Phenanthren: K., M. **29**, 875; mit Anilin: K., RODINIS, M. **27**, 157. — Molekulare Verbrennungswärme bei konstantem Druck: 703,5 Cal. (BERTHELOT, MATIGNON, A. ch. [6] **27**, 305). Leitfähigkeit der Lösung in flüssigem Ammoniak: FRANKLIN, *Ph. Ch.* **69**, 299.

o-Dinitro-benzol kann im geschlossenen Rohr auf 360° erhitzt werden, ohne daß Entzündung eintritt (LOBRY DE BRUYN, R. **13**, 114 Anm. 1). — Wird o-Dinitro-benzol bei Gegenwart von überschüssigem Alkali mit Hydroxylamin oder Zinnoxydul reduziert, so entsteht das Alkalisalz des Diaci-o-dinitro-dihydrobenzols $C_6H_4(:NO_2Me)_2$, aus welchem beim Ansäuern o-Nitroso-nitrobenzol gebildet wird (MEISENHEIMER, B. **36**, 4174; M., PATZIG, B. **39**, 2526). o-Dinitro-benzol gibt bei der Reduktion mit hydroschwefligsaurem Natrium $Na_2S_2O_4$ bei 60° in Gegenwart von Na_3PO_4 wenig N-[o-amino-phenyl]-sulfamidsaures Natrium $H_2N·C_6H_4·NH·SO_3Na$ und wenig o-Phenylendiamin; die Hauptmenge bleibt unangegriffen (SEYEWETZ, NOEL, Bl. [4] **3**, 498). Reduktion durch Schwefelammonium s. u. — Beim Erhitzen von o-Dinitro-benzol im Chlorstrom auf 210° entsteht o-Dichlor-benzol (L. DE B., B. **24**, 3749; R. **13**, 136). Beim Erhitzen mit Brom auf 180° entsteht o-Brom-nitrobenzol (L. DE B., R. **13**, 140; B. **24**, 3749), mit Jod bei 300° o-Jod-nitrobenzol (L. DE B., R. **13**, 144). Beim Erhitzen mit konz. Salzsäure auf 210° entsteht o-Dichlor-benzol; analog verläuft die Reaktion mit konz. Bromwasserstoffsäure (L. DE B., VAN LEENT, R. **15**, 86). — Bei der Einw. von alkoh. Ammoniak entsteht langsam bei Zimmertemperatur, rasch bei 100° o-Nitro-anilin (LAUBENHEIMER, B. **11**, 1155). Beim Kochen mit Natronlauge werden o-Nitro-phenol und $NaNO_2$ gebildet (LAU., B. **9**, 1828). o-Dinitro-benzol färbt sich mit alkoh. Natriumsulfidlösung zuerst violett, dann dunkelrot (BLANKSMA, R. **28**, 110). Es tauscht mit 1-Mol.-Gew. Natriumsulfid in siedendem Alkohol leicht eine Nitrogruppe gegen Schwefel aus unter Bildung des Natriumsalzes des o-Nitro-thiophenols (LOBRY DE BRUYN, BLANKSMA, R. **20**, 116); beim Kochen mit ½ Mol.-Gew. Natriumsulfid oder Natriumdisulfid in Alkohol entsteht 2.2'-Dinitro-diphenylsulfid (L. DE B., BL.) bezw. 2.2'-Dinitro-diphenyldisulfid (BL., R. **20**, 124); gleichzeitig wird ein Teil des Dinitrobenzols durch Natriumsulfid bezw. -disulfid zu o-Nitro-anilin reduziert (BL., R. **28**, 110). Schwefelammonium in wäßr.-alkoh. Lösung liefert neben o-Nitro-anilin (RINNE, ZINCKE, B. **7**, 1374; KÖRNER, G. **4**, 358) ein Gemisch von 2.2'-Dinitro-diphenylsulfid und 2.2'-Dinitro-diphenyldisulfid (BL., R. **20**, 124). Beim Erhitzen mit methylalkoholischer Natriummethylatlösung auf 100° entsteht o-Nitro-anisol (L. DE B., R. **2**, 236; **13**, 124). Geschwindigkeit der Einw. von Natriummethylat und Natriumäthylat: STEGER, R. **18**, 20; bei gleichzeitiger Anwesenheit von Wasser: S., ST., R. **18**, 41. o-Dinitro-benzol reagiert mit trocknem Kaliumcyanid bei 160—210° unter Bildung von 2.2'-Dinitro-diphenyläther und von braunen amorphen Reduktionsprodukten (LOBRY DE BRUYN, VAN GEUNS, R. **23**, 26); beim Erhitzen mit wäßriger KCN-Lösung entsteht o-Nitro-phenol (L. DE B., VAN G.); in alkoh. Lösung findet bis 170° keine Reaktion, bei höherer Temperatur Verharzung statt (L. DE B., VAN G.). Zusammenfassende Mitteilung über das Verhalten der drei Dinitrobenzole gegen NH_3, Alkalien, Halogene, Halogenwasserstoffe, Alkalisulfide, Ammoniumsulfide und KCN: L. DE B., C. **1901** II, 202; R. **23**, 39. o-Dinitro-benzol reagiert mit primären oder sekundären Aminen bei 100° glatt und rasch unter Bildung von alkylierten o-Nitro-anilinen, z. B. mit Anilin unter Bildung von 2-Nitro-diphenylamin (BETTENHAUSEN-MARQUARDT, SCHULZ, D. R. P. 72253; *Frdl.* **3**, 46).

1.3-Dinitro-benzol, m-Dinitro-benzol $C_6H_4O_4N_2 = C_6H_4(NO_2)_2$. B. Man kocht Benzol mit 5—6 Tln. rauchender Salpetersäure, bis das Volum der Flüssigkeit auf ⅙ zurückgegangen ist (DEVILLE, A. ch. [3] **3**, 187). Durch kurzes Kochen von Benzol oder Nitrobenzol mit Salpeterschwefelsäure (MUSPRATT, A. W. HOFMANN, A. **57**, 214); durch Nitrierung von Nitrobenzol in Gegenwart von Mercurinitrat wird die Ausbeute nicht wesentlich gesteigert (HOLDERMANN, B. **39**, 1256). m-Dinitro-benzol entsteht ferner durch Einw. von Nitryltetrasulfat $(O_2N·O·SO_2·O·SO_2)_2O$ auf Nitrobenzol (neben Benzolsulfonsäure) oder durch

Übergießen von Nitryltetrasulfat mit Benzol (PICTET, KARL, C. r. 145, 239; Bl. [4] 3, 1117).
— In geringer Menge bei der Oxydation von m-Nitro-anilin mit Sulfomonopersäure (BAM-
BERGER, HÜBNER, B. 36, 3807). Aus 2.4-Dinitro-anilin (RUDNEW, Ж. 3, 123; Z. 1871, 203;
SALKOWSKI, A. 174, 267) oder 2.6-Dinitro-anilin (SA.) durch Kochen mit Alkohol, der mit
nitrosen Gasen gesättigt ist.

   Darst. Man löst 1 Vol. Benzol in 2 Vol. Salpetersäure (D: 1,52), unterstützt gegen Ende
der Reaktion die völlige Lösung durch Erwärmen und gießt nach dem Erkalten 3,3 Vol.
konz. Schwefelsäure hinzu; man kocht auf, läßt erkalten und fällt mit Wasser (BEILSTEIN,
KURBATOW, A. 176, 43). Eine Mischung von 25 g konz. Schwefelsäure und 15 g rauchender
Salpetersäure wird allmählich mit 10 g Nitrobenzol versetzt und unter häufigem Umschütteln
¹/₂ Stde. auf dem Wasserbade erhitzt; das etwas erkaltete Reaktionsgemisch wird in kaltes
Wasser gegossen und das ausgeschiedene Dinitrobenzol aus Alkohol umkrystallisiert (GATTER-
MANN, Die Praxis des organischen Chemikers, 12. Aufl. [Leipzig 1914], S. 199; KÖRNER,
G. 4, 354; J. 1875, 330). — Über technische Darstellung des m-Dinitro-benzols vgl.: ULL-
MANN, Enzyklopädie der technischen Chemie, Bd. II [Berlin und Wien 1915], S. 377; KAYSER,
Ztschr. f. Farben- u. Textilchemie 2, 16, 31.
   Befreiung von Dinitrothiophen: WILLGERODT, B. 25, 608.
   In reinem Zustande farblose (HANTZSCH, B. 39, 1096) Tafeln. Rhombisch bipyramidal
(BODEWIG, Ann. d. Physik 158, 241; J. 1876, 375; BARKER, Z. Kr. 44, 155; vgl. Groth,
Ch. Kr. 4, 14). Ist triboluminescent (TRAUTZ, Ph. Ch. 53, 54). F: 88⁰ (PATTERSON, Soc. 93,
1855), 89,8⁰ (korr.) (KÖRNER, G. 4, 355; J. 1875, 331), 89,72⁰ (LOBRY DE BRUYN, R. 13, 113),
91⁰ (WI.). Kp₁₄: 167⁰ (PA.); Kp₃₃: 188⁰; Kp₁₀₆: 222,4⁰; Kp₄₃₀: 302,8⁰; Kp₇₇₀,₅: 302,8⁰ (L. DE B.,
R. 13, 114). Siedet unzersetzt bei 297⁰ (korr.) (V. MEYER, STADLER, B. 17, 2649). Ist mit
Wasserdampf flüchtig (SALKOWSKI, REHS, B. 7, 372; L. DE B., R. 13, 117 Anm. 2). D¹⁷:
1,546 (BARKER); D¹⁸: 1,575 (L. DE B.); D²⁵: 1,521 (ROBERTSON, Soc. 81, 1242); D²⁵: 1,3677
(R. SCHIFF, A. 223, 259). — 100 Tle. Wasser von 99⁰ lösen 0,317 Tle.; 100 Tle. 99⁰/₀igen Alkohols von 20⁰ lösen 3,265 Tle. (MARKOWNIKOW, B. 35, 1586). 100 Tle. 99,3⁰/₀igen Alkohols
lösen bei 24,6⁰ 5,9 Tle.; leicht löslich in siedendem Alkohol (KÖRNER, G. 4, 355; J. 1875,
331). 100 Tle. Wasser lösen bei Zimmertemperatur 0,0525 Tle.; 100 Tle. Methylalkohol
lösen bei 20,5⁰ 6,75 Tle; 100 Tle. Äthylalkohol lösen bei 20,5⁰ 3,5 Tle.; 100 Tle. Essigester lösen
bei 18,2⁰ 36,27 Tle.; 100 Tle. Chloroform lösen bei 17,6⁰ 32,4 Tle., 100 Tle. Benzol bei 18,2⁰
39,45 Tle. (L. DE B., R. 13, 116). Löslichkeit in Benzol, Brombenzol und Chloroform:
SCHRÖDER, Ph. Ch. 11, 458. m-Dinitro-benzol löst sich in flüssigem Ammoniak mit der
Farbe einer Kaliumpermanganatlösung (KORCZYŃSKI, C. 1909 II, 805). Schmelzkurven von
binären Gemischen aus m-Dinitro-benzol und Benzol: K., M. 29, 865; und Naphthalin: K., M. 25, 1281; und Phenanthren: K., M. 29, 876; und Anilin: K., M. 25, 1295.
m-Dinitro-benzol zeigt in absoluter Schwefelsäure normales Molekulargewicht (HANTZSCH,
Ph. Ch. 65, 50). Ist nach kryoskopischen Bestimmungen in Ameisensäure merklich dissoziiert (BRUNI, BERTI, R. A. L. [5] 9 I, 274; G. 30 II, 77). Molekulare Schmelzpunktsdepression
des m-Dinitro-benzols: 106 (AUWERS, Ph. Ch. 30, 309). — Molekulare Verbrennungswärme
bei konstantem Druck: 697,0 Cal. (BERTHELOT, MATIGNON, A. ch. [6] 27, 306). Latente
Schmelzwärme: ROBERTSON, Soc. 81, 1242. Magnetisches Drehungsvermögen: PERKIN,
Soc. 69, 1181. Elektrische Leitfähigkeit in flüssigem Ammoniak: FRANKLIN, KRAUS, Am.
23, 291; Ph. Ch. 69, 298.
   Über Explosionsfähigkeit des m-Dinitro-benzols vgl. WILL, Ch. I. 26, 130. m-Dinitro-
benzol entzündet sich im geschlossenen Rohr bei 360⁰ noch nicht (LOBRY DE BRUYN, R. 13,
114 Anm. 1). — Gibt mit Kaliumferricyanid und Natronlauge etwas 2.4-
und sehr wenig 2.6-Dinitro-phenol (HEPP, A. 215, 354). — Gibt bei elektrolytischer Reduktion
in natriumacetathaltiger Essigsäure an Nickel- oder Silberkathoden neben 3.3′-Dinitro-
azoxybenzol m-Nitro-phenylhydroxylamin, in wäßr.-alkoholischer Natriumacetatlösung (der
man zur Herabsetzung der bei der Elektrolyse auftretenden Alkalität Essigester zusetzte)
an Quecksilberkathoden 3.3′-Dinitro-azoxybenzol (BRAND, B. 38, 4009). Bei der elektrolytischen Reduktion in verd. wäßr.-alkoh. Salzsäure an einer Zinnkathode m-Phenylendiamin (BOEHRINGER & SÖHNE, D. R. P. 116942; C. 1901 I, 150). Durch Verwendung von
konz. wäßr.-alkoh. Salzsäure als Elektrolyt und Kupfer als Kathodenmaterial gelang BRAND
(B. 38, 4014) die Überführung des m-Dinitro-benzols in m-Nitro-anilin in guter Ausbeute.
Bei der Elektrolyse in alkoh.-schwefelsaurer Lösung an Platinkathoden in Gegenwart von
Vanadylsulfat erhält man hauptsächlich m-Nitro-anilin, daneben m-Phenylendiamin und
3.3′-Dinitro-azoxybenzol (HOFER, JAKOB, B. 41, 3195). Durch elektrolytische Reduktion
einer Lösung von m-Dinitro-benzol in konz. Schwefelsäure unter Verwendung einer Platinkathode entsteht 2.4-Diamino-phenol (GATTERMANN, B. 26, 1848; BAEYER & Co., D. R. P.
75260; Frdl. 3, 54). m-Dinitro-benzol liefert bei der Reduktion mit Zinkstaub in heißem
60⁰/₀igem Alkohol in Gegenwart von Chlorcalcium eine orangegelbe, bei 178⁰ schmelzende
Verbindung (WOHL, D. R. P. 84138; Frdl. 4, 45; vgl. BRAND, B. 38, 4011). Wird von Zinkstaub in Alkohol + Eisessig je nach den Bedingungen zu m-Nitro-phenylhydroxylamin oder

                                                                                    17*

m-Phenylen-dihydroxylamin reduziert, aus denen man durch Oxydation mit $FeCl_3$ m-Nitroso-nitrobenzol oder m-Dinitroso-benzol erhalten kann (ALWAY, B. 36, 2530; ALW., GORTNER, B. 38, 1899). Bei der Einw. von Eisen und Essigsäure auf m-Dinitro-benzol wird m-Phenylen-diamin erhalten (A. W. HOFMANN, Proc. Royal Soc. London 11, 521; 12, 639; J. 1861, 512; 1863, 421). Behandelt man 1 Mol.-Gew. Dinitrobenzol mit $3^1/_2\%$ konz. Salzsäure und 3,2 Mol.-Gew. Eisenpulver in Gegenwart von nur 6 Mol.-Gew. Wasser, so entsteht neben wenig m-Phenylendiamin fast ausschließlich m-Nitro-anilin (WÜLFING, D. R. P. 67018; Frdl. 3, 47). m-Dinitro-benzol gibt unter dem Einfluß von 2 Mol.-Gew. alkoh. Stannochloridlösung oder beim Kochen mit Zinkstaub in alkoh. Lösung 3.3'-Dinitro-azoxybenzol (WILLGERODT, B. 25, 608). Durch Einleiten von Chlorwasserstoff in ein Gemenge aus 1 Tl. Dinitrobenzol und 1 Tl. Zinn in siedendem Alkohol (KEKULÉ, Lehrbuch der organischen Chemie, Bd. II [Erlangen 1866], S. 639) oder durch Eintragen einer Lösung von $SnCl_2$ in Alkohol, der mit Chlorwasserstoff gesättigt ist, in eine gekühlte alkoh. Lösung von Dinitrobenzol (ANSCHÜTZ, HEUSLER, B. 19, 2161) erhält man m-Nitro-anilin. In wäßr.-salzsaurer Lösung erhält man aber auch bei Anwendung einer zur völligen Reduktion unzureichenden Zinnmenge kein Nitroanilin, sondern nur m-Phenylendiamin (KEK., B. 1866, 696). Bei der Reduktion mit Stannochlorid in Alkohol in Gegenwart von HCl entstehen neben Amin auch Azoxyverbin-dungen (FLÜRSCHEIM, J. pr. [2] 71, 514; FL., SIMON, Soc. 93, 1477). m-Dinitro-benzol läßt sich durch Magnesiumamalgam in Methylalkohol oder Äthylalkohol zu 3.3'-Dinitro-azoxy-benzol reduzieren (EVANS, FRY, Am. Soc. 26, 1167). Beim Kochen mit Natriumsulfid in heißer alkoh. Lösung entsteht 3.3'-Dinitro-azoxybenzol (LOBRY DE BRUYN, BLANKSMA, R. 20, 118) neben wenig m-Nitro-anilin (BRAND, J. pr. [2] 74, 465). Setzt man die Alkalität der Natriumsulfidlösung durch Essigsäure herab, so wird m-Nitro-anilin als Hauptprodukt erhalten (BRAND). Bei der Reduktion mit Natriumhydrosulfid oder Natriumdisulfid (vgl. auch HEUMANN, Die Anilinfarben, Bd. 4, 1. Hälfte [Braunschweig 1903], S. 272) entsteht als Haupt-produkt m-Nitro-anilin neben wenig 3.3'-Dinitro-azoxybenzol, bei der Reduktion mit Natrium-pentasulfid nur m-Nitro-anilin (BRAND, J. pr. [2] 74, 459, 466). Bei der Einw. von Ammonium-sulfid in alkoh. Lösung entsteht m-Nitro-anilin (MUSPRATT, A. W. HOFMANN, A. 57, 215; BRAND, J. pr. [2] 74, 462; vgl. auch: ARPPE, A. 96, 113; FLÜRSCHEIM, J. pr. [2] 71, 535). Die Reduktion mit Ammoniumhydrosulfid in Alkohol liefert m-Nitro-anilin; daneben wird m-Nitro-phenylhydroxylamin erhalten, wenn die Reduktion in Gegenwart von Essigester aus-geführt wird (BRAND). m-Dinitro-benzol gibt bei der Reduktion mit hydroschwefligsaurem Natrium $Na_2S_2O_4$ in Gegenwart von Na_3PO_4 m-Phenylendiamin (SKYEWETZ, NOEL, Bl. [4] 3, 498). — Chlor reagiert mit m-Dinitro-benzol bei 200^0 unter Bildung von m-Chlor-nitrobenzol und m-Dichlor-benzol (LOBRY DE BRUYN, B. 24, 3749; R. 13, 137). Chloriert man m-Dinitro-benzol bei 100^0 in Gegenwart eines Chlorüberträgers (Eisen, Eisenchlorid, Antimonchlorid), so entsteht 5-Chlor-1.3-dinitro-benzol (Aktien-Ges. f. Anilinf., D. R. P. 108165; C. 1900 I, 1115). Brom erzeugt bei 230^0 1.2.4.5-Tetrabrom-benzol (KEKULÉ, A. 137, 172; MAC KERROW, B. 24, 2940) und m-Brom-nitrobenzol (MAC K.; LOBRY DE BRUYN, B. 24, 3749; R. 13, 142). Mit $FeCl_3 + 3$ Mol.-Gew. Brom bei 220^0 entstehen Hexabrombenzol, Chlorpentabrombenzol und Dichlortetrabrombenzol (MAC KERROW). $FeCl_3$ allein bewirkt bei $210-230^0$ völlige Zersetzung (MAC K.). Einw. von Jod bei 330^0: L. DE B., R. 13, 145. Beim Erhitzen mit konz. Salzsäure auf 260^0 liefert m-Dinitro-benzol m-Dichlor-benzol und Trichlorbenzol (L. DE B., VAN LEENT, R. 15, 86). — Bei längerem Erhitzen mit rauchender Schwefelsäure auf 150^0 blieb Dinitrobenzol größtenteils unverändert (LIMPRICHT, B. 9, 554). Beim Kochen von m-Dinitro-benzol mit Na_2SO_3-Lösung entsteht unter gleichzeitiger Reduktion glatt 2-Nitro-4-amino-benzol-sulfosäure-(1) (NIETZKI, HELBACH, B. 29, 2448; D. R. P. 86097; Frdl. 4, 90). — Bei der Einw. von feinverteiltem Ätzkali auf m-Dinitro-benzol bildet sich 2.4-Dinitro-phenol (WOHL, D. R. P. 116790; C. 1901 I, 149). Bei 7-stdg. Kochen mit 10%-iger Natronlauge entstehen 3.3'-Dinitro-azoxybenzol, Ammoniak, salpetrige Säure und Oxalsäure (LOBRY DE BRUYN, R. 13, 119). Auch alkoholische Natronlauge erzeugt bei 55^0 3.3'-Dinitro-azoxybenzol (L. DE B., R. 13, 126; B. 26, 269; Verh. Ges. Dtsch. Naturf. u. Ärzte 1901 II 1, 83; vgl. KLINGER, PITSCHKE, B. 18, 2551). Eine gesättigte Lösung von Ammo-niak in Methylalkohol ist selbst bei 250^0 ohne Wirkung auf m-Dinitro-benzol (L. DE B., R. 13, 132). Zusammenfassende Mitteilung über das Verhalten der drei Dinitrobenzole gegen Ammoniak, Alkalien, Halogene, Halogenwasserstoffsäuren, Alkalisulfide, Ammoniumsulfide und Kaliumcyanid: LOBRY DE BRUYN, C. 1901 II, 202; R. 23, 39. m-Dinitro-benzol bildet mit Hydroxylamin und alkoh. Natriumäthylatlösung das Natriumsalz $C_6H_4O_5N_4Na_2$ (S. 261) (MEISENHEIMER, PATZIG, B. 39, 2537). Beim Erhitzen mit wäßr.-alkal. Hydroxylaminlösung entsteht etwas Nitrobenzol (KOHN, M. 30, 397).

Durch Einw. von Kaliumcyanid und Methyl-, Äthyl- oder Propyl-alkohol auf m-Dinitro-benzol in Gegenwart von etwas Wasser entstehen die entsprechenden 6-Nitro-2-alkoxy-benzo-nitrile (LOBRY DE BRUYN, R. 2, 205; L. DE B., VAN GEUNS, R. 23, 32). Mit äthylalkoh. KCN findet bei völligem Wasserausschluß lediglich eine Bildung amorpher Reduktionsprodukte in geringem Umfang statt; beim Erhitzen mit trocknem oder wäßr. KCN erfolgt Bildung amorpher Substanzen (L. DE B., VAN G., *R.* **23**, 28). — Über die Einw. von Aceton + Alkali auf m-Dinitro-benzol vgl. REISSERT, *B.* **37**, 835. — Beim Erhitzen mit Anilin und salzsaurem Anilin auf 195° entsteht ein indulinähnliches Produkt, welches durch Verschmelzen mit p-Phenylendiamin und Benzoesäure einen wasserlöslichen Farbstoff liefert (GLENCK & Co., D. R. P. 79983; *Frdl.* **4**, 448). Verwendung von m-Dinitro-benzol im Gemisch mit m-Diaminen zur Darstellung gelber Schwefelfarbstoffe: BAYER & Co., D. R. P. 201835; *Frdl.* **9**, 453.

Giftwirkung des m-Dinitro-benzols: GIBBS, REICHERT, *Am.* **13**, 300; **16**, 448.

m-Dinitro-benzol dient in der Technik zur Gewinnung von m-Phenylendiamin, m-Nitro-anilin und zur Herstellung von Explosivstoffen (vgl. ULLMANNs Enzyklopädie der technischen Chemie, Bd. II [Berlin und Wien 1915], S. 377).

Die alkoholische Lösung des völlig reinen m-Dinitro-benzols bleibt auf Zusatz eines Tropfens Kalilauge farblos; ist demselben eine Spur Dinitrothiophen beigemengt, so färbt sich die Lösung rot (V. MEYER, STADLER, *B.* **17**, 2780). Eine Lösung von m-Dinitro-benzol in siedendem Wasser wird nach Zusatz einiger Tropfen wäßr. Natronlauge durch eine Spur Zinnchlorür intensiv violett (FLÜRSCHEIM, SIMON, *Soc.* **93**, 1479). Alkalische Lösungen von m-Dinitro-benzol (1 g m-Dinitro-benzol in 100 ccm Alkohol + 35 ccm 33%iger Natronlauge) werden durch reduzierende Zucker violett gefärbt; auf Zusatz von Mineralsäuren schlägt die Färbung in Gelb um; Aldehyde und Ketone ohne OH-Gruppe werden rot gefärbt, Harnsäure gibt dieselbe Färbung wie die reduzierenden Zucker (CHAVASSIEU, MOREL, *C. r.* **143**, 966).

Verbindung von m-Dinitro-benzol mit Aluminiumchlorid $C_6H_4O_4N_2$ + $AlCl_3$. Vgl. darüber WALKER, SPENCER, *Soc.* **85**, 1108.

Säure $C_{45}H_{30}O_{15}N_{10}$(?) = $(C_9H_6O_3N_2)_5$(?). *B.* Man kondensiert m-Dinitro-benzol und Aceton unter Kühlung mittels Natriumäthylatlösung und fällt die entstandene braune Lösung nach längerem Stehen mit Salzsäure (REISSERT, *B.* **37**, 836). — Braun, amorph. — $Ba(C_{45}H_{29}O_{15}N_{10})_2$. Dunkelbraun.

Säure $C_{20}H_{14}O_7N_4$. *B.* Man kondensiert m-Dinitro-benzol und Aceton mittels 5%iger Natronlauge bei gewöhnlicher Temperatur, destilliert die entstehende Flüssigkeit mit Wasserdampf und versetzt die zurückbleibende alkalische Lösung mit Salzsäure (REISSERT, *B.* **37**, 835). — Braunes amorphes Pulver.

Verbindung $C_6H_8O_6N_4Na_2$ = $C_6H_4[N(:O)(NH\cdot OH)\cdot ONa]_2$[?3] oder
$HC\underset{\diagdown CH(NH\cdot OH)\cdot C\diagdown N(:O)\cdot ONa}{\overset{CH-\ \ -\ \ -\ C\diagup N(:O)\cdot ONa}{\diagup}}CH(NH\cdot OH).$ *B.* Aus m-Dinitro-benzol, Natriumäthylat und Hydroxylamin in Alkohol (MEISENHEIMER, PATZIG, *B.* **39**, 2537). — Hellrot. Verpufft beim Erwärmen oder beim Berühren mit wenig Wasser. Die Lösung in Wasser zersetzt sich sehr schnell; durch Ansäuern wird m-Dinitro-benzol zurückerhalten. Zersetzt sich in alkoh. Lösung allmählich unter Bildung von 2.4-Dinitro-anilin und 2.4-Dinitro-1.3-diamino-benzol.

1.4-Dinitro-benzol, p-Dinitro-benzol $C_6H_4O_4N_2$ = $C_6H_4(NO_2)_2$. *B.* Neben viel m-Dinitro-benzol und wenig o-Dinitro-benzol beim Nitrieren von Benzol mit Salpeterschwefelsäure in geringer Menge (RINNE, ZINCKE, *B.* **7**, 870). Durch Oxydation von „p-Dinitroso-benzol" $C_6H_4O_2N_2$ = $C_6H_4\overset{N\cdot O}{\underset{N\cdot O}{\diagup}}$ (?) (Syst. No. 671) mit rauchender Salpetersäure bei gelinder Wärme oder mit kochender Kaliumferricyanidlösung (NIETZKI, KEHRMANN, *B.* **20**, 615). Aus p-Chinondioxim durch Behandlung mit rauchender Salpetersäure (NIETZKI, GUITERMAN, *B.* **21**, 430; LOBRY DE BRUYN, *R.* **13**, 111), mit N_2O_4 in äther. Lösung (OLIVERI-TORTORICI, *G.* **30** I, 533) oder mit Natriumhypochlorit in alkal. Lösung (PONZIO, *C.* **1906** II, 1701; *G.* **36** II, 104). Beim Behandeln von 2.5-Dinitro-anilin mit Alkohol, der mit nitrosen Gasen gesättigt ist (WENDER, *R. A. L.* [4] **5** I, 541; *G.* **19**, 228). In geringer Menge bei der Oxydation von p-Nitro-anilin mit Sulfomonopersäure (BAMBERGER, HÜBNER, *B.* **36**, 3808). — *Darst.* Man erwärmt 2 g p-Nitroso-nitrobenzol mit 40 ccm Salpetersäure (D: 1,26) 20 Minuten bis zum eben beginnenden Sieden (BAMBERGER, HÜBNER, *B.* **36**, 3809). Kleine Mengen werden vorteilhaft aus p-Nitro-benzoldiazoniumnitrat durch Zersetzung mit Kupferoxydulgemisch nach SANDMEYER dargestellt (MEISENHEIMER, PATZIG, *B.* **39**, 2528). — In reinem Zustande farblose (HANTZSCH, *B.* **39**, 1096) Nadeln (aus Alkohol). Monoklin prismatisch (BODEWIG, *Ann. d. Physik* **158**, 239; *J.* **1876**, 375; BARKER, *Z. Kr.* **44**, 156; vgl. *Groth, Ch. Kr.* **4**, 15). F: 171—172° (R., Z.), 172,1° (L. DE BR.), 173,5—174° (korr.) (BAM., H.). Sublimiert sehr leicht (R., Z.). Kp_{34}: 183,4°; Kp_{153}: 230,4°; Kp_{777}: 299° (L. DE BR.). Ist mit Wasserdampf flüchtig (L. DE BR.). D^{17}: 1,587 (BARKER); D^{18}: 1,625 (L. DE BR.). Die Löslichkeit in 100 Tln. beträgt für Wasser bei gewöhnlicher Temperatur 0,008, bei 100° 0,18, für Alkohol bei 20,5° 0,4, für Methylalkohol bei 20,5° 0,69, für Chloroform bei 17,6° 1,82, für Essigester bei 18,2° 3,56 und für Benzol bei 18,2° 2,56 Tle. Dinitrobenzol (L. DE BR., *R.* **13**, 116; *Ph. Ch.* **10**, 784). Bildet mit Naphthalin eine in Alkohol sehr wenig lösliche Verbindung, deren Bildung zur Trennung von m-Dinitro-benzol benützt werden kann (HEPP, *A.* **215**, 361 Anm. 2). Schmelzkurven von binären Gemischen von p-Dinitro-benzol mit Benzol: KREMANN, *M.* **29**, 867; mit Naphthalin: K., RODINIS, *M.* **27**, 147; mit Phenanthren: K., *M.* **29**, 877; mit Anilin: K., RODINIS, *M.* **27**, 158. Molekulare Verbrennungswärme bei konstantem Druck: 695,4 Cal. (BERTHELOT, MATIGNON, *A. ch.* [6] **27**, 306). Leitfähigkeit der Lösung in flüssigem Ammoniak: FRANKLIN, *Ph. Ch.* **69**, 298.

p-Dinitro-benzol kann im geschlossenen Rohr auf 360° erhitzt werden, ohne sich zu entzünden (LOBRY DE BRUYN, *R.* **13**, 114 Anm. 1). Liefert mit Hydroxylamin und Natriummethylat das Natriumsalz des Diaci-p-dinitro-dihydrobenzols C$_6$H$_4$[:N(:O)·ONa]$_2$ (MEISENHEIMER, PATZIG, *B.* **39**, 2529), das beim Ansäuern unter Bildung von p-Nitroso-nitrobenzol zersetzt wird (M., *B.* **36**, 4177). Wird beim Kochen mit Natriumsulfid (LOBRY DE BRUYN, BLANKSMA, *R.* **20**, 116) oder Natriumdisulfid (BL., *R.* **20**, 141) in alkoh. Lösung zu 4.4'-Dinitro-azobenzol reduziert. Zerfällt bei mehrstündigem Kochen mit 5%iger Natronlauge in salpetrige Säure und p-Nitro-phenol (L. DE BR., *R.* **13**, 121); daneben entstehen in sehr geringer Menge 4.4'-Dinitro-azo- und -azoxybenzol (L. DE BR., *R.* **20**, 120 Anm. 2; *Verh. Ges. Dtsch. Naturf. u. Ärzte* 1901 II 1, 83). Mit alkoholischer Natronlauge entsteht p-Nitro-phenetol (L. DE BR., *R.* **13**, 129). Geschwindigkeit der Einw. von Natriummethylat und Natriumäthylat: STEGER, *R.* **18**, 20, bei gleichzeitiger Anwesenheit von Wasser: L. DE BR., ST., *R.* **18**, 41. Beim Erhitzen mit alkoh. Ammoniak auf 170° entstehen p-Nitro-anilin und p-Nitro-phenetol (L. DE BR., *R.* **13**, 132). Chlor wirkt erst bei 230° ein und erzeugt p-Chlor-nitrobenzol; Brom wirkt selbst bei 240° langsam ein und liefert p-Brom-nitrobenzol; mit Jod entsteht bei 330° p-Jod-nitrobenzol (L. DE BR., *R.* **13**, 138, 143, 146). Mit konz. Salzsäure entsteht bei 220° p-Dichlor-benzol (L. DE BR., VAN LEENT, *R.* **15**, 86). Zusammenfassende Mitteilung über das Verhalten der drei Dinitrobenzole gegen Ammoniak, Alkalien, Halogene, Halogenwasserstoff, Alkalisulfide, Ammoniumsulfide: L. DE BR., *C.* 1901 II. 202; *R.* **23**, 39. Dinitrobenzol reagiert mit trocknem Kaliumcyanid bei 200—240° unter Bildung von 4.4'-Dinitro-diphenyläther (L. DE BR., VAN GEUNS, *R.* **23**, 28); beim Erhitzen mit wäßr. KCN-Lösung entsteht 4.4'-Dinitro-azoxybenzol (L. DE BR., VAN G.), in methylalkoholischer Lösung entstehen p-Nitro-anisol und 4.4'-Dinitro-azobenzol, in äthylalkoholischer Lösung p-Nitro-phenetol und 4.4'-Dinitro-azobenzol (L. DE BR., VAN G.).

4-Fluor-1.3-dinitro-benzol C$_6$H$_3$O$_4$N$_2$F = C$_6$H$_3$F(NO$_2$)$_2$. *B.* Durch Nitrieren von p-Fluor-nitrobenzol mit Salpeterschwefelsäure (HOLLEMAN, BEEKMAN, *R.* **23**, 253). — Hellgelbe Krystalle. F: 24,3° (unkorr.); D^{24,3}: 1,4718 (H., B., *R.* **23**, 263 Anm.). Reagiert mit Natriummethylat unter Bildung von 2.4-Dinitro-anisol.

4-Chlor-1.2-dinitro-benzol C$_6$H$_3$O$_4$N$_2$Cl = C$_6$H$_3$Cl(NO$_2$)$_2$. *B.* Durch Nitrieren von m-Chlor-nitrobenzol (LAUBENHEIMER, *B.* **8**, 1623; **9**, 760).
4-Chlor-1.2-dinitro-benzol wurde in vier krystallinischen und einer flüssigen Form erhalten, deren chemisches Verhalten gleich ist.
Bei 36,3° schmelzende Form, α-Form. Man erhält sie, wenn man die bei der Nitrierung von m-Chlor-nitrobenzol mit Salpeterschwefelsäure erhaltene Flüssigkeit mit Wasser fällt, das ausgeschiedene Öl in der Kälte stehen läßt, wobei es krystallinisch erstarrt, dann aus wenig warmem Alkohol umkrystallisiert und die erhaltenen Krystalle von anhaftendem Öl durch Abpressen befreit (L., *B.* **9**, 760). Säulen (aus Äther). Monoklin prismatisch (BODEWIG, *B.* **9**, 761; vgl. *Groth, Ch. Kr.* **4**, 35). F: 36,3° (L.). Geht mit der Zeit, schneller durch Reiben oder Drücken, sofort beim Erhitzen auf 36,3° in die γ-Form über (L.).
Bei 37,1° schmelzende Form, β-Form. Entsteht durch Schmelzen der α-Form bei 39—40° und Erkaltenlassen (L., *B.* **9**, 763).' Monoklin prismatisch (BODEWIG, *B.* **9**, 763; vgl. *Groth, Ch. Kr.* **4**, 35). Schmilzt bei 37,1° (L.). Geht nach vier Wochen völlig in die γ-Form über; rascher erfolgt dies beim Erhitzen auf 37,1° (L.).
Bei 38,8° schmelzende Form, γ-Form. Wird erhalten, wenn man die bei der Nitrierung von m-Chlor-nitrobenzol mit Salpeterschwefelsäure erhaltene Flüssigkeit mit Wasser fällt und die verbleibende wäßr. Lösung stehen läßt; es scheiden sich dann lange dünne Nadeln der γ-Form aus (L., *B.* **9**, 764). Entsteht auch aus der α- und β-Modifikation. Krystallisiert aus Äther in kleinen flachen Nadeln. F: 38,8° (L.). Krystallisationsgeschwindigkeit: BRUNI, PADOA, *R. A. L.* [5] **12** II, 125.
Bei 28° schmelzende Form. Entsteht beim Abkühlen von Lösungen der γ-Form auf 0° (B., P., *R. A. L.* [5] **12** II, 125). F: 28°. Krystallisationsgeschwindigkeit: B., P.
Flüssige Form. *B.* Durch längeres Erwärmen der β-Form auf 42° und langsames Abkühlen (L., *B.* **9**, 765; vgl. dazu OSTROMYSSLENSKI, *J. pr.* [2] **78**, 267, 271). — Geht beim Stehen in die γ-Form über (L.).
Verhalten des 4-Chlor-1.2-dinitro-benzols im allgemeinen. Leicht löslich in Äther und heißem Alkohol, ziemlich schwer in kaltem Alkohol. Etwas flüchtig mit Wasserdampf. Beim Kochen mit Natronlauge entsteht 5-Chlor-2-nitro-phenol (L., *B.* **9**, 768). Alkoh. Ammoniak

erzeugt 5-Chlor-2-nitro-anilin (L., *B.* **9**, 1826). Mit alkoholischem KSH erhält man 5.5'-Di-chlor-2.2'-dinitro-diphenyldisulfid (BEILSTEIN, KURBATOW, *A.* **197**, 82; vgl. BLANKSMA, *R.* **20**, 133 Anm.). Mit Na_2S_2 in alkoholischer Lösung entsteht hauptsächlich 5.5'-Dichlor-2.2'-dinitro-diphenyldisulfid; daneben eine leicht lösliche Verbindung vom Schmelzpunkt 151⁰ (BLANKSMA, *R.* **20**, 132). Mit einer wäßrigen Lösung von Natriumsulfit erhält man 5-Chlor-2-nitro-benzolsulfonsäure-(1) (L., *B.* **15**, 597). Mit Natriummethylat bildet sich 5-Chlor-2-nitro-anisol (BL., *R.* **21**, 321). Mit Methylamin in alkoh. Lösung entsteht 5-Chlor-2-nitro-methylanilin (BL., *R.* **21**, 276). Mit Anilin bildet sich 5-Chlor-2-nitro-diphenylamin neben anderen Produkten (L., *B.* **9**, 771).

2-Chlor-1.3-dinitro-benzol $C_6H_3O_4N_2Cl = C_6H_3Cl(NO_2)_2$. *B.* In geringer Menge neben viel 4-Chlor-1.3-dinitro-benzol aus o-Chlor-nitrobenzol beim Erwärmen mit H_2SO_4 und roter rauchender Salpetersäure (OSTROMYSSLENSKI, *J. pr.* [2] **78**, 261). — Erstarrungspunkt: 86,8⁰ [1]) (Chem. Fabr. Griesheim-Elektron, Privatmitteilung). — Liefert mit lauwarmer Kalilauge 2.6-Dinitro-phenol (O.). Gibt beim Kochen mit o-Amino-phenol, Natriumacetat und Alkohol 2'.6'-Dinitro-2-oxy-diphenylamin (ULLMANN, *A.* **366**, 110).

4-Chlor-1.3-dinitro-benzol $C_6H_3O_4N_2Cl = C_6H_3Cl(NO_2)_2$. *B.* Beim Behandeln von Chlorbenzol oder o- oder p-Chlor-nitrobenzol mit Salpeterschwefelsäure (JUNGFLEISCH, *A. ch.* [4] **15**, 231; *J.* **1868**, 345; vgl. OSTROMYSSLENSKI, *J. pr.* [2] **78**, 261). Aus 2.4-Dinitro-phenol und PCl_5 (ENGELHARDT, LATSCHINOW, Ж. **2**, 120; *Z.* **1870**, 232; *J.* **1870**, 541; CLEMM, *J. pr.* [1] **108**, 319; [2] **1**, 167; *J.* **1870**, 521). Durch Erwärmen von 2.4-Dinitro-phenol mit p-Toluolsulfochlorid und Diäthylanilin (ULLMANN, NADAI, *B.* **41**, 1873) oder mit o-Toluolsulfochlorid und Chinolin (U., D. R. P. 199318; *C.* **1908** II, 210). — *Darst.* Man trägt allmählich Chlorbenzol in die Lösung von 2 Mol.-Gew. KNO_3 in Schwefelsäure ein, gießt dann die Flüssigkeit auf Eis und krystallisiert das ausgeschiedene 4-Chlor-1.3-dinitro-benzol aus Alkohol um (EINHORN, FREY, *B.* **27**, 2457).

Existiert in zwei physikalisch verschiedenen Formen (JUNGFLEISCH, *A. ch.* [4] **15**, 231, 244; *J.* **1868**, 345; vgl. OSTROMYSSLENSKI, *J. pr.* [2] **78**, 261, 264).

a-Form, stabile Form. Krystalle (aus Äther). Rhombisch (DES CLOIZEAUX, *A. ch.* [4] **15**, 232; *J.* **1868**, 345; BODEWIG, *J.* **1877**, 425; vgl. O., *J. pr.* [2] **78**, 273). F: 50⁰ (J.), 51⁰ (ULLMANN, NADAI, *B.* **41**, 1873), 53,4⁰ (korr.) (KÖRNER, *G.* **4**, 323 Anm.; *J.* **1875**, 322 Anm.). Kp: 315⁰ (schwache Zers.) (J.). D²²: 1,697 (J.). Unlöslich in kaltem Alkohol, leicht in heißem Alkohol, Äther, Benzol, Schwefelkohlenstoff (J.).

β-Form, labile Form. Man erhält sie, wenn man die durch Erwärmen von o-Chlor-nitrobenzol mit rauchender Salpetersäure erhaltene Flüssigkeit mit sehr kaltem Wasser fällt und das ausgeschiedene Öl durch weiteres Abkühlen zum Erstarren bringt (J., *A. ch.* [4] **15**, 235; *J.* **1868**, 346; vgl. auch: BRUNI, PADOA, *R. A. L.* [5] **12** II, 124; OSTROMYSSLENSKI, *J. pr.* [2] **78**, 264), oder wenn man die a-Form in geschmolzenem Zustande plötzlich abkühlt (J.). Krystalle (aus Äther). Rhombisch bisphenoidisch (DES CLOIZEAUX, *A. ch.* [4] **15**, 236; *J.* **1868**, 346; BODEWIG, *J.* **1877**, 425; vgl. *Groth, Ch. Kr.* **4**, 39). F: 43⁰; Kp₇₄₃: 315⁰; D¹⁵,⁵: 1,6867 (J.). Unlöslich in Wasser, schwer löslich in kaltem, leichter in heißem Alkohol; löst sich leichter in Äther, Benzol und CS_2 als die a-Form (J.). Geht beim Zusammenbringen mit einem Krystalle der a-Form in diese über (J.; O.).

Krystallisationsgeschwindigkeit der beiden Modifikationen: BRUNI, PADOA, *R. A. L.* [5] **12** II, 124.

Explosionsfähigkeit von 4-Chlor-1.3-dinitro-benzol: WILL, *Ch. I.* **26**, 130. Durch Reduktion mit der zur Reduktion einer Nitrogruppe nötigen Menge Zinnchlorür in salzsaurer Lösung entstehen 6-Chlor-3-nitro-anilin und geringe Mengen 4-Chlor-3-nitro-anilin (CLAUS, STIEBEL, *B.* **20**, 1379; vgl. JUNGFLEISCH, *A. ch.* [4] **15**, 234, 238; *J.* **1868**, 346; OSTROMYSSLENSKI, *J. pr.* [2] **78**, 266); mit mehr salzsaurer Zinnchlorürlösung erhält man 4-Chlor-1.3-diamino-benzol (BEILSTEIN, KURBATOW, *A.* **197**, 76; COHN, FISCHER, *M.* **21**, 268). Bei der Reduktion in Alkohol mit $SnCl_2$ in Gegenwart von HCl entstehen neben Amin auch Azoxyverbindungen (FLÜRSCHEIM, SIMON, *Soc.* **93**, 1478). Durch Reduktion mit hydroschwefligsaurem Natrium $Na_2S_2O_4$ in Wasser bei Gegenwart von Na_3PO_4 bei 85⁰ erhält man viel m-Phenylendiamin und geringe Mengen des chlorphenylendiamin-N-sulfonsauren Natriums $C_6H_3Cl(NH_2) \cdot NH \cdot SO_2)Na$ (SEYEWETZ, NOEL, *Bl.* [4] **3**, 499). Beim Kochen mit Sodalösung (ENGELHARDT, LATSCHINOW, *Z.* **1870**, 233; *J.* **1870**, 520), beim Erwärmen mit konz. wässr. Kalilauge (CLEMM, *J. pr.* [2] **1**, 169; *J.* **1870**, 521; vgl. O., *J. pr.* [2] **78**, 266, 275) oder bei der Einw. von Natriumnitrit in alkoh.-wäßr. Lösung (KYM, *B.* **34**, 3311) entsteht 2.4-Dinitro-phenol. Mit alkoh. Schwefelammonium oder KHS entsteht 2.4-Dinitro-thiophenol, das aber bei Gegenwart von überschüssigem 4-Chlor-1.3-dinitro-benzol in 2.4.2'.4'-Tetranitro-diphenylsulfid übergeht (WILL-

---

1) OSTROMYSSLENSKI, welcher den Schmelzpunkt 38⁰ angibt, hatte nach der Privatmitteilung der Chem. Fabr. Griesheim-Elektron wahrscheinlich ein Gemisch von 2-Chlor-1.3-dinitro-benzol und 4-Chlor-1.3-dinitro-benzol in Händen.

GERODT, *B.* 17 Ref., 352, 353; vgl. BEILSTEIN, KURBATOW, *A.* 197, 77). Mit alkoh. Na_2S_2 bildet sich glatt 2.4.2'·4'-Tetranitro-diphenyldisulfid (BLANKSMA, *R.* 20, 130). Beim Kochen mit wäßr. Ammoniak entsteht 2.4-Dinitro-anilin (E., L., *Z.* 1870, 233; *J.* 1870, 520); dieses entsteht auch mit alkoh. Ammoniak beim Erhitzen in geschlossenen Röhren (CLEMM, *J. pr.* [2] 1, 170; *J.* 1870, 522; WILLGERODT, *B.* 9, 978) oder bei 24-stdg. Stehen in der Kälte (KÖRNER, *G.* 4, 323 Anm.; *J.* 1875, 322 Anm.). — Beim Versetzen von 4-Chlor-1.3-dinitro-benzol mit einer methylalkoholischen Kalilauge entsteht 2.4-Dinitro-anisol (WILLGERODT, *B.* 12, 763; HOLLEMAN, WILHELMY, *R.* 21, 439); Geschwindigkeit der Umsetzung mit Natriumalkoholaten: LULOFS, *R.* 20, 298. Das Gemisch von 4-Chlor-1.3-dinitro-benzol mit Glycerin gibt beim Verschmelzen mit Polysulfiden braune Schwefelfarbstoffe (Chem. Fabr. Griesheim-Elektron, D. R. P. 199979; *C.* 1908 II, 366). Durch Erhitzen mit o- bezw. p-Nitro-phenol-kalium in geschlossenem Rohr auf 150—160° erhält man [2-Nitro-phenyl]-[2.4-dinitro-phenyl]-äther bezw. [4-Nitro-phenyl]-[2.4-dinitro-phenyl]-äther (WILLGERODT, HUETLIN, *B.* 17, 1765). Mit alkoholischem Cyankalium erhält man 5-Chlor-6-nitro-2-alkoxy-benzonitril (VAN HETEREN, *R.* 20, 108; BLANKSMA, *R.* 21, 424). Mit Acetamid entsteht bei 208—210° 2.4-Dinitro-anilin in Gegenwart von Natriumacetat (KYM, *B.* 32, 3539). 4-Chlor-1.3-dinitro-benzol liefert beim Erhitzen mit Kaliumbenzoat auf 180° Benzoesäure-2.4-dinitro-phenylester (KYM, *B.* 32, 3539). Beim Erhitzen mit alkoholischem Methylamin bildet sich 2.4-Dinitro-methylanilin; bei Anwendung von käuflichem Trimethylamin wurde 2.4-Dinitro-dimethylanilin erhalten (LEYMANN, *B.* 15, 1233). Beim Erhitzen mit Anilin entsteht 2.4-Dinitro-diphenylamin (REISSERT, GOLL, *B.* 38, 93; vgl. WILLGERODT, *B.* 9, 978; 17 Ref., 352). Als Produkt der heftigen Reaktion von 4-Chlor-1.3-dinitro-benzol mit Dimethylanilin und Chlorzink wurde 2.4-Dinitro-N-methyl-diphenylamin beobachtet (LEYMANN, *B.* 15, 1235). Durch Kondensation mit p-Amino-phenol erhält man 2'.4'-Dinitro-4-oxy-diphenylamin (NIETZKI, SIMON, *B.* 28, 2973); diese Reaktion wird technisch für die Herstellung des Schwefelfarbstoffs „Immedialschwarz" ausgeführt (vgl. ULLMANNS Enzyklopädie der technischen Chemie, Bd. II [Berlin u. Wien 1915], S. 380). 4-Chlor-1.3-dinitro-benzol liefert beim Erhitzen mit 3-Chlor-4-amino-phenol in alkoh. Lösung bei Gegenwart von überschüssigem Natriumacetat hauptsächlich den 2.4-Dinitro-phenyläther des 3-Chlor-4-amino-phenols; ohne Natriumacetat, sowie im Ölbade bei 150° in Gegenwart von Natrium-acetat entsteht 2-Chlor-2'.4'-dinitro-4-oxy-diphenylamin (REVERDIN, DRESEL, *B.* 37, 1517; *Bl.* [3] 31, 1079). Beim Erhitzen mit 2-Chlor-4-amino-phenol entsteht 3-Chlor-2'.4'-dinitro-4-oxy-diphenylamin (R.). Kondensation von 4-Chlor-1.3-dinitro-benzol mit verschiedenen Tetramethyltriaminotriphenylmethanen: REITZENSTEIN, RUNGE, *J. pr.* [2] 71, 93. 4-Chlor-1.3-dinitro-benzol liefert mit Pyridin [2.4-Dinitro-phenyl]-pyridiniumchlorid (Syst. No. 3051) (VONGERICHTEN, *B.* 32, 2571; ZINCKE, *A.* 330, 361; Z., HEUSER, MÖLLER, *A.* 333, 296).

5-Chlor-1.3-dinitro-benzol $C_6H_3O_4N_2Cl = C_6H_3Cl(NO_2)_2$. *B.* Aus 3.5-Dinitro-anilin durch Austausch der NH_2-Gruppe gegen Chlor nach der SANDMEYERschen Methode (BADER, *B.* 24, 1655; DE KOCK, *R.* 20, 112). Durch Chlorieren des m-Dinitro-benzols bei Wärme und in Gegenwart eines Chlorübertägers (Akt.-Ges. f. Anilinf., D. R. P. 108165; *C.* 1900 I, 1115). — Farblose Nadeln (aus Alkohol). F: 53° (B.), 59° (Akt.-Ges. f. Anilinf.), 55° (COHEN, Mc CANDLISH, *Soc.* 87, 1264). Mit Wasserdämpfen flüchtig (B.; vgl. DE KOCK). Leicht löslich in Alkohol und Äther (B.). — Bei der Reduktion mit H_2S in Alkohol bei Gegenwart von etwas NH_3 entsteht 5-Chlor-3-nitro-1-hydroxylamino-benzol und 5-Chlor-3-nitro-anilin (C., Mc C.). Beim Erhitzen mit Natriummethylat entsteht 5-Chlor-3-nitro-anisol neben viel Harz; mit Natriumäthylat entsteht nur Harz (DE KOCK).

2-Chlor-1.4-dinitro-benzol $C_6H_3O_4N_2Cl = C_6H_3Cl(NO_2)_2$. *B.* Aus Chlorchinondioxim durch verdünnte Salpetersäure (D: 1,25) (KEHRMANN, GRAB, *A.* 303, 10). — Hellgelbe, leicht lösliche Krystalle (aus Ligroin). F: 60°. Unlöslich in Wasser.

3.4-Dichlor-1.2-dinitro-benzol [1]) $C_6H_2O_4N_2Cl_2 = C_6H_2Cl_2(NO_2)_2$. *B.* Beim Nitrieren von o-Dichlor-benzol als Nebenprodukt der Reaktion neben viel 4.5-Dichlor-1.2-dinitro-benzol (NIETZKI, KONWALDT, *B.* 37, 3893). — F: 53—55°. — Bei der Einw. von alko-holischem Ammoniak wird ein Chloratom gegen NH_2 ausgetauscht.

3.5-Dichlor-1.2-dinitro-benzol $C_6H_2O_4N_2Cl_2 = C_6H_2Cl_2(NO_2)_2$. *B.* Aus 3.5-Dichlor-1-nitro-benzol durch Salpetersäure (D: 1,52) + konz. Schwefelsäure auf dem Wasserbade (BLANKSMA, *R.* 27, 46). — Krystalle (aus Alkohol + Benzol). Rhombisch pseudotetragonal (JAEGER, *Z. Kr.* 44, 574; ARTINI, *Z. Kr.* 46, 408; vgl. *Groth, Ch. Kr.* 4, 55). F: 98° (B.), 95—96° (A.). D^{10}: 1,745 (J.). — Mit alkoholischem Ammoniak entsteht 4.6-Dichlor-2-nitro-anilin, mit KOH entsteht 4.6-Dichlor-2-nitro-phenol (B.)

---

[1]) Ist zufolge einer nach dem für die 4. Auflage geltenden Literatur-Schlußtermin [1. I. 1910] erschienenen Arbeit von HOLLEMAN, *R.* 39, 450, 451, 452 [1920] im wesentlichen 4.5-Dichlor-1.3-dinitro-benzol gewesen.

3.6-Dichlor-1.2-dinitro-benzol („β-Dichlordinitrobenzol")[1] $C_6H_2O_4N_2Cl_2$ = $C_6H_2Cl_2(NO_2)_2$. B. Entsteht in geringer Menge (KÖRNER, G. 4, 351; J. 1875, 325), neben viel 2.5-Dichlor-1.3-dinitro-benzol (JUNGFLEISCH, A. ch. [4] 15, 262; J. 1868, 348) und etwas 2.5-Dichlor-1.4-dinitro-benzol (vgl. HARTLEY, COHEN, Soc. 85, 868; s. auch MORGAN, Soc. 81, 1382)[1] beim Kochen von 2.5-Dichlor-1-nitro-benzol oder von p-Dichlor-benzol mit Salpeterschwefelsäure. — Nadeln. Monoklin prismatisch (BODEWIG, J. 1879, 394; vgl. Groth, Ch. Kr. 4, 57). F: 101° (ENGELHARDT, LATSCHINOW, Z. 1870, 234), 101,3° (korr.) (K.). Siedet unter geringer Zersetzung bei 318° [J.). D¹⁶: 1,6945 (J.). Leicht löslich in Äther, Benzol, Schwefelkohlenstoff, löslich in kaltem Alkohol, unlöslich in Wasser (J.). — Beim Erhitzen mit alkoholischem Ammoniak wird 3.6-Dichlor-2-nitro-anilin gebildet (Kö.; vgl. BEILSTEIN, KURBATOW, A. 196, 223).

4.5-Dichlor-1.2-dinitro-benzol $C_6H_2O_4N_2Cl_2$ = $C_6H_2Cl_2(NO_2)_2$. B. Beim Nitrieren von o-Dichlor-benzol als Hauptprodukt der Reaktion (NIETZKI, KONWALDT, B. 37, 3892; BLANKSMA, R. 21, 419; HARTLEY, COHEN, Soc. 85, 867). — Farblose Blättchen (aus Alkohol). F: 110° (B.), 114° (N., K.), 104° (H., C.). — Mit Natrium in methylalkoholischer Lösung resultiert 4.5-Dichlor-2-nitro-anisol; Na₂S₂ ergibt 4.5.4′.5′-Tetrachlor-2.2′-dinitro-diphenyl-disulfid (B.). Läßt sich durch Erhitzen mit alkoholischem Ammoniak in 4.5-Dichlor-2-nitro-anilin überführen (B.; N., K.). Beim Erhitzen mit Anilin wird eine NO₂-Gruppe abgespalten (N., K.).

2.4-Dichlor-1.3-dinitro-benzol $C_6H_2O_4N_2Cl_2$ = $C_6H_2Cl_2(NO_2)_2$. B. Aus 2.6-Dichlor-1-nitro-benzol beim Erhitzen mit Salpetersäure (D: 1,54) auf dem Wasserbade (KÖRNER, CONTARDI, R. A. L. [5] 18 I, 101). — Nadeln oder Prismen (aus Alkohol). F: 70—71°. — Wird durch alkoholisches Ammoniak bei Zimmertemperatur in 2.4-Dinitro-1.3-diamino-benzol übergeführt. Beim Nitrieren mit Salpeterschwefelsäure entstehen 2.4-Dichlor-1.3.5-trinitro-benzol und wenig 2.4-Dinitro-resorcin.

2.5-Dichlor-1.3-dinitro-benzol („α-Dichlordinitrobenzol") $C_6H_2O_4N_2Cl_2$ = $C_6H_2Cl_2(NO_2)_2$. B. Aus 2.5-Dichlor-1-nitro-benzol oder aus p-Dichlor-benzol durch Kochen mit Salpetersäure, neben wenig 3.6-Dichlor-1.2-dinitro-benzol (JUNGFLEISCH, A. ch. [4] 15, 262; J. 1868, 348; vgl.: KÖRNER, G. 4, 351; J. 1875, 324; BEILSTEIN, KURBATOW, A. 196, 223) und 2.5-Dichlor-1.4-dinitro-benzol (HARTLEY, COHEN, Soc. 85, 868; vgl. MORGAN, Soc. 81, 1382)[1]. — Blättchen. Monoklin prismatisch (BODEWIG, J. 1879, 394; vgl. Groth, Ch. Kr. 4, 58). F: 104° (ENGELHARDT, LATSCHINOW, Z. 1870, 234), 104,9° (korr.) (Kö.). Siedet unter schwacher Zers. bei 312° (J.). D¹⁶: 1,7103 (J.). Leicht löslich in Äther, Benzol, Schwefelkohlenstoff, fast unlöslich in kaltem Alkohol, leichter in heißem, unlöslich in Wasser (J.). — Geht beim Kochen mit Soda in 4-Chlor-2.6-dinitro-phenol über (E., L.).

4.6-Dichlor-1.3-dinitro-benzol $C_6H_2O_4N_2Cl_2$ = $C_6H_2Cl_2(NO_2)_2$. B. Beim Behandeln von 2.4-Dichlor-1-nitro-benzol mit sehr konz. Salpeterschwefelsäure (KÖRNER, G. 4, 375; J. 1875, 323). Beim Behandeln von m-Dichlor-benzol mit Salpeter-schwefelsäure (NIETZKI, SCHEDLER, B. 30, 1666). — Darst. Aus 75 g m-Dichlor-benzol durch heftiges Schütteln mit einer Mischung von 101,5 g Salpeter und 375 ccm konz. Schwefelsäure (ZINCKE, A. 370, 302 Anm. 7). — Schwach grünlichgelbe Prismen (aus Alkohol-Äther). F: 103° (K.; N., SCH.). — Gibt mit Kalilauge 5-Chlor-2.4-dinitro-phenol (K.). Mit alkoh. Ammoniak entsteht auf dem Wasserbade 5-Chlor-2.4-dinitro-anilin, bei 150° 4.6-Dinitro-1.3-diamino-benzol (N., SCH.). Mit methylalkoholischer Natriummethylatlösung erfolgt leicht Umsetzung zu 4.6-Dinitro-resorcindimethyläther (BLANKSMA, MEERUM, TERWOGT, R. 21, 287). Bei der Reaktion mit Rhodansalzen in Alkohol oder Aceton entsteht 4.6-Dinitro-1.3-dirhodan-benzol (Bad. Anilinf., D. R. P. 122569; C. 1901 II, 381). Alkoh. Methylaminlösung wirkt bei 150° unter Bildung von 4.6-Dinitro-1.3-bis-methylamino-benzol ein (B., M., T.). Beim Erwärmen mit Anilin und Alkohol entsteht 5-Chlor-2.4-dinitro-diphenylamin, bei Kochen mit Anilin 4.6-Dinitro-1.3-dianilino-benzol (N., SCH.). 4.6-Dichlor-1.3-dinitro-benzol liefert mit Phenyl-hydrazin, Natriumacetat und Alkohol 5-Chlor-4-nitro-N-phenyl-1.2-pseudoazimino-benzol (Z.).

2.5-Dichlor-1.4-dinitro-benzol $C_6H_2O_4N_2Cl_2$ = $C_6H_2Cl_2(NO_2)_2$. B. Entsteht neben Isomeren beim Nitrieren von 2.5-Dichlor-1-nitro-benzol oder von p-Dichlor-benzol mit Salpeter-schwefelsäure (MORGAN, Soc. 81, 1382; HARTLEY, COHEN, Soc. 85, 868). Nicht näher unter-sucht[2]. Ist charakterisiert durch die Reduktion zu 2.5-Dichlor-1.4-diamino-benzol (M.; HA., C.).

2.4.6-Trichlor-1.3-dinitro-benzol $C_6HO_4N_2Cl_3$ = $C_6HCl_3(NO_2)_2$. B. Beim Auflösen von 1.3.5-Trichlor-benzol in kalter Salpetersäure (D: 1,505) (JACKSON, WING, Am. 9, 353). —

---

[1] Vgl. hierzu die Arbeit von HOLLEMAN, R. 39, 441, 445 [1920], welche nach dem für die 4. Auflage geltenden Literatur-Schlußtermin [1. I. 1910] erschienen ist.

[2] Vgl. hierzu auch die Arbeit von HOLLEMAN, R. 39, 444, 445 [1920], welche nach dem für die 4. Auflage geltenden Literatur-Schlußtermin [1. I. 1910] erschienen ist.

Farblose Prismen (aus Alkohol). F: 129,5°; sehr leicht löslich in Benzol, Chloroform, Schwefel-kohlenstoff und Aceton (J., W.). — Mit 3 Mol.-Gew. Natriumäthylat in Gegenwart von Alkohol und Benzol entsteht in der Kälte Chlordinitroresorcindiäthyläther und in der Hitze Dinitrophloroglucin-di- und -triäthyläther (JACKSON, LAMAR, *Am.* **18, 664**). Mit Natriummalonsäureester in Benzol entsteht Dichlordinitrophenylmalonsäureester (J., L.).

1.2.4-Trichlor-x.x-dinitro-benzol $C_6HO_4N_2Cl_3 = C_6HCl_3(NO_2)_2$. *B.* Durch mehr-stündiges Erhitzen von 1.2.4-Trichlor-benzol mit Salpeterschwefelsäure (JUNGFLEISCH, *A. ch.* [4] **15**, 275; *J.* **1868**, 351). — Hellgelbe Prismen (aus Alkohol). F: 103,5°. Kp: 335°. D^{35}: 1,850. Unlöslich in kaltem Alkohol, löslich in warmem Alkohol, Äther, Benzol und CS_2.

2.4.5.6-Tetrachlor-1.3-dinitro-benzol $C_6O_4N_2Cl_4 = C_6Cl_4(NO_2)_2$. *B.* Durch $^1/_2$-stdg. Kochen von 20 g 2.3.4.6-Tetrachlor-nitrobenzol (JACKSON, CARLTON, *B.* **35**, 3855) oder 1.2.3.5-Tetrachlor-benzol (J., C., *Am.* **31**, 365) mit einem Gemisch aus 200 ccm rauchender Salpeter-säure (D: 1,5) und 80 ccm konz. Schwefelsäure (D: 1,84). — Platten (aus 90%/iger Essigsäure). F: 162° (J., C., *Am.* **31**, 367). Schwer löslich in Alkohol und kaltem Eisessig, sonst leicht löslich (J., C., *B.* **35**, 3855; *Am.* **31**, 367). — Natriumäthylat erzeugt in der Kälte Chlor-dinitrophloroglucindi- und -triäthyläther, in der Wärme Chlordinitrophloroglucindiäthyl-äther und Tetrachlorresorcindiäthyläther (J., C., *Am.* **31**, 376). Mit Natriummalonester entsteht Trichlordinitrophenylmalonester und Trichlordinitrophenylessigester (J., C., *Am.* **31**, 381). Beim Erhitzen mit Anilin entsteht 6-Chlor-2.4-dinitro-1.3.5-trianilino-benzol (J., C., *Am.* **31**, 367).

3-Brom-1.2-dinitro-benzol $C_6H_3O_4N_2Br = C_6H_3Br(NO_2)_2$. *B.* Aus 2.3-Dinitro-anilin durch Austausch von NH_2 gegen Brom nach SANDMEYER (WENDER, *R. A. L.* [4] **5** I, 543; *G.* **19**, 230). — Gelbliche Tafeln (aus Alkohol). F: 101,5°. Kp: 320°. Reichlich löslich in kochendem Alkohol, ziemlich schwer in Äther.

4-Brom-1.2-dinitro-benzol $C_6H_3O_4N_2Br = C_6H_3Br(NO_2)_2$. *B.* Beim Erhitzen von m-Brom-nitrobenzol mit einem großen Überschuß Salpeterschwefelsäure; beim Umkrystall-sieren des durch Wasser gefällten Produktes aus Alkohol scheidet sich zunächst in beschränkter Menge ein anderes Bromdinitrobenzol ab, das in kleinen Blättchen krystallisiert; die Mutter-lauge davon scheidet beim freiwilligen Verdunsten bei niedriger Temperatur große Tafeln von 4-Brom-1.2-dinitro-benzol aus (KÖRNER, *G.* **4**, 349; *J.* **1875**, 332). — Nadeln (aus Alkohol), Tafeln (aus Ätheralkohol). Monoklin prismatisch (BODEWIG, *J.* **1877**, 424; vgl. *Groth, Ch. Kr.* **4**, 36). F: 59,4° (korr.) (K.). — 4-Brom-1.2-dinitro-benzol wird von alkoh. Ammoniak nach BLANKSMA (*R.* **21**, 413) schon auf dem Wasserbade, nach KÖRNER erst oberhalb 180° in 5-Brom-2-nitro-anilin übergeführt. Beim Kochen mit Natronlauge (D: 1,135) entsteht 5-Brom-2-nitro-phenol neben wenig 4-Brom-2-nitro-phenol (LAUBENHEIMER, *B.* **11**, 1159). Reagiert in methylalkoholischer Lösung mit 1 Mol.-Gew. Natriummethylat unter Bildung von 5-Brom-2-nitro-anisol, mit 2 Mol.-Gew. Natriummethylat bei 150° unter Bildung von 4-Nitro-resorcin-dimethyläther (BL., *R.* **21**, 119). Liefert mit Methylamin in alkoholischer Lösung bei 100° 5-Brom-2-nitro-methylanilin (BL., *R.* **21**, 277).

4-Brom-1.3-dinitro-benzol $C_6H_3O_4N_2Br = C_6H_3Br(NO_2)_2$. *B.* Beim Nitrieren von Brombenzol mit höchst konz. Salpetersäure und rauchender Schwefelsäure in der Wärme (KEKULÉ, *A.* **137**, 167; vgl. auch: WALKER, ZINCKE, *B.* **5**, 117; KÖRNER, *G.* **4**, 322; *J.* **1875**, 321 Anm. 2). — Gelbe Krystalle (aus Alkohol). F: 75,3° (korr.) (Kö.), 72° (KE.); 70,6° (MILLS, *J.* **1882**, 104). Leicht löslich in heißem Alkohol (K.). Leitfähigkeit der Lösungen in flüs-sigem Ammoniak: FRANKLIN, *Ph. Ch.* **69**, 299. — Wird von Zinn und Salzsäure zu m-Phenylen-diamin reduziert (ZINCKE, SINTENIS, *B.* **5**, 791). Bei der Reduktion mit Zinnchlorür in Alkohol in Gegenwart von HCl entstehen neben Aminen auch Azoxyverbindungen (FLÜRSCHEIM, SIMON, *Soc.* **93**, 1478). — 4-Brom-1.3-dinitro-benzol wird von Wasser selbst bei 220° nur wenig angegriffen (AUSTEN, *J.* **1876**, 383). Beim Erwärmen mit konz. wäßr. Kalilauge (CLEMM, *J. pr.* [2] **1**, 173; *J.* **1870**, 523) oder beim Erhitzen mit verd. Alkohol und Kaliumnitrit oder Natriumacetat auf 100° (AUSTEN, *J.* **1876**, 383) wird 2.4-Dinitro-phenol gebildet. Zur Über-führung in 2.4-Dinitro-phenol erhitzt man vorteilhaft mit Natriumacetat und Eisessig auf 160° (AU., *J.* **1876**, 383). Bei 4—5-stdg. Erhitzen mit alkoh. Ammoniak auf 100—120° entsteht 2.4-Dinitro-anilin (CLEMM, *J. pr.* [2] **1**, 173; *J.* **1870**, 523); in der Kälte ist die Reaktion erst in 8 Tagen beendet (KÖRNER, *G.* **4**, 322 Anm.; *J.* **1875**, 322 Anm.). Ge-schwindigkeit der Umsetzung mit Natriumalkoholaten: LULOFS, *R.* **20**, 309. Beim Kochen mit Kaliumrhodanid und Methylalkohol entsteht 2.4-Dinitro-phenylrhodanid (AUSTEN, SMITH, *Am.* **8**, 90; vgl. auch AU., *B.* **8**, 1183). Bei der Einw. von Phenylhydroxylamin in siedender alkoh. Lösung entsteht 2.4-Dinitro-diphenylhydroxylamin neben 2.4-Dinitro-diphenylamin und Anilin (WIELAND, GAMBARJAN, *B.* **39**, 3041). — Verbindung mit Benzol.

$2C_6H_3O_4N_2Br + C_6H_6$. Flache Tafeln. F: 65^0. Verliert an der Luft bald alles Benzol (SPIEGEL-BERG, *A*. **197**, 259).

2.4.6-Trichlor-5-brom-1.3-dinitro-benzol $C_6O_4N_2Cl_3Br = C_6Cl_3Br(NO_2)_2$. *B*. Durch Salpetersäure (D: 1,52) und Schwefelsäure aus 2.4.6-Trichlor-1-brom-benzol - (JACKSON, GAZZOLO, *Am*. **22**, 57). — Gelbliche Tafeln. F: 175^0. Unlöslich in Ligroin, schwer in Alkohol, leicht in Chloroform. — Gibt mit Anilin Bromdinitrotrianilinobenzol, mit Natriumäthylat Bromdinitroresorcindiäthyläther und andere Produkte.

3.4-Dibrom-1.2-dinitro-benzol $C_6H_2O_4N_2Br_2 = C_6H_2Br_2(NO_2)_2$. *B*. Durch 2-tägiges Erwärmen von 75 g 2.3-Dibrom-1-nitro-benzol mit 250 g einer Mischung gleicher Gewichtsteile Salpetersäure (D: 1,54) und Schwefelsäure (D: 1,8) auf dem Wasserbade, neben den beiden anderen Isomeren (KÖRNER, CONTARDI, *R. A. L.* [5] **16** I, 844). — Grünliche Krystalle (aus Schwefelkohlenstoff). Monoklin prismatisch (ARTINI, *R. A. L.* [5] **16** I, 845; *Z. Kr.* **43**, 425; vgl. *Groth, Ch. Kr.* 4, 54). F: 109^0 (K., C.). D: 2,375 (A.). — Geht beim Erhitzen mit alkoh. Ammoniak auf 100^0 in 5.6-Dibrom-2-nitro-anilin über (K., C.).

3.5-Dibrom-1.2-dinitro-benzol $C_6H_2O_4N_2Br_2 = C_6H_2Br_2(NO_2)_2$. *B*. Durch Einw. von Salpeterschwefelsäure auf 3.5-Dibrom-1-nitro-benzol auf dem Wasserbade (KÖRNER, CONTARDI, *R. A. L.* [5] **22** II, 626; BLANKSMA, *R.* **27**, 43).
3.5-Dibrom-1.2-dinitro-benzol ist trimorph (ARTINI, *Z. Kr.* **43**, 425). F: $84,8^0$ (K., C.) 86^0 (B.). **Stabile Form:** monoklin prismatische (A.; vgl. *Groth, Ch. Kr.* 4, 55) Krystalle erhalten durch Verdunsten nicht zu konz. Lösungen in Äther-Alkohol oder in Alkohol' D: 2,274 (A.). **Metastabile Form:** monoklin prismatische (A.; vgl. *Groth, Ch. Kr.* 4, 56). Krystalle, die durch Abkühlen heißer gesättigter Lösungen in Essigester erhalten werden. D: 2,317 (A.). **Labile Form:** rhombisch bipyramidale (A.; vgl. *Groth, Ch. Kr.* 4, 56) Krystalle. Konnte nur durch Impfen der Lösungen in Alkohol-Äther mit zufällig erhaltenen Krystallen gewonnen werden. D: 2,279 (A.).
3.5-Dibrom-1.2-dinitro-benzol wird durch alkoh. Ammoniak bei Zimmertemperatur (K., C.) oder durch 1-stdg. Erwärmen auf 100^0 (B.) in 4.6-Dibrom-2-nitro-anilin übergeführt. Beim Kochen mit Alkalilauge entsteht 4.6-Dibrom-2-nitro-phenol (B.). 3.5-Dibrom-1.2-dinitro-benzol reagiert mit Natriumsulfid in Alkohol unter Bildung von 4.6.4'.6'-Tetrabrom-2.2'-dinitro-diphenylsulfid, mit Natriumdisulfid unter Bildung von 4.6.4'.6'-Tetrabrom-2.2'-dinitro-diphenyldisulfid (B.).

3.6-Dibrom-1.2-dinitro-benzol („a-p-Dibrom-dinitrobenzol") $C_6H_2O_4N_2Br_2 = C_6H_2Br_2(NO_2)_2$. *B*. Beim Nitrieren von p-Dibrom-benzol mit Salpeterschwefelsäure, neben den beiden isomeren p-Dibrom-dinitrobenzolen (AUSTEN, *B*. **9**, 621; JACKSON, CALHANE, *Am*. **28**, 451; vgl. SCHOONMAKER, VATER, *Am*. **3**, 186). — *Darst*. Vgl. 2.5-Dibrom-1.4-dinitro-benzol (S. 268). — Krystalle (aus Schwefelkohlenstoff). Monoklin prismatisch (FELS, *Z. Kr.* **32**, 395; vgl. *Groth, Ch. Kr.* 4, 57). F: 159^0 (AU.; CALHANE, WHEELER, *Am*. **22**, 452), 160^0 (FELS). D: 2,316 (ARTINI bei *Groth, Ch. Kr.* 4, 57). Leicht löslich in heißem absolutem Alkohol, unlöslich in Wasser (AU.). — Bei der Reduktion mit Zinkstaub und $70^0/_0$iger Essigsäure bei $60—70^0$ entsteht 3.6-Dibrom-1.2-diamino-benzol (C., W.). Geht beim Erhitzen mit alkoh. Ammoniak im geschlossenen Rohr auf 100^0 in 3.6-Dibrom-2-nitro-anilin über (AU.). Beim Kochen mit verd. Natronlauge entsteht 3.6-Dibrom-2-nitro-phenol (J., C., *Am*. **28**, 472). Natriumäthylat wirkt in der Kälte unter Bildung von 3.6-Dibrom-2-nitro-phenetol ein (J., C.).

4.5-Dibrom-1.2-dinitro-benzol („a-o-Dibrom-dinitrobenzol") $C_6H_2O_4N_2Br_2 = C_6H_2Br_2(NO_2)_2$. *B*. Durch Erwärmen von o-Dibrom-benzol (AUSTEN, *B*. **8**, 1182) oder 3.4-Dibrom-1-nitrobenzol (F. SCHIFF, *M*. **11**, 336) mit Salpeterschwefelsäure neben wenig 4.5-Dibrom-1.3-dinitro-benzol, das beim Umkrystallisieren des Reaktionsproduktes aus Eisessig in den Mutterlaugen zurückbleibt (SCH.). — Nadeln (aus Eisessig). Rhombisch bipyramidale (ARTINI, *Z. Kr.* **43**, 425; *R. A. L.* [5] **16** I, 843; vgl. *Groth, Ch. Kr.* 4, 58) Krystalle (aus Schwefelkohlenstoff). F: $114—115^0$ (SCH.), 115^0 (KÖRNER, CONTARDI, *R. A. L.* [5] **16** I, 843). D: 2,313 (A.). Schwer löslich in kaltem Alkohol, Petroläther und Eisessig, leichter in Äther, Chloroform und Schwefelkohlenstoff (SCH.). Mit Wasserdämpfen flüchtig und leicht sublimierbar (SCH.). — Liefert mit alkoh. Ammoniak bei 2-stdg. Erhitzen auf $110—120^0$ quantitativ 4.5-Dibrom-2-nitro-anilin (SCH.).

2.4-Dibrom-1.3-dinitro-benzol $C_6H_2O_4N_2Br_2 = C_6H_2Br_2(NO_2)_2$. *B*. Aus 2.6-Dibrom-1-nitro-benzol durch Salpetersäure (D: 1,54) (KÖRNER, CONTARDI, *R. A. L.* [5] **17** I, 472). — Fast farblose Nadeln oder gelbgrüne Tafeln (aus Alkohol). F: 83^0. — Mit alkoh. Ammoniak bei 145^0 entsteht 2.4-Dinitro-1.3-diamino-anilin.

2.5-Dibrom-1.3-dinitro-benzol („β-p-Dibrom-dinitrobenzol") $C_6H_2O_4N_2Br_2 = C_6H_2Br_2(NO_2)_2$. *B*. Entsteht neben 3.6-Dibrom-1.2-dinitro-benzol und 2.5-Dibrom-1.4-dinitro-benzol (S. 268) als Hauptprodukt bei der Nitrierung des p-Dibrom-benzols mit Salpeterschwefelsäure (AUSTEN, B. 9, 621, 918; JACKSON, CALHANE, Am. 28, 451; vgl. indessen HELLER, MEYER, J. pr. [2] 72, 200). — Nadeln (aus Schwefelkohlenstoff). F: 99—100°; sehr löslich in Eisessig, Alkohol und CS_2 (AU., B. 9, 918). — Gibt beim Erhitzen mit alkoh. Ammoniak auf 100° 4-Brom-2.6-dinitro-anilin (AU., B. 9, 919). Bei heftigem Kochen mit wäßr.-alkoh. Lösung mit Kaliumnitrit entsteht 4-Brom-2.6-dinitro-phenol (AU., American Journ. of Science [3] 16, 46; J. 1878, 550).

4.5-Dibrom-1.3-dinitro-benzol („β-o-Dibrom-dinitrobenzol") $C_6H_2O_4N_2Br_2$ = $C_6H_2Br_2(NO_2)_2$. B. Aus 3.4-Dibrom-1-nitro-benzol und Salpeterschwefelsäure auf dem Wasserbade, neben 4.5-Dibrom-1.2-dinitro-benzol, das sich von dem Isomeren auf Grund seiner geringeren Löslichkeit in Eisessig trennen läßt (F. SCHIFF, M. 11, 337). Durch Nitrieren von 2.3-Dibrom-1-nitro-benzol mit Salpeterschwefelsäure auf dem Wasserbade, neben den beiden Isomeren (KÖRNER, CONTARDI, R. A. L. [5] 16 I, 846). — Krystalle (aus CS_2). Monoklin prismatisch (ARTINI, R. A. L. [5] 16 I, 844; Z. Kr. 43, 425; vgl. Groth, Ch. Kr. 4, 59). F: 71° (SCH.; K., C.). D: 2,373 (A.). Leicht löslich in Alkohol und Eisessig (SCH.). — Liefert mit alkoh. Ammoniak bei 110—130° 6-Brom-2.4-dinitro-anilin (SCH.).

4.6-Dibrom-1.3-dinitro-benzol $C_6H_2O_4N_2Br_2$ = $C_6H_2Br_2(NO_2)_2$. B. Durch Behandeln von m-Dibrom-benzol (JACKSON, COHOE, Am. 26, 4) oder von 2.4-Dibrom-1-nitro-benzol mit Salpeterschwefelsäure (KÖRNER, G. 4, 363, 398; J. 1875, 333; vgl. Kö., CONTARDI, R. A. L. [5] 15 II, 588). Durch Einw. von Natriumsulfit auf eine Lösung von 2.4.6-Tribrom-1.3-dinitro-benzol in Alkohol + Benzol (JACKSON, EARLE, Am. 26, 47). — Gelb, dimorph (ARTINI, Z. Kr. 43, 425; vgl. Groth, Ch. Kr. 4, 60). Stabile Form: rhombische (bisphenoidische?) Krystalle, die leicht aus allen Lösungsmitteln erhalten werden. D: 2,295 (A.). Metastabile Form: monoklin prismatische Krystalle, die bisweilen beim Erkalten der heißen gesättigten Lösung in Äther + wenig Alkohol auskrystallisieren und auch aus der gesättigten Lösung in Essigester durch Impfen erhalten werden können. D: 2,314 (A.). — 4.6-Dibrom-1.3-dinitro-benzol schmilzt bei 117° (K., C.; J., C.), 117,4° (korr.) (K.). Mit Wasserdampf flüchtig (K.). Sehr wenig löslich in kaltem Alkohol, mäßig in Äther (K.). — Bei heftigem Kochen mit einem großen Überschuß Salpeterschwefelsäure entsteht 4.5.6-Tribrom-1.3-dinitro-benzol neben wenig 2.4-Dibrom-1.3.5-trinitro-benzol (J., E.). Beim Erwärmen mit Kalilauge auf 100° erfolgt Umwandlung in 5-Brom-2.4-dinitro-phenol (K.). In kaltem alkoh. Ammoniak löst sich 4.6-Dibrom-1.3-dinitro-benzol langsam unter Bildung von 5-Brom-2.4-dinitro-anilin (K.; vgl. K., C.). Durch Stehenlassen mit alkoh. Natriumäthylatlösung erhält man 4.6-Dinitro-resorcindiäthyläther (J., C.). Anilin wirkt bei 100° unter Bildung von 4.6-Dinitro-1.3-dianilino-benzol ein (J., C.).

2.3-Dibrom-1.4-dinitro-benzol $C_6H_2O_4N_2Br_2$ = $C_6H_2Br_2(NO_2)_2$. B. Neben den beiden Isomeren durch Erwärmen von 2.3-Dibrom-1-nitro-benzol mit Salpeterschwefelsäure auf 100° (KÖRNER, CONTARDI, R. A. L. [5] 16 I, 845). — Krystalle (aus CS_2). Monoklin prismatisch (ARTINI, R. A. L. [5] 16 I, 845; Z. Kr. 43, 425; vgl. Groth, Ch. Kr. 4, 63). F: 156,4° (K., C.), 156,5° (A.). D: 2,551 (A.). Schwer löslich in Alkohol und Äther, sehr wenig in CS_2 (K., C.).

2.5-Dibrom-1.4-dinitro-benzol („γ-p-Dibrom-dinitrobenzol") $C_6H_2O_4N_2Br_2$ = $C_6H_2Br_2(NO_2)_2$. B. Aus p-Dibrom-benzol durch Nitrierung mit Salpeterschwefelsäure, neben 3.6-Dibrom-1.2-dinitro-benzol und 2.5-Dibrom-1.3-dinitro-benzol. Aus dem rohen Nitrierungsprodukt wird der größte Teil des 3.6-Dibrom-1.2-dinitro-benzols durch Krystallisation aus Eisessig entfernt, der aus der Mutterlauge durch Wasser gefällten Mischung wird das 2.5-Dibrom-1.3-dinitro-benzol durch eiskalten Äther entzogen; aus dem Rückstand wird das 2.5-Dibrom-1.4-dinitro-benzol durch Krystallisation aus Alkohol rein erhalten (JACKSON, CALHANE, Am. 28, 456). — Blaßgelbe Prismen (aus Benzol + Alkohol). F: 127°. Löslich in Benzol, Chloroform, Schwefelkohlenstoff, wenig löslich in Äther und kaltem Alkohol, unlöslich in Wasser und kaltem Ligroin. — Wird durch konz. Salzsäure oder Schwefelsäure nicht angegriffen, rauchende Salpetersäure löst erst beim Erwärmen. Bei der Reduktion mit Zinn und Salzsäure entsteht 2.5-Dibrom-1.4-diamino-benzol. Alkoholisches Ammoniak liefert 2.5-Dibrom-4-nitro-anilin, Natriumäthylat wirkt in der Kälte unter Bildung von 2.5-Dibrom-4-nitro-phenetol ein, während in der Wärme 6-Brom-4-nitro-resorcindiäthyläther entsteht. Mit Natriummalonester entsteht ein rotes Natriumsalz. Anilin wirkt unter Bildung von 4-Brom-2.5-dinitro-diphenylamin ein.

3.4.5-Tribrom-1.2-dinitro-benzol $C_6HO_4N_2Br_3$ = $C_6HBr_3(NO_2)_2$. B. Aus 1.2.3-Tribrom-benzol mit Salpeterschwefelsäure bei 130°, neben dem als Hauptprodukt entstandenen 4.5.6-Tribrom-1.3-dinitro-benzol (KÖRNER, CONTARDI, R. A. L. [5] 15 II, 586). Aus 50 g 3.4.5-Tribrom-1-nitro-benzol durch 2-stdg. Erhitzen mit 200 ccm rauchender Salpetersäure und 50 ccm konz. Schwefelsäure bis nahezu zum Sieden (JACKSON, FISKE, Am. 30, 68; B. 35, 1133). — Fast weiße Blättchen oder Prismen. F: 162,4° (K., C.), 160° (J., F.). Leicht löslich in Benzol, Chloroform, Eisessig, löslich in Alkoholen, Äther, heißem Ligroin, unlöslich in Wasser (J., F., *Am.* 30, 69). — Kochen mit Natronlauge liefert 4.5.6-Tribrom-2-nitro-phenol (J., F., *Am.* 30, 71). Alkoholisches Ammoniak gibt bei gewöhnlicher Temperatur 4.5.6-Tribrom-2-nitro-anilin (J., F., *Am.* 30, 74), bei 100⁰ 2.6-Dibrom-4-nitro-1.3-diamino-benzol (J., F., *Am.* 30, 76). Natriummethylat reagiert in der Kälte unter Bildung von 4.5.6-Tribrom-2-nitro-anisol, in der Wärme unter Bildung von 2.6-Dibrom-4-nitro-1.3-di-methoxy-benzol (J., F., *Am.* 30, 69). Anilin erzeugt 4.5.6-Tribrom-2-nitro-diphenylamin (J., F., *Am.* 30, 77).

2.4.5-Tribrom-1.3-dinitro-benzol $C_6HO_4N_2Br_3 = C_6HBr_3(NO_2)_2$. Zur Konstitution vgl. JACKSON, GALLIVAN, *B.* 28, 190. *B.* Aus 1.2.4-Tribrom-benzol und Salpeterschwefel-säure (MAYER, *A.* 137, 226). — Gelbliche Schuppen. Triklin pinakoidal (PANEBIANCO, *J.* 1879, 388; vgl. *Groth, Ch. Kr.* 4, 71). F: 135,5⁰ (KÖRNER, *G.* 4, 415; *J.* 1875, 313). Sehr schwer löslich in kaltem Alkohol, leicht in heißem, in Äther und CS₂ (M.). — Gibt bei der Reduktion mit Zinn und Salzsäure 5-Brom-1.3-diamino-benzol (J., *G., B.* 28, 190). Liefert mit alkoholischem Ammoniak 6-Brom-2.4-dinitro-1.3-diamino-benzol (K., *G.* 4, 416; *J.* 1875, 354; vgl. J., G., *Am.* 18, 239). Reagiert mit Natriumäthylat unter Bildung von 2.4.5-oder 2.5.6-Tribrom-3-nitro-phenetol (J., G., *Am.* 20, 188). Liefert mit Anilin 6-Brom-2.4-dinitro-1.3-dianilino-benzol (Syst. No. 1765) (J., G., *Am.* 18, 243).

2.4.6-Tribrom-1.3-dinitro-benzol $C_6HO_4N_2Br_3 = C_6HBr_3(NO_2)_2$. *B.* Bei 2-stdg. Er-hitzen von 25 g symm. Tribrombenzol mit 100—120 g Salpetersäure (D: 1,51) bis nahezu zum Kochen (KÖRNER, *G.* 4, 425; *J.* 1875, 317; JACKSON, *B.* 8, 1173; J., MOORE, *Am.* 12, 167; J., KOCH, *Am.* 21, 519; vgl. WURSTER, BERAN, *B.* 12, 1821). — Farblose Prismen oder Nadeln (aus Alkohol). F: 192⁰ (korr.) (Kö.). Unlöslich in Wasser, schwer löslich in kaltem, leichter in heißem Alkohol, leicht in Äther, Benzol und Schwefelkohlenstoff (J.). — Liefert mit Zinkstaub und Essigsäure 2.4.6-Tribrom-1.3-diamino-benzol (J., CALVERT, *Am.* 18, 475). Die Reduktion mit Zinn und Salzsäure führt zu m-Phenylen-diamin (J., C., *Am.* 18, 476). 2.4.6-Tribrom-1.3-dinitro-benzol gibt bei längerem Kochen mit Sodalösung 3.5-Di-brom-2.6-dinitro-phenol (J., WARREN, *Am.* 16, 33). Bei der Einw. von Na_2SO_3 entsteht 4.6-Dibrom-1.3-dinitro-benzol (J., EARLE, *Am.* 26, 47). Natriumäthylat reagiert mit 2.4.6-Tribrom-1.3-dinitro-benzol bei 70⁰ unter Bildung von 5-Brom-2.4-dinitro-resorcin-diäthyl-äther, etwas 5-Brom-4.6-dinitro-resorcin-diäthyläther, 4.6-Dinitro-resorcin-diäthyläther und großen Mengen teeriger Produkte; in der Kälte verläuft die Reaktion unter Bildung von Dinitrophloroglucintriäthyläther, 5-Brom-2.4-dinitro-resorcin-diäthyläther, 5-Brom-4.6-dinitro-resorcin-diäthyläther, Dinitroresorcinmonoäthyläther (F: 77⁰) und 2.4.6-Tribrom-3-nitro-phenol (J., WA., *Am.* 13, 167; J., Ko., *Am.* 21, 519). 2.4.6-Tribrom-1.3-dinitro-benzol reagiert mit Natriumacetessigester unter Bildung von Bromdinitrophenylacetessigester (J., M., *Am.* 12, 167). Bei der Reaktion mit Methylamin entsteht 2.4-Dinitro-1.3.5-tris-[methyl-amino]-benzol (BLANKSMA, *R.* 23, 129).

4.5.6-Tribrom-1.3-dinitro-benzol $C_6HO_4N_2Br_3 = C_6HBr_3(NO_2)_2$. *B.* Durch Einw. von Salpeterschwefelsäure auf 4.6-Dibrom-1.3-dinitro-benzol (JACKSON, EARLE, *Am.* 26, 50). Aus 50 g 1.2.3-Tribrom-benzol mit 150 g konz. Salpetersäure (D: 1,54) und 200 g konz. Schwefelsäure bei 130⁰, neben wenig 3.4.5-Tribrom-1.2-dinitro-benzol (KÖRNER, CONTARDI, *R. A. L.* [5] 15 II, 586). — Gelblichweiße rechtwinklige Plättchen (aus Alkohol + Benzol) (J., E.); grünliche Nadeln (aus Alkohol) (K., C.). F: 150⁰ (J., E.; K., C.). Schwer löslich in Alkohol und Ligroin, leicht in Benzol, Essigsäure, Aceton, Chloroform (K., C.). — Konz. Säuren wirken auch in der Wärme nicht ein (J., E.). Alkoh. Natriumäthylatlösung erzeugt Bromdinitroresorcinmonoäthyläther (J., E.). Mit alkoh. Ammoniak bei 100⁰ entsteht 5.6-Dibrom-2.4-dinitro-anilin (K., C.).

5-Chlor-2.4.6-tribrom-1.3-dinitro-benzol $C_6O_4N_2ClBr_3 = C_6ClBr_3(NO_2)_2$. *B.* Durch ½-stdg. Kochen von 2.4.6-Tribrom-1-chlor-benzol mit einem Gemisch aus rauchender Sal-petersäure (D: 1,4) und Schwefelsäure (D: 1,84) (JACKSON, CARLTON, *Am.* 31, 375). — Weiße würfelähnliche Prismen (aus Benzol). F: 208⁰. Leicht löslich in Äther, Benzol, Chloroform, Aceton, CS₂, löslich in heißem, schwer löslich in kaltem Eisessig. — Beim Erhitzen mit Anilin auf dem Dampfbade entsteht 6-Chlor-2.4-dinitro-1.3.5-trianilino-benzol.

2.4.5.6-Tetrabrom-1.3-dinitro-benzol $C_6O_4N_2Br_4 = C_6Br_4(NO_2)_2$. *B.* Aus 1.2.3.5-Tetrabrom-benzol und Salpetersäure (D: 1,54) (v. RICHTER, *B.* 8, 1427). Beim Kochen von 2.4.6-Tribrom-1.3-dinitro-benzol mit Salpeterschwefelsäure (JACKSON, WING, *Am.* 10, 291). — Krystalle (aus Äther oder Benzol). Monoklin prismatisch (J. 1879, 394; vgl. *Groth, Ch. Kr.* 4, 71). F: 227—228⁰ (v. R.). Sublimierbar (J., W.). — Gibt bei Behandlung mit Zinn und Salzsäure 5-Brom-1.3-diamino-benzol (J., CALVERT, *Am.* 18, 486). Liefert bei längerem Stehen mit alkoholischer Natriumäthylatlösung eine kleine Menge 2.4.6-Tribrom-5-nitro-resorcindiäthyläther (J., C., *Am.* 18, 311). Gibt beim Erwärmen mit Anilin 6-Brom-2.4-di-nitro-1.3.5-trianilino-benzol (J., BANCROFT, *Am.* 12, 294).

Verbindung mit 2.4.6-Tribrom-1.3-dinitro-benzol $C_6O_4N_2Br_4 + 2C_6HO_4N_2Br_3$. Platten (aus Alkohol). F: 165°. Wird von Methylalkohol langsam in die Komponenten zerlegt (JACKSON, MOORE, B. 21, 1707).

3-Jod-1.2-dinitro-benzol $C_6H_3O_4N_2I = C_6H_3I(NO_2)_2$. B. Aus 2.3-Dinitro-anilin durch Diazotierung und Behandlung der Diazoniumlösung mit KI (WENDER, G. 19, 231). — Hellgelbe, flache Nadeln (aus Alkohol). F: 138°. Destilliert fast unzersetzt. Reichlich löslich in Alkohol.

4-Jod-1.2-dinitro-benzol $C_6H_3O_4N_2I = C_6H_3I(NO_2)_2$. B. 150 g m-Jod-nitrobenzol werden unter Kühlung mit einem Gemisch von je 750 g rauchender Salpetersäure und konz. Schwefelsäure übergossen und damit etwa 25 Minuten lang zum gelinden Sieden erhitzt; das Reaktionsprodukt wird in Wasser gegossen und aus Alkohol umkristallisiert (JACOBSON, FERTSCH, HEUBACH, A. 303, 339). Durch Eintragen von 10 g m-Jod-nitrobenzol in 40 g Salpetersäure (D: 1,5), Zufügen von konz. Schwefelsäure, bis die rotbraune Flüssigkeit sich gelb gefärbt hat, und 24-stdg. Stehenlassen der Mischung (ULLMANN, BIELECKI, B. 34, 2179). Aus 3.4-Dinitro-anilin durch Diazotierung und Behandlung der Diazoniumlösung mit KI (WENDER, G. 19, 234). — Gelbe Tafeln (aus Alkohol). F: 74,5° (U., B.), 74,4° (W.). Reichlich löslich in kaltem Alkohol, leicht in Chloroform und Äther (W.). — Liefert beim Erwärmen mit Kupferpulver auf 230° 3.3'.4.4'-Tetranitro-diphenyl (U., B.). Gibt beim Erhitzen mit alkoh. Ammoniak 5-Jod-2-nitro-anilin (W.).

2-Jod-1.3-dinitro-benzol $C_6H_3O_4N_2I = C_6H_3I(NO_2)_2$. B. Neben viel 4-Jod-1.3-dinitro-benzol durch Behandeln von o-Jod-nitrobenzol mit Salpeterschwefelsäure (KÖRNER, G. 4, 323; J. 1875, 322; KEHRMANN, KAISER, B. 38, 3779). — Tief orangegelbe Tafeln (aus Alkohol). F: 113,7° (korr.) (Kö.). In Alkohol sehr viel leichter löslich als 4-Jod-1.3-dinitro-benzol; sehr leicht löslich in Äther (Kö.). — Liefert beim Erhitzen mit alkoh. Ammoniak 2.6-Dinitroanilin (Kö.). Gibt bei Einw. von Anilin 2.6-Dinitro-diphenylamin (KE., KAI.).

4-Jod-1.3-dinitro-benzol $C_6H_3O_4N_2I = C_6H_3I(NO_2)_2$. B. Aus o-Jod-nitrobenzol durch Nitrierung mit Salpeterschwefelsäure, neben kleinen Mengen 2-Jod-1.3-dinitro-benzol (KÖRNER, G. 4, 323; J. 1875, 322; KEHRMANN, KAISER, B. 38, 3779). Aus p-Jod-nitrobenzol mit Salpeterschwefelsäure (Kö.). — Gelbe Blättchen (aus Alkohol); Prismen oder Tafeln (aus Äther-Alkohol). Triklin pinakoidal (LA VALLE, G. 10, 3; J. 1880, 478; vgl. Groth, Ch. Kr. 4, 40). F: 88,5° (korr.) (Kö.). Sehr wenig löslich in kaltem Alkohol, leicht in heißem (Kö.). — Gibt bei der Reduktion mit Zinn und Salzsäure m-Phenylendiamin (BLANKSMA, R. 24, 320). Liefert beim Erwärmen mit verd. Kalilauge 2.4-Dinitro-phenol (Kö.). Gibt beim Erhitzen mit alkoh. Ammoniak 2.4-Dinitro-anilin (Kö.). Geschwindigkeit der Umsetzung mit Natriumäthylat: LULOFS, R. 20, 318.

2.4-Dijod-1.3-dinitro-benzol (?) $C_6H_2O_4N_2I_2 = C_6H_2I_2(NO_2)_2$. B. Durch Auflösen von 1.2.4-Trijod-benzol in rauchender Salpetersäure (ISTRATI, GEORGESCU, Bulet. 1, 63). Bei Einw. von Natriummalonsäureester auf 2.4.6-Trijod-1.3-dinitro-benzol (JACKSON, LANGMAID, Am. 32, 304). — Nadeln (aus Alkohol), tiefgelbe Prismen mit quadratischen Endflächen (aus Benzol + Alkohol). F: 160° (J., L.), 160—162° (Is., G.). Leicht löslich in Äther, Benzol, Chloroform, Aceton, Eisessig, CS_2, löslich in Alkoholen, sehr wenig löslich in Ligroin, unlöslich in Wasser (J., L.). Konz. Schwefelsäure löst mit schwach gelber Farbe (J., L.).

4.6-Dijod-1.3-dinitro-benzol (?) $C_6H_2O_4N_2I_2 = C_6H_2I_2(NO_2)_2$. Zur Zusammensetzung und Konstitution vgl.: BRENANS, C. r. 139, 63; Bl. [3] 31, 978; ARTINI, Z. Kr. 46, 408. B. Aus m-Dijod-benzol und Salpetersäure (D: 1,52) (KÖRNER, G. 4, 385; J. 1875, 325). — Gelbe Blättchen (aus heißem Alkohol), Tafeln (aus Alkohol + Äther). Rhombisch bisphenoidisch (LA VALLE, J. 1880, 478; ARTINI, Z. Kr. 46, 408; vgl. Groth, Ch. Kr. 4, 61). F: 168,4° (K.). D: 2,744 (A.). Schwer löslich in Äther, noch schwer in kaltem Alkohol (K.). — Gibt beim Erhitzen mit alkoh. Ammoniak eine Verbindung, welche in stahlblau glänzenden Blättern kristallisiert, die bei 220° noch nicht schmelzen (K.).

5-Brom-4.6-dijod-1.3-dinitro-benzol $C_6HO_4N_2BrI_2 = C_6HBrI_2(NO_2)_2$. B. Bei Einw. von Natriummalonester auf 5-Brom-2.4.6-trijod-1.3-dinitro-benzol in Alkohol (JACKSON, BIGELOW, B. 42, 1868). — F: 187°.

2.4.6-Trijod-1.3-dinitro-benzol $C_6HO_4N_2I_3 = C_6HI_3(NO_2)_2$. B. Durch Auflösen von 1.3.5-Trijod-benzol in rauchender Salpetersäure (ISTRATI, GEORGESCU, Bulet. 1, 66). Durch ¹/₂-stdg. Kochen von 5 g 1.3.5-Trijod-benzol mit 140 ccm eines Gemisches aus 4 Tln. rauchender Salpetersäure (D: 1,5) und 1 Tl. gewöhnlicher konz. Salpetersäure (JACKSON, LANGMAID, Am. 32, 300). Durch Einw. rauchender Salpetersäure auf 2.4.6-Trijod-anilin (J., BEHR, Am. 26, 60). — Lichtgelbe Krystalle. F: 210—212° (Is., G.), 210° (J., B.). — Gibt beim Erwärmen mit Natriummethylat in Methylalkohol 2.4.6-Trijod-3-nitroanisol, beim Erhitzen mit Natriumäthylat in Äthylalkohol 4.6-Dinitro-resorcindiäthyläther (J., L., *Am.* **32**, 303). Einw. von Natriummalonester: J., L.

Verbindung mit 2.4-Dijod-1.3-dinitro-benzol $C_6HI_3(NO_2)_2 + 2C_6H_2I_2(NO_2)_2$. Quadratisch begrenzte Prismen. F: 182°. Leicht löslich in Methylalkohol, Benzol, Äther, Chloroform, Aceton, CS_2, löslich in Eisessig, schwer löslich in kaltem Äthylalkohol und Ligroin. Wird durch Benzol auch bei Gegenwart von Alkohol in die Komponenten zerlegt (JACKSON, LANGMAID, *Am.* **32**, 306).

5-Chlor-2.4.6-trijod-1.3-dinitro-benzol $C_6O_4N_2ClI_3 = C_6ClI_3(NO_2)_2$. *B.* Durch Einw. von rauchender Salpetersäure auf 2-Chlor-1.3.5-trijod-benzol (GREEN, *Am.* **36**, 604). — Gelblich-weiße Nadeln (aus Benzol + Ligroin). Schwärzt sich bei 266°, beginnt bei 267° zu schmelzen und ist bei 269° völlig geschmolzen. Leicht löslich in Äther, Chloroform, Benzol, löslich in Eisessig, fast unlöslich in kaltem Alkohol und Wasser.

5-Brom-2.4.6-trijod-1.3-dinitro-benzol $C_6O_4N_2BrI_3 = C_6BrI_3(NO_2)_2$. *B.* Durch Einw. von rauchender Salpetersäure auf 2-Brom-1.3.5-trijod-benzol (JACKSON, BIGELOW, *B.* **42**, 1868). — F: 292°. — Liefert mit Natriummalonester in Alkohol 5-Brom-4.6-dijod-1.3-dinitro-benzol neben Äthan-α.α.β.β-tetracarbonsäuretetraäthylester und einem substituierten Malonester.

„4.5-Dinitroso-1.2-dinitro-benzol" $C_6H_2O_6N_4$ s. Syst. No. 670.

„4.5-Dinitroso-1.3-dinitro-benzol" $C_6H_2O_6N_4$ s. Syst. No. 670.

1.2.4-Trinitro-benzol, asymm. Trinitrobenzol $C_6H_3O_6N_3 = C_6H_3(NO_2)_3$. *B.* Bei längerem Kochen von p-Dinitro-benzol mit einem Gemisch von rauchender Salpetersäure und rauchender Schwefelsäure (HEPP, *A.* **215**, 361); man entfernt das beigemengte p-Dinitro-benzol durch Erhitzen im Kohlensäurestrome auf 150° und krystallisiert den Rückstand erst aus heißer Salpetersäure (spez. Gew.: 1,4) und dann aus Äther um (LOBRY DE BRUYN, *R.* **9**, 186). — Krystalle, in reinem Zustande farblos (HANTZSCH, *B.* **39**, 1096). F: 57,5°; $D^{13.1}$: 1,73 (DE BR., *R.* **9**, 186). Molekulare Verbrennungswärme bei konstantem Druck: 678,5 Cal. (BERTHELOT, MATIGNON, *A. ch.* [6] 27, 307). Bei 15,5° lösen 100 Tle. Benzol 140,8 Tle., 100 Tle. Äther 7,13 Tle., 100 Tle. Chloroform 12,87 Tle.; bei 15,5° lösen 100 Tle. Methylalkohol 16,2 Tle., 100 Tle. Alkohol 5,45 Tle. (L. DE BR., *Ph. Ch.* **10**, 784). — Gibt beim Kochen mit verdünnter Natronlauge (H.), glatter mit Sodalösung (L. DE BR.) 2.4-Dinitro-phenol. Liefert mit alkoholischem Ammoniak leicht 2.4-Dinitro-anilin (HE.). Beim Erhitzen mit Methylalkohol auf 150° wird 2.4-Dinitro-anisol gebildet (L. DE BR.). Liefert beim Kochen mit Alkohol und Anilin 2.4-Dinitro-diphenylamin (HE.).

1.3.5-Trinitro-benzol, symm. Trinitrobenzol $C_6H_3O_6N_3 = C_6H_3(NO_2)_3$. *B.* Je 60 g m-Dinitro-benzol werden mit 1 kg krystallisierter, rauchender Schwefelsäure und 500 g Salpetersäure (D: 1,52) 1 Tag auf 100° und 4 Tage auf 110° erhitzt (HEPP, *A.* **215**, 345; LOBRY DE BRUYN, VAN LEENT, *R.* **13**, 149); man fällt mit Wasser, wäscht den Niederschlag erst mit Wasser und dann mit verdünnter Sodalösung und krystallisiert aus Alkohol um, wobei fast reines Trinitrobenzol sich ausscheidet; das in der Mutterlauge bleibende Trinitrobenzol fällt man mit Anilin als Anilinverbindung aus, die dann durch Salzsäure zerlegt wird (HEPP). Beim Erhitzen von 2.4.6-Trinitrotoluol mit rauchender Salpetersäure auf 180° (CLAUS, BECKER, *B.* **16**, 1597). In kleiner Menge, neben 2.4.6.2'.4'.6'-Hexanitro-diphenyl, durch Erwärmen von Pikrylchlorid mit Kupferpulver in (feuchtem?) Toluol (ULLMANN, BIELECKI, *B.* **34**, 2180 Anm.). Aus Nitromalonaldehyd durch Zersetzung in wäßr. Lösung, neben Ameisensäure (HILL, TORRAY, *Am.* **22**, 97; *B.* **28**, 2598). — *Darst.* Durch Erhitzen von 2.4.6-Trinitro-benzoesäure mit Wasser (Chem. Fabr. Griesheim, D. R. P. 77353; *Frdl.* **4**, 34).

Weiße Blättchen (aus viel heißem Wasser) (HANTZSCH, *B.* **39**, 1096; HA., PICTON, *B.* **42**, 2125). Rhombisch bipyramidal (FRIEDLÄNDER, *A.* **215**, 347; *J.* **1879**, 394; vgl. *Groth, Ch. Kr.* **4**, 15). F: 121—122° (HEPP), 123° (PATTERSON, *Soc.* **93**, 1855). Kann bei vorsichtigem Erhitzen kleiner Mengen sublimiert werden, verpufft bei raschem Erhitzen (HEPP). — 100 Tle. kaltes Wasser lösen 0,04 Tle. (LOBRY DE BRUYN, VAN LEENT, *R.* 14, 152). 100 Tle. Chloroform lösen bei 17,5° 6,1 Tle., 100 Tle. Benzol bei 16° 6,2 Tle., 100 Tle. Methylalkohol bei 16° 4,9 Tle., 100 Tle. Alkohol bei 16° 1,9 Tle., 100 Tle. Äther bei 17,5° 1,5 Tle., 100 Tle. CS_2 bei 17,5° 0,25 Tle. Trinitrobenzol (L. DE B., VAN L., *R.* 13, 150; L. DE B., *Ph. Ch.* **10**, 784). Löslichkeit in Alkohol verschiedener Stärke: HOLLEMAN, ANTUSCH, *R.* 13, 296. Kryoskopisches Verhalten und Molekulargröße in absol. Schwefelsäure: HANTZSCH, *Ph. Ch.* **61**, 270. Kryoskopisches und ebullioskopisches Verhalten in Ameisensäure: BRUNI, BERTI, *R. A. L.* [5]

9 I, 274, 398. — Molekulare Verbrennungswärme bei konstantem Druck: 663,8 Cal. (BERTHE-LOT, MATIGNON, *A. ch.* [6] **27**, 307). — Die wäßr. Lösung leitet den Strom nicht (HANTZSCH, PICTON, *B.* **42**, 2125). Leitfähigkeit in flüssigem Ammoniak: FRANKLIN, KRAUS, *Am. Soc.* **27**, 197), in Pyridinlösung: HANTZSCH, CALDWELL, *Ph. Ch.* **61**, 230. Löst sich spurenweise in Kalilauge oder Ammoniak mit blutroter Farbe, ohne dabei salpetrige Säure abzuspalten (V. MEYER, *B.* **29**, 849). Bindung von NH_3 durch Trinitrobenzol: KORCZYŃSKI, *C.* **1908** II, 2009.

Liefert bei der Oxydation mit rotem Blutlaugensalz und Soda Pikrinsäure (HEPP). — Gibt bei der Reduktion mit Zinn und Salzsäure 1.3.5-Triamino-benzol (HEPP). Bei der Reduktion mit 3 Mol.-Gew. $SnCl_2$ und Salzsäure in kochendem Alkohol wurde 3.5.3′.5′-Tetranitro-azoxy-benzol neben 3.5-Dinitro-anilin und anderen Produkten erhalten (FLÜRSCHEIM, *B.* [2] **71**, 517, 520). Reduktion mit Zink und Salzsäure oder Eisessig: FL., *J. pr.* [2] **71**, 533. Gibt in alkoholischer Suspension mit H_2S bei Gegenwart einer Spur NH_3 behandelt 3.5-Dinitro-phenyl-hydroxylamin (COHEN, DAKIN, *Soc.* **81**, 29; COHEN, Mc CANDLISH, *Soc.* **87**, 1264). Liefert beim Kochen mit den berechneten Mengen alkoholischer Schwefelammoniumlösung 3.5-Dinitro-anilin bezw. 5-Nitro-1.3-diamino-benzol (FL., *J. pr.* [2] **71**, 537, 539). Gibt mit alkoh. Na_2S_3-Lösung 3.5-Dinitro-anilin und 3.5.3′.5′-Tetranitro-azoxybenzol (BLANKSMA, *R.* **28**, 112). Beim Kochen von Trinitrobenzol mit verdünnter Sodalösung entstehen 3.5.3′.5′-Tetranitro-azoxybenzol und 3.5-Dinitro-phenol (L. DE B., v. L., *R.* **13**, 151). — Trinitrobenzol reagiert mit Brom bei 200—235° unter Bildung von 3.5-Dibrom-1-nitro-benzol (MAC KERROW, *B.* **24**, 2943). Beim Erhitzen mit Brom und $FeBr_3$ entsteht Hexabrombenzol (MAC K.). Mit Brom und $FeCl_3$ entsteht bei 230—235° ein Tetrachlordibrombenzol (F: 241—242°) (MAC K.). — Einw. von Salzsäure bei 260°: L. DE B., VAN L., 86. — Behandelt man Trinitrobenzol mit Kalilauge und Hydroxylamin, so löst es sich auf; beim Ansäuern fällt aus der Lösung Pikramid aus (MEISENHEIMER, PATZIG, *B.* **39**, 2534; vgl. SCHULTZE, *B.* **29**, 2287). Mit Hydroxylamin und Natriummethylat in Methylalkohol bildet sich das Natriumsalz $C_7H_{11}O_9N_6Na_3$ (S. 273), das beim Ansäuern Pikramid und 2.4.6-Trinitro-1.3-diamino-benzol gibt (MEISENHEIMER, PATZIG, *B.* **39**, 2539). — Trinitrobenzol gibt mit aromatischen Kohlenwasserstoffen, wie Benzol, Naphthalin und Phenanthren, Additionsprodukte (HEPP, *A.* **215**, 375; KREMANN, *M.* **29**, 865). Solche entstehen auch mit aromatischen Aminen, wie Anilin, Mono- und Dialkylanilinen, Mono- und Dialkylnaphthylaminen (HEPP, *A.* **215**, 356; SUDBO-ROUGH, *Soc.* **79**, 522; HIBBERT, SUDBOROUGH, *Soc.* **83**, 1337). Trinitrobenzol liefert beim Eintragen in ätherische Diazomethanlösung unter Entwicklung von Stickstoff eine Verbindung $C_{10}H_{11}O_4N_5$ (Syst. No. 3461) (HEINKE, *B.* **31**, 1399).

Verbindung von 1.3.5-Trinitro-benzol mit Benzol $C_6H_3(NO_2)_3 + C_6H_6$. *B.* Aus der Lösung von 1.3.5-Trinitro-benzol in Benzol bei langsamem Verdunsten (HEPP, *A.* **215**. 376). — Krystalle. Verliert an der Luft rasch das Benzol.

Verbindung von 1.3.5-Trinitro-benzol mit Natriummethylat $C_6H_3(NO_2)_3 + 2CH_3 \cdot ONa$. *B.* Aus 1.3.5-Trinitro-benzol und Natriummethylat (JACKSON, EARLE, *Am.* **29**, 114). — Rote amorphe Substanz. Zersetzt sich bald im Vakuum, schneller noch an der Luft. Explodiert bei schnellem Erhitzen heftig bei 100°; bei langsamem bleibt sie bis 150° unverändert. Bei der Zersetzung werden die Methoxylgruppen z. T. zu Formaldehyd oxydiert unter Bildung von 3.5.3′.5′-Tetranitro-azoxybenzol; eine andere nebenher verlaufende Reaktion liefert Natriumnitrit und ein nitriertes Phenol.

Verbindung von 1.3.5-Trinitro-benzol mit Kaliummethylat, „Dinitromethoxychinolnitrosaures Kalium" $C_6H_3(NO_2)_3 + CH_3 \cdot OK + \frac{1}{2}H_2O =$

$$O_2N \cdot C \cdot CH(O \cdot CH_3) \cdot C \cdot NO_2 \qquad O_2N \cdot C \cdot CH(O \cdot CH_3) \cdot C : NO \cdot OK$$
$$\underset{HC \cdot C(:NO \cdot OK) \cdot CH}{} + \frac{1}{2} H_2O \ \text{oder} \ \underset{HC———C(NO_2): CH}{} + \frac{1}{2}H_2O. \quad \text{Zur}$$

Konstitution vgl. MEISENHEIMER, *A.* **323**, 221; s. ferner: HANTZSCH, KISSEL, *B.* **32**, 3142; JACKSON, GAZZOLO, *Am.* **23**, 381; JACKSON, EARLE, *Am.* **29**, 94. — *B.* Durch Vermischen von 10 g 1.3.5-Trinitrobenzol, gelöst in 225 ccm 96%igem Methylalkohol, mit 6 g Kalilauge (0,484 g KOH in 1 g) bei 20° (LOBRY DE BRUYN, VAN LEENT, *R.* **14**, 150). — Rote Krystalle (L. DE B., VAN L.); tief rot, grünschimmernd (H., PICTON, *B.* **42**, 2125). Explodiert heftig beim Erhitzen (L. DE B., VAN L.). Mit tief blutroter Farbe löslich (H., P.). — Kaliumhypobromit liefert Brompikrin (M.). Durch Einw. von Wasser wird quantitativ Trinitrobenzol regeneriert (H., P.). Bei Zusatz der berechneten Menge Salzsäure zur methylalkoholischen Lösung bleibt die rote Farbe bestehen; doch erhält man beim Verdunsten nur Trinitrobenzol (H., K.). Kochen mit Methylalkohol liefert KNO_2 und 3.5-Dinitro-anisol (L. DE B., VAN L.). — Verbindung mit Kaliummethylat und Aceton $C_6H_3(NO_2)_3 + CH_3 \cdot OK + \frac{1}{2}CH_3 \cdot CO \cdot CH_3$. *B.* Durch Lösen der Kaliummethylatverbindung des 1.3.5-Trinitrobenzols in Aceton (HANTZSCH, PICTON, *B.* **42**, 2125). Dunkelgrüne Nädelchen (aus Aceton durch Äther). Bleibt beim Erhitzen bis 100° unverändert, explodiert bei höherer Temperatur. Löst sich unverändert tiefrot in Alkohol, Aceton und Wasser.

Verbindung von 1.3.5-Trinitro-benzol mit Natriumisoamylat. *B.* Aus 1.3.5-Trinitrobenzol und Natriumisoamylat in Benzol (JACKSON, GAZZOLO, *Am.* **23**, 390; vgl. dazu JACKSON, EARLE, *Am.* **29**, 101, 102). — Dunkelrotes amorphes Pulver. Leicht löslich in Wasser, löslich in Alkohol und Methylalkohol, unlöslich in Benzol, Chloroform, CS_2 und Ligroin.

Verbindung von 1.3.5-Trinitro-benzol mit Cyanwasserstoff, „Dinitro-cyanchinolnitrolsäure" $C_6H_3(NO_2)_3 + HCN =$

$$O_2N \cdot C \underline{\hspace{1.2cm}} CH(CN) \cdot C \cdot NO_2$$
$$\overline{HC \cdot C(: NO \cdot OH) \cdot CH} \quad \text{oder}$$

$$O_2N \cdot C \cdot CH(CN) \cdot C : NO \cdot OH$$
$$\overline{HC \underline{\hspace{0.3cm}} C(NO_2) : CH}$$

. Zur Konstitution vgl. MEISENHEIMER, *A.* **323**, 225; s. ferner HANTZSCH, KISSEL, *B.* **32**, 3144. — *B.* Das Kaliumsalz fällt bei Zusatz einer konz. wäßr. Kaliumcyanidlösung zu einer alkoh. Lösung von 1.3.5-Trinitro-benzol bei —5⁰ aus; es wird mit Mineralsäure zerlegt (HANTZSCH, KISSEL, *B.* **32**, 3144). — Rote Nadeln (aus Alkohol oder Äther). Zersetzt sich bei 175⁰. In Alkohol schwer löslich, in Wasser unlöslich; in Alkalien violett löslich. — Wird sowohl durch überschüssige Alkalien wie durch Säuren leicht unter Bildung von salpetriger Säure zersetzt. — $KC_7H_3O_6N_4$. Tiefviolette krystallinische Masse. Verpufft in der Hitze. Löslich in Wasser, schwer löslich in Alkohol. Wird von CO_2 nicht zersetzt.

Verbindung von 1.3.5-Trinitro-benzol mit Natrium-Malonsäurediäthyl-ester. *B.* Aus 1.3.5-Trinitro-benzol und Natriummalonester in Benzol (J., G., *Am.* **23**, 388; vgl. dazu J., E., *Am.* **29**, 101, 102). — Braunes amorphes Pulver. Zersetzt sich allmählich.

Verbindung von 1.3.5-Trinitro-benzol mit Natrium-Acetessigsäureäthyl-ester. *B.* Aus 1.3.5-Trinitro-benzol und Natriumacetessigester in Benzol (J., G., *Am.* **23**, 390; vgl. dazu J., E., *Am.* **29**, 101, 102). — Braunroter Niederschlag. Ziemlich beständig.

Verbindung $C_7H_{11}O_9N_6Na_3$, vielleicht

$$HC \underline{\hspace{0.3cm}} C(: NO \cdot ONa) \underline{\hspace{0.3cm}} CH$$
$$\substack{HO \cdot NH \\ NaO} > NO \cdot C \underline{\hspace{0.3cm}} C(NH_2)(O \cdot CH_3) \underline{\hspace{0.3cm}} C \cdot NO \underset{ONa}{\overset{NH \cdot OH}{<}}$$

oder $\quad \substack{HO \cdot NH \cdot HC \underline{\hspace{0.3cm}} C(: NO \cdot ONa) \underline{\hspace{0.3cm}} CH \cdot NH \cdot OH \\ NaO \cdot NO : C \underline{\hspace{0.3cm}} C(NH_2)(O \cdot CH_3) \underline{\hspace{0.3cm}} C : NO \cdot ONa}$. *B.* Aus 1.3.5-Trinitro-benzol, Hydroxyl-amin und Natriummethylat in Methylalkohol (MEISENHEIMER, PATZIG, *B.* **39**, 2539). — Rot, feinkörnig; enthält 2—3 Mol. Wasser. Verpufft beim Erhitzen ziemlich heftig. Lös-lich in Wasser (rot), schwer löslich in Alkohol. Beim Ansäuern der Lösungen entstehen Pikramid und wenig 2.4.6-Trinitro-1.3-diamino-benzol.

5-Chlor-1.2.4-trinitro-benzol $C_6H_2O_6N_3Cl = C_6H_2Cl(NO_2)_3$. *B.* Man löst 40 g 4-Chlor-1.2-dinitro-benzol in 80 g gekühlter rauchender Schwefelsäure von 40⁰/₀ Anhydridgehalt, trägt die Lösung in ein Gemisch von 160 g Schwefelsäuremonohydrat und 120 g Salpeter-säure (D: 1,52) ein und erwärmt auf 140—150⁰ (NIETZKI, ZÄNKER, *B.* **36**, 3953). — Gelbliche Blättchen (aus Alkohol). F: 116⁰. Unlöslich in Wasser, leicht löslich in heißem Alkohol; Benzol und Eisessig. — Tauscht schon bei gewöhnlicher Temperatur eine Nitrogruppe gegen NH_2 aus unter Bildung von 5-Chlor-2.4-dinitro-anilin. Bei höherer Temperatur ist auch das Chloratom reaktionsfähig.

2-Chlor-1.3.5-trinitro-benzol, Pikrylchlorid $C_6H_2O_6N_3Cl = C_6H_2Cl(NO_2)_3$. *B.* Aus Pikrinsäure und PCl_5 (PISANI, *A.* **92**, 326; CLEMM, *J. pr.* [2] **1**, 150). Aus Pikrinsäure und Benzolsulfochlorid in Gegenwart von Pyridin (ULLMANN, D. R. P. 199318; *C.* **1908** II, 210). Aus Pikrinsäure, p-Toluosulfochlorid und Dimethylanilin (bezw. Pyridin oder Diäthylanilin) in Nitrobenzol auf dem Wasserbade (ULLMANN, NADAI, *B.* **41**, 1875). — *Darst.* Aus 25 g Pikrinsäure und 50 g Phosphorpentachlorid durch Erhitzen auf dem Wasserbade am Rück-flußkühler und vorsichtiges Mischen mit Eiswasser (JACKSON, GAZZOLO, *Am.* **23**, 384). Durch langsames Erhitzen einer Lösung von 1 Tl. 4-Chlor-1.3-dinitro-benzol in 2 Tln. rauchender Schwefelsäure (40⁰/₀ Anhydrid) mit einer Mischung von 4 Tln. Schwefelsäuremonohydrat und 3 Tln. starker Salpetersäure (Chem. Fabr. Griesheim, D. R. P. 78309; *Frdl.* 4, 35).

Fast farblose Nadeln (aus Alkohol, Äther oder Ligroin) (CLEMM, *J. pr.* [2] **1**, 154). Mono-klin prismatisch (BODEWIG, *J.* **1879**, 394; vgl. *Groth, Ch. Kr.* 4, 41). F: 83⁰ (CL.). D^{20}: 1,797 (FELS, *Z. Kr.* **32**, 384). — Unlöslich in Wasser, schwer löslich in Äther und heißem Ligroin, leicht in kochendem Alkohol, sehr leicht in heißem Chloroform und Benzol (CL.). Kryo-skopisches Verhalten in Ameisensäure: BRUNI, BERTI, *R. A. L.* [5] **9** I, 275. Ebullioskopi-sches Verhalten in Acetonitril, Methylalkohol, Äthylalkohol und Aceton: BRUNI, SALA, *G.* **34** II, 482. Lichtabsorption in Chloroformlösung: LEY, *B.* **41**, 1643.

Wird durch Zinn und Salzsäure in symm. Triaminobenzol übergeführt (FLESCH, *M.* **18**, 760). Gibt beim Kochen mit KI und Eisessig oder Ameisensäure eine Verbindung $C_6H_2O_4N_3$ (S. 274) (WILLGERODT, *B.* **24**, 592; *J. pr.* [2] **45**, 147). Reagiert, mit Kupfer für sich erhitzt, bei ca. 127⁰ unter heftiger Reaktion; beim Kochen in Nitrobenzollösung entsteht dagegen 2.4.6.2'.4'.6'-Hexanitro-diphenyl; bei Verwendung von (feuchtem ?) Toluol als Verdünnungsmittel bilden sich gleichzeitig kleine Mengen von 1.3.5-Trinitro-benzol (ULLMANN, BIELECKI, B. **34**, 2179). Gibt beim Kochen mit Soda Pikrinsäure (CLEMM, J. pr. [2] 1, 155). Liefert beim Erhitzen mit Natriumsuperoxyd in Wasser [2.4.6-Trinitro-phenyl]-natriumperoxyd $(O_2N)_3C_6H_2 \cdot O \cdot ONa$ (VOSWINKEL, D. R. P. 96855; C. **1898** II, 160). Bei der Einw. von Natriumnitrit in wäßr. Acetonlösung entsteht Pikrinsäure (KYM, B. **34**, 3313). Pikrylchlorid gibt mit Ammoniak 2.4.β-Trinitro-anilin (CL.). Liefert beim Erhitzen mit salzsaurem Hydroxylamin in Alkohol unter Zugabe von Natriumacetat 4.5-Dinitroso-1.3-dinitro-benzol; ohne Zusatz von Natriumacetat entsteht 2.4.6-Trinitro-phenylhydroxylamin (NIETZKI, DIETSCHY, B. **34**, 55). Reagiert mit Hydrazinhydrat in Alkohol unter Bildung von 2.4.6-Trinitro-phenylhydrazin (PURGOTTI, G. **24** I, 113; CURTIUS, DEDICHEN, J. pr. [2] **50**, 271). — Verbindet sich mit aromatischen Kohlenwasserstoffen zu Additionsprodukten (LIEBERMANN, PALM, B. **8**, 378; BRUNI, Ch. Z. **30**, 569). Liefert mit Natriummethylat in Methylalkohol „3.5-dinitro-4.4-dimethoxy-chinolnitrosaures Natrium" $\begin{smallmatrix} O_2N \cdot C \cdot C(O \cdot CH_3)_2 \cdot C \cdot NO_2 \\ HC \cdot C(:NO \cdot ONa) \cdot CH \end{smallmatrix}$, aus welchem bei der Einw. von Mineralsäure 2.4.6-Trinitro-anisol entsteht (JACKSON, BOOS, Am. **20**, 447; vgl. MEISENHEIMER, A. **323**, 222). In ähnlicher Weise läßt sich aus Pikrylchlorid, Äthylalkohol und Natrium (AUSTEN, B. **8**, 666) oder Ätzkali (WILLGERODT, B. **12**, 1277) 2.4.6-Trinitro-phenetol erhalten. Pikrylchlorid reagiert mit Phenolkalium oder Phenolnatrium in Alkohol unter Bildung von 2.4.6-Trinitro-diphenyläther (WILLGERODT, B. **12**, 1278; JACKSON, EARLE, Am. **29**, 213). Kondensiert sich mit Monothiobrenzcatechin in Gegenwart von alkoh. Natronlauge zu Dinitro-phenoxthin $C_6H_4 <\begin{smallmatrix} O \\ S \end{smallmatrix}> C_6H_2(NO_2)$ (MAUTHNER, B. **38**, 1411).

Beim Erhitzen von Pikrylchlorid mit Salicylaldehyd und alkoh. Natronlauge entsteht Pikryläthersalicylaldehyd $(O_2N)_3C_6H_2 \cdot O \cdot C_6H_4 \cdot CHO$ (PURGOTTI, G. **26** II, 554). Beim Kochen mit Natriumsalicylsäuremethylester in Toluol entsteht Pikryläther-salicylsäuremethylester (PU., G. **26** II, 556). Mit den Natriumverbindungen der Glykolsäureäthylesters und des Milchsäureesters reagiert Pikrylchlorid nicht (PU., G. **26** II, 555). Reagiert in alkoholisch-benzolischer Lösung mit Natriummalonester unter Bildung von [2.4.6-Trinitro-phenyl]-malonester (JACKSON, SOCH, Am. **18**, 134). Beim Erwärmen von Pikrylchlorid mit Benzolsulfinsäure in Alkohol entsteht 2.4.6-Trinitro-diphenylsulfon (ULLMANN, PASDERMADJIAN, B. **34**, 1151). Pikrylchlorid reagiert mit Kaliumcyanat und Äthylalkohol unter Bildung von Pikryluretkan $(O_2N)_3C_6H_2 \cdot NH \cdot CO_2 \cdot C_2H_5$ und zur Kohlensäure-äthylester-pikrylester-pikrylimid $(O_2N)_3C_6H_2 \cdot N:C(O \cdot C_2H_5) \cdot O \cdot C_6H_2(NO_2)_3$ (CROCKER, LOWE, Soc. **85**, 651). Liefert mit Ammoniumthiocyanat oder Bleithiocyanat und Alkoholen Thiokohlensäure-O-alkylester-S-pikrylester-pikrylimid $(O_2N)_3 C_6H_2 \cdot N:C(O \cdot R) \cdot S \cdot C_6H_2(NO_2)_3$ (CR., Soc. **81**, 436; CR., LO., Soc. **85**, 648). Bei der Einw. von Pikrylchlorid auf Benzaldoxim in alkoh. Lösung entstehen Benzaldehyd und Pikramid (CIUSA, R. A. L. [5] **18** II, 66). Pikrylchlorid reagiert mit Benzalazin in siedendem Alkohol unter Bildung von Benzal-pikrylhydrazin und Benzaldehyd; analog verläuft die Reaktion mit Piperonalazin (CIUSA, AGOSTINELLI, R. A. L. [5] **15** II, 239; G. **37** I, 216). Aus Pikrylchlorid und Anilin entsteht Pikrylanilin (CLEMM, B. **3**, 126; J. pr. [2] 1, 158). Analoge Pikrylverbindungen entstehen aus vielen anderen aromatischen Aminen, wie den Chloranilinen, den Nitranilinen, den Aminobenzoesäuren (WEDEKIND, B. **33**, 426). Pikrylchlorid bildet mit α-Methylamin ein sehr labiles Additionsprodukt, welches in Berührung mit organischen Solvenzien leicht in Pikrylnaphthylamin übergeht (BAMBERGER, MÜLLER, B. **33**, 102, 109). Diphenylamin reagiert mit Pikrylchlorid unter Bildung des Additionsproduktes $(C_6H_5)_2NH + 2(O_2N)_3 C_6H_2Cl$ (HERZ, B. **23**, 2540; WED., B. **33**, 428). Carbazol bildet ebenfalls ein Additionsprodukt mit 2 Mol. Pikrylchlorid (WED.). Vergleichende Untersuchung über die Verkettung bezw. Assoziation mit verschiedenen aromatischen Aminen: WEDEKIND, B. **33**, 426. Aus Pikrylchlorid und Benzylidenanilin in siedendem Alkohol entsteht Pikrylanilin und Benzaldehyd (CI., A., R. A. L. [5] **15** II, 239; G. **37** I, 217). Pikrylchlorid liefert mit Methylhydrazin Methyl-pikrylhydrazin (v. BRÜNING, A. **253**, 13), mit sym. Dimethylhydrazin Dimethyl-pikrylhydrazin (KNORR, KÖHLER, B. **39**, 3264). Mit Phenylhydrazonen der aliphatischen Aldehyde und Ketone bildet sich unter Abspaltung des Aldehyd- bezw. Ketonrestes symm. Phenylpikrylhydrazin (CI., A., R. A. L. [5] **15** II, 238; G. **37** I, 214). Die Phenylhydrazone der aromatischen Aldehyde liefern Additionsverbindungen mit je 2 Mol. Pikrylchlorid (CI., A., R. A. L. [5] **16** I, 411; G. **37** I, 1). — Pikrylchlorid färbt in neutralem wäßr. Bade Wolle orangerot, Seide orangegelb (SOMMERHOFF, C. **1905** I, 1750).

Verbindung von Pikrylchlorid mit Benzol $C_6H_2Cl(NO_2)_3 + C_6H_6$. Blaßgelbe Säulen, die an der Luft äußerst rasch verwittern (MERTENS, B. **11**, 844).

Verbindung $C_6H_2O_8N_3$. B. Bei 2-stdg. Kochen von 3 g Pikrylchlorid mit 4 g KI und Eisessig oder Ameisensäure (WILLGERODT, B. **24**, 592; J. pr. [2] **45**, 147). — Nadeln (aus Wasser). F: 122°. Löslich in allen organischen Lösungsmitteln. Sehr beständig gegen Oxydationsmittel, gegen PCl$_5$ und Acetylchlorid. Zersetzt sich nicht beim Aufkochen mit konz. Schwefelsäure. Beim Kochen mit Kali entweicht NH$_3$. — Verbindung mit Naphthalin

$C_6H_3O_5N_3 + C_{10}H_8$. Blaßgelbe Nadeln. F: 150—151⁰. — Verbindung mit Acenaphthen $C_6H_3O_5N_3 + C_{12}H_{10}$. Gelbe Nadeln. F: 168⁰. — Verbindung mit Anthracen $C_6H_3O_5N_3 +$ $C_{14}H_{10}$. Gelbe Nadeln (aus Alkohol). F: 160⁰. — Verbindung mit Anilin $C_6H_3O_5N_3 + C_6H_7N$. Rote Prismen oder Nadeln. F: 125—126⁰. Verliert bei 100⁰ rasch alles Anilin. — Verbindung mit p-Toluidin $3C_6H_3O_5N_3 + 2C_7H_9N$. Blaubraune Nadeln. F: 101—102⁰.

2.4-Dichlor-1.3.5-trinitro-benzol $C_6HO_6N_3Cl_2 = C_6HCl_2(NO_2)_3$. *B.* Aus 2.4-Dichlor-1.3-dinitro-benzol durch ein Gemisch von gleichen Teilen Salpetersäure (D: 1,54) und Schwefelsäure (D: 1,8) auf dem Wasserbade, neben wenig 2.4-Dinitro-resorcin (KÖRNER, CONTARDI, *R. A. L.* [5] **18** I, 101). Beim Kochen von 4.6-Dichlor-1.3-dinitro-benzol mit einem Gemisch von rauchender Salpetersäure und rauchender Schwefelsäure (Bad. Anilin- u. Sodaf., *D. R. P.* 137108; *C.* **1902** II, 1486; SUDBOROUGH, PICTON, *Soc.* **89**, 591). — Fast farblose Prismen (aus Alkohol). F: 128—129⁰ (B. A. u. S.), 128⁰ (S., P.), 127⁰ (K., C.). — Liefert mit alkoh. Ammoniak 2.4.6-Trinitro-1.3-diamino-benzol (K., C.).

2.4.6-Trichlor-1.3.5-trinitro-benzol $C_6O_6N_3Cl_3 = C_6Cl_3(NO_2)_3$. *B.* Beim Kochen von 1.3.5-Trichlor-benzol mit Salpetersäure (D: 1,505) und rauchender Schwefelsäure (JACKSON, WING, *Am.* **9**, 354; J., SMITH, *Am.* **32**, 171). Aus 2.4.6-Trichlor-1.3-dinitro-benzol durch 18-stdg. Kochen mit einem Gemisch aus 25 ccm rauchender Salpetersäure (D: 1,5) und 10 ccm Schwefelsäure (D: 1,876) unter Rückfluß (J., CARLTON, *Am.* **31**, 365). — Nadeln (aus Alkohol). F: 187⁰; leicht löslich in Äther, CS_2, Chloroform, Aceton, Eisessig, Benzol (J., W.). — Gibt bei Einw. von Natriumäthylat Trinitrophloroglucintriäthyläther und etwas Trinitrophloroglucin (J., S.). Einw. von Natrium-Malonester: J., S.

2-Brom-1.3.5-trinitro-benzol, Pikrylbromid $C_6H_2O_6N_3Br = C_6H_2Br(NO_2)_3$. *B.* Durch 3-stdg. Kochen von 25 g 4-Brom-1.3-dinitro-benzol mit 500 ccm rauchender Salpetersäure (D: 1,51) und 200 ccm rauchender Schwefelsäure (D: 1,86); Ausbeute ca. 25 % der Theorie (JACKSON, EARLE, *Am.* **29**, 212). — Gelblichweiße Platten (aus Alkohol). F: 122—123⁰. Leicht löslich in Benzol, löslich in Alkohol, Chloroform, Eisessig, unlöslich in Wasser. — Starke Säuren wirken in der Hitze nicht ein, leicht aber heiße Alkalien. Natriummethylat liefert 2.4.6-Trinitro-anisol.

2.4-Dibrom-1.3.5-trinitro-benzol $C_6HO_6N_3Br_2 = C_6HBr_2(NO_2)_3$. *B.* Aus 2.6-Dibrom-1-nitro-benzol durch überschüssige Salpetersäure bezw. Salpeterschwefelsäure (KÖRNER, CONTARDI, *R. A. L.* [5] **17** I, 473). Aus 4.6-Dibrom-1.3-dinitro-benzol mit einem Gemisch von rauchender Salpetersäure und Schwefelsäure (JACKSON, EARLE, *Am.* **26**, 50). Durch Kochen von 2.4.6-Tribrom-1.3.5-trinitro-benzol mit Na_2SO_3 in benzolhaltigem Alkohol (J., E., *Am.* **26**, 49). — Breite Prismen von blaßgelber Farbe mit grünlichem Schimmer (J., E.). F: 135⁰ (K., C.). Leicht löslich in Äther, löslich in Chloroform, Alkohol, Aceton, unlöslich in Wasser (J., E.). — Durch alkoh. Natronlauge entsteht Styphninsäurediäthyläther (J., E.). Mit alkoholischem Ammoniak bildet sich bei 100⁰ 2.4.6-Trinitro-1.3-diamino-benzol (K., C.).

2.4.6-Tribrom-1.3.5-trinitro-benzol $C_6O_6N_3Br_3 = C_6Br_3(NO_2)_3$. *B.* Aus 20 g 2.4.6-Tribrom-1.3-dinitro-benzol bei 4—5-stdg. Kochen mit 500 ccm Salpetersäure (D: 1,52; frei von nitrosen Gasen) und 200 ccm rauchender Schwefelsäure; man fällt mit Eis, kocht den Niederschlag mit Alkohol aus und krystallisiert ihn aus Chloroform um (JACKSON, WING, *Am.* 10, 284; **12**, 9). — Prismen (aus Benzol). F: 285⁰ (J., WI., *Am.* 10, 285). Sublimiert schon von 175⁰ ab (J., WI., *Am.* 10, 285). Unlöslich in kaltem Alkohol, löslich in Chloroform, leichter in Äther und Benzol (J., WI., *Am.* 10, 285). — Liefert bei Einw. von Na_2SO_3 2.4-Dibrom-1.3.5-trinitro-benzol (J., EARLE, *Am.* **26**, 49). Liefert bei längerem Kochen mit Sodalösung Trinitrophloroglucin und 2.4.6-Tribrom-3.5-dinitro-phenol (J., WARREN, *Am.* 16, 32). Gibt mit alkoh. Ammoniak 2.4.6-Trinitro-1.3.5-triamino-benzol (J., WI., *Am.* 10, 287). Natriumäthylat erzeugt in der Kälte 2.4.6-Tribrom-5-nitro-resorcindiäthyläther und, namentlich in Gegenwart von Benzol, Trinitrophloroglucintriäthyläther (J., WA., *Am.* 15, 611). Liefert mit Phenolnatrium Trinitrophloroglucintriphenyläther (J., WA., *Am.* 13, 189). Gibt bei Einw. von Natriummalonester 3-Brom-2.4.6-trinitro-phenylmalonester, Trinitrophenylen-bis-malonester $(O_2N)_3C_6H[CH(CO_2 \cdot C_2H_5)_2]_2$ und symm. Äthantetracarbonsäuretetraäthylester (J., MOORE, *Am.* **12**, 9).

2-Jod-1.3.5-trinitro-benzol, Pikryljodid $C_6H_2O_6N_3I = C_6H_2I(NO_2)_3$. *B.* Aus 2-Chlor-1.3.5-trinitro-benzol und KI in Gegenwart von Alkohol (HEPP, *A.* **215**, 361). — Goldgelbe Nadeln. Tetragonal (FELS, *Z. Kr.* **32**, 384). F: 164—165⁰ (F.), 164⁰ (H.). $D^{u.i.}$: 2,285 (F.). — Gibt beim Kochen mit Kalilauge Pikrinsäure (H.).

18*

2-Nitroso-1.3.5-trinitro-benzol $C_6H_2O_7N_4 = (O_2N)_3C_6H_2 \cdot NO$. *B.* Durch Oxydation von 2.4.6-Trinitro-phenylhydroxylamin mit CrO_3 in Eisessig (NIETZKI, DIETSCHY, *B.* **34**, 59). — Grünlichgelbe Blättchen (aus Eisessig). F: 198°. — Wird von konz. Salpetersäure zu einer Verbindung $C_6H_2O_6N_3$ (s. u.) oxydiert.

Verbindung $C_6H_3O_6N_3$ [4-Nitroso-3.5-dinitro-phenol oder 2.6-Dinitro-chinonoxim-(1) ?]. *B.* Durch Erwärmen von 2-Nitroso-1.3.5-trinitro-benzol mit Salpetersäure (D: 1,52) (NIETZKI, DIETSCHY, *B.* **34**, 60). — Gelbe Nadeln (aus Alkohol). F: 110°. Leicht löslich in Alkalien.

1.2.3.5-Tetranitro-benzol[1]) $C_6H_2O_8N_4 = C_6H_2(NO_2)_4$. *B.* Durch allmähliches Eintragen von 20 g 4.5-Dinitroso-1.3-dinitro-benzol in 50 g Salpetersäuremonohydrat und $2^1/_2$- bis 3-stdg. Kochen der Lösung (NIETZKI, DIETSCHY, *B.* **34**, 56). Durch Erhitzen von 2.4.6-Trinitro-phenylhydroxylamin mit Salpetersäure (N., D.). — Gelbe Nadeln (aus Alkohol). F: 116°. Leicht löslich in Alkohol, Äther, Eisessig. — Wird von $SnCl_2$ und Salzsäure zu 1.2.3.5-Tetraamino-benzol reduziert. Liefert eine additionelle Verbindung mit Anilin.

g) Azido-Derivate.

Azidobenzol, Triazobenzol, Phenylazid, Diazobenzolimid $C_6H_5N_3 = C_6H_5 \cdot N\begin{smallmatrix} N \\ \| \\ N \end{smallmatrix}$[2]).

B. Durch Oxydation von Phenyltriazen (Syst. No. 2228) in Äther mit Natriumhypobromitlösung bei −15° (DIMROTH, *B.* **40**, 2388). Bei Einw. von Natriumazid auf Benzoldiazoniumsulfatlösung (NOELTING, MICHEL, *B.* **26**, 86). Beim Behandeln einer Lösung von 1 Mol.-Gew. Benzoldiazoniumchlorid mit einer Lösung von $^1/_2$ Mol.-Gew. $SnCl_2$ (CULMANN, GASIOROWSKI, *J. pr.* [2] **40**, 99). Aus Benzoldiazoniumsalzen mit hydroschwefligsaurem Natrium $Na_2S_2O_4$ (GRANDMOUGIN, *B.* **40**, 422). Aus Benzoldiazoniumperbromid mit wäßr. Ammoniak (GRIESS, *A.* **137**, 65). Beim Eintragen der gemischten Lösungen von Benzoldiazoniumsulfat und salzsaurem Hydroxylamin in kalte verdünnte Sodalösung (E. FISCHER, *A.* **190**, 96). Aus Benzoldiazoniumsalzlösung und Hydrazinlösung (NOE., MI., *B.* **26**, 89; CURTIUS, *B.* **26**, 1265, 1267). Bei der Einw. von salzsaurem Hydrazin auf Benzoldiazoniumnitrat unter Erhitzen in Wasser (E. FI., *A.* **190**, 94). Aus Phenylhydrazin und Benzoldiazoniumperbromid (ODDO, *G.* **20**, 798). Durch Behandlung einer wäßr. Lösung von salzsaurem oder schwefelsaurem Phenylhydrazin mit gelbem Quecksilberoxyd (E. FI., *A.* **190**, 98). Man schüttelt eine wäßr. Emulsion von Phenylhydrazin abwechselnd mit Jod und mit Kalilauge (E. FI., *A.* **190**, 145). Bei der Einw. von H_2O_2 auf Phenylhydrazin (WURSTER, *B.* **20**, 2633). Bei gleichzeitiger Einw. von H_2O_2 und $H_2N \cdot OH$ auf Phenylhydrazin (WU.). Durch Behandlung einer sauren Lösung von salzsaurem Phenylhydrazin mit Natriumnitrit, zuletzt in der Hitze (E. FI., *A.* **190**, 93, 94). Beim Einleiten von NOCl in eine eisessigsaure Lösung von Phenylhydrazin (TILDEN, MILLAR, *Soc.* **63**, 257). Aus N-Nitroso-phenylhydrazin beim Erwärmen mit verd. wäßr. Kalilauge (E. FI., *A.* **190**, 92). Aus N-Nitroso-phenylhydrazin mit alkoh. Salzsäure (O. FISCHER, HEPP, *B.* **19**, 2995). Bei der Einw. von Hydroxylamin und Sauerstoff auf Phenylhydroxylamin (BAMBERGER, *B.* **35**, 3895). Aus Phenylsemicarbazid oder Phenylazocarbonamid beim Behandeln mit alkal. Natriumhypochloritlösung (unter Umlagerung) (DARAPSKY, *B.* **40**, 3038; *J. pr.* [2] **76**, 454). Aus Benzoldiazo-pseudo-semicarbazinocampher

$$C_9H_{14} \begin{smallmatrix} \text{CH} - \!\!\!- N \cdot NH \cdot N \colon N \cdot C_6H_5 \\ \\ \text{C(OH)} \cdot NH \cdot CO \end{smallmatrix}$$

(Syst. No. 3635) und Alkali (FORSTER, *Soc.* **89**, 230).

— *Darst.* Zu einer durch Einwerfen von Eis gekühlten Lösung von 300 g Phenylhydrazin in 450 ccm rauchender Salzsäure + 4 Liter Wasser läßt man eine wäßr. Lösung von Natriumnitrit (etwa 240 g Salz) fließen, bis freie salpetrige Säure nachweisbar ist, hebt die Hauptmenge des Wassers ab, äthert den Rest aus und destilliert im Dampfstrome; Ausbeute 240 g (DIMROTH, *B.* **35**, 1032 Anm.).

Blaßgelbes Öl von bittermandelölartigem Geruch (ODDO, *G.* **20**, 800). Explodiert bei der Destillation unter gewöhnlichem Druck (GRIESS, *A.* **137**, 66). $Kp_{22,24}$: 73,5° (O.); Kp_{14}: 59° (DARAPSKY, *B.* **40**, 3038; *J. pr.* [2] **76**, 454). Mit Wasserdampf flüchtig (GRIESS). D_4^0: 1,12399 (O.); $D_4^{10,4}$: 1,09672 (PERKIN, *Soc.* **69**, 1232); D_0^{16}: 1,0980; D_4^{16}: 1,0932; D_0^{20}: 1,0880; D_4^{20}: 1,0853 (PE., *Soc.* **69**, 1209); $D_4^{20,4}$: 1,0776 (BRÜHL, *Ph. Ch.* **16**, 216); $D^{24,4}$: 1,0896 (PHILIP,

---

[1]) Nach Versuchen von WILL (*B.* **47**, 714), die nach dem für die 4. Aufl. dieses Handbuchs geltenden Literatur-Schlußtermin [1. I. 1910] veröffentlicht sind, ist das Tetranitrobenzol aus der Literatur zu streichen.

[2]) Für Azidoverbindungen wird nach dem für die 4. Auflage geltenden Literatur-Schlußtermin [1. I. 1910] von THIELE (*B.* **44**, 2524) die Formel $R \cdot N \colon N \colon N$ vorgeschlagen.

Soc. **93**, 919). — Unlöslich in Wasser, nicht besonders leicht löslich in Alkohol und Äther (GRIESS). — $n_\alpha^{10,5}$: 1,55457; $n_D^{10,5}$: 1,56104; $n_\beta^{10,5}$: 1,57851 (PE., *Soc.* **69**, 1232). $n_\alpha^{22,5}$: 1,55760; $n_D^{22,5}$: 1,56421; $n_\beta^{22,5}$: 1,58181; $n_\gamma^{22,5}$: 1,59757 (BRÜHL). $n_\alpha^{24,5}$: 1,55227; $n_D^{24,5}$: 1,55886 (PHILIP). — Magnetisches Drehungsvermögen: PE., *Soc.* **69**, 1245.

Diazobenzolimid zersetzt sich bei der Einw. des Sonnenlichts (ODDO, *G.* **20**, 801). Wird von Zink und Schwefelsäure in alkoh. Lösung zu Anilin und NH_3 gespalten (GRIESS, *A.* **137**, 77). Liefert bei der Reduktion mit Natrium in Alkohol Anilin und Stickstoff, mit Natrium-amalgam in Alkohol Hydrazobenzol (CURTIUS, *J. pr.* [2] **52**, 220). Gibt, mit $SnCl_2$ und HCl in wasserfreiem Äther bei −20° reduziert, Phenyltriazen (DIMROTH, *B.* **40**, 2378). Läßt sich zu p-Nitro-diazobenzolimid nitrieren (CULMANN, GASIOROWSKI, *J. pr.* [2] **40**, 116; TILDEN, MILLAR, *Soc.* **63**, 257; MICHAEL, LUEHN, HIGBEE, *Am.* **20**, 386). Konz. Salzsäure und Kalilauge sind in der Kälte ohne Einw. (GRIESS, *A.* **137**, 66; *B.* **19**, 313). Bei längerem Kochen mit konz. Salzsäure entstehen Stickstoff, o- und p-Chlor-anilin (GRIESS, *B.* **19**, 313). Konz. Bromwasserstoffsäure liefert beim Kochen 2.4.6-Tribrom-anilin (WALLACH, *C.* **1899** II, 1050). Konz. Schwefelsäure wirkt explosionsartig ein; beim Kochen mit mäßig verdünnter Schwefelsäure wird p-Amino-phenol gebildet (GRIESS, *B.* **19**, 314). Überschüssiges Brom erzeugt 2.4.6-Tribrom-anilin (CUL., GAS.). Bei der Reaktion mit Hydrazinhydrat entstehen Stickstoff, Ammoniak, Anilin und wenig Benzol (CURTIUS, DEDICHEN, *J. pr.* [2] **50**, 252). — Diazobenzolimid reagiert mit Kaliumcyanid unter Bildung des Kaliumsalzes des Phenylcyantriazens $C_6H_5 \cdot N:N \cdot NH \cdot CN$ (Syst. No. 2228) (WOLFF, LINDENHAYN, *B.* **37**, 2374). Kondensiert sich mit Essigester bei Gegenwart von Natriumäthylat zum Oxy-

phenyltriazol $C_6H_5 \cdot N \underset{C(OH):CH}{\overset{N=\!=\!=N}{\diagdown}}$ (Syst. No. 3872) (DIMROTH, LETSCHE, *B.* **35**, 4057; *A.*

335, 81, 111 Anm.). Gibt mit Benzylcyanid bei Gegenwart von Natriumäthylat 5-Amino-1.4-diphenyl-1.2.3-triazol (Syst. No. 3876) (DI., WERNER, *B.* **35**, 4058). Liefert mit Natrium-Malonsäuredimethylester 5-Oxy-1-phenyl-1.2.3-triazol-carbonsäure-(4)-methylester (Syst. No. 3939) und wenig 4-Oxy-pyrazol-dicarbonsäure-(3.5)-dimethylester (Syst. No. 3692) (DI., EBER-HARDT, *B.* **35**, 4049; *A.* **335**, 29, 107, 112 Anm.). Setzt mit Cyanessigester in Gegenwart von Natriumäthylat zu 5-Amino-1-phenyl-1.2.3-triazol-carbonsäure-(4)-äthylester (Syst. No. 3939) um (DI., WERNER, *B.* **35**, 4059; *A.* **364**, 203). Verbindet sich mit Acetylendicarbonsäure-dimethylester zu 1-Phenyl-1.2.3-triazol-dicarbonsäure-(4.5)-dimethylester (MICHAEL, HIGBEE, *Am.* **20**, 380). Kondensiert sich mit Natrium-Acetessigester zu 5-Methyl-1-phenyl-1.2.3-triazol-carbonsäure-(4)-äthylester (Syst. No. 3899) (DI., *B.* **35**, 1029; *A.* **335**, 112 Anm.). Reagiert mit Methylacetessigester in Gegenwart von Natrium unter Bildung von 5-Oxy-4-methyl-1-phenyl-1.2.3-triazol (Syst. No. 3872) (DI., LETSCHE, *B.* **35**, 4043, 4054; *A.* **335**, 93). Gibt mit Acetophenon und Natriumäthylat 1.5-Diphenyl-1.2.3-triazol-4-azo-acetophenon

$C_6H_5 \cdot N \underset{C(C_6H_5):C \cdot N:N \cdot CH_2 \cdot CO \cdot C_6H_5}{\overset{N=\!=\!=N}{\diagdown}}$ (DI., FRISONI, MARSHALL, *B.* **39**, 3923). Liefert

mit Dypnon und Natriumäthylat 1.5-Diphenyl-4-[α-phenyl-vinyl]-1.2.3-triazol

$C_6H_5 \cdot N \underset{C(C_6H_5):C \cdot C(:CH_2) \cdot C_6H_5}{\overset{N=\!=\!=N}{\diagdown}}$, mit Dibenzoylmethan und Natriummethylat 1.5-Di-

phenyl-4-benzoyl-1.2.3-triazol $C_6H_5 \cdot N \underset{C(C_6H_5):C \cdot CO \cdot C_6H_5}{\overset{N=\!=\!=N}{\diagdown}}$ (DI., FR., MA.). Mit Benzal-

phenylhydrazin und Natrium in Alkohol entsteht Diphenyltetrazol $C_6H_5 \cdot N \underset{N=C \cdot C_6H_5}{\overset{N=N}{\diagdown}}$ (DI., MERZBACHER, *B.* **40**, 2403). Diazobenzolimid reagiert mit Methylmagnesiumjodid unter Bildung von Methylphenyltriazen $C_6H_5 \cdot N:N \cdot NH \cdot CH_3$; mit Phenylmagnesiumbromid entsteht Diazoaminobenzol (DI., *B.* **36**, 909). Analog wirken andere Organomagnesium-verbindungen auf Diazobenzolimid ein (DI., *B.* **38**, 670; DI., EBLE, GRUHL, *B.* **40**, 2399). Diazobenzolimid wirkt stark antipyretisch und schmerzstillend (ODDO, *G.* **21** II, 238).

4-Chlor-1-azido-benzol, p-Chlor-diazobenzolimid $C_6H_4N_3Cl = C_6H_4Cl \cdot N_3$. *B.* Aus p-Chlor-benzoldiazoniumperbromid mit NH_3 (GRIESS, *J. pr.* [1] **101**, 82; *J.* **1866**, 455). Aus p-Chlor-benzoldiazo-pseudo-semicarbazinocampher (Syst. No. 3635) mit Alkali (FORSTER, *Soc.* **89**, 236). — Krystalle. Leicht schmelzbar (G.).

4-Brom-1-azido-benzol, p-Brom-diazobenzolimid $C_6H_4N_3Br = C_6H_4Br \cdot N_3$. *B.* Aus p-Brom-benzoldiazoniumperbromid mit Ammoniak (GRIESS, *J. pr.* [1] **101**, 84; *J.* **1866**, 453). Aus p-Brom-phenylazocarbonamid mit alkal. Hypochloritlösung (unter Umlagerung) (DARAPSKY, *B.* **40**, 3036; *J. pr.* [2] **76**, 457). Aus p-Brom-benzoldiazo-pseudo-semicarbazino-campher (Syst. No. 3635) mit Alkali (FORSTER, *Soc.* **89**, 237). — *Darst.* Durch Einw. einer wäßr. Lösung von hydroxylamindisulfonsaurem Kalium (1:40) auf p-Brom-benzoldiazoniumchlorid (Rupe, v. Majewski, B. 33, 3409). — Blätter. F: 20° (G.). Kp$_{20}$: 118° (Da.). Mit Wasserdampf flüchtig (G.). Unlöslich in Wasser, schwer löslich in Alkohol, leicht in Äther und Benzol (G.). — Gibt mit Methylmagnesiumjodid Methyl-p-brom-phenyl-triazen (Dimroth, Eble, Gruhl, B. 40, 2397).

2.4-Dibrom-1-azido-benzol, 2.4-Dibrom-diazobenzolimid $C_6H_3N_3Br_2 = C_6H_3Br_2 \cdot N_3$. B. Aus 2.4-Dibrom-benzoldiazoniumperbromid mit Ammoniak (Griess, J. pr. [1] 101, 82, 85; J. 1866, 454). — Nadeln (aus Alkohol). F: 62°. Sehr wenig löslich in Wasser, leichter in heißem Alkohol, sehr leicht in Äther.

2.4.6-Tribrom-1-azido-benzol, 2.4.6-Tribrom-diazobenzolimid $C_6H_2N_3Br_3 = C_6H_2Br_3 \cdot N_3$. B. Aus diazotiertem 2.4.6-Tribrom-anilin mittels Natriumazids (Forster, Fierz, Soc. 91, 1952). — Nadeln (aus Alkohol). F: 72°. Mit Dampf nicht flüchtig. Färbt sich schnell am Licht.

4-Jod-1-azido-benzol, p-Jod-diazobenzolimid $C_6H_4N_3I = C_6H_4I \cdot N_3$. B. Aus p-Jod-benzoldiazoniumperbromid mit Ammoniak (Griess, J. pr. [1] 101, 82, 86; J. 1866, 456). — Gelbliche Krystalle. Leicht schmelzbar. Mit Wasserdampf flüchtig.

2-Nitro-1-azido-benzol, o-Nitro-diazobenzolimid $C_6H_4O_2N_4 = O_2N \cdot C_6H_4 \cdot N_3$. B. Aus o-Nitro-benzoldiazoniumperbromid und NH$_3$ (Noelting, Grandmougin, Michel, B. 25, 3338; Zincke, Schwarz, A. 307, 35). Beim Versetzen einer o-Nitro-benzoldiazoniumsulfat-Lösung mit Natriumazid (N., M., B. 26, 87). Beim Eingießen einer o-Nitro-benzoldiazoniumacetat-Lösung in eine mit Natriumacetat versetzte Hydrazinlösung (N., M., B. 26, 90). Beim Eintragen von o-Nitro-benzoldiazoniumacetat-Lösung in eine eiskalte Lösung von salzsaurem O-Benzyl-hydroxylamin und Natriumacetat (Bamberger, Renauld, B. 30, 2288). Aus o-Nitro-phenylhydrazin beim Behandeln der salzsauren Lösung mit Natriumnitrit unter Kühlung (Zincke, Schwarz, A. 307, 36). Aus o-Nitro-benzoldiazonium-pseudo-semicarbazinocampher (Syst. No. 3635) mit Alkali (Forster, Soc. 89, 233). — Gelbe Nadeln (aus Benzol-Alkohol). F: 51—52° (N., G., M.), 53° (Z., Sch.). Leicht löslich in Alkohol, Eisessig und Benzol, löslich in Äther (Z., Sch.). — Gibt beim Erhitzen im Wasserbade ,,o-Dinitroso-benzol'' (s. bei o-Chinondioxim, Syst. No. 670) (N., Kohn, Ch. Z. 18, 1095; Z., Sch.). Liefert beim Kochen mit alkoh. Kali o-Nitranilin, N$_3$H usw. (N., G., M.). Bei der Einw. von Schwefelsäure entsteht 3-Nitro-4-amino-phenol (Kehrmann, Gauhe, B. 30, 2137; 31, 2403).

3-Nitro-1-azido-benzol, m-Nitro-diazobenzolimid $C_6H_4O_2N_4 = O_2N \cdot C_6H_4 \cdot N_3$. B. Aus m-Nitro-benzoldiazoniumperbromid mit NH$_3$ (Noelting, Grandmougin, Michel, B. 25, 3338). Beim Versetzen einer m-Nitro-benzoldiazoniumsulfat-Lösung mit Natriumazid (N., Mi., B. 26, 87). Beim Eingießen einer m-Nitro-benzoldiazoniumsulfat-Lösung in eine mit Natriumacetat versetzte Hydrazinlösung (N., Mi., B. 26, 90). Aus m-Nitro-benzoldiazo-pseudo-semicarbazinocampher (Syst. No. 3635) mit Alkali (Forster, Soc. 89, 233). — Darst. Durch Einw. einer wäßr. Lösung von hydroxylamindisulfonsaurem Kalium (1:40) auf m-Nitro-benzoldiazoniumchlorid (Rupe, v. Majewski, B. 33, 3409). — Weiße Nadeln (aus verd. Alkohol). F: 55° (N., G., Mi.), 52° (R., v. Ma.). Leicht flüchtig mit Wasserdampf (N., G., Mi.). Leicht löslich in Alkohol, Äther, Benzol, CS$_2$, unlöslich in Wasser (N., G., Mi.). — Spaltet beim Erhitzen mit alkoholischer Kalilauge nicht N$_3$H ab (N., G., Mi.). Gibt bei der Einw. von Schwefelsäure 2-Nitro-4-amino-phenol und 4-Nitro-2-amino-phenol (Kehrmann, Idzkowska, B. 32, 1065).

4-Nitro-1-azido-benzol, p-Nitro-diazobenzolimid $C_6H_4O_2N_4 = O_2N \cdot C_6H_4 \cdot N_3$. B. Aus gut gekühltem Diazobenzolimid durch allmähliche Zugabe eines Gemisches von dem doppelten Gewicht rauchender Salpetersäure und dem gleichen Gewicht konz. Schwefelsäure; man läßt 1 Stde. lang unter Eiskühlung stehen (Culmann, Gasiorowski, J. pr. [2] 40, 116, 117; vgl. Tilden, Millar, Soc. 63, 257; Michael, Luehn, Higbee, Am. 20, 386). Aus p-Nitro-benzoldiazoniumperbromid und NH$_3$ (Griess, J. 1866, 456; Noelting, Grandmougin, Michel, B. 25, 3329). Beim Versetzen einer Lösung von p-Nitro-benzol-diazoniumsulfat mit Natriumazid (N., Michel, B. 26, 87). Beim Eingießen einer p-Nitro-benzoldiazoniumsulfat-Lösung in eine mit Natriumacetat versetzte Hydrazinlösung (N., Michel, B. 26, 90). Beim Eintragen von p-Nitro-benzoldiazoniumacetat-Lösung in eine eiskalte Lösung von salzsaurem O-Benzyl-hydroxylamin und Natriumacetat (Bamberger, Renauld, B. 30, 2288). Beim Erhitzen von p-Nitro-diazobenzol-benzoylhydrazin (C$_6$H$_5 \cdot$CO$\cdot$NH$\cdot$NH$\cdot$N: N$\cdot$ C$_6$H$_4 \cdot$ NO$_2$ oder H$_2$N$\cdot$N(CO$\cdot$C$_6$H$_5$): N: N$\cdot$C$_6$H$_4 \cdot$ NO$_2$ (Syst. No. 2248) mit Wasser oder mit Alkohol (v. Pechmann, B. 29, 2169). Aus p-Nitro-phenylsemicarbazid oder p-Nitro-phenylazocarbonamid mit alkalischer Hypochloritlösung (unter Umlagerung) (Darapsky, B. 40, 3036; J. pr. [2] 76, 459). Aus p-Nitro-benzoldiazo-pseudo-semicarbazinocampher (Syst. No. 3635) mit Alkali (Forster, Soc. 89, 234). — Darst. Analog der m-Verbindung (s. o.) (Rupe, v. Majewski, B. 33, 3409). — Farblose Blättchen (aus verd. Alkohol) (Cul., Gas.; N., Gra.,

MICHEL; DA.). Färbt sich am Licht bald gelb (CUL., GAS.; N., GRA., MICHEL). F: 74° (N., GRA., MICHEL), 72—73° (MICHAEL, L., H.), 71° (GRIESS; B., R.; DA.). Mit Wasserdampf flüchtig (N., GRA., MICHEL). Sehr leicht löslich in heißem Alkohol, Äther, Benzol, Eisessig, CS₂, sehr wenig in kaltem Wasser (N., GRA., MICHEL). — Gibt mit Zinn und Salzsäure p-Phenylendiamin (CU., GAS.; N., GRA., MICHEL). Keim Kochen mit alkoh. Kali entstehen p-Nitranilin, p-Azoxy-phenetol, Stickstoff und N₃H (N., GRA., MICHEL). Hydrazinhydrat wirkt lebhaft ein und erzeugt p-Nitranilin, Nitrobenzol, Stickstoff und NH₃ (CURTIUS, DEDICHEN, J. pr. [2] 50, 251). Beim Erwärmen mit Schwefelsäure wird 5-Nitro-2-aminophenol gebildet (FRIEDLÄNDER, ZEITLIN, B. 27, 196).

2.6-Dibrom-4-nitro-1-azido-benzol, 2.6-Dibrom-4-nitro-diazobenzolimid C₆H₂O₂N₄Br₂ = O₂N·C₆H₂Br₂·N₃. B. Aus 2.6-Dibrom-4-nitro-benzoldiazoniumperbromid mit Ammoniak (NOELTING, GRANDMOUGIN, MICHEL, B. 25, 3333). — Nadeln (aus verd. Alkohol). F: 68°. Flüchtig mit Wasserdampf. Leicht löslich in Alkohol, Chloroform, Benzol, CS₂. — Mit Zinn und Salzsäure entsteht 2.6-Dibrom-1.4-diamino-benzol. Alkoholisches Kali liefert Stickstoff, N₃H, 2.6-Dibrom-4-nitro-anilin, 2.6-Dibrom-4-nitro-phenol, Tetrabromazoxyphenol(?) und eine bei 105—115° schmelzende Verbindung.

2.4-Dinitro-1-azido-benzol, 2.4-Dinitro-diazobenzolimid C₆H₃O₄N₅ = (O₂N)₂C₆H₃·N₃. B. Aus o-Nitro-diazobenzolimid durch Nitrierung mit Salpetersäure (D: 1,52) (DROST, A. 307, 64). Aus p-Nitro-diazobenzolimid durch Nitrierung (DR.). Aus 2.4-Dinitro-benzoldiazoniumperbromid mit NH₃ (NOELTING, GRANDMOUGIN, MICHEL, B. 25, 3339; DR.). Aus 2.4-Dinitro-benzoldiazoniumsulfat-Lösung mit Natriumazid (N., M., B. 26, 87). Aus 2.4-Dinitro-benzoldiazoniumsulfat-Lösung beim Eingießen in eine mit Natriumacetat versetzte Hydrazinlösung (N., M., B. 26, 90). Aus der N-Nitrosoverbindung des 2.4-Dinitro-phenylhydrazins beim Aufbewahren im Exsiccator (CURTIUS, DEDICHEN, J. pr. [2] 50, 264). — Hellgelbe, fast weiße Nadeln (aus verd. Essigsäure) (DR.). F: 69° (DR.), 65° (N., M.), 57—58° (PURGOTTI, G. 24 I, 564), 56° (C., DR.). Unlöslich in Wasser, leicht löslich in den meisten anderen Lösungsmitteln (N., M.). — Geht beim Erwärmen in „3.4-Dinitroso-1-nitro-benzol" (Syst. No. 670) über (N., KOHN, Ch. Z. 18, 1095; DR.). Zerfällt beim Kochen mit Kalilauge in N₃H und 2.4-Dinitro-phenol (N., G., M.).

2.4.6-Trinitro-1-azido-benzol, 2.4.6-Trinitro-diazobenzolimid C₆H₂O₆N₆ = (O₂N)₃C₆H₂·N₃. B. Durch Einleiten nitroser Gase in die konz. schwefelsaure Lösung von Pikrylhydrazin bei 0° (PURGOTTI, G. 24 I, 575). — Gelbe Nadeln. Schmilzt gegen 70°. Wenig löslich in CHCl₃. — Beim Behandeln mit alkoh. Kali entsteht N₃H.

1.3-Diazido-benzol, m-Diazido-benzol, m-Bis-triazo-benzol C₆H₄N₆ = N₃·C₆H₄·N₃. B. Man löst 6 g salzsaures m-Phenylendiamin in 50 ccm 50%iger Schwefelsäure, fügt 4 g Natriumazid hinzu, diazotiert mit 6 g Natriumnitrit und setzt weitere 4 g Natriumazid hinzu (FORSTER, FIERZ, Soc. 91, 1953). — Gelbliche Nadeln. F: 5°. Mit Wasserdampf flüchtig. — Konz. Schwefelsäure zersetzt unter Feuererscheinung; 80%ige Schwefelsäure spaltet ²/₃ des Stickstoffs ab.

1.4-Diazido-benzol, p-Diazido-benzol, p-Bis-triazo-benzol, „Hexaazobenzol" C₆H₄N₆ = N₃·C₆H₄·N₃. B. Aus p-Amino-diazobenzolimid durch Diazotierung, Überführung in das Diazoniumperbromid und Behandeln mit NH₄ (GRIESS, B. 21, 1560; SILBERRAD, SMART, Soc. 89, 171). — Hellgelbe Täfelchen (aus Äther). F: 83° (G.). Explodiert äußerst heftig beim Erhitzen (G.). Läßt sich mit Wasserdämpfen leicht verflüchtigen (G.). Unlöslich in Wasser, schwer löslich in Alkohol, sehr leicht in Äther und CHCl₃ (G.).

h) „Phosphino-Derivate" usw.

Verbindung C₆H₅O₃P = C₆H₅·PO₃ („Phosphinobenzol") ist als Anhydroverbindung bei C₆H₅·PO(OH)₂, Syst. No. 2288, eingeordnet; s. daselbst auch substituierte „Phosphinoverbindungen".

Verbindung C₆H₅OAs = C₆H₅·AsO und **Verbindung** C₆H₅SAs = C₆H₅·AsS s. bei C₆H₅·As(OH)₂, Syst. No. 2317.

Verbindung C₆H₅O₂As = C₆H₅·AsO₂ und **Verbindung** C₆H₄O₂NS₂As = O₂N·C₆H₄·AsS₂ s. bei C₆H₅·AsO(OH)₂, Syst. No. 2322.

Verbindung C₆H₅OSb = C₆H₅·SbO und **Verbindung** C₆H₅SSb = C₆H₅·SbS s. Syst. No. 2331.

2. *Fulven* C_6H_6. Bezeichnung für *Methylencyclopentadien* $\begin{array}{c} HC:CH \\ HC:CH \end{array}{>}C:CH_2$

(THIELE, *B.* **33**, 667). Bezifferung für Namen, welche von Fulven abgeleitet werden:

$\begin{array}{c} HC=CH \\ |\ ^4\ ^5 \\ |_3\ ^2| \\ HC=CH \end{array}$, $C=CH_2(\omega)$.

2. Kohlenwasserstoffe C_7H_8.

1. *Cycloheptatrien-(1.3.5), Tropiliden* $C_7H_8 = \begin{array}{c} HC \cdot CH:CH \\ HC \cdot CH:CH \end{array}{>}CH_2$. Zur Konstitution vgl. WILLSTÄTTER, *B.* **31**, 1544; *A.* **317**, 217. — *B.* Bei der Destillation von des-Methyltropin-jodmethylat $\begin{array}{c} HC \cdot CH(OH) \cdot CH_2 \\ HC \cdot CH_2 {-\!\!-} CH_2 \end{array}{>}CH \cdot N(CH_3)_3I$ (Syst. No. 1824) mit Kali und in geringer Menge bei der Destillation des entsprechenden Hydroxymethylats mit Wasserdampf (LADENBURG, *A.* **217**, 131, 133). Bei der Destillation von Tropin (Syst. No. 3108) mit Natronkalk (L., *A.* **217**, 115). Aus α-des-Methyltropidin-jodmethylat $\begin{array}{c} HC \cdot CH:CH \\ HC \cdot CH_2 \cdot CH_2 \end{array}{>}CH \cdot N(CH_3)_3I$ (Syst. No. 1596) durch Kochen der mit Silberoxyd versetzten wäßr. Lösung (MERLING, *B.* **24**, 3121). Aus dem 3.7-Dibrom-cyclohepten-(1) durch Erwärmen mit Chinolin auf 150—165° (W., *B.* **34**, 135; *A.* **317**, 259). Synthese, ausgehend vom Suberon (Syst. No. 612): W., *A.* **317**, 204. — Lauchartig (zugleich an Toluol erinnernd) riechende Flüssigkeit. Erstarrt nicht in einer Mischung von festem Kohlendioxyd und Äther (W., *A.* **317**, 260). Kp_{744}: 116° (korr.) (W., *A.* **317**, 260); Kp_{748}: 117° (M.). D_0^0: 0,9082 (W., *B.* **34**, 135; *A.* **317**, 261), 0,9129 (L.); $D^{11.5}$: 0,8929 (J. EIJKMAN, *A.* **317**, 262); $D^{19.5}$: 0,8876 (E., *B.* **25**, 3072). $n_\alpha^{11.5}$: 1,51751; $n_\beta^{11.5}$: 1,53688 (E., *A.* **317**, 262); $n_\alpha^{19.5}$: 1,52135; $n_\beta^{19.5}$: 1,54124 (E., *B.* **25**, 3072). Molekularrefraktion und -dispersion: E., *B.* **25**, 3072; *A.* **317**, 262. — Verharzt beim Stehen an der Luft, dagegen nicht in zugeschmolzenen Gefäßen (W., *A.* **317**, 261). Chromsäuregemisch erzeugt Benzoesäure und Benzaldehyd (M.). Brom erzeugt ein öliges Dibromid, das bei 100° in HBr und Benzylbromid zerfällt (M.). Läßt sich weder mit Benzophenon oder Oxalester kondensieren, noch liefert es beim Kochen mit Kalium und Benzol eine Kaliumverbindung (THIELE, *A.* **319**, 229). Gibt in alkoh. Lösung mit H_2SO_4 dunkelbraunrote, mit Natriumäthylat dunkelbraune Färbung (W., *A.* **317**, 261).

2. *Methylbenzol. Toluol* (Toluen) $C_7H_8 = C_6H_5 \cdot CH_3$.

. Bezifferung: $\begin{array}{cc} &^5\ ^6 \\ 4 & 1 \\ &_3\ _2 \end{array}1 -C(1^1 = \omega)$.

Geschichtliches.

1837 von PELLETIER, WALTER (*A. ch.* [2] **67**, 269) in den Abfällen der Bereitung von Leuchtgas aus Harz und 1841 von H. SAINTE-CLAIRE-DEVILLE (*A. ch.* [3] **3**, 168) unter den Produkten der Destillation von Tolubalsam entdeckt, von PEL., WA. Rétinnaphthe, von ST.-CL.-DEV. Benzoen benannt. BERZELIUS (*Berzelius' Jahresber.* **22**, 354) identifizierte die beiden Produkte und wählte aus Analogie mit Benzin den Namen Toluin, der dann von MUSPRATT, HOFMANN (*A.* **54**, 9) im Hinblick auf den neuen Namen Benzol (vgl. S. 179) in Toluol geändert wurde.

Vorkommen.

Im galizischen Erdöl (LACHOWICZ, *A.* **220**, 199). In rumänischem Erdöl, z. B. von Berka (EDELEANU, FILITI, *Bl.* [3] **23**, 388; ED., *C.* **1901** I, 1070), in solchem von Colibasi (PONI, *C.* **1900** II, 452; **1901** I, 60; **1902** II, 1370), von Campina (PONI, *C.* **1907** II, 556). In russischen Erdölen: von Bibi-Eibat (DOROSCHENKO, Ж. **17**, 289; *B.* **18** Ref., 662), von Balachany (MARKOWNIKOW, *A.* **234**, 94), von Zarskije Kolodzy (Gouv. Tiflis) (in kleinen Mengen) (BEILSTEIN, KURBATOW, *B.* **14**, 1621), von Grosny (MARKOWNIKOW, Ж. **34**, 636; GERR, *Petroleum* 2, 714). In ostindischem Erdöl von Burmah (Rangoontee) (WARREN DE LA RUE, H. MÜLLER, *J. pr.* [1] **70**, 302), im Erdöl von Borneo (JONES, WOOTTON, *Soc.* **91**, 1148). In pennsylvanischem Erdöl (SCHORLEMMER, *Soc.* **16**, 216; *A.* **127**, 311; YOUNG, *Soc.* **73**, 906). Im californischen Erdöl, z. B. von Fresno county (MABERY, HUDSON, *Am.* **25**, 258). Über Vorkommen von Toluol in Erdölen s. ferner ENGLER in ENGLER und v. HÖFER, Das Erdöl, Bd. I [Leipzig 1913], S. 360.

Bildung, Darstellung.

Bei der trocknen Destillation der Steinkohle (vgl. dazu HEUSLER, *B.* **30**, 2744); ist daher im Steinkohlenteer (MANSFIELD, *Soc.* 1, 266; *A.* **69**, 178; RITTHAUSEN, *J. pr.* [1] **61**, 77) und im Leuchtgase (COUERBE, *J. pr.* [1] **18**, 174) enthalten. Beim Leiten von höhersiedenden Braun- und Steinkohlenteerölen (LIEBERMANN, BURG, *B.* **11**, 723) oder von ebensolchen Fichtenholzteerölen (ATTERBERG, *B.* **11**, 1222) oder von Petroleumrückständen (LETNY, *B.* 10, 1210; *D.* **229**, 355, 358; vgl. DE BOISSIEU, *Ch. Z.* 17, 70) durch rotglühende, mit Holzkohle oder anderen Stoffen gefüllte Retorten oder Röhren. Bei der destruktiven Destillation von Braunkohlenteeröl (SCHULTZ, WÜRTH, *C.* **1905** I, 1444; vgl. HEUSLER, *B.* **25**, 1673). Bei der Cracking-Destillation von hochsiedenden (über 300⁰) Anteilen eines galizischen Erdöles (ENGLER, GRÜNING, *B.* **30**, 2917). Bei der Darst. von Petroleumgas (RUDNEW, *D.* **239**, 72; ARMSTRONG, MILLER, *J.* **1866**, 2153), ist daher auch in diesem enthalten (WILLIAMS, *Chem. N.* **49**, 197; ARM., *J.* **1884**, 1816). Bei der trocknen Destillation des Holzes; daher im rohen Holzgeist (CAHOURS, *C. r.* **30**, 320; *A.* **76**, 286) und im Holzteer (VÖLCKEL, *A.* **86**, 335) enthalten. Bei der trocknen Destillation des Tolubalsams (Syst. No. 4745) (DEVILLE, *A. ch.* [3] **3**, 168), des Drachenbluts (Syst. No. 4741) (GLÉNARD, BOUDAULT, *C. r.* **19**, 505), des Harzes von Pinus maritima (PELLETIER, WALTER, *A. ch.* [2] **67**, 278). Bei der Zersetzung von Terpentinöl (SCHULTZ, *B.* 10, 115) oder von Diterebenthyl (Syst. No. 473) (RENARD, *C. r.* **106**, 856) in einer dunkelrotglühenden eisernen Röhre. Bei der Wasserdampfdestillation des finnländischen Kienöls, das durch trockne Destillation der Wurzeln abgestorbener Stämme von Pinus silvestris und Pinus abies erhalten wird (ASCHAN, *Z. Ang.* **20**, 1815). Bei der Destillation von Harzessenz (KELBE, *B.* **13**, 1830; RENARD, *J.* **1883**, 1766; *A. ch.* [6] 1, 248; vgl. auch SMITH, *B.* **9**, 9⁵1). Aus Fischtran (vom Menhaden-Fisch) durch Destillation unter Druck (ENGLER, LEHMANN, *B.* 30, 2368; vgl. auch WARREN, STORER, *J. pr.* [1] **102**, 438). — Durch Erhitzen von Dibenzyl, neben Stilben (DREHER, OTTO, *A.* **154**, 177; *Z.* **1870**, 21; BARBIER, *C. r.* **78**, 1770). Bildet das Hauptprodukt der Zersetzung von Xylol (aus Steinkohlenteer, Kp: um 139⁰) beim Passieren durch ein glühendes Porzellanrohr (BERTHELOT, *Bl.* [2] 7, 227). Beim Erhitzen von Äthylbenzol bezw. aus Styrol und Wasserstoff bei Rotgluttemperatur (BE., *C. r.* **67**, 846). Beim Erhitzen von Dibenzylsulfid bezw. -disulfid, -sulfoxyd oder -sulfon auf 260⁰ bezw. 270⁰, 210⁰ oder 290⁰ (FROMM, ACHERT, *B.* **36**, 536). Neben anderen Kohlenwasserstoffen durch Destillieren von schwefelsaurem 1.3-Diamino-1-methyl-cyclohexan (HARRIES, ATKINSON, *B.* **34**, 304). Bei der Destillation von Di- und Tribenzyl-amin (BRUNNER, *A.* **151**, 133). Aus α-Phenyl-α-xylyl-äthan bei der Destillation unter Druck (KRAEMER, SPILKER, *B.* **33**, 2265). Beim Erhitzen von Phenylessigsäure im zugeschmolzenen Rohr auf 340—375⁰ (ENGLER, LÖW, *B.* **26**, 1437). Beim Erhitzen von Dibenzylketon im zugeschmolzenen Rohr (ENGLER, LÖW, *B.* **26**, 1438).

Bei 4-stdg. Kochen von m-Xylol mit Aluminiumchlorid, neben anderen Produkten (JACOBSEN, *B.* **18**, 342; ANSCHÜTZ, IMMENDORF, *B.* **18**, 659). — Entsteht in ziemlicher Menge beim Erhitzen von o-, m- oder p-Xylol mit gesättigter Jodwasserstoffsäure auf 265—280⁰ (MARKOWNIKOW, *B.* **30**, 1218), desgleichen (neben Benzol und Hydrogenisierungsprodukten) aus Triphenylmethan bei 280⁰ (MAR., *B.* **30**, 1215). Es bildet das Hauptprodukt beim Erhitzen von Cymol (aus Campher) mit Phosphor und rauchender Jodwasserstoffsäure im zugeschmolzenen Rohr (erst auf 150⁰, dann auf 260—275⁰) und entsteht in geringer Menge unter gleichen Bedingungen aus Terpentinöl (Kp: 156—158⁰) (ORLOW, Ж. **15**, 45, 51; vgl. MAR., *B.* **30**, 1215). Aus Zimtalkohol und rauchender Jodwasserstoffsäure beim Erhitzen im geschlossenen Rohr auf 200⁰ (TIEMANN, *B.* 11, 671). Durch Einw. von Jodwasserstoffsäure und Phosphor auf Benzylalkohol oder Benzaldehyd bei 140⁰ (GRAEBE, *B.* **8**, 1055). Durch Einw. von 20 Tln. konz. Jodwasserstoffsäure auf 1 Tl. Benzaldehyd, Benzoesäure, Toluidine, Benzylamin, Dibenzylamin, Tribenzylamin bei 280⁰ (BERTHELOT, *A. ch.* [4] **20**, 492). Durch Einleiten von Schwefelwasserstoff in Stilben bei 260⁰, neben Tetraphenylthiophen (FROMM, ACHERT, *B.* **36**, 541). — Durch Einw. von Natriumamalgam auf Trimethylbenzylammoniumchlorid oder auf Dimethyldibenzylammoniumchlorid in wäßr. Lösung (EMDE, *B.* **42**, 2591, 2593; *Ar.* **247**, 380, 384). Bei mehrtägigem Stehen einer p-Toluoldiazoniumchloridlösung mit unterphosphoriger Säure bei 0⁰ (MAI, *B.* **35**, 162). — Aus Benzylchlorid durch Zinkstaub in Alkohol (TOMMASI, *B.* 7, 826; vgl. *Soc.* 27, 312). Entsteht neben anderen Produkten beim Kochen von Pyridin mit Benzylchlorid oder -jodid (TSCHITSCHIBABIN, Ж. 34, 132; *C.* **1902** I, 1301). — Entsteht neben benzoesaurem Kalium beim Destillieren von Benzylalkohol mit alkoh. Kalilauge (CANNIZZARO, *A.* **90**, 253). Beim Erhitzen von Kresol mit „Phosphortrisulfid" (GEUTHER, *A.* **221**, 58). — Bei der Destillation von p-Toluylsäure mit Ätzbaryt (NOAD, *A.* **63**, 305). Beim Kochen von Dibenzylglykolsäure mit Kalilauge, neben Oxalsäure (MÖLLER, STRECKER, *A.* **113**, 74). — Bei der Zersetzung von Campher durch schmelzendes Zinkchlorid (FITTIG, KÖBRICH, JILKE, *A.* **145**, 133).

Durch Erhitzen von Benzol und Methyljodid mit sehr wenig Jod im zugeschmolzenen Rohr auf 250⁰ (RAÝMAN, PREIS, *A.* **223**, 317). Beim Einleiten von Methylchlorid in Benzol, dem ca. $^1/_5$ Tl. Aluminiumchlorid beigemengt ist (FRIEDEL, CRAFTS, *A. ch.* [6] 1, 460). Aus Benzol und Dichloräther (Bd. I, S. 612) in Gegenwart von $AlCl_3$, neben anderen Produkten (GARDEUR, *C.* 1898 I, 438). Aus Brombenzol, Methyljodid und Natrium (TOLLENS, FITTIG, *A.* 131, 303). Aus Phenylmagnesiumbromid und Dimethylsulfat in absol. Äther (WERNER, ZILKENS, *B.* 36, 2117; HOUBEN, *B.* 36, 3086). Durch Einw. von Borsäuretrimethylester auf Phenylmagnesiumbromid in Äther auf dem Wasserbade, als Nebenprodukt (KHOTINSKY, MELAMED, *B.* 42, 3091). — Bei der Destillation eines Gemisches aus 1 Tl. benzoesaurem und 2 Tln. essigsaurem Natrium (BERTHELOT, *Bl.* [2] 7, 117; *A. ch.* [4] 12, 86).

Zur Darstellung reinen Toluols im kleinen für Laboratoriumszwecke kann z. B. Diazotierung von p-Toluidin angewandt werden (RAMSAY, STEELE, *Ph. Ch.* 44, 352); die vollkommene Reinigung geschieht durch Krystallisation (R., ST.). Im großen wird Toluol hauptsächlich aus den Produkten der Steinkohlendestillation (Teer, Kokereigase) gewonnen (LUNGE, KÖHLER, Die Industrie des Steinkohlenteers und des Ammoniaks, 5. Aufl., Bd. I [Braunschweig 1912], S. 914, 918; s. auch diesen Band, S. 181 bei Darst. von Benzol).

Trennung des Toluols von Benzol mittels fraktionierter Fällung der alkoh. Lösung durch Wasser: CHARITSCHKOW, Ж. 38, 1390; *C.* 1907 I, 1738.

Wie das käufliche (Steinkohlen-) Benzol Thiophen, so kann das Toluol Thiotolen enthalten (V. MEYER, KREIS, *B.* 16, 2970); man weist dieses durch die Reaktion mit Phenanthrenchinon nach (V. MEYER, *B.* 16, 1624). Die Befreiung des Toluols von Thiotolen erfolgt durch Behandlung mit konz. Schwefelsäure, wobei voraufgehende Behandlung mit Stickoxyden empfohlen wird; vgl. SCHWALBE, *C.* 1905 I, 360.

Physikalische Eigenschaften des Toluols.
(Eigenschaften von Gemischen des Toluols s. im nächstfolgenden Abschnitt.)

Farblose Flüssigkeit von eigentümlichem Geruch. F: $-102°$ (HOLBORN, WIEN, *Ann. d. Physik* [N. F.] 59, 226; vgl. ALTSCHUL, v. SCHNEIDER, *Ph. Ch.* 16, 25), $-97°$ bis $-99°$ (ARCHIBALD, MC INTOSH, *Am. Soc.* 28, 306), $-93,7°$ (CARRARA, COPPADORO, *G.* 33 I, 343), $-93,2°$ (LADENBURG, KRÜGEL, *B.* 33, 638), $-92,4°$ (GUTTMANN, *Soc.* 87, 1040). — $Kp_{761,1}$: $110,6°$ (RAMSAY, ASTON, *Ph. Ch.* 15, 90); Kp_{760}: $110,8°$ (NEUBECK, *Ph. Ch.* 1, 656; YOUNG, *Soc.* 73, 906; vgl. YOUNG, FORTEY, *Soc.* 83, 52); $Kp_{758,7}$: $109,2°$ (CARR., COPP.); $Kp_{757,5}$: $109,90-110,03°$ (LINEBARGER, *Am.* 18, 437); $Kp_{714,34}$: $106,2°$ (SCHALL, KOSSAKOWSKI, *Ph. Ch.* 8, 265); $Kp_{14,66}$: $14,5°$ (KAHLBAUM, Siedetemperatur und Druck in ihren Wechselbeziehungen [Leipzig 1885], S. 95). Siedepunkte bei verschiedenen Drucken bezw. Dampfdrucke bei verschiedenen Temperaturen: NACCARI, PAGLIANI, *J.* 1882, 63; NEUBECK, *Ph. Ch.* 1, 656; MANGOLD, *Sitzungsber. K. Akad. Wiss. Wien* 102 II a, 1078; KAHLBAUM, *Ph. Ch.* 26, 580, 586, 616; WORINGER, *Ph. Ch.* 34, 257; YOUNG, FORTEY, *Soc.* 83, 52. — D_4^0: 0,88455 (Y., F.); D_4^0: 0,8812; D_4^{15}: 0,8723; D_4^{20}: 0,8649; D_4^{25}: 0,8490; D_4^{50}: 0,8237 (PERKIN, *Soc.* 69, 1241); $D^{17,4}$: 0,8704 (GLADSTONE, *Soc.* 45, 244); $D_4^{4,5}$: 0,87757 (PE., *Soc.* 77, 273); $D_0^{10,7}$: 0,87532; $D_4^{20,6}$: 0,79949 (PE., *Soc.* 61, 297); $D_4^{15,1}$: 0,8708; $D^{100,3}$: 0,77805 (R. SCHIFF, *A.* 220, 91); D^{14}: 0,87131 (JAHN, MÖLLER, *Ph. Ch.* 13, 394); $D_4^{15,5}$: 0,8702 (O. SCHMIDT, *B.* 36, 2477); $D_4^{17,5}$: 0,86597 (SCHALL, KO.), 0,8694 (HUMBURG, *Ph. Ch.* 12, 403); $D_4^{17,5}$: 0,86574; $D_4^{11,48}$: 0,85263; $D_4^{20,7}$: 1,83367 (RATZ, *Ph. Ch.* 19, 98); D_4^{20}: 0,8656 (BRÜHL, *A.* 200, 189); $D^{24,1}$: 0,8566 (GL., *Soc.* 59, 292); D_4^{25}: 0,85678 bis 0,85681 (LIN., *Am.* 18, 437). D^t: $0,8841-0,0009101$ $t-0,000004226$ t^2 (LUGININ, *A. ch.* [4] 11, 468); D_0^t: $0,88418-0,00091961$ t (LANDOLT, JAHN, *Ph. Ch.* 10, 292). Über das spezifische Gewicht bei verschiedenen Temperaturen s. auch NACCARI, PAGLIANI; RATZ. Dichten des unter verschiedenen Drucken siedenden Toluols: NEUBECK.

$n_\alpha^{14,1}$: 1,49891; $n_D^{14,1}$: 1,50349; $n_\gamma^{14,1}$: 1,52523 (PERKIN, *Soc.* 77, 273); $n_\alpha^{18,7}$: 1,49785; $n_D^{0,7}$: 1,50236; $n_\beta^{18,7}$: 1,51407; $n_\alpha^{20,35}$: 1,45231; $n_D^{20,35}$: 1,45639; $n_\beta^{20,35}$: 1,46694 (PE., *Soc.* 61, 297); $n_\alpha^{14,7}$: 1,4944; $n_D^{14,7}$: 1,4992; $n_\gamma^{14,7}$: 1,5203 (LANDOLT, JAHN, *Ph. Ch.* 10, 303); n_α^{20}: 1,49111; n_D^{20}: 1,49552; n_β^{20}: 1,50700 (BRÜHL); $n_D^{5,4}$: 1,4982 (GLADSTONE, *Soc.* 45, 244); $n_D^{15,5}$: 1,49894 (O. SCHMIDT); $n_D^{15,5}$: 1,4893; $n_\beta^{15,5}$: 1,5002 (GL., *Soc.* 59, 292). Molekularrefraktion und -dispersion: GL., *Soc.* 59, 295; PERKIN, *Soc.* 77, 273; BRÜHL, *B.* 25, 3075. — Absorptionsspektrum: SPRING, *R.* 16, 1; PAUER, *Ann. d. Physik* [N. F.] 61, 370; GREBE, *C.* 1906 I, 341; HARTLEY, *C.* 1906 I, 1457; *Chem. N.* 97, 97. — Die alkoh. Lösung zeigt bei tiefer Temp. (flüssige Luft) violette Phosphorescenz (DZIERZBICKI, KOWALSKI, *C.* 1909 II, 959, 1618).

Kompressibilität: RITZEL, *Ph. Ch.* 60, 324. — Capillaritätskonstante bei der Siedetemperatur: R. SCHIFF, *A.* 223, 104. Oberflächenspannung: RAMSAY, ASTON, *Ph. Ch.* 15, 91; RENARD, GUYE, *C.* 1907 I, 1478; PEDERSEN, *C.* 1908 I, 435. Oberflächenspannung und Binnendruck: WALDEN, *Ph. Ch.* 66, 387; vgl. I. TRAUBE, *Ph. Ch.* 68, 293. — Viscosität: THORPE, RODGER, *Philosoph. Transact. of the Royal Soc. London* 185 A, 522; vgl. BRILLOUIN, *A. ch.* [6] 18, 204. — Versuche über turbulente Reibung: BOSE, RAUERT, *C.* 1909 II, 407.

Verdampfungswärme: R. Schiff, *A.* **234**, 344; Marshall, Ramsay, *Philos. Magazine* [5] **41**, 49; Brown, *Soc.* **87**, 267. — Molekulare Verbrennungswärme von flüssigem Toluol bei konstantem Vol.: 937,4 Cal., bei konstantem Druck: 938,5 Cal. (Schmidlin, *C. r.* **136**, 1560; *A. ch.* [8] **7**, 250; vgl. auch Stohmann, Rodatz, Herzberg, *J. pr.* [2] **35**, 41); von dampfförmigem Toluol bei konstantem Druck: 955,68 Cal. (Thomsen, *Ph. Ch.* **52**, 343). — Spez. Wärme bei verschiedenen Temperaturen zwischen 99° und 12°: R. Schiff, *A.* **234**, 320; bei 20°: Timofejew, *C.* **1905** II, 429; bei tiefen Temperaturen: Battelli, *R. A. L.* [5] **16** I, 251; *C.* **1906** II, 1488. — Kritische Temperatur: 320,8° (Pawlewski, *B.* **16**, 2634): 320,6° (Altschul, *Ph. Ch.* **11**, 590). Kritischer Druck: 41,6 Atm. (Altschul).

Magnetisches Drehungsvermögen: Perkin, *Soc.* **69**, 1241; Schönrock, *Ph. Ch.* **11**, 785; Humburg, *Ph. Ch.* **12**, 403. Magnetische Suszeptibilität: Pascal, *Bl.* [4] **5**, 1069; Meslin, *C. r.* **140**, 237. — Dielektrizitätskonstante: Negreano, *C. r.* **104**, 423; Tomaszewski, *Ann. d. Physik* [N. F.] **33**, 40; Landolt, Jahn, *Ph. Ch.* **10**, 299; Jahn, Möller, *Ph. Ch.* **13**, 394; Nernst, *Ph. Ch.* **14**, 659; Ratz, *Ph. Ch.* **19**, 105; Drude, *Ph. Ch.* **23**, 309; Abegg, *Ann. d. Physik* [N. F.] **60**, 56; Tangl, *Ann. d. Physik* [4] **10**, 756. Elektrisches Spektrum: Colley, Ж. **40** (physikalischer Teil) 228; *C.* **1906** II, 1425. Toluol zeigt positive elektrische Doppelbrechung (Schmidt, *Ann. d. Physik* [4] **7**, 162). Spezifischer Widerstand des Toluols und seiner Mischungen mit Benzol: Di Ciommox, *Ph. Ch.* **44**, 508.

Toluol als Lösungsmittel und in Mischung.

Löslichkeit von Wasserstoff, Stickstoff, Kohlenoxyd, Kohlendioxyd in Toluol: Just, *Ph. Ch.* **37**, 354, 359, 361. 100 Tle. Toluol lösen bei 23° 1,479 Tle. Schwefel (Cossa, *B.* **1**, 139). Etwa 1,25 Tle. Toluol lösen bei 20° 1 Tl. AlBr$_3$ (Gustavson, Ж. **10**, 302; *B.* **11**, 1844). — Toluol ist sehr wenig löslich in Wasser (Beweis durch Messung der capillaren Steighöhe der wäßr. Lösung (Motylewski, *Z. a. Ch.* **38**, 418). Mit den üblichen organischen Lösungsmitteln ist Toluol mischbar. — Ebullioskopisches Verhalten von Toluol in flüssigem Schwefeldioxyd: Walden, Centnerszwer, *Ph. Ch.* **39**, 570.

Dampfdruck von Gemischen aus Toluol mit Tetrachlorkohlenstoff: Lehfeldt, *Ph. Ch.* **29**, 500. Wärmetönung beim Lösen von Heptan und von Methylalkohol in Toluol: Timofejew, *C.* **1905** II, 432. Dielektrizitätskonstante von Gemischen aus Toluol und Methyl- oder Äthylalkohol: Philip, *Ph. Ch.* **24**, 35. Dampfdruck von Gemischen aus Toluol und Äthylalkohol: Lehfeldt. Brechungsindex n$_D$ von Gemischen aus Toluol und Äthylalkohol: v. Kowalski, v. Modzelewski, *C. r.* **133**, 34. Viscosität von Gemischen aus Toluol und Äther: Getman, *C.* **1906** II, 1813. — Dampfdrucke von Gemischen aus Toluol und Essigsäure: v. Zawidzki, *Ph. Ch.* **35**, 151, 184; Skirrow, *Ph. Ch.* **41**, 157. Wärmetönung beim Lösen von Essigsäure in Toluol: Timofejew. Brechungsindices n$_D^{\alpha,\epsilon}$, n$_D^{\beta,\mu}$ und n$_D^{\gamma}$ von Gemischen aus Toluol und Essigsäure: v. Z., *Ph. Ch.* **35**, 146, 151, 152. Kompressibilität von Gemischen aus Toluol und Essigsäure: Ritzel, *Ph. Ch.* **60**, 326, 328. Viscosität von Gemischen aus Toluol und Essigester und von Gemischen aus Toluol und Schwefelkohlenstoff: Linebarger, *Amer. Journ. Science* [4] **2**, 337, 338. Dielektrizitätskonstante von Gemischen aus Toluol und CS$_2$: Lin., *Ph. Ch.* **20**, 133. — Siedepunkte, Dampfdrucke und Volum- und Temperaturänderungen von Gemischen aus Toluol und Benzol: Mangold, *Sitzungsber. K. Akad. Wiss. Wien.* **102** IIa, 1098; Young, Fortey, *Soc.* **83**, 58; Y., *Soc.* **83**, 71. Oberflächenspannung von Gemischen aus Toluol und Benzol: Whatmough, *Ph. Ch.* **39**, 161. Viscosität von Gemischen aus Toluol und Benzol: Lin., *Amer. Journ. Science* [4] **2**, 335; Getman, *C.* **1906** II, 1813; Wärmetönung beim Lösen von Benzol in Toluol: Timofejew. Kompressibilität und Oberflächenspannung von Gemischen aus Toluol und Nitrobenzol: Ritzel, *Ph. Ch.* **60**, 327, 328, 329. Dielektrizitätskonstante von Gemischen aus Toluol und Nitrobenzol: Philip, *Ph. Ch.* **24**, 32. Siedepunkte, Dampfdrucke und Volum- und Temperaturänderungen von Gemischen aus Toluol und Äthylbenzol: Young, Fortey, *Soc.* **83**, 52; Y., *Soc.* **83**, 71. Dielektrizitätskonstante von Gemischen aus Toluol und m-Xylol: Jahn, Möller, *Ph. Ch.* **13**, 394. Oberflächenspannung von Gemischen aus Toluol und Xylol: Whatmough, *Ph. Ch.* **39**, 169. Viscosität von Gemischen aus Toluol und Benzoesäureäthylester: Lin., *Amer. Journ. Science* [4] **2**, 337; Dielektrizitätskonstante dieser Gemische: Lin., *Ph. Ch.* **20**, 133. Kompressibilität von Gemischen aus Toluol und Anilin: Ritzel, *Ph. Ch.* **60**, 327, 328. Kryoskopisches Verhalten von Toluol in Anilin- und Dimethylanilinlösung: Ampola, Rimatori, *G.* **27** I, 38, 53; in Isapiollösung: Garelli, *Ph. Ch.* **18**, 59. Oberflächenspannung von Gemischen aus Toluol und Piperidin: Ramsay, Aston, *Ph. Ch.* **15**, 92. — Viscosität von Gemischen aus Toluol und Terpentin aus reinem Rottannenharz: Lin., *Amer. Journ. Science* [4] **2**, 338; Dielektrizitätskonstante dieser Gemische: Lin., *Ph. Ch.* **20**, 133.

Verteilung von Essigsäure, Chloressigsäure, Phenol und Pikrinsäure zwischen Wasser und Toluol: Herz, Fischer, *B.* **38**, 1140. — Löslichkeit von Kohlenoxyd in Gemischen von Toluol mit anderen organischen Verbindungen: Skirrow, *Ph. Ch.* **41**, 146.

Chemisches Verhalten.

Einwirkung der Wärme und der Elektrizität. Wird Toluoldampf durch ein hellrot glühendes Porzellanrohr geleitet, so entstehen Wasserstoff, Methan (wenig), Acetylen (Spuren), Benzol, Naphthalin, Dibenzyl, Ditolyl (?), Anthracen, Chrysen, Benzerythren (BERTHELOT, *Bl.* [2] 7, 218; *C. r.* **63**, 790; *A.* **142**, 254), Phenanthren, Diphenyl (GRAEBE, *B.* 7, 48), Styrol (FERKO, *B.* **20**, 662). Beim Durchschlagen von Induktionsfunken durch flüssiges Toluol entweicht ein Gas, das 23—24% Acetylen und 77—76% Wasserstoff enthält (DESTREM, *Bl.* [2] **42**, 267).

Oxydation. Toluol wird, im Gemisch mit Luft über einen glühenden Platindraht geleitet, zu Benzaldehyd und Benzoesäure oxydiert (COQUILLON, *C. r.* **77**, 444). Diese Oxydation kann unter Benutzung geeigneter Katalysatoren (Koksstückchen, Kohle, Torf, mit Fe_2O_3, NiO, CuO imprägnierte Bimssteinstückchen) schon bei Temperaturen von 150° an bewirkt werden (WOOG, *C. r.* **145**, 124; DENNSTEDT, HASSLER, D. R. P. 203848; *C.* **1908** II, 1750). Oxydation des Toluoldampfes durch Luftsauerstoff in Gegenwart von Kupfer als Kontaktsubstanz: ORLOW, Ж. **40**, 656; *C.* **1908** II, 1343. Beim Leiten von Toluoldämpfen mit Luft durch ein Rohr, das glühenden, mit vanadinsaurem Ammonium getränkten Asbest enthält, entstehen neben anderen Produkten Benzaldehyd, Benzoesäure und Anthrachinon (WALTER, *J. pr.* [2] **51**, 107). Einw. von Ozon auf Toluol: RENARD, *C. r.* **121**, 651; *Bl.* [3] **15**, 462; HARRIES, WEISS, *A.* **343**, 369. — Bei der Oxydation von Toluol mit Benzoylsuperoxyd entsteht ein Kohlenwasserstoff $C_{14}H_{12}$ (Syst. No. 480) (LIPPMANN, *M.* 7, 524). — Toluol, über erhitztes Bleioxyd geleitet, liefert Diphenyl, Stilben, Anthracen, Phenanthren und flüssige Kohlenwasserstoffe (LORENZ, *B.* 7, 1096); ist hierbei die Temperatur niedriger als 335°, so entsteht wesentlich Benzol neben CO_2 und H_2O (VINCENT, *Bl.* [3] 4, 7). Beim Erhitzen von Toluol mit Nickeloxyd auf 100° entstehen Benzaldehyd und Benzoesäure (Bad. Anilin- u. Sodaf., D. R. P. 127388; *C.* **1902** I, 150). Toluol gibt mit Cerdioxyd und 60%iger Schwefelsäure bei 90° Benzaldehyd und kleine Mengen von Phenyltolylmethan und Anthrachinon (Höchster Farbw., D. R. P. 158609; *C.* **1905** I, 840). — Verdünnte Salpetersäure führt das Toluol in Benzoesäure über (FITTIG, *A.* **120**, 221; vgl. KONOWALOW, Ж. **25**, 512; *B.* **27** Ref., 193). Einw. von Salpetersäure s. auch S. 286—287 bei Nitrierung. — Toluol gibt bei der Oxydation mit Kaliumpersulfat in Wasser Dibenzyl, neben Benzaldehyd und Benzoesäure (MORITZ, WOLFFENSTEIN, *B.* **32**, 432). Kaliumdichromat und Schwefelsäure oxydieren das Toluol zu Benzoesäure (CHURCH, *Soc.* 14, 52; *A.* **120**, 336). Bei gemäßigter Oxydation von Toluol mit CrO_3 oder KMnO$_4$ in Eisessiglösung entstehen Benzylacetat und Dibenzyl (BOEDTKER, *Bl.* [3] **25**, 851). Mit Chromylchlorid entsteht eine Verbindung $C_7H_8 \cdot 2CrO_2Cl_2$ (s. bei Benzaldehyd, Syst. No. 629), welche mit Wasser Benzaldehyd liefert (ÉTARD, *A. ch.* [5] **22**, 225). Toluol läßt sich durch Kaliumpermanganat in Wasser bei 95° fast quantitativ zu Benzoesäure oxydieren (ULLMANN, LUBACHIAN, *B.* **36**, 1798). Bei der Oxydation von Toluol mit Braunstein, Schwefelsäure und Eisessig entstehen: Phenyl-o-tolyl-methan, Phenyl-p-tolyl-methan, Benzylalkohol, Benzaldehyd, Benzoesäure, Dihydroanthracen (?), höhere Kohlenwasserstoffe und Polycarbonsäuren (WEILER, *B.* **33**, 464). Bei der Oxydation mit Mangandioxydsulfat in Schwefelsäure kann man fast quantitativ je nach den Reaktionsbedingungen Benzaldehyd oder Benzoesäure erhalten (Bad. Anilin- u. Sodaf., D. R. P. 175295; *C.* **1906** II, 1589). Oxydation von Toluol zu Benzaldehyd durch Ammoniummanganalaun in Schwefelsäure bei 50°: LANG, D. R. P. 189178; *C.* **1908** I, 73. Oxydation zu Benzaldehyd mittels verschiedener Oxydationsmittel: LAW, PERKIN, *Soc.* **91**, 260. — Die Produkte der elektrolytischen Oxydation des Toluols hängen sehr von den Arbeitsbedingungen ab. Bei der elektrolytischen Oxydation in Gegenwart von Alkohol und verd. Schwefelsäure erhielt RENARD (*C. r.* **92**, 965; *J.* **1881**, 352) Benzaldehyd und Phenose $C_6H_{12}O_6$ (S. 197—198). MERZBACHER, SMITH (*Am. Soc.* **22**, 725) erhielten Benzaldehyd und Benzoesäureäthylester. PULS (*Ch. Z.* **25**, 263) erhielt Benzaldehyd, Benzoesäureäthylester und p-Sulfobenzoesäure. Beim Ersatz von Alkohol durch Aceton entsteht nach LAW, PERKIN (*C.* **1905** I, 359; *Chem. N.* **92**, 66) (neben wenig Benzylalkohol?) fast nur Benzaldehyd. Bei der elektrolytischen Oxydation einer Suspension von Toluol in Wasser wurden nur CO_2 und H_2O gebildet (LAW, PERK.). — Oxydative Umwandlungen des Toluols s. auch S. 287 bei Einw. von Schwefel.

Hydrierung. Beim Erhitzen von Toluol mit Jodphosphonium PH_4I auf 350° entsteht ein Kohlenwasserstoff C_7H_{10} (No. 4 auf S. 116) (BAEYER, *A.* **155**, 271). Toluol liefert, mit konz. Jodwasserstoffsäure auf 280° erhitzt, Methylcyclohexan (WREDEN, *A.* **187**, 161), Dimethylcyclopentan und Methylcyclopentan (MARKOWNIKOW, KARPOWITSCH, *B.* **30**, 1210; vgl. dazu ASCHAN, Chemie der alicyclischen Verbindungen [Braunschweig 1905], S. 590; KISHNER, Ж. **40**, 689). Die Reduktion mit Wasserstoff in Gegenwart von Nickel führt glatt zu Methylcyclohexan (SABATIER, SENDERENS, *C. r.* **132**, 568; *A. ch.* [8] 4, 364).

Einwirkung von Halogenen und von halogenierend wirkenden Verbindungen. Beim Einleiten von trocknem Chlor in reines Toluol ohne äußeres Erwärmen oder

Kühlen entsteht ein Gemisch von Substitutionsprodukten, die bis 4 Atome Chlor teils im Kern, teils in der Methylgruppe enthalten (LIMPRICHT, *A.* **139**, 304). Beim Einleiten von Chlor in siedendes Toluol entstehen Benzylchlorid (CANNIZZARO, *A. ch.* [3] **45**, 468; BEILSTEIN, GEITNER, *A.* **139**, 332), Benzalchlorid oder bei erschöpfendem Chlorieren Benzotrichlorid (BEILSTEIN, KUHLBERG, *A.* **146**, 322, 331). Auch in der Kälte entstehen ausschließlich diese drei Verbindungen, ohne jegliche Bildung von kernsubstituierten Produkten, wenn die Chlorierung in direktem Sonnenlicht erfolgt (SCHRAMM, *B.* **18**, 608). Die Chlorierung im Lichte wird durch die Gegenwart von Sauerstoff stark verzögert (GOLDBERG, *C.* **1906** I, 1693). Beim Chlorieren von siedendem Toluol mit elektrolytisch entwickeltem Chlor erhielten COHEN, DAWSON, CROSLAND (*Soc.* **87**, 1035) nur o- und p-Chlor-toluol und kein in der Seitenkette chloriertes Produkt; dagegen entsteht nach SCHLUEDERBERG (*Journ. Physical Chem.* **12**, 599, 602, 603, 606; *C.* **1909** I, 65) sogar bei genauer Innehaltung der Versuchsbedingungen von CO., DAW., CR. ein Chlorierungsprodukt, in dem 31,8 °/₀ des in Reaktion getretenen Chlors in der Seitenkette und 68,2 °/₀ im Kern substituieren. Beim Stehen eines mit überschüssigem Chlor behandelten Toluols scheiden sich Krystalle von Oktachlor-methylcyclohexan (S. 31) aus (PIEFER, *A.* **142**, 304). Beim Einleiten von Chlor in Toluol bei Gegenwart von Jod entsteht selbst in der Wärme kein Benzylchlorid, sondern p-Chlor-toluol (BEILSTEIN, GEITNER, *A.* **139**, 334) und o-Chlor-toluol (HÜBNER, MAJERT, *B.* **6**, 790), wie auch andere im Kern höher chlorierte Derivate, z. B. 2.4.5-Trichlor-toluol (BEILSTEIN, KUHLBERG, *A.* **146**, 318, 325). Durch Chlorieren in Gegenwart von Jod und erneutes Chlorieren der oberhalb 240° siedenden Anteile des ersten Chlorierungsproduktes unter Zusatz von SbCl₅ gelangt man zu den im Kern chlorierten Tetra- und Penta-chlor-toluolen (BEILSTEIN, KUHLBERG, *A.* **150**, 287, 298). Auch beim Chlorieren in Gegenwart von anderen Überträgern, wie z. B. Molybdänpentachlorid (ARONHEIM, DIETRICH, *B.* **8**, 1401; SEELIG, *A.* **237**, 130, 131), sublimiertem Eisenchlorid (SEE.) oder Aluminium-Quecksilber-Paar (COHEN, DAKIN, *Soc.* **79**, 1119), entstehen p-Chlor-toluol (AR., DIE.) und o-Chlor-toluol (SEE.), sowie 2.3- (SEE.), 2.4- (SEE.), 2.5- (WYNNE, *P. Ch. S.* No. 237), 2.6- (AR., DIE.; SCHULTZ, *A.* **187**, 263; vgl. CLAUS, STAVENHAGEN, *A.* **269**, 231; CO., DA., *Soc.* **79**, 1112, 1116) und 3.4- (AR., DIE.; SCH.; vgl. BEILSTEIN, KUHLBERG, *A.* **146**, 319; **152**, 224; BEI., *A.* **179**, 283) -Dichlor-toluol, 2.3.4- und 2.4.5-Trichlor-toluol (AR., DIE.; SEE.); über den Verlauf der Kernchlorierung vgl. auch CO., DA., *Soc.* **81**, 1325, 1326; **85**, 1274; **89**, 1453. Dagegen richtet sich die Chlorierung auf die Methylgruppe, wenn Chlor in Toluol bei Gegenwart von Phosphorpentachlorid (möglichst im Sonnenlicht) eingeleitet wird (ERDMANN, *A.* **272**, 150). Durch Erhitzen von Toluol mit PCl₅ im zugeschmolzenen Rohr auf 190—195° entsteht Benzalchlorid (COLSON, GAUTIER, *A. ch.* [6] **11**, 21). Beim Überhitzen der Dämpfe eines Gemisches von Toluol und PCl₅ entstehen Stilben, Dibenzyl und eine bei ca. 250° siedende Verbindung, die nach Zersetzung durch kochendes Wasser und Sättigung der erhaltenen Lösung mit Chlor die Verbindung (CH₃)¹C₆HCl¹·⁴·(PO₃H₂)³ (Syst. No. 2289) liefert (MICHAELIS, LANGE, *B.* **8**, 1313; vgl. MI., *A.* **293**, 309). Beim Kochen von Toluol mit PbCl₄·2NH₄Cl wird o-Chlor-toluol gebildet (SRYEWETZ, BIOT, *C. r.* **135**, 1121; vgl. auch SCHLUEDERBERG). Durch Kochen von Toluol mit FeCl₃ entsteht ein Gemisch von Chlortoluolen, aber kein Benzylchlorid (THOMAS, *C. r.* **126**, 1213; vgl. indessen SCHLUEDERBERG). Zur Chlorierung von Toluol in Gegenwart von Säuren und von Wasser s. SEELIG, *J. pr.* [2] **39**, 180. Bei gelindem Erhitzen (unterhalb 130°) von überschüssigem Toluol mit Sulfurylchlorid im Dunkeln entsteht Benzylchlorid (WOHL, D. R. P. 139552, 160102, 162394; *C.* **1903** I, 607; **1905** II, 367, 727). Beim Erhitzen von Toluol mit SO₂Cl₂ auf 160° wird etwa ¹/₃ in Benzylchlorid übergeführt, während ²/₃ in p-Chlor-toluol und 3.4-Dichlor-toluol verwandelt werden (TÖHL, EBERHARD, *B.* **26**, 2942); auch Zusatz von Jod verhindert die Bildung des Benzylchlorids nicht (TÖ., EB.); diese wird durch Sonnenlicht wesentlich gefördert (TÖ., EB.). In Gegenwart von AlCl₃ reagiert SO₂Cl₂ unter Bildung von p-Toluolsulfochlorid, wenig p-Chlor-toluol und p.p-Ditolylsulfon (TÖ., EB.).

Bei der Einw. von Brom auf überschüssiges Toluol im Dunkeln und unter Kühlung entsteht ein Gemisch von o- und p-Brom-toluol (GLINZER, FITTIG, *A.* **136**, 301; HÜBNER, WALLACH, Z. **1869**, 138; *A.* **154**, 294; HÜBNER, POST, *A.* **169**, 5, 31, 59; JANNASCH, HÜBNER, *A.* **170**, 117; SCHRAMM, *B.* **18**, 607); im zerstreuten Licht bildet sich daneben auch etwas Benzylbromid (SEELIG, *J. pr.* [2] **39**, 179); im direkten Sonnenlicht dagegen entsteht auch beim Abkühlen kein Bromtoluol, sondern fast quantitativ Benzylbromid (SCHRAMM, *B.* 18, 606); fast ausschließlich entsteht Benzylbromid auch ohne direkte Belichtung, wenn man Bromdampf auf Toluoldampf einwirken läßt (LAUTH, GRIMAUX, *Bl.* [2] **7**, 109). Bei 25°, 50°, 75° entsteht im Dunkeln ein Gemisch von o- und p-Brom-toluol mit Benzylbromid, wobei die Menge des letzteren mit steigender Temperatur wächst, und zwar von 10,6 °/₀ bei 25° auf 43,7 °/₀ bei 50° und 86,3 °/₀ bei 75° (bei 3 ccm Brom auf 50 ccm Toluol); gleichzeitig steigt das Mengenverhältnis von o- zu p-Brom-toluol von 39,7/60,3 bei 25° auf 41,8/58,2 bei 50° und auf 45,3/54,7 bei 75°; bei 100° bildet das Benzylbromid das ausschließliche Reaktionsprodukt (VAN DER LAAN, *R.* **26**, 36; vgl. HOLLEMAN, *R.* **27**, 437 Anm.). Beim Ersatz der Dunkelheit durch zerstreutes Tageslicht wird die Einw. des Broms außerordentlich beschleunigt und der

Eintritt des Broms in die Seitenkette begünstigt; so entsteht im zerstreuten Licht schon bei 25° fast nur Benzylbromid (v. D. L., R. 26, 49, 51). — In Gegenwart von Jod dagegen entsteht sogar bei Siedehitze des Bromierungsgemisches (BEILSTEIN, A. 143, 370; vgl. indessen JACKSON, FIELD, Am. 2, 11; B. 13, 121δ) oder in direktem Sonnenlicht (SCHRAMM, B. 18, 608) kein Benzylbromid, sondern nur o- und p-Bromtoluol; die gleiche Wirkung übt auch Aluminium (auch als Aluminium-Quecksilber-Paar angewendet) aus, es entsteht sogar bei 100° oder bei zerstreutem Tageslicht kein Benzylbromid (v. D. L., R. 26, 43). Auch andere Überträger hemmen die Bildung von Benzylbromid zugunsten derjenigen von o- und p-Bromtoluol, so z. B. SbBr₃, dessen Wirkung nicht so stark ist wie die von AlBr₃, und ganz besonders (durch Reduktion von Eisenoxyd dargestelltes) feines Eisenpulver, von dem schon minimale Mengen (0,002 Mol.-Gew. FeBr₃ auf 1 Mol.-Gew. Brom) genügen, um bei einer unter Lichtabschluß bei 50° ausgeführten Bromierung mit 2,5 ccm Brom in 50 ccm Toluol die Bildung von Benzylbromid völlig zu verhindern (v. D. L., R. 26, 39, 45); hierbei entstehen 36,0% o- und 64,0% p-Brom-toluol (v. D. L., R. 26, 45). Diesen Überträgern entgegengesetzt ist die Wirkung von Phosphor bezw. Phosphorpentabromid, welche die Ausbeute an Benzylbromid erhöht, auf das gegenseitige Mengenverhältnis der gleichzeitig gebildeten o- und p-Isomeren aber ohne Einfluß bleibt (v. D. L., R. 26, 47). Außer den erwähnten Faktoren (Temperatur, Licht, Überträger) ist noch die Verdünnung von Brom in Toluol von ausschlaggebender Bedeutung für die Geschwindigkeit und den Verlauf der Bromierung: mit steigender Verdünnung steigt die Bromierung der Seitenkette im Toluol (BRUNER, DŁUSKA, C. 1908 I, 1169; HOLLEMAN, POLAK, VAN DER LAAN, EUWES, R. 27, 435). Über den Einfluß von HBr auf die Bromierungsreaktion vgl.: BR., DL.; HO., PO., V. D. L., EU. Über Bromierung mit elektrolytischem Brom s. HO., PO., V. D. L., EU. Verlauf der Bromierung in verschiedenen organischen Lösungsmitteln: BRUNER, DŁUSKA; BRUNER, VORBRODT, C. 1909 I, 1807. — Beim Eintröpfeln von Toluol in überschüssiges reines Brom, dem etwas Aluminiumbromid zugesetzt ist, entsteht 2.3.4.5.6-Pentabrom-toluol (GUSTAVSON, Ж. 9, 216, 286; B. 10, 971, 1183). Beim Erhitzen mit überschüssigem jodhaltigem Brom, zuletzt bis auf 350—400° wird Perbrombenzol C_6Br_6 gebildet (GESSNER, B. 9, 1508). Die Bromierung mit überschüssigem Bromschwefel und Salpetersäure (D: 1,4) in Gegenwart von Benzin führt zu o- und p-Brom-toluol in nahezu quantitativer Ausbeute (EDINGER, GOLDBERG, B. 33, 2884).

Jod wirkt auf Toluol in direktem Sonnenlicht nicht ein (SRPEK, M. 11, 432). Beim Erhitzen von Toluol mit Jod auf 250° im zugeschmolzenen Rohr entstehen HI, Benzol, Xylol (?), Benzyltoluol und über 310° siedende Kohlenwasserstoffe (SCHÜTZENBERGER, C. r. 75, 1767). Durch Einw. von Chlorjod entsteht p-Jod-toluol (MICHAEL, NORTON, J. 1878, 451). Bei gelindem Erwärmen von Toluol mit Jodschwefel- und Salpetersäure (D: 1,34) in Benzin entstehen o- und p-Jod-toluol (EDINGER, GOLDBERG, B. 33, 2877).

Nitrierung. Läßt man mit NO_2 gesättigtes Toluol längere Zeit stehen, so bilden sich o-Nitro-toluol, ein Dinitrodioxytoluol, Oxalsäure, Benzoesäure und eine Dioxybenzoesäure (?) (LEEDS, B. 14, 482). — Beim Nitrieren von Toluol mit Salpetersäure ohne Erwärmung entsteht als Hauptprodukt Mononitrotoluol (SAINTE-CLAIRE-DEVILLE, A. ch. [3] 3, 175; A. 44, 307; JAWORSKI, Z. 1865, 223; KEKULÉ, Z. 1867, 225), und zwar wesentlich o- und p-Nitro-toluol (ROSENSTIEHL, C. r. 68, 605; J. 1869, 398; A. ch. [4] 27, 435; BEILSTEIN, KUHLBERG, A.155, 1) neben einer geringen Menge m-Nitro-toluol (MONNET, REVERDIN, NOELTING, B. 12, 443; NOE., WITT, B. 18, 1337; LEPSIUS, Privatmitteilung). Zum Gehalt des Mononitrotoluols an den einzelnen Isomeren vgl. noch: ROSENSTIEHL, A. ch. [4] 27, 461; NOE., FOREL, B. 18, 2672; SCHOEN, Bull. de la soc. industr. de Mulhouse 67, 391; HOLDERMANN, B. 39, 1256; HOLLEMAN, VAN DEN AREND, R. 28, 416. Bei weiterer Nitrierung des Toluols, besonders in der Wärme, bei größerer Konzentration der Salpetersäure oder bei Zugabe von Schwefelsäure entsteht zunächst 2.4-Dinitro-toluol (SAINTE-CLAIRE-DEVILLE, A. ch. [3] 3, 177; A. 44, 307; BEI., KUH., A. 155, 13) neben etwas 2.6-Dinitro-toluol (CUNERTH, A. 172, 222; BERNTHSEN, B.15, 3016; CLAUS, BECKER, B.18, 1598; HAEUSSERMANN, GRELL, B. 27, 2210; LEPSIUS, Ch. Z. 20, 839) und dann 2.4.6-Trinitro-toluol (WILBRAND, A. 128, 178; CLAUS, BECKER; LEPSIUS). Bei Anwendung von Salpetersäure wurden als Reaktionsprodukte außer den bereits genannten noch gefunden: 2.3-Dinitro-toluol (LIMPRICHT, A. 1402; vgl. STÄDEL, KOLB, A. 259, 216; NOE., STÖCKLIN, B. 24, 564) und ein Gemisch von ca. ¹/₅ 2-Oxy- und ca. ⁴/₅ 4-Oxy-3.5-dinitro-toluol (NOE., B. 18, 2670 Anm.; LAPWORTH, MILLS, P. Ch. S. No. 197). Über den Einfluß der Einwirkungsdauer und der Konzentration der Salpetersäure auf den Nitro-Gehalt des Reaktionsproduktes s. SPINDLER, A. 224, 298. Beim Nitrieren mit Salpetersäure allein entstehen ca. 66% p-Nitro-toluol, bei Anwendung von Salpeterschwefelsäure 60—66% o-Nitro-toluol (NOE., FOREL, B. 18, 2672; vgl. HOLDERMANN, B. 39, 1255, 1256). Über den Einfluß tiefer Temperaturen (—55°) auf das gegenseitige Mengenverhältnis der Mononitrotoluole vgl.: PICTET, C. r. 116, 816; WELTER, Z. Ang. 8, 219; HOLLEMAN, VAN DEN AREND, R. 28, 416. Bei 4—5-tägigem Kochen von Toluol mit verd. Salpetersäure (1 Tl. käufliche konz. Salpetersäure + 2 Tle. Wasser) entsteht neben Nitrotoluol Benzoesäure (FITTIG, A. 120, 222; vgl. FI., Z. 1866, 36). Bei 48-stdg. Erhitzen von

Toluol im zugeschmolzenen Rohr mit verd. Salpetersäure (D: 1,12) im Wasserbade wurde auch Phenylnitromethan gefunden (KONOWALOW, B. 28, 1861; Ж. 31, 256; C. 1899 I, 1237; vgl. VAN RAALTE, R. 18, 384). Beim Kochen mit rauchender Salpetersäure entstehen neben Nitrotoluolen p-Nitro-benzoesäure (GLÉNARD, BOUDAULT, A. 48, 344; WILBRAND, BEIL-STEIN, A. 126, 255; 128, 257) und m-Nitro-benzoesäure (REICHENBACH, BEI., A. 132, 137; BEI., GEITNER, A. 132, 335). Nitrierung in Eisessig: KON., GUREWITSCH, Ж. 37, 539; C. 1905 II, 818. Nitrierung in Eisessig bei Gegenwart von Acetanhydrid: ORTON, B. 40, 374. Zusatz von Metallen (Cu, Hg u. a.) und Metallsalzen bei der Nitrierung mit rauchender Salpetersäure (D: 1,52) bei ca. 0° oder mit Salpeterschwefelsäure bei 5—10° bleibt ohne erheblichen Einfluß auf das gegenseitige Mengenverhältnis der entstehenden o- und p-Nitro-toluols (HOLDERMANN, B. 39, 1255). Beim Behandeln von Toluol mit Salpetersäure in Gegenwart von Quecksilber oder Quecksilberverbindungen in der Wärme wird Trinitrokresol neben Mononitrooxybenzoesäure gebildet (WOLFFENSTEIN, BÖTERS, D. R. P. 194883; C. 1908 I, 1005). — Läßt man Äthylnitrat in Gegenwart von viel AlCl₃ auf überschüssiges Toluol einwirken, so entsteht zu ⁵/₆ o-Nitro-toluol und zu ¹/₆ p-Nitro-toluol (BOEDTKER, Bl. [4] 3, 728). Durch Acetylnitrat kann man Toluol glatt zu Mononitrotoluol nitrieren; es entstehen hierbei 88 % o- und 12 % p-Nitro-toluol (PICTET, KHOTINSKY, B. 40, 1165); die Nitrierung geht schon unterhalb 0° vor sich (PI., KH., C. r. 144, 211).

Einwirkung von Schwefel und anorganischen Schwefelverbindungen. Toluol wird beim Erhitzen mit Schwefel im zugeschmolzenen Rohr auf 200° zu Stilben oxydiert; bei 250—300° wird außerdem auch Tetraphenylthiophen gebildet (ARONSTEIN, VAN NIEROP, R. 21, 448). Beim Durchleiten eines Gemenges der Dämpfe von Toluol und Schwefel durch ein glühendes eisernes Rohr entsteht eine Verbindung [F: 170°, Kp: ca. 330°; sehr leicht löslich in Chloroform, Schwefelkohlenstoff, Ligroin], welche mit Isatin + H₂SO₄, sowie mit Phenanthrenchinon + H₂SO₄ die Thiophenreaktion gibt. Daneben entsteht Phenyldithienyl (Syst. No. 2677) (RENARD, C. r. 109, 699; 111, 48; Bl. [3] 3, 958; 5, 278; vgl. MÖHLAU, BERGER, B. 26, 2002). — Toluol liefert mit SCl₂ + AlCl₃ 2.6-Dimethyl-thianthren (Syst. No. 2676) (KRAFFT, LYONS, B. 29, 438; vgl. auch GENVRESSE, Bl. [3] 15, 424; COHEN, SKIRROW, Soc. 75, 890; FRIES, VOLK, B. 42, 1174).

Beim Einleiten von Schwefeldioxyd in eine Mischung von Toluol und AlCl₃ unter Kühlung wird in 94%iger Ausbeute p-Toluolsulfinsäure (Syst. No. 1510) gebildet (SMILES, LE ROSSIGNOL, Soc. 93, 754; KNOEVENAGEL, POLSTORFF, B. 41, 3318). Toluol liefert mit Thionylchlorid und FeCl₃ p.p-Ditolylsulfoxyd-Ferrichlorid C₁₄H₁₄OS + FeCl₃ (HOFMANN, OTT, B. 40, 4930).

Rauchende Schwefelsäure löst das Toluol unter Bildung von Sulfonsäuren (SAINTE-CLAIRE-DEVILLE, A. ch. [3] 3, 172; A. 44, 306), und zwar entsteht in der Regel ein Gemisch (ENGELHARDT, LATSCHINOW, Ж. 1, 217; Z. 1869, 617) von viel p- und wenig o-Toluolsulfon-säure (Syst. No. 1521) (BARTH, A. 152, 91; WOLKOWA, Ж. 2, 161; Z. 1870, 321; vgl. FITTIG, RAMSAY, A. 168, 252). Zusatz von Mercurosulfat bei der Sulfierung von Toluol mittels rauchender Schwefelsäure bewirkt keine deutliche Verschiebung des Verhältnisses der beiden Isomeren (HOLDERMANN, B. 39, 1252). Zur Darstellung von p-Toluolsulfonsäure läßt man am besten in siedendes Toluol die gleiche Gewichtsmenge konz. Schwefelsäure eintropfen (CHRUSCHTSCHOW, B. 7, 1167; NORTON, OTTEN, Am. 10, 140; BOURGEOIS, R. 18, 435). Bei der Einw. von 1—2 Mol.-Gew. Chlorsulfonsäure auf 1 Mol.-Gew. Toluol ohne oder unter gelinder Kühlung entstehen Toluolsulfonsäure, ihr Chlorid und etwas Ditolylsulfon, und zwar ebenfalls wesentlich die p-Verbindungen neben geringen Mengen der o-Isomeren (BECKURTS, OTTO, B. 11, 2062; OTTO, B. 13, 1293; KLASON, WALLIN, B. 12, 1849; vgl. NOYES, Am. 8, 178). Durch Zugabe von Toluol zu einer mindestens 3¹/₂-fachen Menge Chlorsulfonsäure bei 10—20° entstehen p- und in guter Ausbeute o-Toluolsulfonsäurechlorid (GILLIARD, MONNET & CARTIER, D. R. P. 98030; Frdl. 4, 1261; C. 1899 II, 743; vgl. Frdl. 6, 1206; Ch. Z. 24, 800). Zur Erzielung guter Ausbeuten an o-Toluolsulfonsäure wird empfohlen, Toluol mit gewöhnlicher konz. Schwefelsäure unter dauerndem Rühren derart zu erwärmen, daß die Temperatur 100° nicht übersteigt; es wird so eine Ausbeute von 40—50 % erreicht (FAHLBERG, LIST's ERBEN, D. R. P. 35211; Frdl. 1, 591); oder man läßt zu 400 Tln. Schwefelsäure von 66° Bé langsam und unter Rühren bei 14—16° einerseits 184 Tle. Toluol, andrerseits 240 Tle. rauchende Schwefelsäure von 25% SO₃ zufließen; Ausbeute: 35% (Fabriques de produits chimiques de Thann et de Mulhouse, D. R. P. 137935; C. 1903 I, 108). Durch allmähliche Zugabe von 1 Tl. Toluol zu 3—4 Tln. (auf dem Wasserbade geschmolzener) krystallisierter Schwefelsäure und anschließendes Erhitzen des Gemenges auf 150—180°, schließlich auf 200° wird Toluol-disulfonsäure-(2.4) (Syst. No. 1537) erhalten (GNEHM, FORRER, B. 10, 542). Sie entsteht auch bei 4—5-stdg. Erhitzen von 10 g Toluol mit 34 g konz. Schwefelsäure und 17 g Phosphorsäureanhydrid im zugeschmolzenen Rohr auf 230° (SENHOFER, A. 164, 126) oder, neben Toluolmonosulfon-säure, beim Einleiten von Toluoldämpfen in Schwefelsäure bei 240° (GNEHM, B. 10, 1276; vgl. auch FAHLBERG, B. 12, 1048; KLASON, B. 19, 2890). Leitet man Schwefeltrioxyd in gekühltes Toluol ein, so entsteht p.p-Ditolylsulfon neben Toluolsulfonsäure (OTTO, GRUBER, A. 154, 194). Einw. von Sulfurylchlorid SO₂Cl₂ auf Toluol s. S. 285.

Einwirkung sonstiger anorganischer Agenzien. Beim Erhitzen von Toluol mit Aluminiumchlorid entstehen Benzol, m- und p-Xylol, Äthylbenzol, m- und p-Äthyltoluol, höher methylierte Benzole und geringe Mengen von Dimethylanthracenen (FRIEDEL, CRAFTS, *C. r.* 100, 695; 101, 1221; ANSCHÜTZ, *A.* 235, 178; LAVAUX, *A. ch.* [8] 20, 468). Additionelle Verbindungen des Toluols mit $AlCl_3$ und mit $AlBr_3$ s. S. 290. — Bei längerem Erhitzen von Toluol mit Phosphortrichlorid und $AlCl_3$ entsteht die Verbindung $(CH_3)^1 C_6 H_4 (PCl_2)^4$ (Syst. No. 2257) (MICHAELIS, PANECK, *A.* 212, 205). — Einw. von Kohlenoxyd s. u.

Beispiele für die Einwirkung von organischen Verbindungen. Beim Durchleiten von Toluoldämpfen mit Äthylen durch ein glühendes Rohr entstehen Benzol, Styrol, Naphthalin, Anthracen usw. (FERKO, *B.* 20, 662). Aus Isobutylen und Toluol in Gegenwart von wenig $AlCl_3$ und wenig HCl entsteht tert.-Butyl-toluol $CH_3 \cdot C_6 H_4 \cdot C(CH_3)_3$ (Akt.-Ges. f. Anilinf., D. R. P. 184230; *Frdl.* 8, 1304). — Läßt man ein äquimolekulares Gemisch von Benzol und Toluol in eine dunkelrotglühende eiserne, mit Bimsstein gefüllte Röhre tropfen, so erhält man (neben Benzol und Toluol) Naphthalin, Diphenyl, p-Phenyl-toluol, 2.4'-Dimethyldiphenyl, „γ- und δ-Methylendiphenylen" $C_{13} H_{10}$ (Syst. No. 480), Phenanthren, Anthracen, 1.4-Diphenyl-benzol, einen nicht rein isolierten Kohlenwasserstoff $C_{33} H_{22}$, welcher bei der Oxydation mit Chromsäure und Eisessig eine chinonartige Verbindung $C_{32} H_{20} O_2$ (orangerote Nadeln; F: 180°) liefert, und flüssige, bei 293—316°, 359—383° und 404—427° siedende Kohlenwasserstoffe (CARNELLEY, *Soc.* 37, 702).

Beim Einleiten von Methylchlorid in ein Gemisch von Toluol und $AlCl_3$ bei ca. 80° entstehen Xylole, und zwar als Hauptprodukt meist m-Xylol, ferner Mesitylen, Pseudocumol, Durol, neben einem Isomeren (1.2.3.5-Tetramethyl-benzol?), Pentamethylbenzol und Hexamethylbenzol (ADOR, RILLIET, *B.* 11, 1627; 12, 329; JACOBSEN, *B.* 14, 2625; 18, 342 Anm.; FRIEDEL, CRAFTS, *A. ch.* [6] 1, 461). Bei der Einw. von Methylenchlorid auf Toluol in Gegenwart von $AlCl_3$ entsteht als Hauptprodukt ein Gemisch von Ditolylmethan [3.3'-, 4.4'- und 3.4'- (LAVAUX, *A. ch.* [8] 20, 505)] mit 2 isomeren Dimethylanthracen (F: 240° und F: 244,5°), daneben ein drittes Dimethylanthracen vom F: 86°, 2-Methyl-anthracen, Xylol und dessen Homologe und etwas Benzol (LAVAUX, *C. r.* 139, 976; *A. ch.* [8] 20, 436; vgl. FRIEDEL, CRAFTS, *A. ch.* [6] 11, 266). Über die Reaktion von Toluol mit Chlorpikrin bezw. Chloroform und $AlCl_3$ in Schwefelkohlenstoff vgl.: ELBS, WITTICH, *B.* 18, 347; LAVAUX, *A. ch.* [8] 20, 460. Aus Toluol, Äthylidenchlorid und $AlCl_3$ resultieren p-Äthyl-toluol, α.α-Di-p-tolyl-äthan und 2.6.9.10-Tetramethyl-anthracendihydrid (ANSCHÜTZ, *A.* 235, 313; SEER, *M.* 32, 149). Reaktion von Toluol mit Äthylenbromid + $AlCl_3$: FRIEDEL, CRAFTS, *A. ch.* [6] 1, 487. Toluol liefert mit Acetylentetrabromid und $AlCl_3$ zwei Dimethylanthracene (F: 240° und F: 244,5°) und als Nebenprodukte 2-Methyl-anthracen, Benzol, Xylole, Trimethylbenzole und höhere Homologe (LAVAUX, *C. r.* 141, 204; *A. ch.* [8] 20, 455). Mit Isobutylbromid (-chlorid oder -jodid) und $AlCl_3$ entstehen m- (BAUR, *B.* 24, 2832) und p- (KONOWALOW, Ж. 30, 1036; *C.* 1899 I, 777) tert.-Butyl-toluol; unter den Nebenprodukten treten auf: tert.-Butyl-benzol, 1.3-Dimethyl-5-tert.-butyl-benzol, 1.4-Di-tert.-butyl-benzol und Di-tert.-butyl-toluol (BAUR, *B.* 27, 1606). Beim Kochen von Toluol mit Allylbromid und Zinkstaub entsteht 1.2-Ditolyl-propan und eine Verbindung $C_{19} H_{14}$ (Kp: 180—182°; D_4^0: 0,8891; D_{15}^0: 0,8748; D_{15}^{15}: 0,8737) (SHUKOWSKI, Ж. 27, 300). — Toluol gibt beim Erwärmen mit Benzylchlorid und Zinkstaub hauptsächlich p-Benzyl-toluol neben wenig o-Benzyl-toluol (ZINCKE, *A.* 161, 93; PLASCUDA, ZINCKE, *B.* 6, 906). Bei mehrtägigem Stehen mit Benzylbromid in Gegenwart von $FeBr_3$ bei 50° unter Lichtabschluß bildete sich p-Benzyl-toluol (HOLLEMAN, POLAK, VAN DER LAAN, EUWES, *R.* 27, 443).

Bei mehrtägigem Erhitzen von Toluol mit Isobutylalkohol und Zinkchlorid im zugeschmolzenen Rohr auf 300° entsteht 1-Methyl-3-tert.-butyl-benzol (GOLDSCHMIDT, *B.* 15, 1067; NIEMCZYCKI, *C.* 1905 II, 403).

Bei der Kondensation von Toluol mit Paraldehyd unter Einw. von konz. Schwefelsäure entsteht α.α-Di-p-tolyl-äthan (O. FISCHER, *B.* 7, 1193). — Toluol liefert mit Kohlenoxyd + HCl bei Gegenwart von $AlCl_3$ und CuCl p-Methyl-benzaldehyd (GATTERMANN, *A.* 347, 352). Reagiert mit Nickelcarbonyl und $AlCl_3$ bei gewöhnlicher Temperatur unter Bildung von p-Methyl-benzaldehyd, bei 100° unter Bildung von Dimethylanthracenen (DEWAR, JONES, *Soc.* 85, 216; vgl. SEER, *M.* 32, 154). 50 g Toluol liefern mit Knallquecksilber und AlOCl [Gemisch von etwa 5 Tln. $AlCl_3$ und 1 Tl. $AlCl_3 \cdot 6 H_2 O$] 3,5 g Tolunitril (o und p) und 9,2 g eines aus gleichen Teilen o- und p-Verbindung bestehenden Gemisches von Methyl-benzaldoximen (SCHOLL, KAČER, *B.* 36, 323). — Bei 3—4 tägigem Schütteln von Toluol mit Benzaldehyd und konz. Schwefelsäure entsteht Phenyl-di-p-tolyl-methan (KLIEGL, *B.* 38, 85; vgl. auch GRIEPENTROG, *B.* 19, 1876). Toluol liefert mit o-Nitro-benzaldehyd in Gegenwart von

Schwefelsäure [o-Nitro-phenyl]-p-tolyl-keton und p-Tolyl-anthroxan $C_6 H_4 \begin{array}{c} \diagup C \cdot C_6 H_4 \cdot CH_3 \\ \diagdown N \diagup O \end{array}$ (Syst.

No. 4199) (KLIEGL, *B.* **41**, 1845). Wird Toluol mit Benzophenon dem Sonnenlichte ausgesetzt, so entstehen Benzpinakon und ein Additionsprodukt $C_{20}H_{18}O$ (PATERNÒ, CHIEFFI, *G.* **39** II, 421). — Kondensation von Toluol mit Cellulose durch konz. Schwefelsäure: NASTJUKOW, Ж. **39**, 1124; *C.* **1908** I, 820.

Leitet man trocknen Cyanwasserstoff und trocknen Chlorwasserstoff in ein Gemisch von Toluol und AlCl₃ bei 35—40° und destilliert dann das Reaktionsprodukt mit starker Salzsäure, so erhält man p-Methyl-benzaldehyd (BAYER & Co., D. R. P. 99568; *Frdl.* **5**, 98). Durch Erhitzen von Toluol mit Eisessig, Zinkchlorid und Phosphoroxychlorid und darauffolgende Behandlung mit Wasser erhält man p-Acetyl-toluol und p-Toluylsäure (FREY, HOROWITZ, *J. pr.* [2] **43**, 114). p-Acetyl-toluol entsteht auch mit Essigsäureanhydrid und AlCl₃ (MICHAELIS, *B.* **15**, 185), sowie mit Acetylchlorid und AlCl₃ (CLAUS, RIEDEL, *B.* **19**, 234; VERLEY, *Bl.* [3] **17**, 909); ein Diacetyltoluol entsteht hierbei nicht (V. MEYER, PAVIA, *B.* **29**, 2565). Beim Kochen von Toluol mit Mercuriacetat entsteht ein Gemisch von o- und p-Tolyl-quecksilberacetat CH₃·CO₂·Hg·C₆H₄·CH₃ (Syst. No. 2347) (DIMROTH, *B.* **32**, 761). Beim Erhitzen von Toluol mit Benzoesäure und Phosphorsäureanhydrid auf 180—200° entstehen p-Benzoyl-toluol (KOLLARITS, MERZ, *B.* **6**, 538) und o-Benzoyl-toluol (BEHR, VAN DORP, *B.* **6**, 754). p-Benzoyl-toluol wurde auch beim Erhitzen von Toluol mit Benzoylchlorid und etwas Zink erhalten (GRUCAREVIC, MERZ, *B.* **6**, 1243). Es ist auch das Hauptprodukt der Reaktion zwischen Benzoylchlorid, Toluol und AlCl₃ (ADOR, RILLIET, *B.* **12**, 2299; BOURCET, *Bl.* [3] **15**, 945; ELBS, *J. pr.* [2] **35**, 466). — Beim Einleiten von Dicyan in siedendes Toluol bei Gegenwart von AlCl₃ entsteht Tolunitril (DESGREZ, *Bl.* [3] **13**, 735). Mit Malonylchlorid und AlCl₃ entstehen Di-p-toluylmethan und p-Acetyl-toluol (BÉHAL, AUGER, *Bl.* [3] **9**, 699); mit Succinylchlorid und AlCl₃ lassen sich α.β-Di-p-toluyl-äthan (HOLLEMAN, *R.* **6**, 76) und β-p-Toluyl-propionsäure erhalten (CLAUS, SCHLARB, *B.* **20**, 1378). Auch mit Bernsteinsäureanhydrid und AlCl₃ entsteht β-p-Toluyl-propionsäure (BURCKER, *Bl.* [2] **49**, 448; MUHR, *B.* **28**, 3215; KATZENELLENBOGEN, *B.* **34**, 3828). Bei der Kondensation von Toluol mit Phthalsäureanhydrid in Gegenwart von AlCl₃ entsteht 4'-Methyl-benzophenon-carbonsäure-(2) (FRIEDEL, CRAFTS, *A. ch.* [6] **14**, 447). Bei der Reaktion von Diphensäureanhydrid (Syst. No. 2483) mit AlCl₃ in Toluol entstehen Fluorenon-carbonsäure-(4) (Syst. No. 1300) und 4-Toluyl-fluorenon (Syst. No. 685) (PICK, *M.* **25**, 980). — Toluol liefert beim Erhitzen mit Natrium und Quecksilberdiäthyl im Kohlendioxydstrom Phenylessigsäure; verwendet man statt der Quecksilberverbindung Zinkdiäthyl, so entsteht neben Phenylessigsäure die p-Toluylsäure (SCHORIGIN, *B.* **41**, 2726). Durch Einw. von Phosgen auf Toluol in Gegenwart von AlCl₃ entsteht Di-p-tolyl-keton unter Zwischenbildung von p-Toluylsäure-chlorid (ADOR, CRAFTS, *B.* **10**, 2173; ELBS, *J. pr.* [2] **35**, 466). Toluol liefert mit „Harnstoffchlorid" H₂N·COCl oder mit Cyansäure und Salzsäure (GATTERMANN, ROSSOLYMO, *B.* **23**, 1195) bei Gegenwart von AlCl₃ p-Toluylsäure-amid; analog verläuft die Reaktion mit N-alkylierten oder N-arylierten Harnstoffchloriden (GATTERMANN, G. SCHMIDT, *A.* **244**, 51; *B.* **20**, 120; LELLMANN, BONHÖFFER, *B.* **20**, 2119). p-Toluylsäure-anilid läßt sich auch mit Phenylisocyanat und AlCl₃ erhalten (LEUCKART, *J. pr.* [2] **41**, 306), analog Thio-p-toluylsäure-anilid mit Phenylsenföl und AlCl₃ (FRIEDMANN, GATTERMANN, *B.* **25**, 3527).

Toluol liefert mit Diazoessigester ein Gemisch von 3-Methyl-norcaradien-(2.4)-carbonsäure-(7)-äthylester und 4-Methyl-cycloheptatrien-(1.3.5)-carbonsäure-(1)-äthylester neben Pyrazolin-tricarbonsäure-(3.4.5)-triäthylester und symm. Azinbernsteinsäureester (Syst. No. 3666) (BUCHNER, FELDMANN, *B.* **36**, 3509). — Bei der Einw. von Benzoldiazoniumchlorid auf Toluol in Gegenwart von AlCl₃ entsteht unter Stickstoffentwicklung p-[und vielleicht auch o-]-Phenyl-toluol neben Chlorbenzol (MÖHLAU, BERGER, *B.* **26**, 1996).

Toluol wirkt auf den Organismus paralysierend und exzitierend (CURCI, *J.* **1891**, 2330); es wird in ihm zu Benzoesäure (NENCKI, ZIEGLER, *B.* **5**,,750; KLINGENBERG, *J.* **1891**, 2260) und p-Oxy-benzoesäure (CURCI) oxydiert.

Verwendung.

Toluol ist das Ausgangsmaterial bei der Darstellung von vielen Zwischenprodukten der Farbstoff-, Arzneimittel- und Riechstoffindustrie, so von Benzylchlorid, Benzalchlorid, Benzotrichlorid, Nitrotoluolen, Benzaldehyd, Benzoesäure, Toluidinen usw.; es dient zur Darstellung von Saccharin und Trinitrotoluol und findet auch Anwendung als Lösungsmittel (vgl.: HERZOG, Chemische Technologie der organischen Verbindungen [Heidelberg 1912], S. 403, 506, 523; LUNGE, KÖHLER, Die Industrie des Steinkohlenteers und des Ammoniaks, 5. Aufl., Bd. I [Braunschweig 1912], S. 246; G. SCHULTZ, Die Chemie des Steinkohlenteers, 3. Aufl., Bd. I [Braunschweig 1900], S. 39; BLÜCHER, Auskunftsbuch für die chemische Industrie, 11. Aufl. [Berlin und Leipzig 1921], S. 1327, 1366, 1378).

Nachweis.

Als Nachweis eignet sich die Nitrierung zu 2.4-Dinitro-toluol (vgl. BEILSTEIN, KUHL-BERG, *A.* **155**, 13).

Nachweis von Toluol in toluolhaltigem Benzol: RAIKOW, ÜRKEWITSCH, *Ch. Z.* **30**, 296. Neben anderen Kohlenwasserstoffen, z. B. m-Xylol, kann Toluol auch mittels „Harnstoff-chlorids" bezw. Cyansäure und Salzsäure erkannt werden; die verschiedenen Kohlenwasser-stoffe werden bei dieser Reaktion verschieden leicht in Säureamide verwandelt (GATTER-MANN, ROSSOLYMO, *B.* **23**, 1198).

Additionelle Verbindungen des Toluols.

$3 C_7 H_8 + AlCl_3$. *B.* Beim Einleiten von HCl oder HBr in eine Lösung von Aluminium-chlorid in Toluol (GUSTAVSON, Ж. **10**, 390; **22**, 447; *B.* **11**, 2151; *J. pr.* [2] **42**, 506; vgl. FRIEDEL, CRAFTS, *A. ch.* [6] **14**, 467). Orangefarbene dickliche Flüssigkeit, die bei —17° nicht erstarrt. D^0: 1,08; D^{22}: 1,06. Wird durch Wasser sofort zersetzt unter Abscheidung von Toluol. Gibt mit Brom $C_6 Br_3 \cdot CH_3$. — $3 C_7 H_8 + AlBr_3$. *B.* analog der vorangehenden Verbindung (G., Ж. **10**, 297; *B.* **11**, 1841). Rotbraune, nicht unzersetzt destillierbare Flüssig-keit. D^0: 1,37; D^{20}: 1,35; sehr wenig löslich in Toluol; verhält sich analog der voran-gehenden Verbindung (G.). Elektrolyse: NEMINSKI, PLOTNIKOW, Ж. **40**, 391, 1254; *C.* **1908** II, 1505; **1909** I, 493.

Substitutionsprodukte des Toluols.

a) Fluor-Derivate.

2-Fluor-1-methyl-benzol, o-Fluor-toluol $C_7 H_7 F = C_6 H_4 F \cdot CH_3$. *B.* Aus o-Toluol-diazoniumsulfat und konz. Fluorwasserstoffsäure (HOLLEMAN, BEEKMAN, *R.* **23**, 238; H., *R.* **25**, 331; SWARTS, *C.* **1908** I, 1046; *R.* **27**, 120). — Erstarrt nicht im Kältegemisch von festem Kohlendioxyd und Alkohol (H.). Kp: 114° (H.), 115° (H., B.). $D^{13,2}$: 1,0041 (H.). Bil-dungswärme: S. Molekulare Verbrennungswärme bei konstantem Volumen: 901,61 Cal. (S.).

3-Fluor-1-methyl-benzol, m-Fluor-toluol $C_7 H_7 F = C_6 H_4 F \cdot CH_3$. *B.* Aus m-Toluol-diazoniumsulfat und konz. Fluorwasserstoffsäure (HOLLEMAN, BEEKMAN, *R.* **23**, 238). — Erstarrt nicht im Kältegemisch von festem Kohlendioxyd und Alkohol (H., *R.* **25**, 331). Kp: 115°; $D^{13,4}$: 0,9972 (H.).

4-Fluor-1-methyl-benzol, p-Fluor-toluol $C_7 H_7 F = C_6 H_4 F \cdot CH_3$. *B.* Aus p-Toluol-diazoniumsulfat und konz. Fluorwasserstoffsäure (HOLLEMAN, BEEKMAN, *R.* **23**, 238; SWARTS, *C.* **1908** I, 1046; *R.* **27**, 120). Aus einer Lösung von p-Toluoldiazoniumchlorid mit Fluor-wasserstoffsäure (VALENTINER, SCHWARZ, D. R. P. 96153; *C.* **1898** I, 1224). Aus p-Toluol-diazopiperidid (dargestellt durch Vermischen der kalten wäßr. Lösungen von p-Toluoldiazo-niumchlorid und Piperidin) mit konz. Fluorwasserstoffsäure (WALLACH, *A.* **235**, 261). Beim Erhitzen von 4-Fluor-toluol-sulfonsäure-(3) [dargestellt aus 4-Amino-toluol-sulfonsäure-(3)] mit konz. Salzsäure im Rohr (PATERNÒ, OLIVERI, *G.* **13**, 535). — Flüssig. Riecht nach bittern Mandeln (P., O.). Erstarrt im Kältegemisch von festem Kohlendioxyd und Alkohol (HOLLE-MAN, *R.* **25**, 331). Kp: 116—117° (korr.) (W.), 116° (H.). D^{15}: 1,0005 (H.); D^{15}: 0,992 (W.) Bildungswärme: S., *C.* **1908** I, 1046; *R.* **27**, 121. Molekulare Verbrennungswärme bei kon-stantem Vol.: 901,86 Cal. (S.). — Wird von Chromsäuregemisch zu p-Fluor-benzoesäure oxydiert (W.). Gibt mit Chlorsulfonsäure 4-Fluor-toluol-sulfonsäure-(2)-chlorid (W.).

$1^1.1^1$**-Difluor-1-methyl-benzol**, ω.ω-Difluor-toluol, Benzalfluorid, Benzyliden-fluorid $C_7 H_6 F_2 = C_6 H_5 \cdot CHF_2$. *B.* Aus ω.ω-Difluor-ω-chlor-toluol in alkoh. Lösung mittels Natriumamalgams (SWARTS, *C.* **1900** II, 667). — Flüssigkeit von angenehmem Geruch. Kp: 133,5°. — Wird von warmer konz. Schwefelsäure, sowie von Wasser bei 200° in Fluor-wasserstoffsäure und Benzaldehyd gespalten.

$1^1.1^1.1^1$**-Trifluor-1-methyl-benzol**, ω.ω.ω-Trifluor-toluol, Benzotrifluorid $C_7 H_5 F_3 = C_6 H_5 \cdot CF_3$. *B.* Aus Benzotrichlorid und Antimonfluorür, neben ω.ω-Difluor-ω-chlor-toluol (SWARTS, *C.* **1898** II, 26). — Farblose Flüssigkeit. Kp: 103,5°; D^{14}: 1,19632; n: 1,41707 (S., *C.* **1898** II, 26). Bildungswärme: S., *C.* **1906** II, 1567; *R.* **25**, 422. Molekulare Ver-brennungswärme bei konstantem Volum: 809,96 Cal. (S., *C.* **1906** II, 1567; *R.* **25**, 422). — Gibt mit Salpetersäure m-Nitro-benzotrifluorid (S., *C.* **1898** II, 26). Sehr widerstands-fähig gegen Wasser, Alkalien, Kupfer, Phenole und Arylamine (S., *C.* **1898** II, 26).

b) Chlor-Derivate.

2-Chlor-1-methyl-benzol, o-Chlor-toluol $C_7 H_7 Cl = C_6 H_4 Cl \cdot CH_3$. *B.* Neben p-Chlor-toluol beim Chlorieren von Toluol in Gegenwart von Jod (HÜBNER, MAJERT, *B.* **6**, 790) oder besser von $FeCl_3$ oder $MoCl_5$ (SEELIG, A. **237**, 130, 131, 151). Neben p-Chlor-toluol bei der Chlorierung von siedendem Toluol durch elektrolytisches Chlor (COHEN, DAWSON, CROSLAND, *Soc.* **87**, 1035). Durch Erhitzen von Toluol mit $PbCl_2 \cdot 2NH_4Cl$ am Rückflußkühler (SEYEWETZ, BIOT, *C. r.* **135**, 1121). Aus o-Toluoldiazoniumchlorid-Lösung durch Zersetzung mit Cuprochlorid (SANDMEYER, *B.* **17**, 2651; BEHREND, NISSEN, *A.* **269**, 393; WYNNE, *Soc.* **61**, 1072; H. ERDMANN, *A.* **272**, 144). Aus o-Toluoldiazoniumchlorid-Lösung in Gegenwart von $CuCl_2$ bei der Elektrolyse an Kupferelektroden unter Kühlung (VOTOČEK, ZENÍŠEK, *Z. El. Ch.* **5**, 486). Aus o-Toluoldiazoniumchlorid-Lösung durch Erhitzen mit überschüssiger Salzsäure (GASIOROWSKI, WAYSS, *B.* **18**, 1939). Aus festem o-Toluoldiazoniumchlorid durch Erwärmen mit Benzol und $AlCl_3$ (MÖHLAU, BERGER, *B.* **26**, 1998). Aus dem (mit trocknem Sand vermischten) Chloroplatinat des o-Toluoldiazoniumchlorids durch Destillation (BEILSTEIN, KUHLBERG, A. **156**, 79). Aus o-Toluol-diazopiperidid $CH_3 \cdot C_6H_4 \cdot N{:}N \cdot NC_5H_{10}$ (erhalten aus diazotiertem o-Toluidin und Piperidin) mit konz. Salzsäure (WALLACH, *A.* **235**, 247). Aus Phosphorsäure-tri-o-tolylester-dichlorid $Cl_2P(O \cdot C_6H_4 \cdot CH_3)_3$, welches aus 3 Mol.-Gew. o-Kresol und 1 Mol.-Gew. PCl_5 beim Erhitzen bis auf 140° entsteht, durch Erhitzen auf ca. 180° (AUTENRIETH, GEYER, *B.* **41**, 157). Aus dem Chlorid der 2-Chlor-toluol-sulfonsäure-(4) oder aus dieser Säure selbst durch Kochen mit 80%iger Schwefelsäure (Ges. f. chem. Ind., D. R. P. 133000; *C.* **1902** II, 313). — *Darst.* Man verreibt ein gekühltes Gemisch aus 1 kg o-Toluidin und 1 Liter Wasser mit 1100 ccm roher Salzsäure, gießt in 6 Liter Wasser und fügt noch $1^1/_2$ Liter rohe Salzsäure und 7 kg gestossenes Eis hinzu; dann läßt man unter Rühren eine Lösung von 640 g $NaNO_2$ (98—99%ig) in 5 Liter Wasser in dickem Strahl hinzufließen und fügt die erhaltene Lösung zu einem Gemisch aus Cuprochlorid-Lösung (dargestellt durch Kochen von 440 g krystallisiertem Cuprichlorid mit 210 g Kupferspänen, 1840 ccm roher Salzsäure und 370 ccm Wasser) und 1 kg Eis (H. ERDMANN, *A.* **272**, 145). Zur Zersetzung der o-Toluoldiazoniumchlorid-Lösung eignet sich auch Kupferpulver (GATTERMANN, *B.* **23**, 1221) oder entfettete „Kupferbronze" (ULLMANN, *B.* **29**, 1878 Anm.).

F: — 34,0° (HAASE, *B.* **26**, 1053). Über die Existenz zweier verschieden schmelzender Modifikationen, des o-Chlor-toluols vgl. OSTROMYSSLENSKI, *Ph. Ch.* **57**, 347. Kp.$_{760}$: 154° bis 156° (SEELIG, A. **237**, 154); Kp.$_{160,07}$: 159,38° (FEITLER, *Ph. Ch.* **4**, 72); Kp: 159—159,2° (korr.) (PERKIN, *Soc.* **69**, 1203). Siedepunkte unter verschiedenem Druck: FEI. D_4^0: 1,0973; D_4^5: 1,0963; D_4^{10}: 1,0918; D_4^{15}: 1,0877; D_4^{20}: 1,0837; D_4^{25}: 1,0801 (PE., *Soc.* **69**, 1203); D_4^{20}: 1,08173 (SEUBERT, *B.* **22**, 2520); $D^{15,4}$: 0,93952 (FEI.). Dichten des unter verschiedenen Drucken siedenden o-Chlor-toluols: FEI. — $n_D^{18,8}$: 1,5238; $n_\beta^{18,8}$: 1,5352(SEU.). Absorptionsspektrum im Ultraviolett: BALY, EWBANK, *Soc.* **87**, 1356. — Magnetisches Drehungsvermögen: PE., *Soc.* **69**, 1243.

o-Chlor-toluol wird von Chromsäuregemisch völlig verbrannt, ohne eine Säure zu bilden (BEILSTEIN, KUHLBERG, A. **156**, 79). Liefert mit Chromylchlorid eine Verbindung, die durch Wasser zu o-Chlor-benzaldehyd zersetzt wird (STUART, ELLIOT, *Soc.* **53**, 803; LAW, PERKIN, *Soc.* **93**, 1636). Gibt bei der Oxydation mit Cerverbindungen o-Chlor-benzaldehyd (Höchster Farbw., D. R. P. 174238; *C.* **1906** II, 1297). Oxydation mit Permanganatlösung führt zu o-Chlor-benzoesäure (EMMERLING, *B.* **8**, 880; SEELIG, A. **237**, 154; GRAEBE, *A.* **276**, 55). — o-Chlor-toluol wird bei 302° durch Jodwasserstoffsäure und Phosphor zu Toluol reduziert (KLAGES, LIECKE, *J. pr.* [2] **61**, 322). — Gibt bei der Chlorierung 2.3-, 2.4-, 2.6- und etwas 2.5-Dichlor-toluol (COHEN, DAKIN, *Soc.* **79**, 1117). Bei der Nitrierung mit Salpeterschwefelsäure wurde 6-Chlor-3-nitro-benzol erhalten (GOLDSCHMIDT, HÖNIG, *B.* **19**, 2443; **20**, 199). — Liefert beim Erhitzen mit Diphenylaminkalium (unter Umlagerung) Diphenyl-m-toluidin (HAEUSSERMANN, BAUER, *B.* **31**, 2988; HAEU., *B.* **34**, 39).

o-Chlor-toluol wird im Organismus des Hundes zu o-Chlor-hippursäure, im Organismus des Kaninchens in o-Chlor-benzoesäure übergeführt (HILDEBRANDT, *B. Ph. P.* **3**, 367, 369).

3-Chlor-1-methyl-benzol, m-Chlor-toluol $C_7H_7Cl = C_6H_4Cl \cdot CH_3$. *B.* Aus m-Toluidin beim Ersatz der Aminogruppe durch Chlor nach der SANDMEYERschen Reaktion (vgl. REVERDIN, CRÉPIEUX, *B.* **33**, 2505). Aus diazotiertem 3-Chlor-4-amino-toluol durch Kochen der Diazoniumsulfatlösung mit Alkohol (WROBLEWSKI, *A.* **168**, 200). Aus 3-Chlor-4-amino-toluol durch Überführung in das Hydrazin und Kochen seines salzsauren Salzes mit Kupfersulfatlösung (WYNNE, *Soc.* **61**, 1058). Aus 5-Chlor-2-amino-toluol durch Erwärmen mit Alkohol und Schwefelsäure und Zusatz von Äthylnitrit (FEITLER, *Ph. Ch.* **4**, 75). Aus 5-Chlor-2-amino-toluol durch Überführung in das Hydrazin und Kochen seines salzsauren Salzes mit Kupfersulfatlösung (WY., *Soc.* **61**, 1048). Aus 3-Chlor-1-methyl-cyclohexen-(x) (S. 69) durch Behandlung mit Brom und Kochen des Reaktionsproduktes mit Chinolin (KLAGES, *B.* **32**, 2569). Aus 3-Chlor-1-methyl-cyclohexadien-(1.3) durch Überführung in das Dibromid und Kochen desselben mit Chinolin (KL., KNOEVENAGEL, *B.* **27**, 3022). Beim Erhitzen von m-Kresol und PCl_5 oder von Phosphorsäure-tri-m-tolylester-dichlorid auf 210° (AUTENRIETH, GEYER, *B.* **41**, 156). — Flüssig. F: —47,8° (HAASE, *B.* **26**, 1053). Kp.$_{756,53}$: 162,2° (FEITLER). Siedepunkte bei verschiedenem Druck: F. D_4^0: 1,07218 (SEUBERT, *B.* **22**, 2520); $D^{19,8}$:

0,92723 (F.). Dichten des unter verschiedenen Drucken siedenden m-Chlor-toluols: F. n_D^{15-0}: 1,5214; n_β^{15-0}: 1,5331 (S.). Absorptionsspektrum im Ultraviolett: BALY, EWBANK, *Soc.* 87, 1356. — Gibt bei der Oxydation mit Dichromatmischung m-Chlor-benzoesäure (WR.). Liefert mit Chromylchlorid eine Verbindung, die durch Wasser zu· m-Chlor-benzaldehyd zersetzt wird (LAW, PERKIN, *Soc.* 93, 1636). Bei der Chlorierung werden 2.5- und 3.4-Dichlor-toluol gebildet (COHEN, DAKIN, *Soc.* 79, 1117). Beim Nitrieren mit Salpetersäure (D: 1,52) entsteht ein Gemenge von 5-Chlor-2-nitro-toluol und 3-Chlor-4-nitro-toluol; beim Nitrieren mit einem Gemisch von Salpetersäure (D: 1,52) und konz. Schwefelsäure entsteht 5-Chlor-2.4-dinitro-toluol (REVERDIN, CRÉPIEUX, *B.* 33, 2505). Gibt mit Chloracetylchlorid und AlCl₃ in CS₂ 5-Chlor-2-[chloracetyl]-toluol (KUNCKELL, *B.* 41, 2648). — Verhält sich im Tierkörper analog dem o-Chlor-toluol (S. 291) (HILDEBRANDT, *B. Ph. P.* 3, 367, 369).

4-Chlor-1-methyl-benzol, p-Chlor-toluol $C_7H_7Cl = C_6H_4Cl·CH_3$. *B.* Beim Chlorieren von Toluol in Gegenwart von Jod (BEILSTEIN, GEITNER, *A.* 139, 334) oder besser von MoCl₅ (ARONHEIM, DIETRICH, *B.* 8, 1402), neben o-Chlor-toluol (HÜBNER, MAJERT, *B.* 6, 790; SEELIG, *A.* 237, 130, 151). Neben o-Chlor-toluol bei der Chlorierung von siedendem Toluol durch elektrolytisches Chlor (COHEN, DAWSON, CROSLAND, *Soc.* 87, 1035). Durch Erhitzen von Toluol mit Sulfurylchlorid auf 160°, neben Benzylchlorid und 3.4-Dichlor-toluol (TÖHL, EBERHARD, *B.* 26, 2942). Aus p-Toluoldiazoniumchlorid-Lösung beim Erwärmen mit Salzsäure (HÜBNER, MAJERT, *B.* 6, 794; GASIOROWSKI, WAYSS, *B.* 18, 1939; vgl. HOLLEMAN, BEEKMAN, *R.* 23, 239). Aus p-Toluoldiazoniumchlorid-Lösung mit Cuprochlorid (SANDMEYER, *B.* 17, 2651; vgl. H. ERDMANN, *A.* 272, 144, 145). Aus p-Toluoldiazoniumchlorid-Lösung mit Kupferpulver (GATTERMANN, *B.* 23, 1221). Aus p-Toluoldiazoniumchlorid-Lösung in Gegenwart von CuCl₂ bei der Elektrolyse an Kupferelektroden unter Kühlung (VOTOČEK, ZENÍŠEK, *Z. El. Ch.* 5, 486). Aus festem p-Toluoldiazoniumchlorid durch Erwärmen mit Benzol und AlCl₃ (MÖHLAU, BERGER, *B.* 26, 1998). Durch Einw. von konz. Salzsäure auf p-Toluol-diazopiperidid $CH_3·C_6H_4·N:N·NC_5H_{10}$ (Syst. No. 3038) (WALLACH, *A.* 235, 247). — Beim Erhitzen von Phosphorsäure-tri-p-tolylester-dichlorid (das aus p-Kresol und PCl₅ bei 140° entsteht) auf 200—210° (AUTENRIETH, GEYER, *B.* 41, 155).

F: 7,4° (SEUBERT, *B.* 22, 2524), 7,5° (VAN SCHERPENZEEL, *R.* 20, 155). $Kp_{756.4}$: 162,3° (FEITLER, *Ph. Ch.* 4, 78); Kp: 162—162,2°(korr.)(PERKIN, *Soc.* 69, 1203); Kp_{10}: 44° (VAN SCH.). Siedepunkte bei verschiedenem Druck: FEI. D_4^0: 1,0847; D_4^8: 1,0836; D_4^{15}: 1,0791; D_4^{20}: 1,0749; D_4^{30}: 1,0710; D_4^{45}: 1,0672 (PE., *Soc.* 69, 1203); D_4^{20}: 1,06974 (SEU.); $D^{100,3}$: 0,92360 (FEI.). Dichten des unter verschiedenen Drucken siedenden p-Chlor-toluols: FEI. Molekulare Gefrierpunktserniedrigung: 56 (AUWERS, *Ph. Ch.* 42, 515). n_D^{15-0}: 1,5199; n_β^{15-0}: 1,5317 (SEU.). Absorptionsspektrum im Ultraviolett: BALY, EWBANK, *Soc.* 87, 1356. Magnetisches Drehungsvermögen: PE., *Soc.* 69, 1243. — Liefert bei der Oxydation mit Permanganatlösung p-Chlor-benzoesäure (EMMERLING, *B.* 8, 880). Wird von Chromsäuregemisch zu p-Chlor-benzoesäure oxydiert (BEILSTEIN, GEITNER, *A.* 139, 336). Wird von Salpetersäure rascher oxydiert als o- und m-Chlor-toluol, die Dichlortoluole und Jodtoluole, aber langsamer als p-Brom-toluol (COHEN, MILLER, *Soc.* 85, 174, 1626). Liefert mit Chromylchlorid eine Verbindung, die durch. Wasser zu p-Chlor-benzaldehyd zersetzt wird (LAW, PERKIN, *Soc.* 93, 1636). Wird bei 302° durch Jodwasserstoffsäure und Phosphor zu Toluol reduziert (KLAGES, LIECKE, *J. pr.* [2] 61, 322). Gibt bei der Chlorierung 2.4- und 3.4-Dichlor-toluol (COHEN, DAKIN, *Soc.* 79, 1116). Die Nitrierung liefert 4-Chlor-2-nitro-toluol und 4-Chlor-3-nitro-toluol (GOLDSCHMIDT, HÖNIG, *B.* 19, 2438; vgl. ENGELBRECHT, *B.* 7, 797), und zwar entstehen bei 0° mit Salpetersäure (D: 1,48) 58°/₀ 4-Chlor-2-nitro-toluol und 42°/₀ 4-Chlor-3-nitro-toluol (VAN DEN AREND, *R.* 28, 421, 496). — p-Chlor-toluol verhält sich im Tierkörper analog wie o- und m-Chlor-toluol, ist aber für Kaninchen giftiger als die Isomeren (HILDEBRANDT, *B. Ph. P.* 3, 367, 369).

1¹-Chlor-1-methyl-benzol, ω-Chlor-toluol, Benzylchlorid $C_7H_7Cl = C_6H_5·CH_2Cl$. *B.* Beim Einleiten von Chlor in siedendes Toluol (CANNIZZARO, *A. ch.* [3] 45, 468; BEILSTEIN, GEITNER, *A.* 139, 332). Beim Leiten von Chlor in Toluol im direkten Sonnenlicht tritt selbst beim Abkühlen Chlor nur in die Seitenkette (vgl. S. 285) (SCHRAMM, *B.* 18, 608). Aus Sulfurylchlorid und überschüssigem Toluol unterhalb 130° (WOHL, D. R. P. 139552; 160102; *C.* 1903 I, 607; 1905 II, 367) in Gegenwart von Acetylchlorid (WOHL, D. R. P. 162394; *C.* 1905 II, 727). Aus Benzylalkohol mit Chlorwasserstoff (CANNIZZARO, *A.* 88, 130) oder wäßr. Salzsäure (NORRIS, *Am.* 38, 638). Aus Benzylamin und NOCl in äther. Lösung bei −15° bis −20° (SSOLONINA, Ж. 30, 431; *C.* 1898 II, 887). Aus Benzylamin durch Königswasser in geringer Menge, neben anderen Produkten (SSOLONINA, Ж. 30, 822; *C.* 1899 I, 254). — *Darst.* In ein gelinde siedendes Gemisch von 100 g Toluol und 5 g PCl₅ wird, möglichst im Sonnenlicht, ein ziemlich kräftiger Strom von getrocknetem Chlor eingeleitet, bis eine Gewichtszunahme von 37 g erreicht ist (E. FISCHER, Anleitung zur Darstellung organischer Präparate [Braunschweig 1920], S. 40). Zur technischen Darstellung vgl. ULLMANNs Enzyklopädie der technischen Chemie, Bd. XI [Berlin-Wien 1922], S. 189.

Farblose Flüssigkeit von sehr heftigem Geruch, deren Dampf zu Tränen reizt. F: —43,2°
(korr.) (v. SCHNEIDER, Ph. Ch. 22, 230), —48,0° (HAASE, B. 26, 1053). Kp: 179° (korr.)
(PERKIN, Soc. 69, 1203); Kp$_{769,2}$: 175—175,2° (R. SCHIFF, A. 220, 99); Kp$_{92}$: 106,2°; Kp$_{64,1}$:
103°; Kp$_{62}$: 98,8°; Kp$_{47,2}$: 93,3°; Kp$_{40}$: 89,9°; Kp$_{38,64}$: 83,6°; Kp$_{26,74}$: 81,8°; Kp$_{23,14}$: 78,2°;
Kp$_{17,9}$: 73,9°; Kp$_{8,16}$: 63,0° (KAHLBAUM, Siedetemperatur und Druck in ihren Wechselbeziehungen [Leipzig 1885], S. 84); Kp$_{12}$: 64—64,2° (ANSCHÜTZ, BERNS, B. 20, 1390). D$_4^0$:
1,1135; D$_4^5$: 1,1125; D$_{20}^{12}$: 1,1081; D$_4^{12}$: 1,1040; D$_{20}^{22}$: 1,1002; D$_4^{22}$: 1,0967 (PERKIN, Soc. 69, 1203);
D^7: 1,099 (GLADSTONE, Soc. 45, 245); D$_4^{14,4}$: 1,1138 (JAHN, MÖLLER, Ph. Ch. 13, 389); D$_4^{18}$:
0,94525 (R. SCHIFF, A. 220, 99; vgl. R. SCHIFF, B. 19, 563). — Löslichkeit von Schwefel in
Benzylchlorid: BOGUSKI, ЖК. 37, 92; C. 1905 I, 1207. — n$_D^7$: 1,5415 (GLAD.); n$_α^{16,4}$: 1,5367;
n$_D^{16,4}$: 1,5415; n$_γ^{16,4}$: 1,5652 (JAHN, MÖ.). Absorptionsspektrum: SPRING, R. 16, 1. — Mole-
kulare Verbrennungswärme bei konstantem Volum: 885,7 Cal., bei konstantem Druck:
886,6 Cal. (SCHMIDLIN, C. r. 136, 1561; A. ch. [8] 7, 250). Spezifische Wärme: R. SCHIFF,
Ph. Ch. 1, 384. — Magnetische Suszeptibilität: PASCAL, Bl. [4] 5, 1069). Magnetisches
Drehungsvermögen: PERKIN, Soc. 69, 1243. Dielektrizitätskonstante: JAHN, MÖ.
Zersetzung von Benzylchlorid durch langes Kochen: VANDEVELDE, C. 1898 I, 438.
Benzylchlorid liefert bei der Zersetzung durch rotglühenden Platindraht Stilben und HCl
(LÖB, B. 36, 3060; Z. El. Ch. 9, 905). — Leitet man Benzylchlorid zusammen mit Wasserstoff
über fein verteiltes Nickel, so bildet sich eine voluminöse, unlösliche, gelbe Masse von der
Formel (C$_7$H$_6$)x (S. 295) (MAILHE, Ch. Z. 29, 464). Bei der Einw. von Aluminiumchlorid
in Schwefelkohlenstoff entsteht ein unlöslicher Körper (C$_7$H$_6$)x (S. 295) (FRIEDEL, CRAFTS,
Bl. [2] 43, 53). Beim Erwärmen von Benzylchlorid mit AlCl$_3$ erhält man ein Reaktionsprodukt, das bei der Destillation Toluol und Anthracen liefert (PERKIN, HODGKINSON, Soc.
37, 726; vgl. SCHRAMM, B. 26, 1706). Beim Kochen von Benzylchlorid mit Zinkstaub tritt
eine heftige Reaktion ein, unter Entwicklung von HCl; bei der Destillation des Produktes
gehen Toluol, Anthracen, Phenyltolylmethan und ein Kohlenwasserstoff C$_{21}$H$_{20}$ (?) über
(PROST, Bl. [2] 46, 248). — Gibt durch Oxydation mit Chromsäuremischung Benzoesäure
(BEILSTEIN, GEITNER, A. 139, 337). Liefert mit Chromylchlorid die Verbindung C$_7$H$_7$Cl +
CrO$_2$Cl$_2$ = (C$_6$H$_5$·CHCl·O·CrCl$_2$·OH ?) (Syst. No. 629), welche bei der Einw. von Wasser Benz-
aldehyd gibt (ÉTARD, A. ch. [5] 22, 236). Beim Kochen von Benzylchlorid mit einer wäßr.
Lösung von Bleinitrat wird Benzaldehyd gebildet (LAUTH, GRIMAUX, Bl. [2] 7, 106). Beim Er-
hitzen von Benzylchlorid mit Kaliumnitrit und wenig Wasser auf 150° entstehen Benzaldehyd,
Benzoesäure, Anthracen u. a. flüssiger Körper (BRUNNER, B. 9, 1745). — Bei Einw. von
Magnesium auf Benzylchlorid in wasserfreiem Äther entsteht Benzylmagnesiumchlorid (HELD,
B. 37, 455; 38, 1682; KLAGES, HEILMANN, B. 37, 1449; KLAGES, B. 38, 2220 Anm. 5). Benzyl-
chlorid gibt beim Kochen mit Alkohol und Zinkstaub Toluol (TOMMASI, B. 7, 826). — Beim
Erwärmen von Benzylchlorid mit Natrium entsteht Dibenzyl (CANNIZZARO, ROSSI, A. 121,
250; STELLING, FITTIG, A. 137, 258; COMEY, B. 23, 1115). Auch beim Erhitzen von Benzylchlorid mit Kupferpulver wird Dibenzyl gebildet (ONUFROWICZ, B. 17, 836). — Beim Chlorieren
von Benzylchlorid in Gegenwart von Jod erhält man p-Chlor-benzylchlorid (BEILSTEIN,
KUHLBERG, NEUHOF, A. 146, 320). Bei der Einw. von PbCl$_4$·2NH$_4$Cl in der Siedehitze
bilden sich Benzalchlorid und etwas Benzotrichlorid (SEYEWETZ, TRAWITZ, C. r. 136,
241). Bei der Einw. von Brom auf Benzylchlorid in Gegenwart von Jod entsteht ein Gemisch von p-Brom-benzylchlorid und p-Brom-benzylbromid (ERRERA, G. 17, 198; SRPEK,
M. 11, 430). Benzylchlorid liefert mit rauchender Salpetersäure p-, o- und m-Nitro-benzylchlorid (BEI., GEI.; STRAKOSCH, B. 6, 1056; ABELLI, G. 13, 97; KUMPF, A. 224, 98, 100, 104;
NOELTING, B. 17, 385). Gibt bei der Nitrierung mittels Acetylnitrats 60% o- und 40% p-Nitro-
benzylchlorid (PICTET, KHOTINSKY, B. 40, 1165). — Benzylchlorid setzt sich bei längerem
Kochen mit etwa 30 Tln. Wasser fast glatt in Benzylalkohol und Salzsäure um (NIEDERIST,
A. 196, 353). Auch beim Erhitzen von Benzylchlorid mit 10 Tln. Wasser und 3 Tln. frisch
gefälltem Bleioxyd auf 100° entsteht Benzylalkohol (LAUTH, GRIMAUX, A. 143, 81), desgleichen
bei mehrstündigem Kochen mit 10%iger Pottaschelösung (MEUNIER, Bl. [2] 38, 159). Beim
Erhitzen von Benzylchlorid mit Wasser auf ca. 190° entstehen ein Chlorid C$_{14}$H$_{13}$Cl (= C$_6$H$_5$·
CH$_2$·C$_6$H$_4$·CH$_2$Cl ?), hochsiedende Kohlenwasserstoffe und geringe Mengen sauerstoffhaltiger
Körper; wird das vom überschüssigen Benzylchlorid durch Dampfdestillation befreite Rohprodukt destilliert, so entstehen neben anderen Produkten Benzyltoluol und harzige oder
dickflüssige Kohlenwasserstoffe, welche bei weiterem Erhitzen unter Bildung von Anthracen
und Toluol zersetzt werden (ZINCKE, B. 7, 276; vgl.: LIMPRICHT, A. 139, 308; VAN DORP, B.
5, 1070; PLASCUDA, ZINCKE, B. 6, 906; BEHR, VAN DORP, B. 7, 16). — Über die Einw. von
Silbernitrit auf Benzylchlorid vgl.: BRUNNER, B. 9, 1745; HOLLEMAN, R. 13, 405; HANTZSCH,
SCHULZE, B. 34, 700; BAEYER, VILLIGER, B. 34, 756. Einw. von Kaliumnitrit auf Benzylchlorid s. o. Benzylchlorid setzt sich mit Silbernitrit in absol. Äther zu Benzylnitrat C$_6$H$_5$·
CH$_2$·O·NO$_2$ um (NEF, A. 309, 171; vgl. BRUNN.). Einw. von Bleinitrat auf Benzylchlorid
s. o. Benzylchlorid gibt mit Silberphosphat beim Erwärmen in Äther Tribenzylphosphat
(LOSSEN, KÖHLER, A. 262, 213). — Liefert bei Einw. von alkoh. Ammoniak Benzylamin,

Dibenzylamin und Tribenzylamin (CANNIZZARO, A. 134, 128; A. Spl. 4, 24; LIMPRICHT, A. 144, 305; MASON, Soc. 63, 1313). Durch Kochen von Benzylchlorid mit Hydrazinhydrat in wäßr. Alkohol entsteht asymm. Dibenzylhydrazin (BUSCH, WEISS, B. 33, 2702). v. ROTHEN-BURG (B. 26, 867) erhielt durch Erhitzen von Benzylchlorid mit Hydrazinhydrat in Alkohol und nachfolgende Destillation des Reaktionsprodukts viel Stilben, erhebliche Mengen Tolan (wahrscheinlich aus dem im käuflichen Benzylchlorid vorhandenen Benzalchlorid herstammend) und wenig Dibenzyl. — Bei der Einw. von Natrium auf ein Gemisch von 2 Mol.-Gew. Benzyl-chlorid und ein Mol-Gew. AsCl$_3$ in Äther bei Gegenwart von etwas Essigester entstehen Tribenzylarsin (C$_7$H$_7$)$_3$As, Tribenzylarsindichlorid (C$_7$H$_7$)$_3$AsCl$_2$ und Dibenzylarsentrichlorid (C$_7$H$_7$)$_2$AsCl$_3$ (MICHAELIS, PAETOW, A. 233, 62). — Benzylchlorid liefert mit alkoh. Kalium-hydrosulfid Benzylmercaptan (MÄRCKER, A. 136, 75). Setzt sich mit alkoh. Kaliumsulfid zu Dibenzylsulfid um (MÄRCKER, A. 136, 88). Liefert mit alkoh. Na$_2$S$_2$ Dibenzyldisulfid (BLANKSMA, R. 20, 137). Benzylchlorid gibt beim Erhitzen mit Alkalisulfit in konz. Lösung Toluol-ω-sulfonsäure C$_6$H$_5$·CH$_2$·SO$_3$H (BÖHLER, A. 154, 51; MOHR, A. 221, 216) und Dibenzyl-sulfon (VOGT, HENNINGER, A. 165, 375); dagegen erhält man in verd. Lösung hauptsächlich Benzylalkohol und Dibenzyläther (FROMM, DE SEIXAS PALMA, B. 39, 3312). Benzylchlorid liefert mit hydroschwefligsaurem Natrium Na$_2$S$_2$O$_4$ in alkal. Lösung bei Gegenwart von etwas Zinkstaub in der Wärme Toluol-ω-sulfonsäure und Dibenzylsulfon; in der Kälte läßt sich auch die Bildung von Benzylsulfinsäure nachweisen (FROMM, DE SEI. PAL., B. 39, 3319, 3320). Benzylchlorid gibt beim Kochen mit Natriumthiosulfat und wäßr. Alkohol Benzylthio-schwefelsäure C$_6$H$_5$·CH$_2$·S·SO$_2$·OH (Syst. No. 528) (PURGOTTI, G. 20, 25); Geschwindigkeit der Reaktion mit Na$_2$S$_2$O$_3$: SLATOR, TWISS, Soc. 95, 97. Beim Kochen von Benzylchlorid mit einer aus K$_2$SO$_3$ und Se in wäßr. Alkohol dargestellten Kaliumselenosulfatlösung und Alkohol erhält man Benzylselenoschwefelsäure C$_6$H$_5$·CH$_2$·Se·SO$_2$·OH (PRICE, JONES, Soc. 95, 1736). Aus Benzylchlorid entsteht durch Einw. von alkoh. Kalilauge Äthylbenzyläther (CAN-NIZZARO, J. 1856, 581). Zersetzung von Benzylchlorid durch Natrium in Äthylalkohol: LÖWENHERZ, Ph. Ch. 36, 474, 491. Zersetzung durch Natrium in Amylalkohol: L., Ph. Ch. 32, 486. — Über die Umsetzung des Benzylchlorids mit formaldehydsulfoxylsaurem Natrium („Rongalit C") s. Bd. I, S. 577, Z. 9—5 v. u. Aus Acetoxim und Benzylchlorid erhält man bei Anwesenheit alkoh. Natriumäthylatlösung O-Benzyl-acetoxim (CH$_3$)$_2$C:N·O·CH$_2$·C$_6$H$_5$ (JANNY, B. 16, 174). — Beim Erhitzen von Benzylchlorid mit etwas überschüssigem Natrium-formiat und konz. wäßr. Ameisensäure auf 140° entsteht Benzylformiat (BACON, C. 1908 II, 945). Benzylchlorid gibt beim Kochen mit alkoh. Kaliumcyanid Benzylcyanid (CANNIZZARO, A. 96, 247). Benzylchlorid liefert mit alkoh. Kaliumacetat Benzylacetat neben Benzylalkohol und bisweilen etwas Äthylbenzyläther (CANNIZZARO, A. 96, 246; SEELIG, J. pr. [2] 39, 162); beim Kochen von Benzylchlorid mit entwässertem Kaliumacetat und Eisessig erhält man nur Benzylacetat (SEELIG, J. pr. [2] 39, 164; D. R. P. 41507; Frdl. 1, 577). Einfluß ver-schiedener Metallchloride (besonders BiCl$_3$) auf die Umsetzung von Benzylchlorid und Eisessig zu Benzylacetat und HCl: BÉHAL, C. r. 147, 1479. Beim Erhitzen von Benzylchlorid mit Essigester entstehen Essigsäureanhydrid und anscheinend Stilben (PERKIN, HODGKINSON, Soc. 37, 721). Benzylchlorid gibt mit Malonsäurediäthylester in Gegenwart von alkoh. Natriumäthylatlösung Benzylmalonsäureester (DOEBNER, KERSTEN, B. 38, 2738). Bei der Einw. von alkoh. Kaliumrhodanidlösung auf Benzylchlorid bildet sich Benzylrhodanid C$_6$H$_5$·CH$_2$·S·CN (HENRY, B. 2, 637; BARBAGLIA, B. 5, 689). Benzylchlorid reagiert mit Thio-harnstoff unter Bildung von salzsaurem S-Benzyl-isothioharnstoff C$_6$H$_5$·CH$_2$·S·C(:NH)·NH$_2$ (BERNTHSEN, KLINGER, B. 12, 575; WERNER, Soc. 57, 285). — Benzylchlorid kondensiert sich mit Benzol in Gegenwart von Zinkstaub zu Diphenylmethan, o- und p-Dibenzyl-benzol (ZINCKE, A. 159, 374; B. 6, 119). Diphenylmethan entsteht aus Benzylchlorid und Benzol auch mit amalgamiertem Aluminium (HIRST, COHEN, Soc. 67, 827), mit AlCl$_3$ (FRIEDEL, CRAFTS, A. ch. [6] 1, 480; FR., BALSOHN, Bl. [2] 33, 337), mit Aluminiumspänen bei Gegenwart von Chlorwasserstoff (RADZIEWANOWSKI, B. 28, 1136), mit Aluminiumspänen und Mercuri-chlorid (RA., B. 28, 1139). Beim Erhitzen von Benzylchlorid mit Toluol und Zinkstaub erhält man o- und p-Benzyl-toluol (ZINCKE, A. 161, 93; PLASCUDA, ZI., B. 6, 906) und andere Produkte (WEBER, ZI., B. 7, 1153). Über den Mechanismus der Reaktion zwischen Benzyl-chlorid und Toluol bei Gegenwart von AlCl$_3$ oder FeCl$_3$ vgl.: STEELE, Soc. 83, 1470, 1486; LAVAUX, A. ch. [8] 20, 482. Benzylchlorid liefert mit Naphthalin und Aluminiumpulver Dibenzylnaphthalin neben 1- und 2-Monobenzyl-naphthalin (BOGUSKI, B. 39, 2867; Ж. 38, 1110; C. 1907 I, 817). — Gibt beim Erhitzen mit Kaliumphenolat und etwas Alkohol Phenylbenzyläther (LAUTH, GRIMAUX, A. 143, 81; SINTENIS, A. 161, 337; STÄDEL, A. 217, 44). Durch Erhitzen von Phenol mit Benzylchlorid und Zinkspänen erhält man p-Benzyl-phenol (PATERNÒ, G. 2, 2; PATERNÒ, FILETI, G. 3, 121; BAKUNIN, G. 33 II, 454; ZINCKE, WALTER, A. 334, 373). Dieses entsteht auch aus Phenol und Benzylchlorid bei Anwesenheit von etwas ZnCl$_2$ (LIEBMANN, D. R. P. 18977; Frdl. 1, 23). Benzylchlorid reagiert mit Anisol beim Erhitzen mit Zink unter Bildung von p-Benzyl-anisol (PATERNÒ, G. 1, 589). Auch bei Einw. von AlCl$_3$ auf Benzylchlorid und Anisol entsteht p-Benzyl-anisol (GOLDSCHMIDT,

LARSEN, *Ph. Ch.* **48**, 429); dynamische Studie dieser Reaktion: GOLDSCHMIDT, LARSEN. Durch Erhitzen von Benzylchlorid mit Phenylacetat wurde ein bei 310—320° siedendes Produkt erhalten, das bei der Behandlung mit alkoh. Kalilauge Essigsäure, p-Benzyl-phenol und eine bei 39° schmelzende, indifferente Verbindung $C_{19}H_{10}O$ lieferte (PERKIN, HODGKINSON, *Soc.* **37**, 722). — Benzolsulfinsaures Natrium liefert mit Benzylchlorid in wäßr.-alkoh. Lösung Phenylbenzylsulfon (KNOEVENAGEL, *B.* **21**, 1349; R. OTTO, W. OTTO, *B.* **21**, 1696). Aus Benzylchlorid und benzylsulfinsaurem Natrium erhält man Dibenzylsulfon (OTTO, *B.* **13**, 1277). — Beim Erhitzen von 1 Mol.-Gew. Benzylchlorid mit 2 Mol.-Gew. Anilin auf 160° entsteht Benzylanilin (FLEISCHER, *A.* **138**, 225). Bei längerem Digerieren von 54 Tln. Anilin mit 150 Tln. Benzylchlorid und 30 Tln. Ätznatron auf dem Wasserbad erhält man Dibenzylanilin (MATZUDAIRA, *B.* **20**, 1611). Beim Erhitzen von salzsaurem Anilin mit Benzylchlorid und ZnCl₂ auf 120° entsteht 4-Dibenzylamino-diphenylmethan (MELDOLA, *Soc.* **41**, 200). Benzylchlorid vereinigt sich mit Dimethylanilin bei gewöhnlicher Temperatur zu Dimethylphenylbenzylammoniumchlorid (MICHLER, GRADMANN, *B.* **10**, 2079). Es reagiert in alkoh. oder essigsaurer Lösung beim Erhitzen mit Aminophenolen unter Bildung von Mono- und Dibenzylaminophenolen; mit den Hydrochloriden der Aminophenole findet diese Reaktion erst in Gegenwart von Zink statt (BAKUNIN, *G.* **36** II, 212). Beim Erhitzen von Benzylchlorid mit Pyridin im Einschlußrohr entstehen neben Benzylpyridinen Toluol und Stilben (TSCHITSCHIBABIN, Ж. **34**, 130; *C.* **1902** I, 1301).

Benzylchlorid wird in der Farbstofftechnik sowie im Laboratorium häufig als Benzylierungsmittel verwendet, z. B. zur Darstellung von Benzylanilin aus Anilin, von Benzylviolett 7 B aus Methylviolett (*Schultz Tab.* No. 517; vgl. ferner *Schultz Tab.* No. 586). In der Riechstoff-Industrie benutzt man es für die Darstellung von Benzylalkohol und seinen Estern und einigen anderen Präparaten.

Verbindung $(C_7H_6)_x$. *B.* Durch Überleiten von Benzylchlorid zusammen mit Wasserstoff über fein verteiltes Nickel oder Kupfer (MAILHE, *Ch. Z.* **29**, 464). — Gelbe, voluminöse, in verschiedenen Lösungsmitteln unlösliche Masse. — Liefert mit rauchender Salpetersäure ein gelbes, beim Erhitzen verbrennendes Nitroderivat $(C_7H_5 \cdot NO_2)_x$.

Verbindung $(C_7H_6)_x$. *B.* Entsteht bei der Einw. von Benzylchlorid auf AlCl₃ in Gegenwart von CS₂ (FRIEDEL, CRAFTS, *Bl.* [2] **43**, 53; RADZIEWANOWSKI, *B.* **27**, 3237). — Unlöslich in allen Lösungsmitteln. — Gibt mit rauchender Salpetersäure ein in Nitrobenzol lösliches Nitroderivat (F., C.). Liefert beim Erhitzen mit überschüssigem Benzol und AlCl₃ Diphenylmethan (R.).

1¹.1¹-Difluor-1¹-chlor-1-methyl-benzol, ω.ω-Difluor-ω-chlor-toluol, Benzodifluoridchlorid $C_7H_5ClF_2 = C_6H_5 \cdot CClF_2$. *B.* Aus Benzotrichlorid und Antimonfluorür, neben ω.ω.ω-Trifluor-toluol (SWARTS, *C.* **1898** II, 26; **1900** II, 667). — Farblose Flüssigkeit von stark reizendem Geruche. Kp₇₇₀: 142,6°; D¹³: 1,25445 (S., *C.* **1898** II, 26). — Wird von Natriumamalgam zu ω.ω-Difluor-toluol reduziert (S., *C.* **1900** II, 667). Gibt mit Wasser Benzoesäure (S., *C.* **1900** II, 667). Wirkt auf Glas bei 160° unter Bildung von SiF₄, NaCl, Benzoylchlorid, Benzoesäureanhydrid und benzoesauren Salzen ein (S., *C.* **1903** I, 14).

2.3-Dichlor-1-methyl-benzol, 2.3-Dichlor-toluol $C_7H_6Cl_2 = C_6H_3Cl_2 \cdot CH_3$. *B.* Aus Toluol beim Chlorieren in Gegenwart von FeCl₃ oder MoCl₅, neben Isomeren (SEELIG, *A.* **237**, 157; vgl. COHEN, DAKIN, *Soc.* **79**, 1114). Aus o-Chlor-toluol beim Chlorieren in Gegenwart von FeCl₃ oder MoCl₅ (S., *A.* **237**, 166) oder des Quecksilber-Aluminium-Paares (C., D., *Soc.* **79**, 1117), neben Isomeren. Aus 2-Chlor-3-amino-toluol durch Diazotierung und Behandlung der Diazoniumchloridlösung mit Cuprochlorid (C., D., *Soc.* **79**, 1128). Bildungen s. ferner bei WYNNE, GREEVES, *P. Ch. S.* No. 154. — Flüssig. Kp₇₅₅: 204—206° (C., D., *Soc.* **79**, 1128); Kp₇₆₀: 207—208° (W., G.). — Wird von KMnO₄ zu 2.3-Dichlor-benzoesäure oxydiert (S.). Gibt bei Chlorierung in Gegenwart des Quecksilber-Aluminium-Paares fast ausschließlich 2.3.4-Trichlor-toluol (C., D., *Soc.* **81**, 1339). Bei der Nitrierung entsteht zunächst 2.3-Dichlor-4-nitro-toluol, dann 5.6-Dichlor-2.4-dinitro-toluol (C., D., *Soc.* **81**, 1347).

2.4-Dichlor-1-methyl-benzol, 2.4-Dichlor-toluol $C_7H_6Cl_2 = C_6H_3Cl_2 \cdot CH_3$. *B.* Aus Toluol beim Chlorieren in Gegenwart von FeCl₃ oder MoCl₅, neben Isomeren (SEELIG, *A.* **237**, 157; vgl. COHEN, DAKIN, *Soc.* **79**, 1114). Aus o-Chlor-toluol beim Chlorieren in Gegenwart von FeCl₃ oder MoCl₅ (S., *A.* **237**, 166) oder des Quecksilber-Aluminium-Paares (C., D., *Soc.* **79**, 1117), neben Isomeren. Aus p-Chlor-toluol durch Chlorieren in Gegenwart von FeCl₃ oder MoCl₅ (S., *A.* **237**, 167). Aus p-Chlor-toluol durch Chlorieren in Gegenwart des Quecksilber-Aluminium-Paares, neben 3.4-Dichlor-toluol (C., D., *Soc.* **79**, 1116). Aus 2.4-Diamino-toluol durch Behandlung der mit Cuprochlorid versetzten salzsauren Lösung mit Natriumnitritlösung in der Wärme (H. ERDMANN, B. **24**, 2769). Aus 2-Chlor-4-amino-toluol durch Diazotierung und Behandlung der Diazoniumchloridlösung mit Cuprochlorid (LELLMANN, KLOTZ, A. **231**, 314). Aus 2-Nitro-4-amino-toluol durch Austausch der NH_2-Gruppe gegen Chlor, Reduktion und Ersatz der neu gebildeten NH_2-Gruppe durch Chlor (C., D., Soc. **79**, 1129). Bildung s. ferner bei WYNNE, GREEVES, P. Ch. S. No. 154. — Flüssig. Kp_{745}: 194° (L., K.); Kp: 196—197,5° (H. E.), 198—200° (C., D., Soc. **79**, 1129). D_4^{20}: 1,24597 (L., K.). — Wird von verd. Salpetersäure bei 140° zu 2.4-Dichlor-benzoesäure oxydiert (L., K.). Bei Chlorierung in Gegenwart des Quecksilber-Aluminium-Paares entsteht als Hauptprodukt 2.4.5-Trichlor-toluol, daneben 2.3.4-Trichlor-toluol und in sehr geringer Menge 2.4.6-Trichlor-toluol (C., D., Soc. **81**, 1340). Bei der Nitrierung wird zunächst 4.6-Dichlor-3-nitro-toluol, dann 2.4-Dichlor-3.5-dinitro-toluol gebildet (C., D., Soc. **81**, 1348).

2.5-Dichlor-1-methyl-benzol, 2.5-Dichlor-toluol $C_7H_6Cl_2 = C_6H_3Cl_2 \cdot CH_3$. B. Durch Chlorieren von Toluol bei Anwesenheit von $FeCl_3$ oder $MoCl_5$ neben Isomeren (WYNNE, P. Ch. S. No. 237). Durch Chlorierung des o-Chlor-toluols bei Anwesenheit des Aluminium-Quecksilber-Paares, neben Isomeren (C., D., Soc. **79**, 1117). Durch Chlorierung des m-Chlor-toluols bei Anwesenheit des Aluminium-Quecksilber-Paares, neben 3.4-Dichlor-toluol (C., D., Soc. **79**, 1117). Aus 5-Chlor-2-amino-toluol durch Diazotierung und Behandlung der Diazoniumchloridlösung mit Cuprochlorid (LELLMANN, KLOTZ, A. **231**, 318; WYNNE, Soc. **61**, 1049; C., D., Soc. **79**, 1130). — Erstarrt im Kältegemisch. F: 4—5° (L., K.), 5° (C., D., Soc. **79**, 1130). Kp_{745}: 194° (L., K.); Kp_{760}: 198—200° (C., D., Soc. **79**, 1130); Kp_{770}: 200° (W., Soc. **61**, 1053). D_4^{20}: 1,2535 (L., K.). — Gibt bei der Oxydation mit verd. Salpetersäure 2.5-Dichlor-benzoesäure (L., K.). Liefert bei der Chlorierung in Gegenwart des Aluminium-Quecksilber-Paares 2.4.5- und 2.3.6-Trichlor-toluol (C., D., Soc. **81**, 1342). Bei der Nitrierung entsteht zunächst 2.5-Dichlor-4-nitro-toluol, dann 3.6-Dichlor-2.4-dinitro-toluol (C., D., Soc. **81**, 1347).

2.6-Dichlor-1-methyl-benzol, 2.6-Dichlor-toluol $C_7H_6Cl_2 = C_6H_3Cl_2 \cdot CH_3$. B. Durch Chlorierung von Toluol in Gegenwart von $MoCl_5$ neben Isomeren (ARONHEIM, DIETRICH, B. **8**, 1402; SCHULTZ, A. **187**, 263; vgl. CLAUS, STAVENHAGEN, A. **269**, 231; COHEN, DAKIN, Soc. **79**, 1112, 1116). Durch Chlorierung von o-Chlor-toluol bei Anwesenheit von Eisen (CL., ST.) oder des Aluminium-Quecksilber-Paares (Co., DA., Soc. **79**, 1117), neben Isomeren. Aus 6-Nitro-2-amino-toluol durch Austausch der Aminogruppe gegen Chlor, Reduktion und Ersatz der neuentstandenen Aminogruppe durch Chlor (WYNNE, GREEVES, P. Ch. S. No. 154; Co., DA., Soc. **79**, 1131). Neben 2.3.6-Trichlor-toluol durch Chlorierung von p-Toluolsulfo-chlorid in Gegenwart von Chlorüberträgern bei 70—80°, Verseifung des entstandenen Gemisches von Sulfochloriden und Abspaltung der Sulfogruppe aus den Sulfonsäuren (GEIGY & Co., D. R. P. 210856; C. **1909** II, 79). — Flüssig. Kp_{760}: 198° (Co., DA., Soc. **79**, 1131), 199—200° (W., G.). — Gibt bei der Oxydation 2.6-Dichlor-benzoesäure (CL., ST.; W., GR.; Co., DA., Soc. **79**, 1131). Liefert bei der Chlorierung in Gegenwart des Aluminium-Queck-silber-Paares nur 2.3.6-Trichlor-toluol (Co., DA., Soc. **81**, 1343). Bei der Nitrierung entsteht zunächst 2.6-Dichlor-3-nitro-toluol, dann 2.6-Dichlor-3.5-dinitro-toluol (Co., DA., Soc. **81**, 1346).

3.4-Dichlor-1-methyl-benzol, 3.4-Dichlor-toluol $C_7H_6Cl_2 = C_6H_3Cl_2 \cdot CH_3$. B. Aus Toluol durch Chlorieren in Gegenwart von Jod (BEILSTEIN, KUHLBERG, A. **146**, 319; vgl.: B., K., A. **152**, 224; B., A. **179**, 283) oder von $MoCl_5$ (ARONHEIM, DIETRICH, B. **8**, 1402; SCHULTZ, A. **187**, 263), neben Isomeren (vgl. auch COHEN, DAKIN, Soc. **79**, 1114). Aus Toluol beim Erhitzen mit Sulfurylchlorid auf 160°, neben p-Chlor-toluol und Benzyl-chlorid (TÖHL, EBERHARD, B. **26**, 2942). Aus m-Chlor-toluol durch Chlorieren in An-wesenheit des Aluminium-Quecksilber-Paares, neben 2.5-Dichlor-toluol (C., DA., Soc. **79**, 1118). Aus p-Chlor-toluol durch Chlorieren bei Anwesenheit des Aluminium-Quecksilber-Paares, neben 2.4-Dichlor-toluol (C., DA., Soc. **79**, 1117). Aus 3-Chlor-4-oxy-toluol durch PCl_5 (SCHALL, DRALLE, B. **17**, 2535). Aus 3-Chlor-4-amino-toluol durch Diazotierung und Behandlung der Diazoniumchloridlösung mit Cuprochlorid (LELLMANN, KLOTZ, A. **231**, 312; WYNNE, Soc. **61**, 1059). Aus 3-Nitro-4-amino-toluol durch Austausch der Aminogruppe gegen Chlor, Reduktion der Nitrogruppe und Ersatz der neu entstandenen Aminogruppe durch Chlor (C., D., Soc. **79**, 1133). — Flüssig. Kp_{741}: 200,5° (L., K.); $Kp_{765,5}$: 205,5—206,5° (W.). D_4^{20}: 1,2512 (L., K.). — Gibt bei der Oxydation mit verd. Salpetersäure 3.4-Dichlor-benzoesäure (L., K.). Chlorierung in Gegenwart des Aluminium-Quecksilber-Paares liefert ausschließlich 2.4.5-Trichlor-toluol (C., D., Soc. **81**, 1343). Bei der Nitrierung entsteht zu-nächst 4.5-Dichlor-2-nitro-toluol, dann 3.4-Dichlor-2.6-dinitro-toluol (C., D., Soc. **81**, 1349).

3.5-Dichlor-1-methyl-benzol, 3.5-Dichlor-toluol, symm. Dichlortoluol $C_7H_6Cl_2 = C_6H_3Cl_2 \cdot CH_3$. B. Aus 3.5-Dichlor-4-amino-toluol durch Erwärmen mit konz. Schwefelsäure und Äthylnitrit in Alkohol (LELLMANN, KLOTZ, A. **231**, 323). Aus 3.5-Dichlor-2-amino-toluol durch Austausch der Aminogruppe gegen Wasserstoff (WYNNE, GREEVES, P. Ch. S. No. 154; vgl. COHEN, DAKIN, Soc. **79**, 1133). Entsteht aus 3.5-Dibrom-toluol-2-diazoniumchlorid, wenn man unter Kühlung etwa 3 Stdn. in die alkoh. Lösung Chlorwasserstoff einleitet, schließlich bis zum

Sieden erwärmt und dann mit Wasser fällt (HANTZSCH, *B.* **30**, 2345). Aus 3.5-Dibrom-toluol-4-diazoniumchlorid in gleicher Weise (H., *B.* **30**, 2346). — Krystalle. F: 26°; sublimiert schon bei gewöhnlicher Temperatur; Kp_{729}: 195° (L., K.); Kp_{760}: 201—202° (W., G.). — Liefert bei der Oxydation mit verd. Salpetersäure 3.5-Dichlor-benzoesäure (L., K.); wird von HNO_3 langsamer oxydiert als die isomeren (kernchlorierten) Dichlortoluole (COHEN, MILLER, *Soc.* **85**, 177). Bei Chlorierung in Gegenwart des Aluminium-Quecksilber-Paares wird ausschließlich 2.3.5-Trichlor-toluol gebildet (C., D., *Soc.* **81**, 1343). Bei der Nitrierung entsteht zunächst 3.5-Dichlor-2-nitro-toluol, dann 3.5-Dichlor-2.4 oder 2.6-dinitro-toluol (C., D., *Soc.* **81**, 1348).

2.1¹-Dichlor-1-methyl-benzol, o.ω-Dichlor-toluol, o-Chlor-benzylchlorid $C_7H_6Cl_2$ = $C_6H_4Cl \cdot CH_2Cl$. *B.* Durch Einw. von $PbCl_4 \cdot 2NH_4Cl$ auf siedendes o-Chlor-toluol (SEYEWETZ, TRAWITZ, *C. r.* **136**, 241). — Flüssig. Kp: 213—214°.

4.1¹-Dichlor-1-methyl-benzol, p.ω-Dichlor-toluol, p-Chlor-benzylchlorid $C_7H_6Cl_2$ = $C_6H_4Cl \cdot CH_2Cl$. *B.* Im Gemisch mit etwas o-Chlor-benzylchlorid durch Chlorieren von Toluol erst in der Kälte, dann in der Hitze (v. WALTHER, WETZLICH, *J. pr.* [2] **61**, 187). Aus siedendem reinem p-Chlor-toluol durch Chlorierung, womöglich im direkten Sonnenlicht (JACKSON, FIELD, *B.* **11**, 904; VAN RAALTE, *R.* **18**, 388; vgl. BEILSTEIN, KUHLBERG, NEUHOF, *A.* **146**, 321). Durch Einw. von $PbCl_4 \cdot 2NH_4Cl$ auf siedendes p-Chlor-toluol (SEYEWETZ, TRAWITZ, *C. r.* **136**, 241). Aus Benzylchlorid durch Chlorierung in Gegenwart von Jod (BEI., K., NEU., *A.* **146**, 320). — Nadeln. Der Dampf reizt heftig zu Tränen (BEI., K., NEU., *A.* **146**, 321). F: 29° (JA., F.), 24° (SCHWALBE, JOCHHEIM, *B.* **41**, 3797 Anm. 3). Sublimiert schon bei gewöhnlicher Temp. (JA., F.). Kp: 213—214° (BEI., K., NEU., *A.* **146**, 321), 214° (SEY., TR.), 222° (SCH., JO.). Leicht löslich in warmem Alkohol, weniger in kaltem, sehr leicht in Äther, CS_2, Eisessig und Benzol (JA., F.). — Gibt bei der Oxydation mit Chromsäure p-Chlor-benzoesäure (BEI., K., NEU., *A.* **146**, 322). Liefert beim Kochen mit Bleinitratlösung p-Chlor-benzaldehyd (BEI., K., **147**, 352). Wird in CS_2-Lösung durch $AlCl_3$ in eine hellgelbe, amorphe, in siedendem Xylol lösliche Verbindung der Zusammensetzung$(C_7H_6Cl)x$ übergeführt (BOESEKEN, *R.* **23**, 100). Liefert beim Kochen mit Wasser p-Chlor-benzylalkohol (JA., F.). Gibt beim Kochen mit KSH in Alkohol p-Chlor-benzylmercaptan (BEI., K., NEU., *A.* **147**, 346). Geht beim Erhitzen mit alkoh. Kalilauge in Äthyl-[p-chlor-benzyl]-äther über (NAQUET, *A. Spl.* **2**, 250; vgl. BEI., K., NEU., *A.* **147**, 345). Setzt sich in siedendem Alkohol mit Kaliumcyanid zu p-Chlor-benzylcyanid um (BEI., K., NEU., *A.* **146**, 322; **147**, 346; v. WA., WE.). Liefert beim Kochen mit entwässertem Kaliumacetat in absol. Alkohol p-Chlor-benzylacetat (BEI., K., NEU., *A.* **147**, 345).

1¹.1¹-Dichlor-1-methyl-benzol, ω.ω-Dichlor-toluol, Benzalchlorid, Benzylidenchlorid $C_7H_6Cl_2$ = $C_6H_5 \cdot CHCl_2$. *B.* Beim Chlorieren von Toluol bei Siedehitze (BEILSTEIN, *A.* **116**, 336; BEILSTEIN, KUHLBERG, NEUHOF, *A.* **146**, 322; vgl. LIMPRICHT, *A.* **139**, 318). Aus Toluol und 2 Mol.-Gew. PCl_5 bei 190—195° (COLSON, GAUTIER, *A. ch.* [6] **11**, 21). Beim Leiten eines Chlorstromes durch siedendes Benzylchlorid, am besten in direktem Sonnenlicht (BOESEKEN, *R.* **22**, 311). Durch Einw. von $PbCl_4 \cdot 2NH_4Cl$ auf siedendes Benzylchlorid (SEYEWETZ, TRAWITZ, *C. r.* **136**, 241). Aus Benzaldehyd durch PCl_5 (CAHOURS, *A.* **70**, 39). Durch Einw. von $SOCl_2$ auf Benzaldehyd (LOTH, MICHAELIS, *B.* **27**, 2548; HOERING, BAUM, *B.* **41**, 1918). Aus Benzaldehyd und $COCl_2$ im geschlossenen Rohr bei 120—130° (KEMPF, *J. pr.* [2] **1**, 412; *J.* **1870**, 396). Aus Benzaldehyd durch Oxalylchlorid im geschlossenen Rohr bei 130—140° (STAUDINGER, *B.* **42**, 3976). Aus Benzaldehyd und Succinylchlorid, am besten im geschlossenen Rohr bei 100° (REMBOLD, *A.* **138**, 189). Beim Destillieren des Chlorameisensäureesters des α-Chlor-benzylalkohols $C_6H_5 \cdot CHCl \cdot O \cdot COCl$ (Syst. No. 629) (BAYER & Co., D. R. P. 121223; *C.* **1901** II, 69). Durch Einw. von Nitrosylchlorid auf Benzaldazin, neben Benzaldehyd (FRANZEN, ZIMMERMANN, *B.* **40**, 2011). — *Darst.* In 50 g siedendes, mit 4 g PCl_5 versetztes Toluol leitet man, am besten im Sonnenlicht, trocknes Chlor ein, bis eine Gewichtszunahme von 40 g eingetreten ist (L. GATTERMANN, Die Praxis des organischen Chemikers [Leipzig 1914], S. 278).

Flüssig. Die Dämpfe reizen die Augen stark zu Tränen (BEILSTEIN, *A.* **116**, 241). Erstarrungstemperatur: —17° (ALTSCHUL, v. SCHNEIDER, *Ph. Ch.* **16**, 24). F: —16,1° (korr.) (v. SCHNEIDER, *Ph. Ch.* **22**, 234). $Kp_{764,4}$: 203,5° (R. SCHIFF, *B.* **19**, 563); Kp: 207° (korr.) (LIMPRICHT, *A.* **139**, 317). D^{14}: 1,2557 (LI.); D_4^0: 1,2699; $D_4^{20,4}$: 1,2122; $D_4^{39,1}$: 1,1877; $D_4^{79,3}$: 1,1257 (R. SCHIFF).

Benzalchlorid liefert bei der Zersetzung durch rotglühenden Platindraht HCl und α- und β-Tolandichlorid (LÖB, *B.* **36**, 3060; *Z. El. Ch.* **9**, 906). Wird, in Schwefelkohlenstoff oder Petroläther mit $AlCl_3$ versetzt, schon unterhalb 0° unter starker HCl-Entwicklung verharzt (BOESEKEN, *R.* **22**, 312). — Beim Erhitzen von Benzalchlorid mit Natrium erhält man Stilben (LIMPRICHT, *A.* **139**, 318). Beim Erwärmen von Benzalchlorid mit der gleichen Menge Kupferpulver auf 100° wird Stilbendichlorid $C_6H_5 \cdot CHCl \cdot CHCl \cdot C_6H_5$ (F: 180°) (Syst. No. 479) gebildet (ONUFROWICZ, *B.* **17**, 835). — Gibt bei der Chlorierung in Gegenwart von Jod p-Chlor-benzalchlorid (BEILSTEIN, KUHLBERG, *A.* **146**, 327). Liefert bei der Nitrierung p-Nitro-benzalchlorid (HÜBNER, BENTE, B. 6, 805). — Beim Erhitzen von Benzalchlorid mit Wasser auf 140—160° entsteht Benzaldehyd (LI.). Leichter erfolgt diese Umwandlung, wenn man Benzalchlorid mit 2 Mol.-Gew. konz. Schwefelsäure auf 50° erwärmt und nach beendeter HCl-Entwicklung mit Wasser verdünnt (OPPENHEIM, B. 2, 213). Die Umwandlung in Benzaldehyd erfolgt ferner beim Erhitzen mit entwässerter Oxalsäure auf 130° (ANSCHÜTZ, A. 226, 18). Auch beim Kochen mit Pottaschelösung entsteht Benzaldehyd (MEUNIER, Bl. [2] 38, 160). — Ammoniak bildet mit Benzalchlorid Hydrobenzamid ($C_7H_6)_3N_2$ (ENGELHARDT, A. 110, 78; vgl. BÖTTINGER, B. 11, 840). — Benzalchlorid gibt mit Na_2S in Alkohol β-Tristhiobenzaldehyd (Syst. No. 2952) und einen hochmolekularen Thiobenzaldehyd (Syst. No. 637) (FROMM, SCHMOLDT, B. 40, 2869). Aus Benzalchlorid und NaSH in Alkohol entsteht Dibenzyldisulfid (FR., SCH.).

Bei der Reaktion von Benzalchlorid mit Natriumalkoholaten unter gewöhnlichem Druck entstehen die Acetale des Benzaldehyds; beim Erhitzen unter Druck im verschlossenen Rohr dagegen entstehen unter Bildung von Benzaldehyd die betreffenden Alkylchloride (MACKENZIE, Soc. 79, 1212). Benzalchlorid reagiert auch mit Alkohol und $ZnCl_2$ unter Bildung von Benzaldehyd, Äthylchlorid und HCl (JACOBSEN, D. R. P. 11494; Frdl. 1, 24), analog verläuft die Reaktion mit aromatischen Alkoholen (JACOBSEN, D. R. P. 13127; Frdl. 1, 24). Benzalchlorid reagiert mit 2 Mol.-Gew. Essigsäure unter Bildung von Benzaldehyd, Essigsäureanhydrid und HCl; über den Verlauf dieser Umsetzung und ihre Beschleunigung durch $CoCl_2$ s. BÉHAL, C. r. 148, 180. Bei der Behandlung von Benzalchlorid mit Essigsäure und Chlorzink entstehen Benzaldehyd, Acetylchlorid und HCl (JACOBSEN, D. R. P. 11494; Frdl. 1, 24). Beim 10—20stdg. Erhitzen von Benzalchlorid mit wasserfreiem Alkaliacetat auf 180° bis 200° entsteht Zimtsäure (Bad. Anilin- u. Sodaf., D. R. P. 17467, 18232; Frdl. 1, 26). Beim Erwärmen von Benzalchlorid mit Silberacetat erhält man Benzylidendiacetat $C_6H_5 \cdot CH(O \cdot CO \cdot CH_3)_2$ (WICKE, A. 102, 368; LIMPRICHT, A. 139, 321; BEILSTEIN, KUHLBERG, NEUHOV, A. 146, 323). Auch beim Erhitzen von Benzalchlorid mit einer Lösung von Bleioxyd in Eisessig erhält man Benzylidendiacetat (BODROUX, Bl. [3] 21, 331). Benzalchlorid gibt, mit Essigester und $ZnCl_2$ erwärmt, Benzaldehyd, Acetylchlorid und Äthylchlorid (JACOBSEN, D. R. P. 11494; Frdl. 1, 24). Bei der Einw. von Silberoxalat in Steinöl-Suspension auf Benzalchlorid entstehen Benzaldehyd, CO und CO_2 (GOLOWKINSKY, A. 111, 253). Beim Erhitzen von Benzalchlorid mit Triäthylphosphin in Alkohol auf 120—130° entsteht Triäthylbenzylphosphoniumchlorid neben Triäthylphosphoniumchlorid (A. W. HOFMANN, A. Spl. 1, 323). Benzalchlorid gibt mit Zinkdimethyl Isopropylbenzol (LIEBMANN, B. 13, 46). Reagiert mit Zinkdiäthyl in Benzol unter Bildung von γ-Phenyl-pentan und einem Kohlenwasserstoff $C_{22}H_{30}$ (?) vom Siedepunkt oberhalb 360° (LIPPMANN, LUGININ, Z. 1867, 674; DAFERT, M. 4, 616). — Benzalchlorid liefert mit Benzol und $AlCl_3$ unterhalb 50° Diphenylmethan, Triphenylmethan und Triphenylchlormethan (BOESEKEN, R. 22, 311; vgl. LINEBARGER, Am. 13, 557). Etwas Triphenylmethan bildet sich auch beim Erwärmen von Benzalchlorid mit Benzol und Zinkstaub (BÖTTINGER, B. 12, 976 Anm. 4). Beim Erhitzen von Benzalchlorid mit Phenol entsteht 4.4'-Dioxy-triphenylmethan (MACKENZIE, Soc. 79, 1216). Benzalchlorid und Anilin reagieren bei Zusatz von etwas Zinkstaub heftig; es bildet sich 4.4'-Diamino-triphenylmethan neben harzigen Produkten (BÖTTINGER, B. 12, 975; vgl. B. 11, 276, 841). Aus Quecksilberdiphenyl erhält man mit Benzalchlorid bei 150° Triphenylmethan (KEKULÉ, FRANCHIMONT, B. 5, 907).

Benzalchlorid dient in der Technik zur Darstellung von Benzaldehyd.

Verbindung $C_9H_{10}N_2ClS_2$. B. Beim Erhitzen von 2 Tln. Thioharnstoff mit 3 Tln. Benzalchlorid auf höchstens 150° (ABEL, Am. 13, 119). — Krystallinisch. Unlöslich in Äther, sehr schwer löslich in Wasser.

1¹-Fluor-1¹.1¹-dichlor-1-methyl-benzol, ω-Fluor-ω.ω-dichlor-toluol, Benzofluoriddichlorid $C_7H_5Cl_2F = C_6H_5 \cdot CCl_2F$. B. Durch Einw. von Antimonfluorür auf Benzotrichlorid bei niederer Temperatur (SWARTS, C. 1900 II, 667). — Farblose Flüssigkeit von stechendem Geruch. Kp: 178—180°. D^{11}: 1,3138. n_D: 1,5180.

2.3.4-Trichlor-1-methyl-benzol, 2.3.4-Trichlor-toluol $C_7H_5Cl_3 = C_6H_2Cl_3 \cdot CH_3$. B. Beim Chlorieren von Toluol in Gegenwart von $FeCl_3$ oder $MoCl_5$ bis zur berechneten Gewichtszunahme, neben 2.4.5-Trichlor-toluol (SEELIG, A. 237, 132). Beim Chlorieren von o-Chlortoluol in Gegenwart von $FeCl_3$ oder $MoCl_5$, neben 2.4.5-Trichlor-toluol (S., A. 237, 156). Beim Chlorieren von p-Chlor-toluol in Gegenwart von $FeCl_3$ oder $MoCl_5$, neben 2.4.5-Trichlor-toluol (S., A. 237, 156). Zur Trennung der beiden Trichlortoluole schüttelt man bei 60° mit 2 Tln. rauchender Schwefelsäure, trägt das Gemisch in verd. Schwefelsäure ein und destilliert mit überhitztem Dampf; bis 140° geht das unverändert gebliebene 2.4.5-Trichlor toluol über, bei 200—210° spalten die aus dem 2.3.4-Trichlor-toluol gebildeten Sulfonsäuren das 2.3.4-Trichlor-toluol ab (S., *A.* **237**, 137; PRENNTZELL, *A.* **296**, 181). 2.3.4-Trichlor-toluol entsteht ferner bei der Chlorierung von 2.3-Dichlor-toluol in Gegenwart des Aluminium-Quecksilber-Paars (COHEN, DAKIN, *Soc.* **81**, 1339). Durch Chlorierung von 2.4-Dichlor-toluol in Gegenwart des Aluminium-Quecksilber-Paars, neben viel 2.4.5-Trichlor-toluol (C., D., *Soc.* **81**, 1341). Aus 2.3-Dichlor-4-amino-toluol durch Diazotierung und Behandlung der Diazoniumchloridlösung mit Cuprochloridlösung (C., D., *Soc.* **81**, 1328). — Nadeln (aus Alkohol oder Methylalkohol). F: 41° (S., *A.* **237**, 138). Kp$_{716}$: 231—232° (S., *A.* **237**, 156). In allen Lösungsmitteln äußerst leicht löslich (P.). — Gibt bei der Oxydation mit verd. Salpetersäure 2.3.4-Trichlor-benzoesäure (C., D., *Soc.* **81**, 1328). Liefert bei der Chlorierung in Gegenwart des Aluminium-Quecksilber-Paars 2.3.4.6-Tetrachlor-toluol (C., D., *Soc.* **85**, 1283). Bei der Nitrierung entstehen ein Trichlornitrotoluol und 4.5.6-Trichlor-2.3-dinitro-toluol (S., *A.* **237**, 140; C., D., *Soc.* **81**, 1328).

2.3.5-Trichlor-1-methyl-benzol, 2.3.5-Trichlor-toluol $C_7H_5Cl_3 = C_6H_2Cl_3 \cdot CH_3$. *B.* Durch Chlorierung von 3.5-Dichlor-toluol in Gegenwart des Aluminium-Quecksilber-Paars (COHEN, DAKIN, *Soc.* **81**, 1343). Aus 3.5-Dichlor-2-amino-toluol durch Diazotierung und Behandlung der Diazoniumlösung mit CuCl (C., D., *Soc.* **81**, 1329). Analog aus 2.5-Dichlor-3-amino-toluol (C., D., *Soc.* **81**, 1330). — Nadeln (aus Alkohol). F: 45—46°; Kp$_{757}$: 229—231° (C., D., *Soc.* **81**, 1329). — Gibt bei der Oxydation mit verd. Salpetersäure 2.3.5-Trichlor-benzoesäure (C., D., *Soc.* **81**, 1331). Liefert bei der Chlorierung in Gegenwart des Aluminium-Quecksilber-Paars 2.3.5.6-Tetrachlor-toluol (C., D., *Soc.* **85**, 1284). Bei der Nitrierung entstehen ein Trichlornitrotoluol und 3.5.6-Trichlor-2.4-dinitro-toluol (C., D., *Soc.* **81**, 1330).

2.3.6-Trichlor-1-methyl-benzol, 2.3.6-Trichlor-toluol $C_7H_5Cl_3 = C_6H_2Cl_3 \cdot CH_3$. *B.* Durch Chlorierung von 2.6-Dichlor-toluol in Gegenwart des Aluminium-Quecksilber-Paars (C., D., *Soc.* **81**, 1343). Durch Chlorierung von 2.5-Dichlor-toluol in Gegenwart des Aluminium-Quecksilber-Paars, neben 2.4.5-Trichlor-toluol (COHEN, DAKIN, *Soc.* **81**, 1342). Neben 2.6-Dichlor-toluol durch Chlorieren von p-Toluolsulfochlorid in Gegenwart von Chlorübertragern bei 70—80°, Verseifung des entstandenen Gemisches von Sulfochloriden und Abspaltung der Sulfogruppe aus den Sulfonsäuren (GEIGY & Co., D. R. P. 210856; *C.* 1909 II, 79). Aus 2.6-Dichlor-3-amino-toluol durch Diazotierung und Behandlung der Diazoniumchloridlösung mit CuCl (C., D., *Soc.* **81**, 1331). — Farblose Nadeln (aus Alkohol). F: 45—46° (C., D., *Soc.* **81**, 1332). — Gibt bei der Oxydation mit verd. Salpetersäure 2.3.6-Trichlor-benzoesäure (C., D., *Soc.* **81**, 1332). Liefert bei der Chlorierung in Gegenwart des Aluminium-Quecksilber-Paars 2.3.5.6-Tetrachlor-toluol (C., D., *Soc.* **85**, 1284). Bei der Nitrierung entstehen 2.5.6-Trichlor-3-nitro-toluol und 2.5.6-Trichlor-3.4-dinitro-toluol (C., D., *Soc.* **81**, 1332; vgl. C., D., *Soc.* **85**, 1281).

2.4.5-Trichlor-1-methyl-benzol, 2.4.5-Trichlor-toluol $C_7H_5Cl_3 = C_6H_2Cl_3 \cdot CH_3$. *B.* Beim Chlorieren von Toluol (LIMPRICHT, *A.* **139**, 326) in Gegenwart von Jod (BEILSTEIN, KUHLBERG, *A.* **146**, 326). Beim Chlorieren von Toluol in Gegenwart von Molybdänpentachlorid oder Eisenchlorid, neben 2.3.4-Trichlor-toluol (ARONHEIM, DIETRICH, *B.* **8**, 1405; SEELIG, *A.* **237**, 131). Beim Chlorieren von o-Chlor-toluol, sowie von p-Chlor-toluol in Gegenwart von MoCl$_5$ oder FeCl$_3$, neben 2.3.4-Trichlor-toluol (S., *A.* **237**, 156). Trennung vom gleichzeitig gebildeten 2.3.4-Trichlor-toluol (S., *A.* **237**, 137; PRENNTZELL, *A.* **296**, 181) s. bei diesem. 2.4.5-Trichlortoluol entsteht ferner durch Chlorierung von 3.4-Dichlor-toluol in Gegenwart des Aluminium-Quecksilber-Paars (COHEN, DAKIN, *Soc.* **81**, 1343). Durch Chlorierung von 2.4-Dichlor-toluol in Gegenwart des Aluminium-Quecksilber-Paars, neben weniger 2.3.4-Trichlor-toluol (C., DA., *Soc.* **81**, 1341). Durch Chlorierung von 2.5-Dichlor-toluol in Gegenwart des Aluminium-Quecksilber-Paars, neben 2.3.6-Trichlor-toluol (C., DA., *Soc.* **81**, 1342). Aus 4.5-Dichlor-2-amino-toluol durch Ersatz der Aminogruppe durch Chlor (C., DA., *Soc.* **81**, 1333), desgleichen aus 4.6-Dichlor-3-amino-toluol (C., DA., *Soc.* **81**, 1334). — Weiße Nadeln (aus Alkohol). F: 82°; Kp$_{716}$: 229—230° (S.). — Gibt bei der Oxydation mit Chromsäuregemisch oder mit verd. Salpetersäure 2.4.5-Trichlor-benzoesäure (JANNASCH, *A.* **142**, 301; C., DA., *Soc.* **81**, 1335). Liefert bei der Nitrierung 2.4.5-Trichlor-3-nitro-toluol und 3.4.6-Trichlor-2.5-dinitro-toluol (S., *A.* **237**, 140; C., D., *Soc.* **81**, 1335; **89**, 1454).

2.4.6-Trichlor-1-methyl-benzol, 2.4.6-Trichlor-toluol $C_7H_5Cl_3 = C_6H_2Cl_3 \cdot CH_3$. *B.* Aus 2.4.6-Trichlor-3-amino-toluol durch Eliminierung der Aminogruppe (COHEN, DAKIN, *Soc.* **81**, 1335). — Weiße Nadeln (aus Alkohol). F: 33—34°; leicht flüchtig mit Dampf (C., D., *Soc.* **81**, 1335). — Gibt bei der Oxydation mit verd. Salpetersäure 2.4.6-Trichlor-benzoesäure (C., D., *Soc.* **81**, 1336), bei der Chlorierung in Gegenwart des Aluminium-Quecksilber-Paars 2.3.4.6-Tetrachlor-toluol (C., D., *Soc.* **85**, 1284). Bei der Nitrierung entstehen 2.4.6-Trichlor-3-nitro-toluol und 2.4.6-Trichlor-3.5-dinitro-toluol (C., D., *Soc.* **81**, 1335).

3.4.5-Trichlor-1-methyl-benzol, 3.4.5-Trichlor-toluol $C_7H_5Cl_3 = C_6H_2Cl_3 \cdot CH_3$. *B.* Aus 3.5-Dichlor-4-amino-toluol beim Ersatz der Aminogruppe durch Chlor (COHEN, DAKIN, *Soc.*

81, 1337; vgl. WYNNE, *Soc.* 61, 1044, 1056, 1059, 1070). Aus 4.5-Dichlor-3-amino-toluol beim Ersatz der Aminogruppe durch Chlor (C., D., *Soc.* 81, 1338). — F: 42,5° (W.), 44,5—45,5° (C., D., *Soc.* 81, 1337). Kp$_{768}$: 245,5—247° (W.). Mit Wasserdampf flüchtig (W.; C., D., *Soc.* 81, 1337). — Gibt bei der Oxydation mit verd. Salpetersäure 3.4.5-Trichlor-benzoësäure (W.; C., D., *Soc.* 81, 1339). Liefert bei der Chlorierung in Gegenwart des Aluminium-Queck-silber-Paars 2.3.4.5-Tetrachlor-toluol (C., D., *Soc.* 89, 1454). Bei der Nitrierung entstehen 3.4.5-Trichlor-2-nitro-toluol und 3.4.5-Trichlor-2.6-dinitro-toluol (C., D., *Soc.* 81, 1338).

3.4.1^1-Trichlor-1-methyl-benzol, 3.4.1^1-Trichlor-toluol, 3.4-Dichlor-benzylchlorid C$_7$H$_5$Cl$_3$ = C$_6$H$_3$Cl$_2$·CH$_2$Cl. *B.* Beim Chlorieren von Benzylchlorid in Gegenwart von Jod (BEILSTEIN, KUHLBERG, *A.* 146, 326). Durch Behandlung von 3.4-Dichlor-toluol mit Chlor in der Siedehitze (B., K., *A.* 146, 326). — Kp: 241° (B., K., *A.* 146, 327). — Überführung in 3.4-Dichlor-benzoësäure: B., K., *A.* 152, 224; vgl. B., *A.* 179, 283.

2.1^1.1^1-Trichlor-1-methyl-benzol, o.ω.ω-Trichlor-toluol, o-Chlor-benzalchlorid, o-Chlor-benzylidenchlorid C$_7$H$_5$Cl$_3$ = C$_6$H$_4$Cl·CHCl$_2$. *B.* Durch Überleiten von Chlor über o-Toluolsulfochlorid bei 150—200° (GILLIARD, MONNET & CARTIER, D. R. P. 98433; *C.* 1898 II, 800). Aus Salicylaldehyd durch PCl$_5$ (HENRY, *B.* 2, 135). — *Darst.* Man leitet am Kühler und bei hellem Tageslicht einen kräftigen Chlorstrom in ein auf 150—180° erhitztes Gemenge aus 750 g völlig trocknem o-Chlor-toluol und 23 g PCl$_5$, bis das Gewicht um 380 bis 400 g zugenommen hat (H. ERDMANN, *A.* 272, 151). — Flüssig. Kp: 227—230° (H.), 228,5° (GILL, *B.* 26, 650). D⁰: 1,4 (H.); D^{18}: 1,399 (G.). — Gibt bei der Oxydation mit Chromsäure o-Chlor-benzoësäure (H.). Bleibt beim Erhitzen mit Natrium auf 160° unverändert (G.). Liefert, mit fein verteiltem Silber und Methylalkohol auf 95° erhitzt, α.β-Dichlor-α.β-bis-[o-chlor-phenyl]-äthan C$_6$H$_4$Cl·CHCl·CHCl·C$_6$H$_4$Cl (G.). Wird durch Erhitzen mit Wasser auf 170° in o-Chlor-benzaldehyd übergeführt (H.). Geht auch bei Behandlung mit schwach rauchender Schwefelsäure bei gewöhnlicher Temperatur unter starker Temperaturerniedrigung in o-Chlor-benzaldehyd über (H. E.). Verwendung zur Darstellung von Triphenylmethan-farbstoffen: GEIGY & Co., D. R. P. 213503; *C.* 1909 II, 1515.

4.1^1.1^1-Trichlor-1-methyl-benzol, p.ω.ω-Trichlor-toluol, p-Chlor-benzalchlorid, p-Chlor-benzylidenchlorid C$_7$H$_5$Cl$_3$ = C$_6$H$_4$Cl·CHCl$_2$. *B.* Beim Chlorieren von Benzal-chlorid in Gegenwart von Jod (BEILSTEIN, KUHLBERG, *A.* 146, 327). Neben p-Chlor-benzo-trichlorid durch Überleiten von Chlor über p-Toluolsulfochlorid bei 150—200° (GILLIARD, MONNET & CARTIER, D. R. P. 98433; *C.* 1898 II, 800). — Kp: 234° (B., K.). — Liefert bei der Oxydation mit Chromsäure p-Chlor-benzoësäure (B., K.). Gibt beim Erhitzen mit Wasser auf 170° p-Chlor-benzaldehyd (B., K.).

1^1.1^1.1^1-Trichlor-1-methyl-benzol, ω.ω.ω-Trichlor-toluol, Phenylchloroform, Benzotrichlorid C$_7$H$_5$Cl$_3$ = C$_6$H$_5$·CCl$_3$. *B.* Beim völligen Chlorieren von Toluol in der Hitze (BEILSTEIN, KUHLBERG, *A.* 146, 331; vgl. LIMPRICHT, *A.* 139, 321). In geringer Menge neben Benzalchlorid bei der Einw. von PbCl$_4$·2NH$_4$Cl auf siedendes Benzylchlorid (SEYEWETZ, TRAWITZ, *C. r.* 136, 241). Beim Chlorieren von Benzalchlorid in der Hitze (LI., *A.* 135, 80; 139, 323). Aus Benzoylchlorid und PCl$_5$ (SCHISCHKOW, RÖSING, *J.* 1858, 279; LI., *A.* 134, 55). — Zur technischen Darstellung s. ULLMANNS Enzyklopädie der technischen Chemie, Bd. XI [Berlin-Wien 1922], S. 190.

Flüssig. F: —21,2° (korr.) (v. SCHNEIDER, *Ph. Ch.* 22, 234), —22,5° (HAASE, *B.* 26, 1053). Kp: 213—214° (LI., *A.* 139, 323). — D^{14}: 1,380 (LI., *A.* 139, 323).

Liefert bei der pyrogenen Zersetzung durch einen rotglühenden Platindraht Tolantetra-chlorid und das isomorphe Gemisch von Tolantetrachlorid mit α-Tolandichlorid (LÖB, *Z. El. Ch.* 9, 906; *B.* 36, 3060; vgl. MABCKWALD, KARCZAG, *B.* 40, 2994). Beim Erwärmen von Benzotrichlorid mit der gleichen Menge Kupfer auf 100° entsteht Tolantetrachlorid (ONUFROWICZ, *B.* 17, 833). — Beim Überleiten über erhitzten Natronkalk entsteht Benzol (LIMPRICHT, *A.* 139, 323). — Erhitzt man Benzotrichlorid mit Antimonfluorür zum Sieden, so entstehen Benzodifluoridchlorid C$_6$H$_5$·CClF$_2$ und Benzotrifluorid C$_6$H$_5$·CF$_3$ (SWARTS, *C.* 1898 II, 26). Bei der Einw. von Chlor in Gegenwart von Jod wird p-Chlor-benzotrichlorid gebildet (BEILSTEIN, KUHLBERG, *A.* 150, 295). Beim Behandeln von Benzotrichlorid mit Chlor im Sonnenlicht entsteht die Verbindung C$_{21}$Cl$_{26}$ (S. 302) (SMITH, *J.* 1877, 420). Benzo-trichlorid liefert bei der Einw. von PbCl$_4$·2NH$_4$Cl in der Siedehitze nur Spuren von p-Chlor-benzotrichlorid (SEYEWETZ, TRAWITZ, *C. r.* 136, 241). Behandelt man Benzotrichlorid mit rauchender Salpetersäure und gießt das Reaktionsprodukt in Wasser, so erhält man sofort m-Nitro-benzoësäure (BEILSTEIN, KUHLBERG, *A.* 146, 333). — Benzotrichlorid zerfällt mit Wasser bei 150° in HCl und Benzoësäure (BEI., KU., *A.* 146, 331). Wird durch Erhitzen mit Wasser schon bei 90—95° in Benzoësäure übergeführt, wenn man geringe Mengen von Eisen oder Eisensalzen zusetzt (P. SCHULTZE, D. R. P. 82927, 85493; *Frdl.* 4, 143, 145). Beim Schütteln einer äther. Lösung von Benzotrichlorid mit Wasser bei gewöhnlicher Temp. erfolgt nur sehr langsame Zersetzung (STRAUS, HÜSSY, *B.* 42, 2180). Beim Erwärmen von

Benzotrichlorid mit Schwefelsäure von 4,6 % Wassergehalt auf 30° entsteht Benzoesäure-anhydrid (JENSSEN, D. R. P. 6685; *Frdl.* 1, 24; *B.* 12, 1495). — Beim Erhitzen von Benzo-trichlorid mit Ammoniak auf 130—140° erhält man Benzoesäure, Benzamid und Benzo-nitril (LI., *A.* 135, 82).

Beim Erhitzen von Benzotrichlorid mit absol. Alkohol auf 130—140° entstehen Benzoe-säure, Benzoesäureäthylester und Äthylchlorid (LIMPRICHT, *A.* 135, 87). Benzotrichlorid und Alkohol reagieren bei Gegenwart von etwas ZnCl₂ unter Bildung von Benzoesäureäthyl-ester (JACOBSEN, D. R. P. 11494; *Frdl.* 1, 24). Natriumäthylat liefert bei mehrstündigem Erwärmen mit Benzotrichlorid in alkoholisch-ätherischer Lösung Orthobenzoesäuretriäthyl-ester C₆H₅·C(O·C₂H₅)₃ (LI., *A.* 135, 87). Benzotrichlorid bildet beim Erhitzen mit Eisessig am Rückflußkühler, am besten in Gegenwart von etwas COCl₂, ein Gemisch von Benzoe-säureanhydrid, Essigbenzoesäureanhydrid, Essigsäureanhydrid, Benzoesäure und Eisessig (BÉHAL, *C. r.* 148, 648). Beim Erwärmen von Benzotrichlorid mit 2 Mol.-Gew. Eis-essig und etwas ZnCl₂ erhält man Benzoesäure, Acetylchlorid und HCl (JAC., D. R. P. 11494; *Frdl.* 1, 24). Reaktion von Benzotrichlorid mit Silberacetat: LI., *A.* 135, 89. Benzotrichlorid reagiert mit 2 Mol.-Gew. Essigester bei Gegenwart von etwas ZnCl₂ unter Bildung von Benzoesäureäthylester, Acetylchlorid und Äthylchlorid (JAC., D. R. P. 11494; *Frdl.* 1, 24). Benzotrichlorid liefert mit Zinkdiäthyl Diäthylphenylmethan (DAFERT, *M.* 4, 153). — Bei der Kondensation von Benzotrichlorid mit Benzol in Gegenwart eines Metallchlorids bildet sich (in geringer Ausbeute) Triphenylmethan (DOEBNER, MAGATTI, *B.* 12, 1468). Benzotrichlorid reagiert mit Alkoholen der aromatischen Reihe bei Gegenwart von ZnCl₂ analog wie mit Äthylalkohol, also unter Bildung von Benzoesäureestern (JAC., D. R. P. 13127; *Frdl.* 1, 26). Bei Einw. von Benzotrichlorid auf ein Gemisch von Phenol und ZnO entstehen Benzoesäurephenylester und 4-Oxy-benzophenon (DOEBNER, STACKMANN, *B.* 9, 1918). Beim Digerieren von Benzotrichlorid mit einer wäßr. Lösung von Phenolnatrium auf dem Wasserbade entstehen Benzoesäurephenylester, 2-Oxy-benzophenon und Benzaurin(?) (HEIBER, *B.* 24, 3684). Durch Erwärmen von Benzotrichlorid mit 2 Mol.-Gew. wasserfreiem Phenol und Behandlung des Reaktionsprodukts mit Wasserdampf erhält man 4.4′-Dioxy-tri-phenyl-carbinol (Benzaurin) (Syst. No. 588) (DOEBNER, *A.* 217, 227). α-Naphthol (2 Mol.-Gew.) liefert durch Erwärmen mit Benzotrichlorid und nachfolgende Behandlung mit Natron-lauge das α-Naphtholbenzein [(HO·C₁₀H₆)₂C(C₆H₅)—]₂O oder [HO·C₁₀H₆·C(OH)(C₆H₅)·C₁₀H₆—]₂O (Syst. No. 588) (DOE., *A.* 257, 58). Bei der Kondensation von Benzotrichlorid mit β-Naphthol wird die Verbindung O[—C(C₆H₅)(O·C₁₀H₇)₂]₂ (Syst. No. 906) erhalten (DOE., *A.* 257, 59). Die Einw. von Benzotrichlorid auf Resorcin führt zum Resorcinbenzein (Syst. No. 2518) (DOE., *A.* 217, 234; Akt.-Ges. f. Anilinf., D. R. P. 4322; *Frdl.* 1, 40). Bei Einwirkung von Benzotrichlorid auf Pyrogallol in alkoh. Lösung erhält man 2.3.4-Trioxy-benzophenon (Alizaringelb A) (Bad. Anilin- u. Sodaf., D. R. P. 54661; *Frdl.* 2, 485). Anilin (2 Mol.-Gew.) kondensiert sich mit Benzotrichlorid (1 Mol.-Gew.) zum Hydrochlorid des N.N′-Diphenyl-benzenylamidins C₆H₅·C(:N·C₆H₅)·NH·C₆H₅ (LIMPRICHT, *A.* 135, 82; DOEBNER, *A.* 217, 241). Erhitzt man Anilin mit Benzotrichlorid unter Zusatz von Nitrobenzol und Eisenfeile auf 180°, so entsteht als Hauptprodukt das Farbsalz des 4.4′-Diamino-triphenylcarbinols (DOE., *A.* 217, 243). Beim Erwärmen von Benzotrichlorid mit 2 Mol.-Gew. Dimethylanilin und ZnCl₂ auf dem Wasserbade entsteht Malachitgrün (DOE., *A.* 217, 250; Akt.-Ges. f. Anilinf., D. R. P. 4322; *Frdl.* 1, 40); analoge Farbstoffe erhält man bei der Kondensation des Benzo-trichlorids mit Methyläthylanilin, Diäthylanilin (Brillantgrün) (DOE., *A.* 217, 261, 266; Akt.-Ges. f. Anilinf., D. R. P. 18959; *Frdl.* 1, 41), Diphenylamin (Diphenylamingrün) (DOE., *B.* 15, 237; MELDOLA, *Soc.* 41, 192). Diese Reaktion kann als empfindlicher Nachweis so-wohl von Benzotrichlorid wie von tert. aromatischen Basen dienen (DOE., *A.* 217, 250). Sie versagt beim Dimethyl-p-toluidin und Dimethyl-β-naphthylamin, weil diese Basen keine freie Parastellung enthalten, aber auch bei manchen anderen tertiären Basen mit freier p-Stellung, so beim Dimethyl-α-naphthylamin, beim Dimethyl-o-toluidin und Dimethyl-m-toluidin (DOE., *A.* 217, 267; vgl. G. SCHULTZ, Die Chemie des Steinkohlenteers [Braunschweig 1886], S. 230). Beim Erhitzen von Benzotrichlorid mit 2 Mol.-Gew. m-Dimethylamino-phenol in Benzol auf dem Wasserbade entsteht das Farbsalz des Tetramethylrosamins

C₂₃H₂₃ON₂Cl (s. bei (CH₃)₂N·C₆H₅$<^{C(C_6H_5)(OH)}_{O}>$C₆H₃·N(CH₃)₂, Syst. No. 2642) (HEU-MANN, REY, *B.* 22, 3002; vgl. Bad. Anilin- u. Sodaf., D. R. P. 56018; *Frdl.* 3, 167). Beim Erhitzen von Benzotrichlorid mit m-Acetamino-phenol in Nitrobenzol auf 150—160° ent-stehen (neben großen Mengen farbloser Produkte) Acetaminophenylfluoron

CH₃·CO·NH·C₆H₅$<^{C(C_6H_5)}_{O}>$C₆H₃:O (Syst. No. 2643) und das Farbsalz des N.N′-Diacetyl-rosamins C₂₃H₁₉O₃N₂Cl (Syst. No. 2642) (KEHRMANN, DENGLER, *B.* 41, 3442). Beim Er-wärmen von Benzotrichlorid mit 1 Mol.-Gew. Isochinolin und 1 Mol.-Gew. Chinaldin ent-steht Chinolinrot (Isochinolinrot) (Syst. No. 3079) (A. W. HOFMANN, *B.* 20, 9; vgl. JACOBSEN, D. R. P. 19306, 23967; *Frdl.* 1, 158, 159; Akt.-Ges. f. Anilinf., D. R. P. 40420; *Frdl.* 1, 160).

Benzotrichlorid dient in der Technik hauptsächlich zur Darstellung von Benzoesäure. Auch zur Herstellung von Alizaringelb A (*Schultz Tab.* No. 770) wird es verwendet, sowie zur Darstellung von Chinolinrot (*Schultz Tab.* No. 610).

Verbindung $C_{21}HCl_{25}$. *B.* Aus der Verbindung $C_{21}Cl_{26}$ (s. u.) mit Zink und Schwefelsäure (SMITH. *J.* 1877, 421). — Tafeln (aus Alkohol). F: 102°. Unlöslich in Wasser, leicht löslich in Chloroform.

Verbindung $C_{21}Cl_{26}$. *B.* Aus Benzotrichlorid bei wiederholter Behandlung mit Chlor im Sonnenlicht (SMITH, *J.* 1877, 420). — Krystalle (aus Chloroform) von campherähnlichem Geruch. F: 152—153°. Unzersetzt flüchtig. Unlöslich in Wasser und Alkohol, leicht löslich in Chloroform (S., *J.* 1877, 421). — Gibt mit Zink und Schwefelsäure behandelt die Verbindung $C_{21}HCl_{25}$ (s. o.). Liefert beim Erhitzen mit Anilin auf 180° eine Base [Blättchen, die sich bei 225—230° zersetzen und in Wasser und anderen Lösungsmitteln sehr leicht löslich sind] (S., *B.* 13, 33).

2.3.4.5-Tetrachlor-1-methyl-benzol, 2.3.4.5-Tetrachlor-toluol $C_7H_4Cl_4 = C_6HCl_4\cdot$ CH_3. *B.* Durch Chlorierung von 3.4.5-Trichlor-toluol in Gegenwart des Aluminium-Quecksilber-Paars (COHEN, DAKIN, *Soc.* 85, 1285; 89, 1454). Aus 3.4.5-Trichlor-2-nitro-toluol durch Reduktion zum Amin, Diazotierung und Behandeln mit CuCl (C., D., *Soc.* 89, 1454). Aus 2.4.5-Trichlor-3-nitro-toluol durch Reduktion mit Sn und Salzsäure, Diazotierung und Behandeln mit CuCl (C., D., *Soc.* 85, 1280; 89, 1454). — Nadeln (aus Methylalkohol). F: 97—98° (C., D., *Soc.* 85, 1285). — Gibt eine Nitroverbindung vom Schmelzpunkt 159° (C., D., *Soc.* 85, 1285).

2.3.4.6-Tetrachlor-1-methyl-benzol, 2.3.4.6-Tetrachlor-toluol $C_7H_4Cl_4 = C_6HCl_4\cdot$ CH_3. *B.* Durch Chlorierung von 2.3.4-Trichlor-toluol, sowie von 2.4.6-Trichlor-toluol in Gegenwart des Aluminium-Quecksilber-Paars (COHEN, DAKIN, *Soc.* 85, 1283, 1284). Aus 2.4.6-Trichlor-3-amino-toluol durch Diazotierung und Behandlung der Diazoniumchloridlösung mit CuCl (C., D., *Soc.* 85, 1280). — Nadeln (aus Alkohol). F: 91,5—92°. — Gibt bei der Nitrierung 2.4.5.6-Tetrachlor-3-nitro-toluol und dann eine Verbindung vom Schmelzpunkt 153°.

2.3.5.6-Tetrachlor-1-methyl-benzol, 2.3.5.6-Tetrachlor-toluol $C_7H_4Cl_4 = C_6HCl_4\cdot$ CH_3. *B.* Durch Chlorierung von 2.3.5-Trichlor-toluol, sowie von 2.3.6-Trichlor-toluol in Gegenwart des Aluminium-Quecksilber-Paars (C., D., *Soc.* 85, 1284). Aus 2.5.6-Trichlor-3-amino-toluol durch Diazotierung und Behandlung der Diazoniumchloridlösung mit CuCl (C., D., *Soc.* 85, 1281). — Nadeln (aus Methylalkohol). F: 93—94°. — Liefert bei der Nitrierung 2.3.5.6-Tetrachlor-4-nitro-toluol.

2.3.4.6- oder 2.3.5.6-Tetrachlor-1-methyl-benzol, 2.3.4.6- oder 2.3.5.6-Tetrachlor-toluol oder Gemisch beider $C_7H_4Cl_4 = C_6HCl_4\cdot CH_3$. Zur Konstitution vgl. COHEN, DAKIN, *Soc.* 85, 1279. — *B.* Durch Chlorieren von Toluol in Gegenwart von Jod und erneutes Chlorieren der über 240° siedenden Anteile nach Zusatz von $SbCl_5$ (BEILSTEIN, KUHLBERG, *A.* 150, 287). — Kurze feine Nadeln (aus Alkohol). F: 96° (LIMPRICHT, *A.* 139, 327), 91° bis 92° (B., K.). Kp: 276,5° (korr.) (L.), 271° (B., K.). Sehr leicht löslich in CS_2 und Benzol, schwerer in Alkohol (B., K.).

2.4.5.1¹-Tetrachlor-1-methyl-benzol, 2.4.5.1¹-Tetrachlor-toluol, 2.4.5-Trichlor-benzylchlorid $C_7H_4Cl_4 = C_6H_2Cl_3\cdot CH_2Cl$. *B.* Durch Chlorieren von 2.4.5-Trichlor-toluol in der Hitze (BEILSTEIN, KUHLBERG, *A.* 150, 290). — Kp: 273°; D^{22}: 1,547.

2.5.1¹.1¹-Tetrachlor-1-methyl-benzol, 2.5.1¹.1¹-Tetrachlor-toluol, 2.5-Dichlor-benzalchlorid $C_7H_4Cl_4 = C_6H_3Cl_2\cdot CHCl_2$. *B.* Durch Zutropfenlassen von Chlorsulfonsäure (5 ccm) zu einer Lösung von 2.5-Dichlor-benzaldehyd (5 g) in Chloroform (20 ccm) (GNEHM, SCHUELE, *A.* 299, 359). — Würfel (aus Chloroform). F: 42°. Sehr leicht löslich in den meisten organischen Lösungsmitteln. Riecht schwach und nicht unangenehm.

2.6.1¹.1¹-Tetrachlor-1-methyl-benzol, 2.6.1¹.1¹-Tetrachlor-toluol, 2.6-Dichlor-benzalchlorid $C_7H_4Cl_4 = C_6H_3Cl_2\cdot CHCl_2$. *B.* Aus 2.6-Dichlor-toluol durch Chlorieren in der Hitze (GEIGY & CO., D. R. P. 213503; *C.* 1909 II, 1515). — Verwendung zur Darstellung von Triphenylmethanfarbstoffen: G.

3.4.1¹.1¹-Tetrachlor-1-methyl-benzol, 3.4.1¹.1¹-Tetrachlor-toluol, 3.4-Dichlor-benzalchlorid $C_7H_4Cl_4 = C_6H_3Cl_2\cdot CHCl_2$. *B.* Durch Chlorieren von 3.4-Dichlor-toluol bei Siedehitze (BEILSTEIN, KUHLBERG, *A.* 150, 291). — Kp: 257°; D^{22}: 1,518 (B., K., *A.* 150, 294). — Überführung in 3.4-Dichlor-benzoesäure: B., K., *A.* 150, 294; 152, 224; vgl. B., *A.* 179, 283. 3.4-Dichlor-benzalchlorid gibt mit Wasser bei 220° 3.4-Dichlor-benzaldehyd (B., K., *A.* 150, 294; ERDMANN, SCHWECHTEN, *A.* 260, 272).

2.1¹.1¹.1¹-Tetrachlor-1-methyl-benzol, o.ω.ω.ω-Tetrachlor-toluol, o-Chlor-benzotrichlorid $C_7H_4Cl_4 = C_6H_4Cl\cdot CCl_3$. *B.* Aus o-Chlor-toluol durch Chlorierung bei 130° (FOX,

B. **26**, 653). Beim Behandeln von Salicylsäure mit PCl_5 (KOLBE, LAUTEMANN, *A.* **115**, 183, 195; ANSCHÜTZ, MOORE, *A.* **239**, 321). — Krystalle. F: 30°; Kp: 260°; D: 1,51 (im flüssigen Zustande) (K., L.). — Gibt beim Kochen mit Kupferpulver und Benzol α- und β-o.o′-Dichlor-tolandichlorid $C_6H_4Cl \cdot CCl : CCl \cdot C_6H_4Cl$ (F.). Liefert beim Erhitzen mit Wasser auf 150° o-Chlor-benzoesäure (K., L.).

3.1¹.1¹.1¹-Tetrachlor-1-methyl-benzol, m.ω.ω.ω-Tetrachlor-toluol, m-Chlor-benzotrichlorid $C_7H_4Cl_4 = C_6H_4Cl \cdot CCl_3$. *B.* Aus m-Sulfo-benzoesäure und PCl_5 (KÄMMERER, CARIUS, *A.* **131**, 158). Aus m-Oxy-benzoesäure durch Erhitzen mit PCl_5 (ANSCHÜTZ, MOORE, *A.* **239**, 342). — Flüssig. Kp: 247—250° (A., M.).
Ein mit m-Chlor-benzotrichlorid wahrscheinlich identisches Chlorbenzotrichlorid erhielt LIMPRICHT (*A.* **134**, 55, 57) beim Erhitzen von Benzoylchlorid mit der gleichmolekularen Menge PCl_5 auf 180°. — Flüssig. Kp: 255°; D^{14}: 1,495 (L., *A.* **139**, 326). — Gibt beim Erhitzen mit Wasser auf 140—150° eine bei 140° schmelzende Chlorbenzoesäure (L., *A.* **134**, 58).

4.1¹.1¹.1¹-Tetrachlor-1-methyl-benzol, p.ω.ω.ω-Tetrachlor-toluol, p-Chlor-benzotrichlorid $C_7H_4Cl_4 = C_6H_4Cl \cdot CCl_3$. *B.* Durch Chlorieren von Benzotrichlorid bei Gegenwart von Jod (BEILSTEIN, KUHLBERG, *A.* **150**, 295). Aus p-Toluolsulfochlorid durch Überleiten von Chlor bei 150—200° (GILLIARD, MONNET & CARTIER, D. R. P. 98433; *C.* **1898** II, 800). Beim Erhitzen von p-Oxy-benzoesäure mit PCl_5 (ANSCHÜTZ, MOORE, *A.* **239**, 347). Aus p-Oxy-benzid $(C_7H_4O_2)_x$ (Syst. No. 2463) durch Erhitzen mit PCl_5 auf 290—300° (KLEPL, *J. pr.* [2] **28**, 204). — Kp: 245° (B., KU.). — Liefert mit Wasser auf 200° erhitzt p-Chlorbenzoesäure (B., KU.).

2.3.4.5.6-Pentachlor-1-methyl-benzol, eso-Pentachlor-toluol $C_7H_3Cl_5 = C_6Cl_5 \cdot CH_3$. *B.* Durch Chlorieren von Toluol in Gegenwart von Jod und erneutes Chlorieren der über 240° siedenden Anteile bei Zusatz von $SbCl_5$ (BEILSTEIN, KUHLBERG, *A.* **150**, 298). — Nadeln (aus Benzol). F: 218°. Kp: 301°. Sehr wenig löslich in kochendem Alkohol oder Äther, schwer in kaltem CS_2, leichter in kochendem, ziemlich leicht in kochendem Benzol.

2.3.4.6.1¹- oder 2.3.5.6.1¹-Pentachlor-1-methyl-benzol, 2.3.4.6- oder 2.3.5.6-Tetrachlor-benzylchlorid oder Gemisch beider $C_7H_2Cl_5 = C_6HCl_4 \cdot CH_2Cl$. Zur Konstitution vgl. COHEN, DAKIN, *Soc.* **85**, 1279. — *B.* Beim Chlorieren von 2.3.4.6- oder 2.3.5.6-Tetrachlor-toluol (S. 302) in der Hitze (BEILSTEIN, KUHLBERG, *A.* **150**, 299). — Kp: 296°; D^{25}: 1,634 (B., K.).

2.3.4.1¹.1¹-Pentachlor-1-methyl-benzol, 2.3.4.1¹.1¹-Pentachlor-toluol, 2.3.4-Trichlor-benzalchlorid $C_7H_2Cl_5 = C_6H_2Cl_3 \cdot CHCl_2$. *B.* Beim Einleiten von Chlor in nahe zum Sieden erhitztes 2.3.4-Trichlor-toluol (SEELIG, *A.* **237**, 146). — Krystalle (aus Ligroin). F: 84°. Kp: 275—285°. — Liefert mit rauchender Schwefelsäure 2.3.4-Trichlor-benzaldehyd.

2.4.5.1¹.1¹-Pentachlor-1-methyl-benzol, 2.4.5.1¹.1¹-Pentachlor-toluol, 2.4.5-Trichlor-benzalchlorid $C_7H_2Cl_5 = C_6H_2Cl_3 \cdot CHCl_2$. *B.* Beim Chlorieren von 2.4.5-Trichlor-toluol in der Siedehitze (BEILSTEIN, KUHLBERG, *A.* **150**, 299). — Flüssig; erstarrt unter 0° zu feinen nadelförmigen Krystallen. Kp: 280—281°; D^{22}: 1,607 (B., K., *A.* **150**, 299). — Zerfällt beim Erhitzen mit Wasser auf 260° in Salzsäure und 2.4.5-Trichlor-benzaldehyd (B., K., *A.* **152**, 238), desgleichen beim Schütteln mit rauchender Schwefelsäure (SEELIG, *A.* **237**, 147).

2.5.1¹.1¹.1¹-Pentachlor-1-methyl-benzol, 2.5.1¹.1¹.1¹-Pentachlor-toluol, 2.5-Dichlor-benzotrichlorid $C_7H_2Cl_5 = C_6H_3Cl_2 \cdot CCl_3$. *B.* Bei 60-stdg. Erhitzen von Phosphorsäure-[4-chlor-2-trichlormethyl-phenyl]-ester-dichlorid $C_6H_3Cl(CCl_3) \cdot O \cdot POCl_2$ (Syst. No. 525) mit PCl_5 im geschlossenen Rohr auf 210—220° (ANSCHÜTZ, ANSPACH, *A.* **346**, 322). — Kp_{13}: 150—160°. — Gibt bei mehrtägigem Kochen mit viel Wasser 2.5-Dichlor-benzoesäure.

2.3.4.5.6.1¹-Hexachlor-1-methyl-benzol, 2.3.4.5.6.1¹-Hexachlor-toluol, Pentachlorbenzylchlorid $C_7H_2Cl_6 = C_6Cl_5 \cdot CH_2Cl$. *B.* Aus Pentachlortoluol beim Chlorieren in der Siedehitze (BEILSTEIN, KUHLBERG, *A.* **150**, 302). Durch Chlorieren von Benzylchlorid bei Gegenwart von Jod, solange noch Gewichtsaufnahme erfolgt, Isolierung des Reaktionsproduktes und erneutes Chlorieren unter Zusatz von $SbCl_5$ bei gelinder Wärme (B., K., *A.* **150**, 302). — Krystallnadeln (aus Benzol + Alkohol). F: 103°. Kp: 325—327°. Schwer löslich in kochendem absol. Alkohol, gar nicht in kaltem, leicht in kochendem Äther.

2.3.4.6.1¹.1¹- oder 2.3.5.6.1¹.1¹-Hexachlor-1-methyl-benzol, 2.3.4.6- oder 2.3.5.6-Tetrachlor-benzalchlorid oder Gemisch beider $C_7HCl_6 = C_6HCl_4 \cdot CHCl_2$. Zur Konstitution vgl. COHEN, DAKIN, *Soc.* **85**, 1279. — *B.* Beim Chlorieren von 2.3.4.6- oder 2.3.5.6-Tetrachlor-toluol (S. 302) in der Siedehitze (BEILSTEIN, KUHLBERG, *A.* **150**, 303). — Flüssig. Kp: 305—306°; D^{25}: 1,704 (B., K.).

2.4.5.1¹.1¹.1¹-Hexachlor-1-methyl-benzol, 2.4.5.1¹.1¹.1¹-Hexachlor-toluol, 2.4.5-Tri-chlor-benzotrichlorid $C_7H_3Cl_6 = C_6H_2Cl_3 \cdot CCl_3$. *B.* Beim Einleiten von Chlor in siedendes 2.4.5-Trichlor-toluol (BEILSTEIN, KUHLBERG, *A.* **150**, 305). — Nadeln (aus Alkohol). F: 82°; Kp: 307—308°. Ziemlich leicht löslich in Alkohol (B., K., *A.* **150**, 305). — Zerfällt mit Wasser bei 260° in Salzsäure und 2.4.5-Trichlor-benzoesäure (B., K., *A.* **152**, 234).

2.3.4.5.6.1¹.1¹-Heptachlor-1-methyl-benzol, 2.3.4.5.6.1¹.1¹-Heptachlor-toluol, Penta-chlorbenzalchlorid $C_7HCl_7 = C_6Cl_5 \cdot CHCl_2$. *B.* Durch Chlorieren von Benzalchlorid in Gegenwart von Jod, solange noch Absorption erfolgt, Isolierung des Reaktionsprodukts, er-neutes Chlorieren nach Zusatz von SbCl₅ und schließliche Digestion des Reaktionsproduktes mit dem drei- bis vierfachen seines Gewichtes an SbCl₅ (BEILSTEIN, KUHLBERG, *A.* **150**, 306). Aus der Verbindung

$$\begin{array}{c} Cl_2C-C(CH_3):CCl \\ OC \quad CCl_2-CO \end{array}$$

(Syst. No. 668) beim Erhitzen mit PCl₅ auf über 200° (ZINCKE, *B.* **26**, 318). — Blättchen (aus Alkohol). F: 119,5° (Z.), 109° (B., K.). Kp: 334° (B., K.). Wenig löslich in kaltem Alkohol, leicht in siedendem (B., K.). — Wird von Wasser bei 300° nicht angegriffen (B., K.).

2.3.4.6.1¹.1¹.1¹- oder 2.3.5.6.1¹.1¹.1¹-Heptachlor-1-methyl-benzol, 2.3.4.6- oder 2.3.5.6-Tetrachlor-benzotrichlorid oder Gemisch beider $C_7HCl_7 = C_6HCl_4 \cdot CCl_3$. Zur Konstitution vgl. COHEN, DAKIN, *Soc.* **85**, 1279. — *B.* Beim Chlorieren von 2.3.4.6- oder 2.3.5.6-Tetrachlor-toluol (S. 302) in der Siedehitze (BEILSTEIN, KUHLBERG, *A.* **150**, 303). — Nadeln (aus Alkohol). F: 104°. Kp: 316°. — Zerfällt mit Wasser bei 270° langsam in Salzsäure und Tetrachlorbenzoesäure.

c) Brom-Derivate.

2-Brom-1-methyl-benzol, o-Brom-toluol $C_7H_7Br = C_6H_4Br \cdot CH_3$. *B.* Entsteht neben p-Brom-toluol beim Bromieren von Toluol (HÜBNER, WALLACH, *Z.* **1869**, 138; *A.* **154**, 293; RETSCHY, MÜLLER, POST, *A.* **169**, 31; HÜBNER, JANNASCH, *A.* **170**, 117). Die relative Ausbeute an o- und p-Brom-toluol bleibt dieselbe, gleichviel ob man im Dunkeln, im zerstreuten Tageslicht oder unter Zusatz von Jod operiert (SCHRAMM, *B.* **18**, 607). Beim Bromieren in Gegenwart von Jod bildet sich auch im direkten Sonnenlicht ein Gemisch von o- und p-Brom-toluol (SCHRAMM). Einfluß von Wärme, Licht und Überträgern (SbBr₃, AlBr₃, FeBr₃) auf die Bildung von o-Brom-toluol: VAN DER LAAN, *C.* **1906** I, 662. Zur Tren-nung kühlt man das Gemisch möglichst tief ab, wobei die p-Verbindung auskrystallisiert (RETSCHY, MÜLLER, POST, *A.* **169**, 31; JANNASCH, HÜBNER, *A.* **170**, 118; MICHAELIS, GENZKEN, *A.* **242**, 165), und behandelt den flüssig gebliebenen Teil in Petroläther oder Benzol mit Natrium, welches die o-Verbindung nicht angreift, während es die p-Verbindung in p.p'-Di-methyl-diphenyl und andere Verbindungen überführt (LUGININ, *B.* **4**, 517; REAMAN, *Bl.* [2] **26**, 533; MICHAELIS, GENZKEN, *A.* **242**, 176). o-Brom-toluol entsteht ferner, wenn man das Kaliumsalz der 2-Brom-toluol-sulfonsäure-(4) durch überhitzten Wasserdampf zerlegt (MILLER, *Soc.* **61**, 1029). Aus o-Toluoldiazoniumperbromid durch Behandlung mit Alkohol (WRO-BLEWSKI, *A.* **168**, 171; KÖBNER, *G.* **4**, 334; *J.* **1875**, 334). Aus o-Toluoldiazoniumbromid und CuBr-Lösung (BOURGEOIS, *B.* **28**, 2322; vgl. FEITLER, *Ph. Ch.* **4**, 72; ACREE, *B.* **37**, 994). Aus 6-Brom-3-amino-toluol durch Diazotierung und Zersetzung der Diazoniumverbin-dung mit Alkohol (WROBLEWSKI, *A.* **168**, 173). — F: —25,9° (HAASE, *B.* **26**, 1053), —25,75° (VAN DER LAAN, *R.* **26**, 11). Über die Existenz zweier verschieden schmelzender Modifika-tionen des o-Brom-toluols vgl. OSTROMYSSLENSKI, *Ph. Ch.* **57**, 347. Kp: 182,0° (korr.) (KÖ., *G.* **4**, 345; *J.* **1875**, 334); Kp_{760}: 181° (BOURGEOIS, *B.* **28**, 2322); $Kp_{783,91}$: 180,33° (FEITLER, *Ph. Ch.* **4**, 73); Kp: 178,5—179,5° (VAN DER LAAN, *R.* **26**, 11). Siedepunkte unter verschie-denem Druck: FEITLER, *Ph. Ch.* **4**, 73. D: 1,4192 (GLADSTONE, *Soc.* **45**, 245); D_4^7: 1,4437; D_{10}^{12}: 1,4362; D_{14}^{11}: 1,4309; D_{20}^{19}: 1,4264; D_{28}^{2}: 1,4222 (PERKIN, *Soc.* **69**, 1204); D_4^{20}: 1,4222 (SEUBERT, *B.* **22**, 2520); D_4^4: 1,3720 (VAN DER LAAN, *R.* **26**, 17); $D^{162,85}$: 1,21861 (FEITLER). Spez. Ge-wichte des unter verschiedenen Drucken siedenden o-Brom-toluols: FEITLER. n_D: 1,5608 (GLADSTONE, *Soc.* **45**, 245). Molekular-Refraktion und -Dispersion: SEUBERT. Magnetisches Drehungsvermögen: PERKIN, *Soc.* **69**, 1243. — Von verdünnter Salpetersäure wird o-Brom-toluol zu o-Brom-benzoesäure oxydiert (ZINCKE, *B.* **7**, 1502), desgleichen von Permanganat-lösung (RHALIS, *A.* **198**, 103). o-Brom-toluol liefert bei sukzessiver Einw. von Chromylchlorid und von Wasser o-Brom-benzaldehyd und o-Brom-benzalchlorid (STUART, ELLIOT, *Soc.* **53**, 803). Wird bei 250° durch Jodwasserstoff und Phosphor zu Toluol reduziert (KLAGES, LIECKE,

J. pr. [2] **61**, 322). Liefert mit Brom (und etwas Jod) in der Kälte 2.5- und weniger 2.4-Dibrom-toluol (MILLER, *Soc.* **61**, 1032). Liefert, mit Wismutnatrium auf 180° erhitzt, Wismuttri-o-tolyl (GILLMEISTER, *B.* **30**, 2846). Gibt beim Erhitzen mit Magnesiumpulver o-Tolylmagnesiumbromid (SPENCER, STOKES, *Soc.* **93**, 71). Reagiert mit Methyljodid und Natrium unter Bildung von o-Xylol (JANNASCH, HÜBNER, *A.* **170**, 117; RAYMAN, *Bl.* [2] **26**, 532).

Geht im Organismus des Hundes, sowie des Kaninchens in o-Brom-hippursäure über (HILDEBRANDT, *B. Ph. P.* **3**, 368, 369).

Quantitative Bestimmung von o-Brom-toluol in Gemischen mit p-Brom-toluol durch den Erstarrungspunkt: VAN DER LAAN, *R.* **26**, 18.

3-Brom-1-methyl-benzol, m-Brom-toluol $C_7H_7Br = C_6H_4Br \cdot CH_3$. *B.* Aus m-Toluidin durch Diazotieren und Verkochen der Diazoniumbromidlösung mit CuBr, KBr und Bromwasserstoffsäure (ACREE, *B.* **37**, 994). Aus 3-Brom-4-amino-toluol durch Diazotieren und Kochen der Diazoniumlösung mit Alkohol (WROBLEWSKI, *A.* **168**, 155, 158) oder auch mit Wasser (W., *A.* **168**, 158). Aus 5-Brom-2-amino-toluol durch Diazotieren und Kochen des Diazoniumsulfats mit Alkohol (W., *A.* **168**, 164). — F: −39,8° (HAASE, *B.* **26**, 1053). $Kp_{764,1}$: 184—184,1° (KÖRNER, *G.* **4**, 345; *J.* **1875**, 334); $Kp_{759,46}$: 183,67° (FEITLER, *Ph. Ch.* **4**, 77); Kp: 183,5° (korr.) (G.). Siedepunkte bei verschiedenem Druck: F. D_4^0: 1,40988 (KÖRNER, *B.* **22**, 2520); $D^{15,4}$: 1,20082 (F.). Spez. Gew. des unter verschiedenen Drucken siedenden m-Brom-toluols: F. Molekular-Refraktion und -Dispersion: S. — Wird von Chromsäuregemisch zu m-Brom-benzoesäure oxydiert (W.).

4-Brom-1-methyl-benzol, p-Brom-toluol $C_7H_7Br = C_6H_4Br \cdot CH_3$. *B.* Entsteht neben o-Brom-toluol beim Bromieren von Toluol in der Kälte (HÜBNER, WALLACH, *Z.* **1869**, 138; *A.* **154**, 293; vgl. GLINZER, FITTIG, *A.* **136**, 301). Zum Mengenverhältnis der beiden Isomeren und zum Einfluß verschiedener Bromierungsbedingungen s. S. 304 bei Bildung von o-Brom-toluol. Beim Abkühlen des gebromten Toluols krystallisiert die p-Verbindung aus (HÜBNER, WALLACH, *Z.* **1869**, 138; *A.* **154**, 294; MICHAELIS, GENZKEN, *A.* **242**, 165). Schneller erfolgt die Reinigung, wenn man flüssiges rektifiziertes Bromtoluol mit dem halben Volumen rauchender Schwefelsäure schüttelt, wobei im wesentlichen nur die o-Verbindung sulfuriert wird (HÜBNER, WALLACH). — p-Brom-toluol entsteht aus p-Toluidin durch Diazotieren und Kochen der Diazoniumbromidlösung mit einer bromwasserstoffsauren Lösung von KBr und CuBr (ACREE, *B.* **37**, 994). Durch Einw. konz. Bromwasserstoffsäure auf p-Toluoldiazopiperidid $CH_3 \cdot C_6H_4 \cdot N : N \cdot NC_5H_{10}$ (Syst. No. 3038) (WALLACH, *A.* **235**, 247).

Krystalle (aus Alkohol). F: 28,5° (HÜBNER, POST, *A.* **169**, 6), 28,2° (korr.) (KÖRNER, *G.* **4**, 344; *J.* **1875**, 334), 26,7° (VAN DER LAAN, *R.* **26**, 8), 26,5° (BOGOJAWLENSKI, *C.* **1905** II, 947). Kp: 185,2° (korr.) (HÜ., Po., *A.* **169**, 6); $Kp_{763,65}$: 183,67° (FEITLER, *Ph. Ch.* **4**, 79); $Kp_{766,74}$: 184,6° (KÖRNER). Siedepunkt bei verschiedenem Druck: FEI. D_7^0: 1,38977 (SEUBERT, *B.* **22**, 2519); D_4^0: 1,3959; D_4^{20}: 1,3856; D_4^{33}: 1,3637 (PERKIN, *Soc.* **69**, 1204); $D_4^{0,4}$: 1,3540 (VAN DER LAAN, *R.* **26**, 17); $D^{15,4}$: 1,19306 (FEI.). Spezifische Gewichte des unter verschiedenen Drucken siedenden p-Brom-toluols: FEITLER. — Molekulare Gefrierpunktsdepression: 82,1 (PATERNÒ, *R. A. L.* [5] 4 II, 223), 82 (AUWERS, MANN, *Ph. Ch.* **42**, 515). Bildet Mischkrystalle mit p-Dibrom-benzol (BOGOJAWLENSKI, *C.* **1905** II, 947). Kurven der Schmelz- und Siedepunkte von Gemischen von p-Brom-toluol und p-Dibrom-benzol: BORODOWSKI, BOGOJAWLENSKI, Ж. **36**, 560; *C.* **1904** II, 386. — Molekular-Refraktion und -Dispersion: SEUBERT. Latente Schmelzwärme: PETTERSSON, *J. pr.* [2] **24**, 162. Magnetisches Drehungsvermögen: PERKIN, *Soc.* **69**, 1243.

p-Brom-toluol gibt bei der Oxydation p-Brom-benzoesäure (HÜBNER, POST, *A.* **169**, 6). Wird von Salpetersäure rascher oxydiert als o- und m-Brom-toluol, die Chlortoluole und Jodtoluole (COHEN, MILLER, *Soc.* **85**, 1626). Liefert mit Chromylchlorid eine Verbindung $C_6H_4Br \cdot CH(CrO_2Cl)_2$ (s. bei p-Brom-benzaldehyd [Syst. No. 635]), welche bei der Zersetzung mit Wasser p-Brom-benzaldehyd gibt (ÉTARD, *A. ch.* [5] **22**, 241). Wird bei 250° von Jodwasserstoffsäure und Phosphor zu Toluol reduziert (KLAGES, LIECKE, *J. pr.* [2] **61**, 322). Bleibt beim Erhitzen mit alkoh. Ammoniak auf 100° unverändert, läßt auch beim Erhitzen mit Natriumäthylat, Kalium- oder Silberacetat oder mit Kaliumcyanid auf 100—120° das Brom nicht austreten (KEKULÉ, *A.* **137**, 192). Beim Chlorieren von p-Brom-toluol in Gegenwart von Eisen und unter äußerer Kühlung mit Wasser entstehen 2-Chlor-4-brom-toluol und 3-Chlor-4-brom-toluol (WILLGERODT, SALZMANN, *J. pr.* [2] **39**, 465). Beim Chlorieren von siedendem p-Brom-toluol erhielt BOESEKEN (*R.* **23**, 99) p-Brom-benzylchlorid; dagegen erhielt ERRERA (*G.* **17**, 202) unter diesen Bedingungen ein Gemisch von p-Brom-benzylchlorid und p-Brom-benzylbromid. Ein solches Gemisch erhielt auch SRPEK (*M.* **11**, 431), als er geschmolzenes p-Brom-toluol in direktem Sonnenlicht mit Chlor behandelte. p-Bromtoluol liefert mit Brom und wenig Jod in der Kälte 3.4- und wenig 2.4-Dibrom-toluol (MILLER, *Soc.* **61**, 1034). Die Nitrierung des p-Brom-toluols liefert 4-Brom-2-nitro-toluol und 4-Brom-3-nitro-toluol (WROBLEWSKI, *A.* **168**, 174). p-Brom-toluol gibt bei der Einw. von Natrium Toluol, 4.4′-Dimethyl-diphenyl, 3.4′-Dimethyl-diphenyl, Dibenzyl und p-Benzyl-toluol

(ZINCKE, B. 4, 396; LUGININ, B. 4, 515; WEILER, B. 29, 113; 32, 1056). Gibt mit Natrium und SbBr₃ behandelt Antimon-tri-p-tolyl (MICHAELIS, GENZKEN, A. 242, 167). — p-Brom-toluol gibt mit Methyljodid und Natrium behandelt p-Xylol (FITTIG, GLINZER, A. 136, 303; JANNASCH, A. 171, 79).

p-Brom-toluol, Hunden oder Kaninchen eingegeben, geht in den Harn als p-Brom-benzoesäure und p-Brom-hippursäure über (PREUSSE, H. 5, 63; HILDEBRANDT, B. Ph. P. 3, 369).

Quantitative Bestimmung von p-Brom-toluol in Gemischen mit o-Brom-toluol durch den Erstarrungspunkt: VAN DER LAAN, R. 26, 18.

1¹-Brom-1-methyl-benzol, ω-Brom-toluol, Benzylbromid $C_7H_7Br = C_6H_5 \cdot CH_2Br$. B. Bei der Einw. von Brom auf siedendes Toluol (BEILSTEIN, A. 143, 369); Einfluß von Wärme, Licht und Überträgern (SbBr₃, AlBr₃, FeBr₃) auf die Bildung von Benzylbromid aus Toluol und Brom: VAN DER LAAN, C. 1906 I, 662. Aus Benzylalkohol beim Sättigen mit Bromwasserstoff (KEKULÉ, A. 137, 190) oder durch Behandlung mit konz. Bromwasser-stoffsäure (NORRIS, Am. 38, 639). Neben Benzonitril aus Benzylbenzamid und PBr₅ (v. BRAUN, C. MÜLLER, B. 39, 2020). — Darst. Durch Eintröpfeln von Brom in Toluol, das dem direkten Sonnenlichte ausgesetzt ist (SCHRAMM, B. 18, 608; vgl. GRIMAUX, LAUTH, Bl. [2] 7, 108). — Flüssigkeit, deren Dampf zu Tränen reizt (K.). Erstarrungspunkt: —3,9° (K.). Kp: 198° bis 199° (K.); Kp₈₀: 127° (V. D. L.). D₀²: 1,4380 (K.); D¹⁷: 1,443; D₄°: 1,3886 (V. D. L.). Zeigt in flüssigem SO₂ kaum meßbares Leitvermögen (WALDEN, B. 35, 2028). — Das Zinkkupferelement wirkt auf Benzylbromid heftig ein unter Entwicklung von HBr und Bildung von zwei isomeren Verbindungen $(C_7H_6)_x$, von denen die eine in Äther und Alkohol unlöslich und harzig ist und sich in Benzol löst, die andere zwar ebenfalls harzig ist, bei 42° schmilzt, aber sich in Äther löst (GLADSTONE, TRIBE, Soc. 47, 448); läßt man die Reaktion in Gegenwart von Äther vor sich gehen, so verläuft sie ebenfalls lebhaft, aber ohne Entweichen von HBr, und beim Übergießen des Produktes mit Wasser resultieren Dibenzyl und Toluol. Bei der Einw. von Zinkkupfer auf eine alkoh. Lösung von Benzylbromid wird vorzugsweise Toluol gebildet, bei der Einw. in Gegenwart von Wasser hauptsächlich Dibenzyl (G., T.). Benzylbromid liefert mit konz. alkoh. Ammoniak schon in der Kälte Tribenzylamin, scheidet mit alkoh. Lösung von Silberacetat schon in der Kälte rasch AgBr ab (KEKULÉ, A. 137, 191). Beim Kochen von Benzylbromid mit Alkohol entsteht Benzyläthyläther (v. BRAUN, B. 43, 1351). Beim Kochen mit Allylalkohol entsteht Benzylallyläther neben einer Verbindung $C_{12}H_{12}O$ (?) vom Kp₃: 150—152° (v. B.). — Quantitative Bestimmung von Benzylbromid neben o- und p-Brom-toluol: VAN DER LAAN, R. 26, 18.

3-Chlor-2-brom-1-methyl-benzol, 3-Chlor-2-brom-toluol $C_7H_6ClBr = C_6H_3ClBr \cdot CH_3$. B. Man ersetzt in 3-Nitro-2-amino-toluol die NH₂-Gruppe durch Brom, reduziert mit Zinn und Salzsäure und ersetzt die neugebildete NH₂-Gruppe durch Chlor (COHEN, RAPER, Soc. 85, 1266). — Kp₂₅: 103—105°.

4-Chlor-2-brom-1-methyl-benzol, 4-Chlor-2-brom-toluol $C_7H_6ClBr = C_6H_3ClBr \cdot CH_3$. B. Man ersetzt im 2-Nitro-4-amino-toluol die NH₂-Gruppe durch Chlor, reduziert mit Zinn und Salzsäure und ersetzt die neugebildete NH₂-Gruppe durch Brom (C., R., Soc. 85, 1267). — Kp₁₂: 112—114°.

5-Chlor-2-brom-1-methyl-benzol, 5-Chlor-2-brom-toluol $C_7H_6ClBr = C_6H_3ClBr \cdot CH_3$. B. Man verwandelt o-Acettoluidid durch HOCl in 5-Chlor-2-acetamino-toluol, hydro-lysiert und ersetzt die NH₂-Gruppe durch Brom (C., R., Soc. 85, 1267). — Kp₂₅: 98—100°.

6-Chlor-2-brom-1-methyl-benzol, 6-Chlor-2-brom-toluol $C_7H_6ClBr = C_6H_3ClBr \cdot CH_3$. B. Aus 2.6-Dinitro-toluol unter Anwendung der gebräuchlichen Reaktionen (C., R., Soc. 85, 1268). — Kp₄₀: 118—120°.

2-Chlor-3-brom-1-methyl-benzol, 2-Chlor-3-brom-toluol $C_7H_6ClBr = C_6H_3ClBr \cdot CH_3$. B. Aus 3-Nitro-2-amino-toluol durch Verwandeln in 2-Chlor-3-nitro-toluol; letzteres wird sodann mit Zinn und Salzsäure reduziert und das resultierende 2-Chlor-3-amino-toluol der SANDMEYERschen Reaktion unterworfen (C., R., Soc. 85, 1268). — Kp₅₀: 125—135°.

4-Chlor-3-brom-1-methyl-benzol, 4-Chlor-3-brom-toluol $C_7H_6ClBr = C_6H_3ClBr \cdot CH_3$. B. Man ersetzt in 3-Nitro-4-amino-toluol NH₂ durch Chlor, reduziert mit Zinn und Salzsäure und ersetzt die neugebildete NH₂-Gruppe durch Brom (C., R., Soc. 85, 1269). — Kp₂₅: 120—125°.

5-Chlor-3-brom-1-methyl-benzol, 5-Chlor-3-brom-toluol $C_7H_6ClBr = C_6H_3ClBr \cdot CH_3$. B. Man bromiert 5-Nitro-2-amino-toluol, entfernt aus dem gebildeten 3-Brom-5-nitro-2-amino-toluol die NH₂-Gruppe durch Diazotierung in alkoh. Lösung, reduziert mit Zinn und Salzsäure und ersetzt die neugebildete NH₂-Gruppe durch Chlor (C., R., Soc. 85, 1269).

Aus 5-Chlor-3-brom-4-acetamino-toluol durch Hydrolyse und Entamidierung (C., R.). — Krystalle (aus Alkohol). F: 25—26⁰.

6-Chlor-3-brom-1-methyl-benzol, 6-Chlor-3-brom-toluol $C_7H_6ClBr = C_6H_3ClBr \cdot CH_3$. *B.* Man ersetzt im 5-Nitro-2-amino-toluol die NH_2-Gruppe durch Chlor, reduziert mit Zinn und Salzsäure und ersetzt die neugebildete NH_2-Gruppe durch Brom (C., R., *Soc.* **85**, 1267). — Kp_{45}: 127—129⁰.

2-Chlor-4-brom-1-methyl-benzol, 2-Chlor-4-brom-toluol $C_7H_6ClBr = C_6H_3ClBr \cdot CH_3$. *B.* Man ersetzt im 2-Nitro-4-amino-toluol die NH_2-Gruppe durch Brom, reduziert mit Zinn und Salzsäure und ersetzt die neugebildete NH_2-Gruppe durch Chlor (C., R., *Soc.* **85**, 1267). — Kp_{10}: 100—110⁰.

3-Chlor-4-brom-1-methyl-benzol, 3-Chlor-4-brom-toluol $C_7H_6ClBr = C_6H_3ClBr \cdot CH_3$. *B.* Aus 3-Chlor-4-amino-toluol durch Austausch der NH_2-Gruppe gegen Brom (C., R., *Soc.* **85**, 1269). — Kp_{25}: 125—130⁰.

1¹-Chlor-4-brom-1-methyl-benzol, ω-Chlor-p-brom-toluol, p-Brom-benzylchlorid $C_7H_6ClBr = C_6H_4Br \cdot CH_2Cl$. *B.* Durch Chlorieren von p-Brom-toluol bei Siedehitze (BOESEKEN, *R.* **23**, 99). Bei 3—4-stdg. Erhitzen von p-Brom-benzylalkohol mit rauchender Salzsäure auf 150⁰ (ERRERA, *G.* **18**, 239). — Anisartig riechende Krystalle (aus Petroläther) (B.); Nadeln (aus Alkohol) (E.). F: 41⁰ (B.), 38—39⁰ (E.). Kp: 236⁰ (B.). Sehr leicht löslich in heißem Alkohol (E.). — Wird durch $AlCl_3$ in CS_2 in eine in siedendem Xylol lösliche, hellgelbe, amorphe Verbindung von der Zusammensetzung $(C_7H_6Br)_x$ übergeführt.

4-Chlor-1¹-brom-1-methyl-benzol, p-Chlor-ω-brom-toluol, p-Chlor-benzylbromid $C_7H_6ClBr = C_6H_4Cl \cdot CH_2Br$. *B.* Durch Bromieren von p-Chlor-toluol bei 160⁰ (JACKSON, FIELD, *Am.* **1**, 102). — Nadeln oder Prismen (aus Alkohol) von aromatischem Geruch, die Schleimhäute heftig angreifend. F: 48,5⁰. Mit Wasserdämpfen flüchtig. Die Krystalle verflüchtigen sich rasch an der Luft. Leicht löslich in kaltem Alkohol, sehr leicht in Äther, Benzol, CS_2 und Eisessig. — Wird von Chromsäuregemisch kaum angegriffen.

1¹.1¹-Dichlor-2-brom-1-methyl-benzol, ω.ω-Dichlor-o-brom-toluol, o-Brom-benzalchlorid, o-Brom-benzylidenchlorid $C_7H_5Cl_2Br = C_6H_4Br \cdot CHCl_2$. *B.* Aus o-Brom-toluol durch Einwirkung von CrO_2Cl_2 und Behandlung des Reaktionsprodukts mit Wasser, neben o-Brom-benzaldehyd (STUART, ELLIOT, *Soc.* **53**, 803). — Flüssig. Kp: 225—230⁰. — Gibt beim Kochen mit Kalilauge o-Brom-benzaldehyd.

2.5 (?)-Dichlor-4-brom-1-methyl-benzol, 2.5 (?)-Dichlor-4-brom-toluol $C_7H_5Cl_2Br = C_6H_2Cl_2Br \cdot CH_3$. *B.* Beim Chlorieren von p-Brom-toluol in Gegenwart von Eisen (WILLGERODT, SALZMANN, *J. pr.* [2] **39**, 480). — Nadeln (aus Alkohol). F: 87⁰. Kp: 240—250⁰. Leicht löslich in Äther, $CHCl_3$ und Benzol.

2.3.5- oder 2.3.6-Trichlor-4-brom-1-methyl-benzol, 2.3.5- oder 2.3.6-Trichlor-4-brom-toluol oder Gemisch beider $C_7H_4Cl_3Br = C_6HCl_3Br \cdot CH_3$. *B.* Durch Chlorieren von p-Brom-toluol (WILLGERODT, SALZMANN, *J. pr.* [2] **39**, 482). — Nadeln. F: 55—60⁰. Kp: 265—275⁰. Leicht löslich in Äther, $CHCl_3$ und Benzol. — Gibt bei der Oxydation eine Trichlor-brom-benzoesäure.

Über Trichlorbromtoluole s. auch COHEN, DAKIN, *Soc.* **89**, 1453.

2.3.5.6-Tetrachlor-4-brom-1-methyl-benzol, 2.3.5.6-Tetrachlor-4-brom-toluol $C_7H_3Cl_4Br = C_6Cl_4Br \cdot CH_3$. *B.* Durch Chlorieren von p-Brom-toluol (WILLGERODT, SALZMANN, *J. pr.* [2] **39**, 484). — Nadeln. F: 213⁰. — Wird sehr schwer durch HNO_3 oxydiert und liefert dabei eine Tetrachlorbrombenzoesäure.

2.3-Dibrom-1-methyl-benzol, 2.3-Dibrom-toluol $C_7H_6Br_2 = C_6H_3Br_2 \cdot CH_3$. *B.* Aus 5.6-Dibrom-3-amino-toluol durch Erhitzen mit Alkohol, der mit salpetriger Säure gesättigt ist (NEVILE, WINTHER, *B.* **13**, 964, 965). Aus dem Natriumsalz der 5.6-Dibrom-toluol-sulfonsäure-(3) durch Erhitzen mit Phosphorsäure in überhitztem Dampf (WYNNE, *Soc.* **61**, 1040). — F: 30—31⁰ (WY.), 27,4—27,8⁰ (N., WI.). — Gibt beim Erhitzen mit verd. Salpetersäure auf 130⁰ 2.3-Dibrom-benzoesäure (N., WI.).

2.4-Dibrom-1-methyl-benzol, 2.4-Dibrom-toluol $C_7H_6Br_2 = C_6H_3Br_2 \cdot CH_3$. *B.* Beim Bromieren von o-Brom-toluol, neben einer größeren Menge 2.5-Dibrom-toluol (MILLER, *Soc.* **61**, 1031). Beim Bromieren von p-Brom-toluol, neben 3.4-Dibrom-toluol (M., *Soc.* **61**, 1032). Aus 4-Brom-2-amino-toluol durch Austausch der Aminogruppe gegen Brom (NEVILE, WINTHER, *B.* **13**, 971). Aus 4.6-Dibrom-3-amino-toluol durch Entamidierung (N., W., *B.* **13**, 972). — Bleibt bei —20⁰ flüssig (N., W.). — Wird von verd. Salpetersäure zu 2.4-Dibrom-benzoesäure oxydiert (N., W.). Liefert bei Nitrierung mit rauchender Salpetersäure 4.6-Dibrom-3-nitro-toluol bezw. 2.4-Dibrom-3.5-dinitro-toluol (Davis, *Soc.* **81**, 870).

2.5-Dibrom-1-methyl-benzol, 2.5-Dibrom-toluol $C_7H_6Br_2 = C_6H_3Br_2 \cdot CH_3$. *B.* Beim Bromieren von o-Brom-toluol, neben 2.4-Dibrom-toluol (Miller, *Soc.* **61**, 1031). Beim Bromieren von m-Brom-toluol (Wroblewski, *A.* **168**, 185). Aus 5-Brom-2-amino-toluol durch Behandlung des Diazoniumperbromids mit Eisessig (Nevile, Winther, *B.* **13**, 963; vgl. W., *A.* **168**, 181). Aus 6-Brom-3-amino-toluol beim Ersatz der Aminogruppe durch Brom (N., W., *B.* **13**, 963). — Erstarrt nicht bei —20° (Wr.). Kp: 236°; D^{18}: 1,8127 (Wr.). — Wird von Chromsäuregemisch nicht oxydiert (Wr.); geht aber bei mehrtägigem Kochen mit verd. Salpetersäure in 2.5-Dibrom-benzoesäure über (N., W.).

2.6-Dibrom-1-methyl-benzol, 2.6-Dibrom-toluol $C_7H_6Br_2 = C_6H_3Br_2 \cdot CH_3$. *B.* Aus 2.6-Dibrom-3-amino-toluol durch Behandlung mit Alkohol, der mit salpetriger Säure gesättigt ist (Wroblewski, *A.* **168**, 191). Aus 2.6-Dibrom-4-amino-toluol durch Entamidierung (Nevile, Winther, *B.* **13**, 973). — Erstarrt nicht bei —20° (Wr.). Kp: 246°; D^{23}: 1,812 (Wr.).

3.4-Dibrom-1-methyl-benzol, 3.4-Dibrom-toluol $C_7H_6Br_2 = C_6H_3Br_2 \cdot CH_3$. *B.* Aus p-Brom-toluol beim Bromieren, neben 2.4-Dibrom-toluol (Miller, *Soc.* **61**, 1032; vgl. Jannasch, *A.* **176**, 286). Aus 3-Brom-4-amino-toluol durch Behandlung des Diazoniumperbromids mit 99%igem Alkohol (Wroblewski, *A.* **168**, 184). Beim Kochen von 3-Bromtoluol-4-diazopiperidid (Syst. No. 3038) mit konz. Bromwasserstoffsäure (Wallach, *C.* **1899** II, 1050). — Erstarrt nicht bei —20° (Wr.). Kp: 238—239° (J.), 239—241° (Wr.). D^{19}: 1,812 (Wr.). — Eine Lösung von CrO_3 in Eisessig oxydiert zu 3.4-Dibrom-benzoesäure (Nevile, Winther, *B.* **13**, 970).

3.5-Dibrom-1-methyl-benzol, 3.5-Dibrom-toluol, symm. Dibromtoluol $C_7H_6Br_2$ $= C_6H_3Br_2 \cdot CH_3$. *B.* Aus 3.5-Dibrom-4-amino-toluol durch Entamidierung (Wroblewski, *A.* **168**, 188; Nevile, Winther, *B.* **13**, 966). Aus 3.5-Dibrom-2-amino-toluol durch Entamidierung (N., Wi., *B.* **13**, 966). — Nadeln. F: 39°; Kp: 246° (N., Wi., *B.* **13**, 966). — Geht durch Oxydation mit Chromsäure und Eisessig in 3.5-Dibrom-benzoesäure über (N., Wi., *B.* **13**, 967). Wird von HNO_3 langsamer oxydiert als die isomeren (kernhalogenierten) Dibromtoluole, die Dichlortoluole und Chlorbromtoluole (Cohen, Miller, *Soc.* **85**, 1625). Liefert bei der Nitrierung mit Salpetersäure (D: 1,52) 3.5-Dibrom-2.4-dinitro-toluol und Nadeln vom Schmelzpunkt 106—108°, die anscheinend ein Gemisch von 3.5-Dibrom-2.4-dinitro-toluol mit einer isomeren Verbindung darstellen; beim Erhitzen mit Salpetersäure (D: 1,52) + Schwefelsäure entsteht 3.5-Dibrom-2.4.6-trinitro-toluol (Blanksma, *R.* **23**, 125). Gibt beim Erhitzen mit Kali auf 280—300° Orcin (N., Wi., *B.* **15**, 2992).

2.1¹-Dibrom-1-methyl-benzol, o.ω-Dibrom-toluol, o-Brom-benzylbromid $C_7H_6Br_2$ $= C_6H_4Br \cdot CH_2Br$. *B.* Aus o-Brom-toluol bei Siedetemperatur mit Bromdampf (Jackson, *B.* **9**, 933). — Krystalle (aus Alkohol oder Ligroin). F: 30,25° (J., White, *Am.* **2**, 315). Siedet nicht unzersetzt; mit Wasserdampf flüchtig; mischbar mit absol. Alkohol, Äther, CS_2, Eisessig (J.). — Wird durch Dichromat und verd. Schwefelsäure nicht angegriffen (J.). Liefert beim Behandeln mit Natrium in äther. Lösung Anthracen, etwas Phenanthren, Dibenzyl, Ditolyl (?) und andere Produkte (J., W., *Am.* **2**, 391).

3.1¹-Dibrom-1-methyl-benzol, m.ω-Dibrom-toluol, m-Brom-benzylbromid $C_7H_6Br_2 = C_6H_4Br \cdot CH_2Br$. *B.* Beim Bromieren von m-Brom-toluol in der Hitze (Jackson, *B.* **9**, 932). — Blätter oder blättrige Nadeln. F: 41°. Schwer mit Wasserdampf flüchtig, aber sehr leicht mit Ätherdampf. Ziemlich löslich in kaltem Alkohol, leicht in Äther, CS_2 und Eisessig. — Wird von Dichromat und verd. Schwefelsäure nicht angegriffen.

4.1¹-Dibrom-1-methyl-benzol, p.ω-Dibrom-toluol, p-Brom-benzylbromid $C_7H_6Br_2$ $= C_6H_4Br \cdot CH_2Br$. *B.* Aus p-Brom-toluol mit Brom schon in der Kälte, am besten im direkten Sonnenlicht (nicht im Dunkeln) (Schramm, *B.* **17**, 2922; **18**, 350). Aus einem Gemisch von o- und p-Brom-toluol mit Bromdampf in der Hitze (Jackson, *B.* **9**, 931). Ein Gemisch von p-Brom-benzylbromid und Benzylchlorid entsteht sowohl beim Bromieren von Benzylchlorid in Gegenwart von Jod in der Kälte, als auch beim Chlorieren von siedendem p-Brom-toluol (Errera, *G.* **17**, 198, 202; vgl. Sprek, *M.* **11**, 429). — Nadeln (aus Alkohol). F: 61°; sublimierbar; mit Wasserdampf flüchtig; schwer löslich in Wasser, kaltem Alkohol, leicht in heißem Alkohol, Äther, CS_2, Benzol und Eisessig (J., *B.* **9**, 931). — Gibt bei der Oxydation mit Dichromat und verd. Schwefelsäure p-Brom-benzoesäure (J., *B.* **9**, 931). Setzt sich mit Wasser (zu p-Brom-benzylalkohol) sowie mit Natriumacetat in Alkohol (zu p-Brombenzylacetat) schneller um als o- und m-Brom-benzylbromid (J., *Am.* **3**, 255). Liefert beim Kochen mit alkoh. Kalilauge p-Brom-benzylalkohol und p-Brom-benzoesäure-äthylester (Elbs, *J. pr.* [2] **34**, 341).

1¹.1¹-Dibrom-1-methyl-benzol, ω.ω-Dibrom-toluol, Benzalbromid, Benzylidenbromid $C_7H_6Br_2 = C_6H_5 \cdot CHBr_2$. *B.* Aus Benzaldehyd durch Einw. von PBr_5 (Michaelson, Lippmann, *C. r.* **60**, 722; *Bl.* [2] **4**, 251; Curtius, Quedenfeldt, *J. pr.* [2] **58**, 389). Bei

längerem Stehen von mit HBr bei 0^0 gesättigtem Benzaldehyd (VORLAENDER, A. **341**, 22).
— An der Luft rauchendes Öl. Kp_{23}: 156^0 (C., Q.), Kp_{12-15}: $105—107^0$ (V.). D^{15}: 1,51; n_D:
1,541 (C., Q.). — Gibt durch Behandlung mit Natrium bei 180^0 und Destillation des Reaktionsprodukts Toluol und Dibenzyl (M., L.; vgl. STELLING, FITTIG, A. **137**, 271). Wird durch
kaltes Wasser sofort in Bromwasserstoffsäure und Benzaldehyd gespalten (C., Q.). Liefert
mit Alkohol Äthylbromid und eine flüssige Verbindung vom Kp_{15}: 50^0 ($C_6H_5 \cdot CHBr \cdot O \cdot C_2H_5$?),
welche durch Wasser in Bromwasserstoffsäure und Benzaldehyd zerfällt (C., Q.).

6-Chlor-2.4-dibrom-1-methyl-benzol, **6-Chlor-2.4-dibrom-toluol** $C_7H_5ClBr_2 =$
$C_6H_2ClBr_2 \cdot CH_3$. B. Durch Bromieren von o-Chlor-toluol (WILLGERODT, SALZMANN, $J. pr.$
[2] **39**, 482). — Nadeln. F: 100^0. Kp: $275—280^0$.

4-Chlor-x.x-dibrom-1-methyl-benzol, **4-Chlor-x.x-dibrom-toluol** $C_7H_5ClBr_2 =$
$C_6H_3ClBr_2 \cdot CH_3$. B. Aus p-Chlor-toluol durch Bromierung in Gegenwart des Aluminium-
Quecksilber-Paars (COHEN, DAKIN, Soc. **75**, 895). — F: 94^0.

2.3.4-Tribrom-1-methyl-benzol, **2.3.4-Tribrom-toluol** $C_7H_5Br_3 = C_6H_2Br_3 \cdot CH_3$. B.
Aus 4.5.6-Tribrom-3-amino-toluol durch Entamidierung (NEVILE, WINTHER, B. **13**, 975).
— Rhombische (JÄGER, $Z. Kr.$ **38**, 581) Prismen (aus Ligroin $+ CS_2$). F: $44—44,7^0$ (N., W.).
D^{20}: 2,456 (J.).

2.3.5-Tribrom-1-methyl-benzol, **2.3.5-Tribrom-toluol** $C_7H_5Br_3 = C_6H_2Br_3 \cdot CH_3$. B.
Aus 3.5-Dibrom-2-amino-toluol durch Diazotierung und Zersetzung des Diazoniumperbromids
mit Eisessig (NEVILE, WINTHER, B. **13**, 974). Aus 2.3.5-Tribrom-toluol-sulfonsäure-(4) durch
Behandlung mit überhitztem Wasserdampf in konz. Schwefelsäure (CLAUS, IMMEL, A. **265**,
77). — Säulen (aus Äther $+$ Toluol). Monoklin prismatisch (JÄGER, $Z. Kr.$ **38**, 577). F:
$52—53^0$ (N., W.), $52,5^0$ (J.). D^{17}: 2,467 (J.).

2.3.6-Tribrom-1-methyl-benzol, **2.3.6-Tribrom-toluol** $C_7H_5Br_3 = C_6H_2Br_3 \cdot CH_3$. B.
Aus 2.5.6-Tribrom-3-amino-toluol durch Entamidierung (NE., WIN., B. **13**, 974). — Säulen
oder Blättchen (aus Ligroin oder Chloroform). Monoklin prismatisch (JÄGER, $Z. Kr.$ **38**, 579).
F: $60,5^0$ (J.), $58—59^0$ (N., W.). D^{17}: 2,471 (J.).

2.4.5-Tribrom-1-methyl-benzol, **2.4.5-Tribrom-toluol** $C_7H_5Br_3 = C_6H_2Br_3 \cdot CH_3$. B.
Aus p-Brom-toluol durch Bromierung (MILLER, Soc. **61**, 1032). Aus 4.6-Dibrom-3-amino-
toluol durch Diazotierung und Zersetzung des Diazoniumperbromids mit Eisessig (NE., WIN.,
B. **13**, 974). In analoger Weise aus 4.5-Dibrom-2-amino-toluol und aus 2.5-Dibrom-4-amino-
toluol (NE., WIN., B. **14**, 417). — Abgeplattete Krystalle (aus Äther $+$ Alkohol). Monoklin
prismatisch (JÄGER, $Z. Kr.$ **38**, 575). F: $113,5^0$ (J.), $111,8—112,8^0$ (N., W., B. **14**, 417).
D^{17}: 2,472 (J.).

2.4.6-Tribrom-1-methyl-benzol, **2.4.6-Tribrom-toluol** $C_7H_5Br_3 = C_6H_2Br_3 \cdot CH_3$. B.
Aus 2.4.6-Tribrom-3-amino-toluol durch Elimination der NH_2-Gruppe (WROBLEWSKI, A.
168, 194; NEVILE, WINTHER, B. **13**, 975). — Sehr lange Nadeln (aus Äther-Essigester).
Monoklin prismatisch (JÄGER, $Z. Kr.$ **38**, 577). F: 70^0 (WR.), $68,5^0$ (J.), 66^0 (N., WI.).
Kp: 290^0 (WR.). D^{17}: 2,479 (J.). In Alkohol sehr schwer löslich (WR.).

3.4.5-Tribrom-1-methyl-benzol, **3.4.5-Tribrom-toluol** $C_7H_5Br_3 = C_6H_2Br_3 \cdot CH_3$. B.
Aus 3.5-Dibrom-4-amino-toluol durch Diazotierung und Zersetzung des Diazoniumperbromids
mit Alkohol (WR., A. **168**, 194) oder Eisessig (NE., WIN., B. **13**, 974). — Nadeln (aus Äther
$+$ Alkohol). Ditetragonal bipyramidal (JÄGER, $Z. Kr.$ **38**, 572). F: 91^0 (J.), $88—89^0$ (N., W.).
D^{17}: 2,429 (J.).

3.5.1¹-Tribrom-1-methyl-benzol, **3.5.1¹-Tribrom-toluol**, **3.5-Dibrom-benzylbromid**
$C_7H_5Br_3 = C_6H_3Br_2 \cdot CH_2Br$. B. Durch Einw. von Brom auf 3.5-Dibrom-toluol bei $170—180^0$
(WHEELER, CLAPP, Am. **40**, 340). — Prismen oder Nadeln (aus 95%igem Alkohol). F: 95^0
bis 96^0. Kp_{18}: 173^0; Kp_{15}: 169^0.

2.3.4.5-Tetrabrom-1-methyl-benzol, **2.3.4.5-Tetrabrom-toluol** $C_7H_4Br_4 = C_6HBr_4 \cdot$
CH_3. B. Aus 4.5.6-Tribrom-3-amino-toluol durch Diazotierung und Zersetzung des Diazoniumperbromids mit Eisessig (NEVILE, WINTHER, B. **13**, 976). — Nadeln. F: $111—111,5^0$.

2.3.4.6-Tetrabrom-1-methyl-benzol, **2.3.4.6-Tetrabrom-toluol** $C_7H_4Br_4 = C_6HBr_4 \cdot$
CH_3. B. Aus 2.4.6-Tribrom-3-amino-toluol durch Diazotierung und Zersetzung des Diazoniumperbromids mit Eisessig (NE., WIN., B. **13**, 975). Aus 2.4.5.6-Tetrabrom-3-amino-
toluol mit Alkohol und salpetriger Säure (N., W.). — F: $105—108^0$.

2.3.5.6-Tetrabrom-1-methyl-benzol, 2.3.5.6-Tetrabrom-toluol $C_7H_4Br_4 = C_6HBr_4 \cdot$ CH_3. *B.* Aus 2.5.6-Tribrom-3-amino-toluol durch Diazotierung und Zersetzung des Diazoniumperbromids mit Eisessig (NE., WIN., *B.* **13**, 975). — Nadeln. F: 116—117°. In Alkohol wenig löslich.

6-Chlor-2.3.4.5-tetrabrom-1-methyl-benzol, 6-Chlor-2.3.4.5-tetrabrom-toluol $C_7H_3ClBr_4 = C_6ClBr_4 \cdot CH_3$. *B.* Aus o-Chlor-toluol mit überschüssigem Brom in Gegenwart von $AlCl_3$ (MOUNEYRAT, POURET, *C. r.* **129**, 607). — F: 258—259°.

2.3.4.5.6-Pentabrom-1-methyl-benzol, eso-Pentabrom-toluol $C_7H_3Br_5 = C_6Br_5 \cdot$ CH_3. *B.* Man tröpfelt Toluol in auf 0° abgekühltes, reines (chlorfreies) Brom, dem etwas $AlBr_3$ zugesetzt ist (GUSTAVSON, Ж. **9**, 216, 286; *B.* **10**, 971, 1183). Aus Tetrabrom-m-toluidin durch Diazotierung und Behandlung des Diazoniumperbromids mit Eisessig (NEVILE, WINTHER, *B.* **13**, 976). Aus Cycloheptan mit Brom und etwas $AlBr_3$ (MARKOWNIKOW, Ж. **25**, 549; *J. pr.* [2] **49**, 428). Aus Methylcyclohexan mit Brom und $AlBr_3$ (KURSSANOW, *B.* **32**, 2973; MARK., Ж. **35**, 1033; *C.* **1904** I, 1345; *A.* **341**, 130). — Nadeln (aus Benzol). Monoklin prismatisch (JÄGER, *Z. Kr.* **38**, 95). F: 283—285° (N., W.), 282,5—283,5° (M., Ж. **25**, 553; *J. pr.* [2] **49**, 432), 282—283° (GU.), 279—280° (ZELINSKY, GENEROSOW, *B.* **29**, 732). Sublimierbar (GU.). D^{17}: 2,97 (J.). Schwer löslich in Eisessig und Alkohol (N., W.). 1 Tl. löst sich bei 20° in ca. 102 Tln. Benzol (MARK., Ж. **25**, 554; *J. pr.* [2] **49**, 433). — Wird bei 302° durch Jodwasserstoffsäure und Phosphor zu Toluol reduziert (KLAGES, LIECKE, *J. pr.* [2] **61**, 322).

d) Jod-Derivate

2-Jod-1-methyl-benzol, o-Jod-toluol $C_7H_7I = C_6H_4I \cdot CH_3$. *B.* Neben p-Jod-toluol bei der Behandlung von Toluol in Benzinlösung mit Jodschwefel und Salpetersäure (D: 1,34) (EDINGER, GOLDBERG, *B.* **33**, 2877). Aus o-Toluidin durch Diazotierung und Behandlung der Diazoniumsulfatlösung mit Jodwasserstoffsäure (MABERY, ROBINSON, *Am.* **4**, 101; vgl. BEILSTEIN, KUHLBERG, *A.* **158**, 347). — Flüssig. Kp_{725}: 207° (ULLMANN, MEYER, *A.* **332**, 42); Kp: 204° (B., KU.), 211° (korr.) (KEKULÉ, *B.* **7**, 1007; MA., R.). D^{20}: 1,698 (B., KU.). — Wird von verd. Salpetersäure zu o-Jod-benzoësäure oxydiert (KE.). Läßt sich durch Sulfomonopersäure zu o-Jodo-toluol oxydieren (BAMBERGER, HILL, *B.* **33**, 535). Liefert mit CrO_2Cl_2 eine Verbindung, aus welcher Wasser o-Jod-benzalchlorid abscheidet (STUART, ELLIOT, *Soc.* **53**, 804). Wird bei 182° durch Jodwasserstoff und Phosphor zu Toluol reduziert (KLAGES, LIECKE, *J. pr.* [2] **61**, 322). Wird durch Einw. von Chlor in Chloroformlösung in o-Tolyljodidchlorid übergeführt (WILLGERODT, *B.* **26**, 360). Die Bromierung liefert 4(?)-Brom-2-jod-toluol (HIRTZ, *B.* **29**, 1406). o-Jod-toluol liefert bei der Nitrierung hauptsächlich 6-Jod-3-nitro-toluol (REVERDIN, *B.* **30**, 3000). Beim Erhitzen von o-Jod-toluol mit Kupfer im geschlossenen Rohr auf 230° entsteht 2.2′-Dimethyl-diphenyl (U., ME., *A.* **332**, 42). Beim Erhitzen mit konz. Schwefelsäure entstehen 2.4-Dijod-toluol, 2.4.6-Trijod-toluol und Jod-toluolsulfonsäure (NEUMANN, *A.* **241**, 58). o-Jod-toluol liefert mit Chlorameisenester und Natrium o-Toluylsäure-äthylester (KE.).

2-Jodoso-1-methyl-benzol, o-Jodoso-toluol $C_7H_7OI = CH_3 \cdot C_6H_4 \cdot IO$ und Salze vom Typus $CH_3 \cdot C_6H_4 \cdot IAc_2$. *B.* Das salzsaure Salz $CH_3 \cdot C_6H_4 \cdot ICl_2$ entsteht beim Chlorieren von o-Jod-toluol, gelöst in Chloroform; es gibt beim Verreiben mit verd. Natronlauge o-Jodoso-toluol (WILLGERODT, *B.* **26**, 360). Auch bei Behandlung des salzsauren Salzes (1,5 g) mit wäßr. Pyridinlösung (5 g Pyridin + 50 g Wasser) erhält man o-Jodoso-toluol (ORTOLEVA, *G.* **30** II, 5). — o-Jodoso-toluol ist eine fast weiße, gelbstichige Substanz (WI.). Explodiert bei ca. 178° (WI.); zersetzt sich unter Gasentwicklung bei 170—175° (O.). — Salzsaures Salz, o-Tolyljodidchlorid $C_7H_7 \cdot ICl_2$. Krystallkörner. Zersetzt sich bei 85° bis 86° unter Bildung vön (nicht ganz rein erhaltenem) o-Jod-benzylchlorid (CALDWELL, WERNER, *Soc.* **91**, 249). — Essigsaures Salz. F: 130—132° (O.).

2-Jodo-1-methyl-benzol, o-Jodo-toluol $C_7H_7O_2I = CH_3 \cdot C_6H_4 \cdot IO_2$. *B.* o-Jodo-toluol entsteht durch Kochen von o-Jodoso-toluol mit Wasser bei Luftzutritt (WILLGERODT, *B.* **26**, 361). Durch Oxydation von o-Jod-toluol mit Sulfomonopersäure (BAMBERGER, HILL, *B.* **33**, 535). — Weiße Krystallmasse. Explodiert bei 210° (W.). Kryoskopisches Verhalten in Ameisensäure: MASCARELLI, MARTINELLI, *R. A. L.* [5] **16** I, 184; *G.* **37** I, 521).

Fluorwasserstoffsaures o-Jodo-toluol, o-Tolyljodofluorid $C_7H_7 \cdot IOF_2$. *B.* Beim Sättigen etwa 40 %iger Flußsäure mit o-Jodo-toluol in der Wärme (WEINLAND, STILLE, *B.* **34**, 2632; *A.* **328**, 135). Farblose blättrige Krystalle. F: 120°. Verpufft bei 180°. Zerfällt beim Erhitzen mit Wasser in o-Jodo-toluol und Flußsäure. — $C_7H_7 \cdot IOF_2 + HF$. Nadeln (WE., REISCHLE, Z. a. Ch. 60, 163).

Verbindung von o-Jodo-toluol mit Mercurichlorid $C_7H_7 \cdot IO_2 + \frac{1}{2}HgCl_2$. Krystalle, bei 190° sich schwärzend, bei 210°, sich schnell zersetzend (MAS., R. A. L. [5] 14 II, 204; MAS., DE VECCHI, G. 36 I, 228).

Verbindung von o-Jodo-toluol mit Mercuribromid $C_7H_7 \cdot IO_2 + \frac{1}{2}HgBr_2$. Prismen, bei 240° sich gelb färbend (MAS., R. A. L. [5] 14 II, 204; MAS., DE V., G. 36 I, 228).

Phenyl-o-tolyl-jodoniumhydroxyd $C_{13}H_{13}OI = CH_3 \cdot C_6H_4 \cdot I(C_6H_5) \cdot OH$. B. Das Chlorid entsteht aus o-Tolyljodidchlorid mit Quecksilberdiphenyl oder Phenylquecksilberchlorid; es gibt mit frisch gefälltem Silberoxyd die freie Base (WILLGERODT, B. 31, 917). — Amorph. — Salze. $C_{13}H_{12}I \cdot Cl$. Prismen (aus Wasser). F: 213—214°. — $C_{13}H_{12}I \cdot I$. Durchsichtige Prismen oder Nadeln (aus Wasser oder Alkohol). Zersetzt sich bei ca. 165°. Gibt mit Jod ein Perjodid, das in dunkelbraunen, bei 105° schmelzenden Prismen krystallisiert. — $(C_{13}H_{12}I)_2SO_4$. Durchsichtige Stäbchen. Zersetzt sich bei ca. 171°. — $(C_{13}H_{12}I)_2Cr_2O_7$. Goldgelbe Schuppen. Zersetzt sich bei 141—143°. — $C_{13}H_{12}I \cdot NO_3$. Durchsichtige Prismen oder Nadeln. Zersetzt sich bei 183—185° unter Aufschäumen. Leicht löslich in Wasser. — Verbindung des Chlorids mit $HgCl_2$. Nadeln. F: 135—137°. — $2 C_{13}H_{12}I \cdot Cl + PtCl_4$. Gelbe Nadeln. Zersetzt sich, langsam erhitzt, bei 191°, schnell erhitzt, bei 195°.

[3-Brom-phenyl]-o-tolyl-jodoniumhydroxyd $C_{13}H_{12}OBrI = CH_3 \cdot C_6H_4 \cdot I(C_6H_4Br) \cdot OH$. B. Durch Einw. von feuchtem Silberoxyd auf äquimolekulare Mengen von o-Jodoso-toluol und m-Brom-jodobenzol (WILLGERODT, LEWINO, J. pr. [2] 69, 330). — Salze. $C_{13}H_{11}BrI \cdot Cl$. Weißlichgelbes mikrokristallines Pulver. F: 170°. Schwer löslich in Wasser, leichter in Alkohol und Eisessig. — $C_{13}H_{11}BrI \cdot Br$. Säulen. F: 185°. Schwer löslich in Wasser, leichter in Alkohol. — $C_{13}H_{11}BrI \cdot NO_3$. Weißer krystallinischer Niederschlag. F: 181° (Zers.). Leicht löslich in Wasser, Alkohol und Eisessig. — $C_{13}H_{11}BrI \cdot Cl + HgCl_2$. Weiße Nadeln. Schmilzt bei 110° zu einer trüben Flüssigkeit, die erst bei 115° völlig klar ist. Leicht löslich in Wasser, Alkohol und Eisessig. — $2 C_{13}H_{11}BrI \cdot Cl + PtCl_4$. Gelbe Blättchen. F: 182° (Zers.). Schwer löslich in Alkohol und Wasser.

Di-o-tolyl-jodoniumhydroxyd $C_{14}H_{15}OI = (CH_3 \cdot C_6H_4)_2I \cdot OH$. B. Durch Einw. von feuchtem Silberoxyd auf äquimolekulare Mengen von o-Jodoso-toluol und o-Jodo-toluol (HEILBRONNER, B. 28, 1815). — Salze. $C_{14}H_{14}I \cdot Cl$. Nadeln (aus Wasser). F: 179°. — $C_{14}H_{14}I \cdot Br$. Nadeln. F: 178°. — $C_{14}H_{14}I \cdot I$. Nädelchen. F: 152°. — $C_{14}H_{14}I \cdot I_3$. F: 155°. Wird durch Wasser und Alkohol zersetzt. — $(C_{14}H_{14}I)_2Cr_2O_7$. Gelbe Nadeln (aus Wasser). Verpufft beim Erhitzen. — $C_{14}H_{14}I \cdot Cl + AuCl_3$. Goldgelbe Nädelchen (aus Wasser). F: 108°. — $C_{14}H_{14}I \cdot Cl + HgCl_2$. Blättchen (aus Wasser). F: 133—134°. — $2 C_{14}H_{14}I \cdot Cl + PtCl_4$. Gelbe irisierende Nädelchen (aus Wasser). F: 169° (Zers.).

3-Jod-1-methyl-benzol, m-Jod-toluol $C_7H_7I = C_6H_4I \cdot CH_3$. B. Aus m-Toluidin durch Diazotierung und Behandlung der Diazoniumnitratlösung mit Jodwasserstoffsäure (BEILSTEIN, KUHLBERG, A. 158, 349). — Flüssig. Kp: 204°; D^{20}: 1,698. — Gibt mit Chromsäuregemisch keine Säure (B., KU.). Wird bei 182° durch Jodwasserstoffsäure und Phosphor zu Toluol reduziert (KLAGES, LIECKE, J. pr. [2] 61, 322). Gibt mit Kupfer bei 205—240° 3.3′-Dimethyl-diphenyl (ULLMANN, MEYER, A. 332, 43).

3-Jodoso-1-methyl-benzol, m-Jodoso-toluol $C_7H_7OI = CH_3 \cdot C_6H_4 \cdot IO$ und Salze vom Typus $CH_3 \cdot C_6H_4 \cdot I(OH) \cdot$ Cl bezw. $CH_3 \cdot C_6H_4 \cdot IAc_2$. B. Das salzsaure Salz $CH_3 \cdot C_6H_4 \cdot ICl_2$ entsteht beim Leiten von Chlor in die Lösung von m-Jod-toluol in Chloroform (CALDWELL, WERNER, Soc. 91, 247) oder Ligroin (WILLGERODT, UMBACH, A. 327, 269). Es gibt mit Natronlauge das m-Jodoso-toluol (WI., U.); auch mit Pyridinlösung (4 g Pyridin + ca. 75 g Wasser) kann man aus dem salzsauren Salz (2 g) das m-Jodoso-toluol freimachen (ORTOLEVA, G. 30 II, 6). — Amorphes gelblliches Pulver. Zersetzt sich bei 180—185° unter Gasentwicklung (O.); explodiert bei 206—207° (WI., U.). Löslich in kaltem Eisessig (O.). — Salzsaures Salz, m-Tolyljodidchlorid $C_7H_7 \cdot ICl_2$. Gelbe Nadeln oder Prismen. Beginnt bei 70°, Chlor abzuspalten. Zersetzt sich bei 88° unter Bildung von 2-Chlor-3-jodtoluol (C., WE.); zersetzt sich bei 104° (WI.). Löslich in Äther, Chloroform, Eisessig, Benzol, schwer löslich in Ligroin (WI., U.). Ist in offenen Gefäßen haltbar (WI., U.). — $C_7H_7 \cdot I(OH) \cdot ClO_4$. Gelbe Blättchen. Explodiert bei 125° (WI., U.). — $C_7H_7 \cdot I(OH) \cdot IO_3$. Löslich in heißem Wasser, Alkohol, Eisessig, unlöslich in Chloroform, Ligroin, Äther (WI., U.). — $[C_7H_7 \cdot I(OH)]_2SO_4$. F: 50° (WI., U.). — $[C_7H_7 \cdot I(OH)]_2CrO_4$. Explodiert bei 55° (WI., U.). — $C_7H_7 \cdot I(OH) \cdot NO_3$. F: 79° (WI., U.). — Essigsaures Salz $C_7H_7 I(C_2H_3O_2)_2$. Nadeln. F: 148° (WI., U.), 147—149° (Zers.) (O.).

3-Jodo-1-methyl-benzol, m-Jodo-toluol $C_7H_7O_2I = CH_3 \cdot C_6H_4 \cdot IO_2$. B. Aus m-Tolyljodidchlorid durch Behandlung mit Chlorkalklösung und Salzsäure (WILLGERODT, UMBACH, A. 327, 272). Aus m-Jod-toluol mit Sulfomonopersäure (BAMBERGER, HILL, B.

33, 536). Aus m-Jod-toluol durch Behandlung mit Chlor in mit etwas Wasser versetzter Pyridinlösung (ORTOLEVA, *G.* **30** II, 6). — Weiße Nadeln, Blättchen (aus Eisessig). Explodiert bei 220° (WI., U.); verpufft bei 214—221° (B., H.). Löslich in Eisessig (WI., U.), ziemlich schwer löslich in siedendem Wasser, sehr schwer in kaltem Wasser (B., H.), unlöslich in Äther, Chloroform und Benzol (WI., U.). Kryoskopisches Verhalten in Ameisensäure: MASCARELLI, MARTINELLI, *R. A. L.* [5] **16** I, 184; *G.* **37** I, 521. — Gibt beim Erwärmen mit Wasserstoffsuperoxydlösung unter Sauerstoffentwicklung m-Jod-toluol (B., H.).

Fluorwasserstoffsaures m-Jodo-toluol, m-Tolyljodofluorid $C_7H_7 \cdot IOF_2$. *B.* Aus m-Jodo-toluol mit 40%iger Flußsäure (WEINLAND, STILLE, *A.* **328**, 136). Farblose Nädelchen. Schmilzt langsam erhitzt bei 178°, rasch erhitzt bei 180°; zersetzt sich langsam erhitzt bei 180°, rasch erhitzt bei 188° (WE., ST.). — $C_7H_7 \cdot IOF_2 + HF$. Krystallblättchen (WE., REISCHLE, *Z. a. Ch.* **60**, 163).

Verbindung von m-Jodo-toluol mit Mercurichlorid $C_7H_7 \cdot IO_2 + HgCl_2$. Weiße Prismen; bei 200° sich gelb färbend und bei 260° sich zersetzend (MAS., *R. A. L.* [5] **14** II, 204; MAS., DE VECCHI, *G.* **36** I, 226).

Verbindung von m-Jodo-toluol mit Mercuribromid $C_7H_7 \cdot IO_2 + HgBr_2$. Nadelförmige Krystalle; bei 240—270° sich gelb färbend (M., DE V.).

Phenyl-m-tolyl-jodoniumhydroxyd $C_{13}H_{13}OI = CH_3 \cdot C_6H_4 \cdot I(C_6H_5) \cdot OH$. *B.* Beim Verreiben äquivalenter Mengen Jodosobenzol und m-Jodo-toluol mit Silberoxyd und Wasser (WILLGERODT, UMBACH, *A.* **327**, 276). — Salze. $C_{13}H_{12}I \cdot Cl$. Blättchen (aus Wasser). F: 213°. — $C_{13}H_{12}I \cdot Br$. F: 193°. Leicht löslich in Chloroform, ziemlich in Wasser, Alkohol, unlöslich in Äther, Ligroin. — $C_{13}H_{12}I \cdot I$. Hellgelbe Nadeln (aus Wasser). F: 165°. Löslich in Alkohol, Chloroform. — $C_{13}H_{12}I \cdot NO_3$. F: 165—166°. Löslich in Alkohol, unlöslich in Äther, Benzol. — $C_{13}H_{12}I \cdot Cl + HgCl_2$. Nadeln (aus Wasser). F: 136°. Löslich in Alkohol, unlöslich in Chloroform, Benzol, Äther. — $2 C_{13}H_{12}I \cdot Cl + PtCl_4$. F: 180° (Zers.). Etwas löslich in Wasser.

o-Tolyl-m-tolyl-jodoniumhydroxyd $C_{14}H_{15}OI = (CH_3 \cdot C_6H_4)_2 I \cdot OH$. *B.* Beim Verreiben äquivalenter Mengen von o-Jodoso-toluol und m-Jodo-toluol mit Silberoxyd und Wasser bei 60° (W., U., *A.* **327**, 278). — Salze. $C_{14}H_{14}I \cdot Cl$. Blättchen. F: 183—185°. Leicht löslich in Wasser, unlöslich in Äther. — $C_{14}H_{14}I \cdot Br$. Nadeln (aus Wasser). F: 172°. Löslich in Chloroform, unlöslich in Äther. — $C_{14}H_{14}I \cdot I$. Nadeln (aus Wasser). F: 150°. Leicht löslich in Alkohol, CHCl$_3$. — $C_{14}H_{14}I \cdot NO_3$. Tafeln (aus Wasser). F: 159°. Sehr leicht löslich in Wasser, CHCl$_3$, löslich in Alkohol, unlöslich in Benzol, Äther. — $C_{14}H_{14}I \cdot Cl + HgCl_2$. Nadeln. F: 124°. — $2 C_{14}H_{14}I \cdot Cl + PtCl_4$. Gelbes amorphes Pulver. F: 188°.

Di-m-tolyl-jodoniumhydroxyd $C_{14}H_{15}OI = (CH_3 \cdot C_6H_4)_2 I \cdot OH$. *B.* Beim Verreiben äquivalenter Mengen m-Jodoso-toluol und m-Jodo-toluol mit Silberoxyd und Wasser (WILLGERODT, UMBACH, *A.* **327**, 273). — Salze. $C_{14}H_{14}I \cdot Cl$. Nadeln (aus Wasser und Alkohol). F: 206°. Unlöslich in Äther, Benzol. — $C_{14}H_{14}I \cdot Br$. Gelbe Blättchen (aus Alkohol). F: 146°. Leicht löslich in Chloroform, schwer in Benzol. — $C_{14}H_{14}I \cdot I$. Nadeln oder sechsseitige Tafeln (aus Wasser). F: 155°. Leicht löslich in Wasser, CHCl$_3$. — $(C_{14}H_{14}I)_2 Cr_2O_7$. Gelbe Nadeln (aus Wasser). F: 113°. Verpufft bei 123—130°. Schwer löslich in Eisessig, unlöslich in Äther, CHCl$_3$, Benzol. — $C_{14}H_{14}I \cdot NO_3$. F: 145°. Löslich in Alkohol, Eisessig, CHCl$_3$, unlöslich in Äther. — $C_{14}H_{14}I \cdot Cl + HgCl_2$. Weiße Nadeln (aus Wasser). F: 125°. — $2 C_{14}H_{14}I \cdot Cl + PtCl_4$. F: 185°. Schwer löslich in heißem Wasser.

[α,β-Dichlor-vinyl]-m-tolyl-jodoniumhydroxyd $C_9H_9OCl_2I = CH_3 \cdot C_6H_4 \cdot I(CCl:CHCl) \cdot OH$. Zur Konstitution vgl. THIELE, HAAKH, *A.* **369**, 144. — *B.* Das Chlorid entsteht beim Verrühren von m-Tolyl-jodidichlorid, Acetylensilber-Silberchlorid und Wasser (WILLGERODT, UMBACH, *A.* **327**, 284). — Salze. Chlorid. Krystalle. F: 174°. Löslich in Wasser, Alkohol, unlöslich in Äther, Benzol. — Bromid. Krystalle (aus Wasser). F: 166°. Löslich in Alkohol, Chloroform, unlöslich in Äther, Benzol. — Jodid. Gelb. F: 101°. — Chloroplatinat. Gelbe Nadeln (aus Alkohol und Wasser). F: 135° (Zers.).

4-Jod-1-methyl-benzol, p-Jod-toluol $C_7H_7I = C_6H_4I \cdot CH_3$. *B.* Aus Toluol durch Behandlung mit Jodschwefel und Salpetersäure (D: 1,34) in Benzinlösung, neben o-Jod-toluol (EDINGER, GOLDBERG, *B.* **33**, 2877). Aus p-Toluidin durch Diazotierung und Behandlung der Diazoniumsulfatlösung mit Jodwasserstoffsäure (KÖRNER, *Z.* **1868**, 327) oder mit Kaliumjodid und Kupferpulver (GATTERMANN, *B.* **23**, 1223). Durch Einw. konz. Jodwasserstoffsäure auf p-Toluol-diazopiperidid $CH_3 \cdot C_6H_4 \cdot N:N \cdot NC_5H_{10}$ (Syst. No. 3038) (WALLACH, *A.* **235**, 247). Durch Einw. von Jod und Quecksilber-di-p-tolyl (DREHER, OTTO, *A.* **154**, 173). Durch Eintragen von fein zerriebenem Jod in die äther. Lösung von p-Tolylmagnesiumbromid; Ausbeute 80% (BODROUX, *C. r.* **135**, 1351). — *F:* 35° (K.), 36—37° (ORTOLEVA, *C.* **1900** I, 723). Sublimierbar (K.). Mit Wasserdampf flüchtig (E., G.). *Kp:* 211,5° (K.); *Kp$_{733}$:* 213,5° (ULLMANN, MEYER, *A.* **332**, 44). Leicht löslich in Alkohol, Äther und CS$_2$ (DR., O.). Molekulare Gefrierpunktserniedrigung: 113 (AUWERS, *Ph. Ch.* **42**, 516). — Gibt durch Oxydation mit Permanganat und Salpetersäure (D: 1,17) bei 180⁰ p-Jod-benzoesäure (E., G.). Wird durch Sulfomonopersäure zu p-Jodo-toluol oxydiert (BAMBERGER, HILL, B. 33, 535). Wird bei 182⁰ durch Jodwasserstoffsäure und Phosphor zu Toluol reduziert (KLAGES, LIECKE, J. pr. [2] 61, 322). Liefert bei Einw. von Chlor in Chloroform- bezw. Kohlenstoff-tetrachloridlösung die beiden Modifikationen des p-Tolyljodidchlorids (WILLGERODT, B. 26, 358; vgl. ORTOLEVA, G. 30 II, 7 Anm.). Liefert bei der Einw. von Salpetersäure (D: 1,51) bei gewöhnlicher Temp. neben einem öligen Produkt p-Nitro-toluol, 4-Jod-2-nitro-toluol und ein Dijodnitrotoluol (F: 112⁰) (REVERDIN, B. 30, 3001). Beim Erhitzen mit konz. Schwefelsäure entstehen 2.4-Dijod-toluol, 2.4.6-Trijod-toluol und Jodtoluolsulfonsäure (NEU-MANN, A. 241, 49). Beim Erhitzen mit Kupferpulver auf 210—260⁰ entsteht 4.4′-Dimethyl-diphenyl (U., M.). Erhitzt man p-Jod-toluol mit Magnesiumpulver zum Sieden, so entsteht p-Tolyl-magnesiumjodid (SPENCER, STOKES, Soc. 93, 71).

4-Jodoso-1-methyl-benzol, p-Jodoso-toluol $C_7H_7OI = CH_3 \cdot C_6H_4 \cdot IO$ **und Salze vom Typus** $CH_3 \cdot C_6H_4 \cdot IAc_2$. B. bei Behandlung von p-Jod-toluol in Chloroform- bezw. Kohlenstofftetrachlorid-Lösung mit Chlor (WILLGERODT, B. 26, 358; CALDWELL, WERNER, Soc. 91, 247; vgl. ORTOLEVA, C. 1900 I, 722; G. 30 II, 7 Anm.). Beide geben beim Verreiben mit verd. Natronlauge p-Jodoso-toluol, neben p-Jod-toluol, das durch Behandlung des Reaktionsprodukts mit Benzol oder Chloroform in Lösung gebracht wird (WI.). Auch durch Behandlung des (hochschmelzenden) p-Tolyljodidchlorids mit verd. Pyridinlösung kann man das p-Jodoso-toluol freimachen (O.). p-Tolyljodidchlorid bildet sich auch durch Behandlung von p-Jod-toluol mit SO_2Cl_2 in Äther (TÖHL, B. 26, 2950). — p-Jodoso-toluol zersetzt sich unter Gas-entwicklung bei 175—178⁰ (WI.), 170—175⁰ (O.). Löslich in Eisessig nur spurenweise, löslich in Äther, Chloroform, Kohlenstofftetrachlorid, Schwefelkohlenstoff, Petroläther und Benzol (WI.). — Gibt beim Kochen mit Wasser p-Jod-toluol und p-Jodo-toluol (WI.). — Fluorwasser-stoffsaures Salz, p-Tolyljodidfluorid $C_7H_7 \cdot IF_2$. B. Aus p-Jodoso-toluol und 40⁰/₀-iger Flußsäure in Eisessig bei 40⁰ (WEINLAND, STILLE, A. 328, 137). Gelbe Nadeln. F: 112⁰; Zersetzungspunkt 115⁰. — Salzsaures Salz, p-Tolyljodidchlorid $C_7H_7 \cdot ICl_2$. Existiert in 2 Formen. Niedrigschmelzende Form. Nadeln. Zersetzt sich bei 85⁰ (WI.; O.). Hochschmelzende Form. Krystallkörner. Zersetzt sich bei 100—118⁰ (WI.), 105—106⁰ (O.), 110⁰ (C., WE.); bei der Zersetzung entsteht p-Jod-benzylchlorid (C., WE.). Zersetzt sich beim Liegen an der Luft unter Abspaltung von HCl (C., WE.).

4-Jodo-1-methyl-benzol, p-Jodo-toluol $C_7H_7O_2I = CH_3 \cdot C_6H_4 \cdot IO_2$. B. Durch Kochen von p-Jodoso-toluol mit Wasser, neben p-Jod-toluol, das mit Wasserdampf über-getrieben wird (WILLGERODT, B. 26, 360). Aus p-Jod-toluol durch Behandlung mit Chlor-wasser und nachfolgenden Zusatz von Natronlauge (W., B. 29, 1573). Aus p-Jod-toluol durch Behandlung der mit etwas Wasser versetzten Pyridinlösung mit Chlor (ORTOLEVA, G. 30 II, 8; C. 1900 I, 722). Aus p-Jod-toluol mit Sulfomonopersäure (BAMBERGER, HILL, B. 33, 535). — Blättchen (aus Wasser). Explodiert bei 228⁰ (W., B. 26, 360). Löslich in Eisessig; löst sich nur spurenweise in neutralen organischen Lösungsmitteln (W., B. 26, 360). Kryoskopisches Verhalten in Ameisensäure (MASCARELLI, MARTINELLI, R. A. L. [5] 16 I, 185; G. 37 I, 522. Fluorwasserstoffsaures p-Jodo-toluol, p-Tolyljodofluorid $C_7H_7 \cdot IOF_2$. B. Aus p-Jodo-toluol und Flußsäure (WEINLAND, STILLE, B. 34, 2633; A. 328, 136). Nadeln. Verpufft bei 207⁰, sehr schnell erhitzt bei 198⁰. — $C_7H_7 \cdot IOF_2 + HF$. Nädelchen (W., REISCHLE, Z. a. Ch. 60, 163).

Verbindung von p-Jodo-toluol mit Mercurichlorid $C_7H_7 \cdot IO_2 + HgCl_2$. B. Aus einer Lösung äquimolekularer Mengen der Komponenten in viel siedendem Wasser (MAS., R. A. L. [5] 14 I, 203; MAS., DE VECCHI, G. 36 I, 225). Aus p-Tolyl-jodidchlorid beim Kochen mit wäßr. Lösung von HgCl₂ (MAS.; MAS., DE V.). Tafeln. Zersetzt sich bei 210⁰, schnell erhitzt bei 214—215⁰. Verbindung von p-Jodo-toluol mit Mercuribromid $C_7H_7 \cdot IO_2 + HgBr_2$. Weiße Krystalle, bei etwa 290⁰ sich schwärzend (MAS., R. A. L. [5] 14 II, 204; MAS., DE V., G. 36 I, 226).

Phenyl-p-tolyl-jodoniumhydroxyd $C_{13}H_{13}OI = CH_3 \cdot C_6H_4 \cdot I(C_6H_5) \cdot OH$. B. Das Chlorid entsteht durch Einw. von p-Tolyljodidchlorid auf Quecksilberdiphenyl oder Phenyl-quecksilberchlorid; es gibt, mit Silberoxyd und Wasser verrieben, die freie Base (WILLGERODT, B. 31, 919). Diese entsteht direkt durch Behandlung äquimolekularer Mengen von Jodoso-benzol und p-Jodo-toluol mit Silberoxyd und Wasser, oder von Jodobenzol und p-Jodoso-toluol mit Silberoxyd und Wasser (KIPPING, PETERS, Soc. 81, 1350). Firnis (W.). Läßt sich durch Kombination mit d-Brom-camphersulfonsäure nicht aktivieren (K., P.). — Salze. $C_{13}H_{13}I \cdot Cl$. Prismen. F: 208⁰ (W.), ca. 193⁰ (K., P.). — $C_{13}H_{13}I \cdot I$. Nadeln (aus Wasser). Schmilzt und zersetzt sich bei 170⁰ (W.), zersetzt sich bei 153⁰ (K., P.). — $C_{13}H_{13}I \cdot NO_3$. Nadeln (aus verd. Alkohol) (K., P.); Blätter (aus Wasser) (W.). F: 138—140⁰ (W.), 117⁰ (K., P.). Sehr leicht löslich in Wasser

(W.). — Dichromat. Gelbe Nadeln (W.); rote Prismen (K., P.). Schmilzt unter Explosion bei 155—157° (W.); bei langsamem Erhitzen bei 143° (K., P.). — Verbindung des Chlorids mit HgCl$_2$. Schuppen aus konz., Prismen aus verd. wäßr. Lösung. F: 158—159° (W.). — 2 C$_{13}$H$_{12}$I · Cl + PtCl$_4$. Gelbe Nadeln (aus Wasser). Zersetzt sich bei 195—198° (W.).

[2.5-Dichlor-phenyl]-p-tolyl-jodoniumhydroxyd C$_{13}$H$_{11}$OCl$_2$I = CH$_3$·C$_6$H$_4$· I(C$_6$H$_3$Cl$_2$)·OH. B. Das jodsaure Salz entsteht beim Verreiben von 2.5-Dichlor-1-jodo-benzol und p-Jodoso-toluol mit Ag$_2$O und Wasser; aus der erhaltenen Lösung fällt man mittels KI das Jodid und gewinnt aus diesem durch Ag$_2$O in Wasser eine Lösung der freien Base (WILLGERODT, LANDENBERGER, J. pr. [2] 71, 548). — Salze. C$_{13}$H$_{10}$Cl$_2$I · Cl. Weiße Nadeln (aus Wasser oder Alkohol). F: 210°. — C$_{13}$H$_{10}$Cl$_2$I · Br. Weißer Niederschlag. F: 188°. Löslich in heißem Wasser und Alkohol. — C$_{13}$H$_{10}$Cl$_2$I · I. Gelb. F: 128°. — (C$_{13}$H$_{10}$Cl$_2$I)$_2$ Cr$_2$O$_7$. Orangegelbes amorphes Pulver. Verpufft bei 165° unter Schwärzung. — 2 C$_{13}$H$_{10}$Cl$_2$I· Cl + PtCl$_4$. Ziegelrote prismenförmige Krystalle. F: 183° (Zers.).

[3-Brom-phenyl]-p-tolyl-jodoniumhydroxyd C$_{13}$H$_{12}$OBrI = CH$_3$·C$_6$H$_4$· I(C$_6$H$_4$Br)· OH. B. Durch Einw. von feuchtem Silberoxyd auf äquimolekulare Mengen von p-Jodoso-toluol und m-Brom-jodobenzol (WILLGERODT, LEWINO, J. pr. [2] 69, 329). — Salze. C$_{13}$H$_{11}$BrI · Cl. Nadeln. F: 174,5°. Löslich in Wasser, Alkohol, Äther und Ligroin. — C$_{13}$H$_{11}$BrI · Br. Weiße Nädelchen. F: 175°. Löslich in Wasser und Alkohol. — C$_{13}$H$_{11}$BrI · I. Hellgelbe Nädelchen. F: 139° (Zers.). Löslich in Wasser, Alkohol und Eisessig. — C$_{13}$H$_{11}$BrI · Cl + HgCl$_2$. Weiße Nädelchen. F: 139°. Löslich in Wasser und Alkohol. — 2 C$_{13}$H$_{11}$BrI · Cl + PtCl$_4$. Gelbe Nädelchen. F: 182,5° (Zers.). Schwer löslich in Alkohol und Wasser.

[2.5-Dibrom-phenyl]-p-tolyl-jodoniumhydroxyd C$_{13}$H$_{11}$OBr$_2$I = CH$_3$·C$_6$H$_4$· I(C$_6$H$_3$Br$_2$)·OH. B. Aus p-Jodo-toluol und 2.5-Dibrom-1-jodoso-benzol mit feuchtem Silberoxyd in Gegenwart von Wasser (WILLGERODT, THEILE, J. pr. [2] 71, 559). — Die freie Base ist nur in wäßr. Lösung bekannt, die alkalisch reagiert. — Salze. C$_{13}$H$_{10}$Br$_2$I · Cl. Weiße Masse. F: 195°. Löslich in heißem Wasser. — C$_{13}$H$_{10}$Br$_2$I · Br. Amorphes weißes Pulver. F: 171°. Schwer löslich in Wasser. — C$_{13}$H$_{10}$Br$_2$I · I. Amorphes gelbes Pulver. F: 131° (Zers.). Schwer löslich in Wasser. — (C$_{13}$H$_{10}$Br$_2$I)$_2$Cr$_2$O$_7$. Orangegelbes Pulver. Schmilzt bei 148° unter Explosion. Löslich in Wasser. — C$_{13}$H$_{10}$Br$_2$I · Cl + HgCl$_2$. Weiße Flocken. F: 123°. — 2 C$_{13}$H$_{10}$Br$_2$I · Cl + PtCl$_4$. Orangegelb. F: 191°. Löslich in heißem Wasser und Alkohol.

m-Tolyl-p-tolyl-jodoniumhydroxyd C$_{14}$H$_{15}$OI = (CH$_3$·C$_6$H$_4$)$_2$I·OH. B. Durch Einw. von feuchtem Silberoxyd auf äquimolekulare Mengen p-Jodoso-toluol und m-Jodo-toluol (WILLGERODT, UMBACH, A. 327, 280). — Salze. C$_{14}$H$_{14}$I · Cl. Prismen (aus Wasser). F: 186°. Löslich in Wasser, Alkohol, Chloroform, unlöslich in Äther. — C$_{14}$H$_{14}$I · Br. Nadeln (aus Wasser + Alkohol). F: 184°. Löslich in Alkohol, CHCl$_3$. — C$_{14}$H$_{14}$I · I. Nadeln (aus Wasser). F: 143°. Löslich in Alkohol, CHCl$_3$, unlöslich in Äther. — C$_{14}$H$_{14}$I · NO$_2$. Tafeln. — Cyanid C$_{14}$H$_{14}$I · CN. Gelbliches Pulver. Leicht löslich in Alkohol mit grün-gelber Farbe. — 2 C$_{14}$H$_{14}$I · Cl + PtCl$_4$ + 2 H$_2$O. Sintert bei 160—170°, schmilzt bei 174°.

Di-p-tolyl-jodoniumhydroxyd C$_{14}$H$_{15}$OI = (CH$_3$·C$_6$H$_4$)$_2$I·OH. B. Aus äquimolekularen Mengen p-Jodoso-toluol und p-Jodo-toluol durch Schütteln mit Silberoxyd und Wasser (PETERS, Soc. 81, 1358; vgl. Mc CRAE, B. 28, 97). — Salze. C$_{14}$H$_{14}$I · Cl. Nadeln (aus Wasser). F: 178° (Mc C.). — C$_{14}$H$_{14}$I · Br. Nadeln (aus Wasser). F: 178° (Mc C.). — C$_{14}$H$_{14}$I · I. Oktaedrische Krystalle (aus verd. Alkohol). Schmilzt bei 143—156°, je nach der Art des Erhitzens (P.), 146° (Mc C.). — C$_{14}$H$_{14}$I · I$_3$. Dunkelrote Nadeln. F: 156° (Mc C.). — (C$_{14}$H$_{14}$I)$_2$·Cr$_2$O$_7$. Rotgelbe Blättchen (Mc C.); F: 140° (bei langsamem Erhitzen) (P.). — C$_{14}$H$_{14}$I · NO$_2$. Nadeln. F: 139°. Leicht löslich in Wasser (Mc C.). — C$_{14}$H$_{14}$I · Cl + AuCl$_3$. Blättchen. F: 126° (Mc C.). — C$_{14}$H$_{14}$I · Cl + HgCl$_2$. Nadeln. F: 179° (Mc C.). — C$_{14}$H$_{14}$I · Br + HgCl$_2$. Nadeln. F: 189° (Mc C.). — 2 C$_{14}$H$_{14}$I · Cl + PtCl$_4$. Gelbrote Blättchen. F: 176° (Zers.) (Mc C.).

[α.β-Dichlor-vinyl]-p-tolyl-jodoniumchlorid C$_9$H$_8$Cl$_3$I = CH$_3$·C$_6$H$_4$· I(CCl:CHCl)·Cl. Zur Konstitution vgl. THIELE, HAAKH, A. 369, 144. — B. Aus p-Tolyljodidchlorid beim Schütteln mit Acetylensilber-Silberchlorid und Wasser (WILLGERODT, B. 38, 2111). — Nadeln, Säulen oder Prismen (aus Wasser). Zersetzungspunkt zwischen 178° und 182°.

1¹-Jod-1-methyl-benzol, ω-Jod-toluol, Benzyljodid C$_7$H$_7$I = C$_6$H$_5$·CH$_2$I. B. Aus Benzylalkohol und Jodphosphor (CANNIZZARO, Gm. 3, 38). Aus Benzylalkohol und konz. wäßr. Jodwasserstoffsäure (NORRIS, Am. 38, 639). Aus Benzylchlorid bei 3-wöchiger Behandlung mit 5 Tln. Jodwasserstoffsäure (D: 1,96) (LIEBEN, J. 1869, 425). Beim Übergießen von N-nitroso-benzylamin-N-sulfonsaurem Kalium mit konz. Jodwasserstoffsäure (PAAL, LOWITSCH, B. 30, 878). Aus der Einw. von Jod auf Benzylhydrazin in Natriumdicarbonatlösung (WOHL, OESTERLIN, B. 33, 2740). — Darst. Man erhitzt 20—30 Minuten lang Benzylchlorid ·mit Kaliumjodid und Alkohol, fällt die Lösung mit Wasser und bringt das gefällte Benzyljodid in ein Kältegemisch; die erstarrte Masse wird abgepreßt und aus Alkohol umkrystallisiert (KUMPF, *A.* **224**, 126). — Krystallinisch. Reizt äußerst heftig zu Tränen (LI.). F: 24,1° (LI.). Zersetzt sich völlig beim Sieden (LI.). D²⁵: 1,7335 (LI.). Löslich in Alkohol, Äther und Benzol (K.), schwer löslich in CS₂ bei 0° (LI.), unlöslich in Wasser (K.). — Gibt beim Erwärmen mit Silbernitrit Benzaldehyd, Benzoesäure und Oxyde des Stickstoffs (RENESSE, *B.* **9**, 1454; vgl. BRUNNER, *B.* **9**, 1744); trägt man aber Silbernitrit in eine auf 0° abgekühlte ätherische Lösung von Benzyljodid ein, so erhält man Phenylnitromethan (HANTZSCH, SCHULTZE, *B.* **29**, 700). Benzyljodid reagiert mit Jodstickstoff je nach den Mengenverhältnissen unter Bildung von Tribenzylammoniumdi- oder pentajodid (SILBERRAD, SMART, *Soc.* **89**, 177). Gibt mit Silberacetat und Eisessig behandelt Benzylacetat (LI.). Zeigt sich gegenüber tertiären Aminen bei der Bildung von quartären Ammoniumjodiden ebenso reaktionsfähig wie Methyljodid und Allyljodid und bedeutend reaktionsfähiger als die Homologen des Methyljodids (WEDEKIND, *A.* **318**, 92).

4-Chlor-2-jod-1-methyl-benzol, 4-Chlor-2-jod-toluol $C_7H_6ClI = C_6H_3ClI \cdot CH_3$. *B.* Aus 4-Chlor-2-amino-toluol durch Diazotierung und Behandlung der Diazoniumsulfatlösung mit Jodwasserstoffsäure (WROBLEWSKI, *A.* **168**, 210). — Erstarrt nicht bei −14°. Kp: 242—243°. D¹⁷: 1,716. Unlöslich in Wasser, leicht löslich in Alkohol.

5-Chlor-2-jod-1-methyl-benzol, 5-Chlor-2-jod-toluol $C_7H_6ClI = C_6H_3ClI \cdot CH_3$. *B.* Aus 5-Chlor-2-amino-toluol durch Diazotierung und Zersetzung der Diazoniumnitratlösung mit Jodwasserstoffsäure (BEILSTEIN, KUHLBERG, *A.* **156**, 82). — Kp: 240°. D¹⁹: 1,702.

6-Chlor-2-jod-1-methyl-benzol, 6-Chlor-2-jod-toluol $C_7H_6ClI = C_6H_3ClI \cdot CH_3$. *B.* Aus 6-Chlor-2-amino-toluol in üblicher Weise (COHEN, MILLER, *Soc.* **85**, 1627). — Flüssig. Kp₂₅: 132—133°. D²⁰: 1,844.

2-Chlor-3-jod-1-methyl-benzol, 2-Chlor-3-jod-toluol $C_7H_6ClI = C_6H_3ClI \cdot CH_3$. *B.* Aus m-Tolyljodidchlorid beim Erhitzen auf 88° (CALDWELL, WERNER, *Soc.* **91**, 249). — Schwere gelbe Flüssigkeit. — Gibt bei der Oxydation mit CrO₃ in Eisessig 2-Chlor-3-jodbenzoesäure.

6-Chlor-3-jod-1-methyl-benzol, 6-Chlor-3-jod-toluol $C_7H_6ClI = C_6H_3ClI \cdot CH_3$. *B.* Aus 6-Chlor-3-amino-toluol durch Diazotierung und Behandlung der Diazoniumsulfatlösung mit Jodwasserstoffsäure (WROBLEWSKI, *A.* **168**, 211). — Flüssig. Erstarrt bei 10°. Kp: 240°. D¹²·⁵: 1,770. Fast unlöslich in Wasser, leicht löslich in Alkohol.

1'-Chlor-4-jod-1-methyl-benzol, ω-Chlor-p-jod-toluol, p-Jod-benzylchlorid $C_7H_6ClI = C_6H_4I \cdot CH_2Cl$. *B.* Aus p-Tolyljodidchlorid beim Erhitzen auf 110° (CALDWELL, WERNER, *Soc.* **91**, 248). — Gelbe schwere Flüssigkeit. — Gibt bei der Oxydation mit CrO₃ in Eisessig p-Jod-benzoesäure.

[ω-Chlor-p-tolyl]-jodidchlorid $C_7H_6Cl_3I = CH_2Cl \cdot C_6H_4 \cdot ICl_2$. *B.* Aus p-Jod-benzylchlorid in Chloroform beim Einleiten von Chlor (CALDWELL, WERNER, *Soc.* **91**, 248). — Hellgelbe Nadeln. Beginnt bei 50—55°, Chlor abzuspalten.

4-Chlor-1'-jod-1-methyl-benzol, p-Chlor-ω-jod-toluol, p-Chlor-benzyljodid $C_7H_6ClI = C_6H_4Cl \cdot CH_2I$. *B.* Beim Erhitzen von p-Chlor-benzylchlorid mit der äquivalenten Menge KI in Alkohol unter Rückfluß (VAN RAALTE, *R.* **18**, 391). — Anisartig riechende Nadeln (aus Alkohol); greift die Schleimhäute stark an. F: 64°.

1',1'-Dichlor-2-jod-1-methyl-benzol, ω,ω-Dichlor-o-jod-toluol, o-Jod-benzalchlorid, o-Jod-benzylidenchlorid $C_7H_5Cl_2I = C_6H_4I \cdot CHCl_2$. *B.* Man vermischt allmählich die Lösungen von o-Jod-toluol und CrO₂Cl₂ in CS₂, läßt 2—3 Tage stehen und gibt dann zur filtrierten Lösung Wasser (STUART, ELLIOT, *Soc.* **53**, 804). — Flüssig. Siedet nicht unzersetzt bei 243—250°.

4 (?) -Brom-2-jod-1-methyl-benzol, 4 (?) -Brom-2-jod-toluol $C_7H_6BrI = C_6H_3BrI \cdot CH_3$. *B.* Aus o-Jod-toluol und Brom (HIRTZ, *B.* **29**, 1406). — Öl. Kp: 262—266°.

5-Brom-2-jod-1-methyl-benzol, 5-Brom-2-jod-toluol $C_7H_6BrI = C_6H_3BrI \cdot CH_3$. *B.* Aus 5-Brom-2-amino-toluol durch Diazotierung und Behandlung der Diazoniumlösung mit Jodwasserstoffsäure (WROBLEWSKI, *A.* **168**, 164). — Flüssig. Kp: 260°. D¹⁵: 2,139.

6-Brom-2-jod-1-methyl-benzol, 6-Brom-2-jod-toluol $C_7H_6BrI = C_6H_3BrI \cdot CH_3$. *B.* Aus 6-Brom-2-amino-toluol (COHEN, MILLER, *Soc.* **85**, 1627). — Flüssig. Kp₁₅: 135—140°. D²⁰: 2,044.

1'-Brom-2-jod-1-methyl-benzol, ω-Brom-o-jod-toluol, o-Jod-benzylbromid $C_7H_6BrI = C_6H_4I \cdot CH_2Br$. *B.* Man behandelt o-Jod-toluol bei 200° mit Brom, destilliert das Produkt im Dampf von konz. Bromwasserstoffsäure, kühlt das Destillat mit Eis und krystallisiert die ausgeschiedenen Krystalle nach dem Abpressen aus Ligroin um (MABERY, ROBINSON, *Am.* **4**, 101). — Flache Prismen, deren Dampf die Schleimhäute heftig angreift. F: 52—53°. Leicht löslich in Äther, heißem Alkohol, Benzol, CS_2 und $CHCl_3$, sehr wenig löslich in kaltem Ligroin.

2-Brom-4-jod-1-methyl-benzol, 2-Brom-4-jod-toluol $C_7H_6BrI = C_6H_3BrI \cdot CH_3$. *B.* Aus p-Jod-toluol durch Bromierung in Gegenwart eines Halogenüberträgers (HIRTZ, *B.* **29**, 1405). Aus 2-Brom-4-nitro-toluol durch Ersatz der Nitrogruppe gegen Jod (H.). — Flüssig. Kp: 266—267° (korr.).

3-Brom-4-jod-1-methyl-benzol, 3-Brom-4-jod-toluol $C_7H_6BrI = C_6H_3BrI \cdot CH_3$. *B.* Aus 3-Brom-4-amino-toluol durch Diazotierung und Behandlung der Diazoniumsulfatlösung mit Jodwasserstoffsäure (WROBLEWSKI, *A.* **168**, 159). — Kp: 265°. D^{20}: 2,044. — Gibt ein bei 118° schmelzendes Mononitroderivat.

1¹-Brom-4-jod-1-methyl-benzol, ω-Brom-p-jod-toluol, p-Jod-benzylbromid $C_7H_6BrI = C_6H_4I \cdot CH_2Br$. *B.* Durch Bromieren von p-Jod-toluol bei 115—150° (MABERY, JACKSON, *B.* **11**, 55; J., *Am.* **1**, 103; M., J., *Am.* **2**, 250). — *Darst.* Man tropft in ca. 15 Minuten 20 g Brom zu 25,8 g p-Jod-toluol, das im Ölbad anfangs auf 180°, später 170° erhitzt wird (WHEELER, CLAPP, *Am.* **40**, 460). — Flache Nadeln (aus Alkohol). F: 78,75°. Sublimiert in Nadeln. Kaum flüchtig mit Wasserdämpfen. Sehr wenig löslich in kaltem Alkohol, wenig in kaltem Eisessig, leicht in Äther, CS_2 und Benzol. — Wird von Chromsäuregemisch sehr schwer angegriffen.

4-Brom-1¹-jod-1-methyl-benzol, p-Brom-ω-jod-toluol, p-Brom-benzyljodid $C_7H_6BrI = C_6H_4Br \cdot CH_2I$. *B.* Aus p-Brom-benzylbromid durch Kochen mit KI in wäßr. Alkohol (HANTZSCH, SCHULTZE, *B.* **29**, 2253). — F: 80—81°.

3.5-Dibrom-2-jod-1-methyl-benzol, 3.5-Dibrom-2-jod-toluol $C_7H_5Br_2I = C_6H_2Br_2I \cdot CH_3$. *B.* Aus 3.5-Dibrom-2-amino-toluol durch Diazotierung und Behandlung der Diazoniumsulfatlösung mit KI (MC CRAE, *Soc.* **73**, 691). — Nadeln. F: 68°. Kp: 314° (beginnende Zersetzung). In Alkohol, Äther und Chloroform leicht löslich.

3.5-Dibrom-2-jodoso-1-methyl-benzol, 3.5-Dibrom-2-jodoso-toluol $C_7H_5OBr_2I = CH_3 \cdot C_6H_2Br_2 \cdot IO$ und Salze vom Typus $CH_3 \cdot C_6H_2Br_2 \cdot IAc_2$. *B.* Das salzsaure Salz $CH_3 \cdot C_6H_2Br_2 \cdot ICl_2$ entsteht beim Einleiten von Chlor in eine gesättigte Lösung von 3.5-Dibrom-2-jod-toluol in Chloroform; es gibt bei Behandlung mit Sodalösung die freie Jodosoverbindung (MC CRAE, *Soc.* **73**, 691). — Gelbes amorphes Pulver mit charakteristischem Geruch. Zersetzt sich gegen 87°. Explodiert bei schnellem Erhitzen. Löslich in Äther, ziemlich löslich in Alkohol. — Salze. Salzsaures Salz, Dibromtolyljodidchlorid $C_7H_5Br_2 \cdot ICl_2$. Gelbe würfelförmige Krystalle. Schmilzt bei 95° unter Gasentwicklung. Leicht löslich in Alkohol, schwer in Äther. — Essigsaures Salz $C_7H_5Br_2 \cdot I(C_2H_3O_2)_2$. Nadeln. F: 66,5°.

3.5-Dibrom-4-jod-1-methyl-benzol, 3.5-Dibrom-4-jod-toluol $C_7H_5Br_2I = C_6H_2Br_2I \cdot CH_3$. *B.* Aus 3.5-Dibrom-4-amino-toluol durch Diazotierung und Behandlung der Diazoniumsulfatlösung mit Jodwasserstoffsäure (WROBLEWSKI, *A.* **168**, 190). Aus 5-Brom-3-nitro-4-amino-toluol durch Diazotierung und Behandlung der Diazoniumlösung mit Jodwasserstoffsäure, Reduktion des entstandenen 5-Brom-4-jod-3-nitro-toluols, Überführung des erhaltenen 5-Brom-4-jod-3-amino-toluols in das Diazoniumperbromid und Zersetzung des letzteren mit Alkohol (W., *A.* **192**, 209). — Nadeln (aus Äther oder Alkohol). Rhombisch bipyramidal (JÄGER, *Z. Kr.* **38**, 573). F: 86°; Kp: 270° (W., *A.* **192**, 209). D^{17}: 2,125 (J.). — Gibt bei der Nitrierung 3.5-Dibrom-4-jod-2-nitro-toluol (W., *A.* **192**, 210).

2.3-Dijod-1-methyl-benzol, 2.3-Dijod-toluol $C_7H_6I_2 = C_6H_3I_2 \cdot CH_3$. *B.* Aus 2-Jod-3-amino-toluol durch Diazotierung und Behandlung der Diazoniumsulfatlösung mit KI (WHEELER, LIDDLE, *Am.* **42**, 452). — Platten (aus Alkohol). F: 31—32°. Leicht löslich in organischen Lösungsmitteln.

2.4-Dijod-1-methyl-benzol, 2.4-Dijod-toluol $C_7H_6I_2 = C_6H_3I_2 \cdot CH_3$. *B.* Beim Erwärmen gleicher Mengen p-Jod-toluol und Schwefelsäure (D: 1,846) auf dem Wasserbade (NEUMANN, *A.* **241**, 55). Aus o-Jod-toluol mit konz. Schwefelsäure beim Erwärmen (N., *A.* **241**, 59). — Bleibt bei —13° flüssig. Kp: 295—296°. — Wird von verd. Salpetersäure bei 200° zu 2.4-Dijod-benzoesäure oxydiert.

2.5-Dijod-1-methyl-benzol, 2.5-Dijod-toluol $C_7H_6I_2 = C_6H_3I_2 \cdot CH_3$. *B.* Aus 5-Jod-2-amino-toluol durch Diazotierung und Behandlung der Diazoniumsulfatlösung mit KI

(WHEELER, LIDDLE, Am. 42, 502). — Platten (aus Alkohol). F: 30—31⁰. Sehr leicht löslich in Petroläther, Äther, heißem Alkohol, unlöslich in Wasser.

2.6-Dijod-1-methyl-benzol, 2.6-Dijod-toluol $C_7H_6I_2 = C_6H_3I_2 \cdot CH_3$. *B.* Aus 2-Jod-6-amino-toluol (COHEN, MILLER, *Soc.* 85, 1627). — Fast farblose Nadeln (aus Alkohol). F: 40—42⁰.

o-Tolyl-jodtolyl-jodoniumhydroxyd $C_{14}H_{14}OI_2 = CH_3 \cdot C_6H_3I \cdot I(C_6H_4 \cdot CH_3) \cdot OH$. *B.* Das Sulfat entsteht aus o-Jodoso-toluol mit konz. Schwefelsäure (HEILBRONNER, *B.* 28, 1814). — Salze. $C_7H_7 \cdot I(C_7H_6I) \cdot Cl$. Pulver. F: 162,5⁰. — $C_7 H_7 I(C_7H_6I) \cdot Br$. Pulver. F: 162⁰. In heißem Wasser schwer löslich. — $C_7H_7 \cdot I(C_7H_6I) \cdot I$. Gelb. Schmilzt unscharf unter Zersetzung. Unlöslich. — $[(C_7H_7 \cdot I(C_7H_6I)]_2 Cr_2O_7$. Gelbes Pulver. F: 152⁰. — $C_7H_7 \cdot I(C_7H_6I) \cdot Cl + HgCl_2$. Weißes Pulver. F: 137⁰ (Zers.). Sehr wenig löslich in heißem Wasser und Alkohol.

3.4-Dijod-1-methyl-benzol, 3.4-Dijod-toluol $C_7H_6I_2 = C_6H_3I_2 \cdot CH_3$. *B.* Aus 4-Jod-3-amino-toluol durch Diazotierung und Behandlung der Diazoniumchloridlösung mit KI (WILLGERODT, SIMONIS, *B.* 39, 279). — Flache Nadeln (aus Alkohol). F: 117,5⁰. Färbt sich leicht gelblich, verharzt teilweise beim Umkrystallisieren.

6-Jod-3-methyl-phenyljodidchlorid oder 2-Jod-4-methyl-phenyljodidchlorid $C_7H_6Cl_2I_2 = CH_3 \cdot C_6H_3I \cdot ICl_2$. *B.* Beim Chlorieren des 3.4-Dijod-toluols in Chloroformlösung oder Essigsäure (WILLGERODT, SIMONIS, *B.* 39, 279). — Sehr unbeständig.

3.5-Dijod-1-methyl-benzol, 3.5-Dijod-toluol $C_7H_6I_2 = C_6H_3I_2 \cdot CH_3$. *B.* Aus 3.5-Dijod-4-amino-toluol beim Erwärmen der alkoholisch-schwefelsauren Lösung mit gepulvertem Natriumnitrit (WHEELER, LIDDLE, Am. 42, 450). — Hellgelbe Nadeln (aus Alkohol). F: 44,5—45,5⁰. Sehr leicht löslich in Äther, Petroläther, Benzol, heißem Alkohol, unlöslich in Wasser.

m-Tolyl-jodtolyl-jodoniumhydroxyd $C_{14}H_{14}OI_2 = CH_3 \cdot C_6H_3I \cdot I(C_6H_4 \cdot CH_3) \cdot OH$. *B.* Das Sulfat entsteht beim Eintragen von m-Jodoso-toluol in auf —5⁰ gekühlte konz. Schwefelsäure (WILLGERODT, UMBACH, *A.* 327, 282). — Salze. $C_7H_7 \cdot I(C_7H_6I) \cdot Cl$. F: 160⁰. Leicht löslich in Wasser. — $C_7H_7 \cdot I(C_7H_6I) \cdot Br$. F: 154⁰. Unlöslich in Äther. — $C_7H_7 \cdot I(C_7H_6I) \cdot I$. F: 105⁰. — $[C_7H_7 \cdot I(C_7H_6I)]_2Cr_2O_7$. Sintert bei 70⁰, schmilzt bei 90—94⁰. Leicht löslich in Chloroform, unlöslich in Alkohol, Äther. — $2 C_7H_7 \cdot I(C_7H_6I) \cdot Cl + PtCl_4$. Sintert bei 115⁰, schmilzt bei 120⁰.

p-Tolyl-jodtolyl-jodoniumhydroxyd $C_{14}H_{14}OI_2 = CH_3 \cdot C_6H_3I \cdot I(C_6H_4 \cdot CH_3) \cdot OH$. *B.* Aus p-Jodoso-toluol erhält man mit konz. Schwefelsäure das Sulfat (MC CRAE, *B.* 28, 97, 98). — Salze. $C_7H_7 \cdot I(C_7H_6I) \cdot Cl$. Pulver (aus heißem Wasser). F: 165,5⁰. — $C_7H_7 \cdot I(C_7H_6I) \cdot Br$. Amorphes Pulver. F: 163⁰. In heißem Wasser löslich. — $C_7H_7 \cdot I(C_7H_6I) \cdot I$. Schmilzt unscharf unter Zersetzung. — $[C_7H_7 \cdot I(C_7H_6I)]_2Cr_2O_7$. F: 154⁰. — $C_7H_7 \cdot I(C_7H_6I) \cdot Cl + HgCl_2$. Tafeln (aus heißem Wasser). F: 149⁰ (Zers.).

3.5-Dibrom-2.4-dijod-1-methyl-benzol, 3.5-Dibrom-2.4-dijod-toluol $C_7H_4Br_2I_2 = C_6HBr_2I_2 \cdot CH_3$. *B.* Aus 3.5-Dibrom-4-jod-2-amino-toluol durch Diazotierung und Behandlung der Diazoniumsulfatlösung mit Jodwasserstoffsäure [WROBLEWSKI, *A.* 192, 212). — Prismen. F: 68⁰. Mit Wasserdämpfen flüchtig. In Alkohol schwer löslich. — Gibt mit rauchender Salpetersäure 3.5-Dibrom-4.6-dijod-2-nitro-toluol.

2.4.6-Trijod-1-methyl-benzol, 2.4.6-Trijod-toluol $C_7H_5I_3 = C_6H_2I_3 \cdot CH_3$. *B.* Aus p-Jod-toluol beim Erwärmen mit rauchender Schwefelsäure (D: 1,852) auf dem Wasserbade (NEUMANN, *A.* 241, 56). Aus o-Jod-toluol mit rauchender Schwefelsäure (N.). — Nadeln (aus Alkohol). F: 118—119⁰. Siedet oberhalb 300⁰.

3.4.5-Trijod-1-methyl-benzol, [3.4.5-Trijod-toluol $C_7H_5I_3 = C_6H_2I_3 \cdot CH_3$. *B.* Aus 3.5-Dijod-4-amino-toluol durch Diazotierung und Behandlung der Diazoniumsulfatlösung mit KI (WHEELER, LIDDLE, Am. 42, 450). — Nadeln (aus Alkohol). F: 122—123⁰.

e) Nitroso-Derivate.

2-Nitroso-1-methyl-benzol, o-Nitroso-toluol $C_7H_7ON = ON \cdot C_6H_4 \cdot CH_3$. *B.* Aus o-Tolyl-hydroxylamin durch Oxydation mit Eisenchloridlösung oder Dichromat-Schwefelsäure-Gemisch (BAMBERGER, *B.* 28, 249; BA., RISING, *A.* 316, 279). Aus o-Toluidin mit Sulfomonopersäure (BA., TSCHIRNER, *B.* 32, 1677). Aus Quecksilber-di-o-tolyl, gelöst in Chloroform, bei Einw. von N_2O_3 oder N_2O_4 unter Kühlung (KUNZ, *B.* 31, 1530). — Nädelchen oder Prismen. F: 72,5⁰ (BA., RI.). Äußerst leicht flüchtig mit Wasserdampf (BA.). Sehr leicht löslich in Chloroform, leicht in Äther und Alkohol (BA.). Die Lösungen, wie auch die Schmelze, sind grün gefärbt (BA.). — Wird von kalter konz. Schwefelsäure in 4'-Nitroso-2.3'-dimethyl-diphenylhydroxylamin $CH_3 \cdot C_6 H_4 \cdot N(OH) \cdot C_6 H_3(NO) \cdot CH_3$ übergeführt (BA., BÜSDORF, SAND, B. **31**, 1517). Gibt in 96%igem Alkohol mit wäßr. Natronlauge bei 10° Iso-o-azoxytoluol als Hauptprodukt, daneben o-Azoxytoluol (REISSERT, B. **42**, 1369).

3-Nitroso-1-methyl-benzol, m-Nitroso-toluol $C_7 H_7 ON = ON \cdot C_6 H_4 \cdot CH_3$. B. Aus m-Tolylhydroxylamin durch Oxydation mit wäßr. Eisenchloridlösung (BAMBERGER, B. **28**, 248; B., RISING, A. **316**, 284). — Nädelchen. F: 53—53,5°. Flüchtig mit Wasserdampf.

4-Nitroso-1-methyl-benzol, p-Nitroso-toluol $C_7 H_7 ON = ON \cdot C_6 H_4 \cdot CH_3$. B. Aus p-Tolylhydroxylamin durch Oxydation mit wäßr. Eisenchloridlösung oder Dichromat-Schwefelsäure-Gemisch (BAMBERGER, B. **28**, 247; BA., BRADY, B. **33**, 274; BA., RISING, A. **316**, 282). Aus p-Toluidin mit Sulfomonopersäure (BA., TSCHIRNER, B. **32**, 1677). Bei der Oxydation von p-Toluidin mit $KMnO_4$ in schwefelsaurer Lösung in Gegenwart von etwas Formaldehyd (BA., T., B. **31**, 1524). Durch Einw. von $N_2 O_3$ oder $N_2 O_4$ auf in kaltem Chloroform gelöstes Quecksilber-di-p-tolyl neben anderen Produkten (KUNZ, B. **31**, 1528). — Weiße Nadeln (aus Ligroin). Geschmolzen oder in Lösung von grüner Farbe. F: 48,5°. Äußerst leicht flüchtig mit Wasserdampf; leicht löslich in Benzol und heißem Methylalkohol, schwerer in heißem Ligroin, sehr schwer in Wasser (BA., B. **28**, 247). Bildet mit p-Nitroso-toluol feste Lösungen (BRUNI, CALLEGARI, R. A. L. [5] **13** I, 569; G. **34** II, 248). — Gibt bei der Einw. von alkoh. Natronlauge bei 12° neben p-Azoxytoluol eine hochschmelzende Verbindung $C_{21} H_{19} O_2 N_3$ (?) (REISSERT, B. **42**, 1371). Über die Einw. von Salzsäure und Bromwasserstoffsäure auf p-Nitroso-toluol vgl. BA., BÜSDORF, SZOLAYSKI, B. **32**, 216.

1'-Nitroso-1-methyl-benzol, ω-Nitroso-toluol $C_7 H_7 ON = C_6 H_5 \cdot CH_2 \cdot NO$. Dimolekulare Form $C_{14} H_4 O_2 N_2 = [C_6 H_5 \cdot CH_2]_2 N_2 O_2$ s. „Bis-nitrosylbenzyl" bei Benzylhydroxylamin, Syst. No. 1934.

1'-Chlor-1'-nitroso-1-methyl-benzol, ω-Chlor-ω-nitroso-toluol, α-Nitroso-benzylchlorid $C_7 H_6 ONCl = C_6 H_5 \cdot CHCl \cdot NO$. Vgl. darüber bei Benz-anti-aldoxim, Syst. No. 631.

„**2.3-Dinitroso-toluol**" $C_7 H_6 O_2 N_2$ s. Syst. No. 671a.

„**2.5-Dinitroso-toluol**" $C_7 H_6 O_2 N_2$ s. Syst. No. 671a.

„**3.4-Dinitroso-toluol**" $C_7 H_6 O_2 N_2$ s. Syst. No. 671a.

f) Nitro-Derivate.

2-Nitro-1-methyl-benzol, o-Nitro-toluol $C_7 H_7 O_2 N = O_2 N \cdot C_6 H_4 \cdot CH_3$. B. Beim Nitrieren von Toluol, neben p-Nitro-toluol (ROSENSTIEHL, Z. **1869**, 190; A. ch. [4] **27**, 433; BEILSTEIN, KUHLBERG, A. **155**, 4) und wenig m-Nitro-toluol (MONNET, REVERDIN, NOELTING, B. **12**, 443; NOELTING, WITT, B. **18**, 1337). Mit 5 Tln. Salpetersäure (D: 1,5) erhält man bei 40° ca. 64,8% p-Nitro-toluol; mit 1 Tl. derselben Säure bei 40° ca. 43,5%, bei 10° 33,4% p-Nitro-toluol (ROSENSTIEHL, A. ch. [4] **27**, 459). Toluol gibt mit Salpetersäure allein vorwiegend p-Nitro-toluol (66%), mit Salpeterschwefelsäure jedoch hauptsächlich o-Nitro-toluol (60—66%) (NOELTING, FOREL, B. **18**, 2672). Einfluß sehr niedriger Temperatur auf den Verlauf der Nitrierung: PICTET, C. r. **116**, 816; vgl. WELTER, Z. Ang. **8**, 219; HOLLEMAN, VAN DEN AREND, R. **28**, 416. Versuche über den katalytischen Einfluß von Metallen bezw. Metallsalzen auf die prozentuale Zusammensetzung des Nitrierungsproduktes: HOLDERMANN, B. **39**, 1255. o-Nitro-toluol entsteht aus Toluol und Acetylnitrat als Hauptprodukt neben p-Nitro-toluol (PICTET, KHOTINSKY, C. r. **144**, 211; B. **40**, 1165). Aus überschüssigem Toluol mit Äthylnitrat in Gegenwart von ziemlich viel $AlCl_3$, neben etwas p-Nitro-toluol (BOEDTKER, Bl. [4] **3**, 728). — Aus o-Toluidin und Benzoylhydroperoxyd (PRILESCHAJEW, B. **42**, 4815). Durch Entamidierung von 6-Nitro-3-amino-toluol (BEILSTEIN, KUHLBERG, A. **158**, 348) oder von 2-Nitro-4-amino-toluol (BEI., KU., A. **155**, 24).

Im großen nitriert man 1 Tl. Toluol mit ca. 2,3 Tln. einer Mischsäure, die 55% Schwefelsäure, 25% Salpetersäure und 20% Wasser enthält; bei etwa 30°. Hierbei wird die vorhandene Salpetersäure fast völlig ausgenützt und die Ausbeute ist fast theoretisch (H. BRUNSWIG in F. ULLMANNS Enzyklopädie der technischen Chemie, Bd. V [Berlin-Wien 1917], S. 108).

Die Trennung des o-Nitro-toluols von der p-Verbindung erfolgt im großen durch systematische fraktionierte Destillation im Vakuum (SCHÖN, Ch. Z. **21**, 791; vgl. BEILSTEIN, KUHLBERG, A. **155**, 7). — Um o-Nitro-toluol von einem geringen Gehalte an p-Nitro-toluol (4—5%) zu befreien, kocht man 4 Tle. mit 1 Tl. NaOH, 1 Tl. $H_2 O$ und 2 Tln. Alkohol 24 Stunden lang, säuert dann an und destilliert das reine o-Nitro-toluol im Dampfstrome über; das Destillat wird nötigenfalls noch einmal in gleicher Weise behandelt (REVERDIN, DE LA

HARPE, Ch. Z. 12, 787). o-Nitro-toluol läßt sich ferner aus einem Gemisch mit p-Nitro-toluol durch Erhitzen mit arsenigsauren Salzen abscheiden, wobei die p-Verbindung reduziert wird (LÖSNER, J. pr. [2] 50, 567; D. R. P. 78002; Frdl. 4, 32). Die Abscheidung aus dem Gemisch kann auch darauf gegründet werden, daß die p-Verbindung durch Sulfide und Hydro-sulfide der Alkalien und alkal. Erden (LEBLANCsche Sodarückstände) rascher reduziert wird als die o-Verbindung (The Clayton Aniline Comp., D. R. P. 92991; Frdl. 4, 32). Gewinnung sehr reinen o-Nitro-toluols durch teilweises Erstarrenlassen bei einer Temp. zwischen —4° und —10° und Abschleudern des flüssigen Anteils: Höchster Farbw., D. R. P. 158219; C. 1905 I, 702; vgl. dazu HOLLEMAN, JUNGIUS, C. 1905 II, 988; KNOEVENAGEL, B. 40, 512.

o-Nitro-toluol ist bei gewöhnlicher Temp. flüssig. In festem Zustande existiert es in zwei Formen. Die α-Form krystallisiert in durchsichtigen, sternartig verzweigten Nädelchen; die β-Form in undurchsichtigen, schneeartigen Büscheln (OSTROMYSSLENSKI, Ph. Ch. 57, 344). Der Erstarrungspunkt der α-Form liegt bei —10,56° (O., Ph. Ch. 57, 341; Höchster Farbw., D. R. P. 158219; C. 1905 I, 702), —10° (WALKER, SPENCER, Soc. 85, 1109), —8,95° (Chem. Fabr. Griesheim-Elektron, s. KNOEVENAGEL, B. 40, 510 Anm.). Der Erstarrungs-punkt der β-Form liegt bei —4,25° (WA., SPE.), —4,14° (O.), —4° (Höchster Farbw.), —3,6° (LEPSIUS, s. KNOEVENAGEL). Beim Einbringen des flüssigen o-Nitro-toluols in eine Kältemischung von —50° bis —60° entsteht zunächst die α-Form, die sich aber bei der tiefen Temperatur sehr schnell in die β-Form verwandelt (O.), und zwar unter Wärmeentwicklung (KNOE.). Auch durch Schütteln mit Salpeterschwefelsäure geht die α- in die β-Form über, desgl. durch Impfen der unterkühlten Substanz mit der β-Form (LEP.; KNOE.). Die β-Form geht beim Erwärmen auf ca. 50° oder beim Impfen der unterkühlten Substanz mit der α-Form in diese über (LEP.; KNOE.). Nach KNOE. (B. 40, 511) scheint die Verschiedenheit der beiden Formen des o-Nitro-toluols auch im flüssigen Zustande fortzubestehen. Man kann die β-Form nach vorausgegangenem längerem Abkühlen auf tiefe Temp. (flüssige Luft) bei Zimmer-temperatur schmelzen lassen und dann bei Zimmertemperatur unter Lichtabschluß lange Zeit aufbewahren; das so verflüssigte Prod. erstarrt stets in der β-Form. Erstarrungskurve der Gemische von o- und p-Nitro-toluol: VAN DEN AREND, R. 28, 411. — Kp$_{760}$: 220,4° (KAHL-BAUM, Ph. Ch. 26, 624), 225,7° (PERKIN, Soc. 69, 1250); Kp$_{746,5}$: 224° (BRÜHL, Ph. Ch. 16, 205); Kp$_{754}$: 218° (GREEN, LAWSON, Soc. 59, 1014); Kp$_{734}$: 218—218,4° (NEUBECK, Ph. Ch. 1, 657); Kp: 218° (STRENG, B. 24, 1987). Siedepunkte bei verschiedenen Drucken bezw. Dampfdrucke bei verschiedenen Temperaturen: NEUBECK, Ph. Ch. 1, 657; KAHLBAUM, Ph. Ch. 26, 624. — D$_4^1$: 1,1742; D$_{10}^{10}$: 1,1686; D$_{15}^{15}$: 1,1643; D$_4^{20}$: 1,1605; D$_4^{25}$: 1,1572 (PERKIN, Soc. 69, 1181); D^{15}: 1,168 (STRENG, B. 24, 1987); D$_4^{20,4}$: 1,1625 (BRÜHL, Ph. Ch. 16, 216); D$_4^0$: 1,16742; D$_4^{20}$: 1,14472; D$_4^{90}$: 1,1275; D$_4^{100,5}$: 1,1877 (PATTERSON, Soc. 93, 1853). Dichten des bei verschiedenen Drucken siedenden o-Nitro-toluols: NEUBECK. Dichten von Gemischen aus o- und p-Nitro-toluol: VAN DEN AREND: n$_D^{20,4}$: 1,54104; n$_D^{24,4}$: 1,54739; n$_D^{75,2}$: 1,57933 (BRÜHL, Ph. Ch. 16, 219). Absorptionsspektrum: SPRING, R. 16, 1. Die alkoh. Lösung des o-Nitro-toluols zeigt bei niedriger Temp. (flüssige Luft) eine schwach gelbliche, kurz andauernde Phosphorescenz (DZIERZBICKI, KOWALSKI, C. 1909 II, 959, 1618). — Innere Reibung von o-Nitro-toluol: WAGNER, Ph. Ch. 46, 873. — Magnetisches Drehungsvermögen: PERKIN, Soc. 69, 1239. — Dielektrizitätskonstante: TURNER, Ph. Ch. 35, 421. Leitfähig-keit in verflüssigtem Bromwasserstoff: STEELE, MC INTOSH, ARCHIBALD, Ph. Ch. 55, 157.

Durch Einw. eines elektrisch erhitzten Glühkörpers auf o-Nitro-toluol-Dampf in Gegen-wart von Wasserdampf entsteht Anthranilsäure (LÖB, Z. El. Ch. 8, 775). — o-Nitro-toluol liefert bei der elektrolytischen Oxydation in Essigsäure-Schwefelsäure bei 90° in geringer Aus-beute o-Nitro-benzylalkohol (PIERRON, Bl. [3] 25, 853). Leitet man gasförmige „salpetrige Säure" in o-Nitro-toluol, das auf 150—200° erhitzt ist, so bildet sich o-Nitro-benzaldehyd und weiterhin o-Nitro-benzoesäure (LAUTH, Bl. [3] 31, 134). o-Nitro-toluol liefert mit Isoamyl-nitrit und Natriumäthylat das Natriumsalz des o-Nitro-benzaldoxims (Syst. No. 636) (Höchster Farbw., D. R. P. 107095; C. 1900 I, 886; LAPWORTH, Soc. 79, 1274). Beim Kochen von o-Nitro-toluol mit Salpetersäure von 25—36° Bé entsteht o-Nitro-benzoesäure (LAUTH, Bl. [3] 31, 134). Bei mehrtägigem Kochen von 10 g o-Nitro-toluol mit 40 g Kaliumdichromat, 55 g H$_2$SO$_4$ und 60 g Wasser blieb das Nitrotoluol größtenteils unverändert (BEILSTEIN, KUHL-BERG, A. 155, 17). Verrührt man 10 g o-Nitro-toluol 24 Stdn. lang mit 15 g Kaliumdichromat, 153 g H$_2$SO$_4$ und 17 g Wasser bei 10—15°, so erhält man in einer Ausbeute von 6—8 % o-Nitro-benzaldehyd (LAUTH, Bl. [3] 31, 134). Läßt man auf 10 g o-Nitro-toluol 50 g Kaliumdichromat, 366 g H$_2$SO$_4$ und 200 g Wasser einwirken, so erhält man 8 g o-Nitro-benzoesäure (LAUTH, Bl. [3] 31, 134). o-Nitro-toluol gibt, in einer Mischung von Eisessig, Essigsäureanhydrid und Schwefelsäure mit Chromsäure oxydiert, o-Nitro-benzylidendiacetat (THIELE, WINTER, A. 311, 356; BAYER & Co., D. R. P. 121788; C. 1901 II, 70). o-Nitro-toluol gibt mit CrO$_2$Cl$_2$ eine Verbindung, die durch Wasser größtenteils unter Rückbildung von o-Nitro-toluol zerlegt wird; es entstehen gleichzeitig nur sehr wenig o-Nitro-benzaldehyd und o-Nitro-benzoesäure

(v. RICHTER, *B.* 19, 1062; vgl. LAW, PERKIN, *Soc.* 93, 1633). Bei der Oxydation von o-Nitro-toluol mit Braunstein und Schwefelsäure oberhalb 100° entstehen je nach Konzentration der Schwefelsäure o-Nitro-benzaldehyd oder o-Nitro-benzoesäure (Bad. Anilin- u. Sodaf., D. R. P. 179589; *C.* 1907 I, 383). Die Oxydation von o-Nitro-toluol mit Mangandioxydsulfat führt zu o-Nitro-benzaldehyd und o-Nitro-benzoesäure (B. A. u. S., D. R. P. 175295; *C.* 1906 II, 1589). Beim Eintragen von Kaliumpermanganat in eine auf 95° erwärmte Suspension von o-Nitro-toluol in Wasser erfolgt glatte Oxydation zu o-Nitro-benzoesäure (ULLMANN, UZBACHIAN, *B.* 36, 1799; SCHROETER, EISLEB, *A.* 367, 128). Behandelt man o-Nitro-toluol bei 90—100° mit Nickeloxyd oder Kobaltoxyd, so entstehen o-Nitro-benzaldehyd und o-Nitro-benzoesäure (B. A. u. S., D. R. P. 127388; *C.* 1902 I, 150). o-Nitro-benzaldehyd und o-Nitro-benzoesäure entstehen auch, wenn man o-Nitro-toluol in 60—70°/₀iger Schwefelsäure bei 80—85° mit Cerdioxyd verrührt (Höchster Farbw., D. R. P. 174238; *C.* 1906 II, 1297). — o-Nitro-toluol gibt beim Kochen mit konz. alkoh. Natronlauge oder beim Erhitzen mit wäßr. konz. Natronlauge auf 150° Anthranilsäure, neben Azo- und Azoxybenzoesäuren (Bad. Anilin- u. Sodaf., D. R. P. 114839; *C.* 1900 II, 1092; vgl. PREUSS, BINZ, *Z. Ang.* 13, 385); beim Erhitzen mit wäßr. Natronlauge entstehen ferner (als mit Wasserdampf flüchtige Produkte) o-Nitroso-benzylalkohol und Anthranil (KALLE & Co., D. R. P. 194811; *C.* 1908 I, 1345). Beim Kochen mit methylalkoholischer Natriummethylatlösung gibt o-Nitro-toluol vorwiegend o-Azoxytoluol (KLINGER, PITSCHKE, *B.* 18, 2554). Beim Kochen von o-Nitro-toluol mit Natriumdisulfid Na_2S_2 in Alkohol entsteht hauptsächlich o-Toluidin (BLANKSMA, *R.* 28, 109). Leitet man ein Gemisch der Dämpfe von o-Nitro-toluol und Wasser über glühendes Kupfer, so erhält man o-Toluidin (LÖB, *Z. El. Ch.* 8, 777). Die Reduktion des o-Nitro-toluols in wäßr. Alkohol mit Zinkstaub bei Gegenwart von Salmiak führt zum o-Tolylhydroxylamin (BAMBERGER, RISING, *A.* 316, 278). Dieses bildet sich auch, wenn man in Gegenwart von $CaCl_2$ in 60°/₀igem, mit Äther versetztem Alkohol von o-Nitro-toluol reduziert (BRETSCHNEIDER, *J. pr.* [2] 55, 293). Auch elektrolytisch kann man o-Nitro-toluol, gelöst in verd. Essigsäure, in o-Tolylhydroxylamin überführen (HABER, *Z. El. Ch.* 5, 78). Bei der elektrolytischen Reduktion in alkoholisch-schwefelsaurer Lösung an Kohlenstoffanode und Platinkathode liefert o-Nitro-toluol o-Tolidin neben wenig o-Toluidin (HAEUSSERMANN, *Ch. Z.* 17, 209), während an Bleielektroden im wesentlichen o-Toluidin entsteht (ELBS, SILBERMANN, *Z. El. Ch.* 7, 591). Bei der Elektrolyse der Lösung von o-Nitro-toluol in konz. Schwefelsäure entsteht eine Sulfonsäure des 3-Oxy-6-amino-toluols (GATTERMANN, *B.* 26, 1847; 27, 1929; BAYER & Co., D. R. P. 75260; *Frdl.* 3, 53). Bei der Reduktion von o-Nitro-toluol mit Salzsäure und Zinn oder Zinnchlorür in siedender alkoh. Lösung entstehen neben o-Toluidin 5-Chlor-2-amino-toluol und etwas 3-Chlor-2-amino-toluol; ähnlich verläuft die Reaktion mit Bromwasserstoff-säure (BLANKSMA, *R.* 25, 370). Beim Erhitzen von o-Nitro-toluol mit Eisen und Alkalilauge entsteht, neben o-Azoxy- und o-Azotoluol sowie Spuren von Toluidin und Anthranilsäure, 2'-Methyl-azobenzol-carbonsäure-(2) (Syst. No. 2139) (WEILER-TER-MEER, D. R. P. 145063; *C.* 1908 II, 973). Bei der Reduktion von o-Nitro-toluol mit Natriumamalgam entsteht o-Azotoluol (PETRIJEW, Dissertation [Odessa 1872], S. 56; POSPJECHOW, Ж. 19, 412) und weiterhin o-Hydrazotoluol (PETR., *B.* 6, 557; POSP., Ж. 19, 409, 412). o-Nitro-toluol wird von Magnesiumamalgam in Methylalkohol zu o-Azotoluol, in Äthylalkohol zu o-Azoxytoluol, reduziert (EVANS, FRY, *Am. Soc.* 26, 1167). Die Reduktion von o-Nitro-toluol in alkoh. Natronlauge mit Zinkstaub führt zu o-Azoxytoluol (GUITERMANN, *B.* 20, 2016) bezw. o-Azotoluol (POSPJECHOW, Ж. 19, 406; *C.* 1887, 1550) und weiterhin o-Hydrazotoluol. Bei der elektrolytischen Reduktion von o-Nitro-toluol in alkoh. Lösung in Gegenwart von Natriumacetat erhält man o-Azotoluol und o-Hydrazotoluol (ELBS, KOPP, *Z. El. Ch.* 5, 108; Anilinölfabrik WÜLFING, D. R. P. 100234; *C.* 1899 I, 720). Auch in Gegenwart von Alkali entsteht bei der elektrolytischen Reduktion von o-Nitro-toluol in alkoh. Lösung o-Azotoluol (LÖB, *Z. El. Ch.* 5, 459). Die elektrolytische Reduktion von o-Nitro-toluol, das in wäßr. Alkali- oder Alkalisalzlösung suspendiert ist, liefert o-Azoxytoluol (LÖB, *B.* 33, 2333). Phenylhydrazin reduziert o-Nitro-toluol zu o-Toluidin (WALTHER, *J. pr.* [2] 52, 143). — Chlor wirkt bei Zimmertemperatur im direkten Sonnenlicht nicht auf o-Nitro-toluol ein (SRPEK, *M.* 11, 432). Bei der partiellen Chlorierung von o-Nitro-toluol bei 120—140° entstehen neben o-Nitro-benzylchlorid auch o-Chlor-toluol und o-Chlor-benzylchlorid (und andere Produkte) (KALLE & Co., D. R. P. 110010; *C.* 1900 II, 460). Chloriert man o-Nitro-toluol in Anwesenheit von Schwefel bei 120—130°, so geht bei der Destillation mit Wasser-dampf außer unverändertem o-Nitro-toluol nur o-Nitro-benzylchlorid über (HAEUSSERMANN, BECK, *B.* 25, 2445). Bei der Chlorierung von o-Nitro-toluol in Gegenwart von $SbCl_5$ ent-stehen 6-Chlor- und 4-Chlor-2-nitro-toluol (P. COHN, *M.* 22, 473; vgl. v. JANSON, D. R. P. 107505; *C.* 1900 I, 1110). Brom wirkt bei Zimmertemperatur im direkten Sonnenlicht nicht auf o-Nitro-toluol ein (SRPEK, *M.* 11, 432). Brom, in auf 170° erhitztes o-Nitro-toluol getröpfelt, erzeugt 3.5-Dibrom-2-amino-benzoesäure (WACHENDORFF, *A.* 185, 281; GREIFF, *B.* 13, 288; FRIEDLÄNDER, LASKE, *M.* 28, 988). — Bei der Nitrierung gibt o-Nitro-toluol 2.4-Dinitro-toluol (ROSENSTIEHL, *A. ch.* [4] 27, 470; BEILSTEIN, KUHLBERG, *A.* 155, 13 . —

Beim Kochen von o-Nitro-toluol mit gefälltem Quecksilberoxyd und verd. Natronlauge
entsteht hauptsächlich die Verbindung $O_2N \cdot C_6H_4 \cdot CH{<}^{Hg}_{Hg}{>}O$ als Niederschlag; versetzt
man die alkalische Mutterlauge mit Salzsäure, so wird o-Nitro-benzylquecksilberchlorid
$O_2N \cdot C_6H_4 \cdot CH_2 \cdot HgCl$ gefällt (REISSERT, B. 40, 4209; vgl. D. R. P. 182 217, 182218; C.
1907 I, 1294, 1295). Untersuchungen über die Existenz von Additionsverbindungen des
o-Nitro-toluols mit Quecksilberhalogeniden: MASCARELLI, R. A. L. [5] 15 II, 464; M., ASCOLI,
G. 37 I, 138. o-Nitro-toluol verbindet sich mit LiI zu einer Additionsverbindung $O_2N \cdot$
$C_6H_4 \cdot CH_3 + LiI$ (DAWSON, GOODSON, Soc. 85, 800). Gibt mit $AlCl_3$ ein Additionsprodukt
$O_2N \cdot C_6H_4 \cdot CH_3 + AlCl_3$ (WALKER, SPENCER, Soc. 85, 1109).

Bei der Kondensation von Formaldehyd mit o-Nitro-toluol durch konz. Schwefelsäure
erhält man Dinitroditolylmethan (Syst. No. 479) (BAYER & Co., D. R. P. 67001; Frdl. 3, 76).
Bei der Einw. von Alkylformiaten und Natriumäthylat auf o-Nitro-toluol entsteht 2.2'-Di-
nitro-dibenzyl (LAPWORTH, Soc. 79, 1275). o-Nitro-toluol liefert mit der gleichmolekularen
Menge Oxalsäurediäthylester in Gegenwart alkoh. Natriumäthylatlösung o-Nitro-phenyl-
brenztraubensäure (Syst. No. 1290) (REISSERT, B. 30, 1036; D. R. P. 92794; Frdl. 4, 160).
— Beim Erwärmen von o-Nitro-toluol mit m-Nitro-benzylalkohol und konz. Schwefelsäure
auf 140° entsteht 3.3'-Dinitro-4-methyl-diphenylmethan (Syst. No. 479) (GATTERMANN,
RÜDT, B. 27, 2296). Bei der Kondensation von p-Nitro-benzylacetat mit o-Nitro-toluol
durch konz. Schwefelsäure entsteht 3.4'-Dinitro-4-methyl-diphenylmethan (GATTERMANN,
RÜDT, B. 27, 2296). Kondensation von o-Nitro-toluol mit 4.4'-Bis-[dimethylamino]-benzhydrol:
BAYER & Co., D. R. P. 63743; Frdl. 3, 128. Bei der elektrolytischen Reduktion eines Gemisches von o-Nitro-toluol und Nitrobenzol in alkoholisch-alkalischer Lösung erhält man
neben Azobenzol und o-Azotoluol das 2-Methyl-azobenzol (LÖB, Z. El. Ch. 5, 460; B. 31, 2205;
D. R. P. 102891; C. 1899 II, 408). Erwärmt man o-Nitro-toluol mit o-Hydrazo-toluol und
10%iger Natronlauge auf 90°, so erhält man o-Azoxy-toluol und o-Azo-toluol (DIEFFEN-
BACH, D. R. P. 197714; C. 1908 I, 1749).

o-Nitro-toluol ist wenig giftig für Fäulniserreger (BOKORNY, Z. Ang. 10, 336; vgl. CAR-
NELLEY, FREW, Soc. 57, 637). Auf Tiere wirkt o-Nitro-toluol anfangs giftig; doch tritt bald
Gewöhnung ein (JAFFÉ, H. 2, 48). Über Umwandlung im Organismus s. u. bei Uronitro-
toluolsäure.

In der Technik braucht man o-Nitro-toluol zur Darstellung von o-Toluidin und o-Tolidin.
Nitrotoluol gibt mit pulverisiertem Natriumhydroxyd (Unterschied von Nitrobenzol),
sowie mit festem Kaliumhydroxyd und Gasolin braune Färbung (RAIKOW, ÜRKEWITSCH,
Ch. Z. 30, 295). — Zum Nachweis von p-Nitro-toluol im o-Nitro-toluol reduziert man
mit Eisen und Salzsäure zu Toluidin und untersucht letzteres auf p-Toluidin (HOLLE-
MAN, R. 27, 461). — Quantitative colorimetrische Bestimmung des p-Nitro-toluols in o-Nitro-
toluol (durch Darstellen der Sulfonsäure und Kochen derselben mit Natronlauge): REVERDIN,
DE LA HARPE, Ch. Z. 12, 787.

Additionelle Verbindungen des o-Nitro-toluols. $O_2N \cdot C_6H_4 \cdot CH_3 + LiI$.
Gelb. Krystallinisch (DAWSON, GOODSON, Soc. 85, 800). — $O_2N \cdot C_6H_4 \cdot CH_3 + AlCl_3$.
Gelbe Krystalle (aus CS_2) (WALKER, SPENCER, Soc. 85, 1108).

Uronitrotoluolsäure $C_{13}H_{16}O_9N$. B. o-Nitro-toluol, einem Hunde eingegeben, geht
in den Harn über als o-Nitro-benzoesäure und uronitrotoluolsaurer Harnstoff (s. u.). Man
verdampft den Harn im Wasserbade, zieht den Rückstand mit Alkohol aus, verdunstet den
Alkohol und behandelt den Rückstand mit verdünnter Schwefelsäure und Äther. Dadurch
geht o-Nitro-benzoesäure in den Äther über. Aus der wäßr. Schicht krystallisiert uronitrotoluolsaurer Harnstoff, den man durch Kochen mit $BaCO_3$ zerlegt. Das Filtrat wird konzentriert und mit Alkohol gefällt. Aus dem erhaltenen Bariumsalz macht man die Säure
durch H_2SO_4 frei (JAFFÉ, H. 2, 47). — Die freie Säure bildet eine strahlig-krystallinische,
asbestähnliche Masse. Sie ist in Wasser und Alkohol äußerst zerfließlich. Ihre Lösung ist
stark sauer, reduziert schon bei schwachem Erwärmen FEHLINGsche Lösung und dreht links.
Beim Erwärmen mit Salzsäure (spez. Gew.: 1,12) entweicht stürmisch CO_2. Zerfällt beim
Kochen mit verd. Schwefelsäure (1 Tl. H_2SO_4, 4—5 Tle. H_2O) in o-Nitro-benzylalkohol und
Glykuronsäure. — $Ba(C_{13}H_{14}O_9N)_2$. Krystallpulver. Äußerst leicht löslich in Wasser, unlöslich in Alkohol. — Verbindung mit Harnstoff $C_{13}H_{16}O_9N + H_2N \cdot CO \cdot NH_2 + 2\frac{1}{2}H_2O$.
Lange Nadeln. Schmilzt unter Zersetzung bei 148—149°. In Wasser äußerst leicht löslich,
schwer in kaltem Alkohol, unlöslich in Äther.

3-Nitro-1-methyl-benzol, m-Nitro-toluol $C_7H_7O_2N = O_2N \cdot C_6H_4 \cdot CH_3$. B. Entsteht
in geringer Menge (1—2%) beim Nitrieren von Toluol (MONNET, REVERDIN, NOELTING, B. 12,
443; NOELTING, WITT, B. 18, 1337). Von o- und p-Nitro-toluol kann man dieses m-Nitro-

toluol durch Behandlung mit Oxalsäurediäthylester und alkoh. Natriummäthylatlösung befreien; die m-Verbindung bleibt unverändert, während die Isomeren in o- bezw. p-Nitro-phenylbrenztraubensäuren übergehen (REISSERT, *B.* **30**, 1047). m-Nitro-toluol entsteht aus 3-Nitro-4-amino-toluol durch Diazotierung und Kochen des Diazoniumsulfats mit absol. Alkohol (BEILSTEIN, KUHLBERG, *A.* **155**, 24). Aus 5-Nitro-2-amino-toluol durch Diazotieren und Erwärmen des Diazoniumsulfats mit Alkohol (BE., KU., *A.* **158**, 346). — *Darst.* Man übergießt 1 Tl. 3-Nitro-4-amino-toluol mit 3 Tln. Alkohol, gibt 1 Tl. konz. Schwefelsäure hinzu und tropft nach dem Erkalten eine konz. Lösung von etwas über 1 Mol.-Gew. NaNO$_2$ hinzu; man läßt einige Zeit stehen, erhitzt darauf langsam zum Kochen, verjagt den Alkohol im Wasserbade und destilliert den Rückstand im Dampfstrome (BUCHKA, *B.* **22**, 829;. vgl. MEYER-JACOBSON, Lehrbuch der organischen Chemie, Bd. II, Tl. I [Leipzig 1902], S. 158—159).

Erstarrt im Kältegemisch und schmilzt dann bei + 16° (BEI., KU., *A.* **155**, 25). Kp$_{738}$: 227,2—227,5° (NEUBECK, *Ph. Ch.* **1**, 658); Kp: 230—231° (BEI., KU., *A.* **155**, 25), 228—231° (BU.). Siedepunkte bei verschiedenen Drucken und Dampfdrucke bei verschiedenen Temperaturen: NEUBECK. D^{22}: 1,168 (BEI., KU., *A.* **155**, 25); D^{11,4}: 1,1600; D^{20,4}: 1,14028; D^{9}: 1,1240; D^{55,4}: 1,1147; D^{80,4}: 1,0832 (PATTERSON, *Soc.* **93**, 1854). Dichten des bei verschiedenen Drucken siedenden m-Nitro-toluols: NEUBECK. Molekulare Gefrierpunktserniedrigung: 68,4 (JONA, *G.* **39** II, 292). Innere Reibung: WAGNER, *Ph. Ch.* **46**, 873. Die alkoh. Lösung des m-Nitro-toluols zeigt bei niedriger Temp. (flüssige Luft) eine schwach gelbliche, kurz andauernde Phosphorescenz (DZIERZBICKI, KOWALSKI, *C.* **1909** II, 959, 1618). — Liefert bei der elektrolytischen Oxydation in Essigsäure-Schwefelsäure bei 90° in geringer Ausbeute m-Nitro-benzaldehyd (PIERRON, *Bl.* [3] **25**, 853). m-Nitro-toluol bildet mit Chromylchlorid eine Verbindung, die bei der Zersetzung durch Wasser m-Nitro-benzaldehyd liefert (LAW, PERKIN, *Soc.* **93**, 1634). Wird von Chromsäuregemisch leicht zu m-Nitro-benzoesäure oxydiert (BEI., KU., *A.* **155**, 25), desgl. von Permanganatlösung (MONNET, REVERDIN, NOELTING, *B.* **12**, 443), während die Oxydation mit alkal. Kaliumferricyanidlösung im gleichen Sinne, aber sehr langsam erfolgt (NOYES, WAIKER, *Am.* **8**, 189). Gibt bei 24-stdg. Verrühren mit gepulvertem Ätzkali bei Zimmertemperatur 3-Nitro-2-oxy-toluol (Syst. No. 525) (WOHL, D. R. P. 116790; *C.* **1901** I, 149). Beim Überleiten von m-Nitro-toluol-Dampf mit überschüssigem Wasserdampf über Kupfer bei 300° bis 400° erhält man m-Toluidin (SABATIER, SENDERENS, *C. r.* **133**, 321). Beim Kochen von m-Nitro-toluol mit Zinkstaub und Wasser erhält man m-Tolylhydroxylamin (BAMBERGER, *B.* **28**, 248; vgl. *B.* **27**, 1348). Bei der Reduktion von m-Nitro-toluol mit Salzsäure und Zinn, Zinnchlorür oder Zink in siedender alkoh. Lösung entsteht neben m-Toluidin etwas 6-Chlor-3-amino-toluol (BEI., KU., *A.* **156**, 83; KOCK, *B.* **20**, 1567; BLANKSMA, *R.* **25**, 370). Bei der elektrolytischen Reduktion in verdünnt alkoholisch-schwefelsaurer Lösung liefert m-Nitro-toluol m-Toluidin (ELBS, SILBERMANN, *Z. El. Ch.* **7**, 591). Bei der elektrolytischen Reduktion von m-Nitro-toluol in konz. Schwefelsäure entsteht 2-Oxy-5-amino-toluol, gelegentlich auch eine Sulfonsäure desselben (GATTERMANN, *B.* **27**, 1930; BAYER, D. R. P. 75260; *Frdl.* **3**, 53). Beim Erwärmen mit methylalkoholischer Natronlauge gibt m-Nitro-toluol m-Azoxytoluol (BUCHKA, SCHACHTEBECK, *B.* **22**, 834). Bei längerem Kochen von m-Nitro-toluol mit alkoholischem Kali entsteht m-Azotoluol (GOLDSCHMIDT, *B.* **11**, 1624). m-Nitro-toluol gibt mit Na$_2$S$_2$ in Alkohol hauptsächlich m-Toluidin (BL., *R.* **28**, 109). Liefert, in alkoh. Lösung unter zeitweisem Zusatz von Wasser mit Natriumamalgam behandelt, m-Azotoluol (BARSILOWSKI, *A.* **207**, 114) und m-Hydrazotoluol (GOLDSCHMIDT, *B.* **11**, 1625). Beim Erwärmen von m-Nitro-toluol mit alkoh. Kali und Zinkstaub erhält man m-Azotoluol (BARSILOWSKI, *A.* **207**, 115). Bei der elektrolytischen Reduktion in wäßr. Alkohol in Gegenwart von Natriumacetat wurden m-Azotoluol und m-Hydrazotoluol erhalten (RHODE, *C.* **1899** I, 422). Elektrolytische Reduktion von m-Nitro-toluol zu m-Toluidin, m-Azoxytoluol und m-Hydrazotoluol bei 50—60° in 2%iger Natronlauge unter dem Einfluß verschiedener Kathodenmaterialien: LÖB, SCHMITT, *Z. El. Ch.* **10**, 757. Beim Erhitzen vom m-Nitro-toluol mit 1 Mol.-Gew. Brom auf 120—130° entsteht m-Nitro-benzylbromid, mit 2 Mol.-Gew. Brom m-Nitro-benzalbromid (WACHENDORFF, *A.* **185**, 277). m-Nitro-toluol gibt mit Brom und etwas Eisenbromür bei 70° 4-Brom-3-nitro-toluol und 6-Brom-3-nitro-toluol (SCHUEFELEN, *A.* **231**, 179). Bei Behandlung von m-Nitro-toluol mit Salpetersäure oder Salpeterschwefelsäure bei einer 95° nicht übersteigenden Temperatur erhält man 3.4- und daneben 2.3- und 2.5-Dinitro-toluol (BEI., KU., *A.* **155**, 25; SIRKS, *R.* **29**, 209; vgl. HAEUSSERMANN, GRELL, *B.* **27**, 2209). Beim Kochen von m-Nitro-toluol mit einem Gemisch von konz. Salpetersäure und rauchender Schwefelsäure entstehen 2.4.5-Trinitro-toluol und das bei 112° schmelzende 3.x.x-Trinitro-toluol (HEPP, *A.* **215**, 366). Untersuchungen über die Existenz von Additionsverbindungen des m-Nitro-toluols mit Quecksilberhalogeniden: MASCARELLI, *R. A. L.* [5] **15** II, 199; *G.* **36** II, 889; *R. A. L.* [5] **15** II, 463; M., ASCOLI, *G.* **37** I, 135. m-Nitro-toluol liefert in alkoh. Lösung unter der Einw. des Lichtes 2.7-Dimethyl-chinolin (CIAMICIAN, SILBER, *G.* **33** I, 359). m-Nitro-toluol gibt, mit Anilin und NaOH erwärmt, 3-Methyl-azobenzol (JACOBSON, NANNINGA, *B.* **28**, 2548).

4-Nitro-1-methyl-benzol, p-Nitro-toluol $C_7H_7O_2N = O_2N \cdot C_6H_4 \cdot CH_3$. *B.* Entsteht beim Nitrieren von Toluol neben o-Nitro-toluol (ROSENSTIEHL, *Z.* **1869**, 190; *A. ch.* [4] **27**, 433; BEILSTEIN, KUHLBERG, *A.* **155**, 6; vgl. JAWORSKI, *Z.* **1865**, 223) und wenig m-Nitro-toluol (MONNET, REVERDIN, NOELTING, *B.* **12**, 443; NOELTING, WITT, *B.* **18**, 1337); vgl. im Artikel o-Nitro-toluol, S. 318. Aus Toluol durch Acetylnitrat, neben vorwiegendem o-Nitro-toluol (PICTET, KHOTINSKY, *C. r.* **144**, 211; *B.* **40**, 1165). Aus überschüssigem Toluol mit Äthylnitrat in Gegenwart von ziemlich viel $AlCl_3$, neben viel o-Nitro-toluol (BOEDTKER, *Bl.* [4] **3**, 728). — *Darst.* Man gießt tropfenweise Salpetersäure (spez. Gew.: 1,475) in kalt gehaltenes Toluol, bis eine homogene Flüssigkeit entsteht, fällt mit Wasser und schüttelt das gefällte Öl mit Ammoniak. Hierauf wird fraktioniert und das von 230° an Übergehende getrennt aufgefangen. Es erstarrt im Kältegemisch und kann durch Abpressen und Umkrystallisieren aus Alkohol gereinigt werden (BEILSTEIN, KUHLBERG, *A.* **155**, 6). Darst. im großen s. S. 318 bei o-Nitro-toluol.

Krystalle (beim langsamen Verdunsten aus Alkohol oder Äther). Rhombisch bipyramidal (BODEWIG, *J.* **1879**, 395; vgl. CALDERON, *J.* **1880**, 371; *Groth, Ch. Kr.* **4**, 362). F: 54° (BEILSTEIN, KUHLBERG, *A.* **155**, 8), 54,4° (PATTERSON, *Soc.* **93**, 1854). Erscheinungen bei unterkühltem Nitrotoluol: BACHMETJEW, *C.* **1903** I, 703. Erstarrungskurve der Gemische von o- und p-Nitro-toluol: VAN DEN AREND, *R.* **28**, 411. Kp_{760}: 237,7° (KAHLBAUM, *Ph. Ch.* **26**, 624); Kp_{744}: 237,5° (NEUBECK, *Ph. Ch.* **1**, 659); Kp: 238° (JAWORSKI, *Z.* **1865**, 223); Kp_9: 104,5° (PAT.). Siedepunkte bei verschiedenen Drucken und Dampfdrucke bei verschiedenen Temperaturen: NEUBECK; KAH. D_4^{15}: 1,1392; D_4^{20}: 1,1375; D_4^{25}: 1,1358 (PERKIN, *Soc.* **69**, 1181). D^{60}: 1,0981 (VAN DEN AREND, *R.* **28**, 411). Ausdehnung: R. SCHIFF, *A.* **223**, 261. Dichten des unter verschiedenen Drucken siedenden p-Nitro-toluols: NEUBECK. Dichten der Gemische von o- und p-Nitro-toluol: VAN DEN AREND, *R.* **28**, 411. — Molekulare Schmelzpunktsdepression: 78 (AUWERS, *Ph. Ch.* **30**, 310). Kryoskopisches Verhalten in absoluter Schwefelsäure: HANTZSCH, *Ph. Ch.* **65**, 50. Kryoskopisches Verhalten in p-Brom-toluol und p-Jod-toluol: BRUNI, PADOA, *R. A. L.* [5] **12** I, 353. p-Nitro-toluol bildet mit p-Nitroso-toluol feste Lösungen (BRUNI, CALLEGARI, *R. A. L.* [5] **13** I, 569; *G.* **34** II, 248). — Die alkoh. Lösung des p-Nitro-toluols zeigt bei niedriger Temp. (flüssige Luft) eine schwach gelbliche, kurz andauernde Phosphorescenz (DZIERZBICKI, KOWALSKI, *C.* **1909** II, 959, 1618). — Innere Reibung von p-Nitro-toluol: WAGNER, *Ph. Ch.* **46**, 873. — Magnetisches Drehungsvermögen: PERKIN, *Soc.* **69**, 1239. Elektrisches Leitungsvermögen im flüssigen Zustande: BARTOLI, *G.* **15**, 402.

Durch elektrolytische Oxydation von p-Nitro-toluol in Essigsäure + Schwefelsäure entsteht p-Nitro-benzylalkohol (ELBS, *Z. El. Ch.* **2**, 522). Arbeitet man bei Gegenwart eines Mangansalzes (als Sauerstoffüberträger) im Anodenraum, so entsteht p-Nitro-benzoesäure (BÖHRINGER & SÖHNE, D. R. P. 117129; *C.* **1901** I, 285). p-Nitro-toluol liefert mit Isoamylnitrit bei Gegenwart von Natriummäthylat das Natriumsalz des p-Nitro-benzaldoxims (ANGELI, ANGELICO, *R. A. L.* [5] **8** II, 32; Höchster Farbw., D. R. P. 107095; *C.* **1900** I, 886; LAPWORTH, *Soc.* **79**, 1274). Bei der Einw. von Bleisuperoxyd und konz. Schwefelsäure auf p-Nitro-toluol bei 5° entsteht p-Nitro-benzylalkohol (DIEFFENBACH, D. R. P. 214949; *C.* **1909** II, 1781). Beim Kochen von 10 g p-Nitro-toluol mit 40 g Kaliumdichromat, 55 g H_2SO_4 und 60 g Wasser erfolgt rasch Oxydation zu p-Nitro-benzoesäure (BEILSTEIN, GEITNER, *A.* **139**, 335; vgl. SCHLOSSER, SKRAUP, *M.* **2**, 519). Beim Eintragen von Chromsäure in die auf 0° abgekühlte Mischung von p-Nitro-toluol mit Eisessig, Essigsäureanhydrid und Schwefelsäure entsteht p-Nitro-benzylidendiacetat (BAYER & Co., D. R. P. 121788; *C.* **1901** II, 70). p-Nitro-toluol liefert mit Chromylchlorid eine Verbindung $O_2N \cdot C_6H_4 \cdot CH(CrO_2Cl)_2$ (s. bei p-Nitro-benzaldehyd), welche bei der Zersetzung mit Wasser p-Nitro-benzaldehyd liefert (v. RICHTER, *B.* **19**, 1060; LAW, PERKIN, *Soc.* **93**, 1635). Verdünnte wäßr. Permanganatlösung oxydiert p-Nitro-toluol glatt zu p-Nitro-benzoesäure (MICHAEL, NORTON, *B.* **10**, 580). Verrührt man p-Nitro-toluol in 60–70%iger Schwefelsäure mit Cerdioxyd bei 80–85°, so entsteht p-Nitro-benzaldehyd und p-Nitro-benzoesäure (Höchster Farbw., D. R. P. 174238; *C.* **1906** II, 1297). — Durch mehrtägiges Kochen von p-Nitro-toluol mit verdünnter methylalkoholischer Natriummethylatlösung erhielt KLINGER (*B.* **16**, 941) ein ziegelrotes amorphes Pulver, das bei Reduktion mit Zinn und Salzsäure p-Toluidin und 4.4′-Diamino-stilben liefert (KL., *B.* **16**, 943; BENDER, SCHULTZ, *B.* **19**, 3237). O. FISCHER, HEPP (*B.* **26**, 2231) erhielten bei gelindem Erwärmen von p-Nitro-toluol mit einer 20%igen Lösung von NaOH in Methylalkohol als Hauptprodukt eine zu 4.4′-Diamino-stilben reduzierbare gelbrote Verbindung (Krystallwarzen, F: 283°) (vgl. GREEN, DAVIES, HORSFALL, *Soc.* **91**, 2078), daneben 4.4′-Dinitro-dibenzyl und 4.4′-Dinitro-stilben. Behandelt man p-Nitro-toluol mit 33%igem methylalkoholischer Kalilauge in der Weise, daß für gleichzeitige Einw. des Luftsauerstoffs auf die intermediär sich rot färbende Lösung gesorgt ist, so entstehen nur 4.4′-Dinitro-dibenzyl und 4.4′-Dinitro-stilben (GREEN, DA., HO.). Bei Einw. von Natriumamalgam auf p-Nitro-toluol in Alkohol entstehen

21*

p-Azoxytoluol und p-Azotoluol (WERIGO, J. **1864**, 527; JAWORSKI, J. **1864**, 527; MELMS, B. **3**, 550). Bei der Einw. von Natrium auf die äther. Lösung von p-Nitro-toluol entstehen p-Azoxytoluol, p-Azotoluol und eine schwarzbraune, an der Luft selbstentzündliche Natriumverbindung, bei deren Zersetzung mit Salzsäure sich die amorphe rote Verbindung bildet, welche auch beim Kochen von p-Nitro-toluol mit methylalkoholischer Natriummethylatlösung entsteht (SCHMIDT, B. **32**, 2920). p-Nitro-toluol gibt mit alkoh. Lösung von Na_2S_2 oder mit einer Lösung von Schwefel in Alkali p-Toluidin neben einer Verbindung, die mit Essigsäureanhydrid p-Acetamino-benzaldehyd liefert (BLANKSMA, R. **28**, 109; vgl. GEIGY & Co., D. R. P. 86874; Frdl. **4**, 136). Gibt bei der Reduktion mit alkoh. Schwefelammonium in der Kälte p-Tolylhydroxylamin (WILLSTÄTTER, KUBLI, B. **41**, 1937). p-Nitro-toluol wird von Magnesiumamalgam in Äthylalkohol zu p-Azoxytoluol, in Methylalkohol zu p-Azoxytoluol und p-Azotoluol reduziert (EVANS, FRY, Am. Soc. **26**, 1167). Behandelt man p-Nitrotoluol in heißer wäßr.-alkoholischer Lösung mit Zinkstaub, so bildet sich p-Tolylhydroxylamin (BAMBERGER, **28**, 1221). Beim Erhitzen von p-Nitrotoluol mit konz. wäßr. Natronlauge und Zinkstaub erhält man p-Azotoluol, p-Azoxytoluol und p-Hydrazotoluol (JANOVSKY, REIMANN, B. **21**, 1213; **22**, 41; JANOVSKY, M. **10**, 595). Die elektrolytische Reduktion von p-Nitro-toluol in alkoholisch-alkalischer Lösung liefert p-Azotoluol (LÖB, Z. El. Ch. **4**, 436; **5**, 459) und p-Azoxytoluol (ELBS, Ch. Z. **17**, 210). Elektrolytische Reduktion zu p-Azoxytoluol, p-Azotoluol, p-Hydrazotoluol und p-Toluidin in $2^5/_0$iger Natronlauge unter dem Einfluß verschiedener Kathodenmaterialien: LÖB, SCHMITT, Z. El. Ch. **10**, 761. Bei der elektrolytischen Reduktion von p-Nitro-toluol in wäßr. Alkohol bei Gegenwart von Natriumacetat erhält man p-Azotoluol und p-Hydrazotoluol (ELBS, KOPP, Z. El. Ch. **5**, 110). Beim Kochen von p-Nitro-toluol mit Disulfitlösung entstehen p-Tolylsulfamidsäure und 4-Amino-toluol-sulfonsäure-(3) (WEIL, D. R. P. 151134; C. **1904** I, 1380). Bei der Reduktion mit Salzsäure und Zinn oder Zinnchlorür in siedender alkoh. Lösung entsteht neben p-Toluidin 3-Chlor-4-amino-toluol (BLANKSMA, R. **25**, 370). Bei der Reduktion mit Eisen und Salzsäure entsteht nur p-Toluidin, kein Chloraminotoluol (KOCK, B. **20**, 1568). Die elektrolytische Reduktion in rauchender Salzsäure führt zum p-Toluidin (LÖB, Z. El. Ch. **4**, 436). In alkoholisch-salzsaurer Lösung entsteht p-Toluidin und etwas 3-Chlor-4-amino-toluol (LÖB, Z. El. Ch. **4**, 436; ELBS, SILBERMANN, Z. El. Ch. **7**, 590). Besonders glatt verläuft die elektrolytische Reduktion zum p-Toluidin in alkoholisch-salzsaurer Lösung bei Anwendung von Zinnkathoden oder bei Zusatz von $SnCl_2$ zur Kathodenflüssigkeit bei Gebrauch indifferenter (Pt-)Kathoden (BÖHRINGER & SÖHNE, D. R. P. 116942; C. **1901** I, 150; CHILESOTTI, Z. El. Ch. **7**, 770). Bei der elektrolytischen Reduktion des p-Nitro-toluols in Gegenwart von Salzsäure und Formaldehyd entstehen Dimethyl-p-toluidin und Anhydroformaldehyd-toluidin (LÖB, Z. El. Ch. **4**, 434; GOECKE, Z. El. Ch. **9**, 470). Bei der Elektrolyse einer Lösung von p-Nitro-toluol in konz. Schwefelsäure entsteht 5-Nitro-4′-amino-2-methyl-diphenylmethan (Syst. No. 1734) (GATTERMANN, B. **26**, 1852; BAYER, D. R. P. 75261; Frdl. **3**, 54; vgl. GATTERMANN, KOPPERT, B. **26**, 2810). Phenylhydrazin reduziert p-Nitro-toluol zu p-Toluidin (WALTHER, J. pr. [2] **52**, 143). Aus p-Nitro-toluol und Hydroxylamin entsteht bei Gegenwart von Natriumäthylat p-Tolylnitroso-hydroxylamin (Syst. No. 2219) (ANGELI, ANGELICO, R. A. L. [5] **8** II, 29). — Durch Chlorierung von p-Nitro-toluol bei 185—190° erhält man p-Nitro-benzylchlorid (WACHENDORFF, A. **185**, 271; vgl. dazu ZIMMERMANN, A. MÜLLER, B. **18**, 996). Beim Erwärmen von p-Nitro-toluol mit $SbCl_5$ auf 100° erhält man 2-Chlor-4-nitro-toluol (WACHENDORFF, A. **185**, 259; LELLMANN, B. **17**, 534; TIEMANN, B. **24**, 706). p-Nitro-toluol gibt, mit 1 Mol.-Gew. Brom auf 125—130° erhitzt, p-Nitro-benzylbromid, mit 2 Mol.-Gew. Brom auf 140° erhitzt, p-Nitro-benzalbromid (WACHENDORFF, A. **185**, 266). — Bei der Nitrierung liefert p-Nitrotoluol das 2.4-Dinitro-toluol (ROSENSTIEHL, A. ch. [4] **27**, 467; BEILSTEIN, KUHLBERG, A. **155**, 13). — Beim Erwärmen von p-Nitro-toluol mit rauchender Schwefelsäure entsteht 4-Nitrotoluol-sulfonsäure-(2) (BEILSTEIN, KUHLBERG, A. **155**, 8). Über die Kinetik der Sulfurierung vgl. MARTINSEN, Ph. Ch. **62**, 714, 724. — p-Nitro-toluol liefert mit $AlCl_3$ eine Doppelverbindung (PERRIER, C. r. **120**, 930). Untersuchungen über die Existenz von Additionsverbindungen des p-Nitro-toluols mit Quecksilberhalogeniden: MASCARELLI und Mitarbeiter, R. A. L. [5] 14 II, 205; 15 II, 200, 461; 17 I, 35; G. **36** I, 229; II, 890; **37** I, 132; **39** I, 257.

Läßt man p-Nitro-toluol mit Formaldehyd in konz. Schwefelsäure 8 Tage stehen, so erhält man 5.5′-Dinitro-2.2′-dimethyl-diphenylmethan (Syst. No. 479) (WEIL, B. **27**, 3314; BAYER & Co., D. R. P. 67001; Frdl. **3**, 76). Die Einw. von 2 Mol.-Gew. Natriumäthylat und 1 Mol.-Gew. Oxalsäurediäthylester auf 1 Mol.-Gew. p-Nitro-toluol in alkoh. Lösung ergibt p-Nitro-phenylbrenztraubensäure; wendet man dagegen nur 1 Mol.-Gew. Natriumäthylat und $^1/_2$ Mol.-Gew. Oxalester an und arbeitet in absol. Äther, so entsteht fast ausschließlich 4.4′-Dinitro-dibenzyl (REISSERT, B. **30**, 1047, 1053; D. R. P. 92794; Frdl. **4**, 160). — Erwärmt man p-Nitro-toluol mit p-Nitro-benzylalkohol in konz. Schwefelsäure auf 120° bis 130°, so erhält man 5.4′-Dinitro-2-methyl-diphenylmethan (Syst. No. 479) (GATTERMANN, KOPPERT, B. **26**, 2811). Bei der gemeinsamen elektrolytischen Reduktion von p-Nitro-toluol

und m-Nitro-benzoesäure in alkal. Lösung erhält man 4'-Methyl-azobenzol-carbonsäure-(3)
(Löb, B. 31, 2204). Mit p-Amino-benzylalkohol in konz. Schwefelsäure auf 160—170° erhitzt,
gibt p-Nitro-toluol das 5-Nitro-4'-amino-2-methyl-diphenylmethan (Syst. No. 1734) (Ga., Ko.).
p-Nitro-toluol kondensiert sich mit Tetramethyl-4.4'-diamino-benzhydrol in konz. Schwefelsäure zu einem Triphenylmethanderivat (Bayer & Co., D. R. P. 63743; Frdl. 3, 128).

p-Nitro-toluol ist giftig für Fäulniserreger (Bokorny, Z. Ang. 10, 338; vgl. Carnelley,
Frew, Soc. 57, 637). p-Nitro-toluol ist für Hunde fast ungiftig; es geht im Organismus der
Hunde in p-Nitro-benzoesäure und p-nitro-hippursauren Harnstoff (Syst. No. 938) über
(Jaffé, B. 7, 1674).

In der Technik dient p-Nitro-toluol zur Darstellung von p-Toluidin, ferner zur Gewinnung
von Stilbenfarbstoffen (z. B. Sonnengelb G; vgl. Schultz, Tab. No. 9 ff.) und von Türkisblau B,
G (Schultz, Tab. No. 498).
Nachweis von p-Nitro-toluol im o-Nitro-toluol: Holleman, R. 27, 461. Quantitative
Bestimmung neben o-Nitro-toluol: Schoen, Ch. Z. 12, 494; Reverdin, de la Harpe, Ch. Z.
12, 787; Glasmann, B. 36, 4260.

$O_2N \cdot C_6H_4 \cdot CH_3 + AlCl_3$. B. Aus p-Nitro-toluol und $AlCl_3$ beim Erwärmen mit CS_2
(Perrier, C. r. 120, 930). Gelbe Blätter. F: 105°. — $O_2N \cdot C_6H_4 \cdot CH_3 + HgCl_2$. B. Aus
p-Nitro-toluol in alkoh. Lösung mit der äquimolekularen Menge $HgCl_2$ (Mascarelli, R. A.
L. [5] 14 II, 205; Mascarelli, de Vecchi, G. 36 I, 229). Schwach gelbliche prismatische
Krystalle (aus absol. Alkohol). Erweicht bei etwa 105°, fängt bei 150° zu schmelzen an und
schwärzt sich bei etwa 222°. Zersetzt sich an der Luft.

1^1-Nitro-1-methyl-benzol, ω-Nitro-toluol, Phenylnitromethan $C_7H_7O_2N = C_6H_5 \cdot$
$CH_2 \cdot NO_2$. B. Aus Toluol und Salpetersäure (D: 1,12) durch 48-stdg. Erhitzen auf 100° in
geschlossenen Röhren; die Verbindung wird in das Natriumsalz des Phenylisonitromethans
(S. 326) übergeführt und aus diesem mit Kohlendioxyd, Schwefelwasserstoff oder Borsäure
regeneriert (Konowalow, B. 28, 1861; H. 31, 254; C. 1899 I, 1237; vgl. dazu van Raalte,
R. 18, 384). — Man übergießt je 17 g $AgNO_3$ mit 12 g Benzylchlorid unter Abkühlen, läßt
einen Tag stehen, zieht mit Äther aus, verdunstet die über $CaCl_2$ entwässerte, ätherische
Lösung und versetzt je 100 g des Rückstandes mit 100 ccm einer Lösung von 4 g Natrium
in 100 g absol. Methylalkohol; das gefällte Salz des Phenylisonitromethans wird abgepreßt,
worauf man je 50 g desselben in Wasser löst, die Lösung ausäthert, dann mit 1 Mol.-Gew. Essigsäure versetzt und wieder mit Äther ausschüttelt (Holleman, R. 13, 405; vgl. van Ra., R. 18,
386). Beim Eintragen von $AgNO_3$ in eine auf 0° abgekühlte ätherische Lösung von Benzyljodid (Hantzsch, Schultze, B. 29, 700; vgl. van Ra., R. 18, 386). — Bei der Oxydation
des Benzaldoxims mit Sulfomonopersäure, neben Benzhydroxamsäure und anderen Produkten (Bamberger, B. 33, 1781, 1785). — Aus der Verb. $Na_2C_{15}H_9O_5N$, welche beim Auf-

lösen von Nitrobenzalphthalid $C_6H_4 \begin{cases} C=C(NO_2) \cdot C_6H_5 \\ \diagdown O \\ CO \end{cases}$ (Syst. No. 2468) in heißer verd.

Natronlauge entsteht (Syst. No. 2468), durch Ansäuern mit Essigsäure und Dampfdestillation,
neben Phthalsäureanhydrid (Gabriel, B. 18, 1253, 1256). Aus der Verbindung $C_6H_5 \cdot C(CO_2H)$:
$C(C_6H_5) \cdot CO \cdot CH(NO_2) \cdot C_6H_5$ (Syst. No. 1304) durch Kochen mit Wasser (G. Cohn, B. 24,
3867). — Bei der Einw. von alkalisch gemachter Benzoldiazoniumchloridlösung auf alkalische
Nitromethanlösung entsteht neben vielen anderen Verbindungen das Natriumsalz des
Phenylisonitromethans, das durch Ansäuern mit Schwefelsäure und Dampfdestillation in
Phenylnitromethan übergeführt wurde (Bamberger, Schmidt, Levinstein, B. 33, 2053). —
Durch Einw. von Äthylnitrat auf Phenylessigester in absol. Äther bei Gegenwart von Natrium
und Kochen des erhaltenen Natriumsalzes des Phenylisonitroessigsäureäthylesters $C_6H_5 \cdot$
$C(: NO \cdot ONa) \cdot CO_2 \cdot C_2H_5$ mit Natronlauge erhält man die Natriumverbindung des Phenylisonitromethans (W. Wislicenus, Endres, B. 35, 1755). Durch Einw. von Kaliumäthylat
auf Phenylessigester und Äthylnitrat in Alkohol-Äther erhält man — neben Kohlensäurediäthylester — das Kaliumsalz des Phenylisonitromethans (W. Wi., Grützner, B. 42,
1932). Die Natriumverbindung des Phenylisonitromethans entsteht ferner durch Kochen
der Natriumverbindung des Phenyl-isonitro-acetonitrils $C_6H_5 \cdot C(: NO \cdot ONa) \cdot CN$ mit starker
Natronlauge bis zur Beendigung der NH_3-Entwicklung (W. Wi., En., B. 35, 1759; Meisenheimer, Jochelson, A. 355, 284).
Phenylnitromethan ist eine gelbe Flüssigkeit, welche im Eis-Kochsalz-Gemisch nicht
erstarrt (Kon., B. 28, 1861). Siedet bei 225—227°, dabei in H_2O, Stickoxyde und Benzaldehyd
zerfallend (Ga., B. 18, 1254; Kon., B. 28, 1861; vgl. Holl., R. 14, 121); Kp.: 141—142°
(geringe Zers.) (Kon., B. 28, 1861); Kp_{15}: 118—119° (W. Wi., En., B. 35, 1760). D_4^0: 1,1756;
D_4^{28}: 1,1598; n_D^{28}: 1,53230 (Kon., B. 28, 1861). Gibt in wasserfreien Lösungsmitteln mit NH_3
keine Fällung (Hantzsch, Veit, B. 32, 620). Wird in alkoh. Lösung von Eisenchlorid nicht

gefärbt (HA., SCHULTZE, B. **29**, 701). Geht mit Alkalien in die Salze des Phenylisonitromethans über; aus dem Natriumsalze wird durch CO_2 Phenylnitromethan, durch überschüssige
starke Salzsäure in der Kälte aber momentan Phenylisonitromethan gefällt (HA., SCHU., B. **29**,
700, 2257). — Phenylnitromethan wird von Zinn und Salzsäure in Benzylamin umgewandelt
(GA., B. **18**, 1254). Auch die elektrolytische Reduktion liefert Benzylamin (BÖHRINGER
& SÖHNE, D. R. P. 116942; C. **1901** I, 150). Gibt mit Brom Phenyldibromnitromethan $C_6H_5 \cdot$
$CBr_2 \cdot NO_2$ (PONZIO, G. **38** II, 418). Beim Erhitzen von Phenylnitromethan mit mäßig konz.
Schwefelsäure am Rückflußkühler bildet sich in geringer Menge Benzhydroxamsäure (BAM-
BERGER, RÜST, B. **35**, 52). Phenylnitromethan wird von rauchender Salzsäure bei 150°
in Hydroxylamin und Benzoesäure zerlegt (GABRIEL, KOPP, B. **19**, 1145). Beim Erhitzen
mit Natronlauge auf 160° entstehen Stilben und Natriumnitrit (W. WL., EN., B. **36**, 1195).
Phenylnitromethan reagiert nicht mit PCl_5 (HA., V., B. **32**, 614). Phenylnitromethan kondensiert sich mit Benzaldehyd in Gegenwart von etwas Methylamin zu Benzylidenphenyl-
nitromethan $C_6H_5 \cdot CH:C(NO_2) \cdot C_6H_5$ (Syst. No. 480) (KNOEVENAGEL, WALTER, B. **37**, 4508).
Wird von Phenylisocyanat nicht verändert (HA., SCHU., B. **29**, 2254).

aci-1¹-Nitro-1-methyl-benzol, ω-Isonitro-toluol, Phenylisonitromethan $C_7H_7O_2N$
$= C_6H_5 \cdot CH-N\cdot OH = C_6H_5 \cdot CH:NO_2H$. Zur Konstitution vgl. HA., SCHU., B. **29**, 699, 702,
$\overset{\diagdown}{O}$
2251. — B. Man stellt aus Phenylnitromethan das Natriumsalz des Phenylisonitromethans
dar und zersetzt dieses durch starke Salzsäure in der Kälte (HA., SCHU., B. **29**, 700).
Bei allen Synthesen des Phenylnitromethans (S. 325), die in alkalischer Lösung vorgenommen
werden, entstehen Alkalisalze des Phenylisonitromethans.
Kryställchen (aus absol. Äther + Petroläther) (HA., SCHU., B. **29**, 700). Schmilzt,
rasch erhitzt, bei 84° (HA., SCHU., B. **29**, 2251). Leicht löslich in Äther und Alkohol, etwas
schwerer in Benzol, fast unlöslich in Petroläther (HA., SCHU., B. **29**, 700). Leicht löslich
in Sodalösung (HA., SCHU., B. **29**, 701). Elektrische Leitfähigkeit des Phenylisonitromethans
und seines Natriumsalzes: HA., SCHU., B. **29**, 2259. Kryoskopisches Verhalten: HA., SCHU.,
B. **29**, 2264. Phenylisonitromethan gibt mit Ammoniak in wasserfreien Lösungsmitteln
sofort eine Fällung des Ammoniumsalzes (HA., VEIT, B. **32**, 620). Die alkoh. Lösung des
Phenylisonitromethans wird durch $FeCl_3$ intensiv rotbraun gefärbt (HA., SCHU., B. **29**,
701). Phenylisonitromethan gibt in Äther mit trocknem Chlorwasserstoff (oder mit Acetylchlorid), namentlich beim Erwärmen, eine himmelblaue Färbung (HA., SCHU., B. **29**, 2252).
— Geht beim Erwärmen mit Äther oder Alkohol und auch schon beim Stehen mit Salzsäure
in Phenylnitromethan über (HA., SCHU., B. **29**, 701). Verfolgung der Umwandlung in Phenylnitromethan in Weinsäurediropylester-Lösung: PATTERSON, MC MILLAN, Soc. **93**, 1048.
Bei der Reduktion mit Natriumamalgam oder Zinkstaub in alkal. Lösung entsteht Benz-
aldoxim (HA., SCHU., B. **29**, 2252). Beim Eintragen der alkal. Lösung in kalte Salzsäure
erhält man Phenylnitromethan (HA., SCHU., B. **29**, 700) und in geringer Menge auch
Benzhydroxamsäure (BAMBERGER, RÜST, B. **35**, 51). Liefert bei Einw. von salpetriger
Säure Benznitrolsäure und das Peroxyd des Benzaldoxims (WIELAND, SEMPER, B. **39**, 2524).
Reagiert in indifferenten Lösungsmitteln heftig mit PCl_5 (HA., VEIT, B. **32**, 620). Durch
Einw. von Acetylchlorid auf das Natriumsalz entsteht Benzhydroxamsäureacetat $C_6H_5 \cdot$
$CO\cdot NH\cdot O\cdot CO\cdot CH_3$ (Syst. No. 930) (VAN RAALTE, R. **18**, 383). Analog entsteht mit Benzoyl-
chlorid Dibenzhydroxamsäure $C_6H_5 \cdot CO\cdot NH\cdot O\cdot CO\cdot C_6H_5$ (Syst. No. 930) (HOLLEMAN, R. **15**,
359). Mit p-Nitro-benzoylchlorid entstehen Bis-[p-nitro-benzoyl]-benzhydroxamsäure $C_6H_5 \cdot$
$C(O\cdot CO\cdot C_6H_4 \cdot NO_2):N\cdot O\cdot CO\cdot C_6H_4 \cdot NO_2$ und p-Nitro-benzoyl-benzhydroxamsäure $C_6H_5 \cdot$
$CO\cdot NH\cdot O\cdot CO\cdot C_6H_4 \cdot NO_2$ (Syst. No. 938) (HOL., R. **15**, 360). Phenylisonitromethan reagiert
in Benzollösung schnell und unter starker Erwärmung mit Phenylisocyanat, wobei symm.
Diphenylharnstoff entsteht (HA., SCHU., B. **29**, 2254). Durch Einw. von Benzoldiazonium-
nitratlösung auf eine mit verd. Schwefelsäure bis zur Trübung versetzte Lösung des Natrium-
salzes des Phenylisonitromethans erhält man Phenylnitroformaldehyd-phenylhydrazon
$C_6H_5 \cdot C(NO_2):N\cdot NH\cdot C_6H_5$ (Syst. No. 2013) (HOL., R. **13**, 408; vgl. BA., B. **33**, 1787).
Ammoniumsalz. Weiße Masse. F: 89—90° (HANTZSCH, VEIT, B. **32**, 620; vgl. auch
KONOWALOW, Ж. **32**, 73; C. **1900** I, 1092). — Na$C_7H_6O_2N$. Pulver (HOLLEMAN, R. **13**, 408).
— K$C_7H_6O_2N$. Farblose Flocken (aus Alkohol durch Äther) (WISLICENUS, GRÜTZNER, B.
42, 1932). — Cu($C_7H_6O_2N)_2$. Braunrote Nädelchen (HA., SCHU., B. **29**, 2252). —
Ag$C_7H_6O_2N$. Zersetzt sich spontan unter Bildung metallischen Silbers, der beiden stereo-
isomeren Diphenyldinitroäthane und von Stilben (ANGELI, CASTELLANA, FERRERO, R. A. L.
[5] **18** II, 45).

6-Fluor-2-nitro-1-methyl-benzol, 6-Fluor-2-nitro-toluol $C_7H_6O_2NF = O_2N\cdot C_6H_3F\cdot$
CH_3. B. Man führt 6-Nitro-2-amino-toluol in das Diazopiperidid über und erhitzt dieses
mit trocknem Fluorwasserstoff-Fluorkalium (VAN LOON, V. MEYER, B. **29**, 841). — Öl.
Kp: 218°. — Gibt beim Kochen mit Salpetersäure (D: 1,38) 6-Fluor-2-nitro-benzoesäure.

$1^1.1^1.1^1$-Trifluor-3-nitro-1-methyl-benzol, $\omega.\omega.\omega$-Trifluor-m-nitro-toluol, m-Nitro-benzotrifluorid $C_7H_4O_2NF_3 = O_2N \cdot C_6H_4 \cdot CF_3$. $B.$ Aus $\omega.\omega.\omega$-Trifluor-toluol und rauchender Salpetersäure (SWARTS, $C.$ 1898 II, 26). — Farblose Flüssigkeit. Kp$_{766}$: 201,5°. D^{15}: 1,43571. n: 1,47582. — Kann durch Zinnchlorür zu dem entsprechenden Amin reduziert werden.

3-Chlor-2-nitro-1-methyl-benzol, 3-Chlor-2-nitro-toluol $C_7H_6O_2NCl = O_2N \cdot C_6H_3Cl \cdot CH_3$. $B.$ Aus 5-Chlor-6-nitro-2-amino-toluol durch Diazotieren in 50%iger Schwefelsäure und Verkochen der Lösung mit Alkohol (BRAND, ZÖLLER, $B.$ 40, 3332; vgl. COHEN, HODSMAN, $Soc.$ 91, 974). Desgleichen aus 3-Chlor-2-nitro-4-amino-toluol durch Entamidierung (B., Z.). — Krystallmasse. F: 22—23° (C., H.). — Gibt bei der Oxydation mit KMnO$_4$ in Gegenwart von MgSO$_4$ 3-Chlor-2-nitro-benzoesäure (B., Z.).

4-Chlor-2-nitro-1-methyl-benzol, 4-Chlor-2-nitro-toluol $C_7H_6O_2NCl = O_2N \cdot C_6H_3Cl \cdot CH_3$. $B.$ Aus 2-Nitro-4-amino-toluol durch Austausch von NH$_2$ gegen Cl (BEILSTEIN, KUHLBERG, $A.$ 158, 336; VARNHOLT, $J. pr.$ [2] 36, 29; GREEN, LAWSON, $Soc.$ 59, 1017). Man tröpfelt in 100 g gut gekühltes p-Chlor-toluol ein Gemisch aus 120 g konz. Salpetersäure und 170 g konz. Schwefelsäure; das mit Äther isolierte Reaktionsprodukt unterwirft man der fraktionierten Destillation, wobei 4-Chlor-2-nitro-toluol bei 240—245° übergeht, während die höher destillierenden Anteile noch 4-Chlor-3-nitro-toluol enthalten (GOLD-SCHMIDT, HÖNIG, $B.$ 19, 2440; vgl. ENGELBRECHT, $B.$ 7, 797). — Nadeln. F: 38° (B., K.). Erstarrungspunkt: 38,2° (VAN DEN AREND, $R.$ 28, 419); Kp$_{716}$: 239,5—240° (Go., H.). Leicht flüchtig mit Wasserdämpfen (B., K.). D^{20}: 1,2559 (VAN DEN A.). In Äther und heißem Alkohol leicht löslich (B., K.; Go., H.). — Gibt bei der Oxydation mit Salpetersäure (VAR.; GROH-MANN, $B.$ 24, 3814; COHEN, CANDLISH, $Soc.$ 87, 1271) oder mit Kaliumpermanganat (GREEN, L.) 4-Chlor-2-nitro-benzoesäure (Syst. No. 938). Liefert bei der Reduktion mit Zinn und Salzsäure 4-Chlor-2-amino-toluol (Go., H.).

5-Chlor-2-nitro-1-methyl-benzol, 5-Chlor-2-nitro-toluol $C_7H_6O_2NCl = O_2N \cdot C_6H_3Cl \cdot CH_3$. $B.$ Aus 6-Nitro-3-amino-toluol durch Diazotierung und Behandlung der Diazoniumlösung mit CuCl (COHEN, HODSMAN, $Soc.$ 91, 975). Aus 5-Chlor-2-nitro-4-amino-toluol durch Diazotierung in 50%iger Schwefelsäure und Verkochen der Lösung mit Alkohol (BRAND, ZÖLLER, $B.$ 40, 3334). Im Gemisch mit 3-Chlor-4-nitro-toluol durch Nitrieren von m-Chlor-toluol mit Salpetersäure (D: 1,52) (REVERDIN, CRÉPIEUX, $Bl.$ [3] 23, 838; $B.$ 33, 2505, 2506). — Krystalle (aus Petroläther), die bei Handwärme schmelzen (B., Z.). — Wird durch neutrale Kaliumpermanganatlösung zu 5-Chlor-2-nitro-benzoesäure oxydiert (B., Z.). Gibt bei der Reduktion mit Zinn und Salzsäure 5-Chlor-2-amino-toluol (R., Cr.).

6-Chlor-2-nitro-1-methyl-benzol, 6-Chlor-2-nitro-toluol $C_7H_6O_2NCl = O_2N \cdot C_6H_3Cl \cdot CH_3$. $B.$ Durch Chlorierung von o-Nitro-toluol bei Gegenwart von SbCl$_5$ (v. JANSON, D. R. P. 107505; $C.$ 1900 I, 1110), neben 4-Chlor-2-nitro-toluol (P. COHN, $M.$ 22, 474). Durch Behandeln von diazotiertem 6-Nitro-2-amino-toluol mit CuCl oder Kupferpulver (GREEN, LAW-SON, $Soc.$ 59, 1017; NOELTING, $B.$ 37, 1018; ULLMANN, PANCHAUD, $A.$ 350, 110). — Nadeln (aus verd. Alkohol). F: 37,5° (N.), 37° (G., L.; P. C.). Kp: 238° (P. C.), 236—238° (v. J., D. R. P. 107505; $C.$ 1900 I, 1110). Flüchtig mit Wasserdampf (G., L.). — Gibt bei der Oxydation mit Salpetersäure (V. MEYER, $B.$ 28, 183; P. C.) oder mit KMnO$_4$ (G., L.) 6-Chlor-2-nitro-benzoesäure. Wird in saurer Lösung zu 6-Chlor-2-amino-toluol reduziert (v. J., D. R. P. 107505; $C.$ 1900 I, 1110; P. C.). Liefert mit Brom bei 160—180° 6-Chlor-2-nitro-benzyl-bromid (v. J., D. R. P. 107501; $C.$ 1900 I, 1086). Die Nitrierung führt zu 6-Chlor-2.3-dinitro-toluol (v. J., D. R. P. 107505; $C.$ 1900 I, 1110; P. C.).

1^1-Chlor-2-nitro-1-methyl-benzol, ω-Chlor-o-nitro-toluol, o-Nitro-benzylchlorid $C_7H_6O_2NCl = O_2N \cdot C_6H_4 \cdot CH_2Cl$. $B.$ Entsteht neben p-Nitro-benzylchlorid und m-Nitro-benzylchlorid beim Behandeln von Benzylchlorid mit rauchender Salpetersäure (ABELLI, $G.$ 13, 97; NOELTING, $B.$ 17, 385; KUMPF, $A.$ 224, 100; vgl. BEILSTEIN, GEITNER, $A.$ 139, 337). Beim Nitrieren von Benzylchlorid mit Acetylnitrat in einer Menge von 60%, neben 40% p-Nitro-benzylchlorid (PICTET, KHOTINSKY, $B.$ 40, 1165). Man leitet bei 120—130° Chlor durch ein Gemenge von 2 Tln. o-Nitro-toluol und 1 Tl. Schwefel (HAEUSSERMANN, BECK, $B.$ 25, 2445). Aus o-Nitro-benzylalkohol, gelöst in 10 Tln. CHCl$_3$, mit PCl$_5$ in der Kälte (GABRIEL, BORGMANN, $B.$ 16, 2066; GEIGY, KOENIGS, $B.$ 18, 2402). Kalkspatähnliche Krystalle (aus Petroläther) (GABRIEL, BORGMANN, $B.$ 16, 2066). Erzeugt Brennen auf der Haut (KUMPF, $A.$ 224, 102). F: 48—49° (GAB., BORG.). Leicht löslich in kaltem Benzol, heißem Äther und Alkohol (KUMPF). — Liefert bei der Oxydation mit Permanganat o-Nitro-benzoesäure (KUMPF; NOELTING, $B.$ 17, 385). Bei der Behandlung von o-Nitro-benzylchlorid mit der theoretischen Menge (3 Mol.-Gew.) (vgl. E. THIELE, WEIL, $B.$ 28, 1650; J. THIELE, DIMROTH, $A.$ 305, 106, 116; s. auch DIMROTH, J. THIELE, $B.$ 36, 914, 915) Zinnchlorür in Salzsäure erhält man das Zinndoppelsalz des o-Benzylenimide $(C_7H_7N)_x = \left(\begin{matrix} -CH_2 \\ -NH \end{matrix} \right)_x$ (?) (s. bei o-Amino-benzylalkohol, Syst. No. 1855) (LELL-MANN, STICKEL, *B.* **19**, 1611). Trägt man o-Nitro-benzylchlorid bei ca. 40—50° in überschüssige salzsaure Zinnchlorürlösung ein, so entsteht eine Lösung, die bei der Behandlung mit H_2S 2.2′-Diamino-dibenzylsulfid, bei der Einw. von Zinkstaub o-Toluidin liefert; diese Lösung gibt unter gewissen Bedingungen mit überschüssiger Natronlauge eine klare Mischung, welcher durch Äther nichts entzogen wird (Abwesenheit von o-Amino-benzylchlorid und o-Amino-benzylalkohol) (J. THI., DI., *A.* **305**, 105, 106, 122). Die Reduktion mit Zinnchlorür in alkoh. Salzsäure führt zu Äthyl-[o-amino-benzyl]-äther (J. THI., DI.. *A.* **305**, 112). o-Nitro-benzyl-chlorid gibt mit wäßr. Alkalicarbonatlösung bei 80—90° glatt o-Nitro-benzylalkohol (SÖDERBAUM, WIDMAN, *B.* **25**, 3291; Chem. Fabr. Griesheim-Elektron, D. R. P. 128046; *C.* **1902** I, 445), desgl. beim Kochen mit Wasser und Calciumcarbonat (HAEUSSERMANN, BECK, *B.* **25**, 2445; BECK, *J. pr.* [2] **47**, 400). · Einw. von alkoh. Kalilauge s. u. o-Nitro-benzylchlorid liefert beim Kochen mit KI und Alkohol o-Nitro-benzyljodid (KUMPF, *A.* **224**, 103). Beim Erhitzen von o-Nitro-benzylchlorid mit wäßr. Ammoniak im geschlossenen Rohr erhält man Tris-[o-nitro-benzyl]-amin (LELLMANN, STICKEL, *B.* **19**, 1605). Läßt man o-Nitro-benzylchlorid mit alkoh. Ammoniak längere Zeit stehen, so bildet sich hauptsächlich Bis-[o-nitro-benzyl]-amin, daneben etwas o-Nitro-benzylamin (GABRIEL, JANSEN, *B.* **24**, 3093). Bei Einw. von NH_3 und H_2S auf o-Nitro-benzylchlorid in Alkohol entstehen o-Nitrobenzylmercaptan (Syst. No. 528) (JAHODA, *M.* **10**, 874, 883; vgl. CASSIRER, *B.* **25**, 3029; GABRIEL, STELZNER, *B.* **29**, 161; PRICE, TWISS, *Soc.* **95**, 1727) und Bis-[o-nitro-benzyl]-sulfid (Syst. No. 528) (JAH.). Mit Na_2S_2 in siedendem Alkohol reagiert o-Nitro-benzylchlorid glatt unter Bildung von Bis-[o-nitro-benzyl]-disulfid (Syst. No. 528) (BLANKSMA, *R.* **20**, 137). Aus o-Nitro-benzylchlorid und $Na_2S_2O_3$ erhält man beim Kochen mit wäßr. Alkohol das Natriumsalz der o-Nitro-benzylthioschwefelsäure (PRICE, TWISS, *Soc.* **93**, 1404); Geschwindigkeit dieser Reaktion: SLATOR, TWISS, *Soc.* **95**, 97. Beim Kochen von o-Nitrobenzylchlorid in Alkohol mit einer Kaliumselenosulfatlösung, hergestellt aus K_2SO_3 und Se in siedendem Wasser, gelangt man zum Kaliumsalz der o-Nitro-benzylselenoschwefelsäure $O_2N \cdot C_6H_4 \cdot CH_2 \cdot Se \cdot SO_3 \cdot OH$ (PRICE, JONES, *Soc.* **95**, 1735). o-Nitro-benzylchlorid setzt sich mit methylalkoholischer Natriummethylatlösung zu Methyl-[o-nitro-benzyl]-äther und etwas 2.2′-Dinitro-stilben um (J. THI., DI., *A.* **305**, 108). Bei der Einw. von Natriumäthylat oder alkoh. Kalilauge auf o-Nitro-benzylchlorid entsteht 2.2′-Dinitro-stilben (in zwei stereoisomeren Formen) (vgl. BISCHOFF, *B.* **21**, 2072) als Hauptprodukt neben Äthyl-[o-nitro-benzyl]-äther (J. THIE., DI., *A.* **305**, 111). Geschwindigkeit der Umsetzung von o-Nitrobenzylchlorid mit Natriumäthylat in sehr verd. Lösung zu Äthyl-[o-nitro-benzyl]-äther: LULOFS, *R.* **20**, 321. Äthyl-[o-nitro·benzyl]-äther wird auch gebildet beim Erhitzen von o-Nitro-benzylchlorid mit Alkohol im geschlossenen Gefäß (ERRERA, *G.* **18**, 235). Einw. von alkoh. Salzsäure in Gegenwart von Zinnchlorür s. o. Beim Kochen von o-Nitro-benzylchlorid mit wäßr. Natriumacetatlösung erhält man o-Nitro-benzylacetat (PAAL, BODEWIG, *B.* **25**, 2962). Beim Kochen von o-Nitro-benzylchlorid mit Kaliumcyanid und Alkohol + wenig Wasser entsteht o-Nitro-benzylcyanid (Syst. No. 941), $\alpha.\beta$-Bis-[o-nitro-phenyl]-α-cyan-äthan (Syst. No. 952) und eine geringe Menge der Verbindungen $C_{15}H_9O_3N_3$ und $C_{23}H_{14}O_5N_4$ (s. bei $\alpha.\beta$-Bis-[o-nitro-phenyl]-α-cyan-äthan, Syst. No. 952) (BAMBERGER, *B.* **19**, 2635). o-Nitro-benzylchlorid setzt sich beim Kochen mit Kaliumrhodanid in absol. Alkohol zu o-Nitro-benzylrhodanid (Syst. No. 528) um (CASSIRER, *B.* **25**, 3028). Bei der Kondensation von o-Nitro-benzylchlorid mit Benzol in Gegenwart von $AlCl_3$ entsteht Phenyl-[2-nitro-phenyl]-methan (GEIGY, KÖNIGS, *B.* **18**, 2402; STÄDEL, *A.* **283**, 157; GABRIEL, STELZNER, *B.* **29**, 1303; SCHORLEMMER, *J. pr.* [2] **65**, 305); bei abnorm stürmischem Verlauf dieser Reaktion wurden neben wenig Phenyl-[2-nitro-phenyl]-methan geringe Mengen der Hydrochloride einer in farblosen Nadeln krystallisierenden, bei 185—190° schmelzenden Base und einer Base $C_{13}H_9ON$ (hellgelbe Nädelchen, F: 169°) beobachtet (FREUND, *M.* **17**, 395). o-Nitro-benzylchlorid liefert mit Toluol und $AlCl_3$ [2-Nitro-phenyl]-p-tolyl-methan (KLIEGL, *B.* **41**, 1847). Gibt beim Erhitzen mit einem Gemisch von β-Naphthol (oder β-Naphthylamin oder Phenyl-β-naphthylamin), $SnCl_2$, Salzsäure und etwas Alkohol 1.2-Benzo-acridin (BAEZNER, *B.* **37**, 3078); über ähnliche Reaktionen mit Dioxynaphthalinen und $SnCl_2$ vgl.: BAE., *B.* **37**, 3080; **39**, 2652; BAE., GUEORGUIEFF, GARDIOL, *B.* **39**, 2445. Beim Kochen von o-Nitrobenzylchlorid mit (2 Mol.-Gew.) Anilin und Alkohol erhält man Phenyl-[o-nitro-benzyl]-amin und Phenyl-bis-[o-nitro-benzyl]-amin (Syst. No. 1702) (LELLMANN, STICKEL, *B.* **19**, 1605; vgl. PAAL, D. R. P. 51712; *Frdl.* **2**, 125). Beim Erhitzen von o-Nitro-benzylchlorid mit Phthalimidkalium, zweckmäßig bei Gegenwart von Benzylcyanid als Verdünnungsmittel, entsteht N-[o-Nitro-benzyl]-phthalimid (GABRIEL, *B.* **20**, 2227; GABRIEL, JANSEN, *B.* **24**, 3092).

2-Chlor-3-nitro-1-methyl-benzol, 2-Chlor-3-nitro-toluol $C_7H_6O_2NCl = O_2N \cdot C_6H_3Cl \cdot CH_3$. *B.* Aus 3-Nitro-2-amino-toluol durch Diazotieren und Behandlung der Diazoniumlösung mit CuCl (WYNNE, GREEVES, *P. Ch. S.* No. 154; COHEN, DAKIN, *Soc.* **79**, 1127; HOLLEMAN, *R.* **27**, 456). — Krystalle. F: 21,5° (H.). Kp_{760}: 263° (W., G.). Mit Wasserdampf flüchtig (C., D.). — Gibt bei der Reduktion 2-Chlor-3-amino-toluol (W., G.; C., D.).

4-Chlor-3-nitro-1-methyl-benzol, **4-Chlor-3-nitro-toluol** $C_7H_6O_2NCl = O_2N \cdot C_6H_3Cl \cdot CH_3$. *B.* Aus p-Chlor-toluol mit Salpeterschwefelsäure, neben 4-Chlor-2-nitro-toluol (GOLDSCHMIDT, HÖNIG, *B.* **19**, 2440, 2442; vgl. ENGELBRECHT, *B.* **7**, 797). Durch Zufügen von Natriumnitritlösung zu einem siedenden Gemisch von 3-Nitro-4-amino-toluol, Cuprochlorid und Salzsäure (GATTERMANN, KAISER, *B.* **18**, 2600); läßt man salzsaure Cuprochlorid-Lösung in die gekühlte Lösung von diazotiertem 3-Nitro-4-amino-toluol eintropfen, so entsteht neben wenig 4-Chlor-3-nitro-toluol hauptsächlich 2.2'-Dinitro-4.4'-dimethyldiphenyl (ULLMANN, FORGAN, *B.* **34**, 3804). — Flüssig. Erstarrt im Kältegemisch; F: 7° (GA., K.). Erstarrungspunkt: 5,8° (VAN DEN AREND, *R.* **28**, 419). Kp_{745}: 260°; D^{21}: 1,297 (GA., K.); D^{30}: 1,2296 (V. D. A.). — Gibt bei der Reduktion 4-Chlor-3-amino-toluol (GA., K.).

5-Chlor-3-nitro-1-methyl-benzol, **5-Chlor-3-nitro-toluol** $C_7H_6O_2NCl = O_2N \cdot C_6H_3Cl \cdot CH_3$. *B.* Aus 5-Nitro-3-amino-toluol durch Austausch der Aminogruppe gegen Cl nach dem SANDMEYERschen Verfahren (HÖNIG, *B.* **20**, 2419). Aus 3-Chlor-5-nitro-2-aminotoluol durch Entamidierung (WYNNE, GREEVES, *P. Ch. S.* No. 154). — Gelbe Nadeln (aus Alkohol). F: 61° (W., G.), 55° (H.). Mit Wasserdampf flüchtig (H.). — Gibt bei der Reduktion 5-Chlor-3-amino-toluol (H.; W., G.).

6-Chlor-3-nitro-1-methyl-benzol, **6-Chlor-3-nitro-toluol** $C_7H_6O_2NCl = O_2N \cdot C_6H_3Cl \cdot CH_3$. *B.* Beim Nitrieren von o-Chlor-toluol (GOLDSCHMIDT, HÖNIG, *B.* **19**, 2443). Aus 5-Nitro-2-amino-toluol durch Diazotierung und Behandlung der Diazoniumchlorid-Lösung mit Cuprochlorid-Lösung (G., H., *B.* **20**, 199). — Gelbliche Pyramiden. F: 44°; Kp_{710}: 248° (G., H., *B.* **20**, 200). Leicht löslich in Äther (G., H., *B.* **20**, 200). — Gibt bei der Reduktion 6-Chlor-3-amino-toluol (G., H., *B.* **19**, 2443; **20**, 200).

1¹-Chlor-3-nitro-1-methyl-benzol, **ω-Chlor-m-nitro-toluol**, **m-Nitro-benzylchlorid** $C_7H_6O_2NCl = O_2N \cdot C_6H_4 \cdot CH_2Cl$. *B.* Beim Behandeln von m-Nitro-benzylalkohol mit PCl_5 (GABRIEL, BORGMANN, *B.* **16**, 2064). Bildet sich neben o- und p-Nitro-benzylchlorid beim Eintragen von Benzylchlorid in Salpetersäure (spez. Gew.: 1,5) (ABELLI, *G.* **13**, 98; KUMPF, *A.* **224**, 101, 103). — Hellgelbe lange Nadeln (aus Petroläther) (G., B.). Erzeugt Brennen auf der Haut (G., B.). F: 45—47°; Kp_{30-35}: 173—183° (G., B.). Mit Wasserdämpfen flüchtig (A.). Leicht löslich in Alkohol, Äther und Benzol (G., B.). — Geschwindigkeit der Reaktion mit $Na_2S_2O_3$: SLATOR, TWISS, *Soc.* **95**, 97. Reaktion mit Kaliumselenosulfat: PRICE, JONES, *Soc.* **95**, 1735. m-Nitro-benzylchlorid gibt beim Erhitzen mit alkoh. Kalilauge Äthyl-[m-nitrobenzyl]-äther (ERRERA, *G.* **18**, 234). Durch Kochen mit Kaliumcyanid in wäßr. Alkohol entsteht m-Nitro-benzylcyanid (G., B.; HELLER, *A.* **358**, 357).

2-Chlor-4-nitro-1-methyl-benzol, **2-Chlor-4-nitro-toluol** $C_7H_6O_2NCl = O_2N \cdot C_6H_3Cl \cdot CH_3$. *B.* Aus p-Nitro-toluol und $SbCl_5$ bei 100° (WACHENDORFF, *A.* **185**, 273; LELLMANN, *B.* **17**, 534). — *Darst.* 20 g 4-Nitro-2-amino-toluol werden in 10 ccm konz. Salzsäure gelöst, auf 40 ccm Salzsäure + 200 g Eis gegossen, mit 9,3 g $NaNO_2$ diazotiert und in 40° warme CuCl-Lösung (aus 30 g $CuCl_2$ in 70 ccm verd. Salzsäure und 10 g Zinkblech) gegossen (ULLMANN, WAGNER, *A.* **355**, 360; vgl. GREEN, LAWSON, *Soc.* **59**, 1017). — Nadeln (aus Alkohol). F: 68° (G., LA.), 65,5° (WACH.), 65° (U., WAG.). Ungemein flüchtig mit Wasserdampf; leicht löslich in Alkohol, Äther und Eisessig, schwer in heißem Wasser (WACH.). — 2-Chlor-4-nitro-toluol gibt bei der Oxydation mit Permanganatlösung 2-Chlor-4-nitro-benzoesäure (WACH.; vgl. LE.). Beim Kochen von 2-Chlor-4-nitro-toluol mit überschüssigem Alkali oder Natriumäthylat in alkoh. Lösung entsteht ein rotbraunes schwer lösliches Produkt (WITT, *B.* **25**, 81; vgl. GREEN, *Soc.* **85**, 1424, 1425; GREEN, CROSLAND, *Soc.* **89**, 1603). Behandelt man 2-Chlor-4-nitro-toluol mit alkoh. Kalilauge und läßt gleichzeitig Luft oder NaOCl auf die intermediär sich purpurrot färbende Lösung einwirken, so erhält man zwei stereoisomere 2.2'-Dichlor-4.4'-dinitro-stilbene (Syst. No. 480) (G., MARSDEN, SCHOLEFIELD, *Soc.* **85**, 1436; vgl. WITT). Beim Erhitzen mit einer Lösung von Schwefel in Alkalilauge unter Zusatz von Alkohol werden 2-Chlor-4-amino-benzaldehyd (Syst. No. 1873) und etwas 2-Chlor-4-aminotoluol gebildet (GEIGY & Co., D. R. P. 86874; *Frdl.* **4**, 137). Die Reduktion mit Zinn und Salzsäure führt zu 2-Chlor-4-amino-toluol (LE.). 2-Chlor-4-nitro-toluol gibt beim Erhitzen mit 1 Mol.-Gew. Brom auf 130—135° 2-Chlor-4-nitro-benzylbromid (TIEMANN, *B.* **24**, 706).

3-Chlor-4-nitro-1-methyl-benzol, **3-Chlor-4-nitro-toluol** $C_7H_6O_2NCl = O_2N \cdot C_6H_3Cl \cdot CH_3$. *B.* Im Gemisch mit 5-Chlor-2-nitro-toluol aus m-Chlor-toluol und Salpetersäure (D: 1,52) (REVERDIN, CRÉPIEUX, *B.* **33**, 2505). — Wurde im Gemisch nachgewiesen durch Überführung in 3-Chlor-4-acetamino-toluol.

1¹-Chlor-4-nitro-1-methyl-benzol, **ω-Chlor-p-nitro-toluol**, **p-Nitro-benzylchlorid** $C_7H_6O_2NCl = O_2N \cdot C_6H_4 \cdot CH_2Cl$. *B.* Aus Benzylchlorid mit rauchender Salpetersäure (BEILSTEIN, GEITNER, *A.* **139**, 337; GRIMAUX, *A.* **145**, 48), neben o-Nitro-benzylchlorid (NOELTING,

B. 17, 385; KUMPF, *A.* **224**, 100) und etwas m-Nitro-benzylchlorid (ABELLI, *G.* **18**, 98; KUMPF). Beim Nitrieren von Benzylchlorid mit Acetylnitrat in einer Menge von 40%, neben 60% o-Nitro-benzylchlorid (PICTET, KHOTINSKY, *B.* **40**, 1165). Beim Einleiten von 1 Mol.-Gew. Chlor in p-Nitro-toluol, das auf 185—190° erhitzt ist (WACHENDORFF, *A.* **185**, 271). — *Darst.* Man läßt ein Gemisch von 90 g rauchender Salpetersäure und 180 g konz. Schwefelsäure bei —5° bis —10° innerhalb 70 Minuten zu 120 g Benzylchlorid fließen (ALWAY, *Am. Soc.* **24**, 1062; vgl. STRAKOSCH, *B.* **6**, 1058).

Blätter oder Nadeln (aus Alkohol). Erzeugt Brennen auf der Haut (GR.; KU.). F: 71° (BEI., GEI.). Sehr leicht löslich in siedendem Alkohol und in Äther (GR.).

Gibt bei der Oxydation p-Nitro-benzoesäure (BEILSTEIN, GEITNER, *A.* **139**, 338). Wird durch ein Gemisch von Pyrogallol und alkoh. Kali in p-Nitro-toluol umgewandelt (PELLIZZARI, *G.* **14**, 481). Die Reduktion mit Zink und Salzsäure liefert p-Toluidin (RUDOLPH, D. R. P. 34234; *Frdl.* **1**, 15). Beim Eintragen von p-Nitro-benzylchlorid in 80—90° warme, stark alkal. Zinnchlorürlösung entsteht 4.4′-Dinitro-dibenzyl (Syst. No. 479) (ROSER, *A.* **288**, 364; D. R. P. 39381; *Frdl.* **1**, 464). p-Nitro-benzylchlorid gibt, mit der berechneten Menge (3 Mol.-Gew.) (E. THIELE, WEIL, *B.* **28**, 1650; J. THIELE, DIMROTH, *A.* **305**, 116) Zinnchlorür

in konz. Salzsäure reduziert, das Zinndoppelsalz des p-Benzylenimids$(C_7H_7N)_4 = \left(C_6H_4\genfrac{}{}{0pt}{}{CH_2}{NH} \right)_4$

(s. bei p-Amino-benzylalkohol, Syst. No. 1855) (LELLMANN, STICKEL, *B.* **19**, 1612). Bei der Verwendung eines Überschusses an Zinnchlorür erhält man eine Lösung, die folgendes Verhalten zeigt: sie gibt unter gewissen Bedingungen mit überschüssiger Natronlauge eine klare Mischung, welcher durch Äther nichts entzogen wird (Abwesenheit von p-Amino-benzylchlorid und p-Amino-benzylalkohol); sie liefert mit H_2S |4.4′-Diamino-dibenzylsulfid; sie gibt bei weiterer Reduktion mit Zinkstaub p-Toluidin; nach Alkalisierung wird sie durch Oxydation mit Ammoniumpersulfat in eine Zinnverbindung $C_7H_9O_2NSn$ übergeführt (J. THIE., DI., *A.* **305**, 106, 116). Chlor ist bei 180—190° ohne Wirkung auf p-Nitro-benzylchlorid (WACHENDORFF, *A.* **185**, 273). p-Nitro-benzylchlorid setzt sich mit KI beim Kochen in alkoh. Lösung zu p-Nitro-benzyljodid um (KUMPF, *A.* **224**, 99). Reagiert mit $AgNO_3$ unter Bildung von p-Nitro-benzylnitrat (STÄDEL, *A.* **217**, 214). Bei der Einw. von wäßr. Ammoniak auf p-Nitro-benzylchlorid bei 100° entstehen Bis-[p-nitro-benzyl]-amin, eine damit isomere Base $C_{14}H_{13}O_4N_3$, deren Hydrochlorid bei 173° schmilzt, und Tris-[p-nitro-benzyl]-amin (STRAKOSCH, *B.* **6**, 1056). p-Nitro-benzylchlorid gibt bei der Einw. von alkoh. Schwefelammonium p-Nitro-benzylmercaptan, Bis-[p-nitro-benzyl]-sulfid und Bis-[p-nitro-benzyl]-disulfid (PRICE, TWISS, *Soc.* **95**, 1728). Durch Kochen von p-Nitro-benzylchlorid mit Natriumthiosulfat in wäßr. Alkohol gelangt man zum Natriumsalz der p-Nitro-benzylthioschwefelsäure $O_3N \cdot C_6H_4 \cdot CH_2 \cdot S_2O_3Na$ (PRICE, TWISS, *Soc.* **93**, 1403); Geschwindigkeit dieser Reaktion: SLATOR, TWISS, *Soc.* **95**, 97. Beim Kochen von p-Nitro-benzylchlorid in Alkohol mit einer Kaliumselenosulfatlösung, hergestellt aus K_2SO_3 und Se in siedendem Wasser, erhält man das Kaliumsalz der p-Nitro-benzylselenoschwefelsäure $O_2N \cdot C_6H_4 \cdot CH_2 \cdot Se \cdot SO_2 \cdot OK$ (PRICE, JONES, *Soc.* **95**, 1732). — Bei der Einw. von alkoh. Kalilauge auf p-Nitro-benzylchlorid entsteht 4.4′-Dinitro-stilben (STRAKOSCH, *B.* **6**, 329) in zwei stereoisomeren Formen (WALDEN, KERNBAUM, *B.* **23**, 1958). Beim Erwärmen von p-Nitro-benzylchlorid mit methylalkoholischer Natriummethylatlösung wird neben 4.4′-Dinitro-stilben Methyl-[p-nitro-benzyl]-äther gebildet (ROMEO, *G.* **35** I, 111). Geschwindigkeit der Umsetzung von p-Nitro-benzylchlorid mit Natriumalkoholaten: LULOFS, *R.* **20**, 319. Erhitzen von p-Nitro-benzylchlorid mit Alkohol im geschlossenen Gefäß führt zu Äthyl-[p-nitro-benzyl]-äther (ERRERA, *G.* **18**, 232). Beim Kochen von p-Nitro-benzylchlorid mit Phenolkalium in Alkohol erhält man Phenyl-[p-nitro-benzyl]-äther (KUMPF, *A.* **224**, 104). Durch Erhitzen mit alkoh. Kaliumacetatlösung entsteht p-Nitro-benzylacetat (Syst. No. 528) (GRIMAUX, *A.* **145**, 49). p-Nitro-benzylchlorid gibt mit Äthan-$\alpha.\alpha.\beta.\beta$-tetracarbonsäure-tetramethylester in Gegenwart von Natriummethylat α-[p-Nitro-benzyl]-äthan-$\alpha.\alpha.\beta.\beta$-tetracarbonsäure-tetramethylester $O_2N \cdot C_6H_4 \cdot CH_2 \cdot C(CO_2 \cdot CH_3)_2 \cdot CH(CO_2 \cdot CH_3)_2$; daneben entsteht 4.4′-Dinitro-stilben (BISCHOFF, *B.* **40**, 3176). p-Nitro-benzylchlorid kondensiert sich, mit der äquimolekularen Menge Natrium-Acetondicarbonsäurediäthylester in alkoh. Lösung gekocht, zu asymm. Bis-[p-nitro-benzyl]-acetondicarbonsäurediäthylester $(O_2N \cdot C_6H_4 \cdot CH_2)_2C(CO_2 \cdot C_2H_5) \cdot CO \cdot CH_2 \cdot CO_2 \cdot C_2H_5$, symm. Bis-[p-nitro-benzyl]-aceton $O_2N \cdot C_6H_4 \cdot CH_2 \cdot CH_2 \cdot CO \cdot CH_2 \cdot CH_2 \cdot C_6H_4 \cdot NO_2$ und einem öligen Gemisch, das beim Kochen mit Salzsäure p-Nitro-benzylaceton, p-Nitro-hydrozimtsäure und Bis-[p-nitro-benzyl]-essigsäure $(O_2N \cdot C_6H_4 \cdot CH_2)_2CH \cdot CO_2H$ liefert; bei der Kondensation von 3 Mol.-Gew. p-Nitro-benzylchlorid mit 1 Mol.-Gew. Acetondicarbonsäurediäthylester bei Gegenwart von 3 Mol.-Gew. Natriumäthylat entstehen Tris-[p-nitro-benzyl]-acetondicarbonsäurediäthylester $(O_2N \cdot C_6H_4 \cdot CH_2)_3C(CO_2 \cdot CH_3) \cdot CH(CO_2 \cdot C_2H_5) \cdot CH_2 \cdot C_6H_4 \cdot NO_2$, Tetrakis-[p-nitro-benzyl]-aceton $(O_2N \cdot C_6H_4 \cdot CH_2)_2CH \cdot CO \cdot CH(CH_2 \cdot C_6H_4 \cdot NO_2)_2$, Bis-[p-nitro-benzyl]-essigester und daneben etwas 4.4′-Dinitro-stilben (FICHTER, WORTSMANN, *B.* **37**, 1992). p-Nitro-benzylchlorid liefert mit Benzol bei Gegenwart von $AlCl_3$ Phenyl-[4-nitro-phenyl]-methan

(STÄDEL, A. 283, 160; BAEYER, VILLIGER, B. 37, 605). Chlorbenzol reagiert mit p-Nitro-benzylchlorid und AlCl$_3$ unter Bildung von [4-Chlor-phenyl]-[4-nitro-phenyl]-methan und [2(?)-Chlor-phenyl]-[4-nitro-phenyl]-methan (BOESEKEN, R. 23, 107). Umsetzung von p-Nitro-benzylchlorid mit Phenolkalium s. S. 330. p-Nitro-benzylchlorid kondensiert sich mit Phenolen bei Gegenwart von FeCl$_3$ oder SnCl$_4$ zu Farbstoffen! (LEMBACH, SCHLEICHER, D. R. P. 14945; Frdl. 1, 48). p-Nitro-benzylchlorid (1 Mol.-Gew.) liefert beim Erhitzen mit Methylamin (2 Mol.-Gew.) in Alkohol wenig Methyl-[p-nitro-benzyl]-amin und viel Methyl-bis-[p-nitro-benzyl]-amin (PAAL, SPRENGER, B. 30, 62); dagegen wird mit Anilin Phenyl-[p-nitro-benzyl]-amin als Hauptprodukt gebildet neben wenig Phenyl-bis-[p-nitro-benzyl]-amin (PAAL, SP.; ALWAY, WALKER, Am. 30, 109; vgl. STRAKOSCH, B. 6, 1062). p-Nitro-benzylchlorid bildet mit primären, sekundären und tertiären aromatischen Aminen bei Gegenwart von FeCl$_3$ oder SnCl$_4$ Farbstoffe (GREIFF, D. R. P. 15120; Frdl. 1, 49; LEM-BACH, SCHLEICHER, D. R. P. 14945; Frdl. 1, 48). p-Nitro-benzylchlorid liefert mit p-Nitroso-diäthylanilin in alkoh. Lösung bei Gegenwart von Natronlauge das p-Diäthylamino-anil des p-Nitro-benzaldehyds O$_2$N·C$_6$H$_4$·CH:N·C$_6$H$_4$·N(C$_2$H$_5$)$_2$ (Syst. No. 1769) (SACHS, BARSCHALL, B. 35, 1238). Aus Phthalimidkalium und p-Nitro-benzylchlorid entsteht beim Erhitzen N-[p-Nitro-benzyl]-phthalimid (H. SALKOWSKI, B. 22, 2142).

O$_2$N·C$_6$H$_4$·CH$_2$Cl + AlCl$_3$. B. Aus p-Nitro-benzylchlorid und AlCl$_3$ in Schwefel-kohlenstofflösung (BOESEKEN, R. 23, 102). Gelbliche Blättchen. Bei 100° beständig. Liefert, mit Wasser behandelt, p-Nitro-benzylchlorid zurück. Gibt mit Benzol eine Mole-kularverbindung von AlCl$_3$ mit Phenyl-[4-nitro-phenyl]-methan.

4-Chlor-1¹-nitro-1-methyl-benzol, p-Chlor-ω-nitro-toluol, [p-Chlor-phenyl]-nitromethan C$_7$H$_6$O$_2$NCl = C$_6$H$_4$Cl·CH$_2$·NO$_2$. B. Durch Eintragen von Silbernitrit in die getrocknete äther. Lösung von p-Chlor-benzyljodid. Nach 24-stdg. Stehen wird die Verbindung isoliert und mittels einer 4%igen methylalkoholischen Natriummethylatlösung in die Natriumverbindung des [p-Chlor-phenyl]-isonitromethans (s. u.) verwandelt. Aus deren wäßr. Lösung wird beim Durchleiten von CO$_2$ bei 0° [p-Chlor-phenyl]-nitromethan, beim Zufügen von konz. Salzsäure dagegen [p-Chlor-phenyl]-isonitromethan gefällt (VAN RAALTE, R. 18, 392, 399). — Krystalle. F: 33—34°. Sehr wenig löslich in Wasser. Die wäßr. Lösung reagiert neutral. Die wäßr.-methylalkoholische Lösung zeigt nur sehr geringes elektrisches Leitvermögen. — Löst sich nur langsam in Kalilauge. Geht in wäßrig-methyl-alkoholischer Lösung auf Zusatz von wäßrig-methylalkoholischem Kali ziemlich schnell in die Isoform (s. u.) über. Gibt, in Äther mit trocknem NH$_3$ behandelt, nach wenigen Augenblicken das Ammoniumsalz der Isoform. — Gibt mit FeCl$_3$ keine Färbung.

aci-4-Chlor-1¹-nitro-1-methyl-benzol, [p-Chlor-phenyl]-isonitromethan C$_7$H$_6$O$_2$NCl = C$_6$H$_4$Cl·CH·N·OH = C$_6$H$_4$Cl·CH:NO$_2$H. B. Siehe oben bei [p-Chlor-phenyl]-nitromethan (VAN RAALTE, R. 18, 400). — Krystalle (aus Benzol + Petroläther). F: 64°. In Wasser sehr wenig mit saurer Reaktion löslich. Leicht löslich in Sodalösung. Leitet in wäßr.-methyl-alkoholischer Lösung gut die Elektrizität, geht aber schnell in die nichtleitende normale Form (s. o.) über. Geht in festem Zustand, über Natronkalk aufbewahrt, langsam in die normale Form über. Gibt mit Eisenchlorid eine dunkle Färbung. Liefert auf Zusatz von Ammoniak zur äther. Lösung sofort ein krystallisiertes Ammoniumsalz [kleine Platten; F: 118—119° (Zers.)]. Die wäßr. Lösung des Natriumsalzes reagiert neutral.

1¹.1¹-Difluor-1¹-chlor-3-nitro-1-methyl-benzol, ω.ω-Difluor-ω-chlor-m-nitro-toluol, (m-Nitro-benzodifluoridchlorid C$_7$H$_3$O$_2$NClF$_2$ = O$_2$N·C$_6$H$_4$·CClF$_2$. B. Durch Nitrierung von Benzodifluoridchlorid mittels rauchender Salpetersäure bei 0° oder besser mittels eines Gemisches von rauchender Salpetersäure und Phosphorsäureanhydrid neben m-Nitro-benzoesäure) (SWARTS, Bull. Acad. roy. Belgique 1900, 419, 422; C. 1900 II, 667). — Flüssig. Kp: 230°. D¹⁵: 1,4638. n²¹: 1,5043. Unlöslich in Wasser. — Liefert beim längeren Kochen mit Wasser wenig m-Nitro-benzoesäure. Wird von Salpetersäure nicht angegriffen.

3.5-Dichlor-2-nitro-1-methyl-benzol, 3.5-Dichlor-2-nitro-toluol C$_7$H$_5$O$_2$NCl$_2$ = O$_2$N·C$_6$H$_2$Cl$_2$·CH$_3$. B. Aus 3.5-Dichlor-toluol durch Nitrierung (COHEN, DAKIN, Soc. 79, 1134). — Nadeln (aus Alkohol und Essigsäure). F: 61—62° (C., D., Soc. 79, 1134). — Durch Reduktion entsteht 3.5-Dichlor-2-amino-toluol (C., D., Soc. 81, 1348).

4.5-Dichlor-2-nitro-1-methyl-benzol, 4.5-Dichlor-2-nitro-toluol C$_7$H$_5$O$_2$NCl$_2$ = O$_2$N·C$_6$H$_2$Cl$_2$·CH$_3$. B. Durch Nitrierung von 1 Tl. 3.4-Dichlor-toluol mit 2 Tln. konz. Sal-petersäure (D: 1,4) und 4 Tln. konz. Schwefelsäure (COHEN, DAKIN, Soc. 79, 1133). Aus diazotiertem 5-Chlor-2-nitro-4-amino-toluol durch CuCl (C., D., Soc. 81, 1333, 1349). — Nadeln (aus Alkohol und Essigsäure). F: 63—64° (C., D., Soc. 79, 1133). — Liefert bei der Reduktion 4.5-Dichlor-2-amino-toluol (C., D., Soc. 81, 1333).

4.6-Dichlor-2-nitro-1-methyl-benzol, 4.6-Dichlor-2-nitro-toluol $C_7H_5O_2NCl_2 =$ $O_2N \cdot C_6H_2Cl_2 \cdot CH_3$. *B.* Aus 4-Chlor-6-nitro-2-amino-toluol durch die SANDMEYERsche Reaktion (COHEN, MC CANDLISH, *Soc.* **87**, 1266). — Platten. F: 59—60⁰.

1¹.1¹-Dichlor-2-nitro-1-methyl-benzol, ω.ω-Dichlor-o-nitro-toluol, o-Nitrobenzalchlorid, o-Nitro-benzylidenchlorid $C_7H_5O_2NCl_2 = O_2N \cdot C_6H_4 \cdot CHCl_2$. *B.* Aus o-Nitro-benzaldehyd und PCl₅ in Benzol, neben wenig α.α'-Dichlor-2.2'-dinitro-dibenzyläther (KLIEGL, *B.* **40**, 4939). — Citronengelbe Flüssigkeit. Der Geruch ist in der Kälte nicht unangenehm aromatisch, in der Hitze stechend und die Schleimhäute reizend. Erstarrt im Kältegemisch zu nadligen Krystallen. Kp₁₃: 143—144⁰ (korr.). — Bräunt sich durch Licht; zersetzt sich bei längerem Stehen an der Luft. Durch gelindes Erwärmen mit konz. Schwefelsäure wird unter Chlorwasserstoff-Entwicklung o-Nitro-benzaldehyd zurückgebildet. Durch Einw. von Benzol und AlCl₃ entsteht Diphenyl-[2-nitro-phenyl]-methan.

2.5-Dichlor-3-nitro-1-methyl-benzol, 2.5-Dichlor-3-nitro-toluol $C_7H_5O_2NCl_2 =$ $O_2N \cdot C_6H_2Cl_2 \cdot CH_3$. *B.* Aus 5-Chlor-3-nitro-2-amino-toluol nach der SANDMEYERschen Methode (COHEN, DAKIN, *Soc.* **81**, 1330). — Nadeln (aus Alkohol). F: 54—55⁰. Leicht flüchtig mit Dampf. — Gibt bei der Reduktion 2.5-Dichlor-3-amino-toluol.

2.6-Dichlor-3-nitro-1-methyl-benzol, 2.6-Dichlor-3-nitro-toluol $C_7H_5O_2NCl_2 =$ $O_2N \cdot C_6H_2Cl_2 \cdot CH_3$. *B.* Aus 2.6-Dichlor-toluol durch Erhitzen mit 2 Tln. Salpetersäure (D: 1,4) und 3 Tln. konz. Schwefelsäure auf dem Wasserbad (COHEN, DAKIN, *Soc.* **79**, 1132) oder durch Einw. von rauchender Salpetersäure in der Kälte (C., D., *Soc.* **81**, 1346). — Nadeln (aus Alkohol + Essigsäure). F: 53⁰ (C., D., *Soc.* **79**, 1132). — Durch Reduktion entsteht 2.6-Dichlor-3-amino-toluol (C., D., *Soc.* **81**, 1346).

4.5-Dichlor-3-nitro-1-methyl-benzol, 4.5-Dichlor-3-nitro-toluol $C_7H_5O_2NCl_2 =$ $O_2N \cdot C_6H_2Cl_2 \cdot CH_3$. *B.* Aus diazotiertem 5-Chlor-3-nitro-4-amino-toluol durch CuCl (COHEN, DAKIN, *Soc.* **81**, 1338). — Hellgelbe Nadeln (aus Alkohol). F: 49—50⁰. — Gibt bei der Reduktion 4.5-Dichlor-3-amino-toluol.

4.6-Dichlor-3-nitro-1-methyl-benzol, 4.6-Dichlor-3-nitro-toluol $C_7H_5O_2NCl_2 =$ $O_2N \cdot C_6H_2Cl_2 \cdot CH_3$. *B.* Aus 2.4-Dichlor-toluol durch Nitrierung (SEELIG, *A.* **237**, 163; COHEN, DAKIN, *Soc.* **79**, 1129). Aus 6-Chlor-3-nitro-4-amino-toluol durch Diazotierung und Behandlung der Diazoniumlösung mit CuCl (C., D., *Soc.* **81**, 1348). — Nadeln (aus Methylalkohol). F: 54—55⁰ (C., D., *Soc.* **79**, 1129), 53⁰ (S.). — Gibt bei der Reduktion 4.6-Dichlor-3-aminotoluol (C., D., *Soc.* **81**, 1348).

5.6-Dichlor-3-nitro-1-methyl-benzol, 5.6-Dichlor-3-nitro-toluol $C_7H_5O_2NCl_2 =$ $O_2N \cdot C_6H_2Cl_2 \cdot CH_3$. *B.* Aus 3-Chlor-5-nitro-2-amino-toluol nach der SANDMEYERschen Reaktion (WYNNE, GREEVES, *P. Ch. S.* No. 154). — Nadeln. F: 83⁰. — Gibt bei der Reduktion 5.6-Dichlor-3-amino-toluol.

1¹.1¹-Dichlor-3-nitro-1-methyl-benzol, ω.ω-Dichlor-m-nitro-toluol, m-Nitrobenzalchlorid, m-Nitro-benzylidenchlorid $C_7H_5O_2NCl_2 = O_2N \cdot C_6H_4 \cdot CHCl_2$. *B.* Aus m-Nitro-benzaldehyd und PCl₅ (WIDMAN, *B.* **18**, 676; EHRLICH, *B.* **15**, 2010). Durch Einleiten von Chlorwasserstoff in eine siedende Lösung von m-Nitro-benzaldehyd in Phosphoroxychlorid bei Gegenwart von Phosphorsäure (KL., II.) — Krystalle (aus Alkohol). Monoklin prismatisch (HAUSHOFER, *J.* **1881**, 399; vgl. *Groth, Ch. Kr.* **4**, 445). F: 65⁰ (W.). Leicht löslich in kochendem Alkohol und Äther (W.). — Gibt bei der Reduktion m-Toluidin (W., E.).

2.3-Dichlor-4-nitro-1-methyl-benzol, 2.3-Dichlor-4-nitro-toluol $C_7H_5O_2NCl_2 =$ $O_2N \cdot C_6H_2Cl_2 \cdot CH_3$. *B.* Aus 2.3-Dichlor-toluol durch Nitrieren (SEELIG, *A.* **237**, 163; COHEN, DAKIN, *Soc.* **79**, 1128; **81**, 1327, 1347). — Nädelchen (aus Alkohol + Eisessig). F: 50,5⁰ bis 51,5⁰ (C., D., *Soc.* **79**, 1128), 51⁰ (S.). — Gibt bei der Reduktion 2.3-Dichlor-4-amino-toluol (C., D., *Soc.* **81**, 1327, 1347).

2.5-Dichlor-4-nitro-1-methyl-benzol, 2.5-Dichlor-4-nitro-toluol $C_7H_5O_2NCl_2 =$ $O_2N \cdot C_6H_2Cl_2 \cdot CH_3$. *B.* Aus 2.5-Dichlor-toluol durch Nitrierung (COHEN, DAKIN, *Soc.* **79**, 1130; **81**, 1347). — Nadeln (aus Alkohol + Äther). F: 50—51⁰ (C., D., *Soc.* **79**, 1131). — Durch Reduktion entsteht 2.5-Dichlor-4-amino-toluol (C., D., *Soc.* **81**, 1347).

1¹.1¹-Dichlor-4-nitro-1-methyl-benzol, ω.ω-Dichlor-p-nitro-toluol, p-Nitrobenzalchlorid, p-Nitro-benzylidenchlorid $C_7H_5O_2NCl_2 = O_2N \cdot C_6H_4 \cdot CHCl_2$. *B.* Aus p-Nitro-benzaldehyd und PCl₅ (ZIMMERMANN, MÜLLER, *B.* **18**, 997), neben etwas α.α'-Dichlor-4.4'-dinitro-dibenzyläther (KLIEGL, HAAS, *B.* **42**, 2581, 2587). Über die Bildung von p-Nitrobenzalchlorid beim Nitrieren von Benzalchlorid vgl. HÜBNER, BENTE, *B.* **6**, 805. — Prismen (aus Alkohol). F: 46⁰. Leicht löslich in Alkohol und Äther.

1¹-Fluor-1¹.1¹-dichlor-3-nitro-1-methyl-benzol, ω-Fluor-ω.ω-dichlor-m-nitrotoluol, m-Nitro-benzofluoriddichlorid $C_7H_4O_2NCl_2F = O_2N \cdot C_6H_4 \cdot CCl_2F$. *B.* Bei der

Nitrierung von Benzofluoriddichlorid mittels eines Gemisches von rauchender Salpetersäure und Phosphorsäureanhydrid (SWARTS, *Bull. Acad. roy. Belgique* 1900, 429; *C.* 1900 II, 668). — Flüssig. Kp: 260°. D^{15}: 1,408. — Wird von Wasser nur wenig angegriffen, von siedender Salpetersäure (D: 1,5) in m-Nitro-benzoesäure verwandelt.

3.4.5-Trichlor-2-nitro-1-methyl-benzol, 3.4.5-Trichlor-2-nitro-toluol $C_7H_4O_2NCl_3$ = $O_2N \cdot C_6HCl_3 \cdot CH_3$. *B.* Aus 3.4.5-Trichlor-toluol und kalter rauchender Salpetersäure (COHEN, DAKIN, *Soc.* 81, 1338). — Prismen (aus Alkohol). F: 81—82°. Schwer löslich in Alkohol.

2.4.5-Trichlor-3-nitro-1-methyl-benzol, 2.4.5-Trichlor-3-nitro-toluol $C_7H_4O_2NCl_3$ = $O_2N \cdot C_6HCl_3 \cdot CH_3$. *B.* Beim Lösen von 2.4.5-Trichlor-toluol in Salpetersäure (D: 1,52). (BEILSTEIN, KUHLBERG, *A.* 152, 240; SCHULZ, *A.* 187, 277). — Nadeln oder Blättchen. F: 92° (SEELIG, *A.* 237, 140). 100 Tle. absol. Alkohols von 20° lösen 4,9 Tle. (SCH.). — Liefert beim Austausch von NO₂ gegen Cl 2.3.4.5-Tetrachlor-toluol (C., D., *Soc.* 89, 1454, 1455).

2.4.6-Trichlor-3-nitro-1-methyl-benzol, 2.4.6-Trichlor-3-nitro-toluol $C_7H_4O_2NCl_3$ = $O_2N \cdot C_6HCl_3 \cdot CH_3$. *B.* Aus 2.4.6-Trichlor-toluol durch Lösen in rauchender Salpetersäure (C., D., *Soc.* 81, 1335). — Nadeln (aus Alkohol + Essigsäure). Schmilzt unscharf bei 54°.

2.5.6-Trichlor-3-nitro-1-methyl-benzol, 2.5.6-Trichlor-3-nitro-toluol $C_7H_4O_2NCl_3$ = $O_2N \cdot C_6HCl_3 \cdot CH_3$. *B.* Aus 2.3.6-Trichlor-toluol durch kalte rauchende Salpetersäure (COHEN, DAKIN, *Soc.* 81, 1332). — Nadeln (aus Alkohol). F: 57—58° (C., D., *Soc.* 81, 1332). — Liefert bei der Reduktion 2.5.6-Trichlor-3-amino-toluol (C., D., *Soc.* 85, 1281).

4.5.6-Trichlor-2 oder 3-nitro-1-methyl-benzol, 4.5.6-Trichlor-2 oder 3-nitro-toluol $C_7H_4O_2NCl_3$ = $O_2N \cdot C_6HCl_3 \cdot CH_3$. *B.* Beim Auflösen von 2.3.4-Trichlor-toluol in rauchender Salpetersäure (SEELIG, *A.* 237, 140; COHEN, DAKIN, *Soc.* 81, 1328). — Nadeln (aus Alkohol). F: 60° (S.), 60—61° (C., D.).

3.5.6-Trichlor-2-nitro- oder 2.3.5-Trichlor-4-nitro-1-methyl-benzol, 3.5.6-Trichlor-2-nitro- oder 2.3.5-Trichlor-4-nitro-toluol $C_7H_4O_2NCl_3$ = $O_2N \cdot C_6HCl_3 \cdot CH_3$. *B.* Aus 2.3.5-Trichlor-toluol durch Lösen in kalter rauchender Salpetersäure (COHEN, DAKIN, *Soc.* 81, 1330). — Nadeln (aus Alkohol oder Essigsäure). F: 58—59°.

2.4.5.6-Tetrachlor-3-nitro-1-methyl-benzol, 2.4.5.6-Tetrachlor-3-nitro-toluol $C_7H_3O_2NCl_4$ = $O_2N \cdot C_6Cl_4 \cdot CH_3$. *B.* Durch Nitrierung von 2.3.4.6-Tetrachlor-toluol (COHEN, DAKIN, *Soc.* 85, 1280). — Nadeln (aus Alkohol). F: 131—134°. Schwer löslich in Alkohol, ziemlich in Eisessig.

2.3.5.6-Tetrachlor-4-nitro-1-methyl-benzol, 2.3.5.6-Tetrachlor-4-nitro-toluol $C_7H_3O_2NCl_4$ = $O_2N \cdot C_6Cl_4 \cdot CH_3$. *B.* Durch Nitrieren von 2.3.5.6-Tetrachlor-toluol (COHEN, DAKIN, *Soc.* 85, 1282). — Platten (aus Methylalkohol). F: 150—152°.

4-Brom-2-nitro-1-methyl-benzol, 4-Brom-2-nitro-toluol $C_7H_6O_2NBr$ = $O_2N \cdot C_6H_3Br \cdot CH_3$. *B.* Beim Nitrieren von p-Brom-toluol, neben 4-Brom-3-nitro-toluol; beim Abkühlen des Reaktionsproduktes krystallisiert das 4-Brom-2-nitro-toluol, während das Isomere zunächst flüssig bleibt (WROBLEWSKI, *A.* 168, 176). Die Trennung der beiden Isomeren kann auch durch Erwärmen mit Piperidin erfolgen; dieses liefert mit 4-Brom-3-nitrotoluol N-[2-Nitro-4-methyl-phenyl]-piperidin, das durch Salzsäure in Lösung gebracht wird, während 4-Brom-2-nitro-toluol nicht reagiert (LELLMANN, JUST, *B.* 24, 2101). 4-Brom-2-nitro-toluol entsteht aus 2-Nitro-4-amino-toluol durch Diazotieren und Erwärmen des Diazoniumperbromids mit Alkohol (BEILSTEIN, KUHLBERG, *A.* 158, 339). — Gelbliche Nadeln (aus wäßr. Alkohol). Triklin pinakoidal (SCACCHI; vgl. *Groth, Ch. Kr.* 4, 365). F: 47° (L., J.), 45,5° (HÜBNER, ROOS, *B.* 6, 799). Kp: 256—257° (W.). — Gibt bei der Elektrolyse in konz. Schwefelsäure 4-Brom-3-oxy-6-amino-toluol (GATTERMANN, *B.* 27, 1931). Liefert mit Zinn und Salzsäure 4-Brom-2-amino-toluol (W.; H., R.). Gibt beim Erhitzen mit alkoh. Cyankalium auf 220° 6-Brom-3-methyl-benzoesäure (v. RICHTER, *B.* 5, 424; 8, 1420).

5-Brom-2-nitro-1-methyl-benzol, 5-Brom-2-nitro-toluol $C_7H_6O_2NBr$ = $O_2N \cdot C_6H_3Br \cdot CH_3$. *B.* Beim Behandeln von m-Brom-toluol mit nicht zu starker rauchender Salpetersäure in der Kälte (WROBLEWSKI, *A.* 168, 170; GRETE, *A.* 177, 246). — Krystalle (aus Alkohol). F: 55°; Kp: 267° (W.). — Wird durch Reduktion in 5-Brom-2-amino-toluol übergeführt (G.).

6-Brom-2-nitro-1-methyl-benzol, 6-Brom-2-nitro-toluol $C_7H_6O_2NBr$ = $O_2N \cdot C_6H_3Br \cdot CH_3$. *B.* Durch Behandlung von diazotiertem 6-Nitro-2-amino-toluol mit Cuprobromid (NOELTING, *B.* 37, 1021). — Gelblichweiße Nadeln (aus verdünntem Alkohol). F: 41°.

4-Brom-3-nitro-1-methyl-benzol, 4-Brom-3-nitro-toluol $C_7H_6O_2NBr$ = $O_2N \cdot C_6H_3Br \cdot CH_3$. *B.* Aus p-Brom-toluol beim Nitrieren, neben 4-Brom-2-nitro-toluol; bleibt beim Abkühlen des Reaktionsproduktes zunächst flüssig, während das Isomere schnell erstarrt (WROBLEWSKI, *A.* **168**, 176). Entsteht aus 3-Nitro-4-amino-toluol durch Diazotieren und Erwärmen des Diazoniumperbromids mit absol. Alkohol (BEILSTEIN, KUHLBERG, *A.* **158**, 344). Aus m-Nitro-toluol durch Erwärmen mit Brom und etwas FeBr₃ auf 70°, neben 6-Brom-3-nitro-toluol (SCHEUFELEN, *A.* **231**, 180, 184). — Schwach gelbliche Nadeln. F: 33—34° (B., K.), 31÷32° (NEVILE, WINTHER, *B.* **13**, 972). — Gibt bei der Elektrolyse in konz. Schwefelsäure 4-Brom-2-oxy-5-amino-toluol (GATTERMANN, *B.* **27**, 1931). Liefert bei der Reduktion mit Zinn und Salzsäure 4-Brom-3-amino-toluol (N., WI.).

5-Brom-3-nitro-1-methyl-benzol, 5-Brom-3-nitro-toluol C₇H₆O₂NBr = O₂N· C₆H₃Br·CH₃. *B.* Aus 5-Brom-3-nitro-4-amino-toluol durch Behandlung der alkoh. Lösung mit salpetriger Säure (WROBLEWSKI, *A.* **192**, 203). Aus 5-Brom-3-nitro-2-amino-toluol durch Diazotieren und Zersetzen der Diazoniumverbindung mit Alkohol (WR., *A.* **192**, 207). Desgleichen aus 3-Brom-5-nitro-2-amino-toluol durch Entamidierung (NEVILE, WINTHER, *B.* **13**, 968). — Prismen. F: 81,4—81,8° (N., WI.). Kp: 269—270° (WR.). — Gibt bei der Reduktion 5-Brom-3-amino-toluol (N., WI.).

6-Brom-3-nitro-1-methyl-benzol, 6-Brom-3-nitro-toluol C₇H₆O₂NBr = O₂N· C₆H₃Br·CH₃. *B.* Aus m-Nitro-toluol durch Erwärmen mit Brom und etwas FeBr₃ auf 70°, neben 4-Brom-3-nitro-toluol (SCHEUFELEN, *A.* **231**, 180). Aus 5-Nitro-2-amino-toluol durch Diazotierung und Zersetzung des Diazoniumperbromids mit Alkohol (NEVILE, WINTHER, *B.* **13**, 969). — Krystalle (aus Alkohol). F: 78° (N., W.). Leicht löslich in Äther, CS₂ und in heißem Alkohol (SCH.). — Gibt bei der Reduktion 6-Brom-3-amino-toluol (N., W.).

1¹-Brom-3-nitro-1-methyl-benzol, ω-Brom-m-nitro-toluol, m-Nitro-benzylbromid C₇H₆O₂NBr = O₂N·C₆H₄·CH₂Br. *B.* Aus m-Nitro-toluol und Brom im geschlossenen Rohr bei 125—130° (WACHENDORFF, *A.* **185**, 277). — Nadeln oder Blättchen. F: 57—58°.

2-Brom-4-nitro-1-methyl-benzol, 2-Brom-4-nitro-toluol C₇H₆O₂NBr = O₂N· C₆H₃Br·CH₃. *B.* Aus 10 g p-Nitro-toluol mit 11,7 g Brom und 1 g FeBr₃ bei 170° (SCHEUFELEN, *A.* **231**, 171). Aus 6-Brom-4-nitro-3-amino-toluol durch Entamidierung (NEVILE, WINTHER, *B.* **14**, 418). Durch Kochen von 4-Nitro-toluol-2-diazopiperidid (Syst. No. 3038) mit konz. Bromwasserstoffsäure (WALLACH, *A.* **235**, 248). — Nadeln (aus Alkohol). F: 77,5° (SCH.), 77° (WA.), 74—75° (N., WI.). Leicht löslich in Äther, CS₂ und heißem Alkohol (SCH.). — Gibt bei der Oxydation 2-Brom-4-nitro-benzoesäure (SCH.). Liefert bei der Reduktion mit Zinn und Salzsäure 2-Brom-4-amino-toluol (SCH.).

1¹-Brom-4-nitro-1-methyl-benzol, ω-Brom-p-nitro-toluol, p-Nitro-benzylbromid C₇H₆O₂NBr = O₂N·C₆H₄·CH₂Br. *B.* Beim Erhitzen von p-Nitro-toluol mit 1 Mol.-Gew. Brom im Druckrohr auf 125—130° (WACHENDORFF, *A.* **185**, 266). — Nadeln (aus Alkohol). Erzeugt Brennen auf der Haut. Die Dämpfe reizen Augen und Nasenschleimhaut aufs heftigste. F: 99—100°. Leicht löslich in Alkohol, Äther und Eisessig, spurenweise in kaltem Wasser. — Gibt bei der Oxydation mit Dichromatmischung p-Nitro-benzoesäure.

4-Brom-1¹-nitro-1-methyl-benzol, p-Brom-ω-nitro-toluol, [p-Brom-phenyl]-nitromethan C₇H₆O₂NBr = C₆H₄Br·CH₂·NO₂. *B.* Aus p-Brom-benzyljodid mit AgNO₂ in Äther; man trägt das Reaktionsprodukt in methylalkoholische Natriummethylatlösung ein und erhält so das Natriumsalz des [p-Brom-phenyl]-isonitromethans (s. u.); dieses wird in wäßr. Lösung mit CO₂ zersetzt, wodurch [p-Brom-phenyl]-nitromethan regeneriert wird (HANTZSCH, SCHULTZE, *B.* **29**, 2253). Das Natriumsalz der Isonitroverbindung entsteht ferner durch Kochen des Natriumsalzes des [p-Brom-phenyl]-isonitroacetonitrils C₆H₄Br·C(:NO·ONa)·CN mit verd. Natronlauge (W. WISLICENUS, ELVERT, *B.* **41**, 4129). Das Kaliumsalz der Isonitroverbindung entsteht aus p-Brom-phenylessigester und Äthylnitrit in Gegenwart von Kaliumäthylat in alkoholisch-ätherischer Lösung, neben Kohlensäurediäthylester (W. W., GRÜTZNER, *B.* **42**, 1933). [p-Brom-phenyl]-isonitromethan wandelt sich leicht, schon bei 12-stdg. Aufbewahren, in die normale Nitroverbindung um (H., SCH.). — Krystalle. F: 60°; 100 g Wasser lösen bei 0° ca. 0,008 g; unlöslich in Sodalösung, löslich in Ätzalkalien unter sofortiger Überführung in die Isonitroverbindung (H., SCH.). Gibt keine Eisenchloridreaktion (H., SCH.). Indifferent gegen Phenylisocyanat (H., SCH.).

aci-4-Brom-1¹-nitro-1-methyl-benzol, [p-Brom-phenyl]-isonitromethan C₇H₆O₂NBr = C₆H₄Br·CH=N·OH = C₆H₄Br·CH:NO₂H. *B.* Aus dem Natriumsalz durch Fällen

seiner wäßr. Lösung mit Salzsäure (HANTZSCH, SCHULTZE, *B.* **29**, 2253). Bei allen Synthesen des [p-Brom-phenyl]-nitromethans (s. o.), die in alkalischer Lösung vorgenommen werden, entstehen Alkalisalze des [p-Brom-phenyl]-isonitromethans. — Nadeln (aus Benzol + Petroläther). F: 89—90° (H., SCH.). 100 g Wasser lösen bei 0° 0,056 g (H., SCH.). Elektrische Leitfähigkeit: H., SCH. Löslich in Sodalösung und Natronlauge (H., SCH.). — Geht schon bei 12-stdg. Stehen in [p-Brom-phenyl]-nitromethan über (H., SCH.). Das Natriumsalz liefert beim Erhitzen mit Natronlauge auf 150—160° im Druckrohr 4.4'-Dibrom-stilben (W. WISLICENUS,

ELVERT, *B.* **41**, 4130). Wird durch FeCl₃ braunrot gefärbt (H., SCH.). Reagiert mit Phenylisocyanat unter Bildung von symm. Diphenylharnstoff (H., SCH.). — NaC₇H₅O₂NBr. Blättchen (aus Alkohol). Löslich in Wasser (neutral). Wird mit FeCl₃ kirschrot (W. W., E.). — KC₇H₅O₂NBr. Krystalle (aus Alkohol) (W. W., GRÜTZNER, *B.* **42**, 1933).

6-Chlor-1¹-brom-2-nitro-1-methyl-benzol, 6-Chlor-1¹-brom-2-nitro-toluol, 6-Chlor-2-nitro-benzylbromid C₇H₅O₂NClBr = O₂N·C₆H₃Cl·CH₂Br. *B.* Aus 6-Chlor-2-nitro-toluol durch Einw. von Brom bei 160—180° (v. JANSON, D. R. P. 107501; *C.* **1900** I, 1086). — Krystalle. F: 51—51,5°.

2-Chlor-1¹-brom-4-nitro-1-methyl-benzol, 2-Chlor-1¹-brom-4-nitro-toluol, 2-Chlor-4-nitro-benzylbromid C₇H₅O₂NClBr = O₂N·C₆H₃Cl·CH₂Br. *B.* Bei 4-stdg. Erhitzen von 2-Chlor-4-nitro-toluol mit 1 Mol.-Gew. Brom auf 130—135° (TIEMANN, *B.* **24**, 706). — Säulen (aus Alkohol). F: 49—50° (T.). Wenig löslich in kaltem Alkohol, leicht in heißem Alkohol, in heißem Äther und CHCl₃, schwerer in Ligroin (T.). — Gibt bei der Oxydation mit Kaliumpermanganat 2-Chlor-4-nitro-benzoesäure (T.). Beim Kochen mit wäßr. Bleinitratlösung entsteht 2-Chlor-4-nitro-benzaldehyd (T.). Beim Leiten von Ammoniak in die siedende alkoholische Lösung entsteht Bis-[2-chlor-4-nitro-benzyl]-amin neben wenig Tris-[2-chlor-4-nitro-benzyl]-amin (WITT, *B.* **25**, 88). Beim Kochen mit methylalkoholischer Kalilösung oder mit Natriummethylatlösung entsteht Methyl-[2-chlor-4-nitro-benzyl]-äther (W., *B.* **25**, 83). Mit äthylalkoholischer Alkalilauge entstehen 2.2'-Dichlor-4.4'-dinitrostilben (Syst. No. 480), 3.3'-Dichlor-4.4'-bis-[oxymethyl]-hydrazobenzol (Syst. No. 2078) und ein rotbraunes schwer lösliches Produkt (W., *B.* **25**, 78; vgl. GREEN, CROSLAND, *Soc.* **89**, 1603). Durch Erhitzen mit Alkohol und Kaliumcyanid auf 100° läßt sich Äthyl-[2-chlor-4-nitro-benzyl]-äther erhalten (W., *B.* **25**, 84).

3-Chlor-4-brom-x-nitro-1-methyl-benzol, 3-Chlor-4-brom-x-nitro-toluol C₇H₅O₂NClBr = O₂N·C₆H₄ClBr·CH₃. *B.* Aus einem Gemisch von 2-Chlor-4-brom-toluol und 3-Chlor-4-brom-toluol durch Nitrieren (WILLGERODT, SALZMANN, *J. pr.* [2] **39**, 478). — Nadeln. F: 61°. Leicht löslich in heißem Alkohol.

2-Chlor-x-brom-x-nitro-1-methyl-benzol, 2-Chlor-x-brom-x-nitro-toluol C₇H₅O₂NClBr = O₂N·C₆H₄ClBr·CH₃. *B.* Durch Nitrieren von bromiertem o-Chlor-toluol (WILLGERODT, SALZMANN, *J. pr.* [2] **39**, 479). — Nadeln. F: 68°.

2.5(?)-Dichlor-4-brom-x-nitro-1-methyl-benzol, 2.5(?)-Dichlor-4-brom-x-nitro-toluol C₇H₄O₂NCl₂Br = O₂N·C₆HCl₂Br·CH₃. *B.* Aus 2.5(?)-Dichlor-4-brom-toluol (F: 87°) durch Nitrieren (WILLGERODT, SALZMANN, *J. pr.* [2] **39**, 480). — Blättchen (aus Alkohol). F: 106°.

3.5.6-Trichlor-4-brom-2-nitro- oder 2.5.6-Trichlor-4-brom-3-nitro-1-methyl-benzol, 3.5.6-Trichlor-4-brom-2-nitro- oder 2.5.6-Trichlor-4-brom-3-nitro-toluol C₇H₂O₂NCl₃Br = O₂N·C₆Cl₃Br·CH₃. *B.* Durch Nitrieren von 2.3.5- oder 2.3.6-Trichlor-4-brom-toluol (F: 55—60°) (S. 307) (WILLGERODT, SALZMANN, *J. pr.* [2] **39**, 483). — Nadeln. F: 162°.

3.5-Dibrom-2-nitro-1-methyl-benzol, 3.5-Dibrom-2-nitro-toluol C₇H₅O₂NBr₂ = O₂N·C₆H₂Br₂·CH₃. *B.* Aus 3.5-Dibrom-2-nitro-4-amino-toluol durch Diazotieren und Kochen mit Alkohol (BLANKSMA, *C.* **1909** II, 1220). — Farblose Krystalle (aus Petroläther). F: 67°. Leicht löslich in Alkohol, schwer in Petroläther. — Nitrierung mit Salpetersäure (D: 1,52) liefert ein Gemisch von 3.5-Dibrom-2.4-dinitro-toluol und 3.5-Dibrom-2.6-dinitro-toluol; Nitrierung mit Salpeterschwefelsäure gibt 3.5-Dibrom-2.4.6-trinitro-toluol.

4.5-Dibrom-2-nitro-1-methyl-benzol, 4.5-Dibrom-2-nitro-toluol C₇H₅O₂NBr₂ = O₂N·C₆H₂Br₂·CH₃. *B.* Beim Nitrieren von 3.4-Dibrom-toluol (WROBLEWSKI, *A.* **168**, 184; NEVILE, WINTHER, *B.* **14**, 417). — Nadeln (aus wäßr. Alkohol). F: 86—87° (WR.), 86,6° bis 87,5° (N., WI., *B.* **13**, 970). — Gibt bei der Reduktion 4.5-Dibrom-2-amino-toluol (N., WI., *B.* **13**, 970).

1¹.1¹-Dibrom-2-nitro-1-methyl-benzol, ω.ω-Dibrom-o-nitro-toluol, o-Nitrobenzalbromid C₇H₅O₂NBr₂ = O₂N·C₆H₄·CHBr₂. *B.* Bei der Einw. alkal. Bromlösung auf o-Nitro-phenylbrenztraubensäure (REISSERT, *B.* **30**, 1043). — Prismen (aus Alkohol). F: 46°. Gibt beim Kochen mit Sodalösung o-Nitro-benzaldehyd.

2.5-Dibrom-3-nitro-1-methyl-benzol, 2.5-Dibrom-3-nitro-toluol C₇H₅O₂NBr₂ = O₂N·C₆H₂Br₂·CH₃. *B.* Aus 5-Brom-3-nitro-2-amino-toluol durch Austausch von NH₂ gegen Brom (NEVILE, WINTHER, *B.* **13**, 974). — F: 69,5—70,2°. — Gibt bei der Reduktion 2.5-Dibrom-3-amino-toluol.

4.5-Dibrom-3-nitro-1-methyl-benzol, 4.5-Dibrom-3-nitro-toluol $C_7H_5O_2NBr_2 =$ $O_2N \cdot C_6H_2Br_2 \cdot CH_3$. *B.* Aus 5-Brom-3-nitro-4-amino-toluol durch Austausch von NH_2 gegen Brom (NEVILE, WINTHER, *B.* **13**, 974). — Blättchen. F: 62—63,6°. — Gibt bei der Reduktion 4.5-Dibrom-3-amino-toluol.

4.6-Dibrom-3-nitro-1-methyl-benzol, 4.6-Dibrom-3-nitro-toluol $C_7H_5O_2NBr_2 =$ $O_2N \cdot C_6H_2Br_2 \cdot CH_3$. *B.* Aus 2.4-Dibrom-toluol durch vorsichtige Einw. von rauchender Salpetersäure (D: 1,52) (NEVILE, WINTHER, *Soc.* **37**, 440; DAVIS, *Soc.* **81**, 872). — F: 81—82° (D.). — Gibt bei der Reduktion mit Zinn und Salzsäure 4.6-Dibrom-3-amino-toluol (D.).

5.6-Dibrom-3-nitro-1-methyl-benzol, 5.6-Dibrom-3-nitro-toluol $C_7H_5O_2NBr_2 =$ $O_2N \cdot C_6H_2Br_2 \cdot CH_3$. *B.* Aus 3-Brom-5-nitro-2-amino-toluol durch Diazotieren und Erwärmen des Diazoniumperbromids mit Eisessig (NEVILE, WINTHER, *B.* **13**, 965). — F: 105,4°. — Gibt bei der Reduktion mit Eisen und Essigsäure 5.6-Dibrom-3-amino-toluol.

$1^1.1^1$-Dibrom-3-nitro-1-methyl-benzol, ω.ω-Dibrom-m-nitro-toluol, m-Nitro-benzalbromid, m-Nitro-benzylidenbromid $C_7H_5O_2NBr_2 = O_2N \cdot C_6H_4 \cdot CHBr_2$. *B.* Aus m-Nitro-toluol und 2 Mol.-Gew. Brom im Rohr bei 140° (WACHENDORFF, *A.* **185**, 278). — Mikroskopische Nadeln (aus Alkohol). F: 101—102°.

2.5-Dibrom-4-nitro-1-methyl-benzol, 2.5-Dibrom-4-nitro-toluol $C_7H_5O_2NBr_2 =$ $O_2N \cdot C_6H_2Br_2 \cdot CH_3$. *B.* Beim Nitrieren von 2.5-Dibrom-toluol (WROBLEWSKI, *A.* **168**, 185; NEVILE, WINTHER, *B.* **13**, 963; **14**, 417). Aus 6-Brom-4-nitro-3-amino-toluol durch Diazotieren und Erwärmen des Diazoniumperbromids mit Eisessig (N., WI., *B.* **13**, 972). Beim Behandeln von 2.5-Dibrom-1-methyl-4-isopropyl-benzol mit Salpeterschwefelsäure (CLAUS, *J. pr.* [2] **37**, 18). — Nadeln (aus Alkohol). F: 87° (WR.), 88,2—88,6° (N., WI., *B.* **13**, 963). — Gibt bei der Reduktion 2.5-Dibrom-4-amino-toluol (WR.; N., WI., *B.* **13**, 963).

2.6-Dibrom-4-nitro-1-methyl-benzol, 2.6-Dibrom-4-nitro-toluol $C_7H_5O_2NBr_2 =$ $O_2N \cdot C_6H_2Br_2 \cdot CH_3$. *B.* Aus p-Nitro-toluol und 2 Mol.-Gew. Brom in Gegenwart von $FeBr_2$ bei 90° (SCHEUFELEN, *A.* **231**, 178). Aus 2-Brom-4-nitro-toluol mit 1 Mol. Gew. Brom und $FeBr_2$ bei 90° (SCH.). Aus 2.6-Dibrom-4-nitro-3-amino-toluol mit Alkohol und salpetriger Säure (NEVILE, WINTHER, *B.* **13**, 973). — Nadeln. F: 57—58° (SCH.), 56,8—57° (N., W.. *B.* **14**, 419). Leicht löslich in Äther, CS_2 und heißem Alkohol (SCH.). — Gibt bei der Reduktion 2.6-Dibrom-4-amino-toluol (N., WI., *B.* **13**, 973).

3.5-Dibrom-4-nitro-1-methyl-benzol, 3.5-Dibrom-4-nitro-toluol $C_7H_5O_2NBr_2 =$ $O_2N \cdot C_6H_2Br_2 \cdot CH_3$. *B.* Aus 3.5-Dibrom-4-nitro-2-amino-toluol durch Diazotieren und Kochen mit Alkohol (BLANKSMA, *C.* **1909** II, 1220). — Farblose Krystalle (aus Petroläther). F: 84°. Unlöslich in Wasser, leicht löslich in Alkohol. — Die Nitrierung ergibt 3.5-Dibrom-2.4-dinitro-toluol und sodann 3.5-Dibrom-2.4.6-trinitro-toluol.

$1^1.1^1$-Dibrom-4-nitro-1-methyl-benzol, ω.ω-Dibrom-p-nitro-toluol, p-Nitro-benzalbromid, p-Nitro-benzylidenbromid $C_7H_5O_2NBr_2 = O_2N \cdot C_6H_4 \cdot CHBr_2$. *B.* Aus p-Nitro-toluol und 2 Mol.-Gew. Brom im geschlossenen Rohr bei 140° (WACHENDORFF, *A.* **185**, 268). — Nadeln oder rechtwinklige Blättchen (aus Alkohol) (W.). F: 82—82,5° (W.). In Alkohol und Äther leicht löslich, in heißem Wasser so gut wie unlöslich (W.). — Gibt bei der Oxydation p-Nitro-benzoesäure (W.). Liefert beim Erhitzen mit Anilin Pararosanilin (Syst. No. 1865) (ZIMMERMANN, MÜLLER, *B.* **17**, 2936).

5.6-Dibrom-2-nitro- oder 2.3-Dibrom-4-nitro-1-methyl-benzol, 5.6-Dibrom-2-nitro- oder 2.3-Dibrom-4-nitro-toluol $C_7H_5O_2NBr_2 = O_2N \cdot C_6H_2Br_2 \cdot CH_3$. *B.* Durch Nitrieren von 2.3-Dibrom-toluol (NEVILE, WINTHER, *B.* **13**, 965; **14**, 419). — Nadeln. F: 56,5—57,5°.

$1^1.1^1$-Dibrom-1^1-nitro-1-methyl-benzol, ω.ω-Dibrom-ω-nitro-toluol, Phenyldibromnitromethan $C_7H_5O_2NBr_2 = C_6H_5 \cdot CBr_2 \cdot NO_2$. *B.* Beim Versetzen einer wäßr. Lösung des

Natriumsalzes von Nitrobenzalphthalid $C_6H_4 \begin{array}{c} CH = C(NO_2) \cdot C_6H_5 \\ CO \end{array} > O$ (Syst. No. 2468) mit

Bromwasser (GABRIEL, KOPPE, *B.* **19**, 1145). Aus Phenylnitromethan in Alkalilauge mit Brom unter Eiskühlung (PONZIO, *G.* **38** II, 418). — Stechend riechendes Öl. Mit Wasserdampf flüchtig (G., K.). — Gibt mit Zinn und Salzsäure behandelt Benzoesäure (G., K.). Liefert mit KNO_2 in alkal. Lösung Phenyldinitromethan (P.).

2.4.5-Tribrom-3(?)-nitro-1-methyl-benzol, 2.4.5-Tribrom-3(?)-nitro-toluol $C_7H_4O_2NBr_3 = O_2N \cdot C_6HBr_3 \cdot CH_3$. *B.* Aus 2.4.5-Tribrom-toluol und roter rauchender Salpetersäure (JAEGER, *Z. Kr.* **40**, 365). — Farblose Blättchen (aus Benzol + Schwefelkohlenstoff). Monoklin prismatisch. F: 135°. D^{17}: 2,452.

2.4.6-Tribrom-3-nitro-1-methyl-benzol, 2.4.6-Tribrom-3-nitro-toluol $C_7H_4O_2NBr_3 = O_2N \cdot C_6HBr_3 \cdot CH_3$. *B.* Beim Nitrieren von 2.4.6-Tribrom-toluol (WROBLEWSKI, *A.* **168**, 195). — Blättrige Krystalle. F: 215°. Schwer löslich in Alkohol, leicht in Benzol.

2.3.6-Tribrom-4-nitro-1-methyl-benzol, 2.3.6-Tribrom-4-nitro-toluol $C_7H_4O_2NBr_3$
$= O_2N \cdot C_6HBr_3 \cdot CH_3$. *B.* Aus 2.6-Dibrom-4-nitro-3-amino-toluol durch Diazotieren und Er-
wärmen des Diazoniumperbromids mit Eisessig (NEVILE, WINTHER, *B.* **14**, 418). — Nadeln.
F: 105,8—106,8°.

4-Jod-2-nitro-1-methyl-benzol, 4-Jod-2-nitro-toluol $C_7H_6O_2NI = O_2N \cdot C_6H_3I \cdot CH_3$.
B. Durch Nitrieren von p-Jod-toluol, neben anderen Produkten (REVERDIN, KACER, *B.* **30**,
3001). Aus 2-Nitro-4-amino-toluol durch Diazotierung und Behandlung der Diazoniumsulfat-
lösung mit Jodwasserstoffsäure (BEILSTEIN, KUHLBERG, HEYNEMANN, *A.* **159**, 337). —
Schwach gelbliche Krystalle (aus Alkohol). F: 60,5—61°; siedet bei 286° unter starker
Zersetzung; sehr leicht löslich in CS_2 und Äther (B., K., H.).

5-Jod-2-nitro-1-methyl-benzol, 5-Jod-2-nitro-toluol $C_7H_6O_2NI = O_2N \cdot C_6H_3I \cdot CH_3$.
B. Man diazotiert 6-Nitro-3-amino-toluol und gießt die Diazoniumsulfatlösung in eine 40°
warme wäßr. Lösung von KI (ARTMANN, *M.* **26**, 1096). — Schwach orangefarbene Nadeln (aus
Ligroin). F: 84°. Schwer löslich in heißem Wasser, leicht in Alkohol, Äther, Benzol.

6-Jod-2-nitro-1-methyl-benzol, 6-Jod-2-nitro-toluol $C_7H_6O_2NI = O_2N \cdot C_6H_3I \cdot CH_3$.
B. Aus 6-Nitro-2-amino-toluol durch Diazotieren und Eingießen der Diazoniumsulfatlösung
in eine konz. Lösung von KI (NOELTING, *B.* **37**, 1024). — Gelblich weiße Krystalle. F:
35,5° (N.), 34—36° (COHEN, MILLER, *Soc.* **85**, 1627).

1¹-Jod-2-nitro-1-methyl-benzol, ω-Jod-o-nitro-toluol, o-Nitro-benzyljodid
$C_7H_6O_2NI = O_2N \cdot C_6H_4 \cdot CH_2I$. *B.* Aus o-Nitro-benzylchlorid und KI in Alkohol (KUMPF,
A. **224**, 103). — Blättchen. F: 75°.

2-Jod-3-nitro-1-methyl-benzol, 2-Jod-3-nitro-toluol $C_7H_6O_2NI = O_2N \cdot C_6H_3I \cdot CH_3$.
B. Aus 3-Nitro-2-amino-toluol durch Diazotieren und Erwärmen der Diazoniumsulfatlösung
mit Kaliumjodidlösung auf dem Wasserbade (WHEELER, LIDDLE, *Am.* **42**, 451). — Hellgelbe Platten (aus Alkohol). F: 67—68°.

4-Jod-3-nitro-1-methyl-benzol, 4-Jod-3-nitro-toluol $C_7H_6O_2NI = O_2N \cdot C_6H_3I \cdot CH_3$.
B. Aus 3-Nitro-4-amino-toluol durch Diazotieren und Erwärmen der Diazoniumsulfatlösung
mit KI auf dem Wasserbade (BEILSTEIN, KUHLBERG, *A.* **158**, 344; WILLGERODT, SIMONIS,
B. **39**, 269). — Nadeln (aus Alkohol). F: 55—56° (B., K.), 55° (W., S.). Kaum flüchtig mit
Wasserdampf (W., S.). Leicht löslich in kochendem Alkohol (B., K.).

4-Jodoso-3-nitro-1-methyl-benzol, 4-Jodoso-3-nitro-toluol $C_7H_6O_3NI = O_2N \cdot$
$C_6H_3(CH_3) \cdot IO$ und Salze vom Typus $O_2N \cdot C_6H_3(CH_3) \cdot IAc_2$. *B.* Das salzsaure Salz $O_2N \cdot$
$C_6H_3(CH_3) \cdot ICl_2$ entsteht beim Einleiten von Chlor in die Chloroformlösung des 4-Jod-3-nitro-
toluols unter Kühlung; es gibt bei Behandlung mit Natronlauge das freie 4-Jodoso-3-nitro-
toluol (WILLGERODT, SIMONIS, *B.* **39**, 269). — Rotes beständiges Pulver. Verpufft bei
129°. — **Salzsaures Salz**, 2-Nitro-4-methyl-phenyljodidchlorid $O_2N \cdot C_6H_3(CH_3) \cdot$
ICl_2. Gelbe Tafeln. Zersetzt sich bei 71°. — $O_2N \cdot C_6H_3(CH_3) \cdot I(OH) \cdot IO_3$. Gelbe Krystallkrusten. Beginnt bei 80°, sich zu zersetzen, ist bei 130° vollständig zerfallen. — [$O_2N \cdot$
$C_6H_3(CH_3) \cdot I(OH)]_2 SO_4$. Blaßgelbe Krystallkrusten. Zersetzt sich bei 91°. — [$O_2N \cdot$
$C_6H_3(CH_3) \cdot I(OH)]_2CrO_4$. Orangegelbe Krystalle. Explodiert bei 94°; zersetzt sich beim
Liegen. — $O_2N \cdot C_6H_3(CH_3) \cdot I(OH) \cdot NO_3$. Hellgelb. Schmilzt bei 132° unter Aufschäumen.
— **Ameisensaures Salz** $O_2N \cdot C_6H_3(CH_3) \cdot I(CHO_2)_2$. Orangefarbenes Pulver. Verpufft
bei 72°. — **Essigsaures Salz** $O_2N \cdot C_6H_3(CH_3) \cdot I(C_2H_3O_2)_2$. Hellgelbe Nadeln. Explodiert
gegen 200°. In feuchtem Zustande erweicht es bei 80° und beginnt bei dieser Temperatur,
sich zu zersetzen. Geht beim Erwärmen in Jodosonitrotoluol über.

4-Jodo-3-nitro-1-methyl-benzol, 4-Jodo-3-nitro-toluol $C_7H_6O_4NI = O_2N \cdot$
$C_6H_3(CH_3) \cdot IO_2$. *B.* Aus 2-Nitro-4-methyl-phenyljodidchlorid (s. o.) durch Behandlung mit
Natronlauge und Natriumhypochlorit (WILLGERODT, SIMONIS, *B.* **39**, 271). — Nadeln (aus
Eisessig oder Wasser). Explodiert bei 196,5° unter heftigem Knall.

Phenyl-[2-nitro-4-methyl-phenyl]-jodoniumhydroxyd $C_{13}H_{12}O_3NI = O_2N \cdot$
$C_6H_3(CH_3) \cdot I(C_6H_5) \cdot OH$. *B.* Beim Verreiben äquimolekularer Mengen von Jodobenzol und
4-Jodoso-3-nitro-toluol mit Ag_2O und Wasser (WILLGERODT, SIMONIS, *B.* **39**, 272). — Die
freie Base wurde nicht isoliert. Ihre wäßr. Lösung reagiert stark alkalisch.

Bis-[2-nitro-4-methyl-phenyl]-jodoniumhydroxyd $C_{14}H_{13}O_5N_2I = [O_2N \cdot$
$C_6H_3(CH_3)]_2I \cdot OH$. *B.* Beim Verreiben äquimolekularer Mengen von 4-Jodoso-3-nitro-1-me-
thyl-benzol und 4-Jodo-3-nitro-1-methyl-benzol (WILLGERODT, SIMONIS, *B.* **39**, 272). — Die
freie Base wurde nicht isoliert. Ihre wäßr. Lösung reagiert stark alkalisch. — **Jodid** [$O_2N \cdot$
$C_6H_3(CH_3)]_2I \cdot I$. Nadeln (aus heißem Wasser). Zersetzt sich bei 51°.

6-Jod-3-nitro-1-methyl-benzol, 6-Jod-3-nitro-toluol $C_7H_6O_2NI = O_2N \cdot C_6H_3I \cdot CH_3$.
B. Durch langsames Eintröpfeln von o-Jod-toluol in Salpetersäure (D: 1,51) bei gewöhn-

licher Temp. und Stehenlassen der Flüssigkeit, bis ein Tropfen derselben in Wasser erstarrt (REVERDIN, KACER, *B.* **30**, 3000; vgl. BEILSTEIN, KUHLBERG, *A.* **158**, 347). Aus 5-Nitro-2-amino-toluol durch Diazotierung und Behandlung der Diazoniumverbindung mit KI (R., KA.). — Nadeln. F: 103—104°; in siedendem Alkohol ziemlich leicht löslich (B., KU.).

6-Jodoso-3-nitro-1-methyl-benzol, 6-Jodoso-3-nitro-toluol $C_7H_6O_3NI = O_2N \cdot C_6H_3(CH_3) \cdot IO$ und Salze vom Typus $O_2N \cdot C_6H_3(CH_3) \cdot IAc_2$. — *B.* Das salzsaure Salz $O_2N \cdot C_6H_3(CH_3) \cdot ICl_2$ entsteht beim Einleiten von Chlor in eine gesättigte Lösung von 6-Jod-3-nitro-toluol in Chloroform; es gibt beim Verreiben mit Natronlauge das freie 6-Jodoso-3-nitro-toluol (MAC CRAE, *Soc.* **73**, 693). — Gelblich, amorph. F: 175°. In Alkohol schwer löslich. — Salzsaures Salz, 4-Nitro-2-methyl-phenyljodidchlorid $O_2N \cdot C_6H_3(CH_3) \cdot ICl_2$. Zersetzt sich bei 102°. Löslich in Alkohol, Äther, Chloroform. — $O_2N \cdot C_6H_3(CH_3) \cdot I(NO_3)_2$. F: 150°. — Essigsaures Salz $O_2N \cdot C_6H_3(CH_3) \cdot I(C_2H_3O_2)_2$. Farblose Nadeln. F: 135°.

2-Jod-4-nitro-1-methyl-benzol, 2-Jod-4-nitro-toluol $C_7H_6O_2NI = O_2N \cdot C_6H_3I \cdot CH_3$. *B.* Aus 4-Nitro-2-amino-toluol durch Diazotierung und Behandlung der Diazoniumchlorid-lösung mit KI (REVERDIN, KACER, *B.* **30**, 3000; WILLGERODT, KOK, *B.* **41**, 2077). — Rhombenförmige Tafeln (aus Äther). F: 58° (W., KO.), 51° (R., KA.). Mit Wasserdampf ziemlich schwer flüchtig; leicht löslich in Alkohol, Äther, CHCl₃, Benzol, Eisessig, schwer in Ligroin (W., KO.).

2-Jodoso-4-nitro-1-methyl-benzol, 2-Jodoso-4-nitro-toluol $C_7H_6O_3NI = O_2N \cdot C_6H_3(CH_3) \cdot IO$ und Salze vom Typus $O_2N \cdot C_6H_3(CH_3) \cdot IAc_2$. — *B.* Das salzsaure Salz $O_2N \cdot C_6H_3(CH_3) \cdot ICl_2$ entsteht beim Einleiten von Chlor in die Acetonchloroformlösung des 2-Jod-4-nitro-toluols; es gibt beim Verreiben mit Sodalösung unter Zusatz von Natronlauge das freie 2-Jodoso-4-nitro-toluol (WILLGERODT, KOK, *B.* **41**, 2078). — Pulver. Unlöslich. Explodiert bei 180—181°, indem es vorher in die entsprechende Jodo- und Jodverbindung zerfällt. — Salzsaures Salz, 5-Nitro-2-methyl-phenyljodidchlorid $O_2N \cdot C_6H_3(CH_3) \cdot ICl_2$. Schwefelgelbe Prismen. Zersetzt sich bei 83°. Löslich in Chloroform und Äther.

2-Jodo-4-nitro-1-methyl-benzol, 2-Jodo-4-nitro-toluol $C_7H_6O_4NI = O_2N \cdot C_6H_3(CH_3) \cdot IO_2$. *B.* Aus 5-Nitro-2-methyl-phenyljodidchlorid (s. o.) durch Verreiben mit unterchloriger Säure (W., KOK, *B.* **41**, 2078). — Weiße Flocken (aus Wasser oder Eisessig). Explodiert heftig bei 204°. Schwer löslich in siedendem Eisessig und siedendem Wasser.

Phenyl-[5-nitro-2-methyl-phenyl]-jodoniumhydroxyd $C_{13}H_{12}O_3NI = O_2N \cdot C_6H_3(CH_3) \cdot I(C_6H_5) \cdot OH$. *B.* Durch Behandeln äquimolekularer Mengen von 2-Jodo-4-nitro-toluol und Jodosobenzol mit Ag₂O und Wasser (W., K., *B.* **41**, 2080). Das Chlorid entsteht durch Einw. von Quecksilberdiphenyl auf 5-Nitro-2-methyl-phenyljodidchlorid in Gegenwart von Wasser (W., K.). — Salze. $C_{13}H_{11}O_2NI \cdot Cl$. Weiße Nadeln. F: 183°. — $C_{13}H_{11}O_2NI \cdot Br$. Gelbliche Flocken. F: 165°. — $C_{13}H_{11}O_2NI \cdot I$. Nadeln (aus Alkohol). Zersetzt sich bei 131°. — $C_{13}H_{11}O_2NI \cdot I_2$. Dunkelbraune Prismen. F: 50°. Zersetzt sich beim Liegen an der Luft. — $C_{13}H_{11}O_2NI \cdot HSO_4$. Weiße Prismen. F: 142°. — $(C_{13}H_{11}O_2NI)_2Cr_2O_7$. Pulver. F: 137—138° (schwache Explosion). — $C_{13}H_{11}O_2NI \cdot NO_3$. Weiße Prismen. Schmilzt gegen 167° (Zers.). — $2 C_{13}H_{11}O_2NI \cdot Cl + HgCl_2$. Nadeln (aus Wasser). F: 157° (Zers.). — $2 C_{13}H_{11}O_2NI \cdot Cl + PtCl_4$. Gelbrote Prismen (aus Wasser). F: 175° (Zers.).

o-Tolyl-[5-nitro-2-methyl-phenyl]-jodoniumhydroxyd $C_{14}H_{14}O_3NI = O_2N \cdot C_6H_3(CH_3) \cdot I(C_6H_4 \cdot CH_3) \cdot OH$. *B.* Durch Behandlung äquimolekularer Mengen von 2-Jodo-4-nitro-toluol und o-Jodoso-toluol mit Ag₂O in Gegenwart von Wasser (W., K., *B.* **41**, 2082). — Salze. $C_{14}H_{13}O_2NI \cdot Cl$. Nadeln (aus Wasser). F: 170°. — $C_{14}H_{13}O_2NI \cdot Br$. Nadeln (aus Wasser). F: 151°. — $C_{14}H_{13}O_2NI \cdot I$. Krystalle (aus Wasser). Zersetzt sich bei 116°. — $(C_{14}H_{13}O_2NI)_2Cr_2O_7$. Orangefarben. Explodiert bei 136°, ohne vorher zu schmelzen. Unlöslich. — $2 C_{14}H_{13}O_2NI \cdot Cl + PtCl_4$. Goldglänzende Blättchen. F: 158°. — $2 C_{14}H_{13}O_2NI \cdot Cl + HgCl_2$. Nadeln. F: 168°.

Bis-[5-nitro-2-methyl-phenyl]-jodoniumhydroxyd $C_{14}H_{13}O_5N_2I = [O_2N \cdot C_6H_3(CH_3)]_2I \cdot OH$. *B.* Durch Einw. von Ag₂O auf ein Gemisch äquimolekularer Mengen von 2-Jodo-4-nitro-toluol und 2-Jodoso-4-nitro-toluol in Wasser (W., K., *B.* **41**, 2079). — Die Base wurde nur in Lösung erhalten. Letztere reagiert schwach alkalisch. — Salze. $C_{14}H_{12}O_4N_2I \cdot Cl$. Nadeln. F: ca. 140°. — $C_{14}H_{12}O_4N_2I \cdot Br$. Weiße Flocken. Zersetzt sich bei ca. 145°. Löslich in Bromwasserstoffsäure. — $C_{14}H_{12}O_4N_2I \cdot I$. Nadeln (aus Alkohol). Zersetzt sich bei 113°. Färbt sich am Lichte braun. — $C_{14}H_{12}O_4N_2I \cdot HSO_4$. Weiße Nadeln. F: 165°. Sehr leicht löslich in Wasser. — $(C_{14}H_{12}O_4N_2I)_2Cr_2O_7$. Amorph, orangegelb. Explodiert gegen 128°. — $C_{14}H_{12}O_4N_2I \cdot NO_3$. Weiße Nadeln. F: 147°. Sehr leicht löslich in Wasser. — $2 C_{14}H_{12}O_4N_2I \cdot Cl + PtCl_4$. Gelbe Blättchen. Zersetzt sich bei 180°.

1¹-Jod-4-nitro-1-methyl-benzol, ω-Jod-p-nitro-toluol, **p-Nitro-benzyljodid** $C_7H_6O_2NI = O_2N \cdot C_6H_4 \cdot CH_2I$. *B.* Aus p-Nitro-benzylchlorid und KI in Alkohol (KUMPF, *A.* **224**, 99). — Nadeln (aus Alkohol). F: 127°. Schwer löslich in kaltem Alkohol.

3-Jod-x-nitro-1-methyl-benzol, 3-Jod-x-nitro-toluol $C_7H_6O_2NI = O_2N \cdot C_6H_3I \cdot CH_3$. *B.* Beim Nitrieren von 3-Jod-toluol (BEILSTEIN, KUHLBERG, *A.* **158**, 350). — Nadeln (aus Alkohol). F: 108—109°.

5-Brom-2-jod-x-nitro-1-methyl-benzol, 5-Brom-2-jod-x-nitro-toluol $C_7H_5O_2NBrI$ $= O_2N \cdot C_6H_2BrI \cdot CH_3$. *B.* Beim Nitrieren von 5-Brom-2-jod-toluol (WROBLEWSKI, *A.* **168**, 165). — Prismen.

2-Brom-4-jod-x-nitro-1-methyl-benzol, 2-Brom-4-jod-x-nitro-toluol $C_7H_5O_2NBrI$ $= O_2N \cdot C_6H_2BrI \cdot CH_3$. *B.* Durch Eingießen von 2-Brom-4-jod-toluol in eiskalte rauchende Salpetersäure (HIRTZ, *B.* **29**, 1405). — Hellgelbe Nadeln (aus Alkohol). F: 92°.

3-Brom-4-jod-x-nitro-1-methyl-benzol, 3-Brom-4-jod-x-nitro-toluol $C_7H_5O_2NBrI$ $= O_2N \cdot C_6H_2BrI \cdot CH_3$. *B.* Beim Nitrieren von 3-Brom-4-jod-toluol (WROBLEWSKI, *A.* **168**, 160). — Nadeln (aus Alkohol). F: 118°.

3.5-Dibrom-4-jod-2-nitro-1-methyl-benzol, 3.5-Dibrom-4-jod-2-nitro-toluol $C_7H_4O_2NBr_2I = O_2N \cdot C_6HBr_2I \cdot CH_3$. *B.* Beim Nitrieren von 3.5-Dibrom-4-jod-toluol (WROBLEWSKI, *A.* **192**, 210). — Nadeln (aus Essigsäure). F: 69°. Mit Wasserdämpfen flüchtig.

4.x-Dijod-x-nitro-1-methyl-benzol, 4.x-Dijod-x-nitro-toluol $C_7H_5O_2NI_2 = O_2N \cdot C_6H_2I_2 \cdot CH_3$. *B.* Neben anderen Produkten bei der Einw. von Salpetersäure (D: 1,51) auf p-Jod-toluol (REVERDIN, KACER, *B.* **30**, 3001). — Citronengelbe Prismen (aus Ligroin). F: 112°.

3.5-Dibrom-4.6-dijod-2-nitro-1-methyl-benzol, 3.5-Dibrom-4.6-dijod-2-nitro-toluol $C_7H_3O_2NBr_2I_2 = O_2N \cdot C_6Br_2I_2 \cdot CH_3$. *B.* Aus 3.5-Dibrom-2.4-dijod-toluol mit rauchender Salpetersäure (WROBLEWSKI, *A.* **192**, 212). — Tafeln (aus Alkohol). F: 129°.

4-Nitroso-2-nitro-1-methyl-benzol, 4-Nitroso-2-nitro-toluol $C_7H_6O_3N_2 = O_2N \cdot C_6H_3(CH_3) \cdot NO$. *B.* Bei der Oxydation des 2-Nitro-4-hydroxylamino-toluols mit Jod oder mit Eisenchlorid in Gegenwart von essigsaurem Natrium (BRAND, ZÖLLER, *B.* **40**, 3333). — Weiße Nädelchen (aus verd. Alkohol). Schmilzt bei 87° zu einer grünen Flüssigkeit.

6-Nitroso-2-nitro-1-methyl-benzol, 6-Nitroso-2-nitro-toluol $C_7H_6O_3N_2 = O_2N \cdot C_6H_3(CH_3) \cdot NO$. *B.* Man gibt eine heiße alkoh. Lösung von 6-Nitro-2-hydroxylamino-toluol zu einer eiskalten wäßr. Lösung von Eisenchlorid und Natriumacetat (B., Z., *B.* **40**, 3331). — Weiße Nadeln (aus Benzol). Schmilzt bei 117° zu einer smaragdgrünen Flüssigkeit.

4-Nitroso-3-nitro-1-methyl-benzol, 4-Nitroso-3-nitro-toluol $C_7H_6O_3N_2 = O_2N \cdot C_6H_3(CH_3) \cdot NO$. *B.* Durch Oxydation von 3-Nitro-4-amino-toluol mit Sulfomonopersäure (BAMBERGER, HÜBNER, *B.* **36**, 3821). — Schwachgelbe Nadeln (aus Alkohol). F: 145—145,5° (korr.). Leicht löslich in heißem Benzol, heißem Aceton, heißem Chloroform, ziemlich in heißem Alkohol, heißem Ligroin, schwer in Äther.

„Dinitrosonitrotoluole" $C_7H_5O_4N_3$ s. Syst. No. 671 a.

2.3-Dinitro-1-methyl-benzol, 2.3-Dinitro-toluol $C_7H_6O_4N_2 = (O_2N)_2C_6H_3 \cdot CH_3$. *B.* Aus Toluol mit rauchender Salpetersäure, neben dem Hauptprodukt 2.4-Dinitro-toluol (LIMP-RICHT, *B.* **18**, 1402; vgl. STÄDEL, KOLB, *A.* **259**, 216; NOELTING, STÖCKLIN, *B.* **24**, 564). Bei 6-stdg. Erhitzen von 2.3-Dinitro-4-methyl-benzoesäure mit 5%iger Salzsäure auf 265° (ROŻAŃSKI, *B.* **22**, 2681). Bei der Nitrierung von m-Nitro-toluol, neben viel 3.4- und wenig 2.5-Dinitro-toluol (SIRKS, *R.* **27**, 211). Aus 3-Nitro-2-amino-toluol durch Austausch der Amino- gegen die Nitrogruppe nach dem SANDMEYERschen Verfahren (GRELL, *B.* **28**, 2565). — Nadeln (aus Petroläther). F: 63° (R.). Erstarrungspunkt: 59,3° (korr.); D^{111}: 1,2625 (S.). — Gibt beim Erhitzen mit Salpetersäure 2.3-Dinitro-benzoesäure (G.; S.). Liefert bei der Reduktion mit Schwefelammon 2-Nitro-3-amino-toluol (L.; vgl. STÄ., K.; NOE., STÖ.).

2.4-Dinitro-1-methyl-benzol, 2.4-Dinitro-toluol $C_7H_6O_4N_2 = (O_2N)_2C_6H_3 \cdot CH_3$. *B.* Beim Behandeln von Toluol mit rauchender Salpetersäure (DEVILLE, *A.* **44**, 307; BEILSTEIN, KUHLBERG, *A.* **155**, 13). Bei der Nitrierung von o-Nitro-toluol (ROSENSTIEHL, *A. ch.* [4] **27**, 470) oder von p-Nitro-toluol (Ro., *A. ch.* [4] **27**, 647). Aus 4.6-Dinitro-2-amino-toluol durch Diazotieren und Erwärmen der Diazoniumsulfatlösung mit Alkohol (HOLLEMAN, BOESEKEN, *R.* **16**, 427). Desgleichen aus 4.6-Dinitro-3-amino-toluol durch Entamidierung

22*

(JACKSON, *B.* **22**, 1232). Beim Kochen von 2.4-Diamino-toluol mit Natriumsuperoxyd-Lösung (O. FISCHER, TROST, *B.* **26**, 3085).

Darst. Zu 100 Tln. p-Nitro-toluol läßt man eine Mischung von 75 Tln. Salpetersäure (91—92 %ig) und 150 Tln. Schwefelsäure (95—96 %ig) unter Rühren einfließen, indem man die Temp. zwischen 60—65° hält; dann erwärmt man noch $^1/_2$ Stunde auf 80—85° (HAEUSSERMANN, *Z. Ang.* **4**, 661). — Zu 400 g Toluol läßt man bei 60° im Laufe von 4 Stunden ein Gemisch von 700 g konz. Schwefelsäure und 450 g Salpetersäure (von 44,1° Bé) zufließen; man schüttelt dann noch $^1/_2$ Stunde, trennt das Nitrotoluol von der Säure und fügt im Laufe von ca. 3 Stunden ein Gemisch von 1350 g konz. Schwefelsäure und 450 g Salpetersäure (ca. 46,8° Bé) hinzu, wobei die Temp. 115° erreichen kann. Schließlich erwärmt man noch unter Schütteln 1 Stunde auf kochendem Wasserbade, läßt die Säure ab und gießt das Reaktionsprodukt in kochendes Wasser (KAYSER, *Zeitschr. f. Farb.- u. Textilchemie* **2**, 32). — *Darst.* im großen: KAYSER, *Zeitschr. f. Farb- u. Textilchemie* **2**, 18.

Nadeln (aus Schwefelkohlenstoff) (BEILSTEIN, KUHLBERG, *A.* **155**, 13). Monoklin prismatisch (BODEWIG, *J.* **1879**, 395; *Groth, Ch. Kr.* **4**, 363). F: 71° (DEVILLE, *A.* **44**, 307), 70,5° (BEI., KU., *A.* **155**, 13), 69,21° (MILLS, *J.* **1882**, 104); Erstarrungspunkt: 70,1° (korr.); D^{111}: 1,2860 (SIRKS, *R.* **27**, 214); $D^{n.l.}$: 1,3208 (R. SCHIFF, *A.* **223**, 264). — Schwer löslich in kaltem Alkohol und kaltem Äther, leicht in Benzol (BEI., KU., *A.* **155**, 13). 100 Tle. CS_2 lösen bei 17° 2,190 Tle. (BEI., KU., *A.* **155**, 26). Colorimetrische Untersuchung des 2.4-Dinitro-toluols in verschiedenen Mitteln: HANTZSCH, STAIGER, *B.* **41**, 1206. Schmelzkurve der Gemische von 2.4-Dinitro-toluol und Naphthalin: KREMANN, RODINIS, *M.* **27**, 170. Molekulare Schmelzpunktsdepression von 2.4-Dinitro-toluol: 89 (AUWERS, *Ph. Ch.* **30**, 310).

Explosionsfähigkeit: WILL, *Ch. I.* **26**, 130. 2.4-Dinitro-toluol wird von rauchender Salpetersäure zu 2.4-Dinitro-benzoesäure oxydiert (TIEMANN, JUDSON, *B.* **3**, 223), desgl. von Permanganat (HAEUSSERMANN, *Z. Ang.* **4**, 661 Anm.; SIRKS, *R.* **27**, 216), desgl. von CrO_3 in konz. Schwefelsäure (CURTIUS, BOLLENBACH, *J. pr.* [2] **76**, 287). 2.4-Dinitro-toluol verbindet sich nicht mit CrO_2Cl_2 (v. RICHTER, *B.* **19**, 1062). Auch bei der elektrolytischen Oxydation von 2.4-Dinitro-toluol entsteht 2.4-Dinitro-benzoesäure (SACHS, KEMPF, *B.* **35**, 2711). 2.4-Dinitro-toluol liefert bei der Behandlung mit Jod und methylalkoholischer Kalilauge 2.4.2'.4'-Tetranitro-stilben (GREEN, BADDILEY, *Soc.* **93**, 1725). Die Reduktion des 2.4-Dinitro-toluols mit Eisen und Essigsäure gibt 2.4-Diamino-toluol (A. W. HOFMANN, *J.* **1861**, 512). Die partielle Reduktion mit Eisen und Salzsäure, Schwefelsäure oder Essigsäure liefert ein Gemisch von 4-Nitro-2-amino-toluol und 2-Nitro-4-amino-toluol (WÜLFING, D. R. P. 67018; *Frdl.* **3**, 47). 2.4-Dinitro-toluol läßt sich mit der berechneten Menge Zinnchlorür in alkoh. Salzsäure zu 4-Nitro-2-amino-toluol reduzieren (ANSCHÜTZ, HEUSLER, *B.* **19**, 2161). Über das Auftreten von Azoxyverbindungen unter den Produkten der Reduktion mit Zinnchlorür in alkoh. salzsaurer Lösung vgl. FLÜRSCHEIM, SIMON, *Soc.* **93**, 1477. Die elektrolytische Reduktion des 2.4-Dinitro-toluols in konz. Schwefelsäure liefert 3-Oxy-4.6-diaminotoluol (GATTERMANN, *B.* **26**, 1844; BAYER & Co., D. R. P. 75260; *Frdl.* **3**, 54). Bei der elektrolytischen Reduktion in alkoholisch-salzsaurer Lösung bei Gegenwart von $CuCl_2$ erhält man in der Hauptsache 2-Nitro-4-amino-toluol (BRAND, ZÖLLER, *B.* **40**, 3330). Bei der elektrolytischen Reduktion in alkoholisch-schwefelsaurer Lösung in Gegenwart von Vanadinverbindungen entsteht hauptsächlich 2-Nitro-4-amino-toluol, daneben 2.4-Diamino-toluol und 3.3'-Dinitro-4.4'-dimethyl-azoxybenzol (HOFER, JAKOB, *B.* **41**, 3192). Bei der elektrolytischen Reduktion in schwach essigsaurer Lösung in Gegenwart von Natriumacetat bildet sich 2-Nitro-4-hydroxylamino-toluol (BRAND, ZÖLLER, *B.* **40**, 3333). 2.4-Dinitro-toluol gibt bei der Reduktion mit Natriumhydrosulfid in Alkohol + Essigester hauptsächlich 2-Nitro-4-amino-toluol (BRAND, *J. pr.* [2] **74**, 470). Bei der Reduktion mit Schwefelammon in der Kälte entsteht nur 2-Nitro-4-amino-toluol (BEILSTEIN, KUHLBERG, *A.* **155**, 14), während in der Hitze daneben noch 4-Nitro-2-amino-toluol entsteht (LIMPRICHT, *B.* **18**, 1401). Bei der elektrolytischen Reduktion von 2.4-Dinitro-toluol in sodaalkalischer Lösung bei Gegenwart von Natriumacetat entsteht 3.3'-Dinitro-4.4'-dimethyl-azoxybenzol (BRAND, ZÖLLER, *B.* **40**, 3329). Längeres Erhitzen von 2.4-Dinitro-toluol mit einem Gemisch von rauchender Schwefelsäure und rauchender Salpetersäure gibt 2.4.6-Trinitro-toluol (TIEMANN, *B.* **3**, 217); Geschwindigkeit der Nitrierung in 95 %iger Schwefelsäure: MARTINSEN, *Ph. Ch.* **50**, 414. — 2.4-Dinitro-toluol gibt mit Aceton und etwas Kalilauge eine blaue Färbung, die durch Essigsäure in violettrot übergeht (JANOVSKY, *B.* **24**, 972). Kondensiert sich mit Benzaldehyd bei Gegenwart von Piperidin zu 2.4-Dinitro-stilben (THIELE, ESCALES, *B.* **34**, 2842; BAYER & Co., D. R. P. 124681; *C.* **1901 II**, 1029). Kondensiert sich mit Naphthochinon-(1.2)-sulfonsäure-(4) bei Gegenwart von 2 Mol.-Gew. Ätzalkali zu der Verbindung C_6H_4⟨$\begin{array}{c} C[:CH \cdot C_6H_3(NO_2)_2]CH \\ CO \underline{\quad\quad\quad\quad} C \cdot OH \end{array}$ (Syst. No. 755)

(SACHS, BERTHOLD, ZAAR, *C.* **1907 I**, 1131). Liefert mit p-Nitroso-dimethylanilinen in alkoh. Lösung bei Gegenwart von alkal. Mitteln das p-Dimethylamino-anil des 2.4-Dinitro-benzaldehyds (SACHS, KEMPF, *B.* **35**, 1226). Liefert mit 4-Nitroso-3.5-dimethyl-pyrazol das 3.5-Di-

methyl-4-[2.4-dinitro-benzal-amino]-pyrazol $\begin{array}{c} CH_3C \underline{\quad\quad} C \cdot N : CH \cdot C_6H_3(NO_2)_2 \\ \ddot{N} \cdot NH - \ddot{C} \cdot CH_3 \end{array}$; analog ver-
läuft die Reaktion mit 4-Nitroso-3-methyl-5-phenyl-pyrazol (SACHS, ALSLEBEN, B. 40, 668).
Verwendung von 2.4-Dinitro-toluol zur Darstellung brauner bis gelber Schwefelfarbstoffe:
Ges. f. chem. Ind., D. R. P. 120175; C. 1901 I, 1130; BAYER & Co., D. R. P. 201835, 201836;
C. 1908 II, 1142. 2.4-Dinitro-toluol wird technisch hauptsächlich zur Fabrikation von 2.4.6-
Trinitro-toluol und 2.4-Diamino-toluol verwendet.

2.5-Dinitro-1-methyl-benzol, 2.5-Dinitro-toluol $C_7H_6O_4N_2 = (O_2N)_2C_6H_3 \cdot CH_3$. *B.*
Aus m-Nitro-toluol bei der Nitrierung, neben dem als Hauptprodukt entstehenden 3.4-Dinitro-
toluol und neben 2.3-Dinitro-toluol (SIRKS, R. 27, 211). Aus ,,2.5-Dinitroso-toluol" (s. bei
Toluchinondioxim, Syst. No. 671a) mit kalter rauchender Salpetersäure (NIETZKI, GUITEB-
MAN, B. 21, 433). Aus Toluchinondioxim durch Einw. von N₂O₄ in äther. Lösung (OLIVERI-
TORTORICI, G. 30 I, 534) oder durch Behandlung mit rauchender Salpetersäure (N., GUI.).
Bei 6-stdg. Erhitzen von 1 Tl. 2.5-Dinitro-4-methyl-benzoesäure mit 3 Tln. 5%iger Salz-
säure auf 250° (ROŻAŃSKI, B. 22, 2679). Aus 5-Nitro-2-amino-toluol durch Austausch von
NH₂ gegen NO₂ nach der SANDMEYERschen Reaktion (GRELL, B. 28, 2565). — Nadeln (aus
Alkohol); derbe keilförmige Krystalle (aus Petroläther oder Benzol). F: 52,5° (R.; GR.),
48° (N., GUI.; O.-T.). Erstarrungspunkt: 50,2° (korr.); D^{III}: 1,2820 (SI.). Sehr leicht löslich in Alkohol, CS₂ und Benzol (R.). — Gibt bei der Oxydation mit Salpetersäure 2.5-Dinitro-
benzoesäure (GR.; SI.).

2.6-Dinitro-1-methyl-benzol, 2.6-Dinitro-toluol $C_7H_6O_4N_2 = (O_2N)_2C_6H_3 \cdot CH_3$. *B.*
In geringer Menge bei der Nitrierung des Toluols, neben 2.4-Dinitro-toluol und anderen
Nitrierungsprodukten (CUNERTH, A. 172, 222; BERNTHSEN, B. 15, 3016; CLAUS, BECKER,
B. 16, 1598; HAEUSSERMANN, GRELL, B. 27, 2210; LEPSIUS, Ch. Z. 20, 839). — *Darst.* Man
diazotiert 2.6-Dinitro-4-amino-toluol in eiskalter Schwefelsäurelösung und schüttet das
Produkt rasch in kochenden Alkohol (HOLLEMAN, BOESEKEN, R. 16, 427; vgl. STÄDEL, A.
217, 205). — Nadeln (aus Alkohol). F: 66° (HO., BOE.), 65,2° (LE.), 60—61° (ST.), 59° (PAT-
TERSON, Soc. 93, 1855). Erstarrungspunkt: 65,2° (korr.); D^{III}: 1,2833 (STÄRK, R. 27, 214).
Ziemlich löslich in Alkohol (ST.). Schmelzkurve der Gemische von 2.6-Dinitro-toluol mit
Naphthalin: KREMANN, RODINIS, M. 27, 170, mit Anilin: KR., R., M. 27, 176. — 2.6-Dinitro-
toluol gibt bei der Oxydation mit Salpetersäure 2.6-Dinitro-benzoesäure (MICHAEL, OECHSLIN,
B. 42, 330; COHEN, ARMES, Soc. 89, 1480), desgl. bei der Oxydation mit Permanganat (HAEU.,
Z. Ang. 4, 661 Anm.; SIRKS, R. 27, 217). Bei der Einw. von Natriumhydrosulfid in einem
Gemisch von Alkohol und Essigester erfolgt Reduktion zu 6-Nitro-2-amino-toluol (BRAND,
J. pr. [2] 74, 469). Durch Reduktion von 2.6-Dinitro-toluol mit Schwefelwasserstoff in
alkoh. Ammoniak und Behandlung des Reaktionsproduktes mit siedender Salzsäure wurden
6-Nitro-2-amino-toluol und 2-Nitro-3-oxy-6-amino-toluol erhalten (Co., MARSHALL, Soc. 85,
527). 2.6-Dinitro-toluol liefert bei der elektrolytischen Reduktion in alkal. Lösung 3.3'-Di-
nitro-2.2'-dimethyl-azoxybenzol, in schwach essigsaurer Lösung bei Gegenwart von Natriumacetat 6-Nitro-2-hydroxylamino-toluol, in salzsaurer Lösung bei Gegenwart von CuCl₂ 6-Nitro-
2-amino-toluol (BRAND, ZÖLLER, B. 40, 3324). Bei der elektrolytischen Reduktion in alkoholisch-schwefelsaurer Lösung in Gegenwart von Vanadinverbindungen wurde hauptsächlich 6-Nitro-2-amino-toluol, daneben 3.3'-Dinitro-2.2'-dimethyl-azoxybenzol und 2.6-Diamino-
toluol erhalten (HOFER, JAKOB, B. 41, 3196). Beim Behandeln von 2.6-Dinitro-toluol mit
Hydroxylamin und KOH in Alkohol entsteht in geringer Menge 2.6-Dinitro-3-amino-toluol
(MEISENHEIMER, PATZIG, B. 39, 2540). 2.6-Dinitro-toluol gibt mit Aceton und Kalilauge
keine Färbung (LE.). Kondensiert sich mit Benzaldehyd in Gegenwart von etwas Pyridin
bei ca. 130° zu 2.6-Dinitro-stilben (PFEIFFER, MONATH, B. 39, 1305).

3.4-Dinitro-1-methyl-benzol, 3.4-Dinitro-toluol $C_7H_6O_4N_2 = (O_2N)_2C_6H_3 \cdot CH_3$. *B.*
Aus m-Nitro-toluol durch Nitrierung (BEILSTEIN, KUHLBERG, A. 155, 25), neben 2.3- und 2.5-
Dinitro-toluol (SIRKS, R. 27, 209; vgl. HAEUSSERMANN, GRELL, B. 27, 2209). Aus 3-Nitro-
4-amino-toluol durch Austausch von NH₂ gegen NO₂ nach der SANDMEYERschen Reaktion
(H., G.). — Nadeln (aus CS₂). F: 61° (H., G.), 60° (B., K.). Erstarrungspunkt: 58,3° (korr.);
D^{III}: 1,2594 (S.). 100 Tle. CS₂ von 17° lösen 2,188 Tle. (B., K.). Schmelzpunkte der Gemische
von 3.4-Dinitro-toluol mit Naphthalin: KREMANN, RODINIS, M. 27, 172, mit Anilin: KR.,
R., M. 27, 178. — Gibt bei der Oxydation 3.4-Dinitro-benzoesäure (S.; H., G.).

3.5-Dinitro-1-methyl-benzol, 3.5-Dinitro-toluol $C_7H_6O_4N_2 = (O_2N)_2C_6H_3 \cdot CH_3$. *B.*
Aus 3.5-Dinitro-4-amino-toluol durch Diazotierung und Behandlung des Diazoniumsalzes
mit kochendem Alkohol (STÄDEL, A. 217, 190; NEVILE, WINTHER, B. 15, 2985; vgl. HÜBNER,
A. 222, 74). Aus 3.5-Dinitro-4-amino-toluol in heißem absol. Alkohol mit Nitrosylsulfat
(HÖNIG, B. 20, 2418). Aus 3.5-Dinitro-2-amino-toluol durch Diazotierung und Behandlung
des Diazoniumnitrats mit siedendem Alkohol (ST., A. 217, 197). — *Darst.* Man suspendiert
1 Tl. 3.5-Dinitro-4-amino-toluol in 20 Vol. Alkohol und 5 Vol. konz. Schwefelsäure, erwärmt

auf dem Wasserbade und trägt 3 Tle. gepulvertes $NaNO_2$ ein (COHEN, MC CANDLISH, *Soc.*
87, 1271; vgl. SIRKS, *R.* **27**, 214). — Nadeln (aus Eisessig) (HÜ.). Krystallisiert aus Benzol
mit 1 Mol. Benzol, das an der Luft entweicht (ST.). Monoklin prismatisch (BARNER, *J.* **1882**,
368; vgl. *Groth, Ch. Kr.* **4**, 364). F: 92—93° (ST.), 92.4° (N., W.). Erstarrungspunkt: 92,6°
(korr.) (SI.). Leicht flüchtig mit Wasserdämpfen (HÜ.). Unzersetzt sublimierbar (ST.).
D^{111}: 1,2772 (SI.). Schwer löslich in Wasser und Ligroin, ziemlich leicht in kaltem Alkohol
und CS_2, leicht in der Wärme, in kaltem Chloroform, Äther und Benzol (ST.). — Schmelzkurve der Gemische von 3.5-Dinitro-toluol mit Naphthalin: KREMANN, RODINIS, *M.* **27**,
174, mit Anilin: KR., R., *M.* **27**, 177. — Gibt bei der Oxydation mit Dichromatmischung 3.5-
Dinitro-benzoesäure (ST.). Bei der Reduktion mit Zinn und Salzsäure entsteht 3.5-Diamino-
toluol (ST.). Alkoholisches Schwefelammon reduziert zu 5-Nitro-3-amino-toluol (ST.). 3.5-
Dinitro-toluol liefert mit Na_2S_2 in Alkohol 5-Nitro-3-amino-toluol und wenig der entsprechenden Azoxyverbindung (BLANKSMA, *R.* **28**, 112).

2.1¹-Dinitro-1-methyl-benzol, o.ω-Dinitro-toluol, [o-Nitro-phenyl]-nitromethan
$C_7H_6O_4N_2 = O_2N \cdot C_6H_4 \cdot CH_2 \cdot NO_2$. *B.* Bei 8-stdg. Erhitzen der äther. Lösung von 1 Mol.-
Gew. o-Nitro-benzyljodid mit 1 Mol.-Gew. $AgNO_2$ (HOLLEMAN, *R.* **15**, 367). — Prismen (aus
Alkohol). F: 72° (Ho.). Absorptionsspektrum in Ultraviolett: HEDLEY, *B.* **41**, 1201. — Gibt
beim Erhitzen mit mäßig konz. Schwefelsäure bei 125—130° o-Nitro-benzhydroxamsäure
und o-Nitro-benzoesäure (BAMBERGER, RÜST, *B.* **35**, 53).

aci-2.1¹-Dinitro-1-methyl-benzol, [o-Nitro-phenyl]-isonitromethan $C_7H_6O_4N_2 =$

—CH:NO₂H oder =CH·NO₂
\NO₂ NO₂H

Zur Konstitution der Salze vgl.
HANTZSCH, *B.* **40**, 1538. — *B.* Das
Kaliumsalz wird erhalten, wenn man
die äther. Lösung von [o-Nitro-phenyl]-
nitromethan mit der berechneten Menge konz. Kalilauge durchschüttelt und Alkohol hinzu-
fügt, bis bei weiterem Schütteln die Flüssigkeiten homogen werden; das Kaliumsalz scheidet
sich dann krystallinisch aus (H., *B.* **40**, 1554). — **Ammoniumsalz**. Gelb. — **Lithiumsalz**.
Gelb. — **Natriumsalz**. — $KC_7H_5O_4N_2 + 2H_2O$. Rote Nadeln. Verliert
bei 100° 1H_2O, zersetzt sich bei 130°. Leicht löslich in Wasser und Alkohol. — **Silbersalz**.
Gelb. — **Mercurosalz**. Olivgrün. — **Bleisalz**. Gelb.

3.1¹-Dinitro-1-methyl-benzol, m.ω-Dinitro-toluol, [m-Nitro-phenyl]-nitromethan
$C_7H_6O_4N_2 = O_2N \cdot C_6H_4 \cdot CH_2 \cdot NO_2$. *B.* Beim Eintragen von Phenylnitromethan in Salpetersäure (D: 1,5) unterhalb 10° (LOBRY DE BRUYN, *R.* **14**, 123). Aus m-Nitro-benzylchlorid und
$AgNO_2$ (HANTZSCH, *B.* **40**, 1555). — Krystalle (aus Eisessig). F: 94° (L. DE B.). Absorptionsspektrum im Ultraviolett: HEDLEY, *B.* **41**, 1201. Leicht löslich in Alkalien (L. DE B.). Elektrische Leitfähigkeit: LEY, HANTZSCH, *B.* **39**, 3159. — Spaltet in wäßr. Lösung sehr langsam,
in saurer Lösung schon in wenigen Minuten meßbare Mengen salpetriger Säure ab (L., HA.).
Gibt bei der Oxydation mit $KMnO_4$ m-Nitro-benzoesäure (L. DE B.).

aci-3.1¹-Dinitro-1-methyl-benzol, [m-Nitro-phenyl]-isonitromethan $C_7H_6O_4N_2$.
Zur Konstitution der Salze vgl. HANTZSCH, *B.* **40**, 1538, 1555. — $NH_4C_7H_5O_4N_2 + H_2O$.
Gelbe Nadeln. Verliert an der Luft alles NH_3 (L. DE B., *R.* **14**, 126). — $NaC_7H_5O_4N_2$.
Rote Nadeln (aus Alkohol). Sehr leicht löslich in Wasser (L. DE B.). — $KC_7H_5O_4N_2$. Rote
Nadeln (L. DE B.). — **Mercurisalz**. Weiß (HA., *B.* **40**, 1538, 1555).

4.1¹-Dinitro-1-methyl-benzol, p.ω-Dinitro-toluol, [p-Nitro-phenyl]-nitromethan
$C_7H_6O_4N_2 = O_2N \cdot C_6H_4 \cdot CH_2 \cdot NO_2$. *B.* Aus p-Nitro-benzyljodid, gelöst in Äther, beim Kochen
mit $AgNO_2$ (HOLLEMAN, *R.* **15**, 365). — *Darst.* Man läßt p-Nitro-benzyljodid und $AgNO_2$
mit einem bei ca. 50° siedendem Gemisch von Benzol und Äther 12 Stdn. stehen und kocht
dann 2 Stdn. (HANTZSCH, VEIT, *B.* **32**, 621); man schüttelt die ätherisch-benzolische Lösung
mit Natronlauge aus und fällt aus der alkal. Lösung rasch und unter Kühlung durch verd.
Säure das [p-Nitro-phenyl]-isonitromethan aus, das beim Stehen, rascher beim Erhitzen oder
durch Umkrystallisieren aus Alkohol in das echte [p-Nitro-phenyl]-nitromethan übergeht
(HA., V.; vgl. Ho.). — Krystalle (aus Alkohol). F: 91° (HA., V.), 90° (Ho.). Absorptionsspektrum im Ultraviolett: HEDLEY, *B.* **41**, 1200. — Reagiert nicht mit PCl_5 (HA., V.). Gibt
keine Farbreaktion mit $FeCl_3$ (HA., V.). Gibt beim Erhitzen mit mäßig konz. Schwefelsäure p-Nitro-benzoesäure und etwas p-Nitro-benzhydroxamsäure neben viel Hydroxylamin (BAMBERGER, RÜST, *B.* **35**, 52). Reagiert nicht mit Phenylisocyanat (HA., V.).

aci-4.1¹-Dinitro-1-methyl-benzol, [p-Nitro-phenyl]-isonitromethan $C_7H_6O_4N_2 =$

$O_2N \cdot$ ⟨⟩ $\cdot CH:NO_2H$ oder $HO_2N:$ ⟨⟩ $:CH \cdot NO_2$ (vgl. HANTZSCH, *B.* **40**, 1538). —

Darst. s. bei [p-Nitro-phenyl]-nitromethan. — Gelblichweiß. Zeigt den Schmelzpunkt 91° des
echten [p-Nitro-phenyl]-nitromethans (HANTZSCH, VEIT, *B.* **32**, 622). In Wasser schwer, aber
doch leichter löslich als das echte [p-Nitro-phenyl]-nitromethan (H., V.). Geht beim Auf-

bewahren, beim Schmelzen und durch Wasser, Alkohol, Äther, Benzol und Chloroform — am schnellsten durch Wasser, am langsamsten durch Chloroform — in die echte Nitroverbindung über (H., V.). Beim Erhitzen mit Alkalilauge wird Nitrit abgespalten (H., V.). Reagiert mit PCl_5 und mit Phenylisocyanat; gibt Farbreaktion mit $FeCl_3$ (H., V.).

Salze von Isoformen des [p-Nitro-phenyl]-nitromethans. Bekannt sind gelbe, rote, grüne und violette Salze (Chromosalze). Nach HANTZSCH (B. 40, 1538) sind diese Chromosalze aus den unbekannten Leukosalzen $O_2N \cdot C_6H_4 \cdot CH : NO_2Me$ und $MeO_2N : C_6H_4 :$ $CH \cdot NO_2$ durch Isomerisation entstanden, wobei die echte Nitrogruppe mit der Isonitrogruppe in Beziehung getreten ist. Dies wird für die gelben und roten Salze durch die Formel I (nebenstehend), für die grünen und violetten Salze durch Formel II angedeutet.

$$\begin{array}{cc} C_6H_4 \cdot NO & C_6H_4 : N \cdot OMe \\ \mathrm{I.}\ \bigg|\ O \diamondsuit O & \mathrm{II.}\ \bigg\|\ O \diamondsuit O \\ CH = N \cdot OMe & CH - NO \end{array}$$

Ammoniumsalze. a) Gelbes Salz. Dunkelbraune Nadeln (aus Wasser). F: 136°. Die wäßr. Lösung ist rein gelb; sie wird beim Erhitzen rot, beim Erkalten wieder gelb. Kühlt man die gelbe Lösung auf —14° ab, so friert das grüne Salz aus. b) Grünes Salz. Geht beim Umkrystallisieren aus Wasser in das gelbe Salz über (HA., VEIT, B. 32, 622; HA., B. 40, 1552). — $LiC_7H_5O_4N_2 + 3 H_2O$. Gelbe Blättchen. Äußerst löslich in Wasser und Alkohol (HA., B. 40, 1547). — Natriumsalze. a) Rotes Salz. $NaC_7H_5O_4N_2 + 3 H_2O$. Rote prismatische Nadeln. Verliert gegen 130° das Krystallwasser (HA., V., B. 32, 622; HA., B. 40, 1548). b) Grünes Salz: HA., B. 40, 1548. c) Gelbes Salz $NaC_7H_5O_4N_2 + 3 H_2O$. Verliert bei 100° $2^3/_4$ Mol. H_2O, indem es in rotes Salz übergeht, bei ca. 130° den Rest des Wassers (HA., B. 40, 1548). — Kaliumsalze. a) Gelbes Salz $KC_7H_5O_4N_2 + 2 H_2O$. Blättchen (aus Wasser). Schmilzt rasch erhitzt bei 160°. Verliert bei 100° unter Übergang in rotes Salz $1^1/_2 - 1^3/_4$ Mol. Wasser, bei 130° unter Violettfärbung den Rest des Wassers. Zersetzt sich oberhalb 130° (HA., B. 40, 1549). b) Rotes Salz: HA., B. 40, 1549. HOLLEMAN (R. 15, 366) erhielt ein rotes Salz mit $2 H_2O$. c) Grünes Salz $KC_7H_5O_4N_2 + 2 H_2O (HA., B. 40,$ 1550). d) Violettes Salz. Wasserfrei. Absorbiert an der Luft 2 Mol. Wasser und geht in das grüne Salz über (HA., B. 40, 1549). Beim Behandeln des in Benzol verteilten wasserfreien Kaliumsalzes mit Benzoylchlorid entsteht Benzoyl-p-nitrobenzhydroxamsäure (Ho., R. 15, 363). — Rubidiumsalze. a) Gelbes Salz $RbC_7H_5O_4N_2 + 2 H_2O$. Blättchen. Geht bei 100° in das violette Salz über (HA., B. 40, 1551). b) Violettes Salz. Wasserfrei. Nimmt an der Luft 2 Mol. Wasser auf und geht in die grüne Modifikation über (HA.). c) Grünes Salz (HA.). — Caesiumsalze. a) Gelbes Salz $CsC_7H_5O_4N_2 + 2 H_2O$. Goldgelbe Blättchen. Verliert bei 50° ein Mol. Wasser und wird rot, bei 100° das zweite Mol. und wird violett (HA., B. 40, 1551). b) Rotes Salz $CsC_7H_5O_4N_2 + H_2O$. Nimmt unter 0° ein zweites Mol. Wasser auf und wird gelb (HA.). c) Violettes Salz $CsC_7H_5O_4N_2$. Nimmt bei Zimmertemperatur an der Luft ein Mol. Wasser auf und wird rot. Unterhalb —10° geht das violette Salz an feuchter Luft in ein unbeständiges grünes Salz über, das sich bei 0° sofort in das gelbe Salz verwandelt (HA.). — $AgC_7H_5O_4N_2$. Roter gelatinöser Niederschlag, der im Exsiccator bei Lichtabschluß violett wird (HA., B. 40, 1553). — $Ba(C_7H_5O_4N_2)_2 + 2 H_2O$. Braune Nadeln (aus Wasser), in feiner Verteilung gelb. Verliert bei 120° $1^3/_4$ Mol. Wasser und wird rot (HA., B. 40, 1553).

$1^1.1^1$-Dinitro-1-methyl-benzol, $\omega.\omega$-Dinitro-toluol, Phenyldinitromethan $C_7H_6O_4N_2$ $= C_6H_5 \cdot CH(NO_2)_2$. Über Auffassung als Nitrat der Benzhydroximsäure $C_6H_5 \cdot C(O \cdot NO_2):$ $N \cdot OH$ vgl. PONZIO, G. 36 II, 289. — B. Bei Einw. von 1 Mol.-Gew. N_2O_4 auf 1 Mol.-Gew. Benzaldoxim in äther. Lösung, neben Benzaldehyd, Benzaldoximperoxyd $C_6H_5 \cdot CH:$

$$\begin{array}{c} C_6H_5 \cdot C \!-\! C \cdot C_6H_5 \\ N \cdot O \cdot O \cdot N : CH \cdot C_6H_5\ (\text{Syst. No. 631}) \text{ und Diphenylfuroxan} \quad \Big| \qquad \Big| \qquad \text{(Syst. No. 4629)}. \\ N \cdot O \cdot N \diamondsuit O \end{array}$$

Bei Einw. von 2 Mol.-Gew. N_2O_4 auf 1 Mol-Gew. Benzaldoxim, neben Benzaldehyd allein (P., R. A. L. [5] 15 II, 120; J. pr. [2] 73, 494; G. 36 II, 288). Aus dem Monoxim des Acetylbenzoyls $C_6H_5 \cdot C(:N \cdot OH) \cdot CO \cdot CH_3$ mittels N_2O_4 (P., G. 31 I, 262 Anm.; II, 133). Aus dem Monoxim des Benzoylcarbinols $C_6H_5 \cdot C(:N \cdot OH) \cdot CH_2 \cdot OH$ in äther. Lösung durch N_2O_4 (P., G. 39 I, 326). Aus Phenyldibromnitromethan durch Behandlung mit KNO_2 in alkalischalkoholischer Lösung (P., G. 38 II, 418). — Weiße Prismen (aus Petroläther). F: 79°; flüchtig mit Wasserdampf; leicht löslich in den üblichen organischen Solvenzien, außer in Petroläther, ziemlich leicht in heißem Wasser (P., G. 31 II, 135). Die Lösungen in nicht ionisierend wirkenden Medien (Benzol, Chloroform, Äther) sind farblos, die in Alkohol und Wasser sind, besonders in der Wärme gelb (HANTZSCH, B. 40, 1542). Absorptionsspektrum im Ultraviolett: HEDLEY, B. 41, 1198. Leitfähigkeit in Pyridinlösung: HA., CALDWELL, Ph. Ch. 61, 229. Löslich in Alkalilauge mit gelber Farbe (P., G. 31 II, 135). — Liefert beim Erhitzen auf 130° Benzaldehyd (P., G. 31 II, 136). Auch bei Einw. von Zinkstaub und Eisessig entsteht Benzaldehyd (P., G. 31 II, 137). Gibt mit Aluminiumamalgam in Äther Ammoniak und Benzylamin (P., J. pr. [2] 65, 200). Beständig gegen verdünnte Säuren; gibt, mit konz. Schwefelsäure erwärmt, Benzoesäure (P., G. 31 II, 135, 136).

Salze von Isoformen des Phenyldinitromethans. HANTZSCH (*B.* **40**, 1536) unterscheidet:

a) Leukosalze $C_6H_5 \cdot C(NO_2)$: NO·OMe,

b) Chromosalze

$$C_6H_5 \cdot \overset{ON-O}{C-NO \cdot O \cdot Me} \quad oder \quad C_6H_5 \cdot C \overset{ON\!-\!\!-\!\!O}{=\!\!\!=\!\!\!=} N \cdot O \cdot Me \quad oder \quad C_6H_5 \cdot C \overset{N\!\!=\!\!\!=\!\!O}{=\!\!\!O} N \cdot O \cdot Me \; .$$

Die Leukosalze wurden noch nicht ganz rein (farblos) erhalten, am besten durch Zusammenreiben der gepulverten Substanz mit konz. Alkalilauge. Sie färben sich leicht gelb, sind aber, wenn einmal isoliert, ziemlich beständig. Die Chromosalze treten in einer stabilen gelben Form und in einer weniger stabilen roten Form auf; außerdem kommen beide Formen noch in labilen Zwischenzuständen vor. — Natriumsalze. a) Leukosalz $NaC_7H_5O_4N_2$. Schwach gelblich (HA., *B.* **40**, 1543). b) Gelbes Salz $NaC_7H_5O_4N_2$. Nädelchen (HA.). c) Rotes Salz $NaC_7H_5O_4N_2$. Zinnoberrot oder metallischgrün glänzende Blättchen (HA.). — Kaliumsalze. a) Gelbes Salz $KC_7H_5O_4N_2$. Gelbe Blättchen. Schwer löslich in Alkohol (PONZIO, *G.* **31** II, 137; HA., *B.* **40**, 1543). Liefert bei der Einw. von Benzoldiazoniumacetat in Wasser bei 0° eine Verbindung $C_{13}H_{10}O_4N_4$ [vielleicht $C_6H_5 \cdot C(NO_2)_2 \cdot N:N \cdot C_6H_5$] (Syst. No. 2193) (P., *G.* **38** I, 512); analog verläuft die Reaktion mit anderen Diazoverbindungen (P., *G.* **39** I, 560; P., CHARRIER, *G.* **39** I, 627). b) Rotes Salz. Rote Blättchen, die sich schnell in gelbe Prismen verwandeln (P., *G.* **38** I, 512 Anm.; HA., *B.* **40**, 1544). — $AgC_7H_5O_4N_2$. Gelbbraune Prismen (aus siedendem Wasser) (P., *G.* **31** II, 137).

6-Chlor-2.3-dinitro-1-methyl-benzol, 6-Chlor-2.3-dinitro-toluol $C_7H_5O_4N_2Cl =$ $(O_2N)_2C_6H_2Cl \cdot CH_3$. *B.* Aus 6-Chlor-2-nitro-toluol und Salpeterschwefelsäure (v. JANSON, D. R. P. 107505; *C.* **1900** I, 1110; P. COHN, *M.* **22**, 475). — Weiße, etwas gelbstichige, rhombische (v. LANG, *M.* **22**, 476; *Z. Kr.* **40**, 625) Tafeln. F: 106—107° (v. J.), 106° (C.). — Bei der Reduktion entsteht ein Orthodiamin (C.).

5-Chlor-2.4-dinitro-1-methyl-benzol, 5-Chlor-2.4-dinitro-toluol $C_7H_5O_4N_2Cl =$ $(O_2N)_2C_6H_2Cl \cdot CH_3$. *B.* Durch Nitrieren von m-Chlor-toluol mit Salpeterschwefelsäure (REVERDIN, CRÉPIEUX, *B.* **33**, 2506). — Gelbliche Nadeln (aus Alkohol). F: 91°. Flüchtig mit Wasserdämpfen. — Wird mit Zinn und Salzsäure zu 5-Chlor-2.4-diamino-toluol reduziert.

1¹-Chlor-2.4-dinitro-1-methyl-benzol, 1¹-Chlor-2.4-dinitro-toluol, 2.4-Dinitrobenzylchlorid $C_7H_5O_4N_2Cl = (O_2N)_2C_6H_3 \cdot CH_2Cl$. *B.* Aus o-Nitro-benzylchlorid oder aus p-Nitro-benzylchlorid mit Salpeterschwefelsäure (KRASSUSKI, Ж. **27**, 336). — *Darst.* Man suspendiert 100 g p-Nitro-benzylchlorid in 800 g konz. Schwefelsäure, fügt bei 10—15° ein Gemisch von 85 g Salpetersäure (D: 1,45) und 200 g Schwefelsäure hinzu, läßt die Temp. auf 20—25° steigen und gießt, nachdem das p-Nitro-benzylchlorid verschwunden ist, auf Eis (FRIEDLÄNDER, P. COHN, *M.* **23**, 546; *B.* **35**, 1266; vgl. ESCALES, *B.* **37**, 3599). — Tafeln (aus Äther). Rhombisch bipyramidal (v. LANG, *M.* **23**, 546; vgl. *Groth, Ch. Kr.* **4**, 437). Wirkt auf Haut und Schleimhäute energisch ein (F., C.). F: 34° (F., C.), 32° (K.). Löslich in den gebräuchlichen Lösungsmitteln, schwer löslich in Ligroin, unlöslich in Wasser (F., C.). — Wird von Zinn und Salzsäure zu 2.4-Diamino-toluol reduziert (K.). Liefert mit alkoh. Kalilauge 2.4.2′.4′-Tetranitro-stilben (K.). Setzt sich mit Natriumacetat zu 2.4-Dinitro-benzylacetat um (F., C.). Liefert beim Erhitzen mit β-Naphthol, $SnCl_2$, Salzsäure und etwas Alkohol das Amino-1.2-benzo-acridin der Formel I (BAEZNER, *B.* **37**, 3082). Gibt beim Erhitzen mit 2.7-Dioxy-naphthalin, $SnCl_2$ und Salzsäure das Oxy-amino-1.2-benzoacridin der Formel II (B., GUEORGUIEFF, *B.* **39**, 2441) und das „Diamino-naphthylen-diacridin" der Formel III (B., *B.* **39**, 2650); ähnlich reagieren andere Dioxynaphthaline und 2-Oxy-7-acetylamino-naphthalin in Gegenwart von $SnCl_2$ (B., G.; B., *B.* **39**, 2651).

2.4-Dinitro-benzylchlorid bildet beim Erwärmen mit Anilin [2.4-Dinitro-benzyl]-anilin (F., C.; SACHS, EVERDING, *B.* **35**, 1236).

4-Chlor-2.5-dinitro-1-methyl-benzol, 4-Chlor-2.5-dinitro-toluol $C_7H_5O_4N_2Cl =$ $(O_2N)_2C_6H_2Cl \cdot CH_3$. Zur Konstitution vgl. COHEN, MC CANDLISH, *Soc.* **87**, 1265. — *B.* Beim Behandeln von 4-Chlor-2-nitro-toluol mit Salpeterschwefelsäure (HÖNIG, *B.* **20**, 2420). — Nadeln (aus Alkohol). F: 101°.

4-Chlor-2.6-dinitro-1-methyl-benzol, 4-Chlor-2.6-dinitro-toluol $C_7H_5O_4N_2Cl =$ $(O_2N)_2C_6H_2Cl \cdot CH_3$. Zur Konstitution vgl. COHEN, MC CANDLISH, *Soc.* **87**, 1265. — *B.* Beim

Behandeln von p-Chlor-toluol mit Salpetersäure (D: 1,47) (GOLDSCHMIDT, HÖNIG, *B.* 19, 2439). Aus 2.6-Dinitro-4-amino-toluol durch Austausch der Aminogruppe gegen Chlor (C., MC CA.). — Gelbe Nadeln (aus Äther). F: 76—77° (C., MC CA.), 76° (G., H.).

2-Chlor-3.5-dinitro-1-methyl-benzol, 2-Chlor-3.5-dinitro-toluol $C_7H_5O_4N_2Cl = (O_2N)_2C_6H_2Cl \cdot CH_3$. *B.* Man trägt 1 Tl. o-Chlor-toluol unter Kühlung in ein Gemisch aus 3 Tln. Salpetersäure (D: 1,48) und 9 Tln. konz. Schwefelsäure ein und erhitzt einige Stunden lang auf 80° (NIETZKI, REHE, *B.* 25, 3005). Aus 3.5-Dinitro-2-amino-toluol durch Austausch der Aminogruppe gegen Chlor (RABAUT, *Bl.* [3] 13, 634 Anm.). — Gelbe Nadeln. F: 45—46° (RA.), 45° (N., RE.). Leicht löslich in Alkohol und Äther (N., RE.). — Gibt bei der Reduktion mit Zinnchlorür und Salzsäure 2-Chlor-3.5-diamino-toluol (N., RE.). Liefert beim Kochen mit Kalilauge 3.5-Dinitro-2-oxy-toluol (N., RE.). Setzt sich mit alkoh. Ammoniak zu 3.5-Dinitro-2-amino-toluol um (N., RE.).

4-Chlor-3.5-dinitro-1-methyl-benzol, 4-Chlor-3.5-dinitro-toluol $C_7H_5O_4N_2Cl = (O_2N)_2C_6H_2Cl \cdot CH_3$. *B.* Aus 4-Chlor-3-nitro-toluol und rauchender Salpetersäure (HÖNIG, *B.* 20, 2420). — Nadeln (aus Alkohol). F: 48°. — Gibt bei der Reduktion ein bei 111° schmelzendes m-Diamin.

1¹-Chlor-1¹.1¹-dinitro-1-methyl-benzol, ω-Chlor-ω.ω-dinitro-toluol, Phenylchlordinitromethan $C_7H_5O_4N_2Cl = C_6H_5 \cdot CCl(NO_2)_2$. Besitzt nach PONZIO (*G.* 38 I, 650) vielleicht die Konstitution $C_6H_5 \cdot C(NO)(NO_2) \cdot O \cdot Cl$. — *B.* Man fügt eine verd. Lösung von Phenyldinitromethankalium zu einer alkal. Lösung von Chlor bei 0° (PONZIO, CHARRIER, *G.* 38 I, 651). — Farbloses beständiges Öl von angenehmem Geruch. Gibt beim Erhitzen mit Wasser unter Entwicklung von Stickoxyden Benzoesäure, mit alkoh. Kalilauge Kaliumbenzoat, Phenyldinitromethankalium, Kaliumnitrit und Kaliumnitrat.

3.6-Dichlor-2.4-dinitro-1-methyl-benzol, 3.6-Dichlor-2.4-dinitro-toluol $C_7H_4O_4N_2Cl_2 = (O_2N)_2C_6HCl_2 \cdot CH_3$. *B.* Aus 2.5-Dichlor-toluol durch Nitrierung mit 7 Tln. rauchender Salpetersäure und 3½ Tln. konz. Schwefelsäure (COHEN, DAKIN, *Soc.* 79, 1131). — Krystalle (aus Eisessig). F: 100—101° (C., D., *Soc.* 79, 1131). — Die durch Reduktion entstehende Base gibt die Chrysoidinreaktion (C., D., *Soc.* 81, 1347).

5.6-Dichlor-2.4-dinitro-1-methyl-benzol, 5.6-Dichlor-2.4-dinitro-toluol $C_7H_4O_4N_2Cl_2 = (O_2N)_2C_6HCl_2 \cdot CH_3$. *B.* Durch Nitrieren von 1 Tl. 2.3-Dichlor-toluol mit 7 Tln. Salpetersäure (D: 1,5) + 3½ Tln. konz. Schwefelsäure (COHEN, DAKIN, *Soc.* 79, 1128). — F: 71—72° (C., D., *Soc.* 79, 1129). — Die durch Reduktion entstehende Base gibt die Chrysoidinreaktion (C., D., *Soc.* 81, 1347).

3.4-Dichlor-2.6-dinitro-1-methyl-benzol, 3.4-Dichlor-2.6-dinitro-toluol $C_7H_4O_4N_2Cl_2 = (O_2N)_2C_6HCl_2 \cdot CH_3$. *B.* Aus 3.4-Dichlor-toluol mit Salpeterschwefelsäure (C., D., *Soc.* 79, 1133). — Nadeln (aus Eisessig). F: 91,5—92,5° (C., D., *Soc.* 79, 1133). — Die durch Reduktion entstehende Base gibt die Chrysoidinreaktion (C., D., *Soc.* 81, 1349).

3.5-Dichlor-2.4 oder 2.6-dinitro-1-methyl-benzol, 3.5-Dichlor-2.4 oder 2.6-dinitro-toluol $C_7H_4O_4N_2Cl_2 = (O_2N)_2C_6HCl_2 \cdot CH_3$. *B.* Durch Nitrierung von 1 Tl. 3.5-Dichlor-toluol mit 4 Tln. Salpetersäure (D: 1,5) und 4 Tln. konz. Schwefelsäure (COHEN, DAKIN, *Soc.* 79, 1134; vgl. *Soc.* 81, 1349). — Nadeln (aus Alkohol). F: 99—100°.

2.4-Dichlor-3.5-dinitro-1-methyl-benzol, 2.4-Dichlor-3.5-dinitro-toluol $C_7H_4O_4N_2Cl_2 = (O_2N)_2C_6HCl_2 \cdot CH_3$. *B.* Beim Nitrieren von 2.4-Dichlor-toluol (SEELIG, *A.* 237, 163). — Nadeln (aus Methylalkohol). F: 104° (C., D., *Soc.* 79, 1129), 101—102° (S.). — Die durch Reduktion entstehende Base gibt die Chrysoidinreaktion (C., D., *Soc.* 81, 1348).

2.6-Dichlor-3.5-dinitro-1-methyl-benzol, 2.6-Dichlor-3.5-dinitro-toluol $C_7H_4O_4N_2Cl_2 = (O_2N)_2C_6HCl_2 \cdot CH_3$. *B.* Aus 2.6-Dichlor-toluol mit Salpeterschwefelsäure (C., D., *Soc.* 79, 1132). — Nadeln (aus Alkohol). F: 121—122° (C., D., *Soc.* 79, 1132). — Die durch Reduktion entstehende Base gibt die Chrysoidinreaktion (C., D., *Soc.* 81, 1346).

4.5.6-Trichlor-2.3-dinitro-1-methyl-benzol, 4.5.6-Trichlor-2.3-dinitro-toluol $C_7H_3O_4N_2Cl_3 = (O_2N)_2C_6Cl_3 \cdot CH_3$. *B.* Aus 2.3.4-Trichlor-toluol durch Erwärmen mit Salpeterschwefelsäure (SEELIG, *A.* 237, 140). — *Darst.* Aus 1 Tl. 2.3.4-Trichlor-toluol und einem Gemisch von 2 Tln. rauchender Schwefelsäure (D: 1,9), 3 Tln. rauchender Salpetersäure (D: 1,5) und 1 Tl. roher Schwefelsäure bei Wasserbadtemperatur (PRENTZELL, *A.* 296, 182). — Schwach gelbliche Nadeln (aus Alkohol). F: 141° (S.). — Gibt bei der Reduktion mit Zinnchlorür und Salzsäure 4.5.6-Trichlor-2.3-diamino-toluol (S.; p.). Liefert beim Erhitzen mit alkoh. Ammoniak auf 80—100° 4.5.6-Trichlor-2-nitro-3-amino-toluol (S.).

3.5.6-Trichlor-2.4-dinitro-1-methyl-benzol, 3.5.6-Trichlor-2.4-dinitro-toluol $C_7H_3O_4N_2Cl_3 = (O_2N)_2C_6Cl_3 \cdot CH_3$. *B.* Aus 2.3.5-Trichlor-toluol durch Nitrierung mit einer

Mischung von 6 Tln. rauchender Salpetersäure mit 4 Tln. Schwefelsäure (COHEN, DAKIN, *Soc.* **81**, 1331). — Nadeln (aus Alkohol + Eisessig). F: 149—150⁰.

3.4.6-Trichlor-2.5-dinitro-1-methyl-benzol, 3.4.6-Trichlor-2.5-dinitro-toluol $C_7H_3O_4N_2Cl_3 = (O_2N)_2C_6Cl_3 \cdot CH_3$. *B.* Beim Nitrieren von 2.4.5-Trichlor-toluol mit einem Gemenge von 2 Tln. Salpetersäure (D: 1,52) und 1 Tl. konz. Schwefelsäure (SCHULTZ, *A.* **187**, 280). — Nadeln (aus Alkohol). F: 225⁰ (SCH.), 227⁰ (SEELIG, *A.* **237**, 140). Schwer löslich in Alkohol und Essigsäure, leicht in Benzol (SCH.; COHEN, DAKIN, *Soc.* **81**, 1335). — Gibt mit Zinnchlorür und Salzsäure 3.4.6-Trichlor-2.5-diamino-toluol (SEE.). Liefert mit alkoh. Ammoniak bei 80—100⁰ ein orangegelbes, bei 191⁰ schmelzendes Trichlornitrotoluidin (SEE.).

3.4.5-Trichlor-2.6-dinitro-1-methyl-benzol, 3.4.5-Trichlor-2.6-dinitro-toluol $C_7H_3O_4N_2Cl_3 = (O_2N)_2C_6Cl_3 \cdot CH_3$. *B.* Aus 3.4.5-Trichlor-toluol durch Salpeterschwefelsäure (COHEN, DAKIN, *Soc.* **81**, 1338). — Prismatische Nadeln (aus Essigsäure). F: 163—164⁰. Sehr wenig löslich in Alkohol.

2.5.6-Trichlor-3.4-dinitro-1-methyl-benzol, 2.5.6-Trichlor-3.4-dinitro-toluol $C_7H_3O_4N_2Cl_3 = (O_2N)_2C_6Cl_3 \cdot CH_3$. *B.* Aus 2.3.6-Trichlor-toluol durch Nitrierung mit Salpeterschwefelsäure (COHEN, DAKIN, *Soc.* 81, 1332). — Prismen (aus Essigsäure). F: 140—142⁰.

2.4.6-Trichlor-3.5-dinitro-1-methyl-benzol, 2.4.6-Trichlor-3.5-dinitro-toluol $C_7H_3O_4N_2Cl_3 = (O_2N)_2C_6Cl_3 \cdot CH_3$. *B.* Aus 2.4.6-Trichlor-toluol durch Salpeterschwefelsäure (COHEN, DAKIN, *Soc.* **81**, 1336). — Krystalle (aus Eisessig). F: 178—180⁰.

5-Brom-2.4-dinitro-1-methyl-benzol, 5-Brom-2.4-dinitro-toluol $C_7H_5O_4N_2Br = (O_2N)_2C_6H_2Br \cdot CH_3$. Zur Konstitution vgl. JACKSON, *B.* **22**, 1232. — *B.* Aus 3-Brom-toluol und Salpetersäure (D: 1,54) (GRETE, *A.* 177, 258). Aus 5-Brom-2.4-dinitro-phenyl-essigsäure beim Kochen mit Alkohol (J., ROBINSON, *Am.* 11, 551). — Blaßgelbliche Nadeln oder Säulen (aus Alkohol). F: 103—104⁰ (G.). — Liefert mit alkoh. Ammoniak 4.6-Dinitro-3-amino-toluol (J.).

2-Brom-3.5-dinitro-1-methyl-benzol, 2-Brom-3.5-dinitro-toluol $C_7H_5O_4N_2Br = (O_2N)_2C_6H_2Br \cdot CH_3$. *B.* Durch Nitrieren von o-Brom-toluol (BLANKSMA, *R.* **20**, 428). Aus 3.5-Dinitro-2-amino-toluol durch Diazotieren und Erwärmen des Diazoniumperbromids mit Eisessig (ZINCKE, MALKOMESIUS, *A.* **339**, 224). — Gelbliche Krystalle (mit Alkohol). F: 91—92⁰ (Z., M.), 82⁰ (B.). Leicht löslich in Eisessig, Benzol, Alkohol (Z., M.). — Gibt mit alkoh. Ammoniak 3.5-Dinitro-2-amino-toluol (B.).

4-Brom-3.5-dinitro-1-methyl-benzol, 4-Brom-3.5-dinitro-toluol $C_7H_5O_4N_2Br = (O_2N)_2C_6H_2Br \cdot CH_3$. *B.* Bei anhaltendem Behandeln von 3.5-Dinitro-4-amino-toluol mit Bromwasserstoffsäure (D: 1,4) und NaNO₂ (JACKSON, ITTNER, *Am.* **19**, 7). Beim Behandeln von 4-Brom-3-nitro-toluol mit Salpetersäure (D: 1,52) (J., I., *Am.* **19**, 9). — Prismen (aus Salpetersäure [D: 1,36]). F: 118⁰ (J., I., *Am.* **19**, 8). — Gibt mit alkoh. Natriumäthylat-lösung eine sehr unbeständige Blaufärbung (J., I., *Am.* **19**, 199, 205). Liefert bei der Oxydation mit Dichromatmischung 4-Brom-3.5-dinitro-benzoësäure (J., I., *Am.* **19**, 13). Gibt beim Kochen mit Natronlauge 3.5-Dinitro-4-oxy-toluol (J., I., *Am.* **19**, 9). Wird durch Erwärmen mit Ammoniak in 3.5-Dinitro-4-amino-toluol übergeführt; analog verläuft die Reaktion mit Anilin (J., I., *Am.* **19**, 10).

1'-Brom-1'.1'-dinitro-1-methyl-benzol, ω-Brom-ω.ω-dinitro-toluol, Phenylbrom-dinitromethan $C_7H_5O_4N_2Br = C_6H_5 \cdot CBr(NO_2)_2$. Besitzt nach PONZIO (*G.* **38** I, 650) vielleicht die Konstitution $C_6H_5 \cdot C(NO)(NO_2) \cdot OBr$. — *B.* Man fügt eine verd. Lösung von Phenyl-dinitromethankalium zu einer alkal. Lösung von Brom bei 0⁰ (PONZIO, CHARRIER, *G.* **38** I, 652). — Gelbliches Öl.

3.5-Dibrom-2.4-dinitro-1-methyl-benzol, 3.5-Dibrom-2.4-dinitro-toluol $C_7H_4O_4N_2Br_2 = (O_2N)_2C_6HBr_2 \cdot CH_3$. Zur Konstitution vgl. BLANKSMA, *R.* **24**, 324. — *B.* Aus 3.5-Dibrom-toluol durch Nitrieren mit Salpetersäure (D: 1,52), neben 3.5-Dibrom-2.6-dinitro-toluol (NEVILE, WINTHER, *B.* **13**, 967; B., *R.* **23**, 125). Durch Nitrierung von 3.5-Dibrom-4-nitro-toluol mit Salpetersäure (D: 1,52) (B., *C.* **1909** II, 1220). — Prismen (aus Alkohol). Blättchen (aus CS₂). Triklin pinakoidal (JAEGER, *Z. Kr.* **40**, 366). F: 157,5—158⁰ (N., W.), 157⁰ (B., *R.* **23**, 126). D¹⁵: 2,153 (J.). — Liefert bei der Reduktion mit Zinn und Salzsäure 2.4-Di-amino-toluol (B., *R.* **23**, 126; **24**, 324). Liefert mit Salpeterschwefelsäure 3.5-Dibrom-2.4.6-trinitro-toluol (B., *R.* **23**, 127; *C.* **1909** II, 1220). Gibt beim Erhitzen mit alkoh. Ammoniak 2.4-Dinitro-3.5-diamino-toluol (B., *R.* **23**, 126), mit Anilin 2.4-Dinitro-3.5-dianilino-toluol (B., *R.* **23**, 126).

3.6-Dibrom-2.4-dinitro-1-methyl-benzol, 3.6-Dibrom-2.4-dinitro-toluol $C_7H_4O_4N_2Br_2 = (O_2N)_2C_6HBr_2 \cdot CH_3$. *B.* Beim Behandeln von 2.5-Dibrom-1-methyl-4-isopropyl-benzol mit Salpeterschwefelsäure (CLAUS, *J. pr.* [2] **37**, 16). — Gelbliche Nadeln oder Prismen (aus Eisessig). F: 142⁰. Sublimiert ziemlich leicht in Blättchen.

3.5-Dibrom-2.6-dinitro-1-methyl-benzol, 3.5-Dibrom-2.6-dinitro-toluol $C_7H_4O_4N_2Br_2 = (O_2N)_2C_6HBr_2 \cdot CH_3$. *B.* Neben 3.5-Dibrom-2.4-dinitro-toluol beim Auflösen von 3.5-Dibrom-toluol in Salpetersäure (D: 1,52) (NEVILE, WINTHER, *B.* **13**, 967). Aus 3.5-Dibrom-2.6-dinitro-4-amino-toluol durch Diazotieren und Kochen mit Alkohol (BLANKSMA, *C.* **1909** II, 1220). — Nadeln (aus Alkohol), Krystalle (aus Petroläther). F: 117⁰ (B.). — Nitrierung mit Salpeterschwefelsäure gibt 3.5-Dibrom-2.4.6-trinitro-toluol (B.).

2.4-Dibrom-3.5-dinitro-1-methyl-benzol, 2.4-Dibrom-3.5-dinitro-toluol $C_7H_4O_4N_2Br_2 = (O_2N)_2C_6HBr_2 \cdot CH_3$. *B.* Bei längerem Erhitzen von 2.4-Dibrom-toluol mit einer Mischung von rauchender Salpetersäure und konz. Schwefelsäure (DAVIS, *Soc.* **81**, 873). — Hellgelbe Prismen (aus Äthylacetat). .F: 127,5⁰. — Gibt mit Zinn und Salzsäure 3.5-Diamino-toluol.

2.6-Dibrom-3.4 oder 3.5-dinitro-1-methyl-benzol, 2.6-Dibrom-3.4 oder 3.5-dinitro-toluol $C_7H_4O_4N_2Br_2 = (O_2N)_2C_6HBr_2 \cdot CH_3$. *B.* Beim Lösen von 2.6-Dibrom-toluol in Salpetersäure (D: 1,52) (NEVILE, WINTHER, *B.* **13**, 973). — Nadeln oder Prismen. F: 161,6—162,2⁰.

3.5.6-Tribrom-2.4-dinitro-1-methyl-benzol, 3.5.6-Tribrom-2.4-dinitro-toluol $C_7H_3O_4N_2Br_3 = (O_2N)_2C_6Br_3 \cdot CH_3$. *B.* Aus 2.3.5-Tribrom-toluol mit roter rauchender Salpetersäure (JAEGER, *Z. Kr.* **40**, 361). — Farblose Krystalle (aus Benzol). Monoklin prismatisch. F: 210⁰. D¹⁶: 2,465.

3.4.5-Tribrom-2.6-dinitro-1-methyl-benzol, 3.4.5-Tribrom-2.6-dinitro-toluol $C_7H_3O_4N_2Br_3 = (O_2N)_2C_6Br_3 \cdot CH_3$. *B.* Aus 3.4.5-Tribrom-toluol mit roter rauchender Salpetersäure (JAEGER, *Z. Kr.* **40**, 362). — Krystalle (aus Benzol). Triklin pinakoidal. F: 216⁰. D¹⁷: 2,459.

2.4.6-Tribrom-3.5-dinitro-1-methyl-benzol, 2.4.6-Tribrom-3.5-dinitro-toluol $C_7H_3O_4N_2Br_3 = (O_2N)_2C_6Br_3 \cdot CH_3$. *B.* Beim Behandeln von 2.4.6-Tribrom-toluol mit Salpetersäure (D: 1,52) (NEVILE, WINTHER, *B.* **13**, 975). — Farblose Krystalle (aus Benzol). Monoklin prismatisch (JAEGER, *Z. Kr.* **40**, 359). F: 220⁰; D¹⁵: 2,456 (J.). — Wird von Zinn und Salzsäure zu 3.5-Diamino-toluol reduziert (BLANKSMA, *R.* **24**, 324).

4-Jod-x.x-dinitro-1-methyl-benzol, 4-Jod-x.x-dinitro-toluol $C_7H_5O_4N_2I = (O_2N)_2C_6H_2I \cdot CH_3$. *B.* Beim Nitrieren von p-Jod-toluol (HÜBNER, GLASSNER, *B.* **8**, 561). — Krystalle. F: 137—138⁰.

x-Brom-3-jod-x.x-dinitro-1-methyl-benzol, x-Brom-3-jod-x.x-dinitro-toluol $C_7H_4O_4N_2BrI = (O_2N)_2C_6HBrI \cdot CH_3$. *B.* Durch Bromieren von m-Jod-toluol und Kochen des bei 255—265⁰ siedenden Reaktionsproduktes mit einem Gemisch aus 1 Tl. rauchender Salpetersäure und 1 Tl. konz. Schwefelsäure (HIRTZ, *B.* **29**, 1406). — Hellgelbe Nädelchen (aus starker Essigsäure). F: ca. 139—141⁰.

„Dinitrosodinitrotoluole" $C_7H_4O_6N_4$ s. Syst. No. 671a.

2.4.5-Trinitro-1-methyl-benzol, 2.4.5-Trinitro-toluol (γ-Trinitrotoluol) $C_7H_5O_6N_3 = (O_2N)_3C_6H_2 \cdot CH_3$. *B.* Beim Nitrieren von m-Nitro-toluol, neben dem bei 112⁰ schmelzenden β-Trinitrotoluol (HEPP, *A.* **215**, 366; vgl. BEILSTEIN, KUHLBERG, *A.* **155**, 26). — *Darst.* Man bringt 2 Tle. m-Nitro-toluol mit 10 Tln. konzentriertester Salpetersäure zusammen, gibt unter Abkühlen 25 Tle. rauchende Schwefelsäure hinzu, kocht 1 Tag lang und fällt mit Wasser. Man extrahiert das so erhaltene Gemisch von Isomeren mit CS₂, wobei 2.4.5-Trinitro-toluol größtenteils ungelöst bleibt, während β-Trinitrotoluol in Lösung geht (H.). — Gelbliche Tafeln (aus Aceton). Rhombisch bipyramidal (FRIEDLÄNDER, *A.* **215**, 367; vgl. *Groth, Ch. Kr.* **4**, 365). F: 104⁰; sehr wenig löslich in kaltem Alkohol, viel leichter in heißem Alkohol und heißem Eisessig, leicht in Äther, Benzol, Aceton (H.). Verbindet sich mit 1 Mol. Naphthalin (H., *A.* **215**, 378). — Gibt mit alkoh. Ammoniak 4.6-Dinitro-3-amino-toluol, mit Anilin 4.6-Dinitro-3-anilino-toluol (H.).

2.4.6-Trinitro-1-methyl-benzol, 2.4.6-Trinitro-toluol (α-Trinitrotoluol) $C_7H_5O_6N_3 = (O_2N)_3C_6H_2 \cdot CH_3$. *B.* Bei mehrtägigem Kochen von Toluol mit Salpeterschwefelsäure (WILBRAND, *A.* **128**, 178). Aus o-Nitro-toluol oder aus p-Nitro-toluol durch Nitrierung

(BEILSTEIN, KUHLBERG, *B.* **3**, 202; TIEMANN, *B.* **3**, 218). Aus 2.4-Dinitro-toluol durch Nitrierung (TIE., *B.* **3**, 217). Aus 2.4.6-Trinitro-phenylessigsäure beim Kochen mit Wasser oder Alkohol (JACKSON, PHINNEY, *B.* **28**, 3067; *Am.* **21**, 431). — *Darst. im großen.* In einem gußeisernen Doppelkessel, der mit Rührwerk und Einrichtung für Dampfheizung sowie Innenkühlung versehen ist, schmilzt man 500 kg 2.4-Dinitro-toluol und mischt dieses bei 70—75° mit 1500 kg möglichst wasserfreier Mischsäure, bestehend aus 80% Schwefelsäure und 20% Salpetersäure. Man erwärmt dann, bis die Temp. von 110° erreicht ist, die 3—4 Stdn. eingehalten wird. Das Trinitrotoluol wird von der Abfallsäure getrennt, mit Wasser bei 40° bis 50° neutral gewaschen und aus Alkohol oder einer Mischung von Benzol und Alkohol umkrystallisiert; Ausbeute an reinem Produkt ca. 85% der Theorie (H. BRUNSWIG in F. ULLMANNs Enzyklopädie der technischen Chemie, Bd. V [Berlin-Wien 1917], S. 108; vgl. HAEUSSERMANN, *Z. Ang.* **4**, 661). Siehe ferner H. KAST, Spreng- und Zündstoffe [Braunschweig 1921], S. 253 ff.

Farblose (WILBRAND, *A.* **128**, 178; HANTZSCH, *B.* **39**, 1096) Krystalle (aus Alkohol). Rhombisch (FRIEDLÄNDER, *A.* **215**, 364; *J.* **1879**, 395). F: 82° (WILBRAND), 81,5° (HAEUSSERMANN, *Z. Ang.* **4**, 662), 78,4° (MILLS, *J.* **1882**, 104). Aus 1 Liter kochend gesättigter wäßr. Lösung scheiden sich beim Erkalten 1,5 g Trinitrotoluol ab; 1 g erfordert bei 22° ca. 61 Tle., bei 58° ca. 10 Tle. 98%igen Alkohols zur Lösung (HAEU.). 100 Tle. CS₂ von 17° lösen 0,386 Tle. (BEILSTEIN, KUHLBERG, *A.* **155**, 27). Leicht löslich in Äther (WILB.), sehr leicht in Benzol unter Temperaturerniedrigung (HEPP, *A.* **215**, 378). 2.4.6-Trinitro-toluol bildet additionelle Verbindungen mit je 1 Mol. Naphthalin (HEPP, *A.* **215**, 378), Phenanthren (KREMANN, *M.* **29**, 865) und Anilin (H., *A.* **215**, 365). Molekulare Schmelzpunktsdepression des 2.4.6-Trinitro-toluols: 115 (AUWERS, *Ph. Ch.* **30**, 311). Kryoskopisches Verhalten in absoluter Schwefelsäure: HANTZSCH, *Ph. Ch.* **61**, 270; **65**, 50; in Ameisensäure: BRUNI, BERTI, *R. A. L.* [5] **9** I, 274. Ebullioskopisches Verhalten in Acetonitril: BRUNI, SALA, *G.* **34** II, 482. Elektrische Leitfähigkeit in flüssigem Ammoniak: FRANKLIN, KRAUS, *Am.* **23**, 294; in Pyridin: HANTZSCH, CALDWELL, *Ph. Ch.* **61**, 230. Bindung von Ammoniak durch 2.4.6-Trinitrotoluol: KORCZYŃSKI, *C.* **1908** II, 2009. — Über die explosiven Eigenschaften des 2.4.6-Trinitro-toluols vgl. HAEUSSERMANN, *Z. Ang.* **4**, 508; WILL, *Ch. I.* **26**, 130 ¹). Über die Zusammensetzung der bei der Explosion, sowie bei der nichtexplosiven thermischen Zersetzung entstehenden Gase vgl. LEWIN, POPPENBERG, *A. Pth.* **60**, 437, 456. Gibt beim längeren Erwärmen mit rauchender Salpetersäure auf 100° 2.4.6-Trinitro-benzoesäure (TIEMANN, JUDSON, *B.* **3**, 224), desgl. beim längeren Erhitzen mit 5 Tln. starker Salpetersäure (D: 1,4) und 10 Tln. konz. Schwefelsäure auf 112—175° (MONTAGNE, *R.* **21**, 380; vgl. Chem. Fabr. Griesheim, D. R. P. 77559; *Frdl.* **4**, 34). Beim Erhitzen mit rauchender Salpetersäure auf 180° entstehen CO₂ und 1.3.5-Trinitro-benzol (CLAUS, BECKER, *B.* **16**, 1597). 2.4.6-Trinitro-benzoesäure entsteht auch bei der Oxydation von 2.4.6-Trinitro-toluol mit Chromsäure in konz. Schwefelsäure bei 40—50° (Chem. Fabr. Griesheim-Elektron, D. R. P. 127325; *C.* **1902** I, 149) sowie bei der elektrolytischen Oxydation in 30%iger Schwefelsäure (SACHS, KEMPF, *B.* **35**, 2712). Die Reduktion von 2.4.6-Trinitro-toluol mit Zinn und Salzsäure führt zu 2.4.6-Triamino-toluol (WEIDEL, *M.* **19**, 224). Wird 2.4.6-Trinitro-toluol in alkoh. Suspension bei Gegenwart einer Spur NH₃ mit H₂S behandelt, so bildet sich 2.6-Dinitro-4-hydroxylamino-toluol (COHEN, DAKIN, *Soc.* **81**, 27; COHEN, MC CANDLISH, *Soc.* **87**, 1265). Bei der Reduktion mit Ammoniumhydrosulfid in Alkohol entsteht 2.6-Dinitro-4-amino-toluol neben sehr wenig 4.6-Dinitro-2-amino-toluol (HOLLEMAN, BOESEKEN, *R.* **16**, 425). Bei der elektrolytischen Reduktion in Gegenwart von Vanadinverbindungen entsteht hauptsächlich 2.6-Dinitro-4-amino-toluol (HOFER, JAKOB, *B.* **41**, 3196). Beim Erhitzen von 2.4.6-Trinitro-toluol mit Schwefel und Schwefelalkali entsteht ein brauner Baumwollfarbstoff (Akt.-Ges. f. Anilinf., D. R. P. 121122; *C.* **1901** I, 1397). — 2.4.6-Trinitro-toluol gibt mit Aceton und Kalilauge eine bordeauxrote Farbe (LEPSIUS, *Ch. Z.* **20**, 839). Kondensiert sich beim Erwärmen mit Benzaldehyd in Gegenwart von etwas Pyridin oder Piperidin zu 2.4.6-Trinitro-stilben (PFEIFFER, MONATH, *B.* **39**, 1306; ULLMANN, GSCHWIND, *B.* **41**, 2296). Gibt mit Naphthochinon-(1.2)-sulfonsäure-(4) und Natronlauge in wäßr.-alkoh.

Lösung die Verbindung $C_6H_4 \big\langle \begin{matrix} C[:CH \cdot C_6H_2(NO_2)_3] \cdot CH \\ CO \quad\quad\quad\quad C \cdot OH \end{matrix}$ (Syst. No. 755) (SACHS, BERTHOLD, ZAAB, *C.* **1907** I, 1131). Liefert mit p-Nitroso-dimethylanilin in alkoh. Lösung bei Gegenwart von Krystallsoda das p-Dimethylamino-anil des 2.4.6-Trinitro-benzaldehyds (SACHS, EVERDING, *B.* **35**, 1236). Gibt mit 4-Nitroso-3.5-dimethyl-1-p-tolyl-pyrazol das 4-[2.4.6-Trinitro-benzal-amino]-3.5-dimethyl-1-p-tolyl-pyrazol (SACHS, ALSLEBEN, *B.* **40**, 670).

2.4.6-Trinitro-toluol wird als Sprengstoff verwendet, zumeist als Füllung von Granaten, Minen und Torpedos, ferner als Zusatz zu Knallquecksilber in Sprengkapseln (vgl. BRUNSWIG,

---

¹) Vgl. hierzu die Abhandlung von WILL, *B.* **47**, 704, welche nach dem für die 4. Aufl. dieses Handbuches geltenden Schlußtermin [1. I. 1910] erschienen ist. Vgl. auch H. KAST Spreng- und Zündstoffe [Braunschweig 1921], S. 22, 55, 70, 89, 270.

Explosivstoffe [Leipzig 1909], sowie Artikel in ULLMANNS Enzyklopädie der technischen Chemie, Bd. V [Berlin und Wien 1917], S. 107; H. KAST, Spreng- und Zündstoffe [Braunschweig 1921], S. 271).

Trinitrotoluol-Kaliummethylat $C_8H_3O_7N_3K + H_2O$. *B.* Aus den Komponenten in Methylalkohol bei 0°; Ausfällung durch Äther (HANTZSCH, KISSEL, *B.* **32**, 3140). — Dunkelviolette Krystalle (H., K.). Verpufft beim Erhitzen (H., K.). In Wasser unter starker Hydrolyse leicht löslich, in Alkohol schwer (H., K.). Beim Ansäuern entstehen rote Zersetzungsprodukte (H., PICTON, *B.* **42**, 2125).

3.x.x-Trinitro-1-methyl-benzol, 3.x.x-Trinitro-toluol (β-Trinitrotoluol)[1]) $C_7H_5O_6N_3 = (O_2N)_3C_6H_2 \cdot CH_3$. *B.* Entsteht, neben mehr γ-Trinitrotoluol, beim Nitrieren von m-Nitro-toluol (HEPP, *A.* **215**, 366). — *Darst.* s. S. 347 bei 2.4.5-Trinitro-toluol. — Wasserhelle trikline (VOLLHARDT, *A.* **215**, 370) Prismen (aus kaltem Aceton). F: 112°. Schwer löslich in kaltem Alkohol, leichter in siedendem Alkohol, leicht löslich in Äther, Aceton und Benzol. — Liefert beim Erhitzen mit alkoh. Ammoniak ein bei 94° schmelzendes Dinitrotoluidin (Syst. No. 1692a). Liefert mit 1 Mol. Naphthalin ein Additionsprodukt.

3-Chlor-2.4.6-trinitro-1-methyl-benzol, 3-Chlor-2.4.6-trinitro-toluol $C_7H_4O_6N_3Cl$ $= (O_2N)_3C_6HCl \cdot CH_3$. *B.* Durch Erwärmen von 5-Chlor-2.4-dinitro-toluol mit einem Gemisch von Schwefelsäure (66° Bé) und Salpetersäure (46,8° Bé) auf 150—175° (REVERDIN, DRESEL, DELÉTRA, *B.* **37**, 2094; *Bl.* [3] **31**, 633). Durch leichtes Sieden von m-Chlor-toluol mit 3 Tln. Schwefelsäure (66° Bé) und 3 Tln. Salpetersäure (49,4° Bé) bei ca. 160° unter Rückflußkühlung (R., DR., DE). Durch Erhitzen von 2.4.6-Trinitro-3-oxy-toluol mit Toluolsulfochlorid, Diäthylanilin und Nitrobenzol (ULLMANN, NADAI, *B.* **41**, 1878). — Weiße Nadeln (aus Benzol + Ligroin). F: 148,5° (R., DR., DE.), 149° (U., N.). Leicht löslich in Essigsäure, Benzol, Aceton und Chloroform, schwer in Alkohol, Äther und Ligroin (R., DR., DE.). — Liefert beim schwachen Erwärmen mit alkoh. Ammoniak 2.4.6-Trinitro-3-amino-toluol; analog verläuft die Reaktion mit Aminen (R., DR., DE.).

3.5-Dichlor-2.4.6-trinitro-1-methyl-benzol, 3.5-Dichlor-2.4.6-trinitro-toluol $C_7H_3O_6N_3Cl_2 = (O_2N)_3C_6Cl_2 \cdot CH_3$. *B.* Durch Erhitzen von 3.5-Dichlor-2.4.6-trinitro-phenylessigsäureester mit konz. Salzsäure im geschlossenen Rohr auf 150—160° (JACKSON, SMITH, *Am.* **32**, 178). — Prismen (aus verd. Alkohol). F: 200—201°. Leicht löslich in Benzol, Aceton, heißem Chloroform, löslich in Alkoholen, schwer löslich in Äther, Ligroin, CS_2, Eisessig, unlöslich in Wasser.

3-Brom-2.4.6-trinitro-1-methyl-benzol, 3-Brom-2.4.6-trinitro-toluol $C_7H_4O_6N_3Br$ $= (O_2N)_3C_6HBr \cdot CH_3$. *B.* Man vermischt 10 g 5-Brom-2.4-dinitro-toluol mit 20 ccm eines Gemisches aus 1 Vol. konz. Schwefelsäure und 2 Vol. rauchender Salpetersäure und kocht (BENTLEY, WARREN, *Am.* **12**, 4). — Nadeln (aus Alkohol). F: 143°. Unlöslich in Ligroin, fast unlöslich in kaltem Alkohol. Liefert mit alkoh. Ammoniak 2.4.6-Trinitro-3-amino-toluol.

3.5-Dibrom-2.4.6-trinitro-1-methyl-benzol, 3.5-Dibrom-2.4.6-trinitro-toluol $C_7H_3O_6N_3Br_2 = (O_2N)_3C_6Br_2 \cdot CH_3$. *B.* Beim Kochen von 1 Tl. 3.5-Dibrom-toluol mit 20 Tln. einer Mischung gleicher Volume konz. Schwefelsäure und Salpetersäure (D: 1,52) (PALMER, *B.* **21**, 3501; BLANKSMA, *R.* **23**, 127). Durch Einw. von Salpeterschwefelsäure auf 3.5-Dibrom-2-nitro-toluol, 3.5-Dibrom-4-nitro-toluol oder auf 3.5-Dibrom-2.6-dinitro-toluol (BL., *C.* **1909** II, 1220). — Nadeln (aus CS_2). Monoklin prismatisch (JAEGER, *Z. Kr.* **40**, 367). F: 229—230° (P.; BL.), 228° (J.). D^{15}:2,259 (J.). Leicht löslich in Benzol (BL., *R.* **23**, 127). — Gibt mit Zinn und Salzsäure 2.4.6-Triamino-toluol (P., BRENKEN, *B.* **29**, 1346). Liefert mit alkoh. Ammoniak 2.4.6-Trinitro-3.5-diamino-toluol (P., *B.* **21**, 3501); analog verläuft die Reaktion mit Methylamin und mit Anilin (BL., *R.* **23**, 127).

g) Azido-Derivate.

4-Azido-1-methyl-benzol, p-Azido-toluol, p-Triazo-toluol, p-Tolyl-azid, p-Diazotoluolimid $C_7H_7N_3 = N_3 \cdot C_6H_4 \cdot CH_3$. *B.* Aus p-Toluol-azocarbonamid $CH_3 \cdot C_6H_4 \cdot N:N \cdot CO \cdot NH_2$ mit alkal. Hypochloritlösung (unter Umlagerung) (DARAPSKY, *B.* **40**, 3036; *J. pr.* [2] **76**, 455). Aus p-Toluol-diazo-pseudo-semicarbazino-campher

---

[1]) Nach dem für die 4. Aufl. dieses Handbuches geltenden Literaturschlußtermin [1. I. 1910] ist diese Verbindung von WILL (*B.* **47**, 708, 710) als 2.3.4-Trinitro-toluol erkannt worden.

C_8H_{14} $\begin{matrix} CH——N\cdot NH\cdot N:N\cdot C_6H_4\cdot CH_3 \\ C(OH)\cdot NH\cdot CO \end{matrix}$ (Syst. No. 3635) mit Alkali (FORSTER, Soc. 89, 235). — Gelbes Öl. Kp_{15}: 78° (DA.). Flüchtig mit Wasserdampf (F.). Zersetzt sich gegen 180° (F.). — Gibt mit Phenylmagnesiumbromid in Äther Phenyl-p-tolyltriazen $CH_3\cdot C_6H_4\cdot NH\cdot N:N\cdot C_6H_5$ (Syst. No. 2228) (DIMROTH, EBLE, GRUHL, B. 40, 2399).

1^1-Azido-1-methyl-benzol, ω-Azido-toluol, ω-Triazo-toluol, Benzylazid $C_7H_7N_3 = C_6H_5\cdot CH_2\cdot N_3$. B. Aus N-Nitroso-benzylhydrazin beim Erwärmen mit verd. Schwefelsäure (CURTIUS, B. 33, 2562; WOHL, OESTERLIN, B. 33, 2741; C., DARAPSKY, J. pr. [2] 63, 432). Aus Silberazid mit Benzyljodid in Äther (C., D., J. pr. [2] 63, 433). — Leicht bewegliches Öl vom Geruch des Benzylchlorids (C.). Kp_{23}: 108° (W., O.); Kp_{11}: 74° (korr.) (C., D.). Flüchtig mit Wasserdampf und mit Ätherdampf (C., D.). $D^{14,4}$: 1,0655 (PHILIP, Soc. 93, 919). Unlöslich in Wasser, mischbar mit Alkohol und Äther (C.). $n_\alpha^{14,5}$: 1,52923; $n_\beta^{14,5}$: 1,53414; $n_\gamma^{14,5}$: 1,55749 (PH.). — Explodiert bei starker Überhitzung unter Feuererscheinung (W., O.). Wird beim Kochen mit Wasser, Alkohol und alkoh. Kali, sowie mit wäßr. Bleinitratlösung nicht angegriffen (C., D.). Reagiert mit konz. Schwefelsäure explosionsartig (C., D.). Verdünnte siedende Schwefelsäure liefert unter Abspaltung von 1 Mol. Stickstoff Benzaldehyd, Formaldehyd, Ammoniak, Anilin, Benzylamin und eine gelbe amorphe Base (Kondensationsprodukt von Anilin mit Formaldehyd); konz. Salzsäure bildet bei längerem Kochen dieselben Produkte (C., D.).

5-Brom-2-azido-1-methyl-benzol, 4-Brom-2-methyl-diazobenzolimid $C_7H_6N_3Br = N_3\cdot C_6H_3Br\cdot CH_3$. B. Aus 4-Brom-2-methyl-benzoldiazoniumperbromid mit Ammoniak (L. MICHAELIS, B. 26, 2194). — Schuppen. Mit Wasserdampf flüchtig.

2 oder 3-Brom-4-azido-1-methyl-benzol, 3 oder 2-Brom-4-methyl-diazobenzolimid $C_7H_6N_3Br = N_3\cdot C_6H_3Br\cdot CH_3$. B. Man behandelt p-Tolylhydrazin mit Brom in Salzsäure unter Kühlung, führt das erhaltene Bromtoluoldiazoniumbromid durch Zusatz von Brom zu seiner Lösung in das Perbromid über und behandelt dieses mit Ammoniak (L. MICHAELIS, B. 26, 2194). — Flüssig. Bei starker Kälte erstarrend.

3-Nitro-2-azido-1-methyl-benzol, 6-Nitro-2-methyl-diazobenzolimid $C_7H_6O_2N_4 = O_2N\cdot C_6H_3(CH_3)\cdot N_3$. B. Aus 3-Nitro-2-amino-toluol durch Diazotierung und Behandlung des Diazoniumperbromids mit Ammoniak (ZINCKE, SCHWARZ, A. 307, 44). — Weiße Nadeln (aus Alkohol). F: 50°. Leicht löslich in allen Solvenzien.

4-Nitro-2-azido-1-methyl-benzol, 5-Nitro-2-methyl-diazobenzolimid $C_7H_6O_2N_4 = O_2N\cdot C_6H_3(CH_3)\cdot N_3$. B. Aus 4-Nitro-2-amino-toluol durch Diazotierung und Behandlung des Diazoniumperbromids mit Ammoniak (NOELTING, GRANDMOUGIN, MICHEL, B. 25, 3341). — Nadeln. F: 68°. Leicht löslich in Alkohol. — Liefert mit alkoh. Kali keine Stickstoffwasserstoffsäure.

5-Nitro-2-azido-1-methyl-benzol, 4-Nitro-2-methyl-diazobenzolimid $C_7H_6O_2N_4 = O_2N\cdot C_6H_3(CH_3)\cdot N_3$. B. Aus 5-Nitro-2-amino-toluol durch Diazotierung und Behandlung des Diazoniumperbromids mit Ammoniak (N., G., M., B. 25, 3340). — Nadeln (aus verd. Alkohol). F: 73° (N., G., M.), 69° (DROST, A. 313, 309). — Gibt mit alkoh. Kalilauge Stickstoffwasserstoffsäure (N., G., M.).

2-Nitro-4-azido-1-methyl-benzol, 3-Nitro-4-methyl-diazobenzolimid $C_7H_6O_2N_4 = O_2N\cdot C_6H_3(CH_3)\cdot N_3$. B. Aus 2-Nitro-4-amino-toluol durch Diazotierung und Behandlung des Diazoniumperbromids mit Ammoniak (N., G., M., B. 25, 3341). — Weiße Nadeln. F: 69—70°. Mit Wasserdampf flüchtig. Reichlich löslich in Alkohol. — Gibt mit alkoh. Kalilauge keine Stickstoffwasserstoffsäure.

3-Nitro-4-azido-1-methyl-benzol, 2-Nitro-4-methyl-diazobenzolimid $C_7H_6O_2N_4 = O_2N\cdot C_6H_3(CH_3)\cdot N_3$. B. Aus 3-Nitro-4-amino-toluol durch Diazotierung und Behandlung des Diazoniumperbromids mit Ammoniak (ZINCKE, SCHWARZ, A. 307, 41). Aus 3'-Nitro-4-hydrazino-toluol durch Behandlung der salzsauren Lösung mit NaNO₂ (Z., SCH.). — Nadeln oder Tafeln (aus Benzin) (Z., SCH.). F: 35° (Z., SCH.). Leicht löslich in Alkohol, Eisessig und Benzol (Z., SCH.). — Gibt beim Erhitzen „3.4-Dinitroso-toluol" (Syst. No. 671a) (NOELTING, KOHN, Ch. Z. 18, 1095; Z., SCH.). Liefert bei Behandlung mit Salpetersäure (D: 1,52) 3.5(?)-Dinitro-4-azido-1-methyl-benzol und als Nebenprodukt 3.5-Dinitro-4-hydroxylamino-toluol (?) (Syst. No. 1933) (DROST, A. 313, 307, 316).

3.5-Dinitro-2-azido-1-methyl-benzol, 4.6-Dinitro-2-methyl-diazobenzolimid $C_7H_5O_4N_5 = (O_2N)_2C_6H_2(CH_3)\cdot N_3$. B. Aus 5-Nitro-2-azido-1-methyl-benzol mit Salpetersäure (D: 1,52) (DROST, A. 313, 309). — Hellgelbe Krystalle (aus Alkohol). F: 61°. —

Liefert beim Erwärmen auf 100° ,,5.6-Dinitroso-3-nitro-toluol" (Syst. No. 671a).   Beim Eintragen in konz. Schwefelsäure entsteht ein Dinitroaminokresol (Syst. No. 1855).

2.3- oder 2.5-Dinitro-4-azido-1-methyl-benzol, **2.3- oder 2.5-Dinitro-4-methyl-
diazobenzolimid** $C_7H_5O_4N_5 = (O_2N)_2C_6H_2(CH_3) \cdot N_3$. *B.* Aus 2-Nitro-4-azido-1-methyl-benzol
und Salpetersäure (D: 1,51) (DROST, *A.* 313, 301, 305). — Gelbliche Nadeln (aus Alkohol).
F: 103° (Zers.). — Liefert beim Erhitzen im Kochsalzbade ,,3.4- oder 4.5-Dinitroso-2-nitro-
toluol" (Syst. No. 671a).

3.5(?)-Dinitro-4-azido-1-methyl-benzol, **2.6(?)-Dinitro-4-methyl-diazobenzol-
imid** $C_7H_5O_4N_5 = (O_2N)_2C_6H_2(CH_3) \cdot N_3$. *B.* Aus 3-Nitro-4-azido-1-methyl-benzol und
Salpetersäure (D: 1,52) (DROST, *A.* 313, 307). — Fast weiße Nadeln. F: 97°. — Liefert
beim Erhitzen auf 100—110° das bei 145° schmelzende ,,4.5(?)-Dinitroso-3-nitro-toluol"
(Syst. No. 671a).   Beim Eintragen in konz. Schwefelsäure entsteht ein bei 172° schmelzendes Dinitroaminokresol (Syst. No. 1855).

h) ,,Phosphino"-Derivate usw.

Verbindungen $C_7H_7O_2P = O_2P \cdot C_6H_4 \cdot CH_3$ (,,o- und p-Phosphino-toluol") sind bei
$CH_3 \cdot C_6H_4 \cdot PO(OH)_2$ (Syst. No. 2289) als Anhydroverbindungen eingeordnet.
Verbindungen $C_7H_7OAs = OAs \cdot C_6H_4 \cdot CH_3$ und **Verbindung** $C_7H_7SAs = SAs \cdot C_6H_4 \cdot CH_3$
s. Syst. No. 2317.
Verbindungen $C_7H_7O_2As = O_2As \cdot C_6H_4 \cdot CH_3$ s. Syst. No. 2322.
Verbindung $C_7H_7OSb = OSb \cdot C_6H_4 \cdot CH_3$ s. Syst. No. 2331.

3. Kohlenwasserstoffe C_8H_{10}.

1. **Cyclooctatrien** C_8H_{10}. *B.* Man erhitzt das Gemisch von α-Cyclooctadien-dibromid
$C_8H_{12}Br_2$ (S. 71) und Bromcyclooctadien $C_8H_{11}Br$ (S. 117), erhalten durch erschöpfende Methylierung des N-Methyl-granatanins (Syst. No. 3047) und Bromierung des entstandenen, aus
ca. 80% Cyclooctadien-(1.5) und ca. 20% eines Bicyclooctens bestehenden Kohlenwasserstoff-
Gemisches (vgl. WILLSTÄTTER, VERAGUTH, *B.* 40, 960, 964; HARRIES, *B.* 41, 672; W., KAME-
TAKA, *B.* 41, 1482) mit Chinolin auf 120—130° (WILLSTÄTTER, VERAGUTH, *B.* 38, 1982). Ein
reineres Produkt wurde aus dem genannten Bromidgemisch durch Umsetzung mit Dimethylamin und nachfolgende erschöpfende Methylierung erhalten (W., V., *B.* 38, 1983).
— Süßlich, stark tropilidenartig riechendes Öl. $Kp_{16.5}$: 35—36°; $Kp_{49.50}$: 57—57,5°;
Kp_{715}: 133—135° (korr.); D_4^0: 0,912 (W., V., *B.* 38, 1982). — Verharzt an der Luft; unbeständig gegen Kaliumpermanganat; reagiert mit Brom unter Bromwasserstoffentwicklung;
gibt mit alkoh. Schwefelsäure eine tiefgelbe, nach Zusatz von konz. Schwefelsäure weinrote Lösung (W., V., *B.* 38, 1982, 1984).

2. **Äthylbenzol** $C_8H_{10} = C_6H_5 \cdot C_2H_5$. Bezifferung: $4 \overset{\overline{5\ 6}}{\underset{3\ 2}{}} 1 \cdot \overset{1'\ 1''}{-C-C}$.

B. Beim Erhitzen von Benzol mit Aluminiumchlorid auf 200° (FRIEDEL, CRAFTS, *C. r.*
100, 694). Beim Einleiten von Äthylen in ein auf 70—90° erwärmtes Gemenge von Benzol
und Aluminiumchlorid (BALSOHN, *Bl.* [2] 31, 540). Bei der Einw. von nascierendem Acetylen
auf Benzol in Gegenwart von AlCl₃ (PARONE, *C.* 1903 II, 662). Aus Benzol und Äthylchlorid
(SÖLLSCHER, *B.* 15, 1680), Äthylbromid (SEMPOTOWSKI, *B.* 22, 2662; SCHRAMM, *B.* 24, 1333)
oder Äthyljodid (FRIEDEL, CRAFTS, *A. ch.* [6] 1, 457) in Gegenwart von AlCl₃. Entsteht auch
aus Benzol und Chlorameisensäureäthylester in Gegenwart von AlCl₃ (RENNIE, *Soc.* 41, 33;
FRIEDEL, CRAFTS, *A. ch.* [6] 1, 527), da Chlorameisensäureäthylester bei Anwesenheit von
AlCl₃ in Äthylchlorid und CO₂ zerfällt (R.). Durch Einw. von AlCl₃ auf ein Gemisch von
Chloressigsäureäthylester und Benzol (F., C., *A. ch.* [6] 1, 527). Aus Benzol und Äthylidenchlorid oder Äthylidenbromid in Gegenwart von AlCl₃ (SILVA, *Bl.* [2] 41, 449; ANSCHÜTZ,
A. 235, 302, 304). Beim Einleiten von Vinylbromid in ein Gemenge aus Benzol und AlCl₃
bei gelinder Wärme (ANSCHÜTZ, *A.* 235, 331). Entsteht nach GOLDSCHMIDT (*B.* 15, 1067)
anscheinend auch beim Erhitzen von Benzol mit Äthylalkohol und Zinkchlorid auf 300°.
Entsteht beim Erhitzen von Benzol mit Diäthyläther und ZnCl₂ auf 180° (BALSOHN, *Bl.* [2]
32, 618). Aus Benzol und α.β-Dichlor-diäthyläther in Gegenwart von AlCl₃ (GARDEUR, *C.*
1898 I, 438). Durch Erhitzen von Toluol mit AlCl₃ auf 110° (FRIEDEL, CRAFTS, *C. r.* 101,
1221). — Durch Einw. von Äthylbromid oder Äthyljodid auf Natriumphenyl (ACREE, *Am.*
29, 591). Aus Brombenzol, Äthylbromid und Natrium in Äther (TOLLENS, FITTIG, *A.* 131,
310). Aus Benzylchlorid und Methylmagnesiumjodid in Äther (HOUBEN, *B.* 36, 3085). Aus

Benzylmagnesiumchlorid und Dimethylsulfat in Äther (H.). — Beim Durchleiten eines Gemenges von Styrol und Wasserstoff durch ein rotglühendes Rohr, neben Xylol und wenig Toluol (BERTHELOT, C. r. 67, 847; J. 1868, 359). Beim Erhitzen von 1 Tl. Styrol mit 20 Tln. konz. Jodwasserstoffsäure auf 280° (BERTH., Bl. [2] 9, 277; J. 1867, 349). Durch Reduktion von Styrol mit Natrium und siedendem Alkohol (KLAGES, KEIL, B. 36, 1632). Durch Überleiten eines Gemenges von Phenylacetylen mit überschüssigem Wasserstoff über reduziertes Kupfer bei 190—250° (SABATIER, SENDERENS, C. r. 135, 89). Beim Erhitzen von 1 Tl. Naphthalin mit 20 Tln. konz. Jodwasserstoffsäure auf 280° (BERTH., Bl. [2] 9, 289; J. 1867, 710). In guter Ausbeute durch Reduktion von Acetophenon mit Wasserstoff in Gegenwart von Nickel bei 190—195° (DARZENS, C. r. 139, 869). Entsteht als Nebenprodukt bei·der Reduktion von Acetophenon mit Natrium + Alkohol neben Methylphenylcarbinol (KLAGES, ALLENDORFF, B. 31, 1003). Durch Einw. von farblosem festem Schwefelammonium auf Acetophenon bei 210° unter Druck neben anderen Produkten (WILLGERODT, MERK, J. pr. [2] 80, 193). — Aus dem Natriumsalz der p-Äthyl-benzolsulfonsäure durch Erhitzen mit Schwefelsäure und Wasser unter Druck (MOSCHNER, B. 34, 1261).

Äthylbenzol entsteht in geringer Menge bei der Destillation der Knochen und findet sich daher im Knochenteeröl (WEIDEL, CIAMICIAN, B. 13, 70). Infolge seiner Bildung bei der Destillation der Steinkohlen bildet es einen Bestandteil des Steinkohlenteers bezw. des technischen Xylols (NOELTING, PALMAR, B. 24, 1955; CRAFTS, C. r. 114, 1110; MOSCHNER, B. 34, 1261). Entsteht bei der destruktiven Destillation von Braunkohlenteeröl und findet sich daher im Ölgasteer (SCHULTZ, WÜRTH, C. 1905 I, 1444). Geringe Mengen Äthylbenzol entstehen auch bei der Destillation von Cumaronharz („Paracumaron") (Syst. No. 2367) (KRAEMER, SPILKER, B. 33, 2259) durch Reduktion des im Cumaronharz enthaltenen Metastyrols (KR., B. 36, 646).

Darst. Durch allmähliches Eintragen von etwa 100 g Aluminiumchlorid in ein auf dem Wasserbade erwärmtes Gemisch aus 5000 g Benzol und 500 g Äthylbromid; Ausbeute ca. 90% der Theorie (BÉHAL, CHOAY, Bl. [3] 11, 207). Man läßt 150 g Aluminiumchlorid, 1 kg Äthylbromid und 2 kg Benzol erst bei 7°, dann bei Zimmertemperatur aufeinander einwirken; man trennt das gebildete Äthylbenzol ab und kocht die höher als Äthylbenzol siedenden Produkte (Diäthylbenzole, Triäthylbenzole usw.) (135 g), um sie ihrerseits noch in weitere Mengen Äthylbenzol überzuführen, 5 Stunden lang mit 12 g Aluminiumchlorid und 500 g Benzol; Ausbeute 71% der Theorie (RADZIEWANOWSKI, B. 27, 3235). Man sättigt ein Gemisch aus 400 g Benzol und 3 g Aluminiumspänen mit Chlorwasserstoff und tröpfelt nach einiger Zeit 200 g Äthylbromid hinzu; nach 48-stdg. Reaktion versetzt man das Gemisch mit weiteren 500 g Benzol und 1 g Aluminiumspänen und erhitzt schließlich 2 Stunden lang auf 100°; Ausbeute 70% der Theorie (R., B. 28, 1137). Man versetzt ein Gemisch aus 410 g Benzol, 6 g Aluminiumspänen und 90 g Quecksilberchlorid unter Eiskühlung tropfenweise mit 205 g Äthylbromid und läßt nach beendeter Gasentwicklung noch einige Tage bei gewöhnlicher Temp. stehen; man trennt Äthylbenzol ab und gewinnt aus den höher siedenden Kohlenwasserstoffen (34 g) durch mehrstündiges Kochen mit 180 g Benzol, 0,8 g Aluminiumspänen und 10 g HgCl₂ noch weitere Mengen Äthylbenzol; Ausbeute 73% der Theorie (R., B. 28, 1139). — Man versetzt ein Gemisch von 27 g Natrium und 100 ccm alkoholfreiem, völlig trocknem Äther mit 60 g Brombenzol und 60 g Äthylbromid und überläßt das Ganze bis zum anderen Tage sich selbst; sollte die Flüssigkeit nach einiger Zeit in gelindes Sieden geraten, so stellt man in kaltes Wasser; man destilliert zunächst den Äther, dann das Äthylbenzol ab und· fraktioniert zweimal unter Anwendung eines LINNEMANNschen Aufsatzes; Ausbeute 25 g (GATTERMANN, Die Praxis des organischen Chemikers, 12. Aufl. [Leipzig 1914], S. 259).

Farblose, leicht bewegliche Flüssigkeit. F: −92,8° (GUTTMANN, Soc. 87, 1040), −93,2° (LADENBURG, KRÜGEL, B. 33, 638). Kp₇₅₆,₅: 135,7—135,9° (R. SCHIFF, A. 220, 92); Kp₇₆₀: 135,5° (korr.) (PERKIN, Soc. 69, 1192; 77, 274), 136,18° (YOUNG, FORTEY, Soc. 63, 52), 136,5° (korr.) (WEGER, A. 221, 67); Kp₁₀: 30°; Kp₇₆₂: 136° (korr.) (KLAGES, KEIL, B. 36, 1632). Dampfdruck bei 20°: RICHARDS, MATHEWS, Ph. Ch. 61, 452; Am. Soc. 30, 10; Dampfdruck bei verschiedenen Temperaturen: WORINGER, B. 34, 257; Y., Fo. D₀⁰: 0,88316 (WEG.); D₄⁴: 0,88457 (Y., Fo.); D₄¹⁵: 0,8809; D₁₅¹⁵: 0,8720; D₂₀²⁰: 0,8650 (PE., Soc. 69, 1192); D₄¹⁵: 0,87697 (PE., Soc. 77, 274); D₀⁰: 0,8760; D₁₅¹⁵˙⁴: 0,7611 (R. SCHIFF, A. 220, 92); D₄¹⁵: 0,8736 (KL., KEIL); D₁₅¹⁵˙¹: 0,87494; D₁₅¹⁵˙⁴: 0,87367 (LANDOLT, JAHN, Ph. Ch. 10, 303); D₄²⁰: 0,8759 (RICH., MATH.), 0,8673 (BRÜHL, A. 235, 12); D²⁰˙⁴: 0,8664 (FITTIG, KÖNIG, A. 144, 280); Ausdehnung: WEGER. — n_α¹⁴˙⁴: 1,49781; n_D¹⁴˙⁴: 1,50206; n_β¹⁴: 1,51316; n_γ¹⁴˙¹: 1,52279 (PE., Soc. 77, 274); n_D¹⁵: 1,4990 (KL., KEIL); n_α¹⁴˙⁵: 1,4948; n_D¹⁴˙⁵: 1,4994; n_β¹⁴: 1,5102; n_γ²⁰: 1,5196 (LAND., JAHN, Ph. Ch. 10, 303); n_α²⁰: 1,49169; n_D²⁰: 1,49594; n_γ²⁰: 1,51637 (BRÜHL). Absorption: PAUER, Ann. d. Physik [N. F.] 61, 371; GREBE, C. 1906 I, 341; BALY, COLLIE, Soc. 87, 1341; HARTLEY, C. 1906 I, 1457; Chem. N. 97, 97. — Kompressibilität und Oberflächenspannung: RICH., MATH. Capillaritätskonstante beim Siedepunkte: R. SCHIFF, A. 223, 68. Oberflächenspannung und

Binnendruck: WALDEN, *Ph. Ch.* **66**, 393. Viscosität: THORPE, RODGER, *Philosoph. Transact. of the Royal. Soc. of London* **185** A, 523; vgl. BRILLOUIN, *A. ch.* [8]18, 204. — Verdampfungswärme: R. SCHIFF, *A.* **234**, 344. Spez. Wärme: R. SCHIFF, *A.* **234**, 319. Kritische Temperatur und kritischer Druck: ALTSCHUL, *Ph. Ch.* **11**, 590. — Magnetische Drehung: SCHÖNROCK, *Ph. Ch.* **11**, 785; PE., *Soc.* **69**, 1241; 77, 274. Magnetische Susceptibilität: FREITAG, *C.* 1900 II, 158. Dielektrizitätskonstante: LAND., JAHN, *Ph. Ch.* **10**, 299.

Beim Durchleiten von Äthylbenzol-Dämpfen durch ein glühendes Rohr erhielt BERTHELOT (*Bl.* [2] **10**, 344; *C. r.* **67**, 394, 953; *J.* **1868**, 376, 411) Styrol, Benzol, Toluol und wenig p-Xylol und Phenylacetylen, FERKO (*B.* **20**, 664) Benzol, Styrol, Naphthalin und Phenanthren neben wenig Toluol, Diphenyl und Anthracen. Äthylbenzol liefert beim Kochen mit Aluminiumchlorid Benzol, p- und etwas m-Diäthyl-benzol (ANSCHÜTZ, *A.* **235**, 189) und wenig Triäthylbenzol (HEISE, TÖHL, *A.* **270**, 159). Gibt bei elektrolytischer Oxydation zunächst α-Phenyl-äthylalkohol $C_6H_5 \cdot CH(OH) \cdot CH_3$ und β-Phenyl-äthylalkohol $C_6H_5 \cdot CH_2 \cdot CH_2 \cdot OH$, bei weiterer Oxydation Benzaldehyd (LAW, PERKIN, *Chem. N.* **92**, 67). Wird von Chromsäuregemisch (FITTIG, *A.* **133**, 223) oder von verdünnter Salpetersäure (FITTIG, KÖNIG, *A.* **144**, 280) zu Benzoesäure oxydiert. Mit Chromsäure und Eisessig entsteht neben Benzoesäure Acetophenon (FRIEDEL, BALSOHN, *Bl.* [2] **32**, 616). Mit Chromylchlorid wird ein Prod. der Zusammensetzung $C_nH_{10} + 2CrO_2Cl_2$ gebildet (ÉTARD, *A. ch.* [5] **22**, 246), welches mit Wasser Phenylacetaldehyd (E.), Acetophenon und Benzaldehyd (v. MILLER, ROHDE, *B.* **23**, 1078) liefert. Äthylbenzol gibt bei der Oxydation mit Mangandioxyd in schwefelsaurer Lösung Benzaldehyd und Acetophenon (FOURNIER, *C. r.* **133**, 635). Bei der Oxydation mit Kaliumpersulfat erhält man β.γ-Diphenyl-butan und Phenylacetaldehyd (MORITZ, WOLFENSTEIN, *B.* **32**, 433). Bei der Einw. von 1 Mol.-Gew. Chlor auf gekühltes Äthylbenzol im Sonnenlicht entsteht [α-Chlor-äthyl]-benzol (SCHRAMM, *M.* **8**, 102); mit 2 Mol.-Gew. Chlor wird [α.α-Dichlor-äthyl]-benzol gebildet, daneben findet auch Substitution im Kern statt (RADZIEWANOWSKI, SCHRAMM, *C.* **1898** I, 1019). Siedendes Äthylbenzol wird durch Chlor bei Tageslicht in [α-Chlor-äthyl]-benzol und [β-Chlor-äthyl]-benzol übergeführt (SCHRAMM, *M.* **8**, 104; *B.* **26**, 1707; E. FISCHER, SCHMITZ, *B.* **39**, 2209; vgl. auch FITTIG, KIESOW, *A.* **156**, 246). Chlorierung von Äthylbenzol durch Sulfurylchlorid s. u. Beim Bromieren von Äthylbenzol im Dunkeln entstehen 2- und 4-Brom-1-äthyl-benzol (SCHRAMM, *B.* **18**, 1273). Durch Einw. von 1 Mol.-Gew. Brom in der Kälte, selbst bei 0°, im zerstreuten Tageslicht oder im direkten Sonnenlicht entsteht ausschließlich [α-Brom-äthyl]-benzol (SCHRAMM, *B.* **18**, 351; THORPE, *Proc. Royal Soc. London* **18**, 123; *J.* **1869**, 411; vgl. FITTIG, *Z.* **1871**, 131 Anm.). Mit 2 Mol.-Gew. Brom werden in der Kälte im Sonnenlicht [α.α-Dibrom-äthyl]-benzol, im zerstreuten Tageslicht [α.α-Dibrom-äthyl]-benzol und Styroldibromid gebildet (SCH., *B.* **18**, 353, 354). Durch Einleiten von Bromdampf in siedendes Äthylbenzol erhielt BERTHELOT (*Bl.* [2] **10**, 343, 346 Anm. 1; *C. r.* **67**, 397; *J.* **1868**, 377; s. auch ENGLER, BETHGE, *B.* **7**, 1127) [α-Brom-äthyl]-benzol und ein Äthylbrombenzol (vgl. FITTIG, KIESOW, *A.* **156**, 247; TH.). Nach RADZISZEWSKI (*B.* **6**, 492; **7**, 140) liefert Äthylbenzol bei 140° mit 1 Mol.-Gew. Brom [α-Brom-äthyl]-benzol, mit 2 Mol.-Gew. Brom Styroldibromid. Durch Einw. von Brom auf Äthylbenzol in Gegenwart von Jod entstehen 4-Brom-1-äthyl-benzol (TH., SCH., *B.* **18**, 1273; vgl. FITTIG, KÖNIG, *A.* **144**, 282; F., *Z.* **1871**, 131 Anm.) und 2-Brom-1-äthyl-benzol (SCH., *B.* **18**, 1273). Verlauf der Bromierung in verschiedenen organischen Lösungsmitteln: BRUNER, VORBRODT, *C.* **1909** I, 1807. Beim Behandeln von Äthylbenzol mit Brom und Aluminiumbromid erhielten KLAGES, ALLENDORFF (*B.* **31**, 1005) ein Tetrabromäthylbenzol $C_6HBr_4 \cdot C_2H_5$, GUSTAVSON (Ж. **10**, 272; *B.* **11**, 1253; *Bl.* [2] **30**, 22; vgl. auch FRIEDEL, CRAFTS, *C. r.* **101**, 1220) Pentabromäthylbenzol $C_6Br_5 \cdot C_2H_5$. Beim Auflösen von Äthylbenzol in Salpetersäure (D: 1,475) entstehen 2 Nitro- und 4-Nitro-1-äthyl-benzol (BEILSTEIN, KUHLBERG, *A.* **156**, 206). Bei der Nitrierung mit Salpeterschwefelsäure erhält man je nach den Bedingungen 2-Nitro- und 4-Nitro-1-äthyl-benzol, 2.4-Dinitro-1-äthyl-benzol oder 2.4.6-Trinitro-1-äthyl-benzol (WEISWEILLER, *M.* **21**, 39; G. SCHULTZ, FLACHSLÄNDER, *J. pr.* [2] **66**, 155). Durch Erhitzen mit Salpetersäure (D: 1,075) im Einschlußrohr auf 107° erhielt KONOWALOW (Ж. **25**, 514; *B.* **27** Ref., 193; *C.* **1894** I, 465) in guter Ausbeute [α-Nitro-äthyl]-benzol. Nitrierung durch Erhitzen mit hydrolysierbaren Nitraten (besonders Bismutnitrat) und Wasser: KO., Ж. **33**, 393; *C.* **1901** II, 580. Verlauf der Nitrierung in Eisessig: KO., GUREWITSCH, Ж. **37**, 539; *C.* **1905** II, 818. Bei der Sulfurierung von Äthylbenzol mit konz. Schwefelsäure (SEMPOTOWSKI, *B.* **22**, 2663; vgl. auch MOODY, *P. Ch. S.* No. 158) oder mit Chlorsulfonsäure (MOODY) entsteht als einziges Reaktionsprodukt p-Äthyl-benzolsulfonsäure (vgl. jedoch CHRUSCHTSCHOW, *B.* **7**, 1166). Äthylbenzol liefert mit Sulfurylchlorid bei allmählichem Zusatz von AlCl₃ p-Chlor-äthylbenzol, p-Äthyl-benzolsulfochlorid und Bis-[4-äthyl-phenyl]-sulfon (TÖHL, EBERHARD, *B.* **26**, 2944). — Äthylbenzol gibt beim Erhitzen mit Natrium und Quecksilberdiäthyl im Kohlendioxydstrom Hydratropasäure $C_6H_5 \cdot CH(CH_3) \cdot CO_2H$ und einen Kohlenwasserstoff $C_{16}H_{18}$ (Syst. No. 479) (SCHORIGIN, *B.* **41**, 2727). Bei der Belichtung eines Gemisches von Äthylbenzol mit Benzophenon wurden (neben Benzpinakon) Diphenyl-α- oder β-phenäthyl-carbinol und β.γ-Diphenyl-butan erhalten (PATERNÒ, ·CHIEFFI, G. **39** II, 422).

Äthylbenzol geht im Organismus des Hundes in Hippursäure über (KNOOP, B. Ph. P. **6**, 154).

Über Bestimmung des Äthylbenzols neben Xylolen vgl. FRIEDEL, CRAFTS, C. r. **101**, 1220.

4-Chlor-1-äthyl-benzol $C_8H_9Cl = C_6H_4Cl \cdot C_2H_5$. B. Aus Äthylbenzol durch Sulfuryl-chlorid + Aluminiumchlorid, neben anderen Produkten (TÖHL, EBERHARD, B. **26**, 2944). — Kp: 180—182°. — Liefert bei der Oxydation p-Chlor-benzoesäure.

1¹-Chlor-1-äthyl-benzol, [α-Chlor-äthyl]-benzol, α-Phenäthylchlorid $C_8H_9Cl = C_6H_5 \cdot CHCl \cdot CH_3$. B. Durch Einleiten von Chlorwasserstoff in kalt gehaltenes Methylphenyl-carbinol $C_6H_5 \cdot CH(OH) \cdot CH_3$ in Gegenwart von Calciumchlorid (ENGLER, BETHGE, B. **7**, 1127). Durch tropfenweisen Zusatz von Methylphenylcarbinol zu überschüssigem Acetyl-chlorid (RADZISZEWSKI, B. **7**, 142). Beim Einleiten von 1 Mol.·Gew. Chlor in Äthylbenzol in der Kälte im Sonnenlicht (SCHRAMM, M. **8**, 102). Entsteht überwiegend (neben [β-Chlor-äthyl]-benzol) beim Einleiten von Chlor in siedendes Äthylbenzol bei Tageslicht (SCHR., M. **8**, 104; B. **26**, 1707; E. FISCHER, SCHMITZ, B. **39**, 2210). Aus Styrol und Chlorwasser-stoff (SCHR., B. **26**, 1710). — Siedet unter Zers. bei ca. 194° (E., B.), ca. 195° (SCHR., M. **8**, 102). — Gibt beim Kochen mit Kupfernitrat Acetophenon (E. F., SCHM.). Bei der Einw. von Natrium entsteht β.γ-Diphenyl-butan (E., B.). Beim Erhitzen mit Pyridin im geschlos-senen Rohr auf 130° wird Styrol gebildet (KLAGES, KEIL, B. **36**, 1632). [α-Chlor-äthyl]-benzol liefert beim Kochen der alkoh. Lösung mit Kaliumcyanid hauptsächlich Methyl-phenylcarbinol-äthyläther (SCHR., M. **8**, 103; B. **26**, 1710). Beim Behandeln mit Benzol und Aluminiumchlorid entstehen α.α-Diphenyl-äthan, Äthylbenzol und 9.10-Dimethyl-anthracen-dihydrid-(9.10) in nach den Bedingungen wechselnder Menge (SCHR., B. **26**, 1706).

1²-Chlor-1-äthyl-benzol, [β-Chlor-äthyl]-benzol, β-Phenäthylchlorid $C_8H_9Cl = C_6H_5 \cdot CH_2 \cdot CH_2Cl$. B. Durch Zusatz von β-Phenyl-äthylalkohol zu Phosphorpentachlorid, das mit Chloroform überschichtet ist (BARGER, Soc. **95**, 2194). Durch Einleiten von Chlor in siedendes Äthylbenzol (FITTIG, KIESOW, A. **156**, 246) bei Tageslicht, neben viel [α-Chlor-äthyl]-benzol (SCHRAMM, M. **8**, 105; **26**, 1707; E. FISCHER, SCHMITZ, B. **39**, 2209). — Öl. Kp: 190—200° (geringe Zers.); Kp₂₀: 91—92° (B.). — Liefert beim Eintröpfeln in Salpetersäure (D: 1,5) 1²-Chlor-4-nitro-1-äthyl-benzol (B.). Wird durch Erhitzen mit alkoh. Kaliumcyanid-lösung und Verseifung des Reaktionsproduktes in Hydrozimtsäure übergeführt (FITT., K.; vgl. SCHR., M. **8**, 105; E. FISCH., SCHM.). Gibt beim Erhitzen mit alkoh. Dimethylamin [β-Dimethylamino-äthyl]-benzol (B.). Bei der Einw. von Benzol und Aluminiumchlorid entsteht Dibenzyl (ANSCHÜTZ, A. **235**, 329; vgl. SCHRAMM, B. **26**, 1707; E. FISCH., SCHM.).

2.5-Dichlor-1-äthyl-benzol $C_8H_8Cl_2 = C_6H_3Cl_2 \cdot C_2H_5$. B. Beim Einleiten von Äthylen in ein auf 125—150° erhitztes Gemisch aus p-Dichlor-benzol und Aluminiumchlorid (ISTRATI, A. ch. [6] **6**, 476). — Flüssig. Kp: 213,5°. D⁰: 1,239. Löslich in 3 Vol. Benzol und in 9 Vol. 90%igem Alkohol; leicht löslich in Äther, Petroläther, Chloroform und Schwefelkohlenstoff.

1¹.1¹-Dichlor-1-äthyl-benzol, [α.α-Dichlor-äthyl]-benzol $C_8H_8Cl_2 = C_6H_5 \cdot CCl_2 \cdot CH_3$. B. Aus Acetophenon und PCl₅ in der Kälte, neben 1¹-Chlor-1-vinyl-benzol (FRIEDEL, C. r. **67**, 1192; J. **1868**, 411; LADENBURG, A. **217**, 105; BÉHAL, Bl. [2] **50**, 632). Bei der Einw. von 2 Mol.·Gew. Chlor auf 1 Mol.·Gew. Äthylbenzol im Sonnenlicht (RADZIEWANOWSKI, SCHRAMM, C. **1898** I, 1019). — Ist nicht in reinem Zustand isoliert worden. Spaltet leicht HCl ab unter Bildung von 1¹-Chlor-1-vinyl-benzol (vgl. F.; L.; B.; NEF, A. **308**, 266). Beim Erhitzen mit alkoh. Kalilauge auf 120° wird Phenylacetylen gebildet (F.). Bei der Einw. von Silberoxyd entsteht Acetophenon (R., SCH.). Bei der Behandlung mit Kalium-cyanid in wäßr.-alkoh. Lösung erhält man α-Äthoxy-α-phenyl-propionitril (L.).

1¹.1²-Dichlor-1-äthyl-benzol, [α.β-Dichlor-äthyl]-benzol, Styroldichlorid $C_8H_8Cl_2 = C_6H_5 \cdot CHCl \cdot CH_2Cl$. B. Aus Styrol und Chlor (BLYTH, A. W. HOFMANN, A. **53**, 309). — Darst. Aus Styrol und Chlor in Chloroformlösung bei 0° (BILTZ, A. **296**, 275). — Leicht bewegliche Flüssigkeit von sehr schwachem Geruch. Kp₁₅: 114,5—115,5°; Kp₇₆₀: 233° bis 234°; D¹⁵: 1,240; n¹⁵: 1,5544 (BI.). — Verhalten gegen Kali: BL., A. W. H.; LAURENT, C. r. **22**, 790; vgl. auch ERLENMEYER, B. **12**, 1609.

1².1²-Dichlor-1-äthyl-benzol, [β.β-Dichlor-äthyl]-benzol $C_8H_8Cl_2 = C_6H_5 \cdot CH_2 \cdot CHCl_2$. B. Aus Phenylacetaldehyd und Phosphorpentachlorid bei 0° (FORRER, B. **17**, 982) in Petrol-ätherlösung (AUWERS, KEIL, B. **36**, 3910). — Öl. Kp₂₅: 110—120°; Kp₇₆₀: 210—220°. D¹⁸: 1,153 (AU., K.). Mit Wasserdämpfen flüchtig (F.). — Wird durch alkoh. Kali erst in 1²-Chlor-1-vinyl-benzol und dann in Phenylacetylen übergeführt (F.).

1ʳ.1².1²-Trichlor-1-äthyl-benzol, [α.β.β-Trichlor-äthyl]-benzol $C_8H_7Cl_3 = C_6H_5 \cdot CHCl \cdot CHCl_2$. *B.* Aus 1²-Chlor-1-vinyl-benzol und Chlor in kalter Chloroformlösung (BILTZ, *A.* **296**, 267). — Kp_{19}: 134°; Kp_{21}: 137°; Kp_{770}: 254,5°; D_4^{15}: 1,3622—1,3619; n_D^{15}: 1,5652 bis 1,5640 (B.). — Gibt bei der Einw. von alkoh. Kali hauptsächlich (vgl. NEF, *A.* **308**, 317) 1².1²-Dichlor-1-vinyl-benzol (B.).

2.3.4.6-Tetrachlor-1-äthyl-benzol $C_8H_6Cl_4 = C_6HCl_4 \cdot C_2H_5$. *B.* Beim Einleiten von Äthylen in ein Gemisch aus 1.2.3.5-Tetrachlor-benzol und Aluminiumchlorid (ISTRATI, *A. ch.* [6] **6**, 497). — Flüssig. Kp: 270—275°. D^0: 1,543. Löslich in $5^1/_2$ Vol. Benzol und in 16 Vol. 90%igem Alkohol. — Liefert ein bei 28—30° schmelzendes Nitroderivat.

1ʳ.1ʳ.1².1²-Tetrachlor-1-äthyl-benzol, [α.α.β.β-Tetrachlor-äthyl]-benzol $C_8H_6Cl_4 = C_6H_5 \cdot CCl_2 \cdot CHCl_2$. *B.* Beim Einleiten von Chlor in 1².1²-Dichlor-1-vinyl-benzol $C_6H_5 \cdot CCl: CHCl$ (DYCKERHOFF, *B.* **10**, 533). — Flüssig. — Zerfällt bei der Destillation in 1ʳ.1².1²-Trichlor-1-vinyl-benzol und Chlorwasserstoff.

1ʳ.1ʳ.1².1²-Tetrachlor-1-äthyl-benzol, [α.β.β.β-Tetrachlor-äthyl]-benzol $C_8H_6Cl_4 = C_6H_5 \cdot CHCl \cdot CCl_3$. *B.* Aus 1².1²-Dichlor-1-vinyl-benzol in Chloroformlösung durch mehrere Wochen während Einw. von Chlor (BILTZ, *A.* **296**, 269; vgl. NEF, *A.* **308**, 317). — Kp_{11-12}: 138—139°; Kp_{21}: 148°; Kp_{773}: 267—268°; D_4^{15}: 1,453; n_D^{15}: 1,5718 (B.). — Gibt bei der Behandlung mit alkoh. Kali 1ʳ.1².1²-Trichlor-1-vinyl-benzol (B.).

2.3.4.5.6-Pentachlor-1-äthyl-benzol $C_8H_5Cl_5 = C_6Cl_5 \cdot C_2H_5$. *B.* Man leitet Äthylen erst durch rauchende Salzsäure und dann durch das Gemisch aus 4 Tln. Aluminiumchlorid und 35 Tln. Pentachlorbenzol, das zuletzt bis auf 150° erwärmt wird (ISTRATI, *A. ch.* [6] **6**, 502). — Krystalle (aus Alkohol-Benzol). F: 85°. Kp: 300°. D^{19}: 1,7205. Löst sich bei 15° in 9 Vol. Benzol und in 108 Vol. 90%igem Alkohol. Leicht löslich in Äther, Chloroform, Petroläther und Schwefelkohlenstoff.

1ʳ.1ʳ.1ʳ.1².1²-Pentachlor-1-äthyl-benzol, [Pentachloräthyl]-benzol, **Phenylpenta-chloräthan** $C_8H_5Cl_5 = C_6H_5 \cdot CCl_2 \cdot CCl_3$. *B.* Aus 1ʳ.1².1²-Trichlor-1-vinyl-benzol und Chlor bei langer Einw. in Chloroformlösung (BILTZ, *A.* **296**, 271). — Sechsseitige Tafeln. Rhombisch (DEECKE, *A.* **296**, 271; vgl. *Groth, Ch. Kr.* **4**, 555). F: 37—38°; Kp_{34}: 178—179°; sehr leicht löslich in Äther, Ligroin, Benzol, Schwefelkohlenstoff, Chloroform und Eisessig (B.).

2-Brom-1-äthyl-benzol $C_8H_9Br = C_6H_4Br \cdot C_2H_5$. *B.* Im Gemisch mit 4-Brom-1-äthyl-benzol beim Bromieren von Äthylbenzol im Dunkeln oder bei Gegenwart von Jod im zerstreuten Tageslicht (SCHRAMM, *B.* **18**, 1272, 1273). — Nachgewiesen durch Oxydation zu o-Brom-benzoesäure mit Kaliumpermanganat.

4-Brom-1-äthyl-benzol $C_8H_9Br = C_6H_4Br \cdot C_2H_5$. *B.* Aus p-Dibrom-benzol, Äthyl-jodid und einer zur Überführung in p-Diäthyl-benzol nicht ausreichende Menge Natrium in Benzol (ASCHENBRANDT, *A.* **216**, 222). Entsteht im Gemisch mit 2-Brom-1-äthyl-benzol (SCHRAMM, *B.* **18**, 1273) aus Äthylbenzol und Brom im Dunkeln (SCH.) oder bei Gegenwart von Jod im zerstreuten Tageslicht (THORPE, *Proc. Royal Soc. London* **18**, 126; *J.* **1869**, 412; SCH., vgl. FITTIG, KÖNIG, *A.* **144**, 282; F., *Z.* **1871**, 131 Anm.). — Stark lichtbrechende Flüssigkeit von anisartigem Geruch (A.). Erstarrt nicht im Kältegemisch; Kp: 204° (A.). — Gibt bei der Oxydation mit Chromsäuregemisch (F., K.) oder mit Kaliumpermanganat (SCH.) p-Brom-benzoesäure. Liefert bei der Einw. von 1 Mol.-Gew. Brom am Licht und darauf von einem weiteren Mol.-Gew. Brom bei 100° im Dunkeln 4.1ʳ.1²-Tribrom-1-äthyl-benzol (SCHRAMM, *B.* **24**, 1335).

1ʳ-Brom-1-äthyl-benzol, [α-Brom-äthyl]-benzol, α-Phenäthylbromid $C_8H_9Br = C_6H_5 \cdot CHBr \cdot CH_3$. *B.* Beim Einleiten von Bromdampf in siedendes Äthylbenzol (BERTHELOT, *Bl.* [2] **10**, 343; *C. r.* **67**, 397; *J.* **1868**, 377; vgl. auch FITTIG, KIESOW, *A.* **156**, 248; ENGLER, BETHGE, *B.* **7**, 1126, 1127). Durch Erhitzen von Äthylbenzol mit einem geringen Überschuß von Brom auf 140—150°, neben Styroldibromid (RADZISZEWSKI, *B.* **6**, 493; **7**, 140). Bei der Einw. von 1 Mol.-Gew. Brom auf 1 Mol.-Gew. Äthylbenzol in der Kälte am Lichte (THORPE, *Proc. Royal Soc. London* **18**, 123; *J.* **1869**, 411; SCHRAMM, *B.* **18**, 351). Aus Methylphenyl-carbinol und Bromwasserstoff in Gegenwart von Calciumchlorid (E., BETH.). Bei mehrtägigem Stehen eines Gemisches von 1 Vol. Styrol mit 3 Vol. bei 0° gesättigter Bromwasserstoff-säure (BERNTHSEN, BENDER, *B.* **15**, 1983; SCHR., *B.* **26**, 1710; vgl. HANRIOT, GUILBERT, *C. r.* **98**, 525; *J.* **1884**, 562). — Flüssigkeit von rosenähnlichem Geruch (BERN., BEN.), deren Dampf die Schleimhäute stark angreift (TH.). Siedet unter gewöhnlichem Druck bei ca. 190° (TH.), 200—210° (BERTHELOT) und zerfällt dabei größtenteils in Styrol und Bromwasser-stoff (TH.). Destilliert unzersetzt bei 148—152° unter 500 mm (TH.), bei 97° unter 17 mm (ANSCHÜTZ, *A.* **235**, 328). D^{23}: 1,3108 (BERN., BEN.). — Gibt beim Behandeln mit Natrium

$\beta.\gamma$-Diphenyl-butan (E., BETH.; SCHR., *B.* **18**, 352). Liefert mit Brom an der Sonne [$\alpha.\alpha$-Dibrom-äthyl]-benzol, während im zerstreuten Tageslicht [$\alpha.\alpha$-Dibrom-äthyl]-benzol und Styroldibromid gebildet werden; das letztere entsteht ausschließlich bei 100° im Dunkeln (SCHRAMM, *B.* **18**, 353). [α-Brom-äthyl]-benzol wird durch Erwärmen der alkoh. Lösung mit Ammoniak (TH.) oder mit Kaliumcyanid (SCHR., *B.* **26**, 1710) in Methylphenylcarbinoläthyläther übergeführt. Beim Erhitzen mit Kaliumacetat und Alkohol auf 120—130° entsteht Methylphenylcarbinol-äthyläther neben wenig Methylphenylcarbinol-acetat (TH.). Durch Umsetzung mit Silberacetat in Eisessig gelangt man zum Acetat des Methylphenylcarbinols (R., *B.* **7**, 141). Durch Einw. von Benzol und Zinkstaub entsteht $\alpha.\alpha$-Diphenyläthan und daneben $\beta.\gamma$-Diphenyl-butan (R., *B.* **7**, 142; vgl. E., BETH.).

1^1-Brom-1-äthyl-benzol, [β-Brom-äthyl]-benzol, β-Phenäthylbromid $C_8H_9Br = C_6H_5 \cdot CH_2 \cdot CH_2 \cdot Br$. *B.* Durch 4-stdg. Erhitzen von Phenyl-β-phenäthyl-äther mit einer gesättigten Lösung von HBr in Eisessig auf 120° (GRIGNARD, *C. r.* **138**, 1049). — Kp_{11}: 92°; Kp_{734}: 217—218° (geringe Zers.). — Vereinigt sich in äther. Lösung leicht mit Magnesium zu $C_6H_5 \cdot CH_2 \cdot CH_2 \cdot MgBr$; daneben entstehen in geringer Menge Styrol und Diphenylbutan.

$1^1.1^1$-Dibrom-1-äthyl-benzol, [$\alpha.\alpha$-Dibrom-äthyl]-benzol $C_8H_8Br_2 = C_6H_5 \cdot CBr_2 \cdot CH_3$. *B.* Aus α-Phenäthylbromid (S. 355) oder Äthylbenzol und der berechneten Menge Brom im Sonnenlicht (SCHRAMM, *B.* **18**, 353). — Öl, das sich unter Abspaltung von HBr zersetzt. Zersetzt sich beim Kochen mit Wasser unter Bildung von 1^1-Brom-1-vinyl-benzol (?).

$1^1.1^2$-Dibrom-1-äthyl-benzol, [$\alpha.\beta$-Dibrom-äthyl]-benzol, Styroldibromid $C_8H_8Br_2$ = $C_6H_5 \cdot CHBr \cdot CH_2Br$. *B.* Aus Styrol und Brom (BLYTH, A. W. HOFMANN, *A.* **53**, 306). Aus Äthylbenzol und 2 Mol.-Gew. Brom bei 145—150° (RADZISZEWSKI, *B.* **6**, 493). Man erwärmt 1^1-Brom-1-äthyl-benzol bei Abschluß des Tageslichtes mit 1 Mol.-Gew. Brom auf 100° (SCHRAMM, *B.* **18**, 354). Aus Styroloxyd und Phosphorpentabromid (TIFFENEAU, FOURNEAU, *C. r.* **146**, 698). — *Darst.* Man versetzt eine Lösung von 150 g Styrol in 150 g Chloroform unter Eiskühlung tropfenweise mit der berechneten Menge Brom, preßt den ausgeschiedenen Krystallbrei ab und verdunstet überschüssiges Brom an der Luft (GLASER, *A.* **154**, 154). Man versetzt siedendes reines Äthylbenzol unter Umschütteln mit der berechneten Menge Brom, indem man nach jedesmaligem Bromzusatz die völlige Entfärbung abwartet; Ausbeute nahezu quantitativ (FRIEDEL, BALSOHN, *Bl.* [2] **35**, 55). Zur Darst. vgl. ferner ZINCKE, *A.* **216**, 288. — Blättchen oder breite Nadeln (aus 80%igem Alkohol). F: 72—73° (FITTIG, ERDMANN, *A.* **216**, 194), 73° (V. MILLER, *B.* **11**, 1450), 74—74,5° (Z.). Siedet unzersetzt bei 139—141° unter 15 mm (ANSCHÜTZ, *A.* **235**, 328). Sehr leicht löslich in Äther, Benzol und Eisessig, löslich in Alkohol und Ligroin (Z.). — Styroldibromid gibt beim Erhitzen mit Wasser auf 190° Bromvinyl-benzol (RADZISZEWSKI, *B.* **6**, 493; vgl. NEF, *A.* **308**, 273). Beim Behandeln von Styroldibromid mit Kaliumacetat oder Silberbenzoat entstehen je nach den Bedingungen in wechselnder Menge Phenylglykol (teils frei, teils in Form der entsprechenden Ester) Bromvinyl-benzol (vgl. NEF, *A.* **308**, 273) und andere Produkte; mit Silberacetat entsteht außerdem Benzoësäure (ZINCKE, *A.* **216**, 291); am vorteilhaftesten bewerkstelligt man die Überführung in Phenylglykol durch Kochen mit Kaliumcarbonat-Lösung (Z.). Styroldibromid liefert beim Kochen mit alkoh. Kalilauge 1^1-Brom-1-vinyl-benzol und wahrscheinlich auch 1^2-Brom-1-vinyl-benzol (GLASER, *A.* **154**, 155, 168; vgl. FRIEDEL, BALSOHN, *Bl.* [2] **32**, 613; ERLENMEYER, *B.* **12**, 1609; **16**, 152; NEF, *A.* **308**, 273) und dann Phenylacetylen (MOUREU, DELANGE, *Bl.* [3] **25**, 311; NEF, *A.* [7] **25**, 244). Gibt beim Überleiten über Ätzkalk bei schwacher Rotglut Phenylacetylen und ein anderes Produkt (R.). Styroldibromid wird durch Thionylchlorid und etwas Sulfurylchlorid bei 270° in Hexachlorthionaphthen übergeführt (BARGER, EWINS, *Soc.* **93**, 2088). Aus Styroldibromid, Benzol und AlCl$_3$ entstehen Dibenzyl (ANSCHÜTZ, *A.* **235**, 338), Anthracen und wenig Brombenzol (SCHRAMM, *B.* **26**, 1708).

Verbindung $(C_8H_8S)_x$. *B.* Beim Erhitzen von Styroldibromid mit KSH in Alkohol auf 125° (SPRING, MARSENILLE, *Bl.* [3] **7**, 14). — Durchdringend riechendes Öl. D^{16}: 1,0988. Sehr schwer löslich in Alkohol, sehr leicht in Benzol.

1^2-Chlor-$1^1.1^2$-dibrom-1-äthyl-benzol, [β-Chlor-$\alpha.\beta$-dibrom-äthyl]-benzol $C_8H_7ClBr_2$ = $C_6H_5 \cdot CHBr \cdot CHClBr$. *B.* Aus 1^2-Chlor-1-vinyl-benzol und Brom in Chloroform-Lösung (BILTZ, *A.* **296**, 272). — Nadeln (aus Alkohol). Triklin (DEECKE, *A.* **296**, 273; vgl. dazu *Groth, Ch. Kr.* **4**, 555). F: 32°; Kp_{26}: 165° (B.).

$1^2.1^2$-Dichlor-$1^1.1^2$-dibrom-1-äthyl-benzol, [$\beta.\beta$-Dichlor-$\alpha.\beta$-dibrom-äthyl]-benzol $C_8H_6Cl_2Br_2$ = $C_6H_5 \cdot CHBr \cdot CCl_2Br$. *B.* Aus $1^2.1^2$-Dichlor-1-vinyl-benzol und Brom in Chloroformlösung (BILTZ, *A.* **296**, 273; vgl. NEF, *A.* **308**, 317). — Kp_{24}: ca. 175° (starke Zers.).

$1^1.1^2.1^2$-Trichlor-$1^1.1^2$-dibrom-1-äthyl-benzol, [$\alpha.\beta.\beta$-Trichlor-$\alpha.\beta$-dibrom-äthyl]-benzol $C_8H_5Cl_3Br_2$ = $C_6H_5 \cdot CClBr \cdot CCl_2Br$. *B.* Durch mehrmaliges Abrauchen von $1^1.1^2$-Trichlor-1-vinyl-benzol mit überschüssigem Brom (B., *A.* **296**, 273). — Krystalle (aus Alkohol). Rhombisch (DEECKE, *A.* **296**, 274; vgl. *Groth, Ch. Kr.* **4**, 555). F: 47—48° (B.).

4.1¹.1²-Tribrom-1-äthyl-benzol, 4-Brom-1-[α.β-dibrom-äthyl]-benzol, p-Brom-styroldibromid $C_8H_7Br_3 = C_6H_4Br \cdot CHBr \cdot CH_2Br.$. *B.* Man behandelt 4-Brom-1-äthyl-benzol mit 1 Mol.-Gew. Brom am Licht und darauf mit einem weiteren Mol.-Gew. Brom bei 100° im Dunkeln (SCHRAMM, *B.* **24**, 1335). — Nadeln (aus Alkohol). F: 60°. Sehr leicht löslich in Äther und Benzol, leicht in warmem Alkohol. — Beim Kochen mit Pottasche-Lösung entsteht [p-Brom-phenyl]-glykol $C_6H_4Br \cdot CH(OH) \cdot CH_2 \cdot OH.$

1¹.1¹.1²-Tribrom-1-äthyl-benzol, [α.β.β-Tribrom-äthyl]-benzol, ω-Brom-styrol-dibromid $C_8H_7Br_3 = C_6H_5 \cdot CHBr \cdot CHBr_2.$ *B.* Beim Eintragen von Brom in eine Lösung von 1²-Brom-1-vinyl-benzol in Schwefelkohlenstoff (FITTIG, BINDER, *A.* **195**, 142; vgl. ERLEN-MEYER, *B.* **13**, 306). — Nadeln (aus Chloroform oder Ligroin). F: 37—38°; leicht löslich in Chloroform und Ligroin (F., B.). — Gibt mit alkoh. Kalilauge ein Gemisch von viel 1¹.1².Di-brom-1-vinyl-benzol und wenig 1¹.1²-Dibrom-1-vinyl-benzol (NEF, *A.* **308**, 310).

eso-Tetrabrom-äthylbenzol $C_8H_6Br_4 = C_6HBr_4 \cdot C_2H_5.$ *B.* Durch Einw. von Brom auf Äthylbenzol in Gegenwart von Aluminiumbromid bei 0°, neben anderen Produkten (KLAGES, ALLENDORFF, *B.* **31**, 1005). — Nadeln (aus Alkohol). F: 138—139°.

2.3.4.5.6-Pentabrom-1-äthyl-benzol $C_8H_5Br_5 = C_6Br_5 \cdot C_2H_5.$ *B.* Aus Äthylbenzol und Brom in Gegenwart von Aluminiumbromid (GUSTAVSON, Ж. **10**, 272; *B.* **11**, 1253; *Bl.* [2] **30**, 23). — Prismen. F: 141,5° (FRIEDEL, CRAFTS, *C. r.* **101**, 1220). Zersetzt sich bei der Destillation unter gewöhnlichem Druck; läßt sich unter 160 mm Druck unzersetzt destillieren (F., C.). Löslich bei 20° in 11 Tln. Petroläther (F., C.).

4-Jod-1-äthyl-benzol $C_8H_9I = C_6H_4I \cdot C_2H_5.$ *B.* Durch Kochen von 20 g Äthyl-benzol mit 24 g Jod, 8 g Jodsäure (in 20 g Wasser) und 100 ccm Eisessig (KLAGES, STORP, *J. pr.* [2] **65**, 568). Durch Einw. von Kaliumjodid auf diazotiertes 4-Amino-1-äthyl-benzol (WILLGERODT, BERGDOLT, *A.* **327**, 287). — Angenehm riechendes Öl. Kp₇₃₆: 209,01° (korr.) (W., B.); Kp₂₀: 112° (K., ST.). D¹⁴: 1,65 (K., ST.). — Gibt bei der Oxydation mit Chrom-säure in Eisessig p-Jod-benzoesäure (K., ST.). Wird durch Jodwasserstoff und Phosphor erst bei 218° vollständig entjodet (K., ST.).

4-Jodoso-1-äthyl-benzol $C_8H_9OI = C_2H_5 \cdot C_6H_4 \cdot IO.$ *B.* Das salzsaure Salz $C_2H_5 \cdot C_6H_4 \cdot ICl_2$ entsteht beim Einleiten von Chlor in die Lösung von 4-Jod-1-äthyl-benzol in Chloro-form (K., ST., *J. pr.* [2] **65**, 568) oder Eisessig (W., B., *A.* **327**, 288); es liefert beim Ver-reiben mit 5%/₀iger Natronlauge 4-Jodoso-1-äthyl-benzol (W., B.). — Weiß, amorph. F: 89°; unlöslich in Wasser, Alkohol, Äther (W., B.). — Salzsaures Salz, 4-Äthyl-phenyl-jodidchlorid $C_8H_9 \cdot ICl_2.$ Hellgelbe Nadeln (aus Eisessig). F: 90° (K., ST.). Zersetzt sich bei 103°; leicht löslich in Äther und Chloroform (W., B.).

4-Jodo-1-äthyl-benzol $C_8H_9O_2I = C_2H_5 \cdot C_6H_4 \cdot IO_2.$ *B.* Aus 4-Äthyl-phenyljodid-chlorid (s. o.) durch Natriumhypochloritlösung (W., B., *A.* **327**, 289). — Weiße Blättchen (aus Eisessig). Zersetzt sich bei 196,5°. Löslich in Wasser und Eisessig, unlöslich in Alko-hol und Äther. — Explodiert bei Berührung mit H_2S oder SO_2 unter Kohleabscheidung. Wird von Hydroxylamin oder Phenylhydrazin zu 4-Jod-1-äthyl-benzol reduziert.

Phenyl-[4-äthyl-phenyl]-jodoniumhydroxyd $C_{14}H_{15}OI = C_2H_5 \cdot C_6H_4 \cdot I(C_6H_5) \cdot OH.$ *B.* Analog wie Bis-[4-äthyl-phenyl]-jodoniumhydroxyd (s. u.) (W., B., *A.* **327**, 292). — Salze. $C_{14}H_{14}I \cdot Cl.$ Nadeln (aus Wasser). F: 169°. Schwer löslich in organischen Mitteln. — $C_{14}H_{14}I \cdot Br.$ Nadeln (aus Wasser). F: 172°. — $C_{14}H_{14}I \cdot I.$ Gelbliche Nadeln (aus Wasser). F: 160°. — $C_{14}H_{14}I \cdot NO_3.$ Blättchen (aus Wasser). F: 138°. — $2C_{14}H_{14}I \cdot Cl + HgCl_2.$ Nadeln. F: 125°. — $2C_{14}H_{14}I \cdot Cl + PtCl_4 + 3H_2O.$ Gelbe Nadeln. F: 155°.

o-Tolyl-[4-äthyl-phenyl]-jodoniumhydroxyd $C_{15}H_{17}OI = C_2H_5 \cdot C_6H_4 \cdot I(C_6H_4 \cdot CH_3) \cdot OH.$ *B.* Analog wie Bis-[4-äthyl-phenyl]-jodoniumhydroxyd (s. u.) (W., B., *A.* **327**, 294). — Salze. $C_{15}H_{16}I \cdot Cl.$ Blättchen. F: 165°. — $C_{15}H_{16}I \cdot Br.$ Blättchen (aus Wasser). F: 150°. — $C_{15}H_{16}I \cdot I.$ F: 139°. — $2C_{15}H_{16}I \cdot Cl + PtCl_4.$ F: 132°.

Bis-[4-äthyl-phenyl]-jodoniumhydroxyd $C_{16}H_{19}OI = (C_2H_5 \cdot C_6H_4)_2I \cdot OH.$ *B.* Durch Verreiben äquimolekularer Mengen von 4-Jodoso-1-äthyl-benzol und 4-Jodo-1-äthyl-benzol mit Silberoxyd und Wasser (WILLGERODT, BERGDOLT, *A.* **327**, 290). — $C_{16}H_{18}I \cdot Cl.$ Nadeln (aus Wasser). F: 150°. Unlöslich in organischen Mitteln. — $C_{16}H_{18}I \cdot Br.$ Nadeln (aus Wasser). F: 145°. Unlöslich in organischen Mitteln. — $C_{16}H_{18}I \cdot I.$ Nadeln (aus Wasser). F: 42°. — $C_{16}H_{18}I \cdot Cl + HgCl_2.$ Nadeln (aus Wasser). F: 120°. Löslich in Chloroform. — $2C_{16}H_{18}I \cdot Cl + PtCl_4.$ Gelbe Nadeln mit $3H_2O.$ Wird bei 78° wasserfrei. Zersetzt sich bei 148°.

[α.β-Dichlor-vinyl]-[4-äthyl-phenyl]-jodoniumhydroxyd $C_{10}H_{11}OCl_2I = C_2H_5 \cdot C_6H_4 \cdot I(CCl:CHCl) \cdot OH.$ Zur Konstitution vgl. THIELE, HAAKH, *A.* **369**, 144. — *B.* Das Chlorid entsteht beim Verreiben von 10 g Acetylensilber-Silberchlorid und 10 g 4-Äthyl-phenyljodidchlorid mit 100 ccm Wasser (WILLGERODT, BERGDOLT, *A.* **327**, 297). — Salze. $(C_8H_9)(C_2HCl_2)I \cdot Cl$. Nadeln. Zersetzt sich bei 134°. Zersetzt sich am Licht rasch unter Gelbfärbung. — $(C_8H_9)(C_2HCl_2)I \cdot Br$. Nadeln (aus Wasser). F: 129°. — $(C_8H_9)(C_2HCl_2)I \cdot I$. Zersetzt sich bei 69°. — $2(C_8H_9)(C_2HCl_2)I \cdot Cl + HgCl_2$. F: 67,5°. — $2(C_8H_9)(C_2HCl_2)I \cdot Cl + PtCl_4 + 2H_2O$. Gelbe Nadeln. Wird bei 80° wasserfrei. Zersetzt sich bei 128°.

1'-Jod-1-äthyl-benzol, [a-Jod-äthyl]-benzol, a-Phenäthyljodid $C_8H_9I = C_6H_5 \cdot CHI \cdot CH_3$. *B.* Aus Methyl-phenyl-carbinol und Jodwasserstoff in Eisessig (KLAGES, *B.* **35**, 2639). — Zersetzliches, heftig riechendes Öl. — Wird von Zinkstaub in Eisessig zu $\beta.\gamma$-Diphenyl-butan und etwas Styrol reduziert.

1'-Chlor-1²-jod-1-äthyl-benzol, [a-Chlor-β-jod-äthyl]-benzol, Styrolchloridjodid $C_8H_8ClI = C_6H_5 \cdot CHCl \cdot CH_2I$. *B.* Man löst Styrol in Essigsäure und versetzt mit WIJSscher Lösung, die durch Einleiten von trocknem Chlor in eine Lösung von 12,7 g Jod in 1 Liter Eisessig erhalten wird (INGLE, *C.* **1902** I, 1401). — Nadeln (aus Alkohol). F: 46°. Leicht löslich in allen gebräuchlichen Lösungsmitteln außer Wasser. — Gibt an alkoh. Silbernitratlösung zuerst Chlor, dann Jod ab. Spaltet beim Erwärmen mit Kaliumjodidlösung Jod ab.

[4-Äthyl-phenyl]-[5-jod-2-äthyl-phenyl]-jodoniumhydroxyd oder [4-Äthyl-phenyl]-[6-jod-3-äthyl-phenyl]-jodoniumhydroxyd $C_{16}H_{19}OI_2 = C_8H_9 \cdot C_6H_3I \cdot I(C_2H_5)$. *B.* Das Sulfat entsteht beim Eintragen von feuchtem 4-Jodoso-1-äthyl-benzol in konz. Schwefelsäure, die auf −10° abgekühlt ist (WILLGERODT, BERGDOLT, *A.* **327**, 295). — Salze. $(C_8H_9)(C_8H_9I)I \cdot Br$. Blättchen. F: 120°. — $(C_8H_9)(C_8H_9I)I \cdot I$. F: 90°. — $2(C_8H_9)(C_8H_9I)I \cdot Cl + HgCl_2$. Blättchen. F: 142°. Löslich in Chloroform und Wasser, schwerer in Alkohol und Äther. — $2(C_8H_9)(C_8H_9I)I \cdot Cl + PtCl_4$. Gelbe Nadeln. F: 135°.

1¹.1²-Dijod-1-äthyl-benzol, [a.β-Dijod-äthyl]-benzol, Styroldijodid $C_8H_8I_2 = C_6H_5 \cdot CHI \cdot CH_2I$. *B.* Beim Schütteln von Styrol mit konz. Jod-Jodkaliumlösung (BERTHELOT, *Bl.* [2] **7**, 277). — Krystalle. Leicht löslich in Äther. — Zerfällt rasch in Jod und Metastyrol.

2-Nitro-1-äthyl-benzol $C_8H_9O_2N = O_2N \cdot C_6H_4 \cdot C_2H_5$. *B.* Beim Lösen von Äthylbenzol in Salpetersäure (D: 1,475), neben 4-Nitro-1-äthyl-benzol (BEILSTEIN, KUHLBERG, *A.* **156**, 206). — *Darst.* Man verrührt 100 g Äthylbenzol langsam im Laufe mehrerer Stunden mit einem Gemenge von 82,5 g Salpetersäure (D: 1,456) und 107,6 g Schwefelsäure (D: 1,842) in der Kälte und erhitzt allmählich auf 135° (Ausbeute an dem Gemisch von 2-Nitro- und 4-Nitro-1-äthyl-benzol: 95—97% der Theorie); man trennt durch oft wiederholte Fraktionierung erst im Vakuum, dann unter Luftdruck, wobei ²/₃ 2-Nitro-1-äthyl-benzol und ¹/₃ 4-Nitro-1-äthyl-benzol erhalten werden (SCHULTZ, FLACHSLÄNDER, *J. pr.* [2] **66**, 160). — Öl. F: −23° (SCH., F.). Kp: 223—224° (SCH., F.), 227—228° (B., K.). D^{14}: 1,126 (B., K.). — Konnte von B., K. mit Chromsäuregemisch nicht oxydiert werden. Gibt mit Amylnitrit und Natriumäthylat o-Nitro-acetophenon-oxim (Höchster Farbw., D. R. P. 109663; *C.* **1900** II, 458).

Amin $C_{16}H_{20}N_2$, vielleicht Aminodiäthyldiphenylamin $C_8H_4 \cdot C_6H_4 \cdot NH \cdot C_6H_4(C_2H_5) \cdot NH_2$. *B.* Aus 2-Nitro-1-äthyl-benzol durch Reduktion mit Zinkstaub und alkoh. Natronlauge und Eingießen der entstandenen Lösung in Salzsäure als Nebenprodukt, neben 4.4'-Diamino-3.3'-diäthyl-diphenyl (SCHULTZ, FLACHSLÄNDER, *J. pr.* [2] **66**, 163, 168). — Zäher Sirup. — $C_{16}H_{20}N_2 + 2HCl$. Blättchen. Schwer löslich in Alkohol. Die wäßr. Lösung wird mit $FeCl_3$ blaugrün. — Pikrat $C_{16}H_{20}N_2 + C_6H_3O_7N_3$. Goldgelbe Blättchen (aus Alkohol). Zersetzt sich bei 235—240°. Sehr wenig löslich in Alkohol und Wasser.
Monobenzalverbindung $C_{23}H_{24}N_2$ des Amins $C_{16}H_{20}N_2$. *B.* Durch Kochen der alkoh. Lösung der Base mit Benzaldehyd (SCH., FL., *J. pr.* [2] **66**, 168). — Blättchen (aus Alkohol). F: 110—112°. Löslich in Alkohol und Benzol.

3-Nitro-1-äthyl-benzol $C_8H_9O_2N = O_2N \cdot C_6H_4 \cdot C_2H_5$. *B.* Aus 3-Nitro-4-amino-1-äthyl-benzol durch Isoamylnitrit (BÉHAL, CHOAY, *Bl.* [3] **11**, 211). — Flüssig. Kp: 242° bis 243°. D⁰: 1,1345.

4-Nitro-1-äthyl-benzol $C_8H_9O_2N = O_2N \cdot C_6H_4 \cdot C_2H_5$. *B.* und *Darst.* s. bei 2-Nitro-1-äthyl-benzol. — Öl. F: −32° (SCHULTZ, FLACHSLÄNDER, *J. pr.* [2] **66**, 162). Kp: 241° bis 242° (SCH., F.), 245—246° (BEILSTEIN, KUHLBERG, *A.* **156**, 207). D^{15}: 1,124 (B., K.). — Gibt bei der Oxydation mit Chromsäuregemisch p-Nitro-benzoesäure (B., K.).

1'-Nitro-1-äthyl-benzol, [a-Nitro-äthyl]-benzol, a-Nitro-a-phenyl-äthan $C_8H_9O_2N = C_6H_5 \cdot CH(CH_3) \cdot NO_2$. *B.* Bei 5—6-stdg. Erhitzen von 4 ccm Äthylbenzol mit 25 ccm Salpetersäure (D: 1,075) im Druckrohr auf 107° (KONOWALOW, *Ж.* **25**, 514; *B.* **27** Ref. 194; *C.* **1894** I, 464). Durch Oxydation von Acetophenonoxim mit Sulfomonopersäure, neben anderen Produkten (BAMBERGER, SELIGMANN, *B.* **36**, 705). — Öl. Erstarrt nicht bei −15° (K.). Siedet (nicht unzersetzt) bei 230—236°; Kp_{25}: ca. 135° (K.); Kp_{11}: 115—115,5° (korr.) (B., S.). D_4^0:

1,1367; D_4^{25}: 1,1202; D_0^{25}: 1,1084 (K.). Schwer löslich in Wasser, sonst leicht löslich (B., S.). n^{25}: 1,52120 (K.). Mit Zinn + Salzsäure entsteht fast nur Acetophenon (K.). — Salpetrige Säure erzeugt Acetophenon (K.). Brom wirkt in der Kälte auf freies α-Nitro-α-phenyl-äthan nicht ein (K.). α-Nitro-α-phenyl-äthan löst sich in Ätzalkalien mit schwachgelber Farbe unter Bildung von Salzen der aci-Form (K.; B., S.).

aci-1¹-Nitro-1-äthyl-benzol, α-Isonitro-α-phenyl-äthan $C_8H_9O_2N = (C_6H_5)(CH_3)C:$ NO₂H. B. Die Alkalisalze entstehen durch Einw. von Alkalien auf α-Nitro-α-phenyl-äthan (KONOWALOW, Ж. 25, 515, 522, 525; B. 27 Ref. 194; C. 1894 I, 465; BAMBERGER, SELIGMANN, B. 36, 706); die freie Isonitroverbindung erhält man, wenn man die Lösung von 1,1 g α-Nitro-α-phenyl-äthan in 5 ccm 8 n-Natronlauge einträgt in die stark gekühlte Mischung von 6 ccm konz. Salzsäure und 6 ccm Wasser (B., S.). — Weiße Nadeln. Erweicht gegen 45° unter Blaufärbung (B., S.). — Zersetzt sich schnell (B., S.). Die Lösung in Natronlauge gibt mit Eisenchlorid eine dunkelbraune, mit tiefroter Farbe in Äther lösliche Fällung (B., S.). Wird von Zinkstaub + Kalilauge zu 1¹-Amino-1-äthyl-benzol reduziert (KONOWALOW, Ж. 25, 529; B. 27 Ref., 195; C. 1894 I, 465). Das Kaliumsalz liefert mit Brom 1¹-Brom-1¹-nitro-1-äthyl-benzol (K.). — NaC₈H₈O₂N. Krystallisiert aus der konz. alkoh. Lösung von 0,5 g α-Nitro-α-phenyl-äthan bei Zusatz von Natriumäthylatlösung (aus 0,08 g Natrium) (B., S.). Weiße Krystalle. Verpufft beim Erhitzen. — KC₈H₈O₂N. Glänzende gelbliche Schuppen. Leicht löslich in Wasser und Alkohol, unlöslich in Kalilauge (K.). Verpufft bei raschem Erhitzen (K.). Zersetzt sich an der Luft unter Bildung von KNO₂ und Acetophenon (K.). — Cu(C₈H₈O₂N)₂. Amorpher dunkelrosenroter Niederschlag (K.).

1¹-Chlor-4-nitro-1-äthyl-benzol, 4-Nitro-1-[β-chlor-äthyl]-benzol $C_8H_8O_2NCl = O_2N \cdot C_6H_4 \cdot CH_2 \cdot CH_2Cl$. B. Beim Eintröpfeln von 1¹-Chlor-1-äthyl-benzol in Salpetersäure (D: 1,5) unter Kühlung (BARGER, Soc. 95, 2196). — Krystalle (aus Petroläther). F: 49°. Kp_{14}: 175—179°. — Liefert mit Dimethylamin 4-Nitro-1¹-dimethylamino-1-äthyl-benzol.

2.5-Dichlor-x-nitro-1-äthyl-benzol $C_8H_7O_2NCl_2 = O_2N \cdot C_6H_2Cl_2 \cdot C_2H_5$. B. Beim Behandeln von 2.5-Dichlor-1-äthyl-benzol mit Salpeterschwefelsäure (ISTRATI, Bl. [2] 48, 41). — Tafeln. F: 145°. 1 Tl. löst sich bei 20° in 1400 Tln. Wasser; leicht löslich in heißem Wasser, sehr leicht in Alkohol und Äther.

1¹.1¹-Dichlor-1²-nitro-1-äthyl-benzol, [α.β-Dichlor-β-nitro-äthyl]-benzol $C_8H_7O_2NCl_2 = C_6H_5 \cdot CHCl \cdot CHCl \cdot NO_2$. B. Beim Einleiten von Chlor in eine abgekühlte Chloroform-Lösung von 1²-Nitro-1-vinyl-benzol (PRIEBS, A. 225, 344). — Öl. Wurde einmal in bei 30° schmelzenden Krystallen erhalten (P.). Zersetzt sich beim Destillieren im Vakuum (P.). Mit Wasserdämpfen flüchtig (P.). — Liefert mit Natronlauge ein [Chlor-nitrovinyl]-benzol (P., vgl. THIELE, HAECKEL, A. 325, 2).

1¹.1¹.1².1².1²-Pentachlor-4-nitro-1-äthyl-benzol, 4-Nitro-1-[pentachloräthyl]-benzol, [4-Nitro-phenyl]-pentachloräthan $C_8H_4O_2NCl_5 = O_2N \cdot C_6H_4 \cdot CCl_2 \cdot CCl_3$. B. Aus Phenylpentachloräthan durch rauchende Salpetersäure (BILTZ, A. 296, 272). — Nadeln (aus Alkohol). Monoklin (DEECKE, A. 296, 272; vgl. Groth, Ch. Kr. 4, 555). F: 114° (B.). — Beständig gegen Oxydationsmittel (B.).

1¹-Brom-1¹-nitro-1-äthyl-benzol, [α-Brom-α-nitro-äthyl]-benzol $C_8H_8O_2NBr = C_6H_5 \cdot CBr(NO_2) \cdot CH_3$. B. Beim Versetzen einer wäßr. Lösung des Kaliumsalzes des aci-1¹-Nitro-1-äthyl-benzols mit Brom (KONOWALOW, Ж. 25, 527; B. 27 Ref., 195; C. 1894 I, 465). — Bleibt bei −15° flüssig. Zersetzt sich bei 150°. D_4^0: 1,5419; D_4^{20}: 1,5182. n^{23}: 1,56054. Unlöslich in konz. Kalilauge.

1¹.1²-Dibrom-2-nitro-1-äthyl-benzol, 2-Nitro-1-[α.β-dibrom-äthyl]-benzol, o-Nitro-styroldibromid $C_8H_7O_2NBr_2 = O_2N \cdot C_6H_4 \cdot CHBr \cdot CH_2Br$. B. Aus o-Nitro-styrol und Brom in Chloroform unter Kühlung (EINHORN, B. 16, 2213). — Krystalle (aus Alkohol). F: 52°. Mit Wasserdämpfen unzersetzt flüchtig.

1¹.1²-Dibrom-3-nitro-1-äthyl-benzol, 3-Nitro-1-[α.β-dibrom-äthyl]-benzol, m-Nitro-styroldibromid $C_8H_7O_2NBr_2 = O_2N \cdot C_6H_4 \cdot CHBr \cdot CH_2Br$. B. Aus m-Nitro-styrol und Brom in Chloroform oder Eisessig (PRAUSNITZ, B. 17, 598). — Krystalle (aus absol. Alkohol). F: 78—79°. Ziemlich leicht löslich in absol. Alkohol.

1¹.1²-Dibrom-4-nitro-1-äthyl-benzol, 4-Nitro-1-[α.β-dibrom-äthyl]-benzol, p-Nitro-styroldibromid $C_8H_7O_2NBr_2 = O_2N \cdot C_6H_4 \cdot CHBr \cdot CH_2Br$. B. Aus p-Nitro-styrol und Brom (BASLER, B. 16, 3006). — Gelbliche strahlige Krystalle (aus Ligroin). F: 72—73°. Leicht löslich in heißem Benzol, heißem Alkohol oder Äther, etwas schwerer in Ligroin.

1¹.1²-Dibrom-1²-nitro-1-äthyl-benzol, [α.β-Dibrom-β-nitro-äthyl]-benzol $C_8H_7O_2NBr_2 = C_6H_5 \cdot CHBr \cdot CHBr \cdot NO_2$. B. Aus 1²-Nitro-1-vinyl-benzol und Brom in CS_2 (H. ERDMANN, B. 17, 414; PRIEBS, A. 225, 342). — Darst. Man kocht 1²-Nitro-1-vinyl-benzol mit der berechneten Menge Brom in CHCl₃ bis zur Entfärbung am Rückflußkühler

(THIELE, HAECKEL, A. **325**, 8). — Nadeln (aus Petroläther). Monoklin (LÜDECKE, A. **225**, 342). F: 86° (H. E.; P.). Leicht löslich in CS_2, $CHCl_3$ und Benzol, schwerer in Alkohol und Petroläther (P.). — Bei der Einw. von Alkali entsteht 1^2-Brom-1^2-nitro-1-vinyl-benzol (TH., H.).

$1^1.1^1.1^2.1^2$-**Tetrabrom-2-nitro-1-äthyl-benzol, 2-Nitro-1-[$\alpha.\alpha.\beta.\beta$-tetrabrom-äthyl]**-benzol $C_8H_5O_2NBr_4 = O_2N \cdot C_6H_4 \cdot CBr_2 \cdot CHBr_2$. B. Aus o-Nitro-phenylpropiolsäure und Brom in Eisessig, zuletzt unter gelindem Erwärmen (HELLER, TISCHNER, B. **42**, 4567). — Gelbe Blättchen (aus Eisessig). Schmilzt bei 186° unter Aufschäumen. Ziemlich leicht löslich in Chloroform, etwas schwerer in Benzol und Essigester, schwer in Eisessig, Alkohol und Ligroin. Löslich in konz. Schwefelsäure mit gelber Farbe.

1^1-**Nitroso-1^1-nitro-1-äthyl-benzol, Phenäthylpseudonitrol, „Methylphenyl**-**pseudonitrol"** $C_8H_8O_3N_2 = (C_6H_5)(CH_3)C(NO)(NO_2)$. B. Man übergießt 0,5 g 1^1-Nitro-1-äthyl-benzol mit gesättigter Kalilauge, fügt die Lösung von 0,25 g Natriumnitrit in 1,6 ccm Wasser hinzu und säuert unter Eiskühlung mit verd. Schwefelsäure an (BAMBERGER, SELIG-MANN, B. **36**, 707). — Grünblaue, sehr zersetzliche Masse.

2.4-Dinitro-1-äthyl-benzol $C_8H_8O_4N_2 = (O_2N)_2C_6H_3 \cdot C_2H_5$. B. Durch kurzes Erwärmen von Äthylbenzol mit 2 Tln. Schwefelsäure (D: 1,88) und 1 Tl. Salpetersäure (D: 1,43) auf 125—130° (WEISSWEILLER, M. **21**, 40). — Öl. Kp_{13}: 167,5° (W.); Kp_{10}: 163°; Kp_{33}: 195,5° (SCHULTZ, B. **42**, 2633). — Geht durch Oxydation mit Salpetersäure in 2.4-Dinitro-benzoesäure über (W.). Gibt mit Schwefelammonium 2-Nitro-4-amino-1-äthyl-benzol (SCH.).

$1^1.1^2$-**Dibrom-2.1^2-dinitro-1-äthyl-benzol, 2-Nitro-1-[$\alpha.\beta$-dibrom-β-nitro-äthyl]**-benzol $C_8H_6O_4N_2Br_2 = O_2N \cdot C_6H_4 \cdot CHBr \cdot CHBr \cdot NO_2$. B. Aus o.ω-Dinitro-styrol und Brom in CS_2 (PRIEBS, A. **225**, 352). — Nadeln (aus Benzol + Petroläther). F: 90—90,5°. Sehr schwer löslich in Petroläther, schwer in kaltem Eisessig, leicht in Chloroform.

$1^1.1^2$-**Dibrom-4.1^2-dinitro-1-äthyl-benzol, 4-Nitro-1-[$\alpha.\beta$-dibrom-β-nitro-äthyl]**-benzol $C_8H_6O_4N_2Br_2 = O_2N \cdot C_6H_4 \cdot CHBr \cdot CHBr \cdot NO_2$. B. Aus p.ω-Dinitro-styrol und Brom in Schwefelkohlenstoff (PRIEBS, A. **225**, 349). — Glänzende Blättchen (aus Benzol + Petroläther). F: 102—103°. Sehr schwer löslich in Petroläther, leichter in Eisessig und Benzol.

2.4.6-Trinitro-1-äthyl-benzol $C_8H_7O_6N_3 = (O_2N)_3C_6H_2 \cdot C_2H_5$. B. Man versetzt ein Gemisch von 40 g Salpetersäure (D: 1,525) und 105 ccm rauchender Schwefelsäure (mit 25% SO_3) unter Eiskühlung tropfenweise mit 10 g Äthylbenzol und erwärmt nach erfolgter Auflösung kurze Zeit auf 100° (WEISSWEILLER, M. **21**, 44; SCHULTZ, B. **42**, 2634). Entsteht in gleicher Weise auch aus 2.4-Dinitro-1-äthyl-benzol (W.). — Fast farblose Nadeln oder Blättchen (aus Alkohol). F: 37° (W.; SCH.). Löslich in Äther, Alkohol, Benzol und Eisessig (W.), sehr wenig löslich in Wasser (SCH.). Gibt mit Alkalilauge Rotfärbung (SCH.). — Liefert mit Zinn + Salzsäure ein Oxy-diamino-äthylbenzol (Syst. No. 1855) (W.). Wird von Schwefelammonium zu 2.6-Dinitro-4-amino-1-äthyl-benzol reduziert (SCH.). Gibt mit Aminen und aromatischen Kohlenwasserstoffen Additionsverbindungen (SCH.).

3.6-Dichlor-2.4.5-trinitro-1-äthyl-benzol $C_8H_5O_6N_3Cl_2 = (O_2N)_3C_6Cl_2 \cdot C_2H_5$. B. Aus 2.5-Dichlor-1-äthyl-benzol und Salpeterschwefelsäure (ISTRATI, Bl. [2] **48**, 42). — Krystalle. F: 195° (Zers.). Unlöslich in Wasser, leicht löslich in Alkohol, Äther, Benzol.

Verbindung $C_8H_9O_2P = O_2P \cdot C_6H_4 \cdot C_2H_5$, „p-Phosphino-äthylbenzol" ist als Anhydroverbindung bei $(HO)_2PO \cdot C_6H_4 \cdot C_2H_5$, Syst. No. 2290, eingeordnet.

3. $Rohxylol$ (Gemisch der drei isomeren *Dimethyl-benzole*), häufig schlechthin „$Xylol$" genannt, C_8H_{10}.

In diesem Artikel sind sämtliche Angaben, die sich auf das als „Xylol" bezeichnete Isomerengemisch beziehen, vereinigt. Angaben über die drei individuellen Dimethylbenzole und ihre Derivate siehe unter Nr. 4, 5 und 6.

Geschichtliches. Xylol wurde 1850 von CAHOURS (C. r. **30**, 319; A. **74**, 168 Anm. 1; **76**, 286; J. **1850**, 492) im rohen Holzgeist entdeckt und 1855 von CHURCH (J. pr. [1] **65**, 383; J. **1855**, 634) unter den im Steinkohlenteer vorkommenden Kohlenwasserstoffen genannt. Erst 1870 wurde von FITTIG (A. **153**, 265) der Nachweis erbracht, daß dieser Kohlenwasserstoff ein Gemisch isomerer Dimethylbenzole darstellt, nachdem zuvor die Synthese des p-Xylols (GLINZER, F., A. **136**, 303) und des m-Xylols (F., VELGUTH, A. **148**, 1) gelungen war; kurz darauf wurde auch o-Xylol (F., BIEBER, A. **156**, 238) gewonnen.

V. Xylol findet sich in geringer Menge in fast allen Erdölen, z. B. im Erdöl von Burmah WARREN DE LA RUE, MÜLLER, J. pr. [1] **70**, 300; J. **1856**, 606; vgl. M., Z. **1864**, 161), im

Erdöl von Sehnde (Hannover) (BUSSENIUS, EISENSTUCK, *A.* 113, 151; vgl. M.), im rumänischen Erdöl (EDELEANU, FILITI, *Bl.* [3] 23, 389; ED., *C.* 1901 I, 1070) und im Erdöl von Grosny (CHARITSCHKOW, *Ch. Z.* 26 Repertorium, 179). Bezüglich weiterer Angaben über Vorkommen von Xylol in Erdölen (s. auch Nr. 5 und 6, S. 370 und 382) vgl. ENGLER-HÖFER, Das Erdöl, Bd. I [Leipzig 1913], S. 361.

B. Xylol entsteht bei der trocknen Destillation des Holzes und findet sich daher im rohen Methylalkohol (CAHOURS, *C. r.* 30, 319; *A.* 76, 286; *J.* 1850, 492; vgl. KRAEMER, GRODZKI, *B.* 9, 1925) und im Buchenholzteer (VÖLCKEL, *A.* 86, 335). Xylol entsteht ferner bei der destruktiven Destillation der Heptan-Octan-Fraktion des Petroleums (WORSTALL, BURWELL, *Am.* 19, 830). Bei der destruktiven Destillation von Braunkohlenteeröl (SCHULTZ, WÜRTH, *C,* 1905 I, 1444). Bei der Destillation der Steinkohlen, findet sich daher im Steinkohlenteer (CHURCH, *J. pr.* [1] 65, 383; *J.* 1855, 634). — Das Steinkohlenteer-Xylol besteht größtenteils aus m-Xylol (FITTIG, *A.* 153, 265). Gehalt von (englischem) Xylol an o-, m-, p-Xylol: *Journ. Soc. Chem. Ind.* 3, 77; LEVINSTEIN, *B.* 17, 446; vgl. WEGER, *Z. Ang.* 1909, 340. JACOBSEN (*B.* 14, 2628) fand in käuflichem Xylol bis zu 20—25% o-Xylol. NOELTING, WITT, FOREL (*B.* 18, 2668) fanden in Handelsxylidinen ca. 25% p-Xylidin und schließen daraus für technisches Xylol auf einen Gehalt von 25% p-Xylol. Ein von CRAFTS (*C. r.* 114, 1110; *Fr.* 32, 243) untersuchtes Xylol enthielt 54,9% m-Xylol, 11,3% p-Xylol, 18,4% o + p-Xylol und 11,3% Äthylbenzol. Gereinigtes Handels-Xylol besteht nach WEGER (*Z. Ang.* 22, 340) aus ca. 60% m-Xylol und 10—25% o- und p-Xylol neben Äthylbenzol und geringen Mengen Trimethylbenzolen, Paraffinen und Thioxen.

Darstellung der drei Isomeren aus dem Teerxylol. Man erhitzt 1 Tl. Xylol im Einschlußrohr 1 Stde. lang unter Schütteln mit 2½-Tln. konz. Schwefelsäure, läßt dann erkalten und fällt gelöste gesättigte Kohlenwasserstoffe durch 2 Tle. Wasser + 2 Tle. Salzsäure; die abgegossene wäßr. Schicht wird im geschlossenen Rohr 20 Stdn. lang auf 122⁰ erhitzt, wobei nur die Sulfonsäure des m-Xylols gespalten wird und m-Xylol sich abscheidet. Den Rest der sauren Lösung erhitzt man 20 Stdn. lang auf 175⁰, worauf man die dadurch in Freiheit gesetzten Kohlenwasserstoffe (1 Tl.) in 3 Tln. konz. Schwefelsäure löst und durch Zusatz des gleichen Vol. rauchender Salzsäure p-Xylol-sulfonsäure abscheidet; in Lösung bleibt ein Gemenge von Äthylbenzolsulfonsäure, o-Xylol-sulfonsäure und etwas p-Xylol-sulfonsäure (CRAFTS, *C. r.* 114, 1110; *Fr.* 32, 243). — Beim Schütteln von rohem Xylol mit gewöhnlicher Schwefelsäure gehen hauptsächlich m- und o-Xylol in Lösung, p-Xylol gelöst wird (vgl. dazu LEVINSTEIN, *Journ. Soc. Chem. Ind.* 3, 354; *J.* 1884, 1618); man entfernt die freie Schwefelsäure durch Bariumcarbonat und neutralisiert dann mit Soda. Beim Eindampfen krystallisiert erst o-xylol-sulfonsaures Natrium, das durch Auspressen und 2—3-maliges Umkrystallisieren rein erhalten wird und beim Erhitzen mit Salzsäure auf 190—195⁰ das freie o-Xylol liefert. Sobald die nach weiterem Eindampfen der ersten Mutterlauge erhaltenen Anteile des ausgeschiedenen Natriumsalzes nicht mehr schon beim ersten Umkrystallisieren deutliche Krystalle liefern, ist die abgepreßte Mutterlauge frei von o-xylol-sulfonsaurem Salz und bildet ein bequemes Material für die Gewinnung des reinen m-Xylols. Den bei wiederholtem Behandeln mit gewöhnlicher Schwefelsäure ungelöst gebliebenen Anteil (s. o.) schüttelt man unter mäßigem Erwärmen mit schwach rauchender Schwefelsäure; durch Verdünnen mit Wasser und Umkrystallisieren der ausgeschiedenen Säure erhält man leicht reine p-Xylol-sulfonsäure, die man mit Salzsäure bei 195⁰ zerlegt (JACOBSEN, *B.* 10, 1009, 1013). — Nach REUTER (*Ch. Z.* 13, 830) wirkt Schwefelsäure mit einem Gehalt von mehr als 80% Schwefelsäure noch auf m-Xylol ein, während auf o- und p-Xylol die Einw. der Schwefelsäure bei einer Verdünnung von etwa 84% aufhört. Über eine hierauf gegründete Trennung der drei Xylole vgl. REUTER, *Ch. Z.* 13, 830.

m-Xylol ist gegen siedende verdünnte Salpetersäure wesentlich beständiger als o- und p-Xylol (FITTIG, VELGUTH, *A.* 146, 10; F., BIEBER, *A.* 156, 236). Über die Befreiung des m-Xylols von seinen Isomeren durch Kochen mit Salpetersäure vgl.: REUTER, *B.* 17, 2028; NOELTING, FOREL, *B.* 18, 2674; KONOWALOW, Ж. 37, 531; *C.* 1905 II, 817.

Beim Durchleiten von Xylol durch ein glühendes Rohr erhielt BERTHELOT (*Bl.* [2] 7, 227; *J.* 1866, 543) Benzol, Toluol, Naphthalin, Anthracen und andere Produkte. Phosphoniumjodid reduziert Xylol bei 280—320⁰ zu Kohlenwasserstoffen C_9H_{14} (BAEYER, *A.* 155, 272).

Zum *Nachweis* des m- und p-Xylols im Xylolgemisch erhitzt man 50 ccm des Gemisches mit einem Gemenge von Chromsäure und Schwefelsäure, wobei o-Xylol völlig zu CO_2 verbrannt wird, während m-Xylol die Isophthalsäure, p-Xylol die Terephthalsäure liefert, die voneinander mit $BaCl_2$ getrennt werden (WORSTALL, BURWELL, *Am.* 19, 830). — Zur quantitativen *Bestimmung* der 3 Isomeren im Teerxylol vgl.: LEVINSTEIN, *Journ. Soc. Chem. Ind.* 3, 77; *B.* 17, 444; WEGER, *Z. Ang.* 22, 340. Bestimmung der Xylole neben Äthylbenzol: FRIEDEL, CRAFTS, *C. r,* 101, 1218.

4. *1.2-Dimethyl-benzol, o-Dimethyl-benzol, o-Xylol* (o-Xylen) C_8H_{10} = $C_6H_4(CH_3)_2$. Vgl. auch Nr. 3, S. 360—361.

Bezifferung: ... —C$(1^1 = \omega)$.

... —C$(2^1 = \omega')$

B. o-Xylol entsteht bei der Destillation der Steinkohlen und findet sich daher im Steinkohlenteer; vgl. darüber unter Nr. 3, S. 361. Reines o-Xylol entsteht: bei der Destillation
von 3.4-Dimethyl-benzoesäure mit Kalk (FITTIG, BIEBER, *A.* **156**, 238); aus o-Brom-toluol
und Methyljodid durch Natrium (JANNASCH, HÜBNER, *A.* **170**, 117; RAYMAN, *Bl.* [2] **26**,
532); beim Erhitzen von Cantharidin $C_{10}H_{12}O_4$ (Syst. No. 2619) mit überschüssigem P_2S_5
(PICCARD, *B.* **12**, 580). — Über *Darst.* aus Teerxylol s. S. 361.

Über die physikalischen *Eigenschaften von* reinem o-Xylol finden sich in der Literatur
die folgenden Angaben:

Kp: 142—143° (korr.) (JACOBSEN, *B.* **10**, 1013), 145° (korr.) (MOSCHNER, *B.* **34**, 1261);
Kp_{760}: 144,07° (korr.) (THORPE, RODGER, *Philosoph. Transact. of the Royal Soc. of London* **185** A,
525), 144,5° (korr.) (PERKIN, *Soc.* **77**, 277). $D_4^{?}$: 0,8899; $D_{14}^{?}$: 0,88514 (P.). — $n_\alpha^{?}$: 1,50687;
$n_b^{?}$: 1,51136; $n_\beta^{?}$: 1,52291; $n_\gamma^{?}$: 1,53301 (PER.). — Viscosität: TH., R.; vgl. BRILLOUIN,
A. ch. [8] **18**, 204. — Magnetische Rotation: PERKIN.

Weitaus die meisten Angaben über physikalische Eigenschaften des o-Xylols beziehen
sich auf unreine Präparate oder „reines" o-Xylol unbekannter Herkunft und Darstellungsart; sie sind im folgenden zusammengestellt.

Erstarrungspunkt: —27,1° (GUTTMANN, *Am. Soc.* **29**, 347), —28° bis —28,5° (COLSON,
A. ch. [6] **6**, 128), —45° (ALTSCHUL, SCHNEIDER, *Ph. Ch.* **16**, 24). Kp_{760}: 144,4° (BROWN,
Soc. **87**, 267), 142° (korr.) (RICHARDS, MATHEWS, *Ph. Ch.* **61**, 452; *Am. Soc.* **30**, 10). Dampf-
druck bei 20°: RICHARDS, MATHEWS. Dampfdruck bei verschiedenen Temperaturen: WO-
RINGER, *Ph. Ch.* **34**, 263; MANGOLD, *Sitzungsber. K. Akad. Wiss. Wien* **102** IIa, 1082. D_4^0:
0,8932; $D_4^{11,5}$: 0,7684 (PINETTE, *A.* **243**, 50); $D_{14}^{14,4}$: 0,88491; $D_{14}^{14,5}$: 0,88019 (LANDOLT, JAHN,
Ph. Ch. **10**, 292); $D_4^{?}$: 0,8633 (RICHARDS, MATHEWS); D_4^0: 0,8800 (BRÜHL, *J. pr.* [2] **50**, 140);
$D_4^{14,1}$: 0,8758 (GLADSTONE, *Soc.* **59**, 292); D_4^{141}: 0,7559 (SCHIFF, *A.* **223**, 66). Dichten des
unter verschiedenen Drucken siedenden o-Xylols: NEUBECK, *Ph. Ch.* **1**, 660. Ausdehnung:
PINETTE. — $n_\alpha^{14,1}$: 1,5040; $n_b^{14,1}$: 1,5082; $n_\beta^{14,1}$: 1,5200; $n_\gamma^{14,1}$: 1,5300 (LANDOLT, JAHN, *Ph. Ch.*
10, 303); $n_b^{21,4}$: 1,50021; $n_\beta^{21,4}$: 1,50463; $n_\beta^{21,4}$: 1,51602; $n_\gamma^{21,4}$: 1,52578 (BRÜHL, *J. pr.* [2] **50**,
141). $n_\beta^{14,1}$: 1,5129 (GLADSTONE, *Soc.* **59**, 292). Molekularrefraktion und -dispersion: GLAD-
STONE, *Soc.* **59**, 295. Absorption: PAUER, *Ann. d. Physik* [N. F.] **61**, 371; BALY, EWBANK,
Soc. **87**, 1356; GRÆBE, *C.* **1906** I, 341; HARTLEY, *C.* **1908** I, 1457; *Chem. N.* **97**, 97. Die
alkoh. Lösung zeigt bei der Temp. der flüssigen Luft violette Phosphorescenz (DZIERZBICKI,
KOWALSKI, *C.* **1909** II, 959, 1618). Kathodoluminescenz: FISCHER, *C.* **1908** II, 1406. —
Kompressibilität und Oberflächenspannung: RICHARDS, MATHEWS, *Ph. Ch.* **61**, 452; *Am.
Soc.* **30**, 10. Capillaritätskonstante beim Siedepunkte: SCHIFF, *A.* **223**, 66; bei verschiedenen
Temperaturen: FEUSTEL, *Ann. d. Physik* [4] **16**, 91. Verdampfungswärme: BROWN, *Soc.*
87, 267. Verbrennungswärme: STOHMANN, RODATZ, HERZBERG, *J. pr.* [2] **35**, 41. Kritische
Temperatur: ALTSCHUL, *Ph. Ch.* **11**, 590; BROWN, *Soc.* **89**, 314. Kritischer Druck: ALT-
SCHUL. — Magnetische Susceptibilität: FREITAG, *C.* **1900** II, 156. Magnetische Rotation:
SCHÖNROCK, *Ph. Ch.* **11**, 785. Dielektrizitätskonstante: LANDOLT, JAHN, *Ph. Ch.* **10**, 300;
DRUDE, *Ph. Ch.* **23**, 309. o-Xylol zeigt positive elektrische Doppelbrechung (SCHMIDT,
Ann. d. Physik [4] **7**, 164).

Verhalten. Beim Erwärmen von o-Xylol mit Aluminiumchlorid im Chlorwasserstoffstrome
auf 100° entsteht als Hauptprodukt m-Xylol neben geringen Mengen p-Xylol, Mesitylen und
Pseudocumol (HEISE, TÖHL, *A.* **270**, 168). — o-Xylol wird von verdünnter Salpetersäure
zu o-Toluylsäure oxydiert, von Chromsäuregemisch aber völlig verbrannt (FITTIG, BIEBER,
A. **156**, 241). Bei der Oxydation mit Chromsäure und Essigsäureanhydrid-Schwefelsäure
wird Phthalaldehyd-tetraacetat erhalten (THIELE, WINTER, *A.* **311**, 360; BAYER & Co., D. R. P.
121788; *C.* **1901** II, 70). o-Xylol reagiert mit Chromylchlorid CrO_2Cl_2 in Chloroform unter
Bildung eines Produktes, das bei der Zersetzung durch verd. Schwefelsäure o-Toluylaldehyd
liefert (LAW, PERKIN, *Soc.* **91**, 263). Beim Schütteln mit einer kochenden Lösung von Kaliumpermanganat entstehen Phthalsäure und o-Toluylsäure (JACOBSEN, *B.* **10**, 1013). Wäßr.
Kaliumpersulfatlösung oxydiert in der Wärme zu 2.2'-Dimethyl-dibenzyl (MORITZ, WOLFFEN-
STEIN, *B.* **32**, 2531). o-Xylol liefert bei der elektrolytischen Oxydation o-Toluylaldehyd
(LAW, PERKIN, *C.* **1905** I, 359). — o-Xylol gibt, mit gesättigter Jodwasserstoffsäure auf 250°
bis 280° erhitzt, Toluol, Dimethylcyclohexan, Methylcyclohexan und methylierte Cyclopentane (MARKOWNIKOW, *B.* **30**, 1218). — Beim Chlorieren von o-Xylol in der Kälte
in Gegenwart von Jod wurden erhalten: 3- und 4-Chlor-1.2-dimethyl-benzol (KRÜGER, *B.*

18, 1755; CLAUS, BAYER, *A.* **274**, 305), flüssiges (4.5?)-Dichlor-o-Xylol (CLAUS, KAUTZ, *B.* 18, 1368; vgl. FERRAND, *C. r.* **133**, 169; VILLIGER, *B.* **42**, 3533), wenig festes Dichlor-o-xylol (KOCH, *B.* **23**, 2321), 3.4.5- oder 3.4.6-Trichlor-1.2-dimethyl-benzol und 3.4.5.6-Tetrachlor-1.2-dimethyl-benzol (CLAUS, KAUTZ, *B.* 18, 1369). Durch Einw. von Chlor auf siedendes o-Xylol entstehen o-Xylylchlorid und wenig o-Xylylidenchlorid CH$_3$· C$_6$H$_4$·CHCl$_2$ (RAYMAN, *Bl.* [2] **26**, 534); durch Einleiten von 4 Mol.-Gew. Chlor in o-Xylol, anfangs bei 140°, später bei 160—170°, erhielt HJELT (*B.* 18, 2879) 1^1.1^1.2^1.2^1-Tetrachlor-1.2-dimethyl-benzol. Beim Chlorieren im Sonnenlicht entstehen o-Xylylchlorid und o-Xylylendichlorid (RADZIEWANOWSKI, SCHRAMM, *C.* **1898** I, 1019). Phosphorpentachlorid wirkt auf o-Xylol bei 190° unter Bildung von o-Xylylendichlorid (COLSON, *A. ch.* [6] **6**, 109; C., GAUTIER, *A. ch.* [6] **11**, 22), 1^1.1^1.2^1.2^1-Tetrachlor-1.2-dimethyl-benzol und 1^1.1^1.1^1.2^1.2^1-Pentachlor-1.2-dimethyl-benzol (C., G.). Brom führt in der Kälte bei Gegenwart von Jod in 4-Brom-1.2-dimethyl-benzol (R., W.; PERKIN, *Soc.* **53**, 5), 1^1.1^1.2^1-Tribrom-1.2-dimethyl-benzol (ATKINSON, THORPE, *Soc.* **91**, 1696) und 1^1.1^1.2^1.2^1-Tetrabrom-1.2-dimethyl-benzol (GABRIEL, MÜLLER, *B.* **28**, 1830). Die Produkte der Einw. von Brom auf o-Xylol im Sonnenlicht sind o-Xylylbromid, o-Xylylendibromid (SCHRAMM, *B.* 18, 1278) und 1^1.1^1.2^1.2^1-Tetrabrom-1.2-dimethyl-benzol (THIELE, GÜNTHER, *A.* **347**, 107). Verlauf der Bromierung von o-Xylol in verschiedenen organischen Lösungsmitteln: BRUNER, VORBRODT, *C.* **1909** I, 1807. — o-Xylol löst sich in kalter rauchender Salpetersäure unter Bildung von 3- und 4-Nitro-1.2-dimethyl-benzol (JACOBSEN, *B.* 17, 160; NOELTING, FOREL, *B.* 18, 2670; CROSSLEY, RENOUF, *Soc.* **95**, 207, 215); daneben bilden sich mit wachsendem Überschuß an Salpetersäure steigende Mengen von 3.4-, 3.5-, 3.6- und 4.5-Dinitro-1.2-dimethyl-benzol (C., R., *Soc.* **95**, 215). Erhitzt man o-Xylol mit Salpetersäure (D: 1,075) im Einschlußrohr auf 110°, so entsteht 1^1-Nitro-1.2-dimethyl-benzol (KONOWALOW, Ж. **37**, 532; *C.* **1905** II, 817). Beim Eintragen von o-Xylol in ein 20—25° warmes Gemisch von rauchender Salpetersäure mit dem halben Vol. Eisessig erhält man ausschließlich 3- und 4-Nitro-1.2-dimethyl-benzol (C., R., *Soc.* **95**, 216). Versetzt man o-Xylol unterhalb 0° mit Salpeterschwefelsäure, so entstehen 3- und 4-Nitro-1.2-dimethyl-benzol im Verhältnis 8 : 1 und die Dinitro-o-xylole; setzt man dagegen das o-Xylol zu dem Säuregemisch, so wird es in theoretischer Ausbeute in die Dinitro-o-xylole übergeführt (C., R., *Soc.* **95**, 216). Bei längerem Erhitzen mit Salpeterschwefelsäure auf dem Wasserbade erhält man die beiden Trinitro-o-xylole (C., R., *Soc.* **95**, 211). Neben den Nitroderivaten des o-Xylols entsteht bei der Nitrierung des o-Xylols auch 3.5-Dinitro-4-oxy-1.2-dimethyl-benzol (NOELTING, PICK, *B.* **21**, 3158). Nitrierung von o-Xylol in Eisessig: KONOWALOW, GUREWITSCH, Ж. **37**, 539; *C.* **1905** II, 818. — Beim Auflösen von o-Xylol in Schwefelsäure entsteht nur 1.2-Dimethyl-benzol-sulfonsäure-(4) (JACOBSEN, *B.* **11**, 22). — o-Xylol liefert mit Kohlenoxyd und Chlorwasserstoff in Gegenwart von AlCl$_3$ und CuCl den 3.4-Dimethyl-benzaldehyd (GATTERMANN, *A.* **347**, 368).

Durch Erhitzen von o-Xylol mit Acetylentetrabromid und Aluminiumchlorid auf 120° entsteht ein oberhalb 280° schmelzendes Gemisch von Tetramethylanthracenen (ANSCHÜTZ, *A.* **235**, 175). — o-Xylol kondensiert sich mit Brenztraubensäure in konz. Schwefelsäure bei —10° zu α.α-Bis-[3.4-dimethyl-phenyl]-propionsäure [(CH$_3$)$_2$C$_6$H$_3$]$_2$C(CH$_3$)·CO$_2$H (BISTRZYCKI, REINTKE, *B.* **38**, 843).

3-Chlor-1.2-dimethyl-benzol, vic.-Chlor-o-xylol C$_8$H$_9$Cl = C$_6$H$_3$Cl(CH$_3$)$_2$. *B.* Beim Chlorieren von o-Xylol in Gegenwart von Jod (KRÜGER, *B.* 18, 1755) oder Eisen (CLAUS, BAYER, *A.* **274**, 305), neben 4-Chlor-1.2-dimethyl-benzol. Aus dem bei 190—192° siedenden Rohprodukt erhält man durch Schütteln mit schwach rauchender Schwefelsäure ein Gemenge von 6-Chlor-1.2-dimethyl-benzolsulfonsäure-(3) [= 3-Chlor-1.2-dimethyl-benzol-sulfonsäure-(6)] und 5-Chlor-1.2-dimethyl-benzolsulfonsäure-(4) [= 4-Chlor-1.2-dimethyl-benzolsulfonsäure-(5)], das man durch fraktionierte Krystallisation der Bariumsalze aus siedendem Wasser trennt, in dem das Salz der 6-Chlor-1.2-dimethyl-benzolsulfonsäure-(3) sehr wenig löslich ist (KR.). Aus den freien Sulfonsäuren spaltet man mit Salzsäure bei 180° (KR.) oder besser mit überhitztem Wasserdampf in Gegenwart von Schwefelsäure die SO$_3$H-Gruppe ab (CL., B.). — Bleibt bei —20° flüssig (KR.). Kp: 189,5° (korr.) (KR.). — Liefert bei der Oxydation durch verd. Salpetersäure 3-Chlor-2-methyl-benzoesäure (CL., B.). Bei der Sulfurierung entsteht nur 6-Chlor-1.2-dimethyl-benzolsulfonsäure-(3) (KR.; CL., B.).

4-Chlor-1.2-dimethyl-benzol, asymm. Chlor-o-xylol C$_8$H$_9$Cl = C$_6$H$_3$Cl(CH$_3$)$_2$. *B.* siehe oben bei 3-Chlor-1.2-dimethyl-benzol. — Bleibt bei —20° flüssig (KRÜGER, *B.* 18, 1757). Kp: 191,5° (korr.) (KR.). D$_4^0$: 1,0692 (KR.). — Liefert beim Kochen mit Salpetersäure (D: 1,2) oder beim Erhitzen mit Salpetersäure (D: 1,1) auf 160° ein Gemisch von 5-Chlor-2-methyl-benzoesäure (F: 130°) und 4-Chlor-2-methyl-benzoesäure (F: 170°) (KR.; vgl. CLAUS, BAYER,

A. **274,** 308). Beim Sulfurieren entsteht ausschließlich 5-Chlor-1.2-dimethyl-benzolsulfonsäure-(4) (KR.; CL., B.).

1¹-Chlor-1.2-dimethyl-benzol, ω-Chlor-o-xylol, o-Xylylchlorid $C_8H_9Cl = CH_3 \cdot$ $C_6H_4 \cdot CH_2Cl$. *B.* Durch Chlorieren von o-Xylol bei Siedehitze (RAYMAN, *Bl.* [2] **26,** 534) oder im Sonnenlicht (RADZIEWANOWSKI, SCHRAMM, *C.* **1898** I, 1019). — Flüssig. Kp: 197—199⁰ (RAY.), 195—203⁰ (RAD., SCH.). Greift die Schleimhäute stark an.(RAY.; RAD., SCH.).

3.5-Dichlor-1.2-dimethyl-benzol, 3.5-Dichlor-o-xylol $C_8H_8Cl_2 = C_6H_2Cl_2(CH_3)_2$. *B.* In geringer Menge durch Einw. von Phosphorpentachlorid auf 1.1-Dimethyl-cyclohexandion-(3.5) (CROSSLEY, LE SUEUR, *Soc.* **81,** 1533). In nahezu quantitativer Ausbeute aus 3.5-Dichlor-1.1-dimethyl-cyclohexadien-(2.4) und PCl₅ in Gegenwart von Chloroform (C., LE S.). Aus 3.5-Dichlor-2.5-dibrom-1.1-dimethyl-cyclohexen-(3) durch Destillation (C., *Soc.* **85,** 279). — Hellgelbe, stark lichtbrechende Flüssigkeit von schwach aromatischem Geruch; erstarrt beim Abkühlen zu Nadeln. F: 3—4⁰; Kp_{760}: 226⁰; Kp_{23}: 129⁰ (C., LE S.). D_4^0: 1,2472; D_4^{15}: 1,2374; D_4^{25}: 1,2301 (PERKIN, *Soc.* **81,** 1535). $n_\alpha^{15.3}$: 1,54492; $n_\beta^{15.3}$: 1,56194; $n_\gamma^{15.3}$: 1,57295 (P.). Magnetische Rotation (P.). — Bei der Oxydation mit verd. Salpetersäure bei 190—200⁰ entsteht 3.5-Dichlor-phthalsäure (C., LE S.) und eine Dichlortoluylsäure (F: 184—185⁰) (C.). Wird durch Erhitzen mit rauchender Salpetersäure + konz. Schwefelsäure in 4.6-Dichlor-3.5-dinitro-1.2-dimethyl-benzol verwandelt (C.). Die Bromierung bei Gegenwart von Eisenspänen ergibt 4.6-Dichlor-3.5-dibrom-1.2-dimethyl-benzol (C.).

Flüssiges x.x-Dichlor-1.2-dimethyl-benzol $C_8H_8Cl_2 = C_6H_2Cl_2(CH_3)_2$ [wahrscheinlich Gemisch von vorwiegend 4.5-Dichlor-1.2-dimethyl-benzol mit 3.6-Dichlor-1.2-dimethylbenzol (vgl. FERRAND, *C. r.* **133,** 169)]. *B.* Durch Chlorierung von o-Xylol bei Gegenwart von Jod (CLAUS, KAUTZ, *B.* **18,** 1368; vgl. VILLIGER, *B.* **42,** 3533). — F: +3⁰; Kp: 227⁰ (CL., K.). — Liefert bei der Oxydation mit Salpetersäure unreine (vgl. VILLIGER) 4.5-Dichlorphthalsäure (CL., K.; vgl. CLAUS, GRONEWEG, *J. pr.* [2] **43,** 252). Überführung in Dichlorxylochinon: CLAUS, BERKEFELD, *J. pr.* [2] **43,** 582 ff.

Festes x.x-Dichlor-1.2-dimethyl-benzol $C_8H_8Cl_2 = C_6H_2Cl_2(CH_3)_2$. *B.* Entsteht in geringer Menge neben dem flüssigen Präparat (s. o.) beim Chlorieren von o-Xylol in Gegenwart von Jod (KOCH, *B.* **23,** 2321). — Nadeln (aus Alkohol). F: 73⁰.

1¹.1¹-Dichlor-1.2-dimethyl-benzol, ω.ω-Dichlor-o-xylol, o-Xylylidenchlorid, o-Xylylidendichlorid $C_8H_8Cl_2 = CH_3 \cdot C_6H_4 \cdot CHCl_2$. *B.* In geringer Menge durch Chlorieren von o-Xylol in der Hitze (RAYMAN, *Bl.* [2] **26,** 534). — Tafeln (aus Äther). F: 103⁰. Siedet nicht unzersetzt bei 225⁰. (Im Original steht, wohl irrtümlich, Kp: 125⁰.)

1¹.2¹-Dichlor-1.2-dimethyl-benzol, ω.ω'-Dichlor-o-xylol, o-Xylylendichlorid, o-Xylylenchlorid $C_8H_8Cl_2 = C_6H_4(CH_2Cl)_2$. *B.* Aus o-Xylylenglykol $C_6H_4(CH_2 \cdot OH)_2$ und konz. Salzsäure (HESSERT, *B.* **12,** 648; COLSON, *A. ch.* [6] **6,** 108). Durch 2-stdg. Erhitzen von 10—12 ccm o-Xylol mit 35 g Phosphorpentachlorid auf 190⁰ (C., *A. ch.* [6] **6,** 109; C., GAUTIER, *A. ch.* [6] **11,** 22). Durch Chlorierung von o-Xylol im Sonnenlicht (RADZIEWANOWSKI, SCHRAMM, *C.* **1898** I, 1019). — Monokline (?) (C., *A. ch.* [6] **6,** 108; vgl. GROTH, *Ch. Kr.* **4,** 705) Krystalle (aus Petroläther). F: 55⁰ (R., SCH.); F: 54,6—54,8⁰; Kp: 239—241⁰ (C., *A. ch.* [6] **6,** 108). D^0: 1,393 (COLSON, *Bl.* [2] **46,** 2). Sehr leicht löslich in Alkohol, Äther, Chloroform und Ligroin; die Lösungen riechen höchst stechend (C., *A. ch.* [6] **6,** 108). Spez. Wärme: C., *Bl.* [2] **46,** 2. Schmelzwärme: C., *C. r.* **104,** 429. — Liefert bei der Verseifung o-Xylylenglykol (C., G.).

3.4.5 oder 3.4.6-Trichlor-1.2-dimethyl-benzol, eso-Trichlor-o-xylol $C_8H_7Cl_3 = C_6HCl_3(CH_3)_2$. *B.* Durch Einleiten von Chlor in gekühltes o-Xylol in Gegenwart von Jod, neben anderen Produkten (CLAUS, KAUTZ, *B.* **18,** 1369). — Nadeln (aus Äther). F: 93⁰. Kp: 265⁰. Sublimiert bei langsamem Erhitzen. Sehr wenig löslich in kaltem Alkohol, leicht in heißem Alkohol, Chloroform und Benzol, sehr leicht in Äther. — Wird von Permanganat nicht angegriffen. Beim Erhitzen mit verd. Salpetersäure (D: 1,15) auf 200⁰ entsteht eine Trichlorphthalsäure, deren Anhydrid bei 157⁰ schmilzt.

3.4.5.6-Tetrachlor-1.2-dimethyl-benzol, eso-Tetrachlor-o-xylol $C_8H_6Cl_4 = C_6Cl_4(CH_3)_2$. *B.* Durch Einleiten von Chlor in gekühltes o-Xylol in Gegenwart von Jod, neben anderen Produkten (CLAUS, KAUTZ, *B.* **18,** 1369). — Nadeln (aus Äther). F: 215⁰ (CL., K.). Nicht flüchtig mit Wasserdämpfen. Sublimierbar. Wenig löslich in kaltem Alkohol, leicht in heißem Alkohol, Äther und Benzol. — Wird von konz. Salpetersäure bei 200⁰ nicht angegriffen.

1¹.1¹.2¹.2¹-Tetrachlor-1.2-dimethyl-benzol, ω.ω.ω'.ω'-Tetrachlor-o-xylol $C_8H_6Cl_4 = C_6H_4(CHCl_2)_2$. *B.* Durch Einleiten von 4 Mol.-Gew. Chlor in o-Xylol, anfangs bei 140⁰, später bei 160—170⁰ (HJELT, *B.* **18,** 2879). Aus o-Xylol und 4 Mol.-Gew. Phosphorpentachlorid

bei 170—200⁰ (COLSON, GAUTIER, *A. ch.* [6] 11, 25). — Krystalle (aus Äther). Triklin pinakoidal (WIIK, *B.* 18, 2879; vgl. *Groth, Ch. Kr.* 4, 706). F: 86⁰ (C., GAU.), 89⁰ (H.). Kp:
273—274⁰ (H.). D⁰: 1,601 (C., *Bl.* [2] 46, 3). Unlöslich in Wasser, leicht löslich in Äther
(H.); Äther löst bei 15⁰ 1 Tl., bei 35⁰ 2 Tle.; löslich in Alkohol, Benzol und Chloroform (C.,
GAU.). Spezifische Wärme: C., *Bl.* [2] 46, 3. Schmelzwärme: C., *C. r.* 104, 430. — Liefert
beim Erhitzen mit Wasser auf 200—210⁰ Phthalid (H.). Bei längerem Kochen (GABRIEL,
PINKUS, *B.* 26, 2211) mit Wasser entsteht o-Phthalaldehyd (C., GAU., *A. ch.* [6] 11, 28). Beim
Erhitzen mit wäßr. Hydrazinlösung auf 150⁰ entsteht Phthalazin (GAB., P.).

1¹.1¹.1¹.2¹.2¹-Pentachlor-1.2-dimethyl-benzol, **exo-Pentachlor-o-xylol** $C_6H_5Cl_5 =$
$CHCl_2 \cdot C_6H_4 \cdot CCl_2$. *B.* Durch Erhitzen von o-Xylol mit 6 Mol.-Gew. Phosphorpentachlorid
im Einschlußrohr auf 200⁰ (COLSON, GAUTIER, *A. ch.* [6] 11, 26). — Monokline (?) Krystalle.
F: 53,6⁰. Löslich in Alkohol, Äther, Chloroform und Petroläther. — Liefert durch Kochen
mit viel Wasser Phthalaldehydsäure.

3-Brom-1.2-dimethyl-benzol, vic.-Brom-o-xylol $C_8H_9Br = C_6H_3Br(CH_3)_2$. *B.* Durch
Auflösen des Natriumsalzes der 3- oder 6-Brom-1.2-dimethyl-benzolsulfonsäure-(4) in überschüssiger Schwefelsäure und Destillieren mit überhitztem Wasserdampf (STALLARD, *Soc.*
89, 809). — Stark lichtbrechende Flüssigkeit. Kp: 213,8⁰. D¹⁵: 1,382. — Liefert mit rauchender Schwefelsäure die 6-Brom-1.2-dimethyl-benzolsulfonsäure-(3) neben geringen Mengen
der 3- oder 6-Brom-1.2-dimethyl-benzolsulfonsäure-(4).

4-Brom-1.2-dimethyl-benzol, asymm. Brom-o-xylol $C_8H_9Br = C_6H_3Br(CH_3)_2$. *B.*
Durch Einw. von 1 Mol.-Gew. Brom auf kaltgehaltenes o-Xylol in Gegenwart von etwas
Jod (JACOBSEN, *B.* 17, 2372). — Erstarrt unter 0⁰ zu einer langfaserig-krystallinischen Masse.
F: —0,2⁰; Kp₇₆₀: 214,5⁰ (korr.); D¹⁵: 1,3693 (J.). — Bei anhaltendem Kochen mit verd. Salpetersäure (1 : 5) entsteht Brom-o-toluylsäure (F: 174—176⁰) (J.). Beim Kochen mit Salpetersäure (D: 1,075) erhält man 4-Brom-2¹-nitro-1.2-dimethyl-benzol (KONOWALOW, Ж. 36,
537; *C.* 1904 II, 200). Mit Chlorameisensäureester und Natrium entsteht 3.4-Dimethyl-
benzoesäureester (J.).

1¹-Brom-1.2-dimethyl-benzol, ω-Brom-o-xylol, **o-Xylylbromid** $C_8H_9Br = CH_3 \cdot$
$C_6H_4 \cdot CH_2Br$. *B.* Durch Einleiten von Brom in siedendes o-Xylol, neben o-Xylylendibrom id
(RADZISZEWSKI, WISPEK, *B.* 15, 1747; 18, 1281; vgl. ATKINSON, THORPE, *Soc.* 91, 1695).
Aus o-Xylol und Brom an der Sonne (SCHRAMM, *B.* 18, 1278). — *Darst.* Man versetzt 150 g
o-Xylol bei 130⁰ langsam mit 252 g Brom, destilliert das Reaktionsprodukt unter gewöhn-
lichem Druck und fängt die Fraktion 215—218⁰ gesondert auf; Ausbeute 80⁰/₀ der Theorie
(A., TH.). — Prismen. F: 21⁰ (R., W., *B.* 18, 1281). Kp₇₄₂: 216—217⁰; D²³: 1,3811 (R., W.,
B. 15, 1747). — Gibt beim Kochen mit Alkohol Äthyl-o-xylyl-äther (v. BRAUN, *B.* 43,
1352). Bildet bei der Einw. von Magnesium in Äther nur sehr geringe Mengen eines Magnesium-
derivates, in der Hauptsache symm. Di-o-tolyl-äthan (CARRÉ, *C. r.* 148, 1109; *Bl.* [4] 5, 489).

5-Chlor-4-brom-1.2-dimethyl-benzol $C_8H_8ClBr = C_6H_3ClBr(CH_3)_2$. Zur Frage der
Einheitlichkeit vgl. CLAUS, BAYER, *A.* 274, 305. — *B.* Aus 4-Chlor-1.2-dimethyl-benzol
und Brom in Chloroform bei Gegenwart von Eisen (CLAUS, GRONEWEG, *J. pr.* [2] 43, 257).
— Nadeln (aus Alkohol). F: 75⁰.

4.6-Dichlor-3-brom-1.2-dimethyl-benzol $C_8H_7Cl_2Br = C_6HCl_2Br(CH_3)_2$. *B.* Aus
3.5-Dichlor-2.5-dibrom-1.1-dimethyl-cyclohexen-(3) durch Destillation (CROSSLEY, *Soc.* 85,
280). — Nadeln (aus Alkohol). F: 42⁰. Leicht löslich in Benzol und Petroläther. — Wird
durch Brom bei Gegenwart von Eisenfeile in 4.6-Dichlor-3.5-dibrom-1.2-dimethyl-benzol
verwandelt. Liefert beim Erwärmen mit rauchender Salpetersäure auf dem Wasserbade
4.6-Dichlor-3.5-dinitro-1.2-dimethyl-benzol, beim Erhitzen mit verd. Salpetersäure (D: 1,15)
im Druckrohr auf 180—190⁰ 4.6-Dichlor-3-nitro-2-methyl-benzol.

3.5-Dichlor-4-brom-1.2-dimethyl-benzol $C_8H_7Cl_2Br = C_6HCl_2Br(CH_3)_2$. *B.* Man
behandelt 3.5-Dichlor-1.1-dimethyl-cyclohexadien-(2.4) in Chloroformlösung mit 2 Mol.-Gew.
Brom und destilliert die als Hauptprodukt dieser Reaktion resultierende Flüssigkeit oder
läßt sie im Vakuum über Ätzkali stehen (CROSSLEY, *Soc.* 85, 275). Durch Erhitzen von
3.5-Dichlor-4.5.6-tribrom-1.1-dimethyl-cyclohexen-(2) auf 120—125⁰ (CR., *Soc.* 85, 272).
Aus 3.5-Dichlor-4-amino-1.2-dimethyl-benzol durch Diazotieren in Gegenwart von Bromwasserstoffsäure und Cuprobromid (CR., *Soc.* 85, 277). — Nadeln (aus Alkohol). F: 100⁰.
Kp₃₀: 170—175⁰; Kp: 265—270⁰. Leicht löslich in Petroläther, Äther und warmem Alkohol. — Rauchende Salpetersäure erzeugt 4.6-Dichlor-5-brom-3-nitro-1.2-dimethyl-benzol,
verd. Salpetersäure unter Druck oxydiert zu 3.5-Dichlor-4-brom-phthalsäure und 3.5-Dichlor-
4-nitro-phthalsäure. Bei weiterer Bromierung in Chloroformlösung entsteht 3.5-Dichlor-
4.6-dibrom-1.2-dimethyl-benzol.

x.x-Dichlor-x-brom-1.2-dimethyl-benzol $C_6H_7Cl_2Br = C_6HCl_2Br(CH_3)_2$. *B.* Aus dem flüssigen x.x-Dichlor-1.2-dimethyl-benzol (S. 364) mit Brom und Eisen in der Kälte (CLAUS, GRONEWEG, *J. pr.* [2] **43**, 259). — Krystalle (aus Alkohol). F: 90⁰.

3.4-Dibrom-1.2-dimethyl-benzol, 3.4-Dibrom-o-xylol $C_8H_8Br_2 = C_6H_2Br_2(CH_3)_2$. *B.* siehe unten bei 4.5-Dibrom-o-xylol. — F: 6,8⁰; Kp: 277⁰; D₂⁰: 1,7842 (JACOBSEN, *B.* 17, 2377). — Liefert bei tagelangem Erhitzen mit Methyljodid, Natrium und etwas Essigester viel o-Xylol und etwas 1.2.3-Trimethyl-benzol.

4.5-Dibrom-1.2-dimethyl-benzol, 4.5-Dibrom-o-xylol $C_8H_8Br_2 = C_6H_2Br_2(CH_3)_2$. *B.* Neben dem 3.4-Derivat beim Versetzen von 4-Brom-1.2-dimethyl-benzol mit 1 Mol.-Gew. Brom in der Kälte bei Gegenwart von Jod (JACOBSEN, *B.* 17, 2376); man befreit das feste 4.5-Derivat von dem flüssigen 3.4-Derivat durch eiskalten Alkohol, läßt die durch Destillation vollständig vom Monobromderivat befreite flüssige Verbindung erstarren, bringt sie auf dem Saugfilter eben wieder zum Schmelzen, saugt vom Festgebliebenen ab und wiederholt diese Operation mehrmals (J.). — Blätter (aus Alkohol). F: 88⁰. Kp: 278⁰. Sehr schwer löslich in eiskaltem Alkohol, sehr leicht in heißem Alkohol oder heißer Essigsäure. Sublimiert oberhalb 88⁰ allmählich. — Beim Kochen mit Methyljodid, Natrium und Benzol in Gegenwart von etwas Essigester entsteht Durol neben o-Xylol und etwas Pseudocumol.

1¹.2¹-Dibrom-1.2-dimethyl-benzol, ω.ω'-Dibrom-o-xylol, o-Xylylendibromid, o-Xylylenbromid $C_8H_8Br_2 = C_6H_4(CH_2Br)_2$. *B.* Durch Einw. von Bromdämpfen auf siedendes o-Xylol, neben o-Xylylbromid (RADZISZEWSKI, WISPEK, *B.* 18, 1281). Aus o-Xylol und 2 Mol.-Gew. Brom an der Sonne (SCHRAMM, *B.* 18, 1279). — *Darst.* Man tropft sehr langsam 160 g Brom in 50 g o-Xylol, das konstant auf 125—130⁰ erhitzt wird; man läßt schließlich 1 Tag stehen, preßt dann ab, wäscht mit Chloroform und krystallisiert aus Chloroform um; Ausbeute 85—90 g (PERKIN, *Soc.* **53**, 5; ATKINSON, THORPE, *Soc.* **91**, 1696). — Krystalle (aus Chloroform) (HAUSHOFER, *J.* **1884**, 581; vgl. *Groth, Ch. Kr.* **4**, 705). F: 93⁰ (P.), 94,9⁰ (COLSON, *A. ch.* [6] **6**, 105), 94,5⁰ (R., W.). Zersetzt sich bei der Destillation (C., *A. ch.* [6] **6**, 105). D⁰: 1,988 (C., *Bl.* [2] **46**, 2). Löslich in 6 Tln. Petroläther, leichter in Alkohol, Äther und Chloroform (C., *A. ch.* [6] **6**, 105). Löst sich in 5 Tln. Äther (P.). Spez. Wärme: C., *Bl.* [2] **46**, 2. Schmelzwärme: C., *C. r.* **104**, 430. — Wird von alkal. Permanganatlösung zu Phthalsäure oxydiert (C., *A. ch.* [6] **6**, 106). Liefert beim Kochen mit Sodalösung o-Xylylenglykol $C_6H_4(CH_2 \cdot OH)_2$ (P., *Soc.* **53**, 6; C., *A. ch.* [6] **6**, 106). Bei längerem Erhitzen mit Ätzkali entsteht in schlechter Ausbeute o-Xylylenoxyd (WILLSTÄTTER, VERAGUTH, *B.* 40, 965). o-Xylylendibromid gibt mit alkoh. Kaliumhydrosulfid o-Xylylen-dimercaptan (Syst. No. 557) (KÖTZ, *B.* **33**, 729, AUTENRIETH, HENNINGS, *B.* **34**, 1773) neben geringen Mengen der Verbindung $C_6H_4 {<}^{CH_2 \cdot S \cdot CH_2}_{CH_2 \cdot S \cdot CH_2}{>} C_6H_4$ (Syst. No. 2676) (AU., HE., *B.* **35**, 1390). Konz. Ammoniak erzeugt bei 100—120⁰ Di-o-xylylenammoniumbromid $C_6H_4{<}^{CH_2}_{CH_2}{>}N(Br){<}^{CH_2}_{CH_2}{>}C_6H_4$ (Syst. No. 3061), bei 170⁰ Di-o-xylylendiimin $C_6H_4{<}^{CH_2 \cdot NH \cdot CH_2}_{CH_2 \cdot NH \cdot CH_2}{>}C_6H_4$ (Syst. No. 3486) (SCHOLTZ, *B.* **24**, 2402). o-Xylylendibromid reagiert mit primären aliphatischen Aminen und mit primären aromatischen Aminen, die in o-Stellung zur NH₂-Gruppe nicht substituiert sind, unter Bildung von Derivaten des Xylylenimins $C_6H_4{<}^{CH_2}_{CH_2}{>}N \cdot R$; primäre aromatische, in o-Stellung substituierte Amine bilden Derivate des o-Xylylendiamins $C_6H_4(CH_2 \cdot NH \cdot R)_2$; sekundäre aliphatische Amine führen zur Bildung von Ammoniumbromiden $C_6H_4{<}^{CH_2}_{CH_2}{>}N(Br)(R_1)(R_2)$, während sekundäre aromatische Amine und gemischt aromatisch-aliphatische Amine Derivate des o-Xylylendiamins $C_6H_4[CH_2 \cdot N(R_1)(R_2)]_2$ bilden; tertiäre aliphatische Amine werden unter Bildung von Diammoniumbromiden $C_6H_4[CH_2 \cdot N(R_1)(R_2)(R_3) \cdot Br]_2$ addiert, tertiäre aromatische Amine reagieren nicht (SCHOLTZ, *B.* **31**, 414, 627, 1154, 1707; vgl. auch PARTHEIL, SCHUMACHER, *B.* **31**, 591). Über die Verwendbarkeit des o-Xylylendibromids zur Charakterisierung von Aminen s. SCH., *B.* **31**, 1707. Über Verbindungen des o-Xylylendibromids mit Alkaloiden s. SCHO., *Ar.* **237**, 200. Reaktion mit Natriumacetessigester: SSOLONINA, *Ж.* **36**, 1228; *C.* **1905** I, 343. o-Xylylendibromid gibt beim Erhitzen mit Fluoren und KOH auf 230⁰ 9-[o-Xylylen]-fluoren (FECHT, *B.* 40, 3890). Beim Erhitzen mit Chinolin auf 180—270⁰ entsteht etwas Naphthalin (WILLSTÄTTER, VERAGUTH, *B.* 40, 965).

4.6-Dichlor-3.5-dibrom-1.2-dimethyl-benzol $C_8H_6Cl_2Br_2 = C_6Cl_2Br_2(CH_3)_2$. *B.* Durch Bromieren von 3.5-Dichlor-4-brom-1.2-dimethyl-benzol in Chloroform oder von 4.6-Dichlor-3-brom-1.2-dimethyl-benzol in Chloroform in Gegenwart von Eisenfeile (CROSSLEY, *Soc.* 85, 275, 280). Aus 3.5-Dichlor-4.5.6-tribrom-1.1-dimethyl-cyclohexen-(2) durch Erhitzen mit Salpetersäure (D: 1,42) (C., *Soc.* 85, 273). Durch Bromieren von 3.5-Dichlor-1.2-dimethyl-benzol in Gegenwart von Eisenfeile (C., *Soc.* **85**, 284). — Nadeln (aus Essigester). F: 233°. Leicht löslich in Benzol, schwer in Alkohol. — Wird durch verd. Salpetersäure unter Druck zu 4.6-Dichlor-3.5-dibrom-phthalsäure oxydiert.

3.4.5-Tribrom-1.2-dimethyl-benzol, 3.4.5-Tribrom-o-xylol $C_8H_7Br_3 = C_6HBr_3(CH_3)_2$. *B.* Aus diazotiertem 3.5-Dibrom-4-amino-1.2-dimethyl-benzol durch CuBr (JAEGER, BLANKSMA, *R.* **25**, 354). — Nädelchen (aus Aceton). F: 105°.

3.4.6-Tribrom-1.2-dimethyl-benzol, 3.4.6-Tribrom-o-xylol $C_8H_7Br_3 = C_6HBr_3(CH_3)_2$. *B.* Aus diazotiertem 4.6-Dibrom-3-amino-1.2-dimethyl-benzol oder 3.6-Dibrom-4-amino-1.2-dimethyl-benzol durch CuBr (J., B., *R.* **25**, 354). — Farblose Nädelchen. F: 86°. Leicht löslich in Äther und Benzol, schwer in Alkohol und Aceton in der Kälte, leicht in der Wärme.

1¹.1¹.2¹-Tribrom-1.2-dimethyl-benzol, ω.ω.ω′-Tribrom-o-xylol $C_8H_7Br_3 = CHBr_2 \cdot C_6H_4 \cdot CH_2Br$. *B.* Bei der Einw. von 4 At.-Gew. Brom auf o-Xylol bei 130°, neben o-Xylylendibromid (ATKINSON, THORPE, *Soc.* **91**, 1696). — Farblose Tafeln (aus Petroläther). F: 97°. Leicht löslich in Chloroform.

3.4.5.6-Tetrabrom-1.2-dimethyl-benzol, eso-Tetrabrom-o-xylol $C_8H_6Br_4 = C_6Br_4(CH_3)_2$. *B.* Aus o-Xylol und Brom in der Kälte in Gegenwart von Jod (JACOBSEN, *B.* **17**, 2378) oder Aluminiumbromid (BLÜMLEIN, *B.* **17**, 2492). Aus 1.2-Dimethyl-4-isopropyl-benzol, Brom und Aluminium (KLAGES, SOMMER, *B.* **39**, 2312). — Nadeln (aus Benzol). F: 261° (K., S.), 262° (J.), 254—255° (B.). Kp: 374—375° (B.). Sehr schwer löslich in heißem Alkohol, leicht in heißem Benzol (B.). — Liefert beim Erhitzen mit verd. Salpetersäure und Brom auf 170° Tetrabromphthalsäure (B.).

1¹.1¹.2¹.2¹-Tetrabrom-1.2-dimethyl-benzol, ω.ω.ω′.ω′-Tetrabrom-o-xylol $C_8H_6Br_4 = C_6H_4(CHBr_2)_2$. *B.* Bei allmählichem Eintragen von 4 Mol.-Gew. Brom in 20 g auf 140° erhitztes o-Xylol (GABRIEL, MÜLLER, *B.* **28**, 1830). Aus o-Xylol und Brom im Sonnenlicht (THIELE, GÜNTHER, *A.* **347**, 107). — Krystalle (aus absol. Alkohol). F: 115—117° (GA., M.), 116° (T., GÜ.). Leicht löslich in Chloroform, ziemlich schwer in Alkohol, unlöslich in Ligroin (GA., M.). — Mit Hydrazinsulfat und Kalilauge entsteht Phthalazin (GA., M.). Gibt mit Kaliumoxalat in verd. Alkohol o-Phthalaldehyd (T., GÜ.).

3-Jod-1.2-dimethyl-benzol, vic.-Jod-o-xylol $C_8H_9I = C_6H_3I(CH_3)_2$. *B.* Aus 3-Amino-1.2-dimethyl-benzol nach SANDMEYER (KLAGES, LIECKE, *J. pr.* [2] **61**, 323). — Flüssig. Kp_{13}: 125—126°. — Liefert mit Jodwasserstoffsäure und Phosphor bei 140° o-Xylol.

4-Jod-1.2-dimethyl-benzol, asymm. Jod-o-xylol $C_8H_9I = C_6H_3I(CH_3)_2$. *B.* Man erwärmt 13 g o-Xylol, gelöst in 50 ccm Benzin, mit 23 g Jodschwefel und 200 ccm Salpetersäure (D: 1,34) auf dem Wasserbade (EDINGER, GOLDBERG, *B.* **33**, 2880). — Öl. Kp: 225°. — Durch Oxydation mit Permanganat und Salpetersäure (D: 1,17) in geschlossenem Rohr bei 180° entsteht 4.x-Dijod-phthalsäure, bei der Oxydation mit Salpetersäure (D: 1,25) entstehen 4-Jod-phthalsäure und 4-x-Dijod-phthalsäure.

1¹.2¹-Dijod-1.2-dimethyl-benzol, ω.ω′-Dijod-o-xylol, o-Xylylendijodid, o-Xylylenjodid $C_8H_8I_2 = C_6H_4(CH_2I)_2$. *B.* Durch Kochen von o-Xylylendibromid mit alkoholischem Jodkalium oder besser durch Kochen von o-Xylylenglykol $C_6H_4(CH_2 \cdot OH_2)$ mit rauchender Jodwasserstoffsäure und etwas Phosphor (LESER, *B.* **17**, 1826). — Gelbliche Prismen (aus Äther). F: 109—110°.

3-Nitroso-1.2-dimethyl-benzol, vic.-Nitroso-o-xylol $C_8H_9ON = ON \cdot C_6H_3(CH_3)_2$. *B.* Aus 3-Hydroxylamino-1.2-dimethyl-benzol durch Oxydation mit eiskalter wäßr. Eisenchloridlösung (BAMBERGER, RISING, *A.* **316**, 287). — Weiße Nädelchen. F: 91—91,5°. Ziemlich leicht löslich in Äther und Chloroform, leicht in Benzol und warmem Alkohol, sehr wenig in Petroläther. Leicht flüchtig mit Wasserdampf. — Reduziert in Gegenwart von Alkohol FEHLINGsche Lösung beim Kochen.

4-Nitroso-1.2-dimethyl-benzol, asymm. Nitroso-o-xylol $C_8H_9ON = ON \cdot C_6H_3(CH_3)_2$. *B.* Aus 4-Hydroxylamino-1.2-dimethyl-benzol durch Oxydation mit eiskalter wäßr. Eisenchloridlösung (BAMBERGER, RISING, *A.* **316**, 285). — Hell blaugrüne Nädelchen (aus Alkohol). F: 44—45°. Sehr leicht löslich in Aceton und warmem Alkohol, mäßig leicht in Petroläther. — Reduziert in Gegenwart von Alkohol FEHLINGsche Lösung beim Kochen.

3-Nitro-1.2-dimethyl-benzol, vic.-Nitro-o-xylol $C_8H_9O_2N = O_2N \cdot C_6H_3(CH_3)_2$. *B.* Entsteht neben dem 4-Derivat beim Nitrieren von 100 g o-Xylol mit 100 g Salpetersäure

(D: 1,4) und 200 g Schwefelsäure (D: 1,85) bei ca. 0°; bei der Destillation des (mit Natronlauge gewaschenen) Reaktionsproduktes mit Wasserdampf geht das 3-Derivat zuerst über (NOELTING, FOREL, B. 18, 2670). Entsteht auch neben dem 4-Derivat beim Nitrieren von o-Xylol mit rauchender Salpetersäure (N., F.; CROSSLEY, RENOUF, Soc. 95, 207, 215). — Darst. Man nitriert 50 g o-Xylol unterhalb 0° mit einem Gemisch von 50 g rauchender Salpetersäure und 100 g konz. Schwefelsäure, gießt in Wasser, extrahiert die Nitroverbindungen mit Äther und trennt sie durch wiederholtes sorgfältiges Fraktionieren und Ausfrieren; Ausbeute 25 g 3-Nitro-1.2-dimethyl-benzol (C., R., Soc. 95, 208). — Gelbliches Öl. Erstarrt in einer Kältemischung und schmilzt bei 7—9° (C., R.). Kp$_{760}$: 245—246°; Kp$_{20}$: 131° (C., R.). — Bei der Oxydation mit Salpetersäure (D: 1,15) entsteht 3-Nitro-phthalsäure (C., R.). Beim Weiternitrieren mit Salpeterschwefelsäure oder mit rauchender Salpetersäure entstehen 3.4-, 3.5- und 3.6-Dinitro-1.2-dimethyl-benzol (C., R.).

4-Nitro-1.2-dimethyl-benzol, asymm. Nitro-o-xylol C$_8$H$_9$O$_2$N = O$_2$N·C$_6$H$_3$(CH$_3$)$_2$. B. Beim Auflösen von 1 Tl. o-Xylol in 8—10 Tln. kalter rauchender Salpetersäure (JACOBSEN, B. 17, 160), neben der gleichen Menge 3-Nitro-1.2-dimethyl-benzol (CROSSLEY, RENOUF, Soc. 95, 207, 215). Aus 5-Nitro-4-amino-1.2-dimethyl-benzol beim Ersatz der Aminogruppe durch Wasserstoff (DIEPOLDER, B. 42, 2918). — Darst. Man versetzt ein Gemisch aus 150 g rauchender Salpetersäure und dem halben Vol. Eisessig tropfenweise mit 25 g o-Xylol bei 20—25°, gießt die vereinigten Reaktionsprodukte von 2 Operationen in Wasser, extrahiert mit Äther und trennt die beiden Nitro-o-xylole durch Fraktionieren und Ausfrieren; Ausbeute aus 50 g o-Xylol 11,5 g 4-Nitro- und 17,5 g 3-Nitro-Derivat (C., R.). — Gelbe Prismen (aus Alkohol). F: 29° (J.; D.), 30° (C., R.). Siedet unter geringer Zersetzung bei 258° (korr.) (J.), unter 748 mm bei 254° (C., R.); Kp$_{260}$: 248° (korr.) (J.); Kp$_{31}$: 143° (C., R.). D$_0^0$: 1,139 (J.). Mäßig leicht löslich in Alkohol bei 0°; mischt sich oberhalb 30° in allen Verhältnissen mit Alkohol (J.); leicht löslich in organischen Mitteln (C., R.). — Liefert beim Kochen mit verd. Salpetersäure 4- und 5-Nitro-2-methyl-benzoesäure (J., B. 17, 162). Salpetersäure (D: 1,15) oxydiert bei 170—180° zu 4-Nitro-phthalsäure (C., R.). Bei der Nitrierung mit Salpeterschwefelsäure entsteht ein Gemenge von 3.5-Dinitro-1.2-dimethyl-benzol, 4.5-Dinitro-1.2-dimethyl-benzol (NOELTING, THESMAR, B. 35, 631) und 3.4-Dinitro-1.2-dimethyl-benzol (C., R.). Dieselben Produkte werden auch beim Weiternitrieren mit rauchender Salpetersäure erhalten (C., R.). 4-Nitro-1.2-dimethyl-benzol gibt bei der Einw. von Luftsauerstoff in Gegenwart von methylalkoholischer Kalilauge in der Kälte 4.4'-Dinitro-2.2'-dimethyl-dibenzyl (GREEN, DAVIES, HORSFALL, Soc. 91, 2080). Beim Erhitzen mit methylalkoholischer Kalilauge unter Luftzutritt entsteht 4.4'-Dinitro-2.2'-dimethyl-stilben (GREEN, BADDILEY, Soc. 93, 1723).

1^1-Nitro-1.2-dimethyl-benzol, ω-Nitro-o-xylol, o-Tolyl-nitromethan C$_8$H$_9$O$_2$N = CH$_3$·C$_6$H$_4$·CH$_2$·NO$_2$. B. Durch Lösen von Nitroxyliden-phthalid

C$_6$H$_4$$<^{Cl:C(NO_2)·C_6H_4·CH_3]}_{CO}$>O (Syst. No. 2468) in Natronlauge und Fällen mit Oxalsäure (GOLDBERG, B. 33, 2820). Durch Erhitzen von o-Xylol mit Salpetersäure (D: 1,075) im Einschlußrohr auf 110° (KONOWALOW, Ж. 37, 532; C. 1905 II, 817), Durch Kochen von Natrium-o-Tolyl-isonitrosoacetonitril mit Natronlauge bis zur Beendigung der Ammoniakentwicklung und Zerlegen des hierbei entstandenen Natriumsalzes der Isonitroverbindung (s. u.) mit Essigsäure in Gegenwart von Äther (W. WISLICENUS, WREN, B. 38, 503). — F: 12—14° (K.). Kp$_{22}$: 145—146° (geringe Zers.) (K.), 137—139° (W., W.). D$_4^{14}$: 1,1423; n$_D^{14}$: 1,5439 (K.). — Wird beim Stehen rot (K.; W., W.). Beim Stehen eine feste stickstoffreichere Verbindung vom Schmelzpunkt 238—242° aus, die in Wasser, Sodalösung und Natronlauge unlöslich ist (K.). Löst sich in Alkalien unter Bildung von Salzen des aci-o-Tolyl-nitromethans (s. folgenden Artikel) (G.; K.).

aci-1^1-Nitro-1.2-dimethyl-benzol, ω-Isonitro-o-xylol, o-Tolyl-isonitromethan C$_8$H$_9$O$_2$N = CH$_2$·C$_6$H$_4$·CH:NO$_2$H. B. Das Kaliumsalz entsteht durch Auflösen von o-Tolyl-nitromethan (vgl. vorstehenden Artikel) in Kalilauge; es scheidet beim Ansäuern mit verdünnter Schwefelsäure die freie aci-Nitroverbindung ab (K., Ж. 37, 532; C. 1905 II, 817). — Zersetzliche Krystalle. Schmilzt, in ein Bad von 65° getaucht, bei 66° (K.). Verwandelt sich nach einiger Zeit in o-Tolyl-nitromethan (G., B. 33, 2820). — KC$_8$H$_8$O$_2$N. Schuppen (K.).

5-Chlor-4-nitro-1.2-dimethyl-benzol C$_8$H$_8$O$_2$NCl = O$_2$N·C$_6$H$_2$Cl(CH$_3$)$_2$. B. Aus 4-Chlor-1.2-dimethyl-benzol und Salpetersäure (D: 1,5) (CLAUS, GRONEWEG, J. pr. [2] 43, 257). — Nadeln (aus Aceton). F: 73°.

5-Brom-1^1-nitro-1.2-dimethyl-benzol C$_8$H$_8$O$_2$NBr = CH$_3$·C$_6$H$_3$Br·CH$_2$·NO$_2$. B. Durch Einw. von verd. Salpetersäure (D: 1,075) auf 4-Brom-1.2-dimethyl-benzol bei Siedetemperatur, neben flüssigen Nitroverbindungen und zwei Säuren vom Schmelzpunkte 174° bis 176° und 135—138° (KONOWALOW, Ж. 36, 537; C. 1904 II, 200). — F: 65°.

5-Chlor-4-brom- oder 4-Chlor-5-brom-3-nitro-1.2-dimethyl-benzol C$_8$H$_7$O$_2$NClBr = O$_2$N·C$_6$HClBr(CH$_3$)$_2$. B. Bei $^1/_2$-stdg. Erwärmen von 5-Chlor-4-brom-1.2-dimethyl-benzol mit 4—5 Tln. rauchender Salpetersäure (CLAUS, GRONEWEG, *J. pr.* [2] 43, 257). — Prismen. F: 223°. Leicht löslich in Chloroform und Aceton, schwerer in Alkohol.

4.6-Dichlor-5-brom-3-nitro-1.2-dimethyl-benzol $C_6H_6O_2NCl_2Br = O_2N \cdot C_6Cl_2Br(CH_3)_2$. *B.* Aus 3.5-Dichlor-4-brom-1.2-dimethyl-benzol beim Erwärmen mit rauchender Salpetersäure (CROSSLEY, *Soc.* 85, 275). — Schwach gelbliche Nadeln (aus Alkohol). F: 176°. Leicht löslich in Äther und Chloroform.

4.5-Dibrom-3-nitro-1.2-dimethyl-benzol $C_8H_7O_2NBr_2 = O_2N \cdot C_6HBr_2(CH_3)_2$. *B.* Man trägt 4.5-Dibrom-1.2-dimethyl-benzol in kalte rauchende Salpetersäure ein (TÖHL, *B.* 18, 2561). — Nadeln (aus Alkohol). F: 141°.

3.4-Dinitro-1.2-dimethyl-benzol, 3.4-Dinitro-o-xylol $C_8H_8O_4N_2 = (O_2N)_2C_6H_2(CH_3)_2$. *B.* Entsteht neben 3.5-Dinitro-1.2-dimethyl-benzol und 4.5-Dinitro-1.2-dimethyl-benzol bei langsamem Zusatz von 25 g o-Xylol zu 250 g rauchender Salpetersäure bei 22—25°; die Isomeren werden durch fraktionierte Krystallisation aus konz. Schwefelsäure, in der namentlich das 4.5-Derivat schwer löslich ist, und aus Alkohol getrennt (CROSSLEY, RENOUF, *Soc.* 95, 206, 210, 216). — Nadeln (aus Alkohol). F: 82°. Leicht löslich in organischen Mitteln, außer Alkohol und Petroläther. — Beim Weiternitrieren mit Salpeterschwefelsäure auf dem Wasserbade entstehen 3.4.5- und 3.4.6-Trinitro-1.2-dimethyl-benzol.

3.5-Dinitro-1.2-dimethyl-benzol, 3.5-Dinitro-o-xylol $C_8H_8O_4N_2 = (O_2N)_2C_6H_2(CH_3)_2$. *B.* Durch Nitrierung von 4-Nitro-1.2-dimethyl-benzol mit Salpeterschwefelsäure (DROSSBACH, *B.* 19, 2519), neben 4.5-Dinitro-1.2-dimethyl-benzol (NOELTING, THESMAR, *B.* 35, 632; CROSSLEY, RENOUF, *Soc.* 95, 212) und wenig 3.4-Dinitro-1.2-dimethyl-benzol (C., R.). — *Darst.* s. bei 3.4-Dinitro-1.2-dimethyl-benzol. Nach N., T. trennt man die Isomeren durch Krystallisation aus Alkohol, in dem das 4.5-Derivat weniger löslich ist oder durch Behandlung des Rohproduktes mit alkoh. Ammoniak bei 150—160°, wodurch nur das 4.5-Derivat in das entsprechende Nitroxylidin verwandelt wird. — Gelbliche Nadeln (aus Alkohol oder aus Chloroform + Petroläther). Sintert bei 71° (C., R.), schmilzt bei 75—76° (N., T.; C., R.). Leicht löslich in Benzol, Aceton, Chloroform und Essigester (C., R.). — Liefert durch partielle Reduktion mit Ammoniumhydrosulfid 6-Nitro-4-amino-1.2-dimethyl-benzol (N., T.). Beim Weiternitrieren mit Salpeterschwefelsäure in der Wärme entstehen 3.4.5- und 3.4.6-Trinitro-1.2-dimethyl-benzol (C., R.).

3.6-Dinitro-1.2-dimethyl-benzol, 3.6-Dinitro-o-xylol $C_8H_8O_4N_2 = (O_2N)_2C_6H_2(CH_3)_2$. *B.* Entsteht in geringer Menge neben 3.4- und 3.5-Dinitro-1.2-dimethyl-benzol durch Zusatz von 40 ccm rauchender Salpetersäure zu 20 g 3-Nitro-1.2-dimethyl-benzol; Aufarbeitung wie bei 3.4-Dinitro-1.2-dimethyl-benzol (s. o.) (CROSSLEY, RENOUF, *Soc.* 95, 210). — Farblose Krystalle (aus Alkohol). F: 56—60°. Sehr leicht löslich in den meisten organischen Mitteln, löslich in Alkohol und Petroläther. — Beim Weiternitrieren mit Salpeterschwefelsäure in der Wärme entsteht 3.4.6-Trinitro-1.2-dimethyl-benzol.

4.5-Dinitro-1.2-dimethyl-benzol, 4.5-Dinitro-o-xylol $C_8H_8O_4N_2 = (O_2N)_2C_6H_2(CH_3)_2$. *B.* Man behandelt 15 g 4-Nitro-1.2-dimethyl-benzol in 80 g konz. Schwefelsäure mit einem Gemisch von 10 g 65%iger Salpetersäure und 20 g konz. Schwefelsäure und erwärmt 10 Minuten auf dem Wasserbade (NOELTING, THESMAR, *B.* 35, 631); das Rohprodukt krystallisiert man zur Entfernung von 3.5-Dinitro-1.2-dimethyl-benzol aus Alkohol um (N., T.) oder verarbeitet es in der beim 3.4-Dinitro-1.2-dimethyl-benzol (s. o.) beschriebenen Weise (CROSSLEY, RENOUF, *Soc.* 95, 206, 208). — Weiße Nadeln (aus Alkohol). F: 115° (C., R.), 115—116° (N., T.). Schwer löslich in heißem Wasser (N., T.), kaltem Alkohol und Petroläther, leicht in organischen Mitteln (C., R.). — Beim Weiternitrieren mit Salpeterschwefelsäure in der Wärme entsteht 3.4.5-Trinitro-1.2-dimethyl-benzol (C., R.). Beim Erhitzen mit alkoh. Ammoniak auf 150° entsteht quantitativ 5-Nitro-4-amino-1.2-dimethyl-benzol (N., T.).

4.6-Dichlor-3.5-dinitro-1.2-dimethyl-benzol $C_8H_6O_4N_2Cl_2 = (O_2N)_2C_6Cl_2(CH_3)_2$. *B.* Aus 4.6-Dichlor-3-brom-1.2-dimethyl-benzol durch Erhitzen mit rauchender Salpetersäure auf dem Wasserbade und aus 3.5-Dichlor-1.2-dimethyl-benzol durch Erhitzen mit rauchender Salpetersäure und Schwefelsäure (CROSSLEY, *Soc.* 85, 280). Man reduziert 3.5-Dinitro-1.2-dimethyl-benzol mit Zinn und Salzsäure, fügt bei 60—70° zur salzsauren Lösung des entstandenen Amins Cuprochlorid und Natriumnitrit, treibt das Reaktionsprodukt mit Dampf ab und nitriert es mit Salpeterschwefelsäure (CROSSLEY, RENOUF, *Soc.* 95, 209). — Farblose vierseitige Tafeln (aus Alkohol). F: 176° (C., R.). Leicht löslich in Äther und Benzol (C.).

x.x-Dichlor-x.x-dinitro-1.2-dimethyl-benzol $C_8H_6O_4N_2Cl_2 = (O_2N)_2C_6Cl_2(CH_3)_2$. *B.* Beim Erhitzen von flüssigem Dichlor-1.2-dimethyl-benzol (S. 364) mit rauchender Salpetersäure (CLAUS, BERKEFELD, *J. pr.* [2] 43, 583). — Nadeln (aus Alkohol). F: 155°.

4.5-Dibrom-3.6-dinitro-1.2-dimethyl-benzol $C_8H_6O_4N_2Br_2 = (O_2N)_2C_6Br_2(CH_3)_2$. *B.* Entsteht neben 4.5-Dibrom-3-nitro-1.2-dimethyl-benzol in geringer Menge durch Eintragen

von 4.5-Dibrom-1.2-dimethyl-benzol in kalte rauchende Salpetersäure (TÖHL, *B.* **18**, 2561).
— Nadeln (aus Alkohol). F: ca. 250°. Fast unlöslich in kaltem Alkohol.

3.4.5-Trinitro-1.2-dimethyl-benzol, 3.4.5-Trinitro-o-xylol $C_8H_7O_6N_3 =$
$(O_2N)_3C_6H(CH_3)_2$. *B.* Entsteht neben der 3.4.6-Verbindung bei der Einw. von Salpeter-
schwefelsäure auf (nicht einheitlich dargestelltes) 1.1-Dimethyl-cyclohexadien-(2.5) (S. 118)
(CROSSLEY, RENOUF, *Soc.* **93**, 646). Durch Behandlung von 3.4-, 3.5- oder 4.5-Dinitro-1.2-
dimethyl-benzol mit Salpeterschwefelsäure in der Wärme (C., R., *Soc.* **95**, 214). — *Darst.*
Man setzt 20 g o-Xylol zu 200 ccm einer gekühlten Mischung von 1 Tl. Salpetersäure (D: 1,5)
und 2 Tln. konz. Schwefelsäure, erhitzt das Gemisch 15 Stdn. auf dem Wasserbade unter
Umschütteln, löst das gewaschene und getrocknete Reaktionsprodukt (31 g) in konz.
Schwefelsäure (180 ccm), filtriert vom ausgeschiedenen 3.4.5-Derivat ab und gewinnt das
3.4.6-Isomere aus der Mutterlauge durch Eingießen in Wasser (C., R., *Soc.* **95**, 211). — Farb-
lose Nadeln (aus Alkohol). F: 115°. Leicht löslich in Chloroform, Benzol, Essigester und
Aceton, löslich in Alkohol.

3.4.6-Trinitro-1.2-dimethyl-benzol, 3.4.6-Trinitro-o-xylol $C_8H_7O_6N_3 =$
$(O_2N)_3C_6H(CH_3)_2$. *B.* Beim Behandeln von 3.4-, 3.5- oder 3.6-Dinitro-1.2-dimethyl-benzol
mit Salpeterschwefelsäure auf dem Wasserbade (CROSSLEY, RENOUF, *Soc.* **95**, 214). Weiteres
über Bildung und Darstellung s. bei 3.4.5-Trinitro-1.2-dimethyl-benzol. — Gelbliche Nadeln
(aus Alkohol). F: 72°; leicht löslich in organischen Mitteln, außer Alkohol und Petroläther;
färbt sich am Licht gelb (C., R., *Soc.* **95**, 211).

5. *1.3-Dimethyl-benzol, m-Dimethyl-benzol, m-Xylol* (m-Xylen, Isoxylol)
$C_8H_{10} = C_6H_4(CH_3)_2$. Vgl. auch Nr. 3, S. 360—361.

Bezifferung:

V. Im Erdöl von Sehnde (Hannover) (BUSSENIUS, EISENSTUCK, *A.* **113**, 156; vgl. BEIL-
STEIN, *A.* **133**, 45). Im galizischen Erdöl (LACHOWICZ, *A.* **220**, 199). Im kaukasischen Erdöl
(DOROSCHENKO, Ж. 17, 288; *B.* **18** Ref., 662; MARKOWNIKOW, *A.* **234**, 95). Im californischen
Erdöl (MABERY, HUDSON, *Am.* **25**, 260). Im Erdöl von Borneo (JONES, WOOTTON, *Soc.* **91**,
1148). Weitere Angaben über Vorkommen im Erdöl finden sich bei ENGLER-HÖFER, Das
Erdöl, Bd. I [Leipzig 1913], S. 361. — *B.* m-Xylol entsteht bei der Destillation der Stein-
kohlen und findet sich daher im Steinkohlenteer; vgl. darüber S. 361. Bei der trocknen
Destillation des Kiefern- und Fichtenholzes; findet sich daher im Vorlaufe aus finnländischem
Kienöl (ASCHAN, *Z. Ang.* **20**, 1815). Durch Einleiten von Methylchlorid in ein Gemisch von
Toluol und $AlCl_3$ bei 80—85° entsteht (neben anderen Produkten) ein Gemenge von m-Xylol
mit wenig p-Xylol (FRIEDEL, CRAFTS, *A. ch.* [6] **1**, 461; ADOR, RILLIET, *B.* **11**, 1627; *Bl.*
[2] **31**, 244; vgl. JACOBSEN, *B.* **18**, 342 Anm.). m-Xylol entsteht auch durch Einw. von
HCl und $AlCl_3$ auf p-Xylol bei 40—50° (MUNDICI, *B.* **18**, 121), auch o- oder p-Xylol bei 100°
(HEISE, TÖHL, *A.* **270**, 168). Aus m-Jod-toluol, Methyljodid und Natrium in geringer Ausbeute (WROBLEWSKI, *A.* **192**, 200). Rein erhält man m-Xylol beim Glühen von 2.4-Dimethyl-
benzoesäure (FITTIG, BIEBER, *A.* **156**, 236) oder 3.5-Dimethyl-benzoesäure (FITTIG, VELGUTH,
A. **148**, 2) mit Kalk. — Über *Reindarstellung* von m-Xylol aus Steinkohlenteerxylol s. S. 361.
An sorgfältig gereinigtem m-Xylol wurden folgende physikalische *Eigenschaften*
beobachtet:
Kp_{748}: 138,9—139° (JACOBSEN, *B.* **18**, 357). Kp_{760}: 138,8° (korr.) (THORPE, RODGER,
Philosoph. Transact. of the Royal Soc. of London **185** A, 527), 139° (korr.) (RICHARDS,
MATHEWS, *Ph. Ch.* **61**, 452; *Am. Soc.* **30**, 10), 139,3° (korr.) (PERKIN, *Soc.* **69**, 1192; 77,
278). Dampfdruck bei 20°: RI., MATH. D_0^0: 0,8779; D_0^{15}: 0,8691; D_4^{20}: 0,8625 (P., *Soc.* **69**,
1193); $D_4^{0,14}$: 0,87397 (P., *Soc.* 77, 278); D_4^{20}: 0,8642 (RI., MATH.). — $n_\alpha^{14,1}$: 1,49878; $n_D^{14,1}$: 1,50324;
$n_\beta^{14,1}$: 1,51469; $n_\gamma^{14,1}$: 1,52462 (P., *Soc.* 77, 278). — Kompressibilität und Oberflächenspannung:
RI., MATH. Viscosität: THO., ROD.; vgl. BRILLOUIN, *A. ch.* [8] **18**, 204. Magnetisches
Drehungsvermögen: P., *Soc.* **69**, 1241; 77, 278.
Sonstige Angaben über physikalische Eigenschaften von m-Xylol-Präparaten:
Erstarrungspunkt: −54° bis −53° (COLSON, *A. ch.* [6] **6**, 128), −54,8° (GUTTMANN,
Soc. **87**, 1040). Nach ALTSCHUL, SCHNEIDER (*Ph. Ch.* **16**, 25) erstarrt m-Xylol nicht bei
−80°. $Kp_{756,1}$: 139,2° (R. SCHIFF, *A.* **220**, 91). Dampfdruck bei verschiedenen Tempera-
turen: MANGOLD, *Sitzungsber. K. Akad. Wiss. Wien* **102** IIa, 1084; WORINGER, *Ph. Ch.*
34, 257. D_0^0: 0,8812; $D_0^{19,3}$: 0,7567 (PINETTE, *A.* **243**, 50); D_4^{13}: 0,8702 (NEGREANO, *C. r.*
104, 424); $D_4^{12,1}$: 0,8715; $D_4^{23,3}$: 0,7572 (R. SCHIFF); $D_4^{14,1}$: 0,87002; $D_4^{22,3}$: 0,86494 (LANDOLT,
JAHN, *Ph. Ch.* **10**, 292); $D_4^{15,5}$: 0,8726 (GLADSTONE, *Soc.* **45**, 244); D_7^{0}: 0,8655 (BRÜHL,

A. **235**, 12); $D^{23,4}$: 0,8641 (GL., *Soc.* **59**, 292). Dichten des unter verschiedenen Drucken siedenden m-Xylols: NEUBECK, *Ph. Ch.* **1**, 660. — Die Löslichkeit von m-Xylol in Wasser ist äußerst gering; capillare Steighöhe der wäßr. Lösung: MOTYLEWSKI, *Z. a. Ch.* **38**, 418. — n_D^{15}: 1,4977 (NEGREANO, *C. r.* **104**, 423); $n_D^{15,4}$: 1,5020 (GLADSTONE, *Soc.* **45**, 244); $n_D^{18,7}$: 1,4954; $n_D^{18,7}$: 1,4996; $n_\beta^{18,7}$: 1,5112; $n_\gamma^{18,7}$: 1,5211 (LANDOLT, JAHN, *Ph. Ch.* **10**, 303); $n_\beta^{23,4}$: 1,5079 (GL., *Soc.* **59**, 292); n_α^{20}: 1,49518; n_β^{20}: 1,51099; n_γ^{20}: 1,52066 (BRÜHL). Molekularrefraktion und -dispersion: GL., *Soc.* **59**, 295. Absorption: PAUER, *Ann. d Physik* [N. F.] **61**, 371; PUCCIANTI, *Ph. Ch.* **39**, 370; BALY, EWBANK, *Soc.* **87**, 1359; GREBE, *C.* **1906** I, 341; HARTLEY, *C.* **1908** I. 1457; *Chem. N.* **97**, 97. Die alkoh. Lösung zeigt bei der Temp. der flüssigen Luft violette Phosphorescenz (DZIERZBICKI, KOWALSKI, *C.* **1909** II, 959, 1618). — Oberflächenspannung: R. SCHIFF, *A.* **223**, 104; DUTOIT, FRIEDERICH, *C. r.* **130**, 328; *Arch. Sc. phys. et nat. Genève* [4] **9**, 110; FEUSTEL, *Ann. d. Physik* [4] **16**, 91; RENARD, GUYE, *C.* **1907** I, 1478. Oberflächenspannung und Binnendruck: WALDEN, *Ph. Ch.* **66**, 394. — Verdampfungswärme: R. SCHIFF, *A.* **234**, 344; RAMSAY, MARSHALL, *Phil. Mag.* [5] **41**, 49; *Ph. Ch.* **21**, 188; BROWN, *Soc.* **87**, 268. Verbrennungswärme: STOHMANN, RODATZ, HERZBERG, *J. pr.* [2] **35**, 41. Spezifische Wärme: R. SCHIFF, *A.* **234**, 320. Kritische Temperatur: ALTSCHUL, *Ph. Ch.* **11**, 590; BROWN, *Soc.* **89**, 314; vgl. WALDEN, *Ph. Ch.* **66**, 420. — Kritischer Druck: ALTSCHUL. Magnetische Susceptibilität: FREITAG, *C.* **1900** II, 156; PASCAL, *Bl.* [4] **5**, 1069. Magnetisches Drehungsvermögen: SCHÖNROCK, *Ph. Ch.* **11**, 785. Spez. elektrischer Widerstand: DI CIOMMOX, *Ph. Ch.* **44**, 508. Dielektrizitätskonstante: NEGREANO; NERNST, *Ph. Ch.* **14**, 659; DRUDE, *Ph. Ch.* **23**, 309; TURNER, *Ph. Ch.* **35**, 427; TANGL, *Ann. d. Physik* [4] **10**, 757. m-Xylol zeigt positive elektrische Doppelbrechung (SCHMIDT, *Ann. d. Physik* [4] **7**, 162).

Verhalten. m-Xylol wird beim Kochen mit verdünnter Salpetersäure (1 Tl. Säure vom spezifischen Gewicht 1,4 und 2 Tle. Wasser) nicht angegriffen (FITTIG, BIEBER, *A.* **156**, 237). Beim Kochen mit einer aus 2 Vol. Salpetersäure vom spezifischen Gewicht 1,4 und 3 Vol. Wasser hergestellten Mischung entsteht m-Toluylsäure (REUTER, *B.* **17**, 2028). Nitrierung des m-Xylols s. u. m-Xylol wird von Chromsäuregemisch zu Isophthalsäure oxydiert (FIT., BIE., *A.* **156**, 235). Durch Behandlung von m-Xylol mit Chromsäure und Essigsäureanhydrid-Schwefelsäure erhält man Isophthalaldehyd-tetraacetat (THIELE, WINTER, *A.* **311**, 359; BAYER & CO., D. R. P. 121788; *C.* **1901** II, 70). m-Xylol bildet mit Chromylchlorid eine Verbindung $C_8H_{10} + 2CrO_2Cl_2$ (s. bei m-Toluyl-aldehyd, Syst. No. 640), die bei der Zersetzung mit Wasser m-Toluyl-aldehyd liefert (ÉTARD, *A. ch.* [5] **22**, 244). Wäßr. Kaliumpersulfat-Lösung oxydiert in der Wärme zu 3.3′-Dimethyl-dibenzyl und Isophthalsäure (MORITZ, WOLFFENSTEIN, *B.* **32**, 2532). Beim Behandeln von m-Xylol mit Ammoniumpersulfat und Schwefelsäure entstehen beträchtliche Mengen m-Toluyl-aldehyd (LAW, PERKIN, *Soc.* **91**, 263). Auch bei der elektrolytischen Oxydation von m-Xylol entsteht m-Toluyl-aldehyd (LAW, PERKIN, *C.* **1905** I, 359). m-Xylol liefert beim Erhitzen mit Schwefel im geschlossenen Rohr 3.3′-Dimethyl-dibenzyl und 3.3′-Dimethyl-stilben (ARONSTEIN, VAN NIEROP, *R.* **21**, 455). — Durch Hydrierung von m-Xylol in Gegenwart von Nickel bei 180⁰ entsteht 1.3-Dimethylcyclohexan (S. 37) (SABATIER, SENDERENS, *C. r.* **132**, 568, 1255; *A. ch.* [8] **4**, 366). Beim Erhitzen von m-Xylol mit Jodwasserstoffsäure auf 265—280⁰ entsteht Dimethylcyclohexan vom Siedepunkt 118—120⁰ neben Benzol, Toluol, Methylcyclohexan und methylierten Cyclopentanen (MARKOWNIKOW, *B.* **30**, 1218). Beim Erhitzen von m-Xylol mit überschüssiger konz. Jodwasserstoffsäure und Phosphor auf 280⁰ entsteht Dimethyl-cyclohexan vom Siedepunkt 115—120⁰ (S. 37) (WREDEN, *A.* **187**, 155). — Durch Chlorieren von m-Xylol in Gegenwart von Jod wurden erhalten: 4-Chlor-1.3-dimethyl-benzol (VOLLRATH, *Z.* **1866**, 488; *A.* **144**, 266; JACOBSEN, *B.* **18**, 1761), 2.4-Dichlor-1.3-dimethyl-benzol (KOCH, *B.* **23**, 2319; vgl. W. HOLLEMAN, *A.* **144**, 268), 4.6-Dichlor-1.3-dimethyl-benzol (K.; H.; CLAUS, BURSTERT, *J. pr.* [2] **41**, 556), ein bei 150⁰ schmelzendes Trichlor-1.3-dimethyl-benzol (H., *A.* **144**, 270) und 2.4.5.6-Tetrachlor-1.3-dimethyl-benzol (K.). Als Produkte der Einw. von Chlor auf m-Xylol in Chloroformlösung unter Verwendung von Eisen als Chlorüberträger wurden 4·6-Dichlor-1.3-dimethyl-benzol, 2.4.6- oder 4.5.6-Trichlor-1.3-dimethyl-benzol (F: 117⁰) und 2.4.5.6-Tetrachlor-1.3-dimethyl-benzol erhalten (CLAUS, BURSTERT, *J. pr.* [2] **41**, 553). m-Xylol liefert bei der Einw. von Chlor im Sonnenlicht m-Xylylchlorid, Chlor-m-xylol und m-Xylylenchlorid (RADZIEWANOWSKI, SCHRAMM, *C.* **1898** I, 1019). Durch Einw. von Chlor auf siedendes m-Xylol entsteht m-Xylylchlorid neben anderen Produkten (GUNDELACH, *Bl.* [2] **26**, 43; vgl. VOLLRATH, *Z.* **1866**, 489; LAUTH, GRIMAUX, *Bl.* [2] **7**, 233); durch Ausführung der Chlorierung bei Siedetemperatur in Gegenwart von $AlCl_3$ erhielt BIELECKI (*C.* **1908** I, 1623) ein Tetrachlorderivat $C_8H_6Cl_4$. Beim Erhitzen von m-Xylol mit Phosphorpentachlorid auf 190⁰ entsteht m-Xylylenchlorid (COLSON, GAUTIER, *A. ch.* [6] **11**, 29), ω.ω.ω′.ω′-Tetrachlor-m-xylol und andere Produkte (C., GAU., *Bl.* [2] **45**, 509; *A. ch.* [6] **11**, 26). Einw. von Sulfurylchlorid auf m-Xylol s. S. 372. Durch Behandlung von m-Xylol mit Brom entstehen:

4-Brom-1.3-dimethyl-benzol (JACOBSEN, *B.* **14**, 2352), 2.4-Dibrom-1.3-dimethyl-benzol (J., *B.* **21**, 2824), 4.6-Dibrom-1.3-dimethyl-benzol (FITTIG, AHRENS, MATTHEIDES, *A.* **147**, 25; FIT., BIEBER, *A.* **156**, 236; AUWERS, TRAUN, *B.* **32**, 3312) und 2.4.5.6-Tetrabrom-1.3-dimethyl-benzol (FIT., B.). Durch Einleiten von Brom in siedendes m-Xylol wurden erhalten: m-Xylyl-bromid, m-Xylylenbromid (RADZISZEWSKI, WISPEK, *B.* **15**, 1745; **18**, 1282; ATKINSON, THORPE, *Soc.* **91**, 1696) und ω.ω.ω'-Tribrom-m-xylol (A., TH.). Im Sonnenlicht reagiert m-Xylol mit Brom unter Bildung von m-Xylylbromid, m-Xylylenbromid (SCHRAMM, *B.* **18**, 1277) und ω.ω.ω'.ω'-Tetrabrom-1.3-dimethyl-benzol (THIELE, GÜNTHER, *A.* **347**, 109). Verlauf der Bromierung in verschiedenen organischen Lösungsmitteln: BRUNER, VORBRODT, *C.* **1909** I, 1807. Einw. von Brom auf m-Xylol in Gegenwart von Aluminiumamalgam: COHEN, DAKIN, *Soc.* **75**, 894. Beim Behandeln von m-Xylol in Benzinlösung mit Salpetersäure und Brom-schwefel oder Jodschwefel entstehen 4-Brom- bezw. 4-Jod-1.3-dimethyl-benzol (EDINGER, GOLDBERG, *B.* **33**, 2878, 2885). — Beim Nitrieren von m-Xylol mit kalter rauchender Salpeter-säure entstehen 4-Nitro-1.3-dimethyl-benzol (HARMSEN, *B.* **13**, 1558), 4.6-Dinitro-1.3-dimethyl-benzol (BEILSTEIN, LUHMANN, *A.* **144**, 274; FITTIG, VELGUTH, *A.* **148**, 4) und 2.4-Dinitro-1.3-dimethyl-benzol (ERRERA, MALTESE, *G.* **33** II, 277). Durch langdauernde, energische Behandlung von m-Xylol mit rauchender Salpetersäure entsteht 2.4.6-Trinitro-1.3-dimethyl-benzol (MIOLATI, LOTTI, *G.* **27** I, 295). Erhitzt man m-Xylol mit verd. Salpetersäure (D: 1,075) auf 100°, so erhält man ω-Nitro-m-xylol (KONOWALOW, Ж. **31**, 262; *C.* **1899** I, 1238). Durch Eintragen eines Gemisches aus (1420 g) 100%iger Schwefelsäure und (1250 g) Salpeter-säure (D: 1,43) in (1350 g) m-Xylol bei einer 0° nicht übersteigenden Temperatur erhielten NOELTING, FOREL (*B.* **18**, 2674) 4-Nitro-1.3-dimethyl-benzol neben 2-Nitro-1.3-dimethyl-benzol (in weit kleinerer Menge) und Dinitro-m-xylolen. Nitriert man 100 g m-Xylol mit 700 g Schwefelsäure (D: 1,84) und 300 g rauchender Salpetersäure (D: 1,5) bei höchstens 8°, so entstehen 2.4- und 4.6-Dinitro-1.3-dimethyl-benzol im Verhältnis 1 : 3; daneben entsteht bei starker Vermehrung der Schwefelsäure oder weniger energischer Kühlung in steigender Menge 2.4.6-Trinitro-1.3-dimethyl-benzol (GREVINGK, *B.* **17**, 2423). Beim Erwärmen mit Salpeterschwefelsäure liefert m-Xylol 2.4.6-Trinitro-1.3-dimethyl-benzol (BEILSTEIN, LUH-MANN, *A.* **144**, 276; FITTIG, VELGUTH, *A.* **148**, 5). Nitrierung in Eisessig: KONOWALOW, GUREWITSCH, Ж. **37**, 539; *C.* **1905** II, 818. — Beim Behandeln von m-Xylol mit Schwefelsäure oder Chlorsulfonsäure entsteht nur 1.3-Dimethyl-benzol-sulfonsäure-(4) (MOODY, *P. Ch. S.* Nr. 56; vgl. JACOBSEN, *A.* **184**, 188; *B.* **10**, 1015; **11**, 19; MOSCHNER, *B.* **34**, 1259). Durch Erhitzen von m-Xylol mit 4 Tln. rauchender krystallisierter Schwefelsäure auf 150° erhielt WISCHIN (*B.* **23**, 3113) 1.3-Dimethyl-benzol-disulfonsäure-(2.4), m-Xylol reagiert mit Sulfuryl-chlorid bei Siedetemperatur oder bei 160° unter Bildung von 4-Chlor-1.3-dimethyl-benzol; in Gegenwart von AlCl₃ entsteht daneben als Hauptprodukt 1.3-Dimethyl-benzol-sulfonsäure-chlorid-(4) (TÖHL, EBERHARD, *B.* **26**, 2942). — Ein Gemisch von m-Xylol und Aluminium-chlorid liefert beim Einleiten von Chlorwasserstoff eine Verbindung $C_8H_{10} + 2AlCl_3$ (s. u.) (GUSTAVSON, *J. pr.* [2] **68**, 232). Durch Einw. von Aluminiumchlorid auf siedendes m-Xylol wurden erhalten: Benzol, Toluol, Durol, Mesitylen, Pseudocumol (JACOBSEN, *B.* **18**, 342) und p-Xylol (ANSCHÜTZ, *A.* **235**, 182; HEISE, TÖHL, *A.* **270**, 169). m-Xylol reagiert mit Aluminiumchlorid und Nickelcarbonyl bei gewöhnlicher Temperatur unter Bildung von 2.4-Dimethyl-benzaldehyd, bei 100° unter Bildung von 1.3.5.7-Tetramethyl-anthracen (DEWAR, JONES, *Soc.* **85**, 217).

Durch Einw. von Aluminiumchlorid auf ein Gemenge aus Äthylidenchlorid und m-Xylol entstehen Dimethyläthylbenzol und α.α-Bis-[dimethylphenyl]-äthan (Syst. No. 479) (ANSCHÜTZ, *A.* **235**, 323). Mit Acetylchlorid und AlCl₃ in Gegenwart von CS₂ erfolgt Kondensation zu 2.4-Dimethyl-acetophenon (CLAUS, *B.* **19**, 230) und wenig 1.3-Dimethyl-2.4-diacetyl-benzol (V. MEYER, PAVIA, *B.* **29**, 2565). m-Xylol gibt mit Brenztraubensäure in 95%iger Schwefelsäure bei 0° α.α-Bis-[2.4-dimethyl-phenyl]-propionsäure (BISTRZYCKI, REINTKE, *B.* **38**, 847). — Beim Kochen von m-Xylol mit Diazoessigsäureäthylester entsteht   Dimethylnorcaradiencarbonsäureäthylester

$$HC=C(CH_3)-CH \diagdown \atop CH_3 \cdot C=CH——CH \diagup CH \cdot CO_2 \cdot C_2H_5$$

neben anderen Produkten (BUCHNER, DELBRÜCK, *A.* **358**, 22). m-Xylol liefert beim Erhitzen mit Natrium und Quecksilberdiäthyl im Kohlendioxydstrom m-Tolyl-essigsäure (SCHORIGIN, *B.* **41**, 2727).

Verbindung von m-Xylol mit Aluminiumchlorid $C_8H_{10} + 2AlCl_3$. *B.* Durch Einleiten von HCl in eine Mischung von AlCl₃ und m-Xylol und Auswaschen des Reaktions-produktes mit Petroläther (GUSTAVSON, *J. pr.* [2] **68**, 232). — Flüssig. Siedet unter 14 mm Druck bei 95—100° unter starker Zersetzung. Addiert Kohlenwasserstoffe.

4-Fluor-1.3-dimethyl-benzol, asymm. Fluor-m-xylol $C_8H_9F = C_6H_3F(CH_3)_2$. *B.* Durch Zersetzung des aus 4-Amino-1.3-dimethyl-benzol erhältlichen Xylol-diazopiperidids mit Flußsäure (Töhl, *B.* **25**, 1525). — Flüssig. Kp: 143⁰ (T.). — Wird durch Jodwasserstoffsäure bei 302⁰ nicht angegriffen (Klages, Liecke, *J. pr.* [2] **61**, 328).

4-Chlor-1.3-dimethyl-benzol, asymm. Chlor-m-xylol $C_8H_9Cl = C_6H_3Cl(CH_3)_2$. *B.* Beim Chlorieren von m-Xylol in Gegenwart von Jod (Vollrath, *Z.* **1866**, 488; *A.* **144**, 266; Jacobsen, *B.* **18**, 1761). Aus 4-Amino-1.3-dimethyl-benzol nach Sandmeyers Methode (Klages, *B.* **29**, 310). Durch Erhitzen von m-Xylol mit Sulfurylchlorid (Töhl, Eberhard, *B.* **26**, 2942). — Bleibt bei —20⁰ flüssig (J.). Kp₇₅₅: 187—188⁰ (Kl.); Kp₇₆₇: 186,5⁰ (korr.) (J.). D²₅: 1,0598 (J.). — Beim Kochen mit Chromsäuregemisch entsteht 4-Chlor-3-methylbenzoesäure (V.; J.).

5-Chlor-1.3-dimethyl-benzol, symm. Chlor-m-xylol $C_8H_9Cl = C_6H_3Cl(CH_3)_2$. *B.* Aus dem Dibromid des 5-Chlor-1.3-dimethyl-cyclohexadiens durch Kochen mit Chinolin (Klages, Knoevenagel, *B.* **27**, 3024). Aus 5-Amino-1.3-dimethyl-benzol nach Sandmeyers Methode (Kl., *B.* **29**, 310). — Kp₇₅₅: 190—191⁰ (Kl., Kn.; Kl.).

1¹-Chlor-1.3-dimethyl-benzol, ω-Chlor-m-xylol, m-Xylylchlorid $C_8H_9Cl = CH_3 \cdot C_6H_4 \cdot CH_2Cl$. *B.* Durch Chlorieren von m-Xylol bei Siedehitze (Gundelach, *Bl.* [2] **26**, 43; vgl. Vollrath, *Z.* **1866**, 489; Lauth, Grimaux, *Bl.* [2] 7, 233). Durch Einw. von 1 Mol.-Gew. Chlor auf 1 Mol.-Gew. m-Xylol im Sonnenlicht (Radziewanowski, Schramm, *C.* **1898** I, 1019). — Kp: 195—196⁰ (unkorr.) (Gu.). D⁰: 1,079; D¹⁸: 1,064 (Gu.). — Beim Kochen mit Bleinitrat und Wasser entsteht m-Toluyl-aldehyd (G.).

2.4-Dichlor-1.3-dimethyl-benzol, 2.4-Dichlor-m-xylol $C_8H_8Cl_2 = C_6H_2Cl_2(CH_3)_2$. *B.* Neben 4.6-Dichlor-1.3-dimethyl-benzol durch Chlorieren von kaltem m-Xylol in Gegenwart von Jod; man trennt die Isomeren durch Absaugen (Koch, *B.* **23**, 2319; vgl. W. Holleman, *A.* **144**, 268). Beim Erhitzen von 4.6-Dichlor-1.3-dimethyl-benzol mit konz. Schwefelsäure auf 220⁰ (Koch). — Erstarrt bei — 20⁰; Kp: 221,5⁰ (K.). — Liefert mit Methyljodid und Natrium Prehnitol (K.).

4.6-Dichlor-1.3-dimethyl-benzol, 4.6-Dichlor-m-xylol $C_8H_8Cl_2 = C_6H_2Cl_2(CH_3)_2$. *B.* Durch Chlorieren von m-Xylol in Chloroform bei Gegenwart von Eisen, neben anderen Produkten (Claus, Burstert, *J. pr.* [2] **41**, 556). Neben 2.4-Dichlor-1.3-dimethyl-benzol (K., *B.* **23**, 2319) durch Chlorieren von kaltem m-Xylol in Gegenwart von Jod (Cl., B.; vgl. W. H., *A.* **144**, 268). — Blätter. F: 68⁰ (Cl., B.), 68,5⁰ (K.). Kp: 222⁰ (Cl., B.), 223⁰ bis 224⁰ (K.). Leicht löslich in Äther, Chloroform und Benzol, schwerer in Alkohol (Cl., B.). — Geht beim Erhitzen mit konz. Schwefelsäure teilweise in 2.4-Dichlor-1.3-dimethyl-benzol über (Cl., B.). Liefert mit Methyljodid und Natrium Durol (K.).

1¹.3¹-Dichlor-1.3-dimethyl-benzol, ω.ω'-Dichlor-m-xylol, m-Xylylendichlorid, m-Xylylenchlorid $C_8H_8Cl_2 = C_6H_4(CH_2Cl)_2$. *B.* Durch Kochen von m-Xylylenglykol $C_6H_4(CH_2 \cdot OH)_2$ mit Salzsäure (Colson, *A. ch.* [6] **6**, 113). Aus m-Xylol und 2 Mol.-Gew. PCl₅ bei 190⁰ (C., Gautier, *A. ch.* [6] **11**, 23). — Krystalle. F: 34,2⁰; Kp: 250—255⁰; D²⁰: 1,302; D⁴⁰: 1,202 (C., *A. ch.* [6] **6**, 114). Spez. Wärme, Schmelzwärme: C., *C. r.* **104**, 429.

2.4.6 oder 4.5.6-Trichlor-1.3-dimethyl-benzol $C_8H_7Cl_3 = C_6HCl_3(CH_3)_2$. *B.* Beim Chlorieren von m-Xylol in Chloroform in Gegenwart von Eisen (Claus, Burstert, *J. pr.* [2] **41**, 560). — Glänzende Nadeln (aus Alkohol). F: 117⁰. Leicht löslich in Äther, Chloroform und Benzol, sehr wenig in kaltem Alkohol. — Beim Erhitzen mit Salpetersäure (D: 1,18) auf 220⁰ entsteht eine Trichlorisophthalsäure vom Schmelzpunkt 223⁰.

x.x.x-Trichlor-1.3-dimethyl-benzol $C_8H_7Cl_3$. *B.* Durch Chlorieren von m-Xylol in Gegenwart von Jod (W. Holleman, *A.* **144**, 270; vgl. Fittig, *A.* **153**, 278). — Nadeln. F: 150⁰; Kp: 255⁰; wenig löslich in kaltem Alkohol und Benzol, leicht in heißem (H.). — Wird durch Kochen mit Chromsäuregemisch nicht oxydiert (H.).

2.4.5.6-Tetrachlor-1.3-dimethyl-benzol, eso-Tetrachlor-m-xylol $C_8H_6Cl_4 = C_6Cl_4(CH_3)_2$. *B.* Durch Chlorierung von m-Xylol bei Gegenwart von Jod (Koch, *B.* **23**, 2321) oder in Chloroform bei Gegenwart von Eisen, neben anderen Produkten (Claus, Burstert, *J. pr.* [2] **41**, 562). — Nadeln (aus Alkohol-Chloroform). F: 210⁰ (C., B.), 212⁰ (K.). Fast unlöslich in kaltem Alkohol, leicht löslich in Äther, Chloroform und Benzol (Cl., B.).

1¹.1¹.3¹.3¹-Tetrachlor-1.3-dimethyl-benzol, ω.ω.ω'.ω'-Tetrachlor-m-xylol $C_8H_6Cl_4 = C_6H_4(CHCl_2)_2$. *B.* Durch Erhitzen von m-Xylol mit 4 Mol.-Gew. PCl₅ (Colson, Gautier, *Bl.* [2] **45**, 509; *A. ch.* [6] **11**, 26). — Anscheinend nicht rein erhaltten. Kp: 273⁰. D: 1,536.

x.x.x-Tetrachlor-1.3-dimethyl-benzol $C_8H_6Cl_4$. *B.* Aus m-Xylol durch Chlorierung in der Siedehitze bei Gegenwart von Aluminiumchlorid (Bielecki, *C.* **1908** I, 1623). — Nadeln (aus Alkohol). Kp: 223—223,5⁰ (korr.).

2-Brom-1.3-dimethyl-benzol, vic.-Brom-m-xylol C$_8$H$_9$Br = C$_6$H$_3$Br(CH$_3$)$_2$. *B.* Neben anderen Produkten in geringer Menge durch vorsichtigen Zusatz einer Lösung von Brom in Salzsäure zu einer heißen verdünnten Lösung des Natriumsalzes der 1.3-Dimethyl-benzol-sulfonsäure-(2) (JACOBSEN, DEIKE, *B.* **20**, 904). — Bleibt bei —10° flüssig. Kp: ca. 206°. — Liefert mit Methyljodid und Natrium in Äther langsam Hemellithol.

4-Brom-1.3-dimethyl-benzol, asymm. Brom-m-xylol C$_8$H$_9$Br = C$_8$H$_3$Br(CH$_3$)$_2$. *B.* Beim Bromieren von m-Xylol (JACOBSEN, *B.* **14**, 2352; vgl. ERNST, FITTIG, *A.* **189**, 186; FITTIG, AHRENS, MATTHEIDES, *A.* **147**, 31). Bei der Einw. von Bromschwefel und Salpeter-säure auf eine Lösung von m-Xylol in Benzin (EDINGER, GOLDBERG, *B.* **33**, 2885). Durch Einw. von Brom auf überschüssiges m-Xylol in Gegenwart von etwas amalgamiertem Aluminium (COHEN, DAKIN, *Soc.* **75**, 894). — Kp: 205° (E., G.), 207° (J.). — Wird durch Chromsäuregemisch zu 4-Brom-3-methyl-benzoesäure oxydiert (J.). Liefert bei der Einw. von Natrium und Methyljodid Pseudocumol (J.). Über Nitrierung vgl.: F., A., M.; LELL-MANN, JUST, *B.* **24**, 2101.

5-Brom-1.3-dimethyl-benzol, symm. Brom-m-xylol C$_8$H$_9$Br = C$_6$H$_3$Br(CH$_3$)$_2$. *B.* Durch Entamidieren des 5-Brom-4-amino-1.3-dimethyl-benzols (WROBLEWSKI, *A.* **192**, 215; E. FISCHER, WINDAUS, *B.* **33**, 1973). — Erstarrt nicht bei —20°; Kp: 204°; D^{20}: 1,362 (WR.). — Beim Erwärmen mit Salpetersäure (D: 1,52) und konz. Schwefelsäure auf dem Wasserbade entsteht 5-Brom-2.4.6-trinitro-1.3-dimethyl-benzol (BLANKSMA, *R.* **25**, 373). Durch Einw. von Chlorameisensäureester und Natrium entsteht 3.5-Dimethyl-benzoesäure-ester (E. F., W.).

1^1-Brom-1.3-dimethyl-benzol, ω-Brom-m-xylol, m-Xylylbromid C$_8$H$_9$Br = CH$_3$ · C$_6$H$_4$ · CH$_2$Br. *B.* Durch Einleiten von Brom in siedendes m-Xylol, neben m-Xylylendibromid (RADZISZEWSKI, WISPEK, *B.* **15**, 1745; **18**, 1282). Aus m-Xylol und Brom an der Sonne (SCHRAMM, *B.* **18**, 1277). — *Darst.* Man versetzt 150 g m-Xylol bei 130° langsam mit 302 g Brom, destilliert das Reaktionsprodukt unter gewöhnlichem Druck, fängt die aus m-Xylyl-bromid bestehende Fraktion bei 212—215° gesondert auf (Ausbeute 47 % der Theorie) und krystallisiert das zurückbleibende m-Xylylendibromid aus Benzin (Kp: 80—90°) um; Aus-beute 45 % der Theorie (ATKINSON, THORPE, *Soc.* **91**, 1696). — Siedet nicht unzersetzt bei 212—215° (R., W., *B.* **18**, 1282); Kp$_{340}$: 185° (POPPE, *B.* **23**, 109). D^{18}: 1,3711 (R., W., *B.* **15**, 1745). — Liefert bei der Einw. von Magnesium in Äther vorwiegend α.β-Di-m-tolyl-äthan neben m-Xylyl-magnesiumbromid (CARRÉ, *C. r.* **148**, 1108; *Bl.* [4] **5**, 486).

6-Chlor-4-brom-1.3-dimethyl-benzol C$_8$H$_8$ClBr = C$_6$H$_2$ClBr(CH$_3$)$_2$. *B.* Aus 6-Brom-4-amino-1.3-dimethyl-benzol durch Überführung in das Hydrazin und Kochen desselben mit CuSO$_4$ in salzsaurer Lösung (NOYES, *Am.* **20**, 798). — Krystalle. F: 68°. Kp: 244°.

2.4-Dibrom-1.3-dimethyl-benzol, 2.4-Dibrom-m-xylol C$_8$H$_8$Br$_2$ = C$_6$H$_2$Br$_2$(CH$_3$)$_2$. *B.* Neben 4.6-Dibrom-1.3-dimethyl-benzol beim Behandeln von m-Xylol mit Brom (JACOBSEN, *B.* **21**, 2824). Bei $^1/_4$-stdg. Erhitzen von 4.6-Dibrom-1.3-dimethyl-benzol mit konz. Schwefel-säure auf 240° (J.). — Erstarrt im Kältegemisch krystallinisch und schmilzt bei —8°. Kp$_{760}$: 269° (korr.).

2.5-Dibrom-1.3-dimethyl-benzol, 2.5-Dibrom-m-xylol C$_8$H$_8$Br$_2$ = C$_6$H$_2$Br$_2$(CH$_3$)$_2$. *B.* Aus 5-Brom-2-amino-1.3-dimethyl-benzol nach SANDMEYERS Methode (BLANKSMA, *R.* **25**, 171). — Farblose Krystalle. F: 28°. — Bei der Einw. von Salpetersäure (D: 1,52) und konz. Schwefelsäure entsteht 2.5-Dibrom-4.6-dinitro-1.3-dimethyl-benzol.

4.5-Dibrom-1.3-dimethyl-benzol, 4.5-Dibrom-m-xylol C$_8$H$_8$Br$_2$ = C$_6$H$_2$Br$_2$(CH$_3$)$_2$. *B.* Aus 5-Brom-4-amino-1.2-dimethyl-benzol nach SANDMEYERS Methode (B., *R.* **25**, 173). Aus 5.6-Dibrom-4-amino-1.3-dimethyl-benzol durch Diazotieren und Eintragen der Diazo-lösung in siedenden Alkohol (JAEGER, BLANKSMA, *R.* **25**, 360). — F: 11°; Kp: 256° (B.; J., B.). — Liefert mit Salpeterschwefelsäure 4.5-Dibrom-2.6-dinitro-1.3-dimethyl-benzol (B.).

4.6-Dibrom-1.3-dimethyl-benzol, 4.6-Dibrom-m-xylol C$_8$H$_8$Br$_2$ = C$_6$H$_2$Br$_2$(CH$_3$)$_2$. *B.* Beim Bromieren von m-Xylol (FITTIG, AHRENS, MATTHEIDES, *A.* **147**, 25; F., BIEBER, *A.* **156**, 236). Durch Einw. von Brom auf 1.3-Dimethyl-benzol-sulfonsäure-(4) oder 6-Brom-1.3-dimethyl-benzol-sulfonsäure-(4) in wäßr. Lösung, neben anderen Produkten (KELBE, STEIN, *B.* **19**, 2138). Aus 6-Brom-4-amino-1.3-dimethyl-benzol nach SANDMEYERS Methode (J., B., *R.* **25**, 359). — *Darst.* Durch Einw. von etwas mehr als 4 Mol.-Gew. Brom auf m-Xylol in Gegenwart von etwas Jod (AUWERS, TRAUN, *B.* **32**, 3312). — F: 69° (AU., T.; J., BL.), 72° (F., BIE.; K., ST.). Kp: 255—256 (F., AH., M.); Kp$_{12}$: 132° (AU., T.). Leicht löslich in heißem Alkohol, weniger in kaltem (F., AH., M.). — Bei kurzem Erhitzen mit konz. Schwefelsäure auf 230—240° entsteht 2.4-Dibrom-1.3-dimethyl-benzol (JACOBSEN, *B.* **21**, 2827).

1^1.3^1-Dibrom-1.3-dimethyl-benzol, ω.ω'-Dibrom-m-xylol, m-Xylylendibromid, m-Xylylenbromid C$_8$H$_8$Br$_2$ = C$_6$H$_4$(CH$_2$Br)$_2$. *B.* Durch Einw. von 2 Mol.-Gew. Bromdampf auf 1 Mol.-Gew. siedendes m-Xylol, neben m-Xylylbromid (RADZISZEWSKI, WISPEK, *B.* 18, 1282; PELLEGRIN, *R.* 18, 458). Durch Zutröpfeln von 2 Mol.-Gew. Brom zu 1 Mol.-Gew. m-Xylol, das auf 130° erhitzt wird, neben m-Xylylbromid und $\omega.\omega.\omega'$-Tribrom-m-xylol (ATKINSON, THORPE, *Soc.* 91, 1696). Aus m-Xylol und Brom an der Sonne (SCHRAMM, *B.* 18, 1278). Aus m-Xylylenglykol $C_6H_4(CH_2 \cdot OH)_2$ durch Kochen mit konz. Bromwasserstoffsäure (COLSON, *A. ch.* [6] 6, 113). — *Darst.* s. bei m-Xylylbromid, S. 374. — Nadeln (aus Chloroform). Monoklin prismatisch (HAUSHOFER, *Z. Kr.* 11, 154; *J.* 1885, 742; vgl. *Groth, Ch. Kr.* 4, 706). F: 76° (C., *A. ch.* [6] 6, 111), 77° (SCH.; R., W.). Kp$_{26}$: 135—140° (P.). D°: 1,959 (C., *Bl.* [2] 46, 2). Löslich in 3 Tln. Petroläther, viel leichter in Chloroform und Äther (C., *A. ch.* [6] 6, 111). Spezifische Wärme: C., *Bl.* [2] 46, 2. Schmelzwärme: C., *C. r.* 104, 430. — Wird von Permanganat zu Isophthalsäure oxydiert (COLSON, *A. ch.* [6] 6, 111). Geschwindigkeit der Verseifung durch Wasser und Alkohole: C., *A. ch.* [6] 6, 119. Beim Erhitzen mit Äther auf 160° entsteht m-Xylylenglykol-diäthyläther $C_6H_4(CH_2 \cdot O \cdot C_2H_5)_2$ (C., *A. ch.* [6] 6, 126). m-Xylylendibromid reagiert mit primären Aminen unter Verharzung, mit sekundären und tertiären Aminen unter Bildung der entsprechenden Derivate des m-Xylylendiamins (HALFPAAP, *B.* 36, 1672). Mit Kaliumrhodanid in Alkohol entsteht m-Xylylendirhodanid (HAL.). Bei der Reaktion mit Natrium-Acetessigester entsteht m-Xylylen-bis-acetessigester (SSOLONINA, *Ж.* 36, 1234; *C.* 1905 I, 343). Einw. von Natrium auf ein Gemisch von m-Xylylendibromid und Brombenzol: PELLEGRIN, *R.* 18, 458.

x.x-Dibrom-1.3-dimethyl-benzol, x.x-Dibrom-m-xylol $C_8H_8Br_2$. *B.* Neben 5-Brom-1.3-dimethyl-benzol in geringer Menge durch sukzessive Behandlung von 4-Amino-1.3-dimethyl-benzol mit Brom und mit Alkohol und salpetriger Säure (WROBLEWSKI, *A.* 192, 216). — Bleibt bei —20° flüssig. Kp: 252°.

4.6-Dichlor-2.5-dibrom-1.3-dimethyl-benzol $C_8H_6Cl_2Br_2 = C_6Cl_2Br_2(CH_3)_2$. *B.* Durch Bromieren von 4.6-Dichlor-1.3-dimethyl-benzol in Eisessig bei Gegenwart von Eisen (CLAUS, RUNSCHKE, *J. pr.* [2] 42, 125). — Nadeln. F: 230°. Sehr wenig löslich in kaltem Alkohol und kaltem Äther, leicht in heißem Äther, Benzol und Eisessig.

2.6-Dichlor-4.5-dibrom-1.3-dimethyl-benzol $C_8H_6Cl_2Br_2 = C_6Cl_2Br_2(CH_3)_2$. *B.* Durch Eintragen von Brom in kaltes 2.4-Dichlor-1.3-dimethyl-benzol (KOCH, *B.* 23, 2320). — Nädelchen (aus Eisessig). F: 215°. Unlöslich in Alkohol.

2.4.5-Tribrom-1.3-dimethyl-benzol, 2.4.5-Tribrom-m-xylol $C_8H_7Br_3 = C_6HBr_3(CH_3)_2$. *B.* Aus 4.5-Dibrom-2-amino-1.3-dimethyl-benzol nach SANDMEYER (JAEGER, BLANKSMA, *R.* 25, 361). — Farblose Krystalle (aus Alkohol). F: 87°.

2.4.6-Tribrom-1.3-dimethyl-benzol, 2.4.6-Tribrom-m-xylol $C_8H_7Br_3 = C_6HBr_3(CH_3)_2$. *B.* Man versetzt 5-Amino-2.4.6-tribrom-1.3-dimethyl-benzol mit Amylnitrit und erwärmt mit Kupfer auf dem Wasserbade (J., B., *R.* 25, 355). Aus dem 4.6-Dibrom-2-amino-1.3-dimethyl-benzol oder aus 2.6-Dibrom-4-amino-1.3-dimethyl-benzol nach SANDMEYER (J., B.). — Prismen (aus Äther und Benzol). F: 85°.

4.5.6-Tribrom-1.3-dimethyl-benzol, 4.5.6-Tribrom-m-xylol $C_8H_7Br_3 = C_6HBr_3(CH_3)_2$. *B.* Aus 4.5.6-Tribrom-2-amino-1.3-dimethyl-benzol durch Diazotieren und Verkochen der Diazoniumsalzlösung mit Alkohol (J., B., *R.* 25, 357). Aus 5.6-Dibrom-4-amino-1.3-dimethyl-benzol nach SANDMEYER (J., B.). — Farblose Krystalle. F: 105°.

1^1.1^1.3^1-Tribrom-1.3-dimethyl-benzol, $\omega.\omega.\omega'$-**Tribrom-m-xylol** $C_8H_7Br_3 = CHBr_2 \cdot C_6H_4 \cdot CH_2Br$. *B.* Durch Einw. von 2 Mol.-Gew. Brom auf m-Xylol bei 130°, neben ω-Brom-m-xylol und $\omega.\omega'$-Dibrom-m-xylol (ATKINSON, THORPE, *Soc.* 91, 1697). — Prismen (aus Petroläther). F: 118°.

2.4.5.6-Tetrabrom-1.3-dimethyl-benzol, eso-Tetrabrom-m-xylol . $C_8H_6Br_4 = C_6Br_4(CH_3)_2$. *B.* Aus m-Xylol und überschüssigem Brom nach längerem Stehen (FITTIG, BIEBER, *A.* 156, 235). Durch Einw. von Brom und Aluminiumbromid auf 1.3-Dimethyl-5-tert.-butyl-benzol (BODROUX, *Bl.* [3] 19, 889). Durch Bromieren von 1.5-Dimethyl-2-isopropyl-benzol (AUWERS, KOECKRITZ, *A.* 352, 299). — F: 241° (F., B.), 247° (AU., K.). Fast gar nicht löslich in kaltem Alkohol, leicht in Benzol (F., B.).

1^1.1^1.3^1.3^1-Tetrabrom-1.3-dimethyl-benzol, $\omega.\omega.\omega'.\omega'$-**Tetrabrom-m-xylol** $C_8H_6Br_4 = C_6H_4(CHBr_2)_2$. *B.* Aus m-Xylol und Brom im direkten Sonnenlicht (THIELE, GÜNTHER, *A.* 347, 109). — Nadeln (aus Alkohol), Tafeln (aus Chloroform). F: 107°. Leicht löslich in Benzol, Eisessig und Chloroform, löslich in Ligroin. — Gibt mit Kaliumoxalat in 50%igem Alkohol oder mit konz. Schwefelsäure Isophthalaldehyd.

2-Jod-1.3-dimethyl-benzol, vic.-Jod-m-xylol $C_8H_9I = C_6H_3I(CH_3)_2$. *Darst.* Aus 2-Amino-1.3-dimethyl-benzol durch Diazotierung und Umsetzung der Diazoverbindung mit

Kaliumjodid (KLAGES, LIECKE, *J. pr.* [2] **61**, 324). — Öl. Kp: 228—230°. Mit Wasserdampf leicht flüchtig. — Gibt beim Kochen mit Jodwasserstoffsäure und Phosphor glatt m-Xylol.

4-Jod-1.3-dimethyl-benzol, asymm. Jod-m-xylol $C_8H_9I = C_6H_3I(CH_3)_2$. *B.* Aus diazotiertem 4-Amino-1.3-dimethyl-benzol und Kaliumjodid (HAMMERICH, *B.* **23**, 1634; WILLGERODT, HOWELLS, *B.* **33**, 842). Durch Erwärmen von 10 g m-Xylol, gelöst in 80 ccm Benzin, mit 20 g Jodschwefel und 120 ccm Salpetersäure (D: 1,34) auf dem Wasserbade (EDINGER, GOLDBERG, *B.* **33**, 2878). — Stark lichtbrechende Flüssigkeit, die in der Kältemischung nicht erstarrt (HA.). Kp: 232° (HA.); Kp_{742}: 230° (ULLMANN, MEYER, *A.* **332**, 45). D^{13}: 1,6609 (HA.). — Bei der Oxydation mit Salpetersäure (D: 1,25) entsteht 4-Jod-3-methylbenzoesäure (GRAHL, *B.* **26**, 88; EDINGER, GOLDBERG), mit rauchender Salpetersäure entsteht Dijodisophthalsäure (E., Go.). Mit Jodwasserstoffsäure und Phosphor erfolgt schon beim Kochen Reduktion zu m-Xylol (KLAGES, LIECKE, *J. pr.* [2] **61**, 324). Beim Erhitzen mit Kupferpulver auf 230—260° entsteht 2.4.2'.4'-Tetramethyl-diphenyl (U., M., *A.* **332**, 45). Bei wochenlanger Einw. von konz. Schwefelsäure erhält man 4.6-Dijod-1.3-dimethyl-benzol (TÖHL, BAUCH, *B.* **26**, 1105) und 6-Jod-1.3-dimethyl-benzolsulfonsäure-(4) (BAUCH, *B.* **23**, 3117; vgl. HA.). Mit Sulfurylchlorid in Äther entsteht Dimethylphenyljodidchlorid (s. u.) (TÖHL, *B.* **26**, 2950).

4-Jodoso-1.3-dimethyl-benzol, asymm. Jodoso-m-xylol $C_8H_9OI = (CH_3)_2C_6H_3 \cdot IO$ und Salze vom Typus $(CH_3)_2C_6H_3 \cdot IAc_2$. *B.* Das salzsaure Salz $(CH_3)_2C_6H_3 \cdot ICl_2$ entsteht aus 4-Jod-1.3-dimethyl-benzol und Sulfurylchlorid in Äther (TÖHL, *B.* **26**, 2950). Es entsteht ferner durch Einleiten von Chlor in die gekühlte Lösung von 4-Jod-1.3-dimethyl-benzol in der fünffachen Menge Chloroform; nach beendeter Reaktion gießt man in das 8- bis 10-fache Vol. Ligroin und zerlegt das ausgeschiedene Salz durch Verreiben mit 20%iger Natronlauge (WILLGERODT, HOWELLS, *B.* **33**, 843). — Salzsaures Salz, 2.4-Dimethylphenyljodidchlorid $C_8H_9 \cdot ICl_2$. Schwefelgelbe Nädelchen. F: 91° (Zers.). Löslich in warmem Eisessig, schwer löslich in Ligroin. — Basisches Sulfat $[C_8H_9 \cdot I(OH)]_2SO_4$. Zersetzt sich bei 113—115°. Schwer löslich. — Basisches Nitrat $C_8H_9 \cdot I(OH) \cdot NO_3$. Mattgelbes amorphes Pulver. Zersetzt sich bei 118°. — Acetat $C_8H_9 \cdot I(O \cdot CO \cdot CH_3)_2$. Prismen (aus Chloroform). F: 128°. Unlöslich in Äther, leicht löslich in Eisessig.

4-Jodo-1.3-dimethyl-benzol, asymm. Jodo-m-xylol $C_8H_9O_2I = (CH_3)_2C_6H_3 \cdot IO_2$. *B.* Durch Kochen von asymm. Jodoso-m-xylol mit Wasser (WILLGERODT, HOWELLS, *B.* **33**, 846). Durch Einleiten von Chlor in eine zur eben beginnenden Trübung versetzte Lösung von asymm. Jod-m-xylol in Pyridin (ORTOLEVA, *G.* **30** II, 9). — Mikroskopische Krystalle (aus Eisessig), amorphe Masse (aus Wasser). Explodiert bei 195° (W., H.), bei 180° (O.). Löslich in viel heißem Wasser, leicht löslich in Eisessig (W., H.).

p-Tolyl-[2.4-dimethyl-phenyl]-jodoniumhydroxyd $C_{15}H_{17}OI = (CH_3)_2C_6H_3 \cdot I(C_6H_4 \cdot CH_3) \cdot OH$ (W., H., *B.* **33**, 849). — Salze. $C_{15}H_{16}I \cdot Cl$. Nädelchen. Leicht löslich in Wasser. — $C_{15}H_{16}I \cdot Br$. Nädelchen (aus Wasser). F: 179°. Ziemlich leicht löslich in Wasser. — $C_{15}H_{16}I \cdot I$. Nadeln (aus Wasser). F: 165°. — $(C_{15}H_{16}I)_2Cr_2O_7$. Orangefarbener Niederschlag. Unlöslich in Wasser. — $2C_{15}H_{16}I \cdot Cl + HgCl_2$. Amorph. Unlöslich in Wasser.

Bis-[2.4-dimethyl-phenyl]-jodoniumhydroxyd $C_{16}H_{19}OI = [(CH_3)_2C_6H_3]_2I \cdot OH$ (WILLGERODT, HOWELLS, *B.* **33**, 846). — Salze. $C_{16}H_{18}I \cdot Cl$. Rhomben. F: 169°. Leicht löslich in Wasser. — $C_{16}H_{18}I \cdot Br$. Dicke Nadeln. F: 170°. — $C_{16}H_{18}I \cdot I$. Blättchen (aus Wasser). F: 148° (Zers.). — $(C_{16}H_{18}I)_2Cr_2O_7$. Orangefarbige amorphe Masse. Explodiert bei 145°. — $C_{16}H_{18}I \cdot NO_3$. Blättchen (aus Wasser). F: 161° (Zers.).

[α.β-Dichlor-vinyl]-[2.4-dimethyl-phenyl]-jodoniumhydroxyd $C_{10}H_{11}OCl_2I = (CH_3)_2C_6H_3 \cdot I(CCl:CHCl) \cdot OH$. Zur Konstitution vgl. THIELE, HAAKH, *A.* **369**, 144. — *B.* Das Chlorid entsteht durch 48-stdg. Verrühren von 2.4-Dimethyl-phenyljodidchlorid mit Acetylensilber-Silberchlorid und Wasser (WILLGERODT, HOWELLS, *B.* **33**, 850). — Salze. $C_{10}H_9Cl_2I \cdot Cl$. Nadeln (aus Eisessig). F: 171°. Schwer löslich in heißem Wasser. — $C_{10}H_{10}Cl_2I \cdot Br$. Nadeln. F: 160°. — $C_{10}H_{10}Cl_2I \cdot I$. F: 95°. — $2C_{10}H_{10}Cl_2I \cdot Cl + PtCl_4$. Zersetzt sich bei 139°. Löslich in überschüssiger Platinchlorwasserstoffsäure.

5-Jod-1.3-dimethyl-benzol, symm. Jod-m-xylol $C_8H_9I = C_6H_3I(CH_3)_2$. *B.* Aus diazotiertem 5-Amino-1.3-dimethyl-benzol durch KI (NOYES, *Am.* **20**, 802; KLAGES, LIECKE, *J. pr.* [2] **61**, 324). — Öl. Kp_{27}: 117°; Kp: 234—235° (N.), 228° (K., L.), 229° (unkorr.) (WILLGERODT, SCHMIERER, *B.* **38**, 1475). — Mit Wasserdampf leicht flüchtig (K., L.). — Wird durch Jodwasserstoffsäure und Phosphor erst bei 182° zu Xylol reduziert (K., L.).

5-Jodoso-1.3-dimethyl-benzol, symm. Jodoso-m-xylol $C_8H_9OI = (CH_3)_2C_6H_3 \cdot IO$ und Salze vom Typus $(CH_3)_2C_6H_3 \cdot IAc_2$. *B.* Das salzsaure Salz $(CH_3)_2C_6H_3 \cdot ICl_2$ entsteht durch Einleiten von Chlor in eine Chloroformlösung des 5-Jod-1.3-dimethyl-benzols; beim Verreiben mit 5—10%iger Natronlauge liefert es die freie Base (W., SCH., *B.* **38**, 1475). — Amorphe, fast weiße Masse. — Salzsaures Salz, 3.5-Dimethyl-phenyljodidchlorid. $C_8H_9 \cdot ICl_2$. Gelbe Nadeln. Zersetzt sich bei 70°; verliert leicht Chlor. — Basisches Sulfat $[C_8H_9 \cdot I(OH)]_2SO_4$. Krystalle. Leicht zersetzlich. — Basisches Nitrat $C_8H_9 \cdot I(OH) \cdot NO_3$. Gelbliches Pulver. F:122° (Zers.). — Acetat $C_8H_9 \cdot I(O \cdot CO \cdot CH_3)_2$. Prismen. F: 181°. Leicht löslich in Chloroform, Eisessig, unlöslich in Äther, Ligroin.

5-Jodo-1.3-dimethyl-benzol, symm. Jodo-m-xylol $C_8H_9O_2I = (CH_3)_2C_6H_3 \cdot IO_2$. *B.* Durch Destillation von symm. Jodoso-m-xylol mit Wasserdampf (W., Sch., *B.* 38, 1476). — Blättchen (aus Wasser). Explodiert bei 216°.

Bis-[3.5-dimethyl-phenyl]-jodoniumhydroxyd $C_{16}H_{19}OI = [(CH_3)_2C_6H_3]_2I \cdot OH$. *B.* Durch Verreiben äquimolekularer Mengen 5-Jodoso- und 5-Jodo-1.3-dimethyl-benzol mit Wasser und Silberoxyd (W., Sch., *B.* 38, 1476). — Nadeln. Leicht löslich in Wasser. — Salze. $C_{16}H_{19}I \cdot Cl$. F: 186°. — $C_{16}H_{19}I \cdot Br$. Gelbliche Blättchen. F: 198°. — $C_{16}H_{19}I \cdot I$. Krystallpulver (aus Wasser). Zersetzt sich bei 164°. — $(C_{16}H_{19}I)_2Cr_2O_7$. Orangegelbe Blättchen. Explodiert bei 172°.

4.6-Dijod-1.3-dimethyl-benzol, 4.6-Dijod-m-xylol $C_8H_8I_2 = C_6H_2I_2(CH_3)_2$. *B.* Neben 6-Jod-1.3-dimethyl-benzol-sulfonsäure-(4) bei 4—6-wöchiger Einw. von 2—3 Tln. konz. Schwefelsäure auf 1 Tl. 4-Jod-1.3-dimethyl-benzol (Hammerich, *B.* 23, 1635; Töhl, Bauch, *B.* 26, 1105). — Nadeln (aus Alkohol). F: 72° (H.). Sehr leicht löslich in heißem Alkohol, in Äther, Chloroform und Benzol (H.). — Liefert mit Jodwasserstoffsäure und Phosphor bei 140° glatt m-Xylol (Klages, Liecke, *J. pr.* [2] 61, 325). Rauchende Schwefelsäure erzeugt eine Sulfonsäure und 2.4.5.6-Tetrajod-1.3-dimethyl-benzol (T., B.).

[2.4-Dimethyl-phenyl]-[5-jod-2.4-dimethyl- oder 2-jod-3.5-dimethyl- oder 3-jod-2.6-dimethyl-phenyl]-jodoniumhydroxyd $C_{16}H_{19}OI_2 = (CH_3)_2C_6H_3 \cdot I [C_6H_3(CH_3)_2] \cdot OH$. *B.* Das Sulfat entsteht durch Lösen von 4-Jodoso-1.3-dimethyl-benzol in gekühlter konz. Schwefelsäure (Willgerodt, Howells, *B.* 33, 847). — Salze. $(C_8H_9)(C_8H_8I)I \cdot Cl$. Wird aus Alkohol durch Äther amorph gefällt. Schmilzt bei 127—128°, erstarrt aber sofort wieder zu einem weißen Körper, der sich bei höherer Temperatur zersetzt, ohne zu schmelzen. — $(C_8H_9)(C_8H_8I)I \cdot Br$. Amorphes Pulver. F: 119°. — $(C_8H_9)(C_8H_8I)I \cdot I$. Blättchen, die sich am Licht gelb färben. Leicht löslich in Chloroform, sonst unlöslich. — $[(C_8H_9)(C_8H_8I)I]_2Cr_2O_7$. Orangegelbe unlösliche Masse. Explodiert bei 109°.

[3.5-Dimethyl-phenyl]-[6-jod-2.4-dimethyl- oder 4-jod-2.6-dimethyl-phenyl]-jodoniumhydroxyd $C_{16}H_{19}OI_2 = (CH_3)_2C_6H_3 \cdot I [C_6H_3(CH_3)_2] \cdot OH$. *B.* Das Sulfat entsteht durch Eintragen von 5-Jodoso-1.3-dimethyl-benzol in stark gekühlte konz. Schwefelsäure (Willgerodt, Schmierer, *B.* 38, 1477). — Die freie Base ist nur in wäßr. Lösung bekannt. — Salze. $(C_8H_9)(C_8H_8I)I \cdot Cl$. Weiß, amorph. F: 141°. Löslich in Alkohol. — $(C_8H_9)(C_8H_8I)I \cdot Br$. Amorph. F: 149°. — $(C_8H_9)(C_8H_8I)I \cdot I$. Gelbliche Blättchen. F: 125°. Löslich in Chloroform. Wird von siedendem Wasser zersetzt. — $[(C_8H_9)(C_8H_8I)I]_2Cr_2O_7$. Orangegelbe Blättchen. Explodiert bei 95°.

2.4.5.6-Tetrajod-1.3-dimethyl-benzol, aso-Tetrajod-m-xylol $C_8H_6I_4 = C_6I_4(CH_3)_2$. *B.* Bei 6-tägigem Stehen von 4.6-Dijod-1.3-dimethyl-benzol mit rauchender Schwefelsäure (Töhl, Bauch, *B.* 26, 1106). — Seideglänzende Nadeln (aus Eisessig). F: 128°.

2-Nitroso-1.3-dimethyl-benzol, vic.-Nitroso-m-xylol $C_8H_9ON = ON \cdot C_6H_3(CH_3)_2$. *B.* Man trägt 1 Tl. 2-Hydroxylamino-1.3-dimethyl-benzol in eine auf 0° abgekühlte Mischung von 12 Tln. 6%iger Schwefelsäure und 60 Tln. 2%iger Kaliumdichromatlösung ein und treibt nach einiger Zeit mit Dampf über (v. Pechmann, Nold, *B.* 31, 560). Durch Eingießen einer Lösung von 2-Hydroxylamino-1.3-dimethyl-benzol (in ganz wenig Alkohol) in eine eiskalte wäßr. Eisenchloridlösung (Bamberger, Rising, *A.* 316, 309). — Farblose Nadeln. F: 141,5° (Zers.) (B., R.), 144—145° (v. P., N.); die Schmelze ist grün gefärbt (v. P., N.). Sehr leicht löslich in warmem Alkohol und Aceton, leicht in Benzol und Chloroform, schwer in Äther, sehr wenig in Ligroin (B., R.). Nach dem kryoskopischen und ebullioskopischen Verhalten sind in kalter Benzollösung mehr als 50% Doppelmoleküle $(C_8H_9ON)_2$, in warmer Acetonlösung aber Einzelmoleküle in überwiegender Zahl anzunehmen. Dementsprechend sind die Lösungen in der Kälte nur schwach blaugrün, färben sich beim Erwärmen tiefer und verblassen wieder beim Erkalten (B., R., *B.* 34, 3877). — 2-Nitroso-1.3-dimethyl-benzol reduziert in alkoh.-wäßr. Lösung Fehlingsche Lösung selbst beim Kochen nicht (B., R., *A.* 316, 309). — Ist geruchlos und entwickelt selbst beim Kochen mit Wasser nur einen äußerst schwachen, nicht an Nitrosobenzol erinnernden Geruch (B., R., *A.* 316, 309).

4-Nitroso-1.3-dimethyl-benzol, asymm. Nitroso-m-xylol $C_8H_9ON = ON \cdot C_6H_3(CH_3)_2$. *B.* Durch Oxydation von 4-Hydroxylamino-1.3-dimethyl-benzol mit Kaliumdichromat und Schwefelsäure (v. Pechmann, Nold, *B.* 31, 560) oder mit Eisenchloridlösung (Bamberger, Rising, *A.* 316, 290). — Weiße Prismen (aus Alkohol). Erweicht bei 38°, schmilzt bei 41,5° (B., R.). Sehr leicht löslich in Aceton und Chloroform, leicht in Petrol-äther und Ligroin (B., R.). Flüchtig mit Wasserdampf (v. P., N.).

„**4.5-Dinitroso-1.3-dimethyl-benzol**" $C_8H_8O_2N_2$ s. bei Dimethylchinondioxim (Syst. No. 671a).

2-Nitro-1.3-dimethyl-benzol, vic.-Nitro-m-xylol $C_8H_9O_2N = O_2N \cdot C_6H_3(CH_3)_2$.
B. Entsteht neben viel 4-Nitro-1.3-dimethyl-benzol und anderen Produkten durch Nitrierung von m-Xylol mit Salpeterschwefelsäure bei 0° (NOELTING, FOREL, B. **18**, 2674). Durch Verkochen der Diazoverbindung aus 2-Nitro-4-amino-1.3-dimethyl-benzol mit Alkohol (GREVINGK, B. **17**, 2430). Man reduziert 2.4.6-Trinitro-1.3-dimethyl-benzol mit Schwefelammonium zu dem entsprechenden Diamin und behandelt letzteres in siedender alkoh. Lösung mit nitrosen Dämpfen (MIOLATI, LOTTI, G. **27** I, 297; vgl. auch v. PECHMANN, NOLD, B. **31**, 560 Anm.). — Flüssig, erstarrt in der Kälte (AUWERS, MARKOVITS, B. **41**, 2337, Anm. 4). — Kp_{744}: 225° (korr.); D^{15}: 1,112 (G.). — Gibt beim Kochen mit Salpetersäure (D: 1,40) vic.-Nitro-m-toluylsäure neben 2.4-Dinitro-1.3-dimethyl-benzol und einer in Ammoniak löslichen Verbindung, die sich leicht in einen Aldehyd überführen läßt (NOELTING, GACHOT, B. **39**, 73). Bei der Oxydation mit Permanganat in Gegenwart von Magnesiumsulfat auf dem Wasserbade entsteht vic.-Nitro-isophthalsäure (NOE., GA.).

4-Nitro-1.3-dimethyl-benzol, asymm. Nitro-m-xylol $C_8H_9O_2N = O_2N \cdot C_6H_3(CH_3)_2$.
B. Aus 6-Nitro-4-amino-1.3-dimethyl-benzol durch Diazotieren und Verkochen der Diazoverbindung mit Alkohol (TAWILDAROW, Z. **1870**, 474; GREVINGK, B. **17**, 2429). Durch Eintragen von m-Xylol in 3 Tle. kalte rauchende Salpetersäure (HARMSEN, B. **13**, 1558). Durch Nitrieren von m-Xylol mit Salpeterschwefelsäure bei 0°, neben 2-Nitro-1.3-dimethyl-benzol und anderen Produkten (NOELTING, FOREL, B. **18**, 2674). — Erstarrt nach H. nicht bei −20°, während T. den Schmelzpunkt: +2° angibt. Kp: 237—239° (T.), 243—244° (korr.) (H.); Kp_{744}: 245,5° (korr.) (G.); Kp_{760}: 244° (korr.) (NEUBECK, Ph. Ch. **1**, 661). D^{15}: 1,135 (G.); $D^{0,1}$: 1,126 (T.). Dichte beim Siedepunkt unter verschiedenen Drucken: N. — Liefert mit rauchender Schwefelsäure bei 70° 6-Nitro-1.3-dimethyl-benzolsulfonsäure-(4) (H.).

5-Nitro-1.3-dimethyl-benzol, symm. Nitro-m-xylol $C_8H_9O_2N = O_2N \cdot C_6H_3(CH_3)_2$.
B. Aus 5-Nitro-4-amino-1.3-dimethyl-benzol durch Entamidierung (WROBLEWSKI, A. **207**, 94). — Darst.: NOYES, Am. **20**, 800. — Farblose Nadeln (aus Alkohol). F: 71° (TÖHL, B. **18**, 360; WILLGERODT, SCHMIERER, B. **38**, 1474), 74—75° (NOELTING, FOREL, B. **18**, 2678), 74° (BLANKSMA, R. **25**, 167). Kp_{732}: 273° (korr.) (N., F.). — Liefert mit Salpetersäure (D: 1,16) bei 100° im Einschlußrohr (MÜLLER, B. **42**, 433) oder mit Permanganat und Eisessig (TÖHL) 5-Nitro-3-methyl-benzoesäure. Gibt beim Erhitzen mit konzentrierterer Salpetersäure ein Gemisch von 5-Nitro-3-methyl-benzoesäure und symm. Nitroisophthalsäure (M., B. **42**, 433 Anm. 3). Liefert bei der Nitrierung mit Salpetersäure (D: 1,52) 4.5-Dinitro-1.3-dimethyl-benzol, mit Salpeterschwefelsäure hauptsächlich 4.5.6-Trinitro-1.3-dimethyl-benzol neben 2.5.6-Trinitro-1.3-dimethyl-benzol (BLANKSMA, R. **25**, 167).

1'-Nitro-1.3-dimethyl-benzol, ω-Nitro-m-xylol, m-Tolyl-nitromethan $C_9H_9O_2N$
$= CH_3 \cdot C_6H_4 \cdot CH_2 \cdot NO_2$ und **aci-1'-Nitro-1.3-dimethyl-benzol, ω-Isonitro-m-xylol, m-Tolyl-isonitromethan** $C_9H_9O_2N = CH_3 \cdot C_6H_4 \cdot CH : NO_2H$. B. m-Tolyl-nitromethan entsteht durch Nitrierung von m-Xylol mit verd. Salpetersäure (D: 1,075) in offenen oder geschlossenen Gefäßen bei 100° (KONOWALOW, ЖK. **31**, 262; C. **1899** I, 1238). Man zersetzt eine

$$ \text{Lösung von 5 g \quad Nitro-m-xylal-phthalid} \quad \begin{matrix} C_6H_4 \cdot C : C \cdot NO_2 \\ \quad \\ CO - O \; C_6H_4 \cdot CH_3 \end{matrix} \quad \text{in einer wäßr. Lösung von} $$

2,5 g Kaliumhydroxyd mit einer dem angewandten Kali äquivalenten Menge Salzsäure, destilliert im Dampfstrom und schüttelt das Destillat mit Äther aus (HEILMANN, B. **23**, 3165). Das Natriumsalz des aci-m-Tolyl-nitromethans entsteht durch Kochen der Natriumverbindung des m-Tolyl-isonitroacetonitrils mit Natronlauge (W. WISLICENUS, WREN, B. **38**, 505). — ω-Nitro-m-xylol ist eine gelbliche Flüssigkeit. Kp_{19}: 128—132° (W., W.); Kp_{25}: 140° (Zers.) (K.). D_0^0: 1,1370; D_0^{20}: 1,1197 (K.). — Gibt durch Lösen in Natronlauge und nachfolgendes Fällen mit Säure die Isonitroverbindung als farblosen krystallinischen Niederschlag, der mit Eisenchlorid eine dunkelrote Färbung gibt (W., W.). — Salze der Isoform. $NaC_9H_8O_2N$. Undeutlich krystallinisches weißes Pulver (K.). — $Ca(C_9H_8O_2N)_2$. Schwer löslich in Wasser, unlöslich in Alkohol (K.).

5-Chlor-2 oder 4-nitro-1.3-dimethyl-benzol $C_8H_8O_2NCl = O_2N \cdot C_6H_2Cl(CH_3)_2$. B. Entsteht in geringer Menge neben symm. Chlor-m-toluylsäure bei 24-stdg. Kochen von 5-Chlor-1.3-dimethyl-cyclohexadien-(3.5) (S. 119) mit 30%iger Salpetersäure (KLAGES, KNOEVENAGEL, B. **28**, 2045). — Krystalle. F: 48—49°. Flüchtig mit Wasserdämpfen. Leicht löslich.

6-Chlor-4-nitro-1.3-dimethyl-benzol $C_8H_8O_2NCl = O_2N \cdot C_6H_2Cl(CH_3)_2$. *B.* Man diazotiert 6-Nitro-4-amino-1.3-dimethyl-benzol, führt die Diazoniumverbindung in das Diazopiperidid über und kocht dieses mit konz. Salzsäure (AHRENS, *A.* **271**, 17). — Nadeln. F: 42°. Löslich in Alkohol.

4-Chlor-5-nitro-1.3-dimethyl-benzol $C_8H_8O_2NCl = O_2N \cdot C_6H_2Cl(CH_3)_2$. *B.* Aus diazotiertem 5-Nitro-4-amino-1.3-dimethyl-benzol durch Cuprochlorid und Salzsäure (KLAGES, *B.* **29**, 311). — Nadeln (aus Ligroin). F: 51° (BLANKSMA, *R.* **25**, 179), 52° (K.). Kp_{20}: 161° (K.). Leicht flüchtig mit Wasserdämpfen (K.). — Liefert mit Salpeterschwefelsäure 4-Chlor-2.5.6-trinitro-1.3-dimethyl-benzol (B.).

4.6-Dichlor-2 oder 5-nitro-1.3-dimethyl-benzol $C_8H_7O_2NCl_2 = O_2N \cdot C_6HCl_2(CH_3)_2$. *B.* Aus 4.6-Dichlor-1.3-dimethyl-benzol, gelöst in Eisessig, und rauchender Salpetersäure in der Kälte (CLAUS, RUNSCHKE, *J. pr.* [2] **42**, 117). — Prismen (aus Alkohol). Rhombisch (CL., R.; vgl. *Groth, Ch. Kr.* **4**, 665). F: 118—119°. Leicht löslich in Äther und Ligroin, ziemlich leicht in heißem Alkohol.

4-Brom-2-nitro-1.3-dimethyl-benzol $C_8H_8O_2NBr = O_2N \cdot C_6H_2Br(CH_3)_2$. *B.* Aus 2-Nitro-4-amino-1.3-dimethyl-benzol durch Diazotierung und Zers. der Diazoverbindung mit Cuprobromid (NOELTING, BRAUN, THESMAR, *B.* **34**, 2261). Aus vic.-Nitro-m-xylol und Brom bei 100° im geschlossenen Rohr oder bei gewöhnlicher Temp. in Gegenwart von etwas Eisenpulver (AUWERS, MARKOVITS, *B.* **41**, 2337). — Nadeln (aus Alkohol). F: 70—71° (N., B., TH.; A., M.). Mit Wasserdämpfen flüchtig (N., B., TH.). Leicht löslich (A., M.).

2-Brom-4-nitro-1.3-dimethyl-benzol $C_8H_8O_2NBr = O_2N \cdot C_6H_2Br(CH_3)_2$. *B.* Aus 4-Nitro-2-amino-1.3-dimethyl-benzol durch Diazotieren und Zersetzen der Diazoverbindung mit CuBr (N., B., TH., *B.* **34**, 2254). — Hellgelbe Nadeln (aus Alkohol). F: 57—58°.

5-Brom-4-nitro-1.3-dimethyl-benzol $C_8H_8O_2NBr = O_2N \cdot C_6H_2Br(CH_3)_2$. *B.* Aus dem 5-Brom-6-nitro-4-amino-1.3-dimethyl-benzol durch Verkochen seiner Diazoverbindung mit Alkohol (N., B., TH., *B.* **34**, 2257). — Schwach gelbliche Nadeln (aus Alkohol). F: 39—40°.

6-Brom-4-nitro-1.3-dimethyl-benzol $C_8H_8O_2NBr = O_2N \cdot C_6H_2Br(CH_3)_2$. *B.* Man diazotiert 6-Nitro-4-amino-1.3-dimethyl-benzol, führt die Diazoniumverbindung in das Diazopiperidid über und kocht dieses mit konz. Bromwasserstoffsäure (AHRENS, *A.* **271**, 17). Durch Zersetzen der Diazoverbindung des 6-Nitro-4-amino-1.3-dimethyl-benzols mit Cuprobromid (NOELTING, BRAUN, THESMAR, *B.* **34**, 2253). — Nadeln. F: 56—57° (N., B., TH.), 57° (A.). Mit Wasserdampf flüchtig (A.).

4-Brom-5-nitro-1.3-dimethyl-benzol $C_8H_8O_2NBr = O_2N \cdot C_6H_2Br(CH_3)_2$. *B.* Aus 5-Nitro-4-amino-1.3-dimethyl-benzol durch Diazotieren und Zersetzung der Diazoverbindung mit CuBr (BLANKSMA, *R.* **25**, 173). — Farblose Krystalle. F: 56°. — Beim Erhitzen mit Salpeterschwefelsäure auf dem Wasserbade entsteht 4-Brom-2.5.6-trinitro-1.3-dimethyl-benzol.

4.6-Dibrom-2 oder 5-nitro-1.3-dimethyl-benzol $C_8H_7O_2NBr_2 = O_2N \cdot C_6HBr_2(CH_3)_2$. *B.* Durch Erwärmen von 4.6-Dibrom-1.3-dimethyl-benzol mit rauchender Salpetersäure (FITTIG, AHRENS, MATTHEIDES, *A.* **147**, 28). — Nadeln (aus Alkohol). F: 108°. Leicht löslich in heißem, weniger in kaltem Alkohol.

6-Jod-4-nitro-1.3-dimethyl-benzol $C_8H_8O_2NI = O_2N \cdot C_6H_2I(CH_3)_2$. *B.* Durch Umsetzung der Diazoverbindung aus 6-Nitro-4-amino-1.3-dimethyl-benzol mit Kaliumjodid (AHRENS, *A.* **271**, 18). — Hellgelbe Krystalle (aus Alkohol). F: 86° (A.; BLANKSMA, *R.* **25**, 178). Flüchtig mit Wasserdampf (A.). — Liefert bei der Behandlung mit Salpeterschwefelsäure 2.4.6-Trinitro-1.3-dimethyl-benzol (B.).

4-Jod-5-nitro-1.3-dimethyl-benzol $C_8H_8O_2NI = O_2N \cdot C_6H_2I(CH_3)_2$. *B.* Durch Einw. von Kaliumjodid auf die Diazolösung aus 5-Nitro-4-amino-1.3-dimethyl-benzol (BLANKSMA, *R.* **25**, 177). — Gelbe Krystalle. F: 105°. — Liefert beim Behandeln mit Salpeterschwefelsäure 4.5.6-Trinitro-1.3-dimethyl-benzol.

„5.6-Dinitroso-2 oder 4-nitro-1.3-dimethyl-benzol" $C_8H_7O_4N_3$ s. bei Nitro-dimethyl-chinondioxim, Syst. No. 671a.

2.4-Dinitro-1.3-dimethyl-benzol, 2.4-Dinitro-m-xylol $C_8H_8O_4N_2 = (O_2N)_2C_6H_2(CH_3)_2$. *B.* Neben 4.6-Dinitro-1.3-dimethyl-benzol durch Eintragen von m-Xylol in gekühlte Salpetersäure (D: 1,48) (ERRERA, MALTESE, *G.* **33** II, 278) oder in stark gekühlte Salpeterschwefelsäure (GREVINGK, *B.* **17**, 2423). Neben 2-Nitro-3-methyl-benzoesäure beim Kochen von 2-Nitro-1.3-dimethyl-benzol mit Salpetersäure (D: 1,40) (NOELTING, GACHOT, *B.* **39**, 73). — *Darst.* Man nitriert eine Lösung von 60 g 2-Nitro-1.3-dimethyl-benzol in 320 g konz. Schwefelsäure bei ca. +15° mit einem Gemisch von 40 g konz. Salpetersäure und 80 g konz. Schwefelsäure, erhitzt den entstandenen Krystallbrei kurze Zeit auf dem Wasserbade, gießt in Wasser und krystallisiert einmal aus Alkohol um (NOELTING, BRAUN, THESMAR, *B.* **34**, 2260). —

Schuppen. F:82°(GR.; BLANKSMA, *R.* **26**, 94), 83—84°(N., B., TH.). — Wird durch Ammonium-sulfid zu 2-Nitro-4-amino-1.3-dimethyl-benzol reduziert (GR.).

2.5-Dinitro-1.3-dimethyl-benzol, 2.5-Dinitro-m-xylol $C_8H_8O_4N_2 = (O_2N)_2C_6H_2$ (CH$_3$)$_2$. *B.* Aus 2.5-Dinitro-4-amino-1.3-dimethyl-benzol durch Diazotieren und Verkochen der Diazoverbindung mit Alkohol (BLANKSMA, *R.* **28**, 95). — Farblose, am Licht gelb werdende Krystalle (aus Alkohol). F: 101°. — Gibt mit Salpeterschwefelsäure 2.4.5-Trinitro-1.3-dimethyl-benzol.

4.5-Dinitro-1.3-dimethyl-benzol, 4.5-Dinitro-m-xylol $C_8H_8O_4N_2 = (O_2N)_2C_6H_2$ (CH$_3$)$_2$. *B.* Aus symm. Nitro-m-xylol mit Salpetersäure (D: 1,52) bei gewöhnlicher Temperatur (BLANKSMA, *R.* **25**, 180). Aus 5.6-Dinitro-4-amino-1.3-dimethyl-benzol durch Behandeln der alkoholischen Lösung mit nitrosen Gasen (B., *R.* **25**, 181) oder durch Diazotierung in konz. Schwefelsäure und Eintragen der Diazolösung in siedenden Alkohol (B., *R.* **28**, 93). — Farblose Krystalle (aus Alkohol). F: 132° (B., *R.* **25**, 180). — Liefert beim Behandeln mit Salpeterschwefelsäure 4.5.6-Trinitro-1.3-dimethyl-benzol (B., *R.* **25**, 180). Mit alkoh. Ammoniak bei 180° entsteht 5-Nitro-4-amino-1.3-dimethyl-benzol (B., *R.* **25**, 181).

4.6-Dinitro-1.3-dimethyl-benzol, 4.6-Dinitro-m-xylol $C_8H_8O_4N_2 = (O_2N)_2C_6H_2$ (CH$_3$)$_2$. *B.* Aus m-Xylol mit rauchender Salpetersäure (BEILSTEIN, LUHMANN, *A.* **144**, 274), neben 2.4-Dinitro-1.3-dimethyl-benzol (ERRERA, MALTESE, *G.* **33** II, 277). Ein Gemisch von 2.4- und 4.6-Dinitro-1.3-dimethyl-benzol entsteht auch beim Nitrieren von m-Xylol mit Salpeterschwefelsäure bei 8° (GREVINGK, *B.* **17**, 2423). 4.6-Dinitro-1.3-dimethyl-benzol entsteht ferner aus 4.6-Dinitro-5-amino-1.3-dimethyl-benzol durch Diazotieren und Verkochen der Diazoverbindung mit Alkohol (BLANKSMA, *R.* **28**, 93). — *Darst.* Man trägt 1 Tl. m-Xylol unter Kühlung in 4 Tle. Salpetersäure (D: 1,48) ein, gießt nach 2—3 Tagen in Wasser, preßt ab und krystallisiert aus viel warmem Alkohol um (ERRERA, MALTESE, *G.* **33** II, 277), in welchem die 2.4-Dinitroverbindung viel leichter löslich ist (GR.). — Farblose Prismen (aus Alkohol). F: 92° (B., L.). 93° (FITTIG, VELGUTH, *A.* **148**, 5), 94° (BL.). Schwer löslich in kaltem, ziemlich leicht in heißem Alkohol (F., V.). — Beim Erhitzen mit Salpetersäure (D: 1,15) auf 155—160° entsteht 4.6-Dinitro-3-methyl-benzoesäure (E., M.). Bei der Reduktion in Alkohol mit Zinnchlorür in Gegenwart von HCl entstehen neben Aminen auch Azoxy-verbindungen (FLÜRSCHEIM, SIMON, *Soc.* **93**, 1477). Wird durch Salpeterschwefelsäure in 2.4.6-Trinitro-1.3-dimethyl-benzol übergeführt (FITTIG, VELGUTH, *A.* **148**, 5); Kinetik dieser Reaktion bei 25° und 35°: MARTINSEN, *Ph.Ch.* **59**, 611.

6-Chlor-4.5-dinitro-1.3-dimethyl-benzol $C_8H_7O_4N_2Cl = (O_2N)_2C_6HCl(CH_3)_2$. Zur Konstitution vgl. BLANKSMA, *R.* **28**, 94. — *B.* Aus 5.6-Dinitro-4-amino-1.3-dimethyl-benzol durch Diazotieren und Zersetzung der Diazoverbindung mit Cuprochlorid (KLAGES, *B.* **29**, 313). — Krystalle (aus Alkohol). F: 61°; Kp: 290—291°; Kp$_{27}$: 178° (KL.).

4.6-Dichlor-2.5-dinitro-1.3-dimethyl-benzol $C_8H_6O_4N_2Cl_2 = (O_2N)_2C_6Cl_2(CH_3)_2$. *B.* Aus 4.6-Dichlor-1.3-dimethyl-benzol mit Salpeterschwefelsäure (CLAUS, RUNSCHKE, *J. pr.* [2] **42**, 120). — Würfel (aus Chloroform). F: 223° (CL., R.), 215° (KOCH, *B.* **23**, 2321). Sehr schwer löslich in Alkohol und Äther, leicht in Chloroform und Eisessig (CL., R.).

2.6-Dichlor-4.5-dinitro-1.3-dimethyl-benzol $C_8H_6O_4N_2Cl_2 = (O_2N)_2C_6Cl_2(CH_3)_2$. *B.* Beim Eintragen von 2.4-Dichlor-1.3-dimethyl-benzol in warme Salpeterschwefelsäure (KOCH, *B.* **23**, 2321). — Blaßgelbe glänzende Nädelchen (aus Alkohol). F: 155°.

6-Brom-2.4-dinitro-1.3-dimethyl-benzol $C_8H_7O_4N_2Br = (O_2N)_2C_6HBr(CH_3)_2$. *B.* Aus 4-Brom-1.3-dimethyl-benzol und Salpetersäure (D: 1,5) (LELLMANN, JUST, *B.* **24**, 2102). — Nädelchen (aus Ligroin). F: 89°.

5.6-Dibrom-2.4-dinitro-1.3-dimethyl-benzol $C_8H_6O_4N_2Br_2 = (O_2N)_2C_6Br_2(CH_3)_2$. *B.* Aus 4.5-Dibrom-1.3-dimethyl-benzol mit Salpeterschwefelsäure (BLANKSMA, *R.* **25**, 174; JAEGER, BLANKSMA, *R.* **25**, 360). — Farblose Krystalle (aus Alkohol). F: 193° (B.). — Beim Erhitzen mit alkoh. Methylaminlösung auf 170° entsteht 6-Brom-2.4-dinitro-5-methylamino-1.3-dimethyl-benzol (B.).

4.6-Dibrom-2.5-dinitro-1.3-dimethyl-benzol $C_8H_6O_4N_2Br_2 = (O_2N)_2C_6Br_2(CH_3)_2$. *B.* Aus 4.6-Dibrom-1.3-dimethyl-benzol und Salpeterschwefelsäure (JACOBSEN, *B.* **21**, 2825; JAE., B., *R.* **25**, 359). — Blättchen oder Prismen (aus Alkohol). F: 252° (JAC.; JAE., B.).

2.6-Dibrom-4.5-dinitro-1.3-dimethyl-benzol $C_8H_6O_4N_2Br_2 = (O_2N)_2C_6Br_2(CH_3)_2$. *B.* Durch Eintragen von 2.4-Dibrom-1.3-dimethyl-benzol in Salpeterschwefelsäure (JAC., *B.* **21**, 2825). — Mikroskopische Krystalle, die sich am Licht gelb färben. F: 191°. Sehr schwer löslich in Alkohol, leicht in Toluol. — Liefert mit Zinn und Salzsäure 4.5-Diamino-1.3-dimethyl-benzol.

2.5-Dibrom-4.6-dinitro-1.3-dimethyl-benzol $C_8H_6O_4N_2Br_2 = (O_2N)_2C_6Br_2(CH_3)_2$. *B.* Aus 2.5-Dibrom-1.3-dimethyl-benzol durch Salpeterschwefelsäure (BLANKSMA, *R.* **25**, 171). — Farblose Krystalle. F: 196°. Schwer löslich in Alkohol. — Mit alkoh. Methylaminlösung entsteht bei 170° 2-Brom-4.6-dinitro-5-methylamino-1.3-dimethyl-benzol.

2.4.5-Trinitro-1.3-dimethyl-benzol, 2.4.5-Trinitro-m-xylol $C_8H_7O_6N_3$ = $(O_2N)_3C_6H(CH_3)_2$. *B.* Aus 5-Nitro-1.3-dimethyl-benzol (BLANKSMA, *R.* **25**, 167) oder 2.5-Dinitro-1.3-dimethyl-benzol (B., *R.* **28**, 95) durch Salpeterschwefelsäure. — Weingelbe Krystalle (aus absol. Alkohol). Triklin pinakoidal (JAEGER, *Z. Kr.* **42**, 163; vgl. *Groth, Ch. Kr.* 4, 664). F: 90° (B., *R.* **25**, 167). D^{14}: 1,553 (J.). 1,980 g lösen sich in 100 ccm Alkohol bei 20°; leicht löslich in kalter Salpeterschwefelsäure (B., *R.* **25**, 177). — Liefert mit Methylamin in Alkohol bei 100° 2.4-Dinitro-5-methylamino-1.3-dimethyl-benzol (B., *R.* **25**, 172).

2.4.6-Trinitro-1.3-dimethyl-benzol, 2.4.6-Trinitro-m-xylol $C_8H_7O_6N_3$ = $(O_2N)_3C_6H(CH_3)_2$. *B.* Durch Einw. von Salpeterschwefelsäure auf m-Xylol (BEILSTEIN, LUHMANN, *A.* **144**, 274; vgl. BUSSENIUS, EISENSTUCK, *A.* **113**, 156), auf 2.4- oder 4.6-Dinitro-1.3-dimethyl-benzol (GREVINGK, *B.* **17**, 2424), auf 6-Jod-4-nitro-1.3-dimethyl-benzol (BLANKSMA, *R.* **25**, 178) oder auf 1.3-Dimethyl-cyclohexen-(4) (S. 73) (KNOEVENAGEL, *A.* **289**, 159). Entsteht auch durch langdauernde, energische Behandlung von m-Xylol mit rauchender Salpetersäure (MIOLATI, LOTTI, *G.* **27** I, 295). — Hellgelbe Prismen oder Blättchen (aus Benzol + Alkohol). Rhombisch bipyramidal (JAEGER, *Z. Kr.* **42**, 161; vgl. *Groth, Ch. Kr.* 4, 664). F: 182° (TILDEN, *Soc.* **45**, 416; BL.). D^{19}: 1,604 (J.). 100 ccm Alkohol von 20° lösen 0,039 g (BL., *R.* **25**, 177). Sehr wenig löslich in warmer Salpeterschwefelsäure (BL.). Löst sich in flüssigem Ammoniak mit violettblauer Farbe (KOBOZYŃSKI, *C.* **1909** II, 805). — Bei der Reduktion mit Ammoniumsulfid in alkoh. Lösung entstehen 2.6-Dinitro-4-amino- und 2-Nitro-4.6-diamino-1.3-dimethyl-benzol (BEI., *A.* **113**, 159, 165; vgl. BEI., *A.* **133**, 45; BEI., LUH., *A.* **144**, 277; FITTIG, VELGUTH, *A.* **148**, 6; M., LO.).

4.5.6-Trinitro-1.3-dimethyl-benzol, 4.5.6-Trinitro-m-xylol $C_8H_7O_6N_3$ = $(O_2N)_3C_6H(CH_3)_2$. *B.* Durch Einw. von Salpeterschwefelsäure auf 5-Nitro-1.3-dimethyl-benzol (BLANKSMA, *R.* **25**, 167), 4.5-Dinitro-1.3-dimethyl-benzol (B., *R.* **25**, 178; **28**, 93) oder 4-Jod-5-nitro-1.3-dimethyl-benzol (B., *R.* **25**, 177). — *Darst.* Man erhitzt eine Lösung von 2 g 5-Nitro-1.3-dimethyl-benzol in 10 ccm Salpetersäure (D: 1,52) mit 10 ccm konz. Schwefelsäure auf dem Wasserbade und krystallisiert die beim Abkühlen ausgeschiedenen Krystalle aus Alkohol um; aus dem durch Eingießen der Mutterlauge in Wasser erhaltenen Gemisch von 2.4.5- und 4.5.6-Verbindung erhält man durch Umkrystallisieren aus Alkohol weitere Mengen der letzteren (B., *R.* **25**, 168). — Prismen (aus Alkohol). Monoklin prismatisch (JAEGER, *Z. Kr.* **42**, 162; vgl. *Groth, Ch. Kr.* 4, 665). F: 125° (B., *R.* **25**, 168). D^{19}: 1,494 (J.). 1,205 g lösen sich in 100 ccm Alkohol bei 20°; löslich in warmer Salpeterschwefelsäure (B., *R.* **25**, 177). — Wird durch alkoh. Ammoniak bei 110° in 4.6-Dinitro-5-amino-1.3-dimethyl-benzol übergeführt (B., *R.* **25**, 175; **28**, 93). Liefert mit Methylamin in alkoh. Lösung bei 100° 4.6-Dinitro-5-methylamino-1.3-dimethyl-benzol (B., *R.* **25**, 170).

6-Chlor-2.4.5-trinitro-1.3-dimethyl-benzol $C_8H_6O_6N_3Cl$ = $(O_2N)_3C_6Cl(CH_3)_2$. *B.* Aus 4-Chlor-5-nitro-1.3-dimethyl-benzol bei 1-stdg. Erhitzen mit Salpeterschwefelsäure im Wasserbade (BLANKSMA, *R.* **25**, 179). — F: 165°. — Gibt mit alkoh. Ammoniak bei 100° 6-Chlor-2.4-dinitro-5-amino-1.3-dimethyl-benzol.

5-Chlor-2.4.6-trinitro-1.3-dimethyl-benzol $C_8H_6O_6N_3Cl$ = $(O_2N)_3C_6Cl(CH_3)_2$. *B.* Man trägt 5-Chlor-1.3-dimethyl-cyclohexadien-(3.5) (S. 119) in rauchende Salpetersäure ein, versetzt nach einiger Zeit mit einem Gemisch von 1 Tl. rauchender Salpetersäure und 1 Tl. rauchender Schwefelsäure und kocht $\frac{1}{2}$ Stde. lang (KLAGES, KNOEVENAGEL, *B.* **28**, 2046). Beim Kochen von 5-Chlor-1.3-dimethyl-benzol mit Salpeterschwefelsäure (KLAGES, *B.* **29**, 311). Aus 5-Chlor-2.4.6-trinitro-benzol-essigsäure-(1)-malonsäure-(3)-triäthylester durch Erhitzen mit konz. Salzsäure im Einschlußrohr auf 150—160° (JACKSON, SMITH, *Am.* **32**, 181). — Nadeln (aus Alkohol). F: 218° (KL., KN.). Schwer löslich (KL., KN.). — Wird durch alkoh. Kalilauge zersetzt (KL., KN.). Mit Ammoniak entsteht 2.4.6-Trinitro-5-amino-1.3-dimethyl-benzol (KL., KN.).

6-Brom-2.4.5-trinitro-1.3-dimethyl-benzol $C_8H_6O_6N_3Br$ = $(O_2N)_3C_6Br(CH_3)_2$. *B.* Aus 4-Brom-5-nitro-1.3-dimethyl-benzol durch Salpeterschwefelsäure (BLANKSMA, *R.* **25**, 173). — Krystalle (aus Alkohol). F: 183°. — Liefert mit alkoh. Methylaminlösung auf dem Wasserbade 6-Brom-2.4-dinitro-5-methylamino-1.3-dimethyl-benzol.

5-Brom-2.4.6-trinitro-1.3-dimethyl-benzol $C_8H_6O_6N_3Br$ = $(O_2N)_3C_6Br(CH_3)_2$. *B.* Aus 5-Brom-1.3-dimethyl-benzol durch Salpeterschwefelsäure (BLANKSMA, *R.* **25**, 374). — Farblose Krystalle (aus Alkohol). F: 224°. Schwer löslich in Alkohol. — Mit alkoh. Ammoniak im Einschlußrohr bei 130° entsteht 2.4.6-Trinitro-5-amino-1.3-dimethyl-benzol. Analog verläuft die Reaktion mit Aminen.

5-Nitro-4-azido-1.3-dimethyl-benzol $C_8H_8O_2N_4$ = $O_2N \cdot C_6H_2(CH_3)_2 \cdot N_3$. *B.* Durch Einw. von Ammoniak auf das Diazoperbromid aus 5-Nitro-4-amino-1.3-dimethyl-benzol ZINCKE, SCHWARZ, *A.* **307**, 47). — Weiße Nadeln (aus Alkohol). F: 66°. Leicht löslich in allen Lösungsmitteln. Mit Wasserdampf destillierbar. — Beim Erhitzen auf 130° im Vakuum entsteht „4.5-Dinitroso-1.3-dimethyl-benzol" (s. bei Dimethylchinondioxim, Syst. No. 671a).

6-Nitro-4-azido-1.3-dimethyl-benzol $C_8H_9O_2N_4 = O_2N \cdot C_6H_2(CH_3)_2 \cdot N_3$.   *B.* Aus 6-Nitro-4-amino-1.3-dimethyl-benzol (NOELTING, GRANDMOUGIN, MICHEL, *B.* **25**, 3342). — Nadeln (aus verd. Alkohol). F: 75°. Leicht löslich in Alkohol. Flüchtig mit Wasserdämpfen. Liefert mit alkoh. Kalilauge keine Stickstoffwasserstoffsäure.

2.5 oder 5.6-Dinitro-4-azido-1.3-dimethyl-benzol $C_8H_7O_4N_5 = (O_2N)_2C_6H(CH_3)_2 \cdot N_3$. *B.* Durch Nitrieren von 5-Nitro-4-azido-1.3-dimethyl-benzol (S. 381) mit Salpetersäure (D: 1,51) (DROST, *A.* **313**, 312). — Weiße Blättchen (aus Alkohol), die sich am Lichte gelb färben. F: 82°. Leicht löslich. — Beim Erhitzen auf 110° entsteht „5.6-Dinitroso-2 oder 4-nitro-1.3-dimethyl-benzol" (Syst. No. 671a).

Verbindung $C_8H_9OAs = OAs \cdot C_6H_3(CH_3)_2$ und **Verbindung** $C_8H_9SAs = SAs \cdot C_6H_3(CH_3)_2$ s. Syst. No. 2317.

6. *1.4-Dimethyl-benzol, p-Dimethyl-benzol, p-Xylol* (p-Xylen) $C_8H_{10} = C_6H_4(CH_3)_2$. Vgl. auch Nr. 3, S. 360—361.

Bezifferung: $(4^1 = \omega')\ H_3C$—⌬—$CH_3\ (1^1 = \omega)$.

V. Im galizischen (PAWLEWSKI, *B.* **18**, 1915) und im russischen (MARKOWNIKOW, *A.* **234**, 95) Petroleum; vgl. ferner über Vorkommen im Erdöl ENGLER-HÖFER, Das Erdöl, Bd. I [Leipzig 1913], S. 361. — *B.* p-Xylol entsteht neben seinen Isomeren bei der trocknen Destillation der Steinkohlen (s. Nr. 3, S. 361). Synthetisch wurde p-Xylol erhalten: aus p-Brom-toluol, Methyljodid und Natrium (GLINZER, FITTIG, *A.* **136**, 303; JANNASCH, *A.* **171**, 79); aus p-Dibrom-benzol, Methyljodid und Natrium (V. MEYER, *B.* **3**, 753); aus p-Tolylmagnesiumbromid und Dimethylsulfat in Äther (WERNER, ZILKENS, *B.* **36**, 2117; HOUBEN, *B.* **36**, 3086). — *Darst.* Man mengt je 50 g p-Dibrom-benzol mit 80 g Methyljodid und 25 g dünn zerschnittenem Natrium und gibt absoluten Äther hinzu; die Reaktion tritt von selbst ein und verläuft ruhig (JANNASCH, *B.* **10**, 1356). Darstellung von p-Xylol aus Steinkohlenteerxylol s. S. 361.

Über die physikalischen *Eigenschaften* von reinem p-Xylol finden sich in der Literatur die folgenden Angaben:

Tafeln oder Prismen. Monoklin prismatisch (MUTHMANN, *Z. Kr.* **15**, 398; vgl. *Groth, Ch. Kr.* **4**, 663). F: 13—14° (JACOBSEN, *B.* **18**, 357), 13,4° (PERKIN, *Soc.* **77**, 278), 15° (JANNASCH, *A.* **171**, 80), 16° (COLSON, *A. ch.* [6] **6**, 127; PATERNÒ, MONTEMARTINI, *G.* **24** II, 197). Zum Schmelzpunkt vgl. JAN., *B.* **17**, 2710. Kp_{745}: 137,5—138° (JAC., *B.* **18**, 357); Kp_{760}: 138° (korr.) (RICHARDS, MATHEWS, *Ph. Ch.* **61**, 452; *Am. Soc.* **30**, 10), 138,23° (korr.) (THORPE, RODGER, *Philosoph. Transact. of the Royal Soc. of London* **185** A, 529), 138,5° (korr.) (PE., *Soc.* **77**, 278). Dampfdruck bei 20°: RI., MA. $D_4^{14,4}$: 0,86619 (PE., *Soc.* **77**, 278); D_0^{16}: 0,8661; D_0^{20}: 0,8593 (PE., *Soc.* **69**, 1193); D_4^{20}: 0,8612 (RI., MA.). — $n_a^{14,4}$: 1,49462; $n_b^{14,4}$: 1,49911; $n_\beta^{14,4}$: 1,51050; $n_\gamma^{14,4}$: 1,52055 (PE., *Soc.* **77**, 278). — Oberflächenspannung, Kompressibilität: RI., MA. Viscosität: TH., RO.; vgl. BRILLOUIN, *A. ch.* [8] **18**, 204. Magnetisches Drehungsvermögen: PE., *Soc.* **69**, 1241; **77**, 278.

Über die physikalischen Eigenschaften von p-Xylol von unbekanntem Reinheitsgrad oder zweifelhafter Einheitlichkeit finden sich folgende Angaben: Kp_{749}: 137—138° (BRÜHL, *J. pr.* [2] **50**, 131); Kp_{760}: 138,0° (PINETTE, *A.* **243**, 51). Dampfdruck bei verschiedenen Temperaturen: WORINGER, *Ph. Ch.* **34**, 257; MANGOLD, *Sitzungsber. K. Akad. Wiss. Wien* **102** IIa, 1085. D_0^0: 0,8801; $D_{15}^{15,4}$: 0,7558 (PINETTE); $D_4^{14,5}$: 0,86622; $D_0^{20,3}$: 0,86112 (LANDOLT, JAHN, *Ph. Ch.* **10**, 292); D^{16}: 0,8488 (GLADSTONE, *Soc.* **45**, 244); $D_{vac.}^{20}$: 0,8631; $D_4^{20,7}$: 0,8577 (BRÜHL, *J. pr.* [2] **50**, 141); $D^{20,7}$: 0,8602 (GL., *Soc.* **59**, 292). Dichten des unter verschiedenen Drucken siedenden p-Xylols: NEUBECK, *Ph. Ch.* **1**, 661. Ausdehnung: PINETTE. — p-Xylol ist mischbar mit flüssigem Kohlendioxyd (BÜCHNER, *Ph. Ch.* **54**, 675). Verhalten als Lösungsmittel bei kryoskopischen Bestimmungen: PATERNÒ, MONTEMARTINI, *G.* **24** II, 197; CIAMICIAN, *Ph. Ch.* **13**, 53; C., GARELLI, *Ph. Ch.* **21**, 114; AUWERS, *Ph. Ch.* **42**, 519. Mol. Gefrierpunktserniedrigung: 43,34 (PA., MO.), 43 (AUWERS, *Ph. Ch.* **42**, 519). Kryoskopisches Verhalten in Anilin- und Dimethylanilinlösung: AMPOLA, RIMATORI, *G.* **27** I, 38, 54. — n_D^{15}: 1,4846 (GLADSTONE, *Soc.* **45**, 244); $n_\beta^{20,7}$: 1,5058 (GL., *Soc.* **59**, 292); $n_a^{14,7}$: 1,4943; $n_b^{14,7}$: 1,4985; $n_\gamma^{14,7}$: 1,5097; $n_\gamma^{14,7}$: 1,5200 (LANDOLT, JAHN, *Ph. Ch.* **10**, 303); $n_a^{20,7}$: 1,48949; $n_b^{20,7}$: 1,49389; $n_\gamma^{20,7}$: 1,51481 (BRÜHL, *J. pr.* [2] **50**, 141). Molekularrefraktion und -dispersion: GLADSTONE, *Soc.* **59**, 295. Absorption: PAUER, *Ann. d. Physik* [N. F.] **61**, 371; PUCCIANTI, *Ph. Ch.* **39**, 370; BALY, EWBANK, *Soc.* **87**, 1356; GREBE,

C. **1906** I, 341; HARTLEY, C. **1908** I, 1457; Chem. N. **97**, 98; MIES, C. **1909** II, 1218. Die alkoh. Lösung von p-Xylol zeigt bei der Temp. der flüssigen Luft violette Phosphorescenz (DZIERZBICKI, KOWALSKI, C. **1909** II, 959, 1618). Kathodoluminescenz: O. FISCHER, C. **1908** II, 1406. — Capillaritätskonstante bei verschiedenen Temperaturen: FEUSTEL, Ann. d. Physik [4] **16**, 91; beim Siedepunkte: R. SCHIFF, A. **223**, 67. — Schmelzwärme: COLSON, C. r. **104**, 430. Verdampfungswärme: BROWN, Soc. **87**, 268. Verbrennungswärme: STOHMANN, RODATZ, HERZBERG, J. pr. [2] **35**, 41. Kritische Temperatur: ALTSCHUL, Ph. Ch. **11**, 590; BROWN, Soc. **89**, 314. Kritischer Druck: ALTSCHUL. Spezifische Wärme: COLSON, Bl. [2] **46**, 3. — Magnetische Susceptibilität: FREITAG, C. **1900** II, 156. Magnetisches Drehungsvermögen: SCHÖNROCK, Ph. Ch. **11**, 785. Dielektrizitätskonstante: TOMASZEWSKI, Ann. d. Physik [N. F.] **33**, 40 (vgl. THWING, Ph. Ch. **14**, 299); LANDOLT, JAHN, Ph. Ch. **10**, 300; NERNST, Ph. Ch. **14**, 659; DRUDE, Ph. Ch. **23**, 309. p-Xylol zeigt positive elektrische Doppelbrechung (SCHMIDT, Ann. d. Physik [4] **7**, 164).

Verhalten. Bei der Oxydation von p-Xylol mit verdünnter Salpetersäure entsteht p-Toluylsäure (FITTIG, GLINZER, A. **136**, 311) (Nitrierung von p-Xylol s. u.). Bei der Oxydation mit Chromsäuregemisch entsteht Terephthalsäure (F., AHRENS, MATTHEIDES, A. **147**, 29). Beim Behandeln mit Chromsäure und Essigsäureanhydrid-Schwefelsäure erhält man Terephthalaldehyd-tetraacetat (THIELE, WINTER, A. **311**, 358; BAYER & Co., D. R. P. 121788; C. **1901** II, 70) und p-Toluylaldehyd-diacetat (CLAUSSNER, B. **38**, 2860). Chromylchlorid . liefert mit p-Xylol ein Produkt, das bei der Zersetzung mit Wasser p-Toluylaldehyd ergibt (LAW, PERKIN, Soc. **91**, 262). p-Xylol liefert auch bei der elektrolytischen Oxydation p-Toluylaldehyd (LAW, PERKIN, C. **1905** I, 359). p-Toluylaldehyd entsteht ferner beim Schütteln einer Suspension von p-Xylol in Schwefelsäure (D: 1,52) mit Mangandioxyd oder Bleidioxyd, sowie beim Schütteln von p-Xylol mit einer Mischung von Ammoniumpersulfat, 4 n-Schwefelsäure und etwas Silbersulfat (L., PE., Soc. **91**, 262). Wäßrige Kaliumpersulfatlösung oxydiert p-Xylol in der Wärme zu 4.4'-Dimethyl-dibenzyl und Terephthalsäure (MORITZ, WOLFFENSTEIN, B. **32**, 2532). p-Xylol wird durch Erhitzen mit Schwefel im Einschlußrohr auf 200—210° in 4.4'-Dimethyl-dibenzyl und 4.4'-Dimethyl-stilben übergeführt (ARONSTEIN, VAN NIEROP, R. **21**, 452). — p-Xylol liefert beim Erhitzen mit konz. Jodwasserstoffsäure auf 250—280° Benzol, Toluol, Methylcyclohexan und methylierte Cyclopentane (MARKOWNIKOW, B. **30**, 1218). — Durch Einw. von Chlor auf p-Xylol in Gegenwart von Jod (KLUGE, B. **18**, 2099) oder in Gegenwart von Eisen (WILLGERODT, WOLFIEN, J. pr. [2] **39**, 402) entstehen 2-Chlor-1.4-dimethyl-benzol und 2.5-Dichlor-1.4-dimethyl-benzol. Bei tagelangem Einleiten von Chlor in die Lösung von p-Xylol in Chloroform bei Gegenwart von Eisen entsteht 2.3.5.6-Tetrachlor-1.4-dimethyl-benzol (RUFF, B. **29**, 1628). Im Sonnenlicht reagiert Chlor auf p-Xylol unter Bildung von p-Xylylchlorid und p-Xylylidendichlorid (RADZIEWANOWSKI, SCHRAMM, C. **1898** I, 1019). Beim Einleiten von Chlor in siedendes p-Xylol entsteht p-Xylylidendichlorid (GRIMAUX, C. r. **70**, 1364; A. **155**, 340; vgl. LAUTH, GRIMAUX, Bl. [2] **7**, 235; A. **145**, 117). p-Xylol liefert bei 190° mit 2 Mol.-Gew. Phosphorpentachlorid p-Xylylidendichlorid, mit 4 Mol.-Gew. PCl₅ ω:ω.ω'-Tetrachlor-p-xylol, mit 6,5 Mol.-Gew. PCl₅ ω.ω.ω.ω'.ω'-Hexachlor-p-xylol (COLSON, GAUTIER, A. ch. [6] **11**, 22, 24, 27). Beim Sieden von p-Xylol mit Ammoniumbleiperchlorid (PbCl₄ · 2 NH₄Cl) entsteht 2-Chlor-1.4-dimethyl-benzol (SEYEWETZ, BIOT, C. r. **135**, 1121). Beim Bromieren von p-Xylol mit Jod als Überträger entstehen 2-Brom-1.4-dimethyl-benzol (JANNASCH, A. **171**, 82; B. **17**, 2710 Anm. 2; JACOBSEN, B. **18**, 357), 2.5-Dibrom-1.4-dimethyl-benzol (JAN., B. **10**, 1357) und 2.3.5.6-Tetrabrom-1.4-dimethyl-benzol (JAC.). Die Bromierung im Sonnenlicht liefert p-Xylylidendibromid (SCHRAMM, B. **18**, 1277). Aus Brom und siedendem p-Xylol entstehen je nach den Mengenverhältnissen in wechselnder Ausbeute (ATKINSON, THORPE, Soc. **91**, 1697) p-Xylylbromid (RADZISZEWSKI, WISPEK, B. **15**, 1743; **18**, 1279), p-Xylylidendibromid (RA., WI.; GRIMAUX, C. r. **70**, 1364; A. **155**, 340) und ω.ω.ω'-Tribrom-p-xylol (LÖW, A. **231**, 363; ALLAIN-LE CANU, C. r. **118**, 534; ATK., THO.). Durch Einw. von 200 ccm Brom auf 100 g p-Xylol bei 150—170° erhält man ω.ω.ω'.ω'-Tetrabrom-1.4-dimethyl-benzol (HÖNIG, M. **9**, 1150; THIELE, GÜNTHER, A. **347**, 110). Verlauf der Bromierung von p-Xylol in verschiedenen organischen Lösungsmitteln: BRUNER, VORBRODT, C. **1909** I, 1807. Beim Erwärmen von p-Xylol mit Jodschwefel und Salpetersäure (D: 1,35) in Gegenwart von Benzin entsteht 2-Jod-1.4-dimethyl-benzol (EDINGER, GOLDBERG, B. **33**, 2881). — Bei der Nitrierung durch langsamen Zusatz von 50 g rauchender Salpetersäure zu 20 g eisgekühltem p-Xylol erhält man vorwiegend 2-Nitro-1.4-dimethyl-benzol (JANNASCH, A. **176**, 55). Mit rauchender Salpetersäure in der Wärme entstehen 2.3- und 2.6-Dinitro-1.4-dimethyl-benzol in annähernd gleicher Menge (FITTIG, GLINZER, A. **136**, 307; F., AHRENS, MATTHEIDES, A. **144**, 17); daneben erhielt LELLMANN (A. **228**, 250) in geringer Menge 2.5-Dinitro-1.4-dimethyl-benzol. Mit Salpeterschwefelsäure entstehen je nach den Mengenverhältnissen 2.3- und 2.6-Dinitro-1.4-dimethyl-benzol (NOELTING, GEISSMANN, B. **19**, 144) oder 2.3.5-Trinitro-1.4-dimethyl-benzol (FITTIG, GLINZER; F., A., M.; N., GEI.). Durch siedende Salpetersäure (D: 1,075) läßt sich p-Xylol in p-Tolyl-nitromethan überführen (KONOWALOW, Ж. **31**, 264; *C.* **1899** I, 1238). Nitrierung in Eisessig: KONOWALOW, GUREWITSCH, Ж. **37**, 539; *C.* **1905** II, 818. — Bei gelindem Erwärmen von p-Xylol mit schwach rauchender Schwefelsäure entsteht p-Xylol-sulfonsäure (GLINZER, FITTIG, *A.* **136**, 305; JACOBSEN, *B.* **10**, 1009). — Beim Einleiten von HCl in ein Gemenge von p-Xylol und Aluminiumchlorid erhält man nach MUNDICI (*G.* **34** II, 121) bei 45—50° m-Xylol, nach HEISE, TÖHL (*A.* **270**, 169) bei 100° m-Xylol, neben geringen Mengen Benzol, Mesitylen und Pseudocumol. Ein Gemisch von p-Xylol und AlCl₃ absorbiert Schwefeldioxyd unter Bildung von 1.4-Dimethyl-benzol-sulfinsäure-(2) und 2.5.2′.5′-Tetramethyldiphenylsulfoxyd (HILDITCH, *Soc.* **93**, 1527). p-Xylol reagiert mit Sulfurylchlorid in Gegenwart von AlCl₃ unter Bildung von 2-Chlor-1.4-dimethyl-benzol, p-Xylol-sulfochlorid und 2.5.2′.5′-Tetramethyl-diphenylsulfon (TÖHL, EBERHARD, *B.* **26**, 2942). Bei der Einw. von Kohlenoxyd und Chlorwasserstoff auf p-Xylol in Gegenwart von AlCl₃ und CuCl entsteht unter Wanderung einer Seitenkette 2.4-Dimethyl-benzaldehyd (FRANCESCONI, MUNDICI, *G.* **32** II, 473; GATTERMANN, *A.* **347**, 374).

Aus p-Xylol, Acetylentetrabromid und AlCl₃ entsteht ein Gemisch von Tetramethylanthracenen (ANSCHÜTZ, *A.* **235**, 175). — p-Xylol liefert bei der Kondensation mit Methylal eine Verbindung $(C_{17}H_{20})_x$ (F: 149°; sehr wenig löslich) (AUWERS, *A.* **356**, 128). Durch Einw. des Sonnenlichtes auf ein Gemisch von p-Xylol und Benzophenon entstehen Tetraphenyl-äthylenglykol und 4.4′-Dimethyl-dibenzyl (PATERNÒ, CHIEFFI, *G.* **39** II, 428). — p-Xylol gibt mit Brenztraubensäure in konz. Schwefelsäure bei 10° die 2.5-Dimethylatropasäure $(CH_3)_2C_6H_3 \cdot C(:CH_2) \cdot CO_2H$ (BISTRZYCKI, REINTKE, *B.* **38**, 844).

2-Chlor-1.4-dimethyl-benzol, oso-Chlor-p-xylol $C_8H_9Cl = C_6H_3Cl(CH_3)_2$. *B.* Durch Chlorieren von p-Xylol in Gegenwart von Jod (KLUGE, *B.* **18**, 2099) oder Eisen (WILLGERODT, WOLFIEN, *J. pr.* [2] **39**, 402). Durch Erhitzen von p-Xylol mit PbCl₄·2NH₄Cl am Rückflußkühler (SEYEWETZ, BIOT, *C. r.* **135**, 1121). Neben anderen Produkten durch Einw. von Sulfurylchlorid + Aluminiumchlorid auf p-Xylol (TÖHL, EBERHARD, *B.* **26**, 2942). — Erstarrt im Kältegemisch und schmilzt bei +2° (K.). Kp: 183—184° (WL., WO.); Kp₇₆₇: 186° (K.).

1¹-Chlor-1.4-dimethyl-benzol, ω-Chlor-p-xylol, p-Xylylchlorid $C_8H_9Cl = CH_3 \cdot C_6H_4 \cdot CH_2Cl$. *B.* Durch Einw. von Chlor auf p-Xylol im Sonnenlicht (RADZIEWANOWSKI, SCHRAMM, *C.* **1898** I, 1019). Aus 4-Methyl-benzylalkohol durch Destillation mit Salzsäure (CURTIUS, SPRENGER, *J. pr.* [2] **62**, 111). Durch Kochen von 4-Methyl-benzylazid mit Salzsäure, neben anderen Produkten (CURTIUS, DARAPSKY, *B.* **35**, 3231). — Eigentümlich riechendes Öl. Kp₃₀: 90° (C., SP.); Kp: 200—202° (korr.) (R., SCHR.).

2.5-Dichlor-1.4-dimethyl-benzol, 2.5-Dichlor-p-xylol $C_8H_8Cl_2 = C_6H_2Cl_2(CH_3)_2$. *B.* Durch Chlorieren von p-Xylol (KLUGE, *B.* **18**, 2099). Aus 5-Chlor-2-amino-1.4-dimethylbenzol (Syst. No. 1704) nach SANDMEYERS Methode (KL.). — Blätter oder flache Nadeln (aus Alkohol). F: 71°. Kp: 221° (korr.). Schwer löslich in kaltem Alkohol, leicht in heißem Alkohol und in Äther.

1¹.1¹-Dichlor-1.4-dimethyl-benzol, ω.ω-Dichlor-p-xylol, p-Xylylidendichlorid, p-Methyl-benzalchlorid $C_8H_8Cl_2 = CH_3 \cdot C_6H_4 \cdot CHCl_2$. *B.* Durch Einw. von PCl₅ auf p-Toluylaldehyd in Petroläther (AUWERS, KEIL, *B.* **36**, 1875). Man erhitzt p-Toluylaldehyd und PCl₅ auf dem Wasserbade (GATTERMANN, *A.* **347**, 353). — Nadeln (aus Alkohol). F: 47° (G.); F: 48—49°; Kp₁₈: 105°; leicht löslich in Äther, Chloroform und Benzol, mäßig schwer löslich in Ligroin und Alkoholen (A., K., *B.* **36**, 1875, 1876). — Liefert bei der Oxydation mit Chromsäure in Eisessig Terephthalsäure (A., K., *B.* **36**, 3907). Beim Nitrieren entsteht 3.5-Dinitro-4-methyl-benzalchlorid (G.). Wird durch Erhitzen mit Wasser auf 170° bis 180° glatt in p-Toluylaldehyd zurückverwandelt (A., K., *B.* **36**, 1875).

1¹.4¹-Dichlor-1.4-dimethyl-benzol, ω.ω′-Dichlor-p-xylol, p-Xylylendichlorid, p-Xylylenchlorid $C_8H_8Cl_2 = C_6H_4(CH_2Cl)_2$. *B.* Durch Chlorieren von p-Xylol in der Siedehitze (GRIMAUX, *C. r.* **70**, 1364; *A.* **155**, 340; vgl. LAUTH, GRIMAUX, *Bl.* [2] 7, 235; *A.* **145**. 117) oder im Sonnenlicht (RADZIEWANOWSKI, SCHRAMM, *C.* **1898** I, 1019). Aus p-Xylol und 2 Mol.-Gew. Phosphorpentachlorid bei 190—195° (COLSON, GAUTIER, *A. ch.* [6] **11**, 22). Durch Destillation von p-Xylylenglykol $C_6H_4(CH_2 \cdot OH)_2$ (Syst. No. 557) mit Salzsäure (GR.). — Blättchen oder Tafeln (aus Alkohol). Monoklin prismatisch (FRIEDEL, zit. von COLSON, *A. ch.* [6] **6**, 132; KEITH, *Z. Kr.* **19**, 297; vgl. GROTH, *Ch. Kr.* **4**, 707). F: 100° (L., GR.). Siedet unter Zers. bei 240—245° (L., GR.). D⁰: 1,417 (COLSON, *Bl.* [2] **46**, 2). Schmelzwärme: C., *C. r.* **104**, 429. Spez. Wärme: C., *Bl.* [2] **46**, 2. — Liefert beim Kochen mit Bleinitratlösung Terephthalaldehyd (GRIMAUX, *C. r.* **83**, 825). Beim Erhitzen mit 30 Tln. Wasser auf 170—180° entsteht p-Xylylenglykol (GR., *C. r.* **70**, 1364; *A.* **155**, 340). Mit konz. alkoh. Kali entsteht p-Xylylenglykol-monoäthyläther (GR., *Bl.* [2] **16**, 193).

·**2.3.5.6-Tetrachlor-1.4-dimethyl-benzol, eso-Tetrachlor-p-xylol** $C_6H_2Cl_4 =$ $C_6Cl_4(CH_3)_2$. *B.* Bei 3-tägigem Einleiten von Chlor in die mit 1 g Eisenpulver versetzte Lösung von 10 g p-Xylol in 100 ccm Chloroform unter Kühlung (RUPP, *B.* **29**, 1628). — Seideglänzende Nadeln (aus Eisessig). F: 218°. Leicht löslich in Äther, Benzol und siedendem Alkohol.

1¹.1¹.4¹.4¹-Tetrachlor-1.4-dimethyl-benzol, ω.ω.ω'.ω'-Tetrachlor-p-xylol $C_6H_4Cl_4 =$ $C_6H_4(CHCl_2)_2$. *B.* Bei 2¹/₂-stdg. Erhitzen von p-Xylol mit 4 Mol.-Gew. Phosphorpentachlorid auf 190° (COLSON, GAUTIER, *A. ch.* [6] **11**, 24). — Krystalle (aus Äther). F: 93° (C., G.). D⁰: 1,606 (COLSON, *Bl.* [2] **46**, 2). Löslich in 1 Tl. kochendem Äther, in 1¹/₂ Tln. kaltem Äther, in 14 Tln. Petroläther (C., G.). Schmelzwärme: C., *C. r.* **104**, 430. Spez. Wärme: C., *Bl.* [2] **46**, 2. — Liefert beim Kochen mit Wasser Terephthalaldehyd (C., G.).

1¹.1¹.1¹.4¹.4¹.4¹-Hexachlor-1.4-dimethyl-benzol, exo-Hexachlor-p-xylol $C_6H_4Cl_6 =$ $C_6H_4(CCl_3)_2$. *B.* Durch 10-stdg. Erhitzen von p-Xylol mit 6,5 Mol.-Gew. Phosphorpentachlorid im geschlossenen Rohr auf 180—200° (COLSON, GAUTIER, *Bl.* [2] **45**, 507; *A. ch.* [6] **11**, 27). — Lanzenförmige Krystalle (aus Äther). F: 110°. — Wird durch Kochen mit Natronlauge in Terephthalsäure umgewandelt.

2-Brom-1.4-dimethyl-benzol, eso-Brom-p-xylol $C_8H_9Br = C_6H_3Br(CH_3)_2$. *B.* Aus p-Xylol und 1 Mol.-Gew. Brom unter Kühlung (FITTIG, JANNASCH, *A.* **151**, 283; JANNASCH, *A.* **171**, 82) in Gegenwart von etwas Jod (JAN., *B.* **17**, 2710 Anm. 2). — Blätter oder Tafeln. F: 8,9° (JACOBSEN, *B.* **18**, 358), 9—10° (JAN., *B.* **17**, 2711). Kp: 199—201° (unkorr.) (JAN., *B.* **17**, 2710); Kp₇₅₅: 205,5° (korr.) (JAC., *B.* **18**, 357). — Wird durch Chromsäure in Eisessig zu Brom-p-toluylsäure oxydiert (JAN., DIECKMANN, *A.* **171**, 83).

1¹-Brom-1.4-dimethyl-benzol, ω-Brom-p-xylol, p-Xylylbromid $C_8H_9Br = CH_3·$ $C_6H_4·CH_2Br$. *B.* Durch Einw. von Brom auf siedendes p-Xylol, neben p-Xylylendibromid (RADZISZEWSKI, WISPEK, *B.* **15**, 1743; **18**, 1279) und ω.ω.ω'-Tribrom-p-xylol (ATKINSON, THORPE, *Soc.* **91**, 1697). Aus p-Xylol und Brom an der Sonne (SCHRAMM, *B.* **18**, 1277). — *Darst.* Man versetzt 150 g p-Xylol bei 130° tropfenweise mit 294 g Brom und trennt von dem in reichlicher Menge mitentstandenen p-Xylylidendibromid durch Destillation; Ausbeute 46% der Theorie (A., TH.). — Nadeln (aus Alkohol). F: 31° (CIESIELSKI, *C.* **1907** I, 1793). Kp₂₀: 35,5° (R., W., *B.* **18**, 1280). Kp₇₄₀: 218—220° (R., W., *B.* **15**, 1743). Sehr leicht löslich in heißem Äther und Chloroform (R., W., *B.* **15**, 1743). — p-Xylylbromid liefert bei der Einw. von Magnesium in Gegenwart von Äther als Hauptprodukt 4.4'-Dimethyl-dibenzyl (CARRÉ, *C. r.* **148**, 1109; *Bl.* [4] **5**, 489).

5-Chlor-2-brom-1.4-dimethyl-benzol (?) $C_8H_8ClBr = C_6H_2ClBr(CH_3)_2$. *B.* Durch Eintragen von (11,5 g) Brom in ein Gemisch von (10 g) 2-Chlor-1.4-dimethyl-benzol mit Eisenfeile (WILLGERODT, WOLFIEN, *J. pr.* [2] **39**, 403). — Blättchen (aus heißem Alkohol). F: 66°.

3.6-Dichlor-2-brom-1.4-dimethyl-benzol $C_8H_7Cl_2Br = C_6HCl_2Br(CH_3)_2$. *B.* Entsteht in geringer Menge neben 3.6-Dichlor-2.5-dibrom-1.4-dimethyl-benzol aus 5 g 2.5-Dichlor-1.4-dimethyl-benzol mit 4,6 g Brom und etwas Eisenfeile; man schüttelt nach 3 Tagen mit kaltem Alkohol aus und löst den Rückstand in kochendem Alkohol, worauf beim Erkalten zuerst Dichlordibromxylol auskrystallisiert (WILLGERODT, WOLFIEN, *J. pr.* [2] **39**, 406). — Nadeln. F: 96°. Löslich in organischen Lösungsmitteln.

3.5.6-Trichlor-2-brom-1.4-dimethyl-benzol $C_8H_6Cl_3Br = C_6Cl_3Br(CH_3)_2$. *B.* Durch Einw. von Chlor auf 5-Chlor-2-brom-1.4-dimethyl-benzol in Gegenwart von Eisenfeile; man extrahiert mit kaltem Alkohol und krystallisiert den Rückstand aus kochendem Alkohol (WI., WO., *J. pr.* [2] **39**, 407). — Nadeln (aus heißem Alkohol). Sublimierbar. F: 219°.

2.5-Dibrom-1.4-dimethyl-benzol, 2.5-Dibrom-p-xylol $C_8H_8Br_2 = C_6H_2Br_2(CH_3)_2$. *B.* Durch Bromieren von p-Xylol (FITTIG, AHRENS, MATTHEIDES, *A.* **147**, 26) in Gegenwart von Jod (JANNASCH, *B.* **10**, 1357). — Krystalle (aus Alkohol). Monoklin prismatisch (MIERS, POPE, *Z. Kr.* **20**, 323; *Soc.* **57**, 975; vgl. *Groth, Ch. Kr.* **4**, 664). F: 74° (MOODY, NICHOLSON, *Soc.* **57**, 974). 75° (AUWERS, BAUM, *B.* **29**, 2343), 75,5° (JAN.; JACOBSEN, *B.* **18**, 358). Kp: 261° (JAC.); Kp₁₅: 141°; Kp₂₁: 149,5° (AU., B.). — Liefert beim Erhitzen mit Methyljodid und Natrium in Benzol aus 160—170° Durol (JAN.).

1¹.4¹-Dibrom-1.4-dimethyl-benzol, ω.ω'-Dibrom-p-xylol, p-Xylylendibromid, p-Xylylenbromid $C_8H_8Br_2 = C_6H_4(CH_2Br)_2$. *B.* Aus Brom und siedendem p-Xylol (GRIMAUX, *C. r.* **70**, 1364; *A.* **155**, 340) neben p-Xylylbromid (RADZISZEWSKI, WISPEK, *B.* **15**, 1744; **18**, 1280) und ω.ω.ω'-Tribrom-p-xylol (ATKINSON, THORPE, *Soc.* **91**, 1697). Bei der Destillation von p-Xylylenglykol $C_6H_4(CH_2·OH)_2$ mit konz. Bromwasserstoffsäure (GR.). — *Darst.* Man versetzt 150 g p-Xylol bei 130° tropfenweise mit 294 g Brom und trennt von gleichzeitig entstandenem p-Xylylbromid durch Destillation; Ausbeute 48% der Theorie (A., Tho.). — Krystalle (aus Benzol oder $CHCl_3$). Monoklin prismatisch (Muthmann, Z. Kr. 15, 397; vgl. Groth, Ch. Kr. 4, 707). F: 143,5° (R., W., B. 18, 1280; A., Tho.), 145—147° (Gr.). Kp: 245° (A., Tho.). D^0: 2,012 (Colson, Bl. [2] 46, 2). Leicht löslich in heißem Chloroform, schwer in kaltem Äther; 100 Tle. Äther lösen bei 20° 2,65 Tle. (R., W., B. 15, 1744). Spez. Wärme: Colson, Bl. [2] 46, 2; C. r. 104, 429. — Beim Auflösen in rauchender Salpetersäure entstehen Tere-phthalaldehyd, Terephthalaldehydsäure und eine Verbindung $C_6H_4(CH_2 \cdot O \cdot CHBr \cdot C_6H_4 \cdot CHO)_2$ (Syst. No. 672) (Löw, B. 18, 2072). Beim Kochen mit Bleinitratlösung entsteht Terephthal-aldehyd (L., A. 231, 363). p-Xylylenbromid wird in Eisessiglösung durch Zinnchlorür zu p-Methyl-benzylacetat reduziert (Thiele, Balhorn, B. 37, 1466).

5-Chlor-2.3- oder 2.6-dibrom-1.4-dimethyl-benzol (?) $C_8H_7ClBr_2 = C_6HClBr_2(CH_3)_2$. B. Man versetzt 5 g 5-Chlor-2-brom-1.4-dimethyl-benzol in Gegenwart von Eisenfeile unter Kühlung und beständigem Schütteln mit 3,8 g Brom, extrahiert das Reaktionsprodukt nach 2 Tagen mit kaltem Alkohol und befreit den Rückstand durch Umkrystallisieren aus siedendem Alkohol von dem schwerer löslichen Chlortribrom-p-xylol (Willgerodt, Wolfien, J. pr. [2] 39, 404). — Nadeln (aus heißem Alkohol). F: 93°.

3.6-Dichlor-2.5-dibrom-1.4-dimethyl-benzol $C_8H_6Cl_2Br_2 = C_6Cl_2Br_2(CH_3)_2$. B. siehe bei 3.6-Dichlor-2-brom-1.4-dimethyl-benzol. — Nadeln (aus Alkohol). F: 226°; sublimierbar; schwer löslich in Alkohol, leichter in Benzol (Wi., Wo., J. pr. [2] 39, 407).

2.3.5-Tribrom-1.4-dimethyl-benzol, eso-Tribrom-p-xylol $C_8H_7Br_3 = C_6HBr_3(CH_3)_2$. B. Aus 3.5-Dibrom-2-amino-1.4-dimethyl-benzol nach Sandmeyers Methode (Jaeger, Blanksma, R. 25, 362). — F: 89°. Leicht löslich in Äther, schwer in Aceton und kaltem Alkohol.

$1^1.1^1.4^1$-Tribrom-1.4-dimethyl-benzol, $\omega.\omega.\omega'$-Tribrom-p-xylol $C_8H_7Br_3 = CH_2Br \cdot C_6H_4 \cdot CHBr_2$. B. Bei der Einw. von Brom auf p-Xylol in der Wärme (Löw, A. 231, 363; Allain-Le Canu, C. r. 118, 534). Entsteht bei der Einw. von 460 g Brom auf 150 g p-Xylol bei 130° in einer Ausbeute von 23% neben 25% ω-Brom-p-xylol und 31% $\omega.\omega'$-Dibrom-p-xylol, von denen es durch Behandlung mit Petroläther getrennt werden kann (Atkinson, Thorpe, Soc. 91, 1698). — Rhombische (?) (Allain-Le Canu) Blättchen (aus Äther). F: 106° (Löw, At., Th.), 116° (Zers.) (Al.-Le C.). Fast unlöslich in kaltem Äther (At., Th.). — Liefert beim Kochen mit Wasser (Löw) oder Sodalösung (Al.-Le C.) p-Oxymethyl-benzaldehyd.

6-Chlor-2.3.5-tribrom-1.4-dimethyl-benzol $C_8H_6ClBr_3 = C_6ClBr_3(CH_3)_2$. B. Aus 10 g 2-Chlor-1.4-dimethyl-benzol und 34,2 g Brom in Gegenwart von Eisenfeile (Willgerodt, Wolfien, J. pr. [2] 39, 405). — Sublimiert in Nadeln. F: 234°. Leicht löslich in Eisessig, Chloroform und Benzol, sehr wenig in Alkohol.

2.3.5.6-Tetrabrom-1.4-dimethyl-benzol, eso-Tetrabrom-p-xylol $C_8H_6Br_4 = C_6Br_4(CH_3)_2$. B. Durch Einw. von Brom auf p-Xylol in Gegenwart von Jod (Jacobsen, B. 18, 359). Durch Einw. von Brom, welches 1% Aluminium gelöst enthält, auf 1.4-Dimethyl-2-äthyl-benzol (Bodroux, Bl. [3] 19, 888). Durch Einw. von Brom auf 1.4-Dimethyl-cyclo-hexan (S. 38) in Gegenwart von Aluminiumbromid (Zelinsky, Naumow, B. 31, 3208). — Nadeln (aus Toluol). F: 253° (J.). Siedet fast unzersetzt bei 355° (J.). Sehr schwer löslich in heißem Alkohol (J.).

$1^1.1^1.4^1.4^1$-Tetrabrom-1.4-dimethyl-benzol, $\omega.\omega.\omega'.\omega'$-Tetrabrom-p-xylol $C_8H_6Br_4 = C_6H_4(CHBr_2)_2$. B. Durch Einleiten von trocknem Brom in p-Xylol, das man anfangs auf 150°, schließlich kurze Zeit auf 170° erhitzt (Hönig, M. 9, 1150; Thiele, Günther, A. 347, 110). — Prismen (aus Chloroform). Monoklin prismatisch (Kohn, M. 9, 1151; vgl. Groth, Ch. Kr. 4, 708). F: 169° (H.). Schwer löslich in Alkohol, ziemlich schwer in Äther und kaltem Chloroform, leicht in Benzol (H.). — Wird durch Kochen mit Wasser oder Sodalösung unter gewöhnlichem Druck kaum angegriffen (H.). Liefert beim Erhitzen mit konz. Schwefel-säure Terephthalaldehyd (H.; Th., G.), neben etwas Terephthalaldehydsäure (Th., G.).

$1^1.1^1.1^1.4^1.4^1.4^1$-Hexabrom-1.4-dimethyl-benzol, exo-Hexabrom-p-xylol $C_8H_4Br_6 = C_6H_4(CBr_3)_2$. B. Bei 4-stdg. Erhitzen von 8,44 g $\omega.\omega.\omega'.\omega'$-Tetrabrom-p-xylol mit 2,2 ccm Brom auf 170—180° (Thiele, Balhorn, B. 37, 1466). — Nadeln (aus Essigester). F: 194°. — Gibt beim Erhitzen mit konz. Schwefelsäure auf 130—140° Terephthalsäure.

2-Jod-1.4-dimethyl-benzol, eso-Jod-p-xylol $C_8H_9I = C_6H_3I(CH_3)_2$. B. Durch Um-setzen der Diazoniumverbindung aus p-Xylidin mit Kaliumjodid (Klages, Liecke, J. pr. [2] 61, 325). Durch Erwärmen von p-Xylol mit Jodschwefel und Salpetersäure (D: 1,35) in Gegen-wart von Benzin (Edinger, Goldberg, B. 33, 2881). — Öl. Kp: 217° (E., G.), 229° (K., L.). Kp_{722}: 230° (Ullmann, Meyer, A. 332 46). D^{17}: 1,5988 (U., M.). — Wird erst bei 140°

durch Jodwasserstoffsäure und Phosphor zu p-Xylol reduziert (K., L.).   Gibt beim Erhitzen mit Kupferpulver auf 230—260° 2.5.2′.5′-Tetramethyl-diphenyl (U., M.).

1¹.4¹-Dijod-1.4-dimethyl-benzol, ω.ω′-Dijod-p-xylol, p-Xylylendijodid, p-Xylylenjodid $C_8H_8I_2 = C_6H_4(CH_2I)_2$. B. Durch kurzes Kochen von p-Xylylenglykol $C_6H_4(CH_2 \cdot OH)_2$ mit Jodwasserstoffsäure (Kp: 127°) (GRIMAUX, C. r. 70, 1365; A. 155, 341). — Feine Nadeln. Schmilzt gegen 170° unter beginnender Zersetzung. Wenig löslich in Äther, löslich in siedendem Alkohol und in Chloroform.

2-Nitroso-1.4-dimethyl-benzol, eso-Nitroso-p-xylol $C_8H_9ON = ON \cdot C_6H_3(CH_3)_2$. B. Aus dem entsprechenden Dimethylphenylhydroxylamin durch Oxydation mit wäßr. Eisenchloridlösung (BAMBERGER, RISING, A. 316, 289). Neben Azoxy-p-xylol beim Oxydieren wäßr. Lösungen von Dimethylphenylhydroxylamin durch Luft (B., R.). — Weiße Nadeln (aus Alkohol). F: 101,5°. Schwer löslich in Äther und besonders in Petroläther.

„**2.5-Dinitroso-1.4-dimethyl-benzol**" $C_8H_8O_2N_2$ s. bei p-Xylo-p-chinon-dioxim, Syst. No. 671a.

2-Nitro-1.4-dimethyl-benzol, eso-Nitro-p-xylol $C_8H_9O_2N = O_2N \cdot C_6H_3(CH_3)_2$. B. Durch langsamen Zusatz von 50 g rauchender Salpetersäure zu 20 g durch Eis gekühltem p-Xylol und Destillation des Reaktionsproduktes mit Wasserdampf (JANNASCH, A. 176, 55). — Schwach gelbliche Flüssigkeit. Kp: 234—237° (J.); Kp$_{738}$: 238,5—239° (korr.) (NOELTING, FOREL, B. 18, 2680). D^{15}: 1,132 (N., F.). — Bei der Elektrolyse der Lösung in konz. Schwefelsäure entsteht 2-Oxy-5-amino-1.4-dimethyl-benzol (GATTERMANN, B. 27, 1930).

1¹-Nitro-1.4-dimethyl-benzol, ω-Nitro-p-xylol, p-Tolyl-nitromethan $C_8H_9O_2N = CH_3 \cdot C_6H_4 \cdot CH_2 \cdot NO_2$ und aci-1¹-Nitro-1.4-dimethyl-benzol, ω-Isonitro-p-xylol, p-Tolylisonitromethan $C_8H_9O_2N = CH_3 \cdot C_6H_4 \cdot CH:NO_2H$. B. p-Tolyl-nitromethan entsteht durch Kochen von p-Xylol mit Salpetersäure (D: 1,075) (KONOWALOW, Ж. 31, 264; C. 1899 I, 1238). Das Natriumsalz der Isoform entsteht durch Kochen des Natriumverbindung des p-Tolyl-isonitro-acetonitrils, die man aus p-Xylylcyanid, Äthylnitrat und Natriumäthylatlösung erhält, mit Natronlauge (W. WISLICENUS, WREN, B. 38, 506). — p-Tolyl-nitromethan schmilzt bei 11—12°; siedet unter 35 mm Druck bei 150—151° unter schwacher Zers.; D$_4^{12}$: 1,1234; n$_D^{12}$: 1,53106 (K.). — Salpetersäure (D: 1,505) erzeugt bei —10° 3.1¹-Dinitro-1.4-dimethyl-benzol (K., SSENTSCHIKOWSKI, Ж. 36, 462; C. 1904 II, 199). p-Tolyl-nitromethan löst sich in Alkalien unter Übergang in die Salze der Isoform; die alkal. Lösungen geben die Nitrolsäurereaktion (K.). Beim Erhitzen mit 10%iger Natronlauge auf 180—200° entsteht 4.4′-Dimethyl-stilben (WI., WR.). — Salze der Isoform. KC$_8$H$_8$O$_2$N. Krystallschuppen (K.). — Cu($C_8H_8O_2N)_2$. Braunes Pulver, löslich in Äther und Benzol (K.).

1¹-Dichlor-2-nitro-1.4-dimethyl-benzol $C_8H_7O_2NCl_2 = O_2N \cdot C_6H_2(CH_2Cl)_2$. B. Durch Lösen von p-Xylylenchlorid in rauchender Salpetersäure (GRIMAUX, C. r. 73, 1385; J. 1871, 454). — Blätter (aus Alkohol). F: 45°. Leicht löslich in Äther.

6-Chlor-3-brom- oder 3-Chlor-6-brom-2-nitro-1.4-dimethyl-benzol $C_8H_7O_2NClBr = O_2N \cdot C_6HClBr(CH_3)_2$. B. Aus 5-Chlor-2-brom-1.4-dimethyl-benzol mit 5 Tln. rauchender Salpetersäure (WILLGERODT, WOLFFEN, J. pr. [2] 39, 408). — Gelbliche Nadeln (aus Alkohol). F: 99,5°. Leicht löslich in Äther, Chloroform, Eisessig und Benzol, schwieriger in Alkohol. — Wird beim Erhitzen mit Anilin oder alkoh. Ammoniak auf 300° nicht verändert.

3.6-Dibrom-2-nitro-1.4-dimethyl-benzol $C_8H_7O_2NBr_2 = O_2N \cdot C_6HBr_2(CH_3)_2$.   B. Durch Erwärmen von 2.5-Dibrom-1.4-dimethyl-benzol mit rauchender Salpetersäure (FITTIG, AHRENS, MATTHEIDES, A. 147, 28) oder besser mit einem Gemisch aus 3 Vol. rauchender Salpetersäure mit 1 Vol. Eisessig (AUWERS, BAUM, B. 29, 2343). — Krystalle (aus Alkohol). F: 106° (AU., B.), 111—112° (F., AH., M.). Kp$_{20}$: 199° (AU., B.).

3-Nitroso-2-nitro-1.4-dimethyl-benzol $C_8H_8O_3N_2 = (O_2N)(ON)C_6H_2(CH_3)_2$. B. Aus der Doppelverbindung von 2.3- und 2.6-Dinitro-1.4-dimethyl-benzol (S. 388) durch Einwirkung von salzsaurem Hydroxylamin und Kaliummethylat in Methylalkohol und Zersetzen der entstandenen Kaliumverbindung des aci-Dinitro-p-xylol-dihydrids $(CH_3)_2C_6H_2(:NO_2K)_2$ mit verdünnter Salzsäure bei 0° (MEISENHEIMER, PATZIG, B. 39, 2532). — Schwach gelbliche Krystalle (aus Chloroform). F: 130,5°. Ziemlich löslich in heißem Benzol, Chloroform und Eisessig, schwer in Alkohol und Äther; die Lösungen sind grün gefärbt. Die Lösung in Alkohol wird durch Alkali rot.

2.3-Dinitro-1.4-dimethyl-benzol („β-Dinitro-p-xylol") $C_8H_8O_4N_2 = (O_2N)_2C_6H_2(CH_3)_2$. B. Entsteht neben der gleichen Menge 2.6-Dinitro-1.4-dimethyl-benzol (FITTIG,

GLINZER, A. **136**, 307; F., AHRENS, MATTHEIDES, A. **147**, 17) und sehr wenig 2.5-Dinitro-1.4-dimethyl-benzol (LELLMANN, A. **228**, 250) durch Erwärmen von p-Xylol mit rauchender Salpetersäure (F., G.; F., A., M.) oder Salpeterschwefelsäure (NOELTING, KOHN, B. **19**, 144). Man trennt die Isomeren durch fraktionierte Krystallisation aus Alkohol, in dem die 2.3-Dinitroverbindung viel leichter löslich ist als die 2.6-Dinitroverbindung (F., G.; F., A., M.). Oder man krystallisiert das Produkt aus Toluol und trennt die Würfel (2.3-Verbindung) von den Nadeln (2.6-Verbindung) mechanisch (N., K.). Vgl. zur Trennung auch die 2.6-Verbindung. — Krystalle (aus Alkohol oder Benzol). Monoklin prismatisch (DES CLOIZEAUX, C. r. **70**, 587; CALDERON, J. **1880**, 370; BARNER, B. **15**, 2303; vgl. Groth, Ch. Kr. **4**, 666). F: 93° (F., G.). Sehr leicht löslich in heißem Alkohol, ziemlich leicht in kaltem Alkohol (F., A., M.). — Liefert (in Form der bei 99,5° schmelzenden Doppelverbindung mit 2.6-Dinitro-1.4-dimethyl-benzol) durch Einw. von salzsaurem Hydroxylamin und Kaliummethylat in Methylalkohol und Zersetzung der entstandenen Kaliumverbindung des aci-Dinitro-p-xylol-dihydrids mit verd. Salzsäure 3-Nitroso-2-nitro-1.4-dimethyl-benzol (S. 387) (MEISENHEIMER, PATZIG, B. **39**, 2532). — Doppelverbindung mit 2.6-Dinitro-1.4-dimethyl-benzol s. u.

2.5-Dinitro-1.4-dimethyl-benzol ("γ-Dinitro-p-xylol") $C_8H_8O_4N_2 = (O_2N)_2C_6H_2(CH_3)_2$. B. Entsteht in kleiner Menge neben den beiden Isomeren beim Eintragen von 1 Tl. p-Xylol in 6 Tle. Salpetersäure (D: 1,51); man läßt einige Tage stehen und trennt dann die ausgeschiedenen Krystalle durch Krystallisieren aus Alkohol, Äther und durch Auslesen (LELLMANN, A. **228**, 250). — Gelbe Nadeln (aus Alkohol). F: 147—148°. Schwer löslich in Alkohol und Äther in der Kälte, leichter in der Wärme. — Wird von alkoh. Schwefelammonium leichter zu Nitroxylidin reduziert als 2.6-Dinitro-1.4-dimethyl-benzol (v. KOSTANECKI, B. **19**, 2320).

2.6-Dinitro-1.4-dimethyl-benzol ("α-Dinitro-p-xylol") $C_8H_8O_4N_2 = (O_2N)_2C_6H_2(CH_3)_2$. B. siehe bei 2.3-Dinitro-1.4-dimethyl-benzol. Zur Trennung von diesem löst man rohes Dinitro-p-xylol in alkoh. Ammoniak, erhitzt unter Einleiten von Schwefelwasserstoff 1 Stde. auf dem Wasserbade und filtriert vom Schwefel ab; beim Erkalten krystallisiert 2.6-Dinitro-1.4-dimethyl-benzol aus dem Filtrat in langen Nadeln (NOELTING, THESMAR, B. **35**, 641). — Nadeln (aus Alkohol). F: 123° (N., T.), 123,5° (FITTIG, GLINZER, A. **136**, 307). — Eine Doppelverbindung von 2.3-Dinitro-1.4-dimethyl-benzol mit 2.6-Dinitro-1.4-dimethyl-benzol (wahrscheinlich 1 : 1) krystallisiert aus Lösungen der beiden Dinitroxylole in Benzol oder Eisessig aus (JANNASCH, STÜNKEL, B. **14**, 1146; J., B. **15**, 2304). — Krystalle. Rhombisch bisphenoidisch (BARNER, B. **15**, 2302; vgl. Groth, Ch. Kr. **4**, 667). F: 99,5° (J., ST.; J.). Aus der alkoh. Lösung der Doppelverbindung scheidet sich zunächst 2.6-Dinitro-1.4-dimethyl-benzol aus (J., ST.; J.).

3.1¹-Dinitro-1.4-dimethyl-benzol, 3.1¹-Dinitro-p-xylol, [3-Nitro-4-methylphenyl]-nitromethan $C_8H_8O_4N_2 = CH_3 \cdot C_6H_3(NO_2) \cdot CH_2 \cdot NO_2$. B. Durch Behandeln von p-Tolyl-nitromethan mit konz. Salpetersäure (D: 1,505) bei — 10° (KONOWALOW, SSENTSCHIKOWSKI, Ж. **36**, 462; C. **1904** II, 199). — F: 72°. — Geht bei der Oxydation mit Permanganat in 3-Nitro-4-methyl-benzoesäure über.

1¹.1¹-Dinitro-1.4-dimethyl-benzol, ω.ω-Dinitro-p-xylol, p-Tolyl-dinitromethan $C_8H_8O_4N_2 = CH_3 \cdot C_6H_4 \cdot CH(NO_2)_2$. B. Durch Einw. von 2 Mol.-Gew. N_2O_4 auf p-Methylbenzaldoxim in Äther (PONZIO, R. A. L. [5] **15** II, 121; G. **36** II, 591, 594). — Weiße Blättchen (aus Petroläther). F: 77°. Schwer löslich in kaltem Petroläther, sonst löslich. — Zersetzt sich gegen 130° unter Bildung von p-Toluylsäure. Das Kaliumsalz liefert bei der Einw. auf Benzoldiazoniumacetat eine Verbindung $C_{14}H_{12}O_4N_4$ (s. bei Diazobenzol, Syst. No. 2193) (PONZIO, CHARRIER, G. **38** I, 527). — Salze (zur Konstitution vgl.: HANTZSCH, B. **40**, 1534; P., G. **38** II, 419). $KC_8H_7O_4N_2$. Gelbe Blättchen (aus Alkohol). Leicht löslich in Wasser, schwer in warmem Alkohol (P., R. A. L. [5] **15** II, 124; G. **36** II, 594). — $AgC_8H_7O_4N_2$. Gelbe lichtbeständige Nadeln (aus Wasser). Fast unlöslich in kaltem Wasser (P., R. A. L. [5] **15** II, 124; G. **36** II, 594).

3.6-Dichlor-2.5-dinitro-1.4-dimethyl-benzol $C_8H_6O_4N_2Cl_2 = (O_2N)_2C_6Cl_2(CH_3)_2$. B. Aus 2.5-Dichlor-1.4-dimethyl-benzol und Salpeterschwefelsäure (KLUGE, B. **18**, 2098). — Nadeln (aus Alkohol). F: 225°. Schwer löslich in heißem Alkohol.

4¹.4¹-Dichlor-2.6-dinitro-1.4-dimethyl-benzol, 3.5-Dinitro-4-methyl-benzal-chlorid $C_8H_6O_4N_2Cl_2 = (O_2N)_2C_6H_2(CH_3) \cdot CHCl_2$. B. Durch Nitrieren von p-Methyl-benzal-chlorid mit einem eiskalten Gemisch von Salpeter und Schwefelsäure (GATTERMANN, A. **347**, 356). — Farblose Nadeln (aus Alkohol). F: 90°. — Bei der Oxydation mit Permanganat entsteht 3.5-Dinitro-4-methyl-benzoesäure. Liefert bei der Einw. von rauchender Schwefelsäure 3.5-Dinitro-4-methyl-benzaldehyd.

6-Chlor-3-brom-2.5-dinitro-1.4-dimethyl-benzol (?) $C_8H_6O_4N_2ClBr = (O_2N)_2C_6ClBr(CH_3)_2$. B. Durch Erhitzen von Chlorbromnitro-1.4-dimethyl-benzol (F: 99,5°) (S. 387) durch Erhitzen mit 5—6 Tln. rauchender Salpetersäure (WILLGERODT, WOLFIEN,

J. pr. [2] **39**, 408). — Krystalle (aus Benzol). F: 245⁰. Fast unlöslich in Alkohol und Äther, schwer löslich in kochendem Eisessig, leichter in Chloroform und Benzol. — Wird von Anilin bei 270⁰ nur wenig angegriffen.

3.6-Dibrom-2.5-dinitro-1.4-dimethyl-benzol $C_6H_6O_4N_2Br_2 = (O_2N)_2C_6Br_2(CH_3)_2$. *B.* Durch Erhitzen von 2.5-Dibrom-1.4-dimethyl-benzol mit rauchender Salpetersäure auf dem Wasserbade (AUWERS, BAUM, *B.* **29**, 2343). — Nadeln (aus heißem Benzol). F: 255⁰. Sehr wenig löslich in Alkohol.

2.3.5-Trinitro-1.4-dimethyl-benzol, eso-Trinitro-p-xylol $C_8H_7O_6N_3 = (O_2N)_3C_6H(CH_3)_2$. *B.* Durch Erwärmen von p-Xylol mit Salpeterschwefelsäure (FITTIG, GLINZER, *A.* **136**, 308; F., AHRENS, MATTHEIDES, *A.* 147, 23). — Farblose Nadeln (aus Alkohol) oder (häufig federartig verwachsene) Blättchen (aus Alkohol + Benzol), die sich am Licht gelb färben (F., G.). Monoklin prismatisch (HEINTZE, *J.* 1885, 773; JAEGER, *Z. Kr.* **42**, 164; vgl. *Groth, Ch. Kr.* 4, 667). F: 137⁰ (F., G.; F., A., M.), 139—140⁰ (NOELTING, GEISSMANN, *B.* **19**, 145), 140⁰ (J.). D^{19}: 1,59 (J.). Ist nach kryoskopischen Messungen in Ameisensäure (BRUNI, BERTI, *R. A. L.* [5] **9** I, 396; *G.* **30** II, 321) und ebullioskopischen Messungen in Acetonitril und in Methylalkohol (BRUNI, SALA, *G.* **34** II, 482) merklich dissoziiert. — Liefert mit methylalkoh. Natriummethylat 3.5-Dinitro-2-methoxy-1.4-dimethyl-benzol (BLANKSMA, *R.* **24**, 49). Gibt mit alkoh. Natriumhydrosulfid oder Natriumsulfid 5-Nitro-3-amino-1.4-dimethyl-benzol-sulfonsäure-(2) (BL.). Beim Kochen mit alkoh. Ammoniak entsteht 3.5-Dinitro-2-amino-1.4-dimethyl-benzol (N., GE.). Analog reagieren Methylamin und Äthylamin (BL.).

1¹-Azido-1.4-dimethyl-benzol, p-Xylylazid $C_8H_9N_3 = CH_3 \cdot C_6H_4 \cdot CH_2 \cdot N_3$. *Darst.* Man erwärmt 5 g p-Xylyl-nitrosohydrazin $CH_3 \cdot C_6H_4 \cdot CH_2 \cdot N(NO) \cdot NH_2$ mit 100 ccm 10⁰/₀iger Schwefelsäure auf dem Wasserbade und destilliert mit Wasserdampf über (SPRENGER, Inaug.-Dissert. [Heidelberg 1901], S. 34). — Ist gegen Alkalien sehr beständig, wird aber durch Säuren leicht zersetzt in p-Toluylaldehyd, Ammoniak, p-Toluidin, Formaldehyd, p-Methyl-benzylamin, p-Methyl-benzylalkohol und Stickstoffwasserstoffsäure; bei Gegenwart von Salzsäure entsteht an Stelle des Alkohols p-Xylylchlorid (CURTIUS, DARAPSKY, *B.* **35**, 3229).

Verbindung $C_8H_9OAs = OAs \cdot C_6H_3(CH_3)_2$ und **Verbindung** $C_8H_9SAs = SAs \cdot C_6H_3$ $(CH_3)_2$ s. Syst. No. 2317.
Verbindung $C_8H_9S_2As = S_2As \cdot C_6H_3(CH_3)_2$ s. Syst. No. 2322.

7. *Isopropyliden-cyclopentadien*, ω.ω-*Dimethyl-fulven* $C_8H_{10} =$
$$\begin{array}{c} HC{=}CH \\ HC{=}CH \end{array}{>}C{:}C(CH_3)_2.$$ *B.* Aus Cyclopentadien und Aceton in Natriumäthylatlösung (THIELE, *B.* **33**, 671) oder in konz. methylalkoh. Kalilauge (THIELE, BALHORN, *A.* **348**, 6). Aus Bis-dimethylfulven (s. u.) beim Erhitzen in Lösung oder über den Schmelzpunkt (TH., B.). — Frisch destilliertes reines Dimethylfulven erstarrt in Eis zu gelben Krystallen (TH., B.). F: ca. 4⁰ (TH., B.). Bildet bei Zimmertemperatur ein orangefarbenes Öl von etwas stechendem Geruch (TH.) Kp_{11}: 46⁰; Kp_{717}: 153—154⁰; D_4^{17}: 0,8858 (TH.). Fluorescenz: STARK, STEUBING, *C.* **1908** II, 1800. — Polymerisiert sich bei längerem Stehen unter Luftabschluß teilweise zu Bis-dimethylfulven $(C_8H_{10})_2$ (s. u.) (TH., B.). Verharzt rasch an der Luft (TH.). Dimethyl-fulven liefert, in 6—7⁰/₀iger Benzollösung mit Sauerstoff oder Luft geschüttelt, ein Diperoxyd $C_8H_{10}O_4$ (s. u.); bei höherer Temperatur entstehen sekundäre Zersetzungsprodukte (ENGLER, FRANKENSTEIN, *B.* **34**, 2933). Bei der Kondensation mit Aceton in Gegenwart von Natrium-äthylat entsteht die Verbindung $C_{14}H_{20}O$ (S. 390) (TH., B.).

Dimethylfulvendiperoxyd $C_8H_{10}O_4$. *B.* Aus Dimethylfulven durch Einleiten von Luft in die Benzollösung unter ständigem Schütteln; zur vollständigen Ausfällung setzt man Äther zu (ENGLER, FRANKENSTEIN, *B.* **34**, 2933). — Weißer körniger Niederschlag. Explodiert bei 130⁰. In Benzol, Alkohol, Äther, Ligroin unlöslich, in warmem Nitrobenzol und Eisessig unter Zersetzung löslich. — Zersetzt sich beim Aufbewahren, besonders am Licht. Wird von kalten Alkalien langsam unter Zersetzung gelöst. Wirkt auf Titansäure und Vanadin-säure erst in Gegenwart von Äther, Eisessig oder ähnlichen Lösungsmitteln oxydierend.

Bis-dimethylfulven $(C_8H_{10})_2$. *B.* Beim Aufbewahren von Dimethylfulven unter Luftabschluß (THIELE, BALHORN, *A.* **348**, 7). — Farblose sechsseitige Tafeln oder Nadeln (aus Methylalkohol oder verdünntem Alkohol). F: 83⁰. In den meisten Lösungsmitteln leicht löslich, schwerer in Eisessig. — Geht beim Erhitzen über den Schmelzpunkt, teilweise auch beim Erhitzen in Lösung, in Dimethylfulven über. Reduziert in alkoh. Lösung Permanganat. Ist gegen Luftsauerstoff beständig. Nimmt 4 Atome Brom auf. Gibt mit konz. Schwefelsäure eine gelbrote Färbung.

$$\text{Verbindung } C_{14}H_{20}O = \begin{matrix} HC=CH \\ HC=CH \end{matrix} C=C \begin{matrix} CH_2-C(CH_3)_2 \\ CH_2-C(CH_3)_2 \end{matrix} O \;(?).$$ B. Aus Dimethyl-fulven, Aceton und Natriumäthylatlösung (THIELE, BALHORN, A. 348, 6). — Dunkelorange-gelbes Öl. Kp_{18}: 120°; Kp_{11}: 110°. — Verharzt leicht an der Luft.

4. Kohlenwasserstoffe C_9H_{12}.

1. *Propylbenzol* $C_9H_{12} = C_6H_5 \cdot CH_2 \cdot CH_2 \cdot CH_3$. B. Aus Brombenzol, Propylbromid und Natrium in Gegenwart von Äther (FITTIG, SCHAEFFER, KÖNIG, A. 149, 324). Aus 50 g Benzol, 50 g Propylbromid und 10 g Aluminiumchlorid bei —2° (HEISE, B. 24, 768; vgl. GUSTAVSON, B. 11, 1251; Bl. [2] 30, 23). Aus Propylchlorid, Benzol und Aluminiumchlorid entsteht unterhalb 0° nur Propylbenzol; oberhalb 0° wird daneben noch Isopropylbenzol erhalten (KONOWALOW, Ж. 27, 457; J. 1895, 1514; Bl. [3] 16, 864). Aus Benzylchlorid und Zinkdiäthyl (PATERNÒ, SPICA, G. 7, 21; J. 1877, 374). Entsteht neben $\alpha.\beta$-Diphenyl-propan beim Kochen von 100 g Allylbromid mit 90 g Benzol und 15 g Zinkstaub (SHU-KOWSKI, Ж. 27, 297; J. 1895, 1516; Bl. [3] 16, 126). Man versetzt das Produkt, das durch Erwärmen von 150 g Benzol mit 20 g Aluminiumchlorid in Gegenwart von etwas Chlorwasser-stoff bis zur Abscheidung einer dunkelroten Schicht entsteht, unter guter Kühlung tropfen-weise mit einem Gemisch aus 50 g Allylchlorid und dem gleichen Vol. Benzol, destilliert nach beendeter Reaktion ab und fraktioniert (WISPEK, ZUBER, A. 218, 379; vgl. SILVA, Bl. [2] 43, 588). Entsteht in beträchtlicher Menge neben $\alpha.\gamma$-Diphenyl-propan bei Einw. von Tri-methylenbromid auf Benzol in Gegenwart von $AlCl_3$ (BODROUX, C. r. 132, 155). In geringerer Menge aus Propylenbromid und Benzol in Gegenwart von $AlCl_3$ (Bo.; vgl. SILVA, Bl. [2] 43, 589). Neben Isopropylbenzol und anderen Produkten bei der Destillation von $\alpha.\beta$-Diphenyl-propan über $AlCl_3$ (0,25 Gew.-Tle.) (Bo.; vgl. SILVA, Bl. [2] 44, 417). Durch Reduktion von Propenylbenzol mit Natrium und Alkohol (KLAGES, B. 36, 622; KUNCKELL, DETTMAR, B. 36, 773). Beim Behandeln von Zimtalkohol mit Natrium und Alkohol, neben Propenyl-benzol (KL., B. 39, 2589). In geringer Menge, neben Allylbenzol, aus α-Phenyl-allylalkohol durch Reduktion mit Natrium und Alkohol (KL., B. 39, 2590). Findet sich unter bei der Reduktion des Chinolins durch HI entstehenden Produkten (BAMBERGER, WILLIAMSON, B. 27, 1477). — Propylbenzol entsteht bei der Destillation der Steinkohlen und findet sich daher in der Solventnaphtha (SCHULTZ, B. 42, 3614, 3617).

Kp: 157° (FITTIG, SCHAEFFER, KÖNIG, A. 149, 324); $Kp_{761,5}$: 158.5° (R. SCHIFF, A. 220, 93); Kp_{760}: 159° (korr.) (PERKIN, Soc. 77, 274); Kp_{745}: 157,5° (korr.); Kp_{15}: 67—68° (korr.) (KLAGES, B. 36, 622). Dampfdruck bei verschiedenen Temperaturen: WORINGER, Ph. Ch. 34, 263. D^0: 0,881 (PATERNÒ, SPICA, G. 7, 22; J. 1877, 374); D_4^0: 0,8792; D_4^{20}: 0,8643 (SHU-KOWSKI, Ж. 27, 297; J. 1895, 1516; Bl. [3] 16, 126); D_4^0: 0,8753; D_4^{13}: 0,8668; D_4^{25}: 0,8603 (PE., Soc. 69, 1192); $D_4^{0,4}$: 0,8719 (PERKIN, Soc. 77, 274); D_4^0: 0,8702; $D_4^{15,4}$: 0,7399 (R. SCHIFF, A. 220, 93); D_4^{15}: 0,8680 (KLAGES, B. 36, 622); $D_4^{14,4}$: 0,86691; $D_4^{15,7}$: 0,86585; D_4^{25}: 0,86228 (LANDOLT, JAHN, Ph. Ch. 10, 292, 303); $D_{20,6}^{21,1}$: 0,8605; $D_{4,0,0}^{21,6}$: 0,8032 (EIJKMAN, R. 12, 175). — n_α^0: 1,49388; $n_D^{0,4}$: 1,49793; n_γ^0: 1,50850; $n_\gamma^{0,4}$: 1,51769 (PE., Soc. 77, 275); n_D^{0}: 1,4984 (KLAGES, B. 36, 622); $n_\alpha^{14,7}$: 1,4891; $n_D^{14,7}$: 1,4942; $n_\gamma^{14,7}$: 1,5045; $n_\beta^{14,7}$: 1,5134 (LANDOLT, JAHN); $n_\alpha^{0,4}$: 1,48717; $n_\beta^{21,4}$: 1,50154; n_α^{25}: 1,45321; n_β^{25}: 1,46645 (EI., R. 12, 175). — Capillaritätskon-stante beim Siedepunkte: R. SCHIFF, A. 223, 68. Oberflächenspannung und Binnendruck: WALDEN, Ph. Ch. 66, 394. — Verdampfungswärme: R. SCH., A. 234, 344. Molekulare Verbrennungswärme von flüssigem Propylbenzol bei konstantem Vol.: 1248,3 Cal., bei kon-stantem Druck: 1250,0 Cal. (GENVRESSE, Bl. [3] 9, 220; vgl. LANDOLT, BÖRNSTEIN, ROTH, Physikalisch-chemische Tabellen, 4. Aufl. [Berlin 1912], S. 910). Spez. Wärme: R. SCH., A. 234, 319. Kritische Temperatur und kritischer Druck: ALTSCHUL, Ph. Ch. 11, 590. — Magne-tisches Drehungsvermögen: SCHÖNROCK, Ph. Ch. 11, 785; PERKIN, Soc. 69, 1241; 77, 274. Dielektrizitätskonstante: LANDOLT, JAHN, Ph. Ch. 10, 300.

Propylbenzol wird durch Kochen mit Kaliumdichromat und verd. Schwefelsäure zu Benzoesäure oxydiert (FITTIG, SCHAEFFER, KÖNIG, A. 149, 325). Bei der Einw. von Chromyl-chlorid entsteht eine Verbindung $C_9H_{12} + 2CrO_2Cl_2$ (S. 391) (ÉTARD, A. ch. [5] 22, 252), die bei der Einw. von Wasser Benzaldehyd, Methylbenzylketon und chlorhaltige Produkte liefert (V. MILLER, ROHDE, B. 23, 1070). — Beim Einleiten von Chlor in siedendes Propylbenzol entsteht 1^2-Chlor-1-propyl-benzol (ERRERA, G. 14, 506; vgl. GENVRESSE, Bl. [3] 9,220). Bei der Einw. von 1 Mol.-Gew. Brom auf Propylbenzol im Dunkeln entsteht ein Gemisch von o- und p-Brom-propylbenzol (SCHRAMM, B. 18, 1274). Erfolgt die Einw. in direktem Sonnen-licht, so entsteht 1^1-Brom-1-propyl-benzol (?), das durch weitere Bromierung im direkten Sonnenlicht in $1^1.1^1$-Dibrom-1-propyl-benzol (?) übergeht (SCH.). Behandelt man Propyl-benzol mit Brom bei 160° (Radziszewski, *C. r.* **78**, 1154; *J.* **1874**, 393) oder läßt man auf das aus Propylbenzol und 1 Mol.-Gew. Brom im Sonnenlicht entstehende Prod. im Dunkeln auf dem Wasserbade 1 Mol.-Gew. Brom einwirken (Schramm, *B.* **18**, 1275), so erhält man 1¹.1²-Dibrom-1-propyl-benzol. Bei der Einw. von 1 Mol.-Gew. Brom auf Propylbenzol in der Kälte in Gegenwart von Jod entsteht fast ausschließlich p-Brom-propylbenzol (R. Meyer, *J. pr.* [2] **34**, 101). Propylbenzol geht, tropfenweise einem Gemisch von Brom und Aluminiumbromid zugesetzt, in Propylpentabrombenzol über (Tschitschibabin, *Ж.* **26**, 43; *J.* **1894**, 1268; *Bl.* [3] **12**, 1220). — Durch Nitrierung von Propylbenzol entsteht ein Gemisch von o- und p-Nitro-propylbenzol (Schultz, *B.* **42**, 3614; vgl. Fittig, Schaeffer, König, *A.* **149**, 329). Beim Erhitzen von Propylbenzol mit Salpetersäure (D: 1,075) auf 105—108° erhielt Konowalow (*Ж.* **25**, 530; *C.* **1894** I, 465) 1¹-Nitro-1-propyl-benzol. — Beim Sulfurieren von Propylbenzol mit konz. oder rauchender Schwefelsäure erhält man als Hauptprodukt 1-Propylbenzol-sulfonsäure-(4) (Fittig, Schaeffer, König, *A.* **149**, 330; Moody, *P. Ch. S.* No. 203) neben wenig 1-Propyl-benzol-sulfonsäure-(2) (Paternò, Spica, *G.* **7**, 23; Spica, *G.* **8**, 408). Abweichende Angaben über Sulfierung: Claus, Welzel, *J. pr.* [2] **41**, 152. — Beim Erwärmen von unverdünntem Propylbenzol mit Aluminiumchlorid im Chlorwasserstoffstrome auf 100° entstehen Benzol und m- und p-Dipropyl-benzol; auch bei —2° findet langsam Seitenkettenübertragung statt (Heise, Töhl, *A.* **270**, 164). Mit Benzol verdünntes Propylbenzol bleibt beim Kochen mit AlCl₃ fast unverändert (Estreicher, *B.* **33**, 437). — Reaktion von Propylbenzol mit Benzophenon unter dem Einfluß des Lichtes: Paternò, Chieffi, *G.* **39** II, 427.

Verbindung $C_9H_{12}O_4Cl_4Cr_2 = C_9H_{12} + 2CrO_2Cl_2$. *B.* Aus Propylbenzol und Chromylchlorid in Gegenwart von Schwefelkohlenstoff (Étard, *A. ch.* [5] **22**, 252). — Braunes Pulver. Gibt mit Wasser Benzaldehyd, Benzylmethylketon und chlorhaltige Produkte (v. Miller, Rohde, *B.* **23**, 1070).

1¹-Chlor-1-propyl-benzol, [α-Chlor-propyl]-benzol $C_9H_{11}Cl = C_6H_5 \cdot CHCl \cdot CH_2 \cdot CH_3$. *B.* Aus Äthylphenylcarbinol und Chlorwasserstoff schon in der Kälte (Errera, *G.* **16**, 322). — Flüssig. Siedet bei 200—205° unter starker Zersetzung in Chlorwasserstoff und Propenylbenzol. Die gleiche Spaltung erfolgt beim Kochen mit alkoh. Kalilauge. Mit Silberacetat entsteht das Acetat des Äthylphenylcarbinols.

1²-Chlor-1-propyl-benzol, [β-Chlor-propyl]-benzol $C_9H_{11}Cl = C_6H_5 \cdot CH_2 \cdot CHCl \cdot CH_3$. *B.* Beim Einleiten von Chlor in siedendes Propylbenzol (Errera, *G.* **14**, 506; vgl. Genvresse, *Bl.* [3] **9**, 220). Aus Methylbenzylcarbinol durch Einw. von Phosphorpentachlorid oder besser durch Erhitzen mit höchst konz. Salzsäure auf 135° (Errera, *G.* **16**, 317). — Flüssig. Siedet, dabei teilweise in HCl und Propenylbenzol zerfallend, bei 204—207° (E., *G.* **16**, 318). — Wird von alkoh. Kalilauge in HCl und Propenylbenzol zerlegt (E., *G.* **16**, 318). Wird von Silberacetat nicht angegriffen (E., *G.* **16**, 319).

1³-Chlor-1-propyl-benzol, [γ-Chlor-propyl]-benzol $C_9H_{11}Cl = C_6H_5 \cdot CH_2 \cdot CH_2 \cdot CH_2Cl$. *B.* Aus γ-Phenyl-propylalkohol und höchst konz. Salzsäure bei 130° (Errera, *G.* **16**, 313). — Flüssig. Kp: 219—220° (korr.). — Sehr beständig. Zersetzt sich nicht beim Kochen mit Zinkchlorid. Wird von Silberacetat bei 100° nicht angegriffen. Beim Kochen mit alkoh. Kalilauge entsteht Äthyl-[γ-phenyl-propyl]-äther.

1¹.1².1³.1³-Tetrachlor-1-propyl-benzol, [α.β.γ.γ-Tetrachlor-propyl]-benzol $C_9H_8Cl_4 = C_6H_5 \cdot CHCl \cdot CHCl \cdot CHCl_2$. *B.* Aus Cinnamylidenchlorid und Chlor (Charon, Dugoujon, *C. r.* **136**, 95). — Prismen (aus Petroläther). F: 66°.

4-Brom-1-propyl-benzol $C_9H_{11}Br = C_6H_4Br \cdot CH_2 \cdot CH_2 \cdot CH_3$. *B.* Man trägt 1 Mol.-Gew. Brom in auf 0° abgekühltes und mit Jod versetztes Propylbenzol ein (R. Meyer, *J. pr.* [2] **34**, 101). — Flüssig. Enthält wahrscheinlich noch etwas o-Verbindung. Kp: 220° (korr.). — Liefert bei der Oxydation mit verd. Salpetersäure (Kaliumpermanganat wirkt kaum ein) p-Brom-benzoesäure.

1³-Brom-1-propyl-benzol, [γ-Brom-propyl]-benzol $C_9H_{11}Br = C_6H_5 \cdot CH_2 \cdot CH_2 \cdot CH_2Br$. *B.* Durch Erhitzen von Phenyl-[γ-phenyl-propyl]-äther mit einer gesättigten Lösung von HBr in Eisessig auf 120° (Grignard, *C. r.* **138**, 1049). — Kp_{12}: ca. 110°. — Liefert eine Magnesiumverbindung, die bei der Einw. von CO_2 γ-Phenyl-buttersäure gibt.

1¹.1¹-Dibrom-1-propyl-benzol (?), [α.α-Dibrom-propyl]-benzol (?) $C_9H_{10}Br_2 = C_6H_5 \cdot CBr_2 \cdot CH_2 \cdot CH_3$ (?). *B.* Bei der Einw. von Brom auf Propylbenzol im direkten Sonnenlicht (Schramm, *B.* **18**, 1275). — Nicht rein erhalten. Erstarrt nicht bei —20°. Zersetzt sich bei der Destillation völlig.

$1^1.1^2$-Dibrom-1-propyl-benzol, [$\alpha.\beta$-Dibrom-propyl]-benzol $C_9H_{10}Br_2 = C_6H_5 \cdot CHBr \cdot$ $CHBr \cdot CH_3$. *B.* Aus Propenylbenzol und Brom (Rügheimer, *A.* 172, 131; Radziszewski, *C. r.* 78, 1154; *J.* 1874, 393; Perkin, *Soc.* 32, 667; *J.* 1877, 382). Aus Propylbenzol und Brom bei 160° (Ra.). Man behandelt das aus Propylbenzol und 1 Mol.-Gew. Brom im Sonnenlicht entstehende Prod. im Dunkeln auf dem Wasserbade mit 1 Mol.-Gew. Brom (Schramm, *B.* 18, 1275). — Lange Nadeln (aus Alkohol). F: 65—66° (Ra.), 66,5° (Rü.), 67° (P.). Wenig löslich in kaltem Alkohol, sehr leicht in heißem (Rü.). — Beim Schütteln mit wäßr. Aceton entsteht [β-Brom-α-oxy-propyl]-benzol (Mameli, *G.* 39 II, 160). Liefert bei 8-stdg. Kochen mit Natriumäthylatlösung β-Brom-α-phenyl-propylen (Hell, Bauer, *B.* 36, 207; vgl. auch Errera, *G.* 16, 326). Mit Natriumacetat in siedendem Eisessig entsteht [β-Brom-α-acetoxy-propyl]-benzol (Hoering, *B.* 36, 3472).

$1^1.1^3$-Dibrom-1-propyl-benzol, [$\beta.\gamma$-Dibrom-propyl]-benzol $C_9H_{10}Br_2 = C_6H_5 \cdot CH_2 \cdot$ $CHBr \cdot CH_2Br$. *B.* Aus Allylbenzol und Brom in Äther bei 20° (Agejewa, Ж. 37, 664; *C.* 1905 II, 1017). — Kp_6: 136—137°. D_4^{20}: 1,6613. Riecht nach Fichtenharz.

1^3-Chlor-$1^1.1^2$-dibrom-1-propyl-benzol, [γ-Chlor-$\alpha.\beta$-dibrom-propyl]-benzol $C_9H_9ClBr_2 = C_6H_5 \cdot CHBr \cdot CHBr \cdot CH_2Cl$. *B.* Aus Cinnamylchlorid und Brom (Grimaux, *Bl.* [2] 20, 122). — Tafeln (aus Äther). F: 96,5° (G.), 104—105° (Klages, Klenk, *B.* 39, 2552). Ziemlich leicht löslich in Chloroform, schwer in kaltem Äther (G.).

1^1-Chlor-$1^3.1^3$-dibrom-1-propyl-benzol, [α-Chlor-$\beta.\gamma$-dibrom-propyl]-benzol $C_9H_9ClBr_2 = C_6H_5 \cdot CHCl \cdot CHBr \cdot CH_2Br$. *B.* Aus γ-Chlor-γ-phenyl-propylen durch Einw. von Brom (Klages, Klenk, *B.* 39, 2554). — F: 104°.

$1^3.1^3$-Dichlor-$1^1.1^2$-dibrom-1-propyl-benzol, [$\gamma.\gamma$-Dichlor-$\alpha.\beta$-dibrom-propyl]-benzol $C_9H_8Cl_2Br_2 = C_6H_5 \cdot CHBr \cdot CHBr \cdot CHCl_2$. *B.* Aus Cinnamylidenchlorid und Brom (Charon, Dugoujon, *C. r.* 136, 96). — Nadeln. F: 127°.

4.$1^1.1^2$-Tribrom-1-propyl-benzol, 4-Brom-1-[$\alpha.\beta$-dibrom-propyl]-benzol $C_9H_9Br_3 = C_6H_4Br \cdot CHBr \cdot CHBr \cdot CH_3$. *B.* Man behandelt rohes Brompropylbenzol (Gemisch von o- und p-Brom-propylbenzol) erst mit 1 Mol.-Gew. Brom im direkten Sonnenlicht und dann mit 1 Mol.-Gew. Brom im Dunkeln auf dem Wasserbade (Schramm, *B.* 24, 1336). — Prismen (aus Alkohol). F: 61°. Sehr leicht löslich in Äther und Benzol, schwerer in Alkohol.

$1^1.1^2.1^3$-Tribrom-1-propyl-benzol, [$\alpha.\beta.\gamma$-Tribrom-propyl]-benzol $C_9H_9Br_3 = C_6H_5 \cdot$ $CHBr \cdot CHBr \cdot CH_2Br$. *B.* Durch Einw. von Brom auf Cinnamylbromid (Grimaux, *Bl.* [2] 20, 121; Klages, Klenk, *B.* 39, 2552) oder auf α-Phenyl-allylalkohol (K., K.). Bei wiederholtem Destillieren von Zimtalkoholdibromid mit überschüssiger rauchender Bromwasserstoffsäure (G.). — Nadeln (aus Chloroform). F: 124° (G.), 128° (K., K.). Wenig löslich in Alkohol und Äther, leichter in CHCl₃ (G.). — Durch Einw. von alkoh. Kali bei 130° im Einschlußrohr entsteht Äthyl-cinnamyl-äther (K., K.). Pyridin wirkt auch bei 140° nicht ein (K., K.).

$1^1.1^1.1^2.1^3$-Tetrabrom-1-propyl-benzol, [$\alpha.\alpha.\beta.\beta$-Tetrabrom-propyl]-benzol $C_9H_8Br_4 = C_6H_5 \cdot CBr_2 \cdot CBr_2 \cdot CH_3$. *B.* Aus α-Phenyl-allylen und Brom (Körner, *B.* 21, 276). — Blättchen (aus Alkohol). F: 75°.

2.3.4.5.6-Pentabrom-1-propyl-benzol $C_9H_7Br_5 = C_6Br_5 \cdot CH_2 \cdot CH_2 \cdot CH_3$. *B.* Man fügt tropfenweise Propylbenzol zu einem Gemisch aus Brom und Aluminiumbromid (Tschitschibabin, Ж. 26, 43; *J.* 1894, 1268; *Bl.* [3] 12, 1220). — Nadeln. F: 96—97°. Sehr leicht löslich in Alkohol und Benzol.

4-Jod-1-propyl-benzol $C_9H_{11}I = C_6H_4I \cdot CH_2 \cdot CH_2 \cdot CH_3$. *B.* Aus diazotiertem p-Aminopropylbenzol durch Einw. von HI (Louis, *B.* 16, 110). — Flüssig. Kp: 250° (L.), 240—242° (Willgerodt, Sckerl, *A.* 327, 304). Leicht löslich in Äther, löslich in Alkohol (L.).

4-Jodoso-1-propyl-benzol $C_9H_{11}OI = CH_3 \cdot CH_2 \cdot CH_2 \cdot C_6H_4 \cdot IO$ und Salze vom Typus $CH_3 \cdot CH_2 \cdot CH_2 \cdot C_6H_4 \cdot IAc_2$. *B.* Das salzsaure Salz $C_3H_7 \cdot C_6H_4 \cdot ICl_2$ entsteht durch Einleiten von Chlor in eine Lösung von 1 Tl. 4-Jod-1-propylbenzol in einem Gemisch von 1 Tl. Chloroform mit 6 Vol. Petroläther; es liefert beim Verreiben mit kalter 4%iger Natronlauge das freie 4-Jodoso-1-propyl-benzol (Willgerodt, Sckerl, *A.* 327, 304). — Zersetzt sich beim Aufbewahren. Explodiert bei 105°. — Salzsaures Salz. 4-Propyl-phenyl-jodidchlorid $C_9H_{11} \cdot ICl_2$. Gelbe Nadeln. F: 68°. — $C_9H_{11} \cdot I(OH)ClO_4$. Explodiert bei 73°. Zersetzt sich beim Aufbewahren spontan unter Explosion. Leicht löslich in Chloroform, unlöslich in Benzol. — $C_9H_{11} \cdot I(OH)IO_3$. Gelbes Krystallpulver. F: 75° (Zers.). Löslich in Benzol und Chloroform. — $[C_9H_{11} \cdot I(OH)]_2SO_4$. — Chromat. Explodiert bei 30—40°. Beim Aufbewahren zersetzt es sich bald unter Explosion. Löslich in Benzol. — $C_9H_{11} \cdot I(OH) \cdot NO_3$. — Acetat $C_9H_{11} \cdot I(C_2H_3O_2)_2$. Säulen. F: 101°.

4-Jodo-1-propyl-benzol $C_9H_{11}O_2I = CH_3 \cdot CH_2 \cdot CH_2 \cdot C_6H_4 \cdot IO_2$. *B.* Man läßt die Jodosoverbindung (S. 392) mit Wasser stehen (W., SCK., *A.* **327**, 308). — Blättchen (aus Wasser). Explodiert zwischen 185° und 200°.

o-Tolyl-[4-propyl-phenyl]-jodoniumhydroxyd $C_{16}H_{19}OI = CH_3 \cdot CH_2 \cdot CH_2 \cdot C_6H_4 \cdot I(C_6H_4 \cdot CH_3) \cdot OH$. *B.* Aus 4-Jodo-1-propyl-benzol und o-Jodoso-toluol durch Schütteln mit Wasser und Silberoxyd (W., SCK., *A.* **327**, 313). — Salze. $C_{16}H_{18}I \cdot Cl$. Blättchen (aus Wasser). F: 133° (Zers.). — $C_{16}H_{18}I \cdot Br$. Krystallpulver. F: 133° (Zers.). — $C_{16}H_{18}I \cdot I$. Krystalle (aus Wasser). Zersetzt sich bei 123°. Leicht löslich in Chloroform, unlöslich in Äther, Benzol und Ligroin. — $2C_{16}H_{18}I \cdot Cl + PtCl_4$. F: 144° (Zers.).

Bis-[4-propyl-phenyl]-jodoniumhydroxyd $C_{18}H_{23}OI = (CH_3 \cdot CH_2 \cdot CH_2 \cdot C_6H_4)_2I \cdot OH$. *B.* Durch Verrühren von 4-Jodoso-1-propyl-benzol mit Wasser und Silberoxyd (W., SCK., *A.* **327**, 310). — Salze. $C_{18}H_{22}I \cdot Cl$. Nadeln (aus Wasser). F: 143°. Leicht löslich in Chloroform, unlöslich in Ligroin. — $C_{18}H_{22}I \cdot Br$. Nadeln. F: 158°. — $C_{18}H_{22}I \cdot I$. Nadeln (aus Wasser). F: 135—140°. — $C_{18}H_{22}I \cdot I_3$. Krystalle (aus Chloroform + Alkohol). F: 57°. — $C_{18}H_{22}I \cdot IO_2$. F: 92°. — $C_{18}H_{22}I \cdot Cl + HgCl_2$. F: 128°. — $2C_{18}H_{22}I \cdot Cl + PtCl_4$. Krystalle. F: 163° (Zers.).

1³-Jod-1-propyl-benzol, [γ-Jod-propyl]-benzol $C_9H_{11}I = C_6H_5 \cdot CH_2 \cdot CH_2 \cdot CH_2I$. *B.* Bei der Einw. von Jod und rotem Phosphor auf γ-Phenyl-propylalkohol (AGEJEWA, Ж. **37**, 662; *C.* **1905** II, 1017). — Kp_{10}: 127—129°. D_0^0: 1,5781; D_0^{20}: 1,5613. — Beim Erhitzen mit trocknem Alkali im Kupferkolben entstehen γ.γ′-Diphenyl-dipropyläther, γ-Phenyl-propylen und α-Phenyl-propylen.

[4-Propyl-phenyl]-[5-jod-2-propyl-phenyl]-jodoniumhydroxyd oder [4-Propyl-phenyl]-[6-jod-3-propyl-phenyl]-jodoniumhydroxyd $C_{18}H_{22}OI_2 = (CH_3 \cdot CH_2 \cdot CH_2 \cdot C_6H_4)(CH_3 \cdot CH_2 \cdot CH_2 \cdot C_6H_3I)I \cdot OH$. *B.* Das Sulfat entsteht durch Einw. von konz. Schwefelsäure auf 4-Jodoso-1-propyl-benzol bei — 8°; aus dem Sulfat wird durch Umsetzung mit Kaliumjodid das Jodid gewonnen (WILLGERODT, SCKERL, *A.* **327**, 314). — Salze. $(C_9H_{11})(C_9H_{10}I)I \cdot Cl$. Sintert bei 43° unter Zers. — $(C_9H_{11})(C_9H_{10}I)I \cdot Br$. F: 45°. — $(C_9H_{11})(C_9H_{10}I)I \cdot I$. Sintert bei 38° unter Zers. — $(C_9H_{11})(C_9H_{10}I)I \cdot Cl + HgCl_2$. Krystalle (aus Chloroform). Zersetzt sich bei 95°. — $2(C_9H_{11})(C_9H_{10}I)I \cdot Cl + PtCl_4$. Zersetzt sich bei 140°.

1¹-Nitro-1-propyl-benzol, [α-Nitro-propyl]-benzol, α-Nitro-α-phenyl-propan $C_9H_{11}O_2N = C_6H_5 \cdot CH(NO_2) \cdot CH_2 \cdot CH_3$. *B.* Bei 7-stdg. Erhitzen von 4 ccm Propylbenzol mit 25 ccm HNO_3 (D: 1,075) auf 105—108°; zur Reinigung stellt man aus dem Rohprodukt das Kaliumsalz der Isoverbindung (s. u.) dar und zersetzt dieses durch H_2S (KONOWALOW, Ж. **25**, 530; *C.* **1894** I, 465). — Öl. Kp: 245—246° (Zers.); Kp_{26}: 141°. D_4^0: 1,1020; D_0^{20}: 1,0838. n^{24}: 1,514775. — Mit $SnCl_2$ und konz. Salzsäure erhält man Propiophenon. Wird von Brom in der Kälte nicht verändert. Beim Lösen in Alkalien entstehen Salze der Isoverbindung.

aci-1¹-Nitro-1-propyl-benzol, [α-Isonitro-propyl]-benzol, α-Isonitro-α-phenyl-propan $C_9H_{11}O_2N = C_6H_5 \cdot C(:NO_2H) \cdot CH_2 \cdot CH_3$. *B.* Die Salze entstehen durch Auflösen von α-Nitro-α-phenyl-propan (s. o.) in Alkalien (KONOWALOW, Ж. **25**, 530; *C.* **1894** I, 465); durch Zers. ihrer verd. wäßr. Lösung mit Schwefelsäure in der Kälte erhält man die freie Isonitroverbindung (K., *B.* **29**, 2198). — Krystalle. Das Kaliumsalz liefert mit Brom 1¹-Brom-1¹-nitro-propylbenzol (s. u.) (K., Ж. **25**, 535; *C.* **1894** I, 465). Mit KNO₃ und H₂SO₄ gibt das Kaliumsalz die Pseudonitrolreaktion und als Endprodukt der Einw. Propiophenon (K., Ж. **25**, 534; *C.* **1894** I, 465). — Salze. $KC_9H_{10}O_2N$. Prismen. Leicht löslich in Wasser und Alkohol (K., Ж. **25**, 533; *C.* **1894** I, 465). — $Cu(C_9H_{10}O_2N)_2$. Rotbrauner Niederschlag. Unlöslich in Wasser und Alkohol (K., Ж. **25**, 534; *C.* **1894** I, 465).

1¹-Brom-1¹-nitro-1-propyl-benzol, [α-Brom-α-nitro-propyl]-benzol $C_9H_{10}O_2NBr = C_6H_5 \cdot CBr(NO_2) \cdot C_2H_5$. *B.* Aus dem Kaliumsalz des α-Isonitro-α-phenyl-propans (s. o.) und Brom (KONOWALOW, Ж. **25**, 535; *C.* **1894** I, 465). — Öl. Unlöslich in Kalilauge.

1¹.1³-Dibrom-1³-nitro-1-propyl-benzol, [α.β-Dibrom-β-nitro-propyl]-benzol $C_9H_9O_2NBr_2 = C_6H_5 \cdot CHBr \cdot CBr(NO_2) \cdot CH_3$. *B.* Aus β-Nitro-α-phenyl-propylen und Brom (PRIEBS, *A.* **225**, 362). — Prismen (aus Petroläther). F: 77—78,5°. — Zersetzt sich nicht beim Erwärmen mit Natronlauge auf 100°.

2. **Isopropylbenzol, Cumol** (Cumen) $C_9H_{12} = C_6H_5 \cdot CH(CH_3)_2$. *B.* Bei der Destillation von p-Cuminsäure $(CH_3)_2CH \cdot C_6H_4 \cdot CO_2H$ mit Kalk oder Baryt (GERHARDT, CAHOURS, *A. ch.* [3] 1, 87; *A.* **38**, 88). Aus Brombenzol, Isopropyljodid und Natrium (JACOBSEN, *B.* **8**, 1260). Durch Kochen von Benzol mit Isopropylbromid und $AlCl_3$ (KONOWALOW,

Ж. **27**, 457; *J.* **1895**, 1514; *Bl.* [3] **16**, 864). Durch Einw. von AlBr₃ auf ein Gemenge aus Benzol und Propylbromid [das sich in Gegenwart von AlBr₃ in Isopropylbromid umlagert, vgl. Bd. I, S. 106] oder Isopropylbromid (GUSTAVSON, *B.* **11**, 1251; *Bl.* [2] **30**, 23; vgl SILVA, *Bl.* [2] **43**, 317, 588). Aus Propylchlorid und Benzol in Gegenwart von AlCl₃ entsteht oberhalb 0° ein Gemisch von Isopropylbenzol und Propylbenzol (KONOWALOW). Isopropylbenzol entsteht ferner aus Benzalchlorid und Zinkdimethyl (LIEBMANN, *B.* **13**, 46). Durch Reduktion von β-Phenyl-propylen mit Natrium und Alkohol (KLAGES, *B.* **35**, 3507; TIFFENEAU, *C. r.* **134**, 846). — *Darst.* Aus 300 g Benzol, 3 g Aluminiumspänen und 77 g Isopropylchlorid im Chlorwasserstoffstrom, analog dem Äthylbenzol, S. 352; Ausbeute 66°/₀ der Theorie (RADZIEWANOWSKI, *B.* **28**, 1137).

Flüssig. Kp: 151—151,5° (FITTIG, SCHAEFFER, KÖNIG, *A.* **149**, 325), 152—153° (KLAGES, *B.* **35**, 3507), 152,5—153° (korr.) (LIEBMANN, *B.* **13**, 46); Kp₇₆₀: 152,2—153,9° (korr.) (PERKIN, *Soc.* **69**, 1194); Kp₇₄₄: 153,9—154,6° (MANGOLD, *Sitzungsber. K. Akad. Wiss. Wien* **102 II a**, 1089). Dampfdruck bei verschiedenen Temperaturen: WORINGER, *Ph. Ch.* **34**, 263; MANGOLD. D⁰: 0,87976; D²⁵: 0,85870; D⁵⁰: 0,83756; D¹⁰⁰: 0,79324 (PISATI, PATERNÒ, *G.* **3**, 575; *J.* **1874**, 389). D⁰₄: 0,8753; D¹⁵₄: 0,8668; D²⁰₄: 0,8603 (PERKIN, *Soc.* **69**, 1194). D⁷,⁵₄: 0,8727 (PE., *Soc.* **77**, 275); D¹²₄: 0,8432 (GLADSTONE, *Soc.* **45**, 245); D¹⁵,¹₄: 0,86634; D¹⁵,¹₄: 0,86560; D²⁰,⁵₄: 0,86064 (LANDOLT, JAHN, *Ph. Ch.* **10**, 293); D¹⁷₄: 0,8640 (KLAGES, *B.* **35**, 3507). — n¹⁵,⁴_α: 1,49364; n¹⁵₅: 1,49778; n¹⁵_β: 1,50826; n¹⁵_γ: 1,51722 (PE., *Soc.* **77**, 275); n¹⁵_D: 1,4801 (GLADSTONE, *Soc.* **45**, 245); n¹⁵,¹_α: 1,4900; n¹⁵,¹_D: 1,4947; n¹⁵,¹_β: 1,5044; n¹⁵,¹_γ: 1,5134 (LANDOLT, JAHN, *Ph. Ch.* **10**, 303); n¹⁷_D: 1,4932 (KLAGES, *B.* **35**, 3507). — Kritische Temperatur: 362,7°; kritischer Druck: 32,2 Atm. (ALTSCHUL, *Ph. Ch.* **11**, 590). Molekulare Verbrennungswärme von flüssigem Cumol bei konstantem Druck: 1251,6 Cal. (GENVRESSE, *Bl.* [3] **9**, 220; vgl. LANDOLT, BÖRNSTEIN, ROTH, Physikalisch-chemische Tabellen, 4. Aufl. [Berlin 1912], S. 910). — Magnetisches Drehungsvermögen: SCHÖNROCK, *Ph. Ch.* **11**, 785; PE., *Soc.* **69**, 1241; **77**, 275. Dielektrizitätskonstante: LA., J., *Ph. Ch.* **10**, 301; DRUDE, *Ph. Ch.* **23**, 309. Isopropylbenzol zeigt positive elektrische Doppelbrechung (SCHMIDT, *Ann. d. Physik* [4] **7**, 162).

Isopropylbenzol wird von verd. Salpetersäure (ABEL, *A.* **63**, 308) und von Chromsäuregemisch (FITTIG, SCHAEFFER, KÖNIG, *A.* **149**, 324) zu Benzoesäure oxydiert. Liefert mit Chromylchlorid in CS₂ ein additionelles Produkt, das durch Wasser unter Bildung von Hydratropaaldehyd und Acetophenon zersetzt wird (v. MILLER, RHODE, *B.* **24**, 1357). Bei der gemäßigten Oxydation mit Chromsäure oder Permanganat in Eisessiglösung erhält man in geringer Ausbeute Phenyldimethylcarbinol, aber keine Benzoesäure (BOEDTKER, *Bl.* [3] **25**, 846). Beim Einleiten von Chlor in siedendes Isopropylbenzol erhielt GENVRESSE (*Bl.* [3] **9**, 223) neben erheblichen Mengen höher chlorierter Produkte p-Chlor-isopropylbenzol. Bei der Einw. von 1 Mol.-Gew. Brom auf Isopropylbenzol in Gegenwart von Jod oder im Dunkeln entstehen o- und p-Brom-isopropylbenzol (SCHRAMM, *M.* **9**, 842). Unter den Produkten, die bei der Einw. von viel Brom in der Kälte entstehen, befindet sich ein Pentabromisopropylbenzol (MEUSEL, *Z.* **1867**, 322; F., SCH., KÖ., *A.* **149**, 326). Bei der Einw. von 2 Mol.-Gew. Brom in der Siedehitze neben Bromisopropylbenzol in geringer Menge ein Kohlenwasserstoff C₁₇H₁₄ (Syst. No. 486) (BOE., *Bl.* [3] **25**, 848). Verlauf der Bromierung in verschiedenen organischen Lösungsmitteln: BRUNER, VORBRODT, *C.* **1909 I**, 1807. Isopropylbenzol gibt mit Brom und etwas AlBr₃ Hexabrombenzol, Isopropylbromid und andere Produkte (GUSTAVSON, *B.* **11**, 1251). Verdünnte Salpetersäure (D: 1,075) wirkt schon bei 105° (im geschlossenen Rohr) auf Isopropylbenzol ein unter Bildung von β-Nitro-β-phenyl-propan (KONOWALOW, Ж. **27** Ref., 468; **28**, 1856). Bei der Nitrierung von Isopropylbenzol mit Salpeterschwefelsäure in der Kälte entsteht ein Gemenge von viel p-Nitro-isopropylbenzol mit wenig o-Nitro-isopropylbenzol (POSPJECHOW, Ж. **18**, 52; CONSTAM, GOLDSCHMIDT, *B.* **21**, 1157); beim Nitrieren in der Wärme entsteht 2.4.6-Trinitro-1-isopropyl-benzol (FITTIG, SCHAEFFER, KÖNIG, *A.* **149**, 328). Bei der Behandlung von Isopropylbenzol mit konz. oder rauchender Schwefelsäure entsteht als Hauptprodukt 1-Isopropyl-benzol-sulfonsäure-(4) (JACOBSEN, *A.* **146**, 86; FITTIG, SCHAEFFER, KÖNIG, *A.* **149**, 330) neben wenig 1-Isopropyl-benzolsulfonsäure-(2) (SPICA, *G.* **9**, 437; vgl. R. MEYER, BAUR, *A.* **219**, 299); abweichende Angaben über Sulfurierung: CLAUS, TONN, *B.* **18**, 1239; VON DER BECKE, *B.* **23**, 3194. Isopropylbenzol liefert mit Sulfurylchlorid und AlCl₃ p-Chlor-isopropylbenzol, p-Isopropyl-benzolsulfochlorid und 4.4′-Diisopropyl-diphenylsulfon (TÖHL, ÉBERHARD, *B.* **26**, 2944). Bei der Einw. von Phosphortrichlorid und AlCl₃ entstehen [p-Isopropyl-phenyl]-dichlorphosphin (CH₃)₂CH·C₆H₄·PCl₂ und andere Produkte (S. 395) (MICHAELIS, *A.* **294**, 53). Beim Erhitzen von Isopropylbenzol mit AlCl₃ im Chlorwasserstoffstrome auf 100° entstehen Propan, Benzol und Diisopropylbenzole (HEISE, TÖHL, *A.* **270**, 159). Beim Behandeln einer Benzollösung von Isopropylbenzol mit Kohlenoxyd und Chlorwasserstoff in Gegenwart von AlCl₃ und CuCl entsteht p-Isopropyl-benzaldehyd (GATTERMANN, *A.* **347**, 380). — Isopropylbenzol liefert bei der Einw. von Isobutylchlorid in Gegenwart von sehr wenig AlCl₃ bei gewöhnlicher Temperatur tert.-Butyl-benzol, p-Di-tert.-butyl-benzol und Propylchlorid (BOEDTKER, *Bl.* [3] **35**, 834).

Verbindung $C_{18}H_{34}O_3PAl = [(CH_3)_2CH \cdot C_6H_4]_2P \cdot O \cdot Al(OH)_2$ oder $C_{18}H_{23}O_3PAl = [(CH_3)_2CH \cdot C_6H_4]_2PO \cdot OAlO$. *B.* Man entzieht dem Produkt, das beim Erhitzen von Isopropylbenzol mit Phosphortrichlorid und Aluminiumchlorid entsteht, durch Petroläther [p-Isopropyl-phenyl]-dichlorphosphin, zersetzt den Rückstand mit Wasser, kocht ihn mit salpetersaurem Wasser und dann mit konz. Ammoniak aus, wobei die Säure [(CH_3)_2CH \cdot C_6H_4]_2PO \cdot OH in Lösung geht und fällt den ungelöst gebliebenen Anteil aus Alkohol durch Wasser (MICHAELIS, *A.* **294**, 53). — Pulver. Löslich in Alkohol, unlöslich in Wasser.

2-Chlor-1-isopropyl-benzol $C_9H_{11}Cl = C_6H_4Cl \cdot CH(CH_3)_2$. *B.* Neben o-Isopropylphenol aus diazotiertem o-Isopropyl-anilin durch Einw. von Salzsäure (PERATONER, *G.* **16**, 420). — Flüssig. $Kp_{748,5}$: 191° (korr.). Verdampft schon bei Zimmertemperatur rasch.

4-Chlor-1-isopropyl-benzol $C_9H_{11}Cl = C_6H_4Cl \cdot CH(CH_3)_2$. *B.* Durch Chlorieren von Isopropylbenzol in der Hitze (GENVRESSE, *Bl.* [3] **9**, 223). Entsteht neben anderen Produkten aus Isopropylbenzol durch Sulfurylchlorid + Aluminiumchlorid (TÖHL, EBERHARD, *B.* **26**, 2944). — Flüssig. Kp_{20}: 125°; siedet nicht ganz unzersetzt bei 205—206° (G.).

1'-Chlor-1-isopropyl-benzol, [α-Chlor-isopropyl]-benzol $C_9H_{11}Cl = C_6H_5 \cdot CCl(CH_3)_2$. *B.* Durch Einleiten von HCl in eiskaltes Dimethylphenylcarbinol und Eingießen des Reaktionsproduktes in Eiswasser (KLAGES, *B.* **35**, 2638). — Dünnflüssiges Öl. Zersetzt sich beim Erwärmen unter Entwicklung von HCl (K.). Liefert beim langsamen Eintragen in siedende alkoh. Kalilauge (TIFFENEAU, *A. ch.* [8] **10**, 156) oder beim Erwärmen mit Pyridin (K.) glatt β-Phenyl-propylen.

1¹.1²-Dichlor-1-isopropyl-benzol, [α.β-Dichlor-isopropyl]-benzol $C_9H_{10}Cl_2 = C_6H_5 \cdot CCl(CH_3) \cdot CH_2Cl$. *B.* Durch Einw. von Chlor auf eine Lösung von β-Phenyl-propylen in Tetrachlorkohlenstoff oder durch Schütteln von β-Phenyl-propylen mit Chlorwasser (TIFFENEAU, *A. ch.* [8] **10**, 166). — Kp_{15}: 119—121° (geringe Zers.). D^0: 1,2172. — Geht durch Kochen mit alkoh. Kalilauge in α-Chlor-β-phenyl-propylen über.

2-Brom-1-isopropyl-benzol $C_9H_{11}Br = C_6H_4Br \cdot CH(CH_3)_2$. *B.* Aus o-Isopropylphenol und Phosphorpentabromid (FILETI, *G.* **16**, 131). — Flüssig. $Kp_{740,5}$: 205—207° (korr.).

4-Brom-1-isopropyl-benzol $C_9H_{11}Br = C_6H_4Br \cdot CH(CH_3)_2$. *B.* Aus Cumol und Brom (MEUSEL, *Z.* **1867**, 322) in Gegenwart von Jod (JACOBSEN, *B.* **12**, 430). Aus Brombenzol und Propylchlorid in Gegenwart von AlCl_3 (BOEDTKER, *Bl.* [3] **35**, 829). — Flüssigkeit von schwachem Geruch, die bei —20° nicht fest wird (J.). Kp: 216° (korr.) (R. MEYER, *J. pr.* [2] **34**, 93), 217° (J.; B.), 218—220° (MEU.). D^{12}: 1,3223 (MEU.); D^{15}: 1,3014 (J.); D_4^7: 1,3646 (B.). n_D^7: 1,55011 (B.). — Wird durch Kochen mit KMnO_4-Lösung kaum verändert (MEY.). Beim Kochen mit verd. Salpetersäure (D: 1,2) entsteht p-Brom-benzoesäure (MEY.).

1¹.1²-Dibrom-1-isopropyl-benzol, [α.β-Dibrom-isopropyl]-benzol $C_9H_{10}Br_2 = C_6H_5 \cdot CBr(CH_3) \cdot CH_2Br$. *B.* Aus β-Phenyl-propylen und Brom in Gegenwart von Petroläther oder Schwefelkohlenstoff (TIFFENEAU, *C. r.* **134**, 846; *A. ch.* [8] **10**, 166). — Flüssigkeit von stechendem Geruch, zu Tränen reizendem Geruch. Kp_5: 111—114° (starke Zers.) (GRIGNARD, *C.* **1901** II, 624); Kp_8: 115—125° (T., *A. ch.* [8] **10**, 167); Kp_{15}: 140° (KLAGES, *B.* **35**, 2640). D^0: 1,685 (T., *A. ch.* [8] **10**, 167). — Liefert bei längerem Erhitzen mit Wasser in Gegenwart von Bariumcarbonat 2-Phenyl-propandiol-(1.2) (T., *C. r.* **134**, 846; *A. ch.* [8] **10**, 168). Durch Einw. von alkoh. Kalilauge entsteht α-Brom-β-phenyl-propylen (T., *C. r.* **135**, 1346; *A. ch.* [8] **10**, 168). Regeneriert bei der Einw. von Natrium oder Magnesium in Gegenwart von Äther β-Phenyl-propylen (T., *A. ch.* [8] **10**, 167).

Pentabromisopropylbenzol $C_9H_7Br_5$. *B.* Bei mehrwöchigem Stehen von Isopropylbenzol mit überschüssigem Brom in der Kälte (MEUSEL, *Z.* **1867**, 323). — Nadeln. F: 97° (FITTIG, SCHAEFFER, KÖNIG, *A.* **149**, 326), 99—100° (M.). Wenig löslich in kaltem Alkohol, leicht in heißem (F., SCH., K.). — Spaltet bei längerem Kochen mit alkoh. Kali Brom ab (M.).

4-Jod-1-isopropyl-benzol $C_9H_{11}I = C_6H_4I \cdot CH(CH_3)_2$. *B.* Aus diazotiertem p-Aminoisopropylbenzol durch Jodwasserstoffsäure (LOUIS, *B.* **16**, 114). — Flüssig. Kp: 234°.

1'-Jod-1-isopropyl-benzol, [α-Jod-isopropyl]-benzol $C_9H_{11}I = C_6H_5 \cdot CI(CH_3)_2$. *B.* Aus Dimethyl-phenyl-carbinol durch Eisessig-Jodwasserstoff (KLAGES, *B.* **35**, 2638). — Zersetzliches Öl. — Wird von Zinkstaub zu Isopropylbenzol und symm. Tetramethyl-diphenyläthan oder 1.2-Dimethyl-1.2-diphenyl-cyclobutan (S. 396) reduziert.

symm. Tetramethyl-diphenyl-äthan C$_{18}$H$_{22}$ = (CH$_3$)$_2$(C$_6$H$_5$)C·C(C$_6$H$_5$)(CH$_3$)$_2$ oder
1.2-Dimethyl-1.2-diphenyl-cyclobutan C$_{18}$H$_{20}$ = $\dfrac{\text{C}_6\text{H}_5\cdot\text{C(CH}_3)\cdot\text{CH}_2}{\text{C}_6\text{H}_5\cdot\text{C(CH}_3)\cdot\text{CH}_2}$ B. Durch Behandlung von 1¹-Jod-1-isopropyl-benzol in Eisessig-Jodwasserstoff mit Zinkstaub, neben Isopropylbenzol (KLAGES, B. 35, 2638). — Nadeln (aus Alkohol). F: 119—120°. Schwer löslich in kaltem Alkohol. — Beständig gegen Permanganat und Brom.

1¹-Nitro-1-isopropyl-benzol, [α-Nitro-isopropyl]-benzol, β-Nitro-β-phenyl-propan C$_9$H$_{11}$O$_2$N = C$_6$H$_5$·C(NO$_2$)(CH$_3$)$_2$. B. Bei 8—9-stdg. Erhitzen von 4 ccm Isopropyl-benzol mit 25 ccm Salpetersäure (D: 1,075) im geschlossenen Rohr auf 105—107° (KONOWALOW, Ж. 26, 69; C. 1894 II, 33; B. 28, 1856). — Öl. Kp: 224° (Zers.); Kp$_{15}$: 125° bis 127° (K., B. 28, 1856). D$_4^0$: 1,1176; D$_0^0$: 1,1025 (K., B. 28, 1856). n$_D^{20}$: 1,52094 (K., Ж. 27, 418). — Beim Behandeln mit Zinkstaub und Eisessig entstehen Acetophenon und wenig β-Amino-β-phenyl-propan (K., Ж. 26, 69; C. 1894 II, 33).

2.4.6-Trinitro-1-isopropyl-benzol C$_9$H$_9$O$_6$N$_3$ = (O$_2$N)$_3$C$_6$H$_2$·CH(CH$_3$)$_2$. B. Aus Cumol und Salpeterschwefelsäure (FITTIG, SCHAEFFER, KÖNIG, A. 149, 328). — Farblose (vgl. auch HANTZSCH, B. 39, 1096) Nadeln. F: 109° (F., SCH., K.). Leicht löslich in heißem Alkohol, wenig in kaltem (F., SCH., K.).

3. 1-Methyl-2-äthyl-benzol, o-Äthyl-toluol C$_9$H$_{12}$ = CH$_3$·C$_6$H$_4$·C$_2$H$_5$. B. Aus o-Brom-toluol, Äthylbromid und Natrium (CLAUS, MANN, B. 18, 1121; CLAUS, PIESZCEK, B. 19, 3084). Entsteht bei der trocknen Destillation der Steinkohlen und findet sich daher in der Solventnaphtha (SCHULTZ, B. 42, 3616). — Bei der Oxydation mit verd. Salpetersäure entsteht o-Toluylsäure (SCH.).

4. 1-Methyl-3-äthyl-benzol, m-Äthyl-toluol C$_9$H$_{12}$ = CH$_3$·C$_6$H$_4$·C$_2$H$_5$. B. Aus m-Brom-toluol, Äthylbromid und Natrium in Gegenwart von Äther (WROBLEWSKI, A. 192, 198). Bei der Destillation von Abietinsäure (Syst. No. 4740) mit Zinkstaub (CIAMICIAN, B. 11, 270). Entsteht bei der trocknen Destillation der Steinkohlen und findet sich daher in der Solventnaphtha (SCHULTZ, B. 42, 3616). — Darst. Man versetzt 3 At.-Gew. Natrium, die sich unter Äther in einer Kältemischung befinden, langsam mit einem Gemisch von 1 Mol.-Gew. m-Brom-toluol und 1,3 Mol.-Gew. Äthylbromid, bringt nach beendeter Reaktion das überschüssige Natrium in Gegenwart von viel Äther durch Wasser in Lösung und fraktioniert die äther. Lösung (BARTOW, SELLARDS, Am. Soc. 27, 370). — Kp: 158—159°; D^{20}: 0,869 (W.). — Wird von Chromsäuregemisch zu Isophthalsäure oxydiert (W.).

3¹.3¹-Dibrom-1-methyl-3-äthyl-benzol, 1-Methyl-3-[α.β-dibrom-äthyl]-benzol, m-Methyl-styrol-dibromid C$_9$H$_{10}$Br$_2$ = CH$_3$·C$_6$H$_4$·CHBr·CH$_2$Br. B. Aus m-Methyl-styrol und Brom in Äther oder Chloroform (MÜLLER, B. 20, 1216). — Krystalle. F: 45°.

4-Jod-1-methyl-3-äthyl-benzol C$_9$H$_{11}$I = CH$_3$·C$_6$H$_3$I·C$_2$H$_5$. B. Aus diazotiertem 4-Amino-1-methyl-3-äthyl-benzol und Kaliumjodid (WILLGERODT, BRANDT, J. pr. [2] 69, 436). — Silberweiße Blättchen. F: 34°. Kp: 222—225°.

4-Jodoso-1-methyl-3-äthyl-benzol C$_9$H$_{11}$OI = CH$_3$·C$_6$H$_3$(C$_2$H$_5$)·IO und Salze vom Typus CH$_3$·C$_6$H$_3$(C$_2$H$_5$)·IAc$_2$ bezw. CH$_3$·C$_6$H$_3$(C$_2$H$_5$)·I(OH)(Ac). B. Das salzsaure Salz C$_9$H$_{11}$·ICl$_2$ entsteht durch Einleiten von Chlor in eine Lösung von 4-Jod-1-methyl-3-äthyl-benzol in wenig Eisessig; durch Verreiben mit Natronlauge gewinnt man daraus die freie Base (W., B., J. pr. [2] 69, 437). — Explodiert bei 209°. — Salzsaures Salz, 4-Methyl-2-äthyl-phenyljodidchlorid C$_9$H$_{11}$·ICl$_2$. Hellgelbe Nadeln (aus Eisessig). F: 108°. Wenig beständig. — Basisches Sulfat (C$_9$H$_{11}$·I(OH))$_2$SO$_4$. Leicht zersetzliche Prismen. — Essigsaures Salz. C$_9$H$_{11}$·I(C$_2$H$_3$O$_2$)$_2$. Durchsichtige Prismen.

4-Jodo-1-methyl-3-äthyl-benzol C$_9$H$_{11}$O$_2$I = CH$_3$·C$_6$H$_3$(C$_2$H$_5$)·IO$_2$. B. Durch Kochen von 4-Jodoso-1-methyl-3-äthyl-benzol mit Wasser (W., B., J. pr. [2] 69, 439). Besser durch Behandlung des entsprechenden Methyl-äthyl-phenyl-jodidchlorids (s. o.) mit Natrium-hypochloritlösung (W., B.). — Weiße Blättchen. Explodiert bei 229°.

[o-Tolyl]-[4-methyl-2-äthyl-phenyl]-jodoniumhydroxyd C$_{16}$H$_{19}$OI = CH$_3$·C$_6$H$_3$(C$_2$H$_5$)·I(C$_6$H$_4$·CH$_3$)·OH. B. Durch Verreiben äquimolekularer Mengen von o-Jodo-toluol und 4-Jodoso-1-methyl-3-äthyl-benzol mit feuchtem Silberoxyd (W., B., J. pr. [2] 69, 444). — Salze. $(C_7H_7)(C_9H_{11})I \cdot Cl$. Weißes amorphes Pulver. Bräunt sich beim Erhitzen und schmilzt bei 177°. — $(C_7H_7)(C_9H_{11})I \cdot Br$. Weißer amorpher Niederschlag. Bräunt sich beim Erhitzen und schmilzt bei 175°. — $(C_7H_7)(C_9H_{11})I \cdot I$. Gelbliches amorphes Pulver. Bräunt sich beim Erhitzen und schmilzt bei 168°. — Dichromat. Orangeroter Niederschlag. — $2(C_7H_7)(C_9H_{11})I \cdot Cl + PtCl_4$. Orangefarbenes Pulver. Schmilzt nach vorheriger Sinterung und Dunkelfärbung bei 176°.

Bis-[4-methyl-2-äthyl-phenyl]-jodoniumhydroxyd $C_{18}H_{23}OI = [CH_3 \cdot C_6H_3(C_2H_5)]_2I \cdot OH$. B. Aus äquimolekularen Mengen 4-Jodoso- und 4-Jodo-1-methyl-3-äthyl-benzol durch Verreiben mit der äquivalenten Menge Silberoxyd (W., B., J. pr. [2] 69, 440). — Salze. $(C_9H_{11})_2I \cdot Cl$. Weiß. F: 120°. Zersetzt sich beim Liegen an der Luft. — $(C_9H_{11})_2I \cdot Br$. Weiß. F: 162°. — $(C_9H_{11})_2I \cdot I$. Gelb, amorph. Sehr leicht zersetzlich. — $(C_9H_{11})_2I \cdot Cl + HgCl_2$. Wasserhelle Täfelchen (aus Alkohol). Wird bald mißfarbig. F: 197°. — $2(C_9H_{11})_2I \cdot Cl + PtCl_4$. Orangegelb. Schmilzt nach vorherigem Sintern bei 166° unter Zersetzung.

[α.β-Dichlor-vinyl]-[4-methyl-2-äthyl-phenyl]-jodoniumhydroxyd $C_{11}H_{13}OCl_2I = CH_3 \cdot C_6H_3(C_2H_5) \cdot I(CCl:CHCl) \cdot OH$. Zur Konstitution vgl. THIELE, HAAKH, A. 369, 144. — B. Das Chlorid entsteht durch Verreiben von 4-Methyl-2-äthyl-phenyljodidchlorid mit Acetylensilber-Silberchlorid und Wasser (W., B., J. pr. [2] 69, 446). — Salze. $(C_2HCl_2)(C_9H_{11})I \cdot Cl$. Gelbe Krystalle. F: 171° (Zers.). — $(C_2HCl_2)(C_9H_{11})I \cdot Br$. Weißes amorphes Pulver. F: 150° (Zers.). — $(C_2HCl_2)(C_9H_{11})I \cdot I$. Gelber amorpher Niederschlag. Sehr unbeständig und hygroskopisch. F: 96°. — $(C_2HCl_2)(C_9H_{11})I \cdot Cl + HgCl_2$. Gelblichweiß. F: 121°. — $2(C_2HCl_2)(C_9H_{11})I \cdot Cl + PtCl_4$. Orangegelber Niederschlag. Sintert bei 81°, schmilzt bei 132°.

[4-Methyl-2-äthyl-phenyl]-[jod-methyl-äthyl-phenyl]-jodoniumhydroxyd $C_{18}H_{22}OI_2 = [CH_3 \cdot C_6H_3(C_2H_5)][CH_3 \cdot C_6H_2I(C_2H_5)]I \cdot OH$. B. Man löst 4-Jodoso-1-methyl-3-äthyl-benzol allmählich unter guter Kühlung in konz. Schwefelsäure, behandelt die durch Eintragen von Eis verdünnte Lösung mit Kaliumjodid und verreibt das entstandene unlösliche Jodid mit feuchtem Silberoxyd (W., B., J. pr. [2] 69, 442). — Salze. $(C_9H_{11})(C_9H_{10}I)I \cdot Cl$. Weißes amorphes Pulver. F: 157° (Zers.). — $(C_9H_{11})(C_9H_{10}I)I \cdot Br$. Weiß, amorph. Schmilzt nach vorherigem Sintern bei 151°. — $(C_9H_{11})(C_9H_{10}I)I \cdot I$. Gelber amorpher Niederschlag, der sich beim Trocknen dunkler färbt und beim Erwärmen zersetzt. F: 145° (Zers.). — Dichromat. Orangegelber Niederschlag, der sich bei gelindem Erwärmen in der Mutterlauge zersetzt. F: 76°. — $2(C_9H_{11})(C_9H_{10}I)I \cdot Cl + PtCl_4$. Gelbes Pulver. Sintert bei 85°, schmilzt bei 173°.

Dinitro-1-methyl-3-äthyl-benzol $C_9H_{10}O_4N_2 = (O_2N)_2C_6H_2(CH_3) \cdot C_2H_5$. B. Durch Einw. von rauchender Salpetersäure auf 1-Methyl-3-äthyl-benzol in einer Kältemischung (BARTOW, SELLARDS, Am. Soc. 27, 372). — Öl. Flüchtig mit Wasserdämpfen.

2.4.6-Trinitro-1-methyl-3-äthyl-benzol $C_9H_9O_6N_3 = (O_2N)_3C_6H(CH_3) \cdot C_2H_5$. B. Durch Einw. von rauchender Salpetersäure und konz. Schwefelsäure auf Dinitro-1-methyl-3-äthyl-benzol (B., S., Am. Soc. 27, 372). — Fast farblose Krystalle (aus Alkohol). F: 86°.

5. 1-Methyl-4-äthyl-benzol, p-Äthyl-toluol $C_9H_{12} = CH_3 \cdot C_6H_4 \cdot C_2H_5$. B. Aus p-Brom-toluol, Äthylbromid und Natrium in Äther (GLINZER, FITTIG, A. 136, 312) oder aus p-Brom-toluol, Äthyljodid und Natrium in Benzol (JANNASCH, DIECKMANN, B. 7, 1513). Entsteht neben anderen Verbindungen aus Toluol, Äthylidenchlorid und Aluminiumchlorid (ANSCHÜTZ, A. 235, 314). Durch Reduktion von p-Methyl-styrol mit Natrium und Alkohol (KLAGES, R. KEIL, B. 36, 1637). Durch Reduktion von 1-Methyl-4-[β.β-dichlor-äthyl]-benzol mit Natrium und Alkohol (AUWERS, R. KEIL, B. 36, 1873). Durch Reduktion von Methyl-p-tolyl-keton mit Wasserstoff in Gegenwart von Nickel bei 190—195° (DARZENS, C. r. 139, 869). Entsteht bei der trocknen Destillation der Steinkohlen und findet sich daher in der Solventnaphtha (SCHULTZ, B. 42, 3616). — Darst. Aus 30 g p-Brom-toluol, 34 g Äthyljodid und 12 g Natrium in 80 ccm Benzol; man destilliert das Reaktionsprodukt wiederholt über Natrium; Ausbeute: 6 g (BAYRAC, Bl. [3] 13, 889; vgl. DEFREN, B. 28, 2649). — Öl. Erstarrt nicht bei —20° (DE.). Kp: 161—162° (JANN., DIECK.); Kp$_{756,2}$: 161,9—162,1° (korr.) (R. SCHIFF, A. 220, 93); Kp$_{760}$: 162,5° (korr.) (KL., R. KEIL). D^{11}: 0,8652 (GL., FI.); D$^{11,5}_{4}$: 0,8620 (AUW., G. KEIL); D$^{11,5}_{4}$: 0,8690 (KL., R. KEIL); D$^{11,5}_{4}$: 0,8694 (R. SCHIFF); D$^{11}_{4}$: 0,7393 (R. SCHIFF, A. 220, 93). n$_D^{11,5}$: 1,49460 (AU., G. KEIL); n$_D^{11}$: 1,494 (KL., R. KEIL). Capillaritätskonstante beim Siedepunkte: R. SCHIFF, A. 223, 68. — p-Äthyl-toluol gibt bei der Oxydation mit verd. Salpetersäure p-Toluylsäure (JANN., DIECK.). Wird durch Chromsäuregemisch zu Terephthalsäure oxydiert (GL., FI.). Liefert bei der Behandlung mit Chromylchlorid hauptsächlich p-Toluylaldehyd (AUWERS, *B.* **39**, 3759). Bei der Oxydation mit Schwefelsäure und Mangandioxyd entsteht ein Gemisch von viel Methyl-p-tolyl-keton mit p-Toluylaldehyd und p-Äthyl-benzaldehyd (FOURNIER, *C. r.* **186**, 558). p-Äthyl-toluol läßt sich analog dem p-Xylol nur ziemlich schwer sulfurieren (SCHULTZ).

2 oder 3-Chlor-1-methyl-4-äthyl-benzol $C_9H_{11}Cl = CH_3 \cdot C_6H_3Cl \cdot C_2H_5$. *B.* Entsteht neben eso-Dichlor-1-methyl-4-äthyl-benzol beim Einleiten von trocknem Chlor in p-Äthyl-toluol in Gegenwart von Jod bei 0° (DEFREN, *B.* **28**, 2651). — Erstarrt nicht bei —10°. Kp: 200—203°.

4¹-Chlor-1-methyl-4-äthyl-benzol, 1-Methyl-4-[α-chlor-äthyl]-benzol $C_9H_{11}Cl = CH_3 \cdot C_6H_4 \cdot CHCl \cdot CH_3$. *B.* Durch Einleiten von Chlorwasserstoff in eine auf 0° abgekühlte, mit Chlorcalcium versetzte Äther. Lösung des Methyl-p-tolyl-carbinols (KLAGES, *B.* **35**, 2248). — Gelbliches Öl. Spaltet beim Erwärmen HCl ab.

eso-Dichlor-1-methyl-4-äthyl-benzol $C_9H_{10}Cl_2 = CH_3 \cdot C_6H_3Cl_2 \cdot C_2H_5$. *B.* Beim Einleiten von Chlor in p-Äthyl-toluol in der Kälte oder in 2 oder 3-Chlor-1-methyl-4-äthyl-benzol in Gegenwart von Jod (DEFREN, *B.* **28**, 2651). — Öl. Kp: 240—243° (geringe Zers.).

4².4²-Dichlor-1-methyl-4-äthyl-benzol, 1-Methyl-4-[β.β-dichlor-äthyl]-benzol $C_9H_{10}Cl_2 = CH_3 \cdot C_6H_4 \cdot CH_2 \cdot CHCl_2$. *B.* Aus 1.4-Dimethyl-1-dichlormethyl-cyclohexadien-(2.5)-ol-(4) durch Selbstzersetzung, sowie durch Einw. von verd. Schwefelsäure, acylierenden oder wasserentziehenden Agenzien (AUWERS, KEIL, *B.* **36**, 1870). Aus 1-Methyl-1-dichlor-methyl-4-methylen-cyclohexadien-(2.5) (S. 399) durch Erwärmen auf 70—80° (AU., HESSENLAND, *A.* **352**, 278). Über den Verlauf dieser Umlagerungen vgl. AU., *B.* **38**, 1697; *A.* **352**, 223. — *Darst.* Man behandelt 1-Methyl-1-dichlormethyl-cyclohexadien-(2.5)-on-(4) mit Methylmagnesiumjodid in Äther und läßt auf die gut getrocknete ätherische Lösung der Reaktionsprodukte nochmals Methylmagnesiumjodid einwirken (AU., K., *B.* **36**, 1871). — Farbloses beständiges Öl.. Kp: 226—238° (AU., K., *B.* **36**, 1871); Kp_{23}: 129—132°; Kp_{14}: 114—116° (AU., H.); D_4^{14}: 1,1734; D_4^{17}: 1,1717 (AU., H.). n_α^{17}: 1,53940; n_α^{17}: 1,53343; n_β^{17}: 1,53778; n_β^{17}: 1,54900; n_γ^{17}: 1,55883 (AU., H.). — Wird durch Kaliumpermanganat in Aceton bei Zimmertemperatur kaum angegriffen (AU., K., *B.* **36**, 1872). Liefert bei der Oxydation mit Chromsäure in Eisessiglösung 4².4²-Dichlor-4-äthyl-benzoesäure (AU., K., *B.* **36**, 3905). Durch Reduktion mit Natrium und absol. Alkohol entsteht p-Äthyl-toluol (AU., K., *B.* **36**, 1873). Brom wirkt substituierend unter Bildung eines Monobromderivats (F: 63—64°) (AU., K., *B.* **36**, 1872). Bei wiederholtem Erhitzen mit Wasser auf 170—180° wird 2-Methyl-7-p-tolyl-naphthalin $C_{18}H_{16}$ gebildet (AU., K., *B.* **36**, 1873, 3903). Beim Kochen mit alkoh. Kalilauge entsteht β-Chlor-p-methyl-styrol (AU., K., *B.* **36**, 3909).

4².4².4²-Trichlor-1-methyl-4-äthyl-benzol, 1-Methyl-4-[β.β.β-trichlor-äthyl]-benzol $C_9H_9Cl_3 = CH_3 \cdot C_6H_4 \cdot CH_2 \cdot CCl_3$. *B.* Aus 1.4-Dimethyl-1-trichlormethyl-cyclohexadien-(2.5)-ol-(4) beim Aufbewahren bei 0° (ZINCKE, SCHWABE, *B.* **41**, 901). Entsteht vielleicht auch neben anderen Produkten aus 1-Methyl-1-dichlormethyl-4-methylen-cyclohexadien-(2.5) durch Behandeln mit Chlor in Tetrachlorkohlenstoff unter Kühlung und Eindunstenlassen des Reaktionsgemisches im Vakuum (unter Durchleiten eines Luftstromes) (AUWERS, HESSENLAND, *A.* **352**, 238, 282). — Blättchen (aus Methylalkohol) (Z., S.). F: 31—33° (Z., S.). Leicht löslich (Z., S.). — Liefert bei der Oxydation mit Chromsäuregemisch Terephthalsäure (Z., S.). Bei kurzem Kochen mit alkoh. Kalilauge entsteht β.β-Dichlor-p-methyl-styrol (Z., S.).

2-Brom-1-methyl-4-äthyl-benzol $C_9H_{11}Br = CH_3 \cdot C_6H_3Br \cdot C_2H_5$. *B.* Durch Bromieren von p-Äthyl-toluol bei 0° (REMSEN, MORSE, *B.* **11**, 225) in Gegenwart von Jod (DEFREN, *B.* **28**, 2651). — Erstarrt nicht bei —17,5° (D.). Kp: 220—222° (korr.) (geringe Zers.) (D.). — Wird durch Chromsäuregemisch zu 3-Brom-4-methyl-benzoesäure oxydiert (R., M.).

4¹-Brom-1-methyl-4-äthyl-benzol, 1-Methyl-4-[α-brom-äthyl]-benzol $C_9H_{11}Br = CH_3 \cdot C_6H_4 \cdot CHBr \cdot CH_3$. *B.* Aus p-Äthyl-toluol und 1 Mol.-Gew. Brom im direkten Sonnenlicht (SCHRAMM, *B.* **24**, 1332). — Erstarrt nicht bei —20°. Nicht unzersetzt flüchtig. — Alkoh. Natronlauge erzeugt wenig p-Methyl-styrol; daneben findet vorwiegend Ersatz von Br durch OC_2H_5 statt.

4¹.4²-Dibrom-1-methyl-4-äthyl-benzol, 1-Methyl-4-[α.β-dibrom-äthyl]-benzol, p-Methyl-styrol-dibromid $C_9H_{10}Br_2 = CH_3 \cdot C_6H_4 \cdot CHBr \cdot CH_2Br$. *B.* Aus p-Methyl-styrol und Brom oder besser beim Behandeln von p-Äthyl-toluol erst mit 1 Mol.-Gew. Brom im direkten Sonnenlicht, dann mit 1 Mol.-Gew. Brom im Dunkeln auf dem Wasserbade

(SCHRAMM, *B.* **24**, 1332). — Nadeln (aus Alkohol). F: 44,5° (SCH.), 45° (KLAGES, KEIL, *B.* **36**, 1637). Leicht löslich in Alkohol, Benzol und Ligroin (KL., KEIL).

2.3.5.6 (?)-Tetrabrom-1-methyl-4-äthyl-benzol $C_9H_8Br_4 = CH_3 \cdot C_6Br_4 \cdot C_2H_5$ (?). *B.* Aus p-Äthyl-toluol, Brom und Aluminium (KLAGES, KEIL, *B.* **36**, 1637). — Nadeln (aus Alkohol). Leicht löslich in Benzol und Ligroin.

2.3.5.6.1[1] oder 2.3.5.6.4[1]-Pentabrom-1-methyl-4-äthyl-benzol $= CH_2Br \cdot C_6Br_4 \cdot C_2H_5$ oder $CH_3 \cdot C_6Br_4 \cdot CHBr \cdot CH_3$. Eine Verbindung $C_9H_7Br_5$, der vielleicht eine dieser Formeln zukommt, s. bei 2.3.5.6-Tetrabrom-1-methyl-4-äthyl-cyclohexadien-(2.5)-diol-(1.4) (Syst. No. 551).

Festes eso-Dinitro-1-methyl-4-äthyl-benzol $C_9H_{10}O_4N_2 = (O_2N)_2C_6H_2(CH_3) \cdot C_2H_5$. *B.* Beim Lösen von p-Äthyl-toluol in kalter rauchender Salpetersäure entstehen zwei Dinitroderivate; man fällt mit Wasser und stellt das Öl über Schwefelsäure, wobei sich bald Krystalle abscheiden, die man durch Abpressen von der öligen Verbindung trennt (JANNASCH, DIECKMANN, *B.* **7**, 1514). — Tafeln (aus Alkohol). F: 52° (J., D.), 51—52° (AUWERS, KEIL, *B.* **36**, 1875). Leicht löslich in siedendem Alkohol, weniger in kaltem (J., D.). — Wird von Salpeterschwefelsäure in das Trinitro-1-methyl-4-äthyl-benzol (s. u.) übergeführt (J., D.).

Öliges eso-Dinitro-1-methyl-4-äthyl-benzol $C_9H_{10}O_4N_2 = (O_2N)_2C_6H_2(CH_3) \cdot C_2H_5$. *B.* siehe oben bei der festen Dinitroverbindung. — Erstarrt selbst im Kältegemisch nicht (J., D.). — Wird durch Salpeterschwefelsäure in die Trinitroverbindung (s. u.) übergeführt (J., D.; AU., K.).

2.3.5 oder 2.3.6-Trinitro-1-methyl-4-äthyl-benzol $C_9H_9O_6N_3 = (O_2N)_3C_6H(CH_3) \cdot C_2H_5$. *B.* Beim Erwärmen von p-Äthyl-toluol mit Salpeterschwefelsäure (GLINZER, FITTIG, *A.* **136**, 314). Zur Darstellung von Trinitroäthyltoluol geht man am besten von den Dinitroverbindungen (s. o.) aus (JANNASCH, DIECKMANN, *B.* **7**, 1515). — Farblose Prismen (aus Alkohol). F: 92° (F., G.; J., D.), 94° (AUWERS, KEIL, *B.* **36**, 1875). In kaltem Alkohol schwer löslich (J., D.).

---

6. ***1.1-Dimethyl-4-methylen-cyclohexadien-(2.5)*** [L.-R.-Bezf.: Dimethyl-6.6-methylen-3-cyclohexadien-1.4] $C_9H_{12} = CH_2 : C\underset{CH:CH}{\overset{CH:CH}{<}}>C(CH_3)_2$.

1[1].1[1]-Dichlor-1.1-dimethyl-4-methylen-cyclohexadien-(2.5), 1-Methyl-1-dichlormethyl-4-methylen-cyclohexadien-(2.5) $C_9H_{10}Cl_2 = CH_2 : C\underset{CH:CH}{\overset{CH:CH}{<}}>C(CH_3) \cdot CHCl_2$. *B.* Aus 1.4-Dimethyl-1-dichlormethyl-cyclohexadien-(2.5)-ol-(4) (Syst. No. 510) durch Erwärmen auf 45° im Wasserstoffstrom (AUWERS, HESSENLAND, *A.* **352**, 275). — Schwach gelbliches Öl. Polymerisiert sich schnell. $D_4^{14,1}$: 1,1800; $n_\alpha^{14,1}$: 1,55285; $n_\beta^{14,1}$: 1,55844; $n_\beta^{?}$: 1,57309; $n_\gamma^{14,1}$: 1,58505. — Lagert sich bei 70—80° in 1-Methyl-4-[β.β-dichlor-äthyl]-benzol (S. 398) um. Liefert beim Schütteln mit warmer 80%iger Schwefelsäure 2.4-Dimethylbenzaldehyd. Einw. von Chlor: AU., H., *A.* **352**, 238, 282.

1[1].1[1].1[1]-Trichlor-3.5-dibrom-1.1-dimethyl-4-methylen-cyclohexadien-(2.5) (?), 3.5-Dibrom-1-methyl-1-trichlormethyl-4-methylen-cyclohexadien-(2.5) (?) $C_9H_7Cl_3Br_2 = CH_2 : C\underset{CBr:CH}{\overset{CBr:CH}{<}}>C(CH_3) \cdot CCl_3$ (?). *B.* Durch Erwärmen von 10 g 1.4-Dimethyl-1-trichlormethyl-cyclohexadien-(2.5)-ol-(4) (Syst. No. 510) in Chloroform mit 15 g Brom (ZINCKE, SCHWABE, *B.* **41**, 900). Aus 3.4.5-Tribrom-1.4-dimethyl-1-trichlormethyl-cyclohexadien-(2.5) (?) (S. 122) beim Erhitzen über den Schmelzpunkt (Z., SCH.). Aus 3.4.5-Tribrom-1-methyl-1-trichlormethyl-4-brommethyl-cyclohexadien-(2.5) (?) (S. 122) beim Schmelzen, sowie beim Kochen mit Benzol, schneller bei Einw. von Zinnchlorür (Z., SCH.). — Blättchen (aus Methylalkohol). F: 90—91°. Ziemlich schwer löslich in Alkohol, sonst leicht löslich.

---

7. ***1.2.3-Trimethyl-benzol, vic.-Trimethyl-benzol, Hemellitol*** $C_9H_{12} = C_6H_3(CH_3)_3$. *B.* Beim Glühen des Calciumsalzes der 3.4.5-Trimethyl-benzoesäure mit Kalk (JACOBSEN, *B.* **15**, 1857). Beim Glühen des Calciumsalzes der 2.3.4-Trimethyl-benzoesäure mit Kalk (J., *B.* **19**, 1215). Aus vic.-Brom-m-xylol mit Methyljodid und Natrium in Äther (J., DEIKE, *B.* **20**, 904). Entsteht bei der trocknen Destillation der Steinkohlen und findet sich daher im Steinkohlenteeröl (J., *B.* **19**, 2513). — *Darst.* Man bindet die bei 170—180°

siedenden Anteile des Teeröls an Schwefelsäure, neutralisiert mit Bariumcarbonat, führt die am schwersten löslichen Anteile des Bariumsalzes in das Natriumsalz über, fällt die warme Lösung des Natriumsalzes durch eine ungenügende Menge Bariumchlorid und wiederholt mit dem Niederschlag diese Operation, bis aus einer Probe des gefällten Bariumsalzes kein unterhalb 194° schmelzendes Sulfamid mehr erhalten wird; aus der so gereinigten Sulfonsäure wird der Kohlenwasserstoff regeneriert (J., *B.* **19**, 2513, 2520). — Bleibt bei —15° flüssig; Kp: 175—175,5° (J., *B.* **19**, 2517).

4.6-Dichlor-1.2.3-trimethyl-benzol $C_9H_{10}Cl_2 = C_6HCl_2(CH_3)_3$. *B.* Aus 30 g 1.1.2-Trimethyl-cyclohexandion-(3.5) in 80 g Chloroform durch Erhitzen mit 84 g Phosphorpentachlorid, neben 3.5-Dichlor-1.1.2-trimethyl-cyclohexadien-(2.4) (S. 121) (CROSSLEY, HILLS, *Soc.* **89**, 881; vgl. C., *Soc.* **79**, 144). Aus 3.5-Dichlor-1.1.2-trimethyl-cyclohexadien-(2.4) mit Brom in $CHCl_3$ (C., H.). — Nadeln (aus Methylalkohol). F: 76,5° (C., H.). Leicht löslich in Chloroform und Benzol (C., H.). Wird beim Erhitzen mit Salpetersäure (D: 1,15) auf 170—180° zu 4.6-Dichlor-benzol-tricarbonsäure-(1.2.3) oxydiert (C., H.). Liefert mit rauchender Salpetersäure in Eisessig 4.5.6-Trichlor-1.2.3-trimethyl-benzol und 4.6-Dichlor-5-nitro-1.2.3-trimethyl-benzol (C., H.).

4.5.6-Tr^{1}chlor-1.2.3-trimethyl-benzol $C_9H_9Cl_3 = C_6Cl_3(CH_3)_3$. *B.* Aus 4.6-Dichlor-1.2.3-trimethyl-benzol in Chloroform durch Chlor und etwas Eisen oder in Eisessig durch Zutropfen von rauchender Salpetersäure (C., H., *Soc.* **89**, 882). — Nadeln (aus Alkohol). F: 217—218°. Sublimiert in Nadeln. Leicht löslich in Benzol und Chloroform.

4.6-Dichlor-5-brom-1.2.3-trimethyl-benzol $C_9H_9Cl_2Br = C_6Cl_2Br(CH_3)_3$. *B.* Aus 4.6-Dichlor-1.2.3-trimethyl-benzol mit Brom und etwas Eisen (C., H., *Soc.* **89**, 882). Aus 3.5-Dichlor-1.1.2-trimethyl-cyclohexadien-(2.4) (S. 121) in Chloroform mit überschüssigem Brom (C., H.). — Nadeln (aus absol. Alkohol). F: 222—223°. Leicht löslich in Chloroform.

4.5.6-Tribrom-1.2.3-trimethyl-benzol $C_9H_9Br_3 = C_6Br_3(CH_3)_3$. Nadeln (aus Alkohol). F: 245° (JACOBSEN, *B.* **19**, 2517). Sehr schwer löslich in Alkohol.

4.6-Dichlor-5-nitro-1.2.3-trimethyl-benzol $C_9H_9O_2NCl_2 = O_2N \cdot C_6Cl_2(CH_3)_3$. *B.* Aus 4.6-Dichlor-1.2.3-trimethyl-benzol in Eisessig durch rauchende Salpetersäure (CROSSLEY, HILLS, *Soc.* **89**, 883). — Gelbe Nadeln (aus Alkohol). F: 175—176°. Leicht löslich in Benzol und Chloroform.

4.5.6-Trinitro-1.2.3-trimethyl-benzol $C_9H_9O_6N_3 = (O_2N)_3C_6(CH_3)_3$. *B.* Bei längerem Behandeln von 1.2.3-Trimethyl-benzol mit Salpeterschwefelsäure (JACOBSEN, *B.* **19**, 2517). — Glasglänzende Prismen (aus Alkohol). F: 209°.

8. *1.2.4-Trimethyl-benzol, asymm. Trimethylbenzol, Pseudocumol* (Pseudocumen) $C_9H_{12} = C_6H_3(CH_3)_3$.

Bezifferung:

V. Im Erdöl des Elsaß, von Hannover und von Tegernsee (ENGLER, *Verh. des Vereins z. Förd. d. Gewerbefleißes* **66** [1887], 663, 668, 670). Im Erdöl von Pennsylvanien (E., *B.* **18**, 2234). Im Erdöl von Terra di Lavoro (Italien) (E., *B.* **18**, 2237; D. **250**, 317). Im rumänischen Erdöl (PONI, *C.* **1906** I, 459). Im Erdöl von Baku (ENGLER, *B.* **18**, 2234; MARKOWNIKOW, *A.* **234**, 97; RUDEWITSCH, Ж. **30**, 587; *C.* **1899** I, 176). Bez. weiterer Angaben über Vorkommen in Erdölen vgl. ENGLER, v. HÖFER, Das Erdöl, Bd. I [Leipzig 1913], S. 362. — *B.* Aus Toluol mit Methylchlorid und Aluminiumchlorid (FRIEDEL, CRAFTS, *A. ch.* [6] **1**, 461; ADOR, RILLIET, *B.* **12**, 329). Man behandelt das Gemisch von Dibromtoluolen, welches bei der Einw. von Brom in Gegenwart von Jod im Sonnenlicht auf ein Gemenge von o- und p-Brom-toluol entsteht, mit Methyljodid und Natrium (JANNASCH, *A.* **176**, 286, 288; vgl. MILLER, *Soc.* **61**, 1025). Aus 4-Brom-1.3-dimethyl-benzol, Methyljodid und Natrium (ERNST, FITTIG, *A.* **139**, 187; FI., LAUBINGER, *A.* **151**, 258; FI., JAN., *A.* **151**, 291; JACOBSEN, *B.* **14**, 2352 Anm.). Aus 2-Brom-1.4-dimethyl-benzol, Methyljodid und Natrium (FI., JAN., *A.* **151**, 286, 291; JAN., *A.* **176**, 284). Aus Phoron (Bd. I, S. 751 bis 753) durch Erhitzen mit Phosphorsäureanhydrid (vermischt mit Quarzsand) oder mit $ZnCl_2$

(JAC., *B.* **10**, 856). Über Bildung bei der Zersetzung von Campher durch schmelzendes Zinkchlorid vgl.: FI., KÖBRICH, JILKE, *A.* **145**, 140; FI., WACKENRODER, *A.* **151**, 297; REUTER, *B.* **16**, 626. Pseudocumol entsteht bei der destruktiven Destillation von Braunkohlenteeröl (SCHULTZ, WÜRTH, *C.* **1905** I, 1444). Bei der trocknen Destillation der Steinkohlen, findet sich daher im Steinkohlenteer (BEILSTEIN, KÖGLER, *A.* **137**, 317; vgl. FI., *A.* **147**, 12; FI., WA., *A.* **151**, 292, 296; JAC., *A.* **184**, 179). — *Darst.* Zur Abscheidung des Pseudocumols aus der bei 160—168° siedenden Fraktion des Teeröls („Steinkohlenteercumol"), die außer Pseudocumol noch Mesitylen neben anderen Produkten enthält, schüttelt man 540 ccm derselben mit dem gleichen Volum Schwefelsäure (D: 1,830) und erwärmt schließlich auf 80—90°, wobei 390 ccm Kohlenwasserstoff gelöst werden; man versetzt die Lösung unter Kühlung mit 180 ccm Wasser, verdünnt nach 24 Stdn. die abgetrennte obere Schicht mit 120 ccm Wasser und erwärmt zur Wiederauflösung bereits abgeschiedener Krystalle; die Lösung scheidet bei längerem Stehen in der Kälte würfelähnliche Krystalle von Pseudocumol-sulfonsäure-(5) ab, während Mesitylensulfonsäure in Lösung bleibt; man reinigt durch wiederholtes Umkrystallisieren aus verd. Schwefelsäure; Ausbeute 152 g Pseudocumol-sulfonsäure (JAC., *A.* **184**, 199); aus der Sulfonsäure wird durch konz. Salzsäure bei 173—175° Pseudocumol abgespalten (JAC., *A.* **184**, 186, 199). Auf dem gleichen Wege isolierte SCHULTZ (*B.* **42**, 3604) aus 1080 ccm Teeröl (Kp: 165—170°) 410 g reine Pseudocumolsulfonsäure, die er durch Erhitzen auf 110° und Einleiten von 250° heißem Wasserdampf in 150 g Pseudocumol überführte. Eine weitere, auf die verschiedene Löslichkeit der Sulfamide des Mesitylens und Pseudocumols gegründete Methode besteht darin, daß man das staubtrockne Gemenge der sulfonsauren Natriumsalze durch Verreiben mit dem gleichen Gewicht Phosphorpentachlorid in die Sulfochloride überführt und diese in einen großen Überschuß konz. Ammoniaks einträgt; beim Umkrystallisieren der Sulfamide aus Alkohol erhält man zuerst Pseudocumolsulfamid und zuletzt das in Alkohol viel löslichere Mesitylensulfamid; aus dem Sulfamid wird durch Erhitzen mit konz. Salzsäure auf 173° bis 175° Pseudocumol abgeschieden (JAC., *A.* **184**, 184, 186). Nach CRAFTS (*Am. Soc.* **23**, 248; *B.* **34**, 1360; vgl. ARMSTRONG, *B.* **11**, 1697) lassen sich Pseudocumol und Mesitylen voneinander trennen auf Grund der Tatsache, daß Mesitylensulfonsäure durch 38%ige Salzsäure schon innerhalb 15 Minuten bei 80° fast vollständig zerlegt wird, während Pseudocumolsulfonsäure unter denselben Umständen in 5 Stunden keine Spur Pseudocumol liefert.

Kp: 169,5° (JACOBSEN, *B.* **19**, 2514); Kp$_{760}$: 168,2° (korr.) (PERKIN, *Soc.* **69**, 1249); Kp$_{712}$: 166° (SCHULTZ, *B.* **42**, 3604). Dampfdruck bei verschiedenen Temperaturen: WORINGER, *Ph. Ch.* **34**, 263. D$_4^0$: 0,8888; D$_4^{15}$: 0,8810; D$_4^{20}$: 0,8747; D$_4^{30}$: 0,8620; D$_4^{40}$: 0,8465 (PE., *Soc.* **69**, 1194; *B.* **0,88567** (PE., *Soc.* **77**, 279); D$_4^{14,1}$: 0,88337; D$_4^{0,0}$: 0,87844 (LANDOLT, JAHN, *Ph. Ch.* **10**, 293); D^{18}: 0,877 (SCHULTZ); D$_4^{14,1}$: 0,8747 (BRÜHL, *J. pr.* [2] **50**, 142). — n$_\alpha^0$: 1,50625; n$_\beta^0$: 1,52197; n$_\gamma^0$: 1,53192 (PE., *Soc.* 77, 279); n$_\alpha^{14,1}$: 1,5030; n$_b^{14,1}$: 1,5072; n$_\beta^{14,1}$: 1,5184; n$_\gamma^{14,1}$: 1,5282 (LA., JAHN, *Ph. Ch.* **10**, 303); n$_\alpha^{14,1}$: 1,50001; n$_b^{14,1}$: 1,50441; n$_\gamma^{14,1}$: 1,52501 (BRÜHL). — Verdampfungswärme: R. SCHIFF, *A.* **234**, 344; KURBATOW, Ж. **35**, 319; *C.* **1903** II, 323. Bildungswärme: SWARTS, *C.* **1908** I, 1047; *R.* **27**, 127. Molekulare Verbrennungswärme für flüssiges Pseudocumol bei konstantem Volum: 1244,48 Cal. (SWARTS; vgl. STOHMANN, RODATZ, HERTZBERG, *J. pr.* [2] **35**, 41). Molekulare Verbrennungswärme für dampfförmiges Pseudocumol bei konstantem Druck: 1281,51 Cal. (THOMSEN, *Ph. Ch.* **52**, 343). Spezifische Wärme: R. SCHIFF, *A.* **234**, 321; KURBATOW, Ж. **35**, 119; *C.* **1903** I, 1114. Kritische Temperatur und kritischer Druck: ALTSCHUL, *Ph. Ch.* **11**, 590. — Magnetische Susceptibilität: FREITAG, *C.* **1900** II, 156. Magnetische Rotation: SCHÖNROCK, *Ph. Ch.* **11**, 785; PE., *Soc.* **69**, 1241. Dielektrizitätskonstante: LA., JAHN, *Ph. Ch.* **10**, 301. Pseudocumol zeigt positive elektrische Doppelbrechung (SCHMIDT, *Ann. d. Physik* [4] **7**, 164).

Bei der Oxydation von Pseudocumol durch PbO$_2$ oder MnO$_2$ in Gegenwart von Schwefelsäure und bei der elektrolytischen Oxydation von Pseudocumol wird in beträchtlicher Menge 2.4-Dimethyl-benzaldehyd gebildet (LAW, PERKIN, *C.* **1905** I, 359; *Soc.* **91**, 263; L., *Soc.* **91**, 752). Bei 18-stdg. Kochen von 250 g Pseudocumol mit verd. Salpetersäure [erhalten durch Mischen von 700 g Salpetersäure (D: 1,4) mit 2½ Vol. Wasser] entstehen (außer Nitrierungsprodukten, s. darüber S. 402) 2.4- und 3.4-Dimethyl-benzoesäure, Methylterephthalsäure und 4-Methyl-isophthalsäure (FITTIG, LAUBINGER, *A.* **151**, 269; BENTLEY, PERKIN, *Soc.* **71**, 159, 163, 166, 175). Die Oxydation mit Chromsäure in Eisessig führt zu Trimellitsäure (SCHULTZ, *B.* **42**, 3604). Durch Hydrieren von Pseudocumol in Gegenwart von Nickel bei 180° (SABATIER, SENDERENS, *C. r.* **132**, 568, 1255; *A. ch.* [8] **4**, 365, 366) oder durch Erhitzen von Pseudocumol mit Jodwasserstoffsäure und Phosphor auf 150—280° (KONOWALOW, Ж. **19**, 255; *B.* **20** Ref., 570) entstehen Hexahydropseudocumole (S. 43). Durch Chlorierung von Pseudocumol im Dunkeln mit den berechneten Mengen Chlor wurden 5-Chlor-pseudocumol und 3.5.6-Trichlorpseudocumol erhalten (SCHULTZ, *B.* **42**, 3604). Bei der erschöpfenden Chlorierung in Gegenwart von Jod tritt Spaltung in Perchlorbenzol und Tetrachlormethan ein (KRAFFT, MERZ, *B.* **8**, 1302). Beim Behandeln mit 1 Mol.-Gew. Brom in der Kälte entstehen 5-Brom-pseudocumol (BEILSTEIN, KÖGLER, A. 137, 323; vgl. FITTIG, ERNST, A. 139, 187) und weniger 3-Brom-pseudocumol (JACOBSEN, B. 21, 2822). Bei Anwendung von 3 Mol.-Gew. Brom wird 3.5.6-Tribrom-pseudocumol gebildet (FITTIG, LAUBINGER, A. 151, 267; SCHRAMM, B. 19, 217). Durch Einw. von Brom im Sonnenlicht erhielt SCHRAMM bei Anwendung von 1 Mol.-Gew. Brom in der Kälte ein flüssiges (nicht näher untersuchtes) exo-Brom-pseudocumol, aus diesem mit einem weiteren Mol.-Gew. Brom $2^1.4^1$-Dibrom-pseudocumol (vgl. HJELT, GADD, B. 19, 868) und aus Pseudocumol mit 3 Mol.-Gew. Brom unter gleichzeitigem Erwärmen ein nicht näher untersuchtes Öl, während nach CIUSA mit 3 Mol.-Gew. Brom im Sonnenlicht beim Erhitzen bis 160° $1^1.2^1.4^1$-Tribrom-pseudocumol (und $2^1.4^1$-Dibrom-pseudocumol), in der Kälte 3.5.6-Tribrom-pseudocumol entsteht. Pseudocumol wird von höchst konz. Salpetersäure in 5-Nitro-pseudocumol übergeführt (SCHAPER, Z. 1867, 12; J. 1867, 699). Mit Salpeter-schwefelsäure entstehen je nach den Bedingungen 5-Nitro-, 3.5-Dinitro- oder 3.5.6-Trinitro-pseudocumol (FITTIG, LAUBINGER, A. 151, 261; SCHULTZ). Salpetersäure (D: 1,075) liefert bei 110° (neben sauren Oxydationsprodukten; s. darüber S. 401) ein Gemisch isomerer ω-Nitro-pseudocumole (KONOWALOW, Ж. 25, 541; C. 1894 I, 465; vgl. aber SCHULTZ); Nitrierung in Eisessig: KONOWALOW, GUREWITSCH, Ж. 37, 539; C. 1905 II, 818. Pseudocumol löst sich in konz. Schwefelsäure unter Bildung von Pseudocumol-sulfonsäure-(5) (JACOBSEN, A. 184, 198; B. 19, 1218). Läßt man Pseudocumol mit Sulfurylchlorid in Gegenwart von $AlCl_3$ reagieren, so entstehen 5-Chlor-pseudocumol und Pseudocumol-sulfonsäure-(5)-chlorid (TÖHL, EBERHARD, B. 26, 2943). Beim Erhitzen von Pseudocumol mit $AlCl_3$ auf dem Siedepunkt naheliegende Temperaturen wurden erhalten: Benzol, Toluol, m- und wenig p-Xylol, Durol, Isodurol (JAC., B. 18, 341) und viel Mesitylen (ANSCHÜTZ, A. 235, 186). Eine mit $AlCl_3$ und CuCl versetzte Lösung von Pseudocumol in Benzol liefert mit Kohlenoxyd und HCl 2.4.5-Trimethyl-benzaldehyd (GATTERMANN, A. 347, 375). — Kondensation von Pseudo-cumol mit Cellulose durch konz. Schwefelsäure: NASTJUKOW, Ж. 39, 1129; C. 1908 I, 820.

5-Fluor-1.2.4-trimethyl-benzol, 5-Fluor-pseudocumol $C_9H_{11}F = C_6H_2F(CH_3)_3$. B. Durch Erwärmen von 1 Tl. des Diazopiperidids aus 5-Amino-pseudocumol mit 5 Tln. konz. Fluorwasserstoffsäure (WALLACH, HEUSLER, A. 243, 232). Durch Diazotieren von 5-Amino-pseudocumol und Erwärmen der wäßr. Lösung des Diazoniumchlorids mit Flußsäure (VALEN-TINER, SCHWARZ, D. R. P. 96153; C. 1898 I, 1224). — Schillernde Blättchen. F: 24° (V., SCH.), 26° (TÖHL, B. 25, 1525), 27° (W., H.). Kp: 172° (V., SCH.), 174—175° (W., H.). Bildungswärme: SWARTS, C. 1908 I, 1046; R. 27, 122. Mol. Verbrennungswärme bei konst. Volum: 1206,15 Cal. (Sw.). — Verhalten gegen Schwefelsäure: T., MÜLLER, B. 26, 1109.

3-Chlor-1.2.4-trimethyl-benzol, 3-Chlor-pseudocumol $C_9H_{11}Cl = C_6H_2Cl(CH_3)_3$. B. Durch Erhitzen des Natriumsalzes der 3-Chlor-pseudocumol-sulfonsäure-(5 oder 6) (Syst. No. 1523) mit konz. Salzsäure auf 180° (TÖHL, B. 25, 1529). — Flüssig. Kp: 213°.

5-Chlor-1.2.4-trimethyl-benzol, 5-Chlor-pseudocumol $C_9H_{11}Cl = C_6H_2Cl(CH_3)_3$. B. Aus Pseudocumol und Chlor im Dunkeln (SCHULTZ, B. 42, 3604). Neben anderen Produkten aus Pseudocumol durch Sulfurylchlorid + Aluminiumchlorid (TÖHL, EBERHARD, B. 26, 2943). Aus 5-Amino-pseudocumol nach SANDMEYERS Methode (HALLER, B. 18, 93); Aus dem Diazopiperidid aus 5-Amino-pseudocumol und konz. Salzsäure (WALLACH, HEUSLER, A. 243, 232). — Blätter. F: 70° (SCH.), 70—71° (HA.; W., HE.). Kp: 213—215° (W., HE.); Kp_{20}: 127—130° (SCH.). — Verhalten gegen rauchende Schwefelsäure: T., MÜLLER, B. 26, 1109.

5-Fluor-3 oder 6-chlor-1.2.4-trimethyl-benzol $C_9H_{10}ClF = C_6H_2ClF(CH_3)_3$. B. Durch Einw. von Chlor auf 5-Fluor-pseudocumol in Gegenwart von Jod (TÖHL, MÜLLER, B. 26, 1110). — Beim Abkühlen erstarrende Flüssigkeit. Kp: 205°. — Rauchende Schwefelsäure erzeugt 5-Fluor-pseudocumol-sulfonsäure-(3 oder 6) und 5-Fluor-3.6-dichlor-pseudocumol.

5-Fluor-3.6-dichlor-1.2.4-trimethyl-benzol $C_9H_9Cl_2F = C_6H_2Cl_2F(CH_3)_3$. B. Durch Einw. von Chlor auf 5-Fluor-pseudocumol in Gegenwart von Jod (TÖHL, MÜLLER, B. 26, 1110). Aus 5-Fluor-3 oder 6-chlor-pseudocumol und rauchender Schwefelsäure bei Zimmer-temperatur, neben 5-Fluor-pseudocumol-sulfonsäure-(3 oder 6) (T., M.). — Seideglänzende Nadeln (aus Alkohol). F: 150°.

3.5.6-Trichlor-1.2.4-trimethyl-benzol, eso-Trichlor-pseudocumol $C_9H_9Cl_3 = C_6Cl_3(CH_3)_3$. B. Aus Pseudocumol und Chlor im Dunkeln unter Kühlung (SCHULTZ, B. 42, 3604). — Nadeln (aus Alkohol). F: 197°.

3-Brom-1.2.4-trimethyl-benzol, 3-Brom-pseudocumol $C_9H_{11}Br = C_6H_2Br(CH_3)_3$. B. Entsteht neben viel (festem) 5-Brom-pseudocumol beim Bromieren von Pseudocumol;

man kühlt den flüssigen Teil des Bromierungsproduktes (Gemisch der beiden Brompseudo-cumole) auf —20° bis —25° ab und saugt die sich ausscheidenden festen Anteile ab; man behandelt das Filtrat mit Chlorsulfonsäure, zerlegt das erhaltene Sulfonsäurechlorid durch alkoh. Natronlauge, krystallisiert das Natriumsalz wiederholt um und spaltet durch Salz-säure bei 180° Schwefelsäure ab (JACOBSEN, B. 21, 2822). Entsteht in Form seiner beiden Sulfonsäuren bei mehrwöchiger Einw. von kalter rauchender Schwefelsäure auf 5-Brom-pseudocumol; man spaltet die Sulfonsäuren mit Salzsäure bei 180—190° (J., B. 22, 1580). Beim Behandeln der 3-Brom-pseudocumol-sulfonsäure-(5) [erhalten durch Bromierung von Pseudocumol-sulfonsäure-(5)] mit Wasserdampf bei 200—215° (KELBE, PATHE, B. 19, 1551). — Bleibt bei —25° flüssig (J.). Kp: 226—229° (K., P.), 237—238° (korr.) (J.).

5-Brom-1.2.4-trimethyl-benzol, 5-Brom-pseudocumol $C_9H_{11}Br = C_6H_2Br(CH_3)_3$. B. Neben weniger 3-Brom-pseudocumol (JACOBSEN, B. 21, 2822) durch Bromieren von Pseudocumol (BEILSTEIN, KÖGLER, A. 137, 323; vgl. FITTIG, ERNST, A. 139, 187). Durch Zers. des Diazopiperidids aus 5-Amino-pseudocumol mit konz. Bromwasserstoffsäure (WAL-LACH, HEUSLER, A. 243, 233). Aus 5-Amino-pseudocumol durch Austausch von NH_2 gegen Brom (NOELTING, BAUMANN, B. 18, 1146). — Schuppen (aus Alkohol). F: 73° (BEI., K.; F., E.). Kp: 233—235° (W., H.). Ziemlich leicht löslich in heißem Alkohol (F., E.). — Gibt mit Brom 5.6-Dibrom-pseudocumol und 3.5.6-Tribrom-pseudocumol (SCHRAMM, B. 19, 216; J., B. 19, 1220). Bei mehrwöchiger Behandlung mit kalter, schwach rauchender Schwefelsäure entstehen die beiden Sulfonsäuren des 3-Brom-pseudocumols neben wenig 3.5.6-Tribrom-pseudocumol (J., B. 22, 1580).

6-Brom-1.2.4-trimethyl-benzol, 6-Brom-pseudocumol $C_9H_{11}Br = C_6H_2Br(CH_3)_3$. B. Durch Erhitzen der 6-Brom-pseudocumol-sulfonsäure-(3) mit Salzsäure auf 170° (JACOBSEN, B. 19, 1223). — Bleibt bei —10° bis —15° flüssig. Kp: 236—238°.

5-Fluor-3 oder 6-brom-1.2.4-trimethyl-benzol $C_9H_{10}BrF = C_6HBrF(CH_3)_3$. B. Aus 5-Fluor-pseudocumol und Brom in Gegenwart von Jod (TÖHL, MÜLLER, B. 26, 1112). — Flüssig. Kp: 225—230°. — Bei längerer Einw. von konz. Schwefelsäure bei Zimmer-temperatur entstehen 5-Fluor-pseudocumol-sulfonsäure-(3 oder 6) und 5-Fluor-3.6-dibrom-pseudocumol.

5.6-Dibrom-1.2.4-trimethyl-benzol, 5.6-Dibrom-pseudocumol $C_9H_{10}Br_2 = C_6H_2Br_2(CH_3)_3$. B. Neben 3.5.6-Tribrom-pseudocumol aus 5-Brom-pseudocumol und Brom im Dunkeln (SCHRAMM, B. 19, 216); man fraktioniert das Produkt und löst den bei 292° bis 300° siedenden Anteil in warmem Petroläther; hierbei scheidet sich zunächst 3.5.6-Tri-brom-pseudocumol aus (JACOBSEN, B. 19, 1221). — Nadeln (aus Alkohol). F: 63,6°; Kp: 293—294° (korr.) (J.). Ziemlich leicht löslich in Alkohol, sehr leicht in Äther, Chloroform und Benzol (SCH.). — Liefert mit Chlorsulfonsäure 5.6-Dibrom-pseudocumol-sulfonsäure-(3), 6-Brom-pseudocumol-sulfonsäure-(3) und 3.5.6-Tribrom-pseudocumol (J.).

2¹.4¹-Dibrom-1.2.4-trimethyl-benzol, 2¹.4¹-Dibrom-pseudocumol $C_9H_{10}Br_2 = C_6H_3(CH_3)(CH_2Br)_2$. B. Aus Pseudocumol und 2 Mol.-Gew. Brom an der Sonne (SCHRAMM, B. 19, 218) oder bei 140° (HJELT, GADD, B. 19, 867). — Seideglänzende Nadeln (aus Alkohol). F: 97—97,5° (SCH.), 97,5° (H., G.; CIUSA, G. 36 II, 92). Nicht unzersetzt destil-lierbar (SCH.). Leicht löslich in Benzol (SCH.). — Gibt beim Kochen mit Sodalösung 2¹.4¹-Dioxy-1.2.4-trimethyl-benzol (H., G.).

5-Fluor-3.6-dibrom-1.2.4-trimethyl-benzol $C_9H_9Br_2F = C_6Br_2F(CH_3)_3$. B. Aus 5-Fluor-pseudocumol und Brom in Gegenwart von Jod (TÖHL, MÜLLER, B. 26, 1112). Neben 5-Fluor-pseudocumol-sulfonsäure-(3 oder 6) durch Einw. von konz. Schwefelsäure auf 5-Fluor-3 oder 6-brom-pseudocumol bei Zimmertemperatur (T., M.). — Seideglänzende Nadeln (aus Alkohol). F: 143—144°.

3.5.6-Tribrom-1.2.4-trimethyl-benzol, eso-Tribrom-pseudocumol $C_9H_9Br_3 = C_6Br_3(CH_3)_3$. B. Beim Bromieren von Pseudocumol (FITTIG, LAUBINGER, A. 151, 267) mit 3 Mol.-Gew. Brom im Dunkeln (SCHRAMM, B. 19, 217). Entsteht nach CIUSA (G. 36 II, 91; vgl. jedoch SCHRAMM) auch durch Einw. von 3 Mol.-Gew. Brom auf 1 Mol.-Gew. Pseudo-cumol im direkten Sonnenlicht ohne Erwärmen. Bildet sich neben 5.6-Dibrom-pseudocumol-sulfonsäure-(3) und 6-Brom-pseudocumol-sulfonsäure-(3) durch Einw. von Chlorsulfonsäure auf 5.6-Dibrom-pseudocumol (JACOBSEN, B. 19, 1222). — F: 225—226° (F., L.; C.), 233° (J.). Schwer löslich in siedendem Alkohol, etwas leichter in siedendem Eisessig, leicht in heißem Toluol (J.). Sublimierbar (F., L.).

1¹.2¹.4¹-Tribrom-1.2.4-trimethyl-benzol, 1¹.2¹.4¹-Tribrom-pseudocumol $C_9H_9Br_3 = C_6H_3(CH_2Br)_3$. B. Zu 60 g Pseudocumol fügt man tropfenweise 78 ccm Brom im direkten Sonnenlicht und erhitzt allmählich im Ölbade auf 160° (CIUSA, G. 36 II, 91). — Nadeln (aus Ligroin). F: 154°. Sehr leicht löslich in Chloroform, warmem Alkohol und Ligroin, ziemlich

26*

in Äther. Entwickelt besonders in der Wärme Dämpfe, die die Schleimhäute stark angreifen.

— Liefert mit Anilin die Verbindung $C_6H_5 \cdot NH \cdot CH_2-\!\!\!\bigg\langle\!\!\!\begin{array}{c}-CH_2\\-CH_2\end{array}\!\!\!\bigg\rangle\!\!N \cdot C_6H_5$.

5-Jod-1.2.4-trimethyl-benzol, 5-Jod-pseudocumol $C_9H_{11}I = C_6H_2I(CH_3)_3$. B. Durch Zersetzen des Diazopiperidids aus 5-Amino-pseudocumol mit Jodwasserstoffsäure (WALLACH, HEUSLER, A. **243**, 233). Aus der Diazoverbindung aus 5-Amino-pseudocumol und Kaliumjodid in schwefelsaurer Lösung (KÜRZEL, B. **22**, 1586). — Farblose Schuppen (aus Alkohol). F: 37° (W., H.). Kp: 256—258° (W., H.); Kp_{736}: 258° (ULLMANN, MEYER, A. **332**, 47). — Wird erst bei 140° durch Jodwasserstoffsäure und Phosphor zu Pseudocumol reduziert (KLAGES, LIECKE, J. pr. [2] **61**, 326). Gibt beim Erhitzen mit Kupfer auf 230° bis 260° 2.4.5.2′.4′.5′-Hexamethyl-diphenyl (U., M.). Liefert mit konz. oder rauchender Schwefelsäure zwei eso-Dijod-pseudocumole, eine Jodpseudocumolsulfonsäure und Pseudocumol-sulfonsäure-(5) (KÜ.).

5-Jodoso-1.2.4-trimethyl-benzol, 5-Jodoso-pseudocumol $C_9H_{11}OI = (CH_3)_3C_6H_2 \cdot IO$. B. Das salzsaure Salz $(CH_3)_3C_6H_2 \cdot ICl_2$ entsteht durch Einleiten von Chlor in die Eisessiglösung von 5-Jod-pseudocumol; durch Verreiben des Salzes mit Alkalien gewinnt man die freie Jodoso-Verbindung (WILLGERODT, B. **27**, 1903). — Hellgelbes amorphes Pulver. Verfärbt sich bei 120—125°, schmilzt bei 171° unter Zersetzung. Schwer löslich in Alkohol, fast unlöslich in Äther, Chloroform und Benzol. — Salzsaures Salz, 2.4.5-Trimethylphenyljodidchlorid $C_9H_{11} \cdot ICl_2$. Gelbe Prismen. F: ca. 67—68° (Zers.).

5-Jodo-1.2.4-trimethyl-benzol, 5-Jodo-pseudocumol $C_9H_{11}O_2I = (CH_3)_3C_6H_2 \cdot IO_2$. B. Durch Kochen von frisch bereitetem 5-Jodoso-pseudocumol mit Wasser (WILLGERODT, B. **27**, 1905). — Nädelchen (aus Eisessig). Verpufft bei 212°. Sehr wenig löslich in Chloroform, unlöslich in Äther und Benzol.

5-Fluor-3 oder 6-jod-1.2.4-trimethyl-benzol $C_9H_{10}IF = C_6HIF(CH_3)_3$. B. Aus 5-Fluor-3 oder 6-amino-pseudocumol (Syst. No. 1705) durch Diazotieren und Zersetzung der Diazoniumverbindung mit KI (TÖHL, MÜLLER, B. **26**, 1113). — Flüssig. — Wird durch konz. Schwefelsäure unter Abscheidung von Jod zersetzt.

Festes eso-Dijod-1.2.4-trimethyl-benzol, festes eso-Dijod-pseudocumol $C_9H_{10}I_2 = C_6HI_2(CH_3)_3$. B. Bei längerer Einw. von konz. oder rauchender Schwefelsäure auf 5-Jod-pseudocumol, neben flüssigem Dijod-pseudocumol, einer Jodpseudocumolsulfonsäure und Pseudocumolsulfonsäure-(5) (KÜRZEL, B. **22**, 1586). — Tafeln (aus heißem Alkohol). F: 73°. Nur im Vakuum unzersetzt destillierbar.

Flüssiges eso-Dijod-1.2.4-trimethyl-benzol, flüssiges eso-Dijod-pseudocumol $C_9H_{10}I_2 = C_6HI_2(CH_3)_3$. B. siehe bei festem eso-Dijod-pseudocumol. — Flüssig. Erstarrt unterhalb 0° (KÜRZEL, B. **22**, 1587).

3-Nitro-1.2.4-trimethyl-benzol, 3-Nitro-pseudocumol $C_9H_{11}O_2N = O_2N \cdot C_6H_2(CH_3)_3$. B. Aus 3-Nitro-5-amino-pseudocumol mit Äthylnitrit (MAYER, B. **20**, 971). — F: 30°.

5-Nitro-1.2.4-trimethyl-benzol, 5-Nitro-pseudocumol $C_9H_{11}O_2N = O_2N \cdot C_6H_2(CH_3)_3$. B. In geringer Ausbeute (SCHULTZ, B. **42**, 3605) durch Behandlung von Pseudocumol mit höchst konz. Salpetersäure in der Kälte (SCHAPER, Z. **1867**, 12; J. **1867**, 699; FITTIG, LAUBINGER, A. **151**, 259). — Darst. Man läßt 87 g einer Nitriersäure, welche aus 500 g Salpetersäure (D: 1.509) und 750 g Schwefelsäure (D: 1.828) bereitet ist, im Laufe von 5 Stdn. bei höchstens 20° unter Rühren zu 30 g Pseudocumol tropfen; Ausbeute 92% der Theorie (SCHULTZ). — Gelbliche Nadeln. F: 71° (SCHA.; F., L.). Kp: 265° (SCHA.). — Wird von Chromsäure zu 5-Nitro-2.4-dimethyl-benzoesäure (Syst. No. 942) oxydiert (SCHA.). Gibt mit Chromsäure in siedendem Eisessig 5-Nitro-benzol-tricarbonsäure-(1.2.4) (SCHU.).

6-Nitro-1.2.4-trimethyl-benzol, 6-Nitro-pseudocumol $C_9H_{11}O_2N = O_2N \cdot C_6H_2(CH_3)_3$. B. Durch Verkochen der Diazoverbindung aus 6-Nitro-5-amino-pseudocumol mit Alkohol (EDLER, B. 18, 629). — Prismen. F: 20°.

5-Fluor-3 oder 6-nitro-1.2.4-trimethyl-benzol $C_9H_{10}O_2NF = O_2N \cdot C_6HF(CH_3)_3$. B. Durch Eintragen von 5-Fluor-pseudocumol in ein Gemisch gleicher Teile rauchender und gewöhnlicher Salpetersäure (TÖHL, MÜLLER, B. **26**, 1113). — Öl. Erstarrt bei + 5° krystallinisch. Nicht unzersetzt bei gewöhnlichem Druck destillierbar.

5-Brom-3 oder 6-nitro-1.2.4-trimethyl-benzol $C_9H_{10}O_2NBr = O_2N \cdot C_6HBr(CH_3)_3$. B. Durch Auflösen von 5-Brom-pseudocumol in abgekühlter rauchender Salpetersäure

(KELBE, PATHE, *B.* **19**, 1548). — Nadeln. F: 191—192°. Schwer löslich in Alkohol, leicht in Benzol.

3.5-Dinitro-1.2.4-trimethyl-benzol, 3.5-Dinitro-pseudocumol $C_9H_{10}O_4N_2 =$ $(O_2N)_2C_6H(CH_3)_3$. *B.* Aus 5-Nitro-pseudocumol mit überschüssiger Salpeterschwefelsäure in der Kälte (SCHULTZ, *B.* **42**, 3607). — Gelbliche Nadeln (aus Alkohol). F: 171—172°.

3.6-Dinitro-1.2.4-trimethyl-benzol, 3.6-Dinitro-pseudocumol $C_9H_{10}O_4N_2 =$ $(O_2N)_2C_6H(CH_3)_3$. *B.* Man trägt unter Kühlung 1 Mol.-Gew. Natriumnitrit in eine Lösung von 3.6-Dinitro-5-amino-pseudocumol in 2 Tln. Eisessig + 1 Tl. konz. Schwefelsäure ein und kocht die entstandene Diazoverbindung mit Alkohol (NIETZKI, SCHNEIDER, *B.* **27**, 1429). — Orangegelbe Krystalle (aus Alkohol). F: 96°.

5-Fluor-3.6-dinitro-1.2.4-trimethyl-benzol $C_9H_9O_4N_2F = (O_2N)_2C_6F(CH_3)_3$. *B.* Aus 5-Fluor-pseudocumol und rauchender Salpetersäure (TÖHL, MÜLLER, *B.* **26**, 1113). — Nadeln (aus Alkohol). F: 74—76°.

6-Chlor-3.5-dinitro-1.2.4-trimethyl-benzol $C_9H_9O_4N_2Cl = (O_2N)_2C_6Cl(CH_3)_3$. *B.* Durch Erhitzen von 6-Chlor-2.4.5-trimethyl-phenyl-phosphinsäure (Syst. No. 2291) mit rauchender Salpetersäure (MICHAELIS, *A.* **294**, 15). — Nadeln (aus Alkohol). F: 169—170°.

5-Chlor-3.6-dinitro-1.2.4-trimethyl-benzol $C_9H_9O_4N_2Cl = (O_2N)_2C_6Cl(CH_3)_3$. *B.* Man trägt unter Kühlung 1 Tl. 5-Chlor-pseudocumol in 3 Tle. Salpetersäure (D: 1,48) ein, setzt 6 Tle. konz. Schwefelsäure unter Kühlung zu und läßt stehen (NIETZKI, SCHNEIDER, *B.* **27**, 1427). — Nadeln (aus Essigester). F: 205—206°. — Wird bei längerem Kochen mit Anilin nicht zersetzt.

3-Chlor-5.6-dinitro-1.2.4-trimethyl-benzol $C_9H_9O_4N_2Cl = (O_2N)_2C_6Cl(CH_3)_3$. *B.* Durch Nitrieren von 3-Chlor-pseudocumol (TÖHL, *B.* **25**, 1529). — F: 174°. — Liefert bei der Reduktion mit Zinn und Salzsäure ein Orthodiamin.

5-Brom-3.6-dinitro-1.2.4-trimethyl-benzol $C_9H_9O_4N_2Br = (O_2N)_2C_6Br(CH_3)_3$. *B.* Durch Auflösen von 5-Brom-pseudocumol in Salpeterschwefelsäure (FITTIG, *A.* **147**, 14; KELBE, PATHE, *B.* **19**, 1548). — Mikroskopische Tafeln (aus Alkohol). F: 213—214° (K., P.), 214—215° (F.). Fast unlöslich in kaltem Alkohol, leicht löslich in Benzol (K., P.).

3-Brom-5.6-dinitro-1.2.4-trimethyl-benzol $C_9H_9O_4N_2Br = (O_2N)_2C_6Br(CH_3)_3$. *B.* Durch Behandeln von 3-Brom-pseudocumol mit Salpeterschwefelsäure (K., P., *B.* **19**, 1551). — Nadeln (aus Alkohol). F: 180—181°. Fast unlöslich in kaltem Alkohol.

3.5.6-Trinitro-1.2.4-trimethyl-benzol, aso-Trinitro-pseudocumol $C_9H_9O_6N_3 =$ $(O_2N)_3C_6(CH_3)_3$. *B.* Durch Eintragen von Pseudocumol in gekühlte Salpeterschwefelsäure und gelindes Erwärmen (FITTIG, LAUBINGER, *A.* **151**, 261). — *Darst.* Man erhitzt 5-Nitro-pseudocumol oder Pseudocumol mit Nitriersäure [bereitet aus 500 g Salpetersäure (D:1,509) und 750 g Schwefelsäure (D: 1,828)] auf 90° (SCHULTZ, *B.* **42**, 3608). — Prismen. Rhombisch(?) (WEBER, *B.* **42**, 3608). F: 185° (F., L.). Sehr wenig löslich in siedendem Alkohol, sehr leicht in siedendem Benzol oder Toluol (F., L.). Ist nach ebullioskopischen Messungen in Ameisensäure stark dissoziiert (CIUSA, *R. A. L.* [5] **18** II, 67). — Läßt sich weder oxydieren noch chlorieren (SCH.). Bei der Einw. von alkoh. Schwefelammonium in der Wärme wurden 3-Nitro-5-amino-pseudocumol (F., L.) und 3-Nitro-5-amino-pseudocumol-sulfonsäure-(6) (MAYER, *B.* **19**, 2313) erhalten (vgl. M., *B.* **20**, 966, 970). Letzteres entsteht auch mit Natriumhydrosulfid oder Natriumsulfid in alkoh. Lösung (BLANKSMA, *R.* **24**, 47). — Versetzt man die alkoh. Lösung von 3.5.6-Trinitro-pseudocumol mit einem Tropfen Natronlauge, so entsteht eine intensiv grüne, nach einiger Zeit in Braun umschlagende Färbung (SCHULTZ).

1¹-Azido-1.2.4-trimethyl-benzol, 1¹-Azido-pseudocumol, 2.4-Dimethyl-benzyl-azid $C_9H_{11}N_3 = (CH_3)_2C_6H_3 \cdot CH_2 \cdot N_3$. *B.* Aus dem entsprechenden Nitrosohydrazin $C_9H_{13}ON_3$ durch 10%ige Schwefelsäure (F. MAYER, Dissert. [Heidelberg 1902], S. 41). — Flüssig. Kp_{14}: 114° (F. M.). Flüchtig mit Äther (F. M.). Unlöslich in Wasser, leicht löslich in Äther, Alkohol, Benzol und Ligroin (F., M.). — Wird von Säuren vorwiegend zu Stickstoffwasserstoffsäure und 2.4-Dimethyl-benzylalkohol bezw. -chlorid verseift (CURTIUS, DARAPSKY, *B.* **35**, 3231).

Verbindung $C_9H_{11}O_2P = O_2P \cdot C_6H_2(CH_3)_3$ **vom Schmelzpunkt 216°** („Phosphino-pseudocumol" vom Schmelzpunkt 216°) s. Syst. No. 2291.

Verbindung $C_9H_{11}O_2P = O_2P \cdot C_6H_2(CH_3)_3$ (?) **vom Schmelzpunkt 80°** („Phosphino-pseudocumol"(?) vom Schmelzpunkt 80°) s. Syst. No. 2278.

9. *1.3.5-Trimethyl-benzol, symm. Trimethyl-benzol, Mesitylen* $C_9H_{12} =$ $C_6H_3(CH_3)_3$.

Bezifferung:
$$C(5^1 = \omega'')$$
$$\overbrace{5\ 6}$$
$$4\ \ \ 1. -C(1^1 = \omega).$$
$$3\ \ 2$$
$$C(3^1 = \omega')$$

V. Im Erdöl des Elsaß (ENGLER, *B.* **18**, 2237; *Verhandlungen des Vereins zur Beförderung des Gewerbfleißes* **66** [1887], 663), von Hannover (EN., ebenda, 667), von Tegernsee (EN., ebenda, 670). Im Erdöl von Terra di Lavoro (Italien) (EN., *B.* **18**, 2237; *D.* **250**, 316). Im galizischen Erdöl (LACHOWICZ, *A.* **220**, 200; ENGLER, *B.* **18**, 2237). Im rumänischen Erdöl (EDELEANU, FILITI, *Bl.* [3] **23**, 389). Im kaukasischen Erdöl (KURBATOW, Ж. **15**, 129; *B.* **18**, 2237; MARKOWNIKOW, *A.* **234**, 97; KONOWALOW, PLOTNIKOWA, Ж. **33**, 51; *C.* **1901** I, 1002). Im nordamerikanischen Erdöl (MABERY, *Am.* **19**, 419). Im Erdöl von Pennsylvanien (ENGLER, *B.* **18**, 2234). Im californischen Erdöl (MABERY, HUDSON, *Am.* **25**, 260). Im Erdöl von Argentinien (ENGLER, OTTEN, *D.* **266**, 380). Im Erdöl von Borneo (JONES, WOOTTON, *Soc.* **91**, 1148). Bezüglich weiterer Angaben über Vorkommen von Mesitylen in Erdölen vgl. ENGLER und v. HÖFER, Das Erdöl, Bd. I [Leipzig 1913], S. 362. — *B.* Bei der Destillation von Aceton mit Schwefelsäure (KANE, *J. pr.* [1] **15**, 131; FITTIG, BRUECKNER, *A.* **147**, 42). Aus Phoron $C_9H_{14}O$ (Bd. I, S. 751) durch Einw. von Schwefelsäure (1 Vol. konz. Schwefelsäure und $^1/_2$ Vol. Wasser) (CLAISEN, *A.* **180**, 18; vgl. JACOBSEN, *B.* **10**, 858). Bei der Destillation einer Lösung von Allylen in konz. Schwefelsäure mit wenig Wasser (FITTIG, SCHROHE, *B.* 8, 17, 367). Zur Theorie der Bildung aus Allylen und aus Aceton vgl. MICHAEL, *J. pr.* [2] **60**, 441. Mesitylen entsteht neben der vierfachen Menge Pseudocumol beim Behandeln von Toluol mit Methylchlorid und AlCl$_3$ (FRIEDEL, CRAFTS, *A. ch.* [6] 1, 461; ADOR, RILLIET, *B.* **12**, 329; *Bl.* [2] **31**, 248). Durch Kochen von Diacetylmesitylen $C_6H(CO \cdot CH_3)_3(CH_3)_3$ mit Phosphorsäure (LICKROTH, *B.* **32**, 1563). Durch Erhitzen von Mesitoylmesitylen oder Benzoylmesitylen mit konz. Mineralsäuren auf 160—190° (WEILER, *B.* **32**, 1908). Über die Bildung bei der Zersetzung von Campher durch schmelzendes Zinkchlorid vgl. FITTIG, WACKENRODER, *A.* **151**, 297; s. auch REUTER, *B.* **16**, 626. Mesitylen entsteht bei trockner Destillation der Steinkohlen und findet sich daher im Steinkohlenteer (FITTIG, WACKENRODER, *A.* **151**, 292; JACOBSEN, *A.* **184**, 179). Mesitylen entsteht bei der destruktiven Destillation von Braunkohlenteeröl (SCHULTZ, WÜRTH, *C.* **1905** I, 1444). — *Darst.* Man versetzt allmählich 300 ccm Aceton am Rückflußkühler mit einem abgekühlten Gemisch von 300 ccm konz. Schwefelsäure und 150 ccm Wasser, läßt 24 Stdn. stehen und destilliert dann langsam; sobald nach längerer Destillation der Kolbeninhalt zu schäumen beginnt, setzt man die Destillation im Dampfstrom fort, solange noch Öl übergeht. Ausbeute 13,5% der Theorie (KÜSTER, STALLBERG, *B.* **278**, 210). Man versetzt 180 g eiskaltes Aceton möglichst rasch mit 165 ccm konz. Schwefelsäure, indem man durch Abkühlen die Temp. bei höchstens 20° hält, erwärmt nach 16—20 Stdn. über kleiner Flamme bis zur beginnenden Reaktion, leitet dann einen mäßig raschen Dampfstrom ein, fängt das Destillat der ersten 3—4 Minuten gesondert auf (I) und setzt die Destillation fort, bis das Volumen des Destillats (II) ca. 200 ccm beträgt. Die öligen Anteile des Destillats II von 4 Operationen destilliert man erneut mit Dampf, bis 600—800 ccm übergegangen sind; dann fraktioniert man die vereinigten Kohlenwasserstoffschichten von diesem Destillat und den Destillaten I. Ausbeute 17,2% der Theorie (NOYES, *Am.* **20**, 807). — Über Darstellung von Mesitylen aus dem „Steinkohlenteercumol" vgl. Pseudocumol, S. 401.

Mesitylen erstarrt in flüssiger Luft zu einer durchsichtigen Masse, die erst bei höherer Temperatur krystallinisch wird (LADENBURG, KRÜGEL, *B.* **32**, 1822). F: —57,5° (L. K., *B.* **33**, 638). Kp: 162—164° (CAHOURS, *A.* **74**, 107), 164° (L., K., *B.* **32**, 1821); Kp$_{755,2}$: 164,5° (R. SCHIFF, *A.* **220**, 94); Kp$_{760}$: 164,1° (korr.) (PERKIN, *Soc.* **69**, 1249); Kp$_{747}$: 163° (LUCAS, *B.* **29**, 2885); Kp$_{743}$: 162,6—163,6° (BRÜHL, *A.* **200**, 190). Dampfdrucke bei verschiedenen Temperaturen: WORINGER, *Ph. Ch.* **34**, 263. D$_4^7$: 0,8768; D$_4^{13}$: 0,8685; D$_4^{25}$: 0,8620; D$_4^{50}$: 0,8493; D$_4^{75}$: 0,8328 (PERKIN, *Soc.* **69**, 1193); D$_4^{14}$: 0,87397 (PERKIN, *Soc.* 77, 280); D$_4^{14,5}$: 0,8694; D$_4^{144,5}$: 0,7372 (R. SCHIFF, *A.* **220**, 94); D^{11,1}: 0,8656; D^{55,1}: 0,8456; D^{76}: 0,8121; D^{100,1}: 0,7848 (DUTOIT, FRIEDERICH, *Arch. Sc. phys. et nat. Genève* [4] **9**, 111); D$_4^{14,4}$: 0,86486; D$_4^{71}$: 0,86060 (LANDOLT, JAHN, *Ph. Ch.* 10, 293, 303); D^{19}: 0,8632 (GLADSTONE, *Soc.* **45**, 245); D^{20}: 0,864) (Lu.); D$_4^{20}$: 0,8558 (BRÜHL, *A.* **200**, 191). — n$_\alpha^{14,4}$: 1,49985; n$_\beta^{14}$: 1,51521; n$_\gamma^{14}$: 1,52460 (PE., *Soc.* 77, 280); n$_\alpha^{144,5}$: 1,4926; n$_\beta^{144,5}$: 1,4966; n$_\beta^{144,5}$: 1,5073; n$_\gamma^{144,5}$: 1,5165 (LANDOLT, JAHN); n$_\beta^{19}$: 1,4960 (GLADSTONE, *Soc.* **45**, 245); n$_\alpha^{20}$: 1,48701; n$_\beta^{20}$: 1,49116; n$_\gamma^{20}$: 1,51033 (BRÜHL). — Absorptionsspektrum: PURVIS, *C.* **1909** II, 119. — Oberflächenspannung: R. SCHIFF, *A.* **223**, 68; DUTOIT, FRIEDERICH, *C. r.* 130, 328; *Arch. Sc. phys. et nat. Genève* [4] **9**, 111; RENARD, GUYE, *C.* **1907** I, 1478; Oberflächenspannung und Binnendruck: WALDEN, *Ph. Ch.* **66**, 394. — Verdampfungswärme: R. SCHIFF, *A.* **234**, 344; BROWN, *Soc.* **87**, 268. Molekulare Verbrennungswärme bei konstantem Druck für flüssiges Mesitylen: 1251,9 Cal. (STOHMANN, RODATZ, HERZBERG,

J. pr. [2] **35**, 41; vgl. LANDOLT-BÖRNSTEIN, Physikalisch-chemische Tabellen, 4. Aufl. [Berlin 1912], S. 910), für dampfförmiges Mesitylen: 1282,31 Cal. (THOMSEN, *Ph. Ch.* **52**, 343). Spezifische Wärme: R. SCHIFF, *A.* **234**, 321. Kritische Temperatur: ALTSCHUL, *Ph. Ch.* **11**, 590; BROWN, *Soc.* **89**, 314. Kritischer Druck: ALTSCH. — Magnetische Susceptibilität: FREITAG, *C.* **1900** II, 156. Magnetische Rotation: SCHÖNROCK, *Ph. Ch.* **11**, 785; PERKIN, *Soc.* **69**, 1241. Dielektrizitätskonstante: LANDOLT, JAHN, *Ph. Ch.* **10**, 301. Mesitylen zeigt positive elektrische Doppelbrechung (SCHMIDT, *Ann. d. Physik* [4] **7**, 164).

Beim Überleiten der Dämpfe von Mesitylen über erhitzten Bimsstein bilden sich hochsiedende Kondensationsprodukte (BARTH, HERZIG, *M.* 1, 817). Einw. von Ozon auf Mesitylen: HARRIES, WEISS, *A.* **343**, 371. Mesitylen liefert bei der Oxydation mit Mangandioxyd, Schwefelsäure und Eisessig 13,6 % der Theorie an 2.4.6.3'.5'-Pentamethyl-diphenylmethan, etwas 3.5-Dimethyl-benzaldehyd, einen Kohlenwasserstoff vom Schmelzpunkt 132° bis 133° und Kp.$_{763}$: 350° (vielleicht Dihydrotetramethylanthracen) und höhere Kohlenwasserstoffe; oxydiert man mit Mangandioxyd und wäßr. (62 %iger) Schwefelsäure, so erhält man 31 % Dimethylbenzaldehyd, 11,5 % Pentamethyldiphenylmethan, wenigstens 3 % Mesitylensäure und die übrigen, oben genannten Produkte (WEILER, *B.* **33**, 465). Ausbeuten an Dimethylbenzaldehyd bei der Oxydation von Mesitylen nach verschiedenen Oxydationsmethoden: LAW, PERKIN, *Soc.* **91**, 263; vgl. *C.* **1905** I, 359. Beim Erhitzen von Mesitylen mit kaltgesättigter Permanganatlösung auf 80° entstehen Uvitinsäure und Trimesinsäure (JACOBSEN, *A.* **184**, 191). Mesitylen gibt in Essigsäureanhydrid mit Chromsäure und konz. Schwefelsäure Trimesintrialdehyd-hexaacetat (BIELECKI, *C.* **1908** I, 1623). Kocht man Mesitylen mit einem Gemisch von Kaliumchromat und verd. Schwefelsäure bis zum Verschwinden des Kohlenwasserstoffes, so läßt sich nur Essigsäure isolieren (FITTIG, *A.* **141**, 142). Mesitylen wird durch Kochen mit verd. Salpetersäure [1 Vol. Säure (D: 1,4) und 2 Vol. Wasser] in Mesitylensäure und Uvitinsäure übergeführt; daneben entstehen eso-Nitromesitylen und 4-Nitro-3.5-dimethyl-benzoesäure (FL., *A.* **141**, 144; FL., FURTENBACH, *A.* **147**, 296). Beim Erhitzen von Mesitylen mit verd. Salpetersäure (D: 1,075—1,155) auf 100° entsteht ω-Nitro-mesitylen (KONOWALOW, *B.* **26**, 1862; Ж. **31**, 256; *C.* **1899** I, 1238). Konz. Salpetersäure (D: 1,38) wirkt in der Kälte kaum ein; in der Wärme entstehen eso-Nitromesitylen (FITTIG, STORER, *A.* **147**, 1) und wenig ω-Nitro-mesitylen (KO., *B.* **29**, 2201). Rauchende Salpetersäure verwandelt Mesitylen schon in der Kälte in eso-Dinitromesitylen (FL., *A.* **141**, 132; FL., ST.). Nitrierung von Mesitylen mit Salpeterschwefelsäure in der Kälte führt zu eso-Trinitromesitylen (CAHOURS, *A. ch.* [3] **25**, 40; *A.* **69**, 245; A. W. HOFMANN, *A.* **71**, 129; FL., *A.* **141**, 134). Beim Kochen von Mesitylen mit 1 Gew.-Tl. Salpetersäure (D: 1,51) und 4 Gew.-Tln. Eisessig entstehen eso-Nitromesitylen (SCHULTZ, *B.* **17**, 477), ω-Nitro-mesitylen (KO., *B.* **29**, 2201) und Mesitylensäure (BAMBERGER, RISING, *B.* **33**, 3625). Durch Hydrierung von Mesitylen in Gegenwart von Nickel bei 180° (SABATIER, SENDERENS, *C. r.* **132**, 568, 1255) oder mit Phosphoniumjodid bei 280° (BAEYER, *A.* **155**, 273) entsteht Hexahydromesitylen (S. 45). Beim Einleiten von Chlor in abgekühltes Mesitylen entstehen eso-Mono-, Di- und Trichlormesitylen (FITTIG, HOOGEWERFF, *A.* **150**, 323). Bei der Einw. von Chlor auf den Dampf des siedenden Mesitylens bei höchstens 215° wurden ω-Chlor-mesitylen (ROBINET, *C. r.* **96**, 501; *B.* **16**, 965) und ω.ω'-Dichlor-mesitylen (R., COLSON, *Bl.* [2] **40**, 110; R.) erhalten. Verhalten von Mesitylen bei der Einw. von Chlor im Sonnenlicht: RADZIEWANOWSKI, SCHRAMM, *C.* **1898** I, 1019. Bei der Einw. von 1 Mol.-Gew. Brom auf abgekühltes Mesitylen (FITTIG, STORER, *A.* **147**, 6) im Dunkeln (SCHRAMM, *B.* **19**, 212) entsteht fast ausschließlich eso-Brom-mesitylen, im Sonnenlicht außerdem 2.5¹-Dibrom-mesitylen (SCH.). Beim Behandeln von Mesitylen mit 2 Mol.-Gew. Brom in der Kälte entstehen eso-Di- und Tribrom-mesitylen (FL., ST.). Siedendes Mesitylen und Bromdampf reagieren unter Bildung von ω.ω'-Dibrom-mesitylen (ROBINET, *C. r.* **96**, 501; *B.* **16**, 965; COLSON, *A. ch.* [6] **6**, 91), ω.ω'.ω''-Tribrom-mesitylen und sehr wenig 2.1¹.3¹(?)-Tribrom-mesitylen (Co., *A. ch.* [6] **6**, 94, 99). Beim Erhitzen von 10 g Mesitylen mit 13 g Sulfurylchlorid auf 150° entsteht eso-Chlor-mesitylen; 3 g Mesitylen, mit 11 g Sulfurylchlorid auf 150° erhitzt, liefern eso-Trichlor-mesitylen (TÖHL, EBERHARD, *B.* **26**, 2943). Mesitylen liefert mit Sulfurylchlorid + Aluminiumchlorid eso-Chlor-mesitylen und Mesitylensulfonsäurechlorid (T., E., *B.* **26**, 2943). Mesitylen wird beim Erwärmen mit Jod und Jodsäure in Essigsäure viel leichter jodiert als Benzol und m-Xylol (KLAGES, LIECKE, *J. pr.* [2] **61**, 311). Beim Erhitzen von Mesitylen mit Aluminiumchlorid im HCl-Strom auf 150—160° entstehen m-Xylol, Durol, wenig Benzol und Toluol, sowie Spuren Pseudocumol (JACOBSEN, *B.* **18**, 342). Mit AlCl₃ und CuCl versetztes Mesitylen liefert mit Kohlenoxyd + HCl den 2.4.6-Trimethyl-benzaldehyd (GATTERMANN, *A.* **347**, 374). Dieser Aldehyd entsteht auch bei der Einw. von AlCl₃ auf ein Gemisch von Mesitylen mit Nickelcarbonyl (DEWAR, JONES, *Soc.* **85**, 219). — Mesitylen reagiert mit Acetylchlorid und AlCl₃ in CS₂ glatt unter Bildung von Diacetylmesitylen (V. MEYER, *B.* **29**, 1413; V. M., PAVIA, *B.* **29**, 2866).

Verbindung von Mesitylen mit Pikrinsäure s. Syst. No. 523.

2-Fluor-1.3.5-trimethyl-benzol, eso-Fluor-mesitylen $C_9H_{11}F = C_6H_2F(CH_3)_3$. — *B.* Durch Zers. des Diazopiperidids aus Mesidin mit Flußsäure (TÖHL, *B.* **25**, 1525). — Nicht er-starrende Flüssigkeit. Kp: 171—172⁰.

2-Chlor-1.3.5-trimethyl-benzol, eso-Chlor-mesitylen $C_9H_{11}Cl = C_6H_2Cl(CH_3)_3$. — *B.* Durch Einw. von Chlor auf Mesitylen unter Kühlung erhält man ein Gemenge von Mono-, Di- und Trichlormesitylen, welches man in siedendem Alkohol löst; beim Erkalten scheidet sich Trichlormesitylen ab; Mono- und Dichlormesitylen werden durch Fraktionieren getrennt (FITTIG, HOOGEWERFF, *A.* **150**, 323). — Erstarrt nicht bei —20⁰. Kp: 204—206⁰. — Bei der langsam verlaufenden Oxydation mit Chromsäuregemisch wurde nur Essigsäure erhalten. Verdünnte Salpetersäure oxydiert zu Chlormesitylensäure.

1¹-Chlor-1.3.5-trimethyl-benzol, ω-Chlor-mesitylen, Mesitylchlorid $C_9H_{11}Cl = (CH_3)_2C_6H_3 \cdot CH_2Cl$. — *B.* Durch Einleiten von Chlor in den Dampf des siedenden Mesitylens bei höchstens 215⁰, neben ω.ω'-Dichlor-mesitylen (ROBINET, *C. r.* **96**, 501; *B.* **16**, 965). — Erstarrt nicht bei —17⁰. Kp: 215—220⁰. — Liefert bei der Oxydation mit Salpetersäure Mesitylensäure.

2.4-Dichlor-1.3.5-trimethyl-benzol, eso-Dichlor-mesitylen $C_9H_{10}Cl_2 = C_6HCl_2(CH_3)_3$. — *B.* siehe bei eso-Chlor-mesitylen. — Prismen (aus Alkohol). Schmilzt bei 59⁰; Kp: 243—244⁰ (FITTIG, HOOGEWERFF, *A.* **150**, 327). Verflüchtigt sich stark bei gewöhnlicher Temperatur. Mit Wasserdämpfen flüchtiger als eso-Chlor-mesitylen. Leicht löslich in kaltem Alkohol, sehr leicht in Äther und Benzol. — Wird von Chromsäuregemisch kaum angegriffen.

1¹.3¹-Dichlor-1.3.5-trimethyl-benzol, ω.ω'-Dichlor-mesitylen $C_9H_{10}Cl_2 = CH_3 \cdot C_6H_3(CH_2Cl)_2$. — *B.* Beim Einleiten von Chlor in den Dampf des siedenden Mesitylens bei höchstens 215⁰, neben Mesitylchlorid (ROBINET, COLSON, *Bl.* [2] **40**, 110; R., *C. r.* **96**, 501; *B.* **16**, 965). — Nadeln oder Blättchen (aus Alkohol oder Äther). F: 41,5⁰; Kp: 260—265⁰ (R., C.; R.). In warmem Alkohol löslicher als in kaltem (R., C.). — Liefert beim Kochen mit Wasser und Bleicarbonat 1¹.3¹-Dioxy-1.3.5-trimethyl-benzol (R., C.).

2.4.6-Trichlor-1.3.5-trimethyl-benzol, eso-Trichlor-mesitylen $C_9H_9Cl_3 = C_6Cl_3(CH_3)_3$. — *B.* Beim Chlorieren von Mesitylen (s. eso-Chlormesitylen) (FITTIG, HOOGEWERFF, *A.* **150**, 328). Entsteht neben Hexamethylbenzol beim Einleiten von Methylchlorid in ein Gemisch aus o-Dichlor-benzol und Aluminiumchlorid auf dem Wasserbad (FRIEDEL, CRAFTS, *A. ch.* [6] **10**, 418). — Nadeln (aus Alkohol). F: 204—205⁰ (FI., H.). Kp: 280⁰ (FR., CR.). Subli-miert in Spießen (FI., H.). Sehr wenig löslich in kaltem Alkohol, leichter in heißem, leicht in Äther (FI., H.). Absorptionsspektrum: PURVIS, *C.* **1909** II, 119. — Wird von Oxy-dationsmitteln nicht angegriffen (FI., H.).

2-Brom-1.3.5-trimethyl-benzol, eso-Brom-mesitylen $C_9H_{11}Br = C_6H_2Br(CH_3)_3$. — *B.* Aus Brom und Mesitylen in der Kälte (FITTIG, STORER, *A.* **147**, 6), im Dunkeln (SCHRAMM, *B.* **19**, 212). Aus Mesitylen, gelöst in Benzin, Salpetersäure (D: 1,4) und Bromschwefel (KALLE & Co., D. R. P. 123746; *C.* **1901** II, 750). — Erstarrt im Kältegemisch und schmilzt bei — 1⁰; Kp: 225⁰; D¹⁰: 1,3191 (FI., ST.). — Chromsäuregemisch oxydiert zu 4-Brom-3.5-dimethyl-benzoesäure (FI., ST.). Liefert mit Natrium in siedendem Mesitylen neben regeneriertem Mesitylen hauptsächlich 3.5.3'.5'-Tetramethyl-dibenzyl, außerdem 2.4.6.3'.5'-Pentamethyl-diphenylmethan und ein gelbes, violett fluorescierendes Öl, in dem sich vielleicht Hexamethyl-diphenyl befindet (WEILER, *B.* **33**, 334).

1¹-Brom-1.3.5-trimethyl-benzol, ω-Brom-mesitylen, Mesitylbromid $C_9H_{11}Br = (CH_3)_2C_6H_3 \cdot CH_2Br$. — *B.* Man läßt auf Mesitylen bei 135—145⁰ zwei Drittel der theoretischen Menge Brom einwirken (WISPEK, *B.* **16**, 1577; vgl. WEILER, *B.* **33**, 339 Anm.). — Nadeln (aus Äther). F: 37,5—38⁰ (WI.), 38,3⁰ (COLSON, *A. ch.* [6] **6**, 90). Kp₇₆₀: 229—231⁰ (geringe Zers.); leicht löslich in Alkohol, Äther und Chloroform (WI.). — Liefert mit Natrium in siedendem Mesitylen in reichlicher Ausbeute ein Gemisch von 3.5.3'.5'-Tetramethyl-dibenzyl, 2.4.6.3'.5'-Pentamethyl-diphenylmethan und wenig Öl (WEILER, *B.* **33**, 336).

1¹.3¹-Dichlor-2(?)-brom-1.3.5-trimethyl-benzol, ω.ω'-Dichlor-eso-brom-mesitylen $C_9H_9Cl_2Br = CH_3 \cdot C_6H_2Br(CH_2Cl)_2$. — *B.* Aus dem Alkohol $(CH_3)^5C_6H_2Br(CH_2 \cdot OH)_2^{1.3}$ und konz. Salzsäure (COLSON, *A. ch.* [6] **6**, 101). — F: 75—76⁰.

2.4-Dibrom-1.3.5-trimethyl-benzol, eso-Dibrom-mesitylen $C_9H_{10}Br_2 = C_6HBr_2(CH_3)_3$. — *B.* Aus Mesitylen und 2 Mol.-Gew. Brom, neben Tribrommesitylen (FITTIG, STORER, *A.* **147**, 10). Aus eso-Brom-mesitylen und 1 Mol.-Gew. Brom im Dunkeln (SCHRAMM, *B.* **19**, 212). — Nadeln (aus Alkohol). F: 60⁰; Kp: 285⁰ (F., ST.). F: 64⁰; Kp: 276—278⁰

(Süssenguth, *A.* **215**, 248). — Liefert bei der Oxydation mit Chromsäure und Eisessig Dibrommesitylensäure $C_9H_8O_2Br_2$ (Sü.). Wird beim Kochen mit rauchender Salpetersäure in 6-Brom-2.4-dinitro-mesitylen übergeführt (Sü.). Gibt bei der Einw. von Äthyljodid und Natrium in Xylollösung einen Kohlenwasserstoff vom Schmelzpunkt 103—104° und vom Siedepunkt 283—285° (Jannasch, Heubach, *B.* **30**, 1073).

2.5¹-Dibrom-1.3.5-trimethyl-benzol , 2.5¹-Dibrom-mesitylen, p-Brom-mesitylbromid $C_9H_{10}Br_2 = (CH_3)_2C_6H_2Br\cdot CH_2Br.$ *B.* Aus Mesitylen und 1 Mol.-Gew. Brom an der Sonne (Schramm, *B.* **19**, 213). — Bleibt bei —19° flüssig. Zersetzt sich völlig bei der Destillation. — Liefert mit Kaliumacetat das Acetat des p-Brom-mesitylalkohols.

1¹.3¹-Dibrom-1.3.5-trimethyl-benzol, ω.ω′-Dibrom-mesitylen $C_9H_{10}Br_2 = CH_3\cdot$ $C_6H_3(CH_2Br)_2.$ *B.* Durch Behandeln von siedendem Mesitylen mit Bromdampf (Robinet, *C. r.* **96**, 501; *B.* **16**, 965; Colson, *A. ch.* [6] **6**, 91). Durch Behandeln von 1¹.3¹-Dioxy-1.3.5-trimethyl-benzol mit rauchender Bromwasserstoffsäure (R., C., *Bl.* [2] **40**, 110). — Prismen. F: 66,3—66,4° (C.). Löslich in Äther und Petroläther (R., C.). — Wird von Alkohol, in dem es in der Wärme leicht, in der Kälte sehr wenig löslich ist (R., C.), verändert (C.).

2.4.6-Tribrom-1.3.5-trimethyl-benzol, eso-Tribrom-mesitylen $C_9H_9Br_3 =$ $C_6Br_3(CH_3)_3.$ *B.* Aus Mesitylen und Brom (A. W. Hofmann, *A.* **71**, 128; Fittig, Storer, *A.* **147**, 11). — Nadeln (aus Alkohol) oder Prismen (aus Benzol). Triklin pinakoidal (Henniges, *J.* **1882**, 446; vgl. Groth, *Ch. Kr.* **4**, 746). F: 224° (F., St.). Sehr wenig löslich in heißem Alkohol, fast unlöslich in kaltem (F., St.).

2.1¹.3¹(?)-Tribrom-1.3.5-trimethyl-benzol, 2.1¹.3¹(?)-Tribrom-mesitylen $C_9H_9Br_3 =$ $CH_3\cdot C_6H_2Br(CH_2Br)_2.$ *B.* In sehr geringer Menge neben anderen Produkten beim Behandeln von siedendem Mesitylen mit Brom (Colson, *A. ch.* [6] **6**, 99). Beim Kochen des Alkohols $(CH_3)^3C_6H_2Br(CH_2\cdot OH)^{1,2}$ mit konz. Bromwasserstoffsäure (C., *A. ch.* [6] **6**, 101). — Krystalle (aus Alkohol oder Petroläther). F: 81°.

2.1¹.5¹-Tribrom-1.3.5-trimethyl-benzol, 2.1¹.5¹-Tribrom-mesitylen $C_9H_9Br_3 = CH_3\cdot$ $C_6H_2Br(CH_2Br)_2.$ *B.* Aus 2.5¹-Dibrom-mesitylen und Brom an der Sonne (Schramm, *B.* **19**, 215). — Nadeln (aus Alkohol). F: 120—122°. — Gibt an alkoh. Silbernitrat zwei Atome Brom ab.

1¹.3¹.5¹-Tribrom-1.3.5-trimethyl-benzol, ω.ω′.ω″-Tribrom-mesitylen $C_9H_9Br_3 =$ $C_6H_3(CH_2Br)_3.$ *B.* Neben anderen Produkten in geringer Menge durch Behandeln von siedendem Mesitylen mit Brom (Colson, *A. ch.* [6] **6**, 94). Aus 1.3.5-Tris-oxymethyl-benzol durch Kochen mit Bromwasserstoffsäure (C.). — Nadeln (aus Petroläther). F: 94,5°. Löslich in Alkohol, Äther und Chloroform.

2-Jod-1.3.5-trimethyl-benzol, eso-Jod-mesitylen $C_9H_{11}I = C_6H_2I(CH_3)_3.$ *B.* Aus Jod und Mesitylen in Gegenwart von Quecksilberoxyd (Töhl, *B.* **25**, 1522). Durch Zersetzung der Diazoverbindung aus Mesidin mit Kaliumjodid (T., *B.* **25**, 1522). Durch Einw. von Jodschwefel und Salpetersäure auf eine Lösung von Mesitylen in Benzin (Edinger, Goldberg, *B.* **33**, 2881). — Nadeln. F: 30,5°; Kp: 248—250° (T., *B.* **25**, 1522). Mit Wasserdampf leicht flüchtig (Willgerodt, Roggatz, *J. pr.* [2] **61**, 423). — Wird beim Kochen mit Jodwasserstoff und Phosphor zu Mesitylen reduziert (Klages, Liecke, *J. pr.* [2] **61**, 325). Beim Schütteln mit konz. Schwefelsäure entstehen eso-Dijod-mesitylen und Mesitylensulfonsäure, mit rauchender Schwefelsäure eso-Trijod-mesitylen und Mesitylensulfonsäure (Töhl, Eckel, *B.* **26**, 1100). SO_3 erzeugt eso-Jodmesitylensulfonsäure, Mesitylensulfonsäure und Dijodmesitylen (T., E.). Durch Einw. von Chlorsulfonsäure wird eso-Trichlormesitylen erzeugt (T., E.). Mit Sulfurylchlorid in Äther entsteht 2.4.6-Trimethyl-phenyljodidchlorid (s. u.) (T., *B.* **26**, 2950).

2-Jodoso-1.3.5-trimethyl-benzol, eso-Jodoso-mesitylen $C_9H_{11}OI = (CH_3)_3C_6H_2\cdot IO$ und Salze vom Typus $(CH_3)_3C_6H_2\cdot IAc_2.$ *B.* Das salzsaure Salz $(CH_3)_3C_6H_2\cdot ICl_2$ entsteht aus eso-Jod-mesitylen durch Sulfurylchlorid in Äther (Töhl, *B.* **26**, 2950) oder durch Chlor in Eisessig oder Chloroform unter guter Kühlung (Willgerodt, Roggatz, *J. pr.* [2] **61**, 424). — Jodosomesitylen bildet eine graugelbe amorphe, in den meisten Lösungsmitteln schwer lösliche Masse (W., R.). — Salzsaures Salz, 2.4.6-Trimethyl-phenyljodidchlorid $C_9H_{11}\cdot ICl_2.$ Gelbe Nadeln. Geht nach einiger Zeit unter HCl-Entwicklung in eso-Chlor-jod-mesitylen über (W., R.). — Essigsaures Salz $C_9H_{11}\cdot I(C_2H_3O_2)_2.$ Nadeln (aus Benzol). F: 158°. In Äther und Eisessig löslich, in Ligroin unlöslich (W., R.).

2-Jodo-1.3.5-trimethyl-benzol, eso-Jodo-mesitylen $C_9H_{11}O_2I = (CH_3)_3C_6H_2\cdot IO_2.$ *B.* Man kocht Jodosomesitylen in Chloroform oder man behandelt es mit Wasserdampf, bis kein Jodmesitylen mehr übergeht (Willgerodt, Roggatz, *J. pr.* [2] **61**, 425). — Nadeln (aus Eisessig). Explodiert bei 195°. Schwer löslich in Eisessig und Alkohol, sehr wenig in Äther.

Phenyl-[2.4.6-trimethyl-phenyl]-jodoniumhydroxyd $C_{15}H_{17}OI =$ $(CH_3)_3C_6H_2 \cdot I(C_6H_5) \cdot OH$. *B.* Aus Jodobenzol und Jodosomesitylen durch feuchtes Silberoxyd (WILLGERODT, ROGGATZ, *J. pr.* [2] **61**, 427). — Salze. $C_{15}H_{16}I \cdot Cl$. Nadeln (aus Alkohol). F: 94⁰. — $2C_{15}H_{16}I \cdot Cl + HgCl_2$. Nadeln (aus siedendem Wasser). Zersetzt sich bei 247⁰. — $2C_{15}H_{16}I \cdot Cl + PtCl_4$. Gelber amorpher Niederschlag. Zersetzt sich bei 173⁰.

Bis-[2.4.6-trimethyl-phenyl]-jodoniumhydroxyd $C_{18}H_{23}OI = [(CH_3)_3C_6H_2]_2I \cdot OH$. *B.* Durch Verreiben eines Gemisches von Jodosomesitylen und Jodomesitylen mit feuchtem Silberoxyd (WILLGERODT, ROGGATZ, *J. pr.* [2] **61**, 425). — Salze. $C_{18}H_{22}I \cdot Cl$. Gelbe Nadeln. F: 122⁰. In Alkohol löslich, in Wasser unlöslich. — $C_{18}H_{22}I \cdot Br$. Gelbe Nadeln (aus Alkohol). F: 139⁰. — $C_{18}H_{22}I \cdot I$. Gelber amorpher Niederschlag. F: 194⁰. — $C_{18}H_{22}I \cdot SO_4H$. Blättchen (aus Wasser). F: 164⁰. In Alkohol löslich, in Wasser schwer löslich. — $(C_{18}H_{22}I)_2CrO_4$. Gelber amorpher Niederschlag. Zersetzt sich bei 101⁰. In Wasser und Alkohol löslich. — $C_{18}H_{22}I \cdot NO_3$. Würfel (aus Wasser). F: 126⁰. — $2C_{18}H_{22}I \cdot Cl + HgCl_2$. Amorphe weiße Masse. Zersetzt sich bei 130⁰. — $2C_{18}H_{22}I \cdot Cl + PtCl_4$. Gelbes amorphes Pulver. Zersetzt sich bei 151⁰.

[α.β-Dichlor-vinyl]-[2.4.6-trimethyl-phenyl]-jodoniumchlorid $C_{11}H_{12}Cl_3I =$ $(CH_3)_3C_6H_2 \cdot I(CCl:CHCl) \cdot Cl$. Zur Konstitution vgl. THIELE, HAAKH, *A.* **369**, 144. — *B.* Aus 2.4.6-Trimethyl-phenyljodidchlorid und Acetylensilber-Silberchlorid in Wasser (WILLGERODT, ROGGATZ, *J. pr.* [2] **61**, 428). — Weiße Blättchen (aus Wasser). F: 149⁰. In Alkohol und Wasser löslich, in Äther unlöslich. — $2 \, C_{11}H_{12}Cl_3I \cdot Cl + PtCl_4$. Gelbe Nadeln aus Wasser. F: 133⁰. In Wasser und Alkohol löslich, in Äther und Eisessig unlöslich.

4-Chlor-2-jod-1.3.5-trimethyl-benzol, eso-Chlor-jod-mesitylen $C_9H_{10}ClI =$ $C_6HClI(CH_3)_3$. *B.* Durch Chlorieren von Jodmesitylen in Chloroform oder Eisessig ohne Kühlung (WILLGERODT, ROGGATZ, *J. pr.* [2] **61**, 429). — Nadeln (aus Chloroform). F: 180⁰. Schwer löslich in Alkohol, leicht in Äther, Chloroform, Benzol und Eisessig.

4-Chlor-2-jodoso-1.3.5-trimethyl-benzol, eso-Chlor-jodoso-mesitylen $C_9H_{10}OClI$ $= (CH_3)_3C_6HCl \cdot IO$ und Salze vom Typus $(CH_3)_3C_6HCl \cdot IAc_2$. *B.* Das salzsaure Salz $(CH_3)_3C_6HCl \cdot ICl_2$ entsteht aus eso-Chlorjodmesitylen in Benzol durch Chlor; es liefert beim Verreiben mit verd. Natronlauge die freie Jodosoverbindung (WILLGERODT, ROGGATZ, *J. pr.* [2] **61**, 429). — Salzsaures Salz, 3-Chlor-2.4.6-trimethyl-phenyljodidchlorid $C_9H_{10}Cl \cdot I(C_2H_3O_2)_2$. Gelbe Nadeln. Zersetzt sich leicht unter Rückbildung von Chlorjodmesitylen. — Essigsaures Salz $C_9H_{10}Cl \cdot I(C_2H_3O_2)_2$. Weiße Nadeln. F: 169⁰.

4-Chlor-2-jodo-1.3.5-trimethyl-benzol, eso-Chlor-jodo-mesitylen $C_9H_{10}O_2ClI =$ $(CH_3)_3C_6HCl \cdot IO_2$. *B.* Aus eso-Chlor-jodoso-mesitylen bei der Wasserdampfdestillation, wobei es als Rückstand verbleibt (WILLGERODT, ROGGATZ, *J. pr.* [2] **61**, 430). — Amorphes weißes Pulver (aus Eisessig). Schmilzt bei 222⁰ ohne Explosion.

2.4-Dijod-1.3.5-trimethyl-benzol, eso-Dijod-mesitylen $C_9H_{10}I_2 = C_6HI_2(CH_3)_3$. *B.* Man schüttelt eso-Jod-mesitylen mit 5 Tln. konz. Schwefelsäure (TÖHL, ECKEL, *B.* **26**, 1100). — Nadeln (aus Alkohol). F: 82—83⁰. Leicht löslich in Äther, Petroläther, heißem Alkohol.

2.4.6-Trijod-1.3.5-trimethyl-benzol, eso-Trijod-mesitylen $C_9H_9I_3 = C_6I_3(CH_3)_3$. *B.* Durch Schütteln von eso-Jod-mesitylen oder eso-Dijodmesitylen mit rauchender Schwefelsäure (TÖHL, ECKEL, *B.* **26**, 1100). — Prismen (aus Benzol). F: 208⁰. Äußerst schwer löslich in Alkohol und Äther, leichter in Benzol und Toluol.

2-Nitroso-1.3.5-trimethyl-benzol, eso-Nitroso-mesitylen $C_9H_{11}ON = ON \cdot C_6H_2(CH_3)_3$. *B.* Durch Oxydation von 2-Hydroxylamino-1.3.5-trimethyl-benzol mit Chromsäuregemisch (v. PECHMANN, NOLD, *B.* **31**, 561), Eisenchlorid (BAMBERGER, RISING, *B.* **33**, 3632) oder in alkal. Lösung mit Luft (BAMBERGER, BRADY, *B.* **33**, 274). — *Darst.* Durch Oxydation von Mesidin mit Sulfomonopersäure (B., R.). — Rhombische (GRUBENMANN, *B.* **33**, 3633) Krystalle (aus Aceton). F: 122⁰ (B., R.), 129⁰ (v. P., N.). Schwer flüchtig mit Wasserdampf; leicht löslich in Chloroform und Äther, nur in der Wärme leicht löslich in Alkohol, Benzol, Aceton, schwer in Petroläther, Ligroin, Wasser; die Lösungen sind in der Kälte fast farblos, in der Wärme grün (B., R.). Bestimmung des Molekulargewichtes in kalten und warmen Lösungen: B., R., *B.* **34**, 3877. — Reduziert heiße FEHLINGsche Lösung nicht (B., R., *B.* **33**, 3635). Bei mehrstündigem Kochen mit Wasser entstehen Nitromesitylen, Mesidin und Trimethylchinol (B., R., *B.* **33**, 3635). Diazomethan reduziert zu Hydroxylaminomesitylen (v. P., N.).

2-Nitro-1.3.5-trimethyl-benzol, eso-Nitro-mesitylen $C_9H_{11}O_2N = O_2N \cdot C_6H_2(CH_3)_3$. *B.* Durch Erwärmen von Mesitylen mit Salpetersäure (D: 1,38) auf dem Wasserbade (FITTIG, STORER, *A.* **147**, 1). Entsteht ziemlich reichlich bei der Darstellung der Mesitylensäure durch

Kochen von Mesitylen mit einem Gemenge von 1 Vol. roher Salpetersäure und 2 Vol. Wasser (Fl., St.). Aus Mesitylen und Benzoylnitrat in Tetrachlorkohlenstoff (Francis, B. 39, 3801). Aus diazotiertem Nitromesidin durch Erwärmen mit Alkohol (Ladenburg, A. 179, 170). — *Darst.* Zu einer Mischung von 100 g Mesitylen und 400 ccm Eisessig gibt man 100 g Salpetersäure (D: 1,51); man erhitzt 50 Minuten am Rückflußkühler zum Sieden, befreit das durch Eingießen in Eiswasser erhaltene Rohöl durch Behandlung mit Pottasche und Kalilauge von Mesitylensäure und ω-Nitro-mesitylen und trennt es durch fraktionierte Dampfdestillation in Mesitylen und Nitromesitylen (Schultz, B. 17, 477; Bamberger, Rising, B. 33, 3625). — Prismen (aus Alkohol). Rhombisch (Wickel, J. 1884, 464; 1885, 774; vgl. *Groth, Ch. Kr.* 4, 747). F: 41—42° (F., St.; La.), 44° (Biedermann, Ledoux, B. 8, 58). Kp: 255° (La.). Ziemlich leicht löslich in kaltem Alkohol, sehr leicht in heißem (F., St.). Molekulare Verbrennungswärme bei konst. Vol.: 1216,66 Cal. (Subow, Ж. 28, 691; J. 1896, 71; *Ph. Ch.* 23, 559). — Mit Chromsäure und Eisessig bei 60—70° entsteht p-Nitro-mesitylensäure (Emerson, *Am.* 8, 269).

1¹-Nitro-1.3.5-trimethyl-benzol, ω-Nitro-mesitylen, [3.5-Dimethyl-phenyl]-nitromethan $C_9H_{11}O_2N = (CH_3)_3C_6H_3 \cdot CH_2 \cdot NO_2$. *B.* Aus Mesitylen und verd. Salpetersäure (D: 1,075—1,155) bei 100° (Konowalow, B. 28, 1862; Ж. 31, 256; C. 1899 I, 1238). Beim Kochen von Mesitylen mit einem Gemisch von 1 Vol. rauchender Salpetersäure und 5 Vol. Eisessig (K., B. 29, 2201). Durch Zers. der Alkalisalze der aci-Form (s. u.) mit Kohlensäure (K., B. 28, 1862; 29, 2195). Aus der freien aci-Form durch Einw. von Wärme oder Sonnenlicht (K., B. 29, 2195). — Krystalle (aus Alkohol). F: 46,8° (K., B. 28, 1862; Ж. 31, 266; C. 1899 I, 1238). Destilliert unter 25 mm Druck, sich dabei stark zersetzend, zwischen 120° und 170° (K., Ж. 31, 267; C. 1899 I. 1238). Flüchtig mit Wasserdämpfen (K., B. 28, 1862). Leicht löslich in Alkohol, Äther und Benzol, schwer in Petroläther (K., B. 28, 1862; Ж. 31, 266). Molekulare Verbrennungswärme bei konstantem Vol.: 1206,33 Cal. (Subow, Ж. 28, 692; J. 1896, 71; *Ph. Ch.* 23, 559). — Bei anhaltendem Kochen mit Salpetersäure (D: 1,155) entsteht Mesitylensäure (K., B. 28, 1863; Ж. 31, 267; C. 1899 I, 1238). Löst sich in Ätzalkalien, beim Erwärmen auch in Sodalösung, unter Übergang in die Salze der aci-Form (K., B. 28, 1862; Ж. 31, 267). Bei der Einw. von überschüssiger rauchender Salpetersäure (D: 1,51) entstehen 2.4.1¹- oder 2.6.1¹-Trinitro-1.3.5-trimethyl-benzol und andere Produkte (K., Ж. 31, 271; C. 1899 I, 1238).

aci-1¹-Nitro-1.3.5-trimethyl-benzol, ω-Isonitro-mesitylen, [3.5-Dimethyl-phenyl]-isonitromethan $C_9H_{11}O_2N = (CH_3)_3C_6H_3 \cdot CH:NO_2H$. *B.* Durch Zusatz von verd. Schwefelsäure zu der eiskalten Lösung von ω-Nitro-mesitylen in Sodalösung (Konowalow, B. 29, 2194). — Seideglänzende Nadeln (aus Benzol). F: ca. 63° (Zers.) (K., B. 29, 2195). Leicht löslich in Alkohol, Äther, Benzol, Aceton, Essigester und Soda, sehr wenig in Petroläther (K., B. 29, 2195). — Nur in der Kälte längere Zeit beständig; wandelt sich schon bei Zimmertemperatur, besonders schnell am Sonnenlicht oder beim Erhitzen teilweise in den echten Nitrokörper um (K., B. 29, 2195). Aus der Lösung in Soda oder Kalilauge wird durch Schwefelsäure der Isonitrokörper, durch Kohlendioxyd der echte Nitrokörper gefällt (K., B. 29, 2195). Die Salze sind leicht löslich in Wasser und Alkohol, unlöslich in konz. Alkalien (K., B. 28, 1862; Ж. 31, 267; C. 1899 I, 1238).

4-Chlor-2-nitro-1.3.5-trimethyl-benzol, eso-Chlor-eso-nitro-mesitylen $C_9H_{10}O_2NCl = O_2N \cdot C_6HCl(CH_3)_3$. *B.* In geringer Menge beim Lösen von Chlormesitylen in rauchender Salpetersäure, neben Chlordinitromesitylen (Fittig, Hoogewerff, A. 150, 324). Beim Kochen von Chlormesitylen mit verd. Salpetersäure (F., H.). — Blaßgelbe Spieße. F: 56—57°. Leicht löslich in Alkohol.

4-Brom-2-nitro-1.3.5-trimethyl-benzol, eso-Brom-eso-nitro-mesitylen $C_9H_{10}O_2NBr = O_2N \cdot C_6HBr(CH_3)_3$. *B.* Beim Nitrieren von Brommesitylen mit einem Gemisch gleicher Volume rauchender und roher Salpetersäure in der Kälte (Fittig, Storer, A. 147, 7). — Krystalle (aus Alkohol). F: 54°. Ziemlich leicht löslich in kaltem Alkohol.

4.6-Dijod-2-nitro-1.3.5-trimethyl-benzol, eso-Dijod-eso-nitro-mesitylen $C_9H_9O_2NI_2 = O_2N \cdot C_6I_2(CH_3)_3$. *B.* Aus Dijodmesitylen durch ein Gemisch rauchender und konz. Salpetersäure (Töhl, Eckel, B. 26, 1103). — Nadeln (aus Alkohol). F: 183°. Sehr leicht löslich in Benzol, schwerer in Alkohol.

2.4-Dinitro-1.3.5-trimethyl-benzol, eso-Dinitro-mesitylen $C_9H_{10}O_4N_2 = (O_2N)_2C_6H(CH_3)_3$. *B.* Aus Mesitylen und rauchender Salpetersäure (A. W. Hofmann, A. 71, 130; Fittig, A. 141, 132). Aus Dinitromesidin und salpetriger Säure in Alkohol (Ladenburg, A. 179, 168). — *Darst.* Man tröpfelt 20 ccm Mesitylen in 50 ccm rauchende Salpetersäure und kocht anhaltend (Küster, Stallberg, A. 278, 213). — Rhombische (v. Lang, A. 141, 133; vgl. *Groth, Ch. Kr.* 4, 747) Krystalle (aus Alkohol). F: 86° (F., A. 141, 133). Ziemlich leicht löslich in heißem Alkohol, weniger in kaltem Alkohol (F.). Ist, nach ebullioskopischen Messungen in Ameisensäure (Bruni, Berti, *R. A. L.* [5] 9 I, 398; *G.* 30 II, 323), in Acetonitril und in Methylalkohol (BRUNI, SALA, G. **34** II, 483) stark dissoziiert. Das kryoskopisch bestimmte Mol.-Gew. in absol. H_2SO_4 ist normal (HANTZSCH, Ph. Ch. **61**, 270). Molekulare Verbrennungswärme bei konst. Vol.: 1186,71 Cal. (SUBOW, Ж. **28**, 692; J. **1896**, 71; Ph. Ch. **23**, 559). Kinetik der Nitrierung in 95%/iger Schwefelsäure bei 25°: MARTINSEN, Ph. Ch. **59**, 613. — Wird von Hydroxylamin nicht verändert (ANGELI, ANGELICO, G. **30** II, 282).

2.1¹-Dinitro-1.3.5-trimethyl-benzol, 2.1¹-Dinitro-mesitylen $C_9H_{10}O_4N_2 = O_2N \cdot C_6H_2(CH_3)_3 \cdot CH_2 \cdot NO_2$. B. Aus 1 Tl. ω-Nitro-mesitylen und 5 Tln. Salpetersäure (D: 1,47) bei —10° (KONOWALOW, B. **29**, 2202; Ж. **31**, 269; C. **1899** I, 1238). — Krystalle (aus Benzol). F: 85,5—86° (K.). Molekulare Verbrennungswärme bei konstantem Vol.: 1165,86 Cal. (SUBOW, Ж. **28**, 693; J. **1896**, 71; Ph. Ch. **23**, 559). Sehr leicht löslich in Ätzalkalien, langsam in Alkalicarbonaten mit orangeroter Farbe (K.). — $KMnO_4$ oxydiert zu o-Nitro-mesitylen-säure (K.). Durch Reduktion mit Natriumamalgam und 95%/igem Alkohol entsteht das Oxim des 2-Amino-3.5-dimethyl-benzaldehyds, während bei Anwendung von käuflichem absol. Alkohol neben diesem Oxim und Mesitylensäure zwei alkaliunlösliche Basen (F: 260° und 147—147,5°) entstehen (BAMBERGER, WEILER, J. pr. [2] **58**, 338).

Base $(C_9H_{12}ON)_x$. B. Bei der Reduktion von 2.1¹-Dinitro-1.3.5-trimethyl-benzol mit Natriumamalgam und käuflichem absol. Alkohol (neben anderen Produkten) (BAMBERGER, WEILER, J. pr. [2] **58**, 356). — Weiße glänzende Blättchen. F: 260°. Leicht löslich in Nitrobenzol, Anilin und Phenol, namentlich in der Hitze, sonst sehr wenig löslich.

6-Chlor-2.4-dinitro-1.3.5-trimethyl-benzol, eso-Chlor-eso-dinitro-mesitylen $C_9H_9O_4N_2Cl = (O_2N)_2C_6Cl(CH_3)_3$. B. Beim Lösen von eso-Chlor-mesitylen in rauchender Salpetersäure (FITTIG, HOOGEWERFF, A. **150**, 325). — Nadeln. F: 178—179°.

6-Brom-2.4-dinitro-1.3.5-trimethyl-benzol, eso-Brom-eso-dinitro-mesitylen $C_9H_9O_4N_2Br = (O_2N)_2C_6Br(CH_3)_3$. B. Aus Brommesitylen und rauchender Salpetersäure in der Kälte (FITTIG, STORER, A. **147**, 8). — Tafeln (aus Benzol, Äther oder Alkohol + Äther). Monoklin prismatisch (BILLOWS, Z. Kr. **42**, 77). F: 189—190° (F., ST.), 194° (SÜSSENGUTH, A. **215**, 249). In kaltem Alkohol wenig löslich (F., ST.). Ist nach ebullioskopischen Messungen in Acetonitril nicht dissoziiert (BRUNI, SALA, G. **34** II, 483).

6-Jod-2.4-dinitro-1.3.5-trimethyl-benzol, eso-Jod-eso-dinitro-mesitylen $C_9H_9O_4N_2I = (O_2N)_2C_6I(CH_3)_3$. B. Bei 1-stdg. Erwärmen von Jodmesitylen mit rauchender Salpetersäure auf 100° (TÖHL, ECKEL, B. **26**, 1103). — F: 205—206°. Fast unlöslich in Alkohol und Äther. Ziemlich leicht löslich in Benzol.

2.4.6-Trinitro-1.3.5-trimethyl-benzol, eso-Trinitro-mesitylen $C_9H_9O_6N_3 = (O_2N)_3C_6(CH_3)_3$. B. und Darst. Beim Nitrieren von Mesitylen mit Salpeterschwefelsäure in der Kälte (CAHOURS, A. ch. [3] **25**, 40; A. **69**, 245; A. W. HOFMANN, A. **71**, 129; FITTIG, A. **141**, 134). Man löst Mesitylen in Schwefelsäure und gießt die Lösung von Mesitylen-sulfonsäure in Salpetersäure (D: 1,52) (BLANKSMA, R. **21**, 336). — Farblose feine Nadeln (aus Alkohol), große Prismen (aus Aceton) (FITTIG). Triklin pinakoidal (FRIEDLÄNDER, Z. Kr. **3**, 169; BODEWIG, J. **1879**, 396; vgl. Groth, Ch. Kr. **4**, 747). F: 230—232° (FL.), 235° (BL.). Fast unlöslich in kaltem Alkohol (C.), sehr schwer löslich in heißem Alkohol und Äther (HO.), leichter in Aceton (HO.; FL.). Besitzt in siedender Ameisensäure abweichend von anderen Nitroverbindungen normales Mol.-Gew. (BRUNI, BERTI. R. A. L. [5] 9 I, 398; G. **30** II, 324). Die farblosen Lösungen des Trinitromesitylens in Ameisensäure färben sich nicht auf Zusatz von Wasser; seine alkoh. Lösungen geben keine Färbung mit Kalilauge oder Alkohol. Ammoniak (BR., BE.). Verbindet sich nicht mit Anilin [Unterschied von Trinitrobenzol und Trinitrotoluol] (HEPP, A. **215**, 373). — Trinitromesitylen wird von Zinn und Salzsäure zu Diaminomesitylen reduziert (LADENBURG, A. **179**, 177). Läßt sich aber mit der berechneten Menge Zinn und 33%/iger Salzsäure bei Gegenwart von Eisessig zu Triaminomesitylen reduzieren (WEIDEL, WENZEL, M. **19**, 250).

2.4.1¹ oder 2.4.3¹-Trinitro-1.3.5-trimethyl-benzol, 2.4.1¹ oder 2.4.3¹-Trinitro-mesitylen $C_9H_9O_6N_3 = (O_2N)_2C_6H(CH_3)_2 \cdot CH_2 \cdot NO_2$. B. Aus 1¹-Nitro-1.3.5-trimethyl-benzol oder 2.1¹-Dinitro-1.3.5-trimethyl-benzol durch Behandlung mit Salpetersäure (D: 1,51) ohne Kühlung (KONOWALOW, B. **29**, 2202; Ж. **31**, 272; C. **1899** I, 1238). — Täfelchen oder Nadeln. F: 117,5—118,5°; zersetzt sich oberhalb des Schmelzpunktes. Schwer löslich in kaltem Alkohol und heißem Wasser, leicht in Benzol, Äther und Chloroform; löslich in Alkalien mit roter Farbe unter Übergang in die Salze der aci-Form. — Kaliumsalz der aci-Form $KC_9H_8O_6N_3$. Orangerote Krystalle (aus heißem Alkohol). Schwer löslich in kaltem, leichter in heißem Alkohol, leicht in Wasser (K., Ж. **31**, 271). Die freie aci-Form konnte daraus durch verd. Schwefelsäure nicht erhalten werden.

Verbindung $C_9H_{11}O_3P = O_3P \cdot C_6H_2(CH_3)_3$ („Phosphinomesitylen") s. Syst. No. 2291.

10. *sek.-Butyliden-cyclopentadien,* *ω-Methyl-ω-äthyl-fulven* $C_9H_{12} =$
$\begin{matrix} HC:CH \\ HC:CH \end{matrix}\rangle C:C(CH_3)\cdot C_2H_5$. *B.* Aus Cyclopentadien und Methyläthylketon durch Natrium-
äthylat (ENGLER, FRANKENSTEIN, *B.* **34**, 2937). — Orangefarbene Flüssigkeit. Kp: 185°
(E., F.); Kp_{13}: 62,5° (THIELE, BALHORN, *A.* **348**, 4). Mit Ätherdämpfen flüchtig (T., B.).,
verharzt an der Luft (T., B.). — Gibt in Benzollösung mit Sauerstoff ein explosives Diperoxyd
(E., F.). Mit Eisessig-Schwefelsäure entsteht eine rote Färbung und eine helle Fällung (T., B.).

5. Kohlenwasserstoffe $C_{10}H_{14}$.

1. *Butylbenzol,* *α-Phenyl-butan* $C_{10}H_{14} = C_6H_5\cdot CH_2\cdot CH_2\cdot CH_2\cdot CH_3$. *B.* In fast
quantitativer Ausbeute aus Benzylchlorid oder -bromid, Propylbromid und Natrium ohne
Verdünnungsmittel (RADZISZEWSKI, *B.* **9**, 261). Aus Brombenzol, Butylbromid und Natrium
in Benzol (BALBIANO, *B.* **10**, 296; *G.* **7**. 343). Bei der Reduktion des α-Phenyl-α-butylens
durch Natrium und Alkohol (KLAGES, *B.* **37**, 2312). Durch Hydrierung von Benzoylaceton
(SABATIER, MAILHE, *C. r.* **145**, 1127; *A. ch.* [8] **16**, 86) oder Benzylaceton (DARZENS, *C. r.*
139, 869) in Gegenwart von Nickel bei ca. 200°. — Kp: 180° (R.), 183—185° (KONOWALOW,
Ж. **27**, 422); Kp_{748}: 179,5—180,5° (B.); Kp_{760}: 180° (KL.). D^0: 0,875; D^{15}: 0,864; $D^{21,5}$: 0,794
(B.); D_4^0: 0,8761; D_0^{20}: 0,86202 (Ko.); $D^{11,5}$: 0,875 (KL.); D^{14}: 0,8622 (R.). $n_D^{11,5}$: 1,494 (KL.).
— Beim Erwärmen mit $AlCl_3$ im Chlorwasserstoffstrom auf 100° entstehen Benzol und m-
und p-dialkylierte Benzole (HEISE, TÖHL, *A.* **270**, 166).

1^1-Chlor-1-butyl-benzol, [α-Chlor-butyl]-benzol $C_{10}H_{13}Cl = C_6H_5\cdot CHCl\cdot CH_2\cdot CH_2\cdot$
CH_3. *B.* Aus Propylphenylcarbinol $C_6H_5\cdot CH(OH)\cdot C_3H_7$ und HCl (ENGLER, BETHGE, *B.* **7**,
1128). — Flüssig. Unter gewöhnlichem Druck nicht destillierbar (E., B.). Kp_{20}: 94° (Zers.)
(KLAGES, *B.* **37**, 2312). — Gibt mit Pyridin bei 125° α-Phenyl-α-butylen (K.).

4-Brom-1-butyl-benzol $C_{10}H_{13}Br = C_6H_4Br\cdot CH_2\cdot CH_2\cdot CH_2\cdot CH_3$. *B.* Aus Butylbenzol und Brom in Gegenwart von Jod (SCHRAMM, *B.* **24**, 1336). — Das vielleicht nicht einheitliche Präparat siedete bei 240—242° (korr.).

$1^1.1^1$-Dibrom-1-butyl-benzol, [α.α-Dibrom-butyl]-benzol $C_{10}H_{12}Br_2 = C_6H_5\cdot CBr_2\cdot$
$CH_2\cdot CH_2\cdot CH_3$. *B.* Aus Butylbenzol und 2 Mol.-Gew. Brom an der Sonne (SCHRAMM, *B.*
18, 1276). — Ölig. Sehr unbeständig. Gibt an alkoh. Silberlösung alles Brom ab.

$1^1.1^2$-Dibrom-1-butyl-benzol, [α.β-Dibrom-butyl]-benzol $C_{10}H_{12}Br_2 = C_6H_5\cdot CHBr\cdot$
$CHBr\cdot CH_2\cdot CH_3$. *B.* Aus α-Phenyl-α-butylen und Brom (RADZISZEWSKI, *B.* **9**, 261; PER-
KIN, *Soc.* **32**, 667; **35**, 140 Anm.; *J.* **1877**, 382; **1879**, 614 Anm. 4). Man behandelt Butylbenzol mit 1 Mol.-Gew. Brom an der Sonne und dann nochmals mit 1 Mol.-Gew. Brom bei
100° im Dunkeln (SCHRAMM, *B.* **18**, 1276). — Nadeln (aus Alkohol). F: 67° (P.), 70° (SCH.),
70—71° (R.; KUNCKELL, SIECKE, *B.* **36**, 774). — Beim Glühen mit Kalk entsteht Naphthalin (R.).

$1^2.1^3$-Dibrom-1-butyl-benzol, [β.γ-Dibrom-butyl]-benzol $C_{10}H_{12}Br_2 = C_6H_5\cdot CH_2\cdot$
$CHBr\cdot CHBr\cdot CH_3$. *B.* Aus α-Phenyl-β-butylen und Brom (KLAGES, *B.* **35**, 2651; **37**, 2310).
— Öl.

$1^1.1^4$-Dibrom-1-butyl-benzol, [α.δ-Dibrom-butyl]-benzol $C_{10}H_{12}Br_2 = C_6H_5\cdot CHBr\cdot$
$CH_2\cdot CH_2\cdot CH_2Br$. *B.* Aus α.δ-Dioxy-α-phenyl-butan und PBr_5 in Chloroform (MARSHALL,
PERKIN, *Soc.* **59**, 891). — Sehr dickflüssig.

[Dibrom-butyl]-benzol $C_{10}H_{12}Br_2 = C_6H_5\cdot C_4H_7Br_2$. *B.* Durch Einw. von Brom auf
das (aus Benzylchlorid und Allyljodid durch Natrium entstehende) ω-Phenyl-butylen
(S. 488) (ARONHEIM, *A.* **171**, 229). — Schweres Öl. Beim Erhitzen mit Kalk entsteht
Naphthalin.

4.$1^1.1^2$-Tribrom-1-butyl-benzol, 4-Brom-1-[α.β-dibrom-butyl]-benzol $C_{10}H_{11}Br_3 =$
$C_6H_4Br\cdot CHBr\cdot CHBr\cdot CH_2\cdot CH_3$. *B.* Man behandelt 4-Brom-1-butyl-benzol erst mit 1 Mol.-
Gew. Brom im direkten Sonnenlicht, dann mit 1 Mol.-Gew. Brom im Dunkeln bei 100°
(SCHRAMM, *B.* **24**, 1337). — Glänzende Blättchen oder platte Nadeln (aus Alkohol). F:
76,5°. Leicht löslich in heißem Alkohol.

Hochschmelzendes $1^1.1^1.1^3.1^4$-Tetrabrom-1-butyl-benzol, hochschmelzendes
[α.β.γ.δ-Tetrabrom-butyl]-benzol $C_{10}H_{10}Br_4 = C_6H_5\cdot CHBr\cdot CHBr\cdot CHBr\cdot CH_2Br$. *B.* Neben
kleinen Mengen eines isomeren Tetrabromides (S. 414) aus α-Phenyl-α.γ-butadien (Syst. No. 474)
und Brom in Chloroform (RIIBER, *B.* **36**, 1406) oder Schwefelkohlenstoff (KLAGES, *B.* **35**,
2651). — Blättchen (aus Eisessig), Nadelbüschel (aus Ligroin). F: 146° (K.), 151° (R.). Sehr
wenig löslich in Ligroin (R.).

Niedrigschmelzendes $1^1.1^2.1^3.1^4$-Tetrabrom-1-butyl-benzol, niedrigschmelzendes [$\alpha.\beta.\gamma.\delta$-Tetrabrom-butyl]-benzol $C_{10}H_{10}Br_4 = C_6H_5 \cdot CHBr \cdot CHBr \cdot CHBr \cdot CH_2Br$. *B.* Neben großen Mengen eines isomeren Tetrabromids (S. 413) bei der Einw. von Brom auf α-Phenyl-α.γ-butadien in Chloroform (RIIBER, *B.* **36**, 1406). — Wasserhelle Nadeln (aus Ligroin). F: 76°. In Ligroin weit leichter löslich als die Verbindung vom Schmelzpunkt 151°.

1^1-Nitro-1-butyl-benzol, [α-Nitro-butyl]-benzol, α-Nitro-α-phenyl-butan $C_{10}H_{13}O_2N = C_6H_5 \cdot CH(NO_2) \cdot CH_2 \cdot C_2H_5$. *B.* Durch 2-tägiges Erhitzen von 4 ccm Butylbenzol mit 20 ccm Salpetersäure (D: 1,075) auf 100°, neben Benzoësäure (KONOWALOW, Ж. **27**, 422). — Erstarrt nicht im Kältegemisch. Kp_{758}: 250—256° (Zers.); Kp_{25}: 151—152°. D_4^0: 1,0756. D_4^{20}: 1,0592. n_D^{20}: 1,507464.

2. *sek.-Butyl-benzol*, *β-Phenyl-butan* $C_{10}H_{14} = C_6H_5 \cdot CH(CH_3) \cdot C_2H_5$. *B.* Aus 1^1-Brom-1-äthyl-benzol $C_6H_5 \cdot CHBr \cdot CH_3$ und Zinkdiäthyl, in ätherischer Lösung (RADZISZEWSKI, *B.* **9**, 261). In geringer Menge aus 1^1-Brom-1-äthyl-benzol, Äthyljodid und Natrium in Benzol (SCHRAMM, *M.* **9**, 621). Aus Benzol und Normalbutylchlorid in Gegenwart von AlCl$_3$ (SCH.). Aus Benzol und Normalbutylchlorid oder sekundärem Butylchlorid in Gegenwart von Aluminiumspänen und HgCl$_2$ (ESTREICHER, *B.* **33**, 439). Durch Reduktion von β-Phenyl-β-butylen mit Natrium und Alkohol (KLAGES, *B.* **35**, 2642, 3509). Durch Reduktion von β-[4-Jod-phenyl]-β-butylen mit Natrium und Alkohol (KL., *B.* **35**, 2643). — Flüssigkeit, deren Geruch an Äthylbenzol erinnert. Kp: 173—174° (KL., *B.* **35**, 3509); $Kp_{733,5}$: 173,5° bis 174,5° (korr.) (SCH.); $Kp_{742,4}$: 173,2—174,2°; D_0^0: 0,8763; D_4^{20}: 0,8606 (E.); D_4^{15}: 0,8669 (SCH.); D_4^{21}: 0,8634; n_D^{20}: 1,4884 (KL., *B.* **35**, 3509). — Liefert bei der Oxydation mit Chromsäuregemisch zunächst Acetophenon, dann Benzoësäure (SCH.). Bei der Bromierung in Gegenwart von Jod oder im Dunkeln entsteht 4-Brom-1-sek.-butyl-benzol (SCH.); Verlauf der Bromierung in verschiedenen organischen Lösungsmitteln: BRUNER, VORBRODT, *C.* **1909** I, 1807.

1^1-Chlor-1-sek.-butyl-benzol, [α-Chlor-sek.-butyl]-benzol $C_{10}H_{13}Cl = C_6H_5 \cdot CCl(CH_3) \cdot C_2H_5$. *B.* Durch Einw. von Chlorwasserstoff auf Methyläthylphenylcarbinol bei 0° (KLAGES, *B.* **35**, 3508). — Cymolartig riechendes Öl. Verliert leicht HCl.

4-Brom-1-sek.-butyl-benzol $C_{10}H_{13}Br = C_6H_4Br \cdot CH(CH_3) \cdot C_2H_5$. *B.* Aus sek.-Butylbenzol und 1 Mol. Brom in Gegenwart von Jod oder im Dunkeln (SCHRAMM, *M.* **9**, 847). — Das vielleicht nicht einheitliche Präparat erstarrte nicht bei —18°; zeigte Kp_{733}: 235,5—237°.

3. *Isobutylbenzol*, *β-Methyl-α-phenyl-propan* $C_{10}H_{14} = C_6H_5 \cdot CH_2 \cdot CH(CH_3)_2$. *B.* In geringer Menge (vgl. auch SCHRAMM, *M.* **9**, 616 Anm. 4) aus Isobutylbromid, Brombenzol und Natrium in Gegenwart von viel Äther unter starker Kühlung (RIESS, *B.* **3**, 779). Aus Isopropyljodid, Benzylchlorid und Natrium in Gegenwart von Äther (KÖHLER, ARONHEIM, *B.* **8**, 509; vgl. auch WREDEN, ZNATOVICZ, *B.* **9**, 1606). Bei der Einw. von Isobutylendibromid auf Benzol in Gegenwart von AlCl$_3$ durch Spaltung des zunächst entstehenden β-Methyl-α,β-diphenyl-propans (BODROUX, *C. r.* **132**, 1334). — *Darst.* Aus Brombenzol (260 g), Isobutyljodid (300 g) und Natrium, vorteilhaft in Gegenwart von Benzol; Ausbeute 27% der Theorie (WREDEN, ZNATOVICZ, *B.* **9**, 1606; SCHRAMM, *M.* **9**, 616). — Angenehm riechende Flüssigkeit. Kp: 167° (W., Z.), 167,5° (RADZISZEWSKI, *B.* **9**, 260); Kp_{736}: 170—170,5° (korr.) (SCHRAMM); Kp_{760}: 171—173° (BODROUX, *C. r.* **132**, 1334); Kp_{760}: 169—169,5° (PERKIN, *Soc.* **77**, 276). Dampfdruck bei verschiedenen Temperaturen: WORINGER, *Ph. Ch.* **34**, 263. D_4^0: 0,8752; D_4^{20}: 0,8596 (KONOWALOW, *B.* **28**, 1858); D_4^0: 0,8796; D_4^{12}: 0,8714; D_4^{20}: 0,8650 (PERKIN, *Soc.* **69**, 1192); $D_4^{4,5}$: 0,87163; D_4^{20}: 0,86726 (LANDOLT, JAHN, *Ph. Ch.* **10**, 293, 303); D^{15}: 0,8578 (SCHRAMM, *M.* **9**, 617). $n_\alpha^{14,5}$: 1,4916; $n_D^{14,5}$: 1,4957; $n_\beta^{14,5}$: 1,5056; $n_\gamma^{14,5}$: 1,5141 (LANDOLT, JAHN); $n_\alpha^{7,8}$: 1,49459; $n_D^{7,8}$: 1,49851; $n_\beta^{7,8}$: 1,50858; $n_\gamma^{7,8}$: 1,51722 (PE., *Soc.* **77**, 277). Kritische Temperatur und kritischer Druck: ALTSCHUL, *Ph. Ch.* **11**, 590. Magnetisches Drehungsvermögen: SCHÖNROCK, *Ph. Ch.* **11**, 785; PE., *Soc.* **69**, 1241; **77**, 275. Dielektrizitätskonstante: LANDOLT, JAHN, *Ph. Ch.* **10**, 301. — Leitet man Isobutylbenzol über glühendes Bleioxyd, so entsteht Naphthalin (WREDEN, ZNATOVICZ, *B.* **9**, 1606). Isobutylbenzol wird von Chromsäuregemisch zu Benzoësäure oxydiert (RIESS, *B.* **3**, 779). Bei der Einw. von Brom auf Isobutylbenzol im Dunkeln oder in Gegenwart von Jod entsteht 4-Brom-1-isobutyl-benzol (SCHRAMM, *M.* **9**, 617, 846). Isobutylbenzol wird im Gegensatz zu tert.-Butylbenzol von Brom im direkten Sonnenlicht sehr leicht angegriffen (SCH., *M.* **9**, 617, 847). Durch überschüssiges Brom in Gegenwart von AlBr$_3$ wird Enneabromisobutylbenzol (S. 415) erzeugt (BODROUX, *C. r.* **132**, 1334; *Bl.* [3] **25**, 628).

1^2-Chlor-1-isobutyl-benzol, [β-Chlor-isobutyl]-benzol $C_{10}H_{13}Cl = C_6H_5 \cdot CH_2 \cdot CCl(CH_3)_2$. *B.* Aus Dimethylbenzylcarbinol durch Austausch von OH gegen Cl (KLAGES,

HAEHN, *B.* **37**, 1723). — Cymolartig riechendes Öl. — Gibt mit Pyridin bei 125° β-Methyl-α-phenyl-propylen.

4-Brom-1-isobutyl-benzol $C_{10}H_{13}Br = C_6H_4Br \cdot CH_2 \cdot CH(CH_3)_2$. *B.* Beim Bromieren von Isobutylbenzol in Gegenwart von etwas Jod oder im Dunkeln (SCHRAMM, *M.* **9**, 617, 846). — Ein vielleicht nicht einheitliches Präparat zeigte folgende Eigenschaften: Blieb bei −18° flüssig; Kp_{738}: 232—233,5° (korr.); wurde von $KMnO_4$ nur schwer zu p-Brom-benzoe-säure oxydiert.

$1^1.1^2$-Dibrom-1-isobutyl-benzol, [α.β-Dibrom-isobutyl]-benzol $C_{10}H_{12}Br_2 = C_6H_5 \cdot CHBr \cdot CBr(CH_3)_2$. *B.* Aus β-Methyl-α-phenyl-propylen $C_6H_5 \cdot CH:C(CH_3)_2$ und Brom (PERKIN, *Soc.* **35**, 138). — Bleibt bei −20° flüssig.

$1^1.1^1.1^2$ oder $1^1.1^2.1^3$-Tribrom-1-isobutyl-benzol, [α.α.β oder α.β.γ-Tribrom-isobutyl]-benzol $C_{10}H_{11}Br_3 = C_6H_5 \cdot CBr_2 \cdot CBr(CH_3)_2$ oder $C_6H_5 \cdot CHBr \cdot CBr(CH_3) \cdot CH_2Br$. *B.* Man erwärmt [α.β-Dibrom-isobutyl]-benzol gelinde mit alkoh. Kalilauge und behandelt das Reaktionsprodukt in Eisessig mit Brom (PERKIN, *Soc.* **35**, 139). — Krystalle. F: 63,5°. Leicht löslich in Äther und Petroläther, wenig in kaltem Alkohol oder Eisessig.

$2.3.4.5.6.1^1.1^2.1^3.1^3$(?)-Enneabrom-1-isobutyl-benzol $C_{10}H_5Br_9 = C_6Br_5 \cdot CHBr \cdot CBr(CH_3) \cdot CHBr_2$(?). Zur Konstitution vgl. BODROUX, *Bl.* [3] **35**, 628. — *B.* Durch Einw. von überschüssigem Brom in Gegenwart von AlBr_3 auf Isobutylbenzol oder auf β-Methyl-α.β-diphenyl-propan, im zweiten Fall gemischt mit Hexabrombenzol (B., *C. r.* **132**, 1334). — Prismen (aus Chloroform). F: 216—217°.

4-Jod-1-isobutyl-benzol $C_{10}H_{13}I = C_6H_4I \cdot CH_2 \cdot CH(CH_3)_2$. *B.* 50 g Isobutylbenzol werden mit 38 g Jod, 12 g Jodsäure (in 30 g Wasser) und 120 ccm Eisessig 3 Stdn. gekocht (KLAGES, STORP, *J. pr.* [2] **65**, 570). — Aromatisch riechende Flüssigkeit, die an der Luft rasch gelb wird. Kp_{11}: 120—121°. D^{11}: 1,44. — Wird durch Jodwasserstoffsäure und Phosphor bei 240° in 3 Stdn. reduziert.

Salzsaures Salz des 4-Jodoso-1-isobutyl-benzols, 4-Isobutyl-phenyljodidchlorid $C_{10}H_{13}Cl_2I = (CH_3)_2CH \cdot CH_2 \cdot C_6H_4 \cdot ICl_2$. *B.* Aus 4-Jod-1-isobutyl-benzol und Chlor in Chloroform (KLAGES, STORP, *J. pr.* [2] **65**, 570). — Gelbe Krystalle. F: 95°.

1^1-Nitro-1-isobutyl-benzol, [α-Nitro-isobutyl]-benzol, α-Nitro-β-methyl-α-phenyl-propan $C_{10}H_{13}O_2N = C_6H_5 \cdot CH(NO_2) \cdot CH(CH_3)_2$. *B.* Aus Isobutylbenzol und Salpetersäure (D: 1,075) bei 100° (KONOWALOW, *B.* **28**, 1858). — Öl. Erstarrt nicht im Kältegemisch. Kp: 244° (Zers.); Kp_{25}: 145—146°. n_D^{25}: 1,50746. Mol.-Refr.: K. — Gibt mit Alkalien die Salze der entsprechenden Isonitroverbindung (s. u.).

aci-1^1-Nitro-1-isobutyl-benzol, α-Isonitro-β-methyl-α-phenyl-propan $C_{10}H_{13}O_2N = C_6H_5 \cdot CH(:NO_2H) \cdot CH(CH_3)_2$. *B.* Man fällt die kalte wäßr. Lösung des aus 1^1-Nitro-1-isobutyl-benzol (s. o.) erhaltenen Natriumsalzes mit kalter verd. Schwefelsäure (KONOWALOW, *B.* **29**, 2197). — Krystalle. F: ca. 54° (Zers.). — Nur in äther. Lösung und in der Kälte längere Zeit beständig. Löslich in Soda. Wandelt sich beim Liegen teilweise in den echten Nitrokörper um. — $NaC_{10}H_{12}O_2N$. Weniger löslich in Wasser als das Kaliumsalz (K., *B.* **28**, 1858). — $Cu(C_{10}H_{12}O_2N)_2$. Niederschlag. Löslich in Benzol (K., *B.* **28**, 1858).

1^1-Brom-1^1-nitro-1-isobutyl-benzol, [α-Brom-α-nitro-isobutyl]-benzol $C_{10}H_{12}O_2NBr = C_6H_5 \cdot CBr(NO_2) \cdot CH(CH_3)_2$. *B.* Aus dem Natriumsalz des aci-1^1-Nitro-1-isobutyl-benzols (s. o.) und Brom (KONOWALOW, *B.* **28**, 1858). — Öl. D_0^0: 1,4525; D_0^0: 1,4333. n_D^0: 1,55172. Molekularrefraktion: K. Unlöslich in Alkalien.

4. *tert.-Butyl-benzol, Trimethylphenylmethan* $C_{10}H_{14} = C_6H_5 \cdot C(CH_3)_3$. *B.* und *Darst.* Entsteht aus Benzol (75 g), Isobutylchlorid (30 g) und AlCl_3 (3 g) schon bei −18° (KONOWALOW, Ж. **27**, 457; *J.* **1895**, 1514; *Bl.* [3] **16**, 865; vgl. BOEDTKER, *Bl.* [3] **31**, 966). Man versetzt ein auf 0° abgekühltes Gemisch aus 300 g AlCl_3 und 900 g Benzol allmählich mit 300 g Isobutylchlorid oder mit 300 g Butylchlorid; Ausbeute 60—70°/o der Theorie (SCHRAMM, *M.* **9**, 615; SEŃKOWSKI, *B.* **23**, 2413). Durch Eintragen einer Lösung von 200 g tert. Butylchlorid in 500 g Benzol in 900 g Benzol, die mit 164 g HgCl_2 und 11 g Aluminiumspänen versetzt worden sind (KOZAK, *C.* **1907** I, 1787). Aus Isobutylchlorid und Cumol in Gegenwart von sehr wenig AlCl_3 bei gewöhnlicher Temp., neben p-Di-tert.-butyl-benzol und C_3H_7Cl (BOEDTKER, *Bl.* [3] **35**, 834). tert.-Butyl-benzol findet sich unter den Produkten der Einw. von Isobutylbromid auf Toluol in Gegenwart von AlCl_3 (BAUR, *B.* **24**, 2842; **27**, 1606). Entsteht neben anderen Produkten im möglichst raschem Erhitzen von 1 Tl. Benzol mit 1 Tl. Isobutylalkohol und 4 Tln. Zinkchlorid auf 300° (GOLDSCHMIDT, *B.* **15**, 1066, 1425; vgl. SEŃKOWSKI, *B.* **24**, 2975; NIEMCZYCKI, *C.* **1905** II, 403). Entsteht auch, wenn man ein

Gemenge von 200 g Isobutylalkohol und 1 kg Benzol mit 1 kg rauchender Schwefelsäure (30% Anhydridgehalt) unter Kühlung und Schütteln versetzt und nach $^3/_4$ Stde. mit Wasser behandelt; von gleichzeitig entstandenem p-Di-tert.-butyl-benzol trennt man durch Fraktionieren (VERLEY, *Bl.* [3] **19**, 72; BOEDTKER, *Bl.* [3] **31**, 966). — Flüssigkeit von etwas angreifendem, an Toluol erinnerndem Geruch (SCHRAMM, *M.* **9**, 617). Erstarrt nicht bei -20^0 (SCH.). Kp$_{22}$: $70-75^0$; Kp: $165-166^0$ (V.); Kp: $166-168^0$ (KONOWALOW, Ж. **27**, 422); Kp$_{736}$: $167-167.5^0$ (korr.) (SCH.); Kp$_{760}$: 168.2^0 (korr.) (BOEDTKER, *Bl.* [3] **31**, 966). D^{15}: 0,8718 (SCH.); D$_4^0$: 0,8686 (KON.). n$_D^{15,4}$: 1,49724 (BOE.). — Wird von Brom in der Sonne und in der Kälte nicht angegriffen (SCH., *M.* **9**, 617, 849). Mit Brom in Gegenwart von Jod entsteht ein Gemisch von 2- und 4-Brom-1-tert.-butyl-benzol (KOZAK; vgl. SCH., *M.* **9**, 848). tert.-Butyl-benzol liefert mit Salpetersäure (D: 1,2) bei 130^0 das 1²-Nitro-Derivat (KON., *B.* **28**, 1859); Nitrierung in Eisessig: KON., GUREWITSCH, Ж. **37**, 537; *C.* **1905** II. 818.

4-Chlor-1-tert.-butyl-benzol $C_{10}H_{13}Cl = C_6H_4Cl \cdot C(CH_3)_3$. Zur Konstitution vgl. SEŃKOWSKI, *B.* **24**, 2974. — B. Aus p-tert.-Butyl-phenol und Phosphorpentachlorid (DOBRZYCKI, *J. pr.* [2] **36**, 399). Aus 1 Mol.-Gew. Isobutylchlorid oder tert. Butylchlorid und 8–10 Mol.-Gew. Chlorbenzol in Gegenwart von sehr wenig AlCl$_3$ (BOEDTKER, *Bl.* [3] **35**, 826). — Flüssigkeit von aromatischem Geruch. Kp: 216^0 (D.); D$_4^{15,4}$: 1,0075; n$_D^{15}$: 1,51230 (B.). — Wird durch sehr verd. Salpetersäure bei 190^0 (D.) oder durch Chromsäure in Gegenwart von Eisessig zu p-Chlor-benzoesäure oxydiert (B.). Bei der Einw. von rauchender Salpetersäure entsteht ein Gemisch von 2.3- und 3.5-Dinitro-4-chlor-1-tert.-butyl-benzol (B.).

2-Brom-1-tert.-butyl-benzol $C_{10}H_{13}Br = C_6H_4Br \cdot C(CH_3)_3$. B. Aus tert.-Butyl-benzol und Brom in Gegenwart von Jod, neben der p-Verbindung (KOZAK, *C.* **1907** I, 1787). Über ein möglicherweise mit dieser Verbindung identisches Brom-tert.-butyl-benzol s. u.

3-Brom-1-tert.-butyl-benzol $C_{10}H_{13}Br = C_6H_4Br \cdot C(CH_3)_3$. Zur Konstitution vgl. SEŃKOWSKI, *B.* **24**, 2974. — B. Durch Einleiten von nitrosen Gasen (aus As$_2$O$_3$ und Salpetersäure) in eine erwärmte alkoh. Lösung von 3-Brom-4-amino-1-tert.-butyl-benzol (GELZER, *B.* **21**, 2944). — Kp$_{710}$: $231-232^0$ (korr.). — Wird von verd. Salpetersäure zu m-Brom-benzoesäure oxydiert.

4-Brom-1-tert.-butyl-benzol $C_{10}H_{13}Br = C_6H_4Br \cdot C(CH_3)_3$. B. Aus tert.-Butylbenzol und Brom in Gegenwart von Jod, neben dem 2-Brom-Derivat (KOZAK, *C.* **1907** I, 1787). Aus 1 Mol.-Gew. Isobutylchlorid und 8–10 Mol.-Gew. Brombenzol in Gegenwart von sehr wenig AlCl$_3$, neben anderen Produkten (BOEDTKER, *Bl.* [3] **35**, 829). — Kp: 232^0 bis 233^0 (B.). — Liefert bei der Oxydation mit Chromsäure und Eisessig p-Brom-benzoesäure (B.). Bei der Einw. von rauchender Salpetersäure entsteht ein Gemisch von 2.3- und 3.5-Dinitro-4-brom-1-tert.-butyl-benzol (B.). Über ein möglicherweise mit dieser Verbindung identisches Brom-tert.-butyl-benzol vgl. den folgenden Artikel.

2- oder 4-Brom-1-tert.-butyl-benzol $C_{10}H_{13}Br = C_6H_4Br \cdot C(CH_3)_3$. B. Aus tert.-Butyl-benzol und 1 Mol.-Gew. Brom in Gegenwart von Jod oder im Dunkeln (SCHRAMM, *M.* **9**, 617, 848). — Dicke Krystalle. F: 16,5^0. Kp$_{736}$: 230,5^0 (korr.). Ein (weniger reines?) Präparat zeigte D^{15}: 1,2572. — Wird von KMnO$_4$ gar nicht, von Chromsäure nur schwierig angegriffen.

3.5-Dibrom-1-tert.-butyl-benzol $C_{10}H_{12}Br_2 = C_6H_3Br_2 \cdot C(CH_3)_3$. Zur Konstitution vgl. SEŃKOWSKI, *B.* **24**, 2974. — B. Aus 3-Brom-1-tert.-butyl-benzol und Brom in Gegenwart von Jod (GELZER, *B.* **21**, 2956). — Flüssig. Kp$_{718}$: $276-277^0$ (korr.). — Wird von verd. Salpetersäure zu 3.5-Dibrom-benzoesäure oxydiert.

4-Jod-1-tert.-butyl-benzol $C_{10}H_{13}I = C_6H_4I \cdot C(CH_3)_3$. B. Durch Einw. von Jodkalium auf diazotiertes p-tert.-Butyl-anilin (PAHL, *B.* **17**, 1233; WILLGERODT, RAMPACHER, *B.* **34**, 3668). Durch mehrtägige Einw. von 50 g Isobutylchlorid auf 500 g Jodbenzol bei gewöhnlicher Temp. in Gegenwart von 1 g AlCl$_3$ unter mehrfachem Zusatz eines Stückchens Aluminiummetalls, neben etwas p-Dijod-benzol (BOEDTKER, *Bl.* [3] **35**, 831). — Aromatisch riechende Flüssigkeit. Kp: $255-256^0$ (korr.) (P.; W., R.); Kp$_{765}$: 253^0 bis 254^0 (korr.) (B.). D^{14}: 1,4392; n$_D^{15}$: 1,57076 (B.). — Liefert bei der Oxydation mit Salpetersäure (D: 1,12) im geschlossenen Rohr bei 190^0 p-Jod-benzoesäure, bei der Einw. von rauchender Salpetersäure 4-Jod-2.3-dinitro-1-tert.-butyl-benzol neben einer Verbindung vom Schmelzpunkt 243^0 (korr.) (Dijodnitro-tert.-butylbenzol ?) (B.). Trägt man 5 g 4-Jod-1-tert.-butyl-benzol einmal in einen sehr großen Überschuß von rauchender Salpetersäure ein, so entsteht in heftiger Reaktion p-Jod-nitrobenzol (B.). 4-Jod-1-tert.-butyl-benzol ist nach 5-stdg. Erhitzen mit Jodwasserstoffsäure und Phosphor auf 218^0 erst zur Hälfte entjodet (KLAGES, STORP, *J. pr.* [2] **65**, 569).

4-Jodoso-1-tert.-butyl-benzol $C_{10}H_{13}OI = (CH_3)_3C \cdot C_6H_4 \cdot IO$ und Salze vom Typus $(CH_3)_3C \cdot C_6H_4 \cdot IAc_2$. *B.* Das salzsaure Salz $(CH_3)_3C \cdot C_6H_4 \cdot ICl_2$ entsteht durch Einleiten von Chlor in eine gekühlte Lösung von 4-Jod-1-tert.-butyl-benzol in der 4-fachen Menge Chloroform; durch allmähliches Eintragen des Salzes in 5%ige Sodalösung und 8—10-stdg. Turbinieren der Mischung erhält man die freie Jodosoverbindung (WILLGERODT, RAMPACHER, *B.* **34**, 3669). — Körniges Pulver. Zersetzt sich bei 189⁰. Fast unlöslich in Wasser, etwas löslich in Äther. — Salzsaures Salz, p-tert.-Butyl-phenyljodidchlorid $C_{10}H_{13} \cdot ICl_2$. Schwefelgelbe Nädelchen. F: 74⁰. Leicht löslich in Äther, Chloroform und Eisessig (W., R.; vgl. auch KLAGES, STORP, *J. pr.* [2] **65**, 569). — Essigsaures Salz $C_{10}H_{13} \cdot I(C_2H_3O_2)_2$. Prismen (aus Eisessig), die in der Wärme trübe werden. F: 95⁰. Leicht löslich in Chloro-. form, schwerer in Äther, unlöslich in Ligroin (W., R.).

4-Jodo-1-tert.-butyl-benzol $C_{10}H_{13}O_2I = (CH_3)_3C \cdot C_6H_4 \cdot IO_2$. *B.* Durch Einw. von Natriumhypochloritlösung auf p-tert.-Butyl-phenyljodidchlorid (W., R., *B.* **34**, 3670). — Körnige Masse. Explodiert bei 201⁰.· Leicht löslich in Eisessig, sehr wenig in Wasser.

Phenyl-[4-tert.-butyl-phenyl]-jodoniumhydroxyd $C_{16}H_{19}OI = (CH_3)_3C \cdot C_6H_4 \cdot I(C_6H_5) \cdot OH$. *B.* Durch Verreiben äquimolekularer Mengen Jodosobenzol und 4-Jodo-1-tert.-butyl-benzol mit Wasser und Silberoxyd (W., R., *B.* **34**, 3675). — Salze. $C_{16}H_{19}I \cdot Cl$. Krystallinische halbkugelförmige Aggregate (aus wenig Alkohol). F: 167⁰. — $C_{16}H_{19}I \cdot Br$. Mikrokrystallinisches Pulver (aus wenig Alkohol). F: 157⁰. Schwer löslich in Wasser. — $C_{16}H_{19}I \cdot I$. Hellgelb, amorph. F. 124⁰. Sehr wenig löslich in Wasser, Äther, leichter in Alkohol. — $(C_{16}H_{19}I)_2Cr_2O_7$. Krystallinisches Pulver. Verändert sich bei 81⁰, schmilzt bei 121⁰. — $C_{16}H_{19}I \cdot NO_3$. Nädelchen. Färbt sich bei 141⁰ gelb, schmilzt bei 164⁰ unter Aufschäumen. Sehr leicht löslich in Wasser und Alkohol. — $C_{16}H_{19}I \cdot Cl + HgCl_2$. Nädelchen (aus Wasser). F: 129⁰. — $2C_{16}H_{19}I \cdot Cl + PtCl_4$. Gelbe Nädelchen (aus Alkohol). F: 152⁰ (Zers.).

Bis-[4-tert.-butyl-phenyl]-jodoniumhydroxyd $C_{20}H_{27}OI = [(CH_3)_3C \cdot C_6H_4]_2I \cdot OH$. *B.* Durch mehrtägiges Turbinieren äquimolekularer Mengen 4-Jodoso- und 4-Jodo-1-tert.-butyl-benzol mit Wasser und Silberoxyd bei 60⁰ (W., R., *B.* **34**, 3671). — Salze. $C_{20}H_{26}I \cdot Cl$. Mikrokrystallinisch. F: 157⁰. Schwer löslich in heißem Wasser, leichter in Alkohol, unlöslich in Äther. — $C_{20}H_{26}I \cdot Br$. Amorph. F: 144⁰. — $C_{20}H_{26}I \cdot I$. Gelb, amorph. Schmilzt bei 142⁰ unter Jodabscheidung. Leicht löslich in Äther, schwer in Alkohol. — $C_{20}H_{26}I \cdot I_3$. Schwarzbraune Nädelchen. Schmilzt bei 138⁰ unter Abscheidung von Jod. — $(C_{20}H_{26}I)_2Cr_2O_7$. Gelb, amorph. Zersetzt sich bei 105⁰. Schwer löslich in Wasser, Alkohol. — $C_{20}H_{26}I \cdot NO_3$. Mikrokrystallinisches Pulver. F: 142⁰ (Zers.). Schwer löslich in Wasser, leichter in Alkohol, Äther. — $C_{20}H_{26}I \cdot Cl + HgCl_2$. Prismen (aus Alkohol). F: 62⁰. Bräunt sich an der Luft. — $2C_{20}H_{26}I \cdot Cl + PtCl_4$. Orangefarbene Blättchen (aus Alkohol). Beginnt sich bei 128⁰ zu zersetzen; F: ca. 142⁰. Unlöslich in Wasser.

[α,β-Dichlor-vinyl]-[4-tert.-butyl-phenyl]-jodoniumhydroxyd $C_{12}H_{15}OCl_2I = [CHCl:CCl][(CH_3)_3C \cdot C_6H_4]I \cdot OH$. Zur Konstitution vgl. THIELE, HAAKH, *A.* **369**, 144. — *B.* Das Chlorid entsteht durch Verreiben von 4-tert.-Butyl-phenyljodidchlorid mit Acetylen-silber-Silberchlorid und Wasser (WILLGERODT, RAMPACHER, *B.* **34**, 3676). — Salze. $(C_2HCl_2)(C_{10}H_{13})I \cdot Cl$. Prismen (aus Wasser), die an der Luft bald undurchsichtig und gelblich werden. F: 107⁰. — $(C_2HCl_2)(C_{10}H_{13})I \cdot Br$. Nadeln (aus Alkohol). F: 123⁰. Ziemlich leicht löslich in Alkohol. — $(C_2HCl_2)(C_{10}H_{13})I \cdot I$. Gelblich, amorph. F: 91⁰. — $[(C_2HCl_2)(C_{10}H_{13})I]_2Cr_2O_7$. Mikroskopische gelbe Nädelchen. Zersetzt sich leicht. — $(C_2HCl_2)(C_{10}H_{13})I \cdot NO_3$. Nadeln. F: 126⁰. Sehr leicht löslich in Alkohol. — $(C_2HCl_2)(C_{10}H_{13})I \cdot Cl + HgCl_2$. Amorph. F: 73⁰. Ziemlich löslich in Alkohol, unlöslich in Wasser. — $2(C_2HCl_2)(C_{10}H_{13})I \cdot Cl + PtCl_4$. Krystallinische Masse (aus Alkohol). F: 64⁰. — Pikrat s. Syst. No. 523.

[4-tert.-Butyl-phenyl]-[5-jod-2-tert.-butyl-phenyl]-jodoniumhydroxyd oder [4-tert.-Butyl-phenyl]-[6-jod-3-tert.-butyl-phenyl]-jodoniumhydroxyd $C_{20}H_{26}OI_2 = [(CH_3)_3C \cdot C_6H_4][(CH_3)_3C \cdot C_6H_3I]I \cdot OH$. *B.* Durch Einw. von konz. Schwefelsäure auf 4-Jodoso-1-tert.-butyl-benzol (W., R., *B.* **34**, 3673). — Salze. $(C_{10}H_{13})(C_{10}H_{12}I)I \cdot Cl$. Amorph. F: 94⁰ (Zers.). Leicht löslich in Äther, Chloroform, schwerer in Alkohol. Leicht zersetzlich. — $(C_{10}H_{13})(C_{10}H_{12}I)I \cdot Br$. Fleischfarbige Flocken. F: 89⁰ (Zers.). Löslich in Alkohol, Äther, Chloroform. Zersetzt sich leicht. — $(C_{10}H_{13})(C_{10}H_{12}I)I \cdot I$. Hellgelbe Flocken. Sintert bei 75⁰; F: 86—87⁰. Leicht löslich in Äther, Chloroform, schwer in Alkohol. Lichtempfindlich. — $[(C_{10}H_{13})(C_{10}H_{12}I)I]_2Cr_2O_7$. Orangegelber Niederschlag. Schwärzt sich bei 71⁰; F: 118⁰. Unlöslich in Wasser. — $(C_{10}H_{13})(C_{10}H_{12}I)I \cdot Cl + HgCl_2$. Amorph. F: 56⁰. Schwer löslich. — $2(C_{10}H_{13})(C_{10}H_{12}I)I \cdot Cl + PtCl_4$. Krystallinisch. Zersetzt sich bei 89⁰.

2-Nitro-1-tert.-butyl-benzol $C_{10}H_{13}O_2N = O_2N \cdot C_6H_4 \cdot C(CH_3)_3$. *B.* Neben der 4-Nitro-Verbindung aus tert.-Butyl-benzol und rauchender Salpetersäure (SEŃKOWSKI, *B.* **23**, 2414). — Gelbes Öl. Kp_{738}: 247,4—248,4⁰. D^{15}: 1,074. Leicht löslich in Alkohol, Äther und Benzol. — Wird durch Zinn und Salzsäure zu 2-Amino-1-tert.-butyl-benzol reduziert.

3-Nitro-1-tert.-butyl-benzol $C_{10}H_{13}O_2N = O_2N \cdot C_6H_4 \cdot C(CH_3)_3$. Zur Konstitution vgl. Seńkowski, *B.* **24**, 2974. — *B.* Durch Einleiten von nitrosen Gasen (aus As_2O_3 und Salpetersäure) in eine alkoh. Lösung von 3-Nitro-4-amino-1-tert.-butyl-benzol (Gelzer, *B.* **21**, 2946). — Aromatisch riechendes, hellgelbrotes Öl. Erstarrt nicht bei -20^0. Kp_{764}: $250-252^0$ (korr.).

4-Nitro-1-tert.-butyl-benzol $C_{10}H_{13}O_2N = O_2N \cdot C_6H_4 \cdot C(CH_3)_3$. *B.* Aus tert.-Butylbenzol und rauchender Salpetersäure, neben der 2-Nitro-Verbindung (Seńkowski, *B.* **23**, 2416). — Gelbe Nadeln (aus Alkohol). F: 30^0. Kp_{723}: $274,6-275^0$. — Wird durch Zinn und Salzsäure zu 4-Amino-1-tert.-butyl-benzol reduziert.

1²-Nitro-1-tert.-butyl-benzol $C_{10}H_{13}O_2N = C_6H_5 \cdot C(CH_3)_2 \cdot CH_2 \cdot NO_2$. *B.* Bei 5- bis 6-stdg. Erhitzen von 4 ccm tert.-Butyl-benzol mit 20 ccm Salpetersäure (D: 1,2) auf 130^0 (Konowalow, *Ж.* **27**, 426; *J.* **1895**, 1538). — Gelbes Öl. Kp_{16}: $141-143^0$. D_4^0: $1,0993$. D_0^0: $1,0840$. Löslich in Alkalien. n_D^0: $1,52138$. Mol.-Refr.: K.

x.x-Dibrom-1²-nitro-1-tert.-butyl-benzol $C_{10}H_{11}O_2NBr_2$. *B.* Aus 1²-Nitro-1-tert.-butyl-benzol (s. o.), Brom und Kalilauge (Konowalow, *Ж.* **27**, 427; *J.* **1895**, 1538). — Krystalle (aus Alkohol). F: $34-35^0$. Leicht löslich in Alkohol.

eso-Dinitro-tert.-butyl-benzol $C_{10}H_{12}O_4N_2 = (O_2N)_2C_6H_3 \cdot C(CH_3)_3$. *B.* Aus tert.-Butyl-benzol und rauchender Salpetersäure (D: 1,48) bei mehrtägigem Erwärmen auf dem Wasserbade (Baur, *B.* **27**, 1610). — Gelbe Säulen. F: $61-62^0$. Leicht löslich in Alkohol.

4-Chlor-2.3-dinitro-1-tert.-butyl-benzol $C_{10}H_{11}O_4N_2Cl = (O_2N)_2C_6H_2Cl \cdot C(CH_3)_3$. *B.* Aus 4-Chlor-1-tert.-butyl-benzol und rauchender Salpetersäure bei gewöhnlicher Temperatur, neben der 3.5-Dinitro-Verbindung (Boedtker, *Bl.* [3] **35**, 826). — Gelbes Krystallpulver F: $94-95^0$.

4-Chlor-3.5-dinitro-1-tert.-butyl-benzol $C_{10}H_{11}O_4N_2Cl = (O_2N)_2C_6H_2Cl \cdot C(CH_3)_3$. *B.* Aus 4-Chlor-1-tert.-butyl-benzol und rauchender Salpetersäure bei gewöhnlicher Temperatur, neben dem 2.3-Dinitro-Derivat (Boe., *Bl.* [3] **35**, 826). — Gelbliche Krystalle. F: $116-117^0$.

4-Brom-2.3-dinitro-1-tert.-butyl-benzol $C_{10}H_{11}O_4N_2Br = (O_2N)_2C_6H_2Br \cdot C(CH_3)_3$. *B.* Aus 4-Brom-1-tert.-butyl-benzol und rauchender Salpetersäure bei gewöhnlicher Temperatur, neben der 3.5-Dinitro-Verbindung (Boedtker, *Bl.* [3] **35**, 830). — Gelbes Krystallpulver. F: $92-93^0$.

4-Brom-3.5-dinitro-1-tert.-butyl-benzol $C_{10}H_{11}O_4N_2Br = (O_2N)_2C_6H_2Br \cdot C(CH_3)_3$. *B.* In geringer Menge aus 4-Brom-1-tert.-butyl-benzol in rauchender Salpetersäure bei gewöhnlicher Temperatur, neben dem 2.3-Dinitro-Derivat (Boedtker, *Bl.* [3] **35**, 830). — Nahezu farblose Nadeln. F: 136^0.

4-Jod-2.3-dinitro-1-tert.-butyl-benzol $C_{10}H_{11}O_4N_2I = (O_2N)_2C_6H_2I \cdot C(CH_3)_3$. *B.* Aus 4-Jod-1-tert.-butyl-benzol und rauchender Salpetersäure bei gewöhnlicher Temperatur, neben einer Verbindung vom Schmelzpunkt 243^0 (korr.) (Dijodnitro-tert.-butylbenzol ?) (Boe., *Bl.* [3] **35**, 833). — Citronengelbe Blättchen (aus Alkohol). F: $110-111^0$.

eso-Trinitro-tert.-butyl-benzol $C_{10}H_{11}O_6N_3 = (O_2N)_3C_6H_2 \cdot C(CH_3)_3$. *B.* Aus Dinitro-tert.-butyl-benzol durch Erwärmen mit Salpeterschwefelsäure (Baur, *B.* **27**, 1610). — Gelblichweiße Nadeln (aus Alkohol). F: $108-109^0$.

Verbindung $C_{10}H_{13}OAs = OAs \cdot C_6H_4 \cdot C(CH_3)_3$ s. Syst. No. 2317.

---

5. *1-Methyl-2-propyl-benzol, o-Propyl-toluol* $C_{10}H_{14} = CH_3 \cdot C_6H_4 \cdot CH_2 \cdot CH_2 \cdot CH_3$. *B.* Durch Behandeln eines Gemisches von o-Brom-toluol und Propylbromid mit Natrium in äther. Lösung (Claus, Hansen, *B.* **13**, 897). — Das Präparat von Cl., H. lieferte bei der Oxydation durch $KMnO_4$ in der Kälte Phthalsäure und viel Terephthalsäure (Claus, Pieszek, *B.* **19**, 3087) und war daher sehr unrein.

4.5-Dibrom-1-methyl-2-propyl-benzol $C_{10}H_{12}Br_2 = CH_3 \cdot C_6H_2Br_2 \cdot CH_2 \cdot CH_2 \cdot CH_3$. *B.* Aus 1-Methyl-2-propyl-benzol und Brom in Gegenwart von Eisen (Claus, Raps, *J. pr.* [2] **43**, 573). — Wahrscheinlich nicht in reinem Zustand erhalten.

4.5-Dibrom-3.6-dinitro-1-methyl-2-propyl-benzol $C_{10}H_{10}O_4N_2Br_2 = CH_3 \cdot C_6Br_2(NO_2)_2 \cdot CH_2 \cdot CH_2 \cdot CH_3$. *B.* Wurde aus dem „o-Propyl-toluol" von Claus, Hansen (s. o.) durch sukzessive Behandlung mit Brom und Salpeterschwefelsäure erhalten (Claus, Raps, *J. pr.* [2] **43**, 574). — Nadeln (aus Alkohol). F: 148^0. Wenig löslich in kaltem Alkohol.

6. *1-Methyl-3-propyl-benzol, m-Propyl-toluol* $C_{10}H_{14} = CH_3 \cdot C_6H_4 \cdot CH_2 \cdot CH_2 \cdot CH_3$. *B.* Durch Behandeln eines Gemisches von m-Brom-toluol und Propylbromid mit Natrium (Claus, Stüsser, *B.* **13**, 899; Claus, Herfeldt, *J. pr.* [2] **43**, 567). — Flüssig. Kp: $176-177,5^0$. D^{16}: $0,863$.

4.6-Dibrom-1-methyl-3-propyl-benzol $C_{10}H_{12}Br_2 = CH_3 \cdot C_6H_2Br_2 \cdot CH_2 \cdot CH_2 \cdot CH_3$. *B.* Aus m-Propyl-toluol, Brom und Eisenfeile bei gewöhnlicher Temperatur (CLAUS, HERFELDT, *J. pr.* [2] **43**, 568). — Bei —20° nicht erstarrendes Öl. Kp: 281—283° (unkorr.).

4.6-Dibrom-2.5-dinitro-1-methyl-3-propyl-benzol $C_{10}H_{10}O_4N_2Br_2 =$ $CH_3 \cdot C_6Br_2(NO_2)_2 \cdot CH_2 \cdot CH_2 \cdot CH_3$. *B.* Aus 4.6-Dibrom-1-methyl-3-propyl-benzol mit Salpeterschwefelsäure (CL., H., *J. pr.* [2] **43**, 569). — Nadeln (aus Petroläther). F: 140—141°. Sublimierbar.

7. *1-Methyl-4-propyl-benzol, p-Propyl-toluol* $C_{10}H_{14} = CH_3 \cdot C_6H_4 \cdot CH_2 \cdot CH_2 \cdot CH_3$. Aus p-Brom-toluol, Propylbromid und Natrium (FITTIG, SCHAEFFER, KÖNIG, *A.* 149, 334; WIDMAN, *B.* **24**, 443). — *Darst.* Aus 30 g p-Brom-toluol, 37 g Propyljodid, 13 g Natrium und 80 ccm Benzol; man destilliert wiederholt über Natrium; Ausbeute 9 g (BAYRAC, *Bl.* [3] **13**, 894). — Flüssigkeit von süßlichem Geruch. Kp_{774}: 183—184° (W.); Kp: 183° bis 184° (korr.) (B.). D^{15}: 0,8682 (W.).

2.5-Dibrom-1-methyl-4-propyl-benzol $C_{10}H_{12}Br_2 = CH_3 \cdot C_6H_2Br_2 \cdot CH_2 \cdot CH_2 \cdot CH_3$. *B.* Durch Bromieren von p-Propyl-toluol (CLAUS, HERFELDT, *J. pr.* [2] **43**, 578). — Flüssig. Kp: 283—284° (unkorr.).

2.5-Dibrom-3.6-dinitro-1-methyl-4-propyl-benzol $C_{10}H_{10}O_4N_2Br_2 =$ $CH_3 \cdot C_6Br_2(NO_2)_2 \cdot CH_2 \cdot CH_2 \cdot CH_3$. *B.* Aus dem entsprechenden Dibrom-Derivat und Salpeterschwefelsäure (CL., H., *J. pr.* [2] **43**, 579). — Nadeln. F: 156—157°.

8. *1-Methyl-2-isopropyl-benzol, o-Isopropyl-toluol, o-Cymol* $C_{10}H_{14} =$ $CH_3 \cdot C_6H_4 \cdot CH(CH_3)_2$. *B.* Durch Erhitzen von 2-Brom-1-isopropyl-benzol mit Methyljodid und Natrium (SPRINKMEYER, *B.* **34**, 1951). — Stark lichtbrechende Flüssigkeit. Kp: 157°. D_4^{15}: 0,8582. n_D: 1,495. — Bei der Oxydation von $KMnO_4$ entsteht, neben viel Oxalsäure, Dimethylphthalid.

9. *1-Methyl-3-isopropyl-benzol, m-Isopropyl-toluol, m-Cymol* $C_{10}H_{14} =$ $CH_3 \cdot C_6H_4 \cdot CH(CH_3)_2$. *B.* Aus Toluol und Isopropyljodid durch $AlCl_3$ (KELBE, *A.* **210** 25; vgl. auch SILVA, *Bl.* [2] **43**, 321). Durch Reduktion von m-Isopropenyl-toluol mit Natrium und Alkohol (TIFFENEAU, *A. ch.* [8] 10, 196). Aus Carvestren (S. 125) (BAEYER, *B.* **31**, 1402) oder aus Silvestren (S. 125) (B., *B.* **31**, 2067) durch folgeweise Anlagerung von Bromwasserstoffsäure, Bromierung und Reduktion. Entsteht neben viel p-Cymol und anderen Produkten beim Behandeln von Campher mit Phosphorpentasulfid (SPICA, *G.* **12**, 487, 543; ARMSTRONG, MILLER, *B.* **16**, 2259). Durch Schmelzen von Campher mit 2 Tln. Zinkchlorid bei möglichst niedriger Temp. entsteht neben anderen Produkten m-Cymol (kein p-Cymol) (ARMSTRONG, MILLER, *B.* **16**, 2258; vgl. A., *Soc.* **46**, 44 Anm.). Beim Erhitzen von 20 g Fenchon (Syst. No. 618) mit 30 g P_2O_5 auf 120° (WALLACH, *B.* **275**, 158; **284**, 324; vgl. auch SEMMLER, *Ch. Z.* **29**, 1314). m-Cymol entsteht bei der trocknen Destillation des Kolophoniums und findet sich daher in großer Menge in der Harzessenz (KELBE, *A.* **210**, 10; RENARD, *A. ch.* [6] 1, 249). — *Darst.* Harzessenz wird mit Schwefelsäure (4 Tle. Säure, 1 Tl. Wasser) behandelt, der unangegriffene Teil mit Dampf destilliert und bei 60° in konz. Schwefelsäure gelöst. Die durch Einleiten von Dampf in die erhitzte Lösung abgespaltenen Benzolkohlenwasserstoffe löst man in konz. Schwefelsäure auf, worauf man die überschüssige Säure durch vorsichtigen Wasserzusatz entfernt und die Sulfonsäuren mit Bariumhydroxyd in die Bariumsalze verwandelt, die durch wiederholtes Anrühren mit heißem Wasser und Abpressen von den leichter löslichen befreit werden. Der Rückstand enthält (außer Bariumsulfat und -carbonat) fast ausschließlich das Bariumsalz der m-Cymol-sulfon-säure; man verwandelt es in das Natriumsalz, vermischt dieses mit konz. Schwefelsäure und leitet Dampf ein, während man gleichzeitig stark erhitzt; auf diese Weise wird reines m-Cymol erhalten (ARMSTRONG, MILLER, *B.* **16**, 2749; vgl. ferner KELBE, *A.* **210**, 15; K., WARTH, *A.* **221**, 158).

Farblose Flüssigkeit, die ähnlich wie p-Cymol riecht und bei —25° flüssig bleibt (KELBE, *A.* **210**, 28). Kp: 175—176° (WALLACH, *A.* **275**, 158). D: 0,865 (K.); D^{20}: 0,862 (W.). n_D^{x}: 1,49222 (W.). — Wird von verd. Salpetersäure zu m-Toluylsäure oxydiert (K., *A.* **210**, 55). Beim Schütteln mit Permanganatlösung entsteht m-[α-Oxy-isopropyl]-benzoesäure und dann Isophthalsäure (WALLACH, *A.* **275**, 159). Chlor und Brom wirken lebhaft ein, doch entstehen selbst beim Operieren in der Kälte Produkte, welche sich sowohl bei der Destillation wie bei der Behandlung mit alkoh. Kalilauge unter Abgabe von Halogenwasserstoff zersetzen (K., *A.* **210**, 45). Verhalten im Tierkörper: HILDEBRANDT, *H.* **36**, 460.

5-Chlor-1-methyl-3-isopropyl-benzol $C_{10}H_{13}Cl = CH_3 \cdot C_6H_3Cl \cdot CH(CH_3)_2$. *B.* Aus dem Dibromid des 5-Chlor-1-methyl-3-methoäthyl-cyclohexadiens-(4.6) (S. 124) und Chinolin (GUNDLICH, KNOEVENAGEL, *B.* **29**, 170). — Flüssig. Kp: 222—223°.

2.4.5.6-Tetrachlor-1-methyl-3-isopropyl-benzol $C_{10}H_{10}Cl_4 = CH_3 \cdot C_6Cl_4 \cdot CH(CH_3)_2$. *B.* Beim Erwärmen einer mit Chlor gesättigten wäßr. Lösung von 1-Methyl-3-isopropyl-benzol-sulfonsäure-(6) auf 40° (KELBE, *B.* 16, 617). — Nadeln (aus Alkohol). F: 158,5°. Sublimiert leicht. — Wird von Chromsäuregemisch, Salpetersäure oder Permanganat nicht angegriffen. Wird von Chromsäure in Eisessig total verbrannt. Liefert beim Erhitzen mit Brom und dann mit Salpetersäure auf 150° eine Säure $C_{10}H_6O_2Cl_4$ (?).

4-Brom-1-methyl-3-isopropyl-benzol $C_{10}H_{13}Br = CH_3 \cdot C_6H_3Br \cdot CH(CH_3)_2$. *B.* Durch Zerlegen des Kaliumsalzes der 4-Brom-1-methyl-3-isopropyl-benzol-sulfonsäure-(6) mit überhitztem Wasserdampf (KELBE, v. CZARNOMSKI, *A.* 235, 293). — Flüssig. Kp: 224°. — Wird von verdünnter Salpetersäure viel schwerer angegriffen als das 6-Brom-Derivat. Beim Erhitzen mit verdünnter Salpetersäure im Einschlußrohr auf 130—135° entsteht 6-Brom-3-methyl-benzoesäure.

6-Brom-1-methyl-3-isopropyl-benzol $C_{10}H_{13}Br = CH_3 \cdot C_6H_3Br \cdot CH(CH_3)_2$. *B.* Durch Eintragen einer Lösung von Brom in Bromwasserstoffsäure in eine wäßr. Lösung von 1-Methyl-3-isopropyl-benzol-sulfonsäure-(6) (K., *B.* 15, 40). Beim Destillieren des Ammoniumsalzes der 6-Brom-1-methyl-3-isopropyl-benzol-sulfonsäure-(4) (K., v. Cz., *A.* 235, 281). — Stark lichtbrechende Flüssigkeit von rosenähnlichem Geruch. Kp: 225° (unkorr.) (K., v. Cz.). — Liefert beim Kochen mit verd. Salpetersäure 4-Brom-3-methyl-benzoesäure, mit rauchender Salpetersäure 6-Brom-eso-nitro-1-methyl-3-isopropyl-benzol (K.).

4.6-Dibrom-1-methyl-3-isopropyl-benzol $C_{10}H_{12}Br_2 = CH_3 \cdot C_6H_2Br_2 \cdot CH(CH_3)_2$. *B.* Durch Erwärmen einer wäßr. Lösung von 6-Brom-1-methyl-3-isopropyl-benzol-sulfonsäure-(4) mit Brom auf 80° (KELBE, v. CZARNOMSKI, *A.* 235, 282). — Flüssig. Kp: 272—273° (unkorr.).

6-Nitro-1-methyl-3-isopropyl-benzol $C_{10}H_{13}O_2N = CH_3 \cdot C_6H_3(NO_2) \cdot CH(CH_3)_2$. Zur Konstitution vgl. MÜLLER, *B.* 42, 431. — *B.* Man trägt m-Cymol in abgekühlte rauchende Salpetersäure ein (KELBE, WARTH, *A.* 221, 161). — Flüssig. Kp: 255—265° (Zers.). — Gibt bei der Oxydation mit verd. Salpetersäure eine Nitro-m-toluylsäure (F: 214°).

6-Brom-eso-nitro-1-methyl-3-isopropyl-benzol $C_{10}H_{12}O_2NBr = CH_3 \cdot C_6H_2Br(NO_2) \cdot CH(CH_3)_2$. *B.* Durch Auflösen von 6-Brom-1-methyl-3-isopropyl-benzol in rauchender Salpetersäure (KELBE, *B.* 15, 40). — Rötliche Nadeln (aus Petroläther). F: 121°.

4-Brom-eso-dinitro-1-methyl-3-isopropyl-benzol $C_{10}H_{11}O_4N_2Br = CH_3 \cdot C_6HBr(NO_2)_2 \cdot CH(CH_3)_2$. *B.* Man läßt eine Lösung von 4-Brom-1-methyl-3-isopropyl-benzol in rauchender Salpetersäure 24 Stdn. stehen (KELBE, *B.* 15, 42). — Warzenförmig vereinigte Nadeln (aus Petroläther). F: 55°.

eso-Trinitro-1-methyl-3-isopropyl-benzol $C_{10}H_{11}O_6N_3 = CH_3 \cdot C_6H(NO_2)_3 \cdot CH(CH_3)_2$. *B.* Beim Behandeln von m-Menthen-(4 oder 5) mit Salpeterschwefelsäure unter starker Kühlung (KNOEVENAGEL, *A.* 289, 163). Man trägt allmählich m-Cymol in ein abgekühltes Gemisch aus 1 Tl. rauchender Salpetersäure mit 4 Tln. konz. Schwefelsäure ein und erwärmt, sobald die heftige Reaktion beendet ist, einige Stunden auf 100° (KELBE, *A.* 210, 54). — Gelbweiße Blättchen (aus Petroläther). F: 72—73° (K.). Sehr leicht löslich in Alkohol und Äther (K.). Riecht besonders beim Erwärmen nach Moschus (K.).

5-Chor-2.4.6-trinitro-1-methyl-3-isopropyl-benzol $C_{10}H_{10}O_6N_3Cl = CH_3 \cdot C_6Cl(NO_2)_3 \cdot CH(CH_3)_2$. *B.* Beim Nitrieren von 5-Chlor-1-methyl-3-isopropyl-benzol (GUNDLICH, KNOEVENAGEL, *B.* 29, 170). — Krystalle (aus Alkohol). F: 124—125°. Sublimiert, dabei nach Moschus riechend. Leicht löslich in Chloroform.

10. *1-Methyl-4-isopropyl-benzol, p-Isopropyl-toluol, p-Cymol,* meist „*Cymol*" schlechthin genannt (Cymen, in der älteren Literatur auch „Camphen, Camphogen" genannt), $C_{10}H_{14} = CH_3 \cdot C_6H_4 \cdot CH(CH_3)_2$.

Bezifferung:
```
        2   3        4¹
    1¹ 1  C—C    4  4¹  C
    C—C       C—C
      6  5        4¹'
      C—C          C
```

V. p-Cymol ist in gymnospermen und angiospermen Pflanzen ziemlich verbreitet; vor allem findet es sich jedoch bei Umbelliferen und Labiaten (SEMMLER, Die äther. Öle. Bd. IV [Leipzig 1907], S. 19). Cymol ist der Hauptbestandteil des äther. Öles, welches bei der Darstellung der Sulfitcellulose aus Tannenholz (Pinus Abies L.) erhalten wird (KLASON, *B.* 33, 2343). Findet sich im schwedischen Terpentinöl (KONDAKOW, SCHINDELMEISER, *Ch. Z.* 30, 723). Im Cypressenöl (SCHIMMEL & Co., Bericht vom April 1904, S. 33). Im amerikanischen Wurmsamenöl (SCHIMMEL & Co., Bericht vom April 1908, S. 13). Im Ceylon-Zimtöl (WALABUM, HÜTHIG, *J. pr.* [2] 66, 50; SCHIMMEL & Co., D. R. P. 134789; *C.* 1902 II, 1486).

Im Boldoblätteröl (SCHIMMEL & Co., Bericht vom Oktober 1907, S. 16). Im Cascarillöl (FENDLER, Ar. **238**, 685). Im äther. Öl von Eucalyptus haemostoma (SCHIMMEL & Co., Bericht vom April 1888, S. 20), von Eucalyptus calophylla, salubris und marginata (BAKER, SMITH, C. **1905** II, 1342). Im flüchtigen Öle aus den Samen des Wasserschierlings (Cicuta virosa) (TRAPP, A. **108**, 386). Im äther. Öl von Ptychotis Ajowân D. C. (H. MÜLLER, B. **2**, 130; LANDOLPH, B. **6**, 937; SCHIMMEL & Co., Bericht vom Oktober 1909, S. 15). Im römischen Kümmel (aus den Samen von Cuminum Cyminum L.) (GERHARDT, CAHOURS, $A. ch.$ [3] 1, 65, 102, 372; A. **38**, 71, 101, 345; SCHIMMEL & Co., Bericht vom Oktober 1909, S. 35). Im äther. Coriandersamenöl (WALBAUM, MÜLLER, C. **1909** II, 2160). Im äther. Öl von Monarda fistulosa (KREMERS, C. **1897** II, 41) und von Monarda punctata (SCHUMANN, KR., C. **1897** II, 42). Im äther. Öl von Satureja Thymbra (SCHIMMEL & Co., Bericht vom Oktober 1889, S. 55) und von Satureja hortensis (JAHNS, B. **15**, 818). Im Origanumöl von Cypern (PICKLES, Soc. **93**, 873). Im Thymianöl (LALLEMAND, $A. ch.$ [3] **49**, 148; A. **102**, 119; LABBÉ, $Bl.$ [3] **19**, 1011). Im Quendelöl (FEBVE, $C. r.$ **92**, 1290; J. **1881**, 1028).

B. Bei der Einw. von Säuren auf Citral (DODGE, Am. **12**, 561; SEMMLER, B. **24**, 204; BARBIER, BOUVEAULT, $C. r.$ **118**, 1051; vgl. TIEMANN, B. **32**, 108). Aus p-Brom-isopropyl-benzol, Methyljodid und Natrium in Äther (WIDMAN, B. **24**, 450; vgl. JACOBSEN, B. **12**, 430; FITTIG, A. **149**, 337). Durch Reduktion des p-Isopropenyl-toluols mit Natrium und Alkohol (TIFFENEAU, $A. ch.$ [8] **10**, 197). Aus Thymol durch Behandlung mit P_2S_5 und Reduktion des entstandenen Produktes mit Natriumamalgam (CARSTANJEN, $J. pr.$ [2] **3**, 64). Bei der Einw. von P_2S_5 auf Thymol (FITTICA, A. **172**, 305). Beim Kochen von p-Cuminalkohol $(CH_3)_2CH \cdot C_6H_4 \cdot CH_2 \cdot OH$ mit Zinkstaub (KRAUT, A. **192**, 224; JACOBSEN, B. **12**, 434). Terpene $C_{10}H_{16}$ gehen durch Verlust von zwei Wasserstoffatomen in Cymol über; besonders leicht erfolgt diese Umwandlung bei Terpinen (WALLACH, A. **275**, 127). Cymol entsteht aus Dipenten beim Schütteln mit konz. Schwefelsäure oder beim Erwärmen mit P_2S_5 (WALLACH, BRASS, A. **225**, 311). Altes Terpentinöl enthält nach RICHTER, ORLOWSKI (B. **6**, 1258) kleine Mengen Cymol. Mehr Cymol entsteht beim Schütteln von Terpentinöl mit konz. Schwefelsäure (RI., O.; RIBAN, $A. ch.$ [5] 6, 234; ARMSTRONG, TILDEN, Soc. **35**, 745) und besonders beim Erhitzen von Terpentinöl mit Diäthylsulfat auf 120° (BRUÈRE, $C. r.$ **90**, 1429; J. **1880**, 444). Cymol entsteht ferner durch Anlagerung von Brom an Terpentinöl und Kochen des entstandenen Pinendibromids mit Anilin (OPPENHEIM, B. **5**, 94, 628; WALLACH, A. **264**, 3, 9) oder einfacher durch wiederholtes Erhitzen von Terpentinöl mit wenig Jod (KEKULÉ, B. **6**, 437; vgl. dazu ARMSTRONG, B. **12**, 1756). Durch Einw. von alkoh. Kalilauge auf das Dibromid des α-Phellandrens (WALLACH, A. **287**, 383). Bei der Einw. von rauchender Salzsäure oder von mäßig konz. Schwefelsäure auf die Nitrite des α-Phellandrens, neben anderen Verbindungen (WALLACH, BESCHKE, A. **336**, 26, 28). Durch Einw. von Brom auf p-Menthen-(3) $C_{10}H_{18}$ und Destillation des Bromids (BECKETT, WRIGHT, Soc. **29**, 2; J. **1876**, 397; vgl. dazu BERKENHEIM, B. **25**, 695 Anm.). Durch Kochen von α-Terpineol mit verd. Schwefelsäure (1 Vol. Säure + 2 Vol. Wasser) (WALLACH, A. **275**, 106). Durch Kochen des α-Terpineol-dibromids mit Eisessig (WALLACH, Terpene und Campher, 2. Aufl. [Leipzig 1914], S. 302). Aus Sabinol (Syst. No. 510) durch kurzes Erwärmen mit 10 %,iger alkoh. Salzsäure (FROMM, LISCHKE, B. **33**, 1209) oder mit Alkohol und einigen Tropfen Schwefelsäure (SEMMLER, B. **33**, 1463). Aus 1-Methyl-4-isopropyliden-cyclohexen-(1)-ol-(3) (Syst. No. 510) durch Einw. von wasserentziehenden Mitteln (VERLEY, Bl. [3] **21**, 410). Durch Destillation des aus Terpinhydrat $C_{10}H_{20}O_2 + H_2O$ (Syst. No. 549) und Brom entstehenden Produktes (BARBIER, $C. r.$ **74**, 194; J. **1872**, 367; vgl. O., B. **5**, 95, 629). Bei der Destillation von Campher mit PCl_5 (WRIGHT, Soc. **26**, 690; J. **1873**, 366), P_2O_5 (DUMAS, PÉLIGOT, $C. r.$ **4**, 496; $Berzelius Jahresber.$ **18**, 341; DELALANDE, $A. ch.$ [3] 1, 368; A. **38**, 342) oder mit P_2S_5 (POTT, B. **2**, 121; PATERNÒ, G. **4**, 113). Aus Tanaceton (Syst. No. 618) durch Einw. von Phosphorpentoxyd (BEILSTEIN, KUPFFER, A. **170**, 294; BRUYLANTS, B. **11**, 451), Phosphorpentasulfid, Zinkchlorid oder Jod (BR.). Durch Erhitzen von Tanaceton, das mit Chlorwasserstoff gesättigt worden ist, auf 120—200° (WALLACH, A. **323**, 372). Durch Erhitzen von Carvenon (Syst. No. 617) mit Benzoylchlorid (MARSH, HARTRIDGE, Soc. **73**, 856) oder Phosphorpentoxyd (BREDT, ROCHUSSEN, MONHEIM, A. **314**, 382). Cymol entsteht bei der trocknen Destillation des Kolophoniums und findet sich daher in der Harzessenz (KELBE, B. **19**, 1969). Bei der Destillation von Harzöl unter Druck, neben anderen Produkten (KRAEMER, SPILKER, B. **33**, 2267). —
$Darst.$ Man mengt gleiche Gewichtsteile Campher und Phosphorpentoxyd und befördert den Eintritt der Reaktion durch Erwärmen; man gießt das entstandene Cymol ab, kocht zweimal über wenig P_2O_5 und rektifiziert über Natrium. Ausbeute 60—80 % (FITTICA, A. **172**, 307). Man leitet 1 Mol.-Gew. Chlor in Terpentinöl, das mit 4 % Phosphortrichlorid versetzt worden ist und konstant auf 25° gehalten wird; das Produkt wird mit Wasser gewaschen, getrocknet und über Natrium rektifiziert; Ausbeute 75 % (NAUDIN, Bl. [2] **37**, 111).
Flüssigkeit von eigentümlich herbem, an Möhren erinnerndem Geruch. F: −73,5° (LADENBURG, KRÜGEL, B. **33**, 638). Kp_{714}: 175—175,5° (BOLLE, GUYE, C. **1905** I, 868); $Kp_{746,5}$: 175,4—175,5° (R. SCHIFF, A. **220**, 94); Kp_{760}: 177,3° (korr.) (PERKIN, Soc. **69**, 1249).

Dampfdrucke bei verschiedenen Temperaturen: WORINGER, *Ph. Ch.* **34**, 263. D_4^0: 0,8732; $D_4^{4,5}$: 0,8579; $D_4^{4,4}$: 0,8294; $D_4^{84,4}$: 0,8058 (LUGININ, *A. ch.* [4] 11, 475; *A. Spl.* 5, 300; vgl. KOPP, *A. Spl.* 5, 307). D_4^0: 0,8701; D_{20}^{14}: 0,8654; D_{20}^{14}: 0,8619; D_{20}^{20}: 0,8586; D_{20}^{25}: 0,8558 (PERKIN, *Soc.* **69**, 1194). D_4^{16}: 0,86700 (PERKIN, *Soc.* **77**, 279); $D_4^{4,4}$: 0,864; $D_4^{19,4}$: 0,7248 (R. SCHIFF, *A.* **220**, 94). $D_{20}^{16,4}$: 0,8678 (KOPP, *A.* **94**, 320); $D_4^{16,7}$: 0,86192; $D_4^{88,9}$: 0,85680 (LANDOLT, JAHN, *Ph. Ch.* 10, 293, 303). $D^{16,7}$: 0,8597; $D^{44,5}$: 0,8279; $D^{84,4}$: 0,8086; $D^{189,9}$: 0,7456 (BOLLE, GUYE). D_4^{20}: 0,8569 (BRÜHL, *A.* **235**, 19). Ausdehnung: LUGININ. — Molekulare Siedepunktserhöhung: 55,2 (BECKMANN, FUCHS, GERNHARDT, *Ph. Ch.* 18, 511). — $n_\alpha^{7,5}$: 1,49257; $n_\beta^{7,5}$: 1,49664; $n_\gamma^{7,5}$: 1,50698; $n_\gamma^{7,5}$: 1,51599 (PE., *Soc.* 77, 279). $n_\alpha^{7,5}$: 1,4886; $n_\beta^{18,7}$: 1,4926; n_β^{20}: 1,5026; $n_\gamma^{18,7}$: 1,5111 (LANDOLT, JAHN). n_α: 1,49372; n_β: 1,50742; n_γ: 1,51572 (BRÜHL). Molekularrefraktion: BRÜHL, *B.* **25**, 171; *A.* **235**, 19. Absorptionsspektrum: HARTLEY, *Soc.* **37**, 676. — Oberflächenspannung: R. SCHIFF, *A.* **223**, 69. Oberflächenspannung und Binnendruck: WALDEN, *Ph. Ch.* **66**, 411. — Verdampfungswärme: R. SCHIFF, *A.* **234**, 344. Molekulare Verbrennungswärme von flüssigem Cymol bei konstantem Druck: 1413,7 Cal. (STOHMANN, KLEBER, *Ph. Ch.* 10, 412; vgl. LANDOLT-BÖRNSTEIN, Physikalisch-chemische Tabellen, 4. Aufl. [Berlin 1912], S. 910). Spezifische Wärme: R. SCHIFF, *A.* **234**, 322. Kritische Temperatur: ALTSCHUL; *Ph. Ch.* 11, 590; BROWN, *Soc.* **89**, 314. Kritischer Druck: ALTSCH. — Magnetische Susceptibilität: PASCAL, *Bl.* [4] 5, 1069. Magnetisches Drehungsvermögen: SCHÖNROCK, *Ph. Ch.* 11, 785; PERKIN, *Soc.* **69**, 1242. Dielektrizitätskonstante: LANDOLT, JAHN, *Ph. Ch.* 10, 302; MATHEWS, *C.* **1906** I, 224. p-Cymol zeigt positive elektrische Doppelbrechung (SCHMIDT, *Ann. d. Physik* [4] 7, 164).

Cymol gibt bei der elektrolytischen Oxydation p-Isopropyl-benzaldehyd und andere Produkte (LAW, PERKIN, *Chem. N.* **92**, 67). Chromsäure oxydiert zu Terephthalsäure (A. W. HOFMANN, *A.* **97**, 206; vgl. WARREN DE LA RUE, MÜLLER, *A.* **121**, 88). Mit Chromylchlorid entsteht eine Verbindung $C_{10}H_{14} + 2 CrO_2Cl_2$ (S. 423), die bei der Einw. von Wasser p-Methylhydratropasäurealdehyd und Methyl-p-tolyl-keton liefert (v. MILLER, ROHDE, *B.* **23**, 1075; ERRERA, *G.* 19, 531; 21 I, 89; vgl. auch ÉTARD, *A. ch.* [5] 22, 258). Beim Behandeln von p-Cymol mit roter Salpetersäure (D: 1,4) in der Kälte oder bei wenig erhöhter Temp. entsteht je nach den Bedingungen Methyl-p-tolyl-keton (WIDMAN, BLADIN, *B.* **19**, 584, 586) oder Di-p-toluyl-furoxan (Syst. No. 4641) (HOLLEMAN, *B.* 6, 63, 83; *B.* **20**, 3360; **21**, 2835). Mit siedender verdünnter Salpetersäure entstehen p-Toluylsäure (NOAD, *J.* **1847/48**, 713; *A.* **63**, 289; FITTIG, KÖBRICH, JILKE, *A.* **145**, 145, 149) und Terephthalsäure (DITTMAR, KEKULÉ, *A.* **162**, 339; BRÜCKNER, *A.* **205**, 113). Stickstoffperoxyd wirkt auf gekühltes Cymol unter Bildung von Oxalsäure, p-Toluylsäure und anderen Produkten (LEEDS, *Am. Soc.* **2**, 286; *J.* **1880**, 386; *B.* 14, 484). Beim Erwärmen mit Permanganat und Natronlauge auf dem Wasserbade findet langsame Oxydation zu p-[α-Oxy-isopropyl]-benzoesäure (Syst. No. 1074) und wenig Terephthalsäure statt (WIDMAN, BLADIN, *B.* **19**, 583). Cymol wird von Braunstein und Schwefelsäure (D: 1,53) bei Zimmertemperatur (FOURNIER, *C. r.* **133**, 635) oder bei 40—50⁰ (LAW, PERKIN, *Soc.* **91**, 263) nur wenig angegriffen (vgl. auch NOAD, *A.* **63**, 289); hierbei entsteht p-Isopropyl-benzaldehyd (LAW, PE.). Durch Hydrierung von Cymol in Gegenwart von reduziertem Nickel bei 180⁰ entstehen 1-Methyl-4-methoäthyl-cyclohexan neben 1-Methyl-4-äthyl-cyclohexan und 1.4-Dimethyl-cyclohexan (SABATIER, SENDERENS, *C. r.* **132**, 1254; *A. ch.* [8] 4, 365). Beim Erhitzen mit Jodwasserstoffsäure (bei 0⁰ gesättigt) auf 270⁰ entstehen unter Verkohlung Toluol, Hexahydrotoluol und gasförmige Produkte (ORLOW, Ж. 15, 51; *J.* **1883**, 569). Reduktion durch Jodwasserstoffsäure und Phosphor bei 280—290⁰: GRAEBE, *B.* 5, 681. Bei der Einw. von Chlor auf Cymol in Gegenwart von etwas Jod entstehen 2-Chlor-cymol und 2.5-Dichlor-cymol (VONGERICHTEN, *B.* 10, 1249, 1252). Beim Einleiten von Chlor in siedendes Cymol entsteht Cuminylchlorid (ERRERA, *G.* 14, 277). Zersetzung des Cymols bei erschöpfender Chlorierung: KRAFFT, MERZ, *B.* 8, 1303. Beim Bromieren von Cymol in Gegenwart von Jod entstehen 2-Brom-cymol (LANDOLPH, *B.* 5, 267; vgl. FITTICA, *A.* 172, 310) und 2.5-Dibrom-cymol (CLAUS, WIMMEL, *B.* 13, 903). Cymol wird von Brom und AlBr₃ bei 0⁰ glatt in Pentabromtoluol und Isopropylbromid gespalten (GUSTAVSON, Ж. 9, 287; *B.* 10, 1101). Cymol geht beim Kochen mit Jod und Jodsäure in Eisessiglösung in 3(?)-Jod-cymol über (KLAGES, STORP, *J. pr.* [2] **65**, 573). Zersetzung des Cymols beim Erhitzen mit Jod im Einschlußrohr bei 250⁰: RAYMAN, PREIS, *B.* 13, 344. Beim Erhitzen von Cymol mit AlCl₃ auf 150⁰ wird viel Toluol gebildet (ANSCHÜTZ, *A.* **235**, 191). — Cymol geht, innerlich eingenommen, in den Harn als p-Cuminsäure über (ZIEGLER, NENCKI, *B.* 5, 749; HILDEBRANDT, *B.* **33**, 1209; JACOBSEN (*B.* **12**, 1512) erhielt aus Hundeharn Cuminursäure und nur höchst wenig Cuminsäure.

Spektralanalytischer Nachweis von Cymol in Terpenen: HARTLEY, HUNTINGTON, *Chem. N.* **40**, 269; *J.* **1879**, 149; HARTLEY, *Soc.* 37, 676.

$3 C_{10}H_{14} + 2 AlCl_3$. **B.** Durch Einleiten von HCl in ein Gemenge aus p-Cymol und AlCl₃ (GUSTAVSON, Ж. 11, 84; *J.* **1879**, 369). Braunrote Flüssigkeit. D^0: 1,139; D^{15}: 1,127. Wird durch Wasser zersetzt. — $3 C_{10}H_{14} + 2 AlBr_3$. **B.** Man leitet HBr in ein Gemenge von AlBr$_3$ und p-Cymol (G.). Dunkelrote Flüssigkeit. D^0: 1,493; D^{16}: 1,477. Wird durch Wasser zersetzt. Brom wirkt heftig ein und erzeugt Isopropylbromid und Pentabromtoluol. Verbindung C$_{10}$H$_{14}$ + 2 CrO$_2$Cl$_2$. B. Aus p-Cymol und Chromylchlorid in CS$_2$ (ÉTARD, A. ch. [5] 22, 258). — Dunkelbrauner sandiger Niederschlag. Geht bei 200—210^0 in C$_{10}$H$_{12}$O$_4$Cl$_4$Cr$_2$ über (É.). Gibt mit Wasser p-Methyl-hydratropasäurealdehyd und Methyl-p-tolyl-keton (v. MILLER, ROHDE, B. 23, 1075; ERRERA, G. 21 I, 89).

2-Chlor-1-methyl-4-isopropyl-benzol, 2-Chlor-cymol C$_{10}$H$_{13}$Cl = CH$_3$·C$_6$H$_3$Cl·CH(CH$_3$)$_2$. B. Aus Carvacrol und PCl$_5$ (FLEISCHER, KEKULÉ, B. 6, 1090). Beim Chlorieren von Cymol in Gegenwart von Jod (VONGERICHTEN, B. 10, 1249). Durch Kochen des 2-Chlor-x-brom-p-menthadiens-(x.x) (S. 140) oder des aus Carvon und PCl$_5$ entstehenden Chlorids mit Chinolin (KLAGES, KRAITH, B. 32, 2554). Aus Carvon (Syst. No. 620) oder Eucarvon (Syst. No. 620) durch Einw. von PCl$_5$ in Gegenwart von Petroläther in der Wärme (KL., KR.). Aus (unverdünntem) Carvenon (Syst. No. 617) durch PCl$_5$ (MARSH, HARTRIDGE, Soc. 73, 854; vgl. SEMMLER, B. 41, 4478; WALLACH, A. 368, 15). — Kp$_{746}$: 216—218^0 (korr.) (FILETI, CROSA, G. 18, 299); Kp: 214—216^0; Kp$_{25}$: 117,5^0 (JÜNGER, KLAGES, B. 29, 315). Kp$_{19}$: 103^0 bis 105^0 (M., H.). D^{14}: 1,014 (V.); D^{18}: 1,01 (KL., KR.). n$_D$: 1,50782 (KL., KR.). — Wird durch HNO$_3$ zu 3-Chlor-4-methyl-benzoesäure oxydiert (V.).

3-Chlor-1-methyl-4-isopropyl-benzol, 3-Chlor-cymol C$_{10}$H$_{13}$Cl = CH$_3$·C$_6$H$_3$Cl·CH(CH$_3$)$_2$. B. Aus Thymol und PCl$_5$ (VONGERICHTEN, B. 11, 364). Beim Destillieren des aus 3-Chlor-p-menthadien-(x.x) (S. 140) und 1 Mol.-Gew. Brom erhaltenen Produkts mit Chinolin (JÜNGER, KLAGES, B. 29, 316). — Kp$_{735,6}$: 213—214^0 (korr.) (FILETI, CROSA, B. 16, 288); Kp$_{25}$: 113^0; D: 1,018; n$_D$: 1,51796 (J., K.). — Bei der Oxydation durch verd. Salpetersäure (D: 1,24) entstehen 3-Chlor-4-isopropyl-benzoesäure, 2-Chlor-4-methyl-benzoesäure und Chlorterephthalsäure (F., CR.). Wird von Reduktionsmitteln nicht verändert (F., CR.).

1^1-Chlor-1-methyl-4-isopropyl-benzol, 1^1-Chlor-cymol, Cuminylchlorid C$_{10}$H$_{13}$Cl = CH$_2$Cl·C$_6$H$_4$·CH(CH$_3$)$_2$. B. Aus p-Isopropyl-benzylalkohol und trocknem Chlorwasserstoff (PATERNÒ, SPICA, G. 9, 397). Beim Einleiten von Chlor in siedendes Cymol (ERRERA, G. 14, 277; vgl. SPICA, G. 5, 395). — Kp: 225—229^0 (E.). — Flüssig. Zersetzt sich beim Sieden, namentlich in Gegenwart von ZnCl$_2$, unter Bildung eines Kohlenwasserstoffes C$_{20}$H$_{24}$ (Syst. No. 480) (E.). — Geht durch Zink und Salzsäure in Cymol über (P., SP.). Liefert beim Kochen mit wäßr. Bleinitratlösung Cuminol (E.). Mit alkoh. Kali entsteht Äthylcuminyläther (E.).

4^2-Chlor-1-methyl-4-isopropyl-benzol, 4^2-Chlor-cymol C$_{10}$H$_{13}$Cl = CH$_3$·C$_6$H$_4$·CH(CH$_3$)·CH$_2$Cl. B. Aus dem entsprechenden Alkohol und höchst konz. Salzsäure bei 135^0 (ERRERA, G. 21 I, 86; vgl. E., G. 14, 287). — Flüssig. Siedet unter Zersetzung bei 228^0. — Liefert beim Kochen mit alkoh. Kalilauge β-[p-Tolyl]-propylen.

2.5-Dichlor-1-methyl-4-isopropyl-benzol, 2.5-Dichlor-cymol C$_{10}$H$_{12}$Cl$_2$ = CH$_3$·C$_6$H$_2$Cl$_2$·CH(CH$_3$)$_2$. B. Beim Chlorieren von Cymol in Gegenwart von Jod (VONGERICHTEN, B. 10, 1252). Aus 4-Chlor-5-methyl-2-isopropyl-phenol und PCl$_5$ (BOCCHI, G. 26 II, 405). — Kp: 240—243^0 (B.), 240—240^0 (V.). — Bei der Oxydation mit verd. Salpetersäure entsteht 2.5-Dichlor-terephthalsäure (B.).

1^1.1^1-Dichlor-1-methyl-4-isopropyl-benzol, 1^1.1^1-Dichlor-cymol, p-Isopropyl-benzalchlorid C$_{10}$H$_{12}$Cl$_2$ = CHCl$_2$·C$_6$H$_4$·CH(CH$_3$)$_2$. B. Aus p-Cuminaldehyd und PCl$_5$ (CAHOURS, A. ch. [3] 23, 345; A. 70, 44). Bei der Darstellung dieser Verbindung wendet man zweckmäßig auf 2 Tle. p-Cuminaldehyd 5 Tle. PCl$_5$ an (SIEVEKING, A. 106, 258). — Flüssig. Kp: 255—260^0 (C.). — Geht beim Behandeln mit alkoh. Kali oder durch Erhitzen mit Wasser auf 140—150^0 in p-Cuminaldehyd über (C., C. r. 56, 707; A. Spl. 2, 311).

4^2.4^2-Dichlor-1-methyl-4-isopropyl-benzol, 4^2.4^2-Dichlor-cymol C$_{10}$H$_{12}$Cl$_2$ = CH$_3$·C$_6$H$_4$·CH(CH$_3$)·CHCl$_2$. B. Aus 1-Methyl-1-dichlormethyl-4-äthyliden-cyclohexadien-(2.5) durch Erwärmen auf 70—80^0 (AUWERS, B. 38, 1706; AUWERS, HESSENLAND, A. 352, 286). — Öl. Kp$_{760}$: 247—249^0; Kp$_{30}$: 143—145^0 (AU.); Kp$_{13}$: 123—125^0 (AU., H.). D$^{14.4}$: 1,1534 (AU., H.); D$^{20}_4$: 1,1563 (AU.). n$_α^{14.4}$: 1,53297; n$_β^{14.4}$: 1,53732; n$_β^{14.4}$: 1,54813; n$_γ^{14.4}$: 1,55779 (AU., H.); n$_D^{20}$: 1,53356 (AU.). — Wird durch CrO$_3$ in Eisessig zu 4^2.4^2-Dichlor-4-isopropyl-benzoesäure oxydiert (AU., B. 38, 1708). Bei der Reduktion mit Natrium und Alkohol erhält man p-Cymol (AU., B. 38, 1706). Liefert mit Wasser bei 170—180^0 p-Tolyl-aceton und einen unbekannten Aldehyd (AU., B. 39, 3763). Beim Kochen mit alkoh. Kalilauge entsteht α-Chlor-β-[p-tolyl]-α-propylen (AU., B. 38, 1710).

2-Brom-1-methyl-4-isopropyl-benzol, 2-Brom-cymol C$_{10}$H$_{13}$Br = CH$_3$·C$_6$H$_3$Br·CH(CH$_3$)$_2$. B. Beim Bromieren von Cymol in Gegenwart von Jod (LANDOLPH, B. 5, 267; vgl. FITTICA, A. 172, 310). Beim Erwärmen von 1-Methyl-4-isopropyl-benzol-sulfonsäure-(2) mit Bromwasser (KELBE, KOSCHNITZKY, B. 19, 1732). Durch Einw. von PBr$_5$ auf Carvon (Syst. No. 620) und Abspaltung von Bromwasserstoffsäure aus dem Reaktionsprodukt (KLAGES, KRAITH, B. 32, 2557). — Kp: 233—235^0 (korr.) (L.). D$^{11.4}$: 1,269 (L.).

3-Brom-1-methyl-4-isopropyl-benzol, 3-Brom-cymol $C_{10}H_{13}Br = CH_3 \cdot C_6H_3Br \cdot$ CH(CH₃)₂. *B.* Beim Erhitzen von 5-Brom-1-methyl-4-isopropyl-benzol-sulfonsäure-(2) mit Schwefelsäure (KELBE, KOSCHNITZKY, *B.* **19**, 1731). — *Darst.* Man übergießt 45 g PBr₃ unter Kühlung mit 26 g Brom und trägt dann 100 g Thymol ein; das Gemisch wird einige Minuten lang auf dem Wasserbade erwärmt und dann 2—3 Stdn. lang auf dem Sandbade fast zum Sieden erhitzt; man destilliert mit Wasser, wäscht das Öl im Destillat mit Kalilauge und rektifiziert (FILETI, CROSA, *G.* **16**, 292). — Kp₇₄₁: 232—233⁰ (korr.) (F., C.). — Beim Kochen mit Salpetersäure (D: 1,29) entstehen Bromcuminsäure, 6-Brom-3-nitro-4-methylbenzoesäure, Bromterephthalsäure und 5-Brom-2-nitro-1-methyl-4-isopropyl-benzol (F., C.). Wird von Natriumamalgam nicht verändert (F., C.).

5-Chlor-2-brom-1-methyl-4-isopropyl-benzol $C_{10}H_{12}ClBr = CH_3 \cdot C_6H_2ClBr \cdot$ CH(CH₃)₂. *B.* Aus 4-Brom-5-methyl-2-isopropyl-phenol und PCl₅ (PLANCHER, *G.* **23** II, 69). Entsteht auch beim Bromieren von 3-Chlor-1-methyl-4-isopropyl-benzol in Gegenwart von Jod (PL.). — Flüssig. Kp₇₅₀,₉: 259—261⁰.

2.5-Dibrom-1-methyl-4-isopropyl-benzol, 2.5-Dibrom-cymol $C_{10}H_{12}Br_2 = CH_3 \cdot$ C₆H₂Br₂·CH(CH₃)₂. *B.* Beim Bromieren von Cymol (CLAUS, WIMMEL, *B.* **13**, 903). Entsteht auch bei der Einw. von PBr₅ auf 4-Brom-5-methyl-2-isopropyl-phenol (MAZZARA, *G.* **18**, 518). — Flüssig. Kp: 272⁰ (C., W.; M.). D¹⁴: 1,596 (C., W.). — Gibt bei der Oxydation mit Chromsäure in Eisessig 2.5-Dibrom-4-isopropyl-benzoesäure, mit konz. Salpetersäure daneben 2.5-Dibrom-terephthalsäure (C., W.). Bei der Einw. von Salpeterschwefelsäure entstehen 3.6-Dibrom-2.5-dinitro-1-methyl-4-isopropyl-benzol, 3.6-Dibrom-2.4-dinitro-1-methyl-benzol und 2.5-Dibrom-4-nitro-1-methyl-benzol (C., *J. pr.* [2] **37**, 14).

4¹.4²-Dibrom-1-methyl-4-isopropyl-benzol, 4¹.4²-Dibrom-cymol $C_{10}H_{12}Br_2 =$ CH₃·C₆H₄·CBr(CH₃)·CH₂Br. *B.* Aus 1-Methyl-4-isopropenyl-benzol und Brom in Chloroform (PERKIN, PICKLES, *Soc.* **87**, 654). — Erstarrt bei —15⁰ noch nicht (TIFFENEAU, *A. ch.* [8] **10**, 197). Siedet unter 15 mm Druck bei 155—158⁰ unter Zers. (P., P.). — Liefert beim Erhitzen mit Wasser und Bariumcarbonat α-Methyl-α-p-tolyl-äthylenglykol (T.).

2-Jod-1-methyl-4-isopropyl-benzol, 2-Jod-cymol $C_{10}H_{13}I = CH_3 \cdot C_6H_3I \cdot CH(CH_3)_2$. *B.* Aus diazotiertem 2-Amino-1-methyl-4-isopropyl-benzol und Jodkaliumlösung (KLAGES, STORP, *J. pr.* [2] **65**, 573). — Kp₂₃: 139⁰. D¹⁴: 1,46. — Wird von Jodwasserstoffsäure schon bei 182⁰ stark angegriffen.

Salzsaures Salz des 2-Jodoso-1-methyl-4-isopropyl-benzols, 2-Methyl-5-isopropyl-phenyljodidchlorid $C_{10}H_{13}Cl_2I = CH_3 \cdot C_6H_3(ICl_2) \cdot CH(CH_3)_2$. *B.* Aus 2-Jod-1-methyl-4-isopropyl-benzol und Chlor in Chloroform bei 0⁰ (KLAGES, STORP, *J. pr.* [2] **65**, 573). — Gelbliche Krystalle. Schmilzt bei 92,5⁰ unter Zers.

3 (?)-Jod-1-methyl-4-isopropyl-benzol, 3 (?)-Jod-cymol $C_{10}H_{13}I = CH_3 \cdot C_6H_3I \cdot$ CH(CH₃)₂. *B.* Durch Erwärmen einer Benzinlösung von p-Cymol mit Jodschwefel und Salpetersäure (EDINGER, GOLDBERG, *B.* **33**, 2882). Aus Cymol, Jod und Jodsäure in siedendem Eisessig (KLAGES, STORP, *J. pr.* [2] **65**, 573). — Aromatisch riechende Flüssigkeit. Färbt sich rasch an der Luft (K., ST.). Kp₁₂: 122—124⁰ (K., ST.); Kp₅: 80⁰ (E., G.). D¹³: 1,52 (K., ST.). — Wird von Jodwasserstoffsäure schon bei 140⁰ stark reduziert (K., ST.).

Salzsaures Salz des 3(?)-Jodoso-1-methyl-4-isopropyl-benzols, 3(?)-Methyl-6-(?)-isopropyl-phenyljodidchlorid $C_{10}H_{13}Cl_2I = CH_3 \cdot C_6H_3(ICl_2) \cdot CH(CH_3)_2$. *B.* Aus 3(?)-Jod-1-methyl-4-isopropyl-benzol und Chlor in Tetrachlorkohlenstoff (K., ST., *J. pr.* [2] **65**, 574). — F: 87⁰. In Chloroform leicht löslich, in Tetrachlorkohlenstoff wenig löslich.

„2.5-Dinitroso-1-methyl-4-isopropyl-benzol" $C_{10}H_{12}O_2N_2$ s. bei Thymochinondioxim Syst. No. 671 a.

2-Nitro-1-methyl-4-isopropyl-benzol, 2-Nitro-cymol $C_{10}H_{13}O_2N = CH_3 \cdot C_6H_3(NO_2) \cdot$ CH(CH₃)₂. *B.* Durch allmähliches Zusammenbringen der eiskalten Lösungen von 1 Tl. Cymol in 3 Tln. Eisessig mit 10 Tln. Salpetersäure (D: 1,52) in 30 Tln. Eisessig (SCHUMOW, *Ж.* **19**, 119; *B.* **20** Ref., 218). Man läßt ein Gemisch von 1 Tl. Salpetersäure (D: 1,4) und 1½ Tln. konz. Schwefelsäure unter stetem Schütteln in Cymol eintropfen, wobei die Temperatur auf 20—25⁰ zu halten ist und erst zum Schluß auf 40⁰ gesteigert wird (SÖDERBAUM, WIDMAN, *B.* **21**, 2126). — Aromatisch riechendes Öl. D¹⁵: 1,085 (S., W.). — Bei der Oxydation durch KMnO₄ in alkalischer Lösung entsteht 2-Nitro-4-[α-oxy-isopropyl]-benzoesäure (S., W.).

5-Chlor-2-nitro-1-methyl-4-isopropyl-benzol $C_{10}H_{12}O_2NCl = CH_3 \cdot C_6H_2Cl(NO_2) \cdot$ CH(CH₃)₂. *B.* Beim Behandeln von 3-Chlor-1-methyl-4-isopropyl-benzol mit 5 Tln. Salpetersäure (D: 1,48) (FILETI, CROSA, *G.* **18**, 292). — Gelbes Öl.

2-Chlor-eso-nitro-1-methyl-4-isopropyl-benzol $C_{10}H_{12}O_2NCl = CH_3 \cdot C_6H_2Cl(NO_2) \cdot$ $CH(CH_3)_2$. *B.* Beim Nitrieren des 2-Chlor-1-methyl-4-isopropyl-benzols (FILETI, CROSA, *G.* 18, 296). — Dunkelrotes Öl. Mit Wasserdämpfen flüchtig.

1¹.1¹-Dichlor-3-nitro-1-methyl-4-isopropyl-benzol $C_{10}H_{11}O_2NCl_2 =$ $CHCl_2 \cdot C_6H_3(NO_2) \cdot CH(CH_3)_2$. *B.* Man trägt allmählich 7 Tle. 3-Nitro-4-isopropyl-benzaldehyd in 8 Tle. PCl_5 ein und fällt dann mit Wasser (WIDMAN, *B.* 15, 167). — Öl. Erstarrt nicht bei — 20°. Leicht löslich in Alkohol und Äther. — Liefert beim Behandeln mit Zink und Salzsäure in alkoh. Lösung 3-Amino-1-methyl-4-isopropyl-benzol.

5-Brom-2-nitro-1-methyl-4-isopropyl-benzol $C_{10}H_{12}O_2NBr = CH_3 \cdot C_6H_2Br(NO_2) \cdot$ $CH(CH_3)_2$. *B.* Man läßt 30 g 3-Brom-1-methyl-4-isopropyl-benzol mit 150 g Salpetersäure (D: 1,48) bei 12—15° 1 Stde. stehen (MAZZARA, *G.* 16, 193; FILETI, CROSA, *G.* 18, 289). — Gelbes Öl. Mit Wasserdämpfen flüchtig (F., C.). — Gibt beim Kochen mit Salpetersäure (D: 1,39) 6-Brom-3-nitro-4-methyl-benzoesäure (F., C.).

2-Brom-eso-nitro-1-methyl-4-isopropyl-benzol $C_{10}H_{12}O_2NBr = CH_3 \cdot C_6H_2Br(NO_2) \cdot$ $CH(CH_3)_2$. *B.* Beim Auflösen von 2-Brom-1-methyl-4-isopropyl-benzol in Salpetersäure (D: 1,48) (FILETI, CROSA, *G.* 18, 294). — Rotes Öl. Kp_{100}: 210—211°.

2.5-Dinitro-1-methyl-4-isopropyl-benzol, 2.5-Dinitro-cymol $C_{10}H_{12}O_4N_2 = CH_3 \cdot$ $C_6H_2(NO_2)_2 \cdot CH(CH_3)_2$. *B.* Aus Nitroso-cymoldiazoniumnitrat (Syst. No. 2193a) durch Zersetzung in Äther (OLIVERI-TORTORICI, *G.* 30 I, 536). Beim Erhitzen von „p-Dinitroso-cymol" (s. bei Thymochinondioxim, Syst. No. 671a) mit einem großen Überschuß von Salpetersäure (D: 1,35) (KEHRMANN, MESSINGER, *B.* 23, 3562). — Prismen (aus verd. Alkohol). F: 77—78° (O.-T.; K., M.). Leicht löslich in Alkohol, Äther und Benzol (K., M.).

2.6-Dinitro-1-methyl-4-isopropyl-benzol, 2.6-Dinitro-cymol $C_{10}H_{12}O_4N_2 = CH_3 \cdot$ $C_6H_2(NO_2)_2 \cdot CH(CH_3)_2$. *B.* Cymol wird in auf 50° erwärmte Salpeterschwefelsäure eingetragen und bleibt dann 1—2 Tage stehen (KRAUT, *A.* 92, 70; vgl. auch LANDOLPH, *B.* 6, 937). Aus 2.6-Dinitro-3-amino-1-methyl-4-isopropyl-benzol mit Äthylnitrit (MAZZARA, *G.* 20, 146). — Tafeln. F: 54° (K.; M.). Löslich in Alkohol und Äther (K.).

5-Chlor-2.3-dinitro- oder 3-Chlor-2.5-dinitro-1-methyl-4-isopropyl-benzol $C_{10}H_{11}O_4N_2Cl = CH_3 \cdot C_6HCl(NO_2)_2 \cdot CH(CH_3)_2$. *B.* Beim Behandeln von 3-Chlor-1-methyl-4-isopropyl-benzol mit Salpetersäure (D: 1,52), neben 3-Chlor-2.6-dinitro-1-methyl-4-isopropyl-benzol (FILETI, CROSA, *G.* 18, 293). — F: 80°. Sehr schwer löslich in kaltem Alkohol.

3-Chlor-2.6-dinitro-1-methyl-4-isopropyl-benzol $C_{10}H_{11}O_4N_2Cl = CH_3 \cdot C_6HCl(NO_2)_2 \cdot$ $CH(CH_3)_2$. *B.* Aus 4.6-Dinitro-2-isopropyl-phenol und PCl_5 (LADENBURG, ENGELBRECHT, *B.* 10, 1220). Neben dem bei 80° schmelzenden Isomeren (s. o.) aus 3-Chlor-1-methyl-4-isopropyl-benzol durch Salpetersäure (D: 1,52) (FILETI, CROSA, *G.* 18, 293). — Hellgelbe Prismen. F: 100—101° (L., É.). Ziemlich löslich in Alkohol und Äther, schwerer in CS_2 und Chloroform (L., É.).

Festes 2-Chlor-eso-dinitro-1-methyl-4-isopropyl-benzol $C_{10}H_{11}O_4N_2Cl = CH_3 \cdot$ $C_6HCl(NO_2)_2 \cdot CH(CH_3)_2$. *B.* Aus 2-Chlor-1-methyl-4-isopropyl-benzol und Salpeterschwefelsäure (VONGERICHTEN, *B.* 11, 1091) oder Salpetersäure (D: 1,52) (FILETI, CROSA, *G.* 18, 296), neben einer isomeren flüssigen Verbindung (F., C.). — Gelbliche Prismen (aus Alkohol). F: 108—109° (V.), 109—110° (F., C.). Schwer löslich in kaltem, leicht in heißem Alkohol (V.).

Flüssiges 2-Chlor-eso-dinitro-1-methyl-4-isopropyl-benzol $C_{10}H_{11}O_4N_2Cl = CH_3 \cdot$ $C_6HCl(NO_2)_2 \cdot CH(CH_3)_2$. *B.* Aus 2-Chlor-1-methyl-4-isopropyl-benzol und Salpetersäure (D: 1,52), neben dem festen Isomeren (s. o.) (FILETI, CROSA, *G.* 18, 296). — Öl.

Festes 2-Brom-eso-dinitro-1-methyl-4-isopropyl-benzol $C_{10}H_{11}O_4N_2Br = CH_3 \cdot$ $C_6HBr(NO_2)_2 \cdot CH(CH_3)_2$. *B.* Aus 2-Brom-1-methyl-4-isopropyl-benzol und Salpeterschwefelsäure (VONGERICHTEN, *B.* 11, 1092) oder Salpetersäure (D: 1,52) neben einem flüssigen Isomeren (FILETI, CROSA, *G.* 18, 295). — Prismen. F: 97—98° (V.), 95—96° (F., C.).

Flüssiges 2-Brom-eso-dinitro-1-methyl-4-isopropyl-benzol $C_{10}H_{11}O_4N_2Br = CH_3 \cdot$ $C_6HBr(NO_2)_2 \cdot CH(CH_3)_2$. *B.* Beim Auflösen von 2-Brom-1-methyl-4-isopropyl-benzol in 5 Tln. Salpetersäure (D: 1,52), neben dem bei 97° schmelzenden Isomeren (s. o.) (F., C., *G.* 18, 295). — Öl.

Bei 94° schmelzendes 3-Brom-eso-dinitro-1-methyl-4-isopropyl-benzol $C_{10}H_{11}O_4N_2Br = CH_3 \cdot C_6HBr(NO_2)_2 \cdot CH(CH_3)_2$. *B.* Beim Auflösen von 1 Tl. 3-Brom-1-methyl-4-isopropyl-benzol in 5 Tln. Salpetersäure (D: 1,52) (MAZZARA, *G.* 16, 192) bei 0°, neben einem bei 125° schmelzenden Isomeren (FILETI, CROSA, *G.* 18, 291). — Gelbe Nadeln (aus Alkohol). F: 94° (M.). Unlöslich in Äther und Petroläther (M.).

Bei 125—126° schmelzendes 3-Brom-eso-dinitro-1-methyl-4-isopropyl-benzol $C_{10}H_{11}O_4N_2Br = CH_3 \cdot C_6HBr(NO_2)_2 \cdot CH(CH_3)_2$. *B.* siehe im vorigen Artikel. — Flache Nadeln (aus Alkohol). F: 125—126° (FILETI, CROSA, *G.* 18, 291).

3.6-Dibrom-2.5-dinitro-1-methyl-4-isopropyl-benzol $C_{10}H_{10}O_4N_2Br_2 = CH_3 \cdot$ $C_6Br_2(NO_2)_2 \cdot CH(CH_3)_2$. *B.* Entsteht, neben Nitro- und Dinitrodibromtoluol, beim Behandeln von 2.5-Dibrom-1-methyl-4-isopropyl-benzol mit Salpeterschwefelsäure (CLAUS, *J. pr.* [2] **37**, 15). — Säulen oder Nadeln. F: 149°. Ziemlich leicht löslich in Alkohol, Äther, Chloroform und Eisessig, schwerer in Petroleum. — Wird durch Kochen mit alkoh. Kalilauge oder mit rauchender Salpetersäure nicht verändert. Alkoholisches Ammoniak wirkt bei 200° nicht ein.

2.3.5 oder 2.3.6-Trinitro-1-methyl-4-isopropyl-benzol, 2.3.5- oder 2.3.6-Trinitro-cymol $C_{10}H_{11}O_6N_3 = CH_3 \cdot C_6H(NO_2)_3 \cdot CH(CH_3)_2$. *B.* Aus Cymol und Salpeterschwefelsäure (FITTIG, KÖBRICH, JILKE, *A.* **145**, 147). — Dünne Blättchen. F: 118°. In heißem Alkohol ziemlich leicht löslich.

11. *p-Menthatrien von unbekannter Lage der Doppelbindungen* $C_{10}H_{14}$. Struktur des Kohlenstoffskeletts: $C-C\begin{smallmatrix}C-C\\C-C\end{smallmatrix}C-C\begin{smallmatrix}C\\C\end{smallmatrix}$. Zur Konstitution vgl. SEMMLER, Die ätherischen Öle, Bd. II [Leipzig 1906], S. 336. — *B.* Bei $1\frac{1}{2}$-stdg. Kochen von 50 g 1.4.8-Tribrom-p-menthan (S. 53) mit der Lösung von 12 g Natrium in 150 ccm Alkohol (WALLACH, *A.* **264**, 27). — Flüssig. Kp: 183°. D^{20}: 0,863. n_D^{20}: 1,49693. — Liefert 2 Tetrabromide (S. 91).

12. *1.2-Diäthyl-benzol* $C_{10}H_{14} = C_6H_4(C_2H_5)_2$. *B.* Bei der Einw. von Natrium auf ein Gemisch von o-Dichlor-benzol und Äthylbromid (VOSWINKEL, *B.* **21**, 3499). Beim Erhitzen von 1.2-Diäthyl-benzol-sulfonsäureamid (Syst. No. 1523) mit Salzsäure (V.). — Erstarrt nicht bei —20°. Kp: 184—184,5°. D_4^{20}: 0,8662.

3.4.5.6-Tetrabrom-1.2-diäthyl-benzol $C_{10}H_{10}Br_4 = C_6Br_4(C_2H_5)_2$. Derbe Prismen (aus Alkohol). F: 64,5° (VOSWINKEL, *B.* **21**, 3501).

13. *1.3-Diäthyl-benzol* $C_{10}H_{14} = C_6H_4(C_2H_5)_2$. *B.* Bei der Einw. von Äthylbromid auf Benzol in Gegenwart von $AlCl_3$, neben 1.4-Diäthyl-benzol; man verwandelt das Gemisch mit schwach rauchender Schwefelsäure in die Sulfonsäuren und trennt das leicht lösliche Bariumsalz der 1.4-Diäthyl-benzolsulfonsäure durch Krystallisation von dem ziemlich schwer löslichen Salz der 1.3-Diäthyl-benzolsulfonsäure (VOSWINKEL, *B.* **21**, 2829; vgl. dazu auch: ALLEN, UNDERWOOD, *Bl.* [2] **40**, 100; FOURNIER, *Bl.* [3] **7**, 651). — Erstarrt nicht bei —20° (V.). Kp: 181—182° (V.). D_4^{20}: 0,8602 (V.). — Liefert bei der Oxydation mit verd. Salpetersäure m-Äthyl-benzoesäure und Isophthalsäure (V.).

2.4.5.6-Tetrachlor-1.3-diäthyl-benzol $C_{10}H_{10}Cl_4 = C_6Cl_4(C_2H_5)_2$. *B.* Beim Einleiten von Äthylen in ein Gemisch aus 1.2.3.5-Tetrachlor-benzol und $AlCl_3$ (ISTRATI, *A. ch.* [6] **6**, 500). — Prismen (aus Benzol + Alkohol). F: 45°. Kp: 290°. D^{11}: 1,431. Löslich in 7 Vol. Benzol und in 40 Vol. Alkohol (von 90°/$_0$).

4(?)-Brom-1.3-diäthyl-benzol $C_{10}H_{13}Br = C_6H_3Br(C_2H_5)_2$. Flüssig. Siedet gegen 238° (VOSWINKEL, *B.* **21**, 2830).

2.4.5.6-Tetrabrom-1.3-diäthyl-benzol $C_{10}H_{10}Br_4 = C_6Br_4(C_2H_5)_2$. Prismen (aus Alkohol). F: 74° (VOSWINKEL, *B.* **21**, 2830).

4(?)-Nitro-1.3-diäthyl-benzol $C_{10}H_{13}O_2N = O_2N \cdot C_6H_3(C_2H_5)_2$. *B.* Durch Eintragen von 1.3-Diäthyl-benzol in rauchende Salpetersäure (VOSWINKEL, *B.* **21**, 2830). — Gelbliche Flüssigkeit. Siedet bei 280—285° unter beginnender Zersetzung.

2.4.6-Trinitro-1.3-diäthyl-benzol $C_{10}H_{11}O_6N_3 = (O_2N)_3 C_6H(C_2H_5)_2$. *B.* Bei der Einw. von Salpeterschwefelsäure auf 1.3-Diäthyl-benzol (VOSWINKEL, *B.* **21**, 2830) oder auf 1.5-Diäthyl-2-isopropyl-benzol (FRANCESCONI, VENDITTI, *G.* **32** I, 308). — Prismen (aus Petroläther). Blättchen (aus Alkohol). F: 60—62° (F., VE.), 62° (VO.). Unlöslich in kalter Sodalösung (F., VE.).

14. *1.4-Diäthyl-benzol* $C_{10}H_{14} = C_6H_4(C_2H_5)_2$. *B.* Aus p-Brom-äthylbenzol, Äthylbromid und Natrium (FITTIG, KÖNIG, *A.* **144**, 285). Aus p-Dibrom-benzol, Äthyljodid und Natrium (ASCHENBRANDT, *A.* **216**, 212). Durch Reduktion von p-Äthyl-styrol mit Natrium und Alkohol (KLAGES, KEIL, *B.* **36**, 1633). — *Darst.* Aus Benzol, Äthylbromid und $AlCl_3$: zur Trennung von gleichzeitig entstandenem 1.3-Diäthyl-benzol, löst man in schwach rauchende Schwefelsäure, verwandelt in die Bariumsalze und führt das sehr leicht lösliche Salz der 1.4-Diäthyl-benzolsulfonsäure zur Reinigung in das Cadmiumsalz über, aus dem der Kohlenwasserstoff in der üblichen Weise gewonnen wird (VOSWINKEL, *B.* **22**, 315; FOURNIER, *Bl.*

[3] **7**, 651). — F: ca. —35° (Fou.). Kp: 182° (Fou.), 182—183° (V.). D_4^4: 0,8675 (Kl., Ke.); D_4^0: 0,8622 (V.); $D_4^{16,5}$: 0,8645 (Eijkman, *R.* **12**, 175). n_D^{16}: 1,4978 (Kl., Ke.); $n_\alpha^{18,5}$: 1,49224; $n_\beta^{18,5}$: 1,50665 (E.). — Beim Kochen mit verd. Salpetersäure entstehen p-Äthyl-benzoesäure und Terephthalsäure (A.; V.).

1¹-Chlor-1.4-diäthyl-benzol, 1-Äthyl-4-[α-chlor-äthyl]-benzol $C_{10}H_{13}Cl = C_2H_5 \cdot C_6H_4 \cdot CHCl \cdot CH_3$. *B.* Durch 10-stdg. Einleiten von HCl in eine auf 6° abgekühlte, äther. Lösung des Methyl-[4-äthyl-phenyl]-carbinols (Klages, *B.* **35**, 2250). — Öl. Kp_{16}: 112,5—113°.

1¹.1²-Dibrom-1.4-diäthyl-benzol, 1-Äthyl-4-[α.β-dibrom-äthyl]-benzol, p-Äthyl-styrol-dibromid $C_{10}H_{12}Br_2 = C_2H_5 \cdot C_6H_4 \cdot CHBr \cdot CH_2Br$. *B.* Aus p-Äthyl-styrol und Brom in gekühltem Chloroform (Klages, Keil, *B.* **36**, 1633). — Nadeln (aus verd. Alkohol). F: 66°. Leicht löslich in Alkohol, Benzol, Ligroin.

1¹.4¹-Dibrom-1.4-diäthyl-benzol, 1.4-Bis-[α-brom-äthyl]-benzol $C_{10}H_{12}Br_2 = C_6H_4(CHBr \cdot CH_3)_2$. *B.* Man läßt 1.4-Bis-[α-oxy-äthyl]-benzol oder 1.4-Divinyl-benzol mit bei 0° gesättigter Lösung von HBr in Eisessig stehen (Ingle, *B.* **27**, 2528). — F: 112°.

exo-Tribrom-1.4-diäthyl-benzol $C_{10}H_{11}Br_3$. *B.* Durch Eintragen von 72 g Brom in 20 g auf 155° erhitztes 1.4-Diäthyl-benzol (Fournier, *Bl.* [3] **7**, 652). — Nadeln (aus Alkohol). F: 105—106°.

2.3.5.6-Tetrabrom-1.4-diäthyl-benzol $C_{10}H_{10}Br_4 = C_6Br_4(C_2H_5)_2$. *B.* Aus 1.4-Diäthyl-benzol und Brom bei Gegenwart von $AlBr_3$ (Klages, Keil, *B.* **36**, 1633). — Nadeln (aus Alkohol). F: 112° (Voswinkel, *B.* **22**, 316; K., K.).

1¹.1².4¹.4²-Tetrabrom-1.4-diäthyl-benzol, 1.4-Bis-[α.β-dibrom-äthyl]-benzol $C_{10}H_{10}Br_4 = C_6H_4(CHBr \cdot CH_2Br)_2$. *B.* Durch Eintröpfel. von 120 g Brom in 25 g auf 155° erhitztes 1.4-Diäthyl-benzol (Fournier, *Bl.* [3] **7**, 653). Durch Bromieren von 1.4-Divinyl-benzol in Chloroformlösung (Ingle, *B.* **27**, 2528). — F: 156,5° (I.), 157° (F.).

2-Nitro-1.4-diäthyl-benzol $C_{10}H_{13}O_2N = O_2N \cdot C_6H_3(C_2H_5)_2$. *B.* Aus 1.4-Diäthyl-benzol und rauchender Salpetersäure (Voswinkel, *B.* **22**, 316). — Kp_{33}: 155° (Zers.).

15. *Diäthylbenzol-Präparat aus Benzol und Äthylen* (wahrscheinlich Gemisch von Stellungsisomeren). *B.* Beim Einleiten von Äthylen in ein Gemenge von Benzol + $AlCl_3$ (Balsohn, *Bl.* [2] **31**, 540). — Flüssig. Kp: 179—185° (B.). — Einw. von Chromylchlorid: Étard, *A. ch.* [5] **22**, 254; Auwers, Keil, *B.* **39**, 3758.

16. *Diäthylbenzol-Derivate von unbekannter Stellung der Äthylgruppen*.

Niedrigschmelzendes eso-Dichlordinitro-diäthylbenzol $C_{10}H_{10}O_4N_2Cl_2 = (O_2N)_2C_6Cl_2(C_2H_5)_2$. *B.* Beim Behandeln eines Gemisches isomerer p-Dichlor-diäthylbenzole $C_6H_2Cl_2(C_2H_5)_2$, das durch Einleiten von Äthylen in p-Dichlor-benzol bei Gegenwart von $AlCl_3$ erhalten war (Istrati, *A. ch.* [6] **6**, 482), mit Salpeterschwefelsäure, neben einem hochschmelzenden Isomeren (Istrati, *Bl.* [2] **48**, 42). — Krystalle. F: 82°. Löslich in Äther.

Hochschmelzendes eso-Dichlordinitro-diäthylbenzol $C_{10}H_{10}O_4N_2Cl_2 = (O_2N)_2C_6Cl_2(C_2H_5)_2$. *B.* siehe im vorigen Artikel. — Krystalle. F: 150°. In Alkohol löslicher als die niedrigschmelzende Verbindung (I., *Bl.* [2] **48**, 42).

17. *1.1-Dimethyl-4-äthyliden-cyclohexadien-(2.5)* [L.-R.-Bezf.: Dimethyl-3.3-äthyliden-6-cyclohexadien-1.4] $C_{10}H_{14} = CH_3 \cdot CH : C {<}^{CH:CH}_{CH:CH}{>} C(CH_3)_2$.

1¹.1¹-Dichlor-1.1-dimethyl-4-äthyliden-cyclohexadien-(2.5), 1-Methyl-1-dichlor-methyl-4-äthyliden-cyclohexadien-(2.5) $C_{10}H_{12}Cl_2 = CH_3 \cdot CH : C {<}^{CH:CH}_{CH:CH}{>} C(CH_3) \cdot CHCl_2$. *B.* Aus 1-Methyl-1-dichlormethyl-4-äthyl-cyclohexadien-(2.5)-ol-(4) beim Erwärmen auf 45° oder beim Schütteln mit wasserfreier Ameisensäure (Auwers, *B.* **38**, 1705; Au., Hessenland, *A.* **352**, 285). — Gelbes Öl. $D_4^{16,5}$: 1,1696; $n_\alpha^{16,5}$: 1,55717; $n_\beta^{16,5}$: 1,56343 (Au., H.). — Lagert sich leicht in 4².4²-Dichlor-1-methyl-4-isopropyl-benzol um (Au.; Au., H.).

18. *1.2-Dimethyl-4-äthyl-benzol* $C_{10}H_{14} = (CH_3)_2C_6H_3 \cdot C_2H_5$. *B.* Aus 4-Brom-1.2-dimethyl-benzol, Äthyljodid und Natrium (Stahl, *B.* **23**, 991). Bei der Einw. von $ZnCl_2$ oder Jod auf Campher (Armstrong, Miller, *B.* **16**, 2258; vgl. auch Fittig, Köbrich, Jilke, *A.* **145**, 149; Montgolfier, *A. ch.* [5] **14**, 91; Uhlhorn, *B.* **23**, 2348). Beim Durchleiten von Terpentinöl durch ein glühendes Rohr (Montgolfier, *A. ch.* [5] **19**, 164). Aus Euterpen (S. 124) durch folgeweise Anlagerung von HBr, Bromierung und Reduktion (Baeyer, *B.* **31**,

2076). — Erstarrt nicht bei —20° (St.). Kp: 185—191° (B.), 187—188° (St.), 189° (A., M.). — Liefert bei der Oxydation mit verd. Salpetersäure 3.4-Dimethyl-benzoesäure (A., M.).

4².4²-Dichlor-1.2-dimethyl-4-äthyl-benzol, 1.2-Dimethyl-4-[β.β-dichlor-äthyl]-benzol $C_{10}H_{12}Cl_2 = (CH_3)_2C_6H_3 \cdot CH_2 \cdot CHCl_2$. *B.* Aus 1.2.4-Trimethyl-1-dichlormethyl-cyclohexadien-(2.5)-ol-(4) durch Erhitzen (Auwers, Köckritz, *A.* 352, 302). — Farbloses Öl. Kp₉: 126—128°; Kp₁₁: 134—136°. $D_4^{14,2}$: 1,1513. $n_\alpha^{14,2}$: 1,53679; $n_D^{14,2}$: 1,54144; $n_\beta^{14,2}$: 1,55261; $n_\gamma^{14,2}$: 1,56258.

Dibrom-1.2-dimethyl-4-äthyl-benzol $C_{10}H_{12}Br_2 = (CH_3)_2C_6HBr_2 \cdot C_2H_5$ (?). *B.* Aus 1.2-Dimethyl-4-äthyl-benzol und Brom (Montgolfier, *A. ch.* [5] 14, 93; vgl. Armstrong, Miller, *B.* 16, 2256, 2259). — Seidenartige Nadeln (aus heißem Alkohol). F: 201°; fast unlöslich in kaltem Alkohol; liefert mit überschüssigem Brom ein Tribrom-Derivat (Mo.).

3.5.6-Tribrom-1.2-dimethyl-4-äthyl-benzol $C_{10}H_{11}Br_3 = (CH_3)_2C_6Br_3 \cdot C_2H_5$. Nadeln (aus Alkohol). F: 93° (Stahl, *B.* 23, 992), 94—95° (Baeyer, *B.* 31, 2079). Leicht löslich in Alkohol (St.).

3.5.6-Trinitro-1.2-dimethyl-4-äthyl-benzol $C_{10}H_{11}O_6N_3 = (CH_3)_2C_6(NO_2)_3 \cdot C_2H_5$. Nadeln (aus Alkohol). F: 121° (Stahl, *B.* 23, 992).

19. 1.4-Dimethyl-2-äthyl-benzol $C_{10}H_{14} = (CH_3)_2C_6H_3 \cdot C_2H_5$. *B.* Aus p-Xylol und C_2H_5Br in Gegenwart von $AlCl_3$ (Bodroux, *Bl.* [3] 19, 888). Aus Brom-p-xylol mit Äthyl-jodid und Natrium (Jacobsen, *B.* 19, 2516). Aus Campher und ZnCl₂ (Uhlhorn, *B.* 23, 2348). Durch Reduktion von 2.5-Dimethyl-styrol mit Natrium und Alkohol (Klages, Keil, *B.* 36, 1640). — Bleibt bei —20° flüssig (J.). Kp: 185° (J.); Kp₇₅₆: 185,5° (korr.); Kp₁₀: 64° (K., K.). D_4^{17}: 0,8824 (K., K.). n_D^{17}: 1,5026 (K., K.). — Verdünnte Salpetersäure oxydiert zu 2.5-Dimethyl-benzoesäure (U.). Durch Einw. von überschüssigem Brom in Gegenwart von $AlBr_3$ entsteht Tetrabrom-p-xylol $C_6Br_4(CH_3)_2$ (B.).

2¹.2¹-Dibrom-1.4-dimethyl-2-äthyl-benzol, 1.4-Dimethyl-2-[α.β-dibrom-äthyl]-benzol $C_{10}H_{12}Br_2 = (CH_3)_2C_6H_3 \cdot CHBr \cdot CH_2Br$. *B.* Aus 2.5-Dimethyl-styrol und Brom (K., K., *B.* 36, 1639). — Blättchen. F: 55°. Leicht löslich in Alkohol, Benzol Ligroin.

3.5.6-Tribrom-1.4-dimethyl-2-äthyl-benzol $C_{10}H_{11}Br_3 = (CH_3)_2C_6Br_3 \cdot C_2H_5$. *B.* Aus 1.4-Dimethyl-2-äthyl-benzol, Brom und $AlBr_3$ (K., K., *B.* 36, 1640). — Nadeln (aus Alkohol). F: 89°.

3.5.6-Trinitro-1.4-dimethyl-2-äthyl-benzol $C_{10}H_{11}O_6N_3 = (CH_3)_2C_6(NO_2)_3 \cdot C_2H_5$. Prismen (aus Alkohol). F: 129° (Jacobsen, *B.* 19, 2516).

20. 1.5-Dimethyl-2-äthyl-benzol $C_{10}H_{14} = (CH_3)_2C_6H_3 \cdot C_2H_5$. *B.* Aus 4-Brom-1.3-dimethyl-benzol, Äthylbromid und Natrium (Ernst, Fittig, *A.* 139, 192). Entsteht in geringer Menge neben 1.3-Dimethyl-5-äthyl-benzol bei 48-stdg. Erwärmen von 250 g m-Xylol mit 250 g Äthylbromid und 50 g AlCl₃ auf 40° (Stahl, *B.* 23, 992). Entsteht neben α.α-Bis-[dimethylphenyl]-äthan bei der Einw. von AlCl₃ auf eine Lösung von Äthylidenchlorid in m-Xylol (Anschütz, Romig, *B.* 18, 666; *A.* 235, 323). Aus Campher und ZnCl₂ (Uhlhorn, *B.* 23, 2348). Durch Reduktion von 2.4-Dimethyl-styrol mit Natrium und Alkohol (Klages, Keil, *B.* 36, 1638). — Kp: 185—186° (St.), 186—187° (A., R.); Kp₇₄₄: 184—185° (korr.); Kp₁₂: 67—68° (K., K.). D_4^{17}: 0,8772 (K., K.); $D_?^{20}$: 0,8686 (A., R.). n_D^{17}: 1,5033 (K., K.). — Verdünnte Salpetersäure oxydiert zu 2.4-Dimethyl-benzoesäure (St.).

2¹.2¹-Dichlor-1.5-dimethyl-2-äthyl-benzol, 1.5-Dimethyl-2-[β.β-dichlor-äthyl]-benzol $C_{10}H_{12}Cl_2 = (CH_3)_2C_6H_3 \cdot CH_2 \cdot CHCl_2$. *B.* Aus 1¹.1¹-Dichlor-1.1.3-trimethyl-4-methylen-cyclohexadien-(2.5) durch Erwärmen auf 80—90° (Auwers, Köckritz, *A.* 352, 292). — Farbloses Öl. Kp₁₂: 124—126°; Kp₁₇: 136—138°. $D_4^{14,2}$: 1,1507. $n_\alpha^{14,2}$: 1,53688; $n_D^{14,2}$: 1,54128; $n_\beta^{14,2}$: 1,55252; $n_\gamma^{14,2}$: 1,56241. — Liefert beim Kochen mit alkoh. Kalilauge 1.5-Dimethyl-2-[β-chlor-vinyl]-benzol.

4-Brom-1.5-dimethyl-2-äthyl-benzol $C_{10}H_{13}Br = (CH_3)_2C_6H_2Br \cdot C_2H_5$. *B.* Aus 1.5-Dimethyl-2-äthyl-benzol durch Bromierung (Töhl, Geyger, *B.* 25, 1534). — Öl. Kp: 247° bis 248°.

Tribrom-1.5-dimethyl-2-äthyl-benzol $C_{10}H_{11}Br_3$.

a) Präparat von Stahl. *B.* Aus 1.5-Dimethyl-2-äthyl-benzol und Brom in Gegenwart von Jod (Stahl, Dissert. [Rostock 1889], S. 15; *B.* 23, 989). — Nadeln (aus Alkohol). F: 94—95° (St.), 93° (Geyger, Dissert. [Rostock 1890], S. 14; Töhl, Geyger, *B.* 25, 1534).

b) Präparat von Anschütz. *B.* Durch Eintragen des Kohlenwasserstoffs von Anschütz (s. o.) in überschüssiges Brom bei 0° (A., *A.* 235, 325). — Nadeln (aus Alkohol). F: 90—91°.

c) Präparat von Klages, Keil. *B.* Aus dem Kohlenwasserstoff von KLAGES, KEIL (S. 428), Brom und AlBr$_3$ bei 0° (K., K., *B.* **36**, 1639). — Nadeln. F: 135°. Leicht löslich in Benzol, Ligroin, schwer in Alkohol.

4-Nitro-1.5-dimethyl-2-äthyl-benzol $C_{10}H_{13}O_2N = (CH_3)_2C_6H_2(NO_2)\cdot C_2H_5$. *B.* Aus 1.5-Dimethyl-2-äthyl-benzol durch Eintragen in kalte konz. Salpetersäure (TÖHL, GEYGER, *B.* **25**, 1535). — Öl. Siedet unter teilweiser Zersetzung bei 270—272°.

3.4.6-Trinitro-1.5-dimethyl-2-äthyl-benzol $C_{10}H_{11}O_6N_3 = (CH_3)_2C_6(NO_2)_3\cdot C_2H_5$. *B.* Aus 1.5-Dimethyl-2-äthyl-benzol und Salpeterschwefelsäure (FITTIG, ERNST, *A.* **139**, 193). — Nadeln. F: 127° (STAHL, *B.* **23**, 989; TÖHL, GEYGER, *B.* **25**, 1534). Ziemlich leicht löslich in Alkohol (ST.).

21. *1.3-Dimethyl-5-äthyl-benzol* $C_{10}H_{14} = (CH_3)_2C_6H_3\cdot C_2H_5$. *B.* Beim Behandeln eines Gemenges von Aceton und Methyläthylketon mit Schwefelsäure (JACOBSEN, *B.* **7**, 1432). Aus symmetrischem Bromxylol, Äthylbromid und Natrium in Gegenwart von Äther (WROBLEWSKI, *A.* **192**, 217). Neben 1.5-Dimethyl-2-äthyl-benzol bei 48-stdg. Erwärmen von 250 g m-Xylol mit 250 g Äthylbromid und 50 g AlCl$_3$ auf 40° (STAHL, *B.* **23**, 992). Durch 1$^1/_2$-stdg. Einleiten von Äthylen in ein siedendes Gemisch von m-Xylol und AlCl$_3$ (GATTERMANN, FRITZ, BECK, *B.* **32**, 1126). — Bleibt bei —20° flüssig (W.). Kp: 185°; D^{20}: 0,861 (W.). — Verdünnte Salpetersäure oxydiert zu Mesitylensäure und Uvitinsäure (J.).

2-Brom-1.3-dimethyl-5-äthyl-benzol $C_{10}H_{13}Br = (CH_3)_2C_6H_2Br\cdot C_2H_5$. *B.* Aus 1.3-Dimethyl-5-äthyl-benzol und Brom in Gegenwart von Jod (GEYGER, Dissert. [Rostock 1890], S. 21; TÖHL, GEYGER, *B.* **25**, 1536). — Flüssig. Kp: 249—250° (G.). — Liefert bei der Oxydation mit Chromsäure in Eisessig 4-Brom-3.5-dimethyl-benzoesäure (T., G.).

2.4.6-Tribrom-1.3-dimethyl-5-äthyl-benzol $C_{10}H_{11}Br_3 = (CH_3)_2C_6Br_3\cdot C_2H_5$. *B.* Aus 1.3-Dimethyl-5-äthyl-benzol und Brom (JACOBSEN, *B.* **7**, 1434). — Nadeln (aus Alkohol). F: 218° (J.), 216—217° (TÖHL, GEYGER, *B.* **25**, 1534). Destilliert unzersetzt weit über 300°; sublimiert bei niederer Temperatur (J.). Schwer löslich in kaltem Alkohol (J.).

Über eine hiermit wahrscheinlich identische Verbindung $C_{10}H_{11}Br_3$ s. bei β-Dekanaphthen, S. 56.

2-Jod-1.3-dimethyl-5-äthyl-benzol $C_{10}H_{13}I = (CH_3)_2C_6H_2I\cdot C_2H_5$. *B.* Aus 1.3-Dimethyl-5-äthyl-benzol, Jod und Jodsäure in siedendem Eisessig (KLAGES, STORP, *J. pr.* [2] **65**, 577). — Farbloses Öl. Kp$_{22}$: 142—144°. D^{13}: 1,54. — Wird durch Jodwasserstoffsäure bei 182° leicht reduziert.

2.4.6-Trinitro-1.3-dimethyl-5-äthyl-benzol $C_{10}H_{11}O_6N_3 = (CH_3)_2C_6(NO_2)_3\cdot C_2H_5$. *B.* Aus 1.3-Dimethyl-5-äthyl-benzol und Salpeterschwefelsäure (JACOBSEN, *B.* **7**, 1434). — Nadeln (aus Alkohol). F: 238° (J.), 234—235° (TÖHL, GEYGER, *B.* **25**, 1534). Sublimierbar (J.). In kaltem Alkohol kaum löslich (J.).

22. *1.1.2-Trimethyl-4-methylen-cyclohexadien-(2.5)* [L.-R.-Bezf.: Trimethyl-1.6.6-methylen-3-cyclohexadien-1.4] $C_{10}H_{14}$ = $CH_2{:}C{<}^{CH\,:\,C(CH_3)}_{CH{=\!=}CH}{>}C(CH_3)_2$.

1^1.1^1-Dichlor-1.1.2-trimethyl-4-methylen-cyclohexadien-(2.5), 1.2-Dimethyl-1-[dichlormethyl]-4-methylen-cyclohexadien-(2.5) $C_{10}H_{12}Cl_2$ = $CH_2{:}C{<}^{CH\,:\,C(CH_3)}_{CH{=\!=}CH}{>}C(CH_3)\cdot CHCl_2$.

Ein Dimeres $C_{20}H_{24}Cl_4$ dieser Verbindung (zur Konstitution vgl. AUWERS, *A.* **352**, 252) entsteht beim Stehen von 1.2.4-Trimethyl-1-dichlormethyl-cyclohexadien-(2.5)-ol-(4) (AUWERS, KÖCKRITZ, *A.* **352**, 303). — Prismen (aus Alkohol). Schmilzt bei 153—154° nach vorhergehendem Erweichen.

23. *1.1.3-Trimethyl-4-methylen-cyclohexadien-(2.5)* [L.-R.-Bezf.: Trimethyl-2.6.6-methylen-3-cyclohexadien-1.4] $C_{10}H_{14}$ = $CH_2{:}C{<}^{C(CH_3)\,:\,CH}_{CH{=\!=}CH}{>}C(CH_3)_2$.

1^1.1^1-Dichlor-1.1.3-trimethyl-4-methylen-cyclohexadien-(2.5), 1.3-Dimethyl-1-[dichlormethyl]-4-methylen-cyclohexadien-(2.5) $C_{10}H_{12}Cl_2$ = $CH_2{:}C{<}^{C(CH_3)\,:\,CH}_{CH{=\!=}CH}{>}C(CH_3)\cdot CHCl_2$. *B.* Aus 1.3.4-Trimethyl-1-dichlormethyl-cyclohexadien-(2.5)-ol-(4) durch Erwärmen auf 45° (AUWERS, KÖCKRITZ, *A.* **352**, 291). — Rötliches Öl. Wird beim Stehen dickflüssig. — Liefert bei 80—90° 2^2.2^2-Dichlor-1.5-dimethyl-2-äthylbenzol.

24. *1.2.3.4-Tetramethyl-benzol, Prehnitol* $C_{10}H_{14} = C_6H_2(CH_3)_4$. *B.* Aus 2.4-Dibrom-1.3-dimethyl-benzol, Methyljodid und Natrium in Gegenwart von völlig trocknem Äther (JACOBSEN, *B.* **21**, 2827). Durch 12-stdg. Erhitzen von 100 g 3-Brom-1.2.4-trimethylbenzol mit 120 g Methyljodid, 500 g Benzol und 50 g Natrium im Einschlußrohr auf 150° (KELBE, PATHE, *B.* **19**, 1552). Entsteht neben anderen Produkten in kleiner Menge aus Mesitylen oder Pseudocumol mit Methyljodid und AlCl₃ (CLAUS, FOECKING, *B.* **20**, 3097). Die Sulfonsäure dieses Kohlenwasserstoffes entsteht neben Pseudocumolsulfonsäure und Hexamethylbenzol bei 12-stdg. Einw. von kalter konz. Schwefelsäure auf durolsulfonsaures Natrium. Man sättigt die mit Wasser verdünnte und mit Petroläther ausgeschüttelte Lösung mit BaCO₃, führt die erhaltenen Bariumsalze in Natriumsalze über und stellt aus diesen die Amide dar; man krystallisiert die Amide aus Alkohol um und zerlegt den am schwersten löslichen Anteil — Prehnitolsulfamid — durch Erhitzen mit Salzsäure auf 170° (JACOBSEN, *B.* **19**, 1213). Oder man spaltet aus dem Gemisch von Prehnitol- und Pseudocumol-Sulfonsäure durch Erhitzen mit verdünnter Schwefelsäure (3 Vol. konz. Schwefelsäure + 1 Vol. Wasser) auf 120° die SO₃H-Gruppen ab und trennt das erhaltene Gemenge von Prehnitol und Pseudocumol durch fraktionierte Destillation (V. MEYER, MOLZ, *B.* **30**, 1278). Die Sulfonsäure des Prehnitols entsteht ferner neben Hexamethylbenzol beim Schütteln von Pentamethylbenzol mit konz. Schwefelsäure (JACOBSEN, *B.* **20**, 901). — Prehnitol erstarrt in der Kälte zu großen Krystallen, die bei —4° schmelzen (JACOBSEN, *B.* **19**, 1213). Kp: 204° (korr.) (J.). — Wird von verd. Salpetersäure zu 2.3.4-Trimethyl-benzoesäure (Prehnitylsäure) oxydiert (J.). Verbindung mit Pikrinsäure s. Syst. No. 523.

5-Chlor-1.2.3.4-tetramethyl-benzol, eso-Chlor-prehnitol $C_{10}H_{13}Cl = C_6HCl(CH_3)_4$. *B.* Durch Einw. von Chlor auf eine Lösung von Prehnitol in Petroläther in Gegenwart von Jod (TÖHL, *B.* **25**, 1524). — Öl. Kp: 240°.

5.6-Dichlor-1.2.3.4-tetramethyl-benzol, eso-Dichlor-prehnitol $C_{10}H_{12}Cl_2 = C_6Cl_2(CH_3)_4$. *B.* Aus Prehnitol und SO₂Cl₂ in Gegenwart von AlCl₃ (TÖHL, EBERHARD, *B.* **26**, 2944). — Prismen (aus Chloroform). F: 195° (T., *B.* **25**, 1524; T., E.). Kp: 280° (T.).

5-Brom-1.2.3.4-tetramethyl-benzol, eso-Brom-prehnitol $C_{10}H_{13}Br = C_6HBr(CH_3)_4$. *B.* Aus Prehnitol und Brom in Eisessig (T., *B.* **25**, 1526). — Tafeln (aus Petroläther). F: 30°. Kp: 265°. — Wird durch warme Schwefelsäure in Prehnitol und Dibromprehnitol übergeführt.

5.6-Dibrom-1.2.3.4-tetramethyl-benzol, eso-Dibrom-prehnitol $C_{10}H_{12}Br_2 = C_6Br_2(CH_3)_4$. *B.* Aus Prehnitol und Brom in Gegenwart von Jod (JACOBSEN, *B.* **19**, 1213) oder Aluminium (AUWERS, KÖCKRITZ, *A.* **352**, 319). Aus Bromprehnitol durch Einw. von warmer Schwefelsäure (T., *B.* **25**, 1527). — Prismen (aus Alkohol + Toluol). F: 205° (AU., K.). Sehr wenig löslich in heißem Alkohol, leicht in Toluol (J.).

5-Nitro-1.2.3.4-tetramethyl-benzol, eso-Nitro-prehnitol $C_{10}H_{13}O_2N = O_2N \cdot C_6H(CH_3)_4$. *B.* Man läßt eine dünne Schicht von Prehnitol auf gewöhnlicher Salpetersäure stehen (T., *B.* **21**, 905). — Flache Nadeln (aus Eisessig). F: 61°. Siedet unter partieller Zersetzung bei 295° (korr.). Leicht löslich in Alkohol, Äther, Petroläther und Eisessig.

5.6-Dinitro-1.2.3.4-tetramethyl-benzol, eso-Dinitro-prehnitol $C_{10}H_{12}O_4N_2 = (O_2N)_2C_6(CH_3)_4$. *B.* Durch Behandeln von Prehnitol mit Salpeterschwefelsäure in der Kälte (JACOBSEN, *B.* **19**, 1214). Aus Prehnitolcarbonsäure durch Einw. von rauchender Salpetersäure (AUWERS, KÖCKRITZ, *A.* **352**, 320). Aus Pentamethylbenzol durch kalte rauchende Salpetersäure (GOTTSCHALK, *B.* **20**, 3287), sowie in Chloroform durch Salpeterschwefelsäure (WILLSTÄTTER, KUBLI, *B.* **42**, 4162). — Prismen (aus Alkohol). F: 176° (AU., KÖ.), 176—177° (W., KU.), 178° (J.; G.). Schwer löslich in kaltem Alkohol (J.).

25. *1.2.3.5-Tetramethyl-benzol, Isodurol* $C_{10}H_{14} = C_6H_2(CH_3)_4$. *V.* Im russischen Petroleum (MARKOWNIKOW, *A.* **234**, 98); weitere Angaben s. in ENGLER-HÖFER, „Das Erdöl", Bd. I [Leipzig 1913], S. 364. — *B.* Aus Brommesitylen, Methyljodid und Natrium in Gegenwart von Benzol (JANNASCH, *B.* **8**, 356; vgl.: BIELEFELDT, *A.* **198**, 380; JANNASCH, WEILER, *B.* **27**, 3442). Man leitet bei 80—85° Methylchlorid durch ein Gemenge von 5 Tln. Mesitylen und 1 Tl. AlCl₃ (JACOBSEN, *B.* **14**, 2629). Man erhitzt ein Gemisch von Schwefelkohlenstoff, 100 g AlCl₃, 100 g Mesitylen und 140 g Methyljodid 5 Tage auf dem Wasserbade (CLAUS, FOECKING, *B.* **20**, 3097). Beim Erhitzen von 1.3.4.5-Tetramethyl-benzol-carbonsäure-(2)-nitril mit Salzsäure auf 250° (A. W. HOFMANN, *B.* **17**, 1915). Bei der Einw. von ZnCl₂ oder Jod auf Campher (ARMSTRONG, MILLER, *B.* **16**, 2259). Findet sich unter den Produkten der Einw. von konz. Schwefelsäure auf Aceton (ORNDORFF, YOUNG, *Am.* **15**, 267). — Erstarrt nicht im Kältegemisch (JANNASCH, *B.* **8**, 356). Kp: 195—197° (BIELEFELDT, *A.* **198**, 381). D⁴₀: 0,8961 (O., Y., *Am.* **15**, 265). — Bei der Oxydation mit verd. Salpetersäure im Einschlußrohr entstehen 3.4.5-, 2.3.5- und 2.4.6-Trimethyl-benzoesäure (JANNASCH, WEILER, *B.* **27**, 3443), Dimethylterephthalsäure (F: 297—298°) und eine Dimethylisophthalsäure (F: 335,5°)

(JAN., W., *B.* **28**, 531). Mit $KMnO_4$ wird schließlich Mellophansäure $C_6H_2(CO_2H)_4$ gebildet (JACOBSEN, *B.* **17**, 2517). Gibt mit Jodwasserstoffsäure und Phosphor bei 180—200⁰ Mesitylen (KLAGES, STAMM, *B.* **37**, 1717). Bei gelindem Sieden einer mit $AlCl_3$ versetzten Schwefelkohlenstofflösung von Isodurol und Acetylchlorid entsteht Diacetylisodurol $C_6(CH_3)_4(CO·CH_3)_2$, bei 2-stdg. Kochen dagegen durch Wiederabspaltung eines Acetyls das Monoacetyl-isodurol $C_6H(CH_3)_4·CO·CH_3$ (BAUM, V. MEYER, *B.* **28**, 3213; V. MEYER, *B.* **29**, 848).

4-Brom-1.2.3.5-tetramethyl-benzol, eso-Brom-isodurol $C_{10}H_{13}Br = C_6HBr(CH_3)_4$. Flüssig. Erstarrt im Kältegemisch blättrig. Kp: 252—254⁰ (BIELEFELDT, *A.* **198**, 388).

4.6-Dibrom-1.2.3.5-tetramethyl-benzol, eso-Dibrom-isodurol $C_{10}H_{12}Br_2 = C_6Br_2(CH_3)_4$. *B.* Aus Isodurol und Bromwasser (JANNASCH, WEILER, *B.* **27**, 3443) oder mit Brom in Gegenwart von Jod (JACOBSEN, *B.* **15**, 1853). — Nadeln. F: 198⁰ (ORNDORFF, YOUNG, *Am.* **15**, 267), 199⁰ (JAN., *B.* **8**, 356; JAN., W.), 209⁰ (JAC.; ARMSTRONG, MILLER, *B.* **16**, 2259). Schwer löslich in kaltem Alkohol (JAN.). — Wird durch Jodwasserstoffsäure und Phosphor bei 180⁰ zu Isodurol reduziert, bei 240⁰ unter Bildung von Mesitylen gespalten (KLAGES, LIECKE, *J. pr.* [2] **61**, 327).

4.6-Dinitro-1.2.3.5-tetramethyl-benzol, eso-Dinitro-isodurol $C_{10}H_{12}O_4N_2 = (O_2N)_2C_6(CH_3)_4$. *B.* Durch Eintragen von Isodurol in Salpeterschwefelsäure (JAC., *B.* **15**, 1853). — Prismen (aus Alkohol). F: 156⁰ (JAC.), 157⁰ (O., Y., *Am.* **15**, 267), 181⁰ (JAN., W., *B.* **27**, 3443). Schwer löslich in kaltem Alkohol, sehr leicht in heißem (JAC.).

26. *1.2.4.5-Tetramethyl-benzol, Durol* $C_{10}H_{14} = C_6H_2(CH_3)_4$. *V.* Im russischen Petroleum (MARKOWNIKOW, *A.* **234**, 98). Weitere Angaben über Vorkommen in Erdölen s. ENGLER-HÖFER, „Das Erdöl", Bd. I [Leipzig 1913], S. 364. — *B.* Aus 5-Brom-1.2.4-trimethyl-benzol, Methyljodid und Natrium (JANNASCH, FITTIG, Z. **1870**, 161; vgl. auch JAN., *B.* **7**, 692). Aus Dibromxylol (aus käuflichem Xylol) (JAN., *B.* **7**, 692; GISSMANN, *A.* **216**, 203) oder 2.5-Dibrom-1.4-dimethyl-benzol (JAN., *B.* **10**, 1357), Methyljodid und Natrium in Gegenwart von etwas Benzol. Aus Toluol mit Methylchlorid und $AlCl_3$ (FRIEDEL, CRAFTS, *A. ch.* [6] **1**, 461; ADOR, RILLIET, *B.* **12**, 331; BEAUREPAIRE, *Bl.* [2] **50**, 677). Aus Pseudocumol und Methylchlorid in Gegenwart von $AlCl_3$ (JACOBSEN, *B.* **14**, 2629) oder von Aluminium und Quecksilberchlorid (KORCZYŃSKI, *B.* **35**, 868). Aus $AlCl_3$, Pseudocumol (oder Mesitylen) und Methyljodid in Gegenwart von Schwefelkohlenstoff (CLAUS, FOECKING, *B.* **20**, 3097). Durch Kochen von Diacetyldurol oder Dipropionyldurol mit Phosphorsäure (KLAGES, LICKROTH, *B.* **32**, 1563). Entsteht bei der trocknen Destillation der Steinkohlen und findet sich daher im Steinkohlenteeröle (SCHULZE, *B.* **18**, 3032; **20**, 409). — Campher-ähnlich riechende Blätter. Monoklin prismatisch (HENNIGES, *J.* **1882**, 418; vgl. *Groth, Ch. Kr.* **4**, 758). F: 79—80⁰ (ADOR, RILLIET, *B.* **12**, 331), 80⁰ (GISSMANN, *A.* **216**, 203). Kp: 191—192⁰ (GI.), 193—195⁰ (A., R.). Sublimiert langsam schon bei gewöhnlicher Temperatur (GI.). Leicht flüchtig mit Wasserdämpfen (GI.). $D_4^{89.3}$: 0,8380 (EIJKMAN, *R.* **12**, 175). Leicht löslich in Alkohol, Äther und Benzol (JANNASCH, FITTIG, Z. **1870**, 161), schwerer in kaltem Eisessig (GI.). $n_α^{89.3}$: 1,47896; $n_β^{89.3}$: 1,49369. Molekulares Brechungsvermögen: EIJ. Oberflächenspannung: DUTOIT, FRIDERICH, *C. r.* **130**, 328. Kritische Konstanten: GUYE, MALLET, *C. r.* **133**, 1287; *C.* **1902** I, 1314. — Liefert bei der Oxydation mit Chromsäuregemisch nur CO_2 und Essigsäure, mit der berechneten Menge CrO_3 in Eisessig 2.4.5-Trimethyl-benzoesäure (GISSMANN, *A.* **216**, 204). Bei der Oxydation mit verd. Salpetersäure entstehen 2.4.5-Trimethyl-benzoesäure (JANNASCH, *B.* **1870**, 449), 2.4-Dimethyl-benzol-dicarbonsäure-(1.5) und 2.5-Dimethyl-benzol-dicarbonsäure-(1.4) (SCHNAPAUFF, *B.* **19**, 2510). Läßt man auf Durol zunächst verd. Salpetersäure und dann Kaliumpermanganat einwirken, so entsteht Pyromellitsäure $C_{10}H_6O_8$ (JACOBSEN, *B.* **17**, 2517). Die Nitrierung mit Salpetersäure führt stets zum 3.6-Dinitro-1.2.4.5-tetramethyl-benzol (S. 433), ohne daß Mononitrodurol gefaßt werden kann; mit Benzoylnitrat in CCl_4 entsteht das ω-Nitro-durol (WILLSTÄTTER, KUBLI, *B.* **42**, 4151). Verhält sich gegen $AlCl_3$ + Acetylchlorid analog wie das Isodurol (s. o.) (BAUM, V. MEYER, *B.* **28**, 3213; V. MEYER, *B.* **29**, 847). Bei kurzem Behandeln mit wenig $AlCl_3$ und Harnstoffchlorid entsteht nur Durolcarbonsäureamid, bei längerer Einw. von viel überschüssigem $AlCl_3$ und Harnstoffchlorid entsteht außerdem wenig Prehnitolcarbonsäureamid (V. MEYER, L. WÖHLER, *B.* **29**, 2570; GATTERMANN, *B.* **32**, 1119).

3-Chlor-1.2.4.5-tetramethyl-benzol, eso-Chlor-durol $C_{10}H_{13}Cl = C_6HCl(CH_3)_4$. *B.* Man leitet Chlor in eine mit etwas Jod versetzte Lösung von Durol in Petroläther (TÖHL, *B.* **25**, 1523). Neben 3.6-Dichlor-1.2.4.5-tetramethyl-benzol aus Durol und 1 Mol.-Gew. Sulfurylchlorid (TÖHL, EBERHARD, *B.* **26**, 2944). — Tafeln (aus Alkohol). F: 48⁰; Kp: 237⁰ bis 238⁰ (T.). — Beim Erwärmen mit konz. Schwefelsäure auf 60⁰ entstehen 3-Chlor-1.2.4-trimethyl-benzolsulfonsäure und Chlorpentamethylbenzol (TÖHL, *B.* **25**, 1528).

3.6-Dichlor-1.2.4.5-tetramethyl-benzol, eso-Dichlor-durol $C_{10}H_{12}Cl_2 = C_6Cl_2(CH_3)_4$. B. Aus Durol und überschüssigem Sulfurylchlorid durch Erhitzen auf 120° oder Zusatz von $AlCl_3$ (T., E., B. **26**, 2944). Man leitet Chlor in eine mit etwas Jod versetzte Lösung von Durol in Petroläther (T., B. **25**, 1523). — Nadeln (aus Chloroform). F: 189—190°; Kp: 275° (T.). Schwer löslich in Alkohol und Petroläther, leichter in $CHCl_3$, CCl_4 und CS_2 (T.).

Tetrachlordurol $C_{10}H_{10}Cl_4$. B. Aus Durol und PCl_5 (COLSON, Bl. [2] **46**, 198). — Krystalle. F: 144°. D: 1,479.

3-Brom-1.2.4.5-tetramethyl-benzol, eso-Brom-durol $C_{10}H_{13}Br = C_6HBr(CH_3)_4$. B. Aus Durol und Brom in Eisessig bei 0° (GISSMANN, A. **216**, 210) oder besser in Chloroform bei —10° bis —5° in Gegenwart von etwas Jod (WILLSTÄTTER, KUBLI, B. **42**, 4157). Das Rohprodukt destilliert man mit Wasser, wobei zunächst Bromdurol und später Dibromdurol übergeht (G.; W., K.). — Tafelige Prismen (aus Alkohol). F: 61° (G.). Kp: 262—263° (korr.) (JACOBSEN, B. **20**, 2837). Schwer löslich in kaltem Alkohol, sehr leicht in Äther und Benzol (G.). — Liefert mit Salpeterschwefelsäure bei 0° in Gegenwart von $CHCl_3$ 6-Brom-3-nitro-1.2.4.5-tetramethyl-benzol, mit Benzoylnitrat in $CHCl_3$ 3- oder 6-Brom-1¹-nitro-1.2.4.5-tetramethyl-benzol, mit rauchender Salpetersäure 3.6-Dinitro-2.4.5-trimethyl-benzol-carbonsäure-(1)-bromid (W., K.). Läßt man Bromdurol mit konz. Schwefelsäure mehrere Tage stehen, so erhält man Dibromdurol, Hexamethylbenzol sowie Sulfonsäuren des Prehnitols und Pseudocumols (J.).

3.6-Dibrom-1.2.4.5-tetramethyl-benzol, eso-Dibrom-durol $C_{10}H_{12}Br_2 = C_6Br_2(CH_3)_4$. B. Beim Bromieren von Durol (JANNASCH, FITTIG, Z. **1870**, 162) in Eisessig im Dunkeln (KORCZYŃSKI, B. **35**, 869). Bei der Einw. von Bromschwefel und Salpetersäure auf eine Benzin-Lösung von Durol (EDINGER, GOLDBERG, B. **33**, 2885). Man läßt Bromdurol mehrere Tage mit 8 Tln. konz. Schwefelsäure stehen (JAC., B. **20**, 2838). — Nadeln (aus Alkohol). F: 199° (JAN., F.), 202° (JAC.), 202—203° (FRIEDEL, CRAFTS, A. ch. [6] **1**, 515). Kp: 317° (JAC.). Sublimierbar (JAN., F.). Ziemlich schwer löslich in heißem Alkohol (JAN., F.; JAC.), leichter in Äther (JAC.). — Gibt mit rauchender Salpetersäure Dinitrodimethylbenzoldicarbonsäure-dibromid (W., K., B. **42**, 4159). Wird von konz. Schwefelsäure kaum angegriffen (JAC.).

1¹.2¹-Dibrom-1.2.4.5-tetramethyl-benzol, 1.2-Dimethyl-4.5-bis-brommethyl-benzol, Durylendibromid $C_{10}H_{12}Br_2 = (CH_3)_2C_6H_2(CH_2Br)_2$. B. Beim Einleiten von Bromdampf in auf etwa 100° erwärmtes Durol (KORCZYŃSKI, B. **35**, 870). — Nädelchen (aus Alkohol). F: 157°. Leicht löslich in Benzol, Äther, Ligroin, etwas schwerer in Eisessig. — Gibt mit Kaliumacetat in Alkohol das Diacetat des Durylenglykols (Syst. No. 557).

3-Jod-1.2.4.5-tetramethyl-benzol, eso-Jod-durol $C_{10}H_{13}J = C_6HJ(CH_3)_4$. B. Durch Schmelzen von Durol mit Jod und allmähliches Eintragen von Quecksilberoxyd oder aus Durol, Jod und Quecksilberoxyd in Petroläther (TÖHL, B. **25**, 1522). Bei der Einw. von Jodschwefel und Salpetersäure auf in Benzin gelöstes Durol (EDINGER, GOLDBERG, B. **33**, 2881). — Prismen oder Nadeln (aus Petroläther, Alkohol und Benzol). F: 80°; Kp: 285° bis 290° (T.). — Einw. von $AgNO_2$: WILLSTÄTTER, KUBLI, B. **42**, 4152, 4159.

3-Nitro-1.2.4.5-tetramethyl-benzol, eso-Nitro-durol $C_{10}H_{13}O_2N = O_2N \cdot C_6H(CH_3)_4$. Versuche zur Gewinnung: WILLSTÄTTER, KUBLI, B. **42**, 4151, 4159.

1¹-Nitro-1.2.4.5-tetramethyl-benzol, ω-Nitro-durol $C_{10}H_{13}O_2N = (CH_3)_3C_6H_2 \cdot CH_2 \cdot NO_2$. B. Aus Durol und Benzoylnitrat in Kohlenstofftetrachlorid (W., K., B. **42**, 4154). — Süßlich riechende Prismen (aus Methylalkohol, Eisessig oder Petroläther). F: 52,5°. Kp_{10}: 143—144°. Ziemlich schwer flüchtig mit Wasserdampf. Sehr leicht löslich in kaltem Alkohol, Äther, Chloroform und Benzol. Löslich in konz. Schwefelsäure mit tiefbrauner Farbe; löslich in konz. Alkalien zu Salzen des Isonitrodurols (s. u.).

aci-1¹-Nitro-1.2.4.5-tetramethyl-benzol, ω-Isonitro-durol $C_{10}H_{13}O_2N = (CH_3)_3C_6H_2 \cdot CH:NO_2H$. B. Aus seinen Salzen, welche beim Erwärmen von ω-Nitro-durol mit Alkali entstehen, durch Ansäuern (W., K.). — F: 102—110°. Isomerisiert sich langsam beim Stehen, glatt beim Umkrystallisieren zu ω-Nitro-durol. Löslich in Äther, Methylalkohol, Benzol, schwer löslich in heißem Petroläther. Absorbiert 1 Mol.-Gew. NH_3, das an der Luft wieder abgegeben wird. — **Kaliumsalz**. Farblose flache Prismen. In Wasser leicht löslich.

6-Brom-3-nitro-1.2.4.5-tetramethyl-benzol $C_{10}H_{12}O_2NBr = O_2N \cdot C_6Br(CH_2)_3$. B. Aus Bromdurol in Chloroform mit Salpeterschwefelsäure (WILLSTÄTTER, KUBLI, B. **42**, 4157). — Hellgelbe Prismen (aus Alkohol, Äther oder Methylalkohol). F: 178—179°. Leicht löslich in kaltem Benzol und Chloroform, ziemlich leicht löslich in Äther. — Gibt mit rauchender Salpetersäure 3.6-Dinitro-2.4.5-trimethyl-benzol-carbonsäure-(1)-bromid.

3- oder 6-Brom-1^1-nitro-1.2.4.5-tetramethyl-benzol $C_{10}H_{12}O_2NBr = (CH_3)_2C_6HBr \cdot CH_2 \cdot NO_2$. *B.* Aus Bromdurol in Chloroform durch Benzoylnitrat (W., K., *B.*, **42**, 4158). Aus ω-Nitro-durol mit Brom und etwas Jod in CHCl$_3$ (W., K.). — Schwach süßlich riechende Prismen (aus Methylalkohol). F: 89—90,5^0. Sehr leicht löslich in Äther, CHCl$_3$, Benzol und heißem Alkohol; ziemlich leicht in heißem Petroläther. Leicht löslich in heißen Alkalien.

3.6-Dinitro-1.2.4.5-tetramethyl-benzol, eso-Dinitro-durol $C_{10}H_{12}O_4N_2 =$ $(O_2N)_2C_6(CH_3)_4$. *B.* Aus Durol und Salpetersäure (JANNASCH, FITTIG, *Z.* **1870**, 162; vgl. auch ROMMIER, *Bl.* [2] **19**, 436) oder Salpetersäure und viel überschüssiger rauchender Schwefelsäure bei 15^0 (CAIN, *B.* **28**, 967). — Farblose Prismen (aus Alkohol). F: 205^0 (J., F.). Sublimiert unzersetzt in Nadeln (J., F.). Sehr wenig löslich in kaltem Alkohol, leicht in Äther, etwas schwerer in Benzol (J., F.). — Wird durch Kochen mit verd. Salpetersäure nicht verändert, durch CrO$_3$ in Eisessig größtenteils zerstört (NEF, *A.* **237**, 4).

3.6.1^1-Trinitro-1.2.4.5-tetramethyl-benzol $C_{10}H_{11}O_6N_3 = (O_2N)_2C_6(CH_3)_2 \cdot CH_2 \cdot NO_2$. *B.* Aus ω-Nitro-durol mit Salpeterschwefelsäure (WILLSTÄTTER, KUBLI, *B.* **42**, 4155). — Farblose sechsseitige Prismen (aus Methylalkohol oder Alkohol). F: 139^0. Leicht löslich in kaltem Äther, Aceton und Benzol, schwer in Petroläther. Löst sich in warmen Alkalien mit gelber Farbe.

27. *ω.ω-Diäthyl-fulven* $C_{10}H_{14} = \begin{matrix} HC:CH \\ HC:CH \end{matrix} \Big\rangle C:C(C_2H_5)_2$. *B.* Aus Cyclopentadien und Diäthylketon durch Zusatz einer Lösung von Natrium in Alkohol (THIELE, BALHORN, *A.* **348**, 5). — Orangegelbes Öl. Kp$_{19}$: 74,5—78,5^0.

28. *Bicyclo-[0.4.4]-decadien-(2.4), Naphthalin-hexahydrid-(1.2.3.4.9.10), Hexahydronaphthalin, „Naphthandien"* $C_{10}H_{14} = \begin{matrix} H_2C - CH_2 - CH - CH = CH \\ H_2C - CH_2 - CH - CH = CH \end{matrix}$. *B.* Durch Behandlung von 2.3-Dibrom-naphthan (S. 92) bei 200^0 mit Chinolin (LEROUX, *C. r.* **151**, 384 Anm.). — Kp: 195^0. Mol. Verbrennungswärme bei konst. Druck: 1420 Cal.

29. *Kohlenwasserstoff* $C_{10}H_{14}$ *aus Naphthalin, Naphthalinhexahydrid (?).* *B.* Je 4 g Naphthalin werden mit 20 ccm Jodwasserstoffsäure (bei 0^0 gesättigt) und $^1/_2$ g rotem Phosphor 55 Stunden lang auf 245^0 erhitzt (WREDEN, ZNATOWICZ, Ж. **9**, 183; *B.* **9**, 1606). Man erhitzt je 6,7 g Naphthalin mit 3 g rotem Phosphor und 9—10 g Jodwasserstoffsäure (Kp: 127^0) 8—10 Stdn. lang auf 240—250^0 (GRAEBE, GUYE, *B.* **16**, 3032; vgl. AGRESTINI, *G.* **12**, 495). — Flüssig. Kp: 199,5—200^0 (korr.) (GR., GU.); D$_0^0$: 0,952; D$_0^0$: 0,934 (W., ZN.); D$_0^0$: 0,9419 (LOSSEN, ZANDER, *A.* **225**, 112). Ausdehnung: LO., ZA. $n_\alpha^{15,4}$: 1,52215; $n_C^{15,4}$: 1,52618; $n_\gamma^{15,4}$: 1,54555 (NASINI, BERNHEIMER, *G.* **15**, 84). — Absorbiert Sauerstoff aus der Luft (W., ZN.). Wird von rauchender Salpetersäure heftig angegriffen (W., ZN.). Liefert mit rauchender Schwefelsäure zwei Disulfonsäuren (Syst. No. 1537) (A.). Verbindet sich nicht mit Pikrinsäure (A.). Wird von Brom schon in der Kälte lebhaft angegriffen unter Entwicklung von HBr und Bildung einer nicht flüchtigen Bromverbindung, welche beim Kochen mit alkoh. Kali eine bei 269—270^0 siedende ölige Verbindung $C_{10}H_8Br$ abscheidet (A.).

30. *Kohlenwasserstoff* $C_{10}H_{14}$ *aus Steinkohlenteeröl. Darst.* Man behandelt die bei 170—200^0 siedende Fraktion des Steinkohlenteeröls mit heißer konz. Schwefelsäure; die schwefelsaure Lösung wird mit Wasserdampf destilliert. Das so abgeschiedene Kohlenwasserstoffgemisch wird wiederholt fraktioniert, die bei 172—180^0 siedende Fraktion wird zuerst in Sulfonsäuren, dann in Sulfamide übergeführt, welche durch Krystallisation getrennt werden. Aus dem bei 122—123^0 schmelzenden Sulfamid läßt sich durch Erhitzen mit Salzsäure auf 170^0 der Kohlenwasserstoff $C_{10}H_{14}$ isolieren (JACOBSEN, *B.* **19**, 2514; vgl. auch BERTHELOT, *A. Spl.* **5**, 368; ROMMIER, *Bl.* [2] **19**, 436). — Kp: 175—175,5^0 (J.). — Wird von KMnO$_4$ zu Isophthalsäure oxydiert (J.). Mit Brom und etwas Jod liefert er ein bei 212^0 schmelzendes, in feinen Nadeln krystallisierendes Tetrabromderivat $C_{10}H_{10}Br_4$ (J.).

31. *Kohlenwasserstoff* $C_{10}H_{14}$ *aus käuflichem Aceton. B.* Durch längere Einw. von Schwefelsäure auf unreines Mesityloxyd, das aus käuflichem Aceton bereitet war, neben

anderen Produkten (HOLTMEYER, Z. 1867, 688). — Kp: 193—195⁰. — Liefert mit Brom ein Dibromderivat vom Schmelzpunkt 196—202⁰, mit rauchender Salpeterschwefelsäure eine Trinitroverbindung $C_{10}H_{11}(NO_2)_3$, mit Schwefelsäure eine Sulfonsäure $C_{10}H_{13} \cdot SO_3H$.

32. Derivat eines *Kohlenwasserstoffs* $C_{10}H_{14}$ *unbekannter Konstitution.*
Verbindung $C_{10}H_{12}Br_2$ s. bei Verbindung $C_{10}H_{14}Br_4$ (F: 168⁰), S. 104.

6. Kohlenwasserstoffe $C_{11}H_{16}$.

1. *n-Amyl-benzol, a-Phenyl-pentan* $C_{11}H_{16} = C_6H_5 \cdot [CH_2]_4 \cdot CH_3$. *B.* Entsteht neben anderen Produkten beim Behandeln eines Gemisches von Benzylbromid und n-Butylbromid mit Natrium (SCHRAMM, A. 218, 388). — Flüssig. Kp_{743}: 200,5—201,5⁰ (unkorr.). D^{22}: 0,8602.

$1^1.1^2$-Dibrom-1-n-amyl-benzol, [a.β-Dibrom-n-amyl]-benzol $C_{11}H_{14}Br_2 = C_6H_5 \cdot$ CHBr·CHBr·CH₂·CH₂·CH₃. *B.* Durch Einw. von Brom auf a-Phenyl-a-amylen $C_6H_5 \cdot CH:CH \cdot$ CH₂·C₂H₅ (SCHRAMM, A. 218, 392; KLAGES, B. 39, 2592). — Blättchen (aus Alkohol). F: 61⁰ (K.), 53—54⁰ (SCH.). Sehr leicht löslich in Alkohol und Äther (SCH.).

$1^1.1^5$-Dibrom-1-n-amyl-benzol, [a.ε-Dibrom-n-amyl]-benzol $C_{11}H_{14}Br_2 = C_6H_5 \cdot$ CHBr·[CH₂]₃·CH₂Br. *B.* Beim allmählichen Eintragen von 2 Mol.-Gew. PBr_5 in ein Gemisch aus 1 Tl. a-Phenyl-pentamethylenglykol $C_6H_5 \cdot CH(OH) \cdot [CH_2]_4 \cdot OH$ und 30 Tln. Chloroform (KIPPING, PERKIN, Soc. 57, 314). — Dickes Öl. Sehr schwer löslich in Alkohol, leicht in Äther.

$1^1.1^3$-Dibrom-1-n-amyl-benzol, [β.γ-Dibrom-n-amyl]-benzol $C_{11}H_{14}Br_2 = C_6H_5 \cdot$ CH₂·CHBr·CHBr·CH₂·CH₃. *B.* Durch Einw. von Brom auf a-Phenyl-β-amylen $C_6H_5 \cdot CH_2 \cdot$ CH:CH·C₂H₅ (KLAGES, B. 39, 2592). — Ölig.

$1^1.1^2.1^3.1^4$-Tetrabrom-1-n-amyl-benzol, [a.β.γ.δ-Tetrabrom-n-amyl]-benzol $C_{11}H_{12}Br_4 = C_6H_5 \cdot [CHBr]_4 \cdot CH_3$. *B.* Aus a-Phenyl-a.γ-pentadien $C_6H_5 \cdot CH:CH \cdot CH:CH \cdot$ CH₃ und Brom in Benzol unter Kühlung (BAIDAKOWSKI, Ж. 37, 901; C. 1906 I, 349). — Blättchen (aus Eisessig). F: 152—156⁰ (Zers.). Leicht löslich in Äther, Benzol; löslich in Alkohol, schwer löslich in Ligroin, Petroläther, kaltem Eisessig.

2. *1-[1¹-Metho-butyl]-benzol, β-Phenyl-pentan* $C_{11}H_{16} = C_6H_5 \cdot CH(CH_3) \cdot CH_2 \cdot$ CH₂·CH₃. *B.* Durch Reduktion von β-Phenyl-β-amylen $C_6H_5 \cdot C(CH_3):CH \cdot C_2H_5$ mit Natrium und Alkohol (KLAGES, B. 35, 3509). — Lichtbrechende Flüssigkeit vom Geruch des Edeltannenöles. Kp: 191—193⁰. D_4^7: 0,8594. n_D^{17}: 1,4875.

1^1-Chlor-1-[1¹-metho-butyl]-benzol, β-Chlor-β-phenyl-pentan $C_{11}H_{15}Cl = C_6H_5 \cdot$ CCl(CH₃)·CH₂·CH₂·CH₃. *B.* Durch Einleiten von HCl in eine äther., mit Natriumsulfat versetzte Lösung des Methyl-propyl-phenyl-carbinols (K., B. 35, 2644). — Öl. Riecht cymolartig. — Spaltet beim Erwärmen HCl ab. Liefert beim Kochen mit Pyridin β-Phenyl-β-amylen.

$1^1.1^2$-Dibrom-1-[1¹-metho-butyl]-benzol, β.γ-Dibrom-β-phenyl-pentan $C_{11}H_{14}Br_2$ $= C_6H_5 \cdot CBr(CH_3) \cdot CHBr \cdot CH_2 \cdot CH_3$. *B.* Aus β-Phenyl-β-amylen und überschüssigem eiskaltem Bromwasser (KLAGES, B. 35, 3509). — Stechend pfefferartig riechendes Öl. Schwer flüchtig mit Wasserdampf.

3. *1-[1²-Metho-butyl]-benzol, β-Benzyl-butan* $C_{11}H_{16} = C_6H_5 \cdot CH_2 \cdot CH(CH_3) \cdot$ CH₂·CH₃. *B.* Bei der elektrochemischen Reduktion von Benzylacetessigester mittels Bleikathode in wäßr.-alkoh. Schwefelsäure bei 55—60⁰ (TAFEL, HAHL, B. 40, 3313, 3317; T., JÜRGENS, B. 42, 2556). — Flüssigkeit von aromatischem Geruch. Kp_{760}: 203—204⁰; D_4^{19}: 0,860; n_a^{19}: 1,4862; $n_β^{19}$: 1,4900; $n_γ^{19}$: 1,5222 (T., J.).

4. *Isoamylbenzol, β-Methyl-δ-phenyl-butan* $C_{11}H_{16} = C_6H_5 \cdot CH_2 \cdot CH_2 \cdot CH(CH_3)_2$. *B.* Neben den Verbindungen $C_6H_5 \cdot CH(CH_3) \cdot CH(CH_3)_2$ und $C_6H_5 \cdot C(CH_3)_2 \cdot CH_2 \cdot CH_3$, aus Benzol und Isoamylchlorid in Gegenwart von $AlCl_3$ (KONOWALOW, JEGOROW, Ж. 30, 1031; C. 1899 I, 776; vgl. dagegen GLEDITSCH, Bl. [3] 35, 1095). Entsteht bei der Einw. von Isoamyljodid auf Natriumphenyl (ACREE, Am. 29, 592). Aus Brombenzol, Isoamylbromid und Natrium in Benzol (TOLLENS, FITTIG, A. 131, 313) oder in absol. Äther (SCHRAMM, A. 218, 390). Bei der Reduktion des γ-Methyl-a-phenyl-a-butylens mit Natrium und Alkohol (KLAGES, B. 37, 2316). — Kp_{738}: 193⁰ (SCH., A. 218, 390); Kp_{757}: 198—199⁰ (korr.) (KL.). D^{12}: 0,859 (T., F.); $D_{15,5}^{15,5}$: 0,8627 (KL.). $n_D^{15,5}$: 1,4867 (KL.). — Wird von Chromsäuregemisch äußerst langsam zu Benzoesäure oxydiert (T., F.). Einw. von Brom: BIGOT, FITTIG, A. 141, 161; SCH., A. 218, 393; M. 9, 850. Liefert bei der Einw. von HNO_3 bei 105⁰ im geschlossenen Rohr [a-Nitro-isoamyl]-benzol (S. 436) (Ko., JE.).

4-Brom-1-isoamyl-benzol, p-Brom-isoamylbenzol $C_{11}H_{15}Br = C_6H_4Br \cdot CH_2 \cdot CH_2 \cdot$ $CH(CH_3)_2$. *B.* Aus Isoamylbenzol und 1 Mol.-Gew. Brom in Gegenwart von Jod oder im Dunkeln (SCHRAMM, *M.* **9**, 850). — Kp_{736}: 253—255° (korr.). — D^{15}: 1,2144. — Wird von Kaliumdichromat und Schwefelsäure schwierig zu p-Brom-benzoesäure oxydiert.

$1^1,1^1$-Dibrom-1-isoamyl-benzol, [a.β-Dibrom-isoamyl]-benzol $C_{11}H_{14}Br_2 = C_6H_5 \cdot$ $CHBr \cdot CHBr \cdot CH(CH_3)_2$. *B.* Aus γ-Methyl-a-phenyl-a-butylen und Bromwasser (SCHRAMM, *A.* **218**, 394). Aus Isoamylbenzol und 2 Mol.-Gew. Bromdampf bei 150—155° (SCH.). — Nadeln (aus Alkohol). F: 128° (KLAGES, *B.* **37**, 2316), 129° (Quecksilberbad) (TIFFENEAU, *A. ch.* [8] **10**, 354). Leicht löslich in Äther und Benzol, schwieriger in Alkohol (SCH.).

x.x.x-Tribrom-isoamylbenzol $C_{11}H_{13}Br_3$. *B.* Beim Bromieren von Isoamylbenzol erst in der Kälte und dann im geschlossenen Rohr bei 100° (BIGOT, FITTIG, *A.* **141**, 161). — Nadeln. F: 140°. Leicht löslich in heißem Alkohol.

4-Jod-1-isoamyl-benzol, p-Jod-isoamylbenzol $C_{11}H_{15}I = C_6H_4I \cdot CH_2 \cdot CH_2 \cdot CH(CH_3)_2$. *B.* Durch Einw. von Jodkalium auf diazotiertes p-Isoamyl-anilin in schwefelsaurer Lösung (WILLGERODT, DAMMANN, *B.* **34**, 3680). — Kp: 281° (korr.). Inaktiv.

4-Jodoso-1-isoamyl-benzol, p-Jodoso-isoamylbenzol $C_{11}H_{15}OI = (CH_3)_2CH \cdot CH_2 \cdot$ $CH_2 \cdot C_6H_4 \cdot IO$ und Salze vom Typus $C_{11}H_{15} \cdot IAc_2$. *B.* Das salzsaure Salz entsteht durch Einleiten von Chlor in eine Eisessig-Chloroform-Lösung des p-Jod-isoamylbenzols; es gibt mit verd. Natronlauge die freie Base neben etwas p-Jod-isoamylbenzol (WILLGERODT, DAMMANN, *B.* **34**, 3681). — Amorphes Pulver. F: 162° (Zers.). Fast unlöslich in Wasser, sehr wenig löslich in Äther. Geht beim Aufbewahren in p-Jod-isoamylbenzol und p-Jodoso-isoamylbenzol über. — **Salzsaures Salz, 4-Isoamyl-phenyljodidchlorid** $C_{11}H_{15} \cdot ICl_2$. Gelbe Tafeln oder Blättchen. Schmilzt bei 84° unter Aufschäumen. Leicht löslich in Benzol, Äther, Chloroform, schwer in Eisessig, sehr wenig löslich in Ligroin. Gibt leicht Chlor ab. — **Essigsaures Salz** $C_{11}H_{15} \cdot I(C_2H_3O_2)_2$. Nadeln. F: 78° (Zers.).

4-Jodo-1-isoamyl-benzol, p-Jodo-isoamylbenzol $C_{11}H_{15}O_2I = (CH_3)_2CH \cdot CH_2 \cdot CH_2 \cdot$ $C_6H_4 \cdot IO_2$. *B.* Durch Kochen von p-Jodoso-isoamylbenzol mit Wasser, neben p-Jod-isoamylbenzol. — *Darst.* Durch Oxydation des p-Jodoso-isoamylbenzols oder seines salzsauren Salzes mit einer chlorkalkhaltigen Natriumhypochloritlösung (WILLGERODT, DAMMANN, *B.* **34**, 3682). — Täfelchen (aus Wasser oder Eisessig). Explodiert bei 200—203°.

Phenyl-[4-isoamyl-phenyl]-jodoniumhydroxyd $C_{17}H_{21}OI = (CH_3)_2CH \cdot CH_2 \cdot CH_2 \cdot$ $C_6H_4 \cdot I(C_6H_5) \cdot OH$. Die Base ist nur in wäßr. Lösung bekannt (WILLGERODT, DAMMANN, *B.* **34**, 3684). — $C_{17}H_{20}I \cdot Cl$. Nadeln (aus Alkohol). F: 159° (Zers.). Leicht löslich in warmem Wasser, Alkohol. — $C_{17}H_{20}I \cdot Br$. Krystallwarzen (aus Wasser). F: 145°. Ziemlich leicht löslich in heißem Wasser, Alkohol. — $C_{17}H_{20}I \cdot I$. Amorphes, sich bald gelblich färbendes Pulver. Schmilzt bei 118° unter Zerfall in Jodbenzol und p-Jod-isoamylbenzol. Schwer löslich in Wasser und Alkohol. — $C_{17}H_{20}I \cdot NO_3$. Nadeln (aus Wasser). F: 122°. Ziemlich schwer löslich in kaltem Wasser, sehr leicht in Alkohol. — **Trichloressigsaures Salz**. $C_{17}H_{20}I \cdot O_2C \cdot CCl_3$. Nädelchen (aus Alkohol). F: 85° (Aufschäumen). Schwer löslich in Wasser, leicht in Alkohol. — $C_{17}H_{20}I \cdot Cl + HgCl_2$. Nadeln (aus Alkohol). Färbt sich bei 95° dunkel, schmilzt bei 132° unter Zersetzung. Ziemlich leicht löslich in Alkohol, schwerer in Wasser. — $2 C_{17}H_{20}I \cdot Cl + PtCl_4$. Orangefarbenes Krystallpulver. F: 165° (Zers.). Schwer löslich in Wasser und Alkohol.

Bis-[4-isoamyl-phenyl]-jodoniumhydroxyd $C_{22}H_{31}OI = [(CH_3)_2CH \cdot CH_2 \cdot CH_2 \cdot$ $C_6H_4]_2I \cdot OH$. *B.* Durch Einw. von Silberoxyd und Wasser auf ein Gemisch von p-Jodoso-isoamylbenzol und p-Jod-isoamylbenzol (WILLGERODT, DAMMANN, *B.* **34**, 3683). — Die wäßr. Lösung reagiert alkalisch. — $C_{22}H_{30}I \cdot Cl$. Nadeln (aus Alkohol). F: 74°. Löslich in heißem Wasser. — $C_{22}H_{30}I \cdot Br$. Weißer Niederschlag. F: 127°. Leicht löslich in Alkohol, schwerer in Wasser. — $C_{22}H_{30}I \cdot I$. Amorphes Pulver. Zerfällt bei 68° in 2 Mol. p-Jod-isoamylbenzol. — $(C_{22}H_{30}I)_2 \cdot Cr_2O_7$. Gelbes amorphes Pulver. Zersetzt sich bei 137°. Sehr wenig löslich in Wasser. — $C_{22}H_{30}I \cdot Cl + HgCl_2$. Blättchen. Zersetzt sich bei 163°. Leicht löslich in Alkohol, schwerer in Wasser. — $2 C_{22}H_{30}I \cdot Cl + PtCl_4$. Braunrote Krystalle. Schmilzt bei 178° unter Aufschäumen. Schwer löslich in Wasser und Alkohol.

[a.β-Dichlor-vinyl]-[4-isoamyl-phenyl]-jodoniumhydroxyd $C_{13}H_{17}OCl_2I = (CH_3)_2CH \cdot CH_2 \cdot CH_2 \cdot C_6H_4 \cdot I(CCl:CHCl) \cdot OH$. Zur Konstitution vgl. THIELE, HAAKH, *A.* **369**, 144. — *B.* Das Chlorid entsteht durch Verreiben von 4-Isoamyl-phenyljodidchlorid mit Acetylensilber-silberchlorid (Bd. I, S. 241) und Wasser (WILLGERODT, DAMMANN, *B.* **34**, 3687). — **Salze**. $C_{13}H_{16}Cl_2I \cdot Cl$. Nadeln oder mikrokrystallinisches Pulver. F: 132° (Zers.). Löslich in Wasser, Alkohol. — $C_{13}H_{16}Cl_2I \cdot Br$. Krystalle (aus Alkohol). F: 109°. Sehr leicht löslich in Alkohol, schwer in Wasser. — $C_{13}H_{16}Cl_2I \cdot I$. Amorpher Niederschlag. Schmilzt gegen 60° unter Zers. Schwer löslich in Wasser, Alkohol. Unbeständig. — $C_{13}H_{16}Cl_2I \cdot SO_4H$. Blättchen. F: 56° (Zers.). — $C_{13}H_{16}Cl_2I \cdot NO_3$.

Nadeln (aus Alkohol). F: 82°. Sehr wenig haltbar. — $2 C_{15}H_{16}Cl_2I \cdot Cl + PtCl_4$. Rotgelbe Krystalle (aus Alkohol). F: 124° (Aufschäumen).

1^1-Nitro-1-isoamyl-benzol, [α-Nitro-isoamyl]-benzol $C_{11}H_{15}O_2N = C_6H_5 \cdot CH(NO_2) \cdot CH_2 \cdot CH(CH_3)_2$. B. Durch Erhitzen des bei der Einw. von Isoamylchlorid in Gegenwart von $AlCl_3$ auf Benzol erhaltenen Gemisches von Isoamylbenzol, $1\text{-}[1^1.1^1\text{-Dimetho-propyl}]$-benzol und tert.-Amyl-benzol mit Salpetersäure auf 105° [neben $C_6H_5 \cdot C(CH_3)(NO_2) \cdot CH(CH_3)_2$] (KONOWALOW, JEGOROW, Ж. 30, 1031; C. 1899 I, 776). — Kp_{20}: 159—161°. D_4^0: 1,08991; D_0^{20}: 1,07362. n_D^{20}: 1,53140.

5. *Äthopropylbenzol, γ-Phenyl-pentan, Diäthyl-phenyl-methan* $C_{11}H_{16} = C_6H_5 \cdot CH(C_2H_5)_2$. B. Aus Benzalchlorid und Zinkdiäthyl in Benzol unter Kühlung (LIPP-MANN, LUGININ, C. r. 65, 349; A. 145, 107). In geringer Ausbeute aus Benzotrichlorid und Zinkdiäthyl in Benzol unter Kühlung (DAFERT, M. 4, 153). Bei der Reduktion des γ-Phenyl-2-amylens $C_6H_5 \cdot C(C_2H_5):CH \cdot CH_3$ durch Natrium und Alkohol bei 80° (KLAGES, B. 36, β693). — Öl von Möhrengeruch. Kp_{12}: 73—74°; Kp_{753}: 187° (KL.); Kp: 178° D° 0,8751 3LI., LU.); D_4^{18}: 0,8755; n_D^{16}: 1,4988 (KL.).

1^1-Chlor-1-äthopropyl-benzol, γ-Chlor-γ-phenyl-pentan $C_{11}H_{15}Cl = C_6H_5 \cdot CCl(C_2H_5)_2$. B. Aus Diäthyl-phenyl-carbinol und HCl bei 0° (KL., B. 36, 3692). — Öl. — Spaltet beim Erhitzen HCl ab. Beim Kochen mit Pyridin entsteht γ-Phenyl-β-amylen $C_6H_5 \cdot C(C_2H_5):CH \cdot CH_3$.

$1^1(?)$-Brom-1-äthopropyl-benzol, β(?)-Brom-γ-phenyl-pentan $C_{11}H_{15}Br = C_6H_5 \cdot CH(C_2H_5) \cdot CHBr \cdot CH_3(?)$. B. Bei der Einw. von Brom auf siedendes Diäthyl-phenyl-methan (DAFERT, M. 4, 620). — Gelbliches, heftig riechendes Öl. Kp_{40}: 77—80° (partielle Zers.). D^{21}: 1,2834. Raucht an der Luft. — Zerfällt beim Kochen mit viel Wasser leicht in HBr und γ-Phenyl-α-amylen $C_6H_5 \cdot CH(C_2H_5) \cdot CH:CH_2$.

6. *tert.-Amyl-benzol, β-Methyl-β-phenyl-butan, Dimethyl-äthyl-phenyl-methan* $C_{11}H_{16} = C_6H_5 \cdot C(CH_3)_2 \cdot C_2H_5$. B. Durch Einw. von Benzol und $AlCl_3$ auf Trimethyläthylen (Bd. I, S. 211) (ESSNER, Bl. [2] 36, 213), auf tert. Amylchlorid (Bd. I, S. 134) (E.; SCHRAMM, M. 9, 623; vgl. ANSCHÜTZ, BECKERHOFF, A. 327, 224), oder auf tert. Amylbromid (Bd. I, S. 136) (A., B.). Aus Isoamylchlorid und Benzol in Gegenwart von frisch bereitetem $AlCl_3$ (KONOWALOW, JEGOROW, Ж. 30, 1031; C. 1899 I, 776; GLEDITSCH, Bl. [3] 35, 1095); es entsteht hierbei neben Isoamylbenzol und β-Methyl-γ-phenyl-butan (K., J.; vgl. dagegen GL.), von denen es dadurch getrennt wird, daß es beim Erhitzen mit Salpetersäure auf 105° nicht nitriert wird (K., J.). Aus diazotiertem p-tert.-Amyl-anilin durch $SnCl_2$ und überschüssige Natronlauge (A., B.). — Flüssig. Kp: 189—191° (K., J.), 189—190° (GL.); Kp_{797}: 188,5—189,5° (korr.) (SCH., M. 9, 623); Kp_{15}: 77° (A., B.). D^{15}: 0,8736 (SCH.); D^0: 0,8889; D^{20}: 0,8740 (K., J.); D^{20}: 0,86248 (A., B.); $D_4^{21,5}$: 0,8657 (GL.). n_D^{21}: 1,49154 (GL.). — Gibt mit Brom ein öliges Substitutionsprodukt (Unterschied von Isoamylbenzol) (SCH.).

4-Chlor-1-tert.-amyl-benzol, p-Chlor-tert.-amyl-benzol $C_{11}H_{15}Cl = C_6H_4Cl \cdot C(CH_3)_2 \cdot C_2H_5$. B. Aus 60 g Isoamylchlorid, 400 g Chlorbenzol und 10 g $AlCl_3$ (GLEDITSCH, Bl. [3] 35, 1095). — Farblose Flüssigkeit von aromatischem Geruch. Kp: 229°. D_4^{21}: 1,0070. n_D^{21}: 1,51394. — Liefert bei der Oxydation durch CrO_3 in Eisessig p-Chlor-benzoesäure. Beim Auflösen in 15 Tln. rauchender Salpetersäure entsteht 4-Chlor-2.3-dinitro-1-tert.-amyl-benzol.

4-Brom-1-tert.-amyl-benzol, p-Brom-tert.-amyl-benzol $C_{11}H_{15}Br = C_6H_4Br \cdot C(CH_3)_2 \cdot C_2H_5$. B. Aus 4 Tln. Isoamylchlorid, 40 Tln. Brombenzol und 1 Tl. $AlCl_3$ (GLEDITSCH, Bl. [3] 35, 1096). — Farblose Flüssigkeit von aromatischem Geruch. Kp: 246°. D_4^{21}: 1,2233. n_D^{21}: 1,53242. — Liefert bei der Oxydation durch Salpetersäure (D: 1,12) in der Hitze im Druckrohr p-Brom-benzoesäure; die Nitrierung mit rauchender Salpetersäure führt zu 4-Brom-2.3-dinitro-1-tert.-amyl-benzol.

4-Nitro-1-tert.-amyl-benzol, p-Nitro-tert.-amyl-benzol $C_{11}H_{15}O_2N = O_2N \cdot C_6H_4 \cdot C(CH_3)_2 \cdot C_2H_5$. B. Durch Nitrieren von tert.-Amyl-benzol mit rauchender Salpetersäure in Eisessig (ANSCHÜTZ, BECKERHOFF, A. 327, 224). — Öl. D_4^{20}: 1,2656.

4-Chlor-2.3-dinitro-1-tert.-amyl-benzol $C_{11}H_{13}O_4N_2Cl = (O_2N)_2C_6H_2Cl \cdot C(CH_3)_2 \cdot C_2H_5$. B. Durch Auflösen von p-Chlor-tert.-amyl-benzol in 15 Tln. rauchender Salpetersäure (GLEDITSCH, Bl. [3] 35, 1096). — Gelbe Krystalle. F: 78°.

4-Brom-2.3-dinitro-1-tert.-amyl-benzol $C_{11}H_{13}O_4N_2Br = (O_2N)_2C_6H_2Br \cdot C(CH_3)_2 \cdot C_2H_5$. B. Durch Auflösen von p-Brom-tert.-amyl-benzol in 15 Tln. rauchender Salpetersäure (GLEDITSCH, Bl. [3] 35, 1097). — Gelbe Nadeln. F: 71°.

7. 1-[1¹.1²-Dimetho-propyl]-benzol, β-Methyl-γ-phenyl-butan $C_{11}H_{16}$ = $C_6H_5 \cdot CH(CH_3) \cdot CH(CH_3)_2$. *B.* Neben Isoamylbenzol und tert.-Amyl-benzol aus Benzol und Isoamylchlorid in Gegenwart von $AlCl_3$ (KONOWALOW, JEGOROW, Ж. **30**, 1031; *C.* **1899** I, 776; vgl. dagegen GLEDITSCH, *Bl.* [3] **35**, 1095). Durch Reduktion des α-Isopropyl-styrols $C_6H_5 \cdot C(:CH_2) \cdot CH(CH_3)_2$ mit Natrium und Alkohol (KLAGES, *B.* **36**, 3691). — Flüssigkeit von möhrenartigem Geruch. Kp_{753}: 188—189⁰; D_4^{18}: 0,8672; n_D^{18}: 1,4972 (KL.). — Liefert beim Erhitzen mit HNO_3 im Druckrohr auf 105⁰ $C_6H_5 \cdot C(NO_2)(CH_3) \cdot CH(CH_3)_2$ (K., J.).

1¹-Chlor-1-[1¹.1²-dimetho-propyl]-benzol, γ-Chlor-β-methyl-γ-phenyl-butan $C_{11}H_{15}Cl = C_6H_5 \cdot CCl(CH_3) \cdot CH(CH_3)_2$. *B.* Aus Methyl-isopropyl-phenyl-carbinol und Chlorwasserstoff bei 0⁰ (KLAGES, *B.* **36**, 3691). — Öl von Cymolgeruch. — Spaltet beim Erhitzen HCl ab. Liefert beim Erhitzen mit Pyridin α-Isopropyl-styrol.

1¹.1¹¹-Dibrom-1-[1¹.1²-dimetho-propyl]-benzol, γ.δ-Dibrom-β-methyl-γ-phenyl-butan $C_{11}H_{14}Br_2 = C_6H_5 \cdot CBr(CH_2Br) \cdot CH(CH_3)_2$. *B.* Aus α-Isopropyl-styrol $C_6H_5 \cdot C(:CH_2) \cdot CH(CH_3)_2$ und Brom (KLAGES, *B.* **36**, 3691). — Ölig.

1¹-Nitro-1-[1¹.1²-dimetho-propyl]-benzol, γ-Nitro-β-methyl-γ-phenyl-butan $C_{11}H_{15}O_2N = C_6H_5 \cdot C(CH_3)(NO_2) \cdot CH(CH_3)_2$. *B.* Durch Erhitzen des bei der Einw. von Isoamylchlorid in Gegenwart von AlCl₃ auf Benzol erhaltenen Gemisches von 1-[1¹.1²-Dimetho-propyl]-benzol, Isoamylbenzol und tert.-Amyl-benzol mit Salpetersäure auf 105⁰ [neben $C_6H_5 \cdot CH(NO_2) \cdot CH_2 \cdot CH(CH_3)_2$] (KONOWALOW, JEGOROW, Ж. **30**, 1031; *C.* **1899** I, 776). — Kp_{20}: 151—153⁰. D_0^0: 1,09414; D_0^{20}: 1,07825. n_D^{20}: 1,520402.

8. 1-Methyl-2-butyl-benzol, α-o-Tolyl-butan, o-Butyl-toluol $C_{11}H_{16}$ = $CH_3 \cdot C_6H_4 \cdot [CH_2]_3 \cdot CH_3$. *B.* Aus o-Xylylbromid und Propylbromid beim Kochen mit Natrium (NIEMCZYCKI, *Anzeiger Akad. Wiss. Krakau* **1899**, 473; *C.* **1900** II, 468). — Öl. Kp: 200⁰ bis 201⁰. $D_4^{19,2}$: 0,87023. $n_D^{19,2}$: 1,49662.

9. 1-Methyl-3-butyl-benzol, α-m-Tolyl-butan, m-Butyl-toluol $C_{11}H_{16}$ = $CH_3 \cdot C_6H_4 \cdot [CH_2]_3 \cdot CH_3$. *B.* Aus m-Xylylbromid und Propylbromid beim Kochen mit Natrium (NIEMCZYCKI). — Öl. Kp: 197—198⁰. $D_4^{21,4}$: 0,86240. $n_D^{21,4}$: 1,49315.

10. 1-Methyl-4-butyl-benzol, α-p-Tolyl-butan, p-Butyl-toluol $C_{11}H_{16}$ = $CH_3 \cdot C_6H_4 \cdot [CH_2]_3 \cdot CH_3$. *B.* Aus p-Xylylbromid und Propylbromid beim Kochen mit Natrium (NIEMCZYCKI). — Öl. Kp: 198—199⁰. $D_4^{14,8}$: 0,86132. $n_D^{14,8}$: 1,4912.

11. 1-Methyl-3-isobutyl-benzol, β-Methyl-α-m-tolyl-propan, m-Isobutyl-toluol $C_{11}H_{16}$ = $CH_3 \cdot C_6H_4 \cdot CH_2 \cdot CH(CH_3)_2$. *B.* Man behandelt den aus 1-Methyl-3-isobutyl-cyclohexanol-(5) und P_2O_5 entstehenden Kohlenwasserstoff (S. 107, No. 3) erst mit Brom und dann mit Chinolin (KNOEVENAGEL, *A.* **289**, 164; vgl. *A.* **297**, 175). — Nicht rein erhalten.

5-Chlor-1-methyl-3-isobutyl-benzol, 5-Chlor-3-isobutyl-toluol $C_{11}H_{15}Cl = CH_3 \cdot C_6H_3Cl \cdot CH_2 \cdot CH(CH_3)_2$. *B.* Aus dem Dibromid des 5-Chlor-1-methyl-3-[3²-metho-propyl]-cyclohexadiens-(4.6) (S. 167) und Chinolin (GUNDLICH, KN., *B.* **29**, 171). — Kp: 234—235⁰.

2.4.6-Trinitro-1-methyl-3-isobutyl-benzol, 2.4.6-Trinitro-3-isobutyl-toluol $C_{11}H_{13}O_6N_3 = CH_3 \cdot C_6H(NO_2)_3 \cdot CH_2 \cdot CH(CH_3)_2$. *B.* Beim Nitrieren des rohen m-Isobutyl-toluols (KN., *A.* **289**, 165). — Krystalle (aus verd. Alkohol). F: 124⁰. Riecht moschusartig.

12. 1-Methyl-2-tert.-butyl-benzol, β-Methyl-β-o-tolyl-propan, o-tert.-Butyl-toluol $C_{11}H_{16} = CH_3 \cdot C_6H_4 \cdot C(CH_3)_3$. *B.* Aus o-Brom-tert.-butyl-benzol, das man aus tert.-Butyl-benzol und Brom in Gegenwart von Jod erhält, mit Methylbromid und Natrium (KOZAK, *C.* **1907** I, 1787). — $Kp_{743,1}$: 170—170,5⁰. n_D^{17}: 1,49423. — Gibt mit Maleinsäureanhydrid und $AlCl_3$ eine β-[Methyl-tert.-butyl-benzoyl]-acrylsäure (Syst. No. 1296).

13. 1-Methyl-3-tert.-butyl-benzol, β-Methyl-β-m-tolyl-propan, m-tert.-Butyl-toluol $C_{11}H_{16} = CH_3 \cdot C_6H_4 \cdot C(CH_3)_3$. Zur Konstitution vgl. BAUR, *B.* **24**, 2835. — *B.* Bei der Einw. von tert. Butylchlorid auf Toluol und $AlCl_3$, in guter Ausbeute (BAUR, *B.* **24**, 2833). Bei der Einw. von Isobutylbromid (KELBE, BAUR, *B.* **16**, 2566; KE., PFEIFFER, *B.* **19**, 1725; vgl. BAUR, *B.* **24**, 2835), Isobutylchlorid (BAUR, *B.* **24**, 2832; KONOWALOW, Ж. **30**, 1036; *C.* **1899** I, 777) oder Isobutyljodid (BAUR, *B.* **24**, 2832) auf Toluol bei Gegenwart von $AlCl_3$ bezw. $AlBr_3$, neben vielen anderen Kohlenwasserstoffen (BAUR, *B.* **27**, 1606). Durch mehrtägiges Erhitzen von 5 g Toluol mit 4 g Isobutylalkohol und 20 g $ZnCl_2$ auf 300⁰ (GOLDSCHMIDT, *B.* **15**, 1067; vgl. NIEMCZYCKI, *Anzeiger Akad. Wiss. Krakau* [*math.-naturw. Cl.*] **1905**, 4). Durch Behandeln der Diazoniumchloride des 2-Amino-3-tert.-butyl-toluols oder des 6-Amino-3-tert.-butyl-toluols (Syst. No. 1707) mit $SnCl_2$ in eiskalter Lösung (ER-

EFFRONT, *B.* 17, 2329, 2341). m-tert.-Butyl-toluol entsteht auch bei der trocknen Destillation des Kolophoniums und findet sich daher in der Harzessenz (Syst. No. 4740) (KELBE, *B.* 14, 1240; KE., BAUR, *B.* 16, 2560; vgl. RENARD, *C. r.* 97, 328; *A. ch.* [6] 1, 250). — *Darst.* Man schüttelt die bei 190—200° siedenden Anteile der Harzessenz mit konz. Schwefelsäure bei 100°, bindet die entstandene Sulfonsäure an Blei und zerlegt das Bleisalz in höherer Temperatur durch Salzsäure (KE., *B.* 14, 1240). — Stark lichtbrechende Flüssigkeit. Kp: 186° bis 188° (KE., *B.* 14, 1241), 191—193° (NIE.). Wird von siedendem Chromsäuregemisch langsam zu Isophthalsäure oxydiert (KE., *B.* 14, 1241; 16, 620). Bei der Oxydation durch heiße verd. Salpetersäure entsteht m-tert.-Butyl-benzoesäure (Syst. No. 944) (KE., PFEIFFER; vgl. KE., *B.* 16, 620; EFF., *B.* 17, 2330).

5-Brom-1-methyl-3-tert.-butyl-benzol, 5-Brom-3-tert.-butyl-toluol $C_{11}H_{15}Br = CH_3 \cdot C_6H_3Br \cdot C(CH_3)_3$. *B.* Aus m-Brom-toluol und Isobutylchlorid in Gegenwart von $AlCl_3$ (Fabr. de Thann et Mulhouse, D. R. P. 86447; *Frdl.* 4, 1297). — Öl. Kp_{747}: 243—246°.

6-Brom-1-methyl-3-tert.-butyl-benzol, 6-Brom-3-tert.-butyl-toluol $C_{11}H_{15}Br = CH_3 \cdot C_6H_3Br \cdot C(CH_3)_3$. *B.* Man tröpfelt die bromwasserstoffsaure Lösung von 1 Mol.-Gew. Brom auf 1 Mol.-Gew. 3-tert.-Butyl-toluol-sulfonsäure-(6) oder in die wäßr. Lösung des Natriumsalzes bei 50—60° (BAUR, *B.* 27, 1619). — Flüssig. Kp: 240—242°.

eso-Brom-1-methyl-3-tert.-butyl-benzol, eso-Brom-3-tert.-butyl-toluol $C_{11}H_{15}Br = CH_3 \cdot C_6H_3Br \cdot C(CH_3)_3$. Wahrscheinlich identisch mit der Verbindung des vorangehenden Artikels. — *B.* Beim Eintröpfeln von Brom in mit wenig Jod versetztes m-tert.-Butyl-toluol unter Kühlung (BAUR, *B.* 27, 1621). — Öl. Kp: 238—242°.

2-Jod-1-methyl-3-tert.-butyl-benzol, 2-Jod-3-tert.-butyl-toluol $C_{11}H_{15}I = CH_3 \cdot C_6H_3I \cdot C(CH_3)_3$. *B.* Aus diazotiertem 2-Amino-3-tert.-butyl-toluol und Jodkaliumlösung (KLAGES, STORP, *J. pr.* [2] 65, 575). — Flüssigkeit. Kp_{13}: 132—133°. D^{12}: 1,46. — Wird von Jodwasserstoffsäure und rotem Phosphor bei 182° unter Jodabspaltung reduziert.

6-Jod-1-methyl-3-tert.-butyl-benzol, 6-Jod-3-tert.-butyl-toluol $C_{11}H_{15}I = CH_3 \cdot C_6H_3I \cdot C(CH_3)_3$. *B.* Aus 6-Amino-3-tert.-butyl-toluol durch Austausch von NH_2 gegen Jod (EFFRONT, *B.* 17, 2325). — Lange Nadeln. F: 34—35°; Kp: 264—265° (E.); Kp_{13}: 132°; D^{12}: 1,41 (KLAGES, STORP, *J. pr.* [2] 65, 575). Leicht löslich in Alkohol, Äther und Chloroform (E.). — Wird von Jodwasserstoffsäure und rotem Phosphor bei 182° unter Abspaltung von Jod reduziert (KL., ST.). Wird von CrO_3 und Eisessig total zerstört (E.). Beim Erhitzen auf 200° mit verd. Salpetersäure (D: 1,12) entsteht eine Säure $C_{11}H_{13}O_4N$ (Syst. No. 944); mit einer stärkeren Säure (D: 1,25) eine Säure $C_{10}H_{11}O_4N$ (Syst. No. 943) (E.).

5-Nitro-1-methyl-3-tert.-butyl-benzol, 5-Nitro-3-tert.-butyl-toluol $C_{11}H_{15}O_2N = CH_3 \cdot C_6H_3(NO_2) \cdot C(CH_3)_3$. *B.* Aus dem 5-Nitro-6-amino-3-tert.-butyl-toluol durch Diazotieren und Kochen der Diazolösung mit Alkohol (BAUR, *B.* 30, 303). — F: 32°. Kp_{15}: 120°. — Gibt beim energischen Nitrieren kein nach Moschus riechendes Produkt, sondern ein Gemisch verschiedener Nitrocarbonsäuren.

6-Nitro-1-methyl-3-tert.-butyl-benzol, 6-Nitro-3-tert.-butyl-toluol $C_{11}H_{15}O_2N = CH_3 \cdot C_6H_3(NO_2) \cdot C(CH_3)_3$. *B.* Durch Versetzen der eisessigsauren Lösung von m-tert.-Butyl-toluol mit rauchender Salpetersäure (BAUR, *B.* 24, 2835). — Flüssig. Siedet bei 160—162° im Vakuum. Mit Wasserdämpfen flüchtig.

eso-Brom-eso-nitro-1-methyl-3-tert.-butyl-benzol $C_{11}H_{14}O_2NBr = CH_3 \cdot C_6H_3Br(NO_2) \cdot C(CH_3)_3$. *B.* Beim Eintragen von eso-Brom-3-tert.-butyl-toluol (s. o.), gelöst in 2 Tln. Eisessig, in 4 Tle. rauchende Salpetersäure (BAUR, *B.* 27, 1621). — Öl.

eso-Dinitro-1-methyl-3-tert.-butyl-benzol, eso-Dinitro-3-tert.-butyl-toluol $C_{11}H_{14}O_4N_2 = CH_3 \cdot C_6H_3(NO_2)_2 \cdot C(CH_3)_3$. *B.* Aus m-tert.-Butyl-toluol und Salpetersäure (D: 1,5) in der Kälte (BAUR, *B.* 24, 2835). — Nädelchen. F: 92° (BAUR, *B.* 27, 1624). Siedet im Vakuum bei 224—225° (B., *B.* 24, 2836).

6-Brom-eso-dinitro-1-methyl-3-tert.-butyl-benzol $C_{11}H_{13}O_4N_2Br = CH_3 \cdot C_6HBr(NO_2)_2 \cdot C(CH_3)_3$. *B.* Durch allmähliches Eintragen von 6-Brom-3-tert.-butyl-toluol, gelöst in Eisessig, in stark gekühlte rauchende Salpetersäure und Erwärmen auf dem Wasserbade (BAUR, *B.* 27, 1620). — Öl von gewürzartigem Geruch.

eso-Brom-eso-dinitro-1-methyl-3-tert.-butyl-benzol $C_{11}H_{13}O_4N_2Br = CH_3 \cdot C_6HBr(NO_2)_2 \cdot C(CH_3)_3$. *B.* Wurde erhalten, als eso-Brom-3-tert.-butyl-toluol (vgl. dieses) oder sein Mononitroderivat längere Zeit mit rauchender Salpetersäure auf 100° erwärmt wurde (BAUR, *B.* 27, 1622). — Gelbe geruchlose Nadeln (aus verd. Alkohol). F: 107—108°.

2.4.6-Trinitro-1-methyl-3-tert.-butyl-benzol („künstlicher Moschus") $C_{11}H_{13}O_6N_3 = CH_3 \cdot C_6H(NO_2)_3 \cdot C(CH_3)_3$. *Darst.* Man trägt 3 Tle. m-tert.-Butyl-toluol langsam unter Kühlung in ein Gemenge von 5 Tln. Salpetersäure (D: 1,5) und 10 Tln. rauchender Schwefelsäure (mit 15% SO_3) ein, erwärmt 8—9 Stdn. auf dem Wasserbade, gießt in Wasser und nitriert das ausgefällte Produkt nochmals (BAUR, *C. r.* **111**, 239; *Ch. Z.* **14**, 1093; *B.* **24**, 2836; vgl. auch: D. R. P. 47599, 62362; *Frdl.* **2**, 555; **3**, 878, 880). — Gelbweiße Nadeln (aus Alkohol). Riecht intensiv nach Moschus. F: 96⁰ bis 97⁰ (B.). Leicht löslich in Alkohol, Äther, Chloroform, Benzol, Petroläther, unlöslich in Wasser (B., *B.* **24**, 2837). Löslich bis zu 20⁰/₀ in Benzoesäurebenzylester (KOEHLER, *C.* **1905** I, 227); bis zu 50⁰/₀ in Zimtsäurebenzylester (MANN, *C.* **1905** I, 812). — Ungiftig (HEPP, *Ch. Z.* **14**, 1093).

5-Chlor-2.4.6-trinitro-1-methyl-3-tert.-butyl-benzol $C_{11}H_{12}O_6N_3Cl = CH_3 \cdot C_6Cl(NO_2)_3 \cdot C(CH_3)_3$. *B.* Analog dem entsprechenden Bromderivat (s. u.) (Fabr. de Thann et Mulhouse, D. R. P. 86447; *Frdl.* **4**, 1298). — Weiße Nadeln (aus Alkohol). Riecht nach Moschus. F: 82⁰. Färbt sich am Licht gelb.

5-Brom-2.4.6-trinitro-1-methyl-3-tert.-butyl-benzol $C_{11}H_{12}O_6N_3Br = CH_3 \cdot C_6Br(NO_2)_3 \cdot C(CH_3)_3$. *B.* Aus 5-Brom-3-tert.-butyl-toluol durch Salpeterschwefelsäure (F. de Th. et M., D. R. P. 86447; *Frdl.* **4**, 1298). — Krystalle (aus Alkohol). Riecht nach Moschus. F: 129⁰.

5-Jod-2.4.6-trinitro-1-methyl-3-tert.-butyl-benzol $C_{11}H_{12}O_6N_3I = CH_3 \cdot C_6I(NO_2)_3 \cdot C(CH_3)_3$. Gelbliche Säulen (aus Alkohol). F: 152⁰. Besitzt Moschusgeruch (F. de Th. et M.).

4.6-Dinitro-2-azido- oder 2.6-Dinitro-4-azido- oder 2.4-Dinitro-6-azido-1-methyl-3-tert.-butyl-benzol $C_{11}H_{12}O_4N_5 = CH_3 \cdot C_6H(NO_2)_2(N_3) \cdot C(CH_3)_3$. *B.* Man führt 2.4.6-Trinitro-1-methyl-3-tert.-butyl-benzol durch die theoretische Menge Schwefelammonium in die Dinitro-amino-methyl-tert.-butyl-benzol (F: 138⁰) (Syst. No. 1707) über und ersetzt in diesem die Aminogruppe durch die Azidogruppe (vgl. die Bildung des 4.6-Dinitro-2-azido-1.3-dimethyl-5-tert.-butyl-benzols, S. 448) (Fabr. de Thann et Mulhouse, D. R. P. 99256; *C.* **1898** II, 1232). — Riecht nach Moschus. F: 146⁰. Ziemlich schwer löslich in kochendem Alkohol und Ligroin, leicht in Äther und Aceton.

14. *1-Methyl-4-tert.-butyl-benzol, β-Methyl-β-p-tolyl-propan, p-tert.-Butyl-toluol* $C_{11}H_{16} = CH_3 \cdot C_6H_4 \cdot C(CH_3)_3$. Zur Konstitution vgl. KONOWALOW, Ж. **30**, 1036; *C.* **1899** I, 777. — *B.* Aus Toluol und tert. Butylchlorid oder Isobutylchlorid in Gegenwart von etwas sublimiertem Eisenchlorid (BIALOBRZESKI, *B.* **30**, 1773). Entsteht neben m-tert.-Butyl-toluol bei der Einw. von Isobutylchlorid und $AlCl_3$ (KON., Ж. **30**, 1036; *C.* **1899** I, 777) oder von Isobutylbromid und $AlBr_3$ (KELBE, PFEIFFER, *B.* **19**, 1724) auf Toluol. Aus p-Brom-tert.-butyl-benzol, das man aus tert.-Butyl-benzol in Gegenwart von Jod erhält, mit Natrium und Methylbromid (KOZAK, *C.* **1907** I, 1787). — *Darst.* 1 kg Toluol wird mit 250 g Isobutylalkohol gemischt und mit 1 kg Schwefelsäure (mit 25⁰/₀ Anhydrid) in kleinen Portionen unter Schütteln versetzt; nach 3—4 Stdn. gibt man Wasser hinzu (VERLEY, *Bl.* [3] **19**, 67). — Angenehm riechende mit Wasserdampf flüchtige Flüssigkeit. Kp_{25}: 94⁰; Kp: 190⁰ (V.); Kp_{743}: 192—192,5⁰ (KOZ.); Kp_{756}: 189—190⁰ (B.). D^0: 0,8771 (V.); D^0: 0,8784; D^{15}: 0,8611 (B.). n^{17}_D: 1,493565 (KOZ.). — Gibt bei der Oxydation mit Chromsäure p-tert.-Butyl-benzoesäure, neben einer geringen Menge gelber, ananasartig riechender Krystalle, die in Alkohol und Äther leicht löslich sind (B.). Gibt mit Maleinsäureanhydrid und $AlCl_3$ zwei β-[Methyl-tert.-butyl-benzoyl]-acrylsäuren (Syst. No. 1298) (Koz.).

1¹-Brom-1-methyl-4-tert.-butyl-benzol, p-tert.-Butyl-benzylbromid $C_{11}H_{15}Br = CH_2Br \cdot C_6H_4 \cdot C(CH_3)_3$. *Darst.* 155 g p-tert.-Butyl-toluol werden auf 115⁰ erhitzt und tropfenweise mit 155 g Brom versetzt (VERLEY, *Bl.* [3] **19**, 68). — Destilliert nicht ohne Zersetzung. Riecht stechend.

eso-Dinitro-1-methyl-4-tert.-butyl-benzol, eso-Dinitro-p-tert.-butyl-toluol $C_{11}H_{14}O_4N_2 = CH_3 \cdot C_6H_2(NO_2)_2 \cdot C(CH_3)_3$. *B.* Beim 9-stdg. Erwärmen auf dem Wasserbad von p-tert.-Butyl-toluol mit dem 5-fachen Gewicht eines Gemisches von 1 Tl. Salpetersäure (D: 1,52) und 2 Tln. rauchender Schwefelsäure (BIALOBRZESKI, *B.* **30**, 1774; vgl. auch VERLEY, *Bl.* [3] **19**, 67). — Krystalle (aus verd. Alkohol). Riecht nur schwach nach Moschus. F: 94—95⁰ (B.), 87—88⁰ (V.). — Bleibt beim Erhitzen mit Salpeterschwefelsäure unverändert (B.).

15. *1-Methyl-4-butyl-benzol mit ungewisser Struktur der Butylgruppe* $C_{11}H_{16} = CH_3 \cdot C_6H_4 \cdot C_4H_9$. *B.* Entsteht (neben anderen Produkten) bei der trocknen Destillation des Kolophoniums und findet sich daher in der Harzessenz (Syst. No. 4740) (KELBE, BAUR, *B.* **16**, 2562). — *Darst.* Man erhitzt das Bariumsalz der entsprechenden Sulfonsäure mit Salzsäure im Druckrohr (K., B.). — Stark lichtbrechende Flüssigkeit von angenehmem Geruch. Kp: 176—178⁰. — Liefert bei der Oxydation mit verd. Salpetersäure p-Toluylsäure.

16. *1-Äthyl-4-propyl-benzol* $C_{11}H_{16} = C_2H_5 \cdot C_6H_4 \cdot CH_2 \cdot CH_2 \cdot CH_3$. *B.* Aus p-Brom-propylbenzol, Äthylbromid und Natrium (WIDMAN, *B.* **23**, 3081) oder aus p-Brom-äthylbenzol, Propylbromid und Natrium (VON DER BECKE, *B.* **23**, 3195). — Flüssig. Kp_{764}: 202—205⁰ (korr.); D^{19}: 0,867 (W.). — Salpetersäure (D: 1,07) oxydiert zu p-Propyl-benzoesäure und p-Äthyl-benzoesäure (W.).

17. *1-Äthyl-3-isopropyl-benzol* $C_{11}H_{16} = C_2H_5 \cdot C_6H_4 \cdot CH(CH_3)_2$. *B.* Entsteht neben 1-Äthyl-4-isopropyl-benzol, wenn man Äthylbenzol mit Propylbromid oder Isopropylbromid und $AlCl_3$ stehen läßt (VON DER BECKE, *B.* **23**, 3191). — Bleibt bei −20° flüssig. Kp: 190—192°.

18. *1-Äthyl-4-isopropyl-benzol* $C_{11}H_{16} = C_2H_5 \cdot C_6H_4 \cdot CH(CH_3)_2$. *B.* Neben 1-Äthyl-3-isopropyl-benzol beim Stehen von Äthylbenzol mit Propylbromid oder Isopropylbromid und $AlCl_3$ (VON DER BECKE, *B.* **23**, 3191). Durch Reduktion von p-Isopropyl-benzol mit Natrium und Alkohol (KLAGES, KEIL, *B.* **36**, 1640). — Bleibt bei −20° flüssig (V. D. B.). Kp_{10}: 72°; Kp_{763}: 196° (korr.); D_4^{16}: 0,8606; n_D^{16}: 1,4928 (KL., KE.).

$1^1.1^2$-Dibrom-1-äthyl-4-isopropyl-benzol, 1-[$\alpha.\beta$-Dibrom-äthyl]-4-isopropyl-benzol, p-Isopropyl-styroldibromid $C_{11}H_{14}Br_2 = CH_2Br \cdot CHBr \cdot C_6H_4 \cdot CH(CH_3)_2$. *B.* Durch Schütteln von p-Isopropyl-styrol mit Brom und Wasser (PERKIN, *Soc.* **32**, 663; *J.* 1877, 380). — Nadeln (aus Alkohol). F: 71° (PE.; KLAGES, KEIL, *B.* **36**, 1640).

2.3.5.6-Tetrabrom-1-äthyl-4-isopropyl-benzol $C_{11}H_{12}Br_4 = C_2H_5 \cdot C_6Br_4 \cdot CH(CH_3)_2$. *B.* Aus p-Äthyl-isopropylbenzol und Brom bei Gegenwart von $AlBr_3$ (KL., KE., *B.* **36**, 1640). — Blättchen (aus verd. Alkohol). F: 246°. Leicht löslich in Benzol, schwerer in Alkohol.

19. *1.2-Dimethyl-4-propyl-benzol* $C_{11}H_{16} = (CH_3)_2C_6H_3 \cdot CH_2 \cdot CH_2 \cdot CH_3$. *B.* Aus 4-Brom-1.2-dimethyl-benzol, Propylbromid und Natrium (UHLHORN, *B.* **23**, 2349). — Erstarrt nicht bei −20°. Kp: 209°. — Läßt sich zu 3.4-Dimethyl-benzoesäure oxydieren.

3.5.6-Tribrom-1.2-dimethyl-4-propyl-benzol $C_{11}H_{13}Br_3 = (CH_3)_2C_6Br_3 \cdot CH_2 \cdot CH_2 \cdot CH_3$. Lange Nadeln. F: 48° (UHLHORN, *B.* **23**, 2350).

20. *1.4-Dimethyl-2-propyl-benzol* $C_{11}H_{16} = (CH_3)_2C_6H_3 \cdot CH_2 \cdot CH_2 \cdot CH_3$. *B.* Aus 2-Brom-1.4-dimethyl-benzol, Propylbromid und Natrium (UHLHORN, *B.* **23**, 2350). — Erstarrt nicht bei −20°. Kp: 206—207°.

$2^1.2^2$-Dibrom-1.4-dimethyl-2-propyl-benzol, 1.4-Dimethyl-2-[$\alpha.\beta$-dibrom-propyl]-benzol $C_{11}H_{14}Br_2 = (CH_3)_2C_6H_3 \cdot CHBr \cdot CHBr \cdot CH_3$. *B.* Aus 1.4-Dimethyl-2-propenyl-benzol und Brom (KUNCKELL, DETTMAR, *B.* **36**, 773). — Dickes Öl. Kp_{17}: 163—166°. D^{15}: 1,457.

3.5.6-Tribrom-1.4-dimethyl-2-propyl-benzol $C_{11}H_{13}Br_3 = (CH_3)_2C_6Br_3 \cdot CH_2 \cdot CH_2 \cdot CH_3$. Nadeln. F: 49° (UHLHORN, *B.* **23**, 2350).

3.5.6-Trinitro-1.4-dimethyl-2-propyl-benzol $C_{11}H_{13}O_6N_3 = (CH_3)_2C_6(NO_2)_3 \cdot CH_2 \cdot CH_2 \cdot CH_3$. Nadeln. F: 85° (UHLHORN, *B.* **23**, 2350).

21. *1.5-Dimethyl-2-propyl-benzol* $C_{11}H_{16} = (CH_3)_2C_6H_3 \cdot CH_2 \cdot CH_2 \cdot CH_3$. *B.* Aus 6-Brom-1.3-dimethyl-benzol, Propylbromid und Natrium (UHLHORN, *B.* **23**, 2350). — Erstarrt nicht bei −20°. Kp: 208—208,5°. — Läßt sich zu 2.4-Dimethyl-benzoesäure oxydieren.

$2^1.2^2$-Dibrom-1.5-dimethyl-2-propyl-benzol, 1.5-Dimethyl-2-[$\alpha.\beta$-dibrom-propyl]-benzol $C_{11}H_{14}Br_2 = (CH_3)_2C_6H_3 \cdot CHBr \cdot CHBr \cdot CH_3$. *B.* Aus 1.5-Dimethyl-2-propenyl-benzol und Brom (KUNCKELL, *B.* **36**, 2236). — Öl. Kp_9: 151—153°.

3.4.6-Tribrom-1.5-dimethyl-2-propyl-benzol $C_{11}H_{13}Br_3 = (CH_3)_2C_6Br_3 \cdot CH_2 \cdot CH_2 \cdot CH_3$. Nadeln. F: 39° (UHLHORN, *B.* **23**, 2350).

3.4.6-Trinitro-1.5-dimethyl-2-propyl-benzol $C_{11}H_{13}O_6N_3 = (CH_3)_2C_6(NO_2)_3 \cdot CH_2 \cdot CH_2 \cdot CH_3$. Nadeln. F: 110° (UHLHORN, *B.* **23**, 2350).

22. *1.3-Dimethyl-5-propyl-benzol* $C_{11}H_{16} = (CH_3)_2C_6H_3 \cdot CH_2 \cdot CH_2 \cdot CH_3$. *B.* Beim Behandeln eines Gemenges von 4 Vol. Aceton und 2 Vol. Methylpropylketon mit 3 Vol. Schwefelsäure, neben anderen Produkten (JACOBSEN, *B.* **8**, 1259). — Kp: 206—210°. — Beim Kochen mit Salpetersäure (D: 1,1) entsteht 3.5-Dimethyl-benzoesäure.

23. *1.2-Dimethyl-4-isopropyl-benzol* $C_{11}H_{16} = (CH_3)_2C_6H_3 \cdot CH(CH_3)_2$. *B.* Durch Kochen von Methyl-menthatrien bezw. Methylen-menthadien (S. 441) mit einer 2%igen Lösung von HCl in Eisessig (KLAGES, SOMMER, *B.* **39**, 2311). Durch Erhitzen von Methyl-carveol (2-Methyl-p-menthadien-(6.8(9))-ol-(2), Syst. Nr. 510) mit wasserfreier Oxalsäure auf 125°(K., S.). — Dünnflüssiges, cymolartig riechendes Öl. Kp_{16}: 86—87,5°; Kp_{733}: 198° (korr.); $D_4^{20,1}$: 0,8729; $n_D^{20,1}$: 1,4991 (K., S.); $D_4^{18,5}$: 0,8740; $n_\alpha^{18,5}$: 1,49601; $n_\beta^{18,5}$: 1,50001; $n_\gamma^{18,5}$: 1,51913 (KLAGES, *B.* **40**, 2367). — Bei der Einw. von Schwefelsäure mit 6% SO_3 entstehen α- und β-1.2-Dimethyl-4-isopropyl-benzolsulfonsäure (Syst. No. 1523) (K., S.). Mit Brom und Aluminium entsteht unter Abspaltung der Isopropylgruppe eso-Tetrabrom-o-xylol (K., S.).

$4^1.4^2$-Dichlor-1.2-dimethyl-4-isopropyl-benzol, 1.2-Dimethyl-4-[β,β-dichlor-iso-propyl]-benzol $C_{11}H_{14}Cl_2 = (CH_3)_2C_6H_3 \cdot CH(CH_3) \cdot CHCl_2$. *B.* Durch Erhitzen von $1^1.1^1$-Dichlor-1.1.2-trimethyl-4-äthyliden-cyclohexadien-(2.5) (S. 442) auf 85° (AUWERS, KÖCKRITZ, *A.* **352**, 305). — Wasserhelles Öl. Kp_{14}: 135—140°. $D^{20.5}_4$: 1,1352. $n^{20.5}_\alpha$: 1,53416; $n^{20.5}_D$: 1,53860; $n^{20.5}_\beta$: 1,54904; $n^{20.5}_\gamma$: 1,55860. — Liefert beim Kochen mit alkoh. Kalilauge 4^2-Chlor-1.2-dimethyl-4-[4^1-metho-äthenyl]-benzol.

24. 2-Methyl-p-menthatrien-(x.x.8 (9)) $C_{11}H_{16} = (CH_3)^2_4 C_6H_5 [C(:CH_2) \cdot CH_3]^4$ oder **2-Methylen-p-menthadien-(x.8 (9))** $C_{11}H_{16} = (CH_3)^1 C_6H_6(:CH_2)^2 [C(:CH_2) \cdot CH_3]^4$, möglicherweise Gemisch von Isomeren. Zur Konstitution[1] vgl.: RUPE, EMMERICH, *B.* **41**, 1393; ferner WALLACH, *A.* **360**, 26. — *B.* Durch Einw. von Methylmagnesiumbromid oder -jodid in Äther auf d-Carvon (Syst. No. 620) (RUPE, LIECHTENHAN, *B.* **39**, 1120; KLAGES, SOMMER, *B.* **39**, 2310) und Zersetzung des Additionsproduktes mit 40%iger Schwefelsäure in der Kälte (KL., S.; R., EMMERICH, *B.* **41**, 1397) oder wäßr. Phosphorsäure [1 Tl. Säure (D: 1,7) + 1 Tl. Wasser] (R., E.), neben Methyldihydrocarvon (2-Methyl-p-menthen-(8 (9))-on-(6), Syst. No. 619) (R., L.; KOHLER, *Am.* **37**, 374). Durch $^1/_2$-stdg. Kochen von Methylcarveol (2-Methyl-p-menthadien-(6.8 (9))-ol-(2), Syst. No. 510) mit Natriumacetat und Acetanhydrid (R., E., *B.* **41**, 1398). — Öl von angenehmem, an Limonen und Cajeputöl erinnerndem Geruch. Kp_2: 72—73°; Kp_{10}: 75—76°; D^{20}: 0,8747; n^{20}_D: 1,50152 (R., E.). Mol.-Refr. und -Dispersion: R., L.; KL., S.; KL., *B.* **40**, 2367; vgl. R., E. $[\alpha]^{20}_D$: +103,49°; die Drehung nimmt bei mehrmaliger Destillation unter vermindertem Druck ab (R., E.). — Sehr unbeständig; färbt sich auch bei Luftabschluß und wird harzig; in Äther-Lösung am besten haltbar (R., E.). Gibt beim Kochen mit einer 2%igen Lösung von HCl in Eisessig 1.2-Dimethyl-4-isopropyl-benzol (KL., S.). Liefert bei der Reduktion mit Natrium und Amylalkohol einen Kohlenwasserstoff $C_{11}H_{18}$ (S. 168, No. 8) (R., L.; R., E.). Nimmt in Chloroform oder Eisessig 4 Atome Brom auf (R., L.). Gibt mit Ferricyankalium und 20%iger Salzsäure weiße, in Alkohol und Wasser leicht lösliche Nädelchen (R., L.).

25. 1.5-Dimethyl-2-isopropyl-benzol $C_{11}H_{16} = (CH_3)_2C_6H_3 \cdot CH(CH_3)_2$. *B.* Aus 3-Brom-1-methyl-4-isopropyl-benzol, Methyljodid und Natrium (UHLHORN, *B.* **23**, 2351). — Kp: 194—195° (U.). — Gibt beim Bromieren eso-Tetrabrom-m-xylol (AUWERS, KÖCKRITZ, *A.* **352**, 299).

$2^1.2^2$-Dichlor-1.5-dimethyl-2-isopropyl-benzol, 1.5-Dimethyl-2-[β,β-dichlor-iso-propyl]-benzol $C_{11}H_{14}Cl_2 = (CH_3)_2C_6H_3 \cdot CH(CH_3) \cdot CHCl_2$. *B.* Aus $1^1.1^1.1^1$-trimethyl-4-äthyl-cyclohexadien-(2.5)-ol-(4) (Syst. No. 510) durch Erhitzen auf 120° oder von $1^1.1^1$-Dichlor-1.1.3-trimethyl-4-äthyliden-cyclohexadien-(2.5) (S. 442) auf 80° (AUWERS, KÖCKRITZ, *A.* **352**, 297). — Farbloses Öl. Kp_{11}: 135—137°; Kp_{15}: 143—144°. $D^{14.5}_4$: 1,1396. n^{15}_α: 1,53403; n^{15}_D: 1,53829; n^{15}_β: 1,54906; n^{15}_γ: 1,55861. — Liefert beim Kochen mit alkoh. Kalilauge 2^2-Chlor-1.5-dimethyl-2-[2^1-metho-äthenyl]-benzol. Gibt mit Natrium und Alkohol 1.5-Dimethyl-2-isopropyl-benzol.

3.4.6-Tribrom-1.5-dimethyl-2-isopropyl-benzol $C_{11}H_{13}Br_3 = (CH_3)_2C_6Br_3 \cdot CH(CH_3)_2$. Nadeln. F: 261° (UHLHORN, *B.* **23**, 2351).

3.4.6-Trinitro-1.5-dimethyl-2-isopropyl-benzol $C_{11}H_{13}O_6N_3 = (CH_3)_2C_6(NO_2)_3 \cdot CH(CH_3)_2$. Nadeln. F: 182° (UHLHORN, *B.* **23**, 2351).

26. 1-Methyl-3.5-diäthyl-benzol, 3.5-Diäthyl-toluol $C_{11}H_{16} = CH_3 \cdot C_6H_3(C_2H_5)_2$. *V.* Im russischen Petroleum (MARKOWNIKOW, *A.* **234**, 107). — *B.* Entsteht neben anderen Kohlenwasserstoffen beim Behandeln eines Gemenges von Aceton und Methyläthylketon mit konz. Schwefelsäure (JACOBSEN, *B.* **7**, 1433). Durch 3—4-stdg. Einleiten von Äthylen in eine siedende Mischung von Toluol und $AlCl_3$ (GATTERMANN, FRITZ, BECK, *B.* **32**, 1125). — Kp: 198—200°; D^{20}: 0,8790 (J.). — Bei der Oxydation mit Salpetersäure entsteht Uvitinsäure $(CH_3)^1 C_6H_3(CO_2H)^{2,4}_2$ (J.).

2.4.6-Tribrom-1-methyl-3.5-diäthyl-benzol $C_{11}H_{13}Br_3 = CH_3 \cdot C_6Br_3(C_2H_5)_2$. Feine Nadeln. F: 206° (JACOBSEN, *B.* **7**, 1435). Schwer löslich in kaltem Alkohol.

2.4.6-Trinitro-1-methyl-3.5-diäthyl-benzol $C_{11}H_{13}O_6N_3 = CH_3 \cdot C_6(NO_2)_3(C_2H_5)_2$. *B.* Durch Eintragen von 1-Methyl-3.5-diäthyl-benzol in ein Gemisch von rauchender Salpetersäure und konz. Schwefelsäure und Erhitzen zum Sieden (GATTERMANN, FRITZ, BECK, *B.* **32**, 1126). — Gelbe Blättchen (aus Alkohol). F: 86—87°.

---

[1] Die Diskussion über Konstitution und Einheitlichkeit ist nach dem für die 4. Auflage geltenden Literatur-Schlußtermin [1. I. 1910] noch fortgesetzt worden; vgl.: AUWERS, EISENLOHR, *B.* **43**, 827, 830; RUPE, KERKOVIUS, *B.* **44**. 2702, 2713.

27. *1.1.2-Trimethyl-4-äthyliden-cyclohexadien-(2.5)* [L.-R.-Bezf.: Trimethyl-1.6.6-äthyliden-3-cyclohexadien-1.4] $C_{11}H_{16} = CH_3 \cdot CH : C <^{CH:C(CH_3)}_{CH=CH} > C <^{CH_3}_{CH_3}$.

$1^1.1^1$-Dichlor-1.1.2-trimethyl-4-äthyliden-cyclohexadien-(2.5) $C_{11}H_{14}Cl_2 = $ $CH_3 \cdot CH : C <^{CH:C(CH_3)}_{CH=CH} > C <^{CHCl_2}_{CH_3}$. — *B.* Man setzt $1^1.1^1$-Dichlor-1.1.2-trimethyl-cyclohexadien-(2.5)-on-(4) (Syst. No. 620) mit Äthylmagnesiumjodid in Äther um und erwärmt das hierbei erhaltene rohe $1^1.1^1$-Dichlor-1.1.2-trimethyl-4-äthyl-cyclohexadien-(2.5)-ol-(4) auf 25° im Wasserstoffstrom (AUWERS, KÖCKRITZ, *A.* **352**, 305). — Öl, das sich schnell verändert. D_4^{16}: 1,1761. — Lagert sich bei 85° in $4^2.4^1$-Dichlor-1.2-dimethyl-4-isopropyl-benzol um.

28. *1.1.3-Trimethyl-4-äthyliden-cyclohexadien-(2.5)* [L.-R.-Bezf.: Trimethyl-1.3.3-äthyliden-6-cyclohexadien-1.4] $C_{11}H_{16} = CH_3 \cdot CH : C <^{C(CH_3)=CH}_{CH=CH} > C <^{CH_3}_{CH_3}$.

$1^1.1^1$-Dichlor-1.1.3-trimethyl-4-äthyliden-cyclohexadien-(2.5) $C_{11}H_{14}Cl_2 = $ $CH_3 \cdot CH : C <^{C(CH_3)=CH}_{CH=CH} > C <^{CHCl_2}_{CH_3}$. — *B.* Aus $1^1.1^1$-Dichlor-1.1.3-trimethyl-4-äthyl-cyclohexadien-(2.5)-ol-(4) (Syst. No. 510) (AUWERS, KÖCKRITZ, *A.* **352**, 296). — Farbloses Öl. $D_4^{19.5}$: 1,1412. $n_\alpha^{19.5}$: 1,55353; $n_D^{19.5}$: 1,55917; $n_\beta^{19.5}$: 1,57418; $n_\gamma^{19.5}$: 1,58689. — Polymerisiert sich beim Stehen zu der Verbindung $C_{22}H_{28}Cl_4$ (s. u.). Lagert sich beim Erhitzen auf etwa 80° in das $2^2.2^2$-Dichlor-1.5-dimethyl-2-isopropyl-benzol um.

Dimeres $1^1.1^1$-Dichlor-1.1.3-trimethyl-4-äthyliden-cyclohexadien-(2.5) $C_{22}H_{28}Cl_4$. — *B.* Aus $1^1.1^1$-Dichlor-1.1.3-trimethyl-4-äthyl-cyclohexadien-(2.5)-ol-(4) (Syst. No. 510) bei monatelangem Stehen in der Winterkälte (AUWERS, KÖCKRITZ, *A.* **352**, 300). Aus der monomeren Verbindung beim Stehen (A., K.). — Blättchen (aus Alkohol). F: ca. 183—184°.

29. *1.3.5-Trimethyl-2-äthyl-benzol, Äthylmesitylen* $C_{11}H_{16} = (CH_3)_3C_6H_2 \cdot C_2H_5$. — *B.* Beim 2—3-stdg. Erhitzen von 25 g 2-Brom-1.3.5-trimethyl-benzol mit 32 g Äthyljodid, 14 g Natrium und 25 ccm Xylol auf 180° (JANNASCH, WIGNER, *B.* **28**, 2028; TÖHL, TRIPKE, *B.* **28**, 2462). Neben Mesitylen durch Erhitzen von Methyl-[2.4.6-trimethyl-phenyl]-carbinol $(CH_3)_2C_6H_2 \cdot CH(OH) \cdot CH_3$ mit Jodwasserstoffsäure auf 120° (KLAGES, *B.* **35**, 2256; KL., STAMM, *B.* **37**, 1717). Durch Reduktion von Vinylmesitylen mit Natrium und Alkohol (KL., KEIL, *B.* **36**, 1644). — Erstarrt nicht bei —20° (TÖ., TR.). Kp_{16}: 93—94°; Kp_{755}: 207° bis 208° (korr.) (KL., KE.); Kp: 212—214° (J., W.), 208—210° (KL.), 207—209° (TÖ., TR.).

2^1-Chlor-1.3.5-trimethyl-2-äthyl-benzol, 1.3.5-Trimethyl-2-[α-chlor-äthyl]-benzol $C_{11}H_{15}Cl = (CH_3)_3C_6H_2 \cdot CHCl \cdot CH_3$. — *B.* Beim Einleiten von HCl in mit Eis gekühltes Methyl-[2.4.6-trimethyl-phenyl]-carbinol (KLAGES, ALLENDORFF, *B.* **31**, 1009). — Dünnflüssiges Öl. Das noch unreine Präparat zeigte Kp_{16}: 126—127°.

4.6-Dibrom-1.3.5-trimethyl-2-äthyl-benzol $C_{11}H_{14}Br_2 = (CH_3)_3C_6Br_2 \cdot C_2H_5$. — *B.* Aus 1.3.5-Trimethyl-2-äthyl-benzol-sulfonsäure-(4) und Brom in eiskalter wäßr. Lösung (KLAGES, STAMM, *B.* **37**, 1718). — Nadeln (aus Alkohol). F: 59° (K., ST.). Schwer löslich in Alkohol (TÖHL, TRIPKE, *B.* **28**, 2462). — Gibt mit Jodwasserstoffsäure bei 200° Mesitylen (K., ST.).

4.6-Dinitro-1.3.5-trimethyl-2-äthyl-benzol $C_{11}H_{14}O_4N_2 = (CH_3)_3C_6(NO_2)_2 \cdot C_2H_5$. — *B.* Beim Auflösen von Äthylmesitylen in kalter rauchender Salpetersäure (TÖHL, TRIPKE, *B.* **28**, 2463). — Nadeln (aus Alkohol). F: 123°.

30. *1.2.4-Trimethyl-5-äthyl-benzol* $C_{11}H_{16} = (CH_3)_3C_6H_2 \cdot C_2H_5$. — *B.* Man reduziert 1.2.4-Trimethyl-5-vinyl-benzol mit Natrium und Alkohol (KLAGES, KEIL, *B.* **36**, 1642). Aus 5-Brom-1.2.4-trimethyl-benzol, Äthyljodid und Natrium (TÖHL, v. KARCHOWSKI, *B.* **25**, 1530). — Erstarrt nicht bei —20°; Kp: 206—208° (T., v. K.); Kp_{755}: 208° (korr.); Kp_{13}: 88°; D_4^{14}: 0,8890; n_D^{14}: 1,5077 (KL., KEIL). — Einw. von konz. Schwefelsäure und von Chlorsulfonsäure: T., v. K.; von rauchender Schwefelsäure: KL., KEIL.

5^1-Chlor-1.2.4-trimethyl-5-äthyl-benzol, 1.2.4-Trimethyl-5-[α-chlor-äthyl]-benzol $C_{11}H_{15}Cl = (CH_3)_3C_6H_2 \cdot CHCl \cdot CH_3$. — *B.* Bei der Einw. von PCl_5 auf 1.2.4-Trimethyl-5-[α-oxyäthyl]-benzol in Chloroform, ferner durch Behandeln des Carbinols mit Chlorwasserstoff bei 0° (KLAGES, ALLENDORFF, *B.* **31**, 1006). — Sehr unbeständiges Öl. Ein noch unreines Präparat zeigte Kp_{13}: 125—129°. — Spaltet bei der Destillation leicht HCl ab und geht in 1.2.4-Trimethyl-5-vinyl-benzol über.

$5^1.5^1$-Dichlor-1.2.4-trimethyl-5-äthyl-benzol, 1.2.4-Trimethyl-5-[$\beta.\beta$-dichloräthyl]-benzol $C_{11}H_{14}Cl_2 = (CH_3)_3C_6H_2 \cdot CH_2 \cdot CHCl_2$. — *B.* Aus $1^1.1^1$-Dichlor-1.1.2.5-tetramethyl-4-methylen-cyclohexadien-(2.5) (S. 443) bei 80—90° (AUWERS, KÖCKRITZ, *A.* **352**, 309). — Farbloses Öl, das bei niederer Temperatur erstarrt. F: 22°. Kp_{10}: 134—136°; Kp_{13}: 143—145°. D_4^{18}: 1,1344. n_α^{18}: 1,53797; n_D^{18}: 1,54252; n_β^{18}: 1,55373; n_γ^{18}: 1,56351. — Liefert beim Kochen mit alkoh. Kalilauge 5^2-Chlor-1.2.4-trimethyl-5-vinyl-benzol.

3.6-Dibrom-1.2.4-trimethyl-5-äthyl-benzol $C_{11}H_{14}Br_2 = (CH_3)_3C_6Br_2 \cdot C_2H_5$. *B.* Aus 1.2.4-Trimethyl-5-äthyl-benzol und überschüssigem Brom in Gegenwart von Jod (TÖHL, v. KARCHOWSKI, *B.* **25**, 1531). — Nadeln (aus Alkohol). F: 218°. Schwer löslich in Alkohol.

5¹.5²-Dibrom-1.2.4-trimethyl-5-äthyl-benzol, 1.2.4-Trimethyl-5-[α.β-dibrom-äthyl]-benzol, 2.4.5-Trimethyl-styroldibromid $C_{11}H_{14}Br_2 = (CH_3)_3C_6H_2 \cdot CHBr \cdot CH_2Br$. *B.* Aus 1.2.4-Trimethyl-5-vinyl-benzol und Brom in Chloroform (KLAGES, ALLENDORFF, *B.* **31**, 1008). — Nadeln (aus Eisessig). F: 65—66°. Leicht löslich in Alkohol, Äther und Benzol, schwerer in Eisessig.

31. ***1.1.2.5-Tetramethyl-4-methylen-cyclohexadien-(2.5)*** [L.-R.-Bezf.: Tetramethyl-1.4.6.6-methylen-3-cyclohexadien-1.4] $C_{11}H_{16}$ =
$$CH_2:C{<}{\overset{C(CH_3):CH}{CH:C(CH_3)}}{>}C{<}{\overset{CH_3}{CH_3}}.$$

1¹.1¹-Dichlor-1.1.2.5-tetramethyl-4-methylen-cyclohexadien-(2.5) $C_{11}H_{14}Cl_2$ =
$$CH_2:C{<}{\overset{C(CH_3):CH}{CH:C(CH_3)}}{>}C{<}{\overset{CHCl_2}{CH_3}}.$$ *B.* Aus 1¹.1¹-Dichlor-1.1.2.4.5-pentamethyl-cyclohexadien-(2.5)-ol-(4) (Syst. No. 510) durch Erhitzen auf 45° oder beim Schütteln mit Ameisensäure (AUWERS, KÖCKRITZ, *A.* **352**, 308). — Rötliches Öl D_0^{14}: 1.1484. n_D^{14}: 1.56096. — Lagert sich bei 80—90° in 5².5²-Dichlor-1.2.4-trimethyl-5-äthyl-benzol um. Polymerisiert sich beim Stehen zu der Verbindung $C_{22}H_{28}Cl_4$ (s. u.). Gibt mit konz. Schwefelsäure 2.3.4.5-Tetramethyl-benzaldehyd.

Dimeres 1¹.1¹-Dichlor-1.1.2.5-tetramethyl-4-methylen-cyclohexadien-(2.5) $C_{22}H_{28}Cl_4$. *B.* Beim Stehen der monomeren Verbindung (s. o.) bei gewöhnlicher Temperatur (A., K., *A.* **352**, 314). — Nadeln (aus Alkohol). Leicht löslich in Benzol, Eisessig und heißem Alkohol, schwer in Ligroin. — Liefert bei der Reduktion Durol. Verhält sich gegen konz. Schwefelsäure wie die monomere Verbindung.

32. ***Pentamethylbenzol*** $C_{11}H_{16} = C_6H(CH_3)_5$. *B.* Entsteht neben vielen anderen Kohlenwasserstoffen, wenn man Methylchlorid unter gelindem Überdruck durch Toluol in Gegenwart von $AlCl_3$ bei etwa 80° leitet (FRIEDEL, CRAFTS, *C. r.* **91**, 258; *A. ch.* [6] **1**, 461, 472; ADOR, RILLIET, *B.* **12**, 332). Entsteht in kleinen Mengen, neben 5% Durol und etwas Hexamethylbenzol, bei der Einw. von CH_3Cl auf Pseudocumol in Gegenwart von $Al + HgCl_2$ (KORCZYŃSKI, *B.* **35**, 868). Entsteht besonders leicht neben Hexamethylbenzol beim Methylieren von Isodurol mit CH_3Cl und $AlCl_3$ (JACOBSEN, *B.* **14**, 2629). — *Darst.* Man behandelt Mesitylen oder Pseudocumol oder das aus beiden bestehende von Paraffinen befreite „Teercumol" bei 100—110° mit Aluminiumchlorid und Methylchlorid, bis ein großer Teil des Produktes oberhalb 220° siedet, kühlt diesen Anteil stark ab, preßt die ausgeschiedenen festen Anteile ab und fraktioniert sie; das bei 220—235° übergegangene Produkt wird in heißem starkem Alkohol gelöst. Beim Erkalten scheidet sich zunächst Hexamethylbenzol ab; man fällt aus der Mutterlauge das rohe Pentamethylbenzol durch Wasser aus und trägt es allmählich und unter Abkühlen in 2,5 Tle. Chlorsulfonsäure ein; diese Lösung läßt man in flachen Schalen an der Luft stehen, bis sie zu einem steifen Brei gesteht. Dann gibt man Eisstücke hinzu und saugt ab, digeriert den Niederschlag mit konz. alkoh. Natronlauge, verdünnt beim Erkalten mit etwas Wasser und saugt ab; aus dem entstandenen Gemisch von dem Sulfon $(C_{11}H_{15})_2SO_2$ (Syst. No. 533) und pentamethylbenzolsulfonsaurem Natrium (Syst. No. 1523) extrahiert man die Hauptmenge des sulfonsauren Salzes durch viel heißes Wasser, dann das Sulfon durch kaltes Wasser, wobei der Rest des sulfonsauren Salzes zurückbleibt. Man führt das pentamethylbenzolsulfonsaure Natrium in das Sulfamid über. Sowohl dieses als auch das Sulfon liefert beim Erhitzen mit konz. Salzsäure auf 170° Pentamethylbenzol (JACOBSEN, *B.* **20**, 896). — Prismen (aus warmem verdünntem Alkohol) (J., *B.* **20**, 898). F: 53° (F., C., *A. ch.* [6] **1**, 472), 51,5° (J., *B.* **20**, 898); Kp: 231° (korr.); sehr leicht löslich in Alkohol (J., *B.* **20**, 898); $D_4^{107,2}$: 0,8472; $n_\alpha^{107,2}$: 1,48484; $n_\beta^{107,2}$: 1,49932; Mol.-Refraktion: EIJKMAN, *R.* **12**, 175. Oberflächenspannung: DUTOIT, FRIDERICH, *C. r.* **130**, 328. Molekulare Verbrennungswärme (bei konst. Vol.): 1551,8 Cal. (STOHMANN, KLEBER, LANGBEIN, *J. pr.* [2] **40**, 83). — Wird von wäßr. $KMnO_4$ langsam zu Benzolpentacarbonsäure (Syst. No. 1039) oxydiert (F., C.). Wird in Gegenwart von Benzol von siedender konz. Salpetersäure zu 2.3.4.5-Tetramethyl-benzoesäure (Syst. No. 944) oxydiert (GOTTSCHALK, *B.* **20**, 3287). Gibt beim Behandeln mit Sulfurylchlorid und Aluminiumchlorid eso-Chlor-pentamethylbenzol (TÖHL, EBERHARD, *B.* **26**, 2944). Wird von Brom im Sonnenlicht wie auch bei erhöhter Temperatur in eso-Brom-pentamethylbenzol (S. 444) übergeführt (KORCZYŃSKI, *B.* **35**, 871), dasselbe entsteht auch mit Brom in Chloroform, mit oder ohne Jod, in der Kälte (F., C.). Gibt in Chloroform mit Salpeterschwefelsäure

5.6-Dinitro-1.2.3.4-tetramethyl-benzol, mit Benzoylnitrat eso-Nitro-pentamethylbenzol und ein ω-Nitro-pentamethylbenzol (WILLSTÄTTER, KUBLI, B. **42**, 4162; vgl. auch GOTTSCHALK, B. **20**, 3287). Wird von kalter konz. Schwefelsäure in Hexamethylbenzol und 1.2.3.4-Tetramethyl-benzol-sulfonsäure-(5) übergeführt (J., B. **20**, 901). Beim Erhitzen mit $AlCl_3$ entstehen Isodurol, Hexamethylbenzol und andere Produkte (J., B. **18**, 340).

Verbindung von Pentamethylbenzol mit Pikrinsäure s. Syst. No. 523.

6-Chlor-1.2.3.4.5-pentamethyl-benzol, eso-Chlor-pentamethylbenzol $C_{11}H_{15}Cl$ = $C_6Cl(CH_3)_5$. B. Aus Pentamethylbenzol und 1 Mol.-Gew. Chlor in Petroläther (TÖHL, B. **25**, 1524). Aus Pentamethylbenzol durch Sulfurylchlorid + Aluminiumchlorid (T., EBERHARD, B. **26**, 2944). Neben anderen Produkten durch Behandeln von Chlordurol $(Cl)^3C_6H(CH_3)^{1.4.5}$ mit konz. Schwefelsäure bei 60° (TÖHL, B. **25**, 1527). — Prismen (aus Petroläther), Blättchen (aus Alkohol). F: 155°; sehr wenig flüchtig mit Wasserdampf (T., B. **25**, 1524, 1528).

6-Brom-1.2.3.4.5-pentamethyl-benzol, eso-Brom-pentamethylbenzol $C_{11}H_{15}Br$ = $C_6Br(CH_3)_5$. B. Aus Pentamethylbenzol in Chloroform und Brom, in der Kälte, bei Gegenwart von etwas Jod (FRIEDEL, CRAFTS, A. ch. [6] 1, 473). Durch Einw. von Brom auf Pentamethylbenzol im Sonnenlicht oder bei erhöhter Temperatur (KORCZYŃSKI, B. **35**, 871). — Krystalle. F: 160,5°; Kp: 288—290° (F., C.).

6-Jod-1.2.3.4.5-pentamethyl-benzol, eso-Jod-pentamethylbenzol $C_{11}H_{15}I$ = $C_6I(CH_3)_5$. B. Beim Erwärmen von in Benzin gelöstem Pentamethylbenzol mit Jodschwefel und Salpetersäure (EDINGER, GOLDBERG, B. **33**, 2881). — Blättchen (aus Alkohol). F: 127°.

6-Nitro-1.2.3.4.5-pentamethyl-benzol, eso-Nitro-pentamethylbenzol $C_{11}H_{15}O_2N$ = $O_2N \cdot C_6(CH_3)_5$. B. Aus Pentamethylbenzol in Chloroform mit Benzoylnitrat; daneben entsteht ein Mononitro-Derivat (F: 63°) mit NO_2 in einer Seitenkette (WILLSTÄTTER, KUBLI, B. **42**, 4162). — Hellgelbe Prismen (aus Alkohol, Methylalkohol oder Gasolin). F: 154°. Mit Wasserdampf schwer flüchtig. Leicht löslich in Äther, Benzol und Chloroform.

33. *Kohlenwasserstoff* $C_{11}H_{16}$ *aus Alantolsäureanhydrid.* B. Entsteht neben anderen Produkten bei der Destillation von Alantolsäureanhydrid $C_{15}H_{20}O_2$ (Syst. No. 2463) mit Zinkstaub (BREDT, POSTH, A. **285**, 380). — Flüssigkeit von terpenartigem Geruch. Kp_{10}: 93—94°.

34. *Kohlenwasserstoff* $C_{11}H_{16}$ *aus Cholecamphersäure.* B. Beim Erhitzen von Cholecamphersäure (s. bei Cholsäure, Syst. No. 4866) mit Natronkalk im evakuierten zugeschmolzenen Rohr (PANZER, H. **48**, 200). — Ölige Flüssigkeit mit gelb-grünlicher Fluorescenz. Kp: 227°. Riecht nach Petroleum und Xylol.

7. Kohlenwasserstoffe $C_{12}H_{18}$.

1. *1-[1¹-Metho-pentyl]-benzol, β-Phenyl-hexan* $C_{12}H_{18}$ = $C_6H_5 \cdot CH(CH_3) \cdot$ [CH_2]$_3 \cdot CH_3$. B. Beim Schütteln von 2 Tln. Benzol mit 1 Tl. Hexen-(1) und konz. Schwefelsäure (BROCHET, C. r. 117, 115; Bl. [3] 9, 687). — Flüssig. Kp_{760}: 208°. D_4^{15}: 0,869. n^{15}: 1,492.

2. *1-[1³-Metho-pentyl]-benzol, γ-Methyl-α-phenyl-pentan* $C_{12}H_{18}$ = $C_6H_5 \cdot CH_2 \cdot CH_2 \cdot CH(CH_3) \cdot C_2H_5$. Rechtsdrehende Form. B. Aus Brombenzol, rechtsdrehendem 1-Brom-3-methyl-pentan und Natrium (CHARDIN, C. 1908 II, 1861). Bei der Reduktion des rechtsdrehenden γ-Methyl-α-phenyl-α-amylens mit Natrium und Alkohol (KLAGES, SAUTTER, B. **37**, 654). — Cymolartig riechendes Öl. Kp_9: 90—91°; Kp_{757}: 220° (korr.); $D_4^{1.4}$: 0,8644; n_D: 1,4896; $[α]_D^{14.4}$: +17,2° (K., S.). Kp_{768}: 219—222°; D^{19}: 0,8521; D^{168}: 0,7396; $[α]_D^{19}$: +16,62°; $[α]_D^{19}$: +12,6° (CH.).

1¹.1²-Dibrom-1-[1³-metho-pentyl]-benzol, α.β-Dibrom-γ-methyl-α-phenyl-pentan $C_{12}H_{16}Br_2$ = $C_6H_5 \cdot CHBr \cdot CHBr \cdot CH(CH_3) \cdot C_2H_5$. Rechtsdrehende Form. B. Aus rechtsdrehendem γ-Methyl-α-phenyl-α-amylen und Brom (K., S., B. **37**, 654). — Nadeln (aus Alkohol). F: 91—92°. Leicht löslich in Alkohol, Äther, Benzol, $CHCl_3$, Ligroin. $[α]_D^{15}$: +32,1° (in $CHCl_3$; c = 0,1272).

3. *1-[1⁴-Metho-pentyl]-benzol, β-Methyl-ε-phenyl-pentan* $C_{12}H_{18}$ = $C_6H_5 \cdot CH_2 \cdot CH_2 \cdot CH_2 \cdot CH(CH_3)_2$. B. Aus Benzylchlorid, Isoamyljodid und Natrium in Äther (ARONHEIM, A. 171, 223). Aus Benzylbromid, Isoamylbromid und Natrium in Benzol unter Kühlung (SCHRAMM, A. **218**, 391). — Flüssigkeit von angenehmem Geruch. Kp: 214—215° (A.); Kp_{723}: 212—213°; D^{16}: 0,8568 (SCH.).

$1^1.1^2$-Dibrom-1-[1^4-metho-pentyl]-benzol, $\delta.\varepsilon$-Dibrom-β-methyl-ε-phenyl-pentan $C_{12}H_{16}Br_2 = C_6H_5 \cdot CHBr \cdot CHBr \cdot CH_2 \cdot CH(CH_3)_2$. B. Man bromiert β-Methyl-ε-phenyl-pentan, destilliert das entstehende Bromderivat, wobei hauptsächlich der ungesättigte Kohlenwasserstoff $C_{12}H_{16}$ entsteht und läßt das entstandene Produkt mit Brom reagieren (SCHRAMM, A. 218, 395). — Nadeln oder Blättchen (aus Alkohol). F: 79—80°.

4. 1-[1^2-Ätho-butyl]-benzol, β-Äthyl-α-phenyl-butan, γ-Benzyl-pentan $C_{12}H_{18} = C_6H_5 \cdot CH_2 \cdot CH(C_2H_5)_2$.
1^2-Chlor-1-[1^2-ätho-butyl]-benzol, β-Chlor-β-äthyl-α-phenyl-butan, γ-Chlor-γ-benzyl-pentan $C_{12}H_{17}Cl = C_6H_5 \cdot CH_2 \cdot CCl(C_2H_5)_2$. Stark riechendes Öl. — Gibt beim Erhitzen mit Pyridin auf 125° β-Äthyl-α-phenyl-α-butylen (KLAGES, HAEHN, B. 37, 1724).

5. 1-[$1^1.1^2$-Dimetho-butyl]-benzol, β-Methyl-δ-phenyl-pentan $C_{12}H_{18} = C_6H_5 \cdot CH(CH_3) \cdot CH_2 \cdot CH(CH_3)_2$. B. Durch Reduktion des δ-Methyl-β-phenyl-β-amylens mit Natrium und Alkohol (KLAGES, B. 37, 2308). — Nach Möhren riechendes Öl. Kp_2: 77; Kp_{13}: 84°; Kp_{760}: 197°. D_4^{18}: 0,8634. n_D^{18}: 1,4876.
$1^2.1^3$-Dibrom-1-[$1^1.1^3$-dimetho-butyl]-benzol, $\beta.\gamma$-Dibrom-β-methyl-δ-phenyl-pentan $C_{12}H_{16}Br_2 = C_6H_5 \cdot CH(CH_3) \cdot CHBr \cdot CBr(CH_3)_2$. B. Aus β-Methyl-δ-phenyl-β-amylen und Brom (KLAGES, B. 37, 2307). — Leicht bewegliches Öl.
$1^1.1^2.1^2.1^3$-Tetrabrom-1-[$1^1.1^3$-dimetho-butyl]-benzol, $\beta.\gamma.\gamma.\delta$-Tetrabrom-$\beta$-methyl-$\delta$-phenyl-pentan $C_{12}H_{14}Br_4 = C_6H_5 \cdot CBr(CH_3) \cdot CBr_2 \cdot CBr(CH_3)_2$. B. Aus β-Methyl-δ-phenyl-$\beta.\gamma$-pentadien und Brom in Eiswasser (K., B. 37, 2306). — Zähflüssiges Öl.

6. 1-[$1^2.1^2$-Dimetho-butyl]-benzol, $\beta.\beta$-Dimethyl-α-phenyl-butan, β-Methyl-β-benzyl-butan $C_{12}H_{18} = C_6H_5 \cdot CH_2 \cdot CH_2 \cdot C(CH_3)_2 \cdot C_2H_5$. B. Durch Elektro-Reduktion des Methylbenzylacetessigesters mit Bleikathode in wäßr.-alkoh. Schwefelsäure bei 55—60° (TAFEL, JÜRGENS, B. 42, 2556). — Kp_{763}: 214,5°. D_4^{19}: 0,86. n_α^{19}: 1,4845; n_D^{19}: 1,4882; n_γ^{19}: 1,5208.

7. 1-[1^2-Metho-1^1-ätho-propyl]-benzol, β-Methyl-γ-phenyl-pentan $C_{12}H_{18} = C_6H_5 \cdot CH(C_2H_5) \cdot CH(CH_3)_2$.
1^1-Chlor-1-[1^2-metho-1^1-ätho-propyl]-benzol, γ-Chlor-β-methyl-γ-phenyl-pentan $C_{12}H_{17}Cl = C_6H_5 \cdot CCl(C_2H_5) \cdot CH(CH_3)_2$. Dünnflüssiges, angenehm riechendes Öl. — Gibt beim Kochen mit Pyridin β-Methyl-γ-phenyl-β-amylen (KLAGES, HAEHN, B. 37, 1725).

8. 1-Methyl-4-isoamyl-benzol, β-Methyl-δ-p-tolyl-butan, p-Isoamyl-toluol $C_{12}H_{18} = CH_3 \cdot C_6H_4 \cdot CH_2 \cdot CH_2 \cdot CH(CH_3)_2$. B. Aus p-Brom-toluol, Isoamylbromid und Natrium (BIGOT, FITTIG, A. 141, 162). — Kp: 213°. D^9: 0,8643. — Chromsäure oxydiert zu Terephthalsäure.
$4^1.4^2$-Dibrom-1-methyl-4-isoamyl-benzol, 1-Methyl-4-[$\alpha.\beta$-dibrom-isoamyl]-benzol, p-[$\alpha.\beta$-Dibrom-isoamyl]-toluol $C_{12}H_{16}Br_2 = CH_3 \cdot C_6H_4 \cdot CHBr \cdot CHBr \cdot CH(CH_3)_2$. B. Aus γ-Methyl-α-[p-tolyl]-α-butylen in Äther und Brom (KUNCKELL, STAHEL, B. 37, 1089). — Blättchen (aus Alkohol). F: 85°.
x.x.x-Tribrom-1-methyl-4-isoamyl-benzol, x.x.x-Tribrom-p-isoamyl-toluol $C_{12}H_{15}Br_3$. B. Aus p-Isoamyl-toluol und Brom im zugeschmolzenen Rohr bei 100° (BIGOT, FITTIG, A. 141, 165). — Dickflüssige fadenziehende Masse. Löslich in sehr viel heißem Alkohol.
$4^1.4^2$-Dijod-1-methyl-4-isoamyl-benzol, 1-Methyl-4-[$\alpha.\beta$-dijod-isoamyl]-benzol, p-[$\alpha.\beta$-Dijod-isoamyl]-toluol $C_{12}H_{16}I_2 = CH_3 \cdot C_6H_4 \cdot CHI \cdot CHI \cdot CH(CH_3)_2$. B. Aus γ-Methyl-α-[p-tolyl]-α-butylen durch mehrstündiges Erhitzen mit überschüssigem Jod in Äther auf 100° (KUNCKELL, STAHEL, B. 37, 1090). — Blättchen (aus Alkohol). F: 106—107°.
eso-Dinitro-1-methyl-4-isoamyl-benzol, eso-Dinitro-p-isoamyl-toluol $C_{12}H_{16}O_4N_2 = CH_3 \cdot C_6H_2(NO_2)_2 \cdot CH_2 \cdot CH_2 \cdot CH(CH_3)_2$. B. Beim Behandeln von p-Isoamyl-toluol mit rauchender Salpetersäure in der Kälte (BIGOT, FITTIG, A. 141, 163). — Dickflüssiges, nicht flüchtiges Öl. Leicht löslich in Alkohol. Erleidet bei der Destillation Zersetzung.

9. 1-Methyl-3-amyl-benzol mit ungewisser Struktur der Amylgruppe $C_{12}H_{18} = CH_3 \cdot C_6H_4 \cdot C_5H_{11}$. Wahrscheinlich Gemisch von Isomeren; vgl. KONOWALOW, JEGOROW, Ж. 30, 1035; C. 1899 I, 776; ANSCHÜTZ, BECKERHOFF, A. 327, 224. — B. Durch Behandeln eines Gemenges von Toluol und aktivem oder inaktivem Amylchlorid mit $AlCl_3$; ebenso aus Toluol, Amylen und $AlCl_3$ (ESSNER, GOSSIN, *Bl.* [2] **42**, 213). — Flüssig. Kp: 207—209°; D^{22}: 0,8679 (E., G.). — Liefert bei der Oxydation mit $KMnO_4$ hauptsächlich Isophthalsäure (E., G.).

10. 1-Äthyl-4-tert.-butyl-benzol $C_{12}H_{18} = C_2H_5 \cdot C_6H_4 \cdot C(CH_3)_3$. *B.* Durch Reduktion von p-tert.-Butyl-acetophenon mit Wasserstoff in Gegenwart von Nickel bei 190—195° (DARZENS, *C. r.* **139**, 869). — Nach Möhren riechende Flüssigkeit. Kp: 209—213°.

11. 1-Äthyl-x-tert.-butyl-benzol $C_{12}H_{18} = C_2H_5 \cdot C_6H_4 \cdot C(CH_3)_3$. *B.* Man vermischt 200 g Äthylbenzol mit 40 g tert. Butylchlorid, setzt 5 g sublimiertes Eisenchlorid hinzu und läßt im Kältegemisch von —10° 2 Tage stehen (BAUR, *B.* **27**, 1612). — Kp: 205—206°.
eso-Dinitro-1-äthyl-x-tert.-butyl-benzol $C_{12}H_{16}O_4N_2 = C_2H_5 \cdot C_6H_2(NO_2)_2 \cdot C(CH_3)_3$. *B.* Man trägt den Kohlenwasserstoff in überschüssige Salpetersäure ein und erwärmt anhaltend auf dem Wasserbade (BAUR, *B.* **27**, 1613). — Gelbliche Nadeln (aus Alkohol). F: 140°. Leicht löslich in Alkohol.
eso-Trinitro-1-äthyl-x-tert.-butyl-benzol $C_{12}H_{15}O_6N_3 = C_2H_5 \cdot C_6H(NO_2)_3 \cdot C(CH_3)_3$. *B.* Durch lang anhaltende intensive Nitrierung des Kohlenwasserstoffes mit Salpeterschwefelsäure (BAUR, *B.* **24**, 2842; **27**, 1613). — Leicht löslich in Alkohol. Riecht stark nach Moschus.

12. 1.3-Dipropyl-benzol, m-Dipropyl-benzol $C_{12}H_{18} = CH_3 \cdot CH_2 \cdot CH_2 \cdot C_6H_4 \cdot CH_2 \cdot CH_2 \cdot CH_3$. *B.* Neben Benzol und p-Dipropyl-benzol aus Propylbenzol durch $AlCl_3$ bei 100° (HEISE, *B.* **24**, 769). Neben Propylbenzol und p-Dipropyl-benzol aus Benzol, Propylbromid und $AlCl_3$ bei —2° (HEISE). Trennung vom p-Derivat s. bei diesem. — Mit rauchender Schwefelsäure entsteht eine Disulfonsäure.

13. 1.4-Dipropyl-benzol, p-Dipropyl-benzol $C_{12}H_{18} = CH_3 \cdot CH_2 \cdot CH_2 \cdot C_6H_4 \cdot CH_2 \cdot CH_2 \cdot CH_3$. *B.* Aus p-Dibrom-benzol, Propylbromid und Natrium in Benzol (H. KÖRNER, *B.* **11**, 1863; *A.* **216**, 223). Aus p-Brom-propylbenzol, Propylbromid und Natrium (FILETI, *G.* **21** I, 22). Entsteht neben Benzol und m-Dipropyl-benzol aus Propylbenzol durch $AlCl_3$ bei 100° (HEISE, *B.* **24**, 769). Neben Propylbenzol und m-Dipropyl-benzol aus Benzol, Propylbromid und $AlCl_3$ bei —2° (HEISE). Zur Trennung des m- und p-Derivats führt man das Gemisch in die Sulfosäuren und diese in ihre Bleisalze über, aus dem Salzgemisch zieht man mit kaltem Wasser das Derivat des m-Dipropyl-benzols ab (HEISE). — Stark lichtbrechende Flüssigkeit, die im Kältegemisch nicht erstarrt (K.). $Kp_{745,5}$: 220—221° (korr.) (F.). — Siedende verd. Salpetersäure oxydiert zu p-Propyl-benzoesäure (K.).
eso-Dibrom-1.4-dipropyl-benzol $C_{12}H_{16}Br_2 = CH_3 \cdot CH_2 \cdot CH_2 \cdot C_6H_2Br_2 \cdot CH_2 \cdot CH_2 \cdot CH_3$. *B.* Man tropft unter Kühlung p-Dipropyl-benzol in überschüssiges Brom (H. KÖRNER, *A.* **216**, 227). — Glänzende Nadeln oder rechteckige Tafeln (aus Alkohol). F: 48°.
eso-Dinitro-1.4-dipropyl-benzol $C_{12}H_{16}O_4N_2 = CH_3 \cdot CH_2 \cdot CH_2 \cdot C_6H_2(NO_2)_2 \cdot CH_2 \cdot CH_2 \cdot CH_3$. *B.* Durch Lösen von p-Dipropyl-benzol in rauchender Salpetersäure (H. KÖRNER, *B.* **11**, 1865; *A.* **216**, 226). — Rechtwinkelige Tafeln (aus Alkohol). F: 65°.
eso-Dibrom-eso-dinitro-1.4-dipropyl-benzol $C_{12}H_{14}O_4N_2Br_2 = CH_3 \cdot CH_2 \cdot CH_2 \cdot C_6Br_2(NO_2)_2 \cdot CH_2 \cdot CH_2 \cdot CH_3$. *B.* Man löst eso-Dibrom-1.4-dipropyl-benzol (s. o.) unter Erwärmen in Salpetersäure (D: 1,52) (FILETI, *G.* **21** I, 24). — Prismen (aus Petroläther). F: 145°. Leicht löslich in Benzol, Chloroform, CS_2, ziemlich in Äther, schwer in kaltem Alkohol.

14. 1-Propyl-4-isopropyl-benzol, p-Propyl-isopropylbenzol $C_{12}H_{18} = CH_3 \cdot CH_2 \cdot CH_2 \cdot C_6H_4 \cdot CH(CH_3)_2$. *B.* Aus p-Cuminylchlorid $(CH_3)_2CH \cdot C_6H_4 \cdot CH_2Cl$ und Zinkdiäthyl (PATERNÒ, SPICA, *G.* 7, 361; *J.* 1877, 378). Aus p-Brom-cumol, Propylbromid und Natrium (FILETI, *G.* **21** I, 5). Aus Propylbenzol, Isopropylbromid und $AlCl_3$ bei —2°, neben m-Propyl-isopropylbenzol (HEISE, *B.* **24**, 772). Kp_{745}: 213,5—215,5° (korr.) (F.); Kp_{754}: 211—213° (korr.); D^0: 0,8713 (P., S.). — Verdünnte Salpetersäure oxydiert beim Kochen zu Propylbenzoesäure und Terephthalsäure (F.).
2- oder 3-Brom-1-propyl-4-isopropyl-benzol oder Gemisch beider $C_{12}H_{17}Br = CH_3 \cdot CH_2 \cdot CH_2 \cdot C_6H_3Br \cdot CH(CH_3)_2$. *B.* Aus 50 Tln. p-Propyl-isopropylbenzol und 53 Tln. Brom bei Gegenwart von 5 Tln. Jod unter Kühlung durch Eis-Kochsalz (FILETI, *G.* **21** I, 9). — Flüssig. $Kp_{738,6}$: 265° (korr.). — Bei der Oxydation durch siedende verdünnte Salpetersäure entstehen Bromterephthalsäure, 3-Brom-4-isopropyl-benzoesäure sowie 2- und 3-Brom-4-propyl-benzoesäure.
2.5 (?)-Dibrom-1-propyl-4-isopropyl-benzol $C_{12}H_{16}Br_2 = CH_3 \cdot CH_2 \cdot CH_2 \cdot C_6H_2Br_2 \cdot CH(CH_3)_2$. *B.* Aus 10 Tln. p-Propyl-isopropylbenzol, 20 Tln. Brom und 1 Tl. Jod unter

Eiskühlung (FILETI, G. 21 I, 16). — Bleibt im Kältegemisch flüssig. Nicht destillierbar. — Bei der Oxydation durch verd. Salpetersäure entsteht 2.5-Dibrom-terephthalsäure (?).

$1^1.1^2$-Dibrom-1-propyl-4-isopropyl-benzol, 1-[$\alpha.\beta$-Dibrom-propyl]-4-isopropyl-benzol $C_{12}H_{16}Br_2 = CH_3 \cdot CHBr \cdot CHBr \cdot C_6H_4 \cdot CH(CH_3)_2$. B. Man schüttelt 4-Isopropyl-1-[propen-(1^1)-yl]-benzol mit Bromwasser (PERKIN, Soc. 32, 665; J. 1877, 380). — Dünne Tafeln (aus siedendem Alkohol). F: 59°. Leicht löslich in kochendem Alkohol, Äther, Petroläther.

eso-Dinitro-1-propyl-4-isopropyl-benzol $C_{12}H_{16}O_4N_2 = CH_3 \cdot CH_2 \cdot CH_2 \cdot C_6H_2(NO_2)_2 \cdot CH(CH_3)_2$. B. Aus 1-Propyl-4-isopropyl-benzol und Salpetersäure (D: 1,51) unter Eiskühlung (FILETI, G. 21 I, 9). — Bleibt auch im Kältegemisch flüssig.

2.5 (?)-Dibrom-eso-dinitro-1-propyl-4-isopropyl-benzol $C_{12}H_{14}O_4N_2Br_2 = CH_3 \cdot CH_2 \cdot CH_2 \cdot C_6Br_2(NO_2)_2 \cdot CH(CH_3)_2$. B. Aus 2.5(?)-Dibrom-1-propyl-4-isopropyl-benzol und Salpetersäure (D: 1,51) (FILETI, G. 21 I, 16). — Feine Nadeln (aus Petroläther). F: 124—125°. Sehr leicht löslich in Äther, Benzol, Chloroform und CS_2.

15. **1.2-Diisopropyl-benzol.** *o-Diisopropyl-benzol* $C_{12}H_{18} = (CH_3)_2CH \cdot C_6H_4 \cdot CH(CH_3)_2$. B. Entsteht neben dem m-Derivat und Isopropylbenzol aus Benzol und Isopropylchlorid durch $AlCl_3$ (UHLHORN, B. 23, 3142; vgl. SILVA, Bl. [2] 43, 320); man schüttelt den bei 200—210° siedenden Anteil des Produkts mit konz. Schwefelsäure, fällt aus dem Gemenge mit Eis die beiden Sulfonsäuren aus und führt sie in die Bariumsalze über; den leichter löslichen Anteil verwandelt man in Kupfersalze, bei deren fraktionierter Krystallisation sich das o-Derivat zuerst ausscheidet; man verwandelt dieses über das Natriumsalz, das Sulfochlorid und das Sulfamid in den Kohlenwasserstoff (U.). — Kp: 209° (korr.). — Liefert bei der Oxydation Phthalsäure (U.).

16. **1.3-Diisopropyl-benzol,** *m-Diisopropyl-benzol* $C_{12}H_{18} = (CH_3)_2CH \cdot C_6H_4 \cdot CH(CH_3)_2$. B. siehe beim o-Derivat; aus dem Gemisch der Bariumsalze (s. o.) scheidet sich bei der Krystallisation das m-Derivat zuerst aus. Der Kohlenwasserstoff entsteht aus dem Sulfamid durch Salzsäure bei 180° (UHLHORN, B. 23, 3142). — Kp: 204° (korr.). — Liefert bei der Oxydation mit siedender verd. Salpetersäure Isophthalsäure.

Trinitro-1.3-diisopropyl-benzol $C_{12}H_{15}O_6N_3$. Nadeln. F: 110—111° (U., B. 23, 3143).

17. **1.3-Dimethyl-5-tert.-butyl-benzol,** *symm. tert.-Butyl-xylol* $C_{12}H_{18} = (CH_3)_2C_6H_3 \cdot C(CH_3)_3$. B. Aus Isobutylen, Xylol und Aluminiumchlorid; die Reaktion wird durch etwas Chlorwasserstoff, Isobutylchlorid oder tert. Butylchlorid eingeleitet (Akt.-Ges. f. Anilinf., D. R. P. 184230; C. 1907 II, 366). Durch Kochen von m-Xylol mit Isobutylbromid oder tert. Butylchlorid und $AlCl_3$ (BAUR, B. 24, 2840). Man trägt ein Gemisch aus äquimolekularen Mengen m-Xylol und Isobutylalkohol in 5 Tle. konz. Schwefelsäure bei höchstens 45° ein (NOELTING, B. 25, 791). Beim Erhitzen von m-Xylol mit Isobutylalkohol und $ZnCl_2$ (NOELTING). Findet sich unter den Produkten, die bei der Einw. von Isobutylbromid und $AlCl_3$ auf Toluol entstehen (BAUR, B. 27, 1606). — Flüssig. Kp_{747}: 200—202° (BAUR, B. 24, 2840). — Wird durch Salpetersäure zu 3.5-Dimethyl-benzoesäure, durch Chromsäure zu Trimesinsäure oxydiert (BAUR, B. 24, 2841). Durch Einw. von überschüssigem Brom in Gegenwart von $AlBr_3$ entsteht eso-Tetrabrom-m-xylol (BODROUX, Bl. [3] 19, 888).

2-Brom-1.3-dimethyl-5-tert.-butyl-benzol $C_{12}H_{17}Br = (CH_3)_2C_6H_2Br \cdot C(CH_3)_3$. B. Aus dem Kohlenwasserstoff durch Brom in Gegenwart von Jod unter Kühlung (Fabr. de Thann et Mulhouse, D. R. P. 90291; Frdl. 4, 1299). — Krystalle (aus Alkohol). F: 45°.

2-Nitro-1.3-dimethyl-5-tert.-butyl-benzol $C_{12}H_{17}O_2N = (CH_3)_2C_6H_2(NO_2) \cdot C(CH_3)_3$. B. Beim Nitrieren von 1.3-Dimethyl-5-tert.-butyl-benzol in Eisessig mit rauchender Salpetersäure in der Kälte (BAUR, B. 24, 2841). — Nadeln (aus Alkohol). F: 85°. — Durch Oxydation mit $KMnO_4$ entsteht Nitro-tert.-butyl-isophthalsäure $(O_2N)^2(C_6H_2)^5C_6H_2(CO_2H)^{1.3}_{1.3}$, mit Salpetersäure Dinitro-3-methyl-5-tert.-butyl-benzoesäure (BAUR, B. 33, 2564).

4-Nitro-1.3-dimethyl-5-tert.-butyl-benzol $C_{12}H_{17}O_2N = (CH_3)_2C_6H_2(NO_2) \cdot C(CH_3)_3$. B. Durch Diazotierung des Nitro-tert.-butyl-xylidins $(CH_3)_2^{1.3}(C_4H_9)^5C_6H(NO_2)^4(NH_2)^2$ (Syst. No. 1708) und Verkochen mit Alkohol (BAUR, B. 33, 2566). — Flüssig. Kp_{20}: 158°; Kp_{746}: 258°. D^{21}: 1,042.

2.4-Dinitro-1.3-dimethyl-5-tert.-butyl-benzol $C_{12}H_{16}O_4N_2 = (CH_3)_2C_6H(NO_2)_2 \cdot C(CH_3)_3$. B. Man trägt 50 g 2- oder 4-Nitro-1.3-dimethyl-5-tert.-butyl-benzol in ein gekühltes Gemisch von 80 g Salpetersäure (von 85%) und 200 g konz. Schwefelsäure ein und erwärmt dann auf 50—60° (BAUR, B. 33, 2565). — Gelbe Nadeln (aus Alkohol). F: 68°. — Schwefelammonium reduziert zu Nitro-tert.-butyl-xylidin $(CH_3)_2^{1.3}(C_4H_9)^5C_6H(NO_2)^4(NH_2)^2$.

4.6-Dinitro-1.3-dimethyl-5-tert.-butyl-benzol $C_{12}H_{16}O_4N_2 = (CH_3)_2C_6H(NO_2)_2 \cdot$
$C(CH_3)_3$. *B.* Aus Dinitro-tert.-butyl-xylidin $(CH_3)_2^{1.3}(C_4H_9)^5C_6(NO_2)_2^{4.6}(NH_2)^2$ durch Diazotierung
und Verkochen mit Alkohol (BAUR, *B.* **33**, 2566). — Tafeln (aus Ligroin), Nadeln (aus Alkohol). F: 84°.

2-Chlor-4.6-dinitro-1.3-dimethyl-5-tert.-butyl-benzol $C_{12}H_{15}O_4N_2Cl =$
$(CH_3)_2C_6Cl(NO_2)_2 \cdot C(CH_3)_3$. Bräunliche Tafeln. F: 82° (Fabr. de Thann et Mulhouse, D. R. P.
90291; *Frdl.* **4**, 1300).

2-Brom-4.6-dinitro-1.3-dimethyl-5-tert.-butyl-benzol $C_{12}H_{15}O_4N_2Br =$
$(CH_3)_2C_6Br(NO_2)_2 \cdot C(CH_3)_3$. *B.* Aus 2-Brom-1.3-dimethyl-5-tert.-butyl-benzol durch Salpeter-
schwefelsäure (Fabr. de Thann et Mulhouse, D. R. P. 90291; *Frdl.* **4**, 1300). Aus Dinitro-
tert.-butyl-xylidin $(CH_3)_2^{1.3}(C_4H_9)^5C_6(NO_2)_2^{4.6}(NH_2)^2$ durch Austausch von NH_2 gegen Brom
(F. de Th. et M.). — Farblose Nadeln oder schiefe Prismen. F: 73°. Besitzt Moschusgeruch.
Unlöslich in Wasser, leicht löslich in Alkohol, Äther.

2-Jod-4.6-dinitro-1.3-dimethyl-5-tert.-butyl-benzol $C_{12}H_{15}O_4N_2I = (CH_3)_2C_6I(NO_2)_2 \cdot$
$C(CH_3)_3$. Gelbliche Nadeln. F: 105°. Löslich in Alkohol und Äther (F. de Th. et M., D. R. P.
90291; *Frdl.* **4**, 1300).

**2.4.6-Trinitro-1.3-dimethyl-5-tert.-butyl-benzol, eso-Trinitro-symm.-[tert.-
butyl]-xylol** $C_{12}H_{15}O_6N_3 = (CH_3)_2C_6(NO_2)_3 \cdot C(CH_3)_3$. *B.* Durch Einw. von Schwefelsäure und
rauchender Salpetersäure auf 1.3-Dimethyl-5-tert.-butyl-benzol auf dem Wasserbade (BAUR,
B. **24**, 2841; vgl. auch Fabr. de Thann et Mulhouse, D. R. P. 77299; *Frdl.* **4**, 1294). — Nadeln
(aus Alkohol). F: 110° (BAUR). Riecht stark nach Moschus.

4.6-Dinitro-2-azido-1.3-dimethyl-5-tert.-butyl-benzol $C_{12}H_{15}O_4N_5 =$
$(CH_3)_2C_6(NO_2)_2(N_3) \cdot C(CH_3)_3$. Zur Konstitution vgl. BAUR, *B.* **33**, 2568. — *B.* Man diazotiert
Dinitro-tert.-butyl-xylidin $(CH_3)_2^{1.3}(C_4H_9)^5C_6(NO_2)_2^{4.6}(NH_2)^2$ (Syst. No. 1708) und erzeugt durch
Brom-Bromkalium das Perbromid, das man in eisgekühlte Ammoniakflüssigkeit einträgt;
oder man behandelt die Diazoniumlösung mit Stickstoffnatrium unter Kühlung (Fabr.
de Thann et Mulhouse, D. R. P. 99256; *Frdl.* **5**, 900). — Weiße Blättchen (aus Alkohol).
F: 89°. Unlöslich in Wasser, löslich in den gewöhnlichen organischen Lösungsmitteln. Riecht
stark nach Moschus.

18. **1-Methyl-2-äthyl-4-isopropyl-benzol** $C_{12}H_{18} = (CH_3)_2CH \cdot C_6H_3(CH_3) \cdot C_2H_5$.
B. Aus 2-Jod-1-methyl-4-isopropyl-benzol, Äthylbromid und Natriumstaub in Äther (KLAGES,
B. **40**, 2368). Durch Kochen von 2-Äthyl-p-menthatrien (s. u.) mit einer 2%igen Lösung
von Chlorwasserstoff in Eisessig (KL., SOMMER, *B.* **39**, 2313). Aus Cymylglyoxylsäureäthyl-
ester $(CH_3)^1[(CH_3)_2CH]^4C_6H_3(CO \cdot CO_2 \cdot C_2H_5)^2$ durch längere Einw. mit AlCl₃; entsteht daher
als Nebenprodukt bei der Einwirkung von Äthoxalylchlorid und AlCl₃ auf p-Cymol (VERLEY,
Bl. [3] **17**, 911; BOUVEAULT, *Bl.* [3] **17**, 941). — Cymolartig riechendes Öl. Kp₁₀: 97° (B.);
Kp₁₇: 100° (KL.); Kp₁₉: 103° (KL., S.); Kp₂₁: 104° (V.); Kp₇₅₄: 214° (korr.) (KL., S.); Kp:
204° (V.), 205° (B.). D₄¹⁴·⁷: 0,8706 (KL.); D₄¹¹·¹: 0,8665 (KL., S.). n_α¹⁴·⁷: 1,49275; n_β¹⁴: 1,49670;
n_γ¹⁴: 1,51530 (KL.); n_D¹¹·¹: 1,4965 (KL., S.). — Liefert eine krystallisierte Sulfonsäure (KL.,
S.). Gibt beim Behandeln mit Brom und Aluminium eso-Pentabrom-toluol (KL., S.).

19. **2-Äthyl-p-menthatrien-(2.6.8 (9))** (?) $C_{12}H_{18} = (CH_3)^1(C_3H_5)^2C_6H_2[C(: CH_2) \cdot$
$CH_3]^4$(?), vielleicht Gemisch von Isomeren (RUPE, EMMERICH, *B.* **41**, 1394). Zur Konstitution
vgl. auch die bei Methylmenthatrien (S. 441) zitierten Arbeiten. — *B.* Durch Einw. von d-Carvon
(Syst. No. 620) auf Äthylmagnesiumbromid in Äther und Zersetzung des Produktes mit
30%iger Schwefelsäure bei —5° (KLAGES, SOMMER, *B.* **39**, 2312). — Dünnflüssiges Öl. Kp₁₃·₅:
100—101° (K., S.). D₄¹⁴: 0,8880 (K., *B.* **40**, 2369); D₄¹⁵: 0,8859 (K., S.). n_α¹⁴:
1,50429; n_D¹⁵: 1,50847; n_γ¹⁵: 1,52763 (K.). [α]_D¹⁵: +86,19° (K., S.). — Geht beim Erhitzen mit
einer 2%igen Lösung von HCl in Eisessig in 1-Methyl-2-äthyl-4-isopropyl-benzol über (K., S.).

20. **1.2.4-Triäthyl-benzol, asymm. Triäthylbenzol** $C_{12}H_{18} = C_6H_3(C_2H_5)_3$. *B.*
Entsteht aus Benzol, Äthylchlorid und AlCl₃ neben 1.3.5-Triäthyl-benzol; Trennung von diesem
s. d.; man erhält es aus dem Natriumsalz der zugehörigen Sulfonsäure (Syst. No. 1523) durch
verd. Salzsäure bei 140° (KLAGES, *J. pr.* [2] **65**, 398). Durch energische Reduktion von 2.5-
Diäthyl-styrol mit Natrium in Alkohol (KLAGES, KEIL, *B.* **36**, 1634). — Möhrenartig riechende
Flüssigkeit. Kp₁₅: 99°; Kp₇₅₅: 217—218° (korr.); D₄¹: 0,8819; n_D¹: 1,4983 (KL., KE.).

3.6-Dichlor-1.2.4-triäthyl-benzol $C_{12}H_{16}Cl_2 = C_6HCl_2(C_2H_5)_3$. *B.* Neben anderen
Produkten beim Einleiten von Äthylen in ein Gemisch aus p-Dichlor-benzol und AlCl₃ bei
125—150° (ISTRATI, *A. ch.* [6] **6**, 477, 483). — Das mit dem niederen Homologen verunreinigte

Produkt siedete bei 270—276⁰ und hatte D⁰: 1,131. Leicht löslich in Äther, Petroläther, Chloroform, CS₂, weniger in Benzol, schwer in 90⁰/₀igem Alkohol.

3.5.6-Trichlor-1.2.4-triäthyl-benzol $C_{12}H_{15}Cl_3 = C_6Cl_3(C_2H_5)_3$. *B.* Neben anderen Produkten beim Einleiten von Äthylen in ein Gemisch aus 1.2.4-Trichlor-benzol und AlCl₃ bei 150—200⁰ (ISTRATI, *A. ch.* [6] **6**, 490, 493). — Flüssig. Kp: 291⁰. D⁰: 1,240. Leicht löslich in Äther, Petroläther, Chloroform, CS₂, weniger in Benzol, schwer in 90⁰/₀igem Alkohol.

3.5.6-Tribrom-1.2.4-triäthyl-benzol $C_{12}H_{15}Br_3 = C_6Br_3(C_2H_5)_3$. *B.* Aus 1.2.4-Triäthyl-benzol und Brom bei Gegenwart von AlBr₃ und etwas Jod (KLAGES, KEIL, *B.* **36**, 1634). — Nadeln (aus Alkohol). F: 88—89⁰. Leicht löslich in Benzol, Eisessig, schwerer in Ligroin.

21. **1.3.5-Triäthyl-benzol,** *symm.* **Triäthylbenzol** $C_{12}H_{18} = C_6H_3(C_2H_5)_3$. *B.* Neben anderen Produkten durch Einw. von Schwefelsäure auf ein Gemenge von Aceton und Methyläthylketon (JACOBSEN, *B.* **7**, 1435). Entsteht neben 1.2.4-Triäthyl-benzol aus Benzol, Äthylchlorid und AlCl₃; Trennung erfolgt durch Sulfonieren mit rauchender Schwefelsäure (mit 8⁰/₀ Anhydrid) bei 50⁰ und Behandeln mit sirupöser Phosphorsäure auf dem Wasserbad, wobei die Sulfonsäure des 1.3.5-Triäthyl-benzols gespalten wird (KLAGES, *J. pr.* [2] **65**, 394); die Ausbeute wird durch eine Anderung von Überschuß von AlCl₃ erhöht (GUSTAVSON, *J. pr.* [2] **68**, 227). Durch Kochen von 1.3.5-Triäthyl-2.4-diacetyl-benzol (Syst. No. 672) mit sirupöser Phosphorsäure (KLAGES, LICKROTH, *B.* **32**, 1552, 1564). — *Darst.* Durch 3—4-stdg. Einleiten von Äthylen in eine siedende Mischung von 50 g Benzol und 60 g AlCl₃ (GATTERMANN, FRITZ, BECK, *B.* **32**, 1122; vgl. BALSOHN, *Bl.* [2] **31**, 540). — Flüssig. Kp: 218⁰ (G., F., B.), 212⁰ (KL.); Kp: 217⁰ (korr.) (KL., L.); Kp₇₅₅: 215⁰ (korr.); Kp₁₄: 95⁰ (KLAGES, KEIL, *B.* **36**, 1634). D₄²: 0,8633 (KL., L.); D₄¹⁷: 0,8636; n_D¹⁷: 1,4951 (KL., KEIL). — Wird von Chromsäuregemisch zu Trimesinsäure oxydiert, anfangs entsteht eine kleine Menge einer Säure $(HO_2C)_2^{1.3}C_6H_3(CH_3 \cdot CO_2H)^5$ (Syst. No. 1008) (FRIEDEL, BALSOHN, *Bl.* [2] **34**, 635).

Verbindung mit symm. Triäthylbenzol mit Aluminiumchlorid $C_{12}H_{18} + 2AlCl_3$. *B.* Durch Einw. von 1 Tl. Äthylchlorid auf 2 Tle. Benzol in Gegenwart von 1 Tl. AlCl₃ und Abdestillieren des Reaktionsproduktes unter 15 mm Druck bis auf 125—130⁰ oder Ausschütteln desselben mit Petroläther, wobei die gewünschte Verbindung in beiden Fällen zurückbleibt (GUSTAVSON, *J. pr.* [2] **68**, 211; *C. r.* **136**, 1066). — Etwas dickliche, gelbe Flüssigkeit; nicht unzersetzt flüchtig. — Zersetzt sich bei der Destillation unter 15 mm Druck oberhalb 135⁰ in AlCl₃ und symm. Triäthylbenzol, desgl. bei der Einw. von Wasser, aber nicht durch Schütteln mit Petroläther oder einem aromatischen Kohlenwasserstoff. Verbindet sich vielmehr beim Schütteln mit einem aromatischen Kohlenwasserstoff mit diesem zu einer im Überschuß des Kohlenwasserstoffes unlöslichen flüssigen Verbindung, und zwar mit 6 Mol.-Gew. Benzol, 5 Mol.-Gew. Toluol, 4 Mol.-Gew. m-Xylol, 3 Mol.-Gew. Mesitylen und 1 Mol.-Gew. symm. Triäthylbenzol. Läßt sich durch Äthylchlorid in die Verbindung $C_6(C_2H_5)_6 + 2AlCl_3$ überführen. Über die Produkte der Addition aromatischer Kohlenwasserstoffe und von Äther an die Verbindung $C_6H_3(C_2H_5)_3 + 2AlCl_3$ vgl. GUSTAVSON, *J. pr.* [2] **68**, 217. Über die Verbindung mit Aceton vgl. G., *J. pr.* [2] **68**, 218.

$2C_{12}H_{18} + 2AlCl_3 + HCl$. *B.* Durch Einleiten von HCl in ein Gemisch der Verbindung $C_{12}H_{18} + 2AlCl_3$ mit Triäthylbenzol bei —10⁰ (GUSTAVSON, *C. r.* **140**, 941; *J. pr.* [2] **72**, 75). — Gelb, krystallinisch.

2.4.6-Tribrom-1.3.5-triäthyl-benzol $C_{12}H_{15}Br_3 = C_6Br_3(C_2H_5)_3$. *B.* Durch Einw. von Brom auf symm. Triäthylbenzol in Gegenwart von etwas Jod (GATTERMANN, FRITZ, BECK, *B.* **32**, 1124). — Derbe Krystalle (aus Alkohol). F: 105—106⁰.

2-Jod-1.3.5-triäthyl-benzol $C_{12}H_{17}I = C_6H_2I(C_2H_5)_3$. *B.* Aus dem Kohlenwasserstoff durch Jod und Jodsäure in siedendem Eisessig (KLAGES, *J. pr.* [2] **65**, 397). — Farbloses Öl. D¹⁵: 1,44; Kp₁₂: 149—150⁰ (KL.). — Wird durch Jodwasserstoffsäure und Phosphor schon bei 140⁰ reduziert (K., STORP, *J. pr.* [2] **65**, 577).

2.4.6-Trinitro-1.3.5-triäthyl-benzol $C_{12}H_{15}O_6N_3 = (O_2N)_3C_6(C_2H_5)_3$. *B.* Durch Nitrieren von 1.3.5-Triäthyl-benzol mit einem Gemisch von konz. Schwefelsäure und rauchender Salpetersäure (GATTERMANN, FRITZ, BECK, *B.* **32**, 1124). — Hellgelbe Nadeln (aus verdünntem Alkohol). F: 108—109⁰. Verpufft bei raschem Erhitzen.

22. **1.3.5-Trimethyl-2-propyl-benzol, *Propylmesitylen*** $C_{12}H_{18} = (CH_3)_3C_6H_2 \cdot CH_2 \cdot CH_2 \cdot CH_3$. *B.* Aus Brommesitylen, Propylbromid und Natrium in Äther (TÖHL, TRIPKE, *B.* **28**, 2459). Aus Propenylmesitylen, Jodwasserstoffsäure und rotem Phosphor bei 200⁰ (KLAGES, STAMM, *B.* **37**, 928). Bei 8-stdg. Erhitzen von Äthyl-[2.4.6-trimethyl-phenyl]-carbinol mit Jodwasserstoffsäure (Kp: 127⁰) und rotem Phosphor auf 130⁰ (KL., ST., *B.* **37**, 1719). — Mesitylenartig riechendes Öl. Erstarrt nicht bei —20⁰; Kp: 220—221⁰; D²⁰: 0,8773

29

(Tö., Tr.). Kp: 221°; D_4^{18}: 0,8757; n_D^{18}: 1,5009 (Kl., St., B. 37, 1719). — Bei der Oxydation mit verd. Salpetersäure entsteht 2.4.6-Trimethyl-benzoësäure (Tö., Tr.). Wird beim Erhitzen mit Jodwasserstoffsäure auf 250—260° größtenteils in Mesitylen übergeführt (Kl., St., B. 37, 1719).

4.6-Dibrom-1.3.5-trimethyl-2-propyl-benzol $C_{12}H_{16}Br_2 = (CH_3)_3C_6Br_2\cdot CH_2\cdot CH_2\cdot CH_3$. B. Durch Bromierung von Propylmesitylen (Tö., Tr., B. 28, 2460). Durch Einw. von Bromwasser auf Propylmesitylensulfonsäure (Syst. No. 1523) (Kl., St., B. 37, 1719). — Lange feine Nadeln (aus Alkohol). F: 56° (Tö., Tr.), 56—57° (Kl., St.). Schwer löslich in Alkohol (Tö., Tr.).

4.6-Dinitro-1.3.5-trimethyl-2-propyl-benzol $C_{12}H_{16}O_4N_2 = (CH_3)_3C_6(NO_2)_2\cdot CH_2\cdot CH_2\cdot CH_3$. B. Entsteht neben einer Verbindung vom Schmelzpunkt 135° beim Auflösen von Propyl-mesitylen in kalter rauchender Salpetersäure (Töhl, Tripke, B. 28, 2462). — Feine Nadeln (aus Alkohol). F: 93—94°. Leicht löslich in siedendem Alkohol.

23. 1.2.4-Trimethyl-5-isopropyl-benzol $C_{12}H_{18} = (CH_3)_3C_6H_2\cdot CH(CH_3)_2$. B. Aus $5^2\cdot5^2$-Dichlor-1.2.4-trimethyl-5-isopropyl-benzol durch Reduktion mit Natrium und siedendem Alkohol (Auwers, Köckritz, A. 352, 313). — Kp: 221,5—223,5°. D_4^{21}: 0,8795. n_D^{21}: 1,50648.

$5^2.5^2$-Dichlor-1.2.4-trimethyl-5-isopropyl-benzol, 1.2.4-Trimethyl-5-[β,β-dichlor-isopropyl]-benzol $C_{12}H_{16}Cl_2 = (CH_3)_3C_6H_2\cdot CH(CH_3)\cdot CHCl_2$. B. Man setzt $1^1.1^1$-Dichlor-1.1.2.5-tetramethyl-cyclohexadien-(2.5)-on-(4) (Syst. No. 620) mit Äthylmagnesiumjodid in Äther um, führt das hierbei erhaltene $1^1.1^1$-Dichlor-1.1.2.5-tetramethyl-4-äthyl-cyclohexa-dien-(2.5)-ol-(4) durch Wasserabspaltung in $1^1.1^1$-Dichlor-1.1.2.5-tetramethyl-4-äthyliden-cyclohexadien-(2.5) über, das sich während der Reinigungsoperation in $5^1.5^2$-Dichlor-1.2.4-tri-methyl-5-isopropyl-benzol umlagert (A., K., A. 352, 311). — Krystalle (aus Petroläther oder Methylalkohol). F: 43—44°. Kp_{10}: 135—137°; Kp_{16}: 155—157°. D_4^{18}: 1,1321; $D_4^{43,5}$: 1,1263. Leicht löslich in allen organischen Lösungsmitteln. n_D^{18}: 1,54023; $n_\alpha^{18,5}$: 1,53392; $n_D^{18,5}$: 1,53812; $n_\gamma^{18,5}$: 1,55839. — Durch längeres Kochen mit alkoh. Kali entsteht 5^2-Chlor-1.2.4-trimethyl-5-[5^1-metho-äthenyl]-benzol.

24. Hexamethylbenzol $C_{12}H_{18} = C_6(CH_3)_6$. B. Beim Schütteln von Crotonylen $CH_3\cdot C\vdots C\cdot CH_3$ mit Schwefelsäure (3 Tle. H_2SO_4, 1 Tl. Wasser) (Almedingen, Ж. 13, 392; B. 14, 2073). Entsteht neben vielen anderen Kohlenwasserstoffen, wenn man Methylchlorid bei etwa 80° unter gelindem Überdruck durch Toluol in Gegenwart von $AlCl_3$ hindurch-leitet (Friedel, Crafts, C. r. 91, 258; A. ch. [6] 1, 461, 467; Ador, Rilliet, B. 12, 332). Aus o-Dichlor-benzol und Methylchlorid in Gegenwart von $AlCl_3$ in der Wärme, neben Tri-chlormesitylen (F., C., A. ch. [6] 10, 416). Entsteht besonders leicht, neben Pentamethyl-benzol, durch Methylieren von Isodurol mit Methylchlorid und $AlCl_3$ (Jacobsen, B. 14, 2629). Entsteht in kleinen Mengen, neben Durol und etwas Pentamethylbenzol, bei der Einw. von CH_3Cl auf Pseudocumol in Gegenwart von Aluminiumspänen und Sublimat (Korczyński, B. 35, 868; Anzeiger Akad. Wiss. Krakau [math.-natur. Cl.] 1902, 14). Neben anderen Produkten durch längere Einw. von konz. Schwefelsäure auf Durol oder Durolsulfonsäure (Jacobsen, B. 19, 1211). Neben anderen Produkten durch längere Einw. von konz. Schwefelsäure auf Bromdurol in der Kälte (J., B. 20, 2839). Pentamethylbenzol geht beim Schütteln mit kalter konz. Schwefelsäure in Hexamethylbenzol und 1.2.3.4-Tetra-methyl-benzol-sulfonsäure-(5) über (J., B. 20, 901). Hexamethylbenzol entsteht in kleiner Menge bei der Einw. von hoch erhitztem Chlorzink auf Methylalkohol (Greene, Lebel, C. r. 87, 261; J. 1878, 388) oder auf Aceton (Greene, C. r. 87, 931; J. 1878, 389). In kleiner Menge durch Erhitzen von Trimethylphenylammoniumjodid $C_6H_5\cdot N(CH_3)_3I$ (Syst. No. 1601) auf 330° (Hofmann, C. r. 91; vgl. Ho., B. 13, 1730). Als Nebenprodukt der Darstellung des Pseudocumidins $(H_2N)^6C_6H_2(CH_3)_3^{1.2.4}$ aus (technischem) salzsaurem Xylidin und Methyl-alkohol bei 250—300° (Ho., B. 13, 1730). Als Nebenprodukt der Einw. von Methyljodid auf Pseudocumidin (Ho., B. 18, 1822). — Flache Prismen (aus Benzol), Tafeln (aus Alkohol). F: 164° (F., C., C. r. 91, 259; A. ch. [6] 1, 467), 166° (J., B. 19, 1212; 20, 902). Kp: 264° (F., C., C. r. 91, 258), 265° (J., B. 20, 902). Löst sich bei 0° in 500 Tln. 95%igem Alkohol, in der Hitze viel leichter löslich (J., B. 20, 901); sehr leicht löslich in Benzol (F., C., A. ch. [6] 1, 467). Molekulare Verbrennungswärme bei konstantem Volum: 1709,6 Cal. (Stohmann, Kleber, Langbein, J. pr. [2] 40, 84). Kritische Daten: Guye, Mallet, C. 1902 I, 1314. Wird durch wäßr. Kaliumpermanganat in der Kälte langsam zu Mellitsäure $C_6(CO_2H)_6$ oxydiert (F., C., C. r. 91, 260; A. ch. [6] 1, 470). Wird von konz. Salpetersäure bei längerem Kochen zu Prehnitoldicarbonsäure $C_6(CH_3)_4(CO_2H)_2^{1.2}$ oxydiert (J., B. 22, 1216). Gibt mit 1 Mol.-Gew. Benzoylnitrat in Chloroform Bis-[pentamethyl-benzyl]-äther mit 2 Mol.-Gew. Benzoylnitrat das Dinitroderivat $C_{12}H_{16}O_4N_2$ (Willstätter, Kubli, B. 42, 4163). Wird beim Erhitzen mit Jodwasserstoffsäure (D: 1,9) auf 260° unter Bildung von Mesitylen und Methan gespalten (FRIEDEL, CRAFTS, A. ch. [6] 10, 420; vgl. KLAGES, STAMM, B. 37, 1717). Chlorierung durch PCl$_5$: COLSON, Bl. [2] 46, 198; J., B. 22, 1217. Einw. von Brom: HO., B. 13, 1732; F., C., A. ch. [6] 1, 468; KORCZYŃSKI. Hexamethylbenzol liefert beim Erhitzen mit der halben Menge Aluminiumchlorid auf 200° neben Methylchlorid Durol, Isodurol, Trimethylbenzole, Xylole, sowie sehr wenig Benzol und Toluol (J., B. 18, 339; vgl. FRIEDEL, CRAFTS, Soc. 41, 116; J. 1882, 371). Erhitzt man 10 Tle. Hexamethylbenzol bis nahe über seinen Schmelzpunkt mit 1 Tl. AlCl$_3$ im HCl-Strom, so entstehen dieselben Produkte, daneben aber Benzol und Toluol in erheblicher Menge (J., B. 18, 339).

Verbindung von Hexamethylbenzol mit Pikrinsäure s. Syst. No. 523.

Chlorhexamethylbenzol, Pentamethyl-chlormethyl-benzol C$_{12}$H$_{17}$Cl = (CH$_3$)$_5$C$_6$·CH$_2$Cl. B. Aus 40 g Hexamethylbenzol und 50 g PCl$_5$ bei 100—140° (JACOBSEN, B. 22, 1217). — Blättchen (aus Äther-Alkohol). F: 99°. Siedet fast unzersetzt gegen 285°. Schwer löslich in kaltem Alkohol, sehr leicht in Benzol, Petroläther, Chloroform, äußerst leicht in Äther.

Dimethyl-tris-[chlormethyl]-[trichlormethyl]-benzol (?) C$_{12}$H$_{13}$Cl$_6$ = (CH$_3$)$_2$C$_6$(CCl$_3$)(CH$_2$Cl)$_3$ (?). B. Beim Erhitzen von Hexamethylbenzol mit PCl$_5$ im Druckrohr, neben Hexakis-[chlormethyl]-benzol; aus dem Gemisch krystallisiert zuerst das Hexakis-[chlormethyl]-benzol aus (COLSON, Bl. [2] 46, 198). — Krystalle (aus Chloroform). F: 147°. — Wird von alkalihaltigem Wasser in eine Oxysäure (?) übergeführt.

1¹.2¹.3¹.4¹.5¹.6¹-Hexachlor-hexamethylbenzol, Hexakis-[chlormethyl]-benzol C$_{12}$H$_{12}$Cl$_6$ = C$_6$(CH$_2$Cl)$_6$. B. Beim Erhitzen von Hexamethylbenzol mit PCl$_5$ im Druckrohr, neben der vorbeschriebenen Verbindung (C., Bl. [2] 46, 197). — Flache Prismen. F: 269°. D^{18}: 1,609. Fast unlöslich in Äther und CHCl$_3$. — Geht beim Kochen mit alkalihaltigem Wasser sehr langsam in eine neutrale chlorfreie Verbindung (einen sechswertigen Alkohol ?) über.

Hexabromhexamethylbenzol von Hofmann C$_{12}$H$_{12}$Br$_6$. Vgl. den folgenden Artikel. — B. Durch mehrstündiges Erhitzen von Hexamethylbenzol mit überschüssigem Brom auf 100° (HOFMANN, B. 13, 1732). — Krystalle (aus Toluol). F: 227°. Fast unlöslich in siedendem Alkohol.

Hexabromhexamethylbenzol von Friedel und Crafts C$_{12}$H$_{12}$Br$_6$. Möglicherweise identisch mit der Verbindung des vorigen Artikels. — B. Durch Erhitzen von Hexamethylbenzol mit 10—18 Tln. Brom und 20—25 Tln. Wasser auf 115—120° (FRIEDEL, CRAFTS, A. ch. [6] 1, 468). — Nahezu quadratische Tafeln (aus Äthylenbromid). F: 255° (geringe Zers.). Sehr wenig löslich in CCl$_4$, CS$_2$, Benzol, Alkohol, Äther.

1¹.2¹-Dinitro-hexamethyl-benzol C$_{12}$H$_{16}$O$_4$N$_2$ = (CH$_3$)$_4$C$_6$(CH$_2$·NO$_2$)$_2$. B. Aus Hexamethylbenzol in Chloroform mit 2 Mol.-Gew. Benzoylnitrat (WILLSTÄTTER, KUBLI, B. 42, 4163). — Prismen. F: 139°. Leicht löslich in kaltem Äther und Benzol, ziemlich leicht in heißen Alkoholen und Petroläther, leicht in heißen Alkalien.

25. **1.4-Dimethyl-naphthalin-hexahydrid** C$_{12}$H$_{18}$. B. Durch Erhitzen von 1.4-Dimethyl-naphthalin mit Jodwasserstoffsäure und rotem Phosphor (MARINO-ZUCO; vgl. NASINI, BERNHEIMER, G. 15, 81). — D^{15,4}: 0,92194; n$_α^{19,8}$: 1,50547; n$_D^{19,8}$: 1,50902; n$_β^{19,8}$: 1,51790 (N., B., G. 15, 85).

26. **Kohlenwasserstoff** C$_{12}$H$_{18}$ aus Alantolsäureanhydrid. B. Entsteht neben anderen Verbindungen bei der Destillation von Alantolsäureanhydrid C$_{15}$H$_{20}$O$_3$ (Syst. No. 2463) mit Zinkstaub (BREDT, POSTH, A. 285, 381). — Flüssigkeit von terpenartigem Geruch. Kp$_{10}$: 122°; Kp: 266° (Zers.).

27. Ein **Kohlenwasserstoff** C$_{12}$H$_{18}$ soll beim Schütteln der unter 70° siedenden Anteile des Steinkohlenbenzols mit 10 Vol. Schwefelsäure entstehen (WILLIAMS, Chem. N. 13, 73; J. 1866, 538). — Flüssig. Kp: 215°. D^{18}: 0,8731. — Oxydiert sich an der Luft (?). Läßt sich nitrieren.

8. Kohlenwasserstoffe C$_{13}$H$_{20}$.

1. **n-Heptyl-benzol, Önanthylbenzol, α-Phenyl-heptan** C$_{13}$H$_{20}$ = C$_6$H$_5$·[CH$_2$]$_6$·CH$_3$. B. Durch allmähliches Eintragen von 10 g AlCl$_3$ in ein Gemisch aus 100 g Benzol und

20 g 1.1-Dichlor-heptan und Erwärmen auf 40—50° (AUGER, *Bl.* [2] 47, 48; vgl. KRAFFT, *B.* 19, 2987). — Flüssig. Kp_{760}: 233°; Kp_{15}: 110° (A.); Kp_{10}: 108—110° (KR.).

eso-Nitro-n-heptyl-benzol $C_{13}H_{19}O_2N$ = $O_2N \cdot C_6H_4 \cdot [CH_2]_6 \cdot CH_3$. *B.* Durch Nitrieren von Heptylbenzol (AUGER, *Bl.* [2] 47, 50). — Blaßstrohgelbes Öl. Kp_{10}: 178°.

2. 1-[$1^1.1^4$-Dimetho-pentyl]-benzol, β-Methyl-ε-phenyl-hexan $C_{13}H_{20}$ = $C_6H_5 \cdot CH(CH_3) \cdot CH_2 \cdot CH_2 \cdot CH(CH_3)_2$. *B.* Durch Reduktion von 1-[$1^1.1^4$-Dimetho-penten-(1^1)-yl]-benzol mit Natrium und Alkohol (KLAGES, *B.* 35, 2645). — Dünnflüssiges, cymolartig riechendes Öl. Kp: 223°. D_4^{15}: 0,8696.

3. β-Methyl-γ-phenyl-hexan $C_{13}H_{20}$ = $C_6H_5 \cdot CH(CH_2 \cdot CH_2 \cdot CH_3) \cdot CH(CH_3)_2$.

γ-Chlor-β-methyl-γ-phenyl-hexan $C_{13}H_{19}Cl$ = $C_6H_5 \cdot CCl(CH_2 \cdot CH_2 \cdot CH_3) \cdot CH(CH_3)_2$. Lauchartig riechendes Öl. — Gibt beim Erhitzen mit Pyridin β-Methyl-γ-phenyl-β-hexylen (KLAGES, HAEHN, *B.* 37, 1726).

4. 1-Methyl-3-n-hexyl-benzol, m-n-Hexyl-toluol $C_{13}H_{20}$ = $CH_3 \cdot C_6H_4 \cdot [CH_2]_5 \cdot CH_3$. *B.* Man behandelt den aus 1-Methyl-3-hexyl-cyclohexanol-(5) und P_2O_5 entstehenden Kohlenwasserstoff $C_{13}H_{24}$ (S. 108) erst mit Brom und dann mit Chinolin (KNOEVENAGEL, *A.* 289, 166; vgl. *A.* 297, 175).' — Nicht rein erhalten.

5-Chlor-1-methyl-3-n-hexyl-benzol, 5-Chlor-3-n-hexyl-toluol $C_{13}H_{19}Cl$ = $CH_3 \cdot C_6H_3Cl \cdot [CH_2]_5 \cdot CH_3$. *B.* Man behandelt das Dibromid des 5-Chlor-1-methyl-3-n-hexyl-cyclohexadiens-(4.6) (S. 170, Z. 19 v. o.) mit Chinolin (GUNDLICH, KNOEVENAGEL, *B.* 29, 171). — Kp: 273—275°.

2.4.6-Trinitro-1-methyl-3-n-hexyl-benzol, 2.4.6-Trinitro-3-n-hexyl-toluol $C_{13}H_{17}O_6N_3$ = $CH_3 \cdot C_6H(NO_2)_3 \cdot [CH_2]_5 \cdot CH_3$. *B.* Man behandelt den aus 1-Methyl-3-hexyl-cyclohexanol-(5) erhältlichen Kohlenwasserstoff $C_{13}H_{24}$ (S. 108) mit Salpetersäure (KNOEVENAGEL, *A.* 289, 166). — F: 131°. Riecht schwach moschusartig.

5. 1-Isopropyl-4-butyl-benzol $C_{13}H_{20}$ = $(CH_3)_2CH \cdot C_6H_4 \cdot CH_2 \cdot CH_2 \cdot CH_2 \cdot CH_3$.

$4^1.4^3$-Dibrom-1-isopropyl-4-butyl-benzol, 1-Isopropyl-4-[α.β-dibrom-butyl]-benzol $C_{13}H_{18}Br_2$ = $(CH_3)_2CH \cdot C_6H_4 \cdot CHBr \cdot CHBr \cdot CH_2 \cdot CH_3$. *B.* Aus 1-Isopropyl-4-[buten-(4^1)-yl]-benzol und Bromwasser (PERKIN, *Soc.* 32, 666; *J.* 1877, 381). — Tafeln (aus Alkohol). F: 77°. Leicht löslich in Benzol, Äther, Petroläther, siedendem Alkohol.

6. Dimethyl-isoamyl-benzol $C_{13}H_{20}$ = $(CH_3)_2C_6H_3 \cdot C_5H_{11}$. *B.* Aus Bromxylol, Isoamylbromid, Natrium und Äther (BIGOT, FITTIG, *A.* 141, 168). — Kp: 232—233°. D^9: 0,8951.

7. 1-Methyl-3.5-dipropyl-benzol, 3.5-Dipropyl-toluol $C_{13}H_{20}$ = $CH_3 \cdot C_6H_3(CH_2 \cdot CH_2 \cdot CH_3)_2$. *B.* Durch Einw. von Schwefelsäure auf ein Gemenge von Aceton und Methylpropylketon, neben anderen Produkten (JACOBSEN, *B.* 8, 1259). — Kp: 243° bis 248°. — Gibt bei der Oxydation mit verd. Salpetersäure Uvitinsäure $(CH_3)^1C_6H_3(CO_2H)_3^{1.3}$.

8. 1-Methyl-2-propyl-4-isopropyl-benzol, 2-Propyl-4-isopropyl-toluol $C_{13}H_{20}$ = $(CH_3)_2CH \cdot C_6H_3(CH_3) \cdot CH_2 \cdot CH_2 \cdot CH_3$. *B.* Aus 2^1-Oxo-1-methyl-2-propyl-4-isopropyl-benzol (Syst. No. 640) durch Reduktion mit Schwefelammonium bei 270° oder mit Jod und Phosphor (CLAUS, *J. pr.* [2] 43, 535; 46, 485 Anm., 487). Durch 4-stdg. Erwärmen von 2-Propylmenthatrien (s. u.) mit einer 3%igen Lösung von HCl in Eisessig (KLAGES, *B.* 40, 2370). — Öl. Kp: 225°; D^{17}: 0,902 (CL., *J. pr.* [2] 46, 48). Kp_{13}: 106—107,5°; Kp_{766}: 226° (korr.); D_4^{15}: 0,8685; n_α^{15}: 1,49198; n_D^{15}: 1,49585; n_γ^{15}: 1,51386 (KL.). — Wird durch Brom und $AlBr_3$ in Pentabromtoluol umgewandelt (KL.).

9. 2-Propyl-menthatrien-(2.6.8) (?) $C_{13}H_{20}$ = $(CH_3)^1(CH_3 \cdot CH_2 \cdot CH_2)^2C_6H_5$ $[C(:CH_2) \cdot CH_3]^4(?)$, vielleicht Gemisch von Isomeren (RUPE, EMMERICH, *B.* 41, 1395 Anm.). Zur Konstitution vgl. auch die bei Methylmenthatrien (S. 441) zitierten Arbeiten. — *B.* Aus Propylmagnesiumbromid und d-Carvon (Syst. No. 620) in Äther; man behandelt das Reaktionsprodukt mit Eisessig + Acetanhydrid (KLAGES, *B.* 40, 2369). — Dünnflüssiges Öl. Kp_{13}: 107—108°; D_4^{15}: 0,8804; n_α^{15}: 1,49900; n_D^{15}: 1,50273; n_γ^{15}: 1,52141; $[\alpha]_D^{22}$: +86,20° (KL.). — Gibt beim Erwärmen mit einer 3%igen Lösung von HCl in Eisessig 1-Methyl-2-propyl-4-isopropyl-benzol (KL.). Brom wird momentan entfärbt (KL.).

10. 1.5-Diäthyl-2-isopropyl-benzol $C_{13}H_{20}$ = $(CH_3)_2CH \cdot C_6H_3(C_2H_5)_2$. *B.* Aus den drei bekannten Formen der Dehydrophotosantonsäure $[(CH_3)_2CH]^1C_6H_3[CH(CH_3) \cdot CO_2H]_2^{2.4}$ (Syst.

No. 983) bei der Destillation mit Baryt in quantitativer Ausbeute (FRANCESCONI, VENDITTI, *G.* **32** I, 306; vgl. CANNIZZARO, GUCCI, *G.* **23** I, 290). Durch Glühen von Pyrophotosantonsäure $(C_2H_5)^1C_6H_3[CH(CH_3)\cdot CO_2H]^2[CH(CH_3)_2]^4$ (Syst. No. 946) mit Barythydrat (SESTINI, DANESI, *G.* **12**, 83). — Flüssig. Kp: 224—226° (F., V.). — Gibt bei der Oxydation mit Kaliumdichromat und H_2SO_4 Dimethylphthalidcarbonsäure $\begin{matrix} HO_2C \cdot C : CH \cdot C \cdot CO \text{——} O \\ HC : CH \cdot C \cdot C(CH_3)_2 \end{matrix}$ (Syst. No. 2619) (F., V.).

Bei der Einw. von konz. Schwefelsäure auf eine Lösung in rauchender Salpetersäure entsteht 2.4.6-Trinitro-1.3-diäthyl-benzol (F., V.).

11. *1.3.5-Trimethyl-2-isobutyl-benzol*, *Isobutylmesitylen* $C_{13}H_{20} =$ $(CH_3)_3C_6H_2\cdot CH_2\cdot CH(CH_3)_2$. *B.* Aus 1.3.5-Trimethyl-2-[2³·metho-propen-(2¹)-yl]-benzol $(CH_3)_3C_6H_2\cdot CH:C(CH_3)_2$, Jodwasserstoffsäure und rotem Phosphor bei 200° (KLAGES, STAMM, *B.* **37**, 928). Bei der Reduktion des Carbinols $(CH_3)_3C_6H_2\cdot CH(OH)\cdot CH(CH_3)_2$ (Syst. No. 533) durch Jodwasserstoffsäure und roten Phosphor bei ca. 120° (KL., ST., *B.* **37**, 1719). — Esterartig riechendes Öl. Kp_{24}: 125—127°; Kp_{745}: 228—230° (korr.); $D^{14}_?$: 0,8782; n^{14}_D: 1,5004 (KL., ST., *B.* **37**, 1720). — Wird von Jodwasserstoff bei 200° nicht verändert (KL., ST., *B.* **37**, 1720).

2¹-Chlor-1.3.5-trimethyl-2-isobutyl-benzol, 1.3.5-Trimethyl-2-[α-chlor-isobutyl]-benzol $C_{13}H_{19}Cl = (CH_3)_3C_6H_2\cdot CHCl\cdot CH(CH_3)_2$. *B.* Bei 6-stdg. Einleiten von trocknem Chlorwasserstoff in die auf 0° abgekühlte äther. Lösung des Carbinols $(CH_3)_3C_6H_2\cdot CH(OH)\cdot CH(CH_3)_2$ (Syst. No. 533) (KL., ST., *B.* **37**, 929). — Gibt mit trocknem Pyridin bei 125° 1.3.5-Trimethyl-2-[2¹·metho-propen-(2¹)-yl]-benzol $(CH_3)_3C_6H_2\cdot CH:C(CH_3)_2$.

2¹.2¹-Dibrom-1.3.5-trimethyl-2-isobutyl-benzol, 1.3.5-Trimethyl-2-[α.β-dibrom-isobutyl]-benzol $C_{13}H_{18}Br_2 = (CH_3)_3C_6H_2\cdot CHBr\cdot CBr(CH_3)_2$. *B.* Aus $(CH_3)_3C_6H_2\cdot CH:C(CH_3)_2$ und Brom (KLAGES, STAMM, *B.* **37**, 929). — Öl.

12. *Fluorendekahydrid*, *Dekahydrofluoren* $C_{13}H_{20} =$ $\begin{matrix} H_2C\cdot CH_2\cdot C\text{===}C\cdot CH_2\cdot CH_2 \\ H_2C\cdot CH_2\cdot CH\cdot CH_2\cdot CH\cdot CH_2\cdot CH_2 \end{matrix}$ (?). *B.* Beim Erhitzen von Fluoren (Syst. No. 480) mit Jodwasserstoffsäure und rotem Phosphor im Druckrohr auf Temperaturen zwischen 150° und 300° (GUYE, *Bl.* [3] **4**, 266; J. SCHMIDT, MEZGER, *B.* **40**, 4566, 4568; 4570; SCH., FISCHER, *B.* **41**, 4228; vgl. dazu SPIEGEL, *B.* **42**, 918, 920). Aus Fluoren und Wasserstoff unter 120 Atmosphären Druck bei 290° in Gegenwart von Ni_2O_3 (IPATJEW, *B.* **42**, 2093; Ж. **41**, 764). Beim Überleiten von Fluoren-Dampf und Wasserstoff über reduziertes Nickel bei 150° (SCH., M., *B.* **40**, 4570; vgl. IP.). — Flüssig. Kp_{727}: 254—256° (GUYE); Kp_{737}: 258° (SCH., M.); Kp_{745}: 258—259° (SCH., F.). $D^{21}_?$: 1,012 (?) (SCH., M.; vgl. SP.); leichter als Wasser (G.). Löslich in Chloroform, Benzol, Ligroin, CS_2, löslich in ca. 15 Tln. Eisessig, in ca. 20 Tln. Alkohol und in ca. 30 Tln. Methylalkohol; n^{20}_D: 1,5060 (SCH., M.). Zur Mol.-Refr. vgl. SP. — Wird von kalter konz. Schwefelsäure und konz. Salpetersäure wenig verändert; wird von warmer konz. Salpetersäure nitriert (SCH., M.). Ziemlich beständig gegen siedende essigsaure CrO₃-Lösung (SCH., F.). Gibt mit konz. Schwefelsäure + $K_2Cr_2O_7$ eine gelbbraune, dann dunkelviolette Färbung, die beim Verdünnen mit Wasser in Blaugrün übergeht (SCH., M.). Über Einw. von feinverteiltem Nickel in Gegenwart von Wasserstoff unter Atmosphärendruck bei 250° bezw. im Einschlußrohr bei 300° vgl. PADOA, FABRIS, *R. A. L.* [5] **17** II, 130; *G.* **39** I, 338.

13. *Kohlenwasserstoff* $C_{13}H_{20}$. *B.* Durch Glühen von Ammoniakgummiharz (Syst. No. 4745) mit der 10-fachen Menge Zinkstaub (CIAMICIAN, *B.* **12**, 1658, 1663). — Erstarrt nicht im Kältegemisch. Kp: 235°. — Verbindet sich nicht mit Pikrinsäure. Bei der Oxydation mit Chromsäuregemisch entstehen Harze neben wenig Benzoesäure und Essigsäure.

9. Kohlenwasserstoffe $C_{14}H_{22}$.

1. *n-Octyl-benzol*, *α-Phenyl-octan* $C_{14}H_{22} = C_6H_5\cdot[CH_2]_7\cdot CH_3$. *B.* Durch Einw. von 1-Jod-octan (LIPINSKI, *B.* **31**, 938) oder 1-Brom-octan (v. SCHWEINITZ, *B.* **19**, 641) oder 1-Chlor-octan (AHRENS, *B.* **19**, 2718) auf Brombenzol und Natrium. — Erstarrt bei —7° krystallinisch (A.). Kp: 261—263° (unkorr.) (v. S.), 262—264° (A.); D^{14}: 0,852 (A.); D^{15}: 0,849 (v. S.). — Wird äußerst schwierig von Chromsäuregemisch (v. S.), schneller von $KMnO_4$ (A.) zu Benzoesäure oxydiert. Aus Octylbenzol und rauchender Salpetersäure entsteht in der Kälte nur m-Nitro-octylbenzol; bei mäßiger Wärme resultieren p- und m-Nitro-octyl-benzol, während in höherer Temperatur sich o-Nitro-octyl-benzol bildet (A., *B.* **19**, 2724).

eso-Chlor-n-octyl-benzol $C_{14}H_{21}Cl = C_6H_4Cl \cdot [CH_2]_7 \cdot CH_3$. *B.* Beim Chlorieren von Octylbenzol in Gegenwart von Jod (AHRENS, *B.* 19, 2719). — Fast geruchloses Öl. Kp: 270—275°.

eso-Brom-n-octyl-benzol $C_{14}H_{21}Br = C_6H_4Br \cdot [CH_2]_7 \cdot CH_3$. *B.* Beim Erwärmen von Octylbenzol mit Bromwasser (v. SCHWEINITZ, *B.* 19, 642) oder mit Brom in Gegenwart von Jod (AHRENS, *B.* 19, 2719). — Erstarrt nicht bei —10° (v. S.; A.). Kp: 285—287° (A.).

4-Jod-1-n-octyl-benzol, p-Jod-n-octyl-benzol $C_{14}H_{21}I = C_6H_4I \cdot [CH_2]_7 \cdot CH_3$. *B.* Aus diazotiertem p-Amino-n-octylbenzol durch HI (BERAN, *B.* 18, 136). — Flüssig. Kp: 318—320°. — Wird durch Chromsäure in Eisessig zu p-Jod-benzoesäure oxydiert.

x-Jod-n-octyl-benzol $C_{14}H_{21}I$. *B.* Beim Behandeln von n-Octylbenzol mit Jod und HgO, in Gegenwart von Ligroin (AHRENS, *B.* 19, 2720). — Flüssig. Erstarrt bei —4°. Sehr empfindlich gegen Licht und Wärme.

2-Nitro-1-n-octyl-benzol, o-Nitro-n-octyl-benzol $C_{14}H_{21}O_2N = O_2N \cdot C_6H_4 \cdot [CH_2]_7 \cdot CH_3$. *Darst.* Man gießt allmählich Octylbenzol auf rauchende Salpetersäure, läßt einige Zeit stehen, entfernt dann die gebildeten Krystalle, erwärmt die Mutterlauge ziemlich lange, bis alles Octylbenzol gelöst ist und fällt mit Wasser (AHRENS, *B.* 19, 2720). — Dickflüssig. Nicht destillierbar.

3-Nitro-1-n-octyl-benzol, m-Nitro-n-octyl-benzol $C_{14}H_{21}O_2N = O_2N \cdot C_6H_4 \cdot [CH_2]_7 \cdot CH_3$. *B.* Scheidet sich in geringer Menge beim Übergießen von rauchender Salpetersäure mit Octylbenzol in der Kälte aus (AHRENS, *B.* 19, 2720). — Sehr leichte, biegsame, fast weiße Nadeln (aus Alkohol). F: 123—124°. Leicht flüchtig mit Wasserdämpfen. Unlöslich in Wasser und Äther, schwer löslich in kaltem Alkohol und CHCl₃, leichter in Benzol.

4-Nitro-1-n-octyl-benzol, p-Nitro-n-octyl-benzol $C_{14}H_{21}O_2N = O_2N \cdot C_6H_4 \cdot [CH_2]_7 \cdot CH_3$. *Darst.* Man behandelt Octylbenzol mit rauchender Salpetersäure zuerst in der Kälte, saugt das gebildete m-Nitro-octylbenzol ab und erhitzt das Filtrat; die ausgeschiedenen Krystalle werden aus Alkohol umkrystallisiert und dann sublimiert; hierbei verflüchtigt sich erst das m-Nitro-Derivat und dann, bei stärkerer Hitze, das p-Derivat (AHRENS, *B.* 19, 2723). — Gelbliche glänzende Nadeln. F: 204°. Unlöslich in Wasser, löslich in Alkohol und Äther.

eso-Dinitro-n-octyl-benzol $C_{14}H_{20}O_4N_2 = (O_2N)_2C_6H_3 \cdot [CH_2]_7 \cdot CH_3$. F: 226°; unlöslich in kaltem Wasser und kaltem Alkohol, löslich in kochendem Alkohol und in Äther; sublimiert nicht unzersetzt (AHRENS, *B.* 19, 2724).

2. *1-[1¹-Metho-heptyl]-benzol, β-Phenyl-octan* $C_{14}H_{22} = C_6H_5 \cdot CH(CH_3) \cdot [CH_2]_5 \cdot CH_3$.

4-Jod-1-[1¹-metho-heptyl]-benzol $C_{14}H_{21}I = C_6H_4I \cdot CH(CH_3) \cdot [CH_2]_5 \cdot CH_3$. *B.* Aus diazotiertem 4-Amino-1-[1¹-metho-heptyl]-benzol und Jodwasserstoffsäure (BERAN, *B.* 18, 142). — Flüssig. Kp: 304—305°. Schwer löslich in Alkohol, sehr leicht in Äther und Eisessig. — Wird durch Chromsäure in Eisessig zu p-Jod-benzoesäure oxydiert.

3. *1-[1⁶-Metho-heptyl]-benzol, β-Methyl-η-phenyl-heptan* $C_{14}H_{22} = C_6H_5 \cdot [CH_2]_5 \cdot CH(CH_3)_2$. *B.* Durch Destillation von Isoamylphenacylmalonsäure $C_6H_5 \cdot CO \cdot CH_2 \cdot C(CO_2H) \cdot C_5H_{11}$ (Syst. No. 1340) mit Zinkstaub; man kocht den bei 230—260° übergehenden Anteil des Produkts mit Natrium am Kühler (PAAL, HOFFMANN, *B.* 23, 1502). — Bleibt bei —20° flüssig. Kp: 245—255°.

4. *1.4-Di-tert.-butyl-benzol, p-Di-tert.-butyl-benzol* $C_{14}H_{22} = (CH_3)_3C \cdot C_6H_4 \cdot C(CH_3)_3$. *B.* Entsteht neben tert.-Butyl-benzol und Tri-tert.-butyl-benzol aus 600 g Benzol mit 200 g Isobutylchlorid und 200 g AlCl₃ bei +4° (SEŃKOWSKI, *B.* 23, 2413, 2420). Aus Cumol und Isobutylchlorid in Gegenwart von sehr wenig AlCl₃ bei gewöhnlicher Temperatur, neben tert.-Butyl-benzol und Propylchlorid (BOEDTKER, *Bl.* [3] 35, 834). Findet sich unter den Produkten der Einw. von Isobutylbromid auf Toluol in Gegenwart von AlCl₃ (BAUR, *B.* 27, 1608). Aus Isobutylalkohol, Benzol und rauchender Schwefelsäure, neben tert.-Butyl-benzol (VERLEY, *Bl.* [3] 19, 72; BOEDTKER, *Bl.* [3] 31, 969). — Läßt sich aus Äther in sehr großen Krystallen erhalten (V.). F: 76° (BAUR; BOE.). Sublimiert leicht (V.). Kp_{20}: 116° bis 117° (V.); $Kp_{736,5}$: 235—235,5° (S.); Kp_{760}: 236,5° (korr.) (BOE., *Bl.* [3] 31, 969). Leicht löslich in Alkohol (S.). — Liefert bei der Oxydation mit CrO₃ in Eisessig in geringer Menge p-tert.-Butyl-benzoesäure und 2.5-Di-tert.-butyl-chinon (BOE., *Bl.* [3] 31, 969). Gibt bei der Einw. von rauchender Salpetersäure 2.6-Dinitro-1.4-di-tert.-butyl-benzol (BOE., *Bl.* [3] 35, 835).

2.6-Dinitro-1.4-di-tert.-butyl-benzol $C_{14}H_{20}O_4N_2 = (CH_3)_3C \cdot C_6H_2(NO_2)_2 \cdot C(CH_3)_3$. *B.* Aus p-Di-tert.-butyl-benzol und rauchender Salpetersäure bei gewöhnlicher Temperatur (BOEDTKER, *Bl.* [3] 35, 835). — Weiße, nahezu geruchlose Nadeln (aus Alkohol). F: 190° bis 191° (korr.).

eso-Dinitro-1.4-di-tert.-butyl-benzol von Baur $C_{14}H_{20}O_4N_2 = (CH_3)_3C \cdot C_6H_2(NO_2)_2 \cdot$ $C(CH_3)_3$. Einheitlichkeit fraglich (BOEDTKER, Bl. [3] 35, 836). — B. Durch Erwärmen des Kohlenwasserstoffs mit Salpeterschwefelsäure (BAUR, B. 27, 1608). — Weiße Nadeln (aus Alkohol). F: 167—168°. Riecht moschusähnlich.

eso-Dinitro-1.4-di-tert.-butyl-benzol von Verley $C_{14}H_{20}O_4N_2 = (CH_3)_3C \cdot C_6H_2(NO_2)_2 \cdot$ $C(CH_3)_3$. Einheitlichkeit fraglich (BOE, Bl. [3] 35, 836). — B. Aus dem Kohlenwasserstoff durch Salpeterschwefelsäure (VERLEY, Bl. [3] 19, 72). — F: 177°. Riecht nicht nach Moschus.

5. *1-Methyl-4-isopropyl-2-butyl-benzol* $C_{14}H_{22} = (CH_3)_2CH \cdot C_6H_3(CH_3) \cdot CH_2 \cdot$ $CH_2 \cdot CH_2 \cdot CH_3$. B. Durch Erhitzen von 2¹-Oxo-1-methyl-4-isopropyl-2-butyl-benzol mit Jod, rotem Phosphor und Wasser (CLAUS, J. pr. [2] 46, 487). — Stark lichtbrechendes Öl. Siedet bei 235°. D^{17}: 0,892.

6. *1-Methyl-4-isopropyl-2-isobutyl-benzol* $C_{14}H_{22} = (CH_3)_2CH \cdot C_6H_3(CH_3) \cdot CH_2 \cdot$ $CH(CH_3)_2$. B. Durch Erhitzen von 2¹-Oxo-1-methyl-4-isopropyl-2-[2³-metho-propyl]-benzol mit Jod, rotem Phosphor und Wasser (CLAUS, J. pr. [2] 46, 486). — Flüssig. Siedet bei 230°. D^{17}: 0,916.

7. *1.3.5-Trimethyl-2-isoamyl-benzol, Isoamylmesitylen* $C_{14}H_{22} = (CH_3)_3C_6H_2 \cdot$ $CH_2 \cdot CH_2 \cdot CH(CH_3)_2$. B. Aus 1.3.5-Trimethyl-2-[2³-metho-buten-(2¹)-yl]-benzol durch Jodwasserstoffsäure und roten Phosphor bei 200° (KLAGES, STAMM, B. 37, 928. Durch Erhitzen des Carbinols $(CH_3)_3C_6H_2 \cdot CH(OH) \cdot CH_2 \cdot CH(CH_3)_2$ (Syst. No. 533) mit Jodwasserstoffsäure und rotem Phosphor auf etwa 120° (KLAGES, STAMM, B. 37, 1720). — Öl. Kp_{16}: 133—135°; Kp_{747}: 241—243° (korr.); $D_4^{23.3}$: 0,8751; $n_D^{23.3}$: 1,4976 (K., S., B. 37, 1720). — Wird von HI bei 200° nicht angegriffen.

2¹-Chlor-1.3.5-trimethyl-2-isoamyl-benzol, 1.3.5-Trimethyl-2-[α-chlor-isoamyl]-benzol $C_{14}H_{21}Cl = (CH_3)_3C_6H_2 \cdot CHCl \cdot CH_2 \cdot CH(CH_3)_2$. B. Durch Einleiten von Chlorwasserstoff in die äther. Lösung des Carbinols $(CH_3)_3C_6H_2 \cdot CH(OH) \cdot CH_2 \cdot CH(CH_3)_2$ (K., S., B. 37, 930). — Aromatisch riechendes Öl. Spaltet beim Erhitzen HCl ab.

4.6-Dibrom-1.3.5-trimethyl-2-isoamyl-benzol $C_{14}H_{20}Br_2 = (CH_3)_3C_6Br_2 \cdot CH_2 \cdot CH_2 \cdot$ $CH(CH_3)_2$. B. Aus Brom und der Sulfonsäure des Isoamylmesitylens in wäßr. Lösung (K., S., B. 37, 1720). — Nadeln. F: 44°. Leicht löslich in Alkohol, Benzol, Äther.

2¹.2³-Dibrom-1.3.5-trimethyl-2-isoamyl-benzol, 1.3.5-Trimethyl-2-[α.β-dibrom-isoamyl]-benzol $C_{14}H_{20}Br_2 = (CH_3)_3C_6H_2 \cdot CHBr \cdot CHBr \cdot CH(CH_3)_2$. B. Aus 1.3.5-Trimethyl-2-[2³-metho-buten-(2¹)-yl]-benzol und Brom (K., S., B. 37, 930). — Zähes Öl.

8. *1.2.3.4-Tetraäthyl-benzol* $C_{14}H_{22} = C_6H_2(C_2H_5)_4$. Darst. Man erhitzt ein Gemisch aus Benzol, Äthylbromid und $AlCl_3$ 9 Stdn. lang im Druckrohr im Wasserbade unter 3—4-maligem Öffnen des Rohres und Nachfüllen von C_2H_5Br; daneben entsteht 1.2.4.5-Tetraäthyl-benzol (GALLE, B. 16, 1745). 1.2.3.4-Tetraäthyl-benzolsulfonsäure entsteht, wenn man Pentaäthylbenzol mit dem gleichen Vol. konz. Schwefelsäure schüttelt und 4—5 Tage stehen läßt; man saugt das ausgeschiedene Hexaäthylbenzol ab und bindet die im Filtrat befindliche Sulfosäure an Baryt; der Kohlenwasserstoff entsteht durch Erhitzen des Natriumsalzes oder des Amides mit konz. Salzsäure auf 170° (JACOBSEN, B. 21, 2817). — Flüssig. Kp: 254° (J.), 250° (korr.) (G.). Leichter als Wasser (G.). — D_4^0: 0,89822; D_4^{20}: 0,88556; $D_4^{24.4}$: 0,88664; $n_\alpha^{19.5}$: 1,50444; $n_\beta^{19.5}$: 1,50845; $n_\gamma^{19.5}$: 1,52798; magnetische Rotation: PERKIN, Soc. 77, 280. — Liefert bei der Oxydation mit $KMnO_4$ Prehnitsäure $C_6H_2(CO_2H)_4^{1.2.3.4}$ (G.).

5-Brom-1.2.3.4-tetraäthyl-benzol $C_{14}H_{21}Br = C_6HBr(C_2H_5)_4$. B. Beim Bromieren von in Eisessig gelöstem 1.2.3.4-Tetraäthyl-benzol (G., B. 16, 1745). — Flüssig. Kp: 284°.

5.6-Dibrom-1.2.3.4-tetraäthyl-benzol $C_{14}H_{20}Br_2 = C_6Br_2(C_2H_5)_4$. Prismen (aus Alkohol). F: 74,5° (GALLE, B. 16, 1745), 77° (JACOBSEN, B. 21, 2818). Siedet oberhalb 330° unter geringer Zersetzung (GALLE).

5.6-Dinitro-1.2.3.4-tetraäthyl-benzol $C_{14}H_{20}O_4N_2 = (O_2N)_2C_6(C_2H_5)_4$. Schwach citronengelbe, durchsichtige Säulen (aus Alkohol). F: 115° (GALLE, B. 16, 1745).

9. *1.2.4.5-Tetraäthyl-benzol* $C_{14}H_{22} = C_6H_2(C_2H_5)_4$. B. Entsteht neben 1.2.3.4-Tetraäthyl-benzol aus Benzol und Äthylbromid bei Gegenwart von $AlCl_3$ in der Kälte; man behandelt das Produkt mit Chlorsulfonsäure und stellt dann die Natriumsalze der Sulfosäuren dar. Das schwer lösliche Natriumsalz der 1.2.4.5-Tetraäthyl-benzolsulfonsäure scheidet sich bei der Krystallisation zunächst aus; man führt es durch Erhitzen mit Salzsäure auf 170°

in den Kohlenwasserstoff über (JACOBSEN, *B.* **21**, 2819). Durch Reduktion von 2.4.5-Triäthyl-styrol mit Natrium und Alkohol (KLAGES, KEIL, *B.* **36**, 1635). — Erstarrt in der Kälte zu harten Kryställblättern und schmilzt dann bei + 13°; Kp: 250° (korr.) (J.). Kp_{755}: 248° (korr.); D_4^{13}: 0,8884; n_D^{15}: 1,5041 (KL., KE.). — Kaum löslich in konz. Schwefelsäure (J.). Liefert bei der Oxydation Pyromellitsäure $C_6H_2(CO_2H)_4^{J.J.J.J.}$ (J.).

3.6-Dichlor-1.2.4.5-tetraäthyl-benzol $C_{14}H_{20}Cl_2 = C_6Cl_2(C_2H_5)_4$. *B.* Neben anderen Produkten beim Einleiten von Äthylen in ein Gemisch aus p-Dichlor-benzol und $AlCl_3$ bei 125—150° (ISTRATI, *A. ch.* [6] **6**, 477, 485). — Flüssig. Kp: 296°. D^0: 1,129. Löslich in 6 Vol. Benzol und in 46 Vol. Alkohol (von 90%); leicht löslich in Äther, Petroläther, $CHCl_3$, CS_2.

3.6-Dibrom-1.2.4.5-tetraäthyl-benzol $C_{14}H_{20}Br_2 = C_6Br_2(C_2H_5)_4$. *B.* Aus 1.2.4.5-Tetraäthyl-benzol und Brom (GALLE, *B.* **16**, 1747; JACOBSEN, *B.* **21**, 2821; KLAGES, KEIL, *B.* **36**, 1635). Durch Behandeln von Hexaäthylbenzol mit wenig Jod und überschüssigem Brom (JANNASCH, BARTELS, *B.* **31**, 1716; vgl. GALLE, *B.* **16**, 1748). — Glänzende Blättchen oder Prismen (aus Alkohol). F: 112,5° (JAC.; JAN.), 113° (KL., KE.). Kp: 325—330° (JAN., B.). Sehr wenig löslich in kaltem Alkohol (JAC.).

3.6-Dinitro-1.2.4.5-tetraäthyl-benzol $C_{14}H_{20}O_4N_2 = (O_2N)_2C_6(C_2H_5)_4$. *B.* Durch Eintragen von Hexaäthylbenzol in ein durch Wasser gekühltes Gemisch aus konz. Schwefelsäure und rauchender Salpetersäure (GALLE, *B.* **16**, 1748; JANNASCH, BARTELS, *B.* **31**, 1717). — Seideglänzende Nädelchen (aus Alkohol). F: 142° (G.), 144° (J., B.).

10. *Anthracen-dodekahydrid, Dodekahydroanthracen* $C_{14}H_{22}$. *B.* Im Gemisch mit Anthracenperhydrid durch 12-stdg. Erhitzen von Anthracenoktahydrid (S. 526) mit 4 Tln. Jodwasserstoffsäure (D: 1,7) und 1 Tl. rotem Phosphor im Druckrohr auf 250° oder durch Reduktion von Anthracenoktahydrid bei 180° mit Wasserstoff in Gegenwart von stark aktivem Nickel (GODCHOT, *C. r.* **141**, 1030; *A. ch.* [8] **12**, 479, 528). — Nicht völlig rein erhalten. Flüssig. Kp_{15}: 140—150°.

11. *Phenanthren-dodekahydrid, Dodekahydrophenanthren* $C_{14}H_{22}$. *B.* Man erhitzt 3 g Phenanthren mit 14 g Jodwasserstoffsäure (D: 1,96) und 6 g rotem Phosphor in einem mit CO_2 gefüllten Rohr 4 Stdn. auf 265° und erhält 7 Stdn. diese Temperatur (J. SCHMIDT, MEZGER, *B.* **40**, 4255). Aus Phenanthren durch Nickel und Wasserstoff bei 175° (PADOA, FABRIS, *R. A. L.* [5] 17 II, 126; *G.* **39** I, 333). — Kp_{737}: 268—269° (korr.); löslich in Äther, Chloroform, Benzol, Ligroin, Eisessig, CS_2; löst sich in ca. 15 Tln. Methylalkohol und ca. 10 Tln. Alkohol; D_4^0: 0,964; n_D^0: 1,5119 (SCH., M.). — Wird durch warme Salpetersäure nitriert (SCH., M.). Liefert in Gegenwart von Nickel und Wasserstoff bei 220° Wasserstoff, gasförmige, flüssige und feste Kohlenwasserstoffe; erhitzt man statt in offenen Röhren unter Druck auf 250°, so wird die Entwicklung von Wasserstoff zurückgedrängt; daneben erhält man Phenanthren (P., F.). Gibt mit konz. Schwefelsäure in der Kälte eine gelbrote, in der Wärme eine weinrote, bei längerem Erwärmen schwarzbraune Lösung. Gibt mit konz. Schwefelsäure + Chromsäure eine grünschwarze Lösung (SCH., M.). Liefert kein Pikrat (SCH., M.).

12. Ein *Kohlenwasserstoff* $C_{14}H_{22}$ findet sich im Fichtenteer (RENARD, *C. r.* **119**, 652; *Bl.* [3] **11**, 1150). — Flüssig. Kp: 254—257°. D^0: 0,9419. — Bräunt sich an der Luft. Brom wirkt energisch ein und bildet eine krystallinische Verbindung $C_{14}H_{18}Br_4$; mit Brom in CS_2 entsteht eine sehr unbeständige Verbindung $C_{14}H_{22}Br_2$. Beim Schütteln mit 2 Raumteilen Schwefelsäure entstehen eine Sulfonsäure [Bariumsalz $Ba(C_{14}H_{21}O_3S)_2$ (bei 100°)] und ein indifferenter Kohlenwasserstoff $C_{14}H_{24}$ (Kp: 250—253°). Rauchende Salpetersäure in Essigsäure liefert eine Nitroverbindung $C_{14}H_{21}O_2N$.

13. *Kohlenwasserstoff* $C_{14}H_{22}$. *B.* Beim Erwärmen von Gallactucon $C_{14}H_{24}O$ (Syst. No. 4745) mit P_2S_5 (FRANCHIMONT, *B.* **12**, 11). — Flüssig. Kp: 247—252°.

10. Kohlenwasserstoffe $C_{15}H_{24}$.

Weitaus die meisten Kohlenwasserstoffe $C_{15}H_{24}$ sind Vertreter der „Sesquiterpene" (s. S. 459—470). Unter Sesquiterpenen (in der älteren Literatur auch bisweilen als „Cedrene" bezeichnet), versteht man in äther. Ölen weitverbreitete Verbindungen meist unbekannter Konstitution, welche dickliche, häufig zur Verharzung neigende Öle darstellen, zwischen 250° und 280° sieden, ein spezifisches Gewicht von 0,86—0,93 und die Zusammensetzung $C_{15}H_{24}$ besitzen. Diese Bruttoformel läßt, wenn man von Kohlenwasserstoffen mit dreifacher Bindung absieht, die Existenz von 5 Gruppen von Sesquiterpenen voraussehen:

1. Acyclische Verbindungen mit 4 Doppelbindungen,
2. monocyclische Verbindungen mit 3 Doppelbindungen,

3. bicyclische Verbindungen mit 2 Doppelbindungen,
4. tricyclische Verbindungen mit 1 Doppelbindung,
5. tetracyclische, gesättigte Verbindungen,

in welche sich die bisher bekannten Sesquiterpene mit mehr oder minder großer Sicherheit einordnen lassen. Das einzige bis jetzt bekannte acyclische Sesquiterpen ist bereits in Bd. I, S. 267 aufgeführt worden [1]) (vgl. auch OSSIAN ASCHAN, Die Chemie der alicyclischen Verbindungen [Braunschweig 1905], S. 1121).

Zur Klassifizierung vgl.: SCHREINER, KREMERS, *Pharmaceutical Archives* 4, 149; *C.* 1901 II, 1226; Pharmaceutical Science Series, edited by EDWARDS KREMERS, Monographs Nr. 9: OSWALD SCHREINER, The Sesquiterpenes [Milwaukee 1904], S. 13 ff.; SEMMLER, *B.* 40, 1120. Abgrenzung der Sesquiterpene von den Terpenen $C_{10}H_{16}$ und Diterpenen $C_{20}H_{32}$ auf Grund der physikalischen Eigenschaften: GLADSTONE, *Soc.* 25, 6; 49, 617; *J.* 1872, 813; 1886, 295.

Zur Konstitution der Sesquiterpene vgl.: SCHREINER, The Sesquiterpenes, S. 24; SEMMLER, *B.* 36, 1038; 40, 1120; SEMMLER, Die ätherischen Öle, Bd. II [Leipzig 1906], S. 512 ff. [2]). Versuche zum synthetischen Aufbau von Sesquiterpenen: WALLACH, *A.* 238, 88; vgl. auch: REBOUL, *C. r.* 64, 419; *A.* 143, 373; BOUCHARDAT, *C. r.* 87, 654; *Bl.* [2] 33, 24; *J.* 1878, 375; SCHREINER, The Sesquiterpenes, S. 25 [3]).

Eine zusammenfassende Darstellung der Sesquiterpen-Chemie findet sich außer in den bereits zitierten Werken bei: E. GILDEMEISTER, FR. HOFFMANN, Die ätherischen Öle, 2. Aufl. von E. GILDEMEISTER, Bd. I [Leipzig 1910], S. 343 ff.

Im folgenden sind nur diejenigen Kohlenwasserstoffe behandelt, welche man auf Grund ihres chemischen und physikalischen Verhaltens (Dichte, Mol.-Refr.) als wahrscheinlich oder sicher cyclisch betrachten kann. Für ihre systematische Anordnung ist die Stellung ihrer Stammpflanze bezw. — bei Vorkommen in verschiedenen Pflanzen — derjenigen Pflanze, welche dem Sesquiterpen den Namen gegeben hat, in ENGLERS Syllabus der Pflanzenfamilien [Berlin 1907], maßgebend. Sesquiterpene, welche aus natürlichen Ausgangsmaterialien, z. B. Sesquiterpenalkoholen $C_{15}H_{26}O$, künstlich bereitet worden sind, finden sich an derjenigen Stelle, welche sie bei natürlichem Vorkommen in der betreffenden Pflanze einnehmen würden. Sesquiterpene, bei welchen die vorhandenen Daten zur Entscheidung über ihre cyclische oder acyclische Natur nicht ausreichen, sind bei den entsprechenden ätherischen Ölen (Syst. No. 4728) eingeordnet. Daß sich unter den aufgeführten Verbindungen noch manche Kohlenwasserstoffe finden dürften, die hauptsächlich auf Grund ihres Vorkommens in verschiedenen Pflanzen als verschieden betrachtet worden sind ("genetische Isomerie" nach SCHREINER, The Sesquiterpenes, S. 4), sich aber bei näherer Charakterisierung als identisch erweisen werden, kann als ziemlich sicher gelten.

1. *1-Methyl-4-n-octyl-benzol, a-p-Tolyl-octan, p-n-Octyl-toluol* $C_{15}H_{24}$ = $CH_3 \cdot C_6H_4 \cdot [CH_2]_7 \cdot CH_3$. *B.* Aus p-Brom-toluol, 1-Jod-octan und Natrium in absol. Äther (LIPINSKI, *B.* 31, 940). — F: 11—12°. Kp: 281—283°. — Bei der Oxydation mit $KMnO_4$ entsteht Terephthalsäure.

eso-Nitro-1-methyl-4-n-octyl-benzol, eso-Nitro-p-n-octyl-toluol $C_{15}H_{23}O_2N$ = $CH_3 \cdot C_6H_3(NO_2) \cdot [CH_2]_7 \cdot CH_3$. *B.* Beim Eintragen von p-n-Octyl-toluol in Salpetersäure (D: 1,48), neben der Dinitroverbindung (LIPINSKI, *B.* 31, 941). — Gelbes, nicht destillierbares Öl. F: 19—20°.

eso-Dinitro-1-methyl-4-n-octyl-benzol, eso-Dinitro-p-n-octyl-toluol $C_{15}H_{22}O_4N_2$ = $CH_3 \cdot C_6H_3(NO_2)_2 \cdot [CH_2]_7 \cdot CH_3$. *B.* s. bei der Mononitroverbindung. — Rotbraunes dickflüssiges Öl; nicht destillierbar (L., *B.* 31, 941).

2. *1-Methyl-4-octyl-benzol, p-Octyl-toluol* $C_{15}H_{24}$ = $CH_3 \cdot C_6H_4 \cdot C_8H_{17}$. *B.* Entsteht neben einer Verbindung vom Siedepunkt 281—283° beim Kochen von 100 g Chloroktonaphthen (S. 38) mit 94 g Toluol und 20 g Zinkstaub (SHUKOWSKI, Ж. 27, 305; *Bl.* [3] 16, 128). — Dickflüssig. Kp: 269—271°. D_0^0: 0,9057. D_{20}^{20}: 0,8994. n^{20}: 1,49982. Mol. Brechungsvermögen: SH. — Wird durch Chromsäuregemisch zu Terephthalsäure oxydiert.

---

[1]) Ein weiterer Vertreter der acyclischen Klasse ist nach dem für die 4. Aufl. dieses Handbuchs geltenden Literatur-Schlußtermin [1. I. 1910] in dem Farnesen (KERSCHBAUM, *B.* 46, 1732; HARRIES, HAARMANN, *B.* 46, 1741) bekannt geworden.

[2]) Nach dem für die 4. Aufl. dieses Handbuches geltenden Literatur-Schlußtermin ist es SEMMLER und seinen Mitarbeitern (vgl. z. B. *B.* 44, 3657; 45, 3725; 46, 1566, 1814; 47, 2555) gelungen, die Konstitution einer Reihe von Sesquiterpenen wenigstens teilweise aufzuklären; vgl. zur Konstitution auch WALLACH, *A.* 389, 184.

[3]) In neuerer Zeit ist die Synthese einiger Sesquiterpene gelungen; vgl. z. B SEMMLER, JONAS, *B.* 46, 1569; 47, 2080. Synthetische Sesquiterpene bekannter Konstitution: WALLACH, *A.* 389, 184; SEMMLER, JONAS, ROENISCH, *B.* 50, 1833; LANGLOIS, *A. ch.* [9] 12, 358.

x.x-Dinitro-1-methyl-4-octyl-benzol $C_{15}H_{22}O_4N_2$. *B.* Aus 1-Methyl-4-octyl-benzol und rauchender Salpetersäure (SHUKOWSKI, Ж. **27**, 305; *Bl.* [3] **16**, 129). — Dicke Flüssigkeit.

3.   1-Isopropyl-4-[4²-metho-pentyl]-benzol $C_{15}H_{24} = (CH_3)_2CH \cdot C_6H_4 \cdot CH_2 \cdot CH_2 \cdot CH(CH_3) \cdot CH_2 \cdot CH_3$. **Rechtsdrehende Form.** *B.* Durch Reduktion des rechtsdrehenden 1-Isopropyl-4-[4²-metho-penten-(4¹)-yl]-benzols mit Natrium + Alkohol (KLAGES, SAUTTER, *B.* **38**, 2313). — Flüssig. $Kp_{10,2}$: 131—132°; Kp_{745}: 265° (korr.). $D_4^{14,2}$: 0,8632. n_D^{14}: 1,4921. $[\alpha]_D^{14,2}$: +15,91°. — Liefert mit konz. Schwefelsäure eine Sulfonsäure, aus deren wäßr. Lösung NaCl das Natriumsalz als voluminösen Niederschlag fällt.

4¹.4²-Dibrom-1-isopropyl-4-[4²-metho-pentyl]-benzol $C_{15}H_{22}Br_2 = (CH_3)_2CH \cdot C_6H_4 \cdot CHBr \cdot CHBr \cdot CH(CH_3) \cdot CH_2 \cdot CH_3$. **Rechtsdrehende Form.** *B.* Aus rechtsdrehendem 1-Isopropyl-4-[4²-metho-penten-(4¹)-yl]-benzol und Brom (K., S., *B.* **38**, 2313). — Nadeln (aus verd. Alkohol). F: 95—96°.

4.   1-Methyl-4-isopropyl-2-isoamyl-benzol $C_{15}H_{24} = CH_3 \cdot C_6H_3[CH_2 \cdot CH_2 \cdot CH(CH_3)_2] \cdot CH(CH_3)_2$. *B.* Aus 1-Methyl-4-isopropyl-2-isovaleryl-benzol mit Jod und Phosphor (CLAUS, *J. pr.* [2] **46**, 489). — Flüssig. Kp: 245°. D^{17}: 0,89.

5.   1-Methyl-x.x-di-tert.-butyl-benzol, x.x-Di-tert.-butyl-toluol $C_{15}H_{24} = CH_3 \cdot C_6H_3[C(CH_3)_3]_2$. *B.* Entsteht neben anderen Verbindungen beim Kochen von Toluol mit Isobutylbromid und $AlCl_3$ (BAUR, *B.* **27**, 1609). — Öl. Kp: 240—245°.

eso-Trinitro-di-tert.-butyl-toluol $C_{15}H_{21}O_6N_3 = CH_3 \cdot C_6(NO_2)_3[C(CH_3)_3]_2$. *B.* Aus Di-tert.-butyl-toluol und Salpeterschwefelsäure (BAUR, *B.* **27**, 1609). — Lamellen (aus Alkohol). F: 152—153°.

6.   1.3.5-Triisopropyl-benzol $C_{15}H_{24} = C_6H_3[CH(CH_3)_2]_3$. *B.* Durch Zersetzen der aus Isopropylchlorid und Benzol in Gegenwart von $AlCl_3$ bei —10° entstehenden gelben Verbindung $2C_{15}H_{24} + 2AlCl_3 + HCl$ (s. u.) mit Wasser (GUSTAVSON, *C. r.* **140**, 940; *J. pr.* [2] **72**, 63). — Kp: 234—236°. — Wird von Salpetersäure bei 190—200° zu Trimesinsäure oxydiert (G., *J. pr.* [2] **72**, 65).

$C_{15}H_{24} + 2AlCl_3$. *B.* Beim Schmelzen der Verbindung $2C_{15}H_{24} + 2AlCl_3 + HCl$, neben HCl und Triisopropylbenzol (G., *C. r.* **140**, 941; *J. pr.* [2] **72**, 58). Aus der Verbindung $C_{15}H_{24} + 2AlCl_3 + 6C_6H_6$ beim Waschen mit Petroläther (G., *J. pr.* [2] **72**, 73). — Zersetzt sich bei Zimmertemperatur langsam, bei 100° lebhaft (G., *J. pr.* [2] **72**, 67, 70 Anm. 1). Gibt mit Diisopropylbenzol und Isopropylchlorid die gelbe Verbindung $2C_{15}H_{24} + 2AlCl_3 + HCl$ (G., *J. pr.* [2] **72**, 71).

$2C_{15}H_{24} + 2AlCl_3 + HCl$. *B.* Durch allmähliches Eintragen von Isopropylchlorid in ein auf —10° abgekühltes Gemisch von Benzol und $AlCl_3$; ein sehr geringer Überschuß von Benzol und Isopropylchlorid erleichtert die Reaktion (GUSTAVSON, *C. r.* **140**, 940; *J. pr.* [2] **72**, 59). Durch Einleiten von HCl in ein Gemisch der Verbindung $C_{15}H_{24} + 2AlCl_3$ mit Triisopropylbenzol bei —10° (G., *C. r.* **140**, 941; *J. pr.* [2] **72**, 66). Aus der Verbindung $C_{15}H_{24} + 2AlCl_3$, Diisopropylbenzol und Isopropylchlorid (G., *J. pr.* [2] **72**, 71). Aus Aluminiumchlorid, symm. Triisopropylbenzol und Chlorwasserstoff (G., *J. pr.* [2] **72**, 71). Aus der Verbindung $C_{15}H_{24} + 2AlCl_3 + C_6H_6$ (s. u.), symm. Triisopropylbenzol und HCl bei —10° (G., *J. pr.* [2] **72**, 70). — Gelb, krystallinisch. Schmilzt bei 55° (G., *C. r.* **140**, 941) unter Zersetzung in HCl, Triisopropylbenzol und die Verbindung $C_{15}H_{24} + 2AlCl_3$ (G., *C. r.* **140**, 941; *J. pr.* [2] **72**, 65). — Wird durch Wasser unter Abscheidung von Triisopropylbenzol zersetzt (G., *C. r.* **140**, 940; *J. pr.* [2] **72**, 63). Liefert beim Schütteln mit Benzol zwei Schichten, von denen die untere aus der Verbindung $C_{15}H_{24} + 2AlCl_3 + 6C_6H_6$, die obere aus einem Gemisch von Benzol mit dessen Isopropylderivate besteht (G., *C. r.* **140**, 941; *J. pr.* [2] **72**, 72).

$C_{15}H_{24} + 2AlCl_3 + C_6H_6$. *B.* Durch Auftropfen einer Mischung von 2 Tln. Benzol und 3 Tln. Isopropylchlorid auf Aluminiumchlorid (G., *J. pr.* [2] **72**, 60). — Flüssig. Gibt mit Benzol die Verbindung $C_{15}H_{24} + 2AlCl_3 + 6C_6H_6$ (s. u.), mit Petroläther die Verbindung $C_{15}H_{24} + 2AlCl_3$, mit Wasser Benzol und Triisopropylbenzol, mit Triisopropylbenzol und HCl die gelbe Verbindung $2C_{15}H_{24} + 2AlCl_3 + HCl$ (s. o.) (G., *J. pr.* [2] **72**, 61, 70).

$C_{15}H_{24} + 2AlCl_3 + 6C_6H_6$. *B.* Durch Schütteln der Verbindung $2C_{15}H_{24} + 2AlCl_3 + HCl$ mit Benzol (G., *C. r.* **140**, 941; *J. pr.* [2] **72**, 73). — Zerfällt beim Waschen mit Petroläther in Benzol und die Verbindung $C_{15}H_{24} + 2AlCl_3$ (G., *J. pr.* [2] **72**, 73).

$C_{15}H_{24} + 2AlCl_3 + HCl + C_6H_3(C_2H_5)_3$. *B.* Durch Einw. von Isopropylchlorid auf die Verbindung $C_6H_3(C_2H_5)_3 + 2AlCl_3 + C_6H_6$ (vgl. S. 449) bei —10° (G., *C. r.* **140**, 941;

J. pr. [2] **72**, 76). Beim Einleiten von HCl in ein Gemisch von $C_6H_3(C_3H_5)_3 + 2 AlCl_3$ und symm. Triisopropylbenzol bei -10^0 (G., *J. pr.* [2] **72**, 75). — Gelb, krystallinisch.

$C_{15}H_{24} + 2 AlBr_3$. *B.* Durch tropfenweisen Zusatz von Benzol zu einer Mischung von Isopropylbromid und AlBr$_3$ bei -8^0 (G., *J. pr.* [2] **68**, 231). — Krystallinisch. Verbindet sich mit aromatischen Kohlenwasserstoffen.

$2 C_{15}H_{24} + 2 AlBr_3 + HBr$. *B.* Man löst AlBr$_3$ bei -10^0 in Isopropylbromid und setzt tropfenweise Benzol zu (G., *J. pr.* [2] **72**, 62 Anm. 2). — Gelbe Krystalle.

7. **Sesquiterpen** $C_{15}H_{24}$ **aus sibirischem Fichtennadelöl** s. bei Limen, S. 468 f.

8. **Cadinen** $C_{15}H_{24}$. Zur Konstitution vgl.: WALLACH, *A.* **271**, 297; KANONNIKOW, Ж. **31**, 625; *C.* **1899** II, 860; SCHREINER, *Pharmaceutical Archives* **6**, 42; The Sesquiterpenes [Milwaukee 1904], S. 19.

a) **Linksdrehendes Cadinen, l-Cadinen** bezw. diesem *strukturell nahestehende Kohlenwasserstoffe* $C_{15}H_{24}$, welche dasselbe linksdrehende Bishydrochlorid $C_{15}H_{26}Cl_2$ vom Schmelzpunkt 117—118° (S. 109) liefern und deshalb häufig mit Cadinen identifiziert wurden[1].

V. Im Fichtennadelöl (Picea vulgaris Lk.), im Latschenkieferöl (Pinus Pumilio Haenke), im deutschen Kiefernnadelöl (Pinus silvestris L.) (BERTRAM, WALBAUM, *Ar.* **231**, 296, 298, 301). Im Wacholderbeeröle (SCHIMMEL & Co., Bericht vom April **1890**, S. 43). Im Sadebaumöl (Oleum Sabinae), Galbanumöl, Kadeöl (Oleum cadinum) (durch trockne Destillation des Holzes von Juniperusarten bereitet) (WALLACH, *A.* **238**, 80). Im Öl aus Juniperus Phoenicia (UMNEY, BENNETT, *C.* **1906** I, 238). Im Cypressenöl (SCHIMMEL & Co., *C.* **1904** II, 1469). Im Betelöl (BERTRAM, GILDEMEISTER, *J. pr.* [2] **39**, 355; vgl. auch SCHIMMEL & Co., Bericht vom Oktober 1907, S. 15). Im Cubebenöl (von Piper Cubeba L.) (SOUBEIRAN, CAPITAINE, *A.* **34**, 323; OGLIALORO, *G.* **5**, 468; vgl. E. A. SCHMIDT, *Ar.* **191**, 16; *J.* **1870**, 880). Im Ylang-Ylang-Öle (REYCHLER, *Bl.* [3] **11**, 576). Im Campheröl (BERTRAM, GILDEMEISTER). Im Paracotorindenöle (WALLACH, RHEINDORFF, *A.* **271**, 303). Im äther. Öl des Surinamschen Copaivabalsams (VAN ITALLIE, NIEUWLAND, *Ar.* **242**, 546; *C.* **1904** II, 1223). Im äther. Öl von Amorpha fruticosa (PAVESI, *C.* **1904** II, 224). In dem ätherischen Öl der Angosturarinde (BECKURTS, TRÖGER, *Ar.* **236**, 396). Im Weihrauchöle (WALLACH, WALKER, *A.* **271**, 297 Anm. 15). Sehr reichlich im Cedrelaholzöl (SCHIMMEL & Co., *C.* **1902** I, 1059). Im amerikanischen Pfefferminzöl (SCHIMMEL & Co., Bericht vom April **1894**, S. 42; POWER, KLEBER, *Ar.* **232**, 648). Im Wermutöl (SCHIMMEL & Co., Bericht vom April **1897**, S. 52). — *B.* „l-Cadinen" entsteht auch durch Destillation eines Sesquiterpen-Alkohols aus Asa-foetida-Öl über Natrium (SEMMLER, *Ar.* **229**, 17; *B.* **23**, 3331). — *Darst.* Aus linksdrehendem Cadinen-bis-hydrochlorid $C_{15}H_{26}Cl_2$ (S. 109) durch Erwärmen mit Anilin oder mit Natriumacetat und Eisessig (WALLACH, *A.* **238**, 80, 84) oder durch Behandeln mit Natriumalkoholat[2]) (LEPESCHKIN, Ж. **40**, 698; *C.* **1908** II, 1354).

Aus Cadinen-bis-hydrochlorid durch Natriumacetat und Eisessig regeneriertes l-Cadinen besitzt folgende Eigenschaften: Kp: 274—275° (korr.); D^{20}: 0,918; n_D: 1,50647; $[\alpha]_D$: $-98,56^0$ (in Chloroform; p = 13,05) (WALLACH, *A.* **252**, 150). Kp: 264—269° (unkorr.); D^{15}: 0,9240; n_D^{19}: 1,50790; $[\alpha]_D^{19}$ für ungelöstes Cadinen: $-88^0 37'$ (BECKURTS, TRÖGER, *Ar.* **236**, 396). Kp$_4$: 128—130°; D^{15}: 0,9244; $\alpha_D = -99^0 6'$ (l = 10 cm) (SCHIMMEL & Co., *C.* **1902** I, 1059). Das mit Hilfe von Natriumäthylat gewonnene Cadinen zeigte folgende Konstanten: Kp: 271—272°; Kp$_{20}$: 149°; D^{20}: 0,9183; n_D^{19}: 1,5073; $[\alpha]_D$: $-110,96^0$ (LEPESCHKIN, Ж. **40**, 698; *C.* **1908** II, 1354). — Cadinen ist schwer löslich in Alkohol und Eisessig, leicht in Äther (WALLACH, *A.* **238**, 85). — Verharzt leicht (W.). — Wird durch 3-stdg. Erhitzen mit Essigsäureanhydrid nicht verändert (BECKURTS, TRÖGER, *Ar.* **236**, 403). Bei 4-stdg. Erhitzen mit Essigsäure auf 180—200° beobachtete LEPESCHKIN (Ж. **40**, 699) eine starke Abnahme des Drehungsvermögens; vgl. hierzu auch das Verhalten des linksdrehenden Cadinen-bis-hydrochlorids $C_{15}H_{26}Cl_2$ (S. 109) beim Erhitzen und die Sesquiterpene $C_{15}H_{24}$ unter Nr. 9

---

[1]) Daß diese Identifizierung nicht immer gerechtfertigt ist, ergibt sich aus Arbeiten, welche nach dem für die 4. Aufl. dieses Handbuches geltenden Literatur-Schlußtermin [1. I. 1910] erschienen sind; vgl. z. B.: SCHIMMEL & Co., Bericht vom April **1914**, 44; *C.* **1914** I, 1654; SEMMLER, STENZEL *B.* **47**, 2555; ASCHAN, *Medd. rid. Finska kemistsamfundets möte den 9 februari 1916*; *C.* **1919** I, 285.

[2]) Nach dem für die 4. Aufl. dieses Handbuches geltenden Literatur-Schlußtermin [1. I. 1910] betrachtet LEPESCHKIN (*Ch. Z.* **38**, 276) nur den mit Hilfe von Natriumäthylat gewonnenen Kohlenwasserstoff als einheitlich.

Siehe Vorbemerkungen über Sesquiterpene auf S. 456—457.

(s. u.). Bei der Oxydation mit Chromsäure entstehen viel niedere Fettsäuren (WALLACH, *A.* **238**, 87). Trägt man den Kohlenwasserstoff in kalte rauchende Salpetersäure ein und gießt in Wasser, so scheidet sich eine in Wasser unlösliche gelbe Verbindung [Dinitro-dihydrocuminsäure ? (DITMAR, *B.* **37**, 2430)] aus (WALLACH, *A.* **238**, 87). Cadinen addiert 2 Mol.-Gew. Halogenwasserstoff (die so entstehenden Verbindungen s. S. 109) (W., *A.* **238**, 85). Beim Erhitzen mit Polyoxymethylen entsteht ein Alkohol $C_{16}H_{26}O$ (Syst. No. 533) (GENVRESSE, *C. r.* **138**, 1229).

Cadinen-bis-hydrohalogenide $C_{15}H_{24}Halg_2$ s. S. 109.

Nitrosat des l-Cadinens $[C_{15}H_{24}O_4N_2]_2$. Das Mol.-Gew. ist kryoskopisch in Benzol-Lösung bestimmt; vgl. UPJOHN, Thesis **1899**, University of Wisconsin, zitiert von SCHREINER, The Sesquiterpenes [Milwaukee 1904], S. 56. — *Darst.* Man versetzt eine Lösung von 1 Tl. (regeneriertem) Cadinen in 3 Tln. Eisessig und 1 Tl. Äthylnitrit unter Kühlung in einer Kältemischung mit einem Gemisch aus 1 Tl. konz. Salpetersäure und 1 Tl. Eisessig und fällt mit dem gleichen Vol. Alkohol; eine zweite Krystallfraktion wird aus dem Filtrat durch Zusatz von 1 Tl. Wasser niedergeschlagen (SCHREINER, KREMERS, *Pharmaceutical Archives* **2**, 299; *C.* **1899** II, 1119; SCHREINER, The Sesquiterpenes, S. 56). — Weißes Pulver. F: 105—110° (Zers.). Schwer löslich in kaltem Alkohol, leichter in heißem Alkohol und in Benzol. Läßt sich nicht umkrystallisieren.

Nitrosochlorid des l-Cadinens $C_{15}H_{24}ONCl$. *Darst.* Man versetzt 1 Tl. in einer Kältemischung befindliches (regeneriertes) Cadinen zunächst mit 3 Tln. Eisessig und 1 Tl. Äthylnitrit und dann mit 1 Tl. einer gesättigten Lösung von HCl in Eisessig; man versetzt mit etwas Alkohol und läßt 2 Stdn. stehen (SCH., K., *Pharmaceutical Archives* **2**, 300; *C.* **1899** II, 1119; SCH., The Sesquiterpenes, S. 56). — Weißes Pulver. F: 93—94° (Zers.).

b) *Rechtsdrehendes Sesquiterpen aus westindischem Sandelholzöl und afrikanischem Copaivabalsamöl, „d-Cadinen" von Deußen[1]). V.* Im äther. Öl aus afrikanischem Copaiva-Balsam (VON SODEN, ELZE, *Ch. Z.* **33**, 428; vgl. auch SCHIMMEL & Co., Bericht vom Oktober **1909**, S. 31). Im westindischen Sandelholzöl (DEUSSEN, *Ar.* **240**, 292; vgl. *Ar.* **238**, 149). — Farb- und geruchloses Öl. Kp: 260—261°; Kp_{20}: 153—154°; D^{15}: 0,9247; α: $+50°$ (l = 10 cm); n_D: 1,5108 (D). Die „Cadinen"-Fraktion des Copaivabalsamöles zeigte folgende Konstanten: Kp_{750}: 269°; D: 0,9225; α_D: $+55°$ (v. S., E.). — Liefert mit Chlorwasserstoff in Äther linksdrehendes Cadinen-bis-hydrochlorid (D.; v. S., E.; SCH. & Co.).

c) *Rechtsdrehendes Sesquiterpen aus Atlascederholzöl, d-Cadinen von Grimal. V.* Im äther. Öl des Holzes der Atlasceder (GRIMAL, *C. r.* **135**, 1057). — Kp: 273° bis 275°. D^{15}: 0,9224. n_D^D: 1,5107. $[\alpha]_D^D$: $+48°$ 7'. — Liefert mit HCl rechtsdrehendes Cadinen-bis-hydrochlorid (S. 110). Der daraus regenerierte Kohlenwasserstoff besitzt folgende Konstanten: Kp: 274—275°; D^{15}: 0,9212; n_D^D: 1,5094; $[\alpha]_D^D$: $+47°$ 55'.

9. *Sesquiterpene $C_{15}H_{24}$ von fraglicher Einheitlichkeit aus Kadeöl* (vielleicht teilweise racemisiertes Cadinen). Die im folgenden beschriebenen Präparate bestehen wahrscheinlich aus teilweise racemisiertem bzw. isomerisiertem Cadinen (vgl. LEPESCHKIN, Ж. **40**, 699).

a) Präparat von Schindelmeiser, Ж. **40**, 183. *B.* Aus dem flüssigen Sesquiterpen-bis-hydrochlorid $C_{15}H_{24}Cl_2$ aus Kadeöl (vgl. S. 110) durch Abspaltung von HCl (SCH., Ж. **40**, 183; *C.* **1908** II, 598; *Bl.* [4] **6**, 908). — Ist optisch inaktiv. Kp: 263—265°. D^{20}: 0,908. n_D: 1,5006.

b) Präparat von Lepeschkin, Ж. **40**, 127. *B.* Durch Destillation des flüssigen Sesquiterpen-bis-hydrochlorids aus Kadeöl unter gewöhnlichem Druck (L., Ж. **40**, 127; *C.* **1908** I, 2040; *Bl.* [4] **6**, 907). — Angenehm riechende Flüssigkeit. Kp_{760}: 262—266°; Kp_{20}: 135—140°. D^{20}: 0,9204; n_D^D: 1,5159. $[\alpha]_D$: $-14,12°$ (vgl. L., Ж. **40**, 699 Anm. 3). — Wird durch $KMnO_4$ langsam oxydiert. Reagiert leicht mit Brom unter HBr-Ausscheidung.

c) Präparat von Lepeschkin, Ж. **40**, 699. *B.* Durch längeres Erhitzen von links-drehendem Cadinen-bis-hydrochlorid vom Schmelzpunkt 118° (S. 109) im geschlossenen Rohr auf 180—200° (L., Ж. **40**, 699; *C.* **1908** II, 1354; *Bl.* [4] **8**, 110). — Kp_{20}: 145—148°. D^{20}_4: 0,9061. n_D^D: 1,5041. $[\alpha]_D$: $-2,80°$.

10. *Natürliches Cedren $C_{15}H_{24}$. V.* Neben „Cederncampher" $C_{15}H_{26}O$ im Cedernöle (durch Destillation des Holzes von Juniperus virginiana mit Wasser bereitet) (WALTER, *A. ch.* [3] **1**, 498; **8**, 354; *A.* **39**, 249; **48**, 37; CHAPMAN, BURGESS, *P. Ch. S.* No. 168; ROUSSET,

---

[1]) Vgl. die S. 459, Anm. 1 aufgeführten Arbeiten, die es als möglich erscheinen lassen, daß dieser Kohlenwasserstoff nicht als d-Cadinen, sondern als ein dem l-Cadinen strukturell nahestehender Kohlenwasserstoff aufzufassen ist; s. a. DEUSSEN, *A.* **388**, 145.

Siehe Vorbemerkungen über Sesquiterpene auf S. 456—457.

Bl. [3] **17**, 486). — Farblose Flüssigkeit. Kp_{10}: 131—132°; a_D: —47° 54' (ROU.). Kp_{12}: 124—126°; D^{15}: 0,9354; n_D: 1,50233; a_D: — 55° (l = 10 cm) (SEMMLER, HOFFMANN, *B.* **40**, 3522). Kp: 261—262° (korr.); D^{15}_{15}: 0,9359; n_a: 1,4991; n_D: 1,5015; a: —60° (l = 10 cm) (CH., B.). Kp_{750}: 262—263°; D^{15}: 0,9385; a_D: — 60° 52' (v. SODEN, ROJAHN, *B.* **37**, 3355). — Beim Erhitzen von Cedren auf hohe Temperaturen entstehen Benzol, Toluol, Naphthalin, Anthracen und andere Kohlenwasserstoffe (ROU.). Cedren liefert, in wäßr. Aceton gelöst, bei der Oxydation mit $KMnO_4$ Cedrenglykol $C_{15}H_{26}O_2$ (Syst. No. 551) und eine Dioxoverbindung $C_{15}H_{24}O_2$ (Syst. No. 668); bei Anwendung größerer Mengen $KMnO_4$ entsteht eine Oxocarbonsäure $C_{15}H_{24}O_3$ (Syst. No. 1285) (SE., H., *B.* **40**, 3522). Bei der Oxydation des Cedrens mit Ozon in Gegenwart von Wasser bildet sich gleichfalls die Verbindung $C_{15}H_{24}O_2$ (SE., H.). Chromsäure in Eisessig oxydiert Cedren hauptsächlich zu dem Keton Cedron $C_{15}H_{22}O$ (Syst. No. 640) (SE., H.; vgl. ROU.). Durch Einw. von Chromsäuregemisch auf Cedren erhielt ROUSSET (*Bl.* [3] **17**, 487) eine Säure $C_{12}H_{18}O_3$ (s. u.) und Aceton. Cedren addiert Phenylmercaptan (POSNER, *B.* **38**, 656).

Säure $C_{12}H_{18}O_3$. B. Bei der Oxydation von Cedren mit Chromsäuregemisch (ROUSSET, *Bl.* [3] **17**, 487). — Zähe Flüssigkeit. Kp_9: 220—230°. — $AgC_{12}H_{17}O_3$.

11. **Künstliches Cedren** $C_{15}H_{24}$. B. Beim Behandeln von Cedrol [sog. Cederncampher oder Cypressencampher $C_{15}H_{26}O$ (Syst. No. 510)] mit P_2O_5 (WALTER, *A. ch.* [3] **1**, 498; **8**, 354; *A.* **39**, 249; **48**, 37) oder konz. Ameisensäure (SCHIMMEL & Co., *C.* **1904** II, 1469). — Konstanten des Präparats aus Cederncampher: Kp: 263,5—264°; D^{15}: 0,9366; n_D^{15}: 1,49817; $[a]_D$: 85° 32' (SCH. & Co., *C.* **1904** II, 1469). D^{15}: 0,942; n_D^{13}: 1,5133 (G., *Soc.* **59**, 292). D^{15}: 0,9231; n_D: 1,5028 (G., *Soc.* **25**, 6; **45**, 245). Molekularrefraktion und -dispersion: G., *Soc.* **59**, 295. Konstanten des Präparats aus Cypressencampher: Kp: 264°; D^{15}: 0,9367; n_D^{15}: 1,49798 (SCH. & Co., *C.* **1904** II, 1469); $[a]_D$: —85° 57' (SCH. & Co., Privatmitt.). — Liefert ein unscharf bei 100—102° schmelzendes Nitrosochlorid (SCH. & Co., *C.* **1904** II, 1469).

12. „Leichtes" Sesquiterpen $C_{15}H_{24}$ aus Citronellöl s. Bd. I, S. 267.

13. „Schweres" Sesquiterpen $C_{15}H_{24}$ aus Citronellöl (SCHIMMEL & Co., *C.* **1899** II, 879). — Nicht rein erhalten. Kp_{16}: 170—172°; Kp_{760}: 272—275°. D^{15}: 0,912. a_D^{15}: +5° 50' (l = 10 cm).

14. **Vetiven** $C_{15}H_{24}$. V. Im Vetiveröl (GENVRESSE, LANGLOIS, *C. r.* **135**, 1060). — Darst. Man destilliert das Öl mit Wasserdampf und fraktioniert den Teil des Destillats, der leichter als Wasser ist (G., L.). — Farblose, geruchlose, bewegliche Flüssigkeit. Kp_{15}: 135°; Kp_{740}: 262—263°. D^{20}: 0,932. $[a]_D^{15}$: +18° 19'. — Addiert 4 At.-Gew. Brom unter Blaufärbung.

15. **Zingiberen** $C_{15}H_{24}$. V. Hauptbestandteil des Ingweröles (Syst. No. 4728) (v. SODEN, ROJAHN, *C.* **1900** II, 97). — Farbloses, zur Verharzung neigendes Öl. Kp: 269—270°; Kp_{14}: 134°; D^{15}: 0,872; a_D^{15}: — 69° (l = 10 cm) (v. S., R.). Kp_{32}: 160—161°; D^{20}: 0,8731; n_a: 1,49041; n_D^{20}: 1,49399; n_y^{20}: 1,51112; $[a]_D^{20}$: —73,38° (SCHREINER, KREMERS, *Pharmaceutical Archives* **4**, 159; *C.* **1901** II, 1226). Leicht löslich in Äther, Petroläther, Benzol und absol. Alkohol (v. S., R.). — Liefert mit Chlorwasserstoff in Eisessig bei 0° ein krystallisiertes Bishydrochlorid $C_{15}H_{26}Cl_2$ (S. 110) (SCHR., KR., *Pharmaceutical Archives* **4**, 161; *C.* **1902** I, 41). Addiert 4 At.-Gew. Brom (v. S., R.).

Zingiberen-bis-hydrochlorid $C_{15}H_{26}Cl_2$ s. S. 110.

Zingiberen-nitrosit $C_{15}H_{24}O_3N_2$. B. Aus einer Lösung von Zingiberen in Petroläther, Natriumnitrit und Eisessig (SCHREINER, KREMERS, *Pharmaceutical Archives* **4**, 162; *C.* **1902** I, 41). Aus dem rohen Nitrosit des Ingweröles durch fraktionierte Krystallisation aus heißem Methylalkohol oder heißem Äthylacetat (SCH., *Pharmaceutical Archives* **4**, 90; *C.* **1901** II, 544). — Nadeln (aus heißem Methylalkohol). F: 97—98° (SCH., K.). Zersetzt sich im Laufe weniger Wochen (SCH., K.).

Zingiberen-nitrosat. B. Aus Zingiberen, Äthylnitrit und Salpetersäure in Eisessig; man fällt mit Alkohol (SCH., K., *Pharmaceutical Archives* **4**, 163; *C.* **1902** I, 41). — Gelbliches Pulver (durch Lösen in Essigester und Fällen mit Alkohol). F: 86—88° (Zers.).

Zingiberen-nitrosochlorid. B. Aus Zingiberen, Äthylnitrit und HCl in Eisessig; man fällt mit Alkohol (SCH., K., *Pharmaceutical Archives* **4**, 164; *C.* **1902** I, 41). — Weißes Pulver (aus Essigester + Alkohol). F: 96—97° (Zers.).

16. **Sesquiterpen** $C_{15}H_{24}$ aus **Maticoöl**. V. Im äther. Maticoöl von Piper acutifolium R. et P. var. subverbascifolium (Blätter mit herzförmiger Basis) (Syst. No. 4728),

Siehe Vorbemerkungen über Sesquiterpene auf S. 456—457.

neben anderen Produkten (THOMS, *Ar.* **247**, 609). — Kp_{11}: 133—134°. D^{20}: 0,916. n_D: 1,50542. a_D: — 10° 50'.

17. Humulen $C_{15}H_{24}$ [1]). *B.* Bildet den Hauptbestandteil des äther. Hopfenöles (CHAPMAN, *Soc.* **67**, 55). Findet sich auch im äther. Öl der Pappelknospen (FICHTER, KATZ, *B.* **32**, 3183). — *Darst.* Aus dem ätherischen Hopfenöl durch fraktionierte Destillation (CH.). — Kp: 263° bis 266° (korr.); Kp_{60}: 166—170°; D_{15}^{15}: 0,9001; D_0^{20}: 0,8977; n_{α}^{15}: 1,4978; n_{β}^{15}: 1,5021; a_D^{0}: — 0,5° (l = 10 cm) (CH.). Das wahrscheinlich nicht einheitliche Humulen aus Pappelöl besaß folgende Eigenschaften: Kp_{13}: 132—137°; Kp_{760}: 263—269°; D_0^{15}: 0,8926; a_D^{0}: +10° 48' (im 2 dcm-Rohre) (F., K.). — Humulen absorbiert leicht Sauerstoff (CH., *C.* **1898** II, 360). Liefert bei der Oxydation mit Chromsäuregemisch asymm. Dimethylbernsteinsäure (CH., *Soc.* **83**, 510). Addiert in Chloroform 4 At.-Gew. Brom und absorbiert in äther. Lösung 2 Mol.-Gew. HCl (CH., *Soc.* **67**, 61).

Blaues Humulen-nitrosit $C_{15}H_{24}O_3N_2$. *B.* Man versetzt ein abgekühltes Gemisch aus 1 Vol. Humulen, 1 Vol. Ligroin und konz. wäßr. Natriumnitritlösung tropfenweise mit 1 Vol. Eisessig; aus der grün gewordenen Ölschicht scheidet sich nach einiger Zeit zunächst das blaue Nitrosit und bei weiterem Stehen in geringer Menge ein weißes Isomeres (s. u.) aus (CHAPMAN, *Soc.* **67**, 782). — Blaue Nadeln (aus Alkohol). F: 120—121° (CH.), 127° (FICHTER, KATZ, *B.* **32**, 3184). Leicht löslich in heißem Alkohol, Äther, Chloroform und Eisessig, fast unlöslich in Ligroin; die Lösungen sind blau (CH.). — Wandelt sich beim Umkrystallisieren, rascher beim Kochen mit Alkohol in das weiße Isomere um (CH.; F., K.).

Weißes Humulen-nitrosit $C_{15}H_{24}O_3N_2$. *B.* siehe oben bei dem blauen Isomeren. — Weiße Nadeln (aus Alkohol). F: 166—168° (CH.), 172° (F., K.).

Humulen-nitrosat $C_{15}H_{24}O_4N_2$. *B.* Man versetzt ein Gemisch aus 5 Vol. Humulen, 5 Vol. Isoamylnitrit und 8 Vol. Eisessig, das auf —15° abgekühlt worden ist, mit einer Lösung von Salpetersäure im gleichen Volum Eisessig und fügt zu dem fast erstarrten Reaktionsprodukt Alkohol (CHAPMAN, *Soc.* **67**, 781). — Nädelchen (aus Benzol). F: 162—163° (Zers.) (CH.; FICHTER, KATZ, *B.* **32**, 3184). Unlöslich in Alkohol und Äther, in der Wärme leicht löslich in Benzol, Chloroform, Eisessig (CH.). — Beim Erwärmen mit Piperidin wird Humulennitrolpiperidin (Syst. No. 3038) vom Schmelzpunkt 153° gebildet (CH.).

Humulen-nitrosochlorid $C_{15}H_{24}ONCl$. *B.* Durch Einw. von Nitrosylchlorid auf eine Lösung von 1 Vol. Humulen in 3 Vol. Chloroform bei —15° und Eingießen des Reaktionsproduktes in Alkohol (CHAPMAN, *Soc.* **67**, 61). — Krystalle (aus Alkohol-Chloroform). Schmilzt unter Zersetzung bei 164—165° (CH.), 164—170° (FICHTER, KATZ, *B.* **32**, 3184). Leicht löslich in Chloroform (CH.). — Liefert mit Natriumäthylat Isonitrosohumulen $C_{15}H_{24}ON$ (Syst. No. 640) (F., K.). Mit Piperidin entsteht das bei 153° schmelzende Humulennitrolpiperidin (Syst. No. 3038) (CH.).

Humulen-nitrolbenzylamin $C_{22}H_{32}ON_2 = C_{15}H_{23}$ (: N·OH)·NH·CH_2·C_6H_5 s. Syst. No. 1873.

Humulen-nitrolpiperidin $C_{20}H_{34}ON_2 = C_{15}H_{23}$(:N·OH)·$NC_5H_{10}$ s. bei Piperidin, Syst. No. 3038.

Isonitrosohumulen $C_{15}H_{23}ON = C_{15}H_{23}$(:N·OH) s. Syst. No. 640.

18. Sesquiterpen $C_{15}H_{24}$ *aus Hanföl* s. bei äther. Öl des Hanfes, Syst. No. 4728.

19. Sesquiterpen $C_{15}H_{24}$ *aus dem Harz von Cannabis indica* s. bei Harzen, Syst. No. 4743.

20. α-Santalen $C_{15}H_{24} =$

$$\begin{matrix} H_2C & CH & C(CH_3)\cdot CH_2\cdot CH_2\cdot CH:C(CH_3)_2 \\ & CH_2 & \\ HC & & C\cdot CH_3 \\ & CH & \end{matrix}$$

Zur Konstitution vgl. SEMMLER, *B.* **43**, 1898. (?) — V. Im ostindischen Sandelholzöl (GUERBET, *C. r.* **130**, 418; *Bl.* [3] **23**, 221). — Ein durch Fraktionieren weitgehend gereinigtes Präparat zeigte folgende Konstanten: Kp_7: 118°; Kp_{753}: 252°; D^{15}: 0,9132; n_D^{15}: 1,49205; Mol.-Refr.: 64, 87; a_D: — 3° 34' (l = 10 cm) (SCHIMMEL & Co., Bericht vom Oktober **1910**, 106; *C.* **1910** II, 1757). — Gibt beim Behandeln mit Ozon tricyclisches Eksantalal $C_{12}H_{18}O$ (Syst. No. 620) (SEMMLER, *B.* **40**, 3322). Liefert bei der Hydratisierung nach BERTRAM-WALBAUM einen tertiären Alkohol $C_{15}H_{26}O$ (Syst. No. 510) (SCH. & Co.). Addiert 2 Mol.-Gew. HCl unter Bildung der Verbindung $C_{15}H_{26}Cl_2$ (S. 110) (GUERBET, *C. r.* **130**, 1325; *Bl.* [3] **23**, 541; SEMMLER, *B.* **43**, 446).

---

[1]) Wurde nach dem für die 4. Auflage dieses Handbuchs geltenden Literatur-Schlußtermin [1. I. 1910] von DEUSSEN (*J. pr.* [2] **83**, 483; vgl. auch SEMMLER, MAYER, *B.* **44**, 3678 Anm. 2) mit α-Caryophyllen (s. S. 465) identifiziert.

Siehe Vorbemerkungen über Sesquiterpene auf S. 456—457.

Beim Erhitzen von α-Santalen mit Eisessig im geschlossenen Rohr auf 180—190° entsteht in geringer Menge ein Acetat $C_{15}H_{25}O \cdot CO \cdot CH_3$ (Syst. No. 510) (G., *C. r.* **130**, 1325; *Bl.* [3] **23**, 541). Eine Lösung einiger Tropfen von α-Santalen in 1 ccm Essigsäure färbt sich auf Zusatz von 1—2 Tropfen konz. Schwefelsäure johannisbeerrot; die Farbe geht im Laufe einiger Stunden in Braun über (GUERBET, *Bl.* [3] **23**, 540).

α-Santalen-nitrosochlorid $C_{15}H_{24}ONCl$. *Darst.* Man leitet die durch sehr langsames Eintragen einer konz. NaNO$_2$-Lösung in das $1\frac{1}{2}$-fache der theoretischen Menge 32%iger Salzsäure entstehenden Gase in eine eiskalte äther. Lösung von α-Santalen (SCHIMMEL & Co., Bericht vom Oktober 1910, 107). — F: 112—117° (SCH. & Co.), 122° (GUERBET, *C. r.* **130**, 1325; *Bl.* [3] **23**, 541). Fast unlöslich in Alkohol und Essigester, leicht löslich in Petroläther und Benzol (G.).

α-Santalen-nitrolpiperidin $C_{20}H_{34}ON_2 = C_{15}H_{23}(:N \cdot OH) \cdot NC_5H_{10}$ s. bei Piperidin, Syst. No. 3038.

21. *β-Santalen* $C_{15}H_{24}$. Zur Konstitution vgl. SEMMLER, *B.* **40**, 3323. — *V.* Im ostindischen Sandelholzöl (GUERBET, *C. r.* **130**, 418; *Bl.* [3] **23**, 221; v. SODEN, MÜLLER, *C.* **1899** I, 1082; v. S., *Ar.* **238**, 363). — Dünnflüssiges wasserhelles Öl mit schwachem Cederngeruch. Ein durch Fraktionieren möglichst weitgehend gereinigtes Präparat besaß folgende Konstanten: Kp$_7$: 125—126°; D^{20}: 0,8940; n$_D^{20}$: 1,49460; Mol.-Refr.: 66,53; a_D: — 41° 3′ (l = 10 cm) (SCHIMMEL & Co., Bericht vom Oktober 1910, 106; *C.* **1910** II, 1757). Löslich in 16 Tln. 90%igem Alkohol; leicht löslich in Chloroform, Äther und Benzol und Petroläther (v. S., M.). — Liefert bei der Oxydation mit Ozon (nicht rein erhaltenes) bicyclisches Eksantalal $C_{12}H_{18}O$ (SEMMLER, *B.* **40**, 3322; **43**, 1722). Verbindet sich mit 2 Mol.-Gew. Chlorwasserstoff zu der Verbindung $C_{15}H_{26}Cl_2$ (S. 110) (GUERBET, *C. r.* **130**, 1325; *Bl.* [3] **23**, 541; SEMMLER, *B.* **43**, 446). Liefert mit 2 Mol.-Gew. Bromwasserstoff bezw. Brom flüssige Additionsprodukte (v. S., M.). Geht beim Hydratisieren mit Eisessig, Schwefelsäure und wenig Wasser in einen cedernartig riechenden, wahrscheinlich inaktiven Sesquiterpenalkohol $C_{15}H_{26}O$ [Kp$_6$: 160—165°, D: 0,978] über (v. S., M.). Gibt mit NOCl zwei isomere Nitrosochloride (s. u.), welche in Alkohol löslich sind (G., *C. r.* **130**, 1325; *Bl.* [3] **23**, 541). — Eine Lösung einiger Tropfen β-Santalen in 1 ccm Essigsäure färbt sich auf Zusatz von 1—2 Tropfen konz. Schwefelsäure johannisbeerrot; die Farbe geht im Laufe einiger Stunden in Braun über (G., *Bl.* [3] **23**, 540).

Hochschmelzendes β-Santalen-nitrosochlorid $C_{15}H_{24}ONCl$. *B.* Aus β-Santalen und Nitrosylchlorid in Petroläther als Nebenprodukt (GUERBET, *C. r.* **130**, 1326; *Bl.* [3] **23**, 542). — Gestreifte Täfelchen. F: 152°. Schwerer löslich in Alkohol als das Isomere (s. u.). Zersetzt sich bei 155° noch nicht.

Niedrigschmelzendes β-Santalen-nitrosochlorid $C_{15}H_{24}ONCl$. *B.* Aus β-Santalen und Nitrosylchlorid in Petroläther als Hauptprodukt (G. *C. r.* **130**, 1326; *Bl.* [3] **23**, 542). — Nadeln. F: 106°. Leichter löslich in Alkohol als das Isomere (s. o.). Zersetzt sich bei 155° noch nicht.

β-Santalen-nitrolpiperidine $C_{20}H_{34}ON_2 = C_{15}H_{23}(:N \cdot OH) \cdot NC_5H_{10}$ s. bei Piperidin, Syst. No. 3038.

22. *γ-Santalen* $C_{15}H_{24}$. Einheitlichkeit fraglich. — *B.* Durch Reduktion von „Santalylchlorid" (s. u.) mit Natrium und Alkohol (SEMMLER, BODE, *B.* **40**, 1130). — Kp$_{9—10}$: 118° bis 120°. D^{20}: 0,9355. n$_D$: 1,5042.

Santalylchlorid $C_{15}H_{23}Cl$. *B.* Aus Roh-Santalol $C_{15}H_{24}O$ (Syst. No. 533) durch Behandlung mit PCl$_5$ in Petroläther (SEMMLER, BODE, *B.* **40**, 1130; BAYER & Co., D. R. P. 203849; *C.* **1908** II, 1751), durch Einw. von Phosgen in Gegenwart von Basen (z. B. Dimethylanilin) oder durch Behandlung mit Thionylchlorid (BAY. & Co.). Aus Chlorameisensäure-santalylester (aus Roh-Santalol und Phosgen) durch Destillation im Vakuum (BAY. & Co.). — Farbloses Öl von aromatischem Geruch. Kp$_{15}$: 162—167° (BAY. & Co.); Kp$_{10}$: 147—155° (S., Bo.). D^{20}: 1,0398 (S., Bo.). Mischbar mit Äther, Chloroform, Benzol und Petroläther, sowie mit der mehrfachen Menge Alkohol (BAY. & Co.). — Wird durch Natrium und Alkohol zu γ-Santalen $C_{15}H_{24}$ (s. o.) reduziert (BAY. & Co.).

23. Die als $C_{15}H_{24}$ beschriebenen *Isosantalene* besitzen wahrscheinlich die Zusammensetzung $C_{15}H_{22}$ und sind daher auf S. 507 beschrieben.

24. *Sesquiterpen* $C_{15}H_{24}$ *aus afrikanischem Sandelholzöl* s. bei Sandelholzöl, Syst. No. 4728.

25. *Caryophyllen* $C_{15}H_{24}$. Der zuerst von WALLACH (*A.* **271**, 287) als „Caryophyllen" bezeichnete Kohlenwasserstoff besteht nach Untersuchungen von DEUSSEN (*A.* **356**, 1;

Siehe Vorbemerkungen über Sesquiterpene auf S. 456—457.

359, 245; 369, 41; *B.* 42, 376) aus einem inaktiven Kohlenwasserstoff α-Caryophyllen[1]) und zwei linksdrehenden Kohlenwasserstoffen β- und γ-Caryophyllen. Zur Konstitution der Caryophyllene vgl.: KANONNIKOW, Ж. 31, 625; *C.* 1899 II, 860; SCHREINER, *Pharmaceutical Archives* 6, 42; The Sesquiterpenes [Milwaukee 1904], S. 19; DEUSSEN, *A.* 369, 56[2]).

a) *Rohcaryophyllen* (Gemisch von mindestens 2 Kohlenwasserstoffen), in der älteren Literatur als „*Caryophyllen*" schlechthin bezeichnet. *V.* Im Pfefferöl (SCHREINER, KREMERS, *Pharmaceutical Archives* 4, 61). Im Betelöl (SCHIMMEL & Co., Bericht vom Oktober 1907, 15; *C.* 1907 II, 1741). Im Ceylonzimtöl (SCHIMMEL & Co., Bericht vom April 1902, 69; *C.* 1902 I, 1059; D. R. P. 134789; *C.* 1902 II, 1486; WALBAUM, HÜTHIG, *J. pr.* [2] 66, 54). Im äther. Öl aus der Wurzelrinde von Cinnamomum zeylanicum Breyn (PILGRIM, *C.* 1909 I, 534). Im südamerikanischen Copaivabalsamöl (WALLACH, *A.* 271, 295; vgl.: BLANCHET, *A.* 7, 157; SOUBEIRAN, CAPITAINE, *A.* 34, 321; POSSELT, *A.* 69, 69; STRAUSS, *A.* 148, 150; BRIX, *M.* 2, 510; LEVY, ENGLÄNDER, *A.* 242, 191; VAN ITALLIE, NIEUWLAND, *Ar.* 242, 545; vgl. UMNEY, *Pharm. Journ.* [3] 24, 215). Im Weißzimtöl (WILLIAMS, *Pharm. Rundsch., N. Y.* 12 [1894], 183; zitiert nach SEMMLER, Die ätherischen Öle, Bd. II [Leipzig 1906], S. 568). Im Pimentöl (SCHIMMEL & Co., Bericht vom April 1904, 80; *C.* 1904 I, 1265). Im Nelkenöle (CHURCH, *Soc.* 26, 114; *J.* 1875, 853; WALLACH, *A.* 271, 298; vgl. ETTLING, *A.* 9, 68; BRÜNING, *A.* 104, 205; WILLIAMS, *A.* 107, 242).

Darst. Man schüttelt Nelkenöl mit 7 %iger Sodalösung in geringem Überschuß, extrahiert die Lösung mit Äther, dampft den Ätherauszug auf dem Wasserbade ein, befreit das rohe Caryophyllen durch wiederholte Behandlung mit 5 %iger Sodalösung von etwas Eugenol und destilliert mit Dampf (SCHREINER, KREMERS, *Pharmaceutical Archives* 2, 280; SCHREINER, The Sesquiterpenes [Milwaukee 1904], S. 68).

Farblose Flüssigkeit von schwachem, aromatischem Geruch. $Kp._{752}$: 258—259°; $Kp._{13}$: 123—124°; D^{24}: 0,9038 (ERDMANN, *J. pr.* [2] 56, 146. $Kp._{20}$: 136—137°; D^{20}_{0}: 0,9030; n^{α}_{a}: 1,49694; n^{α}_{D}: 1,49976; n^{α}_{γ}: 1,51528; $[\alpha]^{\alpha}_{D}$: —8,96° (SCHR., K., *Pharm. Archives* 2, 281; *C.* 1899 II, 943; SCHR., The Sesquiterpenes, S. 69). D^{18}_{4}: 0,9032; n^{18}_{D}: 1,50076; $[\alpha]^{18}_{D}$: —8,95° (GADAMER, AMENOMIYA, *Ar.* 241, 38). $Kp._{20}$: 136—137°; D^{15}: 0,9076 (THOMS, *Ar.* 241, 599).

Über Versuche, das rohe Caryophyllen durch fraktionierte Destillation in seine Bestandteile zu zerlegen, vgl. DEUSSEN, LEWINSOHN, *A.* 359, 246.

Caryophyllen aus Nelkenstielöl gibt bei der Oxydation mit wäßr. $KMnO_4$-Lösung (2 At. O) neben Oxalsäure ein Oxydationsprodukt der Zusammensetzung $C_{14}H_{22}O_4$, ferner eine Säure $C_{10}H_{16}O_3$, eine Säure $C_8H_8O_4$ und eine Verbindung $C_{11}H_{18}O_2$ (s. u.) (DEUSSEN, LEWINSOHN, *A.* 359, 258; D., LOESCHE, *B.* 42, 376, 680; *A.* 369, 54; HAARMANN, *B.* 42, 1062). Beim Behandeln von Caryophyllen mit $KMnO_4$ in Aceton unter 0° erhält man ein Glykol $C_{10}H_{18}O_3$ (S. 465) (D., LOE., *B.* 42, 379). Einw. von Ozon: HAA., *B.* 42, 1067. Oxydation von Caryophyllen aus Copaivabalsamöl: LEVY, ENGLÄNDER, *A.* 242, 191; vgl. D., LOE., KLEMM, *A.* 369, 52. Caryophyllen wird von Natrium und Alkohol nicht reduziert (SEMMLER, *B.* 36, 1037). Einw. von Brom: BECKETT, WRIGHT, *Soc.* 29, 6. Caryophyllen liefert mit HCl in Äther ein Bis-hydrochlorid $C_{15}H_{26}Cl_2$ vom Schmelzpunkt 69—70° (S. 110) (SCHREINER, KREMERS, *Pharm. Archives* 2, 296; *C.* 1899 II, 1119; SCHR., The Sesquiterpenes [Milwaukee 1904], S. 70; vgl. WALLACH, *A.* 271, 298). Beim Erwärmen von Caryophyllen mit Eisessig-Schwefelsäure entstehen Caryophyllenhydrat $C_{15}H_{26}O$ (Syst. No. 510) (WA., *A.* 271, 288) und ein tricyclisches Sesquiterpen (D., LOE., KLEMM, *A.* 369, 50).

Caryophyllen-bis-hydrochlorid $C_{15}H_{26}Cl_2$ s. S. 110.

Caryophyllen-nitrolbenzylamine $C_{22}H_{34}ON_2 = C_{15}H_{23}(:N\cdot OH)\cdot NH\cdot CH_2\cdot C_6H_5$ s. Syst. No. 1873.

Caryophyllen-nitrolpiperidin $C_{20}H_{34}ON_2 = C_{15}H_{23}(:N\cdot OH)\cdot NC_5H_{10}$ s. Syst. No. 3038.

Verbindung $C_{14}H_{22}O_4$. *B.* Bei der Oxydation des Rohcaryophyllens aus Nelkenstielöl mit verd. $KMnO_4$-Lösung bei 0° (DEUSSEN, LEWINSOHN, *A.* 359, 258; vgl. D., LOESCHE, *B.* 42, 376; D., LOE., KLEMM, *A.* 369, 54; HAARMANN, *B.* 42, 1063). — Nadeln oder Blättchen (aus heißem Ligroin) mit lange andauerndem, bitterem Geschmack. F: 120° (H.), 120,5° (D., LE.). $Kp._{10}$: 210° (H.). Löslich in den gebräuchlichen Lösungsmitteln, auch in Wasser, unlöslich in kaltem Ligroin (D., LE.). In benzolischer Lösung linksdrehend (D., LE.). — Die Oxydation mit Chromsäure in Eisessig führt zu einer Verbindung $C_{14}H_{20}O_4$ (H.). Oxydiert man die Verbindung $C_{14}H_{22}O_4$ mit der gleichen Menge $KMnO_4$ in Chloroform + Wasser, so erhält man die Säure $C_{14}H_{20}O_5$ (H.). Spaltet mit alkal. Bromlösung Bromoform ab (H.).

---

[1]) α-Caryophyllen ist nach dem für die 4. Aufl. dieses Handbuches geltenden Literatur-Schlußtermin [1. I. 1910] von DEUSSEN (*J. pr.* [2] 83, 483; *A.* 388, 146) mit Humulen (s. S. 462) identifiziert worden.

[2]) Vgl. ferner: DEUSSEN, *A.* 388, 155; SEMMLER, MAYER, *B.* 44, 3657.

Siehe Vorbemerkungen über Sesquiterpene auf S. 456—457.

Beim Behandeln mit 1%,iger heißer Schwefelsäure entsteht die Verbindung $C_{14}H_{20}O_3$ (H.). Liefert mit Hydroxylamin ein Oxim $C_{14}H_{23}O_4N$ (H.; D., LOESCHE, KLEMM).

Oxim $C_{14}H_{23}O_4N$. *B.* Aus der Verbindung $C_{14}H_{22}O_4$ (S. 464) und Hydroxylamin in Methylalkohol (H., *B.* 42, 1064). — Krystalle (aus Wasser). F: 188,5° (D.), 187—188° (D., LOE., KLEMM, *A.* 369, 55).

Verbindung $C_{14}H_{20}O_4$. *B.* Aus der Verbindung $C_{14}H_{22}O_4$ (S. 464) durch Chromsäure in Eisessig (H., *B.* 42, 1064). — Krystalle (aus Aceton). F: 156—157°. Leicht löslich in Chloroform, Essigester, schwer in Aceton, Alkohol, Äther; unlöslich in Wasser, Benzin.

Säure $C_{14}H_{20}O_5$. *B.* Aus der Verbindung $C_{14}H_{22}O_4$ (S. 464) in Chloroform durch Oxydation mit der gleichen Menge $KMnO_4$ in Wasser bei Zimmertemperatur (H., *B.* 42, 1065). — Krystalle (aus Äther oder Chloroform). F: 171° (Zers.).

Verbindung $C_{14}H_{20}O_3$. *B.* Aus der Verbindung $C_{14}H_{22}O_4$ (S. 464) durch Behandeln mit heißer 1%,iger Schwefelsäure (H., *B.* 42, 1064). — Öl. Kp_{20}: 193°.

Verbindung $C_{11}H_{18}O_3$. *B.* Bei der Oxydation des Caryophyllens mit wäßr. $KMnO_4$-Lösung (H., *B.* 42, 1066). — Krystalle mit $^1/_2$ H_2O (aus Wasser). Schmilzt wasserfrei bei 122°. Krystallisiert aus Benzol mit Krystallbenzol.

Verbindung $C_{10}H_{16}O_3$. *B.* Durch Oxydation von Caryophyllen mit $KMnO_4$ in Aceton unter 0° (DEUSSEN, *B.* 42, 379). — Nädelchen (aus Benzol). F: 145—146°. Unlöslich in kaltem Benzol, sonst löslich. Besitzt schwach bittersüßen Geschmack. Wird durch Natronlauge bei 100° nicht verändert.

Säure $C_{10}H_{16}O_3$. *B.* Bei der Oxydation des Caryophyllens mit wäßr. $KMnO_4$-Lösung (DEUSSEN, *B.* 42, 377, 680; HAARMANN, *B.* 42, 1066). — Kp_{22}: 195—197°.

Semicarbazon $C_{11}H_{19}O_2N_3$. *B.* Durch Behandeln der Säure $C_{10}H_{16}O_3$ (s. o.) mit salzsaurem Semicarbazid + Natriumacetat in verd. Alkohol (D., *B.* 42, 377, 680). — Nädelchen (aus verd. Alkohol). Schmilzt bei 186° unter geringer Gelbfärbung.

Säure $C_8H_8O_4 = C_7H_7O_2 \cdot CO_2H$. *B.* Durch Oxydation von Caryophyllen mit wäßr. $KMnO_4$-Lösung bei 0° (DEUSSEN, *B.* 42, 378). — Vierkantige Säulen (aus verd. Alkohol). F: 179,5—180,5°. Unzersetzt sublimierbar. Löslich in Chloroform, Alkohol und heißem Wasser. — Gibt mit $FeCl_3$ keine Färbung.

b) Als *a-Caryophyllen* bezeichnet DEUSSEN (*A.* 359, 55) den inaktiven Bestandteil des Rohcaryophyllens, aus welchem die im folgenden beschriebenen Abkömmlinge erhalten wurden.

a-Caryophyllen-nitrosochlorid $C_{15}H_{24}ONCl$. *Darst.* Man versetzt ein Gemisch von 5 ccm Rohcaryophyllen, 5 ccm Alkohol, 5 ccm Essigester und 5 ccm Äthylnitrit unter starker Kühlung mit alkoh. Chlorwasserstofflösung und setzt die Lösung nach 1 Stde. dem Licht aus (SCHREINER, KREMERS, *Pharmaceutical Archives* 2, 294; *C.* 1899 II, 1119; SCHREINER, The Sesquiterpenes [Milwaukee 1904], S. 71). Das nun auskrystallisierende rohe Caryophyllennitrosochlorid zieht man auf dem Wasserbade bei etwa 70° mit Alkohol, dem man 10% Essigester zusetzt, mehrmals aus; dann krystallisiert man den Rückstand aus Chloroform um (DEUSSEN, LEWINSOHN, *A.* 356, 4; vgl. D., *A.* 369, 45). — Glänzende Krystallkrusten (aus Chloroform). Zersetzt sich bei langsamem Erhitzen bei 177°, bei schnellem Erhitzen bei 179° (D., LE.). Fast unlöslich in Alkohol, Essigester, Äther und Petroläther, löslich zu etwa 1% in Benzol und Chloroform (D., LE.). Die Lösungen sind kalt farblos, in der Wärme blau (D., LE.). Optisch inaktiv (D., LE.). Liefert bei der Einw. von Natriumäthylat oder -propylat eine Verbindung $C_{15}H_{23}ON$ vom Schmelzpunkt 128—129°, bei der Einw. von Natriummethylat eine Verbindung $C_{16}H_{25}O_2N$ vom Schmelzpunkt 116° (D., LOESCHE, KLEMM, *A.* 369, 47). Setzt sich bei vielstündigem Erhitzen mit Benzylamin zu Caryophyllennitrolbenzylamin vom Schmelzpunkt 128° (Syst. No. 1873) um (D., LE., *A.* 356, 8). Zur Einw. von Anilin vgl. SCHR., *Pharm. Archives* 6, 123; The Sesquiterpenes [Milwaukee 1904], S. 72.

Verbindung $C_{16}H_{25}O_2N$. Zur Zusammensetzung vgl. DEUSSEN, *A.* 369, 48. — *B.* Man kocht 5 g a-Caryophyllen-nitrosochlorid mit einer Lösung von 4 g Natrium in 50 ccm Methylalkohol etwa 6 Stdn. unter Rückfluß (DEUSSEN, LEWINSOHN, *A.* 356, 11). Entsteht auch aus a-Caryophyllen-nitrosobromid beim Erhitzen mit Natriummethylat (D., LE., *A.* 359, 248). — Farblose Rhomben (aus Alkohol) oder rosettenartige Blättchen (aus Benzol). F: 116° (D., LE., *A.* 356, 11). Leicht löslich in den gebräuchlichen Lösungsmitteln, unlöslich in Petroläther; ist in Eisessig monomolekular; optisch inaktiv (D., LE., *A.* 356, 12). — Gibt mit 1 Mol.·Gew. Brom in CCl$_4$ eine gebromte Verbindung, welche beim Umkrystallisieren aus Alkohol die Verbindung $C_{17}H_{28}O_3NBr$ liefert (D., LE., *A.* 356, 248).

Verbindung $C_{17}H_{28}O_3NBr$. *B.* Man behandelt die Verbindung $C_{16}H_{25}O_2N$ mit Brom in Kohlenstofftetrachlorid und krystallisiert das Reaktionsprodukt aus Alkohol um (DEUSSEN, LEWINSOHN, *A.* 359, 248). — Farblose Nadeln. F: 185—186° (Zers.). Inaktiv.

Verbindung $C_{15}H_{23}ON$. *B.* Aus a-Caryophyllen-nitrosochlorid durch Einw. von Natriumäthylat oder -propylat (DEUSSEN, LOESCHE, KLEMM, *A.* 369, 47). — Tafeln. F: 128—129°. Optisch inaktiv. — Entfärbt Brom in Eisessig.

Siehe Vorbemerkungen über Sesquiterpene auf S. 456—457.

α-Caryophyllen-nitrosobromid $C_{15}H_{24}ONBr$. *B.* Man kühlt eine Mischung von je 5 ccm Rohcaryophyllen, Essigester, Alkohol und Äthylnitrit auf —20° ab und gibt dazu ganz allmählich 5 ccm mit trocknem Bromwasserstoff gesättigten Äther; Ausbeute 8°/₀ (DEUSSEN, LEWINSOHN, *A.* **359**, 247). — Krystalle (aus Chloroform). F: 144—145° (Zers.). Optisch inaktiv. — Liefert beim Erhitzen mit Natriummethylat die Verbindung $C_{15}H_{22}O_2N$ vom Schmelzpunkt 116° (S. 465).

α-Caryophyllen-nitrosat $C_{15}H_{24}O_4N_2$. *Darst.* Man kühlt ein Gemisch aus 5 ccm ·Rohcaryophyllen, 5 ccm Eisessig und 5 ccm Äthylnitrit in einer Kältemischung ab, versetzt allmählich mit 5 ccm konz. Salpetersäure + 5 ccm Eisessig und fällt nach 2 Stdn. mit Alkohol (SCHREINER, KREMERS, *Pharm. Archives* **2**, 296; *C.* **1899** II, 1119; SCHR., The Sesquiterpenes [Milwaukee 1904], S. 72). — Feine Nadeln (aus Benzol). F: 158° (SCHIMMEL & Co., *C.* **1907** II, 1741), 162°(DEUSSEN, LOESCHE, KLEMM, *A.* **369**, 42). Unlöslich in Alkohol, Äther und Eisessig, löslich in Benzol (WALLACH, TUTTLE, *A.* **279**, 391; K., SCHR., JAMES, *Pharm. Archives* **1**, 212; *C.* **1899** I, 108; SCHR., The Sesquiterpenes, S. 73). — Beim Kochen mit alkoh. Kali entstehen weiße Nadeln (F: 220—223°) (K., SCHR., J., *Pharm. Archives* **1**, 215; *C.* **1899** I, 108). Liefert mit Benzylamin das Caryophyllennitrolbenzylamin vom Schmelzpunkt 128° (K., SCHR., J.; D., L., KL.). Mit Piperidin entsteht das Nitrolamin $C_{20}H_{34}ON_2$ (Syst. No. 3038) (W., T.).

c) *β-Caryophyllen* wird von DEUSSEN, LOESCHE, KLEMM (*A.* **369**, 43) der linksdrehende Kohlenwasserstoff des Rohcaryophyllens genannt, von dem sich die folgenden Derivate ableiten. Zur Konstitution vgl. D., *A.* **369**, 56.

β-Caryophyllen-nitrosochlorid $C_{15}H_{24}ONCl$. *Darst.* Man zieht rohes Caryophyllennitrosochlorid (s. S. 465 bei α-Caryophyllennitrosochlorid) auf dem Wasserbade bei etwa 70° mit Alkohol, dem 10°/₀ Essigester zugesetzt sind, mehrmals aus und krystallisiert den beim Eindunsten der Auszüge zurückbleibenden, mit Harz durchsetzten Krystallbrei zuerst zweimal aus Alkohol, dann aus der 20-fachen Menge warmen Essigesters unter Zusatz von etwas Alkohol um; das β-Nitrosochlorid scheidet sich zuerst aus (DEUSSEN, LEWINSOHN, *A.* **356**, 5). — Glasglänzende derbe Krystalle. Schmilzt unter Zersetzung bei 159° (D., LE.). Besonders die Lösung in Essigester ist in der Wärme blau gefärbt (D., LE.). $[α]_D^0$: — 98,07° (in Benzol; p = 0,8681) (D., LE.). — Wandelt sich beim Erhitzen mit Alkohol im siedenden Wasserbade in das Isocaryophyllen-α-nitrosochlorid vom Schmelzpunkt 122° (S. 467) um (D., LOESCHE, KLEMM, *A.* **369**, 49). Bei der Umsetzung mit Natriumäthylat-lösung in der Wärme entsteht eine Verbindung $C_{15}H_{23}O_2N$ oder $C_{15}H_{23}O_2N$ vom Schmelzpunkt 164° (D., LOE., K.). Beim Erhitzen mit Benzylamin entsteht das Caryophyllen·nitrolbenzylamin (Syst. No. 1873) vom Schmelzpunkt 172—173° (D., LE., *A.* **356**, 9).

Blaues β-Caryophyllen-nitrosit $C_{15}H_{24}O_3N_2$. *B.* Man setzt zu einer Lösung von 25 ccm Caryophyllen in 63 ccm (DEUSSEN, LEWINSOHN, *A.* **356**, 13) leicht siedendem Petrol·äther 25 ccm gesättigte NaNO₂-Lösung, dann allmählich 25 ccm Eisessig (SCHREINER, KREMERS, *Pharm. Archives* **2**, 282; *C.* **1899** II, 943). — Blaue Nadeln. F: 113° (SCH., K.), 115° (D., LE., *A.* **356**, 13). $[α]_D$: +1626° (in Benzol) (D., *A.* **369**, 42 Anm.)[1]. — Beim Belichten des blauen Nitrosits in alkoh. Lösung entsteht die Verbindung $C_{15}H_{22}O_2N_2$ (s. u.), in benzolischer Lösung dagegen eine Verbindung $C_{15}H_{24}O_6N_4$ (?) (s. u.) vom Schmelzpunkt 159° (D., LOESCHE, KLEMM, *A.* **369**, 44). Bei der Einw. siedenden Ligroins (Kp: ca. 90°) unter gleichzeitigem Durchleiten von CO₂ entsteht aus der blauen Verbindung allmählich ein weißlich-gelber voluminöser Niederschlag, aus dem sich die Verbindung $C_{15}H_{24}O_6N_4$ (?) (vgl. D., LOE., KL., *A.* **369**, 45) vom Schmelzpunkt 159° (s. u.) isolieren läßt; die vom Niederschlag abfiltrierte Ligroinlösung enthält die Verbindung $C_{15}H_{22}O_2N_2$ (s. u.) (D., LE., *A.* **356**, 17; **359**, 249). Das blaue Caryophyllennitrosit wird durch CrO₃ (3 At. O entsprechend) in Eisessig hauptsächlich zu der Verbindung $C_{15}H_{22}O_2N_2$ oxydiert (D., LE., *A.* **359**, 249). Liefert bei Einw. von alkoh. Kalilauge in der Kälte ein weißes Nitrosit vom Schmelzpunkt 139° bis 139,5° (D., LE., *A.* **356**, 14), bei längerer Einw. bei Zimmertemperatur dagegen eine Verbindung $C_{15}H_{22}O_2N$ oder $C_{15}H_{23}O_2N$ (F: 162—163°) (D., LOE., KL., *A.* **369**, 43). Wird beim Kochen mit Alkohol zu etwa 60°/₀ in Isocaryophyllen (S. 467) übergeführt (D., LE., *A.* **359**, 251).

Verbindung $C_{15}H_{22}O_4N_2$. *B.* Aus dem blauen β-Caryophyllennitrosit bei der Einw. von siedendem Ligroin (neben anderen Verbindungen) (DEUSSEN, LEWINSOHN, *A.* **356**, 17) oder von Chromsäure (entsprechend 3 At. O) (D., LE., *A.* **359**, 249). Beim Belichten des blauen β-Caryophyllennitrosits in alkoh. Lösung (D., LOE., K., *A.* **369**, 44). — Krystalle (aus Ligroin). F: 131—132°; $[α]_D$: +57,22° (in Benzol; p = 0,5669) (D., LOE., K.). — Entfärbt eine Lösung von Brom in Eisessig sofort (D., LE., *A.* **359**, 250; D., LOE., K.).

Verbindung $C_{15}H_{24}O_6N_4$(?)[2]. *B.* Aus blauem β-Caryophyllennitrosit durch Belichten in benzolischer Lösung (DEUSSEN, LOESCHE, KLEMM, *A.* **369**, 45) oder durch Einw. von siedendem

---

[1] Vgl. die nach Literatur-Schlußtermin veröffentlichte Berichtigung der ursprünglichen Berechnung bei DEUSSEN, *A.* **388**, 161.

[2] Nach dem für die 4. Aufl. dieses Handbuches geltenden Literatur-Schlußtermin [1. I. 1910] hat DEUSSEN (*A.* **388**, 188) für diese Verbindung die Formel $C_{15}H_{19}O_6N_3$ aufgestellt.

Siehe Vorbemerkungen über Sesquiterpene auf S. 456—457.

Ligroin (DEUSSEN, LEWINSOHN, A. **356**, 17; **369**, 45). — Krystalle (aus Aceton + Petroläther). F: 158—159° (D., LOE., K.). Leicht löslich in Kalilauge (D., LE.). Verhält sich gegen Brom gesättigt (D., LE.).

Weißes Caryophyllen-nitrosit $C_{15}H_{24}O_3N_2$. B. Entsteht aus dem blauen β-Caryophyllennitrosit (S. 466), wenn man dieses mit der 3-fachen Menge Alkohol übergießt und zu der auf 0° abgekühlten Mischung tropfenweise solange etwa 10%ige alkoh. Kalilauge fließen läßt, bis die blauen Nadeln verschwunden sind; man säuert dann sofort vorsichtig mit verd. Essigsäure an, schüttelt nach dem Verdünnen mit Eiswasser mit Äther aus und krystallisiert den Rückstand der äther. Ausschüttelung nach dem Abpressen auf Ton aus Petroläther um (DEUSSEN, LEWINSOHN, A. **356**, 14). — Verfilzte Nadeln (aus Petroläther). F: 139—139,5° (Aufschäumen). Löslich in den meisten Lösungsmitteln. $[\alpha]_D^{18}$: +120,0° (in Benzol; p = 1,537). Monomolekular (in Benzol und Eisessig). — Nimmt in Eisessig sofort Brom auf, in CCl_4 jedoch erst in einigen Minuten. Die Lösung in Eisessig sowie in alkoh. Salzsäure ist schwach grünblau; beim Erhitzen der farbigen essigsauren Lösung auf etwa 100° verschwindet die Färbung unter Bildung einer krystallisierten Verbindung.

Verbindung $C_{15}H_{24}O_2N$ oder $C_{15}H_{23}O_2N$. Zur Zusammensetzung vgl. DEUSSEN, LOESCHE, KLEMM, A. **369**, 44. — B. Durch etwa 4-stdg. Einw. von ca. 10%iger alkoh. Kalilauge bei Zimmertemperatur auf das blaue β-Caryophyllennitrosit (D., LEWINSOHN, A. **356**, 16). — Nadeln (aus Petroläther oder Eisessig). F: 162—163°. $[\alpha]_D^{18}$: +209,2° (in Benzol; p = 1,719). Monomolekular (in Eisessig und Benzol). — Nimmt in Eisessig sofort Brom auf, in CCl_4 jedoch erst in einigen Minuten.

Verbindung $C_{15}H_{25}O_2N$ oder $C_{15}H_{23}O_2N$. Zur Zusammensetzung vgl. DEUSSEN, LOESCHE, KLEMM, A. **369**, 46. — B. Neben α- und β-Caryophyllennitrosochlorid bei Einw. von Äthylnitrit und HCl auf rohes Caryophyllen (DEUSSEN, LEWINSOHN, A. **356**, 5); zur Darstellung läßt man die bei der Darstellung des α-Caryophyllennitrosochlorids (S. 465) abfallenden Mutterlaugen langsam eindunsten; Ausbeute ca. 28% (D., LOESCHE, KLEMM, A. **369**, 45). — Krystalle (aus Alkohol + Essigester). F: 164° (D., LOE., K.). $[\alpha]_D$: +224° (in Chloroform) (D., LOE., K.); $[\alpha]_D^{18}$: +217,2° (in Benzol; p = 0,8519) (D., LE.). Monomolekular (in Benzol) (D., LE.). — Nimmt in Lösung sofort Brom auf; reagiert nicht mit Benzylamin (D., LE.).

Verbindung $C_{15}H_{25}O_2N$ oder $C_{15}H_{23}O_2N$. B. Beim langsamen Eindunsten und längerem Stehen der bei der Darstellung des α-Caryophyllennitrosochlorids (S. 465) abfallenden Mutterlaugen, neben der isomeren Verbindung vom Schmelzpunkt 164° (D., LOESCHE, KLEMM, A. **369**, 46). — Nädelchen (aus verd. Alkohol). F: 125—125,5°. Löslich in den gebräuchlichsten organischen Lösungsmitteln. $[\alpha]_D$: +24° (in Benzol). — Entfärbt Brom nicht.

d) *γ-Caryophyllen* wird derjenige optisch aktive Gemengteil des rohen Caryophyllens genannt, der kein Nitrosit liefert (DEUSSEN, LOESCHE, KLEMM, A. **369**, 43).

26. *Isocaryophyllen* $C_{15}H_{24}$. Zur Bezeichnung vgl. DEUSSEN, LOESCHE, KLEMM, A. **369**, 49 Anm.[1]). — B. Dieser Kohlenwasserstoff läßt sich isolieren, wenn man die grünblauen Mutterlaugen von der Darstellung des blauen β-Caryophyllennitrosites (S. 466) mit Wasser wäscht, den Petroläther im Vakuum abdunstet und das zurückbleibende Öl mit Wasserdampf übertreibt, bis das übergehende Öl anfängt, schwerer als Wasser zu werden (D., LEWINSOHN, A. **356**, 20). Entsteht auch aus dem blauen β-Caryophyllennitrosit beim Kochen mit Alkohol (D., LE., A. **359**, 251). — $Kp_{14,5}$: 125—125,5°; D_5^5: 0,89941; n_D^{15}: 1,49665; α_D^{16}: 26,174° (D., LE., A. **359**, 252). — Oxydation mit $KMnO_4$: (D., LOE., K. Addiert Brom unter Entwicklung von HBr (D., LE., A. **359**, 252). Gibt (mit 80% Ausbeute) ein Nitrosochlorid-Gemisch, das sich durch Aceton in 2 Isomere zerlegen läßt (s. u.) (D., LE., A. **359**, 253).

Isocaryophyllen-α-nitrosochlorid $C_{15}H_{24}ONCl$. B. Bei der Anlagerung von NOCl an Isocaryophyllen, neben dem β-Nitrosochlorid (s. u.); die in Aceton leichter lösliche α-Verbindung ist in neunmal größerer Menge als die β-Verbindung vorhanden (DEUSSEN, LEWINSOHN, A. **359**, 253). — Nädelchen (aus Aceton-Alkohol). Schmilzt unter Zersetzung bei 122° (schnell erhitzt bei 123—124°) (D., LE.). $[\alpha]_D^{20,4}$: +14,71° (in Chloroform; p = 2,491) (D., LE.). — Gibt mit Anilin in Benzollösung ein Anilid vom Schmelzpunkt 187° (D., LE.). Gibt beim Umsetzen mit Benzylamin Caryophyllennitrolbenzylamin vom Schmelzpunkt 172° bis 173° (D., LOESCHE, KLEMM, A. **369**, 48). Liefert beim Erwärmen mit Natriummethylatlösung eine Verbindung $C_{15}H_{25}O_2N$ oder $C_{15}H_{23}O_2N$ (F: 163—164°) (D., LOE., K.).

Isocaryophyllen-β-nitrosochlorid $C_{15}H_{24}ONCl$. B. s. o. bei der α-Verbindung. — Krystalle (aus Chloroform-Alkohol). Schmilzt unter Zersetzung bei 146° (bei schnellerem

---

[1]) Nach dem für die 4. Aufl. geltenden Literatur-Schlußtermin [1. I. 1910] von DEUSSEN (J pr. [2] **90**, 324) als *γ-Caryophyllen* bezeichnet; der experimentelle Beweis für die Identität des Isocaryophyllens mit dem aktiven *γ-Caryophyllen* des Roh-Caryophyllens (vgl. S. 464) ist nach DEUSSEN (Priv.-Mitt.) noch nicht erbracht worden.

30*

Siehe Vorbemerkungen über Sesquiterpene auf S. 456—457.

Erhitzen bei 147—148⁰); schwerer löslich in Aceton als das Isomere; $[\alpha]_D^{18}$: −33,69⁰. (in Chloroform; p = 3,346) (D., LE.). — Wandelt sich beim Erhitzen mit Alkohol im siedenden Wasserbade in das α-Nitrosochlorid vom Schmelzpunkt 122⁰ um (D., LOESCHE, KLEMM, A. **369**, 48). Liefert mit Benzylamin Caryophyllennitrolbenzylamin (F: 172—173⁰) (D., LE.). Gibt jedoch mit Anilin kein festes Anilid (D., LE.). Liefert beim Erwärmen mit Natriumäthylatlösung dieselbe Verbindung $C_{15}H_{24}O_2N$ oder $C_{15}H_{23}O_2N$ (F: 163—164⁰), die auf dem gleichen Wege auch aus β-Caryophyllennitrosochlorid (S. 466), sowie aus Isocaryophyllen-α-nitrosochlorid (S. 467) entsteht (D., LOE., K.).

27. *Cloven* $C_{15}H_{24}$. Einheitlichkeit fraglich (DEUSSEN, LEWINSOHN, A. **359**, 257). — B. Bei ¹/₄-stdg. Kochen von Caryophyllenhydrat $C_{15}H_{26}O$ (Syst. No. 510) mit P_2O_5 (WALLACH, A. **271**, 294). — Flüssig. Kp: 261—263⁰; D^{15}: 0,930; n_D^{15}: 1,50066 (W.). $Kp_{15,5}$: 131⁰ bis 139⁰; D_4^{19}: 0,92223; n_D^{19}: 1,4740; α: +1,30⁰ (l = 10 cm) (D., L.). — Läßt sich nicht in Caryophyllenhydrat zurückverwandeln (W.). Liefert kein festes Nitrosit (D., L.). Beim Erhitzen mit Paraformaldehyd auf 180—200⁰ entsteht eine Verbindung $C_{16}H_{26}O$ (Syst. No. 533) (GENVRESSE, *C. r.* **138**, 1228).

28. *Sesquiterpen* $C_{15}H_{24}$ *aus Caryophyllen-bis-hydrochlorid.* B. Aus Caryophyllen-bis-hydrochlorid, Eisessig und Natriumacetat (SCHREINER, KREMERS, *Pharmaceutical Archives* **4**, 164; *C.* **1902** I, 41; vgl. SCHREINER, *Pharmaceutical Archives* **6**, 122; The Sesquiterpenes [Milwaukee 1904], S. 71, 108). — D^{20}: 0,9191. n_D: 1,49901. $[\alpha]_D$: −35,39⁰.

29. *Caparrapen* $C_{15}H_{24}$. B. Bei Einw. von P_2O_5 auf Caparrapiol (Syst. No. 4728) (TAPIA, *Bl.* [3] **19**, 643). — Farblose Flüssigkeit. Kp: 240—250⁰. D^{15}: 0,9019. $[\alpha]_D$: −2,21⁰. n_D: 1,4953. Schwer löslich in Alkohol.

30. *Sesquiterpen* $C_{15}H_{24}$ *aus dem ätherischen Öl von Pittosporum.* V. Im Öl der Früchte von Pittosporum undulatum Vent. (POWER, TUTIN, *Soc.* **89**, 1090). — Gelbliches Öl von rosenähnlichem Geruch. Kp: 263—264⁰ (korr.); Kp_{60}: 167—171⁰. D_{15}^{15}: 0,9100. n_D^{15}: 1,5030. Optisch inaktiv.

31. *Sesquiterpen* $C_{15}H_{24}$ *aus dem Sesquiterpenalkohol* $C_{15}H_{26}O$ *des Copaivabalsamöls.* B. Aus dem Sesquiterpenalkohol des surinamensischen Copaivabalsams (s. Syst. No. 4728) durch wasserfreie Ameisensäure (VAN ITALLIE, NIEUWLAND, *C.* **1906** I, 1893; *Ar.* **244**, 163). — Kp_{759}: 252⁰. D^{15}: 0,952. n^{15}: 1,5189. α_D: −61,7⁰.

32. *Amorphen* $C_{15}H_{24}$. V. Im äther. Öl von Amorpha fruticosa L. (PAVESI, *Rend. del R. Istituto Lombardo* [2] **37**, 491; *C.* **1904** II, 224). — *Darst.* Durch Sättigen der Sesquiterpen-Fraktion des Öles mit Chlorwasserstoff und Kochen der flüssigen Hydrochloride mit Anilin (P.). — Öl von schwach aromatischem Geruch. Kp: 250—260⁰. D^{15}: 0,916. n_D^{15}: 1,50652; $n_D^{17,4}$: 1,50541. — Gibt mit Schwefelsäure in Eisessig eine rotviolette Färbung.

33. *Guajen* $C_{15}H_{24}$. Einheitlichkeit fraglich (vgl. HAENSEL, *C.* **1908** II, 1436). — B. Aus Guajol $C_{15}H_{26}O$ (Syst. No. 510) durch Erhitzen mit überschüssigem ZnCl₂ auf 180⁰ (WALLACH, TUTTLE, A. **279**, 397), durch 1¹/₂-stdg. Erhitzen mit der halben Gewichtsmenge $KHSO_4$ auf 180⁰ (GADAMER, AMENOMIYA, *Ar.* **241**, 43) oder durch 1-stdg. Erwärmen mit der dreifachen Menge wasserfreier Ameisensäure (HAENSEL, *C.* **1908** II, 1436). Durch Einw. von Schwefelkohlenstoff auf die Kaliumverbindung des Guajols und Erwärmen des entstandenen Xanthogenats mit Methyljodid (GANDURIN, *B.* **41**, 4362). — Fast geruchlose Flüssigkeit, die mit der Zeit schwach wohlriechend wird (GAD., A.). Kp: 124—128⁰; D^{20}: 0,910; n_D: 1,50114 (W., T.). Kp_9: 123—124⁰; D_4^{20}: 0,9085; n_D^{20}: 1,50049; $[\alpha]_D^{20}$: −40,35⁰ (GAD., A.). Kp_{11}: 124⁰; D_4^{0}: 0,9133; D_4^{20}: 0,8954; n_D^{20}: 1,49468; $[\alpha]_D^{0}$: −66,11⁰ (GAN.). Kp_{14}: 135—138⁰; D_4^{20}: 0,9182 (H.). Leicht löslich in Äther, schwerer in Alkohol (GAN.).

34. *Galipen* $C_{15}H_{24}$ s. bei Angosturarindenöl, Syst. No. 4728.

35. *Sesquiterpen* $C_{15}H_{24}$ *aus westindischem Sandelholzöl, „d-Cadinen"* s. bei Cadinen S. 460.

36. *Limen* (auch als *Bisabolen* bezeichnet) *bezw. diesem strukturell nahestehende Sesquiterpene* $C_{15}H_{24}$, welche dasselbe Trishydrochlorid $C_{15}H_{27}Cl_3$ vom Schmelzpunkt 80⁰ (S. 59—60) liefern und in Form desselben isoliert wurden. V. Im sibirischen Fichtennadelöl (WALLACH, A. **368**, 19). Im Bergamottöl (BURGESS, PAGE, *Soc.* **85**, 1328). Im Limettöl (B., P., *Soc.* **85**, 415). Im äther. Öl aus Piper Volkensii (R. SCHMIDT, WEILINGER, *B.* **39**, 657). Im Campheröl (SCHIMMEL & Co., *C.* **1909** II, 2156). Im Citronenöl (B., P., *Soc.* **85**, 415; GILDEMEISTER, MÜLLER, *C.* **1909** II, 2160). In der Bisabol-Myrrha (TUCHOLKA,

Siehe Vorbemerkungen über Sesquiterpene auf S. 456—457.

Ar. **235**, 295). Im Opopanaxöl (identisch mit dem Öl aus Bisabol-Myrrha ?) (SCHIMMEL & Co., *C.* **1904** II, 1470).

Aus Citronenöl durch Fraktionieren gewonnenes Limen zeigte folgende Eigenschaften: Kp_4: 110—112°; D^{15}: 0,8813; n_D^{20}: 1,49015; a_D: —41° 31' (l = 10 cm) (G., M.).

Das aus dem Trishydrochlorid $C_{15}H_{27}Cl_3$ durch Natriumacetat und Eisessig regenerierte Limen zeigte folgende Eigenschaften: Farbloses Öl von schwachem, eigenartigem Geruch. Kp_{755}: 262—263° (geringe Zers.); Kp_5: 131°; D^{15}: 0,873; n_D^{15}: 1,4935; $[a]_D$: ± 0° (BURGESS, PAGE, *Soc.* **85**, 415). Kp_{755}: 261—262°; D^{15}: 0,8798; n_D^{0}: 1,48246; a_D: ± 0° (SCHIMMEL & CO., Bericht vom Oktober **1909**, 24; *C.* **1909** II, 2156). Kp_{751}: 261—262°; D^{15}: 0,8759; n_D^{10}: 1,4901; a_D: ± 0° (GILDEMEISTER, MÜLLER, WALLACH-Festschrift [Göttingen 1909], S. 449). Kp: 260° bis 268° (geringe Zers.). D^{20}: 0,8725; n_D^{20}: 1,4903 (WALLACH, *A.* **368**, 20). — Wird bei längerem Aufbewahren unter Verharzung dickflüssig (W.). Addiert in verd. essigsaurer Lösung (B., P.) 6 Atome Brom (B., P.; G., M.). Liefert ein Trishydrochlorid $C_{15}H_{27}Cl_3$ (B., P., *Soc.* **85**, 415) und ein Trishydrobromid $C_{15}H_{27}Br_3$ (W.). Liefert kein festes Nitrosochlorid, Nitrosit oder Nitrosat (G., M.).

Limen-tris-hydrochlorid $C_{15}H_{27}Cl_3$ s. S. 59—60.

37. *Bisabolen* $C_{15}H_{24}$ s. Limen, S. 468.

38. *Sesquiterpen* $C_{15}H_{24}$ aus Opopanaxöl s. oben bei Limen.

39. *Heerabolen* $C_{15}H_{24}$. *V.* Im äther. Heerabol-Myrrhenöl (v. FRIEDRICHS, *Ar.* **245**, 439). — *Darst.* Man verseift das von den Säuren, Phenolen und Aldehyden befreite äther. Myrrhenöl mit alkoh. Lösung, schüttelt die wäßr. Lösung der Reaktionsflüssigkeit mit Äther aus, verjagt den Äther und fraktioniert den Rückstand unter vermindertem Druck über Natrium (v. F.). — Farblose, etwas dickliche Flüssigkeit von terpentinartigem Geruch. Kp_{16}: 130—136°. D^{20}: 0,943. n_D^{20}: 1,5125. $[a]_D^{20}$: —14° 12'. — Verbindet sich mit HCl zu einem Bishydrochlorid $C_{15}H_{26}Cl_2$ (S. 111).

40. *Conimen* $C_{15}H_{24}$ s. bei Harz von Icica heptaphylla, Syst. No. 4745.

41. *Heveen* $C_{15}H_{24}$ s. bei Kautschuk, Syst. No. 4744.

42. *Gonystylen* $C_{15}H_{24}$. *B.* Aus Gonystylol (Syst. No. 510) durch Erhitzen mit dem 2—3-fachen Gewicht Ameisensäure (EYKEN, *R.* **25**, 46). — Flüssig. Kp_{17}: 137—139°. D^{17}: 0,9183. n_D^{15}: 1,5134. $[a]_D^{17}$: +40°. — Addiert in äther. Lösung Brom. Läßt sich mit Eisessig-Schwefelsäure nicht hydratisieren.

43. *Sesquiterpen* $C_{15}H_{24}$ aus Balaoharzbalsam. *V.* Im (verseiften) Balaoharzbalsam (von Dipterocarpus vernicifluus Blco. und grandiflorus Blco.) (BACON, *C.* **1909** II, 1450). — Fast farbloses, schwach nach Cedernöl riechendes Öl. Siedet unter schwacher Gelbfärbung bei 261—262,4° (korr.); Kp_5: 118—119°. D_{1}^{0}: 0,9104. n_D^{0}: 1,4956. — Entfärbt angesäuerte wäßr. $KMnO_4$-Lösung sofort. Addiert in Eisessig Brom.

44. *Gurjunen*[1]) $C_{15}H_{24}$ s. bei Gurjunbalsamöl, Syst. No. 4728.

45. *Niedriger siedendes Sesquiterpen* $C_{15}H_{24}$ aus dem Sesquiterpenalkohol $C_{15}H_{26}O$ des *Eucalyptusöles*. *B.* Aus dem Sesquiterpenalkohol $C_{15}H_{26}O$ des Eucalyptusöles (Syst. No. 510) durch Einw. von 90%iger Ameisensäure (neben einem Isomeren) (SCHIMMEL & Co., *C.* **1904** I, 1264). — Kp_{748}: 247—248°; Kp_5: 102—103°; D^{15}: 0,8956; n_D^{20}: 1,49287; a_D: —55° 48' (l = 10 cm).

46. *Höher siedendes Sesquiterpen* $C_{15}H_{24}$ aus dem Sesquiterpenalkohol $C_{15}H_{26}O$ des *Eucalyptusöles*. *B.* Aus dem Sesquiterpenalkohol $C_{15}H_{26}O$ aus Eucalyptusöl (Syst. No. 510) durch Einw. von 90%iger Ameisensäure (neben einem Isomeren) (SCHIMMEL & Co., *C.* **1904** I, 1264). — Kp_{750}: 265,5—266°; D^{15}: 0,9236; n_D^{20}: 1,50602; a_D: +58° 40' (l = 10 cm).

47. *Aralien* $C_{15}H_{24}$ s. bei äther. Öl von Aralia nudicaulis Syst. No. 4728.

48. *Leden* $C_{15}H_{24}$. *B.* Bei schwachem Erwärmen von Ledumcampher $C_{15}H_{25}$·OH (Syst. No. 510) mit 50%iger Schwefelsäure, mit Benzoylchlorid (HJELT, *B.* **28**, 3088) oder beim Erhitzen mit Essigsäureanhydrid auf 150° (RIZZA, Ж. **19**, 324; *B.* **20** Ref., 562). — Charakteristisch riechende Flüssigkeit. Kp_{755}: 264° (R.); Kp: 255° (H.). D^{0}: 0,9349; D^{19}: 0,9237 (R.). — Addiert in Äther leicht Brom (R.).

---

[1]) Genaueres über Gurjunen ist erst nach dem für die 4. Aufl. dieses Handbuches geltenden Literatur-Schlußtermin [1. I. 1910] durch Arbeiten von DEUSSEN (*A.* **374**, 105) und SEMMLER (*B.* **47**, 1029, 1141, 2254) bekannt geworden.

Siehe Vorbemerkungen über Sesquiterpene auf S. 456—457.

49. *Rhodien* $C_{15}H_{24}$ s. bei äther. Öl von Convolvulus scoparius, Syst. No. 4728.

50. *Patschulen* $C_{15}H_{24}$. *B.* Aus Patschulialkohol $C_{15}H_{26}\cdot$OH (Syst. No. 510) durch Behandlung mit Chlorwasserstoff in alkoh. Lösung, durch Einw. von Essigsäureanhydrid in der Kälte oder durch Kochen mit Eisessig (MONTGOLFIER, *C. r.* **84**, 90), bei $1^1/_2$-stdg. Erhitzen mit Kaliumdisulfat auf 180° (WALLACH, TUTTLE, *A.* **279**, 394; vgl. auch W., *A.* **271**, 299) oder durch Einw. von starker Ameisensäure in der Kälte (SCHIMMEL & Co., Bericht vom April 1904, 75; *C.* 1904 I, 1265). — Farblose, cedernartig riechende Flüssigkeit. Kp: 255—256°; D^{15}: 0,9334; a_D: —36° 52′ (SCH. & Co.). Kp_{743}: 252—253° (korr.); D^0: 0,946; $D^{9,1}$: 0,937; $[a]_D$: —42° 10′ (M.). Kp: 254—256°; D^{23}: 0,939; n_D: 1,50094 (W., T.). $Kp_{12-12,5}$: 112—115°; D_4^0: 0,9296; n_D^{20}: 1,49835; $[a]_D^{20}$: —38,08° (GADAMER, AMENOMIYA, *Ar.* **241**, 41). Wenig löslich in Alkohol und Essigsäure, sehr leicht in Äther und Benzol (M.). Unlöslich in Salzsäure, Salpetersäure und Schwefelsäure; gibt mit diesen Säuren eine charakteristische rote Färbung (M.). — Verbindet sich nicht mit HCl (M.). Läßt sich nicht hydratisieren (G., A.; SCH. & Co.).

51. *Natürliche Sesquiterpene* $C_{15}H_{24}$ *aus Patschuliöl* s. bei die˜em, Sys˙. No. 4728.

52. *Sesquiterpen* $C_{15}H_{24}$ *aus dem Sesquiterpenalkohol* $C_{15}H_{26}O$ *des Öles von Hedeoma pulegioides*. *B.* Durch Destillation des Sesquiterpenalkohols $C_{15}H_{26}O$ aus Hedeoma pulegioides (s. Syst. No. 4728) über P_2O_5 und schließlich unter 60 mm Druck über Natrium (BARROWCLIFF, *Soc.* **91**, 885). — Kp: 270—280°; Kp_{60}: 160—170°. D_4^{20}: 0,8981. n_D^{20}: 1,5001. a_D: $+1° 4′$ (l = 10 cm).

53. *Atractylen* $C_{15}H_{24}$.
a) Präparat aus Atractylol. *B.* Durch Erhitzen von 2 Tln. Atractylol $C_{15}H_{26}O$ (Syst. No. 510) mit 1 Tl. $KHSO_4$ auf 180° (GADAMER, AMENOMIYA, *Ar.* **241**, 33). In frisch destilliertem Zustande farblose, ziemlich bewegliche Flüssigkeit von cederartigem Geruch; wird bei der Aufbewahrung dickflüssig und nimmt einen limonenartigen Geruch an. Kp: 260—263°; Kp_{10}: 125—126°. D_4^{20}: 0,9154. n_D^{20}: 1,50893. — Liefert bei der Einw. von HI in Gegenwart von Äther und bei der Einw. von Brom in Gegenwart von CCl_4 leichtzersetzliche Additionsprodukte. Nitrosochlorid und Nitrosat sind äußerst unbeständig.
b) Präparat aus Atractylen-bis-hydrochlorid. *B.* Durch 10-stdg. Erwärmen von Atractylen-bis-hydrochlorid $C_{15}H_{26}Cl_2$ (S. 111) mit 2 Tln. Anilin auf dem Wasserbade (G., A., *Ar.* **241**, 34). — $Kp_{14,5}$: 133—141°. D_4^{20}: 0,9267. n_D^{20}: 1,50565.

54. *Carlinen* $C_{15}H_{24}$. *V.* Im äther. Öl der Eberwurzel (Carlina acaulis L.) (SEMMLER, *Ch. Z.* **13**, 1158; *B.* **39**, 727). Kp_{20}: 139—141°. $D^{3,4}$: 0,8733. n_D: 1,492.

55. *Sesquiterpen* $C_{15}H_{24}$ *aus einem Sesquiterpenalkohol* $C_{15}H_{26}O$ *des Maaliharzöles*. *B.* Beim Erwärmen des Alkohols $C_{15}H_{26}O$ (s. bei Maaliharzöl, Syst. No. 4728) mit konz. Ameisensäure (SCHIMMEL & Co., Bericht vom Oktober 1908, 80; *C.* 1909 I, 23). — Kp_{754}: 270,8—271°. D^{15}: 0,9190. n_D^{20}: 1,52252. $[a]_D$: $+131,99°$. — Liefert weder ein Nitrosochlorid oder Nitrosat noch ein Additionsprodukt mit HCl oder HBr. Gibt in Eisessiglösung mit konz. Schwefelsäure eine indigoblaue Färbung. Läßt sich nicht hydratisieren.

11. Kohlenwasserstoffe $C_{16}H_{26}$.

1. *1-[1³.1⁷-Dimetho-octyl]-benzol, β.ζ-Dimethyl-ϑ-phenyl-octan* $C_{16}H_{26}$ = $C_6H_5\cdot CH_2\cdot CH_2\cdot CH(CH_3)\cdot CH_2\cdot CH_2\cdot CH_2\cdot CH(CH_3)_2$. Linksdrehende Form. *B.* Durch Erhitzen von β.ζ-Dimethyl-ϑ-phenyl-α- oder β- oder γ-octylen (S. 507) mit Jodwasserstoffsäure und rotem Phosphor im Druckrohr auf 160° (KLAGES, SAUTTER, *B.* **39**, 1941). — Farblose, leicht bewegliche Flüssigkeit. Kp: 275° (korr.); $Kp_{8,5}$: 140°. $D^{0,4}$: 0,8789. n_D: 1,4960. $[a]_D^{10,4}$: —1,82°. — Beständig gegen Permanganat und gegen Brom. Mit rauchender Schwefelsäure (6% SO_3) bildet sich eine Sulfonsäure, deren wäßr. Lösung mit konz. Natriumchloridlösung einen voluminösen Niederschlag des Natriumsalzes liefert.

1¹.1⁶- oder 1¹.1⁷- oder 1¹.1⁸-Dichlor-1-[1³.1⁷-dimetho-octyl]-benzol, α.ϑ- oder β.ϑ- oder γ.ϑ-Dichlor-β.ζ-dimethyl-ϑ-phenyl-octan $C_{16}H_{24}Cl_2$ = $C_6H_5\cdot CHCl\cdot CH_2\cdot CH(CH_3)\cdot CH_2\cdot CH_2\cdot C_4H_8Cl$. *B.* Durch Sättigen einer Lösung von 4-Oxy-β.ζ-dimethyl-ϑ-phenyl-α- oder β-octylen (Syst. No. 534) in Äther mit Chlorwasserstoff unter Kühlung (KLAGES, SAUTTER, *B.* **39**, 1940). — $n_D^{11,4}$: 1,5168. $[a]_D^{10,4}$: —9,06° (in Benzollösung; c = 2,0228). — Beim Erhitzen mit Pyridin entsteht linksdrehendes 1-[1³.1⁷-Dimetho-octadien-(1¹.1ˣ)-yl]-benzol (S. 527).

2. *Diamylbenzol* $C_{16}H_{26}$ = $C_6H_4(C_5H_{11})_2$. Sehr wahrscheinlich Gemisch von Isomeren; vgl. KONOWALOW, JEGOROW, Ж. **30**, 1031; *C.* 1899 I, 776. — *B.* Aus Benzol und „akt. Amylchlorid" in Gegenwart von Aluminiumchlorid (AUSTIN, *Bl.* [2] **32**, 12; vgl. COSTA, *G.* **19**, 486). — Flüssig. Kp: ca. 265° (A.). Brechungsvermögen: C., *G.* **19**. 496.

Siehe Vorbemerkungen über Sesquiterpene auf S. 456—457.

3. *1.3.5-Trimethyl-2-n-heptyl-benzol, n-Heptyl-mesitylen* $C_{16}H_{26} =$ $(CH_3)_3C_6H_2 \cdot CH_2 \cdot [CH_2]_5 \cdot CH_3$. *B.* Aus 1.3.5-Trimethyl-2-[hepten-(2¹)-yl]-benzol, Jodwasserstoffsäure und Phosphor bei 200° (KLAGES, STAMM, *B.* 37, 928). — Schwach riechendes Öl. Kp_{15}: 157—158°; Kp_{750}: 271—272°; D_4^{17}: 0,8753; n_D^{17}: 1,497 (KL., ST., *B.* 37, 1720). — Wird durch Jodwasserstoffsäure bei 250° nicht verändert (K., ST., *B.* 37, 1720).

2¹.2²-Dibrom-1.3.5-trimethyl-2-n-heptyl-benzol, 1.3.5-Trimethyl-2-[α.β-dibromönanthyl]-benzol $C_{16}H_{24}Br_2 = (CH_3)_3C_6H_2 \cdot CHBr \cdot CHBr \cdot [CH_2]_4 \cdot CH_3$. *B.* Aus 1.3.5-Trimethyl-2-[hepten-(2¹)-yl]-benzol und Brom (KL., ST., *B.* 37, 930). — Öl.

4. *Pentaäthylbenzol* $C_{16}H_{26} = C_6H(C_2H_5)_5$. *B.* Bei der Einw. von Äthylbromid auf Benzol in Gegenwart von $AlCl_3$; man gießt allmählich 160 g des erhaltenen Rohprodukts (Kp: 275—280°) in gekühlte Chlorsulfonsäure, setzt den entstandenen Brei in dünner Schicht der Einw. feuchter Luft aus, versetzt mit Schnee, saugt das Gemisch von Pentaäthylbenzolsulfonsäurechlorid und Bis-pentaäthylphenyl-sulfon ab und digeriert es mit alkoh. Natronlauge, wobei aus dem Sulfochlorid das Natriumsalz der Sulfonsäure entsteht, welches beim Erkalten auskrystallisiert, während aus der Mutterlauge das Sulfon gewonnen wird; Sulfonsäure und Sulfon liefern, mit konz. Salzsäure auf 170° erhitzt, Pentaäthylbenzol (JACOBSEN, *B.* 21, 2814). — Erstarrt nicht bei —20° (J.). Kp: 277° (korr.) (J.). D_{15}^{15}: 0,8985 (J.); $D^{20,3}$: 0,8963; $D^{101,8}$: 0,8336 (EIJKMAN, *R.* 12, 175). $n_α^{20,4}$: 1,51270; $n_β^{20,4}$: 1,52700; $n_α^{101,9}$: 1,47476; $n_β^{101,9}$: 1,48803 (E.). — Liefert mit rauchender Schwefelsäure Hexaäthylbenzol und 1.2.3.4-Tetraäthyl-benzol-sulfonsäure-(5) (J.).

6-Chlor-1.2.3.4.5-pentaäthyl-benzol, eso-Chlor-pentaäthylbenzol $C_{16}H_{25}Cl = C_6Cl(C_2H_5)_5$. *B.* Beim Einleiten von Äthylen in ein Gemisch aus Chlorbenzol und $AlCl_3$ (ISTRATI, *A. ch.* [6] 6, 428). — Flüssig. Kp: 290—295°. D^0: 1,605. Löst sich in 5½ Vol. Benzol und in 32 Vol. 90°/₀igem Alkohol.

6-Brom-1.2.3.4.5-pentaäthyl-benzol, eso-Brom-pentaäthylbenzol $C_{16}H_{25}Br = C_6Br(C_2H_5)_5$. *B.* Aus Pentaäthylbenzol und Brom in Eisessig (JACOBSEN, *B.* 21, 2815). — Nadeln (aus Alkohol). F: 47,5°. Kp: ca. 315°. Ziemlich schwer löslich in kaltem Alkohol.

12. Kohlenwasserstoffe $C_{18}H_{30}$.

1. *Tri-tert.-butyl-benzol* $C_{18}H_{30} = C_6H_3[C(CH_3)_3]_3$. *B.* Entsteht neben tert.-Butylbenzol und Di-tert.-butyl-benzol aus 600 g Benzol mit 200 g Isobutylchlorid und 200 g $AlCl_3$ bei +4° (SENKOWSKI, *B.* 23, 2413, 2420). — Schuppen (aus Alkohol). F: 128°. $Kp_{730,5}$: 291—292°. Schwer löslich in kaltem Alkohol, leicht in heißem.

2. *Hexaäthylbenzol* $C_{18}H_{30} = C_6(C_2H_5)_6$. *B.* Beim Einleiten von Äthylchlorid in ein Gemisch aus Benzol und $AlCl_3$ (ALBRIGHT, MORGAN, WOOLWORTH, *C. r.* 86, 887; *J.* 1878, 405). Durch Erhitzen eines Gemisches aus Benzol, Äthylbromid und $AlCl_3$ im geschlossenen Rohr auf 100° (GALLE, *B.* 16, 1747). Neben 1.2.3.4-Tetraäthyl-benzol-sulfonsäure-(5) aus Pentaäthylbenzol und rauchender Schwefelsäure (JACOBSEN, *B.* 21, 2817). — *Darst.* Durch Einw. von $AlCl_3$ auf eine Lösung von Benzol in Äther (JANNASCH, BARTELS, *B.* 31, 1716). — Prismen (aus Alkohol oder alkoholhaltigem Toluol). F: 126° (G.; JAN., B.), 129° (JAC.). Kp: 298° (korr.) (JAC.), 305° (korr.) (G.). $D^{130,4}$: 0,8305 (EIJKMAN, *R.* 12, 175). Leicht löslich in Benzol (JAC.), Äther, löslich in siedendem Alkohol, weniger in kaltem Alkohol (G.; JAC.), schwer löslich in Eisessig (G.). $n_α^{130,4}$: 1,47357; $n_β^{130,4}$: 1,48686 (E.). — Gibt beim Erhitzen mit Jodwasserstoffsäure und Phosphor auf 250° Pentaäthylbenzol (KLAGES, STAMM, *B.* 37, 1717). Geht beim Behandeln mit wenig Jod und einem Überschuß von Brom in 3.6-Dibrom-1.2.4.5-tetraäthyl-benzol über (JAN., B.; vgl. G.). Liefert beim Eintragen in ein gekühltes Gemisch von konz. Schwefelsäure und rauchender Salpetersäure 3.6-Dinitro-1.2.4.5-tetraäthyl-benzol (G.; JAN., B.), während beim Nitrieren in der Wärme eine in feinen Nadeln vom Schmelzpunkt 111° krystallisierende Nitroverbindung entsteht (JAN., B.). Löst sich in warmer rauchender Schwefelsäure und krystallisiert beim Erkalten unverändert zum Teil wieder aus (G.). Zersetzt sich beim Erhitzen mit $C_2H_5Br + AlCl_3$ (G.).

Verbindung $C_{18}H_{30}Cl_6Al = C_6(C_2H_5)_6 + 2 AlCl_3$. *B.* Aus der Verbindung $C_6H_3(C_2H_5)_3 +$ $2 AlCl_3$ und Äthylchlorid (GUSTAVSON, *J. pr.* [2] 68, 227). — Dicke dunkelgelbe Flüssigkeit. — Bei der Zersetzung mit Wasser entsteht Hexaäthylbenzol.

3. *Reten-dodekahydrid, Dodekahydroreten* $C_{18}H_{30}$. *B.* Durch 12—16-std. Erhitzen von 1 Tl. Reten (Syst. No. 485a) mit 5—6 Tln. Jodwasserstoffsäure (D: 1,7) und 1,25 Tln. rotem Phosphor auf 250—260° (LIEBERMANN, SPIEGEL, *B.* 22, 780; vgl. IPATJEW, *B.* 42, 2096). — Bläulich fluorescierendes, farbloses Öl. Kp: 336° (unkorr.). Schwer löslich in kaltem Eisessig. — Bei der Destillation über Zinkstaub entsteht in geringer Menge Reten.

Wird von Brom und rauchender Salpetersäure schon in der Kälte, von Chromsäure und Eisessig erst beim Kochen angegriffen.

4. Dehydrofichtelit $C_{18}H_{30}$. — B. Beim Erhitzen von 25 g Fichtelit $C_{19}H_{32}$ (S. 172) mit 27 g Jod auf 150° und zuletzt auf 200° (BAMBERGER, STRASSER, B. **22**, 3365). — Bläulich fluorescierendes Öl. Kp_{714}: 344—348° (korr.); Kp_{25}: 224—225° (korr.). Leicht löslich in Äther, Chloroform, Schwefelkohlenstoff und Benzol, wenig in Alkohol und kaltem Eisessig.

5. Chrysen-oktadekahydrid, Chrysen-perhydrid, Oktahydrochrysen $C_{18}H_{30}$. — B. Durch 16-stdg. Erhitzen von 1 Tl. Chrysen (Syst. No. 488) mit 1 Tl. rotem Phosphor und 5 Tln. Jodwasserstoffsäure (D: 1,7) auf 250—260° (LIEBERMANN, SPIEGEL, B. **22**, 135). — Feine Nadeln (aus Alkohol). F: 115°. Kp: 353° (korr.). Ziemlich schwer löslich in kaltem Alkohol. — Wird von Brom und Salpetersäure (D: 1,48) nicht angegriffen. Mit Chromsäure und Eisessig entsteht kein Chrysochinon.

13. Abietendihydrid, Dihydroabieten $C_{19}H_{32}$. Zur Zusammensetzung vgl. LEVY, B. **39**. 3045. — B. Aus Abieten (S. 508) durch Erhitzen mit Jodwasserstoffsäure und Phosphor auf 240° (EASTERFIELD, BAGLEY, Soc. **85**, 1247). — Farblose, blau fluorescierende Flüssigkeit. Kp: 330—340°. D: 0,933. n_D: 1,522.

14. Kohlenwasserstoffe $C_{20}H_{34}$.

1. **Bis-[1.7.7-trimethyl-bicyclo-[1.2.2]-heptyl-(2)] (?), Dicamphanyl-(2.2') (?), „Hydrodicamphen"** $C_{20}H_{34}$ =

$$H_2C\cdot C(CH_3)\cdot CH \mathbf{----} HC\cdot C(CH_3)\cdot CH_2$$
$$\begin{vmatrix} C(CH_3)_2 \end{vmatrix} \qquad \begin{vmatrix} C(CH_3)_2 \end{vmatrix} \quad (?)$$
$$H_2C\cdot CH \mathbf{----} CH_2 \quad H_2C\cdot CH \mathbf{----} CH_2$$

B. Wird in mehreren wahrscheinlich stereoisomeren Formen neben als Hauptprodukt entstehendem Camphen und etwas Camphan durch Einw. von Natrium auf geschmolzenes Bornylchlorid (Pinenhydrochlorid) erhalten (LETTS, A. ch. [5] **19**, 150; LETTS, B. **13**, 793; ÉTARD, MEKER, C. r. **126**, 527). Als Nebenprodukt durch Einw. von Magnesium in Äther auf Bornylchlorid (Pinenhydrochlorid) (HOUBEN, B. **38**, 3800; HESSE, B. **39**, 1133, 1150) oder auf Isobornylchlorid (HESSE, B. **39**, 1153). — Die erhaltenen festen Präparate sind anscheinend Gemische von Diastereoisomeren in wechselnden Verhältnissen.

a) **Präparat von Letts**. Salmiakähnliche Krystalle (aus Alkohol). F: 94°. Kp: 321—323,6°. — Sehr beständig. Wird bei gewöhnlicher Temp. von Brom nicht, von Chromsäuremischung nur sehr wenig angegriffen.

b) **Präparat von Étard, Meker**. Oktaeder (aus Alkohol). F: 75°. Kp: 326—327°. D^{15}: 1,001. $[\alpha]_D$: ca. +15,5° (aus linksdrehendem Bornylchlorid). — Wird durch rauchende Schwefelsäure oder konz. Salpetersäure kaum angegriffen (DE M., A. ch. [5] **19**, 152).

c) **Präparat von Hesse aus Bornylchlorid**. Krystalle (aus Eisessig). F: 85—87°. $[\alpha]_D$: +28,7° (in Benzol, p = 20; aus Bornylchlorid vom $[\alpha]_D$: −26,05°).

d) **Präparat von Houben**. Federförmige Krystalle (aus heißem 96%igem Alkohol). F: 74—75°. Kp: 322—323°. Kp_{12}: 188—190°. Wird durch konz. Schwefelsäure oder Chromsäure kaum angegriffen.

e) **Präparat von Hesse aus Isobornylchlorid**. Krystalle (aus Eisessig). F: 90° bis 91°. $[\alpha]_D$: +2,62° (in Benzol, p = 20; aus Isobornylchlorid vom $[\alpha]_D$: +10,02°).

Neben festem „Hydrodicamphen" entsteht bei der Einw. von Natrium auf linksdrehendes Bornylchlorid ein flüssiges, sterisch nicht einheitliches Produkt von gleicher Zusammensetzung $C_{20}H_{34}$, gleichem Siedepunkt und gleichem chemischen Verhalten, aber stärkerer Rechtsdrehung (ÉT., ME.; vgl. DE MONT.; L.).

Verbindung $C_{20}H_{32}O_2N_2$ =

$$H_2C\cdot C(CH_3)\cdot C(NO)\cdot (ON)C\cdot C(CH_3)\cdot CH_2$$
$$\begin{vmatrix} C(CH_3)_2 \end{vmatrix} \qquad \begin{vmatrix} C(CH_3)_2 \end{vmatrix} \quad (?)$$
$$H_2C\cdot CH \mathbf{----} CH_2 \quad H_2C\cdot CH \mathbf{----} CH_2$$

s. bei Campheroxim, Syst. No. 618.

2. **Kohlenwasserstoff** $C_{20}H_{34}$ (?) **aus Dextropimarsäure** s. bei dieser, Syst. No. 3740 (Kolophonium).

15. Cetylbenzol, α-Phenyl-hexadecan $C_{22}H_{38}$ = $C_6H_5\cdot CH_2\cdot [CH_2]_{14}\cdot CH_3$. B. Aus Jodbenzol, Cetyljodid und Natrium (KRAFFT, B. **19**, 2983). — F: 27°; Kp_{15}: 230° (K.); Kp_0: 136—137° (K., WEILANDT, B. **29**, 1326). D_4^0: 0,8567. $D_4^{30,2}$: 0,8079 (K., GÖTTIG, B. **21**, 3181). Schwer löslich in kaltem Alkohol, leicht in Äther, CS_2, Benzol und Ligroin (K., G.).

4-Jod-1-cetyl-benzol $C_{22}H_{37}I = C_6H_4I \cdot CH_2 \cdot [CH_2]_{14} \cdot CH_3$. *B.* 20 g Cetylbenzol werden mit 20 g Jod, 4 g Jodsäure (in 15 g Wasser) und 75 ccm Eisessig 12 Stunden gekocht (KLAGES, STORP, *J. pr.* [2] **65**, 571). — Farblose Blättchen (aus Petroläther). F: 38°. Kp$_{30}$: 260—265°. — Wird durch Jodwasserstoffsäure bei 230° kaum angegriffen.

Salzsaures 4-Jodoso-1-cetyl-benzol, p-Cetyl-phenyljodidchlorid $C_{22}H_{37}Cl_2I = CH_3 \cdot [CH_2]_{14} \cdot CH_2 \cdot C_6H_4 \cdot ICl_2$. *B.* Aus 4-Jod-1-cetyl-benzol und Chlor in Chloroform (KL., ST., *J. pr.* [2] **65**, 571). — Gelblichgrüne Krystallmasse. F: 86° (Zers.). — Wird durch Jodjod-kaliumlösung leicht entchlort.

eso-Nitro-1-cetyl-benzol $C_{22}H_{37}O_2N = O_2N \cdot C_6H_4 \cdot CH_2 \cdot [CH_2]_{14} \cdot CH_3$. *B.* Durch Nitrieren von Cetylbenzol (KRAFFT, *B.* **19**, 2984). — Krystallpulver. F: 35—36°.

16. Kohlenwasserstoffe $C_{23}H_{40}$.

1. **1-Methyl-2-cetyl-benzol, α-o-Tolyl-hexadecan, o-Cetyl-toluol** $C_{23}H_{40}$ $= CH_3 \cdot C_6H_4 \cdot CH_2 \cdot [CH_2]_{14} \cdot CH_3$. *B.* Beim Erhitzen von 34 g o-Brom-toluol mit 48 g Cetyl-jodid und 10 g Natrium auf 140° (KRAFFT, GÖTTIG, *B.* **21**, 3181). — F: 8—9°. Kp$_{15}$: 238,5° bis 239°. D$_4^{9,5}$: 0,8676; D$_4^{90}$: 0,8072.

2. **1-Methyl-3-cetyl-benzol, α-m-Tolyl-hexadecan, m-Cetyl-toluol** $C_{23}H_{40}$ $= CH_3 \cdot C_6H_4 \cdot CH_2 \cdot [CH_2]_{14} \cdot CH_3$. *B.* Beim Erhitzen von m-Brom-toluol mit Cetyljodid und Natrium auf 140° (K., G., *B.* **21**, 3182). — F: 11—12°. Kp$_{15}$: 236,5—237°. D$_4^{11}$: 0 8617; D$_4^{90,5}$: 0,8029.

3. **1-Methyl-4-cetyl-benzol, α-p-Tolyl-hexadecan, p-Cetyl-toluol** $C_{23}H_{40}$ $= CH_3 \cdot C_6H_4 \cdot CH_2 \cdot [CH_2]_{14} \cdot CH_3$. *B.* Beim Erhitzen von p-Brom-toluol mit Cetyljodid und Natrium auf 140° (K., G., *B.* **21**, 3182). — Wavellitähnliche Krystalle. F: 27,5°. Kp$_{15}$: 239,5—240°. D$_4^{27,5}$: 0,8499; D$_4^{90}$: 0,8027. — Verd. Salpetersäure oxydiert zu p-Toluylsäure.

17. Kohlenwasserstoffe $C_{24}H_{42}$.

1. **n-Octadecyl-benzol, α-Phenyl-octadecan** $C_{24}H_{42} = C_6H_5 \cdot CH_2 \cdot [CH_2]_{16} \cdot CH_3$. *B.* Aus Jodbenzol, Octadecyljodid und Natrium (KRAFFT, *B.* **19**, 2984). — Silberglänzende Blättchen. F: 36°; Kp$_{15}$: 249° (K.); Kp$_0$: 147° (K., WEILANDT, *B.* **29**, 1326).

2. **1.5-Dimethyl-2-cetyl-benzol** $C_{24}H_{42} = (CH_3)_2C_6H_3 \cdot CH_2 \cdot [CH_2]_{14} \cdot CH_3$. *B.* Beim Erhitzen von 4-Brom-1.3-dimethyl-benzol mit Cetyljodid und Natrium (KRAFFT, GÖTTIG, *B.* **21**, 3184). — F: 33,5°; Kp$_{15}$: 249,5—250° (K., G.); Kp$_0$: 149° (K., WEILANDT, *B.* **29**, 1326). D$_4^{33,5}$: 0,8495; D$_4^{90,5}$: 0,8062 (K., G.).

18. 1.3.5-Trimethyl-2-cetyl-benzol, Cetyl-mesitylen $C_{25}H_{44} = (CH_3)_3C_6H_2 \cdot$
$CH_2 \cdot [CH_2]_{14} \cdot CH_3$. *B.* Beim Erhitzen von eso-Brom-mesitylen mit Cetyljodid und Natrium (KRAFFT, GÖTTIG, *B.* **21**, 3184). — Schmilzt gegen 40° (K., G.). Kp$_{15}$: 258—258,5° (K., G.); Kp$_0$: 154—155° (K., WEILANDT, *B.* **29**, 1326). D$_4^0$: 0,8452; D$_4^{90,5}$: 0,8065 (K., G.).

4-Jod-1.3.5-trimethyl-2-cetyl-benzol, 4-Jod-2-cetyl-mesitylen $C_{25}H_{43}I = (CH_3)_3C_6HI \cdot CH_2 \cdot [CH_2]_{14} \cdot CH_3$. *B.* Aus Cetylmesitylen, Jod und Jodsäure in siedendem Eis-essig (KLAGES, STORP, *J. pr.* [2] **65**, 578). — Warzenförmige Aggregate (aus Alkohol). F: 44°. — Wird durch siedende Jodwasserstoffsäure angegriffen und bei 140° durch HI glatt reduziert.

19. Kohlenwasserstoffe $C_{26}H_{46}$ (?) bezw. Substitutionsprodukte von solchen, er-halten aus Verbindungen der Steringruppe, s. Syst. No. 4729 a—c.

20. Kohlenwasserstoffe $C_{27}H_{48}$ bezw. Substitutionsprodukte von solchen, erhalten aus Verbindungen der Steringruppe, s. Syst. No. 4729 a—c.

E. Kohlenwasserstoffe C_nH_{2n-8}.

1. Kohlenwasserstoffe C_7H_6.

Verbindungen $(C_7H_6)_x$ aus Benzylchlorid s. bei diesem, S. 295.

2. Kohlenwasserstoffe $C_8 H_8$.

1. *Vinylbenzol, Phenyläthylen, Styrol* (Cinnamol, Cinnamen, Cinnamomin) $C_8 H_8 = C_6 H_5 \cdot CH:CH_2$. Bezifferung bei den Namen der Derivate, die aus dem Stammnamen Styrol gebildet werden:

$$4 \quad \overset{5}{\underset{3}{}} \quad \overset{6}{\underset{2}{}} \quad 1 - C = C \atop \alpha \quad (\beta - \omega)$$

V. Im flüssigen Storax (BONASTRE, *Journal de pharmacie* 17, 341; vgl. SIMON, *A.* 31, 265; v. MILLER, *A.* 188, 188; TSCHIRCH, VAN ITALLIE, *Ar.* 239, 529, 540). — *B.* Beim Erhitzen von Acetylen in einer Retorte bis zum Weichwerden des Glases (BERTHELOT, *A.* 141, 181). Beim Durchleiten von Benzol mit Äthylen durch ein rotglühendes Rohr (BER., *Bl.* [2] 7, 276; *A.* 142, 257). Neben anderen Produkten beim Eintragen von 2 Tln. AlCl₃ in ein Gemisch aus 23 Tln. Benzol und 50 Tln. Bromäthylen (HANRIOT, GILBERT, *J.* 1884, 561; vgl. ANSCHÜTZ, *A.* 235, 331). Beim Einleiten von Acetylen in Benzol, das AlCl₃ suspendiert enthält (VARET, VIENNE, *Bl.* [2] 47, 918). Bei Einw. von nascierendem Acetylen auf Benzol in Gegenwart von AlCl₃ (PARONE, *C.* 1903 II, 662). Durch Erhitzen von α-Phenäthylchlorid (S. 354) mit Pyridin im Rohr auf 130° (KLAGES, KEIL, *B.* 36, 1632). Beim Erhitzen von α-Phenäthylbromid (S. 355) unter gewöhnlichem Druck (THORPE, *Proc. Royal Soc. London* 18, 123; *J.* 1869, 411). Bei der Behandlung von α-Phenäthyljodid (S. 358) mit Zinkstaub und Eisessig, neben viel β.γ-Diphenyl-butan (KLAGES, *B.* 35, 2639). Beim Kochen von Phenylacetylen (S. 511) mit Zinkstaub und Eisessig (ABONSTEIN, HOLLEMAN, *B.* 22, 1184). Bei der Einw. von verkupfertem Zinkstaub auf Phenylacetylen in siedendem Alkohol (STRAUS, *A.* 342, 260). Durch Einw. von Phosphorsäure auf Methyl-phenylcarbinol (Syst. No. 529) (KLAGES, ALLENDORFF, *B.* 31, 1298). Durch Destillation von Benzoesäure-[methyl-phenyl-carbin]-ester (Syst. No. 900) (KLA., ALLEN., *B.* 31, 1003). Neben Chlorstyrol aus Trichlormethyl-phenyl-carbinol (Syst. No. 529) bei der Einw. von Zinkstaub in äthylalkoholischer Lösung (JOZITSCH, Ж. 30, 920; *C.* 1899 I, 607). Man erwärmt Zimtalkohol (Syst. No. 534) mit 15°/₀igem Natriumamalgam 3—4 Tage auf dem Wasserbade, gibt dann Wasser hinzu und destilliert mit Wasserdampf (HATTON, HODGKINSON, *Soc.* 39, 319). Bei der Destillation von Zimtsäure (HOWARD, *Soc.* 13, 136; *J.* 1860, 303). Bei der Destillation von zimtsaurem Kupfer (HEMPEL, *A.* 59, 318). Bei der Destillation von Zimtsäure mit einem Überschuß von gelöschtem Kalk (SIMON, *A.* 31, 271; vgl. HOWARD). Bei der Destillation von zimtsaurem Calcium (HOWARD). Bei der Destillation von Zimtsäure mit einem Überschuß von Bariumhydroxyd (GERHARDT, CAHOURS, *A.* 38, 96; vgl. HOWARD). Aus Zimtsäure durch Einw. von Schimmelpilzen, z. B. von Aspergillus niger und Penicillium glaucum (OLIVIERO, *C.* 1906 II, 608; HERZOG, RIPKE, *H.* 57, 43). Bei der Destillation des Calciumsalzes der trans-2-Phenyl-cyclopropan-carbonsäure-(1) mit Natronkalk (BUCHNER, GERONIMUS, *B.* 36, 3785). Bei der Destillation von Metastyrol (S. 476) (BLYTH, HOFMANN, *A.* 53, 315). Bei der trocknen Destillation von Drachenblut (Syst. No. 4741) (GLÉNARD, BOUDAULT, *J. pr.* [1] 33, 466; vgl. BL., HOF., *A.* 53, 325). Entsteht bei der Destillation des Drachenblutes mit Zinkstaub als Hauptprodukt (BÖTSCH, *M.* 1, 610). Entsteht bei der Destillation der Steinkohle und findet sich daher im Steinkohlenteeröl (BER., *A. Spl.* 5, 368; KRAEMER, SPILKER, *B.* 23, 3282). Entsteht bei der destruktiven Destillation von Braunkohlenteeröl und findet sich daher im Ölgasteer (SCHULTZ, WÜRTH, *C.* 1905 I, 1444). — *Darst.* Durch langsame Destillation von Zimtsäure (v. MILLER, *A.* 189, 339). Man läßt gepulverte Zimtsäure 2—3 Tage mit einer bei 0° gesättigten Bromwasserstoffsäure stehen, filtriert die Bromhydrozimtsäure ab, übergießt sie mit Wasser und fügt Sodalösung bis zur alkalischen Reaktion hinzu, worauf alsbald Abscheidung von Styrol erfolgt (FITTIG, BINDER, *A.* 195, 137). Wird in fast quantitativer Ausbeute erhalten, wenn man die aus hochkonzentrierter Jodwasserstoffsäure und Zimtsäure darstellbare Jodhydrozimtsäure in siedende Sodalösung einträgt (FI., BI., *A.* 195, 137).

Stark lichtbrechende Flüssigkeit, die gleichzeitig nach Benzol und Naphthalin riecht. Kp_{10}: 33° (KLAGES, KEIL, *B.* 36, 1632); Kp_{17}: 43° (BILTZ, *A.* 296, 274); Kp_{759}: 146° (korr.) (KL., KEIL, *B.* 36, 1632); Kp_{760}: 145,5—146° (BILTZ, *A.* 296, 274); Kp: 144—144,5° (korr.) (FITTIG, BINDER, *A.* 195, 135); 145,5° (NASINI, BERNHEIMER, *G.* 15, 82); 146,2° (korr.) (WEGER, *A.* 221, 69). D^0: 0,925 (KRAKAU, *B.* 11, 1260); D_4^0: 0,9251 (WEGER, *A.* 221, 69); D^0: 0,920; $D^{13,1}$: 0,910; $D^{16,3}$: 0,908; $D^{27,1}$: 0,899; $D^{54,1}$: 0,879; D^{87}: 0,852 (LEMOINE, *C. r.* 125, 530); D_4^1: 0,9329; D_4^{16}: 0,9234; D_4^{20}: 0,9167 (PERKIN, *Soc.* 69, 1224); D^{11}: 0,9409 (GLADSTEIN, *Soc.* 45, 244); D_4^{17}: 0,9121 (KL., KEIL, *B.* 36, 1632); D_4^{18}: 0,911 (BILTZ, *A.* 296, 275); D_4^{17}: 0,90595 (NASINI, BER., *G.* 15, 84); D_0^0: 0,9074 (BRÜHL, *A.* 235, 13); D^{21}: 0,9111 (GL., *Soc.* 59, 292); D_4^{14}: 0,7926 (R. SCHIFF, *A.* 220, 93). — Sehr wenig löslich in Wasser, in jedem Verhältnis mischbar mit Alkohol und Äther, löslich in CS₂, Methylalkohol und Aceton (BLYTH, HOFMANN, *A.* 53, 294). — n_D^{11}: 1,5311 (GL., *Soc.* 45, 244); n_D^{17}: 1,5488 (KL., KEIL, *B.* 36, 1632); n_D^{18}: 1,5457 (BILTZ, *A.* 296, 275); n_α^{17}: 1,53699; n_D^{17}: 1,54344; n_γ^{17}: 1,57588 (NASINI, BER., *G.* 15, 84); n_α^{20}: 1,54030; n_γ^{20}: 1,57888 (BRÜHL, *A.* 235, 13); n_D^{21}: 1,5446 (GL., *Soc.* 59, 292). Absorptions-

spektrum: BALY, DESCH, *Soc.* **93**, 1751. — Magnetisches Drehungsvermögen: PERKIN, *Soc.*
69, 1246. Magnetische Susceptibilität: MESLIN, *C. r.* **140**, 237; PASCAL, *Bl.* [4] **5**, 1069.

Styrol polymerisiert sich bei der Einw. des Lichtes, und sehr rasch beim Erhitzen auf
200° zu Metastyrol $(C_8H_8)_x$ (BLYTH, HOFMANN, *A.* **53**, 314; vgl. SIMON, *A.* **31**, 267). Die
Umwandlung geht im Dunkeln bei gewöhnlicher Temperatur sehr langsam vor sich
(LEMOINE, *C. r.* **125**, 530), sie wird durch Erhitzen (LEM., *C. r.* **125**, 530) oder durch Belichtung
beschleunigt (LEM., *C. r.* **129**, 719). Auch beim Erhitzen einer Toluollösung des Styrols im
geschlossenen Rohr auf 200° entsteht Metastyrol (BERTHELOT, *Bl.* [2] **6**, 294). Die Polymerisation zu Metastyrol erfolgt ferner durch die Einw. einiger Agenzien, z. B. von konz.
Schwefelsäure (BERTH., *Bl.* [2] **6**, 296). Nach KRAKAU (Ж. **10**, 238; *B.* **11**, 1261) verhindern
kleine Mengen Brom, Jod oder Schwefel die Polymerisation des Styrols. Vorstellungen über
den Verlauf der Polymerisation des Styrols zu Metastyrol: KRONSTEIN, *B.* **35**, 4153[1]). —
Styrol liefert bei der Einw. von Salpetersäure Benzoesäure, m-Nitro-benzoesäure und β-Nitro-
α-phenyl-äthylen (S. 478) (BLYTH, HOFMANN, *A.* **53**, 297). Gibt bei der Oxydation mit
Kaliumdichromat und Schwefelsäure Benzoesäure (BL., HOF., *A.* **53**, 306). Einw. von
Chromylchlorid: HENDERSON, GRAY, *Soc.* **85**, 1043. — Styrol wird in siedendem Alkohol
durch Natrium zu Äthylbenzol reduziert (KLAGES, KEIL, *B.* **36**, 1632). Durch Natriumamalgam wird Styrol in alkoh. Lösung nicht reduziert (STRAUS, *A.* **342**, 257). Wird Styrol
mit Wasserstoff durch ein rotglühendes Rohr geleitet, so entstehen Äthylen, Benzol, Toluol,
Xylol, Äthylbenzol (BERTH., *C. r.* **67**, 847) und Phenylacetylen (BERTH., *C. r.* **67**, 953).
Beim Leiten von Styrol und Wasserstoff über fein verteiltes Nickel bei 160° entsteht Äthylcyclohexan neben etwas Methylcyclohexan (SABATIER, SENDERENS, *C. r.* **132**, 1255). Zersetzung des Styrols durch gesättigte Jodwasserstoffsäure bei 280°: BERTH., *Bl.* [2] **9**,
272, 277. — Styrol verbindet sich mit Chlor zu Styroldichlorid (S. 354) (BLYTH, HOFMANN,
A. **53**, 309), mit Brom zu Styroldibromid (S. 356) (BL., HOF., *A.* **53**, 307) und mit Jod in
Kaliumjodidlösung zu Styroldijodid (S. 358) (BERTH., *Bl.* [2] **7**, 307). Beim Eintragen von
ungelöstem Jod in Styrol tritt unter Erwärmung Polymerisation ein (BERTH., *Bl.* [2] **6**,
294). Styrol gibt mit Chlorjod in Eisessig [α-Chlor-β-jod-äthyl]-benzol (S. 358) (INGLE, *C.*
1902 I, 1401). Über die „Jodzahl" des Styrols vgl. INGLE, *C.* **1904** II, 506. Styrol liefert
mit Jod in Gegenwart von gelbem Quecksilberoxyd in wasserhaltigem Äther den β-Jod-
α-phenyl-äthylalkohol (Syst. No. 529); bei Verwendung von Alkoholen als Lösungsmittel entstehen daneben die entsprechenden Äther $C_6H_5 \cdot CH(OR) \cdot CH_2I$ (TIFFENEAU, *C. r.* **145**, 811;
vgl.: BOUGAULT, *C. r.* **131**, 528; TIFF., *A. ch.* [8] **10**, 347; FOURNEAU, TIFF., *C. r.* **140**, 1595).
Styrol verbindet sich mit HCl zu [α-Chlor-äthyl]-benzol (S. 354) und mit HBr zu [α-Brom-
äthyl]-benzol (SCHRAMM, *B.* **26**, 1710). — Styrol wird beim Kochen mit Natriumdisulfitlösung nicht verändert (v. MILLER, *A.* **189**, 340; LABBÉ, *Bl.* [3] **21**, 1077); beim Erhitzen
von Styrol mit dieser Lösung im geschlossenen Rohr auf 100—120° entsteht Metastyrol neben
wenig Phenyl-äthansulfonsäure (Syst. No. 1522) (v. M., *A.* **189**, 340). Beim Erhitzen von
Styrol mit Schwefel auf 150—160° entsteht eine Verbindung C_8H_8S („Styrolsulfid") (S. 476)
(MICHAEL, *B.* **28**, 1636). Beim Erhitzen mit Schwefel auf 210—225° entstehen Äthylbenzol,
2.4- und 2.5-Diphenyl-thiophen (Syst. No. 2372) (BAUMANN, FROMM, *B.* **28**, 894). — Styrol
gibt in äther. Lösung mit nitrosen Gasen Styrolpseudonitrosit (S. 476) (SOMMER, *B.* **28**, 1328;
WIELAND, *B.* **36**, 2559) und weiterhin ω-Nitro-styrol (S. 478) (PRIEBS, *A.* **225**, 328). Beim
Eintragen einer wäßr. Kaliumnitritlösung in eine Eisessig-Lösung des Styrols entstehen neben
Styrolpseudonitrosit eine Verbindung $C_9H_5O_4N_3$(?) (grünliche Nadeln; F: 103,5°), sowie
eine Verbindung vom Schmelzp. 123° und eine Verbindung vom Schmelzp. 200° (So., *B.*
28, 1330). Styrol liefert in CHCl₃ mit NOCl Styrolnitrosochlorid (S. 476) (TILDEN, *Soc.* **63**,
483). Salpetersäure in Eisessig bewirkt keine Nitrierung (PRIEBS).

Styrol wird durch Natriummalonester zum Teil zu Metastyrol polymerisiert: Addition
findet nicht statt (VORLÄNDER, HERRMANN, *C.* **1899** I, 730). — Styrol gibt mit Toluol in Gegenwart von konz. Schwefelsäure α-Phenyl-α-tolyl-äthan $CH_3 \cdot C_6H_4 \cdot CH(CH_3) \cdot C_6H_5$ (Syst. No.
479); analoge Kohlenwasserstoffe entstehen mit o- und m-Xylol und Pseudocumol (KRAEMER,
SPILKER, EBERHARDT, *B.* **23**, 3274; KR., SP., *B.* **24**, 2788). Styrol liefert mit Phenol in
Gegenwart von konz. Schwefelsäure in Eisessig bei gewöhnlicher Temperatur α-Phenyl-
α-[p-oxy-phenyl]-äthan (Syst. No. 539) (KOENIGS, *B.* **23**, 3145; **24**, 3894). Die gleiche Verbindung entsteht neben α-Phenyl-α-[o-oxy-phenyl]-äthan (Syst. No. 539) beim Erhitzen von
Styrol mit Phenol und Jodwasserstoffsäure (STOERMER, KIPPE, *B.* **36**, 4012). Styrol addiert
Phenylmercaptan (POSNER, *B.* **38**, 651). Liefert bei der Einw. von Phenylmagnesiumbromid
in Äther Benzol und eine Magnesiumverbindung, welche bei der Zersetzung durch Essigsäure
Styrol zurückbildet (COMANDUCCI, *C.* **1909** I, 1486; *G.* **40** I, 584). — Gibt beim Erhitzen

---

[1]) Vgl. dazu die Arbeiten von STOBBE, POSNJAK (*A.* **371**, 259) und STOBBE (*A.* **409**, 1),
welche nach dem Literatur-Schlußtermin der 4. Aufl. dieses Handbuchs [1. 1. 1910] erschienen sind.

mit Diazoessigester im Druckrohr auf 100° trans-2-Phenyl-cyclopropan-carbonsäure-(1)-äthylester (BUCHNER, GERONIMUS, *B.* **36**, 3783).

Flüssiges Distyrol $C_{16}H_{16}$ s. Syst. No. 480; sein Dibromid $C_{16}H_{16}Br_2$ s. Syst. No. 479.
Festes Distyrol $C_{16}H_{16}$ s. Syst. No. 480; sein Dibromid $C_{16}H_{16}Br_2$ s. Syst. No. 479.
Metastyrol $(C_8H_8)x$. *B.* Bei der Einw. des Lichtes auf Styrol (BLYTH, HOFMANN, *A.*
53, 314). Beim Erhitzen von Styrol auf 200° (BL., HOF.). Vgl. ferner die im Artikel
Styrol (S. 475) aufgeführte Literatur. — Harte glasartige Masse, die durch Auskochen mit
Äther und Trocknen in einen zu einem feinen Pulver zerreibbaren Schwamm übergeht (BL.,
HOF.). D^{13}: 1,054 (SCHARLING, *A.* **97**, 186). Unlöslich in Wasser und Alkohol; sehr wenig
löslich in siedendem Äther (BL., HOF.). — Metastyrol verwandelt sich bei vorsichtiger Destillation in Styrol zurück (BL., HOF.). Gibt beim Kochen mit rauchender Salpetersäure
eine Verbindung $(C_8H_7O_2N)_x$ (Nitrometastyrol) (s. u.) (BL., HOF.).
Verbindung $(C_8H_7O_2N)_x$ (Nitrometastyrol). *B.* Beim Auflösen von Metastyrol in
kochender rauchender Salpetersäure (BLYTH, HOFMANN, *A.* **53**, 316). — Amorphes Pulver.
Unlöslich in Alkohol und Äther.

Verbindung C_8H_8S („Styrolsulfid"). *B.* Bei 12-stdg. Erhitzen von 1 Mol.-Gew.
Styrol mit 1 At.-Gew. Schwefel auf 155° (MICHAEL, *B.* **28**, 1636). — Rötliches Öl. Siedet
auch im Vakuum nicht unzersetzt.

Styrolpseudonitrosit $C_{16}H_{16}O_6N_4 = [C_6H_5 \cdot C_2H_3O_2N_2]_2$. *B.* Durch Einleiten von
nitrosen Gasen in eine ätherische Lösung von Styrol unter starker Kühlung (SOMMER, *B.* **28**,
1328; WIELAND, *B.* **36**, 2559). — Farbloses Krystallpulver (W.). F: 129° (Zers.) (W.). Ist in
keinem Lösungsmittel ohne Veränderung löslich (W.). — Zerfällt beim Schmelzen in β-Nitro-
α-phenyl-äthylen, Benzonitril, Wasser, Stickoxyd und Kohlensäure (S., *B.* **29**, 357). Beim
Kochen mit absol. Alkohol oder bei längerem Kochen mit Wasser entsteht das Oxim des
ω-Nitro-acetophenons (Syst. No. 639) (W.); beim Erhitzen mit Wasser im geschlossenen Rohr
zerfällt Styrolpseudonitrosit unter Bildung von Benzonitril, Benzoesäure, NH_3 und CO_2
(S., *B.* **29**, 357). Gibt mit wäßr. Natronlauge als Hauptprodukt eine gelbe amorphe Säure,
die sich bei 92° zersetzt; daneben entstehen untersalpetrigsaures Natrium, etwas Salpetersäure,
wenig Nitromethan und geringe Mengen N_2O (W.). Die Bildung des untersalpetrigsauren
Salzes aus dem Pseudonitrosit erfolgt auch beim Eintragen in 40—50° warme Natriumäthylatlösung; gleichzeitig entsteht in diesem Falle das Salz $C_6H_5 \cdot CH(O \cdot C_2H_5) \cdot CH:NO \cdot ONa$
(W.). Mit Anilin setzt sich das Pseudonitrosit unter Entwicklung von N_2O und Bildung von
β-Nitro-α-anilino-α-phenyl-äthan um (W.).
Styrolnitrosochlorid C_8H_8ONCl. *B.* Durch Einleiten von Nitrosylchlorid in eine
Lösung von 1 Vol. Styrol in $CHCl_3$ bei −10° (TILDEN, *Soc.* **63**, 483). — Nädelchen. F: 97°.

1^1-Chlor-1-vinyl-benzol, α-Chlor-α-phenyl-äthylen, α-Chlor-styrol $C_8H_7Cl =$
$C_6H_5 \cdot CCl:CH_2$. *B.* $1^1.1^1$-Dichlor-1-äthyl-benzol (S. 354) spaltet leicht HCl ab unter Bildung
von 1^1-Chlor-1-vinyl-benzol (FRIEDEL, *C. r.* **67**, 1192; *A. ch.* [4] **16**, 360; *J.* **1868**, 411;
BÉHAL, *Bl.* [2] **50**, 632, 636, 637; vgl. ERLENMEYER, *B.* **12**, 1609). — Flüssig. Kp: 199° (B.,
Bl. [2] **50**, 637). — Beim Erhitzen mit konz. Salzsäure entstehen Acetophenon und etwas
Triphenylbenzol (Syst. No. 491) (B., *Bl.* [2] **50**, 637). Beim Erhitzen mit konz. alkoh. Kalilauge auf 110—130° entsteht Phenylacetylen (NEF, *A.* **308**, 269). Gibt mit KCN in Alkohol
im Druckrohr bei 200—220° Phenylbernsteinsäuredinitril (RÜGHEIMER, *B.* **14**, 428).

1^1-Chlor-1-vinyl-benzol, β-Chlor-α-phenyl-äthylen, ω-Chlor-styrol $C_8H_7Cl =$
$C_6H_5 \cdot CH:CHCl$. *B.* Beim Erhitzen von $1^1.1^1$-Dichlor-1-äthyl-benzol (S. 354) mit alkoh.
Kalilauge auf 120° (FORRER, *B.* **17**, 983). Neben Styrol bei der Einw. von Zinkstaub auf
Trichlormethyl-phenyl-carbinol (Syst. Nr. 529) in alkoh. Lösung (JOZITSCH, FAWORSKI, Ж.
30, 920; *C.* **1899** I, 607). Aus Zimtsäure durch Destillation mit gesättigter Chloralk-
lösung oder durch Behandeln mit chlorsaurem Kalium und Salzsäure oder durch Einw. von
Chlor auf die heiße wäßr. Lösung (STENHOUSE, *A.* **55**, 1; **57**, 79; ERLENMEYER, *Z.* **1864**,
547, 552; vgl. auch GLASER, *A.* **147**, 80). Beim Erhitzen von α-Chlor-β-oxy-β-phenyl-propion-
säure (Syst. No. 1073) (vgl. ER., *B.* **12**, 1610; **13**, 305) mit Wasser auf 200—220° (GL., *A.*
154, 166; vgl. ER., *B.* **12**, 1609). — *Darst.* Aus α.β-Dichlor-β-phenyl-propionsäure (Syst.
No. 942) und Soda auf dem Wasserbade (ER., *B.* **14**, 1868; BILTZ, *A.* **296**, 266). — Nach
Hyazinthen riechende Flüssigkeit. $Kp_{17,5}$: 89°; Kp_{44}: 113°; Kp: 199—199,2° (BI.); Kp_{40}:
112°; Kp_{715}: 199° (GL., *A.* **154**, 165); Kp_{715}: 195,5—196,5° (FORRER). D_4^{17}: 1,1122; D_4^{0}: 1,1040
(BI.); $D^{23,5}$: 1,112 (GL., *A.* **154**, 166). n_D^{17}: 1,5808; n_D^{25}: 1,5736 (BI.). — Wird durch Oxy-
dationsmittel (Salpetersäure, Kaliumdichromat und Schwefelsäure) in Benzoesäure über-

geführt (GL., *A.* **154**, 167). Gibt in CHCl$_3$ mit Chlor 1^1.1^2.1^2-Trichlor-1-äthyl-benzol (BI.). Nach GLASER (*A.* **154**, 167) wird ω-Chlor-styrol beim Erhitzen mit alkoh. Kalilauge auf 200—250° teilweise verharzt; es erfolgt hierbei keine Bildung von Chlorkalium. Nach FORRER (*B.* **17**, 983) liefert ω-Chlor-styrol bei sehr starkem Erhitzen mit sehr konz. alkoh. Kalilauge ein chlorfreies Öl, das bei der Destillation mit Wasser Phenylacetaldehyd (Syst. No. 640) gibt.

1^1.1^2-Dichlor-1-vinyl-benzol, α.β-Dichlor-α-phenyl-äthylen, α.β-Dichlor-styrol, Phenylacetylen-dichlorid C$_8$H$_6$Cl$_2$ = C$_6$H$_5$·CCl:CHCl. *B.* Bei der Destillation von ω-Chlor-acetophenon (Syst. No. 639) mit PCl$_5$ (DYCKERHOFF, *B.* **10**, 120). Aus 1^1.1^2-Dijod-1-vinyl-benzol (S. 478) und HgCl$_2$ bei 110° (PERATONER, *G.* **22** II, 74). — Flüssig. Kp: 221° (D., *B.* **10**, 533). — Verbindet sich mit Chlor zu 1^1.1^1.1^2.1^2-Tetrachlor-1-äthyl-benzol (S. 355) (D., *B.* **10**, 533). Mit Brom entsteht eine in Blättchen krystallisierende Verbindung, die sich beim Stehen unter Entwicklung von Halogenwasserstoff verflüssigt (D., *B.* **10**, 533). Liefert beim Erhitzen mit konz. Ammoniak auf 180—200° 2.5-Diphenyl-pyrazin (Syst. No. 3489) (KUNCKELL, VOSSEN, *B.* **35**, 2295).

1^2.1^2-Dichlor-1-vinyl-benzol, β.β-Dichlor-α-phenyl-äthylen, ω.ω-Dichlor-styrol C$_8$H$_6$Cl$_2$ = C$_6$H$_5$·CH:CCl$_2$. *B.* Bei der Einw. von Chloral auf Benzol in Gegenwart von AlCl$_3$ (BILTZ, *A.* **296**, 259). Aus 1^1.1^2.1^2-Trichlor-1-äthyl-benzol (S. 355) und alkoh. Kalilauge bei höchstens 50° (B., *A.* **296**, 268; vgl. dazu NEF, *A.* **308**, 317). Durch Reduktion des Trichlormethyl-phenyl-carbinols (Syst. No. 529) mit Zink und Eisessig (DINESMANN, *C. r.* **141**, 202). Durch Einw. von Zinkspänen auf eine alkoh. Lösung des Essigsäure-[trichlor-methyl-phenyl-carbin]-esters (JOZITSCH, FAWORSKI, Ж. **30**, 998; *C.* **1899** I, 778). — Kp$_{10}$: 91—93° (D.); Kp$_{15}$: 103,5°; Kp$_{33}$: 123°; Kp$_{774}$: 225° (B., *A.* **296**, 268); Kp: 220—222° (J., F.). D$_0^0$: 1,2678; D$_D^{15}$: 1,2499 (J., F.); D$_0^{15}$: 1,2651 (B., *A.* **296**, 268). n$_D^{15}$: 1,5899 (B., *A.* **296**, 268). — Wird von Stickstoffdioxyd bei 80—100° in Benzoesäure und p-Nitro-benzoesäure über-geführt (B., *B.* **35**, 1532). Gibt mit rauchender Salpetersäure das 1^2.1^2-Dichlor-x-nitro-1-vinyl-benzol (S. 480) (D.). Wird durch Chlor in Chloroformlösung langsam in 1^1.1^1.1^2.1^2-Tetra-chlor-1-äthyl-benzol (S. 355) verwandelt (B., *A.* **296**, 269).

1^1.1^2.1^2-Trichlor-1-vinyl-benzol, α.β.β-Trichlor-α-phenyl-äthylen, α.β.β-Trichlor-styrol C$_8$H$_5$Cl$_3$ = C$_6$H$_5$·CCl:CCl$_2$. *B.* Aus 1^1.1^2.1^2.1^2-Tetrachlor-1-äthyl-benzol (S. 355) und alkoh. Kalilauge (BILTZ, *A.* **296**, 270). — Kp$_{23}$: 121°; Kp$_{31}$: 130°; Kp$_{751}$: 235°; D$_0^{15}$: 1,376; n$_D^{15}$: 1,5861 (B., *A.* **296**, 271). — Liefert mit Stickstoffdioxyd bei 100° ein nach Chlorpikrin riechendes, Benzoesäure und p-Nitro-benzoesäure enthaltendes Produkt (B., *B.* **35**, 1532). Addiert langsam 1 Mol.-Gew. Chlor oder Brom (B., *A.* **296**, 271).

1^1-Brom-1-vinyl-benzol, α-Brom-α-phenyl-äthylen, α-Brom-styrol C$_8$H$_7$Br=C$_6$H$_5$·CBr:CH$_2$. *B.* Neben anderen Produkten beim Kochen von Styroldibromid (S. 356) mit alkoh. Kali (GLASER, *A.* **154**, 155, 168; vgl. FRIEDEL, BALSOHN, *Bl.* [2] **32**, 614; ERLENMEYER, *B.* **12**, 1609; **16**, 152; NEF, *A.* **308**, 273). — *Darst.* Aus Phenylacetylen und trocknem Bromwasserstoff in Eisessig (N.). — Öl von zu Tränen reizendem Geruch. Kp$_{14}$: 86—87°; D^{21}: 1,38 (N.). — Beim Behandeln mit metallischem Natrium in absol.-äther. Lösung entsteht kein Phenyl-acetylen-Natrium (N.). Beim Erhitzen mit Wasser auf 180° entsteht Acetophenon (FR., BA.). Geht beim Erhitzen mit alkoh. Kalilauge auf 120° in Phenylacetylen über (G.).

1^2-Brom-1-vinyl-benzol, β-Brom-α-phenyl-äthylen, ω-Brom-styrol C$_8$H$_7$Br = C$_6$H$_5$·CH:CHBr. *B.* Neben Styrol bei der Einw. von Zinkstaub auf Tribrommethyl-phenyl-carbinol oder dessen Acetat in alkoh. Lösung (JOZITSCH, FAWORSKI, Ж. **30**, 920, 998; *C.* **1899** I, 607, 778). Beim Kochen von Zimtsäuredibromid C$_6$H$_5$·CHBr·CHBr·CO$_2$H mit Wasser (GLASER, *A.* **154**, 168; ERLENMEYER, *B.* **13**, 306; vgl. ERL., *Z.* **1864**, 549). Beim Erhitzen von Zimtsäuredibromid mit schwachen wäßr. Alkalien (SUDBOROUGH, THOMPSON, *Soc.* **83**, 683). Beim Eintragen von Brom in eine erwärmte wäßr. Lösung von zimtsauren Alkalien (GL., *A.* **154**, 169). — *Darst.* Man erhitzt Zimtsäuredibromid mit 10%iger Sodalösung 1 Stde. auf 100° (NEF, *A.* **308**, 267). Durch 1-stdg. Kochen von 10 g Zimtsäuredibromid mit 20 g Kaliumacetat in 150 ccm Alkohol (STRAUS, *B.* **42**, 2878). — Nach Hyazinthen riechende Flüssigkeit, die auf der Haut stark brennt (NEF). Erstarrt in einem Kältegemisch kry-stallinisch und schmilzt dann bei +7° (FITTIG, BINDER, *A.* **195**, 142). Destilliert unter gewöhnlichem Druck bei 219—221° (korr.) mit geringer Zers. (FI., BI.). Kp$_{30}$: 108°; Kp$_{24}$: 122° (NEF). D$_0^0$: 1,4482; D$_0^{15}$: 1,4289 (J., FA.); D^{24,4}: 1,39 (NEF). Zeigt in verflüssigtem Schwefel-dioxyd kaum meßbares elektrisches Lei.vermögen (WALDEN, *B.* **35**, 2028). — Liefert mit Kaliumpermanganat den Aldehyd C$_6$H$_5$·CH(OH)·CHO (HÖSSLE, *J. pr.* [2] **49**, 406). Wird beim Kochen mit Zinkstaub und Alkohol nicht verändert (NEF, *A.* **308**, 267). Nitrierung: FLÜRSCHEIM, *J. pr.* [2] **66**, 16. Metallisches Natrium fällt aus einer äther. Lösung des ω-Brom-styrols Natriumbromid und Phenylacetylen-Natrium unter gleichzeitiger Bildung von Styrol und Metastyrol (NEF, *A.* **308**, 267). ω-Brom-styrol gibt beim Erhitzen mit alkoh. Kali auf 130—135° Phenylacetylen und β-Äthoxy-α-phenyl-äthylen (Syst. No. 534) (NEF, *A.* **308**, 268). Dieselben Produkte entstehen beim Erhitzen von ω-Brom-styrol mit Natriumäthylat

(NEF, *A*. **308**, 270). Beim Überleiten von ω-Brom-styrol über sehr stark erhitzten Ätzkalk bilden sich etwas Phenylacetylen und Styrol, während viel Bromstyrol unverändert bleibt (NEF, *A*. **308**, 266). Beim Behandeln von ω-Brom-styrol in Äther. Lösung mit Natrium und CO_2 entsteht Phenylpropiolsäure (Syst. No. 950) (GLASER, *A*. **154**, 140). Setzt man ω-Brom-styrol in Äther mit Magnesium um und zerlegt das Reaktionsprodukt mit Wasser, so erhält man Phenylacetylen und Styrol neben Diphenyl-butadien $C_6H_5 \cdot CH:CH \cdot CH:CH \cdot C_6H_5$ (TIFFENEAU, *C. r*. **135**, 1347; vgl. JAWORSKI, Ж. **40**, 786; *C*. **1908** II, 1412).

1¹.1²-Dibrom-1-vinyl-benzol, α.β-**Dibrom-α-phenyl-äthylen**, α.β-**Dibrom-styrol**, **Phenylacetylen-dibromid** $C_8H_6Br_2 = C_6H_5 \cdot CBr:CHBr$. *B*. Durch Versetzen einer Lösung von Phenylacetylen (S. 511) in Chloroform, die durch Eis-Kochsalz-Gemisch gekühlt wird, mit einer Lösung von Brom in Chloroform (NEF, *A*. **308**, 273). — Angenehm riechendes Öl. Kp_{15}: 132—135°. — Geht beim Behandeln mit 1 Mol.-Gew. alkoh. Kali größtenteils in Phenylbromacetylen über. Bei der Einw. von Zinkstaub und Alkohol entsteht Phenylacetylen.

1².1³-Dibrom-1-vinyl-benzol, β.β-**Dibrom-α-phenyl-äthylen**, ω.ω-**Dibrom-styrol** $C_8H_6Br_2 = C_6H_5 \cdot CH:CBr_2$. *B*. Durch Behandeln von 1¹.1².1³-Tribrom-1-äthyl-benzol (S. 357) mit 1 Mol.-Gew. KHO in alkoh. Lösung (NEF, *A*. **308**, 310). — Angenehm riechendes Öl. Kp_{24}: 144°; Kp_{17}: 135—136°. D^{22}: 1,819. — Liefert beim Überleiten in Dampfform über stark erhitztes Kupfer unter vermindertem Drucke Phenylacetylen.

1¹.1²-Dijod-1-vinyl-benzol, α.β-**Dijod-α-phenyl-äthylen**, α.β-**Dijod-styrol**, **Phenylacetylen-dijodid** $C_8H_6I_2 = C_6H_5 \cdot CI:CHI$. *B*. Aus Phenylacetylen mit Jod in Kaliumjodidlösung (PERATONER, *G*. **22** II, 69). Durch Stehenlassen von Phenyljodacetylen (S. 513) mit Eisessig, der mit HI gesättigt ist (P.). Durch Erhitzen von α.β-Dijod-zimtsäure (Syst. No. 948) mit Wasser auf 110° (P.). — Blättchen (aus Alkohol). F: 76°. Leicht löslich in Alkohol usw. — Beim Erhitzen mit Zinkstaub und Alkohol entsteht Phenylacetylen.

1²-Brom-1¹.1²-dijod-1-vinyl-benzol, β-**Brom-α.β-dijod-α-phenyl-äthylen**, β-**Brom-α.β-dijod-styrol** $C_8H_5BrI_2 = C_6H_5 \cdot CI:CBrI$. *B*. Aus Phenylbromacetylen und Jod in Äther (NEF, *A*. **308**, 315). — Citronengelbe quadratische Tafeln (aus Ligroin). F: 65—66°.

1¹.1².1³-Trijod-1-vinyl-benzol, α.β.β-**Trijod-α-phenyl-äthylen**, α.β.β-**Trijod-styrol** $C_8H_5I_3 = C_6H_5 \cdot CI:CI_2$. *B*. Aus Phenyljodacetylen und Jod in CS_2 (LIEBERMANN, SACHSE, *B*. **24**, 4115). Aus Phenylacetylen-Silber mit Jod in Kaliumjodidlösung (L., S.). Beim Erhitzen von α.β-Dijod-zimtsäure mit Wasser auf 140° (PERATONER, *G*. **22** II, 79). — Nadeln (aus Alkohol). F: 108° (L., S.).

2-Nitro-1-vinyl-benzol, **[2-Nitro-phenyl]-äthylen**, o-**Nitro-styrol** $C_8H_7O_2N = O_2N \cdot C_6H_4 \cdot CH:CH_2$. *B*. Beim Eintragen von β-Brom-β-[o-nitro-phenyl]-propionsäure $O_2N \cdot C_6H_4 \cdot CHBr \cdot CH_2 \cdot CO_2H$ (Syst. No. 942) in überschüssige heiße Sodalösung; das gebildete Nitrostyrol wird sofort mit Wasserdämpfen überdestilliert (EINHORN, *B*. **16**, 2213). — Öl. Erstarrt im Kältegemisch krystallinisch und schmilzt dann bei 12—13,5°. Löst sich in konz. Schwefelsäure mit blauer Farbe.

3-Nitro-1-vinyl-benzol, **[3-Nitro-phenyl]-äthylen**, m-**Nitro-styrol** $C_8H_7O_2N = O_2N \cdot C_6H_4 \cdot CH:CH_2$. *B*. Beim Kochen des Natriumsalzes der β-Brom-β-[m-nitro-phenyl]-propionsäure (Syst. No. 942) mit Wasser; das erhaltene wäßr. Destillat wird mit Äther ausgeschüttelt und die äther. Lösung über $CaCl_2$ entwässert (PRAUSNITZ, *B*. **17**, 597). — Gelbes, zimtartig riechendes Öl. Erstarrt bei −15° krystallinisch und schmilzt bei −5°. Leicht löslich in absol. Alkohol, Äther, Chloroform, Ligroin und Eisessig.

4-Nitro-1-vinyl-benzol, **[4-Nitro-phenyl]-äthylen**, p-**Nitro-styrol** $C_8H_7O_2N = O_2N \cdot C_6H_4 \cdot CH:CH_2$. *B*. Beim Kochen von β-Brom-β-[p-nitro-phenyl]-propionsäure (Syst. No. 942) mit Wasser oder Sodalösung (BASLER, *B*. **16**, 3003). Aus dem Lacton der β-Oxy-β-[p-nitro-phenyl]-propionsäure (Syst. No. 2463) beim Erhitzen über seinen Schmelzpunkt oder beim Kochen mit Eisessig (B., *B*. **16**, 3005). — Prismen (aus Ligroin). F: 29°. Destilliert nicht unzersetzt. Mit Wasserdämpfen flüchtig. Sehr schwer löslich in kaltem Ligroin, leicht in warmem Alkohol, Benzol, Ligroin und noch leichter in Äther. — Polymerisiert sich beim Stehen oder Erhitzen zu einem in allen Lösungsmitteln unlöslichen Körper.

1²-Nitro-1-vinyl-benzol, β-**Nitro-α-phenyl-äthylen**, ω-**Nitro-styrol** $C_8H_7O_2N = C_6H_5 \cdot CH:CH \cdot NO_2$. *B*. Beim Erhitzen von Benzaldehyd mit Nitromethan und etwas Zinkchlorid auf 160° (PRIEBS, *A*. **225**, 321). Aus Benzaldehyd und Nitromethan in Gegenwart von Amylamin (KNOEVENAGEL, WALTER, *B*. **37**, 4504). Man kondensiert Benzaldehyd und Nitromethan bei Gegenwart von konz. methylalkoholischer Kalilauge und säuert mit Mineralsäure an (THIELE, *B*. **32**, 1293; M. HOLLEMAN, *B*. **23**, 298). Beim Sättigen einer auf 0° abgekühlten Lösung von 5 g Styrol in 150 ccm Äther mit nitrosen Gasen(PR., *A*. **225**, 328). Beim Kochen von Styrol mit Salpetersäure (SIMON, *A*. **31**, 269; BLYTH, HOFMANN, *A*.

53, 297). Durch Zerlegen des Natriumsalzes des β-Nitro-α-äthoxy-α-phenyl-äthans C₆H₅· CH(O·C₂H₅)·CH₂·NO₂ mit Säuren, neben anderen Produkten (WIELAND, B. **36**, 2567). Bei der Einw. von heißer Salzsäure auf β-Nitro-α-anilino-α-phenyl-äthan (Syst. No. 1704), neben Anilin (CH. MAYER, Bl. [3] **33**, 399). Bei der Einw. von nitrosen Gasen auf Zimt-säure in Äther unter Kühlung durch Eis-Kochsalz-Gemisch (ERDMANN, B. **24**, 2772). Man destilliert ein Gemisch von 20 g Zimtsäure und 100 ccm 10%iger Natriumnitritlösung mit Wasserdampf (ERD., B. **24**, 2773). Beim Behandeln der Säure C₆H₅·CH:CH·CH₂·CO₂H (Syst. No. 949) mit roter rauchender Salpetersäure (ERD., B. **17**, 412). — *Darst.* Man läßt zu einem durch eine Kältemischung abgekühlten Gemisch von 53 g Benzaldehyd, 32 g Nitro-methan und 200 ccm Alkohol unter Umrühren 1 Mol.-Gew. Alkali (die erste Hälfte als methylalkoholische Kalilauge, den Rest als Natronlauge) fließen, rührt den entstandenen Brei, bis eine Probe in Wasser klar löslich ist, versetzt dann mit Eis und Wasser und gießt unter Umrühren in die berechnete Menge eiskalter verd. Schwefelsäure; Ausbeute 80% (THIELE, HAECKEL, A. **325**, 7). — Gelbliche Prismen (aus Petroläther oder aus Alkohol). Besitzt einen durchdringenden Zimtgeruch und reizt die Epidermis und die Schleimhäute (PR., A. **225**, 324). F: 58°; siedet unter starker Zersetzung bei 250—260°; mit Wasserdampf flüchtig; unlöslich in kaltem Wasser, wenig löslich in heißem Wasser, sehr leicht in Äther, Chloroform, Schwefel-kohlenstoff und Benzol, weniger leicht in Ligroin (PR., A. **225**, 325). Absorptionsspektrum: BALY, DESCH, Soc. **93**, 1751. — Geht beim Liegen am Licht in ein Dimeres (C₈H₇O₂N)₂ (s. u.) über (PRIEBS, A. **225**, 339; MEISENHEIMER, HEIM, A. **355**, 268). Entwickelt beim Kochen mit Chlorkalklösung Chlorpikrin (PR., A. **225**, 339). Gibt bei der Oxydation mit Kalium-dichromat und verd. Schwefelsäure Benzoesäure (PR., A. **225**, 329). Liefert bei der Reduktion mit Aluminiumamalgam oder mit Zinkstaub und Essigsäure das Oxim des Phenylacetaldehyds (BOUVEAULT, WAHL, C. r. **134**, 1147). Läßt sich durch rauchende Salpetersäure zu 2.1²-Di-nitro- und 4.1²-Dinitro-1-vinyl-benzol nitrieren (PR., A. **225**, 347, 350). Gibt in Chloroform mit Chlor das 1¹.1²-Dichlor-1²-nitro-1-äthyl-benzol (S. 359) (PR., A. **225**, 344). Liefert in Berührung mit Bromdampf 1¹.1²-Dibrom-1²-nitro-1-äthyl-benzol (S. 359—360) (PR., A. **225**, 341). Zerfällt beim Erhitzen mit Wasser im geschlossenen Rohr auf 150° unter Bildung von Benzaldehyd und harzigen Produkten (PR., A. **225**, 334). Beim Erwärmen mit wäßr. Schwefelsäure (3 Vol. konz. Schwefelsäure und 1 Vol. Wasser) auf 85° entstehen Kohlenoxyd, Hydroxylamin und Benzaldehyd (PR., A. **225**, 335). Beim Erwärmen von ω-Nitro-styrol mit rauchender Salzsäure im geschlossenen Rohr auf 100° werden Phenylchloressigsäure (Syst. No. 941) und Hydroxylamin gebildet (PR., A. **225**, 336). ω-Nitro-styrol wird von wäßr. Alkalien zunächst ohne Zers. gelöst (PR., A. **225**, 331; vgl. MEI., HEIM, B. **38**, 467); die Lösungen sind aber sehr unbeständig und zersetzen sich beim Stehen oder schneller beim Er-wärmen unter Bildung von Benzaldehyd und harzigen Produkten (PR., A. **225**, 331). Löst man 10 g ω-Nitro-styrol in 50 ccm Methylalkohol, versetzt nach Abkühlung auf 0° mit 60 ccm einer 5% Natrium enthaltenden Natriummethylatlösung und leitet, sobald klare Lösung eingetreten ist, CO₂ ein, so erhält man β-Nitro-α-methoxy-α-phenyl-äthan (Syst. No. 529); vermischt man die gleichen Lösungen bei 25° und leitet erst nach 40-stdg. Stehen CO₂ ein, so erhält man β.δ-Dinitro-α-methoxy-α.γ-diphenyl-butan (Syst. No. 539) (MEI., HEIM, B. **38**, 469; vgl. MEI., HEIM, A. **355**, 260). ω-Nitro-styrol liefert mit Kaliumcyanid in wäßr.-alkoh. Lösung bei 0° zwei diastereoisomere α.δ-Dinitro-β.γ-diphenyl-β-cyan-butane (Syst. No. 952) (M. HOLLEMAN, R. **23**, 291).

Dimeres β-Nitro-α-phenyl-äthylen, „Isophenylnitroäthylen" C₁₆H₁₄O₄N₂ = (C₈H₇O₂N)₂. Zur Molekulargröße vgl. MEISENHEIMER, HEIM, A. **355**, 269. — B. Man läßt auf angefeuchtete Krystalle des β-Nitro-α-phenyl-äthylens mehrere Monate das Licht ein-wirken (PRIEBS, A. **225**, 340; M., H., A. **355**, 268). — Farblose Blättchen oder Nadeln (aus Alkohol). Schmilzt allmählich zwischen 172° und 180° (Zers.) (PR.), zwischen 179° und 187° (Zers.) (M., H.). Sehr wenig löslich in allen Lösungsmitteln (M., H.). Löst sich leicht in Natriummethylatlösung mit hellgelber Farbe und wird aus dieser Lösung durch sofortiges Einleiten von CO₂ und Verdünnen mit Wasser gefällt (M., H.).

Polymeres β-Nitro-α-phenyl-äthylen (C₈H₇O₂N)ₓ. B. Beim Kochen von β-Nitro-α-phenyl-äthylen mit Natrium-Malonester in Alkohol (VORLÄNDER, HERRMANN, C. **1899** I, 730). — Weiße amorphe Substanz. Schmilzt gegen 280°. In den meisten Mitteln unlöslich.

1¹-Chlor-2-nitro-1-vinyl-benzol, α-Chlor-α-[2-nitro-phenyl]-äthylen, α-Chlor-o-nitro-styrol C₈H₆O₂NCl = O₂N·C₆H₄·CCl:CH₂. B. Beim Zusammengeben von 1 g o-Nitro-acetophenon (Syst. No. 639) mit 1,3 g PCl₅; man erwärmt das Gemisch gelinde und verjagt dann das POCl₃ durch Erwärmen im Vakuum auf 100°, zuletzt unter Einleiten von trockner Luft; den Rückstand destilliert man mit Wasser (GEVEKOHT, A. **221**, 329). — Hellgelbes Öl. Destilliert nicht unzersetzt.

1¹-Chlor-2-nitro-1-vinyl-benzol, β-Chlor-α-[2-nitro-phenyl]-äthylen, ω-Chlor-o-nitro-styrol C₈H₆O₂NCl = O₂N·C₆H₄·CH:CHCl. B. Entsteht als Nebenprodukt bei der Darstellung von α-Chlor-β-oxy-β-[o-nitro-phenyl]-propionsäure (Syst. No. 1073) aus o-nitrozimtsaurem Natrium mit NaOCl in Wasser (LIPP, *B.* 17, 1070). — Gelbliche Nadeln oder Prismen (aus Alkohol). F: 58—59⁰. Sehr leicht löslich in Äther und heißem Alkohol.

1^1-Chlor-4-nitro-1-vinyl-benzol, α-Chlor-α-[4-nitro-phenyl]-äthylen, α-Chlor-p-nitro-styrol $C_8H_6O_2NCl = O_2N \cdot C_6H_4 \cdot CCl:CH_2$. *B.* Beim Zusammenschmelzen von p-Nitro-acetophenon (Syst. No. 639) mit PCl_5 auf dem Wasserbade; man verjagt das $POCl_3$ durch einen Luftstrom, destilliert den Rückstand mit Wasser und löst das überdestillierte Nitrophenylchloräthylen in kaltem Ligroin (DREWSEN, *A.* 212, 162). — Hellgelbe Nadeln (aus Ligroin). F: 63—64⁰. Schwer löslich in Wasser, sonst meist leicht löslich.

1^1- oder 1^2-Chlor-1^2-nitro-1-vinyl-benzol, α- oder β-Chlor-β-nitro-α-phenyl-äthylen, α- oder β-Chlor-β-nitro-styrol $C_8H_6O_2NCl = C_6H_5 \cdot CCl:CH \cdot NO_2$ oder $C_6H_5 \cdot CH:CCl \cdot NO_2$. Zur Konstitution vgl. auch THIELE, HAECKEL, *A.* 325, 2. — *B.* Bei der Einw. von 10%iger Natronlauge auf $1^1.1^2$-Dichlor-1^2-nitro-1-äthyl-benzol (PRIEBS, *A.* 225, 345). — Goldgelbe Blättchen oder Tafeln (aus Ligroin). F: 48—49⁰. Unlöslich in Wasser, sonst leicht löslich.

$1^2.1^2$-Dichlor-x-nitro-1-vinyl-benzol, ω.ω-Dichlor-x-nitro-styrol $C_8H_5O_2NCl_2$. *B.* Aus ω.ω-Dichlor-styrol mit rauchender Salpetersäure (DINESMANN, *C. r.* 141, 202). — F: 93⁰.

1^2-Brom-1^2-nitro-1-vinyl-benzol, β-Brom-β-nitro-α-phenyl-äthylen, ω-Brom-ω-nitro-styrol $C_8H_6O_2NBr = C_6H_5 \cdot CH:CBr \cdot NO_2$. Zur Konstitution vgl. THIELE, HAECKEL, *A.* 325, 3. — *B.* Bei der Einw. von 10%iger Natronlauge auf $1^1.1^1$-Dibrom-1^2-nitro-1-äthyl-benzol (S. 359–360) (PRIEBS, *A.* 225, 343). Durch Einw. einer alkoh. Lösung von Natriumacetat auf $1^1.1^1$-Dibrom-1^2-nitro-1-äthyl-benzol (TH., H., *A.* 325, 8). — Goldgelbe Nadeln oder Blättchen (aus Petroläther); goldgelbe Nadeln (aus Alkohol). F: 67⁰ (TH., H.), 67—68⁰ (P.). — Durch methylalkoholische Kalilauge in der Kälte entsteht das Kaliumsalz des 1^2-Brom-1^2-nitro-1^1-methoxy-1-äthyl-benzols (Syst. No. 529), durch kochende methylalkoholische Kalilauge entsteht das Dimethylacetal des ω-Nitro-acetophenons (Syst. No. 639) (TH., H.).

2.1^2-Dinitro-1-vinyl-benzol, β-Nitro-α-[2-nitro-phenyl]-äthylen, o.ω-Dinitro-styrol $C_8H_6O_4N_2 = O_2N \cdot C_6H_4 \cdot CH:CH \cdot NO_2$. *B.* Beim 8—9-stdg. Erhitzen von o-Nitro-benzaldehyd mit Nitromethan und $ZnCl_2$ auf 160⁰ (POSNER, *B.* 31, 657). Man kondensiert o-Nitro-benzaldehyd mit Nitromethan durch Natriummethylat in Methylalkohol und zersetzt den so entstehenden Nitroalkohol $O_2N \cdot C_6H_4 \cdot CH(OH) \cdot CH_2 \cdot NO_2$ durch Destillation im Vakuum (BOUVEAULT, WAHL, *C. r.* 135, 42). Aus ω-Nitro-styrol mit rauchender Salpetersäure bei 25—30⁰, neben dem in größerer Menge entstehenden p.ω-Dinitro-styrol (PRIEBS, *A.* 225, 350). — Gelbe Nadeln (aus Alkohol). F: 106—107⁰ (PR.). Siedet unter 20 mm Druck gegen 200⁰ (B., W.). Mit Wasserdämpfen flüchtig (PR.). In Lösungsmitteln leichter löslich als das p.ω-Dinitro-styrol (PR.). — Liefert bei der Oxydation mit alkal. Kaliumpermanganatlösung o-Nitro-benzoesäure (PR.).

3.1^2-Dinitro-1-vinyl-benzol, β-Nitro-α-[3-nitro-phenyl]-äthylen, m.ω-Dinitro-styrol $C_8H_6O_4N_2 = O_2N \cdot C_6H_4 \cdot CH:CH \cdot NO_2$. *B.* Durch 3-stdg. Erhitzen von m-Nitro-benzaldehyd mit Nitromethan und $ZnCl_2$ aus 150⁰ (POSNER, *B.* 31, 658). Aus m-Nitro-benzaldehyd und Nitromethan in Gegenwart von konz. methylalkoholischer Kalilauge (THIELE, *B.* 32, 1294). Beim Eintragen von m-Nitro-zimtsäure in ein Gemisch aus 2 Tln. Salpetersäure (D: 1,5) und 5 Tln. konz. Schwefelsäure unterhalb 0⁰ (FRIEDLÄNDER, LAZARUS, *A.* 229, 233). — Gelbliche Blättchen oder Nadeln (aus Alkohol). F: 122⁰ (FR., L.), 125⁰ (TH.). Ziemlich schwer löslich in heißem Wasser und in Alkohol, leichter in Äther, Chloroform und Benzol (FR., L.). — Zerfällt beim Erwärmen mit konz. Schwefelsäure auf 100⁰ unter Bildung von CO und m-Nitro-benzaldoxim (Syst. No. 636) (FR., L.). Addiert in Eisessig HBr (FR., L.). Löst sich in methylalkoholischer oder äthylalkoholischer Kalilauge; aus diesen Lösungen erhält man beim Behandeln mit CO_2 wieder m.ω-Dinitro-styrol, bei der Einw. von Bromwasser die Verbindung $O_2N \cdot C_6H_4 \cdot CH(O \cdot CH_3) \cdot CBr_2 \cdot NO_2$ bezw. $O_2N \cdot C_6H_4 \cdot CH(O \cdot C_2H_5) \cdot CBr_2 \cdot NO_2$ (Syst. No. 529) (FR., L.).

4.1^2-Dinitro-1-vinyl-benzol, β-Nitro-α-[4-nitro-phenyl]-äthylen, p.ω-Dinitro-styrol $C_8H_6O_4N_2 = O_2N \cdot C_6H_4 \cdot CH:CH \cdot NO_2$. *B.* Aus p-Nitro-benzaldehyd und Nitromethan in Gegenwart von alkoh. Kalilauge (THIELE, *B.* 32, 1294). Beim Eintragen von 1 Tl. ω-Nitro-styrol in 8 Tle. rote rauchende Salpetersäure unter Kühlung durch eine Kältemischung (PRIEBS, *A.* 225, 348). Man trägt p-Nitro-zimtsäure in 90⁰ in Salpeterschwefelsäure ein und läßt die Temperatur nicht über +10⁰ steigen (FRIEDLÄNDER, MÄHLY, *A.* 229, 224). Durch Zersetzung von 4.α-Dinitro-zimtsäure (Syst. No. 948) in wäßr. Lösung bei 0⁰ (FR., M., *A.* 229, 224). — *Darst.* Man trägt 125 g ω-Nitro-styrol unter Umrühren in 375 ccm stark gekühlte rauchende Salpetersäure ein, so daß die Temperatur stets unter 0⁰ bleibt, tropft dann, ohne daß die Temperatur über 0⁰ steigt, 100 ccm konz. Schwefelsäure hinzu und gießt die dunkelrote Lösung nach einer Stunde langsam in Eiswasser (THIELE, HAECKEL,

A. **325**, 14). — Gelbe Blättchen oder Nadeln (aus Eisessig). F: 199° (FR., M.), 198° (PR.), 196—199° (Zers.) (TH.). Sublimiert bei vorsichtigem Erhitzen in Nadeln (PR.). Ist mit Wasserdampf flüchtig (PR.). Unlöslich in Wasser, schwer löslich in heißem Alkohol, leichter in Eisessig und Aceton (PR.). — Zerfällt beim Erwärmen mit konz. Schwefelsäure auf 100° unter Bildung von CO, Hydroxylamin und p-Nitro-benzaldehyd bezw. p-Nitro-benzaldoxim (FR., M.). Gibt bei der Oxydation mit Kaliumdichromat und verd. Schwefelsäure p-Nitrobenzoesäure (PR.). Liefert, in CHCl$_3$ oder CS$_2$ suspendiert, mit Brom langsam 4-Nitro-1-[α.β-dibrom-β-nitro-äthyl]-benzol (S. 360) (PR.; TH., H.).

1¹-Brom-2.1²-dinitro-1-vinyl-benzol, β-Brom-β-nitro-α-[2-nitro-phenyl]-äthylen, ω-Brom-o.ω-dinitro-styrol C$_8$H$_5$O$_4$N$_2$Br = O$_2$N·C$_6$H$_4$·CH:CBr·NO$_2$. B. Neben β-Brom-β-nitro-α-[4-nitro-phenyl]-äthylen (s. u.) und anderen Produkten beim Eintragen von ω-Brom-styrol in rauchende Salpetersäure unter Kühlung durch eine Kältemischung (FLÜRSCHEIM, *J. pr.* [2] **66**, 16). — Hellgelbe Krystalle (aus Eisessig + Alkohol). F: 88°. In heißem Alkohol sehr leicht löslich, in Äther löslich, in Ligroin unlöslich. — Zersetzt sich beim Kochen mit Wasser unter Bildung von salpetriger Säure, Salpetersäure, Bromwasserstoff, Bromnitromethan und o-Nitro-benzaldehyd. Ist in kalter verd. Natronlauge unlöslich. Wird von Brom in Chloroform nur wenig verändert. Gibt beim Kochen mit absol. Alkohol ein öliges Alkoholadditionsprodukt, das durch aufeinanderfolgende Behandlung mit verd. Natronlauge und mit Brom β.β-Dibrom-β-nitro-α-äthoxy-α-[2-nitro-phenyl]-äthan O$_2$N·C$_6$H$_4$·CH(O·C$_2$H$_5$)·CBr$_2$·NO$_2$ (Syst. No. 529) liefert.

1¹-Brom-4.1²-dinitro-1-vinyl-benzol, β-Brom-β-nitro-α-[4-nitro-phenyl]-äthylen, ω-Brom-p.ω-dinitro-styrol C$_8$H$_5$O$_4$N$_2$Br = O$_2$N·C$_6$H$_4$·CH:CBr·NO$_2$. B. Neben β-Brom-β-nitro-α-[2-nitro-phenyl]-äthylen (s. o.) und anderen Produkten beim Eintragen von ω-Brom-styrol in rauchende Salpetersäure unter Kühlung durch eine Kältemischung (FLÜRSCHEIM, *J. pr.* [2] **66**, 16). Man kocht p.ω-Dinitro-styrol mit Brom und Chloroform bis zur Lösung, destilliert das Lösungsmittel ab, versetzt den Rückstand mit einer alkoh. Lösung von Natriumacetat und wäscht das ausfallende Bromdinitrostyrol mit Wasser (THIELE, HAECKEL, *A.* **325**, 14). — Gelbe Blättchen (aus Eisessig). F: 135° (TH., H.), 135—136° (FL.). Sehr wenig löslich in Alkohol, Äther, Ligroin, sehr leicht in Aceton und in der Wärme in Benzol, Chloroform und Eisessig (FL.). — Zersetzt sich beim Kochen mit Wasser unter Bildung von salpetriger Säure, Salpetersäure, Bromwasserstoff, Bromnitromethan und p-Nitro-benzaldehyd (FL.). Ist in kalter verd. Natronlauge unlöslich (FL.). Wird von Brom in Chloroform nur sehr wenig verändert (FL.). Geht beim Kochen mit absol. Alkohol teilweise in das β-Brom-β-nitro-α-äthoxy-α-[4-nitro-phenyl]-äthan (Syst. No. 529) über (FL.).

2. *Carden* C$_9$H$_8$, vielleicht $\begin{smallmatrix} CH:CH\cdot C\cdot CH_2 \\ | \quad\quad || \quad || \\ CH:CH\cdot C\cdot CH_2 \end{smallmatrix}$. B. Aus Cardol (Syst. No. 4865) durch Destillation über Zinkstaub (SPIEGEL, DOBRIN, *C.* **1896** I, 112). — Farblose, leicht bewegliche Flüssigkeit. Kp: 122—127°. Wird durch konz. Schwefelsäure nicht verändert.

3. Kohlenwasserstoffe C$_9$H$_{10}$.

1. *Propenylbenzol*, α-*Propenyl-benzol*, α-*Phenyl-α-propylen* C$_9$H$_{10}$ = C$_6$H$_5$·CH:CH·CH$_3$. [Wurde von FITTIG und RÜGHEIMER (*A.* 172, 129) ursprünglich „Allylbenzol" genannt.] — B. Wird in geringer Menge erhalten, wenn man ω-Brom-styrol und Methylmagnesiumjodid in Äther zusammenbringt, den Äther verdunstet und den Rückstand im Vakuum destilliert (TIFFENEAU, *C. r.* **139**, 482). — Man führt Äthyl-phenyl-carbinol mit Phosphorpentachlorid oder mit Salzsäure in das Chlorid C$_6$H$_5$·CHCl·CH$_2$·CH$_3$ über und destilliert dieses (WAGNER, Ж. 16, 324; *B.* 17 Ref., 317). Man führt Äthyl-phenyl-carbinol mit Chlorwasserstoff in das Chlorid über und kocht dieses mit der 6—8fachen Menge Pyridin (KLAGES, *B.* **35**, 2251) oder erhitzt es zweckmäßiger mit 2 Mol.-Gew. Pyridin im geschlossenen Rohr auf 125° (KL., *B.* **36**, 621). Bei der Einw. siedender alkoh. Kalilauge auf α-Chlor-α-phenyl-propan (ERRERA, *G.* 16, 323) oder auf β-Chlor-α-phenyl-propan (ER., *G.* 16, 318). Man läßt auf Propylbenzol bei 150—160° Bromdampf einwirken und destilliert das Reaktionsprodukt (RADZISZEWSKI, *C. r.* 78, 1154; *J.* 1874, 393). Beim Schmelzen von γ-Jod-α-phenyl-propan mit trocknem Kaliumhydroxyd, neben anderen Produkten (AGEJEWA, Ж. 37, 664; *C.* 1905 II, 1017). Durch Einw. siedender alkoh. Kalilauge auf Allylbenzol (TIFF., *C. r.* 139, 482). Durch Erwärmen von α-Chlor-β-brom-α-phenyl-α-propylen (S. 483) mit Natrium in wasserfreiem, jedoch alkoholhaltigem Äther (HUCKELL, DETTMAR, *B.* 36, 772; Ku., *B.* 36, 3033; vgl. KL., *B.* 36, 2572). Durch wiederholte Destillation von Äthyl-phenyl-carbinol (HELL, BAUER, *B.* 36, 206). Bei der Reduktion von Zimtalkohol mit Natrium und Alkohol, neben Propylbenzol (KL., *B.* 39, 2589). In geringer Menge aus 1 Mol.-Gew. Zimtalkohol mit 1 Mol.-Gew.

Natriumammonium in Gegenwart von verflüssigtem Ammoniak bei —80°, neben γ-Phenyl-propylalkohol (CHABLAY, *C. r.* 143, 829). In kleiner Menge bei der Einw. von Natrium-amalgam auf Zimtalkohol (FITTIG, RÜGHEIMER, *A.* 172, 129). Beim Erhitzen von Zimt-alkohol mit Jodwasserstoffsäure (D: 1,96) auf 180—200° (TIEMANN, *B.* 11, 671). Wird neben anderen Produkten erhalten, wenn man Methylbenzylketon oder Äthylphenylketon in wäßr. Alkohol mit Natriumamalgam behandelt und das Reaktionsprodukt der Destillation unterwirft (ER., *G.* 16, 316, 321). Bei der Destillation von Trimethyl-[γ-phenyl-propyl]-ammonium-hydroxyd (SENFTER, TAFEL, *B.* 27, 2312). Durch Einw. von 2%igem Natriumamalgam auf Trimethyl-cinnamyl-ammoniumchlorid, $C_6H_5 \cdot CH:CH \cdot CH_2 \cdot N(CH_3)_3Cl$, in möglichst neu-traler Lösung (EMDE, *Ar.* 244, 288). Bei der Reduktion von Dimethyl-phenyl-cinnamyl-ammoniumchlorid in Wasser mit Natriumamalgam (EMDE, *B.* 42, 2592, 2594; *Ar.* 247, 371). — Bei der Destillation des trocknen Calciumsalzes der trans-2-Phenyl-cyclopropan-carbon-säure-(1) unter vermindertem Druck mit Natronkalk (BUCHNER, GERONIMUS, *B.* 36, 3785). Man läßt auf α-Methylzimtsäure (Syst. No. 949) höchst konz. Bromwasserstoffsäure ein-wirken und erwärmt das Bromwasserstoff-Additionsprodukt mit Sodalösung (PERKIN, *Soc.* 32, 662, 666; 69, 1224). Beim Erhitzen von β-Oxy-α-methyl-β-phenyl-propionsäure auf 280° (PERKIN, STENHOUSE, *Soc.* 59, 1010).

Flüssigkeit. Kp_{13}: 74° (KLAGES, *B.* 35, 2252); Kp_{19}: 76—78°; Kp: 171—173° (TIFFE-NEAU, *A. ch.* [8] 10, 351 Anm.); Kp_{746}: 177° (KL., *B.* 36, 2574); Kp: 176—177° (korr.) (PERKIN, *Soc.* 69, 1224). D^0: 0,936 (TIF.); D_4^0: 0,93591; D_4^{20}: 0,90902 (AGEJEWA, Ж. 37, 664); D_4^0: 0,9253; D_4^{15}: 0,9181; D_4^{20}: 0,9141 (KL., *B.* 36, 2574); D_4^0: 0,9230; D_4^{15}: 0,9143; D_4^{20}: 0,9076 (P., *Soc.* 69, 1224). n_D^{20}: 1,5492 (KL., *B.* 36, 2574). Magnetisches Drehungsvermögen: PERKIN, *Soc.* 69, 1246). — Wandelt sich beim Kochen mit Natrium in eine polymere Modifikation $(C_9H_{10})_2$ (?) um (ERRERA, *G.* 14, 509). Liefert bei der Reduktion mit Natrium und Alkohol Propylbenzol (KL., *B.* 35, 2641; 36, 622). Gibt mit Brom das Dibromid $C_6H_5 \cdot CHBr \cdot CHBr \cdot CH_3$ (S. 392) (FITTIG, RÜGHEIMER, *A.* 172, 131). Geht bei der Einw. von Jod und gelbem Quecksilberoxyd in Gegenwart von wäßr. Äther zunächst in das Jodhydrin $C_6H_5 \cdot CH(OH) \cdot CHI \cdot CH_3$ über, aus welchem durch überschüssiges Quecksilberoxyd unter HI-Abspaltung und Umlagerung Hydratropaaldehyd (Syst. No. 640) entsteht (BOUGAULT, *A. ch.* [7] 25, 548; TIFFENEAU, *C. r.* 142, 1538; *A. ch.* [8] 10, 351). Wird durch Erhitzen mit wasser-freien Ätzalkalien zum Teil in Allylbenzol umgelagert (AGEJEWA).

1^2-Chlor-1-[propen-(1¹)-yl]-benzol, γ-Chlor-α-phenyl-α-propylen, Cinnamyl-chlorid $C_9H_9Cl = C_6H_5 \cdot CH:CH \cdot CH_2Cl$. *B.* Durch Behandeln von Zimtalkohol mit Chlor-wasserstoff bei 0° (KLAGES, KLENK, *B.* 39, 2552; EMDE, *B.* 42, 2593; E., FRANKE, *Ar.* 247, 333). — Flüssig. Erstarrt nicht bei —19° (RAMDOHR, *J.* 1858, 446). — Siedet unter 18 mm Druck bei 120° und unter 22 mm Druck bei 125—126° ohne Zersetzung (KLA., KLE.); siedet unter 13 mm Druck bei 115° und unter 37 mm bei 140° unter teilweiser Zersetzung (E., FR.). — Gibt mit Brom ein Dibromid $C_6H_5 \cdot CHBr \cdot CHBr \cdot CH_2Cl$ (GRIMAUX, *Bl.* [2] 20, 122). Liefert mit absol.-alkoh. Ammoniak Cinnamylamin, Dicinnamylamin und Tricinnamylamin (R., *J.* 1858, 448; POSNER, *B.* 26, 1858; E., *Ar.* 244, 271; E., FR., *Ar.* 247, 334). Gibt mit Trimethylamin in absol. Alkohol Trimethyl-cinnamyl-ammoniumchlorid $C_6H_5 \cdot CH:CH \cdot CH_2 \cdot N(CH_3)_3Cl$ (E. SCHMIDT, FLAECHER, *Ar.* 243, 75); analog verläuft die Reaktion mit Pyridin (KLA., KLE.; E., FR.).

$1^2.1^2$-Dichlor-1-[propen-(1¹)-yl]-benzol, γ.γ-Dichlor-α-phenyl-α-propylen, Cin-namylidendichlorid, Cinnamylidenchlorid $C_9H_8Cl_2 = C_6H_5 \cdot CH:CH \cdot CHCl_2$. *B.* Man läßt in der Kälte Zimtaldehyd auf einen geringen Überschuß von PCl_5 tropfen (CHABON, DUGOUJON, *C. r.* 136, 94). Beim Kochen von Zimtaldehyd mit 1½ Mol.-Gew. Oxalylchlorid (STAUDINGER, *B.* 42, 3975). — Schuppen (aus Äther oder $CHCl_3$). F: 54° (CH., D.), 57,5° bis 58,5° (ST.). Kp_{20}: 142—143° (CH., D.); Kp_{13}: 124° (ST.). — Sehr unbeständig (CH., D.). Zerfällt mit Wasser unter Bildung von Zimtaldehyd und HCl (CH., D.).

$1^2.1^3.1^3$-Trichlor-1-[propen-(1¹)-yl]-benzol, β.γ.γ-Trichlor-α-phenyl-α-propylen $C_9H_7Cl_3 = C_6H_5 \cdot CH:CCl \cdot CHCl_2$. *B.* Aus α-Chlor-zimtaldehyd und PCl_5 (CHABON, DUGOUJON, *C. r.* 136, 1073). — Blättchen (aus Petroläther). F: 47°. Kp_{20}: 155°. — Zersetzt sich in Gegenwart von Wasser unter Bildung von α-Chlor-zimtaldehyd und HCl.

$1^1.1^2.1^3.1^3$-Tetrachlor-1-[propen-(1¹)-yl]-benzol, α.β.γ.γ-Tetrachlor-α-phenyl-α-pro-pylen $C_9H_6Cl_4 = C_6H_5 \cdot CCl:CCl \cdot CHCl_2$. *B.* Aus $1^3.1^3$-Dichlor-1-[propin-(1¹)-yl]-benzol (S. 514) und Chlor (CHABON, DUGOUJON, *C. r.* 137, 127). — Flüssig. Erstarrt bei starker Abkühlung. Kp_{28}: 165—167°. Sehr beständig an der Luft und unter Wasser.

1^1 oder 1^2-Brom-1-[propen-(1¹)-yl]-benzol, α- oder β-Brom-α-phenyl-α-propylen $C_9H_9Br = C_6H_5 \cdot CBr:CH \cdot CH_3$ oder $C_6H_5 \cdot CH:CBr \cdot CH_3$. *B.* Beim Erwärmen von α.β-Dibrom-α-phenyl-propan-β-carbonsäure $C_6H_5 \cdot CHBr \cdot CBr(CH_3) \cdot CO_2H$ mit alkoh. Kalilauge oder beim

Kochen mit Wasser (KÖRNER, B. 21, 276). — Flüssig.   Siedet unter Zersetzung bei 226°.
Liefert mit alkoh. Kali α-Propinylbenzol $C_6H_5·C ꞉ C·CH_3$.

1²(?)-Brom-1-[propen-(1¹)-yl]-benzol, β(?)-Brom-α-phenyl-α-propylen $C_9H_9Br = C_6H_5·CH꞉CBr·CH_3$ (?). B. Durch Kochen von α.β-Dibrom-α-phenyl-propan mit Natrium-äthylatlösung (HELL, BAUER, B. 36, 207). — Scharf riechendes Öl. Kp$_{30}$: 109—110°. D^{20}: 1,35. — Ist gegen kochende Natriumäthylatlösung beständig.

1²-Brom-1-[propen-(1¹)-yl]-benzol, γ-Brom-α-phenyl-α-propylen, **Cinnamyl-bromid** $C_9H_9Br = C_6H_5·CH꞉CH·CH_2Br$. B. Aus Zimtalkohol mit einer Lösung von Brom-wasserstoff in Eisessig bei 0° (KLAGES, KLENK, B. 39, 2553). — Tafeln. F: 34°. Kp$_{12}$: 103°. — Liefert mit Brom 1¹.1¹.1²-Tribrom-1-propyl-benzol. Gibt mit alkoh. Kalilauge bei 130° den Äthyläther des Zimtalkohols. Pyridin ist ohne Einwirkung.

1²-Chlor-1²-brom-1-[propen-(1¹)-yl]-benzol, α-Chlor-β-brom-α-phenyl-α-pro-pylen $C_9H_8ClBr = C_6H_5·CCl꞉CBr·CH_3$. B. Man erhitzt α-Brom-propiophenon mit Phos-phorpentachlorid auf 110° und destilliert das hierbei entstehende α.α-Dichlor-β-brom-α-phenyl-propan im Vakuum (KUNCKELL, DETTMAR, B. 36, 771). — Öl. Kp$_{11}$: 135—140°. — Liefert beim Erwärmen mit Natrium in alkoholhaltigem Äther Propenylbenzol.

1².1²-Dichlor-1²-brom-1-[propen-(1¹)-yl]-benzol, γ.γ-Dichlor-β-brom-α-phenyl-α-propylen $C_9H_7Cl_2Br = C_6H_5·CH꞉CBr·CHCl_2$. B. Aus α-Brom-zimtaldehyd und Phosphor-pentachlorid (CHARON, DUGOUJON, C. r. 136, 1073). — Blättchen. F: 167—168°. Kp$_{35}$: 167—168°. Ist an feuchter Luft und in kaltem Wasser beständig und wird selbst durch siedendes Wasser innerhalb 1 Stde. kaum verändert.

1¹.1²-Dibrom-1-[propen-(1¹)-yl]-benzol, α.β-Dibrom-α-phenyl-α-propylen $C_9H_8Br_2 = C_6H_5·CBr꞉CBr·CH_3$. B. Aus α-Phenyl-allylen und Brom (KÖRNER, B. 21, 276). — Flüssig. Siedet bei 250—255° unter Entwicklung von Bromwasserstoff.

1².1²-Dichlor-1¹.1²-dibrom-1-[propen-(1¹)-yl]-benzol, γ.γ-Dichlor-α.β-dibrom-α-phenyl-α-propylen $C_9H_6Cl_2Br_2 = C_6H_5·CBr꞉CBr·CHCl_2$. B. Aus 1².1²-Dichlor-1-[propin-(1¹)-yl]-benzol und Brom in Eisessig (CHARON, DUGOUJON, C. r. 137, 127). — Nadeln. F: 107°.

1²-Jod-1-[propen-(1¹)-yl]-benzol, γ-Jod-α-phenyl-α-propylen, **Cinnamyljodid** $C_9H_9I = C_6H_5·CH꞉CH·CH_2I$. B. Aus Zimtalkohol und Jodphosphor (RAMDOHR, J. 1858, 446). — Öl. Schwerer als Wasser. Läßt sich weder für sich, noch mit Wasserdampf destillieren.

1²-Nitro-1-[propen-(1¹)-yl]-benzol, β-Nitro-α-phenyl-α-propylen, **α-Benzal-α-nitro-äthan** $C_9H_9O_2N = C_6H_5·CH꞉C(NO_2)·CH_3$. B. Neben Benzamid bei 6-stdg. Erhitzen von 10,6 Tln. Benzaldehyd mit 7,5 Tln. Nitroäthan und 1,1 Tl. Zinkchlorid im geschlossenen Rohr auf 130—140° (PRIEBS, A. 225, 354). Aus Benzaldehyd und Nitroäthan in Gegenwart von Äthylamin oder Amylamin (KNOEVENAGEL, WALTER, B. 37, 4507). Beim Einleiten von nitrosen Gasen in eine absolut-ätherische Lösung von α-Methyl-zimtsäure unter Kühlung durch ein Eis-Kochsalz-Gemisch (ERDMANN, B. 24, 2773). — Gelbe Nadeln (aus Petroläther). Besitzt einen schwachen, an ω-Nitro-styrol erinnernden Geruch (KN., W.). F: 64° (P.). Ist mit Wasserdampf leicht flüchtig (P.). Leicht löslich in Alkohol, schwer in Äther und Petrol-äther (KN., W.). Unlöslich in Natronlauge (P.). — Gibt bei der Oxydation mit Kaliumdichromat und Schwefelsäure Benzoesäure (P.). Gibt mit roter rauchender Salpetersäure bei 20—25° β-Nitro-α-[2-nitro-phenyl]-α-propylen und β-Nitro-α-[4-nitro-phenyl]-α-propylen (P.). Liefert mit Bromdampf 1¹.1²-Dibrom-1²-nitro-1-propyl-benzol (S. 393) (P.). Wird beim Kochen mit 10°/₀iger Natronlauge unter Bildung von Benzaldehyd gespalten (P.). Verharzt beim Erhitzen mit rauchender Salzsäure im geschlossenen Rohr auf 100° unter gleichzeitiger Bildung von Salmiak (P.).

2.1²-Dinitro-1-[propen-(1¹)-yl]-benzol, **2-Nitro-1-[β-nitro-α-propenyl]-benzol**, β-Nitro-α-[2-nitro-phenyl]-α-propylen $C_9H_8O_4N_2 = O_2N·C_6H_4·CH꞉C(NO_2)·CH_3$. B. Neben 4.1²-Dinitro-1-[propen-(1¹)-yl]-benzol aus 1²-Nitro-1-[propen-(1¹)-yl]-benzol mit roter rauchender Salpetersäure bei 20—25°; man trennt die beiden Isomeren durch fraktionierte Krystallisation aus Alkohol, in welchem die 2-Nitro-Verbindung leichter löslich ist (PRIEBS, A. 225, 363). — Hellgelbe Blättchen oder Täfelchen (aus Alkohol). F: 76—77°. — Gibt bei der Oxydation mit Kaliumpermanganat o-Nitro-benzoesäure.

4.1²-Dinitro-1-[propen-(1¹)-yl]-benzol, **4-Nitro-1-[β-nitro-α-propenyl]-benzol**, β-Nitro-α-[4-nitro-phenyl]-α-propylen $C_9H_8O_4N_2 = O_2N·C_6H_4·CH꞉C(NO_2)·CH_3$. B. siehe oben bei 2.1²-Dinitro-1-[propen-(1¹)-yl]-benzol. — Gelbe Nadeln (aus verd. Alkohol). F: 114—115° (P., A. 225, 363). — Liefert bei der Oxydation mit Kaliumpermanganat p-Nitro-benzoesäure (P.).

x.x-Dinitro-1-[propen-(1¹)-yl]-benzol $C_9H_8O_4N_2$. *B.* Beim Behandeln von α-Methylzimtsäure $C_6H_5 \cdot CH:C(CH_3) \cdot CO_2H$ mit rauchender Salpetersäure (EDELEANO, *B.* **20**, 622). — Nadeln (aus Alkohol). F: 118°.

2. Allylbenzol, β-Propenyl-benzol, γ-Phenyl-α-propylen $C_9H_{10} = C_6H_5 \cdot CH_2 \cdot$ $CH:CH_2$. *B.* Aus Allylbromid mit Phenylmagnesiumbromid in Äther (TIFFENEAU, *C. r.* **139**, 482). Beim Erhitzen von 1³-Jod-1-propyl-benzol mit trocknem Alkali, neben anderen Produkten (AGEJEWA, Ж. **37**, 664; *C.* **1905** II, 1017). Beim Behandeln von α-Phenyl-allylalkohol $C_6H_5 \cdot CH(OH) \cdot CH:CH_2$ in Alkohol mit Natrium (KLAGES, *B.* **39**, 2590). — Flüssig. Kp: 156—157°; D¹⁵: 0,9012 (T.); D⁰₄: 0,90706; D²₀·⁴: 0,8929 (A.). n_D: 1,5143 (T.). — Gibt mit Brom in Äther ein flüssiges Dibromid $C_6H_5 \cdot CH_2 \cdot CHBr \cdot CH_2Br$ (A.). Geht beim Kochen mit alkoh. Kali (T.) oder beim Erhitzen mit alkoh. Kali im geschlossenen Rohr auf 130° (KL.), sowie beim Erhitzen mit trocknen Alkalien (A.) in α-Propenyl-benzol (S. 481) über.

1¹-Chlor-1-allyl-benzol, [α-Chlor-β-propenyl]-benzol, γ-Chlor-γ-phenyl-α-propylen $C_9H_9Cl = C_6H_5 \cdot CHCl \cdot CH:CH_2$. *B.* Durch Einw. von HCl auf α-Phenyl-allylalkohol in Äther (KLAGES, KLENK, *B.* **39**, 2554). — Intensiv riechendes Öl. — Gibt mit Brom 1¹-Chlor-1³.1³-dibrom-1-propyl-benzol. Pyridin spaltet keinen Halogenwasserstoff ab.

1¹-Brom-1-allyl-benzol, [α-Brom-β-propenyl]-benzol, γ-Brom-γ-phenyl-α-propylen $C_9H_9Br = C_6H_5 \cdot CHBr \cdot CH:CH_2$. *B.* Aus α-Phenyl-allylalkohol mit einer Lösung von Bromwasserstoff in Eisessig (KLAGES, KLENK, *B.* **39**, 2555). — Die Augen reizendes Öl, das in Eis zu Kryställchen erstarrt. — Gibt mit alkoh. Kalilauge $C_6H_5 \cdot CH(O \cdot C_2H_5) \cdot CH:CH_2$.

3. Isopropenylbenzol, Methovinyl-benzol, β-Phenyl-propylen $C_9H_{10} =$ $C_6H_5 \cdot C(CH_3):CH_2$. Literatur: M. TIFFENEAU, Carbures benzéniques à chaîne latérale pseudoallylique. Méthovinylbenzène et ses homologues [Paris 1907]. — *B.* Man setzt 2 Mol.-Gew. Phenylmagnesiumbromid mit 1 Mol.-Gew. Aceton um und erwärmt dann das Reaktionsprodukt auf dem Wasserbade (Ausbeute 70% und höher) (TIFFENEAU, *A. ch.* [8] **10**, 155). Man setzt 1 Mol.-Gew. Acetophenon mit 2 Mol.-Gew. Methylmagnesiumjodid in absol. Äther um, destilliert den Äther ab, erhitzt den Rückstand etwa 6 Stdn. auf 100°, zerlegt mit Eiswasser und säuert mit Schwefelsäure an (KLAGES, *B.* **35**, 2640). Man läßt auf die aus Acetophenon und Methylmagnesiumjodid in absol. Äther darstellbare Verbindung $C_6H_5 \cdot$ $C(CH_3)_2 \cdot O \cdot MgI + (C_2H_5)_2O$ (s. bei Dimethyl-phenyl-carbinol, Syst. No. 530) trocknes Ammoniak einwirken und zersetzt das Reaktionsprodukt mit verd. Schwefelsäure (KL., *B.* **35**, 3506). Beim Eintragen von [α-Chlor-isopropyl]-benzol (S. 395) in alkoh. Kalilauge auf dem Wasserbade (TIF., *A. ch.* [8] **10**, 156). Beim Kochen von [α-Chlor-isopropyl]-benzol mit Pyridin (KL., *B.* **35**, 2638). Bei der Destillation von Dimethyl-phenyl-carbinol unter gewöhnlichem Druck (TISSIER, GRIGNARD, *C. r.* **132**, 685). Beim Kochen von Dimethyl-phenyl-carbinol mit Kaliumdisulfat (PERKIN. MATSUBARA, *Soc.* **87**, 672). Durch Überleiten von Dimethyl-phenyl-carbinol über fein verteiltes Kupfer bei 250° (TIF., *A. ch.* [8] **10**, 154). Durch Erhitzen von Dimethylphenyl-carbinol mit Essigsäureanhydrid oder entwässerter Oxalsäure (TIF., *C. r.* **134**, 846; *A. ch.* [8] **10**, 154). In geringer Menge bei der Einw. von Natrium auf Methyl-chlormethylphenyl-carbinol $C_6H_5 \cdot C(OH)(CH_3) \cdot CH_2Cl$ in Äther, neben anderen Produkten (TIF., *A. ch.* [8] **10**, 151, 180). — Flüssigkeit von starkem, etwas stechendem Geruch. Kp₇₆₄: 165° (PERKIN, MATSUBARA); Kp: 158—160°; Kp₁₃₆: 106° (GRIGNARD, *C.* **1901** II, 624); Kp: 161—162°; Kp₂₇: 68—69°; Kp₁₇: 60—61° (TIFFENEAU, *A. ch.* [8] **10**, 157); Kp: 161—163°; Kp₁₆: 61—62° (KLAGES, *B.* **35**, 3507); D¹⁴: 0,9044 (KL., *B.* **35**, 3507); D⁰: 0,9085; D⁰: 0,9278 (TIF., *A. ch.* [8] **10**, 157); D²⁰·⁴: 0,9165 (GRIG.). n_D^{16}: 1,5311 (KL., *B.* **35**, 3507); n_D^{18}: 1,533 (TIF., *A. ch.* [8] **10**, 157); $n_{D}^{18·5}$: 1,54207 (GRIG.). — Polymerisiert sich beim Erhitzen mit konz. Salzsäure unter Druck (GRIG.) oder bei Einw. von konz. Schwefelsäure von 66° Bé in einer Kältemischung zu dem bei 52° schmelzenden Kohlenwasserstoff $C_{18}H_{20}$ (Syst. No. 480) (TIF., *A. ch.* [8] **10**, 158). Spaltet sich bei langsamer Oxydation an der Luft in Formaldehyd und Acetophenon (TIF., *Bl.* [3] **27**, 1067; *A. ch.* [8] **10**, 162). Wird durch KMnO₄ bei 0° zu Acetophenon oxydiert (TIF., *C. r.* **134**, 846; *A. ch.* [8] **10**, 165). Gibt in absol.-alkoh. Lösung mit Natrium Isopropylbenzol (TIF., *C. r.* **134**, 846; *A. ch.* [8] **10**, 160; KLAGES, *B.* **35**, 2640, 3507). Wird durch Wasserstoff bei 180—190° in Gegenwart von sehr wirksamem Nickel zu Methoäthylcyclohexan (S. 41), in Gegenwart von weniger wirksamem Nickel nur zu Isopropylbenzol reduziert (TIF., *A. ch.* [8] **10**, 161). Liefert mit Chlor in CCl₄ oder in Wasser das Dichlorid $C_6H_5 \cdot CCl(CH_3) \cdot CH_2Cl$ (TIF., *A. ch.* [8] **10**, 166) und mit Brom in Petroläther oder in CS_2 das Dibromid $C_6H_5 \cdot CBr(CH_3) \cdot CH_2Br$ (TIF., *C. r.* **134**, 846; *A. ch.* [8] **10**, 166). Gibt unter der Einw. von unterchloriger Säure bei 0° Methyl-chlormethyl-phenyl-carbinol $C_6H_5 \cdot$ $C(CH_3)(OH) \cdot CH_2Cl$ (TIF., *C. r.* **134**, 775; *A. ch.* [8] **10**, 182). Analoge Verbindungen entstehen mit unterbromiger Säure und mit unterjodiger Säure (Jod und Quecksilberoxyd in wäßr. Äther) (TIF., *C. r.* **134**, 847; *A. ch.* [8] **10**, 185, 186). Addiert Phenylmercaptan (POSNER, *B.* **38**, 652).

Flüssiges dimolekulares Isopropenylbenzol $C_{18}H_{20}$ s. Syst. No. 480.
Festes dimolekulares Isopropenylbenzol $C_{18}H_{20}$ s. Syst. No. 480.

1²-Chlor-1-[1¹-metho-äthenyl]-benzol, [β-Chlor-α-metho-vinyl]-benzol, α-Chlor-β-phenyl-α-propylen $C_9H_9Cl = C_6H_5 \cdot C(CH_3):CHCl$. B. Beim Kochen von α.β-Dichlor-β-phenyl-propan mit alkoh. Kalilauge (TIFFENEAU, A. ch. [8] 10, 166). Durch Destillation von α-Chlor-β-oxy-β-phenyl-propan unter gewöhnlichem Druck (T., C. r. 134, 775). Durch Erhitzen von α-Chlor-β-oxy-β-phenyl-propan mit Oxalsäure (T., A. ch. [8] 10, 180). Neben einer Chlor-methyl-phenylmilchsäure bei der Einw. von unterchloriger Säure auf die bei 97° bis 98° schmelzende β-Methyl-zimtsäure (T., A. ch. [8] 10, 173). — Flüssig. Kp: 213—215° (T., C. r. 134, 775); Kp_{14}: 102—106° (T., A. ch. [8] 10, 166).

1²-Brom-1-[1¹-metho-äthenyl]-benzol, [β-Brom-α-metho-vinyl]-benzol, α-Brom-β-phenyl-α-propylen $C_9H_9Br = C_6H_5 \cdot C(CH_3):CHBr$. B. Durch Einw. von alkoh. Kalilauge auf α.β-Dibrom-β-phenyl-propan (TIFFENEAU, C. r. 135, 1346; A. ch. [8] 10, 168). Durch Kochen von β-Methyl-zimtsäure-dibromid mit 10%iger Sodalösung (T., A. ch. [8] 10, 168). — Flüssig. Kp_8: 105—106°; Kp: 225—228°; D⁰: 1,366 (T., C. r. 135, 1347; A. ch. [8] 10, 169). — Liefert bei der Oxydation mit Kaliumpermanganat Acetophenon (T., C. r. 135, 1347; A. ch. [8] 10, 169). Gibt beim Erhitzen mit festem Kaliumhydroxyd auf 180—190° (unter Umlagerung) α-Phenyl-allylen (T., C. r. 135, 1347; A. ch. [8] 10, 169). Liefert mit Phenylmagnesiumbromid in Äther α-Methyl-stilben $C_6H_5 \cdot C(CH_3):CH \cdot C_6H_5$ (T., A. ch. [8] 10, 170). Läßt man auf β-Brom-α-methyl-styrol in Äther Magnesium einwirken und zersetzt das Reaktionsprodukt mit Wasser, so lassen sich aus dem erhaltenen Gemisch die Verbindungen $C_6H_5 \cdot C(CH_3):CH_2$, $C_6H_5 \cdot C(CH_3):CH \cdot CH:C(CH_3) \cdot C_6H_5$, $C_6H_5 \cdot C:C \cdot CH_3$ und $C_6H_5 \cdot CH \cdot CH_3$ isolieren (T., C. r. 135, 1348; A. ch. [8] 10, 171). Läßt man Kohlendioxyd auf die Magnesiumverbindung des β-Brom-α-methyl-styrols einwirken, so erhält man zwei stereoisomere β-Methyl-zimtsäuren (T., C. r. 138, 986; A. ch. [8] 10, 172).

4. 1-Methyl-3-vinyl-benzol, m-Tolyl-äthylen, m-Methyl-styrol $C_9H_{10} = CH_3 \cdot C_6H_4 \cdot CH:CH_2$. B. Man läßt auf m-Methyl-zimtsäure 2—3 Tage lang bei 0° gesättigte Bromwasserstoffsäure einwirken, filtriert das Reaktionsprodukt ab und behandelt es mit Sodalösung (MÜLLER, B. 20, 1215). — Flüssig. Kp: 164°. Wird bei längerem Stehen, besonders bei etwas höherer Temperatur, fest.

3¹-Brom-1-methyl-3-vinyl-benzol, α-Brom-α-m-tolyl-äthylen, α-Brom-m-methyl-styrol $C_9H_9Br = CH_3 \cdot C_6H_4 \cdot CBr:CH_2$. B. Beim Kochen von m-Methyl-styrol-dibromid mit alkoh. Kali (MÜLLER, B. 20, 1216). — Flüssig. Nicht destillierbar. Zersetzt sich beim Erwärmen auf dem Wasserbade.

3²-Brom-1-methyl-3-vinyl-benzol, β-Brom-α-m-tolyl-äthylen, β-Brom-m-methyl-styrol $C_9H_9Br = CH_3 \cdot C_6H_4 \cdot CH:CHBr$. B. Beim Eintröpfeln von Brom in eine warme wäßr. Lösung von m-methyl-zimtsaurem Natrium (MÜLLER, B. 20, 1216). — Flüssig. Siedet bei 242° unter Zersetzung.

5. 1-Methyl-4-vinyl-benzol, p-Tolyl-äthylen, p-Methyl-styrol $C_9H_{10} = CH_3 \cdot C_6H_4 \cdot CH:CH_2$. B. Durch Kochen von 10 g 4¹-Chlor-1-methyl-4-äthyl-benzol mit 40 g trocknem Pyridin (KLAGES, B. 35, 2248). Man setzt 4¹-Chlor-1-methyl-4-äthyl-benzol mit Pyridin um und erhitzt die hierbei erhaltene Verbindung $C_5H_5NCl \cdot CH(CH_3) \cdot C_6H_4 \cdot CH_3$ mit Pyridin auf 120° (KL., KEIL, B. 36, 1636). Beim Kochen von 4¹-Brom-1-methyl-4-äthyl-benzol mit alkoh. Natron, in geringer Ausbeute (SCHRAMM, B. 24, 1332). Durch Kochen von β-Oxy-β-p-tolyl-propionsäure mit verd. Schwefelsäure (ANDRIJEWSKI, Ж. 40, 777; C. 1908 II, 1435). — Flüssig. Kp: 170—175° (SCH.); Kp_{15}: 63° (korr.) (KL., KE.); Kp_{14}: 60° (korr.) (KL.). D_4^{18}: 0,8974 (KL.); D_4^{4}: 0,8978 (KL., KE.). n_D^{18}: 1,5306 (KL., KE.). — Gibt bei der Reduktion mit Natrium und Alkohol p-Äthyl-toluol (KL., KE.).

4¹-Chlor-1-methyl-4-vinyl-benzol, α-Chlor-α-p-tolyl-äthylen, α-Chlor-p-methyl-styrol $C_9H_9Cl = CH_3 \cdot C_6H_4 \cdot CCl:CH_2$. B. Durch Einw. von PCl_5 auf p-Methyl-acetophenon unter gelindem Erwärmen, oder bei gewöhnlicher Temperatur (AUWERS, KEIL, B. 36, 1876). — Kp_{12}: 96—97,5°. Liefert beim Erhitzen mit Wasser auf 170—180° p-Methyl-acetophenon.

4²-Chlor-1-methyl-4-vinyl-benzol, β-Chlor-α-p-tolyl-äthylen, β-Chlor-p-methyl-styrol $C_9H_9Cl = CH_3 \cdot C_6H_4 \cdot CH:CHCl$. B. Beim Kochen von 4².4²-Dichlor-1-methyl-4-äthyl-benzol mit alkoh. Kalilauge (AUWERS, KEIL, B. 36, 3909; A., HESSENLAND, A. 352, 278). Man fügt eine bei 0° mit Chlor gesättigte Sodalösung allmählich zu einer 4° warmen Lösung von p-Methyl-zimtsäure und Soda in Wasser, läßt nach Beseitigung des überschüssigen Chlors durch SO_2 verd. Schwefelsäure zufließen und dampft ein (A., K.). — Nadeln (aus Methylalkohol). F: 36—37°; Kp_{760}: 222—224° (A., K.); Kp_{30}: 129—132°; Kp_{14}: 99—102°; $D_4^{21,7}$: 1,0565; $D_4^{22,7}$: 1,0539 (A., H.). Leicht löslich in Alkohol, Eisessig, schwer in Methylalkohol, Benzol (A., K.). $n_\alpha^{22,2}$: 1,55900; $n_D^{22,2}$: 1,56635; $n_\beta^{22,2}$: 1,58375; $n_\alpha^{21,7}$: 1,55835; $n_\beta^{21,7}$: 1,58372; $n_\gamma^{21,7}$: 1,60092 (A., H.). — Gibt beim Erhitzen mit Wasser auf 170—180° 2-Methyl-7-p-tolyl-naphthalin (A., K.).

$4^1.4^1$-Dichlor-1-methyl-4-vinyl-benzol, $\alpha.\beta$-Dichlor-α-p-tolyl-äthylen, $\alpha.\beta$-Dichlor-p-methyl-styrol $C_9H_8Cl_2$ = $CH_3 \cdot C_6H_4 \cdot CCl:CHCl. B. Man erhitzt Chlormethyl-p-tolyl-keton (Syst. No. 640) mit PCl_5 im Wasserbade, destilliert im Vakuum und erhitzt das Destillat nochmals auf 150°; man reinigt das Reaktionsprodukt durch zweimalige Destillation im Vakuum (KUNCKELL, GOTSCH, B. 33, 2655). — Öl. Kp: 245—250°; D^{20}: 1,2156 (K., G.). — Liefert beim Erhitzen mit der 6-fachen Menge Phenylhydrazin auf dem Wasserbade p-Tolyl-glyoxal-osazon (KUNCKELL, VOSSEN, B. 35, 2293).

$4^2.4^1$-Dichlor-1-methyl-4-vinyl-benzol, $\beta.\beta$-Dichlor-α-p-tolyl-äthylen, $\beta.\beta$-Dichlor-p-methyl-styrol $C_9H_8Cl_2$ = $CH_3 \cdot C_6H_4 \cdot CH:CCl_2$. B. Durch Kochen von $4^2.4^1.4^1$-Trichlor-1-methyl-4-äthyl-benzol mit alkoh. Kalilauge (ZINCKE, SCHWABE, B. 41, 902). — Anisartig riechende Blättchen (aus Methylalkohol). F: 40—41°. In den meisten Solvenzien leicht löslich; etwas schwerer löslich in Alkohol und in Benzin.

$2.4^1.4^1$-Trichlor-1-methyl-4-vinyl-benzol $C_9H_7Cl_3$ = $CH_3 \cdot C_6H_3Cl \cdot CCl:CHCl$. B. Aus 2-Chlor-1-methyl-4-chloracetyl-benzol und PCl_5 (KUNCKELL, GOTSCH, B. 33, 2657). — Öl. Kp: 270—273°. D^{20}: 1,3808.

4^2-Brom-1-methyl-4-vinyl-benzol, β-Brom-α-p-tolyl-äthylen, β-Brom-p-methyl-styrol C_9H_9Br = $CH_3 \cdot C_6H_4 \cdot CH:CHBr$. B. Man trägt eine Lösung von Brom in wäßr. Sodalösung in eine auf 4° abgekühlte Lösung von p-Methyl-zimtsäure und Soda in Wasser ein, beseitigt das überschüssige Brom, fügt verdünnte Schwefelsäure hinzu und dampft ein (AUWERS, KEIL, B. 36, 3908). — Prismen (aus Methylalkohol). F: 46,5—47,5°. — Liefert durch Erhitzen mit Wasser auf 170—180° 2-Methyl-7-p-tolyl-naphthalin.

2.4^1-Dinitro-1-methyl-4-vinyl-benzol $C_9H_8O_4N_2$ = $CH_3 \cdot C_6H_3(NO_2) \cdot CH:CH \cdot NO_2$. B. Durch Einw. von Salpeterschwefelsäure auf p-Methyl-zimtsäure (HANZLIK, BIANCHI, B. 32, 2287). — Gelbe Nadeln (aus Alkohol). F: 117—118°. Leicht löslich in Alkohol, schwer in Schwefelkohlenstoff, unlöslich in Ligroin. — Wird von $KMnO_4$ zu Nitroterephthalsäure, von verdünnter Salpetersäure zu 3-Nitro-4-methyl-benzoesäure oxydiert.

6. Hydrinden, Indan, Inden-dihydrid-(1.2) C_9H_{10} = $C_6H_4{<}^{-CH_2}_{-CH_2}{>}CH_2$. Bezifferung:

(Auch wird α statt 1, β statt 2, γ statt 3 gebraucht.)

B. Entsteht bei der trocknen Destillation der Steinkohle; findet sich daher im Steinkohlenteer (KRAEMER, SPILKER, B. 29, 561; MOSCHNER, B. 33, 737). Entsteht bei der Reduktion von Inden in siedendem Alkohol mit Natrium (K., SP., B. 23, 3281). Aus Inden durch Wasserstoff in Gegenwart von feinverteiltem Nickel bei 200° (PADOA, FABRIS, R. A. L. [5] 17 I, 113; G. 39 I, 330). Neben Truxen und Polymerisationsprodukten durch Erhitzen bzw. Destillieren von Inden (WEGER, BILLMANN, B. 36, 644). Bei der Destillation von Parainden (Indenharz) (S. 516) (K., SP., B. 33, 2261; STOERMER, BOES, B. 33, 3016). — Darst. aus Indenl mit Natrium und Alkohol: GATTERMANN, A. 347, 384. Verfahren zur Gewinnung von Hydrinden aus dem Inden des rohen Schwerbenzols: K., SP., B. 33, 2261. — Flüssig. Kp_{760}: 177° (korr.) (PERKIN, Soc. 69, 1249); Kp_{743}: 176—176,5° (korr.) (K., SP., B. 33, 3281). D^{15}: 0,957 (K., SP., B. 23, 3281); $D^{14.4}$: 0,96250 (PE., Soc. 69, 1229). $n_\alpha^{14,4}$: 1,53394; $n_D^{14,4}$: 1,53877; $n_\gamma^{14,4}$: 1,56136 (PE., Soc. 69, 1230). Magnetische Rotation: PE., Soc. 65, 251. — Hydrinden wird durch den Luftsauerstoff, besonders bei gleichzeitiger Einw. des Lichtes oxydiert (WEGER, B. 36, 312). Leitet man Hydrinden in einer Wasserstoffatmosphäre bei 300° über fein verteiltes Nickel, so zerfällt es teilweise in Inden und Wasserstoff; gleichzeitig bilden sich geringe Mengen gasförmiger Kohlenwasserstoffe (PADOA, FABRIS, R. A. L. [5] 17 I, 114; G. 39 I, 330). Reduktion mit Wasserstoff in Gegenwart von feinverteiltem Nickel zu Indenoktahydrid C_9H_{16} (S. 82): EIJKMAN, C. 1903 II, 989. Hydrinden wird auf 300° mit konz. Schwefelsäure gelbstichig (WEGER, B. 36, 310), verharzt nicht bei der Einw. von konz. Schwefelsäure (K., SP., B. 23, 3281) und gibt mit dieser bei Vermeidung einer Temperaturerhöhung Hydrinden-sulfonsäure-(4) und Hydrinden-sulfonsäure-(5) (SP., B. 26,

1538; MOSCHNER, **33**, 742; **34**, 1259). Hydrinden liefert mit Kohlenoxyd und Chlorwasserstoff bei Gegenwart von Benzol, von AlCl$_3$ und CuCl Hydrinden-aldehyd-(5) neben geringen Mengen anderer Produkte (GATTERMANN, *A.* **347**, 385).

Perchlor-hydrinden, Dekachlor-indan C$_9$Cl$_{10}$ = C$_6$Cl$_4$<$_{CCl_2}^{CCl_2}$>CCl$_2$. *B.* Beim Erhitzen der Verbindung

ClC<^{CCl}\ \ \CCl——CO (Syst. No. 673) mit PCl$_5$ auf 280° (ZINCKE. MEYER, *A.* **367**, 12).
ClC<$_{CO}$><$_{CCl}$\ \ /CCl\ \CCl Beim Erhitzen von Perchlorindon
C$_6$Cl$_4$<$_{CCl}^{CO}$>CCl (Syst. No. 647) mit PCl$_5$ auf 280° (Z., M.). — Prismen (aus Petroläther, Alkohol oder Eisessig). F: 135°. Leicht löslich in Benzol.

1.2-Dibrom-hydrinden, 1.2-Dibrom-indan, Indendibromid C$_9$H$_8$Br$_2$. *B.* Aus Inden, gelöst in absol. Äther, und Brom bei 0° (KRAEMER, SPILKER, *B.* **23**, 3279). — Prismen (aus Petroläther). F: 31,5—32,5° (unkorr.) (SP., DOMBROWSKY, *B.* **42**, 573). Ist beständig (SP., D.). — Geht mit Wasser in 1-Brom-2-oxy-indan über (K., SP.; HEUSLER, SCHIEFFER, *B.* **32**, 28, 31).

1.5- oder 1.6-Dibrom-hydrinden, 1.5- oder 1.6-Dibrom-indan C$_9$H$_8$Br$_2$. *B.* Aus 11 g Hydrinden, gelöst in 30 g CHCl$_3$ und 16 g Brom (PERKIN, RÉVAY, *B.* **26**, 2254; *Soc.* **65**, 251). — Flüssig. Kp$_{20}$: 180—185°. — Zerfällt bei der Destillation unter gewöhnlichem Druck in HBr und 5- oder 6-Brom-inden (S. 517).

4. Kohlenwasserstoffe C$_{10}$H$_{12}$.

1. *Butenylbenzol, α-Butenyl-benzol, α-Phenyl-α-butylen* C$_{10}$H$_{12}$ = C$_6$H$_5$·CH:CH·CH$_2$·CH$_3$. *B.* Entsteht neben anderen Produkten, wenn man auf siedendes Butylbenzol Brom einwirken läßt und das Reaktionsprodukt destilliert (RADZISZEWSKI, *B.* **9**, 261). Aus α-Chlor-α-phenyl-butan mit Pyridin bei 125° (KLAGES, *B.* **37**, 2312). Durch Erwärmen einer Lösung von α-Chlor-β-brom-α-phenyl-α-butylen in alkoholhaltigem Äther mit Natrium (KUNCKELL, SIECKE, *B.* **36**, 774). Aus α-Phenyl-β-butylen beim Kochen mit alkoh. Kalilauge (FICHTER, *J. pr.* [2] **74**, 338) oder beim Erhitzen mit alkoh. Kalilauge im Druckrohr auf 160—180° (KL., *B.* **37**, 2311). Man läßt auf die bei 104° schmelzende α-Äthyl-zimtsäure C$_6$H$_5$·CH:C(C$_2$H$_5$)·CO$_2$H rauchende Bromwasserstoffsäure einwirken und erwärmt das Bromwasserstoff-Additionsprodukt (β-Brom-α-äthyl-β-phenyl-propionsäure) mit Sodalösung (PERKIN, *Soc.* **32**, 662; vgl. FICHTER, *J. pr.* [2] **74**, 338). Bei $^1/_2$-stdg. Kochen von 1,2 g β-Oxy-α-äthyl-β-phenyl-propionsäure mit 200 ccm verdünnter Schwefelsäure (ANDRES, *Ж.* **28**, 289). — Flüssig. Kp: 186—187° (PE., *Soc.* **32**, 667); Kp: 189°; Kp$_{13}$: 89—90° (KL.); Kp$_{13}$: 78 (F.); Kp$_9$: 70—71° (KU., SI.). D^{18}: 0,9124 (KL.); D^{12}: 0,9065 (KU., SI.). n$_D^{15}$: 1,5414 (KL.). — Wird durch Natrium und Alkohol zu Butylbenzol reduziert (KL.). Gibt mit Brom ein festes Dibromid (R.; P., *Soc.* **32**, 667; **35**, 140 Anm.).

1^3-Chlor-1-[buten-(1^1)-yl]-benzol, γ-Chlor-α-phenyl-α-butylen C$_{10}$H$_{11}$Cl = C$_6$H$_5$·CH:CH·CHCl·CH$_3$. *B.* Durch Einleiten von HCl in eine auf 0° abgekühlte äther. Lösung des Methyl-styryl-carbinols (KLAGES, *B.* **35**, 2650). — Öl. Zersetzt sich beim Erwärmen unter Entwicklung von HCl. Liefert beim Kochen mit Pyridin α-Phenyl-α.γ-butadien.

1^1-Chlor-1^2-brom-1-[buten-(1^1)-yl]-benzol, α-Chlor-β-brom-α-phenyl-α-butylen C$_{10}$H$_{10}$ClBr = C$_6$H$_5$·CCl:CBr·CH$_2$·CH$_3$. *B.* Man erhitzt α-Brom-butyrophenon C$_6$H$_5$·CO·CHBr·CH$_2$·CH$_3$ mit Phosphorpentachlorid auf 120° und destilliert das Reaktionsprodukt im Vakuum (KUNCKELL, SIECKE, *B.* **36**, 774). — Gelbliche Flüssigkeit. Kp$_9$: 140—145°.

1^1.1^4-Dibrom-1-[buten-(1^1)-yl]-benzol, γ.δ-Dibrom-α-phenyl-α-butylen C$_{10}$H$_{10}$Br$_2$ = C$_6$H$_5$·CH:CH·CHBr·CH$_2$Br. Zur Konstitution vgl. STRAUS, *B.* **42**, 2871. — *B.* Aus α-Phenyl-α.γ-butadien mit Brom in Chloroform (RIIBER, *B.* **36**, 1404). — Gelbliche Pyramiden (aus Chloroform oder CS$_2$). F: 94° (R.). Leicht löslich, außer in Ligroin (R.). — Läßt man auf eine Lösung in Tetrachlorkohlenstoff Ozon einwirken und zersetzt das entstandene Ozonid mittels feuchten Kohlendioxyds, so erhält man Benzaldehyd, Benzoesäure und einen aliphatischen bromhaltigen Aldehyd (Acroleindibromid?) (ST., *B.* **42**, 2883). Gibt in Eisessig mit Zinkstaub α-Phenyl-α.γ-butadien (R.). Reagiert leicht mit Natronlauge, Ammoniak, Anilin, Silberoxyd und Silberacetat (R.). Spaltet beim Kochen mit Methylalkohol etwa die Hälfte des Broms ab (ST., *B.* **42**, 2882). Läßt sich durch Behandeln mit Zinkdimethyl in Äther im geschlossenen Rohr bei 100° und Zersetzen des Reaktionsproduktes mit Schwefelsäure in β-Phenyl-γ-hexylen überführen (R.; vgl. ST., *B.* **42**, 2871).

1^1.1^2-Dijod-1-[buten-(1^1)-yl]-benzol, α.β-Dijod-α-phenyl-α-butylen C$_{10}$H$_{10}$I$_2$ = C$_6$H$_5$·CI:CI·CH$_2$·CH$_3$. *B.* Aus Äthyl-phenyl-acetylen (S. 517) und Jod in Chloroform bei 100° (PERATONER, *G.* **22** II, 92, 98). — Kp$_{22}$: 140—145°.

2. 1-[Buten-(1³)-yl]-benzol, Crotylbenzol, β-Butenyl-benzol, α-Phenyl-β-butylen $C_{10}H_{12} = C_6H_5 \cdot CH_2 \cdot CH : CH \cdot CH_3$. *B.* Durch Reduktion von α-Phenyl-α.γ-butadien in alkoh. Lösung mit Natrium (KLAGES, *B.* **35**, 2651; **37**, 2310) oder mit Natriumamalgam (STRAUS, *A.* **342**, 257). Man behandelt 1-[Butylol-(1³)]-benzol erst mit Salzsäure und dann mit Pyridin (KL., *B.* **37**, 2314). Beim Behandeln von 1-[Buten-(1¹)-ylol-(1³)]-benzol mit Natrium und Alkohol (KL., *B.* **38**, 2591). Bei der Destillation von β-Oxy-α-benzylbuttersäure (FICHTER, *J. pr.* [2] **74**, 335). — Nach Pilzen riechendes Öl. Kp_{765}: 176⁰; Kp_{18}: 76⁰ (KL., *B.* **37**, 2310); Kp_{12}: 70⁰ (F.). D_0^{16}: 0,8857; n_D^{16}: 1,5109 (KL., *B.* **37**, 2311). — Wird von Ozon bei Gegenwart von Wasser zu Phenylacetaldehyd oxydiert; bei Ausschluß von Wasser entsteht ein Ozonid (HARRIES, DE OSA, *B.* **37**, 843; vgl. KL., *B.* **37**, 2311). Lagert sich beim Kochen mit alkoh. Kalilauge (F.) oder beim Erhitzen mit alkoh. Kalilauge auf 160—180⁰ in α-Phenyl-α-butylen um (KL., *B.* **37**, 2311).

Ozonid $C_{10}H_{12}O_3$. *B.* Bei gleichzeitigem Einleiten von trocknem Ozon und Kohlendioxyd in trocknes α-Phenyl-β-butylen unter starker Kühlung (HARRIES, DE OSA, *B.* **37**, 843). — Erstickend riechendes, dickes Öl. Kp_{11-12}: 80—100⁰. Unlöslich in Wasser, leicht löslich in Alkohol und Äther, anscheinend unter Veränderung. — Verpufft beim Erhitzen auf dem Platinblech. Explodiert beim Betupfen mit konz. Schwefelsäure unter Ozonentwicklung. Beim Erwärmen mit Wasser entsteht Wasserstoffsuperoxyd, und es erfolgt Spaltung unter Bildung von Phenylacetaldehyd. Scheidet aus Kaliumjodidlösung Jod ab. Entfärbt Indigolösung. Rötet fuchsinschweflige Säure.

3. Präparate von ω-Phenyl-butylenen, deren Konstitution und Einheitlichkeit fraglich sind.

Präparat von Aronheim $C_{10}H_{12} = C_6H_5 \cdot C_4H_7$. *B.* Aus Benzylchlorid und Allyljodid in Äther mit Natrium (ARONHEIM, *A.* **171**, 225). — Flüssig. Kp: 176—178⁰. $D^{11.5}$: 0,901. Gibt ein flüssiges Dibromid (S. 413, Z. 15 v. u.).

Nitrosit $C_{10}H_{12}O_2N_2$. *B.* Beim Eintragen einer konz. Kaliumnitritlösung in eine Eisessiglösung von Phenylbutylen (TÖNNIES, *B.* **11**, 1511). — Geht bei der Reduktion in einen Aminoalkohol $C_{10}H_{12}(NH_2)(OH)$ über.

Präparat von Fittig und Penfield $C_{10}H_{12} = C_6H_5 \cdot C_4H_7$. *B.* Bei der trocknen Destillation von Methyl-phenyl-paraconsäure

$$\underset{\underset{\displaystyle CO}{\displaystyle O}}{C_6H_5 \cdot CH \cdot CH(CO_2H) \cdot CH \cdot CH_3} \qquad \text{(Syst. No. 2619),}$$

neben anderen Produkten (FITTIG, PENFIELD, *A.* **216**, 125). — Flüssigkeit, die beim Abkühlen nicht erstarrt. Kp: 176—177⁰ (korr.). — Gibt ein flüssiges Dibromid.

Präparat von Doebner und Staudinger $C_{10}H_{12} = C_6H_5 \cdot C_4H_7$. *B.* Bei der Destillation von Allocinnamylidenessigsäure (Syst. No. 950) mit entwässertem Bariumhydroxyd (neben anderen Produkten) (DOEBNER, STAUDINGER, *B.* **36**, 4323). — Aromatisch riechendes Öl. Kp_{18}: 73—75⁰. — Entfärbt Brom in Chloroformlösung.

Präparat von Schlenk $C_{10}H_{12} = C_6H_5 \cdot C_4H_7$. *B.* Bei der Einw. von salpetriger Säure auf γ-Amino-α-phenyl-butan (SCHLENK, *J. pr.* [2] **78**, 59). — Flüssig. Kp: 175—177⁰.

4. 1-[1¹-Metho-propen-(1¹)-yl]-benzol, [α-Metho-α-propenyl]-benzol, β-Phenyl-β-butylen $C_{10}H_{12} = C_6H_5 \cdot C(CH_3) : CH \cdot CH_3$. *B.* Man setzt 1 Mol.-Gew. Acetophenon mit 2 Mol.-Gew. Äthylmagnesiumbromid in Äther unter Kühlung um, destilliert den Äther ab, erwärmt den hinterbleibenden Sirup 5 Stdn. auf dem Wasserbade und zerlegt das Reaktionsprodukt mit Eiswasser und etwas Schwefelsäure (KLAGES, *B.* **35**, 2641). Man setzt Acetophenon mit Äthylmagnesiumjodid in Äther um, sättigt das Reaktionsgemisch mit Ammoniak und zersetzt mit verdünnter Schwefelsäure (KL., *B.* **35**, 3508). Durch Kochen von 1¹-Chlor-1-sek.-butyl-benzol (S. 414) mit Pyridin (KL., *B.* **35**, 3508). Durch Erhitzen von Methyl-äthyl-phenyl-carbinol mit etwas Oxalsäure (TIFFENEAU, *A. ch.* [8] **10**, 362). — Flüssig. Kp: 186—187⁰ (T.); Kp_{760}: 188—191⁰; Kp_{17}: 81—82⁰; D_4^0: 0,909; n_D^0: 1,5288 (KL., *B.* **35**, 3508). — Wird durch $KMnO_4$ in schwefelsaurer Lösung zu Acetophenon oxydiert (KL., *B.* **35**, 2642). Liefert bei der Reduktion mit Natrium und Alkohol sek.-Butyl-benzol (KL., *B.* **35**, 2642). Liefert mit gelbem Quecksilberoxyd und Jod in Alkohol ein Jodhydrin $C_6H_5 \cdot C(OH)(CH_3) \cdot CHI \cdot CH_3$, das in wäßr. Äther unter dem Einfluß von Silbernitrat in α-Methyl-α-phenyl-aceton übergeht (T., *C. r.* **143**, 650; *A. ch.* [8] **10**, 362).

1³-Brom-1-[1¹-metho-propen-(1¹)-yl]-benzol, γ-Brom-β-phenyl-β-butylen $C_{10}H_{11}Br$ $= C_6H_5 \cdot C(CH_3) : CBr \cdot CH_3$. *B.* Man setzt β-Phenyl-β-butylen mit Brom in Chloroform oder Äther um, verdunstet das Lösungsmittel bei gewöhnlicher Temperatur und erwärmt den Rückstand auf dem Wasserbade (HELL, BAUER, *B.* **37**, 233). — Hellgelbes Öl, das die Augen angreift. Kp_{13}: 114—116⁰. — Wird durch Natriumalkoholat nicht verändert.

4-Jod-1-[1¹-metho-propen-(1¹)-yl]-benzol, β-[4-Jod-phenyl]-β-butylen $C_{10}H_{11}I =$ $C_6H_4I \cdot C(CH_3):CH \cdot CH_3$. *B.* Aus p-Jod-acetophenon in Benzol mit Äthylmagnesiumjodid in Äther (KLAGES, *B.* **35**, 2642). — Blättchen. F: 45—46°. Kp$_{23}$: 155° (korr.). Leicht löslich in Alkohol, Äther, Benzol, Ligroin. — Wird von KMnO$_4$ in saurer Lösung zu p-Jod-acetophenon oxydiert. Natrium in Alkohol reduziert zu sek.-Butyl-benzol und wenig p-Jod-sek.-butyl-benzol.

5. *1-[1²-Metho-propen-(1¹)-yl]-benzol*, *[β-Metho-α-propenyl]-benzol*, **β-*Methyl-α-phenyl-α-propylen*** $C_{10}H_{12} = C_6H_5 \cdot CH:C(CH_3)_2$. *B.* Beim Erhitzen von 1²-Chlor-1-isobutyl-benzol (S. 414—415) mit Pyridin auf 125° (KLAGES, *B.* **37**, 1723). Durch Erhitzen von Isopropyl-phenyl-carbinol mit krystallisierter Oxalsäure (TIFFENEAU, *A. ch.* [8] **10**, 365). Aus Dimethyl-benzyl-carbinol mit Essigsäureanhydrid (GRIGNARD, *C.* **1901** II, 624). Aus α.γ-Dioxy-β.β-dimethyl-α-phenyl-propan neben dessen Methylenäther beim Erhitzen mit der 20-fachen Menge 14%iger Schwefelsäure unter gleichzeitigem Durchleiten von Wasserdämpfen (REIK, *M.* **18**, 603). Beim Erhitzen von 4 Tln. Benzaldehyd mit 6 Tln. Isobuttersäureanhydrid und 3 Tln. isobuttersaurem Natrium auf 150° (PERKIN, *Soc.* **35**, 138; vgl. FITTIG, JAYNE, *A.* **216**, 117). Aus β-Oxy-α.α-dimethyl-β-phenyl-propionsäure, bei der Destillation für sich (FITTIG, JAYNE, *A.* **216**, 119; DAIN, Ж. **28**, 166) oder mit verd. Schwefelsäure, wie auch bei 14-stdg. Erhitzen mit Jodwasserstoffsäure (D: 1,99) im Druckrohr auf 100° (DAIN, Ж. **28**, 171, 173). In geringer Menge bei der Einw. von Phosphorpentoxyd auf β-Oxy-α.α-dimethyl-β-phenyl-propionsäure-äthylester neben anderen Produkten (BLAISE, COURTOT, *Bl.* [3] **35**, 592). Neben anderen Verbindungen bei der Destillation von Methyl-phenylparaconsäure $C_6H_5 \cdot CH \cdot C(CH_3)(CO_2H) \cdot CH_2$ (Syst. No. 2619) (FITTIG, LIEBMANN, *A.*

$$\underset{O \text{———————} CO}{}$$

255, 274). — Flüssig. Kp$_{11}$: 76—77°; Kp$_{748}$: 183—185° (GR.); Kp$_{14}$: 76—77°; Kp$_{761}$: 181° bis 182° (KL., *B.* **37**, 1724); Kp$_{15}$: 72° (BL., C.); Kp: 179—181° (TIF.), 181° (korr.) (F., L.), 184—186° (korr.) (DAIN), 187,3—188,3° (korr.) (PERKIN, *Soc.* **69**, 1224). D⁰: 0,9172 (TIF.); D⁰: 0,9298 (GR.); D$_4^7$: 0,9163; D$_4^{16}$: 0,9081; D$_0^{20}$: 0,9014 (P., *Soc.* **69**, 1224); D$_4^{14,5}$: 0,9022 (KL., *B.* **37**, 1724). n$_D^{14,5}$: 1,5280 (KL., *B.* **37**, 1724). Magnetisches Drehungsvermögen: PERKIN, *Soc.* **69**, 1246. — Wird von Chromsäuregemisch zu Benzoësäure und Essigsäure oxydiert (P., *Soc.* **35**, 139). Wird von Natrium und Alkohol nicht reduziert (KL., *B.* **35**, 2641; **37**, 1724). Gibt ein flüssiges Dibromid (P., *Soc.* **35**, 139). Addiert bei der Einw. von HgO und Jod in Alkohol unterjodige Säure anscheinend in zweifacher Richtung unter Bildung der Jodhydrine $C_6H_5 \cdot CH(OH) \cdot CI(CH_3)_2$ und $C_6H_5 \cdot CHI \cdot C(OH)(CH_3)_2$, die bei der Umsetzung mit AgNO$_3$ in wäßr. Äther ein Gemisch von Reaktionsprodukten liefern, unter denen Dimethyl-phenylacetaldehyd und Phenylisobutylenoxyd enthalten sind (TIF., *C. r.* **143**, 650; *A. ch.* [8] **10**, 365; vgl. TIF., *C. r.* **134**, 1507).

Nitrosit $C_{10}H_{12}O_3N_2$. *B.* Aus β-Methyl-α-phenyl-α-propylen und salpetriger Säure (ANGELI, *B.* **25**, 1962). — Nadeln. F: 112°.

1³-Nitro-1-[1²-metho-propen-(1¹)-yl]-benzol, γ-Nitro-β-methyl-α-phenyl-α-propylen $C_{10}H_{11}O_2N = C_6H_5 \cdot CH:C(CH_3) \cdot CH_2 \cdot NO_2$. *B.* Beim Erhitzen von Dimethylbenzyl-carbinol mit Salpetersäure (D: 1,075), neben anderen Produkten (KONOWALOW, MANEWSKI, Ж. **36**, 225; *C.* **1904** I, 1496). — Flüssig. D$_0^0$: 1,104. n$_D^0$: 1,15193. — Verbindet sich leicht mit Brom.

6. *1-Methyl-4-propenyl-benzol*, *1-Methyl-4-α-propenyl-benzol*, α-p-Tolyl-α-propylen $C_{10}H_{12} = CH_3 \cdot C_6H_4 \cdot CH:CH \cdot CH_3$. *B.* Durch Einw. von Natrium auf α-Chlor-β-brom-α-p-tolyl-α-propylen (S. 490) in alkoholhaltigem Äther (KUNCKELL, *B.* **36**, 2235). Man leitet HCl in Äthyl-p-tolyl-carbinol ein, destilliert das Reaktionsprodukt unter 20—27 mm Druck und kocht die hierbei zwischen 94° und 107° übergehenden Anteile mit Pyridin oder Chinolin (KLAGES, *B.* **35**, 2254). Beim Erwärmen von β-Oxy-α-methyl-β-p-tolyl-propionsäure mit Schwefelsäure (STRZALKOWSKI, Ж. **41**, 22; *C.* **1909** I, 1233). — Öl mit styrolartigem Geruch. Kp$_{20}$: 92—93° (KL.); Kp$_{10}$: 83—85°; Kp$_{760}$: 195—197° (KU.). D^{13}: 0,9057 (KU.).

Polymeres α-p-Tolyl-α-propylen $(C_{10}H_{12})_x$. *B.* Man leitet HCl in Äthyl-p-tolyl-carbinol und destilliert das Reaktionsprodukt unter vermindertem Druck, wobei das polymere α-p-Tolyl-α-propylen als Fraktion vom Kp$_{15}$: 202—206° übergeht (KLAGES, *B.* **35**, 2253). — Dickes Öl. Kp$_{15}$: 202—206°. D^{21}: 0,896.

Nitrosochlorid des α-p-Tolyl-α-propylens $C_{10}H_{12}ONCl$. *B.* Durch Zufügen von etwas alkoh. Salzsäure oder Acetylchlorid zu einer stark gekühlten Lösung von α-p-Tolyl-α-propylen in Äthylnitrit (KLAGES, *B.* **35**, 2254). — Nadeln. F: 135°. Schwer löslich in Äther, Ligroin.

4¹-Chlor-4²-brom-1-methyl-4-[propen-(4¹)-yl]-benzol, 1-Methyl-4-[α-chlor-β-brom-α-propenyl]-benzol, α-Chlor-β-brom-α-p-tolyl-α-propylen $C_{10}H_{10}ClBr = CH_2 \cdot C_6H_4 \cdot CCl:CBr \cdot CH_3$. *B.* analog dem α-Chlor-β-brom-α-phenyl-α-propylen (S. 483) (KUNCKELL, *B.* **36**, 2235). — Liefert in Äther und etwas Alkohol mit Natrium α-p-Tolyl-α-propylen.

7. *1-Methyl-2-isopropenyl-benzol, 1-Methyl-2-methovinyl-benzol, β-o-Tolyl-propylen* $C_{10}H_{12} = CH_2 \cdot C_6H_4 \cdot C(CH_3):CH_2$. *B.* Beim Kochen von Dimethyl-o-tolyl-carbinol mit saurem Kaliumsulfat (KAY, PERKIN, *Soc.* **87**, 1083). Durch Erhitzen von Dimethyl-o-tolyl-carbinol mit etwas krystallisierter Oxalsäure (TIFFENEAU, *A. ch.* [8] **10**, 194). Man trägt 1 Mol.-Gew. o-Toluylsäure-methylester in eine äther. Lösung von 3 Mol.-Gew. Methylmagnesiumjodid ein, erwärmt einige Zeit auf dem Wasserbade, destilliert den Äther größtenteils ab und zersetzt das Reaktionsprodukt mit Wasser unter Ansäuern (T.). — Flüssig. Kp_{754}: 172—173° (K., P.); Kp: 168—169° (T.). D⁰: 0,9076 (T.). — Wird an der Luft unter Bildung von Formaldehyd oxydiert (T.). Gibt bei der Oxydation mit $KMnO_4$ Methyl-o-tolyl-keton (T.). Addiert 2 Atome Brom (T.). Bildet bei der Einw. von Jod und gelbem Quecksilberoxyd in Gegenwart von wäßr. Äther ein Jodhydrin, das durch HgO oder $AgNO_3$ unter Abspaltung von HI und unter Umlagerung in o-Tolylaceton verwandelt wird (T.).

8. *1-Methyl-3-isopropenyl-benzol, 1-Methyl-3-methovinyl-benzol, β-m-Tolyl-propylen* $C_{10}H_{12} = CH_2 \cdot C_6H_4 \cdot C(CH_3):CH_2$. *B.* Beim Erhitzen von Dimethyl-m-tolyl-carbinol mit saurem Kaliumsulfat (PERKIN, TATTERSALL, *Soc.* **87**, 1106). Man setzt 1 Mol.-Gew. m-Toluylsäure-methylester mit 3 Mol.-Gew. Methylmagnesiumjodid in Äther um, erwärmt auf dem Wasserbade, destilliert den Äther größtenteils ab und zersetzt das Reaktionsprodukt mit Wasser unter Ansäuern (TIFFENEAU, *A. ch.* [8] **10**, 196). — Flüssig. Kp: 185—186° (P., TAT.); Kp: 183—185° (TIF.). D⁰: 0,9115 (TIF.). — Wird an der Luft unter Bildung von Formaldehyd oxydiert (TIF.). Gibt bei der Oxydation mit $KMnO_4$ Methyl-m-tolyl-keton (TIF.). Liefert bei der Reduktion mit Natrium und Alkohol 1-Methyl-3-isopropyl-benzol (TIF.). Geht bei der Einw. von Jod und Quecksilberoxyd in ein Jodhydrin über, das sich bei der Einw. von $AgNO_3$ oder HgO unter Abspaltung von HI und unter Umlagerung in m-Tolylaceton umwandelt (TIF.).

9. *1-Methyl-4-isopropenyl-benzol, 1-Methyl-4-methovinyl-benzol, β-p-Tolyl-propylen* $C_{10}H_{12} = CH_2 \cdot C_6H_4 \cdot C(CH_3):CH_2$. *B.* Aus p-Toluylsäure-äthylester mit überschüssigem Methylmagnesiumjodid in Äther (PERKIN, PICKLES, *Soc.* **87**, 653). Man setzt 1 Mol.-Gew. Methyl-p-tolyl-keton mit 2 Mol.-Gew. Methylmagnesiumjodid in Äther um, erwärmt einige Zeit auf dem Wasserbade, destilliert ⁴/₅ des Äthers im Ölbade ab und zersetzt das Reaktionsprodukt mit Wasser unter Ansäuern (TIFFENEAU, *A. ch.* [8] **10**, 197; ERRERA, *G.* **14**, 283). Beim Kochen von 4²-Chlor-cymol $CH_3 \cdot C_6H_4 \cdot CH(CH_3) \cdot CH_2Cl$ mit alkoh. Kalilauge (E., *G.* 21 I, 88; vgl. E., *G.* **14**, 283). Bei der trocknen Destillation der β-p-Tolyl-crotonsäure $CH_3 \cdot C_6H_4 \cdot C(CH_3):CH \cdot CO_2H$ (MAZUREWITSCH, Ж. **41**, 65; *C.* **1909 I**, 1233). — Flüssigkeit, die styrolähnlich und gleichzeitig, besonders in der Wärme, schwach citronenähnlich riecht (PE., PI.). Erstarrt beim Abkühlen durch flüssige Luft zu Krystallblättern, die bei etwa —20° schmelzen (PE., PI.). Kp_{730}: 187° (PE., PI.); Kp: 184—185° (T.). D⁰: 0,9122 (T.). — Geht bei längerem Stehen für sich (E., *G.* **14**, 506) oder mit Calciumchlorid in ein weißes, festes Polymeres über, das in Alkohol sehr wenig löslich, in Äther ein wenig löslicher und in Chloroform mäßig löslich ist und beim Erwärmen in das β-p-Tolyl-α-propylen zurückverwandelt wird (E., *G.* **14**, 284). Gibt beim Erhitzen mit Bromwasserstoffsäure (D: 1,59) im geschlossenen Rohr auf 190—200° neben sehr geringen Mengen eines bromhaltigen Produktes ein öliges Dimeres $(C_{10}H_{12})_2$, das bei 350° unzersetzt destilliert, löslich in Äther und weniger löslich in Alkohol ist und beim Siedepunkt des Schwefels teilweise zersetzt wird (E., *G.* **14**, 505). Polymerisiert sich bei der Einw. von abgekühlter konz. Schwefelsäure zu einem bei 40° schmelzenden Kohlenwasserstoff $C_{30}H_{34}$ (Syst. No. 480) (T.). Zersetzt sich an der Luft unter Bildung von Formaldehyd (T.). Gibt bei der Oxydation mit neutraler 1 °/₀iger Kaliumpermanganatlösung bei 0° p-Tolylaceton (T.). Gibt bei der Oxydation mit $KMnO_4$ in alkal. Lösung in der Kälte p-Toluylsäure (E., *G.* **14**, 283). Liefert bei der Reduktion mit Natrium und Alkohol Cymol (T.). Wird durch Wasserstoff in Gegenwart von Nickel zunächst zu Cymol und dann zu Hexahydrocymol reduziert (T.). Gibt mit Brom in Chloroform ein flüssiges, unbeständiges Dibromid (S. 424) (PE., PI.). Das durch Addition von HOI entstehende Jodhydrin liefert bei der Einw. von HgO unter Abspaltung von HI und unter Umlagerung p-Tolylaceton.

Nitrosochlorid des β-p-Tolyl-α-propylens $C_{10}H_{12}ONCl$. Krystalle (aus Methylalkohol). F: 100—102°. Leicht löslich in Benzol und heißem Methylalkohol (PE., PI., *Soc.* **87**, 655).

4²-Chlor-1-methyl-4-[4¹-metho-äthenyl]-benzol, 1-Methyl-4-[β-chlor-α-methovinyl]-benzol, α-Chlor-β-p-tolyl-α-propylen $C_{10}H_{11}Cl = CH_2 \cdot C_6H_4 \cdot C(CH_3):CHCl$. *B.*

Durch Einw. von alkoh. Kalilauge auf $4^2.4^3$-Dichlor-cymol (S. 423) (AUWERS, *B.* **36**, 1710; A., HESSENLAND, *A.* **352**, 287). — Angenehm riechendes Öl. Kp_{10}: 106—108°; Kp_{15}: 111—114°; D_4^{0}: 1,0580; D_4^{20}: 1,0533; n_α^{20}: 1,54897; n_D^{20}: 1,55494; n_β^{20}: 1,57028; n_γ^{20}: 1,58437 (A., H.). — Wird in wäßr. Aceton durch $KMnO_4$ zu p-Methyl-cetophenon oxydiert (A.).

10. *4-Äthyl-1-vinyl-benzol, p-Äthyl-styrol* $C_{10}H_{12} = C_2H_5 \cdot C_6H_4 \cdot CH:CH_2$. *B.* Aus 1^1-Chlor-1.2-diäthyl-benzol mit Pyridin durch Kochen (KLAGES, *B.* **35**, 2250) oder durch Erhitzen im geschlossenen Rohr auf 120° (KL., KEIL, *B.* **36**, 1633). — Flüssig. Kp_{760}: 86° (KL.); Kp_{11}: 68° (korr.) (KL., KE.). D_4^{16}: 0,9074 (KL.); D_4^{14}: 0,8953; n_D^{11}: 1,5377 (KL., KE.). — Verharzt beim Aufbewahren (KL.). Wird beim Kochen unter gewöhnlichem Druck dickflüssig (KL., KE.). Wird von Natrium und Alkohol zu p-Diäthyl-benzol reduziert (KL., KE.).

$1^1.1^2$-Dichlor-4-äthyl-1-vinyl-benzol, 4-Äthyl-1-[$\alpha.\beta$-dichlor-vinyl]-benzol, $\alpha.\beta$-Dichlor-p-äthyl-styrol $C_{10}H_{10}Cl_2 = C_2H_5 \cdot C_6H_4 \cdot CCl:CHCl$. *B.* Durch 3-stdg. Kochen von 10 g p-Äthyl-ω-chlor-acetophenon mit 25 g PCl_5 (KUNCKELL, KORITZKY, *B.* **33**, 3261). — Öl. Kp: 265°. D^{17}: 1,2565.

11. *1.2-Dimethyl-4-vinyl-benzol, [3.4-Dimethyl-phenyl]-äthylen, 3.4-Dimethyl-styrol* $C_{10}H_{12} = (CH_3)_2C_6H_3 \cdot CH:CH_2$.

4^1-Chlor-1.2-dimethyl-4-vinyl-benzol, 1.2-Dimethyl-4-[β-chlor-vinyl]-benzol, ω-Chlor-3.4-dimethyl-styrol $C_{10}H_{11}Cl = (CH_3)_2C_6H_3 \cdot CH:CHCl$. *B.* Man kocht $4^2.4^3$-Dichlor-1.2-dimethyl-4-äthyl-benzol mit alkoh. Kali (AUWERS, KÖCKRITZ, *A.* **352**, 302). — Öl. Kp_{14}: 126—128°. — Liefert mit $KMnO_4$ in wäßr. Aceton 3.4-Dimethyl-benzaldehyd.

12. *1.4-Dimethyl-2-vinyl-benzol, [2.5-Dimethyl-phenyl]-äthylen, 2.5-Dimethyl-styrol* $C_{10}H_{12} = (CH_3)_2C_6H_3 \cdot CH:CH_2$. *B.* Durch Erhitzen von 1.4-Dimethyl-2-[α-chlor-äthyl]-benzol mit Pyridin im geschlossenen Rohr auf 125° (KLAGES, KEIL, *B.* **36**, 1639). — Kp_{10}: 69°; $D_4^{17,5}$: 0,9072; $n_D^{17,5}$: 1,5236. — Wird von Natrium und Alkohol zu 1.4-Dimethyl-2-äthyl-benzol reduziert.

$2^1.2^2$-Dichlor-1.4-dimethyl-2-vinyl-benzol, 1.4-Dimethyl-2-[$\alpha.\beta$-dichlor-vinyl]-benzol, $\alpha.\beta$-Dichlor-2.5-dimethyl-styrol $C_{10}H_{10}Cl_2 = (CH_3)_2C_6H_3 \cdot CCl:CHCl$. *B.* Aus ω-Chlor-2.5-dimethyl-acetophenon und PCl_5 (KUNCKELL, GOTSCH, *B.* **33**, 2657). — Öl. Kp: 247—248°. D^{18}: 1,1732.

13. *1.5-Dimethyl-2-vinyl-benzol, [2.4-Dimethyl-phenyl]-äthylen, 2.4-Dimethyl-styrol* $C_{10}H_{12} = (CH_3)_2C_6H_3 \cdot CH:CH_2$. *B.* Beim Erhitzen von 1.5-Dimethyl-2-[α-chlor-äthyl]-benzol mit Pyridin im geschlossenen Rohr auf 120° (KLAGES, KEIL, *B.* **36**, 1638). — Flüssig. Kp_{12}: 79—80°. $D_4^{17,6}$: 0,9022. $n_D^{17,6}$: 1,5214. — Wird von Natrium und Alkohol zu 1.5-Dimethyl-2-äthyl-benzol reduziert.

Polymeres 1.5-Dimethyl-2-vinyl-benzol $(C_{10}H_{12})_x$. *B.* Durch Erhitzen des aus 1.5-Dimethyl-2-[α-chlor-äthyl]-benzol und Pyridin entstehenden Pyridiniumchlorids mit Wasser auf 120° (KLAGES, *B.* **35**, 2249). — Zähflüssige Masse.

2^1-Chlor-1.5-dimethyl-2-vinyl-benzol, 1.5-Dimethyl-2-[β-chlor-vinyl]-benzol, ω-Chlor-2.4-dimethyl-styrol $C_{10}H_{11}Cl = (CH_3)_2C_6H_3 \cdot CH:CHCl$. *B.* Beim Kochen von $2^1.2^2$-Dichlor-1.5-dimethyl-2-äthyl-benzol mit alkoh. Kalilauge (AUWERS, KÖCKRITZ, *A.* **352**, 293). — Öl. Kp_{14}: 117—120°. $D_4^{17,6}$: 1,0466. $n_\alpha^{17,6}$: 1,55717; $n_D^{17,6}$: 1,56351; $n_\beta^{17,6}$: 1,58119; $n_\gamma^{17,6}$: 1,59734. — Liefert mit $KMnO_4$ in wäßr. Aceton 2.4-Dimethyl-benzaldehyd.

$2^1.2^2$-Dichlor-1.5-dimethyl-2-vinyl-benzol, 1.5-Dimethyl-2-[$\alpha.\beta$-dichlor-vinyl]-benzol, $\alpha.\beta$-Dichlor-2.4-dimethyl-styrol $C_{10}H_{10}Cl_2 = (CH_3)_2C_6H_3 \cdot CCl:CHCl$. *B.* Aus ω-Chlor-2.4-dimethyl-acetophenon und PCl_5 (KUNCKELL, GOTSCH, *B.* **33**, 2657). — Öl. Kp: 248—249°. D^{18}: 1,1648.

14. *Naphthalin-tetrahydrid-(1.2.3.4), $\Delta^{5.7.9}$-Naphthantrien* (vgl. LEROUX, *A. ch.* [8] **21**, 460), gewöhnlich schlechthin *Tetrahydronaphthalin* genannt[1]), $C_{10}H_{12} =$

(Vgl. auch Nr. 15.) *B.* Bei der trocknen Destillation der Steinkohlen, findet sich daher im Steinkohlenteer (KRAEMER, SPILKER, *B.* **29**, 561; BOES, *C.* **1902** II, 1119). Durch allmähliches Eintragen von 20 g Natrium in eine siedende Lösung von 20 g Naphthalin in 300 g Amylalkohol

---

[1]) Nach dem für die 4. Auflage geltenden Literatur-Schlußtermin [1. I. 1910] hat sich der Name Tetralin (vgl. SCHROETER, THOMAS, *H.* **101**, 263) eingebürgert.

(BAMBERGER, KITSCHELT, B. **23**, 1561). Aus Naphthalin und Wasserstoff bei 200° in Gegenwart von Nickel, das bei 280° reduziert ist (LEROUX, C. r. **139**, 673; A. ch. [8] **21**, 465; vgl. SABATIER, SENDERENS, C. r. **132**, 1257). Durch Reduktion von Dihydronaphthalin in Cyclohexan mit Wasserstoff in Gegenwart von Platinschwarz (LEB., C. r. **151**, 386). Aus ar-Tetrahydro-α-naphthylhydrazin (Syst. No. 2072) in siedendem Wasser durch eine heiße gesättigte Kupfervitriollösung (BAM., BORDT, B. **22**, 631). Bei 8-stdg. Erhitzen von Tetrahydronaphthylenoxyd C$_6$H$_4$$\underset{CH_2 \cdot CH}{\overset{CH_2 \cdot CH}{<}}$>O mit Jodwasserstoffsäure (Kp: 127°) und Phosphor auf 180° (BAM., LODTER, A. **288**, 94). — Öl, das einen penetranten, naphthalinähnlichen Geruch besitzt. Kp$_{715}$: 204,5—205° (korr.) (BAM., KI.); 206° (korr.) (LER., C. r. **139**, 673; A. ch. [8] **21**, 478). D°: 0,984; D^{20}: 0,966 (LER., C. r. **139**, 673; A. ch. [8] **21**, 478); D$^{11.5}$: 0,97634; D$^{13.5}$: 0,97572 (PELLINI, G. **31** I, 9); D^{15}: 0,974 (WEGER, B. **36**, 310), 0,977 (ROSS, LEATHER, C. **1906** II, 1294); D^{17}: 0,978 (BAM., KI.). n$_α^{11.5}$: 1,54819; n$_D^{11.5}$: 1,55312; n$_γ^{11.5}$: 1,57838; n$_α^{13.5}$: 1,54703; n$_D^{13.5}$: 1,55200 (PEL.); n$_β^{15}$: 1,5712 (ROSS, LEA.); n$_D^{20}$: 1,5402 (LER., C. r. **139**, 673; A. ch. [8] **21**, 478). Absorptionsspektrum: BALY, TUCK, Soc. **93**, 1907. Molekulare Verbrennungswärme bei konstantem Druck: 1353 Cal. (LER., C. r. **151**, 384). — Tetrahydronaphthalin wird von Luftsauerstoff, besonders bei gleichzeitiger Einw. des Lichtes, unter Gelbfärbung und Bildung saurer Produkte oxydiert (WEGER, B. **36**, 312). Gibt mit KMnO$_4$ in schwefelsaurer Lösung o-Carboxy-hydrozimtsäure (BAM., KI.). Wird von HNO$_3$ zu Phthalsäure oxydiert (BOES). Leitet man Tetrahydronaphthalin in einer Wasserstoffatmosphäre bei 300° über Nickel, so wird Wasserstoff unter Bildung von Naphthalin abgespalten (PADOA, FABRIS, R. A. L. [5] 17 I, 113; G. **39** I, 329). Beim Erhitzen von Tetrahydronaphthalin (in einer Wasserstoffatmosphäre) im Druckrohr auf 250° in Gegenwart von Nickel entsteht Naphthalin neben gasförmigem Kohlenwasserstoff und wahrscheinlich auch Benzol und Homologen (PA., FAB., R. A. L. [5] 17 II, 129; G. **39** I, 337). Tetrahydronaphthalin wird durch Wasserstoff bei 160° in Gegenwart eines sehr wirksamen, bei 250° reduzierten Nickels zu Dekahydronaphthalin reduziert (LER., C. r. **139**, 674; **151**, 386; A. ch. [8] **21**, 467). Dagegen wird weder durch Wasserstoff in Gegenwart von aktivem Platin, noch durch Natrium und Amylalkohol eine weitere Reduktion des Tetrahydronaphthalins bewirkt (LER., C. r. **139**, 674; **151**, 386; A. ch. [8] **21**, 467). Nach ROSS, LEATHER (C. **1906** II, 1294) wird durch Erhitzen von Tetrahydronaphthalin mit Jodwasserstoffsäure und Phosphor im geschlossenen Rohr auf 210° Dekahydronaphthalin erhalten. Tetrahydronaphthalin liefert mit feuchtem Chlor x-Chlor-naphthalin-tetrahydrid-(1.2.3.4) (s. u.) (LER., C. r. **139**, 673; A. ch. [8] **21**, 481). Gibt mit Brom in Eisessig oder Chloroform ein x-Brom-naphthalin-tetrahydrid-(1.2.3.4) (S. 494) und 3-Brom-2-oxy-naphthalin-tetrahydrid-(1.2.3.4) (LER., C. r. **139**, 673; A. ch. [8] **21**, 482). Liefert mit Schwefelsäure bei 40—50° eine Tetrahydronaphthalin-sulfonsäure (BAM., KI.). — Das farblose Tetrahydronaphthalin färbt sich mit konz. Schwefelsäure schwach weingelb (WEGER, B. **36**, 310).

Auf einen Kohlenwasserstoff C$_{10}$H$_{12}$, der vielleicht nicht einheitlich war, aber im wesentlichen aus Naphthalin-tetrahydrid-(1.2.3.4) bestanden haben dürfte, beziehen sich die folgenden Angaben: B. Beim Erhitzen von Naphthalin mit PH$_4$I auf 170—190° (BAEYER, A. **155**, 276). — Darst. Man erhitzt 10 g Naphthalin, 3 g Phosphor und 9 g Jodwasserstoffsäure (Kp: 127°) 6—8 Stdn. auf 215—225° (GRAEBE, GUYE, B. **16**, 3028; vgl. GR., B. **5**, 678). Trennung des Kohlenwasserstoffes C$_{10}$H$_{12}$ von Naphthalin mit Hilfe der Sulfonsäuren: FRIEDEL, CRAFTS, Bl. [2] **42**, 66. — Flüssig. Kp: 206° (GR., GU.). D$^{12.5}$: 0,981 (GR.). Absorptionsspektrum: BALY, TUCK, Soc. **93**, 1907. Verbindet sich nicht mit Pikrinsäure (GR., GU.). — Zersetzt sich beim Durchleiten durch ein glühendes Rohr unter Bildung von Wasserstoff (GR.). Oxydiert sich beim Stehen an der Luft (GR., GU.). Gibt beim Kochen mit Salpetersäure (D: 1,2) oder bei der Oxydation mit KMnO$_4$ in Schwefelsäure Phthalsäure (GR.). Bei der Einw. von konz. Salpetersäure entsteht neben anderen Produkten Pikrinsäure (GR.). Liefert mit konz. Schwefelsäure eine Sulfonsäure C$_{10}$H$_{11}$·SO$_3$H (GR.; GR., GU.). Gibt mit Brom in Chloroform unter Entwicklung von HBr ein zersetzliches öliges Produkt (GR.).

2-Chlor-naphthalin-tetrahydrid-(1.2.3.4) C$_{10}$H$_{11}$Cl. B. Beim Erhitzen von 2-Oxy-naphthalin-tetrahydrid (1.2.3.4) mit 10 Tln. konz. Salzsäure auf 100° (BAMBERGER, LODTER, B. **23**, 210). — Flüssig. Zerfällt beim Erhitzen in HCl und Naphthalindihydrid.

x-Chlor-naphthalin-tetrahydrid-(1.2.3.4) C$_{10}$H$_{11}$Cl. B. Durch Einleiten von Chlor in Tetrahydronaphthalin unter Kühlen (LEROUX, C. r. **139**, 673; A. ch. [8] **21**, 481). — Flüssigkeit, die sich an der Luft rasch färbt. Kp$_{15}$: 121—124°. — Spaltet beim Erhitzen unter gewöhnlichem Druck HCl ab. Ist gegen Verseifungsmittel beständig.

1.2.3.4-Tetrachlor-naphthalin-tetrahydrid-(1.2.3.4), **Naphthalin-tetrachlorid-(1.2.3.4)** C$_{10}$H$_8$Cl$_4$. Konnte nicht in mehr als einer Form erhalten werden (MORTON, Am. **19**,

264). — *B.* Bei der Einw. von Chlor auf Naphthalin (Laurent, *A. ch.* [2] **52**, 275; **59**, 196, 202). Beim Einleiten von Chlor in eine Lösung von Naphthalin in Chloroform (Schwarzer, *B.* **10**, 379). Beim Eintragen eines Gemisches von Naphthalin und chlorsaurem Kalium in konz. Salzsäure (E. Fischer, *B.* **11**, 735, 1411). — *Darst.* Man behandelt Naphthalin in flachen Glasschalen, die übereinander unter einer Glasglocke angeordnet sind, solange mit trocknem Chlor im Sonnenlicht, bis die Absorption nachläßt, entzieht dem öligen Reaktionsprodukt durch viermaliges Behandeln mit siedendem Ligroin die Hauptmenge des Naphthalindichlorids, entfernt aus dem hierbei ungelöst bleibenden Anteile durch siedenden Alkohol die letzten Spuren Öl und krystallisiert den Rückstand aus Chloroform um (Leeds, Everhart, *Am. Soc.* **2**, 208). — Krystalle (aus Äther oder CHCl₃). Monoklin prismatisch (Hintze, *J. pr.* [2] **8**, 253; vgl. *Groth, Ch. Kr.* **5**, 368). F: 182° (Faust, Saame, *A.* **160**, 66). Sehr wenig löslich in kochendem Alkohol, etwas mehr in Äther (Lau., *A. ch.* [2] **52**, 278, 279). Brechungsvermögen in Chloroform: Kanonnikow, *J. pr.* [2] **31**, 342. — Erhitzt man kleine Mengen Naphthalintetrachlorid kurze Zeit zum lebhaften Sieden, so erhält man 1.4-Dichlor-naphthalin (Krafft, Becker, *B.* **9**, 1089). Erhitzt man größere Mengen Naphthalintetrachlorid zum mäßigen Sieden, bis die Chlorwasserstoff-Entwicklung beendet ist, so erhält man 1.4-Dichlor-naphthalin neben Isomeren (Kr., Be., *B.* **9**, 1089; vgl. Cleve, *B.* **23**, 954). Liefert bei der Oxydation mit Salpetersäure (D: 1,45) auf dem Wasserbade 2.3-Dichlornaphthochinon-(1.4) (Helbig, *B.* **28**, 505). Liefert beim Kochen mit Salpetersäure Phthalsäure und Oxalsäure (Lau., *A. ch.* [2] **74**, 26; *A.* **35**, 292; *Berzelius' Jahresberichte* **21**, 506; vgl. E. Fischer, *B.* **11**, 738). Bei der Oxydation mit CrO₃ + Eisessig entsteht 2.4-Dichlornaphthol-(1) (Hel., *B.* **28**, 505). Gibt beim Erhitzen mit feuchtem Silberoxyd im geschlossenen Rohr auf 200° ein in Nadeln krystallisierendes Chlornaphthol (?) C₁₀H₇OCl (?) und 2.3-Dichlor-naphthalin (vgl. Armstrong, Wynne, *Chem. N.* **61**, 273) neben anderen Produkten (Leeds, Everhart, *Am. Soc.* **2**, 210). Geht beim Kochen mit Wasser in bei 155—156° schmelzendes „Dichlornaphthydrenglykol" C₁₀H₈Cl₂(OH)₂ (Syst. No. 560a) über (Grimaux, *C. r.* **75**, 352). Beim Kochen von Naphthalintetrachlorid mit einer wäßr. Silbernitratlösung oder mit verd. Salpetersäure C₁₀H₈O₂Cl₂ (s. u.) erhalten (Grimaux, *C. r.* **75**, 355). Naphthalintetrachlorid gibt beim Kochen mit alkoh. Kalilauge 1.3-Dichlor-naphthalin als Hauptprodukt, daneben 1.4-Dichlor-naphthalin und wenig 2.3-Dichlor-naphthalin (Faust, Saame, *A.* **160**, 65; Widman, *B.* **15**, 2161; Cleve, *B.* **23**, 954; Armstrong, Wynne, *Chem. N.* **58**, 264; **61**, 273, 284).

Verbindung C₁₀H₈O₂Cl₂. *B.* Bei 48-stdg. Kochen von Naphthalintetrachlorid mit einer verd. Lösung von Silbernitrat oder mit verd. Salpetersäure (Grimaux, *C. r.* **75**, 355). — Tafeln (aus Äther). F: 195—196°. Fast unlöslich in Wasser.

1.1.2.3.4-Pentachlor-naphthalin-tetrahydrid-(1.2.3.4), [α-Chlor-naphthalin]-tetrachlorid C₁₀H₇Cl₅. *B.* Beim Einleiten von Chlor in geschmolzenes Naphthalin (Faust, Saame, *A.* **160**, 67). Bei der Einw. von trocknem Chlor auf Naphthalin im Sonnenlicht neben anderen Produkten (Leeds, Everhart, *Am. Soc.* **2**, 209). Beim Behandeln von α-Chlor-naphthalin mit Chlor (Widman, *B.* [2] **28**, 506). Entsteht durch Selbstzersetzung des α-Naphthyljodidchlorids (S. 551), neben 4-Chlor-1-jod-naphthalin, Salzsäure und Jod (Willgerodt, Schlösser, *B.* **33**, 693). — Prismen (aus CHCl₃). Monoklin prismatisch (Hintze, *J. pr.* [2] **8**, 256; vgl. *Groth, Ch. Kr.* **5**, 369¹)). F: 131,5° (Wid.). — Gibt bei der Oxydation mit Salpetersäure Phthalsäure (Wid.). Liefert beim Kochen mit alkoh. Kalilauge 1.2.3-Trichlor-naphthalin (F., S.; Armstrong, Wynne, *Chem. N.* **61**, 285).

1.2.3.4.6-Pentachlor-naphthalin-tetrahydrid-(1.2.3.4), [β-Chlor-naphthalin]-tetrachlorid C₁₀H₇Cl₅. Zur Konstitution vgl. Armstrong, Wynne, *Chem. N.* **61**, 285. — *B.* Beim Behandeln von β-Chlor-naphthalin mit Chlor (Widman, *Bl.* [2] **28**, 506). — Gelbe zähe Flüssigkeit. Riecht nach Terpentin. Leicht löslich in Ligroin, schwer in Alkohol. — Gibt mit alkoh. Kalilauge 1.3.7-Trichlor-naphthalin (A., Wy.).

1.2.3.4.5.8-Hexachlor-naphthalin-tetrahydrid-(1.2.3.4), [1.4-Dichlor-naphthalin]-tetrachlorid C₁₀H₆Cl₆. *B.* In geringer Menge neben anderen Produkten bei der Einw. von Chlor auf Naphthalin im Sonnenlicht (Leeds, Everhart, *Am. Soc.* **2**, 208). Wird neben einem flüssigen Produkte erhalten, wenn man rohes Dichlornaphthalin, das aus Naphthalintetrachlorid durch alkoholische Kalilauge gewonnen wird und ein Gemisch von 1.3- und 1.4-Dichlor-naphthalin darstellt, mit Chlor behandelt (Faust, Saame, *A.* **160**, 67; Widman, *Bl.* [2] **28**, 506; vgl. dazu Wi., *B.* **15**, 2161; Armstrong, Wynne, *Chem. N.* **58**, 264; **61**, 273, 284). Aus (reinem) 1.4-Dichlor-naphthalin in CHCl₃ durch Chlor (Wi., *Bl.* [2] **28**, 507; vgl. Wi., *B.* **15**, 2160). — Prismen (aus CHCl₃). Monoklin prismatisch (Topsöe, *Bl.* [2] **28**, 507; vgl. *Groth, Ch. Kr.* **5**, 370²)). F: 172° (F., S.; Wi., *Bl.* [2] **28**, 506, 507). Sehr leicht löslich in

---

¹) Von Groth wird der Verbindung irrtümlich die Formel C₆H₃Cl·C₄H₄Cl₄ erteilt.

²) Von Groth wird die Verbindung irrtümlich als 1.2-Dichlor-naphthalintetrachlorid bezeichnet.

Chloroform, Benzol; unlöslich in Wasser und Ligroin (WI., *Bl.* [2] **28**, 506, 507). — Gibt beim Kochen mit Salpetersäure 3.6-Dichlor-phthalsäure (F., S.; WL., *B.* **15**, 2160; vgl. GRAEBE, *B.* **33**, 2021). Liefert beim Kochen mit alkoh. Kalilauge α-Tetrachlornaphthalin (F: 130°) (F., S.; WI., *Bl.* [2] **28**, 506).

5-Brom-naphthalin-tetrahydrid-(1.2.3.4), α-Brom-tetrahydronaphthalin $C_{10}H_{11}Br$. *B.* Aus 5-Amino-naphthalin-tetrahydrid-(1.2.3.4) durch Diazotieren und Behandeln der Diazoverbindung mit Cuprobromid nach SANDMEYER (SMITH, *Soc.* **85**, 729). Aus 8-Brom-5-amino-naphthalin-tetrahydrid-(1.2.3.4) durch Diazotieren und durch Behandeln der Diazolösung mit einer Lösung von Zinnchlorür in Natronlauge (MORGAN, MICKLETHWAIT, WINFIELD, *Soc.* **85**, 746). — Flüssig. Kp_{751}: 255—257°; ist mit Wasserdampf flüchtig; leicht löslich in organischen Lösungsmitteln (S.). — Gibt bei der Nitrierung mit Salpeterschwefelsäure 5-Brom-x.x-dinitro-naphthalin-tetrahydrid-(1.2.3.4) (Mo., MI., W.).

6-Brom-naphthalin-tetrahydrid-(1.2.3.4), β-Brom-tetrahydronaphthalin $C_{10}H_{11}Br$. *B.* Aus 6-Amino-naphthalin-tetrahydrid-(1.2.3.4) mittels der SANDMEYERschen Reaktion (SMITH, *Soc.* **85**, 729). — Flüssig. Kp_{755}: 238—239°. — Gibt bei der Nitrierung mit Salpeterschwefelsäure 6-Brom-x.x-dinitro-naphthalin-tetrahydrid-(1.2.3.4) (Mo., MI., W., *Soc.* **85**, 747).

x-Brom-naphthalin-tetrahydrid-(1.2.3.4), x-Brom-tetrahydronaphthalin $C_{10}H_{11}Br$. *B.* Aus Tetrahydronaphthalin mit Brom in Eisessig oder Chloroform (LEROUX, *C. r.* **139**, 673; *A. ch.* [8] **21**, 482). — Sehr leicht veränderliche Flüssigkeit. Kp_{21}: 145° bis 147°. Siedet unter gewöhnlichem Druck gegen 250° unter Zers.

2.3-Dibrom-naphthalin-tetrahydrid-(1.2.3.4), 1.4-Dihydro-naphthalin-dibromid-(2.3) $C_{10}H_{10}Br_2$. *B.* Beim allmählichen Vermischen der stark gekühlten Lösungen von Naphthalindihydrid und Brom in $CHCl_3$ (BAMBERGER, LODTER, *B.* **20**, 1705). — Krystalle (aus Alkohol oder $CHCl_3$). Monoklin prismatisch (WEINSCHENK, *B.* **20**, 1707; vgl. *Groth, Ch. Kr.* **5**, 368). F: 73,5—74° (B., LOD.). — Zerfällt beim Erhitzen für sich, beim Übergießen mit konz. Schwefelsäure oder beim gelinden Erwärmen mit alkoh. Kali unter Bildung von HBr und Naphthalin (B., LOD., *B.* **20**, 1706). Beim Kochen mit Zinkstaub und Alkohol entstehen Naphthalin und Naphthalindihydrid (B., LOD., *A.* **288**, 97). Beim Kochen mit Pottaschelösung entsteht cis-2.3-Dioxy-naphthalin-tetrahydrid-(1.2.3.4) (B., LOD., *A.* **288**, 96; LEROUX, *A. ch.* [8] **21**, 509, 521). Liefert beim Behandeln mit der theoretischen Menge Silberacetat in siedender essigsaurer Lösung cis- und trans-2.3-Diacetoxy-naphthalin-tetrahydrid-(1.2.3.4); wird ein Überschuß von Silberacetat verwendet, so entsteht mehr von der trans-Verbindung, und bei der Verseifung des Reaktionsproduktes resultiert trans-2.3-Dioxy-naphthalin-tetrahydrid-(1.2.3.4) und eine bei 140° schmelzende Verbindung von cis- mit trans-2.3-Dioxy-naphthalin-tetrahydrid-(1.2.3.4) (Syst. No. 560a) (LEROUX, *C. r.* **148**, 931; *A. ch.* [8] **21**, 513, 520).

1.2.3.4-Tetrabrom-naphthalin-tetrahydrid-(1.2.3.4), Naphthalin-tetrabromid-(1.2.3.4) $C_{10}H_6Br_4$. *B.* Zu 100 g feingepulvertem Naphthalin, das mit etwas gestoßenem Eis und 200 ccm 4%iger Natronlauge angerührt ist, läßt man 150 g Brom unter Kühlung und Schütteln tropfen; eine stereoisomere Verbindung wurde nicht aufgefunden (ORNDORFF, MOYER, *Am.* **19**, 265). — Prismen (aus $CHCl_3$). Monoklin prismatisch (GILL, *Am.* **19**, 267; vgl. *Groth, Ch. Kr.* **5**, 369). F: 111° (Zers.); unlöslich in Wasser und kaltem Alkohol, sehr wenig löslich in heißem Alkohol (O., M.). — Beim Erhitzen entweichen Brom und HBr, und es entstehen 1.4-Dibrom-naphthalin und α-Brom-naphthalin (O., M.). Beim Kochen mit alkoh. Kali entsteht α-Brom-naphthalin, bei der Oxydation mit Salpetersäure Phthalsäure (O., M.).

1.2.3.4.5.8-Hexabrom-naphthalin-tetrahydrid-(1.2.3.4), [1.4-Dibrom-naphthalin]-tetrabromid vom Schmelzpunkt 173—174° $C_{10}H_6Br_6$. *B.* Neben dem 1.4-Dibrom-naphthalin-tetrabromid vom Schmelzpunkt 97—100° (s. unter No. 15) aus 1.4-Dibrom-naphthalin mit Brom unter Eiskühlung (GUARESCHI, *G.* **16**, 143). Man behandelt das Reaktionsprodukt mit Äther, wobei das bei 97—100° schmelzende Dibromnaphthalintetrabromid ungelöst bleibt; man filtriert ab, entfärbt die äther. Lösung durch Schütteln mit verd. Kalilauge, engt die Lösung ein und krystallisiert die sich ausscheidenden Anteile, die oberhalb 135° schmelzen, fraktioniert aus Chloroform (G.). — Prismen (aus Chloroform). Schmilzt unter Abgabe von Brom und Bromwasserstoff bei 173—174°. Wenig löslich in Alkohol und Äther, löslich in Chloroform und Benzol. Löst sich unzersetzt in siedender Essigsäure. — Liefert in Benzol mit alkoholischem Natriumäthylat das 1.4.6.7-Tetrabrom-naphthalin.

5-Brom-x.x-dinitro-naphthalin-tetrahydrid-(1.2.3.4), α-Brom-x.x-dinitro-tetrahydronaphthalin $C_{10}H_9O_4N_2Br = C_{10}H_9Br(NO_2)_2$. *B.* Durch Nitrieren von 5-Brom-naphthalin-tetrahydrid-(1.2.3.4) mit Salpeterschwefelsäure (MORGAN, MICKLETHWAIT, WINFIELD, *Soc.* **85**, 747). — Blaßgelbe Platten (aus Petroläther). F: 91°.

6-Brom-x.x-dinitro-naphthalin-tetrahydrid-(1.2.3.4), β-Brom-x.x-dinitro-tetra-hydronaphthalin $C_{10}H_6O_4N_2Br = C_{10}H_5Br(NO_2)_2$. B. Durch Nitrieren von 6-Brom-naphthalin-tetrahydrid-(1.2.3.4) mit Salpeterschwefelsäure (Mo., Mi., W., Soc. 85, 747). — Blaßgelbe Nadeln (aus Petroläther). F: 105—106°.

15. Verbindungen, die als Substitutionsderivate von *Naphthalintetrahydrid* $C_{10}H_{12}$ aufgefaßt werden können, für welche aber die Additionsstellen nicht bekannt sind.

Hexachlornaphthalintetrahydrid, [1.5-Dichlor-naphthalin]-tetrachlorid $C_{10}H_6Cl_6$. B. Entsteht neben kleinen Mengen α-Trichlornaphthalindichlorid, wenn man auf 1.5-Dichlor-naphthalin in Chloroform unter Kühlung Chlor einwirken läßt, das überschüssige Chlor durch Kaliumcarbonatlösung entfernt und das Chloroform abdestilliert (ATTERBERG, WIDMAN, B. 10, 1841). — Prismatische Krystalle. F: 85°. Sehr leicht löslich in warmem Alkohol. — Zerfällt bei der Destillation oder beim Behandeln mit alkoh. Kalilauge unter Bildung von δ-Tetrachlornaphthalin (F: 141°).

Hexabromnaphthalintetrahydrid, [1.4-Dibrom-naphthalin]-tetrabromid vom Schmelzpunkt 97—100° $C_{10}H_6Br_6$. Nicht einheitlich. — B. Neben dem [1.4-Dibrom-naphthalin]-tetrabromid vom Schmelzpunkt 173—174° (S. 494) aus 1.4-Dibrom-naphthalin mit Brom unter Eiskühlung (GUARESCHI, G. 16, 143). — Krystalle (aus Chloroform). F: 97° bis 100°. — Gibt in Benzol mit alkoholischem Natriumäthylat das bei 175° schmelzende 1.4.6.7-Tetrabrom-naphthalin.

Oktabromnaphthalintetrahydrid, **Tetrabromnaphthalintetrabromid** $C_{10}H_4Br_8$. B. Wurde in einem Falle beim Behandeln von 1.4-Dibrom-naphthalin mit Brom unter Eiskühlung erhalten (GUARESCHI, G. 16, 146). — Krystalle (aus Chloroform). Schmilzt unter Abgabe von Brom und HBr bei 172—174°.

Tetrabromnitronaphthalintetrahydrid vom Schmelzpunkt 130,5—131°, α-[Nitronaphthalintetrahydrid] $C_{10}H_7O_2NBr_4 = C_{10}H_7Br_4 \cdot NO_2$. B. Neben 5-Brom-1-nitro-naphthalin, einem Dibrom-1-nitro-naphthalin vom Schmelzpunkt 96,5—98°, dem bei 172—173° schmelzenden Nitronaphthalintetrabromid (s. u.) und anderen Produkten aus 1-Nitronaphthalin und Brom (GUARESCHI, A. 222, 285). — Nadeln (aus Alkohol). F: 130,5—131°. 100 Tle. 93,5%igen Alkohols lösen bei 15,2° 0,26 Tle. — Wandelt sich bei längerem Kochen mit Alkohol in das bei 172—173° schmelzende Nitronaphthalintetrabromid um. Gibt beim Erhitzen auf 135—137° unter Entwicklung von Brom und HBr 5-Brom-1-nitro-naphthalin und das bei 142—143,5° schmelzende Nitronaphthalin-tetrabromid.

Tetrabromnitronaphthalintetrahydrid vom Schmelzpunkt 172—173°, γ-[Nitronaphthalintetrabromid] $C_{10}H_7O_2NBr_4 = C_{10}H_7Br_4 \cdot NO_2$. B. Über die Bildung aus 1-Nitronaphthalin und Brom vgl. den vorangehenden Artikel. Entsteht auch bei längerem Kochen des bei 130,5—131° schmelzenden Nitronaphthalintetrabromids mit 94%igem Alkohol (GUARESCHI, A. 222, 289). — Prismen. F: 172—173° (Zers.). 100 Tle. 93,5%igen Alkohols lösen bei 15,2° 0,13 Tle. — Geht beim Erhitzen auf den Schmelzpunkt unter Entwicklung von Brom und HBr in 5-Brom-1-nitro-naphthalin über.

Tetrabromnitronaphthalintetrahydrid vom Schmelzpunkt 142—143,5°, β-[Nitronaphthalintetrahydrid] $C_{10}H_7O_2NBr_4 = C_{10}H_7Br_4 \cdot NO_2$. B. Beim Erhitzen des bei 130,5° bis 131° schmelzenden Nitronaphthalintetrabromids (s. o.) auf 135—137° (GUARESCHI, A. 222, 287). — Prismen (aus Alkohol). F: 142—143,5°. Schwer löslich in kaltem Alkohol. — Zersetzt sich oberhalb 155° unter Entwicklung von Brom und HBr.

16. *Dicyclopentadien* $C_{10}H_{12} = $ HC———CH·CH———CH / HC·CH₂·CH·CH·CH₂·CH (?). Zur Frage der Konstitution vgl.: WIELAND, B. 39, 1492; W., STENZL, A. 360, 309. — B. Durch freiwillige Umwandlung von Cyclopentadien (KRAEMER, SPILKER, B. 29, 558). Bei der Einw. von Salzsäure oder siedender Kaliumcyanidlösung auf die aus Dicyclopentadien, Quecksilberchlorid und Methylalkohol erhältliche Verbindung ClHg·$C_{10}H_{12}$·O·CH₃ (Syst. No. 2350) (HOFMANN, SEILER, B. 39, 3188). Wird erhalten, wenn man den zwischen 20 und 40° siedenden Teil der Kohlenwasserstoffe, welche bei der Zersetzung von rohem Phenol bei Rotglühhitze entstehen, mehrere Wochen sich selbst überläßt und dann die flüchtigen Bestandteile abdestilliert; hierbei verbleibt das Dicyclopentadien als krystallinischer Rückstand (ROSCOE, A. 232, 348). — Sternförmige Krystallaggregate. F: 32,9° (R.). Siedet unter 760 mm bei etwa 170° und geht dabei teilweise in Cyclopentadien über; Kp₅₅: 95°; Kp₄₈: 88° (KR., SP.). D⁰: 0,9766; D³⁵: 0,9756 (KR., SP.); D¹⁷·⁵: 0,9302 (EIJKMAN, C. 1907 II, 1211). Leicht löslich in Alkohol, Äther

und Ligroin (R.). n_D^5: 1,5050 (KR., SP.); $n_a^{7,5}$: 1,48031; $n_\beta^{7,5}$: 1,49121; $n_\gamma^{7,5}$: 1,49766 (E., C. 1907 II, 1211). — Beim Erhitzen im geschlossenen Rohr auf 180° entsteht ein gelbliches, amorphes, unlösliches Polymerisationsprodukt, das sich durch Erhitzen in Cyclopentadien überführen läßt (KRONSTEIN, B. 35, 4152). Wird durch Natrium und Alkohol kaum verändert (KR., SP.). Wird durch Wasserstoff in Gegenwart von Nickel zu Tricyclodecan $C_{10}H_{16}$ (S. 164) reduziert (E., C. 1903 II, 989). Beim Einleiten nitroser Gase (aus HNO_3 und As_2O_3) in die äther. Lösung von Dicyclopentadien entstehen Dicyclopentadien-pseudonitrosit (W., ST., A. 360, 308, 319) und Dicyclopentadien-dinitrür (RULE, Soc. 93, 1561; vgl. auch KR., SP.). Gibt in Äther mit N_2O_4 Dicyclopentadien-dinitrür (W., ST., A. 360, 308, 317). Wird von konz. Schwefelsäure explosionsartig verbrannt, von verdünnter Säure verharzt (BOES, C. 1902 II, 32). Gibt mit Quecksilberchlorid in Methylalkohol die Verbindung $ClHg \cdot C_{10}H_{12} \cdot O \cdot CH_3$ und in Äthylalkohol die Verbindung $ClHg \cdot C_{10}H_{12} \cdot O \cdot C_2H_5$ (HO., SEI., B. 39, 3188). Liefert mit Kaliumplatinchlorür und verd. Methylalkohol die Verbindung $ClPt \cdot C_{10}H_{12} \cdot O \cdot CH_3$ (Syst. No. 2358) (HO., v. NARBUTT, B. 41, 1626).

Dimolekulares Dicyclopentadien-nitrosochlorid, Bis-dicyclopentadien-nitrosochlorid $C_{20}H_{24}O_2N_2Cl_2 = (C_{10}H_{12}ONCl)_2$ (vgl. WIELAND, B. 39, 1493). — B. Bei allmählichem Eintragen von 10°/₀iger alkoh. Salzsäure in das mit dem gleichen Volum Eisessig verdünnte Gemisch aus 1 Mol.-Gew. Dicyclopentadien und 1 Mol.-Gew. Isoamylnitrit unter Kühlung (KRAEMER, SPILKER, B. 29, 559). — Darst.: WIELAND, B. 39, 1495. — Krystalle (aus Toluol oder Chloroform). F: 182° (KR., SP.). Sehr wenig löslich in siedendem Alkohol, Eisessig und Benzol, etwas leichter in Chloroform (KR., SP.). — Geht beim Erwärmen mit Diäthylanilin auf 140° in das monomolekulare Nitrosochlorid (s. u.) über (W.). Bei der Reduktion mit Zink und alkoh. Salzsäure entsteht ein Aminochlor-dihydrodicyclopentadien $C_{10}H_{16}NCl$ (Syst. No. 1706) (W.).

Monomolekulares Dicyclopentadien-nitrosochlorid $C_{10}H_{12}ONCl$. B. Durch Erhitzen des dimolekularen Nitrosochlorids (s. o.) mit Diäthylanilin auf 140° (WIELAND, B. 39, 1495). — Tafeln (aus Alkohol). F: 160° (Zers.). Leicht löslich, außer in Ligroin und Wasser. Unlöslich in Alkalien. Vereinigt sich mit Pyridin und Chinolin zu quartären Ammonium-salzen. — Bei der Reduktion entstehen das Oxim des Ketodihydro-dicyclopentadiens $C_{10}H_{13}ON$ (Syst. No. 640) und ein Amino-dihydrodicyclopentadien $C_{10}H_{15}N$ (Syst. No. 1706). Wird von alkoh. Kalilauge in die Verbindung $C_{10}H_{11}ON$ (s. u.) umgewandelt.

Verbindung $C_{10}H_{11}ON = \begin{matrix} HC\text{———}CH\text{—}CH\text{———}C\text{—}O \\ HC \cdot CH_2 \cdot CH\text{—}CH \cdot CH_2\text{—}NH \end{matrix}$ (?). B. Durch kurzes Erwärmen von monomolekularem Dicyclopentadien-nitrosochlorid mit alkoh. Kalilauge (WIELAND, B. 39, 1497). — Flocken. F: 205° (Zers.). Unlöslich in Alkalien, sonst leicht löslich. — Bei der Reduktion entsteht Amino-dihydrodicyclopentadien.

Dimolekulares Dicyclopentadien-nitrosobromid, Bis-dicyclopentadien-nitrosobromid $C_{20}H_{24}O_2N_2Br_2 = (C_{10}H_{12}ONBr)_2$. B. Aus einer gekühlten Mischung äquimolekularer Mengen Dicyclopentadien und Amylnitrit in Eisessig mit 50°/₀iger Bromwasserstoffsäure (RULE, Soc. 89, 1340). — Krystalle (aus Chloroform). Zersetzt sich bei 157°. Ziemlich leicht löslich in heißem Benzol und Chloroform, schwer in anderen Lösungsmitteln.

Tetrabromid des dimolekularen Dicyclopentadien-nitrosobromids $C_{20}H_{24}O_2N_2Br_4 = (C_{10}H_{12}ONBr_2)_2$. B. Aus dem dimolekularen Dicyclopentadien-nitroso-bromid in Chloroform mit Brom (RULE, Soc. 89, 1340). — Platten (aus Amylalkohol). F: 211°. Schwer löslich in den meisten Lösungsmitteln.

Dicyclopentadien-pseudonitrosit $C_{20}H_{24}O_6N_4$. B. Beim Einleiten von trocknen nitrosen Gasen (aus Salpetersäure und arseniger Säure) in eine äther. Lösung von Dicyclopentadien unter starker Kühlung (WIELAND, STENZL, A. 360, 319; RULE, Soc. 93, 1561). — Sechsseitige Blätter (aus Chloroform + Äther) (W., ST.); Nadeln (aus Chloroform) (R.). F: 144—146° (Zers.) (W., ST.), 147° (R.). Schwer löslich in den Lösungsmitteln außer Chloroform und Essigester (W., ST.); löslich in siedendem Toluol mit grüner Farbe, die beim Abkühlen wieder verschwindet (W., ST.). — Gibt mit Brom in Chloroform ein bei 152° sich zersetzendes Tetrabromid (R.). Wird von konz. Schwefelsäure in der Kälte nicht verändert, in der Wärme zersetzt (R.). Geht beim Kochen mit Alkohol (W., ST.) oder mit einer alkoh. Anilinlösung (R.) in die Verbindung $C_{10}H_{11}(NO_2)(:N \cdot OH)$ (Syst. No. 640) über. Liefert mit methylalkoholischer Kalilauge (W., ST.) oder mit siedender methylalkoholischer Natriummethylatlösung (R.) die Verbindung $C_{10}H_{12}(NO_2)(O \cdot CH_3)$ (Syst. No. 532a).

Dicyclopentadien-dinitrür $C_{10}H_{12}O_4N_2$. Ist monomolekular (RULE, Soc. 93, 1563). — B. Aus Dicyclopentadien in absol. Äther mit N_2O_4 in Äther unter Eiskühlung (WIELAND, STENZL, A. 360, 317). Beim Einleiten nitroser Gase (aus Salpetersäure und arseniger Säure) in die stark gekühlte äther. Lösung von Dicyclopentadien (RULE, Soc. 93, 1561, 1563). — Nadeln (aus Methylalkohol). F: 122° (W., ST.), 121° (R.). Unlöslich in Gasolin, schwer löslich in Alkohol, ziemlich schwer in Äther, leicht in Chloroform (W., ST.). — Addiert Brom in Chloroform (W., ST.). Gibt beim Erwärmen mit verd. Natronlauge das Natriumsalz der

Verbindung $C_{10}H_{12}(NO_2)(OH)$ (R.). Wird beim Kochen mit Alkohol unter Abspaltung von salpetriger Säure (Bildung von Äthylnitrit) verändert (W., ST.). Wird durch alkoh. Kalilauge oder Ammoniak unter Abspaltung von salpetriger Säure weitgehend zersetzt (W., ST.).

5. Kohlenwasserstoffe $C_{11}H_{14}$.

1. *1-[Penten-(1¹)-yl]-benzol, a-Pentenyl-benzol, a-Phenyl-a-amylen* $C_{11}H_{14} = C_6H_5 \cdot CH:CH \cdot CH_2 \cdot CH_2 \cdot CH_3$. *B.* Man läßt auf n-Amylbenzol bei 150—155° Bromdampf einwirken und destilliert das durch Aufnahme von 1 Mol.-Gew. Brom entstandene Reaktionsprodukt unter gewöhnlichem Druck (SCHRAMM, *A.* **218**, 392). Beim Erhitzen von a-Phenyl-β-amylen mit alkoh. Kalilauge auf 150° (KLAGES, *B.* **39**, 2592). — Flüssig. Kp: 210—215° (SCH.); Kp_9: 82° (K.). D_4^{18}: 0,892 (K.). n_D^{18}: 1,5139 (K.). — Bildet ein festes Dibromid (SCH.; K.).

1¹.1³- oder 1¹.1³-Dibrom-1-[penten-(1¹)-yl]-benzol, a.γ- oder β.γ-Dibrom-a-phenyl-a-amylen $C_{11}H_{12}Br_2 = C_6H_5 \cdot CBr:CH \cdot CHBr \cdot CH_2 \cdot CH_3$ oder $C_6H_5 \cdot CH:CBr \cdot CHBr \cdot CH_2 \cdot CH_3$. *B.* Durch Einw. einer Lösung von Bromwasserstoff in Eisessig auf 1-[Pentin-(1¹)-ylol-(1³)]-benzol $C_6H_5 \cdot C:C \cdot CH(OH) \cdot C_2H_5$ (KLAGES, *B.* **39**, 2595). — Öl.

2. *1-[Penten-(1²)-yl]-benzol, β-Pentenyl-benzol, a-Phenyl-β-amylen* $C_{11}H_{14} = C_6H_5 \cdot CH_2 \cdot CH:CH \cdot CH_2 \cdot CH_3$. *B.* Bei der Reduktion von a-Phenyl-a.γ-pentadien mit Natrium und Alkohol (KLAGES, *B.* **40**, 1770). Bei der Reduktion von 1-[Penten-(1²)-ylol-(1³)]-benzol mit Natrium und Alkohol (K., *B.* **39**, 2592). Bei der Reduktion von 1-[Pentin-(1¹)-ylol-(1³)]-benzol mit Natrium und Alkohol (K., *B.* **39**, 2595). — Obstartig riechendes Öl. Kp_{760}: 201°; Kp_{30}: 111°; Kp_{12}: 80°. D_4^{17}: 0,8829; D_4^{18}: 0,8837. n_D^{17}: 1,5034; n_D^{18}: 1,5059. — Lagert sich mit alkoh. Kalilauge bei 150° in a-Phenyl-a-amylen um (K., *B.* **39**, 2592). Gibt mit Brom ein öliges Dibromid (K., *B.* **39**, 2592). Liefert bei der Spaltung mit Ozon Phenylacetaldehyd (K., *B.* **40**, 1770).

3. *1-[1¹-Metho-buten-(1¹)-yl]-benzol, [a-Metho-a-butenyl]-benzol, β-Phenyl-β-amylen* $C_{11}H_{14} = C_6H_5 \cdot C(CH_3):CH \cdot CH_2 \cdot CH_3$. *B.* Man setzt 1 Mol.-Gew. Butyrylbenzol mit 2,5 Mol.-Gew. $CH_3 \cdot MgI$ in Äther um, erwärmt mehrere Stunden auf dem Wasserbade, destilliert den größten Teil des Äthers ab und zersetzt mit Wasser (TIFFENEAU, *C. r.* **143**, 650; *A. ch.* [8] **10**, 363). Man setzt Butyrylbenzol mit 1 Mol.-Gew. $CH_3 \cdot MgI$ in der üblichen Weise um und entwässert das so erhältliche rohe Methyl-propyl-phenyl-carbinol durch Erhitzen mit krystallisierter Oxalsäure (T., *A. ch.* [8] **10**, 363). Durch Kochen von β-Chlor-β-phenyl-pentan mit der 5-fachen Menge Pyridin (KLAGES, *B.* **35**, 2644). Man behandelt Methyl-propyl-phenyl-carbinol mit Chlorwasserstoff und kocht das Reaktionsprodukt mit Pyridin (K., *B.* **35**, 3509). — Fruchtartig riechendes Öl. Kp: 199° (K.), 200—205° (T.); Kp_{16}: 89—90°; Kp_{14}: 86° (K.). $D_4^{1,5}$: 0,8976; $D_4^{14,5}$: 0,8950 (K.). $n_D^{14,5}$: 1,5196 (K.). — Gibt bei der Oxydation mit Kaliumpermanganat in saurer Lösung Acetophenon (K., *B.* **35**, 2644). Wird durch Natrium und Alkohol zu β-Phenyl-pentan reduziert (K., *B.* **35**, 2644). Liefert mit gelbem Quecksilberoxyd und Jod in Alkohol ein Jodhydrin, welches bei der Einw. von Silbernitrat in wäßr. Äther unter Abspaltung von HI und Umlagerung in Äthylphenylaceton $C_6H_5 \cdot CH(C_2H_5) \cdot CO \cdot CH_3$ übergeht (T.).

4. *1-[1¹-Methylen-butyl]-benzol, β-Phenyl-a-amylen* $C_{11}H_{14} = C_6H_5 \cdot C(:CH_2) \cdot CH_2 \cdot CH_2 \cdot CH_3$. *B.* Durch Destillation der β-Propyl-zimtsäure $C_6H_5 \cdot C(C_3H_7):CH \cdot CO_2H$ (TIFFENEAU, *C. r.* **143**, 650; *A. ch.* [8] **10**, 357). — Kp: 198—202°. D^0: 0,9138. — Gibt ein flüssiges Dibromid. Lagert bei der Einw. von Jod und gelbem Quecksilberoxyd in Alkohol unterjodige Säure an.

5. *1-[1³-Metho-buten-(1¹)-yl]-benzol, [γ-Metho-a-butenyl]-benzol, γ-Methyl-a-phenyl-a-butylen* $C_{11}H_{14} = C_6H_5 \cdot CH:CH \cdot CH(CH_3)_2$. *B.* Entsteht in geringer Ausbeute neben Phenylisobutylcarbinol aus Benzaldehyd und Isobutylmagnesiumjodid (KLAGES, *B.* **37**, 2316). Man behandelt Isoamylbenzol bei 150—155° mit Bromdampf (entsprechend 1 Mol.-Gew. Brom) und destilliert den öligen Teil des Reaktionsproduktes unter gewöhnlichem Druck (SCHRAMM, *A.* **218**, 393). Beim Erhitzen von Isobutyl-phenyl-carbinchlorid $C_6H_5 \cdot CHCl \cdot CH_2 \cdot CH(CH_3)_2$ mit Pyridin auf 125° (KL., *B.* **37**, 2316). Durch 4-stdg. Kochen der äther. Lösung des a-Chlor-β-brom-γ-methyl-a-phenyl-a-butylens (S. 498) mit Natrium (KUNCKELL, STAHEL, *B.* **37**, 1088). Beim Erhitzen von β-Methyl-δ-phenyl-β-butylen $C_6H_5 \cdot CH_2 \cdot CH:C(CH_3)_2$ mit alkoh. Kalilauge auf 180° (KL., *B.* **37**, 2315). Beim Erhitzen des Isobutyl-phenyl-carbinols mit krystallisierter Oxalsäure (TIFFENEAU, *C. r.* **143**, 649; *A. ch.* [8] **10**, 354). Bei der Destillation der a-Isopropyl-β-phenyl-äthylenmilchsäure (DAIN, Ж. **29**, 659; *C.* **1898 I**, 885). — Schwach nach Citronen riechende Flüssigkeit. Kp_{760}: 201—202° (T.); Kp_{757}: 207° (KL.); Kp_{26}: 102—103° (KL.). $D_4^{14,6}$: 0,8903 (KL.); D_4^{1}: 0,887 (KU., ST.); D^0: 0,904 (T.). n_D^{18}: 1,5248 (KL.); n_D^{20}: 1,5251 (KU., ST.). — Gibt bei der Reduk-

tion mit Natrium und Alkohol **Isoamylbenzol** (KL.). Bildet bei der Einw. von Jod und überschüssigem gelbem Quecksilberoxyd in wäßr. Äther zunächst das **Methylphenylbutylen**jodhydrin, aus dem dann weiterhin unter Jodwasserstoff-Abspaltung und Umlagerung **Isopropyl-phenyl-acetaldehyd** entsteht (T., *A. ch.* [8] 10, 354).

1¹-Chlor-1¹-brom-1-[1²-metho-buten-(1¹)-yl]-benzol, α-Chlor-β-brom-γ-methyl-α-phenyl-α-butylen $C_{11}H_{12}ClBr = C_6H_5 \cdot CCl:CBr \cdot CH(CH_3)_2$. *B.* Durch Erhitzen von [α-Bromisobutyl]-phenylketon mit PCl_5 auf 135° (KUNCKELL, STAHEL, *B.* 37, 1088). — Öl. Kp_{10}: 125—129°. D^{15}: 1,28.

6. *1-[1²-Metho-buten-(1²)-yl]-benzol, [γ-Metho-β-butenyl]-benzol, β-Methyl-δ-phenyl-β-butylen* $C_{11}H_{14} = C_6H_5 \cdot CH_2 \cdot CH:C(CH_3)_2$. *B.* Aus dem Chlorid $C_6H_5 \cdot CH_2 \cdot CH_2 \cdot CCl(CH_3)_2$ durch Pyridin (KLAGES, *B.* 37, 2314). Aus 1³-Oxy-1-[1²-metho-buten-(1¹)-yl]-benzol mit Natrium und Alkohol (K., *B.* 39, 2593). Durch Reduktion von β-Methylδ-phenyl-α.γ-butadien (S. 521) mit Natrium und Alkohol (K., *B.* 35, 2652; 37, 2315). — Flüssig. Kp: 205°; Kp_{16}: 92°; $D_4^{18,3}$: 0,891; $n_D^{18,3}$: 1,5125 (K., *B.* 37, 2315). — Beim Erhitzen mit alkoh. Kalilauge auf 180° entsteht γ-Methyl-α-phenyl-α-butylen $C_6H_5 \cdot CH:CH \cdot CH(CH_3)_2$ (K., *B.* 37, 2315). Gibt mit trocknem Ozon ein Ozonid $C_{11}H_{14}O_3$ (s. u.) (HARRIES, DE OSA, *B.* 37, 845). Zerfällt bei der Einw. von Ozon in Gegenwart von Wasser unter Bildung von Phenylacetaldehyd und Aceton (K., *B.* 37, 2315; vgl. H., DE OSA). Gibt mit Brom ein **Dibromid** [Blättchen (aus Eisessig); F: 66°] (K., *B.* 37, 2315).

Ozonid $C_{11}H_{14}O_3$. *B.* Bei der Einw. von trocknem Ozon auf β-Methyl-δ-phenyl-β-butylen unter Kühlung durch eine Kältemischung (HARRIES, DE OSA, *B.* 37, 845). — Zähflüssiges Öl. Verpufft beim Erhitzen auf dem Platinblech.

Nitrosochlorid $C_{11}H_{14}ONCl$. *B.* Aus β-Methyl-δ-phenyl-β-butylen in Alkohol mit Äthylnitrit und Salzsäure bei 0° (KLAGES, *B.* 37, 2315). — Blättchen (aus Chloroform oder Benzol). F: 146—147°. Schwer löslich in Alkohol, Äther.

7. *1-[1¹-Ätho-propen-(1¹)-yl]-benzol, [α-Ätho-α-propenyl]-benzol, γ-Phenyl-β-amylen* $C_{11}H_{14} = C_6H_5 \cdot C(C_2H_5):CH \cdot CH_3$. *B.* In geringer Menge bei der Einw. von Äthylmagnesiumbromid auf die (aus Phenylmagnesiumbromid und CO_2 entstehende) Verbindung $C_6H_5 \cdot CO_2 \cdot MgBr$, beim Kochen von Diäthyl-phenyl-carbinol und Äthyl-diphenyl-carbinol (GRIGNARD, *Bl.* [3] 31, 755). Beim Kochen von γ-Chlor-γ-phenyl-pentan (S. 436) mit Pyridin (KLAGES, *B.* 36, 3692). Durch Erhitzen von Diäthyl-phenyl-carbinol mit Oxalsäure (TIFFENEAU, *A. ch.* [8] 10, 364). — Aromatisch riechendes Öl. Kp_{750}: 195—197° (G.); Kp_{755}: 197—198°; Kp_{18}: 91—93° (K.). D°: 0,932 (T.); D_4^{14}: 0,9173 (K.); n_D^{18}: 1,5266 (K.). — Läßt sich durch Oxydation in Propionylbenzol und Acetaldehyd spalten (K.). Gibt bei der Reduktion mit Natrium und Alkohol **Äthopropylbenzol** (K.). Liefert bei der Einw. von Jod und gelbem Quecksilberoxyd in Alkohol **Phenylamylenjodhydrin**, aus welchem mittels Silbernitrats unter HI-Abspaltung und Umlagerung das Keton $CH_3 \cdot CH(C_6H_5) \cdot CO \cdot CH_2 \cdot CH_3$ entsteht (T.).

Nitrosochlorid $C_{11}H_{14}ONCl$. *B.* Durch Einw. von alkoh. Salzsäure oder Acetylchlorid auf die Lösung des Äthopropenylbenzols in Äthylnitrit bei —10° (KLAGES, *B.* 36, 3693). — Nadeln. F: 117°.

8. *1-[1¹-Ätho-propen-(1¹)-yl]-benzol, [α-Ätho-β-propenyl]-benzol, γ-Phenyl-α-amylen* $C_{11}H_{14} = C_6H_5 \cdot CH(C_2H_5) \cdot CH:CH_2$. *B.* Aus β-(?)-Brom-γ-phenyl-pentan $C_6H_5 \cdot CH(C_2H_5) \cdot C_2H_4Br$ (S. 436) beim Kochen mit viel Wasser oder beim Erhitzen mit alkoh. Kalilauge im geschlossenen Rohr auf 100° (DAFERT, *M.* 4, 621). — Aromatisch riechende Flüssigkeit. Kp: 173°. D^{23}: 0,8458. — Wandelt sich sehr leicht (schon bei der Darstellung aus $C_{11}H_{15}Br$ und alkoh. Kalilauge um in den dimeren Kohlenwasserstoff $C_{22}H_{28}$ (Syst. No. 480) um. Wird von chromsaurem Kalium und Schwefelsäure sowie von Chromsäure in Wasser nur wenig angegriffen, von Chromsäure in Eisessig lebhaft unter Bildung von Benzoesäure oxydiert.

9. *1-[1¹.1²-Dimetho-propen-(1¹)-yl]-benzol, [α.β-Dimetho-α-propenyl]-benzol, β-Methyl-γ-metho-β-butylen, Trimethyl-phenyl-äthylen* $C_{11}H_{14} = C_6H_5 \cdot C(CH_3):C(CH_3)_2$. (Vgl. auch Nr. 11.) *B.* Durch Destillation von Dimethyl-phenylvinylessigsäure $CH_2:C(C_6H_5) \cdot C(CH_3)_2 \cdot CO_2H$ unter einem Druck von einigen cm Quecksilber (COURTOT, *Bl.* [3] 35, 357; BLAISE, COURTOT, *Bl.* [3] 35, 587). In geringer Menge bei der Einw. von Schwefelsäure auf Dimethyl-phenyl-vinylessigsäure (B., C.). — Flüssig. Kp_{12}: 83°; Kp: 189°. — Liefert mit Brom oder unterchloriger Säure flüssige Additionsprodukte (B., C.). Wird durch Kaliumpermanganat zu Aceton und Acetophenon oxydiert (B., C.).

10. *1-[1¹-Methylen-isobutyl]-benzol, γ-Methyl-β-phenyl-α-butylen* $C_{11}H_{14}$ $= C_6H_5 \cdot C(:CH_2) \cdot CH(CH_3)_2$. (Vgl. auch Nr. 11.) *B.* Aus 1¹-Chlor-1-[1¹.1²-dimetho-propyl]-benzol beim Kochen mit der 5-fachen Menge Pyridin oder beim Erhitzen mit 2 Mol.-Gew. Pyridin auf 125° (KLAGES, *B.* 36, 3691). — Öl mit Fichtennadelgeruch. Kp_{12}: 82°; Kp_{753}: 191—192°. $D_4^{13,5}$: 0,8991. $n_D^{13,5}$: 1,5181. — CrO_3 in Eisessig oxydiert zu **Isobutyrylbenzol**.

11. „*Phenylisopren-dihydrid*" $C_{11}H_{14} = C_6H_5 \cdot C(CH_3):C(CH_3)_2$ oder $C_6H_5 \cdot CH(CH_3) \cdot$ $C(CH_3):CH_2$ oder $C_6H_5 \cdot C(:CH_2) \cdot CH(CH_3)_2$. (Vgl. auch Nr. 9 und Nr. 10.)

Tribromderivat $C_{11}H_{13}Br_3$. *B*. Aus γ-Phenyl-isopren und 4 At.-Gew. Brom in Schwefelkohlenstoff (COURTOT, *Bl.* [3] **35**, 988). — Krystalle (aus Äther + Petroläther). F: 76°.

12. *1-Methyl-3-[buten-(3¹)-yl]-benzol,* *1-Methyl-3-α-butenyl-benzol, α-m-Tolyl-α-butylen* $C_{11}H_{14} = CH_3 \cdot C_6H_4 \cdot CH:CH \cdot CH_2 \cdot CH_3$. *B*. Aus α-Äthyl-β-m-tolyläthylenmilchsäure mit siedender verd. Schwefelsäure (GRISCHKEWITSCH-TROCHIMOWSKI, Ж. **40**, 767; *C*. **1908** II, 1434). — Flüssig. Kp: 208°. D^{18}: 0,8901.

13. *1-Methyl-3-allylomethyl-benzol, 1-Methyl-3-γ-butenyl-benzol, δ-m-Tolyl-α-butylen* $C_{11}H_{14} = CH_3 \cdot C_6H_4 \cdot CH_2 \cdot CH_2 \cdot CH:CH_2$. *B*. Aus ω-Chlor-m-xylol, Allyljodid und Natrium in Gegenwart von Toluol (ARONHEIM, *B*. **9**, 1790). — Flüssig. Kp: 195°.

14. *1-Methyl-4-[buten-(4¹)-yl]-benzol, 1-Methyl-4-α-butenyl-benzol, α-p-Tolyl-α-butylen* $C_{11}H_{14} = CH_3 \cdot C_6H_4 \cdot CH:CH \cdot CH_2 \cdot CH_3$. *B*. Aus α-Äthyl-β-p-tolyl-äthylenmilchsäure bei der trocknen Destillation oder beim Erhitzen mit 10%iger Schwefelsäure (MAZUREWITSCH, Ж. **39**, 192; *C*. **1907** II, 146). — Flüssig. Kp: 210—212°; D^{20}: 0,8893 (KUNCKELL, *B*. **36**, 2237). Kp_{742}: 218—218,5°; D_4^{16}: 0,88926 (M.). — Addiert Brom unter Bildung eines Dibromids $C_{11}H_{14}Br_2$ (M.).

15. *1-Methyl-4-[4²-metho-propen-(4¹)-yl]-benzol, 1-Methyl-4-[β-metho-α-propenyl]-benzol, β-Methyl-α-p-tolyl-α-propylen* $C_{11}H_{14} = CH_3 \cdot C_6H_4 \cdot CH:$ $C(CH_3)_2$. *B*. Aus α.α-Dimethyl-β-p-tolyl-äthylenmilchsäure beim Destillieren für sich oder mit 10%iger Schwefelsäure (ZELTNER, Ж. **34**, 125; *C*. **1902** I, 1293). — Nicht in reinem Zustand erhalten.

16. *1-Äthyl-4-propenyl-benzol, 1-Äthyl-4-α-propenyl-benzol, α-[4-Äthyl-phenyl]-α-propylen* $C_{11}H_{14} = C_2H_5 \cdot C_6H_4 \cdot CH:CH \cdot CH_3$. *B*. Durch Einw. von Natrium auf eine äther., etwas Alkohol enthaltende Lösung von 4¹-Chlor-4²-brom-1-äthyl-4-propenyl-benzol, gewonnen aus 1-Äthyl-4-[α-brom-propionyl]-benzol und PCl_5 (KUNCKELL, *B*. **36**, 2236). — Flüssig. Kp_{17}: 105—107°; Kp_{760}: 216—218°. D^{18}: 0,9072.

17. *4-Isopropyl-1-vinyl-benzol, [4-Isopropyl-phenyl]-äthylen, p-Isopropyl-styrol* $C_{11}H_{14} = (CH_3)_2CH \cdot C_6H_4 \cdot CH:CH_2$. *B*. Man trägt Cuminaldehyd in eine äther. Lösung von Methylmagnesiumjodid ein, erwärmt auf dem Wasserbade, schüttelt die äther. Lösung zur Entfernung von Aldehyd mit Natriumdisulfit und destilliert das Reaktionsprodukt im Vakuum (KLAGES, KEIL, *B*. **36**, 1640). Bei der Einwirkung von kalter Sodalösung auf β-Brom-β-[4-isopropyl-phenyl]-propionsäure (F: 85—87°) (PERKIN, *Soc.* **32**, 663; *J*. **1877**, 379). Bei der Destillation von β-[4-Isopropyl-phenyl]-acrylsäure (Syst. No. 949) (P., *Soc.* **31**, 401; *J*. **1877**, 791). — Nach Citronen riechendes Öl. Kp: 203—204° (P., *Soc.* **32**, 663); Kp_{10}: 76° (KL.). D^{15}: 0,8902 (P.); D_4^{14}: 0,8799 (KL.). n_D^{14}: 1,5198 (KL.). — Geht bei mehrstündigem Erhitzen auf 150°, sowie unter der Einw. des Tageslichtes bei ein- bis zweimonatigem Stehen in ein glasartiges Polymeres über, das in Alkohol unlöslich, in Benzol leicht löslich ist und bei starkem Erhitzen die monomere Form zurückliefert (P., *Soc.* **32**, 663).

1¹.1²-Dichlor-4-isopropyl-1-vinyl-benzol, α.β-Dichlor-α-[4-isopropyl-phenyl]-äthylen, α.β-Dichlor-p-isopropyl-styrol $C_{11}H_{12}Cl_2 = (CH_3)_2CH \cdot C_6H_4 \cdot CCl:CHCl$. *B*. Durch 2-stdg. Erhitzen von 1 Tl. p-Isopropyl-ω-chlor-acetophenon mit 2 Tln. PCl_5 auf 140° bis 150° (KUNCKELL, KORITZKY, *B*. **33**, 3262). — Öl. Kp_{23}: 190—200°. D^{17}: 1,2736.

2-Nitro-4-isopropyl-1-vinyl-benzol, [2-Nitro-4-isopropyl-phenyl]-äthylen $C_{11}H_{13}O_2N = (CH_3)_2CH \cdot C_6H_3(NO_2) \cdot CH:CH_2$. *B*. Beim Kochen von β-Brom-β-[2-nitro-4-isopropyl-phenyl]-propionsäure (Syst. No. 945) mit Sodalösung (EINHORN, HESS, *B*. **17**, 2025). — Flüssig. Unlöslich in Wasser, leicht löslich in den gebräuchlichen Lösungsmitteln. Ziemlich unbeständig.

18. *1.2-Dimethyl-4-propenyl-benzol, 1.2-Dimethyl-4-α-propenyl-benzol, α-[3.4-Dimethyl-phenyl]-α-propylen* $C_{11}H_{14} = (CH_3)_2C_6H_3 \cdot CH:CH \cdot CH_3$. *B*. Aus 1.2-Dimethyl-4-[α-chlor-β-brom-α-propenyl]-benzol in alkoholhaltigem Äther mit Natrium (KUNCKELL, *B*. **36**, 2236). — Kp_{16}: 110—112° (KUNCKELL, STAHEL, *B*. **37**, 1090 Anm.); Kp_{760}: 224—226°; D^{18}: 0,9151 (K.).

19. *1.4-Dimethyl-2-propenyl-benzol, 1.4-Dimethyl-2-α-propenyl-benzol, α-[2.5-Dimethyl-phenyl]-α-propylen* $C_{11}H_{14} = (CH_3)_2C_6H_3 \cdot CH:CH \cdot CH_3$. *B*. Durch Reduktion einer Lösung von 1.4-Dimethyl-2-[α-chlor-β-brom-α-propenyl]-benzol (S. 500) in alkoholhaltigem Äther mit Natrium (KUNCKELL, DETTMAR, *B*. **36**, 773). — Öl. Kp_5: 84° bis 88°; Kp_{760}: 219—223°. D^{22}: 0,9259.

2^1-Chlor-2^2-brom-1.4-dimethyl-2-[propen-(2^1)-yl]-benzol, 1.4-Dimethyl-2-[α-chlor-β-brom-α-propenyl]-benzol, α-Chlor-β-brom-α-[2.5-dimethyl-phenyl]-α-propylen $C_{11}H_{12}ClBr = (CH_3)_2C_6H_3 \cdot CCl:CBr \cdot CH_3$. *B.* Durch Erhitzen von 2.5-Dimethyl-α-brom-propiophenon mit PCl$_5$ und mehrfaches Destillieren des Produktes (K., D., *B.* **36**, 773). — Nach Apfelsinen riechendes Öl. Kp$_{12}$: 137—143°; Kp$_{760}$: 258—261°. D^{20}: 1,199.

20. 1.5-Dimethyl-2-propenyl-benzol, 1.5-Dimethyl-2-α-propenyl-benzol, α-[2.4-Dimethyl-phenyl]-α-propylen $C_{11}H_{14} = (CH_3)_2C_6H_3 \cdot CH:CH \cdot CH_3$. *B.* Durch Einw. von Natrium auf 1.5-Dimethyl-2-[α-chlor-β-brom-α-propenyl]-benzol in alkoholhaltigem Äther (KUNCKELL, *B.* **36**, 2236). — Kp$_{10}$: 85—88°; Kp$_{760}$: 206—208°. D^{13}: 0,903.

21. 1.2-Dimethyl-4-isopropenyl-benzol, 1.2-Dimethyl-4-methovinyl-benzol, β-[3.4-Dimethyl-phenyl]-α-propylen $C_{11}H_{14} = (CH_3)_2C_6H_3 \cdot C(CH_3):CH_2$.

4^2-Chlor-1.2-dimethyl-4-[4^1-metho-äthenyl]-benzol, 1.2-Dimethyl-4-[β-chlor-α-metho-vinyl]-benzol, α-Chlor-β-[3.4-dimethyl-phenyl]-α-propylen $C_{11}H_{13}Cl = (CH_3)_2C_6H_3 \cdot C(CH_3):CHCl$. *B.* Beim Kochen von 1.2-Dimethyl-4-[β.β-dichlor-isopropyl]-benzol (S. 441) mit alkoh. Kalilauge (AUWERS, KÖCKRITZ, *A.* **352**, 306). — Öl. Erstarrt in einer Kältemischung und schmilzt dann bei 22°. Kp$_{14}$: 128°. D$^{22.4}_4$: 1,0490. n$_α^{22.4}$: 1,55172; n$_D^{22.4}$: 1,55747; n$_β^{22.4}$: 1,57265; n$_γ^{22.4}$: 1,58616. — Liefert bei der Oxydation 3.4-Dimethyl-acetophenon.

22. 1.5-Dimethyl-2-isopropenyl-benzol, 1.5-Dimethyl-2-methovinyl-benzol, β-[2.4-Dimethyl-phenyl]-α-propylen $C_{11}H_{14} = (CH_3)_2C_6H_3 \cdot C(CH_3):CH_2$.

2^2-Chlor-1.5-dimethyl-2-[2^1-metho-äthenyl]-benzol, 1.5-Dimethyl-2-[β-chlor-α-metho-vinyl]-benzol, α-Chlor-β-[2.4-dimethyl-phenyl]-α-propylen $C_{11}H_{13}Cl = (CH_3)_2C_6H_3 \cdot C(CH_3):CHCl$. *B.* Beim Kochen von 1.5-Dimethyl-2-[β.β-dichlor-isopropyl]-benzol (S. 441) mit alkoh. Kalilauge (A., K., *A.* **352**, 298). — Öl. Kp$_{16}$: 112—114°; Kp$_{24}$: 124° bis 125°. — Polymerisiert sich beim Stehen.

23. 1.3.5-Trimethyl-2-vinyl-benzol, [2.4.6-Trimethyl-phenyl]-äthylen, Vinylmesitylen, 2.4.6-Trimethyl-styrol $C_{11}H_{14} = (CH_3)_3C_6H_2 \cdot CH:CH_2$. *B.* Neben viel polymerisiertem Produkt beim Erwärmen von 1.3.5-Trimethyl-2-[α-chlor-äthyl]-benzol mit Anilin (KLAGES, ALLENDORFF, *B.* 31, 1009). Aus derselben Verbindung beim Kochen mit Pyridin (KL., *B.* **35**, 2251) oder besser durch Erhitzen mit Pyridin auf 125° (KL., KEIL, *B.* **36**, 1642, 1644). Durch Erhitzen von Methyl-[2.4.6-trimethyl-phenyl]-carbinol mit in Eis gesättigter Salzsäure auf 120°, neben Mesitylen, oder durch Destillieren des mit P$_2$O$_5$ gemischten Carbinols (KL., A., *B.* 31, 1009). — Flüssig. Kp$_{755}$: 206—207° (korr.); Kp$_{14}$: 92°; D$_4^{20}$: 0,9057; D$_4^{12.3}$: 0,9073; n$_D^{12.3}$: 1,5296 (KL., KE.; KL., KE.). — Polymerisiert sich beim Behandeln mit 80%iger Schwefelsäure (KL., A.). Gibt mit Natrium und Alkohol Äthylmesitylen (KL., KE.). Mit HI und rotem Phosphor bei 200° entsteht Mesitylen (KL., STAMM, *B.* 37, 927).

Polymeres Vinylmesitylen $(C_{11}H_{14})_x$. *B.* Durch Behandeln der monomolekularen Verbindung mit ca. 80%iger Schwefelsäure (KLAGES, ALLENDORFF, *B.* 31, 1010). Durch Erwärmen von 1.3.5-Trimethyl-2-[α-chlor-äthyl]-benzol mit Anilin, neben nur wenig der monomolekularen Verbindung (KL., AL.). — Krystalle (aus Alkohol + Ligroin). F: 62—64°. Kp$_{18}$: 178—180° (geringe Zers.).

$2^1.2^2$-Dichlor-1.3.5-trimethyl-2-vinyl-benzol, 1.3.5-Trimethyl-2-[α.β-dichlor-vinyl]-benzol $C_{11}H_{12}Cl_2 = (CH_3)_3C_6H_2 \cdot CCl:CHCl$. *B.* Durch Erhitzen von [Chloracetyl]-mesitylen mit PCl$_5$ (KUNCKELL, KORITZKY, *B.* 33, 3263). — Öl. Kp: 285—289°. D^{17}: 1,1993.

24. 1.2.4-Trimethyl-5-vinyl-benzol, [2.4.5-Trimethyl-phenyl]-äthylen, 5-Vinyl-pseudocumol, 2.4.5-Trimethyl-styrol $C_{11}H_{14} = (CH_3)_3C_6H_3 \cdot CH:CH_2$. *B.* Bei der Destillation von 1.2.4-Trimethyl-5-[α-chlor-äthyl]-benzol (KLAGES, ALLENDORFF, *B.* 31, 1007). Durch Erhitzen von 1.2.4-Trimethyl-5-[α-chlor-äthyl]-benzol mit Pyridin auf 120° (KLAGES, KEIL, *B.* **36**, 1641). Aus dem Acetat des Methyl-[2.4.5-trimethyl-phenyl]-carbinols durch Kochen mit methylalkoholischer Kalilauge (KL., A., *B.* 31, 1007). — Flüssig. Kp: 212—214°; Kp$_{22}$: 97° (KL., A.); Kp$_{13}$: 97° (KL., KE.). Ist mit Wasserdampf leicht flüchtig (KL., A.). D$_4^{12}$: 0,9137 (KL., A.); n$_D^{17}$: 1,5379 (KL., KE.). — Polymerisiert sich beim Aufbewahren (KL., KE.) oder bei längerem Erhitzen (KL., A.; KL., KE.).

Bei 118° schmelzendes Polymeres des 1.2.4-Trimethyl-5-vinyl-benzols $(C_{11}H_{14})_x$. *B.* Neben dem monomolekularen Kohlenwasserstoff aus dem Acetat des Methyl-[2.4.5-trimethyl-phenyl]-carbinols durch Kochen mit methylalkoholischer Kalilauge (KL., A., *B.* 31, 1007). — Krystalle (aus Alkohol + Ligroin). F: 118°.

Bei 163° schmelzendes Polymeres des 1.2.4-Trimethyl-5-vinyl-benzols $(C_{11}H_{14})_x$. *B.* Aus 1.2.4-Trimethyl-5-[α-chlor-äthyl]-benzol bei der Einw. von Anilin (KL., A., *B.* 31, 1008). Beim Erwärmen von Methyl-[2.4.5-trimethyl-phenyl]-carbinol mit sirupöser Phosphorsäure (KL., A.) — F: 163°.

5¹-Chlor-1.2.4-trimethyl-5-vinyl-benzol, 1.2.4-Trimethyl-5-[β-chlor-vinyl]-benzol $C_{11}H_{13}Cl = (CH_3)_3C_6H_2 \cdot CH : CHCl$. *B.* Beim Kochen von 1.2.4-Trimethyl-5-[β.β-dichlor-äthyl]-benzol (S. 442) mit alkoh. Kali (AUWERS, KÖCKRITZ, *A.* **352**, 310). — Öl. Kp₁₅: 133⁰ bis 134⁰. D^{21,4}: 1,0429. n$_\alpha^{21,4}$: 1,56035; n$_D^{21,4}$: 1,56680; n$_\beta^{21,4}$: 1,58409; n$_\gamma^{21,4}$: 1,60006. — Liefert bei der Oxydation 2.4.5-Trimethyl-benzaldehyd.

25. *Phenyl-cyclopentan, Cyclopentyl-benzol* $C_{11}H_{14} = \genfrac{}{}{0pt}{}{H_2C \cdot CH_2}{H_2C \cdot CH_2}{>}CH \cdot C_6H_5$. *B.*
Man erwärmt 3-Brom-1-phenyl-cyclopentan in Äther mit Magnesium und zerlegt die Organomagnesiumverbindung mit verd. Schwefelsäure (BORSCHE, MENZ, *B.* **41**, 205). — Aromatisch riechende Flüssigkeit. Kp: 213—215⁰. D^{17}: 0,958. n$_D$: 1,5320.

3-Brom-1-phenyl-cyclopentan $C_{11}H_{13}Br = C_6H_5 \cdot C_5H_8Br$. *B.* Durch Erhitzen von 1-Phenyl-cyclopentanol-(3) mit rauchender Bromwasserstoffsäure im geschlossenen Rohr auf 100⁰ (BORSCHE, MENZ, *B.* **41**, 205). — Flüssig. Kp₁₀: 139—140⁰.

26. *2-Methyl-naphthalin-tetrahydrid-(1.2.3.4)* $C_{11}H_{14} = C_6H_4 \genfrac{}{}{0pt}{}{-CH_2 \cdot CH \cdot CH_2}{-CH_2 \cdot CH_2}{<}$.

1.2.3.4.x-Pentachlor-2-methyl-naphthalin-tetrahydrid-(1.2.3.4), [Chlor-β-methyl-naphthalin]-tetrachlorid $C_{11}H_9Cl_5 = C_6H_4 \cdot C_4H_5Cl_5 \cdot CH_3$. *B.* Beim Sättigen von β-Methyl-naphthalin mit Chlor (SCHERLER, *B.* **24**, 3922). — Krystalle (aus Äther). Monoklin prismatisch (FOCK, *B.* **24**, 3923; vgl. *Groth, Ch. Kr.* **5**, 413). F: 148⁰; sublimiert in Nadeln; unlöslich in Ligroin, schwer löslich in Alkohol, leicht in Chloroform, Äther und Eisessig (SCH.). — Gibt bei der Oxydation mit siedender verd. Salpetersäure Phthalsäure (SCH.). Liefert mit alkoh. Kalilauge auf dem Wasserbade Trichlor-β-methyl-naphthalin (SCH.).

27. *Kohlenwasserstoff* $C_{11}H_{14}$ *von unbekannter Struktur.* *V.* Im Erdöl von Balachany (Baku) (MARKOWNIKOW, OGLOBLIN, Ж. **15**, 323; M., *A.* **234**, 112). — *Darst.* Durch Schütteln der bei 240—250⁰ siedenden Anteile mit 40% rauchender Schwefelsäure erhält man verschiedene Sulfonsäuren, welche man durch Darstellung der Calciumsalze trennt; hierbei scheidet sich zunächst das Salz einer Säure $C_{12}H_{13} \cdot SO_3H$ aus; aus den in Wasser leichter löslichen Salzen scheiden sich beim Stehen der wäßr. Lösung neue Krystallisationen, welche das Salz einer Säure $C_{12}H_{12}(SO_3H)_2$ enthalten, ab; in Lösung bleibt ein unkrystallisierbares Gemenge von Salzen, die man in Natriumsalze überführt; durch mehrmaliges Lösen derselben in Alkohol und Versetzen mit Äther kann aus der Lösung in überwiegender Menge das Salz $C_{11}H_{13} \cdot SO_3Na$ isoliert werden, das man dann durch Erwärmen mit Salzsäure auf 170⁰ in den Kohlenwasserstoff $C_{11}H_{14}$ überführt; die durch Zugabe von Äther zur alkoh. Lösung erhaltenen Niederschläge zersetzt man gleichfalls durch Erwärmen mit Salzsäure auf 150⁰ und erhält so ein Gemenge desselben Kohlenwasserstoffs $C_{11}H_{14}$ mit $C_{11}H_{12}$, die man durch fraktionierte Destillation trennt. — Flüssig. Kp: ca. 240⁰. — Brom wirkt substituierend ein.

6. Kohlenwasserstoffe $C_{12}H_{16}$.

1. *1-[Hexen-(1¹)-yl]-benzol, β-Hexenyl-benzol, α-Phenyl-β-hexylen* $C_{12}H_{16}$ $= C_6H_5 \cdot CH_2 \cdot CH : CH \cdot CH_2 \cdot CH_2 \cdot CH_3$. *B.* Durch Reduktion von α-Phenyl-α.γ-hexadien mit Natrium und Alkohol (KLAGES, *B.* **40**, 1770). — Kp₁₆: 108⁰. D$_4^{19}$: 0,8898. n$_D^{19}$: 1,5058 (K., *B.* **37**, 2313; *B.* **40**, 1771).

2. *1-[1¹-Metho-penten-(1¹)-yl]-benzol, [α-Metho-β-pentenyl]-benzol, β-Phenyl-γ-hexylen* $C_{12}H_{16} = C_6H_5 \cdot CH(CH_3) \cdot CH : CH \cdot CH_2 \cdot CH_3$. *B.* Aus γ.δ-Dibrom-α-phenyl-α-butylen (S. 487) durch Erhitzen mit Zinkdimethyl in Äther auf 100⁰ und Zersetzung des Reaktionsproduktes mit Schwefelsäure (RIIBER, *B.* **36**, 1405; vgl. STRAUS, *B.* **42**, 2871). — Obstartig riechende Flüssigkeit. Kp₁₀: 84⁰ (R.). — Wird von Kaliumpermanganat zu Hydratropasäure, Atrolactinsäure und Propionsäure oxydiert (R.).

3. *1-[1¹-Metho-penten-(1¹)-yl]-benzol, [γ-Metho-α-pentenyl]-benzol, γ-Methyl-α-phenyl-α-amylen* $C_{12}H_{16} = C_6H_5 \cdot CH : CH \cdot CH(CH_3) \cdot CH_2 \cdot CH_3$. Rechtsdrehende Form. *B.* Aus Benzaldehyd und optisch-aktivem Amylmagnesiumjodid (aus Amyljodid von [α]$_D^{18}$: +5,78⁰) in Äther, neben dem Carbinol $C_6H_5 \cdot CH(OH) \cdot CH_2 \cdot CH(CH_3) \cdot C_2H_5$, und Diamyl (?) (KLAGES, SAUTTER, *B.* **37**, 654). — Süßlich riechende Flüssigkeit. Kp₃: 100—103⁰. D$_4^{19}$: 0,8906. n$_D^{19}$: 1,5277. [α]$_D^{18}$: +50,3⁰. — Wird durch Natrium und Alkohol zu optisch aktivem γ-Methyl-α-phenyl-pentan reduziert.

4. *1-[1³-Metho-penten-(1¹)-yl]-benzol, [γ-Metho-β-pentenyl]-benzol, γ-Methyl-α-phenyl-β-amylen* $C_{12}H_{16}$ = $C_6H_5 \cdot CH_2 \cdot CH:C(CH_3) \cdot C_2H_5$. *B.* Beim Erhitzen des Chlorides $C_6H_5 \cdot CH_2 \cdot CH_2 \cdot CCl(CH_3) \cdot C_2H_5$ mit Pyridin auf 125° (KLAGES, *B.* **37**, 2317). Durch Reduktion von γ-Methyl-α-phenyl-α.γ-pentadien mit Natrium und Alkohol (KLAGES, *B.* **39**, 2594). — Dünnflüssiges Öl. Kp_{740}: 226°; Kp_{20}: 119—120°; D_4^{18}: 0,9014; n_D^{18}: 1,51 (K., *B.* **39**, 2594). — Das Nitrosochlorid schmilzt bei 151° (K., *B.* **39**, 2594).

5. *1-[1²-Ätho-buten-(1¹)-yl]-benzol, [β-Ätho-α-butenyl]-benzol, β-Äthyl-α-phenyl-α-butylen* $C_{12}H_{16}$ = $C_6H_5 \cdot CH:C(C_2H_5)_2$. *B.* Beim Erhitzen von β-Chlor-β-äthyl-α-phenyl-butan mit Pyridin auf 120° (KLAGES, *B.* **37**, 1724). — Dünnflüssiges Öl. Kp_{13}: 97—98°. Kp_{760}: 204—206° (geringe Zers.). $D_4^{18,5}$: 0,9038. $n_D^{18,5}$: 1,5182. — Wird durch Kaliumpermanganat zu Benzoesäure oxydiert. Wird von Natrium und Alkohol nicht verändert. Addiert Brom. Das Nitrosochlorid schmilzt bei 99°.

6. *1-[1¹.1²-Dimetho-buten-(1¹)-yl]-benzol, [α.γ-Dimetho-α-butenyl]-benzol, δ-Methyl-β-phenyl-β-amylen* $C_{12}H_{16}$ = $C_6H_5 \cdot C(CH_3):CH \cdot CH(CH_3)_2$. *B.* Man setzt Acetophenon mit Isobutylmagnesiumjodid in Äther um, zerlegt das Reaktionsprodukt in üblicher Weise und fraktioniert; das so erhaltene Gemisch von δ-Oxy-β-methyl-δ-phenyl-pentan (Syst. No. 533) und δ-Methyl-β-phenyl-β-amylen sättigt man in Äther mit Chlorwasserstoff; das hierbei entstehende Chlorid kocht man mit Pyridin (KLAGES, *B.* **37**, 2307). Aus 2-Methyl-pentanon-(4) (Bd. I, S. 691) mit Phenyl-magnesiumbromid in Äther (BODROUX, TABOURY, *C. r.* **148**, 1677; *Bl.* [4] **5**, 813). — Flüssig. Kp_{764}: 207°; Kp_{20}: 99—101° (K.); Kp_{738}: 216—220°; Kp_{18}: 111—115° (B., T.). D_4^{18}: 0,8948 (K.); D^{16}: 0,909 (B., T.). n_D^{18}: 1,516 (K.); n_D^{18}: 1,5231 (B., T.). — Gibt bei der Reduktion mit Natrium und Alkohol das β-Methyl-δ-phenyl-pentan (K.).

7. *1-[1¹.1³-Dimetho-buten-(1²)-yl]-benzol, [α.γ-Dimetho-β-butenyl]-benzol, β-Methyl-δ-phenyl-β-amylen* $C_{12}H_{16}$ = $C_6H_5 \cdot C(CH_3) \cdot CH:C(CH_3)_2$. *B.* Bei der Reduktion des Trimethyl-phenyl-allens $C_6H_5 \cdot C(CH_3):C:C(CH_3)_2$ mit Natrium und Alkohol (KLAGES, *B.* **37**, 2306). — Nach Geraniumöl riechende Flüssigkeit. Kp_{18}: 98—100°; Kp_{755}: 210—211°. D_4^{18}: 0,8931; n_D^{18}: 1,5162. Löslich in konz. Schwefelsäure. — Addiert 2 Atome Brom. Das Nitrosochlorid schmilzt bei 140°.

8. *1-[1³-Metho-1¹-ätho-propen-(1¹)-yl]-benzol, β-Methyl-γ-phenyl-β-amylen* $C_{12}H_{16}$ = $C_6H_5 \cdot C(C_2H_5):C(CH_3)_2$. *B.* Beim Kochen von γ-Chlor-β-methyl-γ-phenyl-pentan mit Pyridin (KLAGES, **37**, 1725). — Flüssig. Kp_{15}: 83—84°; Kp_{755}: 206—207°. $D_4^{18,5}$: 0,8913; $n_D^{18,5}$: 1,5134. — Entfärbt Kaliumpermanganatlösung nur langsam. Wird durch Natrium und Alkohol nicht merklich reduziert.

9. *1-Methyl-4-[4³-metho-buten-(4¹)-yl]-benzol, 1-Methyl-4-[γ-metho-α-butenyl]-benzol, γ-Methyl-α-p-tolyl-α-butylen* $C_{12}H_{16}$ = $CH_3 \cdot C_6H_4 \cdot CH:CH \cdot CH(CH_3)_2$. *B.* Aus α-Chlor-β-brom-γ-methyl-α-p-tolyl-α-butylen mit Natrium (KUNCKELL, STAHEL, *B.* **37**, 1089). — Flüssig. Kp_{10-11}: 106—107°. D_4^{15}: 0,885. n_D^{15}: 1,5316.

4¹-Chlor-4²-brom-1-methyl-4-[4³-metho-buten-(4¹)-yl]-benzol, 1-Methyl-4-[α-chlor-β-brom-γ-metho-α-butenyl]-benzol, α-Chlor-β-brom-γ-methyl-α-p-tolyl-α-butylen $C_{12}H_{14}ClBr$ = $CH_3 \cdot C_6H_4 \cdot CCl:CBr \cdot CH(CH_3)_2$. *B.* Beim Erhitzen von [α-Brom-isobutyl]-p-tolyl-keton mit PCl_5 im Einschlußrohr auf 135° (K., St., *B.* **37**, 1089). — Gelbliches Öl. Kp_{16}: 130—140°. D^{18}: 1,303. — Gibt mit Natrium das γ-Methyl-α-p-tolyl-α-butylen.

10. *4-Isopropyl-1-propenyl-benzol, 4-Isopropyl-1-α-propenyl-benzol, α-[4-Isopropyl-phenyl]-α-propylen* $C_{12}H_{16}$ = $C_6H_5 \cdot CH:C(CH_3) \cdot CH_3$. *B.* Bei der Einw. von Sodalösung auf die (aus HBr und α-Methyl-p-isopropyl-zimtsäure erhältliche) α- oder β-Brom-α-methyl-β-[4-isopropyl-phenyl]-propionsäure (Syst. No. 946) (PERKIN, *Soc.* **32**, 544; *J.* 1877, 380). Durch Destillation der α-Methyl-β-[p-isopropyl-phenyl]-äthylenmilchsäure (Syst. No. 1077) mit Schwefelsäure (1:4) (GRIGOROWITSCH, Ж. **32**, 326; *C.* **1900** II, 533). — Flüssig. Kp: 229—230° (P.); Kp_{760}: 225—235°; Kp_{19}: 121—125° (KUNCKELL, *B.* **36**, 2237). D^{15}: 0,89 (P.); D^{22}: 0,9308 (K.).

11. *1.5-Dimethyl-2-butenyl-benzol, 1.5-Dimethyl-2-α-butenyl-benzol, α-[2.4-Dimethyl-phenyl]-α-butylen* $C_{12}H_{16}$ = $(CH_3)_2C_6H_3 \cdot CH:CH \cdot CH_2 \cdot CH_3$. *B.* Man leitet HCl in 2¹-Oxy-1.5-dimethyl-2-butyl-benzol (Syst. No. 533) und kocht das so entstehende (rohe) Chlorid (Kp_{14}: 129°) mit Pyridin (KLAGES, *B.* **35**, 2257). — Flüssigkeit von mandelartigem Geruch. Kp_{21}: 114° (KL.); Kp_{16}: 109—111°; Kp_{760}: 226—228° (KUNCKELL, *B.* **36**, 2237). D_4^{19}: 0,8937 (KL.); D^{18}: 0,8967 (KU.).

Nitrosochlorid $C_{12}H_{16}ONCl$. Nadeln. F: 135°. Löslich in kaltem Äther, heißem Alkohol, Eisessig, Ligroin (KLAGES, *B.* **35**, 2258).

12.   *1-Methyl-4-isopropyl-2-vinyl-benzol,   2-Methyl-5-isopropyl-styrol* $C_{12}H_{16} = CH_3 \cdot C_6H_3(CH:CH_2) \cdot CH(CH_3)_2$.

$2^1.2^2$-Dichlor-1-methyl-4-isopropyl-2-vinyl-benzol $C_{12}H_{14}Cl_2 = CH_3 \cdot C_6H_3(CCl:CHCl) \cdot CH(CH_3)_2$. *B.* Durch Erhitzen von 1-Methyl-4-isopropyl-2-chloracetyl-benzol (Syst. No. 640) mit PCl_5 (KUNCKELL, KORITZKY, *B.* **33**, 3263). — Öl. Kp: 268°. D: 1,1296.

13.   *1.4-Diäthyl-2-vinyl-benzol,   [2.5-Diäthyl-phenyl]-äthylen,   2.5-Diäthyl-styrol* $C_{12}H_{16} = (C_2H_5)_2C_6H_3 \cdot CH:CH_2$. *B.* Aus 2.5-Diäthyl-acetophenon mit Natrium und Alkohol (KLAGES, KEIL, *B.* **36**, 1634). — Flüssig. Kp_{12}: 96—97°. D_4^{15}: 0,8915. n_D^{15}: 1,5139. — Wird von Natrium und Alkohol zu 1.2.4-Triäthyl-benzol reduziert.

14.   *1.3.5-Trimethyl-2-propenyl-benzol,   α-[2.4.6-Trimethyl-phenyl]-α-propylen,   Propenylmesitylen* $C_{12}H_{16} = (CH_3)_3C_6H_2 \cdot CH:CH \cdot CH_3$. *B.* Man leitet HCl in eine auf 0° abgekühlte äther. Lösung von Äthyl-[2.4.6-trimethyl-phenyl]-carbinol und kocht das erhaltene Chlorid mit Pyridin (KLAGES, *B.* **35**, 2256) oder erhitzt mit Pyridin auf 125° (KL., STAMM, *B.* **37**, 927). — Flüssigkeit von terpentinähnlichem Geruch. Kp_{14}: 109—110°; Kp_{745}: 223—224° (korr.); D_4^{20}: 0,8988; n_D^{20}: 1,5229 (KL., ST.). — Wird durch Natrium und Alkohol nicht verändert (KL., ST.). Wird durch Jodwasserstoff und Phosphor zu 1.3.5-Trimethyl-2-propyl-benzol reduziert (KL., ST.).

Nitrosochlorid $C_{12}H_{16}ONCl$. Krystalle. F: 146,5°. Löslich in Benzol, Chloroform, heißem Äther, Alkohol, Eisessig; unlöslich in Ligroin (KL., *B.* **35**, 2256).

15.   *1.2.4-Trimethyl-5-isopropenyl-benzol,   1.2.4-Trimethyl-5-methovinyl-benzol, β-[2.4.5-Trimethyl-phenyl]-α-propylen* $C_{12}H_{16} = (CH_3)_3C_6H_2 \cdot C(CH_3):CH_2$.

5^2-Chlor-1.2.4-trimethyl-5-[5^1-metho-äthenyl]-benzol, 1.2.4-Trimethyl-5-[β-chlor-α-metho-vinyl]-benzol,   α-Chlor-β-[2.4.5-trimethyl-phenyl]-α-propylen $C_{12}H_{15}Cl = (CH_3)_3C_6H_2 \cdot C(CH_3):CHCl$. *B.* Beim Kochen von α.α-Dichlor-β-[2.4.5-trimethyl-phenyl]-propan mit alkoh. Kali (AUWERS, KÖCKRITZ, *A.* **352**, 312). Öl. Kp_{16}: 126—127°; Kp_{24}: 131° bis 133°. $D_4^{18,4}$: 1,0211; D_4^{0}: 1,0341. n_D^{0}: 1,54182; $n_\alpha^{18,4}$: 1,53608; $n_D^{18,4}$: 1,54101; $n_\beta^{18,4}$: 1,55371; $n_\gamma^{18,4}$: 1,56376. — Gibt bei der Oxydation 2.4.5-Trimethyl-acetophenon.

16.   *Phenyl-cyclohexan,   Cyclohexyl-benzol,   Diphenyl-hexahydrid-(1.2.3.4.5.6)* $C_{12}H_{16} = C_6H_5 \cdot C_6H_{11}$. *B.* Durch Hinzufügen von 50 g Cyclohexylchlorid zu 100 g eiskaltem Benzol, welches mit 10 g gepulvertem Aluminiumchlorid versetzt ist (KUBSSANOW, *A.* **318**, 309). Durch Erwärmen von cis- oder trans-Chinit mit 60%iger Schwefelsäure auf 100° (WILLSTÄTTER, LESSING, *B.* **34**, 507). Bei der Reduktion von Diphenyl mit Wasserstoff in Gegenwart von fein verteiltem Nickel (EIJKMAN, *C.* **1903** II, 989). — Öl, das in Eis krystallinisch erstarrt. Schmilzt bei etwa 0° (E.), bei 7° (KU., *A.* **318**, 312). Kp_{710}: ca. 230—233° (W., L.); Kp_{755}: 239° (KU., *A.* **318**, 312); Kp_{770}: 239°; Kp_{60}: 156°; Kp_{12}: 106° (E.). D_4^{0}: 0,9441 (KU., *A.* **318**, 312); $D^{17,1}$: 0,9306 (E.). Molekular-Refraktion und -Dispersion: KLAGES, *B.* **40**, 2366. — Ist gegen Kaliumpermanganat in der Kälte beständig (W., L.). Wird von alkal. Permanganatlösung in der Wärme unter Bildung von Benzoesäure oxydiert (KU., *A.* **318**, 313). Beim Nitrieren mit Salpetersäure (D: 1,52) in der Kälte entsteht 4-Nitro-1-cyclohexyl-benzol (KU., *A.* **318**, 321). Beim Erhitzen mit Salpetersäure (D: 1,075) im Druckrohr auf 100—110° entsteht 1-Nitro-1-phenyl-cyclohexan neben anderen Nitroderivaten des Phenylcyclohexans, Blausäure, Benzoesäure, Bernsteinsäure und etwas Glutarsäure (KU., *K.* **38**, 1296; *C.* **1907** I, 1744). Phenylcyclohexan wird von Brom in Eisessig unter Entwicklung von HBr angegriffen (W., L.). Gibt mit rauchender Schwefelsäure 1-Cyclohexyl-benzol-sulfonsäure-(4) (KU., *A.* **318**, 318).

[Dibrom-cyclohexyl]-benzol, Dibrom-diphenyl-hexahydrid, Diphenyl-tetra-hydrid-dibromid $C_{12}H_{14}Br_2 = C_6H_5 \cdot C_6H_9Br_2$. *B.* Aus 1 Mol.-Gew. Brom und 1 Mol.-Gew. des (durch Hydrierung von Diphenyl mit Natrium und Amylalkohol erhältlichen) Diphenyl-tetrahydrids in Chloroform unter Kühlung (BAMBERGER, LODTER, *B.* **21**, 842). — Öl. Schwer löslich in Alkohol, leicht in Äther und Chloroform. — Wird durch alkoh. Kalilauge in HBr und Diphenyl-dihydrid zerlegt.

Tribrom-diphenyl-hexahydrid $C_{12}H_{18}Br_3$. *B.* Bei der Einw. von 2 Mol.-Gew. Brom auf 1 Mol.-Gew. des (durch Hydrierung von Diphenyl mit Natrium und Amylalkohol erhältlichen) Phenylcyclohexens (S. 523) in Chloroform unter Kühlung (B., L., *B.* **21**, 844). — Tafeln (aus Alkohol + Benzol). Rhombisch bipyramidal (MAYER; vgl. *Groth, Ch. Kr.* **5**, 11). F: 134°. Sehr schwer löslich in Alkohol, schwer in Äther, leichter in Chloroform. — Wird von alkoh. Kalilauge in HBr und Brom-diphenyldihydrid zerlegt.

1-Nitro-1-phenyl-cyclohexan $C_{12}H_{15}O_2N = C_6H_5 \cdot C_6H_{10} \cdot NO_2$. *B.* Beim Erhitzen von Phenylcyclohexan mit Salpetersäure (D: 1,075) im geschlossenen Rohr auf 100—110° neben anderen Produkten (KURSSANOW, Ж. **38**, 1297; *C.* **1907** I, 1744). — Nadeln. F: 54,5—56°. Leicht löslich in Alkohol und Benzol.

4-Nitro-1-cyclohexyl-benzol, [4-Nitro-phenyl]-cyclohexan $C_{12}H_{15}O_2N = O_2N \cdot C_6H_4 \cdot C_6H_{11}$. *B.* Man gibt zu 30 g Phenylcyclohexan unter Eiskühlung Salpetersäure (D: 1,52), bis der Kohlenwasserstoff gelöst ist, wozu ca. 140 ccm Salpetersäure erforderlich sind (KURSSANOW, *A.* **318**, 321). — Prismatische Krystalle (aus Alkohol). F: 57,5—58,5°. Leicht löslich in Äther, Benzol, schwerer in Alkohol. — Beim Erhitzen mit Salpetersäure unter Druck entsteht p-Nitro-benzoesäure.

17.　**1-Methyl-3-phenyl-cyclopentan** $C_{12}H_{16} = \begin{matrix} C_6H_5 \cdot HC-CH_2 \\ | \qquad\qquad \\ H_2C-CH_2 \end{matrix} \rangle CH \cdot CH_3$.　*B.* Bei der Einw. von Natrium auf Methyl-phenyl-cyclopentadien $\begin{matrix} HC=CH \\ | \qquad\quad \\ C_6H_5 \cdot C=CH \end{matrix} CH \cdot CH_3$ (?) in feuchtem Äther (BORSCHE, MENZ, *B.* **41**, 208). Bei der Einw. von Wasser auf das aus Benzol, $AlCl_3$ und HCl entstehende Produkt (neben anderen Verbindungen); zur Reinigung des Rohproduktes stellt man die Disulfonsäure dar, aus welcher man durch Erhitzen mit HCl auf 180—200° den Kohlenwasserstoff regeneriert (GUSTAVSON, *C. r.* **146**, 641). — Kp: 230—232° (G.), 230—235° (B., M.). D_4^{14}: 0,937 (G.), D^{17}: 0,950 (B., M.). n_D^{14}: 1,5210 (G.); n_D^{17}: 1,5276 (B., M.). — Entfärbt Bromwasser und sodaalkalische Kaliumpermanganatlösung sofort (B., M.). Gibt bei der Oxydation mit Kaliumpermanganat bei 100° oder mit Chromsäuregemisch Benzoesäure neben etwas Essigsäure (G.).

18.　**Kohlenwasserstoff** $C_{12}H_{16}$ *aus β-Vinyl-acrylsäure*. *B.* Neben anderen Produkten durch Erhitzen von β-Vinyl-acrylsäure (Bd. II, S. 481) mit Baryt (DOEBNER, *B.* **35**, 2135; vgl.: WILLSTÄTTER, VERAGUTH, *B.* **38**, 1976; D., *B.* **40**, 146). — Hellgelbes, aromatisch riechendes Öl. Kp_{17}: 92—95°; $D^{20,7}$: 0,9764; $n_D^{20,7}$: 1,5378 (D., *B.* **35**, 2135).

19.　**Kohlenwasserstoff** $C_{12}H_{16}$ *aus Alantolacton*. *B.* Entsteht neben $C_{13}H_{16}$ bei der Destillation von 1 Tl. Alantolacton $C_{15}H_{20}O_2$ (Syst. No. 2463) mit 1 Tl. P_2O_5 (BREDT, POSTH, *A.* **285**, 378). — Flüssig. Kp_{10}: 132°.

7. Kohlenwasserstoffe $C_{13}H_{18}$.

1.　**1-[1²-Metho-hexen-(1¹)-yl]-benzol**, [γ-Metho-β-hexenyl]-benzol, γ-Methyl-α-phenyl-β-hexylen $C_{13}H_{18} = C_6H_5 \cdot CH_2 \cdot CH:C(CH_3) \cdot CH_2 \cdot CH_2 \cdot CH_3$. *B.* Aus $C_6H_5 \cdot CH:CH \cdot C(CH_3):CH \cdot CH_2 \cdot CH_3$ durch Hydrierung (KLAGES, *B.* **37**, 2312). — Kp_{16}: 116°. D_4^{14}: 0,9266. n_D^{14}: 1,5211.

2.　**1-[1¹.1⁴-Dimetho-penten-(1¹)-yl]-benzol**, [α.δ-Dimetho-α-pentenyl]-benzol, ε-Methyl-β-phenyl-β-hexylen $C_{13}H_{18} = C_6H_5 \cdot C(CH_3):CH \cdot CH_2 \cdot CH(CH_3)_2$. *B.* Man setzt 1 Mol.-Gew. Acetophenon mit 2 Mol.-Gew. Isoamylmagnesiumjodid in Äther um und erwärmt nach dem Abdestillieren des Äthers das Reaktionsprodukt auf 100° (KLAGES, *B.* **35**, 2644). — Flüssig. Kp_{20}: 121°. D_4^{14}: 0,8814. — Wird von Kaliumpermanganat zu Acetophenon und Isovaleriansäure oxydiert. Gibt mit Natrium und Alkohol β-Methyl-ε-phenyl-hexan.

3.　**β-Methyl-γ-phenyl-β-hexylen** $C_{13}H_{18} = C_6H_5 \cdot C(CH_3 \cdot CH_2 \cdot CH_3):C(CH_3)_2$. *B.* Man erhitzt γ-Chlor-β-methyl-phenyl-hexan mit Pyridin (KLAGES, *B.* **37**, 1726). — Flüssigkeit von styrolartigem Geruch. Kp_{12}: 94—96°; Kp_{755}: 210—212°. D_4^{14}: 0,8897. n_D^{14}: 1,507. — Wird durch Natrium und Alkohol nicht reduziert. Gibt ein Dibromid.

4.　**1-Isopropyl-4-butenyl-benzol**, 1-Isopropyl-4-α-butenyl-benzol, α-[4-Isopropyl-phenyl]-α-butylen $C_{13}H_{18} = (CH_3)_2CH \cdot C_6H_4 \cdot CH:CH \cdot CH_2 \cdot CH_3$. *B.* Bei der Einw. von Sodalösung auf die aus Bromwasserstoff und α-Äthyl-p-isopropyl-zimtsäure erhältliche Säure $C_{14}H_{19}O_2Br$ (Syst. No. 946) (PERKIN, *Soc.* **32**, 665; *J.* **1877**, 381). Durch Kochen von α-Äthyl-β-[p-isopropyl-phenyl]-äthylenmilchsäure mit 10%iger Schwefelsäure (KALISCHEW, Ж. **37**, 909; *C.* **1906** I, 347). — Flüssig. Kp: 242—243°; D^{15}: 0,8875 (P.). Verändert sich nicht beim Erhitzen auf 160—200° (P.). Gibt mit Bromwasser ein festes Dibromid (S. 452) (P.).

5.　**1-Isopropyl-4-[4¹-metho-propen-(4¹)-yl]-benzol**, 1-Isopropyl-4-[β-metho-α-propenyl]-benzol, β-Methyl-α-[4-isopropyl-phenyl]-α-propylen

$C_{13}H_{18} = (CH_3)_2CH \cdot C_6H_4 \cdot CH : C(CH_3)_2$. *B.* Beim Erhitzen von 2 Tln. Cuminaldehyd mit 3 Tln. Isobuttersäureanhydrid und 1 Tl. isobuttersaurem Natrium auf 150° (PERKIN, *Soc.* **35**, 141). Beim Behandeln des $\alpha.\gamma$-Dioxy-$\beta.\beta$-dimethyl-α-[p-isopropyl-phenyl]-propane mit 14%iger Schwefelsäure (SCHUBERT, *M.* **24**, 255). Durch Destillation von β-Oxy-$\alpha.\alpha$-dimethyl-β-[4-isopropyl-phenyl]-propionsäure mit 25%iger Schwefelsäure (SSAPOSHNIKOW, Ж. **31**, 253; *C.* **1899** I, 1204). — Flüssig. Kp: 234—235° (P.); Kp: 236—238° (Ss.); Kp_{745}: 235—236°; Kp_{10}: 105—106° (SCH.). D^{15}: 0,889 (P.). — Gibt mit Bromwasser ein flüssiges Dibromid (P.).

6. *1-Methyl-4-isopropyl-3-propenyl-benzol, 1-Methyl-4-isopropyl-3-α-propenyl-benzol* $C_{13}H_{18} = CH_3 \cdot C_6H_3(CH:CH \cdot CH_3) \cdot CH(CH_3)_2$. *B.'* Man stellt aus Cymol, α-Brom-propionylbromid und $AlCl_3$ 3-[α-Brom-propionyl]-cymol dar, führt es durch PCl_5 in $CH_3 \cdot C_6H_3(CCl:CBr \cdot CH_3) \cdot CH(CH_3)_2$ über und behandelt dieses mit Natrium und Äther (KUNCKELL, *B.* **36**, 2237). — Kp_{32}: 128—131°; Kp_{760}: 226—228°. D^{18}: 0,8899.

7. *1.3.5-Trimethyl-2-butenyl-benzol, 1.3.5-Trimethyl-2-α-butenyl-benzol, α-[2.4.6-Trimethyl-phenyl]-α-butylen* $C_{13}H_{18} = (CH_3)_3C_6H_2 \cdot CH:CH \cdot C_2H_5$. *B.* Man leitet Chlorwasserstoff in 2¹-Oxy-1.3.5-trimethyl-2-butyl-benzol (Syst. No. 533) und kocht das Reaktionsprodukt mit Pyridin (KLAGES, *B.* **35**, 2260). — Flüssigkeit von mesitylenartigem Geruch. Kp_{14}: 118—119°. D_4^{18}: 0,8953.

Nitrosochlorid $C_{13}H_{18}ONCl$. Krystalle. F: 122—122,5°; löslich in Chloroform, Benzol, schwerer in Äther, Eisessig, Alkohol; unlöslich in Ligroin (K., *B.* **35**, 2260).

8. *1.2.4-Trimethyl-5-[5¹-metho-propen-(5¹)-yl]-benzol, 1.2.4-Trimethyl-5-[α-metho-α-propenyl]-benzol, β-[2.4.5-Trimethyl-phenyl]-β-butylen* $C_{13}H_{18} = (CH_3)_3C_6H_2 \cdot C(CH_3):CH \cdot CH_3$. *B.* Man setzt 1 Mol.-Gew. 5-Acetyl-pseudocumol mit 2 Mol.-Gew. Äthylmagnesiumjodid in Äther um, erhitzt nach dem Abdestillieren des Äthers das Reaktionsprodukt auf 100° und zersetzt mit Wasser (KLAGES, *B.* **35**, 2635, 2645). — Öl. Kp: 234—236° (korr.). D^{18}: 0,8992.

9. *1.3.5-Trimethyl-2-[2¹-metho-propen-(2¹)-yl]-benzol, 1.3.5-Trimethyl-2-[β-metho-α-propenyl]-benzol, β-Methyl-α-[2.4.6-trimethyl-phenyl]-α-propylen* $C_{13}H_{18} = (CH_3)_3C_6H_2 \cdot CH:C(CH_3)_2$. *B.* Beim Erhitzen von 1.3.5-Trimethyl-2-[α-chlorisobutyl]-benzol (S. 453) mit Pyridin im geschlossenen Rohr auf 125° (KLAGES, STAMM, *B.* **37**, 929). — Öl. Kp_{14}: 118—120°; Kp_{745}: 226—227°. $D^{17,3}$: 0,8900. n_D^{18}: 1,5162. — Wird durch Jodwasserstoffsäure und Phosphor zu Isobutylmesitylen reduziert.

Nitrosochlorid $C_{13}H_{18}ONCl$. *B.* Auf Zusatz einiger Tropfen Acetylchlorid zu einer Lösung von β-Methyl-α-[2.4.6-trimethyl-phenyl]-α-propylen in Äthylnitrit (K., ST., *B.* **37**, 929). — Nadeln (aus heißem Alkohol). F: 136°.

10. *Benzyl-cyclohexan, Cyclohexyl-phenyl-methan* $C_{13}H_{18} = C_6H_{11} \cdot CH_2 \cdot C_6H_5$. Molekular-Refraktion und -Dispersion: KLAGES, *B.* **40**, 2366.

11. *1-Methyl-3-cyclohexyl-benzol, m-Tolyl-cyclohexan* $C_{13}H_{18} = C_6H_{11} \cdot C_6H_4 \cdot CH_3$. *B.* Aus inaktivem Chlorcyclohexan und Toluol bei Gegenwart von $AlCl_3$, neben anderen Produkten (KURSSANOW, Ж. **38**, 1305; *C.* **1907** I, 1744). Aus dem Natriumsalz der 1-Methyl-3-cyclohexyl-benzol-sulfonsäure mit rauchender Salzsäure im Druckrohr bei 150—160° (K.). — Kp_{754}: 257—257,3°. D_0^8: 0,9494; D_4^{18}: 0,9365. n^{18}: 1,5236. — Gibt beim Erhitzen mit verd. Salpetersäure (D: 1,080) Isophthalsäure.

12. *1-Methyl-4-cyclohexyl-benzol, p-Tolyl-cyclohexan* $C_{13}H_{18} = C_6H_{11} \cdot C_6H_4 \cdot CH_3$. *B.* Aus inaktivem Chlorcyclohexan und Toluol bei Gegenwart von $AlCl_3$, neben anderen Produkten (KURSSANOW, Ж. **38**, 1305; *C.* **1907** I, 1744). Aus dem Anilid der 1-Methyl-4-cyclohexyl-benzol-sulfonsäure mit rauchender Salzsäure im Druckrohr bei 175—185° (K.). — Kp_{750}: 259,8—260°. D_0^8: 0,9494; D_4^{18}: 0,9365. n^{18}: 1,5232. — Gibt beim Erhitzen mit Salpetersäure (D: 1,080) Terephthalsäure.

13. *1-Methyl-3-phenyl-cyclohexan* $C_{13}H_{18} = CH_3 \cdot C_6H_{10} \cdot C_6H_5$. Aktive Form. *B.* Aus aktivem 3-Chlor-1-methyl-cyclohexan [gewonnen aus akt. 1-Methyl-cyclohexanol-(3) und HCl] durch Benzol und Aluminiumchlorid (KURSSANOW, Ж. **38**, 1313; *C.* **1907** I, 1745). — Flüssig. Kp_{728}: 248,5—249,5°. D_0^8: 0,9556; D_4^{18}: 0,9425. n^{18}: 1,5246. $[\alpha]_D$: —1,06°.

14. *1-Äthyl-3-phenyl-cyclopentan* $C_{13}H_{18} = \begin{matrix} C_6H_5 \cdot HC \cdot CH_2 \\ H_2C \cdot CH_2 \end{matrix} > CH \cdot C_2H_5$. *B.* Bei der Einw. von Natrium auf 1-Äthyl-3-phenyl-cyclopentadien-(2.4) $\begin{matrix} HC=CH \\ C_6H_5 \cdot C=CH \end{matrix} > CH \cdot C_2H_5$ (?)

in feuchtem Äther (BORSCHE, MENZ, *B.* **41**, 209). — Flüssig. Kp: ca. 270°. D^{17}: 0,948. n_D^{17}: 1,5276.

15. *1.1.6-Trimethyl-naphthalin-tetrahydrid-(1.2.3.9 oder 1.2.9.10),*
Jonen $C_{13}H_{18}$ =
$$\begin{matrix} H_2C \cdot C(CH_3)_2 \cdot CH \cdot CH : CH & & H_2C \cdot C(CH_3)_2 \cdot CH \cdot CH : CH \\ H_2C \cdot CH = C - CH = C \cdot CH_3 & \text{oder} & HC : CH - CH \cdot CH : C \cdot CH_3 \end{matrix}$$
. Zur Konstitution vgl. TIEMANN, *B.* **31**, 856, 865. — *B.* Beim Kochen von gewöhnlichem Jonon sowie auch von α- oder von β-Jonon (Syst. No. 620) mit Jodwasserstoffsäure und amorphem Phosphor (TIEMANN, KRÜGER, *B.* **26**, 2693; T., *B.* **31**, 873, 878). — Öl. Kp_{10}: 106—107° (T., K.); Kp_{14}: 112—115° (T.). D^{20}: 0,9338 (T., K.); D^{19}: 0,936 (T.). Leicht löslich in Alkohol, Äther, Chloroform und Benzol (T., K.). n_D: 1,5244 (T., K.), 1,5274 (T.). — Verharzt an der Luft (T., K.). Wird in essigsaurer Lösung durch Chromsäure zu Jongenogonsäure $C_{13}H_{14}O_3$ (Syst. No. 1296), Jonegendicarbonsäure $C_{12}H_{14}O_4$ (Syst. No. 982), Joniregentricarbonsäure $C_{12}H_{14}O_6$ (Syst. No. 1008) und Jonegenalid $C_{12}H_{14}O_3$ (Syst. No. 1293) oxydiert (T., K.). Gibt bei der Oxydation mit verd. alkal. Kaliumpermanganatlösung bei gewöhnlicher Temperatur Jonegenontricarbonsäure $C_{13}H_{18}O_7$ (Syst. No. 1370) (T., K.). Jonen liefert bei der Behandlung mit Bromwasserstoffsäure in Eisessig ein öliges Hydrobromid, das bei der Einw. von Brom + etwas Jod in 2.6-Dimethyl-1-brommethyl-tribrom-naphthalin übergeht (BAEYER, VILLIGER, *B.* **32**, 2438).

16. *1.1.6-Trimethyl-naphthalin-tetrahydrid-(1.4.9.10), Iren* $C_{13}H_{18}$ =
$$\begin{matrix} CH \cdot C(CH_3)_2 \cdot CH \cdot CH : CH \\ CH - CH_2 - CH \cdot CH : C \cdot CH_3 \end{matrix}$$
. *B.* Bei 10—12-stdg. Kochen von 30 Tln. Iron (Syst. No. 620) mit 100 Tln. Jodwasserstoffsäure (D: 1,7), 75 Tln. Wasser und 2,3 Tln. Phosphor (TIEMANN, KRÜGER, *B.* **26**, 2682). — Öl. Kp_5: 113—115°. D^{20}: 0,9402. n_D^{20}: 1,5274. Leicht löslich in Alkohol, Äther, Chloroform und Benzol. — Verharzt an der Luft. Verbindet sich direkt mit Brom, aber nicht mit Pikrinsäure. Wird durch Chromsäure und Eisessig zu „Trioxydehydroiren" (vgl. TIEMANN, *B.* **31**, 809 Anm.) (Syst. No. 2510) oxydiert.

17. *tert.-Butyl-hydrinden* $C_{13}H_{18}$ = $(CH_3)_3C \cdot C_6H_3 \big< {}^{CH_2}_{CH_2} \big> CH_2$. *B.* Aus Hydrinden mit Iso- oder Tertiärbutylchlorid in Gegenwart von $AlCl_3$ (Fabr. de Thann et Mulhouse, D. R. P. 80158; *Frdl.* **4**, 1295; vgl. BAUR, D. R. P. 62362; *Frdl.* **3**, 878). — Kp: 237—240° (Fabr. d. Thann et Mulhouse.).

Dinitro-tert.-butyl-hydrinden $C_{13}H_{16}O_4N_2 = C_6H_2 \cdot C_9H_7(NO_2)_2$. *B.* Aus 10 Tln. tert.-Butyl-hydrinden mit 40 Tln. rauchender Salpetersäure und 80 Tln. rauchender Schwefelsäure (mit 15% Anhydrid) unter Kühlung (Fabr. de Thann et Mulhouse, D. R. P. 80158; *Frdl.* **4**, 1295). — Krystalle (aus Alkohol). F: 121°. Geruchlos.

Trinitro-tert.-butyl-hydrinden $C_{13}H_{15}O_6N_3 = C_6H_2 \cdot C_9H_6(NO_2)_3$. *B.* Aus Dinitrobutylhydrinden, 4 Tln. rauchender Salpetersäure und 8 Tln. rauchender Schwefelsäure (mit 30—40% SO_3) bei 50—55° (Fabr. de Th. et M., D. R. P. 80158; *Frdl.* 4, 1295). — Krystalle (aus Alkohol). F: 140°. Schwer löslich in kaltem Alkohol. Riecht intensiv nach Moschus.

18. Derivat eines *Kohlenwasserstoffs* $C_{13}H_{18}$.
Turmerylchlorid $C_{13}H_{17}Cl$ (?) s. bei Curcumaöl, Syst. No. 4728.

8. Kohlenwasserstoffe $C_{14}H_{20}$.

1. *1-[1'-Ätho-hexen-(1²)-yl]-benzol, [α-Ätho-β-hexenyl]-benzol, γ-Phenyl-δ-octylen* $C_{14}H_{20}$ = $C_6H_5 \cdot CH(C_2H_5) \cdot CH : CH \cdot CH_2 \cdot C_2H_5$. *B.* Aus γ.δ-Dibrom-α-phenyl-α-butylen und Zinkäthyl in Äther bei 100° (RIIBER, *B.* **36**, 1406; vgl. STRAUS, *B.* **42**, 2871). — Öl. Kp_5: 104° (R.). — Wird von $KMnO_4$ zu Buttersäure und α-Phenyl-buttersäure oxydiert (R.).

2. *1.3.5-Trimethyl-2-[2³-metho-buten-(2¹)-yl]-benzol, 1.3.5-Trimethyl-2-[γ-metho-α-butenyl]-benzol, γ-Methyl-α-[2.4.6-trimethyl-phenyl]-α-butylen* $C_{14}H_{20}$ = $(CH_3)_3C_6H_2 \cdot CH : CH \cdot CH(CH_3)_2$. *B.* Beim Erhitzen von 1.3.5-Trimethyl-2-[α-chlor-isoamyl]-benzol (S. 455) (KLAGES, STAMM, *B.* **37**, 930). — Öl von esterartigem Geruch. Kp_{22}: 136°; Kp_{758}: 239—240°; $D_?^?$: 0,8901; $n_D^?$: 1,5114. — Wird durch Jodwasserstoffsäure und roten Phosphor zu Isoamylmesitylen reduziert. Gibt ein Dibromid. Das Nitrosochlorid bildet Nadeln vom Schmelzpunkt 185°.

3. *1.5-Dimethyl-3-tert.-butyl-2-vinyl-benzol, 2.4-Dimethyl-6-tert.-butyl-styrol* $C_{14}H_{20}$ = $(CH_3)_2C_6H_2(CH : CH_2) \cdot C(CH_3)_3$.

2³-Nitro-1.5-dimethyl-3-tert.-butyl-2-vinyl-benzol $C_{14}H_{19}O_2N$ = $(CH_3)_2C_6H_2(CH : CH \cdot NO_2) \cdot C(CH_3)_3$. *B.* Aus 2.4-Dimethyl-6-tert.-butyl-benzaldehyd (Syst. No. 640) und Nitromethan durch Erhitzen mit $ZnCl_2$ (Fabr. de Thann et Mulhouse, D. R. P. 94019; *Frdl.* **4**, 1301). — F: 97—98°.

4.6.2²-Trinitro-1.5-dimethyl-3-tert.-butyl-2-vinyl-benzol $C_{14}H_{17}O_6N_3$ = $(CH_3)_2$ $C_6(NO_2)_3(CH:CH\cdot NO_2)\cdot C(CH_3)_3$. *B.* Aus 3.5-Dinitro-2.4-dimethyl-6-tert.-butyl-benzaldehyd (Syst. No. 640) und Nitromethan in Gegenwart von Natriummethylat (BAUR, BISCHLER, *B.* **32**, 3648; D. R. P. 94019; *Frdl.* **4**, 1302). — F: 206°.

4. *Anthracen-dekahydrid, Dekahydroanthracen* $C_{14}H_{20}$. *B.* Man erhitzt Anthracen in komprimiertem Wasserstoff bei Gegenwart von Ni_2O_3 auf 260—270° und unterwirft das Reaktionsprodukt (Anthracen-tetrahydrid) nochmals derselben Behandlung (IPATJEW, JAKOWLEW, RAKITIN, Ж. **40**, 495; *B.* **41**, 997). — Tafeln (aus Alkohol). F: 73—74°.

5. *Phenanthren-dekahydrid, Dekahydrophenanthren* $C_{14}H_{20}$. *B.* Man erhitzt 6 g Phenanthren mit 7 g Jodwasserstoffsäure (D: 1,96) und 3 g rotem Phosphor in einem mit Kohlendioxyd gefüllten Rohr innerhalb 3 Stdn. auf 265° und hält 7 Stdn. auf dieser Temperatur (J. SCHMIDT, MEZGER, *B.* **40**, 4254). — Öl, das beim Abkühlen erstarrt. F: —18° bis —20°. Kp_{797}: 274—275°. D_4^{22}: 0,993. Löslich in Äther, Benzol, Ligroin, CS_2 und Eisessig; löst sich in ca. 10 Tln. Methylalkohol und ca. 15 Tln. Alkohol. n_D^{20}: 1,5335. — Gibt mit konz. Schwefelsäure und Kaliumdichromat eine schwarzgrüne Lösung. Wird durch Chromsäure in heißem Eisessig oxydiert. Wird von warmer konz. Salpetersäure nitriert. Löst sich in warmer konz. Schwefelsäure mit weinroter Farbe. Verbindet sich nicht mit Pikrinsäure.

9. Kohlenwasserstoffe $C_{15}H_{22}$.

1. *β.ζ-Dimethyl-δ-phenyl-γ-heptylen* $C_{15}H_{22}$ = $C_6H_5 \cdot C[CH_3 \cdot CH(CH_3)_2] : CH \cdot CH(CH_3)_2$. *B.* Durch Einw. von Natrium auf Benzoylchlorid und Isobutylbromid in Benzol; man destilliert das Reaktionsprodukt unter vermindertem Druck (SCHORIGIN *B.* **40**, 3114). — Öl. Kp_{20}: 124—126°; Kp_{10}: 110—112°. $D_4^{15,5}$: 0,8731. n_D: 1,49762. — Addiert sehr leicht Brom.

2. *1-Isopropyl-4-[4¹-metho-penten-(4¹)-yl]-benzol, 1-Isopropyl-4-[γ-metho-α-pentenyl]-benzol, γ-Methyl-α-[4-isopropyl-phenyl]-α-amylen* $C_{15}H_{22}$ = $(CH_3)_2CH \cdot C_6H_4 \cdot CH \cdot CH(CH_3) \cdot CH_2 \cdot CH_3$. Aktive Form. *B.* Man setzt Cuminol mit akt.-Amylmagnesiumjodid um, behandelt das so erhaltene ölige Carbinol mit Chlorwasserstoff und erhitzt das entstandene Chlorid mit Pyridin auf 125° (KLAGES, SAUTTER, *B.* **38**, 2312). — Schwach riechendes Öl. $Kp_{9,5}$: 139—140,5°. D_4^{15}: 0,8801. n_D: 1,5181. $[\alpha]_D^{15}$: +41,89°. Wird von konz. Schwefelsäure verharzt.

3. *Kohlenwasserstoff $C_{15}H_{22}$ aus Sorbinsäure.* *B.* Durch Erhitzen von Sorbinsäure (Bd. II, S. 483) mit Baryt, neben anderen Produkten (DOEBNER, *B.* **35**, 2136; vgl. WILLSTÄTTER, VERAGUTH, *B.* **38**, 1576). — Hellgrünes Öl. Kp_{15}: 85—87°; $D^{15,5}$: 0,9442; $n_D^{15,5}$: 1,53321 (D.).

4. *„α-Isosantalen"* $C_{15}H_{22}$. Zur Zusammensetzung vgl. v. SODEN, *Ar.* **238**, 366; SCHREINER, *Pharmaceutical Archives* **6**, 108. — *B.* Durch Einw. von P_2O_5 auf (unreines) α-Santalol $C_{15}H_{24}O$ (Syst. No. 533) (GUERBET, *C. r.* **130**, 1327; *Bl.* [3] **23**, 543). — Kp: 255° bis 256°; a_D: +0,2° (G.).

5. *„β-Isosantalen"* $C_{15}H_{22}$. Zur Zusammensetzung vgl. v. SODEN, *Ar.* **238**, 366; SCHREINER, *Pharmaceutical Archives* **6**, 108. — *B.* Durch Einw. von P_2O_5 auf (unreines) β-Santalol $C_{15}H_{24}O$ (Syst. No. 533) (GUERBET, *C. r.* **130**, 1327; *Bl.* [3] **23**, 543). — Kp: 259° bis 260°; a_D: +6,1° (G.).

Mit α- bezw. β-Isosantalen identisch dürfte der Hauptbestandteil des Kohlenwasserstoffs $C_{15}H_{22}$ sein, den CHAPMAN und BURGESS (*P. Ch. S.* No. 168; *Chem. N.* **74**, 95) durch Einw. von P_2O_5 auf den von ihnen als „Santalal" bezeichneten Hauptbestandteil $C_{15}H_{24}O$ des Sandelholzöles (vgl. dazu auch CH., *Soc.* **79**, 134, 138) erhielten. — Kp_{25}: 140—145°. D_{11}^{11}: 0,9359. a^{16}: +5° 45' (l = 100 mm). — Verbindet sich direkt mit Chlorwasserstoff und Brom.

6. *Kohlenwasserstoffe $C_{15}H_{22}$ aus Calmusöl* s. bei diesem, Syst. No. 4728.

10. Kohlenwasserstoffe $C_{16}H_{24}$.

1. *1-[1³.1⁷-Dimetho-octen-(1⁵- oder 1⁶- oder 1⁷)-yl]-benzol, β.ζ-Dimethyl-ϑ-phenyl-γ- oder β- oder α-octylen* $C_{16}H_{24}$ = $C_6H_5 \cdot CH_2 \cdot CH_2 \cdot CH(CH_3) \cdot CH_2 \cdot CH:CH \cdot CH(CH_3)_2$ oder $C_6H_5 \cdot CH_2 \cdot CH_2 \cdot CH(CH_3) \cdot CH_2 \cdot CH:C(CH_3) \cdot$ oder $C_6H_5 \cdot CH_2 \cdot CH_2 \cdot CH(CH_3) \cdot CH_2 \cdot CH_2 \cdot CH_2 \cdot C(CH_3):CH_2$. Aktive Form. *B.* Durch Reduktion von 1-[1³·1⁷-Dimethooctadienyl]-benzol (S. 527) mit Natrium und Alkohol (KLAGES, SAUTTER, *B.* **39**, 1941). —

$Kp_{9,5}$: 145—146°. $D_4^{11,5}$: 0,8844. n_D: 1,5029. $[\alpha]_D$: —7,26°. — Durch Reduktion mit Jod-wasserstoffsäure und Phosphor bei 160° entsteht 1-[1³·1⁷-Dimetho-octyl]-benzol.

2. *1.3.5-Trimethyl-2-[hepten-(2¹)-yl]-benzol. 1.3.5-Trimethyl-2-α-hep-tenyl-benzol, α-[2.4.6-Trimethyl-phenyl]-α-heptylen* $C_{16}H_{24} = (CH_3)_3C_6H_2 \cdot$ $CH\!:\!CH\cdot[CH_2]_4\cdot CH_3$. *B.* Beim Erhitzen des aus 2¹-Oxy-1.3.5-trimethyl-2-heptyl-benzol und HCl entstehenden Chlorides mit Pyridin auf 140° (KLAGES, STAMM, *B.* 37, 931). — Öl von schwach mesitylenartigem Geruch. Kp_{23}: 170—171°; Kp: 270—272°. D_4^{17}: 0,8844. n_D^{17}: 1,5136. — Wird durch Jodwasserstoffsäure und roten Phosphor bei 200° zu 1.3.5-Trimethyl-2-heptyl-benzol reduziert. Gibt ein Dibromid.

Nitrosochlorid $C_{16}H_{24}ONCl$. *B.* Aus 1.3.5-Trimethyl-2-[hepten-(2¹)-yl]-benzol, Äthyl-nitrit und Acetylchlorid (K., ST., *B.* 37, 931). — Blättchen. F: 160° (Zers.). Kaum löslich in Äther, schwer in kaltem Alkohol, Eisessig, Ligroin.

3. *Phenyl-p-menthan* $C_{16}H_{24} = C_6H_5\cdot C_{10}H_{19}$. *B.* Aus 20 g sek. Menthylchlorid (S. 49). 400 g Benzol und 2 g $AlCl_3$ bei —10° (KONOWALOW, Ж. 27, 458). — Kp: 283° bis 288°. D_0^0: 0,9392; D_0^4: 0,9528. n_D^{20}: 1,5184. $[\alpha]_D$: 3,08°.

11. *β.9-Dimethyl-ε-phenyl-δ-nonylen* $C_{17}H_{26} = C_6H_5\cdot C[CH_2\cdot CH_2\cdot CH(CH_3)_2]\!:$ $CH\cdot CH_2\cdot CH(CH_3)_2$. *B.* Beim Erwärmen von Diisoamyl-phenyl-carbinol mit Acetan-hydrid (SCHORIGIN, *B.* 40, 3117). — Flüssig. Kp_{16}: 153—155°. D_4^0: 0,8859. $D_4^{20,5}$: 0,8666. $n_D^{20,5}$: 1,49913.

12. Kohlenwasserstoffe $C_{18}H_{28}$.

1. *Chrysen-hexadekahydrid* $C_{18}H_{28}$. *B.* Bei 16-stdg. Erhitzen von 1 Tl. Chrysen mit 5 Tln. Jodwasserstoffsäure (D: 1,7) und 1 Tl. rotem Phosphor auf 250—260° (LIEBER-MANN, SPIEGEL, *B.* 22, 135). — Dickflüssig. Siedet gegen 360°. Wird von Brom oder kalter Salpetersäure (D: 1,48) nicht verändert.

2. *Dinormenthadien* $C_{18}H_{28}$. Das Mol.-Gew. ist kryoskopisch bestimmt. — *B.* Beim Erhitzen von Dimethyl-[cyclohexen-(1)-yl]-carbinol (Syst. No. 506) für sich oder mit Kalium-disulfat (PERKIN, MATSUBARA, *Soc.* 87, 668). — Gelbes Öl. Kp_{16}: 170—172°.

13. Kohlenwasserstoffe $C_{19}H_{30}$.

1. *Abieten* („Colophen", „Diterebentyl"). Zur Benennung vgl.: EASTERFIELD, BAGLEY, *Soc.* 85, 1240. Zusammensetzung: $C_{19}H_{30}$ (LEVY, *B.* 39, 3045). — *B.* Bei der Destil-lation von Kolophonium (DEVILLE, *A.* 37, 193; RENARD, *C. r.* 105, 865; vgl. dazu ARM-STRONG, TILDEN, *Soc.* 35, 748 Anm.; W. SCHULTZE, *A.* 359, 131; EASTERFIELD, BAGLEY, *Soc.* 85, 1242, 1245; LEVY, *B.* 39, 3044). Aus Abietinsäure (Syst. No. 4740) durch Destil-lation oder durch Erhitzen mit rauchender Jodwasserstoffsäure auf 200° (E., B., *Soc.* 85, 1239). — Öl. Kp_{760}: 340—345°; Kp_{82-85}: 253—255°; Kp_{13}: 199—200° (E., B.); $Kp_{24,5}$: 210° bis 211° (L.). D^{14-19}: 0,9728 (E., B.); D^{20}: 0,977 (L.). Ziemlich leicht löslich in Äther und Benzol, schwer mischbar mit Alkohol (L.). n: 1,537 (E., B.). $[\alpha]_D$: +92,9 (E., B.). — Ver-halten bei Dunkelrotglut: R., *C. r.* 106, 856. Gibt beim Erhitzen mit Schwefel neben anderen Produkten Reten (E., B.). Beim Erhitzen mit Jodwasserstoffsäure und Phosphor auf 240° entsteht Abieten-dihydrid (S. 472) (E., B., *Soc.* 85, 1247).

2. *Kohlenwasserstoffe,* die vielleicht die Formel $C_{19}H_{30}$ erhalten müssen, s. bei inakt. Pimarsäure (Syst. No. 4741) und Dextropimarsäure (Syst. No. 4740).

14. Kohlenwasserstoffe $C_{20}H_{32}$.

Für die in naher Beziehung zu den Terpenen stehenden Kohlenwasserstoffe $C_{20}H_{32}$ ist von WALLACH (*A.* 227, 302; vgl. auch GLADSTONE, *Soc.* 25, 6; *J.* 1872, 814) die Bezeichnung „Diterpene" eingeführt worden. Die in der Literatur beschriebenen, meist durch Poly-merisation von Terpenen erhaltenen Diterpene sind bei ca. 300° siedende, dicke Öle, die bis-her nur sehr unvollkommen untersucht worden sind, so daß Zusammensetzung, Einheitlich-keit und Molekulargröße nicht immer sicher feststehen.

1. *Dimyrcen* $C_{20}H_{32}$[1] s. bei Myrcen, Bd. I, S. 265.

---

[1]) In einer Arbeit von SEMMLER und JONAS (*B.* 46, 1569), welche nach dem für die 4. Auflage dieses Handbuchs geltenden Literatur-Schlußtermin [1. I. 1910] erschienen ist, wird Dimyrcen als ein Gemisch mehrerer Diterpene betrachtet.

2. *Diisocarvestren* $C_{20}H_{32}$. *B.* Entsteht neben Isocarvestren bei der Einw. von $CH_3 \cdot$ MgI auf m-Menthen-(6)-ol-(8) (Syst. No. 507) (FISHER, PERKIN jun., *Soc.* **93**, 1892). — Sirup. Kp_{20}: 188—190⁰. — Gibt mit Brom in Chloroform eine gelbe Färbung, die in purpur und schließlich in blau übergeht.

3. *Dicarvenen* $C_{20}H_{32}$. *B.* Beim Kochen von ,,Carvenen" (Terpinen von SEMMLER, s. S. 126 No. 10 unter 3) mit alkoh. Schwefelsäure (SEMMLER, *B.* **42**, 524). — Kp_{10}: 170⁰ bis 173⁰. D^{20}: 0,928. n_D^{20}: 1,5175.

4. *Diphellandren* $C_{20}H_{32}$. *B.* Aus rechtsdrehendem β-Phellandren durch längeres Kochen oder durch 20-stdg. Erhitzen auf 140—150⁰ im geschlossenen Rohr (PESCI, *G.* **16**, 225). — Amorph. F: 86⁰. — Zersetzt sich gegen 300⁰. D^{16}: 0,9523. Unlöslich in Wasser und Alkohol, löslich in Äther, Chloroform, Schwefelkohlenstoff. Linksdrehend.

5. *Diterpilen* $C_{20}H_{32}$ (?). Aus ,,Citren" (dem Hauptbestandteil des Citronenöls) (vgl. S. 133) und 0,5 Tln. absol. Ameisensäure bei tagelangem Stehen oder durch 18-stdg. Erhitzen im geschlossenen Rohr auf 100⁰ (LAFONT, *A. ch.* [6] **15**, 174, 178). — Gelbliches dickes Öl. Kp_{40}: 210—212⁰. D_0^0: 0,9404. Optisch inaktiv. Dampfdichte bei 350⁰: 11,5 (ber.: 9,4). — Verharzt an der Luft. Liefert mit Chlorwasserstoff in Äther eine Verbindung $C_{20}H_{33}Cl$ (?).

6. *Diterpene $C_{20}H_{32}$ aus Pinen bezw. diesem nahestehenden Verbindungen.* Als *Colophen* (Diterpilen, ,,Dicamphen") $C_{20}H_{32}$ (?) werden Produkte von fraglicher Einheitlichkeit (vgl. ARMSTRONG, TILDEN, *Soc.* **35**, 755, 758) bezeichnet (vgl. zur Bezeichnung: A., T., *Soc.* **35**, 748 Anm.; EASTERFIELD, BAGLEY, *Soc.* **85**, 1240), welche durch Behandlung von Terpentinöl mit konz. Schwefelsäure (DEVILLE, *A. ch.* [2] **75**, 66; *A.* **37**, 192), mit Phosphorpentoxyd (D., *A. ch.* [3] **27**, 85; *A.* **71**, 350), mit Benzoesäure (BOUCHARDAT, LAFONT *C. r.* **113**, 552) oder mit absol. Ameisensäure (L., *A. ch.* [6] **15**, 191, 193, 195) sowie aus Terpin $C_{10}H_{20}O_2$ und Terpinhydrat durch Einwirkung von P_2O_5 (D., *A. ch.* [3] **27**, 85; *A.* **71**, 350) entstehen. — Farbloses dickes Öl von campherartigem Geruch. Kp: 318—320⁰ (korr.) (RIBAN, *A. ch.* [5] **6**, 40); Kp_{11}: 190⁰ (HENRY, *Soc.* **79**, 1156). Dampfdichte bei 288⁰ und 120 mm: 8,3 (berechnet: 9,4) (R.). — Schwer flüchtig mit Wasserdampf (R.). D_0^0: 0,9446 (L.). D^0: 0,940; D^{25}: 0,9394 (D., *A. ch.* [2] **75**, 66; *A.* **37**, 192). D_{15}^{15}: 0,931 (H.). n_D: 1,5136 (H.). Fluoresciert nicht (R.; H.). — Verharzt rasch an der Luft (L.). Verändert sich nicht beim Erhitzen im geschlossenen Rohr auf 150⁰ (H.). Bei der Destillation des rohen Colophens unter gewöhnlichem Druck tritt Zersetzung unter Bildung von Camphen und anderen Produkten ein (ARMSTRONG, TILDEN, *Soc.* **35**, 748; *B.* **12**, 1755). Liefert mit Chlorwasserstoff in Äther eine Verbindung $C_{20}H_{33}Cl$ (?) (L.).

7. *Pinakonan* $C_{20}H_{32}$. *B.* Bei 12-stdg. Stehen einer mit Jodwasserstoffsäure gesättigten äther. Lösung von Campherpinakon CH_2—$\overset{|}{C}H$——CH_2 CH_2——$\overset{|}{C}H$——CH_2 oder von Pinakonen $C_{20}H_{30}$ (S. 528) | $\dot{C}(CH_3)_2$ | $\dot{C}(CH_3)_2$ | (Syst. No. 557) (BECKMANN, *B.* **27**, 2350; *A.* **292**, 21). — Kleine Krystalle (aus Ace- CH_2—$C(CH_3)$—$\dot{C}(OH) \cdot \dot{C}(OH)$—$C(CH_3)$—$CH_2$ ton). F: 98⁰. — Brom erzeugt Dibrompinakonan.

Chlorpinakonan $C_{20}H_{31}Cl$. *B.* Bei 24-stdg. Stehen einer mit Chlorwasserstoff gesättigten äther. Lösung von Campherpinakon $C_{20}H_{34}O_2$ (B., *B.* **27**, 2349; *A.* **292**, 6). Beim Eintragen von Campherpinakon in Acetylchlorid oder Phosphoroxychlorid unter Abkühlung (B.). Beim Behandeln einer äther. Pinakonen-Lösung mit Chlorwasserstoff (B.). — Prismen (aus Aceton). F: 75⁰. Für die Lösung von 2,99 g in 11,734 g Benzol ist $[\alpha]_D^{18}$: +44⁰ 10'. — Mit Alkohol bezw. Natriumäthylat entstehen zwei Äthyläther $C_{20}H_{31} \cdot O \cdot C_2H_5$. Feuchtes Silberoxyd erzeugt Pinakonanol $C_{20}H_{31} \cdot OH$. Chlorpinakonan zerfällt beim Erhitzen mit Sodalösung auf 130⁰ in Salzsäure und Pinakonen $C_{20}H_{30}$. Dieselbe Spaltung erfolgt durch Anilin bei 130⁰ oder beim Kochen mit Silberoyanat (aus Aceton).

Brompinakonan $C_{20}H_{31}Br$. *B.* Bei 12-stdg. Stehen einer mit HBr gesättigten äther. Lösung von Campherpinakon oder von Pinakonen (B., *A.* **292**, 8). — Prismen (aus Aceton). F: 103⁰.

Dibrompinakonan $C_{20}H_{30}Br_2$. *B.* Aus Pinakonen und Brom in Petroläther (B., *A.* **292**, 20). Aus Pinakonan und Brom in Tetrachlorkohlenstoff (B.). — F: 157⁰. — Beim Schütteln der Lösung in Aceton mit Zinkstaub entsteht Pinakonen.

8. *Dicinen* $C_{20}H_{32}$. Vgl. auch 9 und 10. — *B.* Durch Einw. von P_2O_5 auf Wurmsamenöl (Hauptbestandteil Cineol $C_{10}H_{18}O$) (HELL, STÜRCKE, *B.* 17, 1973). — Gelbliches, schwach blau fluorescierendes Öl. Kp: 328—333⁰. Dampfdichte: 9,15 (ber.: 9,4).

9. *Paracajeputen* $C_{20}H_{32}$. Vgl. auch 8 und 10. — *B.* Beim Behandeln von Cajeputöl (Hauptbestandteil Cineol $C_{10}H_{18}O$) mit P_2O_5 (SCHMIDL, *Soc.* **14**, 65; *J.* **1860**, 481). — Citronengelbe zähflüssige Masse. Kp: 310—316⁰. Fluoresciert blau. Unlöslich in Alkohol und

Terpentinöl, löslich in Äther. Dampfdichte: 7,96. — Oxydiert sich rasch an der Luft unter Rotfärbung und Verharzung.

10. **Diterpen** C$_{20}$H$_{32}$. Vgl. auch Nr. 8 und 9. — *B.* Entsteht, wenn man Cineol mit Methyl- oder Äthylmagnesiumjodid in Äther umsetzt, den Äther abdestilliert, den Rückstand auf 170—190° erhitzt und die erhaltene feste Masse mit verd. Schwefelsäure bei 0° zersetzt (PICKARD, KENYON, *Soc.* 91, 904). — Kp$_{13}$: 191°. Kryoskopisch ermitteltes Mol.-Gew.: 272.

11. **Diterpene** C$_{20}$H$_{32}$ **aus Sandarak-Harz.**
a) Natürlicher Kohlenwasserstoff C$_{20}$H$_{32}$. *Darst.* Man löst das Harz in Alkohol, macht mit alkoh. Kalilauge alkalisch, verdampft den Alkohol, löst in Wasser, äthert aus, verdunstet die äther. Lösung und fraktioniert den Rückstand (HENRY, *Soc.* 79, 1140). — Etwas dicke Flüssigkeit, die sich beim Stehen grün färbt und zur Verharzung neigt. Kp: 260—280°. D$_{11}^{u}$: 0,9386. n$_D$: 1,5215. [a]$_D$: +55°. Vaporimetrisch bestimmtes Mol.-Gew.: 262. — Entfärbt in äther. Lösung Brom unter Entw. von HBr, vereinigt sich aber nicht mit HCl. Liefert kein Nitrosochlorid und kein Nitrosit. Eine Lösung in Eisessig gibt mit konz. Schwefelsäure dunkelviolette Färbung, welche beim Erwärmen verschwindet.
b) Kohlenwasserstoff C$_{20}$H$_{32}$ aus Callitrolsäure. *B.* Durch Destillation von Callitrolsäure C$_{20}$H$_{48}$O$_5$(?) (s. bei Sandarak-Harz, Syst. No. 4741) unter 360 mm Druck (H., *Soc.* 79, 1160). — Gleicht dem natürlichen Kohlenwasserstoff. Kp: 270—280°. D$_{11}^{u}$: 0,9303. n$_D$: 1,5238. [a]$_D$: +38° 42′.
c) Kohlenwasserstoff C$_{20}$H$_{32}$ oder C$_{19}$H$_{30}$(?) aus inaktiver Pimarsäure s. bei Sandarak-Harz, Syst. No. 4741.

12. „*Camphoterpen*" C$_{20}$H$_{32}$ s. bei Camphersäurechlorid, Syst. No. 965.

13. *Nephrin* C$_{20}$H$_{32}$(?) s. Syst. No. 4724.

15. Picenperhydrid C$_{22}$H$_{36}$. *B.* Beim 12—16-stdg. Erhitzen von Picen mit 5 bis 6 Tln. Jodwasserstoffsäure und 1$^1/_2$ Tln. rotem Phosphor auf 250—260° (LIEBERMANN, SPIEGEL, *B.* 22, 779, 780). — Nadeln (aus Alkohol). F: 175°. Siedet oberhalb 360°.

16. 1.5-Dimethyl-2-[hexadecen-(2^1)-yl]-benzol, α-[2.4-Dimethyl-phenyl]-α-hexadecylen C$_{24}$H$_{40}$ = (CH$_3$)$_2$C$_6$H$_3$·CH:CH·[CH$_2$]$_{13}$·CH$_3$. *B.* Man führt 2^1-Oxy-1.5-dimethyl-2-hexadecyl-benzol (Syst. No. 533) mit HCl in das entsprechende Chlorid über und kocht dieses mit Pyridin (KLAGES, *B.* 35, 2261). — Zähes Öl. Kp$_{17}$: 254°. D$_4^u$: 0,868.

17. 1.3.5-Trimethyl-2-[hexadecen-(2^1)-yl]-benzol, α-[2.4.6-Trimethyl-phenyl]-α-hexadecylen C$_{25}$H$_{42}$ = (CH$_3$)$_3$C$_6$H$_2$·CH:CH·[CH$_2$]$_{13}$·CH$_3$. *B.* Man läßt Chlorwasserstoff auf 2^1-Oxy-1.3.5-trimethyl-2-hexadecyl-benzol (Syst. No. 533) einwirken und kocht das entstehende ölige Chlorid mit Pyridin (KLAGES, *B.* 35, 2262). — Nadeln. F: 28,5—29°. Kp$_{23}$: 260°. Liefert mit Jodwasserstoffsäure bei 200° kein Mesitylen.

18. Kohlenwasserstoffe C$_{26}$H$_{44}$.
1. *Kohlenwasserstoffe* C$_{26}$H$_{44}$(?) *bezw. Substitutionsprodukte von solchen, erhalten aus Verbindungen der Steringruppe* s. Syst. No. 4729 a—c.
2. *Kohlenwasserstoff* C$_{26}$H$_{44}$ *aus japanischem Vogelleim* s. bei diesem, Syst. No. 4734.

19. Kohlenwasserstoffe C$_{27}$H$_{46}$.
1. *Kohlenwasserstoff* C$_{27}$H$_{46}$ *aus californischem Petroleum.* V. Im Petroleum von Santa Barbara in Californien (MABERY, *Am.* 33, 274). — Kp$_{60}$: 310—315°. D^{20}: 0,9451. n: 1,5146.
2. *Kohlenwasserstoffe* C$_{27}$H$_{46}$ *bezw. Substitutionsprodukte von solchen, erhalten aus Verbindungen der Steringruppe* s. Syst. No. 4729 a—c.

20. Kohlenwasserstoff C$_{29}$H$_{50}$ **aus californischem Petroleum.** V. Im Petroleum von Santa Barbara in Californien (MABERY, *Am.* 33, 275). — Kp$_{60}$: 340—345°. D^{20}: 0,9778.

F. Kohlenwasserstoffe $C_n H_{2n-10}$.

Untersuchungen über Refraktion und Dispersion bei phenylierten Acetylenkörpern: Moureu, *C. r.* 141, 892; *Bl.* [3] 35, 35; *A. ch.* [8] 7, 536.

· **1. Acetylenylbenzol, Phenylacetylen** $C_8H_6 = C_6H_5 \cdot C : CH$. *B.* Beim Erhitzen des Produktes, das beim Kochen von [α.β-Dibrom-äthyl]-benzol mit alkoh. Kalilauge entsteht, mit gepulvertem Ätzkali und Alkohol im geschlossenen Rohr auf 120—130° (Glaser, *A.* 154, 155; Friedel, Balsohn, *Bl.* [2] 35, 55), oder beim Kochen genannten Produktes mit gepulvertem Ätzkali und sehr konz. alkoh. Kalilauge am Rückflußkühler (Holleman, · *B.* 20, 3081). Aus [α.α-Dichlor-äthyl]-benzol beim Erhitzen mit sehr konz. alkoh. Kalilauge im geschlossenen Gefäß auf 120° (Friedel, *C. r.* 67, 1193; *J.* 1868, 411). Man destilliert [α.α-Dichlor-äthyl]-benzol über schwach rotglühenden Natronkalk (Morgan, *Soc.* 29, 164; *J.* 1876, 398) oder gebrannten Kalk (Peratoner, *G.* 22 II, 67) unter vermindertem Druck. Man erhitzt 150 g ω-Brom-styrol mit 150 g Ätzkali und 132 g absol. Alkohol unter Rückfluß während 6—8 Stdn. auf 130—135°; als Nebenprodukt entsteht ω-Äthoxy-styrol (Nef, *A.* 308, 268). Die Natriumverbindung des Phenylacetylens entsteht bei der Einw. von Natrium auf die äther. Lösung des ω-Brom-styrols (N., *A.* 308, 267; Tiffeneau, *C. r.* 135, 1347). Die Magnesiumverbindung $C_8H_5 \cdot MgBr$ (S. 512) entsteht durch Einw. von Magnesium auf eine äther. Lösung von ω-Brom-styrol infolge sekundärer Einw. des zunächst entstehenden Phenylacetylens auf die gleichzeitig gebildete Magnesiumverbindung des ω-Brom-styrols, neben α.δ-Diphenyl-α.γ-butadien und Styrol (T.). Aus α.β-Dibrom-styrol durch Zinkstaub in Alkohol, neben anderen Produkten (N., *A.* 308, 274). Beim Leiten des Dampfes des ω.ω-Dibrom-styrols unter vermindertem Druck über stark erhitztes Kupfer (N., *A.* 308, 311). Aus α.β-Dijod-styrol durch Erhitzen mit Zinkstaub und Alkohol (P., *G.* 22 II, 73). — Beim Erhitzen von Phenylpropiolsäure mit Wasser im geschlossenen Rohr auf 120° oder bei der trocknen Destillation von phenylpropiolsaurem Barium (G., *A.* 154, 151). Durch Schütteln von Phenylpropargylaldehyd mit wäßr. Natronlauge, neben Ameisensäure (Claisen, *B.* 31, 1023). — Aus Dibenzalacetontetrabromid und alkoh. Kalilauge auf dem Wasserbade, neben anderen Produkten (Mühlhausen, *B.* 39, 4146).

Darst. Aus α-Chlor-styrol durch Erhitzen mit 1½ Mol.-Gew. alkoh. Natriumäthylat oder 2 Mol.-Gew. festem Kali und Alkohol auf 110—130° unter Rückfluß (Nef, *A.* 308, 269). Man erhitzt ω-Brom-styrol mit KOH und absol. Alkohol bis zum Aufsieden im Ölbad, destilliert nach Beendigung der Reaktion den Kohlenwasserstoff im Vakuum ab und behandelt den Rückstand noch mehrmals ebenso (Straus, *A.* 342, 221). Aus [α.β-Dibrom-äthyl]-benzol durch Kochen mit alkoh. Kalilauge unter Rückfluß (Moureu, Delange, *Bl.* [3] 25, 311; *A. ch.* [7] 25, 244). — Man destilliert langsam 1 Tl. trockne Phenylpropiolsäure mit 4 Tln. Anilin (Holleman, *R.* 15, 157). Man löst 25 g Phenylpropiolsäure mit 18 g Natriumcarbonat in Wasser, setzt 25 g $CuCl_2$ hinzu und bläst in den Brei Dampf ein (St.); als Nebenprodukte entstehen etwas Diphenylbutadiin und Phenylacetylenkupfer.

Flüssig. Kp_{760}: 139—140° (Brühl, *A.* 235, 13), 141,6° (korr.) (Weger, *A.* 221, 70); Kp: 141—142° (Mou., *A. ch.* [8] 7, 543), 142—143° (N., *A.* 308, 269). D_0^0: 0,94658 (We.); D_4^{15}: 0,9371 (Mou., *A. ch.* [8] 7, 543); D_4^{20}: 0,9295 (B.); D^{22}: 0,927 (N., *A.* 308, 269). Ausdehnung: We. — n_α^{20}: 1,54160; n_γ^{20}: 1,57899 (B.); $n_\alpha^{13,4}$: 1,54604; $n_\beta^{13,4}$: 1,5524, $n_\beta^{13,4}$: 1,57986 (Mou., *C. r.* 141, 894; *Bl.* [3] 35, 38; *A. ch.* [8] 7, 543). Refraktion in Benzollösung: Mou.; Refraktion in Acetonlösung: Mou.

Die alkoh. Lösung fällt ammoniakalische Silber- und Cupro-Lösungen (Glaser, *A.* 154, 157). Die Kupferverbindung liefert beim Schütteln mit alkoh. Ammoniak Diphenylbutadiin (G., *A.* 154, 158). Sie bildet bei Einw. von siedendem Eisessig unter Luftabschluß das Doppelsalz $C_8H_5 \cdot C : CCu + CH_3 \cdot CO_2Cu$; leitet man Luft durch die siedende Eisessiglösung, so entsteht trans-Diphenylbutenin (Straus, *A.* 342, 225). Bei der Reduktion von Phenylacetylen mit Wasserstoff in Gegenwart von reduziertem Kupfer bei 190—250° entstehen: Äthylbenzol, Toluol, α.δ-Diphenyl-butan, Styrol und Metastyrol (Sabatier, Senderens, *C. r.* 135, 89; *A. ch.* [8] 4, 369). Bei der Reduktion mit überschüssigem Wasserstoff in Gegenwart von reduziertem Nickel bei 180° entsteht Äthylcyclohexan neben wenig Methylcyclohexan (Sa., Se.). Beim Kochen von Phenylacetylen mit Zinkstaub und Essigsäure entsteht Styrol (Aronstein, Holleman, *B.* 22, 1184). Phenylacetylen wird durch Natriumamalgam, durch Kochen mit verkupfertem Zinkstaub und Alkohol zu Styrol und trans-α.δ-Diphenyl-α.γ-butadien reduziert (St., *A.* 342, 260). Wird von Salpetersäure (D: 1,35) oder konz. Schwefelsäure verharzt (G., *Z.* 1869, 98). Beim Schütteln mit wasserhaltiger Schwefelsäure (Friedel, Balsohn, *Bl.* [2] 35, 55) oder beim Erhitzen mit 3 Tln.

Wasser in geschlossenem Rohr auf 325⁰ (Desgrez, *A. ch.* [7] **3**, 231) entsteht Acetophenon. Phenylacetylen verbindet sich in $CHCl_3$ mit 2 At.-Gew. Brom unter Kühlung zu $\alpha.\beta$-Dibrom-styrol (Nef, *A.* **308**, 273). Liefert mit 2 At.-Gew. Jod in Kaliumjodidlösung $\alpha.\beta$-Dijod-styrol (Peratoner, *G.* **22** II, 69). Phenylacetylensilber gibt mit Jod-Jodkaliumlösung $\alpha.\beta.\beta$-Trijod-styrol (Liebermann, Sachse, *B.* **24**, 4115). Mit trocknem Bromwasserstoff in Eisessig entsteht α-Brom-styrol (N., *A.* **308**, 271). Durch Einw. von unterbromiger Säure entsteht $\omega.\omega$-Dibrom-acetophenon (Wittorf, Ж. **32**, 106; *C.* **1900** II, 29). Sulfurylchlorid gibt in absol.-äther. Lösung bei gewöhnlicher Temperatur neben SO_2 und Salzsäure Phenylchloracetylen, welches größtenteils polymerisiert wird (N., *A.* **308**, 283, 316). — Durch Erhitzen von Phenylacetylen mit Methyljodid und Ätzkali auf 140⁰ entsteht α-Phenyl-allylen (S. 514) (N., *A.* **310**, 333). Phenylacetylen bleibt beim Behandeln mit Äthyljodid und alkoholischem Natriumäthylat unverändert (N., *A.* **308**, 270, 283). Die Natriumverbindung wird durch Äthyljodid in wasserfreiem Äther in der Kälte nicht verändert; beim Erhitzen von 120—140⁰ in geschlossenem Rohr entsteht Äthyl-phenyl-acetylen $C_8H_5 \cdot C : C \cdot C_2H_5$ (Morgan, *Soc.* **29**, 162; *J.* **1876**, 398). Bei der Einw. von konz. heißer Natriumäthylatlösung auf Phenyl-acetylen (Moureu, *C. r.* **138**, 288; *Bl.* [3] **31**, 526) oder beim Erhitzen von Phenylacetylen mit Alkohol und Kalilauge auf 130—140⁰ (N., *A.* **308**, 270) entsteht ω-Äthoxy-styrol. Bei der Einw. konz. heißer anderer Natriumalkoholatlösungen werden die entsprechenden Alkyloxy-styrole gebildet (Mou.). Durch Einw. auf Polyoxymethylen auf die Natrium-verbindung des Phenylacetylens entsteht Phenylpropargylalkohol (Moureu, Desmots, *C. r.* **132**, 1224). Phenylacetylen verbindet sich mit Ketonen bei Gegenwart von wasserfreiem Kaliumhydroxyd zu Phenyläthinyl-carbinolen, z. B. mit Aceton zu Dimethylphenyläthinyl-carbinol $(CH_3)_2C(OH) \cdot C : C \cdot C_6H_5$ (Faworski, Ж. **37**, 643; *C.* **1905** II, 1018). Dieselbe Verbindung entsteht aus Aceton und Phenylacetylen-magnesiumbromid (Jozitsch, Ж. **34**, 101; *Bl.* [3] **28**, 922). Analog reagiert Phenylacetylen-magnesiumbromid mit 1-Methyl-cyclo-hexanon-(3) unter Bildung des entsprechenden tertiären Alkohols (Jo.). Aus Phenylacetylen-Natrium und Acetophenon läßt sich Methyl-phenyl-[phenyläthinyl]-carbinol $(C_6H_5) \cdot (CH_3)C(OH) \cdot C : C \cdot C_6H_5$ erhalten (N., *A.* **308**, 281); aus Benzophenon Diphenyl-[phenyläthinyl]-carbinol $(C_6H_5)_2C(OH) \cdot C : C \cdot C_6H_5$ (N., *A.* **308**, 282). Phenylacetylen-Natrium reagiert mit Ameisensäureester in absol. Äther bei 0⁰ unter Bildung von Phenylpropargylaldehyd (Moureu, Delange, *C. r.* **133**, 105). Phenylacetylen-magnesiumbromid gibt mit Essigester die Verbindung $(C_8H_5 \cdot C : C)_2C(OH) \cdot CH_3$ (Jo.). Phenylacetylen wird durch Acetylchlorid bei 100⁰ oder durch Benzoylchlorid bei 150—160⁰ nicht verändert (N., *A.* **308**, 278, 283). Die Natrium-verbindung reagiert mit Acetylchlorid in absol. Äther bei — 10⁰ unter Bildung von Phenyl-acetyl-acetylen $CH_3 \cdot CO \cdot C : C \cdot C_6H_5$; mit Benzoylchlorid entsteht in der Kälte Phenyl-benzoyl-acetylen $C_6H_5 \cdot CO \cdot C : C \cdot C_6H_5$ (N., *A.* **308**, 276). Beim Einleiten von Kohlendioxyd in die äther. Suspension von Phenylacetylen-Natrium entsteht phenylpropiolsaures Natrium (Glaser, *A.* **154**, 162). Mit Äthylmagnesiumbromid behandelt, liefert das Phenylacetylen-magnesiumbromid $C_6H_5 \cdot C : C \cdot MgBr$ neben Äthan (Jo.). Beim Erhitzen von Phenylacetylen mit Diazoessigestern im geschlossenen Rohr im Wasserbade entstehen die Ester der 5-Phenyl-pyrazol-carbonsäure-(3) (Buchner, Lehmann, *B.* **35**, 35).

C_8H_5Na. *B.* Beim Eintragen von Natrium in eine Lösung von 1 Vol. Phenylacetylen in 5—10 Vol. absol. Äther (Glaser, *A.* **154**, 161; Nef, *A.* **308**, 275). Sehr hygroskopischer Niederschlag, der sich nicht spontan entzündet (N., *A.* **308**, 276). Zerfällt mit Wasser in Natron und Phenylacetylen (G., *A.* **154**, 162). — C_8H_5Cu. *B.* Beim Fällen einer alkoh. Lösung von Phenylacetylen mit ammoniakalischer Kupferchlorürlösung (G., *A.* **154**, 158). Hellgelber flockiger Niederschlag. Verpufft beim Erhitzen. — $C_8H_5Cu + CH_3 \cdot CO_2Cu$. *B.* Beim Erwärmen von Phenylacetylen-Kupfer mit Eisessig unter Luftabschluß, neben trans-Diphenylbutenin $C_6H_5 \cdot C : C \cdot CH : CH \cdot C_6H_5$ und anderen Produkten (Straus, *A.* **342**, 227). Orangegelbe Blättchen. Merklich löslich in den meisten organischen Lösungsmitteln; unlöslich in Petroläther. Die Lösungen scheiden beim Stehen Phenylacetylen-Kupfer und Kupfer-acetat ab (St.). — C_8H_5Ag. *B.* Beim Versetzen einer alkoh. Lösung von Phenylacetylen mit ammoniakalischer Silbernitratlösung (Glaser, *A.* **154**, 157; Liebermann, Damerow, *B.* **25**, 1096). Dicker, gallertartiger, weißer Niederschlag. Sehr schwer löslich in Wasser und Alkohol (G.). Verpufft oberhalb 100⁰. — $C_8H_5Ag + AgNO_3$. *B.* Beim Versetzen einer alkoh. Lösung von Phenylacetylen mit alkoh. Silbernitratlösung (Lt., Da., *B.* **25**, 1098). Amorpher Niederschlag, der unter Alkohol in Nädelchen übergeht. — $C_8H_5 \cdot MgBr$. *B.* Aus Phenylacetylen und Äthylmagnesiumbromid, neben Äthan (Jozitsch, Ж. **34**, 101; *Bl.* [3] **28**, 922). — $(C_8H_5)_2Hg$. *B.* Beim Erhitzen von Phenyljodacetylen (S. 513) und Quecksilber auf 100⁰ (N., *A.* **308**, 298). Beim Versetzen einer alkal. Lösung von Queck-silberchlorid und Jodkalium mit einer alkoholischen von Phenylacetylenlösung (N.). Farblose Blättchen (aus Ligroin). F: 125⁰. Leicht löslich in Äther, schwer in kaltem Alkohol und Ligroin. Mit Jod in äther. Lösung bildet sich Phenyljodacetylen. Phenylacetylen-Queck-silber setzt sich mit Phenyljodacetylen auch bei 100⁰ nicht um.

1ᵃ-Chlor-1-acetylenyl-benzol, Phenylchloracetylen $C_8H_5Cl = C_6H_5 \cdot C \vdots CCl$. *B.* Aus Phenylacetylen bezw. dessen Natrium- oder Silber-Verbindung durch Sulfurylchlorid in absol.-äther. Lösung (Nᴇꜰ, *A.* **308**, 316). Die Ausbeute ist infolge von Polymerisation gering. Aus ω.ω-Dichlor-styrol und 1 Mol.-Gew. KOH in alkoh. Lösung bei 100⁰, neben ω-Chlor-ω-äthoxy-styrol (N.). — Angenehm, sehr stark süß riechendes Öl, das bei höherer Temp. unter Polymerisation verharzt. Kp₁₄: 74⁰. — 1 Mol.-Gew. Phenylchloracetylen setzt sich mit 2 Mol.-Gew. Malonsäureester und einer alkoh. Lösung von 1 oder 2 Mol.-Gew. Natrium-äthylat in der Kälte um; beim Erhitzen des Reaktionsproduktes auf 230⁰ unter vermindertem Drucke entsteht eine Verbindung $C_{10}H_5(OH)(CO_2 \cdot C_2H_5) \cdot CH(CO_2 \cdot C_2H_5)_2$ (Syst. No. 1186), die nach Verseifung und Abspaltung von CO_2 4-Oxy-2-methyl-naphthalin liefert (N., *A.* **308**, 321).

1ᵃ-Brom-1-acetylenyl-benzol, Phenylbromacetylen $C_8H_5Br = C_6H_5 \cdot C \vdots CBr$. *B.* Man erhitzt das Gemisch von ω.ω-Dibrom-styrol und Phenylacetylendibromid mit 1 Mol.-Gew. alkoh. Kalilauge auf 100⁰ (Nᴇꜰ, *A.* **308**, 311). Man erhitzt die Silbersalze der beiden α.β-Dibrom-zimtsäuren auf 120⁰ bezw. 170⁰ (N.). — Farbloses, stark süß riechendes Öl. Kp₁₅: 96⁰. Dˣˣ: 1,456. — Polymerisiert sich beim Erhitzen, besonders bei Drucken über 40 mm, sowie beim Stehen bei gewöhnlicher Temperatur zu rotem Harz. Reagiert sehr heftig mit Zinkstaub und Alkohol unter Bildung von Phenylacetylen. Natrium allein greift selbst bei längerem Stehen nicht an, bei Gegenwart von absol. Äther bildet sich Phenylacetylen. Wird durch konz. Schwefelsäure bei −10⁰ in ω-Brom-acetophenon umgewandelt. Beim Erhitzen mit alkoh. Kalilauge oder Natriumäthylat-Lösung auf 100−120⁰ entsteht hauptsächlich Phenyl-essigsäure, neben wenig Phenylacetylen. Anilin wirkt in der Kälte nicht ein, beim Erhitzen auf 100⁰ entsteht wenig bromwasserstoffsaures Anilin, während das Phenylbromacetylen größtenteils polymerisiert wird. Phenylbromacetylen reagiert mit ammoniakalischer Kupferlösung unter Bildung von Phenylacetylen-Kupfer.

1ᵃ-Jod-1-acetylenyl-benzol, Phenyljodacetylen $C_8H_5I = C_6H_5 \cdot C \vdots CI$. *B.* Beim Erhitzen von α.β-dijod-zimtsaurem Silber auf 70⁰ (Lɪᴇʙᴇʀᴍᴀɴɴ, Sᴀᴄʜsᴇ, *B.* **24**, 4115; Pᴇʀᴀ-ᴛᴏɴᴇʀ, *G.* **22** II, 81, 94). Man löst 65 g Phenylacetylen in der fünffachen Menge absoluten Äther, gibt dazu 14,7 g Natriumdraht und versetzt, sobald kein Metall mehr vorhanden ist, mit einer Lösung von 119 g Jod in absol. Äther (Nᴇꜰ, *A.* **308**, 293). — Farbloses öl. Kp₁₅: 117⁰ (N.); Kp₂₃: 134−138⁰ (geringe Zers.) (P., *G.* **22** II, 95). Dˣˣ: 1,75 (N.). — Verharzt im Sonnenlicht (P., *G.* **22** II, 96). Scheidet beim Aufbewahren etwas Jod ab (N.). Polymerisiert sich zum Teil beim Erhitzen in größeren Mengen (N.). Bei der Destillation im Vakuum entsteht Trijodstyrol $C_6H_5 \cdot CI \vdots CI_2$ (P., *G.* **22** II, 95). Beim Erhitzen mit alkoh. Lösungen von Natriumäthylat, KOH oder KCN, sowie beim Behandeln mit Zinkstaub und Alkohol in der Kälte bildet sich Phenylacetylen (N.). Bei der Einw. von alkoh. Ammoniak oder Hydroxylamin entsteht Phenylacetylen (N., *A.* **308**, 302). Mit HI, gelöst in Eisessig, entsteht in der Kälte Phenylacetylendijodid $C_6H_5 \cdot CI \vdots CHI$ (P., *G.* **22** II, 96). Behandelt man Phenyljodacetylen mit konz. wäßr. Jodwasserstoffsäure und destilliert nach dem Alkalisieren mit Wasserdampf, so erhält man Acetophenon und 1.3.5-Triphenyl-benzol (P., *G.* **22** II, 96). Phenyljodacetylen reagiert selbst bei wochenlangem Stehen nicht mit metallischem Natrium; bei Gegenwart von absol. Äther als Lösungsmittel bildet sich Phenylacetylen-Natrium, dagegen kein Diphenylbutadiin (N., *A.* **308**, 298). Mit ammoniakalischer Kupfer-chlorürlösung entsteht Phenylacetylen-Kupfer (P., *G.* **22** II, 96). Beim Erhitzen mit metallischem Quecksilber auf 100⁰ entsteht Phenylacetylen-Quecksilber (S. 512) (N., *A.* **308**, 298). Phenyljodacetylen wird durch ein Gemisch von Eisessig und konz. Schwefelsäure in ω-Jod-acetophenon übergeführt (N., *A.* **308**, 294). Beim Erhitzen mit Silberacetat und Eisessig auf 90−100⁰ bildet sich eine Verbindung $C_{12}H_9O_2I$ (s. u.) (N., *A.* **308**, 295). Mit 2 Mol.-Gew. Malonsäureester und 1 Mol.-Gew. Natriumäthylat in alkoh. Lösung entstehen Acetylen-carbonsäureester und Phenylacetylen (N., *A.* **308**, 305). Phenyljodacetylen gibt mit tertiären Aminbasen keine Tetraalkylammoniumjodide (N., *A.* **308**, 308). Mit Anilin entsteht das Additionsprodukt $C_6H_5 \cdot CI^{III}$ (H) · NH · C_6H_5 (Syst. No. 1598) (N., *A.* **308**, 301). Zink-diäthyl erzeugt Äthylphenylacetylen $C_6H_5 \cdot C \vdots C \cdot C_2H_5$ (P., *G.* **22** II, 98).

Verbindung $C_{12}H_9O_2I$. *B.* Entsteht beim Erhitzen von 20 g Phenyljodacetylen mit 20 g Silberacetat bezw. geschmolzenem Natriumacetat und 20 g Eisessig auf 90−100⁰ (Nᴇꜰ, *A.* **308**, 295). — Stechend riechendes, die Augen stark angreifendes Öl. Kp₁₇: 170−176⁰. Sehr schwer flüchtig mit Wasserdampf. — Bleibt beim Erhitzen mit Silberacetat auf 120⁰ unverändert. Beim Behandeln mit konz. Schwefelsäure unter Abkühlung bildet sich ω-Jod-acetophenon.

2-Nitro-1-acetylenyl-benzol, o-Nitro-phenylacetylen $C_8H_5O_2N = O_2N \cdot C_6H_4 \cdot C \vdots CH$. *B.* Bei längerem Kochen von o-Nitro-phenylpropiolsäure mit Wasser (Bᴀᴇʏᴇʀ, *B.* **13**, 2259; Kɪᴘᴘᴇɴʙᴇʀɢ, *B.* **30**, 1130). — Nadeln (aus verdünntem Alkohol). F: 81−82⁰; ist mit Wasser-dämpfen flüchtig; riecht stechend; reichlich löslich in heißem Wasser, Alkohol usw.; liefert mit ammoniakalischer Silberlösung einen gelblichweißen, mit ammoniakalischer Kupferchlorürlösung einen voluminösen roten Niederschlag, der beim Erhitzen schwach verpufft (B., *B*. **13**, 2259). Die Silberverbindung regeneriert mit Äthyljodid wieder o-Nitro-phenyl-acetylen (BAEYER, LANDSBERG, *B*. **15**, 214). Die Kupferverbindung des o-Nitro-phenyl-acetylens wird von Ferricyankalium und Kali zu 2.2'-Dinitro-diphenylbutadiin $O_2N \cdot C_6H_4 \cdot C:C\cdot C:C\cdot C_6H_4\cdot NO_2$ oxydiert (B., *B*. **15**, 51). Atmosphärische Luft und Ozon wirken auf die Kupferverbindung sehr langsam ein, $KMnO_4$ oder Jod gar nicht (B., *B*. **15**, 51). Beim Behandeln von o-Nitro-phenyl-acetylen mit Zinkstaub und NH_3 entsteht o-Amino-phenyl-acetylen, das ebenfalls Silber- und Kupferoxydullösungen fällt (B., *B*. **13**, 2259). o-Nitro-phenylacetylen liefert beim Kochen mit Ammoniumdisulfitlösung eine Sulfitverbindung, welche von Zinkstaub und NH_3 in Indoxyl C_8H_7ON übergeführt wird (B., *B*. **15**, 56).

Verbindung $C_{19}H_{12}O_5N_2 = [O_2N\cdot C_6H_4\cdot C:C]_2CH\cdot CO\cdot CH_3$ (?). *B*. Entsteht in sehr kleiner Menge beim Behandeln eines Gemisches der Kupferverbindungen von o-Nitro-phenyl-acetylen und Acetessigester mit einer alkal. Ferricyankaliumlösung (BAEYER, LANDSBERG, *B*. **15**, 212). Das Reaktionsprodukt wird mit Chloroform extrahiert und die Chloroform-lösung verdunstet. Erst krystallisiert Dinitrodiphenylbutadiin aus, zuletzt die Verbindung $C_{19}H_{12}O_5N_2$, welche man wiederholt aus Alkohol umkrystallisiert. — Gelbe Nadeln. Zersetzt sich im Capillarrohr bei etwa 165°, ohne zu schmelzen. Leicht löslich in Chloroform, ziem-lich schwer in Alkohol und Äther. — Gibt mit $FeSO_4$ und konz. Schwefelsäure keine Indigo-färbung (Unterschied vom Dinitrodiphenylbutadiin). Liefert beim Behandeln mit rauchender Schwefelsäure eine rote Verbindung, die aus Chloroform krystallisiert und in Alkohol und Äther leicht löslich ist.

4-Nitro-1-acetylenyl-benzol, p-Nitro-phenylacetylen $C_8H_5O_2N = O_2N\cdot C_6H_4\cdot C:CH$. *B*. Beim Kochen von p-Nitro-phenylpropiolsäure mit Wasser (DREWSEN, *A*. **212**, 158). Beim Kochen der Bariumsalze der beiden α-Brom-β-[p-nitro-phenyl]-acrylsäuren mit Wasser (C. MÜLLER, *A*. **212**, 136, 137). Aus Dinitro-benzalacetophenon $C_6H_5\cdot CO\cdot CH:C(NO_2)\cdot C_6H_4\cdot NO_2$ beim Eintragen in heiße 5%ige Natronlauge (WIELAND, *A*. **328**, 233). — Nadeln (aus heißem Wasser). Riecht intensiv aromatisch nach Zimt (D.). F: 149° (M.; W.), 152° (D.). Mit Wasserdämpfen flüchtig (D.). Leicht löslich in Alkohol, Äther, Chloroform (M.; D.). Schwefelkohlenstoff (M.), Benzol, Eisessig (D.); beträchtlich in heißem Wasser (D.); schwer löslich in Ligroin (D.), sehr schwer in kaltem Wasser (M.). Wird durch Licht bräunlich gefärbt (D.). — Läßt sich, in verd. Sodalösung suspendiert, durch Kaliumpermanganat zu p-Nitro-benzoesäure oxydieren (W.). Die äther. Lösung des p-Nitro-phenylacetylens gibt mit Natrium einen weißen Niederschlag der Natriumverbindung (D.). p-Nitro-phenylacetylen erzeugt in ammoniakalischer Kupferchlorürlösung einen ziegelroten Niederschlag, der beim Erhitzen ziemlich heftig verpufft (M.; D.). Mit ammoniakalischer Silberlösung entsteht ein gelbes, explosives Silbersalz (M.; D.).

2. Kohlenwasserstoffe C_9H_8.

1. **1-[Propin-(1¹)-yl]-benzol, [α-Propinyl]-benzol, α-Phenyl-α-propin, α-Phenyl-allylen** $C_9H_8 = C_6H_5\cdot C:C\cdot CH_3$. *B*. Durch Einw. von Methyljodid auf Phenylacetylen bei 140° (NEF, *A*. **310**, 333). Beim Erhitzen von Brom-α-phenyl-α-pro-pylen $C_6H_5\cdot C_3H_4Br\cdot CH_3$ (erhältlich aus $C_6H_5\cdot CHBr\cdot CBr(CH_3)\cdot CO_2H$ durch alkoh. Kali-lauge oder durch Wasser) mit alkoh. Kalilauge (KÖRNER, *B*. **21**, 276). Entsteht unter Um-lagerung aus α-Brom-β-phenyl-α-propylen durch schmelzendes Kali bei 180° (TIFFENEAU, *C. r.* **135**, 1347; *A. ch.* [8] **10**, 169). Entsteht im Gemisch mit anderen Produkten durch Einw. von Magnesium in Äther aus α-Brom-β-phenyl-α-propylen und Zersetzung des Reaktions-produktes durch Wasser (Tr., *A. ch.* [8] **10**, 171). — Aromatisch riechendes Öl, das sich am Licht gelblich färbt (NEF). Kp: 185° (K.).; Kp: 181—182°; Kp_{14}: 74—75° (NEF). — Ver-bindet sich sehr langsam mit $HgCl_2$ in Wasser zu einer amorphen Verbindung $2C_9H_8 + 3HgO + 3HgCl_2$, die beim Erhitzen mit Salzsäure Äthylphenylketon liefert (K.).

1³.1³-Dichlor-1-[propin-(1¹)-yl]-benzol, Phenylpropargylidenchlorid $C_9H_6Cl_2 = C_6H_5\cdot C:C\cdot CHCl_2$. *B*. Aus Phenylpropargylaldehyd und PCl_5 (CHARON, DUGOUJON, *C. r.* **137**, 126). — Stark lichtbrechende Flüssigkeit. Erstarrt bei —14°; Kp_{22}: 131—132°; siedet unter gewöhnlichem Druck mit partieller Zersetzung. D^0: 1,2435. — Wird selbst durch heißes Wasser nur langsam zersetzt.

2. **1-Methyl-4-acetylenyl-benzol, p-Tolyl-acetylen, p-Acetylenyl-toluol** $C_9H_8 = CH_3\cdot C_6H_4\cdot C:CH$. *B*. Durch Reduktion von α.β-Dichlor-α-p-tolyl-äthylen mit Natrium in Äther (KUNCKELL, GOTSCH, *B*. **33**, 2656). Aus p-Tolyl-propiolsäure (Syst. No. 950) beim Erhitzen mit Anilin (GATTERMANN, *A*. **347**, 359). — Prismen. Riecht nach Anis und Fenchel. F: 23° (K., Go.; GA.). Kp: 168° (GA.); Kp_{35-40}: 60—70°; Kp_{760}: 168—170°; D^{15}: 0,912 (K., Go.). — Gibt ein gelbgrünes Cuprosalz (GA.).

4²-Chlor-1-methyl-4-acetylenyl-benzol, 1-Methyl-4-[chloracetylenyl]-benzol, p-[Chloracetylenyl]-toluol $C_9H_7Cl = CH_3 \cdot C_6H_4 \cdot C \vdots CCl$. *B.* Man erhitzt $\alpha.\beta$-Dichlor-α-p-tolyl-äthylen mit alkoh. Kalilauge (KUNCKELL, GOTSCH, *B.* **33**, 2656). — Öl. Kp_{35}: 145° bis 150°. D^{18}: 1,1142.

3. *Inden* $C_9H_8 = C_6H_4{<}^{CH_2}_{CH}{>}CH$.　Bezifferung[1]):

B. Entsteht bei der trocknen Destillation der Steinkohle und findet sich daher im leichten Steinkohlenteeröl (KRAEMER, SPILKER, *B.* **23**, 3276). Von DENNSTEDT und AHRENS (*B.* **27** Ref., 602) wurde es im Hamburger Leuchtgase aufgefunden. Bei der destruktiven Destillation von Braunkohlenteeröl (SCHULTZ, WÜRTH, *C.* **1905** I, 1443). Salzsaures 1-Aminohydrinden (Syst. No. 1709) wird vorsichtig auf etwa 250° erhitzt; das Destillat ist Inden (KIPPING, HALL, *Soc.* **77**, 468). Inden entsteht durch Erhitzen von Trimethyl-hydrindyl-ammoniumjodid $C_9H_4{<}^{CH_2}_{CH(N[CH_3]_3I)}{-}^{CH_2}$ (Syst. No. 1709) (KI., H.). Durch Destillieren des Bariumsalzes der Hydrinden-carbonsäure-(2) (Syst. No. 949) (PERKIN jun., RÉVAY, *B.* **26**, 2252; *Soc.* **65**, 247; vgl. KI., H.). Neben Hydrinden durch Destillation von Parainden (S. 516) (KRAEMER, SPILKER, *B.* **33**, 2261). — *Darst.* Man löst in der bei 176—182° siedenden Fraktion des Teeröls so viel Pikrinsäure heiß auf, als zur Bindung der vorher mit Brom titrierten Mengen ungesättigter Verbindungen nötig ist. Das beim Erkalten ausfallende rohe Pikrat (Syst. No. 523) zerlegt man im Dampfstrome, man löst das Destillat in Toluol löst, zur Lösung Pikrinsäure gibt und abermals das Pikrat im Dampfstrome zersetzt (KR., SP., *B.* **23**, 3277). — Trennung des Indens von begleitenden Kohlenwasserstoffen durch Überführung in Indennatrium und dessen Zerlegung mit Wasser: WEISSGERBER, *B.* **42**, 569.

Inden erstarrt in der Kälte zu großen Krystallen; F: —2° (WEI.). Kp_{761}: 182,2—182,4° (korr.) (SPILKER, DOMBROWSKY, *B.* **42**, 572); $Kp_{749,6}$: 181—181,3° (KI., H.); Kp_{766}: 181,0° (korr.) (P. sen., *Soc.* **69**, 1249). D_4^0: 1,0059 (P. sen. bei P. jun., R., *Soc.* **65**, 249), 1,0081 (KI., Do.); $D_4^{4,1}$: 1,00227 (P. sen., *Soc.* **69**, 1230); D_4^{19}: 0,9970 (P. sen. bei P. jun., R.), 1,0002 (SP., Do.); D_4^{38}: 0,9906 (P. sen. bei P. jun., R.). — $n_\alpha^{6,3}$: 1,57354; $n_\beta^{6,3}$: 1,57980; $n_\gamma^{6,3}$: 1,61219 (P. sen., *Soc.* **69**, 1230); $n_D^{6,3}$: 1,5773 (SP., Do.); Mol.-Refraktion und ·Dispersion: P. sen., *Soc.* **69**, 1230. — Magnetische Drehung: P. sen. bei P. jun., R., *Soc.* **65**, 249; P. sen., *Soc.* **69**, 1144, 1153, 1242.

Schon bei gewöhnlicher Temperatur und im Dunkeln beginnt das Inden, sich zu polymerisieren; beim Destillieren und Erhitzen erfolgt rasche Polymerisation [unter Bildung von harzigem Parainden (S. 516)], der Spaltungen unter Bildung von Hydrinden und Truxen $C_{27}H_{18}$ (Syst. No. 494) parallel laufen (WEGER, BILLMANN, *B.* **36**, 640). Beim Durchleiten von Inden durch ein glühendes Rohr entsteht Chrysen $C_{18}H_{12}$ (Syst. No. 488) (SPILKER, *B.* **26**, 1544). An Luft und Licht nimmt Inden rasch Sauerstoff auf (WEG., BI.). Wird von wäßr. $KMnO_4$-Lösung zu 1.2-Dioxy-hydrinden (Syst. No. 560a) und weiter zu Homophthalsäure (Syst. No. 979) oxydiert (HEUSLER, SCHIEFFER, *B.* **32**, 29). Wird von siedender 30%iger Salpetersäure zu Phthalsäure oxydiert (KR., SP., *B.* **23**, 3278). Wird von Natrium in siedendem Alkohol zu Hydrinden reduziert (KR., SP., *B.* **23**, 3281). Beim Erhitzen von Inden mit Natrium auf 140—150° entsteht Indennatrium (WEISSGERBER, *B.* **42**, 570). Inden gibt bei 200° mit Nickel und Wasserstoff Hydrinden und geringe Mengen höher siedender Produkte; dagegen tritt bei 300° keine Hydrierung mehr ein (PADOA, FABRIS, *R. A. L.* [5] 17 I, 113; *G.* **39** I, 330). Liefert in äther. Lösung mit 2 At.-Gew. Brom bei 0° das Dibromid $C_9H_8Br_2$ (S. 487) (KR., SP., *B.* **23**, 3279). Vereinigt sich ebenso mit Chlor zu einem flüssigen Dichlorid, das beim Kochen mit viel 20%igem Alkohol 1-Chlor-2-oxy-hydrinden gibt (SP., *B.* **26**, 1541). Bei der Einw. nitroser Gase auf Inden im Äther entstehen α-Indennitrosit (S. 516) und eine weiße, bei 153° schmelzende Verbindung (DENNSTEDT, AHRENS, *B.* **28**, 1332; WALLACH, BESCHKE, *A.* **336**, 2) Einw. von Amylnitrit und Salzsäure auf Inden: D., A., *B.* **28**, 1333. Einw. von Amylnitrit und Natriumalkoholat: MARCKWALD, *B.* **28**, 1504. Bei vorsichtiger Behandlung von Inden mit Schwefelsäure scheint ein saurer Schwefelsäureester des Oxyhydrindens $C_9H_4{<}^{CH(O \cdot SO_3H)}_{CH_2}{-}^{CH_2}$ (?) zu entstehen (KR., SP., *B.* **33**, 2260). Bei der Einw. einer Schwefelsäure von mehr als 75% H_2SO_4 sowie von Aluminiumchlorid wird in Benzol

---

[1]) In der Originalliteratur wird das Inden nach Schema I oder nach Schema II beziffert:

I.　　　　　　　　　II.

33*

gelöstes Inden unter lebhafter Temperatursteigerung zu Parainden (s. u.) polymerisiert (KR., SP., *B.* **33**, 2260; vgl. WEGER, *Z. Ang.* **22**, 345). — Inden läßt sich durch Erhitzen mit Methyljodid und gepulvertem Ätzkali in 1-Methyl-inden (S. 520) überführen (MARCKWALD, *B.* **33**, 1504; THIELE, BÜHNER, *A.* **347**, 266). Mit Benzylchlorid und festem Kali entstehen bei 160° 1-Benzyl-inden (Syst. No. 485a) (MA.) und 1.3-Dibenzyl-inden (Syst. No. 489) (TH., BÜ., *A.* **347**, 263). Inden läßt sich mit Benzaldehyd durch alkoh. Natriumalkoholat in der Kälte zu 1-[α-Oxy-benzyl]-3-benzal-inden (Syst. No. 546) kondensieren (MA., *B.* **28**, 1503; vgl. THIELE, *B.* **33**, 3395); nebenher entsteht 3-Benzal-inden (Syst. No. 486) (TH., *B.* **33**, 3398; TH., BÜ., *A.* **347**, 258). Analog verlaufen die Reaktionen mit p-Nitro-benzaldehyd (TH., BÜ., *A.* **347**, 272) und mit Anisaldehyd (TH., BÜ., *A.* **347**, 268). Inden kondensiert sich mit Oxalester in Gegenwart von Natriumäthylat zu Indenoxalester

$$C_6H_4\!\!\begin{array}{c}CH-CO\cdot CO_2\cdot C_2H_5\\ \diagdown\!\!\diagup\\CH\end{array}\!\!\!>\!\!CH \qquad \text{(Syst. No. 1297) (W. WISLICENUS, } B. \text{ } \mathbf{33}, \text{ 773; TH., } B. \text{ } \mathbf{33}, \text{ 851).}$$

Wertbestimmung des technischen Indens. Das über das Pikrat vorgereinigte Produkt wird mit etwas Alkohol verdünnt und mit Benzaldehyd und Kalilauge geschüttelt; nach dem Abtreiben der Verunreinigungen durch Wasserdampf hinterbleibt reines 1-[α-Oxy-benzyl]-3-benzal-inden (F: 135°) (die Menge desselben entspricht meist einem Gehalte der frischen Präparate an 80%, der älteren Präparate an 65% Inden); die Verunreinigungen bestehen .z. B. aus Hydrinden, Cumaron (Syst. No. 2367), Truxen (Syst. No. 494) und Produkten der Autoxydation und Polymerisation des Indens (WEGER, BILLMANN, *B.* **36**, 640).

Indennatrium C_9H_7Na. *B.* Durch Erhitzen von Inden mit Natriumamid (oder Natrium und Ammoniak) (WEISSGERBER, *B.* **42**, 569; Ges. f. Teerverwertung, D. R. P. 205465; *C.* **1909 I,** 415). Durch Erhitzen von Inden mit Natrium allein auf 140° oder in Gegenwart von organischen Basen (Anilin, Pyridin) auf 105° (WEISSG.; Ges. f. T., D. R. P. 209694; *C.* **1909 I,** 1916). Amorph. Zieht aus der Luft begierig Wasser, Sauerstoff und Kohlendioxid an; zerfällt mit Wasser in Inden und Natriumhydroxyd (WEISSG.).

Verbindungen von Inden mit Mercurisulfat und Mercurioxyd $C_9H_8+HgSO_4$ $+2HgO$ (BOES, *C.* **1901 II,** 1348). — $C_9H_8+2HgSO_4+2HgO+H_2O$. Gelber Niederschlag. Verliert gegen 100° Wasser, zersetzt sich oberhalb 200°. Unlöslich in Wasser und den üblichen Solvenzien. Durch H_2S oder warme Salzsäure wird Inden zurückgebildet.

Verbindung von Inden mit 1.3.5-Trinitro-benzol $C_9H_8+C_6H_3O_6N_3$. Gelbe Nadeln. F: 101—102° (BRUNI, TORNANI, *R. A. L.* [5] **14 I,** 154; *G.* **35 II,** 305). — Verbindung mit Pikrylchlorid $C_9H_8+C_6H_2O_6N_3Cl$. Gelbe Nadeln. F: 39° (BR., TO., *R. A. L.* [5] **14 I,** 154; *G.* **35 II,** 305). — Verbindung mit Pikrinsäure s. Syst. No. 523.

α-Indennitrosit $C_9H_8O_3N_2$. *B.* Aus Inden in Petroläther oder Äther und nitrosen Gasen unter Kühlung (DENNSTEDT, AHRENS, *B.* **28**, 1332; WALLACH, BESCHKE, *A.* **336**, 2). Aus Inden, Amylnitrit und Eisessig (D., A.). — Krystallpulver. F: 107—109° (Zers.); unlöslich in den üblichen Solvenzien (D., A.). — Geht beim Kochen mit absol. Alkohol in β-Indennitrosit (s. u.) über (D., A.). Liefert bei der Destillation mit Wasserdampf 2-Nitro-inden (W., B.).

β-Indennitrosit $C_9H_8O_3N_2$. *B.* Beim Kochen von α-Indennitrosit (s. o.) mit absol. Alkohol (D., A., *B.* **28**, 1332). — Nadeln (aus Benzol). F: 136—137°. Leicht löslich in Alkohol, Äther und heißem Benzol, unlöslich in Wasser und Petroläther.

Parainden, Indenharz $(C_9H_8)_x$. *B.* Inden geht durch 20-stdg. Erhitzen unter Rückfluß zu 30% in Parainden über (WEGER, BILLMANN, *B.* **36**, 643). Durch Einw. von Aluminiumchlorid oder von konz. Schwefelsäure auf Inden in Benzol (KRAEMER, SPILKER, *B.* **33**, 2260; vgl. KR., SP., *B.* **28**, 3278). — Das durch Schwefelsäure gewonnene Präparat bildet eine weiße, in Benzol lösliche Masse vom Schmelzpunkt 210° (KR., SP., *B.* **33**, 2260). Destilliert bei 290—340° unter Bildung von Inden, Hydrinden (KR., SP.; STOERMER, BOES, *B.* **33**, 3016) und Truxen (Syst. No. 494) (WEGER, *Z. Ang.* **22**, 345).

x.x-Dichlor-inden $C_9H_6Cl_2$. *B.* Man fügt unter Kühlung PCl_5 zu geschmolzenem α-Hydrindon $C_6H_4\!\!<\!\!\begin{array}{c}CH_2\\CO\end{array}\!\!>\!\!CH_2$ und erhitzt alsdann (HAUSMANN, *B.* **22**, 2025). — Prismen (aus Methylalkohol). F: 29°. Leicht löslich in den üblichen Solvenzien bei Siedehitze. — Liefert mit Jodwasserstoff bei 200° Truxen (Syst. No. 494).

Oktachlorinden, Perchlorinden C_9Cl_8. *B.* Bei zweistündigem Erhitzen von Perchlor-indenon $C_6Cl_4\!\!<\!\!\begin{array}{c}CO\\CCl\end{array}\!\!>\!\!CCl$ mit PCl_5 auf 190—200° (ZINCKE, GÜNTHER, *A.* **272**, 270). — Nadeln (aus Alkohol). F: 85°. Sublimiert unzersetzt. Leicht löslich in Benzol und Benzin, in der Wärme auch in Alkohol und Essigsäure.

5- oder 6-Brom-inden $C_9H_7Br = C_6H_3Br<^{CH_2}_{CH}>CH$. *B.* Bei der Destillation von 1.5- oder 1.6-Dibrom-hydrinden (S. 487) (PERKIN, RÉVAY, *B.* **26**, 2254; *Soc.* **65**, 252). — Kp: 242—244°. — Bei der Oxydation durch HNO_3 entsteht 4-Brom-benzol-dicarbonsäure-(1.2).

2-Nitro-inden $C_9H_7O_2N = C_6H_4<^{CH}_{CH}>C \cdot NO_2$. *B.* Man destilliert α-Indennitrosit (S. 516) in kleinen Portionen mit Wasserdampf (WALLACH, BESCHKE, *A.* **336**, 2). — Krystalle (aus Eisessig). F: 141°. — Gibt bei der Reduktion mit Zinkstaub und Essigsäure Hydrindon-(2)-oxim (Syst. No. 644).

3. Kohlenwasserstoffe $C_{10}H_{10}$.

1. *1-[Butin-(1^1)-yl]-benzol, α-Butinyl-benzol, α-Phenyl-α-butin, Äthylphenyl-acetylen* $C_{10}H_{10} = C_6H_5 \cdot C \vdots C \cdot C_2H_5$. *B.* Aus Phenylacetylen-Natrium und Äthyljodid bei 120—140° (MORGAN, *Soc.* **29**, 162; *J.* 1876, 398). Aus Phenyljodacetylen und Zinkdiäthyl (PERATONER, *G.* **22** II, 98). — Stark lichtbrechende Flüssigkeit von eigentümlichem Geruch. Kp: 201—203° (unkorr.); D^{21}: 0,923 (M.). — Mit Jod in Chloroform entsteht bei 100° α.β-Dijod-α-phenyl-α-butylen (P.).

2. *1-[Butadien-($1^1.1^2$)-yl]-benzol, α.β-Butadienyl-benzol, α-Phenyl-α.β-butadien* $C_{10}H_{10} = C_6H_5 \cdot CH : C : CH \cdot CH_3$.

1^1-Chlor-1-[butadien-($1^1.1^2$)-yl]-benzol (?), α-Chlor-α-phenyl-α.β-butadien (?) $C_{10}H_9Cl = C_6H_5 \cdot CCl : C : CH \cdot CH_3$ (?). *B.* Durch 5-stdg. Erhitzen von α-Chlor-β-brom-α-phenyl-α-butylen mit konz. alkoh. Kalilauge (KUNCKELL, SIECKE, *B.* **36**, 775). — Flüssig. Kp_9: 102—105°; Kp_{760}: 232—234°. D^{14}: 1,1434.

3. *1-[Butadien($1^1.1^3$)-yl]-benzol, α.γ-Butadienyl-benzol, α-Phenyl-α.γ-butadien* $C_{10}H_{10} = C_6H_5 \cdot CH : CH \cdot CH : CH_2$. *B.* Aus Zimtaldehyd und überschüssigem Methylmagnesiumjodid; man zersetzt das Reaktionsprodukt durch Eiswasser, das wenig verd. Schwefelsäure und SO_2 enthält (KLAGES, *B.* **37**, 2309). In besserer Ausbeute durch Einw. von Methylmagnesiumbromid auf Zimtaldehyd in äther. Lösung und Zerlegung durch 30%ige Schwefelsäure (VON DER HEIDE, *B.* **37**, 2103). Durch Kochen von γ-Chlor-α-phenyl-α-butylen (S. 487) mit der 5-fachen Menge Pyridin (K., *B.* **35**, 2650). Bei der Destillation von γ-Oxy-α-phenyl-α-butylen (Syst. No. 534) im Vakuum (die Reaktion gelingt aber nicht immer) (STRAUS, *B.* **42**, 2882). Bei rascher Destillation von Cinnamylidenessigsäure oder Allocinnamylidenessigsäure (Syst. No. 950) mit Chinolin (DOEBNER, STAUDINGER, *B.* **36**, 4321, 4324). Wurde (in einer Ausbeute von 20%) beim Destillieren von nicht völlig reiner Allocinnamylidenessigsäure im Vakuum des Kathodenlichts erhalten (LIEBERMANN, RIIBER, *B.* **33**, 2401). Neben Cinnamylidenessigsäure und Kohlenwasserstoffen bei der raschen Destillation von Cinnamylidenmalonsäure (Syst. No. 991) mit Chinolin (RIIBER, *B.* **37**, 2274; vgl. LIEBERMANN, R., *B.* **35**, 2696). Entsteht in geringer Menge durch Erhitzen der sog. weißen Allocinnamylidenmalonsäure $(HO_2C)_2C:CH \cdot CH<^{CH(C_6H_5)}_{CH(C_6H_5)}>CH \cdot CH:C(CO_2H)_2$ (Syst. No. 1032) mit Baryt (DOEBNER, SCHMIDT, *B.* **40**, 151). — Stark lichtbrechende Flüssigkeit von styrolartigem Geruch. Erstarrt in Eis (KLAGES, *B.* **40**, 1769) zu Blättern (K., *B.* **37**, 2310). F: +4,5° (L., R., *B.* **35**, 2697). Kp_{11}: 86° (korr.) (K., *B.* **37**, 2310); Kp_{12}: 93—95° (D., SCH.); Kp_{15}: 90° (K., *B.* **40**, 1769); Kp_{18}: 90—92° (D., STAU.); Kp_{18}: 96° (v. D. H.), 94—96° (K., *B.* **35**, 2650); Kp_{20}: 95° (L., R., *B.* **35**, 2697). Flüchtig mit Wasserdampf; die Dämpfe riechen stechend (K., *B.* **35**, 2650). Polymerisiert sich beim Destillieren unter gewöhnlichem Druck zu hochsiedenden Produkten (K., *B.* **35**, 2650). D^{16}_4: 0,9309 (K., *B.* **40**, 1769); D^{21}_4: 0,9286 (L., R., *B.* **35**, 2697). Unlöslich in Wasser, löslich in den organischen Solvenzien (L., R., *B.* **35**, 2697). n^{16}_α: 1,60345; n^{16}_β: 1,61283; n^{16}_γ: 1,67190 (K., *B.* **40**, 1769). — Verharzt an der Luft durch Polymerisation unter Verminderung der Dichte (K., *B.* **35**, 2651; **40**, 1769; L., R., *B.* **35**, 2697). Wird Phenylbutadien (in Gegenwart von Wasserstoff) auf 150—155° erhitzt (R., *B.* **37**, 2274; vgl. L., R., *B.* **35**, 2697) oder mit Pyridin gekocht (v. D. HEIDE, *B.* **37**, 2103), so entsteht „Bis-Phenylbutadien" (Syst. No. 486). Phenylbutadien liefert beim Leiten durch ein glühendes Rohr viel Naphthalin (L., R., *B.* **35**, 2697). Wird von Kaliumpermanganat oxydiert (L., R., *B.* **35**, 2697). Wird durch Natrium oder Natrium-Amalgam in Alkohol zu α-Phenyl-β-butylen reduziert (K., *B.* **35**, 2651; **37**, 2310; STRAUS, *A.* **342**, 257). Bei der Addition von Brom entstehen das Dibromid $C_6H_5 \cdot CH:CH \cdot CHBr \cdot CH_2Br$ (S. 487) (STRAUS, *B.* **42**, 2871, 2882) und zwei Tetrabromide von den Schmelzpunkten 151° und 76° (S. 413, 414) (RIIBER, *B.* **36**, 1404; vgl. K., *B.* **35**, 2651). Phenylbutadien bildet mit 1 Mol.-Gew. Phenylmercaptan die [nur als Sulfon (Syst. No. 534) charakterisierte] Verbindung $C_6H_5 \cdot CH:CH \cdot CH_2 \cdot CH_2 \cdot S \cdot C_6H_5$ (POSNER, *B.* **38**, 655).

4. **„Phenylcrotonylen"** $C_{10}H_{10} = C_6H_5 \cdot C_4H_5$. *B.* Das aus Benzylchlorid, Allyljodid und Natrium gewonnene ω-Phenyl-butylen (S. 488) liefert ein Dibromid (S. 413, Z. 15 v. u.); dieses wird mit alkoh. Kali auf 175—180° erhitzt (ARONHEIM, *A.* **171**, 231). — Flüssig. Kp: 185—190°. Fällt Silbernitrat nicht.

5. **4-Äthyl-1-acetylenyl-benzol, [4-Äthyl-phenyl]-acetylen** $C_{10}H_{10} = C_2H_5 \cdot C_6H_4 \cdot C \vdots CH$. *B.* Durch Einw. von Natrium auf $C_2H_5 \cdot C_6H_4 \cdot CCl\!:\!CHCl$ (S. 491) in Äther (KUNCKELL, KORITZKY, *B.* **33**, 3261). — Öl. Kp_{16}: 110°. D^{18}: 0,9086. Riecht stark nach Anis.

1^1-Chlor-4-äthyl-1-acetylenyl-benzol, 4-Äthyl-1-[chloracetylenyl]-benzol $C_{10}H_9Cl$ $= C_2H_5 \cdot C_6H_4 \cdot C \vdots CCl$. *B.* Durch 3-stdg. Erhitzen von $C_2H_5 \cdot C_6H_4 \cdot CCl\!:\!CHCl$ mit alkoh. Kalilauge (KUNCKELL, KORITZKY, *B.* **33**, 3261). — Öl. Kp_{25}: 160—170°. D^{17}: 1,0871. Riecht intensiv nach Apfelsinen.

6. **1.4-Divinyl-benzol** $C_{10}H_{10} = CH_2\!:\!CH \cdot C_6H_4 \cdot CH\!:\!CH_2$. *B.* Beim Destillieren von $1^1.4^1$-Dibrom-1.4-diäthyl-benzol mit Chinolin unter etwa 10 mm Druck (INGLE, *B.* **27**, 2528). — Kp: ca. 180° (Zers.). — Verbindet sich mit HBr zu $1^1.4^1$-Dibrom-1.4-diäthyl-benzol.

$1^1.4^1$-Dibrom-1.4-divinyl-benzol, 1.4-Bis-[β-brom-vinyl]-benzol $C_{10}H_8Br_2 = CHBr\!:\!$ $CH \cdot C_6H_4 \cdot CH\!:\!CHBr$. *B.* Beim Erwärmen von p-Phenylen-bis-[$\alpha.\beta$-dibrom-propionsäure] $C_6H_4(CHBr \cdot CHBr \cdot CO_2H)_2$ mit Sodalösung (EPHRAIM, *B.* **34**, 2785). — Nadeln (aus Alkohol). F: 135°.

$1^1.4^1$-Dinitro-1.4-divinyl-benzol, 1.4-Bis-[β-nitro-vinyl]-benzol $C_{10}H_8O_4N_2 = O_2N \cdot$ $CH\!:\!CH \cdot C_6H_4 \cdot CH\!:\!CH \cdot NO_2$. *B.* Aus Terephthalaldehyd (Syst. No. 672) und Nitromethan in Alkohol mittels methylalkoholischer Kalilauge; man zerlegt das sich ausscheidende Kaliumsalz mit Mineralsäuren (THIELE, *B.* **32**, 1295). — Orangefarbene Krystalle, die sich von 200° ab zersetzen und bei 230° unter Gasentwicklung völlig schmelzen. Schwer löslich in heißem Alkohol.

7. **1.4-Dimethyl-2-acetylenyl-benzol** $C_{10}H_{10} = (CH_3)_2C_6H_3 \cdot C \vdots CH$.

2^1-Chlor-1.4-dimethyl-2-acetylenyl-benzol, 1.4-Dimethyl-2-[chloracetylenyl]-benzol $C_{10}H_9Cl = (CH_3)_2C_6H_3 \cdot C \vdots CCl$. *B.* Aus 1.4-Dimethyl-2-[$\alpha.\beta$-dichlor-vinyl]-benzol (S. 491) und alkoh. Kalilauge (KUNCKELL, GOTSCH, *B.* **33**, 2657). — Öl. Kp_{27}: 135—140°. D^{19}: 1,0743.

8. **Phenylcyclobuten** $C_{10}H_{10} = C_6H_5 \cdot CH \!\!<\!\!\begin{smallmatrix}CH\\CH\end{smallmatrix}\!\!>\!\! CH_2$ oder $C_6H_5 \cdot CH \!\!<\!\!\begin{smallmatrix}CH\\CH_2\end{smallmatrix}\!\!>\!\! CH$. Zur Konstitution vgl. DOEBNER, STAUDINGER, *B.* **36**, 4319. — *B.* Durch Erhitzen von 40 g Cinnamylidenessigsäure mit 120 g Baryt, neben viel Diphenyl-tricyclooctan $H_5C \cdot CH \cdot CH \cdot CH \cdot C_6H_5$
$H_5C \cdot CH \cdot CH \cdot CH \cdot C_6H_5$ (Syst. No. 486) (DOEBNER, *B.* **35**, 2137; D., ST., *B.* **36**, 4319). In geringer Menge bei der Destillation von Allocinnamylidenessigsäure mit entwässertem Baryumhydroxyd (D., ST., *B.* **36**, 4323). In geringer Menge durch Erhitzen von Cinnamyliden-malonsäure (Syst. No. 991) mit Baryt, neben Diphenyl-tricyclooctan als Hauptprodukt (D., SCHMIDT, *B.* **40**, 149). — Blättchen (aus Äther). F: 25°; Kp_{10}: 120—122° (D.); Kp_{12}: 118—122° (D., SCH.). — Entfärbt nicht Brom in Chloroform (D., ST.)

9. **Naphthalin-dihydrid-(1.4), Δ^2-Dihydronaphthalin** $C_{10}H_{10} =$ $C_6H_4 \!\!<\!\!\begin{smallmatrix}CH_2 \cdot CH\\CH_2 \cdot CH\end{smallmatrix}$ (vgl. No. 10). *B.* Entsteht neben Naphthalin aus 2.3-Dibrom-naphthalin-tetrahydrid-(1.2.3.4) und Zinkstaub in siedendem Alkohol (BAMBERGER, LODTER, *B.* **26**, 1834; *A.* **288**, 97 Anm.). Beim Erhitzen von 2-Oxy-naphthalin-tetrahydrid-(1.2.3.4) (Syst. No. 534) mit festem Kali (BAMBERGER, LODTER, *B.* **23**, 208). Durch Erwärmen von 2-Amino-naphthalin-tetrahydrid-(1.2.3.4) (Syst. No. 1709) mit Amylnitrit (BAMBERGER, MÜLLER, *B.* **21**, 1116), sowie durch Erhitzen des Nitrites dieser Base (BAM., MÜ.; vgl. NOYES, BALLARD, *B.* **27**, 1451; *Am.* **16**, 455). In geringer Menge bei der Reduktion von β-Naphthylamin durch Natrium in siedendem Amylalkohol (BAMBERGER, MÜLLER, *B.* **21**, 850, 859). Entsteht neben anderen Produkten durch Einw. von Natrium auf eine kochende alkoh. Lösung von α- oder β-Naphthonitril (Syst. No. 951) (BAM., LO., *B.* **20**, 1704; BAM., BOEKMANN *B.* **20**,

1711). Neben Anilin bei der Zersetzung von $C_6H_4{\displaystyle{CH_2 \cdot CH \cdot N_2H \cdot C_6H_5 \atop CH_2 \cdot CH_2}}$ (Syst. No. 2229)
mit verd. Schwefelsäure (BAM., MÜLLER, B. **21**, 1114). — *Darst.* Man gießt die Lösung von 15 g
Naphthalin in 300 ccm absol. Alkohol allmählich auf 22,5 g Natrium und kocht bis zur Lösung
des Metalls (BAMBERGER, LODTER, B. **20**, 1705, 3075; A. **288**, 75). — Erstarrt in der Kälte
zu großen glasglänzenden Tafeln, die bei 15,5° schmelzen; flüchtig mit Wasserdampf (BAM.,
LO., B. **20**, 1704). Kp: 210° (LEROUX, C. r. **151**, 384), 211—212°; $D_4^{1,4}$: 0,99745; $D_4^{4,7}$: 0,99448;
$n_\alpha^{12,4}$: 1,56910; $n_D^{12,4}$: 1,57494; $n_\beta^{12,4}$: 1,59135; $n_\alpha^{4,7}$: 1,56827; $n_D^{4,7}$: 1,57399; $n_\beta^{4,7}$: 1,59040 (PELLINI,
G. **31** I, 5, 9). Molekulare Verbrennungswärme bei konstantem Druck: 1313 Cal. (LER.,
C. r. **151**, 384). Absorptionsspektrum: BALY, TUCK, Soc. **93**, 1903. — Geht beim Erhitzen
auf Rotglut fast glatt in Naphthalin über (BAM., LO., B. **20**, 1705). Wird (in Cyclohexan)
durch Wasserstoff bei Gegenwart von Platinschwarz zu Naphthalin-tetrahydrid-(1.2.3.4)
reduziert (LER., C. r. **151**, 386). Addiert in Chloroform unter Kühlung mit Eis-Kochsalz-
Mischung Brom zu 2.3-Dibrom-naphthalin-tetrahydrid-(1.2.3.4) (BAM., LO., B. **20**, 1705).
Beim Behandeln von Naphthalindihydrid mit Kaliumhypochloritlösung und Borsäure
entstehen 3-Chlor-2-oxy-naphthalin-tetrahydrid-(1.2.3.4) (Syst. No. 534), Tetrahydronaph-
thylenoxyd $C_6H_4{\displaystyle{CH_2 \cdot CH \atop CH_2 \cdot CH}}O$ (Syst. No. 2367) und Naphthalin (BAM., LO., B. **26**, 1835;
A. **288**, 81). Naphthalindihydrid liefert mit IOH (Jod und gelbem Quecksilberoxyd in wäßr.
Äther) 3-Jod-2-oxy-naphthalin-tetrahydrid-(1.2.3.4) (LER., A. ch. [8] **21**, 460, 508). Liefert
mit Mercuriacetat ein krystallinisches Salz, das sich mit KBr zur Verbindung
$C_6H_4{\displaystyle{CH_2 - CH \cdot HgBr \atop CH_2 - CH \cdot OH}}$ (Syst. No. 2350) umsetzt (SAND, GENSSLER, B. **36**, 3706). Bildet
mit 1 Mol.-Gew. Phenylmercaptan in Eisessig + Schwefelsäure die [nur als Sulfon (Syst.
No. 534) charakterisierte] Verbindung $C_6H_4{\displaystyle{CH_2 \cdot CH_2 \atop CH_2 \cdot CH \cdot S \cdot C_6H_5}}$ (POSNER, B. **38**, 654). Verbindet sich nicht mit Pikrinsäure (BAM., LO., B. **20**, 1704).

10. Angaben über ***Naphthalindihydrid*** $C_{10}H_{10}$ und substituierte Naphthalindihy-
dride, bei welchen die Stellung der addierten Atome nicht berücksichtigt ist, und die
sich zum Teil wohl auf Gemische beziehen.

B. Bei der trocknen Destillation der Steinkohle, findet sich daher im Steinkohlenteer
(BERTHELOT, Bl. [2] **8**, 229; A. ch. [4] **12**, 206; J. **1867**, 593). Durch Erhitzen von Naphthalin
mit Kalium und Behandeln der resultierenden kaliumhaltigen Verbindung mit Wasser (B.,
Bl. [2] **7**, 111; **8**, 229; A. ch. [4] **12**, 157, 205; J. **1866**, 618; **1867**, 593). Durch Erhitzen
von 1 Tl. Naphthalin mit 20 Tln. höchst konz. Jodwasserstoffsäure (B., Bl. [2] **9**, 288; **10**,
435; A. ch. [4] **20**, 398; J. **1867**, 709; **1868**, 291). Durch Behandeln des Kohlenwasserstoffes
$C_{10}H_{12}$, der aus Naphthalin, Jodwasserstoffsäure und rotem Phosphor bei 215—225° entsteht (S. 492) in CS_2 mit etwas mehr als 2 At.-Gew. Brom und Destillieren des Bromierungsproduktes oder Erhitzen desselben mit alkoh. Kali (GRAEBE, GUYE, B. **16**, 3032). — F:
8—10° (GR., GU.). Kp: 212° (GR., GU.), ca. 205° (B.). — Liefert beim Erhitzen auf Rotglut
Naphthalin (B.). Verbindet sich nicht mit Pikrinsäure (B.; GR., GU.).

Dichlornaphthalindihydrid, Naphthalindichlorid $C_{10}H_8Cl_2$. *B.* Entsteht neben
anderen Produkten beim Leiten von trocknem Chlor über Naphthalin bei gewöhnlicher Temperatur (LAURENT, A. ch. [2] **52**, 275; **59**, 198; *Berzelius' Jahresber.* **14**, 366; **16**, 349), im
Sonnenlicht (LEEDS, EVERHART, Am. Soc. **2**, 208), sowie beim Behandeln von geschmolzenem
Naphthalin mit Chlor (FAUST, SAAME, A. **160**, 65). — *Darst.* Man reibt 750 g Naphthalin
mit 360 g Kaliumchlorat zusammen und formt aus dem etwas angefeuchteten Gemenge
kleine Kugeln, die man allmählich in 3,9 kg konz. Salzsäure einträgt. Es bilden sich Naphthalindichlorid und Naphthalintetrachlorid. Dichlorid wird flüssig und wird durch Abpressen
gewonnen; um das in ihm gelöste Tetrachlorid zu entfernen, kühlt man stark ab, vermischt
den flüssigen Anteil mit dem doppelten Volum Äther, gibt Alkohol hinzu und versetzt mit
kleinen Mengen Wasser. Die ersten Fällungen enthalten noch Tetrachlorid; die späteren,
aus Dichlorid bestehenden Fällungen werden wochenlang über Schwefelsäure getrocknet
(E. FISCHER, B. **11**, 735, 1411). — Öl. $D^{0,1}$: 1,287; D^{18}: 1,2648 (GLADSTONE, Soc. **45**, 245).
Leicht löslich in Alkohol, Ligroin, Benzol, Eisessig (FI.); in allen Verhältnissen in Äther, un-
löslich in Wasser (L., A. ch. [2] **52**, 282). $n_\alpha^{22,5}$: 1,6122; $n_D^{22,5}$: 1,6272; n_α^{16}: 1,6096; n_D^{16}: 1,6247
(GL.). — Zersetzt sich unter Entwicklung von Chlorwasserstoff langsam schon bei 40—50°,
stürmisch bei 250—255°, wobei α-Chlor-naphthalin übergeht (FI., B. **11**, 737; vgl. L., A. ch.
[2] **59**, 199; CARIUS, A. **114**, 146). Siedendes Naphthalindichlorid wird von Kalium sehr
langsam angegriffen (L., A. ch. [2] **59**, 199). Wird von Natriumamalgam bei 150° in Naphthalin übergeführt (FI., B. **11**, 738). Vereinigt sich mit Chlor zu Naphthalintetrachlorid
(L., A. ch. [2] **59**, 199); bei energischerer Chlorierung entstehen unter Entwicklung von HCl

chlorreichere Produkte (L., *A. ch.* [2] **59**, 213; **66**, 199); vgl. ferner L., *Gm.* **4**, 38, 47, 52, 53. Einw. von Brom: L., *Gm.* **4**, 73. Liefert beim Kochen mit alkoh. Kali α-Chlor-naphthalin (LAURENT, *Gm.* **4**, 35, 38; vgl. FAUST, S.). Bei der Abspaltung von HCl entsteht auch wenig β-Chlor-naphthalin (ARMSTRONG, WYNNE, *Chem. N.* **61**, 284; *B.* **24** Ref., 713). Einw. von rauchender Schwefelsäure: L., *A.* **72**, 300.

1.4.x.x.x-Pentachlor-naphthalindihydrid („β-Trichlornaphthalindichlorid") $C_{10}H_5Cl_5$. *B.* Entsteht neben einem Acetylderivat $C_{12}H_9O_2Cl_5$ (s. bei α-Chlor-naphthalin, S. 541) beim Einleiten von Chlor in eine eisessigsaure Lösung von α-Chlor-naphthalin (WIDMAN, *Bl.* [2] **28**, 507). — Prismen (aus Alkohol-Benzol). F: 152°. Wenig löslich in Alkohol, leicht in Chloroform. — Gibt mit alkoh. Kali 1.4.x.x-Tetrachlor-naphthalin (F: 130°).

1.5.x.x.x-Pentachlor-naphthalindihydrid („α-Trichlornaphthalindichlorid") $C_{10}H_5Cl_5$. *B.* Durch Sättigen von 1.5-Dichlor-naphthalin in Chloroform mit Chlor unter Kühlung und sofortiges Abdestillieren des Chloroforms (ATTERBERG, WIDMAN, *B.* **10**, 1841; *Bl.* [2] **28**, 507). — Prismen (aus Alkohol). F: 93°. Leicht löslich in Äther und Chloroform. — Zerfällt bei der Destillation oder beim Behandeln mit alkoh. Kali in 1.5.x.x-Tetrachlor-naphthalin (F: 141°) und HCl.

11. 1-Methyl-inden (in der Literatur meist γ-Methyl-inden genannt) $C_{10}H_{10} = C_6H_4{<}^{CH}_{C(CH_3)}{>}CH$ [1]. *B.* Entsteht in geringer Menge bei der Einw. von konz. Schwefelsäure auf Benzylaceton (Syst. No. 640) (v. MILLER, ROHDE, *B.* **23**, 1883). Durch Erhitzen von Inden mit Methyljodid und gepulvertem Ätzkali (MARCKWALD, *B.* **33**, 1505; THIELE, BÜHNER, *A.* **347**, 266). Beim Glühen von 1-Methyl-inden-carbonsäure-(2) (Syst. No. 950) mit Natronkalk (v. PECHMANN, *B.* **16**, 517; ROSER, *A.* **247**, 159; WALLACH, BESCHKE, *A.* **336**, 4). Aus Benzofulvencarbonsäure $C_6H_4{<}^{C=CH\cdot CO_2H}_{CH}{>}CH$ (Syst. No. 951) oder aus Indenessigsäure $C_6H_4{<}^{CH}_{C\cdot CH_2\cdot CO_2H}{>}CH$ (Syst. No. 950) bei der Destillation mit Natronkalk (THIELE, RÜDIGER, *A.* **347**, 281, 283). — Flüssig. Riecht unangenehm, nach Naphthalin. Kp: 205—206° (ROSER), 199—201° (v. PE.), 197—200° (MA.). D_4^{17}: 0,9682; $n_α^{17}$: 1,55319; $n_β^{17}$: 1,55907; $n_γ^{17}$: 1,58865 (BRÜHL, *B.* **25**, 173). — Absorbiert an der Luft lebhaft Sauerstoff und verharzt (ROSER). Vereinigt sich mit Brom in Chloroform unter Kühlung zu einem zersetzlichen Produkt (ROSER). Verharzt mit konz. Schwefelsäure, ebenso beim Erhitzen mit starker Salzsäure (ROSER). Verhalten gegen NOCl: WA., BESCHKE, *A.* **336**, 4, 7. Liefert mit Benzaldehyd in Gegenwart methylalkoholischer Kalilauge 1-Methyl-3-benzal-inden (Syst. No. 486) (TH., BÜ.). Gibt mit Oxalester und alkoholischem Natriumäthylat den Methylindenoxalester $C_6H_4{<}^{CH(CO\cdot CO_2\cdot C_2H_5)}_{C(CH_3)}{>}CH$ (Syst. No. 1297) (TH., RÜ.). — 1 Tropfen Methylinden, mit 1 ccm konz. Schwefelsäure übergossen, gibt eine tief bordeauxrote, schwach grün fluorescierende Lösung, die bei langsamer Verdünnen mit Wasser einen anfangs roten, dann weißen amorphen Niederschlag abscheidet (MA.).

Verbindung mit Pikrinsäure s. Syst. No. 523.

1-Methyl-inden-Nitrosochlorid $C_{10}H_{10}ONCl$. Weißes Krystallpulver. Sehr wenig löslich in fast allen Solvenzien (WALLACH, BESCHKE, *A.* **336**, 4).

2-Nitro-1-methyl-inden $C_{10}H_9O_2N = C_6H_4{<}^{CH_2}_{C(CH_3)}{>}C\cdot NO_2$. *B.* Man löst 1 ccm 1-Methyl-inden in einem Gemisch von 4 ccm Eisessig und 7 ccm 90%igem Alkohol und fügt 1,25 g festes Natriumnitrit hinzu. Beim Abkühlen und Rühren wird die Flüssigkeit blau, dann grün. Wenn sich eine Trübung bemerkbar macht, fügt man etwas Wasser hinzu; es erfolgt dann Entwicklung von N_2O, und Nitromethylinden scheidet sich aus (WALLACH, BESCHKE, *A.* **336**, 5). — Gelbliche Krystalle mit Krystall-Essigsäure (aus Eisessig). Die im Vakuum über Natronkalk und H_2SO_4 getrocknete Substanz schmilzt bei 107—108°. — Wird durch Zinkstaub und Eisessig zum Oxim des 1-Methyl-hydrindons-(2) (Syst. No. 644) reduziert.

12. 2-Methyl-inden $C_{10}H_{10} = C_6H_4{<}^{CH_2}_{CH}{>}C\cdot CH_3$.

5-Chlor-2-methyl-inden $C_{10}H_9Cl = C_6H_3Cl{<}^{CH_2}_{CH}{>}C\cdot CH_3$. *B.* Man erhitzt eine Lösung von 30 g 5-Amino-2-methyl-inden (Syst. No. 1710) in $1^1/_2$ Liter Wasser mit 2 Mol.-

---

[1]) Diese Konstitution ist nach dem Literatur-Schlußtermin der 4. Auflage dieses Handbuches [1. I. 1910] von WÜEST (*A.* **415**, 302) bewiesen worden.

Gew. konz. Salzsäure für 1 Mol.-Gew. Amin auf 90°, fügt eine Lösung von 20 g Cuprochlorid in 100 g konz. Salzsäure hinzu und tröpfelt etwas mehr als 1 Mol.-Gew. Natriumnitrit (in 10%iger Lösung) hinzu. Man destilliert im Dampfstrom und reinigt das übergegangene Öl durch wiederholtes Destillieren im Dampfstrome, schließlich durch Lösen in Äther und Waschen mit Sodalösung (v. MILLER, ROHDE, B. 22, 1835). — Dunkelgelbes Öl. Kp$_{720}$: 240° (unkorr.). — Reduziert in der Wärme langsam ammoniakalische Silberlösung. Wird von Salpetersäure zu 4-Chlor-benzol-dicarbonsäure-(1.2) (Syst. No. 975) oxydiert.

13. *Methylindene* C$_{10}$H$_{10}$ *mit unbekannter Methylstellung*. Nach KRAEMER, SPILKER (in MUSPRATTS Encyclopädischem Handbuch der technischen Chemie, 4. Aufl., Bd. VIII [Braunschweig 1905], S. 73—76) ist ein Methylinden (bezw. ein Gemisch isomerer Methylindene) im Leichtöl des Steinkohlenteers enthalten. Nach BOES (B. 35, 1762) läßt sich aus der von Basen und sauren Ölen befreiten Fraktion 200—210° des Steinkohlenteers ein Gemisch isomerer Methylindene als lichtbrechende, sich bald gelb färbende Flüssigkeit (D^{18}: 0,958) isolieren, die von konz. Schwefelsäure verharzt, von Jodwasserstoffsäure polymerisiert und von siedender Salpetersäure zu Hemimellitsäure C$_6$H$_3$(CO$_2$H)$_3^{1.2.3}$ und Trimellitsäure C$_6$H$_3$(CO$_2$H)$^{1.2.4}$ oxydiert wird.

14. *Isophenylcyclobuten* (C$_{10}$H$_{10}$)$_x$ s. bei Allocinnamylidenessigsäure, Syst. No. 950.

4. Kohlenwasserstoffe C$_{11}$H$_{12}$.

1. *1-[Pentadien-(1^1.1^2)-yl]-benzol*, *a.γ-Pentadienyl-benzol*, *α-Phenyl-a.γ-pentadien* C$_{11}$H$_{12}$ = C$_6$H$_5$·CH:CH·CH:CH·CH$_3$. *B.* Aus der rohen Oxycarbonsäure C$_6$H$_5$·CH:CH·CH(OH)·CH(CH$_3$)·COOH beim Kochen mit 10%iger Schwefelsäure, neben a-Cinnamal-propionsäure C$_{12}$H$_{12}$O$_2$ (Syst. No. 950) und einem Lacton (BAIDAKOWSKI, Ж. 37, 900; C. 1906 I, 349). Man läßt auf das γ-Oxy-a-phenyl-a-amylen (Syst. No. 534) HCl einwirken und erwärmt das hierbei entstehende Chlorid mit Pyridin (KLAGES, B. 40, 1769). Aus Zimtaldehyd und Äthylmagnesiumbromid nach Zersetzung des Reaktionsproduktes durch Eis und verd. Schwefelsäure (K.). — Dünnflüssiges Öl. Krystallisiert bei −4° (K.). Kp: 240—260° (B.); Kp$_{16}$: 116° (korr.) (K.). D$^{11}_4$: 0,9384 (K.). n$^{11}_α$: 1,60167; n$^{11}_β$: 1,61114; n$^{11}_γ$: 1,67038 (K.). — Polymerisiert sich beim Aufbewahren zu einer zähen, in Äther nicht klar löslichen Flüssigkeit (K.). Liefert bei der Reduktion mit Natrium und Alkohol a-Phenyl-β-amylen (K.). Addiert 4 Atome Brom (B.).

2. *1-[1^5-Metho-butadien-(1^1.1^2)-yl]-benzol*, *[γ-Metho-a.γ-butadienyl]-benzol*, *β-Methyl-δ-phenyl-a.γ-butadien*, *δ-Phenyl-isopren* C$_{11}$H$_{12}$ = C$_6$H$_5$·CH: CH·C(CH$_3$):CH$_2$. *B.* Durch Umsetzen von Benzalaceton mit Methylmagnesiumjodid in Äther und Behandlung des Reaktionsproduktes mit Essigsäureanhydrid (GRIGNARD, C. 1901 II, 625; A. ch. [7] 24, 486) oder mit Eiswasser und etwas Schwefelsäure (KLAGES, B. 35, 2651). — Krystalle. F: 27°; Kp$_{15}$: 115° (G.); Kp$_{24}$: 124°; D$^0_0$: 0,9423 (K., B. 35, 2651). — Polymerisiert sich sehr leicht (G.). Wird von Natrium und Alkohol zu β-Methyl-δ-phenyl-β-butylen reduziert (K., B. 35, 2652; 37, 2315).

3. *[a.β-Dimethylen-propyl]-benzol*, *β-Methyl-γ-phenyl-a.γ-butadien*, *γ-Phenyl-isopren* C$_{11}$H$_{12}$ = C$_6$H$_5$·C(:CH$_2$)·C(:CH$_2$)·CH$_3$. *B.* Durch Einw. von Alkalicarbonat auf β.γ-Dibrom-a.a-dimethyl-β-phenyl-buttersäure (unter Umlagerung und Abspaltung von CO$_2$ und 2 HBr), neben etwas β-Oxy-a.a-dimethyl-β-phenyl-γ-butyrolacton: CH$_2$Br·CBr(C$_6$H$_5$)·C(CH$_3$)$_2$·COOH → CH$_2$Br·C(C$_6$H$_5$)(COOH)·CBr(CH$_3$)$_2$ → CH$_2$Br·CH(C$_6$H$_5$)· CBr(CH$_3$)$_2$ → CH$_2$:C(C$_6$H$_5$)·C(CH$_3$):CH$_2$ (COURTOT, Bl. [3] 35, 987). — Flüssig. Kp$_{24}$: 95°. — Liefert bei der Einw. von Brom in der Kälte ein flüssiges, nicht unzersetzt siedendes Dibromid, bei der Einw. von 4 Atomen Brom eine Verbindung C$_{11}$H$_{11}$Br$_3$ (S. 499).

4. *4-Isopropyl-1-acetylenyl-benzol*, *[4-Isopropyl-phenyl]-acetylen*, *p-Cumyl-acetylen* C$_{11}$H$_{12}$ = (CH$_3$)$_2$CH·C$_6$H$_4$·C:CH. *B.* Durch Einwirkung von Natrium auf (CH$_3$)$_2$CH·C$_6$H$_4$·CCl:CHCl in Äther (KUNCKELL, KORITZKY, B. 33, 3262). — Öl. Kp$_{10}$: 110—120°. D^{17}: 0,9124.

1^1-Chlor-4-isopropyl-1-acetylenyl-benzol, 4-Isopropyl-1-[chloracetylenyl]-benzol C$_{11}$H$_{11}$Cl = (CH$_3$)$_2$CH·C$_6$H$_4$·C:CCl. *B.* Aus (CH$_3$)$_2$CH·C$_6$H$_4$·CCl:CHCl durch Kochen mit alkoh. Kalilauge (Ku., Ko., B. 33, 3262). — Öl. Kp$_{30}$: 170—180°. D^{17}: 1,0852.

5. *1.3.5-Trimethyl-2-acetylenyl-benzol*, *[2.4.6-Trimethyl-phenyl]-acetylen* C$_{11}$H$_{12}$ = (CH$_3$)$_3$C$_6$H$_2$·C:CH. *B.* Durch Einwirkung von Natrium auf 1.3.5-Trimethyl-2-[a.β-dichlor-vinyl]-benzol in Äther (KUNCKELL, KORITZKY, B. 33, 3263). — Ätherisch riechendes Öl. Kp$_{30}$: 168—175°. D^{17}: 0,8731.

2^2-Chlor-1.3.5-trimethyl-2-acetylenyl-benzol, 1.3.5-Trimethyl-2-[chloracetylenyl]-benzol $C_{11}H_{11}Cl = (CH_3)_3C_6H_2 \cdot C \vdots CCl$. *B.* Durch Einwirkung von alkoholischer Kalilauge auf 1.3.5-Trimethyl-2-[$\alpha\beta$-dichlor-vinyl]-benzol (KUNCKELL, KOBITZKY, *B.* **33**, 3263). — Öl. Kp_{20}: 180—190°. D^{18}: 1,0349.

6. **Phenylcyclopenten** $C_{11}H_{12} = \begin{matrix} HC-CH_2 \\ | \qquad \\ HC-CH_2 \end{matrix} \!\!\!>\!CH \cdot C_6H_5$ oder $\begin{matrix} HC=CH \\ | \qquad \\ H_2C-CH_2 \end{matrix} \!\!\!>\!CH \cdot C_6H_5$ oder

Gemisch beider. *B.* Beim Erhitzen von 1-Phenyl-cyclopentanol-(3) mit Zinkchlorid (BORSCHE, MENZ, *B.* **41**, 206). Durch 3-stdg. Erwärmen von 3-Brom-1-phenyl-cyclopentan mit wäßr.-alkoh. Kalilauge (B., M.). — Leicht bewegliche Flüssigkeit. Kp: 223—225°. D^{20}: 0,965. n_D: 1,5356. — Entfärbt Bromwasser und alkal. Kaliumpermanganatlösung sofort.

7. **1.2-Benzo-cycloheptadien-(1.3), „Phenocyclohepten"**, L. R.-Name: [Benzolo-1.2-cycloheptadien-1.3] $C_{11}H_{12} = \begin{matrix} \text{CH}_2-\text{CH} \\ | \qquad \quad \| \\ \text{CH}=\!\!=\text{CH} \end{matrix} \!\!\!>\!CH_2$. *B.* Aus salzsaurem Amino-phenocycloheptan $C_6H_4\!\!\begin{matrix} \text{CH}_2-\text{CH}_2 \\ \text{CH(NH}_2) \cdot \text{CH}_2 \end{matrix}\!\!\!>\!CH_2$ beim Erhitzen auf 240° (KIPPING, HUNTER, *Soc.* **83**, 247). — Naphthalinähnlich riechende, stark lichtbrechende Flüssigkeit. Kp_{757}: 233,5—234°. D_4^1: 1,009. — Mit kalter konz. Schwefelsäure entsteht anscheinend ein Kondensationsprodukt. Wird durch Kaliumpermanganat leicht zu γ-[o-Carboxy-phenyl]-buttersäure oxydiert. Gibt mit Brom in Chloroformlösung ein Dibromid (?) [farbloses, aromatisch riechendes, mit Dampf flüchtiges Öl; erstarrt nicht bei 0°; zersetzt sich beim Erhitzen; beständig beim Kochen mit Sodalösung].

8. **Dimethylindene** $C_{11}H_{12}$. In der Fraktion vom Siedepunkt 220—230° des Steinkohlenteers ist ein Gemisch von isomeren Dimethylindenen enthalten (BOES, *C.* **1902** I, 811).

9. **Kohlenwasserstoff** $C_{11}H_{12}$. *V.* Im Erdöl von Balachany (Baku) (MARKOWNIKOW, OGLOBLIN, Ж. **15**, 324; M., *A.* **234**, 113). — Kp: 250—255°. — Liefert mit Brom in Schwefelkohlenstoff unter Kühlung eine Verbindung $C_{11}H_{11}Br$.

5. Kohlenwasserstoffe $C_{12}H_{14}$.

1. **1-[Hexadien-(1¹.1³)-yl]-benzol, $\alpha.\gamma$-Hexadienyl-benzol, α-Phenyl-$\alpha.\gamma$-hexadien** $C_{12}H_{14} = C_6H_5 \cdot CH\!:\!CH \cdot CH\!:\!CH \cdot CH_2 \cdot CH_3$. *B.* Aus Zimtaldehyd und Propylmagnesiumjodid, neben dem Carbinol $C_6H_5 \cdot CH\!:\!CH \cdot CH(OH) \cdot C_3H_7$ (KLAGES, *B.* **40**, 1770). Vorteilhafter aus Zimtaldehyd und Propylmagnesiumbromid (K.). — Öl. Kp_{16}: 128°. D_4^{15}: 0,9253. n_D^{15}: 1,60252. — Liefert mit Natrium und Alkohol α-Phenyl-β-hexylen.

2. **1-[1³-Metho-pentadien-(1¹.1³)-yl]-benzol, γ-Metho-$\alpha.\gamma$-pentadienyl-benzol, γ-Methyl-$\alpha.\gamma$-pentadien** $C_{12}H_{14} = C_6H_5 \cdot CH\!:\!CH \cdot C(CH_3)\!:\!CH \cdot CH_3$. *B.* Aus 1 Mol.-Gew. Benzalaceton und 2 Mol.-Gew. Äthylmagnesiumjodid (KLAGES, *B.* **35**, 2652; **39**, 2593; vgl. jedoch KOHLER, *Am.* **38**, 530). — Öl von terpineolartigem Geruch. Kp_{20}: 130°; D_4^{19}: 0,9593; n_D: 1,5366 (KL., *B.* **39**, 2593). — Verharzt an der Luft (KL., *B.* **35**, 2652). Gibt bei Einw. von Natrium und Alkohol γ-Methyl-α-phenyl-β-amylen (KL., *B.* **39**, 2594).

3. **1-[1⁴-Metho-pentadien-(1¹.1³)-yl]-benzol, δ-Metho-$\alpha.\gamma$-pentadienyl-benzol, δ-Methyl-$\alpha.\gamma$-pentadien** $C_{12}H_{14} = C_6H_5 \cdot CH\!:\!CH \cdot CH\!:\!C(CH_3)_2$. *B.* Man erhitzt 100 Tle. Zimtaldehyd mit 15 Tln. Isobuttersäureanhydrid und 7,5 Tln. isobuttersaurem Natrium auf 150° (PERKIN, *Soc.* **35**, 141). — Kp: 248—250°. Leichter als Wasser. — Oxydiert sich rasch. Scheint mit Pikrinsäure eine krystallinische Verbindung zu bilden.

4. **1-[1¹.1³-Dimetho-butadien-(1¹.1³)-yl]-benzol, [$\alpha.\gamma$-Dimetho-$\alpha.\beta$-butadienyl]-benzol, β-Methyl-δ-phenyl-$\beta.\gamma$-pentadien, Trimethyl-phenyl-allen** $C_{12}H_{14} = C_6H_5 \cdot C(CH_3)\!:\!C\!:\!C(CH_3)_2$. *B.* Durch 2-stdg. Erwärmen der Lösung von 38 g Brombenzol und 6 g Magnesium in Äther mit 25 g Mesityloxyd und Zerlegung des Reaktionsproduktes durch Eis und verd. Schwefelsäure (KLAGES, *B.* **37**, 2305). — Nach Citronen riechendes Öl. Kp_{20}: 107—108°; Kp_{751}: 218—220° (Zers.). $D_4^{19,5}$: 0,9277. n_D^5: 1,5236. — Gibt bei der Oxydation mit Kaliumpermanganat in verd. Schwefelsäure sowie mit Chromsäure Acetophenon. Bei der Reduktion mit Natrium und Alkohol entsteht [$\alpha.\gamma$-Dimetho-β-butenyl]-benzol. Mit Brom entsteht ein Tetrabromid.

5. **1-[1¹.1²-Dimetho-butadien-(1¹.1²)-yl]-benzol, [$\beta.\gamma$-Dimetho-$\alpha.\gamma$-butadienyl]-benzol, $\beta.\gamma$-Dimethyl-α-phenyl-$\alpha.\gamma$-butadien** $C_{12}H_{14} = C_6H_5 \cdot CH\!:\!C(CH_3) \cdot$

$C(CH_3):CH_2$. B. Entsteht aus dem bei der Einw. von Methylmagnesiumjodid auf α-Methyl-zimtsäure-methylester entstehenden öligen Reaktionsprodukt, wenn dasselbe unter vermindertem Druck auf ca. 150^0 erhitzt wird (KOHLER, $Am.$ 36, 538). — Öl. Kp_{30}: 165^0.

6. *1-Methyl-4-isopropyl-2-acetylenyl-benzol, [2-Methyl-5-isopropyl-phenyl]-acetylen* $C_{12}H_{14} = (CH_3)_2CH\cdot C_6H_3(CH_3)\cdot C\vdots CH$. B. Durch Einw. von Natrium auf in Äther gelöstes $2^1.2^2$-Dichlor-1-methyl-4-isopropyl-2-vinyl-benzol (KUNCKELL, KORITZKY, B. 33, 3264). — Öl. Kp_{50}: $128-130^0$. D^{17}: 0,8882.

2^2-Chlor-1-methyl-4-isopropyl-2-acetylenyl-benzol, **1-Methyl-4-isopropyl-2-[chloracetylenyl]-benzol** $C_{12}H_{13}Cl = (CH_3)_2CH\cdot C_6H_3(CH_3)\cdot C\vdots CCl$. B. Durch Einwirkung von alkoh. Kalilauge auf $2^1.2^2$-Dichlor-1-methyl-4-isopropyl-2-vinyl-benzol (KUNCKELL, KORITZKY, B. 33, 3263). — Öl. Kp_{40}: 215^0. D^{17}: 1,0512.

7. *1-Phenyl-cyclohexen-(1)* $C_{12}H_{14} = CH_2{<}^{CH_2-CH}_{CH_2-CH_2}{>}C\cdot C_6H_5$. B. Aus 1-Phenyl-cyclohexanol-(1) durch Erhitzen mit $ZnCl_2$ auf 160^0 oder durch Einw. von Essigsäureanhydrid oder Phenylisocyanat (SABATIER, MAILHE, $C. r.$ 138, 1323; $Bl.$ [3] 33, 76; $A. ch.$ [8] 10, 546). — Bewegliche Flüssigkeit von aromatischem, nicht campherartigem Geruch. Kp_{30}: 133^0 (S., M.). D_4^0: 1,004; D_4^{11}: 0,994 (S., M.). n_D^{11}: 1,569 (S., M.). Molekular-Refraktion und -Dispersion: KLAGES, B. 40, 2365.

8. *1-Phenyl-cyclohexen-(x)* $C_{12}H_{14} = C_6H_9\cdot C_6H_5$. B. Beim Kochen einer Lösung von Diphenyl in Amylalkohol mit Natrium (BAMBERGER, LODTER, B. 20, 3077). — Zähflüssig. Kp_{716}: $244,8^0$ (B., L., B. 20, 3077). — Addiert 2 At.-Gew. Brom (B., L., B. 21, 842).

9. Derivate von *Phenylcyclohexenen* $C_{12}H_{14} = C_6H_9\cdot C_6H_5$ *mit unbekannter Stellung der Doppelbindung im Cyclohexenring.*

Phenyldibromcyclohexen $C_{12}H_{14}Br_2 = C_6H_7Br_2\cdot C_6H_5$. B. Beim Vermischen der Lösungen von Phenylcyclohexadien-(x.x) (S. 569) und Brom in Chloroform (BAMBERGER, LODTER, B. 21, 843). — Gelbes Öl. — Wird durch alkoholische Kalilauge in HBr und Diphenyl zerlegt.

Phenyltribromcyclohexen $C_{12}H_{11}Br_3 = C_6H_6Br_3\cdot C_6H_5$. B. Aus Phenylbromcyclo-hexadien (S. 569) und Brom in Chloroform bei 0^0 (BAMBERGER, LODTER, B. 21, 845). — Flüssig. — Wird durch alkoh. Kalilauge in HBr und Bromdiphenyl zerlegt.

10. *Acenaphthen-tetrahydrid-(3.4.5.11), Tetrahydroacenaphthen* $C_{12}H_{14} =$ H_2C—CH_2 Zur Konstitution vgl. IPATJEW, Ж. 41, 766; B. 42, 2094. — B. Beim Kochen einer Lösung von Acenaphthen in Amylalkohol mit Natrium (BAMBERGER, LODTER, B. 20, 3077). Bei der Reduktion von Acenaphthen mit Wasserstoff in Gegenwart von Nickel (SABATIER, SENDERENS, $C. r.$ 132, 1257; IP.). Aus Acenaphthylen und Wasserstoff in Gegenwart von Nickel bei 250^0 (PADOA, FABRIS, $R. A. L.$ [5] 17 I,114; $G.$ 39 I, 331). — Dickes Öl. Kp_{718}: $249,5^0$ (korr.) (B., L.); Kp: 254^0 (SA.). — Beim Überleiten der Dämpfe von Tetrahydroacenaphthen mit etwas Wasserstoff (vgl. P., $R. A. L.$ [5] 16 I, 819) über Nickel bei 300^0 entstehen einerseits gasförmige Kohlenwasserstoffe, anderseits Acenaphthen (P., F.). Liefert (in Chloroform gelöst) mit Brom Dibrom-acenaphthen-tetrahydrid-(3.4.5.11) (s. u.) neben einem öligen Produkt (B., L.). — Verbindung mit Pikrylchlorid. F: 80^0 bis 81^0; $82-83^0$ (P., F.). — Verbindung mit Pikrinsäure s. Syst. No. 523.

Dibrom-acenaphthen-tetrahydrid-(3.4.5.11) $C_{12}H_{12}Br_2$. B. Bei allmählichem Vermischen der gekühlten Lösungen von Tetrahydroacenaphthen und Brom in Chloroform (BAMBERGER, LODTER, B. 21, 840). — Tafeln oder Prismen (aus Benzol). Rhombisch (MAYER, B. 21, 840; vgl. $Groth$, $Ch. Kr.$ 5, 421). F: 138^0; sehr schwer löslich in kaltem Alkohol, leichter in kochendem, sehr leicht in Äther, Chloroform und Benzol (B., L.). — Liefert mit alkoh. Kalilauge Acenaphthen und Bromwasserstoff (B., L.).

11. *Acenaphthen-tetrahydrid-(x.x.x.x)* $C_{12}H_{14}$.

Dibromacenaphthentetrabromid $C_{12}H_8Br_6 = C_{12}H_8Br_2\cdot Br_4$. B. Aus Acenaphthen und Brom in Schwefelkohlenstoff (BLUMENTHAL, B. 7, 1094). — Krystalle. — Bei mehrtägigem Kochen mit Bleioxyd und Wasser entsteht eine Verbindung $C_{12}H_4O_2Br_2$ [Krystalle (aus Alkohol); F: $126-129^0$] (EWAN, COHEN, $Soc.$ 55, 578).

12. *Kohlenwasserstoff* $C_{15}H_{14}$ *von unbekannter Struktur* (F. auch No. 13). V. Im Erdöl von Balachany (Baku) (MARKOWNIKOW, OGLOBLIN, Ж. 15, 325; M., $A.$ 234, 114).

Wurde aus der Fraktion vom Siedepunkt 240—250° als Dinatriumsalz der Disulfonsäure $C_{12}H_{12}(SO_3H)_2$ (s. u.) isoliert.

Disulfonsäure $C_{12}H_{14}O_6S_2 = C_{12}H_{12}(SO_3H)_2$. *Darst.* siehe beim Kohlenwasserstoff $C_{11}H_{14}$ (S. 501) (MARKOWNIKOW, OGLOBLIN, Ж. **15**, 322; M., A. **234**, 111). — $Na_2C_{12}H_{12}O_6S_2$ + 3 H_2O. Nadelförmige Krystalle (aus heißem verd. Alkohol). Schwer löslich in siedendem absol. Alkohol, in schwächerem Alkohol leichter löslich als in absolutem; das wasserfreie Salz ist in starkem Alkohol noch schwerer löslich als das wasserhaltige. — $BaC_{12}H_{12}O_6S_2$ + 6 H_2O. Glänzende Täfelchen (aus heißem Wasser). Verliert das Krystallwasser bei 130°. Sehr wenig löslich in kaltem Wasser, etwas leichter in heißem.

13. *Kohlenwasserstoff* $C_{12}H_{14}$ *von unbekannter Struktur* (s. auch No. 12). *V.* In einigen deutschen Erdölen (KRAEMER, BÖTTCHER, B. **20**, 601). — Kp: 240—245°. D^{15}: 0,982.

14. *Kohlenwasserstoff* $C_{12}H_{14}$ *von unbekannter Struktur.*

Perchlorderivat $C_{12}Cl_{14}$. *B.* Neben Hexachlornaphthalsäureanhydrid bei der Einw. von Antimonpentachlorid auf Naphthalsäureanhydrid (FRANCESCONI, RECCHI, G. **32** I, 50; R. A. L. [5] **10** II, 88). — Krystalle (aus Essigester). Triklin (MILLOSEWICH, G. **32** I, 50; R. A. L. [5] **10** II, 89); scheint auch in einer metastabilen monoklinen Modifikation zu existieren (M.). Schmilzt bei 135—136°; sehr leicht löslich in Benzin, ziemlich in Äther, schwer in Alkohol, sehr wenig in Essigester. — Gegen Oxydationsmittel äußerst beständig. Bei der Reduktion durch Zinkpulver in essigsaurer Lösung entsteht eine chlorhaltige Substanz [Prismen aus Benzol; F: 225°]. Gibt mit Alkali in alkoholischen Lösungen harzartige Massen.

6. Kohlenwasserstoffe $C_{13}H_{16}$.

1. *1-[1⁶-Metho-hexadien-(1¹.1³)-yl]-benzol, [ε-Metho-α.γ-hexadienyl]-benzol, ε-Methyl-α-phenyl-α.γ-hexadien* $C_{13}H_{16} = C_6H_5 \cdot CH:CH \cdot CH:CH \cdot CH(CH_3) \cdot CH_3$. *B.* Durch Eintragen des Reaktionsproduktes aus Isobutylmagnesiumbromid und Zimtaldehyd in kalte 30%ige Schwefelsäure (KLAGES, B. **40**, 1771). — Schwach zimtartig riechendes Öl. Kp_{16}: 136°; Kp_{22}: 143°. D_4^{20}: 0,9248. n_D^{20}: 1,58727.

2. *1-[1¹.1⁴-Dimetho-pentadien-(1¹.1³)-yl]-benzol, [β.δ-Dimetho-α.γ-penta-dienyl]-benzol, β.δ-Dimethyl-α-phenyl-α.γ-pentadien* $C_{13}H_{16} = C_6H_5 \cdot CH:C(CH_3) \cdot CH:C(CH_3)_2$. *B.* Bei der Destillation von δ-Oxy-β.δ-dimethyl-ε-phenyl-β-amylen unter gewöhnlichem Druck (140°) (v. FELLENBERG, B. **39**, 2065). — Flüssig. Kp_{730}: 234—236°.

3. *1.3.5-Trimethyl-2.4-divinyl-benzol, Divinylmesitylen* $C_{13}H_{16} = (CH_3)_3C_6H(CH:CH_2)_2$.

2¹.2³.4¹.4³-Tetrachlor-1.3.5-trimethyl-2.4-divinyl-benzol, 1.3.5-Trimethyl-2.4-bis-[α.β-dichlor-vinyl]-benzol $C_{13}H_{12}Cl_4 = (CH_3)_3C_6H(CCl:CHCl)_2$. *B.* Durch Erhitzen von Bis-[chlor-acetyl]-mesitylen mit PCl_5 (KUNCKELL, HILDEBRANDT, B. **33**, 3264 Anm.). — Dickes Öl. Kp_{14}: 200—210°. D^{15}: 1,350.

4. *Benzylidencyclohexan, Benzalcyclohexan, Phenyl-cyclohexyliden-methan* $C_{13}H_{16} = H_2C \begin{smallmatrix} CH_2 \cdot CH_2 \\ CH_2 \cdot CH_2 \end{smallmatrix} C:CH \cdot C_6H_5$ (vgl. No. 5). *B.* Durch Erhitzen von Cyclohexylphenylcarbinol mit $ZnCl_2$ (SABATIER, MAILHE, C. r. **139**, 345; Bl. [3] **33**, 79; A. ch. [8] **10**, 539). — Kp_{20}: 138°. D_0^0: 0,982; D_4^{14}: 0,970. n_D^{14}: 1,545.

5. *Kohlenwasserstoff* $C_{13}H_{16}$ aus *1-Benzyl-cyclohexanol-(1)*, wahrscheinlich Gemisch von ***Benzylidencyclohexan*** $H_2C \begin{smallmatrix} CH_2 \cdot CH_2 \\ CH_2 \cdot CH_2 \end{smallmatrix} C:CH \cdot C_6H_5$ und ***1-Benzyl-cyclo-hexen-(1)*** $H_2C \begin{smallmatrix} CH_2 \cdot CH \\ CH_2 \cdot CH_2 \end{smallmatrix} C \cdot CH_2 \cdot C_6H_5$ (SABATIER, Privatmitteilung). *B.* Aus 1-Benzyl-cyclohexanol-(1) durch Erhitzen mit $ZnCl_2$ auf 160° oder durch Einw. von Essigsäureanhydrid oder Phenylisocyanat (S., MAILHE, C. r. **138**, 1323; Bl. [3] **33**, 76; A. ch. [8] **10**, 547). — Bewegliche Flüssigkeit von aromatischem, nicht campherartigem Geruch. Kp_{20}: 148°; D_0^0: 0,983; D_4^{14}: 0,973; n_D^{14}: 1,551 (S., M.). Molekularrefraktion: S., M., A. ch. [8] **10**, 547; vgl. KLAGES, B. **40**, 2365.

6. *1-Methyl-2-phenyl-cyclohexen-(1)* $C_{13}H_{16} = H_2C \begin{smallmatrix} CH_2 \cdot C(C_6H_5) \\ CH_2 \cdots CH_2 \end{smallmatrix} C \cdot CH_3$. Molekular-Refraktion und -Dispersion: KLAGES, B. **40**, 2365.

7. 1-Methyl-2-phenyl-cyclohexen-(2) (?) $C_{13}H_{16} = H_2C \begin{smallmatrix} CH:C(C_6H_5) \\ CH_2——CH_2 \end{smallmatrix} CH \cdot CH_2 (?)$.
B. Aus 1-Methyl-cyclohexanon-(2) und Phenylmagnesiumbromid (MURAT, $A.\,ch.$ [8] 16, 120).
— Kp_6: 128°. — Absorbiert energisch Brom unter Violettfärbung.

8. 1-Methyl-3-phenyl-cyclohexen-(2 oder 3) $C_{13}H_{16} =$
$H_2C \begin{smallmatrix} C(C_6H_5):CH \\ CH_2——CH_2 \end{smallmatrix} CH \cdot CH_3$ oder $HC \begin{smallmatrix} C(C_6H_5) \cdot CH_2 \\ CH_2——CH_2 \end{smallmatrix} CH \cdot CH_3$. B. Aus 1-Methyl-
3-phenyl-cyclohexanol-(3) durch Erwärmen mit dem doppelten Gewicht $ZnCl_2$ auf 150°
(WALLACH, $C.$ 1905 II, 675). — Kp: 258—260°; Kp_{24}: 154—155°. $D_{22,5}$: 0,960.
Nitrosochlorid $C_{13}H_{16}ONCl$. F: 124—127° (Zers.). Unlöslich in Methylalkohol.
Liefert beim Erwärmen mit Natriummethylat das Oxim $C_{13}H_{15}ON$ eines 1-Methyl-3-phenyl-
cyclohexenons $C_{13}H_{14}O$ in zwei isomeren Formen (WALLACH, $C.$ 1905 II, 676).

9. 1-Methyl-3-phenyl-cyclohexen-(4 oder 5) $C_{13}H_{16} =$
$HC \begin{smallmatrix} CH(C_6H_5) \cdot CH_2 \\ CH——CH_2 \end{smallmatrix} CH \cdot CH_3$ oder $H_2C \begin{smallmatrix} CH(C_6H_5) \cdot CH_2 \\ CH=====CH \end{smallmatrix} CH \cdot CH_3$. B. Aus dem 1-Methyl-
3-phenyl-cyclohexanol-(5) durch Erhitzen mit überschüssigem P_2O_5 auf 120° (KNOEVENAGEL,
GOLDSMITH, $A.$ 303, 264). — Flüssig. Kp: 248—252°; Kp_{17}: 128—130°. D_4^9: 0,9581. n_D^9:
1,5402. — Entfärbt sofort eine Lösung von Brom in Chloroform sowie verdünnte $KMnO_4$-
Lösung. Oxydiert sich an der Luft.

10. 1-p-Tolyl-cyclohexen-(1) $C_{13}H_{16} = H_2C \begin{smallmatrix} CH_2 \cdot CH \\ CH_2 \cdot CH_2 \end{smallmatrix} C \cdot C_6H_4 \cdot CH_3$. B. Aus
1-p-Tolyl-cyclohexanol-(1) durch Erhitzen mit $ZnCl_2$ auf 160° oder durch Einw. von Essig-
säureanhydrid oder Phenylisocyanat (SABATIER, MAILHE, $C.\,r.$ 138, 1323; $Bl.$ [3] 33,
76; $A.\,ch.$ [8] 10, 547). — Bewegliche Flüssigkeit von aromatischem, nicht campherartigem
Geruch. Kp_{20}: 142°. D_0^0: 0,981; D_4^{14}: 0,971. n_D^{12}: 1,549.

11. 1-Methyl-4-phenyl-cyclohexen-(3) [L.-R.-Bezf.: Methyl-4-phenyl-1-
cyclohexen-1] $C_{13}H_{16} = CH_3 \cdot CH \begin{smallmatrix} CH_2 \cdot CH_2 \\ CH_2 \cdot CH \end{smallmatrix} C \cdot C_6H_5$. B. Durch Einw. von $ZnCl_2$ auf
1-Methyl-4-phenyl-cyclohexanol-(4) (SABATIER, MAILHE, $C.\,r.$ 142, 440; $A.\,ch.$ [8] 10, 563).
— Farblose Flüssigkeit. Kp_{22}: 147°. D_0^0: 0,9846; D_4^{14}: 0,9716. n_D^{12}: 1,555.

12. Kohlenwasserstoff $C_{13}H_{16}$ von unbekannter Struktur. B. Entsteht
neben $C_{13}H_{16}$ bei der Destillation von 1 Tl. Alantolacton $C_{15}H_{20}O_2$ (Syst. No. 2463) mit 1 Tl.
P_2O_5 (BREDT, POSTH, $A.$ 285, 379). — Flüssig. Kp: 288°; Kp_{10}: 132°.

7. Kohlenwasserstoffe $C_{14}H_{18}$.

**1. 1-[I^6-Metho-heptadien-($I^1.I^3$)-yl]-benzol, [ζ-Metho-α.γ-heptadienyl]-
benzol, ζ-Methyl-α-phenyl-α.γ-heptadien** $C_{14}H_{18} = C_6H_5 \cdot CH:CH \cdot CH:CH \cdot CH_2 \cdot$
$CH(CH_3)_2$. B. Durch Zersetzung des Reaktionsproduktes aus Zimtaldehyd und Isoamylmagnesiumbromid mit kalter verd. Schwefelsäure (KLAGES, $B.$ 40, 1771). — Öl von zimt-
ähnlichem Geruch. Kp_{15}: 146—147°. D_4^{20}: 0,9508. n_D^{20}: 1,58547.

2. α-Phenyl-α-cyclohexyliden-äthan $C_{14}H_{18} = H_2C \begin{smallmatrix} CH_2 \cdot CH_2 \\ CH_2 \cdot CH_2 \end{smallmatrix} C:C(CH_3) \cdot C_6H_5$
oder **α-Cyclohexyl-α-phenyl-äthylen** $C_{14}H_{18} = H_2C \begin{smallmatrix} CH_2 \cdot CH_2 \\ CH_2 \cdot CH_2 \end{smallmatrix} CH \cdot C(:CH_2) \cdot C_6H_5$
oder Gemisch beider. B. Durch Erhitzen von Methyl-cyclohexyl-phenyl-carbinol mit $ZnCl_2$
(SABATIER, MAILHE, $C.\,r.$ 139, 345; $Bl.$ [3] 33, 79; $A.\,ch.$ [8] 10, 540). — Kp_{755}: 260°; Kp_{26}:
159°. D_0^0: 0,981; D_4^{14}: 0,970. n_D^{12}: 1,541.

3. 1-Methyl-2-benzyl-cyclohexen-(2) (?) $C_{14}H_{18} =$
$H_2C \begin{smallmatrix} CH:C(CH_3 \cdot C_6H_5) \\ CH_2——CH_2 \end{smallmatrix} CH \cdot CH_3 (?)$. B. Aus 1-Methyl-cyclohexanon-(2) und Benzylmagnesiumchlorid (MURAT, $A.\,ch.$ [8] 16, 120). — Citronenartig riechende Flüssigkeit. Kp_{42}:
170°. D^0: 0,99; D^{12}: 0,981. n_D^{12}: 1,453. — Absorbiert Brom unter Blaufärbung.

4. 1-Methyl-3-benzyl-cyclohexen-(1) $C_{14}H_{18} = H_2C \begin{smallmatrix} CH(CH_3 \cdot C_6H_5) \cdot CH \\ CH_2——CH_2 \end{smallmatrix} C \cdot CH_3$.
Molekular-Refraktion und -Dispersion: KLAGES, $B.$ 40, 2365.

5. *1-Methyl-4-benzyl-cyclohexen-(3)* $C_{14}H_{18} = C_6H_5 \cdot CH_2 \cdot C {<}{CH \cdot CH_2 \atop CH_2 \cdot CH_2}{>} CH \cdot CH_2$
oder *1-Methyl-4-benzyliden-cyclohexan* $C_{14}H_{18} = C_6H_5 \cdot CH : C {<}{CH_2 \cdot CH_2 \atop CH_2 \cdot CH_2}{>} CH \cdot CH_2$
oder Gemisch beider. *B.* Durch Einw. von $ZnCl_2$ auf 1-Methyl-4-benzyl-cyclohexanol-(4)
(SABATIER, MAILHE, *C. r.* **142**, 440; *A. ch.* [8] **10**, 563). — Angenehm riechende Flüssigkeit.
Kp_{30}: 160°. D_4^0: 0,9687; D_4^{14}: 0,9567. n_D^{14}: 1,542.

6. *1-Methyl-2-o-tolyl-cyclohexen-(2)* (?) $C_{14}H_{18} =$
$H_3C {<}{CH_2 {-\!-\!-\!-} CH \atop CH_2 {-} CH(CH_2)}{>} C \cdot C_6H_4 \cdot CH_2$ (?). *B.* Aus 1-Methyl-cyclohexanon-(2) und o-Tolyl-
magnesiumchlorid (MURAT, *A. ch.* [8] **16**, 120). — Gelbliche Flüssigkeit. Kp_{12}: 158—160°.
D^0: 0,985; D^{20}: 0,961. n_D^{20}: 1,541. — Absorbiert Brom unter Violettfärbung.

7. *1-Methyl-2-p-tolyl-cyclohexen-(1)* (?) $C_{14}H_{18} =$
$H_3C {<}{CH_2 {-\!-\!-\!-} CH_2 \atop CH_2 {-} C(CH_3)}{>} C \cdot C_6H_4 \cdot CH_2$ (?). *B.* Man trägt allmählich etwas über 1 Mol.-Gew.
P_2O_5 in 1 Mol.-Gew. siedendes n-Hexyl-p-tolyl-keton ein (KIPPING, RUSSELL, *Soc.* **67**,
507). — Flüssig. Kp: 260—262°. — Brom wirkt bromierend. Beim Kochen mit verd.
Salpetersäure entsteht Terephthalsäure.

8. *1.1.2-Trimethyl-2-phenyl-cyclopenten-(4)* (?) $C_{14}H_{18} =$
$H_2C \cdot C(CH_3)_2(C_6H_5)$
$HC {=\!=\!=\!=} CH {>} C(CH_3)_2$ (?). *B.* Beim Erhitzen von 1.1.2-Trimethyl-2-phenyl-cyclopentan-
carbonsäure-(5) (vgl. EIJKMAN, *C.* 1907 II, 2046) auf 140° (BLANC, *Bl.* [3] **21**, 840). — Kp_{40}:
195—200°.

9. *Anthracenoktahydrid, Oktahydroanthracen* $C_{14}H_{18} =$

Zur Konstitution vgl. GODCHOT, *Bl.* [4] **1**, 128; *A. ch.* [8]
12, 485, 519. — *B.* Durch Hydrieren von Anthracen bei
200°, von Anthrachinon bei 190° (G., *C. r.* **139**, 605; *Bl.* [3] **31**, 1340; *A. ch.*
[8] **12**, 478) oder von Hexahydroanthron (Syst. No. 648)
bei 200° (G., *Bl.* [4] **1**, 712; *A. ch.* [8] **12**, 502) mittels Wasserstoffs und fein verteilten Nickels.
— Blättchen (aus Alkohol). F: 71°. Sublimiert oberhalb dieser Temperatur. Kp: 292°
bis 295° (unkorr.). Unlöslich in Wasser, leicht löslich in heißem Alkohol, Eisessig und Benzol.
— Färbt sich an der Luft allmählich rosa. Die Lösungen fluorescieren anfangs nicht, sondern
erhalten diese Eigenschaft erst nach und nach, anscheinend infolge einer partiellen Oxydation
des Kohlenwasserstoffes (G., *A. ch.* [8] **12**, 484). Liefert bei energischer Oxydation mit CrO_3
Anthrachinon, bei gemäßiger Oxydation in Gegenwart von Eisessig bei gewöhnlicher Temperatur Dihydrooxanthranol $C_6H_4{<}(COH)_2{>}C_6H_4$ (Syst. No. 564) und Hexahydroanthron
(G., *C. r.* **140**, 250; *A. ch.* [8] **12**, 496). Kaliumpermanganat oxydiert zu Phthalsäure (G.,
Bl. [4] **1**, 121; *A. ch.* [8] **12**, 496). Anthracenoktahydrid liefert bei 12-stdg. Erhitzen mit
der gleichen Menge roten Phosphors und der 4-fachen Menge Jodwasserstoffsäure (D: 1,7)
im zugeschmolzenen Rohr auf 250° oder bei der Reduktion mit Wasserstoff in Gegenwart
von stark aktivem Nickel bei 180° ein Gemisch von Anthracenperhydrid mit Anthracen-
dodekahydrid (G., *C. r.* **141**, 1029; *A. ch.* [8] **12**, 479, 528). Beim Chlorieren in Eisessig oder
Schwefelkohlenstoff entstehen 9.10-Dichlor-anthracenhexahydrid, 9.10-Dichlor-anthracen-
oktahydrid und 9-Chlor-anthracenoktahydrid; analog reagiert Brom (G., *Bl.* [4] **1**, 703;
A. ch. [8] **12**, 489). Durch Erhitzen mit konz. Schwefelsäure entsteht Anthracenoktahydrid-
sulfonsäure-(9) (G., *Bl.* [4] **1**, 702; *A. ch.* [8] **12**, 486). — Verbindung von Anthracenoktahydrid mit Pikrinsäure s. Syst. No. 523.

9-Chlor-anthracenoktahydrid $C_{14}H_{17}Cl = C_6H_{10}{<}{CHCl \atop CH_2}{>}C_6H_4$. *B.* Entsteht in geringer Menge neben 9.10-Dichlor-anthracenoktahydrid und 9.10-Dichlor-anthracenhexahydrid
bei der Einw. von 2 Mol.-Gew. Chlor auf 1 Mol.-Gew. Anthracenoktahydrid in CS_2 oder $CHCl_3$
bei gewöhnlicher Temperatur (G., *C. r.* **139**, 606; *Bl.* [3] **31**, 1342; [4] **1**, 707; *A. ch.* [8] **12**,
492). — Gelbe sirupöse Flüssigkeit. Sehr schwer flüchtig mit Wasserdämpfen. Leicht löslich
in den meisten Lösungsmitteln. — Verliert bei der Destillation HCl unter Bildung von
Anthracenhexahydrid $C_6H_{10}{<}(CH)_2{>}C_6H_4$. — Wird durch Pikrinsäure rot gefärbt.

9.10-Dichlor-anthracenoktahydrid $C_{14}H_{16}Cl_2 = C_6H_{10}{<}{CHCl \atop CHCl}{>}C_6H_4$. *B.* Durch
Einw. von Chlor auf Anthracenoktahydrid in Schwefelkohlenstoff oder Chloroform bei gewöhnlicher Temperatur, neben 9.10-Dichlor-anthracenhexahydrid und wenig 9-Chlor-anthra-
cenoktahydrid (GODCHOT, *C. r.* **139**, 606; *Bl.* [3] **31**, 1342; [4] **1**, 706; *A. ch.* [8] **12**, 492).

Aus Anthracenhexahydrid $C_6H_{10}{<}(CH)_2{>}C_6H_4$ und Chlor in Eisessig- oder Chloroform-lösung (G., *C. r.* **142**, 1204; *A. ch.* [8] **12**, 505). — Nadeln (aus Eisessig). F: 192° (korr.). — Gleicht in seinem chemischen Verhalten der entsprechenden Dibrom-Verbindung.

9-Brom-anthracenoktahydrid $C_{14}H_{17}Br = C_6H_{10}{<}^{CHBr}_{CH_2}{>}C_6H_4$. *B.* Wie die ent-sprechende Chlorverbindung (GODCHOT, *C. r.* **139**, 606; *Bl.* [3] **31**, 1341; [4] **1**, 703; *A. ch.* [8] **12**, 489). — Gelbe, mit Wasserdämpfen schwerflüchtige Flüssigkeit. Leicht löslich in den meisten Lösungsmitteln. — Verliert bei der Destillation, selbst im Vakuum, ebenso beim Erhitzen mit wäßr. oder alkoh. Kalilauge auf 150°, HBr unter Bildung von Anthracen-hexahydrid $C_6H_{10}{<}(CH)_2{>}C_6H_4$. Wird durch CrO_3 in Eisessig-Lösung zu Dihydro-oxan-thranol $C_6H_4{<}(C\cdot OH)_2{>}C_6H_4$ (Syst. No. 564) oxydiert. — Färbt sich mit Pikrinsäure rot.

9.10-Dibrom-anthracenoktahydrid $C_{14}H_{16}Br_2 = C_6H_{10}{<}^{CHBr}_{CHBr}{>}C_6H_4$. *B.* Aus An-thracen-oktahydrid (GODCHOT, *C. r.* **139**, 605; *Bl.* [3] **31**, 1341; [4] **1**, 704; *A. ch.* [8] **12**, 489) und aus Anthracenhexahydrid (G., *C. r.* **142**, 1204; *A. ch.* [8] **12**, 490, 505) wie die ent-sprechende Dichlor-Verbindung. — Nadeln. F: 194° (korr.). Leicht löslich in heißem Essig-ester, Benzol und Chloroform, sehr wenig in Alkohol und Eisessig. — Beständig gegen wäßr. und alkoh. Kalilauge bei 250°. Wird durch CaO bei Rotglut zersetzt und durch CrO_3 in siedender Eisessiglösung allmählich zu Anthrachinon oxydiert.

10. **Phenanthrenoktahydrid, Oktahydrophenanthren** $C_{14}H_{18}$, dargestellt von GRAEBE (vgl. Nr. 11 und 12). *B.* Beim Erhitzen von Phenanthren mit Jodwasserstoff und Phosphor (GRAEBE, *A.* **167**, 154). — *Darst.* Man erwärmt 6 g Phenanthren mit 7 g Jodwasser-stoffsäure (D: 1,96) und 3 g rotem Phosphor in einem mit Kohlendioxyd gefüllten Rohr, so daß die Temperatur innerhalb 3 Stdn. auf 200° steigt, und hält dann 7 Stdn. auf dieser Temperatur (J. SCHMIDT, MEZGER, *B.* **40**, 4253). — F: −12° bis −11°; Kp_{737}: 282° (korr.); D_4^0: 1,012; mischbar in allen Verhältnissen mit Äther, Schwefelkohlenstoff, Chloroform, Eisessig, Ligroin und Benzol; löslich in ca. 15 Tln. Methylalkohol und ca. 10 Tln. Äthylalkohol; n_D^{11}: 1,5599 (SCH., M.). — Wird durch Chromsäure und Eisessig zu Phenanthrenchinon oxydiert (G.; vgl. indessen SCH., M.). Wird durch warme konz. Salpetersäure nitriert (SCH., M.). — Gibt mit warmer konz. Schwefelsäure eine zunächst weinrote, dann braunschwarze, mit konz. Schwefelsäure und Kaliumdichromat eine grünschwarze Lösung (SCH., M.).

11. **Phenanthrenoktahydrid, Oktahydrophenanthren** $C_{14}H_{18}$, dargestellt von BRETEAU (vgl. Nr. 10 und 12). *B.* Entsteht neben dem Hexahydrid beim Überleiten von mit Phenanthrendämpfen beladenem Wasserstoff über feinverteiltes Nickel bei einer etwas unterhalb 200° liegenden Temperatur (BR., *C. r.* **140**, 942). — Flüssig. Erstarrt bei −10° noch nicht. Kp_{760}: 280—285°; Kp_{13}: 123—124°. D^0: 1,006; D^{15}: 0,993. n_D^{11}: 1,537. Schwer löslich in kaltem, leichter in heißem Alkohol, leicht in Äther, Benzol und Chloroform. — Wird durch Oxydationsmittel leicht angegriffen, ohne daß Phenanthrenchinon gebildet wird. Bildet bei der Einw. von Brom in Eisessig flüssige, wenig beständige Bromderivate.

12. **Phenanthrenoktahydrid, Oktahydrophenanthren** $C_{14}H_{18}$, dargestellt von IPATJEW, JAKOWLEW, RAKITIN (vgl. Nr. 10 und 11). *B.* Beim Erhitzen von Phenanthren-tetrahydrid in komprimiertem Wasserstoff in Gegenwart von Nickeloxyd auf 360° (IP., JA., RA., Ж. **40**, 499; *B.* **41**, 1000). — Flüssigkeit. Erstarrt in einem Gemisch von Schnee und Kochsalz. Schmilzt um −4°.

13. **3-Methyl-fluorenhexahydrid, Hexahydro-3-methyl-fluoren** $C_{14}H_{18} =$
B. Beim Erwärmen von 1-Methyl-4-benzyl-cyclohexanol-(3) (vgl. HALLER, MARCH, *C. r.* **140**, 625; *Bl.* [3] **33**, 708) mit P_2O_5 (WALLACH, *B.* **29**, 2962). — Flüchtig mit Wasser-dämpfen; Kp_{14}: 128°; D: 0,99; n_D^{20}: 1,5455 (W.). — Entfärbt weder Brom noch Permanganat (W.).

8. Kohlenwasserstoffe $C_{16}H_{22}$.

1. **1-[1³.1⁷-Dimetho-octadien-(1¹.1¹)-yl]-benzol, [γ.η-Dimetho-a.x-octa-dienyl]-benzol, γ.η-Dimethyl-a-phenyl-a.x-octadien** (x = 5 oder 6 oder 7 bezw. = ε oder ζ oder η) $C_{16}H_{22} = C_6H_5\cdot CH{:}CH\cdot CH(CH_3)\cdot CH_2\cdot C_5H_9$. Linksdrehende Form. *B.* Bei 5-stdg. Erhitzen von 1¹.1¹-Dichlor-1-[1³.1⁷-dimetho-octyl]-benzol (x = 6 oder 7 oder 8) (S. 470) mit Pyridin (KLAGES, SAUTTER, *B.* **39**, 1940). — Geruchloses Öl. $Kp_{9,5}$: 152°. D_4^{17}: 0,8947. n_D^{17}: 1,5276. $[a]_D^{17}$: −65,11°. — Wird durch Erhitzen mit Oxalsäure in einen isomeren Kohlenwasserstoff (s. den nächsten Artikel) umgewandelt. Wird durch Natrium in Alkohol zu 1-[1³.1⁷-Dimetho-octen-(1¹)-yl]-benzol (x = 5 oder 6 oder 7) reduziert. Brom wird energisch addiert und wirkt gleichzeitig auch in der Kälte substituierend.

2. 1-Methyl-4-isopropyl-3-phenyl-cyclohexen-(4) $C_{16}H_{22}$ =
$(CH_3)_2CH \cdot C \underset{CH \underline{\quad\quad} CH}{\overset{CH(C_6H_5) \cdot CH_2}{<}} > CH \cdot CH_3$ oder **1-Methyl-3-phenyl-4-isopropyliden-**

cyclohexan $C_{16}H_{22}$ = $(CH_3)_2C : C \underset{CH_2 \underline{\quad\quad} CH_2}{\overset{CH(C_6H_5) \cdot CH_2}{<}} > CH \cdot CH_3$ oder **1-Methyl-4-isopro-**

penyl-3-phenyl-cyclohexan $C_{16}H_{22}$ = $CH_3 \cdot C(:CH_2) \cdot CH \underset{CH_2 \underline{\quad\quad} CH_2}{\overset{CH(C_6H_5) \cdot CH_2}{<}} > CH \cdot CH_3$.
Rechtsdrehende Form. B. Durch Erhitzen von 1-[1².1²-Dimetho-octadien-(1¹.1²)-yl]-benzol (S. 527) mit Oxalsäure (KLAGES, SAUTTER, B. 39, 1940). — Öl. Kp_{10}: 139—140°. $D_4^{15,7}$: 0,9462. n_D: 1,5802. $[a]_D$: +17°.

3. 1-Methyl-3-[4-isopropyl-phenyl]-cyclohexen-(4 oder 5) $C_{16}H_{22}$ =
$\overset{CH_3}{\underset{CH_3}{>}} CH \cdot C_6H_4 \cdot HC \underset{CH \underline{\quad\quad} CH}{\overset{CH_2 \cdot CH(CH_3)}{<}} > CH_2$ oder $\overset{CH_3}{\underset{CH_3}{>}} CH \cdot C_6H_4 \cdot HC \underset{CH_2 \underline{\quad\quad} CH}{\overset{CH_2 \cdot CH(CH_3)}{<}} > CH$.
B. Aus 1-Methyl-3-[4-isopropyl-phenyl]-cyclohexanol-(5) durch Erhitzen mit P_2O_5 oder Kochen mit Schwefelsäure (KNOEVENAGEL, GIESE, WEDEMEYER, A. 303, 272). — Aromatisch riechende Flüssigkeit. Kp_{12}: 149—150°; Kp_{14}: 157—158°. D_4^{14}: 0,9376. n_D^{14}: 1,5283.

4. Kohlenwasserstoff $C_{16}H_{22}$ = $C_6H_5 \cdot C_{10}H_{17}$ („Phenyldihydropinen"). B. Aus Pinenhydrochlorid, Benzol und $AlCl_3$ (KONOWALOW, Ж. 34, 31; C. 1902 I, 1296). — Kp_{745}: 286—291°. D_0^{20}: 0,9594. n_D^{20}: 1,52691. — Hat gesättigten Charakter.

9. 1-Methyl-4-isopropyl-fluoren-hexahydrid $C_{17}H_{24}$ =

$\underset{\text{—CH} \cdot CH[CH(CH_3)_2] \cdot CH_2}{\overset{\underset{CH \cdot CH(CH)_3 \underline{\quad\quad} CH_2}{CH_2}}{}}$ B. Beim Erhitzen von inakt. Benzylmenthol (Syst. No. 534) mit dem doppelten Gewicht P_2O_5 zuerst auf 140° und dann auf 175° im Vakuum (12 mm) (WALLACH, A. 305, 264). — Öl. Kp_{10}: 153—155°.

10. Kohlenwasserstoffe $C_{19}H_{28}$.

1. Dicyclohexyl-phenyl-methan $C_{19}H_{28}$ = $\left(H_2C \underset{CH_2—CH_2}{\overset{CH_2—CH_2}{<}} > CH— \right) CH \cdot C_6H_5$.
B. Durch Überleiten von Triphenylmethan in einem Wasserstoffstrom über fein verteiltes, auf 220° erhitztes Nickel (GODCHOT, C. r. 147, 1058; Bl. [4] 7, 958). — Kp_{20}: 210—212°; D^{13}: 0,9894 (G.). — Wird durch 5 Tle. rauchende Salpetersäure bei 10° in ein Mononitroderivat (s. u.) verwandelt (G., C. r. 149, 1137; Bl. [4] 7, 960).

Mononitroderivat $C_{19}H_{27}O_2N$ = $(C_6H_{11})_2CH \cdot C_6H_4 \cdot NO_2$ (?). B. Aus Dicyclohexyl-phenylmethan und 5 Tln. rauchender Salpetersäure bei 10° (GODCHOT, C. r. 149, 1138; Bl. [4] 7, 960). — Schwach gelbliche Nadeln. F: 113°.

2. Abietin $C_{19}H_{28}$. B. Man behandelt Abietinsäure mit PCl_5 und destilliert das entstandene Chlorid im Vakuum (LEVY, B. 39, 3045). Gewinnung aus Harzöl durch Destillation: LEVY, B. 40, 3659; vgl. KRAEMER, SPILKER, B. 32, 2953, 3614. — Farbloses, intensiv blau fluoreszierendes Öl. Kp_{17}: 200—202° (L., B. 39, 3045); $Kp_{14,5}$: 200—202° (L., B. 40, 3659). — Verhält sich gegen organische Lösungsmittel dem Abieten (S. 508) ganz ähnlich (L., B. 39, 3045).

3. Kohlenwasserstoff $C_{19}H_{28}$ **aus Cholesterylchlorid** s. Syst. No. 4729 c.

11. Kohlenwasserstoffe $C_{20}H_{30}$.

1. 2.2'-Dimethyl-5.5'-diisopropenyl-diphenyloktahydrid-(1.4.5.6. 1'.4'.5'.6'), „Biscarven" $C_{20}H_{30}$ =
$CH_3 \cdot C(:CH_2) \cdot CH \underset{CH_2 \cdot CH}{\overset{CH \cdot CH_2}{<}} > C \cdot CH_3$ $CH_3 \cdot C \underset{CH \cdot CH_2}{\overset{CH \cdot CH_2}{<}} > CH \cdot C(:CH_2) \cdot CH_3$.   B. Durch
Erwärmen von Dicarvelol (Syst. No. 557) mit P_2O_5 auf 100—110°, neben Cymol (?) (HARRIES, B. 32, 1316; H., KAISER, B. 32, 1325). — Lichtgelbe Flüssigkeit von schwach kautschukartigem Geruch. Kp_{11}: 169—171°. Leichter als Wasser. Schwer löslich in kaltem Alkohol. — Brom färbt die Eisessiglösung dunkelviolett. Mit Eisessig-Schwefelsäure oder konz. Schwefelsäure entsteht eine tiefrote, auf Zusatz von Wasser verschwindende Färbung.

2. Pinakonen $C_{20}H_{30}$. B. Entsteht, neben Campherpinakonäthyläther, aus Campherpinakon (Syst. No. 557) und verd. Schwefelsäure + Alkohol (BECKMANN, B. 27, 2349). Bei 3-stdg. Erhitzen von Chlorpinakonan (S. 509) mit Sodalösung auf 130° (B., A. 292, 17). Beim

Kochen von Pinakonanol (Syst. No. 534) oder dessen Propyläther (gelöst in Aceton) mit verd. Schwefelsäure (1 : 6) (B., *A.* **292**, 18). — Federförmige Krystalle (aus Aceton + Alkohol). F: 55—56° (B., *A.* **292**, 18). D_1^n: 0,93046 (B., *A.* **292**, 23). Schwer löslich in Methylalkohol und Äthylalkohol, leicht in Äther, Benzol, Petroläther und Aceton (B., *A.* **292**, 18). n_D^n: 1,50233 (B., *A.* **292**, 23). — Beim Kochen mit Chromsäuregemisch entsteht eine Verbindung $C_{20}H_{30}O$ [Krystalle (aus Petroläther); F: ca. 70°; sehr leicht löslich in Methylalkohol, Äther und Petroläther] (B., *A.* **292**, 22). Pinakonen verbindet sich mit HCl bezw. HBr zu Chlor- bezw. Brom-pinakonan und mit Brom zu Dibrompinakonan (S. 509) (B., *B.* **27**, 2350; *A.* **292**, 19, 20). Jodwasserstoffsäure erzeugt in ätherischer Lösung Pinakonan (S. 509) (B., *B.* **27**, 2350; *A.* **292**, 22).

Nitrosochlorid $C_{20}H_{30}ONCl$. F: 150° (Zers.) (B., *B.* **27**, 2350; *A.* **292**, 19).

12. Piceneikosihydrid $C_{22}H_{34}$. *B.* Entsteht neben beträchtlich mehr Picenper- hydrid bei 12—16-stündigem Erhitzen von 1 Tl. Picen (Syst. No. 491) mit 5—6 Tln. Jod- wasserstoffsäure (D: 1,7) und $1^1/_4$ Tln. rotem Phosphor auf 250—260° (LIEBERMANN, SPIEGEL, *B.* **22**, 780). — Flüssig. Siedet oberhalb 360°.

13. 1.3.5-Triphenyl-benzol-eikosihydrid $C_{24}H_{38}$. *B.* Bei 32-stündigem Erhitzen von Triphenylbenzol mit Jodwasserstoffsäure und rotem Phosphor auf 270—280° (MELLIN, *B.* **23**, 2534). — Dickes Öl.

14. Kohlenwasserstoffe $C_{27}H_{44}$ bezw. Substitutionsprodukte von solchen, erhalten aus Verbindungen der Steringruppe s. Syst. No. 4729 a—c.

15. Kohlenwasserstoff $C_{30}H_{50}$. *B.* Bei mehrwöchigem Stehen von Jod-dihydro- isocaryophyllen $C_{15}H_{25}I$ (S. 172), gelöst in absol. Äther, mit Natrium (WALLACH, *A.* **271**, 293; WALLACH, TUTTLE, *A.* **279**, 393). — Prismen (aus absol. Alkohol). F: 144—145° (W., T.). — Beständig gegen Oxydationsmittel (W., T.).

G. Kohlenwasserstoffe C_nH_{2n-12}.

Der wichtigste Vertreter dieser Reihe ist das **Naphthalin** $C_{10}H_8$ — der Stammkörper einer außerordentlich durchgearbeiteten Verbindungsgruppe und zugleich der bekannteste Typ der zweikernig orthokondensierten Ringsysteme (vgl. S. 11—12), an welchen die theore- tischen Betrachtungen über Ringkondensation in erster Linie angeknüpft haben.

Über die *Konstitution* des Naphthalins sprach zuerst ERLENMEYER (*A.* **137**, 346 Anm.) 1866 die Annahme aus, daß sein Molekül aus zwei Benzolkernen besteht, die derart miteinander verschmolzen sind, daß beiden zwei benachbarte Kohlenstoffatome gemeinsam sind. Die ersten experimentellen Beweise für diese Annahme brachte kurz darauf GRAEBE (*B.* 1, 36; *A.* **149**, 20); weitere Beweise sind von REVERDIN und NOELTING in der Monographie „Sur la constitution de la napbtaline et de ses dérivés" [Mulhouse 1888] auf S. 12—13 zusammen- gestellt.

Zu welchen Anschauungen man über die Bindungsverhältnisse innerhalb des bicycli- schen Naphthalinsystems gelangt, hängt demnach natürlich davon ab, welche Auffassung man für die Konstitution des Benzols zugrunde legt (vgl. S. 173—174). Von der KEKULÉ- schen Formel ausgehend, gelangt man zu der gebräuchlichsten Naphthalin-Formel I (s. u.), welcher MARCKWALD (*A.* **274**, 334; **279**, 3; AHRENSsche Sammlung chemischer und chemisch-

technischer Vorträge, Bd. II [Stuttgart 1898], S. 25) eine bestimmtere Deutung durch Hinzu- fügung der Annahme gibt, daß die Oszillation der Doppelbindungen durch den Zusammen- schluß der beiden Benzolkerne aufgehoben ist (vgl. dagegen ERDMANN, *A.* **275**, 191), das Molekül also dauernd die Bindungsverteilung entsprechend I — mit Doppelbindung zwischen den beiden gemeinsamen C-Atomen — besitzt. Die zentrische Benzol-Formel führte BAM-

BERGER (*A.* **257**, 14 ff., 40 ff.) zu der Naphthalin-Formel II (vgl. auch THOMSEN, *B.* **19**, 2949); über Modifikationen dieser Formel s.: ARMSTRONG, *B.* **24** Ref., 728; HARRIES, *A.* **343**, 337; BALY, TUCK, *Soc.* **93**, 1905. Auf Grund der Theorie der Partialvalenzen stellte THIELE (*A.* **306**, 136; vgl. dazu: KNOEVENAGEL, *A.* **311**, 228; MICHAEL, *J. pr.* [2] **68**, 510; s. auch ODDO, *R. A. L.* [5] **15** II, 447 Anm.) die Formel III auf.

Zur räumlichen Auffassung des Naphthalinmoleküls s.: SACHSE, *B.* **21**, 2533; CIAMICIAN, *G.* **21** II, 106; KNOEVENAGEL, *A.* **311**, 228; ERLENMEYER jun., *A.* **316**, 70; THIELE, *A.* **319**, 138; KAUFLER, *A.* **351**, 154; *B.* **40**, 3251.

Zur Ableitung der Isomerie-Möglichkeiten für Substitutions-Derivate des Naphthalins benutzt man das vereinfachte Schema IV. Es ist daraus ersichtlich, daß die 8 Orte, die für Eintritt von Substituenten in Betracht kommen. in 2 Gruppen zerfallen: solche, welche der Vereinigungsstelle der beiden Benzolkerne benachbart sind (1, 4, 5 und 8), und solche, welche mit ihr nicht in unmittelbarer Bindung stehen (2, 3, 6 und 7). Dementsprechend können Monoderivate in Übereinstimmung mit der Erfahrung — in je 2 iso-

IV. [hexagon: 8, 1, 7, 2, 6, 3, 5, 4],   V. [hexagon: α, α, β, β, β, β, α, α],   VI. [hexagon: β⁴, β¹, β³, β², α³, α²],   VII. [hexagon: 1′, 1, 2′, 2, 3′, 3, 4′, 4],

meren Formen bestehen, die man durch die griechischen Buchstaben α und β zu unterscheiden pflegt (vgl. MERZ, *Z.* **1868**, 394). Mehrere experimentelle Beweise (vgl. LIEBERMANN, *A.* **183**, 228, 254; REVERDIN, NOELTING, *B.* **13**, 36; *Bl.* [2] **33**, 107; FITTIG, H. ERDMANN, *B.* **16**, 43) sind dafür erbracht worden, daß die α-Derivate den Substituenten benachbart der Vereinigungsstelle enthalten, daß die α- und β-Orte also entsprechend dem Schema V zu verteilen sind. Beweise für die Existenz von vier α-Orten im Naphthalin-Molekül: ATTERBERG, *B.* **9**, 1734; **10**, 547.

Zur Stellungsangabe für Derivate mit mehreren Substituenten benutzt man jetzt fast ausschließlich die in IV eingetragene, von GRAEBE (*A.* **149**, 26) eingeführte Bezifferung durch arabische Ziffern. In der älteren Literatur wird vorzugsweise das Schema VI gebraucht; in englischen Zeitschriften findet man vielfach das Schema VII.

Diderivate existieren bei Gleichheit der beiden Substituenten in 10, bei Ungleichheit in 14 isomeren Formen. Die Bezeichnung der gegenseitigen Stellung zweier Substituenten in einem Benzolkern durch *ortho* ist hier nicht eindeutig, da sie zwei verschiedenartige Fälle — 1.2 (= 3.4) und 2.3 — umfaßt; eindeutig sind aber auch beim Naphthalin die Bezeichnungen *meta* — 1.3 (= 2.4) — sowie *para* (1.4). Man hat auch für die Stellungsmöglichkeiten, die sich bei Verteilung zweier Substituenten auf die beiden Benzolkerne ergeben, besondere Präfixe vorgeschlagen (H. ERDMANN, *A.* **275**, 188), die aber nicht gebräuchlich geworden sind; nur für die 1.8-Stellung (= 4.5) hat sich die Bezeichnung *peri* (BAMBERGER, PHILIP, *B.* **20**, 241) eingebürgert.

Bei Gleichheit der Substituenten sind Triderivate in 14, Tetraderivate in 22 isomeren Formen möglich. Mathematische Berechnung der Anzahl isomerer Naphthalinderivate: REY, *B.* **33**, 1910; H. KAUFFMANN, *B.* **33**, 2131.

Zusammenfassende Besprechung der Konstitution und Isomerie-Verhältnisse der Naphthalin-Verbindungen: REISSERT in MEYER-JACOBSONS Lehrbuch der organischen Chemie, Bd. II, Tl. II [Leipzig 1903], S. 294—313.

Literatur über die Naphthalingruppe: REVERDIN, NOELTING, Sur la constitution de la naphtaline et de ses dérivés [Mulhouse 1888]; REVERDIN, FULDA, Tabellarische Übersicht der Naphthalinderivate [Basel, Genf, Lyon 1894]; TÄUBER, NORMAN, Die Derivate des Naphthalins, welche für die Technik Interesse besitzen [Berlin 1896]. Siehe auch *Frdl.* **4**, 623—643.

Im Verhalten ähneln das Naphthalin und seine Derivate den entsprechenden Vertretern der Benzolreihe. Doch bestehen auch deutliche Verschiedenheiten, z. B. in der Reaktionsfähigkeit der im Kern gebundenen Hydroxyle, die in der Naphthalinreihe erheblich größer als in der Benzolreihe ist (vgl. dazu OBERMILLER, *J. pr.* [2] **75**, 20). Allgemein zeigen die Naphthalin-Körper die Neigung, leicht 4 Wasserstoffatome aufzunehmen, wobei die addierten H-Atome sämtlich in eine und dieselbe Hälfte des Moleküls eintreten. Durch diese Hydrierung verschwinden jene Verschiedenheiten des chemischen Verhaltens, welche die Naphthalin-Körper vor den entsprechenden Benzol-Körpern auszeichnen. Denn die Tetrahydride verhalten sich wie wahre Benzol-Körper, in denen der hydrierte Molekülteil die Stelle von aliphatischen Seitenketten vertritt. Untersuchungen und Betrachtungen über diese Verhältnisse: BAMBERGER, *A.* 257, 1. Die Abkömmlinge des Naphthalintetrahydrids werden, je nachdem sie die substituierende Gruppe im nichthydrierten oder im hydrierten Sechsring enthalten, als „aromatische" (= ar.) oder „alicyclische" (= ac.) unterschieden, z. B.:

ar. Tetrahydro-β-naphthylamin   ac. Tetrahydro-β-naphthylamin.

Die Anlagerung weiterer ringförmiger Komplexe durch Brückenbildung zwischen zwei Orten des bicyclischen Naphthalins erfolgt nicht nur, wie in der Benzolreihe (vgl. S. 177), in der ortho-Stellung, sondern mit großer Leichtigkeit auch in der peri-Stellung, z. B.:

Vgl. hierüber: EKSTRAND, *B.* 18, 2883, 2886; BAMBERGER, PHILIP, *B.* 20, 238, 241; F. SACHS, *A.* 365, 59, 78.

1. Naphthalin, L. R.-Name: [Benzolo-benzol] $C_{10}H_8 =$

Über *Konstitution, Bezifferung* und *Literatur* s. S. 529—530.

Vorkommen und Bildung.

Naphthalin findet sich in einigen ätherischen Ölen (Nelkenstielöl, Storaxrindenöl) (v. SODEN, ROJAHN, *C.* 1902 II, 1117). Im Erdöl von Ölheim (KRAEMER, *Sitzungsberichte des Vereins zur Beförderung des Gewerbfleißes* 1885, 299). Im Erdöle von Rangoon (WARREN, STORER, *Z.* 1868, 232; *J.* 1868, 332). Im californischen Erdöl von Puente Hills (MABERY, HUDSON, *Am.* 25, 284). Im Erdöl von Borneo (JONES, WOOTTON, *Soc.* 91, 1149). Im Bitumen eines Feuerbrunnens (puits de feu) von Ho-Tsing (Provinz Szu-Tschuan, China) (BOUSSINGAULT, *C. r.* 96, 1452). — Naphthalin entsteht neben anderen Kohlenwasserstoffen bei der Verhüttung (Destillation) der Quecksilbererze von Idria, findet sich daher im „Stuppfett" (GOLDSCHMIEDT, M. v. SCHMIDT, *M.* 2, 11) [über die Zusammensetzung dieses letzten s. Go., v. SCH.]. Naphthalin bildet sich bei der trocknen Destillation der Steinkohle; ist daher im Steinkohlenteer enthalten (KIDD, *Berzelius' Jahresber.* 3, 186). Entsteht bei der Braunkohlenschwelerei, ist daher im Braunkohlenteer enthalten (wurde aber nicht im Vorlauf des Teers aus bituminösem Schiefer gefunden) (HEUSLER, *B.* 25, 1677; 30, 2744). Bei der destruktiven Destillation von Braunkohlenteeröl (SCHULTZ, WÜRTH, *C.* 1905 I, 1444). Beim Erhitzen von Holzteer und weniger flüchtigem Holzteeröl in glühenden, mit Koks gefüllten Röhren (ATTERBERG, *B.* 11, 1222). Beim Durchleiten von Bakuer Petroleumrückständen durch eine glühende, mit verkohltem Holz gefüllte Retorte (LETNY, *B.* 11, 1210). Naphthalin findet sich im Teer, der bei der trocknen Destillation von Korkabfällen erhalten wird (BORDET, *C. r.* 92, 728; *J.* 1881, 1322).

Naphthalin entsteht aus Carbiden und Hydroxyden bei 800—1000° (BRADLEY, JACOBS, D. R. P. 125936; *C.* 1902 I, 77). Aus Methan bei hohem Erhitzen im zugeschmolzenen Rohr (BERTHELOT, *A.* 123, 211). Aus Äthylen beim Durchleiten durch ein glühendes Rohr (BERTH., *A. Spl.* 6, 251; NORTON, NOYES, *Am.* 8, 363). Aus Acetylen beim Erhitzen auf hohe Temperatur (BERTH., *Bl.* [2] 7, 308). Aus Alkohol beim Durchleiten durch ein glühendes, mit Bimsstein gefülltes Rohr (BERTH., *A. ch.* [3] 33, 296; *J.* 1851, 504; vgl. REICHENBACH, *Berzelius' Jahresber.* 12, 307). Aus Äther beim Durchleiten durch ein glühendes Rohr (REICH.). Aus Essigsäure beim Durchleiten durch ein glühendes, mit Bimsstein gefülltes Rohr (BERTH., *A. ch.* [3] 33, 300; *J.* 1851, 437). — Aus α-Cyclooctadien-bis-hydrobromid (S. 35) beim Erhitzen mit Chinolin auf 250—300° (WILLSTÄTTER, VERAGUTH, *B.* 40, 964). Beim Leiten von Cyclopentadien durch schwachglühende Röhren (WEGER, *Z. Ang.* 22, 344). Aus Terpentinöl beim Eintropfen in ein glühendes eisernes Rohr (SCHULTZ, *B.* 9, 548; 10, 116). — Beim Durchleiten eines Gemisches von Benzol und Äthylen durch ein rotglühendes Rohr als Hauptprodukt (BERTH., *C. r.* 63, 792; *Bl.* [2] 7, 278; *A.* 142, 257). Aus Toluol beim Durchleiten durch ein glühendes Rohr (BERTH., *C. r.* 63, 790; *Bl.* [2] 7, 221; *A.* 142, 254). Aus Teerxylol beim

Durchleiten durch ein glühendes Rohr (BERTH., *Bl.* [2] **7**, 227). Beim Erhitzen von o-Xylylenbromid mit Chinolin auf 180—270⁰ (WILL., VER.). Beim Überleiten von Isobutylbenzol über
erhitztes Bleioxyd (WREDEN, ZNATOVICZ, *B.* **9**, 1606). Beim Erhitzen eines [Dibrom-butyl]-
benzols (S. 413, Z. 15 v. u.), erhalten durch Addition von Brom an das Butenylbenzol,
welches aus Benzylchlorid und Allyljodid durch Natrium entsteht, mit Kalk (ARONHEIM,
A. **171**, 233). Aus [α.β-Dibrom-butyl]-benzol (S. 413, Z. 28 v. u.) beim Glühen mit Kalk
(RADZISZEWSKI, *B.* **9**, 261). Beim Durchleiten von Styrol mit Äthylen durch ein glühendes
Rohr, in reichlicher Menge (BERTH., *C. r.* **63**, 835; *Bl.* [2] **7**, 285; *A.* **142**, 261). Beim Durchleiten von Styrol mit Acetylen durch ein glühendes Rohr (BERTH., *Bl.* [2] **7**, 285). Beim
Durchleiten eines Gemisches von Styrol und Benzol durch ein glühendes Rohr (BERTH.,
Bl. [2] **7**, 288; *C. r.* **63**, 835; *A.* **142**, 261). Beim Durchleiten von α-Phenyl-α.γ-butadien
durch ein glühendes Rohr (LIEBERMANN, RIIBER, *B.* **35**, 2697). Aus Anthracen und Äthylen
beim Überhitzen, in reichlicher Menge (BERTH., *C. r.* **63**, 999). Aus Chrysen und Äthylen
beim Überhitzen, in geringer Menge (BERTH., *C. r.* **63**, 999). — Aus Phenol, das mit etwas
Wasser verflüssigt ist, durch Eintropfen in ein eisernes, auf Gelbglut erhitztes Rohr (KRAMERS,
A. **189**, 131). Aus Campher beim Überleiten seiner Dämpfe über rotglühendes Eisen
(REGNAULT, *A.* **28**, 84) oder glühenden Kalk (FRÉMY, *A.* **15**, 288). Aus 1.1.2-Trimethyl-
2-phenyl-cyclopentan-carbonsäure-(5) (Syst. No. 949) durch allmähliches Erhitzen mit Jodwasserstoffsäure (D: 2) bis auf 220⁰ (BLANC, *Bl.* [3] **19**, 216). Durch Erhitzen gleichmolekularer Mengen von Dimethylanilin und Brom auf 110—120⁰ (BRUNNER, BRANDENBURG, *B.*
11, 698). Auch beim Erhitzen von p-Brom-dimethylanilin mit Bromwasserstoff auf 180⁰
wird etwas Naphthalin gebildet (BRU., BRA., *B.* **11**, 700). Naphthalin entsteht neben α-Naphthoesäure, Benzoesäure und Salmiak durch 18-stdg. Erhitzen von Cinnamal-hippursäure
(Syst. No. 1296) mit Salzsäure auf 110—120⁰ (ERLENMEYER jun., KUNLIN, *B.* **35**, 384). —
Durch Destillieren von 3.4.6'.7'-Tetramethoxy-brasanchinon-(1'.4') (Syst. No. 2569) oder von
1'-Oxy-3.4.6'.7'-tetramethoxy-brasan (Syst. No. 2454) über Zinkstaub (V. KOSTANECKI, ROST,
B. **36**, 2205).
    Durch Destillieren von α-Naphthol über roten Phosphor (WICHELHAUS, *B.* **36**, 2943;
39, 1725). Aus β-Naphthol beim Erhitzen mit rotem Phosphor im geschlossenen Rohr auf
200⁰ (WICH., *B.* **36**, 2943). Aus β-Naphthol durch Destillation mit Zinkstaub (E. FISCHER,
Anleitung zur Darstellung organischer Präparate, 8. Aufl. [Braunschweig 1908], S. 57)· — Man
destilliert Juglon (Syst. No. 778) über Zinkstaub (BERNTHSEN, *B.* **17**, 1946). — Aus Naphthalin-
α-carbonsäure durch Destillation mit Ätzbaryt (A. W. HOFMANN, *B.* **1**, 41). Beim Durchleiten
des Anhydrids der Naphthalin-tetrahydrid-(1.2.3.4)-dicarbonsäure-(2.3) durch ein glühendes
Rohr oder beim Erhitzen des Silbersalzes dieser Säure (BAEYER, PERKIN, *B.* **17**, 451). — Aus
α-Naphthalinsulfonsäure durch Erhitzen mit KSH-Lösung unter Druck auf Temperaturen
oberhalb 220⁰ (SCHWALBE, *B.* **39**, 3104). Aus α-Naphthylamin durch Diazotierung und
Behandlung der Diazoniumchloridlösung mit unterphosphoriger Säure (MAI, *B.* **35**, 163).

Darstellung.

    Zur technischen Gewinnung von Naphthalin dienen das „Leichtöl" und das „Schweröl"
der Steinkohlendestillation. Schweröl, einer Fraktionierung unter vermindertem Druck
unterworfen, wird in Carbolöl (Kp: bis 195⁰), „Naphthalinöl I" (Kp: 195—230⁰), „Naphthalinöl II" (Kp: 230—280⁰) und einen Rückstand (Anthracenöl) zerlegt. Das Leichtöl, das
ca. 40% Naphthalin enthält, scheidet bei direkter Abkühlung ca. ⁴/₅ seines Naphthalingehalts
ab, wird aber häufig erst durch Destillation in Rohbenzol (Kp: bis 165⁰), Carbolöl (Kp:
165—195⁰), Naphthalinöl (Kp: 195—220⁰) und einen Rückstand, der mit dem Schweröl vereinigt wird, gespalten. Die vereinigten Carbolöle sowie die Naphthalinöle werden in ein
Kühlhaus gebracht, in dem sich das Naphthalin ausscheidet. Das erhaltene Rohprodukt
enthält noch 10—15% ölige Bestandteile, die durch Zentrifugieren oder besser durch Abpressen in hydraulischen, erwärmten Pressen fast völlig entfernt werden. Das Naphthalin
destilliert jetzt zu 95,6% bei 216,6—218,6⁰ über, ist aber zur Verarbeitung auf Farbstoff-
zwischenprodukte noch nicht rein genug. Es wird deshalb im geschmolzenen Zustand einer
mehrmaligen Behandlung mit geringen Mengen (5—6%) 60⁰ Bé starker Schwefelsäure unterworfen, dann mit (2%) 20⁰ Bé starker Natronlauge gewaschen und schließlich nochmals destilliert, zum Teil auch durch Sublimation weiter gereinigt oder — für präparative Zwecke —
aus leichten Steinkohlenteerdestillaten umkrystallisiert (G. LUNGE, H. KÖHLER, Die Industrie
des Steinkohlenteers und des Ammoniaks, Bd. II, Steinkohlenteer [Braunschweig 1912],
S. 627, 724, 786). Auch bei der Kokerei der Steinkohle wird Naphthalin als Nebenprodukt
gewonnen (vgl. W. BERTELSMANN in F. ULLMANNS Enzyklopädie der technischen Chemie,
Bd. VII [Berlin-Wien 1919], S. 124).
    Reinigung des Naphthalins durch Erhitzen mit Schwefelsäure: STENHOUSE, GROVES,
B. **9**, 683; BALLO, *J.* **1871**, 755, durch Erhitzen mit Schwefelsäure und Braunstein: LUNGE,
B. **14**, 1756, durch Erhitzen mit Schwefel: DEHNST, D. R. P. 47364; *Frdl.* **2**, 7.

Physikalische Eigenschaften.

(Eigenschaften von Gemischen des Naphthalins s. im nächstfolgenden Abschnitt.)

Farblose Tafeln (aus Alkohol) von charakteristischem Geruch. Monoklin prismatisch (GROTH, *J.* 1870, 4; NEGRI, *G.* 23 II, 379; vgl. *Groth, Ch. Kr.* 5, 363). — F: 80,98° (SSOBOLEWA, *Ph. Ch.* 42, 80), 80,8° (korr.) (KEMPF, *J. pr.* [2] 78, 256), 80,4° (V. MEYER, RIDDLE, *B.* 26, 2446), 80,061° (MILLS, *Phil. Mag.* [5] 14, 27; *J.* 1882, 104), 80,05° (BOGOJAWLENSKI, *C.* 1905 II, 946), 80,05° (Wasserstoffthermometer) (JAQUEROD, WASSMER, *C.* 1904 II, 337; *B.* 37, 2532), 79,9—80° (R. SCHIFF, *A.* 223, 262), 79,60—79,64° (NOYES, ABBOT, *Ph. Ch.* 23, 63). Änderungen des Schmelzpunktes durch Druck: HULETT, *Ph. Ch.* 28, 664. Krystallisationsgeschwindigkeit und Krystallüberhitzung bei der Schmelzung: TAMMANN, *Ph. Ch.* 68, 262. Erstarrung von unterkühltem Naphthalin: FÜCHTBAUER, *Ph. Ch.* 48, 564. — Kp$_{760}$: 217,94° (CALLENDAR, GRIFFITHS, *Chem. N.* 63, 2), 216,89° (MENSCHING, V. MEYER, *Ph. Ch.* 1, 156); Kp$_{747,6}$: 216,4—216,8° (KOPP, *A.* 95, 330); Kp$_{767,43}$: 218,5°; Kp$_{760,74}$: 218,21°; Kp$_{750,50}$: 217,5°; Kp$_{740,35}$: 216,9°; Kp$_{730,31}$: 216,3°; Kp$_{720,39}$: 215,7° (CRAFTS, *Bl.* [2] 39, 282); Kp$_{800}$: 219,95°; Kp$_{760}$: 217,68°; Kp$_{700}$: 214,14°; Kp$_{650}$: 210,94°; Kp$_{600}$: 207,55°; Kp$_{550}$: 203,91°; Kp$_{500}$: 200,00°; Kp$_{450}$: 195,70°; Kp$_{400}$: 191,00° (JAQUEROD, WASSMER, *C.* 1904 II, 337; *B.* 37, 2533). Dampfdrucke bei 0° und 15°: ROLLA, *R. A. L.* [5] 18 II, 371; zwischen 15° und 75°: ALLEN, *Soc.* 77, 400; Dampfdruck bei 70°: PERMAN, DAVIES, *Soc.* 91, 1114; zwischen 60° und 80°: SPERANSKI, *Ph. Ch.* 46, 74. Naphthalin sublimiert schon bei einer wenig über dem Schmelzpunkt liegenden Temperatur (KOPP, *A.* 95, 329). Sublimationsgeschwindigkeit: KEMPF, *J. pr.* [2] 78, 233. Naphthalin verflüchtigt sich in Ammoniakgas leichter als in Luft, Wasserstoff usw. (TIEFTRUNK, *J.* 1878, 123; *B.* 11, 1466). Naphthalin ist mit Wasserdämpfen leicht flüchtig (BROCKE, *Berzelius' Jahresber.* 12, 308). — D^{188}: 1,2355 (DEWAR, *Chem. N.* 91, 218); D^{15}: 1,1517 (VOHL, *J. pr.* [1] 102, 30; *J.* 1867, 709); D$_7^7$: 1,168 (FORCH, *Ann. d. Physik* [4] 17, 1014); D$_0^0$: 0,982 (LOSSEN, ZANDER, *A.* 225, 111); D^{18,9}: 0,9777 (R. SCHIFF, *A.* 223, 262); D$_4^{82}$: 1,0070; D$_4^{81}$: 1,0056 (PERKIN, *Soc.* 69, 1195); D^{97,4}: 0,96208 (NASINI, BERNHEIMER, *G.* 15, 84); D$_0^{90}$: 0,9628 (ALLUARD, *A.* 113, 159); D$_4^{87,7}$: 0,9400; D$_4^{97,4}$: 0,8962 (DUTOIS, FRIDERICH, *Arch. Sc. phys. et nat. Genève* [4] 9, 113). Ausdehnung: LOSSEN, ZANDER, *A.* 225, 111; FORCH, *Ann. d. Physik* [4] 17, 1015; WALDEN, *Ph. Ch.* 65, 149.

n$_\alpha^{89,4}$: 1,57456; n$_D^{89,4}$: 1,58232; n$_\beta^{89,4}$: 1,60310 (NASINI, BERNHEIMER, *G.* 15, 85). Molekularrefraktion, Fluorescenzspektrum und Absorptionsspektrum in Lösung s. unten. — Oberflächenspannung und Binnendruck: WALDEN, *Ph. Ch.* 66, 394; DUTOIT, FRIDERICH, *C. r.* 130, 329. — Latente Schmelzwärme: BOGOJAWLENSKI, *C.* 1905 II, 946. Latente Verdampfungswärme: KURBATOW, Ж. 40, 1474; *C.* 1909 I, 635. Spezifische Wärme: BOG., *C.* 1905 II, 946. Molekulare Verbrennungswärme bei konstantem Druck 1233,6 Cal. (LEROUX, *C. r.* 151, 384), 1241,1 Cal. (BERTHELOT, RECOURA, *A. ch.* [6] 13, 303), 1243,0 Cal. (RIIBER, SCHETELIG, *Ph. Ch.* 48, 349), 1233,6 Cal. (STOHMANN, KLEBER, LANGBEIN, *J. pr.* [2] 40, 90), bei konstantem Volumen: 1240,1 Cal. (BE., RE.), 1241,8 Cal. (RII., SCHE.), 1232,4 Cal. (ST., KL., LA.), 1237,5 Cal. (E. FISCHER, WREDE, *C.* 1904 I, 1548). Wärmeleitfähigkeit: LEES, *C.* 1905 I, 652. Kritische Konstanten: GUYE, MALLET, *C. r.* 133, 1287; *C.* 1902 I, 1314. — Dielektrizitätskonstante: RUDOLFI, *Ph. Ch.* 66, 715. Luminescenz unter dem Einfluß elektrischer Schwingungen: KAUFFMANN, *Ph. Ch.* 26, 724; WIEDEMANN, G. C. SCHMIDT, *Ann. d. Physik* [N. F.] 56, 22; *Ph. Ch.* 27, 343. Kathodenluminescenz: O. FISCHER, *C.* 1908 II, 1406. Magnetisches Drehungsvermögen: PERKIN, *Soc.* 69, 1195.

Naphthalin in Lösung, in Mischung und als Lösungsmittel.

Molekulare Gefrierpunktsdepression: 68,9 (AUWERS, INNES, *Ph. Ch.* 18, 598; vgl. EIJKMAN, *Ph. Ch.* 3, 114).

Geschmolzenes Naphthalin absorbiert Luft, die es kurz vor dem Erstarren, angereichert an Sauerstoff, wieder abgibt (VOHL, *J. pr.* [1] 102, 30). — Geschmolzenes Naphthalin löst Selen (SAUNDERS, *Journ. Physical Chem.* 4, 474), Jod, Schwefel, Phosphor, arsenige Säure, Schwefelarsen, Schwefelantimon, Quecksilberchlorid, Quecksilberjodid, wenig Bleichlorid, Bleijodid und Quecksilbercyanid (VOHL, *J. pr.* [1] 102, 30, 31).

Naphthalin löst sich spurenweise in kochendem Wasser (KIDD, *Berzelius' Jahresber.* 3, 186; LUPTON, *Chem. N.* 33, 90). Es ist schwer löslich in verflüssigtem Kohlendioxyd (BÜCHNER, *Ph. Ch.* 54, 676), leicht löslich in verflüssigtem Schwefeldioxyd mit grünlichgelber Farbe (WALDEN, *B.* 32, 2864). Löslichkeit in verflüssigtem Ammoniak: CENTNERSZWER, *Ph. Ch.* 46, 460.

100 Tle. einer gesättigten Chloroformlösung enthalten bei 0° 19,5 Tle. Naphthalin, bei 10° 25,5 Tle., bei 20° 31,8 Tle., bei 30° 40,1 Tle., bei 40° 49,5 Tle., bei 50° 60,3 Tle., bei 60° 73,1 Tle., bei 70° 87,2 Tle. (ÉTARD, *Bl.* [3] 9, 86). Über die Löslichkeit des Naphthalins in Chloroform s. ferner:

SPEYERS, *C.* 1902 II, 1239. Wärmetönung beim Lösen von Naphthalin in Chloroform: FORCH, *Ann. d. Physik* [4] 12, 216. Spezifisches Gewicht der Lösungen in Chloroform bei 16—20°: FORCH, *C.* 1904 I, 1445. Löslichkeit von Naphthalin in Tetrachlorkohlenstoff: SCHRÖDER, *Ph. Ch.* 11, 459. 100 Tle. einer gesättigten Hexanlösung enthalten bei 0° 5,5 Tle. Naphthalin, bei 10° 9,0 Tle., bei 20° 14,1 Tle., bei 30° 21,0 Tle., bei 40° 30,8 Tle., bei 50° 43,7 Tle., bei 60° 60,6 Tle., bei 70° 78,8 Tle. (ÉTARD, *Bl.* [3] 9, 86). — Bei 19,5° lösen 100 Tle. Methylalkohol 8,1 Tle. Naphthalin (LOBRY DE BRUYN, *Ph. Ch.* 10, 784). Über die Löslichkeit des Naphthalins in Methylalkohol s. ferner SPEYERS, *C.* 1902 II, 1239. Wärmetönung beim Lösen von Naphthalin in Methylalkohol: TIMOFEJEW, *C.* 1905 II, 436. Dichte der gesättigten Lösungen in Methylalkohol bei verschiedenen Temperaturen: SPEYERS, *C.* 1902 II, 1239. 100 Tle. absoluten Alkohols lösen bei 15° 5,29 Tle. Naphthalin; beim Siedepunkt löst sich Naphthalin in jedem Verhältnis in absol. Alkohol (v. BECHI, *B.* 12, 1978). Bei 19,5° lösen 100 Tle. Alkohol 9,5 Tle. (LOB. DE BR., *Ph. Ch.* 10, 784). — Über die Löslichkeit in Äthylalkohol s. ferner SPEY., *C.* 1902 II, 1239. Wärmetönung beim Lösen von Naphthalin in Äthylalkohol: TIM., *C.* 1905 II, 436. Dichte der gesättigten Lösungen in Äthylalkohol bei verschiedenen Temperaturen: SPEY., *C.* 1902 II, 1239. Molekularrefraktion des Naphthalins in alkoh. Lösung: KANONNIKOW, Ж. 15, 476; *J. pr.* [2] 31, 348. Fluorescenzspektrum in alkoh. Lösung: STARK, R. MEYER, *C.* 1907 I, 1526. Absorptionsspektrum in alkoh. Lösung: HARTLEY, *Soc.* 39, 161; BALY, TUCK, *Soc.* 93, 1903; STARK, STEUBING, *C.* 1908 II, 752. Naphthalin ist sehr leicht löslich in Äther (KIDD, *Berzelius' Jahresber.* 3, 186). Wärmetönung beim Lösen in Äther: FORCH, *Ann. d. Physik* [4] 12, 216. Spezifisches Gewicht der Lösungen in Äther bei 16—20°: FORCH, *C.* 1904 I, 1445. Löslichkeit des Naphthalins in Propylalkohol: SPEY., *C.* 1902 II, 1239. Wärmetönung beim Lösen in Propylalkohol: TIM., *C.* 1905 II, 436. Dichte der gesättigten Lösungen in Propylalkohol bei verschiedenen Temperaturen: SPEY., *C.* 1902 II, 1239. Wärmetönung beim Lösen von Naphthalin in Isobutylalkohol: TIMOFEJEW, *C.* 1905 II, 436. — Molekularrefraktion des Naphthalins in Acetonlösung: ZOPPELLARI, *G.* 35 I, 355. — Naphthalin löst sich reichlich in heißer Ameisensäure und in heißem Eisessig (OTTO, MÖRIES, *A.* 147, 177 Anm.). Wärmetönung beim Lösen von Naphthalin in Äthylacetat: TIM., *C.* 1905 II, 436. Löslichkeitskurven für Gemische von Naphthalin mit Chloressigsäure und Überlöslichkeitskurven für diese Mischungen: MIERS, ISAAC, *C.* 1909 II, 116. 100 Tle. einer gesättigten Schwefelkohlenstofflösung enthalten bei 0° 19,9 Tle. Naphthalin, bei 10° 27,5 Tle., bei 20° 36,3 Tle., bei 30° 40,0 Tle., bei 40° 57,2 Tle., bei 50° 67,6 Tle., bei 60° 79,2 Tle., bei 70° 90,3 Tle. (ÉTARD, *Bl.* [3] 9, 86). Wärmetönung beim Lösen von Naphthalin in Schwefelkohlenstoff: FORCH, *Ann. d. Physik* [4] 12, 216. Spezifisches Gewicht der Lösungen in Schwefelkohlenstoff bei 16—20°: FORCH, *C.* 1904 I, 1445. — 100 Tle. Benzol lösen bei 15,55° 45,8° Tle. Naphthalin (SMITH, *Journ. Soc. Chem. Ind.* 21, 1225; vgl. SCHRÖDER, *Ph. Ch.* 11, 457). Wärmetönung beim Lösen von Naphthalin in Benzol: FORCH, *Ann. d. Physik* [4] 12, 216; TIM., *C.* 1905 II, 436. Molekularrefraktion des Naphthalins in Benzollösung: KANONNIKOW, Ж. 15, 476; *J. pr.* [2] 31, 348; ZOPPELLARI, *G.* 35 I, 355. Löslichkeit von Naphthalin in Chlorbenzol: SCHRÖDER, *Ph. Ch.* 11, 458. Schmelzpunkte der Gemische von Naphthalin mit Dinitrobenzolen: KREMANN, RODINIS, *M.* 27, 144. 100 Tle. Toluol lösen bei 15,55° 32 Tle. Naphthalin (SMITH, *Journ. Soc. Chem. Ind.* 21, 1225). 100 Tle. Toluol lösen bei 16,5° 31,94 Tle.; bei 100° löst sich Naphthalin in jedem Verhältnis in Toluol (v. BECHI, *B.* 12, 1978). Über die Löslichkeit in Toluol s. ferner SPEYERS, *C.* 1902 II, 1239. Wärmetönung beim Lösen von Naphthalin in Toluol: FORCH, *Ann. d. Physik* [4] 12, 216. Dichte der Lösungen in Toluol: SPEY., *C.* 1902 II, 1239; FORCH, *C.* 1904 I, 1445; LUMSDEN, *Soc.* 91, 26. Schmelzpunkte der Gemische von Naphthalin mit Dinitrotoluolen: KREM., ROD., *M.* 27, 170. 100 Tle. Cumol lösen bei 15,55° 30,10 Tle. (SMITH, *Journ. Soc. Chem. Ind.* 21, 1225). Schmelzpunkte, Dichten und Dielektrizitätskonstanten der Gemische von Naphthalin mit Anthracen und mit Phenanthren: RUDOLFI, *Ph. Ch.* 66, 705. — Schmelzpunkte der Gemische von Naphthalin mit Nitrophenolen: SSAPOSHNIKOW, Ж. 35, 1072; *Ph. Ch.* 49, 688; *C.* 1904 I, 1343. Schmelzpunkte, Dichten und Dielektrizitätskonstanten der Gemisch von Naphthalin mit Pikrinsäure: RUDOLFI. Überlöslichkeitskurve, Schmelzpunkts- und Erstarrungspunktskurve der Gemische von Naphthalin und β-Naphthol: MIERS, ISAAC, *Soc.* 93, 927. Schmelzpunkte, Dichten und Dielektrizitätskonstanten der Gemische von Naphthalin und β-Naphthol: RUDOLFI. — Schmelzpunkte, Dichten und Dielektrizitätskonstanten der Gemische von Naphthalin mit Bromcampher, mit p-Toluidin, mit α-Naphthylamin und mit β-Naphthylamin: RUDOLFI.

Gleichgewicht von Naphthalin mit Wasser und Aceton: CADY, *C.* 1898 II, 209. Gleichgewicht von Naphthalin mit Wasser und β-Naphthol: KÜSTER, *Ph. Ch.* 17, 359, 364. Löslichkeit von Kohlenoxyd in Naphthalin-Aceton, in Naphthalin-Benzol und in Naphthalin-Toluol: SKIRROW, *Ph. Ch.* 41, 144.

Chemisches Verhalten.

Einwirkung der Wärme. Beim Leiten von Naphthalindämpfen durch ein glühendes Rohr entsteht in geringer Menge $\beta.\beta$-Dinaphthyl; vgl. auch S. 537 (SMITH, *Soc.* **32**, 551; FERKO, *B.* **20**, 662).

Oxydation. Naphthalin verbrennt unter starker Rußentwicklung. Grenze der Brennbarkeit: PELET, JOMINI, *Bl.* [3] **27**, 1209. Naphthalin gibt mit Luft bei 150—300⁰ in Gegenwart von Kohle oder Torf Naphthochinon-(1.4) und Phthalsäureanhydrid (DENNSTEDT, HESSLER, D. R. P. 203848; *C.* **1908** II, 1750). Bei der Einw. von Ozon auf Naphthalin in Chloroformlösung entsteht das Diozonid $C_{10}H_8O_6$ (S. 540) (HARRIES, WEISS, *A.* **343**, 372). — Die elektrolytische Oxydation des Naphthalins in Aceton + Schwefelsäure in der Kälte liefert etwas Naphthochinon-(1.4); bei der elektrolytischen Oxydation in Eisessig-Schwefelsäure bei 85⁰ entsteht Phthalsäure (PANCHAUD DE BOTTENS, *Z. El. Ch.* **8**, 673). Naphthalin läßt sich durch Cerisulfat in 15—20⁰/₀iger Schwefelsäure je nach den Mengenverhältnissen zu Naphthochinon-(1.4) oder zu Phthalsäure oxydieren (Höchster Farbw., D. R. P. 158609; *C.* **1905** I, 840). Elektrolytische Oxydation in 20⁰/₀iger Schwefelsäure bei Gegenwart von Cerverbindungen bei 40—60⁰ zu Naphthochinon-(1.4) und zu Phthalsäure: Höchster Farbw., D. R. P. 152063; *C.* **1904** II, 71. Bei der Oxydation von Naphthalin mit Manganisalzen entsteht Naphthochinon-(1.4) (LANG, D. R. P. 189178; *C.* **1908** I, 73). Beim Erhitzen von Naphthalin mit Braunstein und werd. Schwefelsäure entstehen Phthalsäure, $\alpha.\alpha$-Dinaphthyl und ein gelbbrauner harziger Körper (LOSSEN, *A.* **144**, 77, 85; SMITH, *Soc.* **35**, 225). Durch Oxydation des Naphthalins mit kochender Kaliumpermanganat- oder Kaliummanganatlösung entsteht Phenylglyoxyl-o-carbonsäure (Phthalonsäure) (Syst. No. 1336) neben wenig Phthalsäure (TSCHERNIAC, D. R. P. 79693, 86914; *Frdl.* **4**, 162, 163; *B.* **31**, 139; GRAEBE, TRÜMPY, *B.* **31**, 370). In gleicher Weise verläuft die Oxydation mit Kaliumpermanganat bei Zusatz von Kalilauge; dagegen liefert Calciumpermanganat nur Phthalsäure (ULLMANN, UZBACHIAN, *B.* **36**, 1805). Geschwindigkeit der Oxydation zu Phthalonsäure mit KMnO₄ in Gegenwart von überschüssiger Natriumdicarbonatlösung: DALY, *C.* **1907** II, 67. Von Kaliumdichromat und Schwefelsäure wird Naphthalin zu Phthalsäure oxydiert (F. LOSSEN, *A.* **144**, 73). Die Oxydation mit CrO₃ in Essigsäure führt zu Naphthochinon-(1.4) (GROVES, *A.* **167**, 357) und zu Phthalsäure (BEILSTEIN, KURBATOW, *A.* **202**, 215). Bei der Einw. von Chromylchlorid auf Naphthalin in Eisessig entsteht 2.3-Dichlor-naphthochinon-(1.4) (Syst. No. 674) (CARSTANJEN, *B.* **2**, 633). Verdünnte Salpetersäure oxydiert Naphthalin beim Erhitzen auf 130⁰ zu Phthalsäure (Syst. No. 970) (BEILSTEIN, KURBATOW, *A.* **202**, 215; vgl. BOSWELL, *C.* **1907** II, 67). NO₂ liefert mit Naphthalin in der Wärme außer Nitrierungsprodukten (s. S. 536) auch 1.2.3.4-Tetraoxy-naphthalin (Syst. No. 596) und 1.2.3.4-Tetraoxo-naphthalin-tetrahydrid-(1.2.3.4) (Syst. No. 719) (LEEDS, *Am. Soc.* **2**, 284). Beim Erhitzen von Naphthalin mit rauchender Schwefelsäure und Quecksilber oder Quecksilbersulfat über 300⁰ erhält man Phthalsäureanhydrid, bei niedrigerer Temperatur (250⁰) enthält die Reaktionsmischung Sulfophthalsäuren (Bad. Anilin- und Sodafabr., D. R. P. 91202; *Frdl.* **4**, 164; WINTELER, *Ch. Z.* **32**, 603). Über die katalytische Oxydation von Naphthalin zu Phthalsäure durch Schwefelsäure und Quecksilbersulfat vgl. auch BREDIG, BROWN, *Ph. Ch.* **46**, 502. Oxydation zu Phthalsäure mit konz. Schwefelsäure bei Gegenwart der Oxyde oder Salze der seltenen Erden: DITZ, *Ch. Z.* **29**, 581. Bei der Einw. von Kaliumchlorat und Schwefelsäure auf Naphthalin entstehen eine Verbindung $C_{10}H_7O_5Cl$ (S. 540), eine Säure $C_{10}H_6O_5ClS$ (S. 540), Phthalsäure und Dichlornaphthaline (HERMANN, *A.* **151**, 63); s. auch Einw. von Halogenen S. 536.

Hydrierung. Beim Erhitzen von Naphthalin mit Kalium entsteht eine kaliumhaltige Verbindung, welche bei der Zersetzung durch Wasser ein Naphthalindihydrid (S. 519) liefert (BERTHELOT, *A. ch.* [4] **12**, 157, 205; *A.* **143**, 98; *A. Spl.* **5**, 372). Durch Reduktion von Naphthalin mit Natrium und siedendem Alkohol wurde Naphthalin-dihydrid-(1.4) (S. 518) (BAMBERGER, LODTER, *B.* **20**, 3075; *A.* **288**, 75) erhalten. Mit Natrium und siedendem Amylalkohol behandelt, gibt Naphthalin Naphthalin-tetrahydrid-(1.2.3.4) (S. 491—492) (BAMBERGER, KITSCHELT, *B.* **23**, 1561; LEROUX, *C. r.* **151**, 384). Reduziert man Naphthalin mit Wasserstoff bei 200⁰ in Gegenwart von bei 280⁰ reduziertem Nickel, so entsteht Naphthalin-tetrahydrid-(1.2.3.4), während bei 160⁰ und mit Hilfe von bei 150⁰ reduziertem Nickel Naphthalindekahydrid (S. 92) gebildet wird (LER., *C. r.* **139**, 673; *A. ch.* [8] **21**, 465, 466; vgl. SABATIER, SENDERENS, *C. r.* **132**, 1257). Naphthalin wird bei ca. 300⁰ von Wasserstoff in Gegenwart von Nickel nicht mehr hydriert (PADOA, FABRIS, *R. A. L.* [5] **17** I, 113; *G.* **39** I, 329). Erhitzt man Naphthalin mit komprimiertem Wasserstoff in Gegenwart von Ni₂O₃ auf 260⁰, so erhält man Naphthalin-tetrahydrid (Kp: 208—212⁰), das, nochmals der gleichen Behandlung bei 230⁰ unterworfen, Naphthalindekahydrid liefert (IPATJEW, *B.* **40**, 1286; *Ж.* **39**, 698). — Beim Erhitzen von 1 Tl. Naphthalin mit 20 Tln. bei 0⁰ gesättigter Jodwasserstoffsäure auf 280⁰ erhielt BERTHELOT (*Bl.* [2] **9**, 287) Naphthalindihydrid (?) (S. 519); bei Verwendung von 80 Tln. Jodwasserstoffsäure wurde ein Kohlenwasserstoff $C_{10}H_{20}$

(S. 540)' erhalten (BER., *Bl.* [2] **9**, 285; WREDEN, ZNATOVICZ, *A.* **187**, 164). Beim Erhitzen von Naphthalin mit Jodwasserstoffsäure und rotem Phosphor auf Temperaturen zwischen 220° und 245° wurden als Reaktionsprodukte beobachtet: Naphthalintetrahydrid (S. 492), -hexahydrid (?) (S. 433), -oktahydrid (?) (S. 142) (Kp: 185—190°; D°: 0,910) und -dekahydrid (?) (S. 92) (GRAEBE, GUYE, *B.* **5**, 678; **16**, 3028; WREDEN, Ж. **8**, 149; WR., ZNATOVICZ, Ж. **9**, 183; *B.* **9**, 1606; AGRESTINI, *G.* **12**, 495; *B.* **16**, 796).

Einwirkung von Halogenen und anorganischen Halogenverbindungen. Bei der Einw. von trocknem Chlor auf Naphthalin im Sonnenlicht entstehen Naphthalindichlorid (S. 519), Naphthalin-tetrachlorid-(1.2.3.4) (S. 493), [α-Chlor-naphthalin]-tetrachlorid (S. 493) und [1.4-Dichlor-naphthalin]-tetrachlorid (S. 493—494) (LEEDS, EVERHART, *Am. Soc.* **2**, 208; vgl. LAURENT, *A. ch.* [2] **52**, 275, 282; **59**, 198). Auch beim Leiten von Chlor in geschmolzenes Naphthalin wurden Naphthalintetrachlorid, Chlornaphthalintetrachlorid und Dichlornaphthalintetrachlorid erhalten (FAUST, SAAME, *A.* **160**, 67). Leitet man 1 Mol.-Gew. Chlor in kochendes Naphthalin, so erhält man α-Chlor-naphthalin (RYMARENKO, Ж. **8**, 141). Bei andauerndem Behandeln von Naphthalin mit Chlor, zuletzt in Gegenwart von SbCl₃, entsteht Perchlornaphthalin $C_{10}Cl_8$ (BERTHELOT, JUNGFLEISCH, *Bl.* [2] **9**, 446). Beim Einleiten von Chlor in eine Chloroformlösung von Naphthalin erhält man Naphthalin-tetrachlorid-(1.2.3.4) (SCHWARZER, *B.* **10**, 379). Trägt man gepulvertes Naphthalin in eine ziemlich konz. Lösung von unterchloriger Säure ein, so entsteht Dichlordioxynaphthalintetrahydrid ("Naphthendichlorhydrin") $C_{10}H_{10}O_2Cl_4$ (Syst. No. 560a) (NEUHOFF, *A.* **136**, 342). Beim Eintragen eines Gemisches von Naphthalin und KClO₃ in konz. Salzsäure entstehen Naphthalindichlorid und Naphthalintetrachlorid (E. FISCHER, *B.* **11**, 735, 1411). Behandelt man Naphthalin in 50%iger Schwefelsäure mit KClO₃ bei einer 40° nicht übersteigenden Temperatur, so entstehen Dichlornaphthaline, eine Verbindung $C_{10}H_7O_3Cl$ (S. 540), eine Säure $C_{10}H_5O_6ClS$ (S. 540) und Phthalsäure (HERMANN, *A.* **151**, 64, 80). Beim Überleiten von Naphthalin mit Chlorschwefel wird Dichlornaphthalin gebildet (LAURENT, *A.* **76**, 301; *J.* **1850**, 500). Beim Erhitzen von Naphthalin mit Sulfurylchlorid entsteht α-Chlor-naphthalin, daneben etwas α-Naphthalinsulfonsäurechlorid (TÖHL, EBERHARD, *B.* **26**, 2945). Beim Erwärmen von Naphthalin n it PbCl₄·2NH₄Cl auf 140—150° (Temp. des Bades) erhält man α-Chlor-naphthalin (SEYEWETZ, BIOT, *C. r.* **135**, 1122). Einw. von CrO₂Cl₂ auf Naphthalin s. unter Oxydation, S. 535. — Bei Einw. von 1 Mol.-Gew. Brom auf die Lösung von Naphthalin in CS₂ entsteht α-Brom-naphthalin (GLASER, *A.* **135**, 41; vgl. LAURENT, *A. ch.* [2] **59**, 216; WAHLFORSS, *Z.* **1865**, 3). Behandelt man Naphthalin mit 2 Mol.-Gew. Brom, so entstehen 1.4- und 1.5-Dibrom-naphthalin (GUARESCHI, *A.* **222**, 265, 268; ARMSTRONG, ROSSITER, *Chem. N.* **65**, 58). Beim Eintragen von Naphthalin in überschüssiges, mit etwas AlCl₃ versetztes Brom entsteht Hexabromnaphthalin (F: 252°) (ROUX, *A. ch.* [6] **12**, 347 Anm.). Setzt man gepulvertes Naphthalin zu einer Lösung von Brom in der berechneten Menge kalter verdünnter Natronlauge, säuert mit verdünnter Salzsäure an, wäscht das ausgeschiedene Öl mit Wasser und Sodalösung und erhitzt es nach dem Trocknen auf 200°, so erhält man α-Brom-naphthalin (GNEHM; vgl. MERZ, WEITH, *B.* **15**, 2721). Läßt man zu 100 g gepulvertem Naphthalin, das mit etwas Eis und 200 ccm 4%iger Natronlauge angerührt ist, 150 g Brom unter Kühlung tropfen, so entsteht Naphthalin-tetrabromid-(1.2.3.4) (ORNDORFF, MOYER, *Am.* **19**, 262). Bei der Einw. von Bromschwefel auf eine gut gekühlte, mit Salpetersäure (D: 1,4) unterschichtete Lösung von Naphthalin in Benzin wird α-Brom-naphthalin neben etwas Nitronaphthalin gebildet (EDINGER, GOLDBERG, *B.* **33**, 2885). — Verhalten von Naphthalin gegen Jod bei 250°: BLEUNARD, VRAU, *J.* **1882**, 428. Beim Erwärmen von Naphthalin, gelöst in Benzin, mit Jodschwefel und Salpetersäure (D: 1,34) gewinnt man α- und wenig β-Jod-naphthalin, neben Nitronaphthalin (EDINGER, GOLDBERG, *B.* **33**, 2882).

Nitrierung. Die Einw. von NO₂ auf Naphthalin liefert α-Nitro-naphthalin, 1.5- und 1.8-Dinitro-naphthalin, in der Wärme außerdem 1.2.3.4-Tetraoxy-naphthalin (Syst. No. 596) und 1.2.3.4-Tetraoxo-naphthalin-tetrahydrid-(1.2.3.4) (Syst. No. 719) (LEEDS, *Am. Soc.* **2**, 283). — Während Naphthalin von einer Salpetersäure [D: 1,25) nicht mehr gelöst und selbst in der Wärme nicht angegriffen wird, erfolgt Nitrierung zu α-Nitro-naphthalin, wenn gleichzeitig ein elektrischer Strom durch die Säure geleitet wird (TRILLER, D. R. P. 100417; *C.* **1899** I, 720). Von kalter Salpetersäure (D: 1,33) wird Naphthalin in α-Nitro-naphthalin übergeführt (PIRIA, *A.* **78**, 32; vgl. LAURENT, *A. ch.* [2] **59**, 376), und zwar, ohne daß ein Isomeres entsteht (BEILSTEIN, KUHLBERG, *A.* **169**, 83). Auch beim Erhitzen von Naphthalin mit KHSO₄ und KNO₃ auf 150—160°, oder mit NaHSO₄ und KNO₃ bis 350° (Rohr) entsteht nur α-Nitro-naphthalin, nicht β-Nitro-naphthalin (NÄGELI, *Bl.* [3] **21**, 786). Bei Einw. von kochender rauchender Salpetersäure liefert Naphthalin ein Gemisch von 1.5- und 1.8-Dinitronaphthalin (BEILSTEIN, KUHLBERG, *A.* **169**, 85; vgl. DE AGUIAR, *B.* **5**, 371). Diese beiden Dinitronaphthaline entstehen auch, wenn man Naphthalin erst mit Salpetersäure behandelt und dann mit Salpeterschwefelsäure erwärmt (GASSMANN, *B.* **29**, 1244, 1522; vgl. BEILSTEIN, KURBATOW, *A.* **202**, 219). Trägt man Naphthalin in Salpeterschwefelsäure bei —50° bis —60° ein, so bildet sich neben α-Nitro-naphthalin und 1.5-Dinitro-naphthalin in beträchtlicher

Menge 1.3-Dinitro-naphthalin (PICTET, *C. r.* **116**, 815). Bei 12—14-tägigem Kochen von Naphthalin mit rauchender Salpetersäure erhält man 1.3.8-Trinitro-naphthalin (LAUTEMANN, DE AGUIAR, *Bl.* [2] **3**, 256; vgl. LAURENT, *A.* **41**, 98). Bei der Einw. von 50%iger Salpetersäure auf Naphthalin in Gegenwart von Quecksilber oder Quecksilberverbindungen in der Wärme entstehen Nitronaphthole neben Nitronaphthalin (WOLFFENSTEIN, BÖTERS, D. R. P. 194883; *C.* **1908** I, 1005).

Sulfurierung. Beim Lösen von Naphthalin in konz. Schwefelsäure entstehen α- und β-Naphthalinsulfonsäure (FARADAY, *Ann. d. Physik* **7**, 104; BERZELIUS, *Ann. d. Physik* **44**, 377; vgl. LIEBIG, WÖHLER, *Ann. d. Physik* **24**, 169). Beim Erhitzen von 8 Tln. Naphthalin mit 3 Tln. konz. Schwefelsäure auf 180—200° entstehen neben Naphthalinsulfonsäuren β.β-Dinaphthylsulfon und α.β-Dinaphthylsulfon (Syst. No. 538) (STENHOUSE, GROVES, *B.* **9**, 682; KRAFFT, *B.* **23**, 2365). α-Naphthalinsulfonsäure (Syst. No. 1526) bildet sich in ganz überwiegender Menge, wenn man Naphthalin mit etwa der gleichmolekularen Menge konz. oder 100%iger Schwefelsäure auf niedrige Temperatur (etwa 80°) erwärmt (MERZ, *Z.* **1868**, 394; MERZ, WEITH, *B.* **3**, 195; EUWES, *R.* **28**, 337). Auch bei einer unterhalb des Schmelzpunktes des Naphthalins liegenden Temperatur liefert Naphthalin, und zwar sowohl mit konz. wie mit rauchender Schwefelsäure (höchstens 1 Mol.-Gew. SO₃ auf 1 Mol.-Gew. Naphthalin) ausschließlich α-Naphthalinsulfonsäure (LANDSHOFF & MEYER, D. R. P. 50411; *Frdl.* **2**, 241). Mit steigender Reaktionstemperatur nimmt die Menge der β-Sulfonsäure zu und ändert sich von 150—160° nicht mehr; β-Naphthalinsulfonsäure bildet sich deshalb vorwiegend, wenn man Naphthalin mit etwa der gleichmolekularen Menge konzentrierter oder 100%iger Schwefelsäure auf 150—160° erwärmt (MERZ, WEITH; EUWES). Bei höherer Temperatur bilden sich in wachsenden Mengen Disulfonsäuren und Sulfone (EUWES). Zusatz von SO₃ verursacht die Bildung von Disulfonsäure, Zusatz von P₂O₅ die Bildung von Sulfonen (EUWES). Bei 4-stdg. Erhitzen von Naphthalin mit 5 Tln. konz. Schwefelsäure auf 160° entstehen in etwa gleicher Menge Naphthalin-disulfonsäure-(2.6) und -(2.7) (Syst. No. 1541) (MERZ, EBERT, *B.* **9**, 592), neben Naphthalin-disulfonsäure-(1.6) (ARMSTRONG, *B.* **15**, 204), während sich bei 180° fast ausschließlich die Disulfonsäure-(2.6) bildet (MERZ, EBERT; vgl. LANDSHOFF & MEYER, D. R. P. 48053; *Frdl.* **2**, 243). Behandelt man Naphthalin mit ca. der 5-fachen Menge rauchender Schwefelsäure (23% SO₃) unter Kühlung, so entsteht Naphthalin-disulfonsäure-(1.5) neben etwa der doppelten Menge Naphthalin-disulfonsäure-(1.6) (Akt.-Ges. f. Anilinf., D. R. P. 45776; *Frdl.* **2**, 253). Sulfuriert man Naphthalin mit viel rauchender Schwefelsäure von 24% SO₃ bei 180° oder von 40% SO₃ bei Wasserbadtemperatur, so entstehen Naphthalintrisulfonsäuren (Syst. No. 1543), unter denen die Naphthalin-trisulfonsäure-(1.3.6) vorwiegt (ERDMANN, *B.* **32**, 3187; vgl. GÜRKE, RUDOLPH, D. R. P. 38281; *Frdl.* **1**, 385). — Mit der gleichmolekularen Menge Chlorsulfonsäure erst in Schwefelkohlenstoff, dann nach dessen Entfernung bei 100° behandelt, liefert Naphthalin α- und β-Naphthalinsulfonsäure (ARMSTRONG, *Soc.* **24**, 176; *J.* **1871**, 661; *B.* **4**, 357). Läßt man eine Schwefelkohlenstofflösung von 1 Tl. Naphthalin in 2 Tle. Chlorsulfonsäure ohne Kühlung eintropfen, so erhält man Naphthalin-disulfonsäure-(1.5) (ARMSTRONG, *B.* **15**, 205; BERNTHSEN, SEMPER, *B.* **20**, 938). Erhitzt man Naphthalin mit einem beträchtlichen Überschuß von Chlorsulfonsäure auf 150°, so erhält man Naphthalin-trisulfonsäure-(1.3.6) (ARMSTRONG, WYNNE, *P. Ch. S.* No. 45). Einw. von Sulfurylchlorid auf Naphthalin s. S. 536.

Sonstige Umwandlungen des Naphthalins durch anorganische Agenzien. Beim Leiten von Naphthalindämpfen zusammen mit SbCl₃ oder SnCl₄ durch ein glühendes Rohr entstehen β.β-Dinaphthyl und in geringerer Menge α.α-Dinaphthyl sowie α.β-Dinaphthyl (SMITH, *Soc.* **32**, 553, 562). Bei Einw. von AlCl₃ auf Naphthalin bei 100° entsteht β.β-Dinaphthyl neben Kohlenwasserstoffen C₁₄H₁₆, C₂₆H₂₂, C₄₀H₂₆ (HOMER, *Soc.* **91**, 1108; vgl. FRIEDEL, CRAFTS, *Bl.* [2] **39**, 195). — Erhitzt man Naphthalin mit Natriumamid in Gegenwart von Phenol auf 200°, so entstehen α-Naphthylamin und 1.5-Naphthylendiamin, wobei das Phenol zu Benzol reduziert wird (SACHS, *B.* **39**, 3023). Naphthalin liefert bei längerem Erwärmen mit salzsaurem Hydroxylamin und AlCl₃ kleine Mengen α- und β-Naphthylamin (GRAEBE, *B.* **34**, 1780). — Einw. von Mercuriacetat auf Naphthalin s. S. 538.

Reaktionen des Naphthalins mit organischen Verbindungen. Es gelingt nicht, Naphthalin durch Behandlung mit Methylhaloid und AlCl₃ zu methylieren (ROUX, *A. ch.* [6] **12**, 295); Produkte der Reaktion zwischen Naphthalin und AlCl₃ s. obnn. Bei der Einw. von Methylenchlorid und AlCl₃ auf Naphthalin erhält man β-Methyl-naphthalin und β.β-Dinaphthyl (BODROUX, *Bl.* [3] **25**, 496; HOMER, *Soc.* **97**, 1144). Die Reaktion zwischen Naphthalin, Chloroform und AlCl₃ führt zu α-Methyl-naphthalin, β-Methyl-naphthalin, α-Äthyl-naphthalin und β.β-Dinaphthyl (HOMER, *Soc.* **97**, 1146). Einw. von AlCl₃ auf ein Gemenge von Naphthalin und Chlorpikrin: ELBS, *B.* **16**, 1275; vgl. SCHMIDLIN, MASSINI, *B.* **42**, 2392. Äthylchlorid reagiert mit Naphthalin bei Gegenwart von AlCl₃ unter Bildung von β-Äthylnaphthalin (MARCHETTI, *G.* **11**, 265, 439). Mit Äthyljodid und AlCl₃ erhält man neben β-Äthylnaphthalin sehr wenig α-Äthyl-naphthalin (ROUX, *A. ch.* [6] **12**, 307). Beim Durchleiten von Naphthalindämpfen mit Äthylen durch ein glühendes Rohr entstehen β.β-Dinaphthyl und geringe Mengen Phenanthren und Acenaphthen (FERKO, *B.* **20**, 662). Das Einwirkungsprodukt aus Naphthalin, Äthylidenchlorid und $AlCl_3$ gibt bei der Destillation unter gewöhnlichem Druck β-Methyl-naphthalin und β.β-Dinaphthyl, bei der Destillation unter vermindertem Druck β.β-Dinaphthylmethan und eine bei 252° schmelzende Verbindung, vielleicht symm. Di-β-naphthyl-äthan (HOMER, *Soc.* **97**, 1142; vgl. BODROUX, *Bl.* [3] **25**, 492). Aus Naphthalin, Äthylenchlorid und $AlCl_3$ erhält man ein Reaktionsprodukt, das bei der Destillation unter vermindertem Druck 1.4-Dimethyl-naphthalin (?) und Picen gibt (HOMER, *Soc.* **97**, 1144). Aus Naphthalin, Äthylenbromid und $AlCl_3$ erhielt ROUX (*A. ch.* [6] **12**, 297) ein Produkt, aus welchem durch fraktionierte Destillation unter gewöhnlichem Druck α- und β-Methylnaphthalin, β.β-Dinaphthyl und Picen (vgl. LESPIEAU. *Bl.* [3] **6**. 238) isoliert werden konnten; HOMER (*Soc.* **97**, 1144) erhielt bei der Destillation des Reaktionsproduktes aus Naphthalin, Äthylenbromid und $AlCl_3$ unter vermindertem Druck 1.4-Dimethyl-naphthalin (?) und Picen, aber kein Dinaphthyl. Das Einwirkungsprodukt aus Naphthalin. symm. Tetrachlor- oder Tetrabromäthan und $AlCl_3$ gibt bei der Destillation unter vermindertem Druck α.β.α′.β′-Dinaphthanthracen $C_{22}H_{14}$, neben β.β-Dinaphthyl und anderen Produkten (HOMER, *Soc.* **97**, 1148). Durch Einw. von Propylbromid auf Naphthalin in Gegenwart von $AlCl_3$ erhält man β-Isopropyl-naphthalin (ROUX, *A. ch.* [6] **12**, 315). Durch Behandlung von Naphthalin mit Isobutylchlorid (WEGSCHEIDER, *M.* **5**, 237) oder Isobutylbromid (BAUR, *B.* **27**, 1623) und $AlCl_3$ erhält man tert.-Butyl-naphthalin. Beim Eintragen von $AlCl_3$ in ein Gemisch von Naphthalin und Isoamylchlorid entsteht β-Isoamyl-naphthalin; läßt man dagegen Isoamylchlorid in ein Gemisch von Naphthalin und $AlCl_3$ tropfen, so erhält man Isopentan und Dinaphthyl (ROUX, *A. ch.* [6] **12**, 319). — Kondensation von Naphthalin mit Formaldehyd s. S. 539. Durch Kondensation von Naphthalin mit Methylal in Chloroformlösung mittels konz. Schwefelsäure entsteht Di-α-naphthyl-methan (Syst. No. 489) (GRABOWSKI, *B.* **7**, 1240). Dieses entsteht auch aus Naphthalin und Essigsäurechlormethylester beim Erhitzen mit Zinkchlorid (WHEELER, JAMIESON, *Am. Soc.* **24**, 752). Chloral liefert bei der Kondensation mit Naphthalin in Chloroformlösung mittels konz. Schwefelsäure Trichlor-di-α-naphthyl-äthan $CCl_3 \cdot CH(C_{10}H_7)_2$ (Syst. No. 489) neben einem isomeren Trichlordinaphthyläthan (GRABOWSKI, *B.* **11**, 298). Nickeltetracarbonyl gibt mit Naphthalin und $AlCl_3$ ein Reaktionsprodukt, aus welchem α.β.α′.β′-Dinaphthanthracen und β.β-Dinaphthyl isoliert werden können (HOMER, *Soc.* **97**, 1148, 1151; vgl. DEWAR, JONES, *Soc.* **85**, 219). — Naphthalin liefert beim Erhitzen mit Quecksilberacetat auf 120° ein Gemisch von Verbindungen, in welchem α-Naphthyl-quecksilberacetat $C_{10}H_7 \cdot Hg \cdot O \cdot CO \cdot CH_3$ enthalten ist (DIMROTH, *B.* **35**, 2035; *C.* **1901** I, 454). Naphthalin reagiert mit Acetylchlorid und $AlCl_3$ unter Bildung von Methyl-α-naphthylketon und Methyl-β-naphthyl-keton (Syst. No. 649) (PAMPEL, SCHMIDT, *B.* **19**, 2898; MÜLLER, v. PECHMANN, *B.* **22**, 2561; ROUSSET, *Bl.* [3] **15**, 61; STOBBE, *A.* **380**, 95). Auch aus Naphthalin, Essigsäureanhydrid und $AlCl_3$ erhält man Methyl-α-naphthyl-keton und Methylβ-naphthyl-keton (ROUX, *A. ch.* [6] **12**, 334). Kondensation von Naphthalin mit Ölsäure und konz. Schwefelsäure: TWITCHELL, *Am. Soc.* **22**, 25. Beim Durchleiten von Dicyan und Naphthalindampf durch ein glühendes Rohr entsteht α-Naphthoesäurenitril (MERZ, WEITH, *B.* **10**, 755). Aus Naphthalin und Bromcyan entsteht bei 250° nur α-Brom-naphthalin (MERZ, WEITH, *B.* **10**, 756).

Beim Erhitzen von Naphthalin mit Benzylchlorid und Aluminiumpulver entstehen α- und β-Benzyl-naphthalin und Dibenzylnaphthalin (BOGUSKI, *B.* **39**, 2867; Ж. **38**, 1110; *C.* **1907** I, 817). Beim Leiten von Naphthalin- und α-Brom-naphthalin-Dampf durch ein glühendes Rohr entsteht β.β-Dinaphthyl, zweifellos neben kleinen Mengen der Isomeren (SMITH, *Soc.* **35**, 229). Durch Einw. von Benzophenonchlorid auf Naphthalin bei Gegenwart von $AlCl_3$ in CS_2 erhält man Diphenyl-α-naphthyl-chlor-methan (GOMBERG, *B.* **37**, 1637). — Benzoesäure kondensiert sich mit Naphthalin bei Gegenwart von P_2O_5 zu Phenylα-naphthyl-keton und Phenyl-β-naphthyl-keton (Syst. No. 656) (KOLLARITS, MERZ, *B.* **6**, 541). Diese beiden Ketone bilden sich auch bei der Kondensation von Benzoylchlorid mit Naphthalin durch Zink (GRUCAREVIC, MERZ, *B.* **6**, 1238), durch Zinkchlorid (ROUX, *A. ch.* [6] **12**, 338) oder durch Aluminiumchlorid (ROUX, *A. ch.* [6] **12**, 341; ELBS, *J. pr.* [2] **35**, 503). — Erhitzt man gleiche Gewichtsteile Naphthalin und Benzolsulfonsäure mit P_2O_5 auf 170—190°, so erhält man Phenyl-α-naphthyl-sulfon (Syst. No. 537) und Phenyl-β-naphthyl-sulfon (Syst. No. 538) (MICHAEL, ADAIR, *B.* **10**, 585). Beim Erwärmen von Naphthalin mit Benzolsulfochlorid und Zinkstaub erhielten MICHAEL, ADAIR (*B.* **10**, 587) Phenylα-naphthyl-sulfon, CHRUSCHTSCHOW (*B.* **7**, 1167) Phenyl-β-naphthyl-sulfon. — Trägt man festes Benzoldiazoniumchlorid in geschmolzenes, mit etwas $AlCl_3$ versetztes Naphthalin ein, so bilden sich α-Phenyl-naphthalin und β-Phenyl-naphthalin, neben etwas Chlorbenzol und Benzolazonaphthalin $C_6H_5 \cdot N_2 \cdot C_{10}H_7$ (MÖHLAU, BERGER, *B.* **26**, 1197).

Beim Durchleiten der Dämpfe von Naphthalin und Cumaron durch ein rotglühendes Rohr entsteht Chrysen (Syst. No. 488) (KRAEMER, SPILKER, *B.* **23**, 84). Naphthalin kondensiert sich mit Phthalsäureanhydrid in Gegenwart von Aluminiumchlorid zu o-α-Naphthoyl-benzoesäure (ADOR, CRAFTS, *Bl.* [2] **34**, 531; GABRIEL, COLMAN, *B.* **33**, 448, 719; GRAEBE, *A.* **340**, 251; HELLER, D. R. P. 193961; *C.* **1908** I, 1113; HELLER, SCHÜLKE, *B.* **41**, 3633). — Naphthalin liefert mit Diazoessigester Benznorcaradien-carbonsäureester $\begin{array}{c} C_6H_4 \!\to\! CH \\ CH:CH\cdot CH \end{array}\!\!\!>\!\!CH\cdot CO_2R$

(BUCHNER, HEDIGER, *B.* **36**, 3503).

Physiologisches Verhalten.

Naphthalin wird nach Verabreichung per os im Harn zum weitaus größten Teile als β-Naphtholglykuronsäure, zum kleinsten Teile als Ätherschwefelsäure ausgeschieden (ED-LESSEN, *A. Pth.* **52**, 429; vgl. BAUMANN, HERTER, *H.* **1**, 267).

Verwendung.

Naphthalin dient zur Fabrikation von Ruß, zum Betrieb von Verbrennungsmotoren, zum Konservieren von Fellen und Pelzen, zum Vertreiben von Ungeziefer und zum Konservieren von Holz. Es wird auf α-Nitro-naphthalin, 1.5- und 1.8-Dinitro-naphthalin, Naphthalinsulfonsäuren, Tetrahydronaphthalin und Phthalsäureanhydrid verarbeitet. Darstellung von Kunstharzen durch Kondensation mit Formaldehyd: Bad. Anilin- u. Sodafabr., D. R. P. 207743; *C.* **1909** I, 1208).

Analytisches.

Nachweis. Trägt man in eine Chloroformlösung von Naphthalin völlig trocknes Aluminiumchlorid ein und erwärmt, so färbt sich die Lösung im Momente der Entwicklung von HCl intensiv grünblau (SCHWARZ, *B.* **14**, 1532). Nachweis durch Überführung in Fluorescein: SCHOORL, *C.* **1904** II, 1258.

Prüfung auf Reinheit. Man schmilzt in einem Porzellantiegel 1,5 g SbCl$_3$ und trägt allmählich eine kleine Menge Naphthalin ein; bei unreinem Naphthalin tritt eine Rotfärbung ein, bei reinem nicht (SMITH, *B.* **12**, 1420).

Handelsnaphthalin soll rein weiß sein, den richtigen Erstarrungspunkt (mindestens 79,6°; vgl. WEGER, *Z. Ang.* **22**, 341) und Siedepunkt zeigen und sich ohne Rückstand verflüchtigen. Die Lösung in warmer konz. Schwefelsäure darf nur rosa oder schwach rötlich gefärbt sein und darf sich beim Verdünnen mit Wasser nicht trüben. Naphthalin muß beim Stehen über reiner, nicht rauchender Salpetersäure mindestens ¹/₈ Stde. farblos bleiben. Es darf keine öligen Bestandteile, Phenole oder Chinolinbasen enthalten. Vgl. G. LUNGE, H. KÖHLER, Die Industrie des Steinkohlenteers und des Ammoniaks, Bd. I, Steinkohlenteer [Braunschweig 1912], S. 851. — Über die Anforderungen an pharmazeutisch zu verwendendes Naphthalin s. Deutsches Arzneibuch [Berlin 1910], S. 341.

Quantitative Bestimmung. Man erhitzt mit wäßr. n/₂₀-Pikrinsäurelösung und titriert die überschüssige Pikrinsäure mit n/₁₀-Barytlösung und Lakmoid (KÜSTER, *B.* **27**, 1101). Bestimmung im Steinkohlengas mittels Pikrinsäure: COLMAN, SMITH, *Journ. Soc. Chem. Ind.* **19**. 128; *C.* **1900** I, 877; GAIR, *Journ. Soc. Chem. Ind.* **24**, 1279; **26**, 1263: *C.* **1906** I, 598; **1908** I, 768; JORISSEN, RUTTEN, *C.* **1909** I, 1607.

Additionelle Verbindungen des Naphthalins.

2 C$_{10}$H$_8$ + 3 SbCl$_3$. *B.* Beim Zusammenschmelzen von 3 Tln. SbCl$_3$ mit 2 Tln. Naphthalin SMITH, DAVIS, *Soc.* **41**, 411). Tafeln. Sehr zerfließlich.

Verbindung von Naphthalin mit m-Dinitro-benzol C$_{10}$H$_8$ + C$_6$H$_4$O$_4$N$_2$. *B.* Durch Vermischen der Lösungen der Komponenten in Benzol (nicht in Alkohol) (HEPP, *A.* **215**, 379; vgl. KREMANN, *M.* **25**, 1281). Prismatische Nadeln. F: 52—53°. Verliert an der Luft bald Naphthalin. — Verbindung mit p-Dinitro-benzol C$_{10}$H$_8$ + C$_6$H$_4$O$_4$N$_2$. *B.* Durch Auflösen von Naphthalin in einer alkoh. Lösung von p-Dinitro-benzol (HEPP, *A.* **215**, 379). Weiße Nadeln. F: 118—119°. Äußerst schwer löslich in Alkohol. Hinterläßt beim Kochen mit Wasser p-Dinitro-benzol. — Verbindung mit 4-Chlor-1.3-dinitro-benzol C$_{10}$H$_8$ + C$_6$H$_3$O$_4$N$_2$Cl. *B.* Aus den Bestandteilen in alkoh. Lösung (WILLGERODT, *B.* **11**, 603). Nadeln (aus Alkohol). F: 78°. Sehr leicht löslich in Alkohol, Äther und Eisessig. — Verbindung mit „4.5-Dinitroso-1.3-dinitro-benzol" C$_{10}$H$_8$ + C$_6$H$_2$O$_6$N$_4$ s. bei diesem, Syst. No. 670. — Verbindung mit 1.3.5-Trinitro-benzol C$_{10}$H$_8$ + C$_6$H$_3$O$_6$N$_3$. *B.* Durch Auflösen äquivalenter Mengen der Komponenten in kochendem Alkohol (HEPP, *A.* **215**, 377; vgl. KREMANN, *M.* **25**, 1279). Weiße Krystalle (aus Chloroform + Alkohol). Monoklin prismatisch (BOERIS, *Z. Kr.* **46**; 472; vgl. *Groth, Ch. Kr.* **5**, 364). F: 152° (H.). Verliert bei gewöhnlicher Temperatur und beim Umkrystallisieren aus Alkohol Naphthalin (H.). — Verbindung mit 2-Chlor-1.3.5-trinitro-benzol (Pikrylchlorid) C$_{10}$H$_8$ +

$C_6H_2O_4N_3Cl$. *B.* Aus den Komponenten in konz. alkoh. Lösung (LIEBERMANN, PALM, *B.* **8**, 378). Gelbe Krystalle (aus Aceton). Triklin pinakoidal (BOERIS, *Z. Kr.* **46**, 473; vgl. *Groth, Ch. Kr.* **5**, 365). — F: 95—96° (L., P.). — Verbindung mit 2.4-Dinitro-toluol $C_{10}H_8 - C_7H_6O_4N_2$. *B.* Aus den Komponenten in Benzollösung (HEPP, *A.* **215**, 380; vgl. KREMANN, *M.* **25**, 1275). F: 60—61° (HE.). Spezifische Wärme: KREMANN, R. v. HOFMANN, *M.* **27**, 121. — Verbindung mit 3.5-Dinitro-toluol $C_{10}H_8 - C_7H_6O_4N_2$. *B.* Aus den Komponenten durch Zusammenschmelzen. F: 63.2° (KREMANN, RODINIS, *M.* **27**, 175). — Verbindung mit 2.4.5-Trinitro-toluol $C_{10}H_8 - C_7H_5O_6N_3$. *B.* Aus den Komponenten in alkoh. Lösung (HEPP, *A.* **215**, 378). Gelblichweiße Nadeln. F: 88—89°. — Verbindung mit 2.4.6-Trinitro-toluol $C_{10}H_8 - C_7H_5O_6N_3$. *B.* Durch Fällen einer alkoh. Lösung von 2.4.6-Trinitro-toluol mit alkoh. Naphthalinlösung (HEPP, *A.* **215**, 378). Krystalle (aus Aceton). Triklin pinakoidal (BOERIS, *Z. Kr.* **46**, 474; vgl. *Groth, Ch. Kr.* **5**, 366). F: 97° bis 98° (HE.), 96,5° (KREMANN, *M.* **25**, 1246). Erniedrigung des Schmelzpunktes durch Zusatz verschiedener Stoffe: K., *M.* **25**, 1246). Spezifische Wärme: K., R. v. HOFMANN, *M.* **27**, 120. — Verbindung mit 3.x.x-Trinitro-toluol (vgl. S. 349) $C_{10}H_8 - C_7H_5O_6N_3$. *B.* Aus den Komponenten in alkoh. Lösung (HEPP, *A.* **215**, 378). Gelblichweiße Nadeln. F: 100°. — Verbindung mit 2.4.6-Trinitro-1-äthyl-benzol $C_{10}H_8 - C_8H_7O_6N_3$. *B.* Aus den Komponenten in alkoh. Lösung (SCHULTZ, *B.* **42**, 2635). Gelbliche Prismen. F: 58°. Gibt an der Luft Naphthalin ab. — Verbindung mit 2.4.6-Trinitro-3-tert.-butyl-toluol $C_{10}H_8 - 2C_{11}H_{13}O_6N_3$. *B.* Aus den Komponenten in alkoh. Lösung (BAUR, *B.* **24**, 2837). F: 89—90°. — Verbindung mit Pikrinsäure s. Syst. No. 523. — Verbindung mit 2.4.6-Trinitro-anilin s. Syst. No. 1671.

Verbindung mit Dinitrothiophen s. Syst. No. 2364.

Umwandlungsprodukte des Naphthalins von unbekannter Konstitution.

Kohlenwasserstoff $C_{10}H_{20}$. *Darst.* Je 3 g Naphthalin werden mit 45 ccm Jodwasserstoffsäure (bei 0° gesättigt) 48 Stdn. lang auf 280° erhitzt (WREDEN, *A.* **187**, 164). — Flüssigkeit von petroleumartigem Geruch. Kp: 153—158°. D_0^0: 0.802; D_0^{21}: 0.788. — Wird von Salpeterschwefelsäure in der Kälte nicht angegriffen. Bei längerem Stehen mit rauchender Schwefelsäure entweicht SO_2. Brom wirkt in der Kälte nur langsam unter Entwicklung von HBr ein.

Verbindung $C_{10}H_7O_6Cl$. *B.* Durch Behandeln von Naphthalin mit Kaliumchlorat und Schwefelsäure, neben anderen Produkten (HERMANN, *A.* **151**, 64). — Sirup. Ziemlich leicht löslich in Wasser, leicht in Alkohol, Äther und Benzol. Geht beim Kochen mit Wasser und rascher beim Behandeln mit Barytwasser in die Verbindung $C_{10}H_8O_6$ (s. u.) über.

Verbindung $C_{10}H_8O_6$ („Dioxynaphthalinsäure"). *B.* Beim Kochen der Verbindung $C_{10}H_7O_6Cl$ (s. o.) mit Barytwasser; zur Reinigung wird die Säure in das saure Bariumsalz übergeführt (HERMANN, *A.* **151**, 67). — Monokline (CARIUS, *A.* **151**, 68) Prismen. F: 126°. Ungemein löslich in Wasser, Alkohol und Äther, unlöslich in Benzol. Wird von Salpetersäure zu Phthalsäure oxydiert. — $KC_{10}H_7O_6 + H_2O$. Nadeln oder Prismen. — $3CuC_{10}H_6O_6 + C_{10}H_8O_6 + 2H_2O$. Mikroskopische, meist kugelförmig vereinigte Säulen. — $Cu(NH_4)_2(C_{10}H_6O_6)_2$. Blaue Prismen. — $Ca(NH_4)_2(C_{10}H_6O_6)_2$. Kleine Säulen. — $Ba(C_{10}H_6O_6)_2$. Prismen. Löslich in ca. 80 Tln. Wasser bei 28°. — $BaC_{10}H_6O_6 + 3H_2O$. Kleine Säulen. Verliert bei 110° das Krystallwasser. — $Ba(NH_4)_2(C_{10}H_6O_6)_2 + 2H_2O$. Prismen. — $Pb_7H_{10}(C_{10}H_6O_6)_{12} + 16H_2O$. Kleine Säulen. Schwer löslich in Wasser. — $4PbC_{10}H_6O_6 + Pb(OH)_2 + 4H_2O$. Täfelchen. Sehr schwer löslich in Wasser.

Säure $C_{10}H_5O_6ClS$. *B.* Das Kaliumsalz entsteht neben anderen Produkten beim Behandeln von Naphthalin mit Kaliumchlorat und Schwefelsäure (HERMANN, *A.* **151**, 83). — Die freie Säure ist nicht bekannt. — $KC_{10}H_4O_6ClS$. Braune krystallinische Masse. Schwer löslich in Wasser, unlöslich in Alkohol. Liefert beim Erhitzen Naphthochinon (?). Reduziert ammoniakalische Silberlösung.

Naphthalindiozonid $C_{10}H_8O_6$. *B.* Beim Einleiten von Ozon in die Chloroformlösung des Naphthalins (HARRIES, WEISS, *A.* **343**, 372). — Sehr explosive Krystalle. — Gibt bei der Spaltung mit Wasser Phthaldialdehyd und Phthalsäure.

Substitutionsprodukte des Naphthalins.

a) Fluor-Derivate.

1-Fluor-naphthalin, α-Fluor-naphthalin $C_{10}H_7F$. *B.* Beim Destillieren des Chlorids der 5-Fluor-naphthalin-sulfonsäure-(1) mit überhitztem Wasserdampf (MAUZELIUS, *B.* **22**, 1845). Beim Versetzen einer Lösung von α-Naphthylamin in konz. Fluorwasserstoffsäure mit überschüssigem KNO_2 (EKBOM, M., B. 22, 1846). — Flüssig. Kp_{788}: 212° (E., M.); Kp_{762}: 216,5° (korr.) (M.). D^0: 1,135; leicht löslich in Alkohol, Chloroform, Eisessig, Benzol (E., M.).

2-Fluor-naphthalin, β-Fluor-naphthalin $C_{10}H_7F$. B. Aus β-Naphthylamin mit Fluorwasserstoffsäure und KNO_2 (EKBOM, MAUZELIUS, B. 22, 1846). Durch Erwärmen der wäßr. Lösung von β-Naphthalindiazoniumchlorid mit Flußsäure (VALENTINER & SCHWARZ, D. R. P. 96153; C. 1898 I, 1224). — Blätter (aus Alkohol). F: 59°; Kp_{760}: 212,5° (E., M.). Leicht löslich in Alkohol, Chloroform, Eisessig und Benzol (E., M.).

b) Chlor-Derivate:

1-Chlor-naphthalin, α-Chlor-naphthalin $C_{10}H_7Cl$. B. Aus Naphthalin durch Einw. von SO_2Cl_2 und $AlCl_3$ (TÖHL, EBERHARD, B. 26, 2945). Durch Erhitzen von Naphthalin mit der zweifachen theoretischen Menge des Salzes $PbCl_4 \cdot 2NH_4Cl$ auf 140—150° (SEYEWETZ, BIOT, C. r. 135, 1122). Aus Naphthalindichlorid (S. 519—520) beim Kochen mit alkoh. Kali (LAURENT, Gm. 4, 35, 38; vgl. FAUST, SAAME, A. 160, 66) oder bei der Destillation (E. FISCHER, B. 11, 738; vgl. LA., A. ch. [2] 59, 199). Aus α-Naphthalinsulfonsäurechlorid mit PCl_5 bei 150—160° (CARIUS, A. 114, 145). Beim Erhitzen von α-Nitronaphthalin mit PCl_5 (DE KONINCK, MARQUART, B. 5, 11). Beim Erhitzen von mit Chlor gesättigtem α-Nitro-naphthalin (ATTERBERG, B. 9, 317, 927). Aus α-Naphthol mit überschüssigem PCl_5 bei 150° (CLAUS, ÖHLER, B. 15, 312 Anm. 2). — Darst. Man leitet (1 Mol.-Gew.) Chlor durch kochendes Naphthalin und fraktioniert das Produkt (RYMARENKO, Ж. 8, 141). — Flüssig. Kp_{760}: 259,3° (KAHLBAUM, ARNDT, Ph. Ch. 26, 626, 628); Kp: 263° (WIDMAN, Bl. [2] 28, 509), 259—262° (CARIUS). Dampfdrucke bei verschiedenen Temperaturen: KAH., ARNDT, Ph. Ch. 26, 628. D^{0}_{4}: 1,2052 (CARIUS); D^{15}: 1,2025 (DE KONINCK, MARQUART); D^{0}_{17}: 1,19382 (KAHLBAUM, ARNDT, Ph. Ch. 26, 646). n^a_z: 1,62486; n^a_H: 1,63321; n^a_y: 1,67650 (KAH., ARNDT, Ph. Ch. 26, 646). — Beim Erwärmen von α-Chlor-naphthalin mit $AlCl_3$ auf dem Wasserbade entstehen kleine Mengen Naphthalin und β-Chlor-naphthalin (ROUX, A. ch. [6] 12, 349). α-Chlor-naphthalin wird durch Jodwasserstoffsäure und Phosphor bei 182° kaum verändert (KLAGES, LIECKE, J. pr. [2] 61, 323). Beim Nitrieren von α-Chlornaphthalin mit Salpetersäure (D: 1,4) unter Vermeidung jeder Erwärmung (ATTERBERG, B. 9, 927), oder mit Salpeterschwefelsäure bei 30—35° entstehen 4-Chlor-1-nitro-naphthalin, 5-Chlor-1-nitro-naphthalin und geringe Mengen von 8-Chlor-1-nitro-naphthalin (Chem. Fabr. Griesheim, D. R. P. 120585; C. 1901 I, 1219). Nitriert man α-Chlor-naphthalin mit rauchender Salpetersäure in der Hitze, so entstehen 8-Chlor-1.5-dinitro-naphthalin und 4-Chlor-1.8-dinitro-naphthalin (ATTERBERG, B. 9, 928; vgl. FAUST, SAAME, A. 160, 68; sowie ferner ULLMANN, CONSONNO, B. 35, 2804). Beim Erwärmen von α-Chlor-naphthalin mit konz. Schwefelsäure auf 140° bildet sich 4-Chlor-naphthalin-sulfonsäure-(1) (ZININ, J. pr. [1] 33, 36; ARNELL, Bl. [2] 39, 62; vgl. ARMSTRONG, WYNNE, Chem. N. 61, 285). Verbindung mit Pikrinsäure s. bei Pikrinsäure, Syst. No. 523.

Verbindung $C_{12}H_9O_2Cl_5 = C_{10}H_6Cl_5 \cdot O \cdot CO \cdot CH_3$ (?). B. Neben β-Trichlornaphthalindichlorid (S. 520) beim Einleiten von Chlor in eine essigsaure Lösung von α-Chlor-naphthalin (WIDMAN, Bl. [2] 28, 507). — Prismen (aus Alkohol + Toluol). F: 195°. Sehr wenig löslich in Alkohol und Essigsäure, leicht in Toluol. Verliert beim Behandeln mit alkoh. Kali 3 At.-Gew. Chlor; aus der Lösung wird aber durch Wasser nichts gefällt.

2-Chlor-naphthalin, β-Chlor-naphthalin $C_{10}H_7Cl$. B. Man erhitzt 3 Mol.-Gew. PCl_5 mit 2 Mol.-Gew. β-Naphthol 24 Stdn. auf 135—140° und destilliert das Reaktionsprodukt mit Wasserdampf, wobei das β-Chlor-naphthalin übergeht (BERGER, C. r. 141, 1027; Bl. [3] 35, 32; vgl. CLEVE, JUHLIN-DANNFELT, Bl. [2] 25, 258; RYMARENKO, Ж. 8, 139; B. 9, 663). Beim Erhitzen von Phosphorsäure-tri-β-naphthylester-dichlorid (aus 3 Mol.-Gew. β-Naphthol und 1 Mol.-Gew. PCl_3) bei 150°) oberhalb 310° (AUTENRIETH, GEYER, B. 41, 158). Aus β-Naphthol-natrium und PCl_3 in Toluollösung (DARZENS, BERGER, C. r. 148, 788; Bl. [4] 5, 786). Aus β-Naphthalindiazonium-chlorid oder -sulfat durch Kochen mit Salzsäure (GASIOROWSKI, WAYSS, B. 18, 1940; LIEBERMANN, PALM, A. 183, 270). Man setzt β-naphthalinsulfonsaures Natrium mit 1 Mol.-Gew. PCl_5 bei gewöhnlicher Temperatur um und destilliert nach Zusatz eines weiteren Mol.-Gew. PCl_5 (RY., Ж. 8, 141; B. 9, 666). Aus Quecksilber-β.β-dinaphthyl und $SOCl_2$ (HEUMANN, KÖCHLIN, B. 16, 1627). Beim Erhitzen von β.β-Dinaphthylsulfon mit PCl_5 (CLEVE, Bl. [2] 25, 256). Bei 1-stdg. Erhitzen von α-Chlor-naphthalin mit 0,2 Thn. $AlCl_3$ auf dem Wasserbade, in kleiner Menge (ROUX, A. ch. [6] 12, 349). In kleiner Menge aus Naphthalindichlorid durch Einw. von Alkali neben dem als Hauptprodukt entstehenden α-Chlor-naphthalin (ARMSTRONG, WYNNE, Chem. N. 61, 284; B. 24 Ref., 713). — Darst. Man verreibt 30 g β-Naphthylamin mit 360 g konz. Salzsäure und gießt in das im Kältegemisch befindliche Gemenge die Lösung von 1 Mol.-Gew. $NaNO_2$ (1 Tl. in 10 Tln. Wasser). Man läßt 6 Stdn. im Eis stehen und tröpfelt dann die Lösung in eine fortwährend auf 70° gehaltene

Lösung von 1 Tl. Cuprochlorid in 12 Tln. konz. Salzsäure; darauf läßt man über Nacht stehen und destilliert im Dampfstrome (CHATTAWAY, LEWIS, *Soc.* **65**, 877). Man löst 70 g β-Naphthylamin in 42 ccm 39%/$_0$iger Salzsäure und 700 g heißem Wasser auf, kühlt schnell unter Schütteln ab, gibt noch 200—300 ccm Salzsäure hinzu und schüttelt gut durch. Darauf setzt man ohne jede Kühlung unter fortwährendem Rühren tropfenweise die berechnete Menge 10%/$_0$igen Natriumnitritlösung hinzu, bis die Jodstärke-Reaktion eintritt. Man trägt dann die Diazoniumlösung auf dem Wasserbade in eine heiße Lösung von 8—10 g Cuprochlorid in Salzsäure allmählich ein und destilliert das Reaktionsprodukt mit Wasserdampf ab (SCHEID, *B.* .**34**, 1813). — Blätter (aus Alkohol). F: 61° (LIEB., PALM), 60° (HEU., KÖCH.), 58° (ROUX), 56° (RY.). Kp$_{751}$: 264—266°(korr.) (RY.). D^{14}: 1,2656 (RY.). Leicht löslich in Alkohol, Äther, CHCl$_3$, CS$_2$ und Benzol (RY.). — Liefert mit konz. Salpetersäure in Ligroin 7-Chlor-1-nitro-naphthalin, neben einem öligen Gemisch anderer Nitroverbindungen (SCH.). Beim Übergießen mit der 2—3-fachen theoretischen Menge konz. Salpetersäure entsteht 2-Chlor-1.6(?)-dinitro-naphthalin (SCHEID). Löst man β-Chlor-naphthalin in konz. Schwefelsäure, trägt 2 Mol.-Gew. konz. Salpetersäure ein und erwärmt 8—10 Stdn., so entstehen 2-Chlor-1.8-dinitro-naphthalin und 2-Chlor-1.6(?).8-trinitro-naphthalin (SCH.).

4-Fluor-1-chlor-naphthalin $C_{10}H_6ClF$. *B.* Bei der Destillation des Chlorids der 4-Fluor-naphthalin-sulfonsäure-(1) mit PCl$_5$ (MAUZELIUS, *Öfversigt Kgl. Svenska Vetenskaps Akad. Förhandl.* **1890**, 445). — Schuppen (aus Alkohol). F: 85°.

5-Fluor-1-chlor-naphthalin $C_{10}H_6ClF$. *B.* Beim Behandeln des Chlorids der 5-Fluor-naphthalin-sulfonsäure-(1) mit PCl$_5$ (MAUZELIUS, *Öfversigt Kgl. Svenska Vetenskaps Akad. Förhandl.* **1889**, 581). — Prismen. F: 32°. Leicht löslich in Alkohol.

1.2-Dichlor-naphthalin $C_{10}H_6Cl_2$. *B.* Durch Zutropfen von wäßr. Kaliumnitrit-Lösung zu einer kochenden, mit CuCl versetzten salzsauren Lösung von 1 Chlor-2-amino-naphthalin (CLEVE, **20**, 1991). Aus 1-Chlor-2-oxy-naphthalin beim Erhitzen mit PCl$_5$ auf höhere Temperatur (C., *B.* **21**, 896). Durch Erhitzen des Kaliumsalzes der 1-Chlor-naphthalin-sulfonsäure-(2) mit PCl$_5$ und nachfolgende Destillation (C., *B.* **25**, 2489). Man destilliert das mit sirupöser Phosphorsäure versetzte Kaliumsalz der 7.8-Dichlor-naphthalin-sulfonsäure-(2) mit überhitztem Dampf (C., *B.* **25**, 2489). — Tafeln (aus Alkohol). Monoklin (BÄCKSTRÖM, *B.* **20**, 1991). F: 34—35° (C., *B.* **20**, 1991).

1.3-Dichlor-naphthalin („ϑ-Dichlornaphthalin") $C_{10}H_6Cl_2$. *B.* Aus dem Chlorid der 3-Nitro-naphthalin-sulfonsäure-(1) durch Erhitzen mit überschüssigem PCl$_5$ (CLEVE, *Bl.* [2] **29**, 415; *B.* **19**, 2181). Aus 2.4-Dichlor-1-amino-naphthalin durch Behandlung der schwefelsauren Lösung mit salpetriger Säure und nachfolgendes Erwärmen mit Alkohol (C., *B.* **20**, 449; vgl. C., *B.* **23**, 954; ERDMANN, *A.* **275**, 260). Aus 2.7-Dichlor-1-amino-naphthalin durch Behandlung seiner Diazoniumverbindung mit Alkohol (E., *B.* **21**, 3445). Aus dem Dichlorid der Naphthalin-disulfonsäure-(1.3) durch Destillation mit PCl$_5$ (ARMSTRONG, WYNNE, *Chem. N.* **61**, 93). Entsteht neben überwiegender Menge beim Kochen von Naphthalin-tetrachlorid-(1.2.3.4) mit alkoh. Kalilauge (FAUST, SAAME, *A.* **160**, 69; WIDMAN, *B.* **15**, 2161; C., *B.* **23**, 954; A., W., *Chem. N.* **58**, 264; **61**, 273, 284). — Nädelchen (aus Alkohol). F: 61,5° (C., *Bl.* [2] **29**, 415). Kp$_{775}$: 291°(korr.) (C., *B.* **23**, 954). In Alkohol sehr leicht löslich (C., *Bl.* [2] **29**, 415). — Wird von CrO$_3$ in Eisessig zu Phthalsäure und 2-Chlor-naphtho-chinon-(1.4) oxydiert (C., *B.* **23**, 955). Liefert mit Chlor in Chloroformlösung 1.2.4-Trichlor-naphthalin (C., *B.* **23**, 954).

1.4-Dichlor-naphthalin („β-Dichlornaphthalin") $C_{10}H_6Cl_2$. *B.* Aus α-Chlor-naphthalin mit SO$_2$Cl$_2$ bei 100—180° (ARMSTRONG, *Chem. N.* **66**, 189). Aus 4-Chlor-1-nitro-naphthalin durch Erhitzen mit PCl$_5$ (ATTERBERG, *B.* **9**, 1187). Aus 4-Nitro-1-oxy-naphthalin durch Erhitzen mit PCl$_5$ (AT., *B.* **9**, 1189). Aus dem Chlorid der 4-Chlor-naphthalin-sulfon-säure-(1) durch Destillation mit überschüssigem PCl$_5$ (CLEVE, *Bl.* [2] **26**, 242; CLEVE, ARNELL, *Bl.* [2] **39**, 62). Aus dem Kaliumsalz der 4-Brom-naphthalin-sulfonsäure-(1) durch Einw. von PCl$_5$ (CLEVE, JOLIN, *Bl.* [2] **28**, 516). Aus diazotierter Naphthionsäure durch Destillation mit PCl$_5$ (CLEVE, *B.* **10**, 1723). Aus 5.8-Dichlor-2-amino-naphthalin durch Behandlung des Sulfats in absol. Alkohol mit NaNO$_2$ und Erwärmen (CLAUS, PHILIPSON, *J. pr.* [2] **43**, 60). Aus Naphthalin-tetrachlorid-(1.2.3.4) bei raschem Erhitzen kleiner Mengen zum Sieden (KRAFFT, BECKER, *B.* **9**, 1089). Entsteht neben Isomeren, wenn man größere Mengen Naphthalin-tetrachlorid-(1.2.3.4) in mäßigem Sieden erhält, bis die Chlorwasserstoff-Entwicklung beendet ist (K., B., *B.* **9**, 1089). Entsteht neben Isomeren beim Kochen von Naphthalin-tetrachlorid-(1.2.3.4) mit alkoh. Kalilauge (FAUST, SAAME, *A.* **160**, 66, 70; WIDMAN, *B.* **15**, 2162; CLEVE, *B.* **23**, 954; ARMSTRONG, WYNNE, *Chem. N.* **58**, 264; **61**, 273, 284). — *Darst.* Man trägt 115 g trockne diazotierte Naphthionsäure allmählich in ein warmes Gemisch aus

308 g PCl$_5$ und 308 g POCl$_3$ ein, kocht ab und zu, um alle freie Diazosäure zu zerstören, und kocht schließlich 6 Stdn. lang am Kühler (ERDMANN, A. 247, 351). — Nadeln {aus Alkohol). F: 67—68° (ERDMANN). Kp$_{740}$: 286—287° (K., B.). Schwer löslich in Alkohol, leichter in Eisessig, sehr leicht in Aceton (ERDMANN). — Gibt beim Kochen mit Salpetersäure (D: 1,3) 3.6-Dichlor-phthalsäure (Syst. No. 975) (AT., Bl. [2] 27, 409; B. 10, 547). Liefert bei der Oxydation mit CrO$_3$ und Essigsäure 5.8-Dichlor-naphthochinon-(1.4) (Syst. No. 674) und Dichlor-phthalid (Syst. No. 2463) (GUARESCHI, B. 19, 1155). Durch Einw. von Brom und nachfolgende Behandlung mit alkoh. Kalilauge entsteht eine Verbindung C$_{20}$H$_8$Cl$_4$Br$_2$ [Nadeln (aus Alkohol + Äther); F: 71—72°] (FAUST, SAAME, A. 160, 71).

1.5-Dichlor-naphthalin („γ-Dichlornaphthalin") C$_{10}$H$_6$Cl$_2$. Beim Einleiten von Chlor in geschmolzenes α-Nitro-naphthalin und Destillieren des Produktes (ATTERBERG, B. 9, 317). Beim Erhitzen von 1.5-Dinitro-naphthalin mit PCl$_5$ (AT., B. 9, 1188). Aus dem Dichlorid der Naphthalin-disulfonsäure-(1.5) durch Erhitzen mit überschüssigem PCl$_5$ (ARMSTRONG, B. 15, 205). Aus 5-Chlor-1-oxy-naphthalin durch Destillation mit überschüssigem PCl$_5$ (ERDMANN, KIRCHHOFF, A. 247, 378). Aus dem Chlorid der 5-Chlor-naphthalin-sulfonsäure-(1) durch Erhitzen mit überschüssigem PCl$_5$ (CLEVE, Bl. [2] 26, 540). Aus der Diazoniumverbindung der 5-Amino-naphthalin-sulfonsäure-(1) durch Behandlung mit 2 Mol.-Gew. PCl$_5$ (E., A. 247, 353; B. 20, 3186). Aus 1.5-Dichlor-naphthalin-sulfonsäure-(2) durch hydrolytische Spaltung (C., Ch. Z. 17, 398). Beim Erhitzen von 1.8-Dichlor-naphthalin mit konz. Salzsäure auf 250—290° (AR., WYNNE, Chem. N. 76, 69). Aus dem Chlorid der 4.5-Dichlor-naphthalin-sulfonsäure-(2) durch Erhitzen mit konz. Salzsäure auf 290° (AR., W., Chem. N. 76, 70). — Blättchen (aus Alkohol oder Eisessig). F: 107°; sublimiert in breiten, sehr dünnen Prismen (E., A. 247, 353). — Wird von CrO$_3$ in Essigsäure zu 3-Chlor-phthalsäure oxydiert (GUARESCHI, G. 17, 120).

1.6-Dichlor-naphthalin („η,η'-Dichlornaphthalin") C$_{10}$H$_6$Cl$_2$. B. Aus dem Kalium-salz der 6-Chlor-naphthalin-sulfonsäure-(1) (vgl. CLEVE, B. 25, 2481) mit PCl$_5$ (FORSLING, B. 20, 2105; vgl. ERDMANN, A. 275, 279). Aus dem Chlorid der 6-Chlor-naphthalin-sulfonsäure-(1) durch Erhitzen für sich auf 210—230° oder mit PCl$_5$ auf 190° (ARMSTRONG, WYNNE, Chem. N. 71, 255). Aus dem Chlorid der 5-Chlor-naphthalin-sulfonsäure-(2) durch Erhitzen für sich auf 230—250° oder mit PCl$_5$ auf 195° (A., W., Chem. N. 71, 255). Aus dem Chlorid der 4.7-Dichlor-naphthalin-sulfonsäure-(2) durch Erhitzen mit konz. Salzsäure auf 290° (A., W., Chem. N. 76, 69). Aus 3.8-Dichlor-naphthalin-disulfonsäure-(1.5) durch Kochen mit verdünnter Schwefelsäure (Kp: 180—200°) (FRIEDLÄNDER, KIELBASINSKI, B. 29, 1981). Ebenso aus 3.8-Dichlor-naphthalin-disulfonsäure-(1.6) (FR., KIE., B. 29, 1982). Aus dem Chlorid der 6-Brom-naphthalin-sulfonsäure-(1) durch Destillation mit PCl$_5$ (SINDALL, Chem. N. 60, 58). Aus dem Chlorid der 5-Nitro-naphthalin-sulfonsäure-(2) mit überschüssigem PCl$_5$ (CLEVE, Bl. [2] 26, 448). Durch Kochen der Diazoniumverbindung aus 5-Amino-naphthalin-sulfonsäure-(2) mit PCl$_5$ in PCl$_3$ (ERDMANN, A. 275, 214). In gleicher Weise aus der Diazonium-verbindung aus 6-Amino-naphthalin-sulfonsäure-(1) (E., A. 275, 256, 279). Aus 1.6-Diamino-naphthalin durch Diazotieren in salzsaurer Lösung und Behandeln der Tetrazolösung mit Kupferpulver (FRIEDLÄNDER, SZYMANSKI, B. 25, 2081; KEHRMANN, MATIS, B. 31, 2419). Aus 6-Chlor-1-oxy-naphthalin bei der Destillation mit überschüssigem PCl$_5$ (E., KIRCHHOFF, A. 247, 379). — Nadeln (aus Alkohol). F: 49° (FR., KIE., B. 29, 1981), 48° (FOR.; E., KIR.). Mit Wasserdampf flüchtig; sublimierbar (E., A. 275, 214). — Gibt beim Erhitzen mit Salpetersäure Chlorphthalsäure und Chlornitrophthalsäure (C., Bl. [2] 29, 499).

1.7-Dichlor-naphthalin („ϑ'-Dichlornaphthalin") C$_{10}$H$_6$Cl$_2$. Aus β-Chlor-naph-thalin mit SO$_2$Cl$_2$ bei 100—180° (ARMSTRONG, ROSSITER, Chem. N. 66, 189). Aus 7-Chlor-1-nitro-naphthalin durch Erhitzen mit PCl$_5$ (ARM., WYNNE, Chem. N. 59, 225). Aus dem Chlorid der 7-Chlor-naphthalin-sulfonsäure-(1) durch Einw. von PCl$_5$ (ARNELL, Bl. [2] 45, 184). Entsteht analog aus dem Chlorid der 8-Chlor-naphthalin-sulfonsäure-(2) (ARM., W., Chem. N. 59, 189). Aus dem Kaliumsalz der 4.5-Dichlor-naphthalin-sulfonsäure-(2) durch Erhitzen mit Schwefelsäure oder Phosphorsäure im überhitzten Dampfstrom (ARM., W., Chem. N. 76, 70). In gleicher Weise aus dem Kaliumsalz der 4.6-Dichlor-naphthalin-sulfonsäure-(2) (ARM., W., Chem. N. 76, 69). Aus dem Chlorid der 4.6-Dichlor-naphthalin-sulfonsäure-(2) durch Erhitzen mit konz. Salzsäure auf 290° (ARM., W., Chem. N. 76, 69). Aus dem Chlorid der 7-Brom-naph-thalin-sulfonsäure-(1) durch Erhitzen mit PCl$_5$ (SINDALL, Chem. N. 60, 58). Aus dem Chlorid der 8-Nitro-naphthalin-sulfonsäure-(2) durch Destillation mit PCl$_5$ (PALMAER, B. 21, 3260; ARM., W., Chem. N. 59, 94). Aus diazotierter 7-Amino-naphthalin-sulfonsäure-(1) durch Kochen mit PCl$_5$ in PCl$_3$ (ERDMANN, A. 275, 257). Aus dem Natriumsalz der 2-Oxy-naph-thalin-sulfonsäure-(8) durch Erhitzen mit 3 Mol.-Gew. PCl$_5$ auf 165—170° (CLAUS, VOLZ, B. 18, 3157; vgl. FORSLING, B. 20, 2102). Aus 7-Chlor-1-oxy-naphthalin durch Destillation mit überschüssigem PCl$_5$ (E., KIRCHHOFF, A. 247, 379). Aus 7-Chlor-1-amino-naphthalin durch Diazotierung bei Gegenwart von CuCl (E., K.). Aus 1.7-Diamino-naphthalin durch Diazotieren in salzsaurer Lösung und Behandeln der Tetrazolösung mit Kupferpulver (FRIED-

LÄNDER, SZYMANSKI, *B.* **25**, 2083). — Blättchen (aus verd. Alkohol), Nadeln (aus Eisessig). F: 63,5—64⁰°(ARM., W., *Chem. N.* **59**, 189), 62,5⁰ (E., *A.* **275**, 257), 61,5⁰ (ARNELL). Kp: 285—286⁰ (E.), 286⁰ (C., V.). Löslich in Alkohol, Äther, Benzol, Eisessig (C., V.).

1.8-Dichlor-naphthalin, peri-Dichlor-naphthalin (,,ζ-Dichlornaphthalin") $C_{10}H_6Cl_2$. *B.* Aus 1.8-Dinitro-naphthalin durch Erhitzen mit PCl_5 (ATTERBERG, *B.* **9**, 1732). Aus 8-Chlor-1-amino-naphthalin durch Behandlung mit KNO_2 in Salzsäure (AT., *B.* **10**, 548). Aus dem Chlorid der 8-Chlor-naphthalin-sulfonsäure-(1) durch Erhitzen auf 200—230⁰ (ARMSTRONG, WYNNE, *Chem. N.* **71**, 255). Aus 4.5-Dichlor-naphthalin-sulfonsäure-(1) durch hydrolytische Spaltung bei 230⁰ (CLEVE, *Ch. Z.* **17**, 398; AR., W.. *Chem. N.* **76**, 69). Aus dem Kaliumsalz der 4.5-Dichlor-naphthalin-sulfonsäure-(1) durch Erhitzen mit 1⁰/₀iger Schwefelsäure oder 50⁰/₀iger Phosphorsäure auf 290⁰ (AR., W., *Chem. N.* **76**, 70). — Krystalle (aus Alkohol). F: 83⁰ (AT., *B.* **9**, 1732), 88⁰ (C.; AR., W., *Chem. N.* **71**, 255). — Wird durch Salzsäure bei 250—290⁰ in 1.5-Dichlor-naphthalin umgewandelt (AR., W., *Chem. N.* **76**, 69).

2.3-Dichlor-naphthalin (,,ι-Dichlornaphthalin") $C_{10}H_6Cl_2$. *B.* Aus Naphthalintetrachlorid-(1.2.3.4) durch Erhitzen mit ³/₄ Tln. Silberoxyd auf 200⁰ (LEEDS, EVERHART, *Am. Soc.* **2**, 211). In geringer Menge neben Isomeren aus Naphthalin-tetrachlorid-(1.2.3.4) beim Kochen mit alkoh. Kalilauge (WIDMAN, *B.* **15**, 2162; vgl. ARMSTRONG, WYNNE, *Chem. N.* **61**, 273, 284). Aus 1.2.3.Trichlor-naphthalin durch Behandlung mit Natriumamalgam in alkoh. Lösung (A., WY., *Chem. N.* **61**, 275). — Blätter. F: 120⁰ (L., E.). Schwer löslich in kaltem Alkohol, leicht in heißem und in Äther (L., E.).

2.6-Dichlor-naphthalin (,,ε-Dichlornaphthalin") $C_{10}H_6Cl_2$. *B.* Aus dem Dichlorid der Naphthalin-disulfonsäure-(2.6) durch Erhitzen mit überschüssigem PCl_5 (CLEVE, *Bl.* [2] **26**, 245). Aus dem Chlorid der 6-Chlor-naphthalin-sulfonsäure-(2) mit PCl_5 (ARNELL, *Bl.* [2] **45**, 184; FORSLING, *B.* **20**, 81). Aus dem Kaliumsalz der 2-Oxy-naphthalin-sulfonsäure-(6) durch Erhitzen mit 3 Mol.-Gew. PCl_5 auf 165⁰ (CLAUS, ZIMMERMANN, *B.* **14**, 1483). Aus dem Chlorid der 6-Brom-naphthalin-sulfonsäure-(2) durch Destillation mit PCl_5 (SINDALL, *Chem. N.* **60**, 58). Aus diazotierter 6-Amino-naphthalin-sulfonsäure-(2) durch Kochen mit PCl_5 in $POCl_3$ (ERDMANN, *A.* **275**, 280). — Tafeln (aus Äther und Benzol), Nadeln (aus heißem Alkohol). F: 136⁰ (F.), 135⁰ (CLAUS, Z.). Kp: 285⁰ (CLAUS, Z.). Schwer löslich in Alkohol, leicht in Äther, Chloroform und Benzol (CLAUS, Z.). — Gibt bei der Oxydation mit Salpetersäure 4-Chlor-phthalsäure (ALÉN, *Bl.* [2] **36**, 434; CLAUS, DEHNE, *B.* **15**, 320). Liefert mit CrO_3 in Eisessig 2.6-Dichlor-naphthochinon-(1.4) (Syst. No. 674) (CLAUS, MÜLLER, *B.* **18**, 3073).

2.7-Dichlor-naphthalin (,,δ-Dichlornaphthalin") $C_{10}H_6Cl_2$. *B.* Aus dem Dichlorid der Naphthalin-disulfonsäure-(2.7) durch Erhitzen mit überschüssigem PCl_5 (CLEVE, *Bl.* [2] **26**, 244). Aus dem Chlorid der 7-Chlor-naphthalin-sulfonsäure-(2) durch Destillieren mit PCl_5 (ARMSTRONG, *Chem. N.* **58**, 295; AR., WYNNE, *Chem. N.* **59**, 189). Aus dem Chlorid der 7-Brom-naphthalin-sulfonsäure-(2) durch Erhitzen mit PCl_5 (SINDALL, *Chem. N.* **60**, 58). Aus dem Natriumsalz der 2-Oxy-naphthalin-sulfonsäure-(7) durch Erhitzen mit PCl_5 (BAYER, DUISBERG, *B.* **20**, 1432). Aus diazotierter 7-Amino-naphthalin-sulfonsäure-(2) durch Erhitzen mit PCl_5 in $POCl_3$ (ERDMANN, *A.* **275**, 280). — Tafeln. F: 114⁰ (B., D.). Leicht löslich in kochendem Alkohol (C.). — Liefert bei der Oxydation mit verd. Salpetersäure bei 140⁰ 4-Chlor-phthalsäure (ALÉN, *Bl.* [2] **36**, 433).

1.2.3-Trichlor-naphthalin (,,α-Trichlornaphthalin") $C_{10}H_5Cl_3$. *B.* Aus 1-Chlor-naphthalin-tetrachlorid-(1.2.3.4) mit alkoh. Kali (FAUST, SAAME, *A.* **160**, 71). Aus 1.3-Dichlor-2-oxy-naphthalin durch Destillation mit PCl_5 (ARMSTRONG, WYNNE, *Chem. N.* **61**, 272). — Prismen (aus Äther-Alkohol). F: 81⁰ (F., S.).

1.2.4-Trichlor-naphthalin $C_{10}H_5Cl_3$. *B.* Beim Chlorieren von 1.3-Dichlor-naphthalin in Chloroform (CLEVE, *B.* **23**, 954). Aus 2.4-Dichlor-1-oxy-naphthalin durch Erhitzen mit PCl_5 (C., *B.* **21**, 893). Aus 2.4-Dichlor-1-amino-naphthalin durch Austausch der Aminogruppe gegen Chlor (AR., W., *Chem. N.* **61**, 273). — Nadeln. F: 92⁰ (C., *B.* **21**, 893).

1.2.5-Trichlor-naphthalin $C_{10}H_5Cl_3$. *B.* Aus dem Kaliumsalz der 5.6-Dichlor-naphthalin-sulfonsäure-(1) mit überschüssigem PCl_5 (HELLSTRÖM, *Öfversigt Kgl. Svenska Vetenskaps Akad. Förhandl.* **1889**, 116; vgl. ARMSTRONG, WYNNE, *Chem. N.* **59**, 188). Aus dem Dichlorid der 2-Chlor-naphthalin-disulfonsäure-(1.5) durch Destillation mit PCl_5 (A., W., *Chem. N.* **62**, 164). Aus dem Chlorid der 6-Chlor-5-nitro-naphthalin-sulfonsäure-(1) mit PCl_5 (CLEVE, *Ch. Z.* **17**, 398). Aus der 1-Chlor-5-nitro-naphthalin-sulfonsäure-(2) mit PCl_5 (C., *Ch. Z.* **17**, 398). Aus der 5-Chlor-6-nitro-naphthalin-sulfonsäure-(1) mit PCl_5 (C., *Ch. Z.* **17**, 758). — Nadeln (aus Alkohol). F: 74⁰ (H.), 77⁰ (C., *Ch. Z.* **17**, 398), 78—78,5⁰ (A., W., *Chem. N.* **59**, 188). Leicht löslich in Alkohol, Eisessig, Benzol und Chloroform (H.).

1.2.6-Trichlor-naphthalin $C_{10}H_5Cl_3$. *B.* Aus 5.6-Dichlor-naphthalin-sulfonsäure-(2) durch Erhitzen mit PCl_5 (ARMSTRONG, WYNNE, *Chem. N.* **59**, 189; **61**, 274). Aus dem Dichlorid der 2-Chlor-naphthalin-disulfonsäure-(1.6) durch Destillation mit PCl_5 (FORSLING, B. 21, 3498). Aus dem Chlorid der 6-Chlor-5-nitro-naphthalin-sulfonsäure-(2) mit PCl_5 (CLEVE, Ch. Z. 17, 398). Aus 1-Chlor-6-brom-2-oxy-naphthalin durch Destillation mit PCl_5 (A., ROSSITER, Chem. N. 63, 137). — Nadeln (aus Alkohol). F: 92,5° (A., W., Chem. N. 71, 255), 91° (F.), 90° (C.). Äußerst leicht löslich in Chloroform (F.).

1.2.7-Trichlor-naphthalin $C_{10}H_5Cl_3$. B. Aus dem Chlorid der 7.8-Dichlor-naphthalin-sulfonsäure-(2) mit PCl_5 (ARMSTRONG, WYNNE, Chem. N. 59, 189; 71, 254). Aus dem Chlorid der 1-Chlor-7-nitro-naphthalin-sulfonsäure-(2) durch Destillation mit PCl_5 (CLEVE, Ch. Z. 17, 398). Aus dem Chlorid der 7-Chlor-8-nitro-naphthalin-sulfonsäure-(2) durch Destillation mit PCl_5 (C., B. 25, 2487; vgl. A., W., Chem. N. 71, 254). — Mikroskopische Nadeln (aus Alkohol). Schmilzt bei 88° und nach dem Erstarren bei 84° (A., W., Chem. N. 71, 253).

1.2.8-Trichlor-naphthalin $C_{10}H_5Cl_3$. B. Aus 7.8-Dichlor-naphthalin-sulfonsäure-(1) mit PCl_5 (CLEVE, Ch. Z. 17, 398). Aus 8-Chlor-1-nitro-naphthalin-sulfonsäure-(2) mit PCl_5 (C.). Aus 7.8-Dichlor-1-oxy-naphthalin durch Destillation mit PCl_5 (ARMSTRONG, WYNNE, Chem. N. 71, 253). — Nadeln (aus Alkohol). F: 83° (A.).

1.3.5-Trichlor-naphthalin („γ-Trichlornaphthalin") $C_{10}H_5Cl_3$. B. Aus α-Nitro-naphthalin durch Einw. von Chlor und nachfolgende Destillation (ATTERBERG, B. 9, 317). Aus dem Chlorid der 5.7-Dichlor-naphthalin-sulfonsäure-(1) durch Destillation mit PCl_5 (WIDMAN, B. 12, 2230; ARMSTRONG, WYNNE, Chem. N. 61, 274). Aus dem Chlorid der 4.8-Dichlor-naphthalin-sulfonsäure-(2) mit PCl_5 (AR., WY., Chem. N. 61, 273). Aus dem Chlorid der 4-Chlor-8-nitro-naphthalin-sulfonsäure-(2) mit PCl_5 (CLEVE, Ch. Z. 17, 758). — Prismen. F: 103° (AT.). Leicht löslich in kochendem Alkohol (WI.). — Gibt beim Erhitzen mit Salpetersäure auf 175° Dichlordinitrophthalsäure (?) (WI.).

1.3.6-Trichlor-naphthalin („ϑ-Trichlornaphthalin") $C_{10}H_5Cl_3$. B. Aus dem Dichlorid der 6-Chlor-naphthalin-disulfonsäure-(1.3) bei der Destillation mit PCl_5 (ARMSTRONG, WYNNE, Chem. N. 62, 164). In gleicher Weise aus dem Dichlorid der 3-Chlor-naphthalin-disulfonsäure-(1.6) (A., W., Chem. N. 62, 165) und aus dem Dichlorid der 4-Chlor-naphthalin-disulfonsäure-(2.7) (A., W., Chem. N. 71, 254). Aus dem Dichlorid der 4-Nitro-naphthalin-disulfonsäure-(2.7) bei der Destillation mit PCl_5 (A., W., Chem. N. 71, 254). — Nadeln. F: 80,5° (A., W., Chem. N. 62, 165).

1.3.7-Trichlor-naphthalin („η-Trichlornaphthalin") $C_{10}H_5Cl_3$. B. Aus 4-Nitro-naphthalin-disulfonsäure-(2.6) durch Erhitzen mit PCl_5 auf 200° (ALÉN, B. 17 Ref., 437; vgl. ARMSTRONG, WYNNE, Chem. N. 61, 93). Aus dem Chlorid der 4.6-Dichlor-naphthalin-sulfonsäure-(2) mit PCl_5 (AR., W., Chem. N. 76, 69). Ebenso aus dem Chlorid der 6.8-Dichlor-naphthalin-sulfonsäure-(2) (AR., W., Chem. N. 61, 275) und aus dem Chlorid der 3.7-Dichlor-naphthalin-sulfonsäure-(1) (AR., W., Chem. N. 61, 275). Aus dem Chlorid der 7-Chlor-naphthalin-disulfonsäure-(1.3) beim Erhitzen mit PCl_5 (ARMSTRONG, WYNNE, Chem. N. 61, 93; 62, 165; 76, 69). Ebenso aus dem Dichlorid der 3-Chlor-naphthalin-disulfonsäure-(1.7) (AR., W., Chem. N. 62, 165). Aus [β-Chlor-naphthalin]-tetrachlorid (S. 493) mit alkoh. Kalilauge (AR., W., Chem. N. 61, 285). — Nadeln (aus Alkohol oder Benzol). F: 112,5—113° (AL.), 113° (AR., W., Chem. N. 61, 93). Kaum löslich in Alkohol (AR., W., Chem. N. 61, 275).

1.3.8-Trichlor-naphthalin („β-Trichlornaphthalin") $C_{10}H_5Cl_3$. B. Aus dem Dichlorid der 8-Chlor-naphthalin-disulfonsäure-(1.6) durch Destillation mit PCl_5 (ARMSTRONG, WYNNE, Chem. N. 61, 94). Aus geschmolzenem α-Nitro-naphthalin durch Behandlung mit Chlor und nachfolgende Destillation (ATTERBERG, B. 9, 926; vgl. AR., W., Chem. N. 71, 255). — Nadeln (aus Alkohol). Schmilzt bei 89,5° und nach dem Erstarren bei 85° (AR., W., Chem. N. 71, 255). Leicht löslich in heißem Alkohol (AT.).

1.4.5-Trichlor-naphthalin („δ-Trichlornaphthalin") $C_{10}H_5Cl_3$. B. Aus 4.8-Dichlor-1-nitro-naphthalin durch Behandlung mit PCl_5 (ATTERBERG, B. 9, 1187). Ebenso aus 5.8-Dichlor-1-nitro-naphthalin (WIDMAN, Bl. [2] 28, 511; B. 9, 1733). Aus 1.8-Dinitro-naphthalin durch Behandlung der geschmolzenen Verbindung mit PCl_5 (AT., B. 9, 1188). Aus 4-Chlor-1.5-dinitro-naphthalin durch Behandlung mit PCl_5 (AT., B. 9, 1187). Ebenso aus 4-Chlor-1.8-dinitro-naphthalin (AT., B. 9, 1733). Aus dem Chlorid der 4.5-Dichlor-naphthalin-sulfonsäure-(1) mit PCl_5 (ARMSTRONG, WYNNE, Chem. N. 61, 273). Aus dem Chlorid der 4-Chlor-5-nitro-naphthalin-sulfonsäure-(1) mit PCl_5 (CLEVE, Ch. Z. 17, 398). Ebenso aus dem Chlorid der 4-Chlor-8-nitro-naphthalin-sulfonsäure-(1) (C., Ch. Z. 17, 398) und aus dem Chlorid der 5-Chlor-4 oder 8-nitro-naphthalin-sulfonsäure-(1) (C., Ch. Z. 17, 758). Aus dem Dichlorid der 4-Chlor-naphthalin-disulfonsäure-(1.5) mit PCl_5 (AR., W., Chem. N. 62, 163). — Nadeln. F: 131° (AT., B. 9, 1733). Leicht löslich in warmem Alkohol oder Eisessig (AT., B. 9, 1733). — Gibt bei der Oxydation mit Salpetersäure eine Dichlorphthalsäure (AT., B. 9, 1734).

1.4.6-Trichlor-naphthalin („ε-Trichlornaphthalin", „ζ-Trichlornaphthalin")
$C_{10}H_5Cl_3$. *B.* Aus 4.7-Dichlor-1-nitro-naphthalin mit PCl$_5$ (CLEVE, *Bl.* [2] **29**, 500; ARM-STRONG, WYNNE, *Chem. N.* **61**, 94). Aus dem Chlorid der 4.6-Dichlor-naphthalin-sulfonsäure-(1) mit PCl$_5$ (A., WY., *Chem. N.* **61**, 275). Ebenso aus dem Chlorid der 4.7-Dichlor-naphthalin-sulfonsäure-(1) (CLEVE, *B.* **24**, 3479) und aus dem Chlorid der 5.8-Dichlor-naphthalin-sulfon-säure-(2) (WIDMAN, *B.* **12**, 962; A., WY., *Chem. N.* **61**, 273). Aus dem Chlorid der 8-Chlor-5-nitro-naphthalin-sulfonsäure-(2) mit PCl$_5$ (CLEVE, *Ch. Z.* **17**, 398). Ebenso aus dem Chlorid der 5-Chlor-8-nitro-naphthalin-sulfonsäure-(2) (CLEVE, *Ch. Z.* **17**, 398). Aus dem Dichlorid der 4-Chlor-naphthalin-disulfonsäure-(1.6) mit PCl$_5$ (A., WY., *Chem. N.* **61**, 94). Ebenso aus dem Dichlorid der 4-Chlor-naphthalin-disulfonsäure-(1.7) (A., WY., *Chem. N.* **62**, 162). Aus 5.8-Dichlor-2-amino-naphthalin durch Diazotieren und Behandlung der Diazolösung mit CuCl (CLAUS, JÄCK, *J. pr.* [2] **57**, 3). — Nadeln (aus Alkohol). Schmilzt bei 65°; die erstarrte Substanz schmilzt wieder bei 56°; aber nach längerem Liegen steigt der Schmelzpunkt wieder auf 65° (A., WY., *Chem. N.* **61**, 94; **62**, 163). Schwer löslich in kochendem Alkohol (A., WY., *Chem. N.* **61**, 94). — Liefert beim Erhitzen mit verd. Salpetersäure auf 150—160° eine Dichlornitrophthalsäure (WI.).

1.6.7-Trichlor-naphthalin $C_{10}H_5Cl_3$. *B.* Aus 6.7-Dichlor-1-oxy-naphthalin durch Destillation mit PCl$_5$ (ARMSTRONG, WYNNE, *Chem. N.* **71**, 253). Aus dem Chlorid der 6.7-Dichlor-naphthalin-sulfonsäure-(1) mit PCl$_5$ (A., W., *Chem. N.* **61**, 275). — Nadeln. F: 109,5° (A., W., *Chem. N.* **61**, 275).

2.3.6-Trichlor-naphthalin $C_{10}H_5Cl_3$. *B.* Aus dem Chlorid der 3.6-Dichlor-naphthalin-sulfonsäure-(2) mit PCl$_5$ (ARMSTRONG, WYNNE, *Chem. N.* **61**, 275). Aus dem Dichlorid der 3-Chlor-naphthalin-disulfonsäure-(2.6) mit PCl$_5$ (A., W., *Chem. N.* **62**, 163). Ebenso aus dem Dichlorid der 3-Chlor-naphthalin-disulfonsäure-(2.7) (A., W., *Chem. N.* **61**, 92). — Nadeln. F: 90,5—91° (A., W., *Ch m. N.* **61**, 275). — Gibt bei der Oxydation mit CrO$_3$ in Eisessig neben anderen Produkten ein Trichlornaphthochinon (CLAUS, SCHMIDT, *B.* **19**, 3177).

α-Tetrachlornaphthalin, 1.4.x.x-Tetrachlor-naphthalin $C_{10}H_4Cl_4$. *B.* Aus [1.4-Di-chlor-naphthalin]-tetrachlorid (F: 172°) (S. 493—494) mit alkoh. Kalilauge (FAUST, SAAME, *A.* **160**, 72; WIDMAN, *Bl.* [2] **28**, 506, 511). Aus β-Trichlornaphthalindichlorid (F: 152°) (S. 520) mit alkoh. Kalilauge (W., *Bl.* [2] **28**, 508, 511). — Nadeln (aus Ligroin und Äther). F: 130° (F., S.). — Liefert bei der Oxydation mit Salpetersäure 3.6-Dichlor-phthalsäure (W.).

β-Tetrachlornaphthalin $C_{10}H_4Cl_4$. *B.* Durch Behandeln von geschmolzenem α-Nitro-naphthalin mit Chlor und Destillation des Produktes (ATTERBERG, *B.* **9**, 318). — Nadeln. F: 194°. In Alkohol sehr schwer löslich.

γ-Tetrachlornaphthalin $C_{10}H_4Cl_4$. *B.* Aus dem flüssigen Produkt, das neben [1.4 Di-chlor-naphthalin]-tetrachlorid (S. 493—494) bei der Chlorierung von rohem (aus Naphthalin-tetrachlorid durch alkoh. Kali erhaltenen) Dichlornaphthalin entsteht, durch alkoholische Kalilauge (WIDMAN, *Bl.* [2] **28**, 512). — Nadeln. F: 176°. Wenig löslich in Alkohol und Essigsäure, leichter in Benzol.

δ-Tetrachlornaphthalin, 1.5.x.x-Tetrachlor-naphthalin $C_{10}H_4Cl_4$. *B.* Aus [1.5-Di-chlor-naphthalin]-tetrachlorid (F: 85°) (S. 495) durch Destillation für sich allein oder Behandeln mit alkoh. Kalilauge (ATTERBERG, WIDMAN, *B.* **10**, 1842; *Bl.* [2] **28**, 513). Aus α-Trichlor-naphthalindichlorid (F: 93°) (S. 520) durch Destillation für sich allein oder Behandeln mit alkoh. Kalilauge (A., W., *B.* **10**, 1842; W., *Bl.* [2] **28**, 507, 512). — Nadeln. F: 141°. Schwer löslich in Alkohol.

ε-Tetrachlornaphthalin, 1.5.x.x-Tetrachlor-naphthalin $C_{10}H_4Cl_4$. *B.* Aus 1.5-Di-chlor-x.x-dinitro-naphthalin (F: 246°) mit PCl$_5$ (ATTERBERG, WIDMAN, *B.* **10**, 1843; *Bl.* [2] **28**, 514). — Nadeln. F: 180°. Schwer löslich in Alkohol.

ζ-Tetrachlornaphthalin, 2.6.x.x-Tetrachlor-naphthalin $C_{10}H_4Cl_4$. *B.* Beim Be-handeln von 2.6-Dichlor-x.x-dinitro-naphthalin (F: 252—253°) mit PCl$_5$ (ALÉN, *Bl.* [2] **36**, 435). — Nadeln. F: 159,5—160,5°.

1.2.3.4.5-Pentachlor-naphthalin („α-Pentachlornaphthalin") $C_{10}H_3Cl_5$. *B.* Aus 2.3-Dichlor-naphthochinon-(1.4) beim Erhitzen mit PCl$_5$ und etwas POCl$_3$ auf 180—200° (GRAEBE, *A.* **149**, 8). — *Darst.* Man erhitzt 1 Tl. 2.3-Dichlor-naphthochinon-(1.4) mit 2 Tln. PCl$_5$ unter langsamer Steigerung der Temperatur bis auf 250° und dann noch 4—5 Stdn. auf 200—250° und behandelt das Reaktionsprodukt mit Wasser und verdünnter Natronlauge (CLAUS, v. D. LIPPE, *B.* **16**, 1016). — Nadeln (aus Alkohol). F: 168,5°; sublimierbar; destilliert unzersetzt; wenig löslich in kaltem Wasser, reichlicher in heißem, leicht in Äther (G.). — Geht beim Erhitzen mit verdünnter Salpetersäure auf 180—200° in Tetrachlorphthalsäure

über, während beim Erhitzen mit 8 Tln. Salpetersäure (D: 1,5) im Rohr auf 110—120°
5.6.7.8-Tetrachlor-naphthochinon-(1.4) entsteht (C., SPRUCK, B. 15, 1402; C., v. D. L.).

1.5.x.x.x-Pentachlor-naphthalin („β-Pentachlornaphthalin") $C_{10}H_3Cl_5$. *B.* Beim
Behandeln des bei 154—155° schmelzenden 1.5.x.x-Tetrachlor-x-nitro-naphthalins (S. 556)
mit PCl_5 (ATTERBERG, WIDMAN, B. 10, 1843). — Nadeln. F: 177°. — Gibt bei der Oxydation
eine Trichlorphthalsäure.

1.2.3.4.5.6.8-Heptachlor-naphthalin $C_{10}HCl_7$. *B.* Beim Erhitzen von 1 Tl. 5.6.7.8-
Tetrachlor-naphthochinon-(1.4) mit 2 Tln. PCl_5 im Druckrohr auf 250° (CLAUS, v. D. LIPPE,
B. 16, 1019; C., WENZLIK, B. 19, 1165). — Sublimiert in kleinen Nadeln. F: 194° (C., W.). —
Liefert beim Erhitzen mit konz. Salpetersäure Pentachlornaphthochinon-(1.4) und Tetra-
chlorphthalsäure (C., W.).

Oktachlornaphthalin, Perchlornaphthalin $C_{10}Cl_8$. *B.* Aus Naphthalin durch andauernde Behandlung mit Chlor erst in der Kälte, dann unter Erwärmen, zuletzt bei Zusatz
von $SbCl_5$ (BERTHELOT, JUNGFLEISCH, *Bl.* [2] 9, 446; *A. ch.* [4] 15, 331; RUOFF, *B.* 9, 1486).
Aus dem Trichlorid der durch Sulfurierung von α-Naphthol entstehenden Naphtholtrisulfon-
säure mit PCl_5 bei mehrstündigem Erhitzen auf 250° (CLAUS, MIELCKE, B. 19, 1186). Aus
Pentachlornaphthochinon-(1.4) bei 6-stdg. Erhitzen mit PCl_5 auf 250° (C., WENZLIK, B. 19,
1169). — Nadeln. F: 203°; ziemlich leicht löslich in Benzol, Ligroin, Chloroform, schwerer
in Alkohol, Eisessig (R.). — Wird Perchlornaphthalin mit Wasserstoff durch ein rotglühendes Rohr geleitet, so entsteht wieder Naphthalin, neben anderen Körpern (B., J.).
Beim Erhitzen mit Chlorjod auf 350°, oder besser mit $SbCl_5$ auf 280—300° entstehen u. a.
Perchloräthan und Perchlorbenzol (R.). Über einen bei der Einw. rauchender Schwefelsäure
entstehenden roten Beizenfarbstoff vgl. Bad. Anilin- u. Sodaf., D. R. P. 66611; *Frdl.* 3, 271.

c) Brom-Derivate.

1-Brom-naphthalin, α-Brom-naphthalin $C_{10}H_7Br$. *B.* Bei der Einw. von Brom auf
Naphthalin, das sich unter Wasser befindet (WAHLFORSS, *Z.* 1865, 3; vgl. LAURENT, *A. ch.*
[2] 59, 216). Durch Eintragen von Bromschwefel in eine gut gekühlte Lösung von Naphthalin
in Benzin, die mit Salpetersäure (D: 1,4) unterschichtet ist (EDINGER, GOLDBERG, B. 33,
2885). Beim Erhitzen von Naphthalin mit Bromcyan auf 250° (MERZ, WEITH, B. 10, 756). Bei
der Einw. von Brom auf Quecksilber-di-α-naphthyl (OTTO, MÖRIES, A. 147, 175). Aus 4-Brom-
1-amino-naphthalin durch Diazotieren des salpetersauren Salzes und Verkochen des Diazoniumnitrats mit Alkohol (ROTHER, B. 4, 851). — *Darst.* Man löst Naphthalin in CS_2 und setzt
allmählich 2 At.-Gew. Brom hinzu (GLASER, A. 135, 41). Man übergießt fein gepulvertes
Naphthalin mit der Lösung von 1 Mol.-Gew. Brom in kalter verdünnter Natronlauge, säuert
allmählich mit verdünnter Salzsäure an, wäscht das ausgeschiedene Öl mit Wasser und Sodalösung und erhitzt es nach dem Trocknen auf 200° (GNEHM, B. 15, 2721). — Farbloses Öl
von charakteristischem Geruch (OTTO, MÖRIES, A. 147, 166). Erstarrt im Kältegemisch
und schmilzt dann bei +4—5° (ROUX, *Bl.* [2] 45, 511; *A. ch.* [6] 12, 342). Kp_{760}: 281,1°
(KAHLBAUM, ARNDT, *Ph. Ch.* 26, 627, 628); $Kp_{753,1}$: 279,5° (korr.) (NASINI, BERNHEIMER,
G. 15, 78); Kp: 277—278° (OT., MÖ.); Kp_{16}: 139° (PATTERSON, Mc DONALD, *Soc.* 93, 944).
Dampfdrucke bei verschiedenen Temperaturen: KAH., ARNDT, *Ph. Ch.* 26, 628. Flüchtig
mit Wasserdampf (OT., MÖ.). $D^{14,5}$: 1,49225; D^{25}: 1,48651 (PAT., Mc Do.). D^4: 1,4916
(WALTER, *Ann. d. Physik* [N. F.] 42, 512); $D^{15,5}$: 1,48875; $D^{25,1}$: 1,47496; $D^{77,4}$: 1,42572 (NA.,
BER.). In jedem Verhältnis mischbar mit absol. Alkohol, Äther, Benzol (OT., MÖ.). Löst
Jod und reichlich Quecksilberjodid (OT., MÖ.). Kryoskopisches Verhalten in α-Nitro-naph-
thalin: BRUNI, PADOA, *R. A. L.* [5] 12 I, 353. $n_\alpha^{25,1}$: 1,65114; $n_D^{25,1}$: 1,66011; $n_\beta^{25,1}$: 1,68381;
$n_\alpha^{64,1}$: 1,64002; $n_D^{64,1}$: 1,65480; $n_\beta^{64,1}$: 1,67840; $n_\alpha^{77,5}$: 1,62338; $n_D^{77,5}$: 1,63192; $n_\beta^{77,5}$: 1,65462 (NA.,
BER.). n_α^{25}: 1,64948; n_D^{25}: 1,65820; n_γ^{25}: 1,70410 (WALTER). Bestimmung der Brechungs-
exponenten und der Dispersion: ERFLE, *Ann. d. Physik* [4] 24, 694. α-Brom-naphthalin
zeigt in verflüssigtem Schwefeldioxyd kein elektrisches Leitvermögen (WALDEN, *B.* 35,
2029). Dielektrizitätskonstante: DRUDE, *Ph. Ch.* 23, 310; TURNER, *Ph. Ch.* 35, 428. Elektrische Absorption: DRUDE.

Bei der Oxydation von α-Brom-naphthalin durch CrO_3 in Essigsäure entsteht Phthalsäure (BEILSTEIN, KURBATOW, A. 202, 216). α-Brom-naphthalin gibt beim Kochen mit
Natrium in Benzol etwas α.α-Dinaphthyl (LOSSEN, A. 144, 88). Wird in alkoh. Lösung von
Natriumamalgam in Naphthalin übergeführt (OTTO, MÖRIES; GLASER). Erhitzt man α-Brom-
naphthalin, das mit Steinkohlenteeröl (Kp: 120—140°) verdünnt ist, mit teigigem Natriumamalgam, so entsteht Quecksilber-di-α-naphthyl (OT., MÖ.). Beim Erhitzen von α-Brom-

naphthalin mit Aluminium, Indium und Thallium entstehen Produkte, die mit Wasser Naphthalin liefern (SPENCER, WALLACE, Soc. **93**, 1831, 1832). a-Brom-naphthalin liefert beim
Erhitzen mit Jodwasserstoffsäure und Phosphor Naphthalin-tetrahydrid-(1.2.3.4) (KLAGES,
LIECKE, J. pr. [2] **61**, 323). Gibt mit Brom 1.4-Dibrom-naphthalin (GLASER, A. **135**, 42).
Wird durch Salpetersäure (D: 1,4) in 4-Brom-1-nitro-naphthalin übergeführt (JOLIN, Bl.
[2] **28**, 515). Liefert mit rauchender Salpetersäure 4-Brom-1.8-dinitro-naphthalin und 4-Brom-
1.5-dinitro-naphthalin (MERZ, WEITH, B. **15**, 2710). Gibt mit rauchender Schwefelsäure
4-Brom-naphthalin-sulfonsäure-(1) (LAURENT, A. **72**, 298). Wird beim Erhitzen mit alkoh.
Kalilauge auf höhere Temperatur im Druckrohr nicht verändert (OTTO, Mö.). Geht beim
Erhitzen mit wäßr. Natronlauge auf 300° in Naphthol über (DUSART, BARDY, C. r. **74**, 1051).
Erwärmt man eine Lösung von a-Brom-naphthalin in Schwefelkohlenstoff mit AlCl$_3$, so entstehen β-Brom-naphthalin, Dibromnaphthaline, etwas Naphthalin und teerartige Produkte
(ROUX, A. ch. [6] **12**, 343). Trägt man AlCl$_3$ in ein erwärmtes Gemisch von a-Brom-naphthalin und Toluol ein, so entstehen außer den genannten Umwandlungsprodukten auch Brom-
toluole, unter denen sich die p-Verbindung befindet (ROUX, A. ch. [6] **12**, 351). Beim Erhitzen von a-Brom-naphthalin mit Magnesiumpulver entsteht a-Naphthyl-magnesiumbromid
(SPENCER, STOKES, Soc. **93**, 71; vgl. SP., B. **41**, 2303). Überführung durch Natriumamalgam
in Quecksilber-di-a-naphthyl s. S. 547. — Bei Einw. von Natrium auf a-Brom-naphthalin
und Methyljodid in Äther entsteht a-Methyl-naphthalin (FITTIG, REMSEN, A. **155**, 114).
Leitet man die Dämpfe von a-Brom-naphthalin über hocherhitztes Kaliumferrocyanid, so
erhält man a-Naphthoesäurenitril neben etwas Naphthalin (MERZ, WEITH, B. **10**, 748). a-Brom-
naphthalin gibt beim Erhitzen mit Phenol, Ätzkali und etwas Kupfer auf 220° Phenyl-
a-naphthyl-äther (ULLMANN, SPONAGEL, A. **350**, 91). Beim Erhitzen von a-Brom-naphthalin
mit Anilin und Natronkalk auf 335° entsteht Phenyl-β-naphthylamin (KYM, J. pr. [2] **51**, 326).
Verbindung mit a-Brom-naphthalin mit Pikrinsäure s. Syst. No. 523.

2-Brom-naphthalin, β-Brom-naphthalin C$_{10}$H$_7$Br. B. Aus β-Naphthylamin durch
Diazotieren in schwefelsaurer Lösung, Behandeln der Diazoniumsulfatlösung mit Brom in
Bromwasser und Kochen des erhaltenen Perbromids mit Alkohol (LIEBERMANN, PALM, A.
183, 268) oder durch Diazotieren in Bromwasserstoffsäure und Erwärmen der Diazonium-
bromidlösung mit überschüssiger Bromwasserstoffsäure (GASIOROWSKI, WAYSS, B. **18**, 1941).
Aus β-Naphthol und Phosphorbromid (BRUNEL, B. **17**, 1179). Aus β-Naphtholnatrium und
PBr$_3$ in Toluollösung (DARZENS, BERGER, C. r. **148**, 788; Bl. [4] **5**, 786). Beim Erwärmen
einer Lösung von 100 g a-Brom-naphthalin in 300—400 g CS$_2$ mit 20 g AlCl$_3$, neben anderen
Produkten (ROUX, A. ch. [6] **12**, 343). — Darst. Man diazotiert eine Lösung von 14,3 g β-Naphthylamin in 60 g Bromwasserstoffsäure (D: 1,19) und 50 g Wasser unterhalb 10° mit einer
Lösung von 7,3 g NaNO$_2$ in 40 g Wasser und gießt die Lösung in eine 50—70° warme Lösung
von CuBr, hergestellt aus 36 g KBr, 30 g feuchtem Kupferpulver und 100 g Wasser; Ausbeute
46—48 % der Theorie (ODDO, G. **20**, 639). Man erhitzt gleiche Teile Phosphortribromid und
β-Naphthol im Einschlußrohr 10—12 Stdn. auf 150°, gießt den geschmolzenen Röhren-
inhalt in Wasser, wäscht mit Natronlauge und destilliert mit Wasserdampf (MICHAELIS, A.
321, 246 Anm.). — Blättchen (aus Alkohol). Krystallographisches: BERTRAND, A. ch. [6]
12, 346. F: 59° (R.), 58—59° (G. W.), 56—57° (BRU.). Kp$_{760}$: 281—282° (korr.) (BRU.).
D^0: 1,605; löst sich bei 20° in 16 Tln. 92%igem Alkohol; sehr leicht löslich in Äther,
Chloroform, Benzol (G. W.; R.) und CS$_2$ (R.). — Wird erst bei 182° durch Jodwasserstoffsäure und Phosphor zu Naphthalintetrahydrid reduziert (KLAGES, LIECKE, J. pr. [2] **61**, 323).
Verbindung von β-Brom-naphthalin mit Pikrinsäure s. Syst. No. 523.

4-Chlor-1-brom-naphthalin C$_{10}$H$_6$ClBr. B. Aus a-Chlor-naphthalin und Brom, neben
dem bei 119—119,5° schmelzenden 5- oder 8-Chlor-1-brom-naphthalin (s. u.) (GUARESCHI,
BIGINELLI, G. **16**, 152; C. **1887**, 518; J. **1887**, 758). Aus a-Brom-naphthalin und Chlor,
neben dem bei 119—119,5° schmelzenden 5- oder 8-Chlor-1-brom-naphthalin (s. u.) (G., B.).
Aus 4-Chlor-naphthalin-sulfonsäure-(1) und Brom (ARMSTRONG, WILLIAMSON, Chem. N. **54**,
256). Aus 4-Brom-naphthalin-sulfonsäure-(1) und Chlor (K$_2$Cr$_2$O$_7$ + HCl) (A., W.). — Nadeln.
F: 66—67°; Kp: gegen 304°; löslich in Essigsäure und Äther (G., B.).

5-Chlor-1-brom-naphthalin C$_{10}$H$_6$ClBr. B. Bei der Einw. von PCl$_5$ auf das Chlorid
der 5-Brom-naphthalin-sulfonsäure-(1) (CLEVE, Bl. [2] **26**, 540). — Nadeln. F: 115°.

6- oder 7-Chlor-1-brom-naphthalin C$_{10}$H$_6$ClBr. B. Durch Bromieren von β-Chlor-
naphthalin (GUARESCHI, J. **1888**, 921). — Nadeln oder Blättchen (aus Alkohol). F: 68—69°.
Kp$_{745}$: 275—280°. — Bei der Oxydation durch CrO$_3$ (in Eisessig) entsteht 4-Chlor-phthalsäure.

5-Chlor-2-brom-naphthalin C$_{10}$H$_6$ClBr. B. Aus 1-Chlor-6-brom-2-amino-naphthalin
durch Elimination der Aminogruppe (ARMSTRONG, ROSSITER, Chem. N. **63**, 137). — F: 60°.

5- oder 8-Chlor-1-brom-naphthalin C$_{10}$H$_6$ClBr. B. Aus a-Chlor-naphthalin und
Brom, neben 4-Chlor-1-brom-naphthalin (GUARESCHI, BIGINELLI, G. **16**, 152; C. **1887**, 518;

J. **1887**, 758). Aus α-Brom-naphthalin und· Chlor, neben 4-Chlor-1-brom-naphthalin (G., B.). — Tafeln. F: 119—119,5⁰.

1.2-Dibrom-naphthalin $C_{10}H_6Br_2$. *B.* Aus 1-Brom-2-amino-naphthalin durch Überführung in das entsprechende Diazoniumperbromid und Kochen desselben mit Eisessig (MELDOLA, *Soc.* **43**, 5; vgl. M., STREATFEILD, *Soc.* **63**, 1054 Anm.). Aus 1-Brom-2-oxy-naphthalin mit PBr₃ (CANZONERI. *G.* **12**, 425). — Monokline (BUCCA, *G.* **12**, 427) Krystalle (aus Alkohol). F: 67—68⁰ (C.; M., ST., *Soc.* **63**, 1055 Anm.).

1.3-Dibrom-naphthalin („α-Dibromnaphthalin") $C_{10}H_6Br_2$. *B.* Aus 2.4-Dibrom-1-amino-naphthalin durch Diazotieren in schwefelsaurer Lösung und Behandeln des Diazoniumsulfats mit Alkohol (MELDOLA, *B.* **12**, 1963). Aus 4-Brom-2-amino-naphthalin durch Austausch der Aminogruppe gegen Brom (M., *Chem. N.* **47**, 508; ARMSTRONG, ROSSITER, *Chem. N.* **65**, 60). — Nadeln (aus Alkohol). F: 64⁰ (M.).

1.4-Dibrom-naphthalin („β-Dibromnaphthalin") $C_{10}H_6Br_2$. *B.* Beim Bromieren von Naphthalin (GLASER, *A.* **135**, 42; GUARESCHI, *A.* **222**, 265, 267; ARMSTRONG, ROSSITER, *Chem. N.* **65**, 58). Aus α-Brom-naphthalin und Brom (GL., *A.* **135**, 42). Aus 4-Brom-1-nitronaphthalin mit PBr₅ (JOLIN, *Bl.* [2] **28**, 515). Aus 4-Brom-1-amino-naphthalin durch Diazotieren in schwefelsaurer Lösung, Behandeln der Diazoniumsulfatlösung mit Brom und Erhitzen des erhaltenen Perbromids mit Eisessig (MELDOLA, *Soc.* **43**, 3). Aus 1.4-Dibrom-2-amino-naphthalin durch Austausch der Aminogruppe gegen Wasserstoff (M., *Soc.* **47**, 513; ARMSTRONG, ROSSITER, *Chem. N.* **65**, 59; vgl. auch M., DESCH, *Soc.* **61**, 765 Anm.). Aus dem Bromid der 4-Brom-naphthalin-sulfonsäure-(1) und PBr₅ (J., *Bl.* [2] **28**, 516). — Nadeln (aus Alkohol). F: 82—83⁰ (A., R.), 82⁰ (GU.). Kp: 310⁰ (Zers.) (GU.). 1 Tl. löst sich bei 11,4⁰ in 76 Tln. 93,5⁰/₀igem Alkohol und bei 56⁰ in 16,5 Tln. 93,5⁰/₀igem Alkohol (GU.). Leicht löslich in Äther (GL.). — Liefert bei der Oxydation mit Salpetersäure 3.6-Dibromphthalsäure und 6-Brom-3-nitro-phthalsäure (GU.). Mit CrO₃ und Eisessig entstehen 5.8-Dibrom-naphthochinon-(1.4) und Dibromphthalid (Syst. No. 2463) (GU.).

1.5-Dibrom-naphthalin („γ-Dibromnaphthalin") $C_{10}H_6Br_2$. *B.* Beim Bromieren von Naphthalin (MAGATI, *G.* **11**, 358; GUARESCHI, *A.* **222**, 268; ARMSTRONG, ROSSITER, *Chem. N.* **65**, 58). Aus 1.5-Dinitro-naphthalin mit PBr₅ (JOLIN, *Bl.* [2] **28**, 514). Bei der Einw. von Brom auf eine wäßr. Lösung der Naphthalin-sulfonsäure-(1) (DARMSTAEDTER, WICHELHAUS, *A.* **152**, 303). Aus 5-Brom-naphthalin-sulfonsäure-(1) durch Behandlung des Kaliumsalzes mit überschüssigem PBr₅ (J., *Bl.* [2] **28**, 517). — Tafeln. F: 130—131,5⁰; Kp: 325—326⁰; löst sich bei 56⁰ in 50 Tln. 93,5⁰/₀igem Alkohol (G., *A.* **222**, 270). Schwer löslich in Eisessig, leicht in Äther (M.). — Liefert bei der Oxydation mit Salpetersäure Bromnitrophthalsäure (G., *A.* **222**, 270) und ·mit CrO₃ und Essigsäure 3-Brom-phthalsäure (G., *B.* **19**, 135; *G.* **18**, 10).

1.6-Dibrom-naphthalin $C_{10}H_6Br_2$. *B.* Aus 5-Brom-naphthalin-sulfonsäure-(2) mit PBr₅ (ARMSTRONG, ROSSITER, *Chem. N.* **65**, 58). Aus 1.6-Dibrom-2-amino-naphthalin durch Erwärmen der alkoh.-schwefelsauren Lösung mit NaNO₂ (CLAUS, PHILIPSON, *J. pr.* [2] **43**, 51). — Nädelchen (aus Alkohol). F: 61⁰ (C., P.). Leicht löslich in Alkohol, Äther, Chloroform, Benzol und Petroläther (C., P.).

1.7-Dibrom-naphthalin $C_{10}H_6Br_2$. *B.* Aus β-Brom-naphthalin mit Brom (ARMSTRONG, ROSSITER, *Chem. N.* **65**, 59). Aus dem Bromid der 7-Brom-naphthalin-sulfonsäure-(1) durch Destillation mit PBr₅ (FORSLING, *B.* **22**, 619, 1402). — Nadeln (aus verd. Alkohol). F: 75⁰ (F.). Ziemlich schwer löslich in Alkohol, leicht in Äther und Chloroform (F.).

1.8-Dibrom-naphthalin, peri-Dibrom-naphthalin $C_{10}H_6Br_2$. *B.* Aus 8-Brom-1-amino-naphthalin durch Diazotieren und Behandeln der Diazoniumlösung mit CuBr (MELDOLA, STREATFEILD, *Soc.* **63**, 1059). — Schuppen (aus Eisessig). F: 108,5—109⁰.

2.6-Dibrom-naphthalin $C_{10}H_6Br_2$. *B.* Aus dem Bromid der 6-Brom-naphthalin-sulfonsäure-(2) durch Destillation mit PBr₅ (FORSLING, *B.* **22**, 1401). — Tafeln (aus Äther + Chloroform). F: 158⁰. Ziemlich schwer löslich in Alkohol, leicht in Äther, Chloroform und Ligroin.

2.7-Dibrom-naphthalin („δ-Dibromnaphthalin") $C_{10}H_6Br_2$. *B.* Aus Naphthalin-disulfonsäure-(2.7) durch Behandlung des Kaliumsalzes mit PBr₅ (JOLIN, *Bl.* [2] **28**, 517). — Tafeln. F: 140,5⁰.

2-Chlor-1.6-dibrom-naphthalin $C_{10}H_5ClBr_2$. *B.* Aus 1.6-Dibrom-2-amino-naphthalin durch Austausch der Aminogruppe gegen Cl (CLAUS, PHILIPSON, *J. pr.* [2] **43**, 53). — Nadeln (aus Alkohol). F: 102⁰; die erstarrte Schmelze zeigt den Schmelzpunkt 104—105⁰.

1.2.4-Tribrom-naphthalin $C_{10}H_5Br_3$. *B.* Aus 2.4-Dibrom-1-amino-naphthalin durch Überführung in das entsprechende Diazoniumperbromid und Erwärmen desselben mit Eisessig (MELDOLA, *Soc.* **43**, 4). Aus 1.4-Dibrom-2-amino-naphthalin (vgl. ARMSTRONG, ROS-SITER, *Chem. N.* **65**, 59; M., DESCH, *Soc.* **61**, 765 Anm.) durch Überführung in das Diazonium-perbromid und Erwärmen desselben mit Eisessig (M., *Soc.* **47**, 513). Aus 4-Brom-2-nitro-1-amino-naphthalin beim Erhitzen mit 2 Tln. Bromwasserstoffsäure (D: 1,49) und 6 Tln. Eisessig auf 130° (PRAGER, *B.* **18**, 2164). — Nadeln. F: 113—114° (M., *Soc.* **43**, 5). Leicht löslich in Äther, CS_2 und Benzol, weniger in Alkohol und Aceton (M., *Soc.* **43**, 5). — Wird von verd. Salpetersäure bei 180° zu Phthalsäure oxydiert (P.).

1.2.6-Tribrom-naphthalin $C_{10}H_5Br_3$. *B.* Aus 1.6-Dibrom-2-amino-naphthalin durch Austausch der Aminogruppe gegen Brom (CLAUS, PHILIPSON, *J. pr.* [2] **43**, 53). — Nadeln (aus Alkohol). F: 118°. Mit Wasserdampf schwer flüchtig; sublimierbar. Leicht löslich in Alkohol, Äther und Ligroin.

1.4.5-Tribrom-naphthalin („β-Tribromnaphthalin") $C_{10}H_5Br_3$. *B.* Aus 5.8-Di-brom-1-nitro-naphthalin und PBr_5 (JOLIN, *Bl.* [2] **28**, 515). — Nadeln. F: 85°. Sehr leicht löslich in Alkohol.

1.4.6-Tribrom-naphthalin („γ-Tribromnaphthalin") $C_{10}H_5Br_3$. *B.* Aus 5.8-Di-brom-naphthalin-sulfonsäure-(2) (vgl. ARMSTRONG, ROSSITER, *Chem. N.* **65**, 58) durch Be-handlung des Kaliumsalzes mit PBr_5 (JOLIN, *Bl.* [2] **28**, 517). Beim Kochen des Diazonium-sulfats aus 1.4.6-Tribrom-2-amino-naphthalin mit absol. Alkohol (CLAUS, JÄCK, *J. pr.* [2] **57**, 17). — Nadeln (aus Alkohol) oder Blättchen (aus Wasser). F: 86,5° (Jo.); 98°; sublimiert in Nadeln; leicht löslich in den meisten indifferenten Lösungsmitteln (C., JÄ.).

1.x.x-Tribrom-naphthalin $C_{10}H_5Br_3$. *B.* Neben anderen Produkten bei der Einw. von Brom auf α-Brom-naphthalin (GLASER, *A.* **135**, 43). — Nadeln (aus Alkohol). F: 75°. Leicht löslich in Alkohol und Äther.

1.4.6.7-Tetrabrom-naphthalin („α-Tetrabromnaphthalin") $C_{10}H_4Br_4$. *B.* Man mischt die Lösung von 5 g des bei 173—174° schmelzenden [1.4-Dibrom-naphthalin]-tetra-bromids (S. 494) in 100 g Benzol mit der Lösung von 0,7 g Natrium in 38 g absol. Alkohol, kocht nach beendeter Reaktion noch $^1/_2$ Stde. lang, gießt dann ab, wäscht die Benzollösung mit Wasser und destilliert (GUARESCHI, *G.* **16**, 146). Entsteht neben β-Tetrabromnaphthalin (s. u.) beim Behandeln des bei 97—100° schmelzenden [1.4-Dibrom-naphthalin]-tetrabromids (S. 495) in Benzol mit alkoholischer Natriumäthylatlösung (G.). — Nadeln (aus Alkohol). F: 175°. Sublimiert in perlmutterglänzenden Tafeln. 1 Tl. löst sich in 200 Tln. kochendem 95%igem Alkohol; sehr wenig löslich in Äther, löslich in $CHCl_3$ und Benzol. — Liefert mit CrO_3 und Essigsäure 4.7-Dibrom-phthalid und 2.3.5.8-Tetrabrom-naphthochinon-(1.4).

1.4.x.x-Tetrabrom-naphthalin („β-Tetrabromnaphthalin") $C_{10}H_4Br_4$. *B.* Ent-steht neben dem α-Tetrabromnaphthalin beim Behandeln einer Benzollösung des bei 97° bis 100° schmelzenden [1.4-Dibromnaphthalin]-tetrabromids (S. 495) mit alkoh. Natrium-äthylatlösung; man trennt die beiden Tetrabromnaphthaline durch Äther, welcher das α-Deri-vat ungelöst läßt (GUARESCHI, *G.* **16**, 149). — Nadeln (aus Alkohol). F: 119—120°.

Hexabromnaphthalin $C_{10}H_2Br_6$. *B.* Beim Erhitzen von rohem Dibromnaphthalin mit Brom und etwas Jod auf 100°, 150° und schließlich 350° (GESSNER, *B.* **9**, 1510). Beim allmählichen Eintragen von 20 g Naphthalin in ein Gemisch aus 300 g Brom und 15 g $AlCl_3$ (ROUX, *A. ch.* [6] **12**, 347 Anm. 1). — Nadeln (aus Benzol). F: 245—246° (G.), 252° (R.). Sublimiert schwer (R.). Unzersetzt flüchtig (G.). Mäßig löslich in heißem Benzol, Toluol, Chloroform und Anilin, unlöslich in Alkohol und Äther (G.).

d) Jod-Derivate.

1-Jod-naphthalin, α-Jod-naphthalin $C_{10}H_7I$. *B.* Beim Eintragen von 4 At.-Gew. Jod in eine Lösung von Quecksilber-di-α-naphthyl in CS_2 (OTTO, MÖRIES, *A.* **147**, 173). Ent-steht neben Nitronaphthalin und β-Jod-naphthalin bei der Einw. von Jodschwefel und Sal-petersäure auf Naphthalin (EDINGER, GOLDBERG, *B.* **33**, 2882). Aus α-Naphthalindiazonium-sulfat beim Kochen mit KI in saurer Lösung (NOELTING, *B.* **19**, 135). — Dickes Öl. Erstarrt nicht im Kältegemisch (O., M.). Siedet unzersetzt bei 305° (ROUX, *A. ch.* [6] **12**, 350). D^{15}: 1,7344 (WILLGERODT, SCHLÖSSER, *B.* **33**, 692). In jedem Verhältnis mischbar mit Alkohol, Äther, CS_2, Benzol (O., M.). Löst Jod und HgI_2 (O., M.). — Beim Kochen einer Lösung von α-Jod-naphthalin in CS_2 mit $AlCl_3$ entsteht Naphthalin neben Jod und teerartigen Produkten (R.). Liefert beim Kochen mit Jodwasserstoffsäure (N.; KLAGES, LIECKE, *J. pr.* [2] **61**, 323), sowie beim Behandeln mit Natriumamalgam in alkoh. Lösung (O., M.) Naphthalin. Gibt beim Erhitzen mit Kupfer α.α-Dinaphthyl (ULLMANN, BIELECKI, *B.* **34**, 2184). Liefert bei Einw. von Chlor in Eisessig oder Äther α-Naphthyljodidchlorid (WILLGERODT, *B.* **27**, 591;

W., SCHLÖSSER, B. 33, 692). Beim Erhitzen mit alkoh. Kalilauge auf 160⁰ entsteht Naphthalin (O., M.). — Verbindung mit Pikrinsäure s. Syst. No. 523.

1-Jodoso-naphthalin, α-Jodoso-naphthalin $C_{10}H_7OI = C_{10}H_7 \cdot IO$ und Salze vom Typus $C_{10}H_7 \cdot IAc_2$. B. Das salzsaure Salz $C_{10}H_7 \cdot ICl_2$ entsteht bei der Einw. von Chlor auf α-Jod-naphthalin in gekühltem Eisessig oder Äther (WILLGERODT, B. 27, 591; W., SCHLÖSSER, B. 33, 692). Man erhält die freie Base durch Behandeln des salzsauren Salzes in Wasser mit Natronlauge (W.) oder durch Lösen des salzsauren Salzes in Pyridin und tropfenweises Hinzufügen von Wasser (ORTOLEVA, G. 30 II, 1, 9). — Flocken. Schmilzt unter Gasentwicklung bei 135—145⁰ (O.). — Gibt bei Einw. von Wasser Jodsäure und α-Jod-naphthalin (W., SCH.). Liefert mit kalter konz. Schwefelsäure α-Jod-naphthalin und 4.4′-Dijod-dinaphthyl-(1.1′) (W., SCH.). — Salzsaures Salz, α-Naphthyljodidchlorid $C_{10}H_7 \cdot ICl_2$. Gelbe Nadeln. Schwer löslich in Äther, Eisessig und Chloroform, unlöslich in Ligroin (W., SCH.). Leicht zersetzlich, speziell in Chloroformlösung, unter Entwicklung von Chlorwasserstoff, Abscheidung von Jod und Bildung von [α-Chlor-naphthalin]-tetrachlorid (S. 493) und 4-Chlor-1-jod-naphthalin (W., SCH.). — Basisches schwefelsaures Salz $[C_{10}H_7 \cdot I(OH)]_2SO_4$. B. Durch Verreiben von α-Jodoso-naphthalin mit verd. Schwefelsäure (W., SCH.). Sehr unbeständig. Verpufft sehr bald beim Stehen. Beim Erwärmen mit Eisessig entsteht 4.4′-Dijod-dinaphthyl-(1.1′). — Basisches salpetersaures Salz $C_{10}H_7 \cdot I(OH) \cdot NO_3$. B. Durch Verreiben von α-Jodoso-naphthalin mit verd. Salpetersäure (W., SCH.). Nädelchen (aus Chloroform). Unlöslich in Äther. Zersetzt sich innerhalb von 2 Tagen. — Essigsaures Salz $C_{10}H_7 \cdot I(O \cdot C_2H_3O)_2$. B. Durch Lösen von α-Jodoso-naphthalin in Eisessig (W., SCH.). Krystalle. Zersetzt sich bei 192⁰ (W., SCH.). F: 170—175⁰ unter Zersetzung (O.). Löslich in Eisessig, Chloroform und heißem Benzol, unlöslich in Äther (W., SCH.). Wird von Wasser zersetzt (W., SCH.). Oxydiert Alkohol (W., SCH.).

1-Jodo-naphthalin, α-Jodo-naphthalin $C_{10}H_7O_2I = C_{10}H_7 \cdot IO_2$. B. Durch Einw. von Chlor auf die wasserhaltige Pyridinlösung des α-Jod-naphthalins (ORTOLEVA, G. 30 II, 10). — Weiße Masse. Löslich in heißem Eisessig. Bei 155⁰ explodierend.

Phenyl-α-naphthyl-jodoniumhydroxyd $C_{16}H_{13}OI = C_{10}H_7 \cdot I(C_6H_5) \cdot OH$. B. Das Chlorid entsteht durch Einw. von α-Naphthyljodidchlorid auf Quecksilberdiphenyl; die freie Base erhält man aus dem Chlorid mit feuchtem Silberoxyd (WILLGERODT, SCHLÖSSER, B. 33, 700, 701). — Die freie Base ist nur in wäßr. Lösung bekannt, die stark alkalisch reagiert, und zersetzt sich beim Eindunsten ihrer Lösung. — Salze. $C_{16}H_{12}I \cdot Cl$. Nädelchen. F: 168⁰. Leicht löslich in heißem Wasser, Alkohol und Eisessig. — $C_{16}H_{12}I \cdot Br$. Nädelchen. F: 179⁰. — $C_{16}H_{12}I \cdot I$. Nädelchen (aus viel siedendem Wasser). Schmilzt bei 176⁰ unter heftiger Zersetzung. Schwer löslich in Wasser, Alkohol und Eisessig. — $C_{16}H_{12}I \cdot NO_3$. Krystalle aus Wasser. F: 187—188⁰. Leicht löslich in warmem Wasser. — $C_{16}H_{12}I \cdot Cl + HgCl_2$. Krystalle (aus Wasser). F: 145⁰. Fast unlöslich in Alkohol, Äther und Chloroform. — $2C_{16}H_{12}I \cdot Cl + PtCl_4$. Krystallinischer Niederschlag. Zersetzt sich bei 145—150⁰.

[3-Brom-phenyl]-α-naphthyl-jodoniumhydroxyd $C_{16}H_{12}OBrI = C_{10}H_7 \cdot I(C_6H_4Br) \cdot OH$. B. Aus α-Jodoso-naphthalin und m-Brom-jodobenzol mit feuchtem Silberoxyd (WILLGERODT, LEWINO, J. pr. [2] 69, 332). — Die freie Base ist nur in wäßr., schwach alkalisch reagierender Lösung bekannt. — Salze. $C_{16}H_{11}BrI \cdot Cl$. Gelblichweiße Nädelchen. F: 159⁰. Löslich in heißem Wasser, Alkohol und Eisessig. — $C_{16}H_{11}BrI \cdot Br$. Weiße Nadeln. F: 156⁰. Leicht löslich in Alkohol, Äther und Eisessig. — $C_{16}H_{11}BrI \cdot I$. Hellgelbe Nädelchen. F: 133⁰ (Zers.). Löslich in Alkohol und Äther. — $(C_{16}H_{11}BrI)_2Cr_2O_7$. Dunkelgelbe Nädelchen. F: 132⁰ (Zers.). Löslich in Alkohol und Eisessig. — $C_{16}H_{11}BrI \cdot Cl + HgCl_2$. Weiße Säulen. F: 278⁰. Löslich in Wasser und Alkohol. — $2C_{16}H_{11}BrI \cdot Cl + PtCl_4$. Goldgelbe Nädelchen. F: 158⁰. Schwer löslich in Wasser und Alkohol.

[3-Jod-5-nitro-phenyl]-α-naphthyl-jodoniumhydroxyd $C_{16}H_{11}O_3NI_2 = C_{10}H_7 \cdot I[C_6H_3(NO_2)I] \cdot OH$. B. Durch mehrtägige Einw. von Silberoxyd und Wasser auf äquimolekulare Mengen α-Jodoso-naphthalin und 5-Jod-3-jodo-1-nitro-benzol (WILLGERODT, ERNST, B. 34, 3412). — Salze. $C_{10}H_7 \cdot I(C_6H_3O_2NI) \cdot Cl$. Weißer Niederschlag. Löslich in Alkohol. — $C_{10}H_7 \cdot I(C_6H_3O_2NI) \cdot Br$. Gelblichweiß. F: 168⁰. Schwer löslich in heißem Wasser, Alkohol. — $C_{10}H_7 \cdot I(C_6H_3O_2NI) \cdot I$. Gelbes Pulver. F: 89⁰ (Zers.). Färbt sich am Licht dunkel. — $[C_{10}H_7 \cdot I(C_6H_3O_2NI)]_2Cr_2O_7$. Rötlichgelber Niederschlag. Explodiert bei 154⁰. — $2C_{10}H_7 \cdot I(C_6H_3O_2NI) \cdot Cl + PtCl_4$. Fleischfarbenes Pulver. F: 178⁰.

[4-Äthyl-phenyl]-α-naphthyl-jodoniumhydroxyd $C_{18}H_{17}OI = C_{10}H_7 \cdot I(C_6H_4 \cdot C_2H_5) \cdot OH$. B. Aus α-Jodoso-naphthalin und 4-Jodo-1-äthyl-benzol durch Erwärmen mit Ag_2O und Wasser auf 80⁰ (WILLGERODT, BERGDOLT, A. 327, 298). — Salze. $C_{18}H_{16}I \cdot Cl$. F: 168⁰. — $C_{18}H_{16}I \cdot Br$. F: 156⁰. — $C_{18}H_{16}I \cdot I$. F: 48⁰. — $(C_{18}H_{16}I)_2Cr_2O_7$. Gelbes Pulver. Schmilzt und explodiert bei 56⁰. — $2C_{18}H_{16}I \cdot Cl + HgCl_2$. F: 56⁰. — $2C_{18}H_{16}I \cdot Cl + PtCl_4$. Gelbe Nadeln. F: 170⁰.

[4-Isoamyl-phenyl]-α-naphthyl-jodoniumhydroxyd $C_{21}H_{22}OI = C_{10}H_7 \cdot I(C_6H_4 \cdot C_5H_{11}) \cdot OH$. Salze: WILLGERODT, DAMMANN, B. **34**, 3686. $C_{21}H_{22}I \cdot Cl$. Krystallinischer, lichtempfindlicher Niederschlag. F: 152°. Löslich in heißem Wasser, Alkohol. — $C_{21}H_{22}I \cdot Br$. Krystallinischer Niederschlag. F: 156°. Löslich in heißem Wasser, Alkohol. Färbt sich beim Aufbewahren rosa. — $C_{21}H_{22}I \cdot I$. Amorph. Schmilzt bei 134° unter Zerfall in 4-Jod-1-isoamyl-benzol und α-Jod-naphthalin. Schwer löslich in Wasser, Alkohol. — $(C_{21}H_{22}I)_2$ Cr_2O_7. Gelbes Pulver. Schmilzt bei 74°, explodiert bei 90°. Schwer löslich in Wasser, Alkohol. — $C_{21}H_{22}I \cdot Cl + HgCl_2$. Krystallinischer Niederschlag. Färbt sich bei 90° gelb, schmilzt bei 141° unter Zersetzung. Schwer löslich in Wasser, Alkohol. — $2C_{21}H_{22}I \cdot Cl + PtCl_4$. Rötlichgelb. F: 162° (Zers.). Schwer löslich in Wasser, Alkohol.

2-Jod-naphthalin, β-Jod-naphthalin $C_{10}H_7I$. B. Aus β-Naphthylamin durch Diazotieren in schwefelsaurer Lösung und Behandeln der Diazoniumsulfatlösung mit Jodwasserstoffsäure (JACOBSON, B. **14**, 804). Entsteht neben Nitronaphthalin und α-Jod-naphthalin bei der Einw. von Jodschwefel und Salpetersäure auf Naphthalin (EDINGER, GOLDBERG, B. **33**, 2882). — Blättchen. F: 54,5° (J.). Kp: 308—310° (korr.) (HIRTZ, B. **29**, 1408). Mit Wasserdampf flüchtig (J.). Sehr leicht löslich in Alkohol, Äther und Eisessig (J.). — Bleibt beim Kochen mit Jodwasserstoffsäure und Phosphor unverändert; bei 140° entsteht Naphthalintetrahydrid (KLAGES, LIECKE, J. pr. [2] **61**, 323). Gibt mit Kupfer bei 230—260° β.β-Dinaphthyl (ULLMANN, GILLI, A. **332**, 50). Liefert in siedendem Benzol oder Toluol mit Äthyljodid und Natrium Naphthalin und ölige Produkte (J.).

2-Jodoso-naphthalin, β-Jodoso-naphthalin $C_{10}H_7OI = C_{10}H_7 \cdot IO$ und sein salzsaures Salz $C_{10}H_7 \cdot ICl_2$. B. Das salzsaure Salz entsteht bei Einw. von Chlor auf β-Jodnaphthalin in Chloroform (WILLGERODT, B. **27**, 592), sowie aus β-Jod-naphthalin in feuchtem Äther mit SO_2Cl_2 (TÖHL, B. **26**, 2949); es gibt beim Verreiben mit Natronlauge die freie Base (W.). — Gelbgrau, amorph. Explodiert bei 127—128° (W.). Nur spurenweise löslich in Wasser, $CHCl_3$, Äther und Benzol (W.). — Salzsaures Salz, β-Naphthyljodid-chlorid $C_{10}H_7 \cdot ICl_2$. Gelbe Nadeln (W.).

2-Jodo-naphthalin, β-Jodo-naphthalin $C_{10}H_7O_2I = C_{10}H_7 \cdot IO_2$. B. Neben 4-Jodophthalsäure bei 8-stdg. Verrühren von β-Naphthyljodidchlorid mit Chlorkalklösung (W., B. **29**, 1573). — Blättchen (aus Eisessig). Verpufft bei 200°. Etwas löslich in Alkohol, Wasser und $CHCl_3$, unlöslich in Äther und Benzol. — Chlorkalklösung erzeugt 4-Jodophthalsäure.

Phenyl-β-naphthyl-jodoniumhydroxyd $C_{16}H_{13}OI = C_{10}H_7 \cdot I(C_6H_5) \cdot OH$. B. Das Chlorid entsteht durch Einw. von β-Naphthyljodidchlorid auf Quecksilberdiphenyl oder durch Einw. von β-Naphthyljodidchlorid auf Phenylquecksilberchlorid und Zerlegen des entstandenen Quecksilberchlorid-doppelsalzes mit H_2S; das Chlorid gibt mit feuchtem Silberoxyd die freie Base (WILLGERODT, B. **31**, 920). — Krystallinische, stark alkalisch reagierende Masse. — $C_{16}H_{12}I \cdot Cl$. Kryställchen. F: 197°. — $C_{16}H_{12}I \cdot I$. F: 156—166° (Zers.). Färbt sich am Licht gelb. — $2C_{16}H_{12}I \cdot Cl + PtCl_4$. Zersetzung bei 171—173°.

4-Chlor-1-jod-naphthalin $C_{10}H_6ClI$. B. Bei der Zersetzung des α-Naphthyljodidchlorids in Chloroform, neben [α-Chlor-naphthalin]-tetrachlorid, HCl und Jod (WILLGERODT, SCHLÖSSER, B. **33**, 693). — Gelbliches Öl. Siedet weit oberhalb 300°. Flüchtig mit Wasserdampf. Löslich in Äther, Chloroform, Ligroin, Benzol und Eisessig. Die Eisessiglösung scheidet bei der Einw. von Chlor als gelbes krystallinisches Pulver das sehr zersetzliche Chlor-naphthyljodidchlorid ab.

4-Brom-1-jod-naphthalin $C_{10}H_6BrI$. B. Aus α-Jod-naphthalin und Bromdämpfen (HIRTZ, B. **29**, 1408). Aus 4-Brom-1-amino-naphthalin durch Diazotieren und Behandeln der Diazoniumsulfatlösung mit Jodwasserstoffsäure (MELDOLA, Soc. **47** 523). Durch Einw. von Jod auf [4-Brom-naphthyl-(1)]-magnesiumbromid (BODROUX, C. r. **136**, 1139). — Nadeln. F: 85,5° (H.), 83,5° (M.).

1-Brom-2-jod-naphthalin $C_{10}H_6BrI$. B. Entsteht neben dem bei 55° schmelzenden Bromjodnaphthalin (s. u.) aus β-Jod-naphthalin und Brom (HIRTZ, B. **29**, 1409). Aus 1-Brom-2-amino-naphthalin durch Diazotieren und Behandeln der Diazoniumsulfatlösung mit Jodwasserstoffsäure (MELDOLA, Soc. **47**, 523). — Nadeln. F: 94° (M.).

4-Brom-2-jod-naphthalin $C_{10}H_6BrI$. B. Aus 4-Brom-2-amino-naphthalin durch Diazotieren und Behandeln der Diazoniumsulfatlösung mit Jodwasserstoffsäure (MELDOLA, Soc. **47**, 523). — Nadeln. F: 68°.

x-Brom-2-jod-naphthalin $C_{11}H_6BrI$. B. Entsteht neben 1-Brom-2-jod-naphthalin aus β-Jod-naphthalin und Bromdämpfen (HIRTZ, B. **29**, 1408). — Krystalle (aus verd. Alkohol). F: 55°.

1.2-Dijod-naphthalin $C_{10}H_6I_2$. *B.* Man reduziert 2-Jod-1-nitro-naphthalin mit Zinkstaub und Essigsäure, filtriert, gibt zu dem Filtrat verd. Schwefelsäure und $NaNO_2$ und behandelt die Diazoniumsalzlösung mit Jodwasserstoffsäure (MELDOLA, *Soc.* **47**, 522). — Schuppen (aus Alkohol). F: 81°.

1.4-Dijod-naphthalin $C_{10}H_6I_2$. *B.* Man reduziert 4-Jod-1-nitro-naphthalin mit Zinkstaub und Eisessig, filtriert, gibt zu dem Filtrat verd. Schwefelsäure und $NaNO_2$ und behandelt die Diazoniumsalzlösung mit Jodwasserstoffsäure (M., *Soc.* **47**, 521). — Nadeln. F: 109° bis 110°.

e) Nitroso-Derivate.

1-Nitroso-naphthalin, α-Nitroso-naphthalin $C_{10}H_7ON = C_{10}H_7 \cdot NO$. *B.* Beim Eintragen einer Schwefelkohlenstofflösung von NOBr in Quecksilberdi-α-naphthyl, das in viel CS_2 gelöst ist (BAEYER, *B.* **7**, 1639). Aus α-Naphthylhydroxylamin in trocknem Äther mit wasserfreiem Ag_2O in Gegenwart von entwässertem $CuSO_4$ oder Na_2SO_4 (WILLSTÄTTER, KUBLI, *B.* **41**, 1938). — Sehr hellgelbe Krystalle (aus Aceton). Färbt sich bei etwa 80° hellgrün, schmilzt je nach der Art des Erhitzens bei etwa 85—86° zu einem hellgrünen Tropfen, erstarrt dann wieder und schmilzt scharf bei 98° (korr.) zu einer dunkelgrünen Flüssigkeit; beim Erstarren wird es bräunlich und zeigt dann nur noch den höheren Schmelzpunkt; wenn man wiederholt auf etwa 80° erwärmt und erkalten läßt, so tritt das erste Schmelzen nicht mehr ein (W., K.). Zersetzt sich bei etwa 134° unter Gasentwicklung (B.). Mit Wasserdampf flüchtig (B.). In Essigester und Chloroform leicht löslich, in der Kälte ziemlich schwer löslich in Alkohol, Äther, Benzol, sehr wenig in Petroläther (W., K.). Die Lösung ist in verdünntem Zustande lichtgrün, in konzentriertem dunkelgrün, in der Kälte gelbstichiger als in der Wärme (W., K.). — Wird von Alkalien und Säuren beim Erwärmen zersetzt (B.). Verbindet sich mit Anilin (B.). — Gibt in Phenol mit konz. Schwefelsäure eine blaue Färbung (B.).

„1.2-Dinitroso-naphthalin" und „1.4-Dinitroso-naphthalin" $C_{10}H_6O_2N_2$ s. Syst. No. 674.

f) Nitro-Derivate.

1-Nitro-naphthalin, α-Nitro-naphthalin $C_{10}H_7O_2N = C_{10}H_7 \cdot NO_2$. *B.* Bei der Einw. von konz. Salpetersäure auf Naphthalin in der Kälte (PIRIA, *A.* **78**, 32; vgl. LAURENT, *A. ch.* [2] **59**, 378) als einziges Mononitroderivat (BEILSTEIN, KUHLBERG, *A.* **169**, 83). Durch Elektrolyse eines Gemisches von Naphthalin und schwacher Salpetersäure (D: 1,25), die allein nicht mehr nitrierend wirkt (TRILLER, D. R. P. 100417; *C.* **1899** I, 720). Bei Einw. von NO_2 auf Naphthalin, neben anderen Produkten (LEEDS, *Am. Soc.* **2**, 283). Bei der Behandlung von α-Naphthoesäure mit Salpetersäure (D: 1,41), neben 5- und 8-Nitro-naphthalin-carbonsäure-(1) (EKSTRAND, *J. pr.* [2] **38**, 156). Aus 4-Nitro-1-amino-naphthalin durch Diazotieren in Salpetersäure und Kochen der Diazoniumnitratlösung mit Alkohol (LIEBERMANN, DITTLER, *A.* **183**, 235). Aus 5-Nitro-1-amino-naphthalin durch Diazotieren und Kochen des Diazoniumsulfats mit absol. Alkohol (BEIL., KUHL., *A.* **169**, 89). — *Darst.* Im kleinen: Man läßt ein Gemisch von 1 Tl. Naphthalin mit 5—6 Tln. Salpetersäure (D: 1,33) mehrere Tage in der Kälte stehen (PIRIA, *A.* **78**, 32). Dann filtriert man ab, wäscht mit Wasser und trocknet. Das rohe Nitronaphthalin wird mit wenig kaltem Alkohol angerieben und dann in kaltem CS_2 gelöst. Man destilliert die filtrierte Lösung ab, löst den Rückstand (wenn sich nämlich dadurch noch Dinitronaphthalin abscheiden läßt) noch einmal in möglichst wenig CS_2, destilliert die Lösung ab und krystallisiert den Rückstand aus Alkohol um (BEIL., KUHL., *A.* **169**, 82). Im großen: WITT, *Ch. I.* **10**, 216; PAUL, *Z. Ang.* **10**, 146.

Gelbe Nadeln (aus Alkohol). Krystallisationsgeschwindigkeit: BRUNI, PADOA, *R. A. L.* [5] **12** II, 122. F: 58,5° (BEIL., KUHL.), 61° (DE AGUIAR, *B.* **5**, 370), 61,5° (R. SCHIFF, *A.* **223**, 265). Erhöhung des Schmelzpunktes durch Druck: HEYDWEILLER, *Ann. d. Physik* [N. F.] **64**, 728. Kp: 304° (DE KONINCK, MARQUART, *B.* **5**, 12). D_4: 1,331 (SCHRÖDER, *B.* **12**, 1613). $D^{81,5}$: 1,2226 (R. SCHIFF, *A.* **223**, 265). — 100 Tle. 87,5%iger Alkohol lösen bei 15° 2,81 Tle. (BEIL., KUHL.). Sehr leicht löslich in Schwefelkohlenstoff (BEIL., KUHL.). Löslichkeit in flüssigem Schwefelwasserstoff: ANTONY, MAGRI, *G.* **35** I, 221. α-Nitro-naphthalin löst sich in konz. Schwefelsäure mit dunkelroter Farbe (KAUFFMANN, BEISSWENGER, *B.* **36**, 562). — Molekularrefraktion: KANONNIKOW, Ж. **15**, 477; *J. pr.* [2] **31**, 348. Absorptionsspektrum: SPRING, *R.* **16**, 1. — Magnetisches Drehvermögen: PERKIN, *Soc.* **69**, 1181. Wird von einer eisessigsauren Chromsäurelösung zu 3-Nitro-phtalsäure und Nitrophthalid (Syst. No. 2463) oxydiert (BEILSTEIN, KURBATOW, *A.* **202**, 217). Gibt beim Erhitzen mit 1 Tl. KOH, etwas Wasser auf 140° im Luftstrom 4-Nitro-1-oxy-naphthalin (Syst. No. 537) (DUSART, *J.* **1861**, 644; DARMSTÄDTER, NATHAN, *B.* **3**, 943). Liefert beim Erhitzen mit Alkalilaugen unter Druck Benzoesäure und Phtalsäure neben Zwischenprodukten, die sich zu diesen Säuren oxydieren lassen (Basler chem. Fabr., D. R. P. 136410; *C.* **1902** II, 1371). Gibt auch beim Erhitzen mit Natronlauge und Kupferoxyd auf 240—250° unter Druck neben Benzoesäure Phthalsäure (Basler chem. Fabr., D. R. P.

140999; *C.* **1903** I, 1106). Wird durch Wasserstoff oder Wassergas in Gegenwart von fein verteiltem Kupfer zwischen 330° und 350° glatt zu α-Naphthylamin reduziert; in Gegenwart von fein verteiltem Nickel ist bei der gleichen Temperatur die Reduktion von der Bildung von NH_3 und Tetrahydronaphthalin (bezw. von dem durch Zers. des letzteren entstandenem Naphthalin) begleitet (SABATIER, SENDERENS, *C. r.* **135**, 225). Beim Erhitzen mit Zinkstaub liefert α-Nitro-naphthalin etwas unsymm. α.β; α'.β'-Dinaphthazin (Syst. No. 3493) (DOER, *B.* **3**, 291; KLOBUKOWSKI, *B.* **10**, 573; WITT, *B.* **19**, 2794). Beim Eintragen von Zinkstaub in ein siedendes Gemisch von α-Nitro-naphthalin, etwas Calciumchlorid, Alkohol, Äther und Wasser entsteht α-Naphthylhydroxylamin (SCHEIBER, *B.* **37**, 3057). Behandelt man die kochende Lösung von α-Nitro-naphthalin in Alkohol bei Zusatz von etwas Wasser und von Salmiak mit Zinkstaub, so erhält man α-Naphthylhydroxylamin und α-Azoxynaphthalin (Syst. No. 2210) (WACKER, *A.* **317**, 380). α-Nitro-naphthalin liefert bei der Reduktion mit hydroschwefligsaurem Natrium in Gegenwart von Na_3PO_4 in Wasser bei 60—75° 4-Aminonaphthalin-sulfonsäure-(1) (Syst. No. 1923) und α-Naphthylamin neben sehr wenig α-Naphthylamin-N-sulfonsäure (Syst. No. 1721) (SEYEWETZ, BLOCH, *Bl.* [4] 1, 324). Läßt sich durch Behandlung mit Sulfitlösungen in 4-Amino-naphthalin-sulfonsäure-(1), α-Naphthylamin-N-sulfonsäure (Thionaphthamsäure) (PIRIA, *A.* **78**, 31) bezw. in 4-Amino-naphthalin-disulfon-säure-(1.3) (Syst. No. 1924) überführen (Höchster Farbw., D. R. P. 92081; *Frdl.* **4**, 528). Die Reduktion des α-Nitro-naphthalins mit Eisen und Essigsäure führt zum α-Naphthylamin (BÉCHAMP, *A.* **92**, 402); α-Naphthylamin entsteht auch mit Zinn und Salzsäure (ROUSSIN, *C. r.* **52**, 796; *J.* **1861**, 643), sowie bei der elektrolytischen Reduktion in alkoh. Salzsäure an Zinnkathoden oder an einer neutralen Kathode (Nickeldrahtnetz) in Anwesenheit eines Zinnsalzes ($SnCl_2$) (BOEHRINGER & SÖHNE, D. R. P. 116942; *C.* **1901** I, 150; vgl. CHILESOTTI, *G.* **31** II, 577). α-Nitro-naphthalin gibt mit alkoh. Schwefelammonium in der Kälte zunächst α-Naphthylhydroxylamin (WILLSTÄTTER, KUBLI, *B.* **41**, 1937); führt man die Reaktion durch Erwärmen weiter, so entsteht α-Naphthylamin (ZININ, *J. pr.* [1] **27**, 140). Reduktion mit Zinkstaub und alkoh. Kalilauge oder mit Natriumamalgam in Alkohol führt zu einem alkalilöslichen Produkt $C_{20}H_{14}O_2N_2$(?) (WACKER, *A.* **317**, 375; **321**, 64). Reduktion mit Traubenzucker und Natronlauge, mit Zinnoxydulnatron oder mit Phenylhydrazin und Natronlauge in alkoh. Lösung gibt ein schwach basisches Reduktionsprodukt, das wahrscheinlich die Zusammensetzung $C_{20}H_{14}ON_2$ besitzt und als Dinaphthazinderivat aufzufassen ist (WACKER, *A.* **321**, 63). α-Nitro-naphthalin gibt beim Glühen mit gebranntem Kalk, der 1—2 Tage an der Luft gestanden hat, NH_3. Naphthalin und etwas unsymm. α.β; α'.β'-Dinaphthazin (LAURENT, *A. ch.* [2] **59**, 383; KLOBUKOWSKI, *B.* **10**, 574; WITT, *B.* **19**, 2794). Leitet man Chlor in geschmolzenes α-Nitro-naphthalin und destilliert das erhaltene Produkt, so erhält man α-Chlor-naphthalin, 1.5-Dichlor-naphthalin, 1.3.5- und 1.3.8-Trichlor-naphthalin und β-Tetrachlornaphthalin (ATTERBERG, *B.* **9**, 316, 926). Durch Chlorieren bei 40—60° unter Zusatz eines Chlorüberträgers ($FeCl_3$) erhält man 5-Chlor-1-nitro-naphthalin und 8-Chlor-1-nitro-naphthalin (Akt.-Ges. f. Anilinf., D. R. P. 99758; *C.* **1899** I, 463). α-Nitro-naphthalin geht beim Erhitzen mit PCl_5 in α-Chlor-naphthalin über (DE KONINCK, MARQUART, *B.* **5**, 11). Gibt bei Einw. von Brom 5-Brom-1-nitro-naphthalin, x.x-Dibrom-1-nitro-naphthalin (S. 557) und 2 isomere Nitronaphthalintetrabromide (F: .130,5—131° bezw. 172—173° (S. 495) (GUARESCHI, *A.* **222**, 285). Beim Erhitzen von α-Nitro-naphthalin mit Bromwasserstoffsäure auf 195° im geschlossenen Rohr werden Bromnaphthalin und Dibromnaphthaline gebildet (BAUMHAUER, *B.* **4**, 926). Durch Nitrieren mit Salpeterschwefelsäure entsteht ein Gemisch von 1.5- und 1.8-Dinitro-naphthalin (FRIEDLÄNDER, *B.* **32**, 3531; FRIEDLÄNDER, v. SCHERZER, *C.* **1900** I, 409). Beim Aufkochen von α-Nitro-naphthalin mit Schwefel entsteht „Thionaphthalin" (S. 555) (HERZFELDER, *C.* **1896** II, 42; *Soc.* **67**, 640; vgl. BENNETT, D. R. P. 48802; *Frdl.* **2**, 487). α-Nitro-naphthalin gibt mit Hydroxylamin bei Gegenwart von Natriumäthylat 4-Nitro-1-amino-naphthalin (ANGELI, ANGELICO, *R. A. L.* [5] **8** II, 30). Untersuchungen über die Existenz von Additionsverbindungen des α-Nitro-naphthalins mit Quecksilberhalogeniden: MASCARELLI, *R. A. L.* [5] **15** II, 201, 464; 17 I, 36; *G.* **36** II, 892; **39** I, 271; M., ASCOLI, *G.* **37** I, 141. — α-Nitro-naphthalin wird durch Erwärmen mit alkoh. Alkalien rasch in eine schwarze, amorphe, alkaliunlösliche Masse verwandelt; dagegen wird es durch Schütteln mit höchst konz. methylalkoholischer Kalilauge bei 22—24° zum Teil in eine alkalilösliche Substanz, wahrscheinlich Naphthochinonoximdimethylacetal übergeführt, welche leicht unter Bildung von 4-Nitroso-1-methoxy-naphthalin (Syst. No. 537) zerfällt (MEISENHEIMER, *A.* **355**, 299). Beim Erhitzen von α-Nitro-naphthalin mit Anilin und salzsaurem Anilin auf 180—190° erhält man Phenylrosindulin (Syst. No. 3722) (Bad. Anilin-u. Sodaf., D. R. P. 67339; *Frdl.* **3**, 331). Durch Einw. von Anilin auf α-Nitro-naphthalin bei Gegenwart von Natrium entsteht ein Produkt, das bei der Zersetzung mit Wasser Benzol-azoxy-α-naphthalin liefert; in analoger Weise wird man mittels α-Naphthylamins α-Azoxynaphthalin (ANGELI, MARCHETTI, *R. A. L.* [5] **15** I, 481). Durch Einw. von Hydrazobenzol auf α-Nitro-naphthalin erhält man α-Azoxynaphthalin neben Azobenzol (DIEFFENBACH, D. R. P. 197714; *C.* **1908** I, 1749).

α-Nitro-naphthalin dient in der Technik zur Gewinnung von α-Naphthylamin sowie von 1.5- und 1.8-Dinitro-naphthalin.

Verbindung $C_{10}H_8S$ (?) $= C_6H_4 \Big\langle \begin{smallmatrix} C \!=\!\!=\! CH \\ \ \ \ \ S \\ C \!=\!\!=\! CH \end{smallmatrix}$ (?) („Thionaphthalin"). B. Beim Aufkochen von 150 g α-Nitro-naphthalin mit 30 g Schwefel (HERZFELDER, C. 1896 II, 42; Soc. 67, 640; BENNERT, D. R. P. 48802; Frdl. 2, 487); man kocht das Produkt mit Alkohol aus, dann mit viel Chloroform und fällt die Chloroformlösung durch Alkohol. — Dunkelgrünes amorphes Pulver. F: 155°; D: 1,225; nicht flüchtig; unlöslich in Alkohol, Äther und Alkalien, löslich in Benzol (H.). — Beim Stehen der Lösung in CS_2 mit Brom entsteht „Bromthionaphthalin" $C_{10}H_5BrS$ (grün; amorph) (H.). Überschüssiges Brom erzeugt 1.4-Dibrom-naphthalin (H.). Bei der Oxydation mit HNO_3 entsteht Phthalsäure (H.). Sulfurierung: HERZFELDER; BENNERT, D. R. P. 49966; Frdl. 2, 489.

Verbindung $C_{20}H_{13}ON_3$ (?). B. Man mischt eine Lösung von 1 Tl. α-Nitro-naphthalin in 20 Tln. Alkohol mit einer Lösung von 1 Tl. Traubenzucker in 10 Tln. Wasser und 5 Tln. 33%iger Natronlauge und erwärmt die Mischung auf 60—70° (WACKER, A. 321, 63). Man löst je 1 Tl. α-Nitro-naphthalin und Phenylhydrazin in 10 Tln. Alkohol, setzt 2,5 Tle. 25%iger Natronlauge zu und erwärmt gelinde (W.). — Gelbes Pulver, das nur geringe Krystallisationsfähigkeit besitzt. Schmilzt bei etwa 120° unter allmählicher Braunfärbung. Leicht löslich in Pyridin und Anilin, schwer in heißem Amylalkohol, unlöslich in Alkohol, löslich in konz. Schwefelsäure mit roter Farbe, die beim Erwärmen in Blaugrün umschlägt. Ist eine schwache Base. Das gelbgrüne Hydrochlorid zersetzt sich in Gegenwart von Wasser.

2-Nitro-naphthalin, β-Nitro-naphthalin $C_{10}H_7O_2N = C_{10}H_7 \cdot NO_2$. B. Man löst 105 g β-Naphthylamin in 350 ccm Salpetersäure (D: 1,4) und 3½ Liter Wasser, fügt bei 0° allmählich eine Lösung von 360 g $NaNO_2$ in 1 Liter Wasser hinzu und gießt die Flüssigkeit auf Kupferoxydul, dargestellt durch Reduktion von 750 g Kupfersulfat mit Traubenzucker und Natronlauge; man destilliert nach 2 Tagen im Dampfstrom (MEISENHEIMER, WITTE, B. 36, 4157; vgl. SANDMEYER, B. 20, 1497). Aus β-Naphthalindiazoniumsulfat durch Einw. von Cuprocuprisulfit und Kaliumnitritlösung (HANTZSCH, BLAGDEN, B. 33, 2553). Man gibt zu einer alkoh. Lösung von 2-Nitro-1-amino-naphthalin langsam konz. Schwefelsäure, fügt unter guter Abkühlung einen großen Überschuß von Äthylnitrit hinzu, läßt dann die Lösung Zimmertemperatur annehmen und führt die Reaktion durch Erwärmen auf dem Wasserbade zu Ende (LELLMANN, REMY, B. 19, 237). — In reinem Zustande farblose Platten (aus verd. Alkohol) (HANTZSCH, B. 39, 1096). Sehr lange, haarförmige, vielleicht rhombische Nadeln (aus Alkohol und Äther) (BILLOWS, Z. Kr. 42, 78; vgl. Groth, Ch. Kr. 5, 360). Riecht zimtartig (L., R.). F: 79° (L., R.), 78° (H., B.). Ist mit Wasserdämpfen flüchtig (L., R.). Leicht löslich in Alkohol, Äther, $CHCl_3$ und Eisessig (L. R.). Kryoskopisches Verhalten in β-Chlor-, β-Brom und β-Jod-naphthalin: BRUNI, PADOA, R. A. L. [5] 12 I, 354. — Gibt bei der Reduktion mit Zink und Essigsäure β-Naphthylamin (L., R.). Bei der Reduktion von β-Nitronaphthalin mit Zinkstaub und Natronlauge entstehen β.β-Azonaphthalin, Dinaphthopyridazin (s. nebenstehende Formel) und 2.2'-Diamino-dinaphthyl-(1.1') (M., W., B. 36, 4154, 4158). Eine Lösung von Zinnchlorür in Natronlauge bewirkt Reduktion zu β.β-Azoxynaphthalin und Dinaphthopyridazin-N-oxyd (M., W., B. 36, 4157, 4163). β-Nitro-naphthalin liefert beim Erwärmen mit 27%iger methylalkoholischer Kalilauge auf 55° Naphthochinon-(1.2)-monoxim-(2), Dinaphthopyridazin-N-oxyd, β.β-Azoxynaphthalin und wahrscheinlich asymm. α.β;α'.β'-Dinaphthazin (M., W., B. 36, 4167). β-Nitronaphthalin reagiert mit Hydroxylamin und KOH in Alkohol unter Bildung von 2-Nitroamino-naphthalin (M., PATZIG, B. 39, 2541).

2-Chlor-1-nitro-naphthalin $C_{10}H_6O_2NCl = C_{10}H_6Cl \cdot NO_2$. B. Durch Elektrolyse einer mit Kupferchlorid versetzten diazotierten Lösung von 1-Nitro-2-amino-naphthalin (VESELÝ, B. 38, 137). — Gelbliche Nädelchen (aus Alkohol). F: 95,5°. Destilliert oberhalb 360° unzersetzt. Sehr leicht löslich in Alkohol, Äther, Benzol, Eisessig.

4-Chlor-1-nitro-naphthalin $C_{10}H_6O_2NCl = C_{10}H_6Cl \cdot NO_2$. B. Beim Behandeln von α-Chlor-naphthalin mit Salpetersäure (D: 1,4) in der Kälte (ATTERBERG, B. 9, 927), neben 5-Chlor-1-nitro-naphthalin und 8-Chlor-1-nitro-naphthalin (Chem. Fabr. Griesheim-Elektron, D. R. P. 120585; C. 1901 I, 1219). — Hellgelbe Nadeln (aus Alkohol). F: 85° (A., B. 9, 927). — Gibt mit PCl_5 1.4-Dichlor-naphthalin (A., B. 9, 1187). Erhitzt man 4-Chlor-1-nitronaphthalin mit Ammoniak oder Aminen unter Druck, so erfolgt Austausch von Chlor gegen NH_2 bezw. NHR (Ch. F. G.-E., D. R. P. 117006; C. 1901 I, 237). Beim Erhitzen von 4-Chlor-1-nitro-naphthalin mit Wasser und Carbonaten oder Acetaten unter Druck entsteht

4-Nitro-1-oxy-naphthalin; in alkoh. Lösung erzeugt Ätzkali 4-Nitro-1-äthoxy-naphthalin (Ch. F. G.-E., D. R. P. 117731; C. 1901 I, 548).

5-Chlor-1-nitro-naphthalin $C_{10}H_6O_2NCl = C_{10}H_6Cl \cdot NO_2$. B. Durch Destillation des Kaliumsalzes der 5-Nitro-naphthalin-sulfonsäure-(1) mit $K_2Cr_2O_7$ und Salzsäure (ARMSTRONG, WILLIAMSON, Chem. N. 54, 256). Durch Chlorieren von α-Nitro-naphthalin bei 40—60⁰ in Gegenwart eines Chlorübertägers, neben 8-Chlor-1-nitro-naphthalin (Akt.-Ges. f. Anilinf., D. R. P. 99758; C. 1899 I, 463). Durch Nitrieren von α-Chlor-naphthalin mit Salpeterschwefelsäure bei 30—35⁰, neben 4-Chlor-1-nitro-naphthalin und wenig 8-Chlor-1-nitro-naphthalin; zur Reinigung behandelt man das Nitrierungsprodukt mit Ammoniak unter Druck, wobei 5- und 8-Chlor-1-nitro-naphthalin unverändert bleiben, während 4-Chlor-1-nitro-naphthalin in 4-Nitro-1-amino-naphthalin übergeht; beim Umkrystallisieren der unveränderten Chlornitroverbindungen aus Alkohol bleibt 8-Chlor-1-nitro-naphthalin in Lösung (Chem. Fabr. Griesheim-Elektron, D. R. P. 120585; C. 1901 I, 1219). — F: 111⁰ (A.-G. f. A.).

7-Chlor-1-nitro-naphthalin $C_{10}H_6O_2NCl = C_{10}H_6Cl \cdot NO_2$. B. Durch Nitrieren von β-Chlor-naphthalin (ARMSTRONG, WYNNE, Chem. N. 59, 225). — Gelbe Nadeln (aus Alkohol). F: 116⁰. — Gibt mit PCl_5 1.7-Dichlor-naphthalin.

8-Chlor-1-nitro-naphthalin $C_{10}H_6O_2NCl = C_{10}H_6Cl \cdot NO_2$. B. Durch Chlorieren von α-Nitro-naphthalin bei 40—60⁰ unter Zusatz eines Chlorüberträgers, neben 5-Chlor-1-nitro-naphthalin (Akt.-Ges. f. Anilinf., D. R. P. 99758; C. 1899 I, 463). In geringer Menge neben 4- und 5-Chlor-1-nitro-naphthalin beim Nitrieren von α-Chlor-naphthalin (Chem. Fabr. Griesheim-Elektron, D. R. P. 120585; C. 1901 I, 1219). — Nadeln (aus Eisessig oder Benzol). F: 94⁰ (A.-G. f. A.). — Liefert durch Reduktion mit $SnCl_2$ und Salzsäure 8-Chlor-1-amino-naphthalin, durch Nitrieren mit Salpetersäure (D: 1,47) bei 10—15⁰ 4-Chlor-1.5-dinitro-naphthalin (ULLMANN, CONSONNO, B. 35, 2809).

2.6-Dichlor-1-nitro-naphthalin oder 3.7-Dichlor-1-nitro-naphthalin (F: 113,5⁰ bis 114⁰) $C_{10}H_5O_2NCl_2 = C_6H_5Cl_2 \cdot NO_2$. B. Neben dem bei 139—139,5⁰ schmelzenden Isomeren (s. u.) beim Behandeln von 2.6-Dichlor-naphthalin mit Salpetersäure von mittlerer Stärke in gelinder Wärme (ALÉN, Bl. [2] 36, 434). — Nadeln. F: 113,5—114⁰.

3.7-Dichlor-1-nitro-naphthalin oder 2.6-Dichlor-1-nitro-naphthalin (F: 139⁰ bis 139,5⁰) $C_{10}H_5O_2NCl_2 = C_{10}H_5Cl_2 \cdot NO_2$. B. siehe vorstehenden Artikel. — Nadeln. F: 139⁰ bis 139,5⁰ (ALÉN, Bl. [2] 36, 434).

2.7-Dichlor-1-nitro-naphthalin oder 3.6-Dichlor-1-nitro-naphthalin $C_{10}H_5O_2NCl_2 = C_{10}H_5Cl_2 \cdot NO_2$. B. Bei längerem Stehen von 2.7-Dichlor-naphthalin mit konz. Salpetersäure in der Kälte, neben einer Verbindung, die bei ca. 95⁰ zu schmelzen scheint (ALÉN, Bl. [2] 36, 433). — Nadeln. F: 141,5—142⁰.

4.7-Dichlor-1-nitro-naphthalin $C_{10}H_5O_2NCl_2 = C_{10}H_5Cl_2 \cdot NO_2$. B. Beim Versetzen einer eisessigsauren Lösung von 1.6-Dichlor-naphthalin mit rauchender Salpetersäure (CLEVE, Bl. [2] 29, 499; vgl. ARMSTRONG, WYNNE, Chem. N. 61, 94). — Gelbe Nadeln. F: 119⁰; ziemlich löslich in kochendem Alkohol und Eisessig (C.). — Gibt mit PCl_5 1.4.6-Trichlor-naphthalin (C.; vgl. A., W.).

4.8-Dichlor-1-nitro-naphthalin $C_{10}H_5O_2NCl_2 = C_{10}H_5Cl_2 \cdot NO_2$. B. Beim Behandeln von 1.5-Dichlor-naphthalin mit Salpetersäure (D: 1,4) (ATTERBERG. B. 9, 928). — Gelbe Prismen (aus Eisessig). F: 142⁰ (A., B. 9, 928). Schwer löslich in Alkohol (A., B. 9, 928). — Gibt mit PCl_5 1.4.5-Trichlor-naphthalin (A., B. 9, 1187).

5.8-Dichlor-1-nitro-naphthalin $C_{10}H_5O_2NCl_2 = C_{10}H_5Cl_2 \cdot NO_2$. B. Beim Behandeln von 1.4-Dichlor-naphthalin mit Salpetersäure (D: 1,45) (WIDMAN, Bl. [2] 28, 509). — F: 92⁰. — Gibt mit PCl_5 1.4.5-Trichlor-naphthalin (W., Bl. [2] 28, 511; B. 9, 1733).

1.7-Dichlor-x-nitro-naphthalin $C_{10}H_5O_2NCl_2 = C_{10}H_5Cl_2 \cdot NO_2$. B. Aus 1 g 1.7-Dichlor-naphthalin, 5 ccm Eisessig und 2 ccm höchst konz. Salpetersäure (ERDMANN, A. 275, 258). — Nadeln (aus Methylalkohol + etwas Glycerin). F: 138—139⁰.

1.5.x.x-Tetrachlor-x-nitro-naphthalin $C_{10}H_3O_2NCl_4 = C_{10}H_3Cl_4 \cdot NO_2$. B. Beim Behandeln von δ-Tetrachlornaphthalin (S. 546) mit konz. Salpetersäure (ATTERBERG, WIDMAN, B. 10, 1842). -- Tafeln (aus einem Gemisch von Toluol und Alkohol). F: 154—155⁰. — Gibt mit PCl_5 1.5.x.x.x-Pentachlor-naphthalin.

3-Brom-1-nitro-naphthalin $C_{10}H_6O_2NBr = C_{10}H_6Br \cdot NO_2$. B. Durch Zufügen von Kupfersulfat, Bromnatrium und Kupferpulver zu einer diazotierten Lösung von 1-Nitro-2-amino-naphthalin (VESELÝ, B. 38, 138). — Gelbe Nadeln mit rötlichem Metallglanz (aus Alkohol). F: 102—103⁰. Destilliert oberhalb 360⁰ unzersetzt. Sehr leicht löslich in Alkohol, Äther, Benzol, Eisessig.

4-Brom-1-nitro-naphthalin $C_{10}H_6O_2NBr = C_{10}H_6Br \cdot NO_2$. *B.* Beim Behandeln von α-Brom-naphthalin mit Salpetersäure (D: 1,4) (JOLIN, *Bl.* [2] **28**, 515). — Gelbe Nadeln. F: 85⁰. — Gibt mit PBr_5 1.4-Dibrom-naphthalin.

5-Brom-1-nitro-naphthalin $C_{10}H_6O_2NBr = C_{10}H_6Br \cdot NO_2$. *B.* Bei der Einw. von Brom auf α-Nitro-naphthalin (GUARESCHI, *A.* **222**, 291; vgl. SCHEUFELEN, *A.* **231**, 185). — Gelbe Nadeln (aus Alkohol). F: 122,5⁰ (G.). 1 Tl. löst sich bei 15,7⁰ in 297 Tln. 93⁰/₀igem Alkohol (G.). Leicht löslich in Äther, Benzol und Eisessig, sehr leicht in $CHCl_3$ und CCl_4 (G.). — Liefert mit $KMnO_4$ 3-Brom-phthalsäure und Nitrophthalsäure (G.). Gibt bei der Reduktion mit Zinn und Salzsäure 5-Brom-1-amino-naphthalin (G.). Liefert bei der Nitrierung mit Salpetersäure (D: 1,47) bei 30⁰ 4-Brom-1.8-dinitro-naphthalin (ULLMANN, CONSONNO, *B.* **35**, 2805).

8-Brom-1-nitro-naphthalin $C_{10}H_6O_2NBr = C_{10}H_6Br \cdot NO_2$. *B.* Aus 8-Nitro-1-amino-naphthalin durch Diazotieren in schwefelsaurer Lösung und Behandeln der Diazonium-sulfatlösung mit CuBr (MELDOLA, STREATFEILD, *Soc.* **63**, 1057). — Gelbe Nadeln (aus verd. Alkohol). F: 99—100⁰.

4-Brom-2-nitro-naphthalin $C_{10}H_6O_2NBr = C_{10}H_6Br \cdot NO_2$. *B.* Aus 4-Brom-2-nitro-1-amino-naphthalin durch Diazotieren in schwefelsaurer Lösung und Behandeln des Diazoniumsulfats mit Alkohol (LIEBERMANN, *A.* **183**, 262; MELDOLA, *Soc.* **47**, 507; vgl. ARMSTRONG, ROSSITER, *Chem. N.* **65**, 59; M., DESCH, *Soc.* **61**, 765 Anm.). — Hellgelbe Nadeln. F: 131—132⁰ (L.). Sublimierbar (L.). Leicht löslich in Alkohol und Äther (L.). — Die Reduktion mit Zinn und Salzsäure liefert β-Naphthylamin (L.), mit Zinkstaub und Eisessig 4-Brom-2-amino-naphthalin (M.).

5.8-Dibrom-1-nitro-naphthalin $C_{10}H_5O_2NBr_2 = C_{10}H_5Br_2 \cdot NO_2$. *B.* Beim Behandeln von 1.4-Dibrom-naphthalin mit Salpetersäure (D: 1,4) in der Kälte (JOLIN, *Bl.* [2] **28**, 515). — Gelbe Nadeln. F: 116,5⁰. — Liefert mit PBr_5 1.4.5-Tribrom-naphthalin.

x.x-Dibrom-1-nitro-naphthalin $C_{10}H_5O_2NBr_2 = C_{10}H_5Br_2 \cdot NO_2$. *B.* Bei der Einw. von Brom auf α-Nitro-naphthalin (GUARESCHI, *A.* **222**, 286). — Gelbe Nadeln (aus Alkohol). F: 96,5—98⁰. Löslich in Alkohol und Äther.

1.4-Dibrom-2-nitro-naphthalin $C_{10}H_5O_2NBr_2 = C_{10}H_5Br_2 \cdot NO_2$. *B.* Aus 4-Brom-2-nitro-1-amino-naphthalin durch Austausch der Aminogruppe gegen Brom nach der SANDMEYERschen Methode (MELDOLA, DESCH, *Soc.* **61**, 769; M., STREATFEILD, *Soc.* **67**, 907). — Ockerfarbene Nädelchen. F: 117⁰ (M., D.).

1-Chlor-4-brom-2-nitro-naphthalin $C_{10}H_5O_2NClBr = C_{10}H_5ClBr \cdot NO_2$. *B.* Aus 4-Brom-2-nitro-1-amino-naphthalin durch Austausch der Aminogruppe gegen Chlor nach der SANDMEYERschen Methode (MELDOLA, DESCH, *Soc.* **61**, 768). — Ockergelbe Nadeln. F: 117⁰.

2-Jod-1-nitro-naphthalin $C_{10}H_6O_2NI = C_{10}H_6I \cdot NO_2$. *B.* Aus 1-Nitro-2-amino-naphthalin durch Diazotieren in schwefelsaurer Lösung und Behandeln der Diazoniumsulfat-lösung mit Jodwasserstoffsäure (MELDOLA, *Soc.* **47**, 521). — Hellgelbe Nadeln (aus Alkohol). F: 88,5⁰ (M.). — Gibt beim Kochen mit Kupferbronze in Nitrobenzol 1.1'-Dinitro-dinaph-thyl-(2.2') (VESELÝ, *B.* **38**, 138).

4-Jod-1-nitro-naphthalin $C_{10}H_6O_2NI = C_{10}H_6I \cdot NO_2$. *B.* Aus 4-Nitro-1-amino-naphthalin durch Diazotieren in schwefelsaurer Lösung und Behandeln der Diazoniumsulfat-lösung mit HI (M., *Soc.* **47**, 519). — Mikroskopische Nadeln (aus Alkohol). F: 123⁰.

1-Jod-2-nitro-naphthalin $C_{10}H_6O_2NI = C_{10}H_6I \cdot NO_2$. *B.* Aus 2-Nitro-1-amino-naphthalin durch Diazotieren in schwefelsaurer Lösung und Behandeln der Diazoniumsulfatlösung mit Jodwasserstoffsäure (MELDOLA, *Soc.* **47**, 519). — Gelbe Schuppen (aus Alkohol). F: 108,5⁰. — Wird von Reduktionsmitteln sofort zu β-Naphthylamin reduziert.

4-Brom-1-jod-2-nitro-naphthalin $C_{10}H_5O_2NBrI = C_{10}H_5BrI \cdot NO_2$. *B.* Aus 4-Brom-2-nitro-1-amino-naphthalin durch Diazotieren in schwefelsaurer Lösung und Behandeln der Diazoniumsulfatlösung mit KI (MELDOLA, DESCH, *Soc.* **61**, 767). — Ockerfarbene Nädelchen (aus Alkohol). F: 117—118⁰.

1.3-Dinitro-naphthalin („γ-Dinitronaphthalin") $C_{10}H_6O_4N_2 = C_{10}H_6(NO_2)_2$. *B.* Aus Naphthalin mit Salpeterschwefelsäure bei —50⁰ bis —60⁰, neben 1.5-Dinitro-naphthalin und α-Nitro-naphthalin (PICTET, *C. r.* **116**, 815). — *Darst.* Man leitet salpetrige Säure in die mit wenig Wasser versetzte Lösung von 2.4-Dinitro-1-amino-naphthalin in 10 Tln. konz. Schwefelsäure und kocht das Produkt sofort mit 5—6 Vol. Alkohol auf (FRIEDLÄNDER, *B.* **28**, 1951; vgl. LIEBERMANN, *A.* **183**, 274). — Hellgelbe Nädelchen (aus Alkohol). F: 144⁰ (L.). Sublimierbar (L.).

1.5-Dinitro-naphthalin(„α-Dinitronaphthalin") $C_{10}H_6O_4N_2 = C_{10}H_6(NO_2)_2$. B. Neben 1.8-Dinitro-naphthalin aus Naphthalin beim Kochen mit rauchender Salpetersäure (LAUTEMANN, DE AGUIAR, *Bl.* [2] **3**, 257; *Z.* **1865**, 355; DE AGUIAR, *B.* **2**, 220; **5**, 371; BEILSTEIN, KUHLBERG, *A.* **169**, 85). Neben 1.3-Dinitro-naphthalin und α-Nitro-naphthalin aus Naphthalin mit Salpeterschwefelsäure bei −50⁰ bis −60⁰ (PICTET, *C. r.* **116**, 815). Entsteht neben 1.8-Dinitro-naphthalin, wenn man Naphthalin mit konz. Salpetersäure 24 Stdn. stehen läßt und das Reaktionsgemisch dann mit konz. Schwefelsäure auf dem Wasserbade erwärmt (BEILSTEIN, KURBATOW, *A.* **202**, 219; vgl. GASSMANN, *B.* **29**, 1243, 1521). Bei der Einw. von NO_2 auf Naphthalin, neben 1.8-Dinitro-naphthalin (LEEDS, *Am. Soc.* **2**, 283). Bei der Einw. höchstkonzentrierter Salpetersäure (50⁰ Bé) auf α-Nitro-naphthalin unter Kühlung (TROOST, *Bl.* **1861**, 75; *J.* **1861**, 644), neben 1.8-Dinitro-naphthalin (DARMSTÄDTER, WICHELHAUS, *B.* **1**, 274; *A.* **152**, 301). Aus 5-Nitro-naphthalin-carbonsäure-(1) durch Erhitzen mit Salpetersäure (D: 1,3) (EKSTRAND, *J. pr.* [2] **38**, 243). — *Darst.* Man löst α-Nitro-naphthalin in 4—5 Tln. konz. Schwefelsäure und trägt bei 0⁰ die berechnete Menge Salpeterschwefelsäure (1 Tl. Salpetersäure vom spez. Gew. 1,4 und 2 Tln. konz. Schwefelsäure) ein. Es entstehen hierbei 1.5- und 1.8-Dinitro-naphthalin im annähernden Verhältnis 1 : 2. Zur Trennung der beiden Isomeren krystallisiert man das Rohprodukt aus 6 Tln. heißem technischen Pyridin um; die 1.5-Dinitroverbindung krystallisiert beim Erkalten fast völlig aus, die 1.8-Dinitroverbindung erhält man aus dem Filtrat durch Einengen auf ¹/₃ Vol. (FRIEDLÄNDER, *B.* **32**, 3531). Man löst 100 g α-Nitro-naphthalin in 600 g konz. Schwefelsäure, gibt in der Kälte eine Mischung von 52 g Salpetersäure (D: 1,4) und 260 g konz. Schwefelsäure hinzu, erwärmt dann auf 80—90⁰ bis zur vollständigen Lösung und läßt auf 20⁰ abkühlen; es scheidet sich fast alles 1.5-Dinitro-naphthalin aus, während 1.8-Dinitro-naphthalin in Lösung bleibt (FRIEDLÄNDER, *B.* **32**, 3531; FR., v. SCHERZER, *C.* **1900** I, 409; vgl. KALLE & CO., D. R. P. 117368; *C.* **1901** I, 347; *Frdl.* **6**, 182).

Sechsseitige Nadeln (aus Eisessig). F: 216⁰ (DE AGUIAR, *B.* **5**, 372), 214⁰ (GASSMANN, *B.* **29**, 1244), 211⁰ (BEILSTEIN, KUHLBERG, *A.* **169**, 85), 210⁰ (HOLLEMANN, *Z.* **1865**, 556). — Fast unlöslich in CS_2; schwer löslich in kaltem Benzol, leicht in kochendem (BEI., KUHL., *A.* **169**, 85, 86). Löslich in ca. 10 Tln. heißem und ca. 125 Tln. kaltem technischem Pyridin (FRIEDLÄNDER, *B.* **32**, 3531). Ist in siedendem Eisessig (DE AGUIAR, *B.* **5**, 371), in siedendem Benzol (BEI., KUHL., *A.* **169**, 85) und in siedendem Aceton (BEI., KURBATOW, *A.* **202**, 220) schwerer löslich als 1.8-Dinitro-naphthalin.

1.5-Dinitro-naphthalin ist recht beständig gegen Oxydationsmittel (BEI., KUHL., *A.* **169**, 86). Es wird beim Erhitzen mit Salpetersäure (D: 1,15) im geschlossenen Rohr auf 150⁰ zu 3-Nitro-phthalsäure, 3.5-Dinitro-benzoesäure und Pikrinsäure oxydiert (BEI., KUHL., *A.* **202**, 220). Gibt beim Erhitzen mit 40 Tln. Salpetersäure (D: 1,42) auf 110⁰ 1.2.5- und 1.3.5-Trinitro-naphthalin (WILL, *B.* **28**, 377). Kocht man 1.5-Dinitro-naphthalin 8 Stdn. mit roter rauchender Salpetersäure (45⁰ Bé), so daß nach dieser Zeit die Flüssigkeitamenge auf ¹/₅ ihres ursprünglichen Volums reduziert ist, so erhält man 1.3.5-Trinitro-naphthalin, wenig „α-Tetranitronaphthalin" (S. 564) und 3-Nitro-phthalsäure (DE AGUIAR, *B* **5**, 897; vgl. DE AG., *B.* **5**, 373, 374). Kocht man 1 Tl. 1.5-Dinitro-naphthalin etwa 5 Minuten mit 5 Tln. rauchender Salpetersäure und 5 Tln. konz. Schwefelsäure, so entsteht 1.4.5-Trinitronaphthalin (BEI., KUHL., *A.* **169**, 97; vgl. DE AG., *B.* **5**, 903). Vergrößert man die Menge der Salpeterschwefelsäure und verlängert die Einwirkungszeit, so entsteht α-Tetranitronaphthalin (BEI., KUHL., *A.* **169**, 99). Beim Behandeln von 1.5-Dinitro-naphthalin mit 10 Tln. Salpeterschwefelsäure (1 Tl. Salpetersäure [D: 1,45—1,52] + 1 Tl. rauchende Schwefelsäure [D: 1,88]) erhielt WILL (*B.* **28**, 367) 1.2.5.8- und 1.3.5.8-Tetranitro-naphthalin, 3.6-Dinitro-phthalsäure und bisweilen eine aus Alkohol in gelben Nadeln krystallisierende Verbindung [F: 200⁰]. — Leitet man in die ammoniakalisch-alkoholische Lösung von 1.5-Dinitro-naphthalin unter Kühlung H_2S, bis die Gewichtszunahme 3 Mol.-Gew. H_2S entspricht, so erhält man 5-Nitro-1-amino-naphthalin (BEI., KUHL., *A.* **169**, 167); die Einw. von Schwefelammonium in der Wärme führt zu einer Verbindung $C_{10}H_9ON_3$ (S. 559) (WOOD, *A.* **113**, 98; vgl. BEI., KUHL., *A.* **169**, 90) und weiter zu 1.5-Diamino-naphthalin (ZININ, *A.* **52**, 361). Dieses Diamin entsteht auch bei der Reduktion des 1.5-Dinitro-naphthalins mit Zinn und Salzsäure (HOLLEMANN, *Z.* **1865**, 556), mit Zinnchlorür und alkoholischer Salzsäure (R. MEYER, MÜLLER, *B.* **30**, 774), mit Jodphosphor und Wasser (DE AG., *B.* **7**, 306), sowie bei elektrochemischer Reduktion in eisessigschwefelsaurer Lösung an Bleikathoden (MÖLLER, *El. Ch. Z.* **10**, 201). 1.5-Dinitro-naphthalin liefert bei der Reduktion mit Zinkstaub und Salmiak oder mit Phenylhydrazin und Natronlauge in alkoh. Lösung 5.5′-Dinitro-1.1′-azoxynaphthalin (WACKER, *A.* **321**, 65). Erwärmt man 1.5-Dinitro-naphthalin mit Traubenzucker, Disulfit und Natronlauge, so erhält man braune Farbstoffe (Bad. Anilin- u. Sodaf., D. R. P. 92538; *Frdl.* **4**, 353); ein Gemisch von 1.5- und 1.8-Dinitro-naphthalin liefert bei gleicher Behandlung violettschwarze und schwarze Farbstoffe (Bad. Anilin- u. Sodaf., D. R. P. 92472; *Frdl.* **4**, 352). — Erhitzt man 1.5-Dinitro-naphthalin mit 5—10 Tln. rauchender Schwefelsäure von 12—24 % Anhydridgehalt auf 40—50⁰, so wird es in 4-Nitroso-

8-nitro-1-oxy-naphthalin umgelagert (Bad. Anilin- u. Sodaf., D. R. P. 91391; *Frdl.* **4**, 343; GRAEBE, *B.* **32**, 2879; FRIEDLÄNDER, *B.* **32**, 3528). Löst man 1 Tl. 1.5-Dinitro-naphthalin in 6 Tln. Schwefelsäuremonohydrat bei 100—110⁰ und gibt bei derselben Temperatur 2 Tle. rauchende Schwefelsäure von 20⁰/₀ Anhydridgehalt zu, so erhält man 4.8-Dinitro-naphthalin-sulfonsäure-(2) (Syst. No. 1526) (Höchster Farbw., D. R. P. 117268; *Frdl.* **6**, 179). Erhitzt man 1.5-Dinitro-naphthalin mit rauchender Schwefelsäure auf 200⁰, trägt die Lösung nach dem Erkalten in siedendes Wasser ein und überläßt sie der Wirkung der verd. Schwefel-säure, so erhält man Naphthazarin (Syst. No. 801) neben einem Trioxynaphthochinon (Syst. No. 827) (DE AGUIAR, BAYER, *B.* **4**, 251, 253, 439). Behandelt man die durch Erhitzen von 1.5-Dinitro-naphthalin mit rauchender Schwefelsäure auf 200⁰ erhaltene Lösung mit Reduk-tionsmitteln, z. B. Zink (ROUSSIN, *C. r.* **52**, 1034; *J.* **1861**, 955; LIEBERMANN, *B.* **3**, 905; *A.* **162**, 329; DE AG., BA., *B.* **4**, 251), so enthält die Lösung 6-Oxy-5-amino-naphthochinon-(1.4)-monoimid-(1) („Naphthazarin-Zwischenprodukt aus 1.5-Dinitro-naphthalin", Syst. No. 1878) (FRIEDLÄNDER, Fortschritte der Teerfarbenfabrikation und verwandter Industriezweige, Bd. V [Berlin 1901], S. 241), das beim Kochen mit verd. Mineralsäuren unter Ammoniakabspaltung in Naphthazarin übergeht. Die Überführung des 1.5-Dinitro-naphthalins in das „Naphtha-zarin-Zwischenprodukt aus 1.5-Dinitro-naphthalin" und damit in das Naphthazarin selbst läßt sich leicht ausführen, wenn man das 1.5-Dinitro-naphthalin in Schwefelsäuremono-hydrat bei höchstens 40⁰ unter Schwefelsesquioxydlösung (erhalten durch Lösen von 1 Tl. Schwefel in 10 Tln. rauchender Schwefelsäure von 40⁰/₀ Anhydridgehalt) behandelt (BAYER & CO., D. R. P. 71386; *Frdl.* **3**, 271). Erhitzt man 1.5-Dinitro-naphthalin mit konz. Schwefelsäure unter Zusatz von Borsäure auf 100—220⁰, gießt die erkaltete Lösung in Wasser und kocht, so erhält man neben unbestimmten Produkten Naphthopurpurin (Syst. No. 827) (BA. & CO., D. R. P. 82574, 127766; *Frdl.* **4**, 347; **6**, 448). Darstellung eines blauen Farb-stoffes durch Behandeln einer Lösung von 1.5-Dinitro-naphthalin in konz. Schwefelsäure mit H₂S bei 130⁰: Bad. Anilin- u. Sodaf., D. R. P. 134705; *Frdl.* **6**, 440. Darstellung eines blauen Farbstoffes durch Einw. von H₂S auf eine Lösung von 1.5-Dinitro-naphthalin in Chlorsulfonsäure: H. F., D. R. P. 138105; *Frdl.* **6**, 441. — Beim Kochen von 1.5-Dinitro-naphthalin mit Natriumdisulfit- oder Ammoniumsulfitlösung entsteht eine 1.5-Diamino-naphthalin-disulfonsäure-(x.x) (Syst. No. 1924) (FISCHESSER & Co., D. R. P. 79577; *Frdl.* **4**, 566). Beim Erhitzen von 1.5-Dinitro-naphthalin mit Natriumpolysulfid und ZnCl₂ ent-stehen substantive Baumwollfarbstoffe (H. F., D. R. P. 125667; *Frdl.* **6**, 794; vgl. auch H. F., D. R. P. 127090; *Frdl.* **6**, 795). Darstellung eines dunkelgrauen Baumwollenfarb-stoffes bei der Einw. von Schwefelalkalien mit oder ohne Gegenwart von Zinkchlorid auf die Produkte, die beim Erwärmen von 1.5-Dinitro-naphthalin in konz. Schwefelsäure oder in Schwefelsäuremonohydrat entstehen: H. F., D. R. P. 120899; *Frdl.* **6**, 793. — 1.5-Dinitro-naphthalin gibt bei Behandlung mit PCl₅ das 1.5-Dichlor-naphthalin (ATTERBERG, *B.* **9**, 1188), mit PBr₅ das 1.5-Dibrom-naphthalin (JOLIN, *Bl.* [2] **26**, 514).

Über die *Verwendung* des 1.5-Dinitro-naphthalin zur Darstellung von Farbstoffen s. auch *Schultz, Tab.* No. 745, 775. Rohes Dinitronaphthalin (Gemisch von 1.5- und 1.8-Di-nitro-naphthalin) wird in der Farbstofftechnik vorzugsweise zur Herstellung von Naphthazarin benutzt.

Verbindung C₁₀H₈ON₂ („Ninaphthylamin"). B. Bei mehrstündigem Durchleiten von H₂S durch eine kochende Lösung von 1.5-Dinitro-naphthalin in schwach alkoholischem Ammoniak (WOOD, *A.* **113**, 98; vgl. BEILSTEIN, KUHLBERG, *A.* **169**, 87, 90). — Dunkelkarmin-rote Nadeln (aus wäßr. Alkohol). Zersetzt sich teilweise bei 100⁰. Schwer löslich in siedendem Wasser, äußerst leicht in Alkohol und Äther. — C₁₀H₈ON₂ + HCl. Nadeln. — 2C₁₀H₈ON₂ + H₂SO₄. Weiße Schuppen. — 2C₁₀H₈ON₂ + 2HCl + PtCl₄. Gelblichbraune Nadeln. Ziem-lich löslich.

1.6-Dinitro-naphthalin („δ-Dinitronaphthalin") C₁₀H₆O₄N₂ = C₁₀H₆(NO₂)₂. Zur Konstitution vgl. KEHRMANN, MATIS, *B.* **31**, 2419. — B. Aus 1.6-Dinitro-2-amino-naphthalin durch Behandlung mit NaNO₂ in Schwefelsäure und Kochen mit Alkohol (GRAEBE, DREWS, *B.* **17**, 1172; GR., *A.* **335**, 143). — Krystalle (aus nicht zu verd. Essigsäure). F: 166—167⁰ (GÄSS, *J. pr.* [2] **43**, 32), 161,5⁰ (GR., D.). — Beim Erwärmen mit rauchender Schwefelsäure entsteht 4-Nitroso-7-nitro-1-oxy-naphthalin (GR.).

1.8-Dinitro-naphthalin, peri-Dinitro-naphthalin („β-Dinitronaphthalin") C₁₀H₆O₄N₂ = C₁₀H₆(NO₂)₂. B. Neben 1.5-Dinitro-naphthalin beim Kochen von Naphthalin mit rauchender Salpetersäure (DE AGUIAR, *B.* **2**, 220; **5**, 371; BEILSTEIN, KUHLBERG, *A.* **169**, 85). Entsteht neben 1.5-Dinitro-naphthalin, wenn man Naphthalin mit konz. Salpetersäure 24 Stdn. stehen läßt und das Reaktionsgemisch dann mit konz. Schwefelsäure auf dem Wasser-bade erwärmt (BEILSTEIN, KURBATOW, *A.* **202**, 219; vgl. GASSMANN, *B.* **29**, 1243, 1521). Bei Einw. von NO₂ auf Naphthalin, neben 1.5-Dinitro-naphthalin (LEEDS, *Am. Soc.* **2**, 283). Neben 1.5-Dinitro-naphthalin bei der Einw. höchstkonzentrierter Salpetersäure (50⁰ Bé) auf α-Nitro-naphthalin unter Kühlung (DARMSTÄDTER, WICHELHAUS, *B.* **1**, 274; *A.* **152**, 301). Durch

Kochen von diazotiertem 1.8-Dinitro-2-amino-naphthalin mit Alkohol (SCHEID, *B.* **34**, 1817). Aus 8-Nitro-naphthalin-carbonsäure-(1) beim Erhitzen mit Salpetersäure (D: 1,3) (EKSTRAND, *J. pr.* [2] **38**, 162). — *Darst.* siehe bei 1.5-Dinitro-naphthalin, S. 558.

Tafeln (aus Chloroform oder aus Pyridin). Rhombisch bipyramidal (BODEWIG, *Z. Kr.* **3**, 402; vgl. *Groth, Ch. Kr.* **5**, 372). F: 172⁰ (FRIEDLÄNDER, *B.* **32**, 3531), 170⁰ (DE AG., *B.* **5**, 372), 168⁰ (SCHEID, *B.* **34**, 1817). — Bei 19⁰ lösen 100 Tle. Chloroform 1,096 Tle., 100 Tle. 88%iger Alkohol 0,1886 Tle. und 100 Tle. Benzol 0,72 Tle. 1.8-Dinitro-naphthalin (BEIL., KUHL., *A.* **169**, 86). 1.8-Dinitro-naphthalin löst sich in ca. 10 Tln. kaltem und 1,5 Tln. heißem technischem Pyridin (FRIED.).

1.8-Dinitro-naphthalin ist recht beständig gegen Oxydationsmittel (BEIL., KUHL., *A.* **169**, 88; BEIL., KUH., *A.* **202**, 225 Anm.). Liefert beim Erhitzen mit Salpetersäure (D: 1,15) im geschlossenen Rohr auf 150⁰ 3-Nitro-phthalsäure, 3.5-Dinitro-phthalsäure (Syst. No. 975), 3.5-Dinitro-benzoesäure und Pikrinsäure (BEIL., KUH., *A.* **202**, 224). Kocht man 1.8-Dinitro-naphthalin 8 Stdn. mit roter rauchender Salpetersäure (45⁰ Bé), so daß nach dieser Zeit die Flüssigkeitsmenge auf ¹/₆ ihres ursprünglichen Volums vermindert ist, so erhält man 1.3.8-Trinitro-naphthalin und 1.3.6.8-Tetranitro-naphthalin neben einer Nitrophthalsäure (DE AGUIAR, *B.* **5**, 904; vgl. DE AG., *B.* **5**, 375; WILL, *B.* **28**, 370). Erwärmt man 1.8-Dinitro-naphthalin mit einem Gemisch von gleichen Teilen rauchender Salpetersäure und konz. Schwefelsäure 5 Minuten zum gelinden Sieden, so erhält man 1.3.8-Trinitro-naphthalin (BEIL., KUHL., *A.* **169**, 96; vgl. DE AG., *B.* **5**, 905). Beim Behandeln von 1.8-Dinitro-naphthalin mit einem Gemisch von rauchender Salpetersäure (D: 1,52) und rauchender Schwefelsäure (D: 1,88) in der Kälte erhielt WILL (*B.* **28**, 370) 1.3.6.8-Tetranitro-naphthalin neben 3.5-Dinitro-phthalsäure. — 1.8-Dinitro-naphthalin gibt mit Jodphosphor und Wasser 1.8-Diamino-naphthalin (DE AGUIAR, *B.* **7**, 309; R. MEYER, MÜLLER, *B.* **30**, 775). Auch bei der elektrochemischen Reduktion in eisessig-schwefelsaurer Lösung an Bleikathoden entsteht 1.8-Di-amino-naphthalin (MÖLLER, *El. Ch. Z.* **10**, 222). — Erhitzt man 1.8-Dinitro-naphthalin mit 5 Tln. rauchender Schwefelsäure (12—24% SO₃) auf 40—50⁰, so wird es in 4-Nitroso-5-nitro-1-oxy-naphthalin umgelagert (Bad. Anilin- u. Sodaf., D. R. P. 90414; *Frdl.* **4**, 342; GRAEBE, *B.* **32**, 2876; FRIEDLÄNDER, *B.* **32**, 3528). Löst man 1 Tl. 1.8-Dinitro-naphthalin in 6 Tln. Schwefelsäuremonohydrat bei 100—110⁰ und gibt bei derselben Temp. 2 Tle. rauchende Schwefelsäure von 20% Anhydridgehalt hinzu, so erhält man 4.5-Dinitro-naphthalin-sulfon-säure-(2) (Syst. No. 1526) (Höchster Farbw., D. R. P. 117268; *Frdl.* **6**, 179; vgl. ECKSTEIN, *B.* **35**, 3403). 1.8-Dinitro-naphthalin gibt beim Erhitzen mit Schwefelsäure von 66⁰ Bé auf 125—130⁰ unter Zusatz von reduzierenden Substanzen, wie aromatischen Basen, Metallen oder reduzierend wirkenden Salzen (B. A. u. S., D. R. P. 76922; *Frdl.* **4**, 344) oder bei der elektrochemischen Reduktion seiner Lösung in Schwefelsäure von 66⁰ Bé bei 130⁰ (B. A. u. S., D. R. P. 79406; *Frdl.* **4**, 345) 6-Oxy-5-amino-naphthochinon-(1.4)-monoimid-(4) („Naphtha-zarin-Zwischenprodukt aus 1.8-Dinitro-naphthalin", Syst. No. 1878), das beim Kochen mit verd. Schwefelsäure in Naphthazarin übergeht. Darstellung eines schwarzen Farbstoffes beim Behandeln einer Lösung von 1.8-Dinitro-naphthalin in konz. Schwefelsäure mit H₂S oder Schwefelantimon bei 130⁰: B. A. u. S., D. R. P. 114264; *Frdl.* **6**, 439. — 1.8-Dinitro-naphthalin liefert beim Kochen mit Natriumdisulfitlösung 4.5-Diamino-naphthalin-trisulfon-säure-(1.3.6 oder 1.3.7) (Syst. No. 1924) (FISCHESSER & Co., D. R. P. 79577; *Frdl.* **4**, 565). Erwärmt man 1.8-Dinitro-naphthalin mit schwefligsauren Salzen in Wasser und vermeidet das Alkalischwerden der Lösung durch schrittweise Neutralisation, so erhält man 4-Amino-naphthalin-disulfosäure-(1.6) (Syst. No. 1924) und 4-Amino-naphthalin-trisulfonsäure-(1.3.6) (Syst. No. 1924) (H. F., D. R. P. 215338; *Frdl.* **10**, 182). — Darstellung von Farbstoffen durch Reduktion von 1.8-Dinitro-naphthalin mit Traubenzucker in alkalischer Lösung: Bad. Anilin-u. Sodaf., D. R. P. 79208; *Frdl.* **4**, 349. Darstellung von Farbstoffen durch Reduktion mit Traubenzucker in alkalischer Lösung oder mit anderen Reduktionsmitteln (z. B. Schwefel-natrium, Zinkstaub) in Gegenwart von Disulfiten: B. A. u. S., D. R. P. 88236, 92471, 187912; *Frdl.* **4**, 350, 351; **9**, 841. Überführung von Farbstoffen, die nach den D. R. P. 88236 und 92471 dargestellt sind, in Schwefelfarbstoffe durch Erhitzen mit Natriumsulfid mit oder ohne Zusatz von Schwefel: B. A. u. S., D. R. P. 103987; *Frdl.* **5**, 453. Darstellung von Farbstoffen aus 1.8-Dinitro-naphthalin durch Behandeln mit Schwefelnatriumlösungen: Bad. Anilin- u. Sodaf., D. R. P. 84989; *Frdl.* **4**, 353; Höchster Farbw., D. R. P. 117819; *Frdl.* **6**, 799; vgl. B. A. u. S., D. R. P. 88847; *Frdl.* **4**, 357, mit Natriumdisulfid und darauf mit Salmiak und Luft: H. F., D. R. P. 117188; *Frdl.* **5**, 943, mit Natriumdisulfid und dann mit Natriumdisulfit: H. F., D. R. P. 117189; *Frdl.* **5**, 944, mit Natriumsulfit bezw. Natriumdisulfit und dann mit Natriumpolysulfid: H. F., D. R. P. 125583; *Frdl.* **6**, 798, mit Natriumpolysulfur unter Zusatz von Zinkchlorid oder ähnlich kondensierend wirkenden Salzen: H. F., D. R. P. 125667; *Frdl.* **6**, 794; vgl. auch H. F., D. R. P. 127090, 128118; *Frdl.* **6**, 795, 796. — 1.8-Dinitro-naphthalin gibt beim Verschmelzen mit PCl₅ wenig 1.8-Dichlor-naphthalin (ATTERBERG, *B.* **9**, 1732) und hauptsächlich 1.4.5-Trichlor-naphthalin (AT., *B.* **9**, 1188).

1.8-Dinitro-naphthalin liefert beim Kochen mit wäßr.-alkoh. Cyankaliumlösung Naphtho-cyaminsäure (s. u.) (MÜHLHÄUSER, A. 141, 214; SCHUNCK, MARCHLEWSKI, B. 27, 3465). Gibt beim Erhitzen mit den Alkalisalzen von Phenolen oder Phenolderivaten in konz. wäßr. Lösung alkalilösliche Kondensationsprodukte, welche zur Darstellung von Schwefelfarbstoffen dienen können (H. F., D. R. P. 122476, 125133; Frdl. 6, 799, 800). Läßt sich durch Erhitzen mit 2.4-Diamino-toluol und Schwefel auf 240—250° und Behandlung des Reaktionsprodukts mit heißer Natriumsulfidlösung in einen gelbbraunen Schwefelfarbstoff überführen (BAYER & Co., D. R. P. 201835; Frdl. 9, 453).

Verwendung. Rohes Dinitronaphthalin (Gemisch von 1.5- und 1.8-Dinitro-naphthalin) wird in der Farbstofftechnik vorzugsweise zur Herstellung von Naphthazarin (Syst. No. 801) benutzt.

Naphthocyaminsäure $C_{28}H_{18}O_9N_8$. *Darst.* Man übergießt 3 g 1.8-Dinitro-naphthalin mit 38 g Alkohol, gibt die Lösung von 6 g (LIEBIGschem) Cyankalium in 57 g Wasser hinzu und kocht, bis die Lösung blaugrün wird; beim Erkalten der heiß filtrierten Lösung scheidet sich das Kaliumsalz aus; man zerlegt dieses mit Salzsäure (MÜHLHÄUSER, A. 141, 214; SCHUNCK, MARCHLEWSKI, B. 27, 3465). — Schwarze glänzende Masse (MÜ.). Unlöslich in Äther, äußerst wenig löslich in Wasser, leichter in Alkohol und leicht in Amylalkohol (mit dunkelroter Farbe) (MÜ.). Wird durch die geringsten Mengen von Basen grün bis blau gefärbt (MÜ.). — $KC_{28}H_{17}O_9N_8 + H_2O$. Dunkelblaue kupferglänzende Masse. Ver-pufft beim Erhitzen. Etwas löslich in kaltem Wasser, leicht in heißem Wasser und in Alkohol mit blauer Farbe. Entwickelt beim Kochen mit Kalilauge NH₃ (MÜ.). — $Ag_2C_{28}H_{16}O_9N_8$. Bronzeglänzende Masse. Unlöslich in Wasser und Alkohol (MÜ.). — $Ba(C_{28}H_{17}O_9N_8)_2$ (bei 100°). Tief dunkelblauer Niederschlag mit kupferrotem Glanze. Unlöslich in kaltem Wasser, etwas löslich in heißem, leicht in heißem Alkohol (MÜ.).

4-Chlor-1.3-dinitro-naphthalin $C_{10}H_5O_4N_2Cl = C_{10}H_5Cl(NO_2)_2$. *B.* Beim Erwärmen von 1 Mol.-Gew. 2.4-Dinitro-1-oxy-naphthalin, 2 Mol.-Gew. Diäthylanilin und 1 Mol.-Gew. p-Toluolsulfonsäurechlorid auf dem Wasserbade (ULLMANN, BRUCK, B. 41, 3932; U., D. R. P. 199318; C. 1908 II, 210). — Gelbe Nadeln (aus Benzol). F: 146,5° (korr.). Schwer löslich in der Kälte, leicht in der Siedehitze in Aceton, Benzol, Essigsäure; schwer löslich auch in der Wärme, in Ligroin, Äther und Alkohol. — Wird beim Kochen mit verdünnten Alkalien allmählich in 2.4-Dinitro-1-oxy-naphthalin übergeführt. Bei der Einw. von NH₃ bezw. Aminen entstehen 2.4-Dinitro-1-amino-naphthalin bezw. dessen N-Derivate.

4-Chlor-1.5-dinitro-naphthalin $C_{10}H_5O_4N_2Cl = C_{10}H_5Cl(NO_2)_2$. *B.* Beim Behandeln von α-Chlor-naphthalin mit Salpetersäure (D: 1,4) in schwacher Wärme (ATTERBERG, B. 9, 927), sowie mit rauchender Salpetersäure (A.; vgl. FAUST, SAAME, A. 160, 68). Aus 8-Chlor-1-nitro-naphthalin mit Salpetersäure (D: 1,47) bei 10—15° (ULLMANN, CONSONNO, B. 35, 2810). — Gelbe Blättchen (aus Benzol). F: 138°; löslich in Alkohol, Benzol, Eisessig, sehr wenig löslich in Ligroin (U., C.). — Gibt bei energischer Reduktion mit Zinn und Salzsäure 1.5-Diamino-naphthalin (U., C.). Liefert mit PCl₅ 1.4.5-Trichlor-naphthalin (A., B. 9, 1187). Liefert beim Erhitzen mit alkoh. Ammoniak auf 160° 4.8-Dinitro-1-amino-naphthalin, beim Erhitzen mit Soda und 50%igem Alkohol auf 135° 4.8-Dinitro-1-oxy-naphthalin (U., C.).

2-Chlor-1.6 (?)-dinitro-naphthalin $C_{10}H_5O_4N_2Cl = C_{10}H_5Cl(NO_2)_2$. *B.* Durch Über-gießen von β-Chlor-naphthalin mit der 2—3-fachen theoretischen Menge konz. Salpeter-säure, wobei anfangs gekühlt, schließlich jedoch einige Minuten erwärmt wird (SCHEID, B. 34, 1814). Man trägt Salpetersäure in eine gut gekühlte Lösung von β-Chlor-naphthalin in konz. Schwefelsäure ein und erwärmt dann auf dem Wasserbade (SCH.). Durch Nitrieren von β-Chlor-naphthalin in Eisessig und folgendes Erwärmen auf dem Wasserbade (SCH.). — Hellgelbe Nadeln (aus Alkohol). F: 174°. Gut löslich in Eisessig und heißem Aceton. — Das Chloratom ist leicht austauschbar gegen Aminreste.

2-Chlor-1.8-dinitro-naphthalin $C_{10}H_5O_4N_2Cl = C_{10}H_5Cl(NO_2)_2$. *B.* Durch Verreiben von β-Chlor-naphthalin mit konz. Schwefelsäure, Eintragen von 2 Mol.-Gew. konz. Salpeter-säure und 8—10-stdg. Erwärmen, neben 2-Chlor-1.6(?).8-trinitro-naphthalin (SCHEID, B. 34, 1817). — Blaßgelbe Nadeln (aus Eisessig). F: 175°. — Liefert mit alkoh. Ammoniak bei 130° 1.8-Dinitro-2-amino-naphthalin.

4-Chlor-1.8-dinitro-naphthalin $C_{10}H_5O_4N_2Cl = C_{10}H_5Cl(NO_2)_2$. *B.* Beim Erhitzen von α-Chlor-naphthalin mit rauchender Salpetersäure (ATTERBERG, B. 9, 928). Beim Er-hitzen von 5-Chlor-naphthalin-carbonsäure-(1) mit rauchender Salpetersäure (EKSTRAND, J. pr. [2] 38, 171). — Blaßgelbe Nadeln (aus Eisessig). F: 180°; schwer löslich in siedendem Alkohol (A., B. 9, 928). — Gibt mit PCl₅ 1.4.5-Trichlor-naphthalin (A., B. 9, 1733).

x-Chlor-1.8-dinitro-naphthalin vom Schmelzpunkt 164° $C_{10}H_5O_4N_2Cl = C_{10}H_5Cl(NO_2)_2$. *B.* Neben dem x-Chlor-1.8-dinitro-naphthalin vom Schmelzpunkt 132°

(s. u.) durch Chlorieren von 1.8-Dinitro-naphthalin (POLLAK, D. R. P. 134306; C. 1902 II, 918). — Nadeln (aus Eisessig). F: 164⁰. Schwer löslich in Essigsäure.

x-Chlor-1.8-dinitro-naphthalin vom Schmelzpunkt 132⁰ $C_{10}H_5O_4N_2Cl =$ $C_{10}H_4Cl(NO_2)_2$. B. siehe im vorhergehenden Artikel. — Krystalle (aus 80%iger Essigsäure). F: 132⁰ (P.). Leicht löslich in Essigsäure.

x.x-Dichlor-1.5-dinitro-naphthalin vom Schmelzpunkt 175⁰ $C_{10}H_4O_4N_2Cl_2 =$ $C_{10}H_4Cl_2(NO_2)_2$. B. Neben dem x.x-Dichlor-1.5-dinitro-naphthalin vom Schmelzpunkt 106⁰ bis 107⁰ (s. u.) durch Chlorieren von 1.5-Dinitro-naphthalin (POLLAK, D. R. P. 134306; C. 1902 II, 918). — Nadeln. F: 175⁰. Schwer löslich in Essigsäure.

x.x-Dichlor-1.5-dinitro-naphthalin vom Schmelzpunkt 106—107⁰ $C_{10}H_4O_4N_2Cl_2 =$ $C_{10}H_4Cl_2(NO_2)_2$. B. siehe im vorangehenden Artikel. — Gelbe haarförmige Krystalle. F: 106—107⁰ (P.). Leicht löslich in Essigsäure.

x.x-Dichlor-1.8-dinitro-naphthalin vom Schmelzpunkt 206—207⁰ $C_{10}H_4O_4N_2Cl_2 =$ $C_{10}H_4Cl_2(NO_2)_2$. B. Neben dem x.x-Dichlor-1.8-dinitro-naphthalin vom Schmelzpunkt 120⁰ (s. u.) durch Chlorieren von 1.8-Dinitro-naphthalin (P., D. R. P. 134306; C. 1902 II, 918). — Grünlichgelbe Nadeln. F: 206—207⁰. Schwer löslich in Essigsäure, Benzol oder Aceton.

x.x-Dichlor-1.8-dinitro-naphthalin vom Schmelzpunkt 120⁰ $C_{10}H_4O_4N_2Cl_2 =$ $C_{10}H_4Cl_2(NO_2)_2$. B. siehe im vorangehenden Artikel. — Weiße Krystalle. F: 120⁰(P.). Leicht löslich in Essigsäure, Benzol oder Aceton.

1.2-Dichlor-x.x-dinitro-naphthalin $C_{10}H_4O_4N_2Cl_2 = C_{10}H_4Cl_2(NO_2)_2$. B. Bei langsamem Einschütten von 1.2-Dichlor-naphthalin in ein gekühltes Gemisch gleicher Volume Salpetersäure (D: 1,45) und konz. Schwefelsäure (HELLSTRÖM, B. 21, 3268). — Hellgelbe Nadeln (aus Eisessig). F: 169,5⁰. Sehr schwer löslich in Äther, sehr leicht in siedendem Eisessig.

1.3-Dichlor-x.x-dinitro-naphthalin vom Schmelzpunkt 150⁰ $C_{10}H_4O_4N_2Cl_2 =$ $C_{10}H_4Cl_2(NO_2)_2$. B. Entsteht neben dem bei 158⁰ schmelzenden 1.3-Dichlor-x.x-dinitro-naphthalin (s. u.) beim Behandeln von 1.3-Dichlor-naphthalin mit Salpeterschwefelsäure (CLEVE, B. 23, 956). — Tafeln (aus Benzol); Nadeln mit 1 Mol. Krystallessigsäure (aus Eisessig). F: 150⁰. Leicht löslich in Benzol.

1.3-Dichlor-x.x-dinitro-naphthalin vom Schmelzpunkt 158⁰ $C_{10}H_4O_4N_2Cl_2 =$ $C_{10}H_4Cl_2(NO_2)_2$. B. siehe im vorangehenden Artikel (CLEVE, B. 23, 956). — Nädelchen. F: 158⁰. Schwer löslich in Alkohol.

1.4-Dichlor-x.x-dinitro-naphthalin $C_{10}H_4O_4N_2Cl_2 = C_{10}H_4Cl_2(NO_2)_2$. B. Durch Vermischen einer eisessigsauren Lösung von 1.4-Dichlor-naphthalin mit Salpetersäure (D: 1,48) (WIDMAN, Bl. [2] 28, 510). — Gelbe Nadeln. F: 158⁰. Schwer löslich in Alkohol, leichter in Eisessig.

1.5-Dichlor-x.x-dinitro-naphthalin $C_{10}H_4O_4N_2Cl_2 = C_{10}H_4Cl_2(NO_2)_2$. B. Durch Behandeln von 1.5-Dichlor-naphthalin mit Salpeterschwefelsäure (ATTERBERG, B. 9, 1730). — Hellgelbe Nadeln. F: 246⁰ (A.). Sehr schwer löslich, sogar in Eisessig (A.). — Gibt mit PCl₅ e-Tetrachlornaphthalin (F: 180⁰) (A., WIDMAN, B. 10, 1843; Bl. [2] 28, 514).

2.6-Dichlor-x.x-dinitro-naphthalin $C_{10}H_4O_4N_2Cl_2 = C_{10}H_4Cl_2(NO_2)_2$. B. Durch Behandeln einer eisessigsauren Lösung von 2.6-Dichlor-naphthalin mit rauchender Salpetersäure (ALÉN, Bl. [2] 36, 435). — Blaßgelbe Nadeln. F: 252—253⁰. Rötet sich am Lichte. — Liefert mit PCl₅ ζ-Tetrachlornaphthalin (F: 159,5—160,5⁰) und mit alkoh. Kali x.x-Dinitro-2.6-diäthoxy-naphthalin (F: 228—229⁰) (Syst. No. 562).

2.7-Dichlor-x.x-dinitro-naphthalin $C_{10}H_4O_4N_2Cl_2 = C_{10}H_4Cl_2(NO_2)_2$. B. Durch Erwärmen einer eisessigsauren Lösung von 2.7-Dichlor-naphthalin mit rauchender Salpetersäure (ALÉN, Bl. [2] 36, 434). — Hellgelbe Prismen, die an der Luft grün werden. F: 245⁰ bis 246⁰.

4-Brom-1.5-dinitro-naphthalin $C_{10}H_5O_4N_2Br = C_{10}H_5Br(NO_2)_2$. B. Neben 4-Brom-1.8-dinitro-naphthalin (s. u.) beim Auflösen von α-Brom-naphthalin in kalter rauchender Salpetersäure; man trennt die Isomeren durch Umkrystallisieren aus Alkohol und Aceton (MERZ, WEITH, B. 15, 2710). — Tafeln (aus Benzol); Nadeln (aus Alkohol). F: 143⁰. — Wird beim Erhitzen mit verd. Salpetersäure im geschlossenen Rohr auf 180⁰ zu 3-Nitro-phthalsäure oxydiert.

4-Brom-1.8-dinitro-naphthalin $C_{10}H_5O_4N_2Br = C_{10}H_5Br(NO_2)_2$. B. Neben 4-Brom-1.5-dinitro-naphthalin (s. o.) beim Auflösen von α-Brom-naphthalin in 4 Tln. kalter rauchender Salpetersäure (MERZ, WEITH, B. 15, 2710). Bei der Nitrierung von 5-Brom-1-nitro-naphthalin mit Salpetersäure (D: 1,47) bei 30⁰ (ULLMANN, CONSONNO, B. 35, 2805). — Gelbe Krystalle. F: 170,5⁰ (M., W.), 170⁰ (U., C.). — Wird beim Erhitzen mit verd. Salpetersäure im geschlossenen Rohr auf 180⁰ zu 3-Nitro-phthalsäure oxydiert (M., W.). Liefert durch Reduktion mit SnCl$_2$ und Salzsäure 1.8-Diamino-naphthalin (U., C.). Gibt beim Erhitzen mit alkoh. Ammoniak 4.5-Dinitro-1-amino-naphthalin (U., C.). Liefert beim Erhitzen mit Sodalösung unter Druck 4.5-Dinitro-1-oxy-naphthalin (F: 208^0) (U., C.).

1.2.4-Tribrom-x.x-dinitro-naphthalin C$_{10}$H$_2$O$_4$N$_2$Br$_3$ = C$_{10}$H$_2$Br$_3$(NO$_2$)$_2$. B. Aus 1.2.4-Tribrom-naphthalin und rauchender Salpetersäure (PRAGER, B. 18, 2164). — Gelbe Flocken.

1.2.5-Trinitro-naphthalin („δ-Trinitronaphthalin") C$_{10}$H$_5$O$_6$N$_3$ = C$_{10}$H$_5$(NO$_2$)$_3$. B. Entsteht neben 1.3.5-Trinitro-naphthalin beim Erhitzen von 1 Tl. 1.5-Dinitro-naphthalin mit 40 Tln. Salpetersäure (D: 1,42) auf 110^0; man behandelt das Reaktionsprodukt mit 70^0/$_0$igem Alkohol, in welchem das 1.2.5-Trinitro-naphthalin leichter löslich ist als das Isomere (WILL, B. 28, 377). — Nadeln (aus Alkohol). F: 112—113^0. — Gibt bei der Nitrierung 1.2.5.8-Tetranitro-naphthalin.

1.3.5-Trinitro-naphthalin („α-Trinitronaphthalin") C$_{10}$H$_5$O$_6$N$_3$ = C$_{10}$H$_5$(NO$_2$)$_3$. Zur Konstitution vgl. WILL, B. 28, 378. — B. Beim Kochen von 1.5-Dinitro-naphthalin mit rauchender Salpetersäure (45^0 Bé), neben wenig α-Tetranitronaphthalin und 3-Nitro-phthalsäure (DE AGUIAR, B. 5, 897; vgl. DE AG., B. 5, 372). — Krystalle (aus Chloroform). Rhombisch bipyramidal (DE AG., B. 5, 373; vgl. Groth, Ch. Kr. 5, 373). F: 122^0 (DE AG., B. 5, 373). Leicht löslich in Eisessig und Alkohol; löslich in Chloroform (DE AG., B. 5, 374). — Bei der Oxydation durch Na$_2$O$_2$ entsteht 3-Nitro-phthalsäure (W., B. 28, 378). Beim Behandeln mit einem Gemisch von rauchender Salpetersäure und rauchender Schwefelsäure entsteht 1.3.5.8-Tetranitro-naphthalin (W.). Die alkoh. Lösung wird durch KOH rot gefärbt (DE AG., B. 5, 374).

1.3.8-Trinitro-naphthalin („β-Trinitronaphthalin") C$_{10}$H$_5$O$_6$N$_3$ = C$_{10}$H$_5$(NO$_2$)$_3$. B. Bei 12—14-tägigem Erhitzen von Naphthalin mit rauchender Salpetersäure (LAUTEMANN, DE AGUIAR, Bl. [2] 3, 256; vgl. LAURENT, A. 41, 98). Beim Erhitzen von 1.8-Dinitro-naphthalin mit rauchender Salpetersäure (45^0 Bé), neben 1.3.6.8-Tetranitro-naphthalin und einer Nitrophthalsäure (DE A., B. 5, 375, 904). Bei 5 Minuten langem Kochen von 1 Tl. 1.8-Dinitro-naphthalin mit einem Gemisch von 5 Tln. rauchender Salpetersäure und 5 Tln. konz. Schwefelsäure (BEILSTEIN, KUHLBERG, A. 169, 96). Man vermischt 1 Tl. 1.8-Dinitro-naphthalin mit 5 Tln. rauchender Salpetersäure (45^0 Bé) und fügt 5 Tle. konz. Schwefelsäure hinzu (DE A,. B. 5, 905). Aus 8-Nitro-naphthalin-carbonsäure-(1) mit Salpeterschwefelsäure, neben 8.x.x-Trinitro-naphthalin-carbonsäure-(1) (F: 283^0) (EKSTRAND, J. pr. [2] 38, 273). Aus 2.4.5-Trinitro-1-amino-naphthalin durch Elimination der Aminogruppe (STÄDEL, B. 14, 901). Aus 1.6.8-Trinitro-2-amino-naphthalin durch Diazotieren in salpetersaurer Lösung und Eintragen des Diazoniumnitrats in heißen Alkohol (ST., B. 14, 901; A. 217, 174). — Darst. Man nitriert α-Nitro-naphthalin in konz.-schwefelsaurer Lösung mit äquimolekularen Mengen Salpetersäure, läßt das 1.5-Dinitro-naphthalin auskrystallisieren und behandelt alsdann die Lösung nochmals mit nitrierenden Mitteln (Salpeterschwefelsäure) (FRIEDLÄNDER, B. 32, 3531; F., v. SCHERZER, C. 1900 I, 410; KALLE & Co., D. R. P. 117368; C. 1901 I, 347). — Krystalle (aus Alkohol, Chloroform oder Eisessig) (DE A., B. 5, 375, 905). F: 218^0 (DE A., B. 5, 375). Sehr wenig löslich in Äther (L., DE A.) und in Chloroform (DE A., B. 5, 375). 100 ccm 88^0/$_0$iger Alkohol lösen bei 23^0 0,046 g (L., DE A.). — Gibt bei Einw. von Alkalien alkalilösliche braune Produkte (Höchster Farbw., D. R. P. 127295; C. 1902 I, 191). Löst sich in Natriumdisulfit in der Kälte unverändert auf; beim Erwärmen entstehen Nitroaminonaphtholsulfonsäuren (F., v. SCH.).

1.4.5-Trinitro-naphthalin („γ-Trinitronaphthalin") C$_{10}$H$_5$O$_6$N$_3$ = C$_{10}$H$_5$(NO$_2$)$_3$. Zur Konstitution vgl. WILL, B. 28, 377. — Darst. Man übergießt 9 g 1.5-Dinitro-naphthalin mit 150 g rauchender Salpetersäure (45^0 Bé) und setzt 150 g konz. Schwefelsäure hinzu (DE AGUIAR, B. 5, 904; vgl. BEILSTEIN, KUHLBERG, A. 169, 97). — Krystalle (aus Chloroform) (DE A.). Hellgelbe Blättchen (aus Salpetersäure) (B., K.). F: 154^0 (DE A.). 1 Tl. löst sich bei 18,5^0 in 95,06 Tln. Benzol, in 156,6 Tln. CHCl$_3$, in 260,3 Tln. Äther, in 894,1 Tln. 90^0/$_0$igem Alkohol, in 4017 Tln. CS$_2$, in 20193 Tln. Ligroin (Kp: 100^0) (B., K.). — Gibt bei der Oxydation durch Na$_2$O$_2$ 3-Nitro-phthalsäure und durch verdünnte Salpetersäure bei 150^0 3.6-Dinitrophthalsäure (WILL, B. 28, 377). Beim Nitrieren mit einem Gemisch von rauchender Salpetersäure und rauchender Schwefelsäure entstehen 1.3.5.8- und 1.2.5.8-Tetranitro-naphthalin (W.).

2-Chlor-1.6 (?).8-trinitro-naphthalin C$_{10}$H$_4$O$_6$N$_3$Cl = C$_{10}$H$_4$Cl(NO$_2$)$_3$. B. Durch Verreiben von β-Chlor-naphthalin mit konz. Schwefelsäure, Zufügen von 2 Mol.-Gew. konz. Salpetersäure und 8—10-stdg. Erwärmen, neben 2-Chlor-1.8-dinitro-naphthalin (SCHEID, B. 34, 1818). — Schmilzt, mehrmals aus Eisessig umkrystallisiert, unscharf bei 145^0.

1.3-Dichlor-x.x.x-trinitro-naphthalin $C_{10}H_3O_6N_3Cl_2 = C_{10}H_3Cl_2(NO_2)_3$. *B.* Durch Behandeln von 1.3-Dichlor-naphthalin mit Salpeterschwefelsäure (WIDMAN, *Bl.* [2] **28**, 509; CLEVE, *B.* **23**, 956). — Gelbe Prismen (aus Eisessig). F: 178° (W.). Löslich in CHCl$_3$ und in kochendem Eisessig, wenig löslich in Alkohol (W.).

2.6-Dichlor-x.x.x-trinitro-naphthalin $C_{10}H_3O_6N_3Cl_2 = C_{10}H_3Cl_2(NO_2)_3$. *B.* Durch Kochen von 2.6-Dichlor-naphthalin mit rauchender Salpetersäure (ALÉN, *Bl.* [2] **36**, 435). — Hellgelbe Nadeln. F: 198—200°.

2.7-Dichlor-x.x.x-trinitro-naphthalin $C_{10}H_3O_6N_3Cl_2 = C_{10}H_3Cl_2(NO_2)_3$. *B.* Durch Behandeln von 2.7-Dichlor-naphthalin mit rauchender Salpetersäure (ALÉN, *Bl.* [2] **36**, 434). — Blaßgelbe Nadeln. F: 200—201°.

1.2.5.8-Tetranitro-naphthalin („δ-Tetranitronaphthalin") $C_{10}H_4O_8N_4 = C_{10}H_4$ $(NO_2)_4$. *B.* Beim Eintragen von 1.5-Dinitro-naphthalin in 10 Tle. eines Gemisches von Salpetersäure (D: 1,45—1,52) und rauchender Schwefelsäure (D: 1,88), neben 1.3.5.8-Tetranitronaphthalin und anderen Produkten; man trägt das Reaktionsgemisch in Eiswasser ein, filtriert den Niederschlag ab, trocknet ihn bei 100° und zieht ihn erschöpfend mit Aceton aus; hierbei bleibt die 1.2.5.8-Tetranitroverbindung ungelöst, während die 1.3.5.8-Tetranitroverbindung in Lösung geht (WILL, *B.* **28**, 369). Aus 1.2.5-Trinitro-naphthalin durch Nitrieren (W., *B.* **28**, 378). Aus 1.4.5-Trinitro-naphthalin durch Nitrieren mit einem Gemisch von rauchender Salpetersäure und rauchender Schwefelsäure (W., *B.* **28**, 377). — Nadeln (aus Äthylbenzoat); Prismen (aus Salpetersäure vom spez. Gew.: 1,52). Zersetzt sich von etwa 270° ab, ohne bis 310° zu schmelzen; kaum löslich in Alkohol, Methylalkohol, Chloroform, Eisessig, Aceton (W., *B.* **28**, 369). — Bei der Oxydation mit Na$_2$O$_2$ entsteht 3.6-Dinitro-phthalsäure (W., *B.* **28**, 375). Durch Reduktion mit SnCl$_2$ + Salzsäure und Kochen des Produktes erst mit verdünnter Natronlauge, dann mit verdünnter Salzsäure wird Naphthazarin erhalten (W., *B.* **28**, 2234). Beim Erhitzen mit konz. Salzsäure auf 235° entsteht ein bei 175° schmelzendes Tetrachlornaphthalin (LOBRY DE BRUYN, VAN LEENT, *R.* **15**, 87). 1.2.5.8-Tetranitro-naphthalin liefert mit Natriummethylat ein bei 191° schmelzendes Trinitromethoxynaphthalin (Syst. No. 538a) (W., *B.* **28**, 372).

1.3.5.8-Tetranitro-naphthalin („γ-Tetranitronaphthalin") $C_{10}H_4O_8N_4 = C_{10}H_4$ $(NO_2)_4$. *B.* Aus 1.5-Dinitro-naphthalin durch Nitrierung (s. bei 1.2.5.8-Tetranitronaphthalin) (WILL, *B.* **28**, 368). Aus 1.3.5-Trinitro-naphthalin durch ein Gemisch von rauchender Salpetersäure und rauchender Schwefelsäure (W., *B.* **28**, 378). Aus 1.4.5-Trinitro-naphthalin durch ein Gemisch von rauchender Salpetersäure und rauchender Schwefelsäure (W., *B.* **28**, 377). — Hellgelbe Tetraeder (aus Aceton). F: 194—195° (W.). Schwer löslich in Alkohol, CHCl$_3$ und Eisessig, leicht in Aceton und konz. Salpetersäure (W.). — Bei der Oxydation entsteht 3.6-Dinitro-phthalsäure (W.). Liefert beim Erhitzen mit konz. Salzsäure auf 240° ein bei 131° schmelzendes (nicht rein erhaltenes) Pentachlornaphthalin (LOBRY DE BRUYN, VAN LEENT, *R.* **15**, 87). Gibt mit Natriummethylat das bei 186° schmelzende 4.5.7- oder 4.6.8-Trinitro-1-methoxy-naphthalin (Syst. No. 537) (W.). Färbt sich mit Alkalien rot (W.).

1.3.6.8-Tetranitro-naphthalin („β-Tetranitronaphthalin") $C_{10}H_4O_8N_4 = C_{10}H_4$ $(NO_2)_4$. Zur Konstitution vgl. WILL, *B.* **28**, 379. — *B.* In geringer Menge neben 1.3.8-Trinitro-naphthalin und anderen Produkten beim Nitrieren von 1.8-Dinitro-naphthalin mit rauchender Salpetersäure (45° Bé) in der Wärme (DE AGUIAR, *B.* **5**, 375, 904). Aus 1.8-Dinitro-naphthalin durch ein Gemisch von rauchender Salpetersäure (D: 1,52) und rauchender Schwefelsäure (D: 1,88) in der Kälte (W., *B.* **28**, 370). Aus 1.3.8-Trinitro-naphthalin mit rauchender Salpetersäure bei 100° im Druckrohr (LAUTEMANN, DE A., *Bl.* [2] **3**, 261). — Nadeln (aus Alkohol). F: 203° (W.), 200° (L., DE A.). — Explodiert heftig bei starkem Erhitzen (L., DE A.). Beim Erhitzen mit verd. Salpetersäure entsteht 3.5-Dinitro-phthalsäure (W.).

1.5.x.x-Tetranitro-naphthalin („α-Tetranitronaphthalin") $C_{10}H_4O_8N_4 = C_{10}H_4$ $(NO_2)_4$. *B.* In geringer Menge neben 1.3.5-Trinitro-naphthalin und 3-Nitro-phthalsäure bei 8-stdg. Kochen von 1.5-Dinitro-naphthalin mit rauchender Salpetersäure (45° Bé), in der Weise, daß nach der angegebenen Zeit die Flüssigkeitsmenge auf $^1/_5$ ihres ursprünglichen Volums reduziert ist (DE AGUIAR, *B.* **5**, 897; vgl. DE A., *B.* **5**, 374, sowie ferner WILL, *B.* **28**, 367). — Hellgelbe Krystalle (aus CHCl$_3$). Krystallographisches: DE A., *B.* **5**, 375. F: 259°; fast unlöslich in Alkohol (DE A., *B.* **5**, 374). — Detoniert beim Erhitzen; die alkoh. Lösung wird durch Kalilauge oder Ammoniak blutrot gefärbt (DE A., *B.* **5**, 375).

4-Brom-1.3.5.8-tetranitro-naphthalin $C_{10}H_3O_8N_4Br = C_{10}H_3Br(NO_2)_4$. *B.* Aus 4-Brom-1.5-dinitro-naphthalin durch Nitrieren mit einem Gemisch von rauchender Salpetersäure und konz. Schwefelsäure zunächst bei 60—70° und schließlich bei 80—90° (MERZ, WEITH. B. 15, 2718, 2719). — Nadeln (aus Eisessig). F: 245°. Fast unlöslich in kochendem Alkohol und Benzol, sehr schwer löslich in kochendem Eisessig. — Liefert bei der Oxydation mit verd. Salpetersäure (D: 1,2) im geschlossenen Rohr bei 165° 3.6-Dinitro-phthalsäure. Wird von NH₃ oder Anilin leicht angegriffen und in 2.4.5.8-Tetranitro-1-amino-naphthalin (Syst. No. 1722) bezw. 2.4.5.8-Tetranitro-1-anilino-naphthalin übergeführt.

4-Brom-1.3.6.8-tetranitro-naphthalin $C_{10}H_2O_8N_4Br = C_{10}H_3Br(NO_2)_4$. B. Aus 4-Brom-1.8-dinitro-naphthalin durch Nitrieren mit einem Gemisch von rauchender Salpetersäure und konz. Schwefelsäure zunächst bei 60—70° und schließlich bei 80—90° (MERZ, WEITH, B. 15, 2712). — Nadeln (aus Benzol). F: 189—189,5°. 1 Tl. löst sich bei 18° in 27 Tln. Benzol. — Liefert beim Erhitzen mit verd. Salpetersäure (D: 1,15) im geschlossenen Rohr auf 150° 3.5-Dinitro-phthalsäure. Wird schon durch kalte Natronlauge in NaBr und 2.4.5.7-Tetranitro-1-oxy-naphthalin (Syst. No. 537) zerlegt. Gibt mit Ammoniak 2.4.5.7-Tetranitro-1-amino-naphthalin (Syst. No. 1722) und mit Anilin 2.4.5.7-Tetranitro-1-anilino-naphthalin.

g) Azido-Derivate.

1-Azido-naphthalin, 1-Triazo-naphthalin, α-Naphthylazid, α-Diazonaphthalin-imid $C_{10}H_7N_3 = C_{10}H_7 \cdot N_3$. B. Man löst 30 g α-Naphthylamin in 180 ccm Eisessig und 80 ccm konz. Schwefelsäure, diazotiert mit 15 g NaNO₂, fügt 5 g Harnstoff zur kalten Lösung und dann 15 g Natriumazid in 50 ccm Wasser (FORSTER, FIERZ, Soc. 91, 1945). — Prismen. F: 12°; zersetzt sich gegen 110° unter 2 mm Druck (FO., FI.). $D^{14,2}$: 1,1713 (PHILIP, Soc. 93, 919). Leicht löslich in Alkohol, Äther, Aceton (FO., FI.). $n_\alpha^{14,2}$: 1,64481; $n_D^{14,2}$: 1,65501 (PH.). — Ist gegen alkoh. Kalilauge beständig; konz. Schwefelsäure spaltet Stickstoff ab; Salpetersäure (D: 1,42) führt in 4-Nitro-1-azido-naphthalin über (FO., FI.). Mit Phenylmagnesiumbromid entsteht Phenyl-α-naphthyl-triazen $C_{10}H_7 \cdot N:N \cdot NH \cdot C_6H_5$ (DIMROTH, ÉBLE, GRUHL, B. 40, 2400).

2-Azido-naphthalin, 2-Triazo-naphthalin, β-Naphthylazid, β-Diazonaphthalin-imid $C_{10}H_7N_3 = C_{10}H_7 \cdot N_3$. B. Aus diazotiertem β-Naphthylamin mit salzsaurem Hydroxylamin und Soda oder mit Natriumazid in Gegenwart von Harnstoff (FORSTER, FIERZ, Soc. 91, 1949). Aus β-Naphthalin-azo-ameisensäureamid mit alkal. Natriumhypochloritlösung (unter Umlagerung) (DARAPSKY, B. 40, 3036; J. pr. [2] 76, 461). — Nadeln (aus Petroläther), Prismen (aus Alkohol). F: 33° (FO., FI.), 31—32° (D). Ziemlich löslich in organischen Mitteln, weniger in Alkohol und Methylalkohol, sehr wenig in siedendem Wasser (FO., FI.). — Alkoholische Kalilauge spaltet keine Stickstoffwasserstoffsäure ab; 66%ige Schwefelsäure spaltet ²/₃ des Stickstoffs ab; Salpetersäure (D: 1,42) führt in 1-Nitro-2-azido-naphthalin über (FO., FI.).

x-Brom-2-azido-naphthalin $C_{10}H_6N_3Br = C_{10}H_6Br \cdot N_3$. B. Beim Eintragen von Brom-β-naphthalindiazoniumperbromid in konz. Ammoniak (MICHAELIS, B. 26, 2195). — Nädelchen (aus Alkohol). F: 111°. Unlöslich in Ligroin, löslich in Benzol und Chloroform.

2-Nitro-1-azido-naphthalin $C_{10}H_6O_2N_4 = O_2N \cdot C_{10}H_6 \cdot N_3$. B. Man diazotiert 2-Nitro-1-amino-naphthalin in Eisessig und konz. Schwefelsäure und gibt zu der Diazoniumsalzlösung Harnstoff und Natriumazid (FORSTER, FIERZ, Soc. 91, 1946). — Gelbe Nadeln (aus verd. Aceton). F: 103—104° (Zers.); leicht löslich in Aceton, Alkohol, Benzol, sehr wenig in heißem Petroläther (FO., FI.). — Geht bei 150° unter Stickstoffentwicklung in β-Naphthochinondioximperoxyd (Syst. No. 674) über (NOELTING, KOHN, Ch. Z. 18, 1095; FO., FI.). Zerfällt bei der Hydrolyse mit verd. alkoh. Kalilauge in N₃H und 2-Nitro-1-oxy-naphthalin (FO., FI.).

4-Nitro-1-azido-naphthalin $C_{10}H_6O_2N_4 = O_2N \cdot C_{10}H_6 \cdot N_3$. B. Man mischt 5 g 1-Azido-naphthalin mit 30 ccm Salpetersäure (D: 1,42) (FO., FI., Soc. 91, 1948). Aus diazotiertem 4-Nitro-1-amino-naphthalin mit Natriumazid (FO., FI.). — Gelbe Nadeln (aus Alkohol). F: 99°. Sehr wenig löslich in kaltem Alkohol und Methylalkohol, Benzol, heißem Petroläther. — Heiße alkoh. Kalilauge spaltet in 4-Nitro-1-oxy-naphthalin und N₃H.

5-Nitro-1-azido-naphthalin $C_{10}H_6O_2N_4 = O_2N \cdot C_{10}H_6 \cdot N_3$. B. Aus diazotiertem 5-Nitro-1-amino-naphthalin mit Natriumazid (FORSTER, FIERZ, Soc. 91, 1948). — Gelbe Nadeln (aus absol. Alkohol). F: 121°. — Zersetzt sich bei 130°. Wird durch alkoh. Kalilauge in ein schwarzes Pulver verwandelt, ohne daß N₃H auftritt.

8-Nitro-1-azido-naphthalin $C_{10}H_6O_2N_4 = O_2N \cdot C_{10}H_6 \cdot N_3$. B. Aus diazotiertem 8-Nitro-1-amino-naphthalin mit Natriumazid (FORSTER, FIERZ, Soc. 91, 1949). — Farblose, sehr lichtempfindliche Prismen (aus Aceton). F: 130—131° (Zers.). — Wird durch siedende alkoh. Kalilauge völlig zersetzt, ohne daß N₃H auftritt.

1-Nitro-2-azido-naphthalin $C_{10}H_6O_2N_4 = O_2N \cdot C_{10}H_6 \cdot N_3$. *B.* Beim Nitrieren von 2-Azido-naphthalin mit Salpetersäure (D: 1,42) (Fo., Fl., *Soc.* **91**, 1950). Aus diazotiertem 1-Nitro-2-amino-naphthalin mit Natriumazid (Fo., Fl.). — Gelbliche Nadeln (aus Aceton). F: 116—117° (Zers.) (Fo., Fl.). — Geht beim Erwärmen in β-Naphthochinondioximperoxyd (Syst. No. 674) über (Noelting, Kohn, *Ch. Z.* **18**, 1095; Fo., Fl.). Alkoholisches Schwefelammon liefert 1-Nitro-2-amino-naphthalin; 80%ige Schwefelsäure spaltet $^2/_3$ des Azoimidstickstoffs ab; alkoholische Kalilauge spaltet N_3H ab (Fo., Fl.).

5-Nitro-2-azido-naphthalin $C_{10}H_6O_2N_4 = O_2N \cdot C_{10}H_6 \cdot N_3$. *B.* Aus diazotiertem 5-Nitro-2-amino-naphthalin mit Natriumazid (Fo., Fl., *Soc.* **91**, 1951). — Braungelbe Nadeln (aus Aceton). F: 133,5°. Leicht löslich in heißem Alkohol und Methylalkohol, sehr leicht in Essigester, Eisessig. — Ist beim Erhitzen in Lösungen beständig. Heiße alkoh. Kalilauge spaltet nicht N_3H ab.

8-Nitro-2-azido-naphthalin $C_{10}H_6O_2N_4 = O_2N \cdot C_{10}H_6 \cdot N_3$. *B.* Aus diazotiertem 8-Nitro-2-amino-naphthalin mit Natriumazid (Fo., Fl., *Soc.* **91**, 1951). — Gelbe Prismen (aus verd. Aceton). F: 108°. — Alkoholische Kalilauge spaltet nicht N_3H ab.

h) AsO-Derivate.

Naphthylarsenoxyde $C_{10}H_7OAs = C_{10}H_7AsO$ s. Syst. No. 2317.

2. Kohlenwasserstoffe $C_{11}H_{10}$.

1. *1-[1³-Metho-buten-(1²)-in-(1¹)-yl]-benzol, Isopropenyl-phenyl-acetylen*, β-*Methyl-δ-phenyl-[α-buten-γ-in]* $C_{11}H_{10} = C_6H_5 \cdot C \vdots C \cdot C(CH_3) \vdots CH_2$. *B.* Man kocht den Alkohol $C_6H_5 \cdot C \vdots C \cdot C(OH)(CH_3)_2$ einige Stunden mit 5%iger Schwefelsäure, destilliert zunächst im Wasserdampfstrom und alsdann im Vakuum (Skossarewski, Ж. **37**, 646; *C.* **1905** II, 1018). — Flüssig. Kp$_7$: 88°.

2. *1-Methyl-naphthalin, α-Methyl-naphthalin* $C_{11}H_{10} = C_{10}H_7 \cdot CH_3$. *V.* Im Erdöl: Tammann, D. R. P. 95579; *Frdl.* **5**, 41; Jones, Wootton, *Soc.* **91**, 1149. — *B.* Bei der trocknen Destillation der Steinkohle, daher im Steinkohlenteer enthalten (Schulze, *B.* **17**, 844, 1528). Bei der Leuchtgasgewinnung aus Naphthalin; findet sich daher in dem hierbei abfallenden Teer (Ljubawin, Ж. **31**, 358; *C.* **1899** II, 118). Durch Einw. von Äthylenbromid in $AlCl_3$ auf Naphthalin und Destillation des Reaktionsprodukts, im Gemisch mit β-Methyl-naphthalin (Roux, *A. ch.* [6] **12**, 299). Aus α-Brom-naphthalin mit Natrium und Methyljodid (Fittig, Remsen, *A.* **155**, 114). Aus α-Naphthyl-essigsäure beim Glühen mit Kalk (Boessneck, *B.* **16**, 1547). — *Darst.* Aus Steinkohlenteerfraktionen: Wichelhaus, *B.* **24**, 3918; Wendt, *A. pr.* [2] **46**, 317; aus Erdöldestillationsprodukten: Tammann. — Fluorescenzfreies (Schu., *B.* **17**, 845; We.) Öl. F: —22° (We.). Kp$_{759}$: 240—243° (korr.) (We.); Kp: 241° (T.). Mit Wasserdampf flüchtig (We.). $D^{14,5}$: 1,0287 (F., R.); D^{19}: 1,0005 (We.); D: 1,007 (T.). Leicht löslich in Alkohol und Äther (We.). — Gibt mit konz. Schwefelsäure zwei Sulfonsäuren (We.). Leitet man Chlor bei gewöhnlicher Temperatur im diffusen Licht in α-Methyl-naphthalin, so entsteht ein Reaktionsprodukt, das mit alkoh. Kali eso-Trichlor-1-methyl-naphthalin liefert (Scherler, *B.* **24**, 3927). Beim Leiten von Chlor in siedendes α-Methyl-naphthalin entsteht 1¹-Chlor-1-methyl-naphthalin (Sche.; Wislicenus, Wren, *B.* **38**, 506). Bei der Einw. von Chlor auf α-Methyl-naphthalin im direkten Sonnenlicht entsteht eso-Chlor-1-methyl-naphthalin (Sche.). Bei der Einw. von Brom auf α-Methyl-naphthalin im direkten Sonnenlicht entsteht eso-Brom-1-methyl-naphthalin (Schu., *B.* **17**, 1528; Sche.). Beim Eintragen von Brom in auf 200° erhitztes α-Methyl-naphthalin entsteht 1¹-Brom-1-methyl-naphthalin (Schmidlin, Massini, *B.* **42**, 2389).

Verbindung von α-Methyl-naphthalin mit Pikrinsäure s. Syst. No. 523.

eso-Chlor-1-methyl-naphthalin $C_{11}H_9Cl = C_{10}H_6Cl \cdot CH_3$. *B.* Beim Einleiten von 1 Mol.-Gew. Chlor in α-Methyl-naphthalin an der Sonne (Scherler, *B.* **24**, 3930). — Flüssig. Kp$_{30}$: 167—169°.

Verbindung mit Pikrinsäure s. Syst. No. 523.

1¹-Chlor-1-methyl-naphthalin, α-Menaphthylchlorid $C_{11}H_9Cl = C_{10}H_7 \cdot CH_2Cl$. *B.* Beim Einleiten von Chlor in siedendes α-Methyl-naphthalin (Scherler, *B.* **24**, 3929; Wislicenus, Wren, *B.* **38**, 506). — Flüssig. Kp$_{25}$: 167—169° (Sch.); Kp$_{15}$: 148—153° (Wi., We.). Siedet an der Luft nicht unzersetzt (Sch.).

eso-Trichlor-1-methyl-naphthalin $C_{11}H_7Cl_3 = C_{10}H_4Cl_3 \cdot CH_3$. *B.* Man leitet bei gewöhnlicher Temperatur Chlor in α-Methyl-naphthalin und zerlegt das Produkt durch alkoh. Kali (Scherler, *B.* **24**, 3927). — Nadeln. F: 145—146°.

eso-Brom-1-methyl-naphthalin $C_{11}H_9Br = C_{10}H_6Br \cdot CH_3$. *B.* Durch Vermischen der Lösungen von α-Methyl-naphthalin und 1 Mol.-Gew. Brom im Sonnenlicht in CS_2 oder ohne Lösungsmittel (Schulze, *B.* **17**, 1528; Scherler, *B.* **24**, 2930). Isolierung mittels der Pikrinsäureverbindung: Schu. — Flüssig. Destilliert unter geringer Zersetzung bei 298^0 (korr.) (Schu.); Kp_{20}: 178—179^0 (Sche.).

Verbindung mit Pikrinsäure s. Syst. No. 523.

1'-Brom-1-methyl-naphthalin, α-Menaphthylbromid $C_{11}H_9Br = C_{10}H_7 \cdot CH_2Br$. *B.* Beim Eintragen von Brom in α-Methyl-naphthalin, das auf 200^0 erhitzt wird (Schmidlin, Massini, *B.* **42**, 2389). — Öl. Kp_{18}: 183^0.

eso-Nitro-1-methyl-naphthalin $C_{11}H_9O_2N = O_2N \cdot C_{10}H_6 \cdot CH_3$. *B.* Beim Eintröpfeln von 23 g Salpetersäure (D: 1,48) in 30 g α-Methyl-naphthalin, gelöst in 45 g Eisessig (Scherler, *B.* **24**, 3932). — Bleibt bei -21^0 flüssig. Kp_{27}: 194—195^0.

1'-Nitro-1-methyl-naphthalin, α-Naphthyl-nitromethan $C_{11}H_9O_2N = C_{10}H_7 \cdot CH_2 \cdot NO_2$. *B.* Durch Kochen der Natriumverbindung des α-Naphthyl-isonitro-acetonitrils $C_{10}H_7 \cdot C(CN):NO \cdot ONa + H_2O$ (Syst. No. 951) mit mindestens 20%iger Natronlauge und Ansäuern (W. Wislicenus, Wren, *B.* **38**, 508). — Gelbliche Nädelchen (aus Petroläther). F: 72—73^0. — Liefert mit Natronlauge bei 150—160^0 Dinaphthyläthylen $C_{10}H_7 \cdot CH:CH \cdot C_{10}H_7$.

3. 2-Methyl-naphthalin, β-Methyl-naphthalin $C_{11}H_{10} = C_{10}H_7 \cdot CH_3$. *V.* Im Erdöl (Tammann, D. R. P. 95579; *Frdl.* **5**, 41; Jones, Wootton, *Soc.* **91**, 1149). — *B.* Bei der trocknen Destillation der Steinkohle, daher im Steinkohlenteer enthalten (Schulze, *B.* **17**, 843; vgl. Reingruber, *B.* **206**, 375). Bei der Leuchtgasgewinnung aus Naphtharückständen; findet sich in dem hierbei abfallenden Teer (Ljubawin, Ж. **31**, 358; *C.* **1899** II, 118). Bei der Destillation von Kolophonium mit Zinkstaub (Ciamician, *B.* **11**, 272). Durch Einw. von Methylenchlorid auf Naphthalin in Gegenwart von $AlCl_3$ und Destillation des Reaktionsprodukts (Bodroux, *Bl.* [3] **25**, 496). Durch Einw. von Äthylidenchlorid auf Naphthalin in Gegenwart von $AlCl_3$ und Destillation des Reaktionsprodukts (Bodroux, *Bl.* [3] **25**, 492; Homer, *Soc.* **97**, 1142). Durch Einw. von Äthylenbromid auf Naphthalin in Gegenwart von $AlCl_3$ und Destillation des Reaktionsprodukts (im Gemisch mit α-Methyl-naphthalin) (Roux, *A. ch.* [6] **12**, 297). Beim Glühen von 1-Oxy-2-methyl-naphthalin oder von 4-Oxy-1-methyl-naphthalin mit Zinkstaub (Fittig, Liebmann, *A.* **255**, 264, 273). — *Darst.* aus Steinkohlenteerfraktionen: Schulze, *B.* **17**, 843; Wichelhaus, *B.* **24**, 3919; Wendt, *J. pr.* [2] **46**, 319. Darstellung aus Erdöldestillationsprodukten: Tammann. — Tafeln. Monoklin (Fock, *B.* **27**, 1247). F: 37—38^0 (Fl., Lie.), 32,5^0 (Schu.), 32^0 (T.). Kp_{760}: 240—242^0 (Bo.); Kp: 241—242^0 (korr.) (Schu.). — Im direkten Sonnenlicht mit Chlor in β-Methyl-naphthalin, bis die Gewichtszunahme einem Atomgewicht Chlor entspricht, so erhält man eso-Chlor-2-methyl-naphthalin (s. u.) (Scherler, *B.* **24**, 3931). Bei langem Einleiten von Chlor in diffusem Licht entsteht [Chlor-β-methyl-naphthalin]-tetrachlorid (S. 501) (Sche.). Beim Einleiten von Chlor in siedendes β-Methyl-naphthalin entsteht 2'-Chlor-2-methyl-naphthalin (Schulze, *B.* **17**, 1529). β-Methyl-naphthalin liefert im direkten Sonnenlicht mit der äquimolaren Menge Brom in Schwefelkohlenstofflösung eso-Brom-2-methyl-naphthalin (Schu., *B.* **17**, 1528). Behandelt man β-Methyl-naphthalin bei 240^0 mit Bromdämpfen, so entsteht 2'-Brom-2-methyl-naphthalin (Schu., *B.* **17**, 1529). Läßt man in überschüssiges Brom bei Gegenwart von $AlBr_3$ β-Methyl-naphthalin tropfen, so entsteht eso-Pentabrom-2-methyl-naphthalin (Bodroux, Taboury, *Bl.* [4] **5**, 827). Behandelt man β-Methyl-naphthalin mit der gleichmolekularen Menge Salpetersäure (D: 1,36), fügt man dieser gleiches Vol. konz. Schwefelsäure hinzu und erhitzt nahezu zum Sieden, so erhält man eso-Nitro-2-methyl-naphthalin neben wenig eso-Dinitro-2-methyl-naphthalin (Schu., *B.* **17**, 844).

Verbindung von β-Methyl-naphthalin mit Pikrinsäure s. Syst. No. 523.

eso-Chlor-2-methyl-naphthalin $C_{11}H_9Cl = C_{10}H_6Cl \cdot CH_3$. *B.* Beim Chlorieren von β-Methyl-naphthalin an der Sonne (Scherler, *B.* **24**, 2931). — Öl. Kp_{25}: 159—161^0.

Verbindung mit Pikrinsäure s. Syst. No. 523.

2'-Chlor-2-methyl-naphthalin, β-Menaphthylchlorid $C_{11}H_9Cl = C_{10}H_7 \cdot CH_2Cl$. *B.* Beim Einleiten von Chlor in auf 240—250^0 erhitztes β-Methyl-naphthalin (Schulze, *B.* **17**, 1529). — Blättchen (aus Alkohol). F: 47^0. Kp_{20}: 168^0. — Gibt bei der Oxydation mit Bleinitratlösung β-Naphthaldehyd, mit alkalischer Permanganatlösung β-Naphthoesäure.

eso-Dichlor-2-methyl-naphthalin $C_{11}H_8Cl_2 = C_{10}H_6Cl_2 \cdot CH_3$. *B.* Man behandelt β-Methyl-naphthalin längere Zeit unter Kühlung mit Chlor, wäscht das Reaktionsprodukt mit Ligroin, wobei [Chlor-β-methyl-naphthalin]-tetrachlorid (S. 501) ungelöst bleibt, verdunstet die Ligroinlösung und behandelt den Verdunstungsrückstand mit alkoh. Kali; man erhält eso-Dichlor-2-methyl-naphthalin und eso-Tetrachlor-2-methyl-naphthalin, welche durch Vakuumdestillation annähernd getrennt werden (Scherler, *B.* **24**, 3921). — Öl. Kp_{20}: 189^0.

eso-Trichlor-2-methyl-naphthalin $C_{11}H_7Cl_3 = C_{10}H_4Cl_3 \cdot CH_3$. *B.* Aus [Chlor-$\beta$-methyl-naphthalin]-tetrachlorid (S. 501) und alkoholischem Kali (SCHERLER, *B.* 24, 3924). — Nadeln (aus Alkohol). F: 182°. Leicht löslich in Äther und Chloroform, Eisessig und heißem Alkohol, weniger in kaltem Alkohol.

1.2^1.2^1.2^1-Tetrachlor-2-methyl-naphthalin, 1-Chlor-2-[trichlormethyl]-naphthalin $C_{11}H_6Cl_4 = C_{10}H_6Cl \cdot CCl_3$. *B.* Bei 3-stdg. Erhitzen von 1 Mol.-Gew. der Verbindung $(CH_3)^2C_{10}H_6(O \cdot POCl_2)^1$ (Syst. No. 538a) mit $1\frac{1}{4}$ Mol.-Gew. PCl$_5$ im geschlossenen Rohr auf 180° (WOLFFENSTEIN, *B.* 21, 1190). — Krystalle (aus Ligroin). F: 73°. Leicht löslich in den gewöhnlichen Lösungsmitteln. — Liefert beim Kochen mit Essigsäure 1-Chlor-naphthalin-carbonsäure-(2). Gibt beim Kochen mit Dimethylanilin und ZnCl$_2$ grüne Farbstoffreaktion.

eso-Tetrachlor-2-methyl-naphthalin $C_{11}H_6Cl_4 = C_{10}H_2Cl_4 \cdot CH_3$. *B.* Siehe eso-Dichlor-2-methyl-naphthalin. — Nadeln (aus Alkohol). F: 140—146° (SCHERLER, *B.* 24, 3926).

eso-Brom-2-methyl-naphthalin $C_{11}H_9Br = C_{10}H_6Br \cdot CH_3$. *B.* Aus β-Methyl-naphthalin mit der gleichmolekularen Menge Brom in Schwefelkohlenstofflösung im Sonnenlicht (SCHULZE, *B.* 17, 1528). — Flüssig. Kp: 296° (korr.). Verbindung mit Pikrinsäure s. Syst. No. 523.

2^1-Brom-2-methyl-naphthalin, β-Menaphthylbromid $C_{11}H_9Br = C_{10}H_7 \cdot CH_2Br$. *B.* Beim Einleiten von Brom in auf 240° erhitztes β-Methyl-naphthalin (SCHULZE, *B.* 17, 1529). — Blättchen (aus Alkohol). F: 56°. Kp$_{100}$: 213°. — Gibt bei der Oxydation mit Bleinitratlösung β-Naphthaldehyd, mit alkal. Permanganatlösung β-Naphthoesäure. Verbindet sich nicht mit Pikrinsäure.

eso-Pentabrom-2-methyl-naphthalin $C_{11}H_5Br_5 = C_{10}H_5Br_5 \cdot CH_3$. *B.* Durch tropfenweisen Zusatz von 5 g β-Methyl-naphthalin zu einer Lösung von 1 g Aluminium in 100 g Brom (BODROUX, TABOURY, *Bl.* [4] 5, 827). — Nadeln (aus Brombenzol). F: 285—286°.

eso-Nitro-2-methyl-naphthalin $C_{11}H_9O_2N = O_2N \cdot C_{10}H_6 \cdot CH_3$. *Darst.* Man übergießt β-Methyl-naphthalin (D: 1,36) mit 1 Mol.-Gew. Salpetersäure (D: 1,36), setzt nach beendeter Einwirkung ein der Salpetersäure gleiches Vol. konz. Schwefelsäure hinzu, erhitzt zum Kochen und krystallisiert das erhaltene Produkt aus Alkohol um, wobei sich zunächst etwas eso-Dinitro-2-methyl-naphthalin (s. u.) ausscheidet (SCHULZE, *B.* 17, 844). — Farblose Nadeln. F: 81° (SCH.), 80° (BODROUX, *Bl.* [3] 25, 494). Zersetzt sich beim Sieden an der Luft, destilliert aber unzersetzt bei 40 mm Druck (SCH.).

2^1-Nitro-2-methyl-naphthalin, β-Naphthyl-nitromethan $C_{11}H_9O_2N = C_{10}H_7 \cdot CH_2 \cdot NO_2$. *B.* Durch Kochen der Natriumverbindung des β-Naphthyl-isonitro-acetonitrils $C_{10}H_7 \cdot C(CN):NO \cdot ONa$ (Syst. No. 951) mit Natronlauge und Ansäuern der erkalteten Lösung (W. WISLICENUS, WREN, *B.* 38, 510). — Schmilzt unscharf gegen 72° und zersetzt sich wenige Grade höher. Sehr leicht löslich in organischen Lösungsmitteln. — Beim Erhitzen mit 10%iger Natronlauge auf 180—200° entsteht Dinaphthyläthylen $C_{10}H_7 \cdot CH:CH \cdot C_{10}H_7$.

eso-Dinitro-2-methyl-naphthalin $C_{11}H_8O_4N_2 = (O_2N)_2C_{10}H_5 \cdot CH_3$. *B.* Siehe eso-Nitro-2-methyl-naphthalin. — Nadeln. F: 206° (SCHULZE, *B.* 17, 844). Schwer löslich in Alkohol.

3. Kohlenwasserstoffe $C_{12}H_{12}$.

1. **[α-Ätho-vinyl]-phenyl-acetylen, β-Äthyl-δ-phenyl-[α-buten-γ-in]** $C_{12}H_{12}$ $= C_6H_5 \cdot C:C \cdot C(:CH_3) \cdot CH_2 \cdot CH_3$ oder **[α-Metho-α-propenyl]-phenyl-acetylen, γ-Methyl-ϵ-phenyl-[β-penten-δ-in]** $C_{12}H_{12} = C_6H_5 \cdot C:C \cdot C(CH_3):CH \cdot CH_3$. *B.* Man behandelt Phenyl-propionyl-acetylen $C_6H_5 \cdot C:C \cdot CO \cdot C_2H_5$ in Äther mit Methylmagnesiumjodid bei —10°, zersetzt die zunächst entstehende Additionsverbindung $C_6H_5 \cdot C:C \cdot C(CH_3)(O \cdot MgI) \cdot C_2H_5 +$ $(C_2H_5)_2O$ mit Essigsäure und destilliert das Reaktionsprodukt, wobei Wasserabspaltung aus dem primär gebildeten Alkohol $C_6H_5 \cdot C:C \cdot C(CH_3)(OH) \cdot C_2H_5$ erfolgt (BRACHIN, *Bl.* [3] 35, 1177; MOUREU, *A. ch.* [8] 7, 544). Man kocht den Alkohol $C_6H_5 \cdot C:C \cdot C(CH_3)(OH) \cdot C_2H_5$ mit 5%iger Schwefelsäure (BORK, Ж. 37, 649; *C.* 1905 II, 1019). — Fast farblose Flüssigkeit von aromatischem Geruch. Kp$_{15}$: 113—115° (BR.; M.). Kp$_9$: 102—103° (Bo.). D$^0_4$: 0,9301 (BR.; M.). D$^{20}_{20}$: 0,9305 (Bo.). n$^{20}_{d}$: 1,57675; n$^{20}_{b}$: 1,58281; n$^{20}_{\gamma}$: 1,61954 (BR.; M.). Molekulare Refraktion und Dispersion: M., *C. r.* 141, 894; *Bl.* [3] 35, 38; *A. ch.* [8] 7, 544. — Verändert sich beim Stehen in zugeschmolzenen Röhren (Bo.). Durch Behandlung mit konz. Schwefelsäure erhält man den Alkohol $C_6H_5 \cdot C:C \cdot C(CH_3)(OH) \cdot C_2H_5$ zurück (Bo.).

2. **1-Phenyl-cyclohexadien-(2.5)** [L.-R.-Bezf.: Phenyl-3-cyclohexadien-1.4] $C_{12}H_{12} = C_6H_5 \cdot CH \begin{smallmatrix} CH:CH \\ CH:CH \end{smallmatrix} CH_2$.

3.5-Dichlor-1-phenyl-cyclohexadien-(2.5) $C_{10}H_{10}Cl_2 = C_6H_5 \cdot CH {<}^{CH:CCl}_{CH:CCl}{>} CH_2$. B.
Bei Einw. von 2 Mol.-Gew. Phosphorpentachlorid auf 1 Mol.-Gew. 1-Phenyl-cyclohexan-dion-(3.5), gelöst in $CHCl_3$, in der Kälte (KNOEVENAGEL, B. **27**, 2340). — Öl. Kp_{20}: 178°
bis 179° (geringe Zers.).

3. **1-Phenyl-cyclohexadien-(x.x)** $C_{12}H_{12} = C_6H_5 \cdot C_6H_7$. B. Beim Erhitzen von
Diphenyltetrahydriddibromid $C_6H_5 \cdot C_6H_9Br_2$ (S. 503) mit alkoh. Kali (BAMBERGER, LODTER,
B. **21**, 843). — Flüssig. Kp: 247—249°. — Nimmt direkt 2 Atome Brom auf.

4. **1-Phenyl-cyclohexadien-(x.x)** $C_{12}H_{12} = C_6H_5 \cdot C_6H_7$.
x-Brom-1-phenyl-cyclohexadien-(x.x), Bromdihydrodiphenyl $C_{12}H_{11}Br = C_6H_5 \cdot$
C_6H_6Br. B. Beim Behandeln von Tribromdiphenylhexahydrid (S. 503) mit alkoh. Kali
(BAMBERGER, LODTER, B. **21**, 845). — Gelbes Öl. — Zerfällt bei der Destillation völlig in
HBr und Diphenyl.

5. **1-Methyl-3-phenyl-cyclopentadien-(2.4) (?)** $C_{12}H_{12} =$
$C_6H_5 \cdot C{:}CH {\diagdown} CH \cdot CH_3$ (?). B. Durch Einw. von 1-Phenyl-cyclopenten-(1)-on-(3) auf
$HC{:}CH {\diagup}$
Methylmagnesiumjodid in Äther (BORSCHE, MENZ, B. **41**, 207). — Krystalle (aus Benzol
oder Petroläther). F: 62°. Kp_{12}: 151°. — Läßt sich in Wasserstoffatmosphäre längere Zeit
aufbewahren; an der Luft färbt es sich und verharzt in einigen Stunden. Beim Behandeln
mit Natrium und feuchtem Äther entsteht 1-Methyl-3-phenyl-cyclopentan. Wird aus der
kirschroten Lösung in konz. Schwefelsäure durch Eiswasser unverändert gefällt. Mit $FeCl_3$
entsteht in Äther eine zuerst violette, dann dunkelblaue krystallinische Fällung. Chlorwasserstoff färbt es rotviolett.

6. **1-Äthyl-naphthalin, a-Äthyl-naphthalin** $C_{12}H_{12} = C_{10}H_7 \cdot C_2H_5$. B. Scheint
in sehr geringer Menge neben anderen Produkten bei der Verhüttung (Destillation) der
Quecksilbererze von Idria zu entstehen und daher im „Stuppfett" enthalten zu sein (GOLD-
SCHMIEDT, M. v. SCHMIDT, M. **2**, 20) [Über die Zusammensetzung des Stuppfetts s. Go.,
v. Sch.]. Durch Behandeln eines Gemisches von a-Brom-naphthalin und Äthylbromid mit
Natrium (FITTIG, REMSEN, A. **155**, 118); man reinigt das Produkt durch Destillation im
Vakuum (CARNELUTTI, B. **13**, 1671). Durch Reduktion von Methyl-a-naphthyl-keton mit
Wasserstoff und fein verteiltem, bei 250° gewonnenem Nickel bei 180° (DARZENS, ROST,
$C. r.$ **146**, 933). — Bleibt bei — 14° flüssig (F., R.). Kp: 251—252° (F., R.); $Kp_{757.7}$: 257°
bis 259,5° (korr.) (nicht ganz unzersetzt); Kp_{2-3}: 100° (C.). D^{10}: 1,0184 (F., R.); D_4^0: 1,0204;
$D_4^{11.3}$: 1,0123 (C.).
Verbindung mit Pikrinsäure s. Syst. No. 523.
exo-Dichlor-1-äthyl-naphthalin $C_{12}H_{10}Cl_2 = C_{10}H_7 \cdot C_2H_3Cl_2$. B. Beim Einleiten von
Chlor in a-Äthyl-naphthalin an der Sonne (LEROY, $Bl.$ [3] **7**, 647). — Flüssig. Kp_{40}: 185°.
— Gibt mit alkoh. Kali 1-Acetylenyl-naphthalin.
$1^1.2^2$-Dibrom-1-äthyl-naphthalin $C_{12}H_{10}Br_2 = C_{10}H_7 \cdot CHBr \cdot CH_2Br$. B. Beim Versetzen von 1 Mol.-Gew. a-Vinyl-naphthalin, gelöst in $CHCl_3$, mit einer Lösung von etwas
mehr als 1 Mol.-Gew. Brom in $CHCl_3$ (BRANDIS, B. **22**, 2158). — Täfelchen (aus $CHCl_3$).
F: 168°. Sehr schwer löslich in Alkohol.
x.x.x-Tribrom-1-äthyl-naphthalin $C_{12}H_9Br_3$. B. Aus a-Äthyl-naphthalin mit viel
überschüssigem Brom (CARNELUTTI, B. **13**, 1672). — Feine weiße Nadeln (aus Äther).
F: 127°.

7. **2-Äthyl-naphthalin, β-Äthyl-naphthalin** $C_{12}H_{12} = C_{10}H_7 \cdot C_2H_5$. B. Beim
Behandeln eines Gemenges von Naphthalin und Äthylchlorid mit Aluminiumchlorid (MAR-
CHETTI, G. **11**, 265, 439). Aus Naphthalin und Äthylbromid mittels $AlCl_3$ (BRUNEL, B. **17**,
1180). Aus Naphthalin und Äthyljodid mittels $AlCl_3$ (ROUX, $A. ch.$ [6] **12**, 307). Beim
Behandeln eines Gemisches aus β-Brom-naphthalin und Äthylbromid mit Natrium (B.).
Durch Reduktion von Methyl-β-naphthyl-keton mit Wasserstoff und fein verteiltem bei
250° gewonnenem Nickel bei 180° (DARZENS, ROST, $C. r.$ **146**, 934). — Darst. Man mischt
100 Tle. Naphthalin mit 50 Tln. Äthylchlorid, füllt das Gefäß mit trocknem Chlorwasserstoff
und trägt allmählich 15 Tle. $AlCl_3$ ein; man digeriert einige Zeit, zersetzt mit Wasser,
destilliert das Reaktionsprodukt mit Wasserdampf bei zwei Atm. Druck, fraktioniert und
isoliert aus der bei 245—260° siedenden Fraktion das β-Äthyl-naphthalin in Form seiner
Pikrinsäureverbindung (M.). — Flüssig. Erstarrt in einer Kältemischung von —19° (B.).
Kp: 251°; D^0: 1,0078 (M., G. **11**, 440). — Verd. Salpetersäure oxydiert zu β-Naphthoesäure
(ROUX).

Verbindung von β-Äthyl-naphthalin mit Pikrinsäure s. Syst. No. 523.

$2^1.2^1.2^2.2^2$-Tetrabrom-2-äthyl-naphthalin $C_{12}H_9Br_4 = C_{10}H_7 \cdot CBr_2 \cdot CHBr_2$. B. Aus β-Acetylenyl-naphthalin und Brom (LEROY, *Bl.* [3] **7**, 649). — Krystalle. F: 80°.

8. *1.4-Dimethyl-naphthalin* („α-Dimethylnaphthalin") $C_{12}H_{12} = C_{10}H_6(CH_3)_2$. B. Aus Santonin $C_{15}H_{18}O_3$ (Syst. No. 2479) beim Glühen mit Zinkstaub (CANNIZZARO, CARNELUTTI, *G.* **12**, 414). Aus dl- oder aus d-santoniger Säure $C_{15}H_{20}O_3$ (Syst. No. 1086) beim Glühen mit Zinkstaub (CAN., CAR., *G.* **12**, 406, 413; *B.* **13**, 1517). Aus Hyposantonin durch Schmelzen mit KOH bei 360° (BERTOLO, *G.* **32** II, 375). Aus α-Elaterin durch Zinkstaubdestillation (MOORE, *Soc.* **97**, 1802). Beim Behandeln von 1.4-Dibrom-naphthalin mit Methyljodid und Natrium in Toluol (GIOVANNOZZI, *G.* **12**, 147; vgl. CAN., CAR., *B.* **13**, 1517). Beim Behandeln von Dihydrodimethylnaphthol $C_6H_6$$\begin{smallmatrix}C(CH_3)=C \cdot OH\\ \\C(CH_3)=CH\end{smallmatrix}$ (Syst. No. 535) mit Schwefelphosphor (CAN., *G.* **13**, 393). Aus 2-Oxy-1.4-dimethyl-naphthalin (Syst. No. 538a) beim Glühen mit Zinkstaub (CAN., CAR., *G.* **12**, 406, 410; *B.* **13**, 1516). Man diazotiert 2-Amino-1.4-dimethylnaphthalin in alkohisch-salzsaurer Lösung mit $NaNO_2$, versetzt mit alkoholischer Zinnchlorürlösung und erhitzt zum Kochen (CAN., ANDREOCCI, *G.* **26** I, 19). — Bleibt bei —18° flüssig (G.). Kp_{751}: 262—264° (CAN., CAR., *G.* **12**, 411); Kp_{742}: 262,5—263° (CAN., A.); Kp_{40}: 145° (NASINI, BERNHEIMER, *G.* **15**, 78); Kp_5: 110° (G.). D_0^e: 1,0283; D_4^{13}: 1,0199 (CAN., CAR., *G.* **12**, 411). $D_4^{16,4}$: 1,01803; $D_4^{77,7}$: 1,01058; $D_7^{77,7}$: 0,97411 (N., BERN.). D_{15}^{20}: 1,0176; D_4^{20}: 1,0157 (G.). $n_\alpha^{16,4}$: 1,60765; $n_D^{16,4}$: 1,61567; $n_\beta^{77,4}$: 1,63722; $n_\alpha^{77,7}$: 1,60250; $n_D^{77,7}$: 1,61052; $n_\gamma^{77,7}$: 1,65117; $n_\alpha^{77,7}$: 1,57901; $n_D^{77,7}$: 1,58656; $n_\beta^{77,7}$: 1,60710 (N., BERN.).

Verbindung mit Pikrinsäure s. Syst. No. 523.

x.x.x-Tribrom-1.4-dimethyl-naphthalin $C_{12}H_9Br_3$. B. Durch Einw. von Brom im Überschuß auf 1.4-Dimethyl-naphthalin (CANNIZZARO, CARNELUTTI, *G.* **12**, 411; *B.* **13**, 1517). — Nadeln (aus $CHCl_3$). F: 228°.

2-Nitroso-1.4-dimethyl-naphthalin $C_{12}H_{11}ON = ON \cdot C_{10}H_6(CH_3)_2$. B. Beim Erwärmen des Oxims des Dimethylnaphthochinols (Syst. No. 750) mit 90%iger Essigsäure auf 50° (CANNIZZARO, ANDREOCCI, *G.* **26** I, 30; vgl. BARGELLINI, *R. A. L.* [5] **16** II, 209; *G.* **37** II, 404). — Grüne Nadeln (aus Äther). F: 99—100° (C., A.). Sehr leicht löslich in Alkohol, Äther durch Ligroin (C., A.). — Geht durch Erhitzen für sich oder beim Stehen mit alkoh. Kali in das Dimere (s. u.) über (C., A.).

Dimeres 2-Nitroso-1.4-dimethyl-naphthalin $(C_{12}H_{11}ON)_2$. B. Bei 21-stdg. Stehen einer Lösung von 1 g 2-Nitroso-1.4-dimethyl-naphthalin in absol. Alkohol mit 2 ccm alkoh. Kalilösung (CANNIZZARO, ANDREOCCI, *G.* **26** I, 33). — Orangefarbene Nadeln (aus Alkohol). F: 174—175°. — Beim Kochen mit Essigsäureanhydrid entsteht ein bei 182° schmelzendes Acetylderivat $C_{24}H_{21}O_2N_2 \cdot C_2H_3O$. Beim Kochen mit Kali und absol. Alkohol entsteht eine Verbindung $C_{24}H_{20}ON_2$.

9. *2.6-Dimethyl-naphthalin* $C_{12}H_{12} = C_{10}H_6(CH_3)_2$. B. Durch $2^1/_2$-stdg. Erhitzen von 2.6-Dimethyl-naphthalin-carbonsäure-(1) mit Salzsäure (1 : 1) auf 200° (BAEYER, VILLIGER, *B.* **32**, 2443). — Blätter (aus Alkohol), die schwach nach Orangeblüten riechen. Sehr leicht flüchtig mit Wasserdampf. F: 110—111°. Verhältnismäßig schwer löslich. — Verbindung mit Pikrinsäure s. Syst. No. 523.

10. *Dimethyl-naphthalin aus Steinkohlenteer* $C_{12}H_{12} = C_{10}H_6(CH_3)_2$. Vgl. darüber: EMMERT, REINGRUBER, *A.* **211**, 365. Verbindung mit Pikrinsäure s. Syst. No. 523.

11. *Dimethyl-naphthalin aus einem Erdöl* $C_{12}H_{12} = C_{10}H_6(CH_3)_2$. Abscheidung aus dem Erdöl: TAMMANN, *D. R. P.* 95579; *Frdl.* **5**, 41. — F: —20°. Kp: 264°. D: 1,008. — Verbindung mit Pikrinsäure s. Syst. No. 523.

12. *Dimethyl-naphthalin aus Borneopetroleum* $C_{12}H_{12} = C_{10}H_6(CH_3)_2$. Vgl. darüber: JONES, WOOTTON, *Soc.* **91**, 1149. — Verbindung mit Pikrinsäure s. Syst. No. 523.

13. *Dimethyl-naphthalin aus Podophyllotoxin* $C_{12}H_{12} = C_{10}H_6(CH_3)_2$. B. Durch Destillation von Podophyllotoxin (Syst. No. 4865) oder von Pikropodophyllin (Syst. No. 4865) mit Zinkstaub (DUNSTAN, HENRY, *Soc.* **73**, 218). — Kp: 256—258°. — Verbindung mit Pikrinsäure s. Syst. No. 523.

14. *Dimethyl-naphthalin aus Artemisin* $C_{12}H_{12} = C_{10}H_6(CH_3)_2$. B. Durch Destillieren von Artemisin (Syst. No. 4865) über Zinkstaub im Wasserstoffstrom (FREUND, MAI, *B.* **34**, 3718). — Kp: 264°. — Verbindung mit Pikrinsäure s. Syst. No. 523.

15. *Guajen*[1]) $C_{12}H_{12}$. *B.* Bei der Destillation von Guajac-Harz mit Zinkstaub (Bötsch, *M.* 1, 618). Bei der Destillation von Pyroguajacin $C_{12}H_{14}O_2$ (Syst. No. 4745) mit Zinkstaub (Wieser, *M.* 1, 602). — Sublimiert in Blättern, die eine blaue Fluorescenz zeigen (B.; W.). F: 100—101° (W.), 97—98° (B.). Leicht flüchtig mit Wasserdämpfen (B.; W.). Löslich in Alkohol und Äther (B.). Löst sich in konz. Schwefelsäure mit grüner Farbe und wird aus dieser Lösung durch Wasser nicht mehr gefällt (B.; W.). — Wird von CrO_3 in Guajenchinon $C_{12}H_{10}O_2$ (s. u.) übergeführt (W.). — Verbindung mit Pikrinsäure s. Syst. No. 523.

Guajenchinon $C_{12}H_{10}O_2$. *B.* Durch Behandeln von Guajen mit CrO_3 und Essigsäure (Wieser, *M.* 1, 604). — Sublimiert in citronengelben Nadeln. F: 121—122°. Ziemlich löslich in Wasser. Löst sich nicht in Soda- oder Natriumdisulfitlösung.

4. Kohlenwasserstoffe $C_{13}H_{14}$.

1. *1-[1³.1⁴-Dimetho-penten-(1³)-in-(1¹)-yl]-benzol*, *β.γ-Dimethyl-ε-phenyl-[β-penten-δ-in]. [α.β-Dimetho-α-propenyl]-phenyl-acetylen* $C_{13}H_{14} = C_6H_5 \cdot C\colon C \cdot C(CH_3)\colon C(CH_3)_2$. *B.* Man kocht den Alkohol $C_6H_5 \cdot C\colon C \cdot C(CH_3)(OH) \cdot CH(CH_3)_2$ 9 bis 10 Stdn. mit 5%iger, wäßr. Schwefelsäure (Bork, Ж. 37, 651; *C.* 1905 II, 1019). — Flüssig. Kp_{12}: 120—122°. D_2^0: 0,9254. Unbeständig beim Aufbewahren.

2. *1-Methyl-3-phenyl-cyclohexadien-(1.3)* $C_{13}H_{14} =$

$$C_6H_5 \cdot C \cdot CH \colon C \cdot CH_3 \atop H\overset{||}{C} \cdot CH_2 \cdot CH_2$$

Mol.-Refr. und Mol.-Dispersion: Klages, *B.* 40, 2365.

3. *1-Äthyl-3-phenyl-cyclopentadien-(2.4)(?)* $C_{13}H_{14} =$

$$C_6H_5 \cdot C\colon CH \atop H\overset{}{C}\colon CH \Big\rangle CH \cdot C_2H_5(?).$$

B. Aus 1-Phenyl-cyclopenten-(1)-on-(3) durch Äthylmagnesiumbromid (Borsche, Menz, *B.* 41, 209). — Bei gewöhnlicher Temperatur halbfeste Masse, die beim Abkühlen zu Nadeln erstarrt. Kp_{12}: 170—175°. — Liefert durch Reduktion mit Natrium und feuchtem Äther 1-Äthyl-3-phenyl-cyclopentan.

4. *1-Propyl-naphthalin*, α-*Propyl-naphthalin* $C_{13}H_{14} = C_{10}H_7 \cdot CH_2 \cdot CH_2 \cdot CH_3$. *B.* Aus Äthyl-α-naphthyl-keton durch Erhitzen mit rotem Phosphor, Jod und Wasser (Bargellini, Melacini, *R. A. L.* [5] 17 II, 29; *G.* 38 II, 570). — Kp: 274—275°. — Verbindung mit Pikrinsäure s. Syst. No. 523.

5. *2-Propyl-naphthalin*, β-*Propyl-naphthalin* $C_{13}H_{14} = C_{10}H_7 \cdot CH_2 \cdot CH_2 \cdot CH_3$. *B.* Durch Erhitzen von Äthyl-β-naphthyl-keton mit rotem Phosphor, Jod und Wasser (Ba., Me., *R. A. L.* [5] 17 II, 29; *G.* 38 II, 570). — Kp: 277—279°. — Verbindung mit Pikrinsäure s. Syst. No. 523.

6. *2-Isopropyl-naphthalin*, β-*Isopropyl-naphthalin* $C_{13}H_{14} = C_{10}H_7 \cdot CH(CH_3)_2$. Zur Konstitution vgl. Ba., Me., *R. A. L.* [5] 17 II, 29; *G.* 38 II, 570. — *Darst.* In ein siedendes Gemisch aus 350 g Naphthalin und 200 g Propylbromid trägt man allmählich 15—20 g $AlCl_3$ ein und gießt, sobald kein HBr mehr entweicht, 300—400 g CS_2 hinzu und dann Wasser; man hebt die Schwefelkohlenstoffschicht ab, verjagt den CS_2 und fraktioniert den Rückstand im Vakuum (Roux, *A. ch.* [6] 12, 315). — Bleibt bei —21° flüssig (R.). Kp_{755}: 265° (R.); Kp_{25}: 145° (R.). D^0: 0,990 (R.). — Wird von verd. Salpetersäure bei 170° zu β-Naphthoesäure oxydiert (R.). — Verbindung mit Pikrinsäure s. Syst. No. 523.

7. *1.2.6-Trimethyl-naphthalin* $C_{13}H_{14} = C_{10}H_5(CH_3)_3$. *B.* Durch Einw. von Zinkstaub und alkoh. Salzsäure auf mit absol. Alkohol übergossenes 1¹-Brom-1.2.6-trimethyl-naphthalin (s. u.) (Baeyer, Villiger, *B.* 32, 2447). — Öl. Riecht nach Orangenblüten. Kp_{15}: 154—156°. — Verbindung mit Pikrinsäure s. Syst. No. 523.

1¹-**Brom-1.2.6-trimethyl-naphthalin** $C_{13}H_{13}Br = C_{10}H_5(CH_2Br)(CH_3)_2$. *B.* Durch ½-stdg. Kochen von 2.6-Dimethyl-1-[oxy-methyl]-naphthalin mit Bromwasserstoffsäure (Baeyer, Villiger, *B.* 32, 2446). — Blätter (aus Benzol + Ligroin). F: 107—108,5°. Schwer löslich in kaltem Alkohol und Ligroin, sonst leicht löslich.

1¹.x.x.x-**Tetrabrom-1.2.6-trimethyl-naphthalin**, eso-**Tribrom-2.6-dimethyl-1-brommethyl-naphthalin** $C_{13}H_{10}Br_4 = C_{10}H_2Br_3(CH_3)_2 \cdot CH_2Br$ (nicht einheitlich erhalten). *B.* Durch Einw. von Brom + etwas Jod auf das ölige Hydrobromid des Jonens (S. 506),

---

[1]) Wurde nach dem Literatur-Schlußtermin der 4. Aufl. dieses Handbuches [1. I. 1910] von Schroeter, Lichtenstadt, Ibineu (*B.* 51, 1588) als 2.3-Dimethyl-naphthalin erkannt.

neben anderen Produkten (B., V., *B.* **32**, 2439). — Prismen (aus Xylol). F: 217—220°. Sehr schwer löslich, außer in Nitrobenzol, Chinolin und heißem •Xylol.

8. **2.3.6-Trimethyl-naphthalin** $C_{13}H_{14} = C_{10}H_5(CH_3)_3$. *B.* Durch Reduktion der Diacetylverbindung des 1.8-Dioxy-3.6-dimethyl-2-acetyl-naphthalins (COLLIE, *Soc.* **63**, 336). — F: 92—93°. Kp: 263—264° (korr.).

9. **x.x.x-Trimethyl-naphthalin** $C_{13}H_{14} = C_{10}H_5(CH_3)_3$. *V.* Im Erdöl (TAMMANN, D. R. P. 95579; *Frdl.* **5**, 41). — F: — 20°. Kp: 290°. D: 1,007. — Verbindung mit Pikrinsäure s. Syst. No. 523.

10. **Kohlenwasserstoff** $C_{13}H_{14}$ **von unbekannter Struktur.** *V.* Im Erdöl von Balachany (Baku) (MARKOWNIKOW, OGLOBLIN, Ж. **15**, 322; M., *A.* **234**, 109). Wurde aus der Fraktion vom Siedepunkt 240—250° als Natriumsalz der Sulfonsäure $C_{13}H_{13} \cdot SO_3H$ (Syst. No. 1526) isoliert.

5. Kohlenwasserstoffe $C_{14}H_{16}$.

1. **1-[1⁴.1⁴-Dimetho-1³-methylen-pentin-(1¹)-yl]-benzol, β-tert.-Butyl-δ-phenyl-[α-buten-γ-in]** $C_{14}H_{16} = C_6H_5 \cdot C : C \cdot C(: CH_2) \cdot C(CH_3)_3$. *B.* Beim Kochen des Alkohols $C_6H_5 \cdot C : C \cdot C(CH_3)(OH) \cdot C(CH_3)_3$ mit 5%iger Schwefelsäure oder beim Erhitzen desselben mit KHSO₄ auf 120° im Einschmelzrohr (NEWEROWITSCH, Ж. **37**, 654; *C.* **1905** II, 1020). — Flüssig. Kp₁₀: 115—116°. — Polymerisiert sich leicht beim Aufbewahren.

2. **Dibenzyldihydrid** $C_{14}H_{16} = C_6H_7 \cdot CH_2 \cdot CH_2 \cdot C_6H_5$.

x.x-Dibrom-dibenzyldihydrid, Dibenzyldibromid $C_{14}H_{14}Br_2 = C_6H_5Br_2 \cdot CH_2 \cdot CH_2 \cdot C_6H_5$. *B.* Aus Dibenzyl in absol. Äther mit Brom (MICHAELSON, LIPPMANN, *A.* **Spl.** **4**, 117). — Nadeln. Verkohlt, ohne zu schmelzen, bei 200° (M., L.). — Zerfällt beim Kochen mit alkoh. Kali in KBr und Brom-dibenzyl $C_6H_5Br \cdot CH_2 \cdot CH_2 \cdot C_6H_5$ (FITTIG, *A.* **137**, 273).

x.x.x-Tribrom-dibenzyldihydrid $C_{14}H_{13}Br_3$. *B.* Beim Bromieren von Dibenzyl in Gegenwart von Wasser (STELLING, FITTIG, *A.* **137**, 268, 273). — Kleine Blättchen. In kochendem Alkohol noch schwerer löslich als 4.4'-Dibrom-dibenzyl (S. 602). Zersetzt sich bei 170°, ohne zu schmelzen.

3. **1-Äthyl-3-phenyl-cyclohexadien-(1.3)** $C_{14}H_{16} = C_6H_5 \cdot C \langle \begin{smallmatrix} CH = C \cdot C_2H_5 \\ CH \cdot CH_2 \end{smallmatrix} \rangle CH_2$. *B.* Aus 1-Äthyl-cyclohexen-(1)-on-(3) und Phenylmagnesiumbromid (BLAISE, MAIRE, *Bl.* [4] **3**, 421). — Flüssigkeit von einem an Diphenyl erinnernden Geruch. Kp₈: 126—128°.

4. **1.3-Dimethyl-5-phenyl-cyclohexadien-(3.5)** [L.-R.-Bezf.: Dimethyl-1.5-phenyl-3-cyclohexadien-1.3] $C_{14}H_{16} = C_6H_5 \cdot C \langle \begin{smallmatrix} CH = C \cdot CH_3 \\ CH \cdot CH(CH_3) \end{smallmatrix} \rangle CH_2$. Mol.-Refraktion, Mol.-Dispersion: KLAGES, *B.* **40**, 2365.

5. **1-Butyl-naphthalin, α-Butyl-naphthalin** $C_{14}H_{16} = C_{10}H_7 \cdot CH_2 \cdot CH_2 \cdot CH_2 \cdot CH_3$. *B.* Aus Propyl-α-naphthyl-keton durch Erhitzen mit rotem Phosphor, Jod und Wasser (BARGELLINI, MELACINI, *R. A. L.* [5] **17** II, 30; *G.* **38** II, 571). — Flüssig. Kp: 281—283°. — Verbindung mit Pikrinsäure s. Syst. No. 523.

6. **2-Butyl-naphthalin, β-Butyl-naphthalin** $C_{14}H_{16} = C_{10}H_7 \cdot CH_2 \cdot CH_2 \cdot CH_2 \cdot CH_3$. *B.* Aus Propyl-β-naphthyl-keton durch Erhitzen mit Jod, rotem Phosphor und Wasser (BARGELLINI, MELACINI, *R. A. L.* [5] **17** II, 30; *G.* **38** II, 571). — Flüssig. Kp: 283—285°. — Verbindung mit Pikrinsäure s. Syst. No. 523.

7. **1-Isobutyl-naphthalin, α-Isobutyl-naphthalin** $C_{14}H_{16} = C_{10}H_7 \cdot CH_2 \cdot CH(CH_3)_2$. *B.* Durch Reduktion von Isopropyl-α-naphthyl-keton mit Wasserstoff und fein verteiltem, bei 250° gewonnenem Nickel bei 180° (DARZENS, ROST, *C. r.* **146**, 934). — Leicht bewegliche, petroleumartig riechende Flüssigkeit. Kp₁₁: 136—138°.

8. **2-Isobutyl-naphthalin, β-Isobutyl-naphthalin** $C_{14}H_{16} = C_{10}H_7 \cdot CH_2 \cdot CH(CH_3)_2$. *B.* Durch Reduktion von Isopropyl-β-naphthyl-keton mit Wasserstoff und fein verteiltem, bei 250° gewonnenem Nickel bei 180° (DARZENS, ROST, *C. r.* **146**, 934). — Bewegliche Flüssigkeit von schwachem Geruch. Kp₈: 112—113°.

9. **tert.(?)-Butyl-naphthalin** $C_{14}H_{16} = C_{10}H_7 \cdot C(CH_3)_3(?)$. *B.* Aus Naphthalin, Isobutylchlorid und AlCl₃, neben β.β-Dinaphthyl und anderen Produkten (WEGSCHEIDER, *M.*

5, 237). Bei allmählichem Eintragen von 1 Tl. AlCl$_3$ in ein auf 100° erhitztes Gemisch aus 12 Tln. Naphthalin und 6 Tln. Isobutylbromid (BAUR, B. 27, 1623). — Flüssig. Kp: 280° (W.). Schwer flüchtig mit Wasserdampf (W.). Löst sich leicht in Äther (W.). — Verbindung mit Pikrinsäure s. Syst. No. 523.

Trinitro-tert.(?)-butyl-naphthalin C$_{14}$H$_{13}$O$_6$N$_3$ = (O$_2$N)$_3$C$_{10}$H$_4$·C(CH$_3$)$_3$ (?). *B.* Aus tert.(?)-Butylnaphthalin und Salpeterschwefelsäure (BAUR, B. 27, 1623). — Braunrote Warzen (aus Alkohol). Erweicht bei ca. 50° und verflüssigt sich bei 79—80°.

10. *1.4-Dimethyl-6-äthyl-naphthalin* C$_{14}$H$_{16}$ = C$_2$H$_5$·C$_{10}$H$_5$(CH$_3$)$_2$. *B.* Beim Erhitzen von Santinsäure C$_{15}$H$_{16}$O$_2$ (Syst. No. 951) mit Barythydrat (GUCCI, GRASSI, *G.* 22 I, 43). Beim Erhitzen von Dihydrosantinsäure C$_{15}$H$_{18}$O$_2$ (Syst. No. 950) mit Barythydrat (GU., GR.). — Flüssig. Kp: 298—302°.

11. *x.x.x.x-Tetramethyl-naphthalin* C$_{14}$H$_{16}$ = C$_{10}$H$_4$(CH$_3$)$_4$. *V.* Im Erdöl (TAMMANN, D. R. P. 95579; *Frdl.* 5, 41). — F: —20°. Kp: 320°. — Verbindung mit Pikrinsäure s. Syst. No. 523.

12. *Anthracenhexahydrid, γ-Hexahydroanthracen* C$_{14}$H$_{16}$ = C$_6$H$_5$⟨$_{CH_2}^{CH_2}$⟩C$_6$H$_4$ oder C$_6$H$_6$⟨$_{CH_2}^{CH_2}$⟩C$_6$H$_6$. Zur Konstitution vgl. GODCHOT, *C. r.* 142, 1203; *A. ch.* [8] 12, 505. — *Darst.* Man erhitzt 3 Tle. Anthracen-dihydrid-(9.10) mit 1 Tl. amorphem Phosphor und 15 Tln. Jodwasserstoffsäure (Kp: 127°) 10—12 Stdn. lang auf 200—220° (GRAEBE, LIEBERMANN, *A. Spl.* 7, 273). — Blättchen. F: 63°; Kp: 290°; sehr leicht löslich in Alkohol, Äther und Benzol (GR., L.). — Zerfällt, durch eine glühende Röhre geleitet, in Anthracen und Wasserstoff; ist gegen Salpetersäure viel beständiger als Anthracen-dihydrid-(9.10) (GR., L.).

13. *Anthracenhexahydrid, β-Hexahydroanthracen* C$_{14}$H$_{16}$ = C$_6$H$_{10}$(C$_2$H$_2$)C$_6$H$_4$. *B.* Durch Einw. von schmelzendem Alkali auf das Natriumsalz der Anthracenoktahydrid-sulfonsäure C$_6$H$_{10}$⟨$_{CH}^{CH(SO_3H)}$⟩C$_6$H$_4$ (Syst. No. 1525) bei 200° (GODCHOT, *Bl.* [4] 1, 703; *A. ch.* [8] 12, 488). Durch Destillation von 9-Brom- oder 9-Chlor-anthracenoktahydrid, bezw. durch Erhitzen dieser Körper mit wäßr. oder alkoh. Kalilauge im geschlossenen Rohr auf 150° (G., *Bl.* [4] 1, 705; *A. ch.* [8] 12, 491). Aus 9-Oxy-anthracenoktahydrid (Syst. No. 535) durch Destillation (G., *C. r.* 142, 1203; *A. ch.* [8] 12, 504). — Täfelchen. F: 66,5°. Kp: 303—306°. Unlöslich in Wasser, leicht löslich in heißem Alkohol, Eisessig und Benzol mit blauer Fluorescenz. — Liefert bei der Oxydation mit CrO$_3$ 9.10-Dioxy-anthracen-dihydrid C$_6$H$_4$⟨$_{C(OH)}^{C(OH)}$⟩C$_6$H$_4$ (Syst. No. 564). Addiert in Eisessig- oder Chloroformlösung 2 At.-Gew. Chlor oder Brom unter Bildung von 9.10-Dichlor- oder Dibrom-anthracen-oktahydrid (S. 526, 527).

14. Derivate eines *Anthracenhexahydrids* C$_{14}$H$_{16}$ mit ungewisser Stellung der angelagerten Wasserstoffatome.

9.10-Dichlor-anthracenhexahydrid C$_{14}$H$_{14}$Cl$_2$ = C$_6$H$_4$⟨$_{CHCl}^{CHCl}$⟩C$_6$H$_4$. *B.* Aus Anthracenoktahydrid (S. 526) in Schwefelkohlenstoff oder Eisessiglösung mit Chlor (GODCHOT, *C. r.* 139, 606; *Bl.* [3] 31, 1342; [4] 1, 708; *A. ch.* [8] 12, 492). — Farblose Nadeln (aus Essigester). F: 159° (korr.). — Wird durch CrO$_3$ zu 9.10-Dioxy-anthracendihydrid oxydiert.

9.10-Dibrom-anthracenhexahydrid C$_{14}$H$_{14}$Br$_2$ = C$_6$H$_4$⟨$_{CHBr}^{CHBr}$⟩C$_6$H$_4$. *B.* Aus Anthracenoktahydrid (S. 526) und Brom in Schwefelkohlenstoff- oder Eisessig-Lösung bei gewöhnlicher Temperatur, neben 9.10-Dibrom- und 9-Brom-anthracenoktahydrid (GODCHOT, *C. r.* 139, 606; *Bl.* [3] 31, 1341; [4] 1, 706; *A. ch.* [8] 12, 489). — Schwach gelbliche Nadeln. F: 162° (korr.). Fluoresciert in Lösung prächtig blau. — Wird durch CrO$_3$ in Eisessiglösung zu 9.10-Dioxy-anthracendihydrid oxydiert.

15. *Phenanthrenhexahydrid, Hexahydrophenanthren aus Phenanthren und Wasserstoff* C$_{14}$H$_{16}$. *B.* Neben Phenanthrenoktahydrid durch Überleiten von mit Phenanthrendämpfen beladenem Wasserstoff über Nickel bei einer etwas unterhalb 200° liegenden Temperatur (BRETEAU, *C. r.* 140, 942). — Blaßgelbliche Flüssigkeit. F: —3°. Kp$_{760}$: 305—307°; Kp$_{13}$: 165—167°. D^0: 1,053; D^{15}: 1,043. Schwer löslich in kaltem, ziem-

lich in heißem Alkohol, löslich in Eisessig, Äther, Benzol und Chloroform. n_D^{15}: 1,580. —
Wird von Oxydationsmitteln sehr leicht angegriffen, ohne daß Phenanthrenchinon entsteht.
Bildet bei der Einw. von Brom in Eisessiglösung 2 krystallinische Bromderivate, von denen
das eine vom Schmelzpunkt 150⁰ in Äther unlöslich, das andere vom Schmelzpunkt 142⁰
in Äther löslich ist. — Verbindung mit Pikrinsäure s. Syst. No. 523.

16. *Phenanthrenhexahydrid, Hexahydrophenanthren aus Phenanthren
und Jodwasserstoffsäure* $C_{14}H_{16}$. *B.* Bei 7-stdg. Erhitzen von 6 g Phenanthren mit 7 g
Jodwasserstoffsäure (D: 1,96) und 3 g rotem Phosphor im geschlossenen Rohr auf 190⁰ in
Kohlendioxydatmosphäre (J. SCHMIDT, MEZGER, *B.* **40**, 4252). — F: — 7⁰ bis — 8⁰; Kp_{737}:
289—290⁰ (korr.); D_4^0: 1,045; löslich in Äther, Benzol, CS_2, Eisessig und Ligroin; löslich in
ca. 15 Tln. Methylalkohol und ca. 10 Tln. Alkohol; n_D^0: 1,5704; löst sich in warmer konz.
Schwefelsäure mit braunschwarzer Farbe, bei Gegenwart von Kaliumdichromat mit grün-
schwarzer Farbe (SCH., M.). — Wird durch Chromsäure in Eisessig oxydiert (SCH., M.).
Liefert in Gegenwart von Nickel in Wasserstoffatmosphäre bei 220⁰ β-Tetrahydrophenan-
thren (S. 612) (PADOA, FABRIS, *R. A. L.* [5] **17** II, 127; *G.* **39** I, 334). Wird von Salpetersäure nitriert; verbindet sich nicht mit Pikrinsäure (SCH., M.).

17. *Kohlenwasserstoff* $C_{14}H_{14}$. *B.* Beim Erhitzen von Naphthalin mit $AlCl_3$ auf 100⁰,
neben anderen Produkten (HOMER, *Soc.* **91**, 1108). — Gelbes Öl. Kp_{16}: 215—225⁰ (H.). Sehr
leicht löslich in Äthylenbromid, Benzol, Xylol, Alkohol, Petroläther, Äther, Eisessig, CS_2
(H.). Absorptionsspektrum im Ultraviolett: H., PURVIS, *Soc.* **93**, 1322; **97**, 282. — Gibt mit
Salpetersäure eine bei 204—208⁰ (Zers.) schmelzende Säure (H.).

6. Kohlenwasserstoffe $C_{15}H_{18}$.

1. *1-Isoamyl-naphthalin, a-Isoamyl-naphthalin* $C_{15}H_{18} = C_{10}H_7 \cdot C_5H_{11}$. *Darst.*
Man erwärmt ein Gemenge von 40 g a-Brom-naphthalin mit etwas mehr als der theoretischen
Menge Isoamylbromid, 15 g Natrium und 200 g Äther (LEONE, *G.* **12**, 209). — Flüssig. Kp:
303⁰. — Verbindung mit Pikrinsäure s. Syst. No. 523.

2. *2-Isoamyl-naphthalin, β-Isoamyl-naphthalin* $C_{15}H_{18} = C_{10}H_7 \cdot C_5H_{11}$ *B.*
Beim Eintragen von $AlCl_3$ in ein Gemenge aus Naphthalin und Isoamylchlorid (ROUX, *A.
ch.* [6] **12**, 319). Aus β-Brom-naphthalin, Isoamylbromid und Natrium (ODDO, BABABINI,
G. **20**, 719). — Bleibt bei — 21⁰ flüssig (R.). Kp: 288—292⁰ (R.). D^0: 0,973 (R.). — Wird
von verd. Salpetersäure bei 170⁰ zu β-Naphthoesäure oxydiert (R.). — Verbindung mit
Pikrinsäure s. Syst. No. 523.

3. *1-Methyl-anthracenhexahydrid (?)* $C_{15}H_{18}$. *B.* Beim Erhitzen des Anhydrids
der Benzophenon-dicarbonsäure-(2.2') mit 50%iger Jodwasserstoffsäure und 6 At.-Gew.
rotem Phosphor auf 190—200⁰ (GRAEBE, JUILLARD, *A.* **242**, 256). — Blättchen. Reichlich
löslich in Alkohol, Äther und Chloroform. — Liefert mit CrO_3 und Eisessig eine bei 152—154⁰
schmelzende Verbindung.

4. *Idryloktahydrid (?)* $C_{15}H_{18}$ (?). *B.* Durch Erhitzen von Idryl (Syst. No. 486) mit
Jodwasserstoffsäure und rotem Phosphor auf 250⁰ (GOLDSCHMIEDT, *M.* **1**, 225). — Flüssig.
Kp: 309—311⁰. — Bildet mit Pikrinsäure eine unbeständige krystallinische Verbindung.

5. „*Triscyclotri-
methylenbenzol*"
$C_{15}H_{18}$ =

$$H_2C—CH_2$$
$$\begin{array}{c} H_2C \\ H_2C \end{array} \Bigl\langle \begin{array}{c} CH_2 \\ CH_2 \end{array} \Bigr\rangle CH_2.$$
$$H_2C—CH_2$$

B. Neben anderen Produkten aus Cyclopentanon, das mit Chlorwasserstoff gesättigt ist,
bei längerem Stehen (WALLACH, *B.* **30**, 1094).
— Farblose, spröde Krystalle (aus Methylalkohol). F: 96—97⁰.

7. Kohlenwasserstoffe $C_{16}H_{20}$.

1. *$\beta.\zeta$-Dimethyl-δ-benzyliden-$\beta.\varepsilon$-heptadien, Bis-[β-metho-a-propenyl]-
benzal-methan* $C_{16}H_{20} = (CH_3)_2C:CH \cdot C(:CH \cdot C_6H_5) \cdot CH:C(CH_3)_2$. *B.* Aus dem Alkohol
$(CH_3)_2C:CH \cdot C(CH_2 \cdot C_6H_5)(OH) \cdot CH:C(CH_3)_2$ beim Erhitzen auf 140⁰ (v. FELLENBERG, *B.* **39**,
2065). — Fast farblose Flüssigkeit. Kp_{724}: 277—278⁰.

2. *1.7.7-Trimethyl-2-phenyl-bicyclo-[1.2.2]-hep-
ten-(2) (?)* („β-Phenylcamphen") $C_{16}H_{20}$ =

$$\begin{array}{c} H_2C—C(CH_3)—C \cdot C_6H_5 \\ | \quad\quad C(CH_3)_2 \quad || \quad\quad (?). \\ H_2C—CH———CH \end{array}$$

B. Durch Erhitzen des
2-Phenyl-borneols

$$H_2C-C(CH_3)\longrightarrow C(C_6H_5)\cdot OH$$
$$|\quad C(CH_3)_2\quad |$$
$$H_2C-CH\longrightarrow CH_2$$

mit Brenztraubensäure (HALLER,
BAUER, *C. r.* **142**, 684). — Öl.
Kp₁₀: 138—141°. D₁₁¹⁵: 0,9736.
[α]ᴅ: +7° 15'.

3. **Kohlenwasserstoff C₁₆H₂₀ (Kp₁₃₋₁₄ : 157—158°) aus Phenylfenchol.** B.
Durch Einw. von wasserfreier Ameisensäure oder Essigsäure auf Phenylfenchol (Syst. No. 535)
(LEROIDE, *C. r.* **148**, 1612). — Kp₁₃₋₁₄: 157—158°. D₄¹⁵: 0,9795. nᴅ¹³: 1,5536. [α]ᴅ¹⁵: +0,60°.
— Fixiert nicht HBr in Eisessiglösung.

4. **Kohlenwasserstoff C₁₆H₂₀ (F: 16—17°) aus Phenylfenchol.** B. Durch
Einw. von KHSO₄ auf Phenylfenchol (LEROIDE, *C. r.* **148**, 1613). — F: 16—17°. Kp₁₆:
139—141°. [α]ᴅ¹⁵: + 22,60°. — Fixiert in Eisessiglösung langsam HBr unter Bildung eines
Bromderivates vom Schmelzpunkt 115—116°.

5. **Dimolekulares Dimethylfulven** C₁₆H₂₀ = (C₈H₁₀)₂ s. S. 389—390 bei ω.ω-Di-
methyl-fulven.

8. Kohlenwasserstoffe C₁₇H₂₂.

1. **1.3.3.-Trimethyl-2-benzyliden-bicyclo-[1.2.2]-heptan** („Benzalhydro-
fenchen")
C₁₇H₂₂ =

$$H_2C-C(CH_3)-C:CH\cdot C_6H_5$$
$$|\quad CH_2\quad |$$
$$H_2C-CH\longrightarrow C(CH_3)_2$$

B. Durch Einw. von wasserfreier Ameisensäure oder
Oxalsäure auf Benzylfenchol, neben einem Isomeren
vom Kp₁₃₋₁₄: 163—166° (LEROIDE, *C. r.* **148**, 1613).
— Kp₁₄₋₁₅: 152—154°. nᴅ¹⁵: 1,5472. [α]ᴅ¹⁵: + 71,89°
(in alkoh. Lösung). — Kann durch Ozon in Benzaldehyd und Fenchon gespalten werden.
Fixiert in essigsaurer oder ätherischer Lösung weder HBr noch HCl.

2. **1.7.7-Trimethyl-2-benzyl-bicyclo-[1.2.2]-hepten-(2) (?)** („β-Benzyl-
camphen")
C₁₇H₂₂ =

$$H_2C-C(CH_3)-C\cdot CH_2\cdot C_6H_5$$
$$|\quad C(CH_3)_2\quad ||\quad \cdot\quad (?)$$
$$H_2C-CH\longrightarrow CH$$

B. Durch Erhitzen von 2-Benzyl-borneol mit Brenz-
traubensäure, Ameisensäure oder Phthalsäure-
anhydrid, neben β-Benzalhydrocamphen (s. u.)
(HALLER, BAUER, *C. r.* **142**, 680). — Weiße Nadeln.
F: 24°. Kp₁₁: 150—161°. [α]ᴅ in alkoh. Lösung: −60° 44'. — Liefert bei der Oxydation mit
KMnO₄ in Acetonlösung Benzoesäure und Camphersäure. — Addiert in essigsaurer Lösung
HBr unter langsamer Abscheidung von weißen Krystallen (F: 63—64°).

3. **1.7.7-Trimethyl-2-benzyliden-bicyclo-[1.2.2]-heptan** („β-Benzalhydrocamphen")
C₁₇H₂₂ =

$$H_2C-C(CH_3)-C:CH\cdot C_6H_5$$
$$|\quad C(CH_3)_2\quad |$$
$$H_2C-CH\longrightarrow CH_2$$

B. Bei der Einw. von Brenztraubensäure, Ameisensäure oder Phthalsäureanhydrid auf 2-Benzyl-
borneol, neben „β-Benzyl-camphen" (s. o.) (HAL-
LER, BAUER, *C. r.* **142**, 680). — Öl.

4. **1.7.7-Trimethyl-3-benzyl-bicyclo-[1.2.2]-hepten-(2) (?)** („α-Benzyl-
camphen")
C₁₇H₂₂ =

$$H_2C-C(CH_3)-CH$$
$$|\quad C(CH_3)_2\quad ||\quad (?)$$
$$H_2C-CH\longrightarrow C\cdot CH_2\cdot C_6H_5$$

B. Durch Erhitzen des Gemisches von 3-Benzyl-
borneol und 3-Benzyl-isoborneol, wie es bei der
Reduktion von Benzylcampher oder Benzyliden-
campher mit Natrium und absol. Alkohol erhalten
wird, mit Phthalsäureanhydrid auf 200°, mit wasserfreier Ameisensäure auf den Siedepunkt
der letzteren oder mit Brenztraubensäure auf 130—140°, neben den Estern des 3-Benzyl-
borneols (HALLER, BAUER, *C. r.* **142**, 678). — Kp₂₀: 170—171°; [α]ᴅ: + 8° 20' (mit Phthalsäureanhydrid bereitet). Kp₁₀: 160—161°; [α]ᴅ: +5° 20' (mit Ameisensäure bereitet).
Kp₁₀: 157—160°; [α]ᴅ: + 1° 25' (mit Brenztraubensäure bereitet).

5. **Kohlenwasserstoff C₁₇H₂₂ aus Benzyldihydrocarveol.** B. Durch Einwirkung
von P₂O₅ auf Benzyldihydrocarveol
$$CH_3\cdot HC\underset{CH_2}{\overset{CH(OH)-CH(CH_2\cdot C_6H_5)}{<}}\underset{CH_2}{\overset{}{\underline{\qquad}}}CH\cdot C\underset{CH_3}{\overset{CH_2}{<}}$$
(WAL-
LACH, *A.* **305**, 269). — Kp₁₀: 166—169°.

6. **Kohlenwasserstoff C₁₇H₂₂ aus Benzylpulegol.** B. Durch Einwirkung von
P₂O₅ auf Benzylpulegol
$$CH_3\cdot HC\underset{CH_2}{\overset{CH(CH_2\cdot C_6H_5)\cdot CH(OH)}{<}}\underset{CH_2}{\overset{}{\underline{\qquad}}}CH\cdot C\underset{CH_3}{\overset{CH_2}{<}}$$
(WALLACH, *A.* **305**,
268). — Kp₁₀: 162—164°.

7. **Kohlenwasserstoff C₁₇H₂₂ aus Benzyltanacetylalkohol.** B. Durch Behandeln von Benzyltanacetylalkohol
$$CH_3\cdot HC\underset{CH(OH)\cdot CH(CH_2\cdot C_6H_5)}{\overset{CH\underline{\qquad}CH_2}{<}}\overset{}{>}C\cdot CH(CH_3)_2$$
mit
P₂O₅ (SEMMLER, *B.* **36**, 4370). — Flüssig. Kp₁₅: 165°.

9. Kohlenwasserstoffe $C_{18}H_{24}$.

1. *Triphenylendodekahydrid, Dodekahydrotriphenylen* $C_{18}H_{24}$ =

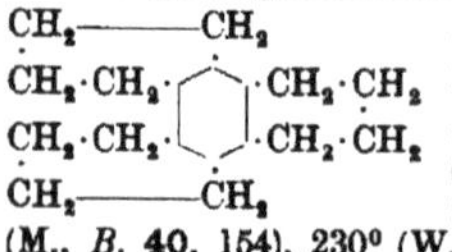

CH$_2$——CH$_2$
CH$_2$·CH$_2$ ⌒ CH$_2$·CH$_2$
CH$_2$·CH$_2$ ⌣ CH$_2$·CH$_2$
CH$_2$——CH$_2$

B. Durch 12-stdg. Kochen von Cyclohexanon mit H_2SO_4 und Methylalkohol (MANNICH, B. 40, 154). Neben anderen neutralen und sauren Verbindungen bei 24-stdg. Erhitzen von Cyclohexanon mit der doppelten Menge KOH im Autoklaven auf 180—190⁰ (WALLACH, BEHNKE, A. 369, 100). — Säulen (aus Benzol); nadel-förmige Krystalle (aus heißem Essigester). F: 232—233⁰ (korr.) (M., B. 40, 154), 230⁰ (W., B.). Sublimiert unzersetzt in Kohlendioxyd- oder Wasserstoff-Atmosphäre; ist beim Erhitzen an der Luft unter geringer Zersetzung flüchtig (M., B. 40. 154). Ziemlich löslich in heißem Alkohol, schwer in Äther, sehr wenig in kaltem Alkohol (W., B.; M., B. 40, 154). — Gibt mit Salpetersäure Mellitsäure (M., B. 40, 155). Liefert, bei 450—500⁰ über Kupfer geleitet, Triphenylen (M., B. 40, 160).

**2. *Kohlenwasserstoff* $C_{18}H_{24}$ (?) *aus Cinnamalcampher* s. bei diesem, Syst. No. 653.

10. Cyclohexyl-phenyl-cyclohexyliden-methan $C_{19}H_{26}$ = $H_2C\genfrac{}{}{0pt}{}{CH_2 \cdot CH_2}{CH_2 \cdot CH_2}CH \cdot$

$C(C_6H_5):C\genfrac{}{}{0pt}{}{CH_2 \cdot CH_2}{CH_2 \cdot CH_2}CH_2$.   B. Durch Dest. von Dicyclohexylphenylcarbinol, am besten unter Zusatz von $KHSO_4$ oder wasserfreier Oxalsäure (GODCHOT, C. r. 149, 1139; Bl. [4] 7, 962). — Flüssig. Kp_{10}: 180⁰. Unlöslich in Wasser, ziemlich löslich in Alkohol. — Gibt mit rauchender Salpetersäure bei 0⁰ ein Mononitroderivat vom Schmelzpunkt 130⁰. Addiert leicht Brom.

11. Cholesterilen $C_{27}H_{42}$ oder $C_{27}H_{44}$ s. bei Cholesterin, Syst. No. 4729c.

12. Kohlenwasserstoffe $C_{30}H_{48}$.

1. *α-Amyrilen*.

a) Rechtsdrehendes α-Amyrilen $C_{30}H_{48}$. V. Scheint im Kakaofett vorzukommen (MATTHES, ROHDICH, B. 41, 21). — B. Aus α-Amyrin $C_{30}H_{49}$·OH (Syst. No. 535) mit PCl_5 in Petroläther (VESTERBERG, B. 20, 1244). — Krystalle (aus Äther). Rhombisch bi-sphenoidisch (BÄCKSTRÖM, B. 20, 1244; vgl. Groth, Ch. Kr. 3, 760). F: 134—135⁰ (V., B. 20, 1244), 133—134⁰ (M., M. R.). „Sehr schwer löslich in Alkohol, schwer in Eisessig, leicht in Ligroin und Benzol (V., B. 20, 1244; 24, 3834). $[\alpha]_D$: +109,48⁰ (4 g Substanz in 100 ccm Benzol) (B., B. 20, 1245). Geht, mit P_2O_5 in Benzol behandelt, in linksdrehendes α-Amy-rilen (s. u.) über (V., B. 24, 3835).

b) Linksdrehendes α-Amyrilen $C_{30}H_{48}$. B. Aus rechtsdrehendem α-Amyrilen (s. o.) durch Behandlung mit P_2O_5 in Benzol (VESTERBERG, B. 24, 3835). — Krystalle (aus Benzol oder Ligroin). Rhombisch (bisphenoidisch) (BÄCKSTRÖM, B. 24, 3835; vgl. Groth, Ch. Kr. 3, 762). F: 193—194⁰ (V.). Schwer löslich in Äther, leichter in heißem Ligroin (V.). 1 Tl. löst sich bei 5⁰ in 59 Tln. Benzol (MAUZELIUS, B. 24, 3835). $[\alpha]_D$: —104,9⁰ (0,1829 g Substanz in 21 ccm Benzol) (v. KOCH, B. 24, 3835).

2. *β-Amyrilen* $C_{30}H_{48}$. B. Aus β-Amyrin $C_{30}H_{49}$·OH mit PCl_5 in Petroläther (VESTER-BERG, B. 20, 1245). — Krystalle (aus Benzol). Rhombisch (bisphenoidisch) (BÄCKSTRÖM, B. 20, 1245; vgl. Groth, Ch. Kr. 3, 762). F: 175—178⁰ (V., B. 20, 1245). Fast unlöslich in Alkohol und Eisessig; in Äther bedeutend, in Ligroin und Benzol merklich schwerer löslich als rechtsdrehendes α-Amyrilen (V., B. 24, 3836). $[\alpha]_D$: +112,19⁰ (1,5153 g Substanz in 100 ccm Benzol) (B.).

**3. *Kohlenwasserstoff* $C_{30}H_{48}$ *aus Galbanumharz* s. bei diesem, Syst. No. 4745.

H. Kohlenwasserstoffe $C_n H_{2n-14}$.

1. Kohlenwasserstoffe $C_{12}H_{10}$.

1. *Phenylbenzol, Diphenyl* (Biphenyl) $C_{12}H_{10}$ = $C_6H_5 \cdot C_6H_5$. Bezifferung: Zur *räumlichen Konfiguration* vgl. KAUFLER, A. 351, 151; B. 40 3250.

Vorkommen und Bildung. Entsteht neben anderen Kohlenwasserstoffen bei der Verhüttung (Destillation) der Quecksilbererze von Idria, findet sich daher im „Stuppfett" (GOLD-SCHMIEDT, M. v. SCHMIDT, *M.* **2**, 12). [Über die Zusammensetzung des Stuppfetts s. Go., v. SCH.]. Diphenyl entsteht beim Durchleiten von Benzoldämpfen durch ein glühendes Rohr (BERTHELOT, *A. ch.* [4] **9**, 454; *Bl.* [2] **6**, 274; *C. r.* **63**, 789; *Á.* **142**, 252; *Z.* **1866**, 707), findet sich daher auch im Steinkohlenteer (FITTIG, BÜCHNER, *B.* **8**, 22; SCHULZE, *B.* **17**, 1204; vgl. indessen: REINGRUBER, *A.* **206**, 380; TERRISSE, *A.* **227**, 135). Diese Reaktion erfolgt auch beim Überleiten von Benzoldämpfen über erhitztes Bleioxyd (BEHR, VAN DORP, *B.* **6**, 754) oder rotglühendes Antimontrisulfid (MERZ, WEITH, *B.* **4**, 394), oder wenn man Dämpfe von Benzol und Zinntetrachlorid (SMITH, *B.* **12**, 722; *Soc.* **30**, 31; **32**, 552; vgl. ARONHEIM, *B.* **9**, 1898; *A.* **194**, 146) oder Antimontrichlorid (SM., *Soc.* **30**, 30; **32**, 551) durch ein rotglühendes Rohr streichen läßt. Beim Durchleiten eines Gemisches von Benzol-und Arsentrichlorid-Dämpfen durch ein glühendes Rohr, neben $C_6H_5 \cdot AsCl_2$ (LA COSTE, MICHAELIS, *A.* **201**, 194). Beim Leiten von Benzoldampf zusammen mit Luft und Wasserdampf durch ein auf 500° erhitztes Tonrohr, zweckmäßig bei Gegenwart von Vanadinverbindungen (WALTER, D. R. P. 168291; *Frdl.* **8**, 31). Beim Durchleiten von Chlorbenzol-Dämpfen durch ein glühendes Rohr (KRAMERS, *A.* **189**, 135, 138). Beim Durchleiten von Azobenzol-Dämpfen durch ein glühendes Rohr (CLAUS, *B.* **8**, 37). Beim Durchleiten von Quecksilberdiphenyl-Dämpfen durch eine mit Bimsstein gefüllte glühende Röhre (DREHER, OTTO, *B.* **2**, 545). Beim Behandeln von Phenol mit Kalium bei 240° (CHRISTOMANOS, *G.* **5**, 403; *B.* **9**, 83). Bei der Einw. von schmelzendem Kaliumhydroxyd auf Diphenylsulfon (OTTO, *B.* **19**, 2426). Beim Überleiten des Dampfes von benzoesaurem Ammonium über glühenden Baryt (LAURENT, CHANCEL, *J. pr.* [1] **46**, 510; *J.* **1849**, 326 Anm.). Bei der Destillation von benzoesaurem Kalium mit Kalikalk (CHA., *C. r.* **28**, 86; *J.* **1849**, 327). Bei der Destillation von benzoesaurem Calcium, neben Benzophenon (CHA., *C. r.* **28**, 86; *A.* **80**, 287; BRÖNNER, *A.* **151**, 50). Beim Erhitzen von benzoesaurem Kalium mit Phenolkalium (PFANKUCH, *J. pr.* [2] **6**, 104). Beim Erhitzen von Phthalsäureanhydrid mit gebranntem Kalk (ANSCHÜTZ, SCHULTZ, *A.* **196**, 48). Beim Erhitzen von m-Diphenyl-carbonsäure mit Ätzkalk (BARTH, SCHREDER, *M.* **3**, 808, 814), von Diphensäure mit gelöschtem Kalk oder Natronkalk oder Zinkstaub (ANSCH., SCHU., *A.* **196**, 48, 49). Beim Glühen von Phenanthrenchinon mit Natronkalk (GRAEBE, *B.* **6**, 63.) — Neben Triphenylmethan und Hexaphenyläthan durch Einw. von Natrium auf ein Gemisch von Chlorbenzol, Benzol und Kohlenstofftetrachlorid (SCHMIDLIN, *C. r.* **137**, 59). Beim Behandeln von Brombenzol in Äther oder Benzol mit Natrium (FITTIG, *A.* **121**, 363; **132**, 201; ENGELHARDT, LATSCHINOW, Ж. **3**, 184; *Z.* **1871**, 259; *J.* **1871**, 456). Über die Bildung aus Brombenzol durch Magnesium, infolge welcher man Diphenyl zuweilen als Nebenprodukt bei Umsetzungen der aus Brombenzol bereiteten Lösung von Phenylmagnesiumbromid erhält, vgl.: VALEUR, *C. r.* **136**, 694; SCHROETER, *B.* **36**, 3006; **40**, 1584; R. MEYER, TOEGEL, *A.* **347**, 63. Aus Brombenzol und Natriumphenyl in Äther (ACREE, *Am.* **29**, 593). Aus Jodbenzol durch Kupfer im Einschlußrohr bei 230° (Ausbeute fast theoretisch) (ULLMANN, MEYER, *A.* **332**, 40). Aus Phenylmagnesiumbromid und Phenol in Äther (R. M., T., *A.* **347**, 64). Bei 2-tägigem Stehen von Nitrosoacetanilid $C_6H_5 \cdot N(NO) \cdot CO \cdot CH_3$ (Syst. No. 1666) mit Benzol (BAMBERGER, *B.* **30**, 368); in geringer Menge auch bei der Reduktion von Nitrosoacetanilid in Eisessig und Wasser mit Zinkstaub (BAMB., MÜLLER, *A.* **313**, 128). In geringer Menge bei der freiwilligen Zersetzung von Nitrosophenylhydroxylamin $C_6H_5 \cdot N(NO) \cdot OH$ (Syst. No. 2219) in Benzollösung, neben anderen Produkten (BAMB., *B.* **31**, 1507). Neben anderen Produkten beim Behandeln von Benzoldiazoniumchlorid mit $SnCl_2$ (CULMANN, GASIOROWSKI, *J. pr.* [2] **40**, 98). Durch Eintragen von Kupferpulver in eine Lösung von Benzoldiazoniumsulfat in Wasser und Alkohol (GATTERMANN, EHRHARDT, *B.* **23**, 1226) oder in wenig Essigsäureanhydrid (KNOEVENAGEL, *B.* **23**, 2049). Neben Benzol bei der Einw. von unterphosphoriger Säure auf Benzoldiazoniumchlorid (MAI, *B.* **35**, 163). Neben anderen Produkten bei der Einw. von alkoh. Kalilauge (GRIESS, *A.* **137**, 79), oder von alkoh. Natriumäthylatlösung (ODDO, *G.* **20** I, 633; ODDO, CURATOLO, *G.* **25** I, 126), auf die wäßr. Lösung von Benzoldiazoniumsalz. Durch Eintropfen einer wäßr. Lösung von Benzoldiazoniumchlorid in Chloroform bei Gegenwart eines Zinkkupferpaares (ODDO, *G.* **20** I, 638). Durch Behandlung von festem Benzoldiazoniumnitrat mit absol. Methylalkohol und entwässerter Soda (BEESON, *Am.* **16**, 253). Beim Eintragen von festem Benzoldiazoniumsulfat in erwärmtes Benzol (MÖHLAU, BERGER, *B.* **26**, 1996). Durch Erwärmen von Benzoldiazoniumchlorid mit Benzol bei Gegenwart von Aluminiumchlorid (MÖHLAU, BERGER, *B.* **26**, 1996). Bei der Oxydation einer Diazobenzollösung mit Ferricyankalium (BAMBERGER, STORCH, *B.* **26**, 476). Bei allmählichem Eintragen von 3 g Isodiazobenzolkalium $C_6H_5 \cdot N : N \cdot OK$ (Syst. No. 2193) in ein Gemisch aus Eisessig und Benzol (BAMBERGER, *B.* **28**, 406). — Bei der Reduktion einer Lösung von Diphenylsulfon in Xylol mit Natrium (KRAFFT, VORSTER, *B.* **26**, 2821). — Beim Erwärmen von Zinntriäthylphenyl $(C_2H_5)_3Sn \cdot C_6H_5$ mit Silbernitrat in alkoh. Lösung (LADENBURG, *A.* **159**, 253). — Bei trocknem Erhitzen von 2.3.4.2′.3′.4′-Hexaoxy-diphenyl (BARTH, GOLDSCHMIDT, *B.*

12, 1244), oder von 3.4.5.3'.4'.5'-Hexaoxy-diphenyl (LIEBERMANN, *A.* **169,** 244) mit Zink-staub. Beim Erwärmen von Diphenylbisdiazoniumsulfat (Syst. No. 2197) mit Wasser oder Alkohol (GRIESS, *J.* **1864,** 435; *Soc.* **20,** 97). Bei der Einw. von Alkohol auf Diphenylbis-diazoniumchlorid, am besten in Gegenwart von Zinkstaub (WINSTON, *Am.* **31,** 140). Bei der Einw. von unterphosphoriger Säure auf Diphenylbisdiazoniumsalz (MAI, *B.* **35,** 163).

Darst. Man leitet die Dämpfe von kochendem Benzol durch einen Kohlendioxyd-Strom in eine hell rotglühende, in der Mitte mit Bimssteinstücken gefüllte, eiserne Röhre; wenn alles Benzol durch die glühende Röhre getrieben ist, gibt man das Destillat wieder in den Siede-kolben zurück und läßt die Dämpfe von neuem durch die Röhre streichen; das Produkt destil-liert man zunächst im Wasserbade, worauf man das im Rückstande befindliche Diphenyl im Wasserdampfstrome übertreibt (HÜBNER, *A.* **209,** 339; vgl. auch DÖBNER, *A.* **172,** 110; SCHULTZ, *A.* **174,** 203; HÜBNER, LÜDDENS, *B.* **8,** 870). Apparatur für dieses Darstellungsverfahren: LA COSTE, SORGER, *A.* **230,** 5. — Man läßt langsam (alle drei Sekunden einen Tropfen) Benzol durch eine schief gestellte, im HOFMANNschen Gasofen zum Glühen erhitzte, eiserne Röhre tropfen (SCHULTZ, *B.* **9,** 547). — Man läßt die Dämpfe von Benzol und Zinntetrachlorid durch ein hell rotglühendes Rohr streichen (SMITH, *B.* **12,** 722; *Soc.* **32,** 552; *Chem. N.* **39,** 268; vgl. ARONHEIM, *B.* **9,** 1898; *A.* **194,** 146). — Darstellung durch Leiten von Benzoldämpfen gegen den elektrisch zum Glühen erhitzten Kohlefaden einer Glühlampe: LÖB, *Z. El. Ch.* **8,** 777. — Man diazotiert die Lösung von 228 g Anilin in 320 g konz. Schwefelsäure und 1200 g Wasser mit 184 g Natriumnitrit, versetzt die Lösung mit 800 g Alkohol und trägt 300 g Zinkstaub unter Rührung ein; nach Beendigung der Stickstoffentwicklung behandelt man das Gemisch mit gespanntem Wasserdampf und gewinnt das Diphenyl aus dem Destillat (FRIEBEL, RASSOW, *J. pr.* [2] **63,** 447; vgl. GATTERMANN, EHRHARDT, *B.* **23,** 1226).

Physikalische Eigenschaften. Große glänzende Blätter (aus Alkohol). Monoklin pris-matisch (MIELEITNER, *Z. Kr.* **55,** 51; *Groth, Ch. Kr.* **5,** 7; vgl. BODEWIG, *J.* **1879,** 376; CAL-DERON, *J.* **1880,** 372). F: 70,5° (FITTIG, *A.* **121,** 364), 69,0° (Wasserstoffthermometer) (JA-QUEROD, WASSMER, *C.* 1904 II, 337; *B.* **37,** 2532). Sublimationsgeschwindigkeit: KEMPF, *J. pr.* [2] **78,** 235, 286. Kp$_{762}$: 254° (korr.) (SCHULTZ, *A.* **174,** 205); Kp$_{721,9}$: 252—253° (BOLLE, GUYE, *C.* **1905** I, 868); Kp$_{700}$: 254,93°; Kp$_{600}$: 244,42°; Kp$_{500}$: 236,58°; Kp$_{400}$: 227,39°; Kp$_{300}$: 216,65° (JA., WA.). Spez. Gewicht des festen Diphenyls: 1,165 (SCHRÖDER, *B.* **14,** 2516), des flüssigen: D$_4^{71}$: 0,9919 (EIJKMAN, *R.* **12,** 185); D^{96,4}: 0,9845; D^{106,4}: 0,9626; D^{190,4}: 0,9272 (Bo., Gu.); D$_{100}^{100}$: 1,0126 (PERKIN, *Soc.* **69,** 1196). Ausdehnung im flüssigen Zustande: R. SCHIFF, *A.* **223,** 262. — Bei 19,5° lösen 100 Tle. Methylalkohol 6,57 Tle., 100 Tle. Äthyl-alkohol 9,98 Tle. (LOBRY DE BRUYN, *Ph. Ch.* **10,** 784). Molekulare Gefrierpunktsdepression: 83,5 (EIJKMAN, *Ph. Ch.* **4,** 515). — n$_\alpha^{71}$: 1,58189; n$_\beta^{71}$: 1,60836 (EIJ., *R.* **12,** 185); n$_\alpha^{92}$: 1,56841; n$_\beta^{92}$: 1,59441; n$_\gamma^{92}$: 1,61158 (PERKIN, *Soc.* **69,** 1230). Absorptionsspektrum: BALY, TUCK, *Soc.* **93,** 1913. — Oberflächenspannung: DUTOIT, FRIDERICH, *C. r.* **130,** 328. Oberflächenspannung und Binnendruck: WALDEN, *Ph. Ch.* **66,** 417. — Molekulare Verbrennungswärme bei kon-stantem Volum: 1508,7 Cal., bei konstantem Druck: 1510,1 Cal. (BERTHELOT, VIEILLE, *A. ch.* [6] **10,** 448). Kritische Konstanten: GUYE, MALLET, *C. r.* **133,** 1287; *C.* **1902** I, 1314. — Magnetisches Drehungsvermögen: P., *Soc.* **69,** 1196. Kathodenlumineszenz: O. FISCHER, *C.* **1908** II, 1406.

Chemisches Verhalten. Diphenyl gibt mit Ozon in Chloroform das Tetraozonid C$_{12}$H$_{10}$O$_{12}$ (S. 579) (HARRIES, WEISS, *A.* **343,** 374). Wird von verd. Salpetersäure oder Chromsäure-gemisch nicht angegriffen (FITTIG, *A.* **132,** 214), liefert aber beim Behandeln seiner Lösung in Eisessig mit Chromsäure (SCHULTZ, *A.* **174,** 206) oder Chromsäurechlorid (CARSTANJEN, *J. pr.* [2] **2,** 80) Benzoesäure. Wird durch Behandlung mit Wasserstoff und Nickel nach dem Verfahren von SABATIER und SENDERENS zu Phenylcyclohexan reduziert (EIJKMAN, *C.* 1903 II, 989). Durch Behandlung mit komprimiertem Wasserstoff in Gegenwart von Nickel-oxyd bei 260° erfolgt Reduktion zu Dicyclohexyl (IPATJEW, *B.* **40,** 1286; Ж. **39,** 698; *C.* 1907 II, 2036). Beim Kochen von Diphenyl mit Amylalkohol und Natrium entsteht 1-Phenyl-cyclohexen-(x) C$_6$H$_9$·C$_6$H$_5$ (S. 523) (BAMBERGER, LODTER, *B.* **20,** 3077). Ein Gemisch von Jodwasserstoffsäure und Phosphor ist selbst bei 280° ohne Wirkung auf Diphenyl (SCH., *A.* **174,** 206). Beim Einleiten von Chlor in mit etwas SbCl$_5$ versetztes Diphenyl entsteht 2-Chlor-diphenyl, 4-Chlor-diphenyl und 4.4'-Dichlor-diphenyl (KRAMERS, *A.* **189,** 142); beim Chlorieren von Diphenyl in Gegenwart von Jod wird 4.4'-Dichlor-diphenyl gebildet (SCHMIDT, SCHULTZ, *A.* **207,** 339). Durch anhaltendes Chlorieren von Diphenyl in Gegenwart von Jod (RUOFF, *B.* **9,** 1491) oder SbCl$_5$ (WEBER, SÖLLSCHER, *B.* **16,** 883; MERZ, WEITH, *B.* **16,** 2882) bei höherer Temperatur erhält man Perchlordiphenyl C$_{12}$Cl$_{10}$. Bei der Einw. der berechneten Menge Brom auf eine kaltgehaltene Lösung von Diphenyl in CS$_2$ entsteht 4-Brom-diphenyl (SCHULTZ, *A.* **174,** 207), beim Zusammenreiben von überschüssigem Brom mit Diphenyl unter Wasser erhält man 4.4'-Dibrom-diphenyl (FITTIG, *A.* **132,** 204). Beim Erwärmen von Diphenyl mit Jod und Salpetersäure (D: 1,5) in Petroläther oder mit Jodschwefel und Salpeter-säure (D: 1,5) in Petroläther entsteht 1.4-Dijod-benzol, mit Jodschwefel und Salpetersäure

(D: 1,34) in Petroläther entsteht 4.4'-Dijod-diphenyl (WILLGERODT, HILGENBERG, *B.* **42**, 3832). Versetzt man eine Lösung von 15 g Diphenyl in 60 g Eisessig bei 60⁰ mit einem Gemisch von 48 g rauchender Salpetersäure und 48 g Eisessig, so entstehen 2-Nitro-diphenyl und 4-Nitro-diphenyl (HÜBNER, LÜDDENS, *B.* **8**, 871; *A.* **209**, 341; vgl. SCHULTZ, *A.* 174, 210; SCHULTZ, SCHMIDT, STRASSER, *A.* **207**, 352). Bei Einw. von überschüssiger rauchender Salpetersäure (FITTIG, *A.* **124**, 276, 285) oder beim Kochen mit Salpeterschwefelsäure [auf 3 Tle. Diphenyl 6 Tle. Salpetersäure (D: 1,45) + 1 Tl. konz. Schwefelsäure] (SCHULTZ, *A.* 174, 221) erhält man 4.4'-Dinitro-diphenyl und 2.4'-Dinitro-diphenyl. Mit einem noch größeren Überschuß an Salpeterschwefelsäure wird 2.4.2'.4'-Tetranitro-diphenyl gebildet (LOSANITSCH, *B.* **4**, 405; ULLMANN, BIELECKI, *B.* **34**, 2178). Beim Erwärmen von Diphenyl mit konz. Schwefelsäure entstehen Diphenyl-sulfonsäure-(4) und Diphenyl-disulfonsäure-(4.4') (ENGELHARDT, LATSCHINOW, *Z.* **1871**, 259; *J.* **1871**, 679; vgl. FITTIG, *A.* **132**, 209). Behandelt man Diphenyl in benzolischer Lösung bei Gegenwart von $AlCl_3$ und CuCl mit Kohlenoxyd und Chlorwasserstoff, so entsteht p-Phenyl-benzaldehyd (GATTERMANN, *A.* **347**, 381). — Verbindung von Diphenyl mit Pikrylchlorid: BRUNI, *Ch. Z.* **30**, 568.

Diphenyltetraozonid $C_{12}H_{10}O_{12}$. *B.* Aus Diphenyl und Ozon in Chloroform (HARRIES, WEISS, *A.* **343**, 374). — Heftig explodierende, sehr flüchtige, krystallinische Masse.

4.4'-Difluor-diphenyl $C_{12}H_8F_2 = C_6H_4F \cdot C_6H_4F$. *B.* Durch Einw. von Natrium auf p-Fluor-brombenzol in Äther (WALLACH, HEUSLER, *A.* **243**, 244). Aus Benzidin durch Diazotieren und Zersetzung des Diphenylbisdiazoniumsalzes mit konz. wäßr. Fluorwasserstoffsäure (VALENTINER, SCHWARZ, D. R. P. 96153; *C.* **1898** I, 1224) in Gegenwart von Eisenchlorid (V., SCH., D. R. P. 186005; *C.* **1907** II, 956). Aus $C_5H_{10}N \cdot N : N \cdot C_6H_4 \cdot C_6H_4 \cdot N : N \cdot NC_6H_{10}$ (Syst. No. 3038) (erhalten aus diazotiertem Benzidin und Piperidin) und konz. Fluorwasserstoffsäure (WALLACH, *A.* **235**, 271). — Farblose Blättchen. F: 87⁰ (V., SCH.), 88—89⁰ (W., H., *A.* **243**, 235). Kp: 254—255⁰ (W., H.). Mit Wasserdampf flüchtig (W., H.). Leicht löslich in Alkohol und Äther (W., H.).

2-Chlor-diphenyl $C_{12}H_9Cl = C_6H_5 \cdot C_6H_4Cl$. *B.* Entsteht neben 4-Chlor-diphenyl und 4.4'-Dichlor-diphenyl beim Einleiten von Chlor in mit $SbCl_5$ versetztes Diphenyl (KRAMERS, *A.* **189**, 142). — Krystalle. F: 34⁰; Kp: 267—268⁰. Sehr löslich in Ligroin, zerfließt in Benzol. — Gibt bei der Oxydation (durch CrO_3 und Eisessig) o-Chlor-benzoesäure.

3(?)-Chlor-diphenyl $C_{12}H_9Cl = C_6H_5 \cdot C_6H_4Cl$. *B.* Beim Erhitzen von m-chlor-benzoesaurem Calcium mit Phenolkalium (PFANKUCH, *J. pr.* [2] **6**, 106). — F: 89⁰.

4-Chlor-diphenyl $C_{12}H_9Cl = C_6H_5 \cdot C_6H_4Cl$. *B.* Neben 2-Chlor-diphenyl und 4.4'-Dichlor-diphenyl beim Chlorieren von Diphenyl mit $SbCl_5$ (KRAMERS, *A.* **189**, 142). Beim Behandeln von 4-Oxy-diphenyl mit PCl_5 (SCHULTZ, *A.* 174, 209). Beim Übergießen von p-Chlor-diazobenzolanhydrid (Syst. No. 2193) mit Benzol (BAMBERGER, *B.* **29**, 465). — Dünne Blättchen (aus Ligroin). F: 75,5⁰ (K.), 76⁰ (B.). Kp: 282⁰ (K.). Etwas weniger löslich als 2-Chlor-diphenyl (K.). — Gibt bei der Oxydation p-Chlor-benzoesäure (SCH.).

3.3'-Dichlor-diphenyl $C_{12}H_8Cl_2 = C_6H_4Cl \cdot C_6H_4Cl$. *B.* Beim Erhitzen von m-Chlorjodbenzol mit Kupferpulver auf 250⁰ (ULLMANN, *A.*, **332**, 54). Durch Kochen von diazotiertem 3.3'-Dichlor-benzidin mit Alkohol (CAIN, *Soc.* **85**, 7). — Weiße Nadeln (aus verd. Alkohol). F: 23⁰ (U.), 29⁰ (C.). Kp: 322—324⁰ (U.), 298⁰ (C.). Leicht löslich in Alkohol, Äther und Benzol (C.; U.).

4.4'-Dichlor-diphenyl $C_{12}H_8Cl_2 = C_6H_4Cl \cdot C_6H_4Cl$. *B.* Beim Durchleiten von Chlorbenzol durch ein glühendes Rohr (KRAMERS, *A.* **189**, 138). Beim Erhitzen von p-Chlorjodbenzol mit Kupferpulver auf 200—250⁰ (ULLMANN, *A.* **332**, 54). Beim Chlorieren von Diphenyl in Gegenwart von $SbCl_5$ (K., *A.* **189**, 143) oder von Jod (SCHMIDT, SCHULTZ, *A.* **207**, 339). Beim Behandeln von 4.4'-Dioxy-diphenyl mit PCl_5 (SCHM., SCHU., *A.* **207**, 338). Aus 4.4'-Dichlor-diphenyl-dicarbonsäure-(3.3') beim Erhitzen über den Schmelzpunkt (SCHULTZ, ROHDE, VICARI, *A.* **352**, 130). Durch Diazotieren von Benzidin und Erhitzen des Platindoppelsalzes der erhaltenen Diphenylbisdiazoniumchlorids mit Natriumcarbonat (GRIESS, *J.* **1864**, 436; **1866**, 463; *Soc.* **20**, 101). Durch Erhitzen von Diphenylbisdiazoniumchlorid mit Benzol in Gegenwart von $AlCl_3$, neben 4'-Chlor-4-phenyl-diphenyl (CASTELLANETA, *B.* **30**, 2800). — Prismen oder kleine Nadeln. F: 148⁰ (GRIESS). Kp: 315—319⁰ (korr.) (SCHM., SCHU.). — Gibt mit CrO_3 in Essigsäure p-Chlor-benzoesäure (SCHM., SCHU.).

2.4.2'.4'-Tetrachlor-diphenyl $C_{12}H_6Cl_4 = C_6H_3Cl_2 \cdot C_6H_3Cl_2$. *B.* Beim Erhitzen von 2.4-Dichlor-1-jod-benzol mit Kupferpulver auf 200—270⁰ (ULLMANN, *A.* **332**, 55). — Krystalle (aus Benzol + Ligroin). F: 83⁰. Leicht löslich beim Erwärmen in Alkohol und Benzol, schwer in Ligroin.

3.4.3′.4′-Tetrachlor-diphenyl $C_{12}H_6Cl_4 = C_6H_2Cl_2 \cdot C_6H_3Cl_2$.   *B.*   Aus diazotiertem 3.3′-Dichlor-4.4′-diamino-diphenyl mit Kupferpulver und Salzsäure (CAIN, *Soc.* **85**, 7). — Weiße Nadeln (aus Eisessig). F: 172°. Kp_{50}: 230°. Leicht löslich in Alkohol, Äther.

3.4.4′.x.x-Pentachlor-diphenyl $C_{12}H_5Cl_5 = C_6H_2Cl_3 \cdot C_6H_3Cl_2$.   *B.*   Entsteht, neben anderen Produkten, bei der Einw. von PCl_5 auf 4.4′-Dioxy-diphenyl (SCHMIDT, SCHULTZ, *A.* **207**, 340). — Sublimiert in langen Nadeln. F: 179°; siedet weit über 360° (SCHM., SCHU.). Fast unlöslich in Alkohol, Äther, Benzol; löslich in Eisessig (DÖBNER, *B.* **9**, 130; vgl. SCHM., SCHU., *A.* **207**, 342). — Liefert bei der Oxydation mit Chromsäure in Eisessig 3.4-Dichlor-benzoesäure (D., *B.* **9**, 130; vgl. SCHM., SCHU., *A.* **207**, 343).

2.4.6.2′.4′.6′-Hexachlor-diphenyl $C_{12}H_4Cl_6 = C_6H_2Cl_3 \cdot C_6H_2Cl_3$.   *B.*   Beim Erhitzen 2.4.6-Trichlor-1-jod-benzol mit Kupferpulver auf 220—230° (ULLMANN, *A.* **332**, 56). — Viereckige Krystalle (aus siedendem Alkohol). F: 112,5°. Leicht löslich in Benzol und siedendem Eisessig, schwer in siedendem Alkohol, unlöslich in Ligroin.

Dekachlordiphenyl, Perchlordiphenyl $C_{12}Cl_{10} = C_6Cl_5 \cdot C_6Cl_5$.   *B.*   Bei anhaltendem Chlorieren von Diphenyl in Gegenwart von Jod, zuletzt bei 350° (RUOFF, *B.* **9**, 1491). Durch Erhitzen von Diphenyl mit viel $SbCl_5$ in geschlossenem Rohr auf 140—360° entsteht fast nur Perchlordiphenyl (MERZ, WEITH, *B.* **16**, 2882). 4.4′-Dimethyl-diphenyl liefert, bei völligem Chlorieren, Perchlordiphenyl und CCl_4 (M., W., *B.* **12**, 677; **16**, 2878). — *Darst.* Man behandelt Diphenyl mit Chlor allein und dann in Gegenwart von $SbCl_5$, solange noch HCl entweicht, wäscht das Produkt mit konz. Salzsäure und dann mit Weinsäure, trocknet scharf und erhitzt hierauf in Portionen von 12—15 g mit je 20 g $SbCl_5$ 2 bis 3 Stdn. lang in geschlossenem Rohr auf 200—220°; man läßt die gebildeten Krystalle abtropfen und wäscht sie mit konz. Salzsäure und dann mit Weinsäure (WEBER, SÖLLSCHER, *B.* **16**, 883). Man erhitzt Phenanthrenchinon mit $SbCl_5$ in geschlossenem Rohr auf 150—160° und zuletzt auf 360° (MERZ, WEITH, *B.* **16**, 2871). — Rhombisch bipyramidal (SCHIMPER; vgl. *Groth, Ch. Kr.* **5**, 11). Schmilzt nicht bei 270° (R.). Kaum löslich in Alkohol, Äther usw., löslich in siedendem Benzol (R.). — Wird von $SbCl_5$ bei 350° nicht verändert (R.). Liefert beim Erhitzen mit alkoh. Natron auf 150° Oktachlordioxydiphenyl (Syst. No. 563) (W., S.).

2-Brom-diphenyl $C_{12}H_9Br = C_6H_5 \cdot C_6H_4Br$.   *B.*   Man reduziert 2-Nitro-diphenyl mit Zinn und Eisessig zu 2-Amino-diphenyl, führt dieses in das Diazoniumperbromid über und kocht letzteres mit Alkohol (SCHULTZ, SCHMIDT, STRASSER, *A.* **207**, 353). — Bleibt bei —20° flüssig. Kp: 296—298°. Riecht nach Orangen. — Liefert bei der Oxydation mit CrO_3 o-Brom-benzoesäure.

4-Brom-diphenyl $C_{12}H_9Br = C_6H_5 \cdot C_6H_4Br$.   *B.*   Durch Versetzen einer kaltgehaltenen Lösung von Diphenyl in CS_2 mit Brom (SCHULTZ, *A.* **174**, 207). Aus p-Brom-isodiazobenzol-hydrat (Syst. No. 2193) und heißem Benzol (BAMBERGER, *B.* **28**, 406). Aus p-Brom-diazo-benzolanhydrid (Syst. No. 2193) und Benzol (B., *B.* **29**, 470). — Lamellen (aus Alkohol). F: 89°; Kp: 310° (korr.) (SCH.). Ziemlich löslich in kaltem Alkohol, leichter in Eisessig, leicht in Äther, Schwefelkohlenstoff, Benzol (SCH.). — Gibt bei der Oxydation p-Brom-benzoesäure (SCH.). — Beim Behandeln mit Natrium in Äther entsteht p.p-Dixenyl $C_6H_5 \cdot C_6H_4 \cdot C_6H_4 \cdot C_6H_5$ (Syst. No. 491) (NOYES, ELLIS, *Am.* **17**, 620). Bei der Einw. von Salpetersäure erhält man 4′-Brom-4-nitro-diphenyl und 4′-Brom-2-nitro-diphenyl (SCHULTZ, *A.* **174**, 218).

3.3′-Dibrom-diphenyl $C_{12}H_8Br_2 = C_6H_4Br \cdot C_6H_4Br$.   *B.*   Beim Erhitzen von m-Brom-jodbenzol mit Kupferpulver (in geringer Ausbeute) (ULLMANN, *A.* **332**, 57). — F: 53°.

4.4′-Dibrom-diphenyl $C_{12}H_8Br_2 = C_6H_4Br \cdot C_6H_4Br$.   *B.*   Beim Zusammenreiben von Diphenyl mit Brom unter Wasser (FITTIG, *A.* **132**, 204). Durch Einw. von Brom auf eine Lösung von Diphenyl in CS_2 (CARNELLEY, THOMSON, *Soc.* **47**, 587). Aus Benzidin durch Diazotieren und Erhitzen des daraus erhaltenen Diphenylbisdiazoniumperbromids mit Natriumcarbonat oder Alkohol (GRIESS, *J.* **1864**, 436; **1866**, 463; *Soc.* **20**, 101). — Krystalle. Monoklin prismatisch (SHADWELL, *A.* **203**, 123; MIELEITNER, *Z. Kr.* **55**, 67; vgl. *Groth, Ch. Kr.* **5**, 10). F: 164° (F.), 162° (C., T.). Kp: 355—360° (SCHULTZ, *A.* **174**, 216). Unlöslich in kaltem Alkohol, schwer löslich in kochendem Alkohol, leicht in Benzol (F.). — Gibt bei der Oxydation mit CrO_3 in Essigsäure p-Brom-benzoesäure (SCH.).

3.3′-Dichlor-4.4′-dibrom-diphenyl $C_{12}H_6Cl_2Br_2 = C_6H_3ClBr \cdot C_6H_3ClBr$.   *B.*   Aus diazotiertem 3.3′-Dichlor-4.4′-diamino-diphenyl mit Kupferpulver und KBr (CAIN, *Soc.* **85**, 8). — Weiße Nadeln (aus Eisessig). F: 176—177°.

4.4′.x-Tribrom-diphenyl $C_{12}H_7Br_3 = C_6H_4Br \cdot C_6H_3Br_2$.   *B.*   Wurde einmal beim Behandeln von phenyltolylhaltigem Diphenyl mit überschüssigem Brom in der Kälte erhalten (CARNELLEY, THOMSON, *Soc.* **47**, 587). — Nadeln (aus Alkohol). F: 90°. Sehr wenig löslich in heißem Alkohol. Nicht flüchtig mit Wasserdämpfen. — Liefert bei der Oxydation mit CrO_3 in Eisessig p-Brom-benzoesäure.

3.5.3'.5'-Tetrabrom-diphenyl $C_{12}H_6Br_4 = C_6H_3Br_2 \cdot C_6H_3Br_2$. *B.* Durch Kochen des aus 3.5.3'.5'-Tetrabrom-4.4'-diamino-diphenyl durch Diazotierung erhaltenen sauren Tetrabromdiphenylbisdiazoniumsulfats mit absol. Alkohol und etwas K_2CO_3 (JACOBSON, *A.* **367**, 347). — Krystalle (aus Alkohol). F: 185⁰. Kaum löslich in kaltem Alkohol, leicht in Äther, Benzol, heißem Alkohol.

4-Jod-diphenyl $C_{12}H_9I = C_6H_5 \cdot C_6H_4I$. *B.* Man diazotiert 4-Amino-diphenyl in verd. Salzsäure und gießt die Diazoniumchloridlösung in eine konz. Jodkaliumlösung (ULLMANN, MEYER, *A.* **332**, 52; SCHLENK, *A.* **368**, 303). — Krystalle (aus Alkohol oder Eisessig). F: 111⁰ (U., M.), 112⁰ (SCH.). Kp: 320⁰ (schwache Zers.) (U., M.); Kp_{40}: 222⁰; Kp_{11}: 198⁰ (SCH.). Schwer löslich in kaltem Alkohol, leicht in siedendem Alkohol, Benzol, Eisessig und Äther (U., M.). — Gibt beim Erhitzen mit Kupferpulver auf 250—270⁰ p.p-Dixenyl (U., M.).

2'-Brom-2-jod-diphenyl $C_{12}H_8BrI = C_6H_4Br \cdot C_6H_4I$. *B.* Beim Erhitzen von Diphenylenjodoniumbromid $\begin{smallmatrix} C_6H_4 \\ | \\ C_6H_4 \end{smallmatrix}\!\!>\!\!I \cdot Br$ (Syst. No. 4720) (MASCARELLI, *R. A. L.* [5] **17** II, 583). — Prismen. F: 91,5⁰.

2.2'-Dijod-diphenyl $C_{12}H_8I_2 = C_6H_4I \cdot C_6H_4I$. *B.* Durch Zersetzung der aus 2.2'-Diamino-diphenyl erhältlichen Bisdiazoniumverbindung mit Kaliumjodidlösung in geringer Menge, neben Diphenylenjodoniumjodid (Syst. No. 4720) (MASCARELLI, BENATI, *R. A. L.* [5] **16** II, 565; *G.* **38** II, 624). Beim Erhitzen von Diphenylenjodoniumjodid auf etwa 200⁰ im Ölbade in quantitativer Ausbeute (M., *R. A. L.* [5] **17** II, 583). — Weiße Nadeln (aus wäßr. Alkohol). F: 108⁰. Sublimiert zu Blättchen vom Schmelzpunkt 109⁰.

2.2'-Dijodoso-diphenyl $C_{12}H_8O_2I_2 = OI \cdot C_6H_4 \cdot C_6H_4 \cdot IO$ und sein salzsaures Salz $Cl_2I \cdot C_6H_4 \cdot C_6H_4 \cdot ICl_2$. *B.* Das salzsaure Salz entsteht beim Leiten eines langsamen Chlorstromes durch eine Chloroformlösung von 2.2'-Dijod-diphenyl; man führt das Salz durch 4⁰/₀ige Kalilauge in die freie Base über (M., B., *R. A. L.* [5] **16** II, 565, 566; *G.* **38** II, 626). — Gelbliches amorphes Pulver. F: 109—110⁰. — Liefert bei der Einw. von Silberoxyd und Wasser Diphenylenjodoniumhydroxyd $\begin{smallmatrix} C_6H_4 \\ | \\ C_6H_4 \end{smallmatrix}\!\!>\!\!I \cdot OH$ (Syst. No. 4720). — Salzsaures Salz, Diphenylen-2.2'-bis-jodidchlorid $Cl_2I \cdot C_6H_4 \cdot C_6H_4 \cdot ICl_2$. Gelbe Nadeln. F: 130—135⁰ (Zers.).

2.2'-Dijodo-diphenyl $C_{12}H_8O_4I_2 = O_2I \cdot C_6H_4 \cdot C_6H_4 \cdot IO_2$. *B.* Aus 2.2'-Dijodoso-diphenyl durch Kochen mit Wasser (M., B., *R. A. L.* [5] **16** II, 566; *G.* **38** II, 626). — Weiße Nadeln. Zersetzt sich gegen 280⁰. — Liefert bei der Behandlung mit KI Diphenylenjodoniumjodid (Syst. No. 4720), bei Einw. von feuchtem Ag_2O Diphenylenjodoniumhydroxyd.

4.4'-Dijod-diphenyl $C_{12}H_8I_2 = C_6H_4I \cdot C_6H_4I$. *B.* Man diazotiert Benzidin und behandelt die Bisdiazoniumverbindung mit Jodwasserstoffsäure (SCHMIDT, SCHULTZ, *A.* **207**, 333) oder erwärmt mit einer Kaliumjodidlösung (WILLGERODT, HILGENBERG, *B.* **42**, 3826). Man erwärmt Diphenyl in Petroläther mit Jodschwefel und Salpetersäure (D: 1,34) (W., H., *B.* **42**, 3832). — Weiße Blättchen (aus Eisessig). F: 202⁰ (SCHM., SCHU.; W., H.). Schwer löslich in kaltem Eisessig, leicht in heißem (SCHM., SCHU.).

Salzsaures Salz des 4'-Jod-4-jodoso-diphenyls, Diphenylen-4-jodid-4'-jodidchlorid $C_{12}H_8Cl_2I_2 = C_6H_4I \cdot C_6H_4 \cdot ICl_2$. *B.* Aus 4.4'-Dijod-diphenyl in Chloroform und Chlor (FECHT, *B.* **41**, 2987). — Gelbliche Krystalle. Schmilzt gegen 146⁰ unter Aufkochen. Unlöslich in allen Lösungsmitteln. — Gibt mit Benzidin eine Verbindung $C_{24}H_{20}N_2Cl_2I_2$ (Syst. No. 1786).

4.4'-Dijodoso-diphenyl $C_{12}H_8O_2I_2 = OI \cdot C_6H_4 \cdot C_6H_4 \cdot IO$ und Salze vom Typus $Ac_2I \cdot C_6H_4 \cdot C_6H_4 \cdot IAc_2$. *B.* Das salzsaure Salz entsteht beim Einleiten von Chlor in eine Chloroformlösung von 4.4'-Dijod-diphenyl; man führt es mit Natronlauge in die freie Base über (WERNER, *Soc.* **89**, 1633, 1634; WILLGERODT, HILGENBERG, *B.* **42**, 3826, 3827). — Schokoladenbraunes Pulver. F: 127⁰ (WE.). Explodiert bei ca. 198⁰ (WI., H.). Unlöslich in kaltem Eisessig (WI., H.). — Salzsaures Salz, Diphenylen-4.4'-bis-jodidchlorid $Cl_2I \cdot C_6H_4 \cdot C_6H_4 \cdot ICl_2$. Rotbraunes unbeständiges Pulver (WE.). Gelber amorpher Niederschlag (WI., H.). Zersetzt sich bei 154⁰ (WI., H.). — Essigsaures Salz $(C_2H_3O_2)_2I \cdot C_6H_4 \cdot C_6H_4 \cdot I(C_2H_3O_2)_2$. Fast farblose Krystalle (aus Benzol). F: 203⁰. Zersetzt sich oberhalb des Schmelzpunkts explosionsartig (WE.).

4.4'-Dijodo-diphenyl $C_{12}H_8O_4I_2 = O_2I \cdot C_6H_4 \cdot C_6H_4 \cdot IO_2$. *B.* Aus dem Tetrachlorid des 4.4'-Dijod-diphenyls, Natriumhypochlorit und wenig Eisessig beim Aufkochen (WILLGERODT, HILGENBERG, *B.* **42**, 3827). — Amorph. Explodiert bei 218⁰. — Gibt beim Umkrystallisieren aus Eisessig 4.4'-Dijod-diphenyl.

Diphenylen-4.4'-bis-[phenyljodoniumhydroxyd] $C_{24}H_{20}O_2I_2 = C_6H_5 \cdot (HO)I \cdot C_6H_4 \cdot C_6H_4 \cdot I(OH) \cdot C_6H_5$. *B.* Die freie Base entsteht durch Einw. von Silberoxyd und Wasser auf

4.4′-Dijodoso-diphenyl und Jodobenzol (W., H., *B.* **42**, 3827). Das Chlorid erhält man beim Verreiben des Diphenylen-4.4′-bis-jodidchlorids (S. 581) mit Quecksilberdiphenyl und Wasser (W., H., *B.* **42**, 3831). — Die freie Base wurde nur in wäßr. Lösung erhalten. — $(C_{24}H_{18}I_2)Cl_2$. Weißer Niederschlag. F: 185⁰. — $(C_{24}H_{18}I_2)Br_2$. Weißer amorpher Niederschlag. Beginnt bei 170⁰ zu sintern, schmilzt bei 185⁰ vollständig. — $(C_{24}H_{18}I_2)I_2$. Hellgelber amorpher Niederschlag. Zersetzt sich bei 158⁰. Zerfällt beim Erhitzen über den Schmelzpunkt unter Bildung von Jodbenzol und 4.4′-Dijod-diphenyl. — $(C_{24}H_{18}I_2)Cr_2O_7$. Gelber Niederschlag. Verkohlt bei 80⁰. — $(C_{24}H_{18}I_2)Cl_2 + HgCl_2$. Weißer amorpher Niederschlag. F: 170⁰. — $(C_{24}H_{18}I_2)Cl_2 + PtCl_4$. Goldgelbe Nadeln. F: 168⁰.

Diphenylen-4.4′-bis-[p-tolyl-jodoniumhydroxyd] $C_{26}H_{24}O_2I_2 = CH_3 \cdot C_6H_4 \cdot (HO)I \cdot C_6H_4 \cdot C_6H_4 \cdot I(OH) \cdot C_6H_4 \cdot CH_3$. *B.* Das Chlorid entsteht, wenn man 4.4′-Dijodoso-diphenyl mit p-Jodo-toluol in Gegenwart von Silberoxyd und Wasser umsetzt und zu der erhaltenen Lösung der freien Base KCl, NaCl oder konz. Salzsäure fügt (W., H., *B.* **42**, 3829). — $(C_{26}H_{22}I_2)Cl_2$. Weißer Niederschlag. Zersetzt sich bei ca. 190⁰. — $(C_{26}H_{22}I_2)I_2$, amorph. F: 186⁰. — $(C_{26}H_{22}I_2)I_2$. Hellgelber Niederschlag. F: 145⁰. Zerfällt beim Erhitzen über den Schmelzpunkt in 4-Jod-toluol und 4.4′-Dijod-diphenyl. — $(C_{26}H_{22}I_2)Cr_2O_7$. Gelber Niederschlag. Beginnt bei 90⁰ zu sintern; schmilzt bei 122⁰. — $(C_{26}H_{22}I_2)Cl_2 + HgCl_2$. Weiße Fällung. F: 185⁰. — $(C_{26}H_{22}I_2)Cl_2 + PtCl_4$. Gelbroter Niederschlag. F: 173⁰.

Diphenylen-4.4′-bis-[2.4-dimethyl-phenyljodoniumjodid] $C_{28}H_{26}I_4 = (CH_3)_2C_6H_3 \cdot (I)I \cdot C_6H_4 \cdot C_6H_4 \cdot I(I) \cdot C_6H_3(CH_3)_2$. *B.* Entsteht, wenn man 4.4′-Dijodoso-diphenyl und 4-Jodo-1.3-dimethyl-benzol in Gegenwart von Silberoxyd und Wasser umsetzt und die erhaltene Lösung der Base mit KI fällt (W., H., *B.* **42**, 3830). — Gelb, amorph. F: 152⁰.

3.3′-Dichlor-4.4′-dijod-diphenyl $C_{12}H_6Cl_2I_2 = C_6H_3ClI \cdot C_6H_3ClI$. *B.* Aus diazotiertem 3.3′-Dichlor-4.4′-diamino-diphenyl mit einer Kaliumjodidlösung (CAIN, *Soc.* **85**, 8). — Blaßgelbe Nadeln (aus Eisessig). F: 162⁰. Kp_{10}: 275⁰. Leicht löslich in organischen Lösungsmitteln.

2.5.4′-Trijod-diphenyl $C_{12}H_7I_3 = C_6H_4I \cdot C_6H_3I_2$. *B.* 5-Jod-2.4′-diamino-diphenyl (1 Mol.-Gew.) wird mit $NaNO_2$ und Salzsäure diazotiert und die Diazolösung in eine erwärmte Jodkaliumlösung (10 Mol.-Gew. KI) eingegossen (JACOBSON, FERTSCH, HEUBACH, *A.* **303**, 334). — Zu kugeligen Aggregaten vereinigte Krystalle (aus Alkohol). F: 124—125⁰. Ist in kleinen Mengen unzersetzt zu verflüchtigen. Leicht löslich in Äther, schwer in Alkohol.

2-Nitro-diphenyl $C_{12}H_9O_2N = C_6H_5 \cdot C_6H_4 \cdot NO_2$. *B.* Neben 4-Nitro-diphenyl bei der Einw. von rauchender Salpetersäure auf Diphenyl in Eisessig (HÜBNER, LÜDDENS, *B.* **8**, 871; SCHULTZ, SCHMIDT, STRASSER, *A.* **207**, 352). — *Darst.* Man versetzt eine 60⁰ warme Lösung von 15 g Diphenyl in 60 g Eisessig mit einem 30⁰ warmen Gemisch von 48 g rauchender Salpetersäure und 48 g Eisessig; nach längerem Stehen scheidet sich 4-Nitro-diphenyl in Krystallen aus, während 2-Nitro-diphenyl gelöst bleibt. Man gießt von den Krystallen ab, versetzt die Flüssigkeit solange mit kleinen Mengen Wasser als noch ein krystallinischer Niederschlag entsteht, fällt die filtrierte Lösung dann mit viel Wasser, löst das ausgeschiedene Öl in kochendem Alkohol, filtriert von den beim Erkalten der Lösung noch ausgeschiedenen Krystallen des 4-Nitro-diphenyls ab und verdunstet das Filtrat über Schwefelsäure; man sucht die oft noch mit der 4-Verbindung vermischten ausgeschiedenen derben Krystalle des 2-Nitro-diphenyls aus und krystallisiert sie aus Alkohol um (HÜBNER, *A.* **209**, 341). Zur Befreiung des bei der Nitrierung des Diphenyls in Eisessig gewonnenen rohen 2-Nitro-diphenyls von unverändertem Diphenyl behandelt man es zweckmäßig mit Wasserdampf (FRIEBEL, RASSOW, *J. pr.* [2] **63**, 448). — Dünne Blätter oder dicke Tafeln (aus Alkohol). Rhombisch bipyramidal (FOCK, *Z. Kr.* **7**, 38; *J.* **1882**, 467; vgl. *Groth, Ch. Kr.* **5**, 12). F: 37⁰ (H., L., *B.* **8**, 871). Siedet unzersetzt bei etwa 320⁰ (SCHU., SCHM., ST., *A.* **207**, 352). — Wird von Oxydationsmitteln entweder gar nicht angegriffen oder völlig verbrannt (SCHU., SCHM., ST.). Bei der Reduktion mit Zinn und Eisessig (SCHU., SCHM., ST., *A.* **207**, 353; *A.* **209**, 351) oder in Äther mit Zinnchlorür und Salzsäure (FICHTER, SULZBERGER, *B.* **37**, 879) entsteht 2-Amino-diphenyl. Mit alkoh. Kalilauge entstehen 2.2′-Diphenyl-azoxybenzol (Syst. No. 2210) und eine braune amorphe Verbindung (FR., RA., *J. pr.* [2] **63**, 459). Durch Nitrieren erhält man 2.4′-Dinitro-diphenyl (SCHU., SCHM., ST.).

3-Nitro-diphenyl $C_{12}H_9O_2N = C_6H_5 \cdot C_6H_4 \cdot NO_2$. *B.* Durch Behandlung von m-Nitroisodiazobenzolkalium mit Acetylchlorid in Gegenwart von Benzol (JACOBSON, LOEB, *B.* **36**, 4083). Man diazotiert 3-Nitro-4-amino-diphenyl in alkoholischer schwefelsaurer Lösung mit Amylnitrit und verkocht die Diazolösung (FICHTER, SULZBERGER, *B.* **37**, 882). — Hellgelbe vierseitige Blättchen (aus Alkohol und Wasser). F: 61⁰ (J., L.), 58,5⁰ (F., S.). Flüchtig mit Wasserdämpfen (F., S.). Leicht löslich in Eisessig, Alkohol und Ligroin (J., L.). — Liefert durch Oxydation mit Chromsäure m-Nitro-benzoesäure (J., L.). Durch Reduktion mit Zinn und Salzsäure in alkoh. Lösung erhält man 3-Amino-diphenyl (J., L.).

4-Nitro-diphenyl $C_{12}H_9O_2N = C_6H_5 \cdot C_6H_4 \cdot NO_2$. *B.* Aus p-Nitro-isodiazobenzol-natrium (Syst. No. 2193) und Benzol bei Gegenwart von Acetylchlorid (KÜHLING, *B.* **28**, 42) oder Eisessig (BAMBERGER, *B.* **28**, 404). Aus p-Nitro-diazobenzolanhydrid (Syst. No. 2193) und Benzol bei 0° (BAMBERGER, *B.* **29**, 471). Neben anderen Verbindungen beim Kochen von „p-Nitro-phenyldiazomercaptan-hydrosulfid" $O_2N \cdot C_6H_4 \cdot N:N \cdot SH + H_2S$ (Syst. No. 2193) (B., KRAUS, *B.* **29**, 283) oder bei mehrstündigem Stehen von Bis-p-nitrobenzoldiazosulfid $(O_2N \cdot C_6H_4 \cdot N:N)_2S$ (Syst. No. 2193) mit Benzol (B., K., *B.* **29**, 278). Neben 2-Nitro-diphenyl beim Behandeln von Diphenyl in Eisessig mit konz. Salpetersäure (SCHULTZ, *A.* **174**, 210; HÜBNER, LÜDDENS, *B.* **8**, 871). Durch Kochen von diazotiertem 4′-Nitro-4-amino-diphenyl mit Alkohol (SCH., *A.* **174**, 211). — *Darst.* Man kocht 5 Tle. Diphenyl mit 10 Tln. Eisessig und 4 Tln. Salpetersäure (D: 1,45), oder man läßt 2 Tle. sehr fein gepulvertes Diphenyl einige Tage mit 3 Tln. Salpetersäure (D: 1,45) stehen, bis ein dickes homogenes Öl entstanden ist, fällt mit Wasser und entfernt unverändertes Diphenyl durch Destillation mit Wasser (SCH., *A.* **174**, 210). Man versetzt die Lösung von 1 Tl. Diphenyl in 8 Tln. Eisessig allmählich mit einem Gemisch aus 1 Tl. Salpetersäure (D: 1,5) und 11 Tln. Eisessig unter Abkühlen, fällt dann mit dem gleichen Volumen Wasser und krystallisiert den Niederschlag aus Alkohol um (HÜBNER, *A.* **209**, 340). Man läßt 15 g p-Nitro-isodiazobenzol-natrium bei Zimmertemperatur mit einem Gemisch aus Benzol und 4 g Eisessig stehen (B., *B.* **28**, 404). — Nadeln (aus Alkohol). F: 113° (SCH., *A.* **174**, 211), 114—114,5° (B., *B.* **28**, 404). Über das Auftreten einer labilen festen Modifikation beim Erstarren der unterkühlten Schmelze vgl. VORLÄNDER, *B.* **40**, 1417. Kp: 340° (korr.) (SCH., *A.* **174**, 211). Ziemlich schwer löslich in kaltem Alkohol, leicht in Chloroform und Äther (H.). — Mit Chromsäure in Eisessig entsteht p-Nitro-benzoesäure (SCH., *A.* **174**, 211). Mit Zinn und Salzsäure erhält man 4-Amino-diphenyl (SCH., *A.* **174**, 212; H., *A.* **209**, 342). Läßt sich mit Zinkstaub und alkoholischem Kali zu p-Hydrazo-diphenyl (Syst. No. 2075) reduzieren (FRIEBEL, RASSOW, *J. pr.* [2] **63**, 449). Beim Nitrieren entsteht ein Gemisch von 4.4′-Dinitro-diphenyl und 2.4′-Dinitro-diphenyl (SCHULTZ, SCHMIDT, STRASSER, *A.* **207**, 352).

4′-Brom-2-nitro-diphenyl $C_{12}H_8O_2NBr = C_6H_4Br \cdot C_6H_4 \cdot NO_2$. *B.* Entsteht, neben 4′-Brom-4-nitro-diphenyl beim Kochen von 4-Brom-diphenyl mit Salpetersäure (D: 1,45) und bleibt in den alkoholischen Mutterlaugen von der Darstellung dieser Verbindung (SCHULTZ, *A.* **174**, 220). Bildet sich auch aus 2′-Nitro-4-amino-diphenyl durch Diazotieren und Zersetzung des Diazoniumperbromids mit kochendem Alkohol (SCH., *A.* **207**, 351). — Säulen. Monoklin prismatisch (FOCK, *Z. Kr.* **7**, 37; vgl. *Groth, Ch. Kr.* **5**, 15). F: 65° (SCH.). Destilliert bei etwa 360° unzersetzt (SCH.). — Mit CrO₃ in Essigsäure entsteht p-Brom-benzoesäure (SCH.).

4′-Brom-4-nitro-diphenyl $C_{12}H_8O_2NBr = C_6H_4Br \cdot C_6H_4 \cdot NO_2$. *B.* Beim Kochen von 4-Brom-diphenyl mit Salpetersäure (D: 1,45) (SCHULTZ, *A.* **174**, 218). Aus 4′-Nitro-4-amino-diphenyl durch Diazotieren und Kochen des Diazoniumperbromids mit Alkohol (SCH., *A.* **174**, 219). — Nadeln (aus Toluol). F: 173°. Verflüchtigt sich fast unzersetzt oberhalb 360°. Fast unlöslich in kaltem Alkohol, schwer löslich in heißem; leichter in Toluol. — Gibt bei der Oxydation mit CrO₃ in Essigsäure p-Brom-benzoesäure und p-Nitro-benzoesäure.

4.4′-Dibrom-x-nitro-diphenyl $C_{12}H_7O_2NBr_2 = C_6H_4Br \cdot C_6H_3Br \cdot NO_2$. *Darst.* Man versetzt eine kaltgesättigte Lösung von 4.4′-Dibrom-diphenyl in Eisessig mit dem gleichen Vol. Salpetersäure (D: 1,52), fällt die Lösung mit Wasser und zieht den Niederschlag mit Alkohol bei 40—50° aus (LELLMANN, *B.* **15**, 2837). — Krystalle. F: 127°. Leicht löslich in Alkohol und noch leichter in Benzol und Eisessig.

2.2′-Dinitro-diphenyl $C_{12}H_8O_4N_2 = O_2N \cdot C_6H_4 \cdot C_6H_4 \cdot NO_2$. *B.* Durch Erwärmen von o-Chlor-nitrobenzol oder o-Brom-nitrobenzol mit Kupferbronze auf ca. 200° (ULLMANN, BIELECKI, *B.* **34**, 2176). Man charakterisiert o-Nitro-anilin und behandelt die wäßr. Lösung des o-Nitro-benzoldiazoniumchlorids mit einer salzsauren Lösung von Cuprochlorid in der Kälte (ULLMANN, FORGAN, *B.* **34**, 3803; U., D. R. P. 126961; *C.* **1902** I, 77) oder mit ammoniakalischer Kupferoxydullösung (VORLÄNDER, MEYER, *A.* **320**, 131). Durch Destillation der 6.6′-Dinitro-diphenyl-dicarbonsäure-(2.2′) bei ca. 300° unter 30 mm Druck (J. SCHMIDT, KAEMPF, *B.* **36**, 3747). Man leitet in eine alkoholische Lösung von salzsaurem 2.2′-Dinitro-4.4′-diamino-diphenyl bei 0° Äthylnitrit ein, läßt kurze Zeit, zuletzt in gelinder Wärme, stehen und gießt die Lösung dann allmählich in einen auf 100° erhitzten Kolben (TÄUBER, *B.* **24**, 197); das Rohprodukt wird zunächst aus 1½ Tln. Eisessig, dann aus Alkohol umkrystallisiert (T., *B.* **25**, 133). — *Darst.* Man diazotiert 276 g o-Nitro-anilin mit verd. Salzsäure (700 ccm rohe Salzsäure + 2 Liter Wasser) und 143 g Natriumnitrit in konz. wäßr. Lösung, versetzt unter Rühren mit der aus 1 kg Kupfervitriol durch Zinkstaub ausgefällten Kupferpaste, extrahiert den mit Alkohol gewaschenen Niederschlag mit Benzol und dampft die Benzolauszüge auf dem Wasserbad ein (v. NIEMENTOWSKI, *B.* **34**, 3327; vgl. auch WOHLFAHRT, *J. pr.* [2] **65**, 296). Man fügt zu der aus 30 g o-Nitro-anilin, 45 g konz. Schwefelsäure, 60 ccm Wasser und 15,3 g Natriumnitrit erhaltenen Diazoniumsalzlösung eine kalte Lösung von 21,6 g Cuprochlorid in 100 ccm konz. Salzsäure unter Rühren hinzu, saugt, wenn die Flüssigkeit grün geworden ist, den Niederschlag ab und behandelt ihn mit Wasserdampf; das als Nebenprodukt entstandene o-Chlor-nitrobenzol destilliert hierbei mit den Wasserdämpfen ab; der Rückstand besteht aus 2.2'-Dinitro-diphenyl (U., FRENTZEL, B. 38, 725). — Schwachgelbe Nadeln (aus Alkohol). Monoklin prismatisch (FOCK, Z. Kr. 32, 254; vgl. Groth, Ch. Kr. 5, 13). F: 124⁰ (T., B. 24, 198), 128⁰ (v. N., B. 34, 3326), 125⁰ (V., M., A. 320, 133). Schwer löslich in Ligroin, leichter in kaltem Alkohol und Äther, leicht in siedendem Alkohol, siedendem Eisessig und Benzol (T., B. 24, 198). — Durch Zinn und Salzsäure in Gegenwart von etwas Alkohol entsteht 2.2'-Diamino-diphenyl (T., B. 24, 198). Bei der elektrolytischen Reduktion erhält man Phenazon $\begin{smallmatrix} C_6H_4 \cdot N \\ | \\ C_6H_4 \cdot N \end{smallmatrix}$ (Syst. No. 3487) (W., J. pr. [2] 65, 296). Mit Natriumamalgam oder mit Zinkstaub in alkoholisch-alkalischer Lösung entsteht zuerst Phenazon-N-dioxyd (Syst. No. 3487), dann Phenazon-N-monoxyd (Syst. No. 3487) und zuletzt Phenazon (T., B. 24, 3082). Beim Erhitzen mit Schwefelnatrium in alkoh.-wäßr. Lösung entsteht Phenazon-N-monoxyd (ULLMANN, DIETERLE, B. 37, 24).

2.4'-Dinitro-diphenyl $C_{12}H_8O_4N_2 = O_2N \cdot C_6H_4 \cdot C_6H_4 \cdot NO_2$. B. Entsteht neben dem 4.4'-Derivat aus p-Nitro-isodiazobenzol-natrium (Syst. No. 2193) und Nitrobenzol + Eisessig (KÜHLING, B. 29, 166). Entsteht neben 4.4'-Dinitro-diphenyl bei der Nitrierung von Diphenyl mit rauchender Salpetersäure und bleibt nach Ausscheidung des schwerer löslichen Isomeren in der salpetersauren Mutterlauge (FITTIG, A. 124, 276, 285; SCHULTZ, A. 174, 225). — Lange Spieße. Monoklin prismatisch (FOCK, A. Kr. 7, 36; vgl. Groth, Ch. Kr. 5, 14) (FI.). Sehr leicht löslich in heißem Alkohol (FI.). — Kann durch Reduktion mit Schwefelammonium und Alkohol, Diazotieren des entstandenen 2'-Nitro-4-amino-diphenyls und Kochen des Diazoniumperbromids mit Alkohol in 4'-Brom-2-nitro-diphenyl umgewandelt werden (SCHULTZ, SCHMIDT, STRASSER, A. 207, 350). Beim Behandeln von 2.4'-Dinitro-diphenyl mit Alkohol und Natriumamalgam entsteht eine Verbindung $C_{24}H_{16}O_4N_4$ oder $C_{24}H_{18}O_4N_4$ [gelbes Pulver (aus Alkohol); F: 187⁰] (WALD, B. 10, 139).

3.3'-Dinitro-diphenyl $C_{12}H_8O_4N_2 = O_2N \cdot C_6H_4 \cdot C_6H_4 \cdot NO_2$. B. Man erhitzt etwa 20 Minuten lang m-Jod-nitrobenzol mit Kupferbronze auf 220—225⁰ (ULLMANN, BIELECKI, B. 34, 2177). Aus m-Nitro-benzoldiazoniumsulfat-Lösung mit Cuprochlorid in konz. Salzsäure (ULLMANN, FRENTZEL, B. 38, 726). Durch Diazotieren von 3.3'-Dinitro-4.4'-diaminodiphenyl und Kochen der Bisdiazoniumverbindung mit Alkohol (BRUNNER, WITT, B. 20, 1028). — Gelbe bis orangefarbene Nädelchen (aus Alkohol und Eisessig). F: 197—198⁰ (BR., W.), 200⁰ (U., BIE.). Leicht löslich in warmem Benzol, Eisessig, schwerer in Alkohol (U., BIE.). — Durch Reduktion mit Zinn und Salzsäure entsteht 3.3'-Diamino-diphenyl (BR., W.).

4.4'-Dinitro-diphenyl $C_{12}H_8O_4N_2 = O_2N \cdot C_6H_4 \cdot C_6H_4 \cdot NO_2$. B. Durch Erhitzen von 8 g p-Jod-nitrobenzol mit Kupferbronze auf 220—235⁰ (ULLMANN, BIELECKI, B. 34, 2177). Aus dem Kupfersalz der p-Nitro-benzoesäure durch Elektrolyse in wäßr. Lösung (LILIEN-FELD, D. R. P. 147943; C. 1904 I, 133). Durch Diazotieren des p-Nitro-anilins und Versetzen der Diazoniumsulfatlösung mit Cuprochlorid in konz. Salzsäure (ULLMANN, FRENTZEL, B. 38, 726) oder der Diazoniumchloridlösung mit ammoniakalischer Kupferoxydullösung (VOR-LÄNDER, MEYER, A. 320, 134). Neben 2.4'-Dinitro-diphenyl aus p-Nitro-isodiazobenzolnatrium (Syst. No. 2193), Nitrobenzol und Eisessig (KÜHLING, B. 29, 165). Neben 2.4'-Dinitro-diphenyl bei der Einwirkung von rauchender Salpetersäure (FITTIG, A. 124, 276) oder Salpeterschwefelsäure (SCHULTZ, A. 174, 221) auf Diphenyl. — Darst. Man trägt 20 g Diphenyl in 20 ccm rauchende Salpetersäure ein und kocht kurz auf; beim Erkalten entsteht ein einen krystallinischen Brei, welchen man filtriert, mit Wasser wäscht, wiederholt mit kleinen Mengen Alkohol auszieht und aus Alkohol umkrystallisiert (FITTIG, A. 124, 276; WILL-STÄTTER, KALB, B. 39, 3478). Man kühlt die Lösung von 138 g p-Nitro-anilin in 1 Liter 5-fach normaler Salzsäure rasch ab, diazotiert mit einer konz. Lösung von 70 g Natrium-nitrit, verdünnt die filtrierte Lösung mit 10 Liter Wasser und Eis und behandelt sie mit Kupferoxydul; das ausgeschiedene Reaktionsprodukt wäscht man mit verd. Salzsäure; dann krystallisiert man aus Eisessig um (W., K., B. 39, 3478). — Nadeln (aus Alkohol, Benzol oder Eisessig). F: 233⁰ (SCH.), 229⁰ (KÜHLING), 237⁰ (U., B.; U., FR.), 232⁰ (V., M.), 234—235⁰ (W., KA.). Sehr wenig löslich in kaltem Alkohol, etwas mehr in heißem (SCH.), etwas leichter in Benzol als in Alkohol (U., B.). — Bleibt beim Behandeln mit CrO_3 in Eisessig unverändert (SCH.). Geht durch Reduktion mit Zinn und Salzsäure in Benzidin über (SCH.). Bei der Behandlung mit alkoholischem Schwefelammonium und Schwefelwasserstoff in der Kälte entsteht 4'-Nitro-4-amino-diphenyl (F.).

4.4'-Dichlor-2.2'-dinitro-diphenyl $C_{12}H_6O_4N_2Cl_2 = O_2N \cdot C_6H_3Cl \cdot C_6H_3Cl \cdot NO_2$. B. Durch Erhitzen von 5 g 2.5-Dichlor-1-nitro-benzol mit 3,3 g Kupferbronze auf 240⁰ (ULLMANN, BIELECKI, B. 34, 2181). Durch Einfließenlassen einer salzsauren Cuprochloridlösung in eine gekühlte salzsaure Lösung von diazotiertem 4-Chlor-2-nitro-anilin, neben 2.5-Dichlor-1-nitro-benzol (U., FORGAN, *B.* **34**, 3803; U., D. R. P. 126961; *C.* **1902** I, 77). — Gelbliche Krystalle (aus Alkohol). F: 136⁰. Schwer löslich in kaltem Alkohol, Ligroin, gut in warmem Alkohol und Benzol, leicht in heißem Eisessig.

5.5′-Dichlor-2.2′-dinitro-diphenyl $C_{12}H_6O_4N_2Cl_2 = O_2N \cdot C_6H_3Cl \cdot C_6H_3Cl \cdot NO_2$. *B.* Durch Einfließenlassen einer salzsauren Cuprochloridlösung in eine gekühlte salzsaure Lösung von diazotiertem 2-Nitro-5-chlor-anilin, neben 2.4-Dichlor-1-nitrobenzol (ULLMANN, FORGAN, *B.* **34**, 3804; U., D. R. P. 126961; *C.* **1902** I, 77). — Schwach gelbbraune Nadeln. F: 170⁰. Leicht löslich in warmem Eisessig, schwer in Alkohol, sehr wenig in Äther, Ligroin.

4.4′-Dichlor-x.x-dinitro-diphenyl $C_{12}H_6O_4N_2Cl_2 = O_2N \cdot C_6H_3Cl \cdot C_6H_3Cl \cdot NO_2$ (vielleicht identisch mit 4.4′-Dichlor-2.2′-dinitro-diphenyl). *B.* Beim Erwärmen von 4.4′-Dichlor-diphenyl mit rauchender Salpetersäure (SCHMIDT, SCHULTZ, *A.* **207**, 340). — Nadeln (aus Alkohol). F: 140⁰. Schwer löslich in kaltem Alkohol, leicht in heißem und in Benzol.

4.4′-Dibrom-2.2′-dinitro-diphenyl $C_{12}H_6O_4N_2Br_2 = O_2N \cdot C_6H_3Br \cdot C_6H_3Br \cdot NO_2$. *B.* Durch Erhitzen von 5 g 2.5-Dibrom-1-nitro-benzol mit 2,2 g Kupferbronze auf 190—225⁰ (ULLMANN, BIELECKI, *B.* **34**, 2181). — Gelbe Nadeln (aus Alkohol). F: 138⁰. Leicht löslich in Benzol, Alkohol, sehr wenig in Ligroin.

4.4′-Dibrom-x.x-dinitro-diphenyl $C_{12}H_6O_4N_2Br_2 = O_2N \cdot C_6H_3Br \cdot C_6H_3Br \cdot NO_2$ (vielleicht identisch mit 4.4′-Dibrom-2.2′-dinitro-diphenyl). *B.* Beim Erwärmen von 4.4′-Dibrom-diphenyl mit rauchender Salpetersäure (FITTIG, *A.* **132**, 206). — Haarfeine Nadeln (aus Benzol). F: 148⁰ (SCHULTZ, *A.* **174**, 218). Sehr schwer löslich in siedendem Alkohol, leichter in heißem Benzol (F.). — Wird von CrO₃ in Eisessig nicht angegriffen (SCH.).

4.4′-Dibrom-x.x.x-trinitro-diphenyl $C_{12}H_5O_6N_3Br_2 = O_2N \cdot C_6H_3Br \cdot C_6H_2Br(NO_2)_2$. *B.* Man läßt die Lösung von 4.4′-Dibrom-diphenyl in stark überschüssiger Salpetersäure (D: 1,55) 24 Stdn. lang stehen, fällt dann mit Wasser und krystallisiert den Niederschlag aus Alkohol um (LELLMANN, *B.* **15**, 2838). — Nadeln. F: 177⁰. Schwer löslich in Alkohol, leichter in Benzol.

2.4.2′.4′-Tetranitro-diphenyl $C_{12}H_6O_8N_4 = (O_2N)_2C_6H_3 \cdot C_6H_3(NO_2)_2$. *B.* Durch 1-stdg. Kochen von 4-Chlor-1.3-dinitro-benzol oder 4-Brom-1.3-dinitro-benzol mit Kupferbronze in Nitrobenzol (ULLMANN, BIELECKI, *B.* **34**, 2177). Durch Lösen von 10 g Diphenyl in 60 g gekühlter Salpetersäure (D: 1,5) und Zufügen schwach rauchender Schwefelsäure (mit 3—4⁰/₀ SO₃) (U., B.; vgl. LOSANITSCH, *B.* **4**, 405). Aus 2.2′-Dinitro-diphenyl durch rauchende Salpetersäure und Schwefelsäure (EPSTEIN, D. R. P. 129147; *C.* **1902** I, 689). — Gelbliche Prismen (aus Benzol). F: 163⁰ (U., B.), 165—166⁰ (E.). Leicht löslich in Eisessig, Benzol, schwer in Alkohol, Äther. — Beim Verschmelzen mit Schwefel und Schwefelnatrium entsteht ein schwarzer Farbstoff (E.).

3.4.3′.4′-Tetranitro-diphenyl $C_{12}H_6O_8N_4 = (O_2N)_2C_6H_3 \cdot C_6H_3(NO_2)_2$. *B.* Durch Erhitzen von 3 g 4-Jod-1.2-dinitro-benzol mit Kupferbronze auf 230—250⁰ (U., B., *B.* **34**, 2179). — Gelbe Prismen. F: 186⁰. Leicht löslich in Eisessig und Benzol, fast unlöslich in Ligroin.

2.4.6.2′.4′.6′-Hexanitro-diphenyl $C_{12}H_4O_{12}N_6 = (O_2N)_3C_6H_2 \cdot C_6H_2(NO_2)_3$. *B.* Durch Erwärmen von 20 g Pikrylchlorid mit 15 g Kupferbronze in 200 ccm Nitrobenzol (ULLMANN, BIELECKI, *B.* **34**, 2179). — Bräunliche Krystalle mit ¹/₂C₇H₈ (aus Toluol). F: 238⁰. Fast unlöslich in Alkohol, Äther; schwer löslich in siedendem Benzol, etwas leichter in siedendem Eisessig. Die Lösung in konz. Schwefelsäure ist gelb, in Alkohol, der mit einigen Tropfen Ammoniak und Ätznatron versetzt ist, rot.

4.4′-Diazido-diphenyl, 4.4′-Bistriazo-diphenyl, „Tetrazodiphenylimid" $C_{12}H_8N_6 =$

$$\begin{matrix} N_{\diagdown} & & & & N_{\diagdown} \\ \vdots & N \cdot C_6H_4 \cdot C_6H_4 \cdot N & \vdots \\ N^{\diagup} & & & & N^{\diagup} \end{matrix}$$

B. Beim Behandeln des Diphenylbisdiazoniumperbromids (Syst. No. 2197) mit Ammoniak (GRIESS, *Soc.* **20**, 94; *J. pr.* [1] **101**, 91). — Tafeln (aus Alkohol). F: 127⁰. Unlöslich in Wasser, schwer löslich in kaltem Alkohol, mäßig löslich in Äther.

---

2. 1-Vinyl-naphthalin, α-Vinyl-naphthalin, α-Naphthyl-äthylen $C_{12}H_{10} = C_{10}H_7 \cdot CH:CH_2$. *B.* Aus α-Naphthyl-magnesiumbromid und Acetaldehyd neben anderen Produkten (TIFFENEAU, DAUDEL, *C. r.* **147**, 679). Durch Schütteln von einer wäßr. Suspension von β-Brom-β-[naphthyl-(1)]-propionsäure $C_{10}H_7 \cdot CHBr \cdot CH_2 \cdot CO_2H$ mit einer Natriumcarbonatlösung (BRANDIS, *B.* **22**, 2158). — Kp_{15}: 135—138° (T., D.). — Liefert bei der Einw. von Jod und überschüssigem HgO in wäßr. Äther α-Naphthyl-acetaldehyd (T., D.).

1^1-Chlor-1-vinyl-naphthalin $C_{12}H_9Cl = C_{10}H_7 \cdot CCl:CH_2$. *B.* Aus Methyl-α-naphthylketon und PCl_5 (LEROY, *Bl.* [3] **6**, 385). — Flüssig. Kp: 184° bei 50—60 mm; D: 1,179. — Liefert mit alkoholischem Kali α-Naphthyl-acetylen und den Äther $C_{10}H_7 \cdot C(O \cdot C_2H_5):CH_2$.

$1^1.1^2$-Dibrom-1-vinyl-naphthalin $C_{12}H_8Br_2 = C_{10}H_7 \cdot CBr:CHBr$. *B.* Aus α-Naphthyl-acetylen in CS_2 und 1 Mol.-Gew. Brom im Dunkeln (LEROY, *Bl.* [3] **6**, 387).

3. **2-Vinyl-naphthalin, β-Vinyl-naphthalin, β-Naphthyl-äthylen** $C_{12}H_{10} = C_{10}H_7 \cdot CH:CH_2$.

2^1-Chlor-2-vinyl-naphthalin $C_{12}H_9Cl = C_{10}H_7 \cdot CCl:CH_2$. *B.* Aus Methyl-β-naphthylketon und PCl_5 (LEROY, *Bl.* [3] **7**, 648). — F: 52—53°.

4. **Indacen:** Bezeichnung für einen aus zwei Fünfringen und einem, mittelständigen Sechsring kondensierten Kohlenwasserstoff $C_{12}H_{10}$ (EPHRAIM, *B.* **34**, 2779).

5. *Acenaphthen* $C_{12}H_{10} =$

B. Entsteht in sehr geringer Menge neben anderen Kohlenwasserstoffen bei der Verhüttung (Destillation) der Quecksilbererze von Idria, findet sich daher im „Stuppfett" (GOLDSCHMIEDT, M. v. SCHMIDT, *M.* **2**, 17). [Über die Zusammensetzung des Stuppfetts s. Go., v. SCH.] Acenaphthen entsteht auch bei der Destillation der Steinkohle, ist daher im Steinkohlenteer enthalten (BERTHELOT, *C. r.* **65**, 507; *Bl.* [2] **7**, 283; **8**, 245; *A. ch.* [4] **12**, 226; *Z.* **1867**, 714; *J.* **1867**, 594). Beim Durchleiten eines Gemenges von Benzol und Äthylen durch ein weißglühendes Rohr (BER., *C. r.* **63**, 792; *Bl.* [2] **7**, 278; *A. ch.* [4] **12**, 11; *J.* **1866**, 708; *A.* **142**, 257); besser aus Naphthalin und Äthylen bei Rotglut (BER., *Bl.* [2] **7**, 283; **8**, 247; *A. ch.* [4] **12**, 226; *Z.* **1867**, 714; *J.* **1867**, 594; FERKO, *B.* **20**, 662). Aus α-Äthyl-naphthalin beim Durchleiten seiner Dämpfe durch ein hellrotglühendes Porzellanrohr (BER., BARDY, *C. r.* **74**, 1464; *A.* **166**, 135). Durch Behandeln von α-Äthyl-naphthalin mit 2 At.-Gew. Brom bei 180° und Zerlegen der gebildeten Bromverbindung bei 100° mit alkoh. Kali (BER., BA.). — *Darst.* Aus schwerem Steinkohlenteeröl: BEHR, VAN DORP, *A.* **172**, 264. — Nadeln (aus Alkohol). Rhombisch bipyramidal (BILLOWS, *Z. Kr.* **37**, 396; **38**, 505; vgl. *Groth, Ch. Kr.* **5**, 420). Acenaphthen ist triboluminescent (TRAUTZ, *Ph. Ch.* **53**, 58). F: 95° (BEHR, v. D., *A.* **172**, 265; GRAEBE, *A.* **290**, 207 Anm.; PELLINI, *G.* 31 I, 7). Kp: 277,5° (korr.) (BEHR, v. D.); Kp_{750}: 279° (GR.). Spez. Gew. des festen Acenaphthens: $D_4^{1,4} = 0,90638$ (PELLINI, *G.* 31 I, 9). Schwer löslich in kaltem Alkohol, leicht in heißem (BER., *C. r.* **65**, 508; *A. ch.* [4] **12**, 231; *Bl.* [2] **8**, 248; *Z.* **1867**, 714). Löslichkeit in Methylalkohol, Äthylalkohol, Propylalkohol, Chloroform und Toluol und Dichten der gesättigten Lösungen bei verschiedenen Temperaturen: SPEYERS, *C.* **1902** II, 1239. $n_α^{13,4}$: 1,51469; $n_D^{13,4}$: 1,51964 (PELLINI, *G.* 31 I, 9). Absorptionsspektrum: BALY, TUCK, *Soc.* **93**, 1908. Oberflächenspannung: DUTOIT, FRIDERICH, *C. r.* **130**, 328. Molekulare Verbrennungswärme bei konstantem Volum: 1519,8 Cal., bei konstantem Druck: 1521,2 Cal. (BERTHELOT, VIEILLE, *A. ch.* [6] **10**, 450). Magnetisches Drehungsvermögen: PERKIN, *Soc.* **69**, 1196.

Beim Überleiten der Dämpfe von Acenaphthen über erhitztes Bleioxyd entsteht Acenaphthylen $C_{10}H_6 \overset{CH}{\underset{CH}{\cdots}}$ (BEHR, VAN DORP, *B.* **6**, 753; *A.* **172**, 276; BLUMENTHAL, *B.* **7**, 1092).

Bei der Oxydation von Acenaphthen mit Kaliumdichromat und verd. Schwefelsäure wurde in geringer Ausbeute das Anhydrid der Naphthalsäure (Syst. No. 992) erhalten (BEHR, VAN DORP, *B.* **6**, 60; *A.* **172**, 266; TERRISSE, *A.* **227**, 135). Bei der Oxydation mit Kalium- oder Natriumdichromat und Eisessig wurden erhalten: Naphthalsäureanhydrid, Acenaphthenchinon $C_{10}H_6 \overset{CO}{\underset{CO}{\diagdown}}$ (Syst. No. 676a), Biacenaphthylidendion $C_{10}H_6 \overset{C=C}{\underset{CO\ OC}{\diagup\diagdown}} C_{10}H_6$ (Syst. No. 689) und geringe Mengen Acenaphthylen (GRAEBE, VEILLON, *B.* **20**, 659; GR., GFELLER, *B.* **25**, 653; *A.* **276**, 1). Beim Erhitzen von Acenaphthen mit Schwefel auf ca. 290° erhält man Dinaphthylenthiophen $C_{10}H_6 \overset{C-C}{\underset{C \cdot S \cdot C}{\diagup\diagdown}} C_{10}H_6$ (Syst. No. 2377) und Trinaphthylenbenzol (Syst. No. 497) (REHLÄNDER, *B.* **36**, 1583; DZIEWOŃSKI, *B.* **36**, 965). Beim Kochen von Acenaphthen mit Amylalkohol und Natrium entsteht Acenaphthen-tetrahydrid-(3.4.5.11) (S. 523) (BAMBERGER, LODTER, *B.* **20**, 3077). Dieses entsteht auch durch Reduktion von Acenaphthen mit Wasserstoff in Gegenwart von reduziertem Nickel (SABATIER, SENDERENS,

C. r. **132**, 1257). Durch wiederholte Behandlung mit Wasserstoff in Gegenwart von Nickeloxyd unter hohem Druck bei 290—300⁰ entsteht Acenaphthendekahydrid (S. 170) (IPATJEW,
B. **42**, 2094; Ж. **41**, 766; *C.* **1909** II, 1728). Auch beim Erhitzen von Acenaphthen mit Jodwasserstoffsäure und Phosphor auf 250⁰ entsteht Acenaphthendekahydrid (LIEBERMANN,
SPIEGEL, *B.* **22**, 779). Bei der Einw. von Brom auf eine Lösung von Acenaphthen in Äther
(BLUMENTHAL, *B.* **7**, 1095) oder Chloroform (GRAEBE, GUINSBOURG, *A.* **327**, 85) entsteht
5-Brom-acenaphthen. Einw. von Jod auf Acenaphthen: BERTHELOT, *A. ch.* [4] **12**, 235. Durch
Einw. von Salpetersäure auf eine Lösung von Acenaphthen in Eisessig erhält man 5-Nitro-
acenaphthen und x.x-Dinitro-acenaphthen (QUINCKE, *B.* **20**, 610; **21**, 1455; vgl. JANDRIER,
Bl. [2] **48**, 755); bei direkter Einw. von rauchender Salpetersäure entsteht x.x-Dinitro-
acenaphthen (BER., *C. r.* **65**, 508; *A. ch.* [4] **12**, 232; *Bl.* [2] **8**, 250; *Z.* **1867**, 714).
Durch längeres Kochen mit Salpetersäure (D: 1,2) entsteht eine chinonartige Verbindung
$C_{10}H_5O_4N$ (s. u.) neben 4-Nitro-naphthalsäure (QU., *B.* **21**, 1460). Acenaphthen wird von
konz. Schwefelsäure leicht sulfuriert (BER., *A. ch.* [4] **12**, 231). Es leuchtet beim Schmelzen
mit Kaliumhydroxyd oder beim Erhitzen mit alkoh. Kali und Chlorwasser oder Bromwasser
(TRAUTZ, *Ph. Ch.* **53**, 91). — Aus Acenaphthen, Benzylchlorid und ZnCl₂ bei 125—180⁰ entsteht 4-Benzyl-acenaphthen (S. 708) (DZIEWOŃSKI, DOTTA, *Bl.* [3] **31**, 373; Dz., WECHSLER,
Bl. [3] **31**, 922). Durch Einw. von Carbamidsäurechlorid auf Acenaphthen in Gegenwart
von AlCl₃ erhält man das Amid einer Acenaphthencarbonsäure (Syst. No. 952) (GATTER-
MANN, HARRIS, *A.* **244**, 58).

Kaliumacenaphthen $C_{12}H_9K$. *B.* Beim Erwärmen von Acenaphthen mit Kalium
(BERTHELOT, *C. r.* **65**, 508; *A. ch.* [4] **12**, 234; *Bl.* [2] **8**, 251; *Z.* **1867**, 714). — Wird durch
Wasser zersetzt unter Rückbildung von Acenaphthen.

Verbindung von Acenaphthen mit Chromylchlorid $C_{12}H_{10} + 2CrO_2Cl_2$. *B.* Aus
den Komponenten in CS₂ (EWAN, COHEN, *Soc.* **55**, 582). — Amorph, dunkelbraun.

Verbindung von Acenaphthen mit 2.4-Dinitro-toluol $C_{12}H_{10} + C_7H_6O_4N_2$. F: 60⁰
(BUGUET, *C. r.* **149**, 857).

Verbindung von Acenaphthen mit 2.4.6-Trinitro-toluol $C_{12}H_{10} + C_7H_5O_6N_3$. F:
109⁰ (BU., *C. r.* **149**, 857).

Verbindung von Acenaphthen mit Pikrinsäure s. Syst. No. 523.

Verbindung $C_{10}H_5O_4N = O_2N \cdot C_{10}H_5O_2$ („Nitro-γ-naphthochinon"). *B.* Ent-
steht neben 4-Nitro-naphthalsäure bei 3-stdg. Kochen von 30 g Acenaphthen mit 600 ccm
Salpetersäure (D: 1,2) und wird von der Nitronaphthalsäure durch Natronlauge getrennt
(QUINCKE, *B.* **21**, 1460). — Gelbrote Nadeln. F: 208⁰.

Verbindung $C_{16}H_{10}O_4N_2 = (C_6H_5 \cdot NH)(O_2N)C_{10}H_4O_2$. *B.* Beim Stehen der Verbindung
$C_{10}H_5O_4N$ (s. o.) mit Anilin (QU., *B.* **21**, 1462). — Dunkelviolette Nädelchen. Schmilzt unter
Zersetzung bei 128⁰.

Verbindung $C_{22}H_{14}O_4N_2 = [(C_6H_5)_2N](O_2N)C_{10}H_4O_2$. *B.* Beim Kochen der Verbindung
$C_{10}H_5O_4N$ mit Diphenylamin und Alkohol (QU., *B.* **21**, 1462). — Krystallinische Flocken. Zersetzt sich unterhalb 80⁰.

5-Brom-acenaphthen $C_{12}H_9Br = C_{10}H_5Br \diagdown \genfrac{}{}{0pt}{}{CH_2}{CH_2}$. *B.* Durch Eintragen von Brom in
eine Lösung von Acenaphthen in Äther (BLUMENTHAL, *B.* **7**, 1095) oder siedendem Chloro-
form (GRAEBE, GUINSBOURG, *A.* **327**, 85). — Tafeln (aus Alkohol). F: 52—53⁰ (B.), 52⁰ (GR.,
GUI.). Kp: 335⁰ (GR., GUI.). — Gibt bei der Oxydation mit Chromsäure und Schwefelsäure
(B.) oder Eisessig (GR., GUI.) 4-Brom-naphthalsäure-anhydrid (Syst. No. 2482). Beim Erhitzen mit Magnesiumpulver entsteht Acenaphthylmagnesiumbromid (SPENCER, STOKES,
Soc. **93**, 72). — **Verbindung mit Pikrinsäure** s. Syst. No. 523.

1.2-Dibrom-acenaphthen, **Acenaphthylendibromid** $C_{12}H_8Br_2 = C_{10}H_6 \diagdown \genfrac{}{}{0pt}{}{CHBr}{CHBr}$. *B.*
Durch Eintragen von Brom in die ätherische Lösung von Acenaphthylen (B., *B.* **7**,
1093). — Nadeln. F: 121—123⁰. — Wird von Chromsäuregemisch zu Naphthalsäure
oxydiert (B.). Liefert beim Kochen mit Wasser zwei stereoisomere Modifikationen des
1.2-Dioxy-acenaphthens (GRAEBE, JEQUIER, *A.* **290**, 205), mit Kaliumacetat das Monacetat
des 1.2-Dioxy-acenaphthens (EWAN, COHEN, *Soc.* **55**, 578). Mit festem Natriumäthylat entsteht Acenaphthylen, während mit Alkohol und etwas Natrium Acenaphthen gebildet wird
(E., C., *Soc.* **55**, 580). Zersetzt sich schon beim Kochen mit Alkohol in HBr und 1-Brom-
acenaphthylen (B.).

1.2.x-Tribrom-acenaphthen $C_{12}H_7Br_3$. *B.* Als Nebenprodukt neben 1.2.x.x-Tetrabrom-
acenaphthen bei der Bromierung von 1.2-Dibrom-acenaphthen einmal erhalten (EWAN, COHEN,
Soc. **55**, 581). — Gelb, krystallinisch. F: 88—90⁰.

1.2.x.x-Tetrabrom-acenaphthen $C_{12}H_6Br_4$. *B.* Durch Stehenlassen einer Lösung von 1.2-Dibrom-acenaphthen in CS_2 mit Brom (EWAN, COHEN, *Soc.* **55**, 581). — Krystalle. Schmilzt bei 161—162° unter Zersetzung. Unlöslich in Alkohol.

5-Nitro-acenaphthen $C_{12}H_9O_2N = C_{10}H_5(NO_2)\langle\begin{smallmatrix}CH_2\\CH_2\end{smallmatrix}$. *B.* Entsteht neben dem Dinitro-derivat durch Eingießen von 50 ccm abgeblasener, rauchender Salpetersäure in die kalte Lösung von 80 g Acenaphthen in 1 kg Eisessig (QUINCKE, *B.* **20**, 610; **21**, 1455; vgl. JAN-DRIER, *C. r.* **104**, 1858; *Bl.* [2] **48**, 755). Entsteht fast ausschließlich, wenn man 25 g Ace-naphthen in 250 ccm Eisessig löst und 50 ccm farblose Salpetersäure (D: 1,47—1,48) hinzu-tropft (GRAEBE, BRIONES, *A.* **327**, 80). — Gelbe Nadeln (aus Ligroin). F: 101—102° (Q.), 106° (GR., B.). Löslich in heißem Wasser, Alkohol, Äther und Ligroin (Q.). In konz. Schwefel-säure rotviolett löslich (GR., B.). — Wird von Salpetersäure (D: 1,2) zu „Nitro-γ-naphtho-chinon" (S. 587) und 4-Nitro-naphthalsäure oxydiert (Q., *B.* **21**, 1460).

x.x-Dinitro-acenaphthen $C_{12}H_8O_4N_2 = C_{12}H_8(NO_2)_2$. *B.* Beim Behandeln von Ace-naphthen mit rauchender Salpetersäure (BERTHELOT, *C. r.* **65**, 508; *A. ch.* [4] **12**, 232; *Bl.* [2] **8**, 250; *Z.* **1867**, 714). Neben 5-Nitro-acenaphthen durch Eingießen einer essigsauren Acenaphthenlösung in abgerauchte Salpetersäure (QUINCKE, *B.* **21**, 1456). — Feine gelbe Nadeln. Schmilzt unter Zersetzung gegen 206° (Q.). Schwer löslich in Alkohol (B.).

2. Kohlenwasserstoffe $C_{13}H_{12}$.

1. *Benzylbenzol, Diphenylmethan, Ditan*[1]) $C_{13}H_{12} = (C_6H_5)_2CH_2$. Bezifferung: *B.* Durch Be-handeln eines Gemenges von Benzol und Methylenchlorid (FRIEDEL, CRAFTS, *Bl.* [2] **41**, 324; vgl. SCHWARZ, *B.* **14**, 1526) oder von Benzol und Chloroform (E. FISCHER, O. FISCHER, *A.* **194**, 253; BOE-SEKEN, *R.* **22**, 303, 307; vgl. auch FRIEDEL, CRAFTS, *A. ch.* [6] **1**, 490) mit Aluminiumchlorid. Aus Benzol und Formaldehyd in Eisessig-Schwefelsäure (NASTJUKOW, Ж. **35**, 830; *C.* **1903** II, 1425) oder besser beim Erwärmen von Benzol und Formaldehyd mit konz. Schwefelsäure (NA., Ж. **40**, 1377; *C.* **1909** I, 534). Aus Benzol und Methylal $CH_2(O \cdot CH_3)_2$ in Eisessig mit Schwefelsäure (BAEYER, *B.* **6**, 221). Bei tropfenweisem Zusatz von Chlormethyl-äthyläther $CH_2Cl \cdot O \cdot CH_2 \cdot CH_3$ zu einem Gemenge von Benzol und $AlCl_3$ unter Kühlung mit Eis und Evakuieren (VERLEY, *Bl.* [3] **17**, 914). Bei der Einw. von Benzol und $AlCl_3$ auf Produkte, welche durch Einw. von HCl auf Formaldehyd oder Polyoxymethylen erhalten worden sind (GRASSI, MASELLI, *G.* **28** II, 495, 497; vgl.: LITTERSCHEID, *A.* **316**, 185; LI., THIMME, *A.* **334**, 8, 48). Aus Benzol und α.α.β-Trichlor-äthan $CH_2Cl \cdot CHCl_2$ oder Dichloräther (Bd. I, S. 612) in Gegenwart von $AlCl_3$ (GARDEUR, *C.* **1898** I, 438). — Beim Kochen von Benzyl-chlorid mit Benzol und Zinkstaub (ZINCKE, *A.* **159**, 374), neben o- und p-Dibenzyl-benzol (Z., *B.* **6**, 119). Beim Kochen von Benzylchlorid mit Benzol und $ZnCl_2$ (FRIEDEL, CRAFTS, *A. ch.* [6] **1**, 478). Aus Benzylchlorid und Benzol in Gegenwart von $AlCl_3$ (FRIEDEL, BALSOHN, *Bl.* [2] **33**, 337; FR., CR., *A. ch.* [6] **1**, 480), neben o- und p-Dibenzyl-benzol (RADZIWANOWSKI, *B.* **27**, 3236). Ditan entsteht auch, wenn man Benzol, das Aluminiumspäne enthält, mit HCl sättigt und nach einigen Stunden Benzylchlorid hinzutropft (RAD., *B.* **28**, 1136) oder wenn man in ein Gemisch von Benzol, Aluminiumspänen und Quecksilberchlorid Benzylchlorid ein-tropft (RAD., *B.* **28**, 1139). Die Kondensation von Benzylchlorid und Benzol zu Ditan kann auch durch amalgamiertes Aluminium bewirkt werden (HIRST, COHEN, *Soc.* **67**, 827). Durch Einw. von Benzylchlorid auf die Aluminiumverbindung, welche durch Erhitzen von Queck-silberdiphenyl mit Aluminium auf 130° entsteht (FR., CR., *A. ch.* [6] **14**, 461). Aus Benzyl-chlorid und Natriumphenyl, neben Stilben (ACREE, *Am.* **29**, 593). Aus 1 Mol.-Gew. Benzyl-chlorid, 1 Mol.-Gew. Brombenzol und 1 At.-Gew. Magnesium (in Form von Magnesium-Amalgam) bei Wasserbadtemperatur (MEUNIER, *C. r.* **137**, 714; *Bl.* [3] **29**, 1175). Bei der Einw. von $AlCl_3$ auf ein Gemisch von Benzol mit Benzalchlorid (BOE., *R.* **22**, 311). Beim Mischen eines Gemenges von Benzylalkohol und Benzol mit einem Gemisch von Schwefel-säure und Eisessig (MEYER, WURSTER, *B.* **6**, 963). Aus Äthyl-benzyl-äther, Benzol und P_2O_5 (NEF, *A.* **298**, 255; vgl. SCHICKLER, *J. pr.* [2] **53**, 369). — Bei der Einw. von $AlCl_3$ auf ein Gemisch von Benzol mit α-Chlor-ditan (BOE., *R.* **22**, 313). Bei der Reduktion von Benzophenon mit Zink und Schwefelsäure (ZINCKE, THÖRNER, *B.* **10**, 1473). Beim Ein-tragen von Natrium in die siedende alkoh. Lösung von Benzophenon (KLAGES, ALLENDORF, *B.* **31**, 998). Beim Erhitzen von Benzophenon mit Jodwasserstoff und Phosphor auf 150° (GRAEBE, *B.* **7**, 1624). Beim Glühen von Benzophenon mit Zinkstaub, neben anderen Pro-

---

[1]) Vgl. zu diesen Namen v. LIEBIG, *J. pr.* [2] **72**, 115 Anm.; **74**, 378; **86**, 475 Anm.; *B* **41**, 1645 Anm.

dukten (STAEDEL, *A.* **194**, 307). Durch Erhitzen von Benzophenon in komprimiertem Wasserstoff bei Gegenwart von Ni₂O₃ auf 260⁰ (IPATJEW, *B.* **40**, 1289; Ж. **39**, 701; *C.* **1907** II, 2036). Beim Glühen von Diphenylessigsäure mit Natronkalk (JENA, *A.* **155**, 86). Bei der Destillation von diphenylessigsaurem Barium (VORLÄNDER, SIEBERT, *B.* **39**, 1032). — Bei längerem Erhitzen von Benzoin auf 280⁰ (ENGLER, GRIMM, *B.* **30**, 2923). Durch Kochen von Tetraphenyl-äthylen mit AlCl₃ in Benzol, neben viel 9.10-Diphenyl-phenanthren (H. BILTZ, *B.* **38**, 205). — Bei der Destillation von Tannin und von Disalicylid $C_6H_4 \overset{O \cdot CO}{\underset{CO \cdot O}{<}} C_6H_4$ (Syst. No. 2767) mit Zinkstaub (NIERENSTEIN, *B.* **38**, 3642).

Darst. Man erhitzt 10 g Benzophenon, 12 g wäßr. Jodwasserstoffsäure (Kp: 127⁰) und 2 g roten Phosphor in zugeschmolzenem Rohr 6 Stdn. auf 160⁰, versetzt den Bombeninhalt mit Äther, schüttelt mehrfach mit Wasser aus, filtriert und trocknet die äther. Lösung, verdampft den Äther und fraktioniert den Rückstand (GRAEBE, *B.* **7**, 1624; vgl. GATTERMANN, Die Praxis des organischen Chemikers [Leipzig 1914], 12. Aufl., S. 307). Man löst 1 Tl. Benzophenon in der 10-fachen Menge Alkohol und trägt unter Erwärmen auf dem Wasserbade 1 Tl. Natrium möglichst rasch ein; nach Beendigung der Reaktion sättigt man die Flüssigkeit mit CO₂, versetzt mit Wasser, destilliert den Alkohol ab, äthert das rückständige Öl aus, trocknet und destilliert im Vakuum (KLAGES, ALLENDORFF, *B.* **31**, 999). — Man leitet 20 Minuten lang HCl in ein Gemisch aus 325 g Benzol und 2 g Aluminiumspänen ein, tröpfelt nach einigen Stunden unter Kühlung 50 g Benzylchlorid hinzu, läßt 18 Stunden stehen, zersetzt das Reaktionsprodukt mit Wasser, trocknet über CaCl₂ und fraktioniert (RADZIEWANOWSKI, *B.* **28**, 1136). Man trägt allmählich unter Kühlung 50 g Benzylchlorid in ein Gemisch aus 350 g Benzol, 2 g Aluminiumspänen und 30 g HgCl₂ ein (RAD., *B.* **28**, 1139). — Man setzt zu einem Gemisch von 12 g Benzylalkohol, 30 g Benzol und 100 g Eisessig ein Gemisch von gleichen Volumteilen konz. Schwefelsäure und Eisessig hinzu, bis sich das Benzol größtenteils als obenaufschwimmende Schicht abgetrennt hat, läßt über Nacht stehen, fügt dann unter Abkühlung 500 g konz. Schwefelsäure hinzu und gießt nach einigen Stunden in Wasser; man schüttelt dann mit Äther aus, trocknet die ätherische Lösung mit CaCl₂, verjagt den Äther und fraktioniert (V. MEYER, WURSTER, *B.* **6**, 963; vgl. MEYER-JACOBSON, Lehrbuch der organischen Chemie, Bd. II, Tl. II [Leipzig 1903], S. 83). — Darstellung aus Formaldehyd, Benzol und konz. Schwefelsäure: NASTJUKOW, Ж. **40**, 1377; *C.* **1909** I, 534.

Physikalische Eigenschaften. Lange, prismatische Nadeln. Riecht angenehm nach Orangen (JENA, *A.* **155**, 86; ZINCKE, *A.* **159**, 375). F: 26—27⁰ (ZINCKE, *A.* **159**, 376), 22,75⁰ (REISSERT, *B.* **23**, 2242). Kp: 261—262⁰ (ZI.); Kp: 264,7⁰ (korr.) (PERKIN, *Soc.* **69**, 1195). Kp₇₆₀: 260—261⁰; Kp₃₅: 158⁰; Kp₂₇: 141⁰ (KLAGES, ALLENDORFF, *B.* **31**, 999). D_4^{11}: 1,0126; D_4^{20}: 1,0008; $D_4^{26,1}$: 0,9626; $D_4^{111,1}$: 0,9181 (EIJKMAN, *R.* **12**, 185); D_0^{20}: 1,0056; D_0^{30}: 0,995; D_0^{40}: 0,9844 (PE., *Soc.* **69**, 1195). $D_0^{4,5}$: 1,1724; $D_0^{19,6}$: 1,1519; D_0^{107}: 1,264; D_0^{142}: 1,0879 (DUTOIT, FRIDERICH; vgl. WALDEN, *Ph. Ch.* **65**, 149). — Leicht löslich in Alkohol, Äther, Chloroform (JENA). Molekulare Gefrierpunktsdepression: EIJKMAN, *Ph. Ch.* **4**, 515; BRUNI, *R. A. L.* **13** II, 380. — n_α^{11}: 1,57653; n_β^{11}: 1,59730 (EIJKMAN, *R.* **12**, 185); $n_\alpha^{16,6}$: 1,57304; n_β^{16}: 1,57884; $n_\gamma^{16,6}$: 1,61731 (ANDERLINI, *G.* **25** II, 141, 165); n_α^2: 1,53474; n_β^2: 1,55390; n_γ^2: 1,56615 (PERKIN, *Soc.* **69**, 1230); n_D^{16}: 1,56957 (KLAGES, ALLENDORFF, *B.* **31**, 999). Absorptionsspektrum: BAKER, *Soc.* **91**, 1495. — Oberflächenspannung: DUTOIT, FRIDERICH, *C. r.* **130**, 328. — Molekulare Verbrennungswärme bei konstantem Volum: 1658,2 Cal., bei konstantem Druck: 1659,9 Cal. (SCHMIDLIN, *C. r.* **136**, 1560; *A. ch.* [8] **7**, 250). Kritische Konstanten: GUYE, MALLET, *C. r.* **133**, 1287; *C.* **1902** I, 1314. — Magnetisches Drehungsvermögen: PE., *Soc.* **69**, 1086. Dielektrizitätskonstante: DRUDE, *Ph. Ch.* **23**, 310; MATHEWS, *C.* **1906** I, 224. Lichtelektrische Erscheinungen im Diphenylmethandampf: STARK, *C.* **1909** II, 1110.

Chemisches Verhalten. Ditan liefert beim Durchleiten durch eine glühende Röhre Fluoren (S. 625) (GRAEBE, *B.* **7**, 1624; *A.* **174**, 194). Wird von Chromsäuregemisch zu Benzophenon oxydiert (ZINCKE, *A.* **159**, 377). Gibt mit Chromylchlorid in CS₂ (WEILER, *B.* **32**, 1053) oder in CCl₄ (LAW, F. PERKIN, *Soc.* **93**, 1637) eine Verbindung, die durch Wasser zu Benzophenon zersetzt wird. Beim Erhitzen von Ditan mit Schwefel auf 250⁰ entsteht Tetraphenyläthylen (ZIEGLER, *B.* **21**, 780). Ditan wird durch Wasserstoff und Nickel in Dicyclohexylmethan verwandelt (EIJKMAN, *C.* **1903** II, 989). Liefert beim Erhitzen mit PCl₅ auf 170⁰ α-Chlor-ditan (S. 590) neben wenig α.α-Dichlor-ditan (S. 590) (CONE, ROBINSON, *B.* **40**, 2162). Zerfällt bei anhaltendem Chlorieren, zuletzt mit Chlorjod bei 350⁰, in Perchlormethan und Perchlorbenzol (RUOFF, *B.* **9**, 1485). Durch Einw. von 1 Mol.-Gew. Brom auf 1 Mol.-Gew. Diphenylmethan bei 150⁰ entsteht α-Brom-ditan (FRIEDEL, BALSOHN, *Bl.* [2] **33**, 339; MONTAGNE, *R.* **25**, 405). Durch Einw. von 2 Mol.-Gew. Brom bei 150⁰ entsteht α.α-Dibrom-ditan (F., B., *Bl.* [2] **33**, 337). Durch Einw. von 2 Mol.-Gew. Brom in Gegenwart von Jod bei niedriger Temperatur wird 4.4'-Dibrom-ditan und 2.4'-Dibrom-ditan gebildet (GOLDTHWAITE, *Am.* **30**, 448). Durch Erhitzen von Ditan mit Salpetersäure (D: 1,075) in geschlossenem Rohr auf 105⁰ entsteht α-Nitro-ditan (KONOWALOW, Ж. **26**, 77; *J.* **1894**, 1280); Nitrierung

durch Erhitzen mit hydrolysierbaren Nitraten (besonders Wismutnitrat) und Wasser: Ko.,
ЖК. 33, 393; C. 1901 II, 580. Durch Eintragen in Salpetersäure (D: 1,5—1,53) unter guter
Kühlung erhält man 4.4'-Dinitro-ditan und 2.4'-Dinitro-ditan (DOEB, B. 5, 795; STAEDEL,
A. 194, 363); bei langsamem Eintragen unter Umschütteln und Stehenlassen des Reaktions-
produktes entstehen daneben auch x.x.x-Trinitro-ditan und 2.4.2'.4'-Tetranitro-ditan (ST., A.
218, 340; 283, 151). x.x.x-Trinitro-ditan entsteht in überwiegender Menge beim Eintragen von
1 Tl. Ditan in 6—7 Tle. Salpetersäure (D: 1,53) (ST., A. 283, 155), 2.4.2'.4'-Tetranitro-ditan
bildet sich fast ausschließlich bei der Nitrierung von Ditan mit der zwölffachen Menge
Salpetersäure (D: 1,53) (ST., A. 218, 339) oder bei der Einw. von Salpeterschwefelsäure
(DOEB, B. 5, 795; SCHÖPFF, B. 27, 2318). Durch Erwärmen von Ditan mit überschüssiger
rauchender Schwefelsäure auf 100° entsteht Ditan-disulfonsäure-(4.4') (DOEB, B. 5, 796;
vgl. LAPWORTH, Soc. 73, 408). Bei der Einw. von Chlorsulfonsäure auf Ditan in Chloroform
unter Kühlung erhält man Diphenylmethan-o-sulfon $C_6H_4 {<}{\small\begin{smallmatrix}CH_2\\SO_2\end{smallmatrix}}{>} C_6H_4$ (Syst. No. 2370)
und Ditan-monosulfonsäure-(4) (LAPWORTH, Soc. 73, 408; SCHENK, C. 1909 II, 985). Ditan
liefert beim Erhitzen mit AlCl₃ Anthracen (RADZIEWANOWSKI, B. 27, 3238). — Ditan reagiert
mit Acetylchlorid in Gegenwart von AlCl₃ bei 0° unter Bildung von 4-Acetyl-diphenylmethan,
4.4'-Diacetyl-diphenylmethan, Acetophenon und 4.4'-Diacetyl-x-benzyl-diphenylmethan (?)
(s. Syst. No. 684) (DUVAL, C. r. 146, 342; Bl. [4] 7, 789). Verbindung mit Pikrylchlorid:
BRUNI, Ch. Z. 30, 568. Bei der Insolation eines Gemisches von Ditan mit Benzophenon entsteht Tetraphenyläthanol $(C_6H_5)_2C \cdot CH(OH) \cdot C_6H_5$ (PATERNÒ, CHIEFFI, G. 39 II, 430).

Phenyl-[4-chlor-phenyl]-methan, 4-Chlor-ditan $C_{13}H_{11}Cl = C_6H_5 \cdot CH_2 \cdot C_6H_4Cl$.
B. Aus 4-Chlor-benzophenon durch Erhitzen mit Jodwasserstoffsäure (Kp: 127°), rotem
Phosphor und Essigsäure (MONTAGNE, R. 26, 267). — $Kp_{742,5}$: 298°.

Diphenyl-chlor-methan, α-Chlor-ditan, Benzhydrylchlorid $C_{13}H_{11}Cl = C_6H_5 \cdot$
$CHCl \cdot C_6H_5$. B. Durch 5-stdg. Erhitzen von Diphenylmethan mit PCl₅ auf 170°, neben α.α-Di-
chlor-ditan (CONE, ROBINSON, B. 40, 2162). Durch Einleiten von HCl in bei möglichst
niedriger Temperatur geschmolzenes Benzhydrol (ENGLER, BETHGE, B. 7, 1128; E., B. 11,
927) oder in eine Mischung von Benzhydrol und Benzol (BOESEKEN, R. 22, 312; MONTAGNE,
R. 25, 404). Durch allmähliches Eintragen von Benzhydrol in eine siedende Mischung von
100 g POCl₃ und 42 g PCl₅ (M., R. 25, 403). Aus Benzhydrylhydrazin $(C_6H_5)_2CH \cdot NH \cdot NH_2$
durch Kochen mit verd. Salzsäure (DARAPSKY, J. pr. [2] 67, 129). — Strahlige krystallinische
Masse. F: 14° (E., BE.), 12—14° (BOE.). Kp_{19}: 173° (M.). Molekulare Verbrennungswärme
bei konstantem Volum: 1615,9 Cal., bei konstantem Druck: 1617,3 Cal. (SCHMIDLIN, C. r.
136, 1561; A. ch. [8] 7, 250). — Zerfällt bei höherer Temperatur leicht unter Bildung von
HCl, Tetraphenyläthylen (E., BE., B. 7, 1128) und Tetraphenyläthan (ANSCHÜTZ, A. 235,
220). Verhalten von α-Chlor-ditan beim Schütteln der ätherischen Lösung mit Wasser:
STRAUS, HÜSSY, B. 42, 2180. α-Chlor-ditan gibt mit einer Na₂SO₃-Lösung bei 120° Benzhydroläther $(C_6H_5)_2CH \cdot O \cdot CH(C_6H_5)_2$ (SCHENK, C. 1909 II, 1916). Durch Einw. von Natrium
auf eine Lösung von α-Chlor-ditan in Benzol entsteht Tetraphenyläthan und Diphenylmethan (E., B. 11, 927). α-Chlor-ditan verharzt in Berührung mit reinem AlCl₃ sofort (BOE.,
R. 22, 313). Liefert mit Benzol und AlCl₃ Diphenylmethan und Triphenyl-chlor-methan, aber
nur sehr wenig Triphenylmethan (BOE.).

Bis-[4-chlor-phenyl]-methan, 4.4'-Dichlor-ditan $C_{13}H_{10}Cl_2 = C_6H_4Cl \cdot CH_2 \cdot C_6H_4Cl$.
B. Beim Kochen von 4.4'-Dichlor-benzophenon mit Jodwasserstoffsäure (Kp: 127°), rotem
Phosphor und Eisessig (MONTAGNE, R. 25, 390). Beim Kochen von 4.4'-Dichlor-benzo-
phenon mit Zinkstaub, Eisessig und verd. Schwefelsäure (1 : 5), neben anderen Produkten
(MONTAGNE, R. 25, 412). — Krystalle. Monoklin prismatisch (JAEGER, R. 25, 390). F: 55°
(M.). $Kp_{760,5}$: 337° (M.). D^{17}: 1,365 (M.). Löslich in Alkohol (M.).

Diphenyl-dichlor-methan, α.α-Dichlor-ditan, Benzophenonchlorid $C_{13}H_{10}Cl_2 =$
$C_6H_5 \cdot CCl_2 \cdot C_6H_5$. B. Aus Benzol und überschüssigem Tetrachlormethan bei Gegenwart
von AlCl₃ (BOESEKEN, R. 23, 101). Beim Behandeln von Diphenylmethan mit PCl₅ bei
170°, neben Diphenyl-chlor-methan (CONE, ROBINSON, B. 40, 2162). Beim Erhitzen von
Benzophenon mit PCl₅ allein (BEHR, B. 3, 752; KEKULÉ, FRANCHIMONT, B. 5, 908) oder
mit PCl₅ in Benzol (C., R., B. 40, 2161). Aus Benzophenon und Oxalylchlorid im geschlossenen
Rohr bei 130—140° (STAUDINGER, B. 42, 3976). Aus Triphenylmethylperoxyd $(C_6H_5)_3C \cdot$
$O \cdot O \cdot C(C_6H_5)_3$ (Syst. No. 543) und PCl₅ bei 125—135° (GOMBERG, CONE, B. 37, 3544). Durch
Einleiten von Chlor in eine siedende Lösung von Triphenylmethylperoxyd in CCl₄ bei
Gegenwart von Jod (GO., C.). — Darst. Man erhitzt 12 g Benzophenon mit 20 g PCl₅ 4 bis
5 Stunden auf 230° und fraktioniert das Produkt im Vakuum (GATTERMANN, SCHULZE, B.
29, 2944). — Man setzt tropfenweise Benzol zu einer Mischung von überschüssigem CCl₄ und
feingepulvertem AlCl₃ und behandelt die untere, eine Verbindung von AlCl₃ mit α.α-Dichlor-
ditan enthaltende Schicht mit Wasser (BOE., R. 24, 2). — Flüssig. Kp: 305° (korr.) (Zers.);

Kp$_{671}$: 220° (KE., FR., *B.* **5**, 909); Kp$_{25}$: 201—202° (MACKENZIE, *Soc.* **69**, 987); Kp$_{30}$: 193° (ANSCHÜTZ, *A.* **235**, 221); Kp$_{26}$: 186° (STRAUS, ECKER, *B.* **39**, 3005); Kp$_{12}$: 172° (KLAGES, FANTO, *B.* **32**, 1433). D^{16,5}: 1,235 (KE., FR., *B.* **5**, 909). — *a.a*-Dichlor-ditan löst sich in flüssigem Schwefeldioxyd mit schwach gelber Farbe und besitzt in dieser Lösung eine, wenn auch geringe Leitfähigkeit (GOMBERG, *B.* **35**, 2405; STRAUS, ECKER, *B.* **39**, 2986, 3005). Löst sich in konz. Schwefelsäure zunächst mit gelber Farbe; diese verschwindet allmählich und die Lösung enthält dann Benzophenon (ST., E.). *a.a*-Dichlor-ditan bildet mit SbCl$_5$ und mit SnCl$_4$ rote Doppelverbindungen (GOMBERG, *B.* **35**, 1837).

a.a-Dichlor-ditan ist sehr reaktionsfähig (BEHR, *B.* **3**, 752). Beim Erhitzen mit Silber entsteht Tetraphenyläthylen (BEHR, *B.* **3**, 752). Mit Zinkstaub und Toluol (oder Äther) entstehen Tetraphenyläthylen, *a*-Benzpinakolin (C$_6$H$_5$)$_2$C——C(C$_6$H$_5$)$_2$ (?) (Syst. No. 2377)

$$\text{(C}_6\text{H}_5)_2\text{C——C(C}_6\text{H}_5)_2 \atop \text{O}$$

und *β*-Benzpinakolin (C$_6$H$_5$)$_3$C·CO·C$_6$H$_5$ (Syst. No. 661) (LOHSE, *B.* **29**, 1789). Kaltes Wasser zersetzt sehr langsam, heißes rasch in HCl und Benzophenon (KE., F.). Geschwindigkeit der Hydrolyse beim Schütteln der äther. Lösung von *a.a*-Dichlor-ditan mit Wasser: STRAUS, HÜSSY, *B.* **42**, 2171. *a.a*-Dichlor-ditan liefert in äther. Lösung mit feuchtem Silberoxyd Benzophenon (STRAUS, CASPARI, *B.* **40**, 2709). Beim Eintragen von *a.a*-Dichlor-ditan in eine überschüssige alkoholische Kaliumhydrosulfidlösung entsteht Dibenzhydryldisulfid [(C$_6$H$_5$)$_2$CH]$_2$S$_2$ (Syst. No. 539) (BEHR, *B.* **5**, 970; ENGLER, *B.* **11**, 923; vgl.: MANCHOT, KRISCHE, *A.* **337**, 186; M., ZAHN, *A.* **345**, 332) und eine 146,5° schmelzende Verbindung (C$_{13}$H$_{10}$S)$_x$ (S. 592) (EN., *B.* **11**, 924). Letztere erhielt ENGLER (*B.* **11**, 924) auch aus *a.a*-Dichlor-ditan und Kaliumsulfid in Alkohol; GATTERMANN, SCHULZE (*B.* **29**, 2944) erhielten bei der Einw. der berechneten Menge alkoh. Kaliumsulfids auf *a.a*-Dichlor-ditan Thiobenzophenon (Syst. No. 652). Trocknes Ammoniak wirkt auf *a.a*-Dichlorditan nicht ein; mit alkoh. Ammoniak entstehen Salmiak und Benzophenon (PAULY, *A.* **187**, 217). Alkoh. Ammoniumhydrosulfid erzeugt Dibenzhydryldisulfid (EN., *B.* **11**, 922). — *a.a*-Dichlor-ditan reagiert in Amyläther mit Silberazid oder Natriumazid unter Bildung einer öligen explosiven Verbindung [Diphenyldiazidomethan (C$_6$H$_5$)$_2$C(N$_3$)$_2$(?)], welche beim Erwärmen der amylätherischen Lösung auf 150—160° unter Stickstoffentwicklung in Diphenyltetrazol

$$\text{C}_6\text{H}_5\cdot\text{N}\begin{matrix}\text{N}=\!\!=\!\!=\text{N}\\ \diagdown\qquad\downarrow\\ \text{C(C}_6\text{H}_5)=\text{N}\end{matrix}$$

(Syst. No. 4022) übergeht (SCHROETER, *B.* **42**, 2341, 3360). *a.a*-Dichlor-ditan liefert mit AlCl$_3$ ein Additionsprodukt in Form eines roten, in Schwefelkohlenstoff schwer löslichen Öls, das mit Benzol die Verbindung (C$_6$H$_5$)$_3$CCl + AlCl$_3$ liefert (BOESEKEN, *R.* **23**, 101). *a.a*-Dichlor-ditan kann durch AlCl$_3$ auch mit Halogen- oder Nitro-substitutionsprodukten des Benzols zu den entsprechenden Substitutionsprodukten des Triphenyl-chlormethans kondensiert werden (GOMBERG, *B.* **37**, 1632). Mit Naphthalin + AlCl$_3$ entsteht Diphenyl-*a*-naphthyl-chlor-methan (G., *B.* **37**, 1637). Beim Schütteln von *a.a*-Dichlor-ditan mit Methylalkohol entstehen Diphenyl-dimethoxy-methan (C$_6$H$_5$)$_2$C(O·CH$_3$)$_2$ und Benzophenon (STRAUS, ECKER, *B.* **39**, 3005). Diphenyldimethoxymethan entsteht auch aus *a.a*-Dichlor-ditan und methylalkoholischem Natriummethylat (MACKENZIE, *Soc.* **69**, 987). Analog erhält man mit Lösungen anderer Natriumalkylate Diphenyl-dialkoxy-methane (M., *Soc.* **69**, 990; **79**, 1205); bei der Einw. von Natriumisopropylat, Natriumisobutylat oder Natriumisoamylat erhält man als Nebenprodukt Benzhydrol (M., JOSEPH, *Soc.* **85**, 791). Mit Natriumphenolat entsteht 4.4'·Dioxy-tetraphenylmethan (C$_6$H$_5$)$_2$C(C$_6$H$_4$·OH)$_2$ (M., *Soc.* **79**, 1209). Beim Erhitzen mit *a*-Naphthol entsteht Diphenyl-bis-[*a*-oxy-naphthyl-(x)]-methan (C$_6$H$_5$)$_2$C(C$_{10}$H$_6$·OH)$_2$ (SHRIMPTON, *Chem. N.* **94**, 13; CLOUGH, *Soc.* **89**, 773). Beim Kochen mit *a*-Naphthol in Petrolätherlösung entsteht Anhydro-diphenyl-[*a*-oxy-naphthyl-(x)]-carbinol (C$_6$H$_5$)$_2$C:C$_{10}$H$_6$:O (Syst. No. 660) (CL., *Soc.* **89**, 774; vgl. SH., *Chem. N.* **94**, 13). Mit *a*-Naphthol-natrium in Alkohol entsteht ebenfalls Anhydro-diphenyl-[*a*-oxy-naphthyl(x)]-carbinol (CL., *Soc.* **89**, 775). Beim Kochen mit *β*-Naphthol in Xylol erhält man Diphenyl-bis-[*β*-napbthoxy]-methan (C$_6$H$_5$)$_2$C(O·C$_{10}$H$_7$)$_2$ (CL., *Soc.* **89**, 776). Mit *β*-Naphthol-natrium in Alkohol entsteht Anhydro-diphenyl-[2-oxy-naphthyl-(1)]-carbinol (Syst. No. 660) (CL., *Soc.* **89**, 777). *a.a*-Dichlor-ditan liefert mit Brenzcatechin allein in erheblicher Menge den Diphenylmethylenäther des Brenzcatechins

(C$_6$H$_5$)$_2$C$\langle$O$\atop$O$\rangle$C$_6$H$_4$ (SACHS, THONET, *B.* **37**, 3328); mit Brenzcatechin + H$_2$SO$_4$ entsteht 3.4-Dioxy-triphenylcarbinol (SA., TH., *B.* **37**, 3329). — Beim Erhitzen von *a.a*-Dichlor-ditan mit Urethan auf 130° entsteht salzsaures Benzophenonimid (C$_6$H$_5$)$_2$C:NH + HCl (HANTZSCH, KRAFT, *B.* **24**, 3516). Beim Erwärmen mit Verbindungen, welche die Gruppe ·CS·NH$_2$ oder ·CS·NH· enthalten (Thioamide, Thioharnstoffe, Xanthogenamide), tritt wohl infolge der Bildung von Thiobenzophenon eine intensiv blaue Färbung auf (TSCHUGAJEW, *B.* **35**, 2482). *a.a*-Dichlor-ditan reagiert heftig mit Anilin unter Bildung von Benzophenon-anil (C$_6$H$_5$)$_2$C:N·C$_6$H$_5$ (PAULY, *A.* **187**, 201), mit Monomethylanilin unter Bildung von Benzophenon-anil und Dimethylanilin (PAULY); analog wirkt Monoäthylanilin (PAULY). Dimethylanilin wirkt erst beim Erwärmen ein; es entstehen 4-Dimethylamino-triphenylmethan und eine

Base $C_{17}H_{24}N_2$ (s. bei Dimethylanilin, Syst. No. 1601) (P., *A.* **187**, 209; vgl. O. FISCHER, *B.* **12**, 1690; *A.* **206**, 116; DÖBNER, PETSCHOW, *A.* **242**, 341).

Verbindung $(C_{13}H_{10}S)_x$. *B.* Neben Dibenzhydryldisulfid $C_{26}H_{22}S_2$ (Syst. No. 539) aus *a.a*-Dichlor-ditan und KSH in Alkohol (ENGLER, *B.* **11**, 923). Aus *a.a*-Dichlor-ditan und K_2S in Alkohol (ENGLER, *B.* **11**, 924). — Nadeln (aus Äther). F: 146,5°. — Wird von einer Lösung von CrO_3 in Eisessig in Benzophenon übergeführt (E.). Bleibt beim Kochen mit Alkohol und Kupferpulver unverändert (E.). Verbindet sich weder mit NH_3O, noch mit Phenylhydrazin (BERGREEN, *B.* **21**, 343).

Bis-[4-chlor-phenyl]-chlor-methan, 4.4'.a-Trichlor-ditan $C_{13}H_9Cl_3 = C_6H_4Cl \cdot CHCl \cdot C_6H_4Cl$. *B.* Aus 10 g 4.4'-Dichlor-benzhydrol und 9 g PCl_5 (MONTAGNE, *R.* **25**, 400). — Krystalle (aus Petroläther). Monoklin prismatisch (JAEGER, *R.* **25**, 401). — F: 63°.

Phenyl-[4-chlor-phenyl]-dichlor-methan, 4.a.a-Trichlor-ditan $C_{13}H_9Cl_3 = C_6H_5 \cdot CCl_2 \cdot C_6H_4Cl$. *B.* Aus 4-Chlor-benzophenon und PCl_5 (OVERTON, *B.* **26**, 28). — Öl.

[2-Chlor-phenyl]-[4-chlor-phenyl]-dichlor-methan, 2.4'.a.a-Tetrachlor-ditan $C_{13}H_8Cl_4 = C_6H_4Cl \cdot CCl_2 \cdot C_6H_4Cl$. *B.* Neben 4.4'.a.a-Tetrachlor-ditan und wahrscheinlich auch 2.2'.a.a-Tetrachlor-ditan bei der Einw. von CCl_4 auf Chlorbenzol in Gegenwart von $AlCl_3$ (NORRIS, TWIEG, *Am.* **30**, 395). Aus 2.4'-Dichlor-benzophenon und PCl_5 (N., T., *Am.* **30**, 397). — Farbloses, in einer Kältemischung nicht erstarrendes Öl. Kp_{23}: 223°. Löslich in den meisten organischen Lösungsmitteln.

Bis-[4-chlor-phenyl]-dichlor-methan, 4.4'.a.a-Tetrachlor-ditan $C_{13}H_8Cl_4 = C_6H_4Cl \cdot CCl_2 \cdot C_6H_4Cl$. *B.* Entsteht als Hauptprodukt neben 2.4'.a.a-Tetrachlor-ditan und wahrscheinlich auch 2.2'.a.a-Tetrachlor-ditan bei der Einw. von CCl_4 auf Chlorbenzol (NORRIS, GREEN, *Am.* **26**, 495; **30**, 395). Durch Einw. von PCl_5 auf 4.4'-Dichlor-benzophenon (N., T., *Am.* **30**, 398; MONTAGNE, *R.* **25**, 389). — Prismatische Krystalle. F: 52—53° (N., T.), 52,5° (M.). Kp_{16}: 223° (N., T.). Leicht löslich in Ligroin (N., T.). — Wird durch Kochen mit verd. Alkohol, sowie durch konz. Schwefelsäure in 4.4'-Dichlor-benzophenon verwandelt (N., G.; N., T.).

Bis-[2.5-dichlor-phenyl]-dichlor-methan, 2.5.2'.5'.a.a.-Hexachlor-ditan $C_{13}H_6Cl_6 = C_6H_3Cl_2 \cdot CCl_2 \cdot C_6H_3Cl_2$. *B.* Aus CCl_4, p-Dichlor-benzol und $AlCl_3$ in CS_2 (N., G., *Am.* **26**, 497; N., T., *Am.* **30**, 398). — Blättchen (aus CS_2 durch Alkohol gefällt). F: 173—174° (N., G.). Leicht löslich in Benzol, weniger in Äther, sehr wenig in heißem Alkohol (N., G.). — Wird durch Erhitzen mit verd. Alkohol in 2.5.2'.5'-Tetrachlor-benzophenon übergeführt (N., G.).

Diphenyl-brom-methan, a-Brom-ditan, Benzhydrylbromid $C_{13}H_{11}Br = C_6H_5 \cdot CHBr \cdot C_6H_5$. *B.* Durch Erhitzen von Diphenylmethan mit 1 Mol.-Gew. Brom auf 150° (FRIEDEL, BALSOHN, *Bl.* [2] **33**, 339). Durch Einleiten von Bromdampf (zusammen mit Kohlendioxyd) in Diphenylmethan bei 150° (MONTAGNE, *R.* **25**, 405). — Krystalle (aus Petroläther). Triklin pinakoidal (JAEGER, *R.* **25**, 405). F: 45° (F., B.; NEF, *A.* **298**, 232). Kp_{20}: 184° (NEF). Äußerst leicht löslich in Benzol (F., B.). D^{13}: 1,491 (M.). — *a*-Brom-ditan bildet mit Zinntetrachlorid und mit Antimonpentachlorid farbige Verbindungen (GOMBERG, *B.* **35**, 1837). — Bei der Destillation von *a*-Brom-ditan entsteht Tetraphenyläthylen (BOISSIEU, *Bl.* [2] **49**, 681; NEF, *A.* **298**, 237). Bei der Oxydation mit Kaliumpermanganat in saurer Lösung in der Kälte entsteht Benzophenon (BACON, *Am.* **33**, 76). Bei Einw. von trocknem Sauerstoff auf die geschmolzene Verbindung bei 160—170° entsteht Benzophenon und Tetraphenyläthylen (BAC.). Mit Natrium in Äther entsteht Diphenylmethan und Tetraphenyläthan (BAC.). Bei der Einw. von Silber oder Magnesium auf *a*-Brom-ditan in Äther entsteht symm. Tetraphenyl-äthan (GOMBERG, CONE, *B.* **39**, 1466). Kaltes Wasser zersetzt im Laufe von zwei Wochen glatt in HBr und Benzhydrol (F., BAL., *Bl.* [2] **33**, 342; NEF, *A.* **298**, 232). Beim Erhitzen mit Wasser auf 150° entstehen Benzhydrol und Benzhydroläther $(C_6H_5)_2CH \cdot O \cdot CH(C_6H_5)_2$ (F., BAL.). Beim Erhitzen mit Wasser auf 100° unter Neutralisieren des frei gewordenen Bromwasserstoffs mittels Alkali entsteht nur Benzhydroläther (NEF). Benzhydroläther entsteht auch beim Erhitzen von *a*-Brom-ditan mit Na_2SO_3-Lösung (SCHENK, *C.* **1909** II, 1916), sowie beim Schütteln der Lösung von *a*-Brom-ditan in Ligroin mit Zinkoxyd (AUGER, *Bl.* [3] **33**, 337). Beim Behandeln von *a*-Brom-ditan mit konzentriertem wäßr. Ammoniak werden *a*-Amino-ditan und Dibenzhydrylamin $(C_6H_5)_2CH \cdot NH \cdot CH(C_6H_5)_2$ und wenig Benzhydrol gebildet (F., BAL., *Bl.* [2] **33**, 587). Zusatz von Zinkstaub oder $AlCl_3$ zu *a*-Brom-ditan bewirkt stürmische Entwicklung von HBr unter Bildung eines roten Harzes (N., *A.* **298**, 248). — Beim Kochen von *a*-Brom-ditan mit Alkohol, bei der Einw. von alkoh. Kalilauge oder von alkoh. Ammoniak in der Kälte erhält man Benzhydrol-äthyläther (F., BAL., *Bl.* [2] **33**, 339, 340, 587). Beim Erwärmen mit Kaliumacetat und Eisessig entsteht Benzhydrol-acetat (F., BAL., *Bl.* [2] **33**, 340). Behandelt man eine Lösung von *a*-Brom-ditan und Triphenylchlormethan in Äther mit aktiviertem Magnesium, so entsteht Pentaphenyläthan (G., C., *B.* **39**, 1466).

Bis-[4-brom-phenyl]-methan, 4.4'-Dibrom-ditan $C_{13}H_{10}Br_2 = C_6H_4Br \cdot CH_2 \cdot C_6H_4Br$.
B. Durch Einw. von Brom auf Diphenylmethan in Gegenwart von Jod bei niedriger Temperatur, neben 2.4'-Dibrom-ditan (GOLDTHWAITE, *Am.* 30, 448). — Weiße Krystalle (aus Ligroin). F: 64⁰ (G.). Leicht löslich in Äther, Alkohol, Benzol, Eisessig, schwer in Ligroin (G.). — Liefert mit PCl_5 auf 150⁰ erhitzt a-Chlor-4.4'-dibrom-ditan (CONE, ROBINSON, *B.* 40, 2163).

Phenyl-dibrom-methan, a.a-Dibrom-ditan, Benzophenonbromid $C_{13}H_{10}Br_2 = C_6H_5 \cdot CBr_2 \cdot C_6H_5$. *B.* Durch Eintröpfeln von 2 Mol. Gew. Brom in auf 140—150⁰ erhitztes Diphenylmethan (FRIEDEL, BALSOHN, *Bl.* [2] 33, 337). — Nicht destillierbar (F., B.). Zersetzt sich bei längerem Kochen in HBr und Tetraphenyläthylen (F., B.). Zerfällt beim Erhitzen mit Wasser auf 150⁰ in HBr und Benzophenon (F., B.). Geschwindigkeit der Reaktion mit Wasser: STRAUS, *A.* 370, 320.

Bis-[4-brom-phenyl]-chlor-methan, a-Chlor-4.4'-dibrom-ditan $C_{13}H_9ClBr_2 = C_6H_4Br \cdot CHCl \cdot C_6H_4Br$. *B.* Durch 3-stdg. Erhitzen von 4.4'-Dibrom-ditan mit PCl_5 auf 150⁰ (CONE, ROBINSON, *B.* 40, 2163). — Krystallinisches Produkt (aus Petroläther). F: 92⁰.

Bis-[4-brom-phenyl]-brom-methan, 4.4'.a-Tribrom-ditan $C_{13}H_9Br_3 = C_6H_4Br \cdot CHBr \cdot C_6H_4Br$. *B.* Durch Einw. von Brom auf 4.4'-Dibrom-ditan bei 150⁰ (GOLDTHWAITE, *Am.* 30, 449). — Weiße Krystalle (aus Äther oder Ligroin). F: 106—107⁰. Leicht löslich in Alkohol (geringe Zers.), Benzol, Chloroform, schwer in Äther oder Ligroin. — Wird durch konz. Schwefelsäure tiefrot gefärbt. Zersetzt sich beim Erhitzen auf 165⁰ bei Luftabschluß unter Bildung von Tetrakis-[4-brom-phenyl]-äthylen; bei Gegenwart von Luft wird 4.4'-Dibrom-benzophenon gebildet.

Phenyl-[2-nitro-phenyl]-methan, 2-Nitro-ditan $C_{13}H_{11}O_2N = C_6H_5 \cdot CH_2 \cdot C_6H_4 \cdot NO_2$. *Darst.* Man vermengt 20 g o-Nitro-benzylchlorid und 400 g mit 40 g $AlCl_3$, läßt 12 Stunden stehen und erwärmt dann; man schüttelt das Reaktionsprodukt mit Wasser und destilliert die abgeschiedene Benzolschicht erst aus dem Wasserbade, dann mit überhitztem Wasserdampf bei 160—170⁰ (GEIGY, KÖNIGS, STÄDEL, *B.* 283, 2402; STÄDEL, *A.* 283, 157). Man trägt allmählich 40 g $AlCl_3$ in ein Gemisch von 20 g o-Nitro-benzylchlorid, 80 ccm Benzol und 100 ccm CS_2 ein, erhitzt 2 Stdn. zum Sieden, schüttelt mit Wasser und Salzsäure und dampft die abgeschiedene und filtrierte Benzolschicht ab (GABRIEL, STELZNER, *B.* 29, 1303). Man löst o-Nitro-benzylchlorid in 15 Tln. Benzol, läßt mit 1 Tl. $AlCl_3$ (in 15 Tln. Benzol verteilt) 24 Stdn. stehen, kocht dann ½ Stde. und gießt in Wasser (SCHORLEMMER, *J. pr.* [2] 65, 305). — Schwach gelbliche, wenig riechende Flüssigkeit. Kp_{10}: 183—184⁰ (CARRÉ, *C. r.* 148, 101; *Bl.* [4] 5, 119; *A. ch.* [8] 19, 216). — Liefert beim Erhitzen bis 300⁰ für sich oder in flüssigem Paraffin neben etwas o-Amino-benzophenon Acridon $C_6H_4 < \!\!\!^{NH}_{CO}\!\!\!> C_6H_4$ (Syst. No. 3187) infolge Umlagerung des intermediär entstehenden Phenylanthroxans $C_6H_4 < \!\!\!^{N}_{C \cdot C_6H_5}\!\!\!> O$ (Syst. No. 4199) (KLIEGL, *B.* 42, 591). Bei der Oxydation mit Chromsäure in Eisessig entsteht 2-Nitro-benzophenon (G., Kö., *B.* 18, 2403). Bei der Reduktion mit Zinkstaub und Natronlauge in alkoholischer Lösung erhält man als Hauptprodukt 2-Amino-ditan und Produkt o.o-Hydrazodiphenylmethan $[C_6H_5 \cdot CH_2 \cdot C_6H_4 \cdot NH-]_2$ (Syst. No. 2075) (CARRÉ, *C. r.* 148, 101; *Bl.* [4] 5, 119; *A. ch.* [8] 19, 216). Beim Eintragen einer alkoh. Lösung des 2-Nitroditans in ein siedendes Gemisch von Zinn und Salzsäure entsteht 2-Amino-ditan (O. FISCHER, SCHÜTTE, *B.* 26, 3086); daneben bilden sich Acridin (Syst. No. 3088) und 9.10-Dihydroacridin (Syst. No. 3087) (O. FISCHER, *B.* 26, 1337). Beim Nitrieren in Eisessig mit Salpetersäure (D: 1,52) unter Kühlung erhält man 2.4'-Dinitro-ditan (STAEDEL, *A.* 283, 157).

Phenyl-[3-nitro-phenyl]-methan, 3-Nitro-ditan $C_{13}H_{11}O_2N = C_6H_5 \cdot CH_2 \cdot C_6H_4 \cdot NO_2$. *Darst.* Man gießt allmählich und unter Abkühlen die Lösung von 1 Tl. m-Nitro-benzylalkohol in 10 Tln. reinem Benzol zur 20-fachen Menge konz. Schwefelsäure, hebt die Benzolschicht ab, gießt sie in Wasser und destilliert das Benzol dann ab; neben 3-Nitro-ditan entsteht etwas Bis-[3-nitro-benzyl]-benzol (Syst. No. 487), das in Alkohol schwerer löslich ist (BECKER, *B.* 15, 2091). — Flüssig. Nicht destillierbar. Nicht flüchtig mit Wasserdämpfen. Leicht löslich in Alkohol, Äther und Benzol. — Liefert bei der Oxydation mit Chromsäuregemisch 3-Nitrobenzophenon. Durch Reduktion mit Zinn und Salzsäure entsteht 3-Amino-ditan.

Phenyl-[4-nitro-phenyl]-methan, 4-Nitro-ditan $C_{13}H_{11}O_2N = C_6H_5 \cdot CH_2 \cdot C_6H_4 \cdot NO_2$. *B.* Entsteht neben Bis-[4-nitro-benzyl]-benzol (Syst. No. 487) beim Schütteln von 1 Tl. fein gepulvertem p-Nitro-benzylalkohol mit 20 Tln. Benzol und 10 Tln. konz. Schwefelsäure (BASLER, *B.* 16, 2716). Entsteht in Form einer Molekularverbindung mit $AlCl_3$ beim Kochen der Verbindung aus p-Nitro-benzylchlorid und $AlCl_3$ mit Benzol oder beim Kochen von p-Nitro-benzylchlorid mit $AlCl_3$ und Benzol (STAEDEL, *A.* 283, 160; BOESEKEN,

R. **23**, 103, 106). — *Darst.* Man schüttelt die Suspension von 1 Tl. p-Nitro-benzylalkohol in 20 Tln. Benzol 5—10 Minuten mit 10 Tln. konz. Schwefelsäure, hebt die Benzolschicht ab, gießt die Schwefelsäureschicht in das vierfache Volumen Wasser, schüttelt die wäßr. Lösung wiederholt mit Benzol, vereinigt alle Benzollösungen, destilliert aus ihnen das Benzol ab, löst den Rückstand in wenig Äther und versetzt mit Alkohol; das nach 12—24 Stunden abgeschiedene Bis-[4-nitro-benzyl]-benzol wird abfiltriert, das Filtrat verdunstet und der allmählich erstarrende Rückstand aus Ligroin umkrystallisiert (BAS., *B.* **16**, 2716). Man trägt allmählich 40 g AlCl$_3$ in eine erwärmte Lösung von 20 g p-Nitro-benzylchlorid in 400 g Benzol ein, kocht, bis die HCl-Entwicklung aufgehört hat, schüttelt den Kolbeninhalt mit Wasser, destilliert von der Benzolschicht das Benzol ab; der Rückstand erstarrt nach einigen Tagen und wird aus Alkohol umkrystallisiert (STAEDEL, *A.* **283**, 160). Darstellung aus 100 g p-Nitrobenzylchlorid, 400 g Benzol, 500 g CS$_2$, 100 g AlCl$_3$ nach dem Verfahren von GABRIEL, STELZNER (vgl. Darst. von 2-Nitro-ditan): BAEYER, VILLIGER, *B.* **37**, 605. — Spieße (aus Ligroin). F: 31⁰ (BAS.; BOE.). Kp$_{11}$: 202⁰ (BAEYER, V.). Kaum flüchtig mit Wasserdämpfen (BAS.). Leicht löslich in Alkohol, Äther, Benzol usw., schwer in kaltem Ligroin (BAS.). — Liefert mit CrO$_3$ in Eisessig 4-Nitro-benzophenon (BAS.). Durch Reduktion mit Zinn und Salzsäure erhält man 4-Amino-ditan (BAS.). Beim Nitrieren mit Salpetersäure (D: 1,53) in Eisessiglösung entstehen 4.4′-Dinitro-ditan und 2.4′-Dinitro-ditan (STAE., *A.* **283**, 160; vgl. BAS.).

Diphenyl-nitro-methan, α-Nitro-ditan C$_{13}$H$_{11}$O$_2$N = C$_6$H$_5$·CH(NO$_2$)·C$_6$H$_5$. *B.* Bei 5-stdg. Erhitzen von 4 ccm Diphenylmethan mit 25 ccm Salpetersäure (D: 1,075) im geschlossenen Rohr auf 100—105⁰; man behandelt das ölige Produkt mit 33 %iger Kalilauge und zersetzt das abgesaugte und mit Äther gewaschene Kaliumsalz der aci-Form mit H$_2$S (KONOWALOW, Ж. **26**, 77; *C.* **1894** II, 33). Durch spontane Umwandlung des aci-α-Nitroditans (s. u.) (K., *B.* **29**, 2197). — Farbloses Öl. Erstarrt nicht bei —15⁰; D$_4^0$: 1,1900; D$_4^{?}$: 1,1727; mol. Brechungsvermögen: K., Ж. **26**, 81; *C.* **1894** II, 33. — Mit Zinkstaub und Kalilauge (K., Ж. **26**, 84; *C.* **1894** II, 33) oder mit Zinn und Salzsäure (K., Ж. **33**, 46; *C.* **1901** I, 1002) entsteht α-Amino-ditan. Die mit Basen entstehenden Salze sind als Salze des aci-α-Nitro-ditans (s. u.) zu betrachten.

Diphenyl-isonitro-methan, aci-α-Nitro-ditan C$_{13}$H$_{11}$O$_2$N = C$_6$H$_5$·C(:NO·OH)·C$_6$H$_5$. *B.* Das Kaliumsalz entsteht durch Erhitzen von Diphenylmethan mit Salpetersäure im geschlossenen Rohr auf 100—105⁰ und Behandlung des Reaktionsproduktes mit Kalilauge (KONOWALOW, Ж. **26**, 77; *C.* **1894** II, 33). Das Natriumsalz entsteht bei der Einw. alkal. Diazobenzollösungen auf Natrium-Isonitromethan CH$_2$:NO$_2$Na (Bd. I, S. 76), neben anderen Verbindungen (BAMBERGER, SCHMIDT, LEVINSTEIN, *B.* **33**, 2056). Die freie Säure erhält man beim Ansäuern der kalten wäßr. Lösung des Natriumsalzes mit kalter verdünnter Schwefelsäure (K., *B.* **29**, 2196). — Prismen (aus Äther). F: ca. 90⁰ (Zers.); leicht löslich in Soda (K., *B.* **29**, 2196, 2197). — Sehr unbeständig; zersetzt sich schon bei Zimmertemperatur, rasch in unreinem Zustande oder beim Erwärmen; dabei entstehen α-Nitro-ditan, Benzophenonoxim und Benzophenon; längere Zeit beständig nur in äther. Lösung oder in der Kälte (K., *B.* **29**, 2196, 2197). Beim Erhitzen des Ammoniumsalzes auf 150⁰ entsteht Benzophenon (K., Ж. **32**, 73; *C.* **1900** I, 1093). — KC$_{13}$H$_{10}$O$_2$N. Prismen (K., Ж. **26**, 81; *C.* **1894** II, 33). — Cu(C$_{13}$H$_{10}$O$_2$N)$_2$+3H$_2$O. Grüner Niederschlag (K., Ж. **26**, 82; *C.* **1894** II, 33).

[2(?)-Chlor-phenyl]-[4-nitro-phenyl]-methan, 2′(?)-Chlor-4-nitro-ditan C$_{13}$H$_{10}$O$_2$NCl = C$_6$H$_4$Cl·CH$_2$·C$_6$H$_4$·NO$_2$. *B.* Aus p-Nitro-benzylchlorid und Chlorbenzol bei Gegenwart von AlCl$_3$, neben 4′-Chlor-4-nitro-ditan (BOESEKEN, *R.* **23**, 107). — Krystalle (aus Alkohol). F: 67⁰.

[4-Chlor-phenyl]-[4-nitro-phenyl]-methan, 4′-Chlor-4-nitro-ditan C$_{13}$H$_{10}$O$_2$NCl = C$_6$H$_4$Cl·CH$_2$·C$_6$H$_4$·NO$_2$. *B.* Aus p-Nitro-benzylchlorid und Chlorbenzol bei Gegenwart von AlCl$_3$, neben 2′(?)-Chlor-4-nitro-ditan (BOESEKEN, *R.* **23**, 107). — Krystalle (aus Essigsäure). F: 104⁰. Unlöslich in Ligroin. — Chromtrioxyd oxydiert zu 4′-Chlor-4-nitro-benzophenon.

[4-Nitro-phenyl]-dichlor-methan, α.α-Dichlor-4-nitro-ditan C$_{13}$H$_9$O$_2$NCl$_2$ = C$_6$H$_5$·CCl$_2$·C$_6$H$_4$·NO$_2$. *B.* Bei 1-stdg. Erwärmen des p-Nitro-benzophenons mit PCl$_5$ auf 140—150⁰ (BAEYER, VILLIGER, *B.* **37**, 606; SCHROETER, *B.* **42**, 3360 Anm. 2). — Blätter (aus Ligroin). F: 56—57⁰ (B., V.), 53—54⁰ (SCH.). Leicht löslich in gewöhnlichen Lösungsmitteln, außer in kaltem Ligroin (V., B.). — Gibt beim Kochen mit Silberazid in Amyläther 1-Phenyl-5-[4-nitro-phenyl]-tetrazol O$_2$N·C$_6$H$_4$·C$\overset{N(C_6H_5)\cdot N}{\underset{N\text{——}N}{\diagdown\diagup}}$ (Syst. No. 4022) (SCH., *B.* **42**, 3360).

Gibt mit Benzol + AlCl$_3$ α-Chlor-4-nitro-triphenylmethan (B., V.).

[2(?)-Brom-phenyl]-[4-nitro-phenyl]-methan, 2′(?)-Brom-4-nitro-ditan C$_{13}$H$_{10}$O$_2$NBr = C$_6$H$_4$Br·CH$_2$·C$_6$H$_4$·NO$_2$. *B.* Aus p-Nitro-benzylchlorid und Brombenzol bei Gegenwart von AlCl$_3$, neben 4′-Brom-4-nitro-ditan (BOESEKEN, *R.* **23**, 108). — Nadeln. F: 73⁰.

[4-Brom-phenyl]-[4-nitro-phenyl]-methan, 4′-Brom-4-nitro-ditan C$_{13}$H$_{10}$O$_2$NBr = C$_6$H$_4$Br·CH$_2$·C$_6$H$_4$·NO$_2$. *B.* Aus p-Nitro-benzylchlorid und Brombenzol bei Gegenwart von AlCl$_3$, neben 2'(?)-Brom-4-nitro-ditan (BOESEKEN, *R.* 23, 108). — F: 121°. Schwer löslich in Alkohol, Eisessig. — Chromsäure oxydiert zu 4'-Brom-4-nitro-benzophenon.

Diphenyl-brom-nitro-methan, α-Brom-α-nitro-ditan C$_{13}$H$_{10}$O$_2$NBr = C$_6$H$_5$ · CBr(NO$_2$)·C$_6$H$_5$. *B.* Beim Versetzen des Diphenylisonitromethan-Kaliums im Kältegemisch mit 1 Mol.-Gew. Brom (KONOWALOW, ЖК. 26, 83; *C.* 1894 II, 33). — Blättchen und Prismen (aus Alkohol). F: 44°. Löslich in ca. 5 Tln. kaltem Alkohol, leicht löslich in Äther und Benzol.

Bis-[2-nitro-phenyl]-methan, 2.2'-Dinitro-ditan C$_{13}$H$_{10}$O$_4$N$_2$ = O$_2$N·C$_6$H$_4$·CH$_2$· C$_6$H$_4$·NO$_2$. *B.* Durch Diazotierung von 2.2'-Dinitro-4.4'-diamino-ditan in alkoholischer Salzsäure mit Äthylnitrit und Eingießen der Flüssigkeit in ein Becherglas, das im siedenden Wasserbad steht (SCHNITZSPAHN, *J. pr.* [2] 65, 322). Zur Isolierung eignet sich die krystallinische Krystallbenzolverbindung (BERTRAM, *J. pr.* [2] 65, 327). — Blättchen oder Nadeln (aus Wasser). F: 159° (SCH.), 158,5—159,5° (B.). In Alkohol und Äther sehr leicht löslich, in Ligroin unlöslich (SCH.). — Durch Chromsäure in Eisessig erhält man 2.2'-Dinitro-benzophenon (SCH.). Durch Brom und Alkali entsteht glatt 2.2'-Dinitro-benzophenon (B.). Bei der Reduktion sowohl mit Eisen und Essigsäure als auch mit Zinnchlorür entsteht neben 2.2'-Diamino-ditan immer 2.2'-Diamino-benzophenon (SCH.; B.). Gibt mit konz. Natronlauge blutrote Färbung (B.). Die Lösung in Alkalien zersetzt sich beim Kochen teilweise (B.).

[2-Nitro-phenyl]-[4-nitro-phenyl]-methan, 2.4'-Dinitro-ditan C$_{13}$H$_{10}$O$_4$N$_2$ = O$_2$N·C$_6$H$_4$·CH$_2$·C$_6$H$_4$·NO$_2$. *B.* Neben 4.4'-Dinitro-ditan, 2.4.2'.4'-Tetranitro-ditan und x.x.x-Trinitro-ditan durch Eintragen von Diphenylmethan in Salpetersäure (D: 1,53) unter Kühlung (STAEDEL, *A.* 283, 153). Bei allmählichem Eintragen (unter Kühlung) von 2 Tln. Salpetersäure (D: 1,53) in eine Lösung von 1 Tl. 2-Nitro-ditan oder 4-Nitro-ditan in 2 Tln. Eisessig; in letzterem Falle entsteht auch 4.4'-Dinitro-ditan (ST., *A.* 283, 157, 161). — *Darst.* Man trägt 20 g Diphenylmethan in 90 g im Kältegemisch befindlichen Salpetersäure (D: 1,53) ein, schüttelt mit Wasser, wäscht den Niederschlag, welcher aus 4.4'-Dinitro-ditan und 2.4'-Dinitro-ditan besteht, mit Äther, zieht mit wenig heißem Alkohol das 2.4'-Dinitro-ditan aus und krystallisiert es aus Benzol um (ST., *A.* 283, 156). Man versetzt eine Lösung von rohem 2-Nitro-ditan in 2 Tln. Eisessig rasch mit absoluter Salpetersäure bei 0°, läßt 12—24 Stdn. bei 0° stehen, wäscht die ausgeschiedenen Krystalle mit Salpetersäure (D: 1,53) und Wasser und krystallisiert aus Benzol um (SCHORLEMMER, *J. pr.* [2] 65, 306). — Gelbliche Krystalle (aus Benzol). Monoklin prismatisch (FRIEDLÄNDER, *Z. Kr.* 3, 175; vgl. *Groth*, *Ch. Kr.* 5, 98). F: 118° (ST., *A.* 194, 348; SCH.). — Gibt bei der Oxydation 2.4'-Dinitro-benzophenon (ST., *A.* 194, 349; *B.* 27, 2111).

Bis-[3-nitro-phenyl]-methan, 3.3'-Dinitro-ditan C$_{13}$H$_{10}$O$_4$N$_2$ = O$_2$N·C$_6$H$_4$·CH$_2$· C$_6$H$_4$·NO$_2$. *B.* Bei der Einw. von Formaldehyd in wäßr. Lösung auf eine Lösung von Nitrobenzol in Schwefelsäure (SCHÖPFF, *B.* 27, 2321). Beim Erhitzen von m-Nitro-benzylalkohol mit Nitrobenzol und Schwefelsäure auf 135° (GATTERMANN, RÜDT, *B.* 27, 2295). Durch Eingießen einer schwefelsauren Lösung von 3.3'-Dinitro-4.4'-diamino-ditan in siedenden Alkohol und Behandlung der Lösung mit einer wäßr. Natriumnitritlösung bei 100° (J. MEYER, ROHMER, *B.* 33, 256). — *Darst.* Man trägt 9 g Formaldehyd (in 40%iger wäßr. Lösung) in 24 g Nitrobenzol, gelöst in ca. 100 g konz. Schwefelsäure, ein und läßt 8 Tage bei 45° stehen, gießt das Reaktionsprodukt in Wasser, treibt unverändertes Nitrobenzol mit Wasserdampf ab und krystallisiert das zurückbleibende Dinitroditan aus Eisessig um (SCHÖPFF, *B.* 27, 2322; vgl. BAYER & CO., D. R. P. 67001; *Frdl.* 3, 76). Man erwärmt das Gemisch von Formaldehydlösung, Nitrobenzol und konz. Schwefelsäure 3 Stdn. lang im Wasserbad unter häufigem Umrühren (NASTJUKOW, ЖК. 40, 1379; *C.* 1909 I, 535). Man erhitzt das Gemisch aus 100 g m-Nitro-benzylalkohol, 300 g Nitrobenzol und 2 kg konz. Schwefelsäure 2 Stdn. auf 130—140°, gießt das Reaktionsprodukt auf Eis, trocknet den Niederschlag und reinigt ihn durch Ausschütteln mit kaltem Aceton (BAEYER, *A.* 354, 192). — Blätter (aus Eisessig). F: 172° (G., RÜ.), 174° (SCHÖPFF), 180° (BAEYER). Schwer löslich in Äther, leichter in Alkohol, leicht in heißem Benzol und Eisessig (BAYER & Co.) — Mit Chromsäure in Eisessig entsteht 3.3'-Dinitro-benzophenon, mit Zinnchlorür und Salzsäure 3.3'-Diamino-ditan (G., RÜ.; SCHÖPFF).

[3-Nitro-phenyl]-[4-nitro-phenyl]-methan, 3.4'-Dinitro-ditan C$_{13}$H$_{10}$O$_4$N$_2$ = O$_2$N· C$_6$H$_4$·CH$_2$·C$_6$H$_4$·NO$_2$. *B.* Bei 1½-stdg. Erhitzen von 8 g p-Nitro-benzylacetat mit 24 g Nitrobenzol und 160 ccm konz. Schwefelsäure auf 135° (GATTERMANN, RÜDT, *B.* 27, 2293). Beim Eintragen von 3-Nitro-ditan in rauchende Salpetersäure (BECKER, *B.* 15, 2092). — *Darst.* Man trägt unter Kühlung 2 Tle. Salpetersäure (D: 1,53) in eine Lösung von 1 Tl. 3-Nitro-ditan in 2 Tln. Eisessig ein und läßt 1—2 Tage stehen (STAEDEL, *A.* 283, 159). — Nadeln (aus Alkohol). F: 101—102° (ST.), 103—104° (G., R.).

Bis-[4-nitro-phenyl]-methan, 4.4'-Dinitro-ditan C$_{13}$H$_{10}$O$_4$N$_2$ = O$_2$N·C$_6$H$_4$·CH$_2$· C$_6$H$_4$·NO$_2$. *B.* Entsteht neben 2.4'-Dinitro-ditan und höher nitrierten Produkten bei all-

38*

mählichem Eintragen (unter Kühlung) von 20 g Diphenylmethan in 100—120 g Salpetersäure (D: 1,53); man erwärmt schwach bis zur Lösung, läßt kurze Zeit stehen, gießt dann in 500 g Wasser, behandelt den mit heißem Äther gewaschenen Niederschlag mit wenig heißem Benzol, welches 4.4'-Dinitro-ditan und 2.4'-Dinitro-ditan auflöst und Tetranitrodiphenylmethan zurückläßt; aus der Benzollösung krystallisiert 4.4'-Dinitro-ditan, während in der Mutterlauge 2.4'-Dinitro-ditan zurückbleibt (STAEDEL, A. 283, 151; vgl. DOER, B. 5, 795; ST., A. 194, 363). Beim Nitrieren von 4-Nitro-ditan, neben 2.4'-Dinitro-ditan (ST., B. 27, 2110; A. 283, 160). — Nadeln (aus Benzol). F: 183° (D.; ST.). Unlöslich in kaltem Alkohol, schwer löslich in Äther, leicht in heißem Benzol und Eisessig (D.). — Läßt sich zu 4.4'-Dinitro-benzophenon oxydieren (ST., A. 283, 168). Durch Reduktion mit Zinnchlorür und Salzsäure entsteht 4.4'-Diamino-ditan (D., B. 5, 796; ST., A. 283, 161).

Diphenyl-dinitro-methan, *α.α-Dinitro-ditan* $C_{13}H_{10}O_4N_2 = C_6H_5 \cdot C(NO_2)_2 \cdot C_6H_5$. *B.* Beim Behandeln von 6 g Benzophenonoxim, gelöst in 120 g absol. Äther, mit 3,5 g NO_2 (SCHOLL, B. 23, 3491); man läßt 10 Minuten stehen, wäscht dann mit Natronlauge, trocknet über $CaCl_2$ und verdunstet im Vakuum. — Blättchen (aus verd. Alkohol). F: 78—78,5°. Leicht löslich in Chloroform, Äther, Benzol und in heißem Alkohol. — Beim Behandeln mit Zinkstaub und Eisessig entstehen Benzophenonoxim und α-Amino-ditan (SCH.).

x.x.x-Trinitro-ditan $C_{13}H_9O_6N_3 = C_{13}H_9(NO_2)_3$. *B.* Bei allmählichem Eintragen (unter Kühlung) von 1 Tl. Diphenylmethan in 6—7 Tle. Salpetersäure (D: 1,53); man erwärmt 1 Stde. lang auf 50°, gießt in Wasser und kocht den mit wenig Äther gewaschenen Niederschlag mit Alkohol aus, wobei Tetranitrodiphenylmethan ungelöst bleibt (STAEDEL, A. 283, 155). — Gelbe Nadeln (aus Alkohol). F: 109—110°. Sehr leicht löslich in Benzol.

Bis-[2.4-dinitro-phenyl]-methan, *2.4.2'.4'-Tetranitro-ditan* $C_{13}H_8O_8N_4 = (O_2N)_2C_6H_3 \cdot CH_2 \cdot C_6H_3(NO_2)_2$. *B.* Bei der Einw. eines Gemisches von konz. Salpetersäure und Schwefelsäure auf Diphenylmethan (DOER, B. 5, 795). Man trägt sehr langsam 1 Tl. Diphenylmethan in 12 Tle. im Kältegemisch befindliche Salpetersäure (D: 1,53) ein, läßt einige Zeit bei gewöhnlicher Temperatur stehen, erwärmt dann allmählich bis auf 70°, fällt mit Wasser und krystallisiert den Niederschlag aus Eisessig um (STAEDEL, A. 218, 339). — *Darst.* Man trägt allmählich bei 10—25° 50 g Diphenylmethan in ein Gemisch aus 70 g konz. Schwefelsäure und 130 g Salpetersäure ein, erwärmt $^1/_2$ Stde. lang unter Umrühren auf 70°, gießt nach dem Erkalten in viel Wasser, kocht den Niederschlag mit etwas Alkohol aus und krystallisiert den Rückstand aus Eisessig um (SCHÖPFF, B. 27, 2318). — Hellgelbe Prismen (aus Eisessig). F: 172° (D.). Unlöslich in Alkohol und Äther, schwer löslich in Benzol, etwas leichter in Eisessig (D.). — Wird von CrO_3 und Eisessig zu 2.4.2'.4'-Tetranitro-benzophenon oxydiert (ST.). Mit Sn + HCl entsteht 2.4.2'.4'-Tetraamino-ditan (ST.).

Verbindung $C_{13}H_{11}O_2P = C_6H_5 \cdot CH_2 \cdot C_6H_4 \cdot PO_2$ („Phosphinodiphenylmethan") ist als Anhydroverbindung bei $C_6H_5 \cdot CH_2 \cdot C_6H_4 \cdot PO(OH)_2$ Syst. No. 2292 eingeordnet.

2. 2-Phenyl-toluol, o-Phenyl-toluol, 2-Methyl-diphenyl $C_{13}H_{12} = C_6H_5 \cdot C_6H_4 \cdot CH_3$. *B.* Aus Nitroso-acetanilid $C_6H_5 \cdot N(NO) \cdot CO \cdot CH_3$ und Toluol entsteht in heftiger Reaktion ein Gemisch von o- und p-Phenyl-toluol (BAMBERGER, B. 30, 369). Entsteht neben anderen Kohlenwasserstoffen beim Eintragen der gemischten Lösungen von Benzol-diazoniumchlorid und o-Toluol-diazoniumchlorid in Natriumäthylat (ODDO, CURATOLO, G. 25 I, 132). Bei der Destillation von 4.4'-Dijod-2-methyl-diphenyl mit Zinkstaub (JACOBSON, NANNINGA, B. 28, 2551). — Bleibt im Kältegemisch flüssig. Kp: 261—264° (O., C.), 255—258° (J., N.). D_4^{17}: 1,010 (J., N.). — Liefert bei der Oxydation mit Chromsäuremischung (O., C.) oder mit $KMnO_4$ (J., N.) o-Phenyl-benzoesäure.

Oktabrom-2-methyl-diphenyl $C_{13}H_4Br_8$. *B.* Aus 2-Phenyl-p-cymol, Brom und $AlBr_3$ (KLAGES, B. 40, 2372). — Gelbliche Nadeln (aus heißem Xylol). F: 345—350°.

4.4'-Dijod-2-methyl-diphenyl $C_{13}H_{10}I_2 = C_6H_4I \cdot C_6H_3I \cdot CH_3$. *B.* Aus 4.4'-Diamino-2-methyl-diphenyl durch Diazotieren und Eintragen der Diazoniumsalzlösung in wäßr. Kaliumjodidlösung (JACOBSON, NANNINGA, B. 28, 2551). — Gelbe Stäbchen (aus Alkohol). F: 114—116°. Leicht löslich in Äther, Benzol, Ligroin und heißem Alkohol.

4-Nitro-2-methyl-diphenyl $C_{13}H_{11}O_2N = C_6H_5 \cdot C_6H_3(CH_3) \cdot NO_2$. *B.* Beim Eintragen von 5-Nitro-toluol-2-isodiazohydroxyd in erwärmtes Benzol (BAMBERGER, B. 28, 405). — Nadeln (aus Ligroin). F: 56—57°. Leicht löslich in Benzol, Äther, Chloroform, Aceton, ziemlich leicht in kaltem Alkohol.

3. 3-Phenyl-toluol, m-Phenyl-toluol, 3-Methyl-diphenyl $C_{13}H_{12} = C_6H_5 \cdot C_6H_4 \cdot CH_3$. *B.* Aus 15 Tln. Diphenyl, CH_3Cl und 1 Tl. $AlCl_3$ (ADAM, A. ch. [6] 15, 242; Bl. [2] 49, 98). Aus m-Brom-toluol, Brombenzol und Natrium (PERRIER, Bl. [3] 7, 181). Beim Destillieren von 4 g 4.4'-Dijod-3-methyl-diphenyl mit 50 g Zinkstaub (JACOBSON, LISCHKE, B. 28, 2546). — Flüssig. Kp: 272—277° (A.). D^0: 1,031 (A.). — Mit Brom entsteht bei

150° das Brom-Derivat $C_6H_5 \cdot C_6H_4 \cdot CH_2Br$; dasselbe ist nicht destillierbar, unlöslich in Alkohol und Äther und gibt mit alkoh. Kalilauge die Verbindung $C_6H_5 \cdot C_6H_4 \cdot CH_2 \cdot O \cdot C_2H_5$ (Syst. No. 539) (A.). 3-Methyl-diphenyl wird von CrO_3 in Essigsäure (A.), von verd. Salpetersäure (P.) oder von $KMnO_4$ (J., L.) zu m-Phenyl-benzoesäure oxydiert.

4.4'-Dijod-3-methyl-diphenyl $C_{13}H_{10}I_2 = C_6H_4I \cdot C_6H_3I \cdot CH_3$. *B.* Aus 4.4'-Diamino-3-methyl-diphenyl durch Diazotieren und Eintragen der Diazoniumsalzlösung in wäßr. Kaliumjodidlösung (JACOBSON, LISCHKE, *B.* **28**, 2546). — Nadeln (aus Ligroin). F: 109°.

4. 4-Phenyl-toluol, p-Phenyl-toluol, 4-Methyl-diphenyl $C_{13}H_{12} = C_6H_5 \cdot C_6H_4 \cdot CH_3$. *B.* Beim Leiten eines Gemenges von Benzol und Toluol durch ein rotglühendes eisernes Rohr (CARNELLEY, *Soc.* **37**, 706). Beim Behandeln einer äther. Lösung von p-Bromtoluol und Brombenzol mit Natrium (CARNELLEY, *Soc.* **29**, 13; *J.* **1876**, 419). Entsteht neben o-Phenyl-toluol durch Vermischen von Nitrosoacetanilid $C_6H_5 \cdot N(NO) \cdot CO \cdot CH_3$ mit Toluol (BAMBERGER, *B.* **30**, 369). Neben 2-Methyl-diphenyl (?) aus Benzoldiazoniumchlorid mit Toluol und $AlCl_3$ (MÖHLAU, BERGER, *B.* **26**, 1997). Neben Diphenyl beim Eintragen der vereinigten Lösungen von Benzoldiazoniumchlorid und p-Toluoldiazoniumchlorid in Natriumäthylat (ODDO, CURATOLO, *G.* **25** I, 130). Durch Reduktion von p-Phenyl-benzaldehyd mit Jodwasserstoff und Phosphor (GATTERMANN, *A.* **347**, 381). — Blätter (aus Ligroin). F: 47—48° (G.). — Gibt bei der Oxydation mit verdünnter Salpetersäure p-Phenyl-benzoesäure und mit Chromsäure Terephthalsäure (CA., *Soc.* **29**, 18; *J.* **1876**, 419).

2- oder 3-Brom-4-methyl-diphenyl $C_{13}H_{11}Br = C_6H_5 \cdot C_6H_3Br \cdot CH_3$. *B.* Entsteht neben 4'-Brom-4-methyl-diphenyl beim Eintragen von 14,8 g Brom in eine Lösung von 15,5 g p-Phenyl-toluol in CS_2; man erwärmt das Gemisch auf dem Wasserbade, destilliert dann den CS_2 ab, wäscht den Rückstand mit Natronlauge und krystallisiert ihn aus kochendem Alkohol um; hierbei scheidet sich zunächst das 2- oder 3-Brom-4-methyl-diphenyl aus (CARNELLEY, THOMSEN, *Soc.* **47**, 589; **51**, 87). — Tafeln (aus Alkohol). F: 127—129°. Fast unlöslich in kaltem Alkohol, sehr leicht löslich in Benzol. — Wird von CrO_3 in Eisessig zu Bromterephthalsäure oxydiert.

4'-Brom-4-methyl-diphenyl $C_{13}H_{11}Br = C_6H_4Br \cdot C_6H_4 \cdot CH_3$. *B.* Neben 2- oder 3-Brom-4-methyl-diphenyl (s. o) beim Eintragen von 14,8 g Brom in eine Lösung von 15,5 g p-Phenyl-toluol in CS_2; die alkoh. Mutterlauge von 2- oder 3-Brom-4-methyl-diphenyl scheidet beim Verdunsten ein Öl ab, das man durch Erwärmen auf 100° und Stehenlassen über H_2SO_4 vom Alkohol befreit; in ein Kältegemisch gebracht, scheidet es das 4'-Brom-4-methyl-diphenyl krystallinisch aus (C., TH., *Soc.* **51**, 88). — F: 27—30°. Liefert mit CrO_3 (und Eisessig) 4-[4'-Brom-phenyl]-benzoesäure und p-Brom-benzoesäure (C., T.).

2.4'- oder 3.4'-Dibrom-4-methyl-diphenyl $C_{13}H_{10}Br_2 = C_6H_4Br \cdot C_6H_3Br \cdot CH_3$. *B.* Entsteht neben dem isomeren Dibromderivat vom Schmelzpunkt 148—150° (s. u.) beim Eintragen von 35,6 g Brom in eine Lösung von 18,7 g p-Phenyl-toluol in CS_2; man läßt 12 Stunden in der Kälte stehen, erhitzt dann 2 Stdn. am Kühler, destilliert hierauf den CS_2 ab, wäscht den Rückstand mit Natron und kocht ihn hierauf wiederholt und anhaltend mit Alkohol aus, wodurch nur das Dibrom-methyl-diphenyl vom Schmelzpunkt 113—115° in Lösung geht (CARNELLEY, THOMSEN, *Soc.* **51**, 89). — Durchsichtige Tafeln (aus Alkohol). F: 113—115°. Liefert bei der Oxydation mit CrO_3 in Eisessig Dibrom-phenylbenzoesäure $C_6H_4Br \cdot C_6H_3Br \cdot CO_2H$ (F: 202—204°) (Syst. No. 952) und p-Brom-benzoesäure.

3.4'- oder 2.4'-Dibrom-4-methyl-diphenyl $C_{13}H_{10}Br_2 = C_6H_4Br \cdot C_6H_3Br \cdot CH_3$. *B.* siehe den vorangehenden Artikel (C., TH., *Soc.* **51**, 89). — Nadeln. F: 148—150°. Unlöslich in kochendem Alkohol, sehr leicht löslich in Benzol. — Liefert mit CrO_3 in Eisessig Dibrom-phenylbenzoesäure (F: 231—232°) (Syst. No. 952) und p-Brom-benzoesäure.

4'-Nitro-4-methyl-diphenyl (?) [1] $C_{13}H_{11}O_2N = O_2N \cdot C_6H_4 \cdot C_6H_4 \cdot CH_3$. *B.* Beim Eintragen (unter Kühlung) von Acetylchlorid, gelöst in Toluol, in p-Nitro-isodiazobenzol-Natrium, suspendiert in Toluol (KÜHLING, *B.* **28**, 43). Entsteht neben einem öligen Isomeren [4'-Nitro-2-methyl-diphenyl (?)] bei allmählichem Eintragen von p-Nitro-isodiazobenzolhydrat in auf 80° erwärmtes Toluol (BAMBERGER, *B.* **28**, 404; vgl. K., *B.* **29**, 166). — Prismen (aus Alkohol). F: 103—104° (K.). Leicht löslich in Äther, Chloroform, Benzol und Aceton, ziemlich schwer in kaltem Alkohol, schwer in kaltem Ligroin (B.).

x-Nitro-4-methyl-diphenyl [2] $C_{13}H_{11}O_2N = C_{13}H_{11}(NO_2)$. *B.* Entsteht wahrscheinlich neben einer isomeren Verbindung, beim Behandeln einer Lösung von p-Phenyl-toluol

---

[1] Nach dem für die 4. Aufl. dieses Handbuches geltenden Literatur-Schlußtermin [1 I. 1910] ist diese Verbindung als 4'-Nitro-2-methyl-diphenyl erkannt worden. Vgl. KLIEGL, HUBER, *B.* **53**, 1646 [1920].

[2] Nach dem für die 4. Aufl. dieses Handbuches geltenden Literatur-Schlußtermin ist diese Verbindung als 4'-Nitro-4-methyl-diphenyl erkannt worden. Vgl. KLIEGL, HUBER, *B.* **53**, 1646 [1920].

in 3 Tln. Essigsäure mit Salpetersäure (D: 1,45) (CARNELLEY, *Soc.* **29**, 20; *J.* **1876**, 419). — Krystalle. F: 141°. Sehr wenig löslich in kaltem Alkohol, leicht in heißem.

x.x-Dinitro-4-methyl-diphenyl $C_{13}H_{10}O_4N_2 = C_{13}H_{10}(NO_2)_2$. *B.* Durch Stehenlassen von 3 Tln. p-Phenyl-toluol mit 1 Tl. Schwefelsäure und 6 Tln. Salpetersäure (D: 1,45) (CARNELLEY, *Soc.* **29**, 23; *J.* **1876**, 419). — Farblose Nadeln (aus Alkohol). F: 153—157°.

5. 1-[a-Phenyl-äthyliden]-cyclopentadien-(2.4), ω-Methyl-ω-phenyl-fulven $C_{13}H_{12} = \begin{matrix} HC:CH \\ HC:CH \end{matrix} {>} C:C {<} \begin{matrix} CH_3 \\ C_6H_5 \end{matrix}$. *B.* Aus Cyclopentadien und Acetophenon in Natrium-äthylatlösung (THIELE, *B.* **33**, 672). — Rotes Öl von azobenzolähnlichem Geruch. $Kp_{16,5}$: 130,5° (TH.). Verharzt leicht (TH.). — Gibt in Benzollösung bei längerem Einleiten von Sauerstoff eine explosive Verbindung $C_{13}H_{12}O_4$ (s. u.) (ENGLER, FRANKENSTEIN, *B.* **34**, 2937).

Verbindung $C_{13}H_{12}O_4$. *B.* Durch wochenlanges Einleiten von Sauerstoff in die Benzollösung des ω-Methyl-ω-phenyl-fulvens; man fällt mit Äther (ENGLER, FRANKENSTEIN, *B.* **34**, 2937). — Weißes explosives Pulver. In den meisten Mitteln unlöslich. Wird durch Natronlauge unter Umsetzung gelöst.

6. 1-Propenyl-naphthalin, a-[a-Propenyl]-naphthalin $C_{13}H_{12} = C_{10}H_7 \cdot CH:$ $CH \cdot CH_3$. *B.* Durch Erhitzen von 1 Tl. a-Naphthaldehyd mit 3 Tln. Propionsäureanhydrid und 1 Tl. Natriumpropionat (ROUSSET, *Bl.* [3] **17**, 813). Durch Einw. von siedender alkoh. Kalilauge auf 1-Allyl-naphthalin (TIFFENEAU, DAUDEL, *C. r.* **147**, 679). — Kp_{10}: 137° bis 138° (R.); Kp_{15}: 147—149°; siedet unter gewöhnlichem Druck bei 275—278°, sich dabei partiell polymerisierend (T., D.). — Liefert bei der Einw. von Jod und überschüssigem Quecksilberoxyd in wäßr. Äther unter HI-Abspaltung und Umlagerung des zunächst entstehenden Jodhydrins den Aldehyd $C_{10}H_7 \cdot CH(CH_3) \cdot CHO$ (T., D.). — **Verbindung mit Pikrinsäure** s. Syst. No. 523.

7. 1-Allyl-naphthalin, a-[β-Propenyl]-naphthalin $C_{13}H_{12} = C_{10}H_7 \cdot CH_2 \cdot CH:$ CH_2. *B.* Aus Allylbromid und a-Naphthyl-magnesiumbromid in Gegenwart von Äther (TIFFENEAU, DAUDEL, *C. r.* **147**, 678). — Kp: 265—267°. — Geht unter dem Einfluß von siedender alkoh. Kalilauge in a-[a-Propenyl]-naphthalin über.

8. 1-Isopropenyl-naphthalin, a-Methenyl-naphthalin $C_{13}H_{12} = C_{10}H_7 \cdot$ $C(:CH_2) \cdot CH_3$. *B.* Beim Erhitzen von Dimethyl-a-naphthyl-carbinol mit Essigsäureanhydrid (GRIGNARD, *Bl.* [3] **25**, 498; *C.* **1901** II, 625). — Flüssig. Kp_2: 125° (G.). D^0: 1,0208; D_4^2: 1,0143 (G.), $n_D^?$: 1,61435 (G.). — Liefert bei der Einw. von Jod und überschüssigem Quecksilberoxyd in wäßr. Äther zunächst ein Jodhydrin, aus dem durch HI-Abspaltung und Umlagerung a-Naphthylaceton $C_{10}H_7 \cdot CH_2 \cdot CO \cdot CH_3$ entsteht (TIFFENEAU, DAUDEL, *C. r.* **147**, 679). — **Verbindung mit Pikrinsäure** s. Syst. No. 523.

9. 2-Isopropenyl-naphthalin, β-Methovinyl-naphthalin $C_{13}H_{12} = C_{10}H_7 \cdot$ $C(:CH_2) \cdot CH_3$. *B.* Man läßt auf eine ätherische Lösung von Methylmagnesiumjodid eine ätherische Lösung von Methyl-β-naphthyl-keton einwirken (GRIGNARD, *Bl.* [3] **25**, 498; *A. ch.* [7] **24**, 487; *C.* **1901** II, 625). — F: 46—47°. Kp_2: 138—140°. — **Verbindung mit Pikrinsäure** s. Syst. No. 523.

10. Fluoren-dihydrid $C_{13}H_{12}$.

2.7.x-Tribrom-fluoren-dihydrid $C_{13}H_9Br_3$. *Darst.* Man leitet mit Bromdampf gesättigte Luft in eine kalt gehaltene Lösung von Fluoren in CS_2 (BARBIER, *A. ch.* [5] **7**, 494). — Hellgelbe Nadeln. Löslich in Benzol. Entwickelt bei 150° HBr, ohne zu schmelzen. Zerfällt mit alkoh. Kali sofort in HBr und 2.7-Dibrom-fluoren.

3. Kohlenwasserstoffe $C_{14}H_{14}$.

1. a.β-Diphenyl-äthan, symm. Diphenyl-äthan, Dibenzyl (Bibenzyl) $C_{14}H_{14} = C_6H_5 \cdot CH_2 \cdot$ $CH_2 \cdot C_6H_5$. **Bezifferung:**

$-CH_2 \cdot CH_2 -$

B. Entsteht neben anderen Koblenwasserstoffen bei der Einw. von Acetylen auf Benzol in Gegenwart von Aluminiumchlorid (VARET, VIENNE, *Bl.* [2] **47**, 919; PARONE, *C.* **1903** II, 662). — Neben etwas Anthracen beim Behandeln eines Gemenges von Acetylendibromid und Benzol mit AlBr$_3$ (ANSCHÜTZ, *A.* **235**, 155); wendet man hierbei AlCl$_3$ statt AlBr$_3$ an, so entsteht außerdem 1.1.2-Tribrom-äthan (A., *A.* **235**, 157). Bei der Einw. von Benzol auf Äthylenchlorid in Gegenwart von AlCl$_3$ (SILVA, C. r. 89, 607; J. 1879, 380). Aus Benzol und Dichloräther (Bd. I, S. 612) (GARDEUR, C. 1898 I, 438) oder 1.1.2-Trichlor-äthan (RAVITZER, Bl. [3] 17, 477; G., C. 1898 I, 438) in Gegenwart von AlCl$_3$ als Hauptprodukt. Aus Benzol und 1.1.1-Trichlor-äthan in Gegenwart von AlCl$_3$, neben anderen Produkten (KUNTZE-FECHNER, B. 36, 474). Beim Kochen von Benzol mit 1.1.2-Tribrom-äthan und AlCl$_3$, neben anderen Produkten (ANSCHÜTZ, A. 235, 333). — Neben anderen Produkten bei der Oxydation von Toluol mit wäßr. Kaliumpersulfatlösung (MORITZ, WOLFFENSTEIN, B. 32, 433) oder mit CrO$_3$ oder KMnO$_4$ in Eisessig (BOEDTKER, Bl. [3] 25, 852). Beim Durchleiten von Toluol- und Phosphortrichlorid-Dämpfen durch ein rotglühendes Rohr, neben anderen Produkten (MICHAELIS, LANGE, B. 8, 1313; M., PANECK, A. 212, 203). — Durch Erwärmen von Benzyl-chlorid mit Natrium (CANNIZZARO, ROSSI, C. r. 53, 541; A. 121, 250; STELLING, FITTIG, A. 137, 258) oder mit Kupfer (ONUFROWICZ, B. 17, 836). Neben Benzylmagnesiumbromid bei der Einw. von Magnesium auf in Äther gelöstes Benzylbromid (HOUBEN, KESSELKAUL, B. 35, 2522). Bei der Einw. von Natrium auf Benzalbromid bei 180^0 und nachfolgender Destillation des Produktes (MICHAELSON, LIPPMANN, C. r. 60, 722; A. Spl. 4, 115; vgl. ST., FL., A. 137, 273). — Beim Erhitzen von Benzylalkohol mit komprimiertem Wasserstoff in Gegenwart von Eisen auf 350—360^0, neben Toluol und Benzaldehyd (IPATJEW, B. 41, 994; Ж. 40, 490; C. 1908 II, 1098). Beim Erhitzen von Benzylalkohol mit Natriumbenzylat auf 220^0 bis 230^0, neben Stilben, Toluol und Benzoesäure (GUERBET, C. r. 146, 299; Bl. [4] 3, 501; C. 1908 II, 866). Beim Erhitzen von Benzaldehyd mit komprimiertem Wasserstoff in Gegenwart von Eisen auf 280^0, neben Toluol (IP., B. 41, 994; Ж. 40, 489; C. 1908 II, 1098). Beim Destillieren von Dibenzylamin oder Tribenzylamin (BRUNNER, A. 151, 133). Beim Destillieren von Benzylhydrazin unter gewöhnlichem Druck (WOHL, OESTERLIN, B. 33, 2740). Durch Einw. von HgO auf eine alkoh. Lösung von asymm. Dibenzylhydrazin (BUSCH, WEISS, B. 33, 2704). — Durch Einw. von AlCl$_3$ auf eine Lösung von [β-Chlor-äthyl]-benzol oder von Styroldibromid in Benzol und CS$_2$ (ANSCHÜTZ, A. 235, 329, 338; SCHRAMM, B. 26, 1707, 1708). — Beim Erhitzen von α.α.α'.α'-Tetrachlor-dibenzyl mit Jodwasserstoffsäure und Phosphor (HANHART, B. 15, 901). Durch Reduktion von Stilben mit konz. Jodwasserstoffsäure bei 140—150^0 (LIMPRICHT, SCHWANERT, A. 145, 334) oder mit Natrium und Alkohol (KLAGES, B. 35, 2647). Beim Erhitzen von β.β-Dichlor-α.α-diphenyl-äthylen mit rauchender Jodwasserstoffsäure und Phosphor auf 170—190^0, neben wenig α.α-Diphenyl-äthan (REDSKO, Ж. 21, 425; B. 22 Ref., 760). Durch längere Einw. von Jodwasserstoffsäure und rotem Phosphor auf Tolan C$_6$H$_5$·C:C·C$_6$H$_5$ in geschlossenem Rohr bei 170—180^0 (BARBIER, C. r. 78, 1772; A. ch. [5] 7, 522; B. 8, 36; J. 1874, 421). Durch Reduktion von Tolan mit Natrium und Alkohol (ARONSTEIN, HOLLEMAN, B. 21, 2833). Durch Reduktion von Desoxybenzoin C$_6$H$_5$·CO·CH$_2$·C$_6$H$_5$ mit Jodwasserstoffsäure (WISLICENUS, GOLDENBERG, B. 7, 286; L., SCHW., A. 155, 61). Durch Reduktion von Benzoin C$_6$H$_5$·CO·CH(OH)·C$_6$H$_5$ mit Wasserstoff in Gegenwart von Nickel (IPATJEW, Ж. 38, 86; C. 1908 II, 87; SABATIER, MAILHE, C. r. 145, 1126; A. ch. [8] 16, 86). Durch Reduktion von Benzoin mit Jodwasserstoffsäure (WI., GO., B. 7, 286). Durch Reduktion von Benzil C$_6$H$_5$·CO·CO·C$_6$H$_5$ mit Wasserstoff in Gegenwart von Nickel (SA., MAI.). — Entsteht neben Diphenylpropylamin C$_6$H$_5$·CH$_2$·CH(C$_6$H$_5$)·CH$_2$·NH$_2$ bei der Reduktion von α-Phenyl-zimtsäurenitril C$_6$H$_5$·CH:C(C$_6$H$_5$)·CN mit Natrium und absol. Alkohol (FREUND, REMSE, B. 23, 2859). Durch Destillation der beiden stereoisomeren α.α'-Diphenyl-bernsteinsäuren (Syst. No. 993) mit Kalk (FRANCHIMONT, C. r. 75, 1627; B. 5, 1049; REIMER, B. 14, 1805). Beim Kochen von 1.2-Diphenyl-buten-(1)-ol-(3)-säure-(4) C$_6$H$_5$·CH:C(C$_6$H$_5$)·CH(OH)·CO$_2$H mit 10%iger Natronlauge (ERLENMEYER jun., ARBENZ, A. 333, 234). Durch Reduktion von symm. Triphenylglutarsäure-dinitril NC·CH(C$_6$H$_5$)·CH(C$_6$H$_5$)·CH(C$_6$H$_5$)·CN mit Natrium und Alkohol, neben HCN und β-Phenyl-äthylamin (HENZE, B. 31, 3065).

Darst. Man erhitzt 50 g Benzylchlorid mit 12 g grobgeschnittenem Natrium über freier Flamme 3—4 Stdn. und destilliert das gebildete Dibenzyl ab (COMEY, B. 23, 1115).

Spieße (aus Alkohol). Monoklin prismatisch (VOM RATH, B. 5, 623; LASAULX, A. 235, 155; BOERIS, R. A. L. [5] 8 I, 585; vgl. *Groth, Ch. Kr.* 5, 191). Dibenzyl ist triboluminescent (TRAUTZ, Ph. Ch. 53, 58). Krystallisationsgeschwindigkeit: BRUNI, PADOA, R. A. L. [5] 12 II, 122; 13 I, 333. F: 51,5—52,5^0 (CANNIZZARO, ROSSI, C. r. 53, 542; A. 121, 251), 52^0 (SABATIER, MAILHE), 51,8^0 (BOGOJAWLENSKI, WINOGRADOW, Ph. Ch. 64, 252). Schmelzwärme: Bo., WIN. Kp: 284^0 (CA., RO.). D$_4^{22}$: 0,9782; D$_4^{31}$: 0,9713 (PERKIN, Soc. 69, 1195). D$_4^{12}$: 1,014 (BECK, Ph. Ch. 48, 654). D^{4,5}: 0,9416 (EIJKMAN, R. 12, 185). Dichte im flüssigen Zustande: R. SCHIFF, A. 223, 261. — Ziemlich löslich in kaltem Alkohol, leicht in Schwefelkohlenstoff und Äther (C., R.). Krystallisationsgeschwindigkeit der Gemische mit Azobenzol: Bo., SSACHAROW, C. 1907 I, 1719. — nα: 1,53385 (EIJKMAN, R. 12, 185); nα: 1,50684; nγ: 1,53482 (CHILESOTTI, G. 30 I, 152). Absorptionsspektrum: BALY, TUCK, Soc. 93, 1913. — Oberflächenspannung: DUTOIT, FRIDERICH, C. r. 130, 328. Innere Reibung: BECK, Ph. Ch. 48, 654. — Molekulare Verbrennungswärme bei konstantem Volum: 1828,3 Cal., bei konstantem Druck 1830,2 Cal. (BERTHELOT, VIEILLE, A. ch. [6] 10, 451).

Magnetisches Drehungsvermögen: PERKIN, Soc. 69, 1195. Kathodenluminescenz: O. FISCHER, C. 1908 II, 1406.

Dibenzyl spaltet sich beim Erhitzen im geschlossenen und evakuierten Rohr auf 500⁰ in Toluol und Stilben (BARBIER, C. r. 78, 1770; A. ch. [5] 7, 519; J. 1874, 359). Beim Durchleiten von Dibenzyl-Dämpfen durch ein glühendes Rohr entstehen Toluol, Stilben (DREHER, OTTO, Z. 1870, 22; A. 154, 177) und Phenanthren (GRAEBE, B. 6, 126; A. 167, 161). Stilben entsteht auch beim Leiten von Dibenzyl über erhitztes Bleioxyd (BEHR, VAN DORP, B. 6, 753), beim Erhitzen von Dibenzyl in Benzollösung mit Schwefel auf 200⁰ (RADZISZEWSKI, B. 8, 758; ARONSTEIN, VAN NIEROP, R. 21, 451), beim Kochen von Dibenzyl mit Salzsäure und Kaliumchlorat (KADE, J. pr. [2] 19, 467). Bei der Oxydation von Dibenzyl mit CrO₃ in Eisessig oder Schwefelsäure oder mit KMnO₄ in alkalischer Lösung entsteht Benzoesäure (LEPPERT, B. 9, 14). Wird bei 260⁰ durch komprimierten Wasserstoff in Gegenwart von Nickeloxyd zu reinem a.β-Dicyclohexyl-äthan reduziert (IPATJEW, B. 40, 1286; K. 39, 700; C. 1907 II, 2036). Leitet man Chlor über Dibenzyl, das vorher mit 0,7 % Jod zusammengeschmolzen und dann wieder erstarrt war, und unterbricht die Reaktion, sobald die Masse sich erwärmt und zerfließt, so erhält man 4.4'-Dichlor-dibenzyl (KADE, J. pr. [2] 19, 462). Als der Versuch so ausgeführt wurde, daß die wiedererstarrte Masse vor der Einw. des Chlors gepulvert wurde, kam das Dibenzyl beim Zutritt des Chlors schnell zum Schmelzen, und als Reaktionsprodukt wurde Stilben erhalten (KA., J. pr. [2] 19, 464). Wird Chlor in geschmolzenes Dibenzyl geleitet, bis die Flüssigkeit sich bräunt, dann weiter unter Destillation der Flüssigkeit, so entsteht Stilben; wird das Einleiten von Chlor noch fortgesetzt, so entsteht ein Dichlorstilben vom Schmelzpunkt 170⁰ (KA., J. pr. [2] 19, 466). Bei energischer Chlorierung von Dibenzyl mit SbCl₅ entstehen zuletzt Perchlorbenzol und Perchloräthan (MERZ, WEITH, B. 12, 677; 16, 2877). Bei der Behandlung mit CrO₂Cl₂ in CS₂-Lösung erhält man a.a'-Dichlor-dibenzyl vom Schmelzpunkt 193⁰, a-Chlor-dibenzyl und einen chromhaltigen Niederschlag, welcher nach Zersetzung mit Eis Benzaldehyd, Desoxybenzoin, Benzil, Benzoin und Benzophenon liefert (WEILER, B. 32, 1054). Bei der Einw. von trocknem Brom auf Dibenzyl erhielt MARQUARDT (A. 151, 362) a.a'-Dibrom-dibenzyl vom Schmelzpunkt 237⁰ neben anderen bromhaltigen Produkten; zur Einw. von trocknem Brom vgl. auch RAVITZER, Bl. [3] 17, 478. Bei Gegenwart von Wasser wirkt Brom unter Bildung von x-Brom-dibenzyl und 4.4'-Dibrom-dibenzyl; bei weiterer Einw. von Brom entstehen auch geringe Mengen x-Brom-dibenzyl-dibromid (S. 572) (STELLING, FITTIG, A. 137, 266, 273). Bei Gegenwart von Äther addiert sich Brom an Dibenzyl unter Bildung von Dibenzyl-dibromid (S. 572) (MICHAELSON, LIPPMANN, C. r. 60, 723; A. Spl. 4, 117; vgl. ST., F., A. 137, 273). Durch Einw. von Salpetersäure (D: 1,075) bei 100⁰ entsteht a-Nitro-dibenzyl (KONOWALOW, B. 28, 1860). Durch Auflösen von Dibenzyl in rauchender Salpetersäure oder solcher von D: 1,52 erhält man 4.4'-Dinitro-dibenzyl und 2.4'-Dinitro-dibenzyl (ST., F., A. 137, 260; LEPPERT, B. 9, 15). Bei der Einw. von konz. Schwefelsäure auf geschmolzenes Dibenzyl entsteht Dibenzyl-disulfonsäure-(4.4') (?) (Syst. No. 1542) neben geringen Mengen einer Dibenzyl-tetrasulfonsäure (Syst. No. 1544) (KADE, B. 6, 952; vgl. HEUMANN, WIERNIK, B. 20, 914). — Verbindung mit Pikrylchlorid: BRUNI, Ch. Z. 30, 568.

a.β-Bis-[2-chlor-phenyl]-äthan, 2.2'-Dichlor-dibenzyl $C_{14}H_{12}Cl_2 = C_6H_4Cl \cdot CH_2 \cdot CH_2 \cdot C_6H_4Cl$. B. Aus diazotiertem 2.2'-Diamino-dibenzyl durch Kupferchlorür (THIELE, HOLZINGER, A. 305, 100). — Blättchen (aus 90 %igem Alkohol). F: 65⁰. Leicht löslich in organischen Lösungsmitteln.

a.β-Bis-[4-chlor-phenyl]-äthan, 4.4'-Dichlor-dibenzyl $C_{14}H_{12}Cl_2 = C_6H_4Cl \cdot CH_2 \cdot CH_2 \cdot C_6H_4Cl$. B. Beim Überleiten von Chlor über vorher mit 0,7 % Jod zusammengeschmolzenes und wieder erkaltetes Dibenzyl (KADE, J. pr. [2] 19, 462). — Blättchen (aus Alkohol). F: 112⁰. Destilliert unzersetzt. Leicht löslich in warmem Alkohol oder Äther, Chloroform usw. — Gibt bei der Oxydation p-Chlor-benzoesäure.

a.β-Dichlor-a.β-diphenyl-äthan vom Schmelzpunkt 191—193⁰, a.a'-Dichlor-dibenzyl vom Schmelzpunkt 191—193⁰ (a-Stilbendichlorid, a-Stilbenchlorid) $C_{14}H_{12}Cl_2 = C_6H_5 \cdot CHCl \cdot CHCl \cdot C_6H_5$. B. Neben a.a'-Dichlor-dibenzyl vom Schmelzp. 93⁰ (s. u.) durch Behandeln von Stilben in Chloroformlösung mit Chlor (ZINCKE, B. 10, 1002 Anm. 1; A. 198, 135 Anm.; vgl. LAURENT, Berzelius' Jahresberichte 25, 620). Neben a.a'-Dichlor-dibenzyl vom Schmelzp. 93⁰ beim Behandeln von Hydrobenzoin $C_6H_5 \cdot CH(OH) \cdot CH(OH) \cdot C_6H_5$ (Syst. No. 563) mit PCl₅ (FITTIG, AMMANN, A. 168, 73; ZINCKE, B. 10, 999; A. 198, 129). Entsteht ausschließlich durch Einw. von PCl₅ auf Isohydrobenzoin $C_6H_5 \cdot CH(OH) \cdot CH(OH) \cdot C_6H_5$ (Syst. No. 563) (F., A., A. 168, 77; ZINCKE, B. 10, 1000; A. 198, 129) oder durch Einw. von PCl₃ auf Hydrobenzoin oder Isohydrobenzoin (ZIN., B. 10, 1003; A. 198, 137). — Darst. Man trägt allmählich 2 Tle. Hydro- oder Isohydrobenzoin in 5 Tle. PCl₅ ein, erwärmt dann und fällt mit Eis, übersättigt die Lösung mit Soda, filtriert den Niederschlag ab und krystallisiert ihn aus Alkohol um; zunächst scheidet sich das viel weniger lösliche a.a'-Dichlor-dibenzyl vom

Schmelzp. 193⁰ aus (ZINCKE, *A.* **198**, 129). — Nadeln (aus Alkohol): Prismen (aus Toluol). F: 191—193⁰ (Z.). — Durch wiederholtes Erhitzen auf 200⁰ erniedrigt sich der Schmelzpunkt bis auf 160⁰; beim Umkrystallisieren dieses bei 160⁰ schmelzenden Chlorids scheidet sich wieder a.a'-Dichlor-dibenzyl vom Schmelzp. 192⁰ aus, während in der Lösung wahrscheinlich das a.a'-Dichlor-dibenzyl vom Schmelzp. 93⁰ gelöst bleibt (Z.). Wenig löslich in kochendem Alkohol, leicht in heißem Toluol (Z.). Sublimiert unzersetzt in langen Blättchen (Z.). — Liefert mit Zinkstaub und Eisessig Stilben (MEISENHEIMER, HEIM, *A.* **355**, 274). Zerfällt mit alkoh. Kali leicht in HCl und Tolan $C_6H_5 \cdot C \vdots C \cdot C_6H_5$ (F., A.). Gibt beim Behandeln mit Silberacetat und Zerlegen des gebildeten Esters durch Kali Isohydrobenzoin neben sehr wenig Hydrobenzoin; mit Silberbenzoat entsteht aber viel mehr Hydrobenzoinester (Z.).

Durch Erhitzen von Benzalchlorid mit Kupferpulver auf 100⁰ erhielt ONUFROWICZ (*B.* **17**, 835) eine Verbindung $C_{14}H_{12}Cl_2$, die aus Alkohol in langen, seideglänzenden Blättern krystallisierte und bei 180⁰ schmolz und wohl identisch mit dem a.a'-Dichlor-dibenzyl vom Schmelzpunkt 193⁰ war.

α.β-Dichlor-α.β-diphenyl-äthan vom **Schmelzpunkt 93—94⁰**, **a.a'-Dichlordibenzyl** vom **Schmelzpunkt 93—94⁰** (β-Stilbendichlorid, β-Stilbenchlorid) $C_{14}H_{12}Cl_2 = C_6H_5 \cdot CHCl \cdot CHCl \cdot C_6H_5$. **B.** Neben a.a'-Dichlor-dibenzyl vom Schmelzpunkt 193⁰ durch Behandlung von Stilben in Chloroformlösung mit Chlor (ZINCKE, *B.* **10**, 1002 Anm. 1; *A.* **198**, 135 Anm.; vgl. LAURENT, *Berzelius' Jahresberichte* **25**, 620) oder beim Behandeln von Hydrobenzoin mit Phosphorpentachlorid (ZINCKE, *B.* **10**, 1000; *A.* **198**, 129). — *Darst.* siehe o. beim a.a'-Dichlor-dibenzyl vom Schmelzp. 191—193⁰; das aus der alkoh. Mutterlauge nach Ausscheidung des bei 193⁰ schmelzenden a.a'-Dichlor-dibenzyls auskrystallisierte a.a'-Dichlor-dibenzyl vom Schmelzp. 93—94⁰ krystallisiert man aus Ligroin um (ZINCKE, *A.* **198**, 129). — Vier- oder sechsseitige dicke Tafeln und Blätter. Riecht angenehm aromatisch (Z.). F: 93—94⁰ (Z.). Wird es über den Schmelzpunkt erhitzt, so erhöht sich sein Schmelzpunkt auf 160—165⁰ (Z.). Das auf 200⁰ erhitzte a.a'-Dichlor-dibenzyl vom Schmelzp. 93—94⁰ liefert beim Umkrystallisieren a.a'-Dichlor-dibenzyl vom Schmelzp. 193⁰, während in der Mutterlauge wahrscheinlich das a.a'-Dichlor-dibenzyl vom Schmelzp. 93—94⁰ zurückbleibt (Z.). Sublimiert unzersetzt (Z.). Leicht löslich in den gewöhnlichen Lösungsmitteln, am wenigsten in Ligroin (Z.). Verhält sich gegen Silbersalze wie a.a'-Dichlor-dibenzyl vom Schmelzp. 193⁰ (Z.).

a.a.β-Trichlor-α.β-diphenyl-äthan, **a.a.a'-Trichlor-dibenzyl** $C_{14}H_{11}Cl_3 = C_6H_5 \cdot CHCl \cdot CCl_2 \cdot C_6H_5$. **B.** Beim Sättigen einer Lösung von festem a-Chlor-stilben $C_6H_5CCl:CH \cdot C_6H_5$ in CCl_4 mit Chlor bei 0⁰ im Dunkeln (SUDBOROUGH, *Soc.* **71**, 221). — Farblose harte Prismen. F: 102—103⁰. Fast unlöslich in Alkohol. — Mit alkoh. Kali entstehen das hochschmelzende und das niedrigschmelzende a.a'-Dichlor-stilben.

a.a'.x-Trichlor-dibenzyl $C_{14}H_{11}Cl_3$. **B.** Beim Behandeln von Stilben mit Chlor (LAURENT, *Berzelius' Jahresberichte* **25**, 623). — Krystalle. F: 85⁰.

a.β-Dichlor-α.β-bis-[2-chlor-phenyl]-äthan, **2.2'.a.a'-Tetrachlor-dibenzyl** $C_{14}H_{10}Cl_4 = C_6H_4Cl \cdot CHCl \cdot CHCl \cdot C_6H_4Cl$. **B.** Bei 6-stdg. Erhitzen von 15 g o-Chlor-benzalchlorid (S. 300) mit 70 g Methylalkohol, 25 g molekularem Silber und 25 g Sand auf 95⁰ unter Druck (GILL, *B.* **26**, 651). Beim Einleiten von Chlor in eine Lösung von 2.2'-Dichlor-stilben in Chloroform (G.). — Krystalle (aus Äther + Ligroin). F: 170,5⁰. Leicht löslich in Äther und $CHCl_3$, schwer in absol. Alkohol und in Ligroin. — Beim Erhitzen mit Kupferpulver entsteht 2.2'-Dichlor-stilben. Beim Erhitzen mit alkoh. Kali auf 100⁰ entsteht erst 2.2'.a-Trichlorstilben, dann 2.2'-Dichlor-tolan (G.).

a a.β.β-Tetrachlor-α.β-diphenyl-äthan, **a.a.a'.a'-Tetrachlor-dibenzyl**, **Tolantetrachlorid** $C_{14}H_{10}Cl_4 = C_6H_5 \cdot CCl_2 \cdot CCl_2 \cdot C_6H_5$. **B.** Wurde gelegentlich einer Darstellung von Benzotrichlorid durch Einleiten von Chlor in siedendes Toluol erhalten (vielleicht weil etwas Schwefelsäure aus der Trockenflasche in das Toluol gelangt war) (LIEBERMANN, HOMEYER, *B.* **13**, 1971). Bei der pyrogenen Zersetzung von Benzotrichlorid durch einen rotglühenden Platindraht (LOEB, *Z. El. Ch.* **9**, 905; *B.* **36**, 3060; vgl. MARCKWALD, KARCZAG, *B.* **40**, 2994). Beim Erwärmen eines Gemenges von Benzotrichlorid und Benzol mit Kupferpulver (HANHART, *B.* **15**, 901; BLANK, *A.* **248**, 22; vgl. EILOART, *Am.* **12**, 231) oder von Benzotrichlorid mit gleich viel Kupferpulver auf 100⁰ (ONUFROWICZ, *B.* **17**, 833; vgl. E., *Am.* **12**, 232). Beim Sättigen einer Lösung von Tolan in Chloroform mit Chlor bei 0⁰ (REDSKO, Ж. **21**, 426; *B.* **22** Ref., 760). Beim Erhitzen von Dichlor-desoxybenzoin $C_6H_5 \cdot CCl_2 \cdot CO \cdot C_6H_5$ mit Phosphorpentachlorid im geschlossenen Rohr auf 200⁰ (ZININ, *C. r.* **67**, 720; *A.* **149**, 375; LACHOWICZ, *B.* **17**, 1164). Aus Benzil und überschüssigem PCl_5 (E., *Am.* **12**, 232). — Diamantglänzende Krystalle (aus Benzol und Toluol), die bei 100⁰ porzellanartig weiß werden (L., Ho., *B.* **13**, 1972). Rhombisch pyramidal (HIRSCHWALD, *B.* **12**, 1972; vgl. *Groth, Ch. Kr.* **5**, 194). F: 163⁰ (L., Ho.), 161,5⁰ (M., K.). Leicht löslich in kochendem Benzol (L., Ho.), wenig in Alkohol und Äther (Z.), ziemlich in heißem Petroläther, wenig in kaltem

(E., *Am.* **12**, 232). Bildet mit dem hochschmelzenden $\alpha.\alpha'$-Dichlor-stilben (S. 634) ein isomorphes Gemisch (M., K.). — Sehr beständig (L., Ho.). Beim Erhitzen mit Jod-wasserstoffsäure und Phosphor entsteht Dibenzyl (Ha.). Beim Behandeln ' mit Alkohol und Natriumamalgam werden Tolan (Z.) und daneben wenig Stilben und Dibenzyl gebildet (L., Ho.). Beim Glühen mit Zinkstaub entsteht Stilben (L., Ho.). Beim Kochen mit Alkohol und Zinkstaub erhält man das hochschmelzende und das niedrigschmelzende $\alpha.\alpha'$-Dichlor-stilben (Z., *B.* **4**, 289), bei Anwendung ungenügender Mengen Zinkstaubs das niedrig-schmelzende $\alpha.\alpha'$-Dichlor-stilben und ein isomorphes Gemisch von $\alpha.\alpha.\alpha'.\alpha'$-Tetrachlor-dibenzyl und dem hochschmelzenden $\alpha.\alpha'$-Dichlor-stilben (M., K., *B.* **40**, 2994; vgl. Bl., *A.* **248**, 22; E., *Am.* **12**, 243). Die beiden stereoisomeren $\alpha.\alpha'$-Dichlor-stilbene entstehen auch bei der Reduktion von $\alpha.\alpha.\alpha'.\alpha'$-Tetrachlor-dibenzyl mit Essigsäure und Eisenpulver (La.; Bl., *A.* **248**, 34). Beim Erhitzen von $\alpha.\alpha.\alpha'.\alpha'$-Tetrachlor-dibenzyl mit Kupferpulver auf 160° entsteht niedrigschmelzendes $\alpha.\alpha'$-Dichlor-stilben (Onufrowicz, *B.* **17**, 835). $\alpha.\alpha.\alpha'.\alpha'$-Tetrachlor-dibenzyl wird von Wasser, Alkohol und Essigsäure erst bei 200° energisch an-gegriffen (L., Ho.). Beim Erhitzen mit Eisessig auf 230—250° entsteht Benzil, beim Er-hitzen mit Schwefelsäure auf 165° entsteht Benzil neben etwas Benzoesäure (L., Ho.).

α-Phenyl-β-[x-brom-phenyl]-äthan, x-Brom-dibenzyl $C_{14}H_{13}Br = C_6H_5 \cdot CH_2 \cdot CH_2 \cdot C_6H_4Br$. *Darst.* Man übergießt Dibenzyl mit Wasser, trägt 1 Mol.-Gew. Brom ein und löst das Produkt in siedendem Alkohol; beim Erkalten krystallisiert fast alles 4.4'-Dibrom-di-benzyl aus, während Bromdibenzyl gelöst bleibt (Fittig, Stelling, *A.* **137**, 266). — Flüssig. Erstarrt unter 0° krystallinisch; siedet unzersetzt oberhalb 320°. D^0: 1,318. — Sehr beständig. Wird von alkoh. Kali bei 140° nicht angegriffen (F., St.).

$\alpha.\beta$-Bis-[4-brom-phenyl]-äthan, 4.4'-Dibrom-dibenzyl $C_{14}H_{12}Br_2 = C_6H_4Br \cdot CH_2 \cdot CH_2 \cdot C_6H_4Br$. *B.* Neben x-Brom-dibenzyl bei der Einw. von 1 Mol.-Gew. Brom auf Dibenzyl in Wasser (Stelling, Fittig, *A.* **137**, 267). Entsteht auch beim Kochen von p-Brom-benzyl-bromid mit Zinkstaub (Errera, *G.* **18**, 237). — Prismen (aus Alkohol). F: 114—115° (St., F.). Fast unlöslich in kaltem Alkohol und Benzol, schwer löslich in heißem Alkohol; sehr beständig (St., F.). — Gibt bei der Oxydation mit Chromsäuregemisch p-Brom-benzoesäure (Leppert, *B.* **9**, 17). Wird von alkoh. Kali bei 140° nicht angegriffen (St., F.).

$\alpha.\beta$-Dibrom-$\alpha.\beta$-diphenyl-äthan vom Schmelzpunkt 237°, $\alpha.\alpha'$-Dibrom-dibenzyl vom Schmelzpunkt 237° (α-Stilbendibromid, α-Stilbenbromid) $C_{14}H_{12}Br_2 = C_6H_5 \cdot CHBr \cdot CHBr \cdot C_6H_5$. *B.* Beim Behandeln von Dibenzyl mit trocknem Brom (Marquardt, *A.* **151**, 364). Durch Einw. von Brom auf die Lösung von Stilben in Äther oder CS_2 (Lim-pricht, Schwanert, *A.* **145**, 336; **153**, 121), neben geringen Mengen $\alpha.\alpha'$-Dibrom-dibenzyl vom Schmelzpunkt 110° (s. u.) (Wislicenus, Seeler, *B.* **28**, 2694). Als Hauptprodukt bei der Einw. von Brom auf Isostilben in Äther (Otto, Stoffel, *B.* **30**, 1800). Neben über-wiegender Menge des $\alpha.\alpha'$-Dibrom-dibenzyls vom Schmelzpunkt 110° bei der Einw. von Brom auf Isostilben in CS_2 bei —17° im Dunkeln (Wi., Jahrmarkt, *C.* **1901** I, 464; Straus, *A.* **342**, 262). Beim Behandeln von Hydrobenzoin oder Isohydrobenzoin mit PBr_3 (Zincke, *A.* **198**, 127). — *Darst.* Man trägt allmählich 53,4 g Brom in die Lösung von 60 g Stilben in CS_2 ein, filtriert den ausgeschiedenen Niederschlag ab und wäscht ihn mit wenig absolutem Alkohol, wodurch die isomere Modifikation entfernt wird (Wi., Se.). Man löst Stilben in Äther und gießt in die auf 0° abgekühlte Lösung langsam 1 Mol.-Gew. Brom, filtriert den Niederschlag ab und wäscht ihn mit kaltem Äther (Forst, Zincke, *A.* **182**, 261; Z., *A.* **198**, 127). — Nadeln. F: 237° (Z., *A.* **198**, 127). Sehr wenig löslich in kochendem absolutem Alkohol, etwas mehr in CS_2 und Äther, ziemlich leicht in kochendem Xylol (L., Schw., *A.* **145**, 336). Löslich bei 18° in 1025 Tln. Äther und 4700 Tln. absolutem Alkohol (Wi., Se.). — Geht beim Erhitzen teilweise in das $\alpha.\alpha'$-Dibrom-dibenzyl vom Schmelzpunkt 110° über (Wi., Se.). Zerfällt bei der Destillation in Brom, HBr, Stilben und α-Brom-stilben vom Schmelzpunkt 31° (L., Schw., *A.* **145**, 336). Beim Erhitzen mit Wasser auf 150° werden Stilben und Benzil gebildet (L., Schw., *A.* **145**, 338). Beim Erhitzen mit Alkohol und Zink-staub entsteht Stilben (Straus, *A.* **342**, 263). Alkoholisches Natriumäthylat ist selbst in der Wärme ohne Einw. (Walther, Wetzlich, *J. pr.* [2] **61**, 174). Bei vorsichtiger Behandlung mit alkoh. Kali entsteht α-Brom-stilben vom Schmelzpunkt 19° (Wi., Se.; Wi., J., *C.* **1901** I, 464; vgl. L., Schw., *A.* **145**, 337; **155**, 71). Beim Erhitzen mit KHS in geschlossenem Rohr auf 100° entsteht Stilben (Auwers, *B.* **24**, 1779). NH_3 wirkt nicht ein (Wa., We.). Beim Kochen mit $AgNO_3$ in Eisessig entsteht Hydrobenzoindinitrat $C_6H_5 \cdot CH(O \cdot NO_2) \cdot CH(O \cdot NO_2) \cdot C_6H_5$ (Wa., We.). Beim Kochen mit Thiophenol-natrium, absolutem Alkohol und Benzol entstehen Stilben und Diphenyldisulfid (Otto, *J. pr.* [2] **53**, 7). AgCN und $Hg(CN)_2$ sind ohne Einw. (Wa., We.). Mit Kaliumacetat und Essigsäure erhält man das Mono- und Diacetylderivat des Isohydrobenzoins neben Stilben, während beim Erhitzen mit Kaliumacetat und Alkohol auf 150—160° α-Brom-stilben vom Schmelzpunkt 31° und Stilben entstehen (F., Z., *A.* **182**, 262, 266). Beim Behandeln mit Silberacetat oder Silberbenzoat entstehen gleichzeitig Ester des Hydrobenzoins und Isohydrobenzoins (F., Z., A. 182, 262; vgl. L., Schw., A. 145, 342; 160, 178; Wa., We.). Beim Erhitzen mit benzolsulfinsaurem Natrium und Alkohol auf 110⁰ entstehen Stilben, Benzolsulfonsäure und Diphenyldisulfoxyd $C_6H_5 \cdot S_2O_2 \cdot C_6H_5$ (Syst. No. 524) (Otto, J. pr. [2] 53, 3; vgl. Hinsberg, B. 41, 2836, 4294). Anilin ist selbst beim Kochen ohne Einw. (Wa., We.). Phenylhydrazin erzeugt Stilben (Wa., We.). Bei Einw. von Phenylmagnesiumbromid werden Stilben und Diphenyl gebildet (Kohler, Johstin, Am. 33, 42).

$a.\beta$-Dibrom-$a.\beta$-diphenyl-äthan vom Schmelzpunkt 110⁰, $a.a'$-Dibrom-dibenzyl vom Schmelzpunkt 110⁰ (β-Stilbendibromid, β-Stilbenbromid) $C_{14}H_{12}Br_2 = C_6H_5 \cdot CHBr \cdot CHBr \cdot C_6H_5$. B. Entsteht in kleiner Menge neben $a.a'$-Dibrom-dibenzyl vom Schmelzpunkt 237⁰ (s. o.) aus Stilben, gelöst in CS_2, und Brom (Wislicenus, Seeler, B. 28, 2694). Als Hauptprodukt bei Zugabe von Isostilben zu überschüssigem gekühltem Brom in CS_2 im Dunkeln (W., Jahrmarkt, C. 1901 I, 464). — Krystalle (aus siedendem Alkohol). F: 110—110,5⁰ (W., Se.). Löslich bei 18⁰ in 3,7 Tln. Äther und 25,2 Tln. absolutem Alkohol (W., Se.). — Geht beim Erhitzen auf 160⁰ teilweise in das bei 237⁰ schmelzende Stereoisomere über (W., Se.). Liefert beim Erhitzen mit Alkohol und Zinkstaub Stilben (Straus, A. 342, 263). Gibt mit alkoh. Kali a-Brom-stilben (F: 31⁰) (W., Se.).

a-Chlor-$a.\beta$-dibrom-$a.\beta$-diphenyl-äthan, a-Chlor-$a.a'$-dibrom-dibenzyl $C_{14}H_{11}ClBr_2$ = $C_6H_5 \cdot CHBr \cdot CClBr \cdot C_6H_5$. B. Durch Brom in Chloroform aus dem festen a-Chlor-stilben (Sudborough, Soc. 71, 222). — Farblose Prismen. Fast unlöslich in Alkohol. — Durch Kochen mit alkoh. Kali entstehen a-Chlor-a'-brom-stilben und $a.a'$-Dibrom-stilben vom Schmelzpunkt 64⁰.

$a.a.\beta$-Tribrom-$a.\beta$-diphenyl-äthan, $a.a.a'$-Tribrom-dibenzyl $C_{14}H_{11}Br_3 = C_6H_5 \cdot CHBr \cdot CBr_2 \cdot C_6H_5$. B. Durch Vermischen einer ätherischen Lösung von a-Brom-stilben (F: 31⁰) mit Brom (Limpricht, Schwankert, A. 145, 341). — Nadeln (aus Alkohol). Leicht löslich in Äther und heißem Alkohol, schwer in kaltem. F: 100⁰. — Zerfällt bei der Destillation in HBr, Tolan und $a.a'$-Dibrom-stilben (F: 205⁰). Verliert beim Erhitzen mit alkoh. Natron auf 140⁰ alles Brom unter Bildung von Tolan.

$a.\beta$-Dibrom-$a.\beta$-bis-[4-brom-phenyl]-äthan, $4.4'.a.a'$-Tetrabrom-dibenzyl $C_{14}H_{10}Br_4 = C_6H_4Br \cdot CHBr \cdot CHBr \cdot C_6H_4Br$. B. Durch Einw. von Brom in Alkohol auf $4.4'$-Dibrom-stilben (Wislicenus, Elvert, B. 41, 4130). — Farblose Prismen (aus Benzol). Wird bei 220⁰ braun und schmilzt bei 235—240⁰ unter Zersetzung.

$4.4'.x.x.x.x$-Hexabrom-dibenzyl $C_{14}H_8Br_6$. B. Durch Behandeln von $4.4'$-Dibrom-dibenzyl mit Wasser und überschüssigem Brom (Stelling, Fittig, A. 137, 269). Neben 1.1.3.6.8.8-Hexabrom-4.5-diphenyl-oktandion-(2.7) usw. bei 2—3-stdg. Erhitzen von 2 g 4.5-Diphenyl-oktandion-(2.7) mit 40 ccm Eisessig und 8 g Brom auf 130⁰ (Harries, Eschenbach, B. 29, 2126). — Kleine Prismen (aus Benzol). F: 267⁰ (Verkohlung) (H., E.). Fast unlöslich in Alkohol (St., F.).

a-Chlor-β-jod-$a.\beta$-diphenyl-äthan, a'-Chlor-a-jod-dibenzyl $C_{14}H_{12}ClI = C_6H_5 \cdot CHCl \cdot CHI \cdot C_6H_5$. B. Man löst Stilben in Essigsäure und versetzt mit Wijsscher Lösung (dargestellt durch Einleiten von trocknem Chlor in eine Lösung von 12,7 g Jod in 1 Liter Eisessig) (Ingle, C. 1902 I, 1401). — Farblose Nadeln (aus Benzol). F: 127⁰ (Zers.). Schwer löslich in heißem Alkohol, Äther, Chloroform, ziemlich löslich in heißem Benzol. — Zerfällt beim Kochen mit wäbr. Alkohol in Stilben, HCl, Jod und eine ölige Substanz, die vermutlich ein Gemisch von Hydrobenzoin und Isohydrobenzoin oder deren Diäthyläthern darstellt. Gibt an alkoholisches $AgNO_3$ zuerst Jod, dann Chlor ab. Spaltet beim Erwärmen mit KI-Lösung Jod ab. Liefert mit Anilin Stilben, chloriertes oder jodiertes Anilin, HCl und HI.

a-Nitro-$a.\beta$-diphenyl-äthan, a-Nitro-dibenzyl $C_{14}H_{13}O_2N = C_6H_5 \cdot CH(NO_2) \cdot CH_2 \cdot C_6H_5$. B. Aus Dibenzyl und Salpetersäure (D: 1,075) bei 100⁰ (Konowalow, B. 28, 1860). — Flüchtig mit Wasserdämpfen.

$a.\beta$-Bis-[2-nitro-phenyl]-äthan, $2.2'$-Dinitro-dibenzyl $C_{14}H_{12}O_4N_2 = O_2N \cdot C_6H_4 \cdot CH_2 \cdot C_6H_4 \cdot NO_2$. B. Aus o-Nitro-toluol durch Einw. von Alkylformiaten und Natriumäthylat (Lapworth, Soc. 79, 1275). Durch Einw. von HgO auf in Chloroform gelöstes $a.a$-Bis-[2-nitro-benzyl]-hydrazin (Busch, Weiss, B. 33, 2709; Duval, Bl. [4] 7, 729). In geringer Menge neben Isatin (Syst. No. 3206), o-Nitro-toluol und Oxalsäure beim Erwärmen von o-Nitro-phenyl-brenztraubensäure mit Natronlauge (Reissert, B. 30, 1039, 1052). — Prismen (aus Eisessig). F: 122⁰ (R.; D.), 127⁰ (B., W.). Ziemlich schwer löslich in Alkohol, leicht in Äther und Benzol (B., W.).

a-[2-Nitro-phenyl]-β-[4-nitro-phenyl]-äthan, $2.4'$-Dinitro-dibenzyl $C_{14}H_{12}O_4N_2 = O_2N \cdot C_6H_4 \cdot CH_2 \cdot CH_2 \cdot C_6H_4 \cdot NO_2$. B. Durch Einw. von rauchender Salpetersäure auf Dibenzyl, neben $4.4'$-Dinitro-dibenzyl (Stelling, Fittig, A. 137, 261). — Darst. Man löst

Dibenzyl in Salpetersäure (D: 1,52), filtriert den hauptsächlich aus 4.4'-Dinitro-dibenzyl bestehenden Niederschlag ab und fällt das Filtrat mit Wasser; hierdurch wird wesentlich 2.4'-Dinitro-dibenzyl niedergeschlagen (LEPPERT, B. 9, 15). — Nadeln. F: 74—75^0 (ST., F.). In Alkohol leichter löslich als 4.4'-Dinitro-dibenzyl (ST., F.). — Wird von einer Lösung von CrO$_3$ in Eisessig leicht oxydiert und liefert hierbei nur p-Nitro-benzoesäure, aber in kleinerer Menge als 4.4'-Dinitro-dibenzyl (L.). Gibt bei der Reduktion mit Zinn und Salzsäure eine sehr unbeständige Base (ST., F.).

α.β-Bis-[4-nitro-phenyl]-äthan, 4.4'-Dinitro-dibenzyl C$_{14}$H$_{12}$O$_4$N$_2$ = O$_2$N·C$_6$H$_4$·CH$_2$·CH$_2$·C$_6$H$_4$·NO$_2$. B. Entsteht neben einer bei 263^0 schmelzenden Verbindung (S. 323, Z. 6—5 v. u.) und 4.4'-Dinitro-stilben beim Behandeln von p-Nitro-toluol mit einer konz. Lösung von Natriumhydroxyd in Methylalkohol (O. FISCHER, HEPP, B. 26, 2232). Als Hauptprodukt bei der Einw. von Luftsauerstoff auf p-Nitro-toluol in Gegenwart von methylalkoholischer Kalilauge in der Kälte (GREEN, DAVIES, HORSFALL, Soc. 91, 2079). Bei Einw. von 1 Mol.-Gew. Oxalsäure-diäthylester und 2 Mol.-Gew. Natriumäthylat auf 2 Mol.-Gew. p-Nitro-toluol in absol. Äther (REISSERT, B. 30, 1053). Beim Eintragen von p-Nitro-benzylchlorid in eine 80—90^0 warme, stark alkalische Zinnchlorürlösung (ROSER, A. 238, 364; D. R. P. 39381; Frdl. 1, 464). Durch Einw. von HgO auf in Chloroform gelöstes α.α-Bis-[4-nitro-benzyl]-hydrazin (BUSCH, WEISS, B. 33, 2710). Neben 2.4'-Dinitro-dibenzyl beim Auflösen von Dibenzyl in rauchender Salpetersäure oder solcher vom spez. Gew.: 1,52 unter Kühlung; beim Umkrystallisieren des Gemenges aus Alkohol scheidet sich zunächst 4.4'-Dinitro-dibenzyl aus (STELLING, FITTIG, A. 137, 260; LEPPERT, B. 9, 15). — Gelbliche Nadeln (aus Alkohol oder Benzol). F: 178^0 (L.), 179—180^0 (R.), 180—182^0 (G., D., Ho.). Fast unlöslich in kaltem Alkohol, schwer löslich in heißem Alkohol, in Äther, Chloroform, Benzol (ST., F.). — Gibt bei der Oxydation mit CrO$_3$ in Essigsäure p-Nitro-benzoesäure (L.).

α.β-Dinitro-α.β-diphenyl-äthan vom Schmelzpunkt 235—236^0, α.α'-Dinitro-dibenzyl vom Schmelzpunkt 235—236^0 C$_{14}$H$_{12}$O$_4$N$_2$ = C$_6$H$_5$·CH(NO$_2$)·CH(NO$_2$)·C$_6$H$_5$. B. Neben α.α'-Dinitro-dibenzyl vom Schmelzpunkt 150—152^0 (s. u.) bei der Einw. von NO$_2$ auf in Benzol gelöstes Stilben (J. SCHMIDT, B. 34, 3536, 3540; D. R. P. 126798; C. 1902 I, 82; vgl. GABRIEL, B. 18, 2438). Durch Kochen von Stilbennitrosit (S. 632) mit Eisessig (J. SCHMIDT, B. 34, 625; D. R. P. 126798; C. 1902 I, 82). Durch längeres Erhitzen des α.α'-Dinitro-dibenzyls vom Schmelzpunkt 150—152^0 über den Schmelzpunkt (SCH., B. 34, 3538). — Nadeln (aus Eisessig). F: 235—236^0 (Gasentw.) (SCH.). Schwer löslich in kaltem Eisessig, Äther, Alkoholen, leicht in Aceton (SCH.). Die Lösungen in Alkohol, Eisessig, Kalilauge färben sich beim Erwärmen gelb (SCH.). — Durch Reduzieren mit Zinkstaub und Essigsäure und Eindampfen des entstandenen Amins mit Salzsäure bildet sich 2.3.5.6-Tetraphenyl-piperazin (Syst. No. 3494) (SCH.). Mit Natriummethylat-Lösung entsteht unter Abspaltung von HNO$_2$ α-Nitro-stilben und dann die beiden stereoisomeren β-Nitro-α-methoxy-α.β-diphenyl-äthane C$_6$H$_5$·CH(O·CH$_3$)·CH(NO$_2$)·C$_6$H$_5$ (MEISENHEIMER, HEIM, A. 355, 275). Durch Erwärmen mit Phenol und konz. Schwefelsäure entsteht eine dunkelbraune Flüssigkeit, die nach dem Verdünnen mit Wasser und Übersättigen mit Alkali violett bis braun wird (SCH.).

α.β-Dinitro-α.β-diphenyl-äthan vom Schmelzpunkt 150—152^0, α.α'-Dinitro-dibenzyl vom Schmelzpunkt 150—152^0 C$_{14}$H$_{12}$O$_4$N$_2$ = C$_6$H$_5$·CH(NO$_2$)·CH(NO$_2$)·C$_6$H$_5$. B. Bei der Einw. von NO$_2$ auf Benzol gelöstes Stilben, neben dem α.α'-Dinitro-dibenzyl vom Schmelzpunkt 235—236^0 (s. o.) (J. SCHMIDT, B. 34, 3540). Bei der Einw. von nitrosen Gasen (welche durch Erwärmen von Salpetersäure mit arseniger Säure entstehen) auf eine Lösung von Stilben in Äther, neben Stilbennitrosit (SCH., B. 34, 3540). — Prismen (aus Eisessig). Schmilzt bei 120^0 getrocknet gegen 150—152^0 zu einer hellgelben Flüssigkeit, welche sich gegen 200^0 unter Gasentwicklung zersetzt (SCH.). Sehr leicht löslich in Benzol, CHCl$_3$, CS$_2$, Aceton, leicht in Alkohol, Äther, Eisessig, ziemlich in Ligroin (SCH.). — Geht beim Erhitzen über den Schmelzpunkt partiell in α.α'-Dinitro-dibenzyl vom Schmelzpunkt 235^0 bis 236^0 über (SCH.). Wird von Zinkstaub und Eisessig zu 2.3.5.6-Tetraphenyl-piperazin reduziert (SCH.). Die gelbe Lösung in konz. Kalilauge zersetzt sich beim Kochen unter Bildung von Benzaldehyd und Abscheidung einer Verbindung C$_{21}$H$_{17}$ON (s. u.) (SCH.). Gibt mit Natriummethylatlösung unter Abspaltung von HNO$_2$ α-Nitro-stilben und dann die beiden stereoisomeren β-Nitro-α-methoxy-α.β-diphenyl-äthane (MEISENHEIMER, HEIM, A. 355, 275). ANGELI, CASTELLANA, FERRERO (R. A. L. [5] 18 II, 45) erhielten durch Einw. von Natriumäthylatlösung und darauffolgendes Ansäuern die Verbindung C$_{14}$H$_{13}$O$_3$N (s. u.). Durch Erwärmen mit Phenol und konz. Schwefelsäure entsteht eine braunrote, mit hellweinroter, in Alkalien mit intensiv blauer bis rotvioletter Farbe löslicher Flüssigkeit (SCH.).

Verbindung C$_{21}$H$_{17}$ON (?). B. Neben Benzaldehyd durch Kochen von α.α'-Dinitro-dibenzyl vom Schmelzpunkt 150—152^0 mit konz. Kalilauge (J. SCHMIDT, B. 34, 3542). — Nadeln (aus Eisessig). F: 212—214^0.

Verbindung C$_{14}$H$_{13}$O$_3$N. B. Aus der alkoholischen Lösung des α.α'-Dinitro-dibenzyls vom Schmelzpunkt 150—152^0 durch Natriumäthylat und darauffolgendes Ansäuern (A., C.,

F., R. A. L. [5] 18 II, 45). — Farblose Nadeln (aus Alkohol). F: gegen 125⁰. Beständig
gegen KMnO₄.

a-Chlor-a.β-dinitro-a.β-diphenyl-äthan, a-Chlor-a.a'-dinitro-dibenzyl
$C_{14}H_{11}O_4N_2Cl = C_6H_5 \cdot CH(NO_2) \cdot CCl(NO_2) \cdot C_6H_5$. B. Durch gasförmige salpetrige Säure aus
festem a-Chlor-stilben in Eisessig (SUDBOROUGH, Soc. 71, 223). — Farblose Prismen. F:
124—125⁰. Unlöslich in Eisessig.

a.β-Dibrom-a-phenyl-β-[2.4-dinitro-phenyl]-äthan, a.a'-Dibrom-2.4-dinitro-di-
benzyl $C_{14}H_{10}O_4N_2Br_2 = C_6H_5 \cdot CHBr \cdot CHBr \cdot C_6H_3(NO_2)_2$. B. Durch Einw. von Brom auf 2.4-
Dinitro-stilben in warmem Eisessig (THIELE, ESCALES, B. 34, 2843). — Prismen (aus Xylol).
F: 185—186⁰ (Zers.).

a.β-Dibrom-a.β-bis-[2-nitro-phenyl]-äthan, a.a'-Dibrom-2.2'-dinitro-dibenzyl
$C_{14}H_{10}O_4N_2Br_2 = O_2N \cdot C_6H_4 \cdot CHBr \cdot CHBr \cdot C_6H_4 \cdot NO_2$. B. Beim Eintragen von Brom in
eine Lösung von hochschmelzendem 2.2'-Dinitro-stilben in CHCl₃ (BISCHOFF, B. 21, 2075).
— Blättchen (aus Xylol). Schmilzt unter Zersetzung bei 226⁰. Sehr schwer löslich in
siedendem Ligroin, schwer in heißem Aceton und Essigester. — Liefert mit Natriumäthylat
und Chlormalonsäurediäthylester den Äthylentetracarbonsäuretetraäthylester. Mit Malon-
säurediäthylester und $C_2H_5 \cdot ONa$ entsteht Äthantetracarbonsäuretetraäthylester $(C_2H_5 \cdot O_2C)_2CH \cdot CH(CO_2 \cdot C_2H_5)_2$.

a.β-Dibrom-a.β-bis-[4-nitro-phenyl]-äthan, a.a'-Dibrom-4.4'-dinitro-dibenzyl
$C_{14}H_{10}O_4N_2Br_2 = O_2N \cdot C_6H_4 \cdot CHBr \cdot CHBr \cdot C_6H_4 \cdot NO_2$. B. Aus trocknem hochschmelzendem
4.4'-Dinitro-stilben und Bromdämpfen an der Sonne (ELBS, BAUER, J. pr. [2] 34, 344). —
Krystallpulver. Schmilzt oberhalb 300⁰ unter Zersetzung. Schwer oder gar nicht löslich
in den gewöhnlichen Lösungsmitteln. — Zerfällt beim Erhitzen mit Natronkalk in HBr und
4.4'-Dinitro-tolan. Mit Kaliumacetat entsteht der Ester $O_2N \cdot C_6H_4 \cdot CH(O \cdot CO \cdot CH_3) \cdot CH(O \cdot CO \cdot CH_3) \cdot C_6H_4 \cdot NO_2$.

4.4'-Dibrom-x.x'-dinitro-dibenzyl $C_{14}H_{10}O_4N_2Br_2 = C_{14}H_{10}Br_2(NO_2)_2$. B. Durch Auflösen von 4.4'-Dibrom-dibenzyl in warmer, rauchender Salpetersäure (STELLING, FITTIG,
A. 137, 270). — Schwertförmige Krystalle (aus Benzol). F: 204—205⁰. Fast unlöslich in
kochendem Alkohol, wenig löslich in kaltem Benzol, leichter in siedendem.

2. a.a-*Diphenyl-äthan, unsymm. Diphenyl-äthan, a-Methyl-ditan* $C_{14}H_{14}$
$= (C_6H_5)_2CH \cdot CH_3$. B. Neben anderen Kohlenwasserstoffen bei der Einw. von Äthylidenchlorid (SILVA, Bl. [2] 36, 66; 41, 448), von Äthylidenbromid (ANSCHÜTZ, A. 235, 302), von
1.1.2-Tribrom-äthan (A., A. 235, 334), von Acetylentetrabromid (A., A. 235, 165), von 1.1.1.2-
Tetrabrom-äthan (A., A. 235, 198), von Vinylbromid (A., A. 235, 331), oder von Dichloräther (Bd. I, S. 612) (WAAS, B. 15, 1128) auf Benzol in Gegenwart von AlCl₃. Beim Versetzen einer Lösung von Paraldehyd (Syst. No. 2952) in 100 Tln. konz. Schwefelsäure mit
Benzol (BAEYER, B. 7, 1190). Beim Behandeln eines Gemisches aus Styrol oder [a-Chlor-
äthyl]-benzol (S. 354) und Benzol mit AlCl₃ (SCHRAMM, B. 26, 1706). Aus [a-Brom-äthyl]-
benzol und Benzol mit AlCl₃, in geringer Menge (A., A. 235, 329). Aus [a-Brom-äthyl]-
benzol mit Benzol und Zinkstaub (RADZISZEWSKI, B. 7, 140). Bei der Reduktion von β.β.β-
Trichlor-a.a-diphenyl-äthan (S. 606) mit Natriumamalgam (GOLDSCHMIEDT, B. 6, 1501) oder
mit Zinkstaub und Ammoniak (ELBS, FÖRSTER, J. pr. [2] 39, 301). Durch Reduktion von
a.a-Diphenyl-äthylen mit Natrium und Alkohol (KLAGES, B. 35, 2647; KL., HEILMANN, B.
37, 1450). Bei der Reduktion des Methyl-diphenyl-carbinols mit Zinkstaub und Eisessig-
Jodwasserstoff (KL., HEI., B. 37, 1450). Durch Destillieren von a-Methyl-ditan-dicarbon-
säure-(4.4') $HO_2C \cdot C_6H_4 \cdot CH(CH_3) \cdot C_6H_4 \cdot CO_2H$ mit Natronkalk (HAISS, B. 15, 1481). — Darst.
Man leitet den Dampf von 27 g Äthylidenchlorid in ein auf 70⁰ erwärmtes Gemisch aus
300 g Benzol und 12 g AlCl₃ (SILVA, Bl. [2] 41, 448).

Stark lichtbrechendes Öl von angenehmem Geruch (GOLDSCHMIEDT, B. 6, 1502). Zeigt
keine Fluorescenz (KL., B. 35, 2647). Erstarrt im Kältegemisch und schmilzt dann bei gewöhnlicher Temperatur (G.). Kp: 268—270⁰ (R.; KL., HEI.), 286⁰ (HAISS); Kp₇₅₇: 267⁰
bis 268⁰ (KONOWALOW, JATZEWITSCH, Ж. 37, 543; C. 1905 II, 825); Kp₂₂: 148⁰ (korr.) (KL.);
Kp₁₆: 150⁰; Kp₁₃: 145⁰ (A., A. 235, 304); Kp₁₂: 136⁰ (korr.) (KL., HEI.), 137⁰ (MASSON, C. r.
135, 533). D_4^{15}: 0,9877 (KL.); D_0^{20}: 1,0033 (KO., J.); D_4^{14}: 1,006 (KL., HEI.). n_D^{15}: 1,5761 (KO.,
J.); n_D^{14}: 1,5755 (KL., HEI.). — Gibt bei der Oxydation mit Chromsäuregemisch Benzophenon
(G.). Beim Nitrieren mit rauchender Salpetersäure in Eisessiglösung entstehen: β-Nitro-
a-oxy-a.a-diphenyl-äthan $(C_6H_5)_2C(OH) \cdot CH_2 \cdot NO_2$, das Acetat dieser Verbindung und eine
Verbindung $C_{14}H_{10}O_4N_2$ vom Schmelzpunkt 148—149⁰ (s. u.) (ANSCHÜTZ, ROMIG, B. 18, 664,
935; A. 233, 327; vgl. Ko., J.). Beim Erwärmen mit AlCl₃ entsteht 9.10-Dimethyl-anthracen-
dihydrid-(9.10) (S. 649) (RADZIEWANOWSKI, B. 27, 3238).

Verbindung $C_{14}H_{10}O_4N_2 = (C_6H_5)_2C:C(NO_2) \cdot O \cdot NO$ (?). B. Bei der Einw. von konz.
Salpetersäure auf eine Eisessiglösung von a.a-Diphenyl-äthan, β-Nitro-a-oxy-a.a-diphenyl-

äthan $(C_6H_5)_2C(OH) \cdot CH_2 \cdot NO_2$ oder dessen Acetylderivat oder $a.a$-Diphenyl-äthylen (ANSCHÜTZ, ROMIG, A. **233**, 340; vgl. KONOWALOW, JATZEWITSCH, Ж. **37**, 543; C. **1905** II, 825). — *Darst.* Man versetzt eine kochende Lösung von 1 Tl. $a.a$-Diphenyl-äthan in 2—3 Tln. Eisessig mit 2,5 Tln. roter, rauchender Salpetersäure, so daß die Mischung weiter kocht und verdampft nach beendeter Reaktion die Essigsäure (A., R.). — Tafeln (aus Benzol). Monoklin prismatisch (HINTZE, A. **233**, 343; vgl. *Groth, Ch. Kr.* **5**, 123). F: 148—149° (A., R.). Leicht löslich in Äther, ziemlich schwer in Benzol und Eisessig, sehr schwer in Alkohol, fast unlöslich in Ligroin (A., R.). — Wird von CrO_3 in Eisessig zu Benzophenon oxydiert (A., R.). Beim Kochen mit alkoh. Kali entstehen KNO_2 und Benzophenon (A., R.). Auch mit alkoh. Ammoniak entsteht Benzophenon (A., R.). Beim Behandeln mit salzsaurem Zinnchlorür in Gegenwart von Alkohol werden NH_3 und Diphenyl-acetonitril gebildet (A., R.).

β-**Chlor-$a.a$-diphenyl-äthan** $C_{14}H_{13}Cl = (C_6H_5)_2CH \cdot CH_2Cl$. B. Beim Versetzen eines Gemisches von Dichloräther (Bd. I, S. 612) und Benzol mit konz. Schwefelsäure (HEPP, B. **6**, 1439). — Flüssig. — Zerfällt bei der Destillation in Salzsäure und Stilben (H., B. **7**, 1409). Beim Kochen mit alkoh. Kali erhält man $a.a$-Diphenyl-äthylen und die Verbindung $(C_{14}H_{12})x$ (s. u.) (H., B. **7**, 1409).

Verbindung $(C_{14}H_{12})_x$ (polymeres Diphenyläthylen?). B. Entsteht in sehr kleiner Menge neben $a.a$-Diphenyl-äthylen beim Kochen von β-Chlor-$a.a$-diphenyl-äthan mit alkoh. Kalilauge (HEPP, B. **7**, 1412). — Blättchen (aus Äther). F: 190°. Sehr schwer löslich in Alkohol und Äther. — Verbindet sich nicht mit Brom.

$\beta.\beta$-**Dichlor-$a.a$-diphenyl-äthan** $C_{14}H_{12}Cl_2 = (C_6H_5)_2CH \cdot CHCl_2$. B. Beim Eintröpfeln von 1500 ccm konz. Schwefelsäure in ein Gemisch aus 500 g Dichloracetal $CHCl_2 \cdot CH(O \cdot C_2H_5)_2$ und 420 g Benzol (BUTTENBERG, A. **279**, 324). Aus Benzol, Dichloracetaldehyd und $AlCl_3$ (DELACRE, Bl. [3] **13**, 858). Neben anderen Produkten beim Eintragen von $AlCl_3$ in ein Gemisch aus Chloral und Benzol (COMBES, A. *ch.* [6] **12**, 271). — Tafeln (aus Äther). F: 74° (C.), 80° (B.). Kp: 295—305° (Zers.) (B.). Leicht löslich in Alkohol, Äther, Ligroin, Eisessig (B.). Bei der Destillation erfolgt Zersetzung in HCl und $a.a$-Diphenyl-β-chlor-äthylen (B.).

$\beta.\beta.\beta$-**Trichlor-$a.a$-diphenyl-äthan** $C_{14}H_{11}Cl_3 = (C_6H_5)_2CH \cdot CCl_3$. B. Durch Schütteln von 2 Mol.-Gew. Benzol mit 1 Mol.-Gew. Chloral und überschüssiger konz. Schwefelsäure (BAEYER, B. **5**, 1098). — Blättchen. F: 64° (B.). Nicht unzersetzt flüchtig (GOLDSCHMIEDT, B. **6**, 986). 100 Tle. 90—92 volumprozentigen Alkohols lösen in der Kälte 5,40 Tle., bei Siedehitze 37,28 Tle. (ELBS, J. *pr.* [2] **47**, 77). — Zerfällt bei der Destillation (G., B. **6**, 987) oder beim Kochen mit alkoh. Kalilösung (B., B. **6**, 223) in HCl und $\beta.\beta$-Dichlor-$a.a$-diphenyl-äthylen. Durch Einw. von Natriumamalgam in Alkohol entsteht $a.a$-Diphenyl-äthan (G., B. **6**, 1501). Durch Erhitzen mit Zinkstaub erhält man Stilben (G., B. **6**, 990), mit Zinkstaub und alkoh. Ammoniak Stilben und $a.a$-Diphenyl-äthan (ELBS, FÖRSTER, J. *pr.* [2] **39**, 299; **47**, 45).

$a.\beta.\beta.\beta$-**Tetrachlor-$a.a$-diphenyl-äthan** $C_{14}H_{10}Cl_4 = (C_6H_5)_2CCl \cdot CCl_3$. B. Aus $\beta.\beta$-Dichlor-$a.a$-diphenyl-äthylen, gelöst in Chloroform, und Chlor (BILTZ, B. **26**, 1956; A. **296**, 265). — Nadeln oder Tafeln (aus Alkohol). Triklin (DEECKE). F: 85°. — Wird durch siedende alkoh. Kalilauge in $a.a$-Diphenyl-$\beta.\beta$-dichlor-äthylen zurückverwandelt.

$\beta.\beta.\beta$-**Trichlor-$a.a$-bis-[x-chlor-phenyl]-äthan** $C_{14}H_9Cl_5 = (C_6H_4Cl)_2CH \cdot CCl_3$. B. Durch Behandeln eines Gemenges von wasserfreiem Chloral und Chlorbenzol mit konz. Schwefelsäure (ZEIDLER, B. **7**, 1181). — Verfilzte Nadeln (aus Ätheralkohol). F: 105°. Zerfällt mit alkoh. Kali in HCl und $\beta.\beta$-Dichlor-$a.a$-bis-[x-chlor-phenyl]-äthylen (Z.).

$\beta.\beta$-**Dichlor-$a.\beta$-dibrom-$a.a$-diphenyl-äthan** $C_{14}H_{10}Cl_2Br_2 = (C_6H_5)_2CBr \cdot CCl_2Br$. B. Aus $\beta.\beta$-Dichlor-$a.a$-diphenyl-äthylen und Brom (BILTZ, B. **26**, 1956; A. **296**, 265). — Blättchen (aus Alkohol). F: 120—120,5°. Unzersetzt destillierbar.

$\beta.\beta.$-**Trichlor-$a.a$-bis-[x-brom-phenyl]-äthan** $C_{14}H_9Cl_2Br_2 = (C_6H_4Br)_2CH \cdot CCl_3$. B. Bei längerem gelinden Digerieren von 1 Tl. Brombenzol mit 2 Tln. wasserfreiem Chloral und dem 4—5-fachen Volumen konz. Schwefelsäure (ZEIDLER, B. **7**, 1180). — Nadeln (aus Alkohol). F: 139—141°. Unlöslich in Benzol, sehr schwer löslich in kaltem Alkohol und Eisessig, leichter in heißem Alkohol, in $CHCl_3$ und Äther, sehr leicht in CS_2. — Zerfällt durch alkoh. Kali in HCl und $\beta.\beta$-Dichlor-$a.a$-bis-[x-brom-phenyl]-äthylen (Z.).

$\beta.\beta.\beta$-**Tribrom-$a.a$-diphenyl-äthan** $C_{14}H_{11}Br_3 = (C_6H_5)_2CH \cdot CBr_3$. *Darst.* Man läßt ein Gemisch von 1 Mol.-Gew. Bromal und 2 Mol.-Gew. Benzol mit dem doppelten Volumen konz. Schwefelsäure einige Tage stehen, gießt dann in Wasser und krystallisiert den Niederschlag aus absolutem Alkohol um (GOLDSCHMIEDT, B. **6**, 985). — Prismen (aus Äther). Monoklin prismatisch (HINTZE, *Ann. d. Physik* **152**, 267; vgl. *Groth, Ch. Kr.* **5**, 116). F: 89°. Leicht löslich in Äther, $CHCl_3$, CS_2, heißem Eisessig und Alkohol, weniger leicht in kaltem Alkohol und Benzol. — Zerfällt beim Kochen mit alkoh. Kali in HBr und $\beta.\beta$-Dibrom-$a.a$-diphenyl-äthylen (G.).

$\beta.\beta$-Dichlor-$\alpha.\alpha$-bis-[x-nitro-phenyl]-äthan $C_{14}H_{10}O_4N_2Cl_2 = (O_2N \cdot C_6H_4)_2CH \cdot CHCl_2$.
B. Beim Eintragen von 10 g $\beta.\beta$-Dichlor-$\alpha.\alpha$-diphenyl-äthan in 120 g stark abgekühlte Salpetersäure (BUTTENBERG, A. 279, 325). — Krystalle (aus Eisessig). F: 177—178°.

$\beta.\beta$-Dichlor-$\alpha.\beta$-dinitro-$\alpha.\alpha$-diphenyl-äthan $C_{14}H_{10}O_4N_2Cl_2 = (C_6H_5)_2C(NO_2) \cdot CCl_2 \cdot NO_2$.
B. Durch 3—4-stdg. Erhitzen von 5 g $\beta.\beta$-Dichlor-$\alpha.\alpha$-diphenyl-äthylen mit 6 g Stickstoffdioxyd in geschlossenem Rohr auf 50—60° (BILTZ, B. 35, 1531). — Gelbliches Öl. Riecht chlorpikrinartig. Zersetzt sich beim Destillieren unter Entwicklung von Stickstoffdioxyd. Mischbar mit Alkohol und Eisessig.

$\beta.\beta.\beta$-Trichlor-$\alpha.\alpha$-bis-[x-chlor-x-nitro-phenyl]-äthan $C_{14}H_7O_4N_2Cl_5 =$
$(O_2N \cdot C_6H_3Cl)_2CH \cdot CCl_3$. B. Durch Erwärmen von $\beta.\beta.\beta$-Trichlor-$\alpha.\alpha$-bis-[x-chlor-phenyl]-äthan mit rauchender Salpetersäure (ZEIDLER, B. 7, 1181). — Nadeln (aus Alkohol). F: 143°.

$\beta.\beta.\beta$-Trichlor-$\alpha.\alpha$-bis-[x-brom-x-nitro-phenyl]-äthan $C_{14}H_7O_4N_2Cl_3Br_2 =$
$(O_2N \cdot C_6H_3Br)_2CH \cdot CCl_3$. Darst. Aus $\beta.\beta.\beta$-Trichlor-$\alpha.\alpha$-bis-[x-brom-phenyl]-äthan und rauchender Salpetersäure (ZEIDLER, B. 7, 1181). — Gelbliche Nadeln (aus Alkohol). F: 168—170°.

3. o-Benzyl-toluol, Phenyl-o-tolyl-methan, 2-Methyl-ditan $C_{14}H_{14} =$
$C_6H_5 \cdot CH_2 \cdot C_6H_4 \cdot CH_3$. B. Bei der Oxydation von Toluol mit Braunstein, Schwefelsäure und Eisessig, neben p-Benzyl-toluol und anderen Produkten (WEILER, B. 33, 464). Neben p-Benzyl-toluol und anderen Produkten beim Erhitzen von Benzylchlorid mit Toluol und Zinkstaub (ZINCKE, B. 6, 906). Durch Behandeln eines Gemenges von o-Xylylchlorid $CH_3 \cdot C_6H_4 \cdot CH_2Cl$ und Benzol mit Zinkstaub (BARBIER, C. r. 79, 660; B. 7, 1544). — Liefert, durch ein glühendes Rohr geleitet, Anthracen und wenig Phenanthren, Benzol und Xylol (BA.; v. DORP, B. 5, 1071; A. 169, 216). Beim Überleiten der Dämpfe über erhitztes Bleioxyd erhält man viel Anthracen (BEHR, VAN DORP, B. 6, 754). Das rohe Benzyltoluol gibt bei der Oxydation p-Benzoyl-benzoesäure und o-Benzoyl-benzoesäure (PLASCUDA, ZINCKE, B. 6, 906; 7, 982).

Enneabrom-2-methyl-ditan $C_{14}H_5Br_9$. B. Aus 2-Benzyl-cymol $C_6H_5 \cdot CH_2 \cdot C_6H_3(CH_3) \cdot C_3H_7$, Brom und $AlBr_3$ (KLAGES, B. 40, 2373). — Schwefelgelbe Nädelchen (aus heißem Benzol). F: 281°.

[4-Nitro-phenyl]-[5-nitro-2-methyl-phenyl]-methan, 5.4'-Dinitro-2-methyl-ditan $C_{14}H_{12}O_4N_2 = O_2N \cdot C_6H_4 \cdot CH_2 \cdot C_6H_3(NO_2) \cdot CH_3$. B. Beim Erhitzen von 5 g p-Nitro-benzylalkohol mit 7 g p-Nitro-toluol und 30 ccm konz. Schwefelsäure auf 125° (GATTERMANN, KOPPERT, B. 26, 2811). — Nadeln (aus Eisessig). F: 137—138°.

4. m-Benzyl-toluol, Phenyl-m-tolyl-methan, 3-Methyl-ditan $C_{14}H_{14} =$
$C_6H_5 \cdot CH_2 \cdot C_6H_4 \cdot CH_3$. B. Durch Behandeln von Phenyl-m-tolyl-keton mit Jodwasserstoffsäure und Phosphor (ADOR, RILLIET, B. 12, 2300). Man erwärmt ein Gemisch aus 1 Tl. m-Xylylchlorid (S. 373) und 6—8 Tln. Benzol mit $AlCl_3$, bis die Entwickelung von HCl aufhört, schüttelt das Produkt mit Wasser und destilliert; man kocht den bei 260—280° übergehenden Anteil längere Zeit mit Natrium und fraktioniert (SENFF, A. 220, 230). — Flüssig. Kp_{725}: 268—269,5° (A., R.); Kp_{747}: 275° (korr.) (S.). $D^{0,0}$: 0,997 (S.). — Liefert bei der Oxydation mit Kaliumdichromat und Schwefelsäure oder mit Salpetersäure Phenyl-m-tolyl-keton und m-Benzoyl-benzoesäure (S.). Durch Einw. von Brom auf m-Benzyl-toluol bei 120—130° entsteht das Derivat $C_6H_5 \cdot CH_2 \cdot C_6H_4 \cdot CH_2Br$, welches bei der Oxydation nur m-Benzoyl-benzoesäure gibt (S.).

x.x-Dinitro-3-methyl-ditan $C_{14}H_{12}O_4N_2 = C_{14}H_{12}(NO_2)_2$. B. Beim Erwärmen von m-Benzyl-toluol mit viel Salpetersäure (D: 1,4) auf 90°; man fällt mit Wasser, wäscht den Niederschlag mit kaltem Äther und krystallisiert ihn aus Alkohol um (SENFF, A. 220, 235). — Nadeln (aus Eisessig). F: 141°. Leicht löslich in Benzol, heißem Alkohol oder Eisessig. — Wird von CrO_3 in Eisessig zu x.x-Dinitro-[phenyl-m-tolyl-keton] oxydiert (S.).

5. p-Benzyl-toluol, Phenyl-p-tolyl-methan, 4-Methyl-ditan $C_{14}H_{14} =$
$C_6H_5 \cdot CH_2 \cdot C_6H_4 \cdot CH_3$. B. Neben o-Benzyl-toluol bei der Oxydation von Toluol mit Braunstein. Schwefelsäure und Eisessig (WEILER, B. 33, 464). Entsteht neben wenig o-Benzyl-toluol und höher siedenden Kohlenwasserstoffen beim Erhitzen von 100 Tln. Benzylchlorid mit 72 Tln. Toluol und 20—30 Tln. Zinkstaub (ZINCKE, A. 161, 93; vgl. PLASCUDA, Z., B. 6, 906). Aus Benzylchlorid, Toluol und Aluminiumamalgam (HIRST, COHEN, Soc. 67, 828). Aus Benzylbromid und Toluol in Gegenwart von $FeBr_3$ (HOLLEMAN, POLAK, VAN DER LAAN, EUWES, R. 27, 443). Neben p.p-Ditolyl und anderen Produkten bei der Einw. von Natrium auf p-Brom-toluol in Benzol oder Toluol (WEILER, B. 29, 114; 32, 1057). Durch Reduktion von Phenyl-p-tolyl-keton mit Zinkstaub (BEHR, VAN DORP, B. 7, 18), mit Natrium und Alkohol (KLAGES, ALLENDORFF, B. 31, 999) oder fast quantitativ durch Reduktion mit Jodwasserstoffsäure bei 180° (WEILER, B. 32, 1053). — Erstarrt bei ca. —30° (H., P., L., E.). $Kp_{761,5}$:

279—280⁰ (korr.) (Z.); Kp: 285—286⁰ (korr.) (BEHR, VAN DORP, *B.* 7, 19); Kp_{750}: 271—272⁰; Kp_{15}: 159,5 (H., P., L., E.). $D_4^{14,7}$: 0,9991 (EIJKMAN, *R.* 14, 189); D^{15}: 0,9976 (H., P., L., E.); $D^{0,1}$: 0,995 (Z.); D^{16}: 0,994 (K., A.); D_4^{27}: 0,9066 (EIJ.). Leicht löslich in Alkohol, Äther, Essigsäure und Chloroform (Z.). $n_a^{14,7}$: 1,56922; $n_\beta^{14,7}$: 1,58925; n_a^{127}: 1,51372; n_β^{127}: 1,53178 (EIJ.). — Geht unzersetzt und ohne Anthracen zu bilden durch ein glühendes Rohr (B., v. D., *B.* 7, 19). Gibt bei der Oxydation mit Chromsäuregemisch Phenyl-p-tolyl-keton und p-Benzoyl-benzoesäure und mit verd. Salpetersäure p-Benzyl-benzoesäure (Z.). Die Reaktion mit Chromylchlorid in Schwefelkohlenstoff führt wesentlich zu Phenyl-p-tolyl-keton (WEILER, *B.* 32, 1053). Beim Erwärmen mit Salpetersäure (D: 1,4) entsteht 2-Nitro-4-methyl-benzophenon (ZINCKE, *B.* 5, 684; vgl. LIMPRICHT, *A.* 286, 323). Mit Salpetersäure (D: 1,5) in der Kälte erhält man 2.4'-Dinitro-4-methyl-ditan (Z., *B.* 5, 684; vgl. L., *A.* 286, 324).

Phenyl-p-tolyl-dichlor-methan, *a.a*-Dichlor-4-methyl-ditan $C_{14}H_{12}Cl_2 = C_6H_5 \cdot CCl_2 \cdot C_6H_4 \cdot CH_3$. *B.* Aus Phenyl-p-tolyl-keton und PCl_5 (OVERTON, *B.* 26, 26). — Öl

Phenyl-[4-trichlormethyl-phenyl]-dichlor-methan, $4^1.4^1.4^1.a.a$-Pentachlor-4-methyl-ditan $C_{14}H_9Cl_5 = C_6H_5 \cdot CCl_2 \cdot C_6H_4 \cdot CCl_3$. *B.* Aus p-Trichlormethyl-benzophenon $C_6H_5 \cdot CO \cdot C_6H_4 \cdot CCl_3$ und PCl_5 (THÖRNER, *A.* 189, 94). — Tafeln (aus Äther). F: 79—80⁰. Leicht löslich in Eisessig, Benzol usw. Nicht sublimierbar. — Geht beim Kochen mit Alkali oder beim Behandeln mit konz. Salpetersäure in p-Benzoyl-benzoesäure über.

Phenyl-p-tolyl-brom-methan, *a*-Brom-4-methyl-ditan $C_{14}H_{13}Br = C_6H_5 \cdot CHBr \cdot C_6H_4 \cdot CH_3$. *B.* Phenyl-p-tolyl-carbinol wird in einem Strome von trocknem HBr auf 100⁰ erhitzt, bis die erforderliche Gewichtszunahme stattgefunden hat (WHEELER, JAMIESON, *Am. Soc.* 24, 746). — Dünnflüssiges rotes Öl, das in einer Kältemischung nicht erstarrt.

[2-Nitro-phenyl]-p-tolyl-methan, 2'-Nitro-4-methyl-ditan $C_{14}H_{13}O_2N = O_2N \cdot C_6H_4 \cdot CH_2 \cdot C_6H_4 \cdot CH_3$. *B.* Aus o-Nitro-benzylchlorid und Toluol in Gegenwart von $AlCl_3$ (KLIEGL, *B.* 41, 1847). — Hellgelbes, schwer flüssiges, nicht krystallisierbares Öl. Kp_{12}: 195—198⁰ (korr.). — Liefert bei der Oxydation mit Natriumdichromat o-Nitro-phenyl-p-tolyl-keton.

[4-Nitro-phenyl]-[2-nitro-4-methyl-phenyl]-methan, 2.4'-Dinitro-4-methyl-ditan $C_{14}H_{12}O_4N_2 = O_2N \cdot C_6H_4 \cdot CH_2 \cdot C_6H_3(NO_2) \cdot CH_3$. *B.* Durch Eintragen von p-Benzyl-toluol in kalt gehaltene Salpetersäure (D: 1,5) (ZINCKE, *B.* 5, 684). — Dünne Nadeln oder Prismen (aus Alkohol). F: 137⁰. Schwer löslich in kaltem Alkohol oder Äther, leicht in $CHCl_3$ und Benzol. — Gibt bei der Oxydation mit CrO_3 in Essigsäure 2.4'-Dinitro-4-methyl-benzophenon und dann 3-Nitro-4-[4-nitro-benzoyl]-benzoesäure $O_2N \cdot C_6H_4 \cdot CO \cdot C_6H_3(NO_2) \cdot CO_2H$ und p-Nitro-benzoesäure (PLASCUDA, ZINCKE, *B.* 7, 982; vgl. LIMPRICHT, *A.* 286, 324).

[3-Nitro-phenyl]-[3-nitro-4-methyl-phenyl]-methan, 3.3'-Dinitro-4-methyl-ditan $C_{14}H_{12}O_4N_2 = O_2N \cdot C_6H_4 \cdot CH_2 \cdot C_6H_3(NO_2) \cdot CH_3$. *B.* Bei 1½-stdg. Erhitzen von 8 g m-Nitro-benzylalkohol mit 24 g o-Nitro-toluol und 160 ccm konz. Schwefelsäure auf 140⁰ (GATTERMANN, RÜDT, *B.* 27, 2296). — Blättchen (aus Alkohol). F: 139—140⁰.

[4-Nitro-phenyl]-[3-nitro-4-methyl-phenyl]-methan, 3.4'-Dinitro-4-methyl-ditan $C_{14}H_{12}O_4N_2 = O_2N \cdot C_6H_4 \cdot CH_2 \cdot C_6H_3(NO_2) \cdot CH_3$. *B.* Beim ³/₄-stdg. Erhitzen von 8 g p-Nitro-benzylacetat mit 24 g o-Nitro-toluol und 160 ccm konz. Schwefelsäure auf 135⁰ (GATTERMANN, RÜDT, *B.* 27, 2296). — Nadeln (aus Alkohol). F: 143⁰.

x.x.x.x-Tetranitro-4-methyl-ditan $C_{14}H_{10}O_8N_4 = C_{14}H_{10}(NO_2)_4$. *Darst.* Durch Nitrieren von p-Benzyl-toluol mit Salpeterschwefelsäure (ZINCKE, *B.* 5, 685). — Prismen (aus Chloroform oder Benzol). F: 160—161⁰. Schwer löslich in kaltem Alkohol, Äther, $CHCl_3$, Benzol.

6. **1-Äthyl-3-phenyl-benzol, 3-Äthyl-diphenyl** $C_{14}H_{14} = C_2H_5 \cdot C_6H_4 \cdot C_6H_5$. *B.* Beim Einleiten von Äthylen oder Äthylchlorid in ein Gemisch aus Diphenyl und $AlCl_3$ (ADAM, *Bl.* [2] 47, 689; 49, 101). Läßt sich seltener darstellen durch Eintröpfeln von 8 Tln. Äthylbromid in ein Gemisch aus 10 Tln. Diphenyl und 1 Tl. $AlCl_3$ (A., *A. ch.* [6] 15, 249). — Flüssig. Kp_{783}: 283—284⁰; D^0: 1,043. — Wird von Chromsäure zu m-Phenyl-benzoesäure oxydiert. Liefert mit Brom bei 180⁰ ein krystallisiertes Bromderivat, das unlöslich in Alkohol und Äther ist (A.).

7. **2.2'-Dimethyl-diphenyl, o.o-Ditolyl** $C_{14}H_{14} = CH_3 \cdot C_6H_4 \cdot C_6H_4 \cdot CH_3$. *B.* Bei 3-stdg. Erhitzen von o-Jod-toluol mit Kupfer im geschlossenen Rohr auf 230⁰ (ULLMANN, MEYER, *A.* 332, 42; vgl. auch: FITTIG, *A.* 139, 178; ZINCKE, *B.* 4, 399; LUGININ, *B.* 4, 514). Durch Diazotieren von 4.4'-Diamino-2.2'-dimethyl-diphenyl und Destillation des Diazoniumjodids mit Zinkstaub (JACOBSON, FABIAN, *B.* 28, 2555). — Krystalle (aus Alkohol). F: 17,8⁰ (U., M.). $Kp_{737,6}$: 258⁰ (U., M.). Leicht löslich in Alkohol, Äther und Benzol (U., M.). — Liefert bei der Oxydation mit Kaliumpermanganat Diphensäure (J., F.).

4.4'-Dinitro-2.2'-dimethyl-diphenyl $C_{14}H_{12}O_4N_2 = CH_3 \cdot C_6H_3(NO_2) \cdot C_6H_3(NO_2) \cdot CH_3$. *B.* Neben 6-Chlor-3-nitro-toluol und Dinitroazotoluol $(CH_3)^2C_6H_3(NO_2)^4 \cdot N:N \cdot C_6H_3(NO_2)^4(CH_3)^2$ aus 5-Nitro-toluol-2-diazoniumsulfat und salzsaurer Cuprochloridlösung (ULLMANN, FRENTZEL, *B.* **38**, 729). — Gelbe Blättchen (aus Ligroin). Sehr wenig löslich in Äther, schwer in siedendem Alkohol und Ligroin, leicht in siedendem Eisessig und Benzol.

5.5'-Dinitro-2.2'-dimethyl-diphenyl $C_{14}H_{12}O_4N_2 = CH_3 \cdot C_6H_3(NO_2) \cdot C_6H_3(NO_2) \cdot CH_3$. *B.* Neben 2-Chlor-4-nitro-toluol und Dinitroazotoluol $(CH_3)^2C_6H_3(NO_2)^5 \cdot N:N \cdot C_6H_3(NO_2)^5(CH_3)^2$ aus 4-Nitro-toluol-2-diazoniumsulfat und salzsaurer Cuprochloridlösung (ULLMANN, FRENTZEL, *B.* **38**, 728). — Gelbbraune Nadeln (aus Eisessig). F: 173⁰. Unlöslich in Wasser, sehr wenig löslich in Äther und Ligroin, schwer in Alkohol, leicht in siedendem Eisessig und Benzol.

6.6'-Dinitro-2.2'-dimethyl-diphenyl $C_{14}H_{12}O_4N_2 = CH_3 \cdot C_6H_3(NO_2) \cdot C_6H_3(NO_2) \cdot CH_3$. *B.* Aus 2-Chlor-3-nitro-toluol mit Kupfer (U., F., *B.* **38**, 727). Aus 3-Nitro-toluol-2-diazoniumsulfat und einer Lösung von Cuprochlorid in konz. Schwefelsäure, neben 2-Chlor-3-nitro-toluol (U., F.). — Gelbe Nadeln. F: 110⁰. Leicht löslich in siedendem Alkohol und Benzol, schwer in Ligroin.

8. 2.3'-Dimethyl-diphenyl, o.m-Ditolyl $C_{14}H_{14} = CH_3 \cdot C_6H_4 \cdot C_6H_4 \cdot CH_3$. *B.* Beim Behandeln von 4.4'-Diamino-2.3'-dimethyl-diphenyl mit Alkohol und salpetriger Säure, in der Kälte (G. SCHULTZ, *B.* **17**, 471). — Flüssig. Kp: 270⁰. Leicht löslich in Alkohol und Äther. — Gibt mit CrO_3 Isophthalsäure.

9. 2.4'-Dimethyl-diphenyl, o.p-Ditolyl $C_{14}H_{14} = CH_3 \cdot C_6H_4 \cdot C_6H_4 \cdot CH_3$. *B.* Entsteht neben Diphenyl, p-Phenyl-toluol, p.p'-Ditolyl und anderen Produkten bei der Einw. von Natrium auf ein Gemisch aus Brombenzol und p-Brom-toluol in Äther (CARNELLEY, *Soc.* **29**, 13; **32**, 653; vgl.: FITTIG, *A.* **139**, 179; ZINCKE, *B.* **4**, 399; LUGININ, *B.* **4**, 515). Entsteht auch (neben anderen Produkten) beim Durchleifen eines Gemenges von Toluol und Benzol durch eine glühende Röhre (CARNELLEY, *Soc.* **37**, 707). — Flüssig. Kp: 272—280⁰ (C.). — Bei der Oxydation mit CrO_3 und Eisessig entsteht zunächst 2-Methyl-diphenyl-carbonsäure-(4') und dann Terephthalsäure (C.).

2'- oder 3'-Brom-2.4'-dimethyl-diphenyl $C_{14}H_{13}Br = CH_3 \cdot C_6H_3Br \cdot C_6H_4 \cdot CH_3$. *B.* Entsteht neben dem isomeren Brom-2.4'-dimethyl-diphenyl (s. u.) beim Behandeln von o.p-Ditolyl mit Brom und scheidet sich nach Auflösen des Rohprodukts in heißem Alkohol beim Erkalten krystallinisch aus (CARNELLEY, THOMSON, *Soc.* **47**, 590). — Mikroskopische Nadeln (aus Alkohol). F: 93—95⁰ (korr.). Sehr wenig löslich in heißem Alkohol, leicht in Äther und Benzol. — Liefert mit CrO_3 und Eisessig Bromterephthalsäure.

x-Brom-2.4'-dimethyl-diphenyl $C_{14}H_{13}Br = CH_3 \cdot C_6H_3Br \cdot C_6H_4 \cdot CH_3$. *B.* Entsteht neben dem isomeren Brom-2.4'-dimethyl-diphenyl (s. o.) beim Behandeln von o.p-Ditolyl mit Brom und scheidet sich nach Auflösen des Rohprodukts in heißem Alkohol beim Erkalten ölig aus (CARNELLEY, THOMSON, *Soc.* **47**, 590). — Flüssig. — Liefert bei der Oxydation x-Brom-diphenyl-dicarbonsäure-(2.4') und dann eine Bromphthalsäure.

x.x-Dibrom-2.4'-dimethyl-diphenyl $C_{14}H_{12}Br_2$. *B.* Beim Bromieren von o.p-Ditolyl in CS_2 (C., T., *Soc.* **47**, 591). — Nadeln (aus Alkohol). F: 156⁰ (korr.). In Alkohol viel schwerer löslich als die beiden Monobrom-2.4'-dimethyl-diphenyle. — Liefert mit CrO_3 und Essigsäure erst eine Verbindung $C_{14}H_6O_2Br_2$ (?) [F: 170⁰ (korr.), unlöslich in NH_3, löslich in Alkohol] und dann eine bei 201—202⁰ (korr.) schmelzende Verbindung $C_{14}H_6O_4Br_2$ (?), die sich nicht in Alkalien löst.

10. 3.3'-Dimethyl-diphenyl, m.m-Ditolyl $C_{14}H_{14} = CH_3 \cdot C_6H_4 \cdot C_6H_4 \cdot CH_3$. *B.* Aus m-Brom-toluol und Natrium (PERRIER, *Bl.* [3] 7, 182). Aus m-Jod-toluol und Natrium in Äther (SCHULTZ, ROHDE, VICARI, *B.* **37**, 1401; *A.* **352**, 112). Man trägt Kupferpulver in m-Jod-toluol ein, das auf 205—208⁰ erhitzt ist, und steigert dann die Temperatur auf 240⁰ (ULLMANN, MEYER, *A.* **332**, 43). Beim Glühen von 4.4'-Dioxy-3.3'-dimethyl-diphenyl mit Zinkstaub (STOLLE, *B.* **21**, 1096). Beim Erhitzen von 4.4'-Dichlor-3.3'-dimethyl-diphenyl mit in Eisessig gelöster Jodwasserstoffsäure und Phosphor auf 220—240⁰ (ST.). Beim Behandeln von o-Tolidin $(H_2N)^4C_6H_3(CH_3)^3 \cdot C_6H_3 \cdot C_6H_3(CH_3)^3(NH_2)^4$ mit salpetriger Säure in alkoh. Lösung (SCH., *B.* **17**, 468). Durch Zersetzung von diazotiertem o-Tolidin mit Methyl-alkohol oder Äthylalkohol, am besten bei Gegenwart von Zinkstaub (WINSTON, *Am.* **31**, 129). Man setzt diazotiertes o-Tolidin mit Natriumsulfitlösung um, reduziert das hierbei erhaltene ditolyl-bis-diazosulfonsäure Natrium mit Zinnchlorür und konz. Salzsäure zu Dihydrazino-ditolyl und destilliert letzteres mit Kupferacetat (SCH., R., V., *B.* **37**, 1401; *A.* **352**, 114). — Farbloses, stark lichtbrechendes Öl. Erstarrt bei längerem Abkühlen auf —16⁰ zu einer krystallinischen Masse, die zwischen 5⁰ und 7⁰ schmilzt (SCH., R., V.). Kp₄₅: 283⁰ (U., M.). Kp₇₁₈: 286⁰ (ST.); Kp₇₁₃: 286—287⁰ (korr.) (SCH., R., V.). D$^{16}_4$: 0,9993 (ST.). Löslich in Alkohol, Äther und Benzol (U., M.). — Liefert mit Chromsäuregemisch Isophthalsäure (SCH.). Durch Oxydation mit verd. Salpetersäure entsteht 3'-Methyl-diphenyl-carbonsäure-(3) (P., *Bl.*

[3] 7, 183). Beim Nitrieren mit Salpeterschwefelsäure erhält man 4.4'-Dinitro-3.3'-dimethyl-diphenyl (SCH., R., V.).

4.4'-Dichlor-3.3'-dimethyl-diphenyl $C_{14}H_{12}Cl_2 = CH_3 \cdot C_6H_3Cl \cdot C_6H_3Cl \cdot CH_3$. *B.* Aus o-Tolidin durch Diazotieren und Eintragen der Diazoniumsalzlösung in eine siedende Cuprochlorid-Lösung (STOLLE, *B.* 21, 1097; SCHULTZ, ROHDE, VICARI, *A.* 352, 124). — Blättchen (aus Alkohol). F: 51° (ST.), 52—53° (SCH., R., V.). — Liefert bei der Oxydation 4-Chlor-3-methyl-benzoesäure (ST.). Gibt mit PCl₅ in geschlossenem Rohr bei ca. 195° 4.4'-Dichlor-3.3'-bis-chlormethyl-diphenyl (SCH., R., V.). Beim Erhitzen mit in Eisessig gelöster Jodwasserstoffsäure und Phosphor auf 220—240° entsteht m.m-Ditolyl (ST.).

4.4'-Dichlor-3.3'-bis-chlormethyl-diphenyl $C_{14}H_{10}Cl_4 = CH_2Cl \cdot C_6H_3Cl \cdot C_6H_3Cl \cdot CH_2Cl$. *B.* Beim Erhitzen von 4.4'-Dichlor-3.3'-dimethyl-diphenyl mit 2 Mol.-Gew. PCl₅ in geschlossenem Rohr auf 200° (STOLLE, *B.* 21, 1098; SCHULTZ, ROHDE, VICARI, *A.* 352, 126). — Weiße Nadeln (aus Aceton). F: ca. 137° (SCH., R., V.). — Liefert beim Kochen mit verd. Salpetersäure 4.4'-Dichlor-diphenyl-dicarbonsäure-3.3' (ST.; SCH., R., V.).

4.4'-Dibrom-3.3'-dimethyl-diphenyl $C_{14}H_{12}Br_2 = CH_3 \cdot C_6H_3Br \cdot C_6H_3Br \cdot CH_3$. *B.* Aus diazotiertem o-Tolidin und Cuprobromid nach SANDMEYER (STOLLE, *B.* 21, 1099). — Gelbe Blättchen. F: 58—59°.

4.4'-Dijod-3.3'-dimethyl-diphenyl $C_{14}H_{12}I_2 = CH_3 \cdot C_6H_3I \cdot C_6H_3I \cdot CH_3$. *B.* Aus diazotiertem o-Tolidin und Cuprojodid nach SANDMEYER (STOLLE, *B.* 21, 1099). — Gelbe Blättchen. F: 99—100°.

4.4'-Dinitro-3.3'-dimethyl-diphenyl $C_{14}H_{12}O_4N_2 = CH_3 \cdot C_6H_3(NO_2) \cdot C_6H_3(NO_2) \cdot CH_3$. *B.* Aus m.m-Ditolyl mit konz. Salpetersäure und konz. Schwefelsäure bei ca. 75° (SCHULTZ, ROHDE, VICARI, *B.* 37, 1401; *A.* 352, 119). — Schwach gelbliche Nadeln (aus Alkohol). F: 228°. Liefert mit Schwefelnatrium und Schwefel in siedender wäßr.-alkoholischer Lösung 4'-Nitro-4-amino-3.3'-dimethyl-diphenyl.

6.6'-Dinitro-3.3'-dimethyl-diphenyl $C_{14}H_{12}O_4N_2 = CH_3 \cdot C_6H_3(NO_2) \cdot C_6H_3(NO_2) \cdot CH_3$. *Darst.* Man verreibt 2 Mol.-Gew. 6.6'-Dinitro-4.4'-diamino-3.3'-dimethyl-diphenyl mit etwas Alkohol und 1 Mol.-Gew. Schwefelsäure, trägt den Brei in die 15-fache Menge des Dinitrodiaminodimethyldiphenyls an absolutem Alkohol, fügt bei 10° etwas mehr als 2 Mol.-Gew. Isoamylnitrit hinzu und erhitzt innerhalb einiger Stunden langsam zum Kochen; man gießt in Wasser, extrahiert das ausgeschiedene Harz mit hochsiedendem Petroleum und reinigt das in das Petroleum übergegangene Dinitrodimethyldiphenyl durch partielles Lösen in wenig siedendem Eisessig (TÄUBER, LÖWENHERZ, *B.* 24, 2597). — F: 161° (GERBER, Diss. Basel 1889). — Bei der Reduktion mit Natriumamalgam entsteht Tolazon $CH_3 \cdot C_6H_3 \overset{}{\underset{N:N}{\diagdown \diagup}} C_6H_3 \cdot CH_3$ (Syst. No. 3487), bei der Reduktion mit Zinkstaub und Kalilauge Tolazondioxyd $C_{14}H_{12}N_2(:O)_2$ (Syst. No. 3487) (L. MEYER jr., *B.* 26, 2239, 2240).

11. 4.4'-Dimethyl-diphenyl, p.p-Ditolyl $C_{14}H_{14} = CH_3 \cdot C_6H_4 \cdot C_6H_4 \cdot CH_3$. *B.* Man versetzt eine Lösung von p-Brom-toluol in Toluol mit Natrium (ZINCKE, *B.* 4, 396; LUGININ, *B.* 4, 514; vgl. auch WEILER, *B.* 29, 113; *B.* 32, 1056). Man trägt Kupferpulver in geschmolzenes p-Jod-toluol bei ca. 210° ein und erhitzt dann bis auf 260° (ULLMANN, MEYER, *A.* 332, 44). Neben Thio-p-toluylsäure $CH_3 \cdot C_6H_4 \cdot COSH$ und etwas Tri-p-tolylcarbinol(?), bei der Einw. von Kohlenoxysulfid auf p-Tolyl-magnesiumbromid (WEIGERT, *B.* 36, 1011). — Krystalle (aus Äther). Monoklin prismatisch (RATH, *B.* 4, 397; vgl. *Groth, Ch. Kr.* 5, 44). F: 121° (Z.), 122° (U., M.). Kp_{760}: 295° (U., M.). Ausdehnung: R. SCHIFF, *A.* 223, 262. — Gibt bei der Oxydation mit CrO₃ in Essigsäure erst p-Tolyl-benzoesäure und dann Diphenyl-dicarbonsäure-(4.4') (DÖBNER, *B.* 9, 1876; CARNELLEY, *Soc.* 32, 654). Liefert bei der Behandlung mit CrO₂Cl₂ in CS₂-Lösung 4.4'-Bis-[chlormethyl]-diphenyl (s. u.) 4¹-Chlor-4.4'-dimethyl-diphenyl und ein chromhaltiges Produkt, das bei der Zersetzung durch Wasser p-Tolyl-p-benzaldehyd ergibt (WEILER, *B.* 32, 1052). Beim Erhitzen mit viel SbCl₅ zuletzt auf 360° entstehen CCl₄ und Perchlordiphenyl (MERZ, WEITH, *B.* 16, 2877).

4-Methyl-4'-chlormethyl-diphenyl $C_{14}H_{13}Cl = CH_3 \cdot C_6H_4 \cdot C_6H_4 \cdot CH_2Cl$. *B.* Aus p.p-Ditolyl durch CrO₂Cl₂, neben 4.4'-Bis-[chlormethyl]-diphenyl und anderen Produkten (WEILER, *B.* 32, 1050). — Blättchen (aus Alkohol). F: 105—109°. Leicht löslich in Alkohol und Petroläther. Mit Wasserdampf flüchtig.

4.4'-Bis-[chlormethyl]-diphenyl $C_{14}H_{12}Cl_2 = CH_2Cl \cdot C_6H_4 \cdot C_6H_4 \cdot CH_2Cl$. *B.* Aus p.p-Ditolyl durch CrO₂Cl₂ (neben 4¹-Chlor-4.4'-dimethyl-diphenyl und anderen Produkten)(WEILER, *B.* 32, 1052). — Blättchen aus Alkohol. F: 136—138°.

2.2'-Dinitro-4.4'-dimethyl-diphenyl $C_{14}H_{12}O_4N_2 = CH_3 \cdot C_6H_3(NO_2) \cdot C_6H_3(NO_2) \cdot CH_3$. *B.* Durch Erhitzen von 4-Chlor-3-nitro-toluol mit etwas mehr als der berechneten Menge Kupferpulver am Rückflußkühler bis nahe zum Sieden (MARCARELLI, *R. A. L.* [5] 18 II, 193). Aus 3-Nitro-4-amino-toluol durch Diazotieren in salzsaurer Lösung und Versetzen mit

Kupferpaste (v. NIEMENTOWSKI, *B.* **34**, 3332) oder Eintropfen einer salzsauren Cuprochlorid-Lösung unter Kühlung (ULLMANN, FORGAN, *B.* **34**, 3804; U., D. R. P. 126961; *C.* **1902** I, 77). — Gelbe Nadeln (aus Alkohol). F: 140° (v. N.; M.), 141° (U., F.). Schwer löslich in kaltem Alkohol, Äther, Ligroin, leicht in heißem Eisessig und Benzol (v. N.; U., F.). — Bräunt sich im Licht (v. N.). Gibt bei der Oxydation mit Kaliumdichromat und verd. Schwefelsäure auf dem Wasserbade 2.2'-Dinitro-4'-methyl-diphenyl-carbonsäure-(4) und 2.2'-Dinitro-diphenyl-dicarbonsäure-(4.4') (v. JAKUBOWSKI, v. NIEMENTOWSKI, *B.* **42**, 48).

3.3'-Dinitro-4.4'-dimethyl-diphenyl $C_{14}H_{12}O_4N_2 = CH_3 \cdot C_6H_3(NO_2) \cdot C_6H_3(NO_2) \cdot CH_3$. *B.* Neben 4-Chlor-2-nitro-toluol aus 2-Nitro-toluol-4-diazoniumsulfat mit salzsaurer Cuprochlorid-Lösung (ULLMANN, FRENTZEL, *B.* **38**, 727). — Schwachbraune Krystalle (aus Eisessig). F: 175,5°. Unlöslich in Wasser, schwer löslich in siedendem Ligroin, Äther und Alkohol, leicht in kochendem Benzol und Eisessig.

12. **x.x-Dimethyl-diphenyl** $C_{14}H_{14}$. *B.* Neben anderen Produkten aus Diphenyl, CH_3Cl und $AlCl_3$ (ADAM, *A. ch.* [6] **15**, 247). — Bleibt bei —21° flüssig. Kp: 284—290°. D: 1,025.

13. **Anthracen-tetrahydrid-(1.2.3.4)** $C_{14}H_{14} = C_6H_8 \left\{ \begin{matrix} CH \\ CH \end{matrix} \right\} C_6H_4$.

1.2.3.4.9.10-Hexachlor-anthracen-tetrahydrid-(1.2.3.4) von LIEBERMANN und LINDEMANN, **9.10-Dichlor-anthracen-tetrachlorid-(1.2.3.4)** von LIEBERMANN und LINDEMANN $C_{14}H_8Cl_6$. *B.* Aus Anthracen und Chlor in Benzol (HAMMERSCHLAG, *B.* **19**, 1108; vgl. auch RADULESCU, *C.* **1908** II, 1032). Aus 9.10-Dichlor-anthracen und Chlor in Benzol (H.). Beim Erhitzen von 9-Nitro-anthracen (vgl. MEISENHEIMER, *B.* **33**, 3548) mit PCl_5 auf 180° (LIEBERMANN, LINDEMANN, *B.* **13**, 1588). Aus Anthrachinon mit 3—3½ Mol.-Gew. PCl_5 bei 175—180°, neben einer stereoisomeren Verbindung vom Schmelzpunkt 149° (s. u.) (RADULESCU, *C.* **1908** II, 1032). — Nadeln (aus Ligroin + Benzol oder aus CS_2). F: 185° (R.), 205—207° (LIE., LIN.). Die alkoh. Lösung fluoresciert nicht (LIE., LIN.). — Geht beim Kochen mit alkoh. Kalilauge in das 1.3.9.10-Tetrachlor-anthracen (Syst. No. 483) über (LIE., LIN.). — Löst sich in konz. Schwefelsäure mit gelber Farbe; die Lösung wird dann grün und entfärbt sich schließlich (R.).

1.2.3.4.9.10-Hexachlor-anthracen-tetrahydrid-(1.2.3.4) von RADULESCU, **9.10-Dichlor-anthracen-tetrachlorid-(1.2.3.4)** von RADULESCU $C_{14}H_8Cl_6$. *B.* Aus Anthrachinon mit 3—3½ Mol.-Gew. PCl_5 bei 175—180°, neben einer stereoisomeren Verbindung vom Schmelzpunkt 185° (s. o.) (RADULESCU, *C.* **1908** II, 1032). — Tafeln und Prismen (aus Äther). Fluoresciert nicht. Schmilzt bei 149° unter Bildung von 9.10.x-Trichlor-anthracen. — Gibt mit Chromsäure in Eisessig schwierig Dichloranthrachinon.

9.10-Dichlor-1.2.3.4-tetrabrom-anthracen-tetrahydrid-(1.2.3.4), 9.10-Dichlor-anthracen-tetrabromid-(1.2.3.4) $C_{14}H_8Cl_2Br_4$. *B.* Man setzt 9.10-Dichlor-anthracen längere Zeit Bromdämpfen aus (SCHWARZER, *B.* **10**, 376). — Nadeln (aus Benzol). F: 166° (SCH.), 178° (HAMMERSCHLAG, *B.* **19**, 1106). Schwer löslich in Alkohol und Äther, leicht in Chloroform und Benzol (SCH.). — Zerfällt bei 190° in Brom, HBr und 9.10-Dichlor-x-brom-anthracen und beim Kochen mit alkoh. Kali in HBr und 9.10-Dichlor-x.x-dibrom-anthracen.

1.2.3.4.9.10-Hexabrom-anthracen-tetrahydrid-(1.2.3.4), 9.10-Dibrom-anthracen-tetrabromid-(1.2.3.4) $C_{14}H_8Br_6$. *B.* Durch Behandeln von Anthracen mit Bromdampf (ANDERSON, *A.* **122**, 304) oder besser durch Behandeln von 9.10-Dibrom-anthracen mit Bromdampf (GRAEBE, LIEBERMANN, *A. Spl.* **7**, 277). — Farblose Tafeln (aus Benzol). F: 182° (Zers.) (A.). Schmilzt unter Zers. bei 170—180° (G., L.). Wenig löslich in Alkohol, Äther und kaltem Benzol, reichlicher in kochendem Benzol (G., L.). — Liefert beim Erhitzen auf 200—210° unter Entwicklung von Brom und HBr 2.6.9.10-Tetrabrom-anthracen und 2.9.10-Tribrom-anthracen (KAUFLER, IMHOFF, *B.* **37**, 4707; vgl. G., L.). Liefert beim Behandeln mit alkoh. Kali HBr und 9.10-x.x-Tetrabrom-anthracen (A.; G., L.). Beim Kochen mit rauchender Salpetersäure erhält man Tetrabrom-dinitro-anthrachinon (CLAUS, HERTEL, *B.* **14**, 981). Verhalten gegen rauchende Schwefelsäure: BAYER & Co., D. R. P. 69835; *Frdl.* **3**, 211.

9.10-Dichlor-1.2.3.4.x.x-hexabrom-anthracen-tetrahydrid-(1.2.3.4), 9.10-Dichlor-x.x-dibrom-anthracen-tetrabromid-(1.2.3.4) $C_{14}H_6Cl_2Br_6$. *B.* Aus 9.10-Dichlor-x.x-dibromanthracen und Bromdämpfen (HAMMERSCHLAG, *B.* **19**, 1107). — Glänzende Nadeln (aus Eisessig). F: 212°. Schwer löslich.

1.2.3.4.9.10-x.x-Oktabrom-anthracen-tetrahydrid-(1.2.3.4), 9.10-x.x-Tetrabrom-anthracen-tetrabromid-(1.2.3.4) $C_{14}H_6Br_8$. *B.* Aus 9.10-x.x-Tetrabrom-anthracen mit Bromdampf bei gewöhnlicher Temperatur (H., *B.* 10, 1212). — Prismen (aus CS_2). F: 212° (Zers.). Schwer löslich in Lösungsmitteln, am leichtesten in CS_2, der davon 1 % aufnimmt. — Zersetzt sich beim Erwärmen in Brom, HBr und Pentabromanthracen. Wird von alkoh. Kali in HBr und Hexabromanthracen (Schmelzpunkt über 370°) zerlegt.

14. *Anthracen-tetrahydrid-(9.10.x.x),* γ-*Tetrahydroanthracen* $C_{14}H_{14} =$ $C_6H_4{<}{}^{CH_2}_{CH_2}{>}C_6H_4$. *B.* Durch Kochen von 9.10-Dioxy-anthracen-dihydrid-(x.x) (Syst. No. 564) mit 4 Tln. Jodwasserstoffsäure (D: 1,7) (GODCHOT, *C. r.* 142, 1204; *A. ch.* [8] 12, 525). — Täfelchen. F: 101°. Leicht löslich in den üblichen Lösungsmitteln ohne Fluorescenz. — Regeneriert bei der Oxydation mit CrO_3 9.10-Dioxy-anthracendihydrid-(x.x). Liefert bei der Einw. von Brom bei gewöhnlicher Temperatur 9.10-Dibrom-anthracentetrahydrid-(9.10-x.x).

9.10-Dibrom-anthracen-tetrahydrid-(9.10.x.x) $C_{14}H_{12}Br_2 = C_6H_6{<}{}^{CHBr}_{CHBr}{>}C_6H_4$. *B.* Aus Anthracen-tetrahydrid-(9.10-x.x) und Brom bei gewöhnlicher Temperatur (GODCHOT, *C. r.* 142, 1204; *A. ch.* [8] 12, 526). — Schwach gelbliche Nadeln. F: 169°. — Liefert bei der Oxydation mit CrO_3 9.10-Dioxy-anthracendihydrid-(x.x).

15. *Anthracen-tetrahydrid-(x.x.x.x),* β-*Tetrahydroanthracen* $C_{14}H_{14} =$ $C_6H_8{\{}{}^{CH}_{CH}{\}}C_6H_4$. *B.* Beim Leiten von Anthracendämpfen und Wasserstoff über fein verteiltes Nickel bei 250° (GODCHOT, *C. r.* 139, 605; *Bl.* [3] 31, 1339; *A. ch.* [8] 12, 477, 481), bei 300—330° (PADOA, FABRIS, *R. A. L.* [5] 17 I, 112; *G.* 39 I, 328). — Farblose Blättchen (aus Alkohol). F: 89°; sublimiert etwas oberhalb dieser Temperatur (G.). Kp: 309—313°; schwer flüchtig mit Wasserdämpfen (G.). Unlöslich in Wasser, schwer löslich in heißem Alkohol und Eisessig, leicht in siedendem Benzol; die Lösungen fluorescieren prächtig blau (G.). — Bei der Oxydation mit CrO_3 in Eisessig entsteht Anthrachinon (G.). Läßt sich durch Hydrierung mit Wasserstoff in Gegenwart von Nickel bei 190° in Anthracenoktahydrid (S. 526) überführen (G.). Bei der Einw. von Chlor oder Brom erhält man 9.10-Dichloranthracen bezw. 9.10-Dibrom-anthracen (G.). Färbt sich mit Pikrinsäure rot (G.).

16. *Phenanthren-tetrahydrid-(2.7.9.10),* α-*Tetrahydrophenanthren* $C_{14}H_{14}$ $= H_2C{<}{}^{CH=CH}_{CH=C}{>}C{=\!=\!=\!=}C{<}{}^{CH=CH}_{C=CH}{>}CH_2$. *B.* Man erhitzt je 6 g Phenanthren mit 7 g Jodwasserstoffsäure (Kp: 127°) und $1\frac{1}{2}$ g rotem Phosphor 6—8 Stdn. in geschlossenem Rohr auf 210—240° (GRAEBE, *A.* 167, 154). Beim Eintragen von Natrium in die Lösung von Phenanthren in siedendem Amylalkohol (BAMBERGER, LODTER, *B.* 20, 3076; J. SCHMIDT, MEZGER, *B.* 40, 4250). Bei der Reduktion von Phenanthren mit Wasserstoff und Nickel bei 175—200° (PADOA, FABRIS, *R. A. L.* [5] 17 II, 126; *G.* 39 I, 333), oder mit komprimiertem Wasserstoff in Gegenwart von Nickeloxyd bei 320° (IPATJEW, JAKOWLEW, RAKITIN, *B.* 41, 999; Ж. 40, 499; *C.* 1908 II, 1098). — Erstarrt im Kältegemisch zu Blättchen und schmilzt bei 0° (GRAEBE, *B.* 8, 1056), bei —4° bis —5° (SCH., M., *B.* 40, 4250). Kp: 300—304° (korr.) (G.), 302—302,5° (korr.) (PELLINI, *G.* 31 I, 7); Kp_{317}: 307° (korr.) (SCH., M., *B.* 40, 4250); Kp_{18}: 147° (PE.). $D^{10,3}_{4}$: 1,067 (G.); $D^{14,8}_{4}$: 1,02887 (PE.); D^{0}_{0}: 1,080 (SCH., M., *B.* 40, 4251). Leicht löslich in heißem Alkohol, schwer in kaltem, sehr leicht in Benzol, CS_2, Äther (G.), Chloroform, Ligroin, Eisessig; löslich in ca. 15 Tln. Methylalkohol (SCH., M., *B.* 40, 4250). $n^{14,8}_\alpha$: 1,57373; $n^{15,8}_\beta$: 1,57909; n^{0}_β: 1,59369 (PE.). n^{0}_D: 1,5820; färbt sich beim Stehen gelb bis braunrot (SCH., M., *B.* 40, 4250, 4251). — Liefert beim Erhitzen mit Nickel in einer Wasserstoffatmosphäre bei 280° Phenanthren und bei 330° im geschlossenen Rohr Phenanthren-dihydrid-(9.10) (PA., F.). Gibt mit Brom in Chloroformlösung 2.7-Dibrom-phenanthren und geringe Mengen 9-Brom-phenanthren (SCHMIDT, M., *B.* 40, 4560). Wird durch warme konz. Schwefelsäure sulfuriert, durch warme konz. Salpetersäure nitriert (SCH., M., *B.* 40, 4250). — Verbindung mit Pikrinsäure s. Syst. No. 523.

17. *Phenanthren-tetrahydrid-(x.x.x.x),* β-*Tetrahydrophenanthren* $C_{14}H_{14}$. *B.* Bei 7-stdg. Erwärmen von 6 g Phenanthren mit 7 g rauchender Jodwasserstoffsäure (D: 1,96) und 3 g rotem Phosphor auf 150° im geschlossenen Rohr in CO_2-Atmosphäre (J. SCHMIDT, MEZGER, *B.* 40, 4251). Beim Erhitzen von Phenanthrenhexahydrid vom Schmelzpunkt —7° bis —8° (S. 574) in einer Wasserstoffatmosphäre bei Gegenwart von Nickel bei 220° (PADOA, FABRIS, *R. A. L.* [5] 17 II, 127; *G.* 39 I, 334). — F: 3° bis —4°; Kp_{727}: 302° bis 303°; D^{0}_{0}: 1,085; löslich in Chloroform, CS_2, Benzol, Ligroin, Eisessig; löslich in ca. 16 Tln. Alkohol und 15 Tln. Methylalkohol; n^{20}_D: 1,582; ist beständiger gegen Licht und Luft als das α-Tetrahydrophenanthren (SCH., M.). Löst sich in kalter, konz. Schwefelsäure mit gelbroter Farbe, die beim Erwärmen in weinrot und schließlich in braunschwarz übergeht (SCH., M.). — Wird durch warme konz. Salpetersäure nitriert; gibt kein Pikrat (SCH., M.).

18. *Phenanthren-tetrahydrid-(x.x.x.x)* $C_{14}H_{14}$.

x.x.x.x.x.x-Hexachlor-phenanthrentetrahydrid, Dichlorphenanthrentetrachlorid $C_{14}H_8Cl_6$. *B.* Neben anderen Produkten aus Phenanthren in Eisessig durch Chlor (ZETTER, *B.* 11, 165). — Lange Spieße. F: 145⁰. Sehr leicht löslich in Alkohol, Äther und Benzol. — Zerfällt beim Erhitzen für sich oder mit alkoh. Kalilauge in HCl und x.x.x.x-Tetrachlor-phenanthren.

19. *Dimethyl-indacen* $C_{14}H_{14}$ =

B. Durch Destillation von Dimethylindacendicarbonsäure (Syst. No. 993) (EPHRAIM, *B.* 34, 2793). — Öl, das an der Luft allmählich verharzt. Riecht nach Inden und Kresol.

4. Kohlenwasserstoffe $C_{15}H_{16}$.

1. *a.γ-Diphenyl-propan, Dibenzylmethan* $C_{15}H_{16} = C_6H_5 \cdot CH_2 \cdot CH_2 \cdot CH_2 \cdot C_6H_5$. *B.* Aus Trichlorhydrin und Benzol mit Hilfe von $AlCl_3$ (CLAUS, MERCKLIN, *B.* 18, 2935; KONOWALOW, DOBROWOLSKI, Ж. 37, 548; *C.* 1905 II, 826). Aus Tribromhydrin, Benzol und $AlCl_3$ (C., M.). Beim Erhitzen von Dibenzylketon mit Jodwasserstoffsäure (Kp: 127⁰) und rotem Phosphor auf 180⁰ (GRAEBE, *B.* 7, 1627). Beim Glühen von dibenzylessigsaurem Barium mit Natronkalk (MERZ, WEITH, *B.* 10, 759). — Bleibt bei —20⁰ flüssig (M., W.). Kp: 298—299⁰; D_4^0: 1,0071; n_D^0: 1,5760 (K., D.).

α-Chlor-a.γ-diphenyl-propan $C_{15}H_{15}Cl = C_6H_5 \cdot CHCl \cdot CH_2 \cdot CH_2 \cdot C_6H_5$. *B.* Durch Behandeln von a.γ-Diphenyl-propylalkohol mit HCl in der Wärme (DIECKMANN, KÄMMERER, *B.* 39, 3049). — Gibt beim Erhitzen mit Diäthylanilin oder Pyridin a.γ-Diphenyl-α-propylen.

Hochschmelzendes a.β-Dibrom-a.γ-diphenyl-propan $C_{15}H_{14}Br_2 = C_6H_5 \cdot CHBr \cdot CHBr \cdot CH_2 \cdot C_6H_5$. *B.* Aus a.γ-Diphenyl-propylen und Brom in Benzollösung (FRANCIS, *Soc.* 75, 869). — Nädelchen (aus Benzol). F: 231⁰ (Zers.). Schwer löslich in kaltem Alkohol oder Eisessig.

Niedrigschmelzendes a.β-Dibrom-a.γ-diphenyl-propan $C_{15}H_{14}Br_2 = C_6H_5 \cdot CHBr \cdot CHBr \cdot CH_2 \cdot C_6H_5$. *B.* Durch Einw. von Brom auf a.γ-Diphenyl-α-propylen in Tetrachlorkohlenstoff (DIECKMANN, KÄMMERER, *B.* 39, 3049). — Nadeln (aus Alkohol). F: 110⁰. Leicht löslich in Chloroform, Benzol, ziemlich leicht in Äther, löslich in Eisessig und Alkohol. — Geht beim Erwärmen in Äther mit Zinkspänen in a.γ-Diphenyl-propylen über.

x.x-Dinitro-a.γ-diphenyl-propan, x.x-Dinitro-dibenzylmethan $C_{15}H_{14}O_4N_2 = C_{15}H_{14}(NO_2)_2$. *B.* Beim Eintropfen von rauchender Salpetersäure in eine Lösung von a.γ-Diphenyl-propan in Eisessig (MICHAELIS, FLEMMING, *B.* 34, 1293). — Nädelchen (aus Chloroform). F: 139⁰.

β-Nitro-a.γ-bis-[2-nitro-phenyl]-propan, Bis-[2-nitro-benzyl]-nitromethan $C_{15}H_{13}O_6N_3 = O_2N \cdot C_6H_4 \cdot CH_2 \cdot CH(NO_2) \cdot CH_2 \cdot C_6H_4 \cdot NO_2$. *B.* Aus Nitromethan und o-Nitrobenzylchlorid in alkoh. Lösung bei Gegenwart von Natriumäthylat (POSNER, *B.* 31, 657). — Dunkelgelbe Kryställchen (aus $CHCl_3$ + Äther). F: 140—141,5⁰. Leicht löslich in $CHCl_3$, sehr wenig in Alkohol, Äther, Wasser und Eisessig.

x.x.x.x-Tetranitro-a.γ-diphenyl-propan, x.x.x.x-Tetranitro-dibenzylmethan $C_{15}H_{12}O_8N_4 = C_{15}H_{12}(NO_2)_4$. *B.* Beim Eintropfen von a.γ-Diphenyl-propan in rauchende Salpetersäure (M., F., *B.* 34, 1293). — Nädelchen (aus Chloroform). F: 162—164⁰.

Verbindung $C_{15}H_{15}O_2P = C_6H_5 \cdot CH_2 \cdot CH(PO_2) \cdot CH_2 \cdot C_6H_5$ („Phosphinodibenzylmethan") ist als Anhydroverbindung bei $(C_6H_5 \cdot CH_2)_2CH \cdot PO(OH)_2$, Syst. No. 2292, eingeordnet.

2. *a.β-Diphenyl-propan, a-Phenyl-a-benzyl-äthan, a-Methyl-dibenzyl* $C_{15}H_{16} = C_6H_5 \cdot CH(CH_3) \cdot CH_2 \cdot C_6H_5$. *B.* Durch Behandeln von Propylenchlorid mit Benzol und $AlCl_3$ (SILVA, *J.* 1879, 379). Aus Allylchlorid und Benzol mit Hilfe von $AlCl_3$ (SI., *J.* 1879, 380; KONOWALOW, DOBROWOLSKI, Ж. 37, 548; *C.* 1905 II, 826). Entsteht neben Propylbenzol beim Kochen von Allylbromid mit Benzol und Zinkstaub (SHUKOWSKI, Ж. 27, 298). Durch Reduktion von a-Methyl-stilben mit Natrium und Alkohol (KLAGES, *B.* 35, 2648;

Kl., Heilmann, B. **37**, 1450). — Flüssig. Kp_{760}: 277—279° (Sl.); Kp_{756}: 280—281° (Ko., D.); Kp: 277—280° (korr.) (Sh.), 285—286° (korr.) (Kl., H.); Kp_{28}: 166—167° (Kl.). D_4^0: 0,9953; D_0^{17}: 0,9807 (Sh.); D_0^{17}: 0,9857 (Kl., H.); D_4^{20}: 0,9824 (Kl.); $D_4^{25.5}$: 0,9809 (Ko., D.); D^{100}: 0,9205 (Sl.). Leicht löslich in Alkohol, Äther und CS_2 (Sl.). n_D^{17}: 1,5635 (Kl., H.); $n_D^{23.2}$: 1,5591 (Ko., D.). — Gibt beim Destillieren mit $AlCl_3$ Propylbenzol und Isopropylbenzol (Bodroux, *C. r.* **132**, 157). Einw. von Brom: B., *Bl.* [3] **25**, 628 Anm.

a-Chlor-a.β-diphenyl-propan, a'-Chlor-a-methyl-dibenzyl $C_{15}H_{15}Cl = C_6H_5 \cdot CH(CH_3) \cdot CHCl \cdot C_6H_5$. *B.* Aus a.β-Diphenyl-propylalkohol mit PCl_5 (Tiffeneau, *A. ch.* [8] **10**, 353). — F: 139—140°.

a.a.β-Trichlor-a.β-diphenyl-propan, a.a'.a'-Trichlor-a-methyl-dibenzyl $C_{15}H_{13}Cl_3 = C_6H_5 \cdot CCl(CH_3) \cdot CCl_2 \cdot C_6H_5$. *B.* Durch Einw. von Chlor auf a'-Chlor-a-methyl-stilben in CCl_4 (Sudborough, *Soc.* **71**, 225). — Prismen. F: 130° (Zers.). Unlöslich in heißem Alkohol.

a.β-Dibrom-a.β-diphenyl-propan, a.a'-Dibrom-a-methyl-dibenzyl $C_{15}H_{14}Br_2 = C_6H_5 \cdot CBr(CH_3) \cdot CHBr \cdot C_6H_5$. *B.* Aus a-Methyl-stilben mit Brom in Chloroformlösung (Vorländer, Schroedter, *B.* **36**, 1496; V., v. Liebig, *B.* **37**, 1134). — F: 127° (Zers.).

a-Chlor-a.β-dibrom-a.β-diphenyl-propan, a'-Chlor-a.a'-dibrom-a-methyl-dibenzyl $C_{15}H_{13}ClBr_2 = C_6H_5 \cdot CBr(CH_3) \cdot CClBr \cdot C_6H_5$. *B.* Durch Einw. von Brom auf a'-Chlor-a-methyl-stilben in Chloroformlösung (Sudborough, *Soc.* **71**, 225). — Prismen. F: 122—125° (Zers.). Unlöslich in Alkohol.

γ-Nitro-a.β-diphenyl-propan, a-[Nitromethyl]-dibenzyl $C_{15}H_{15}O_2N = C_6H_5 \cdot CH(CH_2 \cdot NO_2) \cdot CH_2 \cdot C_6H_5$. *B.* Beim Nitrieren von a.β-Diphenyl-propan mit Salpetersäure (D: 1,075) im offenen Gefäß, neben anderen Produkten (Konowalow, Dobrowolski, Ж. **37**, 553; *C.* **1905** II, 826). — Prismen. F: 153—155°.

3. *1-Methyl-3-[phenylacetylenyl]-cyclohexen-(2 oder 3)* $C_{15}H_{16} =$

$CH_3 \overset{CH(CH_3) \cdot CH}{\underset{CH_2 \text{——} CH_2}{<}} C \cdot C : C \cdot C_6H_5$ oder $CH_2 \overset{CH(CH_3) \cdot CH}{\underset{CH_2 \text{——} CH_2}{<}} C \cdot C : C \cdot C_6H_5$ oder Gemisch beider. *B.* Man erhitzt 1-Methyl-3-[phenylacetylenyl]-cyclohexanol-(3) mit saurem Kaliumsulfat 24 Stdn. in einer Einschmelzröhre auf dem Wasserbad (Bertrond, Ж. **37**, 656; *C.* **1905** II, 1020). — Flüssig. Kp_{10}: 167—168°.

4. *a-Phenyl-β-p-tolyl-äthan, p-Tolyl-benzyl-methan, 4-Methyl-dibenzyl* $C_{15}H_{16} = C_6H_5 \cdot CH_2 \cdot CH_2 \cdot C_6H_4 \cdot CH_3$. *B.* Durch Erhitzen von p-Tolyl-benzyl-keton mit Jodwasserstoffsäure und Phosphor auf 160—170° (Mann, *B.* **14**, 1646). — Blättrige Masse. F: 27°. Kp: 286°. Leicht löslich in Alkohol und Äther, sehr leicht in Chloroform und Benzol.

5. *a.a-Diphenyl-propan, a-Äthyl-ditan* $C_{15}H_{16} = (C_6H_5)_2CH \cdot CH_2 \cdot CH_3$. *B.* Durch Reduktion von a.a-Diphenyl-a-propylen mit Natrium und Alkohol (Klages, *B.* **35**, 2648; Kl., Heilmann, *B.* **37**, 1450; Masson, *C. r.* **135**, 533). Aus Äthyl-diphenyl-carbinol durch 18-stdg. Erhitzen mit der 10-fachen Menge Jodwasserstoffsäure (D: 1,19) auf 140—150° im geschlossenen Rohr (Konowalow, Dobrowolski, Ж. **37**, 550; *C.* **1905** II, 826). — Farblose Flüssigkeit. Kp_{764}: 278,5—280° (Ko., D.); Kp_{90}: 153—154° (Kl.); Kp_{11}: 139° (korr.) (Kl., H.); Kp_{10}: 142° (M.). $D_0^{0.4}$: 0,9919 (Kl., H.); $D_0^{20.4}$: 0,9938 (Ko., D.); D_4^{20}: 0,9751 (Kl.). n_D^{15}: 1,5657 (Kl., H.); $n_D^{20.2}$: 1,5681 (Ko., D.).

6. *β.β-Diphenyl-propan, a.a-Dimethyl-ditan* $C_{15}H_{16} = (C_6H_5)_2C(CH_3)_2$. *B.* Aus β.β-Dichlor-propan mit Benzol und $AlCl_3$ (Silva, *Bl.* [2] **34**, 674). Aus β-Chlor-propylen mit Benzol und $AlCl_3$ (S., *Bl.* [2] **35**, 289). — Flüssig. Kp: 282°.

7. *a-Phenyl-a-p-tolyl-äthan, Methyl-phenyl-p-tolyl-methan, 4.a-Dimethyl-ditan* $C_{15}H_{16} = C_6H_5 \cdot CH(CH_3) \cdot C_6H_4 \cdot CH_3$. *B.* Durch Erhitzen von [a-Brom-äthyl]-benzol mit Toluol und Zinkstaub (Bandrowsky, *B.* **7**, 1016). Bei tropfenweisem Versetzen einer gekühlten Lösung von 40 g Styrol in Toluol mit konz. Schwefelsäure (Kraemer, Spilker, Eberhardt, *B.* **23**, 3274; vgl. K., S., *B.* **24**, 2788). — Kp: 278—280° (B.), 280—282° (unkorr.), 291—293° (korr.) (K., S., E.). D: 0,98 (B.). — Gibt bei der Oxydation p-Benzoyl-benzoesäure (B.).

8. *1-Äthyl-4-benzyl-benzol, Phenyl-[4-äthyl-phenyl]-methan, 4-Äthyl-ditan* $C_{15}H_{16} = C_6H_5 \cdot CH_2 \cdot C_6H_4 \cdot CH_2 \cdot CH_3$. *B.* Durch Kochen von 5 Tln. Äthylbenzol mit 7 Tln. Benzylchlorid und Zinkstaub (Walker, *B.* **5**, 686). Beim Erhitzen von 4-Äthyl-benzophenon mit Jodwasserstoffsäure und Phosphor (Söllscher, *B.* **15**, 1682). — Flüssig.

Kp_{754}: 294—295° (korr.). $D^{15,5}$: 0,985 (W.).   Leicht löslich in Alkohol, Äther, Chloroform (W.). — Gibt bei der Oxydation p-Benzoyl-benzoesäure (W.).

9.   *1.5-Dimethyl-2-benzyl-benzol, Phenyl-[2.4-dimethyl-phenyl]-methan, 2.4-Dimethyl-ditan* $C_{15}H_{16} = C_6H_5 \cdot CH_2 \cdot C_6H_3(CH_3)_2$.   *B.* Beim Behandeln eines Gemenges von Benzylchlorid und m-Xylol mit Zinkstaub (ZINCKE, *B.* 5, 799) oder mit feinverteiltem Kupfer (Z., BLATZBECKER, *B.* 9, 1761). Beim Erhitzen von 2.4-Dimethyl-benzophenon mit Jodwasserstoffsäure und Phosphor (SÖLLSCHER, *B.* 15, 1682; vgl. ELBS, *J. pr.* [2] 35, 470 Anm.). — Flüssig. Kp: 295—296° (korr.) (Z.; Z., B.). — Gibt bei der Oxydation Benzophenon-dicarbonsäure-(2.4) (Z.; Z., B.).

10.   *1.4-Dimethyl-2-benzyl-benzol, Phenyl-[2.5-dimethyl-phenyl]-methan, 2.5-Dimethyl-ditan* $C_{15}H_{16} = C_6H_5 \cdot CH_2 \cdot C_6H_3(CH_3)_2$.   *B.* Aus Benzylchlorid, p-Xylol und Zinkstaub (ZINCKE, *B.* 5, 799). — Kp: 293,5—294,5°.

11.   *Bis-[2-methyl-phenyl]-methan, Di-o-tolyl-methan, 2.2'-Dimethyl-ditan* $C_{15}H_{16} = CH_3 \cdot C_6H_4 \cdot CH_2 \cdot C_6H_4 \cdot CH_3$.

Bis-[5-nitro-2-methyl-phenyl]-methan, 5.5'-Dinitro-2.2'-dimethyl-ditan $C_{15}H_{14}O_4N_2 = O_2N \cdot C_6H_3(CH_3) \cdot CH_2 \cdot C_6H_3(CH_3) \cdot NO_2$.   *B.* Bei 8-tägigem Stehen von p-Nitro-toluol mit Formaldehyd, gelöst in 7 Tln. Schwefelsäure von 66° Bé (WEIL, *B.* 27, 3314; *D. R. P.* 67001; *Frdl.* 3, 76). — F: 153°.

12.   *Bis-[4-methyl-phenyl]-methan, Di-p-tolyl-methan, 4.4'-Dimethyl-ditan* $C_{15}H_{16} = CH_3 \cdot C_6H_4 \cdot CH_2 \cdot C_6H_4 \cdot CH_3$.   *B.* Aus Toluol bei Behandlung mit Methyl-chlorid und $AlCl_3$ (FRIEDEL, CRAFTS, *Bl.* [2] 43, 50). Aus Toluol und Methylenchlorid in Gegenwart von $AlCl_3$, neben den Dimethylanthracenen vom Schmelzpunkt 244,5°, 240° und 86° (FR., C., *Bl.* [2] 41, 323; *A. ch.* [6] 11, 266; LAVAUX, *C. r.* 139, 976; 140, 44; 146, 137, 346; *A. ch.* [8] 20, 436). Aus Toluol und Chloroform in CS_2-Lösung bei Anwesenheit von $AlCl_3$, neben Tritolylmethan und Dimethylanthracen vom Schmelzpunkt 244,5° und 240° (ELBS, WITTICH, *B.* 18, 348; vgl. L., *C. r.* 146, 137; *A. ch.* [8] 20, 460). Wurde neben Tritolyl-methan erhalten, als Toluol und Chlorpikrin in CS_2-Lösung mit $AlCl_3$ behandelt wurden und das harzige Reaktionsprodukt mit Zinkstaub destilliert wurde (E., WI., *B.* 18, 347). Aus Toluol durch 3-stdg. Erwärmen mit Formaldehydlösung und konz. Schwefelsäure (NASTJUKOW, Ж. 40, 1378; *C.* 1909 I, 534). Durch Kondensation von Toluol mit Polyoxymethylen in Eisessig bei Gegenwart von H_2SO_4 (L., *C. r.*, 152, 1401). Aus Toluol und Methylal bezw. Polyoxymethylen mit 73%iger Schwefelsäure (O. FISCHER, *J. pr.* [2] 79, 557; O. FI., GROSS, *J. pr.* [2] 82, 231). Aus Toluol und Methylal in Eisessig mit konz. Schwefelsäure (WEILER, *B.* 7, 1181). Aus 4.4'-Dimethyl-benzophenon beim Erhitzen mit Jodwasserstoffsäure und Phosphor (ADOR, RILLIET, *B.* 12, 2302). — Prismen (aus Alkohol). F: 22—23° (A., R.), 28° (L., *C. r.*, 152, 1401). Kp: 285,5—286,5° (A., R.), 289—291° (WE.). Leicht löslich in Äther (WE.). Verbindet sich nicht mit Pikrinsäure (WE.). — Liefert bei der Oxydation mit Di-chromatmischung 4.4'-Dimethyl-benzophenon, p-Toluyl-benzoesäure und Benzophenon-dicarbon-säure-(4.4') (WE.). Gibt mit Methylenchlorid in Gegenwart von $AlCl_3$ ein Gemisch von viel Dimethylanthracen, F: 240°, und wenig Dimethylanthracen, F: 244,5° (L., *C. r.*, 152, 1401).

x.x-Dibrom-bis-[4-methyl-phenyl]-methan, x.x-Dibrom-4.4'-dimethyl-ditan $C_{15}H_{14}Br_2$.   *B.* Durch Behandeln von 4.4'-Dimethyl-ditan mit Brom bei gewöhnlicher Tem-peratur (WE., *B.* 7, 1182). — Nadeln (aus Alkohol). F: 115°. Sehr leicht löslich in Alkohol, Methylalkohol, Chloroform, Aceton und Eisessig. — Wird von alkoh. Kalilauge beim Kochen nicht angegriffen.

Bis-[3-nitro-4-methyl-phenyl]-methan, 3.3'-Dinitro-4.4'-dimethyl-ditan $C_{15}H_{14}O_4N_2 = O_2N \cdot C_6H_3(CH_3) \cdot CH_2 \cdot C_6H_3(CH_3) \cdot NO_2$.   *B.* Aus o-Nitro-toluol und Formaldehyd in konz. Schwefelsäure (BAYER & Co., *D. R. P.* 67001; *Frdl.* 3, 76). — F: 170°.

x.x-Dinitro-bis-[4-methyl-phenyl]-methan, x.x-Dinitro-4.4'-dimethyl-ditan $C_{15}H_{14}O_4N_2 = C_{15}H_{14}(NO_2)_2$.   *B.* Durch Auflösen von 4.4'-Dimethyl-ditan in kalter rauchender Salpetersäure (WEILER, *B.* 7, 1183). — F: 164°. Leicht löslich in absol. Alkohol, Aceton und Benzol, schwerer in Äther.

13. Derivat eines *Dimethyl-ditans mit ungewisser Stellung der Methyl-gruppen.*

Bis-[x-chlormethyl-phenyl]-methan, x.x-Bis-[chlormethyl]-ditan $C_{15}H_{14}Cl_2 = CH_2Cl \cdot C_6H_4 \cdot CH_2 \cdot C_6H_4 \cdot CH_2Cl$.   *B.* Man gibt zu einem Gemisch von 10 g Benzylchlorid und 3 g Methylal unter Kühlung mit Eiswasser ca. 25 g konz. Schwefelsäure (WEILER, *B.* 7, 1187). — Blättchen (aus Chloroform + Methylalkohol). F: 106—108°. Destilliert un-zersetzt. Äußerst löslich in $CHCl_3$, leicht in Methylalkohol und Aceton.

5. Kohlenwasserstoffe $C_{16}H_{18}$.

1. *a.δ-Diphenyl-butan* $C_{16}H_{18} = C_6H_5 \cdot CH_2 \cdot CH_2 \cdot CH_2 \cdot CH_2 \cdot C_6H_5$.   *B.*   Bei 4-stdg. Erhitzen von *a.δ*-Diphenyl-*β*-butylen (vgl. STRAUS, *A.* **342**, 213) mit Jodwasserstoffsäure und rotem Phosphor auf 250⁰ (FREUND, IMMERWAHR, *B.* **23**, 2858). Durch Überleiten von Phenyl-acetylen in Gegenwart eines Wasserstoffüberschusses über reduziertes Kupfer bei 190—250⁰, neben Äthylbenzol und geringen Mengen von Metastyrol und Styrol (SABATIER, SENDERENS, *C. r.* **135**, 89). — Krystalle (aus Alkohol). F: 52⁰ (F., I.; SA., SE.). Kp: 317⁰ (korr.) (SA., SE.). Leicht löslich in Alkohol, Äther, Chloroform und Kohlenwasserstoffen (F., I.; SA., SE.). Fluoresciert in flüssigem und gelöstem Zustande blau (SA., SE.).

a.β-Dibrom-a.δ-diphenyl-butan $C_{16}H_{16}Br_2 = C_6H_5 \cdot CHBr \cdot CHBr \cdot CH_2 \cdot CH_2 \cdot C_6H_5$ ¹).   *B.* Aus *a.δ*-Diphenyl-*a*-butylen mit Brom in Schwefelkohlenstoff (LIEBERMANN, *B.* **22**, 2256). — Nadeln (aus Benzol). F: 238⁰.

β.γ-Dibrom-a.δ-diphenyl-butan $C_{16}H_{16}Br_2 = C_6H_5 \cdot CH_2 \cdot CHBr \cdot CHBr \cdot CH_2 \cdot C_6H_5$.   *B.* Aus *a.δ*-Diphenyl-*β*-butylen und Brom in Eisessig (FREUND, IMMERWAHR, *B.* **23**, 2858). — Nadeln (aus Alkohol). F: 83⁰ (F., I.), 87—87,5⁰ (STRAUS, *A.* **342**, 254). — Liefert mit Chinolin bei 160⁰ trans-trans-*a.δ*-Diphenyl-butadien (S. 676).

a.β.γ.δ-Tetrabrom-a.δ-diphenyl-butan von der **Zersetzungstemp. 230—255⁰** $C_{16}H_{14}Br_4 = C_6H_5 \cdot CHBr \cdot CHBr \cdot CHBr \cdot CHBr \cdot C_6H_5$.   *B.* Aus trans-trans-*a.δ*-Diphenyl-butadien (vgl. STRAUS, *A.* **342**, 201, 203, 214) und Brom in Äther (REBUFFAT, *G.* **20**, 155; vgl. ST., *A.* **342**, 240). Aus 1 g cis-cis-*a.δ*-Diphenyl-butadien (gelöst in 25 ccm Chloroform) und 0,8 ccm Brom (gelöst in 25 ccm Chloroform) im Dunkeln unter Eiskühlung, neben dem Diastereo-isomeren vom Zersetzungspunkt ca. 180⁰ (s. u.) (ST., *A.* **342**, 240). — Blättchen (aus Benzol). Verkohlt bei 230—255⁰ (ST.; ST., Privatmitt.). — Liefert bei der Reduktion mit Aceton und Zinkstaub trans-trans-*a.δ*-Diphenyl-butadien (ST.).

a.β.γ.δ-Tetrabrom-a.δ-diphenyl-butan vom **Zersetzungspunkt ca. 180⁰** $C_{16}H_{14}Br_4 = C_6H_5 \cdot CHBr \cdot CHBr \cdot CHBr \cdot CHBr \cdot C_6H_5$.   *B.* Neben dem Diastereoisomeren von der Zersetzungstemperatur 230—255⁰ (s. o.) aus cis-cis-*a.a*-Diphenyl-butadien und Brom in Chloroform unter Eiskühlung im Dunkeln (ST., *A.* **342**, 240). — Prismen (aus Essigester). Zersetzungs-punkt: ca. 180⁰. — Liefert bei der Reduktion mit Zinkstaub und Aceton trans-trans-*a.δ*-Diphenylbutadien.

2. *a.γ-Diphenyl-butan (?)* $C_{16}H_{18} = C_6H_5 \cdot CH(CH_3) \cdot CH_2 \cdot CH_2 \cdot C_6H_5$ (?).   *B.* Beim Erhitzen von 10 Tln. Acetophenon mit 10—12 Tln. Jodwasserstoffsäure (Kp: 127⁰) und 2,5 Tln. rotem Phosphor auf 160—180⁰ (GRAEBE, *B.* **7**, 1627). Bei der Reduktion von [*β*-Phenyl-propyl]-phenyl-keton $C_6H_5 \cdot CH(CH_3) \cdot CH_2 \cdot CO \cdot C_6H_5$ (Syst. No. 653) mit Jod-wasserstoffsäure und Phosphor (G.). — Erstarrt nicht im Kältegemisch. Kp: ca. 300⁰.

a.β-Dibrom-a.γ-diphenyl-butan $C_{16}H_{16}Br_2 = C_6H_5 \cdot CH(CH_3) \cdot CHBr \cdot CHBr \cdot C_6H_5$ ²).   *B.* Aus *a.γ*-Diphenyl-*a*-butylen mit Brom in Schwefelkohlenstoff (FITTIG, ERDMANN, *A.* **216**, 190). — Nadeln (aus Alkohol). F: 102⁰. Sehr leicht löslich in Äther, CS₂ und Benzol, leicht in heißem Alkohol, Eisessig und Ligroin. — Gibt in alkoh. Lösung mit Natriumamalgam *a.γ*-Diphenyl-*a*-butylen.

3. *a.β-Diphenyl-butan, a-Äthyl-dibenzyl* $C_{16}H_{18} = C_6H_5 \cdot CH_2 \cdot CH(C_2H_5) \cdot C_6H_5$.   *B.* Bei der Reduktion des *a.β*-Diphenyl-*a*-butylens mit Natrium und Alkohol (KLAGES, HEILMANN, *B.* **37**, 1454). — Öl. Kp₇₆₁: 288—289⁰ (korr.); Kp₁₁: 152⁰.

a.a.β-Trichlor-a.β.-diphenyl-butan, a.a'.a'-Trichlor-a-äthyl-dibenzyl $C_{16}H_{15}Cl_3 = C_6H_5 \cdot CCl_2 \cdot CCl(C_2H_5) \cdot C_6H_5$.   *B.* Aus *a'*-Chlor-*a*-äthyl-stilben mit Chlor in CCl₄ (SUDBOROUGH, *Soc.* **71**, 226). — Farblose Nadeln. F: 90—91⁰.

a-Chlor-a.β-dibrom-a.β-diphenyl-butan, a'-Chlor-a.a'-dibrom-a-äthyl-dibenzyl $C_{16}H_{15}ClBr_2 = C_6H_5 \cdot CClBr \cdot CBr(C_2H_5) \cdot C_6H_5$.   *B.* Aus *a'*-Chlor-*a*-äthyl-stilben mit Brom (SUDBOROUGH, *Soc.* **71**, 227). — F: 97—99⁰. Unlöslich in Alkohol.

4. *β-Methyl-a.β-diphenyl-propan, a.a-Dimethyl-dibenzyl* $C_{16}H_{18} = C_6H_5 \cdot CH_2 \cdot C(CH_3)_2 \cdot C_6H_5$.   *B.* Bei der Einw. von Isobutylenbromid auf Benzol in Gegenwart von AlCl₃, neben Isobutylbenzol (BODROUX, *C. r.* **132**, 1335). — Fluorescierende Flüssigkeit. Kp₇₆₀: 284—287⁰. D¹⁵: 0,984. — Liefert bei der Einw. von Brom in Gegenwart von AlBr₃ ein Gemisch von Hexabrombenzol und Enneabromisobutylbenzol.

---

¹) Vgl. die Fußnote auf S. 645.
²) Vgl. die Fußnote auf S. 647.

5. β.γ-Diphenyl-butan. a.a'-Dimethyl-dibenzyl $C_{16}H_{18} = C_6H_5 \cdot CH(CH_3) \cdot$ $CH(CH_3) \cdot C_6H_5$. *B.* Durch Erwärmen von Äthylbenzol mit wäßr. Kaliumpersulfatlösung, neben Phenylacetaldehyd (MORITZ, WOLFFENSTEIN, *B.* **32**, 434). Bei der Insolation eines Gemisches von Äthylbenzol mit Benzophenon (PATERNÒ, CHIEFFI, *G.* **39** II, 426). Aus [a-Chlor-äthyl]-benzol beim Behandeln mit Natrium (ENGLER, BETHGE, *B.* **7**, 1127). Aus [a-Brom-äthyl]-benzol beim Behandeln mit Zinkstaub in Benzol (RADZISZEWSKI, *B.* **7**, 142). Aus [a-Brom-äthyl]-benzol mit Natrium in Äther oder Alkohol (E., B., *B.* **7**, 1127). Durch Reduktion von [a-Jod-äthyl]-benzol mit Zinkstaub und Eisessig, neben etwas Styrol (KLAGES, *B.* **35**, 2639). — Bläulich glänzende Blättchen (aus Alkohol). F: 126⁰ (K.), 124—125⁰ (P., C.), 123,5⁰ (R.).

6. a-Phenyl-β-[2-äthyl-phenyl]-äthan, 2-Äthyl-dibenzyl $C_{16}H_{18} = C_6H_5 \cdot$ $CH_2 \cdot CH_2 \cdot C_6H_4 \cdot CH_2 \cdot CH_3$.

a.β-Dibrom-a-phenyl-β-[2-a.β-dibrommäthyl-phenyl]-äthan, a.a'-Dibrom-2-[a.β-dibrom-äthyl]-dibenzyl $C_{16}H_{14}Br_4 = C_6H_5 \cdot CHBr \cdot CHBr \cdot C_6H_4 \cdot CHBr \cdot CH_2Br$. *B.* Durch Einw. von Brom auf 2-Vinyl-stilben in kaltem Chloroform (FREUND, BODE, *B.* **42**, 1765). — Weiße Blättchen (aus Eisessig). F: 165—168⁰.

7. a-Phenyl-β-[4-äthyl-phenyl]-äthan, 4-Äthyl-dibenzyl $C_{16}H_{18} = C_6H_5 \cdot$ $CH_2 \cdot CH_2 \cdot C_6H_4 \cdot CH_2 \cdot CH_3$. *B.* Beim Erhitzen von Benzyl-[4-äthyl-phenyl]-keton mit Jodwasserstoffsäure und Phosphor auf 190—200⁰ (SÖLLSCHER, *B.* **15**, 1681). — Flüssig. Kp: 293—295⁰. Fluoresciert bläulich.

8. a.β-Di-o-tolyl-äthan, 2.2'-Dimethyl-dibenzyl $C_{16}H_{18} = CH_3 \cdot C_6H_4 \cdot CH_2 \cdot$ $CH_2 \cdot C_6H_4 \cdot CH_3$. *B.* Durch Oxydation von o-Xylol mit Kaliumpersulfat (MORITZ, WOLFFENSTEIN, *B.* **32**, 2531). Durch Einw. von Magnesium auf die äther. Lösung des o-Xylylbromids (S. 365) (CARRÉ, *C. r.* **148**, 1109; *Bl.* [4] **5**, 489). — Blättchen (aus Alkohol), Tafeln (aus Ligroin). F: 66,5⁰ (M., W.). Kp_{20}: 177—178⁰ (C.).

a.β-Dibrom-a.β-di-o-tolyl-äthan, a.a'-Dibrom-2.2'-dimethyl-dibenzyl $C_{16}H_{16}Br_2 =$ $CH_3 \cdot C_6H_4 \cdot CHBr \cdot CHBr \cdot C_6H_4 \cdot CH_3$. *B.* Aus den beiden stereoisomeren 2.2'-Dimethyl-hydrobenzoinen und PBr_5 (LAW, *Soc.* **91**, 757). Aus 2.2'-Dimethyl-stilben und Brom in Chloroform (LAW, *Soc.* **91**, 757). — Nadeln (aus Alkohol). F: 173—174⁰. Leicht löslich in Benzol, schwer in Alkohol, Petroläther.

a.β-Bis-[4-nitro-2-methyl-phenyl]-äthan, 4.4'-Dinitro-2.2'-dimethyl-dibenzyl $C_{16}H_{16}O_4N_2 = O_2N \cdot C_6H_3(CH_3) \cdot CH_2 \cdot CH_2 \cdot C_6H_3(CH_3) \cdot NO_2$. *B.* Bei der Einw. von Luftsauerstoff auf 4-Nitro-1.2-dimethyl-benzol in Gegenwart von methylalkoholischem Kali (GREEN, DAVIES, HORSFALL, *Soc.* **91**, 2080). — Gelbe Nadeln (aus Eisessig). F: 222—224⁰.

9. a.β-Di-m-tolyl-äthan, 3.3'-Dimethyl-dibenzyl $C_{16}H_{18} = CH_3 \cdot C_6H_4 \cdot CH_2 \cdot CH_2 \cdot$ $C_6H_4 \cdot CH_3$. *B.* Durch Oxydation von m-Xylol mit Kaliumpersulfat, neben m-Methyl-benzaldehyd (MORITZ, WOLFFENSTEIN, *B.* **32**, 2532). Beim Erhitzen von m-Xylol mit Schwefel im geschlossenen Rohr auf 200⁰, neben 3.3'-Dimethyl-stilben (ARONSTEIN, VAN NIEROP, *R.* **21**, 455). Aus m-Xylylchlorid (S. 373) und Natrium (VOLLRATH, *Z.* **1866**, 489; *A.* **144**, 263). Durch Einw. von Magnesium auf die äther. Lösung von m-Xylylbromid, neben m-Xylylmagnesiumbromid (CARRÉ, *C. r.* **148**, 1109; *Bl.* [4] **5**, 488). — Flüssig. Kp: 296⁰ (V.), 298⁰ (A., VAN N.); Kp_{10}: 163⁰ (C.).

a.β-Dibrom-a.β-di-m-tolyl-äthan, a.a'-Dibrom-3.3'-dimethyl-dibenzyl $C_{16}C_{16}Br_2 =$ $CH_3 \cdot C_6H_4 \cdot CHBr \cdot CHBr \cdot C_6H_4 \cdot CH_3$. *B.* Aus 3.3'-Dimethyl-stilben und Brom in Äther (ARONSTEIN, VAN NIEROP, *R.* **21**, 456; vgl. LAW, *Soc.* **91**, 756). — Krystalle (aus Alkohol + Benzol oder aus Xylol). F: 167—168⁰ (A., VAN N.), 164—165⁰ (L.). Leicht löslich in Benzol, schwer in Alkohol (L.). — Wird durch Erhitzen mit molekularem Silber oder mit Natriumdraht in Xylollösung in 3.3'-Dimethyl-stilben verwandelt (A., VAN N.).

10. a.β-Di-p-tolyl-äthan, 4.4'-Dimethyl-dibenzyl $C_{16}H_{18} = CH_3 \cdot C_6H_4 \cdot CH_2 \cdot$ $CH_2 \cdot C_6H_4 \cdot CH_3$. *B.* Durch Oxydation von p-Xylol mit Kaliumpersulfat (MORITZ, WOLFFENSTEIN, *B.* **32**, 2532). Durch Erhitzen von 30 ccm p-Xylol mit 1 g Schwefel im geschlossenen Rohr auf 200—210⁰, neben 4.4'-Dimethyl-stilben (ARONSTEIN, VAN NIEROP, *R.* **21**, 452). Bei der Insolation eines Gemisches von p-Xylol mit Benzophenon (PATERNÒ, CHIEFFI, *G.* **39** II, 428). Durch Einw. von Magnesium auf die äther. Lösung des p-Xylylbromids (S. 385) (CARRÉ, *C. r.* **148**, 1109; *Bl.* [4] **5**, 489). — Blättchen (aus wäßr. Alkohol); Tafeln (aus Ligroin). F: 85—86⁰ (P., CH.), 82—83⁰ (CA.), 82⁰ (M., W.). Kp_{12}: 178⁰ (CA.). Optisches Verhalten: BRUNI, *G.* **34** I, 146. — Gibt bei 40-stdg. Erhitzen mit Schwefel in Benzollösung auf 200⁰ 4.4'-Dimethyl-stilben (A., VAN N.).

a.a.β.β-Tetrachlor-a.β-di-p-tolyl-äthan, a.a.a'.a'-Tetrachlor-4.4'-dimethyl-dibenzyl $C_{16}H_{14}Cl_4 = CH_3 \cdot C_6H_4 \cdot CCl_2 \cdot CCl_2 \cdot C_6H_4 \cdot CH_3$. *B.* Aus 4.4'-Dimethyl-tolan durch Chlor-Addition (BUTTENBERG, *A.* **279**, 335). — Krystalle. F: 183⁰.

$\alpha.\beta$-Dibrom-$\alpha.\beta$-di-p-tolyl-äthan, $\alpha.\alpha'$-Dibrom-4.4'-dimethyl-dibenzyl $C_{16}H_{16}Br_2$ = $CH_3 \cdot C_6H_4 \cdot CHBr \cdot CHBr \cdot C_6H_4 \cdot CH_3$. *B.* Beim Eintragen von Brom in eine Lösung von 4.4'-Dimethyl-stilben in CS_2 oder Äther (GOLDSCHMIEDT, HEPP, *B.* **6**, 1504). Aus Hydrotoluoin oder Isohydrotoluoin und PBr_5 (LAW, *Soc.* **91**, 750). — Krystalle. F: 208° (L.), 207° bis 209° (G., H.). Sehr wenig löslich in Äther und kochendem Alkohol, etwas mehr in CS_2, ziemlich leicht in kochendem Xylol, leicht in Chloroform (G., H.; ANSCHÜTZ, *B.* **18**, 1948). — Zerfällt beim Erhitzen mit alkoh. Kali in KBr und 4.4'-Dimethyl-tolan (G., H.).

11. $\alpha.\alpha$-*Diphenyl-butan*, α-*Propyl-ditan* $C_{16}H_{18}$ = $(C_6H_5)_2CH \cdot CH_2 \cdot CH_2 \cdot CH_3$. *B.* Bei der Reduktion des $\alpha.\alpha$-Diphenyl-α-butylens mit Alkohol und Natrium (KLAGES, HEILMANN, *B.* **37**, 1452; MASSON, *C. r.* **135**, 534). Aus Propyl-diphenyl-carbinol durch Zinkstaub und Eisessig-Jodwasserstoff (K., H.). Beim Erhitzen von Propyl-diphenyl-carbinol mit Jodwasserstoffsäure und rotem Phosphor im geschlossenen Rohr auf 180° (K., H.). — Krystalle. F: 27° (K., H.). Kp_{751}: 265—266° (korr.); Kp_{11}: 140—142° (K., H.). D_4^{18}: 1,006; n_D^{18}: 1,577 (K., H.).

α-**Chlor**-$\alpha.\alpha$-**diphenyl-butan** $C_{16}H_{17}Cl$ = $(C_6H_5)_2CCl \cdot CH_2 \cdot CH_2 \cdot CH_3$. *B.* Aus Propyldiphenyl-carbinol mit Thionylchlorid (KLAGES, HEILMANN, *B.* **37**, 1451). — Gelbliches Öl. — Liefert mit Pyridin bei 125° $\alpha.\alpha$-Diphenyl-α-butylen.

$\beta.\beta.\gamma$-**Trichlor**-$\alpha.\alpha$-**diphenyl-butan** $C_{16}H_{15}Cl_3$ = $(C_6H_5)CH \cdot CCl_2 \cdot CHCl \cdot CH_3$. *Darst.* Man gibt zu 4 Tln. Benzol und 5 Tln. Butyrchloralhydrat das dreifache Volum eines Gemisches aus gleichen Teilen gewöhnlicher und rauchender Schwefelsäure, läßt einen Tag stehen und fällt dann mit Wasser (HEPP, *B.* **7**, 1420). — Monokline (HINTZE, *B.* **7**, 1421) Prismen (aus Äther-Alkohol). F: 80° (HE.). 1 Tl. löst sich bei 25° in 2 Tln. Äther und in 48 Tln. absol. Alkohols; leicht löslich in heißem Alkohol, CS_2, $CHCl_3$, Benzol (HE.).

$\beta.\beta.\gamma$-**Trichlor**-**x.x-dinitro**-$\alpha.\alpha$-**diphenyl-butan** $C_{16}H_{13}O_4N_2Cl_3$ = $C_{16}H_{13}Cl_3(NO_2)_2$. *B.* Durch Eintragen von $\beta.\beta.\gamma$-Trichlor-$\alpha.\alpha$-diphenyl-butan in rauchende Salpetersäure (HEPP, *B.* **7**, 1421). — Gelbliche Tafeln (aus Alkohol). Schwer löslich in CS_2 und in kaltem Alkohol, leicht in Äther, $CHCl_3$ und Benzol.

12. $\beta.\beta$-*Diphenyl-butan*, α-*Methyl*-α-*äthyl-ditan* $C_{16}H_{18}$ = $(C_6H_5)_2C(CH_3) \cdot CH_2 \cdot CH_3$. *B.* Beim Behandeln von α-Methyl-$\alpha.\alpha$-diphenyl-aceton mit Jodwasserstoffsäure und Phosphor (ZINCKE, THÖRNER, *B.* **11**, 1990). — Tafeln oder Prismen. F: 127,5—128,5°. Ziemlich leicht löslich in Alkohol, Äther, Chloroform, Benzol.

13. α-*Phenyl*-α-*[4-äthyl-phenyl]-äthan*, α-*Methyl-4-äthyl-ditan* $C_{16}H_{18}$ = $C_6H_5 \cdot CH(CH_3) \cdot C_6H_4 \cdot C_2H_5$. *B.* Beim Behandeln eines Gemisches von [α-Brom-äthyl]-benzol und Äthylbenzol mit Zinkstaub (RADZISZEWSKI, *B.* **6**, 494; **7**, 141). — Gibt bei der Oxydation hauptsächlich p-Benzoyl-benzoesäure (R., *B.* **6**, 811; **7**, 141, 143).

14. α-*Phenyl*-α-*[2.4-dimethyl-phenyl]-äthan*, *2.4.α-Trimethyl-ditan* $C_{16}H_{18}$ = $C_6H_5 \cdot CH(CH_3) \cdot C_6H_3(CH_3)_2$. Zur Konstitution vgl. KRAEMER, SPILKER, *B.* **24**, 2788. — *B.* Beim Behandeln eines Gemisches von 500 g m-Xylol und 30 g Styrol mit 30 g konz. Schwefelsäure (K., S., EBERHARDT, *B.* **23**, 3271; vgl. K., S., *B.* **23**, 3169). — Schwach fluorescierendes Öl. Kp: 311—312° (korr.); Kp_{110}: ca. 240° (K., S., E.). D^{15}: 0,987 (K., S., E.). Unlöslich in Wasser, mischbar mit absol. Alkohol, Äther, Benzol, Benzin (K., S., E.). — Zerfällt beim Durchleiten durch ein glühendes Rohr in CH_4, Wasserstoff und β-Methylanthracen (K., S., *B.* **23**, 3172; K., S., E.). Liefert beim Destillieren unter 10 Atmosphären Druck unter Entwicklung von CH_4 und Wasserstoff viel Anthracen und β-Methyl-anthracen, ferner Toluol, Pseudocumol und etwas Xylol (K., S., *B.* **33**, 2265). Sulfurierung: Chem. Fabr. Akt.-Ges. Hamburg, D. R. P. 72101; *Frdl.* **3**, 986.

15. α-*Phenyl*-α-*[2.5-dimethyl-phenyl]-äthan*, *2.5.α-Trimethyl-ditan* $C_{16}H_{18}$ = $C_6H_5 \cdot CH(CH_3) \cdot C_6H_3(CH_3)_2$. Zur Konstitution vgl. KRAEMER, SPILKER, *B.* **24**, 2788. — *B.* Bei Behandlung eines Gemisches von p-Xylol und Styrol mit konz. Schwefelsäure (K., S., EBERHARDT, *B.* **23**, 3272). — Öl. Kp: 316—317° (korr.) (K., S., E.).

16. α-*Phenyl*-α-*[x.x-dimethyl-phenyl]-äthan*, *x.x.α-Trimethyl-ditan* $C_{16}H_{18}$ = $C_6H_5 \cdot CH(CH_3) \cdot C_6H_3(CH_3)_2$. Zur Konstitution vgl. KRAEMER, SPILKER, *B.* **24**, 2788. — *B.* Aus o-Xylol, Styrol und konz. Schwefelsäure (K., S., EBERHARDT, *B.* **23**, 3272). — Öl. Kp: 316—317° (korr.) (K., S., E.).

17. $\alpha.\alpha$-*Di-p-tolyl-äthan*, *4.4'.α-Trimethyl-ditan* $C_{16}H_{18}$ = $CH_3 \cdot C_6H_4 \cdot CH(CH_3) \cdot C_6H_4 \cdot CH_3$. *B.* Aus Äthylidenchlorid und Toluol in Gegenwart von $AlCl_3$, neben p-Äthyltoluol und 2.6.9.10-Tetramethyl-anthracen-dihydrid-(9.10) (ANSCHÜTZ, *A.* **235**, 313, 315). Beim Schütteln von Paraldehyd und Toluol mit 66° Bé starker Schwefelsäure unter guter Kühlung (O. FISCHER, *B.* **7**, 1193; *J. pr.* [2] **79**, 557). Beim Glühen von $\alpha.\alpha$-Di-p-tolyl-propionsäure mit Kalk (HAISS, *B.* 15, 1476). — Aromatisch riechendes, stark lichtbrechendes Öl, das bei −20° nicht erstarrt (F.). Kp: 295—298° (F.); Kp: 294—295°; Kp_{11}: 153—156°; D_4^0: 0,974 (A.). —. Bei der Oxydation mit Chromsäuregemisch werden Di-p-tolyl-keton und p-Toluyl-benzoesäure gebildet (A.).

$\beta.\beta$-**Dichlor-$\alpha.\alpha$-di-p-tolyl-äthan** $C_{16}H_{16}Cl_2 = CH_3 \cdot C_6H_4 \cdot CH(CHCl_2) \cdot C_6H_4 \cdot CH_3$. *B.* Beim Eintröpfeln von 1500 ccm konz. Schwefelsäure in ein Gemisch aus 420 g Toluol und 500 g Dichloracetal (BUTTENBERG, *A.* 279, 334). — Blättchen (aus Eisessig). F: 80°. Leicht löslich in den gebräuchlichen Lösungsmitteln.

$\beta.\beta.\beta$-**Trichlor-$\alpha.\alpha$-di-p-tolyl-äthan** $C_{16}H_{15}Cl_3 = CH_3 \cdot C_6H_4 \cdot CH(CCl_3) \cdot C_6H_4 \cdot CH_3$. *B.* Durch Versetzen eines Gemisches von Chloral und Toluol mit konz. Schwefelsäure (O. FISCHER, *B.* 7, 1191). — Krystalle (aus Äther-Alkohol). Monoklin prismatisch (HINTZE, *Ann. d. Physik* 152, 266; vgl. *Groth, Ch. Kr.* 5, 132). F: 89° (F.). Löslich in 2 Tln. Äther und in 40 Tln. Alkohol (F.). 100 Tle. 90—92-volumprozentiger Alkohol lösen in der Kälte 4,69 Tle. und bei Siedehitze 45,16 Tle. (ELBS, *J. pr.* [2] 47, 77). — Wird von Chromsäuremischung zu der Säure $CH_3 \cdot C_6H_4 \cdot CH(CCl_3) \cdot C_6H_4 \cdot CO_2H$ oxydiert (F.). Wird von Zink und Ammoniak zu 4.4'-Dimethyl-stilben reduziert (ELBS, FÖRSTER, *J. pr.* [2] 39, 299; E., *J. pr.* [2] 47, 46). Gibt mit alkoh. Kali $\beta.\beta$-Dichlor-$\alpha.\alpha$-di-p-tolyl-äthylen (F.).

$\beta.\beta.\beta$-**Trichlor-x.x-dibrom-$\alpha.\alpha$-di-p-tolyl-äthan** $C_{16}H_{13}Cl_3Br_2$. *B.* Aus $\beta.\beta.\beta$-Trichlor-$\alpha.\alpha$-di-p-tolyl-äthan in CS_2 mit Brom (O. F., *B.* 7, 1192). — Blättchen (aus Alkohol). F: 148°.

$\beta.\beta.\beta$-**Trichlor-x.x-dinitro-$\alpha.\alpha$-di-p-tolyl-äthan** $C_{16}H_{13}O_4N_2Cl_3 = C_{16}H_{13}Cl_3(NO_2)_2$. *B.* Aus $\beta.\beta.\beta$-Trichlor-$\alpha.\alpha$-di-p-tolyl-äthan durch Erwärmen mit rauchender Salpetersäure (O. FISCHER, *B.* 7, 1192). — Gelbliche prismatische Krystalle. F: 121—122°.

18. *p-Benzyl-cumol, Phenyl-[4-isopropyl-phenyl]-methan, 4-Isopropyl-ditan* $C_{16}H_{18} = C_6H_5 \cdot CH_2 \cdot C_6H_4 \cdot CH(CH_3)_2$. *B.* Durch Reduktion von 4-Isopropyl-benzophenon mit Natrium und Alkohol (KLAGES, ALLENDORFF, *B.* 31, 1000). — Öl von schwachem Geruch. Kp_{760}: 310°; Kp_{13}: 176°. D_4^{19}: 1,007.

19. *5-Benzyl-pseudocumol, Phenyl-[2.4.5-trimethyl-phenyl]-methan, 2.4.5-Trimethyl-ditan* $C_{16}H_{18} = C_6H_5 \cdot CH_2 \cdot C_6H_2(CH_3)_3$. *B.* Durch Reduktion des Phenyl-[2.4.5-trimethyl-phenyl]-ketons mit Natrium und Alkohol (KLAGES, ALLENDORFF, *B.* 31, 1001). — Ziemlich dünnflüssiges Öl. Kp_{760}: 308—312°; Kp_{20}: 190—191. D_4^{19}: 1,0151.

20. *Benzylmesitylen, Phenyl-[2.4.6-trimethyl-phenyl]-methan, 2.4.6-Trimethyl-ditan* $C_{16}H_{18} = C_6H_5 \cdot CH_2 \cdot C_6H_2(CH_3)_3$. *B.* Beim allmählichen Eintragen von 1—2 g $AlCl_3$ in ein auf 98—100° erhitztes Gemisch von 20 g Benzylchlorid und 120 g Mesitylen (LOUISE, *A. ch.* [6] 6, 177). Durch Reduktion von Benzoylmesitylen mit Natrium und Alkohol, neben Mesitylen (KLAGES, ALLENDORFF, *B.* 31, 1001). — Nadeln. F: 36—37° (L.). Kp_{760}: 300—303° (K., A.). — Beim Durchleiten durch ein glühendes Rohr entstehen Phenanthren, Anthracen, ein bei 71° schmelzendes Dimethylanthracen und ein bei 218—219° schmelzendes Dimethylanthracen (L.). Wird von Chromsäure zu Benzoylmesitylen oxydiert (L.). Zerfällt beim Erhitzen mit Jodwasserstoffsäure und rotem Phosphor auf 180° in Toluol und Mesitylen (L.).

x.x.x-Trinitro-[benzylmesitylen], x.x.x-Trinitro-2.4.6-trimethyl-ditan $C_{16}H_{15}O_6N_3$. *B.* Beim Eintragen von 15 g Benzylmesitylen in 45 ccm eiskalte Salpetersäure (D: 1,5) (LOUISE, *A. ch.* [6] 6, 182). — Gelbliche Prismen (aus Alkohol). F: 185°. Sehr schwer löslich in kaltem Alkohol und Äther.

21. *1-Methyl-4-isopropyl-2-phenyl-benzol, 2-Phenyl-cymol, 2-Methyl-5-isopropyl-diphenyl* $C_{16}H_{18} = C_6H_5 \cdot C_6H_3(CH_3) \cdot CH(CH_3)_2$. *B.* Aus 2-Phenyl-carveol (Syst. No. 538 a) und wasserfreier Oxalsäure bei 120° (nicht ganz reinem Zustand) (KLAGES, SOMMER, *B.* 39, 2314). Aus 2-Phenyl-menthatrien-(2.5.8 oder 2.6.8) (s. u.) durch Kochen mit 1°/₀-iger Eisessig-Salzsäure (K., S.). — Öl. Kp_{751}: 268°; Kp_{14}: 153—154° (korr.) (K., S.). $D_4^{14.5}$: 0,9822 (K., S.); D_4^{15}: 0,9776 (K., *B.* 40, 2371). $n_D^{14.5}$: 1,5670 (K., S.); n_α^{15}: 1,56228; n_β^{15}: 1,56797; n_γ^{15}: 1,59626 (K.). — Liefert mit Brom und $AlBr_3$ Oktabrom-2-methyl-diphenyl (K.).

22. *2-Phenyl-p-menthatrien-(2.5.8 oder 2.6.8)* $C_{16}H_{18} =$
$$CH_3 \cdot CH \underset{CH=\!=\!=CH}{\overset{C(C_6H_5)=CH}{<}} CH \cdot CH(CH_3):CH_2 \quad \text{oder} \quad CH_3 \cdot C \underset{CH=\!=CH_2}{\overset{C(C_6H_5)=CH}{<}} CH \cdot C(CH_3):CH_2.$$
Zur Konstitution vgl. KLAGES, *B.* 40, 2364, 2371. *B.* Aus Carvon und Phenylmagnesium-bromid in Äther; wurde nicht rein erhalten (K., SOMMER, *B.* 39, 2314). — Optisches Verhalten: K. — Läßt sich durch Natrium und Äthylalkohol reduzieren (K.). Verwandelt sich beim Erhitzen mit 1°/₀-iger Eisessig-Salzsäure in 2-Methyl-5-isopropyl-diphenyl (K., S.).

23. *x.x-Diäthyl-diphenyl* $C_{16}H_{18} = C_{12}H_8(C_2H_5)_2$. B. Aus Diphenyl und Äthylbromid (oder Äthylchlorid oder Äthylen) bei Gegenwart von $AlCl_3$ (ADAM, *A. ch.* [6] 15, 248, 252)? — Bleibt bei -21^0 flüssig. Kp: $304-310^0$. D^0: 0,999.

24. *2.4.2'.4'-Tetramethyl-diphenyl* $C_{16}H_{18} = (CH_3)_2C_6H_3 \cdot C_6H_3(CH_3)_2$. B. Beim Erhitzen von 4-Jod-1.3-dimethyl-benzol mit Kupferpulver auf $230-260^0$ (ULLMANN, MEYER, *A.* 332, 45; vgl. FITTIG, *A.* 147, 38; OLIVERI, *G.* 12, 158). — Krystalle (aus Alkohol). Rhombisch bipyramidal (JERSCHOW, *A.* 332, 46; *C.* 1905 I, 504; vgl. *Groth, Ch. Kr.* 5, 29). F: 41^0; Kp_{722}: 288^0 (U., M.). Leicht löslich in Äther, Benzol und warmem Alkohol (U., M.).

25. *2.5.2'.5'-Tetramethyl-diphenyl* $C_{16}H_{18} = (CH_3)_2C_6H_3 \cdot C_6H_3(CH_3)_2$. B. Aus 2-Jod-1.4-dimethyl-benzol und Kupferpulver bei $230-260^0$ (ULLMANN, MEYER, *A.* 332, 47; vgl. JACOBSEN, *B.* 14, 2112). — Krystalle (aus Alkohol). F: 50^0. Kp_{722}: 284^0. Leicht löslich in Äther und Benzol.

26. *Kohlenwasserstoff* $C_{16}H_{18}$. B. Neben Hydratropasäure bei der Einw. von CO_2 auf ein erwärmtes Gemenge von Äthylbenzol, Quecksilberdiäthyl und Natrium (SCHORIGIN, *B.* 41, 2727). — Flüssigkeit von schwachem, süßlich-aromatischem Geruch. Kp_{12}: $161-163^0$. D_4^0: 0,9858; D_4^{18}: 0,9685. — Sehr beständig gegen Oxydationsmittel.

27. *Kohlenwasserstoff* $C_{16}H_{18}$. B. Durch 40-stdg. Erhitzen von 100 g Chlorcampher mit 650 g Benzol unter allmählichem Zusatz von 317 g $AlCl_3$ auf dem Wasserbade (CHABRIÉ, *C. r.* 135, 1348). — Kaum gefärbte Flüssigkeit. Kp: 315^0.

6. Kohlenwasserstoffe $C_{17}H_{20}$.

1. *a.β-Ditolyl-propan* $C_{17}H_{20} = CH_3 \cdot C_6H_4 \cdot CH(CH_3) \cdot CH_2 \cdot C_6H_4 \cdot CH_3$. B. Entsteht neben o-Methyl-propyl-benzol beim Kochen von Allylbromid mit Toluol und Zinkstaub (SHUKOWSKI, Ж. 27, 302). — Kp: $312-314^0$. D_4^0: 0,9834; D_0^0: 0,9695.

2. *a-Phenyl-β-[4-isopropyl-phenyl]-äthan, 4-Isopropyl-dibenzyl* $C_{17}H_{20}$ = $C_6H_5 \cdot CH_2 \cdot CH_2 \cdot C_6H_4 \cdot CH(CH_3)_2$.

a.β.-Dibrom-a-phenyl-β-[4-isopropyl-phenyl]-äthan, a.a'-Dibrom-4-isopropyl-dibenzyl $C_{17}H_{18}Br_2 = C_6H_5 \cdot CHBr \cdot CHBr \cdot C_6H_4 \cdot CH(CH_3)_2$. B. Aus 4-Isopropyl-stilben mit 1 Mol.-Gew. Brom in Äther oder Chloroform (v. WALTHER, WETZLICH, *J. pr.* [2] 61, 178; E. ERLENMEYER jun., KEHREN, *A.* 333, 241). — Blättchen (aus Chloroform). Bräunt sich bei 172^0, schmilzt unter Zersetzung bei 181^0 (E., K.). F: 183^0 (v. WA., WE.). Leicht löslich in heißem Chloroform, schwer in Alkohol (E., K.), verhältnismäßig leicht in Aceton und heißem Pyridin (v. WA., WE.).

3. *a-Phenyl-a-pseudocumyl-äthan* $C_{17}H_{20} = C_6H_5 \cdot CH(CH_3) \cdot C_6H_2(CH_3)_3$. Zur Konstitution vgl.: KRAEMER, SPILKER, *B.* 24, 2788. — B. Aus Pseudocumol, Styrol, und konz. Schwefelsäure (K., S., EBERHARDT, *B.* 23, 3273). — Öl. Kp: 324^0 (korr.) (K., S., E.). — Geht beim Durchleiten durch ein dunkelrotglühendes Rohr in Dimethylanthracen vom Schmelzpunkt 238^0 (korr.) (S. 679) über (K., S., E.).

4. *1-Methyl-4-isopropyl-2-benzyl-benzol, 2-Benzyl-cymol, 2-Methyl-5-isopropyl-ditan* $C_{17}H_{20} = C_6H_5 \cdot CH_2 \cdot C_6H_3(CH_3) \cdot CH(CH_3)_2$ (vgl. auch No. 5). B. Durch Umlagerung des 2-Benzyliden-menthadiens[1] (KLAGES, *B.* 40, 2372). — Flüssig. Kp_{743}: $296-297^0$; Kp_{17}: $176-177^0$. D_4^{18}: 0,9690. $n_α^{18}$: 1,55138; n_D^{18}: 1,55650; $n_γ^{13}$: 1,58098. — Gibt mit Brom und $AlBr_3$ 3.4.5.6.2'.3'.4'.5'.6'-Enneabrom-2-methyl-ditan.

5. *1-Methyl-4-isopropyl-2 oder 3-benzyl-benzol, 2 oder 3-Benzyl-cymol, 2-Methyl-5-isopropyl-ditan oder 5-Methyl-2-isopropyl-ditan* $C_{17}H_{20}$ = $C_6H_5 \cdot CH_2 \cdot C_6H_3(CH_3) \cdot CH(CH_3)_2$ (vgl. auch No. 4). B. Beim Behandeln eines Gemenges von Benzylchlorid und p-Cymol mit Zink (MAZZARA, *J.* 1878, 402; WEBER, *J.* 1878, 402). — Flüssig. Kp: $296-297^0$ (M.), 308^0 (W.). D^0: 0,98701 (M.); D^{15}: 0,9685 (W.). — Gibt bei der Oxydation Benzoylterephthalsäure (W.).

6. *Tetramethyl-benzyl-benzol von Friedel, Crafts, Ador* $C_{17}H_{20} = C_6H_5 \cdot CH_2 \cdot C_6H(CH_3)_4$ (vgl. auch No. 7). B. Bei 9-stdg. Erhitzen von 5 Tln. Benzoyldurol mit 6 Tln. Jodwasserstoffsäure (Kp: 127^0) und 1,2 Tln. Phosphor auf $200-240^0$; man reinigt das Produkt durch Erhitzen im Kohlendioxydstrom auf dem Wasserbade, wobei Beimen-

---

[1] 2-Benzyliden-menthadien ist bis zu dem für die Abfassung dieses Handbuches geltenden Literaturschlußtermin [1. I. 1910] nicht beschrieben worden (vgl. KLAGES, *B.* 40, 2372).

gungen wegsublimieren (F., C., A., *A. ch.* [6] 1, 516). — Nadeln (aus Alkohol). F: 60,5°. Kp_{716}: 310°.

7. Tetramethyl-benzyl-benzol von Beaurepaire $C_{17}H_{20} = C_6H_5 \cdot CH_2 \cdot C_6H(CH_3)_4$ (vgl. auch No. 6). *B.* Bei 11-stdg. Erhitzen von 10 g Durol mit 7 g Benzylchlorid, 50 g CS_2 und nur wenig $AlCl_3$ (B., *Bl.* [2] 50, 678). — Blättchen (aus Eisessig). F: 145°. Kp: 325° bis 327°. Sehr leicht löslich in Äther, $CHCl_3$, CS_2 und Eisessig, schwer in Alkohol.

8. ε-Methyl-β-[naphthyl-(2)]-α- oder β-hexylen $C_{17}H_{20} = C_{10}H_7 \cdot C(:CH_2) \cdot CH_2 \cdot CH_2 \cdot CH(CH_3)_2$ oder $C_{10}H_7 \cdot C(CH_3): CH \cdot CH_2 \cdot CH(CH_3)_2$. *B.* Aus Methyl-β-naphthyl-keton und Isoamylmagnesiumbromid in Äther (GRIGNARD, *Bl.* [3] 25, 499; *C.* 1901 II, 625). — Flüssig. Kp_{10}: 175—178°. D^0: 0,9808; D_4^0: 0,9728. n_D^0: 1,59124.
Verbindung mit Pikrinsäure s. Syst. No. 523.

7. Kohlenwasserstoffe $C_{18}H_{22}$.

1. α.ζ-Diphenyl-hexan $C_{18}H_{22} = C_6H_5 \cdot [CH_2]_6 \cdot C_6H_5$.
α.β.γ.δ.ε.ζ-Hexabrom-α.ζ-diphenyl-hexan $C_{18}H_{16}Br_6 = C_6H_5 \cdot [CHBr]_6 \cdot C_6H_5$. *B.* Aus α.ζ-Diphenyl-hexatrien und 3 Mol.-Gew. Brom in Chloroform (SMEDLEY, *Soc.* 93, 374). — Weiße Nadeln (aus Chloroform). F: 228—230° (Zers.).

2. γ.δ-Diphenyl-hexan, α.α'-Diäthyl-dibenzyl $C_{18}H_{22} = C_6H_5 \cdot CH(C_2H_5) \cdot CH(C_2H_5) \cdot C_6H_5$. *B.* Durch Oxydation von Propylbenzol mit Kaliumpersulfat (MORITZ, WOLFFENSTEIN, *B.* 32, 2533). Aus α-Äthyl-α.β-diphenyl-valeronitril bei der Reduktion mit Natrium in siedendem Amylalkohol (KOHLER, *Am.* 35, 395). — Krystalle (aus Ligroin). F: 92° (K.), 88° (M., W.). Kp_{20}: 175° (K.). Leicht löslich in organischen Lösungsmitteln (K.).

3. β.γ-Dimethyl-β.γ-diphenyl-butan(?), α.α.α'.α'-Tetramethyl-dibenzyl(?) $C_{18}H_{22} = C_6H_5 \cdot C(CH_3)_2 \cdot C(CH_3)_2 \cdot C_6H_5$ (?) (vgl. No. 4). *B.* Bei Einw. von P_2O_5 auf Phenylisobuttersäureamid (WALLACH, *C.* 1899 II, 1047). — F: 55—56°. Kp_{15}: 138—140°.

4. Einen **Kohlenwasserstoff** $C_{18}H_{22}$, dem vielleicht die Konstitution $C_6H_5 \cdot C(CH_3)_2 \cdot C(CH_3)_2 \cdot C_6H_5$ zukommt, s. bei 1^1-Jod-1-isopropyl-benzol, S. 396, Z. 1—5 v. o.

5. α.β-Bis-[2.4-dimethyl-phenyl]-äthan, 2.4.2'.4'-Tetramethyl-dibenzyl $C_{18}H_{22} = (CH_3)_2C_6H_3 \cdot CH_2 \cdot CH_2 \cdot C_6H_3(CH_3)_2$.
α.β.-Dibrom-α.β-bis-[2.4-dimethyl-phenyl]-äthan, α.α'-Dibrom-2.4.2'.4'-tetramethyl-dibenzyl $C_{18}H_{20}Br_2 = (CH_3)_2C_6H_3 \cdot CHBr \cdot CHBr \cdot C_6H_3(CH_3)_2$. *B.* Aus den beiden stereoisomeren 2.4.2'.4'-Tetramethyl-hydrobenzoinen und PBr_5 (LAW, *Soc.* 91, 753). — Krystalle (aus Alkohol). F: 177—178°. Leicht löslich in Benzol, wenig in Alkohol.

6. α.β-Bis-[3.5-dimethyl-phenyl]-äthan, 3.5.3'.5'-Tetramethyl-dibenzyl $C_{18}H_{22} = (CH_3)_2C_6H_3 \cdot CH_2 \cdot CH_2 \cdot C_6H_3(CH_3)_2$. *B.* Durch Oxydation von Mesitylen mit Kaliumpersulfat (MORITZ, WOLFFENSTEIN, *B.* 32, 2532). Aus Brommesitylen $C_6H_2Br(CH_3)_3$ durch Natrium in Mesitylen bei ca. 150° (WEILER, *B.* 33, 338; vgl. JANNASCH, W., *B.* 27, 2521). Aus Mesitylbromid $(CH_3)_3 \cdot C_6H_2 \cdot CH_2Br$ mit Natrium in Mesitylen erst bei 70—80°, dann bei Siedetemperatur (WE.). Aus 3.5.3'.5'-Tetramethyl-benzoin durch Jodwasserstoffsäure und Phosphor (WE.). — Blätter und Tafeln (aus Alkohol). F: 77—78°; Kp_{753}: 332—332,5° (WE.). — Wird durch Chromsäure in Eisessig verbrannt (WE.). Siedende Salpetersäure und siedendes Permangan liefern Trimesinsäure (WE.).

α.β-Dibrom-α.β-bis-[3.5-dimethyl-phenyl]-äthan, α.α'-Dibrom-3.5.3'.5'-tetramethyl-dibenzyl $C_{18}H_{20}Br_2 = (CH_3)_2C_6H_3 \cdot CHBr \cdot CHBr \cdot C_6H_3(CH_3)_2$. *B.* Aus Hydroxyloin oder Isohydroxyloin und PBr_5 (LAW, *Soc.* 91, 751). — Farblose Platten (aus Xylol). F: 235°. Fast unlöslich in Alkohol, Chloroform, Benzol.

x.x.x.x-Tetrabrom-3.5.3'.5'-tetramethyl-dibenzyl $C_{18}H_{18}Br_4$. *B.* Aus 3.5.3'.5'-Tetramethyl-dibenzyl mit überschüssigem Brom in Eisessig unter Zusatz von etwas Jod (JANNASCH, WEILER, *B.* 27, 2525). — Prismen (aus Alkohol). F: 170—171°.

x.x.x.x.x.x-Hexabrom-3.5.3'.5'-tetramethyl-dibenzyl $C_{18}H_{16}Br_6$. *B.* Aus 3.5.3'.5'-Tetramethyl-dibenzyl bei langer Einw. von überschüssigem Brom in Gegenwart von etwas Wasser (J., W., *B.* 27, 2525). — Feine Nadeln oder derbe Prismen (aus Benzol). F: 280°.

x.x.x.x-Tetranitro-3.5.3'.5'-tetramethyl-dibenzyl $C_{18}H_{18}O_8N_4 = C_{18}H_{18}(NO_2)_4$. *B.* Entsteht in zwei Formen bei allmählichem Eintragen von ca. 80 ccm rauchender Salpetersäure in 0,4 g 3.5.3'.5'-Tetramethyl-dibenzyl, gelöst in wenig Eisessig (JANNASCH, WEILER, *B.* 27, 2524). — Aus einem Gemisch von Aceton und Wasser krystallisiert die eine Form in

Nadeln vom Schmelzpunkt 205—206°, die andere in Prismen vom Schmelzpunkt 158—160°, welche indessen nach dem Erstarren erst bei 215° wieder schmelzen.

7. *a.a-Diphenyl-hexan, a-n-Amyl-ditan* $C_{18}H_{22} = (C_6H_5)_2CH \cdot [CH_2]_4 \cdot CH_3$. *B.* Aus a.a-Diphenyl-a-hexylen durch Einw. von Natrium und Alkohol (MASSON, *C. r.* **135**, 534). — Kp_{10}: 164°.

8. *a.a-Bis-[2.4-dimethyl-phenyl]-äthan* $C_{18}H_{22} = (CH_3)_2C_6H_3 \cdot CH(CH_3) \cdot C_6H_3(CH_3)_2$. *B.* Entsteht neben 1.5-Dimethyl-2-äthyl-benzol bei der Einw. von AlCl₃ auf eine Lösung von Äthylidenchlorid in m-Xylol (ANSCHÜTZ, *A.* **235**, 326). — Stark lichtbrechende, blau fluorescierende Flüssigkeit. Kp: 323—325°; Kp_{11}: 169—172°. D_4^0: 0,966.

β.β.β-Trichlor-a.a-bis-[2.4-dimethyl-phenyl]-äthan $C_{18}H_{19}Cl_3 = (CH_3)_2C_6H_3 \cdot CH(CCl_3) \cdot C_6H_3(CH_3)_2$. *B.* Aus m-Xylol, Chloralhydrat und konz. Schwefelsäure (ELBS, FÖRSTER, *J. pr.* [2] **39**, 300; E., *J. pr.* [2] **47**, 47). — Körner. F: 106° (E., F.). 100 Tle. 90—92 %-iger Alkohol lösen in der Kälte 12,16 Tle., bei Siedehitze 19,03 Tle. (E., *J. pr.* [2] **47**, 77). — Wird von Zink und Ammoniak zu 2.4.2′.4′-Tetramethyl-stilben reduziert (E., F.). Mit alkoh. Kali entsteht β.β-Dichlor-a.a-bis-[2.4-dimethyl-phenyl]-äthylen (E., F.).

9. *a.a-Bis-[2.5-dimethyl-phenyl]-äthan* $C_{18}H_{22} = (CH_3)_2C_6H_3 \cdot CH(CH_3) \cdot C_6H_3(CH_3)_2$.

β.β.β-Trichlor-a.a-bis-[2.5-dimethyl-phenyl]-äthan $C_{18}H_{19}Cl_3 = (CH_3)_2C_6H_3 \cdot CH(CCl_3) \cdot C_6H_3(CH_3)_2$. *B.* Aus p-Xylol, Chloralhydrat und konz. Schwefelsäure (ELBS, FÖRSTER, *J. pr.* [2] **39**, 300; E., *J. pr.* [2] **47**, 47). — Nadeln. F: 87° (E., F.). 100 Tle. 90—92 vol.-%-iger Alkohol lösen in der Kälte 9,73 Tle., bei Siedehitze 9,92 Tle. (E., *J. pr.* [2] **47**, 77). — Liefert bei der Reduktion mit Zink und Ammoniak 2.5.2′.5′-Tetramethyl-stilben (E., F.; E.). Mit alkoholischem Kali entsteht β.β-Dichlor-a.a-bis-[2.5-dimethyl-phenyl]-äthylen (E., F.; E.).

10. *[3.5-Dimethyl-phenyl]-[2.4.6-trimethyl-phenyl]-methan, 2.4.6.3′.5′-Pentamethyl-ditan* $C_{18}H_{22} = (CH_3)_2C_6H_3 \cdot CH_2 \cdot C_6H_2(CH_3)_3$. *B.* Aus 2.4.6.3′.5′-Pentamethyl-benzophenon durch Erhitzen mit Jodwasserstoffsäure (Kp: 125—127°) und Phosphor auf 160—180° (WEILER, *B.* **32**, 1910; **33**, 335). Aus 2.4.6.3′.5′-Pentamethyl-benzhydrol beim Kochen mit Jodwasserstoffsäure und Phosphor (W., *B.* **33**, 345). Aus Brommesitylen $C_6H_2Br(CH_3)_3$ mit Natrium in Mesitylen bei ca. 150° (W., *B.* **33**, 339). Aus Mesitylbromid $(CH_3)_3C_6H_2 \cdot CH_2Br$ mit Natrium in Mesitylen erst bei 70—80°, dann bei Siedetemperatur (W., *B.* **33**, 339). Aus Mesitylen mit Braunstein und 62%-iger Schwefelsäure (W., *B.* **33**, 465). — Nadeln (aus Alkohol). F: 67—68°; Kp_{743}: 328,5—329°; in Alkohol und Eisessig löslich, in anderen organischen Mitteln sehr leicht (W., *B.* **33**, 340). — Chromsäure in Eisessig ergibt geringe Mengen von in Alkohol schwer löslichen, gelben Nädelchen vom Schmelzpunkt 229—232° (W., *B.* **33**, 343). Durch siedendes Permanganat entsteht Benzophenon-penta-carbonsäure, durch Chromylchlorid hauptsächlich Mesitoylmesitylen (W., *B.* **33**, 343).

x.x.x.x-Tetrabrom-[3.5-dimethyl-phenyl]-[2.4.6-trimethyl-phenyl]-methan $C_{18}H_{18}Br_4 = C_{13}H_3Br_4(CH_3)_5$. *B.* Aus 2.4.6.3′.5′-Pentamethyl-ditan durch kaltes Brom in Gegenwart von Wasser und etwas Jod (WEILER, *B.* **33**, 342). — Farblose Tafeln (aus Benzol). F: 230—232°. Leicht löslich in heißem, mäßig in kaltem Benzol, fast unlöslich in Alkohol und Äther.

x.x.x-Tetranitro-[3.5-dimethyl-phenyl]-[2.4.6-trimethyl-phenyl]-methan $C_{18}H_{18}O_8N_4 = C_{18}H_{18}(NO_2)_4$. Aus (unreinem; vgl. WEILER, *B.* **33**, 335) 2.4.6.3′.5′-Pentamethyl-ditan in Eisessig mit rauchender Salpetersäure (JANNASCH, W., *B.* **27**, 2524). — Blätter (aus Aceton + Wasser). F: 233°.

11. *2.4.5.2′.4′.5′-Hexamethyl-diphenyl* $C_{18}H_{22} = (CH_3)_3C_6H_2 \cdot C_6H_2(CH_3)_3$. *B.* Aus 5-Jod-1.2.4-trimethyl-benzol und Kupferpulver bei 230—260° (ULLMANN, MEYER, *A.* **332**, 48). — Blättchen (aus Alkohol). F: 52°. Kp_{738}: 320°. Leicht löslich in Benzol, schwer in Alkohol.

12. *2.4.6.2′.4′.6′-Hexamethyl-diphenyl* $C_{18}H_{22} = (CH_3)_3C_6H_2 \cdot C_6H_2(CH_3)_3$. *B.* Beim Erhitzen von Jodmesitylen mit Kupfer auf 260—270° (ULLMANN, MEYER, *A.* **332**, 49). — Krystalle (aus Alkohol). Monoklin prismatisch (JERSCHOW, *A.* **332**, 50; *C.* **1905** I, 504; vgl. *Groth, Ch. Kr.* **5**, 30). F: 100,5°; Kp_{735}: 296°; leicht löslich in Äther und Benzol, schwer in Alkohol (U., M.).

13. *2-[Phenylacetylenyl]-camphan* $C_{18}H_{22} =$

$$CH_2-C(CH_3)-CH \cdot C \colon C \cdot C_6H_5$$
$$| \quad C(CH_3)_2 \quad |$$
$$CH_2-CH———CH_2$$

2-Chlor-2-[phenylacetylenyl]-
camphan $C_{18}H_{21}Cl$ =

$$\begin{matrix} CH_2-C(CH_3)-CCl\cdot C\vdots C\cdot C_6H_5 \\ | \qquad C(CH_3)_2 \qquad | \\ CH_2-CH\text{———}CH_2 \end{matrix}$$

B. Bei Einw. von Acetylchlorid auf 2-Phenylacetylenyl-camphanol-(2) (Syst.

No. 539) (KOTKOWSKI, Ж. 37, 661; C. 1905 II, 1021). — F: 71—72°. Kp$_5$: 180—185°. Leicht löslich in Äther und Ligroin, schwer in Alkohol.

14. *Retentetrahydrid, Tetrahydroreten* $C_{18}H_{22}$. B. Beim Kochen einer Lösung von Reten in Amylalkohol mit Natrium (BAMBERGER, LODTER, B. 20, 3076). — Zähflüssiges Öl. Kp$_{50}$: 280°.

15. *Kohlenwasserstoff* $C_{18}H_{22}$. B. Aus 10 g des Oxyds $C_{18}H_{20}O$ (Syst. No. 2370), erhalten durch Belichtung von Trimethyläthylen und Benzophenon, bei 2-tägigem Erhitzen mit 10 g rotem Phosphor, 50 g Jod und $3^1/_3$ g Wasser (PATERNÒ, CHIEFFI, G. 39 I, 352). — Öl. Kp: 281—283°.

8. Kohlenwasserstoffe $C_{19}H_{24}$.

1. *α.α-Diphenyl-heptan, α-Hexyl-ditan* $C_{19}H_{24} = (C_6H_5)_2CH\cdot[CH_2]_5\cdot CH_3$. B. Man trägt allmählich 8 g $AlCl_3$ in ein Gemisch aus 200 g Benzol und 50 g Önanthylidenchlorid ein, läßt 2 Tage stehen und erwärmt dann 3 Stdn. lang auf 30° (AUGER, Bl. [2] 47, 49). Bei der Reduktion des α.α-Diphenyl-α-heptylens mit Natrium und Alkohol (KLAGES, HEILMANN, B. 37, 1454). — Nadeln. F: 14° (A.). Kp$_{751}$: 333—334 (korr.); Kp$_{10}$: 180° (K., H.); Kp$_{13}$: 190—192° (A.).

α.α-Bis-[4-nitro-phenyl]-heptan, 4.4'-Dinitro-α-hexyl-ditan $C_{19}H_{22}O_4N_2 = (O_2N\cdot C_6H_4)_2CH\cdot[CH_2]_5\cdot CH_3$. B. Durch Nitrieren von α.α-Diphenyl-heptan in der Kälte (AUGER, Bl. [2] 47, 49). — Schweres Öl.

2. *β.β-Bis-[dimethylphenyl]-propan (?)* $C_{19}H_{24} = (CH_3)_2C_6H_3\cdot C(CH_3)_2\cdot C_6H_3(CH_3)_2(?)$. B. Beim Eintragen eines Gemisches von 100 ccm konz. und 50 ccm rauchender Schwefelsäure in ein abgekühltes Gemisch aus 100 ccm Allylalkohol und 1 Liter Xylol (KRAEMER, SPILKER, B. 24, 2788, 2790). — Zähflüssig.

3. *Bis-[2.4.6-trimethyl-phenyl]-methan, 2.4.6.2'.4'.6'-Hexamethyl-ditan* $C_{19}H_{24} = (CH_3)_3C_6H_2\cdot CH_2\cdot C_6H_2(CH_3)_3$. B. Man vermischt 1 Tl. Methylendiacetat mit 1 Tl. Mesitylen, 10 Tln. Eisessig und einem abgekühlten Gemisch von 10 Tln. Eisessig und dem gleichen Volumen konz. Schwefelsäure (BAEYER, B. 5, 1098). — Prismen (aus Äther). Erweicht vor dem Schmelzen und schmilzt bei 130°.

9. Kohlenwasserstoffe $C_{20}H_{26}$.

1. *α.ϑ-Diphenyl-octan* $C_{20}H_{26} = C_6H_5\cdot[CH_2]_8\cdot C_6H_5$.

α.β.γ.δ.ε.ζ.η.ϑ-Oktabrom-α.ϑ-diphenyl-octan $C_{20}H_{18}Br_8 = C_6H_5\cdot[CHBr]_8\cdot C_6H_5$. B. Aus α.ϑ-Diphenyl-α.γ.ε.η-octatetren und Brom in Chloroform (FITTIG, BATT, A. 331, 166). — Krystallinisches Pulver (aus Nitrobenzol). F: 248° (Zers.).

2. *α.β-Bis-[4-isopropyl-phenyl]-äthan, 4.4'-Diisopropyl-dibenzyl, Dicuminyl* $C_{20}H_{26} = (CH_3)_2CH\cdot C_6H_4\cdot CH_2\cdot CH_2\cdot C_6H_4\cdot CH(CH_3)_2$. B. Beim Behandeln von Cuminylchlorid mit Natrium (CANNIZZARO, ROSSI, A. 121, 251). — Blätter. Siedet unzersetzt oberhalb 360°. Ziemlich leicht löslich in kaltem Alkohol, leichter in Äther und CS_2.

α.β.-Dichlor-α.β-bis-[4-isopropyl-phenyl]-äthan, α.α'-Dichlor-4.4'-diisopropyl-dibenzyl, α.α'-Dichlor-dicuminyl $C_{20}H_{24}Cl_2 = (CH_3)_2CH\cdot C_6H_4\cdot CHCl\cdot CHCl\cdot C_6H_4\cdot CH(CH_3)_2$. B. Aus Hydrocuminoin mit PCl_5 (RAAB, B. 10, 54). — Nadeln (aus Alkohol). F: 184—185°.

α.β-Dibrom-α.β-bis-[4-isopropyl-phenyl]-äthan, α.α'-Dibrom-4.4'-diisopropyl-dibenzyl, α.α'-Dibrom-dicuminyl $C_{20}H_{24}Br_2 = (CH_3)_2CH\cdot C_6H_4\cdot CHBr\cdot CHBr\cdot C_6H_4\cdot CH(CH_3)_2$. B. Aus 4.4'-Diisopropyl-stilben und Brom in Chloroform (LAW, Soc. 91, 760). — Nadeln oder Platten (aus Benzol). F: 213—214° (Zers.). Leicht löslich in heißem Benzol, schwer in Chloroform, sehr wenig in Alkohol.

3. *α.β-Bis-[2.4.5-trimethyl-phenyl]-äthan, α.β-Dipseudocumyl-äthan, 2.4.5.2'.4'.5'-Hexamethyl-dibenzyl* $C_{20}H_{26} = (CH_3)_3C_6H_2\cdot CH_2\cdot CH_2\cdot C_6H_2(CH_3)_3$.

α-Brom-α.β-bis-[2.4.5-trimethyl-phenyl]-äthan, α-Brom-α.β-dipseudocumyl-äthan, α-Brom-2.4.5.2'.4'.5'-hexamethyl-dibenzyl $C_{20}H_{25}Br = (CH_3)_3C_6H_2\cdot CH_2\cdot CHBr\cdot C_6H_2(CH_3)_3$. B. Entsteht, neben α.α'-Dibrom-2.4.5.2'.4'.5'-hexamethyl-dibenzyl und α.α'.x-Tribrom-2.4.5.2'.4'.5'-hexamethyl-dibenzyl (S. 624), beim Versetzen einer gekühlten Lösung von 11 g 2.4.5.2′.4′.5′-Hexamethyl-stilben in CS_2 mit 2 ccm Brom, gelöst in 20 ccm CS_2, an der Sonne (ELBS, *J. pr.* [2] **47**, 52). — F: 177°. Leicht löslich in Alkohol, löslich in Aceton.

a.β-Dibrom-a.β-bis-[2.4.5-trimethyl-phenyl]-äthan,   a.β-Dibrom-a.β-dipseudo-cumyl-äthan, a.a′-Dibrom-2.4.5.2′.4′.5′-hexamethyl-dibenzyl $C_{20}H_{24}Br_2 = (CH_3)_3C_6H_2 \cdot$ $CHBr \cdot CHBr \cdot C_6H_2(CH_3)_3$. *B.* Aus 2.4.5.2′.4′.5′-Hexamethyl-stilben mit Brom in Schwefel-kohlenstoff-Lösung; bleibt beim Auskochen des Reaktionsprodukts mit Aceton ungelöst (ELBS, *J. pr.* [2] **47**, 52). — Blättchen (aus $CHCl_3$). Schmilzt unter Zersetzung bei 238—243°. Sehr schwer löslich in Alkohol, leichter in Äther, $CHCl_3$, CS_2 und Benzol. — Beim Kochen mit alkoh. Kali entsteht Hexamethylstilben.

a.a′.x-Tribrom-2.4.5.2′.4′.5′-hexamethyl-dibenzyl $C_{20}H_{23}Br_3 = (CH_3)_3C_6HBr \cdot CHBr \cdot$ $CHBr \cdot C_6H_2(CH_3)_3$. *B.* Bei der Einw. von Brom auf 2.4.5.2′.4′.5′-Hexamethyl-stilben in CS_2 (ELBS, *J. pr.* [2] **47**, 53). — Krystallpulver. Schmilzt gegen 240°. Sehr schwer löslich in Alkohol.

4. a.a-Bis-[2.4.5-trimethyl-phenyl]-äthan, a.a-Dipseudocumyl-äthan, 2.4.5.2′.4′.5′.a-Heptamethyl-ditan $C_{20}H_{26} = (CH_3)_3C_6H_2 \cdot CH(CH_3) \cdot C_6H_2(CH_3)_3$. *B.* Entsteht, neben 2.4.5.2′.4′.5′-Hexamethyl-stilben und anderen Produkten beim Kochen einer alkoh. Lösung von β.β.β-Trichlor-a.a-dipseudocumyl-äthan (s. u.) mit Zinkstaub (ELBS, *J. pr.* [2] **47**, 51). — Krystallkrusten (aus Petroläther).

β.β.β-Trichlor-a.a-bis-[2.4.5-trimethyl-phenyl]-äthan, β.β.β-Trichlor-a.a-dipseudo-cumyl-äthan $C_{20}H_{23}Cl_3 = (CH_3)_3C_6H_2 \cdot CH(CCl_3) \cdot C_6H_2(CH_3)_3$. *B.* Man versetzt ein Gemisch aus 250 g Pseudocumol und 170 g Chloralhydrat allmählich mit 600—800 ccm konz. Schwefel-säure (ELBS, *J. pr.* [2] **47**, 48). — Prismen (aus Alkohol). F: 143°. 100 Tle. 90—92 vol.-%iger Alkohol lösen in der Kälte 0,328 Tle., bei Siedehitze 4,04 Tle. Leicht löslich in $CHCl_3$, CS_2, Aceton und Benzol.

10. β.β-Dipseudocumyl-propan(?) $C_{21}H_{28} = (CH_3)_3C_6H_2 \cdot C(CH_3)_2 \cdot C_6H_2(CH_3)_3(?)$. *B.* Entsteht neben einem polymeren Harze ($C_{21}H_{26}$)_n beim Eintragen eines Gemisches aus 100 ccm reiner konz. und 50 ccm rauchender Schwefelsäure in ein abgekühltes Gemisch aus 100 ccm Allylalkohol und 1000 ccm Pseudocumol (KRAEMER, SPILKER, *B.* **24**, 2788). — Sehr dickflüssig. Siedet oberhalb 300° (K., S., *B.* **24**, 2789). — Liefert beim Destillieren unter Druck Dimethylanthracen, Tetramethylbenzole, Xylol und andere Produkte (K., Sp., *B.* **33**, 2266).

11. a.β-Bis-[3-tert.-butyl-phenyl]-äthan, 3.3′-Di-tert.-butyl-dibenzyl $C_{22}H_{30}$ = $(CH_3)_3C \cdot C_6H_4 \cdot CH_2 \cdot CH_2 \cdot C_6H_4 \cdot C(CH_3)_3$. *B.* Durch Oxydation von m-tert.-Butyl-toluol mit Kaliumpersulfat, neben m-tert.-Butyl-benzaldehyd (MORITZ, WOLFFENSTEIN, *B.* **32**, 2533). — Blättchen. F: 149°.

12. Pentaäthyl-benzyl-benzol, Phenyl-[pentaäthyl-phenyl]-methan, 2.3.4.5.6-Pentaäthyl-ditan $C_{23}H_{32} = C_6H_5 \cdot CH_2 \cdot C_6(C_2H_5)_5$. *B.* Bei 1-stdg. Er-wärmen von 30 g Pentaäthylbenzol mit 12 g Benzylchlorid und etwas $AlCl_3$ auf 100° (FOURNIER, *Bl.* [3] **7**, 654). — Nadeln (aus Alkohol). F: 88—89°. Siedet oberhalb 360°. 100 Tle. Alkohol lösen bei 18° 0,9 Tle. Sehr leicht löslich in kochendem Alkohol, in Äther und kaltem Benzol.

13. Arnidien $C_{28}H_{42}$ oder $C_{29}H_{44}$. *B.* Durch Erhitzen von Arnidiolbiscarbanilsäure-ester (Syst. No. 1625) auf 350° (KLOBB, *Bl.* [3] **35**, 742). — Nadeln (aus Äther). F: 234° bis 236°. Sublimiert bei höherer Temperatur. Leicht löslich in Benzol, sehr wenig in siedendem Alkohol. Färbt sich mit Essigsäureanhydrid und H_2SO_4 violett.

I. Kohlenwasserstoffe C_nH_{2n-16}.

1. Kohlenwasserstoffe $C_{12}H_8$.

1. 1-Acetylenyl-naphthalin, a-Naphthyl-acetylen $C_{12}H_8 = C_{10}H_7 \cdot C \vdots CH$. *B.* Aus 1¹-Chlor-1-vinyl-naphthalin (S. 586) und höchst konz. alkoh. Kali (LEROY, *Bl.* [3] **6**, 386; *C. r.* **113**, 1056). Durch Erhitzen von exo-Dichlor-1-äthyl-naphthalin (S. 569) mit konz. alkoh. Kali auf 110° (L., *Bl.* [3] **7**, 648). — Flüssig. Kp_{25}: 143—144°. D: 1,057. — Wird von Schwefelsäure in Methyl-a-naphthyl-keton übergeführt. — $AgC_{12}H_7$. Niederschlag, aus α-Naphthyl-acetylen und ammoniakalischem $AgNO_3$. — $AgC_{12}H_7 + AgNO_3$. Hellgelber Niederschlag, aus α-Naphthyl-acetylen und alkoh. $AgNO_3$.

2. **2-Acetylenyl-naphthalin**, *β-Naphthyl-acetylen* $C_{12}H_8 = C_{10}H_7 \cdot C : CH$. *B.* Aus 2^1-Chlor-2-vinyl-naphthalin mit alkoh. Kali (LEROY, *Bl.* [3] **7**, 648; *C. r.* **113**, 1058). — F: 36°. Löslich in Alkohol, Äther und Schwefelkohlenstoff. — Wird von Schwefelsäure in Methyl-β-naphthyl-keton übergeführt. — $AgC_{12}H_7$. Farbloser Niederschlag.

3. **Acenaphthylen** $C_{12}H_8 =$ $HC{=\!=}CH$ *B.* Aus Acenaphthen (S. 586) beim Überleiten über rotglühendes Bleioxyd (BEHR, VAN DORP, *B.* **6**,.753; *A.* **172**, 276; BLUMENTHAL, *B.* **7**, 1092). — Gelbe Prismen (aus Äther). Rhombisch (BILLOWS, *Z. Kr.* **37**, 396; **38**, 505). F: 92—93° (BE., VAN D.). Siedet unter teilweiser Zersetzung bei ca. 265—275°

(BL.). D_4^{16}: 0,89882 (PELLINI, *G.* **31** I, 9). Sehr leicht löslich in Alkohol, Äther und Benzin (BL.). Brechungsvermögen: PE. Absorptionsspektrum: BALY, TUCK, *Soc.* **93**, 1908. — Wird von Chromsäuregemisch zu Naphthalsäure oxydiert (BE., VAN D.; BL.). Liefert mit Natriumamalgam in alkoh. Lösung Acenaphthen (BE., VAN D.; BL.). Gibt, mit Wasserstoff bei 250° über Nickel geleitet, Acenaphthentetrahydrid (PADOA, FABRIS, *R. A. L.* [5] **17** I, 114; *G.* **39** I, 331). Verbindung mit Pikrinsäure s. Syst. No. 523.

1-Brom-acenaphthylen $C_{12}H_7Br =$ $BrC : CH$ *B.* Beim Kochen von 1.2-Dibrom-acenaphthen mit Alkohol oder alkoh. Kali (BLUMENTHAL, *B.* **7**, 1094). — Flüssig. Nicht unzersetzt flüchtig. — Liefert mit Brom orangerote Blätter einer Verbindung $C_{12}H_6Br_2$, die bei der Oxydation anscheinend Bromnaphthalsäure gibt. Verbindung mit Pikrinsäure s. Syst. No. 523.

2. Kohlenwasserstoffe $C_{13}H_{10}$.

1. **Fluoren**, *o-Diphenylen-methan* $C_{13}H_{10} =$ CH_2 *B.* Bei der Destillation der Steinkohle, daher im Steinkohlenteer enthalten (BERTHELOT, *A. ch.* [4] **12**, 222). — Beim Eintröpfeln von 10 Tln. Methylenchlorid in ein Gemisch aus 15 Tln. Diphenyl und 1 Tl. $AlCl_3$ (ADAM, *A. ch.* [6] **15**, 235). — Beim Durchleiten von Diphenylmethan durch ein glühendes Rohr (GRAEBE, *B.* **7**, 1624; *A.* **174**, 194). Neben 2-Oxy-diphenylmethan aus 2-Amino-diphenylmethan durch Diazotieren und Kochen des Diazoniumsulfats in wäßr. Lösung (O. FISCHER, SCHMIDT, *B.* **27**, 2787). — Bei der Destillation von Fluorenon über Zinkstaub (FITTIG, *B.* **6**, 187; FITTIG, SCHMITZ, *A.* **193**, 135). Beim Erhitzen von Fluorenon mit Jodwasserstoffsäure und Phosphor auf 150—160° (GRAEBE, *B.* **7**, 1625). Aus 9-Methylen-fluoren durch Destillation über Nickelpulver im Wasserstoffstrom (MANCHOT, KRISCHE, *A.* **337**, 202). Durch Erhitzen der Fluoren-carbonsäure-(9) auf 280—290° (DELACRE, *Bl.* [3] **27**, 877). Beim Erhitzen des Chinolinsalzes der Fluoren-carbonsäure-(9) auf 160—170° (STAUDINGER, *B.* **39**, 3067 Anm. 1). Beim Glühen von Fluorendicarbonsäure (Syst. No. 994) mit Kalk (BAMBERGER, HOOKER, *A.* **229**, 162). Aus Fluorenylglyoxylsäure $C_6H_4{>}CH \cdot CO \cdot CO_2H$ durch C_6H_4

Erhitzen auf 150° neben CO und CO_2 (W. WISLICENUS, DENSCH, *B.* **35**, 760). Aus dem Äthylester dieser Säure beim Erhitzen über 200°, sowie bei der Einw. siedender Ätzalkalien (W. WI., DE., *B.* **35**, 760). — Beim Glühen von Bis-diphenylen-äthen $C_6H_4{>}C : C{<}C_6H_4$ mit C_6H_4 C_6H_4 Zinkstaub (GRAEBE, v. MANTZ, *A.* **290**, 244). Bei der Destillation von Phenanthrenchinon über CaO (ANSCHÜTZ, SCHULTZ, *A.* **196**, 44). Beim Erhitzen von Ellagsäure (Syst. No. 2843) mit Zinkstaub im Wasserstoffstrom (BARTH, GOLDSCHMIEDT, *B.* **11**, 846). Durch Destillation von Resoflavin (Syst. No. 2843) mit Zinkstaub (HERZIG, TSCHERNE, EPSTEIN, *M.* **29**, 286).

Darst. Zur technischen Gewinnung von Fluoren verschmilzt man die festen Kohlenwasserstoffe, die sich aus der bei 270—300° siedenden Fraktion des Steinkohlenteers ausscheiden, mit Natrium bei 180—200°, trennt die Natriumbindung des Fluorens mechanisch von den unangegriffenen Begleitkohlenwasserstoffen, zersetzt sie mit Wasser und destilliert das abgeschiedene Fluoren im Vakuum; die Überführung des Fluorens in seine Natriumverbindung kann auch mit Natriumamid oder mit Natrium in Gegenwart von Ammoniak oder Aminen (wie Anilin) bewerkstelligt werden (Ges. f. Teerverwertung, D. R. P. 203312; 209432; *C.* 1908 II, 1550; 1909 I, 1915; WEISSGERBER, *B.* 41, 2915). Abscheidung des Fluorens als Kaliumverbindung durch Verschmelzen der fluorenhaltigen Kohlenwasserstoff-Gemische mit Kali: Akt.-Ges. f. Teer- u. Erdölind., D. R. P. 124150; *C.* 1901 II, 902; WEISSGERBER, *B.* 34, 1659. Direkte Isolierung des Fluorens aus der bei 300—320⁰ siedenden Steinkohlenteerfraktion und Reinigung in Form der Pikrinsäureverbindung: BARBIER, *A. ch.* [5] 7, 483). Reinigung des käuflichen Fluorens durch Umkrystallisieren aus verd. Natrium-äthylatlösung: THIELE, HENLE, *A.* 347, 296 Anm.

Fluoren krystallisiert aus Alkohol in weißen lichtbeständigen Blättchen mit schwacher Fluorescenz (FITTIG, SCHMITZ, *A.* 193, 136; vgl. BERTHELOT, *A. ch.* [4] 12, 223). F: 115⁰ (DELACRE, *Bl.* [3] 27, 878), 114⁰ (WEISSGERBER, *B.* 34, 1660), 1113⁰ (BER.). Leicht sublimier-bar (BER.). Sublimationsgeschwindigkeit: KEMPF, *J. pr.* [2] 78, 235, 256. Kp: 293—295⁰ (korr.) (FL., SCHM.). — Schwer löslich in kaltem Alkohol, leicht in heißem Alkohol, in Äther, Benzol, CS_2 (FL., SCHM.), mäßig in kaltem Chloroform (HODGKINSON, MATTHEWS, *Soc.* 43, 170). — Brechungsvermögen: CHILESOTTI, *G.* 30 I, 160; ARMSTRONG, ROBERTSON, *Soc.* 87, 1293. Absorptionsspektrum: BALY, TUCK, *Soc.* 93, 1909. Luminescenzerscheinungen im Kathodenrohr: POCHETTINO, *R. A. L.* [5] 18 II, 360. — Magnetische Rotation: AB., Ro.

Fluoren gibt bei der Oxydation mit CrO_3 in Essigsäure Fluorenon (FITTIG, SCHMITZ, *A.* 193, 141; GRAEBE, RATEANU, *A.* 279, 258; vgl. FANTO, *M.* 19, 584). Bei der Destillation von Fluoren über erhitztes Bleioxyd entstehen Bis-diphenylen-äthan (S. 748) und Bis-diphenylen-äthylen (S. 752) (DE LA HARPE, VAN DORP, *B.* 8, 1049; GRAEBE, STINDT, *A.* 291, 2, 6; GRAEBE, v. MANTZ, *B.* 25, 3148) sowie 9-Methylen-fluoren (MANCHOT, KRISCHE, *A.* 337, 200). — Einw. von Jodwasserstoffsäure (bei 0⁰ gesättigt) auf Fluoren bei 275⁰: BAR-BIER, *A. ch.* [5] 7, 510; *J.* 1876, 418. Beim Erhitzen mit Jodwasserstoffsäure (D: 1,7) und rotem Phosphor auf 250—260⁰ erhielten LIEBERMANN, SPIEGEL (*B.* 22, 781) und SPIEGEL (*B.* 41, 885; 42, 919) Fluorenperhydrid $C_{13}H_{22}$. GUYE (*Bl.* [3] 4, 266) erhielt bei kürzerer Einw. geringerer Mengen von HI und Phosphor Fluorendekahydrid $C_{13}H_{20}$; GRAEBE, MEZGER (*B.* 40, 4566) und SCHMIDT, FISCHER (*B.* 41, 4228) erhielten auch unter den von LIEBERMANN, SPIEGEL angegebenen Bedingungen, ja selbst bei noch energischerer Behandlung des Fluorens mit HI und Phosphor nur Fluorendekahydrid. Fluoren läßt sich durch Erhitzen mit Wasser-stoff unter 120 Atmosphären Druck bei 290⁰ in Gegenwart von Ni_2O_3 zu Fluorendekahydrid $C_{13}H_{20}$ und zu Fluorenperhydrid reduzieren (IPATJEW, *B.* 42, 2093; Ж. 41, 764). — Beim Einleiten von Chlor in eine Chloroformlösung des Fluorens erhält man Dichlor-fluoren (HODG-KINSON, MATTHEWS, *Soc.* 43, 170). Dieses entsteht auch beim Leiten von Chlor in auf 120⁰ erhitztes Fluoren (GRAEBE, v. MANTZ, *A.* 290, 245). Bei längerem Einleiten von Chlor in die Lösung des Fluorens in CS_2 entsteht ein Trichlorfluoren (HOLM, *B.* 16, 1082). Leitet man Chlor in Fluoren, das auf 250—280⁰ erhitzt ist, so entsteht Bis-diphenylen-äthen (GR., v. MA., *A.* 290, 245). Tropft man Brom in eine stark gekühlte Chloroformlösung von Fluoren, so erhält man Brom-fluoren (F: 101—102⁰) (HODG., MAT., *Soc.* 43, 165). Dieselbe Verbindung entsteht auch beim Einleiten von 1 Mol.-Gew. Bromdampf in Fluoren bei 113—115⁰ (GR., v. MA., *A.* 290, 238). Durch Einleiten von 2 Mol.-Gew. Bromdampf bei 113—115⁰ entsteht 2.7-Dibrom-fluoren (GR., v. MA., *A.* 290, 239). Dieses entsteht auch aus Fluoren und 2 Mol.-Gew. Brom in CS_2 (BARBIER, *A. ch.* [5] 7, 490; FITTIG, SCHMITZ, *A.* 193, 137; WERNER, EGGER, *B.* 37, 3029) oder in siedendem Chloroform bei Ausschluß des direkten Sonnenlichtes (SCHMIDT, BAUER, *B.* 38, 3765). Versetzt man eine Lösung von Fluoren in siedendem Chloroform im direkten Sonnenlicht mit 4 Mol.-Gew. Brom und kocht bis zum Aufhören der HBr-Entwick-lung, so erhält man 2.6(?).7-Tribrom-fluoren (SCHMIDT, BAUER). Leitet man Bromdampf in Fluoren, das auf 240—250⁰ erhitzt ist, so entsteht Bis-diphenylen-äthen (GR., *B.* 25, 3146; GR., v. MA., *A.* 290, 240). — Beim Erhitzen von Fluoren mit Schwefel entstehen Bis-diphenylen-äthan und Bis-diphenylen-äthen (GR., *B.* 25, 3147; GR., v. MA., *A.* 290, 246). Tropft man 1 Mol.-Gew. Chlorsulfonsäure in eine gut gekühlte Lösung von Fluoren in Chloro-form, so erhält man Fluorensulfonsäure (HODG., MAT., *Soc.* 43, 166). — Fluoren liefert mit Amylnitrit oder Äthylnitrit in Äther bei Gegenwart von Kaliumäthylat das Kaliumsalz des Fluorenonoxims (WISLICENUS, WALDMÜLLER, *B.* 41, 3335). In ähnlicher Weise ent-steht mit Äthylnitrat und Kaliumäthylat in Äther das Kaliumsalz des 9-Isonitro-fluorens (S. 628) (WIS., WA., *B.* 41, 3336). Fluoren läßt sich in Eisessig durch Salpetersäure (D: 1,4) zu 2-Nitro-fluoren (STRASBURGER, *B.* 17, 107; DIELS, *B.* 34, 1759), durch rauchende Salpetersäure zu 2.7-Dinitro-fluoren (FITTIG, SCHMITZ, *A.* 193, 140) nitrieren. — Fluoren geht beim Schmelzen mit Kali in Fluorenkalium über; gleichzeitig entsteht aber etwas Diphenyl-carbonsäure-(2) (WEGER, DÖRING, *B.* 36, 878).

Beim Erhitzen von Fluoren mit Benzylchlorid und KOH auf 270⁰ erhält man 9.9-Dibenzyl-fluoren (THIELE, HENLE, *A.* 347, 299). Beim Erhitzen von Fluoren mit Benzylchlorid und

Zinkstaub entsteht 2-Benzyl-fluoren (GOLDSCHMIEDT, *M.* **2**, 443; vgl. FORTNER, *M.* **25**, 450). Aus Fluoren, o-Xylylenbromid und KOH entsteht bei 230⁰ Xylylenfluoren

$\begin{smallmatrix}C_6H_4\\C_6H_4\end{smallmatrix}C\begin{smallmatrix}CH_2\\CH_2\end{smallmatrix}C_6H_4$ (FECHT, *B.* **40**, 3890). Beim Erhitzen von Fluoren mit Diphenyl-

dichlormethan auf 325⁰ entsteht 9-Diphenylmethylen-fluoren $\begin{smallmatrix}C_6H_4\\C_6H_4\end{smallmatrix}$C:C(C$_6H_5$)$_2$ (KAUF-

MANN, *B.* **29**, 75). — Fluoren liefert mit Benzaldehyd und Natriumäthylatlösung 9-Benzal-fluoren (THIELE, *B.* **33**, 852; THIELE, HENLE, *A.* **347**, 296). — Reagiert mit Ameisensäure-äthylester in Gegenwart von Natriumäthylat in Alkohol unter Bildung von Methenyl-bis-fluoren, in Gegenwart von Kaliumäthylat in absol. Äther unter Bildung von 9-Formyl-fluoren (WISLICENUS, DENSCH, *B.* **35**, 765; WISLICENUS, WALDMÜLLER, *B.* **42**, 786). Kon-densiert sich mit Benzoesäureäthylester in Gegenwart von Natrium zu 9-Benzoyl-fluoren (Syst. No. 658) (WERNER, *B.* **39**, 1287). Reagiert mit Benzoylchlorid und AlCl$_3$ unter Bil-dung von 2-Benzoyl-fluoren (Syst. No. 658) (FORTNER, *M.* **23**, 922; PERRIER, *M.* **24**, 591). Kondensiert sich mit Oxalsäurediäthylester in Gegenwart von Natriumäthylat zu Fluorenyl-glyoxylsäureester (Syst. No. 1300) (WISLICENUS, *B.* **33**, 771; THIELE, *B.* **33**, 851). Die Kon-densation mit Phthalsäureanhydrid in Gegenwart von AlCl$_3$ führt zu o-Fluorenoyl-benzoe-säure (Syst. No. 1304) (GOLDSCHMIEDT, LIPSCHITZ, *B.* **36**, 4035; FORTNER, *M.* **25**, 450).

Fluoren löst sich in kalter konz. Schwefelsäure zunächst nicht auf; beim Erwärmen löst es sich mit schön blauer Farbe (GOLDSCHMIEDT, LIPSCHITZ, *B.* **36**, 4036). Zum Nachweis von Fluoren im Phenanthren und Anthracen oxydiert man das zu unter-suchende Produkt durch 6-stdg. Kochen mit Kaliumdichromat und verd. Schwefelsäure, destilliert den ausgeschiedenen Niederschlag mit Wasser und krystallisiert das mit Wasser-dampf Übergegangene langsam aus Alkohol; es scheiden sich dann, neben unoxydierten Kohlenwasserstoffen, kompakte Krystalle von Fluorenon aus (ANSCHÜTZ, *B.* **11**, 1216).

Fluorennatrium. Vgl. darüber WEISSGERBER, *B.* **41**, 2914. — **Fluorenkalium** KC$_{13}$H$_9$. *B.* Durch Verschmelzen äquimolekularer Mengen Fluoren und Kaliumhydroxyd bei 280⁰ (WEISSGERBER, *B.* **34**, 1659). Gelbbraune, amorphe, spröde Masse. Zieht begierig Kohlendioxyd an. Wird von Wasser unter Bildung von Fluoren zerlegt. **Verbindung von Fluoren mit Pikrylchlorid** C$_{13}$H$_{10}$+(O$_2$N)$_3$C$_6$H$_2$Cl. Orange-gelbe Nadeln. F: 69—70⁰ (LIEBERMANN, PALM, *B.* **8**, 378). — **Verbindung mit Pikrin-säure** s. Syst. No. 523.

„Fluorenchinon" C$_{13}$H$_8$O$_2$. *B.* Wurde neben Fluorenon erhalten, beim Behandeln von unreinem (vgl. FITTIG, SCHMITZ, *A.* **193**, 142) Fluoren mit CrO$_3$ und Essigsäure; nach mehrstündigem Erwärmen wurde mit Wasser gefällt und der Niederschlag getrocknet und dann aus einem Gemenge von Benzol und Alkohol umkrystallisiert (BARBIER, *A. ch.* [5] **7**, 500). — Gelbe körnige Aggregate (aus Benzol). F: 181—182⁰ (B.). — Wäßr. schweflige Säure erzeugt bei 100⁰ ein Reduktionsprodukt (farblose Nadeln); beim Erhitzen mit Jod-wasserstoffsäure und rotem Phosphor auf 180⁰ wird Fluoren regeneriert (B.).

9-Chlor-fluoren C$_{13}$H$_9$Cl = $\begin{smallmatrix}C_6H_4\\C_6H_4\end{smallmatrix}$CHCl. *B.* Beim Erwärmen von 9-Oxy-fluoren mit

PCl$_5$ in Benzol (WERNER, GROB, *B.* **37**, 2896). Aus 9-Oxy-fluoren mit Chlorwasserstoff in Eisessig (STAUDINGER, *B.* **39**, 3061). — Nadeln (aus wäßr. Alkohol). F: 90⁰ (W., G.). Sehr leicht löslich in warmem Alkohol (W., G.). — Wird in äther. Lösung durch Zink zu Bis-diphenylen-äthan reduziert (ST.). Färbt sich bei längerem Stehen mit konz. Schwefelsäure blau (W., G.).

x.x-Dichlor-fluoren C$_{13}$H$_8$Cl$_2$ = $\begin{smallmatrix}C_6H_3Cl\\C_6H_3Cl\end{smallmatrix}CH_2$. *B.* Beim Einleiten von Chlor in eine

Lösung von Fluoren in CHCl$_3$ (HODGKINSON, MATTHEWS, *Soc.* **43**, 170). Bei Behandlung von Fluoren bei 120⁰ mit Chlor (GRAEBE, v. MANTZ, *A.* **290**, 245). — Tafeln. F: 128⁰; sublimiert unzersetzt (H., M.). — Wird von Chromsäure zu Dichlorfluorenon vom Schmelzpunkt 158⁰ oxydiert (H., M.). Beim Einleiten von Chlor in eine mit etwas Jod versetzte Lösung von Dichlorfluoren in CCl$_4$ entsteht die krystallisierte Verbindung C$_{13}$H$_8$Cl$_7$; dieselbe liefert mit alkoh. Kali einen roten, bei 110⁰ schmelzenden Körper (H., M.).

9.9-Dichlor-fluoren C$_{13}$H$_8$Cl$_2$ = $\begin{smallmatrix}C_6H_4\\C_6H_4\end{smallmatrix}CCl_2$. *B.* Aus Fluorenon beim Erhitzen mit

PCl$_5$ (SMEDLEY, *Soc.* **87**, 1251). — Farblose Prismen (aus Benzol). F: 103⁰ (SM.). — Wird von

40*

heißem Wasser heftig zersetzt (Sm.). Gibt mit alkoh. Kaliumsulfidlösung Bis-diphenylen-
äthen (Sm.). Löst sich in konz. Schwefelsäure zuerst farblos; die Lösung wird nach kurzem
Stehen violett (SCHLENK, HERZENSTEIN, A. 372, 28 Anm.).

x.x.x-Trichlor-fluoren $C_{13}H_7Cl_3$. *B.* Bei längerem Einleiten von Chlor in eine Lösung
von Fluoren in CS_2 (HOLM, B. 16, 1082). — Blättchen. F: 147°. Schwer löslich in Alkohol
und Äther.

x-Brom-fluoren $C_{13}H_9Br = \begin{matrix} C_6H_3Br \\ C_6H_4 \end{matrix}\!>\!CH_2$. *B.* Beim Eintröpfeln von Brom in eine
stark gekühlte Lösung von Fluoren in $CHCl_3$ (HODGKINSON, MATTHEWS, Soc. 43, 165). Durch
Einw. von Bromdämpfen (2 At.-Gew.) auf Fluoren bei 113—115° (GRAEBE, v. MANTZ,
A. 290, 238). — Nadeln. F: 101—102°; äußerst löslich in kaltem Chloroform (H., M.). —
Geht bei der Oxydation in x-Brom-fluorenon vom Schmelzpunkt 104° über (H., M.).

9-Brom-fluoren $C_{13}H_9Br = \begin{matrix} C_6H_4 \\ C_6H_4 \end{matrix}\!>\!CHBr$. *B.* Aus 9-Oxy-fluoren in Eisessig durch HBr
(STAUDINGER, B. 39, 3061). — Krystalle (aus Ligroin). F: 104°.

2.7-Dibrom-fluoren $C_{13}H_8Br_2 = \begin{matrix} C_6H_3Br \\ C_6H_3Br \end{matrix}\!>\!CH_2$. *B.* Durch Einw. von 2 Mol.-Gew.
Brom auf Fluoren in CS_2-Lösung (FITTIG, SCHMITZ, A. 193, 137; WERNER, EGGER, B. 37,
3029). Durch Bromieren von Fluoren in Chloroform mit einem geringen Überschuß an Brom
(HODGKINSON, MATTHEWS, Soc. 43, 165). Aus Brom und Fluoren in siedender Chloroform-
lösung unter Ausschluß des direkten Sonnenlichtes (SCHMIDT, BAUER, B. 38, 3765). —
Farblose Tafeln aus CS_2 (FI., SCHMITZ; W., E.) oder Chloroform (SCHMIDT, B.). Monoklin
prismatisch (ARZRUNI, A. 193, 138; vgl. *Groth, Ch. Kr.* 5, 429). F: 165° (H., M.), 164°
(SCHMIDT, B.), 163° (W., E.), 162—163° (FI., SCHMITZ). Fast unlöslich in kaltem Alkohol,
ziemlich leicht in Äther, leicht in kochendem Alkohol, sehr leicht in Benzol und CS_2 (H., M.;
F., SCHMITZ). — Gibt mit Chromsäure und Eisessig 2.7-Dibrom-fluorenon (H., M.). Liefert
beim Glühen mit Kalk Diphenyl (BARBIER, A. ch. [5] 7, 492).

2.6(?).7-Tribrom-fluoren $C_{13}H_7Br_3$. *B.* Aus 10 g Fluoren und 39 g Brom in siedender
Chloroformlösung in direktem Sonnenlicht (SCHMIDT, BAUER, B. 38, 3765). — Nadeln (aus
Alkohol). F: 200°. — Gibt bei der Oxydation 2.6(?).7-Tribrom-fluorenon.

2-Nitro-fluoren $C_{13}H_9O_2N = \begin{matrix} O_2N \cdot C_6H_3 \\ C_6H_4 \end{matrix}\!>\!CH_2$. *B.* Man löst 30 g Fluoren in 250 ccm
Eisessig, fügt unter Schütteln bei ca. 50° 40 ccm Salpetersäure (D: 1,4) hinzu und erwärmt
auf 80—85° (DIELS, B. 34, 1759; vgl. STRASBURGER, B. 17, 707). Aus 7-Nitro-2-amino-
fluoren durch Diazotieren in alkoh.-salzsaurer Suspension und Kochen mit Alkohol (DIELS,
SCHILL, TOLSON, B. 35, 3289). — Nadeln (aus 50%iger Essigsäure). F: 156° (korr.) (D.),
154° (ST.). — Gibt mit CrO_3 und Eisessig 2-Nitro-fluorenon (D.).

9-Nitro-fluoren $C_{13}H_9O_2N = \begin{matrix} C_6H_4 \\ C_6H_4 \end{matrix}\!>\!CH \cdot NO_2$. *B.* Durch kurzes Erwärmen der alkoh.
Lösung des aci-9-Nitro-fluorens (s. u.) (WISLICENUS, WALDMÜLLER, B. 41, 3338). — Farblose
Täfelchen (aus Benzol). Schmilzt bei 181—182° unter Entwicklung von Stickoxyden und Rot-
färbung. Leicht löslich in Aceton und Chloroform, ziemlich leicht in Alkohol, Benzol, Eis-
essig, unlöslich in Wasser und Ligroin. Unlöslich in warmer wäßr. Kalilauge, löslich in
Natrium- und Kaliumäthylatlösung unter Bildung der Alkalisalze der aci-Form. — Liefert
beim Erhitzen über den Schmelzpunkt Fluorenon. Reagiert in äther. Lösung nicht mit
NH_3. Gibt nicht die Farbenreaktionen der aci-Form mit $FeCl_3$ bezw. H_2SO_4 und Phenol.
Phenylisocyanat ist ohne Einwirkung.

aci-9-Nitro-fluoren, 9-Isonitro-fluoren $C_{13}H_9O_2N = \begin{matrix} C_6H_4 \\ C_6H_4 \end{matrix}\!>\!C:NO \cdot OH$. *B.* Man gibt
zu alkoholisch-ätherischer Kaliumäthylatlösung Fluoren und Äthylnitrat in Äther, setzt
das gebildete Kaliumsalz mit Natriumchlorid um und behandelt das Natriumsalz mit kalter
verd. Schwefelsäure (WISLICENUS, WALDMÜLLER, B. 41, 3337). Durch Erwärmen von 9-Nitro-
fluoren mit alkoh. Natrium- oder Kaliumäthylatlösung und Ansäuern der mit Wasser verd.
Lösung (WI., WA.). — Grünlichgelbe Nädelchen (aus warmem, absol. Alkohol bei raschem
Arbeiten). F: 132—135°. Sehr leicht löslich in Aceton, ziemlich leicht in Alkohol, Benzol,
Äther (namentlich in der Wärme), unlöslich in Petroläther und Wasser. Löslich in Kalilauge
mit gelber Farbe. Liefert beim Einleiten von NH_3 in die äther. Lösung sofort eine Fällung

des Ammoniumsalzes. Die alkoh. Lösung gibt mit $FeCl_3$ eine dunkelgrüne Färbung. — Ist in fester Form wochenlang haltbar. Verwandelt sich in Alkohol beim Stehen, schnell beim Erwärmen in 9-Nitro-fluoren. Beim Erhitzen über den Schmelzpunkt erhält man unter Entwicklung von Stickoxyd Fluorenon. Leitet man durch die Lösung des Kaliumsalzes in Wasser oder besser in Alkohol Luft, so erfolgt Spaltung in Fluorenon und KNO_2. Das Kaliumsalz liefert in wäßr. Lösung mit Bromwasser 9-Brom-9-nitro-fluoren. aci-9-Nitro-fluoren reagiert mit Phenylisocyanat unter stürmischer Gasentwicklung. Die bräunlichrote Lösung in konz. Schwefelsäure, gibt mit Phenol eine intensiv rote Färbung. — $NH_4C_{13}H_8O_2N$. Gelbliche Kryställchen (aus Wasser). Zersetzt sich bei $146-148^0$. — $NaC_{13}H_8O_2N + 4(?) H_2O$. Gelbliche Schüppchen (aus heißem Wasser). Verliert das Krystallwasser im Exsiccator oder bei 95^0. Ziemlich leicht löslich in Alkohol, Aceton und Essigester. — $KC_{13}H_8O_2N$. Gelbe Nädelchen (aus heißem Alkohol). Frisch bereitet leicht löslich in Wasser. Zersetzt sich bei längerem Stehen an der Luft. — $AgC_{13}H_8O_2N$. Hellgelber flockiger Niederschlag. Wird am Licht rasch, im Dunkeln langsam schokoladenbraun.

9-Brom-9-nitro-fluoren $C_{13}H_8O_2NBr = \begin{matrix} C_6H_4 \\ | \\ C_6H_4 \end{matrix}\!\!\!>\!CBr \cdot NO_2$. B. Durch Einw. von Bromwasser auf die wäßr. Lösung des Kaliumsalzes des aci-9-Nitro-fluorens (WISLICENUS, WALDMÜLLER, B. 41, 3340). — Gelbliche Nädelchen (aus Alkohol). Schmilzt bei $107-108^0$ und zersetzt sich dann. Leicht löslich in Äther, Benzol, Chloroform, etwas weniger in kaltem Alkohol und Ligroin. — Beim Erhitzen auf den Schmelzpunkt entsteht unter Abspaltung von Brom und Stickoxyd Fluorenon.

2.7-Dinitro-fluoren $C_{13}H_8O_4N_2 = \begin{matrix} O_2N \cdot C_6H_3 \\ | \\ O_2N \cdot C_6H_3 \end{matrix}\!\!\!>\!CH_2$. Zur Konstitution vgl. SCHULTZ, A. 203, 118. — Darst. Man trägt Fluoren in ein Gemisch gleicher Volume rauchender Salpetersäure und Eisessig ein (FITTIG, SCHMITZ, A. 193, 140). — Nadeln (aus Eisessig). F: 199^0 bis 201^0 (F., SCHM.). Sehr schwer löslich in siedendem Alkohol, ziemlich leicht in siedendem Eisessig (F., SCHM.). — Gibt bei der Oxydation 2.7-Dinitro-fluorenon (SCHU., A. 203, 104).

2. „γ-Methylendiphenylen" $C_{13}H_{10} = \begin{matrix} C_6H_4 \\ C_6H_4 \end{matrix}\!\!\!>\!CH_2 (?)$. B. Entsteht neben „$\delta$-Methylendiphenylen" (s. u.) und anderen Kohlenwasserstoffen beim Eintropfen eines äquivalenten Gemisches von Benzol und Toluol in ein dunkelrot glühendes, mit Bimsstein gefülltes Rohr (CARNELLEY, Soc. 37, 708). — Tafeln (aus Alkohol). F: 118^0, wird bei 116^0 wieder fest. Kp: 295^0. Löslich in heißem Alkohol oder heißem Eisessig; die Lösungen haben eine schwache blaue Fluorescenz. Leicht löslich in Äther. — Gibt mit CrO_3 und Essigsäure ein Chinon $C_{13}H_8O_2$ (s. u.), aber kein Keton. — Verbindung mit Pikrinsäure s. Syst. No. 523.

„γ-Methylendiphenylenchinon" $C_{13}H_8O_2$. B. Aus „γ-Methylendiphenylen" $C_{13}H_{10}$ mit CrO_3 in Essigsäure (C., Soc. 37, 709). — Goldgelbe Nadeln (aus Alkohol). F: $280-281^0$. Sublimiert, ohne vorher zu schmelzen. Kaum löslich in kaltem Alkohol, wenig in heißem.

Dibrom-γ-methylendiphenylen $C_{13}H_8Br_2$. Darst. Durch Eintragen von Brom in eine äther. Lösung des Kohlenwasserstoffes (CARNELLEY, Soc. 37, 710). — Krystallisiert aus Äther in Nadeln oder Oktaedern; die Nadeln wandeln sich allmählich in Oktaeder um. F: 162^0. Sehr wenig löslich in Alkohol oder Äther.

3. „δ-Methylendiphenylen" $C_{13}H_{10} = \begin{matrix} C_6H_4 \\ C_6H_4 \end{matrix}\!\!\!>\!CH_2 (?)$. B. Beim Eintropfen gleichmolekularer Mengen von Benzol und Toluol in ein dunkelrot glühendes, mit Bimsstein gefülltes Rohr, neben „γ-Methylendiphenylen" (s. o.) und anderen Produkten (CARNELLEY, Soc. 37, 703, 710). — Tafeln. F: 205^0. Kp: 320^0. Wenig löslich in kaltem Alkohol. Gibt mit CrO_3 und Essigsäure ein Chinon $C_{13}H_8O_2$ (s. u.), aber kein Keton.

„δ-Methylendiphenylenchinon" $C_{13}H_8O_2$. B. Aus „δ-Methylendiphenylen" mit CrO_3 in Essigsäure (CARNELLEY, Soc. 37, 711). — Weißes Pulver. Sublimiert in Nadeln. F: $276-278^0$. Mäßig löslich in Eisessig.

4. Pentanthren $C_{13}H_{10}$. Bezeichnung für einen Kohlenwasserstoff: (LIEBERMANN, LANSER, B. 34, 1545).

5. Sequojen $C_{13}H_{10}$ s. bei Sequojaöl, Syst. No. 4728.

3. Kohlenwasserstoffe $C_{14}H_{12}$.

1. *a.β-Diphenyl-äthylene, symm. Diphenyläthylene, Stilben und Isostilben*

$$C_{14}H_{12} = \begin{matrix} H \cdot C \cdot C_6 H_5 \\ H \cdot C \cdot C_6 H_5 \end{matrix} \text{ (cis-Form) und } \begin{matrix} H \cdot C \cdot C_6 H_5 \\ C_6 H_5 \cdot C \cdot H \end{matrix} \text{ (trans-Form)}.$$

Bezifferung: $\langle \begin{smallmatrix} 3' & 2' \\ 5' & 6' \end{smallmatrix} 1' \rangle - CH:CH - \langle 1 \begin{smallmatrix} 2 & 3 \\ 6 & 5 \end{smallmatrix} \rangle$.

a) **Stilben** (Toluylen) $C_{14}H_{12} = C_6H_5 \cdot CH:CH \cdot C_6H_5$. Stilben besitzt nach J. WISLICENUS (*C.* 1901 I, 464) die cis-Konfiguration, nach BRUNI (*R. A. L.* [5] 13 I, 627), PFEIFFER (*Ph. Ch.* 48, 61) und STRAUS (*A.* 342, 210) die trans-Konfiguration. — *B.* Aus Toluol beim Auftropfen auf Bleioxyd, das in eisernen Röhren auf Dunkelrotglut erhitzt wird (LORENZ, *B.* 7, 1096; 8, 1455; vgl. BEHR, VAN DORP, *B.* 6, 754). Beim Durchleiten von Toluoldampf mit PCl_3 durch ein rotglühendes Rohr (LANGE, *B.* 8, 502; MICHAELIS, LANGE, *B.* 8, 1313; MICHAELIS, PANECK, *A.* 212, 203). Durch 10-tägiges Erhitzen von 2 g Schwefel und 10 g Toluol im geschlossenen Rohr auf 200° (ARONSTEIN, VAN NIEROP, *R.* 21, 448). Bei der pyrogenen Zersetzung von Benzylchlorid mittels des elektrischen Stromes (LOEB, *B.* 36, 3060). Aus Benzylchlorid durch Natriumphenyl, neben Diphenylmethan (ACREE, *Am.* 29, 593). Durch Einw. von Benzylchlorid oder -jodid auf Pyridin und Kochen des Reaktionsproduktes am Rückflußkühler, neben Toluol und anderen Produkten (TSCHITSCHIBABIN, Ж. 34, 130; *C.* 1902 I, 1301). Beim Erhitzen von Benzalchlorid mit Natrium (LIMPRICHT, *A.* 139, 318). Beim Kochen von Benzalchlorid mit Alkohol und Zinkstaub (LIPPMANN, HAWLICZEK, *J.* 1877, 405). Durch Erhitzen von Phenylnitromethan mit 10°/₀iger Natronlauge auf 160° (W. WISLICENUS, ENDRES, *B.* 36, 1194). Durch 8—10-stdg. Erhitzen der Natriumverbindung des Phenylnitroacetonitrils mit etwas weniger als der theoretischen Menge 10°/₀iger Natronlauge auf 180—200° (Ausbeute ca. 90°/₀ der Theorie) (W. WISLICENUS, ENDRES, *B.* 36, 1194). Aus Dibenzyl beim Erhitzen auf 500° oder beim Durchleiten durch ein glühendes Rohr (BARBIER, *C. r.* 78, 1770; *J.* 1874, 359; DREHER, OTTO, *A.* 154, 177). Aus Dibenzyl durch Einw. von erhitztem Bleioxyd (BEHR, VAN DORP, *B.* 6, 754). Aus Dibenzyl durch Oxydation mit $KClO_3$ und Salzsäure (KADE, *J. pr.* [2] 19, 467). Durch Einleiten von Chlor in geschmolzenes Dibenzyl und nachfolgende Destillation (KADE, *J. pr.* [2] 19, 467). Aus Dibenzyl beim Erhitzen mit Schwefel (RADZISZEWSKI, *B.* 8, 758; ARONSTEIN, VAN NIEROP, *R.* 21, 451). Aus $a.a'$-Dichlor-dibenzyl mit Zinkstaub und Eisessig (MEISENHEIMER, HEIM, *A.* 355, 274). Aus $a.a.a'-a'$-Tetrachlor-dibenzyl beim Glühen mit Zinkstaub (LIEBERMANN, HOMEYER, *B.* 12, 1975). Durch Destillation von $β$-Chlor-$a.a$-diphenyl-äthan (HEPP, *B.* 6, 1439; *B.* 7, 1409). Beim Glühen von $β.β.β$-Trichlor-$a.a$-diphenyl-äthan mit Zinkstaub (GOLDSCHMIEDT, *B.* 6, 990). Bei der Reduktion von $β.β.β$-Trichlor-$a.a$-diphenyl-äthan in alkoh. Lösung mit Zinkstaub und Ammoniak (am besten unter Zusatz von etwas Kupfersalz) (ELBS, FÖRSTER, *J. pr.* [2] 39, 299; vgl. ELBS, *J. pr.* [2] 47, 45). Aus $β$-Chlor-$a.a$-diphenyl-äthylen beim Destillieren über Ätzkalk (BUTTENBERG, *A.* 279, 326). Beim Erhitzen von Tolan mit Jodwasserstoffsäure und Phosphor auf 240° (BARBIER, *C. r.* 78, 1771; *A. ch.* [5] 7, 522; *J.* 1874, 421; 1876, 366). Aus Tolan mit Natrium und siedendem Methylalkohol (ARONSTEIN, HOLLEMAN, *B.* 21, 2833). Aus Tolan beim Erhitzen mit Essigsäure und Zinkstaub (AR., HO.). — Beim Erhitzen von Benzylnitril mit Natriumbenzylat auf 220—230°, neben Dibenzyl, Toluol und Benzoesäure (GUERBET, *C. r.* 146, 299; *Bl.* [4] 3, 501; *C.* 1908 II, 866). Bei der Destillation von Dibenzylsulfid, neben Toluol, Thionessal (Tetraphenylthiophen) und $a.β.γ.δ$-Tetraphenyl-butan (MÄRCKER, *A.* 136, 91; LIMPRICHT, SCHWANERT, *A.* 145, 333; FORST, *A.* 178, 373; FROMM, ACHERT, *B.* 36, 538). Bei der Destillation von Dibenzyldisulfid, neben Toluol, Thionessal und $a.β.γ.δ$-Tetraphenyl-butan (MÄRCKER, *A.* 136, 91; FR., ACH., *B.* 36, 539). Aus Dibenzylsulfon durch Destillation mit Toluol (FR., ACH., *B.* 36, 545). Aus p-Nitro-phenyl-benzyl-sulfon beim Kochen mit Alkali (FROMM, ERFURT, *B.* 42, 3825). Aus a-Oxy-$a.β$-diphenyl-äthan durch Destillation (SUDBOROUGH, *Soc.* 67, 605). Aus a-Oxy-$a.β$-diphenyl-äthan beim Erhitzen mit verd. Schwefelsäure (LIMPRICHT, SCHWANERT, *A.* 145, 65). Aus Hydrobenzoin, Hydrobenzoinmethyläther oder Hydrobenzoindimethyläther durch Destillation mit Zinkstaub im Kohlendioxydstrom (IRVINE, WEIR, *Soc.* 91, 1386, 1390). Aus 4.4'-Dimethoxy-stilben durch Erhitzen mit Zinkstaub in einer Wasserstoffatmosphäre (IRVINE, MOODIE, *Soc.* 91, 542). — Beim Destillieren von Benzaldehyd mit Natrium (WILLIAMS, *J.* 1867, 672). Bei der Destillation von Benzalazin, neben Benzonitril und anderen Produkten (MEISENHEIMER, HEIM, *A.* 355, 274; vgl. CURTIUS, JAPP, *J. pr.* [2] 39, 45). Durch 36-stdg. Erhitzen von 15 Tln. Benzaldehyd mit 1 Tl. Schwefel im geschlossenen Rohr auf 180° (BARBAGLIA, MARQUARDT, *G.* 21, 202). Aus amorphem polymerem Thiobenzaldehyd durch Erhitzen auf 150—160° (BAUMANN, KLETT, *B.* 24, 3310; vgl. LAURENT, *Berzelius' Jahresber.* 25, 616), am besten durch Erhitzen mit Kupferpulver (KLINGER, *B.* 9, 1896). Aus a-Trithiobenzaldehyd (Syst. No. 2952) durch Erhitzen auf 180—190° (BAUMANN, KLETT, *B.* 24, 3310). Aus $β$-Trithiobenzaldehyd (Syst. No. 2952) durch Erhitzen mit 8—12 Tln.

reduziertem Kupfer (KLINGER, *B.* 10, 1878). Aus Methyl-benzyl-keton durch Reduktion mit Natriumamalgam und Destillation des Reaktionsprodukts (ERRERA, *G.* 16, 316). Beim Versetzen eines Gemisches von Methyl-benzyl-keton und Benzaldehyd mit konz. Schwefelsäure (v. MILLER, ROHDE, *B.* 23, 1073). Aus Desoxybenzoin bei der Destillation mit Zinkstaub im Wasserstoffstrom (IRVINE, WEIR, *Soc.* 91, 1386). Beim Erhitzen von Desoxybenzoin mit PBr$_3$ im geschlossenen Rohr auf ca. 200^0 (STOERMER, *B.* 36, 3987). Beim Erhitzen von Desoxybenzoin mit Natriumäthylat auf 170^0, neben α-Oxy-α.β-diphenyl-äthan (SUDBOROUGH, *Soc.* 67, 604). Beim Erhitzen von Chlorbenzyldesoxybenzoin C$_6$H$_5$·CH(CO· C$_6$H$_5$)·CHCl·C$_6$H$_5$ (Syst. No. 657) auf 190—200^0, neben Benzoylchlorid (KNOEVENAGEL, *B.* 26, 448). Aus Benzil bei der Destillation mit Zinkstaub im Wasserstoffstrome (IRVINE, WEIR, *Soc.* 91, 1388). Aus Benzoin bei der Destillation mit Zinkstaub im Wasserstoffstrom (IRVINE, WEIR, *Soc.* 91, 1388; vgl. JENA, LIMPRICHT, *A.* 155, 90). Beim Behandeln von Benzoin mit Zinkstaub und Essigsäure (von 50%), neben anderen Verbindungen (BLANK, *A.* 248, 7). Aus Benzoinmethyltäher durch Destillation mit Zinkstaub im Wasserstoffstrome (IRVINE, WEIR, *Soc.* 91, 1386). Aus 4.4'-Dimethoxy-benzoin durch Reduktion mit Zinkstaub in einer Wasserstoffatmosphäre (IRVINE, MOODIE, *Soc.* 91, 542). — Beim Behandeln einer alkoh. Lösung von Thiobenzamid mit Zinkstaub und Salzsäure, neben Benzylamin, Benzoesäure und etwas Benzonitril (BAMBERGER, LODTER, *B.* 21, 55). Bei der Destillation von phenylessigsaurem Barium oder Blei mit Schwefel (RADZISZEWSKI, *B.* 6, 390; vgl. FORST, *A.* 178, 380). Durch Erhitzen von Benzaldehyd und Phenylessigsäure im geschlossenen Rohr auf 250^0 (v. WALTHER, *J. pr.* [2] 57, 111; v. WA., WETZLICH, *J. pr.* [2] 61, 171). In reichlicher Menge beim Erhitzen eines Gemenges von Benzaldehyd und Phenylessigsäure mit Natriumacetat auf 250^0 (MICHAEL, *Am.* 1, 313). Bei der Destillation von Zimtsäure-phenylester (ANSCHÜTZ, *B.* 18, 1945). Aus α-Phenyl-zimtsäurenitril durch Verseifung mit 50%iger Schwefelsäure (MEISENHEIMER, HEIM, *A.* 355, 275). Bei der langsamen Destillation von Fumarsäurediphenylester (ANSCHÜTZ, *B.* 18, 1948). Aus den beiden diastereoisomeren α.α'-Diphenyl-bernsteinsäuren (Syst. No. 993) beim Glühen mit Kalk (FRANCHIMONT, *B.* 5, 1049; REIMER, *B.* 14, 1805). Aus Dibenzyl-dicarbonsäure-(2.2') beim Glühen mit Natronkalk (DOBREFF, *A.* 239, 65). Aus dem Calciumsalz der Diphenylmaleinsäure (Syst. No. 994) beim Glühen mit Kalk (REIMER, *B.* 13, 744). Bei der Destillation von α-Oxo-β.γ-diphenyl-butyrolacton (ERLENMEYER jun., LUX, *B.* 31, 2223). — Bei der Einw. von methylalkoholischem Kalilauge auf Nitroso-benzylurethan in eisgekühlter methylalkoholischer Lösung, unter lebhafter Entwicklung von Stickstoff und Bildung von Methyl-benzyl-äther (v. PECHMANN, *B.* 31, 2644). Bei der trocknen Destillation von Dibenzylamin und von Tribenzylamin (BRUNNER, *A.* 151, 134). Durch Destillieren von Benzylidenbenzylhydrazin (WOHL, OESTERLIN, *B.* 33, 2738). — Durch Behandlung von Benzaldehyd mit Benzylmagnesiumchlorid in Äther, Zersetzung des Reaktionsprodukts mit Wasser und verdünnter Schwefelsäure und Destillation des erhaltenen Produktes (HELL, *B.* 37, 456; MEISENHEIMER, HEIM, *A.* 355, 273).

Zur *Darst.* von Stilben vgl. MEISENHEIMER, HEIM, *A.* 355, 274.

Krystalle (aus Alkohol). Monoklin prismatisch (VOM RATH, *B.* 5, 624; BOERIS, *R. A. L.* [5] 8 I, 575, 585; vgl. *Groth, Ch. Kr.* 5, 192). F: 124^0 (MICHAELIS, LANGE, *B.* 8, 1314). Sublimierbar; flüchtig mit Wasserdampf (KADE, *J. pr.* [2] 19, 467). Kp: 306—307^0 (korr.) (GRAEBE, *A.* 167, 158). Kp$_{12}$: 166—167^0 (J. WISLICENUS, JAHRMARKT, *C.* 1901 I, 463). D$_4^{15}$: 0,9703 (BECK, *Ph. Ch.* 48, 654). Ausdehnung: R. SCHIFF, *A.* 223, 262. — Leicht löslich in Äther und Benzol (MÄRCKER, *A.* 136, 93). 100 Tle. Äther lösen bei 13^0 5,585 Tle., bei 14^0 7,878 Tle. 100 Tle. absol. Alkohol lösen bei 17,2^0 0,882 Tle. (J. WISLICENUS, SEELER, *B.* 28, 2696); 100 Tle. 90—92 vol.-%iger Alkohol lösen in der Kälte 1,13 Tle., bei Siedehitze 7,77 Tle. (ELBS, *J. pr.* [2] 47, 79). — Brechungsvermögen: CHILESOTTI, *G.* 30 I, 153. Absorptionsspektrum: BALY, TUCK, *Soc.* 93, 1909. — Innere Reibung: BECK, *Ph. Ch.* 48, 654. — Molekulare Verbrennungswärme bei konstantem Druck: 1765,7 Cal. (STOHMANN, KLEBER, *Ph. Ch.* 10, 412), 1773 Cal. (OSSIPOW, *Ph. Ch.* 2, 647; vgl. BERTHELOT, VIEILLE, *A. ch.* [6] 10, 451). — Magnetisches Drehungsvermögen: PERKIN, *Soc.* 69, 1225.

Stilben verwandelt sich bei andauernder Belichtung und bei Zutritt von Luft in Benzoesäure und harzige Produkte (CIAMICIAN, SILBER, *B.* 36, 4266; *G.* 34 II, 143). Beim Belichten von Stilben in benzolischer Lösung entsteht dimolekulares Stilben (CI., SI., *B.* 35, 4129; *G.* 34 II, 143). Stilben geht bei längerer Einw. ultravioletter Strahlen zum Teil in Isostilben über (STOERMER, *B.* 42, 4871). Zerfällt dem Durchleiten durch ein glühendes Rohr in Toluol und Phenanthren (GRAEBE, *B.* 6, 126; *A.* 167, 158). — Wird von Ozon bei Gegenwart von Wasser langsam zu Benzaldehyd oxydiert (HARRIES, *B.* 36, 1936). Gibt bei der Oxydation mit Chromsäuregemisch Benzaldehyd und Benzoesäure (LIMPRICHT, SCHWANERT, *A.* 145, 334; ZINCKE, *B.* 4, 839). Liefert bei der Oxydation mit Chromylchlorid in Schwefelkohlenstofflösung Benzil, Benzaldehyd und Benzophenon (HENDERSON, GRAY, *Soc.* 85, 1042). Oxydation durch magnesiumsulfathaltiges Permanganat in Acetonlösung: STRAUS, *A.* **342**, 265. — Stilben geht beim Erhitzen mit konz. Jodwasserstoffsäure auf 140—150° in Dibenzyl über (LL, SCHWA., *A.* **145**, 334). Wird von Natrium und Alkohol glatt zu Dibenzyl reduziert (KLAGES, *B.* **35**, 2647). — Vereinigt sich mit Chlor in Chloroform-lösung zu 2 stereoisomeren $a.a'$-Dichlor-dibenzylen (ZINCKE, *B.* **10**, 1002 Anm.; *A.* **198**, 135 Anm.; vgl. LAURENT, *Berzelius' Jahresber.* **25**, 620). Gibt in CS_2 mit 1 Mol.-Gew. Brom 2 stereoisomere $a.a'$-Dibrom-dibenzyle (F: 237° und 110—110,5°) (J. WISLICENUS, SEELER, *B.* **28**, 2604; vgl.: LIMPRICHT, SCHWANERT, *A.* **145**, 336; FORSF, ZINCKE, *B.* **182**, 261). Verlauf der Addition von Brom in $CHCl_3$ und in CCl_4: BAUER, MOSER, *B.* **40**, 919. Gießt man 1 Mol.-Gew. Brom in eine Lösung von Stilben in Äther, so entsteht neben $a.a'$-Dibrom-dibenzyl (F: 237°) ein Öl, welches das bei 31° schmelzende a-Brom-stilben sowie Bromoxytoliden (nicht rein erhalten) enthält und bei weiterer Einw. von Brom Dibrom-oxytoliden (S. 633) abscheidet (LIMPRICHT, SCHWANERT, *A.* **153**, 121). Stilben liefert mit Chlorjod-Eisessig a'-Chlor-a-jod-dibenzyl (INGLE, *C.* **1902** I, 1401). Über die Jodzahl des Stilbens vgl. ferner: INGLE, *C.* **1904** II, 503). — Bei der Einw. der aus konz. Salpetersäure und arseniger Säure entstehenden Stickoxyde auf in Äther gelöstes Stilben entstehen Stilbennitrosit $C_{14}H_{12}O_3N_2$ (s. u.) und die bei 150—152° schmelzende Modifikation des $a.a'$-Dinitro-dibenzyls. Einw. von NO_2 ergibt ein Gemisch der beiden stereoisomeren Modifikationen des $a.a'$-Dinitro-dibenzyls (J. SCHMIDT, *B.* **34**, 623, 3536; D. R. P. 126798; *C.* **1902** I, 81). Stilben addiert Nitrosylchlorid unter Bildung von Stilbennitrosylchlorid $C_{14}H_{12}ONCl$ (s. u.) (TILDEN, FORSTER, *Soc.* **65**, 327). Einw. von rauchender Salpetersäure auf Stilben in äther. Lösung: LORENZ, *B.* **7**, 1097; Lo., BLUMENTHAL, *B.* **8**, 1050. Stilben liefert mit Schwefelwasserstoff bei 260° sowie beim Erhitzen mit Schwefel auf 250° Toluol und Tetraphenylthiophen (FROMM, ACHERT, *B.* **36**, 541, 543; vgl. BAUMANN, KLETT, *B.* **24**, 3311).

Verbindung von Stilben mit Pikrylchlorid $C_{14}H_{12} + (O_2N)_3 C_6H_2Cl$. *B.* Aus den Komponenten beim Vermischen der alkoh. Lösungen (LIEBERMANN, PALM, *B.* **8**, 378) oder durch Zusammenschmelzen (BRUNI, *Ch. Z.* **30**, 568). Dunkelgelbe Nadeln. F: 70—71° (L., P.).

Dimolekulares Stilben $C_{28}H_{24}$. *B.* Durch längeres Belichten einer Lösung von Stilben in Benzol (CIAMICIAN, SILBER, *B.* **35**, 4129; *G.* **34** II, 143). — Prismen. F: 163°. Ziemlich löslich in siedendem Eisessig, Äther, Benzol, kaum in Alkohol. Wird von $KMnO_4$ nicht oxydiert.

Stilbennitrosylchlorid $C_{14}H_{12}ONCl$. *B.* Durch Einleiten von NOCl in ein Gemisch aus Stilben und $CHCl_3$ bei —10° (TILDEN, FORSTER, *Soc.* **65**, 327). — Amorph. F: 138° bis 139° (Zers.).

Stilbennitrosit $C_{14}H_{12}O_3N_2 = \begin{matrix} C_6H_5 \cdot CH \cdot NO \\ C_6H_5 \cdot CH \cdot NO \end{matrix} \rangle O$ oder $\begin{matrix} C_6H_5 \cdot CH \cdot N \\ C_6H_5 \cdot CH \cdot N \end{matrix} \langle \begin{matrix} O \\ O \end{matrix}$. *B.* Fällt beim Einleiten von Stickoxyden (entwickelt aus As_2O_3 und Salpetersäure) in eine gekühlte äther. Stilbenlösung aus, während die bei 150—152° schmelzende Modifikation des $a.a'$-Dinitro-dibenzyls in Lösung bleibt (J. SCHMIDT, *B.* **34**, 624, 3540; vgl. SCH., D. R. P. 126798; *C.* **1902** I, 81). — Krystallmehl. Sintert bei 160°, schmilzt bei 195—197° unter Entwicklung von Stickoxyden. Sehr wenig löslich in kaltem Äther, Alkohol, Eisessig, leichter in Benzol, Chloroform. — Geht durch Kochen mit Eisessig in die bei 235—236° schmelzende Modifikation des $a.a'$-Dinitro-dibenzyls über.

Oxytoliden $C_{14}H_{10}O_2$. *B.* Aus dem Öl, das bei Einw. von 1 Mol.-Gew. Brom auf eine äther. Stilbenlösung neben $a.a'$-Dibrom-dibenzyl entsteht und das neben a-Brom-stilben (F: 31°) Bromoxytoliden (nicht rein gewonnen) enthält, durch Behandlung mit Natrium-amalgam in Alkohol (LIMPRICHT, SCHWANERT, *A.* **153**, 122). Aus Dibrom-oxytoliden (S. 633) mit Natriumamalgam (L., SCH.). — Blätter (aus Alkohol). F: 172°. Destilliert unzersetzt. Unlöslich in Wasser, schwer löslich in kaltem Alkohol, leicht in heißem und in Äther. — Reduzierende Stoffe (HI, Zink und Salzsäure, Natriumamalgam) sind ohne Einw. Löst sich in konz. Schwefelsäure unter Bildung einer Sulfonsäure. Mit PCl_5 entstehen Mono-, Tri- und Pentachlor-oxytoliden (s. u.). Brom gibt in äther. Lösung Dibromoxytoliden. Wird von alkoh. Kali nicht angegriffen.

Chlor-oxytoliden $C_{14}H_9O_2Cl$. *B.* Durch Erwärmen von 5 Tln. Oxytoliden mit 6 Tln. PCl_5 (LIMPRICHT, SCHWANERT, *A.* **153**, 127). — Blättchen (aus Alkohol). F: 57—58°. Leicht löslich in Benzol, Äther, Eisessig und heißem Alkohol.

Trichlor-oxytoliden $C_{14}H_7O_2Cl_3$. *B.* Durch Erhitzen von Chlor-oxytoliden mit ca. 2 Tln. PCl_5 und mit $POCl_3$ im geschlossenen Rohr auf 170° (L., SCH., *A.* **153**, 128). — Nadeln. F: 87°. Leicht löslich in Benzol, Äther, heißem Eisessig und heißem Alkohol.

Pentachlor-oxytoliden $C_{14}H_5O_2Cl_5$. *B.* Durch Erhitzen von Trichlor-oxytoliden mit überschüssigem PCl_5 auf 180° (LIMPRICHT, SCHWANERT, *A.* **153**, 128). — Nadeln. F: 187°

bis 190°. Leicht löslich in Benzol und heißem Eisessig, schwer in Äther und noch schwerer in heißem Alkohol. Wird von PCl_5 bei 190° nicht verändert.

    Dibrom-oxytoliden $C_{14}H_8O_2Br_2$. *B.* Aus Stilben in Äther. Lösung mit überschüssigem Brom (LIMPRICHT, SCHWANERT, *A.* **153**, 122). Aus Oxytoliden mit Brom in Äther (L., SCH.). Aus dem Öl, das bei Einw. von 1 Mol.-Gew. Brom auf eine äther. Lösung von Stilben neben a.a'-Dibrom-dibenzyl entsteht und das neben a-Brom-stilben (F: 31°) Brom-oxytoliden (nicht rein gewonnen) enthält, durch weiteren Zusatz von Brom (L., SCH.). — Nadeln (aus Alkohol). F: 121°. Destilliert unzersetzt. Leicht löslich in CS_2, Äther und heißem Alkohol, schwer in kaltem. — Liefert mit Natriumamalgam in alkoh. Lösung Oxytoliden. Brom gibt Substitutionsprodukte. Beim Erhitzen mit alkoh. Kali auf 200° tritt alles Brom als KBr aus.

    b) ***Isostilben*** $C_{14}H_{12} = C_6H_5 \cdot CH:CH \cdot C_6H_5$. Isostilben besitzt nach J. WISLICENUS (*C.* **1901 I**, 464) die trans-Konfiguration (vgl. dazu S. 630), nach BRUNI (*R. A. L.* [5] **13 I**, 627), PFEIFFER (*Ph. Ch.* **48**, 61) und STRAUS (*A.* **342**, 210) die cis-Konfiguration. — *B.* Durch Einw. ultravioletter Strahlen auf Stilben (STOERMER, *B.* **42**, 4871). Aus dem niedrig schmelzenden a-Brom-a.β-diphenyl-äthylen (S. 635) durch Reduktion, am besten mit Zinkstaub und siedendem 90%igem Alkohol (J. WISLICENUS, JAHRMARKT, *C.* **1901 I**, 463). Bei der Einw. von Thiophenolnatrium auf das bei 110—110,5° schmelzende a.a'-Dibrom-dibenzyl durch Erwärmen der alkoh., mit etwas Benzol versetzten Lösung auf dem Wasserbade, neben Diphenyldisulfid (OTTO, STOFFEL, *B.* **30**, 1799). Aus 9 g Tolan in 200 ccm Alkohol beim Kochen mit 10 g verkupfertem Zinkstaub unter Lichtabschluß (STRAUS, *A.* **342**, 261). — Farbloses Öl. Hat, besonders in verd. Zustand, einen blütenähnlichen Geruch (STB.). Kp_{21}: 142—143° (STR.); Kp_{12}: 139—145° (W., J.). — Lagert sich beim Erhitzen auf ca. 170—178° in Stilben um (STR.). Geht auch im Sonnenlicht und in Gegenwart von Spuren Brom oder Jod leicht in Stilben über (W., J.). Liefert bei der Oxydation mit einer Magnesiumsulfat enthaltenden Permanganatlösung in Alkohol Benzoin (STR.). Gibt mit Brom in äther. Lösung wesentlich das bei 237° schmelzende Dibrom-dibenzyl (O., STO.). Gibt man im Dunkeln und unter Kühlung Isostilben in CS_2 zu überschüssigem Brom, so entsteht als Hauptprodukt das bei 110—110,5° schmelzende a.a'-Dibrom-dibenzyl (W., J.).

    c) *Substitutionsprodukte von a.β-Diphenyl-äthylenen.*
Entsprechend der Originalliteratur werden die hier aufgeführten Verbindungen als substituierte Stilbene bezeichnet, ohne daß aber über ihre sterische Zugehörigkeit zum Stilben oder Isostilben etwas ausgesagt werden soll.

    a-Phenyl-β-[2-chlor-phenyl]-äthylen, 2-Chlor-stilben $C_{14}H_{11}Cl = C_6H_5 \cdot CH:CH \cdot C_6H_4Cl$. *B.* Aus β-Chlor-a-phenyl-β-[4-chlor-phenyl]-propiophenon $C_6H_4Cl \cdot CHCl \cdot CH(C_6H_5) \cdot CO \cdot C_6H_5$ durch Destillation unter 22 mm Druck, neben Benzoylchlorid (KLAGES, TETZNER, *B.* **35**, 3970). — Nadeln (aus wenig Alkohol). F: 40°. Kp_{22}: 195°. — Das Dibromid bildet Nadeln vom Schmelzpunkt 176°.

    a-Phenyl-β-[4-chlor-phenyl]-äthylen, 4-Chlor-stilben $C_{14}H_{11}Cl = C_6H_5 \cdot CH:CH \cdot C_6H_4Cl$. *B.* Aus p-Chlor-phenylessigsäure und Benzaldehyd bei 300° (v. WALTHER, WETZLICH, *J. pr.* [2] **61**, 196). Aus p-Chlor-benzaldehyd und Phenylessigsäure bei 250° (v. WA., RAETZE, *J. pr.* [2] **65**, 283). — Blättchen (aus Eisessig). F: 129° (v. WA., WE.), 127° (v. WA., R.). Leicht löslich in Äther und heißem Alkohol (v. WA., WE.).

    Flüssiges a-Chlor-a.β-diphenyl-äthylen, flüssiges a-Chlor-stilben („a-Chlor-stilben") $C_{14}H_{11}Cl = C_6H_5 \cdot CH:CCl \cdot C_6H_5$. *B.* Aus dem a.a'-Dichlor-dibenzyl vom Schmelzpunkt 191—193° mit alkoh. Kali (1 Mol.-Gew.) (LAURENT, *Berzelius' Jahresber.* **25**, 621). Beim Behandeln von Desoxybenzoin mit PCl_5 (ZININ, *A.* **149**, 375). — Öl. — Geht beim Erhitzen in das feste a-Chlor-stilben (s. u.) über (SUDBOROUGH, *B.* **25**, 2237; vgl. *Soc.* **71**, 220). Wird von Natriumamalgam in Stilben übergeführt (Z.). Gibt mit alkoh. Kali Tolan (Z.).

    Festes a-Chlor-a.β-diphenyl-äthylen, festes a-Chlor-stilben („β-Chlorstilben") $C_{14}H_{11}Cl = C_6H_5 \cdot CH:CCl \cdot C_6H_5$. *B.* Beim Kochen von flüssigem a-Chlor-stilben (SUDBOROUGH, *B.* **25**, 2237; *Soc.* **71**, 220). Aus Desoxybenzoin durch Erwärmen mit PCl_5 und nachfolgende Destillation des Reaktionsproduktes im Vakuum (SU., *Soc.* **71**, 220). — Farblose Tafeln. F: 53—54° (SU.). Siedet bei 320—324° unter schwacher Zersetzung (SU.). Leicht löslich in heißem Alkohol, Äther, Chloroform, Benzol und Eisessig, schwer in kaltem Alkohol, unlöslich in Wasser (SU.). — Wird durch Natriumamalgam in Stilben verwandelt (SU.). Gibt durch Einw. von salpetriger Säure a-Chlor-a.a'-dinitro-dibenzyl neben dem a.a'-Dinitrodiphenyläthylen vom Schmelzpunkt 104—105° (SU.; J. SCHMIDT, *D. R. P.* 126798; *C.* **1902 I**, 81). Liefert mit alkoh. Kali Tolan (SU., *Soc.* **71**, 221).

$\alpha\beta$-Bis-[2-chlor-phenyl]-äthylen, 2.2'-Dichlor-stilben C$_{14}$H$_{10}$Cl$_2$ = C$_6$H$_4$Cl·CH:
CH·C$_6$H$_4$Cl. *B.* Beim Erhitzen von $\alpha.\beta$-Bis-[2-chlor-phenyl]-äthan mit Kupferpulver auf
105° (GILL, *B.* 26, 651). Beim Erhitzen von 25 g o-Chlor-benzalchlorid (S. 300) mit 35 g
Kupferpulver und 35 g Sand auf 105° (G.). — Nadeln (aus absol. Alkohol). F: 97°. Siedet
gegen 220°. Leicht löslich in Äther, CHCl$_3$, CS$_2$ und Benzol, reichlich in Alkohol, schwer in
Petroläther. — Wird von Natrium bei 190° nicht verändert.

Hochschmelzendes $\alpha.\beta$-Dichlor-$\alpha.\beta$-diphenyl-äthylen, hochschmelzendes $\alpha.\alpha'$-
Dichlor-stilben („α-Tolandichlorid") C$_{14}$H$_{10}$Cl$_2$ = C$_6$H$_5$·CCl:CCl·C$_6$H$_5$. *B.* Aus Benzalchlorid bei der Zersetzung durch einen rotglühenden Platindraht, neben dem niedrigschmelzenden $\alpha.\alpha'$-Dichlor-stilben (s. u.) (LOEB, *B.* 36, 3060; *Z. El. Ch.* 9, 906). Durch Erwärmen von
Benzotrichlorid mit Kupferpulver und nachfolgende Destillation des mittels Benzols isolierten
Reaktionsproduktes, neben dem niedrigschmelzenden $\alpha.\alpha'$-Dichlor-stilben (HANHART, *B.*
15, 899; vgl. ONUFROWICZ, *B.* 17, 835). Aus Benzotrichlorid bei der Zersetzung durch einen
rotglühenden Platindraht, neben dem niedrigschmelzenden $\alpha.\alpha'$-Dichlor-stilben (LOEB). Beim
Erwärmen von $\alpha.\alpha.\alpha'$-Trichlor-dibenzyl mit alkoh. Kali, neben dem niedrigschmelzenden
$\alpha.\alpha'$-Dichlor-stilben (SUDBOROUGH, *Soc.* 71, 221). Durch Reduktion des $\alpha.\alpha.\alpha'.\alpha'$-Tetrachlor-
dibenzyls mit Zink und Alkohol, neben dem niedrigschmelzenden $\alpha.\alpha'$-Dichlor-stilben (ZININ,
B. 4, 289; BLANK, *A.* 248, 22; LIEBERMANN, HOMEYER, *B.* 12, 1973), und zwar entstehen
bei dieser Reaktion auf 1 Tl. hochschmelzendes etwa 2 Tle. niedrigschmelzendes $\alpha.\alpha'$-Dichlor-
stilben (BLANK, *A.* 248, 26; vgl. EILOART, *Am.* 12, 243). Durch Reduktion von $\alpha.\alpha.\alpha'.\alpha'$-
Tetrachlor-dibenzyl mit Eisessig und Eisenpulver, neben dem niedrigschmelzenden $\alpha.\alpha'$-Di-
chlor-stilben (LACHOWICZ, *B.* 17, 1165; BLANK, *A.* 248, 34). Beim Erhitzen von Stilben
mit 2 Mol.-Gew. PCl$_5$ und etwas POCl$_3$ auf 170°, neben dem niedrigschmelzenden $\alpha.\alpha'$-Dichlor-
stilben (LIMPRICHT, SCHWANERT, *B.* 4, 379). Durch Einleiten von Chlor in eine Chloroformlösung von Tolan (LIEBERMANN, HOMEYER, *B.* 12, 1974). Durch Destillation des niedrigschmelzenden $\alpha.\alpha'$-Dichlor-stilbens (LIMPRICHT, SCHWANERT, *B.* 4, 379; BLANK, *A.* 248,
18); und zwar wandeln sich bei der Destillation ca. 32% des niedrig schmelzenden $\alpha.\alpha'$-Dichlor-
stilbens in das hochschmelzende um (EILOART, *Am.* 12, 239). — Tafeln (aus Alkohol). F: 153°
(ZI.; LIM., SCHW.), 150° (MARCKWALD, KARCZAG, *B.* 40, 2995), 143° (LIM., HO.; BLANK,
A. 248, 17). Kp$_{18}$: 183° (BLANK, *A.* 248, 19). Leicht löslich in Äther (ZI.). 100 Tle. absol.
Alkohol lösen bei 24,4° 0,71 Tle. (EI.). Die Löslichkeit wird durch beigemengtes niedrigschmelzendes $\alpha.\alpha'$-Dichlor-stilben erheblich vermindert (EI.). Liefert mit $\alpha.\alpha.\alpha'.\alpha'$-Tetra-
chlor-dibenzyl ein isomorphes Gemisch (MAR., KAR.). Molekulares Brechungsvermögen:
BRÜHL, *B.* 29, 2906. — Geht durch Erhitzen teilweise in das niedrigschmelzende $\alpha.\alpha'$-Dichlor-
stilben über (LIM., SCHW.; BLANK), und zwar wandeln sich bei der Destillation ungefähr
68% des hochschmelzenden $\alpha.\alpha'$-Dichlor-stilbens in das niedrigschmelzende um (EI.). Liefert
(im Gemisch mit dem niedrig schmelzenden Isomeren) beim Erhitzen mit Jodwasserstoffsäure und rotem Phosphor auf 170° Dibenzyl (HANHART, *B.* 15, 900). Gibt beim Behandeln
mit Natriumamalgam Tolan (ZI.; vgl. HAN.). Nimmt in äther. Lösung kein Brom auf (LIM.,
SCHWA.). Gibt mit alkoh. Kali bei 180° Tolan (LIM., SCHW.). Bleibt beim Erhitzen mit
Silberacetat und Eisessig auf 200° zum größten Teil unverändert, geht aber zum Teil in
das niedrig schmelzende Isomere über (LIM., SCHW.).

Niedrigschmelzendes $\alpha.\beta$-Dichlor-$\alpha.\beta$-diphenyl-äthylen, niedrigschmelzendes
$\alpha.\alpha'$-Dichlor-stilben („β-Tolandichlorid") C$_{14}$H$_{10}$Cl$_2$ = C$_6$H$_5$·CCl:CCl·C$_6$H$_5$. *B.* Entsteht
bei der Destillation des hochschmelzenden $\alpha.\alpha'$-Dichlor-stilbens (LIMPRICHT, SCHWANERT, *B.* 4,
379; BLANK, *A.* 248, 18); und zwar wandeln sich bei der Destillation ca. 68% des hochschmelzenden $\alpha.\alpha'$-Dichlor-stilbens in das niedrigschmelzende um (EILOART, *Am.* 12, 239). Beim
Erhitzen von $\alpha.\alpha.\alpha'.\alpha'$-Tetrachlor-dibenzyl mit der gleichen Menge Kupfer auf 160° (ONU-
FROWICZ, *B.* 17,8 35). Weitere Bildungsweisen s. o. bei dem hochschmelzenden $\alpha.\alpha'$-Dichlor-
stilben. — Nadeln. F: 63° (ZININ, *B.* 4, 289). Kp$_{18}$: 178° (BLANK, *A.* 248, 19). 100 Tle.
absol. Alkohol lösen bei 24,4° 10,51 Tle. (EI.). Leicht löslich in Äther (Z.). Molekulares
Brechungsvermögen: BRÜHL, *B.* 29, 2906. — Geht beim Erhitzen teilweise in das hochschmel-
zende $\alpha.\alpha'$-Dichlor-stilben über (LI., SCH.; BL.); und zwar wandeln sich bei der Destillation
ca. 32% des niedrigschmelzenden $\alpha.\alpha'$-Dichlor-stilbens in das hochschmelzende um (EI.).
Wird in alkoh. Lösung durch Natriumamalgam in Tolan übergeführt (ZI.; vgl. HANHART,
B. 15, 900). Liefert (im Gemisch mit dem hochschmelzenden Isomeren) beim Erhitzen mit
Jodwasserstoffsäure und rotem Phosphor auf 170° Dibenzyl (H.). Wird von Zinkstaub und
Alkohol viel langsamer angegriffen als das hochschmelzende $\alpha.\alpha'$-Dichlor-stilben (EI.). Nimmt
in äther. Lösung kein Brom auf (L., SCH.). Gibt mit alkoh. Kali bei 180° Tolan (L., SCH.).
Bleibt beim Erhitzen mit Silberacetat und Eisessig zum größten Teil unverändert, geht aber
zum Teil in das hochschmelzende Isomere über (L., SCH.).

x.x-Dichlor-stilben C$_{14}$H$_{10}$Cl$_2$. *B.* Durch Einleiten von überschüssigem Chlor in geschmolzenes Dibenzyl (KADE, *J. pr.* [2] 19, 466). — Nadeln oder Blättchen. F: 170°. Leicht
löslich in warmem Alkohol oder Äther.

a-Chlor-a.β-bis-[2-ohlor-phenyl]-äthylen, 2.2'.a-Trichlor-stilben $C_{14}H_9Cl_3$ = $C_6H_4Cl \cdot CH : CCl \cdot C_6H_4Cl$. *B.* Beim Erhitzen von 2.2'.a.a'-Tetrachlor-dibenzyl mit alkoh. Kali auf 100° (GILL, *B.* 26, 652). — Schüppchen (aus Äther). F: 66°.

Hochschmelzendes a.β-Dichlor-a.β-bis-[2-chlor-phenyl]-äthylen, hochschmelzendes 2.2'.a.a'-Tetrachlor-stilben $C_{14}H_8Cl_4$ = $C_6H_4Cl \cdot CCl : CCl \cdot C_6H_4Cl$. *B.* Aus 2.2'-Dichlor-tolan beim Sättigen der warmen Chloroformlösung mit Chlor, neben dem niedrigschmelzenden 2.2'.a.a'-Tetrachlor-stilben; man trennt die beiden Modifikationen durch Krystallisation aus Petroläther, in welchem die hochschmelzende schwerer als die niedrigschmelzende löslich ist (FOX, *B.* 26, 656). Bei 25-stdg. Kochen einer Lösung von 40 g o-Chlorbenzotrichlorid (S. 302—303) in 60 g Benzol mit 30 g Kupferpulver, neben dem niedrigschmelzenden 2.2'.a.a'-Tetrachlor-stilben (s. u.) (F., *B.* 26, 653). — Nadeln (aus Petroläther). F: 172°. Siedet bei 354° unter teilweisem Übergang in die niedrigschmelzende Form. Kp_{18}: 209°. 100 Tle. Petroläther lösen 0,3546 Tle. Substanz. — Beim Erhitzen mit Zinkstaub entsteht 2.2'-Dichlor-tolan.

Niedrigschmelzendes a.β-Dichlor-a.β-bis-[2-chlor-phenyl]-äthylen, niedrigschmelzendes 2.2'.a.a'-Tetrachlor-stilben $C_{14}H_8Cl_4$ = $C_6H_4Cl \cdot CCl : CCl \cdot C_6H_4Cl$. *B.* siehe im vorangehenden Artikel. — Tafeln (aus Petroläther). F: 129° (FOX, *B.* 26, 654). Siedet bei 353—356°, dabei zum Teil in die hochschmelzende Form übergehend; destilliert bei 18 mm Druck unverändert. 100 Tle. Petroläther lösen 1,9881 Tle. Substanz. — Beim Erhitzen mit Zinkstaub entsteht 2.2'-Dichlor-tolan.

Hochschmelzendes a-Brom-a.β-diphenyl-äthylen, hochschmelzendes a-Brom-stilben $C_{14}H_{11}Br = C_6H_5 \cdot CH : CBr \cdot C_6H_5$. Hat nach PFEIFFER (*Ph. Ch.* 48, 60) trans-Konfiguration. — *B.* Aus dem hochschmelzenden a.a'-Dibrom-dibenzyl durch Destillation (LIMPRICHT, SCHWANERT, *A.* 145, 336; 155, 71). Aus dem niedrigschmelzenden a.a'-Dibrom-dibenzyl bei vorsichtiger Behandlung mit 1 Mol.-Gew. absol. alkoh. Kali (WISLICENUS, SEELER, *B.* 28, 2699). Beim Eintropfen von 1 Mol.-Gew. Brom in eine 40—50° warme wäßr. Lösung von a-phenyl-zimtsaurem Natrium (MÜLLER *B.* 26, 664). Aus dem niedrigschmelzenden a-Brom-stilben (s. u.) bei wiederholter Destillation im luftverdünnten Raum oder bei längerem Erhitzen auf 200° (W., SE.). — Blättchen (aus Alkohol). F: 31° (W., SE.). — Wird von Natriumamalgam in alkoh. Lösung in Stilben übergeführt (L., SCH., *A.* 155, 72). Liefert beim Erhitzen mit Wasser auf 180—190° Desoxybenzoin (L., SCH., *A.* 155, 60). Wird von alkoh. Kali viel leichter in HBr und Tolan zerlegt als die niedrigschmelzende a-Brom-stilben (W., SE.). Einw. von Silberacetat: L., SCH., *A.* 155, 73.

Niedrigschmelzendes a-Brom-a.β-diphenyl-äthylen, niedrigschmelzendes a-Brom-stilben $C_{14}H_{11}Br = C_6H_5 \cdot CH : CBr \cdot C_6H_5$. Hat nach PFEIFFER (*Ph. Ch.* 48, 60) cis-Konfiguration. — *B.* Aus dem hochschmelzenden a.a'-Dibrom-dibenzyl bei vorsichtiger Behandlung mit 1 Mol.-Gew. absolut-alkoholischer Kalilauge (WISLICENUS, SEELER, *B.* 28, 2699; W., JAHRMARKT, *C.* 1901 I, 463). — Erstarrt im Kohlensäure-Äther-Gemisch und schmilzt bei +19° (W., J.). — Geht bei mehrmaliger Destillation im luftverdünnten Raume fast vollständig in das hochschmelzende a-Brom-stilben über (W., S.). Liefert bei der Reduktion hauptsächlich Isostilben (W., J.). Wird von alkoh. Kali viel schwerer in HBr und Tolan zerlegt als die hochschmelzende Modifikation (W., S.).

Verbindung $C_{14}H_{12}O$. *B.* Man läßt auf a-Brom-stilben in feuchtem Alkohol bei 60° unter Schütteln wiederholt frisches Silberoxyd einwirken (IRVINE, WEIR, *Soc.* 91, 1393). — Nadeln (aus CCl_4). F: 115—120°.

a-Chlor-β-brom-a.β-diphenyl-äthylen, a'-Chlor-a-brom-stilben $C_{14}H_{10}ClBr$ = $C_6H_5 \cdot CCl : CBr \cdot C_6H_5$. *B.* Durch alkoh. Kali aus a-Chlor-a.a'-dibrom-dibenzyl (SUDBOROUGH, *Soc.* 71, 222). — Farblose Prismen. F: 173—174°. Schwer löslich in Alkohol.

a.β-Bis-[4-brom-phenyl]-äthylen, 4.4'-Dibrom-stilben $C_{14}H_{10}Br_2 = C_6H_4Br \cdot CH : CH \cdot C_6H_4Br$. *B.* Aus der Natriumverbindung des p-Brom-phenylisonitromethans oder der Natriumverbindung des p-Brom-phenylisonitroacetonitrils beim Erhitzen mit verd. Natronlauge im geschlossenen Rohr auf 150—160° (WISLICENUS, ELVERT, *B.* 41, 4130). — Blättchen (aus Alkohol). F: 208—210°. Leicht löslich in Benzol, ziemlich schwer in Alkohol. — Addiert in Alkohol 1 Mol.-Gew. Brom.

Hochschmelzendes a.β-Dibrom-a.β-diphenyl-äthylen, hochschmelzendes a.a'-Dibrom-stilben („a-Tolandibromid") $C_{14}H_{10}Br_2 = C_6H_5 \cdot CBr : CBr \cdot C_6H_5$. *B.* Beim Eintragen von Brom in eine ätherische Tolanlösung in überwiegender Menge, neben niedrigschmelzendem a.a'-Dibrom-stilben (S. 636) (LIMPRICHT, SCHWANERT, *B.* 4, 379; vgl. *A.* 145, 348).

Aus Diphenylosotetrazin $\begin{matrix} C_6H_5 - && - C_6H_5 \\ N \cdot NH \cdot NH \cdot N \end{matrix}$ bei Behandlung mit überschüssigem Bromwasser in heißer alkoh. Lösung (STOLLÉ, MÜNCH, KIND, *J. pr.* [2] 70, 439). Aus dem niedrigschmelzenden a.a'-Dibrom-stilben bei der Destillation oder bei mehrstündigem

Erhitzen mit Wasser auf 170—180° (L., SCH., B. 4, 380). — Schüppchen oder Nadeln.
F: 205—206° (BUTTENBERG, A. 279, 329), 200—205° (L., SCH., A. 145, 348). Mit Wasserdampf etwas flüchtig (OTTO, J. pr. [2] 53, 11 Anm.). Schwer löslich in Äther und heißem
Alkohol (L., SCH., A. 145, 348). — Geht bei mehrstündigem Erhitzen mit Wasser auf 170—180°
zum Teil in das niedrigschmelzende a.a'-Dibrom-stilben über (L., SCH., B. 4, 380). Gibt,
mit alkoh. Kali auf 120° erhitzt, Tolan (L., SCH., B. 4, 380; A. 145, 349). Gibt bei andauerndem Erhitzen mit Wasser auf 200° Tolan und Benzil (L., SCH., B. 4, 380). Liefert bei der
Behandlung mit Natriumamalgam Tolan (L., SCH., B. 4, 380). Beim Erhitzen mit Silberacetat und Eisessig auf 120° erhält man a'-Brom-a-acetoxy-stilben (Syst. No. 540) neben
Benzil und Tolan; läßt man die Temperatur auf 140—150° steigen, so bilden sich nur Tolan
und Benzil (L., SCH., B. 4, 380). Gibt beim Erhitzen mit Thiophenolnatrium und Alkohol
auf ca. 105° Tolan und Diphenyldisulfid (O., J. pr. [2] 53, 14). Liefert bei 12-stdg. Erhitzen
mit benzolsulfinsaurem Natrium und Alkohol unter Zusatz von etwas Benzol auf 230° Tolan,
Benzil, Benzolsulfonsäure, Benzolthiosulfonsäure-phenylester und andere Produkte (O., J. pr.
[2] 53, 10).

Niedrigschmelzendes a.β-Dibrom-a.β-diphenyl-äthylen, niedrigschmelzendes
a.a'-Dibrom-stilben („β-Tolandibromid") C$_{14}$H$_{10}$Br$_2$ = C$_6$H$_5$·CBr:CBr·C$_6$H$_5$. B. Beim
Eintragen von Brom in eine äther. Tolanlösung, neben dem in größerer Menge entstehenden
hochschmelzenden a.a'-Dibrom-stilben (LIMPRICHT, SCHWANERT, B. 4, 379). Aus a-Chlor-
a.a'-dibrom-dibenzyl beim Kochen mit alkoh. Kali (SUDBOROUGH, Soc. 71, 222). Aus dem
hochschmelzenden a.a'-Dibrom-stilben bei mehrstündigem Erhitzen mit Wasser auf 170—180°
(L., SCH., B. 4, 380). — Spröde Nadeln. F: 64° (L., SCH.). Mit Wasserdampf etwas flüchtig
(OTTO, J. pr. [2] 53, 11 Anm.). Leicht löslich in Alkohol und Äther (O.). — Geht bei mehrstündigem Erhitzen mit Wasser auf 170—180° oder bei der Destillation zum Teil in das hochschmelzende a.a'-Dibrom-stilben über (L., SCH.). Gibt mit alkoh. Kali Tolan (L., SCH.).
Gibt bei andauerndem Erhitzen mit Wasser auf 200° Tolan und Benzil (L., SCH.). Liefert
bei der Behandlung mit Natriumamalgam Tolan (L., SCH.). Beim Erhitzen mit Silberacetat
und Eisessig auf 120° erhält man a'-Brom-a-acetoxy-stilben (Syst. No. 540) neben Benzil
und Tolan; läßt man die Temperatur auf 140—150° steigen, so bilden sich nur Benzil und
Tolan (L., SCH.). Gibt beim Erhitzen mit Thiophenolnatrium und Alkohol im Kochsalzbade Tolan und Diphenyldisulfid (O., J. pr. [2] 53, 18). Liefert beim Erhitzen mit benzolsulfinsaurem Natrium und Alkohol unter Zusatz von etwas Benzol auf 120—125° Tolan
und Benzolthiosulfonsäure-phenylester neben dem hochschmelzenden a.a'-Dibrom-stilben
(O., J. pr. [2] 53, 10).

a.β-Dijod-a.β-diphenyl-äthylen, a.a'-Dijod-stilben C$_{14}$H$_{10}$I$_2$ = C$_6$H$_5$·CI:CI·C$_6$H$_5$.
B. Durch Erhitzen von Tolan mit festem Jod (E. FISCHER, A. 211, 233). — Rosafarbene
Blättchen (aus CHCl$_3$). Sehr schwer löslich in Alkohol, etwas leichter in heißem Chloroform.
— Zerfällt beim Erhitzen für sich oder beim Erwärmen mit alkoh. Ammoniak auf 100° glatt
in Tolan und Jod.

a-Phenyl-β-[2-nitro-phenyl]-äthylen, 2-Nitro-stilben C$_{14}$H$_{11}$O$_2$N = C$_6$H$_5$·CH:CH·
C$_6$H$_4$·NO$_2$. B. Beim Kochen des Diazoniumsulfats aus 2-Nitro-4-amino-stilben mit Alkohol
und etwas Schwefelsäure (SACHS, HILPERT, B. 39, 902). Aus dem Diazoniumchlorid aus
2-Nitro-4-amino-stilben mit alkal. Zinnoxydullösung bei 0° (PFEIFFER,
MONATH, B. 39, 1305). Aus 2-Nitro-4-hydrazino-stilben mit Eisenchloridlösung (S., H.).
— Hellgelbe Nadeln (aus Alkohol). F: 78° (P., M.), 76° (S., H.). Leicht löslich in gewöhnlichen organischen Lösungsmitteln, schwer in Ligroin (P., M.).

a-Nitro-a.β-diphenyl-äthylen, a-Nitro-stilben, Benzal-phenylnitromethan
C$_{14}$H$_{11}$O$_2$N = C$_6$H$_5$·CH:C(NO$_2$)·C$_6$H$_5$. B. Aus Phenylnitromethan und Benzaldehyd in
Alkohol bei Gegenwart von Methylammoniumcarbonat (KNOEVENAGEL, WALTER, B. 37,
4508). Aus den beiden stereoisomeren a.a'-Dinitro-dibenzylen (S. 604) mit 1 Mol. Natriummethylat in methylalkoh. Lösung (MEISENHEIMER, HEIM, A. 355, 275). Aus den beiden
stereoisomeren a'-Nitro-a-methoxy-dibenzylen (Syst. No. 539) beim Ansäuern der alkal. Lösung mit starker Salzsäure oder in der Wärme (M., H.). — Krystalle (aus Alkohol). F: 75° (K.,
W.). — Geht mit methylalkoholischer Natriummethylatlösung in das Natriumsalz des aci-a'-
Nitro-a-methoxy-dibenzyls C$_6$H$_5$·CH(O·CH$_3$)·C(:NO$_2$Na)·C$_6$H$_5$ über (M., H.).

a-Phenyl-β-[2.4-dinitro-phenyl]-äthylen, 2.4-Dinitro-stilben C$_{14}$H$_{10}$O$_4$N$_2$ = C$_6$H$_5$·
CH:CH·C$_6$H$_3$(NO$_2$)$_2$. B. Durch Erhitzen von 27 g 2.4-Dinitro-toluol mit 18 g Benzaldehyd
und 30 Tropfen Piperidin auf 160—170° und 2-stdg. Erhalten der Schmelze bei 130—140°
(THIELE, ESCALES, B. 34, 2843; BAYER & Co., D. R. P. 124681; C. 1901 II, 1029). — Hellgelbe Krystalle (aus Eisessig). F: 139—140° (TH., E.). In heißem Eisessig leicht löslich,
in kaltem Eisessig schwer löslich, in Alkohol sehr wenig löslich (B. & Co.). Löst sich in alkoh.
Kalilauge mit grüner Farbe, die beim Kochen in rotbraun übergeht (TH., E.). — Geht bei der

Belichtung in fester Form oder in Lösung in die dimere Verbindung $(C_{14}H_{10}O_4N_2)_2$ (s. u.) über (SACHS, HILPÈRT, *B.* **39**, 901).

Verbindung $C_{28}H_{20}O_8N_4 = (C_{14}H_{10}O_4N_2)_2$. *B.* Durch Belichtung des 2.4-Dinitrostilbens in fester Form oder in Lösung (S., H., *B.* **39**, 901). — Tafeln (aus Eisessig). F: 199⁰ bis 200⁰. Schwer löslich in allen organischen Lösungsmitteln. Beständig gegen Brom-Eisessiglösung.

α-Phenyl-β-[2.6-dinitro-phenyl]-äthylen, 2.6-Dinitro-stilben $C_{14}H_{10}O_4N_2 = C_6H_5 \cdot$ $CH:CH \cdot C_6H_3(NO_2)_2$. *B.* Beim Erhitzen von 2.6-Dinitro-toluol mit Benzaldehyd und einigen Tropfen Piperidin auf ca. 130⁰ (PFEIFFER, MONATH, *B.* **39**, 1305). — Gelbe Nadeln (aus Benzol). F: 86⁰.

Hochschmelzendes α.β-Bis-[2-nitro-phenyl]-äthylen, hochschmelzendes 2.2′-Dinitro-stilben $C_{14}H_{10}O_4N_2 = O_2N \cdot C_6H_4 \cdot CH:CH \cdot C_6H_4 \cdot NO_2$. *B.* Neben geringen Mengen des niedrigschmelzenden 2.2′-Dinitro-stilbens (s. u.) beim Versetzen einer Lösung von 17 g o-Nitro-benzylchlorid in 50 g 98⁰/₀igem Alkohol mit einer Lösung von 5,6 g Kali in 56 g Alkohol (BISCHOFF, *B.* **21**, 2072); zur Trennung der beiden Isomeren krystallisiert man das Produkt aus Epichlorhydrin um, in welchem nur das hochschmelzende Dinitrostilben in der Kälte sehr schwer löslich ist (THIELE, DIMROTH, *B.* **28**, 1412). — Hellgelbe Nadeln (aus Chloroform). F: 191—192⁰ (TH., D.), 196⁰ (B.): Sehr schwer löslich in Alkohol, Äther und Ligroin, etwas leichter in heißem Benzol und CS_2 (B.). — Wird von alkoh. Schwefelammonium zu 2′-Nitro-2-amino-stilben (Syst. No. 1735) reduziert (B.). — Gibt bei der Reduktion mit Zinnchlorür in Chlorwasserstoff-Eisessig das hochschmelzende 2.2′-Diamino-stilben (Syst. No. 1788) (B.; TH., D.). Liefert mit Brom α.α′-Dibrom-2.2′-dinitro-dibenzyl (F: 226⁰) (S. 605) (B.).

Niedrigschmelzendes α.β-Bis-[2-nitro-phenyl]-äthylen, niedrigschmelzendes 2.2′-Dinitro-stilben $C_{14}H_{10}O_4N_2 = O_2N \cdot C_6H_4 \cdot CH:CH \cdot C_6H_4 \cdot NO_2$. *B.* s. o. bei hochschmelzendem α.β-Bis-[2-nitro-phenyl]-äthylen. — Nadeln (aus Eisessig). F: 126⁰ (BISCHOFF, *B.* **21**, 2073). — Gibt bei der Reduktion mit Zinnchlorür in Chlorwasserstoff-Eisessig das niedrigschmelzende 2.2′-Diamino-stilben (Syst. No. 1788) (THIELE, DIMROTH, *B.* **28**, 1413). Gibt mit Brom ein bei 215⁰ schmelzendes Additionsprodukt (B.).

Hochschmelzendes α.β-Bis-[4-nitro-phenyl]-äthylen, hochschmelzendes 4.4′-Dinitro-stilben $C_{14}H_{10}O_4N_2 = O_2N \cdot C_6H_4 \cdot CH:CH \cdot C_6H_4 \cdot NO_2$. *B.* Bei allmählichem Versetzen einer kalten Lösung von 50 g p-Nitro-benzylchlorid in 98⁰/₀igem Alkohol mit einer Lösung von 17,5 g KOH in 15 g Wasser und 60 g Alkohol, neben dem niedrigschmelzenden 4.4′-Dinitro-stilben (s. u.) (WALDEN, KERNBAUM, *B.* **23**, 1959; vgl. STRAKOSCH, *B.* **6**, 328; ELBS, BAUER, *J. pr.* [2] **34**, 344); man trennt die beiden Verbindungen durch Aceton, welches das niedrigschmelzende Produkt leichter löst (W., K.). Bei der Einw. von Luftsauerstoff auf p-Nitro-toluol in Gegenwart von methylalkoholischer Kalilauge in der Wärme (GREEN, DAVIES, HORSFALL, *Soc.* **91**, 2079; vgl. O. FISCHER, HEPP, *B.* **26**, 2232). — Gelbliche Blättchen (aus Eisessig). F: 292—294⁰ (G., D., H.), 280—285⁰ (W., K.). — Gut löslich in heißem Eisessig, Aceton, Nitrobenzol, weniger in Alkohol, Äther, Chloroform und Benzol (W., K.). — Erwärmt man Dinitrostilben mit alkoh. Schwefelammonium bis die Flüssigkeit eine dunkelrote Farbe angenommen hat, so erhält man 4′-Nitro-4-amino-stilben (ST.). Beim Erhitzen mit alkoh. Schwefelammon im geschlossenen Gefäß auf 100⁰ entsteht 4.4′-Diamino-stilben (ST.). Auch die Reduktion mit Schwefelnatrium liefert 4.4′-Diamino-stilben (FREUND, NIEDERHOFHEIM, D. R. P. 115287; *C.* **1900 II**, 1167), desgleichen Behandlung mit Zinn, Alkohol und Salzsäure (E., HÖRMANN, *J. pr.* [2] **39**, 502), sowie die elektrolytische Reduktion in saurer Lösung (E., KREMANN, *Z. El. Ch.* **9**, 419).

Niedrigschmelzendes α.β-Bis-[4-nitro-phenyl]-äthylen, niedrigschmelzendes 4.4′-Dinitro-stilben $C_{14}H_{10}O_4N_2 = O_2N \cdot C_6H_4 \cdot CH:CH \cdot C_6H_4 \cdot NO_2$. *B.* s. o. bei hochschmelzendem α.β-Bis-[4-nitro-phenyl]-äthylen. — Rötlichgelbe Krystalle (aus Chloroform). F: 210—216⁰ (W., K., *B.* **23**, 1960). — Schwerer löslich in Alkohol, Äther und Ligroin, leichter in CHCl₃, Aceton und Benzol als das hochschmelzende Stereoisomere (W., K.).

Hochschmelzendes α.β-Dinitro-α.β-diphenyl-äthylen, hochschmelzendes α.α′-Dinitro-stilben $C_{14}H_{10}O_4N_2 = C_6H_5 \cdot C(NO_2):C(NO_2) \cdot C_6H_5$. *B.* Durch Einleiten von nitrosen Gasen in eine ätherische Lösung von Tolan, wobei man die Temperatur 20⁰ nicht überschreiten darf, neben niedrig schmelzendem α.α′-Dinitro-stilben; die hochschmelzende Verbindung krystallisiert aus, die niedrigschmelzende gewinnt man durch Verdunstenlassen der Flüssigkeit an einem kühlen Ort (J. SCHMIDT, *B.* **34**, 621; *C.* **1902 I**, 81). — Hellgelbe Nadeln oder Prismen (aus Alkohol). F: 186—187⁰. Schwer löslich in Alkoholen, leichter in Benzol, Aceton, CHCl₃. — Läßt sich durch Reduktion mit Zinkstaub und Essigsäure und Eindampfen der erhaltenen Base mit Salzsäure in 2.3.5.6-Tetraphenyl-piperazin überführen.

Niedrigschmelzendes α.β-Dinitro-α.β-diphenyl-äthylen, niedrigschmelzendes α.α′-Dinitro-stilben $C_{14}H_{10}O_4N_2 = C_6H_5 \cdot C(NO_2):C(NO_2) \cdot C_6H_5$. *B.* s. o. bei hochschmelzendem $a.\beta$-Dinitro-$a.\beta$-diphenyl-äthylen. — Gelbe Pyramiden (aus Alkohol). F: 105—107° (J. SCHMIDT, B. **34**, 623; D. R. P. 126798; C. **1902** I, 81), 104—105° (SUDBOROUGH, Soc. **71**, 223). Leicht löslich in kaltem Alkohol und Äther, sehr leicht in Chloroform, Aceton und Benzol (SCH.). — Zersetzt sich oberhalb 150° unter Gasentwicklung (SCH.). Läßt sich ebenso wie das hochschmelzende Stereoisomere in 2.3.5.6-Tetraphenyl-piperazin überführen (SCH.).

Hochschmelzendes $a.\beta$-Bis-[2-chlor-4-nitro-phenyl]-äthylen, hochschmelzendes **2.2'-Dichlor-4.4'-dinitro-stilben** $C_{14}H_8O_4N_2Cl_2 = O_2N \cdot C_6H_3Cl \cdot CH : CH \cdot C_6H_3Cl \cdot NO_2$. B. Neben der niedrigschmelzenden stereoisomeren Form (s. u.) bei der Oxydation des 2-Chlor-4-nitro-toluols in alkoh. Kali- oder Natronlauge mittels NaClO oder Luft; man trennt die beiden Stereoisomeren durch Auflösen in siedendem Phenol, Abkühlen der Lösung auf 80° und Umkrystallisieren des ausgeschiedenen Produktes aus Nitrobenzol, wobei die hochschmelzende Verbindung rein erhalten wird; die niedrigschmelzende Verbindung wird aus der Phenollösung mit Natronlauge ausgefällt (GREEN, MARSDEN, SCHOLEFIELD, Soc. **85**, 1436). Beim Kochen alkoh. Lösungen gleichmolekularer Mengen von 2-Chlor-4-nitro-benzylbromid und KOH, neben der Verbindung HO·CH₂·C₆H₃Cl·NH·NH·C₆H₃Cl·CH₂·OH (WITT, B. **25**, 79) und wahrscheinlich etwas niedrigschmelzendem $a.\beta$-Bis-[2-chlor-4-nitro-phenyl]-äthylen (G., M., SCH.). — Orangegelbe Nadeln (aus Nitrobenzol). F: 302° (G., M., SCH.). Ziemlich löslich in heißem Nitrobenzol und Phenol, fast unlöslich in allen anderen Lösungsmitteln (G., M., SCH.). — Wird durch KMnO₄ in Aceton zu 2-Chlor-4-nitro-benzoesäure oxydiert (G., M., SCH.). Alkalische Reduktionsmittel färben die alkoh. Lösung tief purpurrot (G., M., SCH.).

Niedrigschmelzendes $a.\beta$-Bis-[2-chlor-4-nitro-phenyl]-äthylen, niedrigschmelzendes **2.2'-Dichlor-4.4'-dinitro-stilben** $C_{14}H_8O_4N_2Cl_2 = O_2N \cdot C_6H_3Cl \cdot CH : CH \cdot C_6H_3Cl \cdot NO_2$. B. s. o. bei hochschmelzendem $a.\beta$-Bis-[2-chlor-4-nitro-phenyl]-äthylen. — Blaßgelbe Prismen (aus Eisessig oder Chloroform). F: 172—173° (G., M., SCH., Soc. **85**, 1437). — Alkal. Reduktionsmittel färben die alkoh. Lösung tiefpurpurrot (G., M., SCH.).

a-Phenyl-β-[2.4.6-trinitro-phenyl]-äthylen, **2.4.6-Trinitro-stilben** $C_{14}H_9O_6N_3 = C_6H_5 \cdot CH : CH \cdot C_6H_2(NO_2)_3$. B. Bei halbstündigem Erhitzen von 2.4.6-Trinitro-toluol und Benzaldehyd in Gegenwart von einigen Tropfen Piperidin auf dem Wasserbade (PFEIFFER, MONATH, B. **39**, 1306). Aus 2.4.6-Trinitro-toluol und Benzaldehyd in Alkohol bei Gegenwart von Piperidin bei 40° (ULLMANN, GSCHWIND, B. **41**, 2296). — Gelbe Nadeln mit siedender Essigsäure) (U., G.); gelbe Tafeln mit 1 Mol. Benzol (aus Benzol), die an der Luft verwittern (PF., M.). F: 156°(U., G.), 158°(PF., M.). Leicht löslich in kaltem Benzol, schwer in siedendem Alkohol, Äther (U., G.).

a-[2-Nitro-phenyl]-β-[2.4-dinitro-phenyl]-äthylen, **2.4.2'-Trinitro-stilben** $C_{14}H_9O_6N_3 = O_2N \cdot C_6H_4 \cdot CH : CH \cdot C_6H_3(NO_2)_2$. B. Durch Erhitzen von 2.4-Dinitro-toluol mit o-Nitro-benzaldehyd in Gegenwart von Piperidin (THIELE, ESCALES, B. **34**, 2848). — Grünlichgelbe Krystalle (aus Eisessig). F: 194—195°.

a-[3-Nitro-phenyl]-β-[2.4-dinitro-phenyl]-äthylen, **2.4.3'-Trinitro-stilben** $C_{14}H_9O_6N_3 = O_2N \cdot C_6H_4 \cdot CH : CH \cdot C_6H_3(NO_2)_2$. B. Durch Erhitzen von 2.4-Dinitro-toluol mit m-Nitro-benzaldehyd in Gegenwart von Piperidin (THIELE, ESCALES, B. **34**, 2847; vgl. BAYER & Co., D. R. P. 124681; C. **1901** II, 1029). — Gelbe Nadeln (aus Eisessig). F: 183° bis 184° (TH., E.). Sehr wenig löslich in siedendem Alkohol (TH., E.). Die grüne Lösung in alkoh. Kali färbt sich beim Kochen rotbraun (TH., E.).

a-[4-Nitro-phenyl]-β-[2.4-dinitro-phenyl]-äthylen, **2.4.4'-Trinitro-stilben** $C_{14}H_9O_6N_3 = O_2N \cdot C_6H_4 \cdot CH : CH \cdot C_6H_3(NO_2)_2$. B. Durch Erhitzen von 2.4-Dinitro-toluol mit p-Nitro-benzaldehyd unter Zusatz von etwas Piperidin auf 160—170° und 2-stdg. Erhalten der Schmelze auf 130—140° (THIELE, ESCALES, B. **34**, 2846; BAYER & Co., D. R. P. 124681; C. **1901** II, 1029). — Citronengelbe Nadeln (aus Nitrobenzol). F: 24° (TH., E.). Löslich in ca. 70 Tln. siedendem Eisessig, sonst sehr wenig löslich (TH., E.).

a-[4-Nitro-phenyl]-β-[2.4.6-trinitro-phenyl]-äthylen, **2.4.6.4'-Tetranitro-stilben** $C_{14}H_8O_8N_4 = O_2N \cdot C_6H_4 \cdot CH : CH \cdot C_6H_2(NO_2)_3$. B. Aus 2.4.6-Trinitro-toluol und p-Nitrobenzaldehyd in Alkohol in Gegenwart von Piperidin (ULLMANN, GSCHWIND, B. **41**, 2297). — Gelbe Nadeln. F: 196°. Leicht löslich in siedendem Eisessig, schwer in Benzol, kaum in Alkohol.

$a.\beta$-Bis-[2.4-dinitro-phenyl]-äthylen, **2.4.2'.4'-Tetranitro-stilben** $C_{14}H_8O_8N_4 = (O_2N)_2C_6H_3 \cdot CH : CH \cdot C_6H_3(NO_2)_2$. B. Aus 2.4-Dinitro-benzylchlorid und KOH in Alkohol (KRASSUSKI, Ж. **27**, 339). Zu der mit Kältemischung gekühlten Mischung von 2.4-Dinitro-toluol in Pyridin und von Jod in Methylalkohol fügt man langsam 33 %ige methylalkoh. Kalilauge (GREEN, BADDILEY, Soc. **93**, 1725). — Darst. Zu einer Lösung von 100 g 2.4-Dinitrobenzylchlorid in 1 Ltr. 96 %igem Alkohol läßt man bei 40—50° eine Lösung von 30 g Kali in 500 g Alkohol tropfen, wobei sich das Tetranitrostilben als gelber Niederschlag abscheidet (ESCALES, B. **37**, 3599). — Gelbliche Nadeln (aus Nitrobenzol oder Eisessig). F: 266—267° (E.), 264—266° (Zers.) (K.). Unlöslich in Äther, leicht löslich in Nitrobenzol (K.). — Gibt

bei der Reduktion mit Zinn und Salzsäure oder mit Zinnchlorür in Salzsäure-Eisessiglösung
2.4.2'.4'-Tetraamino-stilben (E.; G., B.).

2. α.α-Diphenyl-äthylen, asymm. Diphenyl-äthylen $C_{14}H_{12} = (C_6H_5)_2C:CH_2$.

B. Entsteht neben einem oberhalb 350⁰ siedenden Körper beim Behandeln eines Gemenges
von α.α-Dibrom-äthylen und Benzol mit $AlCl_3$ (DEMOLE, B. 12, 2245; ANSCHÜTZ, A. 235,
159). Aus Tribromäthylen, Benzol und $AlCl_3$ (ANSCHÜTZ, A. 235, 336). Beim Kochen von
β-Chlor-α.α-diphenyl-äthan mit alkoh. Kalilauge (HEPP, B. 7, 1409). Durch Destillation des
Methyldiphenylcarbinols unter normalem Druck (MASSON, C. r. 135, 533; TIFFENEAU, A. ch.
[8] 10, 359). Durch Sättigen von Methyldiphenylcarbinol mit HCl und Erhitzen des so entstandenen Chlorids mit der 4-fachen Menge Pyridin (KLAGES, B. 35, 2647). Durch Einw.
von Phenylmagnesiumbromid auf Acetylchlorid und Zersetzung des Reaktionsproduktes
mit Wasser (TISSIER, GRIGNARD, C. r. 132, 1184). Durch Einw. von Phenylmagnesiumbromid auf Acetophenon und Zersetzung des Reaktionsproduktes mit HCl (KAUFFMANN,
Ph. Ch. 55, 557). — Erstarrt im Kältegemisch und schmilzt dann bei 8—9⁰ (REDSKO, Ж.
22, 365). F: ca. 6⁰ (MA.). Kp: 277⁰ (HEPP), 270—275⁰ (TIFF.), 270—271⁰ (MA.); Kp_{14}: 164⁰;
Kp_{25}: 156⁰ (KLA.); Kp_{16}: 147⁰ (korr.) (KLA., HEILMANN, B. 37, 1449); Kp_{12}: 152⁰ (AN., A. 235,
337; TISS., GR.). D^0: 1,0415; D^{15}: 1,0278 (REDSKO); D_4^{15}: 1,038 (KLA., HEI.); D^{15}: 1,0278
(KAU.); D_4^{20}: 1,0253 (KLA.); D_4^{25}: 1,0206; $D_4^{49,4}$: 0,9241 (EIJKMAN, R. 14, 189). $n_D^{?}$: 1,610
(KLA., HEI.); $n_α^{20}$: 1,59672; $n_β^{20}$: 1,62191; $n_α^{49,4}$: 1,53712; $n_β^{49,4}$: 1,55983 (EI.). Magnetisches
Drehungsvermögen: KAU. — Wird von Chromsäuregemisch zu Benzophenon oxydiert (AN.,
A. 235, 159). Spaltet bei langsamer Oxydation an der Luft Formaldehyd in polymerer
Form ab (TIFF., Bl. [3] 27, 1067), wobei gleichzeitig Benzophenon entsteht (KLA., HEI.). Wird
von Natrium und Alkohol zu α.α-Diphenyl-äthan reduziert (KLA., HEI.). Läßt sich durch
Behandlung mit Chlor und Destillation des Reaktionsproduktes in β.β-Dichlor-α.α-diphenyl-
äthylen überführen (HEPP, B. 7, 1411). Addiert 1 Mol.-Gew. Brom (HEPP; BAUER, B. 37,
3320). Das Additionsprodukt zerfällt leicht in HBr und β-Brom-α.α-diphenyl-äthylen (HEPP).
Liefert bei der Einw. von Jod und gelbem Quecksilberoxyd in wäßr. Alkohol zunächst Jod-
methyl-diphenyl-carbinol $(C_6H_5)_2C(OH)\cdot CH_2I$, aus welchem durch weiteres HgO unter HI-
Abspaltung und Umlagerung Desoxybenzoin entsteht (TIFF.).
Polymeres Diphenyläthylen (?) $(C_{14}H_{12})_x$ s. bei β-Chlor-α.α-diphenyl-äthan, S. 606.

β-Chlor-α.α-diphenyl-äthylen $C_{14}H_{11}Cl = (C_6H_5)_2C:CHCl$. B. Bei 8—10-stdg. Kochen
von 150 g rohem β.β-Dichlor-α.α-diphenyl-äthan mit 80 g KOH, gelöst in 500 ccm Alkohol
(BUTTENBERG, A. 279, 325). — Nadeln (aus Alkohol). F: 42⁰. Kp: 298⁰; Kp_{38}: 189⁰. Leicht
löslich in Äther, CS_2 und $CHCl_3$. — Beim Destillieren über Ätzkalk entsteht Stilben. Löst
sich in kalter, rauchender Salpetersäure unter Bildung eines Dinitrobenzophenons, das ein
bei 234⁰ schmelzendes Phenylhydrazon gibt. Beim Erhitzen mit alkoh. Natriumäthylatlösung auf 180—200⁰ entsteht β-Äthoxy-α.α-diphenyl-äthylen (Syst. No. 540) neben etwas
Tolan.

β.β-Dichlor-α.α-diphenyl-äthylen $C_{14}H_{10}Cl_2 = (C_6H_5)_2C:CCl_2$. B. Beim Einleiten von
Chlor in α.α-Diphenyl-äthylen und Destillieren des Reaktionsprodukts (HEPP, B. 7, 1411).
Aus β.β.β-Trichlor-α.α-diphenyl-äthan durch Destillation (GOLDSCHMIEDT, B. 6, 987). Aus
β.β.β-Trichlor-α.α-diphenyl-äthan beim Kochen mit alkoh. Kali (BAEYER, B. 6, 223). Durch
Einw. von Chloral auf Benzol in Schwefelkohlenstofflösung bei Gegenwart von $AlCl_3$, Zersetzung des Reaktionsprodukts mit Wasser und nachfolgende Destillation, neben anderen
Verbindungen (BILTZ, B. 26, 1955; A. 296, 221). — Krystalle (aus Alkohol). Monoklin
prismatisch (HINTZE, Ann. d. Physik 152, 269; vgl. Groth, Ch. Kr. 5, 120). F: 80⁰ (BA.).
Kp: 316,5⁰ (korr.) (REDSKO, Ж. 21, 424), 336⁰ (korr.) (BI., B. 26, 1956; A. 296, 240). Leicht
löslich in Äther, Chloroform und Schwefelkohlenstoff, weniger in Alkohol und Benzol (Go.).
100 Tle. 90⁰/₀iger Alkohol lösen in der Kälte 11,91 Tle., beim Kochen 19,87 Tle. (ELBS, J. pr.
[2] 47, 78). — Gibt beim Erhitzen mit rauchender Jodwasserstoffsäure und Phosphor auf
170—210⁰ Dibenzyl und α.α-Diphenyl-äthan (R.). Liefert mit rauchender Salpetersäure
β.β-Dichlor-α.α-bis-[4-nitro-phenyl]-äthylen und 4.4'-Dinitro-benzophenon (LANGE, ZUFALL,
A. 271, 3; Höchster Farbw., D. R. P. 58360; Frdl. 3, 78). Gibt mit Chlor α.β.β.β-Tetrachlor-
α.α-diphenyl-äthan, mit Brom β.β-Dichlor-α.β-dibrom-α.α-diphenyl-äthan (BI., B. 26, 1956;
A. 296, 265). Beim Erhitzen mit alkoh. Natriumäthylatlösung entsteht Diphenylessigsäure
(FRITSCH, FELDMANN, A. 306, 79). Färbt sich bei starkem Erwärmen mit konz. Schwefelsäure erst gelb, dann dunkelgrün, später durch Violett schwarz (BI., B. 26, 1956; A. 296, 241).

β.β-Dichlor-α.α-bis-[x-chlor-phenyl]-äthylen $C_{14}H_8Cl_4 = (C_6H_4Cl)_2C:CCl_2$. B. Durch
längeres Kochen von β.β.β-Trichlor-α.α-bis-[x-chlor-phenyl]-äthan mit alkoh. Kali (ZEIDLER,

B. 7, 1181). — Krystalle (aus Alkohol). Rhombisch bipyramidal (HINTZE, *Ann. d. Physik* 152, 274; vgl. *Groth, Ch. Kr.* 5, 121). F: 89° (Z.).

a-Phenyl-a-[4-brom-phenyl]-äthylen $C_{14}H_{11}Br = C_6H_4Br \cdot C(C_6H_5):CH_2$. *B.* Aus p-Brom-benzophenon und Methylmagnesiumjodid (STOERMER, SIMON, *B.* 37, 4168). — Öl. Kp_{19}: 199—201° (ST., SI., *B.* 37, 4168). Wird beim Erwärmen mit konz. Schwefelsäure erst gelb, dann rot, dann intensiv citronengelb, wobei grüne Fluorescenz auftritt (ST., SI., *A.* 342, 6 Anm.).

β-Brom-a.a-diphenyl-äthylen $C_{14}H_{11}Br = (C_6H_5)_2C:CHBr$. *B.* Man versetzt a.a-Diphenyl-äthylen in CS_2-Lösung mit 1 Mol.-Gew. Brom, verdunstet den CS_2 und erhitzt den Rückstand (HEPP, *B.* 7, 1410). — Nadeln (aus Äther-Alkohol). F: 40° (ANSCHÜTZ, *A.* 235, 161), 50° (H.). Siedet oberhalb 300° (H.). Schwer löslich in kaltem Alkohol, leicht in Äther. CS_2, Aceton (H.). — Wird von Chromsäuregemisch äußerst schwer angegriffen (H.). Verbindet sich nicht mit Brom (H.).

trans (oder „a''")-β-Chlor-a-phenyl-a-[4-brom-phenyl]-äthylen $C_{14}H_{10}ClBr$ = $C_6H_5 \cdot C \cdot C_6H_4Br$

$Cl \cdot C \cdot H$. *B.* Entsteht neben der cis-Form, wenn man a-Phenyl-a-[4-brom-phenyl]-äthylen in CS_2 mit genau 2 At.-Gew. Chlor behandelt und das Reaktionsprodukt im Vakuum destilliert (STOERMER, SIMON, *A.* 342, 6). — Farb- und geruchlose Säulen (aus Ligroin). F: 123°. Schwer löslich in Alkohol, leicht in Äther.

cis (oder „β'")-β-Chlor-a-phenyl-a-[4-brom-phenyl]-äthylen $C_{14}H_{10}ClBr$ = $C_6H_5 \cdot C \cdot C_6H_4Br$

$H \cdot C \cdot Cl$. *B.* s. bei der trans-Form. — Öl, riecht hyazinthenartig. Leicht löslich in allen Lösungsmitteln (ST., SI., *A.* 342, 7).

trans (oder „a''")-β-Brom-a-phenyl-a-[4-brom-phenyl]-äthylen $C_{14}H_{10}Br_2$ = $C_6H_5 \cdot C \cdot C_6H_4Br$

$Br \cdot C \cdot H$. *B.* Entsteht neben der cis-Form, wenn man a-Phenyl-a-[4-brom-phenyl]-äthylen bromiert und das Reaktionsprodukt im Vakuum destilliert (ST., SI., *B.* 37, 4168). — Prismen. F: 107° (ST., SI., *B.* 37, 4168). — Läßt sich durch Belichtung mit der Uviollampe in die cis-Verbindung umlagern (ST., SI., *A.* 342, 6).

cis (oder „β'")-β-Brom-a-phenyl-a-[4-brom-phenyl]-äthylen $C_{14}H_{10}Br_2$ = $C_6H_5 \cdot C \cdot C_6H_4Br$

$H \cdot C \cdot Br$. *B.* s. bei der trans-Form. Entsteht aus der trans-Form durch Belichtung mit der Uviollampe (ST., SI., *A.* 342, 6). — Geruchlos. F: 43° (ST., S., *A.* 342, 7).

β.β-Dibrom-a.a-diphenyl-äthylen $C_{14}H_{10}Br_2 = (C_6H_5)_2C:CBr_2$. *B.* Durch Kochen von β.β.β-Tribrom-a.a-diphenyl-äthan mit alkoh. Kali (GOLDSCHMIEDT, *B.* 6, 986). — Nadeln (aus Äther-Alkohol). F: 83°. Siedet unter schwacher Zersetzung oberhalb 300°. Leicht löslich in CS_2, $CHCl_3$, Äther, weniger leicht in Alkohol und Benzol. Verbindet sich in Schwefelkohlenstofflösung selbst bei 140° nicht mit Brom.

β.β-Dichlor-a.a-bis-[x-brom-phenyl]-äthylen $C_{14}H_8Cl_2Br_2 = (C_6H_4Br)_2C:CCl_2$. *B.* Durch 10-stdg. Kochen von β.β.β-Trichlor-a.a-bis-[x-brom-phenyl]-äthan mit alkoh. Kali (ZEIDLER, *B.* 7, 1180). — Nadeln (aus Alkohol). F: 119—120°. Leicht löslich in heißem Alkohol, Äther, CS_2, $CHCl_3$.

a-Phenyl-a-[x-nitro-phenyl]-äthylen $C_{14}H_{11}O_2N = O_2N \cdot C_6H_4 \cdot C(C_6H_5):CH_2$. *B.* Beim Behandeln von Methyl-phenyl-[x-nitro-phenyl]-carbinol mit Acetylchlorid (ANSCHÜTZ, ROMIG, *B.* 18, 664). — Gelbe Krystalle (aus Äther). F: 86°.

β.β-Dichlor-a.a-bis-[4-nitro-phenyl]-äthylen $C_{14}H_8O_4N_2Cl_2 = (O_2N \cdot C_6H_4)_2C:CCl_2$. *B.* Beim Eintragen von 1 Tl. β.β-Dichlor-a.a-diphenyl-äthylen in 12 Tle. eiskalte, rauchende Salpetersäure (LANGE, ZUFALL, *A.* 271, 2). — Gelbe Nadeln (aus Eisessig). F: 72°.

3. *Cinnamyliden-cyclopentadien, Cinnamal-cyclopentadien, ω-Styryl-fulven* $C_{14}H_{12} = \begin{matrix} HC:CH \\ HC:CH \end{matrix} C:CH \cdot CH:CH \cdot C_6H_5$. *B.* Aus 4,9 g Cyclopentadien und 9,9 g Zimtaldehyd, gelöst in 20 ccm Methylalkohol bei Zusatz von 0,25 ccm 20%iger methylalkoholischer Kalilauge (THIELE, BALHORN, *A.* 348, 9). — Blaurote Nadeln (aus Methylalkohol). F: 102°. Sehr leicht löslich mit roter Farbe in Äther, Aceton und $CHCl_3$, leicht löslich in den meisten anderen Lösungsmitteln, weniger löslich in Petroläther. Löst sich in konz. Schwefelsäure mit violetter Farbe und mit blauer Fluorescenz. — Nimmt in feuchtem Zustand sehr leicht Sauerstoff auf. Aluminiumamalgam reduziert zu einem leicht verharzenden Öl. Nimmt Brom auf.

4. Anthracen-dihydrid-(9.10), 9.10-Dihydro-anthracen $C_{14}H_{12}$ = $C_6H_4{<}{CH_2 \atop CH_2}{>}C_6H_4$. *B.* Aus Anthracen mit Jodwasserstoffsäure (Kp: 127°) und rotem Phosphor bei 160—170° (GRAEBE, LIEBERMANN, *A. Spl.* 7, 266). Aus Anthracen mit Natriumamalgam in Alkohol (G., LI., *A. Spl.* 7, 265). Aus Anthracen beim Kochen mit Natrium und Amylalkohol (BAMBERGER, LODTER, *B.* 20, 3075, 3076). Beim Kochen von Anthrachinon mit 4—5 Tln. Jodwasserstoffsäure (D: 1,8) und $^1/_3$ Tl. rotem Phosphor (LIEBERMANN, TOPF, *B.* 9, 1202; *A.* 212, 5). — Tafeln (aus Alkohol). Monoklin prismatisch (GROTH, *A. Spl.* 7, 267; vgl. *Groth, Ch. Kr.* 5, 439). F: 108,5° (B., Lo., *B.* 20, 3076), 107—108° (LI., T., *A.* 212, 5), 106—106,5° (PELLINI, *G.* 31 I, 6). Sublimiert in Nadeln (G., LI.). Sehr leicht flüchtig mit Wasserdämpfen (G., LI.). Kp: 305° (G., LI.). $D_4^{0,0}$: 0,89759 (PE.). Leicht löslich in Alkohol, Äther, Benzol (G., LI.). Das feste Anthracendihydrid fluoresciert nicht; die Lösungen besitzen aber eine blaue Fluorescenz (G., LI.). Brechungsvermögen: PE. Absorptionsspektrum: BALY, TUCK, *Soc.* 93, 1912. — Zerfällt, durch ein Glührohr geleitet, in Anthracen und Wasserstoff (G., LI.). Wird von Chromsäuregemisch zu Anthrachinon oxydiert (G., LI.). Beim Erwärmen mit konz. Schwefelsäure entweicht SO_2, während zugleich Anthracen regeneriert wird (G., LI.). Mit trocknem Brom entsteht 9.10-Dibrom-anthracen (G., LI.). Bei der Einw. von konz. Salpetersäure auf Anthracendihydrid in Eisessig entsteht ein Gemisch von 9.9.10-Trinitro-anthracen-dihydrid-(9.10) und Nitroanthron $C_6H_4{<}{CO{—}\!\!—\atop CH(NO_2)}{>}C_6H_4$ (MEISENHEIMER, CONNERADE, *A.* 330, 146, 169). Beim Erhitzen von Anthracendihydrid mit Phosgen auf 200° wird Anthracen regeneriert (BEHLA, *B.* 20, 708). Anthracendihydrid reagiert mit Benzophenonchlorid bei 250° unter Bildung von $C_6H_4{<}{C[:C(C_6H_5)_2]\atop C[:C(C_6H_5)_2]}{>}C_6H_4$ (S. 763, Z. 14—1 v. u.) (PADOVA, *C. r.* 143, 123; 148, 291; *A. ch.* [8] 19, 433). Verbindet sich nicht mit Pikrinsäure (G., LI.).

9.10-Dichlor-anthracen-dihydrid-(9.10), Anthracen-dichlorid-(9.10) $C_{14}H_{10}Cl_2$ = $C_6H_4{<}{CHCl\atop CHCl}{>}C_6H_4$. *B.* Beim Einleiten von Chlor in eine kalt gehaltene Lösung von Anthracen in CS_2 (PERKIN, *Chem. N.* 34, 145; *Bl.* [2] 27, 465). — Nadeln (aus Benzol). Wenig löslich in Benzol, CS_2, Alkohol, Äther. — Sehr unbeständig; verliert schon bei gewöhnlicher Temperatur HCl und geht in 9-Chlor-anthracen über.

9.9.10.10-Tetrachlor-anthracen-dihydrid-(9.10) $C_{14}H_8Cl_4$ = $C_6H_4{<}{CCl_2\atop CCl_2}{>}C_6H_4$. *B.* Man leitet Chlor in eine Chloroformlösung von Anthracen, bis sich das zunächst ausfallende 9.10-Dichlor-anthracen-dihydrid-(9.10) (s. o.) wieder gelöst hat (SCHWARZER, *B.* 10, 377). Aus 9.10-Dichlor-anthracen-dihydrid-(9.10) durch Chlorierung (SCH.). Neben anderen Produkten beim Erhitzen von Anthrachinon mit 2 Mol.-Gew. PCl_5, dem 4 Tle. $POCl_3$ zugesetzt sind, auf 140—145° (RADULESCU, *C.* 1908 II, 1032). — Prismen (aus Chloroform). F: 149—150° (SCH.). Leicht löslich in Chloroform und Benzol, schwer in Alkohol und Äther (SCH.) — Zerfällt langsam bei gewöhnlicher Temperatur, rasch beim Erhitzen auf ca. 170° in HCl und 9.10.x-Trichlor-anthracen (F: 162—163°) (SCH.). Liefert beim Behandeln mit konz. Schwefelsäure, beim Kochen mit alkoh. Kalilauge oder beim Erhitzen mit Wasser im geschlossenen Rohr Anthrachinon (SCH.).

9.10-Dibrom-anthracen-dihydrid-(9.10), Anthracen-dibromid-(9.10) $C_{14}H_{10}Br_2$ = $C_6H_4{<}{CHBr\atop CHBr}{>}C_6H_4$. *B.* Durch Eintragen von Brom in eine auf 0° abgekühlte Lösung von Anthracen in CS_2 (PERKIN, *Bl.* [2] 27, 464). — Farblose Krystalle. Wenig löslich in Alkohol, Äther und CS_2. — Zerfällt sehr leicht in HBr und 9-Brom-anthracen.

10-Chlor-9-nitro-anthracen-dihydrid-(9.10) $C_{14}H_{10}O_2NCl$ = $C_6H_4{<}{CH(NO_2)\atop -CHCl}{>}C_6H_4$. *B.* Durch Zufügen von je 50 ccm rauchender Salzsäure und Eisessig zu einer mit 20 ccm 63%iger Salpetersäure versetzten Suspension von 50 g Anthracen in 200 ccm Eisessig (DIMROTH, *B.* 34, 221). — Nadeln (aus viel Benzol). F: 163° (unscharf). Sehr wenig löslich in Alkohol, etwas leichter in Chloroform. — Zersetzt sich durch Kochen mit Eisessig. Liefert mit verdünnter Natronlauge 9-Nitro-anthracen.

9.10-Dinitro-anthracen-dihydrid-(9.10) $C_{14}H_{10}O_4N_2 = C_6H_4 \diagdown \begin{smallmatrix} CH(NO_2) \\ CH(NO_2) \end{smallmatrix} \diagup C_6H_4$. Zur Konstitution vgl. MEISENHEIMER, CONNERADE, A. **330**, 170. — B. Durch Einw. nitroser Gase, entwickelt aus As_4O_3 und Salpetersäure, auf eine Suspension von Anthracen in 4 Tln. Eisessig bei 10—15° (LIEBERMANN, LINDEMANN, B. **13**, 1585). — Darst. Durch Zufügen der berechneten Menge flüssigen Stickstoffdioxyds zu in Chloroform aufgeschlämmtem Anthracen (M., C., A. **330**, 170). — Blätter. Schmilzt bei 194° (LIE., LIN.) nach vorheriger Gelbfärbung (M., C.). Sehr schwer löslich in Alkohol, schwer in siedendem Benzol (LIE., LIN.). Liefert mit Alkalien 9-Nitro-anthracen (M., C.).

9.9.10-Trinitro-anthracen-dihydrid-(9.10) $C_{14}H_9O_6N_3 = C_6H_4 \diagdown \begin{smallmatrix} C(NO_2)_2 \\ CH(NO_2) \end{smallmatrix} \diagup C_6H_4$. B. Aus Anthracen-dihydrid-(9.10) mit Salpetersäure (MEISENHEIMER, CONNERADE, A. **330**, 169). Aus 10-Nitro-9-methoxy-anthracen-dihydrid-(9.10) in Chloroform durch nitrose Gase (M., C., A. **330**, 143, 164). Aus Anthracen, suspendiert in Eisessig, durch Einw. überschüssiger Salpetersäure (M., C., A. **330**, 141, 163). Aus 9-Nitro-anthracen (in Chloroform) und Stickstoffdioxyd (M., C., A. **330**, 142, 162). — Farblose Prismen. F: 139—140° (Zers.). Leicht löslich in Benzol und Chloroform, schwer in Äther, Alkohol und CS_2. — Wird durch Natronlauge in 9.10-Dinitro-anthracen und salpetrige Säure gespalten.

**5. Phenanthren-dihy-
drid-(9.10), 9.10-Dihy-
dro-phenanthren** $C_{14}H_{12} =$ B. Beim Eintragen von 8 g Natrium in eine Lösung von 20 g Phenanthren in 150 ccm siedendem Amylalkohol (J. SCHMIDT, MEZGER, B. **40**, 4247). Durch Reduktion von Phenanthren mit Wasserstoff und Nickel bei 200°, neben Phenanthren-tetrahydrid-(2.7.9.10) (SCH., M.; PADOA, FABRIS, R. A. L. [5] 17 II, 126; G. **39** I, 333). Durch Hydrogenisation von Phenanthren mit komprimiertem Wasserstoff in Gegenwart von Nickeloxyd bei 320° (IPATJEW, JAKOWLEW, RAKITIN, B. **41**, 999; C. **1908** II, 1098). Beim Einleiten von Wasserstoff in eine siedende äther. Lösung von Phenanthren in Gegenwart von Platinschwarz (SCH., FISCHER, B. **41**, 4226). Aus Phenanthren-tetrahydrid-(2.7.9.10) durch Erhitzen im geschlossenen Rohr bei Gegenwart von Nickel in einer Wasserstoffatmosphäre auf 330° (PA., FA.). — Blätter (aus Alkohol). F: 94—95°; Kp₇₂₉: 312—314° (SCH., M.). — Gibt bei der Oxydation Phenanthrenchinon (SCH., M.). Läßt sich durch kalte konz. Salpetersäure ohne Verharzung nitrieren (SCH., M.). Wird durch Brom in Äther nicht verändert (SCH., M.).
Verbindung mit Pikrinsäure s. Syst. No. 523.

9.10-Dibrom-phenanthren-dihydrid-(9.10), Phenanthren-dibromid-(9.10)
$C_{14}H_{10}Br_2 = C_6H_4 \diagdown \begin{smallmatrix} CHBr \cdot CHBr \end{smallmatrix} \diagup C_6H_4$. B. Aus je 1 Mol.-Gew. Phenanthren und Brom in CCl_4 unter Kühlung und völligem Ausschluß von Wasser (AUSTIN, Soc. **93**, 1763; vgl. FITTIG, OSTERMAYER, A. **166**, 363; HAYDUCK, A. **167**, 180; WERNER, NEY, A. **321**, 331). — Prismen (aus CS_2). Schmilzt und zersetzt sich bei 98° (H.). — Zerfällt beim Erhitzen für sich mit Wasser im geschlossenen Rohr in HBr und 9-Brom-phenanthren (H.). Liefert auch bei Behandlung mit Silberacetat und Essigsäure 9-Brom-phenanthren (ANSCHÜTZ, B. **11**, 1219). Gibt beim Behandeln mit alkoh. Kali Phenanthren (F., O.), desgl. mit alkoh. Kaliumcyanid (AN.).

9-Nitro-phenanthren-dihydrid-(9.10) $C_{14}H_{11}O_2N = C_6H_4 \diagdown \begin{smallmatrix} CH(NO_2) \cdot CH_2 \end{smallmatrix} \diagup C_6H_4$. B. Aus Phenanthren und ungetrockneten verflüssigten nitrosen Gasen in der Kälte (SCHMIDT, D. R. P. 129990; C. **1902** I, 959). — Gelbes krystallinisches Pulver. Zersetzt sich bei ca. 100° unter lebhafter Gasentwicklung. Leicht löslich in Chloroform, Benzol, Aceton und Essigester; löslich in Alkohol, Äther, Eisessig, Methylalkohol und Amylalkohol.

9.10-Dibrom-9-nitro-phenanthren-dihydrid-(9.10) $C_{14}H_9O_2NBr_2 =$
$C_6H_4 \diagdown \begin{smallmatrix} CBr(NO_2) \cdot CHBr \end{smallmatrix} \diagup C_6H_4$. B. Beim Erwärmen von 9-Nitro-phenanthren mit Brom und Wasser im geschlossenen Rohr im Wasserbade (J. SCHMIDT, LADNER, B. **37**, 3576). — Gelbe Blätter (aus Eisessig). F: 81—82°.

6. 9-Methyl-fluoren $C_{14}H_{12} = \begin{smallmatrix} C_6H_4 \\ C_6H_4 \end{smallmatrix} \diagup CH \cdot CH_3$. B. Durch Kochen von 9-Methyl-9-äthoxalyl-fluoren mit 20%iger Natronlauge (W. WISLICENUS, DENSCH, B. **35**, 762). — Prismen. F: 46—47°; siedet etwas oberhalb 320° (W., D.). Flüchtig mit Wasserdampf (W., D.). Leicht löslich in den üblichen organischen Solvenzien, unlöslich in Wasser (W., D.). Liefert beim Durchleiten durch eine ganz schwach rotglühende Röhre als Hauptprodukt Phenanthren (GRAEBE, B. **37**, 4146).

9.9¹-Dibrom-9-methyl-fluoren $C_{14}H_{10}Br_2 = \begin{smallmatrix}C_6H_4\\C_6H_4\end{smallmatrix}\!\!>\!CBr\cdot CH_2Br$. B. Aus 9-Methylen-fluoren mit Brom in Chloroform (MANCHOT, KRISCHE, A. 337, 201). — Nadeln (aus Benzol + Alkohol). F: 158⁰. — Spaltet beim Kochen mit alkoh. Natron Bromwasserstoff ab.

7. **Kohlenwasserstoff C₁₄H₁₂ von unbekannter Konstitution.** B. Man trägt allmählich 100 g Dibenzoylperoxyd in 250 g auf dem Wasserbade erwärmtes Toluol ein und erhitzt noch 3 Stdn. lang; man destilliert das Toluol ab, kocht den Rückstand mit Natronlauge und treibt das mit Äther isolierte Reaktionsprodukt mit Wasserdampf über (LIPPMANN, M. 7, 524). — Flüssig. Kp: 258—262⁰. D¹⁸: 1,0032.

8. **Kohlenwasserstoff C₁₄H₁₂ von unbekannter Konstitution.** B. Aus Phenylpropiolsäurechlorid und Benzol bei Gegenwart von AlCl₃ (WATSON, Soc. 85, 1325). — Prismen (aus absol. Alkohol). F: 95⁰.

4. Kohlenwasserstoffe C₁₅H₁₄.

1. **α.γ-Diphenyl-α-propylene, α-Phenyl-β-benzyl-äthylene, Phenyl-styryl-methane** $C_{15}H_{14} = C_6H_5\cdot CH_2\cdot CH:CH\cdot C_6H_5$.

a) **Festes α.γ-Diphenyl-α-propylen** $C_{15}H_{14} = C_6H_5\cdot CH_2\cdot CH:CH\cdot C_6H_5$. B. Entsteht in geringer Menge aus Dibenzylketon mit Natriumäthylat und Äthyljodid (FRANCIS, Soc. 75, 869). — Krystalle (aus verd. Alkohol). F: 57⁰. Kp: ca. 276⁰. Leicht löslich.

b) **Flüssiges α.γ-Diphenyl-α-propylen** $C_{15}H_{14} = C_6H_5\cdot CH_2\cdot CH:CH\cdot C_6H_5$. Vielleicht stereoisomer mit dem festen α.γ-Diphenyl-α-propylen (DIECKMANN, KÄMMERER, B. 39, 3049). — B. Durch Erwärmen von α.β-Dibrom-α.γ-diphenyl-propan mit Zinkspänen in Äther (D., K., B. 39, 3049). Aus β-Brom-α-benzyl-hydrozimtsäure durch Einw. von verd. Kalilauge oder von siedender Sodalösung (D., K.). Durch Behandeln von α.γ-Diphenyl-propylalkohol durch Behandeln mit HCl in der Wärme und Kochen des entstandenen α-Chlor-α.γ-diphenyl-propans mit Diäthylanilin oder Erhitzen mit Pyridin auf 130⁰ (D., K.). Beim Erhitzen von α.γ-Diphenyl-propylalkohol mit entwässerter Oxalsäure (D., K.). Durch Überführen von Dibenzylcarbinol in sein Chlorid (durch Erwärmen mit konz. Salzsäure oder durch Einw. von PCl₅ in Ligroin) und Behandeln dieses Chlorids mit Diäthylanilin oder Pyridin (D., K.). — Flüssigkeit von hyazinthenartigem Geruch. Bleibt auch im Kältegemisch flüssig. — Kp₁₆: 178⁰ bis 179⁰. — Liefert mit KMnO₄ hauptsächlich Benzoesäure, daneben wenig Phenylessigsäure und Benzoylameisensäure. Gibt mit Brom in CCl₄ α.β-Dibrom-α.γ-diphenyl-propan.

c) **Substitutionsprodukte von α.γ-Diphenyl-α-propylenen.**

β-Chlor-α.γ-diphenyl-α-propylen $C_{15}H_{13}Cl = C_6H_5\cdot CH_2\cdot CCl:CH\cdot C_6H_5$. B. Aus Dibenzylketon und PCl₅ (WIELAND, B. 37, 1144). — Hellgelbes Öl. Kp₇₆₀: ca. 240⁰ (partielle Zers.); Kp₁₂: 181⁰.

γ.γ-Dichlor-α.γ-diphenyl-α-propylen, Phenyl-styryl-dichlormethan $C_{15}H_{12}Cl_2 = C_6H_5\cdot CCl_2\cdot CH:CH\cdot C_6H_5$ [1]). B. Beim Kochen von Benzalacetophenon mit Oxalylchlorid (STAUDINGER, B. 42, 3975). — Krystalle (aus Petroläther). F: 37,5—38⁰. Kp₁₆: 190—192⁰.

γ.γ-Dichlor-α.γ-bis-[4-chlor-phenyl]-α-propylen, [p-Chlor-phenyl]-[p-chlor-styryl]-dichlormethan („Ketochlorid des 4.4′-Dichlor-benzalacetophenons") $C_{15}H_{10}Cl_4 = C_6H_4Cl\cdot CCl_2\cdot CH:CH\cdot C_6H_4Cl$. B. Aus [p-Chlor-phenyl]-[p-chlor-styryl]-keton durch PCl₅ in siedendem Benzol (STRAUS, ACKERMANN, B. 42, 1813). Aus [p-Chlor-phenyl]-p-[chlor-styryl]-chlorbrommethan beim Schütteln mit AgCl (ST., A. 370, 343). Aus [p-Chlor-phenyl]-[p-chlor-styryl]-chlorcarbinol in Benzol durch Chlorwasserstoff oder Acetylchlorid (ST., A. 42, 1819). — Prismen (aus Petroläther). F: 54—55⁰ (ST., A.). Leicht löslich außer in Petroläther (ST., A.). Die Lösung in flüssigem Schwefeldioxyd ist farblos (ST., A.). Löst sich in konz. Schwefelsäure unter Entwicklung von HCl zu einer rotgelben Flüssigkeit, die blaustichig roten Dichroismus zeigt (ST., A.). Absorptionsspektrum in konz. Schwefelsäure: ST., HÜSSY, B. 42, 2173. — Gibt mit feuchtem Silberoxyd [p-Chlor-phenyl]-[p-chlor-styryl]-chlorcarbinol (ST., A.). Verhalten bei der Umsetzung mit Wasser: ST., H. Verhalten gegen Eisessig: ST., A. Gibt mit SnCl₄ in Chloroform einen tiefvioletten Niederschlag, der beim Stehen mit Chloroform allmählich farblos in Lösung geht (ST., A.). Gibt mit Methylalkohol den Methyläther des [p-Chlor-phenyl]-[p-chlor-styryl]-chlorcarbinols (ST., A.).

---

[1]) Nach dem Literatur-Schlußtermin der 4. Aufl. dieses Handbuches [1. I. 1910] ist diese Verbindung von STRAUS (A. 393, 238) als $C_6H_5\cdot CHCl\cdot CH:CCl\cdot C_6H_5$ erkannt worden.

γ-Chlor-γ-brom-α.γ-bis-[4-chlor-phenyl]-α-propylen, [p-Chlor-phenyl]-[p-chlor-styryl]-chlorbrommethan $C_{15}H_{10}Cl_3Br = C_6H_4Cl \cdot CClBr \cdot CH:CH \cdot C_6H_4Cl$. B. Aus [p-Chlor-phenyl]-[p-chlor-styryl]-chlorcarbinol in Benzol mit HBr unter Eiskühlung in Gegenwart von $CaBr_2$ (STRAUS, A. 370, 339). — Hellgelbe Prismen (aus viel Petroläther). F: 98,5° bis 99,5°. Leicht löslich in den meisten Lösungsmitteln. Die konz. Lösung in flüssigem Schwefeldioxyd ist gelblich, die verd. violettrosa. — Konz. Schwefelsäure löst unter Entwicklung von Halogenwasserstoff mit blauroter Farbe. [p-Chlor-phenyl]-[p-chlor-styryl]-chlorbrommethan addiert kein Brom. Liefert mit AgCl γ.γ-Dichlor-α.γ-bis-[4-chlor-phenyl]-α-propylen. Bei der Zersetzung durch feuchtes Silberoxyd oder durch Wasser entsteht hauptsächlich [p-Chlor-phenyl]-[p-chlor-styryl]-chlorcarbinol. Mit Methylalkohol entsteht der Methyläther des [p-Chlor-phenyl]-[p-chlor-styryl]-chlorcarbinols.

2. *α.β-Diphenyl-α-propylen, α-Methyl-α.β-diphenyl-äthylen, α-Methyl-stilben* $C_{15}H_{14} = C_6H_5 \cdot C(CH_3):CH \cdot C_6H_5$. B. Aus α-Chlor-α.β-diphenyl-propan mit Pyridin (KLAGES, HEILMANN, B. 37, 1450). Aus α-Brom-β-phenyl-α-propylen mit Phenylmagnesiumbromid in Äther (TIFFENEAU, A. ch. [8] 10, 170). Durch längeres Erhitzen von Methyl-phenyl-benzyl-carbinol mit Essigsäureanhydrid (HELL, B. 37, 458). Aus Methylphenylbenzylcarbinol beim Erhitzen mit Methylmagnesiumjodid (K., HEI., B. 37, 1448). Aus Methylbenzylketon mit Phenylmagnesiumbromid (T., A. ch. [8] 10, 356). Durch Zufügen einer Lösung von 18 g Desoxybenzoin in 18 g Benzol zu einer Lösung von 30 g Methyljodid und 5 g Magnesium in 30 g Äther, Verdampfen der Lösungsmittel und 6-stdg. Erhitzen des Rückstandes auf 100° (K., B. 35, 2648; K., HEI.). Aus 1.2-Diphenyl-cyclopenten-(2)-on-(4)-ol-(3) (Syst. No. 754) durch Spaltung mit konz. Kalilauge (VORLÄNDER, SCHROEDTER, B. 36, No. 754) LÄNDER, V. LIEBIG, B. 37, 1134). — Tafeln oder Blättchen (aus Alkohol). F: 82—83° (K.), 81° bis 82°(T.). Kp: 285—286°(korr.)(K., HEI.); Kp_{26}: 183°(K.); Kp_{10}: 176—180°(T.). D_1^1: 0,9857 (K., HEI.). Leicht löslich in Alkohol, Benzol und Äther, schwerer in Ligroin (K.). n_D^{17}: 1,5635 (K., HEI.). — Wird von CrO_3 in Eisessig zu Acetophenon und Benzoesäure oxydiert (K.). Liefert mit Brom α.α'-Dibrom-α-methyl-dibenzyl (V., SCHROEDTER, B. 36, 1496; V., v. L., B. 37, 1134). Geschwindigkeit der Addition von Brom in Chloroform und CCl_4: BAUER, MOSER, B. 40, 920. Die Lösung in konz. Schwefelsäure erscheint im auffallenden Licht weinrot, im durchfallenden Licht gelbrot gefärbt (K.).

Festes α-Chlor-α.β-diphenyl-α-propylen, festes α'-Chlor-α-methyl-stilben $C_{15}H_{13}Cl = C_6H_5 \cdot C(CH_3):CCl \cdot C_6H_5$. B. Beim Erhitzen des flüssigen α-Chlor-α.β-diphenyl-α-propylens (s. u.) (SUDBOROUGH, B. 25, 2237; Soc. 71, 224). — Tafeln (aus Eisessig). F: 124°. Kp: 311° (korr.) (geringe Zers.). Leicht löslich in Äther, Benzol, $CHCl_3$, CCl_4, heißem Alkohol, heißer Essigsäure. Wird durch Natriumamalgam oder alkoh. Kali nicht angegriffen.

Flüssiges α-Chlor-α.β-diphenyl-α-propylen, flüssiges α'-Chlor-α-methyl-stilben $C_{15}H_{13}Cl = C_6H_5 \cdot C(CH_3):CCl \cdot C_6H_5$. B. Aus Methyldesoxybenzoin und PCl_5 (SU., B. 25, 2237; Soc. 71, 224). — Öl. Kp: 316° (korr.). Geht beim Kochen teilweise in die feste Form über.

3. *α-Phenyl-β-p-tolyl-äthylen, 4-Methyl-stilben* $C_{15}H_{14} = CH_3 \cdot C_6H_4 \cdot CH:CH \cdot C_6H_5$. B. Beim Kochen von p-Tolyl-benzyl-carbinol mit verd. Schwefelsäure (1 Tl. H_2SO_4, 4 Tle. H_2O) (MANN, B. 14, 1646). Durch Destillation von p-Tolyl-desyl-chlormethan unter 30 mm Druck, neben Benzoylchlorid (KLAGES, TETZNER, B. 35, 3967). Bei der Destillation von Zimtsäure-p-tolylester (ANSCHÜTZ, B. 18, 1946). — Blau fluorescierende Blättchen. F: 117°(M.), 120°(A.). Siedet unzersetzt (M.). Nicht leicht löslich in Alkohol, aber sehr leicht in Äther, $CHCl_3$, Benzol (M.). — Liefert mit Brom ein bei 186—187° schmelzendes Additionsprodukt (A.).

α-[2-Nitro-phenyl]-β-p-tolyl-äthylen, 2'-Nitro-4-methyl-stilben $C_{15}H_{13}O_2N = CH_3 \cdot C_6H_4 \cdot CH:CH \cdot C_6H_4 \cdot NO_2$. B. In geringer Menge aus o-Nitro-benzaldehyd und dem Natriumsalz der p-Tolyl-essigsäure in Gegenwart von Acetanhydrid, neben α.p-Tolyl-2-nitro-zimtsäure als Hauptprodukt (PSCHORR, B. 39, 3112). — Rote Prismen (aus Alkohol). F: 211° (korr.).

4. *α.α-Diphenyl-α-propylen* $C_{15}H_{14} = (C_6H_5)_2C:CH \cdot CH_3$. B. Beim Kochen von α-Chlor-α.α-diphenyl-propan mit Pyridin (KLAGES, HEILMANN, B. 37, 1450). Durch Destillation von Äthyl-diphenyl-carbinol unter normalem Druck (MASSON, C. r. 135, 533). Beim Erhitzen von Äthyl-diphenyl-carbinol mit Essigsäureanhydrid (HELL, BAUER, B. 37, 232; SCHORIGIN, B. 41, 2720). Durch Zufügen von 18 g Benzophenon zu einer Lösung von 5 g Magnesium und 32 g Äthyljodid in 50 ccm Äther und 5-stdg. Erhitzen der krystallinisch erstarrten Masse auf dem Wasserbade (K., B. 35, 2647; K., HEI., B. 37, 1450). — Blättchen (aus Alkohol). F: 52° (K.), 51° (M.), 48,5° (SCH.). Kp: 280—281° (M.); Kp_{26}: 169—170° (K.); Kp_{11}: 149°

(korr.) (K., HEI.). D_4^0: 0,9841 (K., HEI.). Leicht löslich in Alkohol, Benzol, Petroläther (K.). n_D^0: 1,5815 (K., HEI.). — Addiert Brom in zerstreutem Tageslicht (B., *B.* **37**, 3320).

β-**Brom-$\alpha.\alpha$-diphenyl-α-propylen** $C_{15}H_{13}Br = (C_6H_5)_2C:CBr\cdot CH_3$. *B.* Aus $\alpha.\alpha$-Di-phenyl-α-propylen und Brom (HELL, BAUER, *B.* **37**, 232). — Nadeln (aus Alkohol). F: 48° bis 49°. Kp_{12}: 169—170°. Löslich in Alkohol, Äther, Benzol, Chloroform. — Wird durch überschüssiges Brom oder Natriumäthylat nicht verändert.

5. $\gamma.\gamma$-**Diphenyl-α-propylen, Vinyl-diphenyl-methan, α-Vinyl-ditan** $C_{15}H_{14} = (C_6H_5)_2CH\cdot CH:CH_2$.

$\alpha.\alpha.\beta$-**Tribrom-$\gamma.\gamma$-diphenyl-α-propylen** $C_{15}H_{11}Br_3 = (C_6H_5)_2CH\cdot CBr:CBr_2$. *B.* Durch Erhitzen der Lösung der $\alpha.\beta$-Dibrom-$\gamma.\gamma$-diphenyl-crotonsäure in Soda und Behandlung des ausgeschiedenen Öls mit Brom (DUNLAP, *Am.* **19**, 649). — F: 117—130° (Zers.). Schwer lös-lich in kaltem, leicht in heißem Alkohol. Gibt mit konz. Schwefelsäure dunkelgrüne Färbung.

6. α-**Phenyl-α-p-tolyl-äthylen** $C_{15}H_{14} = CH_3\cdot C_6H_4\cdot C(C_6H_5):CH_2$. *B.* Durch Destil-lation von Methyl-phenyl-p-tolyl-carbinol unter normalem Druck (TIFFENEAU, *A. ch.* [8] **10**, 360). — Kp: 285—286°; Kp_{11}: 160—161°; Kp_6: 145—146° (T., *A. ch.* [8] **10**, 360). D^0: 1,021 (T., *C. r.* **134**, 1507). — Liefert bei der Einw. von Jod und gelbem HgO in wäßr. Alkohol zunächst Jodmethyl-phenyl-p-tolyl-carbinol, aus welchem durch weiteres HgO unter HI-Abspaltung und Umlagerung Phenyl-p-xylyl-keton $CH_3\cdot C_6H_4\cdot CH_2\cdot CO\cdot C_6H_5$ entsteht.

7. **9-Äthyl-fluoren** $C_{15}H_{14} = \begin{matrix} C_6H_4 \\ | \\ C_6H_4 \end{matrix}\!\!>CH\cdot C_2H_5$. *B.* Durch Kochen von (rohem) 9-Äthyl-9-äthoxalyl-fluoren mit Natronlauge (W. WISLICENUS, DENSCH, *B.* **35**, 763). — Krystalle. F: 107—108°; Kp_{13}: 165—166°; flüchtig mit Wasserdampf; sehr leicht löslich in organischen Lösungsmitteln (W., D.). — Liefert beim Durchleiten durch ein ganz schwach rotglühendes Rohr, neben wenig Fluoren, als Hauptprodukt Phenanthren (GRAEBE, *B.* **37**, 4145).

9-Brom-9-[α-brom-äthyl]-fluoren $C_{15}H_{12}Br_2 = \begin{matrix} C_6H_4 \\ | \\ C_6H_4 \end{matrix}\!\!>CBr\cdot CHBr\cdot CH_3$. *B.* Aus 9-Äthyliden-fluoren und Brom in Tetrachlorkohlenstoff (ULLMANN, v. WURSTEMBERGER, *B.* **38**, 4107). — Prismen (aus Ligroin). F: 93,5°. Leicht löslich in Alkohol, Benzol und Äther.

8. **Kohlenwasserstoff** $C_{15}H_{14}$ **von ungewisser Konstitution.** *B.* Durch De-stillation der Verbindung $C_{16}H_{10}O_6$, die man bei der Oxydation der aus Toluhydrochinon er-hältlichen Homooxysalicylsäure $CH_3\cdot C_6H_2(OH)_2\cdot CO_2H$ (Syst. No. 1106) mit Braunstein in konz. Schwefelsäure erhält, mit Zinkstaub (DUREGGER, *M.* **26**, 826). — Weiße Schuppen, in dicker Schicht etwas grünlich. Schmilzt unscharf bei 79°. — Mit Natriumdichromat in Eis-essig entsteht eine in gelben Nadeln krystallisierende Verbindung vom Schmelzpunkt 320°.

5. Kohlenwasserstoffe $C_{16}H_{16}$.

1. $\alpha.\delta$-**Diphenyl-α-butylen, α-Phenyl-β-styryl-äthan** ("festes Distyrol") $C_{16}H_{16} = C_6H_5\cdot CH_2\cdot CH_2\cdot CH:CH\cdot C_6H_5$[1]). *B.* Bei langsamer Destillation von Zimtsäure (v. MILLER, *A.* **189**, 340). Bei der Destillation von zimtsaurem Calcium (ENGLER, LEIST, *B.* 6, 256). Beim Überleiten von [$\alpha.\beta$-Dibrom-äthyl]-benzol über glühenden Kalk (RADZI-SZEWSKI, *B.* 6, 494). Bei der Destillation von β-Truxillsäure (Syst. No. 994) (LIEBERMANN, *B.* **22**, 2255). — Blättchen (aus Alkohol). F: 124° (LI.). — Gibt mit Brom in CS_2 ein Di-bromid $C_{16}H_{16}Br_2$ (S. 616) (LI.).

Festes $\gamma.\delta$-**Dibrom-$\alpha.\delta$-diphenyl-α-butylen, festes $\alpha.\beta$-Dibrom-α-phenyl-β-styryl-äthan** $C_{16}H_{14}Br_2 = C_6H_5\cdot CHBr\cdot CHBr\cdot CH:CH\cdot C_6H_5$. Zur Konstitution vgl. STRAUS, *B.* **42**, 2867. — *B.* Aus trans-trans-$\alpha.\delta$-Diphenyl-$\alpha.\gamma$-butadien mit 1 Mol. Gew. Brom in Äther (REBUFFAT, *G.* **20**, 156) oder Chloroform (THIELE, SCHLEUSSNER, *A.* **306**, 200), neben einem flüssigen Diastereoisomeren (S. 646) (ST., *B.* **42**, 2879). Aus 4 g cis- oder trans-$\alpha.\delta$-Diphenyl-butenin beim Überleiten von HBr (ST., *A.* **342**, 244, 246, 252). — Nadeln (aus Benzol). F: 149° (TH., SCH.), 147—148° (Zers.) (R.), ca. 142° (Zersetzung; von 130° ab Bräunung) (ST., *A.* **342**, 245). — Gibt mit Ozon in CCl_4 ein Ozonid, das bei Behandlung mit feuchtem Kohlen-dioxyd in $\alpha.\beta$-Dibrom-hydrozimtaldehyd, $\alpha.\beta$-Dibrom-hydrozimtsäure, Benzaldehyd und

---

[1]) Die Konstitution der Verbindung wurde nach dem für die 4. Auflage dieses Handbuches geltenden Literatur-Schlußtermin [1. I. 1910] von STOBBE, POSNJAK (*A.* **371**, 292, 298) bewiesen.

Benzoesäure gespalten wird (ST., *B.* **42**, 2874). Liefert mit Aceton, Eisessig und verkupfertem Zinkstaub oder beim Erhitzen mit Chinolin trans-trans-$\alpha.\delta$-Diphenyl-$\alpha.\gamma$-butadien (ST., *A.* **342**, 245; vgl. TH., SCH.). Gibt beim Kochen mit Methylalkohol $\gamma.\delta$-Dimethoxy-$\alpha.\delta$-diphenyl-α-butylen (ST., *B.* **42**, 2869).

Flüssiges $\gamma.\delta$-**Dibrom-**$\alpha.\delta$-**diphenyl-**α-**butylen, flüssiges** $\alpha.\beta$-**Dibrom-**α-**phenyl-**β-**styryl-äthan** $C_{16}H_{14}Br_2 = C_6H_5 \cdot CHBr \cdot CHBr \cdot CH : CH \cdot C_6H_5$. *B.* Neben dem diastereoisomeren festen $\gamma.\delta$-Dibrom-$\alpha.\delta$-diphenyl-α-butylen (S. 645) aus trans-trans-$\alpha.\delta$-Diphenyl-$\alpha.\gamma$-butadien mit Brom in Chloroformlösung (STRAUS, *B.* **42**, 2880). — Bräunliches Öl. Wurde nicht rein erhalten. — Geht beim Stehen am Licht in das feste Diastereoisomere über. — Verhält sich gegen Ozon wie das feste Diastereoisomere.

$\alpha.\beta.\gamma.\delta$-**Tetrabrom-**$\alpha.\delta$-**diphenyl-**$\alpha$-**butylen vom Zersetzungspunkt 197° (205°)** $C_{16}H_{12}Br_4 = C_6H_5 \cdot CHBr \cdot CHBr \cdot CBr : CBr \cdot C_6H_5$. *B.* Aus 2 g trans-$\alpha.\delta$-Diphenyl-butenin in 20 ccm Chloroform und 3,1 g Brom in 50 ccm Chloroform, neben dem Diastereoisomeren vom Zersetzungspunkt 157—158° (160°) (s. u.) (STRAUS, *A.* **342**, 243). Aus cis-$\alpha.\delta$-Diphenyl-butenin und Brom in CS_2 neben den beiden Diastereoisomeren (ST., *A.* **342**, 251). — Blättchen (aus Essigester); Nadeln (aus Benzol oder Chloroform). Zersetzt sich bei 197° (205°). — Bei der Reduktion mit Zinkstaub in Aceton in der Wärme oder mit verkupfertem Zinkstaub in Eisessig in der Kälte entsteht trans-$\alpha.\delta$-Diphenyl-butenin.

$\alpha.\beta.\gamma.\delta$-**Tetrabrom-**$\alpha.\delta$-**diphenyl-**$\alpha$-**butylen vom Zersetzungspunkt 157—158° (160°)** $C_{16}H_{12}Br_4 = C_6H_5 \cdot CHBr \cdot CHBr \cdot CBr : CBr \cdot C_6H_5$. *B.* Neben dem Diastereoisomeren vom Zersetzungspunkt 197°(205°) aus trans-$\alpha.\delta$-Diphenyl-butenin und Brom in Chloroform (STRAUS, *A.* **342**, 243). Aus cis-$\alpha.\delta$-Diphenyl-butenin und Brom in CS_2, neben zwei Diastereoisomeren (ST., *A.* **342**, 251). — Prismen (aus Ligroin). Zersetzt sich bei 157—158° (160°). — Liefert bei der Reduktion mit verkupfertem Zinkstaub in Eisessig trans-$\alpha.\delta$-Diphenyl-butenin.

$\alpha.\beta.\gamma.\delta$-**Tetrabrom-**$\alpha.\delta$-**diphenyl-**$\alpha$-**butylen vom Schmelzpunkt 135—136°** $C_{16}H_{12}Br_4 = C_6H_5 \cdot CHBr \cdot CHBr \cdot CBr : CBr \cdot C_6H_5$. *B.* Aus cis-$\alpha.\delta$-Diphenyl-butenin und Brom in CS_2, neben den beiden Diastereoisomeren (s. o.) (STRAUS, *A.* **342**, 251). — Blättchen (aus Methylalkohol). F: 135—136° (Zers.). — Liefert bei der Reduktion trans-$\alpha.\delta$-Diphenyl-butenin.

$\gamma.\delta$-**Dibrom-**α-**nitro-**$\alpha.\delta$-**diphenyl-**α-**butylen** $C_{16}H_{13}O_2NBr_2 = C_6H_5 \cdot CHBr \cdot CHBr \cdot CH : C(NO_2) \cdot C_6H_5$. *B.* Aus 3 g α-Nitro-$\alpha.\delta$-diphenyl-$\alpha.\gamma$-butadien in 10 ccm Chloroform mit 2,4 g Brom in Chloroform (WIELAND, STENZL, *A.* **360**, 313). — Hellgelbe Nädelchen (aus Alkohol). F: 106°. Zersetzt sich bei 165°. Leicht löslich in Benzol, Chloroform und heißem Alkohol. Schwefelsäure gibt besonders beim Erwärmen kirschrote Färbung.

2. $\alpha.\delta$-**Diphenyl-**β-**butylen,** $\alpha.\beta$-**Dibenzyl-äthylen** $C_{16}H_{16} = C_6H_5 \cdot CH_2 \cdot CH : CH \cdot CH_2 \cdot C_6H_5$. Zur Konstitution vgl. KLAGES, HEILMANN, *B.* **37**, 1452; STRAUS, *A.* **342**, 213, 253. — *B.* Aus Diphenyldiacetylen $C_6H_5 \cdot C : C \cdot C : C \cdot C_6H_5$ mit Natriumamalgam in Alkohol (STRAUS, *A.* **342**, 255); in gleicher Weise aus trans-$\alpha.\delta$-Diphenyl-butenin (ST.), sowie aus trans-trans- oder cis-cis-$\alpha.\delta$-Diphenyl-$\alpha.\gamma$-butadien (ST.). Bei der Reduktion von α-Phenyl-β-styryl-acrylsäurenitril $C_6H_5 \cdot CH : CH \cdot CH : C(C_6H_5) \cdot CN$ mit Natrium und absol. Alkohol (FREUND, IMMERWAHR, *B.* **23**, 2857). — Nadeln (aus Methylalkohol). F: 45—45,5° (ST.). Leicht löslich in Alkohol, Äther und $CHCl_3$ (F., I.). — Liefert bei der Oxydation $\beta.\gamma$-Dioxy-$\alpha.\delta$-diphenyl-butan (ST.). Jodwasserstoffsäure gibt $\alpha.\delta$-Diphenyl-butan (F., I.). Salpetersäure liefert ein bei 191° schmelzendes Nitrierungsprodukt (F., I.).

$\alpha.\delta$-**Dinitro-**$\alpha.\delta$-**diphenyl-**β-**butylen** $C_{16}H_{14}O_4N_2 = C_6H_5 \cdot CH(NO_2) \cdot CH : CH \cdot CH(NO_2) \cdot C_6H_5$. *B.* Durch Einw. einer Lösung von Stickstofftetroxyd in Äther + Gasolin auf eine Suspension von $\alpha.\delta$-Diphenyl-$\alpha.\gamma$-butadien in absol. Äther unter starker Kühlung (WIELAND, STENZL, *B.* **40**, 4828). — Nädelchen (aus heißem Benzol + Äther oder + Gasolin). F: 158° (Zers.); beträchtlich löslich in Chloroform, Benzol, Aceton, weniger in Eisessig und Alkohol, schwer in Äther, unlöslich in Gasolin (W., ST., *B.* **40**, 4829). — Gibt bei der Oxydation mit Ozon Phenylnitromethan, Benzaldehyd, Benzoesäure und wahrscheinlich Glyoxal (W., ST., *A.* **360**, 311). Liefert bei der Reduktion hauptsächlich $\alpha.\delta$-Diphenyl-$\alpha.\gamma$-butadien zurück, daneben in kleinerer Menge $\alpha.\delta$-Diamino-$\alpha.\delta$-diphenyl-β-butylen (W., ST., *A.* **360**, 310). Mit Alkalien, verd. Ammoniak und beim Kochen mit Alkohol wird salpetrige Säure abgespalten unter Bildung von α-Nitro-$\alpha.\delta$-diphenyl-$\alpha.\gamma$-butadien (W., ST., *B.* **40**, 2829; *A.* **360**, 301). Gibt die LIEBERMANNsche Nitrosoreaktion (W., ST., *A.* **360**, 310).

3. *Derivat eines* $\alpha.\delta$-*Diphenyl-butylens mit ungewisser Lage der Doppelbindung.*

$\alpha.\delta$-Diphenyl-tribrombutylen $C_{16}H_{13}Br_3 = C_4H_3Br_3(C_6H_5)_2$. *B.* Aus dem Produkt der Anlagerung von 1 Mol.-Gew. HBr an trans-$\alpha.\delta$-Diphenyl-butenin $C_{16}H_{13}Br$ durch Brom in $CHCl_3$ (STRAUS, *A.* **342**, 248). — Nadeln (aus Ligroin + Benzol). F: ca. 145—147° (Zers.).

4. *a.γ-Diphenyl-a-butylen, a-Phenyl-a-styryl-äthan* („flüssiges Distyrol")
$C_{16}H_{16} = C_6H_5 \cdot CH:CH \cdot CH(CH_3) \cdot C_6H_5$ [1]). *B.* Aus Zimtsäure beim Erhitzen mit Bromwasserstoffsäure oder Chlorwasserstoffsäure auf 150—240° (ERLENMEYER, *A.* **135**, 122). Beim Erhitzen von Zimtsäure mit der 5-fachen Menge konz. Schwefelsäure, die mit dem $1^1/_2$-fachen Vol. Wasser verdünnt ist, neben Distyrensäure $C_{17}H_{16}Q_2$ (Syst. No. 953) (FITTIG, ERDMANN, *A.* **216**, 187; vgl. ERL., *A.* **135**, 122). Aus Styrol bei mehrstündigem Erhitzen mit Salzsäure (D: 1,12) auf 170° (ERL.). Aus Styrol bei längerem Stehen in einer Lösung von 1 Vol. reiner Schwefelsäure und 9 Vol. Eisessig (KÖNIGS, MAI, *B.* **25**, 2658). — Flüssig. Fluoresciert, frisch dargestellt, blau; bei längerem Stehen verschwindet die Fluorescenz fast völlig (F., ERD.). Kp: 310—312°; D⁰: 1,027; D^{15}: 1,016 (F., ERD.). — Zerfällt bei längerem Erhitzen in Toluol, Styrol und Isopropylbenzol(?); liefert bei der Oxydation mit Dichromatmischung Benzoesäure; gibt mit Brom in CS_2 ein Dibromid $C_{16}H_{16}Br_2$ (S. 616) (F., ERD.).

5. *a.β-Diphenyl-a-butylene, a-Äthyl-stilbene* $C_{16}H_{16} = \begin{matrix} C_6H_5 \cdot C \cdot C_2H_5 \\ \vdots \\ C_6H_5 \cdot C \cdot H \end{matrix}$ (cis-Form)

und $\begin{matrix} C_2H_5 \cdot C \cdot C_6H_5 \\ \vdots \\ C_6H_5 \cdot C \cdot H \end{matrix}$ (trans-Form).

a) *Festes a-Äthyl-stilben* $C_{16}H_{16} = C_6H_5 \cdot C(C_2H_5):CH \cdot C_6H_5$. *B.* Beim Erhitzen des Äthyl-phenyl-benzyl-chlormethans mit Pyridin auf 172° in geschlossenem Rohr erhält man ein Öl, das unter 12 mm Druck zum Teil bei 164—167°, der Hauptmenge nach bei 168° übergeht; aus beiden Fraktionen scheidet sich das feste a-Äthyl-stilben in Krystallen ab (KLAGES, HEILMANN, *B.* **37**, 1453). — Krystalle. F: 57°. Kp: 296—297° (korr.). — Wird durch KMnO₄ in schwefelsaurer Lösung zu Benzoesäure und Äthyl-phenyl-keton oxydiert. Addiert Brom unter Bildung eines dicken Öles.

b) *Flüssiges a-Äthyl-stilben* $C_{16}H_{16} = C_6H_5 \cdot C(C_2H_5):CH \cdot C_6H_5$. *B.* siehe bei festem a-Äthyl-stilben (KL., H., *B.* **37**, 1453). — Öl. — Chemische Eigenschaften wie die der festen Form (s. o.).

c) *Derivat eines a.β-Diphenyl-a-butylens, dessen sterische Zugehörigkeit nicht festgestellt ist.*

a-Chlor-a.β-diphenyl-a-butylen, a′-Chlor-a-äthyl-stilben $C_{16}H_{15}Cl = C_6H_5 \cdot C(C_2H_5):CCl \cdot C_6H_5$. *B.* Durch PCl_5 aus Äthyldesoxybenzoin, neben einem Öl (SUDBOROUGH, *Soc.* **71**, 226). — Prismen. F: 60°. Kp_{27}: 188—189°. Leicht löslich in heißem Alkohol. — Wird durch Natriumamalgam oder Zink und Essigsäure sowie durch alkoh. Kali nicht angegriffen.

6. *a-Phenyl-β-[4-äthyl-phenyl]-äthylen, 4-Äthyl-stilben* $C_{16}H_{16} = C_6H_5 \cdot C_6H_4 \cdot CH:CH \cdot C_6H_5$. *B.* Beim Kochen von Benzyl-[4-äthyl-phenyl]-carbinol mit verd. Schwefelsäure (SÖLLSCHER, *B.* **15**, 1681). — Blättchen. F: 89—90°. Sehr leicht löslich in Äther, Benzol und siedendem Alkohol.

7. *a.β-Di-o-tolyl-äthylen, 2.2′-Dimethyl-stilben* $C_{16}H_{16} = CH_3 \cdot C_6H_4 \cdot CH:CH \cdot C_6H_4 \cdot CH_3$. *B.* Durch 8-stdg. Erhitzen der Natriumverbindung des o-Tolyl-nitromethans mit mindestens 20%iger Natronlauge auf 200° (W. WISLICENUS, WREN, *B.* **38**, 504). — Nädelchen (aus Methylalkohol). F: 82,5—83°. Leicht löslich.

Verbindung mit Pikrinsäure s. Syst. No. 523.

a.β-Bis-[4-nitro-2-methyl-phenyl]-äthylen, 4.4′-Dinitro-2.2′-dimethyl-stilben $C_{16}H_{14}O_4N_2 = O_2N \cdot C_6H_3(CH_3) \cdot CH:CH \cdot C_6H_3(CH_3) \cdot NO_2$. *B.* Man schüttelt 4-Nitro-1.2-dimethyl-benzol mit methylalkoholischer Kalilauge an der Luft und erwärmt, ohne das zunächst sich ausscheidende 4.4′-Dinitro-2.2′-dimethyl-stilben abzufiltrieren, auf dem Wasserbade (GREEN, BADDILEY, *Soc.* **93**, 1723). — Gelbe Nadeln (aus Tetrachloräthan). F: 288—290°. Löslich in Pyridin, Nitrobenzol. — Entfärbt Permanganat sofort. Gibt mit alkal. Phenylhydrazinlösung Rotfärbung.

8. *a.β-Di-m-tolyl-äthylen, 3.3′-Dimethyl-stilben* $C_{16}H_{16} = CH_3 \cdot C_6H_4 \cdot CH:CH \cdot C_6H_4 \cdot CH_3$. *B.* Durch Erhitzen von m-Xylol mit Schwefel im geschlossenen Rohr auf 200°, neben 3.3′-Dimethyl-dibenzyl (ARONSTEIN, VAN NIEROP, *R.* **21**, 455). Durch Erhitzen der Natriumverbindung des m-Tolyl-nitromethans mit 10%iger Natronlauge auf 180° W. WISLICENUS, WREN, *B.* **38**, 505). — Krystalle (aus Alkohol oder Methylalkohol). F: 55—56° (A., VAN N.). Leicht löslich in allen organischen Lösungsmitteln (WI., WR.). — Gibt mit Brom ein festes Dibromid (A., VAN N.).

---

[1]) Die Konstitution der Verbindung wurde nach dem für die 4. Auflage dieses Handbuches geltenden Literatur-Schlußtermin [1. I. 1910] von STOBBE, POSNJAK (*A.* **371**, 292, 295) bewiesen.

Verbindung mit Pikrinsäure s. Syst. No. 523.

9. *a.β-Di-p-tolyl-äthylen*, *4.4'-Dimethyl-stilben* $C_{16}H_{16}$ = $CH_3 \cdot C_6H_4 \cdot CH:CH \cdot C_6H_4 \cdot CH_3$. Zur Konfiguration vgl. BRUNI, *R. A. L.* [5] 13 I, 629. — *B.* Durch Erhitzen von 30 ccm p-Xylol und 1 g Schwefel im geschlossenen Rohr auf 200—210°, neben 4.4'-Dimethyl-dibenzyl (ARONSTEIN, VAN NIEROP, *R.* 21, 452). Durch Erhitzen der Natriumverbindung des p-Tolyl-nitromethans mit 10°/₀iger Natronlauge auf 180—200° (W. WISLICENUS, WREN, *B.* 38, 506). Bei der Destillation von β-Chlor-a.a-di-p-tolyl-äthan (GOLDSCHMIEDT, HEPP, *B.* 6, 1504). Bei der Destillation von β.β.β-Trichlor-a.a-di-p-tolyl-äthan mit Zinkstaub (G., H., *B.* 6, 1504). Beim Kochen einer alkoh. Lösung von β.β.β-Trichlor-a.a-di-p-tolyl-äthan mit Zinkstaub und Ammoniak, am besten unter Zusatz von etwas Kupfersalz (ELBS, FÖRSTER, *J. pr.* [2] 39, 299; E., *J. pr.* [2] 47, 46). Beim Erwärmen von p-Tolyl-p-xylyl-carbinol $CH_3 \cdot C_6H_4 \cdot CH_2 \cdot CH(OH) \cdot C_6H_4 \cdot CH_3$ in Eisessiglösung unter Zusatz von etwas konz. Schwefelsäure (BUTTENBERG, *A.* 279, 337). Bei der elektrolytischen Reduktion von p-Toluylaldehyd in saurer Lösung (LAW, *Soc.* 91, 756). Aus dem Azin des Natriumaldehyds durch Destillation unter Atmsophärendruck (BOUVEAULT, *Bl.* [3] 17, 368). Bei langsamem Destillieren von Fumarsäure-di-p-tolylester (ANSCHÜTZ, WIRTZ, *B.* 16, 1948). — Scheint in zwei Formen zu existieren; meist scheidet es sich in dicken Krystallen ab, zuweilen aber bildet es dünne, violett fluorescierende Blättchen; beide Formen haben gleichen Schmelzpunkt und gleiche Löslichkeit (AR., VAN N.). F: 179—180° (WIS., WR.), 179° (AN.. WIR.), 176—177° (G., H.; AR., VAN N.). Sublimiert bei 304—305° (E.). Leicht löslich in CS_2, Äther und heißem Alkohol (G., H.). Bei 25° lösen 100 Tle. absoluter Alkohol 0,21 Tle. Dimethylstilben (AR., VAN N.). 100 Tle. 90—92 vol.·°/₀iger Alkohol lösen in der Kälte 0,76 Tle., bei Siedehitze 1,28 Tle. (E., *J. pr.* [2] 47, 79). Optische Verhalten: BRUNI, *G.* 34 I, 146. — Gibt bei der Oxydation mit verd. Salpetersäure p-Toluylsäure und mit Chromsäuregemisch Terephthalsäure (G., H.). Wird beim Erhitzen mit Schwefelwasserstoff in Benzollösung partiell zu 4.4'-Dimethyl-dibenzyl reduziert (AR., VAN N.).

10. *a.a-Diphenyl-a-butylen* $C_{16}H_{16}$ = $(C_6H_5)_2C:CH \cdot C_2H_5$. *B.* Beim Erhitzen des Propyl-diphenyl-chlormethans mit Pyridin auf 125° (KLAGES, HEILMANN, *B.* 37, 1451). Durch Destillation von Propyl-diphenyl-carbinol unter normalem Druck (MASSON, *C. r.* 135, 534). — Öl. Kp_{750}: 286°(korr.)(geringe Zers.)(K., H.); Kp: 291—292°(M.). D_0^{18}: 1,030; n_D^{t}: 1,15915 (K., H.). — Wird durch Natrium und Alkohol nur schwer reduziert (K., H.).

11. *β-Methyl-a.a-diphenyl-a-propylen*, *a.a-Dimethyl-β.β-diphenyl-äthylen* $C_{16}H_{16}$ = $(C_6H_5)_2C:C(CH_3)_2$. — Addiert Brom in zerstreutem Tageslicht (BAUER, *B.* 37, 3320).

12. *a.a-Di-p-tolyl-äthylen* $C_{16}H_{16}$ = $(CH_3 \cdot C_6H_4)_2C:CH_2$. *B.* Man kondensiert a.β-Dichlor-diäthyläther und Toluol mit H_2SO_4 und behandelt das Reaktionsprodukt mit alkoh. Kali (HEPP, *B.* 6, 1439; 7, 1413). Bei der Einw. konz. Schwefelsäure auf Methyl-di-p-tolylessigsäure (BISTRZYCKI, REINTKE, *B.* 38, 840). Durch Erhitzen von Methyl-di-p-tolylacetylchlorid (B., LANDTWING, *B.* 41, 689). — Täfelchen (aus Alkohol). F: 61° (B., R.). Kp: 304—305° (H.). Leicht löslich in Benzol, Äther, Ligroin, heißem Alkohol (B., R.). — Wird von Chromsäuregemisch zu Di-p-tolyl-keton oxydiert (H.). Addiert 1 Mol.-Gew. Brom; das Additionsprodukt spaltet aber sofort HBr ab (H.).

β-Chlor-a.a-di-p-tolyl-äthylen $C_{16}H_{15}Cl$ = $(CH_3 \cdot C_6H_4)_2C:CHCl$. *B.* Durch Kochen von β.β-Dichlor-a.a-di-p-tolyl-äthan mit alkoh. Kali (BUTTENBERG, *A.* 279, 334). — Nadeln (aus Eisessig). F: 67°. — Beim Erhitzen mit Natriumäthylat auf 190° entsteht 4.4'-Dimethyltolan.

β.β-Dichlor-a.a-di-p-tolyl-äthylen $C_{16}H_{14}Cl_2$ = $(CH_3 \cdot C_6H_4)_2C:CCl_2$. *B.* Beim Kochen von β.β.β-Trichlor-a.a-di-p-tolyl-äthan mit alkoh. Kali (O. FISCHER, *B.* 7, 1191). — Nadeln. F: 92° (F.). Löslich in 2 Tln. Äther (F.). 100 Tle. 90—92 vol.·°/₀iger Alkohol lösen in der Kälte 5,43 Tle., bei Siedehitze 33,37 Tle. (ELBS, *J. pr.* [2] 47, 78). — Wird von Chromsäure in Eisessig zu 4'-Methyl-benzophenon-carbonsäure-(4) (Syst. No. 1299) oxydiert (LANGE, ZUFALL, *A.* 271, 9). Gibt mit rauchender Salpetersäure 3.3'-Dinitro-4.4'-dimethyl-benzophenon (Syst. No. 653) (L., Z.; Höchster Farbw., R. D. P. 58360; *Frdl.* 3, 78).

13. *1.3-Diphenyl-cyclobutan* $C_{16}H_{16}$ = $C_6H_5 \cdot CH \underset{CH_2}{\overset{CH_2}{<\ \ \ >}} CH \cdot C_6H_5$. *B.* Durch 36-stdg. Erhitzen von Phenylacetaldehyd mit alkoh. Kalilauge auf 190°, neben 1.3.5-Triphenyl-

benzol und anderen Produkten (STOERMER, BIESENBACH, *B.* **38**, 1966). — Stark lichtbrechendes Öl. Kp₆: 157—153⁰.

14. m-Dixylylen (?) $C_{16}H_{16} = C_6H_4 {<}^{CH_2 \cdot CH_2}_{CH_2 \cdot CH_2}{>} C_6H_4$ (?). *B.* Bei der Einw. von Natrium auf ein Gemisch von m-Xylylen-dibromid $C_6H_4(CH_2Br)_2$ und Brombenzol in wasserfreiem Äther (PELLEGRIN, *R.* **18**, 459). — Prismen (aus Äther). F: 131,5⁰. Kp: 290⁰; Kp₁₂: 170⁰. Schwer löslich in Alkohol, löslicher in Äther und Benzol.

Dibrom-m-dixylylen $C_{16}H_{14}Br_2$. *B.* Durch Bromierung von m-Dixylylen in CS_2 (PELLEGRIN, *R.* **18**, 462). — Prismen (aus Benzol). F: 213—214⁰.

15. 9-Äthyl-anthracen-dihydrid-(9.10) $C_{16}H_{16} = C_6H_4 {<}^{CH(C_2H_5)}_{CH_2}{>} C_6H_4$. *B.* Beim Kochen von 1 Tl. Äthyloxanthranol $C_6H_4 {<}^{C(C_2H_5)(OH)}_{CO}{>} C_6H_4$ mit 3 Tln. Jodwasserstoffsäure (D: 1,7) und 2 Tln. rotem Phosphor (LIEBERMANN, *A.* **212**, 76). — Zähes Öl. Siedet nicht ganz unzersetzt bei 320—323⁰ (korr.), ohne Zers. in stark luftverdünntem Raum (LI.). D₁₅: 1,049 (LI.). In allen Verhältnissen mischbar mit Alkohol, Äther, Benzol, Eisessig (LI.). — Liefert beim Durchleiten durch ein glühendes Rohr Anthracen (LI.). Gibt bei anhaltender Oxydation mit rauchender Salpetersäure Anthrachinon (LI.). Mit CrO_3 und Essigsäure entsteht erst Äthyloxanthranol und dann Anthrachinon (LI.). Bei der Einw. von überschüssiger konz. Salpetersäure in Eisessig entstehen 9.10.10-Trinitro-9-äthyl-anthracendihydrid-(9.10) (s. u.), 9-Nitro-10-oxo-9-äthyl-anthracen-dihydrid-(9.10) und 10-Nitro-9-oxy-9-äthyl-anthracen-dihydrid-(9.10) (MEISENHEIMER, CONNERADE, *A.* **330**, 150, 171; vgl. LI., LANDSHOFF, *B.* **14**, 472).

9.10.10-Trinitro-9-äthyl-anthracen-dihydrid-(9.10) $C_{16}H_{13}O_6N_3 = C_6H_4 {<}^{C(C_2H_5)(NO_2)}_{C(NO_2)_2}{>} C_6H_4$. *B.* Die Lösung von 1 Tl. 9-Äthyl-anthracen-dihydrid-(9.10) in 3 Vol. Eisessig wird allmählich und unter Abkühlung mit 1 Tl. Salpetersäure (D: 1,4) versetzt (LIEBERMANN, LANDSHOFF, *B.* **14**, 473; vgl. M., C., *A.* **330**, 150, 171). Aus 10-Nitro-9-äthyl-anthracen in Chloroform und Stickstoffdioxyd (M., C., *A.* **330**, 176). — Farblose Prismen (aus Benzol + Methylalkohol). F: 136⁰ (Zers.) (M., C.). Sehr leicht löslich in Chloroform und Benzol, schwer in kalten Alkoholen (M., C.). — Zersetzt sich beim Erhitzen auf 140⁰ unter Bildung von Anthrachinon, NO und Stickstoff (LI., LA.). Wenig empfindlich gegen Alkalien (M., C.). Zerfällt beim Überhitzen mit Alkohol in Stickstoffdioxyd, 10-Nitro-9-äthyl-anthracen und Äthyloxanthranol (M., C.; LI., LA.).

16. 9.9-Dimethyl-anthracen-dihydrid-(9.10) $C_{16}H_{16} = C_6H_4 {<}^{C(CH_3)_2}_{CH_2}{>} C_6H_4$. *B.* Bei 3¹/₂-stdg. Erhitzen von 2 g Dimethylanthron $C_6H_4 {<}^{C(CH_3)_2}_{CO}{>} C_6H_4$ mit 1 g rotem Phosphor und 16 g Jodwasserstoffsäure (D: 1,7) auf 140—150⁰ (HALLGARTEN, *B.* **21**, 2508). — Krystalle (aus absol. Alkohol). F: 56⁰. Löslich in Äther, Benzol und Eisessig.

17. 9.10-Dimethyl-anthracen-dihydrid-(9.10) $C_{16}H_{16} = C_6H_4 {<}^{CH(CH_3)}_{CH(CH_3)}{>} C_6H_4$. *B.* Bei der Einw. von Benzol auf Methylchloroform in Gegenwart von $AlCl_3$, neben anderen Produkten (KUNTZE-FECHNER, *B.* **36**, 475). Neben α.α-Diphenyl-äthan beim Behandeln eines Gemenges von Benzol und Äthylidenchlorid (oder Äthylidenbromid) mit $AlCl_3$ (ANSCHÜTZ, *A.* **235**, 305). Durch Behandeln eines Gemisches von 3 Tln. [α-Chlor-äthyl]-benzol (S. 354) und 2 Tln. Benzol mit 3 Tln. $AlCl_3$ (SCHRAMM, *B.* **26**, 1707). Neben Äthylbenzol und α.α-Diphenyl-äthan beim Einleiten von Vinylbromid in ein Gemenge von Benzol und $AlCl_3$ (ANSCHÜTZ, *A.* **235**, 331). Bei der Einw. von $AlCl_3$ auf α.α-Diphenyl-äthan (RADZIEWANOWSKI, *B.* **27**, 3238). — Gelbliche Blättchen. F: 181—181,5⁰ (A.). Sublimiert leicht in hellgelben Nadeln (A.). Leicht löslich in Äther, CS_2, Benzol, in heißem Alkohol und in kochendem Eisessig (A.). — Liefert mit CrO_3 und Eisessig Anthrachinon und CO_2 (A.). Geht beim Glühen mit Zinkstaub in Anthracen über (A.).
Verbindung s. Syst. 523.

9.10-Dibrom-9.10-dimethyl-anthracen-dihydrid-(9.10) $C_{16}H_{14}Br_2 = C_6H_4 {<}^{CBr(CH_3)}_{CBr(CH_3)}{>} C_6H_4$. *B.* Beim Eintragen von Brom in eine Eisessiglösung von 9.10-Dimethyl-anthracen-dihydrid-(9.10) (ANSCHÜTZ, *A.* **235**, 309). — Nadeln (aus Toluol). Unlöslich in den meisten Lösungsmitteln. Löst sich in siedendem Toluol, fast gar nicht in kaltem. — Liefert bei der Oxydation Anthrachinon.

18. **Pyrenhexahydrid** $C_{16}H_{16}$. *B.* Durch 8—10-stdg. Erhitzen von Pyren mit viel Jodwasserstoffsäure (Kp: 127°) und etwas rotem Phosphor auf 200° (GRAEBE, *A.* **158**, 297). — Säulen oder Nadeln. F: 127°. Sehr leicht löslich in Äther, Benzol und siedendem Alkohol, etwas weniger in kaltem Alkohol. — Verwandelt sich, beim Durchleiten durch ein glühendes Rohr, wieder in Pyren. Verbindet sich in Alkohol nicht mit Pikrinsäure.

19. **Kohlenwasserstoff** $C_{19}H_{16}$ **von unbekannter Konstitution.** *B.* Beim Erwärmen von m-Xylol mit Benzoylperoxyd (LIPPMANN, *M.* **7**, 526). — Flüssig. Kp: 260° bis 270°. D^{21}: 0,9934.

6. Kohlenwasserstoffe $C_{17}H_{18}$.

1. **$a.e$-Diphenyl-a-amylen** $C_{17}H_{18} = C_6H_5 \cdot CH_2 \cdot CH_2 \cdot CH_2 \cdot CH : CH \cdot C_6H_5$.

$\gamma.\gamma.\delta.\varepsilon$-Tetrachlor-$a.\varepsilon$-diphenyl-$a$-amylen $C_{17}H_{14}Cl_4 = C_6H_5 \cdot CHCl \cdot CHCl \cdot CCl_2 \cdot CH : CH \cdot C_6H_5$. *B.* Aus Distyryl-dichlormethan in Chloroformlösung mit Chlor in direktem Sonnenlicht (STRAUS, ECKER, *B.* **39**, 2990). — Nädelchen (aus Benzol-Petroläther). Schmilzt bei 133° unter schwacher Zersetzung.

$\gamma.\gamma$-Dichlor-$\delta.\varepsilon$-dibrom-$a.\varepsilon$-diphenyl-a-amylen $C_{17}H_{14}Cl_2Br_2 = C_6H_5 \cdot CHBr \cdot CHBr \cdot CCl_2 \cdot CH : CH \cdot C_6H_5$. *B.* Aus Distyryl-dichlormethan in Chloroformlösung mit 1 Mol.-Gew. Brom (ST., E., *B.* **39**, 2990). — Prismen (aus Benzol-Petroläther). F: 153° (Zers.).

$\gamma.\gamma$-Dichlor-$\delta.\varepsilon$-dibrom-$a.\varepsilon$-bis-[4-chlor-phenyl]-a-amylen $C_{17}H_{12}Cl_4Br_2 = C_6H_4Cl \cdot CHBr \cdot CHBr \cdot CCl_2 \cdot CH : CH \cdot C_6H_4Cl$. *B.* Aus Bis-[4-chlor-styryl]-dichlormethan mit Brom in Chloroformlösung (STRAUS, ECKER, *B.* **39**, 2999). — Warzenförmig vereinigte Nadeln (aus Benzol-Petroläther). F: 124—125°. Gibt mit konz. Schwefelsäure keine Färbung.

γ-Chlor-$\gamma.\delta.\varepsilon$-tribrom-$a.\varepsilon$-diphenyl-$a$-amylen $C_{17}H_{14}ClBr_3 = C_6H_5 \cdot CHBr \cdot CHBr \cdot CClBr \cdot CH : CH \cdot C_6H_5$. *B.* Aus Distyryl-chlorbrommethan mit 1 Mol.-Gew. Brom in Chloroformlösung (STRAUS, *A.* **370**, 350). — Farblose Prismen (aus Benzol). Zersetzt sich bei 165° bis 166°. Gibt mit konz. Schwefelsäure keine Färbung.

2. **a-Phenyl-β-[4-isopropyl-phenyl]-äthylen, 4-Isopropyl-stilben** $C_{17}H_{18}$ $= (CH_3)_2CH \cdot C_6H_4 \cdot CH : CH \cdot C_6H_5$. *B.* Bei 15-stdg. Erhitzen eines äquivalenten Gemisches von Cuminaldehyd und Phenylessigsäure mit $^1/_3$ des Gewichtes an Natriumacetat auf 250° (MICHAEL, *Am.* **1**, 314). Aus Cuminol und Phenylessigsäure durch längeres Erhitzen im geschlossenen Rohr auf 300° (v. WALTHER, WETZLICH, *J. pr.* [2] 61, 177). Durch Erhitzen von [4-Isopropyl-phenyl]-desyl-chlormethan auf 200°, neben Benzoylchlorid (KLAGES, TETZNER, *B.* **35**, 3969). Beim Erhitzen von a-Oxo-β-phenyl-γ-[4-isopropyl-phenyl]-butyrolacton über den Schmelzpunkt (ERLENMEYER, KEHREN, *A.* **333**, 241). — Blättchen (aus Alkohol oder Eisessig). F: 86° (v. WA., WE.), 85° (E., K.), 83—84° (M.). — Leicht löslich in Äther, Benzol, heißem Alkohol und Pyridin, schwer in kaltem Alkohol, sehr wenig in heißem Wasser (E., K.; v. WA., WE.; M.). — Nimmt direkt Brom auf (M.).

a-[4-Nitro-phenyl]-β-[4-isopropyl-phenyl]-äthylen, 4'-Nitro-4-isopropyl-stilben $C_{17}H_{17}O_2N = (CH_3)_2CH \cdot C_6H_4 \cdot CH : CH \cdot C_6H_4 \cdot NO_2$. *B.* Aus Cuminol und p-Nitro-phenylessigsäure bei 210° im geschlossenen Rohr (v. WA., WE., *J. pr.* [2] 61, 185). — Dunkelgelbe Blättchen (aus Eisessig). F: 132°. Löslich in heißem Alkohol, Benzol und Pyridin.

3. **1.2-Diphenyl-cyclopentan** $C_{17}H_{18} = \begin{matrix} C_6H_5 \cdot CH \cdot CH_2 \\ | \\ C_6H_5 \cdot CH \cdot CH_2 \end{matrix} CH_2$. *B.* Bei 5-stdg. Kochen von 10 g Anhydroacetonbenzil $\begin{matrix} C_6H_5 \cdot C : CH \cdot CO \\ | \\ C_6H_5 \cdot C(OH) \cdot CH_2 \end{matrix}$ (Syst. No. 754) mit 150 g rauchender Jodwasserstoffsäure (D: 1,7) und 20 g rotem Phosphor (JAPP, BURTON, *Soc.* **51**, 423; J., LANDER, *Soc.* **71**, 131; vgl. VORLÄNDER, v. LIEBIG, *B.* **37**, 1134). Aus 1.2-Diphenyl-cyclopenten-(2)-ol-(3)-on-(4) (Syst. No. 754) durch Reduktion mit Jodwasserstoffsäure (V., v. LI.). — Flache Nadeln (aus Alkohol). F: 47° (J., B.). Siedet nicht unzersetzt bei 305° (J., B.). Kp$_{12}$: 189° (J., MICHIE, *Soc.* **79**, 1023). — Wird durch Chromtrioxyd in Eisessiglösung zu $a.\gamma$-Dibenzoyl-propan oxydiert; daneben entstehen Benzoesäure und eine Säure vom Schmelzpunkt 133,5° (J., M.).

4. 1-Methyl-7-isopropyl- oder 7-Methyl-1-isopropyl-fluoren, „Reten-fluoren" $C_{17}H_{18}$ =

$$(CH_3)_2CH-\overset{CH_3}{\underset{}{\bigcirc\bigcirc\bigcirc}}\overset{CH_3}{} \quad \text{oder} \quad CH_3-\overset{CH_3}{\underset{}{\bigcirc\bigcirc\bigcirc}}\overset{CH(CH_3)_2}{}.$$

B. Beim Glühen von Retenketon mit Zinkstaub (BAMBERGER, HOOKER, A. **229**, 142). Beim Erhitzen von Retenketon mit rauchender Jodwasserstoffsäure und Phosphor auf 150° (B., H.). — Blättchen (aus Alkohol). F: 96,5—97°. Sehr leicht löslich in Äther und in heißem Alkohol. Fluoresciert violett im geschmolzenen Zustande und in alkoh. Lösung. — Wird von CrO_3 in Eisessig fast völlig verbrannt. Liefert mit Salpetersäure (D: 1,43) ein Dinitroderivat (s. u.).

x.x-Dinitro-retenfluoren $C_{17}H_{16}O_4N_2 = C_{17}H_{16}(NO_2)_2$. B. Man versetzt eine Lösung von Retenfluoren in wenig heißem Eisessig mit etwas Salpetersäure (D: 1,43), kocht einige Minuten und fällt die Lösung mit Wasser (BAMBERGER, HOOKER, A. **229**, 145). — Strohgelbe verfilzte Nadeln (aus Eisessig). Wird unterhalb 200° schwarz und schmilzt gegen 245°. Schwer löslich in Alkohol, leicht in Eisessig.

7. Kohlenwasserstoffe $C_{18}H_{20}$.

1. β.s-Diphenyl-β-hexylen (?) $C_{18}H_{20} = C_6H_5 \cdot CH(CH_3) \cdot CH_2 \cdot CH : C(CH_3) \cdot C_6H_5$ (?). Das Molekulargewicht ist kryoskopisch bestimmt; vgl. TIFFENEAU, A. ch. [8] **10**, 159. — B. Bei der Einw. sirupöser Phosphorsäure auf Äthyl-phenyl-carbinol bei 120° (KLAGES, B. **35**, 2639). Bei der Einw. von $2^1/_2$ Mol.-Gew. Methylmagnesiumjodid auf Benzoesäuremethylester, neben einem Isomeren vom Schmelzpunkt 52° (S. 652) (T., A. ch. [8] **10**, 159). — Flüssig. Kp: 302° (korr.) (K.); Kp_{16}: 175° (T.). Schwer flüchtig mit Wasserdämpfen (T.). D^0: 1,012 (T.); D_4^{16}: 0,9724 (K.). — Entfärbt in der Hitze $KMnO_4$ (T.). Wird durch Natrium + Alkohol nicht reduziert (K.). Addiert langsam 1 Mol.-Gew. Brom (T.; K.).

2. a.β-Bis-[4-äthyl-phenyl]-äthylen, 4.4'-Diäthyl-stilben $C_{18}H_{20} = C_2H_5 \cdot C_6H_4 \cdot CH : CH \cdot C_6H_4 \cdot C_2H_5$. B. Bei der Destillation des Kondensationsprodukts, welches aus Äthylbenzol und a.β-Dichlor-diäthyläther durch konz. Schwefelsäure gebildet wird (HEPP, B. **7**, 1414). — Blättchen (aus Alkohol). F: 134,5°. Destilliert unzersetzt. Wenig löslich in kaltem Alkohol, leicht in CS_2 und Äther. — Gibt beim Kochen mit verdünnter Salpetersäure Terephthalsäure.

3. a.β-Bis-[2.4-dimethyl-phenyl]-äthylen, 2.4.2'.4'-Tetramethyl-stilben $C_{18}H_{20} = (CH_3)_2C_6H_3 \cdot CH : CH \cdot C_6H_3(CH_3)_2$. B. Bei der Destillation des Kondensationsprodukts, welches aus Steinkohlenteerxylol und a.β-Dichlor-diäthyläther durch konz. Schwefelsäure gebildet wird (HEPP, B. **7**, 1416). Beim Kochen einer alkoh. Lösung von β.β-Trichlora.a-bis-[2.4-dimethyl-phenyl]-äthan mit Zinkstaub und Ammoniak (ELBS, FÖRSTER, J. pr. [2] **39**, 300; **47**, 46). — Krystallsplitter (aus Alkohol). F: 105—106° (H.). Destilliert unzersetzt (H.). Ziemlich leicht löslich in kochendem Alkohol, etwas leichter in Äther und CS_2 (H.). — Gibt beim Kochen mit verd. Salpetersäure 2.4-Dimethyl-benzoesäure (H.). Verbindet sich direkt mit Brom (H.).

4. a.β-Bis-[2.5-dimethyl-phenyl]-äthylen, 2.5.2'.5'-Tetramethyl-stilben $C_{18}H_{20} = (CH_3)_2C_6H_3 \cdot CH : CH \cdot C_6H_3(CH_3)_2$. B. Bei der Destillation des Kondensationsproduktes, welches aus p-Xylol und a.β-Dichlor-diäthyläther durch konz. Schwefelsäure gebildet wird (HEPP, B. **7**, 1417). Beim Kochen einer alkoh. Lösung von β.β.β-Trichlor-a.a-bis-[2.5-dimethyl-phenyl]-äthan mit Zinkstaub und etwas NH_3 (ELBS, J. pr. [2] **47**, 47). — Krystalle (aus Petroläther). Monoklin (sphenoidisch ?) (BILLOWS, Z. Kr. **41**, 274; vgl. Groth, Ch. Kr. **5**, 197). F: 157° (H.). Destilliert unzersetzt (H.). In Lösungsmitteln weniger löslich als 2.4.2'.4'-Tetramethyl-stilben (H.). 100 Tle. 90—92 vol.%iger Alkohol lösen in der Kälte 0,13 Tle., bei Siedehitze 0,77 Tle. (E.)

5. a.a-Diphenyl-a-hexylen $C_{18}H_{20} = (C_6H_5)_2C : CH \cdot CH_2 \cdot CH_2 \cdot CH_2 \cdot CH_3$. B. Durch Destillation von n-Amyl-diphenyl-carbinol unter normalem Druck (MASSON, C. r. **135**, 534). — Kp: 314°.

6. δ-Methyl-a.a-diphenyl-a-amylen $C_{18}H_{20} = (C_6H_5)_2C : CH \cdot CH_2 \cdot CH(CH_3)_2$. B. Durch Einw. von Natrium auf Isoamylbromid und Benzophenon in Äther (SCHORIGIN, B. **41**, 2714). — Flüssig. Kp_{16}: 178°. D_4^0: 0,9907; D_4^{25}: 0,9725. $n_D^{25,3}$: 1,57 463.

7. a.a-Bis-[2.4-dimethyl-phenyl]-äthylen $C_{18}H_{20} = (CH_3)_2C_6H_3 \cdot C(:CH_2) \cdot C_6H_3(CH_3)_2$.

β.β-Dichlor-a.a-bis-[2.4-dimethyl-phenyl]-äthylen $C_{18}H_{18}Cl_2 = (CH_3)_2C_6H_3 \cdot C(:CCl_2) \cdot C_6H_3(CH_3)_2$. B. Beim Kochen von β.β.β-Trichlor-a.a-bis-[2.4-dimethyl-phenyl]-äthan mit alkoh. Kali (ELBS, FÖRSTER, *J. pr.* [2] **39**, 300; **47**, 47). — Körner. F: 112⁰. 100 Tle. 90 bis 92 vol.-⁰/₀iger Alkohol lösen in der Kälte 6,52 Tle., bei Siedehitze 8,64 Tle.

8. *a.a-Bis-[2.5-dimethyl-phenyl]-äthylen* $C_{18}H_{20}$ = $(CH_3)_2C_6H_3 \cdot C(:CH_2) \cdot$ $C_6H_3(CH_3)_2$.

β.β-Dichlor-α.α-bis-[2.5-dimethyl-phenyl]-äthylen $C_{18}H_{18}Cl_2$ = $(CH_3)_2C_6H_3 \cdot C(:CCl_2) \cdot$ $C_6H_3(CH_3)_2$. *B.* • Beim Kochen von β.β.β-Trichlor-α.α-bis-[2.5-dimethyl-phenyl]-äthan mit alkoh. Kali (ELBS, FÖRSTER, *J. pr.* [2] **39**, 300; **47**, 47). — Nadeln (aus Alkohol). F: 93⁰. 100 Tle. 90—92 vol.-⁰/₀iger Alkohol lösen in der Kälte 8,93 Tle., bei Siedehitze 8,71 Tle.

9. *a.a-Bis-[3.4-dimethyl-phenyl]-äthylen* $C_{18}H_{20}$ = $(CH_3)_2C_6H_3 \cdot C(:CH_2) \cdot$ $C_6H_3(CH_3)_2$. *B.* Durch Erwärmen von α.α-Bis-[3.4-dimethyl-phenyl]-propionsäure mit konz. Schwefelsäure auf 40⁰ (BISTRZYCKI, REINTKE, *B.* **38**, 843). — Krystallpulver (aus Alkohol). F: 73—74⁰. Sehr leicht löslich in Äther, Chloroform, Benzol, Ligroin. — Wird von $K_2Cr_2O_7$ + H_2SO_4 zu 3.4.3'.4'-Tetramethyl-benzophenon oxydiert.

10. *1.2-Diphenyl-cyclohexan* $C_{18}H_{20}$ = $C_6H_5 \cdot CH \overset{CH(C_6H_5) \cdot CH_2}{\underset{CH_2 \quad\quad CH_2}{\diagdown}} CH_2$. *B.* Aus 1.2-Dichlor-cyclohexan und Benzol in Gegenwart von $AlCl_3$ (KURSSANOW, *A.* **318**, 316; vgl. auch GUSTAVSON, *C. r.* **146**, 641). — Abgeplattete Nadeln (aus Alkohol). F: 170—171⁰ (K.). Leicht löslich in Äther, etwas schwerer in Alkohol und Benzol (K.). Sublimierbar (K.).

11. *1-Methyl-2.3-diphenyl-cyclopentan* $C_{18}H_{20}$ = $\overset{C_6H_5 \cdot CH \quad\quad CH_2}{\underset{C_6H_5 \cdot CH \cdot CH(CH_3)}{\diagdown}} CH_2$. *B.* Bei 6-stdg. Kochen von 10 g α-Anhydrobenzillävulinsäure (Syst. No. 1419) mit 150 g Jodwasserstoffsäure (D: 1,75) und 20 g rotem Phosphor (JAPP, MURRAY, *Soc.* **71**, 153). Aus α-Methylanhydroacetonbenzil $\overset{C_6H_5 \cdot C(OH) \cdot CH_2}{\underset{C_6H_5 \cdot C(CH_3)}{\diagdown}} \overset{CO}{\underset{}{}}$ durch 5-stdg. Kochen mit Jodwasserstoffsäure und rotem Phosphor (J., MELDRUM, *Soc.* **79**, 1033); in gleicher Weise aus β-Methylanhydracetonbenzil $\overset{C_6H_5 \cdot C \quad\quad CH}{\underset{C_6H_5 \cdot C(OH) \cdot CH(CH_3)}{\diagdown}} CO$ (J., Me.). — Nadeln (aus Äther + Methylalkohol). F: 62—63⁰. Sehr leicht löslich in Benzol (J., Mu.).

12. *1.2-Dimethyl-1.2-diphenyl-cyclobutan* (s. auch No. 13) oder *1.3-Dimethyl-1.3-diphenyl-cyclobutan*, (dimolekulares β-Phenyl-propylen) $C_{18}H_{20}$ = $\overset{(CH_3)(C_6H_5)C \longrightarrow CH_2}{\underset{(CH_3)(C_6H_5)C \longrightarrow CH_2}{|\quad\quad|}}$ oder $\overset{(CH_3)(C_6H_5)C \longrightarrow CH_2}{\underset{H_2C \longrightarrow C(C_6H_5)(CH_3)}{|\quad\quad|}}$ Das Molekulargewicht ist kryoskopisch bestimmt; vgl. TIFFENEAU, *A. ch.* [8] **10**, 158. — *B.* Aus β-Phenyl-propylen und konz. Salzsäure im Autoklaven (GRIGNARD, *C.* **1901** II, 624). Durch Eintropfenlassen von β-Phenylpropylen in kalte konz. Schwefelsäure (T.). Durch Einw. von 2¹/₂ Mol.-Gew. Methylmagnesiumjodid auf Benzoesäuremethylester, neben β.ε-Diphenyl-β-hexylen (?) (T.). — Krystalle (aus Äther). F: 52—53⁰ (G.), 52⁰ (T.). Kp: 299—300⁰ (T.); Kp_{14-15}: 163—164⁰ (T.); Kp_2: 158—159⁰ (G.). — Regeneriert erst oberhalb 300⁰ β-Phenyl-propylen in geringer Menge (T.). Addiert kein Brom (T.).

13. *1.2-Dimethyl-1.2-diphenyl-cyclobutan* (s. auch No. 12). Über einen Kohlenwasserstoff, dem vielleicht diese Konstitution zukommt, s. bei 1¹-Jod-1-isopropyl-benzol, (S. 396, Z. 1—5 v. o.).

14. *2.3-Dimethyl-1-phenyl-naphthalin-tetrahydrid-(1.2.3.4), Methronol* $C_{18}H_{20}$ = $C_6H_4 \overset{CH(C_6H_5) \cdot CH \cdot CH_3}{\underset{CH_2 \longrightarrow CH \cdot CH_3}{\diagdown}}$. *B.* Bei 16—20-stdg. Kochen von 10 g α-Methyl-zimtsäure mit 60 ccm Wasser und 40 ccm konz. Schwefelsäure (H. ERDMANN, *A.* **227**, 249). — Flüssig. Kp: 322—323⁰. Mit Wasserdampf flüchtig. — Liefert bei der Oxydation mit Chromsäuregemisch o-Benzoyl-benzoesäure und daneben CO_2, Essigsäure, Benzoesäure und Anthrachinon. Bei der Einw. von Brom auf die Lösung in CS_2 entweicht sofort HBr.

15. *9-Isobutyl-anthracen-dihydrid-(9.10)* $C_{18}H_{20}$ = $C_6H_4 \overset{CH[CH_2 \cdot CH(CH_3)_2]}{\underset{CH_2}{\diagdown}} C_6H_4$. *B.* Durch Kochen von Isobutyloxanthranol $C_6H_4 \overset{C(C_4H_9)(OH)}{\underset{CO}{\diagdown}} C_6H_4$ mit Jodwasserstoffsäure (D: 1,7) und rotem Phosphor (LIEBER-

MANN, *A.* **212**, 79). — Dickflüssiges, stark fluorescierendes Öl. Siedet nur im Vakuum unzersetzt. — Wird von CrO₃ und Essigsäure in der Kälte zu Isobutyloxanthranol und beim Kochen zu Anthrachinon oxydiert. Gibt beim Überleiten über glühenden Zinkstaub Anthracen.

16. *9.9-Diäthyl-anthracen-dihydrid-(9.10)* $C_{18}H_{20} = C_6H_4{<}{\overset{C(C_2H_5)_2}{\underset{CH_2}{}}}{>}C_6H_4$. *B.*

Bei 3-stdg. Erhitzen von 1 Tl. Diäthylanthron $C_6H_4{<}{\overset{C(C_2H_5)_2}{\underset{CO}{}}}{>}C_6H_4$ mit 5 Tln. Jodwasserstoffsäure (D: 1,7) und ½ Tl. rotem Phosphor auf 180—200° (GOLDMANN, *B.* **21**, 1182). — Krystalle (aus Äther). F: 48—50°. Leicht löslich in Äther und Ligroin; zerfließt in CS₂ und Benzol. — Wird von CrO₃ und Eisessig schon in der Kälte glatt zu Diäthylanthron oxydiert.

17. *2.6.9.10-Tetramethyl-anthracen-dihydrid-(9.10)* $C_{18}H_{20}$ =

$CH_3 \cdot C_6H_3{<}{\overset{CH(CH_3)}{\underset{CH(CH_3)}{}}}{>}C_6H_3 \cdot CH_3$. Zur Konstitution vgl. SEER, *M.* **32**, 149. — *B.* Entsteht neben α.α-Di-p-tolyl-äthan und p-Methyl-äthyl-benzol bei der Einw. von AlCl₃ auf eine Lösung von Äthylidenchlorid in Toluol (ANSCHÜTZ, *A.* **235**, 313, 317). — Tafeln (aus Benzol). Rhombisch (pyramidal?) (HINTZE, *A.* **235**, 317; vgl. *Groth, Ch. Kr.* **5**, 444). F: 171—171,5° (A.). Leicht löslich in Benzol, schwer in Eisessig, fast gar nicht in Alkohol (A.). — Wird von CrO₃ und Eisessig zu 2.6-Dimethyl-anthrachinon oxydiert (A.). Gibt beim Glühen mit Zinkstaub 2.6-Dimethyl-anthracen (A.).

Verbindung mit Pikrinsäure s. Syst. No. 523.

9.10-Dibrom-2.6.9.10-tetramethyl-anthracen-dihydrid-(9.10) $C_{18}H_{18}Br_2$ =

$CH_3 \cdot C_6H_3{<}{\overset{CBr(CH_3)}{\underset{CBr(CH_3)}{}}}{>}C_6H_3 \cdot CH_3$. *B.* Beim Versetzen einer eisessigsauren Lösung von 2.6.9.10-Tetramethyl-anthracen-dihydrid-(9.10) mit Brom (ANSCHÜTZ, *A.* **235**, 321). — Gelbe Nadeln. Zersetzt sich beim Erhitzen, ohne zu schmelzen. Fast unlöslich in den gewöhnlichen Lösungsmitteln, löslich in siedendem Toluol. — Liefert bei der Oxydation 2.6-Dimethylanthrachinon.

18. *Kohlenwasserstoff* C₁₈H₂₀(?). *B.* Als Nebenprodukt bei der Darstellung des sek.-Butyl-benzols aus Benzol, sek. Butylchlorid, Aluminiumspänen und HgCl₂ (ESTREICHER, *B.* **33**, 440). — Blättchen. F: 123—124°. Kp: oberhalb 250°.

8. Kohlenwasserstoffe C₁₉H₂₂.

1. *α.α-Diphenyl-α-heptylen* $C_{19}H_{22} = (C_6H_5)_2 : CH \cdot [CH_2]_4 \cdot CH_3$. *B.* Man führt α-Oxy-α.α-diphenyl-heptan in Äther mit Thionylchlorid in das entsprechende Chlorid über und kocht dieses mit Pyridin (KLAGES, HEILMANN, *B.* **37**, 1454). — Schwach riechendes Öl. D₄¹⁵: 0,9673. Schwer löslich in Alkohol. n_D¹⁵: 1,5648. — Gibt mit Brom in CS₂ ein öliges Dibromid; in Eisessiglösung, entsteht mit Brom ein Monobromderivat.

β-Brom-α.α-diphenyl-α-heptylen $C_{19}H_{21}Br = (C_6H_5)_2 : CBr \cdot [CH_2]_4 \cdot CH_3$. *B.* Aus α.α-Diphenyl-α-heptylen und Brom in Eisessig (K., H. *B.* **37**, 1454). — Nadeln (aus Alkohol). F: 74°.

2. *9-Isoamyl-anthracen-dihydrid-(9.10)* $C_{19}H_{22} = C_6H_4{<}{\overset{CH(C_5H_{11})}{\underset{CH_2}{}}}{>}C_6H_4$. *B.*

Beim Kochen von Isoamyloxanthranol $C_6H_4{<}{\overset{C(C_5H_{11})(OH)}{\underset{CO}{}}}{>}C_6H_4$ mit Jodwasserstoffsäure und Phosphor (LIEBERMANN, *A.* **212**, 79). — Öl. Siedet unter Zersetzung und Bildung von Anthracen gegen 350°; Kp₇₅₀: 291—292°. D₁₅¹⁵: 1,031.

9. Kohlenwasserstoffe C₂₀H₂₄.

1. *α.β-Bis-[4-isopropyl-phenyl]-äthylen, 4.4′-Diisopropyl-stilben* $C_{20}H_{24}$ = $(CH_3)_2CH \cdot C_6H_4 \cdot CH : CH \cdot C_6H_4 \cdot CH(CH_3)_2$. *B.* Bei der elektrolytischen Reduktion von Cuminol in saurer Lösung (LAW, *Soc.* **91**, 760). — Platten (aus Alkohol). F: 131—132°. Schwer löslich in Alkohol, leichter in Chloroform, Benzol.

2. *α.β-Bis-[2.4.5-trimethyl-phenyl]-äthylen, 2.4.5.2′.4′.5′-Hexamethyl-stilben* $C_{20}H_{24} = (CH_3)_3C_6H_2 \cdot CH : CH \cdot C_6H_2(CH_3)_3$. *B.* Beim Kochen von β.β.β-Trichlor-α.α-bis-[2.4.5-trimethyl-phenyl]-äthan in alkoh. Lösung mit Zinkstaub und etwas Ammoniak,

neben $\alpha.\alpha$-Bis-[2.4.5-trimethyl-phenyl]-äthan (ELBS, *J. pr.* [2] 47, 51). — Krystalle (aus Alkohol) mit violetter Fluorescenz. Monoklin prismatisch (?) (BILLOWS, *Z. Kr.* 41, 274; vgl. *Groth, Ch. Kr.* 5, 198). F: 161° (E.). 100 Tle. 90—92 vol.-%iger Alkohol lösen in der Kälte 9,13 Tle., bei Siedehitze 1,81 Tle.; ziemlich leicht löslich in $CHCl_3$, CS_2 und Benzol, fast unlöslich in Petroläther (E.). — Mit Brom, gelöst in CS_2, entstehen $\alpha.\alpha'$-Dibrom-2.4.5.2'.4'.5'-hexamethyl-dibenzyl und α-Brom-2.4.5.2'.4'.5'-hexamethyl-dibenzyl (E.).
Verbindung mit Pikrinsäure s. Syst. No. 523.

3. *$\alpha.\alpha$-Bis-[2.4.5-trimethyl-phenyl]-äthylen* $C_{20}H_{24} = (CH_3)_3C_6H_2\cdot C(:CH_2)\cdot C_6H_2(CH_3)_3$.

$\beta.\beta$-Dichlor-$\alpha.\alpha$-bis-[2.4.5-trimethyl-phenyl]-äthylen $C_{20}H_{22}Cl_2 = (CH_3)_3C_6H_2\cdot C(:CCl_2)\cdot C_6H_2(CH_3)_3$. *B.* Beim Kochen von $\beta.\beta.\beta$-Trichlor-$\alpha.\alpha$-bis-[2.4.5-trimethyl-phenyl]-äthan mit alkoh. Kali (ELBS, *J. pr.* [2] 47, 48). — Prismen (aus Alkohol). F: 118°. 100 Tle. 90—92 vol.-%iger Alkohol lösen in der Kälte 0,51 Tle., bei Siedehitze 11,56 Tle; leicht löslich in $CHCl_3$, CS_2 und Benzol.

4. *1.2-Dimethyl-4.5-diphenyl-cyclohexan* $C_{20}H_{24} = \begin{matrix} C_6H_5\cdot CH\cdot CH_2\cdot CH\cdot CH_3 \\ C_6H_5\cdot CH\cdot CH_2\cdot CH\cdot CH_3 \end{matrix}$.
B. Durch Reduktion von $\beta.\gamma$-Diphenyl-$\alpha.\delta$-diacetyl-butan mit Zinkstaub in alkoh. Salzsäure (HARRIES, ESCHENBACH, *B.* 29, 2123). — Krystalle (aus Petroläther). Triklin (KLAUTSCH, *B.* 29, 2123). F: 97°. Kp: ca. 270°. 1 g löst sich in 12 ccm siedendem Alkohol und in 6 ccm siedendem Petroläther.

5. *9.9-Dipropyl-anthracen-dihydrid-(9.10)* $C_{20}H_{24} = C_6H_4\underset{CH_2}{\overset{C(CH_2\cdot CH_2\cdot CH_3)_2}{<}}C_6H_4$. *B.* Bei 4-stdg. Erhitzen von Dipropylanthron $C_6H_4\underset{CO}{\overset{C(C_3H_7)_2}{<}}C_6H_4$ mit Jodwasserstoffsäure und rotem Phosphor auf 140—170° (HALLGARTEN, *B.* 22, 1070). — Blättchen (aus Alkohol). Erweicht bei 46—47°. Löslich in den gewöhnlichen organischen Lösungsmitteln unter Fluorescenz. — Gibt bei der Oxydation Anthrachinon.

6. *2.6-Diisopropyl-anthracen-dihydrid-(9.10)* (?) $C_{20}H_{24} = (CH_3)_2CH\cdot C_6H_3\underset{CH_2}{\overset{CH_2}{<}}C_6H_3\cdot CH(CH_3)_2$ (?). *B.* Beim Kochen von Cuminylchlorid für sich, oder leichter unter Zusatz von etwas $ZnCl_2$ (ERRERA, *G.* 14, 280). — Schmutziggelbes amorphes Pulver. F: 90°. Siedet unzersetzt oberhalb 360°. Unlöslich in Alkohol, leicht löslich in Äther, $CHCl_3$ und Benzol. Die Lösungen sind rot und fluorescieren grün.
Dinitroderivat $C_{20}H_{22}O_4N_2 = C_{20}H_{22}(NO_2)_2$. *B.* Beim Auflösen von 2.6-Diisopropyl-anthracen-dihydrid-(9.10) (s. o.) in abgekühlter Salpetersäure (D: 1,52) (ERRERA, *G.* 14, 282). — Amorph. Löslich in $CHCl_3$, unlöslich in Alkohol und Äther.

7. *Kohlenwasserstoff* $C_{20}H_{24}$ (dimolekulares β-p-Tolyl-propylen). *B.* Durch Einw. von kalter konz. Schwefelsäure auf β-p-Tolyl-propylen (TIFFENEAU, *A. ch.* [8] 10, 198). — F: 40°.

10. Kohlenwasserstoff $C_{21}H_{26}$. Über Derivate $C_{21}HCl_{25}$ und $C_{21}Cl_{26}$ eines Kohlenwasserstoffes $C_{21}H_{26}$ vgl. bei Benzotrichlorid, S. 302, Z. 4 und Z. 7. v. o.

11. Kohlenwasserstoffe $C_{22}H_{28}$.

1. *1.2-Bis-[α-phenyl-propyl]-cyclobutan* (?) $C_{22}H_{28} = \begin{matrix} H_2C\cdot CH\cdot CH(C_6H_5)\cdot C_6H_5 \\ H_2C\cdot CH\cdot CH(C_6H_5)\cdot C_6H_5 \end{matrix}$ (?).
B. Beim Destillieren von γ-Phenyl-α-amylen unter gewöhnlichem Druck (DAFERT, *M.* 4, 623). — Flüssig. Kp: 208—212°. D^{23}: 0,9601. — Liefert mit CrO_3 in Eisessig Benzoesäure und einen heftig riechenden, bei 164° schmelzenden Körper. Wird durch Brom in Äther nicht verändert. Beim Erhitzen wirkt Brom substituierend.

2. *Picenhydrid* (?) $C_{22}H_{28}$ (?). *B.* Beim Durchleiten von Picendämpfen mit Wasserstoff durch ein glühendes Rohr (BAMBERGER, CHATTAWAY, *A.* 284, 63). Neben Picen und Picenketon $C_{21}H_{12}O$ beim Glühen von Picenchinon $C_{22}H_{12}O_2$ mit PbO (B., CH.). — Nadeln. F: 285°. Schwer löslich in kochendem Alkohol und Äther, leicht in kochendem Benzol, Chloroform und Eisessig.

12. Tetraterpen C₄₀H₆₄. *B.* Entsteht beim Schütteln von linksdrehendem Terpentinöl mit SbCl₃ unter Vermeidung einer Erwärmung über 50⁰ (RIBAN, *A. ch.* [5] 6, 42). — Durchsichtige amorphe Masse von muscheligem Bruche. Schmilzt unscharf unterhalb 100⁰; verflüchtigt sich nicht bei 350⁰. D⁰: 0,977. Fast unlöslich in absol. Alkohol, löslich in Äther, CS₂, Benzol, Ligroin, Terpentinöl. Die Lösung in Äther-Alkohol ist rechtsdrehend. — Oxydiert sich rasch an der Luft. Liefert mit HCl ein Monohydrochlorid C₄₀H₆₅Cl und ein Bishydrochlorid C₄₀H₆₄Cl₂, mit HBr ein Bis-hydrobromid C₄₀H₆₄Br₂.

K. Kohlenwasserstoffe $C_n H_{2n-18}$.

In diese Reihe gehören die wichtigsten Vertreter der beiden Fälle, welche für die Orthokondensation dreier Einzelringe möglich sind: der linearen und der angulären Anellierung (vgl. S. 13). Das Anthracen C₁₄H₁₀ stellt die lineare, das ihm isomere Phenanthren die anguläre Verschmelzung dreier Sechskohlenstoffringe in ihren wenigst gesättigten Formen dar:

I. [Strukturformel] : Anthracen , II. [Strukturformel] : Phenanthren.

Über die Auswahl und die Beweise dieser Strukturformeln s.: GRAEBE, LIEBERMANN, *B.* 1, 50; *A. Spl.* 7, 313; FITTIG, OSTERMAYER, *A.* 166, 380; BEHR, VAN DORP, *B.* 7, 16; ANSCHÜTZ, JAPP, *B.* 11, 213; G. SCHULTZ, *B.* 11, 215; 12, 235; *A.* 196, 1; 203, 95; JACKSON, WHITE, *B.* 12, 1965; *Am.* 2, 388; v. PECHMANN, *B.* 12, 2124.

Für das Anthracen lassen sich die Bindungen innerhalb des tricyclischen Systems nicht derart verteilen, daß alle drei Einzelringe als eigentliche Benzolkerne im Sinne der KEKULÉschen Formel erscheinen; man benutzte bisher meist die Formel III, nach welcher die beiden äußeren Sechsringe als wahre Benzolringe mit abwechselnder Verteilung von einfacher und doppelter Bindung und freier Oszillation dieser Bindungen (vgl. S. 173) aufgefaßt

III. [Strukturformel] , IV. [Strukturformel]

werden, der Mittelring dagegen eine direkte Bindung zwischen zwei paraständigen Kohlenstoffatomen enthält. Nach ARMSTRONG und nach HINSBERG soll man das Anthracen „orthochinoid" auffassen. Einen für diese Deutung möglichen Ausdruck gibt Formel IV; danach wäre also nur einer der beiden äußeren Ringe (1 in Formel IV) ein eigentlicher Benzolkern mit freier Oszillation der Doppelbindungen, während im anderen Außenring (3) nicht „aromatischer" Sättigungszustand herrscht, seine Kohlenstoffatome vielmehr mit 2 Kohlenstoffatomen des Mittelrings ein in der Bindungsverteilung den Orthochinonen analoges Bild zeigen. Die zentrische Benzolformel führt zu dem Anthracen-Symbol V. Vom Standpunkt der

V. [Strukturformel] , VI. [Strukturformel] ,

VII. [Strukturformel]

Partialvalenzen-Theorie wird die Formel VI erörtert, in welcher die beiden mittelsten Kohlenstoffatome freie Partialvalenzen zeigen. — Im Phenanthren-Molekül liegen die Verhältnisse bezüglich der inneren Kernbindung ganz ähnlich wie beim Naphthalin (vgl. S. 529–530). Die gebräuchlichste Formel (VII) stützt sich auf die KEKULÉsche Benzolformel; eine Oszillation der Doppelbindungen ist bei ihr ohne Störung der regelmäßig abwechselnden Verteilung von einfacher und doppelter Bindung nicht möglich. — Erörterungen und Untersuchungen über die inneren Bindungs-Verhältnisse im Anthracen- und Phenanthren-System[1]): BAMBERGER, *A.* **257**, 52; ARMSTRONG, *B.* **24** Ref., 728; MARCKWALD, *A.* **274**, 345; 279, 7; BAMBERGER, F. HOFFMANN, *B.* **23**, 3068; THIELE, *A.* **308**, 140; HINSBERG, *A.* **319**, 285; MEISENHEIMER, *A.* **323**, 211; MEYER-JACOBSONs Lehrbuch der organischen Chemie, Bd. II, Tl. II [bearbeitet von REISSERT; Leipzig 1903], S. 496–498, 582–584; OBERMILLER, *J. pr.* [2] **75**, 35; SCHOLL, *B.* **41**, 2312.

Über Fluorescenz in der Anthracenreihe vgl.: LIEBERMANN, *B.* **13**, 913; R. MEYER, *Ph. Ch.* **24**, 496.

1. Kohlenwasserstoffe $C_{14}H_{10}$.

1. *Diphenylacetylen, Tolan* $C_{14}H_{10} = C_6H_5 \cdot C \vdots C \cdot C_6H_5$. Bezifferung:

Zur Konfiguration vgl.: BRUNI, *R. A. L.* [5] **13** I, 629.

B. Durch Kochen von Stilbendichlorid mit alkoh. Kalilauge (FITTIG, *A.* **168**, 74). Beim Behandeln von Stilbendibromid mit alkoh. Kalilauge (LIMPRICHT, SCHWANERT, *A.* **145**, 347). Neben Äthyl-diphenylvinyl-äther beim Erhitzen von β-Chlor-α.α-diphenyl-äther mit Natriumäthylat auf 200° (BUTTENBERG, *A.* **279**, 328). — Blättchen oder Säulen (aus Alkohol). Monoklin prismatisch (BOERIS, *R. A. L.* [5] **9** I, 382; vgl. *Groth, Ch. Kr.* **5**, 193). F: 60°; destilliert unzersetzt; sehr leicht löslich in Äther und heißem Alkohol; weniger in kaltem Alkohol (LI., SCHW., *A.* **145**, 348). Brechungsvermögen: CHILESOTTI, *G.* **30** I, 155. Molekulare Verbrennungswärme bei konstantem Druck: 1738,2 Cal., bei konstantem Volum: 1736,7 Cal. (STOHMANN, *Ph. Ch.* **10**, 412). — Verkohlt beim Durchleiten durch ein glühendes Rohr, indem gleichzeitig etwas Benzol, aber kein Phenanthren gebildet wird (GRAEBE, *A.* **174**, 198; BARBIER, *A. ch.* [5] **7**, 522; *J.* **1876**, 366). Gibt bei der Oxydation mit Chromsäuregemisch Benzoesäure (LIEBERMANN, HOMEYER, *B.* **12**, 1974). Tolan wird in Alkohol durch Natriumamalgam nicht verändert (STRAUS, *A.* **342**, 261). Gibt in siedendem Alkohol mit Zinkstaub unter Lichtabschluß Isostilben (ST.). Liefert bei der Reduktion mit Zinkstaub und siedender Essigsäure Stilben (ABONSTEIN, HOLLEMAN, *B.* **21**, 2833). Wird in methylalkoholischer Lösung durch Natrium zu Stilben, in äthylalkoholischer Lösung zu Dibenzyl reduziert (AB., HOL.). Gibt beim Erhitzen mit Jodwasserstoffsäure und Phosphor auf 180° Stilben, bei längerer Einw. auch Dibenzyl (BARBIER, *C. r.* **78**, 1771; *A. ch.* [5] **7**, 522; *J.* **1874**, 421; **1876**, 366). Durch Sättigen einer Lösung von Tolan in Chloroform bei 0° mit Chlor entsteht Tolantetrachlorid $C_6H_5 \cdot CCl_2 \cdot CCl_2 \cdot C_6H_5$ (REDSKO, Ж. **21**, 426; *B.* **22** Ref., 760). Tolan liefert in Äther mit Brom die beiden stereoisomeren Tolandibromide (S. 635–636) (LI., SCHW., *B.* **4**, 379). Über die „Jodzahl" des Tolans vgl. INGLE, *C.* **1904** II, 508. Beim Behandeln von Tolan mit PCl₅ entstehen zwei Verbindungen $C_{14}H_9Cl_3$(?), von welchen die eine bei 137–145°, die andere bei 150° schmilzt (LI., SCHW., *A.* **4**, 379). Tolan liefert in äther. Lösung bei der Einw. von nitrosen Gasen die beiden stereoisomeren α.β-Dinitro-α.β-diphenyl-äthylene (S. 637) (J. SCHMIDT, *B.* **34**, 619). Erwärmt man Tolan mit konz. Schwefelsäure auf 60° und destilliert nach dem Verdünnen mit Wasser das Reaktionsprodukt mit Wasserdampf, so erhält man Desoxybenzoin $C_6H_5 \cdot CH_2 \cdot CO \cdot C_6H_5$ (BÉHAL, *A. ch.* [6] **15**, 421). Auch beim Erhitzen von Tolan mit Wasser auf 325° entsteht Desoxybenzoin (DESGREZ, *A. ch.* [7] **3**, 241).

Verbindung von Tolan mit Pikrylchlorid: BRUNI, *Ch. Z.* **30**, 568. — Verbindung mit Pikrinsäure s. Syst. No. 523.

Bis-[2-chlor-phenyl]-acetylen, 2.2'-Dichlor-tolan $C_{14}H_8Cl_2 = C_6H_4Cl \cdot C \vdots C \cdot C_6H_4Cl$. *B.* Bei anhaltendem Erhitzen von 2.2'.α.α'-Tetrachlor-dibenzyl oder von 2.2'.α-Trichlor-stilben mit sehr konz. alkoh. Kalilauge auf 100° (GILL, *B.* **26**, 652). Beim Erhitzen der beiden stereoisomeren 2.2'.α.α'-Tetrachlor-stilbene (S. 635) mit Zinkstaub auf 200° (Fox, *B.* **26**, 655). — Tafeln (aus Alkohol) (G.). Monoklin prismatisch (FOCK, *Z. Kr.* **19**, 459; vgl. *Groth, Ch. Kr.* **5**, 198). F: 88–89° (G.). — Liefert beim Sättigen mit Chlor die beiden stereoisomeren 2.2'.α.α'-Tetrachlorstilbene (Fox).

---

[1]) Nach dem für die 4. Auflage dieses Handbuches geltenden Literatur-Schlußtermin [1. I. 1910] hat v. AUWERS (*B.* **53**, 941) auf spektrochemischem Wege für die orthochinoide Struktur des Anthracens entschieden.

Bis-[4-nitro-phenyl]-acetylen, 4.4'-Dinitro-tolan $C_{14}H_8O_4N_2 = O_2N \cdot C_6H_4 \cdot C : C \cdot$ $C_6H_4 \cdot NO_2$. *B.* Beim Erhitzen von $\alpha.\alpha'$-Dibrom-4.4'-dinitro-dibenzyl mit Natronkalk auf 180° (ÉLBS, BAUER, *J. pr.* [2] **34**, 346). — Krystallpulver (aus Äther). Sublimiert in gelben Nadeln. F: 288°. Reichlich löslich in Äther.

2. *Kohlenwasserstoff* $C_{14}H_{10} = $

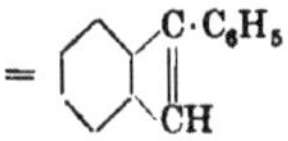

(?).

Nitroderivat, „Phenyl-o-nitrophenylacrylen" $C_{14}H_9O_2N = $

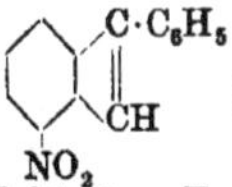

(?).

Das Molekulargewicht ist ebullioskopisch bestimmt. — *B.* Neben anderen Produkten beim Erhitzen von o-Nitro-benzaldehyd mit phenylessigsaurem Natrium und Essigsäureanhydrid auf 120° (BAKUNIN, PARLATI, *G.* **36** II, 267). — Rote Tafeln (aus Essigester). Rhombisch (SCACCHI, *G.* **36** II, 268). F: 186—187°. — Bei der Behandlung mit Phenylhydrazin bezw. mit Natriumamalgam entsteht eine gelbe, bei 172° schmelzende Verbindung $H_2N \cdot C_6H_3$

(?).

3. *Anthracen* (Paranaphthalin) $C_{14}H_{10} = C_6H_4{CH \brace CH}C_6H_4$. Zur Konstitution s. S. 655f.

Bezifferung:

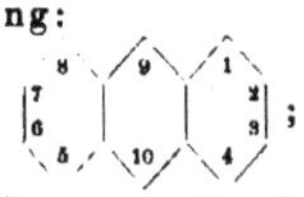

die Stellen 1.4.5 und 8 werden auch mit α, die Stellen 2.3.6 und 7 mit β, die Stellen 9 und 10 mit ms (= meso), bisweilen auch mit γ bezeichnet.

Literatur: AUERBACH, Das Anthracen und seine Derivate, 2. Aufl. Braunschweig 1880.

Bildung.

Beim Erhitzen eines Metallcarbids (z. B. Bariumcarbid, Bd. I, S. 243) mit einem Metallhydroxyd, z. B. Bariumhydroxyd, auf 1000—1200° (BRODLEY, JACOB, D. R. P. 125936; *C.* **1902** I, 77). Aus Benzol, Nickelcarbonyl und AlCl₃ im geschlossenen Rohr bei 100° (DEWAR, JONES, *Soc.* **85**, 213). Neben Toluol und Diphenylmethan beim Behandeln eines Gemenges von Benzol und Methylenchlorid mit AlCl₃ (FRIEDEL, CRAFTS, *A. ch.* [6] **11**, 264). Neben p-Dibenzylbenzol aus Benzol, Essigester, käuflichem Formaldehyd und konz. Schwefelsäure bei —5° bis 0° (THIELE, BALHORN, *B.* **37**, 1467). Aus Benzol und Dichloräther oder Trichloräthan in Gegenwart von AlCl₃ (GARDEUR, *C.* **1898** I, 438). Bei Einw. von Hexachloräthan, Pentachloräthan oder Perchloräthylen auf Benzol in Gegenwart von AlCl₃ (MOUNEYRAT, *Bl.* [3] **19**, 554). Neben Brombenzol und asymm. Diphenyläthan aus Acetylentetrabromid, Benzol und AlCl₃ (ANSCHÜTZ, *A.* **235**, 163). Neben anderen Produkten beim Leiten eines Gemisches von Äthylen und Benzoldampf durch ein lebhaft rotglühendes Porzellanrohr (BERTHELOT, *Bl.* [2] **7**, 276; *A.* **142**, 257). In kleiner Menge neben Dibenzyl aus Acetylendibromid $CHBr : CHBr$ und Benzol mit AlCl₃ oder AlBr₃ (AN., *A.* **235**, 154, 157). Bei Einw. von nascierendem Acetylen auf Benzol in Gegenwart von AlCl₃ (PARONE, *C.* **1903** II, 662). — Neben anderen Produkten beim Leiten von Toluoldampf durch ein lebhaft rotglühendes Porzellanrohr (BERTH., *Bl.* [2] **7**, 218; *A.* **142**, 254). Anthracen entsteht neben Dibenzyläther, Benzyltoluol (vgl. VAN DORP, *B.* **5**, 1070; PLASCUDA, ZINCKE, *B.* **6**, 906; BEHR, VAN DORP, *B.* **7**, 16) und anderen Produkten (vgl. ZINCKE, *B.* **7**, 279), wenn man Benzylchlorid mit Wasser im geschlossenen Rohr auf etwa 190° erhitzt und das Reaktionsprodukt destilliert (LIMPRICHT, *A.* **139**, 308). Benzyltoluol und Anthracen werden bei dieser Reaktion nicht direkt aus Benzylchlorid gebildet; nach ZINCKE (*B.* **7**, 276) verläuft die Umsetzung in der Weise, daß zunächst beim Erhitzen von Benzylchlorid mit Wasser ein Gemisch entsteht, welches ein Chlorid $C_{14}H_{13}Cl (= C_6H_5 \cdot CH_2 \cdot C_6H_4 \cdot CH_2Cl$?), hochsiedende Kohlenwasserstoffe und geringe Mengen sauerstoffhaltiger Körper enthält. Erhitzt man das durch Wasserdampfdestillation von unverändertem Benzylchlorid befreite Gemisch der Reaktionsprodukte, so treten hauptsächlich Chlorwasserstoff, Wasser, Benzylchlorid, Benzyltoluol und harzige oder dickflüssige Kohlenwasserstoffe auf, welch letztere bei weiterem Erhitzen Anthracen nnd Toluol neben geringen Mengen anderer Körper geben; möglicherweise ist ein kleiner Teil dieser harzigen oder dickflüssigen Kohlenwasserstoffe, die bei der Zersetzung das Anthracen liefern, schon im Rohprodukt enthalten. Anthracen und Toluol werden auch erhalten durch Erwärmen von Benzylchlorid mit $AlCl_3$ und nachfolgende Destillation des Reaktions-produktes (PERKIN, HODGKINSON, *Soc.* 37, 726; SCHRAMM, *B.* 26, 1706). Anthracen ent-steht neben Diphenylmethan aus Benzylchlorid und $AlCl_3$ in Gegenwart von wenig Benzol auf dem Wasserbade (SCHRAMM, *B.* 26, 1706). Neben Anthracendihydrid beim Erhitzen von o-Brom-benzylbromid mit Natrium (JACKSON, WHITE, *B.* 12, 1965; *Am.* 2, 391). — Bei der Einw. von Phosphorpentoxyd auf Äthylbenzyläther (HENZOLD, *J. pr.* [2] 27, 519). Bei der Destillation des Produktes, das bei der Einw. von $AlCl_3$ auf ein Gemisch von Benzol und Trichloressigsäurebenzylester entsteht (DELACRE, *Bl.* [3] 13, 302; vgl. DE., *Bl.* [3] 27, 892). — Neben Brombenzol und Dibenzyl aus $1^1.1^2$-Dibrom-äthylbenzol $C_6H_5\cdot CHBr\cdot CH_2Br$ in Benzol mit $AlCl_3$ (SCHRAMM, *B.* 26, 1708). Beim Leiten eines Gemisches von Benzol und Styrol durch ein lebhaft rotglühendes Porzellanrohr (BERTHELOT, *Bl.* [2] 7, 288; *A.* 142, 261). — Entsteht neben anderen Produkten, wenn man Terpentinöl in ein eisernes, auf dunkle Rotglut erhitztes Rohr eintropfen läßt (SCHULTZ, *B.* 10, 113, 117). — Beim Leiten von o-Benzyl-toluol durch ein rotglühendes, mit Bimsstein gefülltes Rohr (VAN DORP, *A.* 169, 216). Beim Leiten von o-Benzyl-toluol über erhitztes Bleioxyd (BEHR, VAN DORP, *B.* 6, 754). Beim Destillieren von α-Phenyl-α-[2.4-dimethyl-phenyl]-äthan (S. 618) unter 10 Atmosphären Druck, neben anderen Produkten (KRAEMER, SPILKER, *B.* 33, 2266). Bei der Destillation von p-Benzyl-phenol mit P_2O_5 (PATERNÒ, FILETI, *G.* 3, 252; *B.* 6, 1202). Beim Erhitzen von Phenyl-o-tolyl-keton mit Zinkstaub (BEHR, VAN DORP, *B.* 7, 17). — Neben wenig Anthracendihydrid beim Erhitzen von Anthrachinon mit Jodwasserstoffsäure (Kp: 127°) und gelbem Phosphor im geschlossenen Rohr auf 150° (GRAEBE, LIEBERMANN, *A. Spl.* 7, 287). Beim Erhitzen von Anthrachinon mit Zinkstaub (GR., LIE., *A. Spl.* 7, 287; v. BECCHI, *B.* 12, 1977). Beim Erhitzen von Alizarin mit Zinkstaub (GR., LIE., *A. Spl.* 7, 297). Beim Erhitzen von Purpurin mit Zinkstaub (GR., LIE., *A. Spl.* 7, 305). — Beim Kochen von o-Ben-zoyl-benzoesäure mit Jodwasserstoffsäure und rotem Phosphor (ULLMANN, *A.* 291, 18). Beim Erhitzen von o-Benzoyl-benzoesäure mit Zinkstaub (GRESLY, *A.* 234, 238). — Bei der Destillation von Phthalid mit Kalk (KRCZMAŘ, *M.* 19, 456). Durch Destillieren von m-Oxy-anthracumarin (Syst. No. 2538) über Zinkstaub (v. KOSTANECKI, LLOYD, *B.* 35, 2196). Bei der Destillation von Indanthren (Syst. No. 3632) mit Zinkstaub (SCHOLL, BERB-LINGER, *B.* 36, 3443).

Beim Erhitzen von Holzteer oder Holzteerölen in eisernen, mit Koks gefüllten Retorten auf helle Rotglut (ATTERBERG, *B.* 11, 1222). Entsteht bei der trocknen Destillation der Steinkohlen und findet sich daher im Steinkohlenteer (DUMAS, LAURENT, *A.* 5, 10; *A. ch.* [2] 50, 187; vgl.: LAURENT, *A. ch.* [2] 66, 149; FRITZSCHE, *J. pr.* [1] 73, 286; 106, 274; *J.* 1857, 457; 1867, 600; 1868, 405; ANDERSON, *J.* 1861, 676; *A.* 122, 294; BERTHELOT, *Bl.* [2] 8, 231; *J.* 1867, 597, 599; BARBIER, *A. ch.* [5] 7, 526). Beim Leiten der Dämpfe von Steinkohlenteeröl durch rotglühende Messingröhren, die mit Holzkohle oder (weniger gut) mit Koks oder Bimsstein gefüllt sind (LIEBERMANN, BURG, *B.* 11, 723). Durch gleiche Behand-lung der Dämpfe von Braunkohlenteeröl („Gasölen") (LIE., BURG). Bei der Destillation von Braunkohlenteeröl (SCHULTZ, WÜRTH, *C.* 1905 I, 1444). — Beim Leiten der Dämpfe von Petroleumrückständen von Baku (Kp: 270°; D: 0,87) durch glühende Eisenröhren, die mit Kohlen (Holzkohle, platinierte Kohle) gefüllt sind (LETNY, *B.* 10, 412; 11, 1210). — In geringer Menge neben anderen Kohlenwasserstoffen bei der Verhüttung (Destillation) der Queck-silbererze von Idria, findet sich daher im „Stupp" (GOLDSCHMIEDT, *B.* 10, 2025) und im „Stuppfett" (Go., M. v. SCHMIDT, *M.* 2, 9). [Über die Zusammensetzung des Stuppfetts s. Go., v. SCH.]

Darstellung und Reinigung.

Zur Laboratoriumsdarstellung von reinem Anthracen führt man Handels-anthracen in das leicht zu reinigende Anthrachinon über, reduziert dieses mit Zinkstaub und Ammoniak zu Dihydroanthranol (Syst. No. 540) und kocht letzteres mit Wasser oder Alkohol (MEYER-JACOBSON, Lehrbuch der organischen Chemie, 1. Aufl., Bd. II, Tl. 2 [Leipzig 1903], S. 513; vgl. PERGER, *J. pr.* [2] 23, 146).

Die wichtigste Quelle für die Gewinnung des Anthracens ist der Steinkohlenteer. Ältere Angaben über Verfahren zur Gewinnung von Anthracen aus Steinkohlen-teer und über die Reinigung des Rohanthracens: BERTHELOT, *Bl.* [2] 8, 232; WARTHA, *B.* 3, 548; ZEIDLER, *J.* 1875, 403; *A.* 191, 287; KOPP, *J.* 1878, 1187; FRIEDLAENDER, Fort-schritte der Teerfarbenfabrikation und verwandter Industriezweige, Bd. I [Berlin 1888], S. 301; WARREN, D. R. P. 12933; *Frdl.* 1, 304.

Das Ausgangsmaterial für die technische Gewinnung des Anthracens ist das Anthracenöl, das bei der Destillation des Steinkohlenteers gewonnen wird und die höchstsiedenden und spezifisch schwersten Teile des Destillates enthält. Dieses zwischen 280° und 400° über-gehende Öl von der ungefähren Dichte 1,1 ist bei 60° noch flüssig und scheidet bei weiterem Abkühlen und längerem Stehen bei 15° etwa 6—10% Rohanthracen als grünlich gelbes

Krystallpulver ab, das annähernd 30% Reinanthracen enthält. Das Rohanthracen wird durch Abnutschen, Abpressen und Abschleudern von dem Öle getrennt (A. SPILKER, Kokerei und Teerprodukte der Steinkohle [Halle a. S. 1908], S. 88; vgl. G. LUNGE, H. KÖHLER, Die Industrie des Steinkohlenteers und des Ammoniaks, 5. Aufl., Bd. I [Braunschweig 1912], S. 576). Aus dem Rohprodukte, das neben Anthracen in beträchtlichen Mengen Acenaphthen, Fluoren, Phenanthren und Carbazol, in kleinen Mengen Methylanthracen, Pyren, Chrysen, Diphenylenoxyd, Acridin, Paraffin u. a. m. enthält, wird durch Anreicherung des Anthracens ein höherwertiges Produkt gewonnen, indem die im Rohmaterial enthaltenen Beimengungen durch hydraulisches Kalt- oder Heißpressen ausgiebiger entfernt oder besser durch geeignete Lösungsmittel, wie Auflösungsnaphtha oder die Kreosotöle der Steinkohlenteerdestillation, ausgewaschen werden. Auf diese Weise erhält man ein Produkt von höchstens 50% Reinanthracen. Die weitere Reinigung, insbesondere die Fortschaffung des Carbazols, erfolgt entweder durch Behandlung mit geeigneten Lösungsmitteln, wie Pyridinbasen, Chinolin, Anilin, Acetonöl (s. u.) oder durch Verschmelzen mit Kaliumhydroxyd bei einer 260° nicht wesentlich übersteigenden Temperatur (s. u.). Das nach diesem Verfahren erhaltene hochprozentige Anthracen weist einen Gehalt von etwa 80% Reinanthracen auf. Chemisch reines Anthracen gewinnt man, wenn man das (am besten durch Kalischmelze vorgereinigte) technische Anthracen im Vakuum umdestilliert und systematisch aus Benzol umkrystallisiert bezw. auch sublimiert. (Nach F. ULLMANNS Enzyklopädie der technischen Chemie, Bd. I [Berlin und Wien 1914], S. 461; vgl. auch die oben angeführten Werke.)

Reinigung von Rohanthracen durch Waschen mit flüssigem Ammoniak: WILTON, D. R. P. 113291; C. 1900 II, 830, durch Ausziehen der Begleitstoffe mit Hilfe von flüssiger schwefliger Säure: BAYER & Co., D. R. P. 68474; Frdl. 3, 194. Reinigung von Rohanthracen durch Auskochen mit Acetonöl, in welchem Anthracen fast unlöslich ist: BAYER & Co., D. R. P. 78861; Frdl. 4, 270. Reinigung von Rohanthracen durch Auflösen in Pyridin-, Anilin- und Chinolinbasen oder auch in Gemischen von solchen mit Benzol u. dergl. in der Wärme, Auskrystallisierenlassen des Anthracens und Trennen desselben von der die Begleiter des Anthracens einschließlich Carbazol enthaltenden Mutterlauge: Chemische Fabriks-Aktiengesellschaft in Hamburg, D. R. P. 42053; Frdl. 1, 305; J. 1887, 2567. Reinigung des Rohanthracens, darauf beruhend, daß man das aus dem Anthracenöl sich ausscheidende ölhaltige Rohprodukt, ohne es heiß zu pressen, mit einem von dem Anthracen leicht abdestillierbaren Lösungsmittel, wie Petroläther, Schwefelkohlenstoff, Aceton, Pyridin, Benzol u. dergl., in der Siedehitze behandelt: LUYTEN, BLUMER, D. R. P. 141186; C. 1903 I, 1197. Reinigung von Rohanthracen durch Lösen in Ölsäure, die auf 110–120° erhitzt wird: REMY, ERHART, D. R. P. 38417; Frdl. 1, 304. Reinigung von Rohanthracen (Entfernung des Carbazols) durch Schütteln der Lösung in heißer Solventnaphtha mit konz. Schwefelsäure: VESELÝ, VOTOČEK, D. R. P. 164508; C. 1905 II, 1750; durch partielles Krystallisieren, Schmelzen mit Kaliumhydroxyd und Waschen mit Benzol: Akt.-Ges. f. Teer- und Erdölindustrie, D. R. P. 111359; C. 1900 II, 605; durch Verschmelzen mit Kaliumhydroxyd, Abdestillieren des Anthracens im Vakuum, sofortiges Auffangen des überdestillierenden Anthracens in siedenden Anilin-, Pyridin- oder Chinolinbasen und Auskrystallisieren aus diesen Lösungen: Akt.-Ges. f. Anilinf., D. R. P. 178764; C. 1907 I, 197; durch Behandlung mit salpetriger Säure in Gegenwart von Benzol: WIRTH, D. R. P. 122852; C. 1901 II, 517.

Physikalische Eigenschaften.

Farblose Tafeln (aus Alkohol). Über die Fluorescenz vgl. unten. Monoklin prismatisch (KOKSCHAROW, J. 1867, 601; NEGRI, G. 23 II, 376; Groth, Ch. Kr. 5, 437). F: 216,55° (REISSERT, B. 23, 2245), 217° (korr.) (GRAEBE, A. 247, 264 Anm.). Siedet bei 351° (SCHWEITZER, A. 247, 195). Verdampfung und Sublimation im Hochvakuum: KRAFFT, WEILANDT, B. 29, 2240; KEMPF, J. pr. [2] 78, 234, 256; HANSEN, B. 42, 214. D: 1,242 (bei Zimmertemperatur) (RUDOLFI, Ph. Ch. 66, 723); $D_4^{?}$: 1,25 (ORNDORFF, CAMERON, Am. 17, 666). — Bei 19,5° lösen 100 Gewichtsteile absol. Methylalkohol 1,8 Tle., 100 Gewichtsteile absol. Alkohol 1,9 Tle. Anthracen (LOBRY DE BRUYN, Ph. Ch. 10, 784). 100 Tle. absol. Alkohol lösen bei 16° 0,076 Tle., bei Siedetemperatur 0,83 Tle. Anthracen, 100 Tle. Toluol bei 16,5° 0,92 Tle., bei 100° 12,94 Tle. Anthracen (v. BECHI, B. 12, 1978). Löslichkeit von Anthracen bei 15° in Alkohol verschiedener Konzentration, in Äther, Chloroform, Schwefelkohlenstoff, Eisessig, Benzol, Petroläther: VERSMANN, Chem. N. 30, 204; J. 1874, 423. Löslichkeit des Anthracens in Benzol zwischen 5° und 80°: FINDLAY, Soc. 81, 1217. — Schmelztemperatur, Dichte und Dielektrizitätskonstante von Naphthalin-Anthracen-Gemischen: RUDOLFI, Ph. Ch. 66, 721. Über die Schmelztemperatur, Dichte und Dielektrizitätskonstante von Anthracen-β-Naphthol-Gemischen s. bei β-Naphthol, Syst. No. 538, von β-Naphthylamin-Anthracen-Gemischen s. bei β-Naphthylamin, Syst. No. 1723. — Brechungsvermögen des Anthracens in geschmolzenem Naphthalin: CHILESOTTI, G. 30 I, 156. Absorptionsspektrum der Anthracenlösungen: HARTLEY, Soc. 39, 162; BALY, TUCK, Soc. 93, 1912; STARK, STEUBING, C. 1908 II, 752. In reinem

42*

Zustande sind die Krystalle des Anthracens farblos und zeigen eine violette Fluorescenz (FRITZSCHE, *J. pr.* [1] 101, 336; 106, 275; *J.* 1867, 601; 1868, 403); durch Spuren von Beimengungen („Chrysogen") auch noch so schwach gelb gefärbtes Anthracen zeigt keine Fluorescenz, bei stärkerer Verunreinigung eine gelb-grünliche Fluorescenz (FRI., *J. pr.* [1] 106, 276; *J.* 1868, 403). Reines Anthracen zeigt auch im geschmolzenen Zustande eine violette Fluorescenz (FRITZSCHE, *J. pr.* [1] 106, 276; *J.* 1868, 403). Die Lösungen des Anthracens in indifferenten Mitteln (Alkohol, Benzol, Äther) zeigen schwache Fluorescenz (LIEBERMANN, *B.* 13, 913). Fluorescenzspektrum in alkoh. Lösung: STARK, R. MEYER, *C.* 1907 I, 1526. Einfluß von Anthracen auf die Fluorescenz von Fluoresceinlösungen: PINNOW, *J. pr.* [2] 66, 297. Fluorescenz- und Luminescenzerscheinungen des Anthracens unter dem Einfluß von Licht- und Kathodenstrahlen: O. FISCHER, *C.* 1908 II, 1406; POCHETTINO, *R. A. L.* [5] 18 II, 359. Phosphorescenz der in flüssiger Luft erstarrten alkoh. Lösung nach der Belichtung durch eine Quecksilberlampe: DE KOWALSKI, *C. r.* 145, 1271. Photoelektrisches Verhalten des Anthracens: POCHETTINO, *R. A. L.* [5] 15 I, 355; II, 171; STARK, *C.* 1909 II, 1110. Anthracen ist triboluminescent (TRAUTZ, *Ph. Ch.* 53, 58). Über Luminescenzerscheinungen am Anthracen bei chemischen Reaktionen s. S. 662. — Molekulare Verbrennungswärme bei konstantem Druck: 1707,6 Cal., bei konstantem Volum: 1706,2 Cal. (BERTHELOT, VIEILLE, *A. ch.* [6] 10, 444), bei konstantem Druck: 1694,3 Cal., bei konstantem Volum: 1692,8 Cal. (STOHMANN, KLEBER, LANGBEIN, *J. pr.* [2] 40, 92). — Dielektrizitätskonstante: RUDOLFI, *Ph. Ch.* 66, 723. Die Lösung des Anthracens in verflüssigtem Schwefeldioxyd ist intensiv gelb gefärbt und besitzt meßbare Leitfähigkeit (WALDEN, *Ph. Ch.* 43, 444).

Chemisches Verhalten.

Anthracen geht, in Benzollösung der Einw. des Sonnenlichtes ausgesetzt, in Dianthracen (Paranthracen, S. 663) über (FRITZSCHE, *J. pr.* [1] 101, 337; *Z.* 1867, 290; *J.* 1867, 602; ELBS, *J. pr.* [2] 44, 468; ORNDORFF, CAMERON, *Am.* 17, 670). An Stelle von Benzol können auch andere Lösungsmittel, bei der Belichtung unverändert bleiben, Verwendung finden, so Toluol, Xylol, Äthylbenzol, absol. Alkohol, Eisessig, Benzoesäureäthylester, Brombenzol (LINEBARGER, *Am.* 14, 597), Anisol und Phenetol (LUTHER, WEIGERT, *Ph. Ch.* 51, 299). Auch festes oder dampfförmiges Anthracen wird durch Belichtung in Dianthracen übergeführt (LU., WEI., *C.* 1904 II, 117; *Ph. Ch.* 51, 300). Über die Rückverwandlung von Dianthracen in Anthracen s. bei Dianthracen. Zur Theorie der Umwandlung von Anthracen in Dianthracen und umgekehrt vgl.: LU., WEI., *C.* 1904 II, 117; *Ph. Ch.* 51, 297; 53, 385; WEI., *Ph. Ch.* 63, 458; *B.* 42, 850, 1783; BYK, *Ph. Ch.* 62, 454; *Z. El. Ch.* 14, 460; *B.* 42, 1145; *C.* 1909 II, 577; *Ph. Ch.* 67, 64.

Leitet man nitrose Dämpfe in eine Suspension von Anthracen in Eisessig, so entsteht 9.10-Dinitro-anthracen-dihydrid-(9.10) (S. 642); enthalten die nitrosen Dämpfe Salpetersäure, so entsteht Nitro-dihydro-anthranyl-nitrit $C_6H_4{<}^{CH(O \cdot NO)}_{CH(NO_2)}{>}C_6H_4$ (MEISENHEIMER, CONNERADE, *A.* 330, 147). Läßt man auf Anthracen Salpetersäure oder Salpeterschwefelsäure einwirken, so erhält man keine Nitrosubstitutionsprodukte des Anthracens, sondern unter Oxydation Anthrachinon und Nitroderivate des letzteren, z. B. Dinitroanthrachinon (GRAEBE, LIEBERMANN, *A. Spl.* 7, 264, 284, 288; E. SCHMIDT, *J. pr.* [2] 9, 241, 250; vgl. LAURENT, *A. ch.* [2] 60, 220; 72, 422; ANDERSON, *J.* 1861, 677; FRITZSCHE, *J. pr.* [1] 105, 129; 106, 279, 286; *J.* 1868, 395, 406; BOLLEY, TUCHSCHMID, *B.* 3, 811; PICTET, *C.* 1903 II, 1109). Beim Schütteln von Anthracen in Chloroform mit konz. Salpetersäure entsteht Nitro-dihydroanthranyl-nitrat $C_6H_4{<}^{CH(O \cdot NO_2)}_{CH(NO_2)}{>}C_6H_4$ (MEIS., CONN., *A.* 330, 139). Beim Eintragen von Anthracen in ein Gemisch von Salpetersäure (D: 1,5) und Nitrobenzol entsteht 9.10-Dinitro-anthracen (PERKIN, *Soc.* 59, 637; MEIS., CONN., *A.* 330, 144). Beim Eintragen von Anthracen in ein Gemisch von rauchender Salpetersäure, Nitrobenzol und Alkohol entsteht 10-Nitro-9-äthoxy-anthracen-dihydrid-(9.10); in analoger Weise verläuft die Reaktion mit Methylalkohol (PERKIN, *Soc.* 59, 642). Beim Eintragen von Anthracen in ein Gemisch von Propylalkohol und einer mit salpetersaurem Harnstoff behandelten Salpetersäure (D: 1,5) entsteht 10-Nitro-9-propyloxy-anthracen-dihydrid-(9.10) (PERKIN, MACKENZIE, *Soc.* 61, 866). Trägt man Anthracen möglichst schnell in ein Gemisch von Isobutylalkohol und Salpetersäure ein, so erhält man 10-Nitro-9-isobutyloxy-anthracen-dihydrid-(9.10) (PE., MA., *Soc.* 61, 867). Trägt man dagegen Anthracen ganz allmählich in ein Gemisch von Isobutylalkohol und Salpetersäure ein, so erhält man ms-Nitro-anthron $C_6H_4{<}^{CO}_{CH(NO_2)}{>}C_6H_4$ (PE., MA., *Soc.* 61, 868). Bei der Einw. von 1 Mol.-Gew. Salpetersäure auf Anthracen in Eisessig entsteht, wenn man die Temperatur nicht über 30—35° steigen läßt, Nitro-dihydroanthranyl-acetat $C_6H_4{<}^{CH(O \cdot CO \cdot CH_3)}_{CH(NO_2)}{>}C_6H_4$ (DIMROTH, *B.* 34, 221;

Meis., Conn., *A.* **330**, 138, 158); erwärmt man die Nitrierlösung bis zum Sieden, so bildet sich unter Entwicklung von Stickoxyd als Hauptprodukt das „Dihydrobianthron"

$OC{<}^{C_6H_4}_{C_6H_4}{>}CH{\cdot}CH{<}^{C_6H_4}_{C_6H_4}{>}CO$ (Dimroth, *B.* **34**, 222). Läßt man auf Anthracen in Eisessig-Suspension bei einer 30—35° nicht übersteigenden Temperatur einen Überschuß von konz. Salpetersäure (D: 1,4), die mit Eisessig verdünnt ist, einwirken, so erhält man 9.9.10-Trinitro-anthracen-dihydrid-(9.10) und ms-Nitro-anthron (Meis., Conn., *A.* **330**, 163). Nitriert man Anthracen in Eisessig-Suspension unter Kühlung mit einem Gemisch von stickoxyd-freier Salpetersäure (D: 1,5), Essigsäureanhydrid und Eisessig, so entsteht 9-Nitro-anthracen und 9.10-Dinitro-anthracen (Meis., Conn., *A.* **330**, 164). — Anthracen liefert in heißem Eisessig mit Bleiperoxyd ein Oxydationsprodukt, aus dem man nach Lösen in kochendem Alkali durch Fällen mit Salzsäure Anthrahydrochinon (Syst. No. 753) erhält[1] (K. E. Schulze, *B.* **18**, 3036). Beim Kochen von Anthracen mit einer alkoh. Jodlösung und Quecksilber-oxyd entsteht Anthrachinon (Zeidler, *J.* **1875**, 403). Anthracen wird durch Chromsäure in heißem Eisessig, sowie durch chromsaures Kalium allein oder durch chromsaures Kalium und Schwefelsäure zu Anthrachinon oxydiert (Graebe, Liebermann, *A. Spl.* **7**, 285; vgl. Fritzsche, *J. pr.* [1] **106**, 287; *J.* **1868**, 406). Anthrachinon entsteht auch bei der Oxydation mit Cerisulfat in schwefelsaurer Lösung (Höchster Farbw., D. R. P. 158609; *C.* **1905** I, 840), bei der Oxydation mit Manganisalzen (Lang, D. R. P. 189178; *C.* **1908** I, 73). Elektro-lytische Oxydation des Anthracens zu Anthrachinon in Gegenwart von Sauerstoffübertragern, und zwar von Chrom-, Cer-, Mangan- und Vanadinverbindungen: Fontana, Perkin, *El. Ch. Z.* **11**, 99; Höchster Farbw., D. R. P. 152063, 172654, *C.* **1904** II, 71; **1906** II, 724. — Anthracen wird in siedendem Alkohol durch Natriumamalgam zu Anthracen-dihydrid-(9.10) reduziert (Graebe, Liebermann, *A. Spl.* **7**, 265). Dieses entsteht auch beim Behandeln von Anthracen mit Natrium in siedendem Amylalkohol (Bamberger, Lodter, *B.* **20**, 3073), sowie beim Er-hitzen mit Jodwasserstoffsäure und rotem Phosphor im geschlossenen Rohr auf 160—170° (Gr., Lie., *B.* **1**, 187; *A. Spl.* **7**, 266). Wendet man bei der Reduktion des Anthracens durch Jodwasserstoffsäure und Phosphor größere Mengen Phosphor an und erhöht die Temperatur auf 250°, so erhält man Anthracenperhydrid $C_{14}H_{24}$ (S. 171) (Lucas, *B.* **21**, 2510). Einw. von starker Jodwasserstoffsäure auf Anthracen bei 280°: Berthelot, *Bl.* [2] **8**, 239. Durch Leiten von Anthracendampf mit Wasserstoff über fein verteiltes Nickel entsteht bei 250° in der Hauptsache Anthracentetrahydrid vom Schmelzpunkt 89° (S. 612), (Godchot, *C. r.* **139**, 605; *Bl.* [3] **31**, 1339; *A. ch.* [8] **12**, 477, 481; vgl. Padoa, Fabris, *R. A. L.* [5] **17** I, 112; *G.* **39** I, 328), bei 200° fast ausschließlich Anthracenoktahydrid (S. 526) (Godchot). Anthracen läßt sich bei Gegenwart von Nickeloxyd durch Erhitzen in komprimiertem Wasserstoff stufenweise zum Tetrahydrid, Dekahydrid und Perhydrid reduzieren (Ipatjew, Jakowlew, Rakitin, *B.* **41**, 997; Ж. **40**, 495; *C.* **1908** II, 1098).

Anthracen reagiert mit flüssigem Fluor bei —187° unter Explosion und Abscheidung von Kohle (Moissan, Dewar, *C. r.* **136**, 787). — Läßt man Chlor auf Anthracen bei 100° ein-wirken oder läßt man Anthracen in einer Chloratmosphäre längere Zeit bei Zimmertemperatur stehen, so erhält man 9.10-Dichlor-anthracen (Graebe, Liebermann, *A. Spl.* **7**, 282; vgl. Laurent, *A. ch.* [2] **72**, 424; *A.* **34**, 294). Beim Einleiten von Chlor in eine auf 0° abgekühlte Lösung von Anthracen in CS_2 entsteht das sehr unbeständige Anthracen-dichlorid-(9.10) (S. 641) (Perkin, *Chem. N.* **34**, 145; *Bl.* [2] **27**, 465). Behandelt man Anthracen, das in Benzol suspendiert ist, mit Chlor, so treten 9.10-Dichlor-anthracen, 9.9.10.10-Tetrachlor-anthracen-dihydrid-(9.10) (S. 641) und schließlich 9.10-Dichlor-anthracen-tetrachlorid-(1.2.3.4) (S. 611) auf (Hammerschlag, *B.* **19**, 1108; vgl. Schwarzer, *B.* **10**, 377; Radulescu, *C.* **1908** II, 1032). Behandelt man Anthracen mit Chlorgas zunächst bei gewöhnlicher Tem-peratur, dann unter Erwärmen im Ölbade bis zum Aufhören der Einw. und erhitzt schließlich das Reaktionsprodukt mit überschüssigem Chlorjod unter Druck bis auf 380°, so erhält man Perchlormethan und Perchlorbenol (Ruoff, *B.* **9**, 1484, 1488). — Anthracen gibt beim Erhitzen mit Antimonpentachlorid im geschlossenen Rohr auf 200° Hexachloranthracen, auf 260° Heptachloranthracen, auf 275—280° Oktachloranthracen (Diehl, *B.* **11**, 176). — Bei der Einw. von Bromdampf auf fein verteiltes Anthracen entsteht 9.10-Dibrom-anthracen-tetrabromid-(1.2.3.4) (S. 611) (Anderson, *A.* **122**, 303; Graebe, Liebermann, *A. Spl.* **7**, 277). Anthracen gibt in CS_2 mit 2 Atom-Gew. Brom bei 0° Anthracen-dibromid-(9.10) (S. 641) (Perkin, *Chem. N.* **34**, 145; *Bl.* [2] **27**, 464). Führt man die Reaktion bei gewöhnlicher Temperatur aus, so erhält man 9-Brom-anthracen (Perkin). Bei der Einw. von 4 At.-Gew. Brom entsteht 9.10-Dibrom-anthracen (Gr., Lie., *B.* **1**, 187; *A. Spl.* **7**, 275).

Beim Erhitzen von Anthracen mit Schwefel, eventuell unter Zusatz von Metallen, Metall-oxyden oder Salzen, entstehen Küpenfarbstoffe (Badische Anilin- u. Sodafabr., D. R. P.

---

[1]) Vgl. hierzu die Untersuchung von K. H. Meyer (*A.* **379**, 73), welche nach der für die 4. Aufl. dieses Handbuchs geltenden Literatur-Schlußtermin [1. I. 1910] erschienen ist.

186990; *C.* **1907** II, 1670; vgl. *Schultz, Tab.* No. 791). Erwärmt man Anthracen, das in Benzin suspendiert ist, mit Schwefelchlorür, bis das Anthracen eben gelöst ist, so erhält man ms-Anthracendithiochlorid $C_{14}H_9 \cdot S_2Cl$ (Syst. No. 541); erwärmt man bis zum Aufhören der HCl-Entwicklung, so bildet sich 9.10-Dichlor-anthracen (LIPPMANN, POLLAK, *B.* **34**, 2767). Erwärmt man Anthracen mit konz. Schwefelsäure auf dem Wasserbade, so erhält man Anthracen-disulfonsäure-(1.5) (Syst. No. 1542) und Anthracen-disulfonsäure-(1.8) (Syst. No. 1542) (LIEBERMANN, *B.* **11**, 1611; LIE., BOECK, *B.* **11**, 1613; LIE., *B.* **12**, 182). Erwärmt man Anthracen mit einer Schwefelsäure von niedrigerer Konzentration (53—63° Bé) auf 120—135°, so erhält man Anthracen-sulfonsäure-(2) (Syst. No. 1529), Anthracen-disulfonsäure-(2.6) (Syst. No. 1542) und Anthracen-disulfonsäure-(2.7) (Syst. No. 1542) (Société anonyme des matières colorantes et produits chimiques de St. Denis, D. R. P. 72226, 73961, 76280; *Frdl.* **3**, 195, 196; **4**, 270). Erhitzt man Anthracen mit Natriumdisulfat auf 140° bis 145°, so erhält man als Hauptprodukt Anthracen-sulfonsäure-(2) neben geringen Mengen Anthracendisulfonsäuren (Soc. anon. des mat. col. et prod. chim. de St. Denis, D. R. P. 77311; *Frdl.* **4**, 271).

Anthracen zeigt beim Schmelzen mit Kaliumhydroxyd ein grünliches Leuchten; Lumine-scenz wird auch beobachtet, wenn man auf Anthracen in heißer alkoh. Kalilauge Chlorwasser oder Bromwasser einwirken läßt (TRAUTZ, *Ph. Ch.* **53**, 91).

Beim Erhitzen von Anthracen mit Glycerin und Schwefelsäure (62° Bé) auf 100—110° entsteht neben einem in Wasser löslichen Produkt das Benzanthron (Syst. No. 657) (Bad. Anilin-u. Sodafabr., D. R. P. 176019; *C.* **1906** II, 1788). Beim Erhitzen von Anthracen mit Phosgen im geschlossenen Rohr auf 180—200° entsteht das Chlorid der Anthracen-carbonsäure-(9) (GRAEBE, LIEBERMANN, *B.* **2**, 678; *A.* **160**, 122); erhitzt man auf 240—250°, so entsteht das Chlorid der 10-Chlor-anthracen-carbonsäure-(9) neben 9.10-Dichlor-anthracen (BEHLA, *B.* **18**, 3169; **20**, 701). — Anthracen reagiert mit Benzylchlorid in Gegenwart von etwas Zinkstaub unter Bildung von 9.10-Dibenzyl-anthracen (LIPPMANN, POLLAK, *M.* **23**, 672). — Gibt mit Phthalsäureanhydrid in Gegenwart von Benzol und AlCl₃ die Verbindung $C_{14}H_9 \cdot CO \cdot C_6H_4 \cdot CO_2H$ (Syst. No. 1305) (HELLER, D. R. P. 193961; *C.* **1908** I, 1113; HEL., SCHÜLKE, *B.* **41**, 3634).

Analytisches.

Nachweis des Anthracens. Man stellt Anthrachinon dar (s. unten bei Bestimmung), erhitzt dasselbe mit rauchender Schwefelsäure und schmilzt das Bariumsalz der Anthra-chinondisulfonsäure mit Kali; hierdurch wird Alizarin gebildet (LIEBERMANN, CHOJNACKI, *A.* **162**, 326). — Anthracen gibt in Alkohol mit Pikrinsäure (BERTHELOT, *Bl.* [2] 7, 33; vgl. FRITZSCHE, *J. pr.* [1] **73**, 286; *J.* **1857**, 457) und in Toluol mit 2.7-Dinitro-anthrachinon (FRITZSCHE, *J. pr.* [1] **105**, 134; *J.* **1868**, 405; *Z.* **1869**, 115) charakteristische, gefärbte Ad-ditionsverbindungen. — Mikrochemischer Nachweis des Anthracens und mikrochemische Prüfung des Rohanthracens: BEHRENS, *R.* **19**, 390; **21**, 252.

Bestimmung des Anthracens. Ältere Methoden zur Bestimmung von Reinanthracen im Rohanthracen vgl. bei AUERBACH, Das Anthracen und seine Derivate. 2. Aufl. [Braunschweig 1880], S. 12 ff.

Bestimmung des Reinanthracens im Rohanthracen als Anthrachinon (Verfahren von LUCK oder Höchster Anthracenprobe). Man kocht 1 g Rohanthracen mit 45 ccm Eisessig am Rückflußkühler, trägt in die siedende Lösung im Verlauf von 2 Stdn. tropfenweise eine Lösung von 15 g Chromsäure in 10 ccm Eisessig und 10 ccm Wasser ein und hält nach Zugabe der Chromsäurelösung noch weitere 2 Stdn. im Sieden. Man läßt 12 Stdn. stehen, gießt 400 ccm Wasser hinzu, läßt weitere 3 Stdn. stehen und filtriert das ausgeschiedene Anthrachinon ab. Dasselbe wird erst mit reinem kaltem Wasser, dann mit kochendem, schwach alkalischem und zuletzt mit reinem, heißem Wasser gewaschen. Nun spritzt man den Inhalt des Filters in eine kleine Schale, trocknet ihn bei 100° und digeriert ihn 10 Minuten mit der 10-fachen Menge rauchender Schwefelsäure (von 68° Bé) bei 100° im Wasserbade oder besser bei 112° im Luftbade. Die Lösung wird in eine flache Schale gegossen und bleibt behufs Wasseranziehung 12 Stdn. an einem feuchten Orte stehen. Dann fügt man 200 ccm kaltes Wasser hinzu, filtriert das ausgeschiedene Anthrachinon ab, wäscht es wieder mit reinem Wasser bis zur völligen Neutralität, dann mit alkalihaltigem und schließlich wieder mit reinem Wasser, spritzt es in eine Schale, trocknet bei 100° und wägt. Nach dem Wägen wird das Anthrachinon durch Erhitzen verflüchtigt und die Schale mit der Asche zurück-gewogen. Die Differenz zwischen beiden Wägungen gibt das reine Chinon. Aus diesen be-rechnet sich das Anthracen, indem 100 Chinon gleich 85,58 Anthracen sind (MEISTER, LUCIUS, BRÜNING, *Fr.* **16**, 61; G. LUNGE, H. KÖHLER, Die Industrie des Steinkohlenteers und des Ammoniaks, 5. Aufl., Bd. I [Braunschweig 1912], S. 616). Umrechnung der gefundenen Anthrachinonmenge auf Reinanthracen in Tabellenform: HALLERBACH, *Ch. Z.* **28**, 848.

Bei der Oxydation des Anthracens zu Anthrachinon wende man eine reine schwefelsäure-freie Chromsäure von mindestens 98 % an. Der anzuwendende Eisessig sei rein und hochgrädig; die Lösung von Chromsäure in Essigsäure soll nicht länger als 14 Tage aufbewahrt werden (BASSETT, *Chem. N.* 79, 157). BASSETT (*Fr.* 36, 247) empfiehlt, das Anthrachinon 1 Stde. lang mit 2,5 ccm einer Lösung von 1,5 g CrO_3 in 10 ccm reiner Salpetersäure (D: 1,42) zu kochen, nach 12 Stdn. mit 400 ccm Wasser zu verdünnen und nach 3 Stdn. abzufiltrieren; man wäscht es nacheinander mit kaltem Wasser, Natronlauge von 1 % und mit heißem Wasser, spritzt es dann in eine Schale, trocknet bei 100° und erwärmt 10 Minuten lang mit dem 10-fachen Gewicht reiner konz. (nicht rauchender) Schwefelsäure auf 100°, worauf man weiter so verfährt, wie oben angegeben.

Nachweis und Bestimmung der Verunreinigungen (Methylanthracen, Phenanthren, Carbazol, Benzocarbazol und Paraffin) im Handelsanthracen vgl.: G. LUNGE, H. KÖHLER, Die Industrie des Steinkohlenteers und des Ammoniaks, 5. Aufl., Bd. I [Braunschweig 1912], S. 621 ff. Über Wertbestimmung des Rohanthracens in der Technik durch Überführung in Alizarin vgl. PERKIN, *C.* 1897 II, 447. Bestimmung des Anthracens im Steinkohlenteer: NIOOL, *Fr.* 14, 318.

Additionelle Verbindungen des Anthracens.

Verbindung des Anthracens mit Pikrinsäure s. Syst. No. 523.
Verbindung des Anthracens mit 2.7-Dinitro-anthrachinon s. Syst. No. 679.
Verbindung des Anthracens mit Dinitrothiophen s. Syst. No. 2364.

Umwandlungsprodukt des Anthracens von ungewisser Konstitution.

Dianthracen, Paranthracen $C_{28}H_{20}$. Zur Molekulargröße vgl.: ELBS, *J. pr.* [2] 44, 468; ORNDORFF, CAMERON, *Am.* 17, 670. — B. Bei der Einw. des Sonnenlichtes auf eine kalt-gesättigte Lösung von Anthracen in Benzol (FRITZSCHE, *J. pr.* [1] 101, 337; *Z.* 1867, 290; *J.* 1867, 670). An Stelle von Benzol können auch andere Lösungsmittel, die bei der Belichtung unverändert bleiben, Verwendung finden, so Toluol, Xylol, Äthylbenzol, absol. Alkohol, Eisessig, Benzoesäureäthylester, Brombenzol (LINEBARGER, *Am.* 14, 599; vgl. O., C., *Am.* 17, 663), Anisol und Phenetol (LUTHER, WEIGERT, *Ph. Ch.* 51, 299). Entsteht auch bei der Belichtung von festem oder von dampfförmigem Anthracen (LU., W., *C.* 1904 II, 117; *Ph. Ch.* 51, 300). — Darst. Man läßt das Licht einer elektrischen Bogenlampe oder einer Quarz-Quecksilberlampe auf eine Lösung von Anthracen in siedendem Xylol, Anisol oder Phenetol einwirken, die sich in einem Quarzglasgefäß befindet (LU., W., *C.* 1904 II, 117; *Ph. Ch.* 51, 299). — Zur Theorie der Umwandlung des Anthracens in Dianthracen und des entsprechenden rückläufigen Prozesses vgl.: LU., W., *C.* 1904 II, 117; *Ph. Ch.* 51, 297; 53, 385; W., *Ph. Ch.* 63, 458; *B.* 42, 850, 1783; BYK, *Ph. Ch.* 62, 454; *Z. El. Ch.* 14, 460; *B.* 42, 1145; *C.* 1909 II, 577; *Ph. Ch.* 67, 64. — Tafeln. Rhombisch bipyramidal (GILL, *Am.* 17, 667; vgl. *Groth, Ch. Kr.* 5, 439). Zeigt in festem und gelöstem Zustande die violette Fluorescenz des Anthracens. (O., C., *Am.* 17, 665). F: 242—244° (O., C., *Am.* 17, 665), 244° (GRAEBE, LIEBERMANN, *A. Spl.* 7, 264). Der Schmelzpunkt wechselt mit der Geschwindigkeit des Erhitzens und liegt bei schnellem Erwärmen zwischen 270° und 280° (LU., W., *C.* 1904 II, 117; *Ph. Ch.* 51, 299). D₄¹⁵:1,265(O., C., *Am.* 17,666). Unlöslich in Methylalkohol, Alkohol, Äther, CS_2, Chloroform, Eisessig, Benzin, Aceton und Essigester; 0,2273 g Dianthracen lösen sich in 100 g siedendem Äthylenbromid, 1,106 g in 100 g siedendem Pyridin, 1,46 g in 100 g siedendem Anisol und 1,5 g in 100 g siedendem Phenetol (O., C., *Am.* 17, 666). Verbrennungswärme: W., *Ph. Ch.* 63, 464. — Dianthracen geht, wenn man seine Phenetollösung im Dunkeln sieden läßt, in Anthracen über (LU., W., *C.* 1904 II, 117; *Ph. Ch.* 51, 300). Es geht auch bei Erhitzen auf den Schmelzpunkt in Anthracen über (ELBS, *J. pr.* [2] 44, 467; O., C., *Am.* 17, 665). Wird von Brom bei 100° nicht angegriffen (GR., LIE., *A. Spl.* 7, 265). Liefert mit Brom in CS_2 im Sonnenlicht 9.10-Dibrom-anthracen-tetrabromid-(1.2.3.4) (S. 611) (ELBS, *J. pr.* [2] 44, 469). Wird von gewöhnlicher roher Salpetersäure nicht verändert (GR., LIE., *A. Spl.* 7, 264; E. SCHMIDT, *J. pr.* [2] 9, 248). Gibt beim Erwärmen mit rauchender Salpetersäure Anthracen, Anthrachinon und andere Produkte (SCHM.). Liefert mit Kaliumdichromat und Schwefelsäure oder beim Kochen mit CrO_3 und Essigsäure Anthrachinon (SCHM.). — Verbindet sich nicht mit Pikrinsäure (SCH.).

Substitutionsprodukte des Anthracens.

9-Chlor-anthracen $C_{14}H_9Cl$. B. Man läßt Chlor auf Anthracen einwirken und schmilzt das hierbei entstehende Anthracendichlorid (PERKIN, *Chem. N.* 34, 145; *Bl.* [2] 27, 465). — Goldgelbe Nadeln (aus Alkohol). F: 103°. Sehr leicht löslich in Äther, CS_2, Benzol. — Verbindung mit Pikrinsäure s. Syst. No. 523.

2.3-Dichlor-anthracen[1]) $C_{14}H_8Cl_2$. *B.* Beim Erhitzen von 1.2.3.4-Tetrachlor-anthrachinon mit 3—4 Tln. Zinkstaub und überschüssigem Ammoniak auf dem Wasserbade; man zieht den erhaltenen Niederschlag mit Alkohol aus und kocht die alkoh. Lösung mit etwas Eisessig (KIRCHER, *A.* 238, 347). — Gelbliche Blättchen (durch Sublimation). F: 255⁰. Sublimiert unter teilweiser Verkohlung. Ziemlich reichlich löslich in heißem Alkohol, viel weniger in kaltem Chloroform; reichlich in Essigsäure und Essigester. — Gibt mit Chromsäure in siedendem Eisessig 2.3-Dichlor-anthrachinon (Syst. No. 679).

9.10-Dichlor-anthracen $C_{14}H_8Cl_2$. *B.* Durch Einw. von Chlor auf Anthracen bei 100⁰ oder durch längeres Stehen von Anthracen in einer Chloratmosphäre bei gewöhnlicher Temperatur (GRAEBE, LIEBERMANN, *A. Spl.* 7, 282; vgl. LAURENT, *A. ch.* [2] 72, 424; *A.* 34, 294). Durch Erwärmen des in CS_2 suspendierten Anthracens mit Schwefelchlorür bis zum Aufhören der HCl-Entwicklung (LIPPMANN, POLLAK, *B.* 34, 2768). — Gelbe Nadeln. F: 209⁰ (GR., LIEB., *A.* 160, 137). Leicht löslich in Benzol, schwer in Alkohol und Äther (GR., LIEB., *A. Spl.* 7, 282). — Bleibt beim Kochen mit alkoh. Kalilauge unverändert; wird von Oxydationsmitteln in Anthrachinon übergeführt (GR., LIEB., *A. Spl.* 7, 283). Verhalten gegen rauchende Schwefelsäure: BAYER & CO., D. R. P. 68775; *Frdl.* 3, 209.

9.10.x-Trichlor-anthracen $C_{14}H_7Cl_3$. *B.* Beim Erhitzen von 9.9.10.10-Tetrachloranthracen-dihydrid-(9.10) auf 170⁰ (SCHWARZER, *B.* 10, 378). Neben anderen Produkten beim Erhitzen von Anthrachinon mit 2 Mol.-Gew. PCl_5, die mit 4 Tln. $POCl_3$ gemischt sind, auf 140—145⁰ (RADULESCU, *C.* 1908 II, 1032; vgl. GRAEBE, LIEBERMANN, *A.* 160, 126). — Dunkelziegelrote oder hellcitronengelbe Nadeln (aus Äther + Petroläther). F: 172⁰ (R.), 162—163⁰ (SCH.). Die alkoh. Lösung zeigt eine blaue Fluorescenz (SCH.). — Löst sich in konz. Schwefelsäure unzersetzt mit malachitgrüner Farbe; beim Erhitzen oder Stehen entfärbt sich die Lösung und wird schließlich schmutzigbraun unter teilweiser Bildung von Chloranthrachinon.

1.2.3.4-Tetrachlor-anthracen $C_{14}H_6Cl_4$. *B.* Bei 4—5-stdg. Erhitzen von 1 g o-Benzoyltetrachlorbenzoesäure $C_6H_5 \cdot CO \cdot C_6Cl_4 \cdot CO_2H$ mit $^1/_2$ g rotem Phosphor und $4^1/_2$ ccm Jodwasserstoffsäure (Kp: 127⁰) auf 215—220⁰ (KIRCHER, *A.* 238, 346). — Nädelchen (aus Chloroform + Alkohol). F: 148—149⁰. Sehr wenig löslich in Alkohol und Äther, etwas in heißem Eisessig, sehr leicht in $CHCl_3$, CS_2 und Benzol. — Wird von CrO_3 und Essigsäure zu 1.2.3.4-Tetrachlor-anthrachinon oxydiert.

1.3.9.10-Tetrachlor-anthracen[2]) $C_{14}H_6Cl_4$. *B.* Beim Kochen des 9.10-Dichlor-anthracen-tetrachlorids-(1.2.3.4) von LIEBERMANN und LINDEMANN (S. 611) mit alkoh. Kalilauge (LIE., LIN., *B.* 13, 1589). — Gelbe Nadeln (aus Eisessig). F: 152⁰ (LIE., LIN.), 164⁰ (HAMMERSCHLAG, *B.* 19, 1108). Sehr wenig löslich in Alkohol, leichter in siedendem Eisessig (LIE., LIN.). — Gibt bei der Oxydation mit Chromsäure und Eisessig 1.3-Dichlor-anthrachinon (Syst. No. 679) (HAM.).

x.x.x-Tetrachlor-anthracen $C_{14}H_6Cl_4$. *B.* Durch Erhitzen von Anthracen mit der äquimolekularen Menge $PbCl_4 + 2NH_4Cl$ auf 200⁰ (Temperatur des Paraffinbades) (SEYEWETZ, BIOT, *C. r.* 135, 1122). — Gelbe Nadeln (durch Sublimation). F: 163⁰.

Hexachloranthracen $C_{14}H_4Cl_6$ (Einheitlichkeit fraglich). *B.* Aus Anthracen mit Chlorjod im geschlossenen Rohr bei 250⁰ (DIEHL, *B.* 11, 175). Aus Anthracen und Antimonpentachlorid unter Druck bei 200⁰ (D.). — Gelbe Nadeln (durch Sublimation). Schmilzt unzersetzt bei 320—330⁰. Unlöslich in Alkohol, Äther, Eisessig, kaltem Benzol, leichter löslich in heißem Benzol und $CHCl_3$, am leichtesten in CS_2 und Nitrobenzol. — Wird von Salpetersäure und alkoh. Kalilauge nicht angegriffen. Gibt bei der Oxydation mit Chromsäuregemisch ein Tetrachloranthrachinon.

Heptachloranthracen $C_{14}H_3Cl_7$ (Einheitlichkeit fraglich). *B.* Durch Erhitzen von Anthracen mit Antimonpentachlorid unter Druck auf 260⁰ (DIEHL, *B.* 11, 176). — Gelbe Nadeln (durch Sublimation). Schmilzt oberhalb 350⁰. Unlöslich in Alkohol, Äther, Benzol und Eisessig; ziemlich löslich in heißem Toluol oder $CHCl_3$, leichter in Nitrobenzol und Ligroin. Wird von rauchender Salpetersäure sehr schwer angegriffen. Gibt bei der Oxydation mit Chromsäuregemisch ein Pentachloranthrachinon.

Oktachloranthracen $C_{14}H_2Cl_8$ (Einheitlichkeit fraglich). *B.* Durch Erhitzen von Anthracen oder einem chlorierten Anthracen mit Antimonpentachlorid unter Druck auf 275⁰ bis 280⁰ (DIEHL, *B.* 11, 177). — Sublimiert in federartigen Krystallen. Schmilzt nicht bei 350⁰. Löst sich etwas in Nitrobenzol, CS_2 und Ligroin.

---

[1]) Die Konstitution dieser Verbindung ist nach dem Literatur-Schlußtermin der 4. Aufl. dieses Handbuches [1. I. 1910] durch ULLMANN und BILLIG (*A.* 381, 12) aufgeklärt worden.
[2]) Die Konstitution dieser Verbindung ist nach dem Literatur-Schlußtermin der 4. Aufl. dieses Handbuches [1. I. 1910] durch K. H. MEYER und ZAHN (*A.* 396, 172) aufgeklärt worden.

9-Brom-anthracen $C_{14}H_9Br$. *B.* Durch Erhitzen des Anthracen-dibromids-(9.10) (PER-KIN, *Chem. N.* **34**, 145; *Bl.* [2] **27**, 464). — Gelbe Nadeln. F: 100⁰. Löslich in Benzol, CS_2 und Eisessig, weniger in Alkohol. — Verbindung mit Pikrinsäure s. Syst. No. 523.

9.10-Dichlor-x-brom-anthracen $C_{14}H_7Cl_2Br$. *B.* Durch Erhitzen von 9.10-Dichlor-anthracen-tetrabromid-(1.2.3.4) (S. 611) auf 180—190⁰ (SCHWARZER, *B.* **10**, 376). — Grünlich-gelbe Blättchen. F: 168⁰. Leicht löslich in $CHCl_3$ und Benzol. — Gibt beim Kochen mit Salpetersäure Bromanthrachinon.

9.10-Dibrom-anthracen $C_{14}H_8Br_2$. *B.* Durch Eintragen von Brom in eine Lösung von Anthracen in CS_2 (GRAEBE, LIEBERMANN, *B.* **1**, 186; *A. Spl.* **7**, 275). Bei der Einw. von Brom auf Triphenylmethan (KÖLLIKER, *A.* **228**, 255). — Goldgelbe Nadeln (aus Toluol). F: 221⁰. Sublimiert unzersetzt. Sehr schwer löslich in Alkohol und Äther, schwer in kaltem Benzol, leichter in heißem. Lumineszenz unter dem Einfluß von Kathodenstrahlen: O. FI-SCHER, *C.* **1908** II, 1406. — Gibt beim Behandeln mit Chromsäure in Eisessig oder beim Erwärmen mit konz. Salpetersäure Anthrachinon (GR., L.). Liefert mit rauchender Salpeter-säure (D: 1,49) unter Kühlung 1-Nitro-anthrachinon (CLAUS, HERTEL, *B.* **14**, 978). Verhalten gegen rauchende Schwefelsäure: BAYER & Co., D. R. P. 68775; *Frdl.* **3**, 209. Geht beim Er-hitzen mit alkoh. Kalilauge in geschlossenem Rohr auf 160—170⁰ in Anthracen über (GR., L.).

x.x-Dibrom-anthracen $C_{14}H_8Br_2$. *B.* Durch Erhitzen von x.x-Dibrom-anthrachinon (Syst. No. 679; aus Tetrabromanthracen durch Oxydation gewonnen) mit Jodwasserstoff-säure und Phosphor auf 150⁰ (MILLER, *A.* **182**, 367; vgl. *B.* **9**, 1441). — Goldgelbe Tafeln (aus Alkohol). F: 190—192⁰. Schwer löslich in Benzol und Alkohol. — Gibt bei der Oxy-dation Dibromanthrachinon.

9.10-Dichlor-x.x-dibrom-anthracen $C_{14}H_6Cl_2Br_2$. *B.* Beim Kochen von 9.10-Di-chlor-anthracen-tetrabromid-(1.2.3.4) (S. 611) mit alkoh. Kalilauge (SCHWARZER, *B.* **10**, 376). — Gelbe Nadeln (aus Benzol). F: 251—252⁰. Schwer löslich in Alkohol und Eisessig, leicht in Benzol. — Gibt beim Kochen mit Salpetersäure Dibromanthrachinon.

2.9.10-Tribrom-anthracen $C_{14}H_7Br_3$. Zur Konstitution vgl. KAUFLER, IMHOFF. *B.* **37**, 61, 4706. — *B.* Beim Erhitzen von 9.10-Dibrom-anthracen-tetrabromid-(1.2.3.4) auf 200⁰ (GRAEBE, LIEBERMANN, *A. Spl.* **7**, 279), neben 2.6.9.10-Tetrabrom-anthracen (K., I., *B.* **37**, 4707). — Gelbe Nadeln. F: 169⁰ (GR., L.), 171⁰ (K., I.). Sublimierbar (GR., L.). Schwer löslich in Alkohol, leicht in Benzol (GR., L.). — Gibt beim Erwärmen mit Salpetersäure (D: 1,4) oder mit Eisessig und Chromsäure 2-Brom-anthrachinon. Verhalten gegen rauchende Schwe-felsäure: BAYER & Co., D. R. P. 69835; *Frdl.* **3**, 211. Addiert Brom unter Bildung von Tri-brom-anthracen-tetrabromid (GR., L.).

2.6.9.10-Tetrabrom-anthracen $C_{14}H_6Br_4$. *B.* Durch Erhitzen von 9.10-Dibrom-anthracen-tetrabromid-(1.2.3.4) auf 200—210⁰, neben 2.9.10-Tribrom-anthracen (KAUFLER, IMHOFF, *B.* **37**, 4706). — Krystalle (aus Toluol oder CCl_4). F: 298—300⁰. Schwer löslich in Alkohol, kaltem Benzol; ziemlich in siedendem Toluol und CCl_4. — Liefert bei der Oxy-dation mit Chromsäure in Eisessig 2.6-Dibrom-anthrachinon (Syst. No. 679).

9.10.x.x-Tetrabrom-anthracen $C_{14}H_6Br_4$. *B.* Beim Erwärmen von 9.10-Dibrom-anthracen-tetrabromid-(1.2.3.4) mit wäßr.-alkoh. Kalilauge (ANDERSON, *A.* **122**, 307; GRAEBE, LIEBERMANN, *A. Spl.* **7**, 281). — Gelbe Nadeln (aus Benzol). F: 254⁰; sehr schwer löslich in kaltem Alkohol, Äther und Benzol, leichter in kochendem Xylol (GR., L.). — Gibt bei der Oxydation mit Chromsäure und Eisessig, sowie mit chromsaurem Kalium und Salpetersäure (D: 1,4) x.x-Dibrom-anthrachinon (GR., L.). Liefert beim Kochen mit rauchender Salpetersäure (D: 1,49) x-Brom-x-nitro-anthrachinon (Syst. No. 679) (CLAUS, HERTEL, *B.* **14**, 980). Gibt mit Brom das 9.10.x.x-Tetrabrom-anthracen-tetrabromid-(1.2.3.4) (S. 611) (HAMMERSCHLAG, *B.* **10**, 1212). Verhalten gegen rauchende Schwefelsäure: BAYER & Co., D. R. P. 69835; *Frdl.* **3**, 211.

9.10-Dichlor-x.x.x.x-tetrabrom-anthracen $C_{14}H_4Cl_2Br_4$. *B.* Aus 9.10-Dichlor-x.x′-dibrom-anthracen-tetrabromid-(1.2.3.4) und alkoh. Kalilauge (HAMMERSCHLAG, *B.* **19**, 1107). — Goldgelbe Nadeln. Schmilzt nicht bei 380⁰. Sehr schwer löslich. — Wird von CrO_3 zu einem Tetrabromanthrachinon oxydiert.

9.10.x.x.x-Pentabrom-anthracen $C_{14}H_5Br_5$. *Darst.* Durch Erhitzen von 9.10.x.x-Tetrabrom-anthracen-tetrabromid-(1.2.3.4) auf 230⁰ (HAMMERSCHLAG, *B.* **10**, 1213). — Gelbes Pulver. F: 212⁰. Schwer löslich in Alkohol und Äther, leicht in Benzol und CS_2.

9.10.x.x.x.x-Hexabrom-anthracen von Hammerschlag $C_{14}H_4Br_6$. *B.* Beim Be-handeln von 9.10-x-x-Tetrabrom-anthracen-tetrabromid-(1.2.3.4) mit alkoh. Kalilauge (HAM-MERSCHLAG, *B.* **10**, 1213). — Goldgelbe Nadeln (aus hochsiedendem Ligroin). Schmilzt nicht bei 370⁰. Sublimierbar. Schwer löslich in allen Lösungsmitteln. — Gibt bei der Oxydation mit Chromsäure und Eisessig ein Tetrabromanthrachinon.

9.10.x.x.x.x-Hexabrom-anthracen von Diehl $C_{14}H_4Br_6$. *B.* Durch Erhitzen von 9.10-Dibrom-anthracen mit Brom in Gegenwart von Jod auf 120° (DIEHL, *B.* **11**, 178). — Sublimiert in hellgelben Flocken. F: 310—320°. Unlöslich in Alkohol, Äther, Eisessig, löslich in heißem Benzol und $CHCl_3$. — Wird durch chromsaures Kalium und Schwefelsäure zu einem Tetrabromanthrachinon oxydiert.

9.10.x.x.x.x.x-Heptabrom-anthracen $C_{14}H_3Br_7$. *Darst.* Durch Erhitzen von 9.10-Dibrom-anthracen mit Brom und Jod im geschlossenen Rohr auf 200° (DIEHL, *B.* **11**, 178). — Sublimiert in gelben Nadeln. Schmilzt nicht bei 350°. Wenig löslich in Lösungsmitteln, mit Ausnahme von $CHCl_3$ und CS_2. — Gibt bei der Oxydation mit chromsaurem Kalium und Schwefelsäure ein Pentabromanthrachinon.

9.10.x.x.x.x.x.x-Oktabrom-anthracen $C_{14}H_2Br_8$. *Darst.* Durch 8-tägiges Erhitzen von Heptabromanthracen mit Brom und Jod im geschlossenen Rohr oberhalb 360° (DIEHL, *B.* **11**, 179). — Sublimiert in dunkelgelben Nadeln. Sehr wenig löslich in den üblichen Lösungsmitteln; auch siedendes Nitrobenzol oder Anilin nehmen sehr wenig auf.

9-Nitro-anthracen $C_{14}H_9O_2N = C_{14}H_9 \cdot NO_2$. Zur Konstitution vgl.: MEISENHEIMER, *B.* **33**, 3547; DIMROTH, *B.* **34**, 220. — *B.* Man behandelt 9.10-Dinitro-anthracen-dihydrid-(9.10) $C_6H_4 {<}^{CH(NO_2)}_{CH(NO_2)}{>}C_6H_4$ durch Natronlauge (LIEBERMANN, LINDEMANN, *B.* **13**, 1586; GIMBEL, *B.* **20**, 974; MEISENHEIMER, CONNERADE, *A.* **330**, 171). Neben 9.10-Dinitro-anthracen (s. u.) aus Anthracen in Eisessig-Suspension durch ein Gemisch von stickoxydfreier Salpetersäure (D: 1,5), Essigsäureanhydrid und Eisessig bei 15—20° (MEI., CON., *A.* **330**, 164). Aus 9.10-Dinitro-anthracen durch eine siedende alkoh. Natriumsulfid-Lösung (P., *Soc.* **59**, 640). Beim Kochen von 10-Nitro-9-äthoxy-anthracen-dihydrid-(9.10) mit alkoh. Kalilauge (P., *Soc.* **59**, 644). Aus 10-Nitro-9-acetoxy-anthracen-dihydrid-(9.10) durch ein Gemisch von Essigsäureanhydrid und Eisessig oder beim Erwärmen mit Natronlauge (MEI., CON., *A.* **330**, 159). — *Darst.* Man fügt 20 ccm 63%iger Salpetersäure zu einer Suspension von 50 g Anthracen in 200 ccm Eisessig, wobei die Temperatur nicht über 30—35° steigen darf, gibt zu der gekühlten Lösung 50 ccm rauchende Salzsäure in 50 ccm Eisessig, filtriert das sich ausscheidende 10-Chlor-9-nitro-anthracen-dihydrid-(9.10) ab, wäscht es mit Alkohol und behandelt es mit verd. wäßr. Natronlauge zuerst in der Kälte, dann in gelinder Wärme (DIMROTH, *B.* **34**, 221; D. R. P. 127399; *C.* **1902** I, 235). — Gelbe Nadeln (aus Alkohol), gelbe Prismen (aus Eisessig oder Xylol). F: 146° (LIEB., LIN.; DIM.), 145—146° (MEI., CON., *A.* **330**, 165). Ist im Vakuum oberhalb 300° unzersetzt destillierbar; wird auch unter gewöhnlichem Druck bei raschem Erhitzen nur wenig zersetzt (MEI., CON.). Sehr leicht löslich in Benzol und CS_2, etwas weniger in Essigsäureanhydrid und Eisessig, schwer löslich in Alkohol (P.). Unlöslich in wäßr. Alkalien (LIEB., LIN.; P.). — Liefert bei der Oxydation mit rauchender Salpetersäure oder mit Chromsäure und Essigsäure Anthrachinon (P.). Gibt in Nitrobenzol mit rauchender Salpetersäure 9.10-Dinitro-anthracen (P.; MEI., CON., *A.* **330**, 167). Gibt bei der Reduktion mit Zinnchlorür und Salzsäure (MEI., *B.* **33**, 3548) oder mit Zinn und Eisessig in der Kälte 9-Amino-anthracen (Syst. No. 654), bei der Reduktion mit Zinn und siedendem Eisessig Anthranol (Syst. No. 654) (MEI., CON., *A.* **330**, 144, 166). Liefert bei der Reduktion mit Zinn, Eisessig und etwas rauchender Salzsäure Anthracen und Dihydro-anthracen (LIEB., LIN.). Gibt mit Brom in CS_2 bei 75° 9.10-Dibrom-anthracen (G). Bei der Einw. von Brom ohne Verwendung eines Lösungsmittels entstehen Gemische von Additionsprodukten gebromter Anthracene (G.). Nitroanthracen gibt mit konz. Salzsäure bei 180° ein Gemisch von 9-Chlor- und 9.10-Dichlor-anthracen und mit konz. Bromwasserstoffsäure bei 260° 9.10-Dibrom-anthracen (G.). Reagiert in siedender alkoh. Lösung weder mit salzsaurem Hydroxylamin, noch mit salzsaurem Phenylhydrazin (G.). Schüttelt man Nitroanthracen mit 5%iger methylalkoholischer Kalilauge bei Zimmertemperatur, so erhält man das Kaliumsalz $C_6H_4{<}^{CH(O \cdot CH_3)}_{C(:NO \cdot OK)}{>}C_6H_4$ (Syst. No. 540) (MEI., *A.* **323**, 209, 226). Kocht man Nitroanthracen mit 7—8%iger methylalkoholischer Kalilauge, so erhält man das Anthrachinonoxim-dimethylacetal $C_6H_4{<}^{C(O \cdot CH_3)_2}_{C(:N \cdot OH)}{>}C_6H_4$ (MEI., *A.* **323**, 213, 227).

9.10-Dinitro-anthracen $C_{14}H_8O_4N_2 = C_{14}H_8(NO_2)_2$. Zur Konstitution vgl. MEISENHEIMER, CONNERADE, *A.* **330**, 144. — *B.* Neben 9-Nitro-anthracen und 9.9.10-Trinitroanthracen-dihydrid-(9.10) aus Dihydroanthracen in Eisessig durch ein Gemisch von Salpetersäure und Eisessig bei 30—35° (MEI., CON., *A.* **330**, 146, 169; vgl. LIEBERMANN, LANDSHOFF, *B.* **14**, 467, 470). Beim Eintragen von Anthracen, 9-Nitro-anthracen oder 10-Nitro-9-äthoxy-anthracen-dihydrid-(9.10) in ein Gemisch von Salpetersäure und Nitrobenzol

(PERKIN, *Soc.* **59**, 637, 641, 643). Neben 9-Nitro-anthracen aus Anthracen in Eisessig-Suspension durch ein Gemisch von stickoxydfreier Salpetersäure (D: 1,5), Essigsäureanhydrid und Eisessig bei 15—20⁰(MEI., CON., *A.* **380**, 164). — *Darst.* Man läßt auf 9.9.10-Trinitro-anthracendihydrid-(9.10) zuerst in der Kälte, dann in gelinder Wärme verdünnte Natronlauge einwirken (MEI., CON., *A.* **330**, 167). — Gelbe Nadeln (aus Eisessig, Xylol oder Solventnaphtha). F: 263⁰ (LIE., LA., *B.* **14**, 470), 288—290⁰ (P.), 294⁰ (MEI., CON.). Schwer löslich in heißem Anilin und Nitrobenzol, sehr wenig in der Wärme in Alkohol, Eisessig und Benzol(P.). — Gibt bei der Oxydation mit Chromsäure und Eisessig (LIE., LA.), sowie bei der Einw. von rauchender Schwefelsäure Anthrachinon (P.). Beim Kochen von Dinitroanthracen mit einer alkoh. Lösung von Natriumsulfid entsteht 9-Nitro-anthracen (S. 666) (P.; MEI., CON.). Das gleiche Produkt entsteht bei der Einw. von alkoh. Schwefelammonium in der Kälte (MEI., CON.). Durch Reduktion mit Zinnchlorür und Eisessig bei Siedehitze mit oder ohne Zusatz von Salzsäure entsteht 9-Amino-anthracen (MEI., CON.; vgl. LIE., LA.). Dinitroanthracen gibt mit methylalkoholischer Kalilauge das Kaliumsalz des Nitroanthrondiacetals

$$C_6H_4{<}^{C(O \cdot CH_3)_2}_{C(:NO \cdot OK)}{>}C_6H_4 \text{ (MEI., CON.).}$$

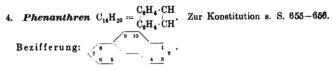

4.   *Phenanthren* $C_{14}H_{10} = {}^{C_6H_4 \cdot CH}_{C_6H_4 \cdot CH}$.   Zur Konstitution s. S. 655—656.

Bezifferung:

Bildung.

B. Bei der Einw. von Natrium auf o-Brom-benzylbromid in siedendem wasserfreiem Äther (JACKSON, WHITE, *Am.* **2**, 391). Beim Leiten von Toluol durch ein glühendes Rohr (GRAEBE, *B.* **7**, 48). Beim Leiten von Diphenyldämpfen zusammen mit Äthylen durch ein rotglühendes Porzellanrohr (BARBIER, *A. ch.* [5] **7**, 532). Beim Erhitzen von Dodekahydrophenanthren mit Nickel in einer Wasserstoffatmosphäre (vgl. PADOA, FABRIS, *R. A. L.* [5] **16** I, 819, 820; **17** I, 113) auf 220⁰ (PAD., FAB., *R. A. L.* [5] **17** II, 126; *G.* **39** I, 334). Beim Erhitzen von α-Tetrahydrophenanthren mit Nickel in einer Wasserstoffatmosphäre auf 280⁰ (PAD., FAB.). Beim Leiten von Dibenzyl durch ein glühendes Rohr (GR., *A.* **167**, 161). Beim Leiten von Stilben durch ein erhitztes, mit Glasstücken gefülltes Glasrohr (GR., *A.* **167**, 157). Beim Durchleiten von 9-Äthyl-fluoren oder 9-Methyl-fluoren durch ein ganz schwach rotglühendes Rohr (GR., *B.* **37**, 4145). Bei der Destillation von Thebaol (Syst. No. 586) über Zinkstaub im Wasserstoffstrom(FREUND, *B.* **30**, 1389). Bei der Destillation von 2.4-Diketo-oktahydro-phenanthren (Syst. No. 674) mit Zinkstaub (RABE, *B.* **31**, 1902). Beim Erhitzen von Phenanthrenchinon mit Zinkstaub (FITTIG, OSTERMAYER, *A.* **166**, 367; GR., *A.* **167**, 143). Bei der Destillation von Phenanthren-carbonsäure-(9) (Syst. No. 954) (PSCHORR, *B.* **29**, 500). Beim Leiten der Dämpfe von Cumaron und Benzol durch ein glühendes Rohr (KRAEMER, SPILKER, *B.* **23**, 85). Bei der Destillation von Morphenol (Syst. No. 2390) mit Zinkstaub im Wasserstoffstrom (VONGERICHTEN, *B.* **31**, 3202). Beim Erhitzen von Morphenolmethyläther (Syst. No. 2390) mit Zinkstaub (VONG., SCHRÖTTER, *B.* **15**, 1487; vgl. dazu VONG., *B.* **29**, 68; **30**, 2439; **33**, 354). Beim Erhitzen von Morphin (Syst. No. 4784) mit Zinkstaub, neben anderen Produkten (VONG., SCHR. *A.* **210**, 397; vgl. VONG. *B.* **34**, 767, 1162). Bei der Destillation des α-Methylmorphimethins (Syst. No. 4785) mit Zinkstaub (KNORR, *B.* **27**, 1148). — Beim Durchleiten von Terpentinöl-Dampf durch ein eisernes, auf dunkle Rotglut erhitztes Rohr (SCHULTZ, *B.* **10**, 114, 117). Bei der Destillation von Harzöl unter Druck (KRAEMER, SPILKER, *B.* **33**, 2267). Entsteht bei der Destillation der Steinkohlen, findet sich daher im Steinkohlenteer (FITTIG, OSTERMAYER, *A.* **166**, 361; GR., *A.* **167**, 134; HAYDUCK, *A.* **167**, 177). Bei der Destillation von Braunkohlenteeröl (SCHULTZ, WÜRTH, *C.* **1905** I, 1444). Entsteht neben anderen Produkten bei der Verhüttung der Quecksilbererze von Idria, findet sich daher im Stupp [dem neben freiem Quecksilber auftretenden Produkt der ersten Erzdestillation] (GOLDSCHMIEDT, *B.* **10**, 2026) und bildet den Hauptbestandteil im Stuppfett [dem gleichfalls neben freiem Quecksilber auftretenden Produkt der weiteren Destillationsverarbeitung des Stupps] (GO., M. v. SCHMIDT, *M.* **2**, 8).

Darstellung und Reinigung.

Man unterwirft „Rohanthracen" (s. S. 658) der langsamen Destillation, fängt den zwischen 320⁰ und 350⁰ übergehenden Anteil gesondert auf und kocht das Destillat mit viel Alkohol aus. Die aus der Lösung sich ausscheidenden Krystalle, die hauptsächlich aus Anthracen bestehen, werden verworfen. Die alkoh. Mutterlaugen enthalten fast das gesamte Phenanthren. Dieses wird durch zweimaliges Umkrystallisieren aus Alkohol rein erhalten (OSTERMAYER, *B.* 7, 1090; vgl. auch G. A. SCHMIDT, *B.* 12, 1159). Für die Trennung des Phenanthrens vom Anthracen schlägt E. SCHMIDT (*J. pr.* [2] 9, 256) folgendes Verfahren vor: Man behandelt das Gemisch der Kohlenwasserstoffe mit 80—85 %igem Alkohol, wobei hauptsächlich das Phenanthren gelöst wird, filtriert und kocht das alkoh. Filtrat mit einer äquivalenten Menge Salpetersäure; läßt man jetzt die Flüssigkeit erkalten, so scheidet sich zunächst fast das gesamte Anthracen als Anthrachinon und Dinitroanthrachinon ab; bei weiterem Erkalten erstarrt dann die ganze Flüssigkeit zu Krystallen von Phenanthren. — Zur Gewinnung von Reinphenanthren aus Rohphenanthren kann man dieses mit 1½ Gewichtsteilen Pikrinsäure in heißem Teeröl (Kp: 100—140°) lösen; man filtriert die sich ausscheidenden Krystalle ab, wäscht sie und behandelt sie nach dem Trocknen und Zerkleinern mit Natronlauge oder Ammoniak. Den erhaltenen Kohlenwasserstoff destilliert man, oder man krystallisiert ihn aus Alkohol um (GRAEBE, *A.* 167, 134). Man löst 3 Tle. anthracenhaltiges Phenanthren in 5 Tln. siedendem Toluol, kühlt die Lösung auf 10° ab und filtriert die anthracenreiche Ausscheidung ab; man destilliert dann von dem Filtrat das Lösungsmittel ab, behandelt den Rückstand nochmals in gleicher Weise mit Toluol, destilliert das erhaltene Phenanthren und krystallisiert es schließlich aus 70 %igem Alkohol um (WENSE, *B.* 19, 761). — Gewinnung von Phenanthren aus den festen Abscheidungen der hochsiedenden Steinkohlenteeröle durch Verschmelzen mit Kaliumhydroxyd, wobei sauerstoff- bezw. schwefelhaltige Produkte entfernt werden: Akt.-Ges. f. Teerindustrie, D. R. P. 130679; *C.* 1902 I, 1138.

Physikalische Eigenschaften.

Tafeln (aus Alkohol). Über die Fluorescenz des Phenanthrens vgl. unten. Monoklin (NEGRI, *G.* 23 II, 377). F: 100° (GRAEBE, *A.* 167, 138), 100,35° (v. NARBUTT, *Ph. Ch.* 53, 712), 100,5° (SCHIFF, *A.* 223, 262). Kp: 340° (korr.) (GRAEBE, *A.* 167, 138). Sublimiert in Blättchen (FITTIG, OSTERMAYER, *A.* 166, 363). Verdampfung und Sublimation im Hochvakuum: HANSEN, *B.* 42, 214. D: 1,182 (bei Zimmertemperatur) (RUDOLFI, *Ph. Ch.* 66, 717); $D^{100,4}$: 1,063 (SCHIFF, *A.* 223, 262). — Leicht löslich in kaltem Äther, Benzol, CS_2, Eisessig (FITTIG, OSTERMAYER, *A.* 166, 363). 1 Tl. Phenanthren löst sich bei 13—14° in 48—50 Tln. 95 %igem Alkohol (GRAEBE, *A.* 167, 136). 100 Tle. absol. Alkohol lösen bei 16° 2,62 Tle. und bei Siedehitze 10,08 Tle. Phenanthren (v. BECHI, *B.* 12, 1978). Gehalt und spezifisches Gewicht der alkoh. Lösungen des Phenanthrens bei verschiedenen Temperaturen: SPEYERS, *Amer. Journ. Science* [4] 14, 295, 299. 100 Tle. Toluol lösen bei 16,5° 33.02 Tle. Phenanthren; bei 100° wird Phenanthren von Toluol in jedem Verhältnis gelöst (v. BECHI, *B.* 12, 1978). Gehalt und spezifisches Gewicht von Lösungen des Phenanthrens in Toluol bei verschiedenen Temperaturen: SPEYERS, *Amer. Journ. Science* [4] 14, 295, 300. Phenanthren ist in verflüssigtem Kohlendioxyd unlöslich (BÜCHNER, *Ph. Ch.* 54, 676). Krystallisationsgeschwindigkeit von Phenanthren im Gemisch mit Anthracen, mit Benzophenon und mit Dibenzyl: PADOA, *R. A. L.* [5] 13 I, 334. Schmelztemperatur, Dichte und Dielektrizitätskonstante von Naphthalin-Phenanthren-Gemischen: RUDOLFI, *Ph. Ch.* 66, 716. Über Schmelztemperaturen von Phenanthren-Diphenylamin-Gemischen s. bei Diphenylamin, Syst. No. 1601. Lösungsgleichgewicht in Gemischen von Phenanthren und aromatischen Nitrokohlenwasserstoffen: KREMANN, *M.* 29, 864, 875. Molekulare Gefrierpunktserniedrigung des Phenanthrens: 120° (GARELLI, FERRATINI, *R. A. L.* [5] 2 I, 275).

Brechungsvermögen in Benzollösung: CHILESOTTI, *G.* 30 I, 158. Absorptionsspektrum der Phenanthrenlösungen: HARTLEY, *Soc.* 39, 164; BALY, TUCK, *Soc.* 93, 1913. Die Phenanthren-Krystalle zeigen eine blaue Fluorescenz, die schwächer als die des Anthracens ist (GRAEBE, *A.* 167, 136). Auch die Lösungen des Phenanthrens zeigen eine blaue Fluorescenz (HAYDUCK, *A.* 167, 179). Fluorescenzspektrum des Phenanthrens in alkoh. Lösung: STARK, R. MEYER, *C.* 1907 I, 1526. Fluorescenz- und Lumineszenzerscheinungen unter dem Einfluß von Licht- und Kathodenstrahlen: O. FISCHER, *C.* 1908 II, 1406; POCHETTINO, *R. A. L.* [5] 18 II, 360. Phosphorescenz der in flüssiger Luft erstarrten alkoh. Lösung nach der Belichtung durch eine Quecksilberlampe: DE KOWALSKI, *C.* v. 145, 1271. Photoelektrisches Verhalten: POCHETTINO, *R. A. L.* [5] 15 I, 362. Über Luminescenzerscheinungen am Phenanthren bei chemischen Reaktionen s. S. 670. — Schmelzwärme des Phenanthrens: ROBERTSON, *Soc.* 81, 1242. Molekulare Verbrennungswärme bei konstantem Volum: 1699 Cal., bei konstantem Druck: 1700,4 Cal. (BERTHELOT, VIEILLE, *A. ch.* [6] 10, 446).

Magnetisches Drehungsvermögen: PERKIN, *Soc.* 69, 1196. Dielektrizitätskonstante (bei Zimmertemperatur): RUDOLFI, *Ph. Ch.* 66, 717.

Chemisches Verhalten.

Phenanthren gibt mit Ozon in Chloroform ein Diozonid $C_{14}H_{10}O_6$ (S. 670) (HARRIES, WEISS, A. 343, 373). Bei der Oxydation von Phenanthren mit Chromsäure und Eisessig oder mit Kaliumdichromat und verd. Schwefelsäure entsteht Phenanthrenchinon (FITTIG, OSTER-MAYER, A. 166, 365; GRAEBE, A. 167, 139; ANSCHÜTZ, SCHULTZ, A. 196, 37); diese Oxydation verläuft langsamer als die Oxydation von Anthracen zu Anthrachinon (A., SCH., A. 196, 35). Phenanthrenchinon entsteht auch bei der Oxydation mit Diacetylorthosalpeter-säure (PICTET, C. 1903 II, 1109), bei der Oxydation mit Manganisalzen (LANG, D. R. P. 189178; C. 1908 I, 73), sowie bei der elektrolytischen Oxydation in Gegenwart von Cer-verbindungen: Höchster Farbw., D. R. P. 152063; C. 1904 II, 71. — Phenanthren wird in siedendem Alkohol durch Natriumamalgam nicht reduziert (GRAEBE, A. 167, 154). Bei der Reduktion mit Natrium in siedendem Amylalkohol entstehen Phenanthren-dihydrid-(9.10) (S. 642) und α-Tetrahydrophenanthren (S. 612) (J. SCHMIDT, MEZGER, B. 40, 4247; vgl. BAMBERGER, LODTER, B. 20, 3076). Bei der Einw. von Phenanthrens mit rauchender Jodwasserstoffsäure und rotem Phosphor entstehen je nach der Menge des Jodwasserstoffs und des Phosphors, je nach der Temperatur und der Erhitzungsdauer Hydrierungsstufen des Phenanthrens vom Phenanthrentetrahydrid bis zum Phenanthrenperhydrid (S. 171) (GRAEBE, A. 167, 154; LIEBERMANN, SPIEGEL, B. 22, 779; J. SCHMIDT, MEZGER, B. 40, 4242; SPIEGEL, B. 41, 884). Phenanthren gibt beim Einleiten von Wasserstoff in die siedende ätherische Lösung bei Gegenwart von Platinschwarz Dihydrophenanthren (J. SCHMIDT, FISCHER, B. 41, 4226). Liefert beim Erhitzen mit Wasserstoff in Gegenwart von Nickel bei 175° Dodekahydrophenanthren (S. 456), zwischen 175° und 200° als einziges Prod. α-Tetrahydrophenanthren und bei 200° Dihydrophenanthren (PADOA, FABRIS, R. A. L. [5] 17 II, 127; G. 39 I, 333; vgl. BRETEAU, C. r. 140, 942; J. SCHMIDT, MEZGER, B. 40, 4245). Phenanthren läßt sich durch wiederholtes Erhitzen in komprimiertem Wasserstoff bei Gegenwart von Nickeloxyd stufenweise bis zum Perhydrid reduzieren (IPATJEW, JAKOWLEW, RAKITIN, B. 41, 999; Ж. 40, 498; C. 1908 II, 1098).

Behandelt man Phenanthren mit Chlor und fährt, sobald die Chlorwasserstoff-Entwick-lung nachläßt, mit dem Einleiten unter Zusatz von Jod und Erwärmen auf dem Wasser-bade fort, so erhält man 2.9.10-Trichlor-phenanthren, neben harzigen Produkten; bei der Chlorierung ohne Verwendung eines Chlorübertägers entsteht 9.10-Dichlor-phenanthren (J. SCHMIDT, SCHALL, B. 39, 3892). Behandelt man Phenanthren mit Chlor zunächst bei gewöhnlicher Temperatur, dann unter Erwärmen im Ölbade bis zum Aufhören der Salzsäure und erhitzt schließlich das Reaktionsprodukt mit überschüssigem Chlorjod unter Druck auf etwa 350°, so erhält man Perchlormethan und Perchlorbenzol (RUOFF, B. 9, 1490; vgl. MERZ, WEITH, B. 12, 677). Läßt man Chlor auf Phenanthren in Eisessig einwirken, so entsteht Dichlorphenanthrentetrachlorid und in geringen Mengen Monochlorphenanthren und Dichlor-phenanthren (ZETTER, B. 11, 165). Beim Einleiten von Chlor in eine mit rotem Phosphor versetzte Chloroformlösung von Phenanthren im Sonnenlicht entsteht neben anderen Pro-dukten 9.10-Dichlor-phenanthren (J. SCHMIDT, LADNER, B. 37, 4403). Bei der Einw. von 4 Mol.-Gew. Antimonpentachlorid auf Phenanthren bei gewöhnlicher Temperatur entsteht Tetrachlorphenanthren und unter dem von 6 Mol.-Gew. bei 180—200° oder besser unter Druck bei 120—140° Hexachlorphenanthren (ZETTER, B. 11, 168). Mit überschüssigem SbCl₅ unter Druck bei 180—200° wird Oktachlorphenanthren erhalten (Z., B. 11, 168). Wird Phenanthren mit SbCl₅ im geschlossenen Rohr auf Temperaturen oberhalb 200° erhitzt, so zerfällt es unter Bildung von Perchlorbenzol (Z., B. 11, 169). — Beim Erhitzen von Phenanthren mit 3 Mol.-Gew. Brom im geschlossenen Rohr auf 160—180° entsteht Tribromphenanthren; mit 4 Mol.-Gew. Brom erhält man bei 200—210° Tetrabromphenanthren, mit 6 Mol.-Gew. Brom und 1 Mol.-Gew. Jod bei 280° Hexabromphenanthren und mit überschüssigem und stark jod-haltigem Brom bei 360° Heptabromphenanthren (Z., B. 11, 171). Phenanthren gibt mit Brom in Äther (FITTIG, OSTERMAYER, A. 166, 363) oder in Schwefelkohlenstoff (HAYDUCK, A. 167, 180) Phenanthrendibromid. Läßt man auf die Lösung von Phenanthren in siedendem Chloro-form Brom in dem gleichen Lösungsmittel im diffusen Licht einwirken, so erhält man das 3.9- oder 3.10-Dibrom-phenanthren in geringer Menge, neben anderen Produkten (J. SCHMIDT, LADNER, B. 37, 3571, 3577).

Bei der Einw. von salpetriger Säure auf das in Benzol gelöste Phenanthren entstehen die Verbindungen der Formeln I und II (s. u.) (J. SCHMIDT, B. 33, 3251). Bei der Einw. von verflüssigter salpetriger Säure auf Phenanthren ohne Lösungsmittel unter Abkühlen entsteht 9-Nitro-phenanthren-dihydrid-(9.10) (J. SCHMIDT, D. R. P. 129990; C. 1902 I, 959). Phen-anthren gibt mit Salpetersäure (D: 1,35) 3-Nitro-phenanthren (vgl. J. SCHMIDT, B. 34, 3532),

I.
$$C_6H_4-CH———HC-C_6H_4$$
$$C_6H_4-CH\cdot NO_2\ O_2N\cdot HC-C_6H_4$$
(Syst. No. 493),

II.
$$C_6H_4-CH———O——HC-C_6H_4$$
$$C_6H_4-CH\cdot NO_2\ O_2N\cdot HC-C_6H_4$$
(Syst. No. 540).

ein Nitrophenanthren vom Schmelzpunkt 73—75⁰ und ein Nitrophenanthren vom Schmelzpunkt 126—127⁰ (G. A. SCHMIDT, *B.* **12**, 1154; vgl. GRAEBE, *A.* **167**, 155). Liefert beim
Nitrieren mit Salpetersäure (D: 1,45) in einem siedenden Gemisch von Eisessig und Acetanhydrid 9-Nitro-phenanthren neben anderen Produkten (J. SCHMIDT, STROBEL, *B.* **36**,
2509). — Beim Sulfurieren von Phenanthren mit konz. Schwefelsäure oder mit Gemischen
von rauchender und konz. Schwefelsäure entstehen Phenanthren-sulfonsäure-(2), Phenanthren-
sulfonsäure-(3) und Phenanthren-sulfonsäure-(9). Von diesen Säuren bilden die 2- und die
3-Sulfonsäure die Hauptmenge des Sulfurierungsproduktes. Die 9-Sulfonsäure wird immer
nur in geringer Menge erhalten, sie entsteht um so reichlicher, je niedriger die Reaktionstemperatur ist; die besten Ausbeuten an 9-Sulfonsäure werden zwischen 95⁰ und 100⁰ erhalten,
oberhalb 130⁰ tritt diese Säure nicht mehr unter den Sulfurierungsprodukten auf. Die
2-Sulfonsäure wird bei 120—130⁰ in guter Ausbeute, die 3-Sulfonsäure bei 120—130⁰ in
bester Ausbeute, oberhalb 180⁰ kaum in nennenswerten Mengen erhalten (WERNER, *A.* **321**,
251; vgl.: GRAEBE, *A.* **167**, 152; REHS, *B.* **10**, 1252; JAPP, SCHULZ, *B.* **10**, 1661; SCHULZ,
A. **196**, 12; MORTON, GEYER, *Am. Soc.* **2**, 203; JAPP, *Soc.* **37**, 83). Trägt man 1 Tl..Phen-
anthren in 4 Tle. käufliche rauchende Schwefelsäure ein und erwärmt dann ¹/₄—¹/₂ Stunde
auf dem Wasserbade, so erhält man eine Phenanthren-disulfonsäure (EUG. FISCHER, *B.* **13**,
314). Phenanthren gibt in siedendem Chloroform mit Chlorschwefelsäure ein Gemisch von
Phenanthren-sulfonsäure-(2) und Phenanthren-sulfonsäure-(3) (PSCHORR, *B.* **34**, 4004).
Phenanthren zeigt beim Schmelzen mit Kaliumhydroxyd ein grünliches Leuchten;
Luminescenz wird auch beobachtet, wenn man auf Phenanthren in alkoh. Kalilauge Bromwasser oder Chlorwasser einwirken läßt (TRAUTZ, *Ph. Ch.* **53**, 91).

Physiologisches Verhalten.

Phenanthren verhält sich dem Organismus gegenüber indifferent und geht als Glykuron-
säure-Paarling in den Harn über (BERGELL, PSCHORR, *H.* **38**, 16). Zum physiologischen Verhalten des Phenanthrens und seiner Hydrierungsprodukte vgl.: HILDEBRANDT, *A. Pth.*
59, 140.

Analytisches.

Erkennung. Man behandelt die zu prüfende Substanz mit Chromsäure in siedendem Eisessig, verdünnt die Lösung mit Wasser, filtriert den Niederschlag ab, wäscht ihn mit Sodalösung und behandelt ihn dann mit einer warmen wäßr. Lösung von Natriumdisulfit. Hierbei
geht das bei der Oxydation entstandene Phenanthrenchinon in Lösung; es wird aus dieser
durch Salzsäure oder Schwefelsäure gefällt (GRAEBE, *A.* **167**, 140, 160). Phenanthren gibt
mit Pikrinsäure in Alkohol oder Benzol einen aus gelben Nadeln bestehenden Niederschlag,
der sich zur Charakterisierung des Kohlenwasserstoffes eignet (GRAEBE, *A.* **167**, 137). —
Mikrochemischer Nachweis von Phenanthren im Rohanthracen: BEHRENS, *R.* **21**, 252.
Bestimmung des Phenanthrens im Handelsanthracen: vgl. G. LUNGE, H. KÖHLER,
Die Industrie des Steinkohlenteers und des Ammoniaks, 5. Aufl., Bd. I [Braunschweig 1912],
S. 621.

Additionelle Verbindungen des Phenanthrens.

Verbindung von Phenanthren mit 4-Chlor-1.3-dinitro-benzol. Orangefarbene Nadeln (aus Alkohol). F: 44⁰ (WILLGERODT, *B.* **11**, 604). — **Verbindung von
Phenanthren mit 1.3.5-Trinitro-benzol** $C_{14}H_{10}+C_6H_3O_6N_3$. F: 125⁰ (KREMANN, *M.*
29, 889). — **Verbindung von Phenanthren mit Pikrylchlorid** $C_{14}H_{10}+C_6H_2O_6N_3Cl$.
Citronengelbe Nadeln. F: 88⁰ (LIEBERMANN, PALM, *B.* **8**, 378). — **Verbindung von Phenanthren mit 2.4.6-Trinitro-toluol** $C_{14}H_{10}+C_7H_5O_6N_3$. F: 84⁰ (BUGUET, *C. r.* **149**,
857), 87,5⁰ (KREMANN, *M.* **29**, 889). — **Verbindung von Phenanthren mit Pikrinsäure**
s. Syst. No. 523.

Umwandlungsprodukt des Phenanthrens von ungewisser Konstitution.

Phenanthrendiozonid $C_{14}H_{10}O_6$. *B.* Beim Einleiten von Ozon in eine Lösung von
Phenanthren in Chloroform unter Kühlung (HARRIES, WEISS, *A.* **343**, 373). — Sehr explosive
Krystalle.

Substitutionsprodukte des Phenanthrens.

3-Chlor-phenanthren $C_{14}H_9Cl$. *B.* Beim Erhitzen des Chlorids der Phenanthren-
sulfonsäure-(3) mit PCl₅ (SANDQVIST, *A.* **369**, 116). — Nadeln. Schmilzt mitunter bei 81⁰,
mitunter bei 70,5—71⁰. Leicht löslich in Äther, ziemlich leicht löslich in Alkohol.

x-Chlor-phenanthren $C_{14}H_9Cl$. *B.* Beim Einleiten von Chlor in eine Eisessig-Lösung
von Phenanthren (ZETTER, *B.* **11**, 165). — Ölig. Unlöslich in Wasser, sonst leicht löslich.

3.x-Dichlor-phenanthren $C_{14}H_8Cl_2$. *B.* Beim Erhitzen des Chlorids der Phenanthren-sulfonsäure-(3) mit PCl₅ (SANDQVIST, *A.* **369**, 116). — Krystalle (aus Alkohol + Wasser). F: 124⁰.

9.10-Dichlor-phenanthren $C_{14}H_8Cl_2$. *B.* Beim Einleiten von Chlor in Phenanthren, wobei dieses durch die Reaktionswärme bald zum Schmelzen kommt (J. SCHMIDT, SCHALL, *B.* **39**, 3893). Beim Einleiten von Chlor in eine mit rotem Phosphor versetzte Chloroform-Lösung von Phenanthren im Sonnenlicht (SCHM., LADNER, *B.* **37**, 4403). Beim Einleiten von Chlor in geschmolzenes 9-Brom-phenanthren auf dem Wasserbade im Sonnenlicht (SCHM., SCHALL, *B.* **39**, 3893). Durch 6-stdg. Erhitzen von 10-Brom-9-nitro-phenanthren mit NH₄Cl auf 320⁰ (SCHM., L., *B.* **37**, 4402). — Nadeln (aus Alkohol). F: 160—161⁰ (SCHM., L.).

x.x-Dichlor-phenanthren $C_{14}H_8Cl_2$. *B.* Beim Einleiten von Chlor in eine Eisessig-Lösung von Phenanthren (ZETTER, *B.* **11**, 165). — Halbzähe Flocken. Zersetzt sich beim Erhitzen oberhalb 100⁰. Sehr leicht löslich in Alkohol, Eisessig usw.

2.9.10-Trichlor-phenanthren $C_{14}H_7Cl_3$. *B.* Bei der Einw. von Chlor auf Phenanthren in Gegenwart von Jod unter Erwärmen auf dem Wasserbade (J. SCHMIDT, SCHALL, *B.* **39**, 3892). Aus 9-Brom-phenanthren durch Einleiten von Chlor bei Wasserbadtemperatur und in direktem Sonnenlicht bis zum Aufhören der Entwicklung von HCl (SCHM., SCHALL, *B.* **39**, 3893). — Nadeln (aus absol. Alkohol). F: 123—124⁰ [1]). Ziemlich schwer löslich in Eisessig, Alkohol, Methylalkohol, löslich in Benzol und Chloroform. — Wird in Eisessig durch Chromsäure zu 2-Chlor-phenanthrenchinon oxydiert.

Tetrachlorphenanthren $C_{14}H_6Cl_4$. *B.* Man läßt zu Phenanthren 4 Mol.-Gew. Antimon-pentachlorid tropfen (ZETTER, *B.* **11**, 167). — Gelbliche Nadeln. F: 171—172⁰. Sublimiert unter geringer Verkohlung in dünnen Spießen. Leicht löslich in Äther und Benzol, etwas schwerer in Eisessig, kaum in Alkohol. Wird von alkoh. Kalilauge nicht angegriffen.

Hexachlorphenanthren $C_{14}H_4Cl_6$. *B.* Durch Erhitzen von Phenanthren mit 6 Mol.-Gew. Antimonpentachlorid im geschlossenen Rohr auf 120—140⁰ (Z., *B.* **11**, 168). — Sublimiert in federbartartig gruppierten Nadeln. F: 249—250⁰. Sehr wenig löslich in Alkohol und Äther, etwas leichter in siedendem Eisessig.

Oktachlorphenanthren $C_{14}H_2Cl_8$. *B.* Durch Erhitzen von Phenanthren mit einem Überschuß von SbCl₅ im geschlossenen Rohr auf 180—200⁰ (Z., *B.* **11**, 168). — Sublimiert in Nadeln. F: 270—280⁰. Kaum löslich in Alkohol und Äther, löslich in heißem Eisessig, leicht in Benzol. — Liefert beim Erhitzen mit SbCl₅ oberhalb 200⁰ Perchlorbenzol.

9-Brom-phenanthren $C_{14}H_9Br$. Zur Konstitution vgl. ANSCHÜTZ, *B.* **11**, 1217. — *B.* Beim Erwärmen von Phenanthrendibromid auf dem Wasserbade (HAYDUCK, *A.* **167**, 181; AUSTIN, *Soc.* **93**, 1763). In geringer Menge aus α-Tetrahydrophenanthren und Brom in Chloroform neben 2.7-Dibrom-phenanthren (J. SCHMIDT, MEZGER, *B.* **40**, 4562). — Prismen (aus Alkohol). F: 63⁰ (H.). Sublimiert unzersetzt (H.). Destilliert unzersetzt oberhalb 360⁰ (ANSCHÜTZ, *B.* **11**, 1218). Leicht löslich in Eisessig und CS₂ (H.). — Gibt bei der Oxydation mit CrO₃ in Eisessig Phenanthrenchinon (AN.). Wird von Natriumamalgam in heißem Alkohol in Phen-anthren umgewandelt (H.). Wird von alkoh. Kalilauge bei 170⁰ nicht angegriffen (AN., *B.* **11**, 1217). Liefert beim Chlorieren bei Wasserbadtemperatur und in direktem Sonnenlicht 2.9.10-Trichlor-phenanthren oder bei nicht so weit gehender Einw. 9.10-Dichlor-phenanthren (SCHM., SCHALL, *B.* **39**, 3892). Beim Einleiten von Stickstoffdioxyd in die eisgekühlte Lösung von 9-Brom-phenanthren in Benzol entsteht 10-Brom-9-nitro-phenanthren (SCHM., LADNER, *B.* **37**, 3574). 9-Brom-phenanthren gibt bei der Einw. von Salpetersäure 3-Nitro-phen-anthrenchinon als Hauptprodukt 10-Brom-9-nitro-phenanthren (WERNER, *A.* **321**, 335; SCHM., KAEMPF, *B.* **35**, 3118, 3121; SCHM., L., *B.* **37**, 3573; vgl. ANSCHÜTZ, *B.* **11**, 1218). Setzt man 9-Brom-phenanthren in Äther mit Magnesium um und gibt zu der Lösung Acet-aldehyd, so erhält man Methyl-phenanthryl-carbinol $C_{14}H_9 \cdot CH(OH) \cdot CH_3$ (PSCHORR, *B.* **39**, 3128). — Verbindung mit Pikrinsäure s. bei Pikrinsäure, Syst. No. 523.

2.7-Dibrom-phenanthren $C_{14}H_8Br_2$. *B.* Aus α-Tetrahydrophenanthren und Brom in Chloroform, neben geringen Mengen 9-Brom-phenanthren (J. SCHMIDT, MEZGER, *B.* **40**, 4562). — Nadeln (aus Alkohol). F: 199—200⁰. Sehr leicht löslich in Chloroform und CS₂, leicht in Benzol, löslich in Eisessig und Äther; schwer löslich in Methylalkohol und Alkohol. — Gibt in Eisessig mit Chromsäure 2.7-Dibrom-phenanthrenchinon.

3.9- oder 3.10-Dibrom-phenanthren $C_{14}H_8Br_2$. *B.* Neben anderen Produkten aus Phenanthren und Brom in siedendem Chloroform im zerstreuten Licht (J. SCHMIDT, LADNER,

---

[1]) Nach dem Literatur-Schlußtermin der 4. Auflage dieses Handbuches [1. I. 1910] geben J. SCHMIDT und SAUER (*B.* **44**, 3245, 3248) den Schmelzpunkt 144—145⁰ an.

B. **37**, 3577). — Nadeln (aus Alkohol). F: 146°.— Gibt in siedendem Eisessig mit einer wäßr. Lösung von Chromsäure 3-Brom-phenanthrenchinon (SCH., L., *B.* **37**, 3571).

4.9- oder 4.10-Dibrom-phenanthren $C_{14}H_8Br_2$. Zur Konstitution vgl. J. SCHMIDT, *B.* **37**, 3554. — *B.* Bei der Einw. von 1 Mol.-Gew. Brom auf 9-Brom-phenanthren in CS_2 (HAYDUCK, *A.* **167**, 182; WERNER, *A.* **321**, 333). — Nadeln (aus Eisessig). Schmilzt bei etwa 110° (H.). Zieht sich bei 100° zusammen und ist bei 112—113° völlig geschmolzen (W.). — Gibt bei der Oxydation mit Chromsäure in Eisessig 4-Brom-phenanthrenchinon (W.). Gibt mit Brom in siedendem CS_2 ein Tribromphenanthren (H.).

9.10-Dibrom-phenanthren $C_{14}H_8Br_2$. *B.* Durch Erhitzen von 10-Brom-9-nitro-phenanthren mit Ammoniumbromid auf 300° (J. SCHMIDT, LADNER, *B.* **37**, 4404). — Nadeln (aus Alkohol). F: 181—182°. Leicht löslich in Benzol, Chloroform, schwerer in Alkohol, Eisessig. — Wird von CrO_3 in Eisessig fast völlig verbrannt; es entstehen hierbei nur geringe Mengen Phenanthrenchinon.

x.x-Dibrom-phenanthren vom Schmelzpunkt 146—148° (,,α-Dibromphenanthren") $C_{14}H_8Br_2$. Unbestimmt, ob identisch mit dem 3.9- oder 3.10-Dibrom-phenanthren (s. o.). — *B.* Bei 24-stdg. Stehen einer äther. Lösung von Phenanthren mit 4 Mol.-Gew. Brom (ZETTER, *B.* **11**, 170; vgl. auch WERNER, EGGER, *B.* **37**, 3027). — Spieße (aus Alkohol). F: 146—148° (Z.). Sublimierbar (Z.). Leicht löslich in Alkohol, Benzol (Z.). Bleibt beim Kochen mit alkoh. Kalilauge unverändert (Z.).

Dibromphenanthren (?) $C_{14}H_8Br_2$ (?). Durch Bromieren von Phenanthren in Schwefelkohlenstoff erhielt HAYDUCK (*A.* **167**, 182) eine kleine Menge eines Dibromphenanthrens, das bei 202° schmolz, sich in heißem Alkohol wenig löste und aus Eisessig als Krystallpulver ausfiel. Es war löslich in Schwefelkohlenstoff, aber unlöslich in Äther.
Nach WERNER (*A.* **321**, 330 Anm.) ist das vorstehend beschriebene Dibromphenanthren wahrscheinlich ein durch bromhaltige Verbindungen verunreinigtes Anthrachinon.

Tribromphenanthren $C_{14}H_7Br_3$. *B.* Aus Phenanthren mit 3 Mol.-Gew. Brom bei 130—140° (ZETTER, *B.* **11**, 171). Durch Erhitzen des 4.9- oder 4.10-Dibrom-phenanthrens in CS_2 mit Brom (H., *A.* **167**, 183). — Nadeln (aus Eisessig). F: 126° (H.).

Tetrabromphenanthren $C_{14}H_6Br_4$. *B.* Durch Erhitzen von Phenanthren mit 4 Mol.-Gew. Brom im geschlossenen Rohr auf 200—210° (ZETTER, *B.* **11**, 171). — Sublimiert in Nadeln. F: 183—185°. Fast unlöslich in Alkohol und Äther, wenig löslich in kaltem Eisessig, ziemlich leicht in heißem Eisessig und in Benzol.

Hexabromphenanthren $C_{14}H_4Br_6$. *B.* Durch Erhitzen von Phenanthren mit 6 Mol.-Gew. Brom und 1 Mol.-Gew. Jod im geschlossenen Rohr auf 280° (ZETTER, *B.* **11**, 172). — Sublimiert in Nadeln. F: 245°. Unlöslich in kaltem Alkohol und Äther, leicht löslich in warmem Eisessig oder Benzol.

Heptabromphenanthren $C_{14}H_3Br_7$. *B.* Durch 50—60-stdg. Erhitzen von Phenanthren mit überschüssigem, stark jodhaltigem Brom auf 360° (ZETTER, *B.* **11**, 172). — Sublimiert in kleinen, gelblichen Nadeln. Schmilzt oberhalb 270°. Löslich in Benzol, unlöslich in Alkohol. Bleibt beim Erhitzen mit Brom oberhalb 400° unverändert.

3-Nitro-phenanthren $C_{14}H_9O_2N = C_{14}H_9 \cdot NO_2$. Zur Konstitution vgl. J. SCHMIDT, *B.* **34**, 3531. — *B.* Neben einem bei 73—75° schmelzenden Nitrophenanthren und einem bei 126—127° schmelzenden Nitrophenanthren aus 1 Tl. Phenanthren und 8 Tln. Salpetersäure (D: 1,35) bei etwa 10° (G. A. SCHMIDT, *B.* **12**, 1154). — Dunkelgelbe Blättchen oder Nadeln (aus Eisessig). F: 170—171° (G. A. SCHM., J. SCHM.). Schwer löslich in kaltem Eisessig, Alkohol, etwas in kaltem Benzol, Toluol, Chloroform und Aceton (J. SCHM.). In Alkohol und Äther etwas schwerer löslich als die gleichzeitig entstehenden Nitrophenanthrene (G. A. SCHM.). — Gibt bei der Oxydation mit Chromsäure und Essigsäure orangegelbe Nadeln, die bei 263° unter Zersetzung schmelzen. Wird durch alkoh. Schwefelammonium (G. A. SCHM.) oder in siedendem Eisessig durch Zinnchlorür in konz. Salzsäure zu 3-Amino-phenanthren reduziert (J. SCHM.).

9-Nitro-phenanthren $C_{14}H_9O_2N = C_{14}H_9 \cdot NO_2$. *B.* Durch Eintropfen von 15 ccm Salpetersäure (D: 1,45) in eine Lösung von 20 g Phenanthren in 40 ccm Eisessig und 30 ccm Acetanhydrid (J. SCHMIDT, STROBEL, *B.* **36**, 2511). Durch kurzes Kochen von 5 g der

Verbindung $\begin{array}{c} C_6H_4 \cdot CH \underline{\quad\quad} O \underline{\quad\quad} HC \cdot C_6H_4 \\ | \qquad\qquad\qquad\qquad | \\ C_6H_4 \cdot CH \cdot NO_2 \;\; O_2N \cdot HC \cdot C_6H_4 \end{array}$ (?) (Syst. No. 540) mit einer Lösung von 5 g

Natrium in 100 ccm Methylalkohol (SCH., *B.* **33**, 3257; SCH., ST., *B.* **34**, 1463). — Hellgelbe Nadeln (aus Alkohol). F: 116—117°; leicht löslich in Benzol und Chloroform, weniger in kalten Alkoholen und Äther, sehr wenig in Ligroin (SCH., *B.* **33**, 3258); 1 g 9-Nitro-phenanthren löst sich bei 17° in 48,75 g Eisessig (SCH., ST., *B.* **36**, 2511). Löst sich in konz. Schwefelsäure mit blutroter Farbe, die beim Erwärmen in grün übergeht (SCH., *B.* **33**, 3258). — Läßt sich elektrolytisch zu 9-Azoxyphenanthren reduzieren (SCH., ST., *B.* **36**, 2512). Beim Kochen mit Zinkstaub und Alkali kann man 9-Azophenanthren erhalten (SCH., ST., *B.* **36**, 2513). Gibt bei der Reduktion in siedendem Eisessig mit Zinnchlorür in konz. Salzsäure 9-Amino-phenanthren (SCH., ST., *B.* **34**, 1464). Addiert in CS$_2$ bei gewöhnlicher Temperatur kein Brom (SCH., ST., *B.* **36**, 2512). Gibt aber beim Erhitzen mit Brom und Wasser im geschlossenen Rohr auf 100^0 9-Nitro-phenanthren-dibromid (SCH., LADNER, *B.* 37, 3576). Wird von methylalkoholischer Kalilauge in der Kälte nicht angegriffen, in der Hitze überwiegend in Phenanthrenchinon-oximdimethylacetal (Syst. No. 680) umgewandelt; daneben entstehen Phenanthrenchinonmonoxim (Syst. No. 680) und andere Produkte (MEISENHEIMER, *A.* **355**, 309). — Verbindung mit Pikrinsäure s. Syst. No. 523.

x-Nitro-phenanthren vom Schmelzpunkt 73—75^0 C$_{14}$H$_9$O$_2$N = C$_{14}$H$_9$·NO$_2$. *B.* Neben 3-Nitro-phenanthren und einem bei 126—127^0 schmelzenden Nitrophenanthren aus 1 Tl. Phenanthren und 8 Tln. Salpetersäure (D: 1,35) bei etwa 10^0 (G. A. SCHMIDT, *B.* **12**, 1154). — Strohgelbe Nädelchen. F: 73—75^0. — Gibt bei der Oxydation mit CrO$_3$ und Essig-säure ein Nitrophenanthrenchinon, vom Schmelzpunkt 215—220^0. Wird durch Zinn und Salzsäure oder besser durch alkoh. Schwefelammonium zu einem Amino-phenanthren reduziert.

x-Nitro-phenanthren vom Schmelzpunkt 126—127^0 C$_{14}$H$_9$O$_2$N = C$_{14}$H$_9$·NO$_2$. *B.* Neben 3-Nitro-phenanthren und einem Nitrophenanthren vom Schmelzpunkt 73—75^0 aus 1 Tl. Phenanthren und 8 Tln. Salpetersäure (D: 1,35) bei etwa 10^0 (G. A. SCHMIDT, *B.* **12**, 1154). — Aussehen und Löslichkeitsverhältnisse ähnlich wie bei dem Nitrophenanthren vom Schmelzpunkt 73—75^0. F: 126—127^0. Ist in Äther etwas weniger löslich als das Nitro-phenanthren vom Schmelzpunkt 73—75^0. — Gibt bei der Oxydation mit Chromsäure und Eisessig ein Nitrophenanthrenchinon vom Schmelzpunkt 260—266^0. Liefert in alkoh. Lösung bei der Reduktion mit Zinn und Salzsäure ein Aminophenanthren.

10-Brom-9-nitro-phenanthren C$_{14}$H$_8$O$_2$NBr = C$_{14}$H$_8$Br·NO$_2$. Zur Konstitution vgl. J. SCHMIDT, LADNER, *B.* 37, 3573. — *B.* Durch Erwärmen einer Lösung von 9-Brom-phen-anthren in Eisessig mit Salpetersäure (ANSCHÜTZ, *B.* 11, 1218), neben geringen Mengen 3-Nitro-phenanthrenchinon (WERNER, *A.* 321, 335). Durch Einw. von Stickstoffdioxyd auf eine Benzol-lösung des 9-Brom-phenanthrens unter Eiskühlung (M., KAEMPF, *B.* **35**, 3121; SCH., *B.* **37**, 3574). — *Darst.* Man setzt zu einer Lösung von 9-Brom-phenanthren in Eisessig und etwas Essigsäureanhydrid konzentrierteste rauchende Salpetersäure in geringem Überschuß und läßt das Gemisch unter Kühlung stehen (AUSTIN, *Soc.* 93, 1763); man trennt von dem gleichzeitig entstehenden 3-Nitro-phenanthrenchinon durch Auskochen mit Toluol, in welchem das Bromnitrophenanthren leichter löslich ist. — Gelbe Nadeln (aus Eisessig). F: 207—208^0 (SCH., K.). Sublimiert in Spießen (ANSCH.). Leicht löslich in Benzol, Chloroform, weniger in Äther, Alkohol, Eisessig und CS$_2$ (SCH., L.). — Wird durch Chromsäure in siedendem Eisessig, soweit es angegriffen wird, völlig zerstört (SCH., K.). Läßt sich zu 9-Amino-phenanthren reduzieren (SCH., L.). Liefert bei 320^0 mit Ammoniumchlorid 9.10-Dichlor-phenanthren, mit Ammoniumbromid 9.10-Dibrom-phenanthren (SCH., L., *B.* 37, 4402).

x.x-Dinitro-phenanthren C$_{14}$H$_8$O$_4$N$_2$ = C$_{14}$H$_8$(NO$_2$)$_2$. *B.* Durch Erwärmen von Phen-anthren mit konz. Salpetersäure auf 100^0 (GRAEBE, *A.* **167**, 156). — Gelbe Krystalle (aus Eisessig). F: 150—160^0.

5. **9-Methylen-fluoren, Diphenylenäthylen, Diphenylenäthen** C$_{14}$H$_{10}$ = $\genfrac{}{}{0pt}{}{C_6H_4}{C_6H_4}$>C:CH$_2$. *B.* Durch Erhitzen von Fluoren mit Bleioxyd im Kohlendioxyd-Strom auf 360^0 (MANCHOT, KRISCHE, *A.* **337**, 199). Bei der Destillation von α.β-Bis-diphenylen-äthylen (Syst. No. 494) mit Kupferpulver (M., K., *A.* **337**, 198). Aus der Verbindung C$_{28}$H$_{18}$S$_2$, die aus Fluorenon und alkoh. Schwefelammonium entsteht, beim Erhitzen für sich über 300^0 oder mit Kupferbronze oder mit Bleioxyd (M., K., *A.* **337**, 195, 198; M., ZAHN, *A.* **345**, 332). — Orangerote Krystalle (aus Essigester). F: 95^0 (M., K., *A.* **337**, 200). — Gibt bei der Oxydation mit Chromsäure und Eisessig gelbliche, bei 103^0 schmelzende Nadeln eines Chinons (?) (M., K.). Bei der Destillation über Nickelpulver im Wasserstoffstrom entsteht Fluoren (M., K.). Bei der Einw. von Brom in Chloroform entsteht ein Dibromid C$_{14}$H$_{10}$Br$_2$ (M., K.). — Verbindung mit Pikrinsäure s. Syst. No. 523.

6. Derivat eines **Kohlenwasserstoffes** C$_{14}$H$_{10}$ *von unbekannter Konsti-tution.*

Verbindung $C_{14}Cl_{10}$. *B.* Neben der Verbindung $C_{15}Cl_{10}$ (S. 686) beim Erhitzen eines mit Chlor behandelten Pyrens (S. 693—694) mit viel $SbCl_5$, zuletzt bis auf 360° (Merz, Weith, *B.* **16**, 2879). — Viereckige Täfelchen (aus Ligroin). Schmilzt oberhalb 300°. Ziemlich reichlich löslich in siedendem Benzol.

2. Kohlenwasserstoffe $C_{15}H_{12}$.

1. *1-Methyl-anthracen*, *a-Methyl-anthracen* $C_{15}H_{12} = C_{14}H_9 \cdot CH_3$. *B.* Beim Glühen von 1-Methyl-4-oxy-anthrachinon $C_6H_4(CO)_2C_6H_2(CH_3)\cdot OH$ mit Zinkstaub (Birukow, *B.* **20**, 2070)[1]). — Blätter (aus Alkohol). F: 199—200°. Die alkoh. Lösung fluoresciert schwach blau. — Wird von CrO_3 zu 1-Methyl-anthrachinon oxydiert.

2. *2-Methyl-anthracen*, *β-Methyl-anthracen* $C_{15}H_{12} = C_{14}H_9 \cdot CH_3$. Zur Konstitution vgl.: Nietzki, *B.* **10**, 2014; Hammerschlag, *B.* **11**, 89; O. Fischer, *J. pr.* [2] **79**, 555). — *B.* Neben anderen Produkten bei der Einw. von Methylenchlorid auf Toluol in Gegenwart von $AlCl_3$ (Lavaux, *A. ch.* [8] **20**, 445). Bei der Einw. von Chloroform auf Toluol in Gegenwart von $AlCl_3$, neben anderen Produkten (Lavaux, *A. ch.* [8] **20**, 465). Man kondensiert Toluol mit Formaldehyd (oder Paraldehyd) mittels Schwefelsäure von 73% und leitet das so entstandene, geringe Mengen o-Tolyl-p-tolyl-methan[3]) (bezw. a-o-Tolyl-a-p-tolyl-äthan[3])) enthaltende Di-p-tolylmethan (bezw. a.a-Di-p-tolyl-äthan) durch ein glühendes Rohr (Weiler, *B.* **7**, 1185; O. Fischer, *B.* **7**, 1195; *J. pr.* [2] **79**, 557). Bei der Einw. von Acetylentetrabromid auf Toluol in Gegenwart von $AlCl_3$, neben anderen Produkten (Lavaux, *C. r.* **141**, 204; *A. ch.* [8] **20**, 455). Entsteht neben anderen Produkten, wenn man Terpentinöl in ein eisernes, auf dunkle Rotglut erhitztes Rohr eintropfen läßt (Schultz, *B.* **10**, 117). Beim Kochen von Phenyl-[2.4-dimethyl-phenyl]-carbinol (Syst. No. 539) (Elbs, *J. pr.* [2] **41**, 3). Bei 12-stdg. Kochen von Phenyl-[2.5-dimethyl-phenyl]-keton (Syst. No. 653) (Elbs, Larsen, *B.* **17**, 2848; *J. pr.* [2] **35**, 474). Man erwärmt 2-Methyl-anthrachinon mit Zinkstaub und wäßr. Ammoniak auf dem Wasserbade, läßt erkalten, zieht den Rückstand erschöpfend mit Xylol aus, filtriert und destilliert das Xylol ab (Börnstein, *B.* **15**, 1821). Beim Erhitzen des 2-Methyl-anthrachinons mit Zinkstaub und Bimsstein (Limpricht, Wiegand, *A.* **311**, 181). Bei der Zinkstaubdestillation von Chrysarobin (Syst. No. 780) (Liebermann, Seidler, *A.* **212**, 34), von 1.4-Dioxy-2-methyl-anthrachinon (Syst. No. 808) (Nietzki, *B.* **10**, 2013), von 6.7-Dioxy-2-methyl-anthrachinon (Syst. No. 808) (v. Niementowski, *B.* **33**, 1633), von Chrysophansäure (Syst. No. 808) (Lieb., O. Fischer, *B.* **8**, 1103; Lieb., *A.* **183**, 169), von Frangulaemodin (Rheumemodin) (Syst. No. 830) (Lieb., *A.* **183**, 160, 163; Oesterle, Tisza, *Ar.* **246**, 432). Beim Glühen von 4'-Methyl-benzophenon-carbonsäure-(2) mit Zinkstaub (Gresly, *A.* **234**, 238). Beim Durchleiten des aus Rohxylol, Styrol und konz. Schwefelsäure erhältlichen Kohlenwasserstoffes $C_6H_5 \cdot CH(CH_3) \cdot C_6H_3(CH_3)_2$ (vgl. Kraemer, Spilker, *B.* **24**, 2788) durch ein glühendes Rohr (Kr., Spi., *B.* **23**, 3171; Kr., Spi., Eberhardt, *B.* **23**, 3272). Bei der Zinkstaubdestillation von Abietinsäure (Syst. No. 4740) (Ciamician, *B.* **11**, 269, 273). Entsteht bei der Zinkstaubdestillation von Abietinsäure (Syst. No. 4740) (Ciamician, *B.* **11**, 269, 273). Entsteht bei den höchstsiedenden Anteilen des Steinkohlenteeröls bezw. im „Rohphenanthren" (Japp, Schultz, *B.* **10**, 1049; Börnstein, *B.* **39**, 1239). — Zur *Darstellung* aus Rohphenanthren vgl. Schultz, Japp, *B.* **10**, 1050).

Weiße, grünlichblau fluorescierende Blättchen (durch Sublimation) (O. Fischer, *J. pr.* [2] **79**, 558; vgl. Weiler, *B.* **7**, 1186). F: 202° (unkorr.) (Kraemer, Spilker, Eberhardt, *B.* **23**, 3272), 203° (unkorr.), 207° (O. F., *J. pr.* [2] **79**, 558), 204,5° (Lavaux, *A. ch.* [8] **20**, 445), 207° (korr.) (Kr., Spi., E.; O. F., *J. pr.* [2] **79**, 558). Unlöslich in Wasser; sehr wenig löslich in Methylalkohol und Aceton, schwer in Äther, Alkohol, Eisessig, sehr leicht in Schwefelkohlenstoff, Chloroform und Benzol (Weiler). — Gibt in siedendem Eisessig bei der Oxydation mit der berechneten Menge Chromsäure 2-Methyl-anthrachinon neben Spuren von Anthrachinon-carbonsäure-(2) (O. Fischer, *J. pr.* [2] **79**, 560). Beim Kochen von 2-Methyl-anthracen in Eisessig mit einem Überschuß von Chromsäure entsteht Anthrachinoncarbonsäure (Weiler; O. Fischer, *B.* **7**, 1196; *J. pr.* [2] **79**, 560). Beim Versetzen einer alkoh. Lösung von 2-Methyl-anthracen mit konz. Salpetersäure entsteht 2-Methyl-anthrachinon (O. Fischer, *B.* **8**, 675).

---

[1]) In einer nach dem Literatur-Schlußtermin der 4. Auflage dieses Handbuches [1. I. 1910] erschienenen Arbeit weisen O. Fischer und Sapper (*J. pr.* [2] **83**, 202) nach, daß das Präparat von Birukow ein Gemenge von viel Anthracen mit wenig 1-Methyl-anthracen war. Das reine 1-Methyl-anthracen schmilzt bei 85—86°.

[2]) Vgl. dazu die nach dem Literatur-Schlußtermin der 4. Auflage dieses Handbuches [1. I. 1910] erschienene Arbeit von O. Fischer und Gross (*J. pr.* [2] **82**, 231).

[3]) Vgl. dazu die nach dem Literatur-Schlußtermin der 4. Auflage dieses Handbuches [1. I. 1910] erschienene Arbeit von O. Fischer und Castner (*J. pr.* [2] **82**, 280).

Verbindung mit Pikrinsäure s. Syst. No. 523.

Bis-[2-methyl-anthracen] $C_{30}H_{24} = [C_{14}H_9 \cdot CH_3]_2$. *B.* Durch Einw. des Sonnenlichts auf in Benzol suspendiertes 2-Methyl-anthracen (Orndorff, Megraw, *Am.* **22**, 152). — Krystalle (aus Toluol). F: 228—230⁰. Sehr wenig löslich, außer in siedenden Kohlenwasserstoffen. — Geht beim Schmelzen und auch beim längeren Erhitzen in Xylol, Anisol usw. wieder in 2-Methyl-anthracen über.

9.10-Dibrom-2-methyl-anthracen $C_{15}H_{10}Br_2$. Zur Konstitution vgl. O. Fischer, *J. pr.* [2] **79**, 559. — *B.* Durch Zugeben von 2 Mol.-Gew. Brom zu 1 Mol.-Gew. 2-Methylanthracen in CS_2 (O. Fischer, *B.* **7**, 1196; Liebermann, *A.* **212**, 35). — Gelbe Nadeln (aus Alkohol oder Eisessig). F: 138—140⁰ (Liebermann), 142—143⁰ (O. Fischer, *J. pr.* [2] **79**, 559), 148⁰ (Börnstein, *B.* **15**, 1822). — Liefert in heißem Alkohol mit konz. Salpetersäure 2-Methyl-anthrachinon (O. F., *J pr.* [2] **79**, 559).

9.10.x.x-Tetrabrom-2-methyl-anthracen $C_{15}H_8Br_4$. *B.* Aus 9.10-Dibrom-2-methylanthracen und Brom (Liebermann, *A.* **212**, 36). — Gelbe Nadeln (aus Toluol). — Gibt beim Kochen mit Salpetersäure Dibrom-2-methyl-anthrachinon.

3. *1-Methyl-phenanthren* $C_{15}H_{12} = C_{14}H_9 \cdot CH_3$. *B.* Durch Destillation von 1-Methyl-phenanthren-carbonsäure-(10) unter 160 mm Druck bei 290—320⁰ (Pschorr, *B.* **39**, 3111). — Blättchen (aus verd. Alkohol). F: 123⁰ (korr.). Leicht löslich. — Ist gegen KMnO₄ beständig. Gibt bei der Oxydation mit Chromsäure 1-Methyl-phenanthrenchinon. — Verbindung mit Pikrinsäure s. Syst. No. 523.

4. *3-Methyl-phenanthren* $C_{15}H_{12} = C_{14}H_9 \cdot CH_3$. *B.* Bei der Destillation von 3-Methyl-phenanthren-carbonsäure-(10) unter gewöhnlichem Druck (Pschorr, *B.* **39**, 3112). — Stäbchen (aus verd. Alkohol). F: 65⁰. Leicht löslich. — Durch Einw. von Brom in Chloroform entsteht ein Dibromid vom Schmelzpunkt 86—87⁰. — Verbindung mit Pikrinsäure s. Syst. No. 523.

5. *Methylphenanthren*(?) $C_{15}H_{12} = C_{14}H_9 \cdot CH_3$(?). *B.* Bei der Destillation von Harzöl unter Druck, neben anderen Produkten (Kraemer, Spilker, *B.* **33**, 2267). — F: 90—95⁰.

6. *9-Äthyliden-fluoren, Diphenylenpropylen, Diphenylenpropen* $C_{15}H_{12} =$
$\begin{matrix} C_6H_4 \\ | \\ C_6H_4 \end{matrix}$ C:CH·CH₃. *B.* Beim Kochen einer Lösung von Äthyl-diphenylen-carbinol
$\begin{matrix} C_6H_4 \\ | \\ C_6H_4 \end{matrix}$ C(OH)·C₂H₅ in Eisessig mit konz. Salzsäure (Ullmann, v. Wurstemberger, *B.* **38**, 4107; Daufresne, *Bl.* [4] **1**, 1236). Man sättigt eine stark gekühlte äther. Lösung des Äthyldiphenylen-carbinols mit Chlorwasserstoff, gibt Eis hinzu, trennt die äther. Lösung ab, verjagt den Äther und nimmt das ölige Reaktionsprodukt mit siedendem absol. Alkohol auf (D.). — Blättchen (aus Eisessig). F: 104⁰ (U.; v. W.; D.). Löslich beim Erwärmen in Alkohol, Äther und Benzol, schwer löslich in Ligroin, unlöslich in Eisessig (U., v. W.). Schwefelsäure (U., v. W.). — Zersetzt sich bei der Destillation unter gewöhnlichem Druck und färbt sich beim Aufbewahren gelb (U., v. W.). Oxydiert sich bei der Einw. des Luftsauerstoffes (unter intermediärer Bildung eines Ozonids) zu Fluorenon und Acetaldehyd (Daufresne, *Bl.* [4] **1**, 1237).

7. *Idryl-dihydrid, Dihydro-idryl* $C_{15}H_{12}$. *B.* Bei längerer Einw. von Natriumamalgam auf Idryl (S. 685—686) in Alkohol (Goldschmiedt, *M.* **1**, 225). Beim Erhitzen von Idryl mit Jodwasserstoffsäure und rotem Phosphor auf 180⁰ (G.). — Nadeln (aus Alkohol). F: 76⁰. — Verbindung mit Pikrinsäure s. Syst. No. 523.

8. *Methanthren* $C_{15}H_{12}$. *B.* Bei der Destillation von 1 Tl. Podocarpinsäure (Syst. No. 1087) mit 20—25 Tln. Zinkstaub; das Destillat wird in möglichst wenig kochendem Alkohol gelöst, die ausgeschiedenen Krystallkörner werden sublimiert (Oudemans, *J. pr.* [2] **9**, 416). — Farblose, violett fluorescierende Krystalle. F: 117⁰. Siedet oberhalb 360⁰. Leicht löslich in kochendem Alkohol, weniger in kaltem, sehr leicht in CS_2 und Eisessig. — Gibt mit CrO₃ und Essigsäure Methanthrenchinon $C_{15}H_{10}O_2$ (Syst. No. 681). — Verbindung mit Pikrinsäure s. Syst. No. 523.

43*

3. Kohlenwasserstoffe $C_{16}H_{14}$.

1. *a.δ-Diphenyl-a.γ-butadien* $C_{16}H_{14} = C_6H_5 \cdot CH:CH \cdot CH:CH \cdot C_6H_5$. Existiert in drei stereoisomeren Formen:

$$\begin{array}{c} H-C \underline{\qquad\qquad} C-H \\ C_6H_5-\overset{..}{C}-H \quad H-\overset{..}{C}-C_6H_5 \end{array} \text{(trans-trans-Form)},$$

$$\begin{array}{c} H-C \underline{\qquad\qquad} C-H \\ H-\overset{..}{C}-C_6H_5 \quad C_6H_5-\overset{..}{C}-H \end{array} \text{(cis-cis-Form) und} \quad \begin{array}{c} H-C \underline{\qquad\qquad} C-H \\ H-\overset{..}{C}-C_6H_5 \quad H-\overset{..}{C}-C_6H_5 \end{array} \text{(cis-trans-Form).}$$

Zur Konfiguration vgl. STRAUS, A. **342**, 201.

a) *trans-trans-Form* $C_{16}H_{14} = \begin{array}{c} H-C \underline{\qquad\qquad} C-H \\ C_6H_5-\overset{..}{C}-H \quad H-\overset{..}{C}-C_6H_5 \end{array}$. *B.* Durch Einw. von Magnesium auf die äther. Lösung von ω-Brom-styrol, neben der Magnesiumverbindung des Phenylacetylens und Styrol (TIFFENEAU, *C. r.* **135**, 1347). Aus β.γ-Dibrom-a.δ-diphenyl-butan $[C_6H_5 \cdot CH_2 \cdot CHBr-]_2$ (S. 616) und Chinolin bei 160° (STRAUS, *A.* **342**, 254). Bei der Reduktion der beiden a.β.γ.δ-Tetrabrom-a.δ-diphenyl-butane (Zersetzungstemp. 230—255° und 180°) (S. 616) in siedendem Aceton mit Zinkstaub (STR., *A.* **342** 240). Bei der Reduktion des festen γ.δ-Dibrom-a.δ-diphenyl-a-butylens (S. 645) (vgl. ST., *B.* **42**, 2867) in Aceton mit Eisessig und verkupfertem Zinkstaub (STR., *A.* **342**, 245). Bei der Einw. des Lichtes auf cis-cis-Diphenylbutadien (s. u.) (STR., *A.* **342**, 239). Bei der Einw. des Sonnenlichtes auf cis-trans-Diphenylbutadien (s. u.) (STR., *A.* **342**, 241). Bei der Reduktion des Bromdiphenylbutadiens (S. 677) in siedendem Alkohol mit verkupfertem Zinkstaub (STR., *A.* **342**, 248). In geringer Menge bei der Reduktion von Phenylacetylen (S. 511) mit verkupfertem Zink und Alkohol, neben Styrol (STR., *A.* **342**, 260). Beim Erhitzen von Phenylstyrylacrylsäure $C_6H_5 \cdot CH:CH \cdot CH:C(C_6H_5) \cdot CO_2H$ (REBUFFAT, *G.* **15**, 107; **20**, 154). — *Darst.* Man läßt zu einem auf 230—240° erhitzten Gemisch von 42 g Zimtaldehyd und 56 g phenylessigsaurem Natrium 60 g Acetanhydrid innerhalb $1^1/_4$ Stdn. tropfen, erhitzt noch $^1/_2$ Stde., zersetzt das Anhydrid mit Wasser, kocht das Reaktionsprodukt zweimal mit Wasser aus und behandelt den Rückstand mit Sodalösung; der ungelöst bleibende Kohlenwasserstoff wird aus Alkohol oder Eisessig umkrystallisiert (THIELE, SCHLEUSSNER, *A.* **306**, 198). — Weiße Blättchen mit schwach blauer Fluorescenz (aus Alkohol oder Eisessig) (TH., SCH.). F: 147—148° (R., *G.* **15**, 107), 152—152,5° (STR., *B.* **42**, 2879). Kp: ca. 350° (TH., SCH.). Schwer löslich in Äther, leicht in Alkohol (R., *G.* **20**, 154). — Refraktion und Dispersion in Chloroform: SMEDLEY, *Soc.* **93**, 376. — Liefert in alkoh. Lösung mit Natriumamalgam a.δ-Diphenyl-β-butylen (STR., *A.* **342**, 256). Liefert mit 2 At.-Gew. Brom in Äther (R., *G.* **20**, 156) oder in Chloroform (TH., SCH., *A.* **306**, 200) zwei (diastereoisomere) Dibromide $C_6H_5 \cdot CHBr \cdot CHBr \cdot CH:CH \cdot C_6H_5$ (STR., *A.* **42**, 2867, 2879), mit überschüssigem Brom in Äther ein Tetrabromid $C_6H_5 \cdot CHBr \cdot CHBr \cdot CHBr \cdot CHBr \cdot C_6H_5$ (R., *G.* **20**, 155; vgl. STR., *A.* **342**, 240). Vereinigt sich nicht mit HBr (ZINCKE, MÜHLHAUSEN, *B.* **38**, 757). Gibt bei der Einw. von Stickstofftetroxyd a.δ-Dinitro-a.δ-diphenyl-β-butylen (S. 646) (WIELAND, STENZL, *B.* **40**, 4828; ; *A.* **360**, 300; vgl. STR., *B.* **42**, 2872). Reagiert nicht mit Natriummalonester, selbst wenn dieser in großem Überschusse vorhanden ist (VORLÄNDER, HERRMANN, *A.* **320**, 79). — Verbindung mit Pikrinsäure s. Syst. No. 523.

b) *cis-cis-Form* $C_{16}H_{14} = \begin{array}{c} H-C \underline{\qquad\qquad} C-H \\ H-\overset{..}{C}-C_6H_5 \quad C_6H_5-\overset{..}{C}-H \end{array}$. *B.* Aus 10 g Diphenyldiacetylen (S. 693) beim 170-stdg. Kochen mit 200 ccm Alkohol und frisch verkupfertem Zinkstaub unter Lichtabschluß (STRAUS, *A.* **342**, 238). — Nadeln oder vierseitige Blättchen (aus Methylalkohol). F: 70—70,5°. Leicht löslich in Petroläther und heißem Eisessig, ziemlich schwer in heißem Alkohol, sehr leicht in Benzol, Chloroform, Äther. — Lagert sich am Licht in die trans-trans-Form um. Liefert mit alkoh. Natriumamalgam a.δ-Diphenyl-β-butylen (STR., *A.* **342**, 257). Gibt mit Brom in Chloroform zwei diastereoisomere Tetrabromide $C_{16}H_{14}Br_4$ vom Zersetzungspunkt 230—255° und vom Zersetzungspunkt 180° (STR., *A.* **342**, 240).

c) *cis-trans-Form* $C_{16}H_{14} = \begin{array}{c} H-C \underline{\qquad\qquad} C-H \\ H-\overset{..}{C}-C_6H_5 \quad H-\overset{..}{C}-C_6H_5 \end{array}$. *B.* Man kocht 4 g trans-Diphenylbutenin (F: 97°) (S. 686—687) mit 150 ccm Alkohol und 10 g verkupfertem Zinkstaub unter Lichtabschluß (STRAUS, *A.* **342**, 240). — Öl. — Im Dunkeln wochenlang haltbar. Geht am Licht in die trans-trans-Form über. Liefert mit Brom (in CS_2) ein Gemisch von Bromiden, das bei der Reduktion die trans-trans-Form des Diphenylbutadiens liefert.

d) Derivate des *a.δ-Diphenyl-a.γ-butadiens* $C_{16}H_{14} = C_6H_5 \cdot CH:CH \cdot CH:CH \cdot C_6H_5$, deren sterische Zugehörigkeit unbekannt ist.

a- oder *β-Brom-α.δ-diphenyl-α.γ-butadien*, **Diphenyl-butenin-hydrobromid**
$C_{16}H_{13}Br = C_6H_5 \cdot CBr:CH \cdot CH:CH \cdot C_6H_5$ oder $C_6H_5 \cdot CH:CBr \cdot CH:CH \cdot C_6H_5$. *B.* Aus cis-
oder trans-Diphenylbutenin (S. 686—687) und Bromwasserstoffgas (STRAUS, *A.* **342**, 246, 252).
Aus cis- oder trans-Diphenylbutenin und HBr in Eisessig (ST.). — Nadeln (aus Alkohol oder
Ligroin). F: 113,5—114°. Leicht löslich in Benzol und heißem Eisessig, ziemlich schwer in
Alkohol. — Liefert bei der Reduktion mit verkupfertem Zinkstaub in Alkohol trans-trans-
Diphenyl-butadien. Addiert in Chloroform 1 Mol.-Gew. Brom.

α.β.γ.δ-Tetrabrom-α.δ-diphenyl-α.γ-butadien, **Diphenyldiacetylen-tetrabromid**
$C_{16}H_{10}Br_4 = C_6H_5 \cdot CBr:CBr \cdot CBr:CBr \cdot C_6H_5$. *B.* Aus 4 g Diphenyldiacetylen in 100 ccm
CS_2 mit einer Lösung von 2 ccm Brom in 50 ccm CS_2 bei —10° bis —15° im Gemisch mit
seinen Diastereoisomeren; man unterwirft das Gemisch der fraktionierten Krystallisation
aus Essigester oder Ligroin (STRAUS, *A.* **342**, 229; vgl. HOLLEMANN, *B.* **20**, 3082). — Prismen
oder Tafeln. F: 172°. Leicht löslich in kaltem Benzol, Chloroform, unlöslich in Petroläther.
— Nimmt kein Brom auf.

α.β.γ.δ-Tetrajod-α.δ-diphenyl-α.γ-butadien, **Diphenyldiacetylen-tetrajodid**
$C_{16}H_{10}I_4 = C_6H_5 \cdot CI:CI \cdot CI:CI \cdot C_6H_5$. *B.* Aus Diphenyldiacetylen, gelöst in CS_2, und Jod
(PERATONER, *G.* **22** II, 91). — Nadeln (aus Eisessig). F: 144°.

α-Nitro-α.δ-diphenyl-α.γ-butadien $C_{16}H_{13}O_2N = C_6H_5 \cdot C(NO_2):CH \cdot CH:CH \cdot C_6H_5$. *B.*
Durch Einw. von verd. wäßr. Ammoniak auf eine äther. Suspension von *α.δ*-Dinitro-*α.δ*-di-
phenyl-*β*-butylen (WIELAND, STENZL, *B.* **40**, 4829). — Goldgelbe vierseitige Säulen (aus
Eisessig oder Alkohol). F: 111—112°. Sehr leicht löslich in Aceton; leicht in Benzol, Chloroform; ziemlich leicht in Eisessig; ziemlich schwer in Äther; schwer in siedendem Alkohol
(W., ST., *B.* **40**, 4829). — Gibt mit konz. Schwefelsäure eine tiefrote Färbung, die nach kurzer
Zeit schmutzig braun wird (W., ST., *B.* **40**, 4829). — Liefert bei der Reduktion mit Zinnchlorür und Salzsäure Phenyl-cinnamyl-keton $C_6H_5 \cdot CO \cdot CH_2 \cdot CH:CH \cdot C_6H_5$ (W., ST., *B.* **40**,
4830). Gibt mit Brom in Chloroform im Sonnenlicht die Verbindung $C_6H_5 \cdot C(NO_2):CH \cdot CHBr \cdot$
$CHBr \cdot C_6H_5$; ist gegen wäßr. Alkalien sehr beständig; wird von diesen erst bei längerem
Kochen unter Bildung von Acetophenon und Alkalinitrit zerlegt (W., ST., *A.* **360**, 313).
Löst sich in alkoh. Kalilauge unter Bildung eines aci-Nitrosalzes $[C_6H_5 \cdot C(:NO \cdot OK) \cdot CH:CH \cdot$
$CH(O \cdot C_2H_5) \cdot C_6H_5(?)]$, das durch Wasser wieder zerlegt wird (W., ST., *A.* **360**, 305, 313).

β.γ-Dinitro-α.δ-diphenyl-α.γ-butadien $C_{16}H_{12}O_4N_2 = C_6H_5 \cdot CH:C(NO_2) \cdot C(NO_2):CH \cdot$
C_6H_5. *B.* Beim Einleiten von nitrosen Gasen in eine äther. Suspension von *α.δ*-Diphenyl-
α.γ-butadien-*α*-carbonsäure unter Kühlung (WIELAND, STENZL, *A.* **360**, 314). — Gelbe Prismen
(aus Aceton). F: 218°. Schwer löslich in Äther und Alkohol, leicht in heißem Chloroform. Löst
sich in methylalkoholischer Kalilauge ohne Färbung. — Addiert kein Brom.

2. *a-Phenyl-β-[2-vinyl-phenyl]-äthylen, 2-Vinyl-stilben* $C_{16}H_{14} = C_6H_5 \cdot CH:$
$CH \cdot C_6H_4 \cdot CH:CH_2$. *B.* Beim Kochen des Jodmethylats des 2-[*β*-Dimethyl-amino-äthyl]-
stilbens (Syst. No. 1735) mit wäßr.-alkoh. Natronlauge (FREUND, BODE, *B.* **42**, 1765). —
Hellbraunes Öl. Optisches Verhalten: F., B., *B.* **42**, 1766. — Liefert bei der Einw. von Brom
in kaltem Chloroform das *α.β*-Dibrom-α-phenyl-*β*-[2-*α.β*-dibromäthyl-phenyl]-äthan (S. 617).
— Verbindung mit Pikrinsäure s. Syst. No. 523.

3. *Di-p-tolyl-acetylen, 4.4′-Dimethyl-tolan* $C_{16}H_{14} = CH_3 \cdot C_6H_4 \cdot C:C \cdot C_6H_4 \cdot CH_3$.
B. Beim Erhitzen von *α.β*-Dibrom-*α.β*-di-p-tolyl-äthan mit alkoholischer Kalilauge auf
140° (GOLDSCHMIEDT, HEFF, *B.* **6**, 1505). Beim Erhitzen von *β*-Chlor-*α.α*-di-p-tolyl-äthylen
mit Natriumäthylat auf 190° (BUTTENBERG, *A.* **279**, 335). Aus 2.2′-Dimethoxy-dibenzyl
oder 2.2′-Dimethoxy-stilben durch Destillation mit Zinkstaub im Wasserstoffstrom (IRVINE,
MOODIE, *Soc.* **91**, 541). — Nadeln (aus Alkohol); Blättchen (aus Äther). F: 136° (G., H.).
Schwer löslich in Alkohol und Eisessig, leichter in Äther und Chloroform (B.).

4. *1-Phenyl-naphthalin-dihydrid-(1.4)* $C_{16}H_{14} = C_6H_4 \underset{CH(C_6H_5) \cdot CH}{\overset{CH_2 \text{——} CH}{\big\langle}}$ *B.* Entsteht neben Phenyltetrahydrooxynaphthoesäure aus 2-Brom-1-phenyl-naphthalin-tetra-
hydrid-(1.2.3.4)-carbonsäure-(3) beim Kochen mit Sodalösung oder (ohne Nebenprodukt)
beim Kochen mit Diäthylanilin (THIELE, MEISENHEIMER, *A.* **306**, 235). — Nadeln (aus
Methylalkohol). F: 50°. — Entfärbt alkalische $KMnO_4$-Lösung und addiert Brom in Chloroformlösung.

5. *1-Phenyl-naphthalin-dihydrid-(x.x), Atronol* $C_{16}H_{14} = C_{10}H_9 \cdot C_6H_5$. Zur
Konstitution vgl. THIELE, MEISENHEIMER, *A.* **306**, 228 Anm. — *B.* Bei der langsamen Destil-

lation von α-Isatropasäure (Syst. No. 994) (FITTIG, *A.* **206**, 47). — Flüssigkeit. Erstarrt nicht bei —18⁰. Kp: 325—326⁰ (korr.). — Liefert bei der Oxydation mit Chromsäuregemisch o-Benzoyl-benzoesäure.

6. *1-Benzyl-inden* $C_{16}H_{14} = C_6H_4\begin{matrix}CH_2\\>CH\\C-CH_2\cdot C_6H_5\end{matrix}$ [1]). *B.* Durch 6-stdg. Erhitzen etwa gleicher Gewichtsteile von Inden (S. 515) und Benzylchlorid mit dem $1^1/_2$-fachen Gewicht gepulverten Ätzkalis auf 160⁰ (MARCKWALD, *B.* **33**, 1504; THIELE, BÜHNER, *A.* **347**, 263). Durch Reduktion von 3-Benzal-inden (S. 688) in wäßr. Äther mit Aluminiumamalgam (TH., B., *A.* **347**, 260). — Fast farbloses Öl. Kp_{13}: 183—185⁰ (TH., B.). — Oxydiert sich an der Luft unter Gelbfärbung (TH., B.). Absorbiert 2 Atome Brom (TH., B.). Kondensiert sich bei Gegenwart von methylalkoholischem Kali mit Benzaldehyd zu 1-Benzyl-3-benzal-inden (Syst. No. 490), mit Anisaldehyd zu 1-Benzyl-3-anisal-inden (Syst. No. 546) (TH., B.). Färbt sich mit konz. Schwefelsäure gelb (TH., B.).

7. *9-Äthyl-anthracen* $C_{16}H_{14} = C_{14}H_9\cdot C_2H_5$. *B.* Man reduziert Äthyloxanthranol $C_6H_4\begin{matrix}C(C_2H_5)(OH)\\—CO—\end{matrix}>C_6H_4$ mit Zinkstaub und wäßr. Ammoniak auf dem Wasserbade und kocht das Reaktionsprodukt mit Alkohol und etwas Salzsäure oder mit einer kalt gesättigten alkoh. Pikrinsäurelösung (LIEBERMANN, *A.* **212**, 109). — Blätter (aus Alkohol). F: 60—61⁰. — Verbindung mit Pikrinsäure s. Syst. No. 523.

10-Nitro-9-äthyl-anthracen $C_{16}H_{13}O_2N = C_2H_5\cdot C_{14}H_8\cdot NO_2$. Zur Konstitution vgl. MEISENHEIMER, CONNERADE, *A.* **330**, 151. — *B.* Man erhitzt 1 Tl. 9.10.10-Trinitro-9-äthyl-anthracen-dihydrid-(9.10) (S. 649) mit 6 Tln. Alkohol auf 120⁰ (LIEBERMANN, LANDSHOFF, *B.* **14**, 475). Aus 10-Nitro-9-oxy-9-äthyl-anthracen-dihydrid-(9.10) (Syst. No. 540) durch Lösen in Alkalien und Wiederausfällen mit Mineralsäuren (M., C., *A.* **330**, 172). — Citronengelbe Nadeln (aus Alkohol). F: 135⁰; destilliert unzersetzt (LIEB., LAN.). Sehr leicht löslich in Benzol und Chloroform, schwer in kaltem Eisessig und Alkohol (M., C.). Unlöslich in Alkalien (LIEB., LAN.). — Läßt sich zum entsprechenden Amin reduzieren (M., C.).

8. *1.3-Dimethyl-anthracen* $C_{16}H_{14} = C_{14}H_8(CH_3)_2$. *B.* Beim Erhitzen der aus m-Xylol, Phthalsäureanhydrid und $AlCl_3$ erhältlichen Säure $(CH_3)_2C_6H_3\cdot CO\cdot C_6H_4\cdot CO_2H$ mit Zinkstaub (GRESLY, *A.* **234**, 238). — Blättchen. F: 202—203⁰. Ein vielleicht nicht reines 1.3-Dimethyl-anthracen lag wohl in dem β-Dimethyl-anthracen vor, welches LOUISE (*A. ch.* [6] **6**, 186) neben anderen Produkten beim Durchleiten von Benzylmesitylen durch ein rotglühendes, mit Bimsstein gefülltes Glasrohr erhielt. Es krystallisiert aus Alkohol in Nadeln vom Schmelzpunkt 71⁰, welche in Benzol und Toluol sehr leicht löslich, in Alkohol und Eisessig weniger löslich sind und bei der Oxydation mit Chromsäure in essigsaurer Lösung das bei 157—158⁰ schmelzende 1.3-Dimethyl-anthrachinon liefert.

9. *2.3-Dimethyl-anthracen* $C_{16}H_{14} = C_{14}H_8(CH_3)_2$. *B.* Beim Behandeln des 2.3-Dimethyl-anthrachinons mit Zinkstaub und NH_3 (ELBS, EURICH, *J. pr.* [2] **41**, 5). — Blaugrün fluorescierende Blättchen. F: 246⁰. Leicht löslich in Benzol.

10. *2.6-Dimethyl-anthracen*, „Dimethylanthracen B" von Lavaux $C_{16}H_{14} = C_{14}H_8(CH_3)_2$. Zur Konstitution vgl. SEER, *M.* **32**, 149, 152. — *B.* Bei der Einw. von $AlCl_3$ auf Toluol, neben dem 1.6- oder 1.7-Dimethyl-anthracen und anderen Produkten (LAVAUX, *C. r.* **146**, 137; *A. ch.* [8] **20**, 468; vgl. ANSCHÜTZ, IMMENDORFF, *B.* **17**, 2817). Neben 1.6- oder 1.7-Dimethyl-anthracen, dem x.x-Dimethyl-anthracen vom Schmelzpunkt 86⁰ und anderen Kohlenwasserstoffen bei der Einw. von Methylenchlorid auf Toluol in Gegenwart von $AlCl_3$ (LA., *C. r.* **139**, 976; **140**, 44; **141**, 354; **146**, 137, 346; *A. ch.* [8] **20**, 436; vgl. FRIEDEL, CRAFTS, *A. ch.* [6] **1**, 482; **11**, 266; *Bl.* [2] **41**, 323). Bei der Einw. von Chloroform auf Toluol in Gegenwart von $AlCl_3$, neben dem 1.6- oder 1.7-Dimethyl-anthracen (LA., *C. r.* **146**, 137, 346; *A. ch.* [8] **20**, 460; vgl.: ELBS, WITTICH, *B.* **18**, 348; SCHWARZ, *B.* **14**, 1528). Bei der Einw. von Acetylentetrabromid auf Toluol in Gegenwart von $AlCl_3$, neben anderen Produkten (LA., *C. r.* **141**, 204; **146**, 137, 348; *A. ch.* [8] **20**, 455; vgl. ANSCHÜTZ, *A.* **235**, 172). Bei der Einw. von Benzylchlorid auf Toluol in Gegenwart von $AlCl_3$, neben dem 1.6- oder 1.7-Dimethyl-anthracen und anderen Produkten (LA., *C. r.* **146**, 137; *A. ch.* [8] **20**, 477; LA., LOMBARD,

---

[1]) Die Konstitution ist nach dem Literatur-Schlußtermin der 4. Auflage dieses Handbuches [1. I. 1910] durch COURTOT (*C. r.* **150**, 524; *A. ch.* [9] **5**, 74) bewiesen worden; vgl. auch: THIELE, MERCK, *A.* **415**, 260; WÜEST, *A.* **415**, 302.

Bl. [4] **7**, 539; vgl. Fʀ., Cʀ., *Bl.* [2] **37**, 530; **41**, 326; *A. ch.* [6] **1**, 481). Bei der Einw. von AlCl₃ auf m-Xylylchlorid $CH_3 \cdot C_6H_4 \cdot CH_2Cl$, neben dem 1.6- oder 1.7-Dimethyl-anthracen und anderen Produkten (Lᴀ., *C. r.* **146**, 137; *A. ch.* [8] **20**, 486; Lᴀ., Lᴏᴍʙᴀʀᴅ, *Bl.* [4] **7**, 541; vgl. Fʀ., Cʀ., *Bl.* [2] **41**, 326). Neben viel 1.6- oder 1.7-Dimethyl-anthracen bei der Einw. von Methylenchlorid auf Di-p-tolyl-methan in Gegenwart von AlCl₃ (Lᴀ., *C. r.* **152**, 1401). Durch 5-tägiges Kochen von 2.4.3'-Trimethyl-benzophenon (Sᴇᴇʀ, *M.* **32**, 157). Durch Reduktion von 5 g 2.6-Dimethyl-antbrachinon mit 30 g Zinkstaub, 250 g Wasser und 250 ccm konz. Ammoniak (Lᴀ., *A. ch.* [8] **21**, 137). Beim Glühen von 2.6.9.10-Tetramethyl-anthracendihydrid-(9.10) (S. 653) mit Zinkstaub (A., *A.* **235**, 319). — Sehr schwach rötlichgelbe Blättchen (aus Toluol) (Lᴀ., *A. ch.* [8] **21**, 138); grünlichgelbe glänzende Blättchen (aus Benzol) (A., *A.* **235**, 319); silberglänzende Blättchen (aus Alkohol) (Sᴇᴇʀ). F: 243⁰ (Sᴇᴇʀ), 243⁰ bis 244⁰ (A., *A.* **235**, 319), 244,5⁰ (Lᴀ., *C. r.* **139**, 976; *A. ch.* [8] **21**, 138). Ziemlich löslich in Benzol, schwer in Alkohol (A., *A.* **235**, 319). Die alkoh. Lösung fluoresciert stark bläulich (Sᴇᴇʀ). Bildet mit dem bei 240⁰ schmelzenden 1.6- oder 1.7-Dimethyl-anthracen ein eutektisches Gemisch vom Schmelzpunkt 225⁰ (Lᴀ., *C. r.* **146**, 135; *A. ch.* [8] **20**, 433). — Gibt bei der Oxydation mit CrO₃ und Eisessig 2.6-Dimethyl-anthrachinon (A., *A.* **235**, 319; Sᴇᴇʀ).

11. *1.6- oder 1.7-Dimethyl-anthracen*, „Dimethylanthracen A" von Lavaux C₁₆H₁₄ = C₁₄H₈(CH₃)₂. Zur Konstitution vgl. Lᴀᴠᴀᴜx, *C. r.* **143**, 687; *A. ch.* [8] **20**, 515. — *B.* Bei der Einw. von AlCl₃ auf Toluol, neben 2.6-Dimethyl-anthracen und anderen Produkten (Lᴀ., *C. r.* **146**, 137; *A. ch.* [8] **20**, 468; vgl. Aɴsᴄʜüᴛz, Iᴍᴍᴇɴᴅᴏʀғғ, *B.* **17**, 2817). Neben 2.6-Dimethyl-anthracen, x.x-Dimethyl-anthracen vom Schmelzpunkt 86⁰ und anderen Kohlenwasserstoffen bei der Einw. von Methylenchlorid auf Toluol in Gegenwart von AlCl₃ (Lᴀ., *C. r.* **139**, 976; **140**, 44; **146**, 137, 346; *A. ch.* [8] **20**, 436; vgl. Fʀɪᴇᴅᴇʟ, Cʀᴀғᴛs, *A. ch.* [6] **1**, 482; **11**, 266; *Bl.* [2] **41**, 323). Bei der Einw. von Chloroform auf Toluol in Gegenwart von AlCl₃, neben 2.6-Dimethyl-anthracen und anderen Produkten (Lᴀ., *C. r.* **146**, 137, 346; *A. ch.* [8] **20**, 460; vgl. Eʟʙs, Wɪᴛᴛɪᴄʜ, *B.* **18**, 348; Sᴄʜᴡᴀʀz, *B.* **14**, 1528). Bei der Einw. von Acetylentetrabromid auf Toluol in Gegenwart von AlCl₃, neben anderen Produkten (Lᴀ., *C. r.* **141**, 204; **146**, 137, 348; *A. ch.* [8] **20**, 455; vgl. A., *A.* **235**, 172). Bei der Einw. von Benzylchlorid auf Toluol in Gegenwart von AlCl₃, neben 2.6-Dimethyl-anthracen und anderen Produkten (Lᴀ., *C. r.* **146**, 137; *A. ch.* [8] **20**, 477; Lᴀ., Lᴏᴍʙᴀʀᴅ, *Bl.* [4] **7**, 539; vgl. Fʀ., Cʀ., *Bl.* [2] **37**, 530; **41**, 326; *A. ch.* [6] **1**, 481). Bei der Einw. von AlCl₃ auf m-Xylylchlorid $CH_3 \cdot C_6H_4 \cdot CH_2Cl$, neben 2.6-Dimethyl-anthracen und anderen Produkten (Lᴀ., *C. r.* **146**, 137; *A. ch.* [8] **20**, 486; Lᴀ., Lᴏᴍʙᴀʀᴅ, *Bl.* [4] **7**, 541; vgl. Fʀ., Cʀ., *Bl.* [2] **41**, 326). Durch Kondensation von Di-p-tolyl-methan mit Methylenchlorid in Gegenwart von AlCl₃ infolge molekularer Umlagerung, neben geringeren Mengen von 2.6-Dimethyl-anthracen (Lᴀ., *C. r.* **152**, 1401; vgl. Sᴇᴇʀ, *M.* **32**, 153). — Grünliche Blättchen (aus Toluol). F: 240⁰ (Lᴀ., *C. r.* **139**, 976). Ziemlich löslich in den meisten Lösungsmitteln in der Kälte, am besten in siedendem Toluol, Benzol und Xylol, weniger löslich in Eisessig, noch weniger in Alkohol und CS₂ (Lᴀ., *A. ch.* [8] **21**, 131). Bildet mit dem 2.6-Dimethyl-anthracen ein eutektisches Gemisch vom Schmelzpunkt 225⁰ (Lᴀ., *C. r.* **146**, 135; *A. ch.* [8] **20**, 433). — Wird durch CrO₃ in Eisessiglösung zu einem Dimethylanthrachinon vom Schmelzpunkt 169⁰ (Syst. No. 681) oxydiert (Lᴀ., *C. r.* **146**, 137; *A. ch.* [8] **21**, 142).

9- oder 10-Brom-1.6- oder 1.7-dimethyl-anthracen $C_{16}H_{13}Br = C_{14}H_7Br(CH_3)_2$. *B.* Aus dem 1.6- oder 1.7-Dimethyl-anthracen mit 2 At.-Gew. Brom in CS₂ bei 0⁰ (Lᴀᴠᴀᴜx, *A. ch.* [8] **21**, 132). — Hellgelbe Nadeln. F: 200⁰. Leicht löslich in kaltem CS₂ und CCl₄, löslich in Alkohol. — Wird durch CrO₃ in Eisessiglösung zu einem bei 169⁰ schmelzenden Dimethylanthrachinon oxydiert.

12. *x.x-Dimethyl-anthracen vom Schmelzpunkt 238⁰*, Dimethylanthracen von Kraemer, Spilker, Eberhardt C₁₆H₁₄ = C₁₄H₈(CH₃)₂. *B.* Entsteht beim Durchleiten von α-Phenyl-α-pseudocumyl-äthan (S. 620) durch ein dunkelrot glühendes Rohr (Kʀᴀᴇᴍᴇʀ, Sᴘɪʟᴋᴇʀ, Eʙᴇʀʜᴀʀᴅᴛ, *B.* **23**, 3273). — F: 238⁰ (korr.). Sublimiert unzersetzt.

13. *x.x-Dimethyl-anthracen vom Schmelzpunkt 86⁰*, „Dimethylanthracen C" von Lavaux C₁₆H₁₄ = C₁₄H₈(CH₃)₂. Könnte vielleicht 1.8-Dimethyl-anthracen sein. Vgl. Lᴀᴠᴀᴜx, *C. r.* **143**, 690; *A. ch.* [8] **20**, 518. — *B.* Neben dem und dem 1.6- oder 1.7-Dimethyl-anthracen und anderen Kohlenwasserstoffen bei der Einw. von Methylenchlorid auf Toluol in Gegenwart von AlCl₃ (Lᴀᴠᴀᴜx, *C. r.* **139**, 976; **140**, 44; *A. ch.* [8] **20**, 436; **21**, 141). — Grünlichweiße Krystalle, die sich am Licht ziemlich rasch gelb färben. F: 86⁰; leicht löslich in allen organischen Lösungsmitteln (Lᴀᴠᴀᴜx, *C. r.* **139**, 976; *A. ch.* [8] **21**, 143). — Wird durch CrO₃ rasch zu einem bei 130⁰ schmelzenden Dimethylanthrachinon und weiterhin zu Carbonsäuren oxydiert (Lᴀᴠᴀᴜx, *A. ch.* [8] **21**, 142).

14. *x.x-Dimethyl-anthracen vom Schmelzpunkt 218—219⁰*. „α-Dimethylanthracen" von Louise C₁₆H₁₄ = C₁₄H₈(CH₃)₂. *B.* Neben anderen Produkten, beim Durchleiten von Benzylmesitylen durch ein rotglühendes, mit Bimsstein gefülltes Glasrohr (LOUISE, *A. ch.* [6] **6**, 187). — Schwach gelbgrüne Tafeln. F: 218—219°. Sublimiert in farblosen Blättchen. Unlöslich in kaltem Alkohol, wenig löslich in Äther und Ligroin, leicht in heißem Benzol. In Toluol weniger löslich als Anthracen und Phenanthren. — Liefert mit CrO_3 ein bei 170° schmelzendes Dimethylanthrachinon.

15. *x-Äthyl-phenanthren vom Schmelzpunkt 109—110°, „a-Äthylphen-anthren"* $C_{16}H_{14} = C_{14}H_9 \cdot C_2H_5$. B. Bei der Zinkstaubdestillation von 5.6-Dimethoxy-1-vinyl-phenanthren oder von Dimethylapomorphimethin (Syst. No. 1869) (PSCHORR, *B.* **39**, 3127). — Blättchen (aus Methylalkohol). F: 109—110°. Löslichkeit in Methylalkohol 1 : 20. — Verbindung mit Pikrinsäure s. Syst. No. 523.

16. *x-Äthyl-phenanthren vom Schmelzpunkt 172—173°, „β-Äthylphen-anthren"* $C_{16}H_{14} = C_{14}H_9 \cdot C_2H_5$. B. Bei der Zinkstaubdestillation von 5.6-Dimethoxy-1-vinyl-phenanthren oder von Dimethylapomorphimethin (PSCHORR, *B.* **39**, 3127). — Nadeln (aus Methylalkohol). F: 172—173° (korr.). Löst sich in mehr als 200 Tln. Methylalkohol.

17. *9-Äthyl-phenanthren* $C_{16}H_{14} = \genfrac{}{}{0pt}{}{C_6H_4 \cdot C \cdot CH_2 \cdot CH_3}{C_6H_4 \cdot CH}$. B. Bei der Zinkstaub-destillation des 9-[a-Oxy-äthyl]-phenanthrens (PSCHORR, *B.* **39**, 3129). — Nadeln (aus wenig Alkohol). F: 61—63°. Kp_{11}: 198—200° (korr.). — Gibt bei der Oxydation mit Chromsäure Phenanthrenchinon. — Verbindung mit Pikrinsäure s. Syst. No. 523.

18. *9.10-Dimethyl-phenanthren* $C_{16}H_{14} = \genfrac{}{}{0pt}{}{C_6H_4 - C \cdot CH_3}{C_6H_4 - C \cdot CH_3}$. B. Aus Dimethyl-diphenylen-äthylenoxyd $\genfrac{}{}{0pt}{}{C_6H_4 \cdot C(CH_3)}{C_6H_4 \cdot C(CH_3)} O$ mit Jodwasserstoffsäure bei 150—160° (ZINCKE, TROPP, *A.* **362**, 250). — Prismen (aus verd. Eisessig). F: 139°. Läßt sich unzersetzt subli-mieren. Leicht löslich in Eisessig, Benzol, Chloroform, schwer in Alkohol. •

19. *10-Methyl-9-methylen-phenanthren-dihydrid-(9.10)* $C_{16}H_{14} = C_6H_4 \cdot C : CH_2$
$C_6H_4 \cdot CH \cdot CH_3$.

10-Chlor-10-methyl-9-methylen-phenanthren-dihydrid-(9.10) $C_{16}H_{13}Cl = C_{14}H_6Cl(CH_3) : CH_2$. B. Aus 9.10-Dioxy-9.10-dimethyl-phenanthren-dihydrid-(9.10) mit PCl_5 und $POCl_3$ (ZINCKE, TROPP, *A.* **362**, 251). — Spieße (aus Benzin). F: 155°. Schwer löslich in Benzin, ziemlich leicht in Alkohol und Äther.

20. *Diphensuccinden* [L.-R.-Name: Hydrindeno-1'.2' : 2.1-hydrinden] $C_{16}H_{14} = C_6H_4 \genfrac{}{}{0pt}{}{CH_2 \cdot CH}{CH \cdot CH_2} C_6H_4$. B. Bei mehrstündigem Erhitzen von 1 g Diphensuccindon $C_6H_4 \genfrac{}{}{0pt}{}{CO \cdot CH}{CH \cdot CO} C_6H_4$ mit 10 g Jodwasserstoffsäure (D: 1,7) und 0,2 g rotem Phosphor auf 170—180° (ROSER, *A.* **247**, 156). — Nadeln. F: 100°. Schwer flüchtig mit Wasserdämpfen. Leicht löslich in Alkohol und Äther.

21. *Kohlenwasserstoff* $C_{16}H_{14}$ *von unbekannter Konstitution.* B. Entsteht neben anderen Produkten aus Acetophenon beim Kochen mit einer alkoh. Natriumäthylat-lösung (STOBBE, HEUN, *B.* **34**, 1959). — Tafeln oder Prismen (aus Äther). F: 131—132°.

4. Kohlenwasserstoffe $C_{17}H_{16}$.

1. *a.ε-Diphenyl-a.δ-pentadien, Distyrylmethan* $C_{17}H_{16} = (C_6H_5 \cdot CH : CH)_2CH_2$. γ.γ-Dichlor-a.ε-diphenyl-a.δ-pentadien, Distyryldichlormethan, Ketochlorid des Dibenzalacetons $C_{17}H_{14}Cl_2 = (C_6H_5 \cdot CH : CH)_2CCl_2$ [1]). B. Man übergießt 5 g Di-benzalaceton mit 25 g Äther und sättigt bei 0° mit Chlorwasserstoff; dann gibt man 5 g PCl_5 hinzu, schüttelt unter Kühlung, bis das rote Hydrochlorid des Dibenzalacetons

_____

[1]) Nach dem Literatur-Schlußtermin der 4. Aufl. dieses Handbuches [1. I. 1910] ist diese Verbindung von STRAUS (*A.* **393**, 238) als $C_6H_5 \cdot CH : CH \cdot CCl : CH \cdot CHCl \cdot C_6H_5$ erkannt worden.

beinahe gelöst ist, und gießt in 70 g eiskalte 20°/₀ige Salzsäure (BAEYER, VILLIGER, B. 34, 2696; vgl. dazu STRAUS, ECKER, B. 39, 2979). Aus Dibenzalaceton in siedendem Benzol mit etwas weniger als einem Mol.-Gew. PCl_5 (STR., E., B. 39, 2988; STRAUS, CASPARI, B. 40, 2698 Anm. 4). Aus Dibenzalaceton und Oxalylchlorid in absol. Äther (STAUDINGER, B. 42, 3974). Beim Schütteln von Distyrylchlorbrom-methan in Benzol mit Chlorsilber (STR., A. 370, 352). Aus Distyrylchlorcarbinol in Benzol durch Chlorwasserstoff oder durch Acetylchlorid (STR., CASPARI, B. 40, 2699). — Silberglänzende Blätter (aus Ligroin oder absol. Alkohol). F: ca. 78° (B., V.), 77° (STR., E.). Leicht löslich in Schwefelkohlenstoff, Chloroform, Benzol, schwer in Ligroin und Petroläther (STR., E.). Elektrische Leitfähigkeit in flüssigem SO_2: STR., E., B. 39, 2992. — Gibt mit Chlor in Chloroform $C_6H_5 \cdot CHCl \cdot CHCl \cdot CCl_2 \cdot CH:CH \cdot C_6H_5$ und mit Brom in Chloroform $C_6H_5 \cdot CHBr \cdot CHBr \cdot CCl_2 \cdot CH:CH \cdot C_6H_5$ (STR., E.). Wird in äther. Lösung durch Wasser unter Bildung von Distyrylchlorcarbinol zersetzt (STR., HÜSSY, B. 42, 2171). Beim Erwärmen von Distyryldichlormethan mit einer Lösung von Kaliumacetat in Eisessig entsteht Dibenzalaceton (B., V.). Distyryldichlormethan bleibt in einer Atmosphäre von HCl farblos; auch die mit HCl gesättigte Benzollösung des Dichlorids ist farblos, färbt sich aber auf Zusatz von hydroxylhaltigen Lösungsmitteln (Eisessig, absol. Alkohol) tiefgelb (STR., E., B. 39, 2983, 2990). Läßt man auf das Distyryldichlormethan eine konz. Lösung von HBr in Benzol einwirken, so erhält man, ohne daß eine Färbung der Lösung eintritt, Distyrylchlorbrommethan, wie auch bei der Umsetzung des Dichlorids in Benzol mit geschmolzenem $CaBr_2$ unter Lichtabschluß erhalten wird; daneben entstehen in beiden Fällen auch geringe Mengen Distyryldibrommethan (STR., A. 370, 358). Distyryldichlormethan löst sich in konz. Schwefelsäure unter Entwicklung von HCl zu einer blauvioletten, rotviolett fluorescierenden Flüssigkeit; die Farbe dieser Lösung geht beim Stehen oder Erwärmen in braunorange über und beruht auf der Bildung eines violetten, chlorhaltigen Sulfats, das sich in krystallinischer Form durch Schütteln einer Lösung des Dichlorids in CS_2 mit konz. Schwefelsäure erhalten läßt (STR., E.). Absorptionsspektrum der Lösung von Distyryldichlormethan in konz. Schwefelsäure: STR., HÜSSY, B. 42, 2173. In verflüssigtem SO_2 löst sich Distyryldichlormethan mit der gleichen Farbe und Fluorescenz wie in konz. Schwefelsäure (STR., E.). Es gibt mit Methylalkohol oder mit Natriummethylat den Methyläther des Distyrylchlorcarbinols (STR., E.). Bei der Einw. von Eisessig entstehen neben zwei Anhydriden des Distyrylchlorcarbinols $C_{34}H_{26}OCl_2$ das Acetat des Distyrylchlorcarbinols und infolge der Einw. der bei der Reaktion sich bildenden Salzsäure auf das Acetat Dibenzalaceton (STR., E.; ST., ACKERMANN, B. 42, 1807, 1816).

$C_{17}H_{14}Cl_2 + 4 HgCl_2$. Violette Nadeln. Wird durch Alkohol sofort zersetzt (STR., E.). — $C_{17}H_{14}Cl_4 + SnCl_4$. Violette Blättchen. Raucht an der Luft. Schwer löslich in Chloroform, die Lösung ist in durchfallendem Lichte blau, in auffallendem Licht rot. Wird von Äther sofort zersetzt (STR., E.).

$\gamma.\gamma$-Dichlor-$\alpha.\varepsilon$-bis-[4-chlor-phenyl]-$\alpha.\delta$-pentadien, Bis-[4-chlor-styryl]-dichlormethan $C_{17}H_{12}Cl_4 = (C_6H_4Cl \cdot CH:CH)_2 CCl_2$. B. Aus Bis-[4-chlor-benzal]-aceton in siedendem Benzol mit PCl_5 (STRAUS, ECKER, B. 39, 2998). — Prismen (aus Äther). F: 102—103°. — Gibt mit Brom in Chloroform die Verbindung $C_6H_4Cl \cdot CHBr \cdot CHBr \cdot CCl_2 \cdot CH:CH \cdot C_6H_4Cl$ (STR., E.). Wird in äther. Lösung durch Wasser unter Bildung von Bis-[4-chlor-styryl]-chlorcarbinol zersetzt (STR., HÜSSY, B. 42, 2171; vgl. STR., CASPARI, B. 40, 2705). Liefert mit einer Lösung von Kaliumacetat in Eisessig auf dem Wasserbade Bis-[4-chlor-benzal]-aceton (STR., E.). Löst sich in konz. Schwefelsäure unter Entwicklung von Chlorwasserstoff mit indigoblauer Farbe und blutroter Fluorescenz (STR., E.). Absorptionsspektrum der Lösung in konz. Schwefelsäure: STR., H., B. 42, 2173. Löst sich in verflüssigtem Schwefeldioxyd zu einer gefärbten Lösung, deren Farbenton mit dem der Lösung in konz. Schwefelsäure übereinstimmt (STR., E.). Reagiert mit methylalkoholischem Natriummethylat unter Bildung des Methyläthers des Bis-[4-chlor-styryl]-chlorcarbinols (STR., E.). — $C_{17}H_{13}Cl_4 + SnCl_4$. Metallglänzende Krystallwarzen. Löslich in $SnCl_4$-haltigem Nitrobenzol mit indigoblauer Farbe und blutroter Fluorescenz. Wird von feuchtem Äther sofort zersetzt (STR., E.).

γ-Chlor-γ-brom-$\alpha.\varepsilon$-diphenyl-$\alpha.\delta$-pentadien, Distyrylchlorbrommethan, Ketochlorobromid des Dibenzalacetons $C_{17}H_{14}ClBr = (C_6H_5 \cdot CH:CH)_2 CClBr$. B. Durch Hinzufügen von HBr in Benzol zu Distyrylchlorcarbinol in Benzol im Gegenwart von geschmolzenem $CaBr_2$ unter Eiskühlung (STRAUS, A. 370, 347). Aus Distyrylchlorcarbinol in Benzol durch 2 Mol.·Gew. Acetylbromid, neben anderen Produkten (STR.). Aus Distyryldichlormethan in Benzol durch geschmolzenes Calciumbromid unter Lichtabschluß (STR.). Aus Distyryldichlormethan durch eine Lösung von HBr in Benzol bei Zimmertemperatur (STR.). — Hellgelbe Blätter (aus Petroläther). F: 91—92°. Leicht löslich in allen organischen Lösungsmitteln außer in Petroläther und stark gekühltem Äther. — Gibt mit Brom in Chloroform die Verbindung $C_6H_5 \cdot CHBr \cdot CHBr \cdot CClBr \cdot CH:CH \cdot C_6H_5$. Wird durch Wasser unter Bildung eines Gemisches von viel Distyrylchlorcarbinol und wenig Distyrylbromcarbinol zersetzt. In gleicher Weise wirkt Silberoxyd auf die äther. Lösung des Chlorobromids.

Distyrylchlorbrommethan tauscht in Benzol bei der Einw. von Calciumbromid oder bei der Umsetzung mit einer Benzollösung von HBr das Chlor teilweise gegen Brom aus. Gibt in Benzol mit Chlorsilber Distyryldichlormethan. Löst sich in konz. Schwefelsäure mit violetter Farbe; die Lösung gleicht der des Distyryldichlormethans. Absorption in konz. Schwefelsäure: STR., A. 370, 351. Löst sich in verflüssigtem Schwefeldioxyd mit violetter Farbe; die Lösung gleicht im Farbton der des Distyryldichlormethans, ist aber wesentlich intensiver gefärbt. Läßt man auf das Chlorobromid selbst oder auf seine Benzollösung kurze Zeit Methylalkohol einwirken, so entsteht vorwiegend der Methyläther des Distyrylchlorcarbinols neben geringen Mengen des Methyläthers des Distyrylbromcarbinols; bleibt das Chlorobromid längere Zeit mit dem Methylalkohol in Berührung, so erfolgt unter Wirkung der abgespaltenen Mineralsäure Verseifung zu Dibenzalaceton.

$C_{17}H_{14}ClBr + 4 HgBr_2$. Krystallinischer Niederschlag von grüner Oberflächenfarbe (STR.).

$\gamma.\gamma$-Dichlor-$\alpha.\varepsilon$-bis-[4-jod-phenyl]-$\alpha.\delta$-pentadien, Bis-[4-jod-styryl]-dichlormethan $C_{17}H_{12}Cl_2I_2 = (C_6H_4I \cdot CH:CH)_2CCl_2$. B. Aus Bis-[4-jod-benzal]-aceton in siedendem Benzol durch PCl_5 (STRAUS, ECKER, B. 39, 3002). — Nadeln (aus Ligroin und Benzol). F: 146—147° (Zers.). — Gibt beim Kochen mit einer kalt gesättigten Lösung von Kaliumacetat in Eisessig Bis-[4-jod-benzal]-aceton. Löst sich in konz. Schwefelsäure unter Entwicklung von HCl zu einer grünen Flüssigkeit, die rein blau abläuft. Den gleichen Farbton zeigt die Lösung in Nitrobenzol auf Zusatz von $SnCl_4$ und die in verflüssigtem Schwefeldioxyd, in welchem das Ketochlorid sehr wenig löslich ist.

2. **1.2.4-Trimethyl-anthracen** $C_{17}H_{16} = C_{14}H_7(CH_3)_3$. B. Beim Glühen der aus Pseudocumol, Phthalsäureanhydrid und $AlCl_3$ erhältlichen Säure $(CH_3)_3C_6H_2 \cdot CO \cdot C_6H_4 \cdot CO_2H$ mit Zinkstaub (GRESLY, A. 234, 239). Beim Glühen von Trimethylanthragallol $(CH_3)_3C_6H$ $(CO)_2C_6H(OH)_3$ mit Zinkstaub (WENDE, B. 20, 868). — F: 243° (G.).

3. **1.3.6-Trimethyl-anthracen** $C_{17}H_{16} = C_{14}H_7(CH_3)_3$. B. Man erhitzt 2.4.2'.4'-Tetramethyl-benzophenon anhaltend zum Sieden (ELBS, J. pr. [2] 41, 142). — F: 222°. Schwer löslich in Alkohol und Ligroin, leichter in Äther und Eisessig, noch leichter in CS_2, Aceton und Benzol. — Gibt bei der Oxydation mit CrO_3 und Eisessig 1.3.6-Trimethyl-anthrachinon. Wird durch Salpetersäure (D: 1,1) bei 210—220° im geschlossenen Rohr zur Anthrachinontricarbonsäure-(1.3.6) oxydiert.

9.10-Dibrom-1.3.6-trimethyl-anthracen $C_{17}H_{14}Br_2 = C_{14}H_5Br_2(CH_3)_3$. B. Aus 1.3.6-Trimethyl-anthracen und Brom in CS_2 (ELBS, J. pr. [2] 41, 143). — Gelbe Blättchen (aus Aceton). F: 142°.

4. **1.4.6-Trimethyl-anthracen** $C_{17}H_{16} = C_{14}H_7(CH_3)_3$. B. Bei 6-stdg. Kochen von 2.5.2'.5'-Tetramethyl-benzophenon (ELBS, J. pr. [2] 35, 482). — Blaugrün fluorescierende Blättchen. F: 227°. Sublimiert schon unter 100°. Sehr schwer löslich in kaltem Alkohol, ziemlich leicht in Äther und Benzol. — Liefert mit CrO_3 und Eisessig 1.4.6-Trimethyl-anthrachinon.

5. Kohlenwasserstoffe $C_{18}H_{18}$.

1. **$\beta.\varepsilon$-Diphenyl-$\beta.\delta$-hexadien** $C_{18}H_{18} = C_6H_5 \cdot C(CH_3):CH \cdot CH:C(CH_3) \cdot C_6H_5$. B. Entsteht neben anderen Produkten, wenn man β-Brom-α-methyl-styrol mit Magnesium in Äther behandelt und das Reaktionsprodukt mit Wasser zersetzt (TIFFENEAU, C. r. 135, 1348; A. ch. [8] 10, 171). — Krystalle (aus Alkohol). F: 138°. Sehr leicht löslich in Benzol, schwer in Äther.

2. **$\omega.\omega$-Diphenyl-fulven-tetrahydrid** $C_{18}H_{18}$; Struktur des Kohlenstoffskeletts:

C—C
$\big\rangle$C—C[—$\bigcirc$]$_2$.
C—C

$\omega.\omega$-Diphenyl-fulven-tetrabromid $C_{18}H_{14}Br_4$. B. Aus Diphenylfulven (S. 696—697) in Äther durch überschüssiges Bromwasser (THIELE, BALHORN, A. 348, 14). — Gelbliche Tafeln (aus Benzol). F: 123°. Löslich in siedendem Anilin, Alkohol, Eisessig mit roter Farbe, in Benzol mit tiefgrüner Farbe. — Gibt mit Kaliumacetat und Eisessig die Verbindung $C_{18}H_{14}Br_2$ $(O \cdot CO \cdot CH_3)_2$.

3. **9-Isobutyl-anthracen** $C_{18}H_{18} = C_{14}H_9 \cdot CH_2 \cdot CH(CH_3)_2$. B. Beim Kochen einer alkoh. Lösung von 9-Oxy-9-isobutyl-anthracen-dihydrid-(9.10) mit alkoh. Salzsäure oder

alkoh. Pikrinsäurelösung (LIEBERMANN, *A.* **212**, 107). — Fluorescierende Nadeln (aus Alkohol). F: 57°. — **Verbindung mit Pikrinsäure** s. Syst. No. 523.

4.   *1.3.5.7-Tetramethyl-anthracen* $C_{18}H_{18} = C_{14}H_6(CH_3)_4$.   *B.* Entsteht in sehr kleiner Menge neben Toluol und Trimethylbenzol aus Acetylentetrabromid, m-Xylol und $AlCl_3$ bei 115—125° (ANSCHÜTZ, *A.* **235**, 174). Aus m-Xylol, Nickelcarbonyl und $AlCl_3$ bei 100° (DEWAR, JONES, *Soc.* **85**, 217). — Schwach gelbliche, grünfluorescierende Platten (aus Essigsäure). F: 280°; schwer löslich in kaltem Äther, Alkohol, leichter in heißem Alkohol und heißem Äther, ziemlich in Chloroform (D., J.).

5.   *1.3.6.8-Tetramethyl-anthracen* $C_{18}H_{18} = C_{14}H_6(CH_3)_4$.   Zur Konstitution vgl. DEWAR, JONES, *Soc.* **85**, 218. — *B.* Aus m-Xylol, CH_2Cl_2 und $AlCl_3$ (FRIEDEL, CRAFTS, *A. ch.* [6] **11**, 268). — Krystalle (aus Benzol). F: 162—163° (F., C.). — Liefert bei der Oxydation ein bei 206° schmelzendes Chinon $C_{18}H_{16}O_2$ (F., C.).

6.   **Methyl-isopropyl-phenanthren, Reten** $C_{18}H_{18}$.   Konstitution[1]:

CH(CH_3)_2 ... CH_3 oder CH_3 ... FORTNER, *M.* **25**, 452; LUX. *M.* **29**, 763. — *V.* Als Begleiter des Fichtelits in vermodertem Fichten-

(CH_3)_2CH·

holz, das sich in den Torflagern bei Redwitz (Fichtelgebirge, Bayern) findet (FRITZSCHE, *J. pr.* [1] **82**, 321; *J.* **1860**, 476). In fossilen Kieferstämmen eines Braunkohlenlagers bei Uznach (Schweiz) (FR., *J. pr.* [1] **82**, 324; *J.* **1860**, 476). In fossilen Fichtenstämmen der Torfmoore von Holtegaard (Dänemark) (FR., *J. pr.* [1] **82**, 325; *J.* **1860**, 476). — *B.* In geringer Menge bei der Destillation von Retenchinon über Zinkstaub (BAMBERGER, HOOKER, *A.* **229**, 130). Beim Erhitzen von Retenchinon mit Jodwasserstoffsäure (Kp: 127°) und Phosphor auf 130° (BAM., HOOK.). Man erhitzt Abieten (S. 508) mit Schwefel, solange sich Gas entwickelt, und destilliert dann unter vermindertem Druck (EASTERFIELD, BAGLEY, *Soc.* **85**, 1247). Man erhitzt Abietinsäure (Syst. No. 4740) mit Schwefel unter gewöhnlichem Druck auf 200°, steigert, wenn die Gasentwicklung nachläßt, die Temperatur auf 250° und destilliert dann unter 20 mm Druck (VESTERBERG, *B.* **36**, 4201). Bei der trocknen Destillation des Harzes von Pinus palustris Mill. in der oberhalb 250° übergehenden Fraktion (TSCHIRCH, KORITSCHONER, *Ar.* **240**, 571). Entsteht bei der Destillation von harzreichen Nadelhölzern, findet sich daher im Holzteer (FEHLING, *A.* **106**, 388; FR., *J. pr.* [1] **75**, 281; *J.* **1858**, 440; *A.* **109**, 250; WAHLFORSS, Z. **1869**, 73; EKSTRAND, *A.* **185**, 75). — *Darst.* Durch Erhitzen des gesättigten Harzöl-Anteils mit Schwefel (Akt.-Ges. f. chem. Ind., D. R. P. 43802; *Frdl.* **2**, 6; vgl. W. SCHULTZE, *A.* **359**, 131, 138).

Blätter (aus Alkohol). F: 98—99° (FEH.; WA.), 98,5—99° (SCH.). Kp: 390° (BERTHELOT, *Bl.* [2] **8**, 389). Beginnt schon weit unterhalb des Siedepunktes zu sublimieren (EK.). Ist mit Wasserdampf etwas flüchtig (FR., *J. pr.* [1] **75**, 285; *J.* **1858**, 440; *A.* **109**, 251). Verdampfung und Sublimation im Hochvakuum (KRAFFT, WEILANDT, *B.* **29**, 2241; HANSEN, *B.* **42**, 214. Dichte des gepulverten Retens bei gewöhnlicher Temperatur, bezogen auf Wasser von 16°: etwa 1,13; Dichte der geschmolzenen und wiedererstarrten Retens: 1,08 (EK.). — 100 Tle. 95%iger Alkohol lösen bei Siedehitze 69 Tle. Reten bei gewöhnlicher Temperatur 3 Tle. Reten (EK.). Leicht löslich in heißem Äther, CS_2, Ligroin, Benzol, sehr leicht in kochendem Eisessig (EK.). — Brechungsvermögen in Benzollösung: CHILESOTTI, *G.* **30** I, 159. Luminescenzerscheinungen unter dem Einfluß der Kathodenstrahlen: POCHETTINO, *R. A. L.* [5] **18** II, 360. — Mol. Verbrennungswärme bei konst. Volum: 2323,6 Cal., bei konst. Druck: 2326,1 Cal. (BERTHELOT, VIEILLE, *A. ch.* [6] **10**, 447; BERTHELOT, RECOURA, *A. ch.* [6] **13**, 298), bei konst. Volum: 2305,2 Cal., bei konst. Druck: 2307,8 Cal. (STOHMANN, *Ph. Ch.* **6**, 339).

Reten bleibt beim Destillieren über erhitztes Bleioxyd unverändert (EK.). — Kaliumpermanganat greift Reten weder in saurer, noch in neutraler, noch in alkal. Lösung an, selbst wenn die Temperatur bis auf 150° gesteigert wird; in Eisessig verbrennt es das Reten (BAM., HOOK., *A.* **229**, 116). Reten gibt bei der Oxydation mit Kaliumdichromat und Schwefelsäure Retenchinon neben Essigsäure, Phthalsäure und anderen Produkten (W.; EK.; BAM., HOOK., *A.* **229**, 105, 116). Retenchinon entsteht auch, und zwar in besserer Ausbeute, bei der Oxydation des Retens mit CrO_3 und Eisessig (EK.; BAM., HOOK.); hierbei werden als Nebenprodukte in geringer Menge die Säuren $C_{16}H_{18}O_3$ (S. 684) und $C_{18}H_{18}O_3$ (?) (S. 684) erhalten (EK.). — Nach BERTHELOT (*Bl.* [2] **7**, 231) entsteht beim Leiten von Reten mit Wasserstoff durch ein glühendes Rohr Anthracen (BAM., HOOK., *A.* **229**, 103). Beim Erhitzen von Reten mit Wasserstoff unter hohem Druck auf 350—360° in Gegenwart von Ni_2O_3 entsteht ein Dodekahydroreten (?), das bei weiterer Hydrierung das Perhydroreten liefert (IPATJEW,

---

[1] Nach dem Literatur-Schlußtermin der 4. Aufl. dieses Handbuches [1. I. 1910] hat BUCHER (*Am. Soc.* **32**, 374) erwiesen, daß dem Reten die Struktur der ersten Formel (1-Methyl-7-isopropyl-phenanthren) zukommt.

B. **42**, 2096; *C.* **1909** II, 1728). Reten wird von Natriumamalgam in siedendem Alkohol, sowie beim Erhitzen mit Jodwasserstoffsäure (D: 1,68) auf 200⁰ nicht verändert (Eκ.). Wird in siedendem Amylalkohol durch Natrium zu Tetrahydroreten (S. 623) reduziert (Bam., Lodter, *B.* **20**, 3076). Gibt beim Erhitzen mit Jodwasserstoffsäure (D: 1,7) und rotem Phosphor auf 250--260⁰ Dodekahydroreten (S. 471) (Liebermann, Spiegel, *B.* **22**, 780). — Einw. von Chlor: Ekstrand, *A.* **185**, 81. Läßt man auf Reten in wäßr. Suspension 2 Mol.-Gew. Brom zunächst bei gewöhnlicher Temperatur, dann auf dem Wasserbade einwirken, so erhält man in sehr geringer Menge Dibromreten (Eκ.). Erwärmt man Reten mit einem Überschuß von Brom im offenen Gefäß auf dem Wasserbade, bis das Brom verjagt ist, so erhält man Tetrabromreten (Eκ.). Erhitzt man Reten mit einem Überschuß von Brom (5 Mol.-Gew.) im geschlossenen Rohr auf dem Wasserbade, so entsteht eine zersetzliche Verbindung $C_{18}H_{16}Br_6$ (?) (Eκ.). — Reten gibt beim Behandeln mit einem Gemisch gleicher Volumina rauchender und konzentrierter Schwefelsäure bei gewöhnlicher Temperatur Retendisulfonsäure (Syst. No. 1542), beim Erwärmen mit rauchender Schwefelsäure oder mit einem Gemisch von rauchender und konz. Schwefelsäure auf dem Wasserbade neben anderen Produkten Retentrisulfonsäure (Syst. No. 1543) (Eκ.). — Wird durch schmelzendes Kaliumhydroxyd gar nicht oder nur spurenweise angegriffen (Feh.; Bam., Hook.). — Liefert beim Erhitzen mit Schwefel auf 230—240⁰ eine Verbindung $C_{18}H_{16}S$ (s. u.) (Sch.).

Verbindung mit Pikrinsäure s. Syst. No. 523.

Säure $C_{18}H_{18}O_2$ (?). *B.* Entsteht neben Retenchinon und einer Säure $C_{16}H_{16}O_3$ (s. u.) beim Behandeln von Reten mit Chromsäure und Eisessig (Ekstrand, *A.* **185**, 111). — Nadeln (aus Alkohol). F: 222⁰. Sublimiert in langen Nadeln. Leicht löslich in langen Nadeln, Äther und Eisessig. — $NaC_{18}H_{17}O_2$. Blätter. Ziemlich leicht löslich in Wasser. — Barium-salz. Schuppen.

Säure $C_{16}H_{16}O_3$. *B.* Entsteht neben der Säure $C_{18}H_{18}O_2$ (?) (s. o.) und Retenchinon beim Behandeln von Reten mit Chromsäure und Eisessig (Ekstrand, *A.* **185**, 108). — Blätter oder Schuppen (aus heißem Alkohol). F: 139⁰. Etwas löslich in kochendem Wasser, sehr leicht in Alkohol und Äther. — $NaC_{16}H_{15}O_3$. Hellgelbe Blätter. — $Ba(C_{16}H_{15}O_3)_2$. Blätter.

Verbindung $C_{18}H_{16}S$. *B.* Durch Erhitzen von 100 g Reten mit 28 g Schwefel auf 240⁰ (W. Schultze, *A.* **359**, 140). — Blättchen (aus Benzol). F: 225—226⁰. Liefert mit rauchender Schwefelsäure eine indigoblaue Färbung.

Dibromreten $C_{18}H_{16}Br_2$. *B.* Man übergießt Reten mit Wasser, fügt nach und nach 2 Mol.-Gew. Brom hinzu und erwärmt, sobald die Bromwasserstoff-Entwicklung nachläßt, auf dem Wasserbade (Ekstrand, *A.* **185**, 83). — Tafeln (aus CS_2). F: 180⁰. Fast unlöslich in Äther und Alkohol, ziemlich löslich in heißem Ligroin, sehr leicht in CS_2.

Tetrabromreten $C_{18}H_{14}Br_4$. *B.* Durch Erhitzen von Reten mit einem Überschuß von Brom im offenen Gefäß auf dem Wasserbade (Ekstrand, *A.* **185**, 84). — Prismen (aus CS_2). F: 210—212⁰. Unlöslich in Alkohol, wenig löslich in Äther und Eisessig, leichter in siedendem Benzol und CS_2.

7. *2.3-Diphenyl-bicyclo-[0.2.2]-hexan (?)* $C_{18}H_{18} = \begin{matrix} H_2C-CH-CH \cdot C_6H_5 \\ H_2C-CH-CH \cdot C_6H_5 \end{matrix}$ (?) *B.*

Bei der Destillation der Säure $C_6H_5 \cdot CH \begin{matrix} CH[CH:C(CO_2H)_2] \\ CH[CH:C(CO_2H)_2] \end{matrix} CH \cdot C_6H_5$ (Syst. No. 1032) mit Bariumhydroxyd, neben anderen Produkten (Doebner, Schmidt, *B.* **40**, 152). — Nadeln (aus verd. Alkohol). F: 56⁰. Kp_{12}: 212—215⁰. Ist gegen Brom indifferent.

**8. *Kohlenwasserstoff* $C_{18}H_{18}$ *von unbekannter Konstitution*. *B.* Entsteht neben anderen Produkten aus Pseudocumol, CH_2Cl_2 und $AlCl_3$ (Friedel, Crafts, *A. ch.* [6] 11, 270, 274). — Schmilzt bei 290⁰. Ist unlöslich in Ligroin und schwer löslich in kaltem $CHCl_3$. — Liefert ein Dibromderivat $C_{18}H_{16}Br_2$. Wird von CrO_3 in ein Chinon $C_{18}H_{16}O_2$ umgewandelt, das aus Eisessig in Nadeln krystallisiert, bei 325⁰ schmilzt, sublimierbar ist und sich sehr wenig in Alkohol löst.

9. *Kohlenwasserstoff* $C_{18}H_{18}$ (?). *B.* Aus $\gamma.\delta$-Dioxy-$\gamma.\delta$-diphenyl-hexan (Syst. No. 563) mit Acetylchlorid (Stern, *M.* **26**, 1565). — Glimmerartige Blättchen. F: 99⁰. Kp_8: 158⁰. — Gibt mit Brom und CS_2 eine gelbe, krystallisierte, sich bei 90⁰ zersetzende Verbindung.

6. Kohlenwasserstoffe $C_{19}H_{20}$.

1. *[Diphenyl-methylen]-cyclohexan* $C_{19}H_{20} = H_2C \begin{matrix} CH_2 \cdot CH_2 \\ CH_2 \cdot CH_2 \end{matrix} C:C(C_6H_5)_2$. *B.* Bei der Destillation des Cyclohexyl-diphenyl-carbinols $C_6H_{11} \cdot C(OH)(C_6H_5)_2$ unter 14 mm Druck

(HELL, SCHAAL, B. **40**, 4166). — Prismen (aus heißem Methylalkohol). F: 84°. Kp$_{14}$: 210° bis 220°.

2. 9-Isoamyl-anthracen C$_{19}$H$_{20}$ = C$_{14}$H$_9$·CH$_2$·CH$_2$·CH(CH$_3$)$_2$. B. Beim Kochen von 9-Oxy-9-isoamyl-anthracen-dihydrid-(9.10) mit alkoh. Salzsäure oder alkoh. Pikrinsäurelösung (LIEBERMANN, A. **212**, 104). — Farblose, bläulichgrün fluorescierende Nadeln (aus Alkohol). F: 59°. Zerfließt in Benzol, CS$_2$, CHCl$_3$ und Ligroin. Leicht löslich in heißem Alkohol, ziemlich schwer in kaltem; die Lösungen fluorescieren bläulich. Löst sich in konz. Schwefelsäure mit grüner Farbe, die beim Erwärmen in ein schmutziges Rot übergeht. — Wird von CrO$_3$ und Essigsäure zu Isoamyloxanthranol C$_6$H$_4$<$\overset{\text{C(C}_5\text{H}_{11})\text{(OH)}}{\underset{\text{CO}}{}}$>C$_6H_4$ oxydiert. Gibt in Chloroform mit etwas mehr als 1 Mol.-Gew. Chlor 10-Chlor-9-isoamyl-anthracen. Bei der Einw. eines Überschusses von Chlor auf die Lösung in CS$_2$ entsteht ein Chlor-isoamyl-anthracen-dichlorid (?), das bei längerem Stehen und Verdunsten seiner Lösung in meso-Chlor-meso-isoamyl-anthron C$_6$H$_4$<$\overset{\text{CCl(C}_5\text{H}_{11})}{\underset{\text{CO}}{}}$>C$_6H_4$ übergeht. Isoamyl-anthracen liefert in CS$_2$ mit 1 Mol.-Gew. Brom 10-Brom-9-isoamyl-anthracen. — Verbindung mit Pikrinsäure s. Syst. No. 523.

10-Chlor-9-isoamyl-anthracen C$_{19}$H$_{19}$Cl. B. Man leitet in eine Lösung von 9-Isoamyl-anthracen in Chloroform etwas mehr als 1 Mol.-Gew. Chlor (LIEBERMANN, A. **212**, 112). — Hellgelbe Nadeln (aus Alkohol). F: 70—71°. Die Lösungen fluorescieren blau. — Verbindung mit Pikrinsäure s. Syst. No. 523.

10-Brom-9-isoamyl-anthracen C$_{19}$H$_{19}$Br. B. Man trägt 1 Mol.-Gew. Brom in eine Lösung von 9-Isoamyl-anthracen in 20—30 Tln. CS$_2$ (LIEBERMANN, A. **212**, 111). — Orangegelbe Nadeln. F: 76°. — Verbindung mit Pikrinsäure s. Syst. No. 523.

7. Kohlenwasserstoffe C$_{20}$H$_{22}$.

1. α.ϑ-Diphenyl-β.ζ-octadien C$_{20}$H$_{22}$ = [C$_6$H$_5$·CH$_2$·CH:CH·CH$_2$—]$_2$. *α.δ.ε.ϑ-Tetrabrom-α.ϑ-diphenyl-β.ζ-octadien* C$_{20}$H$_{18}$Br$_4$ = [C$_6$H$_5$·CHBr·CH:CH·CHBr—]$_2$. B. Aus dem gelben α.ϑ-Diphenyl-α.γ.ε.η-octatetren (S. 709) und Brom in Chloroform oder Eisessig (FITTIG, BATT, A. **331**, 166). — Weißes Krystallpulver. F: 184—186° (Zers.). Löslich in Chloroform, CS$_2$.

2. 1.2.4.5.6.8- oder 1.2.4.5.7.8-Hexamethyl-anthracen C$_{20}$H$_{22}$ = C$_{14}$H$_4$(CH$_3$)$_6$. B. Entsteht neben anderen Kohlenwasserstoffen beim Erwärmen von Pseudocumol mit CH$_2$Cl$_2$ und AlCl$_3$ (FRIEDEL, CRAFTS, A. ch. [6] **11**, 272). — F: 220°. — Verbindung mit Pikrinsäure s. Syst. No. 523.

3. Kohlenwasserstoff C$_{20}$H$_{22}$ **von unbekannter Konstitution.** Verbindung C$_{20}$H$_{19}$Br$_3$ aus Bis-[phenylbutadien] s. S. 692.

8. Kohlenwasserstoffe C$_{24}$H$_{30}$.

1. 9.10-Diisoamyl-anthracen C$_{24}$H$_{30}$ = C$_{14}$H$_8$[CH$_2$·CH$_2$·CH(CH$_3$)$_2$]$_2$. B. Beim Kochen von 9.10-Diisoamyliden-anthracen-dihydrid-(9.10) (S. 692) mit Jodwasserstoffsäure (JÜNGERMANN, B. **38**, 2872). — Gelblichgrüne Nadeln (aus Alkohol). F: 132—137°. Leicht löslich. Wird von Reduktionsmitteln schwer angegriffen.

2. 1.3.5-Triphenyl-benzol-dodekahydrid C$_{24}$H$_{30}$. B. Bei 16-stdg. Erhitzen auf 270—280° von 1.3.5-Triphenyl-benzol (S. 737) mit Jodwasserstoffsäure und rotem Phosphor (MELLIN, B. **23**, 2534). — Öl, das nach langer Zeit zu einem bei Sommertemperatur wieder schmelzenden Krystallbrei erstarrt. — CrO$_3$ in Eisessig erzeugt Benzoesäure.

L. Kohlenwasserstoffe C$_n$H$_{2n-20}$.

1. Kohlenwasserstoffe C$_{15}$H$_{10}$.

1. Fluoranthen, Idryl C$_{15}$H$_{10}$ = B. Bei der trocknen Destillation der Steinkohle, daher im Steinkohlenteer enthalten (FITTIG, GEBHARD, B. **10**, 2141; A. **193**, 142). Entsteht neben anderen Kohlenwasserstoffen bei der Verhüttung der Quecksilbererze von Idria, findet sich daher im „Stupp" (GOLDSCHMIEDT, *B.* **10**, 2028) und im „Stuppfett" (vgl. S. 667) (Go., *M.* **1**, 222; Go., M. v. SCHMIDT, *M.* **2**, 7). [Über die Zusammensetzung des Stuppfetts s. Go., v. SCH.] *Darst.* a) Aus Steinkohlenteer. Wurde aus einem aus Steinkohlenteer dargestellten Rohprodukt vom ungefähren Schmelzpunkt des Phenanthrens erhalten, indem dieses im luftverdünnten Raume fraktioniert und das unter einem Druck von 60 mm bei 240—250° Siedende besonders aufgefangen wurde (FITTIG, LIEPMANN, *A.* **200**, 3); weitere Reinigung (Trennung von Pyren): FI., GE., *A.* **193**, 143. b) Aus Stuppfett. Man kocht das Stupp-fett mit einer zur vollständigen Lösung ungenügenden Menge Alkohol, filtriert, läßt aus-krystallisieren, löst je 1 Tl. des Krystallgemenges in Alkohol und versetzt die siedende Lösung mit einer siedenden alkoh. Lösung von 1,2 Tln. Pikrinsäure; man trennt die Pikrinsäurever-bindung des Fluoranthens von denen des Pyrens und Phenanthrens, sowie von den übrigen Kohlenwasserstoffen durch fraktionierte Krystallisation und zersetzt sie durch Kochen mit Ammoniak (Go., v. SCH.).

Sublimiert in flachen Nadeln (Go., *B.* **10**, 2028). Nadeln (aus konz. Alkohol); Tafeln (aus stark verdünntem Alkohol). Monoklin prismatisch (GROTH, *A.* **193**, 145; vgl. *Groth*, *Ch. Kr.* **5**, 430). F: 109° (FI., GE., *A.* **193**, 145), 110° (Go., *B.* **10**, 2028; Go., v. SCH.). Kp_{60}: 250—251°; Kp_{30}: 217° (FI., L.). Schwer löslich in kaltem Alkohol, leicht in siedendem, in Äther, Chloroform, CS_2, Benzol (Go., *B.* **10**, 2029) und Eisessig (FI., GE., *A.* **193**, 145). Löst sich in warmer konz. Schwefelsäure mit blauer Farbe (Go., *B.* **10**, 2029). — Liefert beim Kochen mit Chromsäuregemisch Fluoranthenchinon (Syst. No. 682) und Fluorenon-carbon-säure-(1) (Syst. No. 1300) (FI., GE., *A.* **193**, 148; FI., L.). Beim Behandeln mit Natrium-amalgam in alkoh. Lösung oder mit Jodwasserstoffsäure und Phosphor bei 180° entsteht Idryldihydrid (S. 675) und beim Erhitzen mit HI und Phosphor auf 240—250° Idryloktahydrid (S. 574) (Go., *M.* **1**, 225). Brom und Salpetersäure wirken substituierend ein (Go., *B.* **10**, 2029; *M.* **1**, 223; FI., GE., *A.* **193**, 146, 147). Tritt mit Oxalester und mit Benz-aldehyd nicht in Reaktion (Go., *M.* **23**, 889).

Verbindung mit Pikrinsäure s. Syst. No. 523.

Trichlorfluoranthen, Trichloridryl $C_{16}H_7Cl_3$. *B.* Bei der Einw. von Chlor auf Idryl in Chloroform (GOLDSCHMIEDT, *M.* **1**, 222). — Nadeln. Fast unlöslich in Äther, sehr schwer löslich in Alkohol, etwas leichter in Benzol, leicht in siedendem CS_2 oder Xylol.

Dibromfluoranthen, Dibromidryl $C_{16}H_8Br_2$. *B.* Durch vorsichtiges Versetzen einer kalten Lösung von Idryl in CS_2 mit Brom (FITTIG, GEBHARD, *A.* **193**, 146). — Gelblichgrüne Nadeln (aus CS_2). F: 204—205° (FI., GE.), 205° (Go., *M.* **1**, 224). Sehr schwer löslich in Alkohol, Äther, Eisessig, kaltem CS_2, mäßig in kochendem CS_2 (FI., GE.).

Tribromfluoranthen, Tribromidryl $C_{16}H_7Br_3$. *B.* Entsteht neben Dibromidryl beim Versetzen einer kalt gesättigten eisessigsauren Lösung von Idryl mit Brom in Eisessig (Go., *M.* **1**, 223). — Nadeln (aus siedendem Xylol). Schmilzt nicht bei 345°. Sehr schwer löslich.

Trinitrofluoranthen, Trinitroidryl $C_{16}H_7O_6N_3 = C_{15}H_7(NO_2)_3$. *B.* Durch Eintragen von Idryl in rauchende Salpetersäure (FITTIG, GEBHARD, *A.* **193**, 147). — Gelbe Nadeln (aus heißer Salpetersäure). Schmilzt nicht bei 300°. Selbst bei Siedehitze sehr wenig löslich in Alkohol, Äther, Schwefelkohlenstoff und Eisessig, ziemlich leicht in heißer, konz. Salpetersäure.

2.   Derivat eines *Kohlenwasserstoffs* $C_{15}H_{10}$ *von unbekannter Konstitution.*

Verbindung $C_{15}Cl_{10}$. *B.* Beim Erhitzen von Pyren (nach Vorchlorierung durch Chlor) mit viel $SbCl_5$, zuletzt bis auf 360° (MERZ, WEITH, *B.* **16**, 2880); man entfernt den Antimon und kocht den Rückstand mit Benzol aus, wobei die Verbindung $C_{15}Cl_{10}$ ungelöst bleibt, die Verbindung $C_{14}Cl_{10}$ (S. 674) aber in Lösung geht. — Längliche Blättchen oder viereckige Tafeln (aus Nitrobenzol). Schmilzt oberhalb 300°. Sehr wenig löslich in Alkohol und Äther, ziemlich in siedendem Benzol.

2. Kohlenwasserstoffe $C_{16}H_{12}$.

1.   *a.δ-Diphenyl-butenin, Phenyl-styryl-acetylen* $C_{16}H_{12} = C_6H_5 \cdot CH:CH \cdot C:C \cdot C_6H_5$ (vgl. auch No. 2).

a)   *trans-Form* $C_{16}H_{12} = \dfrac{C_6H_5}{H}{>}C:C{<}\dfrac{H}{C:C \cdot C_6H_5}$. *B.* Man löst Phenylacetylen-Kupfer unter Luftabschluß durch Erhitzen in Eisessig und saugt durch die siedende Lösung Luft (STRAUS, *A.* **342**, 225). Durch Belichtung von cis-Diphenylbutenin (S. 687) (ST., *A.* **342**, 250). Aus sämtlichen diastereoisomeren α.β.γ.δ-Tetrabrom-α.δ-diphenyl-α-butylenen (S. 646) durch Reduktion mit Zinkstaub in Aceton bezw. mit verkupfertem Zinkstaub in Eisessig (ST., *A.* **342**, 243, 244, 251, 252). — Farblose Prismen (aus Eisessig oder Methylalkohol). F: 96,5—97°; färbt sich am Licht gelb (ST., *A.* **342**, 226). — Liefert in alkoh. Lösung mit

Natriumamalgam $a.\delta$-Diphenyl-β-butylen (ST., A. **342**, 256). Bei der Reduktion mit frisch verkupfertem Zinkstaub in Alkohol unter Lichtabschluß entsteht cis-trans-Diphenylbutadien (ST., A. **342**, 240). Liefert mit Brom in Chloroform oder Schwefelkohlenstoff zwei diastereoisomere Tetrabromide $C_6H_5 \cdot CHBr \cdot CHBr \cdot CBr : CBr \cdot C_6H_5$, die sich bei 197° bezw. bei 157—158° zersetzen (ST., A. **342**, 243). Addiert 1 und 2 Mol.-Gew. HBr unter Bildung der Verbindungen $C_{16}H_{13}Br$ (S. 677) und $C_{16}H_{14}Br_2$ (= $C_6H_5 \cdot CHBr \cdot CHBr \cdot CH : CH \cdot C_6H_5$, feste Modifikation) (S. 645) (ST., A. **342**, 244; vgl. ST., B. **42**, 2867). Die Lösung in Eisessig wird beim Vermischen mit konz. Schwefelsäure zunächst blau, dann violettrot mit blauem Dichroismus (ST., A. **342**, 226).

b) *cis-Form* $C_{16}H_{12} = {C_6H_5 \atop H}{>}C : C{<}{C:C \cdot C_6H_5 \atop H}$. *B*. Aus 10 g Diphenyldiacetylen in 200 ccm Alkohol bei ca. 30-stdg. Kochen mit verkupfertem Zinkstaub unter Lichtabschluß (STRAUS, A. **342**, 249). — Gelbliches Öl; wird in einer Kältemischung fest, schmilzt über 0°; Kp_{12}: 187,5—188° (ST., A. **342**, 250). — Geht am Licht in trans-Diphenylbutenin (S. 686) über (ST., A. **342**, 250). Liefert mit Brom in Schwefelkohlenstoff neben den beiden diastereoisomeren Tetrabromiden $C_6H_5 \cdot CHBr \cdot CHBr \cdot CBr : CBr \cdot C_6H_5$, die auch aus trans-$a.\delta$-Diphenylbutenin erhalten werden (s. o.), noch ein drittes Diastereoisomeres vom Schmelzpunkt 135° bis 136° (ST., A. **342**, 251). Liefert mit HBr dieselben Verbindungen $C_{16}H_{13}Br$ und $C_{16}H_{14}Br_2$ wie trans-Diphenyl-butenin (ST., A. **342**, 252).

2. Derivat des $a.\delta$-*Diphenyl-butenins* $C_{16}H_{12} = C_6H_5 \cdot CH : CH \cdot C : C \cdot C_6H_5$ (vgl. No. 1) oder des $a.\delta$-*Diphenyl-butatriens* $C_{16}H_{12} = C_6H_5 \cdot CH : C : C : CH \cdot C_6H_5$.

Verbindung $C_{16}H_{10}Br_2 = C_6H_5 \cdot CBr : CBr \cdot C : C \cdot C_6H_5$ oder $C_6H_5 \cdot CBr : C : C : CBr \cdot C_6H_5$ („Diphenyldiacetylendibromid"). Zur Formulierung vgl. STRAUS, A. **342**, 198. — B. Entsteht in geringer Menge neben Diphenyldiacetylentetrabromid $C_6H_5 \cdot CBr : CBr \cdot CBr : CBr \cdot C_6H_5$ aus 5 g Diphenyldiacetylen in 50 ccm CS_2 mit 1,25 ccm Brom in 50 ccm CS_2 bei —10° bis —15° (ST., A. **342**, 231). — Tiefgelbe Krystalle (aus Essigester). F: 142°. — Liefert mit Zinkstaub und Aceton Diphenyldiacetylen zurück. Addiert in CS_2 sofort Brom unter Bildung eines Gemisches von diastereoisomeren Diphenyldiacetylentetrabromiden.

3. **1-Phenyl-naphthalin**, a-*Phenyl-naphthalin* $C_{16}H_{12} = C_{10}H_7 \cdot C_6H_5$. *B*. Entsteht neben wenig β-Phenylnaphthalin bei allmählichem Eintragen von festem Benzoldiazoniumchlorid in geschmolzenes und mit $AlCl_3$ versetztes Naphthalin (MÖHLAU, BERGER, B. **26**, 1198); man erwärmt das Produkt mit $SnCl_2 + HCl$, schüttelt mit Benzol, wäscht die Benzollösung dann mit Wasser, fraktioniert sie im Vakuum und trennt die beiden überdestillierten Phenylnaphthaline durch Absaugen im Kältegemisch. Man läßt ein Gemisch von 1-Chlor-naphthalin, Benzol und $AlCl_3$ 12 Stdn. stehen und erhitzt auf dem Wasserbade bis zur Beendigung der HCl-Entwicklung (CHATTAWAY, Soc. **63**, 1188). Aus β-Naphthol, Benzol und $AlCl_3$ (CH., LEWIS, Soc. **65**, 871). — Wachsartig; schmilzt unscharf, ist bei 45° vollständig geschmolzen (CH.). Kp: 324—325° (MÖ., BE.), 336—337° (korr.) (MICHAEL, BUCHER, Am. **20**, 110). Leicht löslich in Alkohol, Äther, Benzol und Eisessig (MÖ., BE.). Fluoresciert schwach blau (MÖ., BE.). — Bei der Oxydation mit Kaliumpermanganat in alkal. Lösung (MÖ., BE.) oder mit Chromtrioxyd in Eisessig (MI., BU.) entsteht o-Benzoyl-benzoesäure. — Verwendung zur Herstellung einer celluloidartigen Masse: Rheinische Gummi- und Celluloid-Fabrik, D. R. P. 140480; C. **1903** I, 906.

2.3(?)-Dibrom-1-phenyl-naphthalin $C_{16}H_{10}Br_2 = C_{10}H_5Br_2 \cdot C_6H_5$. *B*. Aus 4 g 2.3.4-Tribrom-1-phenyl-naphthalin (s. u.) beim Kochen mit 250 ccm Eisessig und 25 g Zinkstaub (STRAUS, A. **342**, 237). — Krystalle (aus Alkohol). F: 111—111,5°.

2.3.4-Tribrom-1-phenyl-naphthalin $C_{16}H_9Br_3 = C_{10}H_4Br_3 \cdot C_6H_5$. *B*. Aus 2 g Diphenyldiacetylen in 25 ccm Eisessig beim Eingießen in überschüssiges Brom unter Kühlung (STRAUS, A. **342**, 198, 233; vgl. HOLLEMAN, B. **20**, 3082). — Farblose Krystallkörner (aus Essigester). F: 151° (ST.). — Liefert bei der Reduktion mit Natriumamalgam und Alkohol 1-Phenyl-naphthalin, mit Zinkstaub und Eisessig Dibrom-1-phenyl-naphthalin (s. o.) (ST.).

1 oder 2-[4-Nitro-phenyl]-naphthalin $C_{16}H_{11}O_2N = C_{10}H_7 \cdot C_6H_4 \cdot NO_2$ s. u. No. 5.

4. **2-Phenyl-naphthalin**, β-*Phenyl-naphthalin* $C_{16}H_{12} = C_{10}H_7 \cdot C_6H_5$. *B*. Entsteht neben der 10-fachen Menge a-Phenyl-naphthalin beim Eintragen von festem Benzoldiazoniumchlorid in geschmolzenes und mit $AlCl_3$ versetztes Naphthalin (MÖHLAU, BERGER, B. **26**, 1198). Neben Diphenyl und $\beta.\beta$-Dinaphthyl beim Überleiten eines Gemenges von Brombenzol und überschüssigem Naphthalin über glühenden Natronkalk (SMITH, B. **12**, 2050). Bei 12-stdg. Kochen von 1 Mol.-Gew. β-Chlor-naphthalin mit $1^1/_4$ Mol.-Gew. Chlorbenzol, Xylol, Natrium und ($^1/_{20}$ vom Gewicht des $C_{10}H_7Cl$) trockenem Essigester (CHATTAWAY, LEWIS, Soc. **65**, 871). Beim Erhitzen von Chrysochinon mit Natronkalk (GRAEBE,

B. **6**, 66; E. SCHMIDT, *J. pr.* [2] **9**, 285) im Vakuum (BAMBERGER, CHATTAWAY, *B.* **26**, 1748).
Beim Erhitzen von Chrysensäure mit der 10-fachen Menge Kalkhydrat unter höchstens 40
bis 50 mm Druck (BA., CH.). Beim Erhitzen von α-Oxy-β-phenyl-propionsäure mit verdünnter
Schwefelsäure auf 200° (ERLENMEYER, *B.* **13**, 304; v. MILLER, ROHDE, *B.* **23**, 1078 Anm.).
Bei kurzem Kochen von Phenylglykol $C_6H_5 \cdot CH(OH) \cdot CH_2 \cdot OH$ mit verdünnter Schwefelsäure
(BREUER, ZINCKE, *B.* **11**, 1404; *A.* **226**, 23; Z., *A.* **240**, 137). Aus Phenylacetaldehyd beim
Kochen mit Schwefelsäure, die mit dem gleichen Volumen Wasser verdünnt ist (BR., Z.,
B. **11**, 1402; *A.* **226**, 48; Z., *A.* **240**, 137; vgl. VOLHARD, *A.* **296**, 29) oder bei 3-stdg. Er-
hitzen von 1 Tl. Aldehyd mit 2 Tln. Salzsäure und 30 Tln. Wasser auf 170—180° (AUWERS,
KEIL, *B.* **36**, 3910). Bei 5-stdg. Kochen des 3-Phenyl-cumarans mit der 10-fachen Menge
Jodwasserstoffsäure (D: 1,7); daneben entstehen Phenol und ein Phenol $C_{14}H_{14}O$ (s. bei
3-Phenyl-cumaran, Syst. No. 2370) (STOERMER, REUTER, *B.* **36**, 3985; ST., KIPPE, *B.* **36**,
4008). Aus ω-Phenoxy-styrol und Jodwasserstoffsäure (ST., KI., *B.* **36**, 4010). — Scheint
einen Bestandteil des Steinkohlenteers zu bilden (FITTIG, *B.* **5**, 806). — *Darst.* Man läßt ein
Gemisch aus gleichen Mengen Brombenzol und Naphthalin in eine mit Bimsstein gefüllte
Röhre tropfen, die auf Hellrotglut erhitzt ist, fraktioniert das Destillat, wäscht es mit siedendem
Petroläther und nimmt das Phenylnaphthalin in kochendem, verdünntem Alkohol auf, wobei
β.β-Dinaphthyl zurückbleibt (SMITH, TAKAMATSU, *Soc.* **39**, 547). Man mischt, ohne abzu-
kühlen, 80 g H_2SO_4 mit 48 g Wasser und gießt die heiße Säure in die Lösung von 5 g Phenyl-
glykol in 10 g Wasser; das Gemisch wird einige Minuten lang gekocht, dann in Wasser ge-
gossen und der gebildete Niederschlag wiederholt aus Alkohol umkrystallisiert (ZINCKE,
BREUER, *A.* **226**, 24). — Blättchen (aus Alkohol). F: 101—101,5° (BR., Z., *B.* **11**, 1404;
A. **226**, 25), 101—102° (SM., T.; MÖ., BE.; VO.; ST., KI.), 101,5° (CH., L.), 102—102,5°
(BAM., CH.). Sublimierbar (SM.; SM., T.). Kp: 345—346° (korr.) (BR., Z., *B.* **11**, 1404; *A.*
226, 25; CH., L.), 346—347° (VO.). Mit Wasserdämpfen flüchtig (BR., Z., *B.* **11**, 1404;
MÖ., BE.; CH., L.). Leicht löslich in Benzol und Eisessig (Z., BR., *A.* **226**, 25; MÖ., BE.),
weniger leicht in heißem Alkohol, Äther, Chloroform (CH., L.). Die Krystalle des 2-Phenyl-
naphthalins besitzen eine blaue Fluorescenz (SM.; SM., T.). Die Dämpfe riechen pomeranzen-
ähnlich (SM.). — Chromsäuregemisch wirkt langsam ein und liefert Benzoesäure (Z., BR.,
A. **226**, 28, 51), mit Chromsäure und Essigsäure wird aber leicht 2-Phenyl-naphthochinon-(1.4)
(Syst. No. 682) erhalten (BR., Z.; Z., BR.; vgl. VO.). Einw. von rauchender Salpetersäure:
E. SCHMIDT, *J. pr.* [2] **9**, 286. Brom wirkt substituierend (Z., BR., *A.* **226**, 27; SM.).
— Verwendung zur Herstellung einer celluloidähnlichen Masse: Rheinische Gummi- und
Celluloid-Fabrik, D. R. P. 140480; *C.* **1903** I, 906.

1 oder 2-[4-Nitro-phenyl]-naphthalin $C_{16}H_{11}O_2N = C_{10}H_7 \cdot C_6H_4 \cdot NO_2$ s. u. Nr. 5.

5. Derivat des *1-Phenyl-naphthalins* oder des *2-Phenyl-naphthalins* $C_{16}H_{12} =$
$C_{10}H_7 \cdot C_6H_5$.

1- oder 2-[4-Nitro-phenyl]-naphthalin $C_{16}H_{11}O_2N = C_{10}H_7 \cdot C_6H_4 \cdot NO_2$. *B.* Bei allmählichem Eintragen von Eisessig in das Gemisch aus p-Nitro-isodiazobenzol-natrium und
geschmolzenem Naphthalin (KÜHLING, *B.* **29**, 168). — Hellorangefarbene Nädelchen (aus
Alkohol). F: 129°. Schwer löslich in kaltem Alkohol, leicht in Äther.

6. *3-Benzal-inden, 3-Benzyliden-inden* $C_{16}H_{12} = C_6H_4 \Big\langle \begin{array}{c} C:CH \cdot C_6H_5 \\ CH \\ CH \end{array}$. *B.* Entsteht neben 1-[α-Oxy-benzyl]-3-benzal-inden (Syst. No. 546) aus Benzaldehyd und Inden (S. 515)
durch methylalkoholisches Kali (THIELE, *B.* **33**, 3398). — Gelbe Blätter (aus Alkohol). F: 88°;
löslich in viel konz. Schwefelsäure mit gelbstichig-grüner Farbe (TH.). — Wird durch Aluminiumamalgam in wäßr. Äther zu 1-Benzyl-inden (S. 678) reduziert (TH., BÜHNER, *A.* **347**, 260).

7. *Derivat eines Dihydropyrens* $C_{16}H_{12}$.

Dibrompyrendibromid $C_{16}H_8Br_4$. *B.* Man setzt Pyren einer längeren Einw. von
Bromdämpfen aus (GRAEBE, *A.* **158**, 294). — Gelbliche Nadeln (aus Nitrobenzol). Fast unlöslich in Alkohol, Äther und Benzol; ziemlich reichlich löslich in Nitrobenzol und Anilin.

8. „*m-Dimethylanthra-
cylen*" $C_{16}H_{12} =$

B. Bei 6-stdg. Kochen von 5 g
1.3-Dimethyl-anthrachinon mit 30 g
Zinkstaub und 200 ccm konz. wäßr.
Ammoniak unter Zusatz von ammoniakalischer Kupfercarbonatlösung
(ELBS, *J. pr.* [2] **41**, 15). — Blätt-
chen. F: 85°. Leicht löslich in Eisessig, ziemlich schwer in kaltem Alkohol. — Verbindung mit Pikrinsäure s. Syst. No. 523.

Dibromderivat $C_{16}H_{10}Br_2$. *B.* Durch Einw. von Brom auf eine Lösung von „m-Dimethylanthracylen" in CS_2 (ELBS, *J. pr.* [2] **41**, 19). — Schwefelgelbe Prismen. F: 175° (Zers.). Leicht löslich in CS_2, Aceton, etwas schwerer in Äther, noch schwerer in Alkohol. — Zersetzt sich an der Luft, namentlich im Licht, unter Entwicklung von HBr. Nur die Hälfte des Bromgehalts wird leicht verdrängt, der Rest ist sehr fest gebunden. Scheint beim Erhitzen mit Salpetersäure (D: 1,1) auf 240° Anthrachinon-dicarbonsäure-(1.3) zu liefern.

9. **„p-Dimethylanthra-cylen"** $C_{16}H_{12} =$ (?)

B. Beim Behandeln von 1.4-Dimethyl-anthrachinon mit Zinkstaub und konz. wäßr. Ammoniak, wie bei No. 8 (S. 688) (ELBS, *J. pr.* [2] **41**, 28). — Hellgelbe Blättchen (aus Alkohol). F: 63°. — Verbindung mit Pikrinsäure s. Syst. No. 523.

10. **Kohlenwasserstoff** $C_{16}H_{12}$ $\left(\text{vielleicht } C_6H_4\underset{CH:CH}{\overset{CH:CH}{<}}{>}C_6H_4\right)$. *B.* Bei der Einw. von Natrium auf ein Gemisch von m-Xylylen-dibromid und Brombenzol (PELLEGRIN, *R.* **18**, 462). — Nadeln (aus Alkohol-Äther). F: 191°. Kp_{12}: 260°. Sehr leicht löslich in Äther, schwerer in Alkohol, Benzol und Schwefelkohlenstoff. — Addiert Brom.

11. **Pseudophenanthren** $C_{16}H_{12}$. *Darst.* Wurde aus einem aus Steinkohlenteer dargestellten Rohanthracen erhalten (ZEIDLER, *A.* **191**, 288, 295). Das acridinfreie Rohanthracen wurde mit Essigäther extrahiert, die filtrierte Lösung verdunstet und der Rückstand erst mit 40-grädigem Alkohol und dann mit Benzol erwärmt; der darin nach dem Erkalten ungelöste Rückstand wurde mit einer unzureichenden Menge heißem Benzol behandelt, die filtrierte Benzollösung mit einer heiß gesättigten Lösung von Pikrinsäure in Benzol versetzt, die zuerst ausfallenden Krystallisationen mit Ammoniak zerlegt, der Kohlenwasserstoff in Alkohol gelöst und kalt mit Pikrinsäure gefällt; die so erhaltene Verbindung mit Pikrinsäure gab nach Zersetzung durch Ammoniak den reinen Kohlenwasserstoff. — Glänzende, nicht fluorescierende Blätter. F: 115°. — Gibt bei der Oxydation mit CrO_3 und Eisessig ein gelbes Chinon, das bei 170° schmilzt und schlecht sublimiert in Alkohol und besonders in Benzol, schon in der Kälte, sehr löslich ist. — Verbindung mit Pikrinsäure s. Syst. No. 523.

12. **Kohlenwasserstoff** $C_{16}H_{12}$[1]) **aus Carminsäure** (Syst. No. 4866). *B.* Beim Erhitzen von Ruficoccin $C_{16}H_{10}O_6$ (Syst. No. 4866) mit Zinkstaub oder durch gleiche Behandlung des Niederschlags, der entsteht, wenn die bei der Darstellung von Ruficoccin als Nebenprodukt auftretende Verbindung $C_{33}H_{20}O_{13}$ (?) (Syst. No. 4866) 5—6 Stdn. mit wäßr. Barythydrat auf 180° erhitzt und der Rohrinhalt mit Salzsäure versetzt wird (LIEBERMANN, VAN DORP, *A.* **163**, 112). Beim Glühen von Carminsäure oder Coccinin (Syst. No. 4866) mit Zinkstaub (FÜRTH, *B.* **16**, 2169). — Farblose Blättchen. Sublimiert wie Anthracen (L., v. D.). F: 183—188° (L., v. D.), 186° (F.). In Äther, Alkohol und Benzol viel leichter löslich als Anthracen (L., v. D.). — Gibt beim Kochen mit CrO_3 und Eisessig ein Chinon, das in hellgelben Nadeln sublimiert und bei 250° schmilzt (L., v. D.). — Verbindung mit Pikrinsäure s. Syst. No. 523.

3. Kohlenwasserstoffe $C_{17}H_{14}$.

1. **1.3-Diphenyl-cyclopentadien-(1.3)** $C_{17}H_{14} = \begin{smallmatrix} C_6H_5 \cdot C - CH \\ \| \quad \quad \| \\ HC - CH \end{smallmatrix} C \cdot C_6H_5$. *B.* Aus 1-Phenyl-cyclopenten-(1)-on-(3) und Phenylmagnesiumbromid in Äther (BORSCHE, MENZ, *B.* **41**, 209). — Gelbliche Nadeln (aus heißem Alkohol). F: 156°. Löslich in Essigester und Benzol, sonst schwer löslich. Die Lösungen zeigen stark blaue Fluorescenz. Die rote Lösung in Schwefelsäure fluoresciert intensiv dunkelblau; sie wird durch Wasser grün und scheidet bei weiterem Verdünnen den Kohlenwasserstoff ab. Dieser färbt sich mit trocknem Chlorwasserstoff zunächst grün, dann rotbraun und zerfließt. Die äther. Lösung gibt mit $FeCl_3$ einen schwarzbraunen Niederschlag.

2. **1-Benzyl-naphthalin, α-Benzyl-naphthalin, Phenyl-α-naphthyl-methan** $C_{17}H_{14} = C_{10}H_7 \cdot CH_2 \cdot C_6H_5$. *B.* Beim Erwärmen eines Gemenges von Benzylchlorid und Naphthalin mit Zinkstaub (FROTÉ, *C. r.* **76**, 639; *J.* **1873**, 390). Beim Destillieren von Phenyl-

---

[1]) Nach dem Literatur-Schlußtermin der 4. Auflage dieses Handbuches [1. I. 1910] wurde dieser Kohlenwasserstoff als Gemisch von Anthracen und α-Methyl-anthracen erkannt (DIMROTH, *A.* **399**, 9, 34).

α-naphthyl-carbinol oder von Phenyl-di-α-naphthyl-carbinol $(C_{10}H_7)_2CH(OH) \cdot C_6H_5$ mit Zinkstaub (ELBS, STEINICKE, *J. pr.* [2] **35**, 504). Entsteht neben Phenyl-di-α-naphthyl-benzoylmethan beim Behandeln von Phenyl-α-naphthyl-keton mit Zink und alkoh. Salzsäure (E., ST.). — *Darst.* Man übergießt ein Gemisch von 20 Tln. Zinkstaub und 140 Tln. Naphthalin mit 100 Tln. Benzylchlorid, befördert den Eintritt der Reaktion durch gelindes Erwärmen und destilliert das erhaltene Öl; was über 310⁰ übergeht, wird abgepreßt, wiederum destilliert und das bei 340—350⁰ Siedende für sich gesammelt, abgepreßt und aus Alkohol-Äther oder aus Alkohol-Schwefelkohlenstoff umkrystallisiert (MIQUEL, *Bl.* [2] **26**, 2). Man erhitzt 200 g Naphthalin mit 100 g Benzylchlorid und 50 g geschmolzenem und gepulvertem $ZnCl_2$ $1^1/_2$ Stdn. auf 125⁰, gießt die flüssige Masse ab, destilliert sie und krystallisiert aus siedendem Alkohol; von dem in sehr geringer Menge mitentstandenem β-Isomeren trennt man das α-Benzylnaphthalin mittels eines feinen Siebes, auf dem das gröber krystallisierende β-Isomere zurückbleibt; schließlich krystallisiert man nochmals aus Alkohol um (ROUX, *A. ch.* [6] **12**, 326). — Krystallisiert aus Alkohol in Blättchen (R.), aus anderen Lösungsmitteln (Äther, Petroläther) in Prismen (M.; R.). F: 58,5⁰ (E., ST.), 58,6⁰ (M.), 59⁰ (R.). Kp: 350⁰ (R.). D^{17}: 1,166 (M.); D^0: 1,165⁰ (R.). Löslich in 60 Tln. Alkohol bei 15⁰ (R.). Löslich in 30 Tln. kochendem Alkohol, in 2 Tln. kaltem Äther oder CS_2 (M.). Löslich in Chloroform, Benzol (M.; R.). — Beim Durchleiten durch ein glühendes Rohr entsteht Isochrysofluoren (S. 695) (GRAEBE, *B.* **27**, 953). Bei der Oxydation mit Chromsäuregemisch entsteht Benzoesäure (R.). Liefert bei der Oxydation mit verdünnter Salpetersäure Phenyl-α-naphthyl-keton (R.). — Verwendung zur Darstellung einer celluloidähnlichen Masse: Rheinische Gummi- u. Celluloid-Fabrik, D. R. P. 140480; *C.* **1903** I, 906. — Verbindung mit Pikrinsäure s. Syst. No. 523.

x-Brom-[α-benzyl-naphthalin] $C_{17}H_{13}Br$. *B.* Durch Eintragen von Brom in eine Lösung von α-Benzyl-naphthalin in CS_2 (MIQUEL, *Bl.* [2] **26**, 4). — Sirupförmig.

x.x.x-Trinitro-[α-benzyl-naphthalin] $C_{17}H_{11}O_6N_3 = C_{17}H_{11}(NO_2)_3$. *B.* Durch Eintragen von α-Benzyl-naphthalin in rauchende Salpetersäure unter Kühlung (MIQUEL, *Bl.* [2] **26**, 5). — Amorph. Löslich in Äther und Essigsäure.

3. 2-Benzyl-naphthalin, β-Benzyl-naphthalin, Phenyl-β-naphthyl-methan $C_{17}H_{14} = C_{10}H_7 \cdot CH_2 \cdot C_6H_5$. *Darst.* Man erhitzt ein Gemisch aus 2 Tln. Naphthalin und 1 Tl. Benzylchlorid eine Stunde auf 160⁰ und trägt $AlCl_3$ in sehr kleinen Anteilen ein (ROUX, *A. ch.* [6] **12**, 326); man gießt das Reaktionsgemisch in heißes Wasser, trocknet und destilliert die erstarrte Masse, die neben den beiden Benzylnaphthalinen stets Dinaphthyl enthält (VINCENT, ROUX, *Bl.* [2] **40**, 165), und trennt vom α-Benzyl-naphthalin durch zweimalige Krystallisation des Destillats aus siedendem Alkohol. — Prismen (aus Alkohol); monoklin; F: 35,5⁰; Kp: 350⁰; D^0: 1,176; löslich bei 15⁰ in 44 Tln. gewöhnlichem Alkohol; sehr leicht löslich in Benzol und siedendem Alkohol (ROUX). — Beim Durchleiten durch ein glühendes Rohr entsteht Chrysofluoren (S. 695) (GRAEBE, *B.* **27**, 954). β-Benzyl-naphthalin liefert bei der Oxydation mit verd. Salpetersäure Phenyl-β-naphthyl-keton und bei der Oxydation mit Chromsäuregemisch Benzoesäure (ROUX). — Verwendung zur Darstellung einer celluloidähnlichen Masse: Rheinische Gummi- u. Celluloid-Fabrik, D. R. P. 140480; *C.* **1903** I, 906. — Verbindung mit Pikrinsäure s. Syst. No. 523.

4. 1-Methyl-3-benzyliden-inden, 1-Methyl-3-benzal-inden $C_{17}H_{14} =$

$C_6H_4 \big\langle \begin{smallmatrix} C=CH \cdot C_6H_5 \\ CH \\ C=CH_2 \end{smallmatrix}$. *B.* Aus 1 Methyl-inden (S. 520) und Benzaldehyd in Gegenwart von methylalkoholischem Kali (THIELE, BÜHNER, *A.* **347**, 265). — Krystalle (aus Methylalkohol). F: 43—44⁰. — Gibt mit Aluminiumamalgam ein farbloses Öl, wahrscheinlich Methyl-benzylinden. Färbt sich mit konz. Schwefelsäure rotviolett.

5. „Trimethylanthracylen" $C_{17}H_{14} = C_6H_4 \big\langle \begin{smallmatrix} C-CH_2 \\ CH-C_6H(CH_3)_2 \end{smallmatrix}$ (?). *B.* Bei 6-stdg. Kochen von 5 g 1.2.4-Trimethyl-anthrachinon und 30 g Zinkstaub mit 200 ccm konz. wäßr. Ammoniak unter Zusatz von ammoniakalischer Kupfercarbonatlösung (ELBS, *J. pr.* [2] **41**, 124). — Blättchen (aus Alkohol). F: 64⁰. — Verbindung mit Pikrinsäure s. Syst. No. 523.

Dibromderivat $C_{17}H_{12}Br_2$. Weingelbe Prismen (aus Schwefelkohlenstoff) (ELBS, *J. pr.* [2] **41**, 125). F: 105⁰ (Zers.). Schwer löslich in Alkohol. — Verliert leicht HBr.

6. Kohlenwasserstoff $C_{17}H_{14}$ **von ungewisser Konstitution.** *B.* Man läßt sehr langsam 2 Mol.-Gew. Brom in 1 Mol.-Gew. siedendes Cumol tropfen, saugt darauf durch die unter Rückfluß siedende Flüssigkeit einen ziemlich langsamen Strom trockner Luft, bis die HBr-Entwicklung aufgehört hat, und fraktioniert im Vakuum (BOEDTKER, *Bl.* [3] **25**, 849). — Weiße geruchlose Blättchen (sublimiert). F: 211⁰ (korr.). Sublimiert sehr leicht. Kp: oberhalb 300⁰. Ist mit Wasserdämpfen nicht flüchtig. Leicht löslich in Schwefelkohlenstoff, ziemlich in Benzol, Chloroform und Äther, schwer in Eisessig, unlöslich in Alkohol. — Addiert in Schwefelkohlenstofflösung weder Brom noch Jod, wird in Eisessiglösung durch CrO_3 nicht merklich angegriffen, enthält also keine Doppelbindung.

4. Kohlenwasserstoffe $C_{18}H_{16}$.

1. *a.ζ-Diphenyl-a.γ.ε-hexatrien, a.β-Distyryl-äthylen* $C_{18}H_{16} = C_6H_5 \cdot CH:CH \cdot CH:CH \cdot CH:CH \cdot C_6H_5$. *B.* Man erhitzt ein Gemisch von je 1 Mol.-Gew. β-benzyliden-propionsaurem Natrium, Zimtaldehyd und Essigsäureanhydrid 40 Minuten auf 140^0 (SMEDLEY, *Soc.* **93**, 373). — Gelbe Blättchen (aus Aceton oder Chloroform). F: 194^0. Die verdünnten Lösungen in Chloroform oder Aceton fluorescieren blau. Refraktion und Dispersion in Chloroform: SMEDLEY, *Soc.* **93**, 376. — Addiert 6 At.-Gew. Brom.

2. *Diphenylfulvendihydrid* $C_{18}H_{16}$. Struktur des Kohlenstoffskeletts:

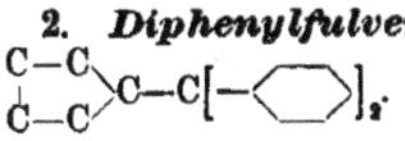

Dibromderivat $C_{18}H_{14}Br_2$. *B.* Aus ω.ω-Diphenyl-fulven (S. 696) in Äther mit der berechneten Menge Bromwasser (THIELE, BALHORN, *A.* **348**, 13). — Schwach gelbliche Täfelchen (aus Äther). F: $102-102,5^0$. Sehr leicht löslich in den meisten Lösungsmitteln, außer in Petroläther. Zersetzt sich an der Luft unter Dunkelfärbung. — Wird durch Aluminiumamalgam zu Diphenylfulven reduziert. Addiert 2 At.-Gew. Brom.

3. *1-Phenäthyl-naphthalin, a-Phenyl-β-[naphthyl-(1)]-äthan, Benzyl-a-naphthyl-methan* $C_{18}H_{16} = C_{10}H_7 \cdot CH_2 \cdot CH_2 \cdot C_6H_5$. *B.* Beim Erhitzen von Benzyl-a-naphthyl-keton mit Jodwasserstoffsäure und Phosphor auf $150-160^0$ (GRAEBE, BUNGENER, *B.* **12**, 1078). — Geht beim Durchleiten durch ein glühendes Rohr in Chrysen $C_{18}H_{12}$ über.

4. *2-Methyl-7-p-tolyl-naphthalin* $C_{18}H_{16} = CH_3 \cdot C_{10}H_6 \cdot C_6H_4 \cdot CH_3$. Zur Konstitution vgl. AUWERS, KEIL, *B.* **36**, 3904. — *B.* Durch zweimaliges, je einen Tag langes Erhitzen von $4^2.4^2$-Dichlor-1-methyl-4-äthyl-benzol mit Wasser auf $170-180^0$ im Einschlußrohr (A., K., *B.* **36**, 1873). Durch Erhitzen von 4^2-Chlor-(oder Brom)-1-methyl-4-vinyl-benzol mit Wasser auf $170-180^0$ (A., K., *B.* **36**, 3909). — Farblose Blättchen (aus Petroläther). F: $140-141^0$; leicht löslich in heißem Ligroin, Eisessig und Benzol, mäßig in heißem Alkohol, Äther und Aceton, schwer in Petroläther und Methylalkohol (A., K., *B.* **36**, 1873).

5. Kohlenwasserstoffe $C_{19}H_{18}$.

1. *β-Methyl-a.ζ-diphenyl-a.γ.ε-hexatrien* $C_{19}H_{18} = C_6H_5 \cdot CH:CH \cdot CH:CH \cdot C(CH_3): CH \cdot C_6H_5$. *B.* Aus Cinnamal-aceton und Benzylmagnesiumchlorid (BAUER, *B.* **38**, 690). — Schwach blau fluorescierende Blättchen (aus Alkohol). F: $115-116^0$. Leicht löslich in Alkohol, Äther, Chloroform.

2. *β-Methyl-γ.ζ-diphenyl-a.γ.ε-hexatrien* $C_{19}H_{18} = C_6H_5 \cdot CH:CH \cdot CH:C(C_6H_5) \cdot C(CH_3):CH_2$. *B.* Man setzt Methylmagnesiumjodid mit a-Phenyl-cinnamalessigsäuremethylester in siedendem Äther um, zersetzt in der üblichen Weise und destilliert das Reaktionsprodukt unter vermindertem Druck (REIMER, REINOLDS, *Am.* **40**, 443). — Krystalle (aus Eisessig). F: $97-98^0$. Leicht löslich in Äther, Chloroform, Benzol, löslich in Ligroin, Eisessig, heißem Alkohol, fast unlöslich in kaltem Alkohol.

6. Kohlenwasserstoffe $C_{20}H_{20}$.

1. *1-Äthyliden-3.5-diphenyl-cyclohexen-(2)* $C_{20}H_{20} = H_2C \underset{CH(C_6H_5) \cdot CH_2}{\overset{C(C_6H_5)=CH}{<}} > C:CH \cdot CH_3$. *B.* Entsteht neben 1-Äthyl-1.3-diphenyl-cyclohexanon-(5) (Syst. No. 654) bei der Einw. von überschüssigem Äthylmagnesiumbromid auf 1.3-Diphenyl-cyclohexen-(3)-on-(5) (KOHLER, *Am.* **37**, 388). — Kp_{22}: 152^0. — Liefert bei der Oxydation mit Kaliumpermanganat in Aceton die β-Phenyl-γ-benzoyl-buttersäure.

2. *9-Phenyl-hexahydroanthracen, 9-Phenyl-anthracenhexahydrid* $C_{20}H_{20} = C_6H_{10} \begin{Bmatrix} C(C_6H_5) \\ CH \end{Bmatrix} C_6H_4$. *B.* Aus Hexahydroanthron (Syst. No. 648) und Phenylmagnesiumbromid nach GRIGNARD (GODCHOT, *A. ch.* [8] **12**, 520). — Grünlichgelbes Öl. Krystallisiert bei -20^0 noch nicht. Kp_{15}: 235^0. Leicht löslich in Äther und Benzol. Die Lösungen fluorescieren blau.

3. *1.2-Diphenyl-tricyclooctan* $C_{20}H_{20} = \begin{matrix} H_2C \cdot CH \cdot CH \cdot CH \cdot C_6H_5 \\ H_2C \cdot CH \cdot CH \cdot CH \cdot C_6H_5 \end{matrix}$. Zur Konstitution
vgl.: WILLSTÄTTER, VERAGUTH, *B.* **38**, 1976; DÖBNER, *B.* **40**, 146; Dö., G. SCHMIDT, *B.*
40, 148. — *B.* Entsteht neben anderen Produkten durch Erhitzen von Cinnamalessigsäure
(Dö., *B.* **35**, 2137) oder von Allocinnamalessigsäure (Syst. No. 950) (Dö., STAUDINGER, *B.*
36, 4322) mit der 3-fachen Menge entwässertem Bariumhydroxyd. Durch Erhitzen von
Cinnamalmalonsäure (F: 208°) oder· von 2.4-Diphenyl-cyclobutan-1.3-bis-[methylenmalon-
säure] $\begin{matrix} C_6H_5 \cdot CH - CH \cdot CH : C(CO_2H)_2 \\ (HO_2C)_2C : CH \cdot CH - CH \cdot C_6H_5 \end{matrix}$ (F: ca. 178°) (Syst. No. 1032) mit der 4-fachen
Menge Ba(OH)$_2$ (Dö., SCH.). — Gelbgrünes, blau fluorescierendes Öl von angenehmem
Geruch. Kp$_{10-13}$: 204—206° (Dö., ST.). D$^{11.5}$: 1,018 (Dö., *B.* **35**, 2137). — Brom wird nicht
addiert (Dö., *B.* **40**, 150), dagegen wirkt es ohne Verdünnungsmittel auf den Kohlenwasserstoff unter HBr-Entwicklung ein (Dö., ST.). Wird von Kaliumpermanganat nicht angegriffen (Dö., *B.* **40**, 150).

4. *Bis-[phenylbutadien]* $C_{20}H_{20}$.
Konstitution vielleicht: $\begin{matrix} C_6H_5 \cdot CH \cdot CH \cdot CH_2 \\ C_6H_5 \cdot CH : CH \cdot CH \cdot CH \cdot CH_2 \end{matrix}$ oder $\begin{matrix} C_6H_5 \cdot CH \longrightarrow CH \\ \quad | \qquad CH_2 \\ \quad CH_2 \\ CH \longrightarrow CH \cdot CH : CH \cdot C_6H_5 \end{matrix}$

(RIIBER, *B.* **37**, 2273). — *B.* Aus α-Phenyl-α.γ-butadien durch 3-stdg. Erhitzen auf 250°
(LIEBERMANN, RIIBER, *B.* **35**, 2697) oder durch Erhitzen auf 150—155° im Wasserstoffstrome
und nachfolgende Destillation im Vakuum (R.) oder durch Kochen mit Pyridin (VON DER
HEIDE, *B.* **37**, 2103). Bei der Destillation von Allocinnamalessigsäure (Syst. No. 950) mit
Chinolin (DÖBNER, STAUDINGER, *B.* **36**, 4325). — Hellgelbes Öl. Erstarrt in einer
Kältemischung (D., ST.). Kp$_{17}$: 221° (L., R.), 217—220° (D., ST.); Kp$_{10}$: 205° (v. D. H.).
D$^{20}_4$: 1,0325 (L., R.). n$_D^{20}$: 1,6016 (L., R.). — Gibt bei der Oxydation mit Kaliumpermanganat
in Acetonlösung Benzoesäure und 4-Phenyl-cyclobutan-tricarbonsäure-(1.2.3) (D., ST.). Mit Brom
in Chloroform oder CS$_2$ entsteht die Verbindung $C_{20}H_{19}Br_3$ (s. u.) (D., ST.; R.).

Verbindung $C_{20}H_{19}Br_3$. *B.* Aus Bis-[phenylbutadien] und Brom in Chloroform
(DÖBNER, STAUDINGER, *B.* **36**, 4325) oder CS$_2$ (RIIBER, *B.* **37**, 2276). — Nadeln (aus heißem
Benzol oder Chloroform). F: 223° (Zers.) (R.), 213—214° (D., ST.), 203—204° (v. D. HEIDE,
B. **37**, 2103). Kaum löslich in Wasser, sehr wenig in Äther, Eisessig, schwer in siedendem
Alkohol, Aceton, hochsiedendem Ligroin, löslich in siedendem Benzol und Chloroform (R.).

7. **9-Benzyl-hexahydroanthracen, 9-Benzyl-anthracenhexahydrid** $C_{21}H_{24}$
$= C_6H_{10} \begin{Bmatrix} C(CH_2 \cdot C_6H_5) \\ CH \end{Bmatrix} C_6H_4$. *B.* Aus Benzyloktahydroanthranol
$C_6H_{10} \begin{matrix} CH(CH_2 \cdot C_6H_5) \\ CH(OH) \end{matrix} {>} C_6H_4$ beim Destillieren, oder besser durch 1-stdg. Erhitzen mit entwässertem Kaliumdisulfat (GODCHOT, *Bl.* [4] **1**, 125; *A. ch.* [8] **12**, 514). Aus Benzyl-
magnesiumchlorid und Hexahydroanthron (Syst. No. 648) nach GRIGNARD (G., *Bl.* [4]
1, 127; *A. ch.* [8] **12**, 517). — Flüssig. Erstarrt bei −20° noch nicht. Kp$_{20}$: 255—258°.
Unlöslich in Wasser, löslich in Alkohol, Benzol, Äther mit blauer Fluorescenz. — Verbindung mit Pikrinsäure s. Syst. No. 523.

8. **9.10-Diisoamyliden-9.10-dihydro-anthracen, 9.10-Diisoamyliden-
anthracen-dihydrid-(9.10)** $C_{24}H_{28} = C_6H_4 \begin{matrix} C(:C_5H_{10}) \\ C(:C_5H_{10}) \end{matrix} C_6H_4$. *B.* Aus 9.10-Dioxy-
9.10-diisoamyl-anthracen-dihydrid-(9.10) in Eisessig durch konz. Schwefelsäure (JÜNGER-
MANN, *B.* **38**, 2872). — Gelbe Prismen (aus Alkohol). F: 103—108°. Löslich in organischen
Lösungsmitteln mit blauer Fluorescenz. Beim Kochen mit Jodwasserstoffsäure entsteht
Diisoamylanthracen.

9. **Pertusaren** $C_{60}H_{100}$. *V.* In Pertusaria communis, neben Pertusarin $C_{20}H_{30}O_2$ (Syst.
No. 4864), Pertusaridin [atlasglänzende Blätter; F: 242°], Pertusarsäure und Cetrarsäure
(Syst. No. 4864) (HESSE, *J. pr.* [2] **58**, 505). — Blättchen (aus heißem Chloroform). F: 286°.
Destilliert anscheinend unzersetzt. Ziemlich löslich in heißem Chloroform, sonst kaum lös-
lich. Unlöslich in Alkalien und Säuren.

M. Kohlenwasserstoffe $C_n H_{2n-22}$.

1. Kohlenwasserstoffe $C_{16}H_{10}$.

1. Diphenyl-butadiin, Diphenyldiacetylen $C_{16}H_{10} = C_6H_5 \cdot C\vdots C \cdot C\vdots C \cdot C_6H_5$. *B.*
Aus Phenylacetylen-Kupfer beim Schütteln mit Luft in Gegenwart von alkoh. Ammoniak
(GLASER, *A.* **154**, 159). Beim Schütteln von Phenylacetylen-Kupfer mit einer alkal. Ferricyankaliumlösung (BAEYER, LANDSBERG, *B.* **15**, 57). Durch Einw. von trocknem Sauerstoff
auf Phenylacetylenylmagnesiumbromid $C_6H_5 \cdot C\vdots C \cdot MgBr$ (MOUREU, *A. ch.* [8] **7**, 545). —
Darst. Man verreibt 20 g Phenylacetylen-Kupfer mit 80 g Ferricyankalium, 12,5 g KOH und
250 ccm Wasser, saugt ab, den entstandenen Niederschlag ab, wäscht ihn und extrahiert ihn
noch feucht viermal mit heißem Aceton (STRAUS. *A.* **342**, 224). Man erwärmt 30 g phenylpropiolsaures Kupfer mit 100 ccm Pyridin gelinde auf dem Wasserbade, gibt nach $^3/_4$-stdg.
Stehen auf dem Wasserbade Äther hinzu, filtriert die Lösung vom gleichzeitig entstandenen
Phenylacetylen-Kupfer ab, befreit das äther. Filtrat vom Pyridin, trocknet die Lösung und
verdampft den Äther (ST., *A.* **342**, 224). Unreines Diphenylbutadiin wird am besten aus
Eisessig, reineres aus Methylalkohol umkrystallisiert (ST., *A.* **342**, 224). — Nadeln (aus 50 %-
igem Alkohol); F: 88° (HOLLEMAN, *B.* **20**, 3081), 87° (M., *A. ch.* [8] **7**, 545), 86—87° (ST.).
Leicht löslich in Alkohol und Äther (G.). Molekular-Refraktion in Benzollösung: M., *C. r.*
141, 894; *Bl.* [3] **35**, 38; *A. ch.* [8] **7**, 545). — Gibt bei der Einw. von Natriumamalgam auf
die alkoh. Lösung $\alpha.\delta$-Diphenyl-β-butylen (ST.). Liefert beim Erhitzen mit frisch verkupfertem
Zinkstaub in Alkohol unter Lichtabschluß je nach der Länge des Erhitzens cis-$\alpha.\delta$-Diphenyl-
butenin (S. 687) oder cis-cis-$\alpha.\delta$-Diphenyl-$\alpha.\gamma$-butadien (S. 676) (ST.). Liefert mit Brom je
nach seiner Menge, Verdünnung und der Art des Lösungsmittels ein Dibromid (S. 687), ein
Gemenge diastereoisomerer Tetrabromide (S. 677) oder 2.3.4-Tribrom-1-phenyl-naphthalin
(S. 687) (ST.). Wird von konz. Schwefelsäure in gelinder Wärme verkohlt (G.).
Verbindung mit Pikrinsäure s. Syst. No. 523.

Phenyl-[2-nitro-phenyl]-butadiin, Phenyl-[2-nitro-phenyl]-diacetylen $C_{16}H_9O_2N$
$= O_2N \cdot C_6H_4 \cdot C\vdots C \cdot C\vdots C \cdot C_6H_5$. *B.* Man löst 2-Nitro-phenyl-acetylen und Phenylacetylen in
Alkohol, fällt die Lösung mit ammoniakalischer Kupferchlorürlösung und behandelt den
Niederschlag mit Kalilauge und Kaliumferricyanid (BAEYER, LANDSBERG, *B.* **15**, 58). —
Gelbe Blättchen (aus Alkohol). Sintert bei 145° und schmilzt bei 154—155°. Ziemlich
leicht löslich in Alkohol und Äther, sehr leicht in CHCl₃. Löst sich in konz. Schwefel-
säure mit braunroter Farbe; Wasser fällt aus dieser Lösung eine rote amorphe Masse, die sich
nicht in Indigo oder eine verwandte Substanz überführen läßt.

Bis-[2-nitro-phenyl]-butadiin, Bis-[2-nitro-phenyl]-diacetylen $C_{16}H_8O_4N_2 = O_2N \cdot$
$C_6H_4 \cdot C\vdots C \cdot C\vdots C \cdot C_6H_4 \cdot NO_2$. *B.* Man oxydiert die feuchte Kupferverbindung von 1 Tl. 2-Nitro-
phenyl-acetylen mit einer Lösung von 2,25 Tln. Kaliumferricyanid und 0,38 Tln. KOH in
9 Tln. Wasser (BAEYER, *B.* **15**, 51; Bad. Anilin- u. Sodaf., *D. R. P.* 19266; *Frdl.* **1**, 136).
— Goldgelbe Nadeln (aus CHCl₃). Schmilzt unter Zersetzung bei 212° (B.). Fast unlöslich
in kaltem Alkohol und Äther, sehr schwer löslich in heißem Alkohol, löslich in CHCl₃ und Nitrobenzol (B.). — Wird von Schwefelsäure in das Isatogen (Syst. No. 4641) umgelagert (B.).
Wird von Schwefelammonium- oder alkalischer Disulfitlösung selbst beim Kochen nicht angegriffen (B.). Mit Eisenvitriol und konz. Schwefelsäure tritt Reduktion zu Indoin $C_{32}H_{20}O_5N_4$
(Syst. No. 950) ein (B.; Bad. Anilin- u. Sodaf.).

2. Pyren $C_{16}H_{10} =$

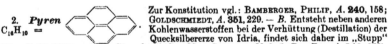

Zur Konstitution vgl.: BAMBERGER, PHILIP, *A.* **240**, 158;
GOLDSCHMIEDT, *A.* **351**, 229. — *B.* Entsteht neben anderen
Kohlenwasserstoffen bei der Verhüttung (Destillation) der
Quecksilbererze von Idria, findet sich daher im „Stupp"
(Go., *B.* **10**, 2027) und im „Stuppfett" (Go., M. v. SCHMIDT, *M.* **2**, 7; BA., PH., *A.* **240**, 160).
[Über die Zusammensetzung des Stuppfetts s. Go., v. SCH.] Entsteht bei der Destillation
der Steinkohle und findet sich neben Chrysen $C_{18}H_{12}$ in den letzten Anteilen, welche bei der
Destillation des Steinkohlenteers bis zur Koksbildung übergehen (GRAEBE, *B.* **158**, 285). Bei
der destruktiven Destillation von Braunkohlenteeröl (SCHULTZ, WÜRTH, *C.* **1905** I, 1444).
Aus Thebenol (Syst. No. 2407) durch Destillation über Zinkstaub oder Behandlung mit Jodwasserstoffsäure und Phosphor (FREUND, MICHAELIS, *B.* **30**, 1357, 1383). Neben Thebenidin
durch Destillieren von Thebenin (Syst. No. 1870) im Wasserstoffstrom über Zinkstaub (VON
GERICHTEN, *B.* **34**, 768). — *Darst.* Man behandelt die festen Kohlenwasserstoffe, die aus den
höchstsiedenden Anteilen des Steinkohlenteers gewonnen werden, mit Schwefelkohlenstoff,
welcher Pyren aufnimmt und das Chrysen zurückläßt. Man verdunstet den CS₂, löst den Rückstand in Alkohol und versetzt die kalte Lösung mit einer kalten alkoh. Pikrinsäurelösung.
Es scheidet sich das Pyrenpikrat aus. Man filtriert es ab, wäscht es mit Alkohol, zerlegt es

durch Erwärmen mit NH_3 und krystallisiert den Kohlenwasserstoff nach dem Waschen mit Wasser wiederholt aus Alkohol um (GR.). — Hellgelbe Tafeln oder Blättchen durch Krystallisieren aus Lösungsmitteln oder durch Sublimation (Go., *A.* **351**, 225). Monoklin prismatisch (HINTZ, *B.* **10**, 2143; BRUGNATELLI, *A.* **240**, 164; vgl. *Groth, Ch. Kr.* **5**, 437). F: 149—150° (Go., *A.* **351**, 225), 148—149° (H.). Sublimierbar (GR.; Go., *A.* **351**, 225). Siedet unzersetzt weit oberhalb 360° (GR.). 100 Tle. absoluter Alkohol lösen bei 16° 1,37 Tle. und bei Siedehitze 3,08 Tle.; 100 Tle. Toluol lösen bei 18° 16,54 Tle. (v. BECHI, *B.* **12**, 1978). Sehr leicht löslich in CS_2, Äther, Benzol (GR.) und in heißem Toluol (v. BE.). Die Lösungen des Pyrens zeigen eine blaue Fluorescenz (Go., *A.* **351**, 225). — Liefert bei der Oxydation mit Chromsäuregemisch Pyrenchinon $C_{16}H_8O_2$ (Syst. No. 683) und Pyrensäure $C_{13}H_8O(CO_2H)_2$ (Syst. No. 1345) (BA., PH.). Behandelt man Pyren zunächst in der Kälte, dann unter Erwärmen bis auf 250° mit Chlor und erhitzt das Reaktionsprodukt mit viel $SbCl_5$ bis schließlich auf 360°, so erhält man Tetrachlorkohlenstoff, eine Verbindung $C_{16}Cl_{10}$ (S. 686) und eine Verbindung $C_{14}Cl_{10}$ (S. 674) (MERZ, WEITH, *B.* **16**, 2879).

Verbindung mit Pikrinsäure s. Syst. No. 523.

Chlorpyren $C_{16}H_9Cl$. *B.* Beim Einleiten von Chlor in eine Lösung von Pyren in $CHCl_3$ (GOLDSCHMIEDT, WEGSCHEIDER, *M.* **4**, 238). — Goldgelbe Nadeln. F: 118—119°. Sehr leicht löslich in Äther, $CHCl_3$, CS_2 und Benzol, leicht in Alkohol und Essigäther, in warmem Petroläther oder Eisessig. Löst sich in konz. Schwefelsäure mit veilchenblauer Fluorescenz.

Verbindung mit Pikrinsäure s. Syst. No. 523.

α-Dichlorpyren $C_{16}H_8Cl_2$. *B.* Beim Einleiten von Chlor in eine Lösung von Pyren in $CHCl_3$ (GOLDSCHMIEDT, WEGSCHEIDER, *M.* **4**, 238). — Schwefelgelbe Nadeln. F: 154—156°. Sehr löslich in CS_2, leicht in Äther, $CHCl_3$, Benzol, Petroläther, Essigester und heißem Eisessig, schwer in Alkohol. Die alkoh. Lösung fluoresciert blau, alle anderen grün. Löst sich bei starkem Erhitzen in konz. Schwefelsäure mit veilchenblauer Fluorescenz. — Liefert beim Glühen mit Kalk Pyren. Verbindet sich nicht mit Pikrinsäure.

β-Dichlorpyren $C_{16}H_8Cl_2$. *B.* Beim Einleiten von Chlor in eine Lösung von Pyren in Chloroform (GOLDSCHMIEDT, WEGSCHEIDER, *M.* **4**, 238). — Nicht rein erhalten. F: 194° bis 196° (?). Ziemlich schwer löslich in Alkohol und Eisessig, etwas leichter in $CHCl_3$.

Trichlorpyren $C_{16}H_7Cl_3$. *B.* Beim Einleiten von Chlor in eine Lösung von Pyren in Chloroform (GOLDSCHMIEDT, WEGSCHEIDER, *M.* **4**, 238). — Nadeln. F: 256—257°. Leicht löslich in heißem Xylol, ziemlich leicht in CS_2 und Benzol, leicht in $CHCl_3$, Amylalkohol und Petroläther, schwer in Äther, Essigester und Eisessig, sehr schwer in Alkohol. Löst sich in viel konz. Schwefelsäure beim Erwärmen mit veilchenblauer Fluorescenz.

Tetrachlorpyren $C_{16}H_6Cl_4$. *B.* Beim Einleiten von Chlor in eine Lösung von Pyren in Chloroform (GOLDSCHMIEDT, WEGSCHEIDER, *M.* **4**, 238). — Blaßgelbe Nadeln. Schmilzt oberhalb 330°. Leicht löslich in heißem Xylol, ziemlich schwer in heißem Amylalkohol, schwer in CS_2, heißem Essigester, Eisessig und $CHCl_3$, in kaltem Benzol, sehr schwer in Petroläther, heißem Alkohol, Äther, kaltem Eisessig und $CHCl_3$, fast unlöslich in kaltem Alkohol, Äther und Essigester. — Liefert beim Glühen mit Kalk wenig Pyren.

Tribrompyren $C_{16}H_7Br_3$. *B.* Durch Eintropfen von Brom in eine Lösung von Pyren in CS_2 (GRAEBE, *A.* **158**, 294). — Nadeln (aus Nitrobenzol). Fast unlöslich in Alkohol, Äther und CS_2, wenig löslich in siedendem Benzol, leicht in heißem Nitrobenzol und Anilin.

Nitropyren $C_{16}H_9O_2N = C_{16}H_9 \cdot NO_2$. *B.* Beim Erwärmen von Pyren mit einem Gemisch aus gleichen Raumteilen Salpetersäure (D: 1,2) und Wasser (GRAEBE, *A.* **158**, 292). Entsteht neben Dinitropyren (s. u.), wenn man eine konz. wäßr. Lösung von Kaliumnitrit mit einer äther. Pyrenlösung übergießt und langsam mit verdünnte Schwefelsäure versetzen läßt (GOLDSCHMIEDT, *M.* **2**, 580). — Gelbe Nadeln oder Säulen (aus Alkohol). F: 149,5° bis 150,5° (HINTZ, *B.* **10**, 2143), 148—149° (Go.). Wenig löslich in kaltem Alkohol, etwas mehr in heißem, leicht in Äther und Benzol (GR.).

Dinitropyren $C_{16}H_8O_4N_2 = C_{16}H_8(NO_2)_2$. *B.* Durch Kochen von Pyren mit Salpetersäure (D: 1,45) (GRAEBE, *A.* **158**, 292). Entsteht neben Nitropyren, wenn man eine konz. wäßr. Lösung von KNO_2 mit einer äther. Pyrenlösung übergießt und verd. Schwefelsäure zufließen läßt (GOLDSCHMIEDT, *M.* **2**, 580). — Gelbe Nadeln (aus Eisessig). Bräunt sich bei 200° und zersetzt sich langsam bei weiterem Erhitzen (Go.). Sehr schwer löslich in Alkohol, schwer in Äther, $CHCl_3$, Benzol, reichlicher in Eisessig (GR.).

Tetranitropyren $C_{16}H_6O_8N_4 = C_{16}H_6(NO_2)_4$. *B.* Durch längeres Kochen von Dinitropyren mit Salpetersäure (D: 1,5) (GRAEBE, *A.* **158**, 293). — Gelbe Blättchen oder Nadeln (aus Eisessig). Schmilzt etwas oberhalb 300°. Kaum löslich in Alkohol, sehr wenig in Äther, Benzol und kaltem Eisessig, wenig in siedendem Eisessig.

2. Kohlenwasserstoffe $C_{17}H_{12}$.

1. *Phenylen-[naph-thylen-(1.8)]-methan, Isochrysofluoren* $C_{17}H_{12}$ = und zersetzt das Pikrat mit Ammoniak (GRAEBE, *B.* **27**, 953). — Krystalle (aus Alkohol).
1) *B.* Beim Durchleiten von α-Benzyl-naphthalin durch ein glühendes Rohr; man bindet die bei 360—400⁰ siedende Fraktion des Produkts an Pikrinsäure
F: 76⁰. Schwer löslich in kaltem, leicht in heißem Alkohol.
Verbindung mit Pikrinsäure s. Syst. No. 523.

2. *Phenylen-[naphthylen-(1.2)]-methan, Chrysofluoren, Naphthofluoren* $C_{17}H_{12}$ = Zur Konstitution vgl. GRAEBE, *B.* **29**, 828. — *B.* In geringer Menge beim Durchleiten von β-Benzyl-naphthalin durch eine glühende Röhre (GRAEBE, *B.* **27**, 954). Beim Erhitzen von Chrysochinon mit Natronkalk (G., *B.* **27**, 954). Beim Kochen von Chrysoketon (Naphthofluorenon) mit konz. Jodwasserstoffsäure und rotem Phosphor (G., *A.* **335**, 135; vgl. BAMBERGER, KRANZFELD, *B.* **18**, 1934). Bei der Destillation des Chryso-ketons mit Zinkstaub (G., *A.* **335**, 134). — Tafeln. F: 188⁰; Kp: 413⁰ (G., *A.* **335**, 135). Leicht löslich in Äther und Chloroform (B., K.). Ziemlich leicht löslich in heißem Benzol; 100 Tle. Benzol lösen bei 15⁰ 4,9 Tle.; sehr wenig löslich in kaltem Alkohol, etwas reichlicher in der Wärme; 100 Tle. 95⁰/₀iger Alkohol lösen bei 15⁰ 0,2 Tle. (G., *A.* **335**, 135). — Beim Erhitzen mit PbO auf 320⁰ entstehen der Kohlenwasserstoff $\begin{smallmatrix} C_{10}H_6 \\ C_6H_4 \end{smallmatrix}>C:C<\begin{smallmatrix} C_{10}H_6 \\ C_6H_4 \end{smallmatrix}$ und ein bei 257⁰ schmelzender Kohlenwasserstoff (G., *A.* **335**, 136). Gibt mit Natriumdichromat und siedendem Eisessig Chrysoketon (G., *A.* **335**, 135).
Verbindung mit Pikrinsäure s. Syst. No. 523.

3. Kohlenwasserstoffe $C_{18}H_{14}$.

1. *1.3-Diphenyl-benzol* (Iso-diphenylbenzol) $C_{18}H_{14} = C_6H_5 \cdot C_6H_4 \cdot C_6H_5$. *B.* Entsteht neben Diphenyl und 1.4-Diphenyl-benzol beim Durchleiten von Benzol durch ein glühendes eisernes Rohr (SCHULTZ, *A.* **174**, 233; SCHMIDT, SCHU., *A.* **203**, 129; OLGIATI, *B.* **27**, 3386). Neben Diphenyl und anderen Produkten beim Zutropfen eines Gemenges von m-Dichlor-benzol, Chlorbenzol und Essigester zu Natrium, das sich in siedendem Xylol befindet (CHATTAWAY, EVANS, *Soc.* **69**, 983). Beim Eintragen von festem Benzoldiazonium-chlorid in geschmolzenes Diphenyl unter zeitweisem Zusatz von AlCl₃, neben 1.4-Diphenyl-benzol und Chlorbenzol (MÖHLAU, BERGER, *B.* **26**, 1999). — Nadeln (aus verdünntem Alkohol). F: 85⁰; Kp: 363⁰ (SCHM., SCHU.). Leicht löslich in Alkohol, Äther, Benzol und Eisessig (SCHU.). — Gibt bei der Oxydation mit CrO₃ und Essigsäure Benzoesäure und etwas Diphenyl-carbonsäure-(3) (SCHU.; SCHM., SCHU.). Verbindet sich nicht mit Pikrinsäure (SCHU.).

4-Brom-1.3-diphenyl-benzol $C_{18}H_{13}Br = C_6H_5 \cdot C_6H_3Br \cdot C_6H_5$. *B.* Man läßt 1 Mol.-Gew. 1.3-Diphenyl-benzol in CS₂ 3 Tage lang mit 1 At.-Gew. Brom stehen und kocht dann einige Zeit (OLGIATI, *B.* **27**, 3387). — Nadeln (aus verdünntem Alkohol). F: 31⁰. Sehr leicht löslich in Ligroin und Benzol, leicht in Äther und CS₂. — Bei der Oxydation mit CrO₃ und Eisessig entsteht 4- oder 6-Brom-diphenyl-carbonsäure-(3).

4-Brom-1-[4-brom-phenyl]-3-[3.4-dibrom-phenyl]-benzol $C_{18}H_{10}Br_4 = C_6H_3Br_2 \cdot C_6H_3Br \cdot C_6H_4Br$. *B.* Man läßt 1.3-Diphenyl-benzol mit überschüssigem Brom einen Tag stehen und kocht dann ¹/₃ Stde. (OLGIATI, *B.* **27**, 3391). Aus 4-Brom-1.3-diphenyl-benzol mit überschüssigem Brom (O.). — Blättchen (aus Eisessig). F: 181⁰. Leicht löslich in Benzol und Ligroin, schwer in Eisessig, sehr wenig in Alkohol. — Liefert mit CrO₃ und Eisessig p-Brom-benzoesäure und 3.4-Dibrom-benzoesäure.

x.x.x-Trinitro-[1.3-diphenyl-benzol] $C_{18}H_{11}O_6N_3 = C_{18}H_{11}(NO_2)_3$. *B.* Durch Erwärmen von 1.3-Diphenyl-benzol mit rauchender Salpetersäure (SCHMIDT, SCHULTZ, *A.* **203**, 130). — Nadeln (aus Eisessig). F: 200⁰. Leicht löslich in heißem Eisessig. — Wird von CrO₃ und Essigsäure nicht zu einer Säure oxydiert. Gibt mit Zinn und Salzsäure eine bei 288⁰ schmelzende Base.

2. *1.4-Diphenyl-benzol* $C_{18}H_{14} = C_6H_5 \cdot C_6H_4 \cdot C_6H_5$. *B.* Beim Durchleiten von Benzol durch ein glühendes Rohr, neben 1.3-Diphenyl-benzol (SCHULTZ, *A.* **174**, 230; SCHMIDT,

---

1) In einer Arbeit, welche nach dem Literatur-Schlußtermin der 4. Aufl. dieses Handbuches [1. I. 1910] erschienen ist, beweisen SCHOLL und SEER (*B.* **44**, 1671) für diese Verbindung die Zusammensetzung $C_{17}H_{14}$ und die Konstitution

Schu., *A.* **203**, 124; s. auch Carnelley, *Soc.* **37**, 712). Entsteht neben einer geringen Menge Diphenyl, wenn man Benzol mit Kalium auf 230—250⁰ im geschlossenen Rohr erhitzt und das Reaktionsprodukt mit Wasser zersetzt (Abeljanz, *B.* **9**, 12). Bei der Einw. von Natrium in Äther. Suspension auf ein Gemisch von 1 Mol.-Gew. 1.4-Dibrom-benzol und 2 Mol.-Gew. Brombenzol (Riese, *A.* **164**, 172) oder in geringer Menge auf 1.4-Dibrom-benzol allein (Ri., *A.* **164**, 164, 166). Durch Destillieren von 2-Oxy-1.4-diphenyl-benzol über Zinkstaub im Wasserstoffstrom (Fichter, Grether, *B.* **36**, 1410). Beim Eintragen von festem Benzol-diazoniumchlorid in geschmolzenes Diphenyl unter zeitweisem Zusatz von AlCl₃, neben Chlor-benzol und 1.3-Diphenyl-benzol (Möhlau, Berger, *B.* **26**, 1998). Als Nebenprodukt bei der Einw. von Sauerstoff auf eine ätherische Phenylmagnesiumbromidlösung, neben Phenol und anderen Produkten (Wuyts, *C. r.* **148**, 930). Beim Schmelzen von Phenol mit Kali entsteht (außer Salicylsäure, m-Oxy-benzoesäure, 3.3′-Dioxy-diphenyl und β-Diphenol) ein amorphes Produkt, aus welchem durch längeres Erwärmen mit Zinkstaub im Wasserstoffstrom auf dem Wasserbade und nachfolgende Destillation 1.4-Diphenyl-benzol erhalten wurde (Barth, Schreder, *B.* **11**, 1338). — Blättchen (aus Alkohol); Nadeln (aus Benzol) (Ri.). F: 212⁰ bis 213⁰ (korr.) (Ca.), 205⁰ (Schu.). Sublimiert in Flittern (Ri.) oder Blättchen (Ca.). Kp: 383⁰ (Crafts, s. bei Schm., Schu.); Kp: zwischen 404⁰ und 427⁰ (Ca.); Kp₄₅: 250⁰ (Schm., Schu.). Verflüchtigt sich nicht mit Wasserdämpfen (Ri.). Sehr wenig löslich in siedendem Eisessig und siedendem Alkohol, leichter in Äther, CS₂, Petroläther, leicht in siedendem Benzol (Schu.; Ca.). Die Lösung in Benzol fluoresciert blau (Ca.). — Oxydation mit CrO₃ und Eisessig ergibt Diphenyl-carbonsäure-(4) (Schu.). Verbindet sich nicht mit Pikrinsäure (Schu.).

1-Phenyl-4-[4-chlor-phenyl]-benzol $C_{18}H_{13}Cl = C_6H_4Cl \cdot C_6H_4 \cdot C_6H_5$. *B.* Entsteht neben 4.4′-Dichlor-diphenyl aus Diphenyl-bis-diazoniumchlorid-(4.4′) mit Benzol und AlCl₃ (Castellaneta, *B.* **30**, 2800). — Blättchen (aus absol. Alkohol). F: 220—220,5⁰.

2.3.5.6-Tetrachlor-1.4-bis-[pentachlor-phenyl]-benzol, Perchlor-[1.4-diphenyl-benzol] $C_{18}Cl_{14} = C_6Cl_5 \cdot C_6Cl_4 \cdot C_6Cl_5$. *B.* Beim Erhitzen von 1.4-Diphenyl-benzol mit viel SbCl₅, zuletzt auf 360⁰ (Merz, Weith, *B.* **16**, 2884). — Krystallkörner (aus Nitrobenzol). Sublimiert beim Erhitzen unter Luftabschluß. Wenig löslich in Alkohol, Äther und Eisessig, etwas leichter in kochendem Benzol.

1-Phenyl-4-[4-brom-phenyl]-benzol $C_{18}H_{13}Br = C_6H_4Br \cdot C_6H_4 \cdot C_6H_5$. *B.* Neben 1.4-Bis-[4-brom-phenyl]-benzol bei der Einw. von Bromdampf auf 1.4-Diphenyl-benzol in der Kälte (Olgiati, *B.* **27**, 3393). — Blättchen (aus Benzol). F: 228⁰. Sehr wenig löslich in Alkohol, Äther und Ligroin, leicht in heißem Benzol. — Gibt bei der Oxydation mit CrO₃ und Eisessig 4′-Brom-diphenyl-carbonsäure-(4).

1.4-Bis-[4-brom-phenyl]-benzol $C_{18}H_{12}Br_2 = C_6H_4Br \cdot C_6H_4 \cdot C_6H_4Br$. *B.* Entsteht als Hauptprodukt neben 1-Phenyl-4-[4-brom-phenyl]-benzol aus 1.4-Diphenyl-benzol mit Bromdampf in der Kälte (Olgiati, *B.* **27**, 3394). Aus 1-Phenyl-4-[4-brom-phenyl]-benzol mit Bromdampf (O.). — Krystallpulver (aus Benzol); federartige Krystalle (durch Sublimation). F: 304⁰. Fast unlöslich in Alkohol, Äther und Ligroin, schwer löslich in heißem Benzol. — Bei der Oxydation mit CrO₃ entsteht p-Brom-benzoesäure.

x.x-Dibrom-1.4-bis-[4-brom-phenyl]-benzol $C_{18}H_{10}Br_4 = C_6H_4Br \cdot C_6H_2Br_2 \cdot C_6H_4Br$. *B.* Aus 1.4-Diphenyl-benzol mit überschüssigem Brom (Olgiati, *B.* **27**, 3396). Aus 1-Phenyl-4-[4-brom-phenyl]-benzol mit überschüssigem Brom (O.). Aus 1.4-Bis-[4-brom-phenyl]-benzol mit überschüssigem Brom (O.). — Nadeln (aus Benzol). F: 245⁰. Sehr wenig löslich in Alkohol, Eisessig und Ligroin, ziemlich leicht in heißem Benzol. — Bei der Oxydation entsteht p-Brom-benzoesäure.

x.x-Dinitro-[1.4-diphenyl-benzol] $C_{18}H_{12}O_4N_2 = C_{18}H_{12}(NO_2)_2$. *B.* Beim Erwärmen von 1.4-Diphenyl-benzol in Eisessig mit der ca. 8-fachen Menge rauchender Salpetersäure auf dem Wasserbade (Schmidt, Schultz, *A.* **203**, 125). — Nadeln (aus Nitrobenzol) (Schm., Schu.). Monoklin prismatisch (Fock, *J.* **1881**, 400; vgl. *Groth, Ch. Kr.* **5**, 276). F: 277⁰; sehr schwer löslich in Alkohol und Äther, etwas leichter in kochendem Eisessig und Amyl-alkohol, leicht in Nitrobenzol (Schm., Schu.).

x.x.x-Trinitro-[1.4-diphenyl-benzol] $C_{18}H_{11}O_6N_3 = C_{18}H_{11}(NO_2)_3$. *B.* Aus 1.4-Di-phenyl-benzol mit rauchender Salpetersäure (Schmidt, Schultz, *A.* **203**, 127). Aus x.x-Di-nitro-1.4-diphenyl-benzol durch Nitrieren (Schm., Schu.). — Hellgelbe Nadeln (aus Eisessig) (Schm., Schu.). Rhombisch (Fock, *J.* **1881**, 400; vgl. *Groth, Ch. Kr.* **5**, 276). F: 195⁰; ziemlich schwer löslich in kaltem, leicht in heißem Eisessig (Schm., Schu.). — Wird von CrO₃ und Essigsäure nicht angegriffen (Schm., Schu.). Liefert mit Zinn und Salzsäure eine in Nadeln krystallisierende Base, die bei 169,5⁰ schmilzt (Schm., Schu.).

3. *Diphenylmethylen-cyclopentadien*, *ω.ω-Diphenyl-fulven* $C_{18}H_{14}$ =
$$\begin{array}{l} CH:CH \\ \searrow C:C(C_6H_5)_2. \\ CH:CH \end{array}$$ *B.* Durch Eintropfen von Cyclopentadien in eine alkoholische, Natrium-

äthylat enthaltende Benzophenon-Lösung (THIELE, *B.* **33**, 672). — Tiefrote Tafeln oder Prismen (aus Petroläther). Riecht schwach nach Azobenzol (T.). F: 82° (T.). — Reduziert Permanganat in alkalischer Lösung (T.). Gibt mit Brom die Verbindungen $C_{18}H_{14}Br_2$ und $C_{18}H_{14}Br_4$ (TH., BALHORN, *A.* **348**, 13). Versetzt man die Eisessiglösung mit einer Spur Eisessig-Schwefel-säure, so entsteht beim Kochen eine tiefgrüne Färbung (T.).

4. *a-Phenyl-a-[naphthyl-(1)]-äthylen* $C_{18}H_{14} = C_{10}H_7 \cdot C(C_6H_5):CH_2$. *B.* Man kocht Phenyl-a-naphthyl-keton (3 g) mit einer äther. Lösung von Methylmagnesiumjodid (aus 5 g CH_3I) 3 Stdn. und schüttelt die Lösung mit verd. Schwefelsäure (ACREE, *B.* **37**, 2757). Aus Acetophenon und a-Naphthyl-magnesiumbromid (STOERMER, SIMON, *B.* **37**, 4167). — Krystalle (aus Alkohol). F: 60° (A.). Kp: 350—355° (A.); Kp_7: 195—196° (ST., SI., *B.* **37**, 4167). — Liefert mit Brom in CS_2 ein öliges Additionsprodukt, das bei der Destillation unter vermindertem Druck unter Abspaltung von HBr in ein Gemisch der beiden stereoisomeren β-Brom-a-phenyl-a-[naphthyl-(1)]-äthylene (s. u.) übergeht (ST., SI., *B.* **37**, 1, 2). Löst sich in konz. Schwefelsäure mit tiefroter Farbe (A.).

Hochschmelzendes β-Brom-a-phenyl-a-[naphthyl-(1)]-äthylen $C_{18}H_{13}Br$ =
$C_{10}H_7 \cdot C \cdot C_6H_5$
$\qquad H \cdot C \cdot Br$ Zur Konfiguration vgl. STOERMER, SIMON, *A.* **342**, 2, 11. — *B.* Entsteht neben dem niedrigschmelzenden Stereoisomeren, wenn man a-Phenyl-a-[naphthyl-(1)]-äthylen in CS_2 bromiert und das erhaltene Produkt unter vermindertem Druck destilliert. Die Isomeren werden durch fraktionierte Krystallisation aus Alkohol getrennt, in welchem das hoch-schmelzende weniger löslich ist (ST., SI., *B.* **37**, 4167). — F: 71—72° (ST., SI., *B.* **37**, 4168).

Niedrigschmelzendes β-Brom-a-phenyl-a-[naphthyl-(1)]-äthylen $C_{18}H_{13}Br$ =
$C_{10}H_7 \cdot C \cdot C_6H_5$
$\qquad Br \cdot C \cdot H$ Zur Konfiguration vgl. STOERMER, SIMON, *A.* **342**, 2, 11. — *B.* Siehe oben das hochschmelzende β-Brom-a-phenyl-a-[naphthyl-(1)]-äthylen. — F: 54° (ST., SI., *B.* **37**, 4167).

5. *3-Cinnamyliden-inden*, *3-Cinnamal-inden* $C_{18}H_{14}$ =
$C_8H_4 \underset{\displaystyle CH}{\overset{\displaystyle C:CH \cdot CH:CH \cdot C_6H_5}{>}CH}$. *B.* Aus Inden und Zimtaldehyd in methylalkoholischer Kali-

lauge, neben der Verbindung $C_9H_4 \underset{\displaystyle C-CH(OH) \cdot CH:CH \cdot C_6H_5}{\overset{\displaystyle C=CH \cdot CH:CH \cdot C_6H_5}{>}CH}$ (Syst. No. 547) (THIELE, *B.* **33**, 3399). — Gelbrote Nadeln (aus Essigester). F: 190°.

6. *Naphthacen-dihydrid-(9.10)*, 9.10-Dihydro-naphthacen, L.-R.-Name: [Benzolo-2.3-(anthracen-dihydrid-9.10)] $C_{18}H_{14}$ =
$B.$ Aus Naphthacen bei der Destillation über Zinkstaub (GABRIEL, LEUPOLD, *B.* **31**, 1280). Aus Dichlornaphthacenchinon (Formel I, s. u.) beim Erhitzen mit Jodwasserstoffsäure und rotem Phosphor auf 132° (G., L.). Durch 4-stdg. Erhitzen von Oxynaphthacenchinon (II) mit Jodwasserstoffsäure und rotem Phosphor auf 170° (DEICHLER, WEIZMANN, *B.* **36**, 552). Aus Dioxynaphthacenchinon (III) bei der Destillation über Zinkstaub (G., L.). Aus Dioxy-

I.   II.   III.

naphthacenchinon beim Erhitzen mit Jodwasserstoffsäure (Kp: 127°) und rotem Phosphor auf 154—157° (G., L.). — Nadeln oder Blättchen (aus Benzol). F: 206—207° (G., L.), 200° bis 204° (D., W.). Kp: ca. 400° (G., L.). Schwer löslich in siedendem Alkohol, besser in siedendem Eisessig, CS_2 und Benzol, leicht in heißem Nitrobenzol und Äthylbenzoat (G., L.). Löslich in warmer Schwefelsäure unter Entwicklung von SO_2 mit dunkelmoosgrüner Farbe (G., L.). — Wird von CrO_3 zu Naphthacenchinon oxydiert (G., L.). Wird von konz. Salpeter-säure in ein Nitronaphthacenchinon (F: ca. 240°) übergeführt (G., L.).

7. *Kohlenwasserstoff* $C_{18}H_{14}$ *von ungewisser Struktur*. *B.* Bei der Destilla-tion des durch Reduktion von Zimtaldehyd mit verkupfertem Zinkstaub neben Hydro-cinnamoin entstehenden Öles (THIELE, *B.* **32**, 1297). — Blättchen. F: 205—207°. Sehr wenig löslich in Alkohol.

4. Kohlenwasserstoffe $C_{19}H_{16}$.

1. *Triphenylmethan*,
Tritan $C_{19}H_{16} = (C_6H_5)_3CH$.
Zur Bezeichnung „Tritan"
vgl. v. LIEBIG, *J. pr.* [2] **72**,
115. Bezifferung:

B. Man setzt Benzol mit Chloroform in Gegenwart von $AlCl_3$ um, behandelt das Reaktionsgemisch mit Wasser, hebt die Benzolschicht ab, befreit diese von dem Lösungsmittel und destilliert den Rückstand; neben Triphenylmethan werden Diphenylmethan und andere Produkte erhalten (E. FISCHER, O. FISCHER, *A.* **194**, 252; SCHWARZ, *B.* **14**, 1516; FRIEDEL, CRAFTS, *A. ch.* [6] 1, 489; ALLEN, KÖLLIKER, *A.* **227**, 107; BILTZ, *B.* **26**, 1961; vgl. NORRIS, MAC LEOD, *Am.* **26**, 499; BOESEKEN, *R.* **22**, 303; HARTLEY, *C.*, **1908** II, 1440). Durch Umsetzung von Benzol und Chloroform in Gegenwart von $FeCl_3$ und nachfolgende Behandlung des Reaktionsprodukts mit Wasser, neben Tritanol $(C_6H_5)_3C \cdot OH$ (MEISSEL, *B.* **32**, 2422). Durch Umsetzung von Chlorpikrin und Benzol in Gegenwart von $AlCl_3$ und nachfolgende Behandlung des Reaktionsprodukts mit Salzsäure, neben Tritanol (BOEDTKER, *Bl.* [4] **3**, 727). Durch Erhitzen von Benzol und Pentachloräthan in Gegenwart von $AlCl_3$ auf 70°, nachfolgende Behandlung des Reaktionsprodukts mit Salzsäure, neben Anthracen (MOUNEYRAT, *Bl.* [3] **19**, 557). Durch Umsetzung von Tribromäthylen und Benzol in Gegenwart von $AlCl_3$ und nachfolgende Destillation des von den Aluminiumverbindungen und dem überschüssigen Benzol befreiten Reaktionsprodukts, neben $\alpha.\alpha$-Diphenyl-äthylen (ANSCHÜTZ, *A.* **235**, 337). Neben Diphenyl und 4-Benzhydryl-tetraphenylmethan $(C_6H_5)_3CH \cdot C_6H_4 \cdot C(C_6H_5)_3$ durch Einw. von Natrium auf ein Gemisch von Chlorbenzol und Tetrachlorkohlenstoff in Gegenwart von viel Benzol (SCHMIDLIN, *C. r.* **137**, 59; *A. ch.* [8] **7**, 253). Aus Phenylmagnesiumbromid und Chloroform in Äther (REYCHLER, *Bl.* [3] **35**, 738). Durch Einw. von Phenylmagnesiumbromid auf Jodoform oder Bromoform in äther. Lösung (BODROUX, *C. r.* **138**, 92; *Bl.* [3] **31**, 585). Durch Umsetzung von Benzol und Benzalchlorid in Gegenwart von $AlCl_3$ und nachfolgende Destillation des von den Aluminiumverbindungen und dem überschüssigen Benzol befreiten Reaktionsproduktes (LINEBARGER, *Am.* **13**, 557; vgl. BOESEKEN, *R.* **22**, 311). In geringer Menge beim Erwärmen eines Gemisches von Benzalchlorid und Benzol mit Zinkstaub (BÖTTINGER, *B.* **12**, 976 Anm. 4). Beim Erhitzen von Benzalchlorid mit Quecksilberdiphenyl auf 150° (KEKULÉ, FRANCHIMONT, *B.* **5**, 907). Aus Phenylmagnesiumbromid und Benzalchlorid, neben etwas symm. Tetraphenyläthan (REYCHLER, *Bl.* [3] **35**, 738). Durch Umsetzung von Benzotrichlorid und Benzol in Gegenwart von $AlCl_3$ und nachfolgende Destillation des von den Aluminiumverbindungen und dem überschüssigen Benzol befreiten Reaktionsproduktes (SCHWARZ, *B.* **14**, 1523). Durch Umsetzung von $\alpha.\alpha'$-Dibrom-dibenzyl (F: 237°) und Benzol in Gegenwart von $AlCl_3$ und nachfolgende Destillation des von den Aluminiumverbindungen und dem überschüssigen Benzol befreiten Reaktionsproduktes, neben symm. Tetraphenyläthan (ANSCHÜTZ, *A.* **235**, 208). Neben anderen Produkten bei der Destillation von Tritylchlorid (S. 701) (E. FISCHER, O. FISCHER, *A.* **194**, 258; GOMBERG, *B.* **33** 3145). Durch Behandeln von Tritylchlorid mit Zinkpulver und Eisessig bei gewöhnlicher Temperatur in einer Kohlendioxyd-Atmosphäre (GOMBERG, *B.* **36**, 383). Man behandelt die α- oder β-Magnesiumverbindung aus Tritylchlorid in absol. Äther im Wasserstoffstrom mit verd. Säure (SCHMIDLIN, *B.* **39**, 4190, 4195; vgl. SCHM., *B.* **39**, 634). Aus Tritylbromid in siedender alkoh. Lösung mit Zinn und Salzsäure (ACREE, *B.* **37**, 617). Durch Kochen von Trityljodid mit Alkohol (GOMBERG, *B.* **33**, 3159). Neben anderen Produkten bei der Bestrahlung einer Benzollösung des Triphenylmethyls durch Sonnenlicht (GOMBERG, CONE, *B.* **37**, 3546). Beim Erhitzen eines Gemenges von Benzhydrol und Benzol mit P_2O_5 auf 140° (HEMILIAN, *B.* **7**, 1204). Bei der Reduktion von Tritanol mit Zink und Eisessig (HERZIG, WENGRAF, *M.* **22**, 613; HERZIG, *B.* **37**, 2107). Bei der Reduktion von Tritanol in siedender alkoh. Lösung mit Zinnschwamm und Salzsäure (ACREE, *B.* **37**, 616). Beim Kochen von Tritanol mit $ZnCl_2$ und Alkohol (KAUFFMANN, GROMBACH, *B.* **38**, 2706). Aus 4.4'-Dioxy-tritan durch Destillation mit Zinkstaub (MICHAEL, *J. pr.* [2] **57**, 334). Bei 6—8-stdg. Erhitzen von 100 g Benzaldehyd mit 147 g Benzol und 100 g $ZnCl_2$ auf 250—270° (GRIEPENTROG, *A.* **242**, 329). Bei der Destillation des α-Benzpinakolins $(C_6H_5)_2C{-}C(C_6H_5)_2$ (Syst. No. 2377), neben 4-Benzoyl-

$$\underset{O}{}$$

tritan und anderen Produkten (DELACRE, *Bl.* [4] **5**, 1152). Beim Kochen von β-Benzpinakolin $(C_6H_5)_3C \cdot CO \cdot C_6H_5$ (Syst. No. 661) mit alkoh. Kalilauge (SAGUMENNY, Ж. **12**, 430). Bei der Destillation des β-Benzpinakolins neben anderen Produkten (DELACRE, *Bl.* [4] **5**, 1146). Beim Erhitzen von Triphenylessigsäure (E. FISCHER, O. FISCHER, *A.* **194**, 262). Bei der Destillation von triphenylessigsaurem Calcium mit Calciumformiat (KUNTZE-FECHNER, *B.* **36**, 475). Aus diazotiertem 4.4'-Diamino-tritan durch Verkochen mit Alkohol (O. FISCHER, *A.* **206**, 152). Aus diazotiertem 4.4'.4''-Triamino-tritan durch Verkochen mit Alkohol (E. FISCHER, O. FISCHER, *A.* **194**, 270). — *Darst.* Man übergießt 15 g Trwhichlorid mit 60 ccm Eisessig, gibt 15 g Zinkpulver hinzu und rührt mehrere Stunden unter Einleiten von CO_2. Die Mischung wird dann gelinde erwärmt, filtriert und das Zink mit warmem Eisessig gewaschen. Man gibt zu der filtrierten Lösung in kleinen Portionen Wasser und krystallisiert das sich ausscheidende Tritan nach dem Abfiltrieren und Waschen mit Wasser aus Benzol um (GOMBERG, *B.* 36, 383). Man stellt aus 40 g Brombenzol und 6,2 g Magnesium unter Zusatz von etwas Jod in Äther eine Phenylmagnesiumbromidlösung her, läßt 10,3 g Chloroform, gelöst in Äther, zutropfen und verarbeitet in üblicher Weise (REYCHLER, *Bl.* [3] 35, 738).

Tritan krystallisiert aus Benzol mit 1 Mol. Krystallbenzol in Rhomboedern (HINTZE, *Z. Kr.* 9, 545; *A.* 235, 209; vgl. HARTLEY, THOMAS, *Soc.* 89, 1018), die an der Luft verwittern (KEKULÉ, FRANCHIMONT, *B.* 5, 907). Die Benzolverbindung schmilzt bei 78,2° (KURILOW, *Ph. Ch.* 23, 551); sie ist triboluminescent (TRAUTZ, *Ph. Ch.* 53, 58). Aus Alkohol wurden zwei physikalisch isomere Formen des Tritans erhalten (GROTH, *Z. Kr.* 5, 476). Die stabile Form krystallisiert rhombisch pyramidal, die labile rhombisch (GROTH, *Z. Kr.* 5, 478; HINTZE, *Z. Kr.* 9, 536; vgl. *Groth, Ch. Kr.* 5, 288). Die labile Form geht beim Erwärmen, von 75° ab trübe werdend und bei 80° milchweiß erscheinend, in die stabile Form über (GROTH, *Z. Kr.* 5, 477). Auch bei der Erstarrung des geschmolzenen Tritans läßt sich das Auftreten zweier Formen beobachten (LEHMANN, *Z. Kr.* 5, 474). Krystallisationsgeschwindigkeit: BRUNI, PADOA, *R. A. L.* [5] 12 II, 122. Einfluß von Beimengungen auf die Krystallisationsfähigkeit: PADOA, MERVINI, *R. A. L.* [5] 18 II, 60. Tritan schmilzt bei 92,5° (KEKULÉ, FRANCHIMONT, *B.* 5, 907). Kp$_{764}$: 358—359° (CRAFTS, *J.* 1878, 67). Destilliert im Vakuum des Kathodenlichts bei 132° über (KRAFFT, WEILANDT, *B.* 29, 1326). D$_4^{20}$: 1,0568; D$_4^{100}$: 1,0570; D$_4^0$: 1,01405 (PERKIN, *Soc.* 69, 1195, 1230). — Leicht löslich in Äther, heißem Alkohol (KEKULÉ, FRANCHIMONT, *B.* 5, 907) und Chloroform, wenig schwerer in Ligroin (SCHWARZ, *B.* 14, 1519), ziemlich schwer in Eisessig und in kaltem Alkohol (HEMILIAN, *B.* 7, 1205). 100 Tle. einer gesättigten Chloroformlösung enthalten bei 0° 28,9 Tle., bei 10° 35,0 Tle., bei 20° 41,5 Tle., bei 30° 48,6 Tle., bei 40° 56,1 Tle., bei 50° 63,8 Tle., bei 60° 71,7 Tle., bei 70° 79,8 Tle., bei 80° 88,7 Tle. Tritan (ÉTARD, *Bl.* [3] 9, 86). 100 Tle. einer gesättigten Hexanlösung enthalten bei 0° 3,5 Tle., bei 10° 5,6 Tle., bei 20° 8,3 Tle., bei 30° 12,5 Tle., bei 40° 20,0 Tle., bei 50° 25,8 Tle., bei 60° 45,7 Tle., bei 70° 62,0 Tle., bei 80° 78,5 Tle., bei 90° 97,1 Tle. Tritan (É.). 100 Tle. einer gesättigten Schwefelkohlenstofflösung enthalten bei 0° 25,8 Tle., bei 10° 38,7 Tle., bei 20° 43,2 Tle., bei 30° 52,9 Tle., bei 40° 63,7 Tle., bei 50° 72,4 Tle., bei 60° 78,6 Tle., bei 70° 85,6 Tle., bei 80° 92,2 Tle. Tritan (É.). 100 Tle. Benzol lösen bei 4° 4,06 Tle., bei 13° 5,51 Tle., bei 19,4° 7,24 Tle., bei 37,5° 10,48 Tle., bei 44,6° 22,64 Tle., bei 55,5° 40,51 Tle., bei 71° 140,00 Tle. und bei 76,2° 319,67 Tle. Tritan (LINEBARGER, *Am.* 15, 46). Über die Löslichkeit des Tritans in Benzol vgl. ferner HARTLEY, THOMAS, *Soc.* 89, 1017. Über die Löslichkeit in Thiophen, Anilin, Pyrrol und Pyridin vgl.: HA., THO., *Soc.* 89, 1022. Wärmetönung beim Lösen von Tritan in Benzol, Toluol und Methylalkohol: TIMOFEJEW, *C.* 1905 II, 436. — n$_\alpha^{10^o}$: 1,57779; n$_\beta^{10^o}$: 1,59965; n$_\gamma^{10^o}$: 1,61364 (PERKIN, *Soc.* 69, 1242). n$_\alpha^{108,5}$: 1,57879; n$_\beta^{108,5}$: 1,60208 (EIJKMAN, *R.* 12, 278). Molekularrefraktion: PERKIN; EIJKMAN; ANDERLINI, *G.* 30 II, 141. Molekulardispersion: PERKIN. Absorptionsspektrum: BAKER, *Soc.* 91, 1494; LEONARD, *C.* 1908 II, 1440; HARTLEY, *C.* 1908 II, 1440. — Molekulare Verbrennungswärme bei konstantem Vol.: 2385,1 Cal., bei konstantem Druck: 2387,3 Cal. (SCHMIDLIN, *C. r.* 136, 1560; *A. ch.* [8] 7, 250). — Magnetisches Drehungsvermögen: PERKIN. — Wird von konz. Schwefelsäure nicht gefärbt (BAEYER, VILLIGER, *B.* 35, 1754, 3014; ULLMANN, *B.* 35, 1811).

Tritan wird in Schwefelkohlenstofflösung bei Gegenwart von $AlCl_3$ durch Einleiten von Luft zu Tritanol (C_6H_5)$_3$C(OH) oxydiert (NORRIS, MAC LEOD, *Am.* 26, 502). Tritan gibt bei der Oxydation mit Chromsäuregemisch Tritanol (HEMILIAN, *B.* 7, 1206), sowie viel Benzophenon (HANRIOT, SAINT-PIERRE, *Bl.* [3] 1, 773; vgl. E. FISCHER, O. FISCHER, *B.* 37, 3360 Anm.). Bildet mit Chromylchlorid eine Verbindung, die bei der Zersetzung mit Wasser Tritanol liefert (LAW, F. PERKIN, *Soc.* 93, 1637). Oxydation mit Salpetersäure s. u. bei Einw. von Salpetersäure. Tritan zerfällt beim Erhitzen mit Jodwasserstoffsäure (D: 2,02) und etwas rotem Phosphor auf 280° in Benzol und Toluol sowie Hydrierungsprodukte derselben (GOLENKIN, Ж. 19, 170; vgl. MARKOWNIKOW, *B.* 30, 1215). Läßt sich durch Überleiten mit Wasserstoff über reduziertes erhitztes Nickel in Dicyclohexyl-phenyl-methan und in Tricyclohexylmethan verwandeln (GODCHOT, *C. r.* 147, 1058; *Bl.* [4] 7, 958). Liefert beim Erhitzen mit PCl_5 Tritylchlorid (CONE, ROBINSON, *B.* 40, 2163). Läßt sich durch Brom in CS_2 im Sonnenlicht (SCHWARZ, *B.* 14, 1520) oder durch Erhitzen mit 2 At.-Gew. Brom auf 130° in Tritylbromid überführen (ALLEN, KÖLLIKER, *A.* 227, 110). Trägt man Tritan bei 0° in überschüssige starke rauchende Salpetersäure (D: 1,48—1,58) ein, so erhält man 4.4′.4″-Trinitro-tritan; fügt man dagegen zu Triphenylmethan bei gewöhnlicher Temperatur kleine Mengen roter rauchender Salpetersäure (D: ca. 1,48), so verläuft die Einw. unter nur geringer Temperaturerhöhung und führt zu Tritanol (SCHWARZ, *Am. Soc.* 31, 848; vgl. E. FISCHER, O. FISCHER, *A.* 194, 254; SMITH, *Am.* 19, 702). Tritan wird durch Diacetylsalpetersäure in Tritanol übergeführt (A. PICTET, *C.* 1903 II, 1109). Es liefert mit rauchender Schwefelsäure eine

Trisulfonsäure (Syst. No. 1543) (KEKULÉ, FRANCHIMONT, B. 5, 908). Beim Erhitzen mit viel SbCl₅ auf 150—360° entstehen Tetrachlorkohlenstoff und Perchlorbenzol (MERZ, WEITH, B. 16, 2876). Tritan verharzt und liefert etwas Benzol, wenn man es 10 Minuten lang mit ¹/₃ Tl. AlCl₃ auf 120° erhitzt (FRIEDEL, CRAFTS, A. ch. [6] 1, 492). Erwärmt man Tritan mit der gleichen Menge AlCl₃ in Gegenwart eines Überschusses von Benzol auf eine unterhalb des Siedepunktes des Benzols liegende Temperatur 10 Stdn., so wird Diphenylmethan gebildet (FRIEDEL, CRAFTS, A. ch. [6] 1, 493). Tritan liefert beim Erhitzen mit Kalium auf 200° in einem indifferenten Gase eine rote Kaliumverbindung (C₆H₅)₃CK (HA., ST.-P., Bl. [3] 1, 775; vgl. WERNER, GROB, B. 37, 2898). Die Kaliumverbindung liefert beim Erhitzen auf 300° 9-Phenyl-fluoren (HA., ST.-P., Bl. [3] 1, 775; WERNER, GROB, B. 37, 2897) und geht beim Überleiten von CO₂ bei 200° in Triphenylessigsäure über (HA., ST.-P., Bl. [3] 1, 778). — Die Kaliumverbindung des Tritans liefert bei der Einw. von Äthyljodid α.α.α-Triphenyl-propan (GOMBERG, CONE, B. 39, 2962). Sie gibt unter Benzol mit Benzylchlorid α.α.α.β-Tetraphenyl-äthan neben einem isomeren Kohlenwasserstoff(?) (HA., ST.-P.; GOM., C., B. 39, 2958). Tritan gibt mit Chloroform in Gegenwart von AlCl₃ 9-Phenylanthracen (LINEBARGER, Am. 13, 554). — Verbindung mit Pikrylchlorid: BRUNI, Ch. Z. 30, 568. Tritan bildet krystallinische Verbindungen mit je einem Mol. Thiophen (Syst. No. 2364), Pyrrol (Syst. No. 3048) und Anilin (Syst. No. 1598) (LIEBERMANN, B. 26, 853; HARTLEY, THOMAS, Soc. 89, 1022, 1024, 1026; WERNER, B. 39, 1289)).

Zum Nachweis des Tritans löst man wenige Milligramme in rauchender Salpetersäure, fällt mit Wasser, filtriert, wäscht mit Wasser, oxydiert mit CrO₃ in Eisessig bei höchstens 50° und fällt mit Wasser. Man löst das entstandene Tris-[4-nitrophenyl]-carbinol in viel kaltem Eisessig oder in etwas Salzsäure enthaltendem Alkohol und gibt eine geringe Menge Zinkstaub hinzu, wobei Fuchsinfärbung auftritt (E. FISCHER, O. FISCHER, A. 194, 274; R. MEYER, TOEGEL, A. 347, 69).

Triphenyl-chlormethan, Triphenylmethylchlorid, α-Chlor-tritan, Tritylchlorid $C_{19}H_{15}Cl = (C_6H_5)_3CCl$. Über das Molekulargewicht vgl. GOMBERG, B. 35. 2397. Über etwaige chinoide Struktur vgl. S. 701. — B. Aus Benzol und Chloroform in Gegenwart von AlCl₃ bei etwa 50° (BOESEKEN, R. 22, 307). Aus Benzol und Tetrachlorkohlenstoff in Gegenwart von AlCl₃ (FRIEDEL, CRAFTS, A. ch. [6] 1, 497, 501, 502; BOE., R. 24, 210). Aus Benzol und CCl₄ in Gegenwart von FeCl₃ (MEISSEL, HINSBERG, B. 32, 2422). Aus Benzol und Benzalchlorid in Gegenwart von AlCl₃ (BOE., R. 22, 311). Aus Benzol und Benzhydrylchlorid in Gegenwart von AlCl₃ (BOE., R. 22, 313). Bei der Einw. von Benzol auf das aus AlCl₃ und Benzophenonchlorid entstehende Additionsprodukt (BOE., R. 23, 101). Durch 2-stdg. Erhitzen von Tritan mit PCl₅ auf 160° (CONE, ROBINSON, B. 40, 2163). Aus Tritylbromid in Benzol mit AgCl (GOMBERG, B. 35, 1836). Aus Tritanol (C₆H₅)₃C·OH mit PCl₅ (HEMILIAN, B. 7, 1207; E. FISCHER, O. FISCHER, A. 194, 257). Aus Tritanol und PCl₅ in Benzollösung (WALDEN, B. 35, 2021). Beim Einleiten von HCl in die Lösung des Tritanols in trocknem Benzol oder in absol. Äther (GO., B. 35, 2401). Aus Tritanol in heißem Eisessig mit konz. Salzsäure (D: 1,2) (GO., B. 35, 2401). Durch Einw. von SiCl₄ auf Tritanol in Benzol oder Ligroin bei 40° (DILTHEY, B. 36, 924). Aus Triphenylessigsäurechlorid bei 170—180° (BISTRZYCKI, LANDTWING, B. 41, 688; vgl. SCHMIDLIN, HODGSON, B. 41, 443). Aus Ditritylperoxyd [(C₆H₅)₃C]₂O₂ in siedendem Tetrachlorkohlenstoff mit Chlor in Gegenwart von Jod (GO., B. 37, 3544). Aus Pentaphenyläthan mit PCl₅ durch Erhitzen auf 170° oder durch Kochen mit Benzol (CONE, ROBINSON, B. 40, 2166). — Darst. Man löst 1 Tl. Tetrachlorkohlenstoff in 3,5 Tln. Benzol und trägt etwa 1,25 Tle. Aluminiumchlorid portionweise in die Lösung, ohne die stürmische Reaktion durch Kühlen zu mäßigen. Nachdem alles Aluminiumchlorid zugegeben ist, erwärmt man noch 1 Stde. auf dem Wasserbade, gießt dann die abgekühlte Mischung in dünnem Strahl auf eine große Menge zerstoßenen Eises, wobei die das Eis enthaltende Schale durch eine Kältemischung gekühlt wird und fügt zeitweise Benzol hinzu, um alles Tritylchlorid in Lösung zu halten. Die Benzolschicht wird abgehoben, rasch je einmal mit salzsäurehaltigem, sowie mit reinem Wasser gewaschen, über CaCl₂ getrocknet und dann im Wasserbade konzentriert. Beim Abkühlen scheidet sich über die Hälfte des entstandenen Tritylchlorids in Krystallen ab, die abfiltriert und durch Waschen mit absol. Äther von Tritanol und färbenden Beimengungen befreit werden. Aus den Mutterlaugen werden durch Einengen und Fällen mit Äther weitere Mengen Tritylchlorid gewonnen (Gesamtausbeute 70—85 %) (GO., B. 33, 3147). — Man löst 25 g CCl₄ und 50 g Benzol in 100 ccm CS₂ und gibt unter Eiskühlung allmählich 30 g AlCl₃ hinzu. Man läßt das Gemisch bis zur Beendigung der HCl-Entwicklung (1¹/₂—2 Tage) stehen, gießt unter Umrühren auf Eis, trennt die CS₂-Lösung ab und schüttelt die wäßr. Lösung noch zweimal mit CS₂ aus. Man engt dann die vereinigten CS₂-Lösungen bis fast zur Trockne ein und krystallisiert das sich ausscheidende Tritylchlorid aus heißem Petroläther um (NORRIS, SANDERS, Am. 25, 60).

Krystalle (aus Benzol oder Petroläther). F: 108—112⁰ (GOMBERG, *B.* **33**, 3148), 108⁰ bis 111⁰ (NORRIS, SANDERS, *Am.* **25**, 61). Kp$_{20}$: 230—235⁰ (GOMBERG, CONE, *B.* **37**, 3545), 310⁰ (BOESEKEN, *R.* **22**, 311). — Leicht löslich in CS$_2$, Benzol, CCl$_4$, Chloroform und Äther (No., SA., *Am.* **25**, 60). — Absorptionsspektrum: BAKER, *Soc.* **91**, 1495. — Molekulare Verbrennungswärme bei konstantem Volum: 2346,5 Cal., bei konstantem Druck: 2348,5 Cal. (SCHMIDLIN, *C. r.* **136**, 1561; *A. ch.* [8] **7**, 250).

Während sich Tritylchlorid in Benzol, Äther usw. farblos löst, gibt es mit dissoziierenden Solvenzien gefärbte Lösungen. So löst es sich in Sulfurylchlorid und in verflüssigtem Schwefeldioxyd mit gelber Farbe (Go., *B.* **35**, 2404, 2406). Elektrische Leitfähigkeit der Lösung in verflüssigtem Schwefeldioxyd: WALDEN, *B.* **35**, 2023; *Ph. Ch.* **43**, 454). Versetzt man eine Eisessiglösung des Tritylchlorids mit Salzsäure, so nimmt sie eine orangegelbe Färbung an (KEHRMANN, WENTZEL, *B.* **34**, 3815). In kalter konz. Schwefelsäure löst sich Tritylchlorid zu einer goldgelben Flüssigkeit (KEH., WEN., *B.* **34**, 3815; Go., *Am.* **25**, 328; *B.* **35**, 2406) unter Entwicklung von HCl (No., *Am.* **25**, 119; Go., *Am.* **25**, 328; *B.* **35**, 2400) und Bildung von (C$_6$H$_5$)$_3$C·O·SO$_3$H (Go., *Am.* **25**, 328; *B.* **35**, 2400, 2406); die so erhaltene Lösung gibt beim Verdünnen mit Wasser quantitativ Tritanol (Go., *Am.* **25**, 328; *B.* **35**, 2400). In Phenol löst sich Tritylchlorid mit tiefbrauner Farbe; in der Flüssigkeit ist, wenn sie frisch bereitet mit Wasser vermischt wird, wobei Entfärbung eintritt, HCl und Tritanol nachweisbar; hat die braune Lösung vor dem Wasserzusatz einige Zeit gestanden, so findet sich nachher auch Oxytetraphenylmethan vor (BAEYER, *B.* **42**, 2624). Über die Kondensation des Tritylchlorids mit Phenolkalium s. S. 702; Verhalten des Tritylchlorids gegen andere Phenole: BAE., *B.* **42**, 2626. Tritylchlorid gibt mit Metallchloriden Doppelsalze, die sowohl in festem wie in gelöstem Zustande farbig sind (KEH., WEN., *B.* **34**, 3818; vgl. Go., *B.* **35**, 2406), so mit AlCl$_3$ das dunkelgelbe Salz C$_{19}$H$_{15}$Cl + AlCl$_3$ (NORRIS, SANDERS, *Am.* **25**, 61), mit SbCl$_5$ das rote Salz C$_{19}$H$_{15}$Cl + SbCl$_5$ (Go., *B.* **35**, 1837) und mit SnCl$_4$ das orangegelbe Salz C$_{19}$H$_{15}$Cl + SnCl$_4$ (KEH., WEN., *B.* **34**, 3815; Go., *B.* **35**, 1837). Tritylchlorid setzt sich in Nitrobenzol mit Silberperchlorat zu Tritylperchlorat (Syst. No. 543) (Go., CONE, *B.* **37**, 194), in verflüssigtem Schwefeldioxyd (Go., CONE, *B.* **37**, 3543) oder in Benzol (Go., *B.* **40**, 1849) mit Silbersulfat zu Tritylsulfat und in Benzol mit Silberchromat zu Tritylchromat (Go., *B.* **35**, 2402) um. — Die Färbung der Lösungen des Tritylchlorids in stark dissoziierenden Mitteln, sowie seine Fähigkeit, farbige Doppelsalze zu liefern, wurde von BAEYER durch die Annahme gedeutet, daß die nichtionisierbare Valenz zwischen (C$_6$H$_5$)$_3$C und Cl sich in eine ionisierbare Valenz („Carboniumvalenz") umwandelt (vgl.: BAEYER, VILLIGER, *B.* **35**, 1195; BAEYER, *B.* **38**, 571; **40**, 3084; HANTZSCH, *B.* **39**, 2482), während sie nach KEHRMANN und nach GOMBERG (vgl. KEHRMANN, WENTZEL, *B.* **34**, 3818; **40**, 2755; GOMBERG, *B.* **40**, 1860, 1868, 1871, 1872; **42**, 417) auf die Bildung einer chinoiden Form

(C$_6$H$_5$)$_2$C:C⟨⟩C⟨ $^{H}_{Cl}$ zurückzuführen ist[1]).

Tritylchlorid zerfällt beim Erhitzen oberhalb 250⁰ in HCl, viel Tritan, wenig 9-Phenylfluoren (E. FISCHER, O. FISCHER, *B.* **11**, 613; *A.* **194**, 258; vgl. HEMILIAN, *B.* **7**, 1208). Tritylchlorid färbt sich bei der Bestrahlung mit Kathodenstrahlen gelb; die Färbung verschwindet beim Liegen am Licht wieder (SCHLENK, WEICKEL, HERZENSTEIN, *A.* **372**, 14). — Läßt man unter Luftabschluß durch eine CO$_2$-Atmosphäre auf Tritylchlorid in Benzol, Schwefelkohlenstoff oder Äther molekulares Silber, Zink oder Quecksilber einwirken, so entsteht Triphenylmethyl (Trityl) (GOMBERG, *B.* **33**, 3152; *Am. Soc.* **23**, 496; *B.* **34**, 2727). Die Umwandlung des Tritylchlorids in Trityl kann auch durch Kupfer (SCHLENK, WEICKEL, HERZENSTEIN, *A.* **372**, 17) oder durch pyrophores Eisen (WOHL; vgl. SCHMIDLIN, Das Triphenylmethyl [Stuttgart 1914], S. 31) bewirkt werden. Läßt man Zink auf Tritylchlorid in Eisessiglösung einwirken, so entstehen, wenn die Reaktion in der Kälte verläuft, Trityl und Tritan; vollzieht sich dagegen in der Wärme, so werden Tritan und 1-Benzhydryl-4-trityl-benzol (C$_6$H$_5$)$_2$CH·C$_6$H$_4$·C(C$_6$H$_5$)$_3$ (vgl. TSCHITSCHIBABIN, *B.* **37**, 4712; **41**, 2421) erhalten. Die Bildung des 1-Benzhydryl-4-trityl-benzols hierbei erklärt sich dadurch, daß Tritylchlorid und Eisessig sich partiell unter Entstehung von HCl umsetzen und daß durch HCl das primär gebildete Trityl sofort zu 1-Benzhydryl-4-trityl-benzol polymerisiert wird (GOMBERG, *B.* **36**, 380); die Umwandlung des Tritylchlorids in 1-Benzhydryl-4-trityl-benzol kann 70% der Theorie erreichen, wenn man eine warme Eisessiglösung von Tritylchlorid mit Zinkstreifen, Stannochlorid und Salzsäure in der Wärme behandelt (ULLMANN, BORSUM, *B.* **35**, 2878; GOMBERG, *B.* **36**, 381). Über die Einw. von Zink auf Tritylchlorid in Essigester vgl.: NORRIS, CULVER, *Am.* **29**, 131; GOMBERG, *Am.* **29**, 367; NORRIS, *Am.* **29**, 611. Tritylchlorid liefert bei der Einw. von Magnesium mit Gegenwart von Jod

---

[1]) Nach dem für die 4. Auflage dieses Handbuchs geltenden Literatur-Schlußtermin [1. I. 1910] hat HANTZSCH (*B.* **54**, 2573) für die farbigen Verbindungen „Komplexformeln" $\left[C_6H_5 \cdot C \stackrel{C_6H_5}{\underset{C_6H_5}{<}} \right] X$ begründet.

in absol. Äther im Wasserstoffstrom je nach den Bedingungen seine α-Magnesiumverbindung — deren Existenz aber von TSCHITSCHIBABIN (*B.* **40**, 3968, 3970; **42**, 3472, 3479) bestritten wird —, seine β-Magnesiumverbindung oder Trityl (SCHMIDLIN, *B.* **39**, 631, 4188; **40**, 2323; **41**, 423, 425, 426). Wird bei der Einw. von Magnesium statt im Wasserstoffstrom im Kohlendioxydstrom gearbeitet, so entsteht Triphenylessigsäure (SCHMIDLIN, *B.* **39**, 636, 4191). — Tritylchlorid wird von kaltem Wasser langsam, von kochendem sofort in Salzsäure und Tritanol($C_6H_5)_3$C·OH gespalten (HEMILIAN, *B.* **7**, 1208); quantitativer Verlauf der Umsetzung mit Wasser: STRAUS, HÜSSY, *B.* **42**, 2171, 2180. Beim Schütteln der Benzollösung des Tritylchlorids mit Natriumsuperoxydlösung bildet sich Ditritylperoxyd ($C_6H_5)_3$C·O·O·C($C_6H_5)_3$ (GOMBERG, *B.* **33**, 3150). Tritylchlorid tauscht bei der Umsetzung mit HBr oder CaBr₂ das Chlor zum größten Teil gegen Brom aus (STRAUS, *A.* **370**, 356). Gibt mit Natriumjodid in trockner Acetonlösung Trityl neben Trityljodid (ALBRECHT; vgl. SCHMIDLIN, das Triphenylmethyl, S. 32). Beim Einleiten von Ammoniak in ein auf 130° erhitztes Gemisch von Tritylchlorid und Naphthalin entsteht Tritylamin (NAUEN, *B.* **17**, 442). Tritylchlorid liefert mit Hydrazinhydrat in Alkohol Tritylhydrazin und N.N′-Ditrityl-hydrazin (WIELAND, *B.* **42**, 3021). — Gibt beim Erhitzen mit Phosphoroxychlorid und nachfolgender Destillation ein Gemisch von Produkten, unter welchen sich viel 9-Phenyl-fluoren findet (GOMBERG, CONE, *B.* **37**, 3545). — Geht in Benzollösung mit Methylalkohol bei gewöhnlicher Temperatur quantitativ in α-Methoxy-tritan ($C_6H_5)_3$C·O·CH₃ über (STRAUS, HÜSSY, *B.* **42**, 2176; vgl. FRIEDEL, CRAFTS, *A. ch.* [6] **1**, 503). Gibt beim Kochen mit Alkohol α-Äthoxy-tritan (HEMILIAN, *B.* **7**, 1208). Liefert beim Erhitzen mit Quecksilbercyanid auf 150—170° Triphenylacetonitril (E. FISCHER, O. FISCHER, *A.* **194**, 260). Setzt sich mit viel Eisessig bei 25° fast glatt zu α-Acetoxy-tritan um (STRAUS, HÜSSY, *B.* **42**, 2175; vgl. GOMBERG, *B.* **36**, 379). Liefert auch in heißem Benzol oder in kaltem Äther mit Silberacetat α-Acetoxy-tritan (GOMBERG, *B.* **35**, 1835; GOMBERG, DAVIS, *B.* **36**, 3926). Tritylchlorid setzt sich mit Phenolkalium zu α-Phenoxy-tritan um (BAEYER, *B.* **42**, 2625). Setzt sich mit benzolsulfinsaurem Natrium zu Phenyl-trityl-sulfon ($C_6H_5)_3$C·SO₂·C_6H_5 um (BAEYER, VILLIGER, *B.* **36**, 2789). Liefert beim Behandeln mit frisch destilliertem Phenylhydrazin in absol. äther. Lösung N-Phenyl-N′-trityl-hydrazin ($C_6H_5)_3$C·NH·NH·C_6H_5 (GOMBERG, BERGER, *B.* **36**, 1089). Gibt mit Methylmagnesiumjodid in Äther α.α.α-Triphenyl-äthan (GO., CONE, *B.* **39**, 1466), mit Äthylmagnesiumjodid in Äther neben Äthylen und beträchtlichen Tritan-Mengen α.α.α-Triphenyl-propan (GO., CONE, *B.* **39**, 1466, 2961). Bei der Einw. von Phenylmagnesiumbromid auf Tritylchlorid entstehen kleine Mengen Tetraphenylmethan, mit Benzylmagnesiumchlorid dagegen reichliche Quantitäten α.α.β-Tetraphenyl-äthan; mit Benzhydrylmagnesiumbromid erhält man Pentaphenyl-äthan (GO., CONE, *B.* **39**, 1462, 1463, 1467, 2959; FREUND, *B.* **39**, 2237). Tritylchlorid und Tritylmagnesiumchlorid (α- oder β-Verbindung) reagieren unter Bildung von Trityl (SCHMIDLIN, *B.* **40**, 2325). Bei der Reaktion zwischen Tritylchlorid und Zinkdiäthyl werden erhalten: α.α.α-Triphenyl-propan, Tritan und Äthylen (E. FISCHER, O. FISCHER, *A.* **194**, 259; GO., CONE, *B.* **39**, 2961, 2962).

$C_{19}H_{15}Cl + 6\,HCl$. *B.* Durch Überleiten von HCl über Tritylchlorid bei —60° (K. H. MEYER, *B.* **41**, 2576). Eigelb. Gibt bei —45° HCl ab.

$C_{19}H_{15}Cl + AlCl_3$. Dunkelgelbe, sehr hygroskopische Krystalle (aus einem Gemisch von Nitrobenzol und CS₂). Zersetzt sich bei 122—125° (NORRIS, SANDERS, *Am.* **25**, 61). Gibt beim Kochen mit Wasser Tritanol ($C_6H_5)_3$C·OH (N., S.). — $C_{19}H_{15}Cl + SbCl_5$. Rot, krystallinisch (GOMBERG, *B.* **35**, 1837). — $C_{19}H_{15}Cl + SnCl_4$. Orangegelbe Krystalle (KEHRMANN, WENTZEL, *B.* **34**, 3818; Go., *B.* **35**, 1837). Elektrische Leitfähigkeit in verflüssigtem Schwefeldioxyd: WALDEN, *B.* **35**, 2024.

Diphenyl-[2.5-dichlor-phenyl]-methan, 2.5-Dichlor-tritan $C_{19}H_{14}Cl_2 = (C_6H_5)_2CH\cdot C_6H_3Cl_2$. *B.* In geringer Ausbeute durch Versetzen einer Lösung von 6 g 2.5-Dichlor-benzaldehyd in 25 ccm Benzol mit 25 ccm Schwefelsäuremonohydrat unter Kühlung (GNEHM, SCHÜLLE, *A.* **299**, 354). — Prismen (aus Alkohol); Blättchen (aus Ligroin). F: 87°.

Diphenyl-[2-chlor-phenyl]-chlormethan, 2.α-Dichlor-tritan, 2-Chlor-tritylchlorid $C_{19}H_{14}Cl_2 = (C_6H_5)_2CCl\cdot C_6H_4Cl$. F: 133° (GOMBERG, CONE, *B.* **39**, 1466). — Liefert bei der Einw. von molekularem Silber unter Luftabschluß in Benzol eine dunkelrote Lösung, wobei unter Bildung eines „triphenylmethyl"-artigen Körpers nur das exo-Chloratom (d. h. das an den Methankohlenstoff gebundene Chloratom) abgespalten wird, das im Ring gebundene Chlor (eso-Chloratom) wird auch bei längerer Einw. von Ag nicht abgespalten. Bei gleichzeitiger Einw. von Ag und Luft in Benzol entsteht Bis-[2-chlor-trityl]-peroxyd $C_6H_4Cl\cdot (C_6H_5)_2C\cdot O\cdot O\cdot C(C_6H_5)_2\cdot C_6H_4Cl$ (G., C., *B.* **39**, 3288, 3292, 3294).

Diphenyl-[4-chlor-phenyl]-chlormethan, 4.α-Dichlor-tritan, 4-Chlor-tritylchlorid $C_{19}H_{14}Cl_2 = (C_6H_5)_2CCl\cdot C_6H_4Cl$. *B.* Aus α.α-Dichlor-ditan (S. 590) und Chlorbenzol auf dem Wasserbad bei Gegenwart von AlCl₃ (GOMBERG, *B.* **37**, 1633). Aus 4-α.α-Trichlor-ditan und Benzol in Gegenwart von AlCl₃ (G., *B.* **37**, 1634). Man setzt 4-Chlor-benzophenon mit Phenylmagnesiumbromid in Äther um und führt das entstandene Carbinol in das Chlorid über (G., Cone, B. 39, 3278). Bei mehrtägigem Schütteln von a-Chlor-4-brom-tritan in verflüssigtem Schwefeldioxyd mit AgCl bei 50⁰ (G., B. 40, 1861). — Gelbe Krystalle (aus Ligroin). F: 90⁰ (G., B. 40, 1862). — Bei der Einw. von molekularem Silber unter Luftabschluß in Benzol entsteht eine lichtrote Lösung; dabei wird bei längerer Einw. des Silbers sowohl das exo-Chloratom, wie auch ein Teil des eso-Chlors abgespalten; bei gleichzeitiger Einw. von Silber und Luft entsteht aus dem zunächst gebildeten (nicht isolierten) 4-Chlor-trityl das zugehörige Bis-[4-chlor-trityl]-peroxyd (G., C., B. 39, 3290, 3292, 3294; vgl. G., B. 40, 1886).

[2-Chlor-phenyl]-bis-[4-chlor-phenyl]-methan, 2.4'.4''-Trichlor-tritan $C_{19}H_{13}Cl_3$ = $(C_6H_4Cl)_3CH$. B. Aus 2.4'.4''-Trichlor-a-oxy-tritan oder 2.4'.4''.a-Tetrachlor-tritan durch Reduktion mit Zinkstaub und Essigsäure (G., C., B. 39, 3282). — Die aus Petroläther umgelöste Substanz schmilzt bei 106⁰.

Tris-[4-chlor-phenyl]-methan, 4.4'.4''-Trichlor-tritan $C_{19}H_{13}Cl_3$ = $(C_6H_4Cl)_3CH$. B. Aus [4-Chlor-phenyl]-[4.4'.4''-trichlor-trityl]-keton beim Kochen mit alkoh. Kalilauge (Montagne, R. 24, 122). Durch Diazotieren von Tris-[4-amino-phenyl]-methan in salzsaurer Lösung und Eingießen der Diazoniumsalzlösung in ein heißes Gemisch von CuCl, NaCl und konz. Salzsäure (O. Fischer, Hess, B. 38, 337; vgl. M., R. 24, 130). — Krystalle (aus Petroläther), die nach einiger Zeit trübe werden (M.). Rhombisch bipyramidal (Jaeger, Z. Kr. 38, 96; R. 24, 123). F: 92⁰ (korr.) (M.), 87—88⁰ (F., H.). Kp₁₆: ca. 240⁰ (M.). — Bei der Oxydation mit CrO₃ in Eisessig entstehen 4.4'.4''-Trichlor-a-oxy-tritan und wenig 4.4'-Dichlor-benzophenon (F., H.).

Phenyl-[2-chlor-phenyl]-[4-chlor-phenyl]-chlormethan, 2.4'.a-Trichlor-tritan, 2.4'-Dichlor-tritylchlorid $C_{19}H_{13}Cl_3$ = $C_6H_5 \cdot CCl(C_6H_4Cl)_2$. F: 107—109⁰ (Gomberg, Cone, B. 39, 1466). — Die Einw. von Silber in Benzol verläuft ähnlich wie bei 4.a-Dichlor-tritan (s. o.) (G., C., B. 39, 3292, 3294; vgl. G., B. 40, 1886).

Phenyl-bis-[4-chlor-phenyl]-chlormethan, 4.4'.a-Trichlor-tritan, 4.4'-Dichlor-tritylchlorid $C_{19}H_{13}Cl_3$ = $C_6H_5 \cdot CCl(C_6H_4Cl)_2$. B. Man setzt 4.4'-Dichlor-benzophenon mit Phenylmagnesiumbromid um und behandelt das erhaltene Carbinol mit Salzsäure (Gomberg, Cone, B. 39, 3280). Bei mehrtägigem Schütteln von a-Chlor-4.4'-dibrom-tritan in verflüssigtem Schwefeldioxyd mit AgCl bei 50⁰ (G., B. 40, 1862, 1866). — Flüssig (G., Cone, B. 39, 1466). — $C_{19}H_{13}Cl_3 + FeCl_3$. Grünlich irisierende Krystalle (G., B. 39, 3280).

[2-Chlor-phenyl]-bis-[4-chlor-phenyl]-chlormethan, 2.4'.4''.a-Tetrachlor-tritan, 2.4'.4''-Trichlor-tritylchlorid $C_{19}H_{12}Cl_4$ = $(C_6H_4Cl)_3CCl$. B. Durch Einw. von Tetrachlorkohlenstoff und AlCl₃ auf überschüssiges Chlorbenzol bei 60—70⁰, neben kleinen Mengen 4.4'.4''.a-Tetrachlor-tritan (Gomberg, Cone, B. 37, 1635; 39, 1465, 3280). Aus 2.4'-Dichlor-benzophenon, Magnesium und 4-Chlor-1-jod-benzol in Äther erhält man 2.4'.4''-Trichlor-tritanol, das man dann mit Acetylchlorid behandelt (G., C., B. 39, 3281). — Krystalle (aus Petroläther). F: 153⁰ (G., C., B. 39, 3281). Ziemlich schwer löslich in Petroläther (G., C., B. 39, 3280). — Die Einw. von Silber allein bezw. Silber und Luft in Benzol verläuft ähnlich wie bei 4.a-Dichlor-tritan (s. o.), wobei aber hier eine fuchsinrote Färbung auftritt (G., C., B. 37, 1636; 39, 3288, 3292, 3294; vgl. G., B. 40, 1886). Reagiert mit Benzylmagnesiumchlorid leicht unter Bildung von β-Phenyl-a-[2-chlor-phenyl]-a.a-bis-[4-chlor-phenyl]-äthan (G., C., B. 39, 1467).

Tris-[4-chlor-phenyl]-chlor-methan, 4.4'.4''.a-Tetrachlor-tritan, 4.4'.4''-Trichlor-tritylchlorid $C_{19}H_{12}Cl_4$ = $(C_6H_4Cl)_3CCl$. B. Bei der Einw. von Tetrachlorkohlenstoff auf überschüssiges Chlorbenzol in Gegenwart von AlCl₃ bei 60—70⁰, neben viel 2.4'.4''.a-Tetrachlor-tritan (G., C., B. 39, 1465, 3281, 3283). Aus 4.4'.4''-Trichlor-a-oxy-tritan durch Kochen mit Acetylchlorid (Baeyer, B. 38, 587). Aus 4.4'.4''-Trichlor-a-oxy-tritan mit HCl in Benzollösung (G., C., B. 39, 3283). Beim Schütteln von a-Chlor-4.4'.4''-tribrom-tritan in verflüssigtem Schwefeldioxyd mit AgCl bei 50⁰ (G., B. 40, 1864). In gleicher Weise aus 4''.a-Dichlor-4.4'-dibrom-tritan (G., B. 40, 1865) und aus 4.4''-Trichlor-4-brom-tritan (G., B. 40, 1865). — Nadeln (aus Petroläther). F: 113⁰ (B.), 112—113⁰ (G., C., B. 39, 3283. Schwer löslich in Alkohol und Eisessig (B.). — Tauscht, wenn es in einem Gemisch von Benzol und Dimethylsulfat mehrere Tage bei 50⁰ mit Ag₂SO₄ geschüttelt wird, zunächst das exo-Chloratom, dann aber auch eso-Chlor aus, unter Bildung gefärbter Sulfate; freie Schwefelsäure sowie Schwefeldioxyd üben auf diese Reaktion eine hindernde Wirkung aus (G., B. 40, 1852, 1857, 1858). Verhalten bei der Umsetzung mit Wasser: Straus, Hüssy, B. 42, 2171. Die Einw. von Silber allein bezw. von Silber und Luft in Benzol verläuft ähnlich wie bei 4.a-Dichlor-tritan (s. o.), wobei aber hier eine orangerote Färbung auftritt (G., C., B. 39, 3288, 3292, 3294; vgl. G., B. 40, 1886). — $C_{19}H_{12}Cl_4 + SnCl_4$. B. Aus 4.4'.4''.a-Tetrachlor-tritan und SnCl₄ in Chloroform (B., B. 38, 1162). Rote salmiakähnliche Krystalle mit blauer Oberflächenfarbe. Wird von Wasser zersetzt.

Triphenyl-brommethan, a-Brom-tritan, Tritylbromid $C_{19}H_{15}Br = (C_6H_5)_3CBr$. *B.*
Aus Tritan und Brom in CS_2 im Sonnenlicht (SCHWARZ, *B.* 14, 1520). Durch Erwärmen von
1 Mol.-Gew. Ditritylperoxyd $(C_6H_5)_3C \cdot O \cdot O \cdot C(C_6H_5)_3$ mit 1 Mol.-Gew. Brom in CCl_4 (GOM-
BERG, CONE, *B.* 37, 3544). — *Darst.* Man erwärmt Tritan im Ölbad auf 130°, läßt 1 Mol.-
Gew. Brom zutropfen und erhitzt, wenn sich das Tritylbromid abzuscheiden beginnt, auf
150° (ALLEN, KÖLLIKER, *A.* 227, 110). Man läßt eine auf dem Wasserbade gesättigte Lösung
von Tritanol $(C_6H_5)_3C \cdot OH$ in Eisessig abkühlen und gibt zu der fein verteilten Suspension
die doppelte Menge HBr in Eisessig auf einmal (WIELAND, *B.* 42, 3024 Anm. 2). —
Hellgelbe Krystalle (aus CS_2). Trigonal (HINTZE, *Z. Kr.* 9, 549; *J.* 1884, 462; vgl.
Groth, Ch. Kr. 5, 291). F: 152° (SCHW.). Kp_{15}: 230° (NEF, *A.* 309, 167). Löst sich in verflüssigtem Schwefeldioxyd mit intensiv gelber Farbe (WALDEN, *B.* 35, 2025). Elektrische
Leitfähigkeit dieser Lösung: W., *B.* 35, 2025; *Ph. Ch.* 43, 455; G., *B.* 35, 2405. — Tritylbromid gibt mit Quecksilbersalzen gefärbte Verbindungen (G., *B.* 35, 1838). Gibt beim
Erhitzen auf 250° unter Entwicklung von HBr neben viel Harz Tritan und bisweilen auch
9-Phenyl-fluoren (NEF, *A.* 309, 168; vgl. SCHW., *B.* 14, 1522). Liefert bei der Elektrolyse
in verflüssigtem SO_2 an der Kathode Trityl $(C_6H_5)_3C$ (SCHLENK, WEICKEL, HERZENSTEIN,
A. 372, 13). Schüttelt man eine benzolische Lösung von Tritylbromid mit Ag, Zn oder Hg,
so bildet sich Trityl, welches durch Einleiten von Luft in Ditritylperoxyd übergeführt werden
kann (G., *B.* 33, 3154; vgl. dazu SCHMIDLIN, *B.* 41, 2472). Tritylbromid läßt sich durch
Zinn und Salzsäure zu Tritan reduzieren (ACREE, *B.* 37, 616). Überführung von Tritylbromid
in Perbromide: NEF, *A.* 308, 304; G., *B.* 35, 1831. Überführung in Perjodide: G., *Am. Soc.*
20, 790; *B.* 35, 1832. Tritylbromid wird beim Kochen mit Wasser nicht sehr rasch unter
Bildung von Tritanol zerlegt (SCHW., *B.* 14, 1521). Die Überführung des Tritylbromids in
dieses Carbinol erfolgt zweckmäßig durch schwaches Erwärmen mit rauchender Salpetersäure und Verdünnen der erhaltenen Lösung mit Wasser (SCHW.). Auch durch Kochen
mit Eisessig und darauffolgendes Eingießen der Lösung in Wasser werden quantitativ HBr
und Tritanol gebildet (SCHW.). Tritylbromid, gelöst in Benzol, wird durch Chlorsilber quantitativ in Tritylchlorid umgewandelt (G., *B.* 35, 1836). Tauscht bei der Umsetzung mit
HCl oder $CaCl_2$ das Brom teilweise gegen Chlor aus (STRAUS, *A.* 370, 357). Liefert in Benzollösung mit Ammoniak a-Amino-tritan (ELBS, *B.* 16, 1276; 17, 702; HEMILIAN, SILBERSTEIN,
B. 17, 741). Liefert mit alkoh. Natriummethylatlösung auf dem Wasserbade a-Äthoxy-tritan
(ALLEN, KÖLLIKER, *A.* 227, 115). Reagiert mit KCN unter Bildung von Triphenyl-aceto-
nitril (ELBS, *B.* 17, 700). Liefert in CS_2 mit einer alkoh. Lösung von Rhodanammonium
a-Rhodan-tritan (ELBS, *B.* 17, 700). Setzt sich in absol. Äther mit alkoholfreiem Natrium-
acetessigester in absolut-ätherischer Suspension zu Ditritylacetessigester (Syst. No. 1307)
um (ALLEN, KÖLLIKER, *A.* 227, 111). Beim Erwärmen von Tritylbromid mit Triäthylamin
in Benzol entsteht durch Abspaltung von HBr Triäthylammoniumbromid in fast theoretischer Menge (NEF, *A.* 309, 168). Tritylbromid liefert bei Einw. von Zinkdimethyl $a.a.a$-Tri-
phenyl-äthan (KUNTZE-FECHNER, *B.* 36, 473). Bei der Einw. von Zinkdiäthyl werden Äthylen
und Tritan gebildet (KU.-F., *B.* 36, 475). Tritylbromid liefert bei Einw. von Phenylhydrazin in Äther N-Phenyl-N'-trityl-hydrazin (G., *B.* 30, 2043; *Am. Soc.* 20, 775). Die
Einw. anderer aromatischer Hydrazine auf Tritylbromid führt zu analogen Verbindungen
(G., CAMPBELL, *Am. Soc.* 20, 780).

$C_{19}H_{15}Br + 6 HBr$. *B.* Durch Überleiten von HBr über Tritylbromid bei $-60°$ (K. H.
MEYER, *B.* 41, 2576). Eigelb. — $C_{19}H_{15}Br + 4 Br$. *B.* Aus Tritylbromid und 4 At.-Gew. Brom
in Chloroformlösung (NEF, *A.* 308, 304). Scharlachrote Würfel, die sich an der Luft oder
im Vakuum unter Abgabe von Brom zersetzen. — $C_{19}H_{15}Br + 5 Br$. *B.* Aus Tritylbromid und
der berechneten Menge Brom in Chloroform unter Eiskühlung (GOMBERG, *B.* 35, 1831). Aus
Triphenylmethanazobenzol $(C_6H_5)_3C \cdot N \colon N \cdot C_6H_5$ durch Brom. von Brom in Chloroformlösung
(G., *Am. Soc.* 20, 776). Aus Ditritylperoxyd und überschüssigem Brom (G., CONE, *B.* 37, 3543).
Rote Krystalle (G., *B.* 35, 1831). Gibt an der Luft Brom ab unter Bildung von Tritylbromid (G., *Am. Soc.* 20, 776). — $C_{19}H_{15}Br + 4 I$. *B.* Bei Vermischung der Lösungen von
Jod und Tritylbromid in Benzol (GOMBERG, *Am. Soc.* 20, 790; vgl. G., *B.* 35, 1832). Blau-
grün irisierende Prismen. F: 121—122°; sehr leicht löslich in CS_2, schwer in kaltem, leicht
in heißem Benzol; verliert allmählich an der Luft, schneller bei 40—45° Jod; wird durch
Alkohol und Äther zersetzt (G., *Am. Soc.* 20, 793). — $C_{19}H_{15}Br + 5 I$. *B.* Aus Tritylbromid mit der berechneten Menge Jod in Benzol oder CS_2 in der Wärme (GOMBERG, *B.* 35,
1832). Durch Zufügen von Brom und viel überschüssigem Jod zu in Chloroform suspendiertem
Ditritylperoxyd (G., CONE, *B.* 37, 3544). Krystalle. F: 92°; läßt sich im Vakuum über
Schwefelsäure mehrere Tage ohne Zersetzung aufbewahren; verliert das Jod bei längerem
Erwärmen auf 70—80° (G., *B.* 35, 1832).

**Diphenyl-[2-brom-phenyl]-chlormethan, a-Chlor-2-brom-tritan, 2-Brom-trityl-
chlorid** $C_{19}H_{14}ClBr = (C_6H_5)_2CCl \cdot C_6H_4Br$. F: 122° (GOMBERG, *B.* 40, 1852). — Liefert
in einem Gemisch von Benzol und Dimethylsulfat mehrere Tage mit Ag_2SO_4 bei 50° geschüttelt
unter Austausch des Chlors ein stark gefärbtes Sulfat; Brom wird dabei nicht abgespalten.

Diphenyl-[3-brom-phenyl]-chlormethan, α-Chlor-3-brom-tritan, 3-Brom-trityl-chlorid $C_{19}H_{14}ClBr = (C_6H_5)_2CCl \cdot C_6H_4Br$. *B.* Man stellt aus 3-Brom-benzoesäure-äthylester und Phenylmagnesiumbromid 3-Brom-α-oxy-tritan dar und behandelt dieses mit Chlorwasserstoff (CONE, LONG, *Am. Soc.* **28**, 524). — F: 67° (C., L.). — Liefert unter der Einw. von molekularem Silber bei Luftabschluß in Benzol eine tiefgelbe Lösung, wobei unter Bildung eines „triphenylmethyl"-artigen Körpers nur das Chlor (aber, auch bei längerer Einw. des Silbers, kein Brom) abgespalten wird; bei gleichzeitiger Einw. von Silber und Luft in Benzol entsteht Bis-[3-brom-trityl]-peroxyd (GOMBERG, C., *B.* **39**, 3288, 3292, 3294). Liefert, wenn es in einem Gemisch von Benzol und Dimethylsulfat mehrere Tage bei 50° mit Ag_2SO_4 geschüttelt wird, unter Austausch des Chlors ein stark gefärbtes Sulfat; Brom wird dabei nicht abgespalten (G., *B.* **40**, 1852).

Diphenyl-[4-brom-phenyl]-chlormethan, α-Chlor-4-brom-tritan, 4-Brom-tritylchlorid $C_{19}H_{14}ClBr = (C_6H_5)_2CCl \cdot C_6H_4Br$. *B.* Man setzt Benzophenonchlorid mit Brombenzol in Gegenwart von $AlCl_3$ bei 80° um, zerlegt das Reaktionsprodukt mit Eis und Salzsäure, destilliert das überschüssige Brombenzol mit Wasserdampf ab, nimmt das entstandene Carbinol mit Benzol auf und sättigt die Benzollösung mit HCl (CONE, LONG, *Am. Soc.* **37**, 519; vgl. GOMBERG, *B.* **37**, 1634). Man setzt 4-Brom-benzophenon mit Phenylmagnesiumbromid um und führt das entstandene Carbinol in das Chlorid über (C., L., *Am. Soc.* **28**, 519; G., C., *B.* **39**, 3279). Man setzt p-Brom-benzoesäure-methylester mit Phenylmagnesiumbromid um und behandelt das erhaltene Carbinol mit HCl (C., L., *Am. Soc.* **28**, 519). — Prismatische Krystalle (aus Petroläther). F: 114° (C., L., *Am. Soc.* **28**, 519; G., C., *B.* **39**, 3279). — Isomerisiert sich beim Behandeln mit verflüssigtem Schwefeldioxyd teilweise zu Diphenyl-[4-brom-phenyl]-brommethan (G., *B.* **42**, 415; vgl. TSCHITSCHIBABIN, *B.* **40**, 3967). Bei der Einw. von molekularem Silber unter Luftabschluß auf α-Chlor-4-brom-tritan in Benzol entsteht eine braunstichig rote Lösung; dabei wird bei längerer Einw. des Silbers außer dem Chlor auch ein Teil des Broms abgespalten; bei gleichzeitiger Einw. von Silber und Luft entsteht aus dem zunächst gebildeten „triphenylmethyl"-artigen Körper das zugehörige Bis-[4-brom-trityl]-peroxyd (G., *B.* **37**, 1635; G., C., *B.* **39**, 3290, 3292, 3294; vgl. G., *B.* **40**, 1886). Wird die Lösung in verflüssigtem Schwefeldioxyd mehrere Tage bei 50° mit AgCl geschüttelt, so entsteht 4.α-Dichlor-tritan (G., *B.* **40**, 1861). α-Chlor-4-brom-tritan tauscht, wenn es in einem Gemisch von Benzol und Dimethylsulfat mehrere Tage bei 50° mit Ag_2SO_4 geschüttelt wird, zunächst das Chlor, dann aber auch das Brom aus unter Bildung gefärbter Sulfate; freie Schwefelsäure sowie Schwefeldioxyd üben auf diese Reaktion eine hindernde Wirkung aus (G., *B.* **40**, 1852, 1857, 1858; vgl. BAEYER, *B.* **40**, 3086).

Bis-[4-chlor-phenyl]-[4-brom-phenyl]-chlormethan, 4'.4''.α-Trichlor-4-brom-tritan, 4.4'-Dichlor-4-brom-tritylchlorid $C_{19}H_{12}Cl_3Br = (C_6H_4Cl)_2CCl \cdot C_6H_4Br$. *B.* Durch mehrtägiges Schütteln von α-Chlor-4.4'.4''-tribrom-tritan in verflüssigtem Schwefeldioxyd mit AgCl bei 50° (GOMBERG, *B.* **40**, 1863). Man setzt p-Brom-benzoesäureester und 4-Chlor-1-jod-benzol in Gegenwart von Magnesium um und behandelt das entstandene Carbinol mit HCl (G., *B.* **40**, 1863). — Krystalle (aus Petroläther). F: 122° (G., *B.* **40**, 1863). — Über das Verhalten in verflüssigtem Schwefeldioxyd vgl. G., *B.* **42**, 416. Liefert in verflüssigtem Schwefeldioxyd mit AgCl Tris-[4-chlor-phenyl]-chlormethan (G., *B.* **40**, 1864).

Tris-[4-chlor-phenyl]-brommethan, 4.4'.4''-Trichlor-α-brom-tritan, 4.4'.4''-Trichlor-tritylbromid $C_{19}H_{12}Cl_3Br = (C_6H_4Cl)_3CBr$. *B.* Durch Kochen von 4.4'.4''-Trichlor-α-oxy-tritan mit Acetylbromid (BAEYER, AICKELIN, *B.* **40**, 3088). — Nadeln (aus Ligroin). F: 148°. — $C_{19}H_{12}Cl_3Br + FeCl_3$. Braune Blättchen. F: 217°. — $C_{19}H_{12}Cl_3Br + FeBr_3$. Im durchfallenden Licht braune, im reflektierten grüne Prismen oder Tafeln. F: 216°. Liefert bei der Zersetzung mit Wasser das entsprechende Carbinol. Chlor wird dabei nicht abgespalten.

Phenyl-bis-[4-brom-phenyl]-methan, 4.4'-Dibrom-tritan $C_{19}H_{14}Br_2 = C_6H_5 \cdot CH(C_6H_4Br)_2$. *B.* Bei 12-stdg. Stehen von 4.4'-Dibrom-benzhydrol mit Benzol und konz. Schwefelsäure in der Kälte (GOLDTHWAITE, *Am.* **30**, 463). — Nadeln. F: 100°. Kp₁₅: 260°.

Phenyl-bis-[4-brom-phenyl]-chlormethan, α-Chlor-4.4'-dibrom-tritan, 4.4'-Dibrom-tritylchlorid $C_{19}H_{13}ClBr_2 = C_6H_5 \cdot CCl(C_6H_4Br)_2$. *B.* Man setzt 4.4'-Dibrom-benzophenon mit Phenylmagnesiumbromid um und behandelt das entstandene Carbinol mit HCl (GOMBERG, CONE, *B.* **39**, 3280). — Opake Masse. F: 100° (G., C., *B.* **39**, 1466). Leicht löslich in Petroläther (G., C., *B.* **39**, 3280). — Isomerisiert sich beim Behandeln mit verflüssigtem Schwefeldioxyd teilweise zu 4'-Chlor-4.α-dibrom-tritan (G., *B.* **42**, 415). Die Einw. von Silber allein bezw. von Silber und Luft in Benzol verläuft ähnlich wie bei α-Chlor-4-brom-tritan (s. o.), wobei aber hier eine orangegelbe Färbung auftritt (G., C., *B.* **39**, 3288, 3292, 3294; vgl. G., *B.* **40**, 1886). Liefert in verflüssigtem SO_2 beim längeren Schütteln mit AgCl 4.4'.α-Trichlor-tritan (G., *B.* **40**, 1862, 1866).

[4-Chlor-phenyl]-bis-[4-brom-phenyl]-chlormethan, 4''.α-Dichlor-4.4'-dibrom-tritan, 4''-Chlor-4.4'-dibrom-tritylchlorid $C_{19}H_{12}Cl_2Br_2 = C_6H_4Cl \cdot CCl(C_6H_4Br)_2$. *B.* Man setzt 4.4'-Dibrom-benzophenon und 4-Chlor-1-jod-benzol in Gegenwart von Magnesium um und behandelt das so erhältliche Carbinol mit HCl (G., *B.* 40, 1864). — F: 135° (G., *B.* 42, 416). — Über das Verhalten in verflüssigtem SO_2 vgl. G., *B.* 42, 416. Liefert beim Schütteln mit AgCl in verflüssigtem SO_2 4.4'.4''.α-Tetrachlor-tritan (G., *B.* 40, 1864).

Tris-[4-brom-phenyl]-methan, 4.4'.4''-Tribrom-tritan $C_{19}H_{13}Br_3 = (C_6H_4Br)_3CH$. *B.* Aus diazotiertem 4.4'.4''-Triamino-tritan mittels eines Gemisches von CuBr, KBr und Bromwasserstoffsäure in Wasser (O. FISCHER, HESS, *B.* 38, 336). — Prismen (aus Gasolin). Rhombisch bipyramidal (JAEGER, *Z. Kr.* 44, 57; vgl. *Groth, Ch. Kr.* 5, 290). D^{18}: 1,752 (J.). F: 112° (F., H.). In den üblichen Lösungsmitteln meist sehr leicht löslich (F., H.). — Gibt bei der Oxydation mit CrO_3 in Eisessig 80% der Theorie 4.4'.4''-Tribrom-α-oxy-tritan und 20% 4.4'-Dibrom-benzophenon (F., H.).

[2-Brom-phenyl]-bis-[4-brom-phenyl]-chlormethan, α-Chlor-2.4'.4''-tribrom-tritan, 2.4'.4''-Tribrom-tritylchlorid $C_{19}H_{12}ClBr_3 = (C_6H_4Br)_2CCl$. *B.* In geringer Menge neben α-Chlor-4.4'.4''-tribrom-tritan durch Einw. von CCl_4 auf überschüssiges Brombenzol in Gegenwart von $AlCl_3$ bei 75° (GOMBERG, CONE, *B.* 39, 1465, 3283, 3284). Aus 2.4'.4''-Tribrom-α-äthoxy-tritan durch Acetylchlorid (G., C., *B.* 39, 3284). — Würfelartige Krystalle. F: 154—155° (G., C., *B.* 39, 3284). — Die Einw. von Silber allein bezw. Silber und Luft in Benzol verläuft ähnlich wie bei α-Chlor-4-brom-tritan (S. 705), wobei aber hier eine purpurne Färbung eintritt (G., C., *B.* 39, 3289, 3292, 3294; vgl. G., *B.* 40, 1886).

Tris-[4-brom-phenyl]-chlormethan, α-Chlor-4.4'.4''-tribrom-tritan, 4.4'.4''-Tribrom-tritylchlorid $C_{19}H_{12}ClBr_3 = (C_6H_4Br)_3CCl$. *B.* Neben kleinen Mengen α-Chlor-2.4'.4''-tribrom-tritan (s. o.) bei der Einw. von CCl_4 auf überschüssiges Brombenzol in Gegenwart von $AlCl_3$ bei 75° (G., C., *B.* 39, 1465, 3283). Aus 4.4'.4''-Tribrom-α-oxy-tritan durch Umlösen in Acetylchlorid (G., C., *B.* 39, 3284) oder durch Behandeln seiner Benzollösung mit HCl (G., C., *B.* 39, 3285). — Prismen. F: 153° (G., C., *B.* 39, 3285). — Isomerisiert sich beim Behandeln mit verflüssigtem Schwefeldioxyd teilweise zum 4''-Chlor-4.4'.α-tribrom-tritan (G., *B.* 42, 410; vgl. TSCHITSCHIBABIN, *B.* 40, 3967). Die Einw. von Silber allein bezw. Silber und Luft in Benzol verläuft ähnlich wie bei α-Chlor-4-brom-tritan (s. S. 705), wobei aber hier eine orangerote Färbung auftritt (G., C., *B.* 39, 3289, 3292, 3294; vgl. G., *B.* 40, 1886). Wird die Lösung in verflüssigtem Schwefeldioxyd mehrere Tage bei 50° mit AgCl geschüttelt, so lassen sich sukzessive die Bromatome durch Chloratome ersetzen, und es entsteht zuletzt 4.4'.4''.α-Tetrachlor-tritan (G., *B.* 40, 1863). α-Chlor-4.4'.4''-tribrom-tritan tauscht, wenn es in einem Gemisch von Benzol und Dimethylsulfat mehrere Tage bei 50° mit Ag_2SO_4 geschüttelt wird, zunächst das Chlor, dann aber auch ein Bromatom aus, unter Bildung farbiger Sulfate; freie Schwefelsäure sowie Schwefeldioxyd üben auf diese Reaktion eine hindernde Wirkung aus (G., *B.* 40, 1852, 1857, 1858). — $C_{19}H_{12}ClBr_3 + FeCl_3$. Ziegelrotes Krystallpulver. F: 237°. Wird von Wasser oder Natronlauge zersetzt unter Bildung des entsprechenden Carbinols; Brom wird dabei nicht abgespalten (BAEYER, AICKELIN, *B.* 40, 3089).

[4-Chlor-phenyl]-bis-[4-brom-phenyl]-brommethan, 4''-Chlor-4.4'.α-tribrom-tritan, 4''-Chlor-4.4'-dibrom-tritylbromid $C_{19}H_{12}ClBr_3 = C_6H_4Cl \cdot CBr(C_6H_4Br)_2$. *B.* Durch Behandeln von α-Chlor-4.4'.4''-tribrom-tritan mit verflüssigtem Schwefeldioxyd im geschlossenen Rohr bei Zimmertemperatur (GOMBERG, *B.* 42, 410). — F: 174°.

Triphenyl-jodmethan, α-Jod-tritan, Trityljodid $C_{19}H_{15}I = (C_6H_5)_3CI$. *B.* Durch Einw. einer Lösung von Jod in CS_2 auf eine Lösung von Triphenylmethyl (Trityl, S. 715 ff.) im gleichen Solvens bei 0° (GOMBERG, *B.* 33, 3158). Man gibt zu Trityl, das in Ligroin suspendiert ist, bei 60—70° unter Luftabschluß eine Lösung von Jod in Ligroin, bis kein Jod mehr absorbiert wird (G., *B.* 35, 1835). — Gelbliche Krystalle, die sich rasch dunkelbraun färben. Läßt sich aus Essigester unverändert krystallisieren; F: 132° (G., *B.* 35, 1836). Löst sich in verflüssigtem SO_2 je nach der Konzentration mit gelber bis kirschroter Farbe; elektrisches Leitvermögen dieser Lösungen: WALDEN, *Ph. Ch.* 43, 456. Gibt mit Metallsalzen Doppelverbindungen (G., *B.* 35, 1838). — Trityljodid geht beim Stehen seiner Lösungen an der Luft unter Jodabscheidung in α-Oxy-tritan und Ditritylperoxyd $(C_6H_5)_3C \cdot O \cdot O \cdot C(C_6H_5)_3$ über (G., *B.* 35, 1836). Gibt beim Kochen mit Alkohol unter Abscheidung von Jod Tritan (G., *B.* 33, 3159; 35, 1836). Liefert mit Alkohol in Gegenwart von wenig Zinkstaub oder molekularem Silber α-Äthoxy-tritan (G., *B.* 35, 1836). Gibt bei Einw. von Metallen Trityl (G., *B.* 35, 1836). Liefert mit Jod in CS_2 oder Benzol ein Pentajodid (s. u.) (G., *B.* 35, 1832). Wird von Wasser, besonders in Gegenwart von Alkalien in α-Oxytritan übergeführt (G., *B.* 33, 3159). Liefert mit Ammoniak α-Amino-tritan (G., *B.* 35, 1827). — $C_{19}H_{15}I + I_4$. Prismen. F: 90°. Bleibt im Vakuum längere Zeit unverändert (G., *B.* 35, 1832).

Diphenyl-[4-jod-phenyl]-chlormethan, α-Chlor-4-jod-tritan, 4-Jod-tritylchlorid
$C_{19}H_{14}ClI = (C_6H_5)_2CCl \cdot C_6H_4I$. *B.* Aus Benzophenonchlorid, Jodbenzol und $AlCl_3$ (GOMBERG, *B.* 37, 1634). — F: 123° (G., CONE, *B.* 39, 3279). — Bei der Einw. von molekularem Silber unter Luftabschluß in Benzol entsteht eine braunstichig rote Lösung; dabei wird bei längerer Einw. des Silbers außer dem Chlor auch ein Teil des Jods abgespalten; bei gleichzeitiger Einw. von Silber und Luft entsteht aus dem zunächst gebildeten „triphenylmethyl"-artigen Körper das zugehörige Bis-[4-jod-trityl]-peroxyd (G., *B.* 37, 1635; G., C., *B.* 39, 3292, 3294; vgl. G., *B.* 40, 1886).

Tris-[4-jod-phenyl]-methan, 4.4′.4″-Trijod-tritan $C_{19}H_{13}I_3 = (C_6H_4I)_3CH$. *B.* Aus diazotiertem 4.4′.4″-Triamino-tritan und KI in Wasser (O. FISCHER, HESS, *B.* 38, 338). — Scheidet sich aus Benzol mit 1 Mol. Benzol in großen durchsichtigen Krystallen aus, die triklin-pinakoidal sind und an der Luft das Krystallbenzol verlieren (JAEGER, *Z. Kr.* 46, 273; vgl. *Groth, Ch. Kr.* 5, 291). Krystallisiert aus Gasolin in schwach gelblichen Prismen (F., H.). Rhombisch bipyramidal (J., *Z. Kr.* 46, 272; vgl. *Groth, Ch. Kr.* 5, 290). F: 131—132° (F., H.). D^{15}: 2,141 (J.). In den üblichen Lösungsmitteln meist sehr leicht löslich (F., H.). — Spaltet beim Erhitzen I und HI ab (F., H.). — Liefert bei der Oxydation mit CrO_3 in Eisessig 4.4′.4″-Trijod-α-oxy-tritan und etwas 4.4′-Dijod-benzophenon (F., H.).

Tris-[4-jod-phenyl]-chlormethan, α-Chlor-4.4′.4″-trijod-tritan, 4.4′.4″-Trijod-tritylchlorid $C_{19}H_{12}ClI_3 = (C_6H_4I)_3CCl$. *B.* Beim Erhitzen von 4.4′.4″-Trijod-α-oxy-tritan mit Acetylchlorid (BAEYER, *B.* 38, 590). — Prismen (aus Chloroform + Ligroin). F: 180° (Zers.). — $C_{19}H_{12}ClI_3 + SnCl_4$. Rotes grünglänzendes Krystallpulver. Wird durch Wasser sofort zerlegt (B., *B.* 38, 1162). — Verbindung mit Eisenchlorid. Krystalle von oliv-grüner Oberflächenfarbe, die beim Zerreiben ein rotes Pulver liefern. Wird von Natronlauge zersetzt unter Bildung von 4.4′.4″-Trijod-α-oxy-tritan; Jod wird dabei nicht abgespalten (B., AICKELIN, *B.* 40, 3090).

Diphenyl-[2-nitro-phenyl]-methan, 2-Nitro-tritan $C_{19}H_{15}O_2N = (C_6H_5)_2CH \cdot C_6H_4 \cdot NO_2$. *B.* Aus o-Nitro-benzalchlorid und Benzol in Gegenwart von $AlCl_3$ in der Kälte (KLIEGL, *B.* 40, 4941). — Schwach gelbliche Täfelchen (aus Alkohol oder Methylalkohol). F: 93—94°. Leicht löslich in heißem Alkohol, schwer in kaltem; etwas mehr löslich in kaltem Eisessig. — Durch Reduktion mit $SnCl_2$ und alkoh. Salzsäure entsteht α-Amino-tritan.

Diphenyl-[3-nitro-phenyl]-methan, 3-Nitro-tritan $C_{19}H_{15}O_2N = (C_6H_5)_2CH \cdot C_6H_4 \cdot NO_2$. *B.* Bei 24-stdg. Stehen von m-Nitro-benzaldehyd mit Benzol und konz. Schwefelsäure (TSCHACHER, *B.* 21, 188). — Krystalle (aus Ligroin). F: 90°.

Diphenyl-[4-nitro-phenyl]-methan, 4-Nitro-tritan $C_{19}H_{15}O_2N = (C_6H_5)_2CH \cdot C_6H_4 \cdot NO_2$. *B.* Beim Stehen eines Gemisches aus 5 g p-Nitro-benzaldehyd, 20 g Benzol und 20 g konz. Schwefelsäure (BAEYER, LÖHR, *B.* 23, 1622; STOLZ, D. R. P. 40340; *Frdl.* 1, 59). — Blättchen (aus Alkohol). F: 93° (B., L.).

Diphenyl-[4-nitro-phenyl]-chlormethan, α-Chlor-4-nitro-tritan, 4-Nitro-trityl-chlorid $C_{19}H_{14}O_2NCl = (C_6H_5)_2CCl \cdot C_6H_4 \cdot NO_2$. *B.* Aus α.α-Dichlor-4-nitro-diphenylmethan, Benzol und $AlCl_3$ (BAEYER, VILLIGER, *B.* 37, 606). — Prismen (aus Ligroin). F: 92—93°. Leicht löslich, außer in kaltem Ligroin. — Gibt beim Erwärmen mit Natronlauge 4-Nitro-α-oxy-tritan.

Tris-[4-nitro-phenyl]-methan, 4.4′.4″-Trinitro-tritan $C_{19}H_{13}O_6N_3 = CH(C_6H_4 \cdot NO_2)_3$. *B.* Durch allmähliches Eintragen von Tritan in gut gekühlte Salpetersäure (D: 1,5) (E. FISCHER, O. FISCHER, *A.* 194, 254). Beim Eintragen von Tritan in absolute Salpetersäure, die durch ein Gemisch von festem Kohlendioxyd und Äther gekühlt wird (MONTAGNE, *R.* 24, 125). Durch Nitrieren von Diphenyl-[4-nitro-phenyl]-methan (STOLZ, D. R. P. 40340; *Frdl.* 1, 59). — Krystalle (aus Benzol). F: 212,5° (korr.) (M.), 206—207° (E. F., O. F.). Sehr schwer löslich in kaltem Eisessig und Benzol (E. F., O. F.). Molekulare Verbrennungswärme bei konstantem Volum: 2272,8 Cal., bei konstantem Druck: 2272,9 Cal. (SCHMIDLIN, *C. r.* 139, 732; *A. ch.* [8] 7, 251). — Wird von CrO_3 und Eisessig zu 4.4′.4″-Trinitro-α-oxy-tritan oxydiert (E. F., O. F.). Liefert, mit Alkali und Luft behandelt, in guter Ausbeute 4.4′.4″-Trinitro-α-oxy-tritan neben kleinen Mengen 4.4′-Dinitro-benzophenon (O. F., G. SCHMIDT, *C.* 1904 I, 460; O. F., HESS, *B.* 38, 336). Gibt mit konz. Salpetersäure bei 150° vier 4.4′-Dinitro-benzophenon (O. F., HESS). Wird von rauchender Salpetersäure und Schwefelsäure in Tris-[2.4-dinitro-phenyl]-methan übergeführt (BAEYER, VILLIGER, *B.* 36, 2779). Gibt mit Zinkstaub und Eisessig 4.4′.4″-Triamino-tritan (E. F., O. F.). Löst sich in alkoh. Kalilauge mit intensiv violettblauer Farbe (v. RICHTER, *B.* 21, 2476; GOMBERG, *B.* 37, 1639).

Tris-[4-nitro-phenyl]-chlormethan, α-Chlor-4.4′.4″-trinitro-tritan, 4.4′.4″-Tri-nitro-tritylchlorid $C_{19}H_{12}O_6N_3Cl = CCl(C_6H_4 \cdot NO_2)_3$. *B.* Aus 4.4′.4″-Trinitro-α-oxy-tritan in Nitrobenzol oder $POCl_3$ mit PCl_5 (GOMBERG, *B.* **37**, 1640). Aus 4.4'.4''-Trinitro-α-oxy-tritan mit 1 Mol.-Gew. PCl_5 bei 170—180⁰ (G., *B.* **37**, 1640). — Nicht rein erhalten. — Liefert in Essigester unter Luftabschluß mit Silber eine Lösung, die an der Luft Bis-[4.4'.4''-trinitrotrityl]-peroxyd ausscheidet (G., *B.* **37**, 1641). Gibt beim Erwärmen mit molekularem Silber in Benzollösung nach blaugrüner Zwischenfärbung eine fuchsinviolette Farbe, die beim Abkühlen der Lösung unter Luftabschluß in blaugrün übergeht und beim Erwärmen der Lösung wieder auftritt; beim längeren Stehen scheidet die Lösung einen grünen Niederschlag ab (G., *B.* **36**, 3930; **37**, 1640).

Tris-[2.4-dinitro-phenyl]-methan, 2.4.2'.4'.2''.4''-Hexanitro-tritan $C_{19}H_{10}O_{12}N_6$ = $CH[C_6H_3(NO_2)_2]_3$. *B.* Durch Einw. eines Gemisches von rauchender Salpetersäure und Schwefelsäure auf 4.4'.4''-Trinitro-tritan (BAEYER, VILLIGER, *B.* **36**, 2779). — Sechsseitige Täfelchen (aus Aceton). Schmilzt gegen 260⁰ unter Zers. In allen üblichen Lösungsmitteln sehr wenig löslich. — Wird von alkoh. Schwefelammonium zu Tris-[2-nitro-4-aminophenyl]-methan reduziert. Löst sich in alkoh. Kalilauge mit blauer Farbe. — $C_{19}H_{10}O_{12}N_6$ + HNO_3. Bernsteingelbe sechsseitige Tafeln (aus rauchender Salpetersäure beim Verdunsten über Natronkalk). Die Krystalle werden beim Aufbewahren infolge Abgabe von Salpetersäure trübe.

Triphenyl-azidomethan, α-Azido-tritan, Tritylazid $C_{19}H_{15}N_3$ = $(C_6H_5)_3C \cdot N_3$. *B.* Bei der Einw. von $NaNO_2$ auf eine mit Salzsäure versetzte alkoh. Lösung des α-Hydrazinotriphenylmethans (WIELAND, *B.* **42**, 3027). — Fast farblose Krystalle (aus Gasolin). F: 64⁰. Zersetzt sich bei ca. 180⁰. Leicht löslich außer in Wasser. Sehr beständig. Verbrennt auf dem Platinblech ohne Explosion. Löst sich in konz. Schwefelsäure mit goldgelber Farbe unter geringer Zersetzung. Bleibt bei längerem Kochen mit Wasser unverändert.

2. *1-Phenyl-2(?)-benzyl-benzol, 2(?)-Benzyl-diphenyl, 2(?)-Phenylditan, Iso-benzyldiphenyl* $C_{19}H_{16}$ = $C_6H_5 \cdot CH_2 \cdot C_6H_4 \cdot C_6H_5$. *B.* und *Darst.* s. o. bei 4-Benzyl-diphenyl (GOLDSCHMIEDT, *M.* **2**, 440). — Nadeln (aus wäßr. Alkohol). Monoklin (v. LANG, *M.* **2**, 441; vgl. *Groth, Ch. Kr.* **5**, 299). F: 54⁰; Kp. ca. 110: 283—287⁰; in Lösungsmitteln leichter löslich als 4-Benzyl-diphenyl (G.). — Wird von gewöhnlichem Chromsäuregemisch nicht angegriffen; mit CrO_3 und Eisessig tritt totale Verbrennung ein (G.). Löst sich in heißer konz. Schwefelsäure unter Entwicklung von SO_2 mit braunroter Farbe (G.). Verbindet sich nicht mit Pikrinsäure (G.).

3. *1-Phenyl-4-benzyl-benzol, 4-Benzyl-diphenyl, 4-Phenyl-ditan* $C_{19}H_{16}$ = $C_6H_5 \cdot CH_2 \cdot C_6H_4 \cdot C_6H_5$. *B.* Entsteht neben Isobenzyldiphenyl (s. u.) beim Behandeln eines Gemenges von Diphenyl und Benzylchlorid mit Zinkstaub (GOLDSCHMIEDT, *M.* **2**, 433). — *Darst.* Man versetzt eine auf 100⁰ erwärmte Lösung von 5 Tln. Diphenyl in 4 Tln. Benzylchlorid mit Zinkstaub, gießt, sobald die Entwicklung von HCl nachgelassen hat, die Flüssigkeit vom überschüssigem Zink ab und destilliert. Aus dem über 310⁰ übergegangenen Anteil scheidet sich beim Stehen 4-Benzyl-diphenyl ab, das man abpreßt und dann aus Alkohol umkrystallisiert. Aus den öligen Mutterlaugen des 4-Benzyl-diphenyls gewinnt man durch Destillation im luftverdünnten Raume das Isobenzyldiphenyl (G.). — Blättchen. F: 85⁰. Kp. ca. 110: 285—286⁰. Ziemlich leicht löslich in Alkohol, sehr leicht in Äther und Benzol. — Liefert bei der Oxydation mit Chromsäure und Eisessig 4-Phenylbenzophenon. Löst sich in heißer konz. Schwefelsäure unter Entwicklung von SO_2 mit blauroter Farbe. Verbindet sich nicht mit Pikrinsäure.

4. *4-Benzyl-acenaphthen* $C_{19}H_{16}$ =

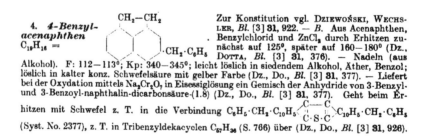

Zur Konstitution vgl. DZIEWOŃSKI, WECHSLER, *Bl.* [3] **31**, 922. — *B.* Aus Acenaphthen, Benzylchlorid und $ZnCl_2$ durch Erhitzen zunächst auf 125⁰, später auf 160—180⁰ (Dz., DOTTA, *Bl.* [3] **31**, 376). — Nadeln (aus Alkohol). F: 112—113⁰; Kp: 340—345⁰; leicht löslich in siedendem Alkohol, Äther, Benzol; löslich in kalter konz. Schwefelsäure mit gelber Farbe (Dz., Do., *Bl.* [3] **31**, 377). — Liefert bei der Oxydation mittels $Na_2Cr_2O_7$ in Eisessiglösung ein Gemisch der Anhydride von 3-Benzyl- und 3-Benzoyl-naphthalin-dicarbonsäure-(1.8) (Dz., Do., *Bl.* [3] **31**, 377). Geht beim Erhitzen mit Schwefel z. T. in die Verbindung $C_6H_5 \cdot CH_2 \cdot C_{10}H_5 \overset{/C——C}{\underset{\backslash C \cdot S \cdot C}{}} C_{10}H_5 \cdot CH_2 \cdot C_6H_5$ (Syst. No. 2377), z. T. in Tribenzyldekacyclen $C_{57}H_{36}$ (S. 766) über (Dz., Do., *Bl.* [3] **31**, 926).

5. Kohlenwasserstoffe $C_{20}H_{18}$.

1. *a.ϑ-Diphenyl-a.γ.ε.η-octatetren* $C_{20}H_{18} = C_6H_5 \cdot CH : CH \cdot CH : CH \cdot CH : CH \cdot CH : CH \cdot C_6H_5$.

a) *Gelbes a.ϑ-Diphenyl-a.γ.ε.η-octatetren* $C_{20}H_{18} = C_6H_5 \cdot CH : CH \cdot CH : CH \cdot CH : CH \cdot CH : CH \cdot C_6H_5$. *B.* Aus Zimtaldehyd, bernsteinsaurem Natrium und Essigsäureanhydrid bei 90° (FITTIG, BATT, *A.* **331**, 160). — Goldgelbe Blättchen (aus Eisessig). Zeigt schon in festem Zustande grüne Fluorescenz (STOBBE, *B.* **42**, 568). F: 225° (Zers.); sehr wenig löslich in Äther, Alkohol, Benzol (F., B.). — Belichtung bei Luftabschluß bewirkt Umlagerung in die weiße Modifikation (s. u.); Belichtung bei Luftzutritt bewirkt oxydative Zersetzung unter Bildung von Benzaldehyd und Benzoesäure (ST., *B.* **42**, 566). Bei der Einw. von sodaalkalischem Permanganat entstehen Benzaldehyd und Benzoesäure (ST.). Mit Brom entstehen in Chloroformlösung *a.β.γ.δ.ε.ζ.η.ϑ-Oktabrom-a.ϑ*-diphenyl-octan und *a.δ.ε.ϑ-Tetrabrom-a.ϑ*-diphenyl-*β.ζ*-octadien (F., B.).

b) *Farbloses a.ϑ-Diphenyl-a.γ.ε.η-octatetren* $C_{20}H_{18} = C_6H_5 \cdot CH : CH \cdot CH : CH \cdot CH : CH \cdot CH : CH \cdot C_6H_5$. *B.* Neben γ-Styryl-itaconsäure durch Kondensation von Bernsteinsäureester mit Zimtaldehyd in Gegenwart von Natriumäthylat (FICHTER, HIRSCH, *B.* **34**, 2189). Bei der Belichtung des gelben *a.ϑ*-Diphenyl-*a.γ.ε.η*-octatetrens unter Luftausschluß (STOBBE, *B.* **42**, 567). — Durchsichtige Tafeln (aus Benzol). Fluoresciert schon in festem Zustande blau (ST.). F: 124° (F., H.). — Belichtung bei Gegenwart von Luft bewirkt oxydative Zersetzung unter Bildung von Benzaldehyd und Benzoesäure (ST.). Bei der Einw. von sodaalkalischem Permanganat entstehen Benzaldehyd und Benzoesäure (ST.).

2. *a.a.β-Triphenyl-äthan* $C_{20}H_{18} = (C_6H_5)_2CH \cdot CH_2 \cdot C_6H_5$. *B.* Bei der Reduktion des Triphenyläthylens mit Natrium und Alkohol (KLAGES, HEILMANN, *B.* **37**, 1455). Aus ω.ω-Diphenyl-acetophenon $(C_6H_5)_2CH \cdot CO \cdot C_6H_5$ durch Jodwasserstoffsäure und Phosphor bei 180° (BILTZ, *A.* **296**, 247). Über Versuche, *a.a.β*-Triphenyl-äthan nach der FRIEDEL-CRAFTS-schen Reaktion darzustellen, vgl.: WAAS, *B.* **15**, 1128; RAWITZER, *Bl.* [3] **17**, 477; GARDEUR, *C.* **1898 I**, 438. — Blättchen (aus verd. Alkohol). Monoklin (DEECKE, *A.* **296**, 248). F: 53,5—54,5° (B.), 54° (K., H.). Kp_{751}: 348—349° (korr.); Kp_{14}: 216—217° (K., H.).

a-Chlor-*a.a.β*-triphenyl-äthan $C_{20}H_{17}Cl = (C_6H_5)_2CCl \cdot CH_2 \cdot C_6H_5$. *B.* Aus Diphenyl-benzyl-carbinol mit Thionylchlorid (KLAGES, HEILMANN, *B.* **37**, 1455). — Zähflüssiges Öl. — Gibt beim Kochen mit Pyridin Triphenyläthylen.

β-Chlor-*a.a.β*-triphenyl-äthan $C_{20}H_{17}Cl = (C_6H_5)_2CH \cdot CHCl \cdot C_6H_5$. *B.* Entsteht neben anderen Körpern beim Eintragen von AlCl₃ in ein Gemisch aus Chloral und Benzol (COMBES, *A. ch.* [6] **12**, 272). — Nadeln. F: 84°.

a.β-Dibrom-*a.a.β*-triphenyl-äthan $C_{20}H_{16}Br_2 = (C_6H_5)_2CBr \cdot CHBr \cdot C_6H_5$. *B.* Durch Anlagerung von Brom an Triphenyläthylen (KLAGES, HEILMANN, *B.* **37**, 1455). — F: 92°.

a.β.β-Tribrom-*a.a.β*-tris-[brom-phenyl]-äthan $C_{20}H_{12}Br_6 = (C_6H_5 \cdot 4 Br)_2 CBr \cdot CBr_2 \cdot C_6H_4Br$. *B.* Aus ω.ω-Diphenyl-acetophenon durch Brom bei Wasserbadtemperatur (BILTZ, *A.* **296**, 247). — Nädelchen (aus Benzol + Eisessig). F: 245° (korr.). Leicht löslich in Benzol.

3. *a.a.a-Triphenyl-äthan, a-Methyl-tritan* $C_{20}H_{18} = (C_6H_5)_3C \cdot CH_3$. *B.* Aus Triphenyl-chlormethan und Methylmagnesiumjodid in Äther (GOMBERG, CONE, *B.* **39**, 1466, 2963). Aus Triphenyl-brommethan und Zinkdimethyl in Benzol in Kohlendioxyd-Atmosphäre (KUNTZE-FECHNER, *B.* **36**, 473). — Nadeln (aus Alkohol). F: 95° (K.-F.), 94—95° (G., C.). Leicht löslich in Benzol und Äther, schwer in Eisessig und kaltem Alkohol (K.-F.). — Sehr beständig gegen Oxydationsmittel (K.-F.). Liefert mit PCl₅ bei 190—200° *β*-Chlor-*a.a.a*-tri-phenyl-äthan (C., ROBINSON, *B.* **40**, 2164).

β-Chlor-*a.a.a*-triphenyl-äthan $C_{20}H_{17}Cl = (C_6H_5)_3C \cdot CH_2Cl$. *B.* Durch 2-stdg. Erhitzen von *a.a.a*-Triphenyl-äthan mit PCl₅ auf 190—200° (C., R., *B.* **40**, 2164). — Krystalle. F: 118°.

a.a.a-Tris-[4-nitro-phenyl]-äthan, 4.4'.4''-Trinitro-*a*-methyl-tritan $C_{20}H_{15}O_6N_3 = (O_2N \cdot C_6H_4)_3C \cdot CH_3$. *B.* Durch Eintragen von *a.a.a*-Triphenyl-äthan in rote rauchende Salpetersäure bei —3° (KUNTZE-FECHNER, *B.* **36**, 474). — Nadeln (aus Eisessig). F: 200—202°.

4. *Diphenyl-o-tolyl-methan, 2-Methyl-tritan* $C_{20}H_{18} = (C_6H_5)_2CH \cdot C_6H_4 \cdot CH_3$. *B.* Bei 2—3-stdg. Kochen der Eisessig-Lösung des Diphenyl-o-tolyl-carbinols mit geraspeltem Zink (BISTRZYCKI, GYR, *B.* **37**, 1249). Aus Diphenyl-o-tolyl-carbinol mit Zinn und alkoh. Salzsäure (ACREE, *Am.* **33**, 195). — Sechsseitige Prismen (aus Methylalkohol). F: 82—83° (B., G.), 80° (A.). Sehr leicht löslich in Äther, Benzol, Chloroform, Ligroin, ziemlich leicht in

Alkohol, Eisessig (B., G.). Löst sich nicht beim Verreiben mit konz. Schwefelsäure und bleibt dabei auch so gut wie ungefärbt (B., G.).

Diphenyl-o-tolyl-chlormethan, α-Chlor-2-methyl-tritan $C_{20}H_{17}Cl = (C_6H_5)_2CCl \cdot C_6H_4 \cdot CH_3$. *B.* Aus Diphenyl-o-tolyl-carbinol in trocknem Äther durch HCl (BISTRZYCKI, GYR, *B.* 37, 1250). — Prismen (aus Äther). F: 136—137°. Leicht löslich in Benzol, Chloroform, schwerer in Alkohol, Äther, Eisessig, heißem Ligroin.

5. *Diphenyl-m-tolyl-methan*, 3-Methyl-tritan $C_{20}H_{18} = (C_6H_5)_2CH \cdot C_6H_4 \cdot CH_3$. *B.* Durch 4—5-stdg. Kochen der Eisessiglösung des Diphenyl-m-tolyl-carbinols mit geraspeltem Zink (BISTRZYCKI, GYR, *B.* 37, 1251). Durch Reduktion von Diphenyl-m-tolyl-carbinol mit Zinn und alkoh. Salzsäure (ACREE, *Am.* 33, 195). Beim Glühen von 5-Methyl-tritan-carbonsäure-(2) mit Barythydrat (HEMILIAN, *B.* 16, 2368). Durch Behandeln von 4.4'.4'''-Triamino-3-methyl-tritan (Leukanilin) in Schwefelsäure mit salpetriger Säure und Erhitzen der entstandenen Diazoniumlösung mit Alkohol (E. FISCHER, O. FISCHER, *A.* 194, 282). — *Darst.* Man löst 30 g Leukanilin in 160 ccm 10%iger Schwefelsäure, fügt 200 ccm 50%ige Schwefelsäure und dann unter Eiskühlung 3 Mol.-Gew. gepulvertes Natriumnitrit hinzu. Nach 1½-stdg. Rühren gießt man in die 5-fache Menge absoluten Alkohol und zersetzt die Diazoniumverbindung durch langsames Erhitzen. Nach Abdestillieren des Alkohols äthert man aus, schüttelt die äther. Lösung mehrmals mit verd. Kalilauge, behandelt sie dann mit Tierkohle, trocknet sie zuerst mit festem Ätzkali und zuletzt mit Natrium und treibt den Äther ab. Der Rückstand wird destilliert. Der überdestillierte rohe Kohlenwasserstoff erstarrt beim Abkühlen durch eine Kältemischung und beim Impfen mit etwas Diphenyl-m-tolylmethan zu Krystallen, die man aus Methylalkohol umkrystallisiert (E. FISCHER, O. FISCHER, *B.* 37, 3359).

Zu Büscheln vereinigte, abgestumpfte Prismen (aus Methylalkohol oder Alkohol) (B., GY., *B.* 37, 1251). Zeigt Triboluminescenz mit blauer Farbe (H.; B., GY., *B.* 37, 3697). F: 62° (H.), 60,5—61,5° (B., GY., *B.* 37, 1251), 60—61° (E. F., O. F., *B.* 37, 3360). Kp₇₀₈: 354° (B., GY., *B.* 37, 1251); Kp₇₇₄: 353—354,7° (Luftthermometer) (ROSENSTIEHL, GERBER, *A. ch.* [6] 2, 342). Sehr leicht löslich in Äther, Eisessig, Benzol, Chloroform, Ligroin, schwerer in Alkohol und Methylalkohol (B., GY., *B.* 37, 1251). Die verdünnten Lösungen fluorescieren stark bläulich (H.). — Gibt bei vorsichtiger Oxydation mit CrO_3 und Eisessig Diphenyl-m-tolyl-carbinol (B., GY., *B.* 37, 1252) neben einem Öl vom Siedepunkt 310—320° (Phenylm-tolyl-keton?) (E. F., O. F., *B.* 37, 3360); bei energischer Oxydation mit $K_2Cr_2O_7$ und H_2SO_4 bildet sich α-Oxy-tritan-carbonsäure-(3) (B., GY., *B.* 37, 3698; vgl. *B.* 37, 1251). Liefert beim Behandeln mit rauchender Salpetersäure neben anderen Produkten ein Trinitroderivat, aus dem durch Behandeln mit Zinkstaub und Essigsäure Leukanilin gewonnen werden kann, nachweisbar durch Überführung in gewöhnliches Rosanilin (E. F., O. F., *A.* 194, 284; B., GY., *B.* 37, 1251). Färbt konz. Schwefelsäure in reinem Zustande nicht (B., GY., *B.* 37, 3697). Verbindet sich nicht mit Pikrinsäure (H.).

6. *Diphenyl-p-tolyl-methan*, 4-Methyl-tritan $C_{20}H_{18} = (C_6H_5)_2CH \cdot C_6H_4 \cdot CH_3$. *B.* Aus Benzhydrol und Toluol beim Erwärmen mit P_2O_5 (HEMILIAN, *B.* 7, 1209; E. FISCHER, O. FISCHER, *A.* 194, 263). Durch Kochen von 2 g Benzhydrol mit Toluol und 2 g $SnCl_4$ (BISTRZYCKI, GYR, *B.* 37, 659). Aus Phenyl-p-tolyl-carbinol und Benzol beim Erwärmen mit P_2O_5 (E. F., O. F.). Durch 2-stdg. Kochen der Eisessiglösung des Diphenyl-p-tolyl-carbinols mit Zinkspänen (B., GY.). Aus 4'-Methyl-tritan-carbonsäure-(2) bei der Destillation mit Baryt (GUYOT, *Bl.* [3] 17, 979). — Prismen (aus Methylalkohol). F: 72° (GU.), 71° (E. F., O. F.), 69—70° (B., GY.). Destilliert unzersetzt oberhalb 360° (E. F., O. F.). Leicht löslich in heißem Alkohol, Methylalkohol, Eisessig und Benzol, schwerer in Ligroin (E. F., O. F.).

Diphenyl-p-tolyl-chlormethan, α-Chlor-4-methyl-tritan $C_{20}H_{17}Cl = (C_6H_5)_2Cl \cdot C_6H_4 \cdot CH_3$. *B.* Beim Sättigen der äther. Lösung des Diphenyl-p-tolyl-carbinols mit HCl (BISTRZYCKI, GYR, *B.* 37, 661). Aus α.α-Dichlor-ditan $C_6H_5 \cdot CCl_2 \cdot C_6H_5$ und Toluol in CS_2 in Gegenwart von $FeCl_3$ anfangs bei Zimmertemperatur, später auf dem Wasserbade (GOMBERG, *B.* 37, 1632). — Blättchen (aus Äther). F: 99° (B., GYR). Leicht löslich in Äther, Benzol, Chloroform, etwas schwerer in Alkohol und Eisessig (B., GYR). — Zersetzt sich im Kohlendioxydstrom bei 160° unter Entwicklung von HCl (B., GYR). Verhält sich gegenüber Metallen ähnlich wie Triphenylchlormethan (s. S. 701) (Go.).

7. *1.2-Dibenzyl-benzol*, ω.ω'-*Diphenyl-o-xylol*, β -Dibenzylbenzol $C_{20}H_{18} = C_6H_5 \cdot CH_2 \cdot C_6H_4 \cdot CH_2 \cdot C_6H_5$. Zur Konstitution vgl. RADZIEWANOWSKI, *B.* 27, 3237 Anm. 3. — *B.* Bei der Einw. von Zink auf ein Gemisch von Benzylchlorid und Benzol, neben 1.4-Dibenzylbenzol und Diphenylmethan (ZINCKE, *B.* 6, 119; 9, 31). Beim Behandeln eines Gemisches von Benzol und Methylal mit konz. Schwefelsäure, neben vorwiegend 1.4-Dibenzyl-benzol und Diphenylmethan (BAEYER, *B.* 6, 221; Z., *B.* 9, 31). Aus 150 g Diphenylmethan, 30 g Benzylchlorid und 7 g $AlCl_3$, neben 1.4-Dibenzyl-benzol (R., *B.* 27, 3237). — Nadeln (aus

Alkohol). F: 78° (Z., B. 6, 121). Ein Gemenge von 1.2- und 1.4-Dibenzyl-benzol krystallisiert aus heißem Alkohol in Spießen, die konstant bei 83—84° schmelzen (Z., B. 6, 120). 1.2-Dibenzyl-benzol ist viel leichter löslich als 1.4-Dibenzyl-benzol (Z., B. 6, 121). — Gibt mit Chromsäuremischung oder mit CrO_3 in Eisessig 1.2-Dibenzoyl-benzol und etwas Benzophenoncarbonsäure-(2) (Z., B. 9, 31). Verbindet sich nicht mit Pikrinsäure (Z., B..6, 121).

8. *1.4-Dibenzyl-benzol*, *ω.ω'-Diphenyl-p-xylol*, a-Dibenzylbenzol $C_{20}H_{18}$ = $C_6H_5 \cdot CH_2 \cdot C_6H_4 \cdot CH_2 \cdot C_6H_5$. Zur Konstitution vgl. RADZIEWANOWSKI, B. 27, 3237 Anm. 3. — B. Bei der Einw. von Zink auf ein Gemisch von Benzylchlorid und Benzol, neben 1.2-Dibenzyl-benzol und Diphenylmethan (ZINCKE, B. 6, 119; 9, 31). Beim Eintropfen eines kalten Gemisches von 100 g käuflichem Formaldehyd und 400 ccm konz. Schwefelsäure in eine Lösung von 250 ccm Benzol in 400 ccm Essigester bei —5° bis 0° (THIELE, BALHORN, B. 37, 1467). Beim Behandeln eines Gemisches von Benzol und Methylal mit konz. Schwefelsäure, neben 1.2-Dibenzyl-benzol und Diphenylmethan (BAEYER, B. 6, 221; Z., B. 9, 31). Aus 30 g Benzylchlorid, 150 g Diphenylmethan und 7 g $AlCl_3$, neben 1.2-Dibenzyl-benzol (R., B. 27, 3237). — Blättchen (aus Alkohol). F: 86° (Z., B. 6, 120). Ein Gemisch von 1.4- und 1.2-Dibenzyl-benzol krystallisiert aus heißem Alkohol in Spießen, die konstant bei 83—84° schmelzen (Z., B. 6, 121). 1.4-Dibenzyl-benzol löst sich leicht in $CHCl_3$, CS_2, Benzol und heißem Alkohol, etwas weniger in Äther, sehr wenig in kaltem Alkohol (Z., B. 6, 120). — Gibt mit Chromsäuremischung oder mit CrO_3 in Eisessig 1.4-Dibenzoyl-benzol und etwas Benzophenon-carbonsäure-(4) (Z., B. 9, 31). Verbindet sich nicht mit Pikrinsäure (Z., B. 6, 120).

1.4-Bis-[α.α-dichlor-benzyl]-benzol, ω.ω.ω'.ω'-Tetrachlor-ω.ω'-diphenyl-p-xylol $C_{20}H_{14}Cl_4$ = $C_6H_5 \cdot CCl_2 \cdot C_6H_4 \cdot CCl_2 \cdot C_6H_5$. B. Aus 1.4-Dibenzoyl-benzol (Syst. No. 684) und PCl_5 (WEHNER, B. 9, 311). — Tafeln (aus Äther). F: 91—92°. — Zerfällt beim Behandeln mit Wasser, Alkohol oder Eisessig in HCl und 1.4-Dibenzoyl-benzol.

1.4-Bis-[α-brom-benzyl]-benzol, ω.ω'-Dibrom-ω.ω'-diphenyl-p-xylol $C_{20}H_{16}Br_2$ = $C_6H_5 \cdot CHBr \cdot C_6H_4 \cdot CHBr \cdot C_6H_5$. B. Bei 2—3-stdg. Kochen einer Lösung von 5,2 g 1.4-Dibenzyl-benzol in 20 ccm Chloroform mit 2 ccm Brom (THIELE, BALHORN, B. 37, 1467). — Blättchen (aus Petroläther und wenig Benzol). F: 112,5°. . In den meisten Lösungsmitteln leicht löslich.

9. Derivate von *Dibenzylbenzolen mit unbekannter Stellung der Benzylgruppen*.

Bis-[3-nitro-benzyl]-benzol $C_{20}H_{16}O_4N_2$ = $O_2N \cdot C_6H_4 \cdot CH_2 \cdot C_6H_4 \cdot CH_2 \cdot C_6H_4 \cdot NO_2$. B. Beim Behandeln eines Gemisches von 3-Nitro-ditan (S. 593) und m-Nitro-benzylalkohol mit konz. Schwefelsäure (BECKER, B. 15, 2091). Aus m-Nitro-benzylalkohol, Benzol und konz. Schwefelsäure neben viel 3-Nitro-ditan (B.). — Krystalle. F: 165°.

Bis-[4-nitro-benzyl]-benzol $C_{20}H_{16}O_4N_2$ = $O_2N \cdot C_6H_4 \cdot CH_2 \cdot C_6H_4 \cdot CH_2 \cdot C_6H_4 \cdot NO_2$. B. Entsteht neben 4-Nitro-ditan (S. 593) beim Schütteln von 1 Tl. p-Nitro-benzylalkohol mit 20 Tln. reinem Benzol und 10 Tln. konz. Schwefelsäure (BASLER, B. 16, 2716). — Nadeln (aus Alkohol). Erweicht bei 140°, schmilzt bei 146°. Sehr schwer löslich in den gewöhnlichen Lösungsmitteln, leichter in heißem Eisessig, ziemlich leicht in Benzol.

6. Kohlenwasserstoffe $C_{21}H_{20}$.

1. *α.ι-Diphenyl-α.γ.ζ.ϑ-nonatetren* $C_{21}H_{20}$ = $C_6H_5 \cdot CH:CH \cdot CH:CH \cdot CH_2 \cdot CH:CH \cdot CH:CH \cdot C_6H_5$.

ε.ε-Dichlor-α.ι-diphenyl-α.γ.ζ.ϑ-nonatetren, **Ketochlorid des Dicinnamalacetons** $C_{21}H_{18}Cl_2$ = $C_6H_5 \cdot CH:CH \cdot CH:CH \cdot CCl_2 \cdot CH:CH \cdot CH:CH \cdot C_6H_5$. Absorptionsspektrum in konz. Schwefelsäure: STRAUS, HÜSSY, B. 42, 2173. Quantitativer Verlauf der Umsetzung mit Wasser: ST., H.

2. *α.β.γ-Triphenyl-propan*, *Phenyl-dibenzyl-methan* $C_{21}H_{20}$ = $C_6H_5 \cdot CH_2 \cdot CH(C_6H_5) \cdot CH_2 \cdot C_6H_5$. B. Aus 1.2.3-Trichlor-propan, Benzol und $AlCl_3$ (CLAUS, MERCKLIN, B. 18, 2935). Aus 1.2.3-Tribrom-propan, Benzol und $AlCl_3$ (CL., M.). Beim Erhitzen von 2-Oxy-α-amino-diphenylmethan (Syst. No. 1859) mit Jodwasserstoffsäure und rotem Phosphor im geschlossenen Rohr auf 140—150° (P. COHN, C. 1898 II, 284). Entsteht auch aus der Verbindung $C_{13}H_{10}O$, die beim Erhitzen von 2-Oxy-α-amino-diphenylmethan durch Erhitzen mit Salzsäure erhalten wird, bei Erhitzen mit Jodwasserstoffsäure und rotem Phosphor im geschlossenen Rohr auf 140—150° (Co.). — Öl von angenehmem Geruch (Co.). Siedet oberhalb 340° nicht unzersetzt (A., M.).

3. *a.a.β-Triphenyl-propan* $C_{21}H_{20}$ = $CH_3 \cdot CH(C_6H_5) \cdot CH(C_6H_5)_2$. — *B.* Bei 6-stdg. Erhitzen von 2 g Diphenylindon $C_6H_4 \! \! < \! \substack{C(C_6H_5) \\ CO} \! \! > \! \! C \cdot C_6H_5$ mit 2—2,5 g Jodwasserstoffsäure und 0,4 g rotem Phosphor auf 155° (DAHL, *B.* **29**, 2839). — Weiße Masse. Kp: 365°.

4. *Diphenyl-[2.4-dimethyl-phenyl]-methan, 2.4-Dimethyl-tritan* $C_{21}H_{20}$ = $(C_6H_5)_2CH \cdot C_6H_3(CH_3)_2$. — *B.* Durch Kochen von Benzhydrol mit m-Xylol und P_2O_5 (HEMILIAN, *B.* **19**, 3061). — Sechsseitige Prismen (aus 1 Vol. Eisessig und 2 Vol. Äther bei langsamem Verdunsten des letzteren). F: 61,5°. Siedet oberhalb 360°. Leicht löslich in Alkohol, Äther, Eisessig, Benzol und Ligroin. — Liefert bei der Oxydation mit Chromsäuregemisch 6-Methyl-3.3-diphenyl-phthalid und 3.3-Diphenylphthalid-carbonsäure-(6).

5. *Diphenyl-[2.5-dimethyl-phenyl]-methan, 2.5-Dimethyl-tritan* $C_{21}H_{20}$ = $(C_6H_5)_2CH \cdot C_6H_3(CH_3)_2$. — *B.* Bei 4-stdg. Kochen eines Gemenges von Benzhydrol, überschüssigem p-Xylol und P_2O_5 (HEMILIAN, *B.* **16**, 2360). — Krystalle (aus Alkohol + Äther) (H.). Monoklin prismatisch (WULF, *B.* **16**, 2360; vgl. *Groth, Ch. Kr.* **5**, 299). F: 92°; sehr leicht löslich in Alkohol, Äther und Eisessig (H.). — Wird von alkal. Permanganatlösung nicht angegriffen (H.). Mit Chromsäuregemisch entstehen 5-Methyl-3.3-diphenyl-phthalid und 3.3-Dimethyl-phthalid-carbonsäure-(5).

6. *Diphenyl-[3.4-dimethyl-phenyl]-methan, 3.4-Dimethyl-tritan* $C_{21}H_{20}$ = $(C_6H_5)_2CH \cdot C_6H_3(CH_3)_2$. — *B.* Beim Kochen von Benzhydrol mit o-Xylol und P_2O_5 (HEMILIAN, *B.* **19**, 3070). — Nadeln (aus Alkohol). F: 68,5°. Siedet oberhalb 360°. Leicht löslich in Alkohol, Äther, Benzol und Eisessig. — Bei der Oxydation mit Chromsäuregemisch entstehen a-Oxy-tritan-dicarbonsäure-(3.4), Benzophenon u. a. Körper.

7. *Phenyl-di-m-tolyl-methan, 3.3'-Dimethyl-tritan* $C_{21}H_{20}$ = $C_6H_5 \cdot CH(C_6H_4 \cdot CH_3)_2$.

Phenyl-bis-[6-jod-3-methyl-phenyl]-methan, 6.6'-Dijod-3.3'-dimethyl-tritan $C_{21}H_{18}I_2$ = $C_6H_5 \cdot CH(C_6H_3I \cdot CH_3)_2$. — *B.* Aus 6.6'-Diamino-3.3'-dimethyl-tritan (F: 185—186°) durch Diazotieren in verd. Schwefelsäure und Behandeln der Diazoniumsulfatlösung mit Jodwasserstoffsäure (ULLMANN, *J. pr.* [2] **36**, 262). — Schwach bräunlichrote Prismen (aus Alkohol). F: 167—168°. Wenig löslich in kaltem Alkohol, ziemlich leicht in Äther.

8. *Phenyl-di-p-tolyl-methan, 4.4'-Dimethyl-tritan* $C_{21}H_{20}$ = $C_6H_5 \cdot CH(C_6H_4 \cdot CH_3)_2$. — *B.* Durch 3—4-tägiges Schütteln von Benzaldehyd, Toluol und konz. Schwefelsäure (KLIEGL, *B.* **38**, 85). Aus Phenyl-[4.4'-dimethyl-trityl]-keton $C_6H_5 \cdot CO \cdot C(C_6H_5)_2(C_6H_4 \cdot CH_3)_2$ beim Erhitzen mit Natronkalk auf 300° (THÖRNER, ZINCKE, *B.* **11**, 70). Durch Reduktion von a-Oxy-4.4'-dimethyl-tritan mit Zinkstaub und Eisessig (K., *B.* **38**, 87). Bei der trocknen Destillation des Bariumsalzes der 4'.4''-Dimethyl-tritan-carbonsäure-(2) (GUYOT, *Bl.* [3] **17**, 974). — Nadeln (aus Methylalkohol). F: 55—56° (TH., Z.), 54—54,5° (K., *B.* **38**, 86), 52° (G.). Sehr leicht löslich in Äther, CHCl$_3$, CS$_2$, Benzol, weniger leicht in Ligroin, kaltem Alkohol und Eisessig (TH., Z.). Unlöslich in konz. Schwefelsäure (K., *B.* **40**, 4938 Anm. 1).

Phenyl-di-p-tolyl-chlormethan, a-Chlor-4.4'-dimethyl-tritan $C_{20}H_{19}Cl$ = $C_6H_5 \cdot CCl(C_6H_4 \cdot CH_3)_2$. — *B.* Man setzt p-Brom-toluol mit Benzoesäuremethylester nach GRIGNARD um und behandelt das erhaltene Carbinol mit HCl (GOMBERG, *B.* **37**, 1631). — Krystalle. F: 106—107°. Sehr leicht löslich in den üblichen Lösungsmitteln (G., *B.* **37**, 1631). — Verhält sich Metallen gegenüber ähnlich wie Triphenylchlormethan (s. S. 701) (G., *B.* **36**, 3928; **37**, 1631).

[2.5-Dichlor-phenyl]-di-p-tolyl-methan, 2''.5''-Dichlor-4.4'-dimethyl-tritan $C_{21}H_{18}Cl_2$ = $C_6H_3Cl_2 \cdot CH(C_6H_4 \cdot CH_3)_2$. — *B.* Durch Versetzen einer Lösung von 2 g 2.5-Dichlor-benzaldehyd in 15 ccm Toluol mit 5 ccm 88%iger Schwefelsäure (GNEHM, SCHÜLE, *A.* **299**, 355). — Würfel (aus Alkohol); Krystalle mit gekrümmten Flächen (aus Ligroin). F: 89°.

[3-Nitro-phenyl]-di-p-tolyl-methan, 3''-Nitro-4.4'-dimethyl-tritan $C_{21}H_{19}O_2N$ = $O_2N \cdot C_6H_4 \cdot CH(C_6H_4 \cdot CH_3)_2$. — *B.* Aus m-Nitro-benzaldehyd, Toluol und konz. Schwefelsäure (TSCHACHER, *B.* **21**, 189). — Krystalle (aus Ligroin). F: 85°.

9. *a.a.a-Triphenyl-propan, a-Äthyl-tritan* $C_{21}H_{20}$ = $(C_6H_5)_3C \cdot CH_2 \cdot CH_3$. — *B.* Aus a-Chlor-tritan und Zinkdiäthyl, neben Äthylen und Tritan (GOMBERG, CONE, *B.* **39**, 2962). Aus a-Chlor-tritan und Äthylmagnesiumjodid, neben Äthylen und Tritan (G., C., *B.* **39**, 1466, 2961). Aus Tritankalium und Äthyljodid (G., C., *B.* **39**, 2962). — Krystalle (aus Methylalkohol). F: 51° (G., C., *B.* **39**, 2961). — Liefert mit PCl$_5$ bei 190—200° β(?)-Chlor-a.a.a-triphenyl-propan (C., ROBINSON, *B.* **40**, 2164).

β (?)-*Chlor-a.a.a-triphenyl-propan* $C_{21}H_{19}Cl$ = $(C_6H_5)_3C \cdot CHCl \cdot CH_3$ (?). — *B.* Durch kurzes Erhitzen von a-Äthyl-tritan und PCl$_5$ auf 190—200° (CONE, ROBINSON, *B.* **40**, 2164). — Öl. Kp$_{47}$: 240°.

a.a.a-Tris-[4-nitro-phenyl]-propan, 4.4'.4''-Trinitro-a-äthyl-tritan $C_{21}H_{17}O_6N_3$ = $(O_2N \cdot C_6H_4)_3C \cdot CH_2 \cdot CH_3$. B. Durch Nitrieren von a-Äthyl-tritan (GOMBERG, CONE, B. 39, 2966). — Hellgelbe Tafeln (aus Eisessig). F: 194—195⁰. 25 ccm heißer Eisessig lösen ca. 3 g. — Gibt die Fuchsinreaktion.

7. Kohlenwasserstoffe C₂₂H₂₂.

1. a.γ-Diphenyl-β-benzyl-propan, Tribenzylmethan $C_{22}H_{22}$ = $(C_6H_5 \cdot CH_2)_3CH$.

β-Chlor-a.γ-diphenyl-β-benzyl-propan, Tribenzyl-chlormethan $C_{22}H_{21}Cl$ = $(C_6H_5 \cdot CH_2)_3CCl$. B. Aus Tribenzylcarbinol in Alkohol mit HCl (SCHMERDA, M. 30, 388). — Nadeln (aus Ligroin).

β-Brom-a.γ-diphenyl-β-benzyl-propan, Tribenzyl-brommethan $C_{22}H_{21}Br$ = $(C_6H_5 \cdot CH_2)_3CBr$. B. Aus Tribenzylcarbinol mit PBr₅ in Äther (SCHMERDA, M. 30, 387). — Krystallpulver (aus Aceton oder Ligroin). F: 157⁰. Löslich in Äther, Benzol, CS₂, sehr wenig löslich in Essigester. — Zersetzt sich beim Erwärmen für sich oder mit Wasser, sowie beim Aufbewahren unter Entwicklung von HBr.

2. Tri-m-tolyl-methan, 3.3'.3''-Trimethyl-tritan $C_{22}H_{22}$ = $(CH_3 \cdot C_6H_4)_3CH$. Zur Konstitution vgl. ROSENSTIEHL, GERBER, A. ch. [6] 2, 368. — B. Aus 4.4'.4''-Triamino-3.3'.3''-trimethyl-tritanol durch Entamidierung (R., G., A. ch. [6] 2, 353). — Krystalle. F: 73⁰. Kp₇₆₇: 376—377,3⁰.

3. Tri-p-tolyl-methan, 4.4'.4''-Trimethyl-tritan $C_{22}H_{22}$ = $(CH_3 \cdot C_6H_4)_3CH$. B. Aus Tri-p-tolyl-chlormethan durch Reduktion mit Zink und Eisessig (TOUSLEY, GOMBERG, Am. Soc. 26, 1520). Durch Behandeln von Tri-p-tolyl-chlormethan mit Alkohol (G., B. 35, 2399). Durch Reduktion von Tri-p-tolyl-carbinol mit Zink und Jodwasserstoffsäure in alkoh. Lösung (MOTHWURF, B. 37, 3155). — Prismen vom Schmelzpunkt 53—54⁰ (M.), 63,5⁰ (G., B. 35, 2399). Nicht erstarrendes Öl (T., G., Am. Soc. 26, 1520, 1523). Siedet oberhalb 400⁰ (M.). Kp₂₈: 260—262⁰ (T., G.). Schwer löslich in kaltem Alkohol und Eisessig, ziemlich schwer in Petroläther; fast unlöslich in konz. Schwefelsäure (M.).

Tri-p-tolyl-chlormethan, a-Chlor-4.4'.4''-trimethyl-tritan $C_{22}H_{21}Cl$ = $(CH_3 \cdot C_6H_4)_3CCl$. B. Durch Kondensation von Toluol mit Tetrachlorkohlenstoff bei Gegenwart von AlCl₃ in CS₂ (GOMBERG, VOEDISCH, Am. Soc. 23, 177; TOUSLEY, G., Am. Soc. 26, 1516; G., B. 37, 1627; SCHMIDLIN, HODGSON, B. 41, 436). Beim Hinzufügen von Salzsäure (D: 1,2) zu 4.4'.4''-Trimethyl-tritanol $C(OH)(C_6H_4 \cdot CH_3)_3$ in Essigsäure, Aceton oder Alkohol (NORRIS, Am. 38, 628). Beim Schütteln von 4.4'.4''-Trimethyl-tritanol in Äther mit konz. Salzsäure (MOTHWURF, B. 37, 3156). Beim Einleiten von Chlorwasserstoff in eine äther. Lösung von 4.4'.4''-Trimethyl-tritanol (T., G., Am. Soc. 26, 1517). — Krystalle (aus Essigester). F: 184—185⁰ (korr.) (SCH., H., B. 41, 436), 181⁰ (M.), 173⁰ (T., G.: G., B. 37, 1627). Leicht löslich in Benzol, Äther, CS₂, schwer in Essigester, Petroläther (T., G.). Elektrische Leitfähigkeit: T., G. a-Chlor-4.4'.4''-trimethyl-tritan gibt mit Metallsalzen starkgefärbte Doppelverbindungen (G., B. 35, 1838; M.). — Spaltet beim Schmelzen unter Aufschwämen HCl ab (SCH., H., B. 41, 436). Gibt beim Erhitzen bis auf 250⁰ einen Kohlenwasserstoff $C_{22}H_{20}$ (3.6-Dimethyl-9-p-tolyl-fluoren ?) (SCH., H., B. 41, 436). Liefert bei der Behandlung mit molekularem Silber in Benzol oder Äther unter Ausschluß von Luft eine orangerote Lösung; leitet man gleichzeitig einen Luftstrom durch das Reaktionsgemisch, so bildet sich Bis-[4.4'.4''-trimethyl-trityl]-peroxyd (G., B. 37, 1628; vgl. G., B. 36, 3928). Leitet man in eine schwach siedende äther. Lösung von a-Chlor-4.4'.4''-trimethyl-tritan bei Gegenwart von Magnesium und etwas Jod Kohlendioxyd ein, so entsteht ein Produkt, das bei der Zersetzung mit verd. Salzsäure Tri-p-tolyl-essigsäure gibt (SCH., H., B. 41, 437, 446). Tri-p-tolyl-chlormethan gibt in äther. Lösung mit Brom ein rotes Perbromid, mit Jod ein blauschwarzes Nadeln krystallisierendes Perjodid (M.). Wird beim Schütteln der Benzollösung mit Wasser in 4.4'.4''-Trimethyl-tritanol übergeführt (M.). Erwärmt man a-Chlor-4.4'.4''-trimethyl-tritan mit einem Gemisch von Schwefelsäure und Essigsäure (3 : 1) und behandelt dann mit Wasser, so erhält man 4.4'.4''-Trimethyl-tritanol (G., B. 37, 1627). a-Chlor-4.4'.4''-trimethyl-tritan liefert mit NH₃ in Benzollösung a-Amino-4.4'.4''-trimethyl-tritan (M.). Gibt beim Kochen mit Alkohol a-Äthoxy-4.4'.4''-trimethyl-tritan (M.). Liefert beim Zusammenschmelzen mit Hg(CN)₂ Tri-p-tolyl-acetonitril (M.). $C_{22}H_{21}Cl$ + ZnCl₂. Orangefarbene Krystalle (G., B. 35, 1838). — $C_{22}H_{21}Cl$ + HgCl₂. Rote Krystalle (G., B. 35, 1838). — $C_{22}H_{21}Cl$ + AlCl₃. Gelbgrüne verfilzte Nadeln. Ziemlich leicht löslich in Benzol, Chloroform, heißem Essigester, schwerer in CS₂ (M.). — $C_{22}H_{21}Cl$ + FeCl₃. Gelbe Krystalle (G., B. 35, 1838).

Tri-p-tolyl-brommethan, a-Brom-4.4'.4''-trimethyl-tritan $C_{22}H_{21}Br$ = $(CH_3 \cdot C_6H_4)_3CBr$. B. Aus 4.4'.4''-Trimethyl-tritanol durch Einleiten von HBr in eine Benzollösung

(MOTHWURF, *B.* 37, 3156) oder Petrolätherlösung (TOUSLEY, GOMBERG, *Am. Soc.* 26, 1519). Aus 4.4′.4″-Trimethyl-tritanol durch Zusatz von Bromwasserstoffsäure zu einer Lösung in Essigsäure, Aceton oder Alkohol (NORRIS, *Am.* 38, 628). — Gelbe Krystalle (aus CS_2 + Ligroin). F: 165° (T., G.), 161—163° (M.). Elektrische Leitfähigkeit: T., G. — Gibt mit Brom ein Perbromid, mit Jod ein Perjodid (T., G.).

Tri-p-tolyl-methyl-trijodid $C_{22}H_{21}I_3 = (CH_3 \cdot C_6H_4)_3C \cdot I_3$. *B.* Durch Zufügen von Jodwasserstoff zu einer Benzollösung des 4.4′.4″-Trimethyl-tritanols (MOTHWURF, *B.* 37, 3157). — Blauschwarze Nadeln. Schwer löslich in Chloroform, kaum in Äther, Benzol. — Gibt beim Erwärmen leicht Jod ab. Liefert mit Wasser 4.4′.4″-Trimethyl-tritanol, mit Disulfit 4.4′.4″-Trimethyl-tritan-α-sulfonsäure, mit Alkohol α-Äthoxy-4.4′.4″-trimethyl-tritan.

Tri-p-tolyl-methyl-pentajodid $C_{22}H_{21}I_5 = (CH_3 \cdot C_6H_4)_3C \cdot I_5$. *B.* Durch Einw. von trocknem HI auf eine Lösung von 2 g 4.4′.4″-Trimethyl-tritanol und 5 g Jod in CS_2 (TOUSLEY, GOMBERG, *Am. Soc.* 26, 1520). — Dunkle irisierende Krystalle. F: 77°.

Tris-[x.x-dinitro-4-methyl-phenyl]-methan, Hexanitro-4.4′.4″-trimethyl-tritan $C_{22}H_{16}O_{12}N_6 = CH[C_6H_2(NO_2)_2 \cdot CH_3]_3$. *B.* Durch 12-stdg. Einw. rauchender Salpetersäure auf 4.4′.4″-Trimethyl-tritan (MOTHWURF, *B.* 37, 3163). — Gelbe Prismen. Schmilzt bei 280° und verpufft bei höherem Erhitzen heftig.

4. α.α.α-*Triphenyl-butan*, α-*Propyl-tritan* $C_{22}H_{22} = (C_6H_5)_3C \cdot CH_2 \cdot CH_2 \cdot CH_3$. *B.* Aus α-Chlor-tritan und Propylmagnesiumbromid, neben Tritan und Propylen (GOMBERG, CONE, *B.* 39, 2963). — Tafeln (aus Alkohol), bei schneller Krystallisation feine Nadeln. F: 79°.

α.α.α-Tris-[x-nitro-phenyl]-butan, x.x′.x″-Trinitro-α-propyl-tritan $C_{22}H_{19}O_6N_3 = (O_2N \cdot C_6H_4)_3C \cdot CH_2 \cdot CH_2 \cdot CH_3$. *B.* Durch Nitrieren von Triphenylbutan (GOMBERG, CONE, *B.* 39, 2966). — Krystalle (aus Eisessig). F: 191—192°. Krystallisiert aus Essigester mit 1 Mol. Essigester. — Zeigt die Fuchsinreaktion nicht.

5. *β-Methyl-α.α.α-triphenyl-propan*, α-*Isopropyl-tritan* $C_{22}H_{22} = (C_6H_5)_3C \cdot CH(CH_3)_2$. *B.* Aus α-Chlor-tritan und Isopropylmagnesiumbromid (GOMBERG, CONE, *B.* 39, 2964). — Öl. Kp_{21}: 233—234°. Fluoresciert blau.

β-Methyl-α.α.α-tris-[4-nitro-phenyl]-propan, 4.4′.4″-Trinitro-α-isopropyl-tritan $C_{22}H_{19}O_6N_3 = (O_2N \cdot C_6H_4)_3C \cdot CH(CH_3)_2$. *B.* Durch Nitrieren von α-Isopropyl-tritan (G., C., *B.* 39, 2966). — Krystalle (aus Eisessig). F: 262—263°. 1 g löst sich in ca. 50 ccm heißem Eisessig. — Gibt die Fuchsinreaktion.

8. Kohlenwasserstoffe $C_{23}H_{24}$.

1. *Phenyl-bis-[2.5-dimethyl-phenyl]-methan, 2.5.2′.5′-Tetramethyl-tritan* $C_{23}H_{24} = (CH_3)_2C_6H_3 \cdot CH(C_6H_5) \cdot C_6H_3(CH_3)_2$. *B.* Aus Phenyl-[2.5-dimethyl-phenyl]-carbinol, p-Xylol und P_2O_5 (ELBS, *J. pr.* [2] 35, 476). Aus Bis-[2.5-dimethyl-phenyl]-carbinol, Benzol und P_2O_5 (E., *J. pr.* [2] 35, 485). Beim Erhitzen von Phenyl-[2.5.2′.5′-tetramethyl-trityl]-keton mit Natronkalk auf 320° (E., *J. pr.* [2] 35, 477). — Prismen (aus Ligroin). F: 92.5°. Siedet unzersetzt oberhalb 360°. Leicht löslich in den üblichen organischen Lösungsmitteln mit blauer Fluorescenz.

2. *Dibenzylmesitylen* $C_{23}H_{24} = (CH_3)_3C_6H(CH_2 \cdot C_6H_5)_2$.

a) **Präparat von Mills, Easterfield.** *B.* Aus Dibenzoylmesitylen durch Reduktion mit Jodwasserstoffsäure und gelbem Phosphor (MILLS, EASTERFIELD, *Soc.* 81, 1323). — Krystalle (aus Alkohol). F: 89°. Kp_{20-30}: 280°. Leicht löslich in allen gebräuchlichen Lösungsmitteln, außer in kaltem Alkohol.

b) **Präparat von Louise.** *B.* Beim Eintragen von 0,5—0,7 g AlCl$_3$ in ein auf 155° erhitztes Gemisch von 20 g Benzylmesitylen und 60 g Benzylchlorid (LOUISE, *A. ch.* [6] 6, 197). — Krystalle (aus Alkohol). F: 131°. Kp_{12}: 355°. Sehr schwer löslich in Alkohol und Äther. Scheidet sich aus der Lösung in Alkohol + Benzol in benzolhaltigen Krystallen aus. Die Verbindung ist nach MILLS, EASTERFIELD (*Soc.* 81, 1312) vielleicht Tribenzylmesitylen.

9. β-Methyl-ε.ε.ε-triphenyl-pentan, α-Isoamyl-tritan $C_{24}H_{26} = (C_6H_5)_3C \cdot CH_2 \cdot CH_2 \cdot CH(CH_3)_2$.

B. Aus α-Chlor-tritan und Isoamylmagnesiumbromid (GOMBERG, CONE, *B.* 39, 2964). — Blau fluorescierendes Öl.

β-Methyl-ε.ε.ε-tris-[4-nitro-phenyl]-pentan, 4.4′.4″-Trinitro-α-isoamyl-tritan $C_{24}H_{23}O_6N_3 = (O_2N \cdot C_6H_4)_3C \cdot CH_2 \cdot CH_2 \cdot CH(CH_3)_2$. *B.* Durch Nitrieren von α-Isoamyltritan (G., C., *B.* 39, 2967). — Prismatische Krystalle (aus Eisessig). F: 207—208°. 1 g löst sich in ca. 33 ccm heißem Eisessig, fast unlöslich in kaltem Eisessig. Zeigt die Fuchsinreaktion.

10. Kohlenwasserstoffe $C_{25}H_{28}$.

1. *Phenyl-[2.5-dimethyl-phenyl]-[2-methyl-5-isopropyl-phenyl]-methan, 2.5.2'-Trimethyl-5'-isopropyl-tritan* $C_{25}H_{28} = (CH_3)_2C_6H_3 \cdot CH(C_6H_5) \cdot C_6H_3(CH_3) \cdot CH(CH_3)_2$. *B.* Beim Kochen von 30 g Phenyl-[2-methyl-5-isopropyl]-carbinol mit 30 g p-Xylol und 20 g P_2O_5 (ELBS, *J. pr.* [2] 35, 498). — Dickes Öl. Siedet oberhalb 360°.

2. *Tris-[2.5-dimethyl-phenyl]-methan, 2.5.2'.5'.2''.5''-Hexamethyl-tritan* $C_{25}H_{28} = CH[C_6H_3(CH_3)_2]_3$. *B.* Aus Bis-[2.5-dimethyl-phenyl]-carbinol, p-Xylol und P_2O_5 (ELBS, *J. pr.* [2] 35, 484). — Körner (aus Alkohol). F: 188°. Mäßig löslich in Alkohol, leichter in Äther und Benzol.

3. *Kohlenwasserstoff* $C_{25}H_{28}$ *von unbekannter Konstitution.* *B.* Entsteht in kleiner Menge neben a.a-Di-p-tolyl-äthan beim Behandeln eines Gemenges von Paraldehyd und Toluol mit konz. Schwefelsäure (O. FISCHER, *B.* 7, 1194). — Flüssig. Kp: 350—360°.

11. Kohlenwasserstoff $C_{54}H_{86}$ (?) s. bei Cholesterin Syst. No. 4729c.

N. Kohlenwasserstoff $C_n H_{2n-28}$.

Triphenylmethyl, Trityl $C_{19}H_{15}$ und sein Dimeres $C_{38}H_{30}$.

Konstitution. Diskussion über die Konstitution des Triphenylmethyls: GOMBERG, *B.* 33, 3160; 35, 1839; 37, 1643; 40, 1880; *Am.* 25, 319; *Am. Soc.* 36, 1144; GOMBERG, CONE, *B.* 37, 2047; 38, 2453; 39, 3274, 3297; NORRIS, *Am.* 25, 117; NORRIS, CULVER, *Am.* 29, 129; KEHRMANN, WENTZEL, *B.* 34, 3818; 40, 2755 Anm. 3; THIELE, *A.* 319, 134; MARKOWNIKOW, Ж. 34 II, 140; BAEYER, VILLIGER, *B.* 35, 1196; BAEYER, *B.* 42, 2629; HEINTSCHEL, *B.* 36, 320, 579; VORLÄNDER, *B.* 37, 2397; TSCHITSCHIBABIN, *B.* 37, 4709; *J. pr.* [2] 74, 340; *B.* 40, 369, 3056, 3970; Ж. 39, 160; JACOBSON, *B.* 38, 196; FLÜRSCHEIM, *J. pr.* [2] 71, 505; *B.* 41, 2746; WILLSTÄTTER, KALB, *B.* 38, 1234; HANTZSCH, *B.* 39, 2480; SCHMIDLIN, *B.* 39, 4187; 40, 2321; „Das Triphenylmethyl" [Stuttgart 1914]; AUWERS, *B.* 40, 2159; WIELAND, *B.* 42, 3028; SCHLENK, WEICKEL, HERZENSTEIN, *A.* 372, 15.

Triphenylmethyl ist in festem Zustande farblos (GOMBERG, *B.* 35, 1825, 2403), in Lösung wandelt es sich innerhalb weniger Sekunden teilweise in eine gelbe Form um (SCHMIDLIN, *B.* 41, 2471). Das Gleichgewicht zwischen beiden Formen ist vom Lösungsmittel und der Temperatur abhängig; beim Erwärmen verschiebt es sich zugunsten der farbigen Form, beim Abkühlen in umgekehrtem Sinne, so daß z. B. eine bei 15° orangegelbe Lösung beim Schmelzpunkt des Chloroforms (—63°) vollkommen farblos erscheint (SCHM.). In Äther bei Zimmertemperatur beträgt der farblose Anteil etwa das zehnfache des gelben (SCHM.). Die gelbe Form wird durch Sauerstoff viel leichter zu Bis-[triphenylmethyl]-peroxyd oxydiert, durch Jod viel leichter in Triphenyljodmethan übergeführt als die farblose. Daher entfärbt sich eine Lösung von Triphenylmethyl beim Schütteln mit Luft momentan, indem die darin vorhandene gelbe Form in Bis-[triphenylmethyl]-peroxyd übergeht; beim darauffolgenden Stehen färbt sich die Flüssigkeit aber wieder gelb, indem die nicht angegriffene farblose Form sich teilweise in die gelbe Form umwandelt, bis das Gleichgewicht wieder erreicht ist (SCHM.). — Für das Mol.-Gew. des Triphenylmethyls fanden GOMBERG und CONE (*B.* 37, 2037) auf kryoskopischem Wege im Mittel in Benzol 491,6, in Nitrobenzol 487, in p-Brom-toluol 495,6, in Dimethylanilin 474,9 (für $C_{38}H_{30}$ berechnet sich 486). In Naphthalin wurden niedrigere Werte (ca. 418) beobachtet, welche auf eine geringe Zersetzung (G., C., *B.* 37, 2039) oder eine partielle Dissoziation in Moleküle $C_{19}H_{15}$ (G., C., *B.* 37, 2049; WIELAND, *B.* 42, 3029) zurückzuführen sind[1]). Vgl. über Mol.-Gew. des Triphenylmethyls auch J. SCHMIDLIN, „Das Triphenylmethyl" [Stuttgart 1914], S. 69 ff. Da die farbige Form des Triphenylmethyls in ihrem Verhalten gegenüber Sauerstoff vollständig dem in Lösung monomolekularen, ebenfalls farbigen Tris-diphenylyl-methyl $\left[\underset{}{\bigcirc}-\underset{}{\bigcirc}-\right]_3C$ gleicht, halten SCHLENK, WEICKEL, HERZENSTEIN (*A.* 372, 15) dieselbe für monomolekular und sprechen den farblosen Anteil von der Zusammensetzung $C_{38}H_{30}$ als Hexaphenyläthan an. Zu dem gleichen Schluß bezüglich der Verbindung $C_{38}H_{30}$ führt das Studium der Eigenschaften des Pentaphenyläthans (TSCHITSCHIBABIN, *B.* 37, 4709; *J. pr.* [2] 74, 340; *B.* 40, 369; Ж. 39, 160; *C.* 1907 II, 147; *B.* 40, 3056, 3970; SCHMIDLIN, „Das Triphenylmethyl" [Stuttgart 1914],

---

[1]) Neuere kryoskopische Bestimmungen in Naphthalin, welche GOMBERG, SCHOEPFLE (*Am. Soc.* 39, 1657) nach dem Literatur-Schlußtermin der 4. Aufl. dieses Handbuches [1. I. 1910] veröffentlicht haben, sprechen für das Vorhandensein einer Dissoziation.

S. 140 ff., 211; vgl. auch: FLÜRSCHEIM, *J. pr.* [2] **71**, 505; *B.* **41**, 2746; HANTZSCH, *B.* **39**, 2480; GOMBERG, *Am. Soc.* **36**, 1156, 1167[1])).

Die Konstitution des Triphenylmethyls ist jedoch nach GOMBERG, CONE (*B.* **39**, 3297) nicht durch die Formel $(C_6H_5)_3C$ bezw. $(C_6H_5)_3C \cdot C(C_6H_5)_3$ auszudrücken, da ein Phenyl eine andere, wahrscheinlich chinoide Funktion besitzt, wie aus dem Verhalten der p-halogenierten Triphenylmethylchloride hervorgeht. Diese spalten nämlich bei Einw. von Silber unter Luftabschluß zunächst das exo-Chlor (an den Methan-Kohlenstoff gebundenes Chlor) ab, unter Übergang in Triphenylmethyl-Analoga; bei längerer Einw. von Silber wird aber auch p-ständiges eso-Halogen teilweise abgespalten, das sich in Rücksicht auf diese leichte Beweglichkeit nicht mehr in einem aromatischen, sondern in einem chinoiden Kern befinden dürfte (vgl. dazu auch GOMBERG, *B.* **40**, 1886; *Am. Soc.* **36**, 1157). ' Der gleiche Schluß wird durch die Beobachtung nahegelegt, daß durch bloßes Auflösen der p-halogenierten Triphenylmethylchloride in flüssigem Schwefeldioxyd und Wiederverdunsten des Lösungsmittels teilweise ein Platztausch zwischen exo-Chlor und eso-Halogen herbeigeführt werden kann: $(C_6H_5)_2CCl \cdot C_6H_4Hlg \rightarrow (C_6H_5)_2CHlg \cdot C_6H_4Cl$ (G., *B.* **42**, 406). Erteilt man der dimolekularen Form des Triphenylmethyls die chinoide Formel eines 4-Triphenylmethyl-1-[diphenyl-

methylen]-cyclohexadiens-(2.5) $(C_6H_5)_2C =$  (JACOBSON, *B.* **38**, 196; vgl.

auch G., C., *B.* **38**, 2455; **39**, 3274; **40**, 1881, 1886; vgl. dagegen TSCHITSCHIBABIN, *B.* **38**, 771; AUWERS, *B.* **40**, 2159), so gelangt man nach GOMBERG (*Am. Soc.* **36**, 1162) zu einer befriedigenden Erklärung aller Eigenschaften des Triphenylmethyls, wenn man in seinen Lösungen folgendes Gleichgewicht annimmt:

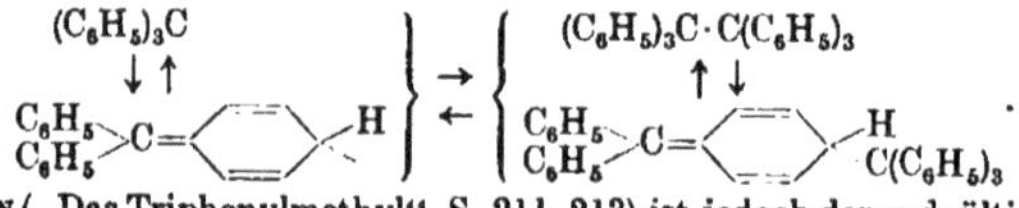

Nach SCHMIDLIN („Das Triphenylmethyl", S. 211, 213) ist jedoch der endgültige Beweis für die Formel von JACOBSON durch GOMBERG nicht erbracht worden[2]; vielmehr ermögliche die Annahme eines Gleichgewichts: Hexaphenyläthan $\rightleftarrows$ Triphenylmethyl, allen Eigenschaften des Triphenylmethyls, einschließlich der Färbung, gerecht zu werden (vgl. auch SCHLENK, WEICKEL, HERZENSTEIN, *A.* **372**, 17; WIELAND, *B.* **42**, 3030). Die auffällige Leitfähigkeit der Lösung von Triphenylmethyl in flüssigem Schwefeldioxyd suchte GOMBERG (*B.* **40**, 1880) ursprünglich durch die Annahme von zwei Ionen $\left[(C_6H_5)_2C = \right.$ $\left. H \right]^+$ und $\left[(C_6H_5)_3C \right]^-$ zu deuten; jedoch ist diese Hypothese sehr unwahrscheinlich geworden, da die Lösungen des monomolekularen Tris-[diphenylyl]-methyls $\left[\right.$ $\left. \right]_3C$ in Benzol absolut nichtleitend sind (SCHLENK, WEICKEL, HERZENSTEIN, *A.* **372**, 16); nach Auffassung von WALDEN (*Ph. Ch.* **43**, 452; vgl. auch SCHMIDLIN, „Das Triphenylmethyl", S. 58; SCHL., WEI., H., *A.* **372**, 11) ist die Leitfähigkeit durch Salzbildung mit Schwefeldioxyd bedingt.

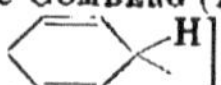

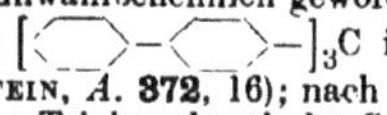

Bildung. Triphenylmethyl (bezw. seine Verbindungen mit Lösungsmittel) entstehen durch Behandlung von Triphenylmethylbromid oder besser Triphenylmethylchlorid mit Zink, molekularem Silber (zur Darstellung desselben vgl.: GOMBERG, *B.* **39**, 3286; SCHMIDLIN, „Das Triphenylmethyl", S. 52) oder Quecksilber in Gegenwart von wasserfreien Lösungsmitteln (GOMBERG, *B.* **33**, 3150; **34**, 2727; *Am. Soc.* **23**, 496). Durch Kochen von Triphenylmethylchlorid in Benzol mit Naturkupfer (SCHLENK, WEICKEL, HERZENSTEIN, *A.* **372**, 17). Durch Behandlung von Triphenylmethylchlorid mit pyrophorem Eisen (WOHL, zitiert von SCHMIDLIN, „Das Triphenylmethyl", S. 31). Neben Triphenylmethyljodid durch Vermischen trockner Acetonlösungen von Triphenylmethylchlorid und Natriumjodid (ALBRECHT, zitiert von SCHMIDLIN, „Das Triphenylmethyl", S. 32). In geringer Menge beim Behandeln von Calciumcarbid oder Acetylensilber mit Lösungen von Triphenylmethylchlorid (THOMMEN, zitiert von SCHMIDLIN, „Das Triphenylmethyl", S. 35). Aus Triphenylmethylchlorid und Phenylmagnesiumbromid, neben Tetraphenylmethan (GOMBERG, CONE, *B.* **39**, 1463; FREUND, *B.* **39**, 2237), in geringer Menge auch aus Triphenylmethylchlorid und Methylmagnesiumjodid (GOMBERG, CONE, *B.* **39**, 2964). Triphenylmethyl entsteht ferner durch Umsetzen von α- oder β-Triphenylmethyl-magnesiumchlorid mit Triphenylmethylchlorid in benzolisch-ätherischer Lösung (SCHMIDLIN, *B.* **40**, 2325). Es entsteht daher auch bei der Darstellung der α-Magnesiumverbindung, wenn man durch Zusatz von nur wenig Jod für

---

[1]) Auch GOMBERG, SCHOEPFLE (*Am. Soc.* **39**, 1654, 1673) fassen neuerdings die dimolekularen Formen der Triarylmethyle als Hexaaryläthane auf.

[2]) Vgl. dazu aus der Literatur nach Schlußtermin: SCHLENK, MARCUS, *B.* **47**, 1677; SCHLENK, OCHS, *B.* **48**, 676.

langsamen Verlauf der Reaktion sorgt (s. u. unter Darst.) (SCHM., *B.* **41**, 428). Triphenylmethyl entsteht ferner aus Triphenylmethyl-magnesiumchlorid durch Einw. der berechneten
Menge Brom oder von Schwefeldioxyd (WOHL, zitiert von SCHMIDLIN, „Das Triphenylmethyl",
S. 40). Neben symm. Dichlortetraphenyläthan oder Tetraphenyläthylen aus Triphenylmethyl-
magnesiumchlorid und Diphenyldichlormethan (WOHL). Neben Tetraphenyläthylen aus
Triphenylmethyl-magnesiumchlorid und Benzotrichlorid (WOHL). Durch Einw. von Oxalsäurediäthylester oder Phthalsäurediäthylester auf Triphenylmethyl-magnesiumchlorid, im

letzteren Falle neben der Verbindung $\left[C_6H_4 \cdot CO \cdot O \cdot C =\right]_2$. Durch Elektrolyse von Triphenyl-
methylbromid in flüssigem Schwefeldioxyd (SCHLENK, WEICKEL, HERZENSTEIN, *A.* **372**, 13).
Bei der Einw. von Brom und Sodalösung auf Hydrazotriphenylmethan $(C_6H_5)_3C \cdot NH \cdot NH \cdot$
$C(C_6H_5)_3$ (WIELAND, *B.* **42**, 3023).

Darst. Mit Rücksicht auf die große Neigung des Triphenylmethyls zum Übergang in
Bis-[triphenylmethyl]-peroxyd müssen alle zu seiner Darstellung erforderlichen Operationen
unter sorgfältiger Fernhaltung der Luft ausgeführt werden. Über hierzu geeignete Apparate
vgl.: GOMBERG, CONE, *B.* **37**, 2034; SCHMIDLIN, *B.* **41**, 423; SCHLENK, WEICKEL, HERZEN-
STEIN, *A.* **372**, 2; SCHMIDLIN, „Das Triphenylmethyl", S. 46 ff. Während der Darstellung ist
das Licht nach Möglichkeit auszuschließen (G., *Am. Soc.* **36**, 1146). Man schüttelt 30 g
Triphenylmethylchlorid einige Stunden mit 200 ccm Benzol und 70 g durch Destillation
getrocknetem Quecksilber, filtriert und engt im Kohlendioxydstrom ein (GOMBERG, zitiert
von SCHMIDLIN, „Das Triphenylmethyl", S. 49, 53). Durch $^1/_2$-stdg. Kochen von 30 g Triphenylmethylchlorid in 150 ccm trocknem thiophenfreiem Benzol mit 60 g Kupferbronze
(Naturkupfer C) (SCHLENK, WEICKEL, HERZENSTEIN, *A.* **372**, 17). Man erwärmt 20 g Triphenylmethylchlorid mit 0,2 g Jod, 4 g Magnesiumpulver und 200 ccm absol. Äther zu ganz
gelindem Sieden (SCHMIDLIN, *B.* **41**, 423). Frei von Lösungsmittel erhält man Triphenylmethyl durch Krystallisation aus Aceton, Methylformiat oder Äthylformiat (GOMBERG,
CONE, *B.* **38**, 2447).

Physikalische und chemische Eigenschaften. Farblose Krystalle. Schwärzt sich unmittelbar vor dem Schmelzen und schmilzt unter Rotfärbung bei 145—147° (G., C., *B.* **37**, 2036).
Zersetzt sich bei der Destillation unter 19 mm Druck unter Bildung von Triphenylmethan
(G., C., *B.* **37**, 2037). Sehr leicht löslich in $CHCl_3$ und CS_2, ziemlich leicht in Äthyljodid,
Äthylenbromid, warmem Tetrachlorkohlenstoff und warmem Toluol, sehr wenig in Chlorbenzol, Benzylchlorid, warmem Methylalkohol und warmem Alkohol, fast unlöslich in Petrol-
äther, Chloressigester und Chlorameisensäureester (G., C., *B.* **37**, 2036). Löslich in flüssigem
Schwefeldioxyd (WALDEN, *Ph. Ch.* **43**, 443). Mit den meisten dieser Lösungsmittel bildet
Triphenylmethyl beständige Molekülverbindungen (S. 718). — Molekulare Verbrennungswärme
bei konstantem Volum: 2377,7 Cal., bei konstantem Druck: 2380 Cal. (SCHMIDLIN, *C. r.* **139**,
733; *A. ch.* [8] **7**, 251). — Elektrisches Leitvermögen in flüssigem Schwefeldioxyd: WALDEN,
Ph. Ch. **43**, 443, 451; GOMBERG, CONE, *B.* **37**, 2045; **38**, 1342; vgl. SCHLENK, WEICKEL,
HERZENSTEIN, *A.* **372**, 11.

Triphenylmethyl kann sowohl in festem Zustande als auch in Lösung jahrelang aufbewahrt werden, ohne seine Fähigkeit einzubüßen, sich durch Absorption von Sauerstoff
in das Peroxyd (s. weiter unten) zu verwandeln (GOMBERG, CONE, *B.* **39**, 3290). In trocknem
Zustande überzieht es sich an der Luft sofort mit einer dünnen Schicht von Peroxyd, welche
den Kohlenwasserstoff vor Oxydation schützt (SCHMIDLIN, „Das Triphenylmethyl", S. 54),
und läßt sich infolgedessen monatelang an trockner Luft aufbewahren (TSCHITSCHIBABIN,
B. **40**, 3058). Eine Lösung von Triphenylmethyl in Benzol wird im direkten Sonnenlicht
unter Bildung von Triphenylmethan und anderen Produkten rasch entfärbt; die Lösung in
Tetrachlorkohlenstoff entfärbt sich noch rascher, aber ohne daß Triphenylmethan auftritt
(G., C., *B.* **37**, 3545). — Die Lösungen des Triphenylmethyls absorbieren Sauerstoff mit der
größten Begierde unter Bildung von sehr wenig löslichem Bis-[triphenylmethyl]-peroxyd
$(C_6H_5)_3C \cdot O \cdot O \cdot C(C_6H_5)_3$ (Syst. No. 543) (GOMBERG, *B.* **34**, 3154) und eines sauerstoffreicheren
gelben Öles (G., *B.* **34**, 2731). Die Oxydation zu Bis-[triphenylmethyl]-peroxyd erfolgt
durch Luft fast quantitativ auch bei völligem Ausschluß von Wasser (G., *Am.* **25**, 332).
Über den quantitativen Verlauf der Sauerstoffabsorption vgl. GOMBERG, CONE, *B.* **37**, 3538.
Wärmetönung des Oxydationsvorganges: SCHMIDLIN, *C. r.* **139**, 733; *A. ch.* [8] **7**, 252. — Beim
Erwärmen von Triphenylmethyl in Benzol mit Zinkpulver und Eisessig entsteht Triphenylmethan (G., *B.* **36**, 381). — Triphenylmethyl verbindet sich leicht mit Chlor und Brom, jedoch
finden schon bei —10° Addition und Substitution gleichzeitig statt (G., *B.* **33**, 3158). Läßt
sich mit Jod — unter Bildung von Triphenyljodmethan — in Benzol, Schwefelkohlenstoff
oder Ligroin annähernd titrieren (G., *B.* **33**, 3158; **35**, 1826). Triphenylmethyl liefert bei
der Behandlung mit geringen Mengen Chlorwasserstoff in Gegenwart von Benzol oder Eisessig oder auch beim Schütteln der Benzollösung mit wäßr. Salzsäure p-Benzhydryl-tetraphenylmethan (G., *B.* **35**, 3918; **36**, 378, 382; vgl. TSCHITSCHIBABIN, *B.* **37**, 4709; **41**, 2421)

und geringe Mengen von Triphenylmethan und Triphenylchlormethan (SCHLENK, WEICKEL, HERZENSTEIN, *A.* 372, 8). — Triphenylmethyl vereinigt sich mit vielen Ketonen (jedoch nicht mit Aceton), Äthern und Nitrilen zu krystallisierten, jedoch ziemlich leicht wieder spaltbaren Doppelverbindungen (G., C., *B.* 38, 2447). Auch mit Schwefelkohlenstoff und mit Chloroform vermag Triphenylmethyl Verbindungen einzugehen (G., C., *B.* 38, 2451). Analoge Verbindungen entstehen auch aus Triphenylmethyl und Fettsäureestern (ausgenommen Ameisensäuremethylester und -äthylester); auch mit Kohlenwasserstoffen der aromatischen Reihe, sowie mit einigen Bestandteilen des Petroläthers, ferner mit Amylen, entstehen ähnliche Molekülverbindungen (G., C., *B.* 38, 1333).

Verbindung mit Benzol $C_{25}H_{21} = C_{19}H_{15} + C_6H_6$. Große farblose Krystalle. Gibt das Benzol bei 80—90° ab (GOMBERG, *B.* 35, 1825). — Verbindung mit Äther $C_{42}H_{40}O =$ $\overset{(C_6H_5)_3C}{\underset{(C_6H_5)_3C}{>}}O\overset{C_2H_5}{\underset{C_2H_5}{<}}$ (?). Farblose Krystalle, welche bald gelb werden und bei 70° den Äther abgeben (G., *Am. Soc.* 23, 500; *B.* 34, 2728). — Verbindung mit Essigester $C_{42}H_{38}O_2 =$ $\overset{(C_6H_5)_3C}{\underset{(C_6H_5)_3C}{>}}O\overset{C_2H_5}{\underset{CO\cdot CH_3}{<}}$ (?). Farblose Krystalle, welche länger als die Ätherverbindung ohne Verfärbung erhalten werden können. Sehr leicht löslich in Benzol und Schwefelkohlenstoff, schwer in Essigester und Äther. Verhält sich beim Erhitzen wie die Ätherverbindung (G., *Am. Soc.* 23, 500; *B.* 34, 2729). Verbrennungswärme bei konstantem Vol.: 5275,9 Cal., bei konstantem Druck: 5281 Cal. (SCHMIDLIN, *C. r.* 139, 733; *A. ch.* [8] 7, 251).

O. Kohlenwasserstoffe $C_n H_{2n-24}$.

1. Kohlenwasserstoffe $C_{18}H_{12}$.

1. *Naphthacen,* L.-R.-Name: [Benzolo-2.3-anthracen], $C_{18}H_{12}$ = Formel I (s. u.). *B.* Durch Destillieren von 9-Oxy-naphthacenchinon (Formel II, s. u.) über Zinkstaub (DEICHLER, WEIZMANN, *B.* 36, 552). Durch Destillieren von Naphthacenchinon oder von 9.10-Dioxy-naphthacenchinon über Zinkstaub, neben Naphthacen-dihydrid-(9.10) (S. 697) (GA-

BRIEL, LEUPOLD, *B.* 31, 1278, 1279). — Orange- bis rötlichgelbe Blättchen. F: gegen 335°; sublimierbar; der Dampf ist grünlichgelb; löslich in konz. Schwefelsäure mit moosgrüner Farbe, unlöslich in Benzol (G., L.). — Rauchende Salpetersäure oxydiert zu Naphthacenchinon; läßt sich durch Destillation über Zinkstaub in Naphthacendihydrid überführen (G., L.).

2. *Naphthanthracen,* L.-R.-Name: [Benzolo-1.2-anthracen] $C_{18}H_{12}$ = Zur Konstitution vgl.: GABRIEL, COLMAN, *B.* 33, 447. — *B.* Man kocht Naphthanthrachinon mit Zinkstaub und Ammoniak; ist die Lösung farblos geworden, so gießt man sie ab, kocht den Rückstand mit Alkohol aus und versetzt die alkoh. Lösung mit Eisessig (ELBS, *B.* 19, 2211). — Sägenartig ausgezackte Blätter (aus Alkohol und Eisessig). Fluoresciert intensiv gelbgrün (E.). F: 141° (E.). Sublimiert in Blättchen (E.). — Bei der Oxydation mit Natriumdichromat in Eisessig entsteht Naphthanthrachinon (GRAEBE, *A.* 340, 259). — Verbindung mit Pikrinsäure s. Syst. No. 523.

3. *Chrysen,* L.-R.-Name: [Benzolo-1.2-phenanthren] $C_{18}H_{12}$ = Zur Konstitution vgl.: GRAEBE, *B.* 29, 826. Bezifferung: GRAEBE, HÖNIGSBERGER, *A.* 311, 257.

B. Entsteht bei der Destillation der Steinkohle und findet sich in den am höchsten siedenden Anteilen des Steinkohlenteers (LAURENT, *A. ch.* [2] 66, 137; WILLIAMS, *J. pr.* [1] 67, 248; *J.* 1855, 633; GALLETLY, *Chem. N.* 10, 243). Entsteht auch bei der Destillation der Braunkohle und findet sich daher im Braunkohlenteer (ADLER, *B.* 12, 1891; SCHULTZ, WÜRTH, *C.* 1905 I, 1444). Entsteht in kleiner Menge bei der Destillation des Bernsteins (PELLETIER, WALTER, *A. ch.* [3] 9, 95; *A.* 48, 345). In geringen Mengen bei der Destillation des Torbanits; findet sich im daraus gewonnenen Mineralöl (PETRIE, *C.* 1905 II, 1510). Entsteht auch bei der Destillation von Fetten und Ölen; findet sich in daraus gewonnenem Teer (L., *A. ch.* [2] 66, 137). In geringer Menge neben anderen Kohlenwasserstoffen bei der Verhüttung (Destillation) der Quecksilbererze von Idria; findet sich daher im „Stuppfett" (GOLDSCHMIEDT, M. v. SCHMIDT, *M.* 2, 4). [Über die Zusammensetzung des Stuppfetts s. Go., v. SCH.] Chrysen entsteht ferner beim Durchleiten der Dämpfe von Inden durch ein rotglühendes Rohr (SPILKER, *B.* 26, 1544). Beim Durchleiten der Dämpfe von Benzyl-α-naphthyl-methan $C_6H_5 \cdot CH_2 \cdot CH_2 \cdot C_{10}H_7$ durch ein rotglühendes Rohr (BUNGENER, GRAEBE, *B.* 12, 1079). Beim Durchleiten eines Gemisches der Dämpfe von Cumaron (Syst. No. 2367) und Naphthalin durch ein rotglühendes Rohr (KRAEMER, SPILKER, *B.* 23, 84).

Darst. Die zuletzt übergehenden Anteile des Steinkohlenteers bestehen aus Pyren und Chrysen, die man durch Waschen mit kaltem Schwefelkohlenstoff trennt; das Chrysen bleibt ungelöst und wird durch Umkrystallisieren aus Xylol gereinigt; um den hartnäckig anhängenden gelben Farbstoff zu entfernen, kocht man das Chrysen mit Alkohol und etwas Salpetersäure (D: 1,4), wodurch der Farbstoff zerstört wird, kocht dann kurz mit Kalilauge, um Spuren von Nitrochrysen zu zerstören, und krystallisiert um (LIEBERMANN, *A.* 158, 299, 307). SCHMIDT (*J. pr.* [2] 9, 250, 271) stellte durch Erhitzen von chrysenhaltigem Anthracen in alkoh. Lösung mit Salpetersäure (D: 1,4) das schwer lösliche Dinitroanthra-chinon-Chrysen (s. bei 2.7-Dinitro-anthrachinon, Syst. No. 679) dar und zerlegte dann dieses mit Zinn und Salzsäure; das Chrysen wurde, nach dem Umkrystallisieren aus Benzol, sofort farblos erhalten.

Farblose Tafeln (aus Benzol oder Eisessig) mit rotvioletter Fluorescenz (SCH.). Rhombisch bipyramidal (HAHN, *J. pr.* [2] 9, 273; vgl. *Groth, Ch. Kr.* 5, 437). F: 250⁰ (L.; SCH.). Sublimiert im Vakuum des Kathodenlichts bei 169⁰ (KRAFFT, WEILANDT, *B.* 29, 2241). Über die Flüchtigkeit im Vakuum vgl. HANSEN, *B.* 42, 214. Kp_{760}: 448⁰ (K., W.). Sehr wenig löslich in kaltem Äther, CS_2, Eisessig, Benzol, ziemlich in kochendem Benzol oder kochendem Eisessig (SCH.). 100 Tle. absol. Alkohol lösen bei 16⁰ 0,097 Tle. und bei Siedehitze 0,17 Tle ; 100 Tle. Toluol lösen bei 18⁰ 0,24 Tle. und bei 100⁰ 5,39 Tle. (BECHI, *B.* 12, 1978). Absorptionsspektrum: BALY, TUCK, *Soc.* 93, 1908. — Chrysen wird von CrO_3 in Essigsäure zu Chrysochinon $C_{18}H_{10}O_2$ oxydiert (L.; GR., Hö. *A.* 311, 262). Natriumamalgam ist ohne Wirkung (SCH.). Beim Erhitzen mit Jodwasserstoffsäure und Phosphor in geschlossenem Rohr auf 200⁰ findet keine Reduktion statt (SCH.), bei 260⁰ entstehen jedoch Chrysen-hexa-dekahydrid $C_{18}H_{22}$ und Chrysen-oktadekahydrid $C_{18}H_{30}$ (LIEBERMANN, SPIEGEL, *B.* 22, 135). Durch Überleiten von Chlor über Chrysen bei 100⁰ entsteht Dichlorchrysen, bei 160—170⁰ Trichlorchrysen (SCH.). Durch Behandlung mit Chlor und dann mit überschüssigem $SbCl_5$ in der Wärme und Erhitzen der Reaktionsmasse auf 350⁰ bis zum Aufhören aller Reaktion wird Chrysen zersetzt unter Bildung von CCl_4, C_2Cl_6 und Perchlorbenzol (MERZ, WEITH, *B.* 16, 2881). Bei der Einw. von Brom auf in CS_2 gelöstes Chrysen erhält man Dibromchrysen; bei der direkten Einw. von Brom auf Chrysen scheinen Tetra- und Pentabromchrysen zu entstehen (SCH.). Beim Erwärmen von Chrysen mit Salpetersäure (D: 1,415) und Eisessig entsteht Nitrochrysen (BAMBERGER, BURGDORF, *B.* 23, 2444). Beim Kochen von Chrysen mit Salpetersäure (D: 1,3) erhält man ein Gemisch von Nitrochrysen, Dinitrochrysen und Tetranitrochrysen (SCH.). Mit rauchender Salpetersäure entsteht Tetranitrochrysen (L.; SCH.). Charakteristisch für Chrysen sind seine Verbindungen mit Pikrinsäure (Syst. No. 523) (GALLETLY, *Chem. N.* 10, 243; *J.* 1864, 532) und besonders mit 2 7-Dinitro-anthrachinon (Syst. No. 679) (SCH., *J. pr.* [2] 9, 274).

Dichlorchrysen $C_{18}H_{10}Cl_2$. *B.* Beim Überleiten von Chlor über Chrysen bei 100⁰ (SCHMIDT, *J. pr.* [2] 9, 278). — Nadeln (aus Benzol). F: 267⁰. Sublimiert in Nadeln. Kaum löslich in kochendem Alkohol, CS_2, Äther. — Wird von alkoh. Kalilauge nur beim Erhitzen im geschlossenen Rohr angegriffen.

Trichlorchrysen $C_{18}H_9Cl_3$. *B.* Durch Überleiten von Chlor über Chrysen bei 160⁰ bis 170⁰ (SCHMIDT, *J. pr.* [2] 9, 279). — Nadeln (aus Benzol). Schmilzt oberhalb 300⁰. Löst sich nur in siedendem Benzol in erheblicher Menge.

Dekachlorchrysen $C_{18}H_2Cl_{10}$. *B.* Entsteht neben Dichlorchrysochinon, beim Erhitzen von Chrysochinon mit PCl_5 und $POCl_3$ auf 200⁰ (LIEBERMANN, *A.* 158, 313). — Gelbrotes Harz; sehr schwer löslich.

Dibromchrysen $C_{18}H_{10}Br_2$. *B.* Durch Versetzen einer Lösung von Chrysen in CS_2 mit Brom (SCHMIDT, *J. pr.* [2] 9, 275). — Nadeln (aus Benzol). F: 273⁰. Sublimiert unzersetzt. Sehr schwer löslich in Lösungsmitteln. — Gibt bei der Oxydation mit CrO_3 in Essigsäure Chrysochinon. Alkoh. Kali scheidet erst bei 170—180⁰ Bromkalium aus und erzeugt zugleich Chrysen. Auch beim Glühen mit Kalk wird Chrysen regeneriert (SCH.).

Nitrochrysen $C_{18}H_{11}O_2N = C_{18}H_{11} \cdot NO_2$. *B.* Man erwärmt 10 g möglichst fein verteiltes Chrysen mit 100 g Eisessig und 4,5 g Salpetersäure (D: 1,415) einige Stunden auf dem

Wasserbade BAMBERGER, BURGDORF, *B.* **23**, 2444; vgl.: LIEBERMANN, *A.* **158**, **306**; SCHMIDT. *J. pr.* [2] **9**, 281: ABEGG. *B.* **23**, 792). — Chromrote, dicke, prismatische Krystalle. F: 309° SCH., 305.5° B. B.°. Sublimiert unzersetzt (SCH.). Wenig löslich in kaltem Alkohol, Äther, CS_2, leichter in Benzol und Eisessig (SCH.), leicht in heißem Nitrobenzol (A.).

Dinitrochrysen $C_{18}H_{10}O_4N_2 = C_{18}H_{10}(NO_2)_2$. — *B.* Man erhitzt fein zerteiltes Chrysen mit Salpetersäure (D: 1,3), sublimiert das Produkt und krystallisiert das Sublimat aus Benzol um SCHMIDT, *J. pr.* [2] **9**, 282). — Gelbe Nadeln. Schmilzt oberhalb 300°. Kaum löslich in Alkohol, Äther, Benzol, wenig in siedendem Eisessig.

Tribromdinitrochrysen $C_{18}H_7O_4N_2Br_3 = C_{18}H_7Br_3(NO_2)_2$. — *B.* Durch Übergießen von Tetranitrochrysen mit Brom (ADLER, *B.* **12**, 1894). — Gelbrote Nadeln (aus Alkohol). Ziemlich leicht löslich in kochendem Alkohol, schwerer in Benzol und Äther.

Tetranitrochrysen $C_{18}H_8O_8N_4 = C_{18}H_8(NO_2)_4$. — *B.* Durch Auflösen von Chrysen in rauchender Salpetersäure (LIEBERMANN, *A.* **158**, 307; SCHMIDT, *J. pr.* [2] **9**, 283). — Gelbe Nadeln (aus Eisessig). Unlöslich in den gewöhnlichen Lösungsmitteln; wenig löslich in siedendem Eisessig (SCH.). Nicht sublimierbar; verpufft heftig bei starkem Erhitzen (SCH.).

4. Triphenylen, L.-R.-Name: [Benzolo-9.10-phenanthren] $C_{18}H_{12}$ = *B.* Entsteht neben Diphenyl und anderen Produkten beim Durchleiten von Benzoldämpfen durch ein glühendes Rohr (SCHMIDT, SCHULTZ, *A.* **203**, 135). Beim Überleiten der Dämpfe von Triphenylendodekahydrid (S. 576) im Kohlendioxydstrom über auf 450—500° erhitztes Kupfer (MANNICH, *B.* **40**, 160). — Nadeln (aus Benzol). F: 196° (SCHM., SCHU.), 198—198,5° (korr.) (M.). Sublimierbar (M.). Leicht löslich in Chloroform und Benzol, ziemlich in Alkohol und Eisessig (M.). Die Lösungen fluorescieren schwach blau (M.). — Liefert mit rauchender Salpetersäure in geschlossenem Rohr bei 150° Mellitsäure $C_6(CO_2H)_6$; mit CrO_3 in Eisessig entstehen chinonartige Körper (M.). — Verbindung mit Pikrinsäure s. Syst. No. 523.

x.x.x-Trinitro-triphenylen $C_{18}H_9O_6N_3 = C_{18}H_9(NO_2)_3$. — *B.* Durch Einw. von rauchender Salpetersäure auf Triphenylen in der Wärme (MANNICH, *B.* **40**, 162). — Schwach gelbe Nadeln (aus viel siedendem Nitrobenzol). Bräunt sich gegen 335°, ohne zu schmelzen. Sehr wenig löslich.

5. Kohlenwasserstoff $C_{18}H_{12}$ *von unbekannter Konstitution.* *B.* Entsteht bei der Darstellung von Diphenyl durch Behandeln von Brombenzol mit Natrium als Nebenprodukt (SCHULTZ, *A.* **174**, 229). — Nadeln (aus Alkohol). F: 196°. Verbindet sich nicht mit Pikrinsäure.

6. Kohlenwasserstoff $C_{18}H_{12}$(?). *B.* Entsteht in sehr kleiner Menge bei Behandeln eines Gemenges von Phthalsäureanhydrid und Naphthalin mit $AlCl_3$ (ADOR, CRAFTS, *Bl.* [2] **34**, 532). — Gelbliche Blättchen. F: 181—186°. Nicht sublimierbar und nicht destillierbar. Verbindet sich nicht mit Pikrinsäure.

7. Kohlenwasserstoff $C_{18}H_{12}$(?). *Darst.* Die hochsiedenden Öle des Braunkohlenteers werden mit Benzol und Pikrinsäure versetzt und das ausgefällte Pikrat durch NH_3 zerlegt. Es resultiert ein Öl, das, in CS_2 gelöst und anhaltend mit Chlor oder Brom behandelt, krystallisierte Verbindungen $C_{18}H_8Cl_4$, resp. $C_{18}H_8Br_4$ liefert. Diese erhitzt man mit Zinkstaub, wodurch man die Stammsubstanz (?) $C_{18}H_{12}$ erhält (BURO, *B.* **9**, 1207). — Blätter, grüngelb fluorescierend. F: 122°. Löslich in Alkohol, Äther, Eisessig, $CHCl_3$, CS_2. — Brom, in die Chloroformlösung des Kohlenwasserstoffes eingetragen, erzeugt ein (aus kochendem Benzol) in kleinen Nadeln krystallisierendes Tribromderivat $C_{18}H_9Br_3$.

2. 9-Phenyl-fluoren, Phenyl-diphenylen-methan $C_{19}H_{14} = \dfrac{C_6H_4}{C_6H_4}{>}CH \cdot C_6H_5$.

B. Entsteht in kleiner Menge bei der Destillation von benzoesaurem Calcium (KEKULÉ, FRANCHIMONT, *B.* **5**, 910), von benzoesaurem Barium (BEHR, *B.* **5**, 971) oder von phthalsaurem Calcium (MILLER, *K.* **11**, 259; *B.* **12**, 1489). Aus 9-Chlor-fluoren und Benzol bei Gegenwart von $AlCl_3$ (WERNER, GROB, *B.* **37**, 2897). Beim Erhitzen von Triphenylmethan mit Kalium auf 300° (HANRIOT, SAINT-PIERRE, *Bl.* [3] **1**, 775; vgl. WE., GR., *B.* **37**, 2897). Neben Triphenylmethan beim Erhitzen von Triphenyl-chlor-methan über 200° (HEMILIAN, *B.* **7**, 1208; **11**, 837; E. FISCHER, O. FISCHER, *A.* **194**, 256). Neben Triphenylmethan durch Destillation von Triphenyl-brom-methan (SCHWARZ, *B.* **14**, 1522; NEF, *A.* **309**, 168). Durch Erhitzen von Triphenyl-chlor-methan mit Phosphoroxychlorid und nachfolgende Destillation

(GOMBERG, CONE, B. 37, 3545). Aus Triphenylcarbinol beim Erhitzen mit krystallisierter Phosphorsäure (KLIEGL, B. 38, 287). In geringer Menge aus Bis-[triphenylmethyl]-peroxyd (Syst. No. 543) und PCl₅ bei 125—135° (GOMBERG, CONE, B. 37, 3544). Bei der Reduktion des 9-Chlor-9-phenyl-fluorens in Äther mit amalgamierten Zinkspänen (STAUDINGER, B. 39, 3060). Beim Erhitzen von 10 Tln. 9-Oxy-fluoren mit 12 Tln. P₂O₅ und Benzol auf 140—150° (HEMILIAN, B. 11, 202). Bei der Destillation von Hydrofluoransäure (Syst. No. 2584) mit Baryt oder Natronkalk oder von 20 g Fluoran (Syst. No. 2751) mit 120 g Natronkalk und 129 g Zinkstaub (R. MEYER, HOFFMEYER, B. 25, 2121; M., SAUL, B. 25, 3586). Durch Reduktion von 9-Oxy-9-phenyl-fluoren mit Zink und Eisessig bei Gegenwart von Salzsäure (ULLMANN, v. WURSTEMBERGER, B. 37, 74). — *Darst.* Man erhitzt in einer Retorte 40 g Triphenylcarbinol mit 80 g krystallisierter Phosphorsäure vorsichtig unter beständigem Bewegen zum Schmelzen und erhitzt dann stärker; das abdestillierte Phenylfluoren krystallisiert man aus Benzol um (KLIEGL, B. 38, 287). — Nadeln oder Blättchen (aus Alkohol oder Benzol). F: 145⁰ (U., WU.; STAU.), 145,5° (HE., B. 11, 838), 146—148° (WE., GR.), 148,5° (HA., S.-P.). Siedet unzersetzt (HE., B. 7, 1208). Schwer löslich in kaltem Alkohol und Äther, leicht in siedendem Alkohol, Eisessig und Benzol (HE., B. 7, 1208; 11, 203), in Chloroform und Petroläther (WE., GR.). Die Lösungen in Alkohol und Benzol zeigen blaue Fluorescenz (U., WU.). — Gibt mit Natriumdichromat und Eisessig 9-Oxy-9-phenyl-fluoren (KLIEGL, B. 38, 288). Liefert beim Behandeln mit Chromsäuremischung o-Benzoyl-benzoesäure (HE., B. 11, 838). HANRIOT, SAINT-PIERRE (*Bl.* [3] 1, 776) erhielten bei stundenlangem Erhitzen mit Chromsäuremischung außer o-Benzoyl-benzoesäure auch Benzoesäure und Benzophenon. Wird von Natriumamalgam nicht angegriffen, ebensowenig beim Erhitzen mit Jodwasserstoffsäure und Phosphor auf 220° (HE., B. 11, 840). Gibt mit Brom in CS₂ 9-Brom-9-phenyl-fluoren (KLIEGL). Mit rauchender Salpetersäure entstehen je nach den Bedingungen 9-Nitro-9-phenyl-fluoren und x.x.x.-Tetranitro-9-phenyl-fluoren (KLIEGL). 9-Phenyl-fluoren reagiert mit Benzylchlorid und Ätzkali unter Bildung von 9-Phenyl-9-benzyl-fluoren (KLIEGL). 9-Phenyl-fluoren-kalium gibt mit Benzoylchlorid 9-Phenyl-9-benzoyl-fluoren (HA., S.-P., *Bl.* [3] 1, 779; KLINGER, LONNES, B. 29, 2153; WE., GR., B. 37, 2898). 9-Phenyl-fluoren verbindet sich nicht mit Pikrinsäure (HE., B. 11, 203).

9-Chlor-9-phenyl-fluoren, Phenyl-diphenylen-chlormethan C₁₉H₁₃Cl =

$\overset{C_6H_4}{\underset{C_6H_4}{|}}$CCl·C₆H₅. *B.* Aus 9-Oxy-9-phenyl-fluoren mit Phosphorpentachlorid in Benzol (KLIEGL, B. 38, 292), oder mit HCl in Eisessig (STAUDINGER, B. 39, 3060), oder mit HCl in Benzol bei Gegenwart von CaCl₂ (GOMBERG, CONE, B. 39, 2967). — Krystalle (aus Gasolin). F: 78—79° (K.). — Die Einw. von molekularem Silber führt bei Luftzutritt zu Bis-[phenyl-diphenylen-methyl]-peroxyd $\overset{C_6H_4}{\underset{C_6H_4}{|}}$C(C₆H₅)·O·O·(C₆H₅)C$\overset{C_6H_4}{\underset{C_6H_4}{|}}$ (Syst. No. 544) (G., C., B. 39, 1469, 2969). Dieses entsteht auch bei der Einw. von Na₂O₂ auf 9-Chlor-9-phenyl-fluoren (G., C.). Die Reduktion in äther. Lösung durch amalgamierte Zinkspäne führt zu 9-Phenyl-fluoren; bei der Einw. von amalgamierten Zinkspänen in Äther, unter Luftzutritt bei Ausschluß von Feuchtigkeit entsteht Bis-[phenyl-diphenylen-methyl]-peroxyd (ST.). 9-Chlor-9-phenyl-fluoren gibt mit AgNO₃ sofort AgCl, ist aber gegen Natronlauge ziemlich beständig (G., C.). Liefert mit Benzylmagnesiumchlorid 9-Phenyl-9-benzyl-fluoren (G., C.). Reagiert mit Anilin unter Bildung von 9-Anilino-9-phenyl-fluoren (K.).

9-Brom-9-phenyl-fluoren, Phenyl-diphenylen-brommethan C₁₉H₁₃Br =

$\overset{C_6H_4}{\underset{C_6H_4}{|}}$CBr·C₆H₅. *B.* Aus 9-Phenyl-fluoren und Brom in Schwefelkohlenstoff im direkten Sonnenlicht (KLIEGL, B. 38, 289). Aus 9-Oxy-9-phenyl-fluoren und HBr in Eisessig (STAUDINGER, B. 39, 3060). — Schwach gelbe Nadeln (aus Ligroin). F: 99° (K.). — Zersetzt sich spurweise bei öfterem Umkrystallisieren; aus der Lösung in heißen Alkoholen scheiden sich die betreffenden Äther des 9-Oxy-9-phenyl-fluorens ab (K.). Ist sehr beständig gegen Wasser und Alkalien (K.). Beim Kochen der eisessigsauren Lösung mit krystallwasserhaltigem Natriumacetat entsteht 9-Oxy-9-phenyl-fluoren, bei Anwendung von frisch geschmolzenem Kaliumacetat läßt sich das Acetat des 9-Oxy-9-phenyl-fluorens isolieren (K.).

x-Brom-9-phenyl-fluoren C₁₉H₁₃Br. *B.* Durch Bromieren von 9-Phenyl-fluoren (HANRIOT, SAINT-PIERRE, *Bl.* [3] 1, 777). — F: 110°.

x.x-Dibrom-9-phenyl-fluoren C₁₉H₁₂Br₂. *B.* Durch Eintragen von Brom in eine heiße eisessigsaure Lösung von 9-Phenyl-fluoren (BEHR, B. 5, 971). — Federförmige Krystalle. F: 181—182°.

x.x.x-Tribrom-9-phenyl-fluoren C₁₉H₁₁Br₃. *B.* Durch direktes Bromieren von 9-Phenyl-fluoren (BEHR, B. 5, 971). — Glänzende Körner. F: 167—171°.

2-Nitro-9-phenyl-fluoren $C_{19}H_{13}O_2N = \begin{smallmatrix} O_2N \cdot C_6H_3 \\ C_6H_4 \end{smallmatrix}\!\!>\!\!CH \cdot C_6H_5$. *B.* Aus 9-Phenyl-fluoren in Eisessig-Suspension durch rauchender Salpetersäure (D: 1,52) unter Kühlung (KLIEGL, *B.* **38**, 293). — Gelbe rautenförmige Krystalle oder Blättchen (aus Eisessig). F: 135°. Ziemlich schwer löslich in Alkohol und Äther. Gibt mit alkoh. Kali eine unbeständige grüne Färbung. — Liefert mit $K_2Cr_2O_7$ und Schwefelsäure 5-Nitro-benzophenon-carbonsäure-(2).

x.x-Dinitro-9-phenyl-fluoren $C_{19}H_{12}O_4N_2 = C_{19}H_{12}(NO_2)_2$. *B.* Beim Auflösen des 9-Phenyl-fluorens in rauchender Salpetersäure (HANRIOT, SAINT-PIERRE, *Bl.* [3] **1**, 777). — Krystalle. Schmilzt unter Zersetzung gegen 240°. Fast unlöslich in den gewöhnlichen Lösungsmitteln.

x.x.x.x-Tetranitro-9-phenyl-fluoren $C_{19}H_{10}O_8N_4 = C_{19}H_{10}(NO_2)_4$. *B.* Aus 9-Phenyl-fluoren und rauchender Salpetersäure (D: 1,52) unter Kühlung (KLIEGL, *B.* **38**, 294). — Krystalle (aus Eisessig). F: 235° (Zers.). Gibt mit alkoh. Kali dunkelviolette Färbung.

3. Kohlenwasserstoffe $C_{20}H_{16}$.

1. *a.a.β-Triphenyl-äthylen, α-Phenyl-stilben* $C_{20}H_{16} = C_6H_5 \cdot CH:C(C_6H_5)_2$. *B.* Aus Benzylmagnesiumchlorid und Benzophenon in Äther, neben Diphenyl-benzyl-carbinol (HELL, WIEGANDT, *B.* **37**, 1431). Bei 5-stdg. Kochen des Diphenyl-benzyl-chlormethans mit der 4-fachen Menge Pyridin (KLAGES, HEILMANN, *B.* **37**, 1455). — Schmale Blättchen (aus Alkohol oder Eisessig). F: 67—68° (HELL, W.), 62° (K., HEI.). Kp_4: 220—221° (K., HEI.). — Gibt mit Brom das Dibromid $C_6H_5 \cdot CHBr \cdot CBr(C_6H_5)_2$ (HELL, W.; K., HEI.).

β-Chlor-a.a.β-triphenyl-äthylen $C_{20}H_{15}Cl = C_6H_5 \cdot CCl:C(C_6H_5)_2$. *B.* Aus ω.ω-Di-phenyl-acetophenon und PCl_5 (GARDEUR, *C.* **1897** II, 662). — Stäbchen (aus Alkohol). F: 117°.

β-Brom-a.a.β-triphenyl-äthylen $C_{20}H_{15}Br = C_6H_5 \cdot CBr:C(C_6H_5)_2$. *B.* Bei der Einw. von Brom auf in Eisessig gelöstes β-Oxy-a.a.β-triphenyl-äthan oder dessen Benzoat (G., *C.* **1897** II, 662). — Nadeln (aus Eisessig). F: 115°. Vereinigt sich in Eisessiglösung mit HBr zu einer Verbindung vom Schmelzpunkt 106—110°.

2. *9-Phenyl-anthracen-dihydrid-(9.10)* $C_{20}H_{16} = C_6H_4\!\!<\!\!\begin{smallmatrix} CH(C_6H_5) \\ CH_2 \end{smallmatrix}\!\!>\!\!C_6H_4$. *B.* Beim Erhitzen von Phenyl-anthron $C_6H_4\!\!<\!\!\begin{smallmatrix} CH(C_6H_5) \\ CO \end{smallmatrix}\!\!>\!\!C_6H_4$ oder Phenyloxanthranol $C_6H_4\!\!<\!\!\begin{smallmatrix} C(C_6H_5)(OH) \\ CO \end{smallmatrix}\!\!>\!\!C_6H_4$ oder von Triphenylmethancarbonsäure-(2) $(C_6H_5)_2CH \cdot C_6H_4 \cdot CO_2H$ mit Jodwasserstoffsäure (Kp: 127°) und rotem Phosphor auf 150—170° bezw. 180—200° (BAEYER, *A.* **202**, 56, 63). — Krystalle. F: 120—120,5°. Destilliert unzersetzt. Leicht löslich in der Wärme in Alkohol, Äther, Eisessig, $CHCl_3$, Benzol. Die Lösungen haben eine blaue Fluorescenz. — Wird von CrO_3 und Eisessig zu Phenyloxanthranol oxydiert. Liefert beim Erhitzen mit Jodwasserstoffsäure und Phosphor einen krystallisierten Kohlenwasserstoff, der bei 86—88° schmilzt. Gibt mit Pikrinsäure eine bräunlichrote krystallisierte Verbindung.

3. *2-Benzyl-fluoren* $C_{20}H_{16} = \begin{smallmatrix} C_6H_5 \cdot CH_2 \cdot C_6H_3 \\ C_6H_4 \end{smallmatrix}\!\!>\!\!CH_2$. Zur Konstitution vgl. FORTNER, *M.* **25**, 450. — *B.* Beim Erhitzen eines Gemenges von Fluoren und Benzylchlorid mit Zink-staub (GOLDSCHMIEDT, *M.* **2**, 443). Durch Destillation von 2-Benzoyl-fluoren mit Zinkstaub im Wasserstoffstrom (FORTNER, *M.* **23**, 925). Bei der Destillation des 2-[o-Carboxy-benzoyl]-fluorens $\begin{smallmatrix} HO_2C \cdot C_6H_4 \cdot CO \cdot C_6H_3 \\ C_6H_4 \end{smallmatrix}\!\!>\!\!CH_2$ mit Zinkstaub im Wasserstoffstrom (G., LIPSCHÜTZ, *B.* **36**, 4037). — Blättchen (aus Alkohol). F: 102° (G.), 104—106° (F.).

4. *4-Benzyl-fluoren* $C_{20}H_{16} = \begin{smallmatrix} C_6H_5 \cdot CH_2 \cdot C_6H_3 \\ C_6H_4 \end{smallmatrix}\!\!>\!\!CH_2$. *B.* Aus 4-Benzoyl-fluorenon durch Zinkstaubdestillation im Wasserstoffstrom (GÖTZ, *M.* **23**, 37). — Weiße Blättchen (aus Alkohol). F: 77°.

5. *9-Benzyl-fluoren, Benzyl-diphenylen-methan* $C_{20}H_{16} = \begin{smallmatrix} C_6H_4 \\ C_6H_4 \end{smallmatrix}\!\!>\!\!CH \cdot CH_2 \cdot C_6H_5$. *B.* Aus 9-Benzal-fluoren in Äther, Aluminiumamalgam und etwas Wasser (THIELE, HENLE, *A.* **347**, 298). — Krystalle (aus Ligroin). F: 130—131°. Schwer löslich in Alkohol und Petrol-äther, löslich in den meisten anderen Lösungsmitteln. Gibt mit Benzaldehyd und konz.

Schwefelsäure eine violette Färbung, die mit wenig Wasser blau wird und mit viel Wasser verschwindet. — Gibt mit Benzylchlorid und Kali bei 230⁰ 9.9-Dibenzyl-fluoren.

9-Brom-9-[α-brom-benzyl]-fluoren, Benzalfluoren-dibromid $C_{20}H_{14}Br_2 = \begin{smallmatrix} C_6H_4 \\ C_6H_4 \end{smallmatrix} CBr \cdot CHBr \cdot C_6H_5$. *B.* Aus 9-Benzal-fluoren in Chloroform durch Brom (THIELE, HENLE, *A.* 347, 298). — Prismen (aus Alkohol). F: 112⁰. Sehr wenig löslich in Äther und Petroläther, sehr leicht in Eisessig und Chloroform. — Gibt mit Zinkstaub und Eisessig 9-Benzal-fluoren.

6.   *9-Tolyl-fluoren, Tolyl-diphenylen-methan* $C_{20}H_{16} = \begin{smallmatrix} C_6H_4 \\ C_6H_4 \end{smallmatrix} CH \cdot C_6H_4 \cdot CH_3$.

B. Beim Erhitzen von 9-Oxy-fluoren mit Toluol und P_2O_5 auf 140⁰ (HEMILIAN, *B.* 11, 203). — Nadeln. F: 128⁰. Verbindet sich nicht mit Pikrinsäure.

4. Kohlenwasserstoffe $C_{21}H_{18}$.

1.   *α.α.γ-Triphenyl-α-propylen* $C_{21}H_{18} = (C_6H_5)_2C:CH \cdot CH_2 \cdot C_6H_5$ oder *α.α.β-Triphenyl-α-propylen* $C_{21}H_{18} = (C_6H_5)_2C:C(C_6H_5) \cdot CH_3$. *B.* Aus dem Diphenyl-phenäthylcarbinol $(C_6H_5)_2C(OH) \cdot CH_2 \cdot CH_2 \cdot C_6H_5$ oder $(C_6H_5)_2C(OH) \cdot CH(C_6H_5) \cdot CH_3$ in Benzollösung bei 1-stdg. Erhitzen mit überschüssigem P_2O_5 (PATERNÒ, CHIEFFI, *G.* 39 II, 425). — F: 87⁰ bis 89⁰.

2.   *α.β.γ-Triphenyl-α-propylen* $C_{21}H_{18} = C_6H_5 \cdot CH:C(C_6H_5) \cdot CH_2 \cdot C_6H_5$.

α-Chlor-α.β.γ-triphenyl-α-propylen $C_{21}H_{17}Cl = C_6H_5 \cdot CCl:C(C_6H_5) \cdot CH_2 \cdot C_6H_5$. *B.* Aus ms-Benzyl-desoxybenzoin $C_6H_5 \cdot CO \cdot CH(C_6H_5) \cdot CH_2 \cdot C_6H_5$ und PCl_5 (SUDBOROUGH, *B.* 25, 2237). — Krystalle. F: 80⁰.

3.   *α.γ.γ-Triphenyl-α-propylen* $C_{21}H_{18} = C_6H_5 \cdot CH:CH \cdot CH(C_6H_5)_2$.

α-Chlor-α.γ.γ-triphenyl-α-propylen $C_{21}H_{17}Cl = C_6H_5 \cdot CCl:CH \cdot CH(C_6H_5)_2$. Zur Konstitution vgl. KOHLER, *Am.* 31, 644. — *B.* Durch Einw. von PCl_5 auf Diphenylpropiophenon $C_6H_5 \cdot CO \cdot CH_2 \cdot CH(C_6H_5)_2$ (Syst. No. 657) (KOHLER, *Am.* 29, 359). — Prismen (aus Eisessig). F: 91⁰. Leicht löslich in heißem Alkohol, Eisessig, schwer in heißem Ligroin und kaltem Alkohol; unlöslich in Ligroin.

4.   *9-Benzyl-anthracen-dihydrid-(9.10)* $C_{21}H_{18} = C_6H_4 <^{CH(CH_2 \cdot C_6H_5)}_{CH_2}> C_6H_4$.

B. Beim Erhitzen von 9-Benzyl-anthracen, gelöst in Alkohol, mit Natriumamalgam (BACH, *B.* 23, 2530). Aus Benzyloxanthranol (Syst. No. 757) mit Jodwasserstoffsäure und Phosphor (B.). — Nadeln (aus Alkohol). F: 110—111⁰. Die Lösung in Schwefelsäure ist dunkelgrün.

5.   *4-p-Xylyl-fluoren* $C_{21}H_{18} = \begin{smallmatrix} CH_3 \cdot C_6H_4 \cdot CH_2 \cdot C_6H_3 \\ C_6H_4 \end{smallmatrix} CH_2$. *B.* Bei der Destillation von 4-p-Toluyl-fluorenon (Syst. No. 685) mit Zinkstaub im Wasserstoffstrom bei schwacher Rotglut (PICK, *M.* 25, 984). — Nadeln (aus Methylalkohol). F: 72⁰.

6.   *Kohlenwasserstoff* $C_{21}H_{18}$ *von unbekannter Konstitution.* *B.* Beim Eintragen von Natrium in eine kochende, alkoh. Lösung der Verbindung $C_{21}H_{16}O$, welche aus α.β-Dibenzoyl-styrol (Syst. No. 685) durch Destillation im Vakuum entsteht (JAPP, KLINGEMANN, *Soc.* 57, 687). — Kleine Nadeln (aus Ligroin). F: 86—92⁰. Kp_{30}: 270⁰.

5. Kohlenwasserstoffe $C_{22}H_{20}$.

1.   *9-[γ-Phenyl-propyl]-fluoren* $C_{22}H_{20} = \begin{smallmatrix} C_6H_4 \\ C_6H_4 \end{smallmatrix} CH \cdot CH_2 \cdot CH_2 \cdot CH_2 \cdot C_6H_5$.

9-[α.β-Dibrom-γ-phenyl-propyl]-fluoren $C_{22}H_{18}Br_2 = \begin{smallmatrix} C_6H_4 \\ C_6H_4 \end{smallmatrix} CH \cdot CHBr \cdot CHBr \cdot CH_2 \cdot$ C_6H_5. *B.* Aus 9-[γ-Phenyl-propenyl]-fluoren (S. 730) in Chloroform mit Brom im direkten Sonnenlicht (THIELE, HENLE, *A.* 347, 309). — Nadeln (aus Ligroin). F: 133⁰. Leicht löslich in den meisten organischen Lösungsmitteln, schwerer in Petroläther, Ligroin und Eisessig. — Gibt mit Zinkstaub und Eisessig 9-[γ-Phenyl-propenyl]-fluoren und mit 25%igem methylalkoholischem Kali 9-Cinnamal-fluoren.

9-Brom-9-[α-brom-γ-phenyl-propyl]-fluoren $C_{22}H_{18}Br_2 =$

$\begin{smallmatrix}C_6H_4\\C_6H_4\end{smallmatrix}$$>$CBr·CHBr·CH$_2$·CH$_2$·C$_6H_5$ oder **9-[β.γ-Dibrom-γ-phenyl-propyl]-fluoren**

$C_{22}H_{18}Br_2 = \begin{smallmatrix}C_6H_4\\C_6H_4\end{smallmatrix}$$>$CH·CH$_2$·CHBr·CHBr·C$_6H_5$. — *B.* Aus dem bei 81—82° schmelzenden Kohlenwasserstoff $(C_6H_4)_2$C:CH·CH$_2$·CH$_2$·C$_6$H$_5$ oder $(C_6H_4)_2$CH·CH$_2$·CH:CH·C$_6$H$_5$ (S. 730) und Brom in Chloroform (THIELE, HENLE, *A.* **347**, 311). — Krystalle (aus Ligroin + Petroläther). Schmilzt bei 94—96°, wird aber erst bei 100° ganz klar. Ziemlich leicht löslich in Petroläther, sehr leicht in Chloroform, Aceton, Benzol, heißem Ligroin. — Liefert mit Zinkstaub und Eisessig den Kohlenwasserstoff $C_{22}H_{18}$ vom Schmelzpunkt 81—82° zurück.

9-Brom-9-[α.β.γ-tribrom-γ-phenyl-propyl]-fluoren, [9-Cinnamal-fluoren]-tetrabromid $C_{22}H_{16}Br_4 = \begin{smallmatrix}C_6H_4\\C_6H_4\end{smallmatrix}$$>$CBr·CHBr·CHBr·CHBr·C$_6H_5$. — *B.* Aus 9-Cinnamal-fluoren in alkoholfreiem Chloroform mit Brom in grellem Sonnenlicht (THIELE, HENLE, *A.* **347**, 307). — Weißes Pulver oder Krystallbüschel (aus warmem Chloroform + Petroläther). F: ca. 160° (Zers.). — Mit Zinkstaub und Eisessig entsteht 9-Cinnamal-fluoren.

2. *3.6-Dimethyl-9-p-tolyl-fluoren* (?) $C_{22}H_{20} = \begin{smallmatrix}CH_3·C_6H_3\\CH_2·C_6H_2\end{smallmatrix}$$>$CH·C$_6H_4$·CH$_3$ (?). — *B.* Durch Erhitzen von Tri-p-tolyl-chlor-methan CCl(C$_6$H$_4$·CH$_3$)$_3$ bis 250° (SCHMIDLIN, HODGSON, *B.* **41**, 437). — Pulver (aus Benzol durch Ligroin). F: 224—235°. Nicht flüchtig. Beim Erhitzen tritt vollständige Zersetzung unter Verkohlung ein.

6. Kohlenwasserstoffe $C_{23}H_{22}$.

1. *1.2.4-Triphenyl-cyclopentan* $C_{23}H_{22} = \begin{smallmatrix}C_6H_5·CH·CH_2\\C_6H_5·CH·CH_2\end{smallmatrix}$$>$CH·C$_6H_5$. — *B.* Man erhitzt 1.2.4-Triphenyl-cyclopentandiol-(1.2) (Syst. No. 568) oder 1.2.4-Triphenyl-cyclopentadien-(2.5) (S. 733) 12 Stdn. mit Jodwasserstoffsäure und rotem Phosphor im geschlossenen Rohr auf 170°, versetzt mit Wasser und entfärbt mit SO$_2$ (NEWMANN, *A.* **302**, 239). — Hellgelbliches Öl. Kp$_{50}$: 285°. Bei langem Stehen scheiden sich zuweilen geringe Mengen zarter Nadeln ab, die wahrscheinlich ein Stereoisomeres sind. Leicht löslich in heißem Alkohol, Äther, Petroläther und Benzol.

2. *1.3-Dibenzyl-indan* $C_{23}H_{22} = C_6H_4\begin{smallmatrix}<\\<\end{smallmatrix}\begin{smallmatrix}CH·CH_2·C_6H_5\\CH_2\\CH·CH_2·C_6H_5\end{smallmatrix}$

1.2-Dibrom-1.3-dibenzyl-indan, 1.3-Dibenzyl-inden-dibromid $C_{23}H_{20}Br_2 =$
$C_6H_4\begin{smallmatrix}<\\<\end{smallmatrix}\begin{smallmatrix}CH·CH_2·C_6H_5\\CHBr\\CBr·CH_2·C_6H_5\end{smallmatrix}$. — *B.* Aus 1.3-Dibenzyl-inden und Brom in Chloroform (THIELE, BÜHNER, *A.* **347**, 262). — Farblose Krystalle (aus Petroläther). F: 103—104° (Zers.). Zersetzt sich beim Aufbewahren unter Bräunung. — Verliert mit Pyridin 2 HBr unter Bildung von 1-Benzyl-3-benzal-inden (S. 733).

7. 1-Methyl-2.3.5-triphenyl-cyclopentan $C_{24}H_{24} =$

$\begin{smallmatrix}C_6H_5·CH—CH(CH_3)\\C_6H_5·CH————CH_2\end{smallmatrix}$$>$CH·C$_6H_5$. — *B.* Aus 1-Methyl-2.3.5-triphenyl-cyclopentandiol-(2.3) oder 1-Methyl-2.3.5-triphenyl-cyclopentadien-(1.3) durch Reduktion mit Jodwasserstoffsäure und rotem Phosphor (ABELL, *Soc.* **83**, 373). — Entsteht in zwei Formen: Nadeln (aus Alkohol), F: 121—122°, und strohgelbes Öl, Kp$_{28}$: 260—262°. Letztere Form geht langsam in die beständigere erstere über.

8. Kohlenwasserstoffe $C_{25}H_{26}$.

1. *1.3-Dimethyl-2.4.5-triphenyl-cyclopentan* $C_{25}H_{26} =$
$\begin{smallmatrix}C_6H_5·CH—CH(CH_3)\\C_6H_5·CH—CH(CH_3)\end{smallmatrix}$$>$CH·C$_6H_5$. — *B.* Aus 1.3-Dimethyl-2.4.5-triphenyl-cyclopentandiol-(4.5) bei Reduktion mit Jodwasserstoffsäure und rotem Phosphor; ebenso aus 1.3-Dimethyl-2.4.5-triphenyl-cyclopentadien-(3.5) (ABELL, *Soc.* **83**, 371). — Wird in zwei Formen erhalten: Nadeln

(aus Alkohol), F: 80—81°, und strohgelbes Öl, Kp$_{25}$: 246—248°. Letztere Form geht allmählich in erstere über.

2. *9-Isoamyl-9-phenyl-anthracen-dihydrid-(9.10)* C$_{25}$H$_{26}$ =
C$_6$H$_4$<$\genfrac{}{}{0pt}{}{\text{—CH}_2\text{—}}{\text{C(C}_5\text{H}_{11})(\text{C}_6\text{H}_5)}$>C$_6H_4$. *B.* Beim Kochen von 9-Isoamyl-9-phenyl-anthron (Syst. No. 658) mit Jodwasserstoffsäure und Phosphor (JÜNGERMANN, *B.* **38**, 2871). — Krystalle (aus Alkohol. F: 85°. Leicht löslich.

10-Brom-9-isoamyl-9-phenyl-anthracen-dihydrid-(9.10) C$_{25}$H$_{25}$Br =
C$_6$H$_4$<$\genfrac{}{}{0pt}{}{\text{—CHBr}\text{—}}{\text{C(C}_5\text{H}_{11})(\text{C}_6\text{H}_5)}$>C$_6H_4$. *B.* Durch Bromieren von 9-Isoamyl-9-phenyl-anthracen-dihydrid-(9.10) in CS$_2$ (JÜNGERMANN, *B.* **38**, 2871). — Farblose Krystalle. F: 134—137°. Leicht löslich in Benzol, schwerer in Ligroin. Gibt leicht Brom ab.

P. Kohlenwasserstoffe C$_n$H$_{2n-26}$.

1. Kohlenwasserstoffe C$_{20}$H$_{14}$.

1. *9-Phenyl-anthracen* C$_{20}$H$_{14}$ = C$_6$H$_4$$\{\genfrac{}{}{0pt}{}{\text{C(C}_6\text{H}_5)}{\text{CH}}\}C_6H_4$. *B.* Entsteht neben anderen Kohlenwasserstoffen bei der Einwirkung von Aluminiumchlorid auf ein Gemenge von Chloroform und Benzol (FRIEDEL, CRAFTS, *A. ch.* [6] 1, 495). Beim Eintragen von 40 g AlCl$_3$ in ein Gemisch aus 50 g Triphenylmethan und 600 g Chloroform (LINEBARGER, *Am.* **13**, 554). Bei der Einw. von konz. Schwefelsäure auf o-Bis-[α-oxy-benzyl]-benzol C$_6$H$_4$[CH(OH)·C$_6$H$_5$]$_2$ oder auf α.α'-Diphenyl-benzofurandihydrid C$_6$H$_4$<$\genfrac{}{}{0pt}{}{\text{CH(C}_6\text{H}_5)}{\text{CH(C}_6\text{H}_5)}$>O (Syst. No. 2374) (GUYOT, CATEL, *C. r.* **140**, 1462; *Bl.* [3] **35**, 1133, 1135). Bei der Einw. von konz. Schwefelsäure auf 2-Oxymethyl-triphenylcarbinol (C$_6$H$_5$)$_2$C(OH)·C$_6$H$_4$·CH$_2$·OH oder auf α.α-Diphenyl-benzofurandihydrid C$_6$H$_4$<$\genfrac{}{}{0pt}{}{\text{C(C}_6\text{H}_5)_2}{\text{CH}_2}$>O (GU., CA., *C. r.* **140**, 1462; *Bl.* [3] **35**, 569). In sehr geringer Menge beim Glühen von Triphenylmethancarbonsäure-(2) (C$_6$H$_5$)$_3$C·C$_6$H$_4$·CO$_2$H oder von Diphenylphthalid C$_6$H$_4$<$\genfrac{}{}{0pt}{}{\text{C(C}_6\text{H}_5)_2}{\text{CO}}$>O mit Zinkstaub (BAEYER, *A.* **202**, 63). Beim Glühen von Phenylanthron C$_6$H$_4$<$\genfrac{}{}{0pt}{}{\text{CH(C}_6\text{H}_5)}{\text{CO}}$>C$_6H_4$ mit Zinkstaub (BAEYER, *A.* **202**, 61). — Blättchen (aus Alkohol). F: 152—153° (B.). Kp: 417° (F., CR.). Leicht löslich in der Wärme in Alkohol, Äther, CS$_2$, CHCl$_3$, Benzol (B.). Die Lösungen besitzen eine blaue Fluorescenz (B.). — Gibt beim Kochen mit CrO$_3$ und Eisessig Phenyloxanthranol C$_6$H$_4$<$\genfrac{}{}{0pt}{}{\text{C(C}_6\text{H}_5)(\text{OH})}{\text{CO}}$>C$_6H_4$ (B.). Gibt mit Pikrinsäure eine rote krystallisierte Verbindung (B.).

2. *9-Benzyliden-fluoren, 9-Benzal-fluoren* C$_{20}$H$_{14}$ = $\genfrac{}{}{0pt}{}{\text{C}_6\text{H}_4}{\text{C}_6\text{H}_4}$>C:CH·C$_6H_5$. *B.* Aus Fluoren, Benzaldehyd und Natriumäthylatlösung (THIELE, *B.* **33**, 852; T., HENLE, *A.* **347**, 296). Aus 9-Oxy-9-benzyl-fluoren in siedendem Eisessig durch rauchende Salzsäure (ULLMANN, v. WURSTEMBERGER, *B.* **38**, 4108). — Krystalle (aus Alkohol). Rhombisch bipyramidal (STEVANOVIĆ, *Z. Kr.* **37**, 266; *A.* **347**, 296). F: 76° (T.; U., v. W.). Ist in Lösung oder geschmolzen gelb gefärbt (T.). Leicht löslich in Alkohol, Benzol und Eisessig mit schwach gelber Farbe (U., v. W.). — Verbindung mit Pikrinsäure s. Syst. No. 523.

3. *1-[Naphthyl-(1)]-naphthalin, Dinaphthyl-(1.1'),* α.α-*Dinaphthyl* C$_{20}$H$_{14}$ = Formel I

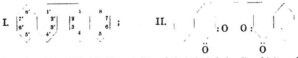

B. Entsteht neben Dinaphthyl-(2.2') und Dinaphthyl-(2.1') beim Durchleiten der Dämpfe von Naphthalin für sich oder mit SbCl$_3$ (oder SnCl$_4$) durch ein glühendes Rohr (SMITH, *Soc.* **33**, 559; **35**, 225; *B.* 10, 1272, 1603; *J.* 1877, 392). Neben Phthalsäure und anderen Produkten beim Kochen von Naphthalin mit Braunstein und Schwefelsäure (LOSSEN, *A.* **144**,

77). In kleiner Menge beim Erhitzen einer Benzollösung von α-Brom-naphthalin mit Natrium (Lo., A. 144, 88). Durch Erhitzen von 5 g α-Jod-naphthalin mit 2.5 g Kupferbronze auf 285° (ULLMANN, BIELECKI, B. 34, 2184). Durch 10-stdg. Kochen von 4.4'-Dijod-dinaphthyl-(1.1') mit Natriumamalgam in absol. Alkohol (WILLGERODT, SCHLÖSSER, B. 33, 698). Beim Glühen von Dinaphthyl-(1.1')-dichinon-(3.4; 3'.4') (Formel II, S. 725) (Syst. No. 726) mit Zinkstaub (KORN, B. 17, 3020). Beim Destillieren von 2.2'-Dioxy-dinaphthyl-(1.1') mit 10 Tln. Zinkstaub (WALDER, B. 15, 2170). — Darst. Man kocht Naphthalin mit Braunstein und Schwefelsäure, die mit etwas mehr als dem gleichen Volumen Wasser verdünnt ist, verdünnt dann mit kochendem Wasser, kocht den filtrierten Niederschlag wiederholt mit Alkohol aus, verdunstet den Alkohol und destilliert den Rückstand; was über 360° übergeht, wird gesondert aufgefangen und wiederholt aus Alkohol und Ligroin (unter Zusatz von Tierkohle) umkrystallisiert (SMITH, Soc. 35, 225). Man erhitzt ein inniges Gemisch aus 2.2'-Dioxy-dinaphthyl-(1.1') und der 10—15-fachen Menge Zinkstaub, destilliert das Überdestillierte nochmals im Vakuum und krystallisiert das Produkt aus Eisessig um (JULIUS, B. 19, 2549). — Tafeln (aus Ligroin); Blättchen (aus Alkohol). F: 154° (Lo.), 155° (korr.) (U., B.), 160,5° (korr.) (WL., SCH.). Destilliert unzersetzt oberhalb 360° (SM., Soc. 35, 225). Ziemlich schwer löslich in kaltem Alkohol, leichter in heißem, noch leichter in Äther, sehr leicht in CS₂ und Benzol (WL., SCH.). — Verbindung mit Pikrinsäure s. Syst. No. 523.

Hexachlor-dinaphthyl-(1.1') $C_{20}H_8Cl_6$. B. Durch anhaltendes Durchleiten von Chlor durch eine Lösung von Dinaphthyl-(1.1') in CS₂ (LOSSEN, A. 144, 82). — Gelbes Harzpulver. — Wird von Natriumamalgam in Dinaphthyl zurückverwandelt.

Dibrom-dinaphthyl-(1.1') $C_{20}H_{12}Br_2$. B. Aus Dinaphthyl-(1.1') und der berechneten Menge Brom (LOSSEN, A. 144, 79). — Prismen (aus Benzol). F: 215°. Unzersetzt flüchtig. Fast unlöslich in Alkohol, etwas leichter in Äther, leicht in Benzol, äußerst leicht in CS₂. Sehr beständig.

Hexabrom-dinaphthyl-(1.1') $C_{20}H_8Br_6$. B. Aus Dinaphthyl-(1.1') und überschüssigem Brom (L., A. 144, 82). — Gelbes Harz. Leicht löslich in Äther, weniger in Alkohol.

4.4'-Dijod-dinaphthyl-(1.1') $C_{20}H_{12}I_2 = C_{10}H_6I·C_{10}H_6I$. B. Durch Erwärmen von basisch schwefelsaurem α-Jodoso-naphthalin [C₁₀H₇·I(OH)]₂SO₄ (S. 551) mit Eisessig auf 37° (WILLGERODT, SCHLÖSSER, B. 33, 697). Durch Einw. von konz. Schwefelsäure oder P₂O₅ auf α-Jodoso-naphthalin (WI., SCH.). — Schüppchen. F: 238,6° (korr.). — Durch Kochen mit Natriumamalgam in Alkohol entsteht Dinaphthyl-(1.1').

Dichlorid des 4.4'-Dijod-dinaphthyls-(1.1') $C_{20}H_{12}Cl_2I_2 = C_{10}H_6I·C_{10}H_6·ICl_2$. B. Durch kurze Einw. von Chlor auf das in wenig Chloroform gelöste 4.4'-Dijod-dinaphthyl-(1.1') (WI., SCH., B. 33, 699). — Hellgelbes amorphes Pulver (aus Chloroform + Ligroin). Beginnt bei 130° weiß zu werden und zersetzt sich völlig bei 188—190°.

Tetrachlorid des 4.4'-Dijod-dinaphthyls-(1.1') $C_{20}H_{12}Cl_4I_2 = Cl_2I·C_{10}H_6·C_{10}H_6·ICl_2$. B. Man leitet Chlor in eine Chloroformlösung des 4.4'-Dijod-dinaphthyls-(1.1'), bis keine Ausfällung mehr eintritt (WI., SCH., B. 33, 700). — Gelbe Nadeln. Zersetzt sich bei ca. 124°.

Nitro-dinaphthyl-(1.1') $C_{20}H_{13}O_2N = C_{20}H_{13}·NO_2$. B. Man versetzt eine Lösung von 10 g Dinaphthyl-(1.1') in 150 ccm Eisessig mit 20 g Salpetersäure (D: 1,3) (JULIUS, B. 19, 2550). — Orangegelbe Blättchen (aus Benzol). F: 188°. Leicht löslich in heißem Benzol und Eisessig, schwerer in Alkohol und Äther.

Dinitro-dinaphthyl-(1.1') $C_{20}H_{12}O_4N_2 = C_{20}H_{12}(NO_2)_2$. B. Man versetzt die Lösung von 10 g Dinaphthyl-(1.1') in 100 ccm Eisessig mit 80 g Salpetersäure (D: 1,3) und erwärmt auf 60° (J., B. 19, 2550). — Hellgelbe Nädelchen (aus Benzol). F: 280°. Sehr schwer löslich in kochendem Benzol oder Eisessig, unlöslich in den übrigen Lösungsmitteln.

Tetranitro-dinaphthyl-(1.1') $C_{20}H_{10}O_8N_4 = C_{20}H_{10}(NO_2)_4$. B. Durch Eintragen von Dinaphthyl-(1.1') in rauchender Salpetersäure (LOSSEN, A. 144, 83). — Orangegelbes amorphes Pulver. Löslich in Alkohol.

4. 2-[Naphthyl-(1)]-naphthalin, Dinaphthyl-(2.1'), α.β-Dinaphthyl

$C_{20}H_{14} =$ B. Entsteht neben Dinaphthyl-(2.2') und Dinaphthyl-(1.1') beim Durchleiten der Dämpfe von Naphthalin für sich oder mit SnCl₄ durch eine rotglühende Röhre; man zieht das Produkt mit kaltem Ligroin aus und trennt die in Lösung gegangenen Dinaphthyle — Dinaphthyl-(2.1') und Dinaphthyl-(1.1') — durch fraktioniertes Krystallisieren aus Ligroin (SMITH, Soc. 32, 560; J. 1877, 392). — Kleine sechsseitige Tafeln. F: 76° (SMITH, Soc. 35, 227), 79—80° (WEGSCHEIDER, B. 23, 3199). In Alkohol, Äther und Benzol leichter löslich als Dinaphthyl-(1.1'), leicht löslich in Ligroin (SM., Soc. 32, 560; J. 1877, 393). — Verbindung mit Pikrinsäure s, Syst. No. 523.

5. 2-[Naphthyl-(2)]-naphthalin, Dinaphthyl-(2.2′), β.β-Dinaphthyl, „Isodinaphthyl" $C_{20}H_{14}$ = Formel I

I. ; II.

B. Neben Dinaphthyl-(1.1′) und Dinaphthyl-(2.1′) beim Durchleiten der Dämpfe von Naphthalin für sich oder mit $SbCl_3$ oder $SnCl_4$ durch ein glühendes Rohr (SMITH, *Chem. N.* **22**, 296; *J.* **1870**, 568; *Soc.* **32**, 551, 553; *B.* **10**, 1272, 1603). Beim Eintropfen einer Lösung von Naphthalin in $CHCl_3$ oder CCl_4 in eine glühende Röhre (SM., *Soc.* **35**, 229). Aus Naphthalin durch Einw. von $AlCl_3$ bei 100°, neben den Kohlenwasserstoffen $C_{14}H_{16}$ (S. 574), $C_{30}H_{22}$ (S. 741) und $C_{40}H_{26}$ (S. 764) (HOMER, *Soc.* **91**, 1110; vgl. FRIEDEL, CRAFTS, *C. r.* **100**, 694; *Bl.* [2] **39**, 195). Neben anderen Produkten beim Einleiten von CH_3Cl in ein geschmolzenes Gemenge von 130 g Naphthalin und 26 g $AlCl_3$ (ROUX, *A. ch.* [6] **12**, 296; BISCHOFF, *B.* **23**, 1905; vgl. WEGSCHEIDER, *B.* **23**, 3200; HOMER, *Soc.* **91**, 1105) oder bei der Einw. von $AlCl_3$ auf Gemische aus Naphthalin und Methylenchlorid (BODROUX, *Bl.* [3] **25**, 496; H., *Soc.* **97**, 1144), aus Naphthalin und Chloroform (H., *Soc.* **97**, 1146), oder aus Naphthalin und Nickelcarbonyl (DEWAR, JONES, *Soc.* **85**, 219; vgl. H., *Soc.* **91**, 1104; **97**, 1151). Durch Kochen von β-Chlor-naphthalin in Xylol mit Natrium und trocknem Essigester (5% vom Gewicht des β-Chlor-naphthalins) (CHATTAWAY, LEWIS, *Soc.* **65**, 879; CH., *Soc.* **67**, 657). Beim Überleiten eines Gemisches von Naphthalin und α-Brom-naphthalin über glühenden Natronkalk (SMITH, *Soc.* **35**, 230). Aus β-Jod-naphthalin und Kupfer bei 230—260° (ULLMANN, GILLI, *A.* **332**, 50). Beim Erhitzen des Aluminiumsalzes des α-Naphthols (GLADSTONE, TRIBE, *Soc.* **41**, 17). Beim Überleiten von Quecksilber-di-β-naphthyl $Hg(C_{10}H_7)_2$ (Syst. No. 2340) über rotglühenden Bimsstein (CH., L., *Soc.* **65**, 879). Bei der Destillation von Dinaphthyl-(2.2′)-dichinon-(1.4; 1′.4′) (Formel II, s. o.) (Syst. No. 726) mit Zinkstaub (WITT, DEDICHEN, *B.* **30**, 2663). Beim Erhitzen von Dinaphthyl-(2.2′)-carbonsäure-(1) mit Kalkhydrat im Vakuum (BAMBERGER, CH., *A.* **284**, 75). Durch Diazotieren von β-Naphthylamin in alkoholisch-schwefelsaurer Lösung und Einw. von Zinkstaub auf das entstandene Diazoniumsulfat in Alkohol bei Gegenwart von etwas Kupfersulfat (CH., *Soc.* **67**, 656). — Schwach blau fluorescierende Tafeln. F: 187,8° (korr.) (CH., *Soc.* **67**, 657), 180—181° (DEW., J.), 181° (H.). Sublimierbar (SMITH, *Chem. N.* **22**, 297; CH., *Soc.* **67**, 657). Kp_{755}: 452° (CH., *Soc.* **67**, 657). Nicht mit Wasserdämpfen flüchtig (CH., *Soc.* **67**, 657). Fast unlöslich in kaltem Petroläther oder kaltem Xylol (H.), schwer löslich in kaltem Alkohol, Benzol, Eisessig und Äther, leicht in kochendem Benzol, leicht in CS_2 und Äthylenbromid (SM., *Chem. N.* **22**, 296; DEW., J.). Gibt fluorescierende Lösungen (DEW., J.). Absorptionsspektrum im Ultraviolett: HOMER, PURVIS, *Soc.* **93**, 1322. — Mit Chromsäure und Eisessig entstehen 2-[Naphthyl-(2)]-naphthochinon-(1.4) (Syst. No. 685) und wenig Dinaphthyl-(2.2′)-dichinon-(1.4; 1′.4′) (CH., *Soc.* **67**, 657; vgl. auch STAUB, SMITH, *Soc.* **47**, 105). Mit $KMnO_4$ oder mit verd. Salpetersäure (bei 160°) entsteht Phthalsäure (ST., SM., *Soc.* **47**, 104). Durch anhaltendes Erhitzen mit $SbCl_5$ in geschlossenem Rohr, zuletzt bis auf 350°, zerfällt β.β-Dinaphthyl in Perchlorbenzol und Perchloräthan, ohne dabei Perchlordiphenyl zu liefern (SM., *B.* **12**, 2132). Verwendung zur Herstellung celluloidartiger Massen: Rheinische Gummiu. Celluloid-Fabr., D. R. P. 140480; *C.* **1903** I, 906. — Verbindung mit Pikrinsäure s. Syst. No. 523.

Tetrachlor-dinaphthyl-(2.2′) $C_{20}H_{10}Cl_4$. *B.* Beim Einleiten von Chlor in die Lösung von Dinaphthyl-(2.2′) in CS_2 (SMITH, POYNTING, *Soc.* **27**, 855; *J.* **1874**, 446). — Amorph. Leicht löslich in Äther, weniger in Alkohol, unlöslich in Wasser.

Heptabrom-dinaphthyl-(2.2′) $C_{20}H_7Br_7$. *B.* Durch überschüssiges Brom aus Dinaphthyl-(2.2′) (SM., P., *Soc.* **27**, 855; *J.* **1874**, 446). — Gleicht dem Tetrachlor-dinaphthyl.

1.1′-Dinitro-dinaphthyl-(2.2′) $C_{20}H_{12}O_4N_2$ = $O_2N \cdot C_{10}H_6 \cdot C_{10}H_6 \cdot NO_2$. *B.* Durch 1-stdg. Kochen von 2-Jod-1-nitro-naphthalin mit Kupferbronze in Nitrobenzol (VESELÝ, *B.* **38**, 138). — Schuppen (aus Nitrobenzol). Färbt sich bei 265° schwarz, schmilzt bei 276°. Unlöslich außer in Toluol und Nitrobenzol. — Wird durch Zinkstaub und Eisessig in Dinaphthocarbazol (Syst. No. 3093) übergeführt.

Tetranitro-dinaphthyl-(2.2′) $C_{20}H_{10}O_8N_4$ = $C_{20}H_{10}(NO_2)_4$. *B.* Bei allmählichem Eintragen von 1 Tl. Dinaphthyl-(2.2′) in 12 Tle. Salpetersäure (D: 1,50); man erwärmt schließlich, gießt dann die Lösung in viel Wasser und löst den Niederschlag in absol. Alkohol (STAUB, SMITH, *Soc.* **47**, 105). — Braungelbes amorphes Pulver. Schmilzt unter Zersetzung bei 150°. Wenig löslich in Lösungsmitteln.

2. Kohlenwasserstoffe $C_{21}H_{16}$.

1. *9-Benzyl-anthracen* $C_{21}H_{16} = C_6H_4 \left\{ \substack{C(CH_2 \cdot C_6H_5) \\ CH} \right\} C_6H_4$. *B.* Bei $1^1/_4$-stdg. Erhitzen am Kühler von 1 Tl. Benzyloxanthranol $C_6H_4 \left< \substack{C(OH)(CH_2 \cdot C_6H_5) \\ CO} \right> C_6H_4$. (Syst. No. 757) mit 7 Tln. Jodwasserstoffsäure und 0,5—1 Tl. rotem Phosphor (BACH, *B.* **23**, 1570). — Nadeln (aus Alkohol). F: 119⁰. Die Lösungen fluorescieren bläulich. Die grüne Lösung in konz. Schwefelsäure fluoresciert rot.

x-Brom-9-benzyl-anthracen $C_{21}H_{15}Br$. *B.* Aus 9-Benzyl-anthracen, gelöst in CS_2, und Brom (BACH, *B.* **23**, 1570). — Gelbliche Prismen (aus Benzol). Zersetzt sich bei 113—114⁰. Leicht löslich in Alkohol, Äther, Eisessig und Benzol. Löst sich in konz. Schwefelsäure mit grüner Farbe. Die Lösung in Benzol fluoresciert bläulich.

2. *2-Methyl-9-phenyl-anthracen* $C_{21}H_{16} = C_6H_4 \left\{ \substack{C(C_6H_5) \\ CH} \right\} C_6H_3 \cdot CH_3$. *B.* Beim Glühen von 2-Methyl-9-phenyl-anthron $C_6H_4 \left< \substack{CH(C_6H_5) \\ CO} \right> C_6H_3 \cdot CH_3$ (Syst. No. 658) mit Zinkstaub; man löst das Destillat in heißem Eisessig, fällt die Lösung mit Wasser und krystallisiert den Niederschlag wiederholt aus Alkohol um (HEMILIAN, *B.* **16**, 2367). — Gelbe spießartige Krystalldrusen. F: 119⁰. Die verdünnte alkoh. Lösung fluoresciert stark grünblau. — Wird von Chromsäure in Eisessig glatt in Methyl-phenyl-oxanthranol $C_6H_4 \left< \substack{C(OH)(C_6H_5) \\ CO} \right> C_6H_3 \cdot CH_3$ (Syst. No. 757) umgewandelt (H.).

3. *x-Benzyl-phenanthren* $C_{21}H_{16} = C_{14}H_9 \cdot CH_2 \cdot C_6H_5$. *B.* Beim Erhitzen eines Gemenges von Phenanthren und Benzylchlorid mit Zinkstaub; das Produkt wird destilliert, das Destillat abgepreßt, mit Alkohol extrahiert und dann aus Benzol umkrystallisiert (GOLDSCHMIEDT, *M.* **2**, 444). — Nadeln (aus Benzol). F: 155—156⁰. Sehr schwer löslich in Alkohol, leichter in Benzol. — Liefert mit Chromsäure in Eisessig Phenanthrenchinon und Benzoesäure.

4. *Di-α-naphthyl-methan* $C_{21}H_{16} =$ [structure]
¹) *Darst.* Man gießt zu einer kaltgehaltenen Lösung von 5 Tln. Naphthalin in 20 Tln. Chloroform allmählich 10 Tle. konz. Schwefelsäure, läßt unter häufigem Schütteln 12 Stdn. stehen, gibt dann 30 Tle. Wasser hinzu, destilliert das Chloroform ab, filtriert den Rückstand ab, kocht ihn mit Äther aus; man verdunstet die äther. Lösung, destilliert den Rückstand, fängt das über 300⁰ Siedende für sich auf und krystallisiert aus Alkohol um (GRABOWSKI, *B.* 7, 1605). Man erwärmt 23 g Essigsäure-chlormethylester, 60 g Naphthalin und 15 g geschmolzenes und pulverisiertes $ZnCl_2$ auf dem Wasserbade, bis kein HCl mehr entweicht, zieht das Produkt mit Äther aus, verjagt den Äther und fängt das über 300⁰ Destillierende auf (WHEELER, JAMIESON, *Am. Soc.* **24**, 752). — Kurze Prismen (aus Alkohol). F: 109⁰ (G.). Destilliert unzersetzt oberhalb 360⁰ (G.). Kp_{14}: 270—272⁰ (W., J.). Löslich in 15 Tln. siedendem und 120 Tln. kaltem Alkohol; sehr löslich in Äther, Chloroform und Benzol (G.). — Wird von Chromsäuregemisch sehr schwer angegriffen (G.). — Verwendung zur Herstellung von celluloidartigen Massen: Rheinische Gummi- u. Celluloid-Fabrik, D. R. P. 140480; *C.* **1903** I, 906. — Verbindung mit Pikrinsäure s. Syst. No. 523.

Di-α-naphthyl-chlormethan $C_{21}H_{15}Cl = C_{10}H_7 \cdot CHCl \cdot C_{10}H_7$. *B.* Beim Einleiten von HCl in die Benzollösung des Di-α-naphthyl-carbinols (SCHMIDLIN, MASSINI, *B.* **42**, 2383). — Nadeln (aus Benzol). F: 188—189⁰ (korr.) (Zers.). Unlöslich in Petroläther und Ligroin; ziemlich schwer löslich in kaltem Alkohol und Eisessig, ziemlich leicht in Benzol, Aceton, heißem Alkohol, heißem Eisessig, sehr leicht in Chloroform. — Wird von konz. Schwefelsäure allmählich, von rauchender Schwefelsäure sofort in Di-α-naphthyl-carbinol übergeführt. Kaltes Wasser bewirkt langsam, siedendes Wasser schnell die Bildung des Di-α-naphthyl-carbinols. Gibt beim Schütteln mit molekularem Silber in Benzol oder bei der Einw. von α-Naphthylmagnesiumbromid oder Phenylmagnesiumjodid in Äther das α.α.β.β-Tetra-[naphthyl-(1)]-äthan. Liefert bei der Einw. von Magnesium in Gegenwart von etwas Jod und CO_2 in Benzol und Äther neben dem α.α.β.β-Tetra-[naphthyl-(1)]-äthan die Di-α-naphthylessigsäure.

―――――――――

¹) Nach dem Literatur-Schlußtermin der 4. Auflage dieses Handbuches [1. I. 1910] bewiesen SCHMIDLIN, HUBER (*B.* **43**, 2824) und TSCHITSCHIBABIN (*B.* **44**, 443) die Konstitution dieser Verbindung.

Di-α-naphthyl-brommethan $C_{21}H_{15}Br = C_{10}H_7 \cdot CHBr \cdot C_{10}H_7$. *B.* Durch Bromieren von Di-α-naphthyl-methan bei 135—145° (WHEELER, JAMIESON, *Am. Soc.* **24**, 752). — Prismen (aus Benzol). F: 181—182°. Leicht löslich in Chloroform, schwer in Ligroin. — Liefert beim Kochen mit Kaliumthiocyanat in Benzol [Di-α-naphthyl-methyl]-isothiocyanat $(C_{10}H_7)_2CH \cdot N \cdot CS$ (Syst. No. 1739) (W., J.).

x.x-Dibrom-[di-α-naphthyl-methan] $C_{21}H_{14}Br_2$. *B.* Durch Versetzen einer äther. Lösung von Di-α-naphthyl-methan mit Brom unter Kühlung (GRABOWSKI, *B.* **7**, 1608). — Nadeln (aus Alkohol-Benzol). F: 193°. Siedet unter geringer Zersetzung. Ziemlich schwer löslich in Alkohol, viel leichter in $CHCl_3$, Äther, Benzol. — Wird von alkoh. Kali nicht verändert.

x.x.x.x-Tetranitro-[di-α-naphthyl-methan] $C_{21}H_{12}O_8N_4 = C_{21}H_{12}(NO_2)_4$. *B.* Durch Auflösen von 1 Tl. Di-α-naphthyl-methan in 10 Tln. rauchender Salpetersäure (GRABOWSKI, *B.* **7**, 1607). — Scheidet sich aus der salpetersauren Lösung in Blättchen ab. Zersetzt sich bei 260—270°, ohne zu schmelzen. Fast unlöslich in Alkohol, Äther, $CHCl_3$, Benzol, Eisessig; ziemlich leicht löslich in Anilin.

5. *Di-β-naphthyl-methan* $C_{21}H_{16} =$ 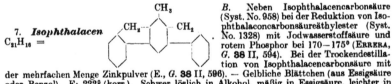 *B.* Beim Erhitzen des Di-β-naphthylketons $(C_{10}H_7)_2CO$ mit Jodwasserstoffsäure und Phosphor auf 180° (RICHTER, *B.* **13**, 1728). Entsteht neben anderen Produkten, wenn man das aus Naphthalin, asymm. Dichloräthan und $AlCl_3$ entstehende Reaktionsprodukt unter vermindertem Druck destilliert (HOMER, *Soc.* **97**, 1143). — Nadeln (aus Alkohol). F: 92° (R.), 90,5° (H.). Leicht löslich in Alkohol und Benzol (R.). — Verwendung zur Herstellung von celluloidartigen Massen: Rheinische Gummi-u. Celluloid-Fabr., D. R. P. 140480; *C.* **1903** I, 906.

x.x-Dibrom-[di-β-naphthyl-methan] $C_{21}H_{14}Br_2$. F: 164° (RICHTER, *B.* **13**, 1728).

x.x.x.x-Tetranitro-[di-β-naphthyl-methan] $C_{21}H_{12}O_8N_4 = C_{21}H_{12}(NO_2)_4$. F: 150° bis 160° (RICHTER, *B.* **13**, 1728).

6. *9-o-Xylylen-fluoren* $C_{21}H_{16} = \begin{matrix} C_6H_4 \\ C_6H_4 \end{matrix} C < \begin{matrix} CH_2 \\ CH_2 \end{matrix} > C_6H_4$. *B.* Durch 8-stdg. Erhitzen von Fluoren, o-Xylylendibromid und Ätzkali auf 230° (FECHT, *B.* **40**, 3890). — Nadeln (aus Äther). F: 220°. — Gegen Alkalien und Säuren auch bei höheren Temperaturen beständig.

7. *Isophthalacen* $C_{21}H_{16} =$ *B.* Neben Isophthalacencarbonsäure (Syst. No. 958) bei der Reduktion von Isophthalaconcarbonsäureäthylester (Syst. No. 1328) mit Jodwasserstoffsäure und rotem Phosphor bei 170—175° (ERRERA, *G.* **38** II, 594). Bei der Trockendestillation von Isophthalacencarbonsäure mit der mehrfachen Menge Zinkpulver (E., *G.* **38** II, 596). — Gelbliche Blättchen (aus Essigsäure oder Benzol). F: 222° (korr.). Schwer löslich in Alkohol, mäßig in Essigsäure, leichter in Benzol. — Liefert bei der Oxydation mit $K_2Cr_2O_7$ in Essigsäure Isophthalacenoxyd $C_{21}H_{14}O$ (Syst. No. 659) und Isophthalacon $C_{21}H_{12}O_2$ (Syst. No. 686).

8. *Phthalacen* $C_{21}H_{16} =$ Zur Konstitution vgl.: ERRERA, *G.* **37** II, 626. — *B.* Bei 3-stdg. Erhitzen von 1 Tl. Phthalaconcarbonsäureester (Syst. No. 1328) mit 7 Tln. Jodwasserstoffsäure (Kp: 127°) und 1 Tl. rotem Phosphor auf 170—175° (GABRIEL, *B.* **17**, 1390). — Krystalle (aus Eisessig). F: 173° (G.). Mäßig löslich in heißem Essig und noch schwieriger in heißem Alkohol (G.). — Wird von $K_2Cr_2O_7$ in Eisessig je nach den Mengenverhältnissen zu Phthalacenoxyd $C_{21}H_{14}O$ (Syst. No. 659) oder zu Phthalacon $C_{21}H_{12}O_2$ (Syst. No. 686) oxydiert (G., *B.* **17**, 1397; E., *G.* **37** II, 627).

Bromphthalacen $C_{21}H_{15}Br$. *B.* Beim Vermischen der eisessigsauren Lösungen gleicher Gewichtsteile Phthalacen und Brom (G., *B.* **17**, 1397). — Nadeln (aus Eisessig). F: 184° bis 184,5°. — Wird von Kaliumdichromat und Eisessig zu Bromphthalacenoxyd oxydiert.

Dinitrophthalacen $C_{21}H_{14}O_4N_2 = C_{21}H_{14}(NO_2)_2$. *B.* Man trägt allmählich 1 Tl. Phthalacen in ein kalt gehaltenes Gemisch aus 20 Tln. rauchender Salpetersäure und 20 Tln. Eisessig ein, läßt einige Stunden stehen, fällt dann mit Wasser und krystallisiert den Niederschlag aus Nitrobenzol um (GABRIEL, *B.* **17**, 1398). — Kleine bräunlichgelbe Nadeln. Sintert unter Bräunung gegen 270—280° zusammen und verkohlt bei stärkerem Erhitzen.

9. Kohlenwasserstoff $C_{21}H_{16}$ von unbekannter Konstitution. *B.* Beim Erhitzen der durch Oxydation von Methyldinaphthoxanthen $CH_3 \cdot CH \underset{C_{10}H_6}{\overset{C_{10}H_6}{<}} O$ (Syst. No. 2376) entstehenden Verbindung $C_{21}H_{12}O_2$ mit konz. Jodwasserstoffsäure auf 180° (CLAUS, RUFFEL, *J. pr.* [2] **41**, 53). — F. 137° (unkorr.). Leicht löslich in Benzol, Aceton, heißem Alkohol und Äther.

3. Kohlenwasserstoffe $C_{22}H_{18}$.

1. α.α.δ-Triphenyl-α.γ-butadien $C_{22}H_{18} = (C_6H_5)_2C{:}CH \cdot CH{:}CH \cdot C_6H_5$. *B.* Aus Diphenylketen-Chinolin $2(C_6H_5)_2C{:}CO + C_9H_7N$ (s. bei Additionsprodukten des Chinolins, Syst. No. 3077) und Zimtaldehyd im Wasserstoffstrome bei 140—150° (STAUDINGER, *B.* **42**, 4258). — Nadeln (aus Alkohol). F: 101,5—102°.

γ- oder *δ*-Brom-α.α.δ-triphenyl-α.γ-butadien $C_{22}H_{17}Br = (C_6H_5)_2C{:}CH \cdot CBr{:}CH \cdot C_6H_5$ oder $(C_6H_5)_2C{:}CH \cdot CH{:}CBr \cdot C_6H_5$. *B.* Aus α.α.δ-Triphenyl-α.γ-butadien und Brom in Chloroform (STAUDINGER, *B.* **42**, 4259). — Weiße Krystalle. F: 146—148°.

2. 2-Methyl-10-p-tolyl-anthracen $C_{22}H_{18} = C_6H_4 \left\{ \underset{C(C_6H_4 \cdot CH_3)}{\overset{CH}{}} \right\} C_6H_3 \cdot CH_3$. *B.* Durch Destillation des Methyl-p-tolyl-oxanthranols (Syst. No. 757) über Zinkstaub im Wasserstoffstrome (LIMPRICHT, *A.* **299**, 291). — Gelbe Nadeln. F: 191°. — In Eisessig gelöst, liefert der Kohlenwasserstoff durch Chromsäure wieder beim Erwärmen das Methyl-p-tolyl-oxanthranol.

3. 9-[γ-Phenyl-α-propenyl]-fluoren $C_{22}H_{18} = \underset{C_6H_4}{\overset{C_6H_4}{>}} CH \cdot CH{:}CH \cdot CH_2 \cdot C_6H_5$. *B.* Neben anderen Produkten aus 9-Cinnamal-fluoren (S. 732) in Äther mit Aluminiumamalgam und Wasser (THIELE, HENLE, *A.* **347**, 308). — Grünlich schimmernde Nadeln (aus Alkohol oder Aceton + absol. Alkohol). F: 88°. Sehr leicht löslich in Aceton, Äther, Benzol, Toluol, Chloroform, Eisessig, leicht in Gasolin, Ligroin, schwer in kaltem Alkohol. — Reduziert in alkoh. Lösung ammoniakalisch-alkalische Silberlösung. Gibt mit Benzaldehyd und viel konz. Schwefelsäure Rotfärbung, die durch Wasser zerstört wird. Geht beim Kochen mit Äthylatlösung oder mit alkoholischer Piperidinlösung in das Dihydrocinnamyliden-fluoren vom Schmelzpunkt 81—82° (s. u.) über.

4. 9-[γ-Phenyl-propyliden]-fluoren $C_{22}H_{18} = \underset{C_6H_4}{\overset{C_6H_4}{>}} C{:}CH \cdot CH_2 \cdot CH_2 \cdot C_6H_5$ (vgl. auch No. 4).

9-[β.γ-Dibrom-γ-phenyl-propyliden]-fluoren, [9-Cinnamal-fluoren]-dibromid $C_{22}H_{16}Br_2 = \underset{C_6H_4}{\overset{C_6H_4}{>}} C{:}CH \cdot CHBr \cdot CHBr \cdot C_6H_5$. *B.* Aus 9-Cinnamal-fluoren mit Brom in Chloroform oder heißem Eisessig (THIELE, HENLE, *A.* **347**, 306). — Gelbliche Prismen (aus Eisessig), Nadeln (aus Aceton + Eisessig). F: 127° (Zers.). Schwer löslich in Alkohol und Petroläther, leichter in Ligroin und Eisessig, leicht in Äther und Essigester, sehr leicht in Aceton, Benzol und Chloroform. — Wird durch hochsiedende Lösungsmittel zersetzt. Gibt bei der Oxydation mit Chromsäure und Eisessig Zimtsäuredibromid und Fluorenon. Mit Zinkstaub und Eisessig entsteht 9-Cinnamal-fluoren.

5. Dihydro-cinnamylidenfluoren, [9-Cinnamal-fluoren]-dihydrid $C_{22}H_{18} = \underset{C_6H_4}{\overset{C_6H_4}{>}} C{:}CH \cdot CH_2 \cdot CH_2 \cdot C_6H_5$ oder $\underset{C_6H_4}{\overset{C_6H_4}{>}} CH \cdot CH_2 \cdot CH{:}CH \cdot C_6H_5$ (vgl. auch No. 3). *B.* Aus 9-[γ-Phenyl-propenyl]-fluoren (s. o.) beim Kochen mit Natriumäthylatlösung oder beim Kochen mit einer alkoh. Piperidinlösung (THIELE, HENLE, *A.* **347**, 310). — Weiße Blättchen (aus Alkohol). F: 81—82°. Leicht löslich in Äther, Benzol, Chloroform, weniger in Petroläther, Eisessig, Ligroin, Alkohol. — Wird von Aluminiumamalgam nicht reduziert. — Verbindung mit Pikrinsäure s. Syst. No. 523.

6. α.β-Di-[naphthyl-(1)]-äthan $C_{22}H_{18} = C_{10}H_7 \cdot CH_2 \cdot CH_2 \cdot C_{10}H_7$. *B.* Man trägt abwechselnd Zinkstaub und Salzsäure in eine 30—40° warme, alkoholische Lösung von α-Thionaphthoësäureamid $C_{10}H_7 \cdot CS \cdot NH_2$ ein, versetzt das Produkt mit überschüssiger Natronlauge und schüttelt mit Äther aus; der Rückstand wird destilliert, wobei zuerst 1^1-Amino-1-methyl-naphthalin und oberhalb 360° der Kohlenwasserstoff übergeht (BAMBERGER, LODTER, *B.* **21**, 54). — Grüngelbe, sechsseitige Tafeln (aus alkoholhaltigem

Benzol). F: 160°. Leicht löslich in $CHCl_3$ und Benzol, weniger in Äther. Löst sich schwer in Alkohol; die Lösung fluoresciert grünblau.

α.β-Dibrom-α.β-di-[naphthyl-(1)]-äthan $C_{22}H_{16}Br_2 = C_{10}H_7 \cdot CHBr \cdot CHBr \cdot C_{10}H_7$. B. Beim Versetzen (an der Sonne) einer Lösung von 10,5 g α.β-Di-[naphthyl-(1)]-äthylen in CS_2 mit 2 ccm Brom, gelöst in 30 ccm CS_2 (ELBS, *J. pr.* [2] 47, 58). — Nadeln oder Blättchen. F: 211°. Fast unlöslich in Alkohol und Ligroin, sehr schwer löslich in Äther und CS_2, leicht in Benzol. — Beim Kochen mit alkoh. Kali entsteht α.β-Di-[naphthyl-(1)]-äthylen.

7. *α.α-Di-[naphthyl-(1)]-äthan* $C_{22}H_{18} = (C_{10}H_7)_2CH \cdot CH_3$. B. Beim Kochen von β.β.β-Trichlor-α.α-di-[naphthyl-(1)]-äthan mit Alkohol und Zinkstaub (ELBS, *J. pr.* [2] 47, 59). — Blättchen. F: 136°. 100 Tle. 90-volumprozentigen Alkohols lösen in der Kälte 1,30 Tle., bei Siedehitze 2,04 Tle. (E., *J. pr.* [2] 47, 79). Die Lösungen fluorescieren violett.

β.β.β-Trichlor-α.α-di-[naphthyl-(1)]-äthan $C_{22}H_{15}Cl_3 = (C_{10}H_7)_2CH \cdot CCl_3$. Zur Konstitution vgl. ELBS, *J. pr.* [2] 47, 56. — B. Entsteht neben dem isomeren Dinaphthyltrichlor-äthan (s. u., No. 9) beim Vermischen von Chloral, Chloroform, Naphthalin und Schwefelsäure (GRABOWSKI, *B.* 11, 298). — *Darst.* Man übergießt eine Mischung von 300 g Chloralhydrat und 800 g Naphthalin mit 300—400 g Chloroform, versetzt allmählich unter Schütteln mit 1 Liter rauchender Schwefelsäure (von 10% Anhydridgehalt), gibt nach 2—3 Stunden Eis zu, gießt die verdünnte Schwefelsäure ab, wäscht mit Wasser und Alkohol, läßt unter Alkohol 1 Tag stehen, gießt den Alkohol ab, trocknet und krystallisiert aus Xylol um (ELBS, *J. pr.* [2] 47, 55). — Glänzende Prismen (aus Aceton). F: 156° (G.). Unlöslich in kaltem Alkohol, wenig löslich in siedendem und in Äther, sehr leicht in Benzol, $CHCl_3$ und Anilin (G.). — Zerfällt bei der Destillation oder beim Kochen mit alkoh. Kalilauge in HCl und β.β-Dichlor-α.α-di-[naphthyl-(1)]-äthylen (G.). Wird von Chromsäuregemisch nicht angegriffen (G.). Brom und Salpetersäure wirken substituierend (G.). Beim Glühen mit Zinkstaub entstehen Naphthalin, Di-[naphthyl-(1)]-acetylen, Dinaphthylanthrylen $C_{22}H_{12}$ (Syst. No. 492) und β.β-Dichlor-α.α-di-[naphthyl-(1)]-äthylen (G.).

x.x-Dibrom-{α.α-di-[naphthyl-(1)]-äthan} $C_{22}H_{16}Br_2$. B. Aus α.α-Di-[naphthyl-(1)]-äthan und Brom, gelöst in CS_2, an der Sonne (ELBS, *J. pr.* [2] 47, 59). — Nadeln (aus CS_2). F: 215°. Schwer löslich.

x.x.x.x-Tetranitro-{β.β.β-trichlor-α.α-di-[naphthyl-(1)]-äthan} $C_{22}H_{11}O_8N_4Cl_3 = C_{22}H_{11}Cl_3(NO_2)_4$. B. Durch Auflösen von 1 Tl. β.β.β-Trichlor-α.α-di-[naphthyl-(1)]-äthan in 10 Tln. kalter, rauchender Salpetersäure (GRABOWSKI, *B.* 11, 300). — Krystallpulver. F: 258°. Unlöslich in Alkohol, Äther und Eisessig.

8. *α.β-Di-[naphthyl-(2)]-äthan* $C_{22}H_{18} = C_{10}H_7 \cdot CH_2 \cdot CH_2 \cdot C_{10}H_7$. B. Entsteht neben 2'-Amino-2-methyl-naphthalin beim Behandeln einer alkoh. Lösung von β-Thionaphthoesäure-amid $C_{10}H_7 \cdot CS \cdot NH_2$ mit Zinkstaub und Salzsäure (BAMBERGER, LODTER, *B.* 21, 55). — Tafeln (aus Benzol). F: 253°. Schwer löslich, selbst in kochendem Alkohol oder Äther, leichter in kochendem $CHCl_3$ oder Benzol. Die Lösungen fluorescieren blauviolett.

9. Derivat eines *α.α-Dinaphthyl-äthans* $C_{22}H_{18} = (C_{10}H_7)_2CH \cdot CH_3$ *von ungewisser Konstitution.*

β.β β-Trichlor-α.α-di-[naphthyl-(2)]-äthan oder *β.β.β-Trichlor-α-[naphthyl-(1)]-α-[naphthyl-(2)]-äthan* $C_{22}H_{15}Cl_3 = (C_{10}H_7)_2CH \cdot CCl_3$. Zur Konstitution vgl.: ELBS, *J. pr.* [2] 47, 52. — B. Entsteht neben β.β.β-Trichlor-α.α-di-[naphthyl-(1)]-äthan beim Vermischen von Chloral, Chloroform, Naphthalin und Schwefelsäure (GRABOWSKI, *B.* 11, 299). — Konnte bis jetzt nicht frei von β.β.β-Trichlor-α.α-di-[naphthyl-(1)]-äthan erhalten werden. — Es ist in Alkohol bedeutend löslicher als letzteres. Zerfällt bei der Destillation in HCl und ein β.β-Dichlor-α.α-dinaphthyl-äthylen (S. 733 unter No. 5).

4. **1.3-Dibenzyl-inden** $C_{23}H_{20} = C_6H_4 {\scriptstyle\begin{array}{c} CH-CH_2 \cdot C_6H_5 \\ \diagup CH \\ C-CH_2 \cdot C_6H_5 \end{array}}$ B. Aus 1-Benzyl-3-benzal-inden und Aluminiumamalgam in feuchtem Äther (THIELE, BÜH-NER, *A.* 347, 262). Neben 1-Benzyl-inden aus Inden, Benzylchlorid und festem Kali bei 160° (TH., B., *A.* 347, 263). — Prismen (aus Petroläther); Blättchen (aus Methylalkohol). F: 62—63°. Leicht löslich in den meisten anderen Solvenzien. — Gibt mit der berechneten Menge Brom in Chloroform 1.2-Dibrom-1.3-dibenzyl-indan (S. 724).

5. **Kohlenwasserstoffe** $C_{25}H_{24}$.

1. *Kohlenwasserstoff $C_{25}H_{24}$ von unbekannter Konstitution.* B. Aus α-Dypnopinalkolen $C_{25}H_{22}$ (S. 734) durch Reduktion mit Natriumamalgam in Alkohol, neben einem Isomeren (S. 732) (DELACRE, GESCHÉ, *Bull. Acad. roy. Belgique* 1903, 741; *C.* 1903 II, 1373;

vgl. D., *Bull. Acad. roy. Belgique* [3] **22**, 497). Aus α-Dypnopinakolin $C_{32}H_{26}O$ (Syst. No. 654) (D., *Bull. Acad. roy. Belgique* [3] **22**, 496) oder aus α-Isodypnopinakolin $C_{32}H_{26}O$ (Syst. No. 654) (D., *Bull. Acad. roy. Belgique* [3] **29**, 861) und überschüssigem, konz. alkoh. Kali bei 210°. — Farblose Nadeln (aus Alkohol). F: 145°; Kp_{23}: 275—280°; löslich zu ca. 2,7% in kaltem Äther, zu 1,5% in siedendem Alkohol, zu 0,13% in kaltem Alkohol (D., G.). — Bei der Destillation unter gewöhnlichem Druck entstehen 1.3.5-Triphenyl-benzol und flüchtige Produkte; wird durch Jodwasserstoffsäure zu einem Gemisch von zwei Isomeren $C_{25}H_{26}$ reduziert (D., G.).

2. *Kohlenwasserstoff* $C_{25}H_{24}$ *von unbekannter Konstitution.* B. Aus α-Dypno-pinalkolen durch Reduktion mit Natriumamalgam und Alkohol, neben einem Isomeren (s. o.) (DELACRE, GESCHÉ, *Bull. Acad. roy. Belgique*, 1903, 741; *C.* 1903 II, 1373). — Krystalle (aus Alkohol). F: ca. 115°. Kp_{23}: 275—280°. Löslich zu ca. 3,7% in kaltem Äther, zu 2,5% in siedendem Alkohol, zu 0,22% in kaltem Alkohol. — Bei der Destillation unter gewöhnlichem Druck entstehen 1.3.5-Triphenyl-benzol und flüchtige Produkte. Wird durch Jodwasser-stoffsäure zu einem Gemisch zweier isomerer Kohlenwasserstoffe $C_{25}H_{26}$ reduziert.

Q. Kohlenwasserstoffe $C_n H_{2n-28}$.

1. Kohlenwasserstoffe $C_{21}H_{14}$.

1. *Dinaphtho-fluoren* $C_{21}H_{14}$ =   Verschieden von Picylenmethan, vgl. unten Nr. 2. Das Mol.-Gew. ist ebullioskopisch in Benzol bestimmt (SCHMIDLIN, MASSINI, *B.* **42**, 2388). — B. Beim Eintragen von granuliertem Zink in die siedende, mit konz. Salzsäure ver-setzte Eisessiglösung von Di-α-naphthyl-carbinol (SCHMIDLIN, MASSINI, *B.* **42**, 2387). — Blättchen (aus Benzol). F: 242,5° (korr.). Unlöslich in Petroläther, Ligroin, schwer löslich in Alkohol, Äther, siedendem Eisessig, Chloroform, Benzol. Die Lösung in Benzol fluoresciert violettrot.

2. *Picylen-methan* $C_{21}H_{14}$ =   Verschieden von Dinaphthofluoren, vgl. oben Nr. 1. Zur Konstitution vgl.: HIRN, *B.* **32**, 3341; SCHMIDLIN, MASSINI, *B.* **42**, 2379. — B. Bei 4-stdg. Erhitzen von 1 Tl. Picylenketon $C_{21}H_{12}O$ (Syst. No. 660) mit 10 Tln. Jodwasser-stoffsäure (D: 1.7) und 0,5 Tln. rotem Phosphor auf 170° (BAMBERGER, CHATTAWAY, *A.* **384**, 70). — Mikroskopische Tafeln (aus Benzol). F: 306°; fast unlöslich in kaltem Alkohol, ziemlich löslich in warmem Benzol und Chloroform; heiße konz. Schwefelsäure erzeugt eine grüne Lösung (B., CH.).

2. Kohlenwasserstoffe $C_{22}H_{16}$.

1. *9-Cinnamyliden-fluoren, 9-Cinnamal-fluoren* $C_{22}H_{16}$ =
C_6H_4
$\quad\quad$ C:CH·CH:CH·C_6H_5.   B. Aus Fluoren, Zimtaldehyd und alkoh. Natriumäthylat-
C_6H_4
lösung (THIELE, HENLE, *A.* **347**, 304). — Citronengelbe Nadeln (aus Eisessig). F: 154,5°. Ziemlich leicht löslich, außer in Alkohol und Äther. — Gibt in äther. Lösung bei der Reduktion mit Aluminiumamalgam und Wasser 9-[γ-Phenyl-propenyl]-fluoren (S. 730), Bismonohydro-cinnamylidenfluoren (S. 764) und einen noch höhermolekularen Kohlenwasserstoff $(C_{22}H_{17})_x$ (s. u.). — Verbindung mit Pikrinsäure s. Syst. 523.

Kohlenwasserstoff $(C_{22}H_{17})_x$. B. Bei der Reduktion des Cinnamalfluorens in Äther mit Aluminiumamalgam und Wasser (THIELE, HENLE, *A.* **347**, 294, 308, 314). — Krystalle (aus Nitrobenzol). F: 257° (korr.). Löslich in Xylol und Nitrobenzol, sonst unlöslich.

2. *α.β-Di-[naphthyl-(1)]-äthylen, Di-α-naphthostilben* $C_{22}H_{16}$ = $C_{10}H_7$·CH:
CH·$C_{10}H_7$. B. Bei 15—18-stdg. Kochen von β.β.β-Trichlor-α.α-di-[naphthyl-(1)]-äthan $(C_{10}H_7)_2CH·CCl_3$ mit Alkohol und Zinkstaub, neben α.α-Di-[naphthyl-(1)]-äthan (ELBS, *J. pr.* [2] **47**, 56). Durch Erhitzen der Natriumverbindung des α-Naphthyl-nitro-methans mit 10%iger Natronlauge auf 150—160° (WISLICENUS, WREN, *B.* **38**, 509). — Gelbliche Nädelchen (aus Alkohol). Monoklin prismatisch (BILLOWS, *Z. Kr.* **41**, 275; vgl. *Groth, Ch. Kr.* **5**, 427). F: 158,5—159° (WI., WR.), 161° (E.; B.). 100 Tle. Alkohol von 90 Vol.-% lösen in der Kälte 0,26 Tle., bei Siedehitze 0,67 Tle. (E.). Leicht löslich in Chloroform und Benzol,

schwerer in Eisessig und Äther (E.). Die Lösungen fluorescieren violett (E.). — Geht durch Destillieren über zur Rotglut erhitzte Glasscherben in Picen über (HIRN, *B.* **32**, 3342). Bei der Oxydation mit Chromsäuregemisch entsteht α-Naphthoesäure (E.). — Verbindung mit Pikrinsäure s. Syst. No. 523.

3. *α.β-Di-[naphthyl-(2)]-äthylen. Di-β-naphthostilben* C$_{22}$H$_{16}$ = C$_{10}$H$_7$·CH : CH·C$_{10}$H$_7$. *B.* Durch Erhitzen der Natriumverbindung des β-Naphthyl-nitromethans mit 10%iger Natronlauge auf 180—200° (W. WISLICENUS, WREN, *B.* **38**, 510). — Rhombenförmige Blättchen (aus Benzol). F: 254—255°. Die Benzollösung fluoresciert veilchenblau.

4. *α.α-Di-[naphthyl-(1)]-äthylen* C$_{22}$H$_{16}$ = (C$_{10}$H$_7$)$_2$C:CH$_2$.

β.β-Dichlor-α.α-di-[naphthyl-(1)]-äthylen C$_{22}$H$_{14}$Cl$_2$ = (C$_{10}$H$_7$)$_2$C:CCl$_2$. Zur Konstitution vgl. ELBS, *J. pr.* [2] **47**, 56. — *B.* Durch Destillation von β.β.β-Trichlor-α.α-di-[naphthyl-(1)]-äthan (GRABOWSKI, *B.* **11**, 300). — Säulen (aus Benzol). F: 219°; siedet oberhalb 360°; schwer löslich in Alkohol, leichter in Äther und Chloroform, sehr leicht in Benzol (G.).

x.x.x.x-Tetranitro-[β.β-dichlor-α.α-di-[naphthyl-(1)]-äthylen] C$_{22}$H$_{10}$O$_8$N$_4$Cl$_2$ = C$_{22}$H$_{10}$Cl$_2$(NO$_2$)$_4$. *B.* Durch Nitrieren von β.β-Dichlor-α.α-di-[naphthyl-(1)]-äthylen (GRABOWSKI, *B.* **11**, 301). — F: 292—293°.

5. Derivat eines *α.α-Dinaphthyl-äthylens* C$_{22}$H$_{16}$ = (C$_{10}$H$_7$)$_2$C:CH$_2$ *von ungewisser Konstitution.*

β.β-Dichlor-α-[naphthyl-(1)]-α-[naphthyl-(2)]-äthylen   oder   β.β-Dichlor-α.α-di-[naphthyl-(2)]-äthylen C$_{22}$H$_{14}$Cl$_2$ = (C$_{10}$H$_7$)$_2$C:CCl$_2$. *B.* Bei der Destillation des entsprechenden (unreinen) Dinaphthyltrichloräthans (S. 731 unter No. 9) mit $^1/_5$ Tl. Kalk (GRABOWSKI, *B.* **11**, 299). — Seideglänzende Nadeln. F: 149—150°. Ziemlich schwer löslich in kaltem Alkohol, leichter in siedendem, sehr leicht in Äther, Benzol, Chloroform. — Liefert ein bei 213—214° schmelzendes Tetranitroderivat (?).

3. Kohlenwasserstoffe C$_{23}$H$_{18}$.

1. *1.2.4-Triphenyl-cyclopentadien-(2.5)* C$_{23}$H$_{18}$ = C$_6$H$_5$·CH$\big\langle\begin{smallmatrix}\text{CH:C·C}_6\text{H}_5\\\text{CH:C·C}_6\text{H}_5\end{smallmatrix}$ *B.* Man kocht 1.2.4-Triphenyl-cyclopentandiol-(1.2) mit Alkohol und konz. Salzsäure oder man erhitzt es mit entwässerter Oxalsäure (J. WISLICENUS, NEWMANN, *A.* **302**, 237). — Gelbliche Nadeln (aus Alkohol). F: 149°. Sehr wenig löslich in kaltem Alkohol, leicht in Äther und Schwefelkohlenstoff; löslich in Schwefelsäure mit gelbgrüner Fluorescenz.

3.5-Dibrom-1.2.4-triphenyl-cyclopentadien-(2.5) C$_{23}$H$_{16}$Br$_2$ = C$_6$H$_5$·CH$\big\langle\begin{smallmatrix}\text{CBr:C·C}_6\text{H}_5\\\text{CBr:C·C}_6\text{H}_5\end{smallmatrix}$ *B.* Aus 1.2.4-Triphenyl-cyclopentadien-(2.5) und 2 Mol.-Gew. Brom in CS$_2$ (J. WISLICENUS, NEWMANN, *A.* **302**, 238). — Gelbe Nadeln (aus Alkohol). F: 157°. Leicht löslich in Äther, CS$_2$ und heißem Alkohol.

2. *Diphenyl-α-naphthyl-methan, α-Benzhydryl-naphthalin* C$_{23}$H$_{18}$ = (C$_6$H$_5$)$_2$CH·C$_{10}$H$_7$. *B.* Durch 4—5-stdg. Erhitzen von 10 Tln. Benzhydrol mit 15 Tln. Naphthalin und 15 Tln. P$_2$O$_5$ auf 140—145° (LEHNE, *B.* **13**, 358). Durch Kondensation von Benzhydrol mit Naphthalin mittels Schwefelsäure (HEMILIAN, *B.* **13**, 678). Bei der Reduktion des Diphenyl-α-naphthyl-carbinols mit Zinn und Salzsäure (ACREE, *B.* **37**, 617). — Krystallisiert, je nach dem Lösungsmittel, in zwei Modifikationen, die bei 134° und bei 149° schmelzen und sich ineinander überführen lassen (L.). Sehr schwer löslich in absol. Alkohol und Ligroin, leichter in Äther und Eisessig, sehr leicht in Benzol (L.). Sublimiert unzersetzt (L.).

Diphenyl-α-naphthyl-chlormethan C$_{23}$H$_{17}$Cl = (C$_6$H$_5$)$_2$CCl·C$_{10}$H$_7$. *B.* Aus Benzophenonchlorid und Naphthalin in CS$_2$ bei Gegenwart von AlCl$_3$ (GOMBERG, *B.* **37**, 1637). — Weiße Krystalle. F: 169°. Löslich in konz. Schwefelsäure mit blaugrüner Farbe unter Entwicklung von HCl. — Gibt in Benzollösung bei der Einw. von molekularem Silber eine tief braungelbe Lösung mit grüner Fluorescenz, bei Zutritt von Luft unter Entfärbung unlösliches Bis-[diphenyl-α-naphthyl-methyl]-peroxyd [(C$_{10}$H$_7$)(C$_6$H$_5$)$_2$C]$_2$O$_2$.

3. *1-Benzyl-3-benzyliden-inden, 1-Benzyl-3-benzal-inden* C$_{23}$H$_{18}$ = C$_6$H$_4$$\big\langle\begin{smallmatrix}\text{C=CH·C}_6\text{H}_5\\\text{CH}\\\text{C=CH}_2·\text{C}_6\text{H}_5\end{smallmatrix}$ *B.* Aus 1-Benzyl-inden und Benzaldehyd mittels methylalkoholischer Kalilauge (THIELE, BÜHNER, *A.* **347**, 260). Durch Kochen von 1.2-Dibrom-1.3-dibenzyl-indan mit Pyridin (TH., *B.*, *A.* **347**, 263). Aus 1-Benzyl-3-[α-oxy-benzyl]-inden (Syst. No.

545) und alkoh. Kali (TH., B., A. **347**, 273). — Gelbe Blättchen (aus Alkohol). F: 137—137,5°. Schwer löslich in Äther, Ligroin, Methylalkohol und Äthylalkohol, ziemlich schwer in Eisessig, sonst leicht löslich. — Gibt mit konz. Schwefelsäure eine violette Färbung.

1-[α-Chlor-benzyl]-3-benzal-inden $C_{23}H_{17}Cl = C_6H_4 \left\langle \begin{array}{l} C=CH \cdot C_6H_5 \\ CH \\ C-CHCl \cdot C_6H_5 \end{array} \right.$.   Zur Konstitution vgl. THIELE, BÜHNER, A. **347**, 257 Anm. — B. Aus 5 g 1-[α-Oxy-benzyl]-3-benzal-inden (Syst. No. 546) und 12 ccm Acetylchlorid (THIELE, B. **33**, 3397; vgl. MARCKWALD, B. **28**, 1504). Durch Eintragen von 1,6 g PCl₅ in eine stark gekühlte Lösung von 2 g 1-[α-Oxybenzyl]-3-benzal-inden in 40 ccm alkoholfreiem Chloroform (TH.). — Gelbe Krystalle (aus Essigester). F: 110—111° (M.). Leicht löslich in Alkohol, Benzol, Äther, heißem Ligroin und Eisessig (M.). — Liefert bei der Reduktion mit Zinkstaub und Eisessig oder mit Aluminiumamalgam in Äther und Wasser ein Gemisch chlorfreier Produkte, darunter den Kohlenwasserstoff $C_{23}H_{18}$ (s. u.) (TH.).

4. **Kohlenwasserstoff** $C_{23}H_{18}$ **von unbekannter Konstitution.** Das Molekulargewicht ist ebullioskopisch bestimmt (THIELE, BÜHNER, A. **347**, 360). — B. Neben anderen Produkten durch Reduktion von 1-[α-Chlor-benzyl]-3-benzal-inden (s. o.) mit Zinkstaub in Eisessig oder Aluminiumamalgam in Äther und Wasser (THIELE, B. **33**, 3398). Entsteht neben 1-Benzyl-3-[α-oxy-benzyl]-inden (Syst. No. 545) bei der Reduktion von 1-[α-Oxybenzyl]-3-benzal-inden (Syst. No. 546) in wäßr. Äther mit Aluminiumamalgam (THIELE, BÜHNER, A. **347**, 272). — Farblose Nadeln (aus Xylol). F: 212—213° (TH.). Sehr wenig löslich in kalten Solvenzien (TH.). Die Lösungen fluorescieren blau und nehmen auf Zusatz von viel konz. Schwefelsäure eine violette Farbe an (TH.). — Gibt bei der Vakuumdestillation (Kp₁₂: 250—260°) 1-Benzyl-3-benzal-inden (S. 733) (TH., B.).

4. Kohlenwasserstoffe $C_{24}H_{20}$.

1. **1.3.5-Triphenyl-cyclohexadien-(1.3)** $C_{24}H_{20} = C_6H_5 \cdot C \left\langle \begin{array}{l} CH \cdot CH(C_6H_5) \\ CH : C(C_6H_5) \end{array} \right\rangle CH_2$. B. Man gibt 1.3-Diphenyl-cyclohexen-(3)-on-(5) zu überschüssigem Äther. Phenylmagnesiumbromid zu und zersetzt das Reaktionsprodukt mit eiskalter Salzsäure (KOHLER, Am. **37**, 387). — Nadeln (aus Alkohol). F: 111°. Leicht löslich in Aceton, Chloroform, löslich in Alkohol, Äther. — KMnO₄ oxydiert zu 1.3.5-Triphenyl-benzol.

2. **1-Methyl-2.3.5-triphenyl-cyclopentadien-(1.3)** $C_{24}H_{20} = C_6H_5 \cdot CH \left\langle \begin{array}{l} C(CH_3):C \cdot C_6H_5 \\ CH = C \cdot C_6H_5 \end{array} \right.$ B. Aus 1-Methyl-2.3.5-triphenyl-cyclopentandiol-(2.3) beim Schmelzen mit wasserfreier Oxalsäure (ABELL, Soc. **83**, 373). — Gelbe Nadeln (aus Aceton). F: 162—163°. Sehr wenig löslich in Alkohol, leicht in Aceton. Löslich in konz. Schwefelsäure mit gelber Farbe und eosinähnlicher Fluorescenz. — Bei der Reduktion mit Jodwasserstoffsäure und rotem Phosphor entsteht 1-Methyl-2.3.5-triphenyl-cyclopentan in zwei stereoisomeren Formen.

3. **Dibenzylnaphthalin** $C_{24}H_{20} = C_{10}H_6(CH_2 \cdot C_6H_5)_2$. B. In geringer Menge neben 1- und 2-Benzyl-naphthalin durch Erhitzen von Naphthalin und Benzylchlorid mit wenig Aluminiumpulver (BOGUSKI, B. **39**, 2867; Ж. **38**, 1111; C. **1907** I, 817). — Nadeln (aus heißem Alkohol). F: 146,5°. Leicht löslich in Benzol, Chloroform, Äther und siedendem Alkohol, löslich in kaltem Alkohol.

5. Kohlenwasserstoffe $C_{25}H_{22}$.

1. **1.3-Dimethyl-2.4.5-triphenyl-cyclopentadien-(3.5)** $C_{25}H_{22} = C_6H_5 \cdot CH \left\langle \begin{array}{l} C(CH_3):C \cdot C_6H_5 \\ C(CH_3):C \cdot C_6H_5 \end{array} \right.$ B. Aus 1.3-Dimethyl-2.4.5-triphenyl-cyclopentandiol-(4.5) beim Schmelzen mit Oxalsäure (ABELL, Soc. **83**, 370). — Weiße Nadeln (aus Alkohol). F: 127—128°. — Bei der Reduktion mit Jodwasserstoffsäure und rotem Phosphor entstehen zwei stereoisomere Dimethyltriphenylcyclopentane.

2. **α-Dypnopinalkolen** $C_{25}H_{22}$. Zur Zusammensetzung vgl. DELACRE, GESCHÉ, Bull. Acad. roy. Belgique **1903**, 735; C. **1903** II, 1373. — B. Aus α-Dypnopinakolinalkohol $C_{25}H_{26}O$ (s. bei Dypnon, Syst. No. 654) und Acetylchlorid (DELACRE, Bull. Acad. roy. Belgique [3] **22**, 487; DELACRE, GESCHÉ). Bei 3-tägigem Kochen von Dypnopinakon $C_{32}H_{30}O_2$ oder α-Isodypnopinakolin $C_{32}H_{30}O$ (s. bei Dypnon) mit überschüssigem alkoh. Kali (D., Bull.

Acad. roy. Belgique [3] **29**, 859). Aus α-Dypnopinakolin C$_{34}$H$_{26}$O (s. bei Dypnon) und überschüssigem, konz. alkoh. Kali bei 180° (D., *Bull. Acad. roy. Belgique* [3] **22**, 495). Bei mehr-
tägigem Kochen von 2 Tln. Dypnon CH$_3$·C(C$_6$H$_5$):CH·CO·C$_6$H$_5$ mit 1 Tl. Zinkdiäthyl und
Äther (D., *Bull. Acad. roy. Belgique* [3] **22**, 487; D., GESCHÉ, *Bull. Acad. roy. Belgique* 1903,
738). Beim Erhitzen von Dypnon mit höchst konz. alkoh. Kali auf 180° (GESCHÉ, *Bull.
Acad. roy. Belgique* 1900, 298; *C.* 1900 II, 256; DELACRE, GESCHÉ, *Bull. Acad. roy.
Belgique* 1903, 739). — *Darst.* Man erhitzt 100 g Acetophenon mit 400 g pulverisiertem
Kali 10 Stdn. auf 110—160°, zieht das Reaktionsprodukt mit Wasser aus und zersetzt
den Rückstand mit heißer verd. Schwefelsäure (TERLINCK, *Bull. Acad. roy. Belgique* 1904,
1053; *C.* 1905 I, 367). — Weiße Blättchen (aus Eisessig + Methylalkohol). F: 98° (DELACRE,
GESCHÉ, *Bull. Acad. roy. Belgique* 1903, 740; *C.* 1903 II, 1373), 99° (TERLINCK). Kp$_{40}$:
292—295°; Kp$_{30}$: 320°; löslich in der halben Gewichtsmenge Benzol, löslich zu 5—7 °/$_0$ in
siedendem 94 °/$_0$igem Alkohol, zu 3—5 °/$_{00}$ in kaltem 94 °/$_0$igem Alkohol, zu 50 °/$_0$ in siedendem
Eisessig, zu 7 °/$_0$ in kaltem Eisessig (D., G.). — Verändert sich am Licht allmählich und entwickelt einen benzaldehydartigen Geruch (D., G.). Bei der Destillation unter gewöhnlichem
Druck entstehen 1.3.5-Triphenyl-benzol und andere Produkte (D., *Bull. Acad. roy. Belgique*
[3] **22**, 488; D., G.). Wird durch Natriumamalgam zu zwei isomeren Kohlenwasserstoffen
C$_{25}$H$_{24}$ reduziert (D., G.). Konz. Jodwasserstoffsäure reduziert zu einem Gemisch zweier
Kohlenwasserstoffe C$_{25}$H$_{26}$ (D., G.). Brom liefert ein Bromid C$_{25}$H$_{19}$Br (D., G.).

R. Kohlenwasserstoffe C$_n$H$_{2n-30}$.

1. Kohlenwasserstoffe C$_{22}$H$_{14}$.

1. ***Di-[naphthyl-(1)]-acetylen*** C$_{22}$H$_{14}$ = C$_{10}$H$_7$·C:C·C$_{10}$H$_7$. *B.* Beim Erhitzen von
β.β.β-Trichlor-α.α-di-[naphthyl-(1)]-äthan oder β.β-Dichlor-α.α-di-[naphthyl-(1)]-äthylen mit
Zinkstaub oder besser mit Natronkalk (GRABOWSKI, *B.* **11**, 301). — Seideglänzende Nadeln
(aus Alkohol). F: 225°. Destilliert, anscheinend unter Zersetzung, oberhalb 360°. Löslich
in Alkohol und Äther.

2. ***Dinaphthanthracen***, L.-R.-Name: [Dibenzolo-*1.2,7.8*-anthracen] C$_{22}$H$_{14}$ =
B. Man setzt Naphthalin mit symm. Tetrabrom-äthan und AlCl$_3$ um
und destilliert das Reaktionsprodukt unter vermindertem Druck
(HOMER, *Soc.* **97**, 1148). Aus Naphthalin, Nickelcarbonyl und AlCl$_3$
(H.). — Orangefarbene Tafeln (aus Benzol). F: 267,5° (H.). Unlöslich
in Äther, Alkohol, Eisessig, Petroläther, sehr wenig löslich in kaltem
Benzol (H.). Absorptionsspektrum: HOMER, PURVIS, *Soc.* **97**, 1156. —
Bei der Reduktion mit Jodwasserstoffsäure und Phosphor entsteht ein Kohlenwasser-
stoff C$_{22}$H$_{20}$ oder C$_{22}$H$_{22}$ (weiße Krystalle, F: 178,5°) (H.). — Verbindung mit Pikrin-
säure s. Syst. No. 523.

3. ***Picen***, L.-R.-Name: [Dibenzolo-*1.2,7.8*-phenanthren] C$_{22}$H$_{14}$ =
B. Bei der trocknen Destillation der pechartigen Rückstände, die
bei der Destillation des Braunkohlenteers (BURG, *B.* **13**, 1834)
und des Petroleums (GRAEBE, WALTER, *B.* **14**, 175) zurückbleiben.
Bei der Destillation der höchst siedenden neutralen Braun-
kohlenteeröle oder beim Erhitzen derselben mit Schwefel (BOYEN,
J. 1889, 744). Durch Destillieren von α.β-Di-[naphthyl-(1)]-äthylen über zur Rotglut erhitzte
Glasscherben (HIRN, *B.* **32**, 3341). Neben anderen Produkten bei der Einw. von AlCl$_3$ auf
ein Gemenge von Naphthalin und Äthylenbromid (LESPIEAU, *Bl.* [3] 6, 238; HOMER, *Soc.*
97, 1144). — *Darst.* Die zuletzt überdestillierenden Anteile der Braunkohlenteere werden
auf 0° abgekühlt, abgepreßt, mit Petroläther ausgekocht, wieder aus kochendem Cumol
umkrystallisiert und bei möglichst niedriger Temperatur sublimiert; die zuletzt über-
sublimierenden Anteile sind nach ein- bis zweimaliger Krystallisation aus Xylol reines Picen
(BAMBERGER, CHATTAWAY, *A.* **284**, 61). Kleine Mengen reinen Picens gewinnt man am besten
durch Destillation von Picenchinon C$_{22}$H$_{12}$O$_2$ mit Zinkstaub (BAMB., CH., *A.* **284**, 61, 65).
— Farblose, blau fluorescierende Blätter. F: 350° (unkorr.), 364° (korr.) (BAMB., CH., *B.*
26, 1751; *A.* **284**, 61). Kp: 518—520° (Luftthermometer) (GR., W.). Fast unlöslich in den
meisten Lösungsmitteln; wenig löslich in kochendem Benzol, Chloroform, Eisessig, leichter
in kochendem Teercumol (Kp: 150—170°) (BURG). Die Xylollösung des ganz reinen Kohlenwasserstoffs fluoresciert nicht (HIRN). Löslich in konz. Schwefelsäure mit grüner Farbe
(BURG; HI.). Absorptionsspektrum: HOMER, PURVIS, *Soc.* **93**, 1325; **97**, 1156. — Picen
liefert beim Kochen mit CrO$_3$ und Eisessig Picenchinon (BURG), Picenchinoncarbonsäure

$C_{22}H_{12}O_4$ und wenig Phthalsäure (BAMB., CH., A. **284**, 76). Wird von Jodwasserstoffsäure und Phosphor bei 250⁰ in die Hydride $C_{22}H_{34}$ und besonders $C_{22}H_{36}$ übergeführt (LIEBER-MANN, SPIEGEL, B. **22**, 780; vgl. BAMB., CH., A. **284**, 63).

Dibrompicen $C_{22}H_{12}Br_2$ = $\begin{matrix} C_{10}H_6 \cdot CBr \\ | \\ C_{10}H_6 \cdot CBr \end{matrix}$ B. Aus Picen und Brom in Chloroform (BURG, B. **13**, 1837). — Nadeln (aus Xylol). F: 294—296⁰ (GRAEBE, WALTER, B. **14**, 176), 293⁰ bis 294⁰ (unkorr.) (HIRN, B. **32**, 3343). Unlöslich in Alkohol, Benzol, Chloroform, Eisessig; leicht löslich in kochendem Xylol (B.). — Wird von rauchender Salpetersäure sehr schwer angegriffen (B.). Liefert beim Erhitzen mit Kalk Picen (B.). Durch Kalischmelze und nachfolgende Destillation über PbO erhält man Picylenketon $C_{21}H_{12}O$ (BAMB., CH., A. **284**, 62).

2. Kohlenwasserstoffe $C_{23}H_{16}$.

1. *9-Phenyl-1.2-benzo-fluoren*, L.-R.-Name: Phenyl-9-[benzolo-1.2-fluo-ren], *ms-Phenyl-chrysofluoren* $C_{23}H_{16}$ =

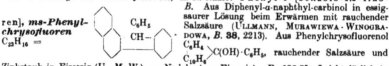

B. Aus Diphenyl-α-naphthyl-carbinol in essigsaurer Lösung beim Erwärmen mit rauchender Salzsäure (ULLMANN, MURAWIEWA-WINOGRA-DOWA, B. **38**, 2213). Aus Phenylchrysofluorenol $\begin{matrix} C_6H_4 \\ | \\ C_{10}H_6 \end{matrix}$C(OH)·$C_6H_5$, rauchender Salzsäure und Zinkstaub in Eisessig (U., M.-W.). — Nadeln (aus Eisessig). F: 195,5⁰. Leicht löslich in Äther, Benzol und siedendem Eisessig, löslich in 1000 Tln. kaltem Alkohol, in 200 Tln. siedendem Alkohol. — Gibt mit Eisessig und Natriumdichromat eine Verbindung $C_{23}H_{14}O_3$ (s. u.) und o-Benzoyl-benzoesäure.

Verbindung $C_{23}H_{14}O_3$. B. Aus Phenylchrysofluoren, Eisessig und Natriumdichromat in der Siedehitze (ULLMANN, MURAWIEWA-WINOGRADOWA, B. **38**, 2216). — Gelbe Prismen (aus Eisessig). F: 151⁰. Schwer löslich in Alkohol und Äther, leicht in Benzol und Eisessig. Löslich in konz. Schwefelsäure mit roter Farbe; die essigsaure Lösung gibt mit rauchender Salzsäure ebenfalls eine rote Färbung.

2. *9-Phenyl-3.4-benzo-fluoren*, L.-R.-Name: Phenyl-9-[benzolo-3.4-fluoren] $C_{23}H_{16}$ =

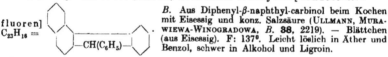

B. Aus Diphenyl-β-naphthyl-carbinol beim Kochen mit Eisessig und konz. Salzsäure (ULLMANN, MURA-WIEWA-WINOGRADOWA, B. **38**, 2219). — Blättchen (aus Eisessig). F: 137⁰. Leicht löslich in Äther und Benzol, schwer in Alkohol und Ligroin.

3. *α-Naphthyl-diphenylen-methan, 9-α-Naphthyl-fluoren* $C_{23}H_{16}$ = $\begin{matrix} C_6H_4 \\ | \\ C_6H_4 \end{matrix}$CH·$C_{10}H_7$. B. Beim Kochen der Eisessiglösung des α-Naphthyl-diphenylen-carbinols mit Zink und wenig Salzsäure (ULLMANN, V. WURSTEMBERGER, B. **38**, 4109). — Nadeln (aus Alkohol). F: 103,5⁰. Leicht löslich in Benzol und Äther, in der Siedehitze in Alkohol und Ligroin. Unlöslich in konz. Schwefelsäure.

3. Kohlenwasserstoffe $C_{24}H_{18}$.

1. *4.4'-Diphenyl-diphenyl, p.p-Bis-diphenylyl, p.p-Dixenyl, Benzerythren* $C_{24}H_{18}$ = $C_6H_5 \cdot C_6H_4 \cdot C_6H_4 \cdot C_6H_5$. Vgl. auch Cracken, S. 738. — B. Entsteht neben Diphenyl und anderen Produkten beim Durchleiten von Benzoldampf durch ein glühendes Rohr (SCHMIDT, SCHULTZ, A. **203**, 134). Beim Behandeln mit einer äther. Lösung von 4-Brom-diphenyl mit Natrium (NOYES, ELLIS, Am. **17**, 620). Beim Erhitzen von 4-Jod-diphenyl mit Kupfer auf 250—270⁰ (ULLMANN, MEYER, A. **332**, 52). — Blättchen (aus Benzol oder Nitrobenzol). F: 317⁰ (korr.) (N., E.), 320⁰ (U., M.). Kp_{15}: ca. 428⁰ (N., E.). Unlöslich in Alkohol, Äther, Chloroform (N., E.), Ligroin, leicht löslich in siedendem Anilin und Nitrobenzol (U., M.), schwer in heißem Eisessig (SCHM., SCHU.); löslich in über 100 Tln. siedenden Benzols (N., E.). Unlöslich in konz. Schwefelsäure (U., M.).

2. *1.2.3-Triphenyl-benzol* $C_{24}H_{18}$ = $C_6H_3(C_6H_5)_3$. B. Beim Destillieren des 1.2.3-Triphenyl-cyclohexen-(3)-ons-(5) (F: 138⁰) oder des aus diesem durch alkoh. Kalilauge erhält-lichen isomeren Ketons vom Schmelzpunkt 186⁰ mit $ZnCl_2$ (KNOEVENAGEL, VIETH, A. **281**, 72). — F: 150—155⁰.

3. *1.3.5-Triphenyl-benzol* C$_{24}$H$_{18}$ = C$_6$H$_3$(C$_6$H$_5$)$_3$. Das Molekulargewicht wurde ebullioskopisch in Benzol bestimmt (MANTHEY, *B.* **33**, 3085). — *B.* 1.3.5-Triphenyl-benzol entsteht, wenn man mit Chlorwasserstoff gesättigtes Acetophenon mehrere Tage bei schwach erhöhter Temperatur stehen läßt (ENGLER, BERTHOLD, *B.* **7**, 1123). Beim Erhitzen von Acetophenon auf 300°, neben anderen Produkten (ENGLER, DENGLER, *B.* **26**, 1445). Als Nebenprodukt bei der Einw. von AlBr$_3$ auf ein Gemisch von Acetophenon und Äthylbromid, neben Dypnon (Syst. No. 654) (M. KONOWALOW, FINOGEJEW, Ж. **34**, 946; *C.* **1903** I, 521). Beim Erhitzen von Acetophenon mit Formamid und Zinkchlorid auf 170—180°, neben anderen Produkten (REICH, *M.* **25**, 975). Aus Acetophenondiäthylacetal und Acetylchlorid unter stürmischem Aufkochen (CLAISEN, *B.* **31**, 1020). Die Bildung von Triphenylbenzol aus Acetophenon verläuft nach DELACRE über verschiedene isolierbare Zwischenprodukte (s. Umwandlungsprodukte von Dypnon, Syst. No. 654). Diese Verbindungen bezw. ihnen nahestehende Produkte lassen sich ebenfalls in 1.3.5-Triphenyl-benzol überführen; so entsteht Triphenylbenzol durch Destillation der Kohlenwasserstoffe C$_{25}$H$_{24}$ (S. 731—732), oder des α-Dypnopinalkolens C$_{25}$H$_{22}$ (S. 734) unter gewöhnlichem Druck (DELACRE, GESCHÉ, *Bull. Acad. roy. Belgique* **1903**, 750); beim Kochen von γ-Dypnopinalkolen C$_{33}$H$_{26}$ (S. 756) mit Acetylchlorid (D., *Bull. Acad. roy. Belgique* [3] **27**, 45); bei der Einw. von Acetylchlorid auf γ-Dypnopinakolinalkohol C$_{33}$H$_{28}$O (s. bei Dypnon) (D., *Bull. Acad. roy. Belg.* [3] **27**, 45); bei der Destillation von β-Isodypnopinakolinalkohol C$_{33}$H$_{28}$O (s. bei Dypnon) im Vakuum (D., *Bull. Acad. roy. Belg.* [3] **32**, 103); aus Pyrodypnopinakolinalkohol C$_{33}$H$_{24}$O (s. bei Dypnon) und Jodwasserstoffsäure bei 200° (D., *Bull. Acad. roy. Belg.* **1902**, 287); bei der Destillation von α- oder β-Dypnopinakolin C$_{33}$H$_{26}$O (s. bei Dypnon) im Vakuum (D., *Bull. Acad. roy. Belg.* [3] **22**, 483, 494; **27**, 42); bei der Einw. von Zinkdiäthyl auf α- oder γ-Dypnopinakolin (D., *Bull. Ac. roy. Belg.* [3] **22**, 486; **27**, 47); bei energischer Einw. von Zinkdiäthyl auf α-Homodypnopinakolin C$_{33}$H$_{26}$O (s. bei Dypnon) (D., *Bull. Ac. roy. Belg.* [3] **32**, 460); bei der Einw. von konz. Jodwasserstoffsäure auf Pyrodypnopinakolin C$_{33}$H$_{22}$O (s. bei Dypnon) bei 200° (D., *Bull. Ac. roy. Belg.* **1902**, 286); bei der Destillation von Dypnon unter gewöhnlichem Druck, neben anderen Produkten (D., *Bull. Ac. roy. Belg.* [3] **20**, 472; **26**, 538). Untersuchungen über den Verlauf der Bildung von 1.3.5-Triphenyl-benzol aus Acetophenon (bezw. aus dessen Umwandlungsprodukten Dypnon, Dypnopinakon usw.): D., *Bull. Ac. roy. Belg.* [3] **20**, 463; **22**, 470; **26**, 534; **27**, 36; **29**, 849; **32**, 95, 446; *Bull. Ac. roy. Belg.* **1900**, 64, 68; GESCHÉ, *Bull. Ac. roy. Belg.* **1900**, 293; D., *Bull. Ac. roy. Belg.* **1902**, 251; G., *Bull. Ac. roy. Belg.* **1903**, 136; D., G., *Bull. Ac. roy. Belg.* **1903**, 735. — Triphenylbenzol entsteht ferner durch 36-stdg. Erhitzen von Phenylacetaldehyd mit alkoh. Kalilauge auf 190°, neben 1.3-Diphenyl-cyclobutan und anderen Produkten (STOERMER, BIESENBACH, *B.* **38**, 1965). Beim Erwärmen von α-Chlorstyrol (S. 476) mit Chlorwasserstoff auf 40° (BÉHAL, *Bl.* [2] **50**, 637). Beim Erhitzen von α.β-Dijod-zimtsäure mit verd. Salzsäure auf 120° (PERATONER, *G.* **22** II, 77). Beim Erhitzen von Anthranilsäure mit Benzoylessigsäureäthylester, neben anderen Verbindungen (NIEMENTOWSKI, *B.* **38**, 2048).

Tafeln (aus Äther). Rhombisch bipyramidal (ARZRUNI, *J.* **1877**, 393; vgl. *Groth, Ch. Kr.* **5**, 341). F: 169—170° (EN., BER.), 170—171° (STOE., BIE.), 171° (NIEMENTOWSKI, *B.* **38**, 2048). Destilliert unzersetzt (EN., BER.). D: 1,205 (SCHRÖDER, *B.* **14**, 2516). Schwer löslich in wäßr. Alkohol, leichter in absol. Alkohol, Äther und Schwefelkohlenstoff, leicht in Benzol (EN., BER.). — Wird durch Kochen mit Chromsäuregemisch nicht angegriffen; Chromsäure in Eisessig oxydiert zu Benzoesäure (MELLIN, *B.* **23**, 2534). Mit Jodwasserstoffsäure und Phosphor bei 270—280° entstehen die Kohlenwasserstoffe C$_{24}$H$_{30}$ und C$_{24}$H$_{36}$ (ME.).

Perchlor-[1.3.5-triphenyl-benzol] C$_{24}$Cl$_{18}$ = C$_6$Cl$_3$(C$_6$Cl$_5$)$_3$. *B.* Beim Erhitzen von 1.3.5-Triphenyl-benzol mit viel SbCl$_5$, zuletzt auf 360° (MERZ, WEITH, *B.* **16**, 2883). — Nadeln. Sublimiert beim Erhitzen unter Luftabschluß. Wenig löslich in Alkohol, Äther und Benzol, reichlich in siedendem Nitrobenzol.

Brom-[1.3.5-triphenyl-benzol] C$_{24}$H$_{17}$Br. *B.* Durch Eintragen von Brom in eine Lösung von 1.3.5-Triphenyl-benzol in Schwefelkohlenstoff (ENGLER, BERTHOLD, *B.* **7**, 1125). — Nadeln (aus Alkohol). F: 104°.

Trinitro-[1.3.5-triphenyl-benzol] C$_{24}$H$_{15}$O$_6$N$_3$ = C$_{24}$H$_{15}$(NO$_2$)$_3$. *B.* Durch Behandeln von 1.3.5-Triphenyl-benzol mit rauchender Salpetersäure (ENGLER, BERTHOLD, *B.* **7**, 1125). — Sublimiert in gelben Blättchen.

Höher schmelzendes Tetranitro-[1.3.5-triphenyl-benzol] C$_{24}$H$_{14}$O$_8$N$_4$ = C$_{24}$H$_{14}$(NO$_2$)$_4$. *B.* Neben dem in Eisessig leichter löslichen niedriger schmelzenden Isomeren beim Behandeln von 1.3.5-Triphenyl-benzol, gelöst in Eisessig, mit Salpetersäure (MELLIN, *B.* **23**, 2534). — Nädelchen (aus Nitrobenzol). Schmilzt oberhalb 370°. Unlöslich in Alkohol, äußerst schwer löslich in siedendem Eisessig und Isoamylalkohol.

Niedriger schmelzendes Tetranitro-[1.3.5-triphenyl-benzol] $C_{24}H_{14}O_8N_4 =$ $C_{24}H_{14}(NO_2)_4$. *B.* siehe bei dem höher schmelzenden Isomeren. — Kleine Nädelchen (aus Alkohol). Schmilzt unter Zersetzung bei 108°; löslich in Alkohol, Äther, Eisessig und Benzol (MELLIN, *B.* **23**, 2535).

4. *Cracken* $C_{24}H_{16}$. *B.* Bei der Crackdestillation der Rückstände von der Petroleumdestillation; findet sich in dem „roten Pech" der hocherhitzten Crackkessel der Mineralölraffinerien (KLAUDY, FINK, *M.* **21**, 118). Wurde auch in einem aus mageren Steinkohlen gewonnenen Teer gefunden (BÖRNSTEIN, .*B.* **39**, 1241). — *Darst.* Das nach einigen Monaten von selbst erhärtende Pech der Crackkessel wird in Benzol gelöst und liefert dann grün fluorescierende Blätter von Cracken (K., F.). — Gelbe rhombenförmige Blättchen. F: 308° (K., F.), 309—310° (B.). Kp_{760}: ca. 500° (Zers.) (K., F.). Bei vorsichtigem Erhitzen sublimierbar (K., F.). Sehr wenig löslich in Alkohol, löslich in siedendem Benzol, Petroläther, Eisessig und heißem Cumol, leicht in Chloroform und Aceton (K., F.). Schwefelsäure löst reines Cracken mit tiefblauer Farbe, unreines mit grüner (K., F.). — Durch Oxydation mit CrO_3 in Eisessig entsteht Crackenchinon $C_{24}H_{16}O_2$ (Syst. No. 687) (K., F.).

Nach KLAUDY, FINK, *M.* **21**, 135, ist Cracken vielleicht identisch mit Benzerythren (S. 736).

Über einen mit Cracken vielleicht identischen Kohlenwasserstoff aus japanischem Petroleum s. bei diesem, Syst. No. 4723.

Dibromcracken $C_{24}H_{16}Br_2$. *B.* Aus Cracken und Brom in Chloroform (KLAUDY, FINK, *M.* **21**, 130). — Dunkelgelbe Blättchen. F: 141°.

Dinitrocracken $C_{24}H_{16}O_4N_2 = C_{24}H_{14}(NO_2)_2$. *B.* Durch Einw. verd. Salpetersäure auf Cracken bei 100° (K., F., *M.* **21**, 131). — Gelbes Pulver (aus Aceton). Verpufft beim Erhitzen. — In Alkalien mit brauner Farbe löslich unter Bildung von Dioxycracken $C_{24}H_{16}O_2$.

Tetranitrocracken $C_{24}H_{14}O_8N_4 = C_{24}H_{14}(NO_2)_4$. *B.* Aus Cracken mit konz. Salpetersäure (K., F., *M.* **21**, 132). — Hellgelbes Pulver. Schmilzt unter 100°; verpufft bei weiterem Erhitzen. Leicht löslich in Chloroform, löslich in Eisessig, Schwefelsäure und siedender Salpetersäure.

4. Kohlenwasserstoffe $C_{25}H_{20}$.

1. *Bis-p-diphenylyl-methan, Di-p-xenyl-methan, 4.4'-Diphenyl-ditan* $C_{25}H_{20} = C_6H_5 \cdot C_6H_4 \cdot CH_2 \cdot C_6H_4 \cdot C_6H_5$. *B.* Man läßt eine Lösung von 15 g Diphenyl in 250 g Eisessig mit 5 g Methylal und etwas Schwefelsäure 24 Stdn. stehen, versetzt innerhalb eines Tages mit einem Gemisch aus 100 g Eisessig und 100 g Schwefelsäure und gibt nach weiteren 12 Stdn. nochmals 200 g Schwefelsäure zu (WEILER, *B.* **7**, 1188). Entsteht in sehr geringer Menge aus Dichlormethan, Diphenyl und $AlCl_3$ in Schwefelkohlenstoff am Sonnenlicht (ADAM, *A. ch.* [6] **15**, 254). — Krystalle (aus Benzol). Monoklin (HINTZE, *B.* **7**, 1188). F: 162° (W.). Kp: 360° (W.; A.). Leicht löslich in Benzol, $CHCl_3$, Aceton, schwerer in Eisessig, sehr schwer in absol. Alkohol (W.). Löst sich mit blauer Farbe in konz. Schwefelsäure (W.). — Gibt bei der Oxydation mit Chromsäuregemisch 4.4'-Diphenyl-benzophenon $C_{25}H_{18}O$ (W.). Verbindet sich nicht mit Pikrinsäure (W.).

2. *p-Benzhydryl-diphenyl, Diphenyl-p-xenyl-methan, 4-Phenyl-tritan* $C_{25}H_{20} = (C_6H_5)_2CH \cdot C_6H_4 \cdot C_6H_5$. *B.* Aus Diphenyl-p-xenyl-carbinol in Eisessig beim Kochen mit Zinkstaub (SCHLENK, WEICKEL, HERZENSTEIN, *A.* **372**, 18). — Nadeln (aus heißem Alkohol). F: 112—113°. Leicht löslich in Benzol, ziemlich schwer in kaltem Alkohol.

Diphenyl-p-xenyl-chlormethan, α-Chlor-4-phenyl-tritan $C_{25}H_{19}Cl = (C_6H_5)_2CCl \cdot C_6H_4 \cdot C_6H_5$. *B.* Aus Diphenyl-p-xenyl-carbinol beim Kochen mit 10 Tln. Acetylchlorid (SCHLENK, *A.* **368**, 300). Aus Diphenyl und Benzophenonchlorid in Schwefelkohlenstoff bei Gegenwart von $AlCl_3$ (SCHLENK, WEICKEL, HERZENSTEIN, *A.* **372**, 18). — Quadratische Tafeln oder Würfel. F: 147,5° (SCH.). Liefert mit flüssigem Schwefeldioxyd eine orangerote Lösung, die beim Verdunsten wieder eine farblose Verbindung hinterläßt (SCH., W., H., *A.* **372**, 10, 25). Färbt sich bei der Bestrahlung mit Kathodenstrahlen intensiv orangerot; die Färbung verschwindet beim Liegen am Licht wieder (SCH., W., H., *A.* **372**, 14). — Beim Erhitzen der Benzollösung mit Kupferbronze im CO_2-Strom entsteht Diphenyl-p-xenyl-methyl $(C_6H_5)_2C \cdot C_6H_4 \cdot C_6H_5$ (S. 742) (SCH., W., H., *A.* **372**, 7).

3. *Tetraphenylmethan* $C_{25}H_{20} = C(C_6H_5)_4$. *B.* Beim Erhitzen von Triphenylmethan-azobenzol $(C_6H_5)_3C \cdot N:N \cdot C_6H_5$ über seinen Schmelzpunkt oder mit Kupferbronze gemischt auf etwa 110° (GOMBERG, *B.* **30**, 2045; *Am. Soc.* **20**, 776; GOMBERG, BERGER, *B.* **36**, 1090). Durch Eintragen von festem Tetraphenylmethandiazoniumsulfat in siedenden Alkohol (ULLMANN, MÜNZHUBER, *B.* **36**, 409). — *Darst.* Man versetzt eine äther. Lösung von Phenylmagnesiumbromid mit einer Benzollösung von Triphenylchlormethan und erwärmt unter

Luftabschluß auf dem Wasserbade; man entzieht dem in üblicher Weise zersetzten Re-aktionsgemisch Triphenylmethan und Triphenylcarbinol mit Äther und behandelt den aus Bis-[triphenylmethyl]-peroxyd und Tetraphenylmethan bestehenden Rückstand mit warmem Benzol, wodurch nur Tetraphenylmethan in Lösung geht; Ausbeute 5—10% (GOMBERG, CONE, *B.* 39, 1463; FREUND, *B.* 39, 2237). — Farblose Krystalle (aus heißem Benzol). F: 282° (U., M.), 285° (korr.) (G., B.). Kp$_{760}$: 431° (U., M.). Sublimiert in irisierenden Nadeln (U., M.). Leicht löslich in Äthylenbromid (U., M.); löslich in heißem Benzol, unlöslich in Äther, Ligroin und Eisessig (G.). Unlöslich in konz. Schwefelsäure (U., M.). Molekulare Verbren-nungswärme: 3101,2 Cal. (konst. Vol.), 3104,1 Cal. (konst. Druck) (SCHMIDLIN, *C. r.* 136, 1560; *A. ch.* [8] 7, 250).

4.4'.4''-Trinitro-tetraphenylmethan C$_{25}$H$_{17}$O$_6$N$_3$ = (O$_2$N·C$_6$H$_4$)$_3$C·C$_6$H$_5$. *B.* Durch Behandeln von Tetraphenylmethan mit kalter rauchender Salpetersäure (GOMBERG, BERGER, *B.* 36, 1091). — Schwach gelbe Krystalle (aus Benzol und Essigsäure). F: ca. 330°. — Gibt bei der Reduktion mit Zinkstaub eine fuchsinähnliche Farbstofflösung.

4. Derivat eines *Kohlenwasserstoffes* C$_{25}$H$_{20}$ *von unbekannter Konstitution.*

Verbindung C$_{25}$H$_{19}$Br. *B.* Aus α-Dypnopinalkolen C$_{25}$H$_{22}$ (S. 734) und Brom in Schwefel-kohlenstoff (DELACRE, GESCHÉ, *Bull. Acad. roy. Belgique* 1903, 745; *C.* 1903 II, 1373). — Krystalle (aus Eisessig oder Alkohol). F: 140°. Siedet oberhalb 360° ohne Zersetzung. Sehr wenig löslich in kaltem Alkohol, ziemlich schwer (zu ca. 1,5%) in heißem Alkohol, lös-lich in kaltem Schwefelkohlenstoff und Chloroform. — Bleibt bei der Einw. von konz. alkoh. Kalilauge bei 150° und von Natriumamalgam und Alkohol fast unverändert.

5. Kohlenwasserstoffe C$_{26}$H$_{22}$.

1. *α.α.β.β-Tetraphenyl-äthan* C$_{26}$H$_{22}$ = (C$_6$H$_5$)$_2$CH·CH(C$_6$H$_5$)$_2$. *B.* Durch Reduktion einer Lösung von Tetraphenyläthylen in feuchtem Toluol (FRIEDEL, BALSOHN, *Bl.* [2] 33, 338) oder in einem Gemisch von Benzol und Alkohol (ANSCHÜTZ, *A.* 235, 223) mit Natrium. Bei der Einw. von Benzol auf Methylchloroform in Gegenwart von AlCl$_3$, neben anderen Produkten (KUNTZE-FECHNER, *B.* 36, 475). Aus 1.2.2.2-Tetrabrom-äthan CH$_2$Br·CBr$_3$ oder Acetylentetrabromid mit Benzol und AlCl$_3$ (A., *A.* 235, 196, 200). Beim Kochen von Di-phenylchlormethan mit Natrium und Benzol (ENGLER, *B.* 11, 927) oder beim Destillieren desselben für sich (A., *A.* 235, 220). Bei der Einw. von Magnesium oder Silber auf Diphenyl-brommethan in Äther (GOMBERG, CONE, *B.* 39, 1466). Neben viel Triphenylmethan bei der Einw. von Benzylidenchlorid auf eine äther. Lösung von Phenylmagnesiumbromid (wahr-scheinlich durch Einw. von unverändertem Magnesium auf intermediär entstandenes Di-phenylchlormethan) (REYCHLER, *Bl.* [3] 35, 739). Aus Benzol und Stilbendibromid, α.β.β-Tribrom-α-phenyl-äthan C$_6$H$_5$·CHBr·CHBr$_2$, Tolandibromid C$_6$H$_5$·CBr:CBr·C$_6$H$_5$ (AN-SCHÜTZ, *A.* 235, 204, 205, 209) oder Chloral (BRÜHL, *A. ch.* [6] 13, 173; BILTZ, *B.* 26, 1952) in Gegenwart von AlCl$_3$. Aus Benzhydrol oder Dibenzhydryläther durch Erhitzen auf 300°, neben Benzophenon und etwas Diphenylmethan (NEF, *A.* 298, 236). Beim Kochen einer Lösung von Benzhydrol in Eisessig mit Zink und Salzsäure (SAGUMENNY, *A.* 184, 176; Ж. 8, 65). Durch Reduktion von Dibenzhydryläther in Eisessig mit Zinn und konz. Salzsäure (SAGUMENNY, Ж. 12, 431; *J.* 1880, 467). Beim Erhitzen von Benzhydrol auf 290° in Gegen-wart von Kupferpulver oder beim Erhitzen von Dibenzhydryläther unter gleichzeitigem Einleiten von Wasserstoff in Gegenwart von Kupferpulver (KNOEVENAGEL, HECKEL, *B.* 36, 2825). Beim wiederholten Destillieren von Benzhydrol mit Bernsteinsäure (LINNEMANN, *A.* 133, 24; SAGUMENNY, *A.* 184, 178; Ж. 8, 65). Bei 6—8-stdg. Erhitzen von Benzpinakon (C$_6$H$_5$)$_2$C(OH)·C(OH)(C$_6$H$_5$)$_2$ mit Jodwasserstoffsäure und Phosphor auf 170° (GRAEBE, *B.* 8, 1055). Aus Benzaldehyd und Phenylmagnesiumbromid oder dessen Pyridin-Äther-Verbindung 2 C$_5$H$_5$N + C$_6$H$_5$·MgBr + O(C$_2$H$_5$)$_2$, neben anderen Produkten (ODDO, *G.* 37 II, 362, 364, 366). Neben anderen Produkten beim Erhitzen von Benzophenon mit Zinkstaub (STAEDEL, *A.* 194, 310). Bei der Reduktion von α-Benzpinakolin (C$_6$H$_5$)$_3$C·O·C(C$_6$H$_5$)$_2$ (Syst. No. 2377) mit Natrium und Amylalkohol (KLINGER, LONNES, *B.* 29, 2159). Beim Behandeln von β-Benzpinakolin (C$_6$H$_5$)$_3$C·CO·C$_6$H$_5$ mit Jodwasserstoffsäure und Phosphor (THÖRNER, ZINCKE, *B.* 11, 67). In geringer Menge beim Erhitzen von Benzoin mit 80%iger Kalilauge auf 195° oder von Benzoin (1 Mol.) mit Benzylalkohol (1 Mol.) und 45%iger Kalilauge auf 100° (KNOEVENAGEL, ARNDTS, *B.* 35, 1988). Beim Kochen von Dibenzhydryldisulfid [(C$_6$H$_5$)$_2$CH]$_2$S$_2$ (Syst. No. 539) mit Alkohol und Kupferpulver (ENGLER, *B.* 11, 926). Beim Erhitzen von symm. Dibenzhydryl-hydrazin auf 150—160° oder bei der Oxydation dieser Verbindung mit Quecksilberoxyd oder Amylnitrit (DARAPSKY, *J. pr.* [2] 67, 183). Aus der Verbindung (C$_6$H$_5$)$_2$CH·C(CH$_3$)—C(OH)·C$_6$H$_5$ (Syst. No. 2703) beim Erhitzen oder beim Erwärmen mit

O————O

47*

konz. Kalilauge (KOHLER, *Am.* **36**, 536). — *Darst.* Man trägt allmählich 60 g AlCl$_3$ in ein 60° warmes Gemisch aus 1000 g Benzol, 300 g Schwefelkohlenstoff und 60 g Chloral ein und zerlegt das Produkt durch Wasser (BILTZ, *B.* **26**, 1953; *A.* **296**, 220). Durch mehrtägiges Kochen einer Benzollösung von Diphenylchlormethan mit Natrium (MONTAGNE, *R.* **25**, 407). Rhombische (DEECKE, *A.* **296**, 222) Nadeln (aus Eisessig). Krystallisiert aus Benzol mit 1 Mol. Benzol (GOLDMANN, zitiert von ENGLER, *B.* **11**, 928; SAGUMENNY, *A.* **164**, 177; Ж. **8**, 65). F: 209° (SA.), 211° (korr.) (BILTZ, *A.* **296**, 221). Kp: 358—362° (unkorr.); 379° bis 383° (korr.) (BILTZ). Sublimierbar (ANSCHÜTZ, *A.* **235**, 196). D: 1,182 (SCHRÖDER, *B.* **14**, 2516). Löslich bei Siedetemperatur in 7 Tln. Benzol, 21 Tln. Eisessig und 128 Tln. 95%igem Alkohol (SA.). — Liefert bei der Oxydation mit Kaliumdichromat in Eisessig-Schwefelsäure 2 Mol.-Gew. Benzophenon (ANSCHÜTZ, *A.* **235**, 225). Verbindet sich nicht mit Pikrinsäure (LINNEMANN, *A.* **133**, 25).

Verbindung mit Benzol C$_{32}$H$_{22}$ = C$_{26}$H$_{22}$ + C$_6$H$_6$. Krystallisiert aus der Lösung von Tetraphenyläthan in Benzol in monoklin-prismatischen Tafeln (HINTZE, *A.* **235**, 212; vgl. *Groth, Ch. Kr.* **5**, 345), die an der Luft verwittern (SAGUMENNY, *A.* **164**, 177; Ж. **8**, 65; GOLDMANN, zitiert von ENGLER, *B.* **11**, 928).

$\alpha.\alpha.\beta.\beta$-**Tetrakis-[4-chlor-phenyl]-äthan** C$_{26}$H$_{18}$Cl$_4$ = (C$_6$H$_4$Cl)$_2$CH·CH(C$_6$H$_4$Cl)$_2$. *B.* Bei der Reduktion von 4.4'.4''.4'''-Tetrachlor-benzpinakolin mit Phosphor und Jodwasserstoff-säure bei 236—240° (MONTAGNE, *R.* **25**, 394). Aus Bis-[4-chlor-phenyl]-chlormethan beim Kochen mit molekularem Silber und Toluol (M.). — Weiße Krystalle, die sich bei 335° färben, bei 360° Gas entwickeln und bei 370° zu schmelzen beginnen. — Gibt bei der Oxydation mit Chromsäure in Eisessig 4.4'-Dichlor-benzophenon.

$\alpha.\alpha.\beta.\beta$-**Tetrakis-[4-brom-phenyl]-äthan** C$_{26}$H$_{18}$Br$_4$ = (C$_6$H$_4$Br)$_2$CH·CH(C$_6$H$_4$Br)$_2$. *B.* Beim Erhitzen von 4.4'-Dibrom-benzhydrol auf 300° (GOLDTHWAITE, *Am.* **30**, 458). — Kry-stalle (aus Nitrobenzol). F: ca. 300°. Unlöslich in den meisten Lösungsmitteln, löslich in heißem Nitrobenzol.

$\alpha.\alpha.\beta.\beta$-**Tetrakis-[4-nitro-phenyl]-äthan** C$_{26}$H$_{18}$O$_8$N$_4$ = (O$_2$N·C$_6$H$_4$)$_2$CH·CH(C$_6$H$_4$·NO$_2$)$_2$. *B.* Aus $\alpha.\alpha.\beta.\beta$-Tetraphenyl-äthan mit rauchender Salpetersäure (ENGLER, *B.* **11**, 930), vorteilhaft bei 30—40° (BILTZ, *A.* **296**, 223) oder mit absol. Salpetersäure (MONTAGNE, *R.* **25**, 408). — Trikline (DEECKE, *A.* **296**, 225) Säulen (aus Nitrobenzol). Krystallisiert aus der nicht zu konz. Lösung in Anilin mit 4 Mol.-Gew. Krystall-Anilin in stark lichtbre-chenden, rhomboedrischen (DEECKE) Krystallen, die das Krystall-Anilin beim Waschen mit Alkohol und Äther teilweise, beim Erhitzen auf 120° völlig verlieren (B.). Aus rasch ab-gekühlter konz. Lösung in Anilin erhält man monokline (DEECKE) Nadeln, die kein Anilin enthalten (B.). F: 300° (unkorr.), 337,5—338,5° (korr.) (B.), 306° (unkorr.), 312° (korr.) (Zers.). (M.). Unlöslich in Alkohol (B.). — Ist gegen konz. Schwefelsäure und rauchende Salpeter-säure sehr beständig (B.). Wird durch Chromsäure in konz. Schwefelsäure zu 4.4'-Dinitro-benzophenon oxydiert (B.). Zinn und Salzsäure reduzieren zu Tetraaminotetraphenyläthan(B.).

2. $\alpha.\alpha.\alpha.\beta$-***Tetraphenyl-äthan***, α-***Benzyl-tritan***, ***Triphenylbenzylmethan*** C$_{26}$H$_{22}$ = (C$_6$H$_5$)$_3$C·CH$_2$·C$_6$H$_5$. *B.* Bei allmählichem Eintragen von Benzylchlorid in eine wäßr. Suspension von Kaliumtriphenylmethan in Benzol (HANRIOT, SAINT-PIERRE, *Bl.* [3] 1, 778; vgl. GOMBERG, CONE, *B.* **39**, 2958). Bei der Einw. von Benzol auf Methylchloroform in Gegenwart von AlCl$_3$ unter vermindertem Druck (KUNTZE-FECHNER, *B.* **36**, 475). Durch Einw. von Benzylchlorid auf β-Triphenylmethylmagnesiumchlorid (SCHMIDLIN, HODGSON, *B.* **41**, 435). — *Darst.* Aus Triphenylmethylchlorid in Benzol und Benzylmagnesiumchlorid in Äther; Ausbeute quantitativ (GOMBERG, CONE, *B.* **39**, 1463). — Krystalle (aus Äther + Petroläther). Monoklin prismatisch (LONG, *B.* **39**, 2960; vgl. *Groth, Ch. Kr.* **5**, 346). F: 140—142° (korr.) (SCH., H.), 144° (G., C., *B.* **39**, 2959). Kp$_{21}$: 277—280° (G., C., *B.* **39**, 2961). Ziemlich leicht löslich in Benzol, schwer in Alkohol (HA., S.-P.) und Äther (G., C., *B.* **39**, 1464). — Bei der Oxydation mit Chromsäure in Eisessig entsteht Triphenylcarbinol (G., C., *B.* **39**, 1464). Beim Erhitzen mit PCl$_5$ auf 170—180° wird Tetraphenyläthylen er-halten (CONE, ROBINSON, *B.* **40**, 2165).

$\alpha.\alpha.\beta$-**Triphenyl-α-[4-chlor-phenyl]-äthan** C$_{26}$H$_{21}$Cl = (C$_6$H$_5$)$_2$(C$_6$H$_4$Cl)C·CH$_2$·C$_6$H$_5$. *B.* Aus p-Chlor-triphenylmethylchlorid und Benzylmagnesiumchlorid (GOMBERG, CONE, *B.* **39**, 1464). — Krystalle (aus Alkohol, Petroläther oder Äther). F: 156°.

β-**Phenyl-α-[2-chlor-phenyl]-$\alpha.\alpha$-bis-[4-chlor-phenyl]-äthan** C$_{26}$H$_{19}$Cl$_3$ = (C$_6$H$_4$Cl)$_2$C·CH$_2$·C$_6$H$_5$. *B.* Aus [2-Chlor-phenyl]-bis-[4-chlor-phenyl]-chlormethan und Benzylmagnesium-chlorid (GOMBERG, CONE, *B.* **39**, 1465). — Krystalle (aus Alkohol). F: 140°.

x-**Brom-[$\alpha.\alpha.\beta$-tetraphenyl-äthan]** C$_{26}$H$_{21}$Br. *B.* Aus Tetraphenyläthan und Brom (HANRIOT, SAINT-PIERRE, *Bl.* [3] 1, 779). — Krystalle (aus Alkohol). F: 177°.

β-Phenyl-$a.a.a$-tris-[4-brom-phenyl]-äthan $C_{26}H_{19}Br_3 = (C_6H_4Br)_3C \cdot CH_2 \cdot C_6H_5$. — B. Aus Tris-[4-brom-phenyl]-chlormethan und Benzylmagnesiumchlorid (GOMBERG, CONE, B. **39**, 1465). — Krystalle (aus viel Äther). F: 201⁰. 1 g löst sich in 250 ccm Äther.

$a.a.a\beta$-Tetrakis-[4-nitro-phenyl]-äthan (?) $C_{26}H_{18}O_8N_4 = (O_2N \cdot C_6H_4)_3C \cdot CH_2 \cdot C_6H_4 \cdot NO_2(?)$. — B. Durch Nitrierung von $a.a.a$ β-Tetraphenyl-äthan, neben einem bei 258⁰ schmelzenden Isomeren (GOMBERG, CONE, B. **39**, 2966). — Gelbe Tafeln (aus Eisessig). F: 269⁰. — Gibt mit Zinkstaub in Eisessig Fuchsinfärbung.

. 3. **4.4'-Dibenzyl-diphenyl** $C_{28}H_{22} = C_6H_5 \cdot CH_2 \cdot C_6H_4 \cdot C_6H_4 \cdot CH_2 \cdot C_6H_5$. Zur Konstitution vgl. ULLMANN, MEYER, A. **332**, 78. — B. Beim Erhitzen von 4.4'-Dibenzoyl-diphenyl (Syst. No. 688) mit Jodwasserstoffsäure und rotem Phosphor auf 160—180⁰ (WOLF, B. **14**, 2032). — Blättchen (aus Alkohol). F: 113⁰.

4. **Kohlenwasserstoff $C_{26}H_{22}$ von unbekannter Konstitution.** B. Bei der Einw. von $AlCl_3$ auf Naphthalin bei 100⁰, neben anderen Produkten (HOMER, Soc. **91**, 1110). — Rotes fluorescierendes Herz. Kp_{10}: oberhalb 300⁰ (H., Soc. **91**, 1107). Sehr leicht löslich in Äther, Petroläther, CS_2, Benzol, Xylol und Eisessig, weniger in Alkohol (H., Soc. **91**, 1110; C. **1907** II, 814). Die konz. Lösungen besitzen rote Farbe und fluorescieren grün; die verd. Lösungen sind gelb und fluorescieren blau (H., C. **1907** II, 814). Absorptionsspektrum: H., PURVIS, Soc. **93**, 1325; C. **1909** II, 134. Der Dampf zeigt intensive blaue Fluorescenz, die aber bei gleichzeitiger Zersetzung schnell abnimmt (H., P., C. **1909** II, 134).

6. Kohlenwasserstoffe $C_{27}H_{24}$.

1. $a.a.\gamma.\gamma$-**Tetraphenyl-propan** $C_{27}H_{24} = (C_6H_5)_2CH \cdot CH_2 \cdot CH(C_6H_5)_2$. — B. Aus Tetraphenylallen, durch Kochen mit Jodwasserstoff in Eisessig oder durch Behandeln mit Natrium in siedendem Alkohol (VORLÄNDER, SIEBERT, B. **39**, 1028). Durch Reduzieren von $a.a.\gamma.\gamma$-Tetraphenyl-a-propylen mit Natrium und Alkohol (V., S.). Beim Kochen von $a.a.\gamma.\gamma$-Tetraphenyl-propylalkohol mit Jodwasserstoff in Eisessig (V., S.). — Nadeln (aus Alkohol). F: 139⁰. Löslich in Benzol, Chloroform und Äther. — Gibt bei der Oxydation mit Chromsäure in Essigsäure Benzophenon und wenig Benzoesäure.

2. **1.3.5-Tri-p-tolyl-benzol** $C_{27}H_{24} = C_6H_3(C_6H_4 \cdot CH_3)_3$. — B. Man behandelt Methyl-p-tolyl-keton während mehrerer Wochen mit Chlorwasserstoff (CLAUS, J. pr. [2] **41**, 405). — Nadeln (aus Chloroform) oder Blättchen (aus heißem Alkohol). F: 171⁰ (unkorr.). Kaum löslich in kaltem Alkohol. — Verdünnte Salpetersäure oxydiert bei 160—180⁰ zu Benzol-tribenzoesäure $C_6H_3(C_6H_4 \cdot CO_2H)_3$.

Tribrom-[1.3.5-tri-p-tolyl-benzol] $C_{27}H_{21}Br_3$. — B. Aus Tri-p-tolyl-benzol und 3 Mol.-Gew. Brom in Schwefelkohlenstoff (CLAUS, J. pr. [2] **41**, 406). — Nadeln (aus CS_2). F: 212⁰ (unkorr.). Schwer löslich in Alkohol und Äther, leicht in CS_2.

Trinitro-[1.3.5-tri-p-tolyl-benzol] $C_{27}H_{21}O_6N_3 = C_{27}H_{21}(NO_2)_3$. — B. Man läßt eine gekühlte Lösung von 1.3.5-Tri-p-tolyl-benzol in 4 Tln. rauchender Salpetersäure $^1/_2$ Stde. stehen (CLAUS, J. pr. [2] **41**, 407). — Mikroskopische Würfel (aus Alkohol). Schmilzt unter Zersetzung oberhalb 160⁰. Löslich in den organischen Lösungsmitteln.

3. **Kohlenwasserstoff $C_{27}H_{24}$ von unbekannter Konstitution.** B. Aus Phenyl-aceton durch Einw. von konz. Schwefelsäure in Eisessiglösung in sehr geringer Menge (GOLDSCHMIEDT, KNÖPFER, M. **18**, 445). — F: 120⁰.

7. Kohlenwasserstoffe $C_{28}H_{26}$.

1. $a.a.\delta.\delta$-**Tetraphenyl-butan** $C_{28}H_{26} = (C_6H_5)_2CH \cdot CH_2 \cdot CH_2 \cdot CH(C_6H_5)_2$. — B. Durch Reduktion von $a.a.\delta.\delta$-Tetraphenyl-$a.\gamma$-butadien mit Natrium und siedendem Amylalkohol (VALEUR, Bl. [3] **29**, 688). — Blättchen (aus Alkohol). F: 121⁰.

2. $a.\beta.\gamma.\delta$-**Tetraphenyl-butan** $C_{28}H_{26} = C_6H_5 \cdot CH_2 \cdot CH(C_6H_5) \cdot CH(C_6H_5) \cdot CH_2 \cdot C_6H_5$. B. Beim Erhitzen von Dibenzylsulfid, neben anderen Produkten (FROMM, ACHERT, B. **36**, 539; vgl. auch COHN, C. **1898** II, 284). Durch Reduktion von Tetraphenylthiophen mit Zink und Salzsäure in Alkohol-Benzollösung (F., A.). Durch Erhitzen von 2 Mol.-Gew. Benzylchlorid mit 1 Mol.-Gew. wasserfreiem Kaliumoxalat im geschlossenen Rohr auf 160⁰ bis 200⁰ (BACON, C. **1909** II, 618). — F: 255⁰ (F., A.).

3. β-**Methyl-$a.a.a.\beta$-tetraphenyl-propan**, β-**Phenyl-β-trityl-propan** $C_{28}H_{26}$ $= (CH_3)_2C(C_6H_5) \cdot C(C_6H_5)_3$. B. Bei 3-tägigem Kochen einer Lösung von Tetrachlorisobutan $(CH_3)_2CCl \cdot CCl_3$ in Benzol mit $AlCl_3$ (WILLGERODT, SCHIFF, J. pr. [2] **41**, 524). — Öl. Kp: 272⁰.

4. α.β-Diphenyl-α.α-di-p-tolyl-äthan $C_{28}H_{26} = (C_6H_5)(CH_3 \cdot C_6H_4)_2C \cdot CH_2 \cdot C_6H_5$.
B. Bei der Reduktion von β-Oxo-α.β-diphenyl-α.α-di-p-tolyl-äthan (Syst. No. 661) durch
Jodwasserstoffsäure und Phosphor bei 210—220° (THÖRNER, A. **189**, 118; vgl. TH., ZINCKE,
B. **11**, 70). — Mikroskopische Krystalle (aus Alkohol). F: 213—213,5° (TH.). Leicht löslich
in Chloroform, Schwefelkohlenstoff und Toluol, sehr wenig in kaltem Alkohol und Äther;
ziemlich schwer in kochendem Alkohol und Eisessig (TH.).

5. Dianthranyl-oktahydrid $C_{28}H_{24}$. Struktur des Kohlenstoffskeletts:

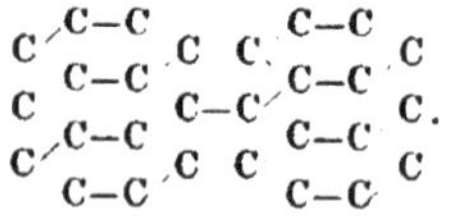

$$
\begin{matrix}
 & C\diagup^{C-C} & C & C. & ^{C-C} & C \\
C & C-C & & C-C & C-C & \\
 & C\diagup^{C-C} & C & C. & ^{C-C} & C. \\
 & C-C & & C-C &
\end{matrix}
$$

Dekachlor-Derivat, Dichlordianthranyl-oktachlorid $C_{28}H_{14}Cl_{10}$. B. Beim Einleiten
von Chlor in eine Lösung von 1 Tl. Dianthranyl (S. 754) in 30 Tln. Chloroform (SACHSE, B.
21, 1183). — Mikroskopische Täfelchen. Zersetzt sich gegen 80°, ohne zu schmelzen. Sehr
leicht löslich in Äther, Chloroform und Benzol, schwer in Alkohol, Eisessig und Ligroin.
— Verliert beim Aufbewahren langsam HCl. Geht durch Kochen mit alkoh. Kali in Hexa-
chlordianthranyl $C_{28}H_{12}Cl_6$ über.

Dekabrom-Derivat, Dibromdianthranyl-oktabromid $C_{28}H_{14}Br_{10}$. B. Aus Dianthranyl und Brom (SACHSE, B. **21**, 1184). — Mikroskopische Blättchen. Schmilzt bei 156°
bis 160° unter Abspaltung von Brom. Sehr leicht löslich in Benzol, schwerer in Äther, schwer
in Alkohol und Eisessig.

8. Kohlenwasserstoffe $C_{30}H_{30}$.

1. Tribenzylmesitylen $C_{30}H_{30} = (C_6H_5 \cdot CH_2)_3C_6(CH_3)_3$. Als solches ist vielleicht das
„Dibenzylmesitylen" von LOUISE, A. ch. [6] **6**, 197, aufzufassen (vgl. S. 714).

2. Kohlenwasserstoff $C_{30}H_{30}$ **von unbekannter Konstitution.** B. Durch Erhitzen von Cinnamalmalonsäure (F: 208°) oder von 2.4-Diphenyl-cyclobutan-1.3-bis-methylen-
malonsäure (polymerisierter Cinnamalmalonsäure) (F: ca. 178°) (Syst. No. 1032) mit Baryt,
neben anderen Produkten (DÖBNER, G. SCHMIDT, B. **40**, 150). — Zähflüssig, braungelb. —
Indifferent gegen Brom und KMnO₄.

9. Kohlenwasserstoff $C_{52}H_{74}$. V. Ist der rote Farbstoff der Tomaten (MONTANARI,
C. **1905** I, 544). — Tiefrote Krystallmasse. F: 170°. — Liefert mit Jodkrystallen ein
amorphes grünes Dijodid $C_{52}H_{74}I_2$.

S. Kohlenwasserstoff $C_n H_{2n-31}$.

Diphenyl-p-diphenylyl-methyl, Diphenyl-p-xenyl-methyl, 4-Phenyl-trityl
$C_{25}H_{19} = (C_6H_5)_2C \cdot C_6H_4 \cdot C_6H_5$. B. Durch Kochen von Diphenyl-p-xenyl-chlormethan
in Benzol mit Kupferbronze unter Luftabschluß (SCHLENK, WEICKEL, HERZENSTEIN, A.
372, 6). — Wurde nur in Lösung dargestellt. Die Benzol-Lösung der Verbindung ist orangerot; sie enthält ein Gleichgewichtsgemisch einer farbigen und einer farblosen Form, deren
gegenseitige Beziehungen aus Analogiegründen (s. den Artikel Triphenylmethyl, S. 715 f.)
durch das Schema:

Diphenyl-xenyl-methyl $C_6H_5 \cdot C_6H_4 \cdot C(C_6H_5)_2$ (farbig) $\rightleftarrows$ α.α.β.β-Tetraphenyl-α.β-dixenyl-
äthan $C_6H_5 \cdot C_6H_4 \cdot C(C_6H_5)_2 \cdot C(C_6H_5)_2 \cdot C_6H_4 \cdot C_6H_5$ (farblos)

dargestellt werden können. Durch Schütteln mit Luft wird die Lösung in Benzol unter
Bildung von Bis-[diphenyl-xenyl-methyl]-peroxyd $(C_6H_5)_2(C_6H_5 \cdot C_6H_4)C \cdot O \cdot O \cdot C(C_6H_4 \cdot$
$C_6H_5)(C_6H_5)_2$ sofort entfärbt, jedoch färbt sie sich durch Einstellung des Gleichgewichts
beim Stehen wieder orangerot. Beim Behandeln der Lösung von Diphenyl-xenyl-methyl
mit HCl erhält man ausschließlich Diphenyl-xenyl-methan und Diphenyl-xenyl-chlormethan.

T. Kohlenwasserstoffe $C_n H_{2n-32}$.

1. Dinaphthylanthrylen $C_{22}H_{12}$. B. Beim Erhitzen von 1 Tl. β.β.β-Trichlor-α.α-di-
naphthyl-(1)]-äthan $(C_{10}H_7)_2CH \cdot CCl_3$ mit 15 Tln. Zinkoxyd bis zur dunkeln Rotglut; man

reinigt das Destillat durch Auskochen mit Äther, Umkrystallisieren aus Benzol und Sublimation (GRABOWSKI, B. 11, 302). — Krystallblätter. F: 270°. — Verbindung mit Pikrinsäure s. Syst. No. 523.

2. Kohlenwasserstoffe C$_{25}$H$_{18}$.

1. *p-Diphenylyl-diphenylen-methan, 9-p-Diphenylyl-fluoren, 9-p-Xenyl-fluoren* C$_{25}$H$_{18}$ = $\overset{C_6H_4}{\underset{C_6H_4}{>}}$CH·C$_6H_4$·C$_6H_5$.

p-Diphenylyl-diphenylen-chlormethan, 9-Chlor-9-p-xenyl-fluoren C$_{25}$H$_{17}$Cl = $\overset{C_6H_4}{\underset{C_6H_4}{>}}$CCl·C$_6H_4$·C$_6H_5$. B. Aus Diphenylyl-diphenylen-carbinol $\overset{C_6H_4}{\underset{C_6H_4}{>}}$C(OH)·C$_6H_4$·C$_6H_5$ beim Kochen mit Acetylchlorid (SCHLENK, HERZENSTEIN, A. 372, 28). — *Darst.* Durch Kochen von Diphenyl und 9.9-Dichlor-fluoren in CS$_2$ bei Gegenwart von AlCl$_3$ (SCH., H.). — Krystalle (aus Ligroin). F: 138—140°. Sehr leicht löslich in Benzol, ziemlich leicht in heißem Ligroin. Farblos löslich in Phenol und in flüssigem SO$_2$. Mit SnCl$_4$ und AlCl$_3$ entstehen dunkle, metallisch glänzende Doppelsalze, deren Lösungen in Acetylchlorid blau sind. — Liefert mit Alkohol Diphenylyl-diphenylen-carbinol-äthyläther. Beim Erhitzen mit Kupferbronze in Benzol im CO$_2$-Strom entsteht a.β-Bis-p-diphenylyl-a.β-bis-diphenylen-äthan (S. 765); leitet man während der Reaktion Sauerstoff durch die Lösung, so bildet sich Bis-[diphenylyl-diphenylen-methyl]-peroxyd $\overset{C_6H_4}{\underset{C_6H_4}{>}}$C(C$_6H_4$·C$_6H_5$)·O·O·(C$_6H_5$·C$_6H_4$)C$\overset{C_6H_4}{\underset{C_6H_4}{<}}$ (Syst. No. 547).

2. *Diphenyl-diphenylen-methan, 9.9-Diphenyl-fluoren* C$_{25}$H$_{18}$ = $\overset{C_6H_4}{\underset{C_6H_4}{>}}$C(C$_6H_5$)$_2$. B. Bei 2-stdg. Erhitzen einer Lösung von Diphenyl-o-xenyl-carbinol C$_6$H$_5$·C$_6$H$_4$·C(OH)(C$_6$H$_5$)$_2$ (Syst. No. 547) in konz. Schwefelsäure auf dem Wasserbade (ULLMANN, v. WURSTEMBERGER, B. 38, 4106) oder beim Erhitzen des Diphenyl-o-xenyl-carbinols mit Essigsäure (KHOTINSKY, PATZEWITCH, B. 42, 3106). Durch Diazotieren von 9-Phenyl-9-[p-amino-phenyl]-fluoren $\overset{C_6H_4}{\underset{C_6H_4}{>}}$C(C$_6H_5$)·C$_6H_4$·NH$_2$ und Behandeln der Diazoniumverbindung mit Alkohol in Gegenwart von etwas Kupferoxydul (U., v. W.). — Prismen (aus Eisessig). F: 222° (korr.); Kp: oberhalb 400°; unlöslich in konz. Schwefelsäure; schwer löslich in Alkohol, Äther, Ligroin, löslich in siedendem Eisessig, leicht löslich in Benzol (U., v. W.).

3. Kohlenwasserstoffe C$_{26}$H$_{20}$.

1. *Tetraphenyl-äthylen* C$_{26}$H$_{20}$ = (C$_6$H$_5$)$_2$C:C(C$_6$H$_5$)$_2$. B. Entsteht in geringer Menge neben anderen Produkten bei der Einw. von Chloral auf Benzol in CS$_2$ bei Gegenwart von AlCl$_3$ (BILTZ, A. 296, 229). — Bei10-stdg. Erhitzen äquivalenter Mengen von Diphenylmethan und Schwefel auf 240—250° (ZIEGLER, B. 21, 780). Beim Erhitzen von Diphenyl-chlormethan (ENGLER, BETHGE, B. 7, 1128). Bei der Destillation von Diphenyl-brommethan (BOISSIEU, Bl. [2] 49, 681; NEF, A. 298, 237). Bei der Einw. von fein zerteiltem Silber auf Diphenyl-dichlor-methan (C$_6$H$_5$)$_2$CCl$_2$ (BEHR, B. 3, 752; 5, 277). Neben a-Benzpinakolin (Syst. No. 2377) und β-Benzpinakolin (Syst. No. 661) bei allmählichem Eintragen von Zinkstaub in ein Gemisch aus Diphenyl-dichlor-methan und viel überschüssigem Toluol (oder Äther) (LOHSE, B. 29, 1789). Durch längeres Erhitzen von Diphenyl-dibrom-methan, neben viel verkohlter Substanz (FRIEDEL, BALSOHN, Bl. [2] 33, 338). Beim Erhitzen von N-Diphenyl-methyl-pyridiniumbromid C$_5$H$_5$NBr·CH(C$_6$H$_5$)$_2$ (Syst. No. 3051), neben Diphenylmethan (TSCHITSCHIBABIN, Ж. 34, 133; C. 1902 I, 1301). Neben Diphenylmethan und a.a.β.β-Tetraphenyl-äthan beim Erhitzen von Benzophenon mit Zinkstaub (STAEDEL, A. 194, 310). Beim Erhitzen von Thiobenzophenon mit Kupferpulver (GATTERMANN, SCHULZE, B. 29, 2945). — Durch Einw. von Benzaldehyd auf die β-Magnesiumverbindung aus Triphenyl-chlor-methan (C$_6$H$_5$)$_3$C·MgCl (Syst. No. 2337) in Benzol und Zersetzung des Reaktionsproduktes mit verd. Säure [aus dem primär gebildeten Tetraphenyl-äthylalkohol (C$_6$H$_5$)$_3$C·CH(OH)·C$_6$H$_5$ durch Wasserabspaltung unter Umlagerung] (SCHMIDLIN, B. 40, 2328). Durch Einw. von Benzophenon auf die β-Magnesiumverbindung aus Triphenyl-chlormethan in Gegenwart von überschüssigem Magnesium bei 200—250° (SCHMIDLIN, B. 39, 4202). — Aus a.a.a.β-Tetraphenyl-äthan und PCl$_5$ bei 170—180° (CONE, ROBINSON, B. 40, 2165). Beim Erhitzen von a.β.β.β-Tetraphenyl-äthylalkohol mit Essigsäureanhydrid oder Acetylchlorid auf 200° (unter Wasserabspaltung und Umlagerung) (DELACRE, Bull. Acad. roy. Belgique [3] 20, 111). — Bei der Destillation des β-Benzpinakolins (Syst. No. 661) (D., Bl. [4] 5, 1148), oder des

α-Benzpinakolins (Syst. No. 2377), neben anderen Produkten (D., *Bl.* [4] **5**, 1152). Durch trockne Destillation der Verbindung $C_{26}H_{22}S_2$ (s. bei Umwandlungsprodukten des Benzophenons, Syst. No. 652) bei 400—600⁰ (MANCHOT, KRISCHE, *A.* **337**, 192; vgl. BEHR, *B.* **5**, 970).

Spieße (aus Benzol). Tafelförmige, stark lichtbrechende Krystalle (aus Benzol + Alkohol). Triklin pinakoidal (HINTZE, *A.* **235**, 222; vgl. *Groth, Ch. Kr.* **5**, 346). Monoklin (DEECKE, *A.* **296**, 230). F: 221⁰ (BEHR; ST.), 223—224⁰ (SCHM.), 223,5—224,5⁰ (korr.) (BILTZ). Kp: 415—425⁰ (DELACRE, *Bull. Acad. roy. Belgique* [3] **20**, 108). Sehr schwer löslich in Alkohol und Äther, leicht in heißem Benzol (BEHR, *B.* **3**, 752). — Gibt bei der Oxydation mit CrO₃ in Essigsäure erst α-Benzpinakolin und dann Benzophenon (BEHR, *B.* **5**, 277). Mit KMnO₄ und Essigsäure entsteht β-Benzpinakolin (D., *Bull. Acad. roy. Belgique* [3] **20**, 108; *Bl.* [3] **4**, 471). Wird beim Kochen mit AlCl₃ in Benzol zu 9.10-Diphenyl-phenanthren oxydiert; gleichzeitig entsteht etwas Diphenylmethan (BILTZ, *B.* **38**, 205). Liefert bei der Reduktion mit Natrium α.α.β.β-Tetraphenyl-äthan (FRIEDEL, BALSOHN, *Bl.* [2] **33**, 338; ANSCHÜTZ, *A.* **235**, 223). Addiert kein Brom (BILTZ, *A.* **296**, 231; BAUER, *B.* **37**, 3321), gibt aber ein charakteristisches Tetrabromsubstitutionsprodukt: das Tetrakis-[4-brom-phenyl]-äthylen (s. u.) (BILTZ).

Tetrakis-[4-brom-phenyl]-äthylen $C_{26}H_{16}Br_4 = (C_6H_4Br)_2C{:}C(C_6H_4Br)_2$. *B.* Aus Tetraphenyl-äthylen durch Brom in Kohlenstofftetrachlorid (BILTZ, *A.* **296**, 231) oder Chloroform (MANCHOT, KRISCHE, *A.* **337**, 194). Durch Erhitzen von Bis-[4-brom-phenyl]-brommethan $(C_6H_4Br)_2CHBr$ bei Luftabschluß auf 165⁰ (GOLDTHWAITE, *Am.* **30**, 455). — Nadeln (aus Chloroform + Alkohol). F: 253—255⁰ (korr.) (B.), 253⁰ (M., K.), 248⁰ (G.). Sehr leicht löslich in CCl₄ und in Benzol, schwer in Eisessig, unlöslich in Alkohol (B.). — Wird durch Chromsäure in Eisessig quantitativ zu 4.4'-Dibrom-benzophenon oxydiert (B.). Nimmt kein Brom auf und kann nicht zum entsprechenden Äthanderivat reduziert werden (G.).

Tetrakis-nitrophenyl-äthylen $C_{26}H_{16}O_8N_4 = (O_2N{\cdot}C_6H_4)_2C{:}C(C_6H_4{\cdot}NO_2)_2$. *B.* Aus Tetraphenyläthylen durch Salpetersäure (D: 1.48) bei 0—5⁰ (BILTZ, *A.* **296**, 235). — Gelbliche Flocken. F: ca. 100⁰. Sehr leicht löslich in Benzol und Nitrobenzol, weniger in Alkohol und Eisessig, kaum in Äther und Ligroin. — Durch Chromsäure entsteht in Eisessig bei 90⁰ Tetrakis-nitrophenyl-äthylenoxyd (Syst. No. 2377) und Tetrakis-nitrophenyl-äthylendioxyd $(O_2N{\cdot}C_6H_4)_2C\overset{O{\cdot}O}{\cdots}C(C_6H_4{\cdot}NO_2)_2$ (Syst. No. 2684), bei höherer Temperatur nur das letztere (B.).

2. **9.9-Diphenyl-anthracen-dihydrid-(9.10)** $C_{26}H_{20} = C_6H_4{<}^{C(C_6H_5)_2}_{-CH_2}{>}C_6H_4$.

B. Beim Kochen von 9.9-Diphenyl-anthron (Syst. No. 662) mit Zinkstaub in Eisessig (LIEBERMANN, LINDENBAUM, *B.* **38**, 1803) oder mit Natrium und Amylalkohol (PADOVA, *A. ch.* [8] **19**, 368). — Farblose Nadeln (aus Eisessig). F: 195—196⁰ (LIE., LIN.). Leicht löslich in Benzol, Äther, CS₂, Aceton, schwer in Alkohol, Eisessig (LIE., LIN.). — Bei der Oxydation mit Chromsäure in Eisessig entsteht 9.9-Diphenyl-anthron (LIE., LIN.).

10.10-Dichlor-9.9-bis-chlorphenyl-anthracen-dihydrid-(9.10) $C_{26}H_{16}Cl_4 = $ $C_6H_4{<}^{C(C_6H_4Cl)_2}_{CCl_2}{>}C_6H_4$. *B.* Aus dem Diacetat des 9.9-Bis-oxyphenyl-anthrons (Syst. No. 788) und PCl₅ bei 100—110⁰ (SCHARWIN, NAUMOW, GANDURIN, *B.* **37**, 3617). — Prismen (aus heißem Alkohol durch verd. Natronlauge). F: 158,5⁰. Unlöslich in Alkalien; löslich in Aceton, Chloroform, Benzol und heißem Alkohol; die Lösung in konz. Schwefelsäure ist gelb.

10-Brom-9.9-diphenyl-anthracen-dihydrid-(9.10) $C_{26}H_{19}Br = C_6H_4{<}^{C(C_6H_5)_2}_{CHBr}{>}C_6H_4$.

B. Aus 9.9-Diphenyl-anthracen-dihydrid-(9.10) und überschüssigem Brom in CS₂ (LIEBERMANN, LINDENBAUM, *B.* **38**, 1804). — Nadeln (aus Eisessig). Schmilzt bei 214—216⁰ und wird gleich darauf wieder fest unter Abgabe von HBr und Übergang in Tetraphenylheptacyclen $C_{52}H_{36}$ (S. 765). — Bei der Einw. von alkoh. Kali entsteht der Äthyläther des 10-Oxy-9.9-diphenyl-anthracen-dihydrids-(9.10) (Syst. No. 547). Bei Zusatz von Wasser zur siedenden Eisessiglösung entsteht 10-Oxy-9.9-diphenyl-anthracen-dihydrid-(9.10).

3. **9.10-Diphenyl-anthracen-dihydrid-(9.10)** $C_{26}H_{20} = C_6H_4{<}^{CH(C_6H_5)}_{CH(C_6H_5)}{>}C_6H_4$

(vgl. No. 4). *B.* Durch längere Einw. von Natriumamalgam auf die alkoh. Suspension des 9.10-Diphenyl-anthracens bis zum Verschwinden der Fluorescenz (HALLER, GUYOT, *C. r.* **138**, 1253; *Bl.* [3] **31**, 802). — Nadeln (aus siedendem Toluol + Alkohol). Fluoresciert in unverändertem Zustande nicht. Zeigt infolge Autoxydation keinen bestimmten Schmelzpunkt. Geht durch Oxydation mittels Luftsauerstoffs in 9.10-Diphenyl-anthracen über.

9.10-Dichlor-9.10-diphenyl-anthracen-dihydrid-(9.10), 9.10-Diphenyl-anthracen-
dichlorid-(9.10) C$_{26}$H$_{18}$Cl$_2$ = C$_6$H$_4$$<^{CCl(C_6H_5)}_{CCl(C_6H_5)}>C_6H_4$. *B.* Durch Behandeln der siedenden
Eisessiglösung des 9.10-Dioxy-9.10-diphenyl-anthracen-dihydrids-(9.10) (Syst. No. 572) oder
— weniger gut — dessen Monomethyläthers mit alkoh. Salzsäure (HALLER, GUYOT, *C. r.*
138, 1252; *Bl.* [3] **31**, 800). — Blättchen. F: 178° (Zers.). — Löslich in konz. Schwefelsäure
unter HCl-Entwicklung mit blauer Farbe. — Geht leicht, z. B. beim Schmelzen, in 9.10-
Diphenyl-anthracen über und ist ein energisches Oxydations- und Chlorierungsmittel.

4. *9.10-Diphenyl-anthracen-dihydrid-(9.10) (?)* C$_{26}$H$_{20}$ =
C$_6$H$_4$$<^{CH(C_6H_5)}_{CH(C_6H_5)}>C_6H_4$(?) (vgl. No. 3). *B.* Als 9.10-Diphenyl-anthracen-dihydrid-(9.10) wurde
von LINEBARGER (*Am.* **13**, 557) ein Kohlenwasserstoff C$_{26}$H$_{20}$ beschrieben, welcher in sehr
geringer Menge neben Triphenylmethan beim Erwärmen von 1000 g Benzol mit 200 g Benzalchlorid und 25 g AlCl$_3$ entsteht. — Prismen (aus Benzol). F: 164,2°; Kp: 437°.
  Nach HALLER, GUYOT (*Bl.* [3] **31**, 796 Anm. 5) muß aber der Kohlenwasserstoff von
LINEBARGER eine andere Konstitution gehabt haben.

9.10-Dibrom-9.10-diphenyl-anthracen-dihydrid-(9.10) (?), 9.10-Diphenyl-anthra-
cen-dibromid-(9.10) (?) C$_{26}$H$_{18}$Br$_2$ = C$_6$H$_4$$<^{CBr(C_6H_5)}_{CBr(C_6H_5)}>C_6H_4$ (?). *B.* Durch Kochen von
5 g 9.10-Diphenyl-anthracen-dihydrid-(9.10) (?) von LINEBARGER, in 200 g CHCl$_3$, mit 4 g Brom
(LINEBARGER, *Am.* **13**, 558). — Täfelchen (aus Alkohol). Schmilzt bei 127° unter Zersetzung.

5. *a.a-Diphenyl-β-diphenylen-äthan, 9-Benzhydryl-fluoren* C$_{26}$H$_{20}$ =
$^{C_6H_4}_{C_6H_4}>$CH·CH(C$_6$H$_5$)$_2$. *B.* Bei 3—4-stdg. Kochen der heiß gesättigten Lösung von a.a-Di-
phenyl-β-diphenylen-äthylen $^{C_6H_4}_{C_6H_4}>$C:C(C$_6$H$_5$)$_2$ in Amylalkohol mit überschüssigem Natriumamalgam (KAUFMANN, *B.* **29**, 75; vgl. auch KLINGER, LONNES, *B.* **29**, 739). — Krystallisiert
aus Benzol mit 2 Mol. C$_6$H$_6$ in Blättchen. F: 217—218°. — Verbindung mit Pikrinsäure s. Syst. No. 523.

6. *a.β-Diphenyl-a-diphenylen-äthan, 9-Phenyl-9-benzyl-fluoren* C$_{26}$H$_{20}$ =
$^{C_6H_4}_{C_6H_4}>$C(C$_6$H$_5$)·CH$_2$·C$_6$H$_5$. *B.* Aus 9-Phenyl-fluoren, Benzylchlorid und Ätzkali bei 230°
(KLIEGL, *B.* **38**, 293). Aus 9-Chlor-9-phenyl-fluoren und Benzylmagnesiumchlorid (GOMBERG,
CONE, *B.* **39**, 2968). — Prismen (aus Eisessig oder Ligroin). F: 136—137°; ziemlich schwer
löslich in heißem Alkohol (K.). Die Lösungen fluorescieren blau (G., C.).

4. Kohlenwasserstoffe C$_{27}$H$_{22}$.

1. *a.a.γ.γ-Tetraphenyl-a-propylen* C$_{27}$H$_{22}$ = (C$_6$H$_5$)$_2$CH·CH:C(C$_6$H$_5$)$_2$. *B.* Aus
a-Oxy-a.a.γ.γ-tetraphenyl-propan durch 4-stdg. Kochen mit 20°/$_0$iger Salzsäure oder 6-
bis 8-stdg. Kochen mit Essigsäureanhydrid (VORLÄNDER, SIEBERT, *B.* **39**, 1032). — Krystallblätter (aus Alkohol). F: 127—128°. Leicht löslich in Benzol, Chloroform, Aceton, schwer
in Petroläther; die Lösung in konz. Schwefelsäure ist gelb. — Liefert bei der Reduktion mit
Natrium und Alkohol a.a.γ.γ-Tetraphenyl-propan.
  β- oder γ-Brom-a.a.γ.γ-tetraphenyl-a-propylen C$_{27}$H$_{21}$Br = (C$_6$H$_5$)$_2$CH·CBr:C(C$_6$H$_5$)$_2$
oder (C$_6$H$_5$)$_2$CBr·CH:C(C$_6$H$_5$)$_2$. *B.* Durch Einw. von Brom auf in Chloroform gelöstes a.a.γ.γ-
Tetraphenyl-a-propylen (VORLÄNDER, SIEBERT, *B.* **39**, 1033). — Rechteckige Platten (aus
Aceton-Alkohol). F: 124°. — Liefert beim Kochen mit Alkohol. Kali Tetraphenyl-allen.

2. *2-Methyl-9.10-diphenyl-anthracen-dihydrid-(9.10)* C$_{27}$H$_{22}$ =
C$_6$H$_4$$<^{CH(C_6H_5)}_{CH(C_6H_5)}>C_6H_3$·CH$_3$. *B.* Durch Reduktion des 2-Methyl-9.10-diphenyl-anthracens
mit Natriumamalgam in alkoh. Lösung (GUYOT, STAEHLING, *Bl.* [3] **33**, 1112). — Farblose,
an der Luft rasch grün-dichroitisch werdende Nadeln (aus Eisessig). F: 179° (unkorr.). Leicht
löslich in den meisten organischen Lösungsmitteln. — Liefert bei der Oxydation mit Kaliumdichromat in Eisessig 9.10-Dioxy-2-methyl-9.10-diphenyl-anthracen-dihydrid-(9.10).

9.10-Dichlor-2-methyl-9.10-diphenyl-anthracen-dihydrid-(9.10), 2-Methyl-9.10-
diphenyl-anthracen-dichlorid-(9.10) C$_{27}$H$_{20}$Cl$_2$ = C$_6$H$_4$$<^{CCl(C_6H_5)}_{CCl(C_6H_5)}>C_6H_3$·CH$_3$. *B.* Durch
Sättigen einer heißen Benzollösung des 9.10-Dioxy-2-methyl-9.10-diphenyl-anthracen-

dihydrids-(9.10) mit HCl (GUYOT, STAEHLING, *Bl.* [3] **33**, 1109). — Farblose Blättchen (aus Benzol + Petroläther). F: 148° (HCl-Entwicklung). Sehr leicht löslich in Benzol, sehr wenig in Petroläther, löslich in konz. Schwefelsäure mit indigoblauer Farbe.

3. *9.9-Dibenzyl-fluoren, Dibenzyl-diphenylen-methan* $C_{27}H_{22} =$ $\genfrac{}{}{0pt}{}{C_6H_4}{C_6H_4}{>}C(CH_2 \cdot C_6H_5)_2$. Zur Konstitution vgl. THIELE, HENLE, *A.* **347**, 294. — *B.* Aus Fluoren, Benzylchlorid und gepulvertem Kali bei 7-stdg. Erhitzen in geschlossenem Rohr auf 270° (TH., H., *A.* 347, 299). Durch Erwärmen von gepulvertem und mit der 4—5-fachen Menge Toluol übergossenem Fluorenkalium mit Benzylchlorid (WEISSGERBER, *B.* **34**, 1660; vgl. TH., H.). Durch Erhitzen von 9-Benzyl-fluoren mit Benzylchlorid und Kali auf 230° (TH., H.). — Prismen (aus Ligroin). F: 147—148° (TH., H.), 149—150° (W.). Leicht löslich in heißem Eisessig, Benzol und Chloroform (TH., H.), Äther, Benzol (W.), schwerer in kaltem Ligroin, Alkohol, Eisessig (W.).

5. Kohlenwasserstoffe $C_{28}H_{24}$.

1. ***a.a.β.δ-Tetraphenyl-a-butylen*** $C_{28}H_{24} = C_6H_5 \cdot CH_2 \cdot CH_2 \cdot C(C_6H_5):C(C_6H_5)_2$.

γ.δ-Dibrom-a.a.β.δ-tetraphenyl-a-butylen $C_{28}H_{24}Br_2 = C_6H_5 \cdot CHBr \cdot CHBr \cdot C(C_6H_5):$ $C(C_6H_5)_2$. *B.* Aus a.a.β.δ-Tetraphenyl-a.γ-butadien und Brom in Chloroform (STAUDINGER, *B.* **42**, 4261). — Gelbliche Krystalle (aus Äther). F: 144—145°.

2. ***9.9-Dibenzyl-anthracen-dihydrid-(9.10)*** $C_{28}H_{24} = C_6H_4 \genfrac{}{}{0pt}{}{C(CH_2 \cdot C_6H_5)_2}{CH_2} > C_6H_4$. *B.* Bei der Reduktion von 9.9-Dibenzyl-anthron (Syst. No. 662) durch Jodwasserstoff und Phosphor (HALLGARTEN, *B.* **21**, 2509). — Krystalle. F: 115°. Leicht löslich in Äther, schwerer in Alkohol und Benzol.

6. Kohlenwasserstoffe $C_{29}H_{26}$.

1. ***1.2.3.4-Tetraphenyl-cyclopentan*** $C_{29}H_{26} = \genfrac{}{}{0pt}{}{C_6H_5 \cdot CH \cdot CH(C_6H_5)}{C_6H_5 \cdot CH \cdot CH(C_6H_5)} > CH_2$. *B.* Man erhitzt 1.2.3.4-Tetraphenyl-cyclopentandiol-(2.3) oder Tetraphenylcyclopentadien (S. 753) 6 Stdn. lang in geschlossenem Rohr mit Jodwasserstoffsäure und Phosphor auf 140—150° (CARPENTER, *A.* **302**, 228, 231). Aus 1.2.3.4-Tetraphenyl-cyclopenten-(1)-ol-(3 oder 5) (Syst. No. 547) durch Erwärmen mit Jodwasserstoffsäure und rotem Phosphor im Druckrohr auf 180° (neben 1.2.3.4-Tetraphenyl-cyclopentene-(x) (HENDERSON, CORSTORPHINE, *Soc.* **79**, 1264). — Radial verwachsene, farblose Nadeln (aus 90%igem Alkohol). F: 80,5—81° (CA.).

2. ***Kohlenwasserstoff*** $C_{29}H_{26}$ ***von unbekannter Konstitution.*** *B.* Durch Einw. von Benzaldehyd auf die Magnesiumverbindung aus Tri-p-tolyl-chlormethan (SCHMIDLIN, HODGSON, *B.* **41**, 437). — Amorph. Schmelzpunkt der durch Ausfällen aus Äther mit Alkohol gereinigten Verbindung: 195—200°.

7. Kohlenwasserstoffe $C_{30}H_{28}$.

1. ***a.a.β.ζ-Tetraphenyl-a-hexylen*** $C_{30}H_{28} = (C_6H_5)_2C:C(C_6H_5) \cdot CH_2 \cdot CH_2 \cdot CH_2 \cdot CH_2 \cdot C_6H_5$.

γ.δ.ζ-Tetrabrom-a.a.β.ζ-tetraphenyl-a-hexylen, a.a.β.ζ-Tetraphenyl-a.γ.ε-hexatrien-tetrabromid $C_{30}H_{24}Br_4 = (C_6H_5)_2C:C(C_6H_5) \cdot CHBr \cdot CHBr \cdot CHBr \cdot CHBr \cdot C_6H_5$. *B.* Aus a.a β.ζ-Tetraphenyl-a.γ.ε-hexatrien und Brom in Chloroform (STAUDINGER, *B.* **42**, 4262). — Krystalle. F: 148—150°.

2. ***a.ε-Diphenyl-γ-diphenylmethylen-pentan* (?)** $C_{30}H_{28} = (C_6H_5 \cdot CH_2 \cdot CH_2)_2C:$ $C(C_6H_5)_2$ (?).

a.β.δ.ε-Tetrabrom-a.ε-diphenyl-γ-diphenylmethylen-pentan (?)**, *a.ε-Diphenyl-γ-diphenylmethylen-a.δ-pentadien-tetrabromid* $C_{30}H_{24}Br_4 = (C_6H_5 \cdot CHBr \cdot CHBr)_2C:$ $C(C_6H_5)_2$ (?). *B.* Aus a.ε-Diphenyl-γ-diphenylmethylen-a.δ-pentadien $(C_6H_5 \cdot CH:CH)_2C:$ $C(C_6H_5)_2$ und Brom in Chloroform (STAUDINGER, *B.* **41**, 1498). — Tafeln (aus Chloroform + Äther). Färbt sich bei 165° dunkel, schmilzt bei 168,5—169°. Leicht löslich in Benzol, unlöslich in Alkohol, Äther, Eisessig. — Zersetzt sich beim Kochen mit Alkohol oder Eisessig unter HBr-Abspaltung. Liefert bei der Oxydation mit feuchtem Ozon neben harzigen Produkten Benzaldehyd und HBr.

3. *a.δ-Diphenyl-β.γ-dibenzyl-β-butylen, Tetrabenzyl-äthylen* $C_{30}H_{28}$ = $(C_6H_5 \cdot CH_2)_2C:C(CH_2 \cdot C_6H_5)_2$. *B.* Aus der Verbindung $C_{30}H_{30}S_2$ (Syst. No. 653), die aus Dibenzylketon und alkoh. Schwefelammonium entsteht, beim Erhitzen auf 180° oder beim Erhitzen mit Kupferpulver (MANCHOT, KRISCHE, *A.* **337**, 190; vgl. MANCHOT, ZAHN, *A.* **345**, 332). — Schwach violett fluorescierende, leicht bewegliche Flüssigkeit. Kp: 304° (M., K.). — Absorbiert Brom unter Bildung einer Verbindung vom Schmelzpunkt 188° unter Spaltung des Moleküls (M., K.). Gibt mit rauchender Salpetersäure eine Tetranitroverbindung (M., K.).

Tetranitro-[tetrabenzyl-äthylen] $C_{30}H_{24}O_8N_4$ = $C_{30}H_{24}(NO_2)_4$. *B.* Aus Tetrabenzyl-äthylen und rauchender Salpetersäure von —4° (MANCHOT, KRISCHE, *A.* **337**, 191). — Weiße Nadeln mit grünem Anflug (aus Benzol + Alkohol). F: 156°. Wird bei längerem Liegen oder durch Sonnenbestrahlung zersetzt.

U. Kohlenwasserstoff $C_n H_{2n-33}$.

p-Diphenylyl-diphenylen-methyl, p-Xenyl-diphenylen-methyl $C_{25}H_{17}$ =

$$\begin{matrix} C_6H_4 \\ | \\ C_6H_4 \end{matrix} \Big\rangle C \cdot C_6H_4 \cdot C_6H_5 \quad \text{existiert nur in der dimolekularen Form}$$

$$\begin{matrix} C_6H_4 \\ | \\ C_6H_4 \end{matrix} \Big\rangle C(C_6H_4 \cdot C_6H_5) \cdot C(C_6H_4 \cdot C_6H_5) \Big\langle \begin{matrix} C_6H_4 \\ | \\ C_6H_4 \end{matrix} \quad \text{(S. 765) (vgl. SCHLENK, HERZENSTEIN, } A. \textbf{372}, 23).}$$

V. Kohlenwasserstoffe $C_n H_{2n-34}$.

1. Di-α-naphthyl-butadiin, Di-α-naphthyl-diacetylen $C_{24}H_{14}$ = $C_{10}H_7 \cdot C:C \cdot C:C \cdot C_{10}H_7$. *B.* Beim Schütteln der Kupferverbindung des α-Naphthyl-acetylens $C_{10}H_7 \cdot C:CH$ mit alkoh. Ammoniak und Luft (LEROY, *Bl.* [3] **7**, 644). — F: 171°. Sehr schwer löslich in Alkohol, sehr leicht in $CHCl_3$, CS_2 und Benzol. — Verbindung mit Pikrinsäure s. Syst. No. 523.

2. Kohlenwasserstoffe $C_{26}H_{18}$.

1. *9.10-Diphenyl-anthracen* $C_{26}H_{18}$ = $C_6H_4\begin{Bmatrix} C(C_6H_5) \\ C(C_6H_5) \end{Bmatrix}C_6H_4$. *B.* Durch Oxydation des 9.10-Diphenyl-anthracen-dihydrids-(9.10) durch den Luftsauerstoff (HALLER, GUYOT, *C. r.* **138**, 1253; *Bl.* [3] **31**, 801). Durch Schmelzen des 9.10-Dichlor-9.10-diphenyl-anthracen-dihydrids-(9.10)(H., G.). Durch Reduktion des 9.10-Dioxy-9.10-diphenyl-anthracen-dihydrids-(9.10) in siedendem Eisessig mit Zinkstaub oder Kaliumjodid oder durch längeres Kochen seiner Lösung in käuflichem Nitrobenzol (H., G.). Durch Reduktion des Monomethyläthers des 9.10-Dioxy-9.10-diphenyl-anthracen-dihydrids-(9.10) (H., G.). Durch Einw. von konz. Schwefelsäure auf 2-[α-Oxy-benzyl]-triphenylcarbinol $C_6H_5 \cdot CH(OH) \cdot C_6H_4 \cdot C(OH)(C_6H_5)_2$ oder auf Triphenyldihydrobenzofurfuran $C_6H_4\Big\langle \begin{matrix} C(C_6H_5)_2 \\ CH(C_6H_5) \end{matrix} \Big\rangle O$ (GUYOT, CATEL, *C. r.* **140**, 1461; *Bl.* [3] **35**, 560, 562). — Ambragelbe, an oktaedrischen Schwefel erinnernde Krystalle (aus CS_2). F: 240° (unkorr.) (H., G.). Sublimiert gegen 270° unzersetzt (H., G.). Löslich in Benzol und dessen Homologen; sehr wenig löslich in Eisessig und Alkohol (H., G.). Färbt sich mit konz. Schwefelsäure nicht, wird aber von dieser leicht sulfuriert (H., G.). Mit Ausnahme der CS_2-Lösung fluorescieren sämtliche Lösungen schön violettblau (H., G.). Wird durch Kaliumdichromat in Eisessig in 9.10-Dioxy-9.10-diphenyl-anthracen-dihydrid-(9.10) zurückverwandelt (H., G.). Liefert bei längerer Einw. von Natriumamalgam in Gegenwart von Alkohol 9.10-Diphenyl-anthracen-dihydrid-(9.10) (H., G.).

2. *9.10-Diphenyl-phenanthren* $C_{26}H_{18}$ = $\begin{matrix} C_6H_4 \cdot C \cdot C_6H_5 \\ | \\ C_6H_4 \cdot C \cdot C_6H_5 \end{matrix}$. Zur Konstitution vgl.: WERNER, GROB, *B.* **37**, 2891, 2900. — *B.* In kleiner Menge, neben anderen Produkten, bei der Einw. von Chloral und $AlCl_3$ auf Benzol (aus primär entstehendem Tetraphenyläthylen)(BILTZ, *B.* **38**, 203). Durch 3-stdg. Kochen von Tetraphenyläthylen mit $AlCl_3$ in Benzol, neben Diphenylmethan (B.). Beim Erhitzen von 2.2′-Dibenzoyl-diphenyl mit Zinkstaub (WERNER, GROB, *B.* **37**, 2900). Beim Erhitzen von 9-Phenyl-9-benzoyl-fluoren (Syst. No. 662) mit rauchender Jodwasserstoffsäure (KLINGER, LONNES, *B.* **29**, 2153), oder mit Jodwasserstoffsäure und rotem Phosphor im geschlossenen Rohr (W., G., B. **37**, 2899). Beim Erhitzen des Pinakons $\begin{array}{c} C_6H_4-C(OH)\cdot C_6H_5 \\ | \\ C_6H_4-C(OH)\cdot C_6H_5 \end{array}$ (Syst. No. 572) vom Schmelzpunkt 202—204° mit Jodwasserstoffsäure und rotem Phosphor auf 200—220° (W., G., B. **37**, 2902). Beim Erhitzen des Diphenylphenanthrons $\begin{array}{c} C_6H_4\cdot C(C_6H_5)_2 \\ | \\ C_6H_4\cdot CO \end{array}$ (Syst. No. 662) mit Zinkstaub (W., G., B. **37**, 2903); vgl. ACREE, Am. **33**, 184). — Nadeln (aus Alkohol oder Eisessig). F: 235° (K., L.), 235—235,5° (B.), 233—234 (W., G.). Sublimierbar (W., G.). Leicht löslich in Äther, Benzol, schwer in Alkohol, Eisessig (B.). — Wird durch CrO_3 in Eisessig zu 2.2'-Dibenzoyl-diphenyl oxydiert (W., G.).

3. a.a-Diphenyl-β-diphenylen-äthylen,   9-Diphenylmethylen-fluoren

$C_{26}H_{18} = \begin{array}{c} C_6H_4 \\ | \\ C_6H_4 \end{array}\!\!>C:C(C_6H_5)_2$.   B. Bei 5—10 Minuten langem Erhitzen (auf 325°) von 1 Mol.-Gew. Diphenyl-dichlor-methan $(C_6H_5)_2CCl_2$ mit 1 Mol.-Gew. Fluoren (KAUFMANN, B. **29**, 75). Aus a.a-Diphenyl-β-diphenylen-propionsäure $\begin{array}{c} C_6H_4 \\ | \\ C_6H_4 \end{array}\!\!>CH\cdot C(C_6H_5)_2\cdot CO_2H$ (Syst. No. 961) durch Destillation mit Natronkalk (KLINGER, LONNES, B. **29**, 739). — Blättchen oder krystallbenzolhaltige Nadeln (aus heißem Benzol). F: 229,5° (KA.). In festem Zustand fast farblos; die Lösungen sind intensiv gelb (KL., L., B. **29**, 2157). Sehr wenig löslich in Äther, Ligroin und Alkohol, reichlich in heißem Benzol und $CHCl_3$ (KA.). — Gibt bei der Oxydation 9-Phenyl-9-benzoyl-fluoren (KL. L., B. **29**, 2152). Liefert mit Natriumamalgam und Amylalkohol a.a-Diphenyl-β-diphenylen-äthan (KA.).

4. a.β-Bis-diphenylen-äthan,   Difluorenyl $C_{26}H_{18} = \begin{array}{c} C_6H_4 \\ | \\ C_6H_4 \end{array}\!\!>CH\cdot CH<\!\!\begin{array}{c} C_6H_4 \\ | \\ C_6H_4 \end{array}$.   B. Bei 2-stdg. Erhitzen von 10 g Fluoren mit 20 g PbO auf 250—280° (GRAEBE, STINDT, A. **291**, 1,6; vgl. auch MANCHOT, KRISCHE, A. **337**, 200). Durch Erhitzen von 5 g Fluoren mit 0,6 g Schwefel auf 300° (GRAEBE, MANTZ, A. **290**, 246). In kleiner Menge, neben 9.9-Dibenzyl-fluoren bei der Einw. von Benzylchlorid auf mit Toluol übergossenes Fluorenkalium (WEISSGERBER, B. **34**, 1661). Bei der Reduktion des 9-Chlor-fluorens in Äther mit amalgamierten Zinkspänen (STAUDINGER, B. **39**, 3061). Beim Erhitzen von Fluorenon (Syst. No. 654) mit Fluoren und Natriumacetat auf 340° (GR., STI.). Beim Erhitzen von a.β-Dibrom-a.β-bis-diphenylen-äthan $\begin{array}{c} C_6H_4 \\ | \\ C_6H_4 \end{array}\!\!>CBr\cdot CBr<\!\!\begin{array}{c} C_6H_4 \\ | \\ C_6H_4 \end{array}$ mit alkoh. Kali auf 150° (GRAEBE, MANTZ, A. **290**, 243). Beim Behandeln einer siedenden alkoh. Lösung von Bis-diphenylen-äthylen mit Natriumamalgam (DE LA HARPE, VAN DORP, B. **8**, 1049; GRAEBE, B. **25**, 3148) oder einer äther. Lösung desselben mit Aluminiumamalgam und etwas Wasser (THIELE, HENLE, A. **347**, 303). Beim Kochen der Verbindung $C_{26}H_{18}S_2$, die aus Fluorenon und alkoh. Schwefelammonium entsteht, mit Kupferpulver in Alkohol (MANCHOT, KRISCHE, A. **337**, 195; M., ZAHN, A. **345**, 332). — Farblose Nadeln (aus Benzol + Alkohol). F: 246° (korr.) (G., STI.), 239° (STAU.). Sehr wenig löslich in Alkohol und Äther, schwer in kaltem Benzol und Eisessig (G., STI.). — Beim Erhitzen mit PbO auf 320—360° entsteht Bis-diphenylen-äthylen (G., STI.). Wird von Natriumdichromat in Eisessig zu Fluorenon oxydiert (G., STI.). Verbindet sich nicht mit Pikrinsäure (G., STI.).

     a.β-Dichlor-a.β-bis-diphenylen-äthan $C_{26}H_{16}Cl_2 = \begin{array}{c} C_6H_4 \\ | \\ C_6H_4 \end{array}\!\!>CCl\cdot CCl<\!\!\begin{array}{c} C_6H_4 \\ | \\ C_6H_4 \end{array}$.   B. Beim Einleiten von Chlor in eine Lösung von Bis-diphenylen-äthylen in $CHCl_3$ (GRAEBE, MANTZ, A. **290**, 243). — Krystalle (aus Toluol). F: 234°.

     a.β-Dibrom-a.β-bis-diphenylen-äthan $C_{26}H_{16}Br_2 = \begin{array}{c} C_6H_4 \\ | \\ C_6H_4 \end{array}\!\!>CBr\cdot CBr<\!\!\begin{array}{c} C_6H_4 \\ | \\ C_6H_4 \end{array}$.   B. Aus Bis-diphenylen-äthylen, gelöst in CS_2, und Brom (GRAEBE, MANTZ, A. **290**, 242). — Tafeln (aus Benzol). F: 235° (Zers.) (G., M.). Schwer löslich in Alkohol, Eisessig und kaltem Benzol, leicht in $CHCl_3$ (G., M.). — Beim Erhitzen mit alkoh. Kali auf 150° wird Bis-diphenylen-äthylen regeneriert (G., M.). Beim Erhitzen mit Wasser auf 150° entsteht Diphenylenphenanthron $\begin{array}{c} C_6H_4\cdot CO \\ | \\ C_6H_4\cdot C \end{array}\!\!<\!\!\begin{array}{c} C_6H_4 \\ | \\ C_6H_4 \end{array}$ (Syst. No. 663) (G., STINDT, A. **291**, 5; vgl. WERNER, GROB, B. **37**, 2894). Silberacetat erzeugt in Gegenwart von Benzol das Diacetat des a.β-Dioxy-a.β-bis-diphenylenäthans (Syst. No. 573) (G., ST.).

$\alpha.\beta$-Dinitro-$\alpha.\beta$-bis-diphenylen-äthan $C_{26}H_{16}O_4N_2 = \begin{smallmatrix}C_6H_4 \\ C_6H_4\end{smallmatrix}\!\!>\!\!C(NO_2)\cdot(O_2N)C\!\!<\!\!\begin{smallmatrix}C_6H_4 \\ C_6H_4\end{smallmatrix}$

B. Bei $^1/_4$-stdg. Kochen von Bis-diphenylen-äthylen mit Eisessig und etwas über 2 Mol.-Gew. konz. Salpetersäure (GRAEBE, STINDT, A. **291**, 4). — Gelbe Nadeln. F: 184—185° (Zers.). — Beim Kochen mit alkoholischer Kalilauge wird Bis-diphenylen-äthylen regeneriert.

3. Kohlenwasserstoffe $C_{27}H_{20}$.

1. *Tetraphenyl-propadien*, *Tetraphenyl-allen* $C_{27}H_{20} = (C_6H_5)_2C:C:C(C_6H_5)_2$.
B. Neben Diphenylmethan und anderen Produkten, bei der Destillation von diphenylessigsaurem Barium (VORLÄNDER, SIEBERT, *B.* **39**, 1027). Aus β- oder γ-Brom-$\alpha.\alpha.\gamma.\gamma$-tetraphenyl-$\alpha$-propylen (S. 745) durch Behandeln mit siedendem alkoh. Kali (V., S.). Durch 3-stdg. Kochen des γ-Oxy-$\alpha.\alpha.\gamma.\gamma$.-tetraphenyl-$\alpha$-propylens $(C_6H_5)_2C:CH\cdot C(OH)(C_6H_5)_2$ mit Essigsäureanhydrid (V., S.). — Nadeln oder prismatische Krystalle (aus wasserhaltigem Aceton oder Alkohol). F: 164—165° (V., S.). Leicht löslich in Benzol, CS_2, Chloroform; löslich in Essigester, Eisessig, Aceton, Äther, schwerer in kaltem Alkohol, Petroläther (V., S.). Färbt sich beim Übergießen mit konz. Schwefelsäure dunkelviolettbraun und geht dann mit grünlich braunvioletter Farbe in Lösung; beim Stehen färbt sich diese Lösung rot, dann orange, durch Erwärmen wird sie farblos (V., S.). — Liefert bei energischer Oxydation mittels CrO_3 in Essigsäure Benzophenon, bei gemäßigter Oxydation eine bei 195—197° schmelzende Verbindung (V., S.). Beim Kochen mit Eisessig, Jodwasserstoffsäure und Phosphor oder mit Alkohol und Natrium entsteht $\alpha.\alpha.\gamma.\gamma$-Tetraphenyl-propan (V., S.). Unterhalb 0° vereinigt sich das Tetraphenyl-allen mit trocknem HCl oder HBr zu sehr unbeständigen, dunkel braunviolett gefärbten Additionsprodukten (V., S.). Lagert sich beim Erwärmen mit Säuren, wie Eisessig oder 20%iger Salzsäure, oder bei der Einw. von Brom oder Jod in Chloroform in 1.3.3-Triphenyl-inden $C_6H_4\!\!<\!\!\begin{smallmatrix}C(C_6H_5)_2 \\ C(C_6H_5)\end{smallmatrix}\!\!>\!\!CH$ (S. 750) um (V., S.; KOHLER, *Am.* **40**, 220).

2. *2-Methyl-9.10-diphenyl-anthracen* $C_{27}H_{20} = C_6H_4\!\!\begin{smallmatrix}\{C(C_6H_5)\} \\ \{C(C_6H_5)\}\end{smallmatrix}\!\!C_6H_3\cdot CH_3$. B. Durch Reduktion von 9.10-Dioxy-2-methyl-9.10-diphenyl-anthracen-dihydrid-(9.10) mit Zinkstaub und Essigsäure (GUYOT, STAEHLING, *Bl.* [3] **33**, 1111). — Gelbgrüne, stark dichroitische Krystalle (aus Benzol + Alkohol). F: 213°. Sehr wenig löslich in Alkohol, Äther, Eisessig, leicht in Benzol und CS_2. Die meisten dieser Lösungen fluorescieren prächtig blauviolett. — Regeneriert bei der Oxydation mit Kaliumdichromat in Eisessig die Dioxyverbindung. Geht bei der Reduktion mit Natriumamalgam in alkoh. Lösung in das 2-Methyl-9.10-diphenyl-anthracen-dihydrid-(9.10) über.

3. *Phenyl-di-α-naphthyl-methan* $C_{27}H_{20} = C_6H_5\cdot CH(C_{10}H_7)_2$. B. Beim Behandeln von Phenyl-di-α-naphthyl-carbinol mit Zink und alkoh. Salzsäure (ELBS, *J. pr.* [2] **35**, 507). Beim Glühen des Ketons $C_6H_5\cdot C(C_{10}H_7)_2\cdot CO\cdot C_6H_5$ mit Zinkstaub (ELBS). — Pulver. Schmilzt gegen 180°.

4. *1.2.3-Triphenyl-inden* $C_{27}H_{20} = C_6H_4\!\!<\!\!\begin{smallmatrix}CH(C_6H_5) \\ C(C_6H_5)\end{smallmatrix}\!\!>\!\!C\cdot C_6H_5$. B. Bei der Einw. von Magnesium auf 3-Brom-1.2.3-triphenyl-inden in heißem absol. Alkohol in Gegenwart von etwas Jod im Wasserstoffstrom (KOHLER, *Am.* **40**, 229). — Farblose Prismen (aus Aceton oder Äther). F: 135°. Leicht löslich in Chloroform, Äther; löslich in Aceton, Alkohol; schwer löslich in Ligroin, sehr wenig in kalter konz. Schwefelsäure. — Bei der Oxydation mit CrO_3 in Eisessig entsteht bei gewöhnlicher Temperatur, neben wenig o-Dibenzoyl-benzol, 3-Oxy-1.2.3-triphenyl-inden als Hauptprodukt; in siedendem Eisessig wird nur o-Dibenzoyl-benzol gebildet. Beim Leiten von Bromdampf durch den auf 150—160° erhitzten Kohlenwasserstoff wird 3-Brom-1.2.3-triphenyl-inden zurückgebildet.

3-Brom-1.2.3-triphenyl-inden $C_{27}H_{19}Br = C_6H_4\!\!<\!\!\begin{smallmatrix}CBr(C_6H_5) \\ C(C_6H_5)\end{smallmatrix}\!\!>\!\!C\cdot C_6H_5$. B. Beim Erhitzen von α-Brom-$\alpha.\beta.\beta$-triphenyl-propiophenon $(C_6H_5)_2CH\cdot CBr(C_6H_5)\cdot CO\cdot C_6H_5$ auf 150° bis 160° (KOHLER, *Am.* **40**, 222). — Gelbe Platten (aus alkoholfreiem Äther). An der Luft beständig. F: 129°. Leicht löslich in Chloroform, CCl_4, löslich in Aceton, Essigester; schwer löslich in Äther. Kalte Schwefelsäure löst langsam. — Bei der Einw. von Quecksilber oder amalgamiertem Zink auf eine Lösung des Bromids in trocknem Benzol entsteht eine rote Lösung, die sich beim Verdunsten an trockner Luft entfärbt und Bis-[triphenylindenyl]-peroxyd (Syst. No. 547) ausscheidet. Bei Einw. von Magnesium und etwas Jod auf die äther. Lösung des Bromids entsteht gleichfalls eine rote Lösung, die bei der Einw. von Sauerstoff fast quantitativ das genannte Peroxyd, bei Einw. von Wasser 3-Oxy-1.2.3-triphenyl-inden und 1.2.3-Triphenyl-inden in annähernd gleichen Mengen gibt. Heiße Schwefelsäure zersetzt unter Bildung von HBr und einer intensiv roten Lösung, aus der sich beim Verdünnen mit Wasser 3-Oxy-1.2.3-triphenyl-inden ausscheidet. 3-Brom-1.2.3-triphenyl-inden wird in eisessigsaurer Lösung durch Wasser oder Natriumacetat in 3-Oxy-1.2.3-triphenyl-inden übergeführt. Wird durch Alkohole in die entsprechenden Äther des 3-Oxy-1.2.3-triphenyl-indens übergeführt. — $C_{27}H_{19}Br + AlCl_3$. Dunkelrote Krystalle.

5. 1.3.3-Triphenyl-inden $C_{27}H_{20} = C_6H_4{<}{{C(C_6H_5)_2}\atop{C(C_6H_5)}}{>}CH$.   B. Durch Umlagern von Tetraphenyl-allen $(C_6H_5)_2C:C:C(C_6H_5)_2$ in einer mit HCl gesättigten Eisessiglösung oder mit siedendem Eisessig oder mit siedender 20%iger Salzsäure (VORLÄNDER, SIEBERT, B. **39**, 1030; KOHLER, Am. **40**, 220, 231). — Prismatische Kryställchen oder Krystallblätter (aus Methylalkohol). F: 134—135° (V., S.). — Gibt bei vorsichtiger Oxydation mit CrO_3 in kaltem Eisessig o-Benzoyl-triphenylessigsäure (K.). Bei der Oxydation mit CrO_3 in siedender Eisessiglösung entsteht o-Dibenzoyl-benzol (K.). Wird mit Jodwasserstoffsäure und Phosphor in einen Kohlenwasserstoff $C_{27}H_{22}$ (?) (Nadeln aus Alkohol; F: 113—114°) umgewandelt (V., S.). Verbindet sich nicht mit Halogenwasserstoffsäuren (V., S.). Liefert mit Brom Brom-1.3.3-triphenyl-inden (V., S.). Färbt sich mit konz. Schwefelsäure orangegelb (V., S.).

Brom-1.3.3-triphenyl-inden $C_{27}H_{19}Br$.   B. Aus Tetraphenyl-allen mit Brom in Chloroform unter Umlagerung (VORLÄNDER, SIEBERT, B. **39**, 1030). Aus 1.3.3-Triphenyl-inden mit Brom in Chloroform (V., S.). — Flache Nadeln oder prismatische Tafeln (aus wäßr. Aceton oder Alkohol). F: 167—168°. Färbt sich beim Erwärmen mit konz. Schwefelsäure intensiv fuchsinrot. — Gibt beim Kochen mit wäßriger oder alkoholischer Kalilauge kein Halogen ab.

4. Kohlenwasserstoffe $C_{28}H_{22}$.

1. α.α.β.δ-Tetraphenyl-α.γ-butadien $C_{28}H_{22} = (C_6H_5)_2C:C(C_6H_5)\cdot CH:CH\cdot C_6H_5$.   B. Neben dem 1.1.2-Triphenyl-3-benzoyl-cyclobutanon-(4) (Syst. No. 689) aus Diphenylketen-Chinolin $2C(C_6H_5)_2:CO + C_9H_7N$ (Syst. No. 3077) und Benzalacetophenon im Wasserstoffstrome bei 120—140°; man trennt durch fraktionierte Krystallisation aus Äther oder Aceton (STAUDINGER, B. **42**, 4259). — Fast farblose Prismen (aus Aceton). F: 146—148°. — Gibt bei der Oxydation mit Natriumdichromat in Eisessig Benzaldehyd und Triphenylacrolein.

2. α.α.δ.δ-Tetraphenyl-α.γ-butadien $C_{28}H_{22} = (C_6H_5)_2C:C:CH\cdot CH:C(C_6H_5)_2$.   B. Durch Einw. von siedendem Eisessig unter Zusatz von Salzsäure oder Schwefelsäure auf α.δ-Dioxy-α.α.δ.δ-tetraphenyl-butan oder auf α.α.α'.α'-Tetraphenyl-tetrahydrofurfuran (Syst. No. 2377) (VALEUR, C. r. **136**, 695; Bl. [3] **29**, 687). — Violett reflektierende Nadeln (aus Eisessig). F: 202°. Krystallisiert aus Benzol mit 1 Mol. Benzol. — Liefert bei der Oxydation CO_2 und Benzophenon, bei der Reduktion durch nascierenden Wasserstoff α.α.δ.δ-Tetraphenyl-butan.

3. 9.10-Dibenzyl-anthracen $C_{28}H_{22} = C_6H_4{{C(CH_2\cdot C_6H_5)}\atop{C(CH_2\cdot C_6H_5)}}C_6H_4$.   B. Durch Erhitzen von Anthracen, Benzylchlorid und Zinkstaub in CS_2 am Rückflußkühler (LIPPMANN, FRITSCH, M. **25**, 793). — Nadeln (aus Eisessig). Fluoresciert blau. F: 241° (L., F.). D^{16}: 0,1787 (L., POLLAK, M. **23**, 673). Schwer löslich in Benzol, CS_2, Äther, unlöslich in Alkohol, Ligroin (L., P.). — Wird durch CrO_3 zu Anthrachinon und Benzoesäure oxydiert (L., P.). Reagiert mit Brom unter Bildung von 9-Benzyl-10-[α-brom-benzyl]-anthracen (L., P.; L., F.).

9-Benzyl-10-[α-brom-benzyl]-anthracen $C_{28}H_{21}Br = C_6H_4{{C(CHBr\cdot C_6H_5)}\atop{C(CH_2\cdot C_6H_5)}}C_6H_4$.   B. Man leitet mit CO_2 verdünnten Bromdampf in eine Lösung von 9.10-Dibenzyl-anthracen in CS_2 (LIPPMANN, FRITSCH, M. **25**, 794). — Gelbe Blättchen (aus CS_2). Schmilzt, rasch erhitzt, bei 187° ohne Zersetzung (L., F.). Leicht löslich in heißem Benzol, heißem CS_2 (L., F.), schwer in Alkohol und Äther (L., POLLAK, M. **23**, 676). — Beim Zusatz von Alkohol zur siedenden Benzollösung des Bromids entsteht 9-Benzyl-10-[α-äthoxy-benzyl]-anthracen (L., P.; L., F.). Spaltet leicht HBr ab und liefert monomolekulares Dibenzal-anthracen $C_{28}H_{20}$ (S. 753) bezw. dimolekulares Dibenzalanthracen $C_{56}H_{40}$ (S. 765), so beim Erhitzen auf 125° bis 130°, beim Kochen mit Wasser + Pottasche oder mit Lösungen von Kalium- oder Bleiacetat, beim Erwärmen mit Chinolin in Benzol, beim Erhitzen mit Eisessig oder Essigsäureanhydrid (L., F.). Beim Erwärmen mit Silberacetat in Chloroform entsteht monomolekulares Dibenzalanthracen und Acetoxydibenzylanthracen (L., F.). Beim Erwärmen mit Anilin in Chloroform entsteht eine Verbindung C$_{34}$H$_{27}$N (s. bei Umwandlungsprodukten des Anilins, Syst. No. 1598) (L., F.).

9.10-Bis-[a-brom-benzyl]-anthracen C$_{28}$H$_{20}$Br$_2$ = C$_6$H$_4$$\{$$^{C(CHBr \cdot C_6H_5)}_{C(CHBr \cdot C_6H_5)}$$\}C_6H_4$. *B.* Durch Einleiten von mit CO$_2$ verdünntem Bromdampf in eine Lösung von 9.10-Dibenzyl-anthracen in CS$_2$ (LIPPMANN, FRITSCH, *A.* **351**, 52). — Gelbe Krystalle (aus CS$_2$). F: 212^0. In CS$_2$ schwerer, in Benzol und Chloroform leichter löslich als das Monobrom-Derivat; unlöslich in Äther und Ligroin. Liefert beim Erhitzen auf 212^0 Bromdibenzalanthracen (S. 753). — Wird durch 50$^0/_0$ige Kalilauge nur teilweise entbromt. Gibt mit Silbernitrat, Silberacetat, Silbercarbonat, Silberbenzoat die entsprechenden Ester des 9.10-Bis-[a-oxy-benzyl]-anthracens. Mit Alkohol erhält man 9.10-Bis-[a-äthoxy-benzyl]-anthracen. Mit Anilin entsteht 9.10-Dianilino-anthracen. Mit Phenylhydrazin entsteht ein Kohlenwasserstoff C$_{54}$H$_{36}$ (S. 766).

4. *Dianthranyl-tetrahydrid* („Dianthryltetrahydrid") C$_{28}$H$_{22}$, wahrscheinlich:

C$_6$H$_4$$<$$^{CH}_{CH_2}$$>C_6H_4$ C$_6$H$_4$$<$$^{CH}_{CH_2}$$>C_6H_4$. *B.* Bei mehrstündigem Kochen von 2 g Dianthranyl

C$_6$H$_4$$\{$$^{C}_{CH}$$\}C_6H_4$ C$_6$H$_4$$\{$$^{C}_{CH}$$\}C_6H_4$ (S. 754) mit 150 g Natriumamalgam (mit 4$^0/_0$ Natrium) und Alkohol (SACHSE, *B.* **21**, 2512). — Prismatische Nadeln (aus Benzol). F: 248—249^0. Sublimierbar. Leicht löslich in heißem Benzol, ziemlich schwer in Alkohol. — Liefert mit Brom 9.10-Dibrom-anthracen.

5 *Diphenanthryl-(9.9')-tetrahydrid-(9.10.9'.10')* C$_{28}$H$_{22}$ = C$_6$H$_4 \cdot$CH — CH$\cdot$C$_6$H$_4$
C$_6$H$_4 \cdot$CH$_2$ CH$_2 \cdot$C$_6$H$_4$.

10.10'-Dinitro-[diphenanthryl-(9.9')]-tetrahydrid-(9.10.9'.10') C$_{28}$H$_{20}$O$_4$N$_2$ = C$_6$H$_4 \cdot$CH————CH$\cdot$C$_6$H$_4$
C$_6$H$_4 \cdot$CH$\cdot$NO$_2$ O$_2$N$\cdot$CH$\cdot$C$_6$H$_4$. *B.* Durch Einleiten von „salpetriger Säure" in eine gekühlte Lösung von 50 g Phenanthren in 150 ccm Benzol, neben Bis-[nitrodihydrophenanthryl]-oxyd (Syst. No. 540), welches bei 10—12-stdg. Stehen der Flüssigkeit auskrystallisiert (SCHMIDT, *B.* **33**, 3259). — Hellgelbe Kryställchen (aus Alkohol). Schmilzt bei 199—200^0 unter lebhafter Entwicklung von nitrosen Gasen. Schwer löslich. Die Lösung in konz. Schwefelsäure ist grünbraun, beim Erwärmen tief grün, nach dem Verdünnen mit Wasser und Übersättigen mit Alkali gelbbraun. — Geht durch Erhitzen in „Nitrobisphenanthran" (S. 753), durch Behandlung mit Natriumäthylat in „Dinitrobisphenanthran" (S. 753) über.

5. Kohlenwasserstoffe C$_{29}$H$_{24}$.

1. *3-Äthyl-1.2.3-triphenyl-inden* C$_{29}$H$_{24}$ = C$_6$H$_4$$<$$^{C(C_2H_5)(C_6H_5)}_{C(C_6H_5)}$$=$$>C\cdot$C$_6H_5$. *B.* Aus 3-Brom-1.2.3-triphenyl-inden beim Kochen mit äther. Äthylmagnesiumbromidlösung (KOHLER, *Am.* **40**, 227). — Platten (aus Aceton + Alkohol). F: 108^0. Leicht löslich in Chloroform, Aceton; löslich in Alkohol, Äther; schwer löslich in Ligroin. — Wird durch vorsichtige Oxydation mit CrO$_3$ in kaltem Eisessig in das Diketon C$_6$H$_5 \cdot$CO$\cdot$C$_6$H$_4 \cdot$C(C$_2$H$_5$)(C$_6$H$_5$)$\cdot$CO$\cdot$C$_6$H$_5$ (Syst. No. 688) übergeführt. Bei der Oxydation in heißem Eisessig wird o-Dibenzoyl-benzol gebildet.

2. *1.2.3.4-Tetraphenyl-cyclopenten-(x)* C$_{29}$H$_{24}$ = C$_6$H$_4$(C$_6$H$_5$)$_4$. *B.* Aus 1.2.3.4-Tetraphenyl-cyclopentenol C$_6$H$_5 \cdot$C : C(C$_6$H$_5$)$>$CH$\cdot$OH oder C$_6$H$_5 \cdot$C : C(C$_6$H$_5$)$>$CH$_2$
C$_6$H$_5 \cdot$HC$\cdot$CH(C$_6$H$_5$)$/$ C$_6$H$_5$(HO)C$\cdot$CH(C$_6$H$_5$)$/$
(Syst. No. 547) durch Erhitzen mit Jodwasserstoffsäure und rotem Phosphor im geschlossenen Rohr auf 170—180^0 (neben 1.2.3.4-Tetraphenyl-cyclopentan) (HENDERSON, CORSTORPHINE, *Soc.* **79**, 1264). — Weißes krystallinisches Pulver (aus Äther). Schmilzt über 300^0. Leicht löslich in Benzol, schwer in Alkohol.

x-Chlor-1.2.3.4-tetraphenyl-cyclopenten-(x) C$_{29}$H$_{23}$Cl. *B.* Aus 1.2.3.4-Tetraphenyl-cyclopentenol durch Phosphorpentachlorid oder alkoholische Salzsäure (H., C., *Soc.* **79**, 1263). — Farblose Prismen (aus Benzol + Ligroin). F: 181^0. Ziemlich löslich in Benzol und Alkohol.

W. Kohlenwasserstoffe C_nH_{2n-36}.

1. Kohlenwasserstoffe $C_{26}H_{16}$.

1. $\alpha.\beta$-Bis-diphenylen-äthylen, Dibiphenylenäthen $C_{26}H_{16} = \begin{smallmatrix} C_6H_4 \\ C_6H_4 \end{smallmatrix}\!\!>\!\!C\!:\!C\!<\!\!\begin{smallmatrix} C_6H_4 \\ C_6H_4 \end{smallmatrix}$.

B. Aus Fluoren beim Überleiten über mäßig erhitztes Bleioxyd (DE LA HARPE, VAN DORP, *B.* **8**, 1049) sowie beim Erhitzen mit Brom, Chlor oder Schwefel auf 240—300° (GRAEBE, *B.* **25**, 3146; GRAEBE, v. MANTZ, *A.* **290**, 241). Aus 9.9-Dichlor-fluoren beim Erhitzen mit alkoh. K_2S-Lösung (SMEDLEY, *Soc.* **87**, 1254). In geringer Menge neben $\alpha.\beta$-Dioxy-$\alpha.\beta$-bis-diphenylen-äthan-Diacetat und 10-Oxo-9-diphenylen-phenanthren-dihydrid-(9.10) durch Behandlung von Fluorenon in Äther mit Zinkstaub und Acetylchlorid (KLINGER, LONNES, *B.* **29**, 2154, 2157). — *Darst.* Man erhitzt im Metalltiegel 25 g Fluoren mit 100 g PbO rasch auf 250°, steigert die Temperatur innerhalb einer Stunde auf 310°, erhitzt $1—1^1/_2$ Stdn. auf 310° und dann $^1/_2$ Stde. auf 355°; man zieht das Produkt mit Schwefelkohlenstoff aus, verdunstet den Auszug, löst den Rückstand in wenig heißem Benzol, fällt mit der Lösung von 15 g Pikrinsäure in Benzol und zerlegt das Pikrat mit Ammoniak (GRAEBE, STINDT, *A.* **291**, 2). — Rote rhombische (ARZRUNI, *J.* **1877**, 383; vgl. *Groth, Ch. Kr.* **5**, 431) Säulen oder Nadeln (aus Chloroform-Alkohol). F: 187—188°(korr.) (GR., v. M.). Siedet oberhalb 360° (DE LA H., VAN D.). Colorimetrische Untersuchung in verschiedenen Mitteln: HANTZSCH, GLOVER, *B.* **39**, 4157. — Verwandelt sich, in Alkohol und Äther gelöst, an der Luft in Fluorenon (HA., GL., *B.* **39**, 4156). Bei der Oxydation mit Chromsäuregemisch entstehen Fluorenon (GR., v. M.), und 10-Oxo-9-diphenylen-phenanthren-dihydrid-(9.10) (KL., L.). Liefert beim Erhitzen mit Zinkstaub unter anderem Fluoren (DE LA H., VAN D.). Gibt bei der Destillation mit Kupferpulver Diphenylenäthylen (S. 673) (MANCHOT, KRISCHE, *A.* **337**, 198). Bei der Reduktion mit Natriumamalgam in siedendem Alkohol entsteht $\alpha.\beta$-Bis-diphenylen-äthan (DE LA H., VAN D.). Beim Schmelzen mit Kali wird Diphenyl-carbonsäure-(2) gebildet (GR., ST.). Addiert 2 Atom-Gew. Chlor oder Brom (GR., v. M.). Salpetersäure erzeugt $\alpha.\beta$-Dinitro-$\alpha.\beta$-bis-diphenylen-äthan (GR., ST.). — Verbindung mit Pikrinsäure s. Syst. No. 523.

2. 9.10-Diphenylen-phenanthren, L.-R.-Name: [Tetrabenzolo-*1.2,3.4,5.6,7.8*-naphthalin] $C_{26}H_{16} =$ Zur Konstitution vgl. WERNER, GROB, *B.* **37**, 2895. — *B.* Aus 10-Oxo-9-diphenylen-phenanthren-dihydrid-(9.10) (Syst. No. 663) durch Jodwasserstoffsäure (KLINGER, LONNES, *B.* **29**, 2156). — Nadeln. F: 215°. — Bei der Oxydation entsteht eine bei 269° schmelzende Verbindung $C_{26}H_{16}O_2$ (farblose Krystalle). Diphenylen-phenanthren wird durch Brom in siedendem Tetrachlorkohlenstoff nicht verändert.

2. Kohlenwasserstoffe $C_{27}H_{18}$.

1. $\alpha.\gamma$-Bis-diphenylen-propylen (?), „Methenyl-bis-fluoren" $C_{27}H_{18} = \begin{smallmatrix} C_6H_4 \\ C_6H_4 \end{smallmatrix}\!\!>\!\!CH\cdot CH\!:\!C\!<\!\!\begin{smallmatrix} C_6H_4 \\ C_6H_4 \end{smallmatrix}$ (?). *B.* Durch längere Einw. von Ameisensäureester und Natriumäthylat auf Fluoren in alkoh. Lösung (W. WISLICENUS, DENSOH, *B.* **35**, 765). — Rote Nädelchen (aus Toluol), die bei 300° noch nicht schmelzen.

2. Truxen, Tribenzylenbenzol, L.-R.-Name: [Tri-(indeno-*1'.2'*)-*1.2,3.4,5.6*-benzol] $C_{27}H_{18} =$ Zur Konstitution vgl. MICHAEL, *B.* **39**, 1910. — *B.* Aus α-Hydrindon (Syst. No. 644) beim Erhitzen mit konz. Salzsäure auf 100° oder mit Jodwasserstoffsäure auf 230° oder beim Destillieren über Zinkstaub (HAUSMANN, *B.* **22**, 2022). Beim Erhitzen von α-Hydrindon oder Anhydro-bis-α-hydrindon (Syst. No. 656) mit verdünnter Schwefelsäure oder mit Phosphorpentoxyd (KIPPING, *Soc.* **65**, 272, 278, 497). Beim Erhitzen von Hydrozimtsäure mit P_2O_5 (KI., *Soc.* **65**, 276). Durch Erhitzen von Inden, neben Hydrinden und Polymerisationsprodukten des Indens (WEGER, BILLMANN, *B.* **36**, 644; vgl. auch WE., *Z. Ang.* **22**, 345). Aus Dichlorinden (S. 516) mit Jodwasserstoffsäure beim 200° (H.). Bei 2-stdg. Erhitzen von 1 Tl. Truxon mit 6—7 Tln. Jodwasserstoffsäure (D: 1,7) und 1 Tl. rotem Phosphor auf 180° (LIEBERMANN, BERGAMI, *B.* **22**, 786). Durch 3-stdg. Erhitzen von Bromtruxon ($C_9H_5OBr)_x$ (s. bei allo-α-Brom-zimtsäure, Syst. No. 948) mit Jodwasserstoffsäure und rotem Phosphor auf 180° (MANTHEY, *B.* **32**, 2476). Durch Destillation von Cumaronharz (KRAEMER, *B.* **36**, 645). — Tafeln (aus siedendem Xylol). F: 365—368° (LIEBERMANN, *B.* **27**, 1417). Fast unlöslich in den meisten Lösungsmitteln; löslich in siedendem Chloroform, Anilin

(L., B., *B.* **22**, 786), Nitrobenzol (H.) und Xylol (Kɪ., *Soc.* **65**, 279). — Mit Chromsäuregemisch entsteht Tribenzoylbenzol (L., B., *B.* **23**, 318; Kɪ., *Soc.* **65**, 285). Bei längerem Kochen mit Salpetersäure (D: 1,5) entsteht 4-Nitro-benzol-dicarbonsäure-(1.2) (Kɪ., *Soc.* **65**, 288). Truxen wird von schmelzendem Kali nur langsam angegriffen (Kɪ., *Soc.* **65**, 279). Tropft man eine Lösung des Kohlenwasserstoffs in konz. Schwefelsäure zu konz. Salpetersäure, so entsteht eine unbeständige grüne Färbung (Weger, Billmann, *B.* **36**, 644).

Tribromtruxen $C_{27}H_{15}Br_3$. *B.* Durch Zusatz von Brom zu der Suspension von Truxen in Chloroform (Kipping, *Soc.* **65**, 287). — Nadeln (aus Xylol). Schmilzt nicht bei 300°.

3. Kohlenwasserstoffe $C_{28}H_{20}$.

1. *9.10-[a.β-Diphenyl-äthylen]-anthracen, monomolekulares Dibenzal-anthracen* $C_{28}H_{20}$ =

$$C_6H_4\{^{C}_{C}\}C_6H_4 \begin{array}{c} \text{CH·}C_6H_5 \\ \\ \text{CH·}C_6H_5 \end{array} (?).$$

(Das Mol.-Gew. ist ebullioskopisch bestimmt.) *B.* Läßt sich aus 9-Benzyl-10-[a-brom-benzyl]-anthracen durch HBr-Abspaltung nach verschiedenen Methoden gewinnen, am besten durch Erhitzen mit Essigsäureanhydrid (Lippmann, Fritsch, *M.* **25**, 799). — Gelbe Krystalle (aus $CHCl_3$ + Alkohol). Der Schmelzpunkt verschieden dargestellter Präparate schwankt zwischen 234° und 240°. Löslich in heißem $CHCl_3$ mit blauer Fluorescenz, sehr wenig löslich in Eisessig, Äther, Alkohol, CS_2.

Dimolekulares Dibenzalanthracen $C_{56}H_{40}$ =

$$C_6H_4\{^{C}_{C}\}C_6H_4 \begin{array}{c} \text{CH}(C_6H_5)·\text{CH}(C_6H_5) \\ \\ \text{CH}(C_6H_5)·\text{CH}(C_6H_5) \end{array} C_6H_4\{^{C}_{C}\}C_6H_4 \ (?) \text{ s. S. 765.}$$

Bromdibenzal-anthracen $C_{28}H_{19}Br$ =

$$C_6H_4\{^{C}_{C}\}C_6H_4 \begin{array}{c} \text{CH·}C_6H_5 \\ \\ \text{CBr·}C_6H_5 \end{array} (?).$$

B. Durch längeres Erhitzen von Dibromdibenzylanthracen auf 212° im CO_2-Strom (Lippmann, Fritsch, *A.* **351**, 58). — Krystalle (aus Eisessig). F: 99°. Leicht löslich in Äther, Chloroform, Benzol, Aceton, weniger in Alkohol. — Gibt mit Zinkstaub und Eisessig Dibenzalanthracen.

2. *Bis-diphenylen-cyclobutan, „Bisphenanthran"* $C_{28}H_{20}$ =

$$\begin{array}{c} C_6H_4·\text{CH}·\text{CH}·C_6H_4 \\ C_6H_4·\text{CH}·\text{CH}·C_6H_4 \end{array}.$$

Nitrobisphenanthran $C_{28}H_{19}O_2N$ =

$$\begin{array}{c} C_6H_4·\text{CH} \longrightarrow \text{CH}·C_6H_4 \\ C_6H_4·\text{C}(NO_2)·\text{CH}·C_6H_4 \end{array} (?).$$

B. Durch 10 Minuten langes Erhitzen von 10.10′-Dinitro-diphenanthryl-tetrahydrid-(9.10.9′.10′) (S. 751) auf 200° bis 205° (Schmidt, *B.* **33**, 3259). — Gelbe Prismen (aus Benzol). F: 210—212°. Sehr wenig löslich in Alkohol und Äther, leichter in Aceton und Eisessig, am besten in Chloroform und Benzol; in heißer konz. Schwefelsäure mit intensiv grüner Farbe löslich.

Dinitrobisphenanthran $C_{28}H_{18}O_4N_2$ =

$$\begin{array}{c} C_6H_4·\text{CH} \longrightarrow \text{CH}·C_6H_4 \\ C_6H_4·\text{C}(NO_2)·\text{C}(NO_2)·C_6H_4 \end{array} (?).$$

B. Durch Erwärmen von 6 g 10.10′-Dinitro-diphenanthryl-tetrahydrid-(9.10.9′.10′) (S. 751) mit einer Lösung von 5 g Natrium in 150 ccm Alkohol (Sch., *B.* **33**, 3260). — Schokoladenbraunes Pulver. Zersetzt sich gegen 300°. Sehr wenig löslich. Lösung in konz. Schwefelsäure blau, nach Zusatz von Wasser braungelb.

3. *Paranthracen* $C_{28}H_{20}$ s. S. 663.

4. Tetraphenylcyclopentadien $C_{29}H_{22}$

$$\begin{array}{c} C_6H_5·\text{C}·CH_2·\text{C}·C_6H_5 \\ C_6H_5·\text{C} \longrightarrow \text{C}·C_6H_5 \end{array} \text{oder}$$

$$\begin{array}{c} C_6H_5·\text{C}:\text{CH}·\text{CH}·C_6H_5 \\ C_6H_5·\text{C} = \text{C}·C_6H_5 \end{array}.$$

B. Man erhitzt 1.2.3.4-Tetraphenyl-cyclopentandiol-(2.3) mit 75 Tln. Alkohol und 45 Tln. Salzsäure $1^1/_2$ Stdn. oder mit geschmolzener Oxalsäure einige Minuten (Carpenter, *A.* **302**, 230). Durch $^1/_4$-stdg. Kochen einer Lösung von 2 g 1.2.3.4-Tetraphenyl-cyclopentandiol-(1.2) in 75 g absol. Alkohol unter allmählichem Zusatz von 50 ccm rauchender Salzsäure (Auerbach, *B.* **36**, 936). — Nadeln (aus Alkohol + Benzol). F: 177° (C.), 177—178° (A.). Fast unlöslich in kaltem Alkohol, löslich in Äther, Chloroform, Schwefelkohlenstoff, Ligroin und Eisessig, leicht in Benzol (C.). — Löst sich in konz. Schwefelsäure mit Eosinfärbung (C.). Durch Erhitzen mit Jodwasserstoff und Phosphor auf 140° bis 150° entsteht Tetraphenylcyclopentan (C.).

Dibromderivat $C_{29}H_{20}Br_2$. *B.* Aus Tetraphenylcyclopentadien und Brom in Schwefel-kohlenstoff (CARPENTER, *A.* 302, 232). — Rote Täfelchen. F: 151,5—152°. Leicht löslich in Äther, Benzol, Chloroform und Eisessig, schwer in Alkohol.

5. Kohlenwasserstoffe $C_{30}H_{24}$.

1. *α.α.β.ζ-Tetraphenyl-α.γ.ε-hexatrien* $C_{30}H_{24} = (C_6H_5)_2C:C(C_6H_5)\cdot CH:CH\cdot CH:CH\cdot C_6H_5$. *B.* Beim Zusammenschmelzen von Diphenylketen-Chinolin mit Cinnamalacetophenon im Wasserstoffstrom, neben der Verbindung $\begin{array}{l}C_6H_5\cdot CH:CH\cdot CH\cdot CH\cdot CO\cdot C_6H_5\\(C_6H_5)_2C - CO\end{array}$ (?) (Syst. No. 690) (STAUDINGER, *B.* 42, 4261). — Gelbe Prismen (aus Aceton). F: 158—160°.

2. *α.ε-Diphenyl-γ-diphenylmethylen-α.δ-pentadien* $C_{30}H_{24} = (C_6H_5\cdot CH:CH)_2$ $C:C(C_6H_5)_2$. *B.* Aus Dibenzalaceton und Diphenylketen in siedendem Toluol oder beim Zu-sammenschmelzen von Dibenzalaceton mit Diphenylketen-Chinolin im Wasserstoffstrom (STAUDINGER, *B.* 41, 1496). — Schwefelgelbe Nadeln (aus Essigester). F: 173—176°. Hell-gelbe Nadeln mit $^1/_2$ Mol. Krystallbenzol (aus Benzol), die sich bei 130° unter Verlust des Krystallbenzols schwefelgelb färben. Leicht löslich in Chloroform, fast unlöslich in Alkohol, Äther, Petroläther. Die Lösungen in heißem Eisessig, Aceton oder Essigester sind gelb ge-färbt. — Oxydiert sich beim Kochen seiner Benzollösung an der Luft. Gibt mit Brom in Chloroform ein Tetrabromid.

α.ε-Bis-[4-chlor-phenyl]-γ-diphenylmethylen-α.δ-pentadien $C_{30}H_{22}Cl_2 = (C_6H_4Cl\cdot CH:CH)_2C:C(C_6H_5)_2$. *B.* Aus Bis-[4-chlor-benzal]-aceton und Diphenylketen in siedendem Toluol oder beim Zusammenschmelzen von Diphenylketen-Chinolin mit Bis-[4-chlor-benzal]-aceton (STAUDINGER, *B.* 41, 1499). — Schwach gelbe Krystalle (aus Benzol). F: 195,5—196,5°.

3. *Bis-[2-methyl-anthracen]* $C_{30}H_{24} = [C_{14}H_9\cdot CH_3]_2$ s. S. 675.

4. *Kohlenwasserstoff* $C_{30}H_{24}$ *von unbekannter Konstitution.* *B.* Man läßt 15 g 1.2-Diphenyl-propandiol-(1.2) in ein Gemisch von 10 g Phosphorpentoxyd und 25 g Benzol eintropfen (TIFFENEAU, DORLENCOURT, *A. ch.* [8] 16, 253). — Krystalle (aus Alkohol). F: 163°. Kp_{15}: 197—200°.

5. *Kohlenwasserstoff* $C_{30}H_{24}$ *von unbekannter Konstitution.* *B.* Aus β-Chlor-α.γ-diphenyl-α-propylen (S. 643) und methylalkoholischer Kalilauge durch Kochen (WIELAND, *B.* 37, 1144) oder besser durch Erhitzen auf 170—175° (DIECKMANN, KÄMMERER, *B.* 39, 3051). — Krystalle (aus viel heißem Alkohol). F: 121,5° (W.), 127° (D., K.). Leicht löslich in Benzol, schwer in Äther, sehr wenig in Alkohol (D., K.). — Gegen $KMnO_4$ beständig (D., K.).

X. Kohlenwasserstoffe $C_n H_{2n-38}$.

1. **Bis-diphenylen-allen** $C_{27}H_{16} = \begin{array}{c}C_6H_4\\C_6H_4\end{array}\rangle C:C:C\langle\begin{array}{c}C_6H_4\\C_6H_4\end{array}$. *B.* Beim Erhitzen von Diphenylenketen-Chinolin mit diphenylenessigsaurem Chinolin (STAUDINGER, *B.* 39, 3067). Beim Erhitzen von Diphenylenessigsäureanhydrid mit Chinolin auf 120—130° (ST.). — Orangegelbe Nädelchen (aus Essigester + Chloroform). Schmilzt in siedendem Paraffin. Löslich in Benzol, Chloroform, Schwefelkohlenstoff und Pyridin, schwer löslich in Äther und Essigester, unlöslich in Alkohol, Ligroin, Eisessig.

2. **Dianthranyl,** („Dianthryl") $C_{28}H_{18} = C_6H_4\left\{\begin{array}{c}C\\CH\end{array}\right\}C_6H_4 \quad C_6H_4\left\{\begin{array}{c}C\\CH\end{array}\right\}C_6H_4$.

B. Beim Erhitzen von Anthrapinakon $CH_2\langle\begin{array}{c}C_6H_4\\C_6H_4\end{array}\rangle C(OH)\cdot C(OH)\langle\begin{array}{c}C_6H_4\\C_6H_4\end{array}\rangle CH_2$ mit Acetyl-chlorid im geschlossenen Rohr auf 100° (K. SCHULZE, *B.* 18, 3035). Bei 1-stdg. Kochen von je 10 g Anthrachinon mit 40 g Zinn und Eisessig unter Zusatz von rauchender Salzsäure (LIEBERMANN, GIMBEL, *B.* 20, 1855). — Blättchen. F: 300°. — Liefert mit Phosphor und Jodwasserstoffsäure bei 200° Anthracendihydrid (S. 641) (SACHSE, *B.* 21, 2512). Beim Kochen mit Natriumamalgam und Alkohol entsteht „Dianthryltetrahydrid" (S. 751) (SA.).

10.10'-Dichlor-dianthranyl-(9.9') $C_{28}H_{16}Cl_2$. *B.* Beim Erhitzen von 10.10'-Dinitro-dianthryl-(9.9') mit Salzsäure (D: 1,19) auf 180° (SACHSE, *B.* 21, 2513). — Goldglänzende

Nadeln (aus Eisessig). Schmilzt nicht bei 300⁰. Ziemlich leicht löslich in Benzol, schwer in Eisessig, sehr schwer in Alkohol. Die Lösungen fluorescieren blau.

Hexachlor-dianthranyl $C_{28}H_{12}Cl_6$. *B.* Bei 1—2-stdg. Kochen von Dichlordianthranyl-oktachlorid (S. 742) mit alkoh. Kali (SA., *B.* **21**, 1183). — Grüngelbe mikroskopische Säulen (aus Eisessig). F: 308—310⁰. Leicht löslich in Benzol, schwer in Alkohol und Eisessig.

10.10′-Dibrom-dianthranyl-(9.9′) $C_{28}H_{16}Br_2$. *B.* Aus Dianthryl und Brom in Schwefel-kohlenstoff (LIEBERMANN, GIMBEL, *B.* **20**, 1855). Entsteht auch beim Eintröpfeln von Brom (verdünnt mit Eisessig) in eine siedende eisessigsaure Lösung von Dinitrodianthryl (SACHSE, *B.* **21**, 2513). — Honiggelbe Säulen. Schmilzt oberhalb 300⁰ (L., G.). Ziemlich leicht löslich in Benzol (S.).

10.10′-Dinitro-dianthranyl-(9.9′) $C_{28}H_{16}O_4N_2 = C_{28}H_{16}(NO_2)_2$. *B.* 1 Tl. Dianthryl, suspendiert in 5 Tln. Eisessig, wird allmählich mit 2 Tln. einer Mischung aus 1 Vol. Salpeter-säure (D: 1,48) und 1 Vol. Eisessig vermischt (GIMBEL, *B.* **20**, 2433). — Schwefelgelbe Nadeln oder Säulen. Schmilzt bei 337⁰ unter Zersetzung. Leicht löslich in Chloroform und Benzol, wenig in Alkohol und Eisessig. — Wird von CrO_3 und Eisessig glatt zu Anthrachinon oxydiert. Liefert beim Erhitzen auf 180⁰ mit Salzsäure Dichlordianthryl. Mit Brom entsteht Dibrom-dianthryl.

3. Kohlenwasserstoffe $C_{30}H_{22}$.

1. **1.2.4.5-Tetraphenyl-benzol** $C_{30}H_{22} = C_6H_2(C_6H_5)_4$. *B.* Durch Reduktion des 2.3-Diphenyl-1.4-dibenzoyl-butadiens-(1.3) mit Jodwasserstoff und Phosphor (LEHMANN, *A.* **302**, 210). Durch Erhitzen von 2.3-Diphenyl-1.4-dibenzoyl-buten mit Phosphoroxychlorid (L.). — Farblose Nadeln (aus Benzol). F: 277—278⁰.

2. **9-Phenyl-10-α-naphthyl-anthracen-dihydrid-(9.10)** $C_{30}H_{22} =$ $C_6H_4 \overset{CH(C_6H_5)}{\underset{CH(C_{10}H_7)}{<}} C_6H_4$. *B.* Durch Reduktion des 9-Phenyl-10-α-naphthyl-anthracens mit Natriumamalgam in alkoh. Lösung (GUYOT, STAEHLING, *Bl.* [3] **33**, 1121). — Weiße Nadeln, die sich an der Luft allmählich dichroitisch violett färben. F: 225⁰. — Liefert bei der Oxy-dation mit $K_2Cr_2O_7$ in Eisessig 9.10-Dioxy-9-phenyl-10-α-naphthyl-anthracen-dihydrid-(9.10).

9.10-Dichlor-9-phenyl-10-α-naphthyl-anthracen-dihydrid-(9.10) $C_{30}H_{20}Cl_2 =$ $C_6H_4 \overset{CCl(C_6H_5)}{\underset{CCl(C_{10}H_7)}{<}} C_6H_4$. *B.* Durch Sättigen einer Benzollösung des 9.10-Dioxy-9-phenyl-10-α-naphthyl-anthracen-dihydrids-(9.10) mit HCl (G., ST., *Bl.* [3] **33**, 1119). — Farblose Prismen (aus Benzol), die 1 Mol. Krystallbenzol enthalten. F: 160⁰ (unkorr.). Löslich in konz. Schwefelsäure mit blauer Farbe. — Ist ein energisches Oxydationsmittel.

3. **Kohlenwasserstoff** $C_{30}H_{22}$ *von unbekannter Konstitution.* *B.* Entsteht in geringer Menge neben Dibenzylmethan bei 3-stdg. Erhitzen von Dibenzylcarbinol mit Me-thyljodid auf 265⁰ (BOGDANOWSKY, *B.* **25**, 1273; vgl. dazu WISLICENUS, LEHMANN, *A.* **302**, 211). — Nadeln. F: 268—269⁰ (B.). Unlöslich in Alkohol und Äther, schwer löslich in siedendem Chloroform (B.).

4. Phenyl-bis-diphenylyl-methan, Phenyl-di-p-xenyl-methan, 4.4′-Di-phenyl-tritan $C_{31}H_{24} = C_6H_5 \cdot CH(C_6H_4 \cdot C_6H_5)_2$. *B.* Aus Phenyl-di-p-xenyl-carbinol durch Kochen mit Zinkstaub und Eisessig (SCHLENK, WEICKEL, HERZENSTEIN, *A.* **372**, 19). — Rautenförmige Blättchen mit 1 Mol. Benzol (aus Benzol). F: 161⁰.

Phenyl-di-p-xenyl-chlormethan, α-Chlor-4.4′-diphenyl-tritan $C_{31}H_{23}Cl = C_6H_5 \cdot CCl(C_6H_4 \cdot C_6H_5)_2$. *B.* Aus Phenyl-di-p-xenyl-carbinol durch Kochen mit Acetylchlorid (SCHLENK, *A.* **368**, 301). — Farblos. F: 131,5⁰ (SCH.). Leicht löslich in Ligroin; aus dieser Lösung durch Äther fällbar (SCH.). — Liefert mit flüssigem Schwefeldioxyd eine rote Lösung, die beim Verdunsten wieder die farblose Verbindung hinterläßt (SCHLENK, WEICKEL, HERZEN-STEIN, *A.* **372**, 10, 25). Beim Erhitzen der Benzollösung mit Kupferbronze entsteht Phenyl-bis-diphenylyl-methyl (S. 757) (SCH., W., H.).

5. Kohlenwasserstoffe $C_{32}H_{26}$.

1. **Pentaphenyläthan** $C_{32}H_{26} = (C_6H_5)_2CH \cdot C(C_6H_5)_3$. *B.* Durch Behandlung eines Gemisches von Diphenylbrommethan und Triphenylchlormethan in Äther mit Magnesium (GOMBERG, CONE, *B.* **39**, 1467). — Monokline (?) Tafeln (aus Petroläther). Schmilzt an der Luft unter Zers. bei 175—180⁰ (G., C.), in CO_2-Atmosphäre bei 178—179⁰ (TSCHITSCHIBABIN,

B. **40**, 368; Ж. **39**, 162; *C*. **1907** II, 147). Leicht löslich in Benzol, CS_2, schwer in Äther, sehr wenig in Alkohol, Petroläther (G., C.). — Oxydiert sich spontan bei höherer Temperatur (TSCH.). Pentaphenyläthan wird durch überschüssiges CrO_3 in Eisessig bei gewöhnlicher Temperatur teilweise zu Triphenylcarbinol und Benzophenon oxydiert. Beim Erhitzen der Lösung in Benzol mit HCl auf 150° entstehen Triphenylmethan, Triphenylchlormethan und symm. Tetraphenyläthan (TSCH.). Pentaphenyläthan reagiert kaum mit Brom (G., C.). Liefert beim Erhitzen mit PCl_5 in Benzol Triphenylchlormethan (CONE, ROBINSON, *B*. **40**, 2166).

Pentaphenylchloräthan (?) $C_{32}H_{25}Cl = (C_6H_5)_2CCl \cdot C(C_6H_5)_3$ (?). *B*. Beim Behandeln eines in Äther gelösten Gemisches von Brombenzol und Tetrachlorkohlenstoff mit Natrium (GUARESCHI, *G*. **7**, 410; *J*. **1877**, 403). — F: 120—125°. Siedet oberhalb 340°.

2. *1.4-Dibenzhydryl-benzol, p-Benzhydryl-triphenylmethan, 4-Benz-hydryl-tritan, ω.ω.ω′.ω′-Tetraphenyl-p-xylol* $C_{32}H_{26} = (C_6H_5)_2CH \cdot C_6H_4 \cdot CH(C_6H_5)_2$. *B*. Aus Tetraphenyl-p-xylylenglykol durch Zinkstaub und Eisessig (ULLMANN, SCHLAEPFER, *B*. **37**, 2006). — Weiße Nadeln (aus Eisessig). F: 172°. Sehr wenig löslich in Alkohol und Ligroin, löslich in heißem Eisessig, kaltem Äther, Benzol und Toluol. Unlöslich in konz. Schwefelsäure.

p-Benzhydryl-[triphenylchlormethan], a-Chlor-4-benzhydryl-tritan $C_{32}H_{25}Cl = (C_6H_5)_2CH \cdot C_6H_4 \cdot CCl(C_6H_5)_2$. *B*. Beim Einleiten von HCl in die Eisessiglösung des Äthyl-äthers des p-Benzhydryl-triphenylcarbinols oder bei der Einw. von Acetylchlorid auf p-Benz-hydryl-triphenylcarbinol oder seinen Äther (TSCHITSCHIBABIN, *B*. **41**, 2425; *C*. **1909** I, 535). Aus 1.4-Bis-diphenylmethylen-cyclohexadien-(2.5) $(C_6H_5)_2C:C_6H_4:C(C_6H_5)_2$ in Benzol und HCl in Eisessig in CO_2-Atmosphäre (TSCH., *B*. **41**, 2774). — Farbloses Krystallpulver. F: 142° (Zers.) (TSCH., *B*. **41**, 2425; *C*. **1909** I, 535). Ziemlich schwer löslich in kaltem Eis-essig, reichlicher beim Erwärmen (TSCH., *B*. **41**, 2425; *C*. **1909** I, 535). — Löslich in Schwefel-säure mit Orangefarbe (TSCH., *B*. **41**, 2425; *C*. **1909** I, 535). — Gibt mit Wasser p-Benz-hydryl-triphenylcarbinol (TSCH., *B*. **41**, 2425; *C*. **1909** I, 535). Gibt mit Chinolin in siedendem Xylol 1.4-Bis-diphenylmethylen-cyclohexadien-(2.5) (TSCH., *B*. **41**, 2774).

ω.ω.ω′.ω′-Tetraphenyl-p-xylylendichlorid $C_{32}H_{24}Cl_2 = (C_6H_5)_2CCl \cdot C_6H_4 \cdot CCl(C_6H_5)_2$. *B*. Durch Einleiten von Chlorwasserstoff in die siedende Benzollösung von Tetraphenyl-p-xylylenglykol (ULLMANN, SCHLAEPFER, *B*. **37**, 2003). — Nadeln. F: 247°; sehr wenig löslich in Äther und Benzol, löslich in siedendem Xylol. Löst sich in konz. Schwefelsäure mit orangegelber Farbe unter Entwicklung von Chlorwasserstoff.

p-Benzhydryl-[triphenylbrommethan], a-Brom-4-benzhydryl-tritan $C_{32}H_{25}Br = (C_6H_5)_2CH \cdot C_6H_4 \cdot CBr(C_6H_5)_2$. *B*. Aus dem Äthyläther des p-Benzhydryl-triphenylcarbinols in Eisessig durch Einw. von HBr (TSCH., *B*. **41**, 2426; *C*. **1909** I, 535). Aus 1.4-Bis-diphenylmethylen-cyclohexadien-(2.5) in Benzol und HBr in Eisessig in CO_2-Atmosphäre (TSCH., *B*. **41**, 2774). — Krystallpulver. Färbt sich beim Erwärmen orange und zersetzt sich allmählich oberhalb 200°; sehr wenig löslich in Eisessig (TSCH., *B*. **41**, 2774).

ω.ω.ω′.ω′-Tetraphenyl-p-xylylendibromid $C_{32}H_{24}Br_2 = (C_6H_5)_2CBr \cdot C_6H_4 \cdot CBr(C_6H_5)_2$. *B*. Durch kurzes Kochen einer Lösung von 25 g Tetraphenyl-p-xylylenglykol-dimethyläther in 200 ccm Eisessig mit 50 ccm 33%iger Eisessig-Bromwasserstoffsäure (THIELE, BALHORN, *B*. **37**, 1469). Aus 1.4-Bis-diphenylmethylen-cyclohexadien-(2.5) und Brom (TH., B., *B*. **37**, 1469). — Tafeln oder Blättchen (aus Äthylenbromid). F: 270—272° (Zers.) (TH., B.), 287° (TSCH., *B*. **41**, 2773). Sehr wenig löslich in den üblichen Lösungsmitteln (TH., B.). — Gibt mit Natriummethylat oder methylalkoholischer Kalilauge Tetraphenyl-p-xylylenglykol-dimethyläther (TH., B.). Beim Kochen mit Silber in Benzol entsteht 1.4-Bis-diphenylmethylen-cyclohexadien-(2.5) (TH., B.).

3. *Kohlenwasserstoff* $C_{32}H_{26}$ (?) *aus γ-Dypnopinakolinalkohol, γ-Dypno-pinalkolen*. *B*. Aus γ-Dypnopinakolinalkohol $C_{32}H_{28}O$ (s. bei Dypnon, Syst. No. 654) und Acetylchlorid in der Kälte (DELACRE, *Bull. Acad. roy. Belgique* [3] **27**, 45; *B*. **27** Ref., 339). — Nädelchen (aus Alkohol). F: 81—82°. — Beim Kochen mit Acetylchlorid entsteht . 1.3.5-Triphenyl-benzol.
a-Dypnopinalkolen (früher $C_{32}H_{26}$ formuliert) wird neuerdings als $C_{25}H_{22}$ betrachtet. Vgl. S. 734.

4. *Kohlenwasserstoff* $C_{32}H_{26}$ *von unbekannter Konstitution*. *B*. Aus a-Iso-dypnopinakolinalkohol $C_{32}H_{28}O$ (s. bei Dypnon, Syst. No. 654) durch Kochen mit einem Gemisch von Eisessig und konz. Salzsäure (DAELS, *Bull. Acad. roy. Belgique* **1905**, 598; *C*. **1906** I, 998). Aus der Verbindung $C_{32}H_{28}O$ vom Schmelzpunkt 162° (s. bei Dypnon, Syst. No. 654) durch Einw. von Salzsäure oder Acetylchlorid (D.). — Nadeln. F: 180°. Löslich in 3 Tln. siedendem Benzol, 100 Tln. siedendem Alkohol; löslich zu 3,5% in Essigsäure. Destilliert im Vakuum größtenteils unzersetzt.

6. Phenyl-p-tolyl-[p-benzhydryl-phenyl]-methan, 4-Methyl-4'-benzhydryltritan C$_{33}$H$_{28}$ = CH$_3$·C$_6$H$_4$·CH(C$_6$H$_5$)·C$_6$H$_4$·CH(C$_6$H$_5$)$_2$.

Phenyl-p-tolyl-[p-benzhydryl-phenyl]-chlormethan, α-Chlor-4-methyl-4'-benzhydryl-tritan C$_{33}$H$_{27}$Cl = CH$_3$·C$_6$H$_4$·CCl(C$_6$H$_5$)·C$_6$H$_4$·CH(C$_6$H$_5$)$_2$. B. Man kocht eine äther. Lösung von p-Tolyl-magnesiumbromid mit p-Benzoyl-triphenylmethan, zersetzt mit Wasser und verd. Essigsäure, löst das beim Eindampfen der äther. Lösung erhaltene ölige Phenyl-p-tolyl-[p-benzhydryl-phenyl]-carbinol in Eisessig und fügt eine Lösung von HCl in Eisessig hinzu (TSCHITSCHIBABIN, B. 41, 2776). — Krystalle.

Phenyl-p-tolyl-[p-benzhydryl-phenyl]-brommethan, α-Brom-4-methyl-4'-benzhydryl-tritan C$_{33}$H$_{27}$Br = CH$_3$·C$_6$H$_4$·CBr(C$_6$H$_5$)·C$_6$H$_4$·CH(C$_6$H$_5$)$_2$. B. analog der entsprechenden Chlorverbindung (s. o.) (TSCH., B. 41, 2776). — Gelbliches Pulver. Schmilzt bei 156—164° unter Zersetzung und Orangefärbung. Löst sich in konz. Schwefelsäure orangefarben. — Gibt mit Chinolin in siedendem Xylol 1-[Diphenylmethylen]-4-[phenyl-p-tolyl-methylen]-cyclohexadien-(2.5) (S. 758—759).

Y. Kohlenwasserstoff C$_n$H$_{2n-36}$.

Phenyl-bis-p-diphenylyl-methyl, Phenyl-di-p-xenyl-methyl C$_{31}$H$_{23}$ = C$_6$H$_5$·C(C$_6$H$_4$·C$_6$H$_5$)$_2$. B. Durch Kochen von Phenyl-di-p-xenyl-chlormethan (S. 755) mit

Kupferbronze in Benzol unter Luftabschluß (SCHLENK, WEICKEL, HERZENSTEIN, A. 372, 6). — Wurde nur in Lösung dargestellt. Die Benzollösung ist rot. Sie enthält eine farbige Form des Kohlenwasserstoffs im Gleichgewicht mit geringen Mengen einer farblosen Form, die (vgl. den Abschnitt über Konstitution der Triphenylmethyls, S. 715 f.) im Verhältnis zu wahrem Phenyl-di-p-xenyl-methyl zu symm. Diphenyltetra-p-xenyl-äthan C$_6$H$_5$·(C$_6$H$_5$·C$_6$H$_4$)$_2$C·C(C$_6$H$_4$·C$_6$H$_5$)$_2$·C$_6$H$_5$ stehen dürften[1]. Verhält sich gegen Luftsauerstoff ähnlich dem Triphenylmethyl.

Z. Kohlenwasserstoffe C$_n$H$_{2n-40}$.

1. 9-Phenyl-10-α-naphthyl-anthracen C$_{30}$H$_{20}$ = C$_{14}$H$_8$(C$_6$H$_5$)(C$_{10}$H$_7$). B.

Durch Reduktion des 9.10-Dioxy-9-phenyl-10-α-naphthyl-anthracen-dihydrids-(9.10) mit Zink und Essigsäure (GUYOT, STAEHLING, Bl. [3] 33, 1120). — Gelbe Krystalle. F: 229°. Leicht löslich in Benzol, sehr wenig in Alkohol und Eisessig mit prächtig violetter Fluorescenz. — Geht durch Reduktion mit Natriumamalgam in alkoh. Lösung in 9-Phenyl-10-α-naphthyl-anthracen-dihydrid-(9.10) über.

2. Kohlenwasserstoffe C$_{32}$H$_{24}$.

1. *1.4-Bis-diphenylmethylen-cyclohexadien-(2.5), p-Chinon-bis-diphenylmethid* C$_{32}$H$_{24}$ = (C$_6$H$_5$)$_2$C:C$\genfrac{}{}{0pt}{}{CH:CH}{CH:CH}$C:C(C$_6H_5$)$_2$. B. Beim Kochen einer Lösung des ω.ω.ω'.ω'-Tetraphenyl-p-xylylendibromids (S. 756) in Benzol mit molekularem Silber unter Lichtabschluß (THIELE, BALHORN, B. 37, 1469). Aus p-Benzhydryl-triphenylchlormethan (S. 756) in siedendem Xylol durch Chinolin im Kohlendioxydstrom (TSCHITSCHIBABIN, B. 41, 2773). Beim Kochen einer Lösung der Benzol-, Toluol- oder Xylol-Lösung der Verbindung OC$\genfrac{}{}{0pt}{}{CH:CH}{CH:CH}C\genfrac{}{}{0pt}{}{C(C$_6$H$_5$)$_2$}{O}$CO (Syst. No. 2486), sowie beim Erhitzen dieses Lactons mit Äther oder Petroläther im geschlossenen Rohr auf 150° (STAUDINGER, B. 41, 1359). Aus 2 Mol.-Gew. Diphenylketen bezw. 1 Mol.-Gew. der Additionsverbindung Diphenylketen-Chinolin C$_9$H$_7$N + 2C$_{14}$H$_{10}$O (s. bei Chinolin, Syst. No. 3077) und 1 Mol.-Gew. Chinon in siedendem Xylol in Wasserstoff- oder Kohlendioxyd-Atmosphäre (ST.). — Orangerote Krystalle (aus Xylol). Schmilzt in einer zugeschmolzenen, mit CO$_2$ gefüllten Capillare unter teilweiser Zersetzung bei 268° (unkorr.), in offener Capillare (unter Luftoxydation) bei ca. 240° (TSCH.). Schwer löslich in allen Lösungsmitteln; die Lösungen sind gelb bis orange, fluorescieren goldgelb und entfärben sich am Licht; die Lösung in konz. Schwefelsäure ist gelb (TH., B.). — Brom entfärbt die Lösungen unter Bildung von ω.ω.ω'.ω'-Tetraphenyl-p-xylylendibromid (TH., B.). Scheidet Jod aus einer Lösung von HI in Tetrachlorkohlenstoff ab (TH., B.).

---

[1]) Der Beweis wurde nach dem Literatur-Schlußtermin der 4. Aufl. dieses Handbuches [1. I. 1910] von SCHLENK, HERZENSTEIN, WEICKEL (B. 43, 1757) erbracht.

Wird in CCl_4-Lösung durch Aluminiumamamgam reduziert (TH., B.). Gibt in Benzol mit HCl in Eisessig p-Benzhydryl-[triphenylchlormethan], mit HBr in Eisessig p-Benzhydryl-[triphenylbrommethan] (TSCH.).

4-Diphenylmethylen-1-[phenyl-p-bromphenyl-methylen]-cyclohexadien-(2.5), **p-Chinon-[diphenylmethid]-[phenyl-p-bromphenyl-methid]** $C_{32}H_{22}Br = C_6H_4Br \cdot$ $C(C_6H_5):C_6H_4:C(C_6H_5)_2$. *B.* Man bringt p-Brom-phenylmagnesiumbromid mit p-Benzoyltriphenylmethan in Äther zur Reaktion, zersetzt mit Wasser und verd. Essigsäure, führt das ölige Carbinol durch HBr in Eisessiglösung in das entsprechende Bromid über und kocht dieses in Xylollösung mit Chinolin (TSCHITSCHIBABIN, *B.* 41, 2777). — Braunrotes Krystallpulver. Schmilzt in CO_2-Atmosphäre bei 257—259° (unter Zers.). Schwer löslich in heißem Xylol; löslich in konz. Schwefelsäure mit orangeroter Farbe. — Ist in feuchtem Zustande gegen Luftsauerstoff sehr empfindlich.

2. *9.9.10-Triphenyl-anthracen-dihydrid-(9.10), γ-Triphenyldihydro-* ***anthracen*** $C_{32}H_{24} = C_6H_4{<}{CH(C_6H_5) \atop C(C_6H_5)_2}{>}C_6H_4$. *B.* Durch Reduktion des 10-Oxy-9.9.10-triphenyl-anthracen-dihydrids oder dessen Methyl- oder Äthyläthers mit Zinkstaub und Eisessig (HALLER, GUYOT, *C. r.* 139, 11; *Bl.* [3] 31, 983). Durch Einw. von konz. Schwefelsäure auf die Verbindung $(C_6H_5)_2CH \cdot C_6H_4 \cdot C(C_6H_5)_2 \cdot O \cdot CH_3$, bezw. durch Einleiten von trocknem Chlorwasserstoff in die siedende Eisessiglösung dieser Verbindung (H., G.). — Weiße Krystalle (aus Benzol + Alkohol). F: 220°. Schwer löslich in der Mehrzahl der Lösungsmittel; löslich in konz. Schwefelsäure ohne Färbung.

3. *1.2.4.7-Tetraphenyl-cyclooctatetren-(1.3.5.7) (?), Dypnopinakolen* $C_{32}H_{24} = CH{<}{C(C_6H_5):CH \cdot C(C_6H_5) \atop CH \cdot C(C_6H_5){=\!=\!=}CH}{>}C \cdot C_6H_5$ (?). *B.* Bei 10-stdg. Erhitzen von 2,35 g α- oder β-Dypnopinakolin (s. bei Dypnon, Syst. No. 654) mit 75 g alkoh. Salzsäure auf 100° (DELACRE, *Bull. Acad. roy. Belgique* [3] 22, 499). — Goldgelbe Krystalle (aus Alkohol). F: 200—200,5°. Fast unlöslich in kaltem Alkohol.

4. *α-Isodypnopinakolen* $C_{32}H_{24}$. *B.* Neben β-Isodypnopinakolen (s. u.) bei der Einw. von Eisessig-Salzsäure, Eisessig-Bromwasserstoff, Eisessig-Schwefelsäure oder Acetylchlorid auf α-Isodypnopinakolin (s. bei Dypnon, Syst. No. 654) (DELACRE, *Bull. acad. roy. Belgique* [3] 29, 865; TERLINCK, *Bull. Acad. roy. Belgique* 1904, 1065; *C.* 1905 I, 367). — Tafeln oder Nadeln. F: 175,5° (korr.) (T.). — Liefert beim Erhitzen mit geschmolzenem Kali auf 220° eine Verbindung $C_{32}H_{20}O$ (?) (s. u.) (T.). CrO_3 oxydiert zu Benzoesäure (T.). Rauchende Salpetersäure verwandelt es in die Verbindung $C_{32}H_{23}O_2N$ (s. u.) (T.). Bei Einw. von 1 Mol.-Gew. Brom entsteht in Schwefelkohlenstoff die Verbindung $C_{32}H_{23}Br$ (s. u.), in Chloroform eine isomere Verbindung (s. u.); bei Einw. von 2 Mol.-Gew. Brom in Schwefelkohlenstoff im Sonnenlicht entsteht eine Verbindung $C_{32}H_{22}Br_2$ (s. u.) (T.). Erhitzen mit überschüssigem Brom und Eisen ergibt eine Verbindung $C_{32}H_{14}Br_{10}$ (s. u.) (T.).

Verbindung $C_{32}H_{20}O$ (?). *B.* Aus α-Isodypnopinakolen durch Erhitzen mit geschmolzenem Kali auf 220° (TERLINCK). — Krystalle (aus Chloroform + Petroläther). F: 173°.

Verbindung $C_{32}H_{23}O_2N$. *B.* Aus α-Isodypnopinakolen und rauchender Salpetersäure (TERLINCK). — Gelbe Krystalle (aus Nitrobenzol). F: 272°.

Verbindung $C_{32}H_{23}Br$. *B.* Aus α-Isodypnopinakolen und 1 Mol.-Gew. Brom in Schwefelkohlenstoff (TERLINCK). — Fast weiße Krystalle (aus siedendem Benzol + Ligroin). F: 199—200°. Schwer löslich in Benzol.

Verbindung $C_{32}H_{23}Br$. *B.* Aus α-Isodypnopinakolen und 1 Mol.-Gew. Brom in Chloroform (TERLINCK). — Tafeln (aus Benzol). F: 192°.

Verbindung $C_{32}H_{22}Br_2$. *B.* Aus α-Isodypnopinakolen und 2 Mol.-Gew. Brom in Schwefelkohlenstoff im Sonnenlicht (TERLINCK). — Krystalle (aus Methylalkohol). F: 182°.

Verbindung $C_{32}H_{14}Br_{10}$. *B.* Aus α-Isodypnopinakolen durch Erhitzen mit überschüssigem Brom und Eisen (TERLINCK). — Strohgelbe Tafeln (aus Chloroform + Äther). Färbt sich am Licht violett. Spaltet beim Erhitzen HBr ab.

5. *β-Isodypnopinakolen* $C_{32}H_{24}$. *B.* Neben α-Isodypnopinakolen (s. o.) bei der Einw. von Eisessig-Salzsäure, Eisessig-Bromwasserstoff, Eisessig-Schwefelsäure oder Acetylchlorid auf α-Isodypnopinakolin (s. bei Dypnon, Syst. No. 654) (DELACRE, *Bull. Acad. roy. Belgique* [3] 29, 865; TERLINCK, *Bull. Acad. roy. Belgique* 1904, 1065; *C.* 1905 I, 367). — F: 171° (T.).

3. 1-Diphenylmethylen-4-[phenyl-p-tolyl-methylen]-cyclohexadien-(2.5), **p-Chinon-[diphenylmethid]-[phenyl-p-tolyl-methid]** $C_{33}H_{26} = CH_3 \cdot C_6H_4 \cdot$ $C(C_6H_5):C{<}{CH:CH \atop CH:CH}{>}C:C(C_6H_5)_2$. *B.* Aus Phenyl-p-tolyl-[p-benzhydryl-phenyl]-brommethan (S. 757) in siedendem Xylol durch Chinolin (TSCHITSCHIBABIN, *B.* **41**, 2776). — Orangerote Krystalle (aus Xylol). F: 197⁰ (in Kohlendioxyd-Atmosphäre). Löst sich in konz. Schwefelsäure orangefarben. — In feuchtem Zustande empfindlich gegen Luft und Licht. Gibt mit Brom in Xylol eine in Xylol schwer lösliche bromhaltige Verbindung. Addiert HCl sowie HBr in Eisessig-Lösung.

4. Kohlenwasserstoffe $C_{34}H_{28}$.

1. *a.ɩ-Diphenyl-ɩ-diphenylmethylen-a.γ.ζ.ϑ-nonatetren* $C_{34}H_{28} = (C_6H_5 \cdot CH$: $CH \cdot CH:CH)_2C:C(C_6H_5)_2$. *B.* Aus Dicinnamylidenaceton und Diphenylketen in siedendem Toluol (STAUDINGER, *B.* **41**, 1499). — Krystallisiert aus wenig Benzol in gelben, 1½ Mol. Krystallbenzol enthaltenden Prismen, aus Eisessig oder Essigester in goldgelben Nadeln, die bei 150—151⁰ schmelzen.

2. *1.4-Dimethyl-2.5-bis-diphenylmethylen-cyclohexadien-(1.4), p-Xylo-chinon-bis-diphenylmethid* $C_{34}H_{28} = (C_6H_5)_2C:C\genfrac{}{}{0pt}{}{C(CH_3):CH}{CH:C(CH_3)}C:C(C_6H_5)_2$. *B.* Aus Diphenylketen-Chinolin $C_9H_7N + 2 C_{14}H_{10}O$ (s. bei Chinolin, Syst. No. 3077) und p-Xylochinon in siedendem Xylol (STAUDINGER, *B.* **41**, 1361). — Rote, violett schimmernde Nadeln (aus Xylol). F: 200⁰ (Zers.).

Za. Kohlenwasserstoffe C_nH_{2n-42}.

1. meso-α-Naphthyl-dinaphthofluoren,
α-Naphthyl-dinaphthylen-methan, L.-R.-Name:
[Naphthyl-1']-9-[dibenzolo-*1.2,7.8*-fluoren]
$C_{31}H_{20}$ =

meso-Chlor-meso-α-naphthyl-dinaphthofluoren, α-Naphthyl-dinaphthylen-chlormethan $C_{31}H_{19}Cl = C_{20}H_{12}:CCl \cdot C_{10}H_7$. *B.* Beim Erwärmen einer Lösung von stabilem α.α.α-Trinaphthylcarbinol in Acetylchlorid mit feuchtem Phosphoroxychlorid auf dem Wasserbade (SCHMIDLIN, MASSINI, *B.* **42**, 2402). — Citronengelbe Blättchen (aus Benzol). F: 233⁰ bis 234⁰ (korr.) (Zers.). Unlöslich in Petroläther und Ligroin, sehr wenig löslich in kaltem Alkohol, Eisessig, löslich in Benzol, Chloroform, Aceton. Löst sich in konz. Schwefelsäure mit tiefblauer Farbe; die Lösung wird auf Zusatz von Wasser entfärbt. — Spaltet beim Kochen mit Wasser das Chlor ab. Trägt man in eine gelbe Lösung von α-Naphthyl-[dinaphthylen]-chlormethan molekulares Silber ein, so nimmt sie eine in der Aufsicht dunkelgrüne, in der Durchsicht rote Färbung an, die Lösung ist gegen Luftsauerstoff beständig und liefert nach Abdampfen im Vakuum und Umkrystallisieren aus Ligroin ein dunkelgrünes, krystallinisches Pulver [Naphthyldinaphthylenmethyl(?)], das sich bei 180⁰ zersetzt und in konz. Schwefelsäure mit carminroter Farbe löst.

2. Pyrodypnopinalkolen $C_{32}H_{22}$.
B. Aus Pyrodypnopinalkohol $C_{32}H_{24}O$ (s. bei Dypnon, Syst. No. 654) durch Wasserabspaltung mit Hilfe von Acetylchlorid (DELACRE, *Bull. Acad. roy. Belgique* 1902, 272; *C.* 1902 II, 197). — Weiße Nadeln vom Schmelzpunkt ca. 136⁰ oder rhombische Oktaeder (CESÀRO, *Bull. Acad. roy. Belgique* 1902, 273 Anm.; *C.* 1902 II, 197) vom Schmelzpunkt 154—156⁰. Kp₁₅: 330—333⁰. Löslich in 100 Tln. siedendem, 900 Tln. kaltem Alkohol, in 7,25 Tln. siedendem, 60 Tln. kaltem Eisessig und in 0,65 Tln. siedendem, 2,8 Tln. kaltem Benzol. — Wird durch Salpetersäure, auch schon bei mehrtägigem Kochen mit Natriumäthylat zu Dehydropyrodypnopinalkohol (s. u.) oxydiert.

Dehydropyrodypnopinalkohol $C_{32}H_{22}$. *B.* Aus Pyrodypnopinalkolen (s. o.) durch Oxydation mit Salpetersäure oder bei mehrtägigem Kochen mit Natriumäthylat (DELACRE). — Krystalle. F: 203,5⁰. Kp₇,₄c: 300—320⁰ (Zers.). Löslich in 135 Tln. siedendem, 650 Tln. kaltem Alkohol, in 24 Tln. siedendem, 88 Tln. kaltem Eisessig und in 4,8 Tln. siedendem, 35 Tln. kaltem Benzol. Liefert mit Benzol eine Molekularverbindung. — Wird durch Jodwasserstoffsäure in Pyrodypnopinalkolen übergeführt. Liefert mit Acetylchlorid ein Acetylderivat (?) (s. u.).

Acetat des Dehydropyrodypnopinalkohols (?) $C_{34}H_{24}O_2 = C_{32}H_{21} \cdot O \cdot CO \cdot CH_3$ (?). *B.* Aus Dehydropyrodypnopinalkohol und Acetylchlorid (DELACRE). — Farblose Krystalle (aus Benzol). F: 200⁰. Löslich in 2,9 Tln. siedendem, 3,9 Tln. kaltem Benzol, in 36,8 Tln.

siedendem, 79 Tln. kaltem Eisessig und in 41 Tln. siedendem Alkohol. — Geht bei wiederholtem Umkrystallisieren aus Eisessig in einen Kohlenwasserstoff [lange Nadeln; F: ca.
140⁰] über; liefert bei der Verseifung nicht Dehydropyrodypnopinalkohol (s. o.), sondern
anscheinend einen Kohlenwasserstoff.

Z b. Kohlenwasserstoff $C_n H_{2n-44}$.

ω.ω.ω'-Triphenyl-ω'-α-naphthyl-p-xylol,
p-[Phenyl-α-naphthyl-methyl]-triphenyl-
methan,   Phenyl-α-naphthyl-[p-benz-
hydryl-phenyl]-methan $C_{36} H_{28}$ =

Phenyl-α-naphthyl-[p-benzhydryl-phenyl]-chlormethan $C_{36}H_{27}Cl = C_{10}H_7 \cdot$
$CCl(C_6H_5) \cdot C_6H_4 \cdot CH(C_6H_5)_2$. B. Man kocht eine äther. Lösung von α-Naphthyl-magnesiumbromid mit p-Benzoyl-triphenylmethan, zersetzt mit Wasser und verd. Essigsäure, löst den
Rückstand der hierbei erhaltenen äther. Lösung in Eisessig und versetzt mit einer Lösung
von Chlorwasserstoff in Eisessig (TSCHITSCHIBABIN, B. 41, 2774). In geringer Menge neben
dem isomeren Chlorderivat (s. u.) bei der Einw. von Chlorwasserstoff-Eisessig auf eine Lösung
von p-Chinon-[diphenylmethid]-[phenyl-α-naphthyl-methid] (s. u.) in Benzol (T.). — Weißes
Pulver (aus Benzol durch Chlorwasserstoff-Eisessig). F: 129—130⁰. Löslich in konz. Schwefelsäure mit hellgrüner, bei höherer Konzentration mit dunkelviolettroter Farbe. — Färbt sich
an der Luft gelblich. Gibt in siedendem Xylol mit Chinolin p-Chinon-[diphenylmethid]-
[phenyl-α-naphthyl-methid] (s. u.).

p-[Phenyl-α-naphthyl-methyl]-[triphenylchlormethan] $C_{36}H_{27}Cl = C_{10}H_7 \cdot CH(C_6H_5) \cdot$
$C_6H_4 \cdot CCl(C_6H_5)_2$. B. Neben wenig Phenyl-α-naphthyl-[p-benzhydryl-phenyl]-chlormethan
(s. o.) aus p-Chinon-[diphenylmethid]-[phenyl-α-naphthyl-methid] (s. u.) in Benzol durch eine
Lösung von Chlorwasserstoff in Eisessig (TSCH., B. 41, 2775). — Krystalle (aus HCl-haltigem
Eisessig). F: 174—175⁰ (Orangefärbung). Löst sich in konz. Schwefelsäure orangefarben.

Z c. Kohlenwasserstoffe $C_n H_{2n-46}$.

1. 9.10-Di-α-naphthyl-anthracen $C_{34}H_{22} = C_{14}H_8(C_{10}H_7)_2$. B. Durch Reduktion
von 9.10-Dioxy-9.10-di-α-naphthyl-anthracen-dihydrid mit Zink und Essigsäure (GUYOT,
STAEHLING, Bl. [3] 33, 1117). — Gelbliche Krystalle. Löslich in Benzol mit intensiver
violetter Fluorescenz. — Regeneriert bei der Oxydation mit Kaliumdichromat in Essigsäure
9.10-Dioxy-9.10-di-α-naphthyl-anthracen-dihydrid.

1- oder 2-Chlor-9.10-di-α-naphthyl-anthracen $C_{34}H_{21}Cl = C_{14}H_7Cl(C_{10}H_7)_2$. B
Durch Sättigen einer siedenden Benzollösung des 9.10-Dioxy-9.10-α-dinaphthyl-anthracen-
dihydrids mit Chlorwasserstoff; als Zwischenprodukt entsteht hierbei das 9.10-Dichlor-
9.10-di-α-naphthyl-anthracen-dihydrid, das indessen nicht isoliert wurde (GUYOT, STAEH-
LING, Bl. [3] 33, 1117). — Grünlichgelbe Krystalle. F: 266⁰. Leicht löslich in Benzol,
schwer in Alkohol.

2. Kohlenwasserstoffe $C_{36}H_{26}$.

**1. 1-Diphenylmethylen-4-[phenyl-α-naph-
thyl-methylen]-cyclohexadien-(2.5), p-Chi-
non-[diphenylmethid]-[phenyl-α-naphthyl-
methid]** $C_{36}H_{26}$ =

B. Aus Phenyl-α-naphthyl-[p-benzhydryl-phenyl]-chlormethan (s. o.) in siedendem Xylol
durch Chinolin in CO_2-Atmosphäre (TSCHITSCHIBABIN, B. 41, 2775). — Orangerote Krystalle
(aus siedendem Xylol). Schmilzt bei 240—241⁰ (in CO_2-Atmosphäre). Löslich in konz.
Schwefelsäure mit grüner, bei höherer Konzentration mit dunkelviolettroter Farbe. — In
trocknem Zustande beständig, in gelöstem oxydiert es sich an der Luft. Gibt mit Brom in
Xylol ein in Xylol schwer lösliches Bromid, das sich in H_2SO_4 mit brauner Farbe löst. Gibt
in Benzol mit Chlorwasserstoff-Eisessig neben wenig Phenyl-α-naphthyl-[p-benzhydryl-
phenyl]-chlormethan $C_{10}H_7 \cdot CCl(C_6H_5) \cdot C_6H_4 \cdot CH(C_6H_5)_2$ das p-[Phenyl-α-naphthyl-methyl]-
[triphenylchlormethan] $C_{10}H_7 \cdot CH(C_6H_5) \cdot C_6H_4 \cdot CCl(C_6H_5)_2$ (s. o.).

2. α-Naphthochinon-bis-diphenylmethid $C_{36}H_{24}$ =

$(C_6H_5)_2C:C\begin{smallmatrix}CH:CH\\C==C\\CH:CH\end{smallmatrix}C:C(C_6H_5)_2.$

B. Aus 2 Mol.-Gew. Diphenylketen, angewandt in Form der Chinolinverbindung $C_9H_7N + 2C_{14}H_{10}O$ (s. bei Chinolin, Syst. No. 3077), und 1 Mol.-Gew. α-Naphthochinon in siedendem Toluol (STAUDINGER, *B.* **41**, 1361). — Gelbes Krystallpulver (aus Benzol). F: 262—263°. Leicht löslich in Chloroform und heißem Benzol, schwer in Aceton und Essigester, unlöslich in Eisessig und Alkohol. Wird beim Erhitzen auf 200° orange, beim Abkühlen wieder gelb.

3. Tris-p-diphenylyl-methan, Tri-p-xenyl-methan $C_{37}H_{28}$ = CH(-◇◇)₃.

Tris-p-diphenylyl-chlormethan, Tri-p-xenyl-chlormethan $C_{37}H_{27}Cl = CCl(C_6H_4 \cdot C_6H_5)_3$. *B.* Beim Kochen einer Benzollösung von 1 Tl. Tris-[p-diphenylyl]-carbinol und 10 Tln. Acetylchlorid (SCHLENK, *A.* **368**, 303). — Weiße Nadeln. F: 195° (SCH.). Leicht löslich in Benzol, sehr wenig in Äther und Ligroin (SCH.). — Färbt sich bei der Bestrahlung mit Kathodenstrahlen tiefviolett; die Färbung verschwindet beim Liegen am Licht wieder (SCH., HERZENSTEIN, *A.* **372**, 14). Die violette Lösung in flüssigem Schwefeldioxyd liefert beim Verdunsten eine Verbindung $CCl(C_6H_4 \cdot C_6H_5)_3 + 4SO_2$ (s. u.) (SCH., WEICKEL, *A.* **372**, 10; SCH., H., *A.* **372**, 25). Beim Erhitzen der Benzollösung mit Kupferbronze (Naturkupfer C) im Kohlendioxydstrom entsteht Tris-p-diphenylyl-methyl (S. 762) (SCH., W., *A.* **372**, 2).

Verbindung $C_{37}H_{27}O_8ClS_4 = CCl(C_6H_4 \cdot C_6H_5)_3 + 4SO_2$. *B.* Aus Tris-[p-diphenylyl]-chlormethan in flüssigem Schwefeldioxyd beim Verdunsten (SCH., W., *A.* **372**, 10). — Fuchsinartige, metallisch glänzende Krystalle. — Verliert an der Luft das ganze Schwefeldioxyd.

4. Kohlenwasserstoffe $C_{38}H_{30}$.

1. **Hexaphenyläthan** $C_{38}H_{30} = (C_6H_5)_3C \cdot C(C_6H_5)_3$. Als solches ist die farblose Modifikation des Triphenylmethyls aufzufassen; vgl. bei diesem, S. 715—716.

2. **p-Benzhydryl-tetraphenylmethan, 4-Trityl-tritan, ω.ω.ω.ω'.ω'-Pentaphenyl-p-xylol** $C_{38}H_{30} = (C_6H_5)_3C \cdot C_6H_4 \cdot CH(C_6H_5)_2$. Zur Konstitution vgl. TSCHITSCHIBABIN, *B.* **37**, 4709; **41**, 2421; Ж. **37**, 109; **40**, 137. — *B.* Neben Triphenylmethan und Diphenyl durch Einw. von Natrium auf ein Gemisch von Chlorbenzol und Tetrachlorkohlenstoff in Gegenwart von viel Benzol (SCHMIDLIN, *C. r.* **137**, 59; *A. ch.* [8] **7**, 254). Als Nebenprodukt bei der Darstellung des Triphenylchlormethans aus Benzol, Tetrachlorkohlenstoff und Aluminiumchlorid nach der FRIEDEL-CRAFTSchen Reaktion (GOMBERG, *B.* **35**, 3915). Beim Erhitzen von Triphenylchlormethan in Eisessig mit molekularem Silber oder granuliertem Zinn auf dem Wasserbade (G., *B.* **35**, 3916). Durch Behandeln von Triphenylchlormethan mit Zink, Eisessig, Stannochlorid und Salzsäure in der Wärme (ULLMANN, BORSUM, *B.* **35**, 2878). Durch Behandeln von Triphenylcarbinol mit Zink, Eisessig, Stannochlorid und Salzsäure in der Wärme (U., *B.* **35**, 2878; vgl. dazu G., *B.* **36**, 383). Durch Einw. von HCl auf Triphenylmethyl (G., *B.* **35**, 3918; **36**, 377; vgl. SCHLENK, WEICKEL, *A.* **372**, 9). Man diazotiert das saure schwefelsaure Amino-[p-benzhydryl-tetraphenylmethan] $(C_6H_5)_2CH \cdot C_6H_4 \cdot C(C_6H_5)_2 \cdot C_6H_4 \cdot NH_2 + H_2SO_4$ mit Amylnitrit in Eisessig-Schwefelsäure und trägt das Diazoniumsulfat in siedenden Alkohol ein (TSCHITSCHIBABIN, *B.* **41**, 1374). — Krystalle (aus Benzol oder Eisessig oder Äthyl- oder Amylacetat). F: 227° (unkorr.) (TSCH.), 230° (korr.) (G., *B.* **35**, 3919), 231° (korr.) (U., B.). Leicht löslich in heißem Amylacetat (TSCH.) und warmem Benzol und Toluol (U., B.); 150 Tle. siedender Eisessig lösen 1 Tl. Kohlenwasserstoff (U., B.); noch viel schwieriger löst sich dieser in siedendem Alkohol (U., B.), fast gar nicht in Äther (G., *B.* **35**, 3917). Die Lösung in konz. Schwefelsäure ist farblos (TSCH.). Absorptionsspektrum: BAKER, *Soc.* **91**, 1496. — Wird beim Kochen mit $Na_2Cr_2O_7$ und Eisessig nicht verändert, durch 10-stdg. Erhitzen mit CrO_3 und Eisessig teilweise zerstört (U., B.). Liefert mit Brom in CS_2 die Verbindung $(C_6H_5)_3C \cdot C_6H_4 \cdot CBr(C_6H_5)_2$ (s. u.) (TSCH.). Beim Nitrieren entsteht ein Hexanitroderivat (S. 762) (U., B.).

Diphenyl-[p-trityl-phenyl]-brommethan, α-Brom-4-trityl-tritan, ω'-Brom-ω.ω.ω.ω.'ω'-pentaphenyl-p-xylol $C_{38}H_{29}Br = (C_6H_5)_3C \cdot C_6H_4 \cdot CBr(C_6H_5)_2$. *B.* Durch Einw. von Brom im Sonnenlicht auf eine Lösung von p-Trityl-tritan in Schwefelkohlenstoff (TSCHITSCHIBABIN, *B.* **37**, 4713; **41**, 2428; Ж. **37**, 113; **40**, 137). — Gelblich-rötliches Krystallpulver (aus Benzol + Ligroin). F: 240—242°. Leicht löslich in Benzol, unlöslich in Ligroin. — Spaltet beim Aufbewahren, rascher beim Erwärmen mit Wasser (wasserhaltigem Pyridin) HBr ab unter Bildung des zugehörigen Carbinols.

Hexanitroderivat des 4-Trityl-tritans $C_{38}H_{24}O_{12}N_6 = C_{38}H_{24}(NO_2)_6$. *B.* Durch Nitrierung des p-Trityl-tritans (ULLMANN, BORSUM, *B.* 35, 2881). — F: 265°.

3. Über *4-Triphenylmethyl-1-diphenylmethylen-cyclohexadien-(2.5)*

$C_{38}H_{30} = (C_6H_5)_3C \cdot HC \overset{CH:CH}{\underset{CH:CH}{<}} \text{>} C:C(C_6H_5)_2$ s. bei Triphenylmethyl, S. 716.

4. *4.4'-Dibenzhydryl-diphenyl*, $\omega.\omega.\omega'.\omega'$-*Tetraphenyl-p.p-ditolyl* $C_{38}H_{30}$ $= (C_6H_5)_2CH \cdot \text{<} \text{>} \text{--} \text{<} \text{>} \cdot CH(C_6H_5)_2$. *B.* Beim Kochen einer alkoh. Lösung von $\omega.\omega'$-Dichlor-$\omega.\omega.\omega'.\omega'$-tetraphenyl-p.p-ditolyl mit Zinn und konz. Salzsäure (TSCHITSCHIBABIN, *B.* 40, 1817; Ж. 39, 934). Aus $\omega.\omega'$-Dioxy-$\omega.\omega.\omega'.\omega'$-tetraphenyl-p.p-ditolyl in Eisessig durch Eisessig-Jodwasserstofflösung (T., *B.* 40, 1818; Ж. 39, 934). — Blättchen (aus Benzol + Alkohol). F: 162—163°. — Gibt mit Brom in Schwefelkohlenstoff im direkten Sonnenlicht $\omega.\omega'$-Dibrom-$\omega.\omega.\omega'.\omega'$-tetraphenyl-p.p-ditolyl.

4.4'-Bis-[α-chlor-benzhydryl]-diphenyl, $\omega.\omega'$-Dichlor-$\omega.\omega.\omega'.\omega'$-tetraphenyl-p.p-ditolyl $C_{38}H_{28}Cl_2 = (C_6H_5)_2CCl \cdot C_6H_4 \cdot C_6H_4 \cdot CCl(C_6H_5)_2$. *B.* Beim Einleiten von Chlorwasserstoff in die Eisessiglösung von $\omega.\omega'$-Dioxy-$\omega.\omega.\omega'.\omega'$-tetraphenyl-p.p-ditolyl (TSCHITSCHIBABIN, *B.* 40, 1813; Ж. 39, 928). — Weißes Krystallpulver (aus Benzol durch Eisessig-Chlorwasserstoff gefällt). Schmilzt bei 219° zu einer trüben Flüssigkeit und ist bei 223° vollständig geschmolzen. Löslich in Benzol und Essigester, sehr wenig löslich in Eisessig; löslich in heißem Nitrobenzol mit roter Farbe. Gibt beim Kochen mit Eisessig eine hellrote Lösung, die beim Erkalten blasser wird. — Wird in Alkohol durch Zinn und konz. Salzsäure zu $\omega.\omega.\omega'.\omega'$-Tetraphenyl-p.p-ditolyl reduziert. Liefert bei der Einw. von Zink auf die Benzollösung den Kohlenwasserstoff $C_{38}H_{28}$ (S. 763). Gibt mit $ZnCl_2$, $HgCl_2$ und $SnCl_4$ fuchsinrote Doppelverbindungen. Geht mit Wasser in Gegenwart von Pyridin in $\omega.\omega'$-Dioxy-$\omega.\omega.\omega'\omega'$-tetraphenyl-p.p-ditolyl über. — $C_{38}H_{28}Cl_2 + SnCl_4$. Fuchsinrote Krystalle.

4.4'-Bis-[α-brom-benzhydryl]-diphenyl, $\omega.\omega'$-Dibrom-$\omega.\omega.\omega'.\omega'$-tetraphenyl-p.p-ditolyl $C_{38}H_{28}Br_2 = (C_6H_5)_2CBr \cdot C_6H_4 \cdot C_6H_4 \cdot CBr(C_6H_5)_2$. *B.* Aus $\omega.\omega'$-Dioxy-$\omega.\omega.\omega'.\omega'$-tetraphenyl-p.p-ditolyl in Eisessig durch Eisessig-Bromwasserstofflösung oder aus $\omega.\omega.\omega'.\omega'$-Tetraphenyl-p.p-ditolyl durch Brom in Schwefelkohlenstoff im direkten Sonnenlicht (TSCHITSCHIBABIN, *B.* 40, 1816; Ж. 39, 932). — Rötliches Pulver. F: 215—219° (Zers.).

5. *α.δ-Diphenyl-β.β.γ.γ-tetrabenzyl-butan*, Hexabenzyläthan $C_{44}H_{42}$ = $(C_6H_5 \cdot CH_2)_3C \cdot C(CH_2 \cdot C_6H_5)_3$. *B.* Aus Tribenzylcarbinol mit Jodwasserstoff (D: 1,96) im Einschmelzrohr bei 200° (SCHMERDA, *M.* 30, 389). — Prismen (aus Ligroin). F: 81°; $Kp_{44.3}$: 353—358°; zersetzt sich bei langsamer Destillation. Löslich in Äther, Benzol, Toluol, Xylol, CS_2, absolutem Alkohol; schwer löslich in Essigester und verdünntem Alkohol.

Hexanitro-[hexabenzyläthan] $C_{44}H_{36}O_{12}N_6 = C_{44}H_{36}(NO_2)_6$. *B.* Aus Hexabenzyläthan mit Salpetersäure (D: 1,475) (SCH., *M.* 30, 392). — Krystalle (aus Methylalkohol). Erweicht bei 75°, zersetzt sich bei ca. 115°. Löslich in alkoh. Kalilauge mit violetter Farbe. Gibt beim Kochen mit rauchender Jodwasserstoffsäure die Aminoverbindung (Syst. No. 1820).

Zd. Kohlenwasserstoff $C_n H_{2n-47}$.

Tris-p-diphenylyl-methyl, Tri-p-xenyl-methyl $C_{37}H_{27} = C(C_6H_4 \cdot C_6H_5)_3$. Existiert in Lösung nur in einer monomolekularen farbigen Form (SCHLENK, WEICKEL, HERZENSTEIN, *A.* 372, 5, 15). Zur Konstitution vgl. den Artikel Triphenylmethyl, S. 715 f. — *B.* Durch Erhitzen von 2 g Tris-p-diphenylyl-chlormethan (S. 761) mit 5 g Kupferbronze (Naturkupfer C) in 50 ccm Benzol in einer CO_2-Atmosphäre (SCH., W., H., *A.* 372, 2). — Grünschwarze Krystalle (aus Benzol + Gasolin). Schmilzt unter CO_2 im geschlossenen Röhrchen bei 186°. In den meisten organischen Lösungsmitteln löslich. Die Lösungen sind in der Durchsicht tief violett, in sehr dünner Schicht grünlich. Violett löslich in flüssigem Schwefeldioxid. Die Lösung leitet den elektrischen Strom und hinterläßt beim Verdunsten fuchsinartige Krystalle eines Anlagerungsproduktes von SO_2 an Tris-p-diphenylyl-methyl. Liefert in Lösung sowie in fester Form mit Luftsauerstoff momentan [Tris-p-diphenylyl-methyl]-peroxyd. Die einmal durch Schütteln mit möglichst wenig Luft entfärbte Lösung bleibt auch beim darauffolgenden Stehen farblos (Unterschied zum Verhalten der in zwei Formen existierenden Triarylmethyle).

Z e. Kohlenwasserstoffe $C_n H_{2n-48}$.

1. Bis-chrysofluorenyliden, L.-R.-Name: Bis-[benzolo-1.2-fluorenyliden-9] $C_{34}H_{20}$ =
B. Beim Erhitzen von Chrysofluoren (S. 695) mit PbO auf 320—330° (GRAEBE, *A.* **335**, 137). — Undeutlich ausgebildete dunkelviolettrote Krystalle (aus Chloroform + Petroläther). F: 180—190°. Sehr leicht löslich in Chloroform und Schwefelkohlenstoff, schwer in Alkohol; die Lösungen sind intensiv rot. — Gibt mit Brom in Chloroform Krystalle eines Bromids, aus dem beim Erhitzen seiner Toluollösung mit Natrium der Kohlenwasserstoff regeneriert wird.

2. Kohlenwasserstoff $C_{38}H_{28}$ = $(C_6H_5)_2C:C \begin{smallmatrix} CH:CH \\ CH:CH \end{smallmatrix} C:C \begin{smallmatrix} CH:CH \\ CH:CH \end{smallmatrix} C:C(C_6H_5)_2$

oder $(C_6H_5)_2C \cdot \langle \_ \rangle - \langle \_ \rangle \cdot C(C_6H_5)_2$. *B.* Bei der Einw. von Zink auf die Benzol-Lösung von $\omega.\omega'$-Dichlor-$\omega.\omega.\omega'.\omega'$-tetraphenyl-p.p-ditolyl (S. 762) in CO_2-Atmosphäre (TSCHITSCHIBABIN, *B.* **40**, 1818; Ж. **39**, 935). — Violettes Pulver (aus Benzol + Petroläther). — Oxydiert sich in feuchtem Zustande an der Luft sehr schnell unter Entfärbung. Seine violettrote Lösung in Benzol entfärbt sich an der Luft unter Sauerstoffaufnahme. Beim Eindampfen der entfärbten Lösung hinterbleibt ein Pulver, wahrscheinlich ein Peroxyd, das sich in konz. Schwefelsäure mit fuchsinroter Farbe löst. Aus dieser schwefelsauren Lösung wird durch Wasser ein farbloses Pulver gefällt, das mit Eisessig-Chlorwasserstofflösung $\omega.\omega'$-Dichlor-$\omega.\omega.\omega'.\omega'$-tetraphenyl-p.p-ditolyl gibt.

3. 9-[α.α.β.β-Tetraphenyl-äthyl]-fluoren, α.α.β.β-**Tetraphenyl-γ-di-phenylen-propan** $C_{39}H_{30}$ = $\begin{smallmatrix} C_6H_4 \\ C_6H_4 \end{smallmatrix} CH \cdot C(C_6H_5)_2 \cdot CH(C_6H_5)_2$. *B.* Durch Reduktion von Tetraphenyldiphenylenpropylenoxyd (Syst. No. 2377) mit Jodwasserstoffsäure in Eisessig bei 110—120° (KLINGER, LONNES, *B.* **29**, 737). Entsteht in geringer Menge bei der Destillation der aus Benzilsäure und Schwefelsäure entstehenden Säure $C_{40}H_{30}O_4$ (s. bei Benzilsäure, Syst. No. 1089) (K., L.). — Nadeln (aus Eisessig). F: 205°.

Zf. Kohlenwasserstoff $C_n H_{2n-50}$.

9.10-Dibenzhydryl-anthracen $C_{40}H_{30}$ = $C_{14}H_8[CH(C_6H_5)_2]_2$. *B.* Durch Reduktion von Anthrachinon bis-diphenylmethid (s. u.) mit Natrium und Benzylalkohol (PADOVA, *C. r.* **148**, 291; *A. ch.* [8] **19**, 436). — Weiße Nadeln. F: oberhalb 360°. Fluoresciert intensiv violett. Löslich in Schwefelsäure in der Kälte gelb mit starker violetter Fluorescenz.

Zg. Kohlenwasserstoff $C_n H_{2n-52}$.

9.10-Bis-diphenylmethylen-anthracen-dihydrid-(9.10), Anthrachinon-**bis-diphenyl-methid** $C_{40}H_{28}$ = $\begin{smallmatrix} C[:C(C_6H_5)_2] \\ C[:C(C_6H_5)_2] \end{smallmatrix}$. Das Molekulargewicht ist ebullioskopisch bestimmt (STAUDINGER, *B.* **41**, 1362; PADOVA, *C. r.* **148**, 291; *A. ch.* [8] **19**, 434). — *B.* Man erhitzt 5,4 g Anthracen-dihydrid-(9.10) mit 13,5 g Benzophenonchlorid allmählich auf 250° und erhält die Masse $2^1/_2$ Stdn. auf dieser Temperatur, erschöpft das erkaltete Produkt nacheinander durch siedenden Äther und Eisessig und krystallisiert es aus Xylol um (P.). Aus Diphenylketen-Chinolin $C_9H_7N + 2C_{14}H_{10}O$ (s. bei Chinolin, Syst. No. 3077) und Anthrachinon bei 190° bis 200° (ST.). — Nadeln (aus Schwefelkohlenstoff-Aceton oder aus Xylol). F: 302—303° (ST.), 305° (P.). Löslich in $CHCl_3$ und Benzol (ST.), in Pyridin, Nitrobenzol, Essigsäureanhydrid, Äthylenbromid (P.). — Gibt mit konz. Schwefelsäure eine grüne Färbung (P.). — Wird durch Benzylalkohol und Natrium zu 9.10-Dibenzhydryl-anthracen (s. o.) reduziert (P.).

Zh. Kohlenwasserstoffe $C_n H_{2n-54}$.

1. Trinaphthylenbenzol, Dekacyclen, L.-R.-Name: [Tri-(acenaphthyleno-1'.2')-1.2,3.4,5.6-benzol] $C_{36}H_{18}$ = Das Mol.-Gew. ist ebullioskopisch bestimmt (DZIEWOŃSKI, *B.* **36**, 969). — *B.* Durch Zusammenschmelzen von Acenaphthen mit Schwefel bei 190—200°, neben Dinaphthylenthiophen; die Trennung erfolgt durch Auskochen mit Xylol, worin letzteres löslich ist (REHLÄNDER, *B.* **36**, 1586; D., *B.* **36**, 965). — Gelbe, goldglänzende Nadeln (aus siedendem Xylol oder aus Nitrobenzol). F: 387° (D., *B.* **36**, 969).

Unlöslich in siedendem Alkohol, Äther und Eisessig; sehr wenig löslich in siedendem Benzol und Toluol, schwer in siedendem Phenol und Pyridin, ziemlich in kaltem Nitrobenzol und geschmolzenem Naphthalin, sehr leicht in siedendem Nitrobenzol und Naphthalin (D., *B.* **36**, 969). 1 Tl. löst sich in 2000 Tln. Schwefelkohlenstoff oder in 500 Tln. siedendem Xylol (R.); 3 Tle. lösen sich in 100 Tln. Anilin (D., *B.* **36**, 969). Die verdünnten Lösungen fluorescieren grünlich (R.; D., *B.* **36**, 969). Die Lösung in rauchender Schwefelsäure ist dunkelbraun-grün (R.). — Liefert bei der Einw. von Chlor in Schwefelkohlenstoff Enneachlor-, bei der Einw. von Brom in Schwefelkohlenstoff Tribrom-, beim Erhitzen mit verd. Salpetersäure Trinitro-dekacyclen (D., *B.* **36**, 3772). — **Verbindung mit Pikrinsäure** s. bei dieser, Syst. No. 523.

Enneachlordekacyclen $C_{36}H_9Cl_9$. *B.* Beim Einleiten von Chlor in eine Lösung von Dekacyclen in Schwefelkohlenstoff (DZIEWOŃSKI, *B.* **36**, 3773). — Hellgelb. F: 215—218° (Zers.). Löslich in Benzol und Toluol, schwer löslich in Eisessig.

Tribromdekacyclen $C_{36}H_{15}Br_3$. *B.* Durch Einw. von Brom auf Dekacyclen und CS_2 unter Erhitzen zum Sieden (D., *B.* **36**, 3773). — Hellgelbe Nadeln (aus Nitrobenzol). F: 397—400°. Löslich in Nitrobenzol, sonst sehr wenig löslich; unlöslich in konz. Schwefelsäure.

Trinitrodekacyclen $C_{36}H_{15}O_6N_3 = C_{36}H_{15}(NO_2)_3$. *B.* Durch Erhitzen von Dekacyclen mit verdünnter Salpetersäure [D: 1,45] + 3 Tln. Salpetersäure auf 200—212° im geschlossenen Rohr (DZIEWOŃSKI, *B.* **36**, 3772). — Carminrote Nadeln. Sehr wenig löslich in organischen Solvenzien. Zersetzt sich beim Erhitzen unter Verpuffen.

2. Kohlenwasserstoff $C_{40}H_{26}$. *B.* Bei der Einw. von $AlCl_3$ auf Naphthalin bei 100°, neben anderen Produkten (HOMER, *Soc.* **91**, 1112). — Rötlichgelbes Pulver. Wird bei 190° bis 200° dunkel und verwandelt sich bei höherer Temperatur in Teer (H.). Absorptionsspektrum im Ultraviolett: HOMER, PURVIS, *Soc.* **93**, 1324.

3. $\alpha.\alpha.\beta.\beta$-Tetra-[naphthyl-(1)]-äthan $C_{42}H_{30}$ =
B. Beim Schütteln einer kalten gesättigten Benzollösung von Di-α-naphthyl-chlormethan mit molekularem Silber (SCHMIDLIN, MASSINI, *B.* **42**, 2383). Beim Eintragen von Di-α-naphthyl-chlormethan in eine äther. Lösung von α-Naphthyl-magnesiumbromid (oder Phenylmagnesiumjodid) (SCH., M.). — Prismen (aus Benzol). F: 285—286° (korr.). Unlöslich in Petroläther, Ligroin, Alkohol; sehr wenig löslich in Äther, ziemlich in heißem Benzol, Chloroform.

4. Bismonohydrocinnamylidenfluoren $C_{44}H_{34}$. Das Molekulargewicht ist ebullioskopisch bestimmt (THIELE, HENLE, *A.* **347**, 313). — *B.* Neben anderen Produkten aus 9-Cinnamyliden-fluoren $\genfrac{}{}{0pt}{}{C_6H_4}{C_6H_4}$>C:CH·CH:CH·C$_6H_5$ in Äther mittels Aluminiumamalgams und Wassers (TH., H., *A.* **347**, 307). — Krystalle (aus Benzol). F: 160—161°. Ziemlich leicht löslich in heißem Aceton, Benzol, Toluol, Chloroform, sehr wenig in Petroläther, Äther und Alkohol. Bildet beim Schütteln mit Petroläther petrolätherhaltige Krystalle, die gegen 120° scharf schmelzen; krystallisiert aus Aceton in acetonhaltigen Krystallen vom Schmelzpunkt 112—115° und aus Eisessig in Krystallen mit 1 Mol. Eisessig, die bei ca. 124° schmelzen.

5. 1.2-Bis-tribenzylmethyl-benzol, $\omega.\omega.\omega.\omega'.\omega'.\omega'$-**Hexabenzyl-o-xylol**
$C_{50}H_{46}$ = $\bigcirc\genfrac{}{}{0pt}{}{·C(CH_2·C_6H_5)_3}{·C(CH_2·C_6H_5)_3}$
B. Beim Erwärmen von Phthalsäureanhydrid mit Benzylchlorid und Zinkstaub (KOTHE, *A.* **248**, 68). — Amorph. F: 72—73°. Nicht flüchtig. Unlöslich in Alkohol, löslich in Äther und Benzol.

Zi. Kohlenwasserstoff C_nH_{2n-62}.

$\alpha.\alpha.\beta.\beta$-Tetraphenyl-$\alpha.\beta$-bis-p-diphenylyl-äthan, $\alpha.\alpha.\beta.\beta$-Tetraphenyl-$\alpha.\beta$-
di-p-xenyl-äthan $C_{50}H_{38} = \langle\ \rangle-\langle\ \rangle\cdot C(C_6H_5)_2\cdot C(C_6H_5)_2\cdot\langle\ \rangle-\langle\ \rangle$. Vgl.
über diese dimolekulare Form des Diphenyl-p-diphenylyl-methyls bei dem monomolekularen
Kohlenwasserstoff, S. 742.

Zk. Kohlenwasserstoff C_nH_{2n-66}.

$\alpha.\beta$-Bis-p-diphenylyl-$\alpha.\beta$-bis-diphenylen-äthan, $\alpha.\beta$-Di-p-xenyl-$\alpha.\beta$-bis-di-

phenylen-äthan, 9.9'-Di-p-xenyl-difluorenyl-(9.9') $C_{50}H_{34} = \dfrac{C_6H_4}{C_6H_4}\Big\rangle C((C_6H_4\cdot$

$C_6H_5)\cdot C((C_6H_4\cdot C_6H_5)\Big\langle\dfrac{C_6H_4}{C_6H_4}$. Existiert nur in dieser farblosen Form (nicht als farbiges
Triarylmethyl) (SCHLENK, HERZENSTEIN, A. 372, 21, 30). — B. Man kocht 2 g 9-Chlor-9-
p-xenyl-fluoren (S. 743) in 50 ccm Benzol mit 6 g Kupferbronze (Naturkupfer C) in einer
Kohlendioxyd-Atmosphäre (2 Stdn.) (SCH., H., A. 372, 30). — Farblose Prismen (aus Benzol).
F: 175—176⁰. Sehr wenig löslich in Alkohol, schwer in kaltem Benzol, ziemlich leicht in
Chloroform. — Ist in festem Zustande sehr beständig gegen Sauerstoff. Entfärbt (in Chloro-
form gelöst) Jodlösung nicht. Gibt mit Schwefelsäure keine Farbreaktion.

Zl. Kohlenwasserstoff C_nH_{2n-68}.

Tetraphenylheptacyclen, L.-R.-Name: Bis-[diphenyl-
10.10-(dihydro-9.10-anthracendiyl-1'.9':9.1)] $C_{52}H_{34} =$
B. Beim Eintragen von 10-Brom-9.9-diphenyl-anthracen-dihydrid-
(9.10) in siedendes Naphthalin (LIEBERMANN, LINDENBAUM, B. 38,
1805). — Gelblichweiße Krystalle. Schmilzt oberhalb 360⁰.
Nicht löslich.

Zm. Kohlenwasserstoff C_nH_{2n-72}.

Kohlenwasserstoff $C_{56}H_{40} = C_6H_4\genfrac{\{}{\}}{0pt}{}{C}{C}C_6H_4 \begin{array}{c}\overline{}\text{CH}(C_6H_5)\cdot\text{CH}(C_6H_5)\overline{}\\ \\ \underline{}\text{CH}(C_6H_5)\cdot\text{CH}(C_6H_5)\underline{}\end{array} C_6H_4\genfrac{\{}{\}}{0pt}{}{C}{C}C_6H_4\,(?)$

(Dimolekulares Dibenzalanthracen). (Das Mol.-Gew. ist ebullioskopisch bestimmt.)
B. Läßt sich aus 9-Benzyl-10-[α-brom-benzyl]-anthracen durch HBr-Abspaltung nach
verschiedenen Methoden gewinnen, z. B. durch Erhitzen auf 125—130⁰ (LIPPMANN, FRITSCH,
M. 25, 795). Aus seinem Tetrabromderivat $C_{56}H_{36}Br_4$ (s. u.) mit Zinkstaub und Eisessig
(L., F., A. 351, 62). — Gelbe Krystalle (aus Eisessig). F: 184⁰. Leicht löslich in heißem
Benzol und in Chloroform (mit rötlicher Fluorescenz), schwerer in Äther, sehr wenig in Alkohol
(L., F., M. 25, 797). Färbt sich mit konz. Schwefelsäure grün (L., F., M. 25, 797).

Tetrabromderivat (dimolekulares Dibrombenzalanthracen) $C_{56}H_{36}Br_4 =$

$C_6H_4\genfrac{\{}{\}}{0pt}{}{C}{C}C_6H_5$ $\begin{array}{c}\overline{}\text{CBr}(C_6H_5)\cdot\text{CBr}(C_6H_5)\overline{}\\ \\ \underline{}\text{CBr}(C_6H_5)\cdot\text{CBr}(C_6H_5)\underline{}\end{array}$ $C_6H_4\genfrac{\{}{\}}{0pt}{}{C}{C}C_6H_4\,(?)$

B. Aus dimolekularem Dibenzylanthracen
(S. 766) und Brom in CS_2 (L., F., A. 351,
62). — Gelbe Krystalle (aus CS_2). F: 215⁰.
Schwer löslich in Äther, Aceton und CS_2,
leichter in Benzol, Toluol und Chloroform. — Gibt mit Zinkstaub in Eisessig dimolekulares
Dibenzalanthracen (s. o.).

Zn. Kohlenwasserstoff $C_{ll} H_{2n-76}$.

$$\text{Kohlenwasserstoff } C_{56}H_{36} = C_6H_4 \genfrac{}{}{0pt}{}{\text{C}}{\text{C}} C_6H_4 \quad\quad\quad C_6H_4 \genfrac{}{}{0pt}{}{\text{C}}{\text{C}} C_6H_4 \ (?)$$

with bridging: —C(C₆H₅):C(C(C₆H₅))— and —C(C₆H₅):C(C(C₆H₅))—

(Dimolekulares Dibenzenylanthracen). *B.* Aus 9.10-Bis-[α-brom-benzyl]-anthracen und Phenylhydrazin in Benzol auf dem Wasserbad (LIPPMANN, FRITSCH, *A.* **351**, 60). — Hellgelbe Krystalle (aus Aceton). F: 197°. Leicht löslich in CS₂, Chloroform und Benzol, weniger in Eisessig, Äther und Alkohol. — Entfärbt Kaliumpermanganatlösung und addiert 4 Atome Brom.

Zo. Kohlenwasserstoffe $C_n H_{2n-78}$.

1. Tribenzyl-dekacyclen $C_{57}H_{36}$ =

[Structural formulas with $C_6H_5 \cdot CH_2$ groups and $CH_2 \cdot C_6H_5$ groups, with "oder" between the two structures]

B. Beim Erhitzen von 4-Benzyl-acenaphthen mit Schwefel auf 210—245°, neben Dibenzyl-dinaphthylenthiophen $C_{38}H_{24}S$ (Syst. No. 2377) (DZIEWOŃSKI, DOTTA, *Bl.* [3] **31**, 930). — Hellgelbe Nadeln (aus Benzol oder Anilin). F: 270°. Fast unlöslich in Alkohol, Äther und Eisessig, löslich in Benzol und Toluol, leicht löslich in Xylol, Naphthalin und Anilin. Löst sich in konz. Schwefelsäure mit grüner Farbe. Die verd. Lösungen fluorescieren stark grün.

2. α.β-Diphenyl-α.α.β.β-tetrakis-p-diphe-nylyl-äthan, α.β-Diphenyl-α.α:β.β-tetra-p-xenyl-äthan $C_{62}H_{46}$ =
Über diese dimolekulare Form des Phenyl-di-p-xenyl-methyls vgl. den monomolekularen Kohlenwasserstoff, S. 757.

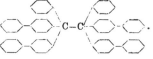

Register für den fünften Band.

Vorbemerkungen s. Bd. I, S. 939, 941.

49*

Di- siehe auch Bi- und Bis-

Di- siehe auch Bi- und Bis-

Di- siehe auch Bi- und Bis-

Di- siehe auch Bi- und Bis-

Di- siehe auch Bi- und Bis-

Di- siehe auch Bi- und Bis-

S.

s- (Bezeichnung) 5.
Sabinen 143.
Sabinenhydrochlorid 85.
Sandarakharz, Diterpene
C$_{30}$H$_{32}$ aus — 510.
Sandelholzöl, Kohlenwasser-
stoff C$_{11}$H$_{18}$ aus — 169.
Sandelholzöl, Sesquiterpen
aus — 460.
Santalen 462, 463.
Santalen-bishydrochlorid 110.
— tetrahydrid 110.
Santalylchlorid 463.
Santen 122.
Santenhydrochlorid 82.
Santon 172.
Santoren 40.
Schweres Sesquiterpen aus
Citronellöl 461.
Semicyclische Doppelbindung
4.
Sesquiterpenalkohol 463.
Sesquiterpenbishydrochlorid
110.
Sesquiterpene 456.
Silvestren 125, vgl. S. 795.
Silvestren-bishydrobromid 47.
— bishydrochlorid 46.
— bishydrojodid 47.
— tetrabromid 47.
Sonnengelb G 325.
Sorbinsäure, Kohlenwasser-
stoff C$_{15}$H$_{22}$ aus — 507.
Spannungstheorie, BAEYERS
14.
Spiro- (Präfix) 11.
Spirocyclisch (Definition) 11.
Spiropentan 62.
Steinkohlenteer-cumol 401.
— -xylol 361.
Stereochemie des Benzols 174.
Stilben 630; dimolekulares
632.
Stilben-bromid 602, 603.
— chlorid 600, 601.
— dibromid 602, 603.
— dichlorid 600, 601.
Stupp 667.
Stuppfett 667.
Styrol 474; (Bezeichnung) 8.
Styrol-chloridjodid 358.
— dibromid 356.
— dichlorid 354.
— dijodid 358.
— sulfid 476.
Styryl (Radikal) 8.
Styrylfulven 640.
Suberan 29.
Suberen 65.
Suberoterpen 115.
Suberyl-bromid 29.
— chlorid 29.
Suberylen 65.

Suberylenbromid 29.
Suberyljodid 29.
symmetrisch (Bezeichnung) 5.

T.

Tanaceten 141.
Tanacetenbishydrochlorid 57.
Tere-benthen 144.
— camphen 156.
— santalan 164.
— santalylchlorid 164.
Terpan 47.
Terpene 123;(Bezeichnung) 4.
Terpilen 150.
Terpilenhydrür 47.
Terpinen 126, 128, 132.
Terpinen-bishydrobromid 52.
— bishydrochlorid 49.
— bishydrojodid 55.
— hydrochlorid 85.
— tetrabromid 53.
Terpinolen 133.
Terpinolen-dibromid 87.
— tetrabromid 53.
Tetra-äthylbenzol 455.
— benzolonaphthalin 752.
— benzyläthylen 747.
Tetrabrom-acenaphthen 588.
— äthylbenzol 357.
— äthylisopropylbenzol 440.
— äthylmethoäthylcyclo-
hexan 57.
— äthylnaphthalin 570.
— amylbenzol 434.
— anthracen 665.
— anthracentetrabromid 611.
— benzol 214.
— butylbenzol 413, 414.
— cyclobutan 17.
— cycloheptan 29.
— cyclohexan 25.
— cyclooctan 35.
— cyclopentan 19.
— diäthylbenzol 426, 427.
— dibenzyl 603.
— dimethobutylbenzol 445.
— dimethylbenzol 367, 375,
386.
— dimethylcyclohexan 36.
— dimethylphenyltrimethyl-
phenylmethan 622.
— dinitrobenzol 269.
— diphenyl 581.
— diphenylbutadien 677.
— diphenylbutan 616.
— diphenylbutylen 646.
— diphenyldiphenylmethy-
lenpentan 746.
— diphenyloctadien 685.
— menthan 47, 53, 54.
— menthen 91.
— methyläthylbenzol 399.
— methylanthracen 675.
— methylbenzol 309, 310.

Tetrabrom-methylmetho-
äthylcyclohexan 47, 53.
— methylphenylpentan 445.
— naphthalin 550.
— naphthalintetrabromid
495.
— naphthalintetrahydrid 494.
— nitroäthylbenzol 360.
— nitrobenzol 252.
— nitronaphthalintetra-
hydrid 495.
— phenanthren 672.
— propylbenzol 392.
— reten 684.
— tetramethyldibenzyl 621.
— tetraphenylhexylen 746.
— toluol 309, 310.
— trimethylnaphthalin 571.
— xylol 367, 375, 386.
Tetrachlor-äthylbenzol 355.
— anthracen 664.
— anthracendihydrid 641.
— benzalchlorid 303.
— benzol 204, 205.
— benzotrichlorid 304.
— benzylchlorid 303.
— bispentachlorphenylbenzol
696.
— brommethylbenzol 307.
— bromtoluol 307.
— cyclohexan 22, 23.
— cyclohexanoxyd 198.
— cyclopentan 19.
— diäthylbenzol 426.
— dibenzyl 601.
— dibrombenzol 213.
— dijodbenzol 228.
— dimethylbenzol 364, 373,
385.
— dimethyldibenzyl 617.
— dinaphthyl 727.
— dinitrobenzol 266.
— diphenyl 579, 580.
— diphenyläthan 601, 606.
— diphenylamylen 650.
— diphenylxylol 711.
— ditan 592.
— ditolyläthan 617.
— durol 432.
— jodbenzol 223.
— jodnitrobenzol 254.
— menthan 51.
— methylbenzol 302, 303.
— methylisopropylbenzol
420.
— methylmethoäthylcyclo-
hexan 51.
— methylnaphthalin 568.
— naphthalin 546.
— naphthalintetrahydrid 492.
— nitrobenzol 247.
— nitromethylbenzol 333.
— nitronaphthalin 556.
— nitrotoluol 333.
— phenanthren 671.

Berichtigungen, Verbesserungen, Zusätze.

(Siehe auch die Verzeichnisse am Schluß der früheren Bände.)

Zu Band I.

Seite 148 Zeile 12–13 v. o. statt: „Methovinylcyclopropan" lies: „Methoäthenylcyclopropan" und statt: „Syst. No. 453" lies: „Bd. V, S. 65. No. 6 und Fußnote dazu".

„ 288 „ 11 v. o. statt: „$B.$ **18**, 827" lies: „$B.$ **16**, 827".

„ 554 „ 24 v. u. statt: „$R \cdot CH:NH \cdot NH_2$" lies: „$R \cdot CH:N \cdot NH_2$".

„ 799 „ 12 v. u. statt: „Äthylcyanessigsäureäthylester" lies: „Cyanessigsäureäthylester".

„ 813 „ 13 v. o. statt: „Syst. No. 695" lies: „Syst. No. 616".

„ 942, bei Carvacryl statt: „C_6H_2" lies: „C_6H_3".

„ 944, bei Thymyl statt: „C_6H_2" lies: „C_6H_3".

Zu Band II.

Seite 168 Zeile 21 v. o. statt: „$A. ch.$ [3] **37**, 163" lies: „$A. ch.$ [3] **37**, 327".

„ 690 „ 21 v. o. statt: „$G.$ **292**" lies: „$A.$ **292**".

„ 714 „ 21 v. u.: β-Isopropyl-adipinsäure aus Phellandren von WALLACH ($A.$ **343**, 33) muß inaktiv gewesen sein, da das als Zwischenprodukt der Reaktion auftretende 1-Isopropyl-cyclohexanon-(4) inaktiv sein muß.

„ 795 „ 22 v. o. statt: „einer Säure $C_9H_{12}O_5$ und einer Verbindung $C_{10}H_{12}O_5$" lies: „Oxyterpenylsäure $C_8H_{12}O_5$ und deren Lacton $C_8H_{10}O_4$".

„ 816 „ 9 v. u. statt: „**32**" lies: „**39**".

Zu Band III.

Seite 376 Zeile 22 v. u. statt: „$HO \cdot CH_2 \cdot C:CH \cdot CO_2H$" lies: „$HO \cdot CH_2 \cdot C:C \cdot CO_2H$".

„ 630 „ 15 v. u. vor „Über Bildungen" schalte ein: „Acetessigsäure bildet sich beim Schütteln von Cyclobutandion-(1.3) (polymerem Keten) mit Wasser (CHICK, WILSMORE, $Soc.$ **93**, 947)".

„ 735 „ 6 v. u. statt: „das hochschmelzende" lies: „zunächst das niedrigschmelzende".

„ 759 „ 20 v. u. statt: „RÜBL" lies: „RÜBEL".

„ 778 „ 24 v. u. statt: „MANGIN" lies: „MAUGUIN".

„ 891 Spalte 3, bei (Acidum) racemicum statt: „520" lies: „522".

„ 913 „ 2, bei „(Iso)-hydroxylharnstoff" statt: „95" lies: „96".

„ 913 „ 3, bei „(Isooxy)-harnstoff" statt: „95" lies: „96".

„ 927 „ 3, bei (Para)-weinsäure statt: „520" lies: „522".

„ 932 „ 3, bei Traubensäure statt: „520" lies: „522".

Zu Band IV.

Seite 436 Zeile 15 v. o. statt: „LAWSON" lies: „LAWROW".

Zu Band V.

Seite 125 Zeile 2 v. o. statt: „$\diagdown CH(CH_3):$" lies: „$\diagdown C(CH_3):$".

Verlag von Julius Springer in Berlin W 9

Literatur-Register
der organischen Chemie

geordnet nach M. M. Richters Formelsystem

Herausgegeben von der
Deutschen Chemischen Gesellschaft

Redigiert von
Robert Stelzner

Dritter Band
umfassend die Literatur-Jahre
1914 und 1915

1921

§ 28; gebunden § 30
Über den Inlandspreis gibt auf Verlangen der Verlag Auskunft

Inhaltsverzeichnis:

Biochemisches Handlexikon. Unter Mitwirkung hervorragender Fachgenossen herausgegeben von Prof. Dr. Emil Abderhalden. In 7 Bänden und 3 Ergänzungsbänden.
I. Band, 1. Hälfte, 1911. GZ. 44; gebunden GZ. 46.5. — 2. Hälfte, 1911. GZ. 48; gebunden GZ. 50.5. — II. Band, 1911. GZ. 44; gebunden GZ. 46.5. — III. Band, 1911. GZ. 20; gebunden GZ. 22.5. — IV. Band, 1. Hälfte, 1910. GZ. 14. — 2. Hälfte, 1911. GZ. 54; zusammen gebunden GZ. 71. — V. Band, 1911. GZ. 38; gebunden GZ. 40.5. — VI. Band, 1911. GZ. 22; gebunden GZ. 24.5. — VII. Band, 1. Hälfte, 1910. GZ. 22. — 2. Hälfte, 1912. GZ. 18; zusammen gebunden GZ. 43. — VIII. Band (1. Ergänzungsband), 1920. Gebunden GZ. 36.5. — IX. Band (2. Ergänzungsband), 1922. Gebunden GZ. 30.5. — X. Band (3. Ergänzungsband). Erscheint Ende 1922

Handbuch der experimentellen Pharmakologie. Unter Mitarbeit hervorragender Fachgelehrter. Herausgegeben von A. Heffter, Professor der Pharmakologie an der Universität Berlin. In drei Bänden. Zuerst erschien: Zweiter Band, 1. Hälfte. Mit 98 Textabbildungen. 1920. GZ. 21
Erster Band, 1. Hälfte. Erscheint Anfang 1923
Zweiter Band, 2. Hälfte. Erscheint Anfang 1923

Untersuchungen über das Ozon und seine Einwirkung auf organische Verbindungen. 1903—1916. Von Carl Dietrich Harries. Mit 18 Textfiguren. 1916. GZ. 24; gebunden GZ. 27,8

Untersuchungen über die natürlichen und künstlichen Kautschukarten. Von Carl Dietrich Harries. Mit 9 Textfiguren. 1919. GZ. 12; gebunden GZ. 15

Untersuchungen über die Assimilation der Kohlensäure. Aus dem chemischen Laboratorium der Akademie der Wissenschaften in München. Sieben Abhandlungen von Richard Willstätter und Arthur Stoll. Mit 16 Textfiguren und einer Tafel. 1918. GZ. 28

Festschrift der Kaiser Wilhelm-Gesellschaft zur Förderung der Wissenschaften. Zu ihrem 10jährigen Jubiläum dargebracht von ihren Instituten. Mit 19 Textabbildungen und einer Tafel. 1921. GZ. 12; gebunden GZ. 15

Untersuchungen über Kohlenhydrate und Fermente I. (1884—1908.) Von Emil Fischer. 1909. GZ. 22; gebunden GZ. 26

Untersuchungen über Kohlenhydrate und Fermente II. (1908—1919.) Von Emil Fischer. (Emil Fischer, Gesammelte Werke. Herausgegeben von M. Bergmann.) GZ. 17; gebunden GZ. 21

Untersuchungen über Aminosäuren, Polypeptide und Proteine I. (1899—1905.) Von Emil Fischer. 1906. GZ. 16; gebunden GZ. 20

Untersuchungen über Aminosäuren, Polypeptide und Proteine II. (1906—1919.) Von Emil Fischer. (Emil Fischer, Gesammelte Werke. Herausgegeben von M. Bergmann. Erscheint im Herbst 1922

Untersuchungen über Depside und Gerbstoffe. (1908—1919.) Von Emil Fischer. 1919. GZ. 16; gebunden GZ. 20

Untersuchungen in der Puringruppe. (1882—1906.) Von Emil Fischer. 1907. GZ. 15; gebunden GZ. 19

Aus meinem Leben. Von Emil Fischer. (Emil Fischer, Gesammelte Werke. Herausgegeben von M. Bergmann.) Mit 3 Bildnissen. 1922.
Gebunden GZ. 9.2; in Geschenkband gebunden GZ. 7.2

Die eingesetzten Grundzahlen (GZ.) entsprechen dem ungefähren Goldmarkwert und ergeben mit dem Umrechnungsschlüssel (Entwertungsfaktor), Anfang November 1922: 160, vervielfacht den Verkaufspreis.